Gewidmet unseren Frauen

Irene v. Boroviczény
Gertrud Merten
und Frania Merten

in Dankbarkeit für Geduld und Hilfe

INSTAND-Schriftenreihe Band 5

Institut für Standardisierung und Dokumentation
im Medizinischen Laboratorium e. V. (INSTAND)
Düsseldorf

Qualitätssicherung
im Medizinischen Laboratorium

Herausgegeben von
K.-G. von Boroviczény R. Merten U. P. Merten

Mit 112 Abbildungen und 337 Tabellen

Springer-Verlag
Berlin Heidelberg New York
London Paris Tokyo

Reihenherausgeber

INSTAND, Institut für Standardisierung und Dokumentation
im Medizinischen Laboratorium e. V.
Johannes-Weyer-Straße 1, 4000 Düsseldorf 1

Bandherausgeber

Dr. med. Karl-Georg von Boroviczény
Zentrallabor-Nord, Krankenhaus Spandau
Lynarstraße 12, 1000 Berlin 20

Prof. Dr. med. Richard Merten
Brinckmannstraße 21, 4000 Düsseldorf 1

Dr. med. Utz Peter Merten
Arzt für Laboratoriumsmedizin
Dürener Straße 199, 5000 Köln 41

ISBN-13:978-3-642-69801-9 e-ISBN-13:978-3-642-69800-2
DOI: 10.1007/978-3-642-69800-2

CIP-Kurztitelaufnahme der Deutschen Bibliothek
Qualitätssicherung im Medizinischen Laboratorium/hrsg. von K.-G. von Boroviczény . . .
- Berlin; Heidelberg; New York; London; Paris; Tokyo: Springer, 1987
(INSTAND-Schriftenreihe; Bd. 5)
ISBN-13:978-3-642-69801-9

NE: Boroviczény, Karl-Georg von [Hrsg.]; Institut für Standardisierung
und Dokumentation im Medizinischen Laboratorium: INSTAND-Schriftenreihe

Softcover reprint of the hardcover 1st edition 1987

Datenkonversion und Gesamtherstellung: Appl, Wemding

2123/3140-543210

Vorwort

In den 80er Jahren ist mehr noch als in der zurückliegenden Dekade die Qualitätssicherung in der Medizin zu einem zentralen Thema der ärztlichen Körperschaften und der praktischen Medizin geworden. Das Institut für Standardisierung und Dokumentation im Medizinischen Laboratorium (INSTAND) hat in den 20 Jahren seines Bestehens zu dieser Entwicklung beigetragen. Das vorliegende Buch ist damit auch als eine Art Zwischenbilanz einer 20jährigen Tätigkeit und zugleich als Geburtstagsgeschenk unseres Institutes an die interessierte wissenschaftliche Öffentlichkeit, die ärztlichen Körperschaften sowie die Behörden anzusehen. In diesem Zusammenhang sei an die 1977 im Medicus-Verlag, Berlin erschienene „Systematik der Qualitätskontrolle" von K.-G. v. Boroviczény und R. Merten erinnert, die erste deutschsprachige Monographie zur Qualitätskontrolle im medizinischen Laboratorium.

Ein wichtiger aktueller Anstoß für die Neufassung und Ausweitung der Qualitätssicherungsmaßnahmen in der Laboratoriumsmedizin ist durch das neue Eichgesetz vom 22. Februar 1985 erfolgt, in dem im § 4, Absatz 2 dargelegt wird, daß der Bundesminister für Wirtschaft durch Rechtsverordnung „Kontrolluntersuchungen und Vergleichsmessungen" vorschreiben kann. Die Grundlagen aus dem Eichgesetz sind auch in die Eichordnung aufgenommen worden, wobei die laborinterne Qualitätskontrolle (Kontrolluntersuchungen), die Teilnahme an Vergleichsmessungen (Ringversuche) in weiten Bereichen der Laboratoriumsmedizin, aber auch Gerätekontrollen vorgegeben werden. Diese gesetzlichen Grundlagen der Qualitätssicherung werden in dem nachfolgenden Buch eingehend erläutert und die Richtlinien der Bundesärztekammer zur Durchführung von statistischen Qualitätskontrollen in der Medizin in der letzten Fassung vorgestellt. Die Richtlinien der Bundesärztekammer zur Durchführung von Qualitätskontrollmaßnahmen werden Bestandteil der Eichordnung und somit auf eine gesetzliche Basis gestellt sein. Dabei ist bereits hier zu vermerken, daß nicht alle Schritte der ärztlichen Laboranalyse durch die Richtlinien der Bundesärztekammer mit den internen und externen Qualitätssicherungsmaßnahmen überprüft werden können. Die analytische Sicherung der Laboranalysen ist eine notwendige, aber keine ausreichende Bedingung zur Erbringung zuverlässiger laborärztlicher Leistungen.

Die nachfolgenden Beiträge haben also eine hohe Aktualität, weil sie über jahrzehntelange Erfahrungen und Auswertungen von Qualitätskontrollmaßnahmen in der Klinischen Chemie, in der Hämatologie einschließlich Hämostaseologie und Immunhämatologie, in der Mikrobiologie und Zytologie sowie in Photometerkontrollen berichten. Der Rückblick und die Bestandsaufnahme werden die Basis für künftige Qualitätssicherungsmaßnahmen bilden müssen.

Dem kritischen Leser wird sehr bald klar, daß die Qualitätskontrolle eine Verfahrenskontrolle ist und daher eine Garantie für die Erstellung richtiger Analysenwerte durch Benutzung bestimmter Reagenzien oder Reagenzien/Geräte-Kombinationen ohne kritischen Sachverstand und ohne spezielle Fähigkeiten und Fertigkeiten nicht geben kann.

In den einzelnen Abschnitten dieses Buches ist dargelegt, daß für eine sachgerechte systematische Analytik die präanalytische, analytische und postanalytische Phase in allen Teilen fachmännisch durchgeführt und beachtet werden muß. Nur auf diese Weise ist gewährleistet, daß die Analyse im medizinischen Laboratorium regelrecht, d.h. mit hoher Richtigkeit, guter Präzision und fachgerechter ärztlicher Bewertung erfolgen kann. Eine besondere Bedeutung und Verantwortung kommt den Geräte- und Reagenzienherstellern zu, da die Qualität ihrer Produkte eine wichtige Grundlage für die Erreichung einer richtigen Analyse bildet. Mit Entschiedenheit ist aber einer Übertragung der Verantwortung für die fachgerechte Durchführung der Analyse an die Hersteller von Reagenzien und Geräten oder an nicht einschlägig aus- und weitergebildetes Personal entgegenzutreten. Mag in der analytischen Phase durch die instrumentelle Fortentwicklung eine gewisse Erleichterung der Analytik entstanden sein, so müssen dennoch die genannten 3 Phasen der Analytik, die präanalytische, analytische und postanalytische Phase in die volle Verantwortung des analysierenden Arztes gestellt bleiben. Auf diese Gegebenheit beziehen sich auch die Richtlinien der Bundesärztekammer, die eindeutig feststellen, daß die labormedizinische Analyse und deren Sicherung ärztliche Handlungen sind.

Der 5. Band der INSTAND-Schriftenreihe ist ein Versuch, die Qualitätssicherung im medizinischen Laboratorium möglichst umfassend darzustellen. Neben Analysenbereichen, in denen langjährige Erfahrungen in der internen und externen Qualitätskontrolle vorliegen, werden Analysenbereiche dargestellt, in denen die Ringversuche erst seit einigen Jahren regelmäßig veranstaltet werden oder lediglich Ringstudien, die mit einer begrenzten Teilnehmerzahl durchgeführt worden sind, in den ersten wissenschaftlichen Berichten vorliegen.

Das Buch gliedert sich in 6 Teile. Im Allgemeinen Teil werden die prä- und postanalytische Phase, die EDV, aber auch der Personalbedarf, die Personalkosten und die Kostenanalyse der Qualitätssicherung behandelt, im Speziellen Teil Qualitätssicherungsmaßnahmen in fast allen Teilen der Laboratoriumsmedizin einschließlich Gerätekontrollen dargestellt. In einem speziellen Anhang sind in einem Glossar die wichtigsten Begriffe mit den angelsächsischen Bezeichnungen einschließlich der deskriptiven Laborstatistik angefügt.

Ich möchte den Herausgebern sowie den Autoren der einzelnen Beiträge sehr herzlich für ihre umfangreiche, fachgerechte und verantwortungsvolle Arbeit danken. Dem Werk aber möchte ich kritische Leser wünschen, damit durch fachkundige Diskussionen eine kontinuierliche Fortentwicklung der internen und externen Qualitätssicherung erreicht wird.

Düsseldorf, im März 1987 Prof. Dr. H. Reinauer

Inhaltsverzeichnis

Autorenverzeichnis

Prof. Dr. rer. nat. Walter **Appel**
Zentrallaboratorium, St.-Vincentius-Krankenhäuser, Karlsruhe

Prof. Dr. med. Gerd **Assmann**
Institut für Klinische Chemie und Laboratoriumsmedizin,
Zentrallaboratorium, Westfälische Wilhelms-Universität, Münster

Dr. Ing. Winfried **Ausländer**
Zentrallaboratorium, Landes-Nervenklinik Spandau, Berlin

Roy N. **Barnett**, M. D.
Emeritus, Professor der Universität in Norwalk/CO, USA

Prof. Dr. med. Heinz **Beeser**
Zentrale Einrichtung für Transfusionsmedizin,
Klinikum der Albert-Ludwigs-Universität, Freiburg i. Br.

Dr. med. Dipl. Biochem. Wolfgang **Beier**
Assistenzarzt, Köln

Prof. Dr. med. Hans **Bojar**
Onkologische Chemie, Medizinische Einrichtungen der Universität
Düsseldorf

Prof. Dr. med. Irene **Boll**
II. Innere Abteilung, Krankenhaus Neukölln, Berlin

Prof. Dr. med. Klaus **Borner**
Institut für Klinische Chemie und Klinische Biochemie, Klinikum
Steglitz der Freien Universität Berlin

Dr. med. Karl-Georg v. **Boroviczény**
Zentrallaboratorium-Nord, Krankenhaus Spandau, Berlin

Prof. Dr. med. Friedrich **Burkhardt**
Universität Erlangen, i. R.

Prof. Dr. med. Angelo **Burlina**
Instituto Chimica Clinica, Universita, Padova, Italien

Dr. rer. nat. Dipl. biol. Ingrid **Degner-Harms**
Assistenzarzt, Köln

Dr. Ing. Fjedor **Eßer**
Deutsche Technische Akademie GmbH, Helmstedt

Dr. rer. nat. Jürgen **Fischer**
Germering bei München

Dr. med. Friedrich da **Fonseca-Wollheim**
Zentrallaboratorium, Behring Krankenhaus, Berlin

Prof. Dr. med. Franz **Gabl**
Institut für Klinische Chemie und Laboratoriumsdiagnostik
der Universität Wien, Österreich

Dr. med. Silke **Heller**
Zentrallaboratorium, St. Gertrauden Krankenhaus, Berlin

Prof. Dr. med. Immo **Hoppe** †
Vormals am Klinikum Charlottenburg der Freien Universität Berlin

Dr. rer. nat. Dipl. Chem. Albert Frh. v. **Klein-Wisenberg**
Nahrungs-Kontrolle-Laboratorium, Sektion Ernährungsmedizin
und Diätetik, Medizinische Universitätskliniken, Freiburg i. Br.

Prof. Dr. rer. nat. Norbert **Kleine**
Zentrale Einrichtung für Transfusionsmedizin,
Klinikum der Albert-Ludwigs-Universität, Freiburg i. Br.

Dipl.-Ing. Egon B. W. **Kropp**
Normenausschuß Medizin (NAMed) im DIN Deutsches Institut
für Normung e. V., Berlin

Prof. Dr. med. Wolf-Rüdiger **Külpmann**
Institut für Klinische Chemie I, Medizinische Hochschule,
Hannover

Dr. med. Ulrich **Ludwig**
Arzt für Laboratoriumsmedizin, Pforzheim

Prof. Dr. med. Hans Rudolf **Marti**
Medizinische Klinik, Kantonspital, Aarau, Schweiz

Dr. med. Max **Matthes** †
Vormals an der Albert-Ludwigs-Universität, Freiburg i. Br.

Prof. Dr. med. Richard **Merten**
Institut für Standardisierung und Dokumentation im medizinischen
Laboratorium e. V. (INSTAND), Düsseldorf

Dr. med. Utz Peter **Merten**
Arzt für Laboratoriumsmedizin, Mikrobiologie
und Infektionsepidemiologie, Köln

Dr. rer. nat. Christian **Müller**
Zentrallaboratorium, Klinikum Charlottenburg, Berlin

Prof. Dr. med. Hanne-Lene **Müller**
Diagnostika Forschung und Entwicklung, Hoffmann-La Roche & Co. AG,Basel, Schweiz

Prof. Dr. med. Oswald **Müller-Plathe**
Zentrallaboratorium, Allgemeines Krankenhaus Altona, Hamburg

Dr. med. Hans-Joachim **Nennstiel**
Arzt für Laboratoriumsmedizin und Infektionsepidemiologie, Pforzheim

Prof. Dr. rer. nat. Reinhard **Nink**
Gruppe Medizinische Meßtechnik,
Physikalisch-Technische Bundesanstalt, Institut Berlin

Dr. med. Karl **Osburg**
Zentrallaboratorium, Allgemeines Krankenhaus Harburg, Hamburg

Dr. med. Dorothea **Pastner**
Zentrallaboratorium, Universitätsklinikum Innsbruck, Österreich

Prof. Dr. phil. Gerhard **Piekarski**
Emeritus, Institut für Medizinische Parasitologie der Universität Bonn

Dr. Ing. Ulrich **Poppy**
Zentrallaboratorium, Landesversicherungsanstalt, Berlin

Arthur E. **Rappoport**, M. D.
Emeritus, Professor of Pathology. Vero Beach/FL, USA

Prof. Dr. med. Hans **Reinauer**
Zentrallaboratorium, Diabetes-Forschungsinstitut
an der Universität Düsseldorf

Abdul-Fattah **Saleh**
Assistenzarzt, Köln

Prof. Dr. rer. nat. Werner **Schmidtmann**
Klinisch-chemische und hämatologische Laboratorien der MedizinischenUniversitätsklinik, Bonn

Dr. rer. nat. Bernd **Schmolke**
Arzt für Laboratoriumsmedizin, Berlin

Prof. Dr. med. Hilko **Schriewer**
Zentrallaboratorium, Kreiskrankenhaus, Lüdenscheid

Dr. med. Wolfgang **Schütz**
Zentrallaboratorium, Auguste-Viktoria-Krankenhaus, Berlin

Dr. med. Rüdiger Hermann **Schütze**
Klinische Abteilung, Diabetes-Forschungsinstitut an der Universität Düsseldorf

Prof. Dr. med. Hans-Peter **Seelig**
Institut für Immunologie und experimentelle Pathologie, Karlsruhe

Prof. Dr. med. et rer. nat. Dieter **Seiler**
Institut für Klinische Chemie, Städtische Krankenanstalten, Ludwigshafen

Prof. Dr. med. Hanns Martin **Seitz**
Institut für medizinische Parasitologie der Universität Bonn

Dr. med. Rudolf **Sommer**
Institut für Medizinische und Chemische Laboratoriumsdiagnostik, Wagner Jauregg Krankenhaus, Linz, Österreich

Prof. Dr. med. Karl-Otto **Vorlaender**
Apl. Professor für Innere Medizin und angewandte und klinische Immunologie der Freien Universität Berlin

Prof. Dr. med. Wilhelm **Weise**
Robert-Koch-Institut des Bundesgesundheitsamtes, Berlin

Priv. Doz. Dr. habil. William Graham **Wood**
Klinik für Innere Medizin, Medizinische Universität zu Lübeck

Dr. med. Burkhard **Ziegler**
Arzt für Laboratoriumsmedizin und Transfusionsmedizin, Karlsruhe

1 Einleitung (zugleich Vorbemerkungen der Herausgeber)

Karl-Georg von Boroviczény (Berlin), Richard Merten (Düsseldorf)
und Utz P. Merten (Köln)

Die Laboratoriumsmedizin hat sich seit der Einführung der Qualitätssicherung grundlegend geändert: „Wenn der Laborwert nicht zum klinischen Bild paßt, so vergiß den Laborwert", sagte Vollhard noch in den vierziger Jahren; heute muß aber ein guter Kliniker anhand der Laborwerte seine klinische Diagnose überdenken und die Laboratoriumsbefunde und Ergebnisse anderer ärztlichen Untersuchungen so lange weiterverfolgen, bis ein Einklang hergestellt und die richtige Diagnose festgelegt worden ist.

Die Qualitätssicherung, die in Deutschland Anfang der sechziger Jahre mit der Veranstaltung von Ringversuchen eingeführt worden ist (Merten, 1962; Büttner, 1965; v. Boroviczény, 1968), hat sich schnell entwickelt. Im folgenden werden umfassende, dem jetzigen Wissenstand entsprechende Qualitätssicherungsmaßnahmen vorgestellt. Theorie, Nomenklatur und Systematik der Qualitätssicherung werden zusammen mit dem notwendigen statistischen Rüstzeug eingehend besprochen und erläutert.

Im *Allgemeinen Teil* werden in Fortsetzung der von uns publizierten „Systematik der Qualitätskontrolle im medizinischen Laboratorium" (v. Boroviczény und Merten, 1971/1972) die Grundlagen einer umfassenden, strategisch aufgebauten, systematischen Qualitätssicherung dargestellt.

In *den weiteren Teilen* werden für jedes Gebiet der Laboratoriumsmedizin die wichtigsten Analysenbestandteile der klinischen Chemie, Hämatologie, Immunologie und Mikrobiologie besprochen. Die interessierten Leser finden insbesondere Entscheidungshilfen für die in allen Laboratorien auftretenden präanalytischen und analytischen Probleme, zur Fehlererkennung, Fehlersuche und Fehlervermeidung sowie Hinweise auf Störfaktoren. Für die quantitativen Analysenbestandteile werden Orientierungswerte über die unter Routinebedingungen erreichbare Genauigkeit sowie für Referenzbereiche angegeben.

Die *speziellen Teile* sind als Nachschlagewerk gedacht, in dem erfahrene Autoren zu den verschiedenen Bereichen der Laboratoriumsmedizin über hier bereits vorliegende Erfahrungen in der Qualitätskontrolle berichten.

Der *Anhang* enthält die wichtigsten Begriffe und Benennungen der statistischen Qualitätssicherung, allgemein verständliche Erläuterungen, lexikalisch zusammengestellt, sowie den Wortlaut der 1987 neu herausgegebenen „Richtlinien der Bundesärztekammer zur Qualitätssicherung im medizinischen Laboratorium (Verfahrenskontrolle)" (RiliBÄK), wie er bei Redaktionsschluß bekannt war. Ein ausführliches *Literaturverzeichnis* und ein *Sachverzeichnis* bilden den Schluß.

Die in diagnostischen Laboratorien tätigen Ärzte, Naturwissenschaftler und technischen Assistenten bemühen sich, zuverlässige Analysenergebnisse zu erarbeiten. In früheren Jahren hat die Auffassung bestanden, durch Bezugskurven und wiederholt durchgeführte Analysen die Richtigkeit der Ergebnisse sichern zu können, wobei jedoch die Einflüsse des biologischen Materials und zahlreicher Störfaktoren unberücksichtigt gelassen worden sind. Es hat sich daher die Meinung gebildet, bei wortgetreuem Einhalten der Vorschriften einer anerkannten Analysenmethode mit der entsprechenden Anzeige des Meßgerätes ein richtiges Ergebnis zu erhalten. Daß Meßfehler vorkommen, ist bekannt gewesen, ihr Ausmaß jedoch weniger. Bei qualitativen Analysen ist es üblich gewesen, Positiv- und Negativkontrollen mitzuführen, bei quantitativen Analysen gelegentlich Doppel- und Dreifachbestimmungen durchzuführen. Dies ist jedoch mehr aus dem Gefühl heraus als aufgrund statistischer Überlegungen und Entscheidungen geschehen.

1947 haben Belk und Sunderman in Philadelphia den ersten *Ringversuch* veranstaltet und die Ergebnisse veröffentlicht. Dies hat einen Sturm der Entrüstung ausgelöst. Niemand hat glauben wollen, daß in den gleichen ausgesandten Proben in einem Laboratorium einmal ein pathologisch erniedrigter, ein anderes Mal ein normaler oder sogar ein dritter, pathologisch erhöhter Wert festgestellt worden ist. Weitere Ringversuche in den USA und in anderen Ländern haben diese katastrophalen Ergebnisse bestätigt. Als Konsequenz haben in den Vereinigten Staaten auf allen Gebieten der Laboratoriumsmedizin das College of American Pathologists (CAP) und die führenden amerikanischen Laborärzte und Statistiker der American Association of Clinical Pathology (ASCP) (Barnett, Copeland, Eilers, Hofman, Rappoport, Skenzel, Tonks, Youden, Vaid u. a.) in den fünfziger und sechziger Jahren ein System der internen und externen Qualitätssicherung aufgebaut, das seither weltweite Verbreitung gefunden hat.

In Europa haben als erste Coster, Holz und Spaander (1960) im niederländischen Reichsinstitut für die Volksgesundheit Ringversuche veranstaltet, in Großbritannien seit Whitehead (1965), in Deutschland Merten (1962) im Auftrag der Deutschen Gesellschaft für Laboratoriumsmedizin (DGL), Büttner und Stamm (1965) im Auftrag der Deutschen Gesellschaft für Klinische Chemie (DGKCh) und Boroviczény (1968) im Auftrag der Deutschen Gesellschaft für Hämatologie. Dabei sind wichtige methodologische Erkenntnisse gewonnen worden, so daß auch mit der Standardisierungsarbeit (Normung) in der Medizin auf nationaler Ebene begonnen werden konnte. Die 1947 gegründete „World Association of Societies of Pathology (WASP)" hat schon sehr früh eine „Commission on World Standards (COWS of WASP)" eingesetzt. 1963 ist während eines Hämatologenkongresses in Lissabon das European Committee for Standardization in Haematology gegründet und auf dem Internationalen Haematologenkongreß 1964 in Stockholm in das International Committee for Standardization in Haematology (ICSH) umbenannt worden. Das letztgenannte Komitee hat die weltweite Normung der Hämoglobinometrie erreicht und damit bewiesen, daß in der Laboratoriumsmedizin Methoden standardisiert werden können, ohne daß dadurch der Fortschritt, insbesondere in der methodologischen Forschung, gehemmt wird. Die International Federation for Clinical Chemistry (IFCC) und ihr Standardisierungskomitee sowie das National Committee for Clinical Laboratory Standards (NCCLS), die Deutsche Gesellschaft für Laboratoriumsmedizin (DGL), die Deutsche Gesellschaft für Klinische Chemie (DGKCh) sowie die Deutsche Gesellschaft für Hygiene und Mikrobiologie (DGHM) sind ebenfalls in den sechziger Jahren gegründet worden.

Vor 20 Jahren (1966) haben Merten und Stamm als Vertreter der DGL und der DGKCh in Düsseldorf in Zusammenarbeit mit der Deutschen Gesellschaft zur Förderung der Medizinischen Diagnostik eine gemeinsame Tagung dieser Gesellschaften veranstaltet und dabei die Grundlagen der Zuverlässigkeitskontrolle im ärztlichen Laboratorium und Normung klinisch-chemischer Methoden sowie die Ergebnisse der ersten deutschen Ringversuche zur Diskussion gestellt (Merten und Stamm, 1967). In den folgenden Jahren sind diese Diskussionen auf zahlreichen Tagungen fortgesetzt worden.

Grundlage der Qualitätssicherung sind die internen Qualitätssicherungsmaßnahmen, deren erfolgreiches Bestehen in einem Ringversuch durch ein Zertifikat bestätigt wird. Ringversuche werden regelmäßig seit 1968 von dem Institut für Standardisierung und Dokumentation im medizinischen Laboratorium (INSTAND) e. V. und seit Oktober 1972 von der Deutschen Gesellschaft für Klinische Chemie (DGKCh) veranstaltet.

1969 hat der Gesetzgeber ein neues *Eichgesetz* verabschiedet, in dem die amtliche Eichung aller in der Laboratoriumsdiagnostik angewandten Volumenmeßgeräte vorgeschrieben worden ist. Die amtliche Eichung jeder einzelnen Pipette würde aber hohe Kosten verursacht und die Laboratoriumsarbeit erschwert haben. INSTAND ist es damals aufgrund der Erfahrungen in der internen Qualitätskontrolle und in Ringversuchen zusammen mit den Vertretern der Glasindustrie gelungen, die Vertreter des Bundeswirtschaftsministeriums (BWM) und der Physikalisch-Technischen Bundesanstalt (PTB) davon zu überzeugen, daß durch Qualitätssicherungsmaßnahmen mit geringerem finanziellem Aufwand mehr als durch das ausschließliche Anwenden geeichter Geräte erreicht werden kann. Als Ergebnis dieser Verhandlungen ist 1970 in die Eichpflicht-Ausnahmeverordnung eine Verfügung aufgenommen worden, daß die Anwendung geeichter Pipetten (mit Ausnahme von Blutmischpipetten) entfallen kann, wenn das Laboratorium interne Qualitätssicherungsmaßnahmen durchführt und erfolgreich an Ringversuchen teilnimmt. Die Durchführung der internen Qualitätssicherungsmaßnahmen und die Teilnahme an Ringversuchen haben dann die 1971 veröffentlichten und 1974 durch Ausführungsverordnungen ergänzten „Richtlinien der Bundesärztekammer zur Durchführung der statistischen Qualitätskontrolle und von Ringversuchen im Bereich der Heilkunde“ geregelt. Im Zusammenhang mit dem 1986 in Kraft getretenen neuen Eichgesetz hat die Bundesärztekammer im Einvernehmen mit der Physikalisch-Technischen Bundesanstalt neue Richtlinien zur Qualitätssicherung bei Laboratoriumsuntersuchungen (RiliBÄK) erarbeitet, die in der neuen Eichordnung (1987) zitiert werden sollen.

Der nun vorliegende Band 5 der INSTAND-Schriftenreihe erscheint gleichzeitig mit der Neufassung des *Eichgesetzes*, der *Eichordnung* und der *Richtlinien der Bundesärztekammer*. Er soll zeigen, wie interne und externe Qualitätssicherungsmaßnahmen in allen Bereichen der Laboratoriumsmedizin durchgeführt werden können und sollen. Qualitätssicherung ist niemals Selbstzweck, sondern dient der Zuverlässigkeit der Laboratoriumsergebnisse und Befunde.

2 Allgemeiner Teil

2.1 Einführung in die Systematik der Qualitätssicherung

Karl-Georg v. Boroviczény (Berlin), Albert v. Klein-Wisenberg (Freiburg), Richard Merten (Düsseldorf) und Hans Reinauer (Düsseldorf)

Im Zusammenhang mit der Qualitätssicherung sind in der Laboratoriumsmedizin im Laufe der letzten 20 Jahre zahlreiche neue *Begriffe* und *Benennungen* eingeführt worden.

Da eine „statistische" Qualitätssicherung betrieben werden soll, muß jeder in der Lage sein, auch die in der Statistik eingeführte Nomenklatur zu übernehmen und aus unserem Laborjargon diejenigen Bezeichnungen zu eliminieren, die im Gespräch mit den Statistikern zu Mißverständnissen führen könnten. Im folgenden wird deshalb schrittweise eine einheitliche Nomenklatur für die Qualitätssicherung in der Laboratoriumsmedizin vorgestellt und erläutert. In diesem Zusammenhang sei auf das *Glossar im Anhang* des Bandes verwiesen.

Zunächst werden Grundbegriffe im Zusammenhang mit den Laboratoriumsuntersuchungen, anschließend die für die Laboratoriumsmedizin wichtigsten Qualitätsmerkmale genannt und definiert. Es folgen Meßabweichungen und Fehler, gewissermaßen als Gegenbegriffe der positiv verstandenen Qualität, sowie die Unterscheidungsmerkmale von Fehlerarten und Fehlerquellen, deren Kenntnis erst eine Fehlersuche ermöglichen. Es werden Maßnahmen beschrieben, um Fehler vermeiden, erkennen und korrigieren zu können, und es wird über die notwendigen Entscheidungen gesprochen, die aufgrund der Erkenntnisse der Qualitätssicherung getroffen werden müssen.

2.1.1 Laboratoriumsuntersuchungen

Die Laboratoriumsuntersuchung ist eine qualitative und/oder quantitative *Analyse*, deren gute Qualität durch Auswahl von geeigneten Methoden, fachgerechten Analysenablauf und analytische Sicherung des Ergebnisses erreicht wird.

Dieser Abschnitt soll sich mit dem *Untersuchungsmaterial*, dessen *Merkmalen* und *Untersuchungsabläufen* befassen. Als Sammelbegriff für Untersuchungsmaterial und der untersuchten Merkmale ist die Bezeichnung *Talität* vorgeschlagen worden. Der Ausdruck Talität bedeutet „Derartigkeit" und stammt aus dem Lateinischen „talis", dem Korrelativ zu „qualis". Talitäten sind die Analysenbestandteile oder, statistisch gesehen, qualitative und quantitative Merkmale, deren Qualität kontrolliert und gesichert werden soll.

2.1.1.1 Untersuchungsmaterial (System, Probe, Analyt)

Im Laboratorium werden Analysenbestandteile (Analyte) untersucht.

Analyte sind Eigenschaften des Spezimen bzw. der Probe, die untersucht werden.

Das *Spezimen* oder Untersuchungsgut ist ein Teil des *Systems* (Ausgangsmaterials), dessen Beschaffenheit und Zusammensetzung den Kliniker interessieren.

Das Spezimen ist eine *Stichprobe* des Systems, die Probe eine Stichprobe des Spezimen.

Die *Probe* ist also der Teil des Spezimen, der zur Untersuchung kommt.

Das *System* ist das Ausgangsmaterial (statistisch gesehen die Grundgesamtheit), z. B. die 5 Liter Blut, die im Menschen zirkulieren, deren Beschaffenheit und Zusammensetzung den klinisch tätigen Arzt interessiert, das *Spezimen*, die entnommenen 10 ml Blut, die *Probe*, z. B. die 0,1 ml des zur Untersuchung verwendeten Blutes, Plasmas oder Serums.

Die *Person*, die untersucht wird, nennt man Proband.

Der *Proband* kann ein Gesunder oder ein kranker Patient sein.

Die *Untersuchung* dient der *Vorsorge*, *Früherkennung*, *Diagnostik*, *Prognostik* oder *Therapieüberwachung*;
die Begriffe Diagnostik, Differentialdiagnostik, Prognostik und Therapieüberwachung bedürfen keiner Erläuterung.

Eigenschaften des Probanden können chemische, mikroskopische, mikrobiologische und serologische u. ä. Bestandteile sein.

Laboratoriumsuntersuchungen haben das Ziel, mit *Verfahren*, *Geräten* usw. die Eigenschaften des Probanden und Ursachen oder Symptome physiologischer oder pathologischer Veränderungen zu erfassen und zu quantifizieren.

Objekte der Laboratoriumsuntersuchung sind die sogenannten *Systeme*: Blut, Urin, Liquor, Sekret einer Drüse, Speichel, Sputum, Ejakulat, Stuhl, Magensaft, Transsudat, Exsudat usw..

Vorsorgeuntersuchungen sind Präventivmaßnahmen, um Schädigungen des Probanden zu vermeiden, z. B. die Blutgruppenbestimmung und Durchführung einer Kreuzprobe, deren Ergebnisse dazu dienen, Transfusionsschäden zu vermeiden.

Reihenuntersuchungen der Bevölkerung mit dem Urinzucker-Streifentest dienen z. B. der *Früherkennung* einer diabetischen Stoffwechsellage.

Krankheitsursachen können durch den Nachweis einer Spirochaeta pallida im Sekret des Primäraffektes oder eines Erregers im Blut oder anderen Körpersäften nachgewiesen werden.

Symptom einer Krankheit ist ein pathologisch erhöhter Blutzuckerspiegel beim nüchternen Patienten.

2.1.1.2 Merkmale

Im großen Duden (Synonymwörterbuch) steht:
„*Merkmale* sind Zeichen, an denen man eine Sache erkennt, bzw. charakteristische Eigenheiten, Erkennungszeichen für einen bestimmten Zustand. Zeichen sind etwas Wahrnehmbares, was auf etwas Bestimmtes hinweist oder was etwas Bestimmtes ankündigt."

Die statistischen Methoden und Modelle für die Beschreibung und Auswertung von Beobachtungen hängen entscheidend von der Art der jeweilig interessierenden Merkmale ab. Für viele Fragestellungen ist es zweckmäßig, zwei Hauptgruppen zu unterscheiden, die als qualitative und quantitative Merkmale bezeichnet werden (**Tabelle 2.1-1**). Qualitative Merkmale sind Attribut- und Ordinalmerkmale.

Attributmerkmale treten in zwei oder mehreren verschiedenen Modifikationen auf. Entsprechend können die Beobachtungsobjekte (Merkmalsträger, qualitative Analysenbestandteile) in zwei oder mehrere disjunkte Gruppen aufgeteilt werden. So ist z. B. die Blutgruppeneigenschaft Kell „nachweisbar" oder „nicht nachweisbar". Neben solchen *alternativen Attributmerkmalen* gibt es auch *Klassifikationsmerkmale*, z. B. die Rh-Untergruppen. *Ordinalmerkmale* kommen in der Laboratoriumsmedizin, z. B. bei Gerätebeurteilungen (siehe Abschnitt 2.1.4.1.), oder in der Klinik bei der Beschreibung der Stadien bestimmter Erkrankungen, z. B. bei M. Hodgkin I, II, III, IV vor. Ordinalmerkmale sind die Noten, die bei Prüfungen vergeben werden; sie geben eine Reihenfolge an, die aufgrund der Intensität der Ausprägung des Merkmales in Klassen aufgeteilt ist, ohne daß eine Aussage über Umfang und quantitative Unterschiede zwischen den Klassen gemacht wird.

Tabelle 2.1-1: Einteilung der Merkmalsausprägungen

	Merkmale	Beispiele
1	*Qualitative Merkmale*	
1.1	Attributmerkmale	
1.1.1	Alternativattribute	Rh neg/pos
1.1.2	Klassifikationsattribute	CcDEe-Merkmale
1.2	Ordinalmerkmale	Hodgkin I-II-III-IV
2	*Quantitative Merkmale*	
2.1	Zählbare, diskrete Merkmale (Mengen)	
2.1.1	Diskrete Ereignismerkmale	
2.1.1.1	Bezugsgröße diskret	Analysenzahlen je Arbeitstag
2.1.1.2	Bezugsgröße kontinuierlich	Radioaktiver Zerfall je s
2.1.2	Diskrete Zustandsmerkmale (Beschaffenheitsmerkmale)	
2.1.2.1	Bezugsgröße diskret	MTA-Stellen je Laboreinheit
2.1.2.2	Bezugsgröße kontinuierlich	Ery-Partikel je Kubikmillimeter
2.2	Meßbare, kontinuierliche Merkmale (Größen)	
2.2.1	Kontinuierliche Ereignismerkmale	
2.2.1.1	Meßart alternativ	Brandmelder
2.2.1.2	Meßart komparativ	Geregeltes Überdruckventil
2.2.1.3	Meßart diskret-geometrisch	Digitale Dezibel-Anzeige
2.2.1.4	Meßart diskret-linear	Blutungszeit
2.2.1.5	Meßart kontinuierlich	Temperaturschreiber
2.2.2	Kontinuierliche Zustandsmerkmale (Beschaffenheitsmerkmale)	
2.2.2.1	Meßart alternativ	U-Glukose, naßchemisch pos/neg
2.2.2.2	Meßart komparativ	U-Glukose-Teststreifen, visuell
2.2.2.3	Meßart diskret-geometrisch	Titerstufenbestimmung
2.2.2.4	Meßart diskret-linear	Anzeige am Digitalphotometer
2.2.2.5	Meßart kontinuierlich	Anzeige am Analogphotometer

Ordinalmerkmale sagen über das „mehr-oder-weniger“ aus, bezeichnen also eine *Rangfolge*, bei der jedoch nichts über die Distanz zweier aufeinanderfolgender Rangplätze ausgesagt werden kann.

Die *Objekte* der Laboratoriumsuntersuchungen sind meist *quantitative Merkmale*. Der Statistiker unterscheidet *Zustandsmerkmale* und *Ereignismerkmale*. Zustände sind dauerhaft, können wiederholt beobachtet und untersucht werden, Ereignisse treten auf, sind streng genommen einmalig. Allerdings können Ereignisse experimentell herbeigeführt, wiederholt bzw. untersucht werden. Es muß aber klar zwischen der wiederholten Beobachtung bzw. Untersuchung ein und desselben Zustandsmerkmales und mehreren Beobachtungen der gleichen Ereignismerkmale unterschieden werden.

Quantitative Merkmale - Zustandsmerkmale und auch Ereignismerkmale - können diskret oder stetig sein.

Diskrete Merkmale ergeben zählbare Mengen, *stetige Merkmale* ergeben meßbare Größen.

Ein *diskretes Zustandsmerkmal* ist z.B. die Anzahl der Personen in einem abgeschlossenen Raum, ein *diskretes Ereignismerkmal*, z.B. die Zahl der von einem Untersucher an einem Arbeitstag durchgeführten Analysen. Die Personen in einem Raum können beliebig oft gezählt, ihre Anzahl überprüft werden. Solange der Raum geschlossen bleibt, verändern sie sich nicht. Die Zahl der von einem Untersucher durchgeführten Analysen ändert sich von Tag zu Tag, auch wenn die dem Untersucher gestellte Aufgabe die gleiche bleibt.

Ein *stetiges Zustandsmerkmal* ist z.B. die Glukosekonzentration in einer Urinprobe, ein *stetiges*

Ereignismerkmal z. B. die Blutgerinnungszeit. Auch hier ist der Unterschied zwischen Zustand und Ereignis der gleiche wie bei den diskreten Merkmalen.

Quantitative Merkmale werden zuweilen - unter Informationsverlust - bewußt wie *qualitative* oder *halbquantitative* Merkmale behandelt, indem vom genauen Meßwert bzw. Zählwert abgesehen und lediglich angegeben wird, ob eine bestimmte Grenze über- bzw. unterschritten wird, ob also z. B. die Glukosekonzentation im Urin als „nicht nachweisbar" bzw. „normal", als „nachweisbar" und damit als „pathologisch" eingestuft wird oder ob man mit dem Streifentest zwischen –, +, ++ und +++ unterscheidet. Die Unterscheidung, ob das Merkmal selbst qualitativ oder quantitativ ist oder ob ein quantitatives Merkmal als qualitativ, halbquantitativ oder quantitativ beurteilt wird, ist von grundlegender Bedeutung.

Quantitative Merkmale können mit qualitativen, halbquantitativen oder quantitativen Analysenmethoden untersucht werden. Die Glukosekonzentration im Urin ist ein stetiges, quantitatives Merkmal. Man kann aber auch *qualitativ* prüfen, ob mit einer bestimmten Methode Glukose im Urin überhaupt nachweisbar ist, und man bekommt ein Ja/Nein-Ergebnis, also eine qualitative Aussage über ein quantitatives Merkmal. Die Urinkonzentration kann halbquantitativ auch mit einem Streifentest untersucht werden und die Aussage lautet: „sehr stark positiv".

Der Ausdruck *„halbquantitative Methode"* ist nicht genau definiert, jedoch weit verbreitet. In derselben Urinprobe kann die Glukosekonzentration mit hoher Genauigkeit quantitativ bestimmt werden.

In einem Normvorhaben wird diskutiert, ob Methoden mit einer relativen Standardabweichung von mehr als 30% als *grob oder halbquantitativ* bezeichnet werden sollen. Die Tabelle 2.1-1, die in Anlehnung an eine von Hengst (1967) publizierte Tabelle aufgestellt worden ist, soll verdeutlichen, daß bei der statistischen Auswertung diskreter Zustands- und Ereignismerkmale berücksichtigt werden muß, wie genau die jeweilige Bezugseinheit realisiert werden kann.

Oft werden in der Laboratoriumsmedizin *Mischphasen* bestimmt. Eine Mischphase besteht aus einem oder mehreren Lösungsmitteln und einem oder mehreren gelösten Bestandteilen. Wird in einer Lösung die Konzentration eines Bestandteiles bestimmt, so werden zwei Merkmale festgestellt: die *Masse* oder die *Stoffmenge* des gelösten Bestandteiles in der Volumeneinheit des Lösungsmittels. Das erste Merkmal ist im genannten Beispiel die Masse der gelösten Glukose, das zweite die Stoffmenge, das Urinvolumen. Die Masse der Glukose und auch das Volumen des Urins sind stetige Zustandsmerkmale; deshalb ist auch die Glukosekonzentration im Urin ein stetiges Zustandsmerkmal.

Bei Konzentrationsbestimmungen treten auch *diskrete und stetige Zustandsmerkmale kombiniert* auf: die Anzahl der Erythrozyten in der Volumeneinheit Blut ist ein diskretes Zustandsmerkmal in einem stetigen Zustandsmerkmal, eine Menge in einer Größe.

Ebenso gibt es die Kombination *diskreter und stetiger Ereignismerkmale*, z. B. die Anzahl radioaktiver Zerfallseinheiten in der Zeiteinheit. Es ist wichtig, zwischen diskreten und stetigen Merkmalen sowie deren Kombination zu unterscheiden, weil ihre statistischen Parameter verschieden sind. Dies bedeutet, daß in der statistischen Qualitätskontrolle und in allen statistischen Auswertungen mit stetigen und diskreten Merkmalen unterschiedlich umgegangen werden muß (siehe Abschnitt 2.1.6.1).

DIN 55350 Teil 12 definiert den Begriff *Merkmal* als eine „Eigenschaft, die das Unterscheiden von Einheiten (s. DIN 55350 Teil 11) einer Gesamtheit ermöglicht, und zwar entweder quantitativ (quantitatives Merkmal, Größe) oder qualitativ (qualitatives Merkmal)".

Anmerkung 1: Die Eigenschaft selbst und die Art ihrer Feststellung bedingen, ob es sich um ein quantitatives oder um ein qualitatives Merkmal handelt.

Anmerkung 2: Die Benennung „Größe" als Synonym für quantitatives Merkmal wird hier in einem weiteren Sinn als in DIN 1313 verstanden.

2.1.1.3 *Von der Meßwertanzeige zum Befund*

„*Messen* ist der experimentelle Vorgang, durch den der spezielle Wert einer physikalischen Größe als Vielfaches einer Einheit oder eines Bezugswertes ermittelt wird (Meßgröße)".

Oft wird in der Meßtechnik Messen auch *„Bestimmen"* genannt. In etwas engerem Sinn ist dieser Ausdruck in der chemischen Industrie gebräuchlich. Die früher mit Vorliebe, jetzt seltener gebrauchten Ausdrücke „beobachten" anstelle von „messen" und „Beobachtungsgröße" anstelle von „Meßgröße" werden dem heute sehr komplexen Vorgang des Messens wohl nicht mehr ganz gerecht.

Die *Meßhöhe* ist die physikalische Größe, die durch die Messung erfaßt wird (z. B. Länge, Dichte, Kraft, Arbeit usw.). Der Meßwert ist der spezielle, zu ermittelnde Wert der Meßgröße, er wird als Produkt aus Zahlenwert und Einheit angegeben.

Das *Meßergebnis* wird im allgemeinen aus mehreren Meßwerten einer einzelnen Meßgröße oder aus Meßwerten verschiedenartiger Meßgrößen mit Hilfe einer vorgegebenen eindeutigen Beziehung erhalten. Im einfachsten Fall kann ein einzelner Meßwert bereits das Meßergebnis darstellen. Zum Meßergebnis gehört die *Angabe der Meßunsicherheit* oder der Fehlergrenzen (siehe DIN 1319 Teil 3)."

„*Zählen* ist das Ermitteln der Anzahl von jeweils in bestimmter Hinsicht gleichartigen Elementen oder Ereignissen (z. B. Gegenständen oder Dingen, elektrischen Impulsen, Umdrehungen, Partikeln beim radioaktiven Zerfall), die bei dem zu untersuchenden Vorgang in Erscheinung treten".

„Gezählt werden kann durch Sinneswahrnehmung oder mittels Zähleinrichtungen (Zählwerken, Zählern). Dabei wird stets die Anzahl gleichartiger Elemente einzeln ermittelt. Das Zählen kann auf den Ablauf eines bestimmten Vorganges oder auf eine bestimmte Zeitspanne begrenzt werden. Nicht alle Geräte, die üblicherweise als „Zähler" bezeichnet werden, verdienen bei korrekter Anwendung diese Benennung. Die Meßtechnik bedient sich immer mehr des Zählens zur Ermittlung eines Meßwertes. Beispiel: Messen einer Frequenz durch Zählen der Perioden innerhalb einer vorgegebenen Zeitspanne: „Element" ist die Periode, Messen das durch einen Volumenzähler mit beweglichen Trennwänden strömenden Flüssigkeits- oder Gasvolumens, der Meßkammerinhalt hier der Impuls von Kontaktgeberzählern in einem Fernzählwerk; ein Einzelzähler gibt dabei nach einer bestimmten Anzahl von Läuferumdrehungen jeweils einen Impuls ab."

„Ist die Meßgröße eine meßbare Eigenschaft eines Körpers (auch einer Probenmenge), so heißt dieser Körper *Meßgegenstand* (Meßobjekt, Probe)."

„Die *Anzeige* ist bei anzeigenden Meßgeräten durch den an einer Skala abgelesenen Stand der Marke gegeben.

Die Anzeige kann als Zahlenwert oder je nach Beschriftung der Einheiten der Meßgröße, in Skalenteilen, in Längeneinheiten oder in Zifferschritten angegeben werden. Es gibt Meßgeräte mit mehreren Skalen, die längs des Weges der Marke nebeneinander oder hintereinander liegen können."

„Man nennt ein *Meßverfahren analog*, ein Meßgerät und eine Meßeinrichtung analogarbeitend, wenn der Meßgröße (Eingangsgröße) durch das Verfahren, das Gerät oder die Einrichtung eine Ausgangsgröße (Anzeige) zugeordnet wird, die, mindestens im Idealfall, eine eindeutige, punktweise stetige Darstellung der Meßgröße ist. Man nennt ein Meßverfahren *digital*, ein Meßgerät und eine Meßeinrichtung digitalarbeitend, wenn der Meßgröße durch das Verfahren, das Gerät oder die Einrichtung eine Ausgangsgröße zugeordnet wird, die eine mit festgegebenen kleinsten Schritten quantisierte, zahlenmäßige Darstellung der Meßgröße ist. Der Anzeigenbereich ist der Bereich der Meßwerte, die an einem Meßgerät abgelesen werden können. Bestimmte Meßgeräte, z. B. Thermometer mit Erweiterungen, können mehrere Teilanzeigenbereiche haben. Der *Meßbereich* ist der Teil des Anzeigenbereiches, für den der Fehler der Anzeige innerhalb von angegebenen oder vereinbarten Fehlergrenzen bleibt (siehe DIN 1319 Teil 3, 08.08, Abschnitte 3 und 7). Der

Meßbereich kann den gesamten Anzeigenbereich umfassen oder aus einem Teil oder aus mehreren Teilen bestehen."

Diese Zitate sind den Normen DIN 1319, Teil 1 und Teil 2 einschließlich der Anmerkungen entnommen. Diese genormten Begriffe, Benennungen und Definitionen werden in gleichem Sinne auch in der Laboratoriumsmedizin gebraucht.

Zur besseren Verständlichkeit sollen die Begriffe am Beispiel der quantitativen Glukosebestimmung erläutert werden; noch vor der Analyse sind zahlreiche *Meßwerte* bereits bestimmt: die Abmessung verschiedener Reagenzien und Lösungsmittel (heute üblicherweise für Reagenzienpacks von der Reagenzienfirma lieferbar), die Abmessung der Probe, das Ansetzen der Verdünnungen im Labor usw. Als letztes kommt dazu die Meßanzeige des Photometers bzw. der daraus ermittelte Meßwert.

Die *Meßanzeige* eines Photometers ist streng genommen die Funktion der Strommenge, die im Strahlungsempfänger des Photometers in Folge des Lichteinfalls auftritt. Durch Anwendung einer entsprechend geteilten Skale (auch *Digitalanzeiger* oder *Digitalausdruck* sind in diesem Sinne eine Skale) wird die Meßanzeige in Transmissions- oder Extinktionseinheiten angegeben. Da bei einer standardisierten Methodenvorschrift alle anderen Meßwerte (Reagenzien, Abmessungen, Probenmenge, Verdünnung usw.) konstant gehalten werden und der Meßwert der Photometeranzeige die einzige Variable ist, kann das *Meßergebnis* der Glukosekonzentrationsbestimmung direkt abgeleitet werden. Durch Faktoreneingabe kann in vielen Fällen sogar die Skaleneinteilung des Photometers so verändert werden, daß die Anzeige unmittelbar als Meßergebnis erfolgt. Das Meßergebnis wird im Labor Analysenergebnis oder kurz *Ergebnis* genannt. Dieses Ergebnis besteht aus dem Zahlenwert und der Einheit und kann zu einem *Laborbefund* kommentiert werden (siehe Abschnitt 2.5).

2.1.1.4 Überlegungen zur Einteilung der Analysenmethoden

Aufgrund der Skaleneinteilung kann zwischen qualitativen, halbquantitativen und quantitativen Analysen unterschieden werden, wie im Abschnitt „Skalen" erläutert wird. Diese Aufteilung der Analysen ist aber vordergründig und z.T. irreführend, denn in jeder Laboratoriumsanalyse sind qualitative und quantitative Aussagen enthalten, wobei die erste nur aufgrund der zweiten möglich ist. Die Grundlagen einer quantitativen Analyse sind stöchiometrisch ablaufende Reaktionen, bei denen Mindestkonzentrationen bzw. -mengen an Reaktanden vorgegeben sein müssen. Diese Aussage ist zutreffend z.B. auch bei der Bestimmung der Blutgruppen, des Hepatitis-Antigens usw.. In allen „positiven" Fällen muß die Nachweisgrenze, ein quantitativ bestimmbarer Meßwert, überschritten sein; dies ist die Voraussetzung für jeden, auch den qualitativen Nachweis, und somit eine *quantitative Aussage.*

Analysiert werden *Analyte* als *Merkmalsträger* (z.B. Glukosekonzentration) oder als *Analytmerkmal* (z.B. Erythrozytensenkungsreaktion).

Die Analyte müssen aufgrund typischer Merkmale einerseits qualitativ erkannt, andererseits in ihrer Ausprägung quantitativ bestimmt werden. Analyte können Substanzen sein (z.B. Glukose, Antigene) oder Zellen (z.B. Leukozyten, Bakterien) oder Ereignisse (z.B. Erythrozytensenkung, Blutungszeit) oder Zustände (z.B. osmotischer Druck, Viskosität). Jeder Analyt hat mehrere Merkmale (Form, Farbe, Spektrum, spezifisches Aktivitätspotential usw.), aufgrund derer er qualitativ erkannt, identifiziert wird. Jeder Analyt hat auch quantitativ ausgeprägte Merkmale (Menge, Aktivität, Geschwindigkeit usw.). Die quantitative Ausprägung kann Gegenstand der Analyse sein; zumindest eine quantitativ ausgeprägte, bestimmte Mindestmenge muß in jedem Fall, auch bei der qualitativen Analyse vorhanden sein, um den Analyten überhaupt nachweisen zu können. Es wird also eine quantitative, zumindest quantifizierbare Analyse durchgeführt; nur die Ablesung und/oder Mitteilung des Ergebnisses beschränkt sich in bestimmten Fällen auf eine nur qualitative Aussage.

Jedes Ergebnis einer Laboratoriumsuntersuchung erhält demnach sowohl eine qualitative als auch eine quantitative Aussage.

Diese Überlegungen werden mit einigen Beispielen belegt:

Beim *Blutzucker* ist die im Plasma enthaltene Glukose der Analyt und die Konzentration das zu bestimmende Merkmal. Die angewandte Analysenmethode ist z. B. eine hochspezifische Enzymreaktion (Hexokinase oder Glukosedehydrogenase), deren Ablauf den Analyten qualitativ definiert und zugleich die Merkmalsausprägung bestimmt, d. h. in einem Aliquot (einer abgemessenen Plasmaprobe) quantitativ mißt; damit kann die Massen-Konzentration (Masse Glukose in Volumen Blut: mg/dl) oder die Stoffmengenkonzentration (Stoffmenge Glukose in Volumen Blut: mmol/L) errechnet werden. Sowohl die Merkmalsausprägung als Masse oder Stoffmenge als auch das beinhaltende Volumen werden an einer kontinuierlichen Skale gemessen, um die Konzentration mit der notwendigen Genauigkeit angeben zu können. Die Nachweisgrenze der in der Laboratoriumsmedizin angewandten Methoden ist, auch bei einer schweren Hypoglykämie, ausreichend.

Bei der Bestimmung der *Leukozytenzahl* werden zuerst alle Erythrozyten hämolysiert, dann aufgrund des Merkmals „Partikelvolumen" die Leukozyten von den Thrombozyten qualitativ unterschieden und zugleich in einem (verdünnten) Aliquot gezählt; somit kann die Partikelkonzentration berechnet werden. Der Leukozyt ist der Analyt, die Partikelkonzentration die Merkmalsausprägung. Die Zahl wird in einem gemessenen Aliquot bestimmt, d. h., es wird das Ergebnis einer digitalen Zählung mit dem Ergebnis einer analogen Messung kombiniert. Mindestens ein Leukozyt muß im verdünnten Aliquot vorhanden sein (theoretische Nachweisgrenze), was allerdings ein $s = \pm 100\%$ bedeuten würde. Um die gewünschte Genauigkeit erzielen zu können, wählt man daher eine Verdünnung, in der genügend Leukozyten vorhanden sind, um das Ergebnis mit hinreichender Präzision bestimmen zu können.

Beim *Differentialblutbild* werden in einem Arbeitsgang nebeneinander mehrere Analyte (neutrophile, eosinophile, basophile Granulozyten, Monozyten, usw.) stets zuerst visuell identifiziert, d. h. aufgrund bestimmter Merkmale (Kernform, Granula usw.) qualitativ definiert, dann gezählt (quantifiziert erfaßt) und z. B. auf einer Strichliste notiert. Die Strichliste ergibt am Ende die quantitativen Ausprägungen als prozentuale Anteildaten, die aufgrund der Leukozyten-Partikel-Konzentration z. B. in Eosinophilen-Partikelkonzentration umgerechnet werden können. Nur Analyte, die im untersuchten Präparateteil vorkommen, können in der Strichliste erscheinen, d. h., bei 100 differenzierten Zellen ist die Nachweisgrenze 1%, bei 200 ist sie 0,5%.

Beim *Rötelntiter* wird der in der Analysenprobe enthaltene Antikörper einerseits mittels spezifischer Antigen-Antikörper-Reaktion definiert; zugleich wird aufgrund einer Verdünnungsreihe diejenige Antikörperverdünnung bestimmt, deren Reaktion gerade noch erkennbar ist (Messung eines Grenzwertes). Analyt ist: der Rötelnantikörper; quantitativ ausgeprägtes Merkmal: die an einer geometrisch gestuften Skale gemessene Konzentration dieses Antikörpers im Serum. Daneben gibt es für den gleichen Analyten Analysenverfahren (EIA), deren Ergebnisse an einer kontinuierlichen Skale abgelesen werden.

Bei der *Blutgruppenbestimmung* werden in mehreren unabhängigen Analysenansätzen gleichzeitig mehrere Erythrozytenmerkmale (A, B, Rh, rh usw.) untersucht. Die Identifizierung der Merkmale erfolgt mittels spezifischer Antigen-Antikörper-Reaktionen; die Merkmalsausprägung wird „halbquantitativ" bestimmt (−, +, + +, + + +), aber auf einer nur zweistufigen Skale als „nachgewiesen" oder „nicht nachgewiesen" (pos/neg) angegeben, da diese qualitative Ergebnisangabe in den meisten Fällen genügt. Die staatlich geprüften Testsera sind so eingestellt, daß beim Vorhandensein eines Blutgruppenmerkmals die Nachweisgrenze immer überschritten wird. Gelegentlich wird aber auch eine mehrstufige Skale angewandt, z. B. D, D^u, d.

In der *Typhus-Paratyphus-Enteritis-(TPE)-Bakteriologie* wird geprüft, ob irgendein vermehrungsfähiger Keim (Analyt) der genannten Gruppe im Stuhl vorhanden ist. In der bunten Reihe wird die quantitative Ausprägung mehrerer Merkmale untersucht, um aufgrund des gefundenen Merkmalmusters den Keim identifizieren zu können. Das Ergebnis, z. B. „Salmonella heidelberg" wird qualitativ angegeben. Die Nachweisgrenze ist eine Quantität; sie wird hier nur implizit mitgeteilt. Eigentlich sollte es heißen: der Analyt „Salmonella heidelberg" ist im Stuhl in einer genügend hohen Konzentration als vermehrungsfähiger Keim vorhanden, so daß er aus der eingesandten Probe anzüchtbar ist.

Als letztes Beispiel wird die Bestimmung der *Glukose* im Urin genannt. Es ist die Messung der quantitativen Merkmalsausprägung (Konzentration) des Analyten, die qualitativ (Nylander-Probe pos/neg), halbquantitativ (visuelle Ablesung des Teststreifens mittels komparativer Skale) oder quantitativ (photometrische Teststreifenauswertung) erfolgen kann. Die quantitative Merkmalsausprägung ist jedesmal dieselbe, nur die angewandte Skale ist unterschiedlich. Im Urin ist Glukose in geringer Konzentration (< 10 mg/dl) immer vorhanden; die Nachweisgrenze der in der klinischen Chemie angewandten Methoden ist so eingestellt, daß das Ergebnis beim Gesunden „nicht nachgewiesen“ lautet.

2.1.1.5 Statistik

Wie aus den Beispielen hervorgeht, ist die quantitative Merkmalsausprägung entweder eine zählbare Menge oder eine meßbare Größe. Im letzteren Fall kann zur Bestimmung eine Analogskale oder eine gestufte Skale angewandt werden, wobei für die gleiche Messung verschieden gestufte Skalen genommen werden können. Daraus ergeben sich Konsequenzen für eine statistische Auswertung, die nachfolgend erläutert werden.

Da die englische Sprache „Größen“ und „Mengen“ gleichermaßen „quantity“ nennt, wird neuerdings diese Unterscheidung auch im deutschen Sprachgebrauch unterlassen. Man spricht von Meßwerten, auch wenn Zählwerte gemeint sind. Dies ist berechtigt, wenn es sich um große Mengen handelt, obwohl es auch dabei grundsätzliche Unterschiede gibt:

Beim *Messen* ist eine Meßunsicherheit immer vorhanden, die aus zwei Komponenten besteht: aus der Meßabweichung und der Ableseabweichung. Die Meßabweichung ist physikalisch bzw. meßgerätebedingt. Es ist nicht möglich, Messungen identisch zu wiederholen. Es gibt immer Unterschiede, so z. B. beim „Anlegen der Meßlatte“, und reibungsbedingte Abweichungen beim Wägen usw. Die Ableseabweichung (auch Rundungsfehler genannt) ist hingegen durch die feinere oder gröbere Skalenteilung bedingt (siehe unten).

Beim *Zählen* sind Abweichungen und Fehler grundsätzlich vermeidbar. Auch eine große Zahl ist abweichungsfrei feststellbar, z. B. die Bilanz einer Großbank. Ein anderes Beispiel ist die Stoffmenge, die heute gewogen, titriert oder photometriert wird, während in Zukunft die unmittelbare Zählung der Moleküle denkbar ist. Der wahre Wert kann nie gemessen aber bei entsprechender Versuchsanordnung abgezählt werden (Rübezahl verzählte sich infolge der mangelhaften Versuchsplanung).

Diese Aussagen gelten nur für die Zählung einer Grundgesamtheit, da jede Stichprobenziehung zufallsbedingte Abweichungen aufweist. Unterschiedliche Zählergebnisse im Laboratorium sind zum Teil auf die zufallsbedingten Abweichungen der Stichprobenziehung zurückzuführen.

2.1.1.6 Verteilungen

Die Ergebnisse einer Meßreihe weisen eine Verteilung auf, deren Charakteristika statistisch beschrieben werden können. Es gibt kontinuierliche Verteilungen (Gauß-Verteilung, Lognormal-Verteilung, Student-Verteilung, Chi-Quadrat-Verteilung, F-Verteilung usw.) und diskontinuierliche, diskrete Verteilungen (hypergeometrische Verteilung, Bernoulli-Verteilung, Poisson-Verteilung usw.). Empirisch gefundene Verteilungen können, meist durch eine der theoretischen Verteilungen, zutreffend charakterisiert und mit ihren Maßzahlen angegeben werden.

Im folgenden werden nur Eigenschaften einiger Verteilungen, vereinfacht für den Nichtstatistiker, besprochen, deren Verständnis im Zusammenhang mit den Aufgaben der Referenzlaboratorien wichtig ist. Dies sind die Gauß-Normalverteilung, Poisson-Verteilung, Bernoulli-Binomialverteilung und Multinomialverteilung. Einzelheiten (Formeln usw.) müssen der Fachliteratur entnommen werden. Bei allen Verteilungen gibt es *Lageparameter* (z. B. *Mittelwert*) und *Streuungsparameter* (z. B. *Standardabweichung*). Mittelwert und Standardabweichung als Lage- und Streuungsparameter sind bei *jeder beliebigen Verteilung* anwendbar und aussagefähig, z. B. auch bei einer mehrgipfligen oder unsymmetrischen Verteilung, allerdings mit unterschiedlicher Bedeutung.

Wird ein *Meßvorgang* am gleichen Objekt unter gleichen Bedingungen mehrfach wiederholt (Mehrfachbestimmung unter Wiederholbedingungen), so ergibt die graphische Auswertung der Ergebnisse einer *Normalverteilung* die bekannte Gaußsche Glockenkurve. Diese wird durch Angabe des arithmetischen Mittelwertes ($\bar{x}$) und der Standardabweichung (s) statistisch beschrieben. Liegt eine Normalverteilung vor, fallen etwa 95% aller Einzelwerte in den Bereich „Mittelwert abzüglich und zuzüglich der zweifachen Standardabweichung". Dies gilt auch für Zellzählungen: hier beeinflußt nur die mittlere Zellzahl das Maß der Standardabweichung, da die Zellzahlen (Partikelkonzentration) als „diskrete Zufallsvariable" eine Poisson-Verteilung aufweisen, bei der der Mittelwert zugleich die Varianz der Verteilung darstellt.

In bestimmten Fällen können die vorhandenen Ergebnisse rechnerisch bearbeitet (*transformiert*, z. B. *logarithmiert*) und so in eine Normalverteilung überführt werden.

Einzelne diskrete, prozentuale Anteildaten (z. B. im Differentialblutbild) sind binomial verteilt. Die *Binomialverteilung* ist nur dann symmetrisch, wenn der Analyt (z. B. neutrophiler Granulozyt) einen Anteil von 50% hat. Bei anderen Anteilen ist die Verteilung schief: bei niedrigen oder hohen Prozentwerten kann die Verteilung nie unter 0% bzw. über 100% reichen. Die Binomialverteilung bezieht sich auf 2 Analyte (z. B. Eosinophiler/Nicht Eosinophiler), während die Anteildaten mehrerer Analyte (Kategorien wie Eosinophilen, Basophilen, usw.) eine tri-, tetra-, penta-, usw. bzw. multinomiale Verteilung aufweisen. In jeder Kategorie ist die relative Häufigkeit (%) der Lageparameter, während der Streuungsparameter vom Stichprobenumfang, von der Zahl der differenzierten Zellen abhängig ist.

Es ist wichtig, diese Verteilungen zu kennen, da die Unterschiede bei der Beurteilung der Ringversuchsergebnisse von großer Bedeutung sein können. Ebenso wichtig ist die Auseinandersetzung mit den verschiedenen, bei der Ergebnismitteilung angewandten Skalen, die auch in den Ringversuchen vorkommen und deren korrekte statistische Behandlung Aufgabe des Versuchsleiters ist.

2.1.1.7 Skalen

Wie aus den Beispielen hervorgeht, können bei der Messung kontinuierlich ausgeprägter Merkmale (z. B. Konzentrations- oder Aktivitätsbestimmungen) kontinuierliche Analog- oder diskontinuierliche (gestufte) Digitalskalen, z. B. beim Analog- und Digitalphotometer, angewandt werden. Im Beispiel des Analogphotometers ist die eine Skale logarithmisch (*Extinktionsskale*), die andere linear unterteilt (*Transmissionsskale*) oder die Skale gespreizt werden. Zur genaueren Ablesung kann die Skale mit einer Lupe betrachtet worden. Der abgelesene Skalenwert dient zur Berechnung des Analysenergebnisses.

Die Skale der Digitalphotometer hat eine vorgegebene, nur in Dezimalschritten veränderbare Stufung und damit eine vorbestimmte Ablesegenauigkeit. Infolge der Meßunsicherheit flackert die letzte Stelle der Anzeige oft zwischen zwei oder drei Ziffern hin und her. Angezeigt wird die Extinktion, Faktoren können eingegeben werden, so daß das Ergebnis direkt angezeigt wird. Wie die Photometer haben auch andere Meßgeräte (z. B. Osmometer, Chloridmeter) wahlweise eine ungestufte Analog- oder eine gestufte Digitalskale.

Für Analysen, bei denen keine hohe Genauigkeit der quantitativen Ergebnisangabe notwendig ist, genügt eine gröber gestufte Skale. Die Stufung der Skale kann linear (1:2, 1:3, 1:4 usw.) oder geometrisch (1:2, 1:4, 1:8 usw.) aufgeteilt sein. Der Stufenabstand ist durch das Vorgehen beim Ansatz der Verdünnungsreihe frei wählbar; er richtet sich nach der erforderlichen Ablesegenauigkeit. Im biologischen System reicht für die klinische Aussage in der Regel die visuelle Ablesung der Reaktion in einer geometrischen Verdünnungsreihe. Es ist jedoch möglich, die entstehende Lyse der Indikator-Erythrozyten in einer Komplementbindungsreaktion nach Zentrifugation photometrisch zu messen. Ein Referenzserum mit einem bekannten Antikörpertiter wird in verschiedenen Verdünnungen mitgeführt. Aufgrund der photometrisch gemessenen, unterschiedlich ausgeprägten Hämolyse kann eine Bezugskurve aufgestellt und die Patientenproben quantitativ gemessen werden. Ein solches Vorgehen ist z. B. mittels einer Spline-Funktion möglich und entspricht in seiner Meßgenauigkeit der Radioimmunanalytik (RIA).

In allen aufgezählten Fällen wird die quantitative Ausprägung eines Analytmerkmals gemessen. Die Merkmalsausprägung wird durch die Skalierung nicht beeinflußt. Dies geht aus dem genannten Beispiel und weiteren Methoden hervor, bei denen die Titerstufen, z. B. Rötelntiter und Röteln-EIA, durch eine genauere photometrische Ablesung abgelesen werden.

Die Meßabweichung hängt nur von der angewandten Methode und nicht von der verwendeten Skale ab; durch Skalenspreizung wird nur die Ablesung, nicht die Bestimmung genauer. Da die Feststellung der als Standardabweichung anzugebenden Meßabweichung eine große Bedeutung hat, sollte die Skalenstufung (Verdünnungsstufen, Nachkommastellen) so gewählt werden, daß die Meßabweichung gut ersichtlich wird. Das Maß der Stufung bestimmt auch das Maß der Rundung: wenn die Meßabweichung „weggerundet" wird, ist die Anzeige bei Mehrfachbestimmungen eventuell immer gleich und täuscht eine nicht vorhandene Genauigkeit vor.

Die *Standardabweichung* ist ein Skalenparameter. Ob das Meßsignal photometrisch oder als Agglutination abgelesen wird, ist für die statistische Auswertung einer Meßreihe (z. B. der Ergebnisse eines Ringversuchs) belanglos. Ergebnisse geometrisch gestufter Skalen werden zur statistischen Auswertung transformiert (logarithmiert). Anders verhält es sich, wenn die Merkmalsausprägung an einer unregelmäßig eingeteilten Skale wie z. B. bei der visuellen Ablesung der Streifentests gemessen wird. Bei einer unregelmäßig eingeteilten Skale wäre es falsch, Mittelwert und Standardabweichung zu ermitteln; man muß die „nichtparametrischen" statistischen Meßzahlen (Medianwert, Spannweite, Perzentile) anwenden.

Auch diskret ausgeprägte Merkmale (gezählte Mengen) dürfen, wenn die Menge groß genug ist ($>$ 1000 bei einem 95%-Vertrauensniveau, $>$ 25000 bei einem 99%-Vertrauensniveau, z. B. bei Gamma-Countern), statistisch wie Meßwerte behandelt werden. Dementsprechend gibt es für die Feststellung der Erythrozyten- und Leukozytenzahlen mit Analogskalen ausgestattete Geräte (z. B. Sanborn-Counter). Für kleinere Mengen ist bei der statistischen Auswertung die Poisson-Verteilung maßgebend.

Ein Grenzfall ist die Reduktion einer gestuften Skale auf zwei Stufen. Bei der qualitativen Ja/Nein-Ergebnismitteilung wird das Resultat der Ablesung einer quantitativen Merkmalsausprägung bei einer willkürlich gewählten Konzentration (Schwellenwert) so weit gerundet, daß die Meßabweichung verschwindet. Das Meßergebnis kann nur mit Ja oder Nein angegeben werden. Daß dies auch eine quantitative Analyse ist, bestätigt der Ausnahmefall: wenn durch Zusammenspiel von Konzentration und Meßabweichung die Schärfe der Stufe verwischt ist, muß das Ergebnis als „nicht sicher ablesbar" (+/−) angegeben werden. Dies kann, z. B. bei der Bestimmung der A-Untergruppen, vorkommen.

2.1.2 Qualitätsmerkmale

Qualitative und quantitative Analysenergebnisse haben zahlreiche Qualitätsmerkmale; einige sind für die Qualitätssicherung von besonderer Bedeutung. Ihr Vorhandensein oder Fehlen, ihre stärkere oder schwächere Ausprägung sind ein Maß für die Zuverlässigkeit der Ergebnisse oder der Beurteilung des Befundes. Die heute für die Qualitätssicherung als besonders wichtig geltenden Ergebnis- und Befundqualitätsmerkmale - zusammengefaßt in **Tabelle 2.1-2** - werden einzeln in den folgenden Abschnitten besprochen.

Wir unterscheiden bei den Laboratoriumsbefunden: Zuordnungsqualitäten und Genauigkeitsqualitäten = Zuverlässigkeitsqualitäten; ferner Beurteilungsqualitäten und Aussagequalitäten = Bedeutungsqualitäten.

2.1.2.1 Zuordnung

Zuordnungsmerkmale sind *Identität, Egalität, Selektivität, Spezifität, Integrität, Ziehungsrichtigkeit* und *Bestimmungslage.* Die Zuordnungsmerkmale beziehen sich gleichermaßen auf Zähl- und Meßwerte aller qualitativen und quantitativen Analysen. In der Tabelle 2.1-2 finden sich neben der Benennung der Qualitätsmerkmale

Tabelle 2.1-2: Qualitätsmerkmale der Analysenergebnisse und Befunde

	Qualitätsmerkmale	Synonyma und Erläuterungen	Gegenworte, Gegenbegriffe
1	*Zuverlässigkeit der Analysenergebnisse*		
1.1	*Zuordnung*		Grober Fehler
1.1.1	Identität	Gleichheit von Proband bis Befund	Verwechslung
1.1.2	Egalität	Ähnlichkeit d. Probanden- u. Kontrollprobe	Unähnlichkeit
1.1.3	Diskretheit	Unterscheidung von Probe zu Probe	Verschleppungsfehler
1.1.4	Analytische Spezifität	Auswahlvermögen	Verfälschung, Matrixeffekt
1.1.5	Analytische Selektivität	Unterscheidungsvermögen	Störanfälligkeit
1.1.6	Integrität	Beständigkeit von Entnahme bis Ergebnis	Veränderung
1.1.7	Ziehungsrichtigkeit	Entnahme von Spezimen und Probe	Fehlentnahme
1.1.8	Homogenität	Einheitlichkeit von Probe zu Probe	Inhomogenität
1.1.9	Bestimmunslage	Zonenphänomen	Meßbereichüberschreitung
1.2	*Genauigkeit*		Meßabweichung
1.2.1	Repetierbarkeit	Wiederholungsgenauigkeit in der Serie	Zufallsstreuung
1.2.2	Analytische Sensitivität	Steigung der Kaliberfunktion	Unempfindlichkeit
1.2.3	Diskriminierfähigkeit	Auflösevermögen	Unschärfe
1.2.4	Stabilität	Dauerhaftigkeit der Serie	Drift, Periodizität, Autokorrelation
1.2.5	Robustheit	Vergleichbarkeit von Tag zu Tag	Langzeitvariabilität
1.2.6	Kompatibilität	Matrixvergleichbarkeit von Tag zu Tag	Matrixänderungsbedingte Unterschiede
1.2.7	Vergleichbarkeit	bei gleicher Methode	Gerätebedingte Unterschiede
1.2.8	Reproduzierbarkeit	bei unterschiedlichen Methoden	Methodenbedingte Unterschiede
1.2.9	Richtigkeit	Annäherung an den wahren Wert	Bias, Verzerrung
2	***Bedeutsamkeit der Analysenergebnisse und Befunde***		
2.1	*Beurteilung*		
2.1.1	Plausibilität	Stichhaltigkeit, Glaubhaftigkeit	Unerwartetheit
2.1.2	Repräsentativität	Aussagefähigkeit	Uncharakteristisch, Mißweisend
2.1.3	Regulation	des Analyten im Probanden	Ergebnistrend
2.1.4	Normalität	Annäherung zum Referenzwert	Pathologizität
2.1.5	Aktualität	Zeitgemäßheit, Gegenwartbezogenheit	Veraltertheit
2.1.6	Wirtschaftlichkeit	Kosten/Nutzen-Relation	Nutzlosigkeit, Redundanz
2.2	*Aussagefähigkeit*		
2.2.1	Klinische Selektivität	Unterscheidungsfähigkeit	Wahllosigkeit
2.2.2	Klinische Spezifität	Differenzierfähigkeit	Vermengung
2.2.3	Relevanz	Wichtigkeit	Belanglosigkeit
2.2.4	Segreganz	Auswahlfähigkeit	Unerheblichkeit
2.2.5	Effizienz	Trennschärfe	Trennschwäche

auch Erläuterungen und Gegenworte (Antonyme). Qualität wird grundsätzlich positiv verstanden. Um ihr Fehlen und den daraus resultierenden Fehler zu bezeichnen, wird das entsprechende Gegenwort angeführt.

Identität bedeutet, daß Spezimen, Probe, Ergebnis und Befund dem richtigen Probanden eindeutig und korrekt zugeordnet werden. Das Gegenwort heißt *Verwechslung* und besagt, daß im Laufe der präanalytischen, analytischen oder postanalytischen Phase der Befund infolge eines groben Fehlers einer anderen Person zugeschrieben wird. Identität ist eine „alles-oder-nichts-Qualität", sie ist gegeben oder nicht.

Egalität oder Gleichheit zwischen den Proben ist das Maß der Übereinstimmung der allgemeinen analytischen Eigenschaften der Patientenproben und Kontrollproben. Das Gegenwort heißt *Unähnlichkeit.*

Diskretheit von Probe zu Probe bedeutet Abwesenheit von *Verschleppungsfehlern.* Verschleppungsfehler kommen in unterschiedlichem Ausmaß bei allen teil- oder vollmechanisierten Laborgeräten vor. Sie sind oft so gering, daß sie vernachlässigt werden können. Völlige Diskretheit kann nur erreicht werden, wenn die Probe während der gesamten Analytik nur mit Einwegmaterial in Berührung kommt, das von Probe zu Probe in vollem Umfang gewechselt wird.

Analytische Spezifität ist das Maß für die Ausschließlichkeit des funktionellen Zusammenhangs zwischen Konzentration und Meßanzeige, d. h. das Maß für Fehlen und Ausschluß aller Einflußfaktoren, die das Ergebnis *verfälschen* würden.

Analytische Selektivität bedeutet das Unterscheidungsvermögen zwischen dem Meßsignal des zu untersuchenden Analyten und dem Meßsignal fremder Störfaktoren. Es ist wichtig, Spezifität und Selektivität zu unterscheiden: die erstere bezieht sich auf Einflußfaktoren, die letztere auf Störfaktoren. *Einflußfaktoren* sind weitere in der Probe normalerweise vorhandene Bestandteile, die bei einer unspezifischen Methode miterfaßt werden (z. B. Isoenzyme), während *Störfaktoren* fremde Bestandteile in der Probe sind, z. B. während einer Behandlung mit Pharmaka. Es ist wichtig, die Einflußfaktoren und die Störfaktoren zu kennen.

Integrität ist das Maß der Unverändertheit von Spezimen und Probe in Bezug auf den zu analysierenden Bestandteil von der Entnahme bis zum Zeitpunkt der Meßwertermittlung. Das Gegenwort heißt *Veränderung.* Die Integrität der Probe kann für den einen Analysenbestandteil gewahrt sein und gleichzeitig für den anderen nicht. In hämolytischem Blut ist die Integrität für die Hämoglobinbestimmung vollständig gegeben, für die Hämatokritbestimmung dagegen nicht. Ebenso kann Sonneneinfall den Abbau der Gallenfarbstoffe bewirken und andere klinisch-chemische Analysenbestandteile nicht berühren.

Ziehungsrichtigkeit betrifft das Vorgehen der Stichprobenziehung. Sie ist das Maß für die Einhaltung der Regeln der Stichprobenziehung während der Entnahme von Spezimen und Probe. Das Gegenwort ist *Ziehungsfehler.* Für die Blutzuckerbestimmung werden dem Patienten von seinem Blut (5 Liter) höchstens 10 ml als Spezimen abgenommen, davon aber z. B. nur etwa 0,1 ml Plasma als Probe im Reaktionsansatz verwendet, während der Meßstrahl bei der Analyse nur einen Bruchteil des Ansatzes in der Küvette durchdringt, um das Meßsignal auszulösen. Aus dem Meßergebnis sollen Rückschlüsse auf die Glukosekonzentration des gesamten im Kreislauf befindlichen Patientenblutes gezogen werden.

Das Verhältnis der Grundgesamtheit „Patientenblut" zu dem vom Meßstrahl erfaßten Teil der Probe ist etwa so wie die Wassermenge eines Olympia-Schwimmbeckens zu einem aus ihm entnommenen Glas Wasser. Von der Stichprobe wird auf das Ganze geschlossen. Zulässig ist dies nur, wenn die Stichprobe für die Grundgesamtheit repräsentativ ist. Es werden drei Stichproben-Ziehungen vorgenommen: die erste bei der Spezimennahme, die zweite bei der Probennahme aus dem Spezimen und die dritte bei der Eingabe der in den Meßstrahl gelangenden Probenteile. Wenn alle Stichproben als *Zufallsstichproben* gezogen werden, ist die Ziehungsrichtigkeit gegeben.

Eine zufällige Stichprobe ist eine *Stichprobe,* bei der alle Elemente der Grundgesamtheit die Wahrscheinlichkeit haben, in diese Stichprobe zu gelangen. Dies ist unter normalen Umständen gegeben, da es nur vom Zufall abhängt, welcher Teil des zirkulierenden Gesamtblutes entnommen wird, welcher Teil des Plasmas in der Pipette aufgezogen und welcher Teil der Probe im Ansatz in den Strahlengang gelangt. Bei inhomogenen Grundgesamtheiten kann eine *geschichtete Stichprobe* gezogen werden. Als zeitlich inhomogene Grundgesamtheit kann das Blut des Patienten in Folge der zirkadianen Rhythmen und somit z. B. die Blutzuckertageskurve als eine geschichtete Stichprobe aufgefaßt werden. Geschichtete Stichproben zieht man auch, um Normalwerte für Personen verschiedener Alters- und Geschlechtsgruppen, Berufe oder bei der Stadt- oder Landbevölkerung zu gewinnen. In diesem Fall werden gleichzeitig zufällige Stichproben aus Gruppen gezogen, in denen jedes Individuum die gleiche Chance hat, zufällig gezogen zu werden. Demgegenüber steht die *determinierte Stichprobe*, bei der ein Teil der Grundgesamtheit bewußt bevorzugt wird, wenn, z. B. zum Nachweis einer pathologischen Monozytenvermehrung beim Pfeifferschen Drüsenfieber, Blut dem unvorbehandelten Ohrläppchen des Patienten entnommen wird. Eine determinierte Stichprobe ist auch ein Punktat oder eine Probeexzision, die unter Sichtkontrolle z. B. bei der Laparoskopie aus einem metastaseverdächtigen Knoten der Leber entnommen wird.

Homogenität ist das Maß für die einheitliche Zusammensetzung der Grundgesamtheit, woraus sich die Übereinstimmung von Probe zu Probe, d. h. von Abfüllung zu Abfüllung, von Kontrollprobenfläschchen zu Kontrollprobenfläschchen ergibt.

Bestimmungslage bei bestimmten Analysen ist das Maß der Lage des Meß- oder Zählwertes innerhalb des Meß- bzw. Zählbereichs. Das Gegenwort heißt *Meßbereichs-* bzw. *Zählbereichsüberschreitung*. Der Meßbereich ist bei allen quantitativen, aber auch bei qualitativen Analysen, nach unten und oben begrenzt. Nur innerhalb des Meß- bzw. des Zählbereiches ist der Zusammenhang zwischen Meßgröße bzw. Zählmenge gegeben. Auch innerhalb des Meß- oder Zählbereiches gibt es Genauigkeitsunterschiede; so ist z. B. bekannt, daß die photometrische Messung am genauesten bei einer Extinktion um 0,86 erfolgt. In der Immunologie ist die Meßbereichsüberschreitung auch bei qualitativen Bestimmungen als *Zonenphänomen* bekannt.

2.1.2.2 Genauigkeit

Genauigkeitsmerkmale sind: *Repetierbarkeit, Wiederholbarkeit, Sensitivität, Stabilität, Robustheit, Kompatibilität, Vergleichbarkeit, Reproduzierbarkeit* und *Richtigkeit*. Die Genauigkeitsmerkmale beziehen sich auf quantitative Meß- und Zählverfahren (**Tabelle 2.1-3**).

Repetierbarkeit wird im engeren Sinne auch *Präzision* oder *Wiederholbarkeit, Wiederholgenauigkeit* genannt. Wiederholbarkeit ist in DIN ISO 5725 definiert als „derjenige Wert, unterhalb dessen man die absolute Differenz zwischen zwei einzelnen Prüfergebnissen, die man mit demselben Verfahren

Tabelle 2.1-3: Wiederholbarkeit - Vergleichbarkeit - Reproduzierbarkeit

Einflußgrößen	Wiederholbarkeit	Vergleichbarkeit	Reproduzierbarkeit
Untersuchungsort (Laboratorium)	derselbe	eventuell unterschiedlich	eventuell unterschiedlich
Zeitabstand (in/zwischen Serien)	kurz	eventuell lang	eventuell lang
Untersucher (Beobachter)	derselbe	eventuell unterschiedlich	eventuell unterschiedlich
Methode (Zähl/Meßverfahren)	dieselbe	dieselbe	andere (kompatibel)
Gerät (Zähl/Meßeinrichtung)	dasselbe	eventuell unterschiedlich	eventuell unterschiedlich
Gerätekalibration (Ein/Ausschalten)	dieselbe	eventuell neu	eventuell neu
Reagenzien (soweit vorhanden)	dieselben	eventuell andere	eventuell andere
Stichprobenziehung (Zufallsvariable)	dieselbe	eventuell neu	eventuell neu
Probenmatrix (bei Mehrfachentnahme)	dieselbe	eventuell andere	eventuell andere

an identischem Prüfmaterial und unter denselben Bedingungen (derselbe Untersucher, dasselbe Gerät, dasselbe Labor, kurze Zeitspanne) erhalten hat, mit einer vorgegebenen Wahrscheinlichkeit erwarten darf; wenn nichts anderes angegeben ist, so ist diese Wahrscheinlichkeit 95%".

Wiederholbarkeit ist das Maß für die Abweichung zwischen zwei unter Wiederholbedingungen durchgeführten Bestimmungen.

Wiederholbedingungen sind gegeben, wenn derselbe Untersucher an demselben Arbeitsplatz mit denselben Geräten und Reagenzien an zwei Proben desselben Spezimens bzw. derselben Probe unmittelbar nacheinander Analysen durchführt. Wiederholbarkeit ist die Prüfung der besten Präzision, die unter Routinebedingungen möglich ist. Das Gegenwort heißt *Streuung* und tritt durch zufällige Abweichungen bzw. Fehler auf. Wiederholbarkeit wird in der Laboratoriumsmedizin durch zahlreiche (möglichst mehr als 100) Doppelbestimmungen an verschiedenen Patientenproben bestimmt.

Sensitivität, auch *Empfindlichkeit* oder *Auflösungsvermögen* genannt, ist das Maß für die geringste Merkmalsänderung während der Analyse, die eine reproduzierbare Meß- oder Zählwertveränderung verursacht. Die Sensitivität begrenzt den Meß- bzw. Zählbereich nach unten, indem sie definiert, wo das Zähl- bzw. Meßsignal vom Rauschen unterschieden werden kann (3fache Standardabweichung des 0-Signal, vgl. RiliBÄK). Die Sensitivität hängt in vielen Fällen auch von der Bestimmungslage ab, z. B. bei dem erwähnten Beispiel in der Photometrie. Das Gegenwort heißt *Unschärfe.*

Stabilität ist das Maß für die Übereinstimmung zahlreicher (möglichst 50 bis 100) Meßergebnisse, die in einer Serie unter Wiederholbedingungen am gleichen Material gewonnen werden. Besonders bei den vollmechanisierten Analysengeräten hat sich der sogenannte *Dauerlauf* bewährt. Gleiches Probenmaterial (z. B. Plasma aus einer Blutkonserve) wird bei einer Analyse 50 bis 100 mal oder noch öfter gemessen, um das Vorhandensein oder Fehlen eines *Drifts* der Null-Linie aufzudecken bzw. festzustellen, ob bei Einmalküvetten fertigungsbedingte *Ausreißer* vorkommen oder eine *Periodizität* der Ergebnisse bemerkbar ist.

Robustheit (von Tag zu Tag) ist das Maß der Übereinstimmung von Analysenergebnissen, die unter Vergleichsbedingungen an verschiedenen Tagen am selben Gerät mit denselben Reagenzien möglichst vom selben Untersucher *mit gleichen Proben* gewonnen werden. Sie wird mit der sog. Präzisionskontrollkarte geprüft. Stabile Kontrollproben werden in jeder Serie mitgeführt und die Ergebnisse in eine Kontrollkarte eingetragen. Wenn genügend Eintragungen vorliegen, kann die *Langzeitvariabilität* und u. U. das Auftreten von *Trends* abgelesen werden.

Kompatibilität der Vor- und Nachwerte ist das Maß der Übereinstimmung von Analysenergebnissen, die unter Vergleichsbedingungen an verschiedenen Tagen im selben Laboratorium vom selben oder verschiedenen Untersuchern mit derselben oder mit einer gut vergleichbaren Methode an demselben oder an gleichen Analysengeräten, *an ähnlichen Proben*, aber *mit unterschiedlicher Matrix* gewonnen werden. Die Kompatibilität ist deshalb auch Maß für die Übereinstimmung der bei demselben Patienten an verschiedenen Tagen gewonnenen Analysenergebnisse, also dem Vor- und Nachwert. Kompatibilität wird mit Hilfe der Quotienten- oder Differenzen-Kontrollkarte festgestellt: Tag für Tag werden möglichst viele unterschiedliche Kontrollproben eingesetzt, um die *Langzeitgesamtvarianz einschließlich des Matrixeffektes* zu bestimmen. Die Kompatibilität ist eine besonders für die Therapieüberwachung wichtige Ergebnisqualität. Bei einem Nieren-Patienten stellt sich z. B. für den Kliniker die Frage, was es bedeutet, wenn der Kreatininwert zuerst 4 mg/dl und nach einigen Tagen 3,6 mg/dl beträgt. Mit welcher Wahrscheinlichkeit bedeutet dieser Unterschied eine Besserung im Zustand des Patienten. Hier spielen Repetierbarkeit und Robustheit der Methode, aber auch die sich beim Patienten ständig ändernde Probenmatrix eine wichtige Rolle. Der Unterschied zwischen Robustheit und Kompatibilität besteht darin, daß die bei der Kompatibilität bestehende Probenmatrix bei der Robustheit unberücksichtigt bleibt.

Vergleichbarkeit ist laut DIN ISO 5725 „jener Wert, unterhalb dessen man die absolute Differenz zwischen zwei einzelnen Prüfergebnissen gewonnen hat, die man bei identischem Material, aber unter verschiedenen Bedingungen (verschiedene Bearbeiter, verschiedene Geräte, verschiedene Laboratorien und/oder zu verschiedenen Zeiten) mit einer vorgegebenen Wahrscheinlichkeit erwarten darf; wenn nicht anders angegeben, ist diese Wahrscheinlichkeit 95%. Ein einzelnes Prüfergebnis ist in diesem Zusammenhang derjenige Wert, den man erhält, wenn man ein genormtes Prüfverfahren auf eine Probe angewandt hat". Anders ausgedrückt ist Vergleichbarkeit das Maß der Übereinstimmung zweier unter Vergleichsbedingungen, aber mit der gleichen Methode gewonnenen Werte. Wenn z. B. ein Analyt bei einem Patienten täglich bestimmt wird, so entstehen wegen des zeitlichen Abstandes, aber auch wegen des Matrixeffektes (da sich die Zusammensetzung des Blutes eines Menschen ständig ändert) Ergebnisse unter Vergleichsbedingungen. Alle Analyte, die an verschiedenen Tagen bestimmt werden, gleichgültig, wie eng oder weit sie im Körper reguliert werden, gelten als unter Vergleichsbestimmungen bestimmt. Wenn der gleiche Untersucher an verschiedenen Tagen und/oder an verschiedenen Geräten und/oder sogar mit verschiedenen, aber gut vergleichbaren Methoden am gleichen oder ähnlichen Probenmaterial denselben Analysenbestandteil bestimmt hat, so spricht man von einer Reproduzierbarkeit.

Die *Richtigkeit* oder *Akkuranz* ist das Maß der Annäherung des Analysenwertes an den *wahren Wert*. Der wahre Meßwert einer Probe ist eine Größe, die immer unbekannt bleibt, die man nur mit einer - allerdings voraussagbaren Unsicherheit - schätzen kann. Der wahre Meßwert ist durch die Probe festgelegt, und es ist Aufgabe der Analytik, ihn so genau wie nötig zu schätzen. Wegen der zufälligen Abweichungen und Fehler sowie der systematischen Fehler, die zusammen auch *Bias* oder *Verzerrung* genannt werden, und auch wegen der zwangsläufigen Rundung jedes Meßwertes ist die Bestimmung des wahren Meßwertes nicht möglich. Im Gegensatz dazu ist die Bestimmung eines wahren Zählwertes durchaus möglich, allerdings nur, wenn dieser Zählwert nicht in Verbindung mit einem Meßwert (z. B. Anzahl im Volumen) auftritt; sonst führt die Meßunsicherheit zum Abweichen des Zählwertes vom wahren Wert. Definitionsgemäß ist der wahre Meßwert eine mit einer an Sicherheit grenzenden Wahrscheinlichkeit nur mit einer irrationalen Zahl, d. h. eine mit einem unendlichen Dezimalbruch ausdrückbare Größe, während jedes Meßergebnis zwangsläufig mit einer begrenzten Anzahl von Nachkommastellen, also mit einem Rundungsfehler angegeben werden kann.

2.1.2.3 Beurteilung

Die bisher aufgezählten Zuordnungs- und Genauigkeitsmerkmale sagen aus, wie Analysenergebnisse zustande kommen und wie zuverlässig sie sind. Es sind Ergebnismerkmale, die nachgeprüft werden sollen, da anderenfalls ein Fehler entsteht. Die nachfolgend behandelten *Befundmerkmale* (Plausibilität, Repräsentativität, Regulation, Aktualität, Normalität, Diskriminierfähigkeit und Wirtschaftlichkeit) sind anderer Art: sie beschreiben die Bedeutung des bereits vorliegenden Ergebnisses, das durch die Aussage der auf ihn bezogenen Merkmale zum *Befund* wird.

Bei den Befundmerkmalen wird zwischen *Beurteilungsmerkmalen* und *Aussagemerkmalen* unterschieden. Im Gegensatz zu den Ergebnismerkmalen bedeutet bei den meisten Befundmerkmalen die mangelhafte Ausprägung nicht einen Fehler, auch nicht etwas unbedingt Negatives. Das Vorhandensein oder das Ausprägungsmaß eines Befundmerkmals kann einmal vorteilhaft sein, ein anderes Mal negativ.

Plausibilität ist das Maß der Annäherung eines Befundes an den Erwartungswert. Steht ein Befund im Einklang mit den schon bekannten subjektiven oder objektiven Symptomen, wird er als *erwartet* oder *plausibel*, wenn es nicht so ist, als *überraschend* bezeichnet. Ein zuverlässiger, aber überraschender *unerwarteter* Laborbefund vermittelt dem Kliniker neue Erkenntnisse über den Zustand des Patienten und kann somit als das wichtigste Ergebnis der Laboratoriumsarbeit betrachtet werden. Die Betonung liegt auf der Zuverlässigkeit des überraschenden Befundes; darum müssen *unplausible Befunde* im Labor als solche erkannt und sorgfältig überprüft werden, um sie als bereits bestätigten Befund dem Kliniker mitzuteilen. Dies ist einer der Gründe, weswegen Plausibilitätskontrollen verschiedenster Art gemacht werden (siehe Abschnitt 2.3 und 2.6).

Repräsentativität ist eine Aussage darüber, wieweit der aus einer Probe gewonnene Analysenwert stellvertretend für den Wert eintreten kann, der aus der Grundgesamtheit des betreffenden Systems theoretisch hätte gewonnen werden können. Wie bereits bei der Ziehungsrichtigkeit gesagt worden ist, gehen jeder Laboranalyse eine oder mehrere Stichprobenziehungen voraus. Es wird jedesmal nur eine Stichprobe untersucht und die daraus gezogene Aussage repräsentativ für die Merkmale der Grundgesamtheit angesehen. Das Merkmal der Grundgesamtheit, z. B. die Glukosekonzentration im Blut des Patienten, ist das wichtige Symptom für die Wertung der Glukosestoffwechsellage. Das Gegenwort der Repräsentativität ist *Mißweisung*, da ein nicht repräsentativer Befund zu falschen Überlegungen führt.

Normalität ist das Maß der Annäherung eines Befundes an den Mittelwert des Normbereiches oder Referenzbereiches bzw. des Gesundbereiches für die untersuchte Person. *Normbereiche*, definiert als $\bar{x} \pm 2s$-Bereiche einzelner Analysenbestandteile, sind verschieden eng oder breit und in ihrer Lage in vielen Fällen durch zahlreiche Einflußfaktoren wie z. B. Geschlecht, Alter, Ernährungslage, Tageszeit usw., aber auch von Individuum zu Individuum verschieden. Dies ist einer der Gründe, daß zwischen *Normbereich* und *pathologischem Bereich* ein z. T. breiter *Grenzbereich* besteht. Eine besondere Bedeutung haben die *Extrembereiche* an den äußeren Enden der pathologischen Bereiche, die alle mit dem Leben noch vereinbare Werte einschließen. An sie schließen sich dann die *Nonsenswerte* an. Die Definition dieser Bezugsbereiche spielt u. a. bei der Plausibilitätskontrolle eine wichtige Rolle.

Aktualität ist ein Beurteilungskriterium der Befunde, das von der Fragestellung bzw. von dem Dauerwert der Befundaussage abhängt. Das Ergebnis einer Enzymbestimmung bei einem fraglichen Herzinfarkt oder der Leukozytenzählung bei einer fraglichen Blinddarmentzündung ist nur wenige Stunden, höchstens einen Tag lang aktuell, während der individuelle Normalwert desselben Patienten, der u. U. vor Monaten oder vielleicht sogar vor Jahren bei bester Gesundheit gewonnen worden ist, noch immer als Vergleichswert aktuell ist, wenn er unter den gleichen Versuchsbedingungen gewonnen worden ist. Ererbte Eigenschaften wie Blutgruppenmerkmale, HLA-Zugehörigkeit u. ä. bleiben während der gesamten Lebenszeit bestehen. Das Gegenwort für Aktualität heißt *veraltet.*

Diskriminierfähigkeit ist das Maß des Auflösevermögens zweier Meßsignale, die von unterschiedlichen Analyten stammen. Das Auflösevermögen einer analytischen Methode ist bei Trennverfahren, z. B. der Chromatographie, wichtig.

Die Konzentration verschiedener Stoffe wird in der lebenden Zelle mehr oder weniger konstant gehalten. Bei der Beurteilung der Laboratoriumsergebnisse muß beachtet werden, wie eng oder weit die betreffenden Analyte reguliert werden. Nur so kann die Bedeutung der Abweichung vom Normwert bzw. Vorwert richtig eingeschätzt werden. So ist z. B. der pH-Wert des Blutes und die Natriumkonzentration eng, die Triglyzeridkonzentration hingegen breit reguliert.

Wirtschaftlichkeit ist das Verhältnis des Nutzens eines Befundes zu den Kosten. Der *Nutzen* eines Befundes ergibt sich durch die Erkennung und richtige Beurteilung des Zustands des Patienten. Die notwendig Behandlung zur Wiederherstellung der Gesundheit und Einsatzfähigkeit des Patienten kann eingeleitet oder fortgeführt werden. Auch wenn aufgrund des Befundes eine überflüssige Behandlung unterbleibt oder eingestellt wird, ist dies ein Nutzen. Die unmittelbaren *Kosten* eines Befundes entstehen aus den Analysen-Gesamtkosten. Bei falschen Befunden kommen die Folgekosten hinzu: zusätzliche Analysen, Krankschreibung, Fehlbehandlung usw. (siehe auch Abschnitt 2.7).

2.1.2.4 Aussage

Die Aussage eines Befundes kann zutreffend oder falsch sein. Wie bereits gesagt, sind Laboratoriumsbefunde Symptome, Krankheitsursachen oder Eigenschaften des Patienten. Wenn es gelingt, diese nachzuweisen, wird der Befund positiv genannt; gelingt es nicht, ist er negativ. Bei einem positiven Befund kann eine bestimmte Krankheit vorhanden sein oder nicht, ebenso kann beim negativen Befund eine bestimmte Krankheit dennoch vorhanden sein. Die Kombinationen positiver und negativer Befunde mit dem gesunden oder kranken Zustand des Patienten ergeben eine Matrix (**Tabelle 2.1- 4**). Aus der Tabelle ergeben sich auch die *Aussagemerkmale*: *Selektivität*, *Differenzierfähigkeit*, *Relevanz*, *Segreganz* und *Effizienz*. Die Aussagemerkmale werden als Wahrscheinlichkeiten berechnet, wenn genügend Analysenbefunde mit klinischen Befunden vorhanden sind.

Klinische Selektivität ist das Maß der Wahrscheinlichkeit, daß bei einer vorhandenen Krankheit der Analysenbefund positiv ausfällt. Wenn die Zahl richtig positiver Befunde durch die Summe der richtig positiven und falsch negativen Befunde geteilt wird, liegt das Ergebnis zwischen Null und Eins und gibt das Maß der Wahrscheinlichkeit an. Klinische Spezifität ist die Wahrscheinlichkeit, einen negativen Befund zu ermitteln.

Tabelle 2.1-4: Matrix der Befundaussagen (nach Keller, 1977)

		Symptom nachweisbar	nicht nachweisbar	**Alle Befunde** (Positive und Negative)
Zustand	kranke	richtig positiv (Rp)	falsch negativ (Fn)	**Selektivität** (klinische Sensitivität) Rp/(Rp+Fn)
	gesund	falsch positiv (Fp)	richtig negativ (Rn)	**Differenzierfähigkeit** (klinische Spezifität) Rn/(Rn+Fn)
Alle Untersuchten (Kranke und Gesunde)		**Relevanz** Rp/(Rp−Fp)	**Segreganz** Rn/(Rn−Fn)	**Effizienz** (Rp+Rn)/(Rp+Rn+Fp+Fn)

Selektivität zeigt die Häufigkeit eines positiven Befundes bei Kranken. Umgekehrt kann aber auch nach der Häufigkeit von Kranken bei allen positiven Befunden gefragt werden. Im ersten Fall geht es um die Relation der richtig positiven zu den falsch negativen Befunde, im zweiten Fall, der Relevanz, um das Verhältnis der richtig positiven zu den falsch positiven Befunden. Im letzteren Fall spielt die *Prävalenz* eine wichtige Rolle, d.h. die Häufigkeit, mit der die in Frage stehende Krankheit im Untersuchungsgut Veränderungen hervorruft. Die Prävalenz eines Diabetes mellitus ist z.B. im Untersuchungsgut einer Diabetikerambulanz extrem hoch, während sie bei einem die gesamte Bevölkerung umfassenden, groß angelegten Screening wesentlich niedriger liegt. Da es bei nahezu allen Analysenbefunden auch falsch positive Aussagen gibt, wird die Relevanz bei einer hohen Prävalenz größer sein als bei einer niedrigen.

Relevanz ist das Maß für den *prädiktiven Wert* bei positiven Befunden, anders ausgedrückt, für den Grad der Wahrscheinlichkeit, daß im Falle eines positiven Befundes eine Krankheit vorliegt. Die Relevanz wird errechnet, indem man die Anzahl der richtig positiven Befunde durch die Anzahl aller positiven Befunde teilt.

Segreganz ist der prädikative Wert eines negativen Befundes, anders ausgedrückt, das Maß für die Wahrscheinlichkeit, daß die Aussage eines negativen Befundes, der Proband sei gesund, zutrifft.

Effizienz ist die Zusammenfassung aller Aussagemerkmale. Sie ergibt die Trennschärfe eines Befundes, mit der gesund und krank getrennt wird, d.h. die Wahrscheinlichkeit, daß ein positiver Befund tatsächlich „krank" und ein negativer Befund tatsächlich „gesund" bedeutet. In Abhängigkeit von der Fragestellung werden oft Methoden ausgewählt, bei denen nur eine der Aussagequalitäten im Vordergrund steht, während die anderen mehr oder weniger vernachlässigt werden können. Dies ist wichtig, da z.B. mit zunehmender Spezifität die Differenzierfähigkeit zwangsläufig sinkt und im allgemeinen auch mit zunehmender Relevanz die Segreganz abnimmt. Dementsprechend ist die dort am höchsten, wo Selektivität und Differenzierfähigkeit oder Relevanz und Segreganz im *optimalen Gleichgewicht* stehen. Die mit den Aussagemerkmalen zusammenhängenden Probleme sind von Keller (1977) ausführlich besprochen und anhand zahlreicher Beispiele erläutert worden.

2.1.3 Meßabweichungen und Fehler

Einflußfaktoren

Folgende Faktoren beeinflussen jeden Meßwert und damit jedes Analysenergebnis: Unvollkommenheiten des gemessenen Gegenstandes der Probe, Meßgeräte,

Reagenzien, Methode und Untersucher, sowie die Umwelt, wobei auch die zeitlichen Änderungen das Ergebnis beeinträchtigen (siehe auch Abschnitt 2.1.2.1).

Abweichung oder *Fehler* ist die Differenz zwischen Meßwert und wahrem Wert.

Als *Abweichung* werden zufallsbedingte Streuungen der Meßergebnisse um den Mittelwert bezeichnet (siehe auch Abschnitt 2.1.3.1), wenn das Maß der Streuung unter den gegebenen Versuchsbedingungen *tolerierbar* ist. Alle anderen Arten von Abweichungen sowie Mißinterpretationen werden *Fehler* genannt.

Der Ausdruck *Fehler* ist statistisch gesehen ein Sammelbegriff für verschiedene Unvollkommenheiten. Wer Fehler begeht, muß sie wieder gutmachen. Dabei ist es unvermeidbar, wenn in einer Probe ein Bestandteil, z. B. Glukose, mehrfach bestimmt wird und die einzelnen Ergebnisse um einen Mittelwert streuen. Ist der Mittelwert 100 mg/dl, so findet man im Regelfall etwa Einzelwerte wie 101, 98, 99, 103, 97 mg/dl usw. Spricht man hier von Fehlern, kann dies dem Untersucher oder dem Meßgerät im Sinne eines schuldhaften Versagens angelastet werden. Um Mißverständnisse zu vermeiden, wird zwischen starken Abweichungen und Fehlern unterschieden (Glossar, Anhang 7.1).

Im folgenden Abschnitt werden die verschiedenen Abweichungen und Fehlerarten aus analytischer und statistischer Sicht, im darauf folgenden Fehlerquellen und im dritten eine systematische Anleitung zur Fehlersuche beschrieben **(Tabelle 2.1-5)**.

2.1.3.1 Fehlerarten

Aus analytischer Sicht unterscheidet man *zufällige Abweichungen* und *zufällige Fehler*, *systematische Abweichungen* und *systematische Fehler*, sowie *grobe Fehler*. Aus statistischer Fragestellung werden *Fehler erster*, *zweiter* und *dritter Art* unterschieden.

Zufällige Abweichungen und Fehler entstehen durch die im vorhergegangenen Abschnitt besprochene Unvollkommenheit der Probe, der Meßgeräte, Methoden usw. Für die zufälligen Abweichungen und Fehler sind im Einzelfall Ausmaß und Vorzeichen nicht vorhersagbar verschieden. Zufällige Abweichungen und Fehler streuen um den Mittelwert, sind unvermeidbar und können wegen der Unvorhersagbarkeit ihres Ausmaßes und Vorzeichens auch nicht korrigiert werden. Wenn viele Analysen unter Wiederholbedingungen durchgeführt werden, ergeben die dabei entstehenden Abweichungen und Fehler eine Normalverteilung, die in Form der bekannten Gaußschen-Glockenkurve graphisch dargestellt werden kann (siehe Abschnitt 2.1.6). Werden Analysen, die unter Wiederholbedingungen gewonnen werden, in Gruppen zusammengefaßt und ihre arithmetischen Mittelwerte berechnet, streuen auch die Mittelwerte der Gruppen zufallsbedingt, aber nicht so sehr wie die Einzelwerte.

Die *Streuung* der Mittelwerte ist geringer als die Streuung der Einzelwerte in Abhängigkeit der Quadratwurzel der Anzahl der Einzelwerte, die zur Berechnung der Mittelwerte herangezogen werden. Daraus folgt, daß die zufallsbedingte Streuung durch Mehrfachbestimmungen vermindert

Tabelle 2.1-5: Fehlerarten und Fehlerquellen

Fehlerart	Zufällig	Systematisch	Grob
Fehlerquelle			
Umwelt (Zeit)	+ + +	+ +	+
Untersucher	+ +	+ +	+ +
Methode	+ + +	+ +	+
Geräte	+ +	+ + +	+
Reagenzien	+ + +	+ +	+
Probe	+ +	+ +	+ +

werden kann. Am wirtschaftlichsten sind *Doppelbestimmungen*, da ihr Mittelwert fast 1½ mal genauer ist, als die Einzelbestimmung ($\sqrt{2} \approx 1{,}4$). Die Streuung kann durch sorgfältiges Arbeiten, fachgerechte Gerätepflege und Qualitätssicherungsmaßnahmen vermindert, aber niemals völlig vermieden werden. Bei neueren vollmechanisierten, photometrischen Analysengeräten, bei denen mit verschiedenen Probendurchsatzgeschwindigkeiten gearbeitet werden kann, wird beobachtet, daß bei einem langsameren Probendurchgang die Streuung der Werte in den meisten Fällen geringer ist.

Zufällige Fehler können proportional zum Ergebnis geringer oder größer sein; dann wird von einer *konzentrationsabhängigen Streuung* gesprochen; ihr Ausmaß kann aber auch vom Ergebnis unabhängig sein. Bei einer aus zahlreichen Einzelschritten bestehenden Laboratoriumsanalyse treten bei jedem einzelnen Analysenschritt zufallsbedingte Abweichungen und Fehler auf. Einzelne Analysenschritte sind z. B. die Abmessung der Menge einzelner Reagenzien und die der zu messenden Probe, ihre Mischung, die Temperierung des Analysenansatzes, der Reaktionszeit und Feststellung des Meßsignals, bei denen jedesmal eine Streuung auftritt. Einzelstreuungen addieren sich nach dem Fehlerfortpflanzungsgesetz zu einem *Gesamtfehler*. Die Streuungen bei der Abmessung von Probe und Reagenz sind konzentrationsunabhängig, während Temperierung, Reaktionszeit und Feststellung des Meßsignales in den meisten Fällen konzentrationsabhängig sind. Die Größe der einzelnen Komponenten und ihres Verhältnisses zueinander beeinflußt das Maß der Konzentrationsabhängigkeit der resultierenden Gesamtstreuung.

Systematische Fehler weisen unter gleichen Bedingungen das gleiche Vorzeichen und Ausmaß auf. Sie entstehen durch Kaliberfehler der Geräte, Umwelteinflüsse (z. B. Temperatur), Eigentümlichkeiten der individuellen Handhabung usw. Da es nicht möglich ist, Meßgeräte fehlerfrei zu kalibrieren, werden üblicherweise Toleranzgrenzen für die Kalibration angegeben; dementsprechend wird innerhalb der vorgegebenen Toleranzgrenzen von einer systematischen Abweichung und nur bei Überschreiten der Toleranzgrenzen von einem systematischen Fehler gesprochen. Da systematische Abweichungen und Fehler unter gleichen Bedingungen gleiches Vorzeichen und gleiches Ausmaß aufweisen, sind sie, wenn Ursache und Ausmaß der systematischen Abweichung bzw. Fehler genau bekannt sind, korrigierbar. So ist es möglich, bei Pipetten den Kaliberfehler festzustellen, den Korrekturfaktor zu berechnen und diesen mittels Flußsäure in die Pipette einzuätzen. Ein unvermeidbarer, konzentrationsabhängiger, systematischer Fehler ist der *Koinzidenzfehler* bei mechanisierten Blutkörperchenzählgeräten, der mit einer mathematischen Formel korrigiert werden kann. Mit Nachdruck muß betont werden, daß nur dann korrigiert werden darf, wenn die genaue Ursache des systematischen Fehlers bekannt ist. Es ist z. B. unzulässig, die Ergebnisse der Patientenwerte einfach um 10% hinaufzusetzen, weil die Kontrollprobe einen 10%-igen Minusfehler aufweist: in diesem Fall ist die Ursache des Fehlers nicht bekannt, auch nicht, ob der Fehler bei allen Patientenproben und bei allen Konzentrationen das gleiche Ausmaß hat. Durch eine „Korrektur" dieser Art könnte u. U. bei den Patientenergebnissen der Fehler erst in die Bewertung hineingebracht oder sogar erheblich vergrößert werden.

Dank der immer besser werdenden Methoden, Reagenzien, Analysengeräte und Hilfsgeräte sind heute die zufallsbedingten Abweichungen in der Labormedizin bei den meisten quantitativen Analysenmethoden gering. Die wesentlich größeren systematischen Fehler, die vor allem durch Kalibrierfehler der Analysengeräte und Hilfsgeräte entstehen, werden im Abschnitt 2.1.3.2 ausführlich besprochen *(systematische Streukomponente)*. An dieser Stelle sei zur Verdeutlichung der Zusammenhänge und Unterschiede zwischen zufälligen und systematischen Abweichungen bzw. Fehlern noch ein Beispiel aufgeführt: wenn man 100 geeichte 1 ml Pipetten nimmt, so hat jede eine innerhalb der von den Eichbehörden gesetzten Toleranzgrenzen liegende Kaliberabweichung, die von den Zufälligkeiten bei der Pipettenherstellung abhängig ist und von Pipette zu Pipette streut; die Kaliberabweichung der einzelnen Pipette ist für sich eine systematische Meßabweichung, die bestimmt werden kann; wenn mit derselben Pipette 100 mal pipettiert und der Mittelwert berechnet wird, werden die 100 Einzelergebnisse in diesem Fall die Zufallsabweichung der Pipettierung mit einer bestimmten Pipette ergeben. Wenn man hingegen mit 100 Pipetten je einmal pipettiert, so wird man infolge der zufällig streuenden systematischen Einzelabweichungen von 100 Pipetten die *zufallsbedingte Streukomponente* und infolge der zuvor erwähnten persönlichen Pipettierabweichung eine *zweite zufallsbedingte Streukomponente* erhalten, die zusammen infolge des Fehlerfortpflanzungsgesetzes eine etwas größere *Gesamtpipettierstreuung* ergeben.

Von den zufälligen und systematischen Abweichungen bzw. Fehlern unterscheidet man *grobe Fehler*.

Grobe Fehler sind grundsätzlich vermeidbar, treten aber auch in den besten Laboratorien immer wieder auf und können nicht korrigiert werden. Grobe Fehler sind z. B. *Zuordnungsfehler*, d. h. Verwechslungen der Identität. Ein grober Fehler liegt auch vor, wenn beim Photometrieren ein falsches Filter verwendet wird; streng genommen liegt in diesem Fall ein sehr großer systematischer Fehler vor, der korrigierbar ist, wenn man eine Bezugskurve für dieses Filter aufstellen würde. Wenn ein grober Fehler entdeckt wird, muß die Analyse wiederholt werden. Im speziellen Teil wird in den entsprechenden Abschnitten auf die Streuungen systematischer Abweichungen und Fehler sowie die groben Fehler hingewiesen, die für die einzelnen Analyte typisch sind.

Während der Analytiker zwischen zufälligen, systematischen und groben Fehlern unterscheidet, untersucht der *Statistiker*, ob der festgestellte Analysenwert vom wahren Wert abweicht und ein Fehler oder nur eine zufallsbedingte, tolerierbare Abweichung aufgrund der Nullhypothese vorliegt, die besagt, daß zwischen dem aktuellen Analysenwert und dem wahren Wert mit einer vorgegebenen Irrtumswahrscheinlichkeit kein Unterschied bzw. nur eine zufallsbedingte Abweichung besteht. Diese Nullhypothese kann angenommen oder verworfen werden.

Ein *Fehler erster Art* entsteht, wenn eine Nullhypothese zu Unrecht abgelehnt wird, d. h., wenn aufgrund statistischer Überlegungen und Tests ein Fehler angenommen wird, obwohl kein Fehler, sondern nur eine zufallsbedingte Abweichung vorhanden ist.

Ein *Fehler zweiter Art* entsteht, wenn die abzulehnende Nullhypothese fälschlicherweise angenommen wird, d. h., wenn aufgrund statistischer Überlegungen und Tests ein vorhandener Fehler nicht wahrgenommen wird.

Ein *Fehler dritter Art* entsteht, wenn die Aufstellung der Nullhypothese unter falschen Voraussetzungen gemacht worden ist.

Zwischen dem Fehler erster und zweiter Art besteht eine Abhängigkeit; wenn ein Fehler zweiter Art unbedingt vermieden, d. h., nie ein Fehler übersehen werden soll, um eine höchstmögliche Sicherheit zu erreichen, muß zwangsläufig ein Fehler erster Art, d. h. ein falscher Alarm in Kauf genommen werden. Diese Abhängigkeit, die als eine Operations-Charakteristikkurve OC-Kurve genannt wird, und andere Probleme der Fehlerarten werden in Abschnitt 2.1.6 ausführlicher erörtert.

2.1.3.2 Fehlerquellen

Fehlerquellen können durch *Umweltfaktoren*, *Untersucher*, *Methoden*, *Geräte*, *Reagenzien* und die untersuchte *Probe* selbst bedingt sein; sie werden an Beispielen kurz beschrieben, während die im Vordergrund stehenden Gerätefehler dagegen ausführlicher erörtert werden. Auch hier wird auf die Abschnitte des speziellen Teiles verwiesen, in denen die für die jeweiligen Analysengruppen oder Analysenbestandteile typischen Fehlerquellen besprochen werden (siehe Tabelle 2.1-5).

Die Umwelt beeinflußt das Analysenergebnis in der präanalytischen und analytischen Phase. Sie beginnt mit den umweltbedingten Schwankungen der Analyte im Blut und anderen Körpersäften des Patienten und wird in den Umwelteinflüssen auf Spezimen, Probe und Analytik fortgesetzt. So können z. B. die tageszeitlichen und jahreszeitlichen Schwankungen der Analysenbestandteile, wenn sie nicht berücksichtigt werden, zu Fehlbeurteilungen führen. Einflüsse der Höhenlage auf Hämoglobinkonzentration, Erythrozytenzahl und Hämatokrit und die klimatischen Einflüsse auf die Leukozytenzahl sind ebenfalls durch Umwelteinflüsse verursacht. Eine grobe Fehlerquelle ist z. B. die Einwirkung von Sonnenstrahlen auf den Bilirubingehalt des Spezimens. Die Temperatur bei enzymkinetischen Messungen verursacht z. B. einen systematischen Fehler.

Aus Ringversuchen ist bekannt, daß im Sommer bei Enzymaktivitätsbestimmungen der Mittelwert des Gesamtkollektives deutlich höher liegt als der der Referenzlaboratorien, die über exaktere Temperiereinrichtungen verfügen.

Temperaturschwankungen der Umwelt werden durch die Klimatisierung der Laborräume ausgeschaltet und die exakte Temperierung beim Meßvorgang kompensiert.

Besonders bedeutsam sind Umwelteinflüsse beim *Probenversand*. Über die Versendbarkeit von Analysenproben sind zahlreiche Angaben vorhanden, über die im Abschnitt 2.3 berichtet wird. Auch Kontrollproben sind Umwelteinflüssen unterworfen. In der klinischen Chemie kommen in der Regel lyophilisierte Proben für die interne und externe Qualitätssicherung in Anwendung. Flüssigproben werden in der Laboratoriumsmedizin selten als Kontrollproben verwendet; ihr Versand ist problematischer, ihre Haltbarkeit geringer als die lyophilisierter Proben. Einige Erfahrungen liegen bei Flüssigproben in der Lipidanalytik und in der Hämatologie vor. Transportschäden sind bei lyophilisierten Proben bislang wenig beobachtet worden.

Ein besonderer Umweltfaktor ist der Zeitablauf, der nicht nur auf Probanden und Probe, sondern auch auf Geräte und Reagenzien (Alterung) einwirkt.

Eine Fehlerquelle ist der *Untersucher* selbst. Seine Eigenarten, Angewohnheiten, die tagtäglich wechselnde Disposition beeinflussen die Genauigkeit der Analysenergebnisse, und dies nicht nur bei manuellen Techniken, sondern auch bei teil- und vollmechanisierten Technologien. Wenn auch die Mechanisierung manche persönliche Fehler eliminiert oder minimiert, muß doch auf den positiven oder negativen Einfluß des Bedienungspersonals bei den sog. vollautomatisierten Geräten hingewiesen werden. Es ist auch nicht gleichgültig, wer auf das Knöpfchen des Analysenautomaten drückt. Die übereinstimmende Erfahrung in großen, modernen Laboratorien zeigt, daß die Qualität der Analysenergebnisse auch bei einer Automatisierung von der Qualifikation des Bedienungspersonals abhängt. Dies betrifft z. B. die Wartung und Pflege der Analysengeräte und hängt damit auch davon ab, mit welcher Aufmerksamkeit kleine und kleinste Unregelmäßigkeiten bei den oft komplizierten Analysenstraßen bemerkt und behoben werden. Bedienungsfehler müssen weitgehend vermieden werden.

Methodenbedingte Fehler entstehen infolge mangelhafter analytischer Spezifität und analytischer Sensitivität der zur Verfügung stehenden Methoden (siehe auch Abschnitt 2.1.2.1 und 2.1.2.2). Durch die äußerst komplexe Probenmatrix von Blut und Urin und das Fehlen absolut spezifischer Analysenmethoden (mit wenigen Ausnahmen) wirken sich Störeinflüsse methodenbedingt verschieden stark aus. Andererseits kann eine spezielle Kinetik der Analyse z. B. bei Enzymaktivitätsmessungen zu Fehlbestimmungen führen, etwa bei der Aktivitätsmessung der GLDH und LDH. Bei Substratsbestimmungen werden bei der Cholesterinanalyse in einigen Analysenverfahren die Cholesterinester nicht vollständig aufgespalten. Bei Endpunktbestimmungen kann ein unvollständiger Raktionsablauf zu Fehlbestimmungen z. B. bei der Bestimmung von Laktat führen. Die zunehmende Mechanisierung und der immer schwieriger werdende Eingriff in das Analysengeschehen durch den Untersucher stellen diesen vor große Probleme. Bei einer Reihe von Analysenverfahren kann die Vorreaktion den anschließenden Analysengang beeinträchtigen. Diese ist z. B. bei

- Aktivitätsmessungen der Amylase im Plasma, Serum oder Harn bei bestehender Hyperglycämie,
- Analyse der Triglyzeride im Plasma oder Serum bei Vorhandensein größerer Mengen von freiem Glyzerin und
- Aktivitätsmessungen der GPT bei Pyruvatanstau im Blut von Bedeutung.

Durch die Vorreaktion können die Coenzyme der Indikatorreaktion verbraucht und auf diese Weise der Analysengang gestört werden.

Eine Reihe von Methodenvorschriften berücksichtigen den *Probenleerwert* nicht, obwohl Patientenproben und Ringversuchsproben vielfach Trübungen aufweisen, die beseitigt bzw. durch einen Probenleerwert in Abzug gebracht werden können. INSTAND hat bei seinen Ringversuchen wiederholt zwischen Meßwerten mit und ohne Probenblindwert unterschieden. Es ist in Ringversuchen und besonders in der Praxis nicht auszuschließen, daß Proben eingesetzt werden, deren Trübung bei Nichtberücksichtigung eines Probenblindwertes zu Fehlern führen kann. Es sei auch auf mögliche Fehler durch Sedimentation und Flotation in den Proben hingewiesen, wenn diese nicht vor ihrer Verwendung sorgfältig homogenisiert werden.

Reagenzienbedingte Fehler werden vor allem durch Verunreinigungen der Reagenzien verursacht, die bei den heute verwendeten Plastikflaschen schwerer als bei Glasflaschen zu erkennen sind. Reagenzien sind oft gute Nährböden für Mikroorganismen, die zur Trübung oder einem Bodensatz führen können. Viele Reagenzien haben eine begrenzte Lebensdauer; bei nahezu allen Reagenzien wird vom Hersteller eine Laufzeit für die garantiert einwandfreie Zusammensetzung angegeben, die berücksichtigt werden muß. Bei Reagenziensätzen für enzymkinetische Analysen können die Unterschiede von Charge zu Charge im Ergebnis Differenzen von mehreren Prozent bewirken.

Zu den Reagenzien müssen in diesem Zusammenhang auch die *Lösungsmittel*, insbesondere das verwendete *Wasser*, gerechnet werden. Die Beachtung und Kontrolle der vorgeschriebenen Wasserqualität z. B. durch eine Widerstandsmessung sind für das Ergebnis der Analytik oft ausschlaggebend.

Die zu analysierende *Probe* wird infolge der komplizierten Probenmatrix durch Einfluß- und Störfaktoren beeinflußt. Hierzu gehören auch normal vorkommende Probenbestandteile, wenn diese in pathologisch erhöhter Konzentration auftreten; so kennt man den Einfluß der triglyzeridbedingten Trübung, bilirubinbedingten Gelbfärbung oder hämoglobinbedingten Rotfärbung. Andererseits gehören Medikamente zu den Störfaktoren, die auf bestimmte Analysenbestandteile wirken oder eine chemische Interferenz bei der Bestimmung eines Analysenbestandteils verursachen. Solche chemischen Interferenzen sind in den letzten Jahren bei vielen Analysenbestandteilen systematisch untersucht worden. Eine Zusammenstellung enthält die von der Firma Boehringer Mannheim herausgegebene Broschüre „Qualitätssicherung - Medikamenteneinflüsse; 1980".

Die Beschaffenheit der *Kontrollproben* verdient besondere Aufmerksamkeit. (**Tabelle 2.1-6**).

Die Chargeninhomogenität ist bei lyophilisierten Proben eher als bei Flüssigproben gegeben. Da die Lyophilisatoren eine begrenzte Aufnahmekapazität haben, werden Proben meist in mehreren Chargen lyophilisiert. Infolgedessen kann die *Restfeuchtigkeit* in den einzelnen Chargen unterschiedlich sein und sollte in jedem Fall angegeben werden. Restfeuchtigkeit kann im Gefäß mit Hilfe der Kernresonanzspektrometrie elegant bestimmt werden. In den lyophilisierten Proben sind auch Fehler durch Dispensoren möglich, die mit höchstmöglicher Präzision arbeiten sollten. Schwankungen in den Bestandteilen von Glas zu Glas sollten vom Hersteller unbedingt so niedrig wie möglich gehalten und die gemessenen Abweichungen von Flasche zu Flasche sollten mitgeteilt werden. Weiterhin sollte die Haltbarkeit der lyophilisierten *und* der rekonstituierten Probe deklariert werden (siehe Tabelle 2.1-6).

Unter *Rekonstituierung* versteht man die Auflösung der Probenbestandteile in einem geeigneten Lösungsmittel, damit die Ausgangseigenschaften der Probe erreicht werden. Die vollständige Rekonstituierung einer lyophilisierten Probe, die eine Vielzahl von Proteinen, Salzen und organischen Bestandteilen enthält, ist nicht möglich. Durch den Einfrierprozeß entstehen Entmischungen in der Probe, die z. B. bei den Proteinen zu irreversiblen Aggregaten führen. Daher können hydrophobe Bindungskräfte wirksam und durch Zugabe eines Lösungsmittels nicht rückgängig gemacht werden. Nur diejenigen Proben, die (z. B. in flüssigem Propan) so schnell eingefroren werden können, daß eine Probenentmischung verhindert wird, sind mit geeigneten Lösungsmitteln weitgehend rekonstituierbar.

Fehler bei der Rekonstituierung durch den Untersucher können durch Verwendung falscher Lösungsmittel und falscher Handhabung der Probe (Schäumen) und Nichtberücksichtigung der Temperatur während der Rekonstituierung (Temperatur, Schäumen) entstehen.

Die *Trübung* wird durch Aggregation von Proteinen und Lipoproteinen in den Proben verstärkt. Die Extinktion der Probe sollte bei einem Lichtweg von 10 mm und einer Wellenlänge von 550 nm kleiner als 0,9 mm sein.

pH-Messungen in der rekonstituierten Probe werden selten durchgeführt. Indessen hat sich gezeigt, daß der *pH-Wert* der rekonstituierten Probe von großem Einfluß auf die Haltbarkeit der in der Probe enthaltenen Enzyme ist. Ein pH-empfindliches Enzym ist z. B. die saure Phosphatase. Da die Matrix der Probe weitgehend dem Blutserum bzw. -plasma ähnlich sein soll, soll der pH-Wert in der rekonstituierten Probe bei 7,3 und 7,4 liegen.

Tabelle 2.1-6: Kontrollprobenbedingte Fehler

Homogenität der Charge
Rekonstituierung
Trübungen
pH der Probe
Inkompatibilitäten zwischen Probe und Reagenz
Probenverwechslungen
unbekannte Faktoren

In einigen Ringversuchen sind *Inkompatibilitäten zwischen Probe und bestimmten Reagenziensätzen* vorgekommen.

Eine der Störmöglichkeiten besteht z. B. darin, daß der Ringversuchsteilnehmer zur Rekonstituierung der Probe Aqua bidest anstelle des mitgelieferten Lösungsmittels verwendet, das bestimmte Zusätze (Puffer, Detergentien, Salze, SH-Reagenzien usw.) enthält. Werden falsche Lösungsmittel verwendet, kann die Rekonstituierung unvollständig sein, oder es kann zu Schaumentwicklung kommen, durch die die Enzymaktivität vermindert wird. Ein weiterer Fehler ist dadurch aufgetreten, daß das Lösungsmittel mit einem Reagenziensatz zur Kaliumbestimmung zu einer Ausfällung und damit zu einer Trübung geführt hat, und da die Kaliumbestimmung über eine Trübungsmessung erfolgte, in dem das Tetraphenylborat mit Kalium einen feinkristallinen Niederschlag bildet, damit zu einem erheblichen Fehler führt. Tetraphenylborat reagiert auch mit Aminen. Offenbar hat die Rekonstitutionslösung ein Amin enthalten. Bekannt sind auch andere Inkompatibilitäten zwischen bestimmten Kontrollbluten und Verdünnungslösungen in der Hämatomorphologie.

Eine selten auftretende Störung entsteht durch eine *Verwechslung der Proben* durch den Ringversuchsteilnehmer.

Wird die Probenverwechslung offenbar, wird der Fehler zunächst beim Veranstalter gesucht. Der Veranstalter hat indessen auf diesem Gebiet eine reiche Erfahrung und achtet mit Sorgfalt darauf, daß derartige Probenverwechslungen nicht vorkommen. Am Ende der oft sehr langen und mühsamen Diskussion kommt der Ringversuchsteilnehmer meist doch zu der Einsicht, daß die Probenverwechslung irgendwo zwischen Probenankunft und Protokollbogenversand oder eine falsche Eintragung in den Protokollbogen zustande gekommen ist. Stellt sich heraus, daß der Ringversuchsveranstalter an der Verwechslung schuld ist, ist die Betroffenheit groß und nur durch eine Wiederholung des Ringversuchs auszugleichen.

Den Ringversuchsveranstalter beschäftigen am meisten *unbekannte Faktoren*, die die Analytik eines Bestandteiles beeinflussen können und die er nicht kennt.

Ursachen dieser Störungen, die sich bei den Referenzlaboratorien, aber auch beim Gesamtkollektiv in einer ungewöhnlich hohen Streuung der Werte äußern, sind nur selten aufzuklären. Beim Auftreten ungewöhnlich großer Streuungen erfolgt eine Rücksprache mit dem Probenhersteller.

Inzwischen hat die Ringversuchsorganisation einen Katalog über Anforderungen an die Probenbeschaffenheit zusammengestellt, der laufend ergänzt wird (**Tabelle 2.1-7**).

Bei den *Analysengeräten und Hilfsgeräten* ist eine wichtige Fehlerquelle insbesondere in der elektrischen Stromversorgung zu sehen.

In allen Laboratorien wird Wechselstrom dem Stromnetz entnommen, in dem gelegentlich Stromspannungsspitzen beträchtlichen Ausmaßes auftreten. Diese Spannungsspitzen sind oft schwer feststellbar, weil sie meist nur Millisekunden betragen, aber bei elektrisch gesteuerten Analysengeräten und Computern oft erhebliche Störungen verursachen und auch zu Schwankungen der Leuchtintensität der Photometerlichtquellen führen können.

Fehlerquellen werden auch bei der Verwendung von Gasen im Laboratorium einschließlich von Druckluft in Form von Druckschwankungen und Verunreinigungen beobachtet. In **Tabelle 2.1-8** ist versucht worden, *Gerätefehler* systematisch zusammenzustellen.

Tabelle 2.1-7: Anforderungen an Kontrollproben

Die im folgenden aufgeführten Anforderungen gelten grundsätzlich für alle Arten der Kontrollproben (Ringversuchsproben, Richtigkeitskontrollproben Präzisionskontrollproben) und sind aufgrund der bei INSTAND gesammelten Erfahrungen zusammengestellt worden.

1 Allgemeine Anforderungen an Kontrollproben

1.1 Eine ausreichende Homogenität der Charge muß gewährleistet sein.

1.2 Die Abfüllungen müssen mit hoher Präzision erfolgen. Toleranzen müssen angegeben werden.

1.3 Die Herkunft der Probenmatrix ist anzugeben (z.B. Humanserum, Vogelerythrozyten, Schweinesperma).

1.4 Die Haltbarkeit der Probe muß angegeben werden. Die angegebenen Bestandteile müssen (gegebenenfalls nach Rekonstitution) bei einer Lagerung bei 4 °C grundsätzlich mindestens 8 Tage lang konstante Eigenschaften aufweisen. Abweichungen sind anzugeben.

1.5 Die Zustellung von Ringversuchsproben zum Versandort muß innerhalb einer vereinbarten Frist erfolgen. Die Proben sollten während des Transportes weder Lichteinwirkungen noch Temperaturen über 20 °C ausgesetzt werden.

1.6 Wenn bestimmte Temperaturen nicht unterschritten werden dürfen, muß dies angegeben werden (z.B. ‚vor Frost schützen').

1.7 Die Konzentration bzw. das Vorhandensein der angegebenen Bestandteile in den angelieferten Probenpaaren (Probentriplets usw.), sollte verschieden sein und bei quantitativ zu bestimmenden Analyten im Referenzbereich, in klinischen Entscheidungsbereichen bzw. klinisch relevanten pathologischen Bereichen liegen.

1.8 Die für Ringversuche gelieferten Proben dürfen nicht als Richtigkeitskontrollproben auf dem Markt sein.

1.9 Es muß angegeben werden, für welche Methoden die Zielwerte gelten, von wem, mit welchem Bestimmungsmodell und mit welchem statistischen Verfahren sie bestimmt wurden (eventuell sind Literaturstellen anzugeben).

1.10 Die Proben dürfen nicht infektiös bzw. mikrobiell kontaminiert sein, ausgenommen Kontrollproben der Mikrobiologie, bei denen auf die Infektiosität gegebenenfalls hingewiesen werden muß.

1.11 Jede Abfüllung oder Ausfertigung einer Kontrollprobe muß eindeutig gekennzeichnet und einer Beipackbeschreibung zugeordnet sein. Die Kennzeichnung der Kontrollprobe und/oder die Beipackbeschreibung muß alle relevanten Angaben enthalten, die zur erfolgreichen Anwendung der Kontrollprobe erforderlich sind.

1.12 Zusätze wie Proteininhibitoren, Antikoagulantien, Detergentien, Aufheller und/oder Konservierungsmitteln müssen eindeutig deklariert werden.

2 Besondere Anforderungen an Kontrollproben für die klinische Chemie

2.1 In gefriergetrockneten Proben sind die Restwassermengen anzugeben (DIN 58350).

2.2 Eine gefriergetrocknete Probe muß in destilliertem oder demineralisiertem Wasser innerhalb von 20 Min. vollständig rekonstituiert sein. Bestandteile, die eine längere Zeit für die vollständige Rekonstituierung brauchen, sind mit den Rekonstituierungszeiten anzugeben.

2.3 Bei der Rekonstituierung muß eine Schaumbildung vermeidbar sein und vermieden werden.

2.4 Die Eigentrübung der rekonstituierten Probe darf bei 550 nm und einem Lichtweg von 1 cm 0,9 Extinktionseinheiten nicht überschreiten. Ausgenommen sind Kontrollproben für Bindungsanalysen und für die Lipidanalytik.

2.5 Der pH-Wert der vorschriftsmäßig rekonstituierten Probe sollte zwischen 7,2 und 7,4 liegen.

2.6 Proteine, Lipoproteine und Enzyme dürfen nicht denaturiert sein.

3 Besondere Anforderungen an Kontrollproben für die Hämatomorphologie, Zytologie und Histologie

3.1 Inkompatibilitäten zwischen den Kontrollbluten und Verdünnungslösungen verschiedener Hersteller müssen angegeben werden.

3.2 Kontrollblute dürfen nicht hämolytisch sein.

3.3 Bei allen mikroskopischen Präparaten muß durch ein Referenzlaborkollektiv nachgewiesen werden, daß die Fragestellungen des Ringversuches durch die Untersuchung eines beliebigen Präparates beantwortbar ist.

Tabelle 2.1-7 (Fortsetzung)

4 Besondere Anforderungen an Kontrollproben für die Hämostaseologie

4.1 Der pH-Wert der Kontrollprobe bzw. der rekonstituierten Kontrollprobe sollte zwischen 7,4 und 7,5 liegen.

5 Besondere Anforderungen an Kontrollproben für die Immunhämatologie

6 Besondere Anforderungen an Kontrollproben für die Immunologie der Infektionskrankheiten

6.1 Die Haltbarkeitsdauer der Proben, in einem gegebenen Temperaturbereich, muß angegeben werden.
6.2 Auf mögliche Veränderungen der Konzentration der zu bestimmenden Antikörper, durch Einfrieren der Kontrollprobe, muß hingewiesen werden.
6.3 Die Konzentration nachzuweisender Antigene soll in einem klinisch relevanten Bereich liegen.
6.4 Kontrollproben, die IgM enthalten, müssen lyophilisiert versandt werden und sollten Angaben über die Aufbewahrung nach Rekonstitution enthalten.
6.5 Die Stabilität der Proben zum direkten Nachweis der Antigene muß gewährleistet sein. Beim Vorliegen von Störungen (z. B. der Antikomplementarität) bei Anwendung der üblichen Nachweismethoden müssen Hinweise auf ein geeignetes Verfahren zur Beseitigung derselben angegeben werden.

7 Besondere Anforderungen an Kontrollproben für die Parasitologie

7.1 Auf die potentielle Infektiosität der Proben muß hingewiesen werden.
7.2 Die Proben dürfen beim Transport, auch bei Gewalteinwirkung, kein infektiöses Material freisetzen.
7.3 Erforderliche Anreicherungen in flüssigen oder festen Proben müssen angegeben werden.
7.4 In Ampullen abgefüllte Proben dürfen max. ±10% Gewichtsschwankungen aufweisen und sollen bis zum Versand bei −20 °C gelagert werden.

8 Besondere Anforderungen an Kontrollproben für die Mykologie

8.1 Die unter 7.1 und 7.2 aufgeführten Anforderungen gelten auch hier.
8.2 Die Anzüchtbarkeit der Probenstämme innerhalb der zu erwartenden maximalen Versanddauer muß gewährleistet sein.
8.3 Auf erforderliche Langzeitkulturen (z. B. bei Dermatophyten) muß hingewiesen werden.

9 Besondere Anforderungen an Kontrollproben für die Bakteriologie

9.1 Die unter 7.1, 7.2 und 8.2 aufgeführten Anforderungen gelten auch hier.
9.2 Die Vermeidung nennenswerter Verschiebungen der Bakterienzahl während des Transportes muß gesichert sein.
9.3 Die gesetzten Untersuchungsfristen müssen auf die erforderlichen Bebrütungszeiten abgestimmt sein.
9.4 Der Bezug der Sensibilitätsprüfungen auf gängige Antibiotika, und die Durchführung und Bewertung auf anerkannte geläufige Verfahren muß gesichert sein.

10 Besondere Anforderungen an Kontrollproben für die Virologie

10.1 Die unter 7.1 bis 7.3 aufgeführten Anforderungen gelten auch hier.
10.2 Die Infektiosität und Propagierungsfähigkeit von Viren muß innerhalb der zu erwartenden, maximalen Versanddauer gewährleistet sein.
10.3 Bei Gefriertrocknung sind die WHO-Richtlinien (WHO Techn.Rep. 626/1978) einzuhalten.

11 Besondere Anforderungen an Kontrollproben für Geräteprüfungen

11.1 Es sollen mindestens 3 Kontrollproben in gebrauchsfertiger Verdünnung angeboten werden, deren Konzentrationen im unteren, mittleren und oberen Zähl- bzw. Meßbereich des zu prüfenden Gerätes liegen.

Tabelle 2.1-8: Gerätearten und Gerätefehler

I. Gerätearten

1. Hilfsgeräte
a. Meßgeräte (z. B. Volumenmeßgeräte, Waagen, Thermometer, Uhren)
b. Trenngeräte (z. B. Zentrifugen, Chromatographen, Elektrophoresegeräte)
c. Färbegeräte (z. B. Hämatohistologiefärbung, Chromatographieentwickler)

2. Analysengeräte
a. Meßgeräte (z. B. Photometer, Elektrochemiemeßgeräte)
b. Zählgeräte (z. B. Zellzählgeräte, Radiochemiegeräte)
c. Morphologiegeräte (z. B. Mikroskope, Mikroskopierautomaten)

II. Gerätefehler

1. Konstruktionsmängel
a. Stabilisierung (z. B. Meßwertdetektor, Temperierung, Stromschwankungen)
b. Korrekturen (z. B. Leerwertberücksichtigung, Vorreaktionsabzug)
c. Verschleppungsfehler
d. Meßbereichsbegrenzung

2. Benutzungsmängel
a. Verschmutzung (z. B. Staub, Fingerabdrücke) = Pflegemangel
b. Verschleiß (z. B. Mechanik, Elektrik, Elektronik) = Wartungsmangel
c. Kalibrierung (z. B. Volumina, Bezugskurve)
d. Grobe Bedienungsfehler (z. B. falsches Filter, Ablesefehler)

3. Gerätealterung
a. Begrenzte Lebenszeit der Geräteteile
b. Begrenzte Brauchbarkeitsdauer der Gesamtgeräte

Hilfsgeräte dienen im allgemeinen der Vorbereitung der Analytik, Analysengeräte der Feststellung der Ergebnisse. In den Analysenstraßen sind mehrere Hilfsgeräte und das Analysengerät in eine Geräteeinheit zusammengefügt.

Gerätefehler können durch *Konstruktions-* und *Benutzungsmängel* sowie durch *Gerätealterung* entstehen.

Konstruktionsmängel können z. B. in einer ungenügenden Stabilisierung einer Gerätefunktion, durch elektronisch ungenügend kompensierte Stromschwankungen, unzureichend temperierte Meßräume oder ungenügend stabilisierte Meßwertdetektoren bestehen.

Bei dem heutigen Stand der Technik zählen zu den Konstruktionsmängeln auch systematische Fehler, die durch das Gerät nicht korrigiert werden können, z. B. ungenügende Berücksichtigung des Reagenzien- bzw. Probenleerwertes, unzulässige Miterfassung von Nebenreaktionen (Vorreaktionen usw.), nicht automatisch korrigierte Koinzidenzfehler oder Verschleppungsfehler bei Blutkörperchenzählgeräten.

Ein Konstruktionsfehler liegt z. B. vor, wenn die Meßanzeigen bei Meßbereichsüberschreitungen nicht abschaltet.

Ein weiterer Konstruktionsmangel ist der *Verschleppungsfehler*, der bei allen zur Zeit auf dem Markt befindlichen Analysengeräten auftritt. Er ist bei manchen Geräten vernachlässigbar klein, bei anderen beträgt er jedoch mehrere Prozente des Probenvolumens. Der Verschleppungsfehler sollte grundsätzlich so gering wie möglich gehalten und seine Korrektur sekundär erfolgen.

Benutzungsmängel werden durch den Untersucher verursacht bzw. von ihm nicht beachtet: so z. B. Meßfehler durch Verschmutzung der Optik (Staub oder Fingerabdrücke), durch natürlichen Verschleiß aller mechanischen Teile, mangelhafte Pflege und Instandhaltung (Wartung).

Bei der Kalibrierung aller Meß- und Abmeßfunktionen entsteht immer eine Abweichung, die schon innerhalb der Toleranzgrenzen zulässig ist. Ein über die Toleranzgrenze gehender *Kalibrierfehler* kann ein Herstellungsmangel, aber auch ein Justierfehler des Benutzers sein.

Kalibrieren ist die Feststellung der Kenngröße eines Meßgerätes bzw. die Abweichung vom Nennmaß. Bei einer Abweichung ist es üblich, einen Umrechnungsfaktor zu berechnen, mit dem bei der Kalibrierung festgestellte Fehler rechnerisch eliminiert werden können.

Justieren ist eine Maßnahme zur Berichtigung der Kenngröße eines Meß- oder Zählgerätes durch optimale Vorbereitung des Gerätes für den vorgenannten Meß- oder Zählzweck. Sie erfolgt anhand des Ergebnisses einer vorausgegangenen Kalibrierung mit Hilfe einer Justiervorrichtung, z. B. einer Justierschraube des Gerätes. Das Ergebnis einer Justierung muß durch eine erneute Kalibrierung überprüft werden. Im Gegensatz zu den vom Gerätehersteller oder Benutzer ausgeführten Kalibrier- und Justiermaßnahmen ist die *Eichung* ein hoheitlicher Akt; mit ihm wird die von der Eichbehörde vorgenommene Kalibrierung bezeichnet. Darum sollte man in der Analytik nicht über „Eichkurven" oder „Eichgeraden", sondern über *Bezugskurven* bzw. *Bezugsgeraden* sprechen.

Gerätealterung

Die Gerätealterung ist ein unaufhaltbarer Prozeß, der die Gerätefunktionen beeinflußt. Die Alterung wird durch den Zeiteinfluß im allgemeinen (z. B. Korrosion) und Umwelteinflüsse im besonderen (Lichteinwirkung, Temperaturschwankungen, Feuchtigkeit, Staub, usw.) hervorgerufen. Umwelteinflüsse können durch entsprechende Maßnahmen vermindert, aber nicht völlig verhindert werden. Die *Gerätebelastung* (Einschaltzeiten, Betriebszeiten) beschleunigt den Alterungsprozeß.

Man unterscheidet die *Lebensdauer* der Verschleißteile und die *Brauchbarkeitsdauer* der Geräte. *Gerätebestandteile* im allgemeinen, *Verschleißteile* und *Bruchstellen* im besonderen haben eine begrenzte Lebensdauer. Bestandteile sind keiner besonderen mechanischen oder energetischen Beanspruchung ausgesetzt, ihre Lebensdauer entspricht in etwa der Brauchbarkeitsdauer des Gesamtgerätes. Verschleißteile sind Geräteteile, die sich infolge stärkerer mechanischer und/oder energetischer Beanspruchung abnutzen, z. B. Schläuche, Probengefäße, und zu vorgegebenen Zeiten ausgewechselt werden sollten. Bruchstellen werden als Sicherungen eingebaut. Bei größeren Geräten werden bestimmte Bestandteile bzw. Bestandteilgruppen zu leicht auswechselbaren Modulen zusammengefaßt. Bei der Definition der Lebensdauer muß zwischen *Klarzeiten*, die im Dauerbetrieb oder Aussetzbetrieb (mit Einschaltzeiten und Betriebszeiten) entstehen können, und *Ausfallzeiten* unterschieden werden.

Geräte haben - zumindest theoretisch - eine unbegrenzte *Lebensdauer*, da ihre Teile nach und nach beliebig oft ausgewechselt werden können. Man spricht deshalb bei der *Brauchbarkeitsdauer* von der Zeitspanne, während der bei gegebenem Verlauf der Beanspruchung und Einhaltung der Wartungsvorschriften die festgelegten Grenzwerte von Zuverlässigkeits-Kenngrößen in der Gesamtheit der Betrachtungseinheiten gleicher Art eingehalten wird" (DIN 40042). In der Laboratoriumsmedizin hat es sich eingebürgert, eine primäre Brauchbarkeitsdauer, während der das Gerät zu dem Zweck eingesetzt wird, zu dem es beschafft worden ist, von der sekundären Brauchbarkeitsdauer zu unterscheiden, während der es zu einem anderen Zweck, z. B. einer Ausfall-Sicherung, die Schulung, eingesetzt wird.

Lebensdauer der einzelnen Teile und Brauchbarkeitsdauer der Geräte hängen neben der Beanspruchung auch von der *Instandhaltung* ab. Zur internen Instandhaltung zählen Pflege (in vorgegebenen Zeitabständen planmäßige erfolgende Reinigung, usw.), Wartung (vorsorglicher Austausch der Verschleißteile) und Instandsetzung (kleine Reparaturen, Ersatz von Sicherungen, usw.). Die externe Instandhaltung wird vom Hersteller-Kundendienst oder einer, vom Hersteller entsprechend geschulten und autorisierten anderen Stelle, z. B. einem technischen Servicezentrum, durchgeführt. Sie umfaßt Inspektion, planmäßige Wartungsarbeiten, Instandsetzung (evtl. durch Modulaustausch) und eine abschließende Erprobung des Gerätes.

Nach dem Eichgesetz (1985) und der Eichordnung (1987), bzw. den Richtlinien der Bundesärztekammer kann eine *externe Wartung* vorgeschrieben werden. Gemäß der Gerätesicherheitsverordnung (1985) muß ein *Geräteverzeichnis* vorhanden sein, in dem alle Laborgeräte der Kategorie 3 („energetisch betriebene Geräte", d. h. Geräte, die an Strom, Wasser oder Gas (bzw. Preßluft) angeschlossen sind), aufgeführt sind. Für jedes dieser Geräte sollte eine *Gerätekarte* angelegt werden, in die alle Vorkommnisse (kleinere und größere Ausfälle, Eigen- und Fremdreparaturen usw.) mit Datum aufgeführt werden.

Wegen der besonderen Bedeutung des Photometers sind die Gerätefehler einschließlich der Benutzungsmängel in der *Photometrie* besonders zu beachten.

Beim Photometrieren können grobe Bedienungsfehler vorkommen, z. B. durch Wahl einer falschen Wellenlänge, Messungen mit Filtern zu großer Bandbreite, bei nicht genügend lange eingebrannter Quecksilberlampe, bei schlechter Justierung des Photometers (**Tabelle 2.1-9** und **2.1-10**). Weitere Fehler können durch ungenügende Abschirmung des Küvettenraumes, durch ungenügende Berücksichtigung des Reagenzienleerwertes, Einsatz von falschen Blenden, falsche Ablesungen oder falsche Eingabe von Faktoren in den angekoppelten Rechner auftreten.
Nicht zu unterschätzen sind bei photometrischen Messungen die *Küvettenfehler* (**Tabelle 2.1-11**).

Ein sehr häufiger und auch relativ schwerwiegender Fehler bei kinetischen Substratbestimmungen und bei Enzymaktivitätsmessungen ist der *Temperaturfehler* (**Tabelle 2.1-12**).

Angesichts der bekannten Abhängigkeit der Reaktionsgeschwindigkeit von der Temperatur (RGT-Regel) entspricht eine Temperaturabweichung von 1 °C einem Fehler von 8 bis 10%. Da die meisten Küvettenhalter durch Wasserdurchfluß temperiert werden und in den Zuleitungsschläuchen ein Wärmeaustausch mit der Umgebung stattfinden kann, sind Fehler nur dann nicht zu vermeiden, wenn in der Meßküvette direkt mit Hilfe eines geeichten Thermometers oder Thermistors die Temperatur kontrolliert wird. Ist der Durchfluß durch den Mehrfachküvettenhalter nicht hoch genug, sind deutliche Temperaturgradienten zwischen der ersten und der letzten Küvette zu beobachten. Daher muß ein brauchbares, direkt messendes Temperaturkontrollsystems gefordert werden. INSTAND hat in der Vergangenheit wiederholt geplant, Ringversuche mit temperatursensiblen Farbstoffen durchzuführen, sich jedoch bislang hierzu noch nicht entschließen können. Die geforderte Genauigkeit der Temperaturkontrolle ist bei verschiedenen Analysen in der **Tabelle 2.1-13** angegeben.

Eine große Bedeutung bei der klinisch-chemischen Analyse haben auch Fehler durch *Volumenmeßgeräte.* Diese Fehler treten sowohl bei den herkömmlichen Pipetten (**Tabelle 2.1-14**) als auch bei den Kolbenhubpipetten, Dispensoren und Dilutoren auf (**Tabelle 2.1-15**).

Die Laboratoriumsanalyse steht und fällt mit der Verwendung geeigneter *Standards* (Kalibratoren). Man unterscheidet *primäre* und *sekundäre* Standards (**Tabelle 2.1-16**).

Der *primäre Standard* dient zur Aufstellung der Bezugskurve und zur Kalibrierung des Analysensystems. Entsprechend hoch sind die Anforderungen an derartige primäre Standardmaterialien. Eine Reinheit von 99% wird nicht als ausreichend angesehen, es werden 99,95% bzw. 100 ± 0,03%

Tabelle 2.1-9: Falsche Meßwerte bei der „Photometrie"

durch
Bedienungsfehler am „Photometer"
Verwendung unsauberer *Küvetten*
Verwendung verschmutzter, verdorbener, gealterter *Filter* (Filter gegen Licht prüfen; müssen homogen gefärbt sein und dürfen keinen Belag zeigen)
Messung in einem nicht gegen Licht oder Reflexion geschützten *Probenraum*

Temperaturabweichungen bei kinetischen, temperaturabhängigen Messungen (Temperaturen sowohl in Umwälzthermostaten wie in der Küvette mit geeichtem Thermometer kontrollieren; bei höheren Raumtemperaturen Gegenkühlung anschließen - Kryostaten verwenden)

Tabelle 2.1-10: Häufige Bedienungsfehler am Photometer

Falsche Wellenlänge durch
falsches Filter
verkehrt eingesetztes Filter

Messung bei *geänderter Filtercharakteristik*
durch Alterung, Umwelteinflüsse, Wärme und Feuchtigkeit,
Verschmutzung, z. B. durch Fingerabdrücke

Filter mit *zu großer Bandbreite*
Messung bei *nicht genügend lange eingebrannter Quecksilberlampe*
Transmission bei gesperrtem Lichtweg nicht auf T = 0% justiert,
100%-Punkt Transmission nicht häufig genug kontrolliert (besonders bei Küvettenautomatik zu beachten)

Nullabgleich mit Lösungsmittel in der Küvette unterlassen

Schwankungen des Reagenzien-Leerwertes nicht berücksichtigt

Küvettenraum nicht ausreichend gegen Licht bzw. lichtreflektierende Oberflächen (abgesprungene Schwarzlackierung) geschützt

Falsches Streulichtfilter verwendet

Fingerabdrücke auf optischen Teilen nicht beachtet

Falsche Blende eingesetzt, so daß das Licht auf die Seitenwände der Küvette fällt (besonders bei Mikroküvetten)

Extinktion falsch abgelesen oder falsch notiert

Falschen Faktor bei Geräten mit Faktoreingabe gewählt

Tabelle 2.1-11: Küvettenfehler

bei Verwendung von Küvetten
mit falscher Schichtdicke
mit unterschiedlicher Schichtdicke (z. B. Küvetten aus Kunststoff oder Einwegküvetten, die nicht kalibriert sind)
mit Fingerabdrücken oder Probenresten (unsauberen Küvetten)
mit zerkratzter Ober- oder Innenfläche
von Rundküvetten mit nicht exakt definierter Schichtdicke

Tabelle 2.1-12: Temperaturfehler

Temperatur nicht gleichmäßig oder nicht richtig eingestellt (besonders wichtig bei kinetischen, temperaturabhängigen Messungen)
Temperatur im Umwälzthermostat nicht richtig eingestellt
Keine Gegenkühlung bei höherer Außentemperatur

Tabelle 2.1-13: Genauigkeit der Temperaturkontrolle

	Bereich β C	Geforderte Genauigkeit β C	Genauigkeitsklasse
Enzyme	20-38	0,05-0,1	A/B
Gerinnung	36-38	0,1	B
Blutgasanalyse	24-38	0,1	B
Serologie	0-60	0,25	B
Mikrobiologie	0-60	0,25	B
Elektrophorese	0-40	0,25	B

Genauigkeitsklasse der Thermistor-Thermometer

	°C
A	**0,02 - 0,05**
B	**0,05 - 0,10**

Tabelle 2.1-14: Pipetten- und Pipettierfehler bei Glaspipetten

durch Verwendung von
ungeeichten Pipetten mit zu großen Volumenunterschieden
Pipetten mit falschem, nicht gewünschtem Volumen
Pipetten mit beschädigtem Ansaugrohr (undichte Pipetten)
Pipetten mit beschädigter Spitze (ungenaues Volumen)
unvorschriftsmäßiges Pipettieren beim Ablesen (Pipetten nicht gerade gehalten, nicht auf „Auslauf", „Ausblasen", „Auswaschen" bei den verschiedenen Pipettenarten geachtet, durch gleichzeitiges Blasen Volumenablauffehler)

Tabelle 2.1-15: Volumenfehler

bei Kolbenpipetten durch
Verwendung von verschmutzten Pipetten, z. B. infolge zu schnellem Ansaugen eiweißhaltiger Lösungen (Veränderungen des Kolbenhubs)
Verwendung von undichten Pipetten, auch bei nicht vorschriftsmäßig aufgesteckten Pipettenspitzen
Mitansaugen von Luft infolge ungenügender Eintauchtiefe der Pipettenspitze
zu schnelles Ausblasen der Lösungen (unvollständige Entleerung der Spitze)

bei Dispenser oder Dilutoren durch
Verwendung von Geräten mit falschem Volumen infolge unrichtiger Kalibrierung
Verwendung von Geräten mit undichtem Schlauchsystem oder undichten Ventilen
Tropfenbildung am Auslaufschlauch

Reinheit für Standardmaterialien gefordert (**Tabelle 2.1-17**). Es ist natürlich konsequent, bei derartigen Reinheitsforderungen auch an die übrigen in Standards eingesetzten Substanzen und Lösungsmittel, z. B. aqua dest, die gleichen Kriterien anzulegen.

Die *primäre Standardlösung* enthält die Reinsubstanz in definierter Einwaage in wäßriger Lösung.

Der *sekundäre Standard* hat meist eine probenähnliche Matrix. Seine Zielwerte werden durch Analysen im Labor ermittelt. Die Fehler in sekundären Standards sind nicht unerheblich. Es ist unter anderem bekannt, daß die Werte in den Cholesterin-Kits bis zu 10% voneinander abweichen. Noch größer sind die Abweichungen in der Immunologie bei der Radioimmunanalytik. Sekundäre

Tabelle 2.1-16: Standards

Primärer Standard: (= Urtitersubstanz)	Menge kann durch Einwaage der reinen Substanz exakt bestimmt werden (Reinheit : 100 ± 0,02%)
Primäre Standardlösung:	Eingewogener primärer Standard in reinem Lösungsmittel gelöst (meist Aqua dest.)
Sekundärer Standard:	Menge kann nur indirekt durch Analyse und Vergleich mit dem primären Standard ermittelt werden
Sekundäre Standardlösung:	Auflösen eines sekundären Standards in einem geeigneten Lösungsmittel Bestimmung der Konzentration durch Analyse und Vergleich mit dem primären Standard

Tabelle 2.1-17: Standard-Referenz-Materialien des US National Bureau of Standards (NBS) (Auswahl)

Bestell Nummern	Bezeichnung des Materials	Menge	Einheit	Preis (1985)
1 *Gerätekalibratoren*				
1.1 *Spektrophotometrie*				
930d	Spektrophotometrie-Glasfilter	3	St.	$916
2031	Metall-auf-Quarz-Filter, 10 Wellenlängen	3	St.	$1,580
931c	UV-Vis-Lösungen, 4 Wellenlängen, I-II-III	12	St.	$138
2034	Holmiumoxydlösung-Wellenlängenstandard	1	Küv.	$305
932	Spektrophotometrie-Quarzküvette	1	St.	$231
1.2 *Refraktometrie, Dichtemessung*				
2212	Toluol	25	mL	$225
2213	2,2,4-Trimethylpentan	25	mL	$300
1.3 *pH-Metrie, ionenselektive Elektroden*				
186	Phosphatpuffer (186Ic + 186IIc; 30 + 30 mL)	60	mL	$148
922/3	Trispuffer (922 + 923; 25 + 35 mL)	60	mL	$150
2201	Natriumchlorid	125	g	$67
2202	Kaliumchlorid	160	g	$67
2203	Kaliumfluorid	125	g	$110
1.4 *Mikroskopische Längenmessung*				
474	Objektmikrometerplatte, 0,5-50 µm Teilungen	1	St.	*
475	Objektmikrometerplatte, 0,5-10 µm Teilungen	1	St.	*
1960	Polystyren-Kügelchen, 10 µm Durchmesser	5	mL	$384
1.5 *Temperaturmessung*				
933	Laborthermometer (0, 25, 30/37 Grad Celsius)	3	St.	$487
2 *Verfahrenskalibratoren*				
2.1 *Massenspektrometrie, Gaschromatographie*				
1543	Methylstearat, Benzophenon	4	Amp.	$70

Tabelle 2.1-17 (Fortsetzung)

Bestell Nummern	Bezeichnung des Materials	Menge	Einheit	Preis (1985)
2.2 *Atomabsorptionsspektrometrie*				
2121	Cd, Pb, Ag, Zn	35	mg/mL	$ 160
2122	Ba, Ca, Mg	10	mg/mL	$ 160
2123	St, Li, K, Na	10	mg/mL	$ 160
2124	Rb, Co, Cu, Fe Ni	10	mg/mL	$ 160
2125	B, Cr, Mn, Mo	10	mg/mL	$ 160
2126	Sb, Ar, Se, Sn	10	mg/mL	$ 160
2127	Al, Be, P, Si	10	mg/mL	$ 160
2128	Au, Hg, Pd, Pt	10	mg/mL	$ 160
2129	Ti, W, V, Zr	10	mg/mL	$ 160
2.3 *Diverse klinisch-chemische Verfahren*				
909	Humanserum: 11 Substrate, 6 Spurenelemente, 6 Enzyme	6	Amp.	$ 187
910	Na-Pyruvat	25	g	$ 144
916	Bilirubin	100	mg	$ 147
921	Cortison	1	g	$ 97
925	Vanilinmandelsäure	1	g	$ 89
998	Angiotensin			$ 117
1595	Tripalmitin	2	g	$ 165
1643	23 Spurenelemente in Wasser	950	mL	$ 163
2670	13 Spurenelemente in Urin	20	mL	$ 180
8419	14 Anorganika in Rinderserum	4	mL	$ 52
955	Blei in Schweineblut	2	mL	$ 104
2671 a	Fluoride in Urin	20	mL	$ 136
2672 a	Quecksilber in Urin (2 Konzentr.)	20	mL	$ 136
2676 b	Cd, Pb, Mn, Zn auf Filtermedien	12	Stück	$ 127

* Preis auf Anfrage

Standards sollten an internationale Standards, z. B. WHO-Standards, angeglichen werden. INSTAND plant, in Ringversuchen dieser Situation Rechnung zu tragen und auch in der Immunologie standardbezogen zu bewerten. Gerade dort hat sich nämlich gezeigt, daß nicht die verschiedenen Methoden, sondern die in den Reagenziensätzen verwendeten Standards zu differierenden Analysenergebnissen führen. Die Herkunft dieser Standards sollte deklariert werden.

Während also primäre und sekundäre Standards von den Herstellern geliefert werden und daher nicht der unmittelbaren Kontrolle durch Anwender oder Ringversuchsorganisationen unterliegen, trifft dies für die *Richtigkeits- und Präzisionskontrollproben* nicht zu. Die Zielwerte der Richtigkeitskontrollen werden von den Referenzlaboratorien ermittelt. Der Vertrauensbereich der Präzisionskontrolle wird vom analysierenden Laboratorium, d. h. vom Anwender selbst, nach den Richtlinien der Bundesärztekammer festgelegt.

Messen heißt Vergleichen. Zur Erleichterung der wissenschaftlichen Kommunikation werden die gemessenen Größen verglichen, indem sie in vereinbarten Einheiten ausgedrückt und so gemeinverständlich mitgeteilt werden können. Da letztlich alle Messungen auf Standards oder Normalen beruhen und für die Zielwertangaben in den gebräuchlichen *Einheiten* vorliegen, ist im Prinzip innerhalb des Meßverfahrens das vereinbarte Einheitensystem anzuwenden, solange die entsprechenden Kalibrationsfaktoren ermittelt worden sind.

Wenn etwa die permanganometrische Calciumtitration nach Cramer und Tisdall angewendet und eine Waage, die in Gramm kalibriert ist, wenn Volumenmeßgeräte, die in Kubikzoll kalibriert sind, aber der Gehalt einer Calciumstandardlösung in einer der SI-Einheiten (kg/m^3 oder mol/m^3) angegeben wird, kann das Ergebnis der beiden Relativmessungen von Probe und Standard immer auf die vereinbarte SI-Einheit zurückgeführt werden, indem das Verhältnis der zugrundeliegenden unterschiedlichen Größen aus einer standardisierten Tabelle entnommen wird.

Allgemein gilt, daß der systematische Fehler bei einem Zusammenhang zwischen der Größe, die zur Mitteilung erwünscht ist, und der tatsächlich gemessenen Größe, die einem Potenzgesetz mit ausschließlich den Exponenten +1 und −1 gehorcht, sich herauskürzt, wenn auf Standards Bezug genommen wird. Diese können auch aus Tabellen für Molekülmassen, Dichten, gravimetrische Konstanten u.a. entnommen werden. Nichttrivial werden die Verhältnisse bei verwickelten Beziehungen zwischen gesuchter und gemessener Größe, wie sie z.B. bei den weithin angewandten absorptionsspektrometrischen Verfahren vorliegen. Ein anderes Beispiel bieten elektrochemisch-potentiometrische Messungen.

Absorptionsspektrometrische Messungen

Fehler der Intensitätsmessung

Der Transmissionsgrad T folgt als Ergebnis dreier Messungen des
- Dunkelstroms (Dunkelabgleich) J_o,
- Vollausschlags (Hellabgleich) J_{ref} und der eigentlichen Probenmessung J_x:

$$T = \frac{J_x - J_o}{J_{ref} - J_o}$$

Hier sind Stromstärkemessungen angenommen worden; ebenso gut könnten Spannungsmessungen nach Abfall des Stromes an einem Widerstand herangezogen werden: die Kalibrationsfehler würden sich „herauskürzen".

Die der gesuchten Konzentration eines Bestandteils proportionale Größe ist die *Extinktion oder Absorbanz*:

$$E = \lg(1/T) = \lg e\,(\ln(J_{ref} - J_o) - \ln(J_x - J_o))$$

Der mittlere relative Fehler der Extinktionsmessung ergibt sich nach dem Ansatz der mittleren Quadratsumme nach partieller Differentiation nach J_o, J_{ref} und J_x und der Annahme:
$\Delta J_{ref} \approx \Delta J_o \approx \Delta J$ zu

$$\pm\frac{\Delta E}{E} = \frac{\Delta J_{ref}}{J_{ref} - J_o} \cdot \frac{\sqrt{2}}{E \ln 10}\sqrt{1 + \exp(2E \ln 10) - \exp(E \ln 10)}$$

Der maximal zu erwartende relative Fehler ergibt sich entsprechend, indem man die Beträge der Fehlerkomponenten anstelle ihrer Quadrate summiert:

$$\frac{I\Delta E_{max}I}{E} = \frac{I\Delta J_{ref}I}{J_{ref} - J_o} \cdot \frac{2\exp(E \ln 10)}{E \ln 10}(1 + \exp(E - \ln/o)$$

Unabhängig von der tatsächlichen Größe des Dunkelstromes wird J_o nur auf das Nutzintervall J_{ref} - J_o bezogen, beide Formeln gelten sowohl für Proportionalverschiebungen („drift"), als auch für Veränderungen der Verstärkung („gain"). Ihr Verlauf ist in **Abbildung 2.1-1** wiedergegeben. Durch die Einbeziehung des Dunkelstroms in die Fehlerdiskussion ergibt sich eine leichte Veränderung des bisher zugrunde gelegten Fehlerminus: während zumeist E = 0,4343 als günstigste Meßlage

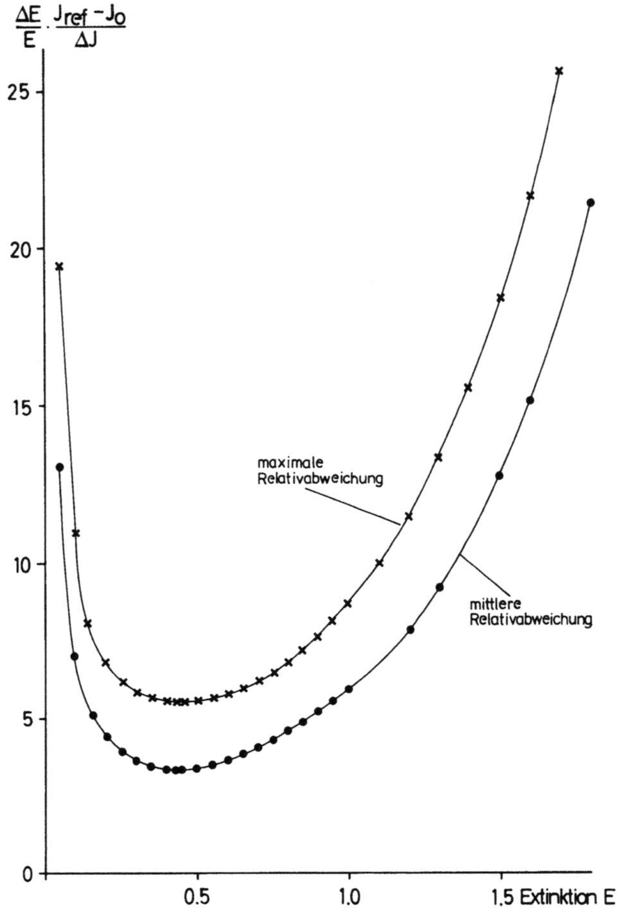

Abbildung 2.1-1
Relativabweichung der Extinktion in Vielfachen der relativen Signalabweichung (bezogen auf die Signaldifferenz)

angesehen wird, gilt hier für höhere Strahlungsintensitäten, bei denen die Poisson-Statistik des diskontinuierlichen Photonenstroms vernachlässigt werden kann, ein

- mittlerer relativer Fehler ein Minimum bei E = 0,42 T = 0,38
- maximaler relativer Fehler ein Minimum bei E = 0,43 T = 0,37.

Unter der Annahme, daß dieses die Hauptfehlerquelle der Messung ist („photon counting"), wird die günstigste Meßlage bei Extinktionswerten von 0,86 gefunden. Der günstigste Meßbereich, bei dem die minimal mögliche Abweichung um nicht mehr als 100% überschritten wird, liegt demnach zwischen 0,15 und 1,1 Extinktion.

Zur Abschätzung der Fehlergrößenordnung möge folgende Betrachtung dienen: die besten großserienmäßig hergestellten Komponenten haben in Bezug auf Richtigkeit eine Toleranz von 0,1%. Die Präzision muß bei Schaltteilen nicht besser sein als die Richtigkeit. Durch geeignete Kompensationsschaltungen kann dann die Gesamtreproduzierbarkeit der Schaltung um knapp eine Zehnerpotenz besser sein, dürfte also bei 0,02% liegen (ein hierfür geeigneter Analog-Digital-(A-D)-Wandler müßte schon eine Auflösung von mehr als 12 bit leisten).

Diese *elektronische Genauigkeit* führt bei Umrechnung an den Bereichsgrenzen zu einer Verschlechterung um den Faktor von maximal 20, in Bereichsmitte um den Faktor von minimal 4; insgesamt ist also eine relative Genauigkeit der Extinktionsmessung von 0,08% bis 0,4 % zu erwarten. Bei den häufig für Routinegeräte verwandten 8-bit-A-D-Wandlern kann ohne schaltungstechnische Kunstgriffe keine bessere relative Genauigkeit der Extinktionsmessung als 1,6% erwartet werden, dies umso weniger, als bei den hier gegebenen Ableitungen Streustrahlungsfehler, die insbesondere bei hohen Extinktionen ins Gewicht fallen, nicht in Betracht gezogen werden.

Mangelnde Monochromasie

Ein Laser stellt eine streng monochromatische Strahlungsquelle hoher Energiedichte dar. Im Gegensatz hierzu müssen *Spektrometer*, die einen endlichen Spektralbereich zur Durchsetzung der Probe und nachfolgenden Intensitätsmessung aus einem Strahlungskontinuum aussondern, aus energetischen Gründen eine bestimmte spektrale Bandbreite in Kauf nehmen. Wie die nachfolgenden Modellrechnungen zeigen, wird der hierbei mögliche Fehler überschätzt. Seit T (λ), der wahre Transmissionsgrad der Probe und S (λ), die sog. „spektrale Gerätefunktion", die Ansprechcharakteristik der gesamten Meßeinrichtung auf eine vorgegebene Wellenlänge eingestellt sind, ergibt sich der scheinbare Transmissionsgrad zu:

$$\bar{T} = \frac{\int_0^\infty S(\lambda)\, T(\lambda)\, d(\lambda)}{\int_0^\infty S(\lambda)\, d\lambda}$$

Wird ein symmetrischer, gaußförmiger Verlauf der Absorptionsbande auf Extinktion bezogen, vorausgesetzt, so ergibt sich für:

$$T(\lambda) = 10^{-E_{max}\exp}\left[\frac{-(\lambda-\lambda_{max})^2}{0.6\ HWB}\right] \text{ Probe}$$

Für die Durchlaßcharakteristik der spektralen Aussonderungsvorrichtung wird ebenfalls eine symmetrische Gaußsche Glockenkurve, bezogen auf Transmission angenommen:

$$S(\lambda) = S_{max \cdot Filter} \exp\left[\frac{-(\lambda-\lambda_{max})^2}{0.6\ HWB}\right] \text{ Filter}$$

Dies ist eine konservative Annahme, die bei Spektralfiltern allgemein zugrunde gelegt wird. Die gleichschenklig-dreiecksförmige Durchlaßcharakteristik eines Monochromators liefert günstigere Werte. Beim Zusammentreffen von Durchlaßschwerpunkt des Filters mit dem Extinktionsmaximum der Probe und einem Verhältnis von Halbtransmissionsbreite des Filters zur Halbextinktionsbreite der Probe von 1:10 liegt der Fehler der Extinktionsmessung bei Dreieckcharakteristik im Bereich von Extinktion 0,1 bis 2,0 unter −0,1%, bei Gaußcharakteristik unter −0,5%. Bei diesem Verhältnis führt auch eine Messung mit Filtern an der Flanke einer Absorptionsbande bei 50% der Maximalextinktion zu folgenden Werten:

bei Extinktion	0,1	1,0	2,0
zum Fehler von	-0,11%	-0,59%	-1,37%.

Bei einer Verschlechterung der Monochromasie werden die Dinge zunehmend ungünstiger. Für Halbwertbreite (HWB) der Filtertransmissions-HWB -Probenextinktion 1:3,16 hat die Durchrechnung entgegen der Erwartung eine positive Abweichung. Wenn eine mangelnde Monochromasie nur negative Abweichungen zur Folge hat, so führt hier die Flankenmessung bei 50% der Probenextinktion zu einer erratischen (vereinzelten) positiven Abweichung von 24% bei Extinktion 0,63. Der Grund hierfür liegt in der zunehmenden Asymmetrie des Produktes von spektraler Gerätefunktion und Transmissionsgrad, die zu einer stärkeren Gewichtung des näher zum Extinktionsmaximum gelegenen Teiles der Gesamtdurchlaßcharakteristik führt. Hiermit ist der bereits bei Ringversuchen aufgefallene Umstand erklärt, daß Filterphotometer bei mittleren bis kleinen Extinktionen bei Flankenmessungen höhere Meßwerte liefern, als allein aus Kenntnis von Filterschwerpunkt und Absorptionsspektrum zu erwarten wäre. In die eher komplizierte Berechnung gehen die beziehungsweisen Bandbreiten mit ein; eine schematische Korrektur ist nicht möglich. Als Faustregel darf gelten, daß eine spektrale Bandbreite von etwa $\frac{1}{10}$ der HWB der Absorptionsbande der photometrischen Genauigkeit bei quantitativen Analysen angemessen ist. Es ist nicht nötig, auf Kosten der Nutzenergie an die Monochromasie höhere Anforderungen zu stellen, als der elektrische Teil des Spektrometers zu leisten imstande ist.

Elektrochemische Potentialmessungen
Aus der Nernst-Gleichung

$$U = U_o + \frac{RT}{nF} \ln c$$

folgt bei einwertigen Ionen für den mittleren Fehler der Konzentrationsbestimmung

$$\left(\frac{\Delta c}{c} = \frac{\Delta U}{18{,}166}\right)$$

und für den maximalen Fehler der Konzentrationsbestimmung

$$\left(\frac{\Delta c}{c} = \frac{\Delta U}{12{,}845}\right)$$

wenn U in Millivolt ausgedrückt wird. Da das Diffusionspotential allein in der Größenordnung von 10 mV liegt, ist ohne die sorgfältige Konstanthaltung der Ionenstärke mittels „total ionic strength adjustment buffer“ (TISAB) nicht zu erwarten, Konzentrationsmessungen mittels ionenselektiver Elektroden besser als 1% genau ausführen zu können.

2.1.3.3 Fehlersuche

Werden bei der Analytik Fehler festgestellt, muß nach der Ursache gefahndet werden, damit entsprechende Maßnahmen eingeleitet werden können. Bei der Fehlersuche sollte systematisch vorgegangen und alle in Betracht kommenden Fehlerquellen sollten überdacht und überprüft werden. Zweckmäßigerweise sollten die erfahrungsgemäß häufigsten Fehlerquellen zuerst überprüft werden. Spezielle Fehlersuchanleitungen sind den Methoden- und Gerätevorschriften zu entnehmen.

2.1.4 Maßnahmen

Das Auftreten von Fehlern soll durch entsprechende *Präventivmaßnahmen* vermieden, vorhandene Fehler sollen durch *Kontrollmaßnahmen* aufgedeckt, *Konsequenzmaßnahmen* nach Bekanntwerden der Abweichungen oder Fehler in Betracht gezogen werden. Wichtige, in der Laboratoriumsmedizin übliche Qualitätssicherungsmaßnahmen sind in der **Tabelle 2.1-18** aufgeführt.

2.1.4.1 Präventivmaßnahmen

Präventivmaßnahmen sollen Fehler vermeiden, sie orientieren sich daher an den Fehlerquellen und werden hier im Sinne von Abschnitt 2.1.3.2 behandelt.

Um die *umwelt* bedingten Fehler zu vermeiden, sollte die Umwelt so konstant wie möglich gehalten werden.

Das bedeutet grundsätzlich kaum zu verwirklichende, vollklimatisierte, gegen Strahlungseinflüsse und elektrische Einflüsse abgeschirmte Laborräume, getönte Fenster oder adäquaten Sonnenschutz, leitfähige, gut geerdete Fußböden und unter Umständen auch elektrisch abgeschirmte Räume (Faradayscher Käfig). Umwelteinflüsse, die nicht eliminiert werden können, sollten im Ergebnis vermerkt werden, z. B. die Höhenlage, in der sich das Laboratorium befindet, der Barometerstand, u. U. auch die Raumtemperatur (z. B. bei Erythrozyten-Senkungsreaktion, wenn die Temperatur von 20 °C abweicht).

Große Bedeutung kommt der *Sauberkeit und Ordnung* im Laboratorium zu, um der „natürlichen" Verschmutzung der Geräte entgegenzuwirken. Die Einrichtung des Labors sollte pflegeleicht sein (Einbauschränke usw.). Fußboden, freistehende Möbelflächen einschließlich aller unbelegten Tischflächen müssen täglich gereinigt und die mit Patientenmaterial in Berührung kommenden Arbeitsflächen vom Untersucher selbst nach Beendigung der Arbeit mit einer Desinfektionslösung behandelt werden. Mindestens einmal die Woche sollte der Untersucher an jedem Arbeitsplatz zusammen mit dem Reinigungspersonal gründlich sauber machen. Nach Beendigung der Arbeit sollen alle Geräte, am einfachsten mit einer Plastikfolie zugedeckt werden. Als Grundsatz gilt, daß ein Laboratorium nach Arbeitsschluß so aussehen sollte, als ob dort seit langer Zeit nicht mehr gearbeitet worden wäre.

Große und mittelgroße Laboratorien sollten von einem Facharzt für Laboratoriumsmedizin geleitet werden, bei Laboratorien in kleineren Krankenhäusern eine regelmäßige Aufsicht durch einen fachkundigen Arzt erfolgen. In Krankenhauslaboratorien ist zur Sicherheit einer permanenten Fachaufsicht und Verantwortung ein Vertreter für den Laborchefarzt wünschenswert, der auch über Facharztqualifikationen verfügen sollte. Laboratorien, in denen im größeren Umfang klinisch-chemische Analysen durchgeführt werden, bedürfen eines Diplomchemikers, der zum klinischen Chemiker weitergebildet ist.

Zu den *Umwelteinflüssen* müssen auch die *zirkadianen Rhythmen* gerechnet werden, weshalb *standardisierte Abnahmebedingungen* in jedem Fall eingehalten werden sollen, wo immer dies möglich ist,

Untersucherbezogene Präventivmaßnahmen:
Hierzu gehören *Ausbildung, Fortbildung, Weiterbildung; Feststellung der körperlichen Eignung, hohe Ansprüche an ein qualifiziertes Laborpersonal.*

Als technisches Personal sollten schwerpunktmäßig staatlich anerkannte medizinisch-technische Laboratoriumsassistenten beschäftigt werden. Neben der Ausbildung ist für alle eine ständige Weiterbildung erforderlich. In einem über die Problematik der Fortbildung an der Medica 1980 in Düsseldorf veranstalteten Symposium ist einstimmig die Auffassung vertreten worden, daß jede Woche mindestens 5% der regulären Arbeitszeit der Fortbildung dienen sollten.

Tabelle 2.1-18: Maßnahmen der Qualitätssicherung

1	**Präventivmaßnahmen**
1.1	Wöchentliche *Fortbildungsbesprechungen* mit dem technischen Personal.
1.2	Detailierte *Arbeitsvorschriften* an allen Arbeitsplätzen.
1.3	Deutschsprachige *Gerätevorschriften* an allen Arbeitsplätzen, einschließlich von Geräteinstandhalte-, Gerätejustier- und Fehlersuchanleitungen.
1.4	Regelmäßige Durchführung und *Protokollierung* der Gerätekalibrierung, Gerätejustierung und Geräteinstandhaltung (intern und extern).
1.5	*Stabilitätsprüfungen* mittels Dauerlauf.
1.6	*Reagenzienüberprüfung* (Reinheit, Verfallsdatum, Aktivität, Avidität).
1.7	Aufstellung von *Bezugskurven* mit > 3 Punkten.
1.8	Festlegung und Aushang der *klinischen Bezugsbereiche*, Alarm- und Nonsensgrenzen an jedem Arbeitsplatz.
1.9	*Identitätssicherung* und -prüfung der Probengefäße.
2	**Interne Kontrollmaßnahmen**
2.1	*Mehrfachbestimmungen*
2.1.1	Doppelbestimmungen unter Wiederholbedingungen an Zufallsstichproben.
2.1.2	Doppelbestimmungen unter Vergleichsbedingungen laborintern zwischen verschiedenen Arbeitsplätzen (Routine-, Notfall-, Ausweichplatz).
2.1.3	Mitführen unausgewählter Patientenproben als Normalkontrollen bei selten durchgeführten qualitativen oder quantitativen Einzelanalysen.
2.1.4	Mitführen von Negativ- und Positivkontrollen bei qualitativen und ‚halbquantitativen' Analysen.
2.1.5	Mitführen von Präzisions- und/oder Richtigkeitskontrollproben bei allen quantitativen und ‚halbquantitativen' Analysenserien.
2.1.6	Führen von Kontrollkarten.
2.2	*Plausibilitätskontrollen an Einzelwerten.*
2.2.1	Extremwertkontrollen als Vergleichs- oder Wiederholbestimmungen.
2.2.2	Trendkontrollen aufgrund der Vorwerte.
2.2.3	Überprüfung von Wertepaaren/Wertetriplets aufgrund definierter Korrelationsellipsen (z. B. GOT/GPT, Hb/Ery/HKrit).
2.2.4	Validierung aufgrund klinischer Diagnosen und anderer Angaben.
2.3	*Plausibilitätskontrollen an Serien.*
2.3.1	Mittelwerte und Streuungen trunkierter Serien (Hofman-Vaid'sche „average of normals" Methode).
2.3.2	Prüfung der Medianwerte und der Schwellenüberschreitungen.
3	**Externe Kontrollmaßnahmen**
3.1	Teilnahme an *Ringversuchen*, in jedem Quartal mindestens einmal.
3.2	*Probentausch* mit anderen Laboratorien.
3.3	Regelmäßige *Geräteprüfung* (Wartung) durch einen autorisierten Fachmann.
3.4	Jährliche *Laborbegehung* auf Veranlassung des Ringversuchsveranstalters.
4	**Konsequenzmaßnahmen**
4.1	*Vorschriften für Vorgehensweisen* bei unplausiblen Ergebnissen und wenn die Analyse „außer Kontrolle" ist.
4.2	Bestimmung und Abzug der Reagenzien- und/oder *Probenleerwerte.*
4.3	Anwendung von *Korrekturfaktoren* zur Eliminierung systematischer Fehler deren Vorzeichen und Ausmaß bekannt ist.
4.4	*Geräteinstandsetzung* durch Herstellerkundendienst wegen Fehlbestimmungen.
4.5	*Verlassen* eines unzuverlässigen Analyseverfahrens.

Empfehlenswert ist, alle, die im Labor tätig werden wollen, vor Ausbildungsbeginn einer psychischen und körperlichen *Eignungsprüfung* zu unterziehen. Zu den wichtigen Voraussetzungen gehören eine gewisse manuelle Geschicklichkeit und einwandfreies Sehvermögen.

Die *Sehschärfe* läßt sich mit Hilfe der bekannten Tafeln leicht prüfen; dies sollte in jedem Labor von Zeit zu Zeit durchgeführt werden, um Mitarbeiter, deren Sehschärfe nachläßt, zu einer entsprechenden Korrektur zu veranlassen. Schwieriger ist die Frage der ausreichenden *Farbtüchtigkeit* zu beantworten. Sie ist, z. B. bei allen Teststreifen, die visuell abgelesen werden, notwendig. Die üblichen Farbprüftest-Verfahren nach Ishihara bzw. Velhagen sind dafür nicht ausreichend gut geeignet, da sie für Lokomotivführer und für die Seefahrt entwickelt worden sind. Man sollte weiter prüfen, ob auch bei schlechten Sichtverhältnissen grüne und rote Leuchtsignale gut auseinander gehalten werden können. Etwas besser geeignet ist das bei Farbklischieranstalten übliche Anomaloskop nach Nagen. Auf die Belange des klinischen Laboratoriums abgestimmte Tests sind wünschenswert. Wichtig ist es, daß jeder Mitarbeiter im Labor über etwaige Mängel seines Sehvermögens orientiert ist, um sie entsprechend kompensieren zu können.

Gerätebezogene Präventivmaßnahmen

Gerätewahl, Kenntnis der Gerätefunktion und Instandhaltung dienen der *Vermeidung von Gerätefehlern.*

Bei der *Gerätewahl* sind zu berücksichtigen: die Bedürfnisse des Laboratoriums und seine finanziellen Möglichkeiten, die bisherige Ausrüstung, das Angebot der Hersteller, Eigenschaften des in Frage kommenden Gerätes, die lokalen Serviceleistungen des Anbieters sowie die zu erwartende Entwicklung am Gerätemarkt.

Erprobung der Geräteeigenschaften:

Ein neu konzipiertes Gerät muß einer Bauartprüfung durch die zuständige Behörde - in der Bundesrepublik die Physikalisch-Technische Bundesanstalt (PTB), in den Vereinigten Staaten die Food and Drug Administration (FDA) - unterzogen werden, bevor es auf den Markt kommt.

Die *Bauartzulassung* ist im Grundsatz zu begrüßen, kann sich aber auch als bürokratische Fortschrittbremse auswirken. Bevor ein neues Gerät auf den Markt kommt, wird es der Hersteller in seinen Laboratorien und meist auch in einem Routinelaboratorium erproben. Meist erfolgt diese Erprobung an einem Prototyp. Wird das bereits in Serie produzierte Gerät auf dem Markt angeboten, muß eine zweite Erprobung in unabhängigen Routinelaboratorien stattfinden, wobei die Herstellerangaben und die Praktikabilität unter Routinebedingungen geprüft werden.

Aufgrund bisheriger Erfahrungen ist ein *Multicenter-Evaluationsschema* ausgearbeitet worden, das zur Zeit auf internationaler Basis geprüft wird. Dabei muß auch der *Versuchsplan* mit dem Hersteller abgestimmt werden.

Um eine weitgehend objektive Beurteilung zu ermöglichen, arbeiten unter Routinebedingungen mindestens drei vom Hersteller und voneinander unabhängige Laboratorien. Bevor ein Gerät gekauft wird, sollten die Ergebnisse aller vorhandenen Evaluationen, eine Benutzerliste und eine Kundendienstliste vom Hersteller angefordert werden können. Wenn möglich, sollte der potentielle Käufer eine kurze Erprobung im eigenen Labor anstreben. Die Eigenerprobung ersetzt keinesfalls die gründliche, über mehrere Wochen oder Monate durchgeführte Multicenter-Evaluation. Neben Bauartzulassung, Prototyp- und Multicenter-Evaluation sowie Kurzerprobung im eigenen Labor können auch die Erfahrungen größerer Benutzerkreise in Fragebogenaktionen und die Ergebnisse von Ringversuchsergebnissen verwertet werden. Es wäre gut, wenn die Hersteller des Gerätes mit dem Angebot die Firmenprospekte, Referenzliste, Erprobungsberichte, Angaben über Lebenszeit und Brauchbarkeitsdauer dem Kaufinteressierten unaufgefordert mitsenden würden (siehe INSTAND-Schriftenreihe, Band 4).

Die *Arbeit mit einem Gerät* kann nur dann erfolgreich sein, wenn der Verwender sich über seine *Funktion und Möglichkeiten* ausreichend informiert.

Der Hersteller weist einen oder zwei Mitarbeiter des Laboratoriums ein; das Gerät bleibt aber viele Jahre in Gebrauch. Es ist von größter Bedeutung, daß für jedes Gerät eine ausführliche *deutschsprachige Betriebsanleitung* und *Fehlersuchanleitung* vorliegt. Neben der ausführichen Gebrauchsanweisung ist eine übersichtliche *Kurzanleitung*, möglichst mit einem Piktogramm (graphischen Symbolen mit international festgelegter Bedeutung) empfehlenswert. Größere Laboratorien lassen ihre Mitarbeiter, die das Gerät bereits bedient haben, von Zeit zu Zeit an den vom Hersteller veranstalteten „Auffrischungskursen" teilnehmen.

Als weitere Vorsorgemaßnahme sei die regelmäßige Führung einer *Gerätekarte* (**Abbildung 2.1-2**) genannt.

Alle vom Hersteller vorgeschriebenen Kalibrier-, Prüf-, Reinigungs- und Instandhaltungsmaßnahmen und alle Probleme, die bei der Arbeit mit dem Gerät auftauchen, sollten hier eingetragen werden. Großes Gewicht ist auch auf die regelmäßige *Wartung* durch Techniker des Herstellers bzw. der Vertriebsfirma zu legen; wenn der Hersteller es nicht anders vorschreibt, sollte die Wartung mindestens einmal jährlich durchgeführt werden. Für die durchzuführenden Wartungsarbeiten sollte ein *Wartungsplan* (**Abbildung 2.1-3**) vorliegen. Neuerdings werden Geräte mit Be-

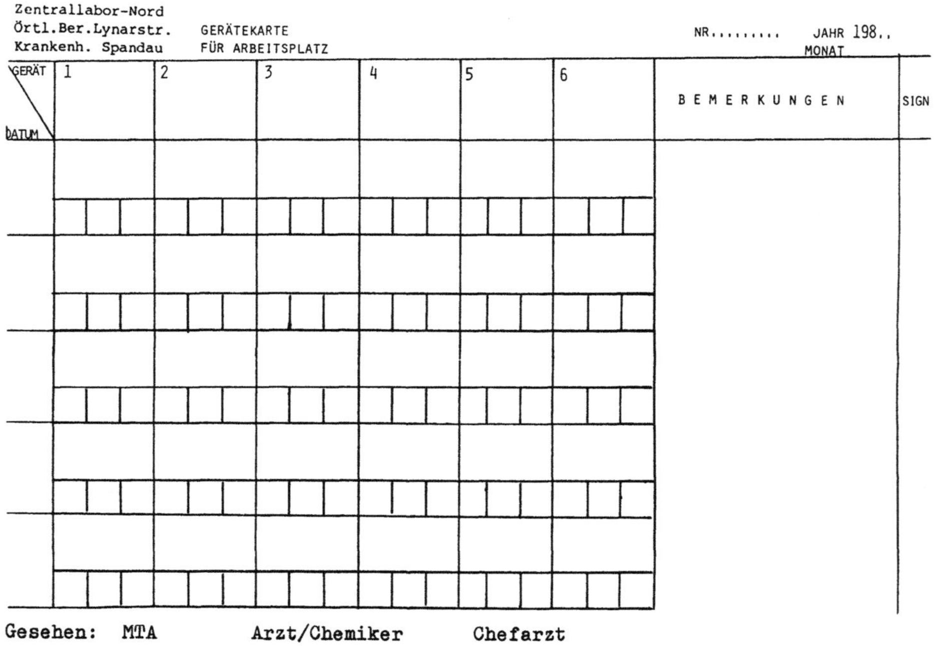
Zentrallabor-Nord
Örtl.Ber.Lynarstr.
Krankenh. Spandau
GERÄTEKARTE
FÜR ARBEITSPLATZ
NR......... JAHR 198..
MONAT
GERÄT / DATUM
1 2 3 4 5 6
BEMERKUNGEN
SIGN
Gesehen: MTA Arzt/Chemiker Chefarzt

Abbildung 2.1-2: Gerätekarte
In der Kopfzeile werden Arbeitsplatz, laufende Nr., Jahr und Monat eingetragen. In den Kästchen 1-6 können bis zu 6 Geräte genannt werden.
Es folgen 5 Zeilen mit je einem großen und drei kleineren Kästchen für jedes Gerät, um in jeder Woche kurze verbale Eintragungen (z. B. O. K.) und Zahlenwerte der am Gerät gemessenen Meßwerte (z. B. Ist-Temperatur, Ist-Volumen usw.) eintragen zu können. Rechts (und eventuell umseitig) werden weitergehende Bemerkungen über Störungen, Reparaturen usw. eingetragen und die Eintragungen wöchentlich signiert. Eine MTA mit Leitungsfunktion, der Oberarzt und der Chefarzt zeichnen alle Bögen ab.

Geräte-Typ	Gerät Nr.	Hersteller	Kundendienst Tel:

Wartung durch Kundendienst:	JAN	FEB	MRZ	APR	MAI	JUN	JUL	AUG	SEP	OKT	NOV	DEZ

Wartungsarbeiten durch den Benutzer bzw. den zuständigen Arbeitsplatz:	
täglich:	wöchentlich:
monatlich:	-monatlich:

Abbildung 2.1-3: Wartungsplan
Ein solcher Wartungsplan wird für jedes Gerät angelegt und zusammen mit der Gebrauchsanweisung bei dem Gerät in einer Mappe verwahrt. Der oder die Monate, in dem/denen der externe Wartungsdienst kommen soll, wird/werden markiert. In den vier großen Feldern werden die täglich, wöchentlich oder monatlich durchzuführenden internen Pflege- und Wartungsarbeiten verzeichnet.

Wöchentlich zu überprüfende Gerätefunktionen (Beispiele)

Zentrifugen	Richtigkeit der eingestellten und angezeigten Höchstdrehzahl Richtigkeit der eingestellten Zentrifugierdauer (3 min)
Kolbenpipetten	Richtigkeit der Pipettiermenge (bei Oxford-Pipetten beide Einstellmöglichkeiten gesondert!, bei variabel einstellbaren 50% und 100% Einstellung)
Kühlschränke Gefrierschränke	Ablesen der Maximum- und Minimum- sowie der aktuellen Thermometeranzeigen (Rückstellen des max-min!)
Dispensoren Dilutoren	Richtigkeit der pipettierten Menge bzw. des Verdünnungsverhältnisses, wenn verstellbar, bei 50% und 100%
Koagulometer	Richtigkeit der Zeitanzeige (an allen Meßstellen) Richtigkeit der Temperatur in jeder Temperiereinheit (Temperierblock im Gerät, neben dem Gerät, Wasserbad) Richtigkeit der angeschlossenen bzw. gesonderten Kolbenpipetten
Thrombelastograph	Richtigkeit der Temperiereinrichtung Gleichmäßigkeit und richtige Amplitude beim Lauf mit Wasser
Gleichstromaggregate	Überprüfung der Spannung und der Konstanz
Mikroskope	Auflösung zweier Linien an einem Testbild, mit jedem der Objektive
Waagen	Richtigkeit der Anzeige mit 2 verschiedenen Gewichten
Osmometer	Richtigkeit der Anzeige bei Standardlösung mit bekannter Osmolalität

Filterphotometer	Leeranzeige (ohne Küvette, im Sichtbaren bei etwa 540 nm und definierter Geräteeinstellung Anzeige mit Wasser gefüllter Küvette und mit Standardlösung im UV-Bereich und im Sichtbaren oder mit Standardfilter
Spektralphotometer	wie Filterphotometer (Leerwert und Standard gegen Wasser im UV und im Sichtbaren) Richtigkeit der Wellenlängeneinstellung (Didymglasfilter) Richtigkeit der Spalteinstellung (nur beim PMQ II) Küvettentemperierung
Elektrophorese-auswerter	Überprüfung mit Spezialfilter
Wasserbäder Thermostaten	Richtigkeit der eingestellten Temperatur
Zählgeräte	Richtigkeit der Anzeige mit Standardsuspension
Elektroden	Richtigkeit der Anzeige mit Pufferlösung (bzw. dieselbe durchperlt mit Luft bzw. Kohlensäure)
AAS, FL Glu-, Cl-Meter	Richtigkeit der Anzeige mit Standardlösung
Tischrechner	Überprüfung mit Prüfprogrammen

triebsdauer-Zeitmessern ausgerüstet, um die Einhaltung des vorgeschriebenen Wartungsplanes zu erleichtern. Kalibrieren und Justieren des Gerätes sind mindestens einmal wöchentlich erforderlich.

Im Zusammenhang mit der Gerätekalibrierung muß auf die Bedeutung der *Bezugskurven* bei Zähl- und Meßgeräten hingewiesen werden.

Auch nach sorgfältiger Justierung verbleibt zwangsläufig eine geringfügige Kalibrierabweichung, die sich als systematische Abweichung auswirkt. Justieren sollte man deshalb nur mit dem größten noch zumutbaren Aufwand und wenn es nötig ist.

Richterich (1976) konnte zeigen, daß das von ihm konstruierte Analysengerät (der Firma Greiner) genauer arbeitete, wenn es nicht täglich, sondern nur vierteljährlich justiert wurde (persönliche Mitteilung). Bei Aufstellung der Bezugskurve sollten mindestens drei Standards mehrfach bestimmt werden. Auch die Unschärfe der Bezugskurve sollte man berechnen, um bei späteren Überprüfungen die noch vorhandene Gültigkeit der Bezugskurve mit Hilfe einer Null-Hypothese kontrollieren zu können. Die bei der Aufstellung der Bezugskurve angewandten Standards müssen den gesamten Meßbereich umfassen. Die *Extrapolation der Bezugskurve* ist unzulässig, weil ihr gerader oder kurvenförmiger Verlauf außerhalb des mit Standards geprüften Bereiches nicht bekannt ist. Völlig unzulässig ist es, nur einen Standard einzusetzen und dann die Patientenwerte zu messen, um das Ergebnis mittels Dreisatzrechnungen zu ermitteln.

Methodenbezogene Präventivmaßnahmen

Methodenbedingte Fehler können am besten durch die Wahl geeigneter Methoden vermieden werden.

Methoden werden nach Anwendungs- und Genauigkeitskriterien eingeteilt (**Tabelle 2.1-19**) in Suchmethoden (screening oder monitoring methods), Routinemethoden (working methods), definitive Methoden (definitive methods), Referenzmethoden (reference, referee methods) und ausgewählte Methoden (selected, regulatory, statutory, well accepted methods).

Suchmethoden sind preiswert, aber nicht besonders genau. *Referenzmethoden* sind aufwendig, aber sehr genau. *Definitive Methoden* sind zur Zeit nur für einzelne Analysenbestandteile (wie z. B. Hormone) bekannt und beanspruchen ein Höchstmaß an apparativer Ausrüstung und Arbeitsaufwand. In den Laboratorien werden meist *Routinemethoden* und *ausgewählte Routinemethoden* angewandt.

Tabelle 2.1-19: Hierarchie der Analysenmethoden

- **Definitive Methoden**, bei denen aufgrund eingehender Untersuchungen systematische Abweichungen ausgeschlossen werden können. Bei der Zielwertermittlung mit definitiven Methoden müssen mindestens 2 Laboratorien zusammen mindestens 10 Doppelbestimmungen durchführen
- **Referenzmethoden**, bei denen die systematischen Abweichungen im Vergleich zu den zufälligen Abweichungen klein sind. Das „Referenzwertmodell" ist z. B. bei flammenemissions- und absorptionsspektrophotometrischen Messungen anwendbar. Es sollen dabei mindestens drei Laboratorien zusammen 20 Doppelbestimmungen durchführen. Nach einer Ausreißerelimination müssen die Ergebnisse von mindestens 15 Doppelbestimmungen zur Zielwertermittlung herangezogen werden
- **Routinemethoden**
- **Empfohlene Routinemethoden**, die zwecks Erreichung einer besseren Vergleichbarkeit von wissenschaftlichen Gremien dort empfohlen werden, wo es noch keine Referenzmethoden gibt (z. B. optimierte Enzymmethoden)
- **Ausgewählte Routinemethoden**, deren systematische Abweichungen bekannt sind
- **Andere Routinemethoden**, deren Abweichungen noch nicht genügend untersucht sind
- **Suchmethoden** („Screening-Methoden") sind Routinemethoden mit einer entsprechenden Skalierung
- **Veraltete (obsolete) Methoden**, die nicht mehr angewandt werden sollten

Voraussetzung für eine sinnvolle Methodenkontrolle ist die genaue Kenntnis des Methodenprinzips und Reaktionsablaufs. Am Arbeitsplatz soll eine detaillierte *Methodenbeschreibung* nach DIN 589 36 vorliegen. *Beipackzettel* sind unzureichend.

Die Wahl der Methode ist bei vorgefertigten Reagenziensätzen (Kits) oft eingeengt, weil diejenige Methode bevorzugt verwendet wird, für die auch Reagenziensätze auf dem Markt angeboten werden. Reagenziensätze, die einmal auf dem Markt eingeführt sind, werden von den Herstellern so lange wie möglich auf dem Markt belassen. Infolgedessen werden oft veraltete bzw. obsolete Methoden lange Zeit in Laboratorien verwendet. Tatsächlich verdrängen aber präzisere und spezifische Methoden in kürzester Zeit ältere eingeführte Methoden. So hat z. B. die enzymatische Cholesterinbestimmung innerhalb weniger Jahre die Liebermann-Burchardt-Methode fast völlig verdrängt.

Zum *Methodenvergleich* können Ringversuchsergebnisse nur bedingt angewandt werden, da Ringversuchsproben nicht in jeder Hinsicht mit Patientenproben vergleichbar sind.

Z. B. führt die Feststellung der Erythrozytenpartikelkonzentrationen mittels Trübungsmessung (siehe Abschnitt 3.2.1) unter pathologischen Bedingungen, wenn Größe, Form oder Hämoglobinbeladung des Erythrozyten unnormal sind, zu erheblichen Fehlern. Deshalb wird diese Methode in Fachlaboratorien abgelehnt. Im Ringversuch werden nur Blutproben von gesunden Spendern eingesetzt und verschieden stark verdünnt, weshalb die Trübungsmessung in Ringversuchen recht gute Ergebnisse zeigt.

Die *Standardisierung der Methoden* wird in Fachgremien, z. B. im Normenausschuß Medizin (NAMed), als besonders wertvoll angesehen.

Reagenzienbezogene Präventivmaßnahmen

Eine der wichtigsten Vorsorgemaßnahmen in Bezug auf *Reagenzienfehler* ist die tägliche Bestimmung des *Reagenzienleerwertes.*

Dabei soll vorher der Inhalt des Reagenzienbehälters gut gemischt werden, um einen etwa entstandenen Bodensatz mitzuerfassen. Das täglich ermittelte Meß- oder Zählergebnis des Reagenzienleerwertes sollte in der Kontrollkarte protokolliert werden. Mit der Registrierung des Reagenzienspektrums kann bei der Fehlersuche im Zweifelsfall durch eine Registrierung der aktuellen Spektralkurve die Brauchbarkeit des Reagenz rasch und sicher überprüft werden. Jeder Behälter, in dem ein Reagenz ständig oder auch für noch so kurze Zeit gehalten wird, muß ordnungsgemäß mit der Bezeichnung des Inhalts, dem Datum des Ansatzes, gegebenenfalls der Chargennummer und dem Verfallsdatum beschriftet werden. Verfallene Reagenzien sollen nicht mehr verwendet werden.

Die *genaue Dosierung* der Reagenzien ist besonders wichtig. In der Serie sollten unbedingt durch Elektromotoren betriebene Pipettoren und Dilutoren das manuelle Pipettieren ersetzen. Auch bei manuell zu bedienenden Dosiergeräten, z. B. bei Kolbenhubpipetten, kommt es zu Pipettierfehlern, wenn der Knopf der Pipette nicht vollkommen niedergedrückt wird.

Probenbedingte Prävention

Zu den Präventivmaßnahmen bezüglich der *Probe* gehören die genaue Festlegung und Einhaltung der Vorschriften bei der Patientenvorbereitung, Abnahme- und Einsendung sowie der Probenweiterbehandlung im Labor (siehe Abschnitt 2.3).

Jedes Labor sollte über Patientenvorbereitungs-, Abnahme- und Einsendevorschriften verfügen, diese seinen Einsendern verteilen und bei der im Labor erfolgenden Abnahme beachten. Die Mitteilung klinischer Angaben über Verdachtsdiagnosen, klinischen Zustand und Prämedikation sind von größter Wichtigkeit, einerseits um Störfaktoren in der Probe zu beurteilen, andererseits um Plausibilitätskontrollen durchführen zu können.

2.1.4.2 Kontrollmaßnahmen

Kontrollmaßnahmen sind Mehrfachbestimmungen und Plausibilitätsberechnungen. Sie werden in den Abschnitten 2.4 bis 2.6 eingehend erörtert.

Zu den Kontrollmaßnahmen gehören *Doppel-* und *Dreifachbestimmungen* bei unplausiblen Werten und bei einem Wert nahe an der Meßbereichsgrenze nach Verdünnung, ebenso *Probentausch, Sollwertermittlung, Kontrollkartenführung* sowie *Ringversuche.*

Jede Bestimmung kostet Geld, hat aber auch einen Informationswert; deshalb sollten bei Mehrfachbestimmungen alle Einzelergebnisse zur Mittelwertbildung herangezogen bzw. fehlerhafte Ergebnisse nur dann von der Mittelwertbildung ausgeschlossen werden, wenn ein statistisch genügend gesicherter Verdacht auf Vorliegen eines Ausreißers besteht.

Kontrollmaßnahmen dürfen niemals Selbstzweck werden: Aufgabe des klinischen Laboratoriums ist es, Patientenproben mit hinreichender Genauigkeit zu analysieren und durch Kontrollen ausreichend abzusichern. Um zu prüfen, ob die Kontrollmaßnahmen im vorgeschriebenen Umfang durchgeführt werden, sollte für jeden Arbeitsplatz monatlich der Aufwand/Ergebnisquotient berechnet werden.

2.1.4.3 Konsequenzmaßnahmen
Wird eine Abweichung oder ein Fehler oder eine andere Besonderheit festgestellt, müssen Konsequenzen gezogen werden:
- Abweichungen oder klinisch irrelevante Fehler können *toleriert*,
- unzulässig große Streuungen durch Mehrfachbestimmungen oder andere Maßnahmen *verringert*,
- systematische Fehler, wenn Ursache und Ausmaß bekannt sind, *korrigiert* werden;
- Ergebnisse mit unkorrigierbaren Fehlern müssen *verworfen*,
- Besonderheiten *mitgeteilt*,
- alle Feststellungen und Maßnahmen, u. U. auch Begründungen *protokolliert* werden.

Welche Abweichungen und Fehler toleriert werden dürfen, was und wie zu korrigieren, zu verwerfen und zu wiederholen ist, muß der verantwortliche Laborleiter entscheiden. Er bestimmt, wer protokollieren soll, was, wann, wo und wie erfaßt werden soll und wem welche Besonderheiten und Vorkommnisse zu melden sind.

2.1.5 Entscheidungen

Die Laborarbeit fordert immer wieder auf verschiedenen Ebenen Entscheidungen ab. Der (die) MTA muß entscheiden, welche Werte freigegeben werden und welche nicht, ob ein Fehler allein behoben werden kann oder der Labor- oder Abteilungsleiter informieren soll.

Der Laborleiter muß neben den ihm täglich vorgebrachten Routine-Problemen vor allem grundsätzliche Entscheidungen bezüglich der Einrichtung des Labors, neuer Geräte, einzuführender Methoden, Umstellungen usw. treffen.

Dies sind nur einige herausgegriffene Entscheidungspunkte. Bei allen im Laboratorium anfallenden Entscheidungen müssen klinische, technische und wirtschaftliche Gesichtspunkte bedacht werden. Zu typischen Entscheidungen gehören die Methoden- und Gerätewahl, die Aufnahme von Analysenbestandteilen in das Labor-Routine- bzw. Notdienst-Programm (Eilanforderungen) sowie Entscheidungen über die zu erreichende Zuverlässigkeit der Ergebnisse.

2.1.5.1 Klinische Gesichtspunkte bei Entscheidungen
Die Arbeit im Laboratorium muß dem Patienten dienen, deshalb stehen klinische Gesichtspunkte im Vordergrund. Bei der Entscheidung, welche Analysenbestandteile im eigenen Labor untersucht und welche einem Speziallabor übersandt werden, ist ausschlaggebend, welche Ergebnisse und wie schnell sie benötigt werden, um baldmöglich zu einer Diagnose zu kommen. Es gibt bestimmte Analyte, die in einem Krankenhaus Tag und Nacht verfügbar sein müssen (**Tabelle 2.1-20**).
Für das Routineprogramm ist die Zusammensetzung des zu betreuenden Patientengutes entscheidend, d.h., welche klinischen Fragestellungen akut auftreten, welche Laboranalysen dazu notwendig sind und wie schnell die Ergebnisse vorliegen sollen. Bestimmte Analysenergebnisse müssen im Krankenhaus- oder im Praxislabor jeden Tag erhaltbar sein. Bei anderen kann der Arzt auf das Ergebnis mehrere Tage

Tabelle 2.1-20: Die häufigsten Bestandteile des Notfall-Programmes
(Antworten aus 50 Laboratorien)

Glukose	(47)	Hämoglobin	(47)
Kalium	(46)	Quick	(46)
Natrium	(45)	Leukozyten	(46)
α-Amylase	(44)	Plättchen	(43)
CK	(42)	aPTT	(38)
Kreatinin	(41)	Coombs	(38)
Harnstoff	(38)	Erythrozyten	(37)
GOT	(37)	Blutgruppen	(36)
Blutgase	(35)	Kreuzprobe	(36)
		Liquor	(35)
GPT	(34)	Thrombintest	(34)
Calcium	(30)	Fibrinogen	(31)
Bilirubin	(28)	Hämatokrit	(31)
CK-MB	(28)		
Chlorid	(26)	Antik.-Suchtest	(16)
Barbiturate	(21)	CO-Hämoglobin	(14)
U-Keton	(20)	Antithrombin III	(11)
		Fibrin-Spaltprod.	(10)
Lipase	(11)	Reptilase	(9)
Alk. Phosph.	(10)	Methämoglobin	(9)
Ethanol	(8)	Toxikologie	(8)
U-Status	(8)	Diff.-Blutbild	(5)
Ammoniak	(5)	Schwangersch.	(5)
Laktat	(5)	Div. Gerinnungsteste	(3)
LDH	(5)	Bakteriologie	(3)
HBDH	(5)	Pharmaka	(2)
CHE	(4)	Porphyrine	(1)
γ-GT	(2)	Lithium	(1)
Gesamt-Eiweiß	(3)	Osmolalität	(2)
Albumin	(2)		

Anzahl der Bestandteile	Klin. Chemie	Hämatologie	Klin. Chemie u. Hämatologie
keine Mitteilung	2	1	1
1 bis 5	3	5	1
6 bis 10	8	16	1
11 bis 15	21	24	2
16 bis 20	14	4	4
mehr als 20	2	-	41

warten. Solche Analysen können entweder wöchentlich ein- oder zweimal im eigenen Labor durchgeführt werden oder, wenn die Art des Probengutes dies gestattet, in ein Speziallaboratorium geschickt werden.

Die Gesichtspunkte der Methodenwahl sind bei den Befundqualitäten behandelt worden (siehe Abschnitt 2.1.2.4).

Klinische Gesichtspunkte sind im Zusammenhang mit der anzustrebenden Zuverlässigkeit und Vergleichbarkeit auch bei der Gerätewahl anzuwenden. Die Ansprüche an Genauigkeit und Vergleichbarkeit der Analysenergebnisse erhöhen sich ständig; daher sollten diejenigen Geräte bevorzugt werden, die vom Konzept her flexibel und ausbaufähig sind, um sie allen späteren Anforderungen anpassen zu können, d. h. den offenen gegenüber den geschlossenen Systemen.

Im Vordergrund der klinischen Entscheidungen muß die *Zuverlässigkeit* stehen, um dem behandelnden Arzt eine optimale Grundlage für Diagnostik und Therapie zu sichern. Bei quantitativen Analysen ist die *Genauigkeit* der Methode an den sogenannten *Entscheidungsgrenzen*, d. h. dort, wo diagnostische, differentialdiagnostische oder therapeutische Entscheidungen getroffen werden, wichtig.

Als Beispiel sei der Blutzucker genannt. Die erste Entscheidungsgrenze liegt bei etwa 40 bis 45 mg/dl, bei deren Unterschreitung die Gefahr des hypoglykämischen Schocks droht; die zweite liegt bei 100 mg/dl, bei der geklärt werden muß, ob eine diabetische Stoffwechsellage vorliegt, die dritte Grenze liegt bei etwa 300 mg/dl, bei deren Überschreitung ein Koma droht. Das Laboratorium muß seine Genauigkeit, zumindest bei allen diesen Entscheidungsgrenzen kennen, d. h. die Frage, ob eine Grenze überschritten wird oder nicht, schlüssig beantworten. Die für quantitative Bestimmungen geforderte Genauigkeit wird vielfach mit der physiologischen Schwankungsbreite in Zusammenhang gebracht; je enger und genauer ein Analysenbestandteil im Körper reguliert wird, um so genauer muß auch seine analytische Bestimmung erfolgen.

2.1.5.2 Technische wichtige Gesichtspunkte bei Laborentscheidungen

Welche Analysen im eigenen Laboratorium und welche in einem Fachlaboratorium gemacht werden sollen, wird auch durch die Geräteausrüstung des Laboratoriums bestimmt. Von Jahr zu Jahr kommen neue Fragestellungen auf den Laborarzt zu, zu deren Lösung er gerüstet sein muß. Die Grundausstattung im Labor muß daher flexibel sein, um allen anfallenden zähl- und meßtechnischen Fragestellungen entsprechen zu können.

Von der vorhandenen gerätetechnischen Ausrüstung hängt auch die Methodenwahl ab. Daher sind analysentechnische Gesichtspunkte, z. B. die Verfügbarkeit und Haltbarkeit der anzuwendenden Reagenzien im weitesten Sinne des Wortes von Bedeutung. Technische Gesichtspunkte stehen bei der Gerätewahl im Vordergrund. Von Bedeutung ist, welche unabhängigen Referenzen der Hersteller angeben kann, ob eine Geräteevaluation (z. B. nach den ECCLS-Richtlinien) durchgeführt worden ist und wie die Ergebnisse lauten. Eine *Referenz- und Kundendienstliste sowie ein Fragebogen* sollte vorliegen, der bei der Gerätewahl als Checkliste benutzt werden kann.

Die bei der Analytik erreichbare Genauigkeit ist meist technisch begrenzt, andere Zuverlässigkeitsqualitäten sind von den Eigenschaften der Geräte abhängig. Dies sollte bei der Gerätewahl berücksichtigt werden. Gesichtspunkte zur Prüfung von Analysenbogen sind in **Tabelle 2.1-21** enthalten.

2.1.5.3 Wirtschaftliche Gesichtspunkte der Laborentscheidungen

Gesichtpunkte der Wirtschaftlichkeit gewinnen immer mehr an Bedeutung. Sie sind neben den klinischen Gesichtspunkten entscheidend (siehe Band 4 der INSTAND-Schriftenreihe, S 263 ff).

Wenn bestimmte Analysen in einer Großstadt oder in einer Region zentral nur in einem Labor untersucht werden, kann dies wegen der Länge der Serien wirtschaftlich sein, beispielsweise bei der Harnsteinanalyse, bei der sich ein Infrarotspektrograph nur für größere Serien bezahlt macht. Auch bei der Methodenwahl müssen Gesichtspunkte der Wirtschaftlichkeit berücksichtigt werden, da

Tabelle 2.1-21: Gesichtspunkte zur Prüfung mechanisierter Analysengeräte
(v. Boroviczény u. a. (1975): Med Labor 28: 167)

1. Vorbereitung	1.1 Zeitplan	1.1.1 Einarbeitungszeit
		1.1.2 Prüfdauer
		1.1.3 Auswertphase
	1.2 Finanzierungsplan	1.2.1 Beschaffungskosten
		1.2.2 Sachkosten
		1.2.3 Personalkosten
	1.3 Prüfplan	1.3.1 Personenkreis
		1.3.2 Gerätefunktion
		1.3.3 Methodenauswahl
		1.3.4 Vergleichsmöglichkeiten
	1.4 Arbeitsbeginn	1.4.1 Geräteaufstellung
		1.4.2 Einweisung
		1.4.3 Einarbeitung
2. Prüfung	2.1 Behälter	2.1.1 Materialart/Oberfläche
		2.1.2 Verschluß
		2.1.3 Temperierung
	2.2 Transportwege	2.2.1 Oberfläche
		2.2.2 Formstabilität
		2.2.3 Mechanik
	2.3 Meßfunktionen	2.3.1 Reproduzierbarkeit der Einstellung
		2.3.2 Repetierbarkeit der Messung
		2.3.3 Richtigkeit der Messung
		2.3.4 Stabilität der Anzeige
	2.4 Gesamtgerät	2.4.1 Reproduzierbarkeit der Ergebnisse
		2.4.2 Vergleichbarkeit der Ergebnisse
		2.4.3 Belastbarkeit des Gerätes
3. Protokollierung	3.1 Gerätejournal	3.1.1 Geprüftes Gerät
		3.1.2 Vergleichsgerät(e)
		3.1.3 Zusätzliche Geräte
	3.2 Methodenblätter	3.2.1 Geprüfte Methoden
		3.2.2 Vergleichsmethoden
	3.3 Analysenprotokolle	3.3.1 Bezugskurvenermittlung
		3.3.2 Kontrollprobenanalysen
		3.3.3 Routineprobenanalysen
		3.3.4 Problemprobenanalysen
	3.4 Persönliche Aufzeichnungen	3.4.1 Während der Einarbeitungszeit
		3.4.2 Während der Prüfphase
4. Auswertung	4.1 Statistik	4.1.1 Verteilungsanalysen
		4.1.2 Regressions- und Korrelationsanalysen
		4.1.3 Varianzanalysen
	4.2 Fehlerkatalog	4.2.1 Unvermeidbare Fehler
		4.2.2 Vermeidbare Fehler
		4.2.3 Fehlergrößen
	4.3 Beurteilung	4.3.1 Eigenes Urteil
		4.3.2 Umfrageergebnis
	4.4 Empfehlungen	4.4.1 Betreffend Benutzung
		4.4.2 Betreffend Gerät und Zubehör
		4.4.3 Betreffend Verbrauchsmaterial

hierdurch auch die benötigte apparative Ausstattung bestimmt wird. Daher sind Routine- und Referenzmethoden nur selten gleichwertig, definitive Methoden stehen nur in einigen wenigen Laboratorien zur Verfügung.

Bei großen, vollmechanisierten und teilweise computerisierten Analysenstraßen ist eine *Kosten/Nutzen-Analyse* für jede Anschaffung erforderlich. Bei den kommunalen Krankenhäusern und Ambulatorien wird sie zwingend vorgeschrieben, für private Laboratorien empfohlen. Vom Laborarzt wird heute erwartet, daß er selbst eine Kosten/Nutzen-Analyse durchführen kann (siehe auch Abschnitt 2.8 und INSTAND-Schriftenreihe, Band 1, 2. Aufl. sowie Band 4, Aspekte zur Optimierung der Wirtschaftlichkeit).

Auch die *Genauigkeitskriterien* haben eine wirtschaftliche Komponente: als Faustregel kann gelten, daß eine doppelt so große Genauigkeit etwa das Zehnfache kostet.

Die anzustrebende Genauigkeit muß ein vernünftiger Kompromiß zwischen den Forderungen von Klinik und Praxis und den Möglichkeiten der Wirtschaftlichkeit sein.

Keine Entscheidung ist auf lange Sicht gültig, sie muß von Zeit zu Zeit überdacht werden. Es ist vernünftig, sich bei jeder Entscheidung einen Termin zu setzen, wann sie neu überdacht und unter Umständen geändert werden muß.

2.2 Einführung in die Statistik der Qualitätskontrolle

Roy N. Barnett (Norwalk, USA)

2.2.0 Einleitung

Der Leser dieses Buches sollte mit den allgemeinen Konzepten und der Verwendung statistischer Methoden bereits etwas vertraut sein und über F- und t-Tabellen (z.B. Geigy-Tabellen 6./7. Auflage, S. 33–35, 40–41) verfügen. In diesem Kapitel sollen nur die Aspekte geprüft werden, die auf dem Gebiet der Qualitätskontrolle im klinischen Labor von Nutzen sind und sich mit quantitativen Analysen befassen. Wir verwenden den Begriff Qualitätskontrolle im weitesten Sinne, so daß auch Fragen einbezogen werden, die dazu beitragen, daß Laborergebnisse den Ärzten korrekt und termingemäß zur Verwendung der entsprechenden Daten geliefert werden. Eine Vielzahl der entsprechenden Details, wie zum Beispiel eine einwandfreie Proben-Kennzeichnung und ein zufriedenstellendes Berichtssystem, entziehen sich der statistischen Kontrolle. Dennoch kann die Qualitätskontrolle die Leistung analytischer Methoden im Labor, wie in diesem Abschnitt erläutert, durch statistische Verfahren überwachen.

2.2.0.1 Abkürzungen

Zwecks Platzeinsparung werden wir einige Abkürzungen verwenden. Sie lauten:

x	jeder einzelne Wert
$\bar{x}$	das arithmetische Mittel einer Serie
$\sum$	das Summenzeichen
d	der Unterschied zwischen zwei Werten
SD, s	die Standardabweichung
SD^2, s^2	die Varianz
SEM	der Standardfehler des Mittelwerts
FG	die Anzahl der Freiheitsgrade
QK	Qualitätskontrolle

Population ist die Gesamtheit aller Einzelwerte, denen eine bestimmte Eigenschaft oder ein bestimmtes Attribut zugeschrieben wird.
Stichprobe ist die Gruppe konkret erhaltener Einzelwerte.

2.2.1 Mathematische Betrachtungen

2.2.1.1 Runden

Es werden hier die *Standardregeln des Rundens* angewendet. Wenn wir uns über den Wert der letzten Ziffer im Ungewissen sind, verfahren wir wie folgt:

1. Abrunden, wenn die letzte Ziffer unter 5 liegt (z. B. aus 4,24 wird 4,2).
2. Aufrunden, wenn die letzte Ziffer über 5 liegt (z. B. aus 4,26 wird 4,3).
3. Lautet die letzte Ziffer 5, runden wir auf, wenn die vorgehende Ziffer eine ungerade Zahl darstellt (z. B. 4,15 wird 4,2).
4. Ist die letzte Ziffer 5, runden wir ab, wenn die vorausgehende Ziffer eine gerade Zahl ist (z. B. 4,25 wird 4,2).

Problematisch ist die Entscheidung, bis zu welchem Punkt wir runden sollten. Im allgemeinen analysieren wir eine Kontrollprobe und berichten das Ergebnis in der gleichen Weise, wie wir das normalerweise im Labor tun. Zum Beispiel halten wir ein Serum-Calcium mit 9,6 fest, selbst wenn unsere Berechnungen 9,63 ergaben. In diesem Falle haben wir bereits auf 9,6 abgerundet. Wenn wir mit diesen Zahlen allerdings statistische Berechnungen durchführen, zum Beispiel den Mittelwert von 10 Calcium-Werten = 9,633 erhalten, runden wir nicht ab, außer, der Mittelwert wird in einer Tabelle oder anderweitig verwendet.

Diese Vorsicht ist geboten, weil bei nachfolgenden Berechnungen gewöhnlich das Quadrieren der Zahlen erfolgt und somit eine Vergrößerung der durch Runden erfolgten Veränderungen entsteht. Nach Möglichkeit sollten sämtliche Ziffern belassen werden, in jedem Falle jedoch zumindest die letzten beiden nach der als signifikant bekannten Ziffer. Sofern Sie einen Rechner benützen (und dies sollten Sie tun!), besteht während sämtlicher Rechengänge überhaupt kein Grund zum Runden (Vgl. DIN 1333/2: Zahlenangaben; Runden).

2.2.1.2 Signifikante Ziffern

Ein wichtiger Punkt in diesem Zusammenhang ist die Entscheidung darüber, was die signifikante Ziffer ist. Vor einer statistischen Analyse verlassen wir uns normalerweise auf die eindeutige Anzeige eines Gerätes. Wenn wir zum Beispiel auf einer Skala eine Extinktion bis auf zwei Stellen nach dem Komma ablesen können, zum Beispiel 0,78, und dann auf 0,005 interpolieren können, können wir Endwerte von 0,780 oder 0,785 oder 0,790 feststellen. Es wäre nicht sinnvoll, später mit einem Faktor zu multiplizieren und zu einem Endresultat von 78,25 zu kommen; stattdessen würden wir das Resultat mit 78,2 festhalten.

2.2.1.3 Anzahl der Freiheitsgrade (FG)

Diese könnte als die Anzahl der Möglichkeiten beschrieben werden, nach denen eine Zahlengruppe unabhängig voneinander schwanken kann. Zum Beispiel können wir 10 Analysen für Calcium durchführen. Jede Zahl ist unabhängig von den anderen; wir haben also 10 Freiheitsgrade. Führen wir dann eine Rechnung durch, wo wir das Mittel der 10 Werte bilden, bleiben uns nur noch 9 Freiheitsgrade übrig. Sobald wir die ersten neun Werte in der Serie haben, wird der zehnte durch Einbezug des Mittelwertes festgelegt. Dieses Konzept findet in derartigen Statistiken, wie wir sie verwenden, breite Anwendung.

2.2.2 Wahrscheinlichkeiten

Statistische Methoden werden zur Durchführung einer Wahrscheinlichkeitsschätzung verwendet, d. h. der Wahrscheinlichkeit, daß irgend etwas passieren wird. Die Wettervorhersage sagt zum Beispiel selten, daß es regnen wird; sie sagt, daß eine

90%-ige Chance oder Wahrscheinlichkeit besteht, daß es regnet. Wenn es nicht regnet, sagt sie, daß zufällig gerade die 10%-Möglichkeit eingetreten sei. Wenn wir Statistiken zur Voraussage der Wahrscheinlichkeit von Ereignissen auf der Grundlage von Stichproben größerer Populationen verwenden, laufen wir Gefahr, daß wir falsch liegen. Dem könnten wir nur durch eine Totalerhebung entgehen, wie in der Geschichte von dem Hund, der sich um einen Job als Qualitätskontroll-Prüfer in einer Wurstfabrik bewarb. Als man ihn nach seiner statistischen Methode fragte, antwortete er, daß er jedes Stück kosten müsse! Ein solches System wäre leider nicht praktikabel, selbst im klinischen Labor nicht. Normalerweise nennen wir ein Niveau von 5% praktikabel, und es gibt nützliche auf diesen Zahlen basierende Tabellen. Die Wahl des jeweiligen Signifikanz-Niveaus hängt von der Wichtigkeit der Entscheidung und davon ab, welches Fehler-Risiko man eingehen möchte.

2.2.3 Verteilungen

Eine Reihe von Werten, zum Beispiel die Ergebnisse einer Reihe von Analysen aus Qualitätskontrollproben, in denen gleiche Mengen desselben Materials bei einer Anzahl von Gelegenheiten analysiert werden, kann zur Beschreibung einer Verteilung zusammengefaßt werden. Dies kann in Form einer Graphik, Tabelle oder numerisch geschehen. Die Anordnung kann dabei vollkommen zufällig sein oder nach einem bestimmten Muster verlaufen. Verläuft sie nach einem Muster, kann sie eine breite oder schmale Basis haben; sie kann gerade oder nach einer Seite hin schräg verlaufen. Es kann dabei einen oder mehrere Scheitelwerte geben.

2.2.3.1 Die Gaußsche Normalverteilung

Diese wird durch eine bekannte glockenförmige Kurve veranschaulicht und durch eine Formel ausgedrückt, die für diese Unterlage nicht notwendig ist. Für die Zwekke der statistischen Qualitätskontrolle im klinischen Labor können wir davon ausgehen, daß die Verteilung der Gaußschen Normalverteilung entspricht.

2.2.3.2 Berechnung des Mittels

Die erste Zahl, die wir zur Berechnung bei der Gaußschen Normalverteilung benötigen, ist der Mittel- oder Durchschnittswert. Dabei muß man sämtliche Werte in der Reihe aufaddieren und die Summe durch n teilen.

$$\text{Die Formel lautet: Mittelwert } \bar{x} = \frac{\text{Summe aller Werte } (\sum n)}{\text{Anzahl der Werte } (n)}$$

2.2.3.3 Berechnung der Varianz

Die Varianz ist ein Maß für die Streuung der Werte um den Mittelwert. Sie wird wie folgt errechnet:

1. Errechnung des Mittels: Wie bereits erwähnt, soll man erst runden, wenn man sich mindestens zwei Stellen hinter der signifikanten Ziffer für eine Einzelanalyse befindet. Dann zieht man jede einzelne Zahl vom Mittel ab und errechnet so die Differenzen, quadriert diese und addiert sie. Diese Summe ist als die Summe der Quadrate bekannt. Anschließend dividiert man durch die Anzahl der Freiheitsgrade n-1.

Die übliche Formel für manuelles Rechnen lautet

$$\text{Varianz } SD^2 = \frac{\sum d^2}{n - 1}$$

Eine Formel, die sich bei Computern besser eignet, lautet

$$\text{Varianz } SD^2 = \frac{\sum x^2 - (\sum x)^2 / n}{n - 1}$$

2.2.3.4 Verwendung der Varianz

Varianz ist eine übliche Statistik, die zur Quantifizierung der Komponenten der Variabilität addiert oder subtrahiert werden kann. Ihr kommt ein sehr grundsätzlicher Stellenwert insofern zu, als sie vor der Berechnung der Standardabweichung zu bestimmen ist.

2.2.3.5 Berechnung der Standardabweichung

Die Standardabweichung ist ein weiteres Maß der Streuung einer Zahlenreihe um das Mittel. Sie wird errechnet als die Quadratwurzel aus der Varianz.

$$SD = \sqrt{SD^2}$$

2.2.3.6 Verwendung der Standardabweichung

Die Standardabweichung steht in einem fundamentalen Verhältnis zur Gaußschen Kurve. Der Plus-/Minus-Bereich einer Standardabweichung um das Mittel enthält 68,27% sämtlicher Werte; der Plus-/Minus-Bereich bei zwei Standardabweichungen um das Mittel enthält 95,45% aller Werte und der Plus-/Minus-Bereich bei drei Standardabweichungen 99,73% aller Werte. In Bezug auf die Qualitätskontrolle bedeutet dies, daß bei Verwendung der doppelten Standardabweichung als Grenzen nur 2,3% der Ergebnisse höher sein dürfen als das Mittel plus 2 SD, 2,3% müßten niedriger liegen als das Mittel minus 2 SD, und 4,6% müßten außerhalb der Plus-/Minus-2SD-Grenzen liegen. Wenn die 3-fache Standardabweichung als Grenze verwendet wird, dürfen nur 0,13% der Ergebnisse höher als die Mittel-plus-3SD-Grenze liegen; 0,13% müßten unter der Mittel-Minus-3SD-Grenze und 0,27% außerhalb der Plus-/Minus-3SD-Grenzen liegen.

2.2.3.7 Errechnung des Standardfehlers des Mittelwertes

Der Standardfehler des Mittelwertes entspricht der Standardabweichung, geteilt durch die Quadratwurzel der Anzahl individueller Werte, die zur Errechnung des Mittelwertes verwendet werden.

$$SEM = \frac{s}{\sqrt{n}}$$

2.2.3.8 Verwendung des Standardfehlers des Mittelwertes

Der Standardfehler des Mittelwertes ist die Standardabweichung der Mittelwerte von Einzelwerten. Zum Beispiel stellen wir bei 10 Werten fest, daß das Mittel 12 Einheiten und die Standardabweichung 2 beträgt. Wir würden erwarten, daß die Reproduzierbarkeit des Mittelwertes 12 bei anderen Stichproben von je 10 Werten aus derselben Population innerhalb engerer Grenzen liegen müßte als die Einzelwerte. Bei Verwendung der obengenannten Formel würden wir 2 durch $\sqrt{10}$ teilen; wir würden 2/3, 16 oder 0.63 als Standardfehler erhalten. Wir würden dann erwarten, daß etwa 95% der Mittelwerte zwischen 10,74 und 13,26 liegen würden, während 95% der Einzelwerte zwischen 8 und 16 fallen würden.

Es ist eine große Versuchung, bei Berichten über eine Methode den Standardfehler des Mittelwertes SEM zu verwenden, weil die Grenzen enger sind; doch sollten wir uns vor Augen halten, daß sie nur geeignet ist, wenn die Reproduzierbarkeit eines Mittelwertes bewertet werden soll.

2.2.3.9 Varianz-Analyse

Diese läßt sich am besten an einem Beispiel erklären. Wir ermitteln die Standardabweichung bei wiederholten Analysen einer Charge von Kontrollproben bei Calcium mit 0,9 mg/dl bei einem Niveau von 10 mg/dl. Wir möchten die Ursachen erkennen, die diese Ungenauigkeit bewirken, und zwar unter dem Aspekt der Verbesserung des Verfahrens. Wir nehmen an, daß die beiden wesentlichen Einflußfaktoren, die dazu beitragen, die Fehler beim Pipettieren (A) und die gerätebedingten Schwankungen (B) sind. Wenn wir z.B. zur Eliminierung des Pipetten-Effektes dasselbe Röhrchen mehrfach einführen, herausnehmen und ablesen, können wir SD(B) berechnen und eine gerätebedingte Schwankung von SD = 0,3 mg/dl erhalten. Nun nahmen wir bereits an, daß die Gesamt-SD für die Analyse 0,9 mg/dl beträgt. Zur Ermittlung des Beitrags von A verwenden wir folgende Formel:

$$SD^2\,(A+B) = SD^2\,(A) + SD^2\,(B)$$

Lösung: $SD^2\,(A) = 0{,}9^2 - 0{,}3^2 = 0{,}81 - 0.09 = 0.72$ und

$$SD\,(A) = \sqrt{0{,}72} = 0.85$$

Wir wissen nun, daß der Pipettenfehler (A) mit 0,85 viel größer ist als der Gerätefehler (B) mit 0,3. Möchten wir die Gesamt-SD senken, müßten wir uns also auf die Verbesserung der Pipettier-Technik konzentrieren.

Das ist die einfachste Version der Varianzanalyse. Sie läßt außer Betracht, daß außer A und B noch weitere Einflußfaktoren beteiligt sind; auch berücksichtigt sie die Möglichkeit nicht, daß diese so groß sein könnten, daß die von uns ausgewählten keine Bedeutung haben. Dazu bedarf es einer weitergehenden Varianzanalyse, bei der die F-Statistik zur Bewertung der Signifikanz jedes einzelnen Einflusses herangezogen wird. Eine klare Darlegung, bezogen auf das klinische Labor, ist in meinem Buch „Klinische Labor-Statistiken" (Barnett, 1979) und in zahlreichen anderen Statistik-Abhandlungen enthalten.

2.2.4 Statistische Tests

2.2.4.1 Null-Hypothese

Hierbei geht man zunächst davon aus, daß zwischen zwei Werte-Gruppen kein Unterschied besteht. Dies stellt den Prototyp im Umgang mit statistischen Berechnungen dar. Wenn die Aussichten gering sind, daß die Null-Hypothese richtig ist, können wir sie verwerfen. Mit gering (signifikant) meinen wir gewöhnlich 5% Wahrscheinlichkeit und mit sehr gering (hoch signifikant) gewöhnlich 1% Wahrscheinlichkeit. Gleichgültig, von welcher Wahrscheinlichkeit wir ausgehen, es besteht immer eine gewisse Aussicht dafür, daß wir uns irren.

2.2.4.2 Alpha- und Beta-Fehler (Fehler erster bzw. zweiter Art)

Alpha-Fehler sind falsche Annahmen, wir hätten die Null-Hypothese widerlegt; fälschlicherweise erklären wir die beiden Reihen als unterschiedlich, obwohl sie das in Wirklichkeit nicht sind.

Beta-Fehler sind falsche Annahmen, wir hätten es unterlassen, die Null-Hypothese abzulehnen; fälschlicherweise erklären wir, daß zwei Reihen gleich sind, obwohl sie in Wirklichkeit unterschiedlich sind.

2.2.4.3 Vertrauensgrenzen

Dies sind Grenzen, innerhalb derer wir einen gewissen Anteil einer Population erwarten. In dem obengenannten Beispiel, in dem der Mittelwert 10 mg und SD 0,9 mg beträgt, wären die 95%-Wahrscheinlichkeits-Grenzen 8,2 und 11,8 mg (d. h. 2 SD-Bereich).

2.2.4.4 Der F-Test

Der F-Test vergleicht unterschiedliche Standardisierungen bei der Entscheidung darüber, ob sie aus derselben Population kommen. Zum Beispiel ermitteln wir SD für Glukose, errechnet aus 20 Wiederhol-Bestimmungen in einer Serie A mit 5 mg und in einer späteren Serie B von 20 Bestimmungen bei demselben Niveau mit 4 mg, hat sich dann unsere Präzision tatsächlich verringert?

Die Formel für den F-Test lautet wie folgt:

$$F = \frac{SD^2\ (A)}{SD^2\ (B)}$$

Die Ergebniszahl wird mit den Werten in der F-Tabelle unter Verwendung der für den Zähler und Nenner entsprechenden Freiheitsgrade verglichen. F-Tabellen sind oft nur für ein „oberes 5%-Niveau" und „oberes 1%-Niveau" errechnet. Wählen Sie das Niveau aus, das unserer Meinung nach richtig ist, so ist es gewöhnlich das Niveau mit 5%. Wenn der errechnete Wert den Tabellenwert überschreitet, kann man davon ausgehen, daß die Standardabweichungen aus unterschiedlichen Populationen stammen. Beim Glukose-Beispiel verwenden wir

$$F = 25/16 = 1{,}56.$$

Wenn wir zur 5%-F-Tabelle übergehen, stellen wir fest, daß der Wert für den 19 FG-Zähler und 19 FG-Nenner 2,17 beträgt. Unser Wert ist kleiner, somit haben wir keinen Grund anzunehmen, daß wir uns tatsächlich verschlechtert haben.

2.2.4.5 Der t-Test

Der t-Test wird für den Vergleich verwendet, ob Mittelwerte von der gleichen Population stammen oder nicht. Beispielsweise errechnen wir bei unseren Kontrollproben für Phosphor bei Analysen von 20 Bestimmungen, daß diese ein Mittel von 3,8 mg/dl mit einem SD von 0,8 mg/dl haben und ermitteln bei einem weiteren ähnlichen Durchgang von 20 Proben einen Durchschnitt von 3,4 mg/dl mit einem SD von 0,6 mg/dl, können wir nun davon ausgehen, daß diese jeweils von der gleichen Population stammen?

Zunächst errechnen wir den F-Wert zur Prüfung auf Gleichheit der Varianzen als

$$F = \frac{SD^2\,(A)}{SD^2\,(B)} = \frac{0{,}8^2}{0{,}6^2} = \frac{0{,}64}{0{,}36} = 1{,}78$$

Dieser ist kleiner als der Tabellen-Wert von 2,17, wir haben keine Unterschiede zwischen den Varianzen nachgewiesen. Deshalb können wir nun den unpaarigen t-Test unter Verwendung folgender Formel durchführen. Wenn der F-Test ein signifikantes Ergebnis ergibt, sollten wir keinen t-Test durchführen; denn wir wissen bereits, daß beide Reihen unterschiedlich sind.

In unserem Beispiel setzen wir wie folgt in die Formel ein

$$t = \frac{\bar{x}(A) - \bar{x}(B)}{\sqrt{\left(\frac{1}{n(A)} + \frac{1}{n(B)}\right) \cdot \frac{(n(A)+1) \cdot SD^2\,(A) + (n(B)-1) \cdot SD^2\,(B)}{n(A)+n(B)-2}}}$$

$$= \frac{3{,}8 - 3{,}4}{\sqrt{\left(\frac{1}{20} + \frac{1}{20}\right) \frac{19 \cdot 0{,}64 + 19 \cdot 0{,}36}{20+20-2}}} = \frac{0{,}4}{\sqrt{\frac{1}{10} \cdot \frac{12{,}16+6{,}84}{38}}} = \frac{}{\sqrt{\frac{1}{10} \cdot \frac{19}{38}}}$$

$$= 0{,}4 \cdot \sqrt{20} = 1{,}782$$

Gehen wir über zur t-Tabelle, so stellen wir fest, daß bei 38 Freiheitsgraden der Tabellenwert 2,024 beträgt. Das Ergebnis ist kleiner, somit nicht signifikant. Wir können nicht schließen, daß sich der Mittelwert verändert hat.

Werden dieselben Proben nach zwei unterschiedlichen Methoden analysiert, können wir einen paarigen t-Test durchführen, doch ist dies für Qualitätskontroll-Berechnungen seltener erforderlich.

2.2.4.6 Durchgänge

Dies ist ein Begriff mit sehr vielfältigen Bedeutungen. In der Qualitätskontrolle wird er zur Bezeichnung einer Reihe von Analysen verwendet, bei denen man davon ausgeht, daß das System stabil bleibt. Er kann definiert werden als das Zeitintervall oder eine bezeichnete Anzahl von Stichproben. Bei Beobachtung einer solchen Zahlenreihe können wir feststellen, ob diese zufällig schwanken oder ansteigend oder absteigend sind. Zum Beispiel seien aufeinanderfolgende Werte der Chlorid-Qualitätskontroll-Analysen 91, 93, 94, 95, 96, 97 und 99 mmol/l. Dies ist eine Folge mit 7 ansteigenden Werten und ein Hinweis, daß das System außer Kontrolle ist. ‚Folge' wird hier zur Bezeichnung der Anzahl von Bestimmungen, die eine Kontrollprobe erfordern, verwendet, wie zum Beispiel „In jeder Folge muß mindestens eine Kontrollprobe enthalten sein". Die Anzahl in einer Folge kann je nach Analyse-System differieren, so daß die Interpretation der obengenannten Regelung auch lauten könnte: man verwende eine Kontrollprobe pro Platte oder eine Kontrollprobe pro Probenbehälter oder eine Kontrollprobe alle 20 Proben oder eine Kontrollprobe pro Serie.

2.2.5 Anwendungen von Statistiken für die Qualitätskontrolle

2.2.5.1 Ausreißer

Ein Ausreißer ist ein Wert, der nicht von derselben Population wie die anderen Werte zu sein scheint. Wenn zum Beispiel der mittlere Wert der alkalischen Phosphatase in einer Kontrollprobe den Wert von 100 IE/l mit einem SD von 10 IU/l hat, würde ein Wert von 200 IU/l eindeutig außerhalb der 3 SD-Vertrauensgrenzen (70 bis 130) liegen und einen Ausreißer darstellen. Ist irgend etwas gegenüber den vorherigen Analysen anders, sei es durch einen Schreibfehler, Rechenfehler, ein verdorbenes Reagens oder irgend etwas anderes, so kann die Entscheidung darüber, welcher Wert einer Reihe ein Ausreißer ist, schwierig sein. Es sind eine Reihe von Formeln für die Kennzeichnung von Ausreißern vorgeschlagen worden; doch ist leider keiner dieser Vorschläge „narrensicher". Bei Qualitätskontroll-Programmen tritt diese Frage hauptsächlich dann auf, wenn man die Akzeptanz-Grenzen festlegen will. Ein einziges von den anderen Ergebnissen sehr unterschiedliches Ergebnis führt zu einer breiten Streuung dieser Grenzen. Gelegentlich ist es notwendig, willkürlich einen Wert auszuschließen, der bei Prüfung der Werte oder einer mit diesen Werten erstellten Graphik ein Ausreißer zu sein scheint, ohne daß dabei eine spezifische Regel zu befolgen ist. Es wäre jedoch falsch, mehr als einen solchen Wert als Ausreißer zu bezeichnen. Wenn ein bestimmter Verfahrensgrund für ein spezifisch abweichendes Ergebnis ermittelt werden kann, kann dieses letztendlich als Laborfehler verworfen werden; das Ergebnis ist deshalb kein Teil der Reihe und wird auch nicht als Ausreißer bezeichnet.

2.2.5.2 Feststellung systematischer Fehler

Eine der wichtigsten Funktionen eines Qualitätskontroll-Programms ist die Entdekkung eines systematischen Fehlers oder eines Trends. Ohne systematische Fehler bleiben die Mittelwerte für ein gegebenes Kontrollserum stabil, und die Veränderlichkeit der Ergebnisse spiegelt lediglich die den Meßinstrumenten und dem Reagenssystem innewohnende Ungenauigkeit wider. Manchmal bleiben bestimmte Bestandteile eines Pools nicht stabil, und die Mittelwerte verändern sich graduell. Dies kann durch die nachfolgend beschriebenen Methoden festgestellt werden.

Feststellung systematischer Fehler bei Einzelwerten

Wenn ein Einzelwert außerhalb jeglicher Grenzen liegt, kann man daraus natürlich noch nicht folgern, daß ein systematischer Fehler vorliegt; vermutlich ist das Außer-Kontrolle-Geraten infolge einer Ungenauigkeit oder eines zufälligen Fehlers entstanden. Wenn jedoch zwei Kontrollproben mit verschiedenen Konzentrationen verwendet werden, die beide in derselben Richtung außerhalb akzeptabler Grenzen liegen - zum Beispiel beide zu hoch oder beide zu niedrig - so ist dies ein Hinweis darauf, daß sich ein systematischer Fehler entwickelt hat.

Feststellung systematischer Fehler in einer Serie

Normalerweise schwanken die täglichen Kontrollwerte oberhalb und unterhalb des Mittels auf der Levey-Jennings-Tabelle (Levey und Jennings, 1950). Nehmen wir an, sie fallen zuerst durchweg unter das Mittel, obwohl sie innerhalb der für die Akzeptabilität definierten Grenzen liegen, dann ist dies ein Beweis für eine sich entwickelnde Abweichung. Befinden sich 7 oder mehr aufeinanderfolgende Werte auf einer Seite des Mittels, so ist es statistisch höchst unwahrscheinlich, daß dies einen zufälligen Fehler darstellt, und zeigt klar an, daß sich eine systematische Abweichung entwickelt hat. Hier ist eine generelle Entscheidung zu treffen. Wenn man der Meinung ist, daß es medizinisch von Bedeutung ist, muß man an dieser Stelle (oder sogar früher) handeln, um das Problem zu lösen. Andernfalls kann man entscheiden, nichts zu unternehmen. Derartige Entscheidungen sind nicht statistischer Art, sie erfordern aber eine ärztliche Interpretation.

2.2.5.3 Bestimmung der Ungenauigkeit

Die Ungenauigkeit, die man bei der Qualitätskontrolle feststellt, schließt die unvermeidbare, der Methode innewohnende Ungenauigkeit sowie zusätzliche Fehler ein, die als „random bias" bezeichnet werden. Diese Abweichungen sind der Ungenauigkeit nicht inhärent, kommen aber so oft vor, daß sie untrennbar von der unvermeidlichen Methodenungenauigkeit sind und deshalb als Teil derselben betrachtet werden müssen.

Wenn wir eine einzelne Probe bei jeder von einer oder mehreren Konzentrationen analysieren, haben wir offensichtlich keine Angaben, auf Grund derer wir die Ungenauigkeit innerhalb dieser Folge berechnen könnten. Dies ist der Grund, warum das ursprüngliche Shewhart-System (1931) innerhalb jeder Folge mehrere identische Kontrollproben verwendet, wofür die Bezeichnung „zweckmäßige Untergruppe" verwendet wird. Einige der weiter entwickelten Schemata für klinische Labor-Kontrollen verwenden zwei oder mehrere identische Proben, was die Berechnung der Ungenauigkeit innerhalb jeder Folge gestattet. Da man die unvermeidbare Ungenauigkeit nicht von der zufälligen Abweichung trennen kann, scheint mir dies nicht notwendig zu sein. Wenn die Einzelwerte sich innerhalb der akzeptierten Grenzen befinden, hat man meiner Meinung nach die Serie in der nötigen Weise für gültig erklärt.

2.2.5.4 Bestimmung von Ungenauigkeit und systematischer Abweichung zusammen

Hier soll kurz das gewöhnliche Verfahren dargestellt werden.

Sammlung der Daten

Es werden Proben stabilen Materials an getrennten Tagen analysiert, bis 20 oder 30 Analysenwerte vorliegen. Sodann werden Mittelwert und Standardabweichung berechnet und Kontrollkarten unter Verwendung von 2 SD- oder 3 SD- Ober- und Untergrenzen oder von beiden angefertigt.

Anzahl der Bestimmungen

Ob 20 oder 30 Bestimmungen durchgeführt werden, hängt davon ab, wie sicher man der Grenzen sein möchte. Bei der Berechnung der Grenzen gestattet die Verwendung von 20 Werten zum Beispiel die Feststellung, daß die gewählten Grenzen mit einer Vertrauenswahrscheinlichkeit von 99% zwischen dem 0,7979- und 1,358-fachen der derzeitigen Genauigkeit liegen. Werden 30 Werte verwendet, erreichen die Grenzen das 0,8279- und 1,337-fache dieser Genauigkeit. Es sei vermerkt, daß die

Verwendung von 10 weiteren Analysen die Grenzen nur um 9% enger werden läßt, was in Anbetracht der zusätzlichen Arbeit und aufzuwendenden Zeit nicht sehr viel ist.

Festsetzung der Grenzen für die Akzeptanz von Qualitätskontrollwerten
Wenn das System unter Kontrolle ist, bedeutet die Verwendung von 2 SD-Grenzen, daß Werte außerhalb der Grenzen in 4,6% oder grob einmal auf 22 Untersuchungen auftreten. Verwendet man 3 SD-Grenzen, kommen außer Kontrolle liegende Werte in 0,27% der Fälle oder etwa einmal unter 384 Untersuchungen vor. Die entsprechenden Auswirkungen für das Labor sind sehr unterschiedlich. Bei den 2 SD-Grenzen gibt es soviele falsche Signale, daß das Personal diese bald ignorieren wird, auf der anderen Seite hat man eine frühe Fehler-Warnung. Bei 3 SD-Grenzen wird es weniger falsche Alarmsignale geben, und jeder Wert außerhalb dieser Grenzen wird die angemessene Beachtung erfordern; die frühe Erkennung von Fehlern wird jedoch schwierig sein.

2.2.5.5 Verwendung von Patienten-Werten zur Qualitätskontrolle

Zumindest theoretisch sollte ein ideales Kontrollsystem auf Patienten-Werten beruhen. Zunächst besteht unser Interesse in der Versorgung der Ärzte mit korrekten Informationen und nicht im Analysieren von Kontrollproben. Zweitens bestehen Unterschiede zwischen dem oft künstlich aufgestockten Probenmaterial und den Patienten-Proben, und diese Materialien können in verschiedenen Systemen unterschiedlich reagieren. Drittens haben Patienten-Proben das gesamte Laborverfahren durchlaufen und können präanalytische Probleme beinhalten, die von größter Wichtigkeit sein können, aber durch Analyse der gewöhnlichen Kontrollproben nicht entdeckt werden.

In einem von Hoffman und Waid (1965) entwickelten, jedoch nicht häufig verwendeten System findet das Labor zunächst den normalen Bereich für einen Analyten, beruhend auf einander folgenden Patienten-Proben. Mittelwert und Standardabweichung werden für die Population durch graphische Darstellung der Verteilungsfunktion aus 300 oder mehr solcher Werte und Umwandlung in eine Gaußsche Normalverteilung nach Augenmaß ermittelt. Werte außerhalb der 2 SDGrenzen werden danach nicht mehr verwendet. Anschließend werden aufeinanderfolgende Gruppen von jeweils 16 aufeinander folgenden Patientenwerten festgehalten, nachdem diejenigen Werte aus den vorher errechneten normalen Grenzen eliminiert werden, und dann wird das Mittel jeder Gruppe bestimmt. Das Mittel sollte das gleiche wie das vorher innerhalb der Grenzen festgestellte Mittel sein, die ¼ der Grenzen für den SD-Bereich der Population darstellen, weil wir durch 4 (die Quadratwurzel aus 16 Bestimmungen) in jeder Folge teilen. Wenn zum Beispiel der normale Bereich für Glukose 80 bis 120 als Plus/Minus-SD-Grenzen betragen würde, müßte das Mittel von 16 aufeinander folgenden Patienten-Werten zwischen 95 und 105 liegen. Obwohl das statistische Verfahren einfach und klar ist, hat es niemals große Popularität gefunden, teils weil es die häufige Errechnung des Mittels aus Patienten-Werten erfordert; eine mühselige Arbeit ohne Computer, doch ziemlich einfach mit Computer. Ich habe mit dem Hoffman-Waid-Verfahren umfassende Erfahrungen gemacht und finde es bei Qualitätskontrollen nützlich.

2.2.5.6 Delta-Prüfungen

Diese Bezeichnung wurde auf ein System zur Ausnutzung aufeinander folgender Ergebnisse bei einem Material, das von einzelnen Patienten stammt, angewendet. Das Wort Delta bezieht sich auf die Veränderung von einer Probe zur nächsten. Es ist physiologisch zum Beispiel sehr unwahrscheinlich, daß das Serum-Calcium irgendeines Patienten am Montag 9,0 mg/dl und am Dienstag 11,0 mg/dl beträgt. Würde eine derartige Veränderung festgestellt, würde dies eine sorgfältige Untersuchung des Laborverfahrens sowie der Patienten-Medikation erfordern. Die Probleme, die bei Delta-Prüfungen auftreten, sind so groß, daß diese Art Prüfungen keine breite Anwendung gefunden haben. Die Probleme liegen zunächst in der Festlegung der Delta-Prüfungsgrenzen, so daß diese zuverlässig echte Labor-Diskrepanzen aufnehmen, ohne dabei zuviele unproduktive Kontrollprüfungen zu erfordern, und ferner in der Aufbewahrung der erforderlichen Patientenwerte in einer Art und Weise, die im Bedarfsfall leichten Zugriff gestattet.

2.2.5.7 Medizinische Signifikanz im Vergleich zu statistischer Signifikanz

Die Tests der statistischen Signifikanz können, falls sie nicht einwandfrei interpretiert werden, sehr irreführend sein. Zum Beispiel ist der t-Test zunächst für kleine Anzahlen wie 20 oder 30 sehr sinnvoll. Bei der Verwendung zum Vergleich großer Reihen, zum Beispiel 200 oder mehr, wird er fast immer einen statistisch signifikanten Unterschied zwischen den beiden Reihen aufweisen. An dieser Stelle müssen wir prüfen, ob das Ausmaß des Unterschieds von irgendeiner medizinischen Bedeutung ist. Wir stellen zum Beispiel fest, daß der t-Test zur Untersuchung eines Unterschieds zwischen 2 Methoden der Serum-Calcium-Bestimmung auf dem 1%-Niveau signifikant ist, wobei die eine Methode einen Mittelwert von 9,02 und die andere einen Mittelwert von 9,04 erreicht. Medizinisch würde dieser Unterschied niemals zur Kenntnis genommen; wir können ihn also ignorieren und die entsprechenden Methoden mit gegenseitiger Austauschbarkeit verwenden. Das t-Test-Ergebnis ist korrekt, doch in diesem Beispiel nicht sinnvoll.

2.2.5.8 Wann soll überprüft werden?

Der Hauptzweck des Qualitätskontroll-Systems besteht darin, dem Laboranten bei seiner Entscheidung darüber Anleitungen zu geben, ob eine Serie von Patienten-Werten korrekt ist und freigegeben werden kann. Es gibt andere Vorzüge, doch sind diese nicht so wichtig. Deshalb ist es wesentlich, daß man klare Richtlinien für die Freigabe oder Nicht-Freigabe von Ergebnissen hat. Diese sollten auf statistischen Erwägungen beruhen und auf die Erzielung einer maximalen Anzahl korrekter oder einer minimalen Anzahl irrtümlicher Entscheidungen abzielen. Zu den breit angewendeten Richtlinien gehören die Richtlinien von Westgard et al. (1981).

Ein Problem, auf das man bei der internen Qualitätskontrolle stößt, liegt in der Ignorierung der Tatsache, daß ein Wert außer Kontrolle gerät, ohne daß die Abweichung als „für den Patienten gefährlich" gekennzeichnet wird. Dies kann durch tägliche Prüfung der Kontrollkarten verhindert werden, wobei Fehler der Analytik oder anhaltende Trends festgestellt werden. Ein weiteres Problem besteht in der Unterlassung von Aufzeichnungen darüber, was getan wird, wenn das Qualitätskontroll-System außer Kontrolle geraten ist. Derartige Aufzeichnungen, die in einer Kontrollakte oder einem entsprechenden Heft aufbewahrt werden, sind äußerst wertvoll für die zukünftigen Feststellungen darüber, was die wahrscheinlichen Ursachen für solche Abweichungen sind und was zu deren Abhilfe zu tun ist.

2.2.5.9 Tests, die selten durchgeführt werden

Für selten angeforderte Tests ist ein Qualitätskontrollsystem wichtiger als für häufiger angeforderte Tests, wenn zum Beispiel die Patienten-Calciumwerte sämtlich zwischen 7 und 8 mg/dl statt zwischen 9 und 10 mg/dl liegen, wird diese Diskrepanz bei einem flüchtigen Blick auf die Zahlenergebnisse deutlich. Bei nur einer Patientenprobe in einer kleinen Serie, zum Beispiel einer einzelnen Serum-Gold-Bestimmung unter 10 Analysenwerten, hat man keinerlei Anhalt, ob das Ergebnis richtig ist, sofern nicht gleichzeitig eine Kontrollprobe in die Untersuchung einbezogen wird.

2.3 Qualitätssicherung in der präanalytischen Phase

Karl-Georg v. Boroviczény (Berlin), Richard Merten (Düsseldorf) und Utz P. Merten (Köln)

2.3.0 Einleitung

Die präanalytische Phase beginnt damit, daß ein Arzt bei einem Patienten Laboranalysen plant; sie endet, wenn die zu analysierende Probe am Arbeitsplatz angekommen ist, schließt also alle Maßnahmen der Patientenvorbereitung, Spezimen/Probenbehandlung, Einsendung an das Laboratorium, Annahme des zu analysierenden Materials im Laboratorium, Weiterbehandlung, laborinternen Verteilung und gegebenenfalls der Zusammenstellung der Analysenserien und Probenreste ein. Demnach kann bei der präanalytischen Phase ein laborinterner und laborexterner Teil unterschieden werden. Der Laborarzt ist zwar in erster Linie für den laborinternen Teil verantwortlich, muß aber auch dafür sorgen, daß der laborexterne berücksichtigt wird. Die Beachtung der in der präanalytischen Phase wichtigsten Maßnahmen ist eine Voraussetzung für die Zuverlässigkeit der bei der Analyse ermittelten Laborwerte. Sie sind besonders wichtig, weil sie in der analytischen Phase nicht mehr korrigiert werden können.

Von Boroviczény und Merten haben 1972 in ihrer „Systematik der Qualitätskontrolle im medizinischen Laboratorium" in dem Abschnitt über Zuverlässigkeits/Zuordnungskontrollen (Seite 14 bis 18) bereits auf die dabei auftretenden Fehler

- zur Person
  durch Verwechslung der zu untersuchenden Patienten oder durch Vertauschung des Spezimens mit einem anderen bzw. durch falsche Beschriftung
- zum Ausgangsmaterial
  durch Veränderung des Untersuchungsgutes während der Entnahme, Aufbereitung oder Aufbewahrung
- zum Untersuchungsgut
  durch Veränderung der Ergebnisübermittlung, also durch die Unachtsamkeit des Untersuchers bzw. der die Untersuchung veranlassenden Person,
  sämtliche als grobe Fehler erkannt, und auf vorbereitende Maßnahmen
- zur Vermeidung von Zuordnungsfehlern
- in der internen Einzelkontrolle
- in der internen Serienkontrolle und
- in der externen Kontrolle

hingewiesen.

In allen Phasen werden Präventiv-, Kontroll- und Konsequenzmaßnahmen unterschieden. **Tabelle 2.3-1** gibt eine Übersicht, zugleich die Einteilung dieses Kapitels.

In den letzten Jahren ist in zahlreichen Veröffentlichungen im deutschen und im

Tabelle 2.3-1: Qualitätssicherung in der präanalytischen Phase

Art der Maßnahmen	Laborintern	Laborextern
2.3.1 Präventivmaßnahmen	2.3.1.1 Personalauswahl, Aus-, Fort- und Weiterbildung	
	2.3.1.2 Laborräume, Einrichtung	
		2.3.1.3 Patientenvorbereitung
		2.3.1.4 Abnahme-, Vorbehandlungs- und Einsendevorschriften
		2.3.1.5 Identitätssicherung und Integritätssicherung
		2.3.1.6 Spezimennahme, Vorbehandlung und Einsendung
	2.3.1.7 Arbeitsvorschriften	
	2.3.1.8 Spezimennahme, Weiterbehandlung und Verteilung	
	2.3.1.9 Identitätssicherung und Integritätssicherung	
	2.3.1.10 Analysenserie, Probenreste	
2.3.2 Kontrollmaßnahmen		2.3.2.1 Identitätskontrolle
	2.3.2.2 Annahmekontrolle	
	2.3.2.3 Identitätskontrolle	
	2.3.2.4 Integritätskontrolle	
2.3.3 Konsequenzmaßnahmen	2.3.3.1 Fehlersuche	
		2.3.3.2 Fehlersuche
	2.3.3.3 Überprüfung und Überarbeitung der Präventivmaßnahmen und Vorschriften	
		2.3.3.4 Überprüfung und Überarbeitung der Präventivmaßnahmen und Vorschriften

amerikanischen Schrifttum über *Präventivmaßnahmen* (Cochran, 1963; Winsten, 1965; Martinek, 1966; Kreutz, 1973; Schoen et al., 1974; Nipper, 1976; Abraham und Rösler-Englhardt, 1978; Rommel, 1978; Rommel et al., 1978; Wollner, 1979; Slockbower, 1979; Jones, 1980; Seiler, 1980; Keilges und Mohrbacher, 1982; Schneider, 1983; Sacker, 1975; Statland und Winkel, 1977; Calam, 1977; Statland et al., 1977) sowie eingehend über die *Sammlung und Handhabung von Laboratoriumsspezimen* in einem „Leitfaden für die Praxis“ von Slockbower und Blumenfeld 1983 zusammen mit 22 Autoren berichtet worden.

2.3.1 Präventivmaßnahmen

Die Präventivmaßnahmen sollen dazu beitragen, die präanalytische Phase intern und extern zu optimieren.

2.3.1.1 Personalauswahl, Aus-, Fort- und Weiterbildung

Bei der *Auswahl des Personals* gilt der Grundsatz, daß die Anforderungen an die Qualifikation desselben umso höher zu stellen sind, je weiter Mechanisierung und Automation der eingesetzten Geräte fortgeschritten sind. Wird die Spezimen- bzw. Probennahme und -verteilung in einem kleineren Laboratorium manuell vorgenommen, so erfolgt diese im allgemeinen durch angelernte Hilfskräfte (Arzthelfer, Laboranten), während in größeren und insbesondere Speziallaboratorien zusätzlich medizinisch-technische, chemische und biologische Assistenten auch diese Arbeiten übernehmen bzw. sie beaufsichtigen.

Die *Ausbildung* des technischen und akademischen Laborpersonals ist durch *Gesetze und Verordnungen, Lernziel- und Prüfungskataloge* geregelt. Die *Einstellung* sollte letztlich durch den Praxisinhaber bzw. Leiter des Laboratoriums auf Grund einer persönlichen eingehenden Prüfung erfolgen.

Infolge der rasanten Entwicklung der Laboratoriumstechniken ist auf eine regelmäßige Fort- und Weiterbildung des gesamten Laborpersonals besonderer Wert zu legen, in die, vor allem in größeren Laboratorien, auch der Personenkreis einbezogen werden soll, der den unmittelbaren Kontakt mit dem Überbringer des Untersuchungsmaterials bzw. den Probanden/Patienten selbst hat und vielfach die primäre Auskunftstelle des Labors ist (hierzu sei auf das Kapitel „Analytik“ verwiesen).

2.3.1.2 Laborräume und ihre Einrichtung

Im Kapitel 2.1.4.1 ist ausführlich auf Sauberkeit und Ordnung im Labor und die erforderlichen geräte-, methoden- und reagenzienbezogenen Vorsorgemaßnahmen und umweltbedingten Einflüsse hingewiesen worden. Im Zusammenhang mit der Spezimen/Probenannahme ist es zweckmäßig, am Eingang eines mittelgroßen oder größeren Laboratoriums ein spezielles *„Annahmefenster“* einzurichten, damit die Überbringer des Untersuchungsmaterials das Laboratorium nicht betreten müssen, eine wichtige Sicherungsvorschrift. Der zum Annahmefenster gehörende *Annahmeraum* sollte nicht zu klein bemessen sein. Hier endet im allgemeinen auch eine in Krankenhäusern verwendete Förder/Rohrpostanlage, sodaß alle Materialeingänge an einer Stelle erfaßt und verteilt werden.

Zweckmäßig sollten in diesem oder einem benachbarten Raum auch eine oder mehrere Zentrifugen, darunter auch eine Kühlzentrifuge sowie ein Brutschrank zur Aufnahme und Aufbewahrung von Materialien vorhanden sein.

In kleineren oder Praxislaboratorien werden Materialannahme, Verteilung und Versand im gleichen Raum erfolgen. (Zur Einrichtung siehe den entsprechenden Abschnitt im Kapitel „Analytik“, außerdem die Sicherheitsvorschriften in Kapitel 7.4.)

2.3.1.3 *Patientenvorbereitung*

Je nach Art der durchzuführenden Laboruntersuchungen müssen Patienten bzw. Probanden über eventuell notwendige Maßnahmen, z. B.

- zur vorausgehenden *Ernährung* (Annino und Relman, 1959; Graubaum et al., 1979; Müller et al., 1982; Scholder et al., 1982; Folsom et al., 1983; Knoll et al., 1984; Patsch, 1985)
- zur letzten Nahrungsaufnahme,
- zum Nüchternzustand,
- über Vermeiden körperlicher Belastungen (Buyze et al., 1977),
- Absetzen von Medikamenten u. a. m.

orientiert werden. Diese Orientierung erfolgt im allgemeinen durch den behandelnden Arzt bzw. die von ihm beauftragten Personen (Abraham und Rösler-Englhardt, 1978). Sowohl in der einsendenden Praxis als auch im Labor selbst müssen entsprechende Informationen (2.3.2.4) vorliegen.

Ausführliche Angaben finden sich bei Kreutz, 1973; Zöllner, 1973; CAP, 1974; Sacker, 1975; Guder, 1975, 1976, 1977; Desquitado und Huestes, 1977; Nipper, 1976; Calam 1977; Jones, 1980; Seiler und Fiehn, 1980; Calam und Corper, 1982; ECCLS, 1983; Slockbower und Blumenfeld, 1983).

Der ambulante Patient/Proband ist zwischen 7 und 9 Uhr zur *Blutentnahme* einzubestellen. Im Krankenhaus sollte die Blutentnahme am *noch* im Bett liegenden nüchternen Patienten ebenfalls zwischen 7 und 9 Uhr erfolgen. Bereits vor der Probennahme muß ihm gesagt werden, ob er nüchtern kommen muß, etwas trinken oder ein leichtes Frühstück einnehmen darf, ob er Medikamente absetzen und ab wann er sie absetzen muß, und nicht zuletzt, daß er vor der Entnahme mindestens 15 Minuten (bei Abnahme in der Praxis) in sitzender Stellung ruhen muß und nicht herumgehen darf. Er soll nüchtern sein bei Bestimmung von Glukose, Lipiden (Cholesterin, freien Fettsäuren, Triglyzeriden und Lipidfraktionen), Phosphat und Kalium sowie der alkalischen Phosphatase. Er darf Wasser trinken, auch verdünnten Tee, ausgenommen bei Blutentnahme für die Gastrinbestimmung.

Nüchtern ist stets vorteilhaft, da von der Nahrungsaufnahme und ihrer Zusammensetzung die Beschaffenheit der Probe und die Konzentration zahlreicher Analyte abhängt. Nach einem fettreichen Frühstück stören auftretende Trübungen durch erhöhte Konzentrationen triglyzeridhaltiger Lipoproteine (Hoffmann und Richterich, 1979; Scholda et al., 1979; Creer und Ladenson, 1983). Die meisten Analyte werden jedoch durch ein normales Frühstück nicht verändert.

Die Spezimen/Probennahme sollte beim nüchternen Probanden/Patienten stets zur Bestimmung der Blutglukose, von Phosphat, Triglyzeriden und freien Fettsäuren sowie der alkalischen Phosphatase erfolgen. Auf zum Teil erhebliche Unterschiede nach zweistündigem Fasten weisen Folsom et al., 1983; Lammers et al., 1985 hin. Trübungen lassen sich zwar vor der Analyse durch eine selektive Polyanionenpräzipitation beseitigen (Hoffmann und Richterich, 1970; Lambrecht und Seidel, 1974; Voigt, 1977; Scholda et al., 1979; TRY, 1980; Creer und Ladenson, 1983; Köpke, 1983), bedeuten aber eine zusätzliche Maßnahme bei der Analyse.

Körperliche Belastungen (darunter sind bei stationären Patienten bereits Aufstehen und Herumlaufen vor der Entnahme, bei ambulanten Patienten der Weg zur Praxis zu verstehen) sollen ebenfalls soweit wie möglich vermieden werden.

Unter solchen Voraussetzungen sollte die Entnahme *ambulant beim sitzenden Patienten, stationär bei strenger Bettruhe im Liegen* erfolgen.

Körperliche Belastungen führen bei manchen Blutbestandteilen, z. B. bei der Bestimmung von Glukose, Milchsäure, Laktat und Pyruvat, Gesamteiweiß und Albumin sowie CK, GOT und GPT und LDH, die sich in hohen Konzentrationen im Muskel befindet, zu signifikanten Konzentrationsänderungen im Blut. Diese sind umso größer, je intensiver die Belastungen gewesen sind und umso geringer, je trainierter der Proband/Patient ist. Damit wird auch verständlich, daß Eingriffe wie intramuskuläre Injektionen in den vorausgehenden Tagen vermieden werden müssen und der Proband/Patient auch nicht vor der Probennahme aufgefordert wird, die Faust zu machen und zu „pumpen" (siehe Kapitel 2.3.2.4). (Fawcett und Wynn, 1960; Kreutz, 1973; Zöllner, 1973; CAP, 1974; Sacker, 1975; Guder, 1975, 1976, 1977; Buyze et al., 1975; Kelly, 1977; Calam, 1977; Dixon und Paterson, 1978; Abraham und Rösler-Englhardt, 1978; Jones, 1980; Seiler und Fiehn, 1980; ECCLS, 1983; Slockbower und Blumenfeld, 1983; Statland et al., 1974; Romano und Young, 1977; Kelly et al., 1977; Humphrey et al., 1977; Dixon und Paterson, 1978; Renoe et al., 1979; Felding et al., 1980).

Medikamente sollten zumindest am Tage der Probennahme und, wenn dies ärztlich zu verantworten und vom behandelnden Arzt bzw. dem Laborarzt für notwendig gehalten wird, bis zu 72 Stunden vorher abgesetzt werden. Drei Tage vorher sollten auch keine Farbstoffe bzw. Kontrastmittel injiziert worden sein. Entsprechende Informationen müssen sowohl in der einsendenden Praxis als auch im durchführenden Labor vorliegen (siehe unter 2.3.2.4 sowie bei Kreutz, 1983).

2.3.1.4 Abnahme-, Vorbehandlungs- und Einsendevorschriften

Die hierzu sowohl beim Einsender als auch bei der Annahme des Untersuchungsmaterials vorliegenden Vorschriften müssen eindeutig festgelegt sein (siehe Kapitel

Tabelle 2.3-2: Allgemeine Hinweise zum Untersuchungsauftrag, zur Probenidentifikation und den Versandgefäßen

Untersuchungsauftrag

Ambulante Patienten:
- Überweisungsschein

Stationäre Patienten:
- Begleitschreiben vollständig ausfüllen und mit Stempel des Krankenhauses, Durchwahl-Rufnummer und Name des Stationsarztes oder Oberarztes versehen

Probenidentifikation

Zur einwandfreien Identitätssicherung der Proben müssen alle Probengefäße, Begleitscheine und Überweisungen sorgfältig und vollständig ausgefüllt werden. Probengefäße müssen zuverlässig mit Namen, Vornamen und Geburtsdatum des Patienten beschriftet sein.

Versandgefäße

Versandgefäße, Begleitscheine und Versandtaschen werden in der Regel vom Laboratorium zur Verfügung gestellt.
Dazu gehören z. B.:
- sterile Gefäße für Vollblut, EDTA-/Heparin-/Citrat-Blut
- Universalröhrchen (10 ml) steril, ohne Zusätze, für Serum, Liquor, Urin, Punktate, Steine
- Urinröhrchen (20 ml)
- Urinsammelflaschen (2000 ml) ohne und mit Konservierungsmittel zur Sammlung des 24-Stunden-Urins
- Urinsammelflaschen (250 ml) für Tbc-Nachweis
- Sputumgefäße
- Stuhlröhrchen
- Abstrichtupfer mit und ohne Transportmedium
- Transportmedium für Blutkulturen
- spezielle Transportmedien
- Kühlboxen
- Schutzhülsen (Holz bzw. Kunststoff)
- Versandtaschen bzw. -tüten

Tabelle 2.3-3: Allgemeine Hinweise zur Probennahme und Probengewinnung

Vollblut (vB):
nach Punktion
- Blut mit entsprechender Spritze/Monovette/Vacutainer gewinnen, gegebenenfalls in geeignetes Röhrchen überführen und sicher verschließen
- Name, Vorname, Geburtsdatum, Entnahmedatum und Uhrzeit auf einem Aufkleber auf dieses aufkleben
- bei Blutentnahme aus einem liegenden Venenkatheter die ersten 10 ml Blut verwerfen.

Serum:
- vB im Röhrchen 20 Minuten bei Raumtemperatur stehen lassen, anschließend 10 Minuten bei 1500 g zentrifugieren
- Serum in geeignetes Transportröhrchen überführen
- neuen Aufkleber vollständig beschriften und auf dieses aufkleben.

EDTA-Blut:
- vB mit Einmalspritze, möglichst ohne vorherige Stauung entnehmen (anderenfalls Stauung 1 Minute nach Einstich beseitigen), in EDTA-Röhrchen überführen, dabei auf vollkommene Füllung achten
- EDTA-Röhrchen sofort verschließen
- anschließend vorsichtig durch Rollen oder Kippen mischen, da sonst eine Teilgerinnung eintritt
- 5 Minuten bei 1500 g möglichst in Kühlzentrifuge zentrifugieren
- Plasma in steriles Kunststoffröhrchen überführen
- Röhrchen gut verschließen und beschriften, kühl aufbewahren.

Heparinblut:
- vB mit Einmalspritze in Heparinröhrchen überführen bzw. direkt in Heparin-Spritze mit einigen Tropfen Liquemin aufziehen, in Kunststoffröhrchen überführen, sofort verschließen, beschriften und
- anschließend sofort durch Rollen oder Kippen mischen
- Probe sofort 5 Minuten bei 1500 g zentrifugieren und anschließend Plasma in steriles, in Eiswasser vorgekühltes Kunststoffröhrchen (kein Glas) überpipettieren
- Röhrchen gut verschließen, mit Namen, Vornamen und Geburtsdatum des Patienten versehen und aufrecht im Tiefkühlfach oder besser in Trockeneis einfrieren und transportieren.

Zitratblut (1:10) für Gerinnungsuntersuchungen:
- 0,5 ml einer 3,8%igen Citratlösung in einer 5 ml-Spritze vorlegen, ohne Stauung auf 5 ml mit vB auffüllen, falls Stauung unvermeidbar ist, diese nicht länger als 1 Minute belassen und während der Blutentnahme Berührung des Blutes mit Gewebsthromboplastin vermeiden
- anschließend sofort verschließen und durch Rollen bzw. mehrmaliges vorsichtiges Kippen gut mischen, Schaumbildung vermeiden
- sofort 5 Minuten bei 1500 g zentrifugieren
- Plasma in Transportröhrchen überführen, Transportröhrchen vollständig beschriften und gegebenenfalls in Trockeneis transportieren
- bei Entnahme im Laboratorium sofortige Bestimmung, sonst bei 4 °C lagern; die Bestimmung der PTT und der TPZ muß innerhalb von zwei Stunden nach Blutentnahme erfolgen
- bei weiterführenden Gerinnungsuntersuchungen Proben im Gerinnungslaboratorium entnehmen lassen.

Blut zur Bestimmung von HLA:
- in spezielles ACD-Röhrchen 8 ml Blut abtropfen lassen, anschließend Röhrchen sicher verschließen und sofort
- durch Rollen oder Kippen vorsichtig mischen (nicht schütteln) oder
- in eine 10 ml-Spritze einige Tropfen Liquemin (Heparin) aufziehen und anschließend 10 ml Blut entnehmen
- vorsichtig durch Rollen oder Kippen mischen, nicht umfüllen (bei Abnahme in der Praxis Blut durch Patienten oder Fahrer ins Laboratorium senden).

Tabelle 2.3-3 (Fortsetzung)

Kapillarblut:
- nicht massieren und quetschen, wenn im ersten Tropfen besondere Zellen, z.B. Tumorzellen und Myeloblasten angereichert gewonnen werden sollen
- nach vorsichtigem Reiben bzw. Auftragen einer gefäßerweiternden Salbe erste Tropfen verwerfen und aus dem anschließend fließenden Tropfen Thrombozyten bestimmen.

24-Stunden-Sammelurin:
- Zusätze, die zur Stabilisierung der zu untersuchenden Substanzen erforderlich sind, *vor Beginn* des Sammelns in der Sammelflasche vorlegen
- Patienten über Gefährlichkeit der Zusätze, z. B. Salzsäure, aufklären
- zu einem festgelegten Zeitpunkt Blase entleeren, Uhrzeit notieren, anschließend jeden gelassenen Urin im Verlauf des Tages und der folgenden Nacht in das Sammelgefäß entleeren und mit dem Flascheninhalt gründlich vermischen (Gefäß kühl und lichtgeschützt lagern)
- am nächsten Morgen zum gleichen Zeitpunkt wie am Vortag Blase völlig in das Sammelgefäß entleeren, erneut gut mischen
- Gesamt-Sammelmenge an der Skala ablesen und auf dem Versandgefäß notieren
- vollständig oder nach Mischen eine Teilmenge in ein kleineres Gefäß überführen, Tagesmenge auf Begleitschein eintragen, mit Namen usw. beschriften und ins Laboratorium bringen.

Tabelle 2.3-4: Allgemeine Hinweise zum Probentransport

Untersuchungsmaterial sollte nach der Entnahme möglichst schnell ins Laboratorium entweder durch den Patienten selbst, einen Boten oder durch einen Kurierdienst des Laboratoriums gebracht werden. Ein Versand durch die Post ist außer bei Serum und unkritischen Untersuchungen zu vermeiden oder soll nur nach entsprechender Vorbereitung des Materials in speziellen Kühlboxen und durch Eilboten erfolgen. Die Vorteile eines Kurierdienstes liegen bei geringem Verpackungsaufwand in einem schnellen und sicheren Transport der Proben, im Vermeiden einer Hämolyse (durch tiefe Temperaturen im Winter und hohe Temperaturen im Sommer); Transport des tiefgefrorenen Untersuchungsgutes ermöglicht, daß allen Patienten die moderne Laboratoriumsdiagnostik, auch in Flächenstaaten, d. h. auf dem Lande, zugute kommt. Proben für sehr spezielle Untersuchungen können ohne Transportschäden schnell ins Laboratorium gelangen.

Befundübermittlung: Neben der postalischen Übermittlung der Befunde bzw. über Brief und Telefon finden Telex, Telefax und spezielle Kurierdienste zunehmend ihren Einsatz. In naher Zukunft wird die Datenfernübertragung mittels transportabler, handlicher Endgeräte über das bestehende Fernsprechnetz eine jederzeitige Abfrage der Laborbefunde durch die Krankenstation oder den behandelnden Arzt ermöglichen, wie dies bereits sein einigen Jahren erfolgreich mit der MCS-E-Einheit (MCS-Dialog-4, 1985) durchgeführt werden kann. (Siehe „Transfer data" von Elevitch und Boroviczény).

2.3.1.6). Hierzu gehören Allgemeine Vorschriften zum Untersuchungsauftrag (**Tabelle 2.3-2**), Anforderungen an Spezimen/Probengewinnung, -vorbereitung, -weiterverarbeitung und -aufbewahrung (**Tabelle 2.3-3**) sowie den Versand (**Tabelle 2.3-4**) (Tabellen 2.3-2 bis 2.3-4 als Anlage 1 zu 2.3), Weiterbehandlung und Verteilung, Integritäts- und Identitätssicherung.

2.3.1.5 Externe Identitätssicherung und Integritätssicherung

Die Sicherung der *Identität* und der *Integrität* des Untersuchungsmaterials, d. h. der Zuordnung zu dem Probanden, bei dem Laboruntersuchungen vorgenommen werden sollen, und die *Unversehrtheit* des Untersuchungsmaterials vom Zeitpunkt der

Entnahme bis zur Analyse bzw. der Probenreste sind so wichtige Qualitätssicherungsmerkmale, daß in mehreren Kapiteln darauf hingewiesen wird.

Die *Identitätssicherung* beginnt bei der Abnahme des Untersuchungsmaterials.

Die Entnahme- bzw. Aufnahmegefäße müssen zuvor sorgfältig, unverwechselbar mit dem Patientennamen und weiteren Angaben gekennzeichnet werden, wobei auf ausreichende Kennzeichnung (Name, Identitätsnummer, Entnahmedatum und -zeit usw.) und gute Lesbarkeit (Blockschrift oder besser Maschinenschrift bzw. vom Computer bedruckte Etiketten und Bögen) besonderes Gewicht gelegt werden muß. Die Kennzeichnung kann auch über Etiketten mit laufenden Nummern erfolgen. Der Arzt bzw. die von ihm beauftragte Person müssen sich vor der Spezimen/Probennahme von der richtigen Beschriftung und Zuordnung der Gefäße zum Probanden überzeugen. Wenn sie den Probanden nach seinem Namen fragen, müssen sie dabei so vorgehen, daß sie ihn nicht fragen: „Sind Sie Herr Meier?“, sondern: „Wie heißen Sie?“. Ist der Proband nicht in der Lage, seinen Namen klar und deutlich zu nennen (z. B. bei behinderten Personen oder Säuglingen), muß die Identität des Probanden auf andere Weise (z. B. über Angehörige oder Begleitpersonen) geprüft oder anderweitig (z. B. bei einem Unfall: Unfall, männlich, 17.53 Uhr) umschrieben werden. Nur wenn der Abnehmende den Probanden persönlich kennt, sollte er auf diese Fragen verzichten und sich mit einer einfachen Identifizierung begnügen. Dabei soll jedes einzelne Abnahmegefäß mit einem Identifizierungsaufkleber versehen werden. Vorteilhaft sind die besonders in den USA verbreiteten Armbinden mit abnehmbaren Selbstklebeetiketten bzw. in Klarschrift und Barcode geschriebenen Angaben.

Für die *Identitätssicherung* vom Zeitpunkt der Entnahme bis zur Ankunft im Laboratorium ist der Abnehmende verantwortlich, wobei er sich nach den Vorschriften des Laboratoriums richten muß.

Allgemein muß darauf geachtet werden, daß das Probenmaterial so schnell wie möglich in das Laboratorium gelangt und in der Zwischenzeit nicht unerwünschten Temperaturen oder direkter Sonnenbestrahlung ausgesetzt wird (Kossmann et al., 1975; Doumas und Jendrzejtzak, 1979; Perry et al., 1979; Ono et al., 1981; Koch et al., 1983; Kley und Rick, 1984; Khan und Elkeles, 1984; Huozenga et al., 1985).

Je nach Untersuchungsart müssen besondere *Entnahme-* und *Transportvorschriften* beachtet werden. So muß bei manchen Analyten, z. B. Ammoniak und Blutgasanalysen, Renin- und Parathormonbestimmungen sowie Gerinnungstesten das Entnahmeröhrchenmaterial in Eiswasser bzw. Kühlboxen eingesandt werden (Gauer et al., 1980; Koch et al., 1983). Hier spielt auch die Beschaffenheit der verwendeten Spritze, der Nadel, des verwendeten Heparins, gegebenenfalls einer Spritzen-Nadel-Heparin-Kombination, die Dichte des Gefäßes und die vollkommene Füllung sowie das Fehlen von Luftblasen eine Rolle (Scott et al., 1971; Müller et al., 1976; Gauer et al., 1980). Bei bakteriologischen bzw. virologischen Untersuchungen muß der Transport entweder bei 37 °C (in einer Thermosflasche) bzw. bestimmten vorgeschriebenen Temperaturen erfolgen.

2.3.1.6 Spezimen/Probennahme, Vor- und Weiterbehandlung, Einsendung

Bei der Spezimen/Probennahme, die im allgemeinen aus der Vene erfolgt, sollten vor allem folgende Maßnahmen beachtet werden:

- Verwendung von Einwegmaterial (Einwegnadeln, -spritzen und -gefäße)
- Entnahme ambulant im Sitzen nach mindestens 15 Minuten andauernder Ruhe, stationär bei voraufgehender Bettruhe im Liegen
- Entnahme weitgehend ohne Stauung und, wenn dies nicht möglich ist, nur nach einer kurzdauernden, etwa 1 Minute andauernden Stauung und nach Lösung der Staubinde bzw. Manschette
- Aufziehen langsam ohne Wirbelbildung und Überführung in das Aufnahmegefäß ohne Schaumbildung
- Verschluß der Aufnahmegefäße mit Plastikstopfen oder Paraplast

Durch die Verwendung von *Einmalmaterialien* wird weitgehend eine Kontamination vermieden, wie sie bei Glasgefäßen durch Spülmittelreste, Roststaub aus Sterilisationsanlagen u.a.m. erfolgen kann. Auf den Einfluß der *Lage des Patienten* während der Probennahme auf die Konzentration mancher Blutbestandteile ist in den sechziger Jahren von Fawcett und Wynn (1960, siehe dort auch ältere Literatur) aufmerksam gemacht worden. Bei einer Änderung der Körperlage von der Horizontale in die Vertikale und umgekehrt ändern sich die Konzentrationen von Eiweiß und Albumin sowie der an diese gebundenen Bestandteile, z.B. Bilirubin, Cholesterin, AP, Ca, Mg, Fe, Hb, Hkt (siehe hierzu bei Eisenberg, 1963; Richterich, 1968; Kirberger, 1969, 1970; Pedersen, 1972; Statland et al., 1974; Alström et al., 1975; Aull und McCord, 1975; Röcker, Schmidt und Junge, 1975; Junge et al., 1975; Humphrey, 1977; Calam, 1977; Dixon und Peterson, 1978; Statland und Winkel, 1977; Renoe et al., 1979; Felding et al., 1980).

In ähnlicher Form beeinflußt die *Stauung* während der Entnahme die an Eiweiß gebundenen Analyte im Blut. Bereits in den ersten 2 bis 3 Minuten nach Anlegen einer Staubinde bzw. einer Blutdruckmanschette kommt es infolge des Anstiegs des Kapillardurcks und durch Ultrafiltration in den interstitiellen Raum zu einer signifikanten Erhöhung um 4 bis 9%, unterschiedlich bei Gesamt-Eiweiß, Albumin und der daran gebundenen Bestandteile (Statland et al., 1972; Winkel et al., 1975; Alström et al., 1975; Röcker et al., 1975; Rommel et al., 1978; Junge et al., 1978; McNair et al., 1979; Felding et al., 1980).

Bei einer *Entnahme ohne Stauung* soll zuerst Vollblut zur Bestimmung der Thrombozytenzahl, anschließend zur Bestimmung der Blutzellen und des Hämatokrits entnommen werden. Dabei ist es zweckmäßig, *Nadeln* mit einem nicht zu kleinen Volumen und Durchmesser sowie mit guten Schneideeigenschaften (siehe Kinast und Steinbrück, 1984) zu verwenden und entsprechend auch die geringsten Gewebeschädigungen zu umgehen (McNair et al., 1979). Es ist wichtig, bei Einstich und auch während der Blutentnahme Schmerzen und Emotionen nicht nur bei Kindern, sondern auch bei Erwachsenen zu vermeiden (Phillips, 1976; Thompson, 1977). Vorteilhaft sind in bestimmten Situationen Venenpunktionsbestecke mit einem Plastikschlauch, der an die Nadel geschweißt ist, wodurch der Wechsel der Abnahmeröhrchen unproblematisch wird.

Erscheint es von vornherein wenig erfolgversprechend, ohne Stauung vorzugehen, sollte in jedem Fall versucht werden, mit einer nur geringen und kurzen Stauung (bei 40 bis 60 mm Hg mit der Blutdruckmanschette unter 1 Minute) auszukommen und dabei die notwendigen Blutmengen mit einer nicht zu dünnen Nadel unter Vermeidung schmerzhafter Einstiche zu gewinnen (Phillips, 1976). Die ersten 10 ml sollen bei nachfolgender Aspiration für die Analyse von Bestandteilen, die nicht durch eine voraufgehende Stauung beeinflußt werden, die weiteren erst nach etwa 5 (15 bis 20) Minuten nach Lösung der Staubinde verwendet werden. Die Haltung des Arms ist dabei nach Taaca (1975) von Bedeutung. Von der Stauung werden neben Gesamteiweiß und allen an Eiweiß gebundenen Bestandteilen auch Erythrozyten, Leukozyten, Hämoglobin und Hämatokrit betroffen. Es ist zweckmäßig, zum Teil unabdingbar, Plasma und Serum möglichst bald vom Blutkuchen zu trennen.

Zur Vermeidung einer *Hämolyse* und der damit verbundenen Erhöhung von Bestandteilen, die vor allem in den Erythrozyten in wesentlich höherer Konzentration als im Plasma und Serum vorliegen, sollte Venenblut langsam und ohne Schaumbildung in das Aufnahmegefäß überführt werden. Wenn möglich, sollte Plasma bevorzugt werden, da es bei der Gerinnung *immer* zu einer geringfügigen Hämolyse kommt; auch kann man aus der gleichen Blutmenge doppelt so viel Plasma gewinnen (Monovetten, Vacutainer usw.).

Der *Verschluß der Aufnahmegefäße* ist zur Vermeidung einer *Verdunstung und Kontamination* ebenfalls von erheblicher Bedeutung (siehe Burtis et al., 1975). Die Verdunstung in offenen Gefäßen, die vor allem von der Raumtemperatur, Zugluft (Air Condition) und Luftfeuchtigkeit abhängt, ist am einfachsten durch Verschließen der Proben mittels Plastikstopfen oder -folie während der gesamten Zeit der Aufbereitung (also auch während des Zentrifugierens), der Untersuchung und Aufbewahrung zu vermeiden oder zumindestens zu minimieren. Dies ist zumindest während der Probenaufbereitung und Aufbewahrung möglich, während der Analyse jedoch schwierig [es sei, es würde ein Verschlußdeckel mit einer haltbaren, aber permeablen Membran, die punktiert werden kann, oder eine flüssige unlösliche, beispielsweise siliconflüssiges Material zur Verfügung stehen; beide hätten aber Nachteile].

Als Konsequenz der bestehenden Abnahmeprobleme ist mehrfach eine *standardisierte Spezimen/Probennahme* vorgeschlagen worden, so durch das National Committee for Clinical Laboratory Standards (NCCLS, H3A, 1980), Scandinavian Committee of Reference Values (1980) bzw. auf Grund von Erfahrungen in der Praxis der Laboratorien z. B. von Junge et al., 1978; Felding et al., 1979.

Eine solche Forderung kann aber nicht allgemein gültig sein, wenn bereits die Körperlage (Abnahme im Sitzen oder Liegen, nach voraufgehender körperlicher Belastung bzw. nach absoluter Bettruhe) und die Abnahme (ohne/mit geringgradiger oder längerdauernder Stauung) einen so erheblichen Einfluß auf die Konzentrationen von Analyten haben.

Eine *Standardisierung* kann sich daher nur auf den Zeitpunkt der Blutentnahme, die Vermeidung schmerzhafter Nadeleinstiche und anderer Streßsituationen während der Entnahme und Gewinnung der Blutprobe beziehen; sie muß die anderen oben genannten Einflußfaktoren unterschiedlich berücksichtigen und damit eine *Blutentnahme bei ambulanten und bettlägerigen, nüchternen oder nicht nüchternen Patienten, mit und ohne Stauung* unterscheiden.

Standardisierte Blutentnahme in der Ambulanz
(In Anlehnung an Junge et al., 1978)
- Zeitpunkt der Blutentnahme: zwischen 7 und 9 Uhr
- Patienten mindestens 15 Minuten im Sitzen ruhen lassen
- Entnahme im Sitzen ohne Stauung bzw. mit nur kurzer, einige Sekunden dauernder Stauung bei 40 bis 60 mm Hg durch eine Blutdruckmanschette und nach Lösen der Stauung [ist dies nicht möglich, muß eine Entnahme während einer Stauung auf dem Überweisungsformular vermerkt werden]
- Entnahme mit Einmalnadeln mit einem nicht zu kleinen Volumen (2er- oder 1 er-Nadeln, soweit dies möglich ist)
- Entnahme mit Einmalspritze unter langsamem Anziehen zur Vermeidung von Turbulenzen, bei Verwendung eines Antikoagulans unter exaktem Auffüllen und unter Vermeidung von Luftblasen (besonders bei Verwendung zu Blutgas- und Gerinnungsuntersuchungen)
- Eingabe in Aufnahmegefäße nur mit geringem Druck, auch hier Vermeidung von Turbulenzen
- *Bei Blutentnahme am Krankenbett (im Liegen)* müssen bei bestimmten Analyten die hierdurch eintretenden Konzentrationsänderungen und damit geänderte Normbereiche berücksichtigt werden.

Neben der *Blutentnahme aus der Vene* (vB) wird, besonders bei Säuglingen und Kleinkindern, die Entnahme von *Kapillarblut* (cB) bevorzugt. Eingehende Vorschriften finden sich bei Slockbower und Blumenfeld (1983).

Analysen mit *Kapillarblut* zeigen eine gute Präzision, wenn die Entnahme aus dem fließenden Bluttropfen erfolgt. Letzteres ist aber nur erreichbar durch Erhöhung der Hauttemperatur, die beim *Ohrläppchen* durch vorsichtiges Reiben, eventuell bei gleichzeitiger Verwendung einer gefäßerweiternden Salbe, bei der *Fingerkuppe* durch Erwärmung in warmem Wasser, dem gegebenenfalls ein gefäßerweiterndes Mittel (z. B. einige Tropfen Rheumasan) zugefügt werden kann. Aus dem zuvor nicht massierten Ohrläppchen erhält man im ersten Bluttropfen große Zellen, u. U. Tumorzellen, Myeloblasten u. a. m. angereichert [ein entsprechendes Vorgehen ist auch zu empfehlen, wenn Schwierigkeiten bei der Abnahme aus der Kubitalvene bestehen und auch am Oberarm, Oberschenkel oder Handrücken keine gute Vene zu finden ist]. In beiden Fällen ist es notwendig, mit einer Einmallanzette tief genug (etwa 2 mm) in die Haut zu stechen. Stärkeres Reiben oder Quetschen ist unbedingt zu vermeiden, da es durch Beimischungen von Gewebsflüssigkeit vor allem zu Störungen der Thrombozytenzahl und Plättchenaggregation und damit zur schnelleren Gerinnung kommt (Romano, 1976).

Bei *Neugeborenen, Säuglingen und Kleinkindern* erfolgt die Entnahme im allgemeinen aus der *Ferse.* Bei *Kindern* ist die *Femoralvene* oft die Entnahmestelle der Wahl. Zahlreiche *Techniken* zur Gewinnung von Kapillarblut finden sich bei Sacker, 1975; Folger et al., 1980; Slockbower, 1982;

Slockbower und Blumenfeld, 1983. Wichtig ist dabei, daß für die Entnahme trainiertes Personal zur Verfügung steht (Felkner, 1973).

Vergleiche zwischen Kapillar- und Venenblut finden sich bei Langer und Fies, 1972; Larsson-Cohn, 1976; Kollee et al., 1977; Fogh und Andersen, 1978; Meites und Saniel-Banrey, 1979; Meites und Lewitt, 1979; Falch, 1981; Clark et al., 1982; Meije und Viteri, 1983.

Entnahme von Kapillarblut (cB)
- Gewinnung von Blut aus der *Ferse* bei Kindern unter 1 Jahr im medialen oder lateralen Anteil der Plantaroberfläche
- Entnahme mit Einmallanzetten nach sorgfältiger Reinigung mit 70%igem Isopropylalkohol nach Einstich seitlich nicht tiefer als 2,4 mm, bei Säuglingen als 1,6 mm, nicht an der hinteren Kurvatur (da hier die Distanz von der Hautoberfläche zum Knochen nur halb so groß ist wie an der Plantaroberfläche
- nicht an früheren Punktionsstellen punktieren
- *Fingerpunktionen* sollten immer an der Palmarseite im Zentrum der distalen Phalanx erfolgen und nicht seitlich, wegen der Distanz der Hautoberfläche zum Knochen nicht tiefer als 3,1 mm
- nach Erwärmen liegt hier dann arterialisiertes cB vor; Erwärmen ist auch bei pH- und Blutgasbestimmungen notwendig (3 Minuten, nicht höher als 42 °C, was bereits erreicht werden kann, wenn man den Finger unter heißes fließendes Wasser hält); stets nach
- sorgfältiger Reinigung mit 70%igem Isopropylalkohol

Keine wesentlichen Differenzen zwischen arterialisiertem Blut (aB) und Venenblut (vB) finden sich bei den meisten Bestandteilen. Über solche *Unterschiede* bei manchen Analyten berichten Chatterjee und Maaser (1972), Langer und Fies (1972) und Larsson-Cohn (1976), beide bei Glukose; Kollee et al. (1977) bei Laktat und Pyruvat; Fogh et al. (1978) bei Calcium sowie allgemein bei klinisch-chemischen Analyten Falch (1981).

Weiterbehandlung
Bei der *Weiterbehandlung* der Spezimen/Proben ist besonders auf folgendes zu achten:

- *Vollblut*: nach eingetretener Gerinnung (etwa 30 Minuten nach der Entnahme) etwa 10 Minuten bei 1000 bis 1500 g zentrifugieren
- anschließend Serum dekantieren bzw. mit einer Pipette in vorbereitete Aufnahmegefäße überführen
- Gefäße mit einem Einmal-Plastikstopfen bzw. Paraplast verschließen
- Aufbewahrung entweder bei Raumtemperatur bzw. im Kühlschrank bei +4 °C
- *Plasma*: nach Mischung mit dem Antikoagulans (in EDTA- bzw. Heparin-Röhrchen) möglichst sofort zentrifugieren und in Aufnahmegefäße überführen; wenn notwendig, in einer Kühlzentrifuge bei 15 °C zentrifugieren und nach Abtrennung im Kühlschrank aufbewahren
  Bei Gewinnung von Zitratplasma ESR innerhalb von 2 Stunden ansetzen; bei Verwendung zu Gerinnungstesten siehe Kapitel 4.6
- *Kapillarblut*: Entnahme möglichst aus dem fließenden Bluttropfen aus der Fingerkuppe bzw. bei Säuglingen und Kleinkindern aus der Ferse

Die *Trennung von Plasma bzw. Serum* sollte möglichst sofort, spätestens nach 30 Minuten durch Zentrifugation erfolgen (Mathies, 1974; Ahluwalia et al., 1976; Laessig et al., 1976 a, b; Ono, 1981). Wenn dies nicht möglich ist, sollte die Abtrennung nach eingetretener Gerinnung erfolgen, indem das Serum vorsichtig in ein anderes Aufnahmeröhrchen dekantiert wird. Die baldige Trennung ist zur Bestimmung mancher Analyte unbedingt notwendig, insbesondere bei Kalium, um den Übertritt aus den Blutzellen zu vermeiden. Hier bietet sich die Verwendung von *Röhrchen mit Serumfilter oder anderen Trennmitteln*, zum Teil in der Spritze verbunden, an; diese hat außerdem den Vorteil, daß das Untersuchungsmaterial in den Primärröhrchen gelassen werden kann. Allerdings kann auch dies den Übertritt gelöster Substanzen aus dem Blutkuchen nicht völlig verhindern.

Bei Gewinnung von *Plasma* kann dies vermieden werden, da die Abtrennung sofort erfolgen kann.

In *Heparinplasma* sind die meisten Analyte unverändert (Kessler et al., 1979). Die Hämolysegefahr ist gering; die Gerinnung und damit das Freiwerden von Bestandteilen aus Thrombozyten wird vermieden. Nach der Entnahme kann sofort zentrifugiert werden. Heparin beeinflußt jedoch die Färbung von Blutausstrichen, sodaß Heparinblut in der Hämatologie, ausgenommen bei der Bestimmung des Hämatokrit, nicht verwendet wird. Bei Verwendung von Natriumheparinat werden Kationen in das Blut gebracht, die, ebenso wie die Verwendung von Natrium- oder Kalium-EDTA, die Bestimmung der Elektrolyte erschweren. Hier bietet sich *Ammoniumheparinat* an, das allerdings wesentlich teurer als Natriumheparinat ist (Friedel und Mattenheimer, 1970, 1973; Mehnert et al., 1972; Sarkozi et al., 1981).

EDTA-Plasma kann ebenfalls nicht allgemein verwendet werden. Blutausstriche sollen möglichst früh nach der Abnahme erfolgen, da es auch in EDTA-Blut zu zytomorphologischen Veränderungen kommt.

Das Mischungsverhältnis EDTA/Blut muß zwischen 1 und 7 mg/dl liegen. EDTA-beschichtete Röhrchen müssen daher immer vollgefüllt werden, damit die erlaubte Konzentration nicht überschritten wird (Gauer et al., 1980). Durch den Entzug von Calcium werden Blutzellen geschädigt und so das Differentialblutbild verfälscht. Alle Veränderungen sind zeit- und temperaturabhängig.

Zitratplasma wird vornehmlich zur Bestimmung der ESR und bestimmter Gerinnungsfaktoren verwendet. Auch die Abtrennung des Zitratplasmas sollte sobald wie möglich erfolgen. Zitratplasma kann bei 4 °C, jedoch nicht länger als 2 Stunden, aufbewahrt werden.

Besondere Maßnahmen sind zur Spezimen/Probengewinnung bei der *Glukose*bestimmung erforderlich. Im allgemeinen sollte versucht werden, Blut in der geforderten Menge direkt in besonderen Entnahmekapillaren aus dem fließenden Tropfen aufzuziehen und in das Enteiweißungsmittel zu geben. Der Glukoseabbau kann durch *Monojodacetat* und *Natriumfluorid* (NaF/JA) gehemmt werden, sodaß auch in besonderen, damit versetzten Aufnahmegefäßen Blut versandt werden kann. Beide Substanzen stören die Ureaseaktivität, sodaß NaF/JA-Blut nicht zur Bestimmung von Harnstoff verwendet werden kann.

Bei Bestimmung der *sauren Phosphatase* muß $NaHSO_4$ zur Stabilisierung zugegeben werden (siehe auch Lantz, 1978). Es gibt hierzu besondere Aufnahmeröhrchen.

Plasma und Serum sollten in *Gefäßen mit möglichst kleiner Oberfläche* sowohl während der Analytik als auch während der *Lagerung* aufbewahrt werden. Alle Gefäße sollten stets verschlossen gehalten werden, einmal wegen der Gefahr der *Kontamination*, zum anderen zur Vermeidung von *Verdunstung*, *Gasdiffusion* und *Inaktivierung* mancher Analyte. *Direkte Sonnenbestrahlung*, bei manchen Bestandteilen wie z. B. Bilirubin *jede Belichtung*, ist zu vermeiden bzw. herabzusetzen.

Über *Vergleiche zwischen Plasma und Serum* siehe bei Kubasik und Sine, 1978.

Interferenzen zwischen Antikoagulantien und bestimmten klinisch-chemischen Bestimmungen sind in **Tabelle 2.3-5** zusammengestellt. Sie wirken als Hemmstoffe, durch Erzeugung von Trübungen und durch direkte Wechselwirkungen mit der

Tabelle 2.3-5: Interferenzen von Antikoagulantien mit klinisch-chemischen Bestimmungen in menschlichen Plasmen*

Bestandteil	Methode	Ammonium Heparinat	Li,K,Na Heparinat	EDTA	Citrat	Oxalat	NaF
Substrate, Elektrolyte							
Ammoniak	enzymatisch	+	+	–	–	–	–
Äthanol		–	–	+	–	–	+
Bilirubin		–	–	–	+	+	+
Calcium		–	–	+	+	+	+
Cholesterin		–	–	–	–	–	–
Creatinin		–	–	+	+	+	+
Eisen		–	–	+	+	+	+
Gesamt-Eiweiß		–	–	–	–	–	–
Glucose	GOD-Perid	–	–	–	+	+	–
	Hexokinase	–	–	–	–	–	–
	GOD-PAP + Dialyse	–	–	–	–	–	–
	GOD-PAP Uricase	–	–	–	+	+	+
Harnsäure	Uricase	–	–	+	+	+	+
	Urica-quant	–	–	–	–	–	–
	Uricase PAP	–	–	–	–	–	+
	ALDH	–	–	+	+	+	+
	CBR-Peridochrom	–	–	–	+	+	+
Harnstoff	Berthelot/UV	+	–	–	–	–	–
HDL-Cholesterin		–	–	–	+	+	+
Kupfer		+	+	+	+	+	+
Phospholipide		–	–	–	+	+	+
Phosphor, anorg.		–	–	–	–	–	–
Triglyzeride		–	–	–	+	+	+
Enzyme	enzymatisch						
Aldolase		–	–	–	–	+	–
α-Amylase		–	–	+	+	+	+
Alkalische Phosphatase		–	–	+	+	+	+
Cholinesterase		–	–	–	–	–	+
Creatinkinase, NAC		–	–	–	±	±	+
Creatinkinase MB							
chromatographisch		+	+	+	+	+	+
immunologisch		–	–	–	–	–	–
Glutamat-dehydrogenase		–	–	–	–	–	+
γ-Glutamyl-transferase							
Start mit Probe		–	–	–	–	–	+
Start mit Substrat		–	–	+	+	+	+
Glutamat-Oxalacetat-transaminase							
Glutamat-Pyruvat-transaminase							

Tabelle 2.3-5 (Fortsetzung)

α-Hydroxybutyrat-dehydrogenase	+	+	–	–	+	–
Laktat-dehydrogenase	–	–	–	–	+	–
Leuzinamino-peptidase	+	+	+	+	+	+
Lipase	–	–	+	–	–	–
Saure Phosphatase	+	+	+	+	+	+

* Aus der Reihe „Qualitätssicherung bei Laboratoriumsuntersuchungen: Fehlersuche" von Boehringer Mannheim GmbH mit freundlicher Genehmigung der wissenschaftlichen Abteilung.

Analysemethode. [Es wird auf die entsprechenden Kapitel im Speziellen Teil verwiesen.]

Aufnahmegefäße
Einmalplastikgefäße sind stets vorzuziehen, da sie nicht wie Glasgefäße durch Spülmittelreste, Roststaub aus Sterilisationsanlagen u. a. m. verunreinigt werden.

In einem ECCLS-Papier (1983) (siehe auch NCCLS, 1980) sind im Zusammenhang mit der Verwendung von *Vacutainern* neben *Anforderungen an Antikoagulantien* auch *Forderungen an die Probengefäße* erhoben worden, u. a. an das

- *Material*: bei Glas- oder Kunststoffgefäßen sollte deren Wandung durchsichtig, deren Innenraum frei von Fremdsubstanzen und sterilisiert sein. Evakuierte Gefäße sollen das Vakuum innerhalb der deklarierten Zeit erhalten
- *Soll-Füllvolumen*: muß mit einem definierten Vakuumfülltest bei einer Toleranzgrenze von ± 10% geprüft werden; bei Zugaben von Additiven muß nach der Füllung genügend Raum zum Mischen übrig bleiben
- *Gefäße*: müssen einen Dichtigkeitstest bestehen; der Verschluß darf nicht gelokkert sein; Flüssigkeit darf nicht austreten; die Gefäße müssen bis zu 2200 g zentrifugiert werden können, ohne zu zerbrechen.

Vacutainer sind nur steril, wenn dies ausdrücklich angegeben ist (Washington, 1977). Zum Entkorken der Vacutainer sollte in jedem Fall der vom Hersteller hierfür konstruierte Apparat verwendet werden, da sonst eine Infektionsgefahr des Personals durch Spraybildung (Hepatitis, AIDS) besteht.

Kontaminationen können durch Staub (z. B. aus Klimaanlagen) und bei Materialentnahmen entstehen. Dies zwingt dazu, alle Gefäße sofort zu verschließen, wodurch gleichzeitig Störungen durch Verdunstung, Gasdiffusion und Inaktivierung vermieden werden.

Nach Zentrifugation ist eine Überführung in Sekundärgefäße notwendig, die, wie auch bei sonstigen Gefäßen, Quelle der Kontamination, Verwechslung und Verdunstung sein kann; daher sollen auch Sekundärgefäße sofort verschlossen werden. Ähnlich gut einsetzbar sind *Monovetten*. Keine Veränderungen in Blutproben, die in evakuierten geschlossenen Systemen nach der Serumabtrennung gewonnen werden, sind bei 4 °C und 25 °C beobachtet worden (Narayan et al., 1979; 1983; siehe auch Rossing und Foster, 1980).

Calam hat 1977 ausführlich über *Kontaminationen* in Separatoren der verschiedenen Generationen berichtet; z. B. enthält der *Serumseparator von Becton Dickinson* (SST) zusätzlich zweibasische Ester, die bei der Herstellung der Polyestergele entstehen, der *Corningseparator* und das *Venojekt* enthalten wiederum andere Unreinheiten (siehe hierzu auch Shang-Qiang und Evenson, 1983).

Andererseits wird berichtet, daß der SST in verschlossenen Proben nach 24 Stunden Aufbewahrung in den Originalgefäßen bei Zimmertemperatur keine signifikanten Unterschiede bei 56 geprüften chemischen Bestandteilen aufweist (Laessig et al., 1976). *Seraclear* führt zu einer Hemmung der Serum-ChE bei Durchtritt durch das Filterschwämmchen (Bauer und Gabl, 1979). Dagegen zeigt der *Centrisep von Dade* keine Interferenzen mit chemischen Analysen (Seckinger et al., 1981). Der *Ventilfilter von Saarstedt* hält Gerinnsel zurück und führt bei seiner Positionierung zwischen Serum und Blutkuchen zu einer vollständigen Trennung. Eine Diffusion von Bestandteilen des Blutkuchens, insbesondere von Kalium-Ionen und LDH-Aktivitäten sind innerhalb von 8 Tagen nicht festzustellen. Phosphat zeigt, wahrscheinlich durch Freisetzung phosphathaltiger Verbindungen, einen signifikanten Anstieg. Daher sollte nach Position des Ventilfilters das Material abgegossen oder abpipettiert und bei 4 °C aufbewahrt werden (Haeckel, 1976). *Suresep von Gödecke* verwendet einen trichterförmigen Polyäthylenanteil, der auf das Probengefäß aufgesetzt wird und beim Zentrifugieren ein hoch visköses und adhäsives Silikon zwischen Blutkuchen und Serum, damit eine Trennschicht bildet (Pragay et al., 1978, 1979). (Siehe hierzu über Beeinflussung der Bestimmung antiepileptischer Drogen Berquist et al., 1984; über allgemeine Erfahrungen mit Vacutainer Blutentnahme-Systemen aus amerikanischer Sicht siehe Pearl, 1982).

Bei *Kontaminationen* haben die in Vacutainern benutzten *Stopfen* eine wichtige Rolle gespielt. Der von Becton Dickinson entwickelte sterile orange Stopfen zeigt keine Interferenzen. Dies gilt auch für den roten Stopfen, wenn dieser gewaschen wird. Jedoch sollten die Vacutainer nicht für den Serumtransfer und die Proben in diesen Gefäßen nicht für das Drogenscreening mit Gaschromatographie verwendet werden.

Spezimen/Probenaufbewahrung/Stabilität

Die *Haltbarkeit* der Analyte in den Spezimen/Proben ist vielfach temperaturabhängig. Hierüber gibt die **Tabelle 2.3-6** Auskunft. (Siehe hierzu Kreutzer, 1964; Brojer und Moss, 1971; Glenn et al., 1975; Doumas, Jendrzejtzak, 1978; Isherwood, 1979; Ono et al., 1981; Bohner et al., 1981; Baumann, 1982; Demacker et al., 1982; Demacker und Jansen, 1983; Heining et al., 1983; Heider und Foss, 1983; Turner et al., 1984).

Verteilung

Bei der *Verteilung* der Proben soll die Aufbewahrung in kleineren Gefäßen stattfinden, sodaß ein mehrfaches Einfrieren und Auftauen vermieden werden kann. *Einfrieren* sollte ebenfalls nur in geschlossenen Gefäßen erfolgen.

Transport

Der *Transport* von Vollblut ist nach Keller (1975) für die Gewinnung von Serum obsolet. Er läßt sich nur vermeiden, wenn die Analyse in der Abnahme-Praxis bzw. im Laboratorium erfolgt. Transport kann zur Hämolyse, Entmischung, Inaktivierung von Analyten, Gasdiffusion u. a. m. führen.

Wenn Untersuchungsmaterial *durch Boten* an das Laboratorium verschickt werden muß, sollte es stehend (nicht liegend) in vollgefüllten Röhrchen und, wenn erforderlich, in Eis bzw. Kühlboxen transportiert werden. Dies sind Forderungen, die erfüllt werden können. Besonders kritisch ist der Versand von Proben zur Bestimmung von Ammoniak, Blutgasen, Blutglukose, Laktat und saurer Phosphatase. Werden die oben genannten Forderungen erfüllt, wird der mittlere Einfluß des Transportes gegenüber dem Lagerungseinfluß meist gering angenommen.

Tabelle 2.3-6a: Haltbarkeit von Substraten nach der Spezimen/Probennahme*
(Proben stets im verschlossenen Gefäß aufbewahren)
* nur frische Proben einsetzen + nicht einfrieren
** sofort enteiweißen + + sofort bestimmen
*** keine Änderung nach n Tagen + + + keine Aufbewahrung empfohlen

Substrate, Elektrolyte		+4 °C	+20 bis 25 °C	−20 °C
Ammoniak	P	2h	2h	10d
Bilirubin	S	*		
Calcium	S	10d	10d	***35d
Chlorid	S	7d	7d	7d
	U	7d	7d	-
Cholesterin (gesamt)	S	6d	6d	***90 d
Cholesterin (HDL)	S	6d		
Eisen	S	7d	7d	
Eiweiß (gesamt)	S	6d		***90 d
Ferritin		7d	7d	***90 d
Galaktose	S	***	***	
	Ü	3d		
Harnsäure	S	***5 d	*** 5 d	***90 d
Harnstoff	S	3d	24h	***90 d
Kalium	S	14d	14d	+
Kreatinin	S	24d		***90 d
Kupfer	S	14d	14d	+
Laktat	vB	**		
	Ü	6d	6d	+
Lithium	S	***5 d	***5 d	+
Magnesium	S		7d	+
Natrium	S	14d	14d	+
Phospholipide	S		6d	30d
Phosphor (anorg.)	S	7d	2d	10d
Transferrin		7d	3d	90d
Triglyzeride	S	3d	+ + +	***90 d

P = Plasma; S = Serum; Ü = Überstand nach Enteiweißung; U = Urin; d = Tage

Als verhältnismäßig *stabil* haben sich während eines Probentransportes über 4 Tage bei „ambienten Temperaturen" Na, K, Ca, Albumin, Kreatinin, AP, GGT, Hb, als *instabil* Bilirubin, Erythrozyten, Leukozyten und Hkt erwiesen (Koch et al., 1983; siehe auch Veröffentlichungen der letzten Jahre von Schaal (1976) für Materialien in der Mikrobiologie; Massart und Herbert (1977) für Enzyme; Kossmann (1977) für Substrate; siehe dazu auch Wilding et al., 1977; Weaver et al., 1978; Berg et al., 1981; Felding et al., 1981; Koekebekker, 1984).

2.3.1.7 Arbeitsvorschriften

Laborintern müssen detaillierte Arbeitsvorschriften vorhanden sein, die am Arbeitsplatz bzw. an entsprechender Stelle gut sichtbar aushängen, damit sich der zuständige Personenkreis in jedem Fall schnell und einfach informieren kann.

2.3.1.8 Spezimenannahme, -weiterbehandlung und -verteilung

Die Kompetenzen zur Spezimenannahme und -weiterbehandlung müssen klar geregelt sein.

Tabelle 2.3-6b: Haltbarkeit der Enzymaktivitäten nach der Spezimen/Probennahme
(Proben stets in verschlossenem Gefäß aufbewahren)

* Aktivitätsverlust — + nicht einfrieren
** rasche Aktivitätsabnahme — + + sofort bestimmen
*** keine Änderung nach n Tagen

Enzyme		+4 °C	+20 bis 25 °C	−20 °C
Aldolase ALD	S	*5 d 8%	*5 d 15%	15 d
Alkalische Phosphatase AP	S	***7 d	*7 d 10%	7 d
Alpha-Amylase AMY	S	***5 d	***5 d	***7 d
	U	10 d	2 d	**
Cholinesterase CHE	S	***7 d	***7 d	90 d
GLDH	S	*3 d 5%	*3 d 15%	7 d
GOT/ALAT	S	*3 d 8%	*3 d 10%	7 d
GPT/ASAT	S	*3 d 10%	*3 d 17%	7 d
GGT	S	***7 d	***7 d	***7 d
HBDH	S	*7 d 5%	*7 d 5%	10 d
LAP	S	**7 d	***7 d	7 d
LDH	S	*3 d 8%	*3 d 2%	+
Lipase	S	5 d	24 h	3 j
SP stab. mit $NaHSO_4$	S	3 d	24 h	***90 d
SDH	S	+ +	+ +	2 d
Andere Analyte				
Alpha-1-Fetoprotein (AFP)	S	3 d	3 d	***90 d
CEA	S	7 d		***90 d
Thyreoidea stimulierendes Hormon (TSH)	S	8 d	8 d	***90 d
Thyroxin	S	30 d	30 d	30 d
Thyroxinbindendes Globulin	S	5 d	5 d	30 d
Thyroxinbindungskapazität	S	30 d	21 d	30 d
Trijodthyronin	S	14 d	21 d	30 d
Vanillinmandelsäure (nach Vorlage von 10 ml 10% Salzsäure in das Sammelgefäß)	dU	+ +	+ +	***30 d
Digitoxin	S	5 d	5 d	***90 d
Digoxin	S	5 d	5 d	***90 d
Hämoglobin Heparin/EDTA-Blut	P	4 d	4 d	4 d
Hämoglobin A_1 Heparin/EDTA-Blut	P	12 d	4 d	

In Anlehnung an eine Tabelle über „Haltbarkeit von Analyten nach der Probennahme“ in der Reihe „Qualitätssicherung bei Laboratoriumsuntersuchungen: Probennahme, Probenvorbereitung, Probenverwahrung, 1986“ von Boehringer Mannheim GmbH mit freundlicher Genehmigung der wissenschaftlichen Abteilung.

Bei der *Spezimen/Probenannahme* muß geprüft werden, ob

- die äußere Verpackung den Vorschriften entspricht
- Material ausgelaufen oder verunreinigt worden ist und um erneute Zusendung gebeten werden muß
- die Probengefäße gut verschlossen, einwandfrei beschriftet sind
- die Begleitpapiere einwandfrei und leserlich ausgefüllt worden sind
- Identität mit dem Begleitzettel besteht.

Mängel müssen sofort auf dem Begleitzettel vermerkt werden.

Gleichzeitig sollte nach Zuteilung einer Labornummer über die *Weiterbehandlung* und *Verteilung* entschieden werden.

Die *Weiterbehandlung* kann bestehen in der

- sofortigen Weitergabe an den Analysenplatz
- einer eventuell erforderlichen Aufbewahrung bei Raumtemperatur (RT), im Kühlschrank (bei 4 °C) oder unter Einfrieren bei tieferen Temperaturen, sowie auch im Brutschrank bei 37 °C oder
- einer sofortigen bzw. innerhalb eines möglichst kurzen Zeitraumes durchzuführenden Abtrennung des Serums bzw. Plasmas von den Blutzellen und
- Überführen in ein anderes Aufnahmegefäß.

Der in der Annahme tätige Mitarbeiter muß sich durch entsprechende Arbeitsvorschriften genau und ausführlich informieren können. Insbesondere muß die Weiterbehandlung des Probenanteils, der nicht sofort analysiert werden kann, mit großer Sorgfalt vorgenommen werden. Dabei muß entschieden werden, ob die *Verteilung*

- Spezimen/Proben betrifft, die an mehreren Arbeitsplätzen untersucht werden sollen
- in verschiedene kleinere Gefäße erfolgen muß
- auch Untersuchungsmaterial, das von demselben Patienten in verschiedene Gefäße abgenommen worden ist, betrifft.

In größeren Laboratorien gibt es *Stoßzeiten*, während derer der größte Teil des eingesandten Materials durch Boten vom Einsender oder vom Laboratorium transportierten Materials ankommt und weitergeleitet wird. Die Verteilung muß sorgfältig organisiert und sich primär am Etikett des Spezimen/Probengefäßes und nur sekundär an Verteilerlisten und Vorschriften orientieren.

Bei *manueller* Probenverteilung haben sich teilbare Etiketten bewährt; bei *mechanisierter Probenverteilung* werden die Röhrchen im allgemeinen mit Strichcode-Etiketten vormarkiert. Bei *manueller Probenverteilung* sind Verfahren vorzuziehen, bei denen nicht nur eine Nummer, sondern auch der Patientenname vom Primärröhrchen auf Sekundär- und Tertiärröhrchen weitergeschrieben wird; erfahrungsgemäß kommen bei einem solchen Vorgehen weniger Verwechslungen vor. Bei Proben zu Blutgruppenbestimmungen sollen *fortlaufende Nummern*, die auch im Laufe von Jahren nur einmal im Laboratorium Verwendung finden und auch eine besondere Farbe besitzen, verwendet werden.

2.3.1.9 Laborinterne Identitäts- und Integritätssicherung

Einer der neuralgischsten Punkte der *Identitätssicherung* ist die *Verteilung*, wenn aus dem ersten Aufnahmegefäß weitere Gefäße beschickt und verteilt werden müssen. Hier ist genau wie bei der Probennahme darauf zu achten, daß das Material stets nur in eindeutig beschriftete Röhrchen abgenommen bzw. verteilt wird. Dies betrifft nicht nur Sekundär-, sondern auch Tertiärröhrchen und spezielle Probengefäße der Analysengeräte (Mieth und Häckel, 1982; Carlsson et al., 1983; Weidemann und Heidrich, 1983; Trendelenburg et al., 1985).

Die Integritätssicherung muß also die Unversehrtheit des Probenmaterials von der Annahme bis zur Analytik sicherstellen.

2.3.1.10 Zusammenstellung der Analysenserie, Verwahrung der Probenreste

Die Analysenserien werden im allgemeinen bei der Verteilung der Spezimen/Proben zusammengestellt (siehe Kapitel 2.8 über „computergestützte Qualitätssicherung"). *Probenreste* sollten in jedem Fall über eine gewisse Zeit aufbewahrt werden, auch wenn es sich um nur sehr geringe Restmengen, z. B. zu Blutgruppenbestimmungen handelt.

Erythrozytenhaltige Probenreste werden im Kühlschrank bei 4 °C, zellfreie Probenreste (Plasma, Serum, Urin, Liquor usw.) je nach Notwendigkeit, im Tiefkühlschrank bei –20 °C aufgehoben. Enzyme in Plasma bzw. in den Blutzellen werden bei –80 °C aufbewahrt. Probenreste sollen mindestens eine Woche, besser zwei Wochen lang, Kreuzprobenblut und Pilotröhrchen mindestens zwei Wochen lang, die Reste von Ringversuchsproben so lange, bis deren Ergebnisse bekannt und im Labor ausgewertet worden sind, aufbewahrt werden, um bei Reklamationen und besonderen Fragestellungen nachträglich notwendig gewordene Untersuchungen durchführen zu können.

2.3.2 Kontrollmaßnahmen

2.3.2.1 Laborexterne Identitätskontrolle

Die zur laborexternen Identitätskontrolle vorzunehmenden Identitätskontrollmaßnahmen sind bereits im Abschnitt 2.3.1.5 beschrieben worden. Hier sei erwähnt, daß die gleichen Kontrollen erfolgen müssen, wenn die Probennahme im Labor selbst erfolgt.

2.3.2.2 Annahmekontrolle

Das eingehende Untersuchungsmaterial muß bei der Übernahme im Labor sofort dahingehend kontrolliert werden, ob
- die äußere Verpackung den Vorschriften entspricht und
- die Begleitpapiere vollständig und leserlich ausgefüllt worden sind.

Die Kontrolle sollte nach Möglichkeit erfolgen, so lange der Überbringer (Patient bzw. Bote des Einsenders) noch anwesend ist, um gegebenenfalls rückfragen zu können. Fehler müssen sofort vermerkt und mitgeteilt werden. Serum oder Plasma sollen auf Hämolysefreiheit bzw. bei Untersuchungsmaterial für Gerinnungsteste auf Gerinnselfreiheit untersucht werden. Auch die Füllhöhe der mit Antikoagulantien versetzten Röhrchen soll bereits bei der Annahme überprüft werden.

2.3.2.3 Laborinterne Identitätskontrolle

Wenn im Labor Zweifel an der Identität der untersuchten Blutprobe bestehen (z. B. bei unerwarteten Werten), kann deren Identität durch Prüfung der Blutgruppenmerkmale AB0, CcDEe, MNSs und Kell kontrolliert werden. Dies gibt eine weitgehende Sicherheit, daß Probenverwechslungen, z. B. an Hand der Blutgruppeneigenschaften mit Probenresten früherer Abnahmen oder durch Angaben über bekannte Blutgruppeneigenschaften des Probanden, soweit sie dem einsendenden bzw. untersuchenden Arzt bekannt sind, aufgeklärt werden können.

2.3.2.4 Integritätskontrolle

Dazu gehört die oben bereits beschriebene Überprüfung auf Hämolyse, Blutgerinnsel, unzulässige Erwärmung oder Abkühlung des Untersuchungsmaterials usw..

2.3.3 Konsequenzmaßnahmen

2.3.3.1 Laborinterne Fehlersuche

Ebenso wie die Identitätssicherung und -kontrolle ist die Fehlersuche eine wichtige Maßnahme der Qualitätssicherung, auf die in jedem Kapitel hingewiesen wird. Eine Fehlersuche sollte nicht nur dann erfolgen, wenn auf Grund besonderer Vorkommnisse Fehler angenommen werden müssen, sondern mindestens einmal im Jahr im Rahmen einer Ist-Aufnahme und im Zusammenhang mit einer Schwachstellenanalyse, um häufiger vorkommende Fehlerquellen vorzeitig zu entdecken.

2.3.3.2 Laborexterne Fehlersuche

Fehler kommen erfahrungsgemäß beim Einsender ebenso oft wie im Labor vor. Die Fehlersuche beim Einsender ist deshalb wichtig, zugleich aber problematisch, da sie allzu leicht in gegenseitige Anschuldigungen ausarten kann. Um dies zu vermeiden, sollte ein regelmäßiger Kontakt zwischen dem Labor und allen Einsendern, sowohl aus der niedergelassenen Praxis als auch aus den Krankenhäusern bzw. ihren Stationen, bestehen. Dies kann sowohl in Form von Rundschreiben und Zusammenkünften bei Fortbildungsveranstaltungen als auch über direkte telefonische Kontakte bzw. im Krankenhaus durch regelmäßige Stationsbesuche erfolgen.

2.3.3.3 Überprüfung und Überarbeitung der laborinternen Präventivmaßnahmen und Vorschriften

Wenn Fehler festgestellt werden, sollten die vorgeschriebenen Präventivmaßnahmen und die vorhandenen Vorschriften überprüft, unter Umständen korrigiert und ergänzt werden. In vielen Fällen sind die Vorschriften gut, aber nicht ausreichend bekannt.

Laborintern sollten wöchentlich mindestens einmal *Besprechungen* mit dem akademischen und technischen Personal stattfinden. Bei diesen Besprechungen sollten alle aufgetretenen Fehler besprochen und die Konsequenzen gemeinsam gezogen werden. Die vorgekommenen Fehler sollten ohne Namensnennung erwähnt werden, damit die Fehleranalysen nicht in Schuldzuweisungen ausarten. Bei den Besprechungen wird auch über Ergebnisse laborinterner Erprobungen, über besuchte Veranstaltungen und ähnliches berichtet; eingegangene Ringversuchsergebnisse und Fortbildungsvorträge werden referiert. Protokolle der wöchentlichen Besprechungen werden ausgehängt, damit die Abwesenden (Nachtdienst, Urlaub usw.) nachlesen und sich informieren können. Durch Besprechungen und Aushang der Protokolle wird der interne Informationsfluß gewährleistet.

Schwieriger ist die Informierung der Einsender. Rundschreiben des Labors werden erfahrungsgemäß nicht immer gelesen, bestenfalls abgelegt, oft weggeworfen.

Zur optimalen Kontaktpflege mit den Einsendern hat sich in Krankenhäusern der wöchentliche *Stationsbesuch* erwiesen. Für jede Abteilung (Innere, Chirurgie usw.) wird eine „Abteilungs-MTA" benannt; sie besucht wöchentlich, in Begleitung einer jeweils anderen MTA alle Stationen ihrer Abteilung, spricht dort mit dem Stationsarzt, der Stationsschwester, den anderen Ärzten, Schwestern und Pflegern, die sie auf diese Weise alle persönlich kennenlernt. Laborrundschreiben werden bei dieser Gelegenheit übergeben und besprochen. Es wird jedesmal auch gefragt, ob es Unstimmigkeiten gibt und ob es Ergebnisse gegeben hat, die der behandelnde Arzt angezweifelt hat. Wenn andererseits das Labor an einer Station etwas auszusetzen hat (z. B. zu späte Materialanlieferung), so ist es immer die Abteilungs-MTA, die anruft. Auf diese Weise können der Informationsfluß zum Einsender gesichert und Spannungen vermieden werden.

Der Kontakt zum Einsender gestaltet sich beim *niedergelassenen Laborarzt* schwieriger als beim Krankenhaus-Zentrallabor, weshalb dort die Probleme der präanalytischen Phase schwerwiegender als im Krankenhaus sind. Erfahrungsgemäß am schwierigsten ist die diesbezügliche Situation in den Apparategemeinschaften.

2.3.3.4 Überprüfung und Überarbeitung der laborexternen Präventivmaßnahmen und Vorschriften

Das in Abschnitt 2.3.3.3 Gesagte gilt nicht nur laborintern, sondern entsprechend auch laborextern. Die in Abschnitt 2.3.2.4 genannten Vorschriften sollten nach Rücksprache und Diskussion und im Einvernehmen mit den Einsendern überarbeitet, durch die Stationsbesucher neu verteilt werden.

2.4 Qualitätssicherung in der analytischen Phase I Quantitative Verfahren

Karl-Georg v. Boroviczény (Berlin), Albert v. Klein-Wisenberg (Freiburg), Richard Merten (Düsseldorf) und Hans Reinauer (Düsseldorf)

2.4.1 Einleitung

2.4.1.1 Allgemeines

Wie auch an anderer Stelle darauf hingewiesen wird, ist zur Zeit der Drucklegung der erste Teil der neuen Richtlinien der Bundesärztekammer zur Qualitätssicherung im medizinischen Laboratorium fertiggestellt, aber noch nicht verabschiedet worden, so daß geringfügige Änderungen zwar nicht mehr wahrscheinlich, aber möglich sind. Der Leser wird vorsorglich darauf hingewiesen.

Der *Teil I.* der Richtlinien betrifft quantitative Analysen, für die es Kontrollproben gibt und für die Ringversuche angeboten werden.

Tabelle 2.4-1: Verzeichnis der Meßgrößen, die der Bundesärztekammer von der Deutschen Gesellschaft für Laboratoriumsmedizin e. V. zusammen mit dem Institut für Standardisierung und Dokumentation im medizinischen Laboratorium als Anlage 1 zu den Richtlinien vorgeschlagen hat

1 *Blutgase:* PCO2-, PO2- und pH-Wert.
2 *Elektrolyte:* Konzentration von anorganischem Phosphor, Calcium, Chlorid, Kalium, Magnesium und Natrium.
3 *Enzyme:* Aktivität der AP, CK, CK-MB, Gamma-GT, GLDH, GOT, GPT, HBDH, LDH, Prostata-SP und SP.
4 *Hämatomorphologie:* Konzentration von Erythrozytenpartikeln, Hämoglobin, Leukozytenpartikeln, Anteildaten des Differentialblutbildes und des Hämatokritwertes (zentrifugiert).
5 *Hämoglobinfraktionen:* Konzentration glykosylierter Hämoglobine.
6 *Hämostaseologie:* Fibrinogenkonzentration und Thromboplastinzeit (Quick).
7 *Hormone:* Konzentration von Cortisol, Insulin, Östradiol, Progesteron, Testosteron, T3 und T4.
8 *Mikrobiologie:* Titerbestimmungen bei der Diagnostik der Hepatitis, Lues, Röteln und Toxoplasmose.
9 *Niedermolekulare Substrate:* Konzentration von Bilirubin, Cholesterin, Glukose, Harnsäure, Harnstoff, HDL-Cholesterin, Kreatinin, LDL-Cholesterin, und Triglyceriden.
10 *Pharmaka:* Konzentration bzw. Aktivität von Amikacin, Carbamazepin, Digitoxin, Ethosuximid, Gentamycin, Lithium, Netilmycin, Phenobarbital, Phenytoin, Primidon, Propylvaleriansäure, Theophyllin und Tobramycin.
11 *Plasma- und Serumproteine:* Konzentration von Albumin, Coeruloplasmin, Ferritin, Gamma-Globulin, Gesamteiweiß, IgA, IgE, IgG, IgM und Transferrin.
12 *Spurenelemente:* Konzentration von Blei, Eisen, Kadmium, Kupfer und Zink.
13 *Tumormarker und Vitamine:* Konzentration bzw. Aktivität von Alpha-1-Fetoprotein, CEA, Folsäure und Vit. B-12.

Diese Vorschrift gilt für Analysen die im menschlichen Vollblut, Blutplasma, Blutserum, Urin oder anderen Körperflüssigkeiten bzw. Systemen durchgeführt werden.

Anmerkung: Dies ist der Text des Vorschlages, der für die Anlage 1 des Teiles 1 der Richtlinien der Bundesärztekammer im Juli 1986 eingebracht worden ist.

In der **Tabelle 2.4-1** sind diejenigen Analyte aufgezählt, die die Deutsche Gesellschaft für Laboratoriumsmedizin e.V. (DGL) zusammen mit dem Institut für Standardisierung und Dokumentation im medizinischen Laboratorium e.V. (INSTAND) der Bundesärztekammer für die Anlage 1 der Richtlinien vorgeschlagen hat. Jedes Laboratorium, in dem eines oder einige der in dieser Tabelle aufgezählten Analyte auch nur gelegentlich analysiert werden, ist verpflichtet, Kontrollkarten zu führen und an Ringversuchen teilzunehmen. Die Richtlinien besagen, daß sie auch bei allen anderen Analyten sinngemäß anzuwenden sind, d.h., es wird jedem, der Analysen für die Diagnostik, Differentialdiagnostik und/oder Therapieüberwachung durchführt, dringend empfohlen, mit allen Analyten (Analysenbestandteilen, Meßgrößen), die in dem Laboratorium auch nur gelegentlich durchgeführt werden und für die Ringversuche angeboten werden, alle vorgeschriebenen internen und externen Kontrollmaßnahmen durchzuführen, d.h. Kontrollkarten zu führen und an Ringversuchen teilzunehmen.

2.4.2 Präventivmaßnahmen

Die Durchführung quantitativer Analysen wird vielfach als Hauptaufgabe der Laboratorien angesehen. Sie muß auf einer fehlerfreien präanalytischen Phase aufbauen. Das im Abschnitt 2.3.2.1 über die Aus-, Fort- und Weiterbildung des Laborpersonals Gesagte gilt auch hier. Ebenso wird mit Nachdruck auf die Einhaltung der Sicherheitsvorschriften während der analytischen Arbeit hingewiesen (siehe Kapitel 7.4).

2.4.2.1 Durchführung und Fortschreibung einer Istanalyse

Betriebsblindheit findet sich auch in medizinischen Laboratorien. Um wenigstens einige der unerkannt gebliebenen Mängel und Fehler aufzudecken, ist die Durchführung und jährliche Fortschreibung, d.h. Wiederholung einer Istaufnahme, erforderlich. Ist-Aufnahmen betreffen alle Maßnahmen, auch die prä- und postanalytische Phase. Sie werden wegen der besonderen Bedeutung für die Analytik hier besprochen. In den USA werden Ist-Aufnahmen, Ist-Analysen und Schwachstellenanalysen seit Beginn der sechziger Jahre, zur Zeit in mehreren tausend Laboratorien jährlich im Rahmen eines Inspektions- und Anerkennungsprogrammes durchgeführt (Peters, 1984; Foft, 1984). Eine ausführliche Anleitung zur Durchführung von Ist-Aufnahmen ist im Band 1, Kapitel 6 der INSTAND-Schriftenreihe zu finden (Boroviczény, 1984).

Eine vereinfachte Ist-Analyse ist mit Hilfe eines von einer Arbeitsgruppe bei INSTAND Berlin entwickelten *Fragebogens* (**Abbildungen 2.4-7** bis **2.4-10 als Anlage 1 zu 2.4** am Schluß dieses Kapitels) möglich. Fragebögen sind bisher bereits von über einhundert INSTAND-Referenzlaboratorien und anderen Teilnehmern der INSTAND-Ringversuche ausgefüllt und ausgewertet worden. Auch die Leser dieses Buches werden aufgefordert, solche Fragebögen anzufordern und nach Ausfüllen zwecks Auswertung an das INSTAND-Zentralbüro einzusenden.

Ausführlichere Ist-Analysen können mit Hilfe der Laborberatungsstellen einiger größerer Reagenzienfirmen oder anhand der sehr ausführlichen Fragebögen mit mehreren tausend Fragen des College of American Pathologists (CAP) durchgeführt werden.

2.4.2.2 Organisationsmaßnahmen I (Personal, Räume, Geräte, Reagenzien)

Zur Auswahl der Aus-, Fort- und Weiterbildung des im Laboratorium beschäftigten *Personals* wird auf die Ausführungen in Kapitel 2.3 verwiesen. Hervorzuheben ist, daß im Sinne der Gerätesicherheitsverordnung energetisch betriebene Laborgeräte nur von entsprechend ausgebildetem und eingewiesenem Personal bedient werden dürfen. Dies betrifft alle Laborgeräte mit Strom-, Gas- oder Wasserleitungsanschluß.

Alle *Laborräume* sollten vollklimatisiert sein, fugenlose, säurefeste, gut abwaschbare Fußböden und Wände haben, nach Möglichkeit mit Einbauschränken möbliert sein und große Fenster mit Sonnenjalousien aufweisen.

Der Fußboden sollte leitfähig sein, um elektrostatische Aufladungen zu vermeiden. Neben dem normalen Stromnetz sollten ein stabilisiertes Stromnetz und neben dem Leitungswaser Entnahmestellen für demineralisiertes Wasser in jedem Laborraum vorhanden sein. Anstelle von Stadtgas können aus Sicherheitsgründen Gaskartuschen mit Bunsenbrennern Anwendung finden.

Über jeder Tür sollten Notduschen, in jedem Raum Waschbecken mit Ellenbogenarmaturen mit Seifen- und Desinfektionsmittelspendern und Einweghandtuchspendern angebracht sein, in allen Räumen Spender für Einweghandschuhe und bei jedem Waschbecken auch Spender für Handpflegemittel zur Verfügung stehen.

Neben dem Sicherungskasten sollten elektrische Hauptschalter, zentrale Wasserhähne und, falls Stadtgas Anwendung findet, zentrale Gashähne vom Labor aus rasch und leicht erreicht werden können.

Als Sicherheitsvorschriften sollen vor allem folgende Vorsichtsmaßnahmen erfolgen:

Fluchtwege müssen markiert sein und dürfen nicht verschlossen oder verstellt werden; Feuerlöschgeräte, Löschdecken und Atemschutzmasken sind dort unterzubringen, wo es auch die Erste-Hilfe-Schränke gibt.

Mindestens ein ausreichend großer Wandtresor sollte einerseits als Giftschrank, andererseits zur Aufbewahrung der EDV-Datensicherheitskopien dienen.

Da sich die Technologie im medizinischen Laboratorium ständig weiterentwickelt, sollte man bei der Einrichtung der Räume auf Flexibilität achten: in jedem Raum sollen genügend Energiespender (Steckdosen, Wasserhähne, usw.) und Abflüsse vorgesehen werden, Tische, Unterschränke usw. nicht eingebaut, sondern mobil sein.

Für Säuren, übelriechende und brennbare Flüssigkeiten sollen entsprechend belüftete und abgesicherte Schränke vorhanden sein. Das gleiche gilt für Reagenzien-Vorratsräume.

2.4.2.3 Organisationsmaßnahmen II (Vorschriften, Dokumentation)

An allen Arbeitsplätzen sollen laboreigene Arbeitsvorschriften für alle dort durchgeführten Analysen sowie Beipackzettel aller angewandten Reagenzien und Kontrollproben vorliegen. Zu jedem Analysengerät gehört eine deutschsprachige Betriebsanleitung.

Dem technischen Personal sollte zumindest eine kleine Handbibliothek zugänglich sein.

Über alle Qualitätssicherungsmaßnahmen muß eine Dokumentation fünf Jahre lang aufbewahrt werden. Auch andere Unterlagen (Arbeitslisten, Ergebnisse, Befunde, Rechnungen, Briefkopien) sollen fünf Jahre aufbewahrt werden.

2.4.2.4 Methoden-, Geräte- und Reagenzienevaluation

Bevor in einem Laboratorium auf eine neu eingeführte Methode umgestellt, auf ein neues Gerät verlegt oder mit einem anderen als dem bisherigen Reagenziensatz in der Routine durchgeführt wird, sollte eine laborinterne Evaluation erfolgen. Zu diesem Zweck sollten an mindestens 50 verschiedenen Patientenproben Doppelbestimmungen mit den bisher angewandten und neu einzuführenden Methoden, Geräten bzw. Reagenziensätzen durchgeführt werden. Die Patientenproben sollten so ausgewählt werden, daß sie möglichst den gesamten medizinisch relevanten Meßbereich umfassen. Das Ergebnis der durchgeführten Doppelbestimmungen sollte statistisch ausgewertet und auch graphisch dargestellt werden. Eine Ausreißerelimination darf bei einer solchen laborinternen Evaluation *nicht* erfolgen, da gerade abweichende Ergebnisse von besonderem Interesse sind.

2.4.2.5 Einführung neuer Methoden
Bevor eine neue Methode in einem medizinischen Laboratorium routinemäßig angewendet wird, ist eine Einführungsphase vorzusehen, während der mindestens ein, in etwas größeren Laboratorien mindestens zwei oder drei technische Mitarbeiter sich mit der Durchführung dieser Methode vertraut machen und durch Vergleiche auch mit anderen Laboratorien sowie eine erfolgreiche Teilnahme an Ringversuchen die Zuverlässigkeit der eigenen Ergebnisse absichern.

Sofern im Labor ein registrierendes Spektralphotometer vorhanden ist, sollte man bei der Einführung einer Methode Spektra aller Lösungen und Reaktionsprodukte aufnehmen, um sie später bei der Fehlersuche verwenden zu können.

2.4.2.6 Bezugskurven
Für jede quantitative Analyse, für die es Referenzmaterialien (Standardlösungen oder zumindest Richtigkeitskontrollproben) gibt, sollten laboreigene Bezugskurven aufgestellt und mit der Vorgabe des Herstellers bzw. der Methodenbeschreibung verglichen werden. Die Aufstellung einer Bezugskurve sollte auch überall dort erfolgen, wo man mit einem Faktor (z. B. Extinktionskoeffizienten) arbeitet. Die Bezugskurve sollte nach Möglichkeit den gesamten medizinisch relevanten Meßbereich umfassen, ohne dabei eine Extrapolation vornehmen zu müssen.

2.4.2.7 Arbeitsplatzpflege und Geräteinstandhaltung
Das technische Personal ist gehalten, den eigenen Arbeitsplatz stets sauber und in Ordnung zu halten und für die laborinterne und laborexterne Geräteinstandhaltung zu sorgen. Nach Abschluß der Arbeit müssen Arbeitsflächen und alle Gegenstände, die mit Untersuchungsmaterial in Berührung kommen, gesäubert und desinfiziert werden. Analysengeräte müssen mindestens einmal in der Woche fortgerückt und die Stellflächen darunter saubergemacht werden.

Auf die *interne und externe Geräteinstandhaltung* ist größter Wert zu legen. Die *interne* Geräteinstandhaltung sollte je nach den Herstellerangaben täglich, wöchentlich, monatlich usw. erfolgen; über die Durchführung sollte Buch geführt werden. Sie besteht in der Sauberhaltung des Gerätes, dem planmäßigen Auswechseln der Verschleißteile und auch kleineren Reparaturen, die vom Bedienungspersonal selbst durchgeführt werden können. Die interne Geräteinstandhaltung sollte durch eine *externe* Geräteinstandhaltung ergänzt werden, die nicht durch das Bedienungspersonal, sondern als Wartungsdienst oder als Reparatur durch Personen erfolgt, die dazu vom Hersteller oder Vertreiber des Gerätes besonders geschult und autorisiert worden sind. Diese Maßnahmen kann natürlich auch ein in einem größeren Laboratorium tätiger Laboringenieur durchführen.

Die *Brauchbarkeitsdauer* der Laborgeräte hängt in erster Linie von der Instandhaltung ab und ist ein wichtiger Kostenfaktor des Laboratoriums.

2.4.2.8 Identitätssicherung
Während der analytischen Arbeit ist auf die Identitätssicherung das gleiche Gewicht wie in der präanalytischen und postanalytischen Phase zu legen. Dies bedeutet, daß auch alle Sekundär- und Tertiärgefäße bzw. analysengerätespezifischen Probenbehältnisse mit einer Identitätsmarkierung (Nummer, Balkencode usw.) versehen werden. Jeder Untersucher muß sich allerdings bewußt sein, daß dadurch eine Probengefäßidentifizierung, nicht aber eine Probenidentifizierung möglich wird (siehe auch Abschnitt 2.4.3.6). Die Identitätssicherung betrifft auch alle Reagenzienlösungen. Es darf im Labor kein unbeschriftetes Gefäß geben. Auf jedem Gefäß muß eine Beschriftung, aus der der Inhalt hervorgeht, das Datum, an dem das Gefäß erstmals geöffnet oder die Lösung angesetzt wird, und, sofern dies zutrifft, auch das Verfallsdatum angegeben werden.

2.4.2.9 Integritätssicherung
Das Untersuchungsmaterial sollte, soweit nicht besondere Vorschriften für die Aufbewahrung bestehen, grundsätzlich im Kühlschrank gehalten und von dort nur so kurz wie möglich entnommen werden. Dies bedeutet, daß im Bereich jedes Analysenplatzes ein genügend großer Kühlschrank zur Aufbewahrung der Proben bzw. Probenreste vorhanden sein soll. Auch alle temperaturempfindlichen Reagenzien werden in Kühlschränken aufbewahrt.

2.4.3 Interne Kontrollmaßnahmen

In diesem Abschnitt wird auf Teil 1 der Richtlinien der Bundesärztekammer für die Qualitätssicherung im medizinischen Laboratorium (Stand 1987), soweit diese zur Zeit der Drucklegung bekannt sind, Bezug genommen.

2.4.3.1 Gerätekalibrierung und Justierung
Die Kalibrierung der Analysengeräte (z. B. Photometer) und der Analysenhilfsgeräte (z. B. Dilutoren), d. h. die Überprüfung ihrer richtigen Einstellung und ihres richtigen Zustandes, sowie die Justierung dieser Geräte, d. h. die Korrektur einer abweichenden Einstellung oder eines abweichenden Zustandes, sollen mit der notwendigen Regelmäßigkeit durchgeführt werden. Die „notwendige Regelmäßigkeit" kann sich von Gerät zu Gerät bzw. von Geräteteil zu Geräteteil und von Hilfsgerät zu Hilfsgerät sehr unterscheiden. So sollten z. B. Meßküvette und Vergleichsküvette eines Photometers zu Beginn jeder Analysenserie miteinander verglichen und etwaige Unterschiede während der Analytik rechnerisch ausgeglichen werden, während es genügt, die Richtigkeit der Extinktionsanzeige und der Wellenlängeneinstellung mit dem *Didymglas* einmal wöchentlich zu überprüfen. An jedem Arbeitsplatz sollten auch hierzu genaue Vorschriften vorliegen, welche Eigenschaften mit welcher Häufigkeit und wie diese zu überprüfen sind, welche Abweichungen toleriert werden dürfen, wie zu justieren ist.

Kolbenhubpipetten sollten wöchentlich mindestens einmal, z. B. mit Hilfe eines Chloridmeters, überprüft werden: man setzt hierzu z. B. Kochsalzlösungen für jedes Pipettenvolumen so an, daß das *Chloridmeter* 100 anzeigt, wenn die Pipette in Ordnung ist (**Tabelle 2.4-2**).

Tabelle 2.4-2: Herstellung von NaCl-Lösungen zur Pipettenkalibrierung

Es werden zu jedem der Pipettenvolumina 10 µl, 20 µl, 50 µl, 100 µl, 150 µl, 200 µl, 300 µl, 400 µl, 500 µl, 900 µl und 1000 µl eigene Kochsalzlösungen hergestellt, deren Konzentrationen jeweils so bemessen sind, daß die Abgabe eines exakten Volumens durch die entsprechende Pipette an einem Chloridmeter 6610 immer eine Konzentration von 100 mmol/l Chlorid angezeigt werden soll. Da an diesem Gerät im Prinzip mit einem Probenvolumen von 50 µl gearbeitet wird, muß die NaCl-Lösung für die 50 µl-Pipette eine Konzentration von genau 100 mmol/l NaCl aufweisen; die übrigen müssen demzufolge ein Vielfaches bzw. einen Bruchteil davon; dies läßt sich durch Multiplikation mit dem Quotienten 50/x errechnen (x Volumen der Pipette in µl); damit bleibt für jede Pipette die letztendlich gemessene Chloridmenge, d.h. das Produkt aus Volumen und Konzentration konstant.

Die Berechnung erfolgt über das Molekulargewicht für NaCl 58,442 (58,442 g/l = 1 mol/l NaCl; 5,8442 g/l = 100 mmol/l NaCl)

Pipette µl	*NaCl-Eichlösung* g/l NaCl
10	29,221 (µg) (2,9221 g/100 ml NaCl)
20	14,611 (µg) (1,4611 g/100 ml NaCl)
50	5,8442
100	2,9221
200	1,4611
300	0,9740
400	0,7305
500	0,5844
900	0,3247
1000	0,2922

Die Drehzahlen aller *Zentrifugen* sollen monatlich mindestens zweimal mit Hilfe eines Stroboskops überprüft und alle Kontinuumstrahler unter den Photometern (*Wolfram-Lampen*) monatlich einmal kontrolliert werden, indem vor weißem Hintergrund (Blatt Papier) die aus dem Photometer entnommene Leuchte mit einer neuen noch unbenutzten verglichen wird; sieht man einen Unterschied (Schwärzung), muß die Lampe ausgewechselt werden. Das Datum des Einsatzes einer neuen Lampe sollte am Gerät sichtbar vermerkt werden.

2.4.3.2 Übernahmekontrolle der Analysenserie

Wenn der Arbeitsplatz das Untersuchungsmaterial aus der Verteilung übernimmt, muß die korrekte Kennzeichnung jedes Gefäßes überprüft und mit der Arbeitsliste verglichen werden. Ist die Analysenserie zusammengestellt, soll die Einhaltung der vorgegebenen Probensequenz zumindest bei allen Analysengeräten, die mit keiner Probengefäßidentifizierungseinrichtung ausgerüstet sind, erneut festgestellt werden.

In Plasma- und Serumproben soll auf Rotfärbung (Hämolyse), Gelbfärbung (Ikterus) und Trübung (Lipämie) geachtet und eine positive Feststellung notiert werden. Bei Vierkanal-Analysengeräten sollte dies im Analysengerät selbst durch entsprechende Messungen in drei dafür eingerichteten Kanälen vorgenommen und bei Überschreitung vorzugebender Schwellenwerte die Meßwertermittlung und -Ausgabe derjenigen Kanäle gesperrt werden, wo dieses für notwendig gehalten wird.

2.4.3.3 Mehrfachbestimmungen

Man unterscheidet Doppelbestimmungen unter Wiederhol- bzw. Vergleichsbedingungen (siehe Glossar), Doppelbestimmungen nach Verdünnung bzw. nach Zugabe sowie in Zeitreihen durchgeführte Mehrfachbestimmungen.

Doppelbestimmungen unter Wiederholbedingungen sind das Maß für die bestmöglich erreichbare Präzision. Diese Maßzahl ist von Labor zu Labor verschieden und sollte in jedem Labor festgestellt und Monat für Monat fortgeschrieben werden. Es ist nützlich, wenn in jedem Monat an jedem Arbeitsplatz mit jeder Methode 5 *Doppelbestimmungen* unter Wiederholbedingungen durchgeführt und die Ergebnisse in ein entsprechendes *Formular* (**Abbildung 2.4-1**) eingetragen werden. Bereits nach wenigen Monaten werden auf diese Weise die laborinternen Wiederholabweichungen erfaßt; sie sollten tabelliert werden und im Labor an geeigneter Stelle aushängen. Dies gibt jedem Mitarbeiter die Möglichkeit, wenn er infolge der Platzrotation einen Arbeitsplatz übernimmt und sich nicht ganz sicher fühlt, seine Arbeitsweise mit anderen Doppelbestimmungen und seine eigenen Doppelbestimmungen mit den im Labor allgemein üblichen Ergebnissen zu vergleichen.

Doppelbestimmungen unter Vergleichsbedingungen werden durchgeführt, um unerwartete Ergebnisse (Extremwerte) zu überprüfen; sie sind vorgeschrieben. An den weiter unten zu behandelnden Ringversuchen (2.4.4.1 und 2.4.4.3) muß das Labor abwechselnd mit einem Gerät bzw. mit jedem Photometer (einschließlich dem Hämometer usw.) mindestens in jedem zweiten Jahr an einem Photometerringversuch teilnehmen. Es ist auch verpflichtet, mit allen anderen ähnlichen Photometern und Arbeitsplätzen, an denen derselbe Analyt noch bestimmt wird (Ausweichplatz, Notfall-Labor usw.), regelmäßig Vergleichsanalysen durchzuführen, wenn diese in einem Ringversuch verwendet werden, und diese Vergleiche zu dokumentieren (Aufbewahrungspflicht 5 Jahre). Dieser Vergleich soll auch sicherstellen, daß die Ergebnisse eines Labors unter den verschiedenen Bedingungen (in der Routine, im Eilfall, mit dem üblichen Gerät oder einem Ausfallgerät usw.) miteinander gut vergleichbar sind; dies wird durch regelmäßige Führung von Vergleichsdoppelbestimmungsbögen (**Abbildung 2.4-2**) durchgeführt.

Doppelbestimmungen nach Verdünnung erfolgen bei Meßbereichsüberschreitungen und sollten in Zehnerschritten (Verdünnung 1:10, 1:100, notfalls auch 1:1000 usw.) solange, bis zwei aufeinanderfolgende Verdünnungsstufen miteinander vergleichbare Ergebnisse liefern, durchgeführt werden.

Doppel- und Mehrfachbestimmungen mit eingewogener Zugabe der zu bestimmenden Substanz (Wiederfindungsversuche) können zur Linearitätsprüfung oder auch bedingt zur Richtigkeitskontrolle durchgeführt werden.

Zeitreihen sind alle Mehrfachbestimmungen, die in mehr oder weniger gleichbleibenden Zeitabständen entweder unmittelbar nacheinander (Dauerlauf), stündlich (Stabilitätsprüfung) oder täglich (Kontrollkartenführung) durchgeführt werden. Für die statistische Auswertung der Zeitreihen gibt es auf Personalcomputer durchführbare besondere Statistikprogramme („Box-Jenkins").

Der *Dauerlauf* ist eine wirksame Überprüfung des Analysensystems zum Ausschluß oder zur Feststellung von Trends, Ausreißern, Periodizitäten, Autokorrelationen usw. (**Abbildungen 2.4-3a, 2.4-3b** und **2.4-3c**). Er besteht aus mindestens 30, in Einzelfällen bis zu 150 Einzeluntersuchungen, die in möglichst kurzer Zeitfolge am gleichen Untersuchungsmaterial durch denselben Untersucher, am selben Gerät, mit denselben Reagenzien, also jeweils unter Wiederholbedingungen durchgeführt werden. Ein solcher Dauerlauf mit mindestens 30 Analysen sollte erfolgen, bevor eine neue Methode unter Wiederholbedingungen eingesetzt wird, und jedes Mal, wenn ein auf andere Weise nicht bestätigbarer Verdacht auf eine Unregelmäßigkeit des Analysengerätes besteht.

Stabilitätsprüfungen werden durchgeführt, um die in den neuen Richtlinien der Bundesärztekammer definierte kontrollpflichtige Serienlänge feststellen zu können.

Die Richtlinien definieren die *Serie* als „Folge von gleichartigen Analysen, die mit denselben kontinuierlich betriebenen Geräten, derselben Kalibrierung, von demselben Untersucher in kurzen

Zentrallabor-Nord
Örtl.Ber.Lynarstr.
Krankenh. Spandau

DOPPELBESTIMMUNGSBOGEN

Bestandteil: ____________________

Gerät: ______________________ Reagenzien: ___________________ Einheit: __________________

Methode: ____________________ Untersucher: __________________ Monat: ________ Jahr: ________

Nr	Datum	1.Bestimmung	2.Bestimmung	+/-	Differenz 1 - 2	d²	Bemerkungen
1							
2							
3							
4							
5							
6							
7							
8							
9							
10							
11							
12							
13							
14							
15							
16							
17							
18							
19							
20							

Vorwerte: n_____

Σd^2____

s_____

Zahl d.Untersucher_____

Σ + Vorzeich.

Σ - Vorzeich.

Σd^2______ $\Sigma d^2/2{,}5$_____

Ausreißer?______

$\sqrt{\Sigma d^2/2n} = s$ ______

Ausreißertest n.Cochran:
wenn $d^2max/\Sigma d^2 < 0{,}4$ so ist
kein Ausreißer nachweisbar.

____
Unterschrift

Abbildung 2.4-1: Doppelbestimmungsbogen

Zentrallabor-Nord
Örtl.Ber.Lynarstr.
Krankenh. Spandau

V E R G L E I C H S -
D O P P E L B E S T I M M U N G B O G E N II

Bestandteil: ----------------

	Wert A	Wert B
Methode	-------------------------	---------------------------
Gerät	-------------------------	---------------------------
Reagenzien	-------------------------	---------------------------
Untersucher	-------------------------	---------------------------

Nr.	Datum	Patient	Wert A	Wert B	+/-	Differenz A - B	d^2
1							
2							
3							
4							
5							
6							
7							
8							
9							
10							
11							
12							
13							
14							
15							
16							
17							
18							
19							
20							

Vorwerte: n ------

Σd^2 ------

s ------

Anzahl d. Untersuch. ------

Ausreißertest n.Cochran:
wenn $d^2max/\Sigma d^2 < 0,4$ so ist
kein Ausreißer nachweisbar.

Σ + Vorzeichen

Σ - Vorzeichen

Σd^2 ----

$\Sigma d^2/2,5$ ----

Ausreißer? ----

$\sqrt{\Sigma d^2/2n}$ =s ----

Bemerkungen:

----Unterschrift----

Abbildung 2.4-2: Vergleichs-Doppelbestimmungsbogen

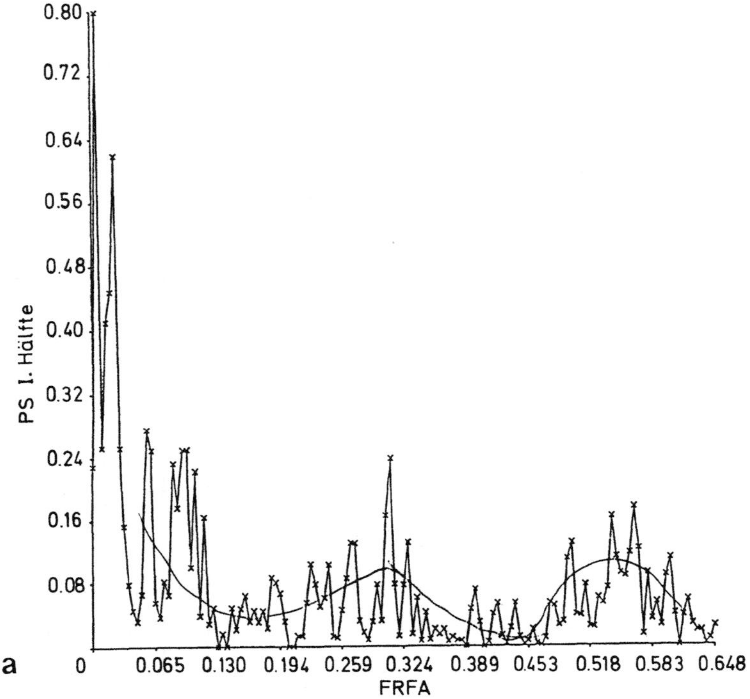

a

Abbildung 2.4-3a: Graphische Auswertung eines Superdauerlaufs
Bei Doppelbestimmungen mit dem Coulter-Counter S und S-Plus sind abwechselnd gute und weniger gute Übereinstimmungen gefunden worden. Bei der Fehlersuche sind mit beiden Geräten Dauerläufe durchgeführt worden, wobei divergierende Trends zutage getreten sind. Die längst fällige Wartung ist umgehend bestellt worden.

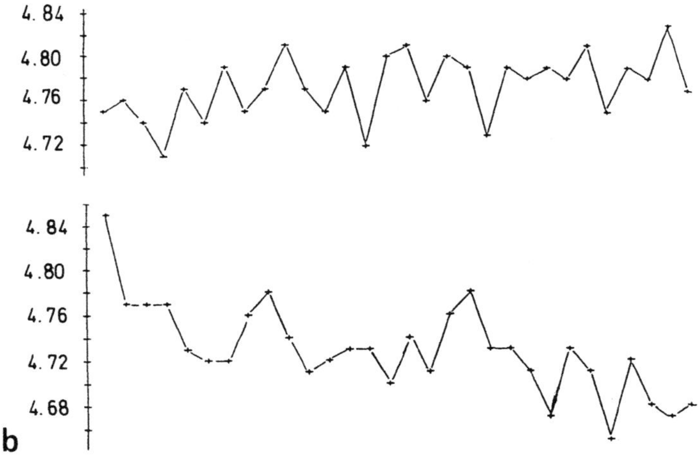

b

Abbildung 2.4-3b: Dauerlauf mit einem Coulter S und einem Coulter S-Plus
Während eines Dauerlaufs sind am ACA-III entgegen der Vorschrift die ISE ausgewechselt worden. Dies hat einen Ausreißer hervorgerufen.

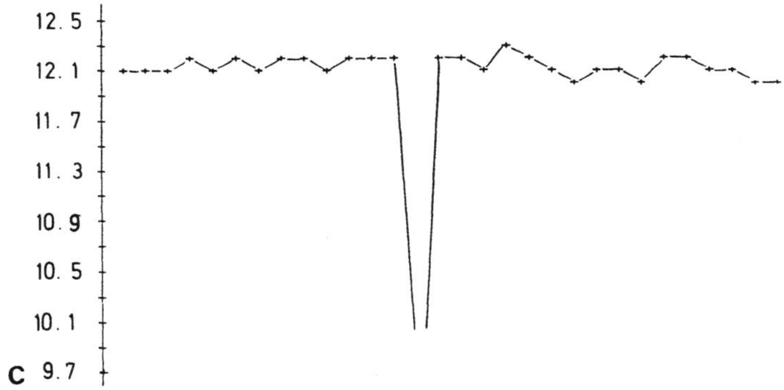

Abbildung 2.4-3c: Dauerlauf mit einem DuPont ACA-II
Es fanden sich Ausreißer bei der Hämoglobinbestimmung, da der Septa-Ring des ISE verändert wurde, während das Gerät in Gebrauch war (vom Hersteller verboten).

Zeitabständen durchgeführt werden. Die kürzeste Serie umfaßt eine einzeln untersuchte Probe; die längste Serie erstreckt sich bei stabilen Analysensystemen über eine Arbeitsschicht". Um diese „längste" Serie feststellen zu können, wird mit den im Notfall-Labor eingesetzten Analysengeräten das gleiche Probenmaterial in etwa einstündigen Abständen analysiert. **Abbildung 2.4-4** gibt das *Ergebnis einer solchen Stabilitätsprüfung bei 16 Bestandteilen* wieder; diese erlaubt es, in dem Prüflaboratorium die bestimmten Analyte beim Schichtbeginn einmal mit einer Kontrollprobe zu kontrollieren und während der ganzen Schicht das Probenmaterial zu analysieren, ohne daß weitere Kontrollprobenanalysen vorgeschrieben werden; diese Kontrollen sind selbstverständlich in jedem Zweifelsfall durchzuführen. In der Abbildung 2.4-4 ist beim Kalium zwar ein Abwärtstrend feststellbar; er ist aber so geringfügig, daß er als systematische, aber tolerierbare Meßabweichung hingenommen werden kann.

Die dritte Art der Zeitreihe, die *Kontrollprobenkartenführung*, wird im folgenden behandelt.

2.4.3.4 Kontrollproben und Kontrollkartenführung

Bei allen Analysen, für die es Kontrollproben gibt, müssen diese in jeder Serie mitgeführt werden. *Kontrollproben* sind *Referenzmaterialien.* Man unterscheidet Richtigkeitskontrollproben und Präzisionskontrollproben. Bei Richtigkeitskontrollproben werden die Zielwerte von einer Referenzinstitution (INSTAND oder DGKC) bestimmt und im Beipackzettel mitgeteilt, während bei Präzisionskontrollproben die Zielwertermittlung durch den Benutzer in einer 20 Tage lang dauernden „Vorphase" erfolgt. Wenn man die gleiche Richtigkeitskontrollprobe in verschiedenen Serien analysiert, Mittelwert und Standardabweichung berechnet, so hat man die Richtigkeitskontrollproben als Präzisionskontrollprobe angewandt, was zulässig und weit verbreitet ist.

Präzisionskontrollen sollen bei einer Entscheidungsgrenze, *Richtigkeitskontrollen* darüber hinaus, gleichmäßig verteilt, über den analytisch relevanten Bereich durchgeführt werden.

In der Anlage 1 der Richtlinien (im Anhang Kapitel 7.5) werden diejenigen Analyte aufgezählt, bei denen die Mitführung von *Richtigkeitskontrollproben* gesetzlich vorgeschrieben ist. Die Richtlinien besagen aber, daß sie auch bei allen anderen Analyten, soweit es möglich ist, anzuwenden sind.

Datum des Ergebnisausdruckes	Zeitpunkt	Na mmol/L	K mmol/L	Alb g/dL	Krea mg/dL	UrAc mg/dL	Eiw. g/dL
1986-06-12	09:02	140.8	5.28	3.5	1.1	6.3	7.2
	09:17	141.2	5.27	3.5	1.1	6.4	7.2
	10:17	141.3	5.26	3.5	1.09	6.3	7.1
	11:09	140.8	5.22	3.4	1.12	6.4	7.1
	12:28	140.7	5.14	3.4	1.12	6.4	7.1
	13:22	140.7	5.2	3.4	1.12	6.4	7.2
	14:32	140	5.14	3.4	1.12	6.4	7.2
	15:09			3.4	1.1	6.3	7.2
	15:55	140.8	5.16	3.4	1.1	6.4	7.2
	16:59	140.8	5.14	3.4	1.12	6.4	7.2
	18:03	140	5.1	3.5	1.1	6.4	7.1
	19:08	140.9	5.21	3.4	1.1	6.2	7.2
	20:12	140.4	5.19	3.4	1.1	6.2	7.1
	20:58	140.1	5.14	3.4	1.12	6.2	7.2
	22:01	140.2	5.08	3.4	1.13	6.2	7.2
Anzahl der Werte		14	14	15	15	15	15
Mittelwert		140.6	5.18	3.4	1.11	6.3	7.2
Standardabweichung		0.4	0.06	.0	0.01	0.1	.0
Variationskoeffizient		0.3	1.16	1.3	1.06	1.3	0.7

Datum des Ergebnisausdruckes	Zeitpunkt	CK U/L	GOT U/L	Harnst. mg/dL	Gluc. mg/dL	Chlor. mmol/L	Calc. mmol/L
1986-06-20	08:09	63	16	48.6	141	106	2.17
	09:04	62	16	49	141	104	2.17
	10:06	64	15	48.4	140	104	2.17
	11:14	64	15	49.2	140	103	2.2
	12:38	64	16	49.2	140	102	2.2
	13:33	63	16	49.2	141	104	2.22
	14:12	62	15	48.6	140	102	2.21
	15:16	62	16	49	140	102	2.19
	16:48	62	16	49.6	139	101	2.21
	17:45	64	16	53.7	140	102	2.18
	18:24	62	17	49.8	140	102	2.19
	19:24	63	16	48.6	140	103	2.2
	20:26	63	15	49.4	140	103	2.2
	21:31	64	17	49.4	140	102	2.22
Anzahl der Werte		14	14	14	14	14	14
Mittelwert		63.0	15.9	49.4	140.1	102.9	2.20
Standardabweichung		0.8	0.6	1.3	0.5	1.2	0.02
Variationskoeffizient		1.3	4.0	2.5	0.4	1.2	0.77

Datum des Ergebnisausdruckes	Zeitpunkt	Phoshor mmol/L	Calcium mmol/L	Magnesium mmol/L	Laktat mmol/L
1986-06-13	08:15	1	2.21	0.91	2.2
	09:14	1.02	2.21	0.85	2.2
	10:17	1.02	2.24	0.86	2.2
	11:19	1.04	2.22	0.8	2.2
	12:07	1.01	2.24	0.85	2.2
	13:13	1.04	2.28	0.85	2.3
	14:14	1.02	2.25	0.85	2.2
	15:07	1.02	2.25	0.84	2.2
	16:11	1.02		0.89	2.2
	16:55	1.03		0.78	2.2
	18:01	1.01		0.9	2.2
	19:05	1.03		0.86	2.2
	20:18	1.01		0.83	2.2
	21:06	1.01		0.85	2.3
	22:03	1.02		0.84	2.2
Anzahl der Werte		15	8	15	15
Mittelwert		1.02	2.24	0.85	2.2
Standardabweichung		0.01	0.02	0.03	.0
Variationskoeffizient (%)		1.07	0.99	3.83	1.5

Abbildung 2.4-4: Stabilitätsprüfung am ACA-III

Dies bedeutet, daß man Richtigkeitskontrollproben bei allen Analysen mitführen muß, soweit diese im Handel erhältlich sind.

Bei den Ringversuchen werden ähnliche Kontrollproben wie bei der internen Kontrolle verwendet, weshalb auch an dieser Stelle auf die *Anforderungen an Kontrollproben* (S. 123) hingewiesen wird.

Das Ergebnis der an den Kontrollproben durchgeführten Analysen soll in eine *Kontrollkarte* eingetragen werden. Über Anlegen, Führung und Auswertung von Kontrollkarten besteht eine *DIN-Norm* (58936 Teil 5).

Die darin angegebene Art der statistischen Auswertung wird empfohlen, aber mit dem Hinweis eingeschränkt, daß die Kontrollgrenzen entsprechend den medizinischen Erfordernissen in der Anlage 2 im Anhang festgelegt worden sind. Es wird empfohlen, die Standardabweichung beim Abschluß jeder Kontrollkarte auszurechnen, um zu erfahren, ob man besser als die „medizinischen Erfordernisse" ist und somit sicher sein kann, den Ringversuch zu bestehen. In Kapitel 7.2 sind die wichtigsten Abschnitte der DIN-Norm mitgeteilt.

Es gibt viele Arten von Kontrollkarten, von denen an dieser Stelle die *Quotienten-Kontrollkarte* und die *Kontrollkarte für Titerstufen* erwähnt und in **Abbildung 2.4-5** und **2.4-6** wiedergegeben werden.

Die *Quotienten-Kontrollkarte* dient der regelmäßigen Überprüfung der Richtigkeit und der Bestimmung der Vergleichbarkeit von Tag zu Tag unter Berücksichtigung von Matrixunterschieden, wie sie ja auch bei Patienten vorkommen. Mit anderen Worten: die Quotientenkarte dient zur Beantwortung der Frage, ob der Wert, der heute beim Patienten bestimmt worden ist, sich nur zufällig infolge der im Labor unvermeidlichen Meßabweichungen vom Vorwert unterscheidet, oder ob der Unterschied durch eine Veränderung beim Patienten (z. B. unter der erfolgten Therapie) eingetreten ist. Bei der QuotientenKontrollkarte (Abbildung 2.4-5) können an verschiedenen Tagen unterschiedliche Richtigkeitskontrollproben eingesetzt und der Ist-Wert durch den Zielwert (Referenzmethodenwert oder Soll-Wert) geteilt und der so ermittelte Quotient in das Kontrolldiagramm eingetragen werden. Der Vorteil besteht darin, daß von Beginn an auf einen Blick festgestellt werden kann, ob die Methode „unter Kontrolle", also „in Ordnung" ist oder nicht. Da die Kontrolldiagramme normiert sind, kann gleichzeitig auch die relative Streuung der einzelnen Analysenmethoden geschätzt werden (Vordrucke für die Quotienten-Kontrollkarte können selbst hergestellt oder über das INSTAND-Zentralbüro bezogen werden).

Bei der Anwendung von diskontinuierlichen (geometrischen) Skalen (siehe 2.4.1.5), d. h. bei *Titerbestimmungen*, werden leicht abgewandelte *Kontrollkarten* angewandt (Abbildung 2.4-6). Hier wird zuerst der natürliche Logarithmus der gefundenen Titerstufe mit einem Taschenrechner ermittelt und dieser Wert in die Kontrollkarte eingetragen. Bei der Auswertung der Kontrollkarten werden Mittelwert, Standardabweichung, Variationskoeffizient, Warn- und Kontrollgrenzen aus den logarithmierten Daten errechnet und daraus der Exponent von e, der Basis des natürlichen Logarithmus, ermittelt, um so Zielwert, Warn- und Kontrollgrenzen wieder als Titerstufen zu erhalten. In das Kontrolldiagramm werden nur die Titerstufen einzutragen.

2.4.3.5 Plausibilitätskontrollen der analytischen Phase

Plausibilitätskontrollen gehören grundsätzlich zur postanalytischen Phase. Bei der on-line-Datenverarbeitung kann diese aber so programmiert werden, daß Analysenfehler bereits während der Ergebniserrechnung bemerkt und die Ergebnisanzei-

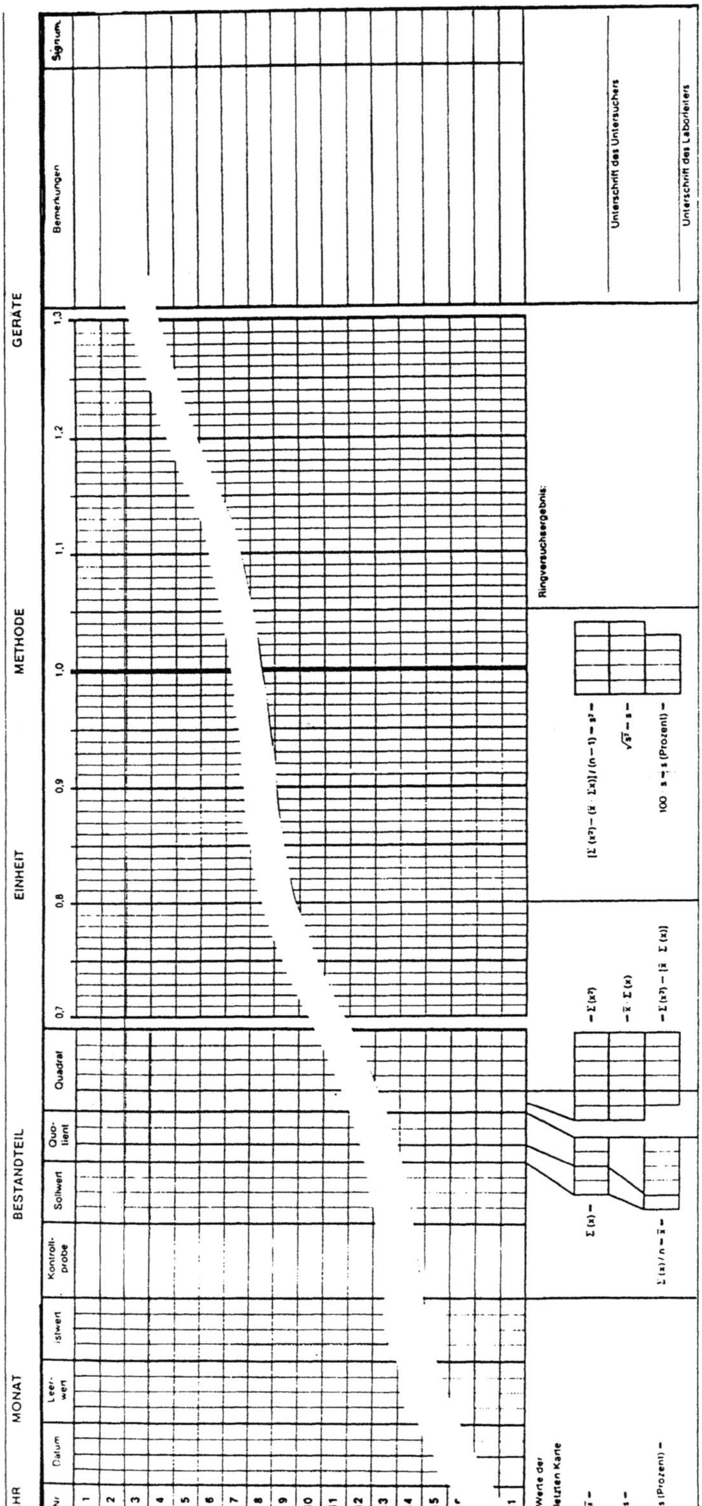

Abbildung 2.4-5: Quotienten-Kontrollkarte Jahr, Monat, Bestandteil, Einheit, Methode, Geräte

```
+------------------------------------+----------------------+-------------------+
!                                    !1:                    !                   !
!                                    !           1 2 4      !                   !
!                                    !   1   2 5 0 0 0      !                   !
! Nr.  Datum      Titer    ln-Titer!  6 2   5 1 2 4 9      !Anmerkungen Sign!
!                                    !  4 8   6 2 4 8 6      !                   !
!                                    !  0 0   0 0 0 0 0      !                   !
!                                    !                      !                   !
+------------------------------------+----------------------+-------------------+
!  1 1986-06-02  1: 2560    7.85   !      [(*  !  ) ]     !              Wei  !
!  2 1986-06-05  1: 5120    8.54   !      [(  *!  ) ]     !              Wei  !
!  3 1986-06-06  1:10240    9.23   !      [(   !*) ]     !              Wei  !
!  4 1986-06-09  1: 5120    8.54   !      [(  *!  ) ]     !              Wei  !
!  5 1986-06-18  1: 5120    8.54   !      [(  *!  ) ]     !              Wei  !
!  6 1986-06-20  1: 2560    7.85   !      [(*  !  ) ]     !              Wei  !
!  7 1986-06-23  1: 5120    8.54   !      [(  *!  ) ]     !              Wei  !
!  8 1986-06-24  1:10240    9.23   !      [(   !*) ]     !              Wei  !
!  9 1986-06-25  1:10240    9.23   !      [(   !*) ]     !              Wei  !
! 10 1986-06-27  1: 5120    8.54   !      [(  *!  ) ]     !              Wei  !
! 11 1986-06-30  1: 5120    8.54   !      [(  *!  ) ]     !              Wei  !
! 12 1986-07-    1:                !      [(   !  ) ]     !              Ma   !
! 13                               !      [(   !  ) ]     !                   !
! 14                               !      [(   !  ) ]     !                   !
! 15                               !      [(   !  ) ]     !                   !
! 16                               !      [(   !  ) ]     !                   !
! 17                               !      [(   !  ) ]     !                   !
! 18                               !      [(   !  ) ]     !                   !
! 19                               !      [(   !  ) ]     !                   !
! 20                               !      [(   !  ) ]     !                   !
! 21                               !      [(   !  ) ]     !                   !
! 22                               !      [(   !  ) ]     !                   !
! 23                               !      [(   !  ) ]     !                   !
! 24                               !      [(   !  ) ]     !                   !
! 25                               !      [(   !  ) ]     !                   !
! 26                               !      [(   !  ) ]     !                   !
! 27                               !      [(   !  ) ]     !                   !
! 28                               !      [(   !  ) ]     !                   !
! 29                               !      [(   !  ) ]     !                   !
! 30                               !      [(   !  ) ]     !                   !
! 31                               !      [(   !  ) ]     !                   !
+------------------------------------+----------------------+-------------------+
! n                            11   !                      !                   !
! Mittelwert    ! 1: 5453    8.60   ! Ringversuchs-        ! Unterschriften:!
! " minus 1 s     1: 3432    8.14   ! zertifikat           !                   !
! " minus 2 s   ( 1: 2160    7.68   ! Gueltig bis:         !                   !
! " minus 3 s   [ 1: 1359    7.21   !                      !                   !
! " plus 1 s      1: 8664    9.07   !                      ! --------------    !
! " plus 2 s    ) 1:13767    9.53   ! --------------       !       MTA         !
! " plus 3 s    ] 1:21875    9.99   !                      !                   !
! Standardabw.    1:    2    0.46   !                      !                   !
!                                   !                      !                   !
! VK (%)                     5.4    !                      ! --------------    !
!___________________________________!                      !       ChA         !
```

Abbildung 2.4-6: Kontrollkarte für Titerstufen TPHA-Titer 1986 (Juni/Juli)

ge in solchen Fällen unterdrückt bzw. durch eine Fehleranzeige ersetzt wird. Dies betrifft in erster Linie Meßbereichsüberschreitungen, bei entsprechender Programmierung aber auch Nonsens-Werte und Wertepaare (siehe Kapitel 2.6). Zur Qualitätssicherung während der analytischen Phase gehört auch, daß unplausible Ergebnisse mit einem Hinweis („Flagge“, z. B. Sternchen) versehen werden.

Auch die in Kapitel 2.6 noch zu besprechenden Plausibilitätskontrollen der Serie können bei einer on-line-Datenverarbeitung vom Computer bereits bei Vorliegen nur weniger Ergebnisse am Anfang einer längeren Serie durchgeführt werden. Dadurch wird es möglich, daß der Untersucher schon während der Analysenserie auf Unplausibilitäten hingewiesen wird, die Analytik rechtzeitig unterbrechen kann und nicht erst nach Beendigung der Analysenserie feststellen muß, daß diese wiederholt werden muß.

2.4.3.6 Identitätskontrolle des Untersuchungsmaterials

Die Erfahrung zeigt, daß bedauerlicherweise Verwechslungsfehler in der präanalytischen Phase bei der Probennahme vorkommen. Dies kann zu unplausiblen Ergebnissen führen, bei denen die Fehlersuche nichts ergibt, während der abnehmende Arzt den Verdacht einer Probenverwechslung von sich weist. In solchen Fällen kann bei Blutproben in fast allen Fällen eine Probenidentifizierung weiterhelfen. Diese erfolgt aufgrund der bekannten „Eiweiß-Individualität“ jedes Menschen durch Nachweis von *Erythrozytenmerkmalen* oder, wenn keine Erythrozyten zur Verfügung stehen, durch Nachweis von erbbedingten Serumeigenschaften. Um bei angezweifelten Ergebnissen eine positive Probenidentifizierung durchführen zu können, müssen entweder die erythrozytären bzw. Serumeigenschaften bereits bekannt sein oder es müssen zwei Blutproben von demselben Patienten miteinander verglichen werden, wozu unter Umständen eine erneute Blutentnahme erforderlich ist.

Wenn *Erythrozyten* als Probenreste vorhanden sind, sollten zuerst die AB0 und CcDEe-Erythrozytenmerkmale untersucht werden, womit in vielen Fällen die Identitätskontrolle bereits abgeschlossen werden kann. Ist dies nicht der Fall, werden zusätzlich die Erythrozyteneigenschaften MNSs untersucht. Durch Untersuchung dieser drei Blutgruppensysteme kann eine Identitätskontrolle mit einer Irrtumswahrscheinlichkeit von kleiner als 4% durchgeführt werden, was in nahezu allen Fällen gelingt.

Sind keine Erythrozyten als Probenreste vorhanden, kann die Identitätskontrolle auch nach beliebig langer Zeit an *Plasma- oder Serumresten* durchgeführt werden, wenn diese durch Einfrierung sichergestellt und vor Kontamination bewahrt worden sind. In solchen Fällen können die *Serum-Polymorphismen* Hp (1,2), Gc (1,2), Gm (1,2,10), Plasminogen (1,2), der Properdin-Faktor Bf (F,S), der Fibrin-stabilisierende Faktor XIII B (1,2,3), schließlich auch noch die Komplement-Komponente C6 (A,B) untersucht werden. Die häufigsten Phänotypen liegen bei etwa 50% (ausgenommen das Bf S, das bei etwa 60% liegt). Mit der Reihe 0,5x0,5x0,5x0,5x0,5x0,5x0,4 kommt man zu einer Irrtumswahrscheinlichkeit von kleiner als 0, 6%. Bereits mit fünf dieser sieben Systeme erreicht man Irrtumserwartungen von kleiner als 3% (Hummel, persönliche Mitteilung, 1986). Einschränkend ist zu bemerken, daß die Bestimmung erblicher Serumeigenschaften meist nur bei Speziallaboratorien, die regelmäßig Vaterschaftsgutachten durchführen, eingeführt sind.

2.4.3.7 Integritätskontrolle der Proben und Reagenzien

Integritätskontrollen der Proben werden in erster Linie nach Transfusionsreaktionen durchgeführt, wobei eine Hämolyse (siehe Kapitel 4.1) und/oder eine bakterielle Kontamination ausgeschlossen oder bestätigt werden muß. Hämolyse und bakterielle Kontamination sind auch sonst bei der Analytik wichtige Fehlerquellen.

Auch Reagenzien können sich durch Kontamination (Bakterien, Pilze, aber auch chemische Verunreinigungen) in ihrer Zusammensetzung bzw. in ihrem optischen oder chemischen Verhalten verändern. Erschwert wird hier die Integritätskontrolle durch den Umstand, daß sie heute fast immer in Einweg-Kunststoffbehältern geliefert und eingesetzt werden, so daß man einen evtl. Bodensatz nicht sehen und bemerken kann. Deshalb sollten Reagenzien in ungefärbten Glas- oder Klarsicht-Kunststoff-Flaschen gehalten werden. Täglich sollte sich der Verwender davon überzeugen, daß kein Bodensatz vorhanden ist.

Wenn bei der Fehlersuche Reagenzien zu überprüfen sind, sollten die spektralen Eigenschaften am einfachsten durch Aufzeichnung des Spektrums mit einem registrierenden Spektralphotometer geprüft und entsprechend das Ergebnis mit der Kurve verglichen werden, die bei der Einführung der Methode angefertigt worden ist. In Laboratorien, die über kein registrierendes Spektralphotometer verfügen, sollte die Extinktion bei allen verfügbaren Wellenlängen bereits bei der Einführung der Methode gemessen und in der Arbeitsvorschrift festgehalten werden, um zumindest diese spektralen Eigenschaften kontrollieren zu können. Bei kontaminations- oder altersbedingten Veränderungen von Reagenzien sind diese durch Überprüfung der spektralen Eigenschaften fast immer leicht nachweisbar.

2.4.3.8 Kontrolle von Matrixeigenschaften

Insbesondere in der klinischen Chemie können Matrixeigenschaften der Probe das Ergebnis beeinflussen, worauf in den speziellen Teilen dieses Buches immer wieder hingewiesen wird. Ein Beispiel hierfür ist die Feststellung einer ikterischen, hämolytischen Verfärbung oder lipämischen Trübung usw. Das gleiche gilt auch in der Hämatologie (z. B. der Nachweis von Erythroblasten bei der Leukozytenzählung), in der Blutgerinnung (Fibrinfäden im Plasma) und in der Mikrobiologie (Nachweis einer Antibiotika-Vorbehandlung des Patienten). Eine Aufgabe der Matrixkontrolle ist der Nachweis solcher störender Matrixeigenschaften, um, soweit möglich, Korrekturen vorzunehmen. Gerade das letztgenannte Beispiel zeigt die Bedeutung des Zentrallaboratoriums als organisatorischer Einheit, da z. B. die in der Mikrobiologie störenden Matrixeigenschaften mit chemisch-analytischen Methoden festgestellt werden müssen.

Eine der häufigsten Störeinflüsse ist eine mehr oder minder ausgeprägte *Lipämie*, die durch einfaches Betrachten eines Fensterkreuzes durch die Probe geschätzt werden kann. Eine ausgeprägte Lipämie kann bei vielen Analyten vorher, am einfachsten mit Hilfe einer kleinen präparativen Tisch-Ultrazentrifuge, beseitigt werden. Bei Verwendung von „Serum-Aufhellern" muß vorher an Hand der Gebrauchsanweisung ausgeschlossen werden, daß diese nicht die nachfolgende Analytik stören.

2.4.4 Externe Kontrollmaßnahmen

Externe Kontrollmaßnahmen werden von einzelnen Personen, Institutionen und anderen Organisationen durchgeführt, die vom Laboratorium unabhängig, d. h. den Weisungen des Laborleiters nicht unterstellt sind. Diese können Analysengeräte, Analysenverfahren oder das ganze Labor betreffen. Man muß zwischen externen Kontrollen, die auf Mängel und Fehler lediglich aufmerksam machen, und Prüfungen, die das Labor bestehen muß, unterscheiden. Prüfungen können gesetzlich vorgeschrieben sein, von einer wissenschaftlichen Gesellschaft veranstaltet werden oder von Körperschaften des öffentlichen Rechts, z. B. Kassenärztlichen Vereinigungen der Länder durch bestimmte Maßnahmen erzwungen werden, indem diese die Honorarzahlungen nur vornehmen, wenn über die Zuverlässigkeit der Analyse der einzelnen Analyte regelmäßig gültige Zertifikate durch eine der mit Ringversuchen beauftragten Organisationen vorgelegt werden.

2.4.4.1 Geräte-Ringversuche und Gerätekontrollen

Die Eichordnung und die dort zitierten Richtlinien zur Qualitätssicherung im medizinischen Laboratorium schreiben die jährlich 2mal zu erfolgende Teilnahme an Photometer-Ringversuchen verpflichtend vor. Auch die Teilnahme an Ringversuchen für Zellzählgeräte ist vorgesehen, weitere Geräte dürften im Lauf der Zeit in solche Prüfungen einbezogen werden.

Feldstudien haben gezeigt, daß Meßgeräte im Lauf der Zeit fehlerhaft werden und z. B. dahin führen, daß die Ergebnisanzeige bei verschiedenen Wellenlängen bzw. in verschiedenen Meßbereichen unterschiedlich ausfällt. So kann ein Photometer im sichtbaren Bereich richtig, im UV-Bereich fehlerhaft anzeigen, oder, was noch häufiger vorkommt, im hohen Meßbereich bei Extinktionswerten >1 falsch anzeigen. Solche Fehler werden bei den Verfahrensringversuchen unter Umständen nicht oder nur gelegentlich entdeckt, da sich diese zwangsläufig auf solche Analysenkonzentrationen (und dadurch Photometermeßbereiche) beschränken, für die Richtigkeitskontrollproben hergestellt werden können. So kann es vorkommen, daß ein Teilnehmer bei regelmäßiger Teilnahme gelegentlich nicht besteht (immer dann, wenn eine hohe Meßanzeige abzulesen ist), aber beim nächsten Ringversuch unter anderen Versuchsbedingungen Werte im geforderten Meßbereich findet und so über ein gültiges Zertifikat verfügt. Geräteringversuche sollen deshalb die meßtechnischen Eigenschaften der Geräte über den gesamten Meßbereich eines Gerätes prüfen, meßtechnische Fehler aufzeigen und die Instandsetzung des Gerätes veranlassen (Nink, 1985).

Diese Überlegungen haben dazu geführt, daß mit Inkrafttreten der neuen Eichordnung ab 1987 die Teilnahme an *Photometerringversuchen* vorgeschrieben wird. Sie werden in der Bundesrepublik von den Ringversuchsorganisationen (INSTAND und DGKC) seit vielen Jahren durchgeführt, sind bisher aber nicht allgemein verpflichtend. Bei den Photometerringversuchen werden geeignete Lösungen in verschiedenen Konzentrationen ausgesandt; sie müssen bei den Wellenlängen, die bevorzugt angewendet werden, gemessen werden, im allgemeinen bei einer Wellenlänge im sichtbaren und eine im UV-Bereich. Die Konzentrationen der ausgesandten Lösungen sind so gewählt, daß die Richtigkeit der Meßanzeige über den ganzen Meßbereich überprüft werden kann. Die Zielwertermittlung erfolgt durch die Physikalisch-Technische Bundesanstalt (PTB), die in jeder der ausgesandten Proben bei allen in Frage kommenden Wellenlängen definitive Extinktionswerte ermittelt.

Jedes Laboratorium, das über Photometer verfügt, mit denen die Extinktion direkt oder indirekt festgestellt werden kann, ist verpflichtet, regelmäßig abwechselnd im 2-Jahres-Rhythmus mit allen seinen Photometern an den Photometerringversuchen teilzunehmen und alle anderen vorgehaltenen Photometern mit den Werten derjenigen Photometer zu vergleichen, die im Ringversuch eingesetzt worden sind. „Vorgehalten" bedeutet, daß das Photometer vorhanden und grundsätzlich eingesetzt werden könnte, unabhängig davon, ob es tatsächlich gebraucht wird oder nicht. Eine indirekte Feststellung der Extinktion erfolgt z. B. bei einem Hämometer, indem die Konzentrationsanzeige durch den Extinktionskoeffizienten geteilt wird. Auskunft darüber, wie die Extinktion mit den einzelnen Photometern direkt oder indirekt bestimmt werden kann, geben die Gerätehersteller.

In die unmittelbare oder mittelbare externe Photometerkontrolle sind *alle* Photometer einzubeziehen, auch diejenigen, die in ein Mehrkanal-Analysengerät integriert sind (z. B. das Hämometer in mechanisierten Zellzählgeräten).

Im Photometerringversuch muß man abwechselnd im 2-Jahres-Rhythmus mit allen vorhandenen Photometern teilnehmen, die im Laboratorium verfügbar sind. Der Vergleich der verfügbaren Photometer mit dem Photometer, das am Ringversuch gerade teilgenommen hat, muß nach jedem Ringversuch vorgenommen werden. Er sollte aber monatlich mindestens einmal erfolgen und in der *Vergleichsdoppelbestimmungskarte* (Abbildung 2.4-2) dokumentiert werden.

Wenn ein Teilnehmer bei einem Photometerringversuch nicht besteht, auch wenn sich dieses Nichtbestehen auf einen einzigen Meßwert bezieht, wenn ferner der interne Vergleich bei einem anderen Photometer eine signifikante Meßabweichung aufzeigt, so muß der *Kundendienst* verständigt und das Gerät von diesem, also extern, kontrolliert und instandgesetzt werden. Grundsätzlich muß empfohlen werden, jedes Photometer bzw. Meßgerät, aber auch die Analysenhilfsgeräte durch den Hersteller oder eine vom Hersteller geschulte und autorisierte Person in regelmäßigen Zeitabständen überprüfen, warten und, soweit erforderlich, instandsetzen zu lassen.

In jedem Laboratorium bzw. an jedem Arbeitsplatz sollte es neben dem *internen* (s. 2.4.2.1 bis 2.4.2.7 und Tabelle 2.4-4) auch einen *externen Wartungsplan* geben, der neben Anschrift, Telefonnummer und Namen des zuständigen Firmenaußendienstes die jährliche Sequenz und die Monate enthalten soll, an denen die Firmenwartung vertragsmäßig erfolgt oder zu denen sie bestellt werden muß (**Tabelle 2.4-3**).

Jedes Labor sollte in Absprache mit den Hersteller-Außendiensten die vorgeschriebenen bzw. vernünftig erscheinenden externen *Wartungstermine* in einem Wartungsplan so koordinieren, daß die Laborarbeit dadurch möglichst wenig gestört wird. In diesem Wartungsplan sind *alle* Geräte des

Tabelle 2.4-3: Vergleich der Durchführung gleicher Methodenprinzipien unter Referenzmethoden- und Routinebedingungen

Beispiele:

	Referenzmethode	**Routinemethode**
1	Selbstkalibrierter Dilutor	Herstellerkalibration
Bestimmung der	Küvettenabgleich	Unzugängliche Durchflußküvette
Hämoglobin-Konzentration:	Spektral- oder Linienphotometer	Filterphotometer
	Bezugskurve	Faktor
	Elimination der trübungsbedingten Meßabweichung: zentrifugieren oder mit 2 Wellenlängen messen	-
	Vergleichmessungen	Einfachbestimmung
	Referenzmethode	**Routinemethode**
2	Umdrehungszahlkontrolle	-
Bestimmung des	Zeit nach DIN 58933 festgelegt (> 10 min)	Zeit nach Herstellervorschrift (z. B. 3 min)
Hämatokritwertes (zentrifugiert):	Ablesegerät mit Lupe	Ableseschärfe
	Vergleichsmessungen	Einfachbestimmung

Laboratoriums, d. h. alle Analysengeräte, Analysenhilfsgeräte (Zentrifugen, Waagen, Dilutoren, Dispensoren usw.), Bürogeräte (Schreibmaschinen, Kopiergeräte usw.) und auch sonstige Geräte (Diaprojektoren, Spülmaschinen usw.) einzubeziehen. Als Grundregel gilt, daß mindestens einmal im Jahr jedes im Labor stehende Gerät fachmännisch überprüft und, soweit notwendig, instandgesetzt werden sollte. Die Wartungsfrequenz hängt auch von der Inanspruchnahme ab, weshalb alle Geräte, die nicht pausenlos im Einsatz sind (Analysatoren im Notfall-Labor), möglichst mit *Betriebszeitmesser* versehen werden sollen, da sich interne wie externe Wartungsmaßnahmen unter Umständen nicht nach dem Kalender, sondern nach der Betriebszeit richten.

In großen Krankenhäusern und Kliniken werden oft *Service-Zentren* eingerichtet, die dann, um Kosten zu sparen, auch die externe Wartung der Laborgeräte übernehmen sollen. Damit sind die Service-Zentren meist überfordert; im Labor gibt es eine solche Vielzahl von Geräten, die von einer Vielzahl von Herstellern geliefert worden sind, sodaß mehrere oder sogar viele Fachleute notwendig sind. Ein Fachmann kann nur eine beschränkte Zahl von Gerätetypen so gut kennen, daß er eine externe Wartung im besten Sinne des Wortes durchführen kann.

2.4.4.2 Probentausch

Die einfachste Art der externen Kontrolle ist der Probentausch. Dies betrifft gleichermaßen Geräte- und Verfahrenskontrollen. Zwei benachbarte gleichgesinnte Laboratorien tauschen dabei mehr oder weniger regelmäßig Patientenproben und/ oder Kontrollproben (Kontrollblut) aus und führen Doppelbestimmungen durch. Die Ergebnisse werden in die Vergleichsdoppelbestimmungskarten eingetragen; auffälligen Meßabweichungen sollte nachgegangen werden. Wenn bei Meßabweichungen jedes der beiden Laboratorien den Fehler zuerst bei sich sucht und nicht das andere hierfür verantwortlich macht, ist der Probentausch eine für beide Seiten außerordentlich wirksame Kontrolle. Diese Kontrollmaßnahme kann auch bei auffälligen Extremwerten und bei Ereignissen, die der Kliniker nachdrück lich anzweifelt, erfolgreich angewandt werden.

2.4.4.3 Laborbegehung

Laborbegehungen werden bei Referenzlaboratorien durch INSTAND und bei Anerkennungsverfahren als „klinischer Chemiker" von der Deutschen Gesellschaft für Klinische Chemie durchgeführt.

Für die Laborbegehung werden je zwei erfahrene Laborärzte eingesetzt, die sich vorher aufgrund des vorliegenden Fragebogens über das Labor informiert haben (siehe Anlage 1 zu 2.4). Während der Begehung finden formlose Fachgespräche mit dem Laborleiter, seinem Vertreter und evtl. anderen akademischen und technischen Mitarbeitern statt. Bei der Laborbegehung werden allgemeine Gesichtspunkte zu den Räumlichkeiten (Klimatisierung/Belüftung; Sauberkeit/Ordnung usw.), Einhaltung der Sicherheitsvorschriften (Fluchtwegbeschilderung, Feuerlösch- und Erste-Hilfe-Geräte, Notduschen, Augenduschen usw.), Zustand der Analysengeräte u. a. m. zum Teil gezielt untersucht und von den Begehern notiert. Am Ende der Begehung erfolgt eine abschließende Aussprache mit dem Laborleiter, wobei ihm Gelegenheit gegeben wird, zu allem, was den Begehern aufgefallen ist, Stellung zu nehmen. Nach der Laborbegehung wird ein schriftlicher Bericht erstattet, der auch dem Laborleiter zugesandt wird und zu dem er sich schriftlich äußern kann.

Laborbegehungen haben sich überall dort, wo sie eingeführt worden sind, bestens bewährt, da dabei immer wieder Mängel entdeckt werden, die dem Laborpersonal in der Routine nicht aufgefallen sind. Auch werden beamtete/angestellte Laborleiter durch den Begehungsbericht oft in die Lage gesetzt, berechtigte Forderungen gegenüber der Krankenhaus/Instituts-Verwaltung durchzusetzen, was ihnen bis dahin nicht gelungen ist.

In vielen Laboratorien ist es zudem üblich, fachkundige Besucher zu bitten, sich das Labor mit kritischen Augen anzusehen und alles, was ihnen auffällt, sogleich mitzuteilen. Auch auf diese Weise können oft Schwachstellen aufgedeckt werden.

2.4.4.4 Verfahrensringversuche

Unter „Ringversuchen" werden gemeinhin die vom Gesetzgeber vorgeschriebenen Verfahrensringversuche verstanden. Die Richtlinien der Bundesärztekammer schreiben vor, daß jeder, der solche Analysen, auch nur gelegentlich, durchführt, mit allen Analysenbestandteilen, die in Tabelle 2.4-1 aufgezählt sind, jährlich an 2 Ringversuchen teilnehmen *muß*; sie empfehlen die Teilnahme mit allen anderen Analyten, die in Ringversuchen angeboten werden.

Laut Aussage namhafter Juristen wird damit die jährlich zweimalige Teilnahme an Ringversuchen mit *allen* Analyten, die vom Labor analysiert und für die Ringversuche angeboten werden, zum „derzeitigen Stand der Technik"; dies kann dazu führen, daß bei Gerichtsverfahren nach der Teilnahme an internen und externen Qualitätssicherungsmaßnahmen gefragt wird. Sollte es sich herausstellen, daß das Labor bei der Qualitätssicherung sich nur an das „Muß" hält und nicht an den „Stand der Technik", so liegt eine Verurteilung des Laborleiters durchaus im Bereich der Wahrscheinlichkeit.

Ringversuche sind Maßnahmen der externen Qualitätssicherung, wobei überprüft wird, ob die Zuverlässigkeit der Analysenergebnisse einzelner Teilnehmer den Anforderungen genügt. Die von der Bundesärztekammer ernannten Versuchsleiter sind mit dieser Überprüfung betraut und müssen beim Untersuchungsmaterial die unterschiedliche Zusammensetzung verschiedener Chargen beachten.

In den Ringversuchen werden Proben versandt, die den Patientenproben möglichst ähnlich sein sollen (Blut, Urin, Liquor usw.). Die Proben müssen so stabil sein, daß sie innerhalb der vorgegebenen Zeit unter Routinebedingungen fachgerecht analysiert werden können. Die Forderungen nach Stabilität und nach einer den Patientenproben ähnlichen Zusammensetzung (Matrix) sind nur bedingt zu realisieren und können nur teilweise eingehalten werden (siehe die Anforderungen an Kontrollproben in Tabelle 2.4-7 als Anlage 2 zu 2.4). Hierdurch können Probleme bei der Beurteilung der Teilnehmerergebnisse entstehen. Der Zielwert bzw. Bewertungsbereich könnte aufgrund der Ergebnisse des Teilnehmerkollektivs mit Hilfe von Referenzlaboratorien oder aufgrund eines einzelnen Expertenergebnisses festgelegt werden. Langjährige Erfahrungen haben gezeigt, daß eine gerechte Beurteilung der Teilnehmerergebnisse am besten aufgrund der Ergebnisse mehrerer Referenzlaboratorien erreicht werden kann, wie dies auch die Richtlinien der Bundesärztekammer vorsehen.

Versuchsleiter, Fachberater und Leiter von Referenzlaboratorien

Die Bundesärztekammer ernennt Ärzte für Laboratoriumsmedizin als Versuchsleiter für die Zielwertermittlung in Ringversuchen und bei Richtigkeitskontrollproben.

Die *Versuchsleiter* sind Chefärzte in großen Zentrallaboratorien und andere Sachverständige in Qualitätssicherungsfragen, z. B. in größeren Laboratorien der niedergelassenen Fachpraxen. Sie veranstalten Ringversuche, tragen dafür die volle Verantwortung und stellen die Zertifikate aus. Die Versuchsleiter werden bei der Auswertung der Ringversuche von Fachberatern unterstützt. Für die Zielwertermittlung setzen die Versuchsleiter *Referenzlaboratorien* ein. Um die gestellten Aufgaben erfüllen zu können, müssen die Referenzlaboratorien in ihren Einsatzbereichen über ausreichende praktische Erfahrungen und gute Einrichtungen verfügen.

Der *Leiter eines Referenzlaboratoriums* muß weisungsunabhängig, fachkundig, auf den Gebieten der Analytik, Statistik und Qualitätssicherung erfahren sein und eine entsprechende Weiterbildung aufweisen.

Die Bundesärztekammer hat Regeln zur Auswahl und zur zeitlich begrenzten Ernennung der Referenzlaboratorien aufgestellt. Die von der Bundesärztekammer bestellten Versuchleiter überwachen die Ergebnisse der Referenzlaboratorien. Die Ausstattung der Referenzlaboratorien wird mit umfangreichen Fragebögen und/oder durch Begehungen überprüft.

Der Einsatz von *Referenzlaboratorien* soll sicherstellen, daß der Teilnehmer eines Ringversuches, der regelmäßig interne Qualitätssicherungsmaßnahmen anwendet und richtig analysiert, die Ringversuche erfolgreich besteht und gültige Zertifikate für die geprüften Analyte erhält. Damit soll der Zusammenhang zwischen interner und externer Qualitätskontrolle hergestellt und eine gerechte, praxisnahe Beurteilung der Ringversuchsergebnisse gewährleistet werden.

Bei quantitativ bestimmten Analyten müssen die von der Ringversuchs-Organisation eingesetzten Referenzlaboratorien die Zielwerte für die Richtigkeitskontrollproben zur internen Qualitätskontrolle unter den gleichen Voraussetzungen wie die Zielwerte zu Ringversuchen erstellen. Nur so können interne und externe Qualitätskontrolle in Einklang gebracht werden.

Bei den meisten quantitativ zu bestimmenden Analyten werden die *Beurteilungsbereiche (Zielbereiche)* von der Bundesärztekammer aufgrund klinischer Erfordernisse festgelegt. Bei diesen Analyten bestimmt das Referenzlaborkollektiv mit bestmöglicher Genauigkeit nur den Lageparameter, um den der Beurteilungsbereich symmetrisch anzulegen ist.

Wenn, z. B. bei der GOT, der Beurteilungsbereich aufgrund klinischer Erfordernisse auf ± 8% festgelegt wird und die Referenzlaboratorien einen Zielwert von 25 U/l finden, wäre der Zielbereich 25 ± (3x8%) = 25 ± 6 = 19 bis 31 U/l. Es kann aber vorkommen, daß infolge ungünstiger Matrixeigenschaften bei einer Probe die von der Bundesärztekammer vorgegebenen Grenzen zu eng berechnet werden. Das würde auch durch die unter Routinebedingungen gefundene höhere Streuung der Ergebnisse des Referenzlaboratoriumkollektivs angezeigt. Die Streuung der Ergebnisse des Referenzlaboratoriumkollektivs würde in diesem Fall der Bewertung zugrunde gelegt (z. B. bei dem oben angegebenen Zielwert ± 12%, d. h., 25 ± (3x12%) = 25 ± 9 = 16 bis 34 U/l).

Bei der *Zielwertermittlung* für Ringversuche, aber auch bei der Zielwertermittlung für Richtigkeitskontrollproben wird in den Richtlinien der Bundesärztekammer die *Hierarchie der Analysenmethoden* herausgestellt: man unterscheidet *Definitive Methoden, Referenzmethoden, Routine-* und *ausgewählte Routinemethoden* sowie *Suchmethoden.*

Als „*definitiv*" wird eine Bestimmungsmethode bezeichnet, von der aufgrund eingehender Untersuchungen angenommen werden kann, daß damit richtige Werte ermittelt werden, die vom wahren Wert nur im vernachlässigbaren Maße abweichen. Die Durchführung Definitiver Methoden erfordert einen hohen experimentellen, personellen und apparativen Aufwand, so daß diese nur in wenigen, speziell zu diesem Zweck ausgerüsteten Speziallaboratorien möglich ist. Definitive Methoden können bisher nur gelegentlich zur Zielwertermittlung bei Ringversuchen, z. B. Photometer- und Hormon-Ringversuchen, eingesetzt werden. Wo Definitive Methoden vorliegen, können damit die Ergebnisse von Referenzmethoden überprüft werden.

Referenzmethoden werden, soweit sie als solche anerkannt werden, bei der Zielwertermittlung sowohl für Ringversuche als auch für Richtigkeitskontrollproben eingesetzt, um damit methoden- und geräteunabhängige „Referenzmethodenwerte" festzustellen. Alle mit *Routinemethoden* und/oder *Suchmethoden* gefundenen Ergebnisse werden im Ringversuch aufgrund der Referenzmethodenwerte beurteilt und sollten deshalb den Ergebnissen der Referenzmethoden angepaßt werden. Bei Referenzmethoden müssen aufgrund eingehender experimenteller Untersuchungen alle systematischen Meßabweichungen bekannt und vermeidbar bzw. korrigierbar sein, während die zufälligen Meßabweichungen durch eine entsprechende Versuchsanordnung gering zu halten sind. Einer Referenzmethode kann das gleiche Analysenprinzip wie einer Routinemethode zugrunde liegen; der Unterschied liegt im Aufwand der Durchführung, wie dies am Beispiel der *Hämoglobinometrie* und der *Hämatokritbestimmung* aufgezeigt werden kann (**Tabelle 2.4-4**).

Tabelle 2.4-4: Wartungsplan (Beispiel) Sch./20. Aug. 1986

Firma	Gerät	Zahl d. Geräte	Wartungen pro Jahr	JAN	FEB	MRZ	APR	MAI	JUN	JUL	AUG	SEP	OKT	NOV	DEZ
Abbott	ADC 500	1	4	+			+			+			+		
Amelung (R. Müller)	Schnittger-Groß	3	2		+						+				
	KC 10	1	2		+						+				
AVL (Debumed)	Gas-check	2	1			1×						2×			
Beckman	Glucose-Analysator	2	2				+						+		
	KLiNa	2	2				+						+		
	Airfuge	1	1										+		
Boehringer M.	Hitachi 712	1	4		+			+			+			+	
Brand	Dilutoren	2	1									+			
Canon	Photokopiergerät	1	3			+				+				+	
Corning	Flammenphotometer	1	4		+			+			+			+	
Coulter	S+	1	3	+				+				+			
	Leukocounter	2	3	+				+				+			
	Thrombocounter	2	3	+				+				+			
	Hb-Meter	1	2			+						+			
DuPont	ACA III (Vertrag!)	1	1 große			+									
Eppendorf	ACP 5040	1	4	+			+			+			+		
	Chloridmeter	1	1										+		
Hellige	TEG	2	1	1×					2×						
Hettich	Rotixa K, P	4,1	2			+						+			
	HK-Zentrifuge	1	2			+						+			
	Tischzentrifugen	2	2			+						+			
IBM	Schreibmaschinen	2+1	3		+				+			+			
Knauer	Osmometer	1	2			+						+			
Knick	pH-Meter	1	1						+						
Lange	LP6A	2	2		+						+				
Logos	ELVI Proteo 125	1	2			+						+			
	ELVI Seroprint 190	1	2			+						+			
Merz + Dade	Zellwaschzentrifugen	2	4	+			+			+			+		
	Immufuge	1	4		+			+			+			+	
Mettler	Waagen	2	1				1×						2×		
Miele	Spülmaschinen	2	1	1×						2×					
MSE	temp. Mistral-Zentr.	1	1			+									
Olympia	Schreibmaschine	1	3	+				+				+			
Orion	pH-Meter	1	1						+						
Perkin-Elmer	AAS	1	2					+						+	
Philips	Pye-Unicam-Photom.	1	2	+						+					
Sartorius	Waagen	2	1			1×						2×			
Technicon	Glucose-AAII	1	1						+						
	AK-Straße	1	1						+						
	Histamin-Straße	1	1						+						
Triumph	Schreibmaschinen	2	3	+				+				+			
Zeiss	Photometer	6	1											+	
	Mikroskope	7	1					+							
Virtis	Gefriertrockner	1	1		+										

Routinemethoden werden Analysenmethoden genannt, die zur Zeit in den medizinischen Laboratorien unter Routinebedingungen angewandt werden. Aufgrund der Erfahrungen, insbesondere auch in den Ringversuchen, zeichnen sich einige Routinemethoden dadurch aus, daß die damit erzielten Ergebnisse immer gut mit den Ergebnissen der Referenzmethoden (oder der definitiven Methode) übereinstimmen. In anderen Fällen können bei Analyten, für die es (noch) keine Referenzmethoden gibt, *„empfohlene"* und *„ausgewählte Routinemethoden"* von wissenschaftlichen Gremien und/ oder durch DIN-Normen festgelegt werden (z. B. „optimierte" Methoden bei Enzymaktivitätsbestimmungen). Bei allen Analyten, bei denen es zwar keine Referenzmethoden, aber empfohlene oder ausgewählte Routinemethoden gibt, wird die Zielwertermittlung in Ringversuchen und bei Richtigkeitskontrollproben mit dieser Routinemethode durchgeführt. Alle mit anderen Routinemethoden und/oder Suchmethoden erzielten Ergebnisse werden aufgrund der Ergebnisse der empfohlenen bzw. ausgewählten Routinemethode beurteilt.

Bei allen Analyten, für die es weder Definitive noch Referenz- noch eine empfohlene oder ausgewählte Routinemethode gibt, erfolgt die Zielwertermittlung als methoden- und/oder geräteabhängige *Sollwertermittlung*, die sich allerdings auf Methoden beschränkt, die eine genügende Verbreitung haben (im Zweifelsfall entscheidet eine Schiedsstelle der Bundesärztekammer).

Suchmethoden werden oft auch als „halbquantitative" Methoden bezeichnet. Bei diesen Methoden werden aufgrund der medizinischen Erfordernisse und aus Kostengründen grob eingeteilte lineare oder geometrische Skalen zur Ergebnismitteilung herangezogen (z. B. immunologische Titerbestimmungen). Hierzu gehört auch die visuell komparative Ergebnisablesung quantitativer Merkmalsausprägungen beim Einsatz vorgefertigter Reagenzienträger (Teststreifenmethoden). Diese Methoden sind *quantitative Methoden*, wie dies im Abschnitt 2.4.1 ausführlich dargelegt worden ist. Für ihren Einsatz gelten entsprechend die gleichen Regeln und juristischen Konsequenzen, wie sie z. B. beim Einsatz ausgewählter Routinemethoden gelten.

Die eben geschilderte Analysenmethodenhierarchie gilt sowohl für die klinische Chemie als auch für quantitative Bestimmungen beim kleinen Blutbild, in der morphologischen Hämatologie, Hämostaseologie und der Immunologie (siehe auch Tabelle 2.1-19).

Beurteilung der Ringversuchsteilnehmer

Die Beurteilung der Teilnehmerergebnisse muß nach den Regeln der Statistik erfolgen. Dazu müssen bei jedem Ringversuch und bei jeder Probe Referenzlaboratorien in entsprechender Anzahl eingesetzt werden: die neuen Richtlinien der Bundesärztekammer verlangen als Mindestzahl 5, die ISO (Guide 35) empfiehlt 15 Referenzlaboratorien. Je nach vorgegebener Fragestellung und zulässiger Irrtumswahrscheinlichkeit kann die Zahl der Referenzlaboratorien auch vom Statistiker bestimmt werden. Aufgrund praktischer Erfahrungen werden von INSTAND je Bestandteil bei den Ringversuchen meistens 8 bis 10 Referenzlaboratorien eingesetzt, die mindestens 4 Ringversuchsproben untersuchen.

Bei der *Auswertung* eines Ringversuches liegen dem Versuchsleiter die Einzelergebnisse der Referenzlaboratorien und aller Teilnehmer mit der statistischen Auswertung, numerisch und graphisch vor. Im Regelfall wird die gesamte Auswertung mit einem speziell für die betreffende Analysengruppe angefertigten statistischen Programm vom Computer vorgenommen. Der Computer prüft, ob Ausreißer feststellbar sind, welche Methodengruppen zusammengelegt werden können, ob die Streuung der Referenzwerte innerhalb der von der Bundesärztekammer vorgegebenen Grenzen liegt usw. Der Versuchsleiter sieht sich die Verteilungsgraphiken an, prüft die Übereinstimmung der Referenz- und Teilnehmerwerte, methodenabhängige Abweichungen, Bestehensquoten, und ähnliches. Werden Unregelmäßigkeiten festgestellt, sind weitere Untersuchungen angezeigt, z. B. eine Varianzanalyse, ein Vergleich der theoretischen und empirischen Verteilung sowie verschiedener Lage- und Verteilungsparameter (geometrischer und harmonischer Mittelwert, Medianwert, Exzeß, Schiefe, Perzentilbereich usw.). Gegebenenfalls sind Korrekturen im Rahmen der Richtlinien erforderlich.

Bei der *Beurteilung der Teilnehmer* können Fehler erster Art und zweiter Art vorkommen. Ein Fehler erster Art liegt vor, wenn ein Ergebnis als fehlerhaft bezeichnet wird, obwohl es den Anforderungen in Wirklichkeit genügt (z. B., wenn es nur zufallsbedingt am Rande der Glockenkurve liegt). Ein Fehler zweiter Art liegt vor, wenn ein Teilnehmer, der ungenau arbeitet, das Zertifikat durch „Zufallstreffer" erlangt. Durch Einhalten der Richtlinien der Bundesärztekammer und aufgrund der großen Erfahrung der Versuchsleiter können diese Fehler weitgehend ausgeschlossen werden.

Wer kontrolliert die Kontrolleure?
Diese oft gestellte Frage ist leicht zu beantworten: hinsichtlich der Befolgung der Richtlinien kontrolliert die Bundesärztekammer über den Ausschuß für Qualitätssicherung der ärztlichen Berufsausübung (AAQ); ansonsten kontrollieren die Teilnehmer; sie bekommen die Ergebnisse der Referenzlaboratorien und des Gesamtkollektivs mitgeteilt. Teilnehmer, deren Ergebnisse den Erfordernissen nicht entsprechen, sind besonders kritisch. Nach jedem Ringversuch erhalten Versuchsleiter und Ringversuchsorganisationen zahlreiche Anrufe und Zuschriften.

INSTAND veranstaltet regelmäßig seit 1968 Ringversuche, seit 1970 mehrmals im Jahr in allen Bereichen der Laboratoriumsmedizin. INSTAND hat z. Zt. zwei von der Bundesärztekammer ernannte Ringversuchsleiter sowie zahlreiche Fachberater und Referenzlaboratorien zur Festlegung der Zielwerte und Bewertungsbereiche. Die Referenzlaboratorien werden in Absprache mit z. Zt. 7 wissenschaftlichen Fachgesellschaften ausgewählt und benannt. Sollten dennoch Fehler vorkommen, werden sie erkannt und berichtigt. Eine gerechte Beurteilung der Teilnehmer ist immer gewährleistet.

2.4.5 Konsequenzmaßnahmen

Wenn beim Einsatz interner und/oder externer Kontrollmaßnahmen systematische Meßabweichungen und/oder ungewöhnlich hohe zufällige Meßabweichungen bzw. systematische Fehler und/oder zufällige Fehler nachgewiesen bzw. entdeckt werden, so ist der Untersucher verpflichtet, eine *Fehlersuche* durchzuführen und den Fehler nach Möglichkeit zu beseitigen. Dazu ist er beim Nichtbestehen eines Ringversuches laut Gesetz auch verpflichtet, wie dies im Abschnitt 2.4.4.1 bei den Geräteringversuchen betont worden ist, und was sich entsprechend auch auf den Abschnitt 2.4.4.4 (Verfahrensringversuche) bezieht. Bei der Fehlersuche ist die Verhältnismäßigkeit im Auge zu behalten, d. h., es müssen immer die Konsequenzen bedacht werden, die eine nachgewiesene Maßabweichung verursachen kann. So kann es z. B. vorkommen, daß bei der Bestimmung der LDH-Aktivität eine systematische Meßabweichung von 4% nachgewiesen wird; in diesem Fall sollte der Fehler zwar gesucht, die Ergebnisse aber unbesorgt herausgegeben werden, da dadurch keine klinische Fehlbeurteilung des Patienten zu befürchten ist. Anders muß ein 4%-iger Fehler bei der Blut-pH-Bestimmung angesehen werden; in diesem Fall dürfen die Ergebnisse *nicht* herausgegeben werden. Auch hier sei daran erinnert, daß die Qualitätssicherung kein Selbstzweck ist; sie soll nur die Mitteilung solcher Ergebnisse verhindern, aus denen der Kliniker falsche Schlüsse ziehen könnte.

2.4.5.1 Fehlersuche
Um eine Fehlersuche rationell durchführen zu können, muß der Untersucher über möglichst große Erfahrungen verfügen. Deshalb sollte sich ein MTA, dessen Ausbildung erst vor zwei bis drei Jahren abgeschlossen worden ist, vertrauensvoll an ei-

ne ältere erfahrenere Kollegin oder direkt an die Abteilungs- bzw. Laborleiter wenden. Deshalb ist es auch so wichtig, daß jedes mittlere bis größere medizinische Laboratorium von einem Laborarzt und nicht „nebenbei" von einem Kliniker geleitet wird, dessen Erfahrung schwerpunktmäßig bei seiner klinischen Tätigkeit und nicht bei der Laboratoriumsmedizin liegt. Bei einer systematischen Fehlersuche sollten alle möglichen Fehlerquellen in Betracht gezogen werden. Dazu gehören Einflußfaktoren durch die Umwelt, den Untersucher, die benutzten Geräte sowie die Probe selbst. In vielen Fällen wird es möglich sein, den Verdacht auf eine bestimmte Fehlerquelle zu lenken. Wenn in dieser Untersuchung kein Fehler zu finden ist, wird man nacheinander nach weiteren Fehlerquellen suchen müssen. In diesem Zusammenhang sei auf den *„abgesicherten Laborwert"* hingewiesen, bei dem an zwei Arbeitsplätzen und zwei Tagen zwei Untersucher abwechselnd Doppelbestimmungen durchführen und das Ergebnis varianzanalytisch auswerten (Boroviczény und Merten, 1984).

2.4.5.2 Fehlersuche in der Labororganisation (Schwachstellenanalyse)
Nach Abschluß jeder Ist-Analyse bzw. deren Fortschreibung sollte eine Schwachstellenanalyse folgen, bei der der Leiter des Laboratoriums die aufgedeckten Schwachstellen mit seinen Mitarbeitern kritisch und offen bespricht und Überlegungen anstellt, welche Konsequenzen daraus zu ziehen sind.

2.4.5.3 Überprüfung und Überarbeitung der Präventivmaßnahmen
Als Ergebnis der Schwachstellenanalyse, aber auch als Ergebnis bekannt gewordener Fehler muß immer überlegt werden, wie weit die im Labor eingeführten Präventivmaßnahmen, insbesondere die an den Arbeitsplätzen vorhandenen Arbeitsvorschriften ausreichen, damit sie, je nach Notwendigkeit, überarbeitet werden können.

Anlage 1 zu 2.4 mit Abbildungen 2.4-7 bis 2.4-10 und Erläuterungen zum Ausfüllen des Laborfragebogens

Die neuen „Richtlinien der Bundesärztekammer für die Qualitätssicherung bei Laboratoriumsuntersuchungen" (1987) betonen die Verantwortung der Institutionen, die ein Referenzlaboratorium vorschlagen und die Eignung des Leiters und seines Laboratoriums, die eingehend durch Fachgespräche und eine Besichtigung des Labors überprüft werden sollen. Dazu ist der vorliegende Laborfragebogen zusammengestellt worden, der von den Referenzlaboratorien und den Laboratorien, die Referenzlaboratorium werden wollen, ausgefüllt werden soll.

Der *Laborfragebogen* besteht aus mehreren Teilen, deren Fragen so vollständig wie möglich und soweit die Daten verfügbar sind, beantwortet werden sollen.

Die Abschnitte 3.1 bis 3.5 sind *Tabellen,* die nach Ausfüllung dem Versuchsleiter persönlich zugesandt werden. Dieser muß alle erhaltenen Angaben ebenso vertraulich wie die im Ringversuch oder in der Zielwertermittlung eingesandten Werte behandeln. Sie unterliegen der ärztlichen Schweigepflicht.

Der Fragebogen soll nach Möglichkeit auch die Geräte erfassen. Im Abschnitt 3.6 sind auch Geräte aufgeführt, die in vielen Routinelaboratorien nicht vorhanden sind.

Hinweise zu den Abschnitten des Fragebogens:

Zu 1.1.1 Eine Kurzbezeichnung kann angegeben werden, wenn dem Fragebogen ein Briefpapier-Kopfbogen beigefügt ist, der alle Angaben enthält. Auf diese Anlage muß verwiesen werden.

Zu 1.1.3 Nur die zutreffende Angabe wird durch Einkringeln der betreffenden Zahl markiert.

Zu 1.2.1.1 Wenn der vorgesehene Platz nicht ausreicht, erfolgt die Aufzählung der Abteilungen in einer Anlage. Das gleiche gilt für die Abschnitte 1.2.1.4 und 1.2.2.

Zu 1.2.1.2 Als Intensivbetten werden Betten auf Intensivstationen, in Wachsälen usw. mit einer durchschnittlichen Liegedauer, die geringer als 10 Tage ist, verstanden.

Zu 1.2.1.3 Die Abgrenzung der Akutbetten von den Betten der chronisch Kranken ist nicht leicht. Sie ist notwendig, weil in der Regel eine längere durchschnittliche Liegedauer mit einer geringeren Belastung des Labors je versorgtem Krankenbett einhergeht. Grundsätzlich sollte eine Abteilung bzw. Station mit einer durchschnittlichen Liegedauer unter 30 Tagen als Akutabteilung bzw. Akutstation und alle Abteilungen bzw. Stationen mit einer längeren durchschnittlichen Liegedauer als Chronischabteilungen bzw. -stationen gelten.

Zu 1.3 Die Laborstatistik soll so ausführlich, wie dies aufgrund der vorhandenen Daten möglich ist, mitgeteilt werden. Wenn keine genauen Angaben gemacht werden können, sind Fragezeichen zu setzen; nicht zutreffende Stellen sollen durchgestrichen werden, wenn z. B. im Labor keine Untersuchungen in der Mikrobiologie betrieben werden.

Zu 1.3.1 Als Einzelanalysen werden alle durchgeführten Beobachtungen, Zählungen bzw. Messungen, Bestimmungen an Standards, an Kontrollproben usw. gezählt, Mehrfachbestimmungen einzeln gewertet. Es ist darauf zu achten, daß Methoden- und Geräteerprobungen in der Statistik verzeichnet werden.

Zu 2.1.2 Alle zutreffenden Angaben sollen durch Einkringeln der betreffenden Zahl und/oder durch Ausfüllen der gepunkteten Linie (Maschinenschrift) gekennzeichnet werden.

Zu 2.1.3 Das Nichtzutreffende ist zu streichen.

Zu 2.1.4 Fach, Gebiet, Umfang der Weiterbildungsermächtigung und Datum der ersten Ermächtigung sollen genannt werden.

Zu 2.1.5 Angabe, seit wann Zielwertermittlungen und auf welchen Gebieten (Klinische Chemie, Hämatologie, Mikrobiologie) diese durchgeführt und wo die Erfassung erworben wurde.

Zu 2.2 bis 2.6 Bezieht sich auf die Zahl der Planstellen und tatsächlich besetzten Stellen und der mit Fach-MTA besetzten Stellen.

Zu 3.1 bis 3.5 Auf Seite 2 des Fragebogens steht eine *Übersichtstabelle* und als Anlage zu dem Fragebogen sollen von den Tabellen 3.1-1 bis 3.5-6 alle Tabellen aufgeführt werden, die für das Labor zutreffende Analyte enthalten. In der Übersichtstabelle soll durch Einkringeln der entsprechenden dreistelligen Abschnittsnummer vermerkt werden, welche Einzeltabellen das Labor ausgefüllt hat.

Zu 3.1.1 bis 3.5.6 Die Tabellenaufteilung ist die gleiche. Die gebräuchlichsten Analyte sind vorgeschrieben, für weitere sind Leerzeilen vorgesehen. Wenn diese Leerzeilen nicht ausreichen, können in der Tabelle beliebige Analyte eingetragen werden. Grundsätzlich sollte das *gesamte Analysenprogramm* des Labors in diesen Tabellen enthalten sein, und zwar mit allen zur Verfügung stehenden Arbeitsplätzen. Die vollständige Erfassung der in einem Labor bestehenden analytischen Möglichkeiten ist für INSTAND im Zusammenhang mit der Vergabe von Zielwertermittlungen von größter Bedeutung. Alle Referenzlaboratorien sollten deshalb jede Änderung ihres Laborprogrammes (Umstellungen von einem Gerät zum anderen, Beschaffung neuer bzw. Aussonderung älterer Geräte usw.) durch Ausfüllen und Einsenden des oder der zutreffenden Bögen 3.1.1 bis 3.5.6 dem Zentralbüro in Düsseldorf in jedem Fall mitteilen. Anzugeben sind die nach den Vorgaben des INSTAND-Leitfadens verschlüsselten Angaben bezüglich der angewandten Methode, des Gerätes, des Reagenzienherstellers, des Herstellers des Kalibrators (gleiche Verschlüsselung wie beim Reagenzienhersteller), der durchgeführten Qualitätssicherungsmaßnahmen (verschlüsselt nach der zu diesen Erläuterungen gegebenen Anlage) und der Anzahl der an dem Arbeitsplatz durchgeführten Analysen im Jahr. Sind von einem Gerätetyp mehrere Exemplare vorhanden, soll dies durch Zufügung eines Buchstabens gekennzeichnet werden (z. B. EP12 a, EP12 b usw.).

Die Angaben sollen sowohl für den Routinearbeitsplatz und auch, soweit vorhanden, für den Notfallarbeitsplatz (oder Eilarbeitsplatz) sowie für alle Ausweichmöglichkeiten, die im Labor üblicherweise vorgesehen sind, mitgeteilt werden. Falls es für einzel-

1 LABOR und UMFELD

1.1 Labor

1.1.1 Benennung des Labors
Anschrift und Telefon..........

1.1.2 Ringversuchs-Teilnehmernummer: | | | | | | 1.1.3 Dienstzeiten:..........

1.1.4 Art des Labors:

1 Zentrallabor in Krh.	4 Labor in Uni-Klinikum	7 Laborfachpraxis	10 Apparategemeinschaft
2 Abteilungslabor in Krh.	5 Labor in Uni-Institut	8 Andere Fachpraxis	11 Industrielabor
3 Speziallabor in Krh.	6 Labor in sonst. Inst.	9 Allgemeinpraxis	12 ....

1.2 Umfeld

1.2.1 Krankenhaus/Kliniklabor

1.2.1.1 Aufzählung der Abteilungen im Krh..........

....

1.2.1.2 Anzahl der versorgten Intensivbetten ......

1.2.1.3 Anzahl der versorgten Akutbetten ......

1.2.1.3 Anzahl der versorgten Chronischbetten ......

1.2.1.4 Aufzählung der versorgten Ambulatorien..........

....

1.2.2 Anderes Labor wer sendet wieviele, wasfür Analysenanträge..........

....

1.3 Laborstatistik des Vorjahres	Klin.Chem.	Hämat.	Immunol.	Mikrobiol.	Eil/Not	Sonstig	Summe
1.3.1 Anzahl aller durchgeführter Einzelanalysen	.....	.....	.....	.....	.....	.....	......
1.3.2 Anzahl aller Primäranalysen (=Ergebnisse)	.....	.....	.....	.....	.....	.....	......

2 PERSONALAUSSTATTUNG

2.1 Laborchef

2.1.1 Name, Anschrift, Telefon ....

2.1.2 Akademische Grade, Qualifikationen (bitte alles Zutreffende markieren)

1 Dr.med.	6 Prof.	11 Laborarzt	16 Allg.Arzt	21 Apotheker
2 Dr.rer.nat.	7 Doz.	12 Hämatologe	17 Internist	22 Biologe
3 Dr.-Ing.	8 Dipl.-Chem.	13 Transf.med.	18 Pädiater	23 ....
4 Dr.phil.	9 Dipl.-Phys.	14 Mikrobiologe	19 Pathologe	24 ....
5 Dr........	10 Dipl.......	15 Klin.Chem.	20 FA........	25 ....

2.1.3 Art der Tätigkeit: Hauptamtlich Nebenamtlich

2.1.4 Weiterbildungsermächtigung..........

2.1.5 Zielwertermittlungserfahrung..........

2.1.6 Lehrtätigkeit..........

2.2 Weitere Akademiker	Planstellen		Besetzte Stellen
2.2.1 Laborärzte	.....		.....
2.2.2 In Weiterbildung stehende Assistenzärzte	.....		.....
2.2.3 Naturwissenschaftler	.....		.....
2.2.4 Sonstige	.....		.....
2.3 Technisches Personal		Fach-MTA	
2.3.1 MTA mit Leitungsaufgaben	.....	..... •	.....
2.3.2 MTA/MTLA	.....	..... •	.....
2.3.3 Chem.TA, Ing.grad. usw.	.....		.....
2.3.4 Laboranten, Med.techn.Gehilfen, Arzthelferin, Tierpfleger usw.	.....		.....
2.3.5 Sonstiges technisches Personal	.....		.....
2.4 Verwaltungspersonal	.....		.....
2.5 Reinigungspersonal	.....		.....
2.6 Sonstiges Personal	.....		.....

Anmerkungen zu den Angaben auf dieser Seite:

Abbildung 2.4-7: INSTAND-Laborfragebogen: Labor und Umfeld, Personalausstattung

ne Analyte mehrere Ausweichmöglichkeiten gibt, so soll für die zweite, dritte und eventuell vierte Ausweichmöglichkeit die Eintragung im Bogen 3.5.5 erfolgen; sind mehrere solcher Bögen erforderlich, sind diese entsprechend zu nummerieren.

Zu 3.6 In diesem Abschnitt sollen alle vierstellig gekennzeichneten Zeilen ausgefüllt werden, wobei die Beurteilung, ob das betreffende Labor „ausreichend" mit der angeführten Geräteart ausgerüstet ist oder ob diese Ausrüstung nur teilweise ausreicht, die persönliche Meinung des Laborchefs wiedergeben soll.

Abschn. Nr.	Bezeichnung	Analysengruppen-Nummern
3.1	KLINISCHE CHEMIE	
3.1.1	Klinische Chemie I	121, 122
3.1.2	Klinische Chemie II	131, 132
3.1.3	Klinische Chemie III	123, 141, 145, 151, 161
3.1.4	Vitamine, Tumormarker	290, 291, 292, 293
3.1.5	Hormone I	294, 295, 296, 297
3.1.6	Hormone II	298, 299
3,1,7	Pharmaka	196, 197
3.2	HÄMATOLOGIE	
3.2.1	Hämatomorphologie	211, 212, 213, 218
3.2.2	Hämostaseologie I	221, 222, 224
3.2.3	Hämostaseologie II	223
3.3	IMMUNOLOGIE	
3.3.1	Blutgruppenserologie	231, 232, 233
3.3.2	Immunglobuline	241, 242, 243, 244
3.3.3	Autoimmunglobuline	251, 252, 253, 254
3.3.4	Infektimmunologie I	311, 312, 321, 322, 331, 332, 341, 342, 343, 344
3.3.5	Infektimmunologie II	461, 462, 463, 464
3.4	MIKROBIOLOGIE	
3.4.1	Virologie, Bakteriologie	411, 412, 413
3.4.2	Mykologie, Parasitologie	441, 451
3.5	VERSCHIEDENES	
3.5.1	Urinanalytik I	171
3.5.2	Urinanalytik II	
3.5.3	Liquoranalytik	
3.5.4	Andere Körpersäfte und Exkremente	
3.5.5	2., 3. und 4. Ausweichmethode	
3.5.6	Unbezeichnet, für weitere (seltenere) Analyte	

Markieren Sie bitte jene Tabellen-Nummern in denen Sie etwas ausfüllen konnten

Die Tabellen in denen etwas ausgefüllt wurde sollen dem Labor-Fragebogen als Anlage beigefügt werden

Anmerkung: Es sollen nur jene Tabellen ausgefüllt werden, die Analyte enthalten, die im ausfüllenden Laboratorium in dem Analysenprogramm stehen, auch wenn sie nur gelegentlich durchgeführt werden. Wichtig ist, das gesamte Analysenprogramm des ausfüllenden Laboratoriums zu erfassen.

Abbildung 2.4-8a: Methoden- und Gerätespektrum, Qualitätssicherungsmaßnahmen

Analyt	Routine-Arbeitsplatz						Notfall- u. Eil-Arbeitsplatz						Ausweich-Methode					
	Meth.	Gerät	Reag.	Calibr.	Qualitätssich.	Anal/Jahr	Meth.	Gerät	Reag.	Calibr.	Qualitätssich.	Anal/Jahr	Meth.	Gerät	Reag.	Calibr.	Qualitätssich.	Anal/Jahr
P/S-Calcium																		
P/S-Eisen																		
P/S-Kalium																		
P/S-Natrium																		
P/S-Bilirubin																		
P/S-Cholesterin																		
P/S-Glukose																		
P-Ammoniak																		
P/S-Harnsäure																		
P/S-Harnstoff																		
P/S-Kreatinin																		
P/S-Triglyzeride																		
P/S-Alk.Phosphatase (AP)																		
P/S-γGT																		
P/S-GOT																		
P/S-GPT																		
P/S-Laktat																		

MUSTER DER TABELLEN ZUR ANGABE DES METHODEN- UND GERÄTESPEKTRUMS, SOWIE DER QUALITÄTSSICHERUNGSMASSNAHMEN

Abbildung 2.4-8b: Mustertabelle zu: Klinische Chemie, Analysengruppe 121, 122

3.6 Sonstige Geräteausstattung	Ausreichend	Teilweise	Fehlt
3.6.1 Geräte zur Feststellung physikalischer Eigenschaften			
3.6.1.1 Präzisions-, Fein- und Mikrowaagen	.....	.....	.....
3.6.1.2 Analytische Ultrazentrifuge	.....		.....
3.6.1.3 Okular- und Objektmikrometer	.....	.....	.....
3.6.1.4 Stoppuhren	.....	.....	.....
3.6.1.5 Strommeßinstrumente (Multimeter, A, V, Ω)	.....	.....	.....
3.6.1.6 Thermometersatz (geeicht)	.....	.....	.....
3.6.1.7 Aerometersatz / Mohr-Westphal Waage / Pyknometer	.....	.....	.....
3.6.1.8 Barometer (Hg)	.....	.....	.....
3.6.1.9 Beleuchtungsstärkemesser (Luxmeter)	.....		.....
3.6.1.10 Refraktometer	.....		.....
3.6.1.11 Registrierendes UV-VIS-IR-Spektralphotometer	.....	.....	.....
3.6.2 Analysenhilfsgeräte			
3.6.2.1 Zentrifugen (mit Kühleinrichtung)	.....	.....	.....
3.6.2.2 Temperierbare Zentrifuge (mit Heiz- u.Kühleinrichtung)	.....		.....
3.6.2.3 Präparative Ultrazentrifuge	.....		.....
3.6.2.4 Dilutoren, frei einstellbar; Pipettoren, Dilutoren	.....	.....	.....
3.6.2.5 Mikrowellenherd	.....		.....
3.6.2.6 Kühl- u.Tiefkühlschränke/Truhen (4°C, -20°C, -80°C)	.....	.....	.....
3.6.2.7 Ultrathermostate, Peltierelemente, Ultraschallthermostatisierung	.....	.....	.....
3.6.2.8 Brutschränke, Trockenschränke, Wasserbäder	.....	.....	.....
3.6.2.9 Spezialthermometer (Küvettentemperatur usw.)	.....	.....	.....
3.6.2.10 Destillationsapparate, Rotationsverdampfer, H_2O-Bidestille	.....	.....	.....
3.6.2.11 Gefriertrockenanlage	.....		.....
3.6.3 Geräte für Dokumentation und Statistik			
3.6.3.1 Taschenrechner mit Statistikfunktionen	.....	.....	.....
3.6.3.2 Mikrocomputer (PC)	.....	.....	.....
3.6.3.3 XY-Plotter, Matrixdrucker	.....	.....	.....
3.6.2.4 Labor-DV	.....	.....	.....
3.7 Gerätepflege und Wartung			
3.7.1 Protokolle über Grätejustage und -pflege	.....	.....	.....
3.7.2 Wartungsverträge / Servicezentrum	.....	.....	.....
3.7.3 Bedienungsanleitungen für die Geräte	.....	.....	.....
3.7.4 Abdeckung für alle Geräte und Arbeitsplätze	.....	.....	.....
3.7.5 Werkzeuge	.....	.....	.....
3.8 Inneneinrichtung			
3.8.1 Fugenlose, säure-, laugen- u.lösungsmittelfeste Tischplatten	.....	.....	.....
3.8.2 Energie-,Wasserentnahmemöglichkeiten,Abflüsse	.....	.....	.....
3.8.3 Arbeitsplatztrennung in Großraumlaboratorien	.....	.....	.....
3.9 Informationsmaterial			
3.9.1 Fachbücher (Anzahl=),Fachzeitschriften (Anzahl=)	.....	.....	.....
3.9.2 Projektionsmöglichkeiten (Dia,Overhead,Epi),Mikrofilmlesegerät	.....	.....	.....
3.9.3 Film-, Videovorführgeräte, Datex-P-/Btx-Anschluß	.....	.....	.....
3.9.4 Methodenbezogene Unterlagen (Sonderdrucke usw.)	.....	.....	.....
3.9.5 Geräte-, Verbrauchsmaterialprospekte, Preislisten	.....	.....	.....

Abbildung 2.4-9: Sonstige Geräteausstattung, Pflege und Wartung, Inneneinrichtung, Informationsmaterial

Zu 3.6.1.1 Nicht vorhandene Waagenarten (z. B. Mikrowaagen) sollen durchgestrichen werden.

Zu 3.6.1.6 In Klammern ist der Temperaturbereich und die Unterteilung des Thermometersatzes anzugeben.

Zu 3.6.1.8 Ist nur ein Anaeroidbarometer vorhanden, soll die Klammer durchgestrichen werden.

Zu 3.6.1.10 Hersteller und Typ des Refraktometers soll in Klammern gesetzt werden.

Zu 3.6.1.11 Hersteller und Typ des Spektralphotometers soll unter Anwendung des im INSTAND-Leitfaden vorgegebenen Kürzels (zwei Buchstaben und zwei Ziffern) gekennzeichnet werden.

Zu 3.6.2.6 Ist für eine in der Klammer stehende Temperatur keine Einrichtung vorhanden, soll diese Temperaturbezeichnung durchgestrichen werden. Wenn ein Kühl- und/oder Tiefkühlraum vorhanden ist, soll hinter den Temperaturbezeichnungen das Wort „Raum" stehen.

Zu 3.6.2.7 Nicht vorhandene Thermostatisierart soll durchgestrichen werden.

Zu 3.6.2.10 Nichtzutreffendes durchstreichen.

Zu 3.6.3.2 Hersteller und Typ sollten angeführt werden, desgleichen beim Abschnitt 3.6.2.4.

Zu 3.7.2 Nichtzutreffendes durchstreichen; wenn ein Servicezentrum und für bestimmte Geräte Wartungsverträge bestehen, müssen beide Worte unterstrichen werden.

Zu 3.8.1 Nichtzutreffendes durchstreichen.

Zu 3.8.2 „Ausreichend" ist nur dann anzukreuzen, wenn diese Aussage für alle Energiearten und Abflüsse Geltung hat.

Zu 3.8.3 In Großraumlaboratorien können Arbeitsplätze durch Stellwände (eventuell aus Glas), Schrankwände, Kühlschränke usw. optisch und organisatorisch getrennt werden.

Zu 3.9.1 Die Anzahl der ständig im Labor stehenden Bücher und regelmäßig bezogenen wissenschaftlichen Zeitschriften sollte, wenn nicht anders möglich, schätzungsweise angegeben werden.

Zu 3.9.2 und 3.9.3 Nichtzutreffendes streichen.

Zu 4. Hier stehen Qualitätssicherungsmaßnahmen, die in den Tabellen 3.1-1 bis 3.5-6 keinen Platz gefunden haben.

Zu 4.1.1 Bei der laborinternen Mitarbeiterfortbildung ist anzugeben, ob und, wenn ja, in wievielen Stunden pro Woche eine Mitarbeiterfortbildung und/oder Arbeitsbesprechung mit allen zu diesem Zeitpunkt verfügbaren akademischen und technischen Mitarbeitern durchgeführt wird. Bei der Angabe der externen Fortbildung (Besuch von Kursen, Seminaren usw. außerhalb des Labors) sollte der Umfang in einem Jahr abgeschätzt und in „Mann-Wochen" ausgedrückt werden.

Zu 4.1.2 Die Frage bezieht sich auf Abnahme- und Einsendevorschriften, die alle Einsender regelmäßig für das gesamte Analysenprogramm erhalten.

Zu 4.1.3 Art, Häufigkeit und Regelmäßigkeit der Kontaktgestaltung zu den Einsendern sollte in Stichworten angegeben werden.

Zu 4.2.1 Anzugeben ist, wie oft im Jahr das Labor an Ringstudien und/oder Zielwertermittlungen teilzunehmen pflegt.

Zu 4.2.2 Hat das Labor bzw. der Laborleiter an MulticenterEvaluationen bereits teilgenommen, sollten die betreffenden Geräte genannt werden (INSTAND-Leitfaden-Gerätekürzel verwenden).

Zu 4.3.1 Gibt es Vorschriften, die kritische Testwerte definieren (z. B. einen Wert außerhalb einer 3s-Grenze) und wie ist in solchen Fällen vorzugehen? Gibt es diese Vorschriften für jeden Arbeitsplatz gesondert?

Zu 4.3.2 Werden alle eingehenden Ringversuchsergebnisse und Fehlermöglichkeiten in den Dienstbesprechungen mit den Mitarbeitern besprochen? Werden Ringversuchsergebnisse in den Aushang gebracht oder auf eine andere Art allen Mitarbeitern zur Kenntnis gebracht?

Zu 5.1 Gibt es genügend und von der Belegschaft akzeptierte Pipettierhilfen, so daß jegliches Pipettieren mit dem Mund unterbleibt?

Zu 5.2 bis 5.7 Nichtzutreffendes streichen.

Zu 6.1 Anzugeben ist nur die Anzahl der Räume und die Grundflächen der einzelnen Raumgruppen. Die Grundflächen können nur von den Bauplänen abgelesen werden. Stehen Baupläne nicht zur Verfügung, müssen die Grundflächen geschätzt werden.

	Vorhanden	Teilweise	Fehlt
4 QUALITÄTSSICHERUNG (Ergänzung zu Abschnitt 3)			
4.1 Präventivmaßnahmen-			
4.1.1 Mitarbeiterfortbildung, intern ..... Stunden/Woche, extern:			.....
4.1.2 Abnahme- und Einsendevorschriften	.....	.....	.....
4.1.3 Kontaktgestaltung zu den Einsendern:			.....
4.2 Kontrollmaßnahmen			
4.2.1 Teilnahme an Ringstudien, Zielwertermittlungen:			.....
4.2.2 Teilnahme an Multizenterevaluationen:			.....
4.3 Konsequenzmaßnahmen			
4.3.1 Vorgehensvorschriften bei kritischen Testwerten	.....	.....	.....
4.3.2 Besprechung der Ringversuchsergebnisse, vorgekommener Fehler	.....	.....	.....
5 ARBEITSSCHUTZ			
5.1 Makro- und Mikropipettierhilfen	.....	.....	.....
5.2 Einweghandschuhe, Handpflegemittel	.....	.....	.....
5.3 Ellenbogenarmaturen, Seifen- und Desinfektionsmittelspender	.....	.....	.....
5.4 Arbeitsflächen-, Boden- und Wanddesinfektion	.....	.....	.....
5.5 Notduschen, Löschvorrichtungen, 1-Hilfe-Schränke	.....	.....	.....
5.6 Sicherungen, Hauptschalter, -wasserhähne, -gashähne im Labor	.....	.....	.....
5.7 Feuerhemmende Laboraufteilung, Fluchtwegbeschriftung	.....	.....	.....

6 BAUAUSSTATTUNG	Anzahl der Räume		Grundfläche in m²
6.1 Raumausstattung			
6.1.1 Analysenräume	.....	Analysenräume zusammen	.....
6.1.2.1 Annahme, Verteilung, Probennahme	.....		
6.1.2.2 Rechnerraum	.....		
6.1.2.3 Blutkonservendepot	.....		
6.1.2.4 Wägeraum, Dunkelkammern	.....		
6.1.2.5 Nährbodenküche, Tierställe	.....	Funktionsräume zusammen	.....
6.1.2.6 Brutraum, Kühlraum, Tiefkühlraum	.....		
6.1.2.7 Lagerräume	.....		
6.1.2.8 Spülküche	.....		
6.1.3.1 Dienstzimmer (ChA, OA, Assist.A, Ltd-MTA, usw.)	.....		
6.1.3.2 Sekretariat, Archiv, Bibliothek, Leseraum	.....	Dienträume zusammen	.....
6.1.3.3 Besprechungsraum, Hörsaal, Kursraum, Vorbereitungsraum	.....		
6.1.4.1 Aufenthaltsraum, Teeküche, Nachtdienstruheraum	.....		
6.1.4.2 Umkleideräume	.....	Sozialräume zusammen	.....
6.1.4.3 Waschräume, Toiletten	.....		
6.1.5 Sonstige Räume (Warteräume, Korridore, Treppenhäuser, usw.)	.....	Sonstige Räume zusammen	.....

6.2 Bauseitige Raumausstattung	Vorhanden	Teilweise	Fehlt
6.2.1 Fugenloser, leitfähiger Bodenbelag, Bodenentwässerung, Neutralisation	.....	.....	.....
6.2.2 Abwaschbare Wände und Deckenverkleidung	.....	.....	.....
6.2.3 Klimatisierung	.....	.....	.....
6.2.4 Sonnenjalousien, verdunkelbare Fenster	.....	.....	.....
6.2.5 Einbauschränke, Wandtresore	.....	.....	.....
6.2.6 Stabilisiertes Stromnetz, faraday'sche Abschirmung	.....	.....	.....
6.2.7 Telefon-, Wechselsprechanlage, Wanduhren	.....	.....	.....

6.3.1 Baujahr: 6.3.2. Umbaujahr: 6.3.3 Grundsanierungsjahr.

6.4.1 Als Labor geplant? 6.4.2 Zum Labor umgebaut?

6.5.1 Sind Satellitenlabors vorhanden? 6.5.2 Sind unabhängige Labors vorhanden?

Datum: Unterschrift des Laborchefs.

Abbildung 2.4-10: (Ergänzung zu Abb. 2.4-9) Qualitätssicherung, Präventivmaßnahmen, Arbeitsschutz, Bauausstattung, Bauseitige Raumausstattung, Bauausführung

Zu 6.2.1 Nichtzutreffendes streichen, auch bei den Abschnitten 6.2.4 bis 6.2.7.

Zu 6.2.3 Mitteilen, ob es sich um eine Voll- oder Teilklimatisierung handelt.

Zu 6.5 Satellitenlabors des Zentrallaboratoriums (z. B. ein dem Zentrallabor angehörendes, aber getrennt untergebrachtes Notfallabor in der Chirurgie) und/oder unabhängige, Patientenmaterial analysierende Laboratorien (Stationslaboratorien in Krankenhäusern; Routinelaboratorien in einem Universitätsklinikum) müssen aufgeführt werden. Reicht der Raum nicht aus, erfolgt die Aufstellung auf einem beigefügten getrennten Bogen.

Die Fragebögen sollten bevorzugt mit Schreibmaschine oder mit leserlicher Druckschrift ausgefüllt werden.

Verschlüsselung der Qualitätssicherungsmaßnahmen

	Maßnahmen	Verschlüsselung
1.	*Interne Präventivmaßnahmen*	
1.1	Detaillierte Arbeitsvorschriften an allen Arbeitsplätzen	A
1.2	Deutschsprachige Gerätevorschriften an allen Arbeitsplätzen	G
1.3	Regelmäßige Durchführung der Gerätekalibrierung und Gerätejustierung	J
1.4	Fehlersuchanleitung an den Arbeitsplätzen	F
1.5	Stabilitätsprüfungen mittels Dauerlauf	D
1.6	Überprüfung eingehender Reagenzienchargen (Aktivität, Avidität, Reinheit)	Rg
1.7	Aufstellung von Bezugskurven mit > 3 Punkten	B
1.8	Festlegung und Aushang der Referenzbereiche (Normbereiche), Grenzbereiche, pathologische Bereiche, Extrembereiche, Alarm- und Nonsensgrenzen	RB
1.9	Identitätssicherung und -prüfung der Probengefäße („Positive Probenidentifikation")	Id
2.	*Interne Kontrollmaßnahmen*	
2.1	Mehrfachbestimmungen	
2.1.1	Doppelbestimmungen unter Wiederholbedingungen an Zufallsstichproben	A
2.1.2	Doppelbestimmungen unter Vergleichsbestimmungen laborintern zwischen verschiedenen Arbeitsplätzen (Routine-, Notfall-, Ausweichplatz)	V
2.1.3	Mitführen unausgewählter Patientenproben als Normalkontrollen bei selten durchgeführten qualitativen oder quantitativen Einzelanalysen	NK
2.1.4	Mitführen von Negativ- und Positivkontrollen bei qualitativen und „halbquantitativen" Analysen	NP
2.1.5	Mitführen von Präzisionskontrollproben in jeder Serie	PK
2.1.6	Mitführen von Richtigkeitskontrollproben in jeder 4. Serie	RK
2.1.7	Simultane Präzisions- und Richtigkeitskontrolle in jeder Serie	PR
2.1.8	Führen von Kontrollkarten	KK
2.2	*Plausibilitätskontrollen an Einzelwerten*	
2.2.1	Extremwertkontrollen als Vergleichs- oder Wiederholbestimmungen	E
2.2.2	Trendkontrollen aufgrund der Vorwerte	Tr
2.2.3	Überprüfung von Wertepaaren/Wertetriplets aufgrund definierter Korrelationsellipsen (z. B. GOT/GPT, Hb/Ery/Hkt)	KE
2.2.4	Validierung aufgrund klinischer Diagnosen und anderer Angaben	Dg
2.3	Plausibilitätskontrollen an Serien	
2.3.1	Mittelwerte und Streuungen trunkierter Serien (Hofman-Vaidsche „average of normals")	HV
2.3.2	Prüfung der Medianwerte und der Schwellenwertüberschreitung	MW

3.	*Externe Kontrollmaßnahmen*	
3.1	Probentausch mit anderen Laboratorien	PT
3.2	Gerätewartung durch einen vom Hersteller autorisierten Fachmann	GW
4.	*Konsequenzmaßnahmen*	
4.1	Vorschrift für Vorgehensweisen bei „außer Kontrolle"	AK
4.2	Vorschrift für Vorgehensweisen bei unplausiblen Ergebnissen	UP
4.3	Bestimmung und Abzug der Reagenzienleerwerte (nb. Zellzählgeräte)	RL
4.4	Bestimmung und Abzug der Probenleerwerte	PL
4.5	Anwendung selbst ermittelter Korrekturfaktoren	KF

Anforderungen an Kontrollkarten (aus DIN 58936, Teil 5)

Kontrollkarten sind Formblätter mit einem oder mehreren Kontrolldiagrammen für die graphische Prüfung statistischer Hypothesen mittels Testgrößen. Außer den Kontrolldiagrammen enthält jede Kontrollkarte alle notwendigen Angaben; sie erlaubt unmittelbar die Entscheidung, ob eine Hypothese abgelehnt und sofort in den überprüften Prozeß eingegriffen werden muß.

Testgröße (Prüfzahl, Prüfgröße) ist der Beobachtungswert (z. B. ein Meßwert oder ein Meßergebnis) oder ein aus mehreren Beobachtungswerten abgeleiteter Kennwert (z. B. Mittelwert $\bar{x}$, Standardabweichung s), deren Verteilung bekannt sein muß, damit kritische Werte berechnet werden können.

Kritischer Wert (Testgrenze) nennt man den Wert einer Prüfgröße , der bei Geltung der zu prüfenden Hypothese höchstens mit einer vorgegebenen Wahrscheinlichkeit, α, dem Signifikanzniveau, unter- oder überschritten wird.

Kontrolldiagramm nennt man die graphische Darstellung der Testgrößen in einem (im allgemeinen) rechtwinkligen Koordinatennetz, dessen Abszisse der Beobachtungsfolge und dessen Ordinate der Testgröße entspricht.

Erwartungswert der Testgröße bei Gültigkeit von G_0 und Testgrenzen der Testgrößen werden durch Mittel- und Testlinien gekennzeichnet. (Häufig werden - verschiedenen Signifikanzniveaus entsprechend - die Testlinien als Warn- und Kontrollinien unterschieden.)

Die den Testgrößen entsprechende *Punktfolge* veranschaulicht den Verlauf des beobachteten Prozesses und läßt oft frühzeitig erkennen, ob sich eine Störung des Prozesses anbahnt.

Beobachtungsdaten sind

a) *Meßdaten*, d. h. Meßwerte und Meßergebnisse
b) *Ereigniszahlen*, d. h. Ergebnisse des Zählens gleichartiger Elemente oder Ereignisse.

Bei Ereigniszahlen unterscheidet man zweckmäßig:

- die Anzahl z der Elemente einer Stichprobe vom Umfang n, die ein bestimmtes Merkmal aufweisen (z. B. die Anzahl der Lymphozyten unter 100 Leukozyten). Die relative Anzahl $p = z/n$ heißt Anteil (Anteilsdaten), und
- die Anzahl der Elemente oder Ereignisse, die in einer Zeit-, Strecken-, Flächen- oder Volumeneinheit beobachtet werden (z. B. Anzahl der Leukozyten im Eckvolumen einer Zählkammer), kurz auch Zähldaten genannt.

Man unterscheidet nach Art der Beobachtungsdaten

- *Kontrollkarten für Meßdaten* und
- *Kontrollkarten für Ereigniszahlen.*

Urwertkarten sind Kontrollkarten, bei denen jedem Meßergebnis ein Punkt (Diagrammpunkt) im Kontrolldiagramm entspricht.
Mittelwertkarten ermöglichen die Prüfung, ob sich der Mittelwert $\bar{x}$ von n (n $\geqslant$ 2) unter Wiederholbedingungen gewonnenen Meßwerten oder Meßergebnissen nur zufällig von einem vorgegebenen Wert μ unterscheidet.

Mediankarten ermöglichen die Prüfung, ob sich der Median einer Meßwertserien vom Umfang n (n $\geqslant$ 3) nur zufällig von einem vorgegebenen Wert $\bar{x}$ unterscheidet.

Standardabweichungskarten ermöglichen die Prüfung, ob sich die Standardabweichungen von Stichproben gleichbleibenden Umfanges n (n $\geqslant$ 2) nur zufällig von einer vorgegebenen Standardabweichung δ_o unterscheiden.

Spannweitenkarten ermöglichen die Prüfung, ob die Weite von Stichproben gleichen Umfanges n(n$\geqslant$2) $R = x_{max} - x_{min}$ zur zufällig von einer vorgegebenen Spannweite R_o abweicht.

Differenzkarten ermöglichen die Prüfung an Hand der Testgröße $d_i = x_i - x_{i2}$, also der Differenz von n = 2 unter Wiederholbedingungen (siehe DIN 1319 Teil 3) bestimmter Meßwerte, ob diese Differenzen nur zufällig von Null abweichen.

Variationskoeffizienten ermöglichen die Prüfung, ob die relative Standardabweichung von Stichproben gleichen Umfanges n (n $\geqslant$ 2) nur zufällig von einem vorgegebenen Wert abweicht.

Da sich Testdiagramme für die Kontrolle der Lage einwandfrei nur zusammen mit Testdiagrammen für die Kontrolle der Streuung interpretieren lassen, werden häufig auf einer Kontrollkarte beide Testdiagramme zusammen dargestellt.

np-Karten (Karten für absolute Ereignishäufigkeit) prüfen, ob sich die Anzahl z der Elemente mit einem besonderen Merkmal in einer Stichprobe festen Umfanges n nur zufällig von einem vorgegebenen Wert np_o unterscheidet.

p-Karten (Karten für den relativen Anteil $p = z/n$) prüfen, ob sich der relative Anteil der Merkmalsträger (Elemente mit einem bestimmten Merkmal, z. B. Granulozyten) in einer Stichprobe festen Umfanges n nur zufällig von einem vorgegebenen Wert p_o unterscheidet.

z-Karten ermöglichen die Prüfung, ob sich die Anzahl von Ereignissen in einer Zeit-, Raum-, Flächen- oder Streckeneinheit nur zufällig von einer vorgegebenen Zahl z_o unterscheidet.

Die *Kontrollkarten* müssen einen Kopfteil, Mittelteil und Fußteil aufweisen. An der Kontrollkarte ist ein Heftrand zur Ablochung vorgesehen.

Der *Kopfteil* der Kontrollkarte muß *Angaben über den Sachbereich* enthalten. Ersatzweise können einige dieser Daten auf einem gesonderten Protokollbogen dokumentiert werden, wobei die Zuordnung eindeutig sein muß und für beide Teile die gleiche Aufbewahrungspflicht gilt.

Solche Angaben beziehen sich insbesondere auf
a) Testgröße (z. B. Einzelwertkarten)
b) den zu bestimmenden Bestandteil der Probe und die benutzte Methode in Kurzform (z. b. Glucose-Hexokinase).
Eine ausführliche Methodenbeschreibung muß im Labor vorhanden sein und dokumentiert werden
c) die gewählte Einheit (z. B. mg/dl, mmol/l)
d) das verwendete Meßgerät (z. B. Photometer Typ ...)
e) die eingesetzten Reagenzien und Standards (Fa. ..., Chargen/Artikel-Nr. ...)
f) die Untersuchungszeitspanne (z. B. August 1986)

Der *Mittelteil* enthält das *Kontrolldiagramm* und gegebenenfalls eine Tabelle, in die alle zur Prüfung und Deutung des Kontrolldiagramms notwendigen Angaben in einer leicht lesbaren und übersichtlichen Form eingetragen werden.

Je nachdem, ob die Abszisse oder die Ordinate des Diagramms parallel zur oberen Kartenkante liegen, unterscheidet man „*waagerecht*" (*horizontal*) und „*senkrecht*" (*vertikal*) gegliederte Kontrollkarten.

Die *Abszisse* wird - der zeitlichen Aufeinanderfolge der Beobachtungswerte entsprechend - unterteilt.

Die *Ordinate* des Kontrolldiagramms wird dem Streubereich der Testgröße entsprechend geteilt, wobei der Maßstab so zu wählen ist, daß der von den ober- und unterhalb bzw. seitlich der Mittellinie verlaufenden Testlinien begrenzte Streifen jeweils nicht schmaler als 2,5 cm und nicht breiter als 5 cm wird.

Die Ordinate der Mittellinie und der Testlinien soll deutlich als solche gekennzeichnet werden; zusätzlich vorgegebene Grenzwerte sind lediglich durch Pfeile zu markieren.

Der zu einer Beobachtung gehörende *Testgrößenwert* wird über bzw. neben der entsprechenden Abszisse durch einen Punkt (oder ein anderes Zeichen) markiert.

Um die Aufeinanderfolge der Diagrammpunkte besser verfolgen zu können, kann man sie durch Geraden miteinander verbinden. Der so entstehende, vielfach gebrochene, hin und her pendelnde Linienzug besitzt zwar keine mathematische Bedeutung, erleichtert jedoch die „Lesbarkeit" des Diagramms.

Punkte außerhalb der Testlinien werden besonders gekennzeichnet.

Die zur Berechnung der einzelnen Punkte des Kontrolldiagramms notwendigen Daten werden in einer Tabelle niedergelegt, deren Spalten oder Zeilen der Abszissenteilung eindeutig zugeordnet sind und deren Fächerinhalt in Vorspalte und Tabellenkopf festgelegt ist.

Anmerkung: Die Fächer der Tabelle, in die die notwendigen Daten handschriftlich eingetragen werden, sollen mindestens 5 mm hoch und je einzutragende Ziffer mindestens 3 mm breit sein.

Solche Fächerinhalte sind u. a.
a) Laufende Benummerung,
b) Zeitpunkt der Messung,
c) Reagenzienleerwert und/oder Probenleerwert,
d) Meßwert(e)
e) Testgröße, sofern diese nicht mit dem Meßwert identisch ist,
f) Notizen über etwaige Störungen, Neujustierungen, Anbruch frischer Reagenzien- oder Kontrollserenabpackungen.

Der *Fußteil* enthält am Tabellenende zusätzlichen Raum für zusätzliche Eintragungen wie Auswertungsergebnisse und Unterschrift.

Für jedes durch Bestandteil, Methode, Gerät, Kontrollserum und Konzentration definierte Meßsystem, das kontrolliert werden soll, muß eine besondere Kontrollkarte angelegt werden.

Anmerkung: Sollte aus praxisbedingten Gründen (Geräteausfall, Notfall) in das Kontrolldiagramm ein in einem abgeänderten Meßsystem gewonnener Meßwert eingetragen werden, so muß das ausdrücklich vermerkt werden. In diesem Fall kann die Nullhypothese nicht ohne weiteres auf Grund der Lage des zugehörigen Punktes beurteilt werden.

Die für die *Schätzung von Erwartungswert und Testgrenzen der Testgröße notwendigen Daten*, z. B. Mittelwert und Standardabweichung der Meßgröße, müssen in einer Vorperiode experimentell bestimmt werden.

Aus den gewonnenen Daten müssen die Testgrenzen berechnet und anschließend Mittel- und Testlinien in das Diagramm eingezeichnet werden.

Der Kopfteil muß ebenso wie Vorspalte bzw. Tabellenkopf der Tabelle des Mittelteils vollständig und sorgfältig ausgefüllt werden.

Unmittelbar nach Abschluß einer Messung sind laufend die Meßergebnisse genau abzulesen und ungerundet in das dafür vorgesehene Tabellenfach einzutragen. Die Fächer für die laufende Nummer der Messung und für das Datum (gegebenenfalls auch Uhrzeit) müssen gleichfalls sofort ausgefüllt werden.,

Anschließend ist sofort die Testgröße zu berechnen, sofern sie nicht mit dem Meßergebnis identisch ist.

Unmittelbar danach wird der zur Testgröße gehörende Punkt ins Diagramm eingetragen und auf Grund seiner Lage festgestellt, ob die Nullhypothese abzulehnen ist oder beibehalten werden kann.

Anmerkung: Muß die Nullhypothese abgelehnt werden, wird die Analysenserie der Patientenproben zunächst angehalten, die Ursache der Störung untersucht und dies vermerkt. Zusätzlich muß entschieden werden, ob die zwischen der vorliegenden und der vorherge henden Kontrollanalyse liegenden Messungen an Patientenproben wiederholt werden sollen oder nicht.

Störungen des Analysenprozesses, Neujustierungen der Meßeinrichtung, Wechsel von Reagenzien- oder Kontrollproben usw. sind im entsprechenden Tabellenfach zu vermerken.

Die abgeschlossene und ausgewertete Kontrollkarte wird vom Laborleiter unterschrieben und 5 Jahre lang aufbewahrt.

2.5 Qualitätssicherung in der analytischen Phase II Qualitative Verfahren (Attributerkennung)

Karl-Georg v. Boroviczény (Berlin), Albert v. Klein-Wisenberg (Freiburg), Richard Merten (Düsseldorf) und Hans Reinauer (Düsseldorf)

2.5.1 Einleitung

Qualitative Analysen-Verfahren werden diejenigen Analysen genannt, die ein Probeneigenschaft *(Attribut)* untersuchen, die in der Laboratoriumsmedizin bei der Untersuchung von Ordinalmerkmalen bislang nicht vorkommt. Ein Attribut ist ein qualitatives Merkmal, eine Eigenschaft, die nicht gemessen wird, z. B. gelb, rauh, Disharmonie. In diesem Kapitel wird auf die Qualitätssicherung der *Attributerkennung* näher eingegangen. Die Qualitätssicherung der Analyse der *Attributmenge* ist im Kapitel 2.4 behandelt worden. In diesem Kapitel wird auf die Qualitätssicherung der *Attributerkennung* näher eingegangen. Wie bereits mehrfach hervorgehoben worden ist, hat jede Analyse einen qualitativen und einen quantitativen Aspekt (siehe Exkurs bei 2.1.1.2); entsprechend sind die Qualitätssicherungsmaßnahmen der qualitativen und quantitativen Analytik in vieler Hinsicht die gleichen.

Um die Bedeutung der Attributerkennung zu belegen, genügt es, auf die Blutgruppenbestimmung und auf die Mikroskopie in der Hämatologie und Mikrobiologie hinzuweisen. Auch hier gilt das im Abschnitt 2.3.2.1 über die Aus-, Fort- und Weiterbildung des Laborpersonals und ebenso die Notwendigkeit der Einhaltung der Sicherheitsvorschriften während der analytischen Arbeit (siehe Kapitel 2.9) Gesagte.

Die Bedeutung der Qualitätssicherung bei qualitativen Analysen ist seit langem bekannt. Es ist Sache der Medizinhistoriker, festzustellen, seit wann es üblich ist, Positiv- und Negativkontrollen bei jeder Analysenserie, bei der über das Vorhandensein oder Nichtvorhandensein eines Merkmales zu entscheiden ist, mitzuführen.

Im Abschnitt 2.4.1 ist nachgewiesen worden, daß es bei jeder Analyse um eine qualitative Erkennung und quantitative Bestimmung geht; aus praktischen Gründen und aufgrund der diesbezüglichen Gewohnheit werden in diesem Kapitel die besonderen Vorgehensweisen bei der Qualitätssicherung derjenigen Analysen besprochen, die man allgemein als „qualitativ“ oder „halbquantitativ“ bezeichnet.

2.5.2 Präventivmaßnahmen

Das im Abschnitt 2.4.2 Gesagte gilt grundsätzlich bzw. sinngemäß auch hier. Im folgenden werden nur einige Besonderheiten behandelt.

2.5.2.1 Organisationsmaßnahmen I (Personal, Räume, Einrichtung, Reagenzien)
Attribute werden meist visuell erkannt, auch die Ablesung von Teststreifen erfolgt in vielen Fällen (z. B. in der Urinanalytik) komparativ-visuell. Dementsprechend ist die Sehschärfe und das Farberkennungsvermögen des technischen Personals gefordert. Diesbezügliche Schwächen müssen sowohl der betroffenen Person als auch der Laborleitung bekannt sein, um zu vermeiden, daß durch ungewollte Überforderung einzelner Personen Fehlleistungen entstehen.

Die *Sehschärfe* des Laborpersonals (Akademiker und technisches Personal) sollte grundsätzlich vor der Einstellung geprüft und gegebenenfalls durch entsprechende Brillen korrigiert werden. Vom 45. Lebensjahr ab sind jährliche Überprüfungen der Sehschärfe erforderlich, um die sich entwickelnde Altersweitsichtigkeit zu erkennen und zu korrigieren. Bedauerlicherweise gibt es Personen, die aus Eitelkeitsgründen das Tragen einer Brille solange wie möglich umgehen, eine Einstellung, der behutsam, aber mit allem Nachdruck entgegen gewirkt werden sollte. Das Tragen von Haftschalen sollte im Labor aus Sicherheitsgründen unterbleiben (Infektionsgefahr).

Betreffend das *Farberkennungsvermögen* ist zu wenig bekannt, daß es neben dem normal Farbtüchtigen auch überdurchschnittlich Farbtüchtige, andererseits zwischen dem normal Farbtüchtigen und Farbblinden zahlreiche Abstufungen der mehr oder weniger geschwächten Farberkennungsvermögen gibt. In vielen Fällen ist es den Betroffenen selbst nicht bekannt, wie es um ihre Farbtüchtigkeit steht. Bedauerlicherweise entsprechen die verbreiteten augenärztlichen Testverfahren auf Rot-Grün- bzw. Blau-Gelb-Unterscheidung den Erfordernissen des medizinischen Laboratoriums (Teststreifenerkennung) nicht. Bei den laborinternen Ringversuchen (siehe Abschnitt 2.5.3.4) ist daher die Erkennung angeborener Schwächen und Stärken von besonderer Bedeutung.

Neben der Sehschärfe und Farberkennung ist in der Bakteriologie auch ein guter *Geruchssinn*; erforderlich, auch dieser kann bestenfalls bei laborinternen Ringversuchen überprüft bzw. festgestellt werden.

Im Zusammenhang mit der *visuellen Ablesung* sind Anforderungen an eine gute Beleuchtung der Laborräume zu stellen. Das natürliche Licht ist die physiologischste und deshalb beste Beleuchtung; eine farblich entsprechend abgestimmte und ausreichend vorhandene künstliche Beleuchtung ist als Ergänzung nicht zu umgehen. In jedem Labor sollte ein Lux-Meter vorhanden sein, um die Beleuchtungsverhältnisse an den einzelnen Arbeitsplätzen überprüfen zu können. Im besonderen ist die einwandfreie Beleuchtung beim Mikroskopieren von großer Bedeutung. Jedes Mikroskop muß einwandfrei justiert (geköhlert) sein; die Zentrierung der Leuchtquelle, die Zentrierung und richtige Einstellung von Leuchtfeld und Armaturblende sollte immer wieder von jedem Untersucher überprüft werden, sobald er sich an ein Mikroskop setzt, auch wenn nur ein eingestelltes Präparat angesehen werden soll.

Ablesegeräte erleichtern und unterstützen die visuelle Ablesung bzw. können diese ersetzen. An serologischen Arbeitsplätzen sollte es Agglutinoskope und für die Ablesung der Immunelektrophorese eine gute Leuchtlupe geben. Wenn möglich, sollte die instrumentelle Ablesung die visuelle Ablesung ablösen (Einsatz von Reflektionsphotometern).

Im Zusammenhang mit den *Reagenzien wird auf die vorsorgliche Überprüfung von Aktivität und Avidität bei blutgruppenserologischen Reagenzien hingewiesen.*

2.5.2.2 Organisationsmaßnahmen II (Vorschriften, Dokumentation)
Es ist darauf zu achten, daß neben den internen Vorschriften auch alle extern bestehenden Richtlinien, Gesetze, Verordnungen usw. an den Arbeitsplätzen vorhanden sind. Gedacht ist hier z. B. an die blutgruppenserologischen Richtlinien der Bundesärztekammer.

Besondere Bedeutung hat die *Handbibliothek* bei den verschiedenen Problemen der Attributerkennung. Gute Lehrbücher über die Transfusionsimmunologie und hämatologische, parasitologische, bakteriologische Atlanten sollten griffbereit sein. Hilfreich ist auch eine Dia- oder Mikrofichesammlung.

Bei der Dokumentation ist wichtig, die *Zweitablesung* (z. B. bei der Blutgruppenserologie) so zu gestalten, daß die Ergebnisse des Erstablesers dem Zweitableser nicht bekannt werden, bevor er seine Ergebnisse schriftlich niedergelegt hat. Die Kenntnis der Ergebnisse des Erstablesers kann den Zweitableser beeinflussen, besonders, wenn er unter Zeitdruck steht. Das gleiche gilt für Untersuchungen in der Hämatomorphologie, Mikrobiologie usw. Der Zweitableser muß dabei stets völlig unbefangen sein. Außerden ist eine eindeutige Dokumentation von Bedeutung, um insbesondere bei Serienzweitablesungen das Übereinstimmen der Ergebnisse der Erst- und Zweitablesung überprüfen zu können. In allen Fällen sind entsprechende Stempel der handschriftlichen Eintragung vorzuziehen. Noch besser ist die Eingabe in einen Computer, der die Übereinstimmung oder Nichtübereinstimmung der Erst- und Zweitablesung bzw. Eingabe auch sofort feststellt.

Zur Dokumentation der Ablesungserkennung gehört auch die Photographie. Zumindest eine Polaroid-Kamera mit dazugehörigen Schwarzweiß- und Farbfilmen sollte in jedem Labor vorhanden und auch auf eines der Mikroskope adaptierbar sein.

2.5.2.3 Identitätssicherung
Auf die Bedeutung der Eiweißindividualität ist bereits hingewiesen worden (siehe Abschnitt 2.4.3.6). Auch hier ist die Identitätssicherung bei der Blutgruppenbestimmung von großer Bedeutung. Grundsätzlich sollte bei jedem Patienten zumindest die Zugehörigkeit im ABO-, CDE- und Kellsystem bekannt und zusammen mit dem Ergebnis der Untersuchung auf irreguläre Antikörper in einem Blutgruppenpaß dokumentiert sein. Diese Bestimmungen sollten durch 2 Untersucher aus zwei an verschiedenen Tagen entnommenen Blutproben erfolgen, von denen die zweite Bestimmung in der niedergelassenen Praxis bei einer auch aus anderem Anlaß gewonnenen Probe erfolgen kann. In Praxen und Krankenhäusern sollen die Ergebnisse zusammen mit den Patienten-Stammdaten langfristig gespeichert werden.

2.5.2.4 Integritätssicherung
Die Unversehrtheit des Untersuchungsmaterials einerseits und der Reagenzien andererseits ist bei der Attributerkennung besonders wichtig. Während bei quantitativen Untersuchungen ein durch Kontamination veränderter Extremwert sofort auffällt, ist dies bei der Erkennung qualitativer Merkmale meist nicht der Fall. Daher haben hier Präventionsmaßnahmen ein besonderes Gewicht. Bei allen immunologischen Reagenzien müssen Aktivitäts- und Aviditätskontrollen gemacht werden. Jeder Kühlschrank, in dem Probenreste und/oder Reagenzien aufbewahrt werden,

muß mit einem Minimum/Maximum-Thermometer versehen sein, um auch einen vorübergehenden Temperaturanstieg nachträglich erkennen und das in diesem Kühlschrank gelagerte Material vorsorglich verwerfen zu können.

2.5.3 Kontrollmaßnahmen

2.5.3.1 Doppelbestimmungen unter Wiederhol- und Vergleichsbedingungen
Doppelbestimmungen unter Wiederholbedingungen haben bei qualitativen und „halbquantitativen“ Analysen einen geringeren Stellenwert als bei quantitativen Analysen. Bei quantitativen Analysen kann durch eine Doppelbestimmung die Präzision um das Eineinhalbfache verbessert werden; dies trifft bei den in diesem Kapitel behandelten Analysen nicht zu.

Wenn eine Doppelbestimmung angezeigt ist (Ableseschwierigkeiten usw.), sollte bei qualitativen und „halbquantitativen“ Analysen stets eine Doppelbestimmung unter Vergleichsbedingungen erfolgen. Dies ist auch in Laboratorien niedergelassener Allgemeinärzte möglich.

Doppelbestimmungen unter Vergleichsbedingungen haben bei qualitativen Analysen eine so große Bedeutung, daß sie z. B. im Falle der Blutgruppenserologie als „Stand der Technik“, anzusehen und in jedem Fall angestrebt werden sollten.

Dies sei am Beispiel der Blutgruppenserologie näher erläutert: wenn in einem Krankenhaus-Notfall-Labor nachts eine Blutgruppenbestimmung und/oder Kreuzprobe durchgeführt wird, so sollte die meist allein anwesende MTA denjenigen Arzt zur Zweitablesung veranlassen, der diese Untersuchung beantragt hat. Kann oder will dieser die Einladung zur Zweitablesung nicht annehmen, da er z. B. im Operationssaal steht, so unterbleibt die Zweitablesung und damit ein Teil der Untersuchung unter Vergleichsbedingungen *vorläufig*; es sollten aber *alle* im Notfall-Labor gemachten Blutgruppenbestimmungen und Kreuzproben am nachfolgenden normalen Arbeitstag unter Routinebedingungen erneut gemacht und auf diese Weise eine Doppelbestimmung unter Vergleichsbedingungen durchgeführt werden. Ähnliches gilt grundsätzlich auch für alle anderen qualitativen und „halbquantitativen“ Analysen. Dies bedeutet praktisch, daß solche Analysen nur dann in einem Notfall-Labor eingeführt werden dürfen, wenn sie mindestens von zwei Personen (z. B. dem niedergelassenen Arzt und seiner Arzthelferin) gemacht werden können. Dieser hier besonders hervorgehobene Grundsatz gilt in gleicher Form für quantitative Analysen.

Das Durchführen der Doppelbestimmungen ist als wichtige Qualitätssicherungsmaßnahme übersichtlich zu dokumentieren, d.h., es muß aus der Dokumentation auch für Dritte einwandfrei erkenntlich sein, wer die Erst- und wer in welchem Umfang (z. B. komplett oder nur Ablesung) die Zweitbestimmung zu welchem Zeitpunkt durchgeführt hat. (Diese Dokumentation ist im Sinne der Eichordnung und im Sinne der Richtlinien der Bundesärztekammer 5 Jahre lang aufzubewahren).

2.5.3.2 Kontrollkartenführung
Die Führung von Kontrollkarten ist zur Zeit für qualitative Analysen nicht vorgeschrieben und bei „halbquantitativen“ Analysen nur dann, wenn es Kontrollproben im Handel gibt, worauf bereits hingewiesen worden ist (siehe Abschnitt 2.4.3.4). Unter Kontrollkarten versteht man im medizinischen Laboratorium eine Karte, die neben dem numerischen auch einen graphischen Teil aufweist. Es gibt eine Vielzahl solcher Kontrollkarten, auch solche, die bei qualitativen Analysen eingesetzt wer-

den können. Da sie zur Zeit weder vorgeschrieben noch verbreitet sind, wird an dieser Stelle nicht besonders darauf eingegangen.

Wichtig ist jedoch, daß die internen und externen Kontrollen, das Mitführen von Negativ- und Positiv-Kontrollen, ausnahmslos auch bei allen qualitativen und „halbquantitativen" Analysen erfolgt und dokumentiert wird.

2.5.3.3 Plausibilitätskontrollen der analytischen Phase

Was im Abschnitt 2.4.3.5 gesagt worden ist, gilt entsprechend auch bei qualitativen Analysen. Hier kann das Verteilungsmuster (z. B. die prozentuelle Verteilung der Blutgruppeneigenschaften; Anteile der positiven Ergebnisse beim Lues-Suchtest usw.) gespeichert und bei längeren Serien überprüft werden. Für morphologische Ergebnisse in der Hämatologie, Zytologie und Mikrobiologie gilt der Satz: „Seltenes kommt selten vor", weshalb ein seltener Befund unplausibel sein kann und genau wie ein Extremwert sofort eingehender überprüft werden sollte.

2.5.3.4 Ringversuche

Geräteringversuche für attributerkennende Analysengeräte (Differentialblutbildautomaten, Rega-Nachweisgeräte) sind zur Zeit nicht vorgesehen. Für die Instandhaltung solcher Geräte gilt das gleiche wie das im Abschnitt 2.4.4.1 Gesagte.

Auch die Aussagen über *Probentausch und Laborbegehung* (Abschnitte 2.4.4.2 und 2.4.4.3) gelten ebenso wie bei den quantitativen Analysen für qualitative und „halbquantitative" Analysen.

Bedeutsam sind *interne Verfahrensringversuche* bei Teststreifenablesung, Mikroskopieren usw.

Hier wird in vielen Laboratorien so vorgegangen, daß während der wöchentlichen Laborbesprechung im benachbarten Raum eine oder mehrere Urinproben und eine genügende Anzahl Teststreifen und/oder ein Mikroskop mit einem eingestellten Präparat bereitgestellt sind. Nacheinander geht jeder kurz in den Nebenraum, führt dort die vorgesehene Untersuchung durch, dokumentiert sie auf einem bereitliegenden Bogen und gibt beim Zurückgehen diesen beim Laborleiter ab. Der Laborleiter wertet diesen laborinternen Versuch anschließend sofort aus und gibt ihn in anomymisierter Form bekannt. Auf diese Weise können z. B. Schwächen der Farbempfindung, aber auch andere Mängel, leicht festgestellt werden, die, wenn sie bei mehreren Mitarbeitern vorkommen, im Rahmen der laborinternen Fortbildungsveranstaltung ausgeräumt werden sollten.

Der Grundsatz, daß an *Verfahrens-Ringversuchen* mit allen Analyten, die im Labor, wenn auch nur gelegentlich, analysiert und für die Ringversuche angeboten werden, regelmäßig teilgenommen werden soll, gilt auch für qualitative und „halbquantitative" Analysen. Auch die juristische Begründung ist hier die gleiche, in gewissen Fällen sogar noch akzentuierter: an einer fehlerhaft durchgeführten Cholesterin- und Triglyzerid-Bestimmung stirbt kein Patient; dagegen kann eine falsch negative Kreuzprobe das Leben des Patienten in höchstem Maße gefährden.

Bei der Teilnahme an Ringversuchen gilt in jedem Fall der Grundsatz, daß *jedes Patientenergebnis wichtiger ist als ein Ringversuchsergebnis*, d. h., daß die Teilnahme an Ringveruschen unter *Routinebedingungen* erfolgen soll. Nicht „die beste" MTA soll die Analysen für den Ringversuch durchführen, sondern jene MTA, die an dem betreffenden Arbeitsplatz dienstplanmäßig eingeteilt ist. Auch sollten Ringversuchsproben nicht doppelt oder mehrfach analysiert werden, sondern immer nur einfach in der Serie, zusammen mit Patientenproben. Auch wenn jedes Laboratorium das Ziel hat, in einem Ringversuch zu bestehen, sollte diese Vorschrift zumindest bei der Erstanalyse beachtet werden, damit der Laborleiter dann (nach Vorliegen der Ringversuchsergebnisse) feststellen kann, ob unter Routinebedingungen Werte in den geforderten Bewertungsbereich ermittelt werden. Eine möglichst häufige Teilnahme an Ringversuchen ist dringend anzuraten. Aufgrund der neuen Richtlinien sind die Ringversuchsorganisationen gehalten, jährlich 4 Ringversuche anzubieten, um jedem Laboratorium die jährlich mindestens zweimalige Teilnahme zu ermöglichen. Praxislaboratorien können wegen Urlaub oder Krankheit gelegentlich für einige Wochen geschlosssen werden und dann natürlich nicht an Ringversuchen teilnehmen. Alle Laboratorien, die über das ganze Jahr hindurch Analysen für Patienten durchführen, sollten an allen angebotenen Ringversuchen teilnehmen, um sich selbst objektiv zu kontrollieren.

Zur Rolle der Referenzlaboratorien ist zu sagen, daß, wenn im Ringversuch eine qualitative Aussage gefordert wird (z. B. Blutgruppen oder Bakterienart), die Referenzlaboratorien bestätigen sollen, daß aus jeder ausgesandten Ringversuchsprobe die gestellte Frage unter Routinebedingungen beantwortet werden kann. Es genügt nicht, daß der Experte, der die Ringversuchsprobe zur Verfügung stellt, die richtige Antwort weiß (z. B. als behandelnder Arzt die richtige Diagnose oder die Bakterienart, die er selbst der Probe zufügte). Sie muß auch gut erkennbar und wiederfindbar sein. Ringversuchsproben, bei denen die richtige Analyse aufgrund von veränderten Probeneigenschaften nicht zu erzielen ist, müssen zurückgezogen oder Ringversuche wiederholt werden.

2.5.3.5 Identitätskontrolle

Auf die Bedeutung der Identitätssicherung und Identitätskontrolle ist schon mehrfach hingewiesen worden; an dieser Stelle sei nochmals mit Nachdruck auf das in den Abschnitten 2.4.2.8, 2.4.3.7 bzw. 2.5.2.3 Gesagte hingewiesen.

2.5.3.6 Integritätskontrolle

Aktivitäts- und Aviditätskontrollen müssen, wenn eine Reagenziencharge längere Zeit in Gebrauch ist, von Zeit zu Zeit wiederholt werden. Wenn in einem Laboratorium ein Notfall-Labor eingerichtet ist, so sollten diesem Labor Reagenzien- und Kontrollproben von begrenzter Haltbarkeit (Blutgruppensera, Prothrombin, Kontrollblute) jeden Tag von den Routineplätzen zur Verfügung gestellt werden, da dort bei der Analyse längerer Serien die Integrität, d. h. die einwandfreie Anwendbarkeit der Reagenzien und Kontrollproben gut und leicht beurteilt werden kann.

2.5.4 Konsequenzmaßnahmen

2.5.4.1 Fehlersuche und Schwachstellenanalyse

Das in den Abschnitten 2.4.5.1 und 2.4.5.2 Gesagte gilt entsprechend auch hier. Wie bei allen manuellen Analysen rückt in der „Hierarchie" der Fehlerquellen meist der Untersucher, hier anstelle des Gerätes an die erste Stelle. Die vertrauensvolle Zusammenarbeit verschieden gut eingearbeiteter und unterschiedlich erfahrener Mitarbeiter des Laboratoriums spielt dabei eine große Rolle. Keiner sollte sich scheuen, sich vom anderen beraten zu lassen, auch nicht der Ältere und Erfahrenere vom

Jüngeren. Im Zweifelsfall sollten zwei Untersucher, nebeneinander sitzend dieselbe Analyse durchführen, auch einander dabei beobachtend, da nur auf diese Weise unterschiedliche Handhabungstechniken aufgedeckt werden können. In jedem Labor sollte auch ein Mikroskop vorhanden sein, das das gleichzeitige Mikroskopieren mindestens zweier Personen ermöglicht (Diskussionsbrücke oder Mikroskop mit zwei Binokulartuben, mit Mattscheibe oder mit Fernsehanschluß), damit zwei Untersucher ein problembeladenes morphologisches Bild (Blutausstrich, Knochenmarkausstrich, zytologischer Ausstrich usw.) gemeinsam Feld für Feld durchmustern und immer wieder besprechen können. Fehlinterpretationen lassen sich so rascher und leichter aufdecken als auf Mikrophotogrammen.

2.5.4.2 Überprüfung und Überarbeitung der Präventivmaßnahmen

Das im Abschnitt 2.4.5.3 Gesagte gilt auch hier.

2.6 Qualitätssicherung in der postanalytischen Phase

Karl-Georg v. Boroviczény (Berlin), Albert v. Klein-Wisenberg (Freiburg), Richard Merten (Düsseldorf), Utz P. Merten (Köln) und Hans Reinauer (Düsseldorf)

Tabelle 2.6-1: Qualitätssicherung in der postanalytischen Phase

Art der Maßnahmen	Laborintern	Laborextern
2.6.1 Präventivmaßnahmen	2.6.1.1 Organisation der Ergebnisüberprüfung und Befundübermittlung	
	2.6.1.2 Dokumentation und Archivierung	2.6.1.2 Dokumentation und Archivierung
	2.6.1.3 Identitätssicherung	
	2.6.1.4 Geräteinstandhaltung	
2.6.2 Kontrollmaßnahmen	2.6.2.1 Identitätskontrolle	2.6.2.1 Identitätskontrolle
	2.6.2.2 Einflußgrößen, Störfaktoren und Veränderungen	
	2.6.2.3 Plausibilitätskontrollen der Serien	
	2.6.2.4 Plausibilitätskontrollen der Einzelergebnisse	2.6.2.4 Plausibilitätskontrollen der Einzelergebnisse
	2.6.2.5 Kontrolle der Befundübermittlung u. Akzeptanz	2.6.2.5 Kontrolle der Befundübermittlung u. Akzeptanz
	2.6.2.6 Überprüfung angezweifelter Ergebnisse und Befunde	2.6.2.6 Überprüfung angezweifelter Ergebnisse und Befunde
2.6.3 Konsequenzmaßnahmen	2.6.3.1 Fehlersuche	
	2.6.3.2 Korrektur fehlerhafter Ergebnis- u. Befundmitteilungen	2.6.3.2 Korrektur fehlerhafter Ergebnis- u. Befundmitteilungen
	2.6.3.3 Überprüfung und Überarbeitung der Präventivmaßnahmen	2.6.3.3 Überprüfung und Überarbeitung der Präventivmaßnahmen

2.6.1 Einleitung

Mit der postanalytischen Phase wird die Arbeit des Labors in der Regel abgeschlossen. Sie beginnt mit der Feststellung und Dokumentierung des Analysenergebnisses und endet, wenn der behandelnde Arzt den Befund zur Kenntnis nimmt. Wie bei der präanalytischen Phase kann auch bei der postanalytischen Phase ein laborinterner und ein laborexterner Teil unterschieden werden **(Tabelle 2.6-1)**. Der Laborarzt ist in erster Linie für den laborinternen Teil verantwortlich, muß sich aber auch um den laborexternen Teil kümmern.

Die im Kapitel 2.3 über die Aus-, Fort- und Weiterbildung des Laborpersonals gemachten Ausführungen gelten auch hier und haben gerade bei der Ergebnisinterpretation und Befundübermittlung eine große Bedeutung.

2.6.2 Präventivmaßnahmen

2.6.2.1 Organisation der Ergebnisprüfung und Befundübermittlung
Wie im Abschnitt 2.6.3 gezeigt werden soll, muß jedes Einzelergebnis und jede Ergebnisserie überprüft werden. Der Laborleiter muß durch entsprechende organisatorische Maßnahmen dafür sorgen, daß diese Prüfungen ausnahmslos in jedem Fall stattfinden, bevor ein Ergebnis das Labor verläßt. Für die Überprüfung der Ergebnisse sind (auch vor dem Gesetz) sowohl der oder die Untersucher verantwortlich, die am Zustandekommen des Ergebnisses mitgewirkt haben, als auch deren Vorgesetzte (also auch eine MTA mit leitender Funktion, der Vertreter des Laborchefs, z. B. ein Funktionsoberarzt) und selbstverständlich der Leiter des betreffenden Laboratoriums selbst.

Die *Befundübermittlung* sollte grundsätzlich so rasch wie möglich und schriftlich erfolgen. Diese beiden Grundsätze lassen sich nicht im jedem Fall vereinigen, wobei das Wohl des Patienten Vorrang hat, d. h. daß Ergebnisse, um deren sofortige telefonische Durchgabe der einsendende Arzt gebeten hat, vor allem aber alarmierende Ergebnisse diesem sofort bekannt gegeben werden sollen **(Tabelle 2.6-2)**. Bei einer telefonischen Ergebnis- oder Befundübermittlung sollte in jedem Fall die Wiederholung der durchgegebenen Namen und Ergebnisse erfolgen und Zeitpunkt des erfolgten Anrufes und Name desjenigen, der den Anruf entgegengenommen hat, in einem hierfür vorgesehenen Buch oder auf der Arbeitsplatzliste festgehalten werden. Die telefonische Ergebnisübermittlung ist ein zur Zeit *noch* notwendiges Übel und sollte durch eine schriftliche Datenmitteilung abgelöst werden. Dafür bieten sich neben Fernschreibeinrichtungen in erster Linie die durch Computer vermittelte Datenübertragung an, wobei beim Empfänger entweder ein vom Labor ansteuerbarer Drucker zur Verfügung steht oder ein Terminal (mit aktiver Abrufmöglichkeit) mit nachgeschaltetem Drucker steht. Das gleiche gilt für die Übermittlung von Ergebnis- und Befundserien, wobei sich die weitere Entwicklung zur Datenfernübertragung anbietet.

Tabelle 2.6-2: Alarmierende Laborwerte

Definition: ‚Alarmierende Laborwerte' sind im medizinischen Laboratorium ermittelte Ergebnisse, die dem behandelnden Arzt **unverzüglich** mitzuteilen sind, da möglicherweise ein sofortiger therapeutischer Eingriff notwendig ist.

Wenn ein alarmierender Laborwert nicht *binnen 5 Minuten* kontrolliert werden kann, muß er - mit Vorbehaltserklärung - unüberprüft mitgeteilt und anschließend kontrolliert werden.

Alarmierende Laborwerte sind:
- alle Analysenergebnisse die eine untere Alarmgrenze unterschreiten oder eine obere *Alarmgrenze* überschreiten:

Analyt	untere Alarmgrenze	obere Alarmgrenze	Einheit
P/S-Chlorid	80	125	mmol/L
P/S-Kalium	3	6	mmol/L
P/S-Natrium	130	160	mmol/L
B/P/S-Glukose	40	300	mg/dL
P/S-Harnstoff	-	120	mg/dL
P/S-Kreatinin	-	3	mg/dL
P/S-Amylase (Maltatetraose)	-	53	U/L
P/S-CK	-	100	U/L
B-Hämoglobin	6	-	g/dL
B-Hämatokrit	0,25	-	L/L
B-Erythrozytenzahl	2	-	TE/L
B-Leukozytenzahl	1,5	50	GE/L
B-Plättchenzahl	50	-	GE/L
P-Quickwert bei Antikoagulantienbehandlung	10	30	%
P-Quickwert ohne Vorbehandlung	30	-	%
P-PTT	-	100	s
P-Fibrinogen	100	-	mg/dL

- *alle positiven* Analysenergebnisse bei:
  Kreuzproben, U-Aceton, U-Barbiturate, Mykobakterien

Wie alarmierende Laborwerte sind zu behandeln (sofortige Ergebnismitteilung):
- alle Ergebnisse von Analysenanträgen aus einem *Operationssaal*
- alle Ergebnisse von Analysenanträgen aus einer *Intensivpflegestation* sofern es sich nicht um morgendliche Routineanträge handelt.
- alle vom beantragenden Arzt als *eilig, dringend* bezeichneten Untersuchungen

„Datenfernübertragung" ist laut Postgesetz jede Datenübertragung, die mindestens einen öffentlichen Gehweg (Straße, Platz usw.) überquert, dazu gehört also auch die Übermittlung vom Zentrallabor zu einer Abteilung desselben Krankenhauses, wenn zwischen Teilen des Krankenhausareales eine öffentliche Straße führt. Bei der Einrichtung einer Datenfernübertragung sollte man sich an die internationalen Normen und Codierungsvorschriften, z. B. SNOMED, halten, um sich spätere Umstellungen zu ersparen.

Auch für die Organisation der „regulären" Befundübermittlung, die heute im allgemeinen durch Boten vor sich geht, trägt der Laborleiter die Verantwortung. Alle Laborergebnisse und Laborbefunde sind vertrauliche, persönliche Dokumente im Sinne des Datenschutzgesetzes und im ärztlichen Bereich auch der ärztlichen Schweigepflicht. Dabei ist der Laborleiter für die Wahrung der Vertraulichkeit seiner Mitarbeiter verantwortlich. Wenn im Labor Fächer für die verschiedenen Einsender (z. B. Ambulanzen, Stationen usw.) vorhanden sind, müssen diese, wenn von außen zugänglich, abschließbar sein; wenn sie sich im Labor befinden, muß das Laborpersonal verantwortlich darauf achten, daß die Ergebnisse nur von autorisierten Personen, z. B. von Schwestern, nicht aber vom Patienten, abgeholt werden. *Telefonische Anfragen* sollen nur dann beantwortet werden, wenn der Angerufene die Stimme des Anrufenden einwandfrei erkennt, anderenfalls sollte der Angerufene zurückrufen bzw. die Auskunft verweigern, und zwar in jedem Fall, nicht nur bei gravierenden Ergebnissen.

2.6.2.2 Dokumentation und Archivierung

Der gesamte Untersuchungsablauf, aus dem hervorgeht, wie Ergebnis und Befundung entstanden sind, muß im Labor in geeigneter Form archiviert und 5 Jahre lang aufbewahrt werden. Die Originalunterlagen (Arbeitsplatzlisten, Geräteausdrucke usw.) können archiviert oder auf Mikrofilme oder Computerdateien aufgenommen werden; im letztgenannten Fall ist für eine entsprechende Datensicherung in Form von Sicherungskopien zu sorgen. Wichtig ist in diesem Zusammenhang die Aufzeichnung und entsprechende zugriffsichere Archivierung aller organisatorischen Veränderungen, die im Labor vorkommen, also Umstellung von Methoden (die zu Veränderungen der Normbereiche bzw. pathologischen Bereiche führen könnte), Computerprogrammänderungen u. a. m. Insbesondere bei der Anschaffung eines neuen Computersystems müssen Ausdrucke aller Speicherinhalte gemacht und abgelegt werden, wenn eine Rückwärtskompatibilität nicht erfolgen kann. Eine solche 5-Jahres-Archivierung verursacht immer wieder ernste Raumprobleme, die aber wegen der gesetzlichen Auflagen gemeistert werden müssen.

Alle Laborergebnisse, die beim behandelnden Arzt eintreffen, müssen von diesem (unter seiner Verantwortung) in die Krankengeschichte eingegliedert werden und unterliegen der gesetzlichen Archivierungspflicht für Krankenblätter.

2.6.2.3 Identitätssicherung

Es liegt in der Verantwortung des Labors, für eine einwandfreie Identitätssicherung auch in der postanalytischen Phase zu sorgen. Dies bedeutet, daß kein Schriftstück das Labor verlassen darf, auf dem nicht Absender (Bezeichnung des Labors mit Anschrift und Telefonnummer), Datum, Bezeichnung der absendenden Person (Unterschrift oder Signum, welche aber auch nach Jahren entzifferbar sein sollten), und klar zuordnungsfähigem Inhalt (Patientennummer und/oder Patientenname, Ergebnisse mit Größen und Einheitenangaben, evtl. Referenzbereiche usw.) enthalten sind. Auch laborintern muß auf die einwandfreie Kennzeichnung aller zu archivierenden Unterlagen größtes Gewicht gelegt werden.

2.6.2.4 Geräteinstandhaltung

Nach Beendigung der analytischen Arbeit ist der Untersucher gehalten, den Analysenplatz in Ordnung zu bringen, zu säubern, evtl. auch täglich zu desinfizieren und die Geräte zu versorgen (siehe Abschnitt 2.4.2.7). Alle Geräte sind sorgfältig zu säubern und mit einer Staubschutzhülle zu bedecken. Vielfach ist es üblich, nach beendeter Arbeit den gesamten Arbeitsplatz mit einer Klarsichtfolie zu bedecken. Als Grundsatz gilt, daß der Arbeitsplatz nach Beendigung der Arbeit so aussehen soll, als ob an diesem Platz seit Tagen niemand mehr gearbeitet hätte.

2.6.3 Kontrollmaßnahmen

2.6.3.1 Identitätsüberprüfung

Die Identitätsüberprüfung muß in der postanalytischen Phase sowohl laborintern als auch extern durchgeführt werden.

Laborintern muß die Identitätsüberprüfungskette vom Arbeitsplatz bis zur Ergebnis- und Befundausgabe fortgeführt werden. Dies bedeutet, daß die Untersucher die Eintragungen in die Ergebnisliste, Einzelergebnisse bzw. Befunde nochmals mit der Beschriftung der Probenröhrchen vergleichen und diesen Vergleich bei jedem weiteren administrativen Vorgang wiederholen. Dies gilt auch für die Durchschreibsätze, die heute bei nicht computerisierten Laboratorien überall Anwendung finden.

Laborextern sind der behandelnde Arzt und seine Mitarbeiter (Stationsschwester, Arzthelferin usw.) für die nach Erhalt zu erfolgende sofortige und richtige Einfügung der Laborergebnisse und Laborbefunde in die Krankengeschichte verantwortlich, wobei alle Identitätsmerkmale (Name, Krankengeschichtennummer, Geburtsdatum usw.) überprüft und verglichen werden müssen.

2.6.3.2 Einflußgrößen und Störfaktoren

Bei der postanalytischen Überprüfung der Laborergebnisse und deren Befundung muß als erstes geklärt werden, ob Einflußgrößen und Störfaktoren das Ergebnis und dessen Bewertung beeinflußt haben könnten. Als *Einflußgrößen* werden alle Umstände bezeichnet, die die Ausprägung des untersuchten Analyten im Patienten beeinflussen.

Dies können physiologische Einflußgrößen sein: genetisch fixierte wie Geschlecht, Rasse; zeitabhängige Varianzen, die durch genetische und exogene Faktoren beeinflußt werden wie Alter, Ernährungszustand, soziale Situation oder exogene, nicht iatrogene wie Umwelteinflüsse (geographischer Breitengrad, Höhenlage, Makro- und Mikroklima einschl. von Frontdurchzüge) oder patho-physiologische Einflüsse (Krankheiten, Unfälle, durchgemachte Operationen usw.) bzw. iatrogene Einflüsse (Prämedikation, Transfusion usw.). Der behandelnde Arzt, auch der Laborarzt sollten über die Bedeutung der wichtigsten Einflußgrößen auf die von ihm analysierten Analyte vertraut sein, um diese bei der Befundung, bei Rückfragen, bei Plausibilitätskontrollen berücksichtigen zu können. Oft wird sich der behandelnde Arzt, besonders bei unerwarteten Werten an den Laborarzt wenden.

Als *Störfaktoren* werden die Matrixeigenschaften der Probe bezeichnet, die bei Ermittlung bestimmter Merkmalsausprägungen das Analysenergebnis verfälschen.

Es gibt in dem Sinne kaum spezifische Analysenmethoden, deren Ergebnisse nicht durch Störfaktoren beeinflußbar wären. Es werden interne und externe Störungen unterschieden. *Interne* Störfaktoren sind durch die Zusammensetzung des Probenmaterials bestimmt, z. B. Erhöhung von Farbstoffen (Bilirubin), Fetten, Cholesterin, u. a., die sich als Störfaktor der Analyse bei bestimmten Analyten auswirken. *Externe* Störfaktoren sind Bestandteile des Untersuchungsgutes, die den Probanden enteral oder parenteral zugeführt worden und so in das Untersuchungsgut gelangt sind (bei der Nahrungsaufnahme, durch Medikation, Suchtmittel wie Nikotin, Alkohol und Drogen). Medikamente können, je nach ihrer Wirkung Einflußgröße oder Störfaktor sein; verändert das Medikament die Ausprägung eines Merkmals, so ist es eine Einflußgröße (z. B. Insulin-Wirkung auf den Blutzucker); verfälscht die im Untersuchungsgut vorhandene Medikamentenkonzentration das Ergebnis einer Analyse, so ist das Medikament ein Störfaktor.

Von den Einflußgrößen und Störfaktoren sind *sekundäre Veränderungen* des Probenmaterials zu unterscheiden.

Diese können z. B. durch Nichterhaltung der Integrität, in Form energetischer Einwirkungen (Sonnenbestrahlung, Erhitzung) oder durch Kontamination (bakterielle oder nicht bakterielle Verunreinigungen) eintreten. Hierzu gehören auch Veränderungen des Probenmaterials durch Wechselwirkung zwischen Untersuchungsgut und Probengefäß (Absorption von Spurenelementen an die Gefäßwand bzw. Diffusion von Gefäßwandbestandteilen in die Probe).

2.6.3.3 Plausibilitätskontrollen der Serien

Grundsätzlich sind die Ergebnisse von Analysen-Serien besser als die Ergebnisse von Einzelanalysen überprüfbar. Dies gilt besonders für die Analyse von „Exoten", d. h. von Analysenbestandteilen, die im betreffenden Labor nur selten untersucht werden.

In solchen Fällen sollte man immer eine kleine Serie zusammenstellen, die aus der zu untersuchenden Probe, mindestens zwei weiteren unausgewählt herausgegriffenen Proben (aus den Probenresten) und mindestens einer Kontrollprobe besteht. Man hat dann eine aus 4 (besser 5 bis 6) Proben bestehende Serie, bei der gewisse Plausibilitätskontrollen bereits angewendet werden können. Anders ist der Fall bei Analysen im Notfall-Labor; hier sollten die Analysen zumindest stichprobenartig in der Routine überprüft werden.

Plausibilitätskontrollen der Serie lassen sich durch die bekannte Tatsache begründen, daß sich die Zusammensetzung des Patienten-Materials bei einem Laboratorium im Regelfall nicht oder nur wenig ändert (ausgenommen z. B. Grippe-Epidemie u. ä.).

Dies bedeutet, daß bei längeren Analysen-Serien stets ein etwa gleich großer Anteil der Ergebnisse im Normbereich, im erniedrigten und/oder erhöhten Grenzbereich, pathologischen Bereich, Extrembereich liegt. Aufgrund dieser Erkenntnisse hat Hoffman seine Methode der „*Tagesmittelwerte*" und „*Tagesstreuung*" entwikkelt, die auch als „Methode der trunkierten Serie" bekannt ist.

Hierzu müssen an beliebig vielen Tagen nacheinander Ergebnisse aus Patientenproben gesammelt und deren Verteilungsmuster z. B. graphisch festgehalten werden. Erfahrungsgemäß wird eine Normalverteilung oder die Mischverteilung mehrerer Normalverteilungen oder aber eine log-normale Verteilung gefunden, aufgrund derer ein „Trunkierungsbereich" festgelegt wird, der für das betreffende Labor und den jeweils untersuchten Analyten gilt. In der Folge werden bei Serien, die mindestens 20 Patientenproben enthalten sollten (notfalls werden die Serien von zwei oder mehr Tagen zusammengelegt), diejenigen Werte, die in diesen Trunkierungsbereich fallen, zur Errechnung des Tagesmittelwertes und der Tagesstreuung, Standardabweichung) herangezogen. Diese Maßzahlen werden von Tag zu Tag in eine Kontrollkarte eingetragen. Man kann dadurch Trends, systematische Abweichungen, ungewöhnlich große Streuungen usw. genauso wie bei der Mittelwertkontrollkarte (siehe DIN-Norm in der Anlage zu Kapitel 2.4) beurteilen. Für die regelmäßige Anwendung dieser Plausibilitätskontrolle ist der Einsatz eines Computers oder zumindest eines programmierbarer Taschenrechner zweckmäßig (Hoffman, 1971).

Bei kürzeren Serien kann die verteilungsfreie Plausibilitätskontrolle der Serie mit Hilfe einer *Medianwert- und Schwellenwertkarte* auch ohne Computer erfolgen.

Zur Führung einer *Medianwert-Kontrollkarte* werden die Analysenergebnisse den Zahlenwerten entsprechend geordnet, der Medianwert (mittlerer Wert dieser Zahlenreihe) festgestellt und in die Kontrollkarte eingetragen. Auch diese Kontrollkarten können wie die üblichen Kontrollkarten beurteilt werden (siehe Abschnitt 2.3.4). Als Ergänzung zur Medianwert-Kontrollkarte wird die Führung von *Schwellenwert-Kontrollkarten* empfohlen. Es sind dafür 10 bis 20 nach ihren Zahlenwerten geordnete Tagesserien erforderlich; man stellt fest, wo die 10-Perzentil- und 90-Perzentilgrenzen der Verteilung liegen und zählt dann jeden Tag ab, wieviele Werte außerhalb bzw. innerhalb dieser Grenzen liegen, woraus Quotienten gebildet werden, welche Quotienten in die Schwellenwertkarte einzutragen sind. Zusammen mit der Medianwertkarte ergeben die Schwellenwertkarten gute Hinweise auf systematische Abweichungen, Trends, gehäuftes Auftreten von Ausreißern, übergroße Streuung der Ergebnisse usw.

Die Plausibilitätskontrolle der Serien ist Aufgabe des Labors. Verallgemeinernde Hinweise der Kliniker (z. B. „die Kreatininwerte liegen in letzter Zeit immer viel zu hoch") müssen überprüft werden, führen aber selten zu neuen Erkenntnissen. Wenn in einem Labor die üblichen Kontrollmaßnahmen, einschließlich der Plausibilitätskontrollen der Serien regelmäßig durchgeführt werden, werden im Labor systematische Meßabweichungen, Trends u. ä. stets viel früher, als der Kliniker dies merken kann, festgestellt.

2.6.3.4 Plausibilitätskontrollen der Einzelergebnisse

Bei der Plausibilitätskontrolle der Einzelwerte werden einzelne Analysenergebnisse immer im Zusammenhang mit anderen Ergebnissen des gleichen oder anderer Probanden untersucht, um Unplausibilitäten entdecken und validieren, d. h. in diesem Fall bestätigen oder auch nicht zu können. Auffällige, unerwartete, unplausible Laborergebnisse müssen, so gut es geht, abgesichert werden, bedeuten dann allerdings wichtige neue Erkenntnisse. Bei der Plausibilitätskontrolle der Einzelergebnisse wird die Lage des Ergebnisses innerhalb der Gesamtverteilung gleicher Meßgrößen (d. h. mit gleichen Methoden bei ähnlichen Probanden gefundene Ergebnisse des gleichen Analyten) geprüft werden Vorwert-, Trend- und Konstellationskontrollen durchgeführt und die Ergebnisse mit den klinischen Vorgaben (Diagnosen, Vorbehandlung usw.) verglichen.

Bei jedem quantitativen Ergebnis (bekanntlich sind „halbquantitative" Ergebnisse auch quantitative Ergebnisse) muß als erstes die Lage des Ergebnisses im Gesamtkollektiv aller Ergebnisse des gleichen Analyten, die in diesem Laboratorium vorkommen, beurteilt werden. Wenn alle Ergebnisse, die bei einem Analyt im Laufe der Zeit vorkommen, gesammelt und nach dem Zahlenwert geordnet werden, kann eine *Summenkurve* erstellt werden, mit deren Hilfe anschließend verschiedene Qualitätssicherungs- und Organisationsmaßnahmen in sinnvoll geplanter Weise vorgenommen werden können.

Wie aus der Gegenüberstellung der **Abbildungen 2.6-1 a** und **2.6-1 b** ersichtlich ist, kann eine solche Summenkurve schon mit wenigen hundert Ergebnissen zusammengestellt werden; sie wird um so exakter sein, je mehr Werte verwendet werden. Zur Konstruktion solcher Summenkurven sollten Formblätter mit einer Netzteilung verwendet werden, deren Ordinate nach dem Gaußschen Integral und deren Abszisse numerisch oder logarithmisch aufgeteilt ist. Vom Personalcomputer läßt man die Ergebnisse entsprechend sortieren und, der Ordinatenteilung entsprechend, als Summenprozente ausdrucken; dadurch wird die graphische Konstruktion der Summenkurve sehr erleichtert. Die Summenkurve besteht meist aus mehreren Geraden, die jeweils als Anteil normal oder lognormal verteilter Teilkollektive angesehen werden können. Aus solchen Summenkurven können auch die 10- und 90-Perzentilgrenzen für die Schwellenwertkarte entnommen werden. Summenkurven sind labor- und methodenspezifisch und nicht übertragbar, da sie in erster Linie von der Zusammensetzung des Patientenkollektivs bestimmt werden. Sie verändern sich auch mit den Einsen-

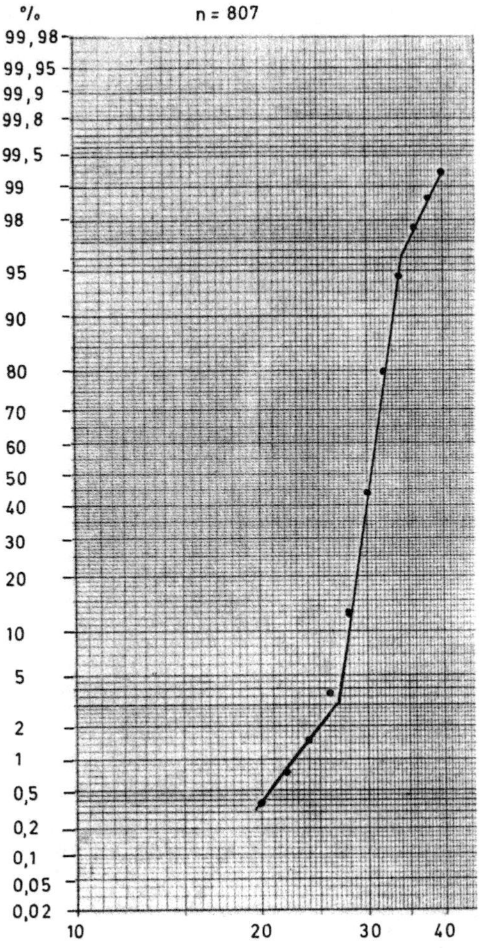

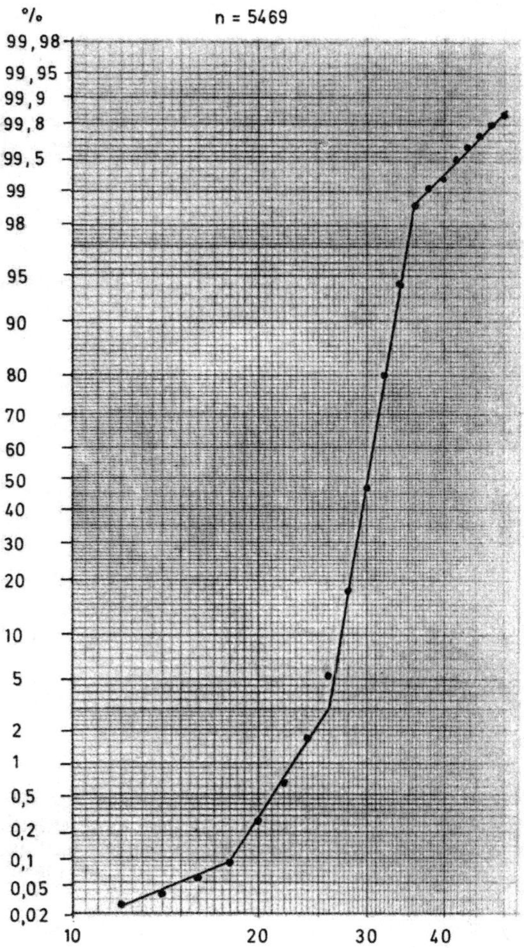

Abbildung 2.6-1 a, 2.6-1 b: Summenkurven (auf dem Wahrscheinlichkeitsnetz dargestellt)

Summenkurve von 807 Hb/Ery-Werten aus dem Jahr 1974

Summenkurve von 5469 Hb/Ery-Werten aus dem Jahr 1974

denuancen; wenn z. B. in einem Krankenhaus der internistische Chefarzt wechselt, kann dies zu einer deutlichen Veränderung verschiedener Summenkurven führen. Die Grenzen der Extrembereiche werden der Summenkurve entnommen. Üblicherweise werden diese Grenzen beim ersten und letzten halben Perzentil gezogen und gegebenenfalls etwas gerundet (siehe **Abbildung 2.6-2**). *Extremwerte* gelten - sofern nicht entsprechende Vorwerte, Diagnosen oder Konstellationen bekannt sind - als unplausible und deshalb kontrollbedürftige Ergebnisse.

Bei der *Vorwert-* oder (beim Vorliegen mehrerer Vorwerte) *Trendkontrolle* wird das zuletzt ermittelte Ergebnis mit dem oder den Vorwerten sowie den klinischen Angaben verglichen. Wenn die Vorwerte nur wenige Stunden oder Tage zurückliegen und keine relevanten klinischen Einwirkungen (z. B. Transfusionen) vorliegen, sollte ein statistisch belegbarer Zusammenhang zwischen den Werten desselben Patienten bestehen (Porth, 1976). Die Vorwertkontrolle ist, auch wenn sie ohne statistische Schätzungen nur „gefühlsmäßig“ angewandt wird, so wertvoll, daß viele Laboratorien dazu

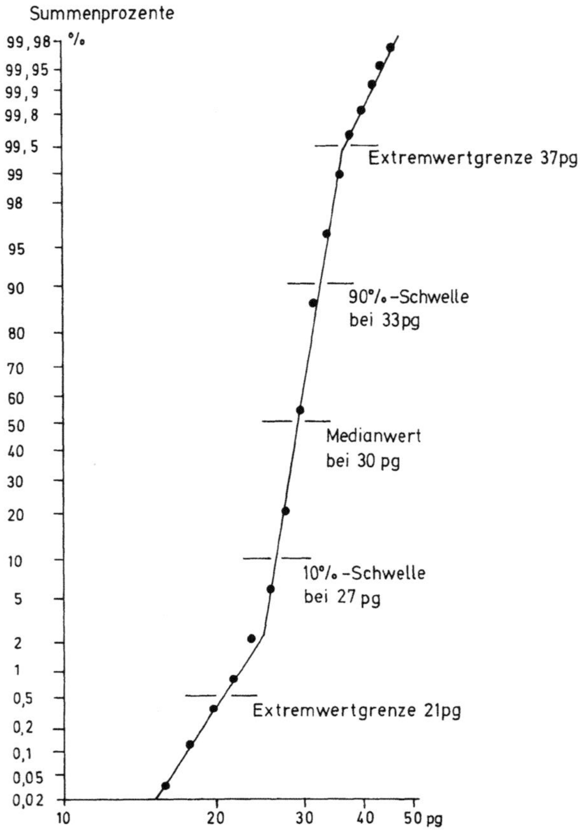

Abbildung 2.6-2: Summenkurve mit eingezeichneten Grenzen bei definierten Perzentilen von 38349 Hb/Ery-Werten aus den Jahren 1972 bis 1974 (auf dem Wahrscheinlichkeitsnetz dargestellt)

übergegangen sind, die Vorwerte in die vom Computer erstellten Arbeitslisten aufzunehmen, damit die MTA die Ergebnisse gleich mit den Vorwerten vergleichen kann bzw. damit sie Vorwarnungen erhält und gleich eine 1:10 oder 1:100-Verdünnung vornimmt, wenn an einem oder zwei Tagen zuvor eine extrem hohe Enzymaktivität vorgelegen hat.

Es gibt Wertepaare und Wertetriplets, die miteinander in einem gewissen Zusammenhang stehen.

Hierzu gehören z.B. GOT- und GPT- oder die Hämoglobinkonzentration, Erythrozytenzahl und der Hämatokritwert. Im Laborcomputer sollte ein Programm vorhanden sein, das Wertepaare, Wertetriplets usw. nach den Vorgaben des Labors sammelt, um dann die Lage eines neu gefundenen Wertepaares bzw. Wertetriplets usw. in der zwei-, drei- oder mehrdimensionalen Punkteschar einordnen und dessen relative Häufigkeit bestimmen zu können. Auch hier gibt es dann eine Extremwertkontrolle: Wertepaare, die am Rande der Punkteschar liegen und eine Häufigkeit kleiner als 1:200 aufweisen, sind als Extremwertepaare, Wertetriplets usw. zu bezeichnen, zu untersuchen und zu kontrollieren.

Es gibt eine andere Art von Wertepaaren, bei denen der eine Wert mit dem anderen eine bestimmte Konstellation haben muß.

Diese besteht z.B. beim Wertepaar LDH und HBDH. Ähnlich ist es auch, wenn im Labor routinemäßig Gesamteiweiß im Plasma, die Elektrophorese aber im Serum bestimmt wird; dann muß der Serum-Eiweißwert niedriger als der Plasma-Eiweißwert sein. Selbstverständlich kann es durch die unvermeidlich zufallsbedingten Meßabweichungen vorkommen, daß einmal beim Serum-Eiweiß eine positive, beim Plasma-Eiweiß eine negative Meßabweichung vorkommt, so daß der Serum-Eiweißwert gleich groß oder sogar größer als der Plasma-Eiweißwert aus der gleichen Blutprobe anfällt. Solche Konstellationen dürfen nicht herausgegeben werden, sondern bedürfen einer entsprechenden Nachprüfung.

Wertepaare, Wertetriplets usw. werden auch als Wertekonstellationen bezeichnet.

Als weitere Maßnahme gilt die *Konstellationskontrolle der Laborwerte mit den klinischen Angaben*: wie gut oder wenig ein Laborwert zum klinischen Bild „paßt“, sollte nicht nur der Kliniker, sondern bereits der Laborarzt prüfen, um klinisch unplausible Werte erkennen und validieren zu können.

Wie wichtig dies ist, soll am folgenden Beispiel erklärt werden: wenn bei einem Patienten die Hämoglobinkonzentration 7 g/dl beträgt, so handelt es sich um eine ausgeprägte Anämie, aber noch nicht um einen alarmierenden Wert. Wenn die Analyse am nächsten Tag eine ähnliche Konzentration aufweist, wäre dieser Wert durchaus plausibel, ausgenommen, wenn der Patient inzwischen Transfusionen erhalten hat; in diesem Fall könnte es sich um eine weiterhin bestehende Blutung und um einen durchaus *alarmierenden Wert* handeln, der dem Kliniker *unverzüglich* mitzuteilen ist.

Um solche Plausibilitätskontrollen durchführen zu können, benötigt der Laborarzt die Angabe der Diagnose(n), klinischen Befunde und des Verlaufs. Bekanntlich scheuen sich klinisch tätige Ärzte, besonders die weniger erfahrenen, Verdachtsdiagnosen dem Labor mitzuteilen. Weitere klinische Befunde und wichtige Verlaufsdaten werden oft aus Bequemlichkeit nicht mitgeteilt.

Um hier Abhilfe zu schaffen, kann sich ein Krankenhauslabor die (verschlüsselte) Einweisediagnose von der Aufnahme mitteilen lassen und diese Diagnose in Klarschrift auf alle Laboruntersuchungs-Antrag-Formulare ausdrucken. Unmittelbar unter dieser Diagnose muß es mehrere Felder zur Eintragung verschlüsselter Änderungen geben. Ferner ist ein Feld zur sehr einfachen Mitteilung besonders wichtiger klinischer Hinweise vorzusehen, welches Feld so gestaltet ist, daß es auch von der Stationsschwester leicht ausgefüllt werden kann **(Abbildung 2.6-3)**.

Selbstverständlich wird die Plausibilitätskontrolle der Einzelergebnisse, je nachdem Anamnese, klinisches Bild, alle Röntgen-, EKG-Befunde usw. bekannt sind, vor allem vom behandelnden Arzt durchgeführt, der dann in der Lage ist, eine viel weiter gehende Plausibilitätsprüfung durchzuführen, als dies dem Laborarzt möglich ist. Entsprechend ist die Plausibilitätskontrolle der Einzelergebnisse eine laborinterne und eine laborexterne Kontrollmaßnahme.

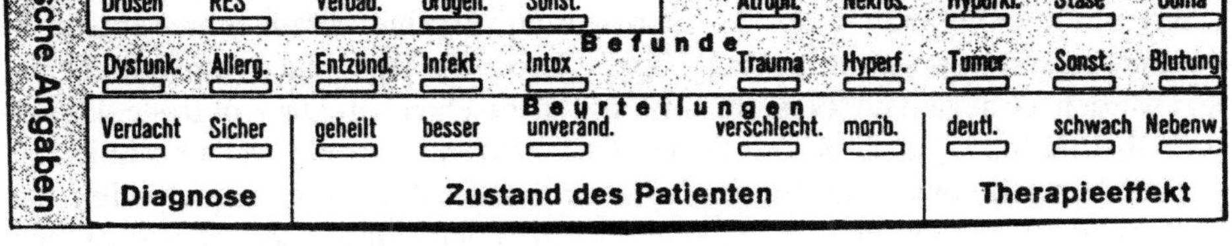

Abbildung 2.6-3 a: Klinische Angaben

Abbildung 2.6-3b: Klinische Angaben an das Zentrallabor
Bei der Anforderung bestimmter Analysen (z. B. Immunelektrophorese, Gerinnungsstaten, Knochenmarkpunktaten usw.) muß dieser Bogen ausgefüllt und zusammen mit dem Untersuchungsmaterial ins Labor gebracht werden.

Patient:		*Station*
Abroller		Datum:
Diagnose(n) mit Wertung:		A
bitte alle in Frage kommenden		
Diagnosen, nach dem folgenden		B
Ziffercode gewertet, angeben:		
		C
1. Verdacht auf	(bitte nach	
2. Fraglich	jeder Diagnose	D
3. Möglich	die jeweils	
4. Wahrscheinlich	zutreffende	E
5. Sicher	Ziffer	
6. Gesichert	schreiben)	F

Anamnese:
Klinischer Befund:

Milz:	Haut:	Fieber:
Leber:	Schleimh.:	Schmerzen:
Lymphknoten:	Zunge:	Rö-Skelett:
Sonstiges:		

Laborwerte: (werden von der EDV für das Labor ausgedruckt; hier bitte nur ankreuzen, welche Werte, für diesen Fall bedeutsam vorliegen)

Gr. Blutbild:	*Eisen:*	*Ferritin:*	*Elektrophorese:*
Plättchenzahl:	*Kupfer:*	*Magnesium:*	*Immunglobuline:*
Pronormozyten-Zahl:	*Bilirubin:*		*LDH:*
ESR:	*Sonstige:*		

Prämedikation: *(bitte Dosis und Zeitspanne angeben)*

Eisen:	*Transfusion:*	*Zytostatika:*
Vitamine 12:	*Kortikoide:*	*Myelotoxika:*
Folsäure:	*Immunsuppressiva:*	*Bestrahlung:*
Multivitamine:	*Sonstiges:*	

Unterschrift des Arztes:

2.6.3.5 Kontrolle der Befundübermittlung und deren Akzeptanz

Auf dem Weg vom Labor zum behandelnden Arzt können Verzögerungen auftreten; es kann zu den verschiedensten Fehlleistungen kommen, so daß der Befund auf einer anderen Station, in einer anderen Praxis ankommt (z. B. wenn der Patient, während die Laboranalyse durchgeführt wurde, von einer Krankenhausabteilung auf eine andere verlegt wird). Auch können Laborergebnisse ins Krankenblatt gelegt werden, ohne daß der behandelnde Arzt sie gesehen hat. Die Kontrolle der Befundübermittlung und die Kontrolle der Befundakzeptanz sollte deshalb zumindest stichprobenartig sowohl seitens des Labors wie seitens der klinischen Abteilungen (z. B. bei der Chefarzt- oder der Oberarzt-Visite) überprüft werden. Dies kann, besonders bei auffallenden Ergebnissen, durch gelegentliche Rückfrage erfolgen.

2.6.3.6 Überprüfung angezweifelter Ergebnisse und Befunde
Im Zuge der Plausibilitätskontrolle durch den Kliniker kommt es immer wieder vor, daß Laborergebnisse angezweifelt werden. Leider geschieht dies nicht immer rechtzeitig. Durch kollegiale Zusammenarbeit mit den Einsendern muß der Laborleiter erreichen, daß unplausibel erscheinende Ergebnisse ihm *unverzüglich* mitgeteilt werden, damit er diesen Abweichungen sofort und im notwendigen Umfang nachgehen kann. Er sollte in jedem Fall denjenigen Mitarbeiter befragen, der die Analyse durchgeführt hat, und zusätzlich den vorsorglich aufbewahrten Probenrest unter Vergleichsbedingungen erneut analysieren lassen. Seine Glaubwürdigkeit erhält das Labor nur dann, wenn es aufgedeckte Fehler unverzüglich klärt und klarstellt.

Zusammenfassend ist zu sagen, daß jede Analysenserie und jedes Einzelergebnis im Laufe der postanalytischen Phase möglichst mehrfach überprüft werden sollte. Dies ist am besten mit Hilfe eines Computers möglich. Die Anschaffungskosten für einen Personalcomputer einerseits und dessen vielseitige Anwendungsmöglichkeiten andererseits machen heute die Computerisierung jedes Labors nicht nur möglich, sondern auch wirtschaftlich nützlich. Es ist zu hoffen, daß in Kürze Software-Pakete angeboten werden, die die Durchführung der Plausibilitätskontrollen in dem gewünschten Maß ermöglichen.

Abschließend sei noch auf den Unterschied zwischen unplausiblen Werten und „Nonsenswerten" hingewiesen: unplausible Werte gehören zum Laboralltag; sie müssen validiert werden und werden in der Mehrzahl der Fälle in vollem Umfang bestätigt. Es gibt aber auch Ergebnisse, die unmöglich stimmen und nur durch einen Fehler zustande gekommen sein können, da sie nicht mit dem Leben vereinbar sind. Es kann sich dabei um Kommafehler handeln, wenn z. B. eine Hämoglobinkonzentration nicht als 14,3 g/dl, sondern als 143 g/dl angegeben wird. Nonsenswertepaare sind bereits erwähnt: wenn z. B. die Serum-Eiweißkonzentration höher angegeben wird als die zugehörige Plasma-Eiweißkonzentration. Um die Ausgabe von Nonsenswerten zu verhindern, sollten bei der Programmierung des Computers auch die äußeren Grenzen der Extrembereiche eingegeben werden, deren Überschreitung nur nach ausdrücklicher Bestätigung akzeptiert wird.

2.6.4 Konsequenzmaßnahmen

2.6.4.1 Fehlersuche
Gerade aufgrund der Plausibilitätskontrollen der postanalytischen Phase muß die Fehlersuche oft neu aufgenommen werden. Das Verfahren ist in den Abschnitten 2.4.5.1, 2.4.5.2 und 2.5.4.1 angegeben.

Bei dieser Gelegenheit sei auf ausgezeichnete Hefte und Broschüren der Geräte- und Reagenzien-Firmen sowie auf die Möglichkeit hingewiesen, den Außendienst solcher Firmen anzurufen. Jede Methode, jedes Gerät, jeder Reagenzienkit hat seine eigenen Schwachstellen, die dem Hersteller bzw. Außendienstmitarbeiter meist gut bekannt sind und die von korrekten Herstellern bzw. Außendienstmitarbeitern auch offen zugegeben werden. Hier gilt das gleiche wie bei Fehlern des Labors: es ist unangenehm, Fehler zuzugeben; wer aber zu seinen Fehlern steht, erwirbt sich dadurch Achtung und Vertrauen.

2.6.4.2 Korrektur fehlerhaft gemachter Ergebnis- und Befundmitteilungen

Es genügt nicht, einen aufgetretenen Fehler mitzuteilen, es muß auch für seine Korrektur gesorgt werden.

Insbesondere gilt dies für schwerwiegende Fehler, z. B. für die Mitteilung einer falschen Blutgruppe, wobei es unerheblich ist, ob der Fehler vom Einsender (Abnahme beim falschen Patienten, falsche Beschriftung) oder vom Labor (Verwechslung) verursacht worden ist. In einem solchen Fall sollte der Mitarbeiter des Labors, der die betreffende Station regelmäßig zu besuchen pflegt, unverzüglich sicherstellen, daß die fehlerhafte Blutgruppeneintragung aus dem Krankenblatt auch tatsächlich verschwindet.

2.6.4.3 Überprüfung und Überarbeitung der Präventivmaßnahmen

Die letzte Konsequenz, auf die hier wie bei den vorangegangenen Kapiteln hingewiesen wird, ist: vorgekommene Fehler immer daraufhin zu überprüfen, ob nicht eine Schwachstelle der Organisation vorliegt.

Alle vorgekommenen Fehler sollten in anonymisierter Form mit seinen Mitarbeitern besprochen werden, auch sollte immer wieder geprüft werden, inwieweit die am Arbeitsplatz befindlichen Arbeitsvorschriften aktuell und eindeutig sind oder ob sie überarbeitet und verbessert werden müssen. Genauso sollte der Laborchef im ständigen direkten oder indirekten Kontakt mit seinen Einsendern nach Möglichkeit suchen, die Einsende- und die Befundübermittlungsroutinen und -regeln immer wieder zu überprüfen, zu ergänzen und zu verbessern.

2.7 a Computerisierte Laboratoriums- (LIS) und Hospital- (HIS) Informationssysteme zur Verbesserung der Qualitätssicherung, Erhöhung der Zuverlässigkeit und Erreichung einer schnelleren Durchlaufzeit (TAT)

Arthur E. Rappoport (Vero Beach, FL, USA)

2.7 a.0 Einleitung

Obwohl im klinischen Labor hinsichtlich der Analysegenauigkeit und -präzision eine deutliche Verbesserung durch allgemeine Teilnahme an Ringversuchen und externer Qualitätssicherung, durch Verwendung anerkannter Standards, Kontrollen, Reagenzien und bessere Meßgeräte erreicht wird, bestehen noch immer gewisse Mängel, die die Zuverlässigkeit von Testergebnissen in Frage stellen. Viele Steine des Anstoßes, denen man auf dem beschwerlichen Pfad der Laboruntersuchungen begegnet, ergeben sich aus den Schwierigkeiten bei der Kanalisierung der gewaltigen Flut von Proben, Untersuchungsanforderungen und Befunden und aus der Überprüfung ihrer fehlerfreien und raschen Weiterleitung vom und zum Laboratorium. In einem konventionellen Labor bestehen zahlreiche Fehlermöglichkeiten, besonders in den prä- und postanalytischen Phasen, in geringerem Maße am Arbeitsplatz selbst. Viele dieser Fehler können durch Verwendung eines gut ausgelegten Laborinformationssystems (LIS) oder Krankenhausinformationssystems (HIS) unter Kontrolle gebracht werden.

2.7 a.0.1 Aufgaben der EDV

Der Computer sollte im Zusammenhang mit Laboruntersuchungen als ein Mittel zur Automatisierung des gesamten Dokumentationsflusses betrachtet werden mit Einschließen der Fehlerüberwachung und Meldung, Berechnung sämtlicher Qualitätskontrollparameter, Durchführung statistischer Analysen sämtlicher Tests, Einhaltung der Instrumentenwartungsvorschriften, Herstellung persönlicher Arbeitsberichte wie auch der allgemeinen Kontrolle der gesamten Verwaltungstätigkeit der Abteilung. Er müßte in der Lage sein, Berichte zu erstellen, Berichte zu speichern und ein rasches, genaues Auffinden sämtlicher Daten gestatten.

Patienten-Pflegezentren/Stationen (PCC) erfordern die Durchführung von Tests, die gewöhnlich auf handgeschriebenen Formularen an das Labor geschickt werden. Die erforderlichen Patientendaten werden unter Verwendung der Patienten-Krankenhaus-Nummer in den Rechner eingegeben; eine Labor-Eingangs-Nummer wird automatisch zur Kennzeichnung sämtlicher von den betreffenden Patienten zu entnehmenden Proben vergeben; es werden Etiketten gedruckt, Proben gewonnen und mit diesen Etiketten gekennzeichnet. Die mit Etiketten versehenen Proben werden in das Labor gebracht und an die verschiedenen Abteilungen verteilt. Viele elektronische analytische Meßinstrumente können in einem Datenerfassungssystem (DAS) on-line an den Computer angeschlossen werden, damit ihre Meßsignale direkt in den Rechner gelangen können, wo sie in digitale Ergebnisse umgewandelt werden. Diese werden vom zuständigen MTA überprüft und für den anschließenden Befund für die Patienten-Computer-Akte freigegeben. Testdaten können auch manuell dem System über Sichtbildterminals (CRT), Markierungskarten oder Eingabe-Konsolen mitgeteilt werden. Während einige Testinstrumente noch immer spezielle elektronische Zwischenschaltungen (Interfaces) für die Kommunikation mit dem Computer erfordern, verfügen die meisten modernen Instrumente über diese Fähigkeit bereits innerhalb ihrer elektronischen Schaltkreise, so daß nunmehr eine Kommunikation über Standard-Übertragungscodices (ASCII, RS 232, usw.) ohne spezielle „Black boxes" möglich ist.

In manchen Fällen (Mikrobiologie, Immunologie, Wort-Prozessoren) ist die Verwendung von Mikro-Prozessoren für die Durchführung spezieller Aufgaben zweckmäßig. Diese sind in einer verteilten Netz-Bauweise an den Labor-Computer angeschlossen und entbinden damit den Computer von der Durchführung der Datenverarbeitung in diesen wissenschaftlichen Bereichen, in denen ein großer Teil derjenigen technischen Tätigkeiten manuell durch persönliche Urteils- und Meinungsbildung geprüft werden. Je nach Bedarf können Berichte, zum Beispiel im Notdienst unmittelbar angefertigt oder bis zu einem Zeitpunkt mehrere Stunden gespeichert werden, bis sie zu Patienten-Zwischenberichten zusammengefaßt werden.

Am Ende des Tages können kumulative Berichte in aktualisierter Weise ausgedruckt werden, die nicht nur die Untersuchungen des jeweiligen Tages, sondern auch die sämtlicher vorausgegangener Tage, aufzeigen.

2.7a.0.2 Hospital-Informations-System (HIS)

In den USA entwickelt sich eine sehr starke Tendenz, viele Verwaltungs-Funktionen des Krankenhauses, einschließlich Aufnahme, Entlassung und Überweisung (ADT) von Patienten vollkommen auf computerisierte Systeme (HIS) umzustellen. Sämtliche stationären und ambulanten Patienten, die in ein Krankenhaus kommen, werden in einem Verfahren aufgenommen, bei dem ihre persönlichen demographischen Angaben, Versicherungs- und medizinische Daten in den Computer eingegeben, unter einer einzigen Patienten-Krankenhaus-Nummer gespeichert und einem spezifischen Patienten-Pflegezentrum/Station (PCC) zugeteilt werden, wo ein Sichtbildterminal (CRT) wie ein Drucker installiert und an den Krankenhaus-Rechner angeschlossen ist. Labor-Tests werden vom Pflegepersonal über das CRT angefordert, die Information an den Krankenhaus-Computer und von dort an das Laboratorium weitergeleitet, wo die Anforderung nahezu unmittelbar ausgedruckt wird. Ist ein computerisiertes LIS vorhanden, wird diese Information auch an diesen Rechner weitergeleitet, der eine Datenkarte über diese Transaktion anlegt und die Untersuchungsanforderung ausdrucken kann. In beiden Fällen ist die Einsparung menschlicher Schreibarbeit, die Vorbereitung und der Transport von Anforderungen in der präanalytischen Phase offensichtlich. Desgleichen werden Ergebnisse unmittelbar und rasch an das PCC durch diese Kommunikationsmöglichkeit und den Verbund weitergeleitet.

Von dieser kurzen Beschreibung her könnte es als ziemlich einfach erscheinen, ein effizientes System zu erstellen, doch dies ist nicht notwendigerweise so.

2.7a.0.3 Labor-Informations-System (LIS)
Um ein computerisiertes LIS zu erreichen, eine befriedigende Konfiguration zu erstellen und diese mit Erfolg zu betreiben, muß der Laborleiter zunächst eine intensive Analyse seiner Abteilung durchführen.

2.7a.1 Präanalytische, analytische und postanalytische Phase

In jedem dieser Bereiche gibt es eine Vielfalt von Methoden, und es besteht ein deutlicher Unterschied zwischen den in Europa und den in den USA verwendeten Praktiken und Methoden. Um den Arbeitsfluß in den amerikanischen Labors voll und ganz zu verstehen, werden zuerst die normalen Betriebsverfahren der meisten konventionellen, nicht computerisierten Laboratorien beschrieben, um zu zeigen, wo größere Schwachpunkte auftreten können und um so den Einfluß des Computers auf die Qualitätssicherung bei seiner Einführung einschätzen zu können.

2.7a.1.1 Patienten-Registrierung und -Kennzeichnung
In der Aufnahme des Krankenhauses füllen alle Patienten Fragebogen aus, es werden maschinengeschriebene Formulare mit den erforderlichen demographischen, persönlichen und beruflichen Daten einschließlich Name, Alter, Geschlecht, Adresse usw. vorbereitet. Den Patienten werden Krankenhaus-Nummer, Stations-Zimmer-Nummer und Bett zugeteilt. Die Genauigkeit dieser Daten ist für alle nachfolgenden Maßnahmen bei diesem Patienten von fundamentaler Bedeutung. Bei manuellen Abschriften können Fehler durch unleserliche Handschrift, falsche Schreibweise, falsche Patienten-Nummer und Platzangabe auftreten. Unterbringung von Patienten mit ähnlich klingenden Namen auf derselben Station kann zu Verwechslungen führen und das Labor in der Wahrnehmung seiner Verantwortung stark beeinträchtigen.

Im Aufnahmebüro erhält der Patient ein Armbändchen mit einer Etikette, auf der Name, Krankenhaus-Nummer, Name des Arztes und andere Daten aufgedruckt sind, die vor jeder Behandlung o. a. Maßnahme zu überprüfen sind. Ferner werden Kunststoff-Identifikations-Karten (ID) für den Druck zahlreicher Formulare vorbereitet, deren Richtigkeit ebenfalls jeweils zu überprüfen ist. Die Aufnahme ist i. d. R. für die Überwachung jeder Verlegung des Patienten in andere Krankenzimmer oder Abteilungen für oder während spezieller Behandlungsmaßnahmen (z. B. Operation, EKG) sowie für die Eintragung von Zeit und Datum der Entlassung des Patienten verantwortlich.

Es ist offensichtlich, daß selbst bei diesem Vorgehen noch Fehlermöglichkeiten bestehen. Es können falsche oder verspätete Informationen über Aufnahme, Überweisung oder Entlassung auftreten, Fehler, die das Labor-Personal vor große Probleme stellen können, da es den Patienten finden muß, seine eindeutige Identifikation und seinen Standort bestimmen und richtige Etiketten anfertigen muß. Fehler auf Station können zu Irrtümern bei der Versendung der Patienten-Anforderung mit korrekter Identifikation und richtigem Standort an das Labor führen. Falsche Prägeblättchen bedeuten unleserliche Namen oder eine falsche Krankenhaus-Nummer, einen falschen Patienten-Namen oder andere falsche Angaben auf dem Antrag. Falsche Krankenhaus-Nummern führen bei Patienten mit ähnlichen Namen zu ernsthaften medizinischen Komplikationen. Oft ist es unmöglich, die Krankenhaus-Nummer eines ambulanten Patienten richtig zuzuordnen, wenn dieser anschließend stationär aufgenommen wird.

2.7a.1.2 Anordnung einer Testanforderung durch Ärzte

Der Werdegang einer Laboruntersuchung beginnt im Prinzip mit der Anordnung des Arztes im Krankenblatt des Patienten oder mit der mündlichen direkten oder telefonischen Anordnung an das Pflegepersonal. Die Anweisung sollte bestätigt werden, was aber oft nicht geschieht.

Eine nicht erforderliche Untersuchung kann versehentlich oder irrtümlich von einem Arzt aufgrund von Müdigkeit, eines Schnitzers oder einer Gedächtnis- oder Wissenslücke angefordert werden. Eine Anforderung kann für die betreffende Krankheit unvollständig oder unangebracht sein, wodurch zahlreiche Kontrolluntersuchungen, Dringlichkeitsuntersuchungen oder zusätzliche Untersuchungen erforderlich sein können und damit zu einer Verzögerung der Diagnose, einer Verlängerung des Krankenhausaufenthaltes und zur Durchführung unnötiger, schmerzlicher Venenpunktionen führen können und zusätzlich unnötige Kosten verursachen. Falsche Kenntnis von den Laboratoriums-Betriebsverfahren oder deren Interpretationen können zu unnötigen Anweisungen, zum Mißbrauch des Laboratoriums, zu unrealistischen Erwartungen hinsichtlich der Testdauer (TAT) oder übermäßigen Inanspruchnahme des Dringlichkeitsprivilegs führen. In vielen Fällen ist auch die Handschrift unleserlich. Häufig entstehen teuere Zeitverluste bei der Verfolgung abnormaler Testergebnisse. Es ist bei diesen manuellen Systemen schwierig, die tägliche Durchführung gewisser Untersuchungen zum „Drug Monitoring" anzuordnen.

Die original handgeschriebenen Anweisungen des Arztes können von den Angestellten oder anderen Stationshelfern mit unzureichendem Bildungs- und Ausbildungsniveau gelesen und interpretiert werden. Dies kann zu ungenauen und falschen Anforderungen wegen schlechter Lesbarkeit, Zweideutigkeiten, Widersprüchen oder ungenauen Anweisungen, unbekannter Abkürzungen oder Terminologie führen.

Vorbereitung von Anforderungen – Anweisungseingang (Order/Entry O/E)

Normalerweise sind unterschiedlich farbkodierte Vordrucke auf Papier mit Durchschlägen auf den Stationen für jede einzelne Laborabteilung zur Anforderung einzelner oder mehrerer Untersuchungen vorhanden. In diesem Prozeß können mehrere verschiedene Anforderungen zur gleichen Zeit für die Durchführung verschiedenartiger Maßnahmen bei ein und demselben Patienten notwendig werden. Die Vorbereitung dieser Anforderungen ist eine kostspielige, zeitaufwendige und fehleranfällige Prozedur und kann dadurch auch zu zahlreichen Venenpunktionen führen.

Vorbereitung der Anforderung

Der Test und die speziellen Anweisungen („sofort", „Präoperativ", „zu einer festgelegten Zeit", „täglich", usw.), die vom Arzt angeordnet werden, müssen korrekt und vollständig auf das entsprechende Anforderungsformular übertragen werden. Die beiden wichtigsten Eintragungen betreffen die:

Identifikation des Patienten
Diese erfolgt gewöhnlich durch Verwendung vorgeprägter Kunststoffplatten, mittels derer die demographischen Daten des Patienten in das Formular eingedruckt werden. Unaufmerksamkeit, Sorglosigkeit, Verwirrung, Eile oder andere menschliche Unzulänglichkeiten können zu einer Verwechslung und Verwendung der Kunststoffplatte eines anderen Patienten führen. Sind mehrere Patienten mit häufig vorkommenden ähnlich klingenden oder fast gleich lautenden Nachnamen auf ein und derselben Station, können diese Fehler z. B. auftreten.

Identifikation der Untersuchung
Die meisten vorgedruckten Anträge enthalten Listen der durchführbaren Tests. Beim Personal ist es üblich, die gewünschte Maßnahme durch Eintragung eines „X" zu kennzeichnen oder in einem Kästchen neben der entsprechenden Untersuchungsbezeichnung ein Häkchen einzutragen.

Mangelnde Konzentration und Fehlinterpretation der Anweisungen des Arztes können zur Durchführung falscher Tests, zur Unterlassung des richtigen Tests, einer unvollständigen Anforderung oder zur Mißachtung spezieller Anweisungen führen. Eine bereits erfolgte Einreichung desselben Antrags durch anderes Personal kann übersehen werden und zur Entstehung von Doppelanalysen führen. Dies wiederum erfordert erheblichen persönlichen Einsatz zur Klärung der Situation. Falls diese Fehler nicht entdeckt werden, kann es zu wiederholten Venenpunktionen und kostspieligen Untersuchungen kommen.

Ähnlichkeiten in der Schreibweise wie z. B. „Digoxin/Digitoxin" und die damit zusammenhängenden Tests, wie z. B. „Nüchtern-Glukose"/„Glukose post-prandial" führen oft zu fehlerhaften Eintragungen.

Es ist wichtig, auf den Anträgen spezielle Bedingungen festzuhalten, wie z. B. „Sofort-Entnahme", „Prä-operativ", „zu einer bestimmten Zeit entnehmen". Vorsichtsmaßregeln zur Ansteckungsgefahr z. B. „Hepatitis", Behandlung mit die Untersuchung(en) beeinträchtigenden Medikamenten, wie „Tiazide", „Pille" werden vergessen.

In den meisten Fällen erstellt die Person, die die Anweisungen des Arztes liest, auch die Anforderung. Selten, wenn überhaupt, werden Anforderungen durch eine zweite Person überprüft, wodurch die Möglichkeit, eine vitale Information zu validieren, unterlassen wird. Verläßt einmal ein falsches Dokument die Station, so müssen diese und alle damit zusammenhängenden folgenden Maßnahmen zu schmerzlichen und möglicherweise katastrophalen Irrtümern mit schrecklichen Folgen für den Patienten führen.

Konsolidierung der Anträge
Mehrere für eine Einzelperson zur selben Zeit vorbereitete Anforderungen sollten vom Stationspersonal gesammelt und gleichzeitig an das Labor geschickt werden, damit nur eine einzige Venenpunktion durchgeführt werden muß, bei der Blut für sämtliche Proben in mehreren Röhrchen mit den verschiedenen Antikoagulantien entsprechend den technischen Erfordernissen der einzelnen Tests entnommen werden kann. Oft unterbleibt die Zusammenfassung der Anforderungen und einzelne Anforderungen für ein und denselben Patienten gelangen nach und nach in das Labor, so daß das Laborpersonal veranlaßt wird, denselben Patienten mehrere Male am Tage aufzusuchen und jeweils Venenpunktionen durchzuführen.

Selten wird der Zeitpunkt festgehalten, an dem der Arzt die Anweisung schreibt und an dem die Anforderung auf Station vorbereitet wird. Dadurch entfällt die Möglichkeit einer Prüfung, wie prompt das Pflegepersonal die Anweisung ausführt.

Transport der Anforderung in das Laboratorium
Gewöhnlich werden die gesammelten Anforderungen jeder Station durch Helfer in das Labor getragen. Um deren Abwesenheit von der Station möglichst gering zu halten, sind häufige Wege zu vermeiden. Es kommt zu ausgeprägten Verzögerungen bei der Anlieferung, zu möglichen Verlegungen oder zum Verlust von Anforderungen.

In manchen Einrichtungen werden Anforderungen über eine Rohrpostanlage in das Laboratorium geschickt. Die Erfahrungen mit derartigen Systemen sind schlecht wegen häufigem und nicht akzeptablem Versagen der Einrichtung, falscher Wartung oder falschem Gebrauch. Verspätete Ankunft im Labor kann auch durch falsche Adressierung und irrtümliche Lieferung an eine falsche Abteilung erfolgen, die zu dieser Zeit vielleicht nicht in Betrieb oder gerade unbesetzt ist, z. B. nachts oder an Wochenenden. In solchen Fällen ist die Anforderung, solange bis die Station wieder in Betrieb ist, „verloren".

Annahme der Anforderung im Labor
Die schriftliche Anforderung wird endlich im Labor in Empfang genommen. Es ist wünschenswert, ja notwendig (ICAH, CLIA-Vorschriften), daß die Ankunftszeit jeweils eingetragen wird; doch erfolgt dies häufig nicht. Infolgedessen kommt es zu weiteren Verzögerungen bei der Erledigung der Anforderung. Die Verantwortung für diese Verzögerungen kann keiner Seite mit der Aufforderung, diesen Mißstand zu beheben, angelastet werden.

Verteilung der Anforderungen innerhalb des Laboratoriums
Die Kopien der Anforderungen werden im zentralen Empfangsbereich abgenommen und zur weiteren Verwendung (Rechnung, Statistik) und eventuelle Berichtszwecke herausgenommen. Das Original oder die Kopie zur Probengewinnung wird der Phlebotomistin (MTA für die Blutentnahme) übergeben.

2.7a.1.3 Probennahme und deren Identifizierung

In den USA werden Venenpunktionen vom Laborpersonal durchgeführt, während in Europa normalerweise Ärzte oder Stationsschwestern für diese Aufgabe verantwortlich sind. An Universitäts- und akademischen Lehrkrankenhäusern können Proben auch von Nicht-Laborpersonal (Ärzte oder Medizinstudenten) entnommen werden. Da diese Praxis eine Verminderung der Zuverlässigkeit der Patienten- wie Untersuchungsidentifikation wie auch eine Umgehung der Laborkontrollen und Verantwortlichkeiten bedeutet, ist dieses Vorgehen in den USA nur in Notsituationen erlaubt.

Normalerweise begibt sich das Laborpersonal zu dem auf dem Antrag angegebenen Patientenaufenthaltsort. Der Patient kann inzwischen aber auf eine andere Station überwiesen oder zeitweilig in eine spezielle Diagnostik- (z. B. Röntgen-) oder Behandlungs- (z. B. Psychotherapie-) Abteilung verlegt worden sein, wodurch sich die Durchführung des Tests weiter verzögert und die Möglichkeit für eine zeitlich genau determinierte Abnahme einer Probe entfällt.

Fälle von Abwesenheit sollten auf der Anforderung vermerkt werden, um eine wirksame Probenbeschaffung zu gewährleisten, doch leider fehlt diese Information oft.

Von Schwestern entnommene Proben
Proben wie Urin, Stuhl, Punktionsflüssigkeiten, Steine und andere werden vom Stationspersonal gesammelt und mit von diesem Personal angefertigten Kennzeichnungsaufklebern auf den jeweiligen Behältern in das Labor geschickt. Diese Angaben sind nicht unbedingt korrekt, entziehen sich dem Bereich der Laborüberwachung und können so die Quelle zusätzlicher Irrtümer werden.

Identifikation des Patienten
Die korrekte Identifikation des Patienten bzw. die Bezeichnung der Probe bei der Blutentnahme ist von grundlegender Bedeutung. Normalerweise erfolgt dies durch: *Befragung* und Bestätigung/Wiederholung (verbal) des Patientennamens und einen Vergleich mit dem Namen auf der Anforderung.

Jedoch kann auch eine bestätigende Antwort bei ähnlich klingender Aussprache des Patientennamens zu Irrtümern führen bei Verwirrungszuständen aufgrund fortgeschrittenen Patientenalters, Hörschwäche, Fremdsprache, begrenzter Konzentrationsfähigkeit oder intellektuellen Status, Medikamenteneinflüssen und sonstiger Ursachen für Verwirrungszustände.

Prüfung (visuell) der Armbanddaten zur Validierung des Namens, Alters, Geschlechts, der Krankenhaus-Nummer usw.

Obwohl das Identifikationssystem mit Hilfe des Armbands einen wesentlichen und wichtigen Schritt zur Erhöhung der Zuverlässigkeit einer Patientenidentifikation darstellt, hat die Erfahrung gezeigt, daß trotz dieser Möglichkeiten immer noch Proben falsch identifiziert werden können.

Bestätigung
Dieses Vorgehen bestätigt die Patientenidentität und ermöglicht dem Probennehmer, mit der Venenpunktion fortzufahren.

Aufschrift auf Probenetiketten
Demographische Daten des Patienten, Name, Krankenhaus-Nummer, usw. werden normalerweise von der Anforderung (und vom Armband) abgeschrieben und auf das auf den Probenbehälter aufzuklebende Etikett übertragen. Fehler bei der schriftlichen Übertragung sind möglich oder richtig angefertigte Etiketts können auf das Reagensgläschen oder einen anderen Behälter eines falschen Patienten aufgeklebt werden. Gelegentlich werden Wachsstifte verwendet, um Namen oder Nummer direkt auf Glasbehälter zu schreiben. Diese Praxis ist wegen der Unleserlichkeit und der großen Gefahr des Verschmierens, Verwischens oder Abwaschens auf das Schärfste abzulehnen. Glücklicherweise wird in den meisten Labors von diesem Verfahren abgegangen.

In anderen Fällen kann die Probe nur anhand einer einzigen Zahl, die von einer früher angefertigten Probenahmeliste entnommen wird, identifiziert werden. Dies erfordert eine spätere Identifizierung mit dem Patientennamen, was erneut zu Fehlern führen kann und ganz sicher zeitaufwendig ist. Oft ist die Originalanforderung um die Probe herumgewickelt und mit einem Gummi befestigt. Bei dieser Praxis kann das Formular herausrutschen, herunterfallen und vom Röhrchen getrennt werden und auf diese Weise eine „verwaiste" Probe entstehen.

Bei der Venenpunktion werden verschiedene Proben in unterschiedlichen Röhrchen entnommen, die sämtlich eine gleichermaßen vorbereitete Etikette erhalten, die zusätzliche handgeschriebene Übertragungen erfordert, wodurch sich der Zeitaufwand erhöht und zusätzliche Fehlerquellen entstehen. Unter Umständen werden auch wichtige Informationen über den Zustand des Patienten, die Medikation oder Angaben einer möglichen Infektion (Hepatitis) u. a. m. ausgelassen.
Häufig wird die Eintragung der Zeit, des Datums oder anderer Umstände im Zusammenhang mit der Probenahme unterlassen, z. B. Angaben über eine intravenöse Infusion (Elektrolyte, Glukose) oder einer bestimmten Arznei, die die nachfolgenden Untersuchungen beeinflußt. Es besteht weiterhin die Möglichkeit, daß mehr Blut als notwendig entnommen wird.

2.7a.1.4 Transport der Proben ins Laboratorium

Blutproben werden gewöhnlich durch den Probennehmer in das Labor gebracht, das die Proben wiederum mit den dazugehörenden Anforderungen in die entsprechende Abteilung zwecks weiterer Bearbeitung und Durchführung von Untersuchungen verteilt. Ankunftszeit der Probe und Identität des Probennehmers sollten zum Zeitpunkt der Annahme festgehalten und dokumentiert werden, um einen effektiven Prüfungsweg zu gewährleisten.

Sputum-, Stuhl-, Urin- und sonstige Proben für bakteriologische, chemische, morphologische und sonstige Untersuchungen werden oft durch das Stationspersonal selbst entnommen, etikettiert und in das zuständige Labor gebracht unter Umgehung des zentralen Eingangsprotokolls.

Derartige Fehler führen oft zur Verwirrung, wenn das Stationspersonal den Status der Anforderung oder der Probe erfahren möchte.

Oft gelangen Proben nicht an die richtigen Untersuchungsstellen, können an ungewöhnlichen Plätzen abgelegt oder in Kühlschränken oder anderen Schränken „versteckt" werden, kommen zu spät an, sind unkorrekt gekennzeichnet oder es fehlen häufig die zugehörigen Anforderungen. Diese Pannen führen zu verlorengegangenen oder verdorbenen Proben, vergeudetem Einsatz und Zeit, erhöhten Ausgaben, Unwohlsein des Patienten, Ärger für den Arzt, der mit Ungeduld auf die Ergebnisse wartet, und führen zu einer Verschlechterung der Patientenversorgung.

Ausgedehnte oder unnötig lange Lieferzeiten zwischen Probennahme und Durchführung der Untersuchung (z. B. Prothrombin-Zeit), beeinträchtigen die Qualität der Probe. Das Unterlassen einer unmittelbaren Zentrifugation und Trennung von Plasma oder Serum von Erythrozyten kann zur Hämolyse mit erhöhten Serum-Kaliumwerten führen.
Übermäßige Verzögerung oder langes Zurückhalten bei ungünstig hohen Temperaturen kann durch übermäßiges Bakterienwachstum und Zerstörung wesentlicher Strukturen (Zellen, Zylinder) den Wert einer Urinanalyse mindern.

2.7a.1.5 Vorschriften zur Probenlagerung und Probenvorbereitung

Einrichtungen für die zeitlich begrenzte Probenlagerung sind zu kontrollieren, wenn aus verschiedenen legitimen Gründen Proben für bestimmte Verfahren nicht unmittelbar nach der Probenahme untersucht werden können. Plasma und Serum können gelagert werden, bis zu einem späteren Zeitpunkt eine ausreichend große Untersuchungsreihe vorhanden ist, die eine effiziente Nutzung teurer Reagenzien oder des qualifizierten Personals gestattet (RIA, PKU usw.). Dieses „Weglege-System“ wird oft nur schwach kontrolliert; Proben können verderben, verlegt oder vergessen, falsch gekennzeichnet oder von ihren Begleitpapieren getrennt und damit nutzlos werden. Dieses logistische System stützt sich häufig auf das Erinnerungsvermögen oder auf verbale Anweisungen über eine Personalkette und leidet Schaden durch die Abwesenheit der verantwortlichen MTA von ihrem Arbeitsplatz an diesem Tag, durch Vergeßlichkeit oder Sorglosigkeit.

Wenn Proben durch einen Boten direkt in ein falsches Labor gebracht werden, werden sie oft nicht rechtzeitig an die richtige Stelle weitergeleitet, um unter optimalen Bedingungen untersucht zu werden. Die Ergebnisse können nicht rechtzeitig mitgeteilt werden, um ärztlich noch von Nutzen zu sein.

Angesichts dieser und ähnlicher Varianten kommt der Erhaltung der Probenintegrität nach ihrer Entnahme eine überaus kritische Funktion innerhalb eines Laborprogramms zur Qualitätssicherung zu.

Vorschriften zur Probenvorbereitung
Verschiedene Bluttests erfordern verschiedene Probenarten, z. B. Vollblut, Serum oder Plasma. Die Gerinnung wird durch unterschiedliche gerinnungshemmende Mittel, je nach durchzuführendem Test, gehemmt. Schlecht ausgebildetes oder unerfahrenes Personal kann die falschen Antikoagulantien verwenden und damit folgenschwere Irrtümer einleiten.

Um Serum oder Plasma zu erhalten, ist ein *Zentrifugieren* der Probe erforderlich. Es werden gleiche Mengen von Probenmaterial zur Verwendung in verschiedenen Abteilungen durch Dekantieren oder eine andere Art der Überführung (manuell oder mechanisch) aus dem ursprünglichen Röhrchen in andere Gefäße gebracht. Dies erfordert Übertragungen ausreichender demographischer Daten des Patienten auf Etiketten, die auf die zusätzlichen Röhrchen aufgeklebt werden; dies stellt eine weitere Fehlerquelle dar. Es muß darauf hingewiesen werden, das sich die immerwährende Gefahr der Hepatitis-Übertragung auf Personal durch häufigen offenen Serum- oder Plasmatransport in Behältern, bei denen die Gefahr des Verschüttens und der Verseuchung besteht, erhöht wird. Die Durchführung von Tests mit unterteilten Probenmengen erfordert zusätzliche Formulare und Anforderungen zwecks Information der MTAs an den verschiedenen Arbeitsplätzen über den Zeitpunkt der Probengewinnung, der erforderlichen Ergebniserstellung, die klinische Verdachtsdiagnose und etwaige Infektionsgefahren.

Betriebsvorschriften
In einem manuellen, nicht auf Computer umgestellten LIS ist es infolgedessen äußerst schwierig, folgende Maßnahmen korrekt und einfach zu kontrollieren:
Erstellung umfassender handgeschriebener Berichte, Protokolle, Sammel-, Aufbewahrungs- und Arbeitslisten und eine Berechnung der Ergebnisse,
Dokumentation und Berechnung verstrichener Zeiträume,
Identifikation sämtlicher Personen an jeder Stufe auf dem Untersuchungsweg in jeder Abteilung und Unterabteilung des Laboratoriums.

Eine kurze Durchlaufzeit ist angesichts des umfassenden menschlichen Einsatzes und der Schreibarbeit unmöglich.

2.7a.1.6 Zusammenfassung

In Anbetracht dieser Situation ist es offensichtlich, daß die zunehmenden Untersuchungsanforderungen, verbunden mit dem sich ausweitenden Spektrum von Verfahren, multipliziert mit der großen Anzahl einzelner personenbezogener, identifizierbarer Schritte bei jedem einzelnen Testschritt zu einer astronomischen Anzahl potentiell fehlerträchtiger Transaktionen in der präanalytischen Phase führt, was potentiell und auch praktisch zu einer nicht akzeptablen Fehlerrate führt und zu einem hohen Grad an Unzuverlässigkeit eines Laboratoriums beiträgt. Die zunehmende Vielfalt, volumenmäßig geringer, oft esoterischer Tests hat zur Entwicklung spezialisierter, geographisch entfernter Fachlaboratorien geführt, in die die Proben auf dem Postwege geschickt werden. In solchen Fällen können zusätzliche Fehler während des Transports auftreten. Die Überwachung all dieser Schritte durch konventionelle Buchhaltungsmethoden ist ein kostspieliges, zeitaufwendiges und sehr fehlerträchtiges Verfahren, das außergewöhnliche personelle Anstrengungen, komplexe Berichtssysteme und außergewöhnliche Wachsamkeit bei der Überwachung erfordert, um ein Maximum an Zuverlässigkeit zu gewährleisten.

Angesichts dieser Darstellungen und bei Betrachtung der zahlreichen Herausforderungen an die Praktiken heutiger Krankenpflege und in Erkenntnis der Versuche zur Eindämmung der Kostenspirale, ohne dabei Qualität zu opfern, wird offensichtlich, daß zur Lösung dieser Leistungsprobleme neue Ansätze gefunden werden müssen. In der Abteilung für Pathologie und Laboratoriumsmedizin der Youngstown-Krankenhaus-Gesellschaft ist vor vielen Jahren unter Verwendung von Betriebsforschungsmaßnahmen, von EDV-Technologie und unter weitgehender Anwendung von Automation und Computertechnik eine umfassende Offensive gegen alle größeren Fehlerkomplexe in der Labortätigkeit gestartet worden.

2.7a.2 Computerangeschlossene Automation

1964 hat Rappoport als IBM-Berater ein System aufgebaut, das vielleicht das erste Laborinformationssystem gewesen ist. Ein IBM-Datenerfassungssystem, durch das eine Batterie von neun Autoanalyzern (AA) und Einkanal-Analysegeräten an einen Computer angeschlossen worden ist, der die Endergebnisse aus analogen Signalen errechnet hat, die von diesen Instrumenten ausgegeben wurden, ist entwickelt worden. Um möglichst viele der obengenannten Identifizierungsfehler zu eliminieren, wurden Vorrichtungen und Systeme entwickelt, die eine maschinen-lesbare Proben-Kennzeichnung (SID) gestatteten. Es wurden zunächst herkömmliche 80-spaltige Karten als Anforderungen verwendet. Die Karten wurden mit einer entsprechenden Probeneingangs-Nummer vorgelocht. Die Lochung erfolgte manuell im Labor und enthielt die Krankenhaus-Nr. des Patienten und die Testcode-Nr., wobei für beide Zahlen selbstprüfende Ziffern zur Erstellung der gültigen Zahlen verwendet wurden. Damit war die Proben-Nr. automatisch an die Patienten ID-Nr. gebunden (PID-Krankenhaus-Nr.). Diese Anforderungen verfügten über abnehmbare, maschinen-lesbare Abrißlochkarten mit eingestanzter Probennummer, die auf die Proben gesteckt werden konnten. Die Röhrchen konnten bei Ankunft im Labor mit Hilfe geeigneter Karten-Lesevorrichtungen gelesen werden, wodurch ihre Ankunft zusammen mit der Eingangszeit registriert wurden. Entsprechende Lesegeräte standen zur Verfügung für automatische Mehrkanal-Instrumente (SMA 6, SMA 12) sowie für unabhängige Instrumente (pH, Gerinnung, Hämatologie, usw.), so daß praktisch alle durch elektronische Analyse-Instrumente erstellten Ergebnisse automatisch in den Laborcomputer eingegeben und für den jeweiligen Patienten identifiziert werden konnten; die Karten wurden an den Krankenhauscomputer gesandt, dort eingegeben, gespeichert und waren zu jeder beliebigen Tageszeit für Berichtszwecke verfügbar (Zwischenberichte und zusammenfassende Berichte, eine chronologische, täglich aktualisierte Übersicht über sämtliche Berichte während des Krankenhausaufenthaltes).

Im Laufe der nächsten Dekade wurde dieses off-line-System durch eine on-line-Computer-Anordnung ersetzt, womit das auf der stapelweisen Verarbeitung von Lochkarten basierende System beseitigt wurde. Sämtliche Analyseinstrumente wurden mittels Multiplexoren direkt an den allgemeinen Labordatencomputer und später die meisten Instrumente sogar direkt an den Computer angeschlossen. Von Hand erstellte Testergebnisse (Urinanalysen, Blutbank, Mikrobiologie u. a.) wurden entweder über Zeichenlochkarten oder Schlitzlochkarten und Sichtbildterminals in den Laborcomputer eingegeben.

Da die Patienten-Krankenhaus- und die Test-Code-Nummer über selbstprüfende Ziffern verfügten, wurden Irrtümer bei der Identifizierung dieser beiden Parameter unmittelbar festgestellt und eine Korrektur vor weiteren Schritten gefordert.

Probenaufkleber enthielten die gesamten demographischen und technischen Informationen, die der Probennehmer oder die MTA benötigte, und gestatteten eine maschinen-lesbare Identifikation am Arbeitsplatz. Die direkte Verbindung zwischen Probe und Identifikationsetiketten ermöglichte die Eliminierung der Sammelarbeit und Entnahmelisten; es entstand ein vollkommen zufälliges Analysesystem. Die Abriß-Lochkarten-Leser konnten mit Probentellern von Mehr- oder Einzelkanalgeräten verbunden werden. Da Arbeitslisten unnötig waren, wurde die Testdurchführung beschleunigt.

Sobald die Probe im Labor ankam und registriert wurde, verfügte man über eine Abfrage beim LIS über eine komplette Zustandskontrolle der Probe und der Anforderung. Somit wurden durch die Funktionen der Datenverarbeitung (DP) die meisten Probleme gelöst und entstandene Fehler korrigiert. Die große Anzahl von Telefonanfragen wurde merklich reduziert.

Das LIS war on-line an das HIS angeschlossen und somit war das Labor gleichzeitig über alle demographischen, technischen und berufsmäßigen Daten über jeden einzelnen im Krankenhaus befindlichen Patienten informiert. Alle Labordaten wurden in der Patienten-Zentralkartei im LIS und HIS gespeichert und gestatteten somit die Abfrage früherer Ergebnisse, ohne auf die Prüfung geschriebener Eingangsbücher, Kopien von Berichten und sonstigen Übertragungen zurückgreifen zu müssen. Als Ergebnis der Langzeit-EDV-Speicherung war die Anlegung einer Kartei mit Kopien der einzelnen Laborberichte innerhalb des Labors unnötig geworden, eine mühselige, langweilige und fehlerträchtige Arbeit.

Statistische Untersuchungen wurden mittels Berechnungen von Kapazitätsplanungseinheiten des College of American Pathologists (CAP) automatisch durchgeführt. Somit wurde die zusätzliche Mühe überflüssig, täglich die Anzahl der in den einzelnen Abteilungen durchgeführten einzelnen Tests zu zählen. Verwaltungsmäßige Informationen über Kosten, Rechnungstellung, Kredite, Versicherungsprogramme usw. wurden ebenfalls über die EDV-Kapazität automatisch durchgeführt.

Auch die Durchlaufzeiten der innerhalb der Labors durchgeführten Tests, beginnend mit der Ankunft der Probe bis zur Erstellung und Weiterleitung der Ergebnisse an die Station wurde dem Computer übertragen, der automatisch jeden einzelnen Schritt des Untersuchungsweges zeitlich festhielt und somit exakte Informationen über mögliche Verspätungen oder sonstige Mängel bei der Durchführung des Tests lieferte.

2.7a.2.1 Krankenhaus-Informations-System (HIS)

Synchron mit den innerhalb des Labors ablaufenden EDV-Entwicklungen verlief die Entwicklung des HIS. Dieses wuchs in allmählichen Schritten und ermöglichte die komplette Aufzeichnung sämtlicher wichtiger Patienteninformationen und die Erstellung einer in der zentralen Recheneinheit (CPU) für sämtliche Labordaten der einzelnen Patienten gespeicherten Datenbank (Patienten-Zentralkartei/PMF). Durch Verbindung des LIS und HIS wurde eine Möglichkeit der Verknüpfung sämtlicher Systeme on-line zu einem kontinuierlichen, vollkommen automatischen Prozeß geschaffen, beginnend mit dem Eingang der Anforderung (O/E) von der Station im Laboratorium in der präanalytischen Phase (Front-end) und fortgesetzt bis in die postanalytische Phase (Rear-end) der Ergebnismitteilung. Diese Verknüpfung wurde durch Schaffung eines Labor-Kommunikations-Systems (LCS) mit Hilfe eines Tastenfernsprechers und einer Sprachausgabe-Technologie erreicht. Dieses LCS-System (Divots-Daten-Eingabe-Sprach-Ausgabe-Telefon-Anlage) basierte auf der Erstellung eines digitalisierten 1000-Wortvokabulars, gespeichert in einem IBMSystem/7 Computer, der über Modems an die zentrale Krankenhausrechenanlage und deren Netz angeschlossen war. Dieses System ermöglichte eine direkte Kommunikation mit dem HIS und somit mit den Stationen, den Verwaltungsbüros und dem LIS. Im Ergebnis dieses Verteilungsnetzes wurde es dem Stationspersonal möglich, Labortests über die Stations-Tastenfernsprecher anzufordern und einen verbalen Dialog mit einem „sprechenden Computer“ zu führen. Sobald die Krankenhaus-Nummer des Patienten eingegeben wurde, konnte man den buchstabierten Namen des Patienten hören. Es wurde die Testcode-Nummer eingegeben, und der richtige Name des Tests wurde angesagt. Sonderbedingungen - „sofort“, „präoperativ“ und andere konnten eingegeben und akustisch überprüft werden. Die Information wurde unmittelbar von dem System/7 zum HIS weitergeleitet, der eine Anforderung innerhalb des Laboratoriums ausdruckte und gleichzeitig eine Kopie der Anweisung an das LIS übermittelte. Der gedruckte Antrag enthielt die notwendigen demographischen Daten des Patienten (Standort, Patienten-Krankenhaus-Nummer) und die gewünschten Untersuchungen. Diese Etiketts waren mit dem optischen Klarschriftleser (OCR) oder mit dem bereits vorhandenen Lochkartenleser maschinenlesbar. Somit war die Identifikation des Patienten und der Probe gewährleistet; gleichzeitig wurde die Verwendung von OCR-Handleseköpfen an jedem Punkt des Testweges möglich.

Durch die Verwendung dieser LCS war eine Zwei-Wege-Kommunikation zwischen den Pflege-Stationen und dem Labor geschaffen. Durch die Anforderungseingabe per Computer waren sämtliche handschriftlichen Arbeiten und Übertragungen auf den Stationen überflüssig und gleichzeitig eine wiederholte akustische

Überprüfung der Richtigkeit des Patientennamens, der Testbezeichnungen und besonderer Bedingungen vor Ausdrucken des Antrags im Labor gewährleistet. Das Verfahren bot dem Stationspersonal eine einzigartige Möglichkeit, die Exaktheit dieser wichtigen Daten sicherzustellen.
Die Vorteile der von Mensch und Maschine lesbaren Probenetiketten sind bereits beschrieben worden. Die Verwendung des OCR findet eine immer breitere zweckmäßige Anwendung. Unter diesem Aspekt erlangt der Bar-Code bei den Anwendern beträchtliche Bedeutung.

Wertlake (?) beschrieb viele der Vorteile, die einem Labor bei der Gewährleistung einer maximalen Qualitätssicherung durch die Installation eines integrierten LIS und HIS-Systems als wirksames Kommunikationsmodul zugutekommen. Unser Daten-Eingabe-Sprach-Ausgabe-Telephonsystem (DIVOTS) verwendet die vorhandenen Telefonausrüstungen und stellt einen Meilenstein in der revolutionären Entwicklung auf dem Gebiet der Kommunikation dar.

2.7a.2.2 Probenkennzeichnung (SID)

Im Ergebnis der EDV-Entwicklungen wurde offensichtlich, sowohl Funktional- als auch Raumbedingungen für das Labor zu überprüfen und der neuen Umgebung anzupassen. Also wurde der Eingang des Labors umgestaltet und in einen zentralen Empfangsbereich mit der Bezeichnung Triage (Aussortierung) verwandelt. Dies stellte ein Kontrollzentrum im Labor zur Überwachung und Aufzeichnung aller Bewegungen von Proben, Unterlagen, Mitteilungen und Menschen in und aus dem Labor heraus. Der Qualitätssicherungs-Aspekt dieses Triage-Bereichs lag hauptsächlich auf der Registrierung der Ausgangs- und Ankunftszeit von Personal, dem Ausdruck von Anforderungen zur Beschaffung von Proben und die Erfassung gelieferter Proben durch entsprechende maschinenlesbare Vorrichtungen. Vom Triage-Bereich wurden die Proben in ordnungsgemäßer Weise im gesamten Laborbereich verteilt, nachdem sie in den Computer eingegeben worden waren. Die folgenden Schritte auf dem Testwege wurden durch den Computer per Monitor angezeigt, der eine Zeit-Analyse erstellte und die Aufzeichnung der Zeitintervalle zwischen den einzelnen Schritten durchführte. Dieser zentrale Kontrollpunkt stabilisierte die gesamte Labortätigkeit, weil die meisten der oben beschriebenen, von Menschen oder Systemen begangenen Fehler eliminiert wurden und diese Arbeiten nicht mehr durch menschliche Anstrengungen erfolgen mußten.

In dieser Form konnte die Richtigkeit sämtlicher Daten auf den Stationen unmittelbar nach Eingabe der Transaktion in den Computer festgestellt und überprüft werden. Die Proben erhielten eine Eingangs-Nummer, die Teil der von Maschinen und Menschen lesbaren Identifikations-Etiketten wurde und auf das Probenröhrchen aufgeklebt werden konnten. Mit einer einfachen Anforderungseingabe (O/E) konnten praktisch alle für einen bestimmten Patienten durchzuführenden Tests gleichzeitig angefordert werden, wobei sechs abnehmbare Etiketten angefertigt wurden, so daß sechs verschiedene Probenröhrchen mit verschiedenen Antikoagulantien mit einer einzelnen Venenpunktion gewonnen und identifiziert werden konnten. Eine Zusammenstellung vieler Anträge war nicht mehr notwendig, was zu einer weiteren Senkung der Prozeßzeit führte.

Obwohl während der Zeit, in der der Arzt die Untersuchung anfordert, von ihm eine schriftliche Eingabe erforderlich ist, werden alle anderen wichtigen Schritte des Testweges durch Verwendung des maschinenlesbaren Identifikations-Etiketts zeitlich festgehalten. Der Zeitpunkt des Anforderungseingangs auf Station, des Ausdruckens im Labor, der Beschaffung der Probe und deren Ankunft im Labor werden ebenfalls automatisch in den Computer eingegeben. Auch der jeweilige Zeitpunkt der Ergebniseingabe in den Laborcomputer zur Auswertung sowie der endgültigen Ergebnisweiterleitung an die Station wird registriert.

Eine Station des Youngstown Hospitals kann entweder das Telefon oder den Sichtbildschirm zur Abrufung der Ergebnisse benutzen. Das Labor kann die Ergebnisse ohne Anfrage durch ein als „Autocall" („Selbständiger Anruf") bezeichnetes Programm weiterleiten. Lebensgefährliche „sofort" und andere dringende Testergebnisse werden über Telefon und Sprachausgabe unmittelbar nach Validierung der Ergebnisse automatisch an die Station und an das HIS weitergeleitet. Somit werden sämtliche Berichtsverzögerungen ausgeschaltet und die Durchlaufzeit auf ein absolutes Minimum gesenkt.

In allen Entwicklungsphasen sind Systemstudien durchgeführt worden zur Erstellung von Kosten-Nutzenvergleichen, zur Einschätzung der Einsparungen auf Station und im Laboratorium sowie der Kosten für gedruckte Formulare und Anforderungen. Die Auswirkung auf die Patientenpflege und Behandlungsdauer im Krankenhaus ist im Hinblick auf die verkürzte Durchlaufzeit analysiert worden. Auch der Entscheidungsfindungsprozeß des Arztes und die von ihm ergriffenen Folgeuntersuchungen sind unter dem Aspekt der früheren Verfügbarkeit von Informationen ausgewertet worden.

2.7a.2.3 Patienten-Identifikations-System (PID)

Durch Verknüpfung von Computer und Analysenautomat mit wirksamer Triage (Aussortierung/Zuordnung am Empfangsbereich) ist ein Technologieniveau erreicht worden, bei dem die meisten der oben beschriebenen fehlerträchtigen menschlichen Funktionen eliminiert worden sind. Jedoch stellt die menschlich- und maschinenlesbare Identifikation des Patienten eine primäre sine-qua-non Bedingung für eine fehlerlose Laborarbeit dar. Dementsprechend ist ein einzigartiges System zur Gewährleistung dieser Bedingung entwickelt und in das gesamte Betriebsschema aufgenommen worden.

Bei Ankunft im Krankenhaus erhält jeder Patient im Zuge des Aufnahmeverfahrens eine kleine Mappe mit vierzig kleinen Drucketiketten auf denen OCR-lesbar seine Krankenhaus-Nummer aufgedruckt ist. Zehn Drucketiketten werden am Armband befestigt, und die Mappe mit den übrigen 30 Etiketten wird an seinem Krankenblatt angeheftet. Das Armband wird dem Patienten im Aufnahmebüro angelegt und während des gesamten Krankenhausaufenthaltes nicht abgenommen. Nach einer Blutentnahme wird eines der PID-Etiketten vom Armband abgenommen und auf dem Probenbehälter befestigt; ein weiteres PID-Etikett kann auch auf der Anforderung befestigt und mit der aufgedruckten Krankenhaus-Nummer verglichen werden, die natürlich dieselbe sein muß. Im Falle der Hämatologie, Mikrobiologie oder anderen Abteilungen können weitere PID-Etiketten zur Identifizierung von Objektträgern (z. B. Differentialblutbild), für Sekundär-Röhrchen oder Kulturplatten verwendet werden. Die Verknüpfung zwischen Patienten- (PID) und Probenidentifikation (SID) gewährleistet eine absolut durchgehende Identifizierung des Patienten und der Probe. Jegliche Übertragungen von Hand werden weiterhin stark reduziert oder durch das ganze Verfahren vollkommen ausgeschaltet. Da die Proben-Nummer maschinell lesbar ist, braucht sie nicht in sog. „Arbeitslisten" oder „Positionslisten" aufgenommen zu werden. So können Notfalluntersuchungen mit der größten Priorität bedacht und wahllos ohne Veränderung der sog. „Arbeitslisten" in das System eingegeben werden, was früher eine beträchtliche Fehlerquelle dargestellt hat.

2.7a.3 Der Computer in der postanalytischen Phase (Rear-end)

2.7a.3.1 Befundung

Nach Durchführung sämtlicher manuellen, halbautomatischen und automatischen Tests werden die Ergebnisse in den Laborrechner übertragen, wo sie entsprechend der Patienten-Krankenhaus-Nummer gespeichert werden. Verfügt die Institution gleichzeitig über ein HIS, werden diese Daten in die Patienten-Zentralkartei (PMF) in der Zentraleinheit übertragen. Im letzteren Falle kann das Stationspersonal im HIS Informationen über Anforderungen, die es bereits früher an diesem Tage eingeleitet hat, abfragen. Schwestern können sich hinsichtlich des Status eines Tests informieren und Fragen stellen wie z. B. „ist die Probe bewertet?", „ist der Test im Gange?", „liegt das Ergebnis vor", und wenn ja, „wie lautet es?". Das HIS kann ebenfalls im LIS Auskünfte über diese Fragen einholen und die Antworten auf einen Sichtbildterminal der entsprechenden Station übertragen. In bestimmten oben beschriebenen Situationen kann das LIS lebenswichtige Ergebnisse an das HIS senden, die unmittelbar und automatisch an die richtige Station übertragen wird. Es sei unterstrichen, daß nur das HIS genau weiß, wo dieser Patient sich befindet, da eine Verlegung seit Anforderung der Untersuchung erfolgt sein kann. Das HIS kann das Ergebnis direkt an einen Drucker oder einen Sichtbildterminal auf Station weiterleiten und vom Stationspersonal eine Bestätigung fordern, daß die Botschaft empfangen worden ist und dies zusammen mit einer Identifikation der Person, die diese Daten entgegen genommen hat. Das Stationspersonal kann den Ausdruck der Ergebnisse auf einem Drucker anfordern oder sich auch mit einer Sichtbildterminal-Botschaft begnügen, die dann mündlich dem anwesenden Arzt mitgeteilt werden kann. Die Mitteilung kann auch dem Pflegepersonal nur als Hinweis dafür dienen, daß mit dem Patienten alles in Ordnung ist. Nebenbei sei betont, daß ein großer Teil der Labortests eine Monitorfunktion zur Untersuchung des Einflusses einer spezifischen Medikation (z. B. Dicumarol) bei Gerinnungsproblemen darstellt oder in anderen Fällen, die Testergebnisse die Wirkung einer spezifischen Medikation (Diabetes - Insulin) enthüllen. Die Ergebnisse, die letztlich berichtet werden, sind von der für das Analysesystem verantwortlichen MTA validiert worden, ihre Identität ist im Computer gespeichert, so daß bei auftretenden Fragen die verantwortliche Person angesprochen werden kann.

Berichte können der Station zu verschiedenen Tageszeiten übersandt werden, wobei jeweils die Ergebnisse eines Patienten in einem einzigen Blatt zusammengefaßt werden und die ausgedruckten Ergebnisse dem Stationspersonal und Ärzten als einstweiliger Bericht zur Verfügung stehen.

Ein weiteres Berichtssystem besteht im Druck eines kumulativen Patientengesamtberichts (CLR). Dieser besteht in einer täglich aktualisierten kumulativen Aufzeichnung sämtlicher Daten, die für diesen Patienten während seines gesamten Krankenhausaufenthalts ermittelt worden sind. Dies gestattet eine chronologische Prüfung früherer Ergebnisse und den Vergleich mit den jeweiligen Ergebnissen des Tages. Auf diese Weise können Trends erkannt und therapeutische Maßnahmen eingeleitet werden. Der ausgedruckte Bericht enthält Angaben über die Tageszeit der Probenahme und zeigt mit einem Symbol (*, #, s) erhöhte oder erniedrigte Werte wie auch zeitgebundene Ergebnisse an. Der Computer kann ebenso für die Eingabe freier Texte programmiert werden, in denen der Pathologe seine Interpretation der Ergebnisse eingibt, das Vorhandensein unnatürlicher Bedingungen (z.B. Infusion) zum Zeitpunkt der Probenahme erwähnt, oder indem er die Aufmerksamkeit auf frühere Ergebnisse lenkt, die für die derzeit vorliegenden Ergebnisse relevant sind.

Verschiedene Fachbereiche, Mikrobiologie, Immunologie, Pathologie übermitteln ebenfalls Berichte, die Urteilscharakter haben, und die persönliche Meinungen und Eindrücke von Laborärzten auf der Grundlage der Ergebnisse (Herzenzyme, Elektrophorese usw.) wiedergeben.

In zahlreichen Datenzusammenfassungen (Profilen) kommen Ergebnisse von vielen Bereichen des Laboratoriums zusammen, die für die jeweiligen spezifischen Krankheitssyndrome, Organsysteme oder den physiologischen Zustand relevant sind. Dementsprechend ist der Computer in der Lage, derartige Profile nicht nach der verwendeten wissenschaftlichen Technik (Chemie, Mikrobiologie usw.) auszudrucken, sondern gemäß dem Organsystem (Leber- oder Nierenfunktion), den Krankheitssyndromen (Herzinfarkt oder Bluthochdruck) oder gemäß den Organprofilen (Schilddrüsenerkrankung).

Die Zusammenfassung dieser Ergebnisse durch den Computer bietet dem Arzt die Möglichkeit einer genaueren Einschätzung seiner Daten, der Ausschaltung von Ungewißheiten und, da die Daten kumulativer Art sind, der Anzeige von Veränderungen, die sich aus der Medikation oder anderen Verfahren ergeben. Es können Feststellungen abgegeben werden, die den Arzt alarmieren, um auf wesentlich veränderte Werte zu reagieren, entsprechende Folgemaßnahmen zu ergreifen oder Gedächtnislücken zu korrigieren. Dieses als „Problem Assisted Laboratory Medicine" (PALM) (Problembezogene Labormedizin) bezeichnete Programm ist ein weiteres Beispiel für die Bedeutung des Computers in der Entscheidungsfindung des Arztes.

2.7a.3.2 Zentralisierte Patienten-Datenbank (PMF)

Während viele Labordaten Zahlenwerte darstellen, können als Ergänzung zahlreiche andere Symbole verwendet werden. So könnte eine Abweichung der Werte von den Normalwerten mitgeteilt werden; (+ + +) könnten außerdem den Grad der Veränderung anzeigen. Vielleicht können Urteile des Pathologen bei der Auswertung sämtlicher Ergebnisse die sonst notwendigen Zahlen ersetzen.

All diese Ergebnisse werden im LIS für einen entsprechend den lokal geltenden Richtlinien bestimmten Zeitraum gespeichert. Sie können unter Umständen zur Langzeitlagerung an das HIS geschickt werden. Im Universitätsklinikbereich, wo wiederholt Arztbesuche stattfinden, sei es auf stationärer oder ambulanter Basis und wo mehrere Fachkliniken beteiligt sein können, ist ein solcher Zustand ideal. Im Ergebnis der Erstellung eines umfassenden HIS können die Daten aus diesen ganz verschiedenen Quellen in einer zentralen PMF zusammengefaßt werden und somit zur Einsicht für die verschiedenen behandelnden Ärzte griffbereit sein. Außer dem medizinischen Wert einer solchen zentralisierten Patienten-Datenbank (PMF) kann die Überschneidung von Anforderungen für Tests aus den verschiedenen Kliniken vermieden werden, insofern, als sämtliche Daten der Patienten für alle befugten Benutzer aus der PMF verfügbar sind. In diesen Fällen führt der Computer ein Protokoll über die gesamte Tätigkeit in Bezug auf den Patienten, speichert den Anrufer, die Zeit, abgefragte Daten und übermittelte Ergebnisse.

2.7a.3.3 Zukünftige Entwicklung

Zu den jüngsten Entwicklungen im Laborcomputerbereich gehört die Ausnutzung der Mikroprozessorentechnologie. Moderne Analyseinstrumente verfügen über ihren eigenen eingebauten Mikroprozessor zur Erzielung einer Datenreduzierung im jeweiligen Gerät und erstellen ein digitales Endergebnis, das auf einfache Weise in die Patienten-Datenbank im LIS übertragen werden kann.

Mikrobiologie, Immunologie, Blutbank und anatomische Pathologie sind ausgezeichnete Beispiele für Textverarbeitung durch Verwendung von Mikroprozessorentechnologie. Zahlreiche Anstrengungen werden unternommen, um in diesen Bereichen Fortschritte zu erzielen. Dies führt zu einem ähnlichen architektonischen Netzwerk innerhalb des Laborbereichs, das sich in Zukunft noch stark ausweiten und zweifellos wesentlich zu dem Ziel beitragen wird, eine maximale Qualitätssicherung, Fehlereliminierung, Beschleunigung des Testergebnis-Prozesses zu erreichen und endlich auch zu einer kontinuierlich verbesserten Patientenpflege führen wird.

Das expandierende Wachstum von ambulanten Pflegeeinrichtungen zeigt an, daß Kommunikationssysteme, die eine Korrespondenz mit verschiedenen Kliniken in vielen Bereichen ermöglichen, auf die Mikroprozessoren-Technologie verwiesen werden können und somit zu einer weiteren Senkung der für die Behandlung der Patienten in einer ungeduldigen Umwelt erforderlichen Kosten und Anstrengungen führen.

Schlußfolgerungen

Es besteht hier nicht die Absicht, alle möglichen Auswirkungen der Computertechnik auf den klinischen Laborbereich vollständig zu erörtern. Nachfolgend möchten wir die EDV-Funktionen zusammenfassen, die am effektivsten zur Steigerung der Zuverlässigkeit von Labortests eingesetzt werden können.

Es gibt wesentliche Vorteile, die zur Erhöhung der Krankenhaus- und Labordatensysteme beitragen, wenn diese an ein automatisiertes klinisches Labor mit einem gut organisierten und wirksamen Triage-Zentrum angeschlossen werden. Dies führt zu einer maximalen Ökonomie im Einsatz von Arbeitskräften, Zeit und Arbeit.

Kosteneinschätzungen der Vorteile einer frühzeitigeren und rascheren Patientenpflege, kürzere Patientenaufenthalte im Krankenhaus und erhöhte Leistungsfähigkeit der Ärzte und des betreffenden Krankenhauspersonals sind über Betriebstechnologiesysteme meßbar.

Durch ein integriertes Krankenhaus-Labor-Datensystem können die meisten der oben beschriebenen Probleme gelöst werden:

a) Anforderungen von Pflegestationen für Labortests werden durch die zentrale Rechenanlage auf exakte Patienten- und Test-Identifizierung überprüft und automatisch an das Labor weitergeleitet, wo eine gedruckte, lesbare Karte mit entsprechenden Etiketten erstellt wird.

b) Eine Kopie der Anforderung wird vom Krankenhauscomputer an den Laborcomputer übermittelt, wo er als Auftrag/Eingang fungiert. Arbeitsanweisungen werden erstellt und ein zu erreichendes und in die Akte einzutragendes Ergebnis vorausgeplant.

c) Automatisch entsteht eine Zeitprogrammanalyse, wobei der Computer die Zeiten für Anweisung, Antragsdruck, Probenbeschaffung, Lieferung an das Labor, Testdurchführung, Verfügbarkeit des Ergebnisses und der eigentlichen an die Pflegestation oder in Beantwortung einer entsprechenden Anfrage übermittelten Ergebnisse erstellt. Die Identifizierung der verschiedenen Personen, die diese Maßnahmen verantwortlich durchführen einschließlich der Identifizierung des Empfangs auf der Station, wird registriert.

d) Proben-Nummern werden während der O/E automatisch zugeordnet und mit der Patienten-Krankenhaus-Nummer zusammengefaßt. Damit ist die Bestimmung des Status der einzelnen Anträge, Proben und des Erfüllungsstandes während des Testzyklus möglich. Sich überschneidende Anträge, fehlerhafte Anweisungen und falsche Kennzeichnung der Patienten sind ausgeschaltet. Sofern die Institution über maschinenlesbare Patienten- oder Probenidentifikationen verfügt, sind Irrtümer bei der manuellen Übertragung dieser Daten nicht möglich.

e) Die Durchlaufzeit verkürzt sich, da die manuelle Übertragung von Probenahme, Arbeit, Kapazitäts- und Berichtslisten fast vollkommen ausgeschaltet wird. Sonstige menschliche Anstrengungen wie Datenreduzierung, manuelle Übertragung von Roh-Daten, Berechnung von Endergebnissen und Zuordnung dieser Ergebnisse zum richtigen Patienten entfallen. Das System ist fast von aller menschlichen Papierarbeit nach erfolgter schriftlicher Anforderung durch den Arzt befreit.

f) Berichte sind jederzeit über Sichtbildschirm, Sprachausgabe oder Drucker verfügbar. Die Erstellung von Einzelwerten, Interims- oder Gesamtberichten ist entsprechend den lokalen Bedürfnissen durchführbar.

g) Eine Langzeitlagerung für Kontroll- und Vergleichszwecke mit laufenden Daten ist vorhanden.

h) Die Patientenabrechnung erfolgt in Realzeit, wodurch verlorene Gebühren nicht mehr auftreten.

i) Die Qualitätskontrolle erfolgt automatisch. Es werden sämtliche Ergebnisse zwecks Genauigkeit und Exaktheit während des eigentlichen Analyseverfahrens überwacht, so daß die Gefahr der Übermittlung nicht zufriedenstellender Werte eingeschränkt wird.

j) Die automatische Berechnung statistischer Kenngrößen wie Standardabweichung u. a. Qualitätssicherungsparameter werden in jeder Einzelserie, in Tagesserien und von-Tag-zu-Tag-Serien durchgeführt und aufgezeichnet.

k) Statistische Analyse der Arbeitskapazität durch die Arbeitskapazitätsaufzeichnungssysteme des CAP oder sonstige Methoden sind möglich.

l) Die Ergebnisse können entsprechend Arzt, Station, Laborabteilung, Grad der Abnormalität oder medizinischem Dienst aufgelistet werden.

m) Unvollständige Tests werden aufgelistet und überwacht, bis sie vollendet und dem Arzt übermittelt werden. Ebenso bleiben Proben, die in anderen Referenzlaboratorien untersucht werden, in der Überwachung, bis ein Endbericht erstellt und empfangen wird.

n) Der jeweilige Aufenthaltsort des mobilen Patienten, der auf eine andere Station verlegt worden ist, wird vom HIS notiert und an das LIS weitergeleitet, so daß der Bericht an die entsprechende Station und nicht an die ursprüngliche Station geschickt wird.

o) Meßbare Kostenvorteile und die nicht meßbaren Verbesserungen der Patientenpflege sind so wesentlich, daß eine weiterlaufende Entwicklung in der Schaffung einer LIS/HIS-Symbiose erwartet werden kann, die als unvermindertes Ergebnis der verblüffenden Computerexplosion besteht.

Von Rappoport genannte Kurzzeichen

ADT	Aufnahme/Entlassung/Überweisung	Admission, Discharge, Transfer
CAP	Kolleg Amerikanischer Pathologen	College of American Pathologists
CLIA	Klinische Laborinspektion	Clinical Inspection Act (Government Law)
CLR	Kumulativer Laborgesamtbericht	Cumulative laboratory report
CRT	Kathodenstrahlenröhren = Sichtbildterminal	Cathod ray tube
CPU	Zentralrecheneinheit	Central processing unit
DAS	Datenerfassungssystem	Data aquisition system
DIVOTS	Daten-Eingabe-Sprach-Ausgabe-Telephon-System	Data input voice output telephone system
DP	Datenverarbeitung	Data processing
ID	Identifikationssystem	Identification system
HIS	Krankenhaus-Informationssystem	Hospital information system
JCAG	Kommission zur Krankenhaus-Beglaubigung	Joint Commission for Hospital Accreditation
LCS	Laborkommunikationssystem	Laboratory communication system
LIS	Labor-Informationssystem	Laboratory information system
O/E	Auftrag/Eingang	Order/Entry
OCR	Klarschriftleser	Optical character reader
PALM	Problemorientierter Laboratoriumsbetrieb	Problem assisted laboratory management
PCC	Patienten-Pflege-Zentrum/Station	Patient care center
PID	Patienten-Identifikationssystem	Patient's identification system
PMF	Patienten-Zentralkartei / Krankenblatt	Patient's master file
SID	Probenkennzeichnung	Specimen identification
TAT	Durchlaufzeit	Turn-around-time

2.7b Deskriptive Statistik und Dokumentationsprogramme für computerisierte Mehrkanalanalysatoren und Laboratorien (Modell Spandau II)

Karl-Georg v. Boroviczény (Berlin)

2.7b.0 Einleitung

In diesem Kapitel wird eine Strategie für die systematische Qualitätssicherung der Analytik und einen Pflichtenkatalog für die dafür notwendige Software erörtert. Das Konzept ist nach eingehender Besichtigung eines modernen 30-Kanal-Analysengerätes (Parallel) entstanden; es kann aber auch für andere Mehrkanalanalysatoren verwendet werden und eignet sich auch für kleine on-line arbeitende Laboratorien, wenn Einkanalanalysatoren datentechnisch als ein Mehrkanalanalysator behandelt werden. Das Ziel ist es, auf dem Gebiet der Qualitätssicherung und der deskriptiven Laborstatistik einen Anstoß zu der Software-Standardisierung zu geben, und damit die Software-Kosten zu reduzieren. Durch geeignete statistische Analysen der Patienten soll bei gleichzeitiger Senkung der durch Mehrfachbestimmungen und Richtigkeitskontrollen entstehenden Kosten ein Maximum an Informationen gewonnen werden. Dieser Versuch soll für Weiterentwicklungen, Verbesserungen und Ergänzungen offen bleiben. Die Zeit für diese Vorhaben ist reif, weil die zu erwartenden neueren Mehrkanalanalysatoren mit Prozeßrechner und Speicherkapazitäten großzügig ausgerüstet sind und die Umstellung großer und mittlerer Laboratorien zunehmend auf on-line-Datenverarbeitung in Gange ist.

2.7b.1 Voraussetzungen

Die Qualitätssicherungsstrategie setzt vier Bedingungen voraus:
- ein oder mehrere Analysengeräte sind on-line an einen Prozeßrechner mit genügend großen internen und auswechselbaren externen Speichermöglichkeiten angeschlossen
- die Analysengeräte sind ausreichend erprobt und die Geräteparameter (z. B. Verschleppungsfehler) bekannt
- die angewandten Analysenmethoden und ihre Parameter stehen fest
- die Durchführungsvorschrift ist schriftlich niedergelegt.

2.7b.2 Aufbau der Analysenserie

Tabelle 2.7b-1 gibt den Aufbau der Analysenserien wieder.

Die Nummern in der ersten Spalte dienen im Text und in den weiteren Tabellen als Bezug:

Tabelle 2.7b-1: Aufbau der Analysenserie

Nr.	Analysengut	Kanäle
1.1	3 × H_2O	alle Kanäle
1.2	Mehrere Standardlösungen	Kanalselektion
1.3	a. täglich gleichbleibende Richtigkeitskontrollprobe	alle Kanäle
	b. täglich alternierende Richtigkeitskontrollprobe	alle Kanäle
1.4	5 erste Patientenproben	alle Kanäle
1.5	20 weitere Patientenproben	alle Kanäle
1.6	3 × H_2O	alle Kanäle
1.7	Zweitbestimmung der Standards	Kanalselektion
1.8	Zweitbestimmung der Kontrollproben	alle Kanäle
1.9	Zweitbestimmung der ersten 5 Patientenproben	alle Kanäle
1.10	Alle restlichen Patientenproben	Kanalselektion
1.11	3 × H_2O	alle Kanäle
1.12	Zweitbestimmung bestimmter Patientenproben (mit Konzentrationsänderung)	Kanalselektion
1.13	3 × H_2O	alle Kanäle
1.14	Drittbestimmung der beiden Kontrollproben	alle Kanäle
1.15	Spülprogramm	alle Kanäle

- Um das Gerät auf Null zu stellen, Bezugspunkte zu schaffen und die Reagenzienleerwerte zu kontrollieren, wird jeder Analysenserie dreimal reinstes *Wasser* vorgegeben (1.1)
- die Zahl der eingesetzten Standards muß so gewählt werden, daß die Bezugsgerade oder die Bezugskurve im gesamten Meßbereich eindeutig definiert werden können
- in der Einführungsphase werden die *Standards* in jeder Serie *zweifach* analysiert (1.2 und 1.7)
- bei instabilen Methoden müssen längere Analysenserien zur Überprüfung der Kalibrierung an mehreren Stellen unterbrochen werden; für diese Fälle sollte der Hersteller entsprechende Vorschriften geben
- zwei *Kontrollproben*, eine gleichbleibend und eine täglich alternierende Kontrollprobe werden in jeder Analysenserie dreimal eingesetzt (1.3, 1.8 und 1.14). Dies reicht bei stabilen Methodologien auch für lange Analysenserien aus. Bei instabilen Methoden müssen Kontrollproben in gleichem Umfang wie die Standards eingesetzt werden. Wichtig ist, daß Stabilität und Instabilität jedes einzelnen Kanals geprüft und bekannt sind; da Rekalibration und erneute Kontrolle kostenaufwendig sind, sollten diese nur so oft, wie unbedingt notwendig, vorgenommen werden. Das Risiko, eine ganze Serie wiederholen zu müssen, sollte mit den Kosten der eingesetzten Kontrollproben verglichen werden
- die *ersten fünf Patientenproben* werden innerhalb der Serie zweifach bestimmt (1.4, 1.9). Dies bezweckt die tägliche Überprüfung der Wiederholgenauigkeit. Es ist nicht notwendig, diese Proben als Zufallstichproben aus allen vorhandenen Patientenproben des Tages zu ziehen. Es sollte aber darauf geachtet werden, daß Proben des gleichen Patienten nicht an aufeinanderfolgenden Tagen hierzu herangezogen werden. Diese fünf Proben sollten so gewählt werden, daß die Ergebnisse voraussichtlich nicht in denselben Bereich fallen und nicht von Patienten ein und derselben Station stammen. Für diese Analysen können nur Patienten-

proben genommen werden, deren Menge an allen Kanälen für Doppelbestimmungen ausreichen
- die folgenden 20 Patientenproben (1.5) dienen zusammen mit den Erstbestimmungen der fünf ersten Patientenproben der Durchführung der am Anfang des Tages fälligen *Plausibilitätskontrollen der Serie*
- nach der Zweitbestimmung des Standards, der Kontrollproben und der ersten fünf Patientenproben (1.7 bis 1.9) werden die für diesen Tag zur Analyse vorgesehenen *Patientenproben* angeschlossen (1.10)
- nachfolgend wird dreimal mit Wasser gespült
- *Proben mit einer Meßwertüberschreitung,* eventuell auch unplausible und weitere, gezielt ausgewählte Proben (2.4) werden zusammengestellt, wenn notwendig verdünnt und erneut analysiert. Auch nach dieser Serie wird dreimal Wasser eingesetzt (1.13)
- die Routine wird dann mit der *Dritt*bestimmung der Kontrollproben abgeschlossen (1.14)
- nach Abschluß der Routinearbeiten wird das von Hersteller vorgeschriebene tägliche *Spülprogramm* durchgeführt (1.15).

2.7 b.3 Einführungsphase

In der *Einführungsphase* werden an 20 Tagen Analysen und Kontrollproben gespeichert. Bei der Inbetriebnahme eines neuen Gerätes oder bei einer Methodenumstellung werden die an 20 Tagen durchgeführten Analysen ausschließlich zur Feststellung der Analysen- und Kontrollproben verwendet. Daraus ergeben sich etwa 1.100 Analysen je Analysenkanal (einschließlich Leerwerte, Standards usw.), davon 500 Patientenwerte, die nicht verwertet werden. Grundsätzlich sollen erst alle Versuche an 20 Arbeitstagen (4 Wochen) durchgeführt und erst dann ausgewertet werden. Am 21. Tag kann mit der umfassend kontrollierten Routinearbeit begonnen werden.

Tabelle 2.7 b-2: Feststellung der Analysen- und Kontrollwerte an 20 Tagen

Nr.	Vorgang	Bezug auf Tab. 1
2.1	Aufbau der Serie	1.1 bis 1.9 u. 1.12 bis 1.15
2.2	Feststellung der Reagenzienleerwerte	1.1, 1.6, 1.11 und 1.13
2.3	Aufstellung der Bezugskurven	1.2 und 1.7
2.4	Überprüfung der Bezugskurven	1.5 und 1.12
2.5	Feststellung der Präzision in der Serie	1.3, 1.4, 1.8, 1.9 und 1.14
2.6	Feststellung der Präzision zwischen den Serien	1.3, 1.8 u. 1.14
2.7	Überprüfung der Vergleichbarkeit	1.4 und 1.5
2.8	Überprüfung der Richtigkeit	1.3, 1.8 u. 1.14
2.9	Festlegung der Trunkierungsgrenzen und Ausgangsdaten für die Hofman-Vaid-Kontrollen	1.4 und 1.5
2.10	Festlegung der Ausgangsdaten für die Medianwert- und Schwellenwertkontrollen	1.4 und 1.5

Wie aus der **Tabelle 2.7b-2** hervorgeht, werden 20mal *Bezugskurven* aufgestellt (2.3) und überprüft (2.4). Es werden dafür geeignete Proben verdünnt oder mittels Zuwaage angereichert. Die Vergleichbarkeit wird bei allen Patientenproben mit den im Labor bislang geübten Methoden an jeweils 500 Patientenproben mittels Doppelbestimmungen geprüft (2.7). Auch die Reagenzienleerwerte werden festgestellt (2.2).

An allen 20 Tagen werden die gleichen Standards eingesetzt (2.3). Die erste *Kontrollprobe* ist täglich die gleiche (1.3 A), die zweite (1.3 B) wird täglich gewechselt. Die Präzision zwischen den Serien bei der gleichbleibenden und der täglich wechselnden Kontrollprobe wird verglichen und damit der Matrixeffekt statistisch festgestellt (2.6). Wenn nach 20 Tagen alle Werte gespeichert sind, werden nach Ausreißerelimination aus den Meßwerten Gesamtmittelwerte und Standardabweichungen, bei Zählwerten die Poisson- oder Binomialverteilung, danach die *Tagesmittelwerte* berechnet und als *Vorwerte* gespeichert. Es ergeben sich *Reagenzien-Leerwerte* (2.2), *Präzision in der Serie* (2.5), *Präzision zwischen den Serien* (2.6) und *Richtigkeit* (2.8). Die Standardabweichung der Doppelbestimmungen wird nach der Formel

$$s = \sqrt{\sum(x_1 - x_2)^2 \cdot 2n^{-1}}$$

geschätzt (siehe Abbildung 2.4-1).

Bezugskurven und Regressionsgeraden der *Vergleichsanalysen* (2.7) sollen ausgerechnet und mit der gesamten Punkteschar ausgedruckt werden. An den Bezugskurven werden die Analysen an den Standards (2.3) und die Ergebnisse der Verdünnungs- und Zugabeversuche (2.4), anders gekennzeichnet, graphisch dargestellt.

Für die *Hofman-Vaid-Kontrolle* werden aus den 500 Patientenwerten mittels Anpassung einer Gauß'schen Glockenkurve die Trunkierungsgrenzen bei ± 2 s festgestellt (2.9); graphisch ist dies mit einem Wahrscheinlichkeitspapier möglich. Danach werden rückwirkend für jeden Tag aus den trunkierten Serien die Mittelwerte und Streumaße berechnet (2.9).

Die für jeden Tag ausgerechneten *Medianwerte* (50. Zentilwert) werden gespeichert. Als *Schwellenwerte* nimmt man die äußeren Grenzen der Grenzbereiche, also jene Punkte, von denen an die Werte als pathologisch bezeichnet werden (2.10). Wenn ein Punkt nicht bekannt ist (bei vielen Analysenbestandteilen gibt es keine pathologisch niedrigen Werte), kann man den 5. bzw. den 95. Zentilwert aus dem Gesamtkollektiv der 100 Patientenwerte berechnen. Der Schwellenquotient wird so berechnet, daß die Anzahl der außerhalb des einen Schwellenwertes liegenden Ergebnisse mit der Anzahl aller anderen Analysen geteilt wird. Mit dem anderen Schwellenwert wird genauso verfahren. In der Abbildung 2.7b-2 steht ein Beispiel für die Bestimmung des Tages-Zentilwertes und der Schwellenwert-Quotienten.

2.7b.4 Interne Kontroll- und Sicherungsmaßnahmen

Bei der täglichen internen Qualitätskontrolle werden jede Serie und innerhalb derselben jeder Einzelwert nach mehreren Gesichtspunkten kontrolliert (**Tabelle 2.7b-3**). Der Paralleleinsatz mehrerer Kontrollkriterien bezweckt, daß Fehler mit größtmöglicher Sicherheit entdeckt, Fehler erster Art (d. h. falsche Alarme) jedoch möglichst vermieden werden.

Tabelle 2.7b-3: Interne Kontroll- und Sicherungsmaßnahmen

Nr.	Vorgang	Bezug auf andere Tabellen
3.1	*Aufbau der Serie*	1.1; 1.3 bis 1.6; 1.8 bis 1.15
3.2.	*Serienkontrollen* durch *Vergleich* mit den letzten 20 Werten	
3.2.1.	Reagenzienleerwertkontrolle	2.2
3.2.2.	Präzisionskontrolle in der Serie (Wiederholbarkeit)	2.5
3.2.3.	Präzisionskontrolle zwischen den Serien	2.6
3.2.4.	Richtigkeitskontrollen	2.7
3.2.5.	Hofman-Vaid-Kontrollen	2.9
3.2.6.	Medianwert- und Schwellenwertkontrollen	2.10
3.3.	*Serienkontrollen* durch *Trendanalyse* der letzten 7 Werte	
3.3.1.	Reagenzienleerwertkontrolle	2.2
3.3.2.	Präzisionskontrolle in der Serie	2.5
3.3.3.	Präzisionskontrolle zwischen den Serien	2.6
3.3.4.	Richtigkeitskontrollen	2.7
3.3.5.	Hofman-Vaid-Kontrollen	2.9
3.3.6.	Medianwert- und Schwellenwertkontrollen	2.10
3.4	*Einzelwertkontrollen*	
3.4.1.	Kontrolle auf systematische Fehler (Ursache u. Ausmaß)	
3.4.2.	Kontrolle der Mehrfachbestimmungen	
3.4.3.	Lagekontrolle der Einzelwerte (bzw. Mittelwerte)	1.4; 1.5; 1.9;
3.4.4.	Korrelationskontrolle bei Wertepaaren, Triplets usw.	1.10 und 1.12
3.4.5.	Korrelationskontrolle mit klinischen Angaben	
3.4.6.	Trendkontrolle auf Grund der Vorwerte	
3.5.	*Verbrauchsmaterialbedarfsberechnung*	1.1 bis 1.15
3.6.	*Terminierung* der internen Kontroll-, Reinigungs- und Wartungsarbeiten	6.8 und 6.9

Zweierlei *Serienkontrollen* werden durchgeführt: der aktuelle Wert (z. B. Reagenzienleerwert oder Analysenwert von Richtigkeitskontrollproben usw.) wird mit 20 vorhergegangenen Werten verglichen, um zu klären, ob der aktuelle Wert signifikant (Irrtumswahrscheinlichkeit 5%) vom Mittelwert der vorhergegangenen 20 Werte abweicht (3.2). Ist die Abweichung nicht signifikant, so wird der älteste Vorwert gestrichen und der aktuelle Wert als neuester Wert eingesetzt. Damit wird eine ständig gleitenden Kontrolle erzielt.

Die *Trendkontrolle* ist eine andere Art der Serienkontrolle. Bei dieser Methode bildet man mit den sieben letzten Werten (d. h. mit den aktuellen Werten und den sechs davor angefallenen Werten) eine Regressionsgerade und vergleicht diese mit der Abszisse. Untersucht wird, ob die Steigung der Regressionsgeraden und die Parallelverschiebung der Abszisse bei einer Irrtumswahrscheinlichkeit von 5% zufällig ist oder nicht (3.). Auch diese Kontrolle ist gleitend: der aktuelle Wert der ersten Kontrollprobe (1.3) zusammen mit den sechs Werten der beiden vorhergegangenen Tage (jede Kontrollprobe wird täglich dreimal analysiert (1.3, 1.8, 1.14)) werden zur Berechnung der Regressionsgeraden genommen, wobei die Zweitbestimmung der Kontrollprobe (1.8), der unter 1.3 gewonnene Wert zum 6. Vorwert wird, also an 6. und nicht wieder an 7. Stelle steht. Die Leerwertkontrolle erfolgt viermal täglich (1.1, 1.6, 1.11 und 1.13). Es wird immer der bei der dritten Probe gewonnene Analysenwert genommen (die Werte der ersten und zweiten Probe bleiben unberücksichtigt). Hier wird also der am Morgen gefundene Wert (1.1) mit den vier Vorwerten des vorherigen Tages und mit den zwei letzten Werten (1.11 und 1.13) des vorletzten Tages zusammen zur Trendanalyse verwendet, während z. B. der dritte Wert des Tages (dritte Bestimmung und 1.11) mit den beiden vorliegenden Werten des gleichen Tages und den vier Werten des Vortages zusammen zur Trendanalyse genommen wird.

Alle *Serienkontrollen* werden nach beiden Gesichtspunkten durchgeführt. Es wird immer untersucht, ob der aktuelle Wert von dem Mittelwert der 20 vorhergegangenen Werte nur zufällig abweicht, und es wird immer untersucht, ob der aktuelle Wert zusammen mit sechs Vorwerten eine nur zufällig von der Abszisse abweichende Regressionsgerade ergibt.

Die *Reagenzienleerwertkontrolle* der Serie ist bereits besprochen worden (3.2.1, 2.2). Sie dient auch zur Überprüfung der Stabilität des Analysenbasiswertes (O-Kontrolle).

Die *Präzisionskontrolle* in der Serie (Präzision unter Wiederholbedingungen) erfolgt aufgrund der täglich durchgeführten fünf Doppelbestimmungen. Die Standardabweichung der fünf Doppelbestimmungen wird nach der oben bereits angesprochenen Formel berechnet. Die Standardabweichung wird als aktueller Wert für die beiden Serienkontrollen eingesetzt.

Täglich werden zwei *Richtigkeitskontrollproben* dreimal analysiert (1.3, 1.8 und 1.14).

Die erste Richtigkeitskontrollprobe ist gleichbleibend, d. h. sie wird stets der gleichen Charge entnommen; bei Übergang auf eine neue Charge muß diese als Vorperiode 20 Tage lang parallel mit der alten Charge geführt werden.

Die zweite Richtigkeitskontrollprobe wird täglich alternierend eingesetzt; innerhalb des Tages wird aber dreimal dieselbe Kontrollprobe analysiert.

Die erste Kontrollprobe, bei der Tag für Tag immer die gleiche Charge eingesetzt worden ist (Richtigkeitskontrolle mit Werten im Normbereich), wird im folgenden als „Probe a“, die andere Richtigkeitskontrollprobe, bei der jeden Tag alternierend ein anderes Fabrikat eingesetzt worden ist, im folgenden als „Probe b“ bezeichnet.

Jede Probe wird dreimal analysiert (1.3.a, 1.8.a, 1.14.a bzw. 1.3.b, 1.8.b und 1.14.b); aus jeweils drei Einzelmeßwerten werden die Mittelwerte $\bar{x}_a$ mit den Vertrauensbereich $\pm\, s_a$ bzw. $\bar{x}_b \pm s_b$ berechnet.

Demgegenüber stehen die beiden Zielwerte (z) der Richtigkeitskontrollprobe z_a mit dem Vertrauensbereich $\pm\, s_{za}$ sowie $z_b \pm s_z t_b$. Bei der täglichen Richtigkeitskontrolle werden die beiden $\bar{x}$-Werte mit den Zielwerten verglichen und wird die O-Hypothese überprüft. Neben den Mittelwerten sollten immer auch die bei der Analyse der Richtigkeitskontrollen gewonnenen Einzelwerte beachtet werden. Bei der Kontrollprobe b wird aus dem Istwert und Zielwert ein Quotient oder eine Differenz gebildet (je nachdem, ob die Standardabweichung konzentrationsabhängig ist oder nicht) und mit q bzw. d bezeichnet.

Die üblichen Serienkontrollen (3.2 bzw. 3.3) werden mit den Einzelwerten (1.3.a, 1.8.a, 1.14.a bzw. 1.3.q, 1.8.q, 1.14.q oder 1.3.d, 1.8.d, 1.14.d) durchgeführt.

Die drei Analysen an Kontrollproben sind an den für die Qualitätssicherung strategisch wichtigen Punkten angesetzt: vor Beginn der Analysenreihe, am Ende der täglichen Testphase und am Ende der gesamten Analysenreihe; dadurch können während der Analytik auftauchende Trends erkannt werden.

Zur Beurteilung der Streuung von Tag zu Tag werden die Mittelwerte ($\bar{x}_a$ bzw. q, $\bar{x}_b$ bzw. d) mit den Tagesmittelwerten bzw. Quotienten oder Differenzen der vorhergegangenen Tage nach 3.2 und 3.3 verglichen. Auch hier macht sich der durch den Matrixeffekt hervorgerufene Unterschied bemerkbar.

Bei der *Hofman-Vaid-Serienkontrolle* und bei der *Medianwertkontrolle* sowie bei den *Schwellenwertkontrollen* werden Tagesmittelwert und Streuung der trunkierten Serie, aktueller Medianwert und die beiden aktuellen Schwellenwerte mit den Vorwerten (nach dem Schema 3.2 und 3.3) verglichen.

Es folgen *Einzelwertkontrollen*, bei denen jeder einzelne Patientenwert möglichst nach mehreren Gesichtspunkten untersucht wird, um die auffälligen Patienten-Einzelwerte herauszufinden und zu markieren: als erstes die *Kontrolle auf systematische Fehler* (3.4.1), die bei klinisch-chemischen Plasma- und Serumanalysen aus der Prüfung auf Rotfärbung (Hämolyse), auf Gelbfärbung (Ikterus) und auf Trübung (Lipämie) bestehen kann, anschließend die Kontrolle der *Mehrfachbestimmungen* (Doppelbestimmungen ohne bzw. mit Konzentrationsänderungen, 3.4.2). Dabei werden die Standardabweichungen mit den vorhergegangenen Standardabweichungen von Doppelbestimmungen verglichen.

Wesentlich ist die *Lagekontrolle* jedes Einzelwertes (3.4.3), wobei die in einem Extrembereich liegenden Werte als unplausibel markiert werden (das gleiche gilt für die Mittelwerte von Mehrfachbestimmungen).

Es folgt die *Korrelationskontrolle* von Wertepaaren, Triplets usw. (3.4.4).

Nach dem unter 6.10 besprochenen Schema werden bereits in der 20tägigen Vorphase Wertepaare bzw. Triplets, Quadriplets usw., die in einem bestimmten Bezug zueinander stehen (z. B. GOT und GPT; Hb, Ery und Hämatokrit; Albumin und Gesamteiweiß; HBDH und LDH usw.), gesammelt, ihre Verteilung untersucht und Korrelationsellipsen bzw. Korrelationspolynome definiert (**Abbildungen 2.7 b-1** und **2.7 b-2**). Diese Sammlungen zusammen mit einer immer genauer werdenden Definition der Korrelationsellipse bzw. des Korrelationspolynoms muß fortgesetzt werden; dadurch wird diese Kontrolle von selbst immer besser. Bei der Korrelationskontrolle wird die Lage des jeweils ermittelten Korrelationspunktes in Bezug auf die Korrelationsellipse oder das Korrelationspolynom untersucht.

Dem Laborarzt sollte die *Diagnose* zusammen mit anderen klinischen Angaben immer bekannt sein, um die Plausibilität an der Relevanz bzw. die Dringlichkeit der Laborwerte beurteilen zu können (3.4.5); so sind z. B. nach einer Transfusion höhere Hämoglobinwerte zu erwarten. Zusätzlich sollte im Computerprogramm die Möglichkeit solcher Kontrollen vorgesehen sein.

Über die *Trendkontrolle* anhand der Vorwerte (3.4.6) hat Porth statistisch vorbildlich aufbereitetes Material mitgeteilt.

Neben den Serien- und Einzelwertkontrollen sind aufgrund der Anzahl der durchgeführten Analysen und aufgrund der Betriebszeitregistrierung *Berechnungen des Verbrauchsmaterialbedarfs* (3.5), ebenso die Terminierung aller Kontroll-, Reinigungs- und Wartungsarbeiten (3.6) durchzuführen; diese sollten über Bildschirm angezeigt und ihre Erledigung quittiert werden können.

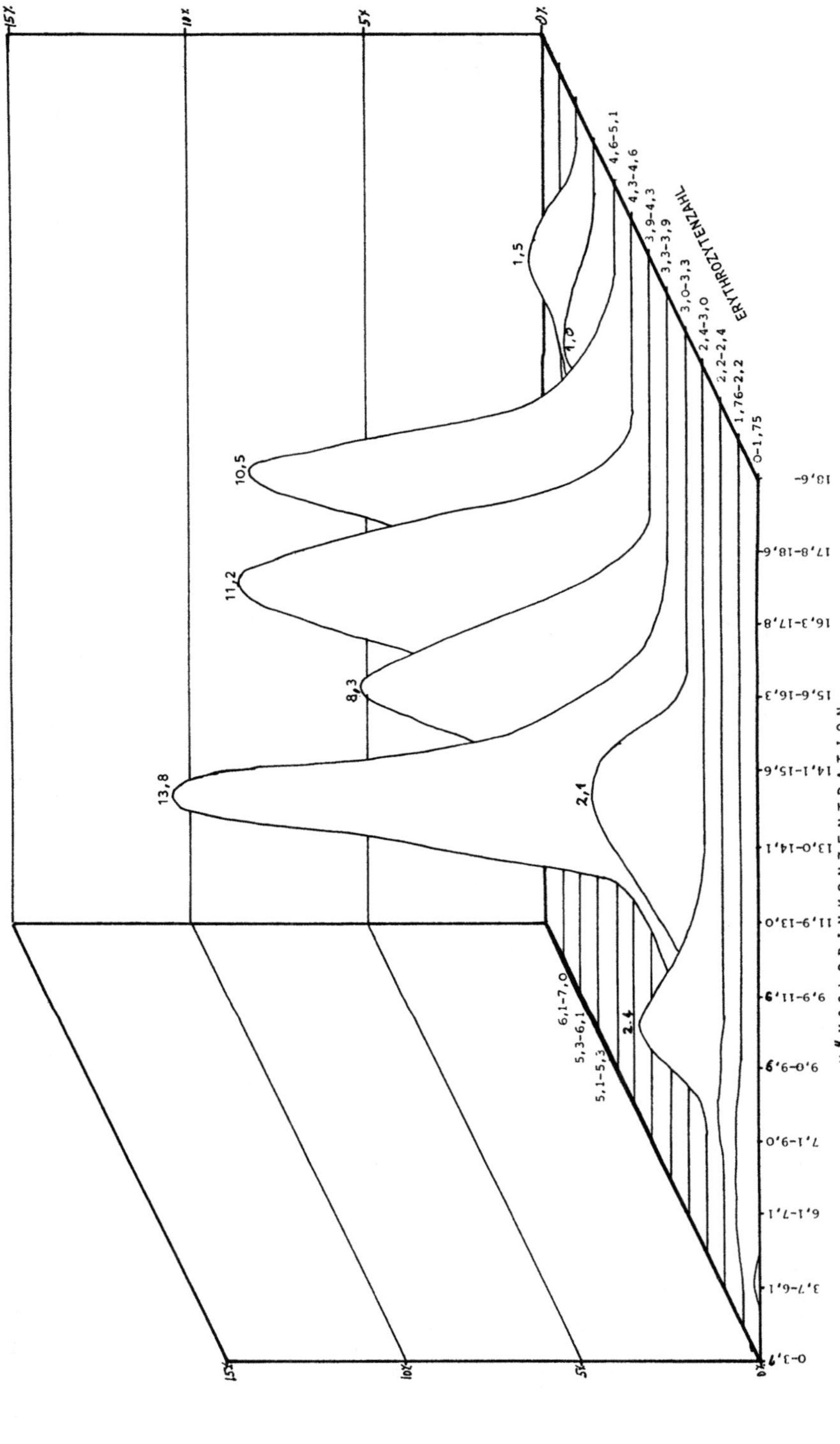

Abb. 2.7b-1: Prozentuale Verteilung von 17 559 HB-ERY-Wertepaaren

DIE ACHSENEINTEILUNGEN BEZIEHEN SICH AUF FOLGENDE ZIELSUMMEN-PROZENTE :

B-ERYTHROZYTEN-COULT	0-0,1	0,1-0,5	0,5-1,0	1,0-5,0	5,0-10,0	10-30	30-50	50-70	70-90	90-95	95-99	99,0-99,5	99,5-99,9	99,9-100	SUMME
314,10-602						.01	.02	.04	.01						.08
7,01-314						.05	.03	.03	.05	.02	.02		.02		.30
6,11-7,00						.01	.05	.05	.02		.06	.05	.06		.29
5,31-6,10						.06	.09	.12	.71	.79	1.51	.28	.07		3.65
5,11-5,30						.01	.06	.23	1.26	.98	.72	.03	.01		3.31
4,61-5,10					.02	.32	.36	4.32	10.48	2.36	.81	.04	.01		19.27
4,30-4,60			.02	.03	.06	1.07	5.15	11.20	6.00	.26	.06				23.94
3,91-4,29			.01	.04	.09	3.30	8.29	4.43	.86		.01				17.04
3,31-3,90	.03	.01	.02	.34	1.28	13.78	4.95	.80	.09						21.33
3,01-3,30	.01		.02	.70	2.09	2.65	.14	.01	.01						5.63
2,41-3,00	.01	.05	.16	2.40	1.25	.32	.01								4.23
2,21-2,40	.01	.02	.17	.22	.02	.01									.45
1,76-2,20		.11	.15	.09	.02										.36
000-1,75	.01	.09	.01	.01											.13
B-HB-COULT	000-3,70	3,71-6,10	6,11-7,10	7,11-9,00	9,01-9,90	9,91-11,9	11,91-13,0	13,01-14,1	14,11-15,6	15,61-16,3	16,31-17,8	17,81-18,6	18,61-		
SPALTENSUMME	.11	.31	.56	3.85	4.33	21.61	19.66	21.23	19.48	4.41	3.20	.40	.23		100.00

Abb. 2.7b-2: Konstellationen: B-Erythrozyten-Coult und B-HB-Coult bezogen auf 17 559 Wertepaare

Tabelle 2.7b-4: Externe Kontroll- und Sicherungsmaßnahmen

Nr.	Vorgang
4.1	*Probentausch,* Auswertung und Dokumentation
4.2	*Ringversuche,* Auswertung und Dokumentation
4.3	*Wertungs- u. Reparaturarbeiten* des Kundendienstes, Dokumentation

2.7b.5 Externe Kontroll- und Sicherungsmaßnahmen

Es sollten täglich Probentausch (4.1) und Ringversuchsergebnisse (4.2) ausgewertet und ebenso Wartungs- und Reparaturarbeiten des Kundendienstes (4.3) dokumentiert werden. (Der *Probentausch* ist eine Doppelbestimmung unter Vergleichsbedingungen und wird wie jede andere Doppelbestimmung ausgewertet) (siehe **Tabelle 2.7b-4**).

Die Ergebnisse müssen mit Eigenwert, Probentauschpartnerwert, Differenz- und Standardabweichung der Differenz mit dem jeweiligen Datum für jeden Analysenbestandteil gespeichert werden und als Liste abrufbar sein.

Bei den *Ringversuch*-Ergebnissen werden mit Datum und Bezeichnung des Ringversuch-Veranstalters die eigenen Werte und die vom Veranstalter vorgegebenen Werte und Zielbereiche, Bestehen oder Nichtbestehen sowie Gültigkeitsdauer des Zertifikates gespeichert. Alle gültigen Ringversuch-Zertifikate, geordnet nach Datum und Dauer der Gültigkeit, müssen abrufbar sein. Bei den Wartungs- und Reparaturarbeiten sollten Datum, Art und Umfang der durchgeführten Arbeiten, eventuell auch die Schadensursache und Reparaturkosten gespeichert werden.

2.7b.6 Konsequenzmaßnahmen

Kontroll- und Sicherheitsmaßnahmen werden durchgeführt, um aus ihren Ergebnissen Konsequenzen zu ziehen. Die Konsequenz eines in seiner Ursache und Ausmaß erkannten systematischen Fehlers ist die *Korrektur* (**Tabelle 2.7b-5**).

Bei der Blutkörperchenzählung muß der Koinzidenzfehler korrigiert werden (bei großen Zählgeräten erfolgt diese Konsequenz bereits seit vielen Jahren). Bei Hyperleukozytose muß die Leukozytenzahl bei der Zählung der roten Blutkörperchen in Abzug gebracht werden. Beispiele für die klinische Chemie sind die Berücksichtigung des Bilirubinfehlers bei der Cholesterinbestimmung oder der Erhöhung der Kaliumwerte bei einer Hämolyse (3.4.1, 5.1).

Infolge der Mehrfachbestimmungen ist eine *Mittelwertberechnung* (5.5) mit Ausreißer-Kontrolle (Dixon-Test) bzw. die Korrektur der Ergebnisse bei vorverdünnten Proben (5.4), aber auch die Sperrung von Ergebnissen an der Meßwertgrenze (5.3) angezeigt.

Unplausible Ergebnisse, signifikante Abweichungen der aktuellen von vorhergegangenen Werten bzw. Trends (3.2 und 3.3) müssen dem Untersucher so erkenntlich werden, daß sie auffallen (5.6). Die Entscheidung, ob weiter analysiert werden soll und ob diese Werte herausgegeben werden können, muß dem Untersucher überlas-

Tabelle 2.7b-5: Konsequenzmaßnahmen

Nr.	Vorgang	Bezug auf andere Tabellen
5.1	Korrektur systematischer Fehler	3.4.1
5.2.	Hinweis auf Warn- und Kontrollgrenzüberschreitung	3.2, 3.3
5.3.	Hinweis auf mögliche Meßbereichüberschreitung	3.4.3
5.4.	Umrechnung bei Konzentrationsänderung	1.12
5.5.	Ausreißertest und Mittelwertbildung bei Mehrfachbestimmung	3.4.2
5.6.	Kennzeichnung unplausibler Ergebnisse	3.2, 3.3, 3.4
5.7.	Anzeige alarmierender Ergebnisse (mit Telefonnummer)	3.4.3
5.8.	Anzeige und Sperrung von Nonsenswerten	3.4
5.9.	Befundung der Ergebnisse	3.4.3, 3.4.5
5.10.	Freigabe von Ergebnissen und Befunden (einzeln, gruppenweise)	

sen bleiben. Hier zeigt sich der Vorteil von vielerlei Serien- bzw. Einzelwertkontrollen. Zeigt nur eine dieser Kontrollen einmal eine signifikante Abweichung an, kann von einem Fehler erster Art ausgegangen werden (falsche Fehleranzeige), der bei einer Irrtumswahrscheinlichkeit von 5% etwa in jedem 20. Fall vorkommt. Weisen mehrere Kontrollen in gleichem Sinne auf eine Abweichung hin, so ist ein Fehler erster Art unwahrscheinlich (bei zwei gleichsinnig anzeigenden Kontrollen 1:400, bei dreien 1:8000); darum ist es zweckmäßig, die Analytik anzuhalten, um den Fehler zu suchen.

Alarmierende Werte sind Analysenergebnisse, die auf einen lebensbedrohenden Zustand des Patienten hinweisen, weshalb der behandelnde Arzt umgehend benachrichtigt werden muß. Alarmgrenzen werden in der Einzel-Analysendatei (6.7.2) angegeben, und wenn eine Alarmgrenze überschritten wird, muß dies dem Untersucher in auffallender Weise, am besten bei gleichzeitiger Anzeige der anzurufenden Telefonnummer, mitgeteilt werden (5.7).

Nonsenswerte müssen gesperrt werden (5.8). Sie sind mit dem Leben nicht mehr zu vereinbaren und liegen weit jenseits des Extrembereichs; auch unlogische Kombinationen (z. B. HBDH-Aktivität höher als die LDH-Aktivität), oder unmögliche Veränderungen (z. B. Änderung der Blutgruppe des Patienten) dürfen nicht mitgeteilt werden. Der Untersucher muß die notwendigen Maßnahmen ergreifen (z. B. Wiederholung der Analytik oder Zurückweisung einer verwechselten oder verunreinigten Probe).

Alle unter 5.3 bis 5.8 aufgeführten *Ergebnisse* müssen mit den gezogenen Konsequenzen zusammen unlöschbar, für den Laborleiter abrufbar, gespeichert werden. Es muß also gespeichert werden, ob dieser Wert herausgegeben oder gestrichen worden ist bzw. ob und wann ein alarmierender Wert telefonisch durchgegeben worden ist. Analysenergebnisse sollten kommentiert werden und so einen *Befund* ergeben. *Kommentare* sollten programmiert oder, frei formuliert, eingegeben werden können. Die programmierbare Feststellung, ob ein quantitativer Analysenwert im Normbereich, im oberen oder unteren Grenzbereich, im oberen oder unteren pathologischen Bereich oder im oberen oder unteren Extrembereich liegt, wird mit den Zeichen +, + +, + + +, –, – –, – – – kommentiert. Ein Gleichheitszeichen oder Ausrufungszeichen weist darauf hin, daß ein unplausibler Wert bereits vom Labor als solcher erkannt, kontrolliert und als zutreffend befundet worden ist. Es sollte eine Kommentarliste verfügbar sein, um Kommentare über einen Ziffern-code abrufen zu können, und es sollte auch möglich sein, frei formulierte Kommentare über eine alphanumerische Tastatur einzugeben. Die Ergebnisse und die Befunde werden vom Untersucher durch Eingabe eines persönlichen Codes freigegeben.

Korrekturmöglichkeiten sind vorzusehen: ein fehlerhafter Wert muß jederzeit korrigiert oder gelöscht werden können; auch dieses Ereignis muß für den Laborleiter aufgelistet sein.

2.7b.7 Deskriptive Statistik und Dokumentation

Der Geräte- oder Laborcomputer sollte neben der Qualitätskontrolle noch folgende Aufgaben erfüllen (**Tabelle 2.7b-6**):
- Verteilerorganisation (6.1, 6.2)
- Ergebnis- und Ereignisdokumentation (6.4 bis 6.7, 6.11)
- Statistikführung (6.8 bis 6.10)
- Betriebswirtschaft (6.12 bis 6.14)

Tabelle 2.7b-6: Deskriptive Statistik, Listen, Dateien usw.

Nr.	Vorgang	Bezug auf andere Tabellen
6.1	Etikettendruckprogramm (mit Mengenangaben)	1.3 bis 1.5; 1.7 bis 1.10; 1.12; 1.14
6.2	Verteilerlisten mit Probenmengenangaben	1.1 bis 1.14
6.3	Arbeitslisten mit Vorwerten und Probennachweis	1.1 bis 1.15
6.4	Einsenderorientierte Ergebniszwischenberichte	1.4; 1.5; 1.10; 1.12
6.5	Patientenorientierte kumulative Ergebnis- u. Befundausgabe	1.4; 1.5; 1.10; 1.12
6.6	Laborjournal	1.1 bis 1.14
6.7	Ereignislisten	5.2 bis 5.8
6.8	Zählroutinen: Serie/Schicht/Tag/Monat/Jahr bzw. Analysenkanal/Patient/Einsendung/Einsender	1.1 bis 1.14
6.9	Betriebsstundenbuchführung (nb. stand-by/routine)	1.1 bis 1.15
6.10	Ein- und mehrdimensionale Patientenwerteverteilungen	1.4; 1.5; 1.10; 1.12
6.11	Serienübersicht Tag/Monat/Jahr	1.1 bis 1.14
6.12	Einsenderbezogene Kostenzuweisung	1.4; 1.5; 1.10; 1.12
6.13	Bestell-Listen	3.5
6.14	Kosten-Buchführung	3.5; 4.3; usw.
6.15	Dateien (Patienten-, Geräte-, Methodendateien usw.)	

2.8a Personalbedarf und Kosten

Karl Osburg (Hamburg)

2.8a.0 Allgemeines

Im Rahmen der Personalbedarfs- und Kostenermittlungen im medizinischen Laboratorium sollten die Qualitätssicherungsmaßnahmen getrennt erfaßt werden. Dies ist notwendig, um bei Kostenstellenrechnungen bzw. Kosten/Nutzen-Analysen den für die Qualitätssicherungsmaßnahmen erforderlichen Personal- und Kostenanteil gesondert zu ermitteln.

2.8a.1 Voraussetzungen

2.8a.1.1
Zu den Qualitätssicherungsmaßnahmen zählen nicht nur die gesetzlich vorgeschriebenen Qualitätskontrollen, sondern auch alle für die Analytik erforderlichen sonstigen Hilfs- und Sekundäranalysen.

2.8a.1.2 Erfassung der Zählobjekte
Um den hierfür erforderlichen Personalbedarf und die Kosten zu erfassen, müssen im Rahmen der laufenden Laborstatistik eine differenzierte Erfassung der erforderlichen Zählobjekte durchgeführt,
- im Rahmen des Materialwirtschaftsverfahrens die Materialkosten für die Qualitätssicherungsmaßnahmen (Kontrollseren, Standards usw.) soweit wie möglich getrennt erfaßt, und
- im Rahmen der Kostenstellenrechnung für das Laboratorium die umzulegenden Fixkosten ermittelt werden.

2.8a.1.3 Zählobjekte
Zählobjekt ist die Analyse. Unter Analyse werden der (qualitative, semiquantitative) Nachweis oder die (quantitative) Bestimmung einer Kenngröße in einer Probe verstanden.

Im Rahmen einer differenzierten Laborstatistik müssen folgende Zählobjekte getrennt erfaßt werden:

Angeforderte Analysen (Anzahl der Anforderungen bzw. Aufträge). Im allgemeinen werden Analysen laborextern angefordert. In besonderen Fällen können sie auch vom Laboratorium ausgelöst werden (interne Anforderung: zusätzliche Untersuchungen, die sich aufgrund der angeforderten Analysenergebnisse ergeben).

Erfassungsbogen								
Analyt: ____________						Blatt Nr.: ☐☐☐		
1	2	3	4	5	6	7	8	9
Anforderungsstatistik		Aufwandsstatistik						Informationsstatistik
	Angeforderte Analysen	Durchgeführte Analysen						Mitgeteilte Analysen Ergebnisse
Datum		Hilfsanalysen			Primäranalysen	Sekundäranalysen	Gesamtzahl der durchgeführten Analysen/ Ansätze	
		Leerwerte	Standards	Kontrollen				

Abb. 2.8a-1: Erfassungsbogen

Primäranalyse
Primäranalysen sind angeforderte, zuerst durchgeführte Analysen der jeweiligen Kenngröße einer Probe.

Sekundäranalyse
Sekundäranalysen werden zur Absicherung der Primäranalysen durchgeführt (z. B. wegen eines erkannten Fehlers; bei Werten außerhalb des Meßbereichs). Bei Doppelbestimmungen werden die 2. Bestimmungen als Sekundäranalysen gezählt.

Hilfsanalysen
Hilfsanalysen sind alle Analysen zur Kalibrierung, zur internen und externen Qualitätskontrolle, zur sonstigen Überprüfung des betreffenden Verfahrens sowie Reagenzienleerwerte. Probenleerwerte sind keine Zählobjekte, sondern ein definierter Bestandteil der Analyse.

Mitgeteilte Analysenergebnisse
Das mitgeteilte Analysenergebnis ist ein Ergebnis (Befund) einer Primär- oder Sekundäranalyse, sowie daraus abgeleiteter Kenngrößen, das dem Einsender des Untersuchungsmaterials zur Verfügung gestellt wird. Auch laborintern angeforderte Analysenergebnisse zählen zu den mitgeteilten Analysenergebnissen.

2.8 a.1.4 Erfassungsbogen
Zur differenzierten Erfassung der Zählobjekte im Rahmen einer Laborstatistik empfiehlt sich - soweit die Unterlagen nicht von einer EDV-Anlage erfaßt und abgefragt werden können - die Benutzung eines entsprechend vorbereiteten Erfassungsbogens.

Das als **Abbildung 2.8 a-1** dargestellte Muster eines Erfassungsbogens ist aus den Vorschlägen zweier Arbeitskreise (Arbeitsgruppe „Analysenzeitermittlungen" der Deutschen und Österreichischen Gesellschaft für Klinische Chemie; Arbeitskreis „Labororganisation - Personal - Sachkosten" der Deutschen Gesellschaft für Laboratoriumsmedizin (Haeckel et al., 1984; Wüst, 1985) entwickelt worden. Pro Analyt und Monat wird jeweils 1 Erfassungsbogen benötigt, in welchen die jeweilige Arbeitskraft am Ende einer Arbeitsschicht die einzelnen Zählobjekte einträgt.

2.8 a.2 Personalbedarf

2.8 a.2.1 Ermittlung des Personalbedarfs
Bei der Ermittlung des Personalbedarfs für die Qualitätssicherungsmaßnahmen muß unterschieden werden zwischen zentralen Qualitätssicherungsmaßnahmen und der Qualitätssicherung am Arbeitsplatz.

2.8 a.2.2 Zentrale Qualitätssicherungsmaßnahmen
Hierzu zählen in erster Linie die gesetzlich vorgeschriebenen internen und externen Qualitätskontrollen. Deren Organisation sollte durch eine Medizinisch-Technische Assistentin mit leitenden Funktionen durchgeführt werden.

Zu den Aufgaben gehören die Auswahl der erforderlichen Kontrollseren - nach Absprache mit dem Laborleiter -, die Vorbereitung der Kontrollseren, die Verteilung auf die jeweiligen Arbeitsplätze und die Erfassung und Auswertung der Ergebnisse. Diese Tätigkeiten sollten nach Möglichkeit nur von einer leitenden Medizinisch-Technischen Assistentin eines Laboratoriums ausgeführt werden. Hierfür wird ein Anteil gesonderter Personalzeit benötigt. Diese richtet sich nach der Größe des Laboratoriums, bzw. ist abhängig von der Gesamtzahl der Analysen des Laboratoriums. Richtzahlen hierfür findet man bei Osburg (1984).

Die Kosten dieser Personalzeit müssen dann bei einer Kostenstellenrechnung bzw. bei der Ermittlung der Kosten nur für die Qualitätskontrollmaßnahmen den an den Arbeitsplätzen entstandenen Kosten für die Qualitätskontrollmaßnahmen zugeschlagen bzw. verteilt werden.

2.8a.2.3 Qualitätssicherungsmaßnahmen am Arbeitsplatz

Für die Qualitätssicherungsmaßnahmen an den einzelnen Arbeitsplätzen des Laboratoriums muß ein arbeitsplatz- bzw. analytbezogener Personalanteil ermittelt und erfaßt werden. Dies geschieht am einfachsten mittels des oben beschriebenen Erfassungsbogens. Anhand der dort getrennt aufgelisteten Anzahl durchgeführter Analysen und Hilfsanalysen läßt sich der prozentuale Anteil der Qualitätssicherungsmaßnahmen ermitteln.

Unter der Voraussetzung, daß für jeden Arbeitsplatz bzw. für jeden Analyt anhand der Leistungszahlen und der Mechanisierungsstufe der Personalbedarf für den Arbeitsplatz bzw. für den einzelnen Analyt ermittelt wird, läßt sich dann relativ einfach der Personalanteil für die Qualitätssicherungsmaßnahmen ermitteln.

2.8a.3 Kosten

2.8a.3.1 Kosten der Qualitätssicherungsmaßnahmen

Die Kosten für die Qualitätssicherungsmaßnahmen setzen sich zusammen aus den Kosten für den Personalbedarf, Materialkosten und anteiligen Fixkosten des Laboratoriums.

2.8a.3.2 Personalkosten

Der erforderliche Personalbedarf ergibt sich aus den unter 2.8a.2 angeführten Ermittlungen. Die Kosten für diesen Personalbedarf lassen sich aus dem Kostenstellenblatt des Laboratoriums errechnen.

Für eine differenzierte Kostenerfassung ist zu empfehlen, die Kosten je MTA-Minute zu ermitteln. Dieses ist dann notwendig, wenn die Kosten der Qualitätssicherungsmaßnahmen je Analyt berechnet werden sollen.

2.8a.3.3 Materialkosten

Die Erfassung der Materialkosten, insbesondere die detaillierte Erfassung je Analyt bereitet meistens die größten Schwierigkeiten. Im Rahmen des Materialwirtschaftsverfahrens sollte versucht werden, die Materialkosten für die Qualitätskontrollen (Kontrollseren, evtl. auch Standards) gesondert zu erfassen. Diese wären dem Bereich „zentrale Qualitätssicherungsmaßnahmen“ zuzuordnen (s.a. 2.8.2.2). Daraus lassen sich gegebenenfalls bei Universalkontrollseren anhand der aus dem Erfassungsbogen ermittelten Anzahl der Sekundär- und Hilfsanalysen die anteiligen Materialkosten der zentralen Qualitätssicherungsmaßnahmen je Analyt berechnen. Entsprechend ist mit speziellen Kontrollseren bzw. Kontrollmaterialien, die evtl. nur für einen speziellen Analyt benötigt werden, zu verfahren.

Die Ermittlung der arbeitsplatz- bzw. analytbezogenen Materialkosten bereitet dann keine wesentlichen Schwierigkeiten, wenn je Arbeitsplatz bzw. Analyt bereits eine Kostenrechnung erfolgt ist. Anhand der dort ermittelten Materialkosten (Reagenzien, Verbrauchsmaterial usw.) läßt sich dann der Anteil der Sekundär- und Hilfsanalysen mittels des Erfassungsbogens berechnen.

Gibt es für ein Laboratorium vorläufig nur eine zusammengefaßte Kostenstellenrechnung ohne detaillierte arbeitsplatz- bzw. analytbezogene Aufgliederung, so können damit zumindest Anhaltswerte gewonnen werden.

Aus den Gesamtkosten des Laboratoriums und der Leistungsstatistik für alle Zählobjekte läßt sich dann zumindest ein Durchschnittswert für die Gesamtkosten je Analyse ermitteln.

Da über die Erfassungsbögen der prozentuale Anteil der Sekundär- und Hilfsanalysen errechnet werden kann, ergibt sich daraus der Kostenanteil für alle Qualitätssicherungsmaßnahmen. Selbstverständlich handelt es sich hierbei nur um einen Durchschnittswert.

2.8b Kostenermittlung im ärztlichen Laboratorium II

Hans-Joachim Nennstiel und Ulrich Ludwig (Pforzheim)

2.8b.0 Einleitung

Die Frage nach den Kosten im medizinischen Laboratorium ist nicht neu. Während ursprünglich die Ermittlung der Gesamtkosten ausgereicht hat, wird heute eine detaillierte Kostenermittlung gefordert.

Osburg hat schon im Jahre 1970 in Band 1 der INSTAND-Schriftenreihe für das klinisch-chemische Krankenhauslaboratorium ein Kostenermittlungsverfahren vorgestellt, das die Kosten der Analyse, arbeitsplatz- und arbeitszeit-bezogen, nach Richtzahlen über Erfassungsbögen prospektiv ermittelt hat. Dieses Verfahren erlaubt zwar eine sehr gefächerte Kosten/Nutzen-Analyse jedes Arbeitsprozesses im Laboratorium, scheint jedoch infolge der manuellen Erfassungen aufwendig und störanfällig. In der Neuauflage hat v. Boroviczeny ein noch weitergehendes und entsprechend aufwendigeres Verfahren veröffentlicht. Ohne den Zeitfaktor zu berücksichtigen und ohne Abklärung bis in das letzte Detail lassen sich die Material- und Personalkosten jeder Abteilung unter Einsatz einer EDV automatisch ermitteln, wenn der umgekehrte Weg - von den Kosten zur Analyse - eingeschlagen wird. Dabei sind die Qualitätsanforderungen pro Analyse, Analysengruppe oder Arbeitsplatz bei den Materialkosten vorgegeben.

Voraussetzungen für eine solche Auswertung sind eine:

- im gesamten Laborbereich standardisierte Analytik, die lediglich arbeitsplatzbezogen adaptiert werden muß (z. B. in der klinischen Chemie und Bakteriologie)
- einheitliche und kontrollierte Erfassung aller ausgeführten und abrechenbaren Leistungen, die nur in einer Kostenermittlung und Rentabilitätsrechnung zum Tragen kommen
- einheitlich analysenbezogene Materialkostenerfassung über die eingehenden und bezahlten Rechnungen
- Gruppenbildung von Analysen, bei denen gleiche Reagenzien verwendet werden (z. B. ICS, ELISA, KBR, Immunfluoreszenz usw.)
- abteilungsweise Zuordnung von allgemeinen Materialien, Reagenzien (z. B. NaOH, Titrisol etc.), internen und externen Qualitätskontrollen, Wartungskosten, Reparaturkosten und Abschreibungen
- Zuordnung der Kosten des Personals pro Abteilung, in der die aufgezählten Analysen ausgeführt werden, wobei eine arbeitsplatzbezogene Aufteilung der Personalkosten wegen Arbeitsplatzwechsel, Urlaubsvertretung, Abteilungsleitung nicht möglich ist
- anteilmäßige Aufgliederung der Verwaltungs-, Versand-, Strom- und Mietkosten u. a. m.

2.8b.1 Verfahren

Alle Daten, außer den Personalkosten, werden mittels EDV aus bereits vorhandenen Daten gewonnen. Die Analysen werden nicht als Antrag, sondern als abrechenbare Leistung gezählt, d.h., wenn ein Ergebnis nach Erfüllung der Qualitätskriterien freigegeben und auf einer Befundmitteilung ausgedruckt worden ist. Die Materialkosten werden über die interne Verfahrensnummer entsprechend der Rechnung der Lieferfirma und Bestellnummer des Artikels der Einzelanalyse unter Berücksichtigung von Skonto, Rabatt und Mehrwertsteuer zugewiesen. Die Kontrolle erfolgt bei der Zahlung der Rechnung über EDV und Endlosformulare der Bank sowie durch die Salden auf den Kontoauszügen, die zur endgültigen Verbuchung nochmals eingegeben werden. Somit sind die zu verarbeitenden Daten sicher.

Die Personalkosten werden entsprechend den Arbeitsplätzen dem Hauptjournal entnommen und abteilungsweise den Analysen zugeordnet; eine andere Möglichkeit ergibt sich nicht, weil die Arbeitsplätze innerhalb der Abteilung gewechselt werden und der Ausgleich bei Urlaub und Krankheit innerhalb der Abteilung vorgenommen wird. Die indirekten Kosten (Raumkosten, Kosten des nicht analysierenden Personals usw.) werden geschätzt und auf die Arbeitsplätze aufgeteilt.

2.8b.2 Zählobjekt

Zählobjekt ist das abrechenbare Analysenergebnis. Dieses beinhaltet die Analyse in Doppelbestimmung und eine Qualitätskontrolle mit 3 Richtigkeitsproben unterschiedlicher Konzentration zu Beginn und nach jeder 10. Probe. Die doppelten Meßergebnisse werden, abhängig von Nachweisgrenze und Präzision der Analyse, von der EDV überprüft und bei Überschreitung der vorgegebenen Abweichungsgrenzen gesperrt. Die Analyse muß in Doppelbestimmung ausgeführt werden. Die Doppelbestimmungen werden von uns für notwendig gehalten, da es sich gezeigt hat, daß auch bei vollmechanisierten, mit einer guten Präzision arbeitenden Analysengeräten mit größeren Abweichungen zu rechnen ist, auch dann, wenn die angewandten Methoden optimiert und die physikalischen Bedingungen standardisiert sind. Obwohl alle eingegangenen Seren nochmals zentrifugiert und vor der Analyse mit dem Auge überprüft worden sind, ist festgestellt worden, daß die Vorgaben bei den Doppelbestimmungen nicht immer erreicht worden sind. Die Vorgabe lautet, daß mittels EDV zwischen den beiden Meßwerten der Mittelwert gebildet wird und der Einzelwert vom Mittelwert nicht mehr als 5% abweichen darf.

Methodische Ursachen werden zum Teil im apparativen Bereich gefunden. Der Wartungsdienst des Geräteherstellers hat nachweisen können, daß auch Umwelteinflüsse (z.B. Staub durch elektrostatische Aufladung, Kühlsystem u.a.m.) im äußeren Küvettenbereich des Analysengerätes für Störungen verantwortlich sein können, die der Anwender nicht ohne weiteres erkennen kann. Diese fallen nur in Doppelbestimmungen auf, weil sie unvorhersehbar und zufällig auftreten (**Tabelle 2.8b-1**).

Soweit dieses Vorgehen z.B. bei der Bakteriologie nicht möglich ist, wird nach entsprechenden Richtlinien (der DGHM) verfahren. Abrechenbare Zusatzleistun-

Tabelle 2.8b-1: Fehlerprotokoll bei Doppelanalysen

Untersuchung	Datum	Anzahl der in Doppelbestimmungen untersuchten Seren	Abweichungen > 5% vom MW
Harnstoff-N	17.4.86	24	6
Harnsäure	17.4.86	72	1
GOT	17.4.86	56	1
GPT	17.4.86	68	1
AP	17.4.86	12	2
Harnstoff-N	30.4.86	35	3
Kreatinin	30.4.86	71	1
GPT	30.4.86	51	1
AP	30.4.86	32	5
Harnstoff-N	22.5.86	14	2
GPT	22.5.86	54	1
AP	22.5.86	17	6

gen (z. B. Agglutinationen, Bunte Reihe usw., die eigene Unkosten verursachen) werden getrennt über Markierungsbögen aufgezählt. Hier löst die interne Ergebnisermittlung die Aufzählung aus.

Eine Aufteilung in Primäranalyse, Sekundäranalyse, Hilfsanalyse, Kalibration und Qualitätskontrolle ist bei diesem Vorgehen nicht möglich. Die Führung von Erfassungsbögen ist nicht erforderlich. In dem Zählobjekt sind alle Reagenz- und Materialkosten enthalten, die bei der Analysendurchführung entstehen, gleichgültig, ob es drei oder hundert pro Analyse sind. Die Kosten für die Doppelbestimmungen und Reagenzkosten für die Qualitätskontrolle gehen in diese Summe der Zählobjekte mit ein, ohne als Analyse gezählt zu werden, während die Kontrollsubstanzen und Ringversuchskosten abteilungsbezogen auf die Einzelanalyse umgelegt werden.

2.8 b.3 Kostenerfassung

Die Kosten werden über interne Verfahrensnummern, Lieferanten- und Bestellnummern der Reagenzien und des Zubehörs den Analysenverfahren zugeordnet. Beim Eingang der Firmenrechnung erscheint die interne Verfahrensnummer am Bildschirm und muß quittiert werden. Danach wird der Rechnungsbetrag dem Analysenverfahren zugeordnet und der Quotient im Rechner aus Analysenzahl und Rechnungsbetrag gebildet. Reagenzien, die für mehrere Analysenverfahren verwendet werden, werden im Hilfsverfahren addiert und dann auf die Einzelanalysen aufgerechnet, soweit die Analysengruppe nicht zu groß ist. Qualitätskontrollsubstanzen und Ringversuche müssen abteilungsbezogen verrechnet werden, weil sie in der Regel für mehrere Kenngrößen und somit für mehrere Analysen eingesetzt werden.

Die Gruppenbildung muß durch den Laborarzt persönlich erfolgen, weil er der einzige ist, der Analysen und Kostenbildung (Buchhaltung) übersieht. Soweit Allgemeinkosten in der EDV-geführten Buchhaltung vorkommen, werden sie automatisch über eine separate Sortierung den Abteilungen und somit der Analysenzahl zugeordnet. Soweit sie nur in der Hauptbuchhaltung anfallen (z. B. Personalkosten), erfolgt die Zuordnung manuell.

Zu jeder Analyse kommen in der Laborarztpraxis folgende Kosten:
- Personalkosten: abteilungsbezogen
- Personalkosten: Verwaltung
- Bürobedarf: Telefon, Porto, EDV
- Miete, Strom, Wasser, Abwasser
- Reparatur und Gerätewartung
- Versicherungen, Gebühren, Investitionen ohne Abschreibung.

Das bedeutet, daß jede Analyse, auch die mechanisierte, zusätzlich zu den Materialkosten belastet werden müßte. Zwar scheinen die Kosten für die Analysenerstellung mit mechanisierten Geräten niedrig, dafür sind die Kosten für Wartung und Reparatur gegenüber den manuellen Verfahren höher, so daß ein Teil der eingesparten Kosten hier verloren geht. Auch Notfall-Bestimmungen und kurze Serien verteuern die Analyse.

2.8 b.4 Diskussion

Der Vorteil des hier beschriebenen Systems liegt darin, daß jederzeit die aktuellen Material- und Reagenzienkosten pro Analyse am Bildschirm abgefragt werden können. Sie sind nach Monaten gegliedert und gelten jeweils für die vergangenen 12 Monate. Am Monatsbeginn wird automatisch der Eintrag des entsprechenden Monats vom Vorjahr gelöscht. Der Überblick ist sozusagen dynamisch, indem er sofort die Entwicklung der Analysenzahl und der Kostentendenz anzeigt. In einem jederzeit erhältlichen Ausdruck, der nur von berechtigten Benutzern gestartet werden kann, können die übergeordneten Kosten abgelesen werden. Das Verfahren schließt auch die abrechenbaren Leistungen ein, die die Ärzte erbracht haben, wie Beratungen, Besuche, Gutachten und sonstige Leistungen. Der Aufwand für Qualitätskontrolle, Reagenzien und Kontrollmaterial, Doppel- und Mehrfachbestimmung, apparativer Mehraufwand, Rechnerzeit usw. läßt sich nicht einzelanalysenbezogen ermitteln. Er wird über andere Kostenpunkte auf die Einzelanalyse umgelegt.

Es fallen Unregelmäßigkeiten bei Bestellungen auf, durch
- die Höhe der Beträge in Relation zur Analysenzahl
- zeitliche Unregelmäßigkeiten durch Neubeschaffung (z. B. bei vorzeitigem Verfall der Reagenzien oder apparativen Störungen usw.)
- wenn Leistungen nicht abgerechnet werden (z. B. infolge eines Fehlers bei Neuaufnahme eines Verfahrens im Leistungsverzeichnis).

Diese Beispiele zeigen, wie sich ein Laborsystem retrospektiv über eine mit harten Daten erstellte Kostenstatistik bei festen Qualitätsvorgaben überwachen läßt. Die Kostenstatistik gibt Auskunft, an welchen Stellen sich durch Änderung der Analysentechnik oder Verfahrenswahl Kosteneinsparungen erwarten lassen und wo die Möglichkeiten begrenzt sind.

Den Hauptkostenfaktor bilden die Personalkosten. Dieser Faktor läßt sich im Einzelnen nicht nur aus dem Zeitaufwand pro Analyse errechnen, sondern ist abhängig von der Zahl der Arbeitsplätze, die in Spitzenzeiten, während Urlaub, Krankheit, Ausfallzeiten durch Schwangerschaft und auch für Notfall-Analysen besetzt sein müssen. Hierdurch entstehen Kosten, die sich in der Laborarztpraxis, vor allem wenn qualifizierte Beschäftigte die Arbeit leisten, nicht unter ein bestimmtes Niveau senken lassen.

Aus der Kostenstatistik geht ferner hervor, daß die Personalkosten in den vorwiegend manuell arbeitenden Abteilungen bei jeder Organisation und Geräteausstattung denen der klinischen Chemie gleichen, d.h., die Personaleinsparung durch mechanisierte Analysen wird durch andere qualifizierte manuelle Analysen, Qualitätskontrollmaßnahmen usw. neutralisiert. Ein Personalkostensatz für Verwaltung von ca. 32% dürfte in Anbetracht der Qualitätsforderung angemessen sein.

2.8 b.5 Zusammenfassung

Die hier beschriebene Kostenermittlung erfolgt nicht durch Hochrechnungen, sondern wird aus Daten entnommen, die während des Arbeitsprozesses ohnehin anfallen und durch EDV-Kontrolle sicher sind. Die Kosten für Qualitätskontrolle können sich nicht getrennt feststellen lassen, sondern gehen in die Materialkosten pro Analyse mit ein. Die Kostenersparnisse durch Mechanisierung werden an der Einzelanalyse nur indirekt sichtbar, weil keine zeitabhängige Punktbewertung durchgeführt werden kann. Dafür ist die Kostenstatistik jederzeit dem momentanen Stand entsprechend abrufbar.

Anmerkung der Herausgeber:
Während der Drucklegung erreichte uns die August-Nummer (1986) der Zeitschrift „Pathologist", dem Mitteilungsblatt des College of American Pathologists. Diese Nummer enthält eine Publikation von K. Walker „The Cost of Quality Control ?" (Vol. 40: 24-26).

Der Autor hat die Qualitätssicherungskosten (Kontrollproben, Mehrfachbestimmungen, Standards) in der klinischen Chemie für sein Labor berechnet; sie haben 1983/84 und 1984/85 rund 43% der Analysengesamtkosten betragen. Er ist der Meinung, daß aufgrund zuverlässigerer und stabilerer Analysengeräte die Frequenz der Kalibrierung, des Einsatzes von Kontrollproben und Mehrfachbestimmungen mehrfach überdacht und Warngrenzen bei $\pm 2{,}5s$ (nicht wie bisher bei $\pm 2s$) gesetzt werden sollten. 1985/86 ist der Anteil der Kosten für die Qualitätssicherung bereits auf 39% der Gesamtkosten gesenkt worden. Der Autor glaubt, daß mit einem modernen Gerätepark die Kosten sogar unter 30% gesenkt werden könnten.

Seine Meinung wird von uns geteilt. In diesem Zusammenhang sei auf die neue Definition der Serienlänge in den Richtlinien der Bundesärztekammer hingewiesen. Es genügt nicht, Doppelbestimmungen einer Serie nur an fünf zufällig ausgewählten Proben durchzuführen. Hierdurch können bei Kenntnis der Vorwerte Überschreitungen des Meßbereichs vermieden werden. Der Quotient Gesamtanalysenzahl / Anzahl der Primäranalysen sollte unter 1,4 bleiben.

Tabelle 2.8b-2: Analysenstatistik. Quotient der Einzelanalysen (E) geteilt durch Primäranalysenzahl (P)

Art des Labors Nr.	Klinisch Chemie		Haematologie		Immunologie		Mikrobiologie		Not-Eil Analysen		Sonstige Analysen		# Summe	
	EP	E/Pr	EP	E/Pr	EP	E/Pr	EP	E/Pr	EP	E/Pr	EP	E/Pr	EP	E/Pr
*Krh. Ztr.	**	1.43	**	1.43	**	1.43			**	1.54			**	1.44
*Krh. Ztr.	**	1.19	?**	4.34	?**	1.00	?**	1.00	?**	3.31			?**	2.13
*Krh. Ztr.													**	1.99
*App. Gem.	?**	1.70	?**	5.03	?**	1.19	?**	7.00			?**	1.53	?**	1.99
*Krh. Ztr.													**	1.50
*Krh. Ztr.	?**	1.11	?**	1.11	?**	1.11			?**	1.11			?**	1.11
*Krh. Ztr.	?**	1.10	?**	1.07	?**	1.68	?**	1.06	?**	1.06			?**	1.12
*Krh. Ztr.	**	1.30	**	1.30			**	1.00	**	1.12			**	1.03
*Uni. Ztr.					?**	4.41							?**	4.41
*Vers. Amb.	**	1.37	**	2.19	**	1.07					**	1.35	**	1.55
*Uni. Ztr.	?**	1.01	?**	8.06					?**	4.00			?**	3.83
*Lab. Prx.	?**	1.18			?**	1.11					?**	1.44	?**	1.19
*Med. U. A.							?**	1.75					?**	1.75
*Uni. Mikr.													?**	1.32
*Uni. Ger.			**	2.03									**	2.03
*Lab. Prx.	**	1.11	**	1.06	**	1.05	**	2.24	**	1.46			**	1.30
*KrhLbGem													**	2.40
*Krh. Ztr.	**	1.15	**	1.15	**	1.10			**	1.15			**	1.15
*Bl. Bank	**	1.01											**	1.01
*Uni. Ger.			?**	1.11					?**	1.11			?**	1.11
n	**	12	**	12	**	10	**	6	**	9	**	3	**	20
Summe	**	1.16	**	3.54	**	2.65	**	1.44	**	1.91	**	1.49	**	1.97
Minimum	**	1.01	**	1.06	**	1.00	**	1.00	**	1.06	**	1.35	**	1.01
Maximum	**	1.70	**	8.06	**	4.41	**	7.00	**	4.00	**	1.53	**	4.41
Mittelw.	**	1.22	**	2.49	**	1.51	**	2.34	**	1.76	**	1.44	**	1.77
Stand. Abw.	**	0.19	**	2.11	**	0.99	**	2.13	**	1.04	**	0.07	**	0.89
VK. %	**	16	**	85	**	65	**	91	**	59	**	5	**	50

Anmerkungen: ** steht anstelle von Zahlen, die im Computer sind.
Die Angaben stammen von 20 Laboratorien, bei der Hälfte werden genaue Angaben gemacht, ? steht für Angaben, die mit 00 oder 000 enden, es dürfte sich dabei um Schätzungen handeln.

Aufgrund der INSTAND-Laborfragebogen-Aktion sind von 20 Laboratorien Angaben über die Zahl der Primäranalysen (abrechenbare Analysenleistungen) und über die Zahl aller durchgeführten Einzelanalysen (einschließlich Mehrfachbestimmungen, Leerwerte, Standards, Kontrollen usw.) zusammengestellt worden. Der aus der Anzahl der Einzelanalysen und der Anzahl der Primäranalysen von Labor zu Labor gebildete Quotient liegt zwischen 1.0 bis 8.06 !! Dies erklärt auch die unterschiedlichen Auffassungen, die zur Zeit zum Begriff „Laborstatistik" bestehen (siehe auch Glossar, 7.1.9). Hinzu kommt, daß etwa die Hälfte aller Angaben auf Schätzungen beruhen dürften. Bei einwandfreier, täglicher Zählung an allen Arbeitsplätzen und detaillierter Statistikführung würde dieser Quotient die Kosten der Qualitätssicherung als Prozent der Analysenkosten des betreffenden Arbeitsplatzes ergeben (**Tabelle 2.8b-2**).

3 Klinische Chemie

3.0 Einführung in die Qualitätssicherung in der Klinischen Chemie

Richard Merten (Düsseldorf)

Die meisten Pionierleistungen in der Qualitätskontrolle sind im Bereich der Klinischen Chemie erfolgt: der weltweit erste Ringversuch ist 1946 von Philadelphia als „Clinical chemistry Survey“, der erste deutsche „Ringversuch“ 1963 von Düsseldorf ausgegangen ebenfalls als „Klinisch chemischer Ringversuch“. Bei der klinischen Chemie liegt ein wichtiger Schwerpunkt in der richtigen Gewinnung des Untersuchungsmaterials, vornehmlich von Blutplasma und -serum, relativ unempfindlichen Proben, die eingefroren und gefriergetrocknet werden können und die gegen Schütteln, Verdünnen mit Wasser und andere Eingriffe wenig empfindlich sind. Insbesondere Plasma hat den Vorteil, daß in ihm viele Analyte (Spurenelemente, Elektrolyte, niedermolekulare Stoffwechselprodukte, Eiweißkörper, Enzyme, Hormone, Vitamine u. a. m.) in Abhängigkeit von den verwendeten Antikoagulanzien bestimmt werden können.

Im Anschluß an die ersten Ringversuche sind Kontrollproben zuerst im eigenen Laboratorium, erst später von der Reagenzienindustrie hergestellt worden. Derartige Proben sind anfangs als Präzisionskontrollproben in der Internen Qualitätssicherung des Laboratoriums verwendet worden. Später sind sie von Referenzlaboratorien auf ihren Gehalt an verschiedenen Analyten getestet und dann als Ringversuchsproben in der Externen Qualitätskontrolle und in den Laboratorien als Richtigkeitskontrollproben in der internen Qualitätskontrolle eingesetzt worden.

Die externe Qualitätskontrolle, die anfangs aus wissenschaftlichem Interesse in Form verschiedender Ringversuche durchgeführt worden ist, hat im Laufe der Jahre das Interesse wissenschaftlicher Gesellschaften gefunden. Dies ist sowohl wegen des zunehmenden Umfangs an Proben und Untersuchungsgruppen als auch wegen der größeren Diversität als wissenschaftlicher Hintergrund erforderlich geworden.

In den folgenden Jahren haben sich diese Qualitätssicherungsmaßnahmen auch in anderen Bereichen der Laboratoriumsmedizin, z. B. in der Hämatologie, Immunologie und Mikrobiologie, eingebürgert, wobei sich Form und Inhalt den dort vorliegenden Bedingungen angepaßt haben.

In der Bundesrepublik Deutschland haben die Kassenärztlichen Vereinigungen der einzelnen Länder Anfang der siebziger Jahre begonnen, die Abrechung einzelner Leistungen in der Klinischen Chemie vom Vorliegen eines Zertifikates abhängig zu machen.

Die Bundesärztekammer hat in ihren Richtlinien, die 1972 in der ersten Fassung veröffentlicht und 1986, beeinflußt durch das neue Eichgesetz und die Eichpflichtausnahmeverordnung, die Kontrollkartenführung und Ringversuchsteilnahme für die in **Tabelle 3.0-1** aufgeführten Analyte empfohlen bzw. vorgeschrieben.

Diese Maßnahmen haben wesentlich dazu beigetragen, die Analytik und die Ef-

Tabelle 3.0-1: Analyte, bei deren Bestimmung die Führung von Kontrollkarten und Teilnahme an Ringversuchen vorgeschrieben bzw. empfohlen wird

1 **Analyte, bei deren Bestimmung die Führung von Kontrollkarten und Teilnahme an Ringversuchen in den Richtlinien der BÄK, Teil I. Anlage 1 vorgeschrieben wird*:**

1.1 *Blutgase:* pCO2, pH und pO2
1.2 *Elektrolyte:* Anorganischer Phosphor, Calcium, Chlorid, Kalium, Magnesium und Natrium
1.3 *Enzyme:* AP, CK, CK-MB, Gamma-GT, GLDH, GOT, GPT, HBDH, LDH, Prostata-SP und SP
1.4 *Hormone:* Cortisol, Insulin, Östradiol, Progesteron, Testosteron, T3 und T4
1.5 *Niedermolekulare Substrate:* Bilirubin, Cholesterin, Glukose, Harnsäure, Harnstoff, HDL-Cholesterin, Kreatinin, LDL-Cholesterin, und Triglyceride
1.6 *Pharmaka:* Amikacin, Carbamazepin, Digitoxin, Digoxin, Ethosuximid, Gentamicin, Lithium, Netilmicin, Phenobarbital, Phenytoin, Primidon, Propylvaleriansäure, Theophyllin und Tobramycin
1.7 *Plasma- und Serumproteine:* Albumin und Gesamteiweiß
1.8 *Spurenelemente:* Blei, Eisen, Kadmiun, Kupfer und Zink
1.9 *Tumormarker und Vitamine:* Alpha-1-Fetoprotein, CEA, Folsäure und Vitamin B-12

Diese Vorschriften gelten für Analysen, die im menschlichen Vollblut, Blutplasma, Blutserum, Urin oder anderen Körperflüssigkeiten bzw. Systemen durchgeführt werden.

2 **Analyte, bei deren Bestimmung die Führung von Kontrollkarten und Teilnahme an Ringversuchen im Sinne der Richtlinien der BÄK empfohlen wird*:**

2 *Eiweißfraktionen:* Serumeiweißelektrophorese
2.2 *Enzyme:* Amylase, Cholinesterase und Lipase
2.3 *Hormone:* AFP, Aldosteron, Androsteron, β -HCG, C-Peptid, DHEA-S, FSH, Gastrin, HGH (STH), HPL, LH, Östriol (gesamt und frei), Parathormon, Prolaktin, SP1 und TSH
2.4 *Lipide:* Apolipoproteine und Phospholipide
2.5 *Pharmaka:* Vancomycin
2.6 *Spurenelemente:* Al, Co, Cr, Hg, Mn, Ni und Se
2.7 *Urinanalytik:* Bilirubin, Blut, Eiweiß, Glukose, Ketonkörper, Nitrit, pH und Urobilinogen
2.8 *Vitamine:* Pyridoxin (Vit. B6), Retinol (Vit. A), Riboflavin (Vit. B2), Thiamin (Vit. B1), Tocoferol (Vit. E) und 25-OH-Cholecalciferol (Vit. D)

Diese Vorschriften gelten für Analysen, die im menschlichen Vollblut, Blutplasma, Blutserum, Urin oder anderen Körperflüssigkeiten bzw. Systemen durchgeführt werden.

* Die Angaben im Zusammenhang mit den Richtlinien der Bundesärztekammer sind vorläufige aufgrund des Kenntnisstandes bei Redaktionsschluß des Buches am 15. August 1986.

fektivtät der Ringversuche zu überprüfen, wie dies aus den in **Tabelle 3.0-2** für die Jahre 1977 bis 1980 und 1983 bis 1985 zusammengestellten durchschnittlichen Streuungswerten (VK%, s%) hervorgeht. Dies gilt in gleicher Weise für die Präventivmaßnahmen, denen in den letzten 20 Jahren zunehmende Aufmerksamkeit gewidmet worden ist und die in 2.3 im Allgemeinen Teil und in den entsprechenden Kapiteln des Speziellen Teils besondere Berücksichtigung gefunden haben. Die Verbesserung der Analytik und die Möglichkeit, Bestimmungen im Nanobereich durchzuführen, haben zu der Erkenntnis geführt, daß Fehler bei der Probengewinnung häufiger als Ursache unerwarteter Laborergebnisse hervortreten und erst nach eingehenden Recherchen festgestellt werden können und daß der „unerwartete Laborwert" auf den Zustand der eingesandten bzw. gewonnenen Probe zurückzuführen ist (Tabelle 3.0-2).

Diese Beachtung dieser Einflüsse der *präanalytischen Phase* hat in den sechziger Jahren begonnen und in zahlreichen Veröffentlichungen ihren Niederschlag gefun-

Tabelle 3.0-2: Zur Effizienz von Ringversuchen durch Vergleich der gemittelten prozentualen Standardabweichungen in den Jahren 1976 bis 1980 und 1983 bis 1986

Bestand-teil	1976 s%	1977 s%	1978 s%	1979 s%	1980 s%	1983 s%	1984 s%	1985 s%	1986 s%
CA	7.59	8.23	7.92	6.58	5.96	6.72	5.26	5.47	4.20
CL	6.12	5.63	5.63	4.84	4.17	4.74	3.58	3.65	3.85
K	6.18	8.02	6.76	6.44	4.63	5.17	4.36	4.59	4.60
LI	8.50	6.79	6.81	7.00	6.68	7.83	7.25	7.33	6.93
MG	10.84	10.93	11.59	9.32	8.18	8.46	9.17	7.97	6.90
NA	4.55	5.05	4.84	4.19	4.26	4.03	3.38	3.31	2.90
P	9.52	9.65	10.81	10.00	8.54	9.15	7.68	8.26	8.27
FE	11.87	11.64	13.07	12.09	11.70	11.20	12.01	11.33	9.90
CU	12.54	11.12	11.19	12.51	12.71	13.55	12.16	11.30	12.65
BILI	9.60	11.23	10.36	9.90	9.86	9.58	9.23	8.87	7.93
CHOL	10.60	10.42	9.75	9.77	9.22	8.93	8.07	8.18	7.87
PROT	6.01	5.82	6.13	5.81	5.28	6.25	5.68	5.53	4.76
GLUC	7.92	7.69	7.36	7.01	7.09	6.78	6.70	6.40	7.01
HSR	9.08	9.76	9.32	9.12	9.17	9.45	8.83	6.76	8.86
HST	9.08	10.39	9.35	8.96	9.15	8.33	8.04	7.91	7.09
KREA	10.03	10.36	10.24	9.27	7.35	9.15	8.81	7.56	7.81
TRI	12.55	12.97	11.47	12.24	12.44	10.39	10.58	10.52	9.96
AP	11.96	11.22	10.90	11.17	10.28	11.66	10.16	9.93	10.03
CHE	11.37	11.63	11.85	11.71	11.32	11.02	10.84	9.99	9.40
GOT	11.92	12.69	11.67	11.63	11.03	12.30	11.13	9.85	10.15
GPT	12.59	13.02	10.97	11.82	11.25	12.23	10.30	10.10	10.38
GLDH	18.26	16.73	13.82	15.50	14.04	16.46	13.12	12.33	12.66
γ-GT	13.91	12.95	11.39	10.95	10.17	10.03	9.31	9.25	9.61
α-HBDH	10.73	11.74	11.29	11.12	11.55	11.63	11.06	9.70	9.85
CK	15.26	15.45	15.49	14.37	12.60	13.11	10.96	10.23	9.97
LDH	11.85	11.82	11.39	10.88	10.68	10.33	9.90	9.05	9.24
LAP	14.94	13.88	13.24	15.75	14.10	13.79	11.67	11.15	11.87
SP	13.50	14.07	11.87	12.22	11.64	12.50	11.74	11.49	10.61

den (Fawcett u. Wynn, 1960; Caraway, 1962, 1965; Eisenberg, 1963; Wirth u. Thompson, 1968; Kreutz, 1973; Schwarz, 1973; Bokelund u. a., 1974; Keller, 1975, Guder, 1975, 1976, 1977, 1980; Sacker, 1975; Bokelund, 1975; Calam, 1977; Statland u. Winkel, 1976, Winkel u. Statland, 1977; Rommel u. a., 1978; siehe auch v. Boroviczeny u. Merten, 1972, S. 14–16).

Eine umfangreiche Literatur befaßt sich mit den *Einflußfaktoren*, die unabhängig von der oben angedeuteten Beschaffenheit des Untersuchungsmaterials die Ursachen betreffen, die außer den Individualfaktoren (auch intrakorporale, intraindividuelle Faktoren genannt) durch Interindividualfaktoren (auch extrakorporale Faktoren genannt) auf den einzelen Menschen einwirken. Hierzu gehören genetische determinierte (wie Geschlecht und Rasse), langzeitig (wie Alter, Lebensgewohnheiten), kurzeitig (wie Ernährung, allgemeine Lebensbedingungen, körperliche Belastung, Training), biologische mit den Lebensprozessen eng verbundene bzw. entwicklungsbedingte Rhythmen) und emotionale Streßsituationen (Keller, 1979, 1980; Guder, 1980; Keller, Guder, Hansert u. Stamm, 1985; Young, 1980). Keller u. MA unterscheiden zwischen biologischen, krankheitsbedingten und nicht krankheitsbedingten (Klima, Geschlecht, Ernährung, Alter), genetisch determinierten

(Geschlecht, Rasse, angeborene Fehler, Krankheitsdispositionen), ökologischen (Ernährung, allgemeine Lebensbedingungen, physikalischen, chemischen und biologischen Einflüssen) sowie, bei Ausschluß krankheitsbedingter und biologischer Faktoren, interferierenden, also die Konzentration der Analyte durch intraindividuelle Faktoren der verschiedensten Art bedingten Störfaktoren.

Das bedeutet, daß der behandelnde Arzt über diese Einflüsse nicht nur orientiert sein müßte, sondern sie auch bei dem Patienten erkennen muß, um sie beim Vorliegen der Ergebnisse in den klinischen Befund einordnen zu können.

Eine richtige Interpretation durch den Laborarzt kann nur dann erfolgen, wenn ihm diese von dem überweisenden Arzt mitgeteilt werden. Sonst ist er nur in der Lage, bei pathologischen Werten auf ihm bekannte krankheitsbedingte Einflüsse bzw. allein auf eine „pathologische Veränderung" im Vergleich zu den „Normwerten" hinzuweisen.

Selbst wenn der Laborarzt auf die im Allgemeinen Teil sowie im Einzelnen in den nachfolgenden Beiträgen genannten methoden-, reagenzien- und untersucherbedingten Fehlermöglichkeiten achtet bzw. sie zu vermeiden versucht, kann er seine ärztliche Rolle nur im Zusammenhang mit dem behandelnden Arzt ausüben. Die vielen technischen Qualitätssicherungsmaßnahmen sollen und können nicht darüber hinweg täuschen, daß die effektive und beste Qualitätssicherung unserer ärztlichen Tätigkeit im Konsiliargespräch im Zuhören liegt.

3.1 Elektrolyte

Wolf-Rüdiger Külpmann (Hannover)

3.1.1 Einleitung

In der klinischen Chemie besitzen die Elektrolyte Natrium, Kalium, Calcium, Magnesium, Chlorid und Phosphat die größte Bedeutung, wenn man von den Spurenelementen wie Eisen, Kupfer oder Zink absieht. Die Bedeutung der Elektrolyte für den Organismus ist teils ähnlich, meist jedoch ganz unterschiedlich. Die Kontrolle ihrer Bestimmung mittels Qualitätssicherungsmaßnahmen ist bedeutungsvoll, da Elektrolytkonzentrationen besonders zuverlässig ermittelt werden müssen. Bereits geringe Abweichungen vom (kybernetischen) Sollwertbereich des genau regulierten Elektrolytregelkreises bedeuten u. U. eine hohe Gefährdung des Patienten und erfordern eine sofortige, eingreifende Behandlung. Andererseits verfügt der behandelnde Arzt häufig über keine sicheren zusätzlichen klinischen Zeichen, um Störungen im Elektrolythaushalt zu erkennen, so daß ihre Erkennung und richtige Behandlung wesentlich von der Zuverlässigkeit des klinisch-chemischen Befundes abhängt.

3.1.1.1 Präventivmaßnahmen für zuverlässige Bestimmungen

Zur Bestimmung der Konzentration des einzelnen Elektrolyten werden ganz verschiedene Meßprinzipien angewendet: Flammenemissionsphotometrie, Atomabsorptionsphotometrie, ionenselektive Elektroden, Coulometrie und Absorptionsphotometrie. Die Voraussetzungen für zuverlässige Analysenergebnisse müssen je nach Meßprinzip differenziert werden.

Flammenemissionsphotometrie

Bei flammenphotometrischen Bestimmungen handelt es sich um Relativmessungen. Ihre Richtigkeit hängt entscheidend von der exakten Kalibration ab. Die entsprechenden primären *Standardlösungen* können selbst angesetzt oder kommerziell erhalten werden. Die ionale Zusammensetzung und die physikalisch-chemischen Eigenschaften der Standardlösungen (wie Viskosität und Oberflächenspannung) müssen dem Untersuchungsgut möglichst ähnlich sein. D. h., für Bestimmungen im Urin sind andere Standardlösungen erforderlich als für Serumanalysen. Die Ansauggeschwindigkeit muß bei Probe und Standardlösung gleich sein. Bei Geräten mit Lithium-Leitlinie wird Probe und Standardlösung Lithium zugesetzt. Bei vergleichender gleichzeitiger Messung des Analyten, z. B. Natrium, und von Lithium können Schwankungen der Flamme ausgeglichen werden. Die Flammentemperatur ist optimal so zu wählen, daß bei hoher Atomemission die Ionisierung gering ist.

Da manche Emissionslinien und -banden dicht beieinander liegen, ist auf eine genügend kleine Bandbreite der Filter bzw. optischen Gitter zu achten und gegebenenfalls auf eine andere Wellenlänge auszuweichen.

Atomabsorptionsphotometrie
Wie bei der Flammenphotometrie werden auch bei der Atomabsorptionsphotometrie Relativmessungen mit den gleichen Anforderungen an die *Kalibrationslösung* durchgeführt. Die Bestimmung mittels Atomabsorptionsphotometrie kann gestört sein durch:
1. anionische Interferenz: sie entsteht, wenn sich z. B. Erdalkalimetalle mit Anionen wie Phosphat oder Sulfat zu stabilen Molekülen verbinden, die eine Dissoziation in Atome - als eine Voraussetzung für die Atomabsorption - verhindern.
2. ionische Interferenz: sobald die Flammentemperatur eine kritische Größe überschreitet, nimmt die Zahl der Ionen rasch zu. Da die Ionen bei anderen Wellenlängen absorbieren als die Atome im Grundzustand, wird das entsprechende Detektorsignal kleiner,
3. spektrale Interferenz: selten findet sich eine Überlagerung der Absorptionslinie verschiedener Elemente.

Ionenselektive Elektroden
Ionenselektive Elektroden werden zur Bestimmung der (relativen) Aktivität der Elektrolyte benutzt. Die jeweilige Aktivität ergibt sich auf Grund des Vergleichs mit entsprechenden, kommerziell erhältlichen *Kalibrationslösungen.* Die Elektrolytzusammensetzung der Kalibrationslösungen sollte den unbekannten Proben möglichst ähnlich sein. Bestimmungen im Urin sind deshalb stets weniger zuverlässig als Serumanalysen: die Elektrolytkonzentrationen des Serums schwanken weniger als die des Urins. Ausgehend von der Nernst-Gleichung werden die Aktivitäten in Konzentrationen umgerechnet. Bei Messungen in stark verdünnten Proben („indirekte" Potentiometrie) ergibt sich eine gute Übereinstimmung mit den z. B. flammenphotometrisch ermittelten Werten. Bei Messungen in der unverdünnten Probe („direkte" Potentiometrie) ist die Übereinstimmung nur bedingt zu erreichen: die Bestimmung erfolgt nämlich nicht in einem definierten Volumen Serum, sondern in Serumwasser. Mit steigender Konzentration an Proteinen oder Lipiden nimmt - bedingt durch die zunehmende Volumenverdrängung - die Elektrolytkonzentration des (Gesamt-)Serums ab, während die Konzentration im zugehörigen Serumwasser unverändert bleibt. Deshalb sind trotz aller Versuche um Angleichung der Werte bei Hyperproteinämie oder Hyperlipämie größere Abweichungen zwischen der Konzentrationbestimmung im Serum und der im Serumwasser zu gewärtigen. (Die in diesen Fällen mittels ionenselektiver Elektroden gemessenen Werte sind biologisch als die maßgeblichen anzusehen).

Coulometrie: s. Chlorid

Absorptionsphotometrie: s. Kapitel Substrate

Reagenzien
Die Elektrolytkonzentration wird meist über den Vergleich mit einer Standardlösung ermittelt. In der Regel sind kommerzielle *Standardlösungen* besser praktikabel als selbst angesetzte. Für besondere Fälle stehen „Standard Reference Materials" (SRM) des National Bureau of Standards, Washington, D.C. (Bezug: Fa. Winopal, Hannover; Fa. Promochem, Wesel) zum Ansetzen primärer Standardlösungen für Kalibrationszwecke zur Verfügung. SRM sind Chemikalien, welche die entsprechenden Elektrolyte in besonders reiner Form (deklarierte Reinheit mindestens 99,9 ± 0%) enthalten. Sie sind für Natrium, Kalium, Calcium, Magnesium und Chlorid verfügbar.

Laborgeräte
Für Proben und Reagenzien werden bevorzugt auf Kontamination geprüfte Kunststoffgefäße benutzt, die für den Einmalgebrauch vorgesehen sind. Alkalihaltiges Glas oder Waschmittelrückstände stören insbesondere die Natrium- bzw. Phosphatbestimmung.

Die Angaben im Kapitel 3.4.0.2 gelten im übrigen sinnentsprechend auch für die Elektrolyte.

Sicherung der präanalytischen Phase
Um die Probenverwechslungsrate möglichst niedrig zu halten, sollte so selten wie möglich ein *Probentransfer* vorgenommen werden. Bei Verwendung z. B. von Sicherheitsmonovetten (Sarstedt, Nümbrecht) mit Trennfilter gelingt die dauerhafte *Abtrennung des Serums* vom Blutkuchen im Primärgefäß ohne die fehleranfällige Überführung in ein Sekundärgefäß. Als Antikoagulans für Elektrolytbestimmungen empfiehlt sich Heparin.

Die Blutprobe wird meist durch Punktion einer Kubitalvene gewonnen. Die Blutentnahme aus Dauerkatheter oder Infusionskanüle bei Therapie mit Infusionen ist häufig Ursache für grob verfälschte Meßwerte. Für den Postversand ist Plasma bzw. Serum zu verwenden, das durch schonende Zentrifugation (10 Minuten bei 1500 *g*, 20 °C) – ggf. so bald wie möglich nach Eintritt der Gerinnung – gewonnen wird. Die Konzentration der Elektrolyte ist im Serum bzw. Plasma nach Abtrennung vom Blutkuchen bei 4 °C längere Zeit stabil (s. u.). Tiefgefrorene Proben müssen nach dem Auftauen sorgfältig homogenisiert werden: Natrium- und Calciumkonzentrationen in der aufgetauten Probe nehmen von der Oberfläche zum Boden des Probengefäßes hin deutlich zu (Omang, 1973). Während der Aufbewahrung und der Durchführung der Bestimmung muß das Untersuchungsmaterial gut verschlossen in ausreichendem Abstand von Wärmequellen (z. B. Flammenphotometer) vor Verdunstung geschützt werden.

3.1.1.2 Qualitätssicherung bei Elektrolytbestimmungen

Nach einem neuen Konzept der Qualitätssicherung (Stamm, 1982) soll sich die analytische Präzision an der biologisch bedingten Varianz orientieren. Bei unbekannter Varianz wird vorgeschlagen, die zulässige Standardabweichung (s) gemäß folgender Formel abzuleiten:

$$\frac{\text{Referenzintervall}}{s} \geq 8$$

Die Serumkonzentration der Elektrolyte Calcium, Chlorid, Kalium, Magnesium und Natrium unterliegt nur geringen interindividuellen Schwankungen. Die obere Grenze des Referenzbereiches unterscheidet sich von der unteren Grenze bei Chlorid nur um 10%, bei Calcium und Natrium um 20% und bei Kalium und Magnesium um 50%. Bei den meisten anderen Analyten liegen die beiden Grenzen um 100% oder noch weiter auseinander. Wegen der engen Referenzbereiche der o. g. Elektrolyte werden an die *Präzision* ihrer Bestimmung besonders hohe Anforderungen gestellt. Zur Verfolgung intraindividueller Veränderungen der Elektrolytkonzentration muß die analytische Präzision darüber hinaus noch erheblich gesteigert werden, da der intraindividuelle Referenzbereich sehr viel kleiner ist als der eines sogenannten „Normalkollektivs".

Die *Richtigkeit* der Elektrolytbestimmungen wird zur Zeit durch Vergleich mit dem entsprechenden methodenabhängigen Sollwert überprüft. Bei Verwendung eines anderen Analysenverfahrens als dem Sollwert zugrunde liegt, können sich bei der Analyse derselben Kontrollprobe jedoch erhebliche Abweichungen finden, ohne daß eine fehlerhafte Bestimmung vorliegen muß: der methodenabhängige Sollwert unterscheidet sich vom wahren Wert in nicht definierter Weise. Es wurde deshalb vorgeschlagen (Stamm, 1982), den methodenabhängigen Sollwert durch den Definitiven oder den Referenzmethodenwert zu ersetzen, die sich in definierter Weise dem „wahren" Wert annähern und objektiv die Richtigkeit zu überprüfen gestatten.

Referenzmethodenwerte für Natrium, Kalium, Calcium und Chlorid (sowie Lithium) werden in Kürze für verschiedene kommerzielle Kontrollseren verfügbar sein. Definitive Werte werden angegeben für Seronorm (Merck, Darmstadt) u. a. in Bezug auf die Elektrolyte Natrium, Kalium, Calcium, Magnesium und Chlorid und für „Standard Reference Material 909: Human Serum" des National Bureau of Standards, Washington, D.C. Je besser die verschiedenen Methoden zur Bestimmung desselben Analyten z. B. mit dem Referenzmethodenwert übereinstimmen, umso besser ist ihre absolute Richtigkeit. Über eine Verbesserung der Richtigkeit wird eine verbesserte Vergleichbarkeit der Analysenresultate verschiedener Laboratorien mit unterschiedlichen Bestimmungsverfahren erreicht.

Die Qualitätssicherung mittels Kontrollproben wird ergänzt durch Verfahren, bei denen die Patientenproben selbst verwendet werden: 1. Daily mean und 2. Average of normals. Beide Verfahren setzen Rechenanlagen voraus, welche die Analysenresultate meßplatzbezogen erfassen und speichern. Als nachteilig wird empfunden, daß Hinweise auf Fehler erst am Ende eines Tages gegeben werden. Die konstante Zusammensetzung des untersuchten Kollektivs als wichtige Voraussetzung für die Verwendung der beiden Größen ist häufig nicht gewährleistet. Eine Übersicht der üblichen Kontrollmöglichkeiten gibt Haeckel (1975).

Bei dem Bemühen um eine Verbesserung der Präzision und Richtigkeit der eigentlichen Analysen darf nicht vergessen werden, daß Fehler in der *präanalytischen Phase* das Meßergebnis entscheidend beeinflussen können, aber von der statistischen Qualitätskontrolle nicht erfaßt werden. Damit das Analysenresultat möglichst genau die Elektrolytkonzentration in vivo widerspiegelt, ist dieser Phase besondere Aufmerksamkeit zu widmen.

Analytische und medizinische Beurteilung des Analysenresultats ergeben schließlich den klinisch-chemischen Befund (**Abbildung 3.1-1**). Zur analytischen Beurteilung gehört u.a. die Bewertung des Einflusses von Störfaktoren auf das Meßergebnis. In die medizinische Beurteilung gehen ein:

1. die *Plausibilitätskontrolle* und
2. die *Validierung der diagnostischen Aussage des Tests.*

Zu 1.: Bei der *Plausibilitätskontrolle* prüft der Laborleiter mit den ihm unmittelbar zur Verfügung stehenden Labordaten, ob das oder die vorliegende(n) Analysenresultat(e) plausibel ist (sind). Er bedient sich dazu
(a) des Extremwertvergleiches,
(b) des Vergleiches mit Vorwerten und
(c) des Vergleiches mit anderen gleichzeitig gemessenen Kenngrößen (Konstellationskontrolle).

Zu (a): Der Vergleich mit Extremwerten ist besonders empfindlich für die Erkennung von Fehlern, wenn die Verteilung der Analysenergebnisse der betreffenden Kenngröße im *entsprechenden* Patientenkollektiv zugrunde gelegt werden kann (Harm, 1979). Die Wahrscheinlichkeit für eine pathologische Natriumkonzentration ist bei Patienten der Intensivstation anders als bei ambulanten Patienten. Unempfindlich ist der Vergleich, wenn nur Überschreitungen von Grenzen, die „mit dem Leben nicht vereinbar" sind, als Fehlerhinweis aufgefaßt werden.

Zu (b): Die Elektrolytkonzentration wird intraindividuell in sehr engen Grenzen konstant gehalten. Andererseits kann sie jedoch therapeutisch mittels i.v. Applikation rasch und nachhaltig verändert werden. Die Plausibilitätskontrolle mittels Vorwertvergleich (Longitudinalbetrachtung) ist also ohne Kenntnis der Behandlung erschwert oder unmöglich.

Zu (c): Zwischen bestimmten Kenngrößen - z. B. Natrium und Chlorid - besteht in der Regel eine enge Korrelation, die zur Plausibilitätskontrolle verwendet werden kann.

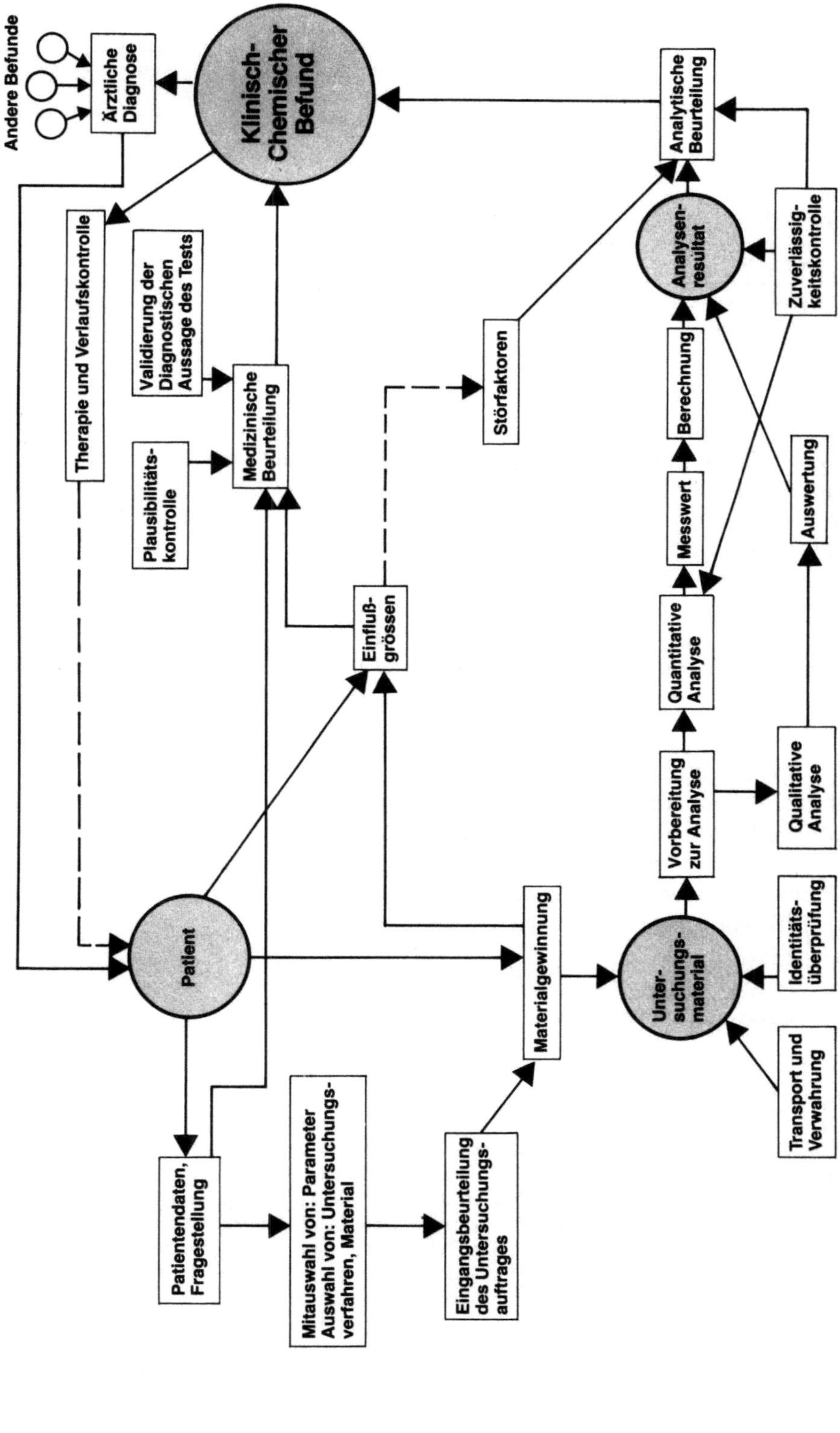

Abbildung 3.1-1: Die Erstellung des fachgerechten klinisch-chemischen Befundes. (Deutsche Gesellschaft für Klinische Chemie 1982)

Tabelle 3.1-1: Größen und Einheiten

Analyt	Stoffmengen-konzentration S_K	relative Atommasse A_r	Massen-konzentration M_K
Calcium	mmol/l	40,08	mg/l
Chlorid	mmol/l	35,45	mg/l
Kalium	mmol/l	39,10	mg/l
Magnesium	mmol/l	24,31	mg/l
Natrium	mmol/l	22,99	mg/l
Phosphat	mmol/l	30,97	mg/l

Umrechnung: $S_K \cdot A_r \rightarrow M_K$
$M_K \cdot 1/A_r \rightarrow S_K$

Zu 2.: Die *diagnostische Aussage des Tests wird validiert,* indem unter Berücksichtigung der diagnostischen Empfindlichkeit und Spezifität sowie der Prävalenz der Krankheit im untersuchten Kollektiv rechnerisch abgeschätzt wird, welches Gewicht dem Analysenergebnis z. B. für die Stellung einer bestimmten Diagnose zukommt (Büttner, 1977). Die Kenntnis des diagnostischen Werts klinisch-chemischer Untersuchungen, ihr sogenannter prädiktiver Wert, erleichtert zudem die Wahl der Kenngrößen, die am ehesten eine bestimmte Krankheit zu erkennen bzw. auszuschließen erlauben. Von Friedman (1980) wurde eine Zusammenstellung publiziert, welche klinisch-chemischen Kenngrößen bei einer bestimmten Krankheit verändert sind, bzw. auf welche Krankheit ein pathologisches Ergebnis hinweist.

3.1.1.3 Größen und Einheiten

Für die Angabe der Elektrolytkonzentrationen werden in der Bundesrepublik Deutschland sowohl Stoffmengen- als auch Massenkonzentrationsangaben verwendet. Die Berechnung von Elektrolytbilanzen wird erleichtert, wenn Stoffmengenkonzentrationen verwendet werden. Die verschiedenen *Maßeinheiten* können gemäß **Tabelle 3.1-1** umgerechnet werden.

3.1.2 Natrium

3.1.2.1 Präventivmaßnahmen

Die Natriumkonzentration wird bevorzugt mittels Flammenemissionsphotometrie und ionenselektiver Elektroden bestimmt. Die flammenphotometrische Bestimmung gilt als spezifisch. Die Richtigkeit hängt insbesondere von der Kalibration ab, bei der Standardlösungen mit Elektrolytkonzentrationen zu verwenden sind, die der Patientenprobe weitgehend entsprechen sollen.

Bei Bestimmungen mittels ionenselektiver Elektroden ist zwischen der Analyse mit bzw. ohne Probenvorverdünnung („direkte" bzw. „indirekte" Potentiometrie) zu unterscheiden. Beide Verfahren sind zuverlässig. Die Ergebnisse bei Vorverdünnung stimmen mit den flammenphotometrisch ermittelten Resultaten gut überein. Ohne Vorverdünnung unterscheiden sich die Werte je nach Kalibration mehr oder weniger stark (s. u.). Die photometrische Natriumbestimmung nach Umsetzung mit Magnesium-Uranyl-Acetat ist weniger zuverlässig und sollte nach Möglichkeit nicht durchgeführt werden.

3.1.2.2 Qualitätssicherung in der präanalytischen Phase

Nach Untersuchungen von Annino und Relman (1959) ändert sich die Natriumkonzentration im Serum nach einem Frühstück nicht signifikant, so daß für die Natriumbestimmung nicht unbedingt Nüchternblut erforderlich ist. Bei ausgeprägter Hyperlipämie können jedoch je nach Methode Schwierigkeiten bei der Bewertung der Ergebnisse auftreten (s. u.). Die Natriumkonzentration ist unabhängig von der Körperlage während der Blutentnahme (Röcker et al., 1975; Statland et al., 1974). Ein circadianer Rhythmus der Natriumkonzentration im Serum ist von Winkel et al. (1975) nicht, in geringem Maße von Böning (1974) beobachtet worden. Für die Natriumbestimmung kann nebeneinander Serum aus Venen- und Kapillarblut verwendet werden, da keine Konzentrationsunterschiede bei diesen Materialien beobachtet wurden (Kaplan, 1959). Die Natriumkonzentration im Serum stimmt gut mit der im Plasma überein, selbst bei Verwendung von Natriumheparinat in empfohlener Menge (7,5 IE/ml). Hämolyse führt nur bei extremem Ausmaß zu falsch niedrigen Werten: die Natriumkonzentration im Erythrozyten beträgt ca. 16 mmol/l (Caraway, 1962). Die Natriumkonzentration im Vollblut verändert sich bei 24-stündiger Lagerung bei Raumtemperatur nicht (Keller, 1975). Vorzuziehen ist, möglichst bald das Serum oder Plasma abzutrennen. Bei Aufbewahrung bei 4 °C sind auch andere Analyte in ihrer Konzentration über längere Zeit konstant. Wenn zwischen Probennahme und Analyse Wochen liegen, sollte das Serum bzw. Plasma bei – 20 °C aufgehoben werden.

3.1.2.3 Interne Sicherung der analytischen Phase

Präzision: Die Kontrolle der Präzision erfolgt mit Kontrollproben, die dem eigentlichen Untersuchungsgut, den Patientenproben, so ähnlich wie möglich sein sollen. D. h., für die Überwachung der Serumanalysen ist Kontrollserum, für Urin entsprechend Kontrollurin zu verwenden. Nicht zuletzt aus Kostengründen werden zur Präzisionskontrolle Kontrollproben ohne Konzentrationsangabe verwendet. Die Konzentration sollte jedoch möglichst nahe an der Entscheidungsgrenze normal / pathologisch, im Falle von Natrium im Serum also bei 135 oder 150 mmol/l liegen. Die Richtigkeitskontrollen sollen den gesamten Meßbereich überwachen. Bei geschickter Auswahl wird man mit 6 verschiedenen Kontrollseren für die gesamte klinische Chemie ausreichen. Die zur Zeit schwierige Suche nach Kontrollseren, deren Sollwerte mit genau der im eigenen Laboratorium durchgeführten Methode ermittelt wurden, entfällt, sobald der Referenzmethodenwert als einzig verbindlicher Maßstab zur Verfügung steht (s. o.).

In der Plausibilitätskontrolle macht man sich zunutze, daß die Natriumkonzentration - von Ausnahmen wie z. B. Erbrechen abgesehen - eng mit der Chloridkonzentration korreliert ist (s. auch Chlorid: „Anionenlücke“). Nach Keller (1986) lauten die „Alarmgrenzen“ für die Natriumkonzentration i. S. unter 125 bzw. über 155 mmol/l, d. h. Konzentrationen außerhalb des Bereichs 125 bis 155 mmol/l treten in weniger als 1% der Fälle auf. Der Variationskoeffizient für die intraindividuelle Natriumkonzentrationsschwankung beträgt zwischen 0,7 und 1,8%.

3.1.2.4 Externe Qualitätssicherung/Methodenvergleich

Die Bestimmung der Natriumkonzentration im Serum erfolgt mit Hilfe der Flammenemissionsphotometrie, ionenselektiver Elektroden (ohne bzw. mit Probenvorverdünnung) und der Absorptionsphotometrie. Die Werte für flammenphotometrische Bestimmung (ohne bzw. mit Lithiumleitlinie) und für ionenselektive Elektroden mit Probenvorverdünnung sollten gut übereinstimmen.

Die Bestimmung mittels ionenselektiver Elektroden ohne Probenvorverdünnung ist mit diesen Methoden prinzipiell nicht vergleichbar, da eine andere Kenngröße, nämlich die Aktivität des ionisierten Natriums (im Serumwasser), bestimmt wird. Im Einzelfall ist die Übereinstimmung u.a. abhängig von der Kalibration, der verwendeten Elektrode sowie der Protein- und Lipidkonzentration der Probe. In praxi werden bei normalem Protein- und Lipidgehalt 2-3% höhere Werte als mit der Flammenphotometrie im Serum gefunden. Die mittels Absorptionsphotometrie gewonnenen Werte weichen stark ab, wie sich auch beim Vergleich mit Referenzmethodenwerten ergab (Külpmann, 1985b): Photometrie (Mg-Uranylacetat). −4,69% (Bereich: −1,11 bis −10,03%; n=9); Flammenphotometrie: −0,89% (Bereich: −2,53 bis +0,40; n=12); ionenselektive Elektrode mit Probenvorverdünnung: 0,34% (Bereich: −0,57 bis +2,16%; n=6). Die Referenzmethodenwerte wurden gemäß Velapoldi et al. (1978) bestimmt. Die Impräzision der Natriumbestimmung muß klein sein (s.o.). In den englischen Ringversuchen (UKEQAS) wird ein Variationskoeffizient (VK) von 1,6% zugrunde gelegt. Bei 4 zufällig ausgewählten Ringversuchen der Deutschen Gesellschaft für Klinische Chemie sind 1984/85 für die „Flammenphotometrie mit Li-Leitlinie" relative Standardabweichungen (VK) zwischen 1,85 und 2,38%, für die „Flammenphotometrie" (ohne Li-Leitlinie) zwischen 2,61 und 3,36% und mit „anderen Methoden" zwischen 3,16 und 5,16% erreicht worden.

3.1.2.5 Sicherung der postanalytischen Phase

98% des Natriumbestandes des Organismus befinden sich extrazellulär. Die hohe Natriumkonzentration im intravasalen (**Tabelle 3.1-2**) und interzellulären Raum bedeutet, daß Natrium bei den Kationen den größten Beitrag zur Osmolalität leistet. Aus diesem Grund bestehen enge Wechselwirkungen zwischen Natrium- und Wasserhaushalt, deren Feinregulation lebenswichtig ist. Die Niere reguliert die Natriumkonzentration unter der hormonalen Steuerung durch Mineralokortikoide, wie z.B. Aldosteron. Der Wasserhaushalt wird mit Hilfe der Signale geregelt, die von Osmorezeptoren (Hypothalamus) und Barorezeptoren (linker Vorhof, Lungenvenen) ausgehen, und durch Adiuretin (ADH) gesteuert. Hypotone und hypertone Dehydratation sowie hypertone und hypotone Hyperhydratation gehen mit gleichsinnigen Änderungen der Natriumkonzentration

Tabelle 3.1-2: Referenzbereiche: Natrium in Serum und Urin

	Serum	
Erwachsene	135,0 - 144,0 mmol/l	(Payne, 1968)
Erwachsene	132,5 - 145,5 mmol/l	(Liappis, 1972a)
Erwachsene	132,0 - 148,0 mmol/l	(Sitzmann, 1976)
Kinder	129,0 - 145,0 mmol/l	(Witt, 1982)
Kinder 0 - 15 J.	132,0 - 146,0 mmol/l	(Liappis, 1972a)
Kinder ab 1. Monat	132,0 - 150,0 mmol/l	(Sitzmann, 1976)
	Urin	
Erwachsene	120,0 - 220,0 mmol/24 h	(Sitzmann, 1976)
Kinder 6.-12. Monat	1,3 - 3,6 mmol/24 h je kg KG	(Sitzmann, 1976)
Kleinkinder	2,3 - 3,8 mmol/24 h je kg KG	(Sitzmann, 1976)

im Serum einher. Bei isotoner Dehydratation (z. B. infolge von Erbrechen, Durchfällen, Magenfistel) und isotoner Hyperhydratation (z. B. in Folge generalisierter Ödeme bei Herzinsuffizienz und nephrotischem Syndrom) gibt die Natriumkonzentration keinen Hinweis auf eine Störung im Wasserhaushalt.

Hyponatriämie mit hypotoner *Dehydratation* findet sich, wenn 1. der Natrium- den Wasserverlust noch übersteigt oder 2. die Natriumzufuhr hinter der (unzureichenden) Wasserzufuhr noch zurückbleibt.

Zu 1.: Diese Konstellation ist gegeben bei polyurischen Nierenerkrankungen und Störung der tubulären Natriumrückresorption (interstitielle Nephritis, osmotische Diurese), bei Nebennierenrindeninsuffizienz sowie bei chronischer Anwendung von Diuretica.

Zu 2.: Eine isotone Dehydratation infolge von Blutverlust oder Erbrechen geht in den o. a. Symptomenkomplex über, wenn die Natriumsubstitution noch hinter dem Wasserersatz zurückbleibt.

Hyponatriämie mit hypotoner *Hyperhydratation* wird bei übermäßiger Zufuhr von Wasser (p. o.) oder salzarmen i. v. Infusionslösungen (Wasservergiftung) sowie bei verminderter Ausscheidung von Wasser bei Herz- oder Niereninsuffizienz und bei überschießender Adiuretinsekretion (z. B. Schwartz-Bartter-Syndrom) beobachtet.

Die *Hypernatriämie* bei hypertoner *Dehydratation* ist manchmal nur gering ausgeprägt. Sie entwickelt sich bei verminderter Wasserzufuhr, z. B. Durst bzw. starkem Wasserverlust über Haut, Lunge, Niere (z. B. Diabetes insipidus, Diabetes mellitus) oder Darm.

Hypernatriämie mit hypertoner *Hyperhydratation* kann iatrogen durch Infusion hypertoner Kochsalzlösungen (d. h. im Vergleich zur Wasser- übermäßige Natriumzufuhr) bedingt sein. Sie wird auch beim Hyperaldosteronismus beobachtet, bei dem die Natrium- die Wasserretention überwiegt.

3.1.2.6 Fehlermöglichkeiten

Bei Hyperlipidämie und Hyperproteinämie findet sich bei flammenphotometrischer Bestimmung eine „Pseudohyponatriämie", da ein großer Teil des Serums von Lipiden bzw. Proteinen eingenommen wird, die kaum Natrium enthalten. Die mittels „direkter" Potentiometrie gemessene Natriumkonzentration im Serumwasser bleibt, von dieser Volumenverdrängung unbeeinflußt, konstant. Die Konzentration (bzw. Aktivität) im Serumwasser ist zugleich die für den Organismus maßgebliche.

Bei Verwendung desselben Meßverfahrens stimmen die Resultate unabhängig vom Untersuchungsgut (Blut, Plasma, Serum) befriedigend überein. Bei Blut darf jedoch kein Suspensionseffekt an der Elektrode auftreten (**Tabelle 3.1-3**). Bei „direkter" Potentiometrie wurden falsch erhöhte Werte durch Ampicillin, Nitrofuran-

Tabelle 3.1-3: Natrium- und Kalium-Mittelwerte in Serum, Plasma und Vollblut von 108 Patientenproben

	Ionenselektive Elektrode	Flammenphotometrie
Natrium		
Serum	146,97 mmol/l	143,68 mmol/l
Plasma	146,64 mmol/l	143,14 mmol/l
Vollblut	145,88 mmol/l	
Kalium		
Serum	4,469 mmol/l	4,485 mmol/l
Plasma	4,102 mmol/l	4,120 mmol/l
Vollblut	4,019 mmol/l	

toin und Norfenefrin, falsch erniedrigte durch Hyoscin-N-butylbromid gefunden (Sonntag, 1985).

3.1.2.7 Wirtschaftlichkeit
Die Flammenphotometrie ist ein gut praktikables Verfahren. Sie erfordert jedoch z.B. Propangas. Ionenselektive Elektroden benötigen keine besonderen Installationsvoraussetzungen. „Direkt" messende Elektroden eignen sich besonders für eilige Einzelmessungen, da unmittelbar nach der Probennahme im antikoagulierten Blut gemessen werden kann.

3.1.3 Kalium

3.1.3.1 Präventivmaßnahmen

Die Kaliumkonzentration kann flammenphotometrisch oder mittels ionenselektiver Elektroden bestimmt werden. Es gelten sinnentsprechend die unter „Natrium" gemachten Angaben. Die nephelometrische Messung der Kaliumkonzentration mit Hilfe von Tetraphenylborat gilt als weniger zuverlässig (s.u.).

3.1.3.2 Qualitätssicherung in der präanalytischen Phase
Mit den gleichen Einschränkungen wie beim Natrium ist für die Kaliumbestimmung Nüchternblut nicht erforderlich. Die Konzentration ist abhängig von der Körperlage bei der Entnahme (Röcker, 1975): Probennahme beim sitzenden Probanden ergibt ca. 4% höhere Werte als beim liegenden. Sie ist abhängig von der Tageszeit (Stamm, 1967). Um 17 Uhr werden ca. 10% niedrigere Werte gefunden als um 8 Uhr. Böning (1974) konnte diese Unterschiede bei seinen Probanden statistisch nicht sichern. Immerhin empfiehlt es sich, die Blutentnahme möglichst immer zur gleichen Zeit vorzunehmen. Keine signifikanten Konzentrationsunterschiede ergeben sich beim Vergleich von Venen- und Kapillarblut (Kaplan, 1959). Blumenfeld (1977) findet dagegen im Serum aus Kapillarblut 5% niedrigere Werte als im Serum aus Venenblut. Bei 3-Minuten-Stauung vor der Blutentnahme ist ein Abfall der Kaliumkonzentration um −6,3% beobachtet worden (Statland, 1974). Wenn vor der Entnahme die Hand mehrfach zur Faust geschlossen wird, resultiert ein Kaliumanstieg in der Probe. In Serumproben finden sich um ca. 0,4 mmol/l höhere Kaliumkonzentrationen als im Plasma (Lum, 1974). Zugleich streuen die Kaliumkonzentrationswerte des Serums stärker als die des Plasmas, wahrscheinlich bedingt durch den wechselnden Hämolysegrad. Die Kaliumkonzentration in der extrazellulären Wasserphase von Blut stimmt gut mit der im Plasmawasser überein, wie sich aus der Bestimmung mittels ionenselektiver Elektroden ergibt (Tabelle 3.1-3) (Külpmann, 1986). Da selbst bei Lagerung bei 4 °C Kalium aus den Erythrozyten auch ohne sichtbare Hämolyse austritt, empfiehlt es sich, möglichst rasch nach der Blutentnahme Plasma (oder Serum) abzutrennen und bei 4 °C aufzubewahren. Die Kaliumkonzentration ist unter diesen Bedingungen 14 Tage unverändert. Eine Lagerung der Blutprobe bzw. Hämolyse führen leicht zu einer Verfälschung der Meßwerte im Vergleich zur tatsächlichen in-vivo-Konzentration, da die Kaliumkonzentration im Erythrozyten ca. 23-fach höher ist als im Plasma (Caraway, 1962).

3.1.3.3 Interne Sicherung der analytischen Phase

Präzision: Wie im Abschnitt „Natrium" erläutert, empfiehlt sich zur Überwachung der Serumanalyse ein Kontrollserum mit einer Kaliumkonzentration von ca. 3,5 oder 5,5 mmol/l.

Richtigkeit: Zur Richtigkeitskontrolle werden Kontrollproben mit Konzentrationen benötigt, die eine Kontrolle des gesamten Meßbereiches erlauben. Der Referenzmethodenwert scheint für flammenphotometrische und „indirekte" potentiometrische Bestimmungen gleich geeignet zu sein (Külpmann, 1985b).

Bei der „direkten" Potentiometrie ist man noch auf methodenabhängige Sollwerte angewiesen. Eine Referenzmethode wird vorbereitet (IFCC, 1985). In der Plausibilitätskontrolle kann auf eine zweite, dem Kalium eng korrelierte Kenngröße nicht zurückgegriffen werden. Als „Alarmbereich" gelten nach Keller (1986) Kaliumkonzentrationen unter 2,5 bzw. über 6,5 mmol/l. Intraindividuell schwankt die Kaliumkonzentration in gleichem Maße wie interindividuell.

3.1.3.4 Externe Qualitätssicherung/Methodenvergleich

Für die Kaliumbestimmung stehen Flammenphotometrie, ionenselektive Elektroden (ohne bzw. mit Probenvorverdünnung) und Nephelometrie zur Verfügung. Die flammenphotometrisch ermittelten Meßwerte sollten gut mit den Resultaten der ionenselektiven Elektroden mit Probenvorverdünnung übereinstimmen. Bei Messung ohne Probenvorverdünnung werden mit steigender Proteinkonzentration die flammenphotometrischen gegenüber den potentiometrischen Meßwerten zunehmend niedriger liegen (Shyr, 1980). Das Ausmaß der Unterschiede ist von der Kalibration abhängig. Bei nephelometrischen Bestimmungen finden sich größere Abweichungen von den flammenphotometrischen Analysen und dem Referenzmethodenwert (Külpmann, 1985b):

Nephelometrie (Tetraphenylborat): −4,80% (Bereich −7,8 bis −0,5%; n=7); Flammenphotometrie: −1,24% (Bereich −4,4 bis +0,3%; n=13); ionenselektive Elektroden mit Probenvorverdünnung: −2,60% (Bereich −6,6 bis −0,4%; n=3). Die Referenzmethodenwerte sind gemäß Velapoldi (1979a) ermittelt worden. Die Kaliumbestimmung der Routineanalytik muß wegen der geringen biologischen Varianz mit guter Präzision erfolgen (s.o.). Bei der Bewertung der Ringversuchsteilnehmer wird in England von einer relativen Standardabweichung (VK) von 2,9% ausgegangen (UKEQAS, 1986). Bei 4 Ringversuchen der Deutschen Gesellschaft für Klinische Chemie wurden 1984/85 für die „Flammenphotometrie mit Li-Leitlinie" Variationskoeffizienten zwischen 2,37 und 3,37% gefunden, für die „Flammenphotometrie" VK zwischen 3,51 und 4,46% und für „andere Methoden" VK zwischen 6,45 und 8,11%.

3.1.3.5 Sicherung der postanalytischen Phase

Im Gegensatz zum Natrium befinden sich 98% des Kaliumbestandes des Organismus intrazellulär und nur 2% extrazellulär (**Tabelle 3.1-4**).

Mit der Nahrung werden 75 - 100 mmol/d Kalium aufgenommen und unter dem Einfluß von Aldosteron und Insulin in die Zelle eingeschleust. Für das Gleichgewicht im Kaliumhaushalt sorgen die renale (90% der Gesamtausscheidung) und die gastrointestinale Ausscheidung. In der Niere wird Kalium glomerulär filtriert, in den proximalen Tubuli zu 70%, in der Henle'schen Schleife zu mindestens 90% rückresorbiert und in den distalen Tubuli sezerniert. Die Sekretion ist direkt ab-

Tabelle 3.1-4: Referenzbereiche: Kalium in Serum (Plasma) und Urin

	Serum	
Erwachsene	3,6 - 5,0 mmol/l	(Liappis, 1972a)
Erwachsene (Plasma)	3,6 - 4,8 mmol/l	(Smith, 1950)
Kinder 2.-12. Monat	3,7 - 5,8 mmol/l	(Witt, 1982)
Kinder ab 1. Jahr	3,1 - 5,2 mmol/l	(Witt, 1982)
Kinder 3.-12. Monat	3,8 - 5,7 mmol/l	(Liappis, 1972a)
Kinder 1.-15. Jahr	3,6 - 5,5 mmol/l	(Liappis, 1972a)
	Urin	
Erwachsene	35,0 - 80,0 mmol/24 h	(Sitzmann, 1976)
Kinder 6.-12. Monat	2,7 - 4,3 mmol/24 h je kg KG	(Sitzmann, 1976)
Kinder 1.-2. Jahr	3,5 - 4,6 mmol/24 h je kg KG	(Sitzmann, 1976)

hängig von den Mineralocorticoiden, der Natriumkonzentration des distalen Tubulus, dem Urinfluß und der Kaliumzufuhr. Sie steigt an bei akuter Alkalose und fällt ab bei akuter Azidose.

Die Kaliumkonzentration ist *erniedrigt* bei 1. verminderter Zufuhr, 2. erhöhtem Verlust und 3. Verteilungsstörung.

Zu 1.: Wegen des hohen Kaliumgehaltes der Nahrung findet sich nur selten eine Hypokaliämie aus diesem Grund. Sie wird z. B. bei Anorexia nervosa mit gleichzeitigem Erbrechen oder Laxantienabusus beobachtet.

Zu 2.: Die Verluste können bedingt sein:
- hormonal: primärer bzw. sekundärer Hyperaldosteronismus; Cushing-Syndrom bzw. M. Cushing (durch begleitende Mineralocorticoid-Effekte). Die mineralocorticoide Wirkung der Glycyrrhizinsäure von Lakritzen führt bei entsprechendem Abusus ebenfalls zur Hypokaliämie.
- renal: tubuläre Azidosen.
- durch osmotische Diurese bzw. Diuretica (z. B. Thiazide, Furosemid, Ethacrynsäure).
- gastrointestinal geht Kalium durch Erbrechen, Diarrhoe und Laxantien verloren.

Zu 3.: Extrazellulärer Kaliummangel tritt auf bei erhöhter Einschleusung von Kalium in die Zelle:
- bei akuter Alkalose treten im Austausch gegen Kaliumionen Protonen aus dem Intrazellulärraum aus. Zusätzlich wird vermehrt Kalium tubulär sezerniert (s. o.);
- bei Insulintherapie eines diabetischen Komas.

Die Kaliumkonzentration ist *erhöht* bei 1. erhöhter Zufuhr, 2. verminderter Ausscheidung und 3. Verteilungsstörungen.

Zu 1.: Sie ist in der Regel iatrogen bedingt, z. B. durch kaliumhaltige Infusionslösungen, Bluttransfusionen, evtl. bei gleichzeitiger renaler Insuffizienz.

Zu 2.:
- hormonal bedingt: bei primärem oder sekundärem Hypoaldosteronismus.
- renal bedingt: bei akuter Oligurie, bei der die tubuläre Kalium- (und Protonen-) sekretion abnimmt. Die entstehende metabolische Azidose führt darüber hinaus durch Verschiebung von H^+-Ionen in den Intrazellulärraum im Austausch gegen K^+-Ionen zu einer weiteren Steigerung der Hyperkaliämie. Bei chronischer Niereninsuffizienz bildet sich eine Hyperkaliämie erst bei Oligurie aus.
- durch Diuretica bedingt (z. B. Spironolacton, Triamteren).

Zu 3.:
- bei akuter Azidose treten Protonen in den Intrazellulärraum über und verdrängen Kaliumionen aus der Zelle;
- bei rascher, ausgedehnter Zellzerstörung (Verbrennung, zytostatische Therapie) wird Kalium frei, das in den Intravasalraum übertritt;
- bei maligner Hyperthermie.

3.1.3.6 Fehlermöglichkeiten

Die Unterschiede zwischen flammenphotometrischen Resultaten und den Ergebnissen der „direkten" Potentiometrie sind - allerdings abhängig von der Kalibration, der verwendeten Elektrode etc. - wegen der guten Präzision statistisch signifikant, aber klinisch nicht relevant. Die Differenz beträgt lediglich 0,4% (Tabelle 3.1-3). Bei ausgeprägter Hyperproteinämie oder Hyperlipämie sind größere Unterschiede zu erwarten, so daß in der Befunddokumentation getrennte Angaben zu empfehlen sind. Falsch erniedrigte Werte wurden für ionenselektive Elektroden ohne Probenvorverdünnung bei Zusatz von Salazosulfapyridin sowie bei Phosphatkonzentrationen über 7,4 mmol/l beobachtet (Sonntag, 1985).

3.1.4 Calcium (gesamt)

3.1.4.1 Präventivmaßnahmen

Die Calciumkonzentration wird mit sehr verschiedenen Methoden bestimmt. Die Atomabsorption gilt allgemein als das zuverlässigste Bestimmungsverfahren. Typische Interferenzen und Störungen lassen sich durch eine geeignete Wahl der Bedingungen vermeiden:

1. anionische Interferenz: Calciumionen verbinden sich mit Phosphat (und Sulfat) zu Molekülen, die bei der Atomabsorption kaum in Atome dissoziieren, was zu falsch niedrigen Meßwerten führt. Diese Störung kann beseitigt werden

- durch Zugabe des störenden Anions zu Probe und Standardlösung im Überschuß,
- durch Verwendung einer heißeren Flamme, was jedoch zu erhöhter ionischer Interferenz führen kann (s. u.),
- bevorzugt durch Zusatz einer Substanz, die mit dem störenden Anion ein stabiles Molekül bildet; für diesen Zweck wird Lanthan(III)-chlorid, aber auch Strontiumchlorid verwendet.

2. ionische Interferenz: mit steigender Flammentemperatur werden zunehmend Atome in Ionen übergehen, die bei der Atomabsorption nicht erfaßt werden: das Verfahren wird unempfindlicher. Wenn die Konzentration leicht ionisierbarer und schwer ionisierbarer Atome für Probe und Standard verschieden sind, treten systematische Fehler auf.

3. Matrix-Interferenz: enthält die Probe ein anderes Metall in hohem Überschuß, kann es zu einer Unterdrückung der Absorption des Analyten kommen. Dieser Meßfehler wird vermieden, indem eine „Puffersubstanz" zugegeben oder die Standardlösung durch Zusatz des störenden Metalls angeglichen wird. Die unterschiedliche Viskosität von Probe und Kalibrationslösung kann beseitigt werden, indem entweder die Probe stark verdünnt und evtl. ein Netzmittel zugesetzt wird oder die Viskosität des Standards durch Zugabe, z. B. von Protein (Plasmaexpander), an die Probe angepaßt wird. Die Lichtstreuung, wie sie an eiweißreichen Proben beobachtet wird, kann ausgeschaltet werden:

- durch Messung bei zwei Wellenlängen; bei einer Wellenlänge wird die elementspezifische Absorption und die Streuung, bei der anderen nur die Streuung erfaßt.
- durch gleichzeitige Messung mit einem Deuteriumuntergrundkompensator und der elementspezifischen Hohl-Kathodenlampe.

Die angeführten Fehler lassen sich bei der Calciumbestimmung vermeiden, indem bei Zusatz von Lanthan(III)-chlorid, bei ca. 2300 °C Flammentemperatur und hoher Verdünnung der Probe (z. B. Serum 1:26) gemessen wird.

Die Flammenphotometrie ist für die Calciumbestimmung weniger geeignet als die Atomabsorption. Es wird eine Acetylenflamme (ca. 2300 °C) benötigt. Natrium und Kalium führen zu falsch hohen, Phosphat und Sulfat zu falsch niedrigen Meßwerten, wenn sie in entsprechender Konzentration nicht in den Kalibrationslösungen vorliegen. Für die Routineanalytik kann die Methode jedoch unter Beachtung der genannten Fehlerquellen zufriedenstellende Ergebnisse liefern. Unter den absorptionsphotometrischen Methoden wird das Cresolphthalein-Komplex-Verfahren am häufigsten, insbesondere bei mechanisierten Analysensystemen verwendet. Außerdem seien die

Bestimmung mittels Glyoxal-bis-(2-hydroxyanil) und Methylthymolblau, sowie die fluorometrische Bestimmung mittels Ethylenglycol-bis-(β-aminoethylether)-N,N'-tetraessigsäure (EGTA) erwähnt.

3.1.4.2 Qualitätssicherung in der präanalytischen Phase

Die Calciumkonzentration ist nach den Untersuchungen von Annino (1959) von der Nahrungsaufnahme nicht merklich beeinflußt. Bedingt durch die Proteinbindung ist jedoch die Calciumkonzentration abhängig von der Körperlage: bei Entnahme aus der Kubitalvene beim sitzenden Probanden finden sich 2% höhere Konzentrationen als beim liegenden (Röcker, 1975). Es wurden Schwankungen der Calciumkonzentration im Tagesverlauf beobachtet. Zwischen 9 und 18 Uhr fand sich ein hohes Konzentrationsplateau, gegen 6 Uhr ein um 0,1 mmol/l niedriger gelegenes Minimum (Böning, 1974). Der Calciumgehalt von Venen- und Kapillarblut ist nach Kaplan (1959) gleich, sofern die Probennahme korrekt erfolgte; Blumenfeld (1977) findet im Venenblutserum 5% niedrigere Resultate. Identische Werte werden für Serum und Heparin-Plasma bei Bestimmung mittels Atomabsorption gefunden (Lum, 1974). Wird das Blut 24 Stunden bei Raumtemperatur aufbewahrt, steigt die Calciumkonzentration um ca. 0,03 mmol/l (Keller, 1975) an. Bei Lagerung im Kühlschrank sind die Konzentrationsänderungen im Serum während 10 Tagen vernachlässigbar. Der Einfluß der Hämolyse auf die Calciumkonzentration ist wie beim Natrium gering. Die Calciumkonzentration der Erythrozyten beträgt nur 0,016 mmol/l (Henry, 1974).

3.1.4.3 Interne Sicherung der analytischen Phase

Präzision: Die Überwachung der Präzision der Calciumbestimmung im Serum erfolgt mit Kontrollserum, dessen Calciumkonzentration ca. 2,15 oder 2,60 mmol/l betragen sollte.

Für die *Richtigkeitskontrolle* werden Kontrollproben verschiedener Hersteller benötigt, deren Konzentrationen über den gesamten Meßbereich verteilt sind. An Stelle des methodenabhängigen Sollwertes soll in Zukunft der Referenzmethodenwert verwendet werden. Bei verschiedenen Nierenkrankheiten sind Calcium- und Phosphat-Konzentration negativ korreliert, was zur Plausibilitätskontrolle verwendet werden kann. Als „Alarmgrenze" verwendet Keller (1986) eine Konzentration unter 1,7 und über 3,4 mmol/l. Als Maß für die intraindividuelle Schwankung der Calciumkonzentration wird ein Variationskoeffizient von 1 bis 2% angegeben.

3.1.4.4 Externe Qualitätssicherung/Methodenvergleich

Wenn man die methodenabhängigen Sollwerte von Kontrollseren dem Referenzmethodenwert, ermittelt mit der Methode von Brown (1981), gegenüberstellt, findet man folgende mittlere Abweichungen (Külpmann, 1985a):

Atomabsorption: −0,79% (Bereich −3,01 bis +2,77%, n = 10)
Flammenphotometrie: −0,32% (Bereich −1,87 bis +1,62%, n = 9)
Cresolphthalein-Komplex: +3,04% (Bereich −0,20 bis +8,01%, n = 9)
Methylthymolblau: +1,43% (Bereich +0,23 bis +2,77%, n = 6)
Glyoxal-bis-(2-hydroxyanil): −0,63% (Bereich −2,64 bis +2,19%, n = 3)
EGTA (fluorometrisch): −0,62% (Bereich −2,01 bis +0,77%, n = 2)

Die Resultate zeigen, daß Atomabsorption und Flammenphotometrie für die Calciumbestimmung gut geeignet sind, zumal sie auch eine geringe Impräzision besitzen: die Auswertung von 4 Ringversuchen der Deutschen Gesellschaft für Klinische Chemie (1984/85) hat die folgenden relativen Standardabweichungen (VK) ergeben:
„Atomabsorptionsspektrophotometrie": 3,36 bis 5,00%, „Flammenphotometrie": 5,97 bis 7,94%, „andere Methoden": 5,39 bis 8,83%.
Im englischen Ringversuch (UKEQAS 1986) wird ein VK von 4,0% zugrunde gelegt.

3.1.4.5 Sicherung der postanalytischen Phase
siehe 3.1.5.5

3.1.4.6 Fehlermöglichkeiten
Bei sachgemäßer Durchführung ist die Calciumbestimmung mittels Atomabsorption weitgehend frei von Interferenzen. Die Cresolphthaleinkomplexmethode wird durch Pharmaka (Chlorpropamid, Hydralazin) sowie durch Bilirubin gestört (Sonntag, 1985), die fluorometrische Methode durch Sulfonamide und Bilirubin (Dörner, 1975).

3.1.4.7 Wirtschaftlichkeit
siehe 3.1.5.7

3.1.5 Calcium (ionisiert)

3.1.5.1 Präventivmaßnahmen

Aus Gründen der Praktikabilität werden für die Bestimmung der ionisierten Fraktion des Calciums ionenselektive Elektroden bevorzugt. Um zuverlässige Meßergebnisse zu erzielen, ist bei den Analysen folgendes zu beachten: 1. Einhaltung der Meßtemperatur, 2. ähnliche Elektrolytzusammensetzung von Probe und Standard, 3. Störung durch Plasmaproteine, 4. pH-Wert und 5. Suspensionseffekt durch Erythrozyten.

Die genannten Einflüsse machen sich bei den verschiedenen auf dem Markt erhältlichen Analysensystemen in unterschiedlichem Ausmaß bemerkbar. Vorteilhaft ist, wenn eine entsprechende Äquilibriereinheit es erlaubt, gegebenenfalls auf die anaerobe Probenahme zu verzichten und die Meßwerte auf einen Standard-pH-Wert (pH 7,40) zu normieren.

3.1.5.2 Qualitätssicherung in der präanalytischen Phase
Die Konzentration des ionisierten Calciums kann nach Nahrungsaufnahme leicht verändert sein, wobei die Zusammensetzung der Nahrung von Bedeutung für die zum Teil gegensätzlichen Änderungen sein kann. Ohne signifikanten Einfluß ist die Körperlage bei der Blutentnahme (Pedersen, 1972). Die höchsten Konzentrationen werden zwischen 10 und 11 Uhr gefunden, bis zu 0,07 mmol/l niedrigere gegen 19 Uhr (Markowitz, 1981).Zwischen Kapillar- und Arterienblut bestehen keine, zwischen arteriellem und venösem Blut geringe Unterschiede, die aber statistisch gesichert sind (Wandrup, 1983). Die klinische Relevanz dürfte gering sein. Kurzfristige Stauung verändert die Konzentration nicht (Husdan, 1974). Bedeutsam ist der Einfluß der H^+-Konzentration. Bei CO_2-Verlust und Anstieg des pH-Wertes (Alkalose)

wird vermehrt Calcium an Protein (Albumin) gebunden: die Konzentration des ionisierten Calciums fällt ab. Bei Azidose kehrt sich der Vorgang um. Ein Anstieg des pH-Wertes ist auch die Ursache für die Veränderung der Konzentration bei Lagerung des Untersuchungsgutes. Eine Aufbewahrung bei 4 °C bis zu 8 Stunden geht ohne eine pH-Wert-Verschiebung einher und ist zu empfehlen. Heparin führt zumindest in hoher Konzentration zu einer Erniedrigung des ionisierten Calciums (Torring, 1983).

3.1.5.3 Interne Sicherung der analytischen Phase

Bei der *Präzisionskontrolle* kann auf kommerziell erhältliches Kontrollserum zurückgegriffen werden. Es kann auch aus Resten frischer Seren (2 bis 3 Tage alt) durch Poolen und portioniertes Einfrieren (Toffaletti, 1985) Kontrollmaterial hergestellt werden.

Für die Richtigkeitskontrolle sind Seren mit Angaben für die entsprechenden Meßgeräte im Handel. Eine Referenzmethode ist in Vorbereitung (IFCC News, 1985). Im Rahmen der Plausibilitätskontrolle kann die nicht sehr enge Korrelation zwischen Calcium (gesamt), Albumin und Calcium (ionisiert) geprüft werden (Siggaard-Andersen, 1983 a).

3.1.5.4 Externe Qualitätssicherung

Externe Qualitätssicherungsmaßnahmen sind bisher nicht durchgeführt worden.

3.1.5.5 Sicherung der postanalytischen Phase

Der Calciumbestand des Organismus befindet sich zu 99% im Skelet, nur 1% ist extrazellulär lokalisiert (**Tabelle 3.1-5**). In der extrazellulären Fraktion des Serums verteilt sich Calcium wie folgt (Siggaard-Andersen, 1983 b): 38% des Calciums sind an Protein, hauptsächlich (29%) an Albumin, 10% komplex gebunden, z. B. als $Ca(HCO_3)^+$; 52% sind freie Calciumionen. Calcium wird mit der Nahrung zugeführt. Für die Calciumbalance sorgen die variable gastrointestinale Absorption und Ausscheidung, weniger die geringe renale Exkretion. Die Calciumkonzentration im Blut wird durch Parathormon, Calcitonin und 1,25-Dihydroxy-cholecalciferol (D-Hormon) reguliert. Parathormon führt zu einem Anstieg der Calciumkonzentration, indem Calcium aus dem Knochen mobilisiert wird. In Anwesenheit von D-Hormon wird die Calciumresorption aus dem Darm durch Parathormon gesteigert. D-Hormon bewirkt die Produktion eines spezifischen Calcium-bindenden Proteins

Tabelle 3.1-5: Referenzbereiche: Calcium in Serum und Urin

Calcium (gesamt)	*Serum*	
Erwachsene	2,25 - 2,62 mmol/l	(Yend, 1972)
Erwachsene	2,15 - 2,55 mmol/l	(Paschen, 1975)
Kinder ab 2. Monat	2,04 - 2,73 mmol/l	(Witt, 1982)
Kinder 1-14 Jahre (Streubreite)	2,20 - 2,75 mmol/l	(Liappis, 1972 b)
	Urin	
Erwachsene	3,50 - 10,00 mmol/24 h	(Sitzmann, 1976)
Kinder	0,03 - 0,09 mmol/24 h je kg KG	(Ghazali, 1974)
Calcium (ionisiert)	*Serum*	
Erwachsene	1,1 - 1,4 mmol/l	(Paschen, 1975)

44-57% des Gesamtcalciums liegen als ionisiertes Calcium vor.

in der Dünndarmmukosa, das für die Calciumresorption notwendig ist. Calcitonin senkt die Calciumkonzentration, indem es über eine Stimulation der Osteoblasten die Calciumeinlagerung in den Knochen begünstigt. Die Osteoklasten werden gehemmt. Vitamin D_3 wird in der Leber zu 25-OH-D_3 hydroxyliert und in der Niere in das wirksame Hormon 1,25$(OH)_2$-D_3 überführt. Dieser Schritt wird durch Parathormon und Hypocalcämie gefördert, durch Calcitonin gehemmt.

Hypocalcämie entwickelt sich bei 1. verminderter Zufuhr, 2. erhöhter Ausscheidung und 3. vermehrter Calciumeinlagerung.

Zu 1.: - bei ausreichendem Calciumgehalt der Nahrung kann eine Resorptionsstörung zu einer Hypocalcämie führen (z. B. chronische Pankreatitis, Zöliakie)
- bei chronischer Niereninsuffizienz ist die Umwandlung von 25OH-D_3 in 1,25$(OH)_2$-D_3 reduziert: es wird zu wenig calciumbindendes Protein gebildet, das zur Resorption benötigt wird
- Antiepileptica wie Phenobarbital und Phenytoin stören durch Enzyminduktion die Umsetzung von D_3 in 25OH-D_3. Es resultiert ein Mangel an D-Hormon.

Zu 2.: praktisch unbedeutend.

Zu 3.: - bei Hypoparathyreoidismus entwickelt sich eine Hypocalcämie mit Tetanie
- ausgedehnte osteoblastische Metastasen binden Calcium im Knochen, so daß die Calciumkonzentration absinkt
- bei akuter Pankreatitis lagert das nekrotische Gewebe Calcium ein.

Die Hypocalcämie bei Leberzirrhose oder nephrotischem Syndrom wird als Pseudo-Hypocalcämie aufgefaßt. Im gleichen Maße wie die Albuminkonzentration absinkt, vermindert sich der an Protein gebundene Calciumanteil. Bei 20 g/l Albumin finden sich 0,5 mmol/l weniger Calcium (gesamt) als bei 50 g/l (Laurell, 1980). Bei erniedrigter Gesamtcalciumkonzentration ist die Fraktion „ionisiertes Calcium" jedoch unverändert.

Hypercalcämie wird beobachtet bei 1. übermäßiger Calciumzufuhr, 2. verminderter Ausscheidung oder 3. vermehrter Mobilisation aus dem Knochen.

Zu 1.: - bei diätetischer Behandlung von Patienten mit peptischem Ulkus, die zuviel Milch oder Calciumcarbonat zu sich nehmen (Milch-Alkali-Syndrom)
- eine Überdosis von Vitamin D_3 führt über eine gesteigerte Calciumresorption zur Hypercalcämie.

Zu 2.: spielt praktisch keine Rolle.

Zu 3.: tritt auf beim Hyperparathyreoidismus sowie bei Tumoren, die Verbindungen mit Parathormonwirkung sezernieren. (Ausgedehnte) osteoklastische Knochenmetastasen können ebenfalls zu einer Hypercalcämie führen.

3.1.5.6 Fehlermöglichkeiten

Die Konzentration von Calcium (gesamt) ist insbesondere von der Albuminkonzentration abhängig. Die Verwendung von Korrekturformeln (Siggaard-Andersen, 1983 a) ist der direkten Bestimmung des (biologisch entscheidenden) ionisierten Calciums unterlegen (Müller-Plathe, 1984). Bei anaerober Entnahme erfaßt die Bestimmung des ionisierten Calciums auch die Veränderungen, welche die Fraktion bei Azidose oder Alkalose erfährt.

3.1.5.7 Wirtschaftlichkeit

Die Durchführung der Gesamtcalciumbestimmung ist mit Hilfe mechanisierter photometrischer Methoden billig, die Atomabsorption jedoch als zuverlässigeres Verfahren vorzuziehen. Weniger praktikabel, aber am aussagekräftigsten scheint die Bestimmung des ionisierten Calciums mittels ionenselektiver Elektroden zu sein: in 31% der Fälle findet sich mittels ionenselektiver Elektroden ein von der Gesamtcalciumbestimmung abweichender, richtigerer Befund (Müller-Plathe, 1984).

3.1.6 Magnesium

3.1.6.1 Präventivmaßnahmen

Die bevorzugte Methode zur Bestimmung von Magnesium ist die Atomabsorption (s. Calcium). Wenn kein entsprechendes Meßinstrument zur Verfügung steht, kann Magnesium auch photometrisch bestimmt werden mittels 1. Magon oder 2. Titangelb.

Zu 1.: Magon (Mann & Yoe, 1956) ist ein blauer Farbstoff, der in wäßrig/alkoholischem Milieu bei pH 9 bis 10 in Abhängigkeit von der Magnesiumkonzentration nach rot umschlägt. Es wird empfohlen, die Bestimmung mit dem enteiweißten Überstand durchzuführen (Richterich, 1978).

Zu 2.: Titangelb (Arbeitsvorschrift Faulkner, 1982): der enteiweißte Serumüberstand wird mit Titangelb im alkalischen Milieu versetzt. Die ablaufende Reaktion ist nicht völlig aufgeklärt.

3.1.6.2 Qualitätssicherung in der präanalytischen Phase

Die Magnesiumkonzentration wird durch Nahrungsaufnahme nicht beeinflußt (Wallach, 1962). Zwischen 24 und 6 Uhr fanden sich niedrigere Magnesiumkonzentrationen als zwischen 9 und 21 Uhr. Die Unterschiede waren jedoch statistisch nicht signifikant (Böning, 1974). Aufgrund der Proteinbindung des Magnesiums (s. u.) ist zu erwarten, daß - wie beim Calcium - Proben von sitzenden Patienten höhere Magnesiumkonzentrationen aufweisen als Proben von liegenden. Die Proteinbindung ist auch Ursache für den Anstieg der Magnesiumkonzentration bei Stauung (Thomas, 1984). Ein bedeutsamer Unterschied zwischen der Magnesiumkonzentration im Kapillar- bzw. Venenblut besteht nicht (Blumenfeld, 1977). Die im Vergleich zum Plasma hohe Magnesiumkonzentration der Erythrozyten von 2,75 mmol/l (Caraway, 1962) bedeutet, daß in vitro Hämolyse zu falsch hohen Meßwerten führt. Die Magnesiumkonzentration im Serum ist bis zu 0,1 mmol/l höher als die im Plasma. Sie verändert sich selbst während 1wöchiger Lagerung bei Raumtemperatur nicht (Henry, 1974).

3.1.6.3 Interne Sicherung der analytischen Phase

Die Magnesiumbestimmung wird mit den üblichen Kontrollproben überwacht. Für die *Präzisionskontrolle* empfiehlt sich Material, dessen Magnesiumkonzentration ca. 0,6 bzw. 1,2 mmol/l beträgt. Für die *Richtigkeitskontrolle* stehen auch Kontrollseren mit Definitiven Werten zur Verfügung (s. o.). Eine Referenzmethode zur Ermittlung von Referenzmethodenwerten wird noch erprobt (Tietz, 1979). Zur *Plausibilitätskontrolle* kann u. a. verwendet werden, daß die Magnesiumkonzentration sich häufig gleichsinnig mit der Calciumkonzentration ändert. Als Alarmgrenzen werden die Konzentrationen 0,55 bzw. 2,00 mmol/l angegeben (Keller, 1986). Für die intraindividuellen Konzentrationsschwankungen von Magnesium wird ein Variationskoeffizient von 1 bis 2% angenommen.

3.1.6.4 Externe Qualitätssicherung/Methodenvergleich

Beim Vergleich von Ergebnissen, die mit Routinemethoden von ca. 1100 Laboratorien erzielt wurden, mit Definitiven Werten ergab sich:
Atomabsorption: mittlere Abweichung − 1,4% (Bereich − 3,9 bis − 0,7 %);
Titangelb: mittlere Abweichung 2,0% (Bereich − 2,0 bis + 5,8%);
andere photometrische Methoden: mittlere Abweichung − 3,6% (Bereich − 1,1 bis − 7,1%) (Gilbert, 1978).

Die Ringversuchsteilnehmer erzielten bei der Deutschen Gesellschaft für Klinische Chemie in 4 Ringversuchen (1984/85) für die Magnesiumbestimmung mittels „Atomabsorptionsspektrophotometrie" Variationskoeffizienten (VK) zwischen 6,06 und 9,82% und mittels „anderen Methoden" zwischen 9,72 und 13,5%. Im Ringversuch UKEQAS (1986) wird ein VK von 10,0% zugrunde gelegt.

3.1.6.5 Sicherung der postanalytischen Phase

Der menschliche Organismus enthält ca. 24 g Magnesium, davon ist die Hälfte im Knochen lokalisiert (Hänze, 1964). Von den verbleibenden 12 g finden sich 11 g intrazellulär und 1 g extrazellulär (**Tabelle 3.1-6**). Ähnlich wie beim Calcium verteilt sich auch Magnesium extrazellulär auf drei Fraktionen: 1. „ionisiertes" Magnesium (55 %), 2. an Protein, insbesondere Albumin gebundenes Magnesium (32%) und 3. komplex gebundenes Magnesium (13%) (Walser, 1967).

Magnesium wird mit der Nahrung zugeführt und im Dünndarm, insbesondere Duodenum, zu 30% resorbiert. Der Magnesiumhaushalt wird über die Niere geregelt. Das nicht Protein-gebundene Magnesium wird glomerulär filtriert und im proximalen Tubulus (25%) und in der Henle'schen Schleife (60%) rückresorbiert (Ebel, 1980). Bei Magnesiumüberschuß wird weniger, bei Magnesiummangel mehr resorbiert. An der Regulation sind Parathormon, D-Hormon (?), Calcitonin (?), Aldosteron, Thyroxin und Insulin beteiligt. Die beobachteten Effekte sind jedoch zum Teil widersprüchlich, so daß die Bedeutung der Hormone für den Magnesiumhaushalt weiter zu klären ist.

Hypomagnesiämie tritt als Folge von 1. verminderter Zufuhr, 2. erhöhter Ausscheidung und 3. Umverteilung auf.

Zu 1.: entwickelt sich bei parenteraler Ernährung mit ungenügender Magnesiumsubstitution sowie bei chronischem Alkoholismus.

Zu 2.: findet sich in der polyurischen Phase der Niereninsuffizienz sowie bei chronischer Anwendung von Diuretica. Hypermagnesiurie ist die Ursache der Hypomagnesiämie bei Hyperaldosteronismus, Hyperparathyreoidismus und bei Knochenmetastasen (Kuhlmann, 1979). Vermehrte Ausscheidung und/oder verminderte Resorption sind die Ursachen von gastrointestinal bedingten Hypomagnesiämien bei Erbrechen, Malabsorption und chronischen Durchfallserkrankungen.

Zu 3.: eine Verschiebung des Magnesiums von extrazellulär nach intrazellulär tritt bei Hyperthyreose und bei Insulinbehandlung des Coma diabeticum auf, was zur Hypomagnesiämie führt.

Hypermagnesiämie wird beobachtet bei 1. erhöhter Zufuhr, 2. verminderter Ausscheidung und 3. Dehydratation.

Zu 1.: meist iatrogen durch Verabreichung Magnesium-haltiger Lösungen verursacht.

Zu 2.: - in der oligurischen Phase der Niereninsuffizienz entwickelt sich eine Hypermagnesiämie aufgrund der eingeschränkten glomerulären Filtration;

Tabelle 3.1-6: Referenzbereiche: Magnesium in Serum, Plasma und Urin

	Serum	
Erwachsene	0,70 - 1,20 mmol/l	(Tietz, 1976)
Frauen	0,73 - 1,06 mmol/l	(Speich, 1981)
Männer	0,77 - 1,03 mmol/l	(Speich, 1981)
	Plasma	
Kinder 6-14 Jahre	0,57 - 1,21 mmol/l	(Feenders, 1977)
	Urin	
Erwachsene	2,50 - 8,50 mmol/24 h	(Sitzmann, 1976)
Kinder	0,05 - 0,18 mmol/24 h je kg KG	(Ghazali, 1974)

- bei Aldosteronmangel resultiert aus einer verminderten renalen Magnesiumausscheidung ein Anstieg der Magnesiumkonzentration.

Zu 3.: Hypermagnesiämie infolge Dehydratation wird häufig bei Kleinkindern und alten Patienten beobachtet.

3.1.6.6 Fehlermöglichkeiten

Bei photometrischen Bestimmungen stört Citrat, z. B. als Antikoagulans.

3.1.7 Chlorid

3.1.7.1 Präventivmaßnahmen

Die Bestimmung der Chloridkonzentration erfolgt mit Hilfe elektrochemischer Verfahren (coulometrisch bzw. potentiometrisch), mittels Absorptionsphotometrie oder Titrimetrie. Die coulometrische Bestimmung gilt als besonders zuverlässig und ist auch das Meßprinzip der Referenzmethode (Velapoldi, 1979b). Sie wird durch Bromid gestört (Baker, 1980). Die neuen ionenselektiven Elektroden mit quartären NH_4-Ionen und Sulfonsäuregruppen erlauben die Chloridbestimmung in Serum, Plasma und Blut (Oka, 1981). Sie sind gegenüber anderen Halogeniden wie Bromid oder Jodid weniger störanfällig als die früher üblichen (Baker, 1980).

Weit verbreitet ist die photometrische Chloridbestimmung mittels Quecksilberthiocyanat bei mechanisierten Analysengeräten. Sie besitzt gute Präzision, wird aber durch Halogenide und Cyanide gestört. Weniger häufig wird die Chloridkonzentration mittels HgTPTZ photometrisch ermittelt. Die älteste der genannten Methoden ist die mercurimetrische Titration: Chlorid verbindet sich mit Hg^{2+} zu undissoziiertem $HgCl_2$. Nach Fällung der Chloridionen werden freie Hg^{2+}-Ionen mittels Diphenylcarbazon nachgewiesen (Methodenvorschrift Richterich, 1978). Die manuell durchzuführende Methode wird nur wenig durch Bromid gestört (Geisinger, 1980), ist aber weniger präzise als die anderen Verfahren.

3.1.7.2 Qualitätssicherung in der präanalytischen Phase

Die Chloridkonzentration wird von der Nahrungsaufnahme kaum beeinflußt (Annino, 1959). Es können jedoch Meßfehler bei der photometrischen Bestimmung lipämischer Proben auftreten. Die Körperlage bei der Blutentnahme hat keinen Einfluß auf die Chloridkonzentration (Röcker et al., 1975), da keine Bindung an eine hochmolekulare Substanz vorliegt. Im Laufe des Tages verändert sich die Konzentration geringfügig so, daß nachmittags etwas niedrigere Werte als am Vormittag gefunden werden (Winkel, 1975). Die Unterschiede zwischen Venen- und Kapillarblut sind unbedeutend (Kaplan, 1959), ebenso die zwischen Serum und Plasma (Lum, 1974). Bei Lagerung im Kühlschrank verändert sich die Chloridkonzentration im Serum bzw. Plasma während 7 Tagen nicht. Bei Aufbewahrung von Blut kommt es zum „Chlorid-Shift", dem Übertritt von Chlorid in die Erythrozyten im Austausch gegen HCO_3^-. Deshalb ist das Serum möglichst bald vom Blutkuchen zu trennen. Hämolyse bis zu 6,6 g Hämoglobin/l Serum verändert die Chloridkonzentration nicht meßbar (Sonntag, 1986): die Chloridkonzentration der Erythrozyten ist halb so groß wie die des Plasmas (Caraway, 1962).

3.1.7.3 Interne Sicherung der analytischen Phase

Für die interne Sicherung der analytischen Phase stehen zahlreiche Kontrollmaterialien zur Verfügung. Die Präzisionskontrolle sollte eine Chloridkonzentration von ca. 90 oder 110 mmol/l aufweisen. Zur Überwachung der Richtigkeit kann in Zukunft vermehrt auf Referenzmethoden oder Definitive Werte zurückgegriffen werden. Bei der Plausibilitätsprüfung kann man sich die meist enge Korrelation mit der Natriumkonzentration zunutze machen. Als „Alarmgrenzen" werden 80 und 118 mmol/l angegeben (Keller, 1986). Intraindividuell schwankt die Chloridkonzentration um 1,5 bis 3%.

3.1.7.4 Externe Qualitätssicherung/Methodenvergleich

Beim Vergleich der methodenabhängigen Sollwerte mit dem Referenzmethodenwert (Külpmann, 1985b) hat sich gezeigt, daß die Unterschiede nicht nur vom Methodenprinzip abhängig sind, sondern auch von dem daraus abgeleiteten speziellen Verfahren: während die coulometrischen Meßwerte um −2,3% abweichen (Bereich: −5,6 bis +2,0%; n = 18), beträgt der Unterschied für ein bestimmtes Coulometer nur −0,7%. Bei ionenselektiven Elektroden unterscheiden sich die Meßwerte um −0,3% (Bereich: −3,2 bis +2,6%, n = 3). Bei Bestimmungen mittels Quecksilberthiocyanat schwanken die Abweichungen je nach Gerät um −0,5, −0,3, −0,2 und +0,7%. Die mittlere Abweichung betrug −0,2% (Bereich: −2,8 bis +3,4%, n = 14). Die größten Abweichungen werden bei den mercurimetrischen Bestimmungen beobachtet (mittlere Abweichung +2,5%, Bereich: −3,7 bis +8,3%, n = 14), die auch in Bezug auf die Präzision weniger zuverlässig sind (s.u.). Bei den Ringversuchen der Deutschen Gesellschaft für Klinische Chemie ergaben sich bei Auswertung von 4 Ringversuchen im Zeitraum 1984/85 für die Chloridbestimmung mittels „Coulometrie" Variationskoeffizienten zwischen 2,50 und 3,75%, mittels „Mercurimetrie" 2,95 und 5,54%, mittels „Mercurithiocyanat" zwischen 2,23 und 5,15% und mittels „anderen Methoden" zwischen 4,77 und 9,36%. Der Auswertung des englischen Ringversuches (UKEQAS, 1986) wird ein VK von 2,2% zugrunde gelegt.

3.1.7.5 Sicherung der postanalytischen Phase

Der Organismus des Menschen enthält ca. 80 g Chlorid. 88% dieser Menge befinden sich im Extrazellulärraum (**Tabelle 3.1-7**). Chlorid wird mit der Nahrung zugeführt und praktisch vollständig intestinal resorbiert. Es wird im wesentlichen renal ausgeschieden, 2% mit Faeces und Schweiß. Veränderungen im Natriumhaushalt ziehen meist gleichsinnige Veränderungen im Chloridhaushalt nach sich (s. Natrium). Hydrogencarbonat- und Chloridkonzentration verändern sich oft gegensinnig.

Hypochlorämie tritt auf bei 1. übermäßigem Verlust von Chlorid, 2. hypotoner Dehydratation und Hyperhydratation (s. Natrium).

Tabelle 3.1-7: Referenzbereiche: Chlorid in Serum und Urin

	Serum	
Erwachsene	97,0 - 107,0 mmol/l	(Liappis, 1972a)
Erwachsene	98,0 - 109,0 mmol/l	(Henry, 1974)
Kinder 1-15 Jahre	92,0 - 110,0 mmol/l	(Liappis, 1972a)
Kinder ab 1. Jahr	94,5 - 111,0 mmol/l	(Witt, 1982)
	Urin	
Erwachsene	120 - 240 mmol/24 h	(Sitzmann, 1976)
Kinder 2.-12. Monat	1,15 - 3,70 mmol/24 h je kg KG	(Sitzmann, 1976)

Zu 1.: z. B. Erbrechen, u. a. bei Pylorospasmus; Magensaftdrainage.

Zu 2.: z. B. erhöhte renale Ausscheidung bei Anstieg der HCO_3^--Konzentration bei metabolischer Alkalose oder respiratorischer Azidose. Die metabolische Alkalose ist auch Ursache für die Hypochlorämie bei erhöhter Mineralocorticoidwirkung sowie bei Milch-Alkali-Syndrom. Hypochlorämie kann sich bei chronischer Applikation von Diuretica (z. B. Furosemid) entwickeln.

Hyperchlorämie wird beobachtet bei 1. verminderter Ausscheidung von Chlorid, 2. vermehrter Zufuhr von Chlorid und 3. hypertoner Dehydratation und Hyperhydratation (s. Natrium).

Zu 1.: wird beobachtet infolge der Kompensation von HCO_3^--Verlusten, wie sie bei intestinalen Störungen (Diarrhoe, Fistel), bei renalen Störungen (renale tubuläre Azidose), Hypoaldosteronismus mit Azidose und bei chronischer Hyperventilation auftritt. Hyperaldosteronismus ohne Alkalose führt zur Hyperchlorämie.

Zu 2.: findet sich bei übermäßiger Zufuhr chloridhaltiger Salze. Bei Ureterosigmoidostomie erfolgt eine Reabsorption von Chlorid aus dem Urin durch die Darmschleimhaut im Austausch gegen HCO_3^-.

„Anionenlücke" ist die Differenz zwischen der Natriumkonzentration im Serum einerseits und der Chlorid- und Hydrogencarbonatkonzentration im Serum andererseits. Bei Gesunden beträgt sie 8 bis 16 mmol/l. Sie beruht darauf, daß die Summe der bei der Anionenlücke nicht berücksichtigten Anionen (Protein, Phosphat, organische Säuren) größer ist als die der Kationen (Kalium, Calcium, Magnesium). Eine Zunahme der nicht berücksichtigten Anionen wie z. B. bei Ketoazidose, Salicylatvergiftung etc. vergrößert die Anionenlücke. Sie nähert sich dem Wert „0" oder unterschreitet ihn bei hoher Bromidkonzentration, z. B. Abusus bromhaltiger Schlafmittel, wenn die Chloridbestimmung mittels Methoden durchgeführt wird, die für Bromid empfindlicher als für Chlorid sind. Die Anionenlücke ist verkleinert bei ausgeprägter Hypercalcämie und Hypermagnesiämie.

3.1.7.6 Fehlermöglichkeiten

Die photometrische und coulometrische Chloridbestimmung kann u. a. durch freie SH-Gruppen, z. B. aus Gummistopfen, gestört werden (Keller, 1986). Bromide interferieren je nach Methode in unterschiedlichem Ausmaß, besonders bei photometrischen und bestimmten potentiometrischen Verfahren.

3.1.7.7 Wirtschaftlichkeit

Die zuverlässigen Methoden der Coulometrie und Potentiometrie erfordern besondere Meßgeräte, die Durchführung der Bestimmung erfolgt manuell. Mechanisierte Analysengeräte stehen für die Quecksilberthiocyanatmethode zur Verfügung. Die mercurimetrische Titration scheint unter den üblichen Methoden die am wenigsten zuverlässige zu sein. Sie hat einen hohen Personalbedarf.

3.1.8 Phosphat

3.1.8.1 Präventivmaßnahmen

Phosphor liegt im Serum in verschiedenen Verbindungen vor. Bei der Phosphatbestimmung soll alleinig Orthophosphat, der sogenannte „anorganische Phosphor" (PO_4^{3-}) im Serum erfaßt werden. Für diesen Zweck stehen verschiedene Methoden zur Verfügung: 1. Ammoniumphosphomolybdat mit bzw. ohne Reduktion zu Molybdänblau, 2. Molybdivanadophosphat, 3. Malachitgrün und 4. enzymatische Methoden.

Zu 1.: die Methode dürfte am häufigsten verwendet werden. Als Reduktionsmittel werden viele verschiedene Verbindungen verwendet, u. a. Zinn(II)-Chlorid, p-Methylaminophenolsulfat, N-Phenyl-p-phenylendiamin. Die Methoden unterscheiden sich in Bezug auf Ausbeute, Farbstabilität und Umfang, in dem organische Phosphatester erfaßt werden. Bei der Bestimmung mittels SMAC (Technicon, Bad Vilbel) wird auf die Reduktion verzichtet.

Zu 2.: Molybdat reagiert mit Phosphat und Vanadat im sauren Milieu zu einem gelbgefärbten Komplex. Die Meßwerte liegen höher als bei der Phosphomolybdatmethode, bedingt durch eine vermehrte Hydrolyse von organischen Phosphorsäureestern (Henry, 1974).

Zu 3.: die Methode ist besonders empfindlich. Die Reaktion im sauren Milieu führt zu einer verstärkten Spaltung organischer Phosphatester.

Zu 4.: Enzymatische Methoden:
4.1: Glycogen wird mittels Phosphorylase A unter Phosphatverbrauch gespalten. Das entstehende Glucose-1-Phosphat wird enzymatisch zu Glucose-6-Phosphat umgelagert. Glucose-6-Phosphat wird unter $NADP^+$-Reduktion oxidiert (Schulz, 1967).
4.2: Glycerinaldehyd-3-Phosphat wird unter Phosphatverbrauch mittels Glyceraldehydphosphatdehydrogenase oxidiert. Das entstandene 1,3-Diphosphoglycerat wird zu 3-Glycerophosphat und ATP umgesetzt. Glucose wird mittels ATP phosphoryliert und mittels Glucose-6-Phosphat-dehydrogenase unter Reduktion von $NADP^+$ oxidiert (Fawaz, 1972). Die enzymatischen Verfahren gelten als empfindlich und spezifisch. Sie haben jedoch, auch aus Kostengründen, die „chemischen" Methoden für die Phosphatbestimmung noch nicht abgelöst.

3.1.8.2 Qualitätssicherung in der präanalytischen Phase

Annino (1959) hat beobachtet, daß die Phosphatkonzentration 45 Minuten nach einer Mahlzeit leicht abfällt. Keller (1986) beschreibt einen geringen Anstieg. Evtl. spielt die Kohlenhydratmenge der zugeführten Nahrung eine Rolle für diese Unterschiede. Für die bessere Vergleichbarkeit ist deshalb möglichst Nüchternblut zu verwenden. Bei Blutentnahme im Sitzen sind die Phosphatkonzentrationen nach Röcker (1975) um ca. 2% höher als im Liegen, nach Statland (1974) um 3,6% niedriger. Die Phosphatkonzentration unterliegt einem circadianen Rhythmus (Böning, 1974): die minimale Konzentration wird gegen 12 Uhr, die maximale gegen 3 Uhr gefunden. Ein bedeutender Unterschied zwischen Venen- und Kapillarblut besteht nicht (Kaplan, 1959). Gegenüber Heparinplasma findet sich im Serum eine um 0,08 mmol/l höhere Phosphatkonzentration (Lum, 1974). Die erhöhte Konzentration im Serum ist durch die Spaltung von Phosphatestern mittels Erythrozytenenzymen bedingt: sie werden bei Serumgewinnung später als bei Plasmagewinnung abgetrennt. Es ist deshalb darauf zu achten, daß der Blutkuchen bei Proben, deren Phosphatkonzentration bestimmt werden soll, innerhalb von 30 Minuten abgetrennt wird. Serum bzw. Plasma können 24 Stunden bei 4 °C ohne Änderung der Phosphatkonzentration gelagert werden. Bei längerer Aufbewahrung ist mit einem Anstieg der Konzentration durch enzymatischen Abbau von organischen Phosphatestern zu rechnen.

3.1.8.3 Interne Sicherung der analytischen Phase

Zur *Präzisionskontrolle* werden Kontrollseren eingesetzt, die eine Phosphatkonzentration von ca. 0,8 oder 1,7 mmol/l besitzen. Die Phosphatkonzentration der *Richtigkeitskontrollseren* sollte über den gesamten Meßbereich der Methode verteilt sein. Bisher stehen nur methodenabhängige Sollwerte zur Verfügung. Eine Referenzmethode ist bisher nicht publiziert worden. Eine Definitive Methode ist zwar verfügbar (Tietz, 1979), jedoch sind kommerziell keine Kontrollseren mit Definitiven Werten erhältlich.

Zur Plausibilitätskontrolle wird der Phosphatkonzentration die Calciumkonzentration gegenübergestellt. Die beiden Kenngrößen sind bei Nierenkrankheiten häufig negativ korreliert. Der „Alarmbereich“ liegt unterhalb 0,4 bzw. oberhalb 2,5 mmol/l. Intraindividuell schwanken die Werte im Mittel um 7,5% (Keller, 1986).

3.1.8.4 Externe Qualitätssicherung/Methodenvergleich

Bei 4 Ringversuchen der Deutschen Gesellschaft für Klinische Chemie 1984/85 wurden bei den Phosphatmeßwerten folgende Impräzisionen gefunden: „Phosphormolybdänsäure“: relative Standardabweichung (VK) zwischen 6,49 und 12,5%, „Komplex aus Molybdat, Vanadat und Phosphat“: VK zwischen 5,75 und 14,2%, „andere Methoden“: VK zwischen 7,18 und 16,4%.

Im englischen Ringversuch (UKEQAS, 1986) liegt der Bewertung der Teilnehmer ein VK von 7,8% zugrunde.

3.1.8.5 Sicherung der postanalytischen Phase

Der Phosphatbestand des Organismus findet sich zu 85% in Knochen und Zähnen, aber nur zu 1% in der extrazellulären Flüssigkeit (**Tabelle 3.1-8**). Im Blut kommt Phosphor vor in Form von Phosphat, als Lipidphosphor und - besonders in Erythrozyten - verestert mit organischen Verbindungen. Das Orthophosphat ist teils ionisiert, teils komplex - und teils proteingebunden. Phosphat wird mit der Nahrung zugeführt. Unter D-Hormonwirkung wird es zu 80% intestinal resorbiert. 30-40% der zugeführten Menge werden mit dem Stuhl, 60-70% renal ausgeschieden. Der Phosphathaushalt wird im wesentlichen über die Niere reguliert. Nach glomerulärer Filtration wird Phosphat zu 85% im proximalen Tubulus rückresorbiert und im distalen Tubulus sezerniert. Parathormon und D-Hormon hemmen die Rückresorption und führen zu vermehrter Phosphatausscheidung. Somatotropin und Insulin begünstigen die Rückresorption mit Abnahme der Phosphatausscheidung.

Hypophosphatämie ist die Folge von 1. verminderter Zufuhr, 2. vermehrter Ausscheidung und 3. Umverteilung.

Zu 1.: bei Hunger, phosphatarmer Ernährung sowie Alkoholismus, ebenso bei Malabsorption, D-Hormon-Mangel oder phosphatbindenden Antacida.

Zu 2.: bei tubulärer Azidose und Fanconi-Syndrom wird übermäßig Phosphat ausgeschieden, ebenso unter chronischer Anwendung von Diuretica. Übermäßige Hemmung der Rückresorption führt beim Hyperparathyreoidismus zur Hypophosphatämie.

Zu 3.: der Abstrom von Phosphat aus dem Extrazellulärraum führt bei Glucosegabe, Alkalose und Verbrennungen zum Absinken der Phosphatkonzentration im Serum.

Hyperphosphatämie ist zu erwarten bei 1. erhöhter Phosphatzufuhr, 2. verminderter Phosphatausscheidung und 3. Umverteilung.

Zu 1.: tritt auf beim Milch-Alkali-Syndrom (s. Calcium).

Tabelle 3.1-8: Referenzbereiche: Phosphat in Serum und Urin

	Serum	
Erwachsene	0,81 - 1,45 mmol/l	(Sitzmann, 1976)
Kleinkinder	1,29 - 1,87 mmol/l	(Sitzmann, 1976)
Kinder 7 - 9 Jahre	1,16 - 1,71 mmol/l	(Sitzmann, 1976)
10 - 13 Jahre	1,03 - 1,68 mmol/l	(Sitzmann, 1976)
14 - 16 Jahre	0,94 - 1,45 mmol/l	(Sitzmann, 1976)
	Urin	
Erwachsene	11 - 32 mmol/24h	(Henry, 1974)

Zu 2.: die renale Ausscheidung sinkt ab bei einer eingeschränkten glomerulären Filtration. Die verminderte tubuläre Sekretion bzw. die begünstigte Rückresorption sind Ursache für die Hyperphosphatämie bei Hypoparathyreoidismus, Akromegalie und Hypoaldosteronismus.

Zu 3.: bei osteolytischen Knochenmetastasen wird Phosphat mobilisiert und gelangt in den Extrazellulärraum. Vitamin D-Intoxikation führt zu Hypercalcämie und Hyperphosphatämie.

3.1.8.6 Fehlermöglichkeiten

Die Phosphomolybdatmethode wird durch Methicillin (Sonntag, 1985), Phenothiazine, Citrat und Mannit gestört. Häufiger treten Trübungen auf, die zu fälschlich erhöhten Meßwerten führen (Keller, 1986). Bei Bilirubinkonzentrationen über 150 µmol/l werden falsch erniedrigte Werte gemessen (Sonntag, 1985).

3.2 a Spurenelemente

Burkhard Ziegler (Karlsruhe)

Jährlich werden in der Bundesrepublik Deutschland 2 Milliarden DM für „falsche" Spurenelementanalysen aufgewandt. Dies allerdings - zu unserem Trost - nicht nur im medizinischen Bereich, sondern vorwiegend im Bereich der technischen Materialprüfung, Umweltanalytik und, last not least, auch in der Grundlagenforschung (Kutti, 1985). Welche Konsequenzen dies haben kann, haben viele Berichte in der Tagespresse, die durch kein Dementi und keine Korrektur zurechtgerückt werden können, deutlich gezeigt.

Vielfach sind die Fehler, die den Analytikern angelastet werden, nicht ihre Fehler, sondern Fehler aus der prae- oder der postanalytischen Phase. Um nur ein Beispiel zu nennen: Ergebnisse über die Bestimmung von Blei bei Personen in einem angeblichen bleibelasteten Gebiet wurden in der Presse durch einen Verständnisfehler des Redakteurs für Einheiten in Milligramm statt im Mikrogrammbereich veröffentlicht. Glücklicherweise besaßen auch die Leser der „interessierten Gruppierungen" nicht den genügenden Sachverstand, um die daraus resultierenden hochtoxischen Ergebnisse entsprechend anzuprangern. Leider fand der Redakteur nicht den Mut, den Fehler in einem Nachtrag zu berichtigen. So steht dieses Untersuchungsergebnis unwidersprochen, jedem zitierbar, zur Verfügung. Letztlich wird aber der Fehler dem Analytiker selbst angelastet werden, der nachweislich die zutreffenden Einheiten der Presse zur Verfügung gestellt hat!

Entsprechend werden auch Fehler aus der praeanalytischen Phase häufig dem Analytiker angelastet, die er nur z. T. zu vertreten hat; wesentlicher ist, daß der Auftraggeber der Analyse mit fehlerhaften Werten zu Fehlschlüssen kommen muß, die möglicherweise sogar zu seiner Arbeitshypothese passen mögen, aber doch auf den falschen Weg führen. Wichtig ist daher, daß er selbst die Verantwortung für die praenalytische Phase übernimmt. Das setzt voraus, daß er ihre wichtigsten Probleme kennt.

Am Beginn jeder Arbeit und somit auch jeder Spurenelementanalyse steht der Gedanke: Ist die beobachtete klinische Veränderung auf eine Störung der Homoiostase der Spurenelemente zurückführbar? Und es endet mit der Frage: Ist die gemessene Veränderung der Homoiostase der Spurenelemente Folge oder Ursache der klinischen Störungen?

Dazwischen sind die für den Kliniker wichtigen Fragen, die die auf ihn entfallenden Anteil der praeanalytischen Phase charakterisieren: was - wo - wann - wie.

was: suche ich ?
wo: welches Untersuchungsmaterial verspricht eine Antwort ?
wann: treten zeitliche Veränderung auf, z. B. wann entnehme ich die Probe ?
wie: mit welchen technischen Hilfsmitteln arbeite ich bei der Probengewinnung, beim Probentransport und bei der Probenbereitung ?

Die Frage nach dem „**Was**" ergibt sich, sofern bereits entsprechende Grundlagen aus dem klinischen Bild, das in Korrelation zu *Veränderungen* der *Homoiostase* einer oder mehrerer Substanzen zu bringen ist, bekannt sind. Je geringer das Wissen über die klinischen Folgen von Mangel und Überschuß eines oder verschiedener Spurenelemente ist und ob die beobachteten klinischen Bilder Folgen oder Ursachen der Veränderungen der Homoiostase sind, umso größer ist die Schwierigkeit, die Frage nach dem „Was" zu beantworten. Der leider häufig begangene Weg, das Problem durch einen „Fischzug im Trüben", d.h. durch eine indiskriminierte Multielementanalyse zu umgehen - man nennt dies auch „Profil" - mag für die Grundlagenforschung nützlich und wertvoll sein. Die Kapazität des Klinikers, der auch noch anderes zu tun hat, als die hieraus resultierende enorme Datenflut sinnvoll und erschöpfend zu bearbeiten, dürfte damit überfordert werden, sofern nicht einzelne „normale" Daten durch geeignete Maßnahmen unterdrückt werden.

Aus der bekannten Definition des „Normbereichs" ergibt sich, daß zwangsläufig 5% der als „normal" einzustufenden Probanden außerhalb des „Normbereiches" liegen müssen, d.h. pathologisch sind. Zwar lassen sich aus einer Multielementanalyse auch Zufallstreffer gewinnen; doch kann eine Fehldeutung von lediglich aus statistischen Gründen abnormen Resultaten als klinisch relevante Daten für den Patienten von verheerender Konsequenz sein. Die Frage nach dem „Was" muß daher vom Auftraggeber so klar wie möglich umrissen und beantwortet werden, wobei niemals ein Gespräch mit dem Analytiker überflüssig sein dürfte. Leider sind wir bis heute vielfach auf Vermutungen, vage Hypothesen und nur in wenigen Bereichen auf einigermaßen sicheres Wissen angewiesen, weshalb breite Kooperation zwischen Grundlagenforschung und angewandter, d.h. klinischer Forschung, not tut.

Ist die Frage nach dem „Was" einigermaßen befriedigend geklärt, ergibt sich die Frage nach dem „**Wo**", d.h., wo kann man Veränderungen der Homoiostase nachweisen, die diagnostische und auch klinische Relevanz besitzen, welches Untersuchungsmaterial ist optimal, welches ist praktikabel. Daß selten das *optimale Material* zur Untersuchung eingesetzt werden kann, ergibt das drastische Beispiel des *Aluminiums* (Al). Bei der Encephalopathie käme zum Nachweis der Al-Depots an cerebralen Gefäßen als optimales Material ZNS-Gewebe in Frage. Daß dies nicht praktikabel ist, bedarf keines Kommentars. Man wird daher auf ein Kompartiment ausweichen müssen, das mit weniger einschneidenden Folgen zugänglich ist und doch - zumindest mit einer gewissen Korrelation - eine Aussage über den Al-Gehalt im ZNS erlaubt (Schuber, 1983; De Bree, Van de Vyven, 1984).

Für Momentaufnahmen kann bei Spurenelementuntersuchungen Blut bzw. Serum, für Bilanzuntersuchungen Urin und Faeces dienen. Auch Speichel, Tränenflüssigkeit, Punktate, Liquor und Haare sind zu den leicht zugänglichen Materialien zu rechnen. Hier stellt sich bereits ein neues Problem: häufig liegen für die diversen Untersuchungsmaterialien *Vergleichswerte*, die unter methodisch vergleichbaren Bedingungen erstellt worden sind, nicht vor, geschweige denn, daß identische Referenzmaterialien verfügbar sind. Gegebenenfalls ist eine möglichst große Anzahl möglichst gleicher Proben von „gesunden" Kontrollprobanden mitzuführen. Doch auch dieser Weg führt möglicherweise in eine Sackgasse: sollte die Annahme, daß die Schwermetallbelastung der Gesamtbevölkerung tatsächlich zunimmt, zutreffen, werden auch die „Normwerte" der Kontrollkollektive ansteigen, d.h., die Diskriminierung zwischen normal und pathologisch wird erschwert werden.

Die Frage nach dem „Wo“ setzt sich fort in dem Problem, ob der gesuchte Analyt in dem vorgesehenen Material überhaupt in relevanter, d. h. meßbarer Konzentration vorhanden sein kann. Hier hat sich der Kliniker als Auftraggeber vorab mit dem Analytiker in Verbindung zu setzen. Dieser muß entscheiden, ob die ihm zur Verfügung stehende Methode geeignet ist, die Fragestellung mit sinnvollen Ergebnissen zu beantworten, d. h., ob die spezifischen Signale seiner Methode mit hinreichender Sicherheit von unspezifischen Signalen unterschieden und quantifiziert werden können. Zwar stehen dem Analytiker eine Reihe von Methoden zur Verfügung, unspezifische Signale zu unterdrücken und spezifische Signale während der Analyse durch technische, vor der Analyse durch methodische Hilfsmittel wie Extraktion und Anreicherung zu verstärken und damit nicht mehr quantifizierbare Signale quantifizierbar zu machen. Doch alle diese Hilfsmittel beinhalten zugleich die Gefahr, daß spezifische Signale ungewollt, unkontrollierbar und damit auch nicht mehr berechenbar zu verfälschen sind. Als Beispiel sei hier nur die *Kontamination der Proben* durch Stäube, Luft, Lösungsmittel und Gefäße in allen Phasen der Praeanalyse und Analyse genannt; aber auch *Fehler durch Verluste* z. B. durch Absorption an Glas- und Polyäthylengefäßen (Tabelle 3.2 a-2), und Signalunterdrückung müssen berücksichtigt werden. Solche *systematischen Fehler* sind nur durch *Mehrfachanalysen* und *Aufstockungsverfahren* erkennbar. Daß hier großer Aufwand betrieben werden muß, ist bei den Wirtschaftlichkeitsbetrachtungen der Schwermetallanalytik bisher nicht gebührend berücksichtigt worden.

Vielfach wird das Problem, daß ein akzeptables *Probengut* eine zu geringe Konzentration des Analyten aufweist, dahingehend gelöst, daß von einem Kompartiment, z. B. intravasaler Flüssigkeit, d. h. *Plasma* oder *Serum*, auf ein anderes ausgewichen wird, im gewählten Beispiel auf *Erythrozyten* oder, um die Sache noch unübersichtlicher zu machen, auf Vollblut. Zwar können hier häufig deutlich höhere Konzentrationen als etwa im Serum ermittelt werden, doch müssen dafür erhebliche Nachteile durch physikalische und chemische Interferenzen in Kauf genommen werden. Zugleich sinkt die Aussagekraft der Analyse, da – um im gewählten Beispiel zu bleiben – Erythrozyten als Organ in seiner Schwermetall- und Spurenelementezusammensetzung nicht anderen Organen gleichgesetzt oder mit ihnen verglichen werden kann. Auch als *Transportvehikel* dienen die Erythrozyten lediglich O_2 und CO_2. Dennoch kann die Erythrozytenanalyse sinnvoll sein, wenn, wie bei der *Blei*intoxikation, auch sie Zielorgane der Bleiinkorporation sind. Umgekehrt ist aber eine Analyse der Erythrozyten auf ihren Fe-Gehalt beim *Eisenmangel* nicht sinnvoll, da hiermit Aussagen über die verfügbaren Eisenreserven nicht gemacht werden können. Vor einer pauschalen Empfehlung – nur Serum bzw. nur Vollblut – ist daher zu warnen!. Entsprechendes gilt für *Zink*.

Ist die Frage des „Wo“ gelöst, stellt sich die Frage nach dem „**Wann**“. Es ist seit langem bekannt, daß nicht nur *nahrungsbedingte*, sondern auch durch *hormonelle*, *nervale* und *andere* noch unbekannte *Faktoren* Schwankungen im Mineralhaushalt mit tages-, jahres- und lebenszeitbezogenen typischen Veränderungen vorliegen. So kann *Zink* im Serum, sowohl postprandial als auch nach einer längeren Nüchternperiode „erhöhte“ Werte aufweisen; altersbedingte Veränderungen im Zinkhaushalt der Haare sind typisch und nicht mit der Zinkzufuhr korreliert; dagegen findet sich eine Korrelation zwischen Zinkversorgung und Körperwachstum. Auch Veränderungen der Orthostase des Probanden vor und bei der Blutentnahme führen be-

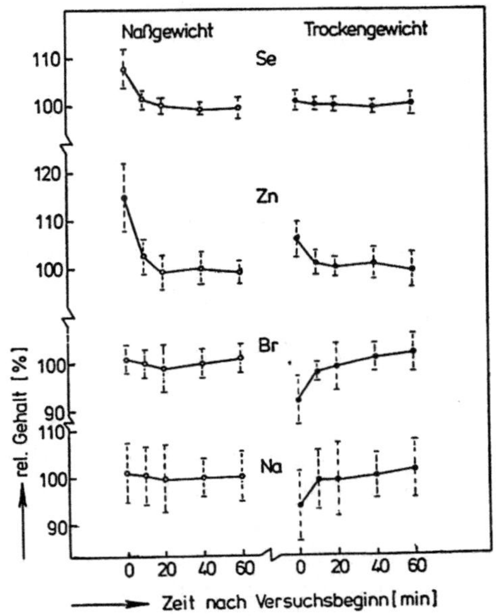

Abbildung 3.2 a-1: Mittlerer Elementgehalt (Se, Zn, Br, Na) im Serum von 18 Versuchspersonen in Abhängigkeit von der Zeit der Probennahme nach dem Hinlegen. Die Gehalte sind auf das Naß- bzw. Trockengewicht der Proben bezogen (nach Behne und Brätter, 1979)

kanntermaßen zu teilweise erheblichen Schwankungen. Diese Phaenomene sind lange Zeit in allen Bereichen der klinischen Chemie dadurch berücksichtigt worden, daß *Blutentnahmen* prinzipiell morgens am *nüchternen*, möglichst ruhenden Patienten zwischen 7 und 9 Uhr sowie nachmittags um 16 Uhr erfolgen (**Abbildung 3.2a-1**). Wie eine Kurzumfrage von Medical Tribune im Mai 1985 ergeben hat, ist unter dem Etikett, „solche Überlegungen könnten doch vernachlässigt werden, auch um dem Patienten die Mühsal der Nüchternheit oder dem Kollegen den daraus resultierenden Ärger mit nicht nüchternen Patienten zu ersparen", möglicherweise aber auch, um „sein" Labor zu jeder Tageszeit „bedienen" zu können – meist davon abgegangen worden, *diese bescheidenen Ansätze einer Standardisierung der Probengewinnung noch zu berücksichtigen.*

Selbstverständlich muß bei der Frage nach *akuter Intoxikation* das „Wann" flexibel gehandhabt werden, steht hier doch das Interesse des Patienten nach schnellstmöglicher Diagnose und Therapie vor dem Interesse nach standardisierten Bedingungen. Häufig kann die Frage nach einer Intoxikation schon mit einer semiquantitativen Analyse, die nicht unter standardisierten Bedingungen ablaufen muß, soweit beantwortet werden, daß eine Therapie eingeleitet werden kann.

Chronische *Störungen des Gleichgewichts* bedingen dagegen eine penible Einhaltung der Standardbedingungen, da sich ihre Diagnose doch auf *wiederholte „Momentaufnahmen", Bilanzen aus Urin- und Stuhlanalysen* und, zumindest partiell, auf die Retrospektive der *Analyse von Haaren und Nägeln* stützt. Voraussetzung ist hierfür, daß der Analyt auch tatsächlich beim Haarwachstum in das Haar eingebaut und nicht durch äußere Einflüssen wie Dauerwelle, Färben (Ziegler, Coller, 1984; Bence, 1984) usw. aus dem Haar herausgelöst oder aufgebracht wird. Gerade bei der Färbung von Haaren überlagern sich zwei Vorgänge: Einerseits werden Schwermetalle von außen, z. T. reversibel, in das Haar eingebracht, andererseits erfolgt auch eine erhebliche Resorption durch die Kopfhaut und ein Einbau in die jüngeren Haaranteile. Um diese zu differenzieren, sind neben Wiederholungsuntersuchungen stets die Haare abschnittsweise zu untersuchen. Vor der Probennahme sollte das *Haar* nicht speziell gewaschen sein, vielmehr ist es vom Analytiker einer standardisierten, schonenden Reinigung nach der Probennahme zu unterziehen, z. B. durch eine stufenweise Reinigung mit Tween, Aethanol und Aceton.

Bei der Frage nach chronischen Intoxikationen ist das *Umfeld* des Probanden zu berücksichtigen. Vergleichsproben von Probanden mit ähnlichen oder identischen Nahrungsgewohnheiten usw. sollten mit in die Untersuchung einbezogen werden. Eine Episode aus der alternativen Szene hat uns die Bedeutung dieser Maßnahme gezeigt: bei einer Patientin fielen wiederholt erhöhte *Quecksilber-* und *Cadmiumwerte* im Serum und Urin auf. Bei Rückfrage stellte sich heraus, daß sie vorwiegend mit Klärschlamm gedüngte Eigenprodukte als Nahrungsmittel verwendete. Ihr Lebensgefährte wies nur leicht erhöhte Werte auf. Er nahm seine Hauptmahlzeit in der Firmenkantine ein. Beide Personen wiesen einmalig stark erhöhte Hg-Werte im Urin auf, wobei sich nach Rückfrage ergab, daß sie am Abend vor der Probennahme gemeinsam Thunfischsalat gegessen hatten.

Die Frage „**Wie**“ betrifft die *Probennahme* und den *Probentransport.* Sie haben möglichst kontaminationsfrei zu erfolgen. Daß dies im eigentliches Sinn nicht möglich ist, muß nicht betont werden, sind „Spurenelemente“ doch ubiquitär in Spuren anzutreffen. Es kann daher die *Kontamination* nur in Grenzen gehalten werden; diese sollte aber bekannt und überschaubar sein. Aus der **Tabelle 3.2a-1** geht hervor, mit welchen Kontaminationen durch Entnahme von Gewebeproben mittels eines *Skalpells,* einer *Biopsienadel* und von Blut mittels handelsüblicher *Metallkanülen* zu rechnen ist. Für einige Elemente sind Kontaminationen zu vernachlässigen, für andere wie Chrom und Nickel übersteigen sie z. T. den erwarteten Gehalt der Probe. Dieses Problem sollte dem Kliniker, der die Probennahme vornimmt, bekannt sein und zu entsprechenden Vorsichtsmaßnahmen führen. Ein Glasmesser, mehrfach mit HNO_3 und Aceton gereinigt, hat sich für die Entnahme von Geweben und Haaren bewährt, sofern nicht etwa *Silizium* oder *Bor* die Zielelemente der Analyse sind. Für die Blutentnahme eignen sich Plastikkanülen oder besser noch kurze Venenkatheter. Doch auch hier ist bei der Analyse von *Silizium* mit erheblichen Kontaminationen durch Silikon zu rechnen.

Erfolgt die *Blutentnahme* aus Praktikabilitätsgründen mit handeslüblichen Kanülen, ist durch Beigabe einer frischen Kanüle ins Labor eine Berücksichtigung der erfolgten Kontamination möglich. Ebenso müssen alle anderen bei der Probennahme verwendeten Materialien – *Spritze, Primärgefäß, Transportröhrchen* – dem Analytiker zur Prüfung und Berücksichtigung der während der Probennahme und des Transports erfolgten Kontamination oder der Verluste durch *Adsorption in Gefäßen aus Glas und Polyethylen* zur Verfügung gestellt werden (**Tabelle 3.2a-2**). Es empfiehlt sich, bei jedem neuen Entnahme- und Transportsystem, d. h. bei jeder neuen Produktcharge, mittels eines Poolserums den Zuwachs bzw. den Verlust bei einmaligem sowie bei zweimaligen Kontakt der Probe über die übliche Kontaktdauer mit dem jeweiligen Material zu kontrollieren (Aufziehen des Serums mittels der Spritze durch die Kanüle, Verbleib in der Spritze 2 min, Verbleib im Primärröhrchen

Tabelle 3.2a-1: Kontamination bei der Probennahme mit Skalpellen (nach Versieck und Specke, 1980)

Element	Gehalt in normaler menschlicher Leber (g/g Naßgewicht)	Kontamination der Probe (g/g Naßgewicht)
Co	10^{-8}	10^{-10}
Cr	10^{-8}	10^{-8}
Cu	10^{-5}	10^{-8}
Fe	10^{-4}	10^{-6}
Mn	10^{-6}	10^{-9}
Ni	10^{-8}	10^{-8}
Sb	10^{-8}	10^{-10}
Zn	10^{-4}	10^{-9}

Kontamination bei der Probennahme mit Biopsienadeln

Element	Gehalt in normaler menschlicher Leber (g/g Naßgewicht)	Kontamination der Proben (g/g Naßgewicht)
Co	10^{-8}	10^{-7}
Cr	10^{-8}	10^{-6}
Cu	10^{-5}	10^{-6}
Fe	10^{-4}	10^{-5}
Mn	10^{-6}	10^{-7}
Ni	10^{-8}	10^{-6}
Sb	10^{-8}	10^{-8}
Zn	10^{-4}	10^{-5}

Kontamination bei der Probennahme mit Metallkanülen

Element	Gehalt im Serum (g/g Naßgewicht)	Kontamination der Probe (g/g Naßgewicht)
Co	10^{-10}	10^{-10}
Cr	10^{-9}	10^{-8}
Cu	10^{-6}	10^{-10}
Fe	10^{-6}	10^{-7}
Mn	10^{-9}	10^{-10}
Sb	10^{-10}	10^{-11}
Zn	10^{-6}	10^{-10}

Tabelle 3.2a-2: Adsorptionsverluste (in %) beim Aufbewahren einer wäßrigen Pb $(NO_3)_2$-Lösung (0,4 µ g/ml; pH 0 6,0) in Gefäßen aus Glas und Polyäthylen (nach Issag und Zielinski, 1974)

Zeit (min)	Pyrex-Glas	Klimax-Glas	Polyäthylen
5	30	29	10
15	38	38	-
30	43	49	23
60	46	53	-
90	-	-	31

Tabelle 3.2a-3: Spurenelemente im Staub aus der Laborluft (nach Sansoni und Iyengar, 1980)

Element	mg/kg Staub	Element	mg/kg Staub
Al	3000	Mg	2390
As	55	Mn	116
Br	23	Na	2950
Ca	2690	Ni	70
Cd	3	P	1150
Cl	2	Pb	2150
Co	9	S	20000
Cr	39	Sb	15
Cu	213	Sn	10
F	1	Sr	14
Fe	3230	Ti	258
I	3	V	259
K	7920	Zn	1640

20 min, Verbleib im Transportgefäß 24 h bei Raumtemperatur) und diesen bei der Berechnung zu berücksichtigen. Kontaminierte Chargen sind zu verwerfen (**Tabelle 3.2a-3**).

Soll eine Analyse aus Serum durchgeführt werden, so ist eine Kontamination durch erythrozytäre Spurenelemente nach Möglichkeit zu vermeiden. Dies erfolgt, indem die Probe sofort nach der Blutentnahme - die selbst so schonend für Patienten und Proben wie nur möglich erfolgen soll - im verschlossenen Primärgefäß zentrifugiert wird und das noch nicht spontan geronnene Plasma in das Transportgefäß überführt wird. Der Einsatz von Heparin als Gerinnungshemmer kann in Form von Ammoniumheparinat befürwortet werden. Auch wenn Heparin eingesetzt wird, sind Plasma und Erythrozyten sofort nach der Probenentnahme zu separieren und getrennt zur Analyse einzusenden. So sind sowohl Messungen aus den Erythrozyten als auch aus Serum bzw. Plasma getrennt möglich; aber auch eine Rekonstitution der Originalprobe kann erfolgen. In jedem Fall wird vermieden, daß während des Transportes durch Mikrohaemolyse ein nenneswerter Übertritt von erythrozytären Bestandteilen in das Plasma bzw. Serum erfolgt.

Eine Beimengung erythrozytärer Bestandteile zur Serumprobe muß nicht zwangsläufig eine Erhöhung des registrierbaren, spezifischen Signals zur Folge haben, vielmehr muß auch eine Signallöschung bzw. -abschwächung einkalkuliert werden, so bei *Zink* oder *Mangan durch Eisen.* Durch das Standardadditionsverfahren können diese Störungen meist erkannt und berücksichtigt werden. Leider ist dies noch immer nicht zum Routineverfahren aller Analytiker geworden.

Kontamination bzw. Verlust von Spurenelementen während des *Transports* sind u. a. auch eine Frage der *Einwirkzeit des Gefäßes auf die Probe* und umgekehrt (Fölg, 1979). Transport in das Labor und Aufarbeitung im Labor haben daher schnellstmöglich zu erfolgen; in jedem Fall ist der Zeitpunkt der Probennahme anzugeben. Während die *Aufarbeitung im Labor* kein wesentliches Problem darstellt, scheitert die Forderung nach schnellstem Transport leider häufig an der doch sehr unterschiedlichen Leistungsfähigkeit der Transport-Beauftragten (Botendienst, Bundespost, Bahnexpress, Kurier). Rohrpost ist im allgemeinen wegen der starken Beschleunigung nicht geeignet. Auch der Transport innerhalb einer Klinik enthält reichlich Probleme. Üblicherweise werden Blutproben auf Station entnommen und durch ein hausinternes Botensystem in unverschlossenem Röhrchen ins Labor gebracht. Dies ist für Spurenelemente nicht zulässig, ist doch mit starker Kontamination durch *Staub* und *Zugluft* aus Klimaanlagen, besonders mit *Aluminium, Zink, Mangan, Cadmium, Blei, Nickel, Chrom* und *Kupfer* zu rechnen. Durch Einsatz von hermetisch verschlossenen Blutentnahme- und Transportsystemen (z. B. Monovette, Vacutainer o. ä.) kann dieses Problem weitgehend umgangen werden.

Ein Problem besonderer Art ist die Kontamination von Sammelurinen, müssen doch alle kommerziell angebotenen Sammelgefäße wegen erheblicher Gehalte von Schwermetallen speziell nachgereinigt werden. Eine Konservierung des Urins während der Sammelperiode beispielsweise durch Säure verbietet sich, da ein Herauslösen von materialgebundenen Schwermetallen zu erwarten ist. Stets sind wie bei allen anderen Materialien Kontaminationsprüfungen der Container selbst angezeigt. Die Annahme und Analyse von Urinen in anderen als den speziell gereinigten Containern, beispielsweise in Mineralwasser-, Wein- oder Parfumflaschen verbietet sich aus verständlichen Gründen.

Ist die Probe im Laboratorium eingetroffen, sollte sie umgehend be- und aufgearbeitet werden. Ist dies aus organisatorischen Gründen nicht möglich (Feiertage, Betriebsferien, Streik und was man sich sonst an Hindernissen denken kann), so sollte auf die Analyse verzichtet und eine neue Probe zu einem geeigneten Termin angefordert werden. Ist dies ebenfalls nicht möglich, so sind Kontamination bzw. Verlust während der Lagerung durch Mitführen einer *Kontaminationskontrolle* unter identischen Bedingungen abzuschätzen.

Gekühlte Lagerung ist adäquat, Einfrieren der Probe dagegen nicht zu empfehlen, da es hier zu Rissen im Material und damit unberechenbaren weiteren Veränderungen kommen kann (Sansoni und Iyengar, 1980).

Um zum Ausgangspunkt zurückzukommen:

Die *Analyse beginnt also mit der praeanalytischen Phase*, d. h., am Anfang steht die Überlegung. Und hier ist - im Interesse einer Verbesserung der Kenntnisse über Mineralstoffe und Spurenelemente - noch viel Standardisierungsarbeit zu leisten.

3.2b Analyse von Spurenelementen und deren Qualitätssicherung

Rüdiger Hermann Schütze und Hans Reinauer (Düsseldorf)

3.2b.0 Einleitung

Im Verlauf der letzten 10 bis 15 Jahre haben Spurenelemente insbesondere im Rahmen von Umweltproblemen sowohl bei biochemischen Fragestellungen als auch in der Humanmedizin eine zunehmende Bedeutung erlangt, da sie mit einer Reihe von Erkrankungen in Zusammenhang stehen. Es zeichnet sich ab, daß die Funktion dieser Spurenelemente und ihre Wechselwirkung in ökologischen Systemen erheblich komplexer sind als ursprünglich angenommen worden ist. Als Folge dieser Entwicklung werden analytische Forderungen gestellt, die oft bis an die Grenze des methodisch Möglichen gehen und deren Lösung durch Einsatz einer empfindlichen Nachweismethode allein nicht garantiert wird.

3.2b.0.1 Begriffe

Unter dem Begriff Spurenelement werden Metalle sowie einige Metalloide und Nichtmetalle zusammengefaßt, die im Organismus nur in äußerst geringen Mengen vorkommen. Ihre Gehalte reichen vom mg/kg (ppm)-Bereich bis zum µg/kg(ppb)-Bereich; bei einigen Elementen müssen Konzentrationen in ng/kg (ppt) gemessen werden.

Man unterscheidet zunächst essentielle Spurenelemente, die vor allem als Bestandteile intrazellulärer Proteine bzw. Enzymsysteme zu deren Strukturerhaltung und Aktivierung physiologische Funktionen besitzen; bei Mangelzuständen treten charakteristische Krankheitssymptome auf. Sie sind jedoch toxisch wirksam, wenn eine Inkorporation über einen längeren Zeitraum hinweg in hohen Konzentrationen erfolgt. Zu den essentiellen Spurenelementen zählen u. a. F, I, Fe, Cu, Co, Zn, Cr, Se.

Von dieser Gruppe grenzt man die potentiell essentiellen sowie die nicht essentiellen Spurenelemente ab, deren überwiegender Teil schon in niedrigen Konzentrationen toxische Effekte verursacht wie Pb, Cd, Hg, Tl.

Bei der Betrachtung der Fülle von Literaturdaten hinsichtlich des Normgehaltes von Metallspuren in Humanproben, vor allem Körperflüssigkeiten, ist ersichtlich, daß für Elemente im ppm-Bereich wie Cu, Fe, Mg und Zn ausreichend genau definierte Referenzbereiche vorliegen (**Abbildung 3.2b-1**), im ppb-Bereich jedoch eine extreme Schwankungsbreite der Daten existiert. Ein klassisches Beispiel sind Literaturangaben zum Normalgehalt von Chrom im Serum bzw. Plasma; die im Verlauf der letzten Jahre gefundenen Mittelwerte reichen von 0.14 bis 45 µg/l und differieren um mehr als zwei Größenordnungen, wobei sich ein Trend zu immer niedrigeren Werten abzeichnet (**Abbildung 3.2b-2**). Eine ähnliche Situation wird bei der Analyse von Al, As, Co, Mn, Mo, Ni, und V gefunden (Versieck und Cornelis, 1980).

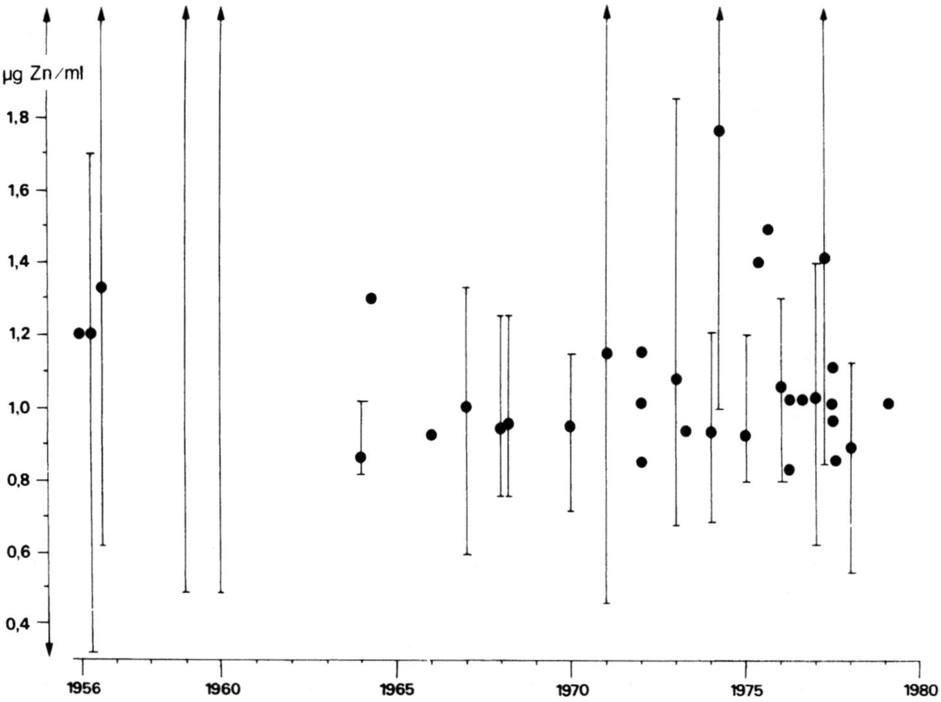

Abbildung 3.2b-1: Normbereiche bzw. Mittelwerte zum Zink-Gehalt in Humanserum bzw. Plasma (nach Bertram, 1983b)

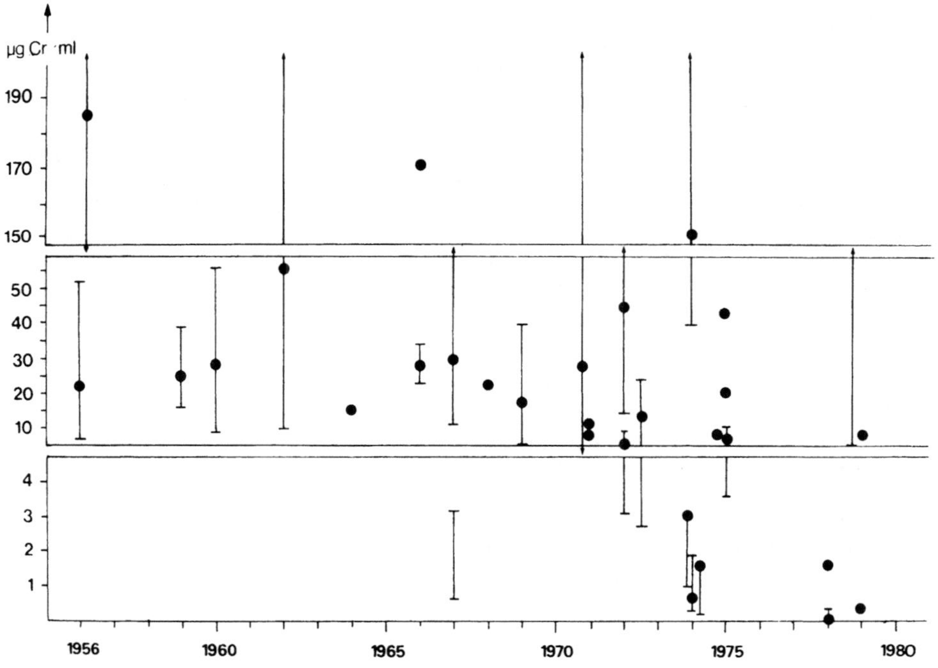

Abbildung 3.2b-2: Normbereiche bzw. Mittelwerte für Chrom im Serum bzw. Plasma (nach Bertram, 1983b)

Tabelle 3.2 b-1: Beeinflussung der Spurenelementgehalte in der präanalytischen Phase durch biologische Faktoren

1. Langzeit-Einflüsse
   - Lebensalter, Geschlecht
   - geographische- und Umweltfaktoren
   - Lebensgewohnheiten (Nahrungszusammensetzung)
   - jahreszeitliche Schwankungen
2. Kurzzeit-Einflüsse
   - circadiane Rhythmen
   - Streßfaktoren
   - körperliche Aktivität
   - Körperlage bei der Probennahme
3. Stoffwechselerkrankungen, iatrogene Faktoren

3.2 b.0.2 Einflußfaktoren

Die bestehende Unsicherheit bei der Beurteilung und dem Vergleich spurenanalytischer Daten beruht neben verfahrenstechnischen Fehlermöglichkeiten und mangelnder Standardisierung analytischer Methoden auf „biologischen Einflüssen", die mitunter erhebliche Schwankungen der Elementgehalte in Körpergeweben und Flüssigkeiten verursachen können (**Tabelle 3.2 b-1**).

In der *präanalytischen Phase*, die von Iyengar (1982) als presampling-factors charakterisiert worden ist, sind vor allen Dingen Langzeitfaktoren zu berücksichtigen.

Bekannt ist z. B. die Zunahme des Cd-Gehalts im Organismus mit dem Lebensalter aufgrund seiner langen Halbwertzeit von durchschnittlich 25 Jahren (Umweltbundesamt, 1981). Demgegenüber nimmt der Cr-Gehalt des menschlichen Organismus mit dem Lebensalter ab (Schroeder et al., 1962; Tipton, 1960); in Haarproben finden sich die höchsten Cr-Konzentrationen bei Neugeborenen. Darüberhinaus können Wohnort (Industrieballungsräume, ländliche Regionen), Expositionen am Arbeitsplatz, Lebensgewohnheiten und Nahrungszusammensetzung von Einfluß sein. Es existieren mehrere Hinweise auf einen Anstieg der Arsenausscheidung im Urin bis auf das 15-fache der Norm nach fischreicher Mahlzeit (Dickerson, 1980), ähnliche Befunde liegen für Cd und Hg vor; die Cd-Belastung durch Inhalation von Tabakrauch ist hinreichend bekannt.

In Ballungsräumen und Industriezentren ist die Exposition hinsichtlich As, Al, Cd, Pb und Si zwangsläufig höher als in ländlichen Bereichen. Der Bleigehalt der Luft in Städten liegt in der Regel zwischen 0.5 und 10 $\mu g/m^3$, in ländlichen Regionen zwischen 0.1 und 1.0 $\mu g/m^3$ (Wiegand, Schlipköter, 1983). Aus den Luftqualitätskriterien für Blei des Umweltbundesamtes wird abgeschätzt, daß eine Zunahme des Gehalts von 2 $\mu g/m^3$ den Blutbleigehalt bei längerer Exposition um 40 $\mu g/l$ erhöht.

Im Fall der Kurzzeiteinflüsse sind neben circadianen Rhythmen jahreszeitliche Schwankungen aufgrund geänderter Nahrungszusammensetzung und körperlicher Aktivität zu erwähnen (Peters et al., 1982). Auch können Stressfaktoren u. a. physische Belastungen durch eine Mobilisierung aus Depotorganen zu einer Erhöhung der Blutspiegel z. B. bei Blei führen (Henschler, 1977; Oehme, 1976). Weiterhin finden sich Abhängigkeiten der Serummetallgehalte von der Körperlage bei der Probennahme; von Behne und Brätter (1977) konnten entsprechende Befunde im Fall von Se und Zn nachgewiesen werden. Erwähnt sei schließlich noch der Einfluß von Stoffwechselerkrankungen und iatrogenen Faktoren (parenterale Ernährung, Dialyse, bestehende Medikationen), auf die jedoch nicht näher eingegangen, sondern auf entsprechende Literatur verwiesen wird (Ricour et al., 1976; Seeling et al., 1981; Seeling et al., 1979; Alfrey und Smythe, 1978; Wester, 1980; Zumkley et al., 1982).

Dieser kurze Abriß soll andeuten, daß eine Reihe präanalytischer Einflüsse auf den Spurenelementgehalt in Humanproben existiert und eine Überlagerung mehrerer

Faktoren von nicht unerheblicher Bedeutung sein kann. In diesem Zusammenhang ist eine detaillierte Probencharakterisierung und Fragestellung von Seiten des Einsenders für die Interpretation der gewonnenen Analysendaten sinnvoll.

3.2b.0.3 Präanalytische Phase

Probenmaterial, Probengewinnung, Probenlagerung

Geeignete Humanproben zur Überwachung einer möglichen Schwermetallbelastung, zur Erfassung von Mangelzuständen und Diagnostik von Stoffwechselerkrankungen sollten rasch verfügbar sein und wenn möglich ohne große Belastung für den Patienten gewonnen werden können.

Zur Verfügung stehen:
- *Körperflüssigkeiten* (Vollblut, Blutplasma, Blutserum, Harn, Speichel, u. U. Magensaft, Liquor)
- *Festproben* (Faeces, Haare, Nägel, u. U. Knochen, Zähne, Gewebe als Biopsie- oder Autopsiematerial)

Körperflüssigkeiten erfordern eine infolge ihrer meist sehr geringen Spurenelementkonzentrationen besondere Kontaminationsvorsorge hinsichtlich der Probengefäße, wobei sich die Reinigung von Polyäthylen- und Polystyrolröhrchen mit 10% HCl-Suprapur bewährt hat; Glasgefäße sind mit Ausnahme der recht teuren Borsilikat- und Suprasil-Quarz-Materialien infolge unspezifischer Elementverluste an der Gefäßoberfläche nicht zu empfehlen.

Blutentnahmen sollten grundsätzlich am nüchternen, liegenden Patienten zwischen 7.00 und 9.00 Uhr mittels Teflon-Braunülen erfolgen; das Verwerfen von 2 bis 3 ml Vorlauf ist ratsam. Stahlkanülen, insbesondere bei der Bestimmung von Ni, Co und Cr im Serum haben sich nach eigenen Erfahrungen nicht bewährt, da die hierbei auftretende Kontamination oft in der Größenordnung der zu messenden Elementgehalte liegt (siehe auch Behne, 1980; Sundermann, 1980). Bei Bestimmungen in Vollblut sind mögliche Verunreinigungen durch das Antikoagulans (Heparinat, Zitrat, Na/K-EDTA) zu berücksichtigen, die in der Regel chargenabhängig sind, so daß das Mitführen eines entsprechenden Blindwertes notwendig ist. Harnproben sollten entweder als zeitlich definierte Spontanproben (morgendlicher Mittelstrahlurin) oder als 24-Stunden-Sammelurin gewonnen werden; hier besteht jedoch größere Kontaminationsgefahr. Zur Vermeidung einer Adsorption an partikuläre Anteile ist ein Ansäuern des Urins auf pH 2 mit HCl-Suprapur nach der Probennahme zu empfehlen.

Werden Körperflüssigkeiten nicht direkt verarbeitet, sollten die Proben möglichst schnell tiefgefroren oder lyophilisiert werden. Festproben haben gegenüber Körperflüssigkeiten den Vorteil der relativen Anreicherung zahlreicher Metalle, normalerweise um etwa zwei Größenordnungen, so daß im Regelfall Kontaminationsprobleme bei der Probennahme von Haaren und Nägeln nicht auftreten. Durch sorgfältige Probengewinnung und longitudinale Analyse von Haarabschnitten lassen sich Angaben über den Zeitpunkt einer Intoxikation machen und gegebenenfalls auch biologische Halbwertzeiten ermitteln (Valkovic, 1977; Hagedorn-Götz und Stoeppler, 1975; Hagedorn-Götz et al., 1977).

Tabelle 3.2b-2: Indikatorsysteme zur Überwachung des Spurenelementstatus (nach Bertram, 1983a) * = als Indikatorprobe geeignet, (*) = Indikatorfunktion möglich

	Cu	Zn	Mn	Se	Cr	F	Pb	Cd	As	Hg	Tl
Blutplasma	*	*				*					
Vollblut	(*)		(*)	*			*			*	
Kopfhaare	*	*	*	*	(*)		*	(*)	*	*	(*)
Urin	(*)	(*)	*		(*)	*	(*)	(*)	*	*	(*)
Faeces		(*)					*	*		(*)	(*)

Es besteht jedoch das Problem, exogene von endogenen Einflüssen zu unterscheiden, so daß generelle epidemiologische Studien insbesondere mit Haaren als Probenmaterial weniger geeignet sind (Stoeppler und Nürnberg, 1984); von der International Atomic Energy Agency (IAEA) wird ein Verfahren zur Probennahme und Probenvorbehandlung empfohlen (Ryabukhin, 1978). Bei Festproben mit relativ hohem und wechselndem Wassergehalt (Faeces, Gewebe) ist die Definition des Bezugstrockengewichts von besonderer Bedeutung. Das sogenannte „Frischgewicht" ist häufig nur näherungsweise zu ermitteln und nur schwer exakt zu definieren, so daß für präzise Spurenelementbestimmungen ein möglichst eindeutiges Trockengewicht für Vergleichszwecke erforderlich ist. Mitunter ist sogar eine Trocknungsstufe vor der Lagerung und Weiterverarbeitung von Vorteil, z. B. Lyophilisierung bis zu einem bekannten Restflüssigkeitsgehalt (Stoeppler und Nürnberg, 1984; Iyengar und Sansoni, 1980). Grundsätzlich ist festzustellen, daß die Indikatorfunktion oben genannter Humanproben zur Ermittlung und Überwachung des Spurenelementstatus elementspezifisch ist und nicht zwangsläufig mit eventueller Anreicherung oder Verarmung eines anderen Kompartiments korreliert (Bertram, 1983a); siehe auch **Tabelle 3.2b-2**. Darüber hinaus ist eine generell mögliche Kontamination bei der Probengewinnung und Probenaufarbeitung von Seiten des Laborpersonals (Rauchen, Schweißbildung) sowie durch Verunreinigung der Laboratoriumsluft (Schwebepartikel, Staub) nicht zu unterschätzen; insbesondere für Al, Fe, Pb, I und Zn liegt der Staubgehalt in Arbeitsräumen ohne Filteranlagen häufig über 1.5 mg/g (Iyengar und Sansoni, 1980).

Probenaufarbeitung

Der Trend zu nachweisstärkeren und selektiveren Bestimmungsmethoden erweitert zwar den Umfang von Direktanalysen, vor allem im Bereich der flammenlosen Atomabsorptionsspektroskopie (AAS); dennoch ist bei biologischem Analysenmaterial in vielen Fällen ein Probenaufschluß durch oxidativen Abbau der bei der Endbestimmung störenden organischen Matrixbestandteile ratsam, insbesondere, wenn Analysen im ppb-Bereich anstehen.

Ein vollständig mineralisierender Aufschluß ist grundsätzlich erforderlich bei Anwendung elektrochemischer Verfahren wie der Inversvoltammetrie (Valenta et al., 1977; Golimowski et al., 1979). Desgleichen sind für die radiochemische Aktivierungsanalyse, die nach der Bestrahlung zur Erhöhung der Sensitivität Elementtrennungen erfordert, Aufschlußverfahren notwendig (Kasparek, 1977; Bowen, 1980) u. a. zur Bestimmung von Chrom in Humanseren (Schütze, 1984). Da der Probenaufschluß in Abhängigkeit vom verwendeten Analysenmaterial den häufig zeitaufwendigsten Arbeitsgang im Verlauf der Analyse darstellt, liegt hier bei unsachgemäßer Handhabung der Methoden oft die Ursache gravierender systematischer Fehler sowohl hinsichtlich einer Kontamination als auch von Elementverlusten.

Zu empfehlen sind Naßaufschlußverfahren in geschlossenen Systemen aus weitgehend inerten Materialien, die einen geringen Reagenzienzusatz leicht zu reinigender Oxidantien (HNO_3, $HClO_4$, H_2O_2) erfordern, z.B. Druckaufschluß in Teflon- (nicht geeignet für Hg-Bestimmungen!) oder Quarzgefäßen. Diese Verfahren ermöglichen einen hohen Probendurchsatz bei sehr geringem Kontaminationsrisiko und vergleichsweise geringen Kosten. In diesem Zusammenhang sei noch ein neues Verfahren des Mikrowellenaufschlusses (MDS-System) erwähnt, das seit kurzem kommerziell erhältlich ist und Probenaufschlüsse in angeblich sehr kurzer Zeit (Minuten!) ermöglichen soll.

Während die Trockenveraschung bei hohen Temperaturen (Muffelofen) ein beträchtliches Kontaminationsrisiko und die Gefahr von Analytverlusten leicht flüchtiger Elemente aufweist, ist die Tieftemperaturveraschung im Sauerstoff-Plasma ein geeignetes Verfahren mit vernachlässigbaren Kontaminationsraten und Elementverlusten. Nach eigenen Erfahrungen erfolgt der Aufschluß von Blutserum (30 Proben à 2 ml) innerhalb von 6 bis 8 Stunden vollständig; das gebildete Mineralisat löst sich in 0.1 N HCl und kann ohne Zusatzelektrolyt direkt einer voltammetrischen Bestimmung zugeführt werden. Nachteilig sind die vergleichsweise hohen Anschaffungskosten und relativ umständliche Bedienung der Apparatur.

Schließlich sei noch die Matrixmodifikation mit quartären Ammoniumhydroxiden (Lumatom) erwähnt, die sich bei der Bestimmung von Blei im Vollblut mit Hilfe der flammenlosen AAS durchaus bewährt, wenn entsprechende Blindwerte berücksichtigt werden (Fleischhauer, 1982).

3.2b.0.4 Bestimmungsverfahren

Verfahrenstechnisch bedingte Fehlermöglichkeiten durch Kontamination und Elementverluste können neben der Probengewinnung und Probenaufarbeitung auch bei der Endbestimmung infolge unzureichend optimierter Geräteparameter auftreten. Es muß betont werden, daß zur Zeit im Ultraspurenbereich für kein Element ein „Routineverfahren" zur Konzentrationsermittlung in einer biologischen Matrix existiert. Grundsätzlich sollte eine Nachweismethode folgende Kriterien erfüllen:

- neben *Spezifität* sollte möglichst eine hohe *Sensitivität* bestehen, wobei von der International Union of Pure and Applied Chemistry (IUPAC) als Nachweisgrenze diejenige Stoffmenge definiert ist, deren Signal der 3-fachen Höhe der Standardabweichung des zugehörigen Leerwertes (Untergrundrauschen) entspricht
- die *Unpräzision* eines Analysenverfahrens sollte maximal 10% der biologischen Variation betragen.

In **Tabelle 3.2b-3** sind die relativen Nachweisgrenzen einiger Methoden aufgeführt.

Derzeit verfügbare Nachweismethoden lassen sich in Einzel-, Oligo- und Multielementverfahren gliedern, wobei die *Atomabsorptionsspektroskopie (AAS)* in der ersten Gruppe und auch allgemein die mit Abstand am häufigsten eingesetzte Analysenmethode ist.

Atomabsorptionsmessungen mit Hilfe der Flammentechnik zählen im ppm-Bereich bereits zu den Routineverfahren, die bei einfacher Handhabung einen hohen Probendurchsatz erlauben und auch in komplexen Matrices Analysen ermöglichen, da sich Störeffekte nur begrenzt bemerkbar machen. Eine gesonderte Probenaufarbeitung ist in der Regel nicht erforderlich, sofern das Analysenmate-

Tabelle 3.2b-3: Relative Nachweisgrenzen für atomspektroskopische Methoden, differentielle Pulsvoltammetrie und Neutronenaktivierungsanalyse für Metalle in wäßrigen Lösungen bzw. nicht interferierender Matrix. Werte in µg/kg (ppb) (nach Stoeppler, Nürnberg 1984b)

Element	Atomabsorptionsspektrometr. Verfahren			ICP-AES	DPAS bzw. DPV	NAA	
	Flamme	Graphitküvette	Hydrid/ Kaltdampfverfahren			NWGR.	Radionuklid
Ag	3	0.003		1.5	0.1	2	$110\,m_{Ag}$
Al	30	0.06		1.5	2.0	4	28_{Al}
As	30	< 0.3	≤ 0.03	100	0.1	0.1	76_{As}
Au	15	0.3		3	10	0.005	198_{Au}
Be	3	0.09		1			
Bi	4.5	0.6	0.03	20	0.1		
Cd	3	0.003		1	≤ 0.0002	1.5	$111\,m_{Cd}$
Co	15	0.15		1	0.001	0.03	$60\,m_{Co}$
Cr	4.5	0.3		2	3	20	51_{Cr}
Cu	1.5	0.06		0.5	0.002	0.1	64_{Cu}
Fe	15	0.09		0.8	30	6	59_{Fe}
Hg	300	-	0.001	7.5	0.002	0.03	197_{Hg}
Mg	0.15	0.03		0.05		25	27_{Mg}
Mn	3	0.006		0.2	40	0.003	56_{Mn}
Mo	30	0.09		3	100	15	101_{Mo}
Ni	3	< 0.3		3	0.001	15	65_{Ni}
Pb	15	< 0.06		30	0.001	300	$207m_{Pb}$
Pt	150	6		6	100	1	157_{Pt}
Sb	60	0.3	0.15	10	0.1	0.2	122_{Sb}
Se	150	< 1.5	≤ 0.03		0.1	1	77_{Se}
Sn	30	0.3	0.8	40	0.01	2	132_{Sn}
Te	75	0.3	0.03	60	1	4	129_{Te}
Ti	75	60		0.5	100	10	51_{Ti}
Tl	30	0.3		9	0.05		
V	75	3		1	100	0.15	52_{V}
Zn	1.5	0.0015		0.5	0.02	2.5	69_{Zn}
Zr	1500			1.0		10	97_{Zr}

al in gelöster Form vorliegt. Allerdings liegen die Nachweisgrenzen um den Faktor 50 bis 100 höher im Vergleich zur elektrothermalen AAS (siehe auch Tabelle 3.2b-3).

Bei dem genannten Verfahren wird die zu analysierende Lösung von einem Zerstäuber angesaugt, gelangt als Aerosol unter Zusatz der Brennergase (Luft/Acetylen) in den Bereich der Brennerflamme, wo die Zersetzung des Analysenmaterials und der Atomisierungsprozeß simultan ablaufen. Zwischen der Konzentration des zu bestimmenden Elements in der Analytlösung und im Bereich der Brennerflamme ist von Winefordner und Vickers eine Beziehung aufgestellt worden, in der als wesentliche Parameter die Gasströmung, die Ansauggeschwindigkeit und der Verdampfungsgrad eingehen (Pinta, 1978b).

Zur Ermittlung unbekannter Elementkonzentrationen können externe, wäßrige Vergleichsstandards eingesetzt werden, wenn die Konzentration des Analyten in der Probe hoch ist (100 bis 1000 µg/l) und eine komplexe Matrix um den Faktor 5 bis 10 verdünnt werden kann.

Abbildung 3.2b-3 zeigt schematisch den Aufbau und Strahlengang eines Zweistrahl-Flammenatomabsorptionsphotometers.

Die *flammenlose (elektrothermale) AAS* hat vor allem mit der Graphitrohrtechnik in den letzten Jahren zunehmende Bedeutung gewonnen, da mit diesem Verfahren

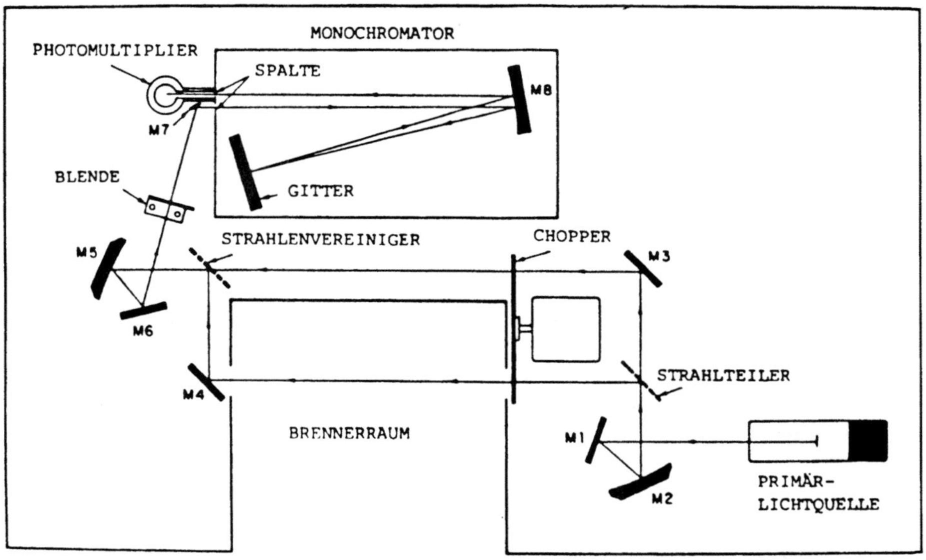

Abbildung 3.2 b-3: Schematischer Aufbau eines Zweistrahl-Flammenatomabsorptionsphotometers und Verlauf des Strahlengangs

Spurenmetallkonzentrationen im sub-ppb-Bereich meßbar sind und Probenmaterial auch in fester Form bestimmt werden kann.

Im Gegensatz zur Flammentechnik erfolgen Trocknung, Zersetzung, Verdampfung und Atomisierung der Probe in der Graphitküvette nicht simultan, sondern in aufeinanderfolgenden Schritten bei jeweils verschiedener Temperatur. Die hohe Empfindlichkeit der Methode ist Folge einer verlängerten Verweildauer der Atome im Strahlengang; ebenso erhöht sich jedoch die unspezifische Absorption, so daß Matrixeffekte stärker zur Geltung kommen als bei der Flammen-AAS. Störeinflüsse auf die spezifische Absorption erfolgen durch überlagerte Molekülbanden, eng benachbarte fremde Absorptionslinien sowie Streulichtabsorption, die im wesentlichen durch Rauchentwicklung während der Atomisierungsphase verursacht wird. Diese Effekte bewirken eine Erhöhung des spezifischen Signals und täuschen zu hohe Analytkonzentrationen vor. Darüber hinaus kann es zu Atomisierungsverlusten kommen durch

- Verspritzen und Aufschäumen flüssigen Probenmaterials infolge zu rascher Temperatursteigerung in der Trocknungsphase
- eine zu hohe Zersetzungstemperatur
- zu große Probenvolumina
- Diffusion des Atomdampfes in die Küvettenwandung, Entweichen durch die Küvettenöffnungen sowie Konvektion in den Bereich kälterer Küvettenzonen und dort erfolgende Kondensation (Sturgeon und Chakrabarti, 1977)
- chemische Reaktion mit dem Graphitmaterial und dem Schutzgas in Form der Bildung schwerflüchtiger Carbid-, Nitrid- und Zyanidverbindungen (Chakrabarti et al., 1976; L'Vov, 1976).

Aus diesen Gründen ist neben einer optimalen Einstellung der Geräteparameter eine zuverlässige Untergrundkompensation Voraussetzung bei der Analytik komplexer Probenmaterialien.

Der Einsatz einer kontinuierlichen Lichtquelle (Deuteriumlampe) zur Korrektur der unspezifischen Absorption hat den Vorteil der Anwendungsmöglichkeit über einen weiten Wellenlängenbereich. Die Methode versagt jedoch bei Molekülbanden mit merklicher Rotationsfeinstruktur (De Loos-Vollebregt und de Galan, 1978), da die Halbwertsbreite der Erregerlinie mit 0.002 nm um den Faktor 10^{-2} kleiner ist

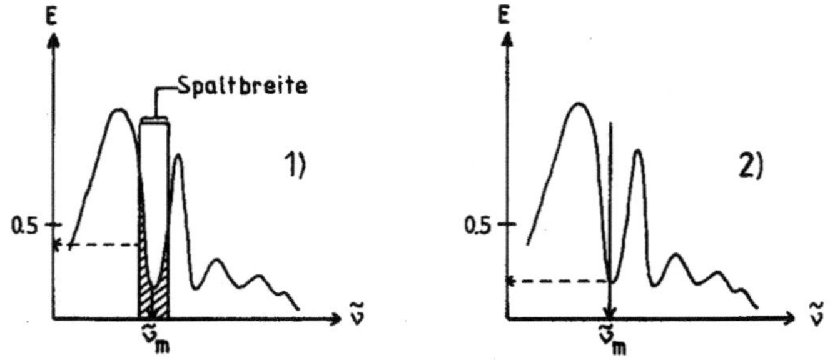

Abbildung 3.2b-4: Korrektur unspezifischer Absorption im Bereich stark strukturierter Molekülbanden
1. bei Verwendung einer kontinuierlichen Lichtquelle (D_2-Lampe)
2. bei der Zeeman-Methode, bei der die korrekte Untergrundabsorption an der Stelle des zu messenden Übergangs $\tilde{\nu}_m$ registriert wird

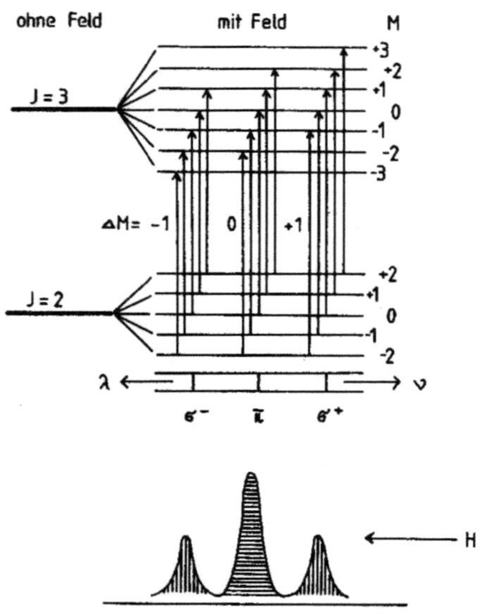

Abbildung 3.2b-5: Zeeman-Effekt - Aufspaltung der Terme durch ein Magnetfeld H und Polarisation der resultierenden Komponenten

als die Breite des Kontinuums, die je nach vorgegebenem Spalt bei 0.2 bis 0.7 nm liegt. Zur Erläuterung dient **Abbildung 3.2b-4**.

Das gleiche Problem entsteht beim Auftreten spektraler Interferenzen, wenn Absorptionslinien anderer Atome in direkter Nachbarschaft des zu messenden Übergangs liegen (Welz, 1976). Darüber hinaus ist für eine korrekte Untergrundmessung eine Angleichung der Intensität beider Lichtquellen Voraussetzung (Fernandez et al., 1980).

Ein effektives Verfahren zur Untergrundkompensation bietet die Ausnutzung der grundsätzlich unterschiedlichen elektromagnetischen Eigenschaften von Molekülen und Atomen in Form des Zeeman-Effektes: ein durch die Gesamtdrehimpulsquantenzahl J gekennzeichneter Atomzustand spaltet sich in einem magnetischen Feld in $2J+1$ Energieniveaus auf (**Abbildung 3.2b-5**). Besitzt das

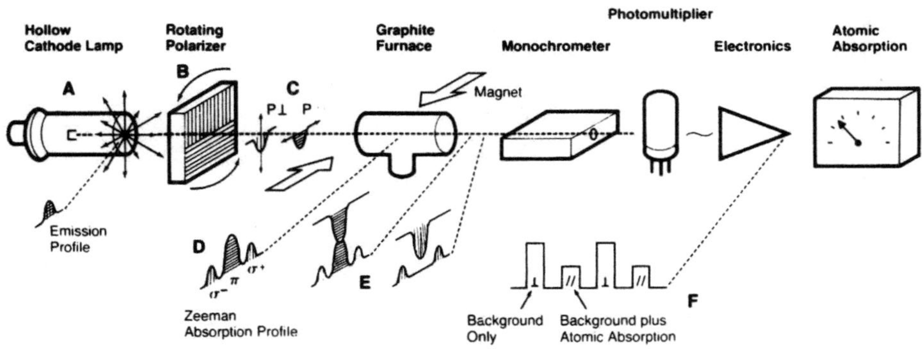

Abbildung 3.2b-6: Schematischer Aufbau eines elektrothermalen Zeeman-Atomabsorptionsspektrometers mit angelegtem Magnetfeld im Bereich des Probenraumes

Atom einen Gesamtspin $S = 0$, handelt es sich also um Singuletterme, so ist die Energiedifferenz benachbarter Termkomponenten im Magnetfeld für die einzelnen J-Zustände konstant und gemäß $E = \mu_B \cdot H$ proportional dem angelegten Magnetfeld. Infolge der Auswahlregel für die Magnetquantenzahl M mit $\Delta M = 0, +1, -1$ beobachtet man die Aufspaltung einer Absorptionslinie in drei Komponenten (siehe auch Finkelnburg, 1967). Die mit $\Delta M = 0$ unverschobene Linie wird als π-Komponente bezeichnet und ist in Feldrichtung polarisiert, während die verschobenen σ^+ und σ^{--}-Komponenten dazu senkrecht polarisiert sind (Koizumi et al., 1976). Es resultiert somit im Fall von Singulettzuständen ein Zeeman-Triplett unter anderem bei den Erdalkalimetallen sowie Cd, Hg, Zn, Pb, Pd und Sn.

Für Nichtsingulettzustände und damit für die meisten Übergangsmetalle sind die Aufspaltungen zwar komplexer, die resultierenden π- und σ-Multipletts sind gleichermaßen in Feldrichtung und senkrecht dazu polarisiert. Dieses Phänomen läßt sich zur Untergrundkompensation ausnutzen, indem senkrecht zum Strahlengang im Bereich der Absorptionszelle ein Magnetfeld angelegt wird. Um in diesem Fall jedoch Absorption messen zu können, ist polarisiertes Licht notwendig. Wird ein zwischen Lichtquelle und Probenraum liegender Polarisator so ausgelegt, daß er abwechselnd in Feldrichtung und senkrecht dazu polarisiertes Licht erzeugt, wird zunächst die Gesamtabsorption, im zweiten Zyklus lediglich die unspezifische Absorption registriert; die ebenfalls senkrecht zur Feldrichtung polarisierten σ-Komponenten absorbieren nicht, da sie gegenüber der Erregerlinie verschoben sind. Differenzbildung beider Signale ergibt somit den Anteil der spezifischen Absorption. **Abbildung 3.2b-6** zeigt schematisch den Aufbau eines flammenlosen Zeeman-Atomabsorptionsspektrometers mit angelegtem Magnetfeld im Bereich der Meßzelle; diese Anordnung (inverser Zeeman-Effekt) bietet gegenüber der Aufspaltung in Emission, d.h. bei Anlegen des Magnetfeldes im Bereich der Lichtquelle (direkter Zeeman-Effekt), den Vorteil, daß die Untergrundkompensation exakt auf der jeweiligen Analysenlinie und nicht wie beim direkten Zeeman-Effekt geringfügig verschoben erfolgt.

Der Einsatz der Zeeman-Untergrundkompensation liegt weitgehend im Bereich der Graphitrohr-Technik und bietet gegenüber der Deuteriumkompensation folgende Vorteile:
- Einsatz einer einzigen Lichtquelle
- sehr günstiges Signal/Rausch-Verhältnis
- Verwendung einer Emissionslinie zur Kompensation, dadurch keine Beeinflussung durch strukturierten Untergrund
- kein Auftreten spektraler Interferenzen.

Als Nachteile sind zu nennen
- reduzierte Empfindlichkeit gegenüber der Deuterium-Kompensation, insbesondere bei Nicht-Singulettatomen
- verkürzte Linearität der Eichgeraden bei hoher Analytkonzentration, besonders beim anomalen ZE als „Roll-over" sichtbar (Fernandez et al., 1980)
- in seltenen Fällen Störungen, wenn Matrixmoleküle Zeeman-Effekte aufweisen (Massmann, 1982).

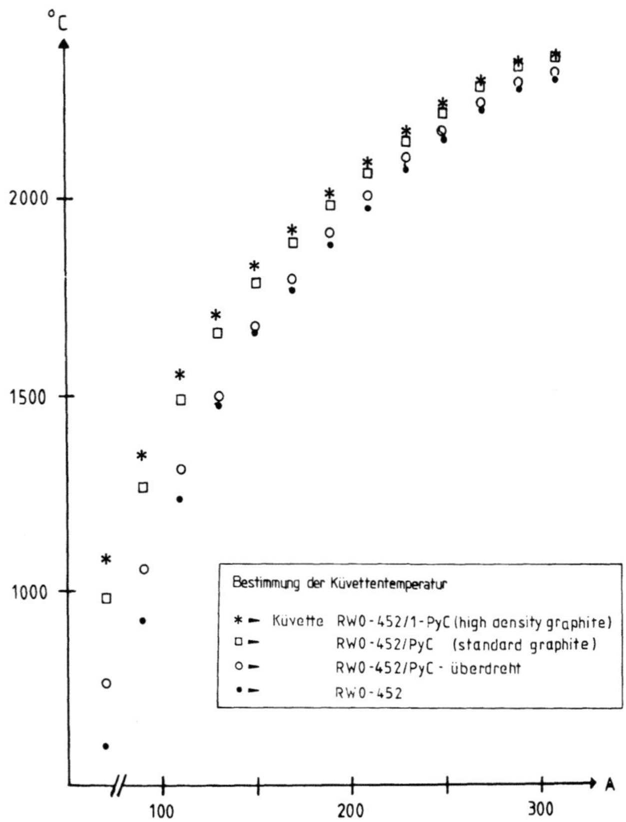

Abbildung 3.2b-7: Bestimmung der Küvettentemperatur mit Hilfe eines Glühfaden-Farb-Mikropyrometers

Neben einer leistungsstarken Untergrundkompensation haben das Graphitmaterial, die Oberflächenbeschaffenheit des Graphits und der Aufbau der Meßzelle entscheidenden Einfluß auf die Sensitivität. Eigene Messungen mit Hilfe eines Farb-Mikropyrometers an einer definierten Stelle des Probenraums von ‚cup-type'-Küvetten ergaben für verschiedene Graphitmaterialien bei konstantem Atomisierungsstrom, insbesondere bei niedrigen Stromstärken erhebliche Temperaturdifferenzen (**Abbildung 3.2b-7**). Pyrolytisch beschichtete Küvetten aus Massiv-Graphit („high-density-graphite“) sind grundsätzlich zu empfehlen, nicht nur bei der Analyse refraktärer Metalle wie Cr, V und Ti.

Darüber hinaus ist der Einsatz der L'Vov-Plattform aus massivem Pyro-Kohlenstoff ein geeignetes Verfahren, um Verdampfungs- und Gasphaseninterferenzen möglichst zu minimieren; hierbei erfolgt die Atomisierung zeitverzögert im Vergleich zur Atomisierung von der Rohrwand, wobei sich das Graphitrohr, in das die Plattform eingebracht wird, schon weitgehend im thermischen Gleichgewicht befindet (STPF-Bedingung = stabilized temperature platform-furnace, Slavin et al., 1981). Ein Nachteil aller AAS-Verfahren, der ausschließliche Einsatz als Ein-Element-Methode, wird durch die Entwicklung der SIMAAC-Technik (simultaneous atomic absorption with a continuum source) in absehbarer Zeit nicht mehr bestehen, wobei sowohl bei der Flammen- als auch der Graphitrohrtechnik mit Hilfe eines Polychromators Simultanbestimmungen durchgeführt werden können (Lewis et al., 1984; Lewis et al., 1985).

Emissionsspektrometrische Verfahren erlauben grundsätzlich Simultanbestimmungen, sind gegenüber der AAS jedoch in der Regel unempfindlicher; allerdings sind in neueren Entwicklungen methodische Verbesserungen eingeführt worden, beispielsweise beim *ICP-AES-Verfahren* (inductively-coupled-plasma-atom-emission-spectroscopy), bei dem die thermische Anregung in einer bis zu 10000 K heißen Plasmafackel erfolgt und dadurch die Nachweisgrenzen erheblich gesenkt werden können; bedingt durch die hohen Temperaturen werden Matrixeinflüsse, vor allem chemische Interferenzen erheblich reduziert.

Das Auftreten spektraler Interferenzen ist jedoch gerade beim Vorliegen komplexer Matrices noch nicht befriedigend gelöst. Zwar dürfte für Multielementbestimmungen u.a. in biologischen Materialien mit Gehalten im höheren ppb- bis zum ppm-Bereich und zur Übersichtsanalyse die ICP-AES die Methode der Wahl darstellen; die etwa um den Faktor drei höheren Anschaffungskosten aufgrund der erheblich größeren Forderungen an die optische Leistung des Spektralapparates sowie die spektroskopischen Kenntnisse des Anwenders sind zu berücksichtigen (Massmann, 1977; Stoeppler und Nürnberg, 1984b).

Elektrochemische Analysentechniken, insbesondere polarographische Methoden haben als Oligoelementverfahren in der letzten Zeit zunehmend an Bedeutung gewonnen (Adeloju et al., 1985), nicht zuletzt wegen ihrer günstigen Kosten/Nutzen-Relation, der vielfach extrem hohen Sensitivität spezieller Systeme und der Kompaktheit der instrumentellen Ausrüstung.

Bei der *DPASV-Technik (differential pulse anodic stripping voltammetry)* können Metalle, die zur Amalgambildung fähig sind, an einer Hg-Elektrode (stationärer Hg-Tropfen oder rotierende Hg-Filmelektrode) kathodisch reduziert und als Amalgam angereichert werden; in einem zweiten Schritt wird das Potential der Arbeitselektrode in anodischer Richtung geändert, wobei das Metall infolge Reoxidation in Lösung geht und einen im Meßkreis der abgeschiedenen Menge proportionalen Stromfluß verursacht (**Abbildung 3.2b-8**). Die Probenlösung wird während der Analyse nicht verändert und steht für weitere Messungen zur Verfügung.

Auch für nicht-amalgambildende Metalle, z.B. Co, Ni ist dieses Verfahren in Form der *ADPV (adsorption differential pulse voltammetry)* anwendbar, wobei durch Zusatz eines Chelatbildners (Dimethylglyoxim) zur Analytlösung eine adsorptive Anreicherung an der Hg-Elektrode erfolgt (Adeloju et al., 1984). Die Leistungsfähigkeit inversvoltammetrischer Verfahren in Verbindung mit der Differentialpuls-Technik und speziellen Elektroden wird bei Nachweisgrenzen, die in vielen Fällen unterhalb 1 ppt liegen, nur durch die mögliche Probenkontamination eingeschränkt (Valenta et al., 1977a).

Im Vergleich zu AAS-Verfahren wirkt sich nachteilig die längere Zeit für eine Einzelbestimmung aus, die jedoch durch die Möglichkeit der Simultananalyse von Elementgruppen wiedergewonnen wird; darüber hinaus ist die Arbeitselektrode, insbesondere die Hg-Filmelektrode schwierig zu handhaben und setzt spezielle Erfahrungen voraus. Eine Mineralisierung organischer Matrixbestandteile ist für eine störungsfreie Analyse notwendig (Valenta et al., 1977b).

Das Prinzip der *Neutronenaktivierungsanalyse* beruht auf der Umwandlung von Atomkernen, die mit Neutronen oder anderen subatomaren Teilchen (Q_1) beschossen werden; dabei wird ein Quant (Q_2) prompt abgestrahlt.

Die Atomkerne der Isotope (B_1), die von den Elementen der Proben stammen, werden dabei in die entsprechenden Radioisotope (R_1) oder andere stabile Isotope wie folgt umgewandelt:

$$B_1\,(Q_{1,2})\,R_1 \xrightarrow[T_H]{S} B_2$$

Die entstehenden Radioisotope R_1 zerfallen mit einer charakteristischen Halbwertzeit T_H in einem oder mehreren Schritten wieder in stabile Isotope B_2. Dabei werden α- oder β-Teilchen und γ-Quanten emittiert; letztere sind charakteristisch für jedes Isotop nahezu monoenergetisch und können für Gehaltsbestimmungen benutzt werden, da ihre Intensität beim Zerfallsprozeß der Menge des betreffenden Radioisotops proportional ist. Hierbei bewirken hohe Intensitäten der anregen-

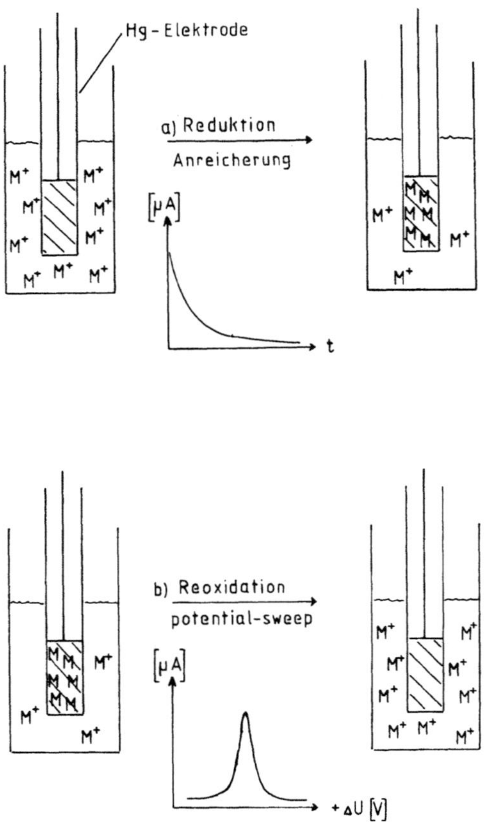

Abbildung 3.2 b-8: Prinzip der Inversvoltammetrie mit der stationären Quecksilberfilmelektrode:
a) Reduktion der Metallionen und Anreicherung als Amalgam bei konstantem Potential
b) Reoxidation durch potential-sweep in anodischer Richtung und Registrierung des der abgeschiedenen Menge proportionalen Stromflusses

den Strahlung mit großem Wirkungsquerschnitt (Maß für die Trefferwahrscheinlichkeit) und günstige Halbwertszeiten eine hohe Empfindlichkeit der Methode. Zur Bestrahlung biologischen Probenmaterials, das möglichst in getrockneter Form vorliegen sollte, eignen sich vor allem niederenergetische, sogenannte „thermische" Neutronen mit einer Energie < 0.1 eV, da hierbei die technische Durchführung der Bestrahlung einfacher und der Wirkungsquerschnitt um den Faktor 10^3 größer als bei schnellen Neutronen ist.

Bei der „instrumentellen Aktivierungsanalyse" wird eine Simultanbestimmung möglichst vieler Elemente ohne Trennungsgänge angestrebt. Treten Störungen von Seiten anderer Elemente auf, so sind physikalisch/chemische Operationen zur Trennung in einzelne Elementgruppen erforderlich (Fällungsmethoden, Extraktion, Destillation, elektrolytische Abscheidung, Ionenaustausch); man spricht dann von radiochemischer Aktivierungsanalyse. Die Trennverfahren werden jedoch im Anschluß an die Aktivierung durchgeführt, so daß eine Kontamination praktisch ausgeschlossen ist. Zur quantitativen Bestimmung der Elementmengen wird ein Standard benutzt, der die zu analysierenden Elemente enthält und gleichzeitig mit dem Probenmaterial bestrahlt wird. Nach einer gewissen Abklingzeit erfolgt die Registrierung der γ-Strahlung mit Hilfe von Ge(Li)-Halbleiterdetektoren über einen Vielkanal-Impulshöhenanalysator; man erhält so ein γ-Spektrum, wobei auf der Ordinate die Impulszahl und auf der Abszisse die Impulshöhe, d. h. die Quantenenergie dargestellt wird. Die im Analysator gespeicherten Spektren können datentechnisch ausgewertet werden (Kasperek, 1977).

Einer breiten routinemäßigen Anwendung des Verfahrens steht die Abhängigkeit von geeigneten Bestrahlungsquellen, in der Regel Reaktoren, die Einrichtung spezieller Strahlenlabors mit entsprechendem Fachpersonal und der insgesamt erhebliche technische und finanzielle Aufwand entgegen. Als Multielementmethode mit minimalem Kontaminationsrisiko, hoher Sensitivität und mit der flammenlosen AAS vergleichbaren Präzision ist die Neutronenaktivierungsanalyse besonders als Referenzverfahren geeignet.

Als Methode mit hoher Richtigkeit, hervorragender Präzision und Sensitivität ist die *massenspektrometrische Isotopenverdünnungsanalyse MS-IVA* bzw. *ID-MS* (isotop diluting mass-spectrometry) anzusehen.

Dabei gibt man vor dem notwendigen Probenaufschluß und der chemischen Vortrennung eine bekannte Menge eines geeigneten Isotops des zu messenden Elements zu dem zu analysierenden Probenaliquot und bestimmt anschließend das Massenverhältnis; dieses Analysenverfahren ist präziser als die Bestimmung von Massen-Ladungsverhältnissen. Als Ionisationsverfahren kommen neben der üblichen Therm- und Elektronenstoßionisation, Felddesorption und auch Anregung in einem ICP in Frage, wobei diese Variante insbesondere zur Multielementbestimmung aus gelösten Proben in Zukunft wachsende Bedeutung erlangen wird (Date und Gray, 1981).

Die erreichbare Präzision von Ansatz zu Ansatz und die erzielbaren Nachweisgrenzen sind ausschließlich durch die Blindwerte bei der Probenvorbereitung und eine perfekte Überführung der zugegebenen Isotope in die Verbindungsform der zu analysierenden Elemente bestimmt, da bei Trennungen von Matrixbestandteilen nicht immer eine quantitative Ausbeute erzielt werden kann und bei diesem Meßprinzip letztlich auch nicht nötig ist (Heumann, 1980). Unter optimierten Bedingungen in Reinstlaboratorien unter ständiger Kontaminationskontrolle sind im ppb-Bereich Variationskoeffizienten von $< 1\%$ erzielbar.

Isotopenverdünnungstechniken sind für die meisten Elemente des Periodensystems ausgearbeitet worden. Sie zeigen die enormen Möglichkeiten dieses Verfahrens (Heumann, 1982). Voraussetzung zur Analyse ist jedoch die Existenz mindestens zweier stabiler Isotope oder sehr langlebiger Radioisotope (Halbwertzeit HWZ > 10^6 Jahre); für den medizinisch-toxikologischen Bereich entfallen somit F, Al, Au, Mn, Co, As und I. Darüber hinaus ist der Einsatz der IVAMS als Routinemethode aufgrund zeitraubender Probenvorbereitung und der hohen Kosten für Geräte und Laborausstattung eingeschränkt. Ihr Schwerpunkt bei der Analytik liegt dort, wo im Ultra-Spurenbereich extreme Anforderungen an die Richtigkeit gestellt werden. Als definitive Methode ist sie zur Eichung von Analysenverfahren und Zertifizierung von Standardreferenzmaterialien für die externe Qualitätskontrolle das derzeit bevorzugte Verfahren.

Weitere Analysentechniken, Röntgenmethoden, u.a. PIXE (proton induced X-ray emission) und Röntgenfluoreszenz (RFA) sowie kolorimetrische und chromatographische Verfahren wie die HPLC sind gleichfalls für die Spurenelementanalytik einsetzbar, spielen jedoch eine untergeordnete Rolle.

Zusammenfassend läßt sich eine „*Methodenhierarchie*“ folgendermaßen darstellen:

Definitive Methode (MS-IVA): Eichung von Analysenverfahren, Festlegung von Zielwerten für die externe Qualitätskontrolle

Referenzmethoden (Neutronenaktivierungsanalyse, elektrochemische Verfahren, AAS unter bestimmten Meßbedingungen):

Festlegung von Zielwerten für die interne und externe Qualitätskontrolle

Routinemethoden (Flammen-AAS, Elektrothermale AAS, ICPAtomemissionsspektroskopie, Voltammetrie):

Analyse von Patientenproben.

3.2b.1 Cadmium und Chrom

Anhand von zwei konkreten Beispielen, der Bestimmung von Cadmium und Chrom in Humanserum, soll das Vorgehen bei der Spurenanalyse in einer komplexen Matrix dargestellt werden.

3.2b.1.1 Probennahme, Probenaufbewahrung

Blutproben werden jeweils morgens am nüchternen, liegenden Probanden mittels Teflon-Braunülen (Viggo 1.40/17 G) gewonnen, indem zunächst ein Vorlauf von 1 ml verworfen und anschließend ca. 8 ml Blut in Polystyrol-Zentrifugenröhrchen gesammelt werden. Nach 15 bis 20 Minuten erfolgt eine Zentrifugation über 10 Minuten bei 1950 g und Abpipettieren des überstehenden Serums in Polystyrol-Gefäße (Fa. Sarstedt); diese werden mit Schnappverschlüssen aus Polyaethylen verschlossen und bei $-20°$ eingefroren.

Sämtliche Behältnisse werden mit 10% HNO_3 gespült und 3 mal mit Aqua bidest. nachgewaschen.

3.2b.1.2 Probenaufarbeitung

Eine Direktbestimmung von Cr und Cd nach Verdünnung des Serums um den Faktor zwei bis vier besitzt zwar den Vorteil geringer Kontaminationsgefahr; doch ist der Meßvorgang mit der flammenlosen AAS problematisch, da die Metallgehalte im Serum häufig nur knapp oberhalb der Nachweisgrenze der Methode liegen. Darüber hinaus führt ein Aufschäumen des Probenmaterials, das man bei der Verwendung von verdünntem Nativserum auch nach Zusatz von Isopropanol während der Trocknungsphase regelmäßig beobachtet, zu nicht reproduzierbaren Ergebnissen; zusätzlich erschweren unspezifische Rauchsignale, hervorgerufen durch Streuabsorption, die Identifizierung des spezifischen Signals. Eine separate Probenaufarbeitung zur Zerstörung der organischen Matrix ist daher unumgänglich. Ein brauchbares Verfahren stellt in diesem Fall die Veraschung im Sauerstoffplasma dar (Schmid et al., 1975). Eine vorgeschaltete Gefriertrocknung ist bei flüssigen Materialien Voraussetzung.

Als Apparatur stand ein Tieftemperatur-Plasma-Verascher (Fa. Dionex/IPC Mod. 4005-248ANA) sowie eine Vakuumpumpe (Leybold/Heraeus; Leistung 450 l/min) mit einer zwischengeschalteten Kühlfalle zur Verfügung. Die Proben wurden wie folgt vorbereitet:

Glasgefäße N 20-5 aus Duran mit Schnappverschluß und Tefloneinsatz (Fa. Macherey/Nagel, Düren), Fassungsvermögen 5 ml, wurden zunächst 30 Minuten in 15% HNO_3 ausgekocht, anschließend 3 mal mit destilliertem Wasser nachgewaschen und 4 mal nacheinander einzeln mit Aqua bidest. ausgespült; Schnappverschlüsse und Teflonsepten wurden 12 Stunden mit „Extran-alk.“ (Fa. Merck) behandelt und ebenfalls mehrfach mit Aqua dest. bzw. bidest. gespült. Trocknung von Gefäßen und Verschlüssen erfolgte über 36 Stunden in einer mit hartem Filterpapier abgedeckten Glasschale. Nach stichprobenartiger Kontaminationsprüfung der Gefäße mit 0.5 ml 0.1 M HCl-Suprapur (Einwirkzeit ca. 30 Minuten) wurden je 2.0 ml Serum und 1.0 ml H_2O bidest. eingefüllt und dieser Ansatz bei 30 °C in verschlossenen Boxen über 12 Stunden tiefgefroren. Anschließend wurden die Proben in die Reaktionskammern der Veraschungsapparatur überführt und bei 2.5 Torr lyophilisiert. Durch die Verdünnung des Serums entsteht bei der Gefriertrocknung ein schwammartiger Rückstand mit großer Oberfläche, so daß das O_2-Plasma gut bis zum Gefäßboden einwirken kann.

Die anschließende Veraschung wurde bei einem O_2-Durchfluß von 400 ml/min und einer Generatorleistung von 270 W vorgenommen. Durch Zumischung von Argon (pAr = 1.5 Torr) war eine Erhöhung des O_2-Partialdrucks um 0.5 Torr möglich, ohne daß das Plasma instabil wurde. Das nach der Veraschung resultierende Mineralisat wies gegenüber den gefriergetrockneten Proben einen Gewichtsverlust von durchschnittlich 84% auf und löste sich rückstandslos in 500 µl 0.2 M HCl-Suprapur, wobei leichtes Aufschäumen auf vorhandene Carbonate und evtl. Peroxide schließen läßt.

Die vollständige Zerstörung der organischen Matrix konnte mit Hilfe eines Aminosäuren-Analysators nachgewiesen werden.

3.2b.2 Probenanalyse

Bestimmung von Cadmium mit Hilfe der flammenlosen Zeeman-AAS (ZFAAS) und Vergleichsmessungen mit der DPASV an der Hg-Filmelektrode zur internen Qualitätskontrolle:

Zur Messung des Cadmiums mit Hilfe der ZFAAS wurde das Veraschungsprodukt aus 1 ml Serum in 50 µl 1 M HCl aufgenommen, mit Aqua bidest. auf 500 µl verdünnt und folgender Probenansatz erstellt:

Gefäß Nr.		1	2	3	4
Stammlösung	µl	50	50	50	50
Aqua bidest.	µl	150	100	50	-
Cd-Standard (0.6 µg/l)	µl	-	50	100	150

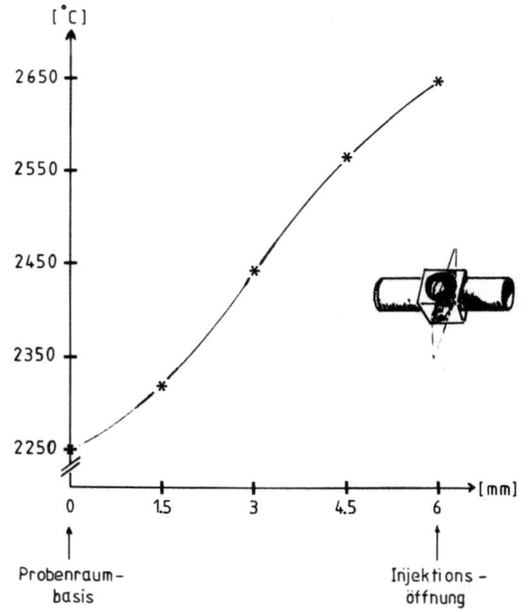

Abbildung 3.2b-9: ‚cup-type'-Küvette und Temperaturprofil im Bereich des Probenraumes

Sämtliche Bestimmungen erfolgten in pyrolytisch beschichteten Küvetten des Typs RWO 452 PyC cup-type (**Abbildung 3.2b-9**) mit überdrehten Kontaktflächen am AAS-Gerät Hitachi 170/70 bei einer Feldstärke von 11 kGauss. Die Registrierung der Signale wurde bei folgender Geräteeinstellung vorgenommen:

Trocknung	: ramp-mode 1 A/s bis 14 A, danach 0.05 A/s bis zur Probentrocknung
Zersetzung	: 40 A/30 s
Atomisierung	: 140 A/7.5 s
carrier-gas	: 20 ml/min. Argon (Ar) während des Gesamtdurchlaufs
sheath-gas	: 4000 ml/min. Ar
Lampenstrom	: 12.5 mA (Cd-Hohlkathodenlampe, Fa. Varian-Techtron)
Spalt	: 0.5 nm
Skalendehnung	: 2.5-fach, Extinktion 0.25 bei Vollausschlag
Ansprechzeit des Signals	: Stufe 1
Schreiber-Eingang	: 5 mV spez. Signal /100 mV unspez. Signal
Papiervorschub	: 5 cm/min.
Probenvolumen	: 30 µl

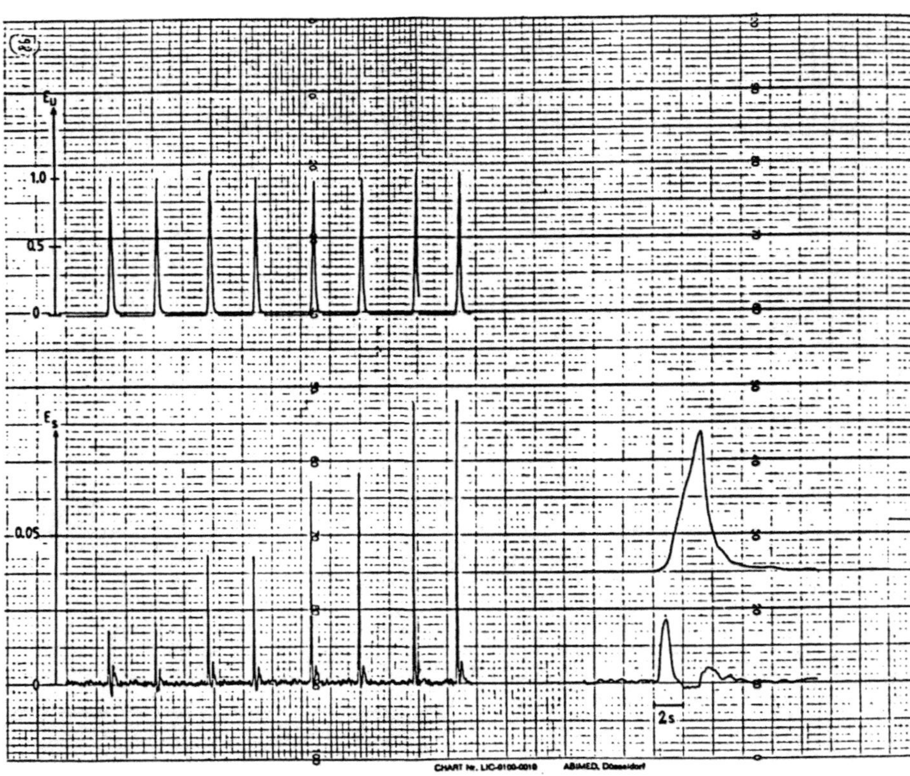

Abbildung 3.2b-10: Originalregistrierung von Cd in einer tieftemperatur-veraschten Serumprobe Aufstockung der 50 µl Probenstammlösung mit jeweils 50 µl Cd^{2+}-Standard der Konzentration 0,5 µg/l

Als Erregerlinie diente der Übergang $^1P_1 \rightarrow {}^1S_0$ bei 228.8 nm. Der Optimierung der Geräteparameter kommt bei der Cd-Bestimmung wesentliche Bedeutung zu, da schon eine geringfügig zu hohe Zersetzungstemperatur und carrier-gas-flow zu merklichen Elementverlusten führen. Schwer flüchtige Matrixbestandteile lassen sich im Zersetzungsschritt kaum eliminieren; deshalb ist es notwendig, durch geeignete Wahl der Atomisierungstemperatur eine möglichst große zeitliche Trennung zwischen spezifischer und Untergrundabsorption zu erreichen; zu hohe Atomisierungstemperaturen ($>$ 1800 °C) führen zu einer deutlichen Intensitätsminderung des spezifischen Signals und schließlich zum Auftreten biphasischer Absorptionsprofile aufgrund unzureichender peak-separation.

Abbildung 3.2b-10 zeigt die Originalregistrierung von Cd in einer tieftemperaturveraschten (ttv)-Serumprobe nach dem Standardadditionsverfahren; die Registrierung bei hoher zeitlicher Auflösung verdeutlicht die peak-separation.

Die Reproduzierbarkeit der Messungen wurde mit Hilfe von fünf Serumproben und dem Einsatz von zwei Küvetten ermittelt, wobei eine gegebene Probe im zeitlichen Abstand von 24 Stunden mit Küvette 1 und 2 vermessen wurde (**Tabelle 3.2 b-4**).

Der Variationskoeffizient betrug bei den gemessenen Konzentrationen 5.5%. Die unterschiedlichen Steigungen der Regressionsgeraden, sowohl bedingt durch differente Zusammensetzung der Probenmatrix als auch durch Unterschiede der Küvetten und deren Alterungsprozeß im Verlauf einer Meßreihe, zeigen die Notwendigkeit des Standardadditionsverfahrens.

Inversvoltammetrie

Zur Erfassung systematischer Fehler der Hauptanalysenmethode wurden einzelne Seren stichprobenartig mit der Inversvoltammetrie parallel bestimmt, die eine vollständige Zerstörung der organischen Matrix voraussetzt. Serumproben wurden daher analog zu den AAS-Messungen im angeregten Sauerstoffplasma vorbehandelt.

Im Vergleich zu stationären HMD-Elektroden (hanging mercury drop) besitzen rotierende Glas/Kohle-Scheibenelektroden, auf die kathodisch ein Hg-Film von 100 bis 1000 Å aufgebracht wird (glassy carbon mercury film electrode, GCMF-Elektrode), eine enorme Empfindlichkeitssteigerung aufgrund der intensiveren Metallanreicherung im kleinen Volumen des Hg-Films.

Als Arbeitselektrode diente die GC/EA-289 und zur Registrierung nach dem Differentialpulsverfahren der Polarograph E-506 der Fa. Metrohm; als Hilfselektrode fungierte ein Pt-Stab, als Bezugssystem eine Ag/0.1 M KCl/AgCl-Elektrode. Sämtliche Bestimmungen erfolgten in Teflon-Ge-

Tabelle 3.2 b-4: Reproduzierbarkeit von Cd-Messungen in veraschten Serumproben an zwei aufeinanderfolgenden Tagen

Probe	Küvette	Steigung der Regressionsgeraden	Konzentration µg/l
A	1	0.655	0.381
A	2	0.635	0.365
B	1	0.644	0.336
B	2	0.623	0.352
C	1	0.657	0.460
C	2	0.629	0.468
D	1	0.667	0.270
D	2	0.643	0.285
E	1	0.624	0.163
E	2	0.601	0.145

fäßen mit 50 ml Fassungsvermögen nach ausreichender O_2-Entgasung (10 Minuten Durchleiten von gereinigtem und getrocknetem N_2) und vorangehender Konditionierung der Meßzelle.

Zur Durchführung der Analyse wurde zunächst ein Hg-Film aus einer wäßrigen $2 \cdot 10^{-5}$ M $Hg(NO_3)_2$-Lösung bei -1 V über einen Zeitraum von 5 Minuten auf der GC-Elektrode abgeschieden. Zur Erfassung des Blindwertes wurden 10 µl 30% HCL-Suprapur in 20 ml H_2O bidest. pipettiert und unter Analysenbedingungen vermessen. Bei nicht nachweisbarer Kontamination erfolgte der Zusatz von 300 bis 400 µl Lösung des Veraschungsprodukts aus 2 ml Serum in 500 µl 0.2 M HCl mit nachfolgender Anreicherung über 5 bis 8 Minuten bei 1500 rpm und -1 V. Der anschließende potential-sweep wurde 30 Sekunden nach Abschalten des Elektrodenmotors in ruhender Lösung unter folgenden Bedingungen durchgeführt:

U_{Start}	$= -1.0$ V
ΔU	$= +1.0$ V
UDP	$= -50$ mV
mm/t_{drop} (Papiervorschub)	= Stufe 0.5
Empfindlichkeit	$= 4 \cdot 10^{-9}$ A/mm
Dämpfung	= Stufe 1

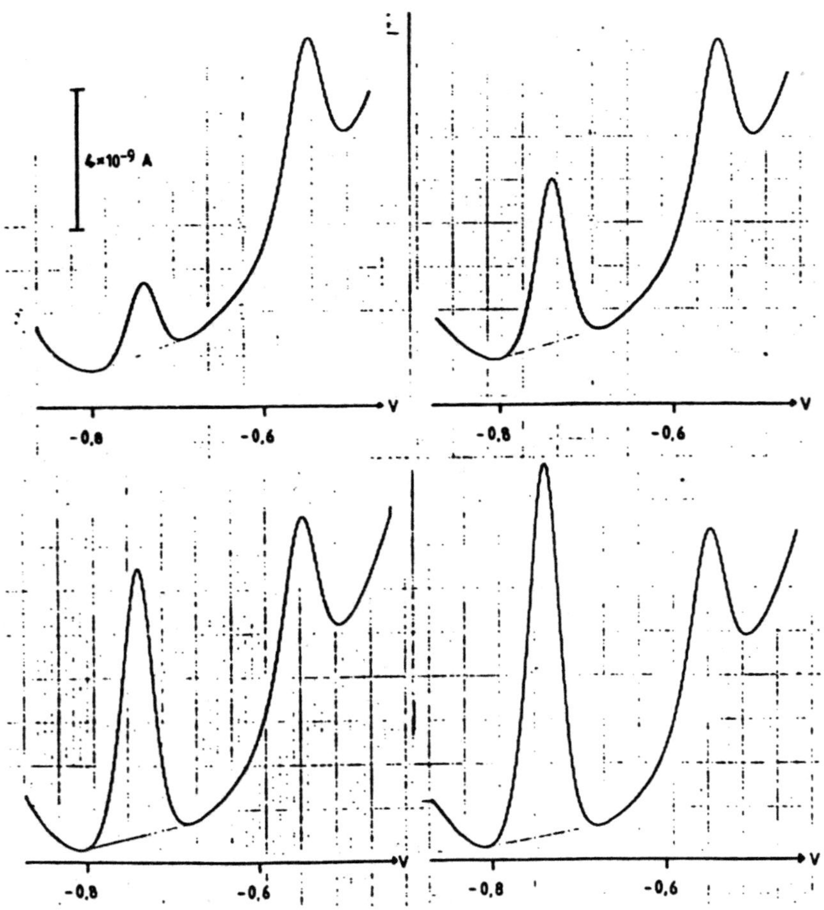

Abbildung 3.2 b-11: Cadmium-Bestimmung mit Hilfe der DPASV an der Hg-Film-Elektrode. Originalregistrierung einer im O_2-Plasma veraschten Serumprobe der Konzentration von 0,22 µg/l Cd; interne Standardaddition jeweils 400 pg Cd; das Signal bei 0,55 V zeigt Blei an

Tabelle 3.2 b-5: Vergleichsmessungen von 11 Serumproben mit der DPASV- und der AAS-Methode

DPASV (µg/l)	AAS (µg/l)	Δ (µg/l)	Δ in % $\bar{x}$
0.088	0.074	0.014	17,3
0.440	0.450	0.010	2,3
0.170	0.150	0.020	12,5
0.230	0.237	0.007	3,0
0.350	0.364	0.014	3,9
0.272	0.274	0.002	7,3
0.222	0.206	0.016	7,5
0.733	0.738	0.005	6,8
0.580	0.540	0.040	7,1
0.762	0.720	0.042	5,7
0.590	0.651	0.061	9,8

Jede Serumprobe wurde dreimal mit jeweils 400 pg Cd aufgestockt und der Hg-Film während eines gesamten Arbeitsganges (ca. 3 Serumproben) auf der Elektrode belassen, so daß zwischen den Einzelmessungen zusätzliche sweeps zur weitgehenden Entfernung restlichen Cadmiums aus der Hg-Schicht erforderlich waren.

Abbildung 3.2 b-11 zeigt die Originalregistrierung einer ttv-Serumprobe mit einem Gehalt von etwa 0.22 µg/l Cd.

Für die entsprechenden AAS-Messungen diente der verbleibende Rest von 100 bis 200 µl Analysat. Die nachfolgende **Tabelle 3.2 b-5** zeigt die mit der DPASV ermittelten Serum-Cd-Werte im Vergleich zur AAS; der Variationskoeffizient in der Serie beträgt 7.6%.

Bestimmung von Chrom mit der ZFAAS und Vergleichsmessungen mit Hilfe der radiochemischen Neutronenaktivierungsanalyse:

Flammenlose Atomabsorptionsspektrometrie

Chrom ist gegenüber Cadmium ein refraktäres Metall und erfordert bei AAS-Bestimmungen, insbesondere bei niedrigen Konzentrationen, hohe Atomisierungsenergien, um auswertbare Signale zu erhalten. Die dadurch bedingten hohen Küvettentemperaturen führen zu einer enormen Beanspruchung des Graphitmaterials und raschem Küvettenverschleiß. Eine pyrolytische Beschichtung des Graphits ist Voraussetzung. Zur Analyse wurden ausschließlich ‚cup-type'-Küvetten aus Massiv-Graphit der Fa. Ringsdorff-Werke RWO 452/1 PyC verwendet, die gegenüber „Standardgraphit" eine Empfindlichkeitssteigerung um etwa den Faktor 2 aufweisen und zudem eine bessere Differenzierung zwischen spezifischem und Untergrundsignal erlauben.

Zur Messung der Chromgehalte wurde das Veraschungsprodukt aus 2 ml Serum im Aufschlußgefäß mit 100 µl 1 M HCl-Suprapur versetzt und mit Aqua bidest. auf 500 µl aufgefüllt. Aus dieser Stammlösung wurde in Polystyrolröhrchen von 2 ml Fassungsvermögen folgender Bestimmungsansatz erstellt:

Gefäß Nr.		1	2	3	4
Stammlösung	µl	50	50	50	50
Aqua bidest.	µl	150	100	50	-
Cr^{6+}-Standard (2 µg/l)	µl	-	50	100	150

Die Herstellung der Cr-Standardlösung erfolgte aus $K_2Cr_2O_7$-Urtitersubstanz Merck und mußte alle 7 Tage frisch angesetzt werden, da nach dieser Zeit trotz Aufbewahrung in Polystyrolgefäßen bei + 5° schon Konzentrationsverluste von durchschnittlich 5% nachweisbar waren. Duran-Glasgefäße sind zur Aufbewahrung wäßriger Cr^{6+}-Standards infolge Austausch mit der Glasoberfläche ungeeignet (Anand und Ducharme, 1974).

Unmittelbar nach Erstellung des Bestimmungsansatzes erfolgte die Analyse bei folgender Geräteeinstellung:

Trocknung	: ramp-mode 1 A/s bis 10 A, danach 0.05 A /s bis zur Probentrocknung
Zersetzung	: 60 A/60 s; carrier-gas-flow 100 ml/min Ar
Atomisierung	: 310 A/7.5 s; carrier-gas-flow 25 ml/min Ar
sheath-gas	: 4000 ml/min Ar
Lampenstrom	: 15 mA (Cr-HKL, Fa. Varian-Techtron)
Spalt	: 0.5 nm
Skalendehnung	: 4-fach; Extinktion 0.2 bei Vollausschlag
Ansprechzeit des Signals	: Stufe 2
Schreiber-Eingang	: 2 mV spez. Signal / 20 mV unspez. Signal
Papiervorschub	: 5 cm/min
Probenvolumen	: 30 µl (Pipettierfehler < 0.5%)

Als Erregerlinie diente der Übergang $^7S_3 \rightarrow {}^7P_3$ bei 359.3 nm. Wie im Fall von Cd wurde jeder Einzelwert eines Probenansatzes doppelt vermessen und die Regressionsgerade aus acht Wertepaaren errechnet.

Abbildung 3.2b-12 zeigt die Originalregistrierung von Chrom in einer aufgeschlossenen Serumprobe; die hier gemessene Konzentration beträgt 0.18 µg/l.

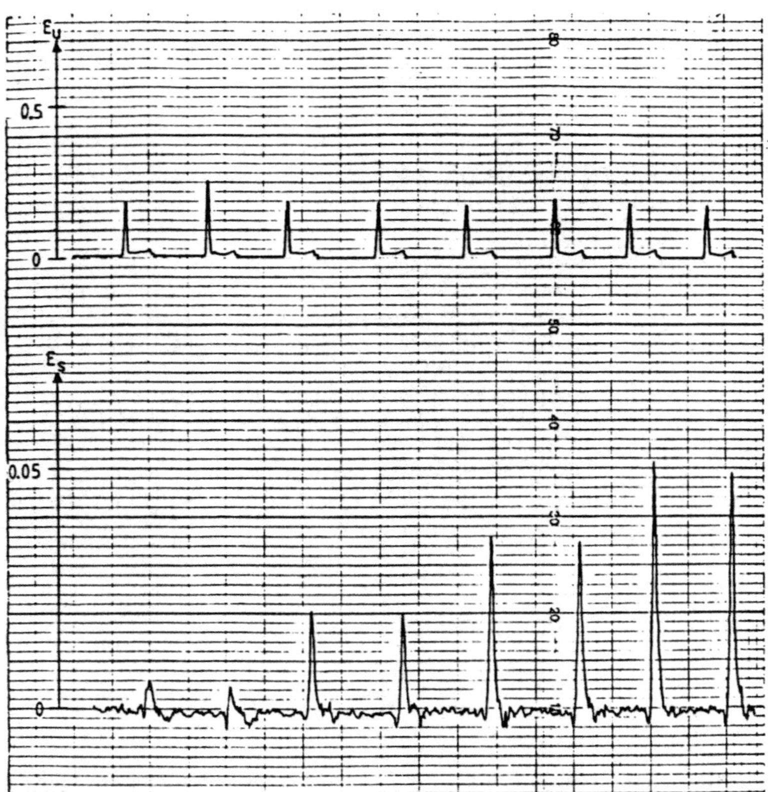

Abbildung 3.2b-12: Originalregistrierung von Chrom in einer ttv-Serumprobe. Aufstockung der 50 µl Probenstammlösung um jeweils 50 µl Cr^{6+}-Standard 2 µg/l, Pipettenvolumen 30 µl, E_s = spez. Extinktion; E_u = Untergrundextinktion

Tabelle 3.2b-6: Reproduzierbarkeit von Cr-Messungen in Serumproben an zwei aufeinander folgenden Tagen

Probe	Küvette	Steigung der Regressions-geraden	Empfindlichkeits-steigerung	Konzentration µg/l
A	1	0.443	22.1%	0.248
A	1	0.460	25.8%	0.241
B	2	0.467	25.6%	0.414
B	2	0.490	30.4%	0.391
C	3	0.480	23.4%	0.193
C	3	0.561	35.2%	0.199
D	4	0.582	35.4%	0.233
D	4	0.451	17.0%	0.213
E	5	0.485	23.1%	0.378
E	5	0.477	23.3%	0.395

In der Regel beobachtet man bei der Bestimmung von Metallen in einer komplexen Matrix einen Extinktionsverlust gegenüber wäßrigen Standardlösungen. Bei Cr hingegen wurde durchweg eine Zunahme der Extinktion von durchschnittlich 25%, bezogen auf wäßrige Vergleichsstandards, registriert. Dieses Phänomen könnte auf einer höheren Flüchtigkeit des Cr-Carbids bei Anwesenheit anderer refraktärer Metalle, z. B. Al zurückgeführt werden (Pinta, 1978); eine völlige Unterdrückung der Carbidbildung läßt sich auch durch Einsatz von Pyro-Graphit nicht erreichen.

Zur Bestimmung der Reproduzierbarkeit der Messungen wurden fünf Serumproben an zwei aufeinander folgenden Tagen bestimmt; gleichzeitig wurde das Signal eines wäßrigen Cr^{6+}-Standards der Konzentration 1.5 µg/l registriert, um die oben beschriebene Empfindlichkeitssteigerung zu dokumentieren. Pro Doppelbestimmung (16 Einzelmessungen) wurde jeweils eine neue Küvette eingesetzt. Die Ergebnisse sind in der folgenden **Tabelle 3.2b-6** zusammengefaßt.

Es ergab sich eine mittlere relative Abweichung der gemessenen Konzentrationen von 5% bei zwei Bestimmungen im zeitlichen Abstand von 24 Stunden. Die obigen Daten zeigten ferner, daß aufgrund unterschiedlicher Geradensteigungen sogar bei Verwendung derselben Küvette eine interne Standardaddition unumgänglich ist. Die Lebensdauer der verwendeten RWO 452/1PyC-Küvetten war im Mittel auf 30 Einzelmessungen begrenzt, so daß maximal vier Serumproben mit einer Küvette bestimmt werden konnten. Der lineare Korrelationskoeffizient für $E = f(c)$ lag bei acht Meßwerten im Bereich $1 > r > 0.99$, die mittlere relative Abweichung der Einzelmessungen innerhalb eines Bestimmungsansatzes war durchweg kleiner als 7%.

Neutronenaktivierungsanalyse

Zur internen Richtigkeitskontrolle der gemessenen Chrom-Konzentrationen dienten Vergleichsmessungen einzelner Seren mit der radiochemischen Aktivierungsanalyse.

Durch Einfluß thermischer Neutronen wird das stabile Cr^{50}-Isotop in einem (n, γ)-Prozeß in das Radioisotop Cr^{51} umgewandelt, welches durch K-Einfang mit einer Halbwertszeit von 27.8 Tagen in das stabile Vanadin-Isotop V^{51} zerfällt. Die bei 320 keV auftretende γ-Strahlung wird für die Konzentrationsbestimmungen verwendet. Aufgrund der niedrigen Cr-Serumgehalte ist die „instrumentelle NAA“ nicht anwendbar, da das 320 keV-Signal durch den benachbarten Zn-Peak sowie die P^{32}-Bremsstrahlung überlagert wird. Die Reaktion Fe^{54} (n,α) Cr^{51} ist bei Bestrahlung mit „thermischen“ Neutronen vernachlässigbar, wenn der Serumeisengehalt 1.5 mg/l nicht wesentlich übersteigt (Versieck et al., 1978). Infolgedessen ist das Cr^{51} mittels Ionenaustausch als +3wertiges Kat-

Tabelle 3.2b-7: Vergleichsmessungen von Chrom im Serum mit Hilfe der NAA
NAA-1: Neutronenaktivierungsanalyse in Nativserum
NAA-2: Neutronenaktivierungsanalyse nach ttv-Veraschung
NAA-3: Neutronenaktivierungsanalyse nach Gefriertrocknung
AAS: Elektrothermale Atomabsorption nach ttv-Veraschung
Werte in µg/l

Probe	NAA-1	NAA-2	AAS	Δ in % $\bar{x}$
1	0.188	0.206	0.225	9
2	0.136	0.150	0.134	11
3	0.223	0.291	0.231	23
4	-	0.180	0.193	7
5	-	0.207	0.175	16
		NAA-3		
6		0.179	0.205	13
7		0.291	0.260	11
8		0.173	0.203	16
9		0.246	0.228	8
10		0.274	0.238	14

ion an Chelex-Harz (Bio-Rad Chelex 100 Na^+, 200-400 mesh) komplex gebunden und seine Aktivität direkt in der Austauschersäule gemessen worden. Hierzu ist die Bestimmung eines GF-Faktors (geometry factor) erforderlich, der definiert ist als das Verhältnis der Radioaktivität eines punktförmig vermessenen Primärstandards zur entsprechenden Radioaktivität eines definierten Kolonnenbereichs (Iyengar, 1976).

Da bei Anwendung der NAA die Möglichkeit besteht, auch flüssiges Probenmaterial (Nativserum) zu bestimmen, lag es nahe, Einflüsse der Probenaufarbeitung wie Gefriertrocknung und Tieftemperaturveraschung auf die Cr-Analyse zu erfassen.

Für sämtliche Messungen wurden Suprasil®-Quarz-Röhrchen (Fassungsvermögen ca. 1.8 ml) mit 48% HF p.a. Merck an ihrer Innenfläche 30 Minuten bei Raumtemperatur vorbehandelt und anschließend weitere 30 Minuten in 10% HNO_3 p.a. Merck ausgekocht. Die alleinige Reinigung von fünf Gefäßen mit HNO_3 diente der Erfassung des Einflusses der HF-Vorbehandlung auf den Leerwert. Als Standard wurden 100 µl einer wäßrigen Cr^{3+}-Lösung der Konzentration 200 µg/l eingesetzt. Bestrahlung von Proben und Standards erfolgte nach Zuschmelzen der Probengefäße über 24 Stunden bei einer Neutronenflußdichte von 10^{14} [$cm^{-2} \cdot s^{-1}$]. Nach einer Abklingzeit von 14 Tagen wurden die Probenampullen gebrochen und samt Inhalt in einem Gemisch aus H_2SO_4 konz. H_2O_2 (2:1) bei 250° über 30 Minuten behandelt. Der Aufschlußrückstand wurde in 20 ml wäßriger Lösung von pH 4 aufgenommen; diese wurde auf die Kolonne gegeben und die Aktivität des Cr^{51} mit Hilfe eines Ge-(Li)-Bohrlochdetektors direkt in der Säule bestimmt.

Die Cr-Serumkonzentrationen konnten nach Auswertung des spezifischen Signals unter Berücksichtigung der Untergrundkorrektur, der Gefäßblindwerte von 0.012 ng/g SiO_2 sowie des ermittelten GF-Faktors von 1.31 nach folgender Beziehung ermittelt werden:

$$\text{Cr-Konzentration } \mu g/l \text{ Serum} = I_P \cdot 1.31 \cdot 20 / I_S$$

I_P = Probenimpulsmenge
I_S = Standardimpulsmenge bezüglich 20 ng Cr

Der Gefäßblindwert nach alleiniger HNO_3-Vorbehandlung betrug 0.042 ng/g SiO_2.
Die Ergebnisse der Referenzmessungen sind in der nachfolgenden **Tabelle 3.2b-7** aufgeführt.

Die Meßwerte in Nativserum können nur bedingt in den Vergleich einbezogen werden, da gegenüber 1 ml bei den vorbehandelten Seren nur 0.5 ml Probenmenge eingesetzt werden konnten; anderenfalls kommt es durch zu hohen Druck zum Platzen der Quarzampullen während der Bestrahlung. In Anbetracht der niedrigen Cr-Serumgehalte zeigt sich eine befriedigende Übereinstimmung beider Verfahren; insbesondere ist ein systematischer Fehler bei unterschiedlicher Probenvorbehandlung nicht erkennbar.

3.2b.3 Analytische Beurteilung der Spurenelementanalysen

Die analytische Beurteilung der erzielten Meßergebnisse ist für die Freigabe der Analysenwerte von entscheidender Bedeutung. Die Instrumente der analytischen Beurteilung sind die Verwendung von primären und sekundären Standards (vgl. interne Qualitätskontrolle) und die externe Qualitätssicherung.

3.2b.3.1 Verwendung von Standards

Primäre Standards sind Lösungen von reinen, chemisch definierten Verbindungen der Spurenelemente in Aqua dest. (evtl. mit HCl oder HNO_3 angesäuert). Diese primären Standards sind für die Überprüfung der Analysenverfahren und der eingesetzten Geräte unentbehrlich. Sie sollten in jeder Serie zur Überprüfung der Richtigkeit eingesetzt werden. Weiterhin werden die primären Standards bei der „Standard-Additionsmethode" zur Ausschaltung von Matrixeinflüssen verwendet (vgl. 3.2b.2).

Sekundäre Standards enthalten definierte Mengen der Spurenelemente in einer biologischen Matrix. Die Zielwerte für die sekundären Standards können durch Einwaage erstellt werden, wenn eine spurenelementfreie Matrix vorliegt. Beim Aufstocken von humanen und bovinen Seren sollte der Zielwert durch definitive oder Referenzmethoden festgelegt werden. Wenn beide Methoden nicht zur Verfügung stehen und methodenabhängige Analysenwerte vorkommen, sollte das Sollwertmodell - wie z.B. bei der Analyse des Serumeisens - nach den Richtlinien der Bundesärztekammer eingesetzt werden.

Die Verwendung von primären und sekundären Standards in der Analytik ist eine einfache, billige und effektive Methode der Beurteilung der eigenen Analysenqualität (Krivan und Geiger, 1981).

3.2b.3.2 Interne Qualitätskontrolle

Die interne Qualitätskontrolle bei den Spurenelementanalysen sollte mit Richtigkeits- und Präzisionskontrollproben durchgeführt werden. Angesichts der bestehenden analytischen Probleme zur Gewinnung von richtigen Werten sollte eine Richtigkeitskontrollprobe und eine Präzisionskontrolle in jeder Analysenserie mitgeführt werden. Für die interne Richtigkeitskontrolle sollten sekundäre Standards, deren Zielwerte als Referenzmethodenwerte deklariert sind, eingesetzt werden.

3.2b.3.3 Externe Qualitätskontrolle bei Spurenelementanalysen

Im Rahmen des Ringversuchsprogramms von INSTAND werden seit Jahren die Spurenelemente Eisen und Kupfer systematisch mit kolorimetrischen Analysenverfahren bzw. mit Hilfe der AAS untersucht. Die für die externe Qualitätskontrolle eingesetzten Proben liegen in lyophilisierter Form vor und haben eine humane Serummatrix. Bei der Bewertung des Gesamtkollektivs sind insbesondere bei der Bestimmung von Eisen methodenabhängige Zielwerte erforderlich. Diese Zielwerte

Tabelle 3.2b-8: Auswertung des Ringversuches Mai 1986 bei den Analyten Eisen und Kupfer

	Einheit	Probe	Zielwert	Bewertungsgrenzen	Teilnehmerkollektiv			Erfolg (%)	
					MW	s% (VK)	Anz.	Prb.	Zert.
Eisen	µmol/l	41	12.5	9.94-15.1	13.01	12.9	22	50.0	40.9
Bathoph. n. Eew. (1 Lange) R. LA		42	28.0	22.2 -33.8	28.41	11.3	20	75.0	
Eisen	µmol/l	41	12.5	9.94-15.1	12.52	11.2	184	65.2	60.5
Bathoph. n. Eew.		42	24.5	19.5 -29.5	22.68	11.6	183	86.3	
Eisen	µmol/l	41	17.0	13.5 -20.5	17.24	16.7	10	80.0	80.0
Bathoph. o. Eew. (2BI) R. BI,04		42	27.0	21.4 -32.6	25.84	9.8	10	100.0	
Eisen	µmol/l	41	17.0	13.5 -20.5	17.23	9.6	59	67.7	66.1
Bathoph. o. Eew. (2ME) R. ME,12		42	28.0	22.2 -33.8	27.94	6.6	59	96.6	
Eisen	µmol/l	41	13.5	10.7 -16.3	13.60	16.4	158	52.5	50.0
Bathoph. o. Eew.		42	28.0	22.2 -33.8	28.31	9.7	157	91.7	
Eisen	µmol/l	41	11.2	8.91-13.5	10.85	14.2	199	65.3	62.5
Methode 3, Ferrozin		42	28.0	22.2 -33.8	28.77	8.7	199	90.9	
Eisen	µmol/l	41	12.5	9.94-15.1	11.75	23.7	20	35.0	
Restgruppe		42	24.5	22.2 -33.8	29.57	12.6	20	85.0	
Kupfer	µmol/l	41	30.4	25.3 -35.5	29.07	10.8	171	80.1	74.5
Bathocup. n. Eew.		42	27.8	23.2 -32.4	27.74	9.0	173	87.8	
Kupfer	µmol/l	41	31.4	26.2 -36.6	31.64	10.5	31	96.7	96.7
Atomabsorption n. Eew.		42	25.8	21.5 -30.1	25.20	7.3	31	100.0	
Kupfer	µmol/l	41	31.4	26.2 -36.6	34.25	8.9	9	55.5	
Restgruppe		42	25.8	21.5 -30.1	24.93	12.4	9	66.6	
Lithium	mmol/l	41	.800	.691-.910	0.784	9.5	159	88.0	83.0
Flamme n. Eew.		42	2.38	2.05-2.71	2.378	7.5	158	94.3	
Lithium	mmol/l	41	.800	.691-.910	0.779	6.3	21	100.0	
Atomabsorption n. Eew.		42	2.38	2.05-2.71	2.422	4.7	21	100.0	

Eew = Enteiweißung

werden durch Referenzlaboratorien erstellt. Der Bewertungsbereich wird aufgrund der analytischen Möglichkeiten und der medizinischen Erfordernisse festgelegt. Beim Eisen hat der Variationskoeffizient in den 8 zurückliegenden Ringversuchen zwischen 6 und 6.8%, beim Kupfer zwischen 5 und 7.1% gelegen. Die Bestehensquoten aus einem Ringversuch (Mai 1986) werden in der **Tabelle 3.2b-8** mitgeteilt. Beim Eisen werden Bestehensquoten zwischen 40 und 80%, beim Kupfer zwischen 74 und 90% erreicht.

Die Analysen von weiteren Spurenelementen sind in 2 Ringstudien überprüft worden. Die analysierten Spurenelemente sowie die dabei angewendeten Methoden sind in der **Tabelle 3.2b-9** zusammengefaßt.

Die hierfür eingesetzten Proben wurden im eigenen Laboratorium gefertigt. Zu diesem Zweck wurde frisches Humanplasma von mehreren Spendern zusammengefaßt, homogen gerührt und in 2 Chargen aufgeteilt. Die erste Charge wurde unmittelbar in geeignete Glasgefäße überführt, tiefgefroren, lyophilisiert und unter Vakuum mit Gummistopfen verschlossen. Die zweite Charge wurde mit Standardlösung der Fa. Merck aufgestockt und danach wie die erste Charge weiterverarbeitet.

Tabelle 3.2 b-9: Analysenprogramm der Spurenelemente in einer Ringstudie

Bestandteile	Einheit
1 Aluminium	µg/l
2 Chrom	µg/l
3 Mangan	µg/l
4 Eisen	µmol/l
5 Kobalt	µg/l
6 Nickel	µg/l
7 Kupfer	µmol/l
8 Zink	mg/l
9 Selen	µg/l
10 Cadmium	µg/l
11 Quecksilber	µg/l
12 Blei	µg/l
Methoden	
1 Neutronenaktivierungsanalyse	
2 Atomabsorptionsspektrometrie (mit Flamme)	
3 Atomabsorptionsspektrometrie (Graphitrohrküvette)	
4 Voltammetrie	
5 ICP-Emissionsspektroskopie	
6 Isotopenverdünnung/Massenspektrometrie (ID/MS)	
7 Bathophenanthrolin-Methode	
8 Bathocuproin-Methode	
9 Andere Methoden	

Tabelle 3.2 b-10: Die zur Aufstockung der Ringversuchsprobe 22 verwendeten Standardlösungen

Plasma Ion	Ursubstanz	Best.-Nr. (Merck)	Konzentration der Kationen in der Stammlösung	Probe 22 aufgestockt
Cu^{2+}	$CuCl_2$ in H_2O	9987	5 mmol/l	50 µmol/l
Zn^{2+}	$ZnCl_2$ in verd. HCl	9953	200 mg/l	2 mg/l
Mn^{2+}	$MnCl_2$ in H_2O	9988	5.5 mg/l	55 µg/l
Cr^{3+}	$CrCl_3$ in verd. HCl	9948	5.2 mg/l	52 µg/l
Cd^{2+}	$CdCl_2$ in H_2O	9960	1 mg/l	10 µg/l
Al^{3+}	$AlCl_3$ in H_2O	9967	5 mg/l	50 µg/l
Se^{4+}	SeO_2 in verd. HNO_3	9915	20 mg/l	15 µg/l
Ni^{2+}	$NiCl_2$ in H_2O	9989	11.75 mg/l	117.5 µg/l
Co^{2+}	$CoCl_2$ in H_2O	9986	5.9 mg/l	-
Fe^{2+}	$FeCl_2$ in verd. HCl	9972	6.38 mmol/l	63.8 µmol/l
Hämolysat				
Pb^{2+}	$Pb(NO_3)_2$ in H_2O	9969	40 mg/l	400 µg/l
Hg^{2+}	$Hg(NO_3)_2$in verd. HCl	9916	500 µg/l	2.5 µg/l

Die zugesetzten Kationen sind in der **Tabelle 3.2 b-10** zusammengestellt.

Für die Analysen von Quecksilber und Blei wurde Hämolysat eingesetzt. Zu diesem Zweck wurden gewaschene Erythrozyten in Aqua dest. aufgenommen und durch Einfrieren und Auftauen hämolysiert. Die Hämoglobinkonzentration der Proben betrug 14 bis 15 g/dl. Auch hier wurde die zweite Charge durch Zugabe der entsprechenden Kationen aufgestockt.

Tabelle 3.2 b-11: Auswertung der 2. Ringstudie (1986) zur Analyse von Spurenelementen

Spurenelemente			Zielwert	Bewertungsgrenzen	Teilnehmerkollektiv			Erfolg (%)	
					MW	s%	Anz.	Prb.	Gesamt
Aluminium	µg/l	21	29.0	18.5-39.5	29.06	22.2	9	55.5	11.1
		22	79.0	51.1-109	106.6	25.1	9	22.2	
Chrom	µg/l	21	1.80	1.25-2.35	1.770	33.2	10	40.0	30.0
		22	53.8	38.4-71.5	56.18	17.0	10	70.0	
Mangan	µg/l	21	2.80	1.95-3.65	2.760	5.6	5	40.0	40.0
		22	57.8	39.8-74.1	50.30	7.3	5	40.0	
Eisen	µmol/l	21	16.3	12.3-20.3	16.30	15.3	14	85.7	85.7
		22	84.0	63.8-105	84.28	8.8	14	92.8	
Cobalt	µg/l	21	5.20	3.32-7.08	5.850	20.5	3	66.6	33.3
		22	5.20	3.32-7.08	4.650	10.6	3	66.6	
Nickel	µg/l	21	1.00	0.639-1.37	1.000	77.6	5	20.0	20.0
		22	118	75.5-161	83.15	26.3	5	60.0	
Kupfer	µmol/l	21	10.5	7.97-13.1	10.48	10.1	22	86.3	77.2
		22	60.5	45.9-75.1	61.64	11.1	22	81.8	
Zink	mg/l	21	0.680	0.485-0.875	0.678	16.2	19	73.6	68.4
		22	2.70	1.92-3.47	2.776	15.5	19	78.9	
Selen	µg/l	21	51.0	35.6-66.3	51.35	17.0	7	57.1	57.1
		22	66.0	45.4-84.5	64.54	17.0	7	71.4	
Cadmium	µg/l	21	0.850	0.594-1.11	0.836	14.4	13	38.4	35.7
		22	10.9	8.32-15.5	12.84	21.3	14	78.5	
Blei	µg/l	21	97.0	67.9-123	97.05	19.7	19	52.6	47.3
(Hämolysat)		22	497	353-637	513.8	13.8	19	68.4	
Quecksilber	µg/l	21	1.00	0.00-3.00	1.000	130	5	60.0	40.0
(Hämolysat)		22	3.50	0.00-6.00	3.467	60.2	5	60.0	

Die Ergebnisse der 2. Ringstudie, an der insgesamt 60 Laboratorien teilgenommen haben, sind in der **Tabelle 3.2 b-11** zusammengefaßt.

Die Zielwerte für die Probe 21 wurden dem Gesamtkollektiv entnommen, wenn Analysenwerte von Referenzlaboratorien nicht vorlagen; für die Probe 22 wurde zum Basalwert der Probe 21 die zugesetzte Menge des jeweiligen Kations addiert und auf diese Weise der Zielwert festgelegt. Zur Festlegung des Bewertungsbereiches wurden Variationskoeffizienten zwischen 8 und 12% angenommen.

Die Bestehensquoten bei den einzelnen Spurenelementen sind sehr unterschiedlich, insgesamt jedoch wenig zufriedenstellend und verbesserungsbedürftig.

Bei diesen Ringstudien ist eine Reihe von Fehlern beobachtet worden:

Vertauschen der Proben, Einheitenfehler, Eintragungsfehler, Fehlanalysen.

Aus den bisher durchgeführten Ringstudien folgt, daß die Vergleichsmessungen bei Spurenelementanalysen nur eine geringe Richtigkeit aufweisen und daher die Streuung der Meßwerte innerhalb des jeweiligen Kollektivs relativ groß ist.

Die Analytik kann nur verbessert werden durch:
- geeignete Probenvorbereitungen
- Verwendung von geeigneten Analysenverfahren
- Einsatz von geeigneten primären und sekundären Standards
- regelmäßige Durchführung von internen und externen Qualitätskontrollmaßnahmen
- Analysen der Spurenelemente in sogenannten Reinluftlaboratorien (vgl. Adeloju und Bond, 1985).

Für die Ringversuchsorganisationen ergibt sich ein dringender Bedarf nach geeigneten Referenzmethoden für die Festlegung der Zielwerte und eine Überprüfung der eingesetzten Bewertungsbereiche anhand der analytischen Möglichkeiten und der medizinischen Erfordernisse. Zusammenfassend ist festzustellen, daß in der Spurenelementanalytik die bislang geübte Sicherung der Analysenergebnisse durch Analyse der gleichen Probe mit zwei im Prinzip verschiedenen Analysenverfahren zugunsten der internen und externen Qualitätskontrolle unter Einsatz geeigneter Standards ergänzt und ggf. aufgegeben werden sollte.

Zusammenfassung
Die Analyse von Spurenelementen im ppm- und ppb-Bereich beinhaltet erhebliche Probleme im präanalytischen Bereich (Langzeiteinflüsse, Kurzzeiteinflüsse, Stoffwechselerkrankungen, iatrogene Faktoren, Kontaminationen, Probengewinnung, Probenlagerung). In der analytischen Phase ist die Richtigkeit der Analysen eine vordringliche Forderung neben der Präzision der Messungen. Eine Hierarchie der Analysenverfahren besteht auch bei den Spurenelementen. Als Referenzmethode gelten die Neutronenaktivierungsanalyse sowie die Isotopenverdünnung-Massenspektrometrie. Referenzmethoden auf der Basis der Atomabsorptionsspektrometrie müssen noch erarbeitet werden. Angesichts der analytischen Gegebenheiten und der stark divergierenden Analysenergebnisse (vgl. Ringstudien) ist der Bedarf an primären und sekundären Standards vorgegeben. Die Zielwerte der sekundären Standards sollten mit Referenzmethoden oder mit Analysenverfahren erfolgen, bei denen Matrixeinflüsse eine untergeordnete Rolle spielen. Bei geeigneter Probenvorbehandlung (u. a. Tieftemperaturveraschung) können auch Analysenverfahren, die im Meßprinzip unterschiedlich sind, zur Festlegung von Zielwerten eingesetzt werden, wenn sie übereinstimmende Meßergebnisse in den Proben liefern (vgl. Chrom- und Cadmiumanalysen in Humanseren).

In den Ringstudien ist gezeigt worden, daß die Analysenergebnisse des Teilnehmerkollektivs sich zum Teil um Zehnerpotenzen unterscheiden. Daraus ist die Wichtigkeit und Dringlichkeit von internen und externen Qualitätssicherungsmaßnahmen abzuleiten, um die Analysenwerte richtig und damit vergleichbar zu machen.

3.3 Erkennung und Vermeidung von Fehlern in der Blutgasanalytik

Oswald Müller-Plathe (Hamburg)

3.3.0 Einleitung

Die der Blutgasanalyse zugrundeliegenden Messungen (pH, pCO_2, pO_2) bedürfen aus medizinischen und gesetzlichen Gründen, wie alle anderen Laboruntersuchungen, der fortlaufenden statistischen Qualitätskontrolle und deren Dokumentation mit Hilfe von Kontrollkarten. Es stehen heute zahlreiche Kontrollmaterialien zur Verfügung, deren Eigenschaften und Anwendungsweisen in diesem Beitrag dargestellt werden. Ohne analytische Qualitätskontrolle, aber auch ohne sorgfältige Beachtung der Vorschriften für die Entnahme und Aufbewahrung der Blutproben sind zuverlässige Ergebnisse von Blutgasanalysen nicht denkbar.

Die Bestimmung des Blut-pH-Wertes und der Blutgas-Partialdrücke hat in der Klinischen Medizin eine eminente Bedeutung und gehört zu den häufigsten Untersuchungen der Notfall-Laboratorien. Besonders bei schwerkranken Patienten mit respiratorischer, kardialer oder renaler Insuffizienz sowie bei komatösen Zuständen und Intoxikationen werden wichtige therapeutische Entscheidungen vom Ausfall der Blutgasanalyse abhängig gemacht.

Dennoch werden in kaum einem Bereich der Laboratoriumsmedizin Maßnahmen der Qualitätssicherung, für die bekanntlich seit 1970 zwingende gesetzliche Grundlagen vorliegen, so zurückhaltend durchgeführt wie in der Blutgasanalytik. Die Gründe hierfür sind in der labilen Natur der zu kontrollierenden Größen und in der komplizierten Handhabung der Kontrollproben, aber wohl auch in der Unkenntnis über die derzeitigen Kontrollverfahren zu suchen.

Meßfehler können durch Kontrollproben erkannt und weitgehend vermieden werden. Zur Qualitätssicherung im weiteren Sinne gehört aber auch die Vermeidung von Fehlern, die vor und nach der Analyse wirksam werden und die die Blutgasergebnisse oft ebenso schwerwiegend verfälschen wie die eigentlichen Meßfehler.

Der vorliegende Beitrag soll auf die wichtigsten prä- und postanalytischen Fehlerquellen aufmerksam machen und einen Überblick über die derzeitigen Kontrollmaterialien geben.

3.3.1 Präanalytische Fehler bei der Blutgasanalyse

3.3.1.1 Probennahme

Nur aus arteriellem Blut (Arterienpunktion) oder aus „arterialisiertem" Kapillarblut (Hautpunktion) können repräsentative blutgasanalytische Ergebnisse erhalten werden. Zur Bestimmung arteriovenöser Differenzen und hieraus abgeleiteter Größen wird gelegentlich zentralvenöses Blut aus dem rechten Herzen oder der Arteria pulmonalis untersucht. pH- und pCO_2-Werte aus peripherem Venenblut weisen große Zufälligkeiten auf. Peripher-venöse Sauerstoffparameter sind, auch ohne vorhergehende venöse Stauung, gänzlich unbrauchbar.

Für die arterielle Blutgasanalyse sind Glasspritzen zu bevorzugen, da sich Gase in Kunststoffen lösen. Im Falle der Glasspritze ist darauf zu achten, daß der Spritzentotraum mit Heparinatlösung ausgefüllt wird, damit die Gerinnung unterbleibt und nachfolgend keine Luftblase in der Spritze bleibt, mit der sich das Blut äquilibrieren würde. Luftblasen von mehr als Linsengröße sind bei 5 ml bereits von merklichem Einfluß.

Die Heparinisierung ist so vorzunehmen, daß die Heparinatlösung nicht mehr als 5% vom Gesamtvolumen einnimmt und daß eine Heparinkonzentration von 20 bis 50 IU pro ml Blut erreicht wird. Beispiel: ca. 200 µl einer Heparinatlösung von 1000 IE/ml bei 5 ml Probevolumen.

Normale Injektionsspritzen aus Kunststoff sind für die Blutgasanalytik ungeeignet, da sie nicht genügend abdichten. Selbst gegenüber speziell für blutgasanalytische Zwecke angebotenen Kunststoffspritzen ist Zurückhaltung geboten. Zur Zeit können nur diejenigen Blutgasspritzen als geeignet angesehen werden, bei denen in oder neben dem Spritzenstempel eine Austrittsöffnung vorgesehen ist, durch die die Totraumluft beim Einströmen des Blutes entweichen kann und die sich nach vollständiger Füllung schließt oder schließen läßt.

Die vielgeübte *Kapillarblutentnahme* führt nur bei ausreichender Hyperämisierung des betreffenden Hautbezirks und bei Abnahme ohne jedes Quetschen (Beimischen von venösem Blut) zu Ergebnissen, die denen des arteriellen Blutes nahekommen. Zur Hyperämisierung wird der betreffende Hautbezirk für einige Minuten auf 42 °C erwärmt (warmes Wasser oder warme Kompressen). Das nach ausreichend tiefer Hautpunktion austretende Blut wird unverzüglich in eine heparinisierte Kapillare aufgenommen, die nach Einbringung eines kleinen Eisendrahtes beiderseits zu verschließen ist, wenn die Analyse nicht innerhalb von zwei bis drei Minuten erfolgen kann.

3.3.1.2 Probenaufbewahrung

Wenn das Blut nicht innerhalb von zehn Minuten zur Analyse kommt, muß es in Eiswasser, also bei +4 bis +6 °C aufbewahrt werden. **Tabelle 3.3-1** läßt die Veränderungen durch Lagerung bei Raumtemperatur während 30 Minuten erkennen. Sie sind besonders für den pO_2-Wert als gravierend zu bezeichnen.

Tabelle 3.3-1: Fehler durch Aufbewahrung des Untersuchungsmaterials bei Raumtemperatur während 30 Minuten

Parameter	Abweichung (± s)	Maßeinheit
pH	− 0,021 ± 0,008	-
pCO_2	+ 0,86 ± 1,02	mm Hg
HCO_3	− 0,44 ± 0,5	mmol/l
Basenabweichung	− 0,77 ± 0,41	mmol/l
pO_2		
60 - 120 mm Hg	− 7,5 ± 3,7)	Prozent vom
140 - 200 mm Hg	−30,1 ± 2,9)	Ausgangswert

3.3.1.3 Resuspendierung

Vor der Analyse müssen die Erythrozyten resuspendiert werden, da es bei der Abkühlung der Probe zu einer Umverteilung von Protonen zwischen Plasma und Erythrozyten kommt. Unterlassung der Resuspension führt zu abweichenden pH-Werten. Falls zur Berechnung der Sauerstoffkonzentration eine Hämoglobinbestimmung vorgenommen werden soll, ist die Resuspendierung der Erythrozyten natürlich besonders wichtig. Das Resuspendieren wird durch das übliche Drehen der Spritze nur unvollständig erreicht. Durch Verwendung einer etwa 0,5 mm dicken Stahlscheibe (in Glasspritzen) läßt sich die Resuspendierung beträchtlich erleichtern.

3.3.1.4 Erkennung präanalytischer Fehler

Die aufgeführten präanalytischen Fehler lassen sich selbstverständlich nicht durch Kontrollproben erkennen. Sie zeigen sich ausschließlich bei der Plausibilitätsprüfung oder dadurch, daß sich die vermuteten Abweichungen auf bestimmte Einsender lokalisieren lassen.

3.3.1.5 Vermeidung präanalytischer Fehler

In regelmäßigen Intervallen wiederholte Unterweisung der eigenen Mitarbeiter, des Pflegepersonals und der das Material einsendenden Ärzte.

3.3.2 Analytische Fehler

3.3.2.1 Entstehung

Im Rahmen dieser Übersicht können nur die wichtigsten der mannigfachen Fehlerursachen in der Blutgasanalytik besprochen werden. Wie in anderen Zweigen der Analytik unterscheiden wir auch hier zwischen systematischen Fehlern, die sich in Abweichungen der Richtigkeit zeigen, und zufälligen Fehlern, die das Maß der Streuung bzw. die Präzision bestimmen. Systematische Fehler entstehen vor allem durch falsche „Einstellungen" im weitesten Sinne. Zu große Streuung und damit geringere Reproduzierbarkeit der Ergebnisse hat demgegenüber eher mit der Arbeitsweise des Untersuchers sowie dem Betriebs- und Pflegezustand des Gerätes zu tun. - Einige Störungen beeinträchtigen Präzision und Richtigkeit.

3.3.2.2 pH-Wert

Systematische Fehler bei der pH-Messung treten vor allem aus folgenden Gründen auf:

- falsch zusammengesetzte oder verdorbene Kalibrierpufferlösungen,
- Meßtemperaturabweichungen von 37 °C,
- mikrobielle Verunreinigungen in den Zuleitungswegen für die Kalibrierpuffer bei automatisierten Geräten.

Bei Störungen der Präzision der pH-Messung ist vor allem an Verunreinigungen sowohl an der Glaselektrode selbst wie vor allem auch im Bereich der Flüssigkeitsverbindung, des sogenannten Diaphragmas und der KCl-Lösung der Bezugselektrode zu denken. Eine verschmutzte Flüssigkeitsverbindung (Blut/KCl) bewirkt darüber hinaus oft Abweichungen zur alkalischen Seite, die sich leider oft nur im Blut und nicht bei der Messung wässriger Kontrollösungen deutlich bemerkbar machen.

Alle Faktoren, die die Einstellung der Elektrode verzögern, wie z. B. Eiweißniederschläge auf der Glasmembran, verschlechtern die Präzision. Auch durch Luftblasen in der KCl-Lösung oder durch schlechte elektrische Kontakte kann die Präzision leiden.

3.3.2.3 pCO_2

Die Richtigkeit der pCO_2-Bestimmung wird vorrangig durch folgende Faktoren bestimmt:

- korrekte Zusammensetzung der Kalibriergase,
- korrekte Meßtemperatur (37 °C),
- korrekte Bestimmung und Eingabe des Barometerstandes.

Die Präzision der Bestimmung wird im wesentlichen durch den Zustand der gasdurchlässigen Membran und der Bicarbonatlösung der Elektrode bestimmt. Langfristig kommen auch Einflüsse durch Alterung der zur pCO_2-Elektrode gehörenden Glaselektrode in Betracht.

3.3.2.4 pO_2

Die Richtigkeit der pO_2-Messung hängt ab von:

- der korrekten Zusammensetzung der Kalibriergase,
- der Meßtemperatur (37 °C),
- der korrekten Bestimmung und Eingabe des Barometerstandes,
- der Berücksichtigung des Gas-Flüssigkeits-Korrekturfaktors.

Durch Verzicht auf die Nullpunktkalibration mit einem O_2-freien Gas können O_2-unabhängige Anteile des Reduktionsstroms unberücksichtigt bleiben, es kommt zu Abweichungen besonders im niedrigen Meßbereich.

Präzisionsminderungen der pO_2-Bestimmung resultieren in erster Linie aus überalterten und verschmutzten Membranen, können aber auch durch mikrobielle Verunreinigung des Kammersystems verursacht sein. Auch von einer schlecht gereinigten Platinoberfläche der O_2-Elektrode können Störeinflüsse ausgehen.

3.3.3 Interne Kontrolle

Das Verfahren der statistischen Qualitätskontrolle, wie es durch die Richtlinien der entsprechenden nationalen Gremien festgelegt ist, ist sinngemäß auch auf die Blutgasanalytik zu übertragen. Es werden Kontrollproben untersucht und Bewertungsgrenzen festgelegt. Es wird eine Dokumentation durch Notierung der Meßwerte und Führung einer graphischen Kontrollkarte vorgenommen.

Von allen Herstellern werden Kontrollproben in drei Meßbereichen (Acidose, Normal, Alkalose) angeboten. Sollwerttabellen sind beigegeben.

Die Vertrauensgrenzen werden im allgemeinen von den Herstellern vorgeschlagen. Sie sollten jedoch während einer Vorperiode im eigenen Labor ermittelt oder wenigstens überprüft werden. In **Tabelle 3.3–2** sind praktikable Bewertungsgrenzen

Tabelle 3.3-2: Praktikable Vertrauensbereiche bei der Qualitätskontrolle (± 3s)

Parameter		„Acidose"	„Normal"	„Alkalose"
pH	Zielwert	7,10	7,40	7,60
	Vertrauensbereich	± 0,02	± 0,02	± 0,02
pCO_2 mm Hg	Zielwert	20	40	70
	Vertrauensbereich	± 2 bis 3	± 3 bis 4	± 4 bis 5
pO_2 mm Hg	Zielwert	150	100	50
	Vertrauensbereich	± 10 bis 15	± 8 bis 12	± 6 bis 12

für gasäquilibrierte Pufferlösungen in Ampullen angegeben. Die Tabelle beansprucht keine Verbindlichkeit. Sie soll lediglich die Größenordnung der Vertrauensbereiche an einem Beispiel erkennen lassen. Bei der Beurteilung dieser Kontrollbereiche ist zu berücksichtigen, daß sie nicht nur durch meßtechnische Einflüsse, sondern auch durch Einflüsse während der Rekonstituierung und Überführung der Probe verändert werden. Dadurch ergeben sich für die in Ampullen abgefüllten Kontrollmaterialien, besonders für pO_2, oft größere Varianzen als beim Umgang mit Blut.

3.3.3.1 Kontrollproben

Eine ideale Kontrollprobe soll hinsichtlich ihrer Matrix und der physikalischen Beschaffenheit den zu untersuchenden Proben möglichst nahe kommen. Für die Blutgasanalyse müßte also heparinisiertes Vollblut verwendet werden. Vollblutproben ausreichender Langzeitstabilität von pH, pCO_2 und pO_2 stehen jedoch bisher für den praktischen Einsatz nicht zur Verfügung. Unter den handelsüblichen Produkten haben äquilibrierte Pufferlösungen die beste Langzeitstabilität, sind aber dem Blut durch Abwesenheit von Protein sowie andersartige Viskosität und Sauerstofftransportfunktion am unähnlichsten. Die äquilibrierte Erythrozytensuspension kommt dem Blut am nächsten, hat aber eine sehr begrenzte Stabilität. Die dazwischenliegenden Produkte (Fluorocarbone und äquilibrierte Hämoglobinlösungen) stellen Kompromisse zwischen diesen Eigenschaften dar. Sie liegen auch bezüglich der Schwierigkeiten bei der präanalytischen Handhabung zwischen den Extremen (kritische Kontaminationsgefahr durch Raumluft bei den Pufferlösungen, kritischer Einfluß geringster Temperaturabweichungen bei den Erythrozytensuspensionen).

Alle Kontrollmaterialien werden für drei Bereiche (erniedrigte, normale und erhöhte Werte) zur Verfügung gestellt. Diese dreifache Kontrolle ist für die Überprüfung der Elektrodenfunktionen auf Verschiebung und Steilheit unerläßlich.

Es gibt zur Zeit fünf Typen von käuflichen Kontrollproben für die Blutgasanalyse:

- äquilibrierte Pufferlösungen in Ampullen,
- äquilibrierte Pufferlösungen in Druckbehältern,
- Fluorocarbone in Ampullen,
- äquilibrierte Hämoglobinlösungen in Ampullen,
- äquilibrierte gepufferte Erythrozytensuspensionen in Ampullen.

Äquilibrierte Pufferlösungen in Ampullen
werden unter definierten Partialdrücken so in Ampullen abgefüllt, daß diese etwa zur Hälfte mit Flüssigkeit gefüllt sind. Die Gasphase in den Ampullen ist den gewünschten Partialdrücken gemäß zusammengesetzt. Vor der Eingabe ist die verschlossene Ampulle bei Raumtemperatur kräftig zu schütteln. Hierbei wird die Pufferlösung mit dem Gas reäquilibriert. Da die Löslichkeit von Gasen in Flüssigkeiten temperaturabhängig ist, beeinflußt die Umgebungstemperatur diesen Äquilibriervorgang. Einige Hersteller geben deshalb Sollwerte für verschiedene Raumtemperaturen an. Das Öffnen der Ampullen und das Einfüllen der Probe in den Analysator muß rasch und ohne Raumluftkontakt erfolgen. Bei Überführung mit Injektionsspritzen sind weitlumige Kanülen zum Aufziehen zu verwenden, damit kein Unterdruck entsteht, der die gelösten Gase teilweise aus der Flüssigkeit extrahieren würde. Die Haltbarkeit der Ampullen beträgt viele Monate bis einige Jahre. Verfallsdaten sind zu beachten. Die Stabilität nach Öffnen der Ampulle ist auf ca. eine Minute begrenzt (Produkte: Acidbasol u. ähnliche).

Die Materialien werden von verschiedenen Herstellern, auch solcher von Blutgasanalysatoren angeboten.

Äquilibrierte Pufferlösungen in Druckbehältern
Hierbei handelt es sich um Bicarbonatlösungen, die vor der Abfüllung auf bestimmte pO_2- und pCO_2-Werte äquilibriert wurden. Die Lösung befindet sich in einem mit Kunststoff ausgekleideten Aluminiumbeutel, der in einer Druckdose mit Stickstoff untergebracht ist. Das Ventil öffnet sich selbsttätig durch Hineindrücken des Ventilansatzes in die Einfüllöffnung des Blutgasanalysators und ermöglicht so den Übertritt der Lösung ohne Raumluftkontakt. Da sich keine Gasphase in dem System befindet, ist keine Reäquilibrierung notwendig. Daher stellen sich die Partialdrücke unabhängig von der Umgebungstemperatur und dem Barometerdruck ein. Das Material ist ungeöffnet im Kühlschrank sechs Monate haltbar. Ab erstmaliger Verwendung des Behälters ist das Material 45 Tage stabil. Der Inhalt eines Behälters reicht für etwa 50 Kontrollvorgänge (Produkt: Confirm).

Fluorocarbone
Hierbei handelt es sich um fluorierte Kohlenwasserstoffverbindungen mit der Fähigkeit, Sauerstoff reversibel zu binden und abzugeben. Für die Blutgasqualitätskontrolle werden diese Stoffe in Form von gepufferten Emulsionen, die mit den erforderlichen Konzentrationen von Sauerstoff und Kohlendioxid äquilibriert wurden, in Ampullen abgefüllt. Dieses künstliche Produkt ähnelt dem Blut hinsichtlich Dichte, Viskosität und Sauerstoffpufferung. Die Emulsion muß vor Gebrauch durch heftiges Schütteln resuspendiert werden. Die Stabilität nach Öffnung der Ampulle beträgt drei Minuten. Die Proben sind gekühlt 15 Monate ab Herstellungsdatum und bei Raumtemperatur drei Monate haltbar. Die angegebenen Sollwerte beziehen sich auf Reäquilibrierung des Ampulleninhaltes bei Raumtemperatur (18 bis 25 °C). Innerhalb dieser Grenzen ist der Temperatureinfluß unerheblich (Produkt: abc [arteficial blood control]).

Äquilibrierte Hämoglobinlösungen
Dieses Kontrollmaterial besteht aus speziell isoliertem und gereinigtem, stromafreiem und unterschiedlich gepuffertem menschlichem Hämoglobin. Die Lösungen sind, auf die gewünschten Partialdrücke für O_2 und CO_2 äquilibriert, in Ampullen abgefüllt. Der Inhalt der Ampullen muß bei einer Temperatur von 25 °C durch heftiges Schütteln reäquilibriert werden. Der hierbei entstehende Schaum über der Flüssigkeit schützt zusätzlich vor Kontamination mit Raumluft. Die Stabilität nach Öffnung der Ampullen beträgt vier Minuten. Die Haltbarkeit ungeöffneter Ampullen bei Kühlschranklagerung beträgt acht Monate. Wegen der Temperaturabhängigkeit der O_2-Hb-Bindung muß die Reäquilibrierung möglichst genau bei 25 °C erfolgen. Ampullen vor Verwendung einige Stunden bei Raumtemperatur stehen lassen oder (besser) fünf Minuten in einem 25 °C-Wasserbad erwärmen. Die ungeöffnete Ampulle hält sich bei Raumtemperatur 32 Stunden (Produkt: Prime).

Äquilibrierte Erythrozytensuspensionen
Auch dieses Material ist in Ampullen abgefüllt, in denen Raum gelassen ist für eine Gasphase. Die Proben müssen zur Reäquilibrierung in einem Wasserbad von 37 °C temperiert und geschüttelt werden. Hierbei muß die Äquilibriertemperatur (37 °C!) wegen des temperaturabhängigen Bindungsverhaltens des Hämoglobins für Sauerstoff genau eingehalten werden. Die Stabilität nach Öffnung der Ampulle wird mit zwei bis drei Minuten angegeben. Die Langzeitstabilität beträgt bei Lagerung im Kühlschrank 60 Tage (Produkt: Quantra).

Äquilibriertes Probandenblut
Wenn ein Tonometer vorhanden ist und die Möglichkeit zur Beschaffung oder Herstellung exakt zusammengesetzter Gasgemische besteht, können zur Kontrolle von pO_2 und pCO_2 auch selbstäquilibrierte Blutproben herangezogen werden.

Dieses Verfahren ist preiswert, vor allem, wenn sehr häufig Präzisionskontrollen durchgeführt werden sollen. Jedoch ist die Tonometrie nicht ganz einfach, so daß dieses Verfahren für das Routinelabor zur Zeit kaum zu empfehlen ist, zumal die pH-Bestimmung so nicht kontrolliert werden kann.

3.3.3.2 Dokumentation
Die statistische Qualitätskontrolle, die durch die entsprechenden Richtlinien (1970) festgelegt ist, wird sinngemäß auch auf die Blutgasanalytik angewandt, d. h., es werden in einer Vorperiode der Mittelwert und die Bewertungsgrenzen festgelegt, und es wird zur Dokumentation der Meßwerte eine Kontrollkarte geführt.
Üblicherweise ergeben sich die Vertrauensgrenzen aus der dreifachen Standardabweichung der in der Vorperiode gewonnenen Meßergebnisse. Vielfach werden zusätzlich Warngrenzen eingezeichnet, die sich aus der zweifachen Standardabweichung ergeben.

Bei Kontrollmaterial, das nur einige Wochen haltbar ist, wird man wegen des hohen finanziellen und zeitlichen Aufwandes nicht immer eine Vorperiode von 20 Tagen einhalten können. Es bleibt dann nur der Ausweg, die neue Charge stichprobenartig zu untersuchen und gegebenenfalls den von der Herstellerfirma für das betreffende Gerät angegebenen Vertrauensbereich zu übernehmen.

Da von allen Herstellern Kontrollproben in drei Meßbereichen für drei Parameter angegeben werden, empfiehlt sich die Anlage von drei Kontrollkarten mit je drei Unterabschnitten für die drei Parameter pH, pCO_2 und pO_2.

In Tabelle 3.3-2 sind die Vertrauensbereiche aufgeführt, die sich aus der Erfahrung als praktikabel erwiesen haben. Die Tabelle beansprucht keine Verbindlichkeit. Sie soll lediglich Anhaltspunkte für die Größenordnung der zu erwartenden Vertrauensbereiche geben.

Für pO_2 ergeben sich für die einzelnen Arten von Kontrollmaterialien unterschiedliche Varianzen. Bei Verwendung äquilibrierter Pufferlösungen in Ampullen wird eher die obere Begrenzung zutreffen, bei Verwendung von Proben mit hoher Sauerstoffbindung (Fluorocarbone, Hämoglobinlösungen, Erythrozytensuspensionen) können die unteren Grenzen für die Vertrauensbereiche erreicht werden. Für pH und pCO_2 bestehen diese Unterschiede nicht.

3.3.3.3 Vermeidung analytischer Fehler

Die Vermeidung bzw. Behebung von systematischen Fehlern ist einfach, sobald diese einmal erkannt sind: Austausch von fehlerhaftem Kalibriermaterial, gegebenenfalls Korrektur der Meßtemperatur oder des Barometerstandes. Schwieriger ist der „Kampf" um die Präzision. Das sicherste Mittel hierzu ist die regelmäßige Durchführung anstehender Wartungsarbeiten nach einem festen Zeitplan, der das Analysenaufkommen des betreffenden Laboratoriums berücksichtigen muß. Es hat sich nach eigenen Erfahrungen bewährt, Elektroden, Lösungen, Membranen und anderes Verbrauchsmaterial nicht erst zu wechseln, wenn die Störung eingetreten ist, sondern weit vorher. Die Hinweise der Gerätehersteller sind hierbei genau zu beachten, bedürfen jedoch zuweilen einer Modifikation für das eigene Labor. Darüber hinaus ist für die pH-Messung der Bezugselektrode samt Diaphragma und KCl-Lösung ständige Aufmerksamkeit zuzuwenden. Die Durchführung der vorgeschriebenen Ein- und Zweipunktkalibrationen ist unerläßlich.

3.3.4 Externe Kontrolle durch Ringversuche

Eines der Ziele der Qualitätskontrolle ist die Verbesserung der Übereinstimmung von Labor zu Labor und von Instrument zu Instrument. Dieses Ziel kann nur durch externe Qualitätskontrolle mittels Ringversuchen erreicht werden. INSTAND (Institut für Standardisierung und Dokumentation, Postfach 4402, 4000 Düsseldorf 1) und die Deutsche Gesellschaft für Klinische Chemie, Abt. Externe Qualitätskontrolle (Postfach 150139, 5300 Bonn 1) führen Blutgas-Ringversuche durch.

Die Teilnahme an diesen Versuchen ist jedem Benutzer von Blutgasgeräten, sei er Anästhesist, Intensiv-Mediziner oder Laborarzt, sehr zu empfehlen. Bei jedem Ringversuch werden zwei unbekannte Proben versendet. Der Teilnehmer erhält eine genaue Gebrauchsanweisung und bekommt einige Wochen nach Einsendung seiner Ergebnisse eine statistische Auswertung, die ihm einen Vergleich zwischen seinem und den anderen Laboratorien ermöglicht.

Ringversuche fördern die Vergleichbarkeit von Laborergebnissen. Sie dienen damit dem Patienten, heben den Wert wissenschaftlicher Publikationen und können den Herstellern wertvolle Anregungen für konstruktive Verbesserungen an den Blutgasanalysatoren geben.

Tabelle 3.3-3: Ergebnisse ein und derselben Probe bei 37 °C gemessen und anschließend für verschiedene Körpertemperaturen ausgerechnet

Parameter	30 °C	34 °C	37 °C	39 °C	42 °C
pH	7,50	7,44	7,40	7,37	7,32
pCO_2 mm Hg	29	34	39	42	48
pO_2 mm Hg	28	37	46	53	66
HCO_2 mmol/l	22	23	24	24	25
BA mmol/l	+2	+1	±0	−1	−1
sO_2 %	59	73	82	87	92
cO_2 ml/dl	12	15	17	18	19

(BA = Basenabweichung; sO_2 = berechnete Sauerstoffsättigung;
cO_2 = berechnete Sauerstoffkonzentration)

3.3.5 Postanalytische Fehler

3.3.5.1 Entstehung postanalytischer Fehler

Abgesehen von Fehlern der Zuordnung (Person, Zeitpunkt der Blutabnahme, Gefäßabschnitt) ist es vor allem die falsche rechnerische Weiterverarbeitung gemessener Werte, die postanalytische Fehler entstehen läßt.

3.3.5.2 Nichtberücksichtigung der Körpertemperatur des Patienten

Die Meßtemperatur für Blutgasanalysen ist international auf 37 °C festgelegt. Die gemessenen Werte gelten somit nur dann, wenn auch die Körpertemperatur des Patienten 37 °C beträgt. Bei Abweichungen um mehr als 1 °C sind Umrechnungen nötig. Aus **Tabelle 3.3-3** ist der Einfluß der Körpertemperatur zu entnehmen.

Bei allen modernen Blutgasanalysatoren kann die Körpertemperatur des Probanden zum Zwecke der Korrektur eingegeben werden. Andernfalls sind Umrechnungsfaktoren bzw. Nomogramme erforderlich, die der Literatur entnommen werden können (Müller-Plathe, 1982).

3.3.5.3 Berechnung der Sauerstoffsättigung und des Sauerstoffgehaltes

Die vielfach geübte Berechnung der Sauerstoffsättigung aus pO_2 und pH kann besonders bei pO_2-Werten unter 60 mm Hg zu stark verfälschten Werten führen, da hierbei der Einfluß des 2,3-Diphosphoglycerats, des Carboxyhämoglobins und des Methämoglobins unberücksichtigt bleibt. Sicherer ist die Messung der Sauerstoffsättigung mit Oxymetern.

3.3.5.4 Erkennung und Vermeidung postanalytischer Fehler

Die postanalytischen Fehler sind in erster Linie durch Plausibilitätsbeurteilungen zu erfassen.

Falls für die verschiedenen Berechnungen Nomogramme verwendet wurden, muß von einer zweiten Person nachgerechnet werden. Sicherer ist die Verwendung von programmierten Kleinrechnern.

3.3.6 Ausblick

Unzweifelhaft sind in den letzten Jahren beträchtliche Fortschritte auf dem Gebiet der Blutgas-Qualitätskontrolle erreicht worden. Doch die Selbstverständlichkeit, mit der Qualitätskontrolle in anderen Laborbereichen durchgeführt wird, hat sich auf die Blutgasanalytik nicht ausgedehnt. Das mag unter anderem preisliche Gründe haben. Eine Qualitätskontrolle in allen drei Bereichen kostet zur Zeit etwa DM 10,- bis DM 16,- ! Wie kann dabei der Grundsatz realisiert werden, daß zu jeder Analysenserie eine Präzisionskontrolle gehöre, auch wenn die Serie nur aus einer einzigen Probe besteht? Eine Korrektur der Preisgestaltung, vor allem für die wässrigen Kontrollmaterialien, scheint dringend geboten.

Wünschenswert ist vor allem eine regere Beteiligung an den Blutgas-Ringversuchen. Sie decken nicht nur Mängel im Labor, sondern auch gerätespezifische Fehlereinflüsse auf und werden dadurch langfristig zur Durchsetzung der jeweils überlegenen Technologie beitragen.

3.4 Niedermolekulare Substrate

Dieter Seiler (Ludwigshafen)

3.4.0 Einleitung

In dieser Gruppe sind die Substanzen Kreatinin, Harnstoff, Harnsäure, Bilirubin und Glukose zusammengefaßt. Mit Ausnahme der Glukose, die für die Energieversorgung der Zellen von entscheidender Bedeutung ist, handelt es sich um im Organismus entstehende Metaboliten körpereigener Substanzen. Die chemische Struktur der fünf Stoffe ist seit langem bekannt.

Kreatinin entsteht in der Muskelzelle und wird durch glomeruläre Filtration quantitativ in den Urin ausgeschieden, tubulär erfolgt weder eine Sekretion noch Rückresorption. Nur bei hohen Plasmakonzentrationen kann Kreatinin auch tubulär sezerniert werden.

Harnstoff wird hauptsächlich in der Leber als Endprodukt des Eiweißstoffwechsels gebildet. Die Ausscheidung erfolgt überwiegend durch glomeruläre Filtration. Die Plasmakonzentration ist abhängig von der Eiweißzufuhr und von der Nierenfunktion.

Harnsäure ist das Endprodukt des Purinstoffwechsels. Sie wird glomerulär filtriert und in den Nierentubuli zu ungefähr 90% rückresorbiert. Die Plasmakonzentration ist nicht nur von der Nierenfunktion, sondern auch vom Puringehalt der Nahrung abhängig. Nach schweren körperlichen Anstrengungen kann eine erhöhte Plasmakonzentration nachgewiesen werden.

Bilirubin entsteht beim Hämoglobinabbau aus dem Häm. Das Bilirubin im Plasma ist wegen seiner geringen Wasserlöslichkeit an Albumin gebunden („freies", „indirektes", „unkonjugiertes", „nicht verestertes" Bilirubin) und kann weder durch die Nieren noch über die Gallenwege ausgeschieden werden. Auf dem Blutwege gelangt das freie Bilirubin in die Leber und wird nach Aufnahme in die Leberparenchymzellen mit 2 Molekülen Glukuronsäure verestert („direktes", „konjugiertes", „verestertes" Bilirubin). Bilirubindiglukuronid wird über die Gallenwege in den Darm ausgeschieden und dort durch Bakterien weiter abgebaut. Die Bilirubinkonzentration im Plasma hängt ab von der Abbaurate der Erythrozyten, von der Aufnahme des Bilirubins in die Leberzellen, der Veresterung in der Leberzelle sowie der Ausscheidung in den Darm. Bilirubin ist lichtempfindlich.

Glukose ist der wichtigste Bestandteil zur Erkennung einer Störung des Kohlenhydratstoffwechsels. An der Regulation der Glukosekonzentration im Blut sind mehrere Hormone beteiligt. Das wichtigste ist das Insulin; aber auch Glukagon, Wachstumshormon, Glukocorticoide sowie Adrenalin beeinflussen den Blutzuckerspiegel. Für ein vertiefendes Studium sei auf Richterich und Colombo (1978) bzw. Brown et al (1979) sowie auf die Lehrbücher der Pathobiochemie verwiesen. Interessante historische Details finden sich bei Hinsberg und Lang (1957) sowie Büttner (1977, 1982).

3.4.0.1 Präventivmaßnahmen

Für alle in diesem Kapitel behandelten Substanzen sind mehrere **Methoden** zur Konzentrationsbestimmung verfügbar, die fast alle auf dem Prinzip der Absorptionsphotometrie nach vorangehender chemischer oder enzymatischer Umsetzung beruhen. Eine direkte photometrische Messung ist nur für das Bilirubin beim Neugeborenen möglich.

In zunehmendem Maße benutzt man eine Variante der enzymatischen Analyse, bei der man nicht den kompletten Substratumsatz abwartet, sondern aus der Geschwindigkeit der enzymkatalysierten Reaktion auf die Konzentration des Substrates schließt. Dies ist allerdings nur möglich, wenn die Reaktionsgeschwindigkeit eine lineare Funktion der Substratkonzentration ist. (Über-

Tabelle 3.4-1: Für die Messung der Konzentration niedermolekularer Substrate verwendete Methoden

Absorptions-photometrie	nach chemischer Umsetzung	Kreatinin, Harnstoff, Harnsäure, Bilirubin, Glukose
	nach enzymatischer Umsetzung	Kreatinin, Harnstoff, Harnsäure, Glukose
	direkt	Bilirubin beim Neugeborenen
	kinetische Messung während enzymat. Umsetzung	Kreatinin, Harnstoff, Harnsäure, Glukose
Polarographie	nach enzymat. Umsetzung	Glukose

sicht: Bergmeyer, 1974). In der **Tabelle 3.4-1** sind die am häufigsten benutzten Methoden zusammengestellt.

Die Polarimetrie sollte heute wegen ihrer Unspezifität nicht mehr verwendet werden. Sie ist deshalb in der Tabelle nicht aufgeführt. Prinzipiell sind die enzymatischen Substratbestimmungen den chemischen Bestimmungen wegen ihrer größeren Spezifität vorzuziehen. Leider verhindert in manchen Fällen der hohe Preis der enzymatischen Analyse einen routinemäßigen Einsatz.

Die **Reagenzien** für die chemischen Methoden lassen sich im allgemeinen recht einfach im Laboratorium selbst aus den Grundsubstanzen herstellen; es stehen aber auch industriell gefertigte Reagenziensätze („Kits") für die einzelnen Methoden zur Verfügung. Bei den enzymatischen Bestimmungen werden im allgemeinen komplette Reagenziensätze der Industrie verwendet. Nur Substanzen des Reinheitsgrades p.a. dürfen für die eigene Reagenzienherstellung verwendet werden.

Vor der Einführung eines Reagenzienkits in das Laboratorium sollten die Zuverlässigkeitskriterien Präzision bzw. Unpräzision, Richtigkeit bzw. Unrichtigkeit, Spezifität und Nachweisgrenze überprüft werden. Weiter muß festgelegt werden, über welchen Konzentrationsbereich die Methode ohne Modifikationen verwendet werden kann. Schließlich sind als zusätzliche Auswahlkriterien noch die Wirtschaftlichkeit und die Automatisierbarkeit zu berücksichtigen. Über Einzelheiten bei der Erprobung von diagnostischen Reagenziensätzen siehe: Bull. WHO (1978) bzw. IFCC-Empfehlung (1979).

Standards: Bei den meisten Analysemethoden zur Messung von Substratkonzentrationen handelt es sich um Relativmessungen. Das Meßergebnis einer Patientenprobe wird durch den Vergleich des Meßwertes dieser Probe mit einem Standard berechnet. Es ist einleuchtend, daß die Richtigkeit eines solchen Ergebnisses unmittelbar von der Güte des Standards abhängt. Für alle in diesem Abschnitt besprochenen Substrate stehen *Primärstandards* des National Bureau of Standards (NBS) der USA zur Verfügung, die die Hersteller von Standardlösungen als Referenzmaterial zum Vergleich heranziehen. Die Reinheit dieser NBS-Materialien liegt zwischen 99,7 und 99,9%.

Bei der Verwendung *sekundärer Standards* mit Serum-Matrix ist vor allen Dingen bei Methoden, die nicht absolut spezifisch sind, mit einer größeren Unsicherheit des Meßergebnisses zu rechnen, da unbekannte nicht-spezifische Komponenten miterfaßt werden. Die Patientenergebnisse werden teilweise auf undefinierbare Bestandteile der Matrix bezogen. Die Störeinflüsse können bei Standards auf dieser Basis von Charge zu Charge unterschiedlich ausfallen.

Bei den *absoluten Meßmethoden*, wo die Konzentration einer Substanz über den molaren Extinktionskoeffizienten ermittelt wird, stellt sich das Problem eines Standards nicht. Allerdings führen hier bereits geringe Wellenlängenverschiebungen am Spektralphotometer zu falschen Meßergebnissen.

Kontrollproben: Bei der Durchführung von Kontrollen sollten nach Möglichkeit Kontrollproben verwendet werden, deren Matrix dem Patientenserum möglichst nahe kommt. Dieselben Kontrollproben dürfen selbstverständlich nicht als Standards verwendet werden.

Tabelle 3.4-2: Kontrollmöglichkeiten in der Analysengruppe „Niedermolekulare Substrate"

Qualität	Kontrollmethode	Analysenbestandteile				
		Kreatinin	Harnstoff	Harnsäure	Bilirubin	Glukose
Repetierbarkeit	Doppelbestimmungen	+	+	+	+	+
Stabilität	Dauerlauf	+	+	+	+	+
Robustheit	Kontrollkarte	+	+	+	+	+
Kompatibilität	Quotienten-/Differenz-Kontrollkarte	+	+	+	+[2]	+[1]
Reproduzierbarkeit	Probentausch	+	+	+	+[2]	+[1]
Reproduzierbarkeit	Ringversuch	+	+	+	+	+
Akkuranz	Richtigkeitskontrolle	+	+	+	+	+
Plausibilität der Serie	Tagesmittelwert			(+)	+	
„ „	Schwellenwerte	(+)		(+)	+	
Plausibilität des Einzelwertes	Lage	+	+		+	
„ „ „	Trend	+		(+)		
„ „ „	Konstellation	(+)	(+)	(+)		

[1] mit Glykolysehemmer
[2] dunkel aufbewahrt

3.4.0.2 Interne Qualitätssicherung der Analytik

Eine Übersicht über die Kontrollmöglichkeiten für die niedermolekularen Substrate ist in der **Tabelle 3.4-2** dargestellt. Prinzipielle Angaben zu den einzelnen Qualitätssicherungsmaßnahmen finden sich im Allgemeinen Teil. Bei allen hier beschriebenen Substraten können Repetierbarkeit, Stabilität, Robustheit, Kompatibilität, Reproduzierbarkeit durch Probentausch und Ringversuch sowie die Akkuranz relativ problemlos überprüft werden. Die anderen aufgeführten Kontrollmaßnahmen können nicht bei allen Substraten durchgeführt werden oder sind in ihrer Bedeutung eingeschränkt (s. a. 3.4.1.3; 3.4.2.3; 3.4.3.3; 3.4.4.3 und 3.4.5.3).

3.4.0.3 Externe Qualitätssicherung der Analytik

Alle in diesem Kapitel behandelten Substrate gehören zu den Substanzen, die seit langem in fast allen *Ringversuchen* enthalten sind. In der Bundesrepublik Deutschland werden diese Ringversuche angeboten von INSTAND, von der Ringversuchsorganisation der Deutschen Gesellschaft für Klinische Chemie sowie von einigen kassenärztlichen Vereinigungen in Verbindung mit den beiden genannten Gesellschaften. Im Ausland gehören diese Bestandteile ebenfalls zum Standardprogramm der externen Qualitätssicherung.

Alle 5 Substrate sind in der Bundesrepublik Deutschland schon im ersten Ringversuch (Rundversuch) enthalten gewesen, der mit 12 zu bestimmenden Bestandteilen 1962 von der Standardisierungskommission der Deutschen Gesellschaft der Fachärzte für Laboratoriumsdiagnostik mit 62 Fachlaboratorien durchgeführt worden ist (Merten, 1967).

Die gemittelten Standardabweichungen der Referenzlaboratorien von INSTAND liegen für 1980 bei 3,74% für Glukose, 4,69% für Harnstoff, 4,95% für Kreatinin, 5,42% für Harnsäure und 6,12% für Bilirubin (Merten, 1981 b). Dies zeigt, daß zwar vor allem bei Bilirubin gewisse „Matrixeffekte“ eine Rolle spielen können; insgesamt aber liegen die Standardabweichungen für die fünf Analyte im Mittelfeld aller Bestandteile. Daraus kann man schließen, daß keine größeren Schwierigkeiten bei der Sollwertermittlung mit „ausgewählten Methoden“ bestehen. Allerdings ergibt sich durch die Vielzahl der in den medizinischen Laboratorien verwendeten Methoden mit unterschiedlicher Richtigkeit ein relativ hoher Aufwand bei der Sollwertermittlung.

3.4.0.4 Größen und Einheiten

Die relativen Molekularmassen aller in diesem Kapitel behandelten Substanzen sind seit langem bekannt. Es kann daher prinzipiell eine Angabe entweder der Stoffmengenkonzentration oder der Massenkonzentration erfolgen. Beide Möglichkeiten sind mit dem Gesetz über Größen und Einheiten konform. Leider ist es in der Bundesrepublik Deutschland noch nicht zu einer Vereinheitlichung der Konzentrationsangaben gekommen. So werden vor allem im wissenschaftlichen Schrifttum und in den Ringversuchen der Deutschen Gesellschaft für Klinische Chemie die Konzentration in mmol/l bzw. µmol/l angegeben, während in vielen Laboratorien die Maßeinheit mg/dl bzw. µg/dl bevorzugt wird.

Beide Konzentrationsangaben lassen sich leicht ineinander umrechnen. In der **Tabelle 3.4-3** sind die Umrechnungsfaktoren angegeben.

Tabelle 3.4-3: Umrechnungsfaktoren

Kreatinin:	mg/dl × 88,402	→	µmol/l
	µmol/l × 0,0113	→	mg/dl
Harnstoff:	mg/dl × 0,1665	→	mmol/l
	mmol/l × 6,0006	→	mg/dl
Harnsäure:	mg/dl × 59,485	→	µmol/l
	µmol/l × 0,0168	→	mg/dl
Bilirubin:	mg/dl × 17,104	→	µmol/l
	µmol/l × 0,0585	→	mg/dl
Glukose:	mg/dl × 0,0555	→	mmol/l
	mmol/l × 18,016	→	mg/dl

3.4.1 Kreatinin

3.4.1.1 Präventivmaßnahmen

Kreatinin im Serum, Plasma oder Urin kann mit Hilfe einer großen Anzahl unterschiedlicher Verfahren bestimmt werden. Die meisten Methoden basieren auf der 1886 erstmals beschriebenen Jaffé-Reaktion: Kreatinin bildet im alkalischen Medium mit Pikrinsäure eine orange-rote Lösung, deren Farbintensität der Kreatininkonzentration proportional ist.

Leider ist diese Reaktion nicht spezifisch für Kreatinin, da eine ganze Reihe anderer Substanzen, die sog. Pseudokreatinine, ebenfalls mit alkalischer Pikratlösung reagieren (Übersicht: Young et al, 1975). Die wichtigsten Chromogene im Plasma sind außer Kreatinin: Azetessigsäure, Azeton, Pyruvat, Glukose und exogen zugeführte Ascorbinsäure.

Auch bei Hämolyse können Substanzen, die mit Pikratlösung reagieren, in das Serum übertreten. Das Vorhandensein dieser Substanzen ergibt falsch zu hohe Werte für das Kreatinin. Der Störeinfluß ist additiv und führt deshalb vor allem bei niedrigen Kreatininkonzentrationen zu Fehlbestimmungen. Bei hoher Kreatininkonzentration ist er praktisch vernachlässigbar.

Zur Verbesserung der Spezifität der Kreatinin-Bestimmung sind verschiedene Modifikationen entwickelt worden; die wichtigsten sind Endpunktmessungen mit Enteiweißung durch Säurefällung (Popper et al, 1937), mit Enteiweißung durch Dialyse (Husdan und Rapoport, 1968), ohne Enteiweißung (Helger et al, 1974), nach Adsorption an Fullererde (Knoll und Stamm, 1970) sowie die Kreatininisolierung durch Ionenaustauscher (Mitchell, 1970).

Außerdem können kinetische Meßverfahren benutzt werden (Bartels und Böhmer, 1973).

Neben der Pikrinsäure werden auch andere Reagenzien zur Bildung gefärbter Produkte mit Kreatinin benutzt wie z. B. o-Nitrobenzaldehyd, 3,5-Dinitrobenzoesäure und 1,4-Naphthochinon-2-sulfonat.

Auch die Messung mit ionenselektiven Elektroden ist beschrieben worden (Thompson und Rechnitz, 1974).

Nachdem die Reindarstellung des Enzyms Creatinin-amido-hydrolase gelungen ist, kann Kreatinin auch mit einem vollenzymatischen Verfahren bestimmt werden (Wahlefeld, 1972).

Die Jaffé-Reaktion nach Adsorption an Fullererde (Lloyd's Reagens) gilt als Referenzmethode (DIN-Entwurf 58973). Sie ist jedoch aufwendig und für Routinezwecke wenig praktikabel.

Die enzymatische Messung ergibt mit der Referenzmethode übereinstimmende Werte (Szasz et al, 1979). Der im Verhältnis zur Jaffé-Reaktion relativ hohe Preis ist ein Nachteil dieser Methode.

Mit diesen beiden Verfahren werden im Vergleich zu allen anderen Bestimmungen statistisch signifikant tiefere Ergebnisse erhalten. Eine Umrechnung der Resultate der anderen Jaffé-Methoden auf die Fullererde-Methode oder die enzymatische Methode ist nicht möglich, da die Streuung der Differenzen sehr groß ist. Die Störmöglichkeiten durch andere Substanzen sind bei den kinetischen Messungen und den Methoden mit Enteiweißung durch Dialyse in der gleichen Größenordnung wie bei den Methoden mit und ohne Enteiweißung.

Bei den kinetischen Messungen und der enzymatischen Bestimmung muß natürlich wegen der Temperaturabhängigkeit der Reaktionsgeschwindigkeit mit thermostatisierbaren Küvettenhaltern gearbeitet werden.

Bei der Verwendung wäßriger Standardlösungen ist zu berücksichtigen, daß sich bei neutralem pH im Laufe der Zeit ein Gleichgewicht zwischen Kreatinin und Kreatin einstellt und somit der Kreatiningehalt absinkt.

In den meisten lyophilisierten Kontrollseren ist der Kreatininwert über Monate stabil (Haven et al, 1979).

3.4.1.2 Qualitätssicherung in der präanalytischen Phase

Für die Kreatininbestimmung ist *Nüchternblut* nicht unbedingt erforderlich, da eine Mahlzeit keinen Einfluß auf die Serumkonzentration hat (Annino und Relman, 1959). Bei der enzymatischen Methode kann es allerdings bei starker Lipämie zu meßtechnischen Problemen kommen.

Es bestehen keine Unterschiede zwischen *Serum* und *Plasma* (Ladenson et al, 1974). Die Körperlage bei der Blutentnahme beeinflußt den Kreatininwert nicht (Röcker et al, 1975).

Tabelle 3.4-4: Orientierende Genauigkeitsangaben für die Kreatininbestimmung (Konzentrationsangaben in mg/dl)

Größe	Methodologische Angaben	n	Bereich	s	s%	Bereich	s	s%	Bereich	s	s%
Wiederholgenauigkeit (Repetierbarkeit i. d. Serie; Doppelbestimmungen an Patientenproben)	Vollenzymatisch, Eppendorf 5032[1]	25	0,80	0,05	6,0	2,76	0,04	1,5	5,98	0,08	1,4
	Fullererde, Eppendorf 1101[1]	25	0,80	0,02	2,5	2,77	0,04	1,3	5,94	0,07	1,2
	Popper et al, Eppendorf 5032[1]	25	0,85	0,01	1,2	2,78	0,01	0,4	5,92	0,02	0,4
	Husdan u. Rapoport, Technicon SMA6/60[1]	25	0,85	0,03	3,7	2,79	0,04	1,3	6,03	0,07	1,2
	kinetisch, Eppendorf 5020[1]	25	0,92	0,05	5,0	2,87	0,04	1,4	6,10	0,05	0,8
Stabilität in der Serie (Dauerlauf)	Vollenzymatisch[1]	25	1,47	0,04	2,9				5,79	0,05	0,9
	Fullererde[1]	25	1,48	0,02	1,7				5,71	0,04	0,7
	Popper et al[1]	25	1,47	0,01	1,0				5,70	0,03	0,6
	Husdan u. Rapoport[1]	25	1,63	0,03	1,6				5,94	0,09	1,5
	kinetisch[1]	25	1,78	0,06	3,6				6,12	0,06	0,9
	Husdan u. Rapoport, Technicon SMA6/60[2]	40	1,43	0,04	2,5				3,52	0,11	3,3
Robustheit (Kontrollkartenergebnisse mit jeweils einer Kontrollprobe)	Vollenzymatisch[1]	25	1,47	0,07	4,8				5,79	0,14	2,4
	Fullererde[1]	25	1,48	0,05	3,4				5,71	0,06	1,1
	Popper et al[1]	25	1,47	0,02	1,5				5,70	0,07	1,2
	Husdan u. Rapoport[1]	25	1,63	0,06	3,9				5,94	0,14	2,4
	kinetisch[1]	25	1,78	0,06	3,6				6,12	0,09	1,5
	Husdan u. Rapoport[2]	30	1,68	0,05	2,7	3,01	0,10	3,3	3,50	0,09	2,6
	Jaffé mit Enteiweißung[3]	41			3,8						
	Jaffé ohne Enteiweißung[3]	56			5,5						
Ringversuchsergebnisse I (Referenzlaboratorien)	Jaffé mit Enteiweißung, INSTAND 79[4]				5,7–7,3						
	Jaffé mit Enteiweißung, INSTAND 80[4]				2,4–6,6						
	Fullererde[5]		0,65–4,00		1,3–6,6						
	Jaffé mit Enteiweißung KV Bayern 79[6]		2,3	0,15	6,5	3,90	0,20	5,1			
Ringversuchsergebnisse II (Teilnehmer)	Jaffé mit Enteiweißung, INSTAND 79[4]				9,5–14,1						
	Jaffé mit Enteiweißung, INSTAND 80[4]				5,8– 9,5						
	Jaffé mit Enteiweißung, KV Bayern 79[6]		2,3	0,24	10,6	3,9	0,40	10,2			
	National QC Scheme U.K.[6]		1,3	0,14	10,6	5,9	0,50	8,5			
	manuell CAP 76/77[7]	149583	1,5	0,12	7,9	5,0	0,28	5,6			
	automatisiert CAP 76/77[7]	362175	1,5	0,08	5,2	5,0	0,15	2,9			
	manuell CAP 78/79[8]	161981	1,5	0,11	7,6	5,0	0,24	4,9			
	automatisiert CAP 78/79[8]	527434	1,5	0,08	5,7	5,0	0,14	2,8			

[1] Szasz et al, 1979; [2] Seiler, unveröffentlichte Ergebnisse; [3] Q.C.S. Boehringer Mannheim GmbH; [4] Merten, 1981b; [5] Hansert u. Stamm, 1980; [6] Stamm, 1980; [7] Ross u. Fraser, 1979; [8] Ross et al, 1980

Der Kreatiningehalt der *Erythrozyten* ist beträchtlich höher als die Serumkonzentration. Leichte *Hämolyse* beeinflußt die Kreatininbestimmung nicht, aber eine stärkere Hämolyse kann zu deutlich erhöhten Werten, besonders bei den unspezifischen Methoden, führen, da aus den Erythrozyten auch „Pseudokreatinine" austreten.

Bei der enzymatischen Methode führt bereits eine Hb-Konzentration von 50 mg/dl zu falsch tiefen Werten, weil Kinasen aus den Erythrozyten ATP umsetzen.

Beim Aufbewahren von *Vollblut* kommt es wahrscheinlich durch das Auftreten unspezifischer Chromogene zu einer scheinbaren Zunahme des Kreatininwertes. Deshalb sollten Plasma bzw. Serum möglichst schnell von den Erythrozyten getrennt werden; die Proben-Verwahrzeit sollte 5 Stunden nicht überschreiten (Kirberger und Keller, 1973).

Bei Raumtemperatur kann Serum verschlossen für 24 Stunden aufbewahrt werden. Im tiefgefrorenen Serum oder Plasma ist das Kreatinin über mehrere Monate stabil.

Im *Urin* ist Kreatinin relativ stabil, deshalb kann der 24-h-Urin gesammelt werden. Eingefroren bleibt die Kreatininkonzentration im Urin über Jahre konstant (Henry et al, 1974).

3.4.1.3 Interne Sicherung der analytischen Phase

Zur internen Qualitätssicherung stehen eine Reihe von Möglichkeiten zur Verfügung (Tabelle 3.4-2). Die Plausibilitätskontrolle in der Serie über Tagesmittelwert und Tagesstreuung wird problematisch, wenn, wie in vielen Kliniken üblich, die Kontrolluntersuchungen der Dialysepatienten sich nur auf bestimmte Tage im Monat konzentrieren, da an diesen Tagen natürlich höhere Tagesmittelwerte und Tagesstreuungen auftreten.

Bei der Trendkontrolle des Einzelwertes ist zu berücksichtigen, ob der Patient in der Zwischenzeit dialysiert worden ist.

Eine orientierende Übersicht über die mit den wichtigsten Methoden zu erzielende Genauigkeit gibt die **Tabelle 3.4-4.**

3.4.1.4 Externe Qualitätssicherungsmaßnahmen

Das Hauptproblem der Qualitätssicherung bei der Kreatininbestimmung ergibt sich aus der Tatsache, daß die zur Zeit gebräuchlichen Methoden in ihren Sollwerten extrem variieren können und eine Aussage über den „wahren Wert" nur bedingt möglich ist. Die Vergleichbarkeit der mit verschiedenen Methoden gewonnenen Ergebnisse wird dadurch wesentlich eingeschränkt. Die Variation der Werte hängt nicht nur von der verwendeten Methode, sondern auch von dem Reagenzienhersteller ab. In zwei willkürlich ausgesuchten Kontrollseren werden z. B. für die unterschiedlichen Kreatininmethoden Sollwerte zwischen 1,5 und 1,9 mg/dl bzw. 2,9 und 3,5 mg/dl angegeben.

Als unabhängige, spezifische Referenzmethode bietet sich die Massenspektrometrie (Björkhem et al, 1977) an.

Eine Analyse der INSTAND-Ringversuche der letzten Jahre (Merten, 1981 b) für die als „ausgewählte Methode (selected method)" geltende Jaffé-Reaktion nach Enteiweißung mit TCA zeigt, daß die gemittelten relativen Standardabweichungen s % 1979 und 1980 gegenüber den Vorjahren abgenommen haben. (1976: 10,03; 1977: 10,36; 1978: 10,24; 1979: 9,27; 1980: 7,35).

Insgesamt zeigt die relative Standardabweichung, daß die Kreatininbestimmung unter den von INSTAND durchgeführten klinisch-chemischen Ringversuchen einen Mittelplatz einnimmt.

Ähnliches gilt für die Auswertung der amerikanischen Ringversuche der letzten Jahre (Ross und Fraser, 1979; Ross et al, 1980) sowie für die Ringversuche der Deutschen Gesellschaft für Klinische Chemie (Hansert und Stamm, 1980), (in Tabelle 3.4-4).

3.4.1.5 Sicherung der postanalytischen Phase

Referenzwerte für das Kreatinin sind in einer Vielzahl von Arbeiten ermittelt worden. In der **Tabelle 3.4-5** ist eine Übersicht aus neueren Publikationen dargestellt. Erwartungsgemäß differieren die Referenzwerte in Abhängigkeit von der verwendeten Methode, wobei die Werte umso tiefer werden, je spezifischer die Methode ist. Die Werte bei Frauen sind bei allen Methoden etwas niedriger als die für Männer und die für Kinder niedriger als für Erwachsene.

Die Schwankungen des Kreatininspiegels im *Serum* von Tag zu Tag sind bei normaler körperlicher Belastung nicht größer als 10%. Dies ist für die longitudinale

Tabelle 3.4-5: Referenzbereiche für Kreatinin

	Anzahl	Methode	Referenzbereich (mg/dl)	Literatur
Männer	171	enzymatisch	0,55 - 1,10	1
Frauen	173		0,47 - 0,91	
Männer	171	Jaffé-Reaktion	0,57 - 1,13	1
Frauen	173	kinetisch	0,61 - 1,02	
Männer	171	Jaffé-Reaktion nach Dialyse	0,80 - 1,20	1
Frauen	173	(Autoanalyzer)	0,60 - 1,10	
Männer	63	Jaffé-Reaktion nach	0,64 - 1,05	2
Frauen	55	Adsorption an Fullererde	0,56 - 0,91	
Knaben (1 - 20 Jahre)	772	Jaffé-Reaktion nach Dialyse (Autoanalyzer)	0,35 + 0,025 × Alter (Jahre)	3
Mädchen (1 - 20 Jahre)	626		0,37 + 0,018 × Alter (Jahre)	
Neugeborene 1. Tag - 4. Woche	63	Jaffé-Reaktion kinetisch	0,02 - 1,18	4
Kinder nach 2. Monat	151	Jaffé-Reaktion nach Enteiweißung	0,10 - 1,02	

1 Börner et al (1979)
2 Knoll und Stamm (1970)
3 Schwartz et al (1976)
4 Witt und Trendelenburg (1982)

Plausibilitäts-Trendkontrolle wichtig. Dabei ist zu berücksichtigen, daß bei starker körperlicher Belastung leicht erhöhte Werte gemessen werden.

Als Referenzbereich für die *Urinausscheidung* wird 1360–1770 mg/24h angegeben (Richterich und Colombo, 1978). Die Kreatininkonzentration im Serum ist vor allem abhängig von der glomerulären Filtration. Sie kann deshalb als brauchbarer Parameter zur Beurteilung dieses Teils der Nierenfunktion benutzt werden. Weiter besteht eine Abhängigkeit von der Muskelmasse.

Erhöhte Kreatininwerte finden sich bei akuten und chronischen Nierenerkrankungen, wobei der Abfall der glomerulären Filtration im allgemeinen mehr als 50% betragen muß.

Harnverhaltungen führen ebenfalls zu erhöhten Kreatininwerten.

Bei einer Hypovolämie mit Verminderung der Perfusion der Nieren und Einschränkung der glomerulären Filtrationsrate werden erhöhte Werte gefunden. Ursachen können sein: Durchfall, Erbrechen, übermäßiges Schwitzen, hochdosierte Diuretikatherapie, Dursten, Herzinsuffizienz, Eiweißmangelsyndrom (Thomas, 1978).

Auf fälschlicherweise zu hohe Werte durch Pseudokreatinine (Ketosäuren, Glukose) beim schlecht eingestellten Diabetiker ist bereits hingewiesen worden. In Abhängigkeit von der Methode können hier Werte gemessen werden, die 1–2 mg/dl zu hoch sind.

Da auch die Harnstoffkonzentration im Serum teilweise von der Nierenfunktion abhängt, versucht man im allgemeinen eine Konstellationskontrolle durch Vergleich der Kreatininkonzentration mit der des Harnstoffs. Diese Korrelation ist nur bedingt vorhanden, da die Harnstoffkonzentration im Serum auch von der Ernährung beeinflußt wird (s. a. 3.4.2). Deshalb ist bei gut geführten Dialysepatienten immer ein Mißverhältnis zwischen dem stark erhöhten Kreatininwert und dem nur leicht erhöhten Harnstoffwert zu finden. Bei der diätetischen Einstellung der chronischen Niereninsuffizienz wird im allgemeinen ein Harnstoff-Kreatinin-Quotient von 10:1 (mg/dl:mg/dl) angestrebt.

Normale Kreatininwerte mit erhöhten Harnstoffwerten findet man häufig nach Operationen, vor allem im Magen-Darm-Bereich.

3.4.1.6 Fehlermöglichkeiten

Enzymatische Methode: Die Antikoagulantien Citrat, Fluorid, Heparin, EDTA beeinflussen in den gebräuchlichen Konzentrationen die Messung nicht. Störungen durch Medikamente sind nicht bekannt. In sehr seltenen Fällen sind bei Patienten aus der Intensivstation Proben gefunden worden, die in einer Vorreaktion zuviel NADH verbrauchen. Dadurch werden falsch zu tiefe Werte erhalten. Hämoglobin verursacht leicht verminderte Werte. Stark lipämische Seren können nicht gemessen werden.

Jaffé-Reaktion: Wie bereits ausgeführt, stört eine ganze Anzahl von Substanzen die Jaffe-Reaktion. Durch die erwähnten Modifikationen hat man versucht, die Bestimmung spezifischer zu machen und die Störungen auf ein Minimum zu beschränken. Aber trotzdem muß bei allen Methoden (außer der Messung nach Adsorption an Fullererde) immer an diese Beeinflussung gedacht werden. Die endogenen Substanzen Glukose, Azeton, Azetessigsäure und Brenztraubensäure täuschen vor allem bei den Endpunktmethoden zu hohe Werte vor; bei der kinetischen Methode sind die Störeinflüsse etwas geringer, aber immer noch vorhanden. In der **Tabelle 3.4–6** sind einige wichtige Medikamente aufgeführt, die einen Einfluß auf die Kreatininbestimmung haben.

3.4.1.7 Gesichtspunkte der Wirtschaftlichkeit

Wie aus den bisherigen Ausführungen hervorgeht, ist die Jaffé-Reaktion nach Adsorption an Fullererde unter dem Gesichtspunkt der Richtigkeit und der geringsten Störanfälligkeit die Methode der Wahl. Das Verfahren ist aber für Routinebedingungen viel zu aufwendig und würde einen hohen Personaleinsatz erfordern.

Tabelle 3.4-6: Ausgewählte Störsubstanzen bei der Kreatininbestimmung

Substanz	Ausmaß der Störung	Methode
Cephalosporine[1]		alle Jaffé-Verfahren, außer Fullererde
α-Methyldopa[2]	25 mg/dl erhöhen den Kreatininwert um 0,7 mg/dl	Jaffé-Reaktion mit Dialyse (Auto-Analyzer)
Nitrofurantoin[3]	Konzentrationen > 5 mg/dl erhöhen den Kreatininwert	kinetische Verfahren
Norfenefrin[3]	Konzentrationen > 0,5 mg/dl vermindern den Kreatininwert	kinetische Verfahren
Salazosulfapyridin	Konzentrationen > 22,5 mg/dl erhöhen den Kreatininwert	kinetische Verfahren
Sulfamethaxol/ Trimethoprim[4]	bei therapeutischer Konzentration 10% zu hohe Werte	Jaffé-Reaktion mit Dialyse (Auto-Analyzer)

[1] Swain und Briggs (1977); [2] Maddocks (1973); [3] Sonntag und Haeckel (1980); [4] Bye (1976)

Ähnlich gute Ergebnisse wie mit der Fullererde-Methode werden mit dem enzymatischen Verfahren erhalten. Hier spricht der relativ hohe Preis und der gegenüber den anderen Methoden größere Zeitaufwand pro Bestimmung gegen einen Einsatz bei langen Serien. Bei geringem Probeaufkommen oder bei speziellen Fragestellungen (z. B. Diabetiker) kann die enzymatische Bestimmung aber eine gute Ergänzung zu den üblichen Routinemethoden sein.

3.4.2 Harnstoff

3.4.2.1 Präventivmaßnahmen

Die Bestimmung der Harnstoffkonzentration wird heute im wesentlichen mit den drei folgenden Methoden vorgenommen:

a) Reaktion von Harnstoff mit Diazetylmonoxim (Arbeitsvorschrift: Henry, 1974)

Beim Erhitzen mit Diazetylmonoxim in saurer Lösung bildet Harnstoff einen Farbstoff, dessen Intensität der Harnstoffkonzentration proportional ist. Diese Reaktion ist nicht spezifisch auf Harnstoff, so reagieren auch Kreatinin, Allantoin, Citrullin und ähnliche Verbindungen. Allerdings sind die Konzentrationen dieser Substanzen im Serum des Gesunden nur gering, so daß die Störungen vernachlässigt werden können. Ammoniak beeinflußt die Diazetylmonoximmethode nicht, wohl aber die beiden anderen Verfahren.

Neben der relativen Unspezifität hat die Methode noch einige weitere Nachteile: Serum muß auf jeden Fall enteiweißt werden; die Farbstoffentwicklung fordert eine Temperatur von fast 100 °C; der Farbstoff ist nicht sehr stabil und das Lambert-Beer'sche Gesetz ist nur in einem ganz engen Bereich erfüllt. Deshalb lassen sich nur unter exakt standardisierten Bedingungen aussagekräftige Resultate erzielen. Die Methode wird heute fast ausschließlich im Autoanalyzer® verwendet, da dort die Enteiweißung durch Dialyse und das Erhitzen wenig Probleme verursachen und die Reaktionsbedingungen konstant gehalten werden können. Das Verfahren ist nur brauchbar, wenn zur Standardisierung eine Probe mit Serummatrix verwendet wird.

b) Berthelot-Reaktion nach Spaltung mit Urease (Arbeitsvorschrift: Richterich und Colombo, 1978)

Das Enzym Urease (E.C. 3.5.1.5) spaltet den Harnstoff in Kohlendioxid und Ammoniak.

Zur Bestimmung des freigesetzten Ammoniaks wird die nach Berthelot benannte Indophenol-Reaktion eingesetzt. Hierbei reagiert Ammoniak mit Phenol und Hypochlorit in Anwesenheit des Katalysators Natriumnitroprussid in einer mehrstufigen Reaktion zu einem blauen Farbstoff, dessen Intensität der Ammoniakkonzentration und damit auch der Harnstoffkonzentration proportional ist. Die im Serum vorkommende Ammoniakkonzentration ist so gering, daß die Harnstoffbestimmung dadurch nicht gestört wird. Das Lambert-Beer'sche Gesetz ist über einen viel größeren Konzentrationsbereich erfüllt als bei der Diazetylmonoxim-Methode.

Für eine exakte Harnstoffbestimmung durch Vergleich mit einem wäßrigen Standard ist das Mitführen eines Proben-Leerwertes und eines Standard-Leerwertes unbedingt erforderlich, da eine Reihe von Substanzen mit der Berthelot-Reaktion interferieren können (Richterich und Küffer, 1973).

Eine Enteiweißung ist nicht nötig. Die Farbentwicklung ist abhängig von der Temperatur und der Konzentration an Phenol und aktivem Chlor (Rick, 1977), so daß bei jeder Analysenserie Standards mitzuführen sind.

Die Harnstoffspaltung mit Urease ist sehr spezifisch. Bisher kennt man keine physiologischen Substanzen, die von diesem Enzym angegriffen werden.

Die Urease wird durch Spuren von Schwermetall gehemmt, wodurch sich zu tiefe Werte ergeben können, deshalb sollte ein EDTA-Puffer verwendet werden.

c) Urease-GLDH-Methode (Arbeitsvorschriften: Bergmeyer, 1974; DIN 58979-A, 1983)

Hierbei wird nach Spaltung des Harnstoffs durch Urease der dadurch gebildete Ammoniak mit 2-Oxoglutarat, NADH und Glutamat-Dehydrogenase (E.C. 1.4.1.3) umgesetzt. Der NADH-Verbrauch (je Mol Harnstoff werden zwei Mole NADH oxidiert) dient als Meßgröße. Diese Messung kann als Endpunktverfahren durchgeführt werden. Störungen durch Ammoniak (z.B. durch Altern der Seren, Ammoniumheparinat als Antikoagulans) werden in einer Vorreaktion beseitigt.

Wird die Aktivität der Urease im Testansatz erhöht und die der GLDH erniedrigt, wird die GLDH-Reaktion zum geschwindigkeitsbestimmenden Schritt der Gesamt-Reaktion; die Messung kann auch kinetisch nach der „fixed-time"-Meßtechnik durchgeführt werden.

3.4.2.2 Qualitätssicherung in der präanalytischen Phase

Für die Harnstoffbestimmung ist *Nüchternblut* nicht unbedingt erforderlich; allerdings kann die Zufuhr eiweißreicher Nahrung die Harnstoffwerte längerfristig erhöhen. Lipide, Hämoglobin bis 150 mg/dl sowie Bilirubin bis 20 mg/dl stören die Harnstoffbestimmung nicht.

Serum und *Plasma* geben identische Resultate (Ladenson et al, 1974).

Die Körperlage bei der Blutentnahme hat keinen Einfluß auf das Ergebnis (Röker et al, 1975).

Beim *Aufbewahren des Vollblutes* für 96 h bei Zimmertemperatur kommt es zu keiner Veränderung des Harnstoffwertes bei Messung mit der Diazetylmonoxim-Methode (Keller, 1975). Die beiden anderen Methoden basieren auf dem Nachweis des Ammoniaks; deshalb ist hier die Abtrennung der geformten Blutbestandteile innerhalb 1 bis 2 Stunden nach Blutentnahme anzustreben (DIN 58979-A).

Im *tiefgefrorenen* Serum oder Plasma ist der Harnstoff über mehrere Monate stabil (Walford et al, 1956).

Harn sollte zentrifugiert werden, bis zur Bestimmung bei 2 bis 8° aufbewahrt und wegen der bakteriellen Zersetzung innerhalb 24 h analysiert werden (DIN 58979-A).

3.4.2.3 Interne Sicherung der analytischen Phase

Eine Übersicht über die für Harnstoff gebräuchlichen *Kontrollmethoden* gibt die Tabelle 3.4-2. Ähnlich wie beim Kreatinin ist die Qualitätskontrolle über Tagesmittelwert und Tagesstreuung problematisch (s.a. 3.4.1.3). Die Trendkontrolle des Einzelwertes muß die Ernährung des Patienten sowie eine evtl. zwischenzeitliche Dialyse berücksichtigen und ist deshalb weniger geeignet.

Die mit den unterschiedlichen Methoden zu erzielende Genauigkeit ist in der **Tabelle 3.4-7** dargestellt.

Tabelle 3.4-7: Orientierende Genauigkeitsangaben für die Harnstoffbestimmung (Konzentrationsangaben in mg/dl)

Größe	Methodologische Angaben	n	Bereich	s	s%	Bereich	s	s%	Bereich	s	s%
Stabilität in der Serie	Diacetylmonoxim, Technicon SMA 6/60[1]	25	27	0,9	3,3	49	1,0	2,0	94	1,3	1,4
	Urease-Berthelot[2]	20	35	0,9	2,6	98	2,1	2,1			
	Urease-GLDH, Endwertmethode[2]	25	52	0,9	1,8	123	1,2	0,9			
Robustheit	Diacetylmonoxim, Technicon SMA 6/60[1]	25	25	1,0	4,1	42	0,9	2,1	101	1,6	1,6
	Urease-Berthelot[2]	6	35	1,1	3,1	98	2,4	2,4			
	Urease-Berthelot[3]	154			5,3						
	Urease-GLDH, Endpunkt[2]	25	52	1,3	2,5	123	1,5	1,2			
	Urease-GLDH, kinetisch Abott 100[2]	10	50	2,0	4,0	159	5,6	3,5			
	Urease-GLDH, kinetisch Centrifichem[2]	10	51	2,1	4,1	163	5,5	3,4			
Ringversuchs-ergebnisse I (Referenz-labors)	Urease-Berthelot INSTAND 1979[4]				5,6–6,6						
	Urease-Berthelot INSTAND 1980[4]				3,1–6,6						
	Urease-Berthelot[5]				4,6–9,1						
	Urease-Berthelot KV Bayern 1976[6]		50	4,0	8,0	66	5,0	7,5			
Ringversuchs-ergebnisse II	Urease-Berthelot INSTAND 1979[4]				8,3–10,9						
	Urease-Berthelot INSTAND 1980[4]				7,4–10,7						
	Urease-Berthelot[5]				10,9–12,9						
	Urease-Berthelot KV Bayern 1979[6]		50	5,8	11,6	66	7,3	11,1			
	National Q.C.Scheme 1976/1977[6]		41	2,8	6,9	105	8,3	7,9			
	manuell CAP 1976/1977[7]	142821	58	3,7	6,4	107	6,1	5,7			
	automatisiert CAP 1976/1977[7]	608813	58	2,1	3,6	107	2,9	2,7			
	manuell CAP 1978/1979[8]	145477	58	3,6	6,2	107	5,8	5,4			
	automatisiert CAP 1978/1979[8]	867950	58	2,1	3,6	107	3,0	2,8			

[1] Seiler, unveröffentlichte Ergebnisse; [2] Testfibel Harnstoff, Boehringer Mannheim GmbH; [3] Q.C.S. Boehringer Mannheim GmbH; [4] Merten, 1981b; [5] Stamm, 1979; [5] Stamm, 1980; [7] Ross und Fraser, 1979; [8] Ross et al, 1980.

In lyophilisierten Kontrollproben ist die Harnstoffkonzentration über einen langen Zeitraum konstant.

3.4.2.4 Externe Qualitätssicherung

In der von Merten (1981 b) vorgenommenen Auswertung der INSTAND-Ringversuche der Jahre 1976-1980 ergab sich über alle Jahre hinweg eine gemittelte relative Standardabweichung von ~ 9% und damit die gleiche Größenordnung wie beim Kreatinin. Diese Auswertung gilt für die Berthelot-Reaktion nach Spaltung mit Urease. Ross et al (1980) kommen für die amerikanischen Ringversuche zu ähnlichen Ergebnissen, ebenso Hansert und Stamm (1980) für die Ringversuche der Deutschen Gesellschaft für Klinische Chemie.

Die drei Harnstoffbestimmungsmethoden liefern nicht immer ganz identische Werte; allerdings sind die Unterschiede wesentlich geringer als beim Kreatinin.

3.4.2.5 Sicherung der postanalytischen Phase

Eine Zusammenstellung von Referenzwerten aus der Literatur gibt die **Tabelle 3.4-8**. In allen Untersuchungen sind für *Männer* etwas höhere Werte als für *Frauen* gefunden worden. Im höheren *Lebensalter* nehmen die Serumharnstoffwerte etwas zu. Die Werte für Kinder liegen niedriger als die für Erwachsene.

Der *Referenzbereich* ist aber auch von der Proteinzufuhr abhängig. So findet man bei einer Eiweißzufuhr von 0,5 g/d/kg Körpergewicht einen Referenzbereich von 13-26 mg/dl, bei Zufuhr von 1,5 g/d/kg Körpergewicht 23-51 mg/dl und bei täglich 2,5 g Protein/kg Körpergewicht 30-60 mg/dl (Richterich und Colombo, 1978).

Erhöhte Harnstoffwerte finden sich bei Niereninsuffizienz. Der obere Referenzwert wird im allgemeinen überschritten, wenn die Glomerulumfiltratmenge auf 20-25% der Norm vermindert ist. Bei akutem Nierenversagen beträgt der tägliche Harnstoffanstieg im Serum meist mehr als 60 mg/dl. Erhöhte Harnstoffwerte bei normaler Nierenfunktion werden nicht nur bei vermehrter Proteinzufuhr gefunden, sondern auch bei einem gesteigerten Eiweißabbau (intestinale Blutungen, vor allem nach Operationen im Magen-DarmTrakt, hohes Fieber, Transfusionszwischenfälle etc.).

Verminderte Harnstoffwerte im Serum können in der Schwangerschaft, bei stark verminderter Proteinzufuhr (z. B. vegetarische Ernährung) oder nach Gabe von Testosteron und Wachstumshormonen gemessen werden.

Die Abhängigkeit der Harnstoffkonzentration von der Ernährung läßt eine longitudinale Plausibilitäts-Trend-Kontrolle nur bedingt zu. Auf die Konstellationskontrolle Harnstoff-Kreatinin ist schon in 3.4.1.5 eingegangen worden.

Tabelle 3.4-8: Referenzbereiche für Harnstoff

	Anzahl	Methode	Referenzbereich (mg/dl)	Literatur
Erwachsene	347	Urease-Berthelot	16,7-45,9	1
Neugeborene	78	Urease-Berthelot	6,4-40,1	2
Säuglinge 1. Halbjahr	64	Urease-Berthelot	12,2-43,1	2
Kinder ab 6. Monat	105	Urease-Berthelot	12,8-48,0	2
Kinder 0-16 Jahre	820	Urease-Berthelot	10,7-23,5	3
Nabelschnurblut		Diacetylmonoxim	8,6-32,1	4
<2 Monate		Diacetylmonoxim	10,7-49,2	4
Erwachsene	1419	Diacetylmonoxim	17 -56	5

1 Richterich und Colombo, 1978, S.323; 2 Witt und Trendelenburg, 1982; 3 Cheng et al, 1979; 4 Meites, 1981, S.423; 5 Di Giorgio, 1974.

Es ist leider oft noch üblich, die Konzentration von Harnstoff historisch bedingt als Harnstoff-Stickstoff anzugeben. Wird die Harnstoff-Stickstoff-Konzentration bestimmt, so muß der Wert mit 2,14 multipliziert werden, um die Harnstoffkonzentration zu erhalten.

3.4.2.6 Fehlermöglichkeiten

Schweiß enthält eine hohe Konzentration an Harnstoff (DIN 58979-A). Deshalb dürfen die mit dem Meßansatz in Kontakt kommenden Oberflächen (z.B. Pipettenspitzen) nicht mit der Hand berührt werden. Dies gilt für alle 3 Methoden.

Methodenabhängige Störungen

Diazetylmonoximmethode:
Leichte Hämolyse und ein Bilirubingehalt des Serums bis 10 mg/dl haben keinen Einfluß auf das Ergebnis (Di Giorgio, 1974). Alle gebräuchlichen Antikoagulantien, auch Ammoniumheparinat, können verwendet werden. Eine ganze Reihe von Substanzen führt wegen der relativen Unspezifität der Methode zu erhöhten Werten. Die wichtigsten sind: Guanethidin, Dextrane, Hydantoinderivate, Sulfonamide und Sulfonylharnstoffe (Young et al, 1975).

Urease-Berthelot-Reaktion:
50 mg/dl Hämoglobin ergeben um ~ 10% zu tiefe Ergebnisse (Richterich und Küffer, 1973).

Die Antikoagulantien Citrat, Fluorid, Heparin, EDTA haben in den gebräuchlichen Konzentrationen keinen Einfluß.

Da die Bestimmung durch Ammoniak verfälscht wird, darf natürlich kein Ammoniumheparinat verwendet werden. Wegen der Störung durch Ammoniak sollte auch nur frisch destilliertes Wasser benutzt werden. Die Reagenzienflaschen sind stets verschlossen aufzubewahren. Daß im medizinischen Laboratorium nicht nur wegen des Ammoniakgehaltes im Rauch, sondern auch aus Sicherheitsgründen nicht geraucht werden darf, sollte selbstverständlich sein.

Formaldehyd hemmt die Berthelot-Reaktion und darf deshalb nicht zur Urinkonservierung eingesetzt werden.

Urease-GLDH-Methode:
Hämoglobin bis 1500 mg/dl und Bilirubin bis 20,0 mg/dl haben keinen Einfluß auf die Bestimmung (DIN 58979-A).

Ammoniumheparinat sollte zur Antikoagulation nicht verwendet werden, die übrigen gebräuchlichen Antikoagulantien haben keinen Einfluß auf die Bestimmung.

Störung durch Arzneimittel konnte bisher nicht festgestellt werden.

3.4.2.7 Gesichtspunkte der Wirtschaftlichkeit

Die billigsten Reagenzien sind die für die Diazetylmonoximmethode. Allerdings kann diese Methode in zufriedenstellender Qualität nur auf mechanisierten Analysengeräten durchgeführt werden.

Für die Diagnose der Niereninsuffizienz ist die Kreatininbestimmung vorzuziehen. Eine Harnstoffbestimmung ist dabei in den meisten Fällen nicht notwendig.

3.4.3 Harnsäure

3.4.3.1 Präventivmaßnahmen

Für die Bestimmung der Harnsäure stehen mehrere Methoden zur Verfügung. Die alte *chemische Methode*, bei der die Blaufärbung einer alkalischen Lösung von Phosphorwolframsäure gemessen wird, hat den entscheidenden Nachteil, daß sie nicht spezifisch für Harnsäure ist. Nicht nur viele Pharmaka (Theophyllin, Coffein, Salizylate, Ascorbinsäure, Dextrane etc.) sondern auch körpereigene Substanzen wie Glutathion, Cystein und Glukose werden bei der Reaktion miterfaßt. Da heute bessere Untersuchungsverfahren zur Verfügung stehen, sollte dieses Verfahren nicht mehr verwendet werden.

Alle anderen Methoden beruhen auf der Spaltung der Harnsäure durch das Enzym Uricase (E.C.1.7.3.3.). Dabei entstehen in einer spezifischen Reaktion Allantoin, CO_2 und H_2O_2. Die Abnahme der Extinktion bei 293 nm ist ein Maß für die Harnsäurekonzentration, da von den Reaktionspartnern nur die Harnsäure ein Absorptionsmaximum bei dieser Wellenlänge hat (Arbeitsvorschriften: Bergmeyer, 1974; Richterich und Colombo, 1978). Diese *direkte photometrische Messung nach Spaltung mit Uricase* gilt als Referenzmethode. Als Standard werden wäßrige Harnsäurelösungen verwendet.

Für das Routinelabor hat das Verfahren einige Nachteile: hohe Anforderungen an die Qualität des Meßinstrumentes, Mitführung eines Serumleerwertes, lange Inkubationszeit; deshalb werden dort Methoden bevorzugt, bei denen in einer Folgereaktion die Konzentration des bei der Spaltung entstandenen H_2O_2 gemessen wird. Dies kann auf unterschiedliche Weise erfolgen:

a) durch Oxidation von Leucofarbstoffen in Anwesenheit von Peroxidase. Gebräuchlich sind o-Dianisidin oder 2,4-Dichlorphenol und 4-Aminophenazon (PAP). Hier ist in der Regel eine Enteiweißung notwendig, deshalb werden diese Verfahren vor allem am Autoanalyzer®, wo der Einfluß von Eiweiß durch Dialyse sehr einfach beseitigt wird, eingesetzt. Die Kalibrierung muß hier mit proteinhaltigen Standards erfolgen (Klose et al, 1978).

Durch Einsatz anderer Chromogene (N-Äthyl-N-β-sulfoäthyl-m-toluidin und 2-Hydrazino-2,3-dihydro-3-methyl-6-sulfobenzothiazol) und Zugabe eines speziellen aufhellenden Systems, das lipämische Trübungen innerhalb kurzer Zeit klärt, ist es möglich, die Messungen auch ohne Enteiweißung und Probenleerwert durchzuführen (Peridochromverfahren, Boehringer Mannheim, 1982). Hier kann ein wäßriger Standard benutzt werden.

b) durch Oxidation von Methanol in Anwesenheit von Katalase und Umsetzung des gebildeten Formaldehyds mit Azetylazeton und Ammoniak (Kageyama, 1971).

Hierbei ist keine Enteiweißung notwendig. Allerdings läuft die Reaktion sehr langsam ab, so daß eine Mechanisierung schwierig ist. Auch hier sollte immer ein Standard mitgeführt werden.

c) durch Oxidation von Äthanol zu Azetaldehyd in Anwesenheit von Katalase (E.C.1.11.1.6.) und Weiteroxidation des Azetaldehyds mit NADP und Aldehyddehydrogenase (E.C.1.2.1.5.) (Haeckel und Heinz, 1975).

Die Reaktion läuft sehr rasch ab und ermöglicht auch eine kinetische Messung der Harnsäurekonzentration (Ziegenhorn et al, 1977). Die Störung durch Alkoholdehydrogenase (E.C.1.1.1.1.) kann durch Zugabe von Pyrazol und Oxalat eliminiert werden (Bartl et al, 1979). Da die Messung über die Zunahme der $NADPH_2$-Konzentration erfolgt, ist das Mitführen eines Standards nicht erforderlich.

Die Harnsäurebestimmung durch direkte photometrische Messung nach Spaltung mit Uricase kann nur mit Hilfe eines hochwertigen Spektralphotometers in Quarzküvetten durchgeführt werden; für die anderen Methoden sind die gängigen Spektralphotometer ausreichend. Bei der kinetischen Messung müssen temperierbare Küvettenhalter eingesetzt werden.

Die einzelnen Uricasemethoden liefern bei korrekter Durchführung der Bestimmung weitgehend übereinstimmende Werte (Mertz, 1973; Mathies et al, 1974; Öhman, 1979; Henkel et al, 1982).

3.4.3.2 Sicherung der präanalytischen Phase

Eine Einzelmahlzeit ändert den Serumharnsäurespiegel nicht (Annino und Relman, 1959). Nüchternblut ist deshalb nicht unbedingt erforderlich. Allerdings hat die *Ernährung* eine große Bedeutung für die Harnsäurekonzentration des Serums (s.a.3.4.3.5).

Serum und Plasma geben identische Resultate (Ladenson et al, 1974).

Die *Körperlage* bei der Blutentnahme beeinflußt die Harnsäurewerte nicht (Röker et al, 1975).

Bei *Lagerung* von Vollblut bei Raumtemperatur nimmt die meßbare Konzentration an Harnsäure ab (Keller, 1975). Nach Angabe von Di Giorgio (1974) soll die

Harnsäure im Serum 3 Tage bei Raumtemperatur stabil sein. Andere Autoren (Boehringer Mannheim) geben als Haltbarkeit sogar 5 Tage bei Raumtemperatur an.

Im *eingefrorenen Zustand* ist die Harnsäure im Serum über mehrere Monate stabil.

Die Harnsäure zeigt einen diurnalen Rhythmus; nachts sind die Werte tiefer als am Tag. Von Tag zu Tag werden beim gleichen Individuum Schwankungen von ungefähr 0,5 mg/dl gefunden (Richterich und Colombo, 1978).

Das Erythrozyten/Plasma-Verhältnis der Harnsäurekonzentration beträgt 0,55 (Caraway, 1962), deshalb verändert eine leichte *Hämolyse* die Harnsäurekonzentration im Plasma nicht, allerdings können durch die Eigenextinktion der hämolytischen Probe einige Bestimmungsverfahren gestört werden (s. a. 3.4.3.6).

3.4.3.3 Interne Qualitätssicherung der analytischen Phase

Die Kontrollmöglichkeiten für die analytische Phase sind in der Tabelle 3.4-2 zusammengefaßt. Es lassen sich die meisten Qualitätssicherungsmaßnahmen einsetzen. Einschränkungen gibt es bei der Kontrolle über Tagesmittelwert und Schwellenwert, da wie bei Kreatinin (3.4.1) und bei Harnstoff (3.4.2) eine Häufung von niereninsuffizienten Patienten den Tagesmittelwert nach oben verändern kann.

Eine Trendkontrolle des Einzelwertes ist nur möglich, wenn gleichzeitig die evtl. Behandlung des Patienten mit harnsäuresenkenden oder harnsäureerhöhenden Medikamenten sowie die Ernährung berücksichtigt werden.

Eine bedingte Konstellationskontrolle ist bei Nierenkranken durch Vergleich mit Kreatinin- und Harnstoffwerten möglich.

Da es aber auch genetisch oder alimentär verursachte Veränderungen der Harnstoffwerte gibt, hat diese Qualitätssicherungsmaßnahme nur einen sehr eingeschränkten Wert.

Eine orientierende Übersicht über die mit den einzelnen Meßverfahren zu erzielende Genauigkeit ist in der **Tabelle 3.4-9** zusammengestellt.

3.4.3.4 Externe Qualitätssicherung

Wie in 3.4.3.1 beschrieben, gibt es mehrere Publikationen, die eine Übereinstimmung der Analysenergebnisse mit den unterschiedlichen Methoden finden. Bei der Durchsicht der Beipackzettel zu verschiedenen käuflichen Kontrollseren finden sich aber doch große methoden-, geräte- und herstellerabhängige Unterschiede. So differieren beispielsweise die Sollwerte für Harnsäure in einem wahllos herausgesuchten Kontrollserum zwischen 4,8 mg/dl und 5,9 mg/dl, in einem weiteren zwischen 6,6 mg/dl und 7,6 mg/dl. Hier spielen sicher Matrixeffekte, vielleicht auch eine zu geringe Anzahl von Referenzlaboratorien bei der Sollwertermittlung in kommerziellen Kontrollseren eine Rolle. Als unabhängige Referenzmethode bietet sich auch hier die Massenspektrometrie (Öhman, 1979) an.

Bei einer Durchsicht der INSTAND-Ringversuche der letzten fünf Jahre (Merten, 1981 b) finden sich für die Uricase-Katalase-Methode (Kageyama) weitgehend konstante gemittelte relative Standardabweichungen für die einzelnen Jahre von etwas mehr als 9%.

Die Werte für die Ringversuche des College of American Pathologists für 1976 und 1977 (Ross und Fraser, 1979) bzw. 1978/1979 (Ross et al, 1980) liegen tiefer, wobei vor allem mit vollmechanisierten Geräten bessere Ergebnisse erzielt werden

Tabelle 3.4-9: Orientierende Genauigkeitsangaben für die Harnsäurebestimmung (Konzentrationsangaben in mg/dl)

Größe	Methodologische Angaben	n	Bereich	s	s%	Bereich	s	s%	Bereich	s	s%
Wiederhol-genauigkeit	Uricase, ALDH kin. Eppendorf ACP[1]	20	4,2	0,10	2,4	6,8	0,12	1,7			
	Kageyama, manuell[2]	15	3,1	0,10	3,1	7,2	0,13	1,8	16,2	0,34	2,1
Stabilität in der Serie	Uricase, ALDH kin. Abbott ABA 100[3]	20	2,1	0,05	2,7	6,7	0,10	1,5	20,0	0,23	1,2
	Uricase, ALDH kin. ENI-GEMSAEC[3]	14	2,2	0,03	1,3	6,4	0,10	0,7	17,7	0,17	1,0
	Uricase, ALDH kin. LKB 8600[3]	20	2,4	0,03	1,9	6,2	0,15	2,6	16,5	0,37	2,2
	Uricase, ALDH kin. Eppendorf ACP[1]	25	3,0	0,05	1,8	6,5	0,10	1,5	8,6	0,12	1,4
	Kageyama, manuell[2]	40	4,7	0,08	1,7						
	Peridochrom[4]	30	2,1	0,03	1,5	5,4	0,08	1,4	8,1	0,06	0,-7
Robustheit	Uricase, ALDH kin. ABA 100[3]	10	6,5	0,16	2,4						
	Uricase, ALDH kin. GEMSAEC[3]	10	6,5	0,11	1,7						
	Uricase, ALDH kin. LKB 8600[3]	10	6,5	0,17	2,5						
	Uricase, ALDH kin. ACP[1]	30	4,2	0,14	3,3	6,9	0,19	2,8			
	Uricase,ALDH kin.[5]	48			5,0						
	Kageyama, manuell[2]	40	5,0	0,24	4,8						
	Kageyama[5]	135			5,3						
	Kageyama, Technicon AII[6]	80	2,9	0,08	2,9	6,2	0,15	2,4	9,9	0,08	0,8
	Peridochrom[5]	102			5,0						
	Peridochrom[4]	20	2,9	0,11	3,8	6,7	0,19	2,8	8,1	0,23	2,8
	direkte photometrische Messung, DuPont ACA[6]	80	3,7	0,20	5,4	8,9	0,22	2,4			
Ringversuchs-ergebnisse I (Referenzlabors)	Kageyama, INSTAND 1979[7]				5,51- 8,85						
	Kageyama, INSTAND 1980[7]				3,54- 8,85						
	Kageyama, KV Bayern 1979[8]		5,1	0,25	4,9	7,4	0,40	5,4			
Ringversuchs-ergebnisse II (bereinigte Teilnehmer-kollektive)	Kageyama, INSTAND 1979[7]				7,20-10,30						
	Kageyama, INSTAND 1980[7]				7,36-11,20						
	alle Methoden[9] (n = 2231-6188)				4,6 - 9,1						
	Kageyama, KV Bayern 1979[8]		5,1	0,64	12,5	7,4	0,87	11,7			
	National Q.C. Scheme U.K.[8]		3,5	0,35	10,0	10,4	1,08	10,4			
	manuell CAP 1976/1977[10]	87983	6,0	0,29	4,8	9,0	0,44	4,8			
	automatisiert CAP 1976/1977[10]	392225	6,0	0,17	2,8	9,0	0,23	2,5			
	manuell CAP 1978/1979[11]	80159	6,0	0,30	5,0	9,0	0,41	4,6			
	automatisiert CAP 1978/1979[11]	517781	6,0	0,17	2,8	9,0	0,23	2,5			

[1] Seiler, unveröffentlichte Ergebnisse; [2] Mathies et al, 1974; [3] Ziegenhorn et al, 1978; [4] Testfibel Harnsäure Peridochrom, Boehringer Mannheim GmbH; [5] Qualitätskontrollprogramm Boehringer, 1982; [6] Duncan et al, 1982; [7] Merten, 1981b; [8] Stamm, 1980; [9] Geisinger et al, 1979; [10] Ross und Fraser, 1979; [11] Ross et al, 1980.

(s.a. Tabelle 3.4-9). Die relativen Standardabweichungen der Ringversuche 1977 des College of American Pathologists lagen für die 12 Proben in Abhängigkeit von der Konzentration zwischen 4,6 und 9,1% (Geisinger et al, 1979).

3.4.3.5 Sicherung der postanalytischen Phase

Die Definition des Referenzbereiches für Harnsäure bereitet große Schwierigkeiten. Zu den durch die Bestimmungsmethoden verursachten Differenzen der Meßwerte kommen noch weitere Einflußgrößen hinzu. Zum einen spielen genetische Faktoren eine Rolle, aber auch Geschlecht, Alter und Ernährung sowie der soziale Hintergrund beeinflussen die Serumkonzentration. Studien in den verschiedenen Ländern haben gezeigt, daß bei ethnisch differenten Gruppen ebenfalls statistisch signifikante Unterschiede bestehen (Übersicht: Wyngaarden und Kelly, 1978).

Im Kindesalter bestehen keine *geschlechtsspezifischen* Unterschiede. Die Werte sind etwas tiefer als im Erwachsenenalter (Witt und Trendelenburg, 1982; Cheng et al, 1979). In der Pubertät steigt die Harnsäurekonzentration bei den männlichen Jugendlichen an, bei den weiblichen bleibt sie gleich, so daß hier geschlechtsspezifische Referenzbereiche erhalten werden (Thefeld et al, 1973). Nach der Menopause steigen die Werte für die Frauen an und nähern sich denjenigen der Männer. In der **Tabelle 3.4-10** sind die Ergebnisse einiger Publikationen zusammengefaßt.

Der *Puringehalt der Ernährung* hat einen Einfluß auf die Harnsäurekonzentration des Serums und des Urins. Purinarme Diät bewirkt einen kräftigen Abfall der Blutkonzentration. Dieser Effekt wird durch Zugabe von Purinen zur Diät in Abhängigkeit von der Purinkonzentration wieder rückgängig gemacht.

Bei schwerer *körperlicher Arbeit*, aber auch bei starker psychischer Beanspruchung steigen Serumharnsäurespiegel und Urinkonzentration an (Wyngaarden und Kelly, 1978).

Viele *Medikamente* beeinflussen in vivo die Harnsäurekonzentration im Serum. Dies muß bei der Trendkontrolle berücksichtigt werden. Schematisch kann man in 4 Gruppen unterteilen:

Tabelle 3.4-10: Referenzbereiche für Harnsäure

	Anzahl	Methode	Referenzbereich (mg/dl)	Literatur
Männer Frauen		direkte photometr. Messung nach Spaltung mit Uricase	3,5-6,5 2,5-6,1	1
Männer Frauen		direkte photometr. Messung nach Spaltung mit Uricase	3,6-7,7 2,5-6,8	2
Männer Frauen		direkte photometr. Messung nach Spaltung mit Uricase	2,2-7,8 2,0-6,5	3
Männer Frauen	443 740	Uricase/Katalase (Kageyama)	3,4-7,0 2,4-5,7	4
Knaben und Mädchen (0-16 J.)	840	Uricase/Katalase (Kageyama)	2,0-7,0	5
Kinder	185	Uricase/Katalase (Kageyama) direkte photometr. Messung	2,0-6,0	6

1 Richterich und Colombo, 1978; 2 Henry, 1974; 3 Rick, 1981; 4 Thefeld et al, 1973; 5 Cheng et al, 1979; 6 Witt und Trendelenburg, 1982.

Medikamente, die die Harnsäuresynthese hemmen (z. B. Allopurinol, Azathioprin, Mercaptopurin, Orazamid, Orotsäure).

Medikamente, die die Harnsäureausscheidung verstärken (z. B. Probenecid, Sulfinpyrazon, Benzbromaron, Phenylbutazon, Röntgenkontrastmittel, Cortison).

Diese beiden Medikamentengruppen führen zu verminderten Harnsäurewerten im Serum.

Substanzen, die die Harnsäuresynthese steigern (z. B. Fruktose, Methylenblau).

Substanzen, die die Ausscheidung von Harnsäure vermindern (z. B. Salizylate, Ethambutol, Pyrazinamid). Diese Medikamentengruppen ergeben höhere Harnsäurewerte im Serum.

Zur Diagnose einer *Hyper- bzw. Hypourikämie* sollten wegen der vielen Einflußgrößen auf jeden Fall mehrere Harnsäurebestimmungen an verschiedenen Tagen verwendet werden, wobei vor allem die Ernährung (auch beim Fasten werden die Harnspiegel erhöht) und die körperliche Tätigkeit zu berücksichtigen sind.

Bei der *Hyperurikämie* muß zwischen den primären und den sekundären Formen unterschieden werden. Die primäre Gicht betrifft vor allem Männer. Bei Frauen tritt eine Gicht im allgemeinen erst nach der Menopause auf. Das Gichtrisiko nimmt mit steigendem Serumharnsäurespiegel zu.

Im Gegensatz zur primären Hyperurikämie finden sich bei den sekundären Formen keine alters- und geschlechtsspezifischen Unterschiede. Ursachen für sekundäre Hyperurikämien können entweder ein vermehrter Purinstoffwechsel (Myeloische Leukämie, Polycythämia vera, Psoriasis, Neoplasmen, Behandlung von Tumoren durch Zytostatika oder Bestrahlung) oder eine verminderte Harnsäureausscheidung über die Nieren (akutes und chronisches Nierenversagen, Hyperparathyreoidismus, Hyperthyreose, Glykogenspeicherkrankheit Typ 1, Alkoholismus, Bleivergiftung) sein.

Beim Lesh-Nyhan-Syndrom ist der Mangel an Hypoxanthin-guaninphosphoribosyltransferase für die erhöhten Harnsäurewerte verantwortlich.

Eine *Hypourikämie* wird bei Defekten des Nierentubulus (z. B. Fanconi-Syndrom, bei neoplastischen Erkrankungen) und bei angeborenen Stoffwechselstörungen (Xanthinoxidase-Mangel, Purinnucleosidphosphorylase-Mangel) beobachtet.

3.4.3.6 Fehlermöglichkeiten

Die **chemische Methode** (Phosphorwolframsäure) wird durch eine große Anzahl von Substanzen gestört. Eine Zusammenstellung gebenYoung et al (1975).

Für die **direkte photometrische Messung nach Spaltung mit Uricase** sind bei Mitführen eines Serumleerwertes, der genau wie die Probe nur ohne Uricasezusatz behandelt wurde, bis jetzt nur wenig Einflüsse bekannt. Es sollte besser Serum als Plasma verwendet werden, da geringe Trübungen die photometrische Messung stören. Reduzierend wirkende Metallkomplexbildner und Formaldehyd hemmen die Uricase (Rick, 1977).

Bei der Bestimmungsmethode durch **Spaltung mit Uricase und Umsetzung mit Peroxidase und 4-Aminophenazon (PAP)** werden mögliche Störungen durch Hämoglobin, Lipämie oder Bilirubin durch Enteiweißung verhindert. Zugabe von Ascorbatoxidase verhindert falsch zu tiefe Werte durch Ascorbinsäure. Heparin, EDTA, Citrat und Oxalat haben keinen Einfluß auf das Meßergebnis.

Von allen bisher untersuchten Medikamenten stört nur α-Methyldopa. Bei einer α-Methyldopa-Konzentration von 8,4 mg/l werden die Harnsäurewerte um ungefähr 10% zu tief (Klose et al, 1978).

Beim **Peridochrom-Verfahren** stören Bilirubin bis 10 mg/dl, Lipämie sowie die Antikoagulantien Heparin und EDTA nicht. Oxalat, Citrat und Fluorid ergeben ungefähr 10% zu tiefe Werte, Ascorbinsäure bis zu einer Konzentration von 10 mg/dl stört nicht.

Hämoglobin bis 50 mg/dl hat keinen Einfluß auf das Meßergebnis, höhere Hämoglobinkonzentrationen ergeben falsch zu hohe Werte, die auch durch einen Probenleerwert nicht ausgeglichen werden können.

Von 39 überprüften Wirkstoffen wurden nur bei Anwesenheit von Oxyphenbutazon falsch zu niedrige Werte gemessen (Testfibel Boehringer Mannheim).

Die **Uricase-Katalase-Methode** (Kageyama) ergibt bei Ascorbinsäurekonzentrationen über 30 mg/dl sowie bei Lipämie zu tiefe Werte. Ein Bilirubingehalt über 10 mg/dl sowie eine Hämoglobinkonzentration über 100 mg/dl führen zu erhöhten Werten (Thomas, 1978). Metamizol (Haekkel et al, 1976) und Oxyphenbutazon (Mathies et al, 1974) sollen die Methode geringgradig stören.

Für die **Uricase-Katalase-ALDH-Methode** sind bisher keine Störungen durch Medikamente oder physiologische Substanzen beobachtet worden (Richterich und Colombo, 1978).

3.4.3.7 Gesichtspunkte der Wirtschaftlichkeit

Die Reagenzien für die hier beschriebenen Verfahren sind wegen des Einsatzes von Enzymen relativ teuer. Trotzdem scheint es sinnvoll zu sein, auch im Rahmen eines Screeningprogrammes die Harnsäure zu bestimmen, da die Gicht eine relativ häufige Erkrankung ist und sich bei frühzeitiger Erkennung einer Hyperurikämie und konsequenter Behandlung die Manifestation verhindern läßt.

Für die Diagnostik von Nierenfunktionsstörungen ist die Harnsäure weniger geeignet als Kreatinin, da es erst bei einer Verminderung des Glomerulumfiltrats unter 25 ml/min zu erhöhten Werten im Serum kommt.

3.4.4 Bilirubin

3.4.4.1 Präventivmaßnahmen

Bilirubin ist im gelösten Zustand, also auch im Serum oder Plasma, gegenüber *Lichteinwirkung* empfindlich, da es zu Dipyrrolen zerfällt oder zu Biliverdin oxidiert wird. Hierbei spielt es keine Rolle, ob es sich um Tageslicht oder Kunstlicht handelt.

Die *Zerstörung* des Bilirubins ist abhängig vom pH, der Anwesenheit von Albumin, Metallen und Chelatbildnern. Die Bilirubinbestimmung muß deshalb so schnell wie möglich erfolgen und das Serum sollte im Dunkeln aufbewahrt werden.

In *Kontrollseren* muß die Bilirubinkonzentration spätestens eine Stunde nach dem Auflösen gemessen werden.

Zur Bilirubinbestimmung werden in der Literatur eine ganze Anzahl von *Methoden* bzw. Modifikationen beschrieben, die alle die Überführung des Bilirubins in einen Azofarbstoff als Grundlage haben und sich im eingesetzten Diazoniumsalz, den Konzentrationen der eingesetzten Reagenzien, im Verdünnungsfaktor der Probe und in der Reaktionszeit unterscheiden.

Außerdem kann die Freisetzung des Bilirubins aus der Eiweißbindung auf verschiedene Weise erfolgen, z. B. durch Zugabe von Methanol, Coffein, Natriumacetat, Diphyllin, Natriumbenzoat, Salizylate, Pyridin usw..

Leider gibt es bis jetzt noch keine empfohlene Referenzmethode, wenn auch die Bestimmung des Bilirubins durch die Herstellung primärer Standards (NBS der USA) und die Ermittlung des molaren Extinktionskoeffizienten besser geworden ist.

Die meisten zur Zeit in medizinischen Laboratorien benutzten Methoden sind Modifikationen des ursprünglich von Jendrassik und Grof (1938) beschriebenen Verfahrens und benutzen **Sulfanilsäure und Natriumnitrit** als Diazotierungsreagenz. Gute Methodenbeschreibungen finden sich bei Richterich und Colombo (1978) sowie bei Henry (1974). Mit diesem Verfahren kann sowohl das direkte als auch das Gesamtbilirubin bestimmt werden. Die Konzentration des indirekten Bilirubins wird aus der Differenz zwischen dem gesamten und direkten Bilirubin berechnet.

In der auf Rand und Di Pasqua (1962) zurückgehenden Bilirubinbestimmungsmethode werden **2,4-Dichloranilin und Nitrit** zur Herstellung des Diazoniumsalzes benutzt (Methodenbeschreibung: Richterich und Colombo, 1978), während in der von Wahlefeld et al (1972) mitgeteilten Modifikation der Methode von Malloy und Evelyn (1937) das stabile 2,5-Dichlorphenyldiazoniumtetraborat eingesetzt wird (Methodenbeschreibung: Testfibel Bilirubin, Boehringer Mannheim, 1982).

Tabelle 3.4-11: Orientierende Genauigkeitsangaben für die Bilirubinbestimmung (Konzentrationsangaben in mg/dl)

Größe	Methodologische Angaben	n	Bereich	s	s%	Bereich	s	s%	Bereich	s	s%
Wiederhol-genauigkeit	Jendrassik u. Grof, Abbott ABA100 gesamt[1]	21	0,8	0,01	1,3	6,1	0,08	1,3			
	direkt[1]	21	0,3	0,01	4,0	3,6	0,09	2,5			
Stabilität in der Serie	„ , Abbott ABA100 gesamt[1]	26	0,3	0,03	8,8	4,9	0,08	1,6			
	direkt[1]	26	0,05	0,01	18,7	0,5	0,01	2,9			
	„ , Rotochem gesamt[2]	30	1,1	0,03	2,9	12,2	0,10	0,8	16,0	0,04	0,22
	direkt[2]	35	3,7	0,05	1,4	15,3	0,08	0,5			
	„ , Technicon SMA 6/60 gesamt[4]	25	0,7	0,04	5,9	2,4	0,10	4,0	3,8	0,11	2,9
	„ , manuell gesamt[3]	20	3,8	0,17	4,4	12,5	0,28	2,2			
	2,5-Dichlorphenyldiazoniumsalz, manuell[5]	30	0,8	0,03	3,0	7,1	0,13	1,9			
	Spektralphotometrisch, DuPont ACA[3]	20	6,3	0,14	2,2	17,4	0,12	0,7			
	Spektralphotometrisch, Richterich[3]	20	7,5	0,17	2,3	20,5	0,30	1,5			
Robustheit	Jendrassik u. Grof, ABA 100 gesamt[1]	34	0,3	0,05	16,6	4,7	0,13	2,8	9,1	0,25	2,7
	direkt[1]	35	0,5	0,05	9,8	0,9	0,09	10,4			
	„ , Rotochem gesamt[2]	112	1,2	0,05	4,1	4,2	0,10	2,3	19,7	0,22	1,1
	direkt[2]	193				7,4	0,17	2,3			
	„ , gesamt[6]	157			6,5						
	„ , manuell[3]	20	3,9	0,23	5,8	13,6	0,33	2,4			
	„ , SMA 6/60 gesamt[4]	32	0,4	0,07	16,3	1,3	0,06	4,8	3,5	0,12	3,5
	2,5-Dichlorphenyldiazoniumsalz manuell[5]	20	1,1	0,03	3,7	3,9	0,14	3,5			
	Spektrophotometrisch ACA gesamt[3]	20	3,9	0,23	5,8	14,1	0,32	2,3			
Ringversuchs-ergebnisse I	Azobilirubin, INSTAND 1979[7]				4,07– 7,33						
	„ , INSTAND 1980[7]				3,47– 7,50						
	„ , KV Bayern März 1979[8]		8,0	0,67	8,4	13,1	0,90	6,9			

Ringversuchs-	Azobilirubin, INSTAND 1979[7]				8,97–12,4						
ergebnisse II	„ , INSTAND 1980[7]				8,50–14,4						
(bereinigte	„ , KV Bayern März 1979[8]		8,0	1,07	13,4	13,1	1,55	11,8			
Teilnehmer-	National Q.C. Scheme U.K.[8]		1,4	0,26	18,5	5,7	0,71	12,5			
kollektive)	Jendrassik u. Grof, gesamt[9]	10	4,1	0,08	2,0	11,4	0,14	1,6			
	Gesamtbilirubin[10]	82	1,3	0,39	29,0	6,0	0,72	12,2	8,9	0,92	10,3
	direktes Bilirubin[10]	82	0,7	0,20	29,1	3,8	0,78	20,6	5,9	1,24	31,1
	manuell, CAP 1976/77[11]	199800	1,0	0,12	12,5	6,0	0,31	5,3			
	automatisiert, CAP 1976/77[11]	390177	1,0	0,47	7,8	6,0	0,23	3,8			
	manuell, CAP 1978/79[12]	225376	1,0	0,13	12,8	6,0	0,32	5,3			
	automatisiert CAP 1978/79[12]	530928	1,0	0,09	9,2	6,0	0,23	3,9			
	Gesamtbilirubin[13]	15	7,1	0,84	11,8	14,1	1,36	9,6	17,0	0,85	5,0
	Gesamtbilirubin[12]	15	5,8	0,88	15,0	10,9	1,70	15,6			

[1] Mori, 1978; [2] Garber, 1981; [3] Blijenberg und Leijnse, 1979; [4] Seiler, unveröffentlicht; [5] Testfibel Bilirubin Boehringer Mannheim GmbH; [6] Q.C.S. Boehringer Mannheim GmbH; [7] Merten, 1981b; [8] Stamm, 1980; [9] Perry, 1981; [10] Schreiner und Glick, 1981; [11] Ross und Fraser, 1979; [12] Ross et al, 1980; [13] Blijenberg und Leijnse, 1980.

Die Ermittlung der Bilirubinkonzentration im Neugeborenenserum kann auch durch **direkte Spektrophotometrie** des verdünnten Serums bei zwei Wellenlängen erfolgen (ausführliche Methodenbeschreibung: Richterich, 1971).

Bei allen Verfahren können die Bilirubinkonzentrationen entweder über den molaren Extinktionskoeffizienten berechnet oder mit Hilfe eines Standards ermittelt werden (die Herstellung einer geeigneten Standardlösung beschreiben Richterich und Colombo, 1978).

Wenn ein absolut messendes Photometer mit den benötigten Wellenlängen zur Verfügung steht, sollte die Berechnung über den molaren Extinktionskoeffizienten bevorzugt werden, da die Standardlösungen nicht nur schwer herstellbar, sondern auch schlecht haltbar sind. Farbstoffstandardlösungen sollten nicht verwendet werden, da keine Übereinstimmung ihrer Spektren mit dem Spektrum des Bilirubins zu erzielen ist.

3.4.4.2 Sicherung der präanalytischen Phase

Da lipämische Seren meßtechnische Schwierigkeiten bereiten können und Triglyzeride in höherer Konzentration die Diazoreaktion stören, sollte am besten *Nüchternblut* verwendet werden.

Bilirubin zeigt im Blut eine ausgeprägte *Tagesrhythmik*; morgens werden höhere Werte gemessen als am Abend (Morrison et al, 1979). Unterschiede in den Bilirubinkonzentrationen zwischen Serum und Plasma bestehen nicht (Ladenson et al, 1974).

Die *Körperlage* beeinflußt den Bilirubinwert geringgradig (Röcker et al, 1975).

Eine venöse *Stauung* über 3 Minuten führt zu einem Bilirubinanstieg (Statland et al, 1974).

Da eine *Hämolyse* je nach Bestimmungsmethode die Diazotierung hemmen kann, (s. a. 3.4.4.6) müssen möglichst hämolysefreie Proben analysiert werden. Die korpuskulären Bestandteile sollten möglichst schnell abgetrennt werden, da die Erythrozyten einen Teil des Bilirubins adsorbieren können.

Der Bilirubingehalt des Serums kann bei *Sonnenlichtexposition* in einer Stunde schon um die Hälfte abnehmen. Am besten wird die Probe deshalb im Dunkeln bei tiefen Temperaturen aufbewahrt.

Eingefrorene und *dunkel aufbewahrte Serumproben* sind mindestens drei Monate stabil. Im Kühlschrank aufbewahrte Seren sind 4 bis 7 Tage stabil, aber nach zwei Monaten ist kein Bilirubin mehr nachzuweisen (Henry, 1974).

3.4.4.3 Interne Sicherung der analytischen Phase

Der Katalog von Maßnahmen, die zur internen Qualitätssicherung der analytischen Verfahren verwendet werden können, ist in der Tabelle 3.4–2 aufgeführt. Bei allen Kontrollverfahren muß die Lichtempfindlichkeit der Proben berücksichtigt werden; deshalb sind lyophilisierte Kontrollproben spätestens 1 Stunde nach dem Auflösen zu untersuchen. In den Kontrollseren ist die Lichtempfindlichkeit des Bilirubins meist größer als in Nativseren.

Die Plausibilität der Serie läßt sich über Tagesmittelwert und Schwellenwerte gut kontrollieren; allerdings müssen die Bilirubinbestimmungen bei Neugeborenen gesondert betrachtet werden.

Eine Konstellationskontrolle ist bedingt möglich durch Vergleich mit den „Leberenzymen", vor allem der alkalischen Phosphatase und der γ-Glutamyltransferase, sowie den Werten für die Laktatdehydrogenase und die Glutamatoxalazetattransaminase, die einen Hinweis auf das Vorliegen einer hämolytischen Erkrankung geben können. Genauigkeitsangaben für die einzelnen Methoden sind in der **Tabelle 3.4–11** zusammengestellt.

3.4.4.4 Externe Qualitätssicherung

Wenn man die Jahresdurchschnittswerte der relativen Standardabweichung des Bilirubins in den INSTAND-Ringversuchen der Jahre 1976-1980 vergleicht, so findet man insgesamt etwas höhere Werte als für die anderen Substrate (Merten, 1981 b). Auch in den Ringversuchen der KV Bayern vom März 1979 und in Großbritannien läßt sich dies feststellen (Stamm, 1980). Ebenso ergibt eine Auswertung der Ringversuche des CAP der Jahre 1976 bis 1979 (Ross et al, 1979; Ross und Fraser, 1980) deutlich höhere Standardabweichungen für das Bilirubin als für die anderen Substrate. Dies ist sicher zum Teil durch die Instabilität des Bilirubins bedingt.

Im Gegensatz dazu steht die Tatsache, daß sich beim Vergleich der mit unterschiedlichen Methoden erhaltenen Ergebnisse für Kontrollseren eine relativ gute Übereinstimmung der einzelnen Werte findet.

Eine unabhängige spezifische Referenzmethode für Bilirubin gibt es zur Zeit noch nicht; trotzdem ist es möglich, bei Einhaltung der notwendigen Vorsichtsmaßnahmen zu klinisch aussagekräftigen Resultaten zu kommen. Einige Ringversuchsergebnisse sind in der Tabelle 3.4-11 aufgeführt.

3.4.4.5 Sicherung der postanalytischen Phase

Mit Ausnahme der Werte für Neugeborene sind für die Serumbilirubinkonzentrationen keine *Altersunterschiede* festgestellt worden. Eine Abhängigkeit vom *Geschlecht, Körperbau* oder *geographischer Lage* besteht ebenfalls nicht.

Die *Ernährung* hat keinen Einfluß auf das Ergebnis; allerdings werden nach 1- bis 3-tägigem Fasten um 22% bis 334% zu hohe Werte gefunden (Henry, 1974).

Nach schwerer *körperlicher Arbeit* steigen die Bilirubinkonzentrationen im Serum an.

Die Angaben für den *oberen Referenzwert* variieren in der Literatur zwischen 1,0 mg/dl und 1,5 mg/dl (**Tabelle 3.4-12**). Die Referenzwerte für Neugeborene sind

Tabelle 3.4-12: Referenzwerte für Gesamtbilirubin

Kollektiv	Obere Referenzwerte	Literatur
Männer u. Frauen	bis 1,5 mg/dl	Henry, 1974 S. 1060
Männer u. Frauen	bis 1,0 mg/dl	Sherlock, 1975
Männer u. Frauen	bis 1,4 mg/dl	Rick, 1977
Männer u. Frauen	bis 1,0 mg/dl	Bloerner et al, 1971
Männer u. Frauen	bis 1,4 mg/dl	Zieve et al, 1951
Neugeborene 0-24 h	bis 5,0 mg/dl	Richterich u. Colombo, 1978 S. 484
24-48 h	bis 9,0 mg/dl	„
3- 5 Tage	bis 12,0 mg/dl	„
nach 1 Monat	bis 1,5 mg/dl	„
Frühgeburten 0-24 h	bis 8,0 mg/dl	„
24-48 h	bis 12,0 mg/dl	„
3- 5 Tage	bis 24,0 mg/dl	„
nach 1 Monat	bis 1,5 mg/dl	„
Kinder ab 2. Monat (n = 119)	bis 1,0 mg/dl	Witt u. Trendelenburg, 1982
Kinder ab 2. Monat (n = 809)	bis 1,2 mg/dl	Cheng et al, 1979

unterschiedlich, je nachdem ob es sich um reife Neugeborene oder um Frühgeburten handelt.

Der *Referenzbereich* für das direkt reagierende Bilirubin - dieses wird für klinische Zwecke brauchbar, aber nicht ganz korrekt mit dem konjugierten Bilirubin gleichgesetzt - ist weniger genau bestimmt. Im Serum des Gesunden ist wahrscheinlich kein konjugiertes Bilirubin vorhanden. Da aber eine geringe und variable Menge des unkonjugierten Bilirubins auch die direkte Reaktion geben kann und beim Gesunden selten Werte über 0,2 mg/dl gefunden werden (Nosslin, 1960), ist als oberer Referenzwert für das direkte Bilirubin 0,2 mg/dl vorgeschlagen worden.

Für *diagnostische Zwecke* teilt man die *Hyperbilirubinämien* zweckmäßigerweise in solche mit vorwiegend erhöhtem direktem Bilirubin und solche mit vermehrtem indirektem Bilirubin ein.

Ursache für eine Erhöhung des direkten Bilirubins können intra- oder extra-hepatische Cholestasen unterschiedlicher Genese oder hepatozelluläre Schäden mit Untergang von Parenchymgewebe sein.

Erhöhte Werte für das indirekte Bilirubin findet man bei genetisch bedingten oder erworbenen hämolytischen Anämien, ebenso bei Bilirubinverwertungsstörungen in der Leber.

Geringgradige *Erhöhungen* des Bilirubins haben meist keine große klinische Bedeutung. Sie sind im allgemeinen nicht auf Lebererkrankungen, sondern auf konstitutionelle Anomalien des Bilirubin- und Hämoglobinstoffwechsels zurückzuführen (Richterich und Colombo, 1978).

Ein Nomogramm, aus dem sich aus den Konzentrationen von Gesamtbilirubin und direktem Bilirubin ablesen läßt, ob konjugiertes Bilirubin vorliegt, ist von Nosslin (1960) angegeben worden (s. a. Richterich und Colombo, 1978).

Wenn das Gesamtbilirubin erhöht ist, kann als grobe Faustregel gelten, daß bei einem Anteil des direkt reagierenden Bilirubins unter 10% der Gesamtbilirubinkonzentration das direkt reagierende Bilirubin als normal angesehen werden kann (Jones und Berk, 1979).

Beim Neugeborenen ist fast ausschließlich das indirekte Bilirubin erhöht. Hier ist eine exakte Bilirubinmessung wegen der Indikationsstellung zu einer Austauschtransfusion notwendig.

3.4.4.6 Fehlermöglichkeiten

Antikoagulantien stören die Bilirubinbestimmungen nicht. Wegen der geringeren Hämolysegefahr sind Heparin oder EDTA den anderen vorzuziehen.

Die *Beeinflussung durch Hämoglobin* ist für die einzelnen Methoden unterschiedlich.

Bei der 2,4-Dichloranilinmethode stört bereits ein Hämoglobingehalt ab 40 mg/dl (Richterich und Colombo, 1978). Die Methode mit 2,5-Dichlorphenyldiazoniumtetraborat kann in hämolytischen Proben ebenfalls nicht verwendet werden.

Im Serum von urämischen Patienten findet sich ein Indoxylglucuronat, das mit diazotierter Sulfanilsäure einen Farbstoff bildet, der mit der Bilirubinmessung interferiert. Hier kann durch Verwenden einer Zwei-Wellenlängen-Methode evtl. die Störung beseitigt werden. Bei der Messung mit 2,5-Dichlorphenyldiazoniumtetraborat werden bei Urämikern höhere Werte erhalten als mit der diazotierten Sulfanilsäure.

Antibiotika (Chloramphenicol, Tetracycline etc.) können zu unspezifischen Farbreaktionen führen und eine Bilirubinmessung unmöglich machen. Nicht vollständig eliminiertes Bromthalein stört die photometrische Messung (Rick, 1977).

Nach Gabe von Propranolol werden bei Dialysepatienten durch Metaboliten dieser Substanz falsch erhöhte Werte gefunden, nicht aber bei Nierengesunden (Stone et al, 1979).

Die nach in-vitro-Zusatz von p-Aminophenol, α-Methyldopa und Epinephrin gefundenen falsch zu hohen Bilirubinwerte (Singh et al, 1972) sind von Küffer et al (1973) nicht bestätigt worden.

3.4.4.7 Gesichtspunkte der Wirtschaftlichkeit

Es ist sicher zu kostenaufwendig, das Bilirubin im Rahmen einer Screening-Untersuchung zu bestimmen. Zum Screening reicht das grobe Abschätzen der Serumfarbe aus, wobei auffällige Seren dann einer exakten Bestimmung zugeführt werden müssen. Hefel (1978) hat bei 1691 geschätzten Serumproben insgesamt 6 falsch negative Ergebnisse gefunden. Bei auffälligen Neugeborenen und zur Verfolgung des Krankheitsverlaufes bei Erwachsenen muß natürlich die quantitative Bestimmung durchgeführt werden.

3.4.5 Glukose

3.4.5.1 Präventivmaßnahmen

Die Bestimmung der Glukosekonzentration ist die häufigste Untersuchung im klinisch-chemischen Laboratorium. Sie kann mit chemischen oder enzymatischen *Methoden* vorgenommen werden. Die enzymatischen Meßverfahren sind in wesentlich geringerem Ausmaß störanfällig als die chemischen; deshalb werden in Deutschland fast nur noch enzymatische Bestimmungsmethoden verwendet.

Die gebräuchlichsten Verfahren bedienen sich der folgenden Enzyme:
a) Glukose-Oxidase (E.C. 1.1.3.4.) und Peroxidase (E.C. 1.11.1.7.) **(GOD/POD)**
b) Glukose-Dehydrogenase (E.C. 1.1.1.47.) **(Gluc-DH)**
c) Hexokinase (E.C. 2.7.1.1.) und Glukose-6-phosphat-Dehydrogenase (E.C. 1.1.1.49.) **(HK/G-6-P-DH)**

Für jede dieser 3 Bestimmungsmethoden gibt es mehrere methodische Varianten, die sich zum einen in der Art des Untersuchungsmaterials (Vollblut, Hämolysat, enteiweißter Überstand, Plasma), zum anderen in der Form der benutzten Enzyme (naß, trägergebunden, trocken) und der Art der Meßwertermittlung (Endpunkt, kinetisch, fixed-time), sowie der Meßtemperatur (20–25 °C, 30 °C, 37 °C) unterscheiden (Guder und Kruse-Jarres, 1982).

Bei der **Glukose-Oxidase-Methode** können unterschiedliche Substanzen für die Indikatorreaktionen verwendet werden (z.B. o-Dianisidin oder das Diammoniumsalz der 2,2-Azino-di-3-äthylbenzthiazolin-2-sulfonsäure-(6) **(ABTS; Perid)**) oder Phenol/4-Aminophenazon **(PAP)**.

Weiter ist auch die Messung des bei der Glukoseoxidation verbrauchten Sauerstoffs mit einer Sauerstoffelektrode möglich.

Die **Hexokinase-** und die **Glukosedehydrogenasemethode** geben weitgehend übereinstimmende Resultate; zu den Glukose-Oxidase-Methoden bestehen teilweise erhebliche Unterschiede, da die Glukoseoxidase zwar fast absolut spezifisch auf Glukose ist, aber die Indikatorreaktionen (mit Ausnahme der Sauerstoffmessung) relativ unspezifisch sind (s.a. 3.4.5.6).

Eine international anerkannte Referenzmethode gibt es zur Zeit noch nicht. In den USA gilt die Bestimmung mit Hexokinase/Glukose-6-phosphat-Dehydrogenase als nationale Referenzmethode. Sie ist auch im DIN-Entwurf 58974 enthalten. Eine ausführliche Arbeitsvorschrift findet sich bei Richterich und Colombo (1978). Eine Beschreibung der Gluc-DH-Methode findet sich z.B. bei Stein et al (1978) oder bei Breuer (1980).

Für die Hexokinase- und die Glukosedehydrogenase-Methode ist kein Standard notwendig, da die Konzentration über die Absorption von NADPH bzw. NADH bestimmt werden kann. Die zur Verwendung kommenden Spektralphotometer sollten für die Messung bei 339 nm eine Halbwertsbreite von höchstens 10 nm und einen Falschlichtanteil von weniger als 0,5% besitzen. Spektrallinien-Photometer mit Hg-Lampe und Filtern für Hg 334 oder Hg 365 nm und einem Falschlichtanteil von weniger als 0,5% bei der gewählten Meßwellenlänge sind ebenfalls geeignet (DIN-Entwurf 58974).

Bei den GOD-Methoden müssen bei jeder Meßreihe Standards mitgeführt werden. Inkubationszeit und -temperatur müssen für Proben und Standards identisch sein. Als Standards können Lösungen von Glukose in kalt gesättigter Benzoesäurelösung dienen.

3.4.5.2 Präanalytische Phase

Die *Ernährung* hat einen deutlichen Einfluß auf die Glukosekonzentration im Blut. Leider wird die diätetische Patientenvorbereitung nicht einheitlich gehandhabt. Lediglich zur Bestimmung des Nüchternblutzuckers ist eine mindestens 12-stündige Nahrungskarenz allgemein anerkannt. Die Proben für die Bestimmung der Nüchternglukose sollten zwischen 6 und 9 Uhr entnommen werden.

Für das *Blutzuckertagesprofil* muß die Blutentnahme dem Ernährungsverhalten des Patienten angepaßt werden; dabei sollte der postprandiale Glukosewert eine Stunde nach Nahrungsaufnahme entnommen werden.

Die *Körperlage* des Patienten bei der Abnahme hat keinen Einfluß auf das Ergebnis (Röcker et al, 1975). Die Dauer der Stauung verändert den Wert nur gering (Junge et al, 1978).

Als günstigstes Untersuchungsmaterial wird die *kapilläre Blutprobe* angesehen. Im Nüchternblut können keine wesentlichen kapillar-venösen Differenzen beobachtet werden; aber nach einer Mahlzeit findet man im venösen Blut bis zu 20 mg/dl weniger Glukose als im kapillären; bei einem Glukosetoleranztest kann die Differenz sogar bis zu 60 mg/dl betragen. Die kapillar-venösen Differenzen werden vom Zeitpunkt der Blutentnahme nach Glukosezufuhr, vom Ausmaß eines evtl. Übergewichts und vom Schweregrad des Diabetes mellitus beeinflußt (Guder und Kruse-Jarres, 1982).

Im *Vollblut* werden im Mittel um 10% tiefere Werte gemessen als im Serum oder Plasma. Eine Umrechnung von Ergebnissen aus dem Vollblut in Plasmawerte sollte ebenso wie die Berechnung des kapillären Blutglukosewertes aus dem venösen Ergebnis nicht vorgenommen werden (Richterich und Colombo, 1978; Guder und Kruse-Jarres, 1982).

Im entnommenen Vollblut läuft die Glykolyse durch Leukozyten und Erythrozyten weiter. Zur Verhinderung dieses Vorganges wird das Blut sofort nach Entnahme in eine Enteiweißungslösung (z. B. Perchlorsäure, Uranylazetat) gegeben und die Glukosekonzentration im Überstand bestimmt, oder man setzt der Blutprobe ein Antikoagulans mit einem Glykolysehemmer zu. Als Antikoagulantien werden K-EDTA oder Ammoniumheparinat benutzt, als Glykolysehemmer vorwiegend Natriumfluorid oder Maleinimid eingesetzt.

Die Glukose im Kapillarblut läßt sich auf diese Weise ausreichend stabilisieren, so daß auch ein Postversand möglich ist (Guder und Kruse-Jarres, 1982).

Im enteiweißten Überstand ist die Glukose fünf Tage bei 4 °C haltbar (DIN-Entwurf 58974).

Soll *Plasma* oder *Serum* verwendet werden, muß die Blutprobe innerhalb von 30 Minuten zentrifugiert und der Überstand sofort in ein neues Röhrchen überführt werden. Der abdekantierte Überstand ist im geschlossenen Gefäß 7 Tage bei 4 °C haltbar (Hoffmeister und Junge, 1972).

Falls die Glukosebestimmung aus dem *Hämolysat* vorgenommen werden soll, wird den Glykolysehemmern noch Digitoninlösung zugegeben.

Im *Urin* ist die Glukose stabil, wenn Bakterienwachstum verhindert wird. Ohne Konservierungsmittel sollte Urin nicht länger als 2 Stunden bei Raumtemperatur aufbewahrt werden. Geeignete Konservierungsmittel sind Maleinimid, Natriumfluorid oder Chlorhexidinglukonat (Worth et al, 1980).

3.4.5.3 Interne Sicherung der analytischen Phase

Die vor einigen Jahren in lyophilisierten Qualitätskontrollproben vorhandene Instabilität der Glukose (Lawson et al, 1978) ist durch Verbesserungen bei der Herstellung der Proben im allgemeinen nicht mehr zu beobachten (Sheiko et al, 1979; Hansert und Stamm, 1980; Lawson et al, 1982).

Für die enzymatischen Bestimmungsmethoden werden weitgehend übereinstimmende Ergebnisse erzielt. Präzisions- und Richtigkeitskontrollen können deshalb ohne große Probleme durchgeführt werden.

Bei Kontrollverfahren, in denen Patientenproben eingesetzt werden (Tabelle 3.4-2) muß unbedingt eine enteiweißte Probe eingesetzt oder ein Glykolysehemmer verwendet werden.

Die Glukose ist der Analyt mit den meisten pathologischen Ergebnissen in Patientenproben, deshalb ist eine Kontrolle der Plausibilität der Serie über den Tagesmittelwert nicht möglich.

Wegen der nahrungsabhängigen schnellen Veränderung der Blutglukosekonzentration ist die *Plausibilitätskontrolle* des Einzelwertes (Lage, Trend) mit zu großen Fehlern behaftet. Direkte Kontrollmöglichkeiten für den Einzelwert durch Vergleich mit anderen Parametern sind nicht bekannt.

Genauigkeitsangaben für die drei enzymatischen Methoden sind in der **Tabelle 3.4-13** aufgeführt. Bei diesen analytischen Angaben ist zu berücksichtigen, daß der Probennahmefehler etwa das Doppelte des analytischen Fehlers beträgt (Guder und Kruse-Jarres, 1982).

3.4.5.4 Externe Qualitätssicherung

Glukose ist sowohl in den INSTAND-Ringversuchen (Merten, 1981) als auch in den Ringversuchen des CAP (Ross et al, 1980) der am häufigsten bestimmte Analyt. Von ungefähr 4500 im Jahre 1974 ist die Zahl der eingesandten Ergebnisse bei den INSTAND-Ringversuchen auf über 12000 im Jahre 1980 angestiegen.

Die Jahresdurchschnittswerte der relativen Standardabweichung haben sich von 1976 bis 1980 von beinahe 8% auf etwas über 7% verbessert (Merten, 1981) und liegen damit in der Gruppe Organika am besten. Für die Ringversuche der Deutschen Gesellschaft für Klinische Chemie und des National Q.C. Scheme von Großbritannien werden ähnliche Werte gefunden (Stamm, 1980). In der Tabelle 3.4-13 sind einige Literaturangaben für Ringversuche zusammengefaßt.

3.4.5.5 Sicherung der postanalytischen Phase

Es ist sehr schwierig (s.a. 3.4.5.2), absolut gültige Referenzbereiche für die Glukosekonzentration im *Nüchternblut* anzugeben. Werte zwischen 60 mg/dl und 100 mg/dl gelten als normal.

Geschlechtsunterschiede bestehen nicht.

Bei Neugeborenen finden sich sehr tiefe Blutglukosekonzentrationen, die sich aber sehr bald dem Bereich für die Erwachsenen annähern. Eine weitere *Altersabhängigkeit* findet sich nicht.

Tabelle 3.4-13: Orientierende Genauigkeitsangaben für die Glukosebestimmung (Konzentrationsangaben in mg/dl)

Größe	Methodologische Angaben	n	Bereich	s	s%	Bereich	s	s%	Bereich	s	s%
Wiederhol-genauigkeit	Hexokinase, Hämolysat[1]	20	74	3,2	4,5	352	6,1	1,8			
	Gluc-DH, Hämolysat, Eppendorf ACP 5040[2]	30	49	1,4	3,2				980	14,9	1,5
Stabilität in der Serie	Hexokinase, Enteiweißung, Eppendorf 5030[3]	53	103	1,3	1,3						
	Hexokinase, kinetisch[4]	20	62	3,0	4,8	131	3,6	2,7			
	Hexokinase, manuell[5]	20	79	0,7	0,9	219	1,6	0,7	272	1,2	0,5
	Hexokinase, DuPont ACA[5]	20	80	1,5	2,0	216	1,8	0,8	268	2,4	0,8
	Hexokinase, Centrifichem[5]	20	80	1,2	1,5	229	3,6	1,6	265	6,1	2,3
	Hexokinase, kinetisch, LKB 2086[6]	20	98	0,9	0,9	158	1,6	1,0	234	2,7	1,2
	Hexokinase, Enteiweißung, manuell[7]	100	228	12,4	5,5						
	Gluc-DH, Hämolysat, Technicon AII[8]	55	98	1,3	1,4	229	2,3	1,0			
	Gluc-DH, Hämolysat, Eppendorf ACP 5040[2]	30	111	2,5	2,2	197	2,7	1,4			
	Gluc-DH, Technicon AII[9]	20	58	0,9	1,6	121	1,6	1,3	421	4,3	1,0
	Gluc-DH, Technicon AII[10]	17	52	1,3	2,4	117	0,5	0,4	220	2,7	1,2
	Gluc-DH, Enteiweißung ABA 100[11]	29	76	1,6	2,1	247	0,4	1,7			
	GOD/Sauerstoffelektrode (Beckman)[5]	20	80	0,5	0,6	209	1,0	0,5	210	1,1	0,5
	GOD/PAP, Technicon SMAC[12]	35	86	1,4	1,6	215	2,4	1,1			
	GOD/PAP, Technicon AII[5]	20	83	0,8	0,9	241	5,9	2,5	264	2,7	1,0
	GOD/Perid, Autoanalyzer[7]	100				210	11,0	5,2			
Robustheit	Hexokinase, Enteiweißung, Eppendorf 5030[3]	55	103	2,0	2,0						
	Hexokinase, kinetisch[4]	5	62	4,5	7,2	131	3,0	2,3			
	Hexokinase, manuell[5]	30	82	1,1	1,3	208	1,4	0,7			
	Hexokinase, DuPont ACA[5]	30	83	2,1	2,6	206	3,1	1,5			
	Hexokinase, Centrifichem[5]	30	83	2,8	3,4	213	5,2	2,4			
	Hexokinase, kinetisch, LKB 2086[6]	20	98	0,9	0,9	158	1,6	1,0	234	2,7	1,2

	Hexokinase, Hämolysat[1]	18	94	2,3	2,5	209	4,3	2,1			
	Hexokinase, manuell[7]	18				230	10,9	4,8			
	Gluc-DH, Hämolysat, Technicon AII[8]	10	98	1,8	2,1	226	4,5	1,8			
	Gluc-DH, Hämolysat, Eppendorf ACP 5040[2]	21	112	2,5	2,2	199	4,3	2,1			
	Gluc-DH, Technicon AII	97	115	3,1	2,7	221	5,4	2,3 (n > 1600)			
	Gluc-DH, Enteiweißung, ABA 100	25	76	2,3	3,0	247	6,1	2,6			
	GOD/Sauerstoffelektrode (Beckman)[5]	30	80	1,9	2,4	204	2,3	1,1			
	GOD/PAP, Technicon, SMAC[12]	63	86	1,9	2,3	211	3,8	1,8			
	GOD/PAP, Technicon AII[5]	30	83	2,1	2,6	216	3,9	1,8			
	GOD/Perid, Autoanalyzer[7]	18				209	11,4	5,4			
Ringversuchsergebnisse I (Referenzlaboratorien)	Hexokinase, INSTAND 1979[13]				2,4–5,0						
	„ , INSTAND 1980[13]				2,4–5,1						
	GOD/Perid, KV Bayern 1979[14]		72	3,1	4,3	225	9,5	4,2			
Ringversuchsergebnisse II (Teilnehmer)	Hexokinase, INSTAND 1979[13]				5,7–8,0						
	„ , INSTAND 1980[13]				6,2–8,1						
	GOD/Perid, KV Bayern 1979[14]		72	5,7	7,9	225	16,0	7,1			
	National Q.C. Scheme U.K. 1979[14]		153	11,2	7,3	180	12,1	6,7			
	manuell, CAP 1976/1977[15]	239446	75	3,1	4,1	100	4,0	4,0	160	6,1	3,8
	automatisiert, CAP 1976/1977[15]	685298	75	2,9	3,8	100	3,6	3,6	160	5,0	3,1
	manuell, CAP 1977/1978[16]	333958	75	3,0	4,1	100	3,7	3,7	160	5,2	3,2
	automatisiert, CAP 1978/1979[16]	890044	75	2,9	3,9	100	3,4	3,4	160	4,5	2,8

[1] Schlebusch et al, 1980; [2] Bruckner, 1980; [3] Haeckel und Haeckel, 1972; [4] Adolf und Hoskin, 1978; [5] Passey et al, 1977; [6] Deeg et al, 1980; [7] Dilger et al, 1975; [8] Dick, 1980; [9] Bush et al, 1981; [10] Stein et al, 1978; [11] Seiler, unveröffentlicht; [12] Purcell et al, 1979; [13] Merten, 1981; [14] Stamm, 1980; [15] Ross und Fraser, 1979; [16] Ross et al, 1980.

Für diagnostische Zwecke gelten *Nüchternglukosekonzentrationen* zwischen 100 mg/dl und 130 mg/dl als Grenzbereich und müssen durch Provokationstests abgeklärt werden. Konzentrationen über 130 mg/dl sind pathologisch (Richterich und Colombo, 1978).

Für die Messung 1 Stunde *postprandial* können folgende Richtwerte gelten (Thomas, 1978):

- normal bis 130 mg/dl,
- Grenzbereich 130 bis 160 (130 bis 180) mg/dl und
- pathologisch über 160 (180) mg/dl.

Die Werte in Klammern gelten für ältere Personen.

Die Glukosekonzentration im *Liquor* beträgt ungefähr 40 bis 70% der Blutglukosekonzentration. Als unterer Referenzwert werden 30 mg/dl angegeben (Richterich und Colombo, 1978).

Im *Urin* gelten Konzentrationen bis 15 mg/dl als normal (DIN-Entwurf 58974).

Unter den Erkrankungen, die eine *Hyperglykämie* verursachen, steht der Diabetes mellitus in der Häufigkeit mit Abstand an der Spitze. Weitere Hyperglykämien können pankreatisch, adrenal oder hypophysär sowie thyreoidal bedingt sein.

Hypoglykämien werden weitaus seltener beobachtet. Hier ist vor allem die Hypoglykämie des Neugeborenen von Wichtigkeit, da sie wegen der drohenden Gehirnschädigung eine Notfallsituation darstellt. Die Definition erfolgt nach der Glukosekonzentration im Blut. Als kritische Grenzwerte gelten nach Dominick und Bachmann (1979): bei reifen Neugeborenen (Geburtsgewicht über 2500 g) 30 mg/dl bis zu 72 Stunden und 40 mg/dl nach 72 Stunden; bei Frühgeborenen und Neugeborenen unter 2500 g sind 20 mg/dl als Grenzwert anzusetzen.

Beim Erwachsenen finden sich Hypoglykämien vor allem als Folge einer Überdosierung von Insulin oder reaktiv, alimentär bedingt. (Wegen weiterer Einzelheiten siehe Lehrbücher der Pathobiochemie und der Inneren Medizin).

3.4.5.6 Fehlermöglichkeiten

Die bei der Hexokinase-Glukose-6-phosphat-Dehydrogenase-Methode verwendete Hexokinase ist nicht spezifisch für D-Glukose, da auch D-Fruktose und D-Mannose umgesetzt werden können. Die Glukose-6-phosphat-Dehydrogenase ist aber streng spezifisch auf Glukose-6-phosphat, so daß die Gesamtreaktion nur mit Glukose abläuft und keine anderen Substanzen mitgemessen werden. Störende Medikamente sind nicht bekannt. Trichloressigsäure hemmt die Glukose-6-phosphat-Dehydrogenase, deshalb muß die Enteiweißung mit Perchlorsäure vorgenommen werden.

Auch bei der **Glukose-Dehydrogenase-Methode** sind bisher keine Störungen bekannt, außer durch Xylose. Da das Enzym auch diesen Zucker umsetzt, darf das Verfahren nach einem Xylose-Belastungstest nicht zur Glukosebestimmung benutzt werden.

Die **Glukose-Oxidase** ist ebenfalls weitgehend spezifisch für Glukose; die Indikatorreationen sind aber störanfällig. Vor allem im Urin stören zahlreiche Substanzen, die entweder falsch zu hohe oder falsch niedrige Resultate ergeben. Deshalb sollten diese Methoden für quantitative Uringlukosebestimmungen nicht verwendet werden. Als Enteiweißungslösung muß Uranylazetat verwendet werden, um eine Verminderung der Werte durch aus den Erythrozyten austretendes Glutathion zu verhindern. Das Uranylazetat ergibt zu hohe Werte, wenn es im Bestimmungsansatz anwesend ist. In eiweißreichen Proben wird es zusammen mit dem Eiweiß ausgefällt. In Proben mit geringem Eiweißgehalt (z. B. Liquor, Urin, wäßrige Standards) darf deshalb kein Uranylazetat zugegeben werden. Im Liquor kann mit Perchlorsäure enteiweißt werden.

Harnsäure, Bilirubinglukuronid und Homogentisinsäure *interferieren* mit den Indikatorreaktionen.

α-Methyldopa, Ascorbinsäure und Metamizol in hohen Konzentrationen vermindern die Glukosewerte (Szasz et al, 1974).

Nach Gabe von Isoniazid (Sharp, 1972), Oxyphenbutazon (Kaufmann-Raab et al, 1976) und Paracetamol (Burn, 1973) werden ebenfalls leicht erniedrigte Werte erhalten.

Tolazamid (Sharp et al, 1972) und Chlorpropamid (Pennock, 1973) ergeben falsch zu tiefe Werte, wenn nicht enteiweißt wird. 5 mg/dl Tolbutamid erhöhen den Glukosewert um etwa 2% (Sharp et al, 1972).

3.5 Lipidstoffwechsel (Cholesterin, HDL-Cholesterin, Triglyzeride)

Gerd Assmann und Hilko Schriewer (Münster)

3.5.0 Einleitung

In der Pathogenese der koronaren Herzkrankheit spielen Störungen des Lipidstoffwechsels neben dem Hypertonus und dem Nikotinabusus eine entscheidende Rolle. Das Basisprogramm für die routinemäßige Diagnostik und Therapiekontrolle von Lipidstoffwechselstörungen in der Praxis beinhaltet die gleichzeitige Bestimmung von Cholesterin und Triglyzeriden im Nüchternserum (Blutentnahme nach 12-stündiger Nahrungskarenz durch venöse Punktion, nach Möglichkeit am liegenden Patienten) sowie den „Kühlschranktest" zur Fahndung nach Chylomikronen (rahmt trübes Serum nach Stehenlassen über Nacht im Kühlschrank auf, sind Chylomikronen vorhanden; andernfalls ist die Trübung durch VLDL bedingt).

Die Bedeutung des Cholesterins

Zweifelsohne besteht statistisch epidemiologisch ein enger Zusammenhang zwischen der Höhe des Gesamtcholesterinspiegels im Blutserum und der Entwicklung der koronaren Herzkrankheit. Im Individualfall ist jedoch meist aufgrund einer alleinigen Bestimmung des Gesamtcholesterins keine Aussage über das koronare Risiko möglich. Normalerweise sind ca. 70% des Gesamtcholesterins im Blutserum Bestandteil der Low-Density-Lipoproteine (LDL), die als atherogene Lipoproteine betrachtet werden, und ca. 25% des Gesamtcholesterins Bestandteil der High-Density-Lipoproteine (HDL), die als ein Schutzfaktor der koronaren Herzkrankheit angesehen werden. Eine diskrete Hypercholesterinämie (240–300 mg/dl) kann sowohl durch eine LDL-Cholesterinerhöhung (= erhöhtes koronares Risiko) als auch durch eine HDL-Cholesterinerhöhung (prognostisch günstige Konstellation) bedingt sein. Andererseits besitzt die Bestimmung des HDL-Cholesterins nicht nur diese differentialdiagnostische Bedeutung hinsichtlich der Erkennung einer prognostisch günstigen oder prognostisch ungünstigen Verteilung des Gesamtcholesterins auf die LDL- und HDL-Fraktion des Blutserums. Epidemiologische und klinische Studien haben gezeigt, daß die Analytik von HDL-Cholesterin in Verbindung mit bekannten Risikofaktoren die Vorhersage und Früherkennung des koronaren Risikos verbessert (Assmann et al., 1981 a) (= prognostische Bedeutung des HDL-Cholesterins).

Die Bedeutung der Triglyzeride

Im Gegensatz zur Hypercholesterinämie ist der Stellenwert der Hypertriglyzeridämie hinsichtlich der Vorhersage des koronaren Risikos weitgehend unklar. Eine Hypertriglyzeridämie reflektiert die Konzentrationserhöhung verschiedener Lipoproteine: Chylomikronen, VLDL, Beta-VLDL (= floating-beta-Lipoproteine). Der in vielen Fällen beobachtete statistische Zusammenhang zwischen einer Hypertriglyzeridämie und der Entwicklung einer koronaren Herzkrankheit ist von der jeweiligen Ursache der Hypertriglyzeridämie sowie deren Kausalzusammenhang zur Atherogenese abhängig (Assmann und Schriewer, 1981 b). Patienten mit familiärer Hypertriglyzeridämie weisen wahrscheinlich nur ein relativ geringes koronares Risiko auf, während hypertriglyzeridämische Patienten mit einer familiären kombinierten Hyperlipidämie und Patienten mit einer Typ III-Hyperlipidämie ein hohes koronares Risiko haben. Störungen im Katabolismus der triglyzeridreichen Lipoproteine begünstigen wahrscheinlich die Entwicklung einer Atherosklerose. Hinweise auf einen gestörten Katabolismus der triglyzeridreichen Lipoproteine sind das Vorkommen von Beta-VLDL oder das Zusammentreffen von Hypertriglyzeridämie und einer Konzentrationserniedrigung von HDL-Cholesterin. Im Individualfall kann aufgrund einer alleinigen Bestimmung von Triglyzeriden keine Vorhersage bezüglich des Risikos einer koronaren Herzkrankheit getroffen werden.

Bedeutung der Apolipoproteine
Im Zuge der Entwicklung geeigneter Bestimmungsmethoden gewinnt neuerdings die Analytik der Apolipoprotiene als ergänzende diagnostische Maßnahme eine immer größere Bedeutung. Bisher fehlen allerdings eindeutige prospektive Studien größeren Ausmaßes, um die Rolle der Apolipoproteine bezüglich der Risikoerkennung und Frühdiagnostik der koronaren Herzkrankheit eindeutig belegen zu können. Eine breite Einführung der Apolipoproteine in das Routineprogramm der Lipidstoffwechseldiagnostik in der Praxis und im Krankenhaus sollte erst dann erfolgen, wenn die Ergebnisse prospektiver Studien vorliegen und weitere klinische Untersuchungen diese Bestimmung rechtfertigen.

3.5.1 Analysenbestandteil Gesamtcholesterin

3.5.1.1 Präventivmaßnahmen zur Durchführung der Cholesterinbestimmung

Eine wesentliche Präventivmaßnahme zur Qualitätsicherung der Cholesterinbestimmung ist die Auswahl einer geeigneten Bestimmungsmethode. Die Cholesterinbestimmung im Blutserum kann im Prinzip nach folgenden Methoden durchgeführt werden:

1. Chemisch-photometrische Verfahren: Die einstufigen chemischen Bestimmungen ohne Extraktion (sogennante Direktmethoden) werden heute im Routinelabor praktisch nicht mehr durchgeführt, da sie unspezifisch und störanfällig sind, eine erhebliche Fehlerbreite aufweisen und zum Teil aggressive Reagenzien (konzentrierte H_2SO_4, Essigsäureanhydrid) benötigen. Nur nach vorhergehender Verseifung und Extraktion des Cholesterins aus dem Probenmaterial sind mit chemischen Verfahren richtige Cholesterinanalysen möglich (= Mehrstufenverfahren). Das von Abell et al. (1952) entwickelte Verfahren (Extraktion des Cholesterins mit Hexan oder Petroläther nach Esterspaltung mit ethanolischer KOH, Umsetzung des Cholesterins mit konzentrierter H_2SO_4 und Essigsäureanhydrid zu einem Farbstoff) gilt allgemein als Referenzmethode. Der Einsatz dieses Verfahrens ist allerdings für Routinezwecke zu kompliziert und aufwendig.

2. Gaschromatographische Verfahren: Die Gaschromatographie ist eine spezifische Methode zur Cholesterinanalyse in verschiedenen Probenmaterialien. Auch diese Methode ist für Routinezwecke zu kompliziert und erfordert eine spezielle Geräteausstattung (Curtius und Bürgi, 1966).

3. Massenspektrometrische Verfahren
Die Bestimmung des Cholesterins nach dem Verfahren der Massenspektrometrie ergibt von den bisher untersuchten Methoden die genaueste Übereinstimmung mit den wirklichen Analysenergebnissen. Dieses Verfahren ist deshalb als Definitivmethode vom National Bureau of Standards (NBS, Washington) vorgeschlagen worden (Schaffer et al., 1979, 1982). Die zu analysierende Serumprobe wird chemisch gespalten, Cholesterin in Hexan extrahiert und nach gaschromatographischer Trennung und anschließender Ionisation der Derivate über einen intern mitgeführten Cholesterinstandard bestimmt. Die Abweichung vom „wahren Wert" ist kleiner als $\bar{x}$ 2%.

4. Enzymatische Bestimmungsverfahren: Die im Routinelabor üblichen Cholesterinbestimmungen werden heute weitgehend mit enzymatischen Bestimmungsverfahren durchgeführt. Prinzip der enzymatischen Cholesterinbestimmung ist die enzymatische Spaltung von Cholesterinestern mittels einer Cholesterinesterase sowie die Oxidation von Cholesterin mittels Cholesterinoxidase zu Δ 4-Cholestenon unter Bildung von H_2O_2:

$$\text{Cholesterinester} + H_2O \xrightarrow{\text{Cholesterinesterase}} \text{Cholesterin} + \text{Fettsäure}$$

$$\text{Cholesterin} + O_2 \xrightarrow{\text{Cholesterinoxidase}} \Delta\ 4\text{-Cholestenon} + H_2O_2$$

Das gebildete Δ 4-Cholestenon kann direkt bei 240 nm photometrisch gemessen werden. In der Praxis wird jedoch der weitere Umsatz des gebildeten H_2O_2 zu einem photometrisch bestimmbaren Farbstoff bevorzugt.

Hierbei sind folgende Methoden möglich:

a. *Katalase-Methode* (Röschlau et al., 1974): Hierbei oxidiert das entstandene Wasserstoffperoxid mit Hilfe des Enzyms Katalase Methanol zu Formaldehyd. In Gegenwart von Ammoniumionen bildet Formaldehyd mit Azetylaceton eine gelbe Verbindung (3,5,-Diacetyl-1,4,-Dihydrolutidin), deren Farbintensität zwischen 405 bis 410 nm gemessen werden kann. Bei der Methode ist ein Probenleerwert erforderlich. Die Mindestinkubationszeit beträgt 60 Minuten bei 37 °C.

b. *Peroxidase-Methode* (Allain et al., 1974): Hierbei bildet das entstandene Wasserstoffperoxid mit Phenol und Aminophenazon unter der katalytischen Wirkung von Peroxidase einen roten Farbstoff, der bei einer Wellenlänge von 500 bis 550 nm gemessen wird. Das Plateau der Farbbildung wird nach 15 Minuten Inkubation bei 37 °C oder 30 Minuten Inkubation bei Raumtemperatur erreicht. Ein Probenleerwert ist nicht erforderlich, da trübe Seren durch die Anwesenheit von Methanol und eines Detergens geklärt werden.

c. *Weitere Methoden:* Weitere Methoden sind die Umsetzung von H_2O_2 mit Ethanol, Aldehyddehydrogenase und NAD (Haeckel und Perlick, 1976), die durch Molybdat katalysierte Umsetzung von H_2O_2 mit Jodid zu Jod (Harders und Helger, 1977) und eine kinetische Reaktion mit ABTS (Majkic und Berkes, 1977). Im Vergleich zu den unter a. und b. genannten Methoden werden die unter c. genannten Verfahren in der Praxis seltener angewandt.

3.5.1.2 Methodenvergleich

Zwischen der Gaschromatographie und den enzymatischen Cholesterinanalysen wurden mit Ausnahme der Katalase-Methode gute Korrelationen ermittelt (Haekkel et al., 1979) (**Tabelle 3.5-1**).

Von anderen Autoren wurde eine gute Korrelation zwischen der Referenzmethode nach Abell und Kendall und der Katalase-Methode gefunden (Allain et al., 1974, Stähler et al., 1975). Die Peroxidase- und Katalase-Methode liefern gut übereinstimmende Werte (Borner und Klose, 1977, van Gent et al., 1977). Im Vergleich zur einstufigen chemischen Methode ohne Extraktion wurden allerdings mit der Katalase-Methode erhebliche systematische Abweichungen gefunden (Kattermann, Köhring und Bunne, 1976). Die mit der chemischen Methode ermittelten Cholesterinkonzentrationen lagen im Durchschnitt um 0,518–0,777 mmol/l höher als die enzymatisch bestimmten Werte, bedingt durch die Unspezifität der chemischen Reaktionen.

Da von der Deutschen Gesellschaft für Klinische Chemie die Cholesterinoxidase/Peroxidase-Methode (CHOD-PAP-Methode) als ausgewählte Standardmethode empfohlen ist (Kattermann, Kupke und Borner, 1983), soll im folgenden nur auf diese Methode eingegangen werden.

Tabelle 3.5-1: Korrelationsanalyse der Meßwerte, die mittels GC-Methode (x) und anderen Methoden (y) gewonnen wurden: n = 115 (Haeckel, Sonntag und Feldmann, 1979)

Methode	Korrelations-koeffizient	Regressions-gradengleichung
Peroxydase-Methode	0,963	y = 1,040x – 0,205
Katalase-Methode	0,875	y = 1,045x + 0,211
Jodid-Methode	0,952	y = 1,039x – 0,435
Ethanol-Aldehyd-dehydrogenase-Methode	0,946	y = 1,058x – 0,313

Tabelle 3.5-2: Vergleich der CHOD-PAP-Methode (quantitative Cholesterinesterspaltung) mit der Referenzmethode (Untersucher 1 bis 10) (Abell, Kendall) und der Definitivmethode (Untersucher 11) (Massenspektrometrie) (Testreport Monotest Cholesterin „high performance", Boehringer Mannheim)

Untersucher	n	mittlere Abweichung in %
1	59	−1,2
2	16	+0,8
3	55	−1,3
4	58	−1,3
5	59	0
6	59	−1,5
7	59	−1,2
8	50	−1,4
9	60	+0,1
10	25	+0,1
11	10	−0,7

Zuverlässigkeit der enzymatischen Cholesterinbestimmung mit der CHOD-PAP-Methode
Spezifität: Außer Cholesterin werden noch andere 3-β-Hydroxy-Sterine mit Δ 4- oder Δ 5-Doppelbindungen mit Cholesterinoxidase umgesetzt (Kattermann, Kupke und Borner, 1983). Diese Substanzen kommen jedoch im Serum nur in Konzentrationen von $<$ 0,1 mmol/l vor. Im Vergleich zur Referenzmethode nach Abell und Kendall fand man mit dem enzymatischen Cholesterinbestimmungsverfahren bislang systematisch geringere Cholesterinwerte (Kattermann, Kupke und Borner, 1983). Ursache ist die ungenügende Spaltung der Cholesterinester. Mit einer neuerdings kommerziell eingeführten Cholesterinesterase ist eine vollständige Spaltung der Cholesterinester möglich (Siedel et al., 1983). Bei Verwendung dieses neuen Enzyms liefert die CHOD-PAP-Methode Werte, die weniger als 2% von den Werten der Referenzmethode bzw. Definitivmethode abweichen (siehe **Tabelle 3.5-2**) (Testreport Monotest Cholesterin, Boehringer Mannheim, 1982).

Linearität: Die enzymatische Cholesterinbestimmung liefert bis 19 mmol/l Cholesterin lineare Meßergebnisse (Kattermann, Kupke und Borner, 1983). Proben mit einer Cholesterinkonzentration $>$18,1 mmol/l sind mit 0,15 mmol/l NaCl 1:1 zu verdünnen.

Präzision: Für die Präzision *in der Serie* wurden Variationskoeffizienten von 2,5 bis 3,8% ermittelt. Für die Präzision *von Tag zu Tag* wurden aus eingefrorenen Poolseren Variationskoeffizienten von 3,1% (5,4 mmol/l Cholesterin) bis 4,7% (7,15 mmol/l Cholesterin) gefunden (Kattermann, Kupke und Borner, 1983).

3.5.1.3 Präanalytische Phase

Probennahme
Der Cholesterinwert im Blutserum wird durch Nahrungszufuhr, wenn überhaupt, nur vernachlässigbar gering beeinflußt. Da jedoch der Cholesterinspiegel im Blutserum in der Regel nicht isoliert, sondern in Kombination mit den Triglyzeridwer-

ten untersucht wird, ist bei Erwachsenen eine mindestens 12-stündige Nahrungskarenz zu empfehlen. Da bei längerer Orthostase falsch zu hohe Cholesterinwerte ermittelt werden, ist eine Probennahme durch Venenpunktion am liegenden Patienten zu empfehlen. Geeignetes Probenmaterial ist Serum oder Plasma; im Kapillarblut ist im Vergleich zum Serum oder Plasma mit systematisch niedrigeren Cholesterinkonzentrationen zu rechnen (Kattermann, Kupke und Borner, 1983).

Probenaufbewahrung
Das Probenmaterial kann bei Zimmertemperatur im verschlossenen Gefäß mehrere Stunden, bei +4 °C ca. 1-2 Tage und bei −15 °C mindestens 6 Monate aufbewahrt werden (Kattermann, Kupke und Borner, 1983).

3.5.1.4 Analytische Phase

Störfaktoren: In stark hämolytischen Seren (über 330 mg/dl freies Hämoglobin) werden falsch zu hohe Cholesterinwerte und in stark ikterischen Seren (über 80 mmol/l Bilirubin) falsch zu niedrige Cholesterinwerte gemessen (Kattermann, Kupke und Borner, 1983). Die durch Hämolyse hervorgerufene Störung tritt bei Cholesterinanalysen mit Geräten, bei denen die Probe vorher dialysiert wird, nicht auf (Assmann und Schriewer, unveröffentlicht). Weiterhin muß bei stark lipämischen Proben mit fehlerhaften Cholesterinanalysen gerechnet werden, wenn die Probe nicht entsprechend verdünnt wird bzw. ein besonderes „Aufhellsystem" verwendet wird (Testreport Monotest Cholesterin, Boehringer Mannheim, 1982). Schließlich führen hohe Konzentrationen von Ascorbinsäure (>100 mg/dl) zu falsch erniedrigten Cholesterinwerten im Serum (Kattermann, Kupke und Borner, 1983). Kreatininkonzentrationen bis 50 mg/dl und Harnsäurekonzentrationen bis 20 mg/dl stören die enzymatischen Cholesterinbestimmungen nicht (Kattermann, 1979).

3.5.1.5 Postanalytische Phase

Die Interpretation der Ergebnisse setzt die Kenntnis biologischer Einflußgrößen sowie des Referenz- und Grenzbereiches voraus. Hierauf soll im folgenden eingegangen werden.

Biologische Faktoren: Die Cholesterinkonzentration im Blutserum ist altersabhängig, aber nicht geschlechtsabhängig (Kattermann, 1979). Es besteht anscheinend keine Tagesrhythmik.

Referenzbereich: Henze et al. (1981) ermittelten in der Münchner Bevölkerung (607 Männer, 207 Frauen) mit der enzymatischen Cholesterinbestimmungsmethode die in **Tabelle 3.5-3** angegebenen *Referenzwerte.* Die Untersuchungen wurden mit der CHOD-PAP-Methode durchgeführt. Unter Verwendung der neuerdings von Siedel et al. (1983) vorgeschlagenen Modifikation der Reagenzien sind ca. 10% höhere Werte zu erwarten. Eigene im Rahmen der Vorsorgeuntersuchung bei Betriebsangehörigen in Westfalen (Assmann et al., 1980) an 3069 Männern und 1380 Frauen erstellte Daten sind in **Tabelle 3.5-4** zusammengestellt. Es sei darauf hingewiesen, daß der mit chemischen Analysenmethoden ermittelte Cholesterinreferenzbereich höher liegt als der mit enzymatischen Cholesterinbestimmungsverfahren ermittelte Referenzbereich (siehe oben).

Tabelle 3.5-3: Ergebnisse zum internationalen Cholesterinvergleich mit Preciset-Eichkurvenmaterial in 8 Ringversuchen innerhalb eines Zeitraums von 5 Jahren (Braun et al., 1980)

Ring-versuch	Erwartungs-wert	Erzielter Mittelwert	Variations-koeffizient	% zum Erwartungswert
VII	127	145	3,9	+13,9
		145	3,9	+13,9
I	181	198	3,2	+ 9,2
II		198	2,1	+ 9,2
III		201	4,1	+10,7
		199	3,1	+ 9,7
IV	185	211	4,1	+14,4
V		201	7,5	+ 8,6
VIII		206	1,6	+11,4
		206	4,4	+11,4
V	193	212	4,8	+10,1
VIII		223	3,1	+15,3
		217	3,9	+12,7
V	270	300	4,3	+11,3
VI		301	2,7	+11,6
VIII		303	4,5	+12,2
		301	3,8	+11,7
VII	333	341	2,4	+ 2,6
VIII		375	1,9	+ 7,2
		340	2,2	+ 4,9
I	363	347	4,8	4,3
II		365	3,6	+ 0,5
		369	3,4	+ 1,7
		360	3,9	2,1
V	394	438	3,9	+11,2
VI		422	2,4	+ 7,1
VIII		404	2,6	+ 2,5
		421	3,0	+ 6,9
			3,5	+ 8,6

Tabelle 3.5-4: Cholesterinkonzentrationen in Abhängigkeit vom Alter und Geschlecht (Henze et al., 1981) Mittelwerte und Referenzbereiche bei den Personen, deren Lipidwerte in einem ersten Rechengang innerhalb des 2-s-Bereiches lagen. n = Zahl aller Personen in der jeweiligen Altersklasse, deren Werte in den ersten Rechengang eingegeben wurden. Die obere Grenze des Referenzbereiches ist für Serumcholesterin als $\bar{x} \pm 2s$ definiert

	Altersgruppe Jahre	n	Cholesterin im Serum $\bar{x}$ mmol/l	untere und obere Grenze des Referenzbereiches mmol/l
Männer	20-29	98	4,53	2,95-6,11
	30-39	186	5,18	3,40-6,96
	40-49	152	5,28	3,34-7,22
	50-59	91	5,46	3,96-6,96
	59	80	5,70	3,82-7,58
Frauen	20-29	42	4,51	3,12-5,91
	30-39	57	4,99	3,40-6,58
	40-49	42	5,31	4,05-6,57
	50-59	36	5,72	4,13-7,31
	59	30	6,24	4,22-8,26

Tabelle 3.5-5: Cholesterinwerte im Blutserum bei männlichen und weiblichen Betriebsangehörigen in Westfalen (Prospektive epidemiologische Studie) (Assmann et al., 1980a)

	Anzahl	Alter	Cholesterin (x S. D.) (mmol/l)	
			$\bar{x}$	± SD
Männer	90	<20	3,92	0,70
	512	20-29	4,69	0,82
	832	30-39	5,33	1,01
	939	40-49	5,59	1,08
	660	50-59	5,78	1,06
	72	≥60	5,83	1,07
Frauen	83	<20	4,41	0,71
	340	20-29	4,61	0,81
	324	30-39	4,99	0,92
	380	40-49	5,53	1,18
	263	50-59	6,18	1,04
	16	≥60	6,80	0,91

Tabelle 3.5-6: Beurteilung der Analysenwerte der Serumlipide (Assmann und Schriewer, 1980a) Angaben in mmol/l für Erwachsene (30-50 Jahre). Normalwerte für Gesamtcholesterin und LDL-Cholesterin sind altersabhängig. Normalwerte für HDL-Cholesterin sind geschlechtsabhängig

	kein Risiko	Verdachts-bereich	behandlungs-bedürftig
Triglyceride	<1,71	1,71 -2,28	>2,28
Gesamt-Cholesterin	<5,698	5,698-6,734	>6,734
LDL-Cholesterin	<3,885	3,885-4,921	>4,921
	prognostisch günstig	Standard-risiko	Risiko
HDL-Cholesterin (Männer)	>1,425	0,907-1,425	<0,907
HDL-Cholesterin (Frauen)	>1,684	1,166-1,684	<1,166

Grenzbereich: Die in **Tabelle 3.5-5** aufgeführten „Idealwerte" („kein Risiko"), Grenzwerte („Verdachtsbereich) und Interventionswerte („behandlungsbedürftig") basieren auf Untersuchungen an 20- bis 50-jährigen Patienten und sind als Richtlinie zu werten.

3.5.1.6 Interne und externe Qualitätskontrolle

Die Ergebnisse der Qualitätskontrolle, insbesondere für Cholesterin (dasselbe gilt für Triglyceride und HDL-Cholesterin) sind weitgehend von testspezifischen Einflüssen (z.B. Cholesterinesterspaltungsqualität (siehe oben), Linearität, Störanfälligkeit, Reagenzienstabilität, Chargen-Homogenität u.a.), vom Bezugssystem (Auswertung über Faktor, über einen primären Standard oder über einen Sekundärstandard) und von meßtechnischen Einflüssen (z.B: Einflüsse durch den Untersucher bzw. durch das Analysengerät) abhängig.

Im Prinzip eignen sich die auf dem Markt befindlichen lyophilisierten Kontrollmaterialien für die interne und externe Richtigkeits- und Präzisionskontrolle (siehe allgemeiner Teil). Die Ergebnisse mit verschiedenen Kontrollmaterialien und verschiedene Ringversuche sind in **Tabelle 3.5-6** wiedergegeben (Braun et al., 1980).

3.5.2 Analysenbestandteil Triglyzeride

Präventivmaßnahmen zur Durchführung der Triglyzeridbestimmung
Wesentliche Präventivmaßnahme für die Qualitätssicherung der Triglyzeridbestimmung ist die Auswahl der geeigneten Bestimmungsmethode.

3.5.2.1 *Methodenübersicht zur Analytik der Triglyzeride*
Die Triglyzeridbestimmung kann im Prinzip nach folgenden Methoden durchgeführt werden:

1. nicht enzymatische Bestimmungsverfahren
Diese Verfahren setzen in der Regel eine Lipidextraktion voraus und sind heute in der Routine durch die enzymatischen Triglyzeridbestimmungsverfahren verdrängt. Da mit Extraktionsverfahren nur Triglyzeride, nicht jedoch Mono- und Diglyzeride sowie freies Glyzerin erfaßt werden, sind Extraktionsverfahren als Referenzmethode geeignet.

2. enzymatische Bestimmungverfahren
Prinzip der enzymatischen Triglyzeridbestimmungsverfahren ist die enzymatische Bestimmung des Glyzerinanteils der Triglyzeride. Die Spaltung der Triglyzeride erfolgt entweder mit ethanolischer KOH (Verseifungsmethode) oder vollenzymatisch mit Lipase (vollenzymatische Methode). Das freigesetzte Glyzerin wird entweder mittels Glyzerinkinase in einer gekoppelten Reaktion im optischen Test (UV-Methode) oder mittels Glyzerin-Dehydrogenase in einem Farbtest bestimmt (enzymatischer Farbtest). In einem weiteren enzymatischen Farbtest wird Glycerinphosphat + O_2 zu Dihydroxyacetonphosphat + H_2O_2 umgesetzt und das gebildete H_2O_2, wie bei der Cholesterinbestimmung (s. o.) zur Indikatorreaktion benutzt.

Das freie Glyzerin sowie die Mono- oder Diglyzeride werden mitbestimmt. Vielfach wird auf die Bestimmung des freien Glyzerins verzichtet oder ein Durchschnittswert vom Gesamtglyzerinwert abgezogen. Mono- oder Diglyzeride werden bei der enzymatischen Triglyzeridbestimmung nicht berücksichtigt.

3.5.2.2 *Methodenvergleich*
Der Methodenvergleich zwischen der vollenzymatischen Triglyzeridbestimmung und der Verseifungsmethode zeigt widersprüchliche Resultate. Einerseits wurde eine gute Übereinstimmung gefunden (Kattermann, Köhring und Bunne, 1976): y (Verseifungsmethode) = 0,96x (vollenzymatische Methode) + 0,06; r = 0,99; n = 96, Dimension mmol/l - andererseits wurden mit der vollenzymatischen Methode im Vergleich zur Verseifungsmethode 5 bis 10% niedrigere Werte gemessen (Müller et al., 1977; Liebich et al., 1977). Die Ursache dieser Differenz ist bislang ungeklärt.

Zwischen dem enzymatischen Farbtest und der UV-Methode wurden übereinstimmende Werte erzielt (Boehringer Mannheim, Peridochrom Triglyzeride, Produktinformation). y (enzymatischer Farbtest) =1,00 x (UV-Methode) +0,2; r=0,996; n=108, Dimension mg/dl.

Zuverlässigkeit der enzymatischen Triglyzeridbestimmung
Spezifität: Dihydroaceton und Glyzerinaldehyd werden ebenfalls durch Glyzerinkinase umgesetzt. Beide Substanzen kommen allerdings im Blutserum nicht vor. Bezüglich freies Glyzerin, Mono- und Diglyzeride siehe oben.

Linearität: Die enzymatische Triglyzeridbestimmung liefert bis zu 7,9 mmol/l lineare Meßergebnisse. Dies gilt sowohl für die Verseifungsmethode (Müller et al., 1977) als auch für die vollenzymatische UV-Methode (Boehringer Mannheim, Testkombination Triglyzeride vollenzymatisch, Produktinformation) und den enzymatischen Farbtest (Glyzerin-Dehydrogenase-Methode, Boehringer Mannheim, Peridochrom Triglyzeride Produktinformation).

Präzision: Für die Präzision *in der Serie* wurden folgende Variationskoeffizienten ermittelt:

	Variationskoeffizienten
Verseifungsmethode	2,1% (5,09 mmol/l Triglyzeride)
(Eggstein und Kuhlmann, 1974) UV-Test	2,8% (1,08 mmol/l Triglyzeride)
(Boehringer Mannheim Test-Combination Triglyzeride vollenzym., Produktinf.)	6,1% (1,1 mmol/l Triglyzeride)
Enzymatischer Farbtest	1,0-4,3% (<1,71 mmol/l Triglyzeride)
(Glyzerin-Dehydrogenase-Methode,	1,0-3,1% (<3,42 mmol/l Triglyzeride)
Boehringer Mannheim Peridochrom Triglyzeride, Produktinformation)	1,2-1,5% (>3,42 mmol/l Triglyzeride)

Für die Präzision von Tag zu Tag wurden folgende Variationskoeffizienten ermittelt:

Verseifungsmethode	3,1% (1,81 mmol/l Triglyzeride)
(Eggstein und Kuhlmann, 1974) UV-Test	7,3% (1,12 mmol/l Triglyzeride)
(Kattermann, Köhring und Bunne, 1976)	
Enzymatischer Farbtest	2,4-5,6% (<1,71 mmol/l Triglyzeride)
(Glycerin-Dehydrogenase-Methode,	2,7-3,9% (<3,42 mmol/l Triglyzeride)
Boehringer Mannheim Peridochrom Triglyzeride, Produktinformation)	2,4% (>3,42 mmol/l Triglyzeride)

3.5.2.3 Präanalytische Phase
Die Blutentnahme muß unbedingt nach 12-stündiger Nahrungskarenz, möglichst am liegenden Patienten durch Venenpunktion erfolgen. Geeignetes Probenmaterial ist Serum oder Plasma. Die Entnahmegefäße müssen unbedingt glyzerinfrei sein.

3.5.2.4 Analytische Phase
1. Probenaufbewahrung: Das Probenmaterial kann im verschlossenen Gefäß bei +4 °C für etwa 3 Tage und bei −20 °C mehrere Wochen aufbewahrt werden. Bei längerer Lagerung ist eine Entmischung des Probenmaterials möglich.

2. Störfaktoren: Da in der Praxis das freie Glyzerin nicht mit bestimmt wird, beeinflussen Änderungen der freien Glyzerinkonzentrationen in erster Linie die Richtigkeit der Triglyzeridbestimmung. Mit Konzentrationserhöhungen des freien Glyzerins ist insbesondere nach intracutanen und intravenösen Heparininjektionen und bei Insulinmangel zu rechnen. Andererseits bewirkt Insulin einen vorübergehenden Abfall des freien Glyzerins.

Die Verseifungsmethode wird durch Zusatz von Oxalat (100 mg/dl), Citrat (100 mg/dl), Fluorid (200 mg/dl), EDTA (100 mg/dl), Heparin (20 mg/dl) und Azid (100 mg/dl) nicht gestört (Eggstein und Kuhlmann, 1974). Auch bei der UV-Methode wurde kein Einfluß der Antikoagulantien Oxalat, Citrat, EDTA, Fluorid und Heparin beobachtet (Boehringer Mannheim, Triglyzeride, vollenzymatisch, Produktinformation).

Beim enzymatischen Farbtest führt Fluoridzusatz (2 mg/ml) zu einer erheblichen Störung ($\geqslant$20%) der Reaktion, ferner werden nach Oxalatzusatz (2-3 mg/ml) und Citrat (5 mg/ml) ca. 10% niedrigere Werte beobachtet. Heparin (75 E/ml) und EDTA (1 mg/ml) stören den enzymatischen Farbtest nicht (Boehringer Mannheim, Peridochrom Triglyzeride, Produktinformation).

In hämolytischen Seren werden mit dem enzymatischen Farbtest falsch zu hohe Triglyzeridwerte gemessen (0,2 g/dl Hämoglobin ca. +10%; 0,4 g/dl Hämoglobin +20%) (BM Peridochrom), während Hämoglobin bei der UV-Methode bis 1 g/dl ohne Einfluß ist (BM vollenzymatisch). Auch Bilirubin beeinflußt die UV-Methode bis zu einer Konzentration von 20 mg/dl nicht (BM vollenzymatisch), während beim enzymatischen Farbtest eine Tendenz zu höheren Werten gefunden wird (0,5%/mg Bilirubin) (BM Peridochrom). Stark lipämische Seren müssen verdünnt analysiert werden.

Eine mögliche Störung der enzymatischen Triglyzeridbestimmung durch verschiedene Pharmaka wurde bisher bei der Verseifungsmethode (Eggstein und Kuhlmann, 1974) und bei der UV-Methode (BM vollenzymatisch) nicht nachgewiesen. Der enzymatische Farbtest liefert in Gegenwart von Ascorbinsäure (30 mg/l) und α-Methyldopa (10 mg/l falsch zu hohe Triglyzeridwerte (BM Peridochrom).

3.5.2.5 Postanalytische Phase

Die Interpretation der Ergebnisse setzt die Kenntnisse biologischer Einflußgrößen sowie des Referenz- und Grenzbereichs voraus. Hierauf soll im folgenden eingegangen werden.

Biologische Faktoren

Der Triglyzeridwert ist erheblich von der Nahrungsaufnahme abhängig. Auch bei gesunden Probanden kommt es nach reichlicher Nahrungszufuhr, besonders in Form von Kohlenhydraten oder Alkohol zu einem Anstieg der Triglyzeridkonzentration (Sailer, 1976).

Weiterhin besteht eine positive Korrelation zwischen Triglyzeriden und körperlicher Aktivität. Frauen weisen in der Regel niedrigere Triglyzeridwerte als Männer auf, während bei beiden Geschlechtern eine Altersabhängigkeit des Triglyzeridspiegels vorliegt (**Tabelle 3.5-7**).

Tabelle 3.5-7: Konzentration von Triglyzeriden in Abhängigkeit von Alter und Geschlecht (Henze et al., 1981)
Mittelwerte und Referenzbereiche bei den Personen, deren Lipidwerte in einem ersten Rechengang innerhalb des 2-s-Bereiches lagen. n = Zahlen aller Personen in der jeweiligen Altersklasse, deren Werte in den ersten Rechengang eingegeben wurden. Die obere Grenze des Referenzbereiches ist für Serumtriglyzeride als $\bar{x} \pm 1{,}7$ s definiert. Bei der Triglyzeridbestimmung wurde das freie Glyzerin weder durch Messung noch durch Berechnung berücksichtigt

	Altersgruppe Jahre	n	Triglyzeride im Serum $\bar{x}$-Werte mmol/l	untere und obere Grenze des Referenzbereiches mmol/l
Männer	20-29	98	1,19	0,24-2,14
	30-39	186	1,43	0,14-2,71
	40-49	152	1,46	0,30-2,62
	50-59	91	1,35	0,15-2,51
	>59	80	1,35	0,40-2,70
Frauen	20-29	42	0,98	0,45-1,51
	30-39	57	1,03	0,77-1,29
	40-49	42	1,12	0,16-2,28
	50-59	36	1,25	0,56-1,94
	>59	30	1,39	0,64-2,14

Tabelle 3.5-8: Triglyzeridwerte im Blutserum bei männlichen und weiblichen Betriebsangehörigen in Westfalen (Prospektive epidemiologische Studie) (Assmann et al. 1980a)

	Anzahl	Alter	Triglyzeridwerte (mmol/l)	
			$\bar{x}$	± SD
Männer	90	<20	0,93	0,41
	512	20-29	1,34	0,87
	832	30-39	1,72	1,48
	939	40-49	2,02	2,45
	659	50-59	1,78	1,40
	71	⩾60	1,50	1,00
Frauen	82	<20	0,99	0,38
	340	20-29	0,97	0,63
	324	30-39	1,11	0,69
	380	40-49	1,19	0,77
	262	50-59	1,33	0,75
	16	⩾60	1,81	1,52

Referenzbereich

Henze et al. (1981) ermittelten in der Münchner Bevölkerung (607 Männer, 207 Frauen) mit der vollenzymatischen Triglyzeridmethode (UV-Test, ohne Berücksichtigung des freien Glyzerins) die in Tabelle 3.5-7 angegebenen Referenzwerte. Eigene im Rahmen der Vorsorgeuntersuchung bei Betriebsangehörigen in Westfalen (Assmann et al., 1980) an 3069 Männern und 1380 Frauen erstellte Daten (vollenzymatische Triglyzeridmethode (UV-Test) unter Berücksichtigung des freien Glyzerins) sind in **Tabelle 3.5-8** aufgeführt.

Grenzbereich
Grenzbereiche sind aus Tabelle 3.5-5 zu entnehmen.

3.5.2.6 Interne und externe Qualitätskontrolle
Im Prinzip eignen sich die auf dem Markt befindlichen lyophilisierten Kontrollmaterialien für die interne und externe Präzisions- und Richtigkeitskontrolle. Es sei jedoch darauf hingewiesen, daß bei der vollenzymatischen Triglyzeridbestimmung mit tierischem Kontrollmaterial aus Gründen unterschiedlicher Spezifität der Lipasen differente Befunde mit verschiedenen Reagenzien auftreten können. Zur Qualitätskontrolle der Triglyzeride sollte deshalb vorzugsweise menschliches Kontrollmaterial verwendet werden.

3.5.3 Analysenbestandteil HDL-Cholesterin

Das unter Routinebedingungen im Laboratorium analysierte „HDL-Cholesterin" ist die nach selektiver Fällung Apolipoprotein B-haltiger Lipoproteine (VLDL, LDL, Lp (a)) aus Serum oder Plasma im Fällungsüberstand ermittelte Cholesterin-Konzentration. Die Fällung erfolgt mit Polyanionen oder sulfatierten Polyanionen in Kombination mit divalenten Kationen, mit Detergentien oder mit neutralen Polymeren. Das Fällungsprinzip besteht in der Bildung unlöslicher Komplexe (Cornwell und Kruger, 1961; Burstein et al., 1970). Hierbei bestimmen Art und Konzentration der Fällungsreagenzien, pH, Ionenstärke und Proteinzusammensetzung der Probe die Selektivität der Fällung. Die im Fällungsüberstand verbleibende Fraktion ist nicht mit der Fraktion der durch präparative Ultrazentrifugation (1,063-1,21 kg/l) dargestellten HDL identisch, sondern liegt im Durchschnitt um 0,1 bis 0,2 mmol/l niedriger als die durch Ultrazentrifugation isolierte HDL-Fraktion (Warnick et al., 1979). Der HDL-Cholesterinwert reflektiert nicht die HDL-Masse; man kann vom HDL-Cholesterinwert nicht auf die HDL-Masse (oder umgekehrt) schließen.

3.5.3.1 Präventivmaßnamen zur Durchführung der HDL-Cholesterinbestimmung
Eine wesentliche Präventivmaßnahme zur Durchführung der HDL-Cholesterinbestimmung ist die Auswahl der geeigneten Bestimmungmethode.

Unter den verschiedenen zur Fällung Apolipoprotein B-haltiger Lipoproteine möglichen Methoden werden Fällungen mit Phosphorwolframsäure/$MgCl_2$, Heparin/$MgCl_2$ und Dextransulfat/$MgCl_2$ am meisten durchgeführt. Aufgrund der höheren Störempfindlichkeit gegenüber hypertriglyzeridämischen Seren sowie aufgrund des Auftretens von Trübungen bei der enzymatischen Cholesterinbestimmung ist die Fällungsmethode mit Heparin/$MgCl_2$ nicht zu empfehlen (Assmann und Schriewer, 1981 a). Für die Praxis sind Fällungsverfahren, die die enzymatische Cholesterinbestimmung mit der CHOD-PAP-Methode nicht beeinflussen wie die Phosphorwolframsäure/$MgCl_2$-Fällungsmethode sowie das Fällungsverfahren mit Dextransulfat/$MgCl_2$ besser geeignet (Assmann und Schriewer, 1981 a). Die enzymatische Cholesterinbestimmungsmethode liefert in Verbindung mit den Präzipitationsreagenzien Phosphorwolframsäure/$MgCl_2$ oder Dextransulfat/$MgCl_2$ richtige Werte.

In Verbindung mit der Heparin/$MgCl_2$-Fällungsmethode muß dem Cholesterinreagenz Ethylendiamintetraessigsäure (10 mmol/l) zugesetzt werden, um $MgCl_2$ zu komplexieren (Steele et al., 1976). Im folgenden soll nur auf die enzymatische Bestimmung von HDL-Cholesterin (CHOD-PAP-Methode) nach Fällung Apolipoprotein B-haltiger Proteine mit Phosphorwolframsäure/$MgCl_2$ eingegangen werden.

Zur enzymatischen Bestimmung von HDL-Cholesterin (CHOD-PAP-Methode) nach Fällung Apolipoprotein B-haltiger Lipoproteine mit Phosphorwolframsäure/ $MgCl_2$.

Zuverlässigkeit der Methode

Linearität: Bis zu einer HDL-Cholesterinkonzentration von 0,5 mmol/l liefert die Posphorwolframsäurefällung und anschließende enzymatische Cholesterinbestimmung lineare Meßergebnisse. Bei Verdünnung eines mit Normalserum gemischten Poolserums mit dem Serum eines Patienten mit Analphalipoproteinämie (Morbus Tangier) wurden die in **Tabelle 3.5-9** aufgeführten Abweichungen zwischen gemessenem Wert und aufgrund der Verdünnung berechnetem Wert ermittelt (Assmann, Schriewer und Funke, 1981a).

Nachweisgrenze

Bei Verdünnung des Präzipitationsüberstandes nach Fällung mit Phosphorwolframsäure/$MgCl_2$ in 0,15 mol/l NaCl wurde mit der enzymatischen Cholesterinbestimmungsmethode (CHOD-PAP) eine untere Nachweisgrenze für den Cholesterinwert im HDL von 0,052 mmol/l gefunden (Assmann, Schriewer und Funke, 1981a).

3.5.3.2 *Methodenvergleich*

Beim Vergleich der Cholesterinwerte, die im Fällungsüberstand nach Fällung mit Phosphorwolframsäure/$MgCl_2$ erhalten wurden (y) mit den Cholesterindaten, die nach Ultrazentrifugation (> 1,063 kg/l) ermittelt wurden (x), wurden folgende Er-

Tabelle 3.5-9: Linearität der HDL-Cholesterinbestimmung. Verdünnung eines aus Normalserum gemischten Poolserums mit dem Serum eines Patienten mit Analphalipoproteinämie (Morbus Tangier) vor Fällung mit Phosphorwolframsäure/$MgCl_2$

Verdünnung eines Poolserums HDL-Cholesterin 1,308 mmol/l) mit der Patientenprobe (HDL-Cholesterin 0,036 mmol/l)	HDL-Cholesterin gemessener Wert mmol/l	aufgrund der Verdünnung berechneter Wert (mmol/l)	Abweichung (mmol/l)	(%)
Unverdünnt	1,308	-		
1:1,25	1,059	1,054	+0,005	+ 0,5
1:1,67	0,795	0,800	−0,005	− 0,6
1:2,5	0,528	0,544	−0,016	− 2,9
1:5,0	0,259	0,290	−0,031	−10,7
1:10	0,145	0,163	−0,018	−11,9
1:20	0,083	0,101	−0,018	−17,8
Patientenprobe	0,036			

gebnisse gefunden: Korrelationskoeffizient: $r = 0{,}99$, Regressionsgradengleichung: $y = 0{,}96x - 0{,}072$, Anzahl der untersuchten Seren: 90 (Assmann et al., 1983).

Vollständigkeit der Präzipitation Apolipoprotein B-haltiger Lipoproteine: Apolipoprotein B-haltige Lipoproteine werden durch Phosphorwolframsäure/$MgCl_2$ unter den angegebenen Bedingungen praktisch vollständig präzipitiert: im Fällungsüberstand nach Präzipitation mit Phosphorwolframsäure/$MgCl_2$ läßt sich kein Apolipoprotein B mit kinetischer Nephelometrie nachweisen (Nachweisgrenze für Apolipoprotein B mit der kinetischen Nephelometrie 0,6 mg/dl) (Assmann et al., 1983).

Auch Lp(a) ist im Fällungsüberstand nicht nachweisbar (Nachweisgrenze für Lp(a) mittels Rocket-Elektrophorese: 2 mg/dl; Assmann et al., 1983).

Stabilität von Cholesterin im Fällungsüberstand
Eine mögliche, durch Phosphorsäure bedingte Umwandlung von Cholesterin zu Δ 3,5-Cholestadien konnte ausgeschlossen werden (Assmann et al., 1983).

Ausmaß der Mitpräzipitation von HDL: Das Ausmaß der möglichen Mitpräzipitation der HDL wurde durch Zugabe von Tracermengen ^{14}C HDL zu frischen Seren überprüft. Es wurden 94–98% der zugegebenen Radioaktivität im Überstand nach Fällung mit Phosphorwolframsäure/$MgCl_2$ wiedergefunden. (Assmann et al., 1983). Warnick et al. fanden im Präzipitat nach Fällung mit Phosphorwolframsäure/$MgCl_2$ nur ca. 50 mg/l Apolipoprotein A-I (Warnick et al., 1979). HDL_1 scheinen nicht zu kopräzipitieren (Assmann et al., 1983).

Präzision: Für die Präzision in der Serie wurden Variationskoeffizienten zwischen 1,15–2,3% ermittelt. Für die Präzision von Tag zu Tag wurde mit dem lyophilisierten Kontrollserum Precilip 662 bei Verwendung desselben, jedoch über längere Zeit aufbewahrten Materials ein Variationskoeffizient von 4% und bei täglicher Auflösung des lyophilisierten Kontrollserums ein Variationskoeffizient von 8% gefunden (siehe auch unten) (Assmann, Schriewer und Funke, 1981 a). Mit einem neuerdings im Handel befindlichen Special Control Serum für HDL-Cholesterin (Boehringer Mannheim, Nr. 651 281) ermittelten wir bei täglicher Auflösung des lyophilisierten Kontrollserums einen Variationskoeffizienten von Tag zu Tag von 3,6% (HDL-Cholesterin-Mittelwert 0,987 mmol/l) (Assmann und Schriewer, unveröffentlicht).

Praktikabilität: Die Bestimmung des HDL-Cholesterins nach Präzipitation Apolipoprotein B-haltiger Lipoproteine mit Phosphorwolframsäure/$MgCl_2$ ist ein einfach durchzuführendes, billiges und im Prinzip automatisierbares Analyseverfahren.

3.5.3.3 Präanalytische Phase

Probennahme: Siehe Bestimmung von Cholesterin und Triglyzeriden.

Probenaufbewahrung: Eine 6- bis 9-tägige Lagerung von Serumproben bei +4 °C beeinflußte die Wiederfindung von HDL nach Präzipitation Apolipoprotein B-haltiger Lipoprotein nicht (Assmann, Schriewer und Funke, 1981 a). Nach Untersu-

Tabelle 3.5-10: Fällung Apolipoprotein B-haltiger Lipoproteine mit Phosphorwolframsäure/ $MgCl_2$

	Volumen des Testansatzes (ml)	Probenvolumen (Serum) (ml)	Phosphorwolframsäure-Konzentration im Testansatz (Endkonzentration) (g/l)	$MgCl_2$ Konzentration im Testansatz (Endkonzentration) (mmol/l)	Inkubationszeit nach Reagentienzugabe	Zentrifugation	Cholesterinbestimmung im Überstand
„HDL-Cholesterin" Test Boehringer Mannheim (Assmann et al., 1983)	1,5	0,5	1,06	16,7	10 min b. Raum temp.	2 × 2 min b. 4 °C 14000 min^{-1} × g	enzymatisch CHOD-PAP (Boehringer Mannheim)
Testansatz nach Warnick et al., 1979	2,25	2,0	3,56	44,4	15 min b. Raumtemp.	30 min b. 4 °C 1500 g	Extraktion mit Isopropanol, Bestimmung

chung von Warnick et al. (1981) lassen sich Seren oder Plasmaproben bei einer Lagerungstemperatur von −15 °C mindestens 6 Monate lagern, ohne daß die Richtigkeit oder die Präzision der HDL-Cholesterinbestimmung beeinflußt wird.

3.5.3.4 Analytische Phase

Störfaktoren: Einfluß des Triglyzeridgehaltes der Proben: Hypertriglyzeridämische Seren beeinflussen nicht die Spezifität der Fällung Apolipoprotein B-haltiger Lipoproteine: Kostner et al. (1977) konnten in frischen Seren mit Triglyzeriden bis zu 9,12 mmol/l immunchemisch kein Apolipoprotein B nachweisen. Bei Untersuchungen von Probanden mit Triglyzeridgehalten zwischen 2,99–7,3 mmol/l war immunchemisch kein Apolipoprotein B zu ermitteln (Assmann, Schriewer und Funke, 1981 a). Auch das Ausmaß der möglichen Mitpräzipitation von HDL wird durch den Triglyzeridgehalt der Seren nicht beeinflußt: durch Zugabe von Tracermengen ^{14}C HDL oder ^{14}C A-I HDL zu Serenproben mit Triglyzeridgehalten von 0,57 bis 3,99 mmol/l wurden unabhängig vom Triglyzeridgehalt 90–100% der Radioaktivität im Fällungsüberstand wiedergefunden (Assmann et al., 1983).

Einfluß der Reagenzienkonzentration: Die optimalen Bedingungen für die Fällung Apolipoprotein B-haltiger Lipoprotein mit Phosphorwolframsäure/$MgCl_2$ sind in **Tabelle 3.5-10** aufgeführt. Die Abweichungen von der optimalen Konzentration der Fällungsreagenzien verursachen erhebliche Differenzen der HDL-Cholesterinwerte (Assmann, Schriewer und Funke 1981). Bei bereits geringer Konzentrationsänderung beider Fällungsreagenzien resultiert eine deutliche Erhöhung der Mitpräzipitation von ^{14}C HDL.

Einfluß der Inkubations- und Zentrifugationstemperatur: Eine Änderung der Inkubations- und/oder Zentrifugationstemperatur führt zu den in **Tabelle 3.5-11** aufge-

Tabelle 3.5-11: Einfluß der Inkubations- und Zentrifugationstemperatur auf die HDL-Cholesterinbestimmung (Mittelwerte aus 8 Plasmaproben) (Warnick et al., 1979)

Inkubations-temperatur °C	Zentrifugations-temperatur °C	Cholesterin im Fällungsüberstand (mmol/l)
4	4	1,12
23	4	1,24 ($p < 0{,}001$)
4	23	1,18 ($p < 0{,}01$)
23	23	1,25 ($p < 0{,}001$)

Tabelle 3.5-12: HDL-Cholesterin (Vorsorgeuntersuchung bei Betriebsangehörigen in Westfalen) (Assmann, Oberwittler, Schulte, Schriewer, Funke, Opping und Hauss, 1980a)

	Männer n = 9128 mmol/l	Frauen n = 4357 mmol/l
Mittelwert	1,172	1,444
Standardabweichung	0,316	0,369
Median	1,129	1,412
Minimum	0,285	0,544
Maximum	3,807	3,315
5% Percentil	0,751	0,907
25% Percentil	0,932	1,166
75% Percentil	1,321	1,658
95% Percentil	1,684	2,072

führten Unterschieden der Cholesterinwerte im Fällungsüberstand (Warnick et al., 1979).

3.5.3.5 Postanalytische Phase

Die Interpretation der Ergebnisse setzt die Kenntnis der biologischen Einflußgrößen sowie des Referenz- und Grenzbereiches voraus. Hierauf soll im folgenden eingegangen werden.

Biologische Faktoren: HDL-Cholesterinwerte sind altersunabhängig, aber geschlechtsabhängig: Frauen weisen bis zur Menopause höhere HDL-Cholesterinwerte als Männer auf (siehe **Tabelle 3.5-12**).

Referenzbereiche: Da die HDL-Cholesterinbestimmungsmethode bisher nicht standardisiert ist, und die ermittelten Werte erheblich von der Art der Fällungsmethode, der Zusammensetzung der Reagenzien sowie der anschließenden Cholesterinbestimmungsmethode abhängig sind, sind die bisher publizierten Daten schlecht miteinander vergleichbar. Im Rahmen der Vorsorgeuntersuchung bei Betriebsangehörigen im Raum Westfalen zur Verbesserung der Frühdiagnostik der koronaren Herzkrankheit wurden mit dem Fällungsverfahren Phosphorwolframsäure/$MgCl_2$ (enzymatische Cholesterinbestimmung mit der CHOD-PAP-Methode) die in Tabelle 3.5-12 angegebenen Werte ermittelt (Assmann et al., 1980a).

Grenzbereiche: Unter dem Gesichtspunkt einer möglichst hohen Effizienz der HDL-Cholesterinbestimmung hat es sich aufgrund von veröffentlichten epidemiologischen und klinischen Daten sowie aufgrund eigener Untersuchungen als sinnvoll erwiesen, die in Tabelle 3.5-6 zusammengestellten Grenzwerte festzulegen. (Assmann und Schriewer 1980c). Hiernach gelten für uns HDL-Cholesterinwerte <0,907 mmol/l (Männer) bzw. <1,166 mmol/l (Frauen) als Risikoindikator, HDL-Cholesterinwerte 0,907-1,425 mmol/l (Männer) bzw. 1,166-1,684 mmol/l (Frauen) als Standardrisiko und HDL-Cholesterinwerte >1,425 mmol/l (Männer) bzw. >1,684 mmol/l (Frauen) als prognostisch günstig. Aus den Daten der Framingham-Studie (Gordon et al., 1977) lassen sich bei den festgelegten Risikogrenzen (Männer <0,907 mmol/l, Frauen <1,166 mmol/l) folgende prognostische Kriterien des HDL-Cholesterins hinsichtlich der Inzidenz der koronaren Herzkrankheiten berechnen:

Sensitivität (Anteil von Probanden mit einem erniedrigten HDL-Cholesterinspiegel im Kollektiv, das eine koronare Herzkrankheit in 4 Jahren entwickelte): 25,3% (Männer) bzw. 36,5% (Frauen); *Spezifität* (Anteil von Probanden mit normalem HDL-Cholesterin im Kollektiv, welches in 4 Jahren keine koronare Herzkrankheit entwickelte = gesundes Kollektiv): 82,35% (Männer) bzw. 80,6% (Frauen);

Relevanz (prädiktiver Wert des positiven Resultates = Wahrscheinlichkeit für die Entwicklung einer koronaren Herzkrankheit in 4 Jahren beim erniedrigten HDL-Cholesterin): 10,7% (Männer) bzw. 7,9% (Frauen);

Effizienz (Anzahl von Probanden mit erniedrigtem HDL-Cholesterin im Kollektiv, das in 4 Jahren eine koronare Herzkrankheit entwickelte, + Anzahl der Probanden mit normalem HDL-Cholesterin im Kollektiv, das in 4 Jahren keine koronare Herzkrankheit entwickelte pro Gesamtzahl der Untersuchten): 77,95% (Männer) bzw. 78,7% (Frauen).

3.5.3.6 Interne und externe Qualitätskontrolle

Aufgrund neuerer Untersuchungen von Warnick et al. (1981) und eigener Ergebnisse (Assmann, Schriewer und Funke, 1981 a) sind konventionelle lyophilisierte Kontrollmaterialien für die Präzisions- und Richtigkeitskontrolle des HDL-Cholesterins offensichtlich nicht geeignet (Ausnahme siehe oben). Empfehlenswert sind weiterhin bei mindestens −15 °C aufbewahrte Plasmapools oder Serumpools. Mit diesen Materialien wurden Variationskoeffizienten von Tag zu Tag zwischen 3,42-6,07% (gefrorenes Plasma) bzw. 1,95-5,59% (gefrorenes Serum) ermittelt (Warnick et al., 1981).

3.6 Proteine und Proteinfraktionen

Werner Schmidtmann (Bonn)

3.6.0 Beschreibung der Proteine und Proteinfraktionen

3.6.0.1 Einleitung

Über Aufbau, Funktion, Stoffwechsel und Pathobiochemie - Hyper- und Hypoproteinämie - sowie die Indikationen zur Bestimmung der Proteine existiert eine umfassende Literatur (u.a. bei Märki, 1979; Buddecke, 1978; Wuhrmann und Märki, 1963).

Im **Serum** bzw. **Plasma** des Blutes kommen über 150 verschiedene Proteine vor. Dies erklärt, warum die getrennten Fraktionen größtenteils uneinheitlich sind - sie bestehen in der Regel aus verschiedenen Proteinen -, vollständige Trennungen in scharf abgegrenzte Fraktionen nicht möglich sind und relativ geringe Methodenänderungen unterschiedliche Ergebnisse erbringen.

Bei den quantitativen Ermittlungen der in den verschiedenen Körperflüssigkeiten, wie z.B. Serum, Liquor und Urin, gelösten Proteine handelt es sich um Methoden, welche die unterschiedlichsten Proteine gemeinsam erfassen. Die Beurteilung der Ergebnisse muß daher berücksichtigen, daß die Total-Protein-Bestimmungen nur summarische Aussagen gestatten. Für die Fraktionierung der Proteine sind prinzipiell eine Reihe von Verfahren anwendbar, die unterschiedliche Trennwirkung und Selektivität aufweisen, wie z.B. die Chromatographie, Photometrie (z.B. Albumin-Bestimmung mit der BCG- oder HABA-Methode), Elektrophorese, Immunelektrophorese, radiale Immundiffusion (RID), Radioimmunoassay (RIA), Elektroimmunoassay (EIA), Nephelometrie, Turbidimetrie. Im Rahmen der Proteinfraktionierung sollen hier die z.Zt. allgemein üblichen elektrophoretischen Verfahren und speziell in 3.6.2 die elektrophoretische Trennung in Proteinfraktionen besprochen werden.

Neben den nur aus Aminosäuren bestehenden Proteinen kommen noch zusammengesetzte Proteine, wie z.B. die Lipoproteine, im Serum bzw. Plasma vor. Dies sind wasserlösliche Protein-Lipid-Aggregate, bei denen die Lipide von einer Proteinhülle umgeben sind. Durch den Proteinanteil werden die Lipide wasserlösliche und im Blut transportierbare Lipoproteine. Die Trennung der Serum-Lipoproteine in ihre Fraktionen durch Elektrophorese wird in 3.6.3 behandelt.

Protein- und proteinhaltige Substanzen in menschlicher Gehirn- und Rückenmarksflüssigkeit, **Liquor cerebrospinalis**, spielen insbesondere bei entzündlichen Erkrankungen des Zentralnervensystems eine bedeutende Rolle.

Im **Urin** erhöht auftretende Proteine können klinisch unterschiedliche Ursachen haben. Neben den glomerulären und tubulären Proteinurien ist das Auftreten von Bence-Jones-Protein (BJP) im Urin hervorzuheben. Für die Untersuchung ist die Celluloseacetatfolien-(CAF)-Elektrophorese am besten geeignet, während die anderen Proteinurien besser durch andere Techniken zu differenzieren sind. Die Prüfung auf BJP im Urin sollte erfolgen, wenn ein Verdacht auf Makroglobulinämie Waldenström oder ein multiples Myelom besteht, die Ursache einer Proteinurie nicht bekannt ist oder das Serumprotein-Pherogramm einen M-Gradienten und die Immunelektrophorese eine monoklonale Gammopathie aufweist. Alle üblichen qualitativen BJP-Nachweise (Bradshaw-Test, Sulfosalicylsäure-Probe, Thermopräzipitations-Tests in ihren verschiedenen Formen) können in erheblichem Umfang zu falsch positiven oder negativen Ergebnissen führen. Demgegenüber handelt es sich bei der quantitativen Bestimmung von BJP durch CAF-Elektrophorese um eine sichere, spezifische und ausreichend empfindliche Methode.

3.6.0.2 Präventivmaßnahmen

Über die *Wahl der Methode* für die Protein-Bestimmung wird in 3.6.1, speziell 3.6.1.1 berichtet.

Für die *Trennung von Eiweiß- oder eiweißhaltigen Substanzen* in Fraktionen (3.6.2 bis 3.6.3) ist im Vergleich zur trägerfreien Elektrophorese (Tiselius, Antweiler) in der Routine die Elektrophorese am Trägermaterial besser geeignet. Das allen trägergebundenen Elektrophoresen Gemeinsame soll hier vorab zusammengefaßt dargestellt werden.

Um u.a. eine *Vergleichbarkeit* der Werte von Labor zu Labor zu erreichen, sind 1981 für die Elektrophorese im Rahmen der Humanmedizin Richtlinien für die zu verwendenden allgemeinen Begriffe, Einheiten und allgemeinen Anforderungen vom Deutschen Normenausschuß Medizin (NAMed), Arbeitsausschuß Elektrophorese, im DIN Deutsches Institut für Normung e.V. erarbeitet und als Deutsche Norm DIN 58938 Teil 1 (1981) und Teil 2 (1981) veröffentlicht worden. Die in **Tabelle 3.6-1** aufgelisteten allgemeinen Begriffe usw. vermitteln einen Überblick über die in DIN 58938 genormten Definitionen.

U.a. werden durch diese Norm eine Reihe von Bedingungen für die Elektrophoresegeräte, die Durchführung der Elektrophoresen, die Auswertung und die Zuverlässigkeit der Ergebnisse festgesetzt bzw. weitgehend eingeengt, sodaß sie eine Standardisierung der Methode und eine Verbesserung der Werte bewirken.

So ist z.B. der vom Stromversorgungsgerät gelieferte Gleichstrom auf ± 5% konstant zu halten. Das Auswertegerät soll bei Extinktion 1 eine Reproduzierbarkeit eines Meßwertes garantieren, die ± 1% nicht überschreitet, und gewährleisten, daß die photometrische Anzeige um nicht mehr als 2% vom linearen Zusammenhang zwischen Anzeige und gemessener Eigenschaft abweicht.

Tabelle 3.6-1: Deutsche Norm DIN 58 938: **Allgemeine Begriffe, Einheiten** (Teil 1) und **Allgemeine Anforderungen** (Teil 2). Definitionen siehe Original

Teil 1 Allgemeine Begriffe
- Elektrophoretische Trennung
- Elektropherogramm und Fraktionen
- Trennvorrichtung, -strecke und -zeit
- Trägergebundene Elektrophorese, Träger, Trennmedium und Kammeratmosphäre

Einheiten
- Prozent und/oder g/l bzw. mg/dl

Teil 2 Allgemeine Anforderungen

Allgemeine Anforderungen an die Apparatur
- Trennvorrichtung mit Trennkammer und Stromversorgungsgerät
- Auswertegerät und dessen photometrische Eigenschaften (Reproduzierbarkeit, Linearität, spektrale Reinheit, Langzeitkonstanz, Einstellzeit), Ortsauflösung, Konstanz der Vorschubgeschwindigkeit, Integrator, Meßwertausgabe

Allgemeine Anforderungen an die Versuchsbedingungen
- Trennmedium, Träger, Trennzeit, Temperatur, Feuchtigkeitsgrad der Träger u. Kammeratmosphäre, Auftragen, Lage der Auftragestelle

Allgemeine Anforderungen an die Darstellung und Auswertung der getrennten Fraktionen
- Fixierung und Färbung, Entfärbung, Transparentierung, Auswertung

Allgemeine Anforderungen an die Zuverlässigkeit der Ergebnisse
- Reproduzierbarkeit, Vergleichbarkeit, Präzision

Für die Absicherung einer genügenden Trennschärfe soll die Ionenstärke μ des Trennmediums 0,03 nicht unterschreiten. Das Untersuchungsgut muß reproduzierbar, z. B. mit einer Auftragevorrichtung (Stempel), aufzutragen sein.

Eine in die Zukunft weisende, mit den z. Zt. üblichen Farbstoffen nicht realisierbare Forderung lautet, daß bei Anfärbung mit einem Farbstoff gleiche Konzentrationen der verschiedenen Fraktionen dieselben Extinktionen ergeben. Der verwendete überschüssige Farbstoff muß ohne Verfälschung der Werte quantitativ dem Träger entzogen werden können.

Bei der Vielfalt der Bedingungen, unter denen heute die Elektrophoresen durchgeführt werden, lautet die Mindestforderung für die Reproduzierbarkeit und Vergleichbarkeit, daß die Ergebnisse jeder Fraktion innerhalb angegebener Wertebereiche einer Kontrollprobe liegen. Für die Präzision der Methode sind die relativen Standardabweichungen (Variationskoeffizienten) der durchgeführten speziellen Elektrophoreseart maßgebend.

3.6.0.3 Interne Qualitätssicherung der Analytik

Über die Kontrollmöglichkeiten des in der Analysengruppe 3.6 behandelten Proteins und der elektrophoretisch zu gewinnenden Fraktionen der Serum-, Liquor- und Urin-Proteine sowie Lipoproteine gibt **Tabelle 3.6-2** Auskunft.

Eine Reihe häufiger vor, während und nach der elektrophoretischen Trennung auftretende sowie einige für die Serumprotein- und Lipoprotein-Elektrophorese typische Fehler und ihre Vermeidung sind in **Tabelle 3.6-3** aufgeführt. Hier ist anzumerken, daß die von den Hersteller- oder Lieferfirmen mitgelieferten Bedienungsvorschriften der Geräte und die Arbeitsvorschriften für die Durchführung der

Tabelle 3.6-2: Kontrollmöglichkeiten in der Analysengruppe 3.6 Protein und Proteinfraktionen (Gesamt-Serum-Protein = GP, Serum-Protein-Elektrophorese = PE, Lipoprotein-El. = LPE, Liquor-El. = LQE, Urin-Protein-El. = UPE)

Qualität	Kontrollmethode	Analysenbestandteil				
		GP	PE	LPE	LQE	UPE
Repetierbarkeit	Doppelbestimmung	X	X	X	X	X
Stabilität	Dauerlauf	X	X	X	X	X
Robustheit	Kontrollkarte	X	X	X	X	X
Kompatibilität	Quotienten/Differenz-Kontrollkarte	X	X	X	X	X
Reproduzierbarkeit	Probentausch	X	X	X	X	X
„	Ringversuch	X	X	-	-	X
Akkuranz	Richtigkeits-Kontroll-Probe	X	X	X	-	X
Plausibilität der Serie	Tagesmittelwert	X	X	X	X	X
„	Tagesstreuung	X	X	X	X	X
„	Medianwert	X	X	X	X	X
„	Schwellenwert	X	X	X	X	X
Plausibilität der Einzelwerte	Lage	X	X	X	X	X
„	Trend (Vorwerte)	X	X	X	X	X
„	Konstellationen	X	X	X	X	X

Tabelle 3.6-3: Veränderungen des Elektropherogramms (und der Elektrophoresewerte) auf Grund von Fehlern vor, während und nach der Durchführung der Träger-Elektrophorese und ihre Vermeidung. (Celluloseacetatfolien-Elektrophorese = CAF-E, Lipoprotein-Elektrophorese = LP-E, Trenn... = TR, Kammer = KA, Puffer = PU, Probe = PR, Trennkammer = TRKA, Trennpuffer = TRPU, Trägermaterial = TRÄMA

Veränderung	Fehlerquelle	Vermeidung
Keine Trennung	Gerätedefekt, Bedienungsfehler, Stromversorgungsgerät nicht am Netz angeschlossen, nicht eingeschaltet, nicht mit der TRKA verbunden TRÄKA keinen Kontakt mit PU-Lösungen TRKA nicht verschlossen	Bedienungsanleitung beachten Stromversorgung (auch TRKA-Deckelverschluß), Gerät- und Netzsicherung überprüfen
	Zu feuchte KA (Kriechströme)	KA vor Gebrauch abtrocknen
	LP-E: TRPU-Lösung zu alt,	TRPU-Lösung erneuern
	TRKA nicht waagerecht - zu wenig PU	TRKA waagerecht stellen
Zusätzlicher Peak am Start, evtl. Banden zerfranst	Bevorzugt bei Serum auftretend: Denaturiertes, zu altes Protein, z.B. durch häufiges Einfrieren u. Auftauen, Einwirken hoher Temperatur, PR zu lange aufbewahrt, verschmutzte Auftragestempel; bei hämolyt. Seren durch Erythrozytenstromata	Kontamination des Serums mit Bakterien vermeiden. PR nicht länger als 2 Tage bei Kühlschranktemperatur aufbewahren und nicht einfrieren
	LP-E: Chylomikronen	Bei Blutabnahme Patient nicht nüchtern
	Bei neuer TRPU-Lösung keinen kurzen Vorlauf durchgeführt (Keine Potentialbildung an Elektroden)	Nur bei neuer TRPU-Lösung wenige (6 Min) dauernden Vorlauf mit Leerfolien vor den Serumläufen starten
Trennung schlecht: Verwaschen, streifig ungleichmäßig	TRÄMA mit zuviel PU-Lösung behaftet	CAF nach Einlegen in Vorpufferlösung nicht ausreichend zwischen trockenem Filterpapier abgedrückt
	LP-E: Luftblasen an der Auftragestelle im Agargel; Auftragestelle verletzt; Serum-Agarmedium nicht gründlich gemischt; Agar beim Mischen zu heiß; Auftragestelle nicht „versiegelt"; PU-Lösung und/oder Serum zu alt; Serum heparinisiert; zu hoher Cholesterin- und/oder Triglyceridgehalt; kein Nüchternserum; eingefrorenes Serum; EDTA- bzw. Citratplasma	Arbeitsvorschrift beachten Ohne „Versiegeln" der Auftragestelle kann es zu spitz in Richtung Auftragestelle ausgezogenen ß-LP-banden kommen
	LP-E: Risse an der Auftragestelle, ungleiche Beschichtung der Stege; Agargel der Stege ausgetrocknet	Verkantet transportiert und/oder gelagert Zu warm transportiert bzw. gelagert

Tabelle 3.6-3: (Fortsetzung)

Veränderung	Fehlerquelle	Vermeidung
	Agargel der Stege mit feinen Haarrissen	Zu kalt transportiert bzw. gelagert (evtl. gefroren)
	Ionenstärke der TRPU-Lösung zu niedrig (Anzeige: niedrigere mA)	TRPU-Lösung erneuern
	Auftragegut-Überschuß auf TRÄMA	Schlechtes Auftragen, evtl. Auftragestempel erneuern
Trennung verwaschen, „Schleppen"-Bildung („Trailling")	Konzentration proteinhaltiger Lösung abnorm hoch, zuviel Auftragegut	Auftragestempel überprüfen oder Auftragegut entsprechend verdünnen; Ionenstärke TR-Zeit und/oder Spannung zu hoch
Unregelmäßige Trennung und/oder zu kurze Trennstrecke	CAF: TRÄMA mit Lufteinschlüssen (weiße Stellen): zu schnelles Eintauchen in die Vorpufferlösung - Stromfluß verschlechtert und/oder ungleichmäßig	CAF auf die Oberfläche der Vorpufferlösung legen und von selbst eintauchen lassen
Trennstrecke allg. verkürzt	TRPU-Lösung hat zu hohe Ionenstärke (Anzeige: höhere mA), Verdunstung	TRPU-Lösung erneuern, starke Verdunstung von TRPU-Lösung verhindern (z.B. TRKA nicht ordentlich mit Deckel verschlossen)
	Zu kurze Trennzeit	Trennzeit normalisieren
	TRKA bei gleicher Spannung nicht vollständig mit TRÄMA beschickt	TRKA mit leeren TRÄMA vollständig beschicken - zur Kammeratmosphärensättigung geeigneter als Spannung zu erniedrigen
	LP-E: Reagenzien zu kalt, zu kurze Trennzeit	Reagenzien vor dem Lauf auf Raumtemp. bringen, Trennzeit regulieren
Trennstrecke sehr kurz bis entgegen angenommener Richtung	Umpolen vor neuem Lauf vergessen	Umpolen stets vor jedem Lauf
Trennstrecke sehr kurz, mit stärkerer Verkürzung im α_2-β-γ-Globulingebiet	TRPU-Lösung (z.B. durch hohe Raumtemp.) zu stark erwärmt (höhere mA)	Temp. der TRPU-Lösung erniedrigen oder TRPU-Lösung erneuern
Albumin-Trennstrecke verringert mit Auflaufen der Globuline	Füllhöhe der PU-Lösung anodenseitig höher	Höhe der PU-Lösung ausgleichen
Trennstrecke verlängert	TRPU-Lösung hat zu niedrige Ionenstärke (erniedrigte mA)	TRPU-Lösung erneuern
	Zu lange Trennzeit	Trennzeit regulieren
	Füllhöhe der PU-Lösung kathodenseitig höher	Höhe der PU-Lösung ausgleichen
Trennstrecke verlängert mit relativer Verlängerung im α_2-β-γ-Globulingebiet (β als β_1 und β_2)	Zu lange Trennzeit und/oder zu hohe Spannung	Trennzeit und/oder Spannung verringern

Tabelle 3.6-3: (Fortsetzung)

Veränderung	Fehlerquelle	Vermeidung
Trennung Albumin/ α_1-Glob. schlecht, γ-Glob. nicht ausreichend von Auftragestelle entfernt	TRPU-Lösung zu alt bzw. zu häufig benutzt	TRPU-Lösung erneuern - wenn generell zu konzentriert, mit aqua dest. stärker verdünnen
Trennung Albumin/ α_1-Glob. schlecht Albumin niedrig mit flacherem Abfall zum α_1-Glob. Insgesamt Globuline erniedrigt	pH-Wert der TRPU-Lösung zu niedrig	TRPU-Lösung erneuern
Albuminbande sehr schmal, Wert erhöht	pH-Wert der TRPU-Lösung zu hoch	TRPU-Lösung erneuern
Verzogene Banden	Falsche Ionenkonzentration Zu hohe Spannung Zu hohe Stromstärke Starke Verdunstung Einseitige Erwärmung der TRKA TRKA nicht waagerecht	TRPU-Lösung erneuern TRKA richtig verschließen TRKA am gleichmäßig temperierten Ort aufstellen TRKA nivellieren
Ungleichmäßige Anfärbung der Banden	PR unregelmäßig aufgetragen (defekter Stempel)	Auftragestempel evtl. erneuern
Nach einer CAF-Seite hin abnehmende Trennstrecke	Kriechströme (Haarrisse in der TRKA); Elektroden nicht auf ganzer TRKA-Breite funktionsfähig	TRKA abdichten (kleben) Elektroden erneuern
Auftragestelle liegt innerhalb der Fraktionen	TRKA falsch gepolt, PR anodenseitig (bzw. bei CAF zu weit zur Mitte hin) aufgetragen Aufgespannte CAF zu trocken: CAF zwischen Filtrierpapier zu stark abgedrückt und/oder zu lange in geöffneter TR aufgespannt gelassen	Richtig polen CAF: Rasterbrücke nach Vorschrift aufsetzen TRPU-getränkte CAF vorsichtig u. gleichmäßig zwischen Filtrierpapier von überschüssigem PU befreien, TRKA kurz nach Aufspannen der Folie verschließen
Zeitlich langsame oder abrupte, auch vorübergehende Abnahme der Trennschärfe	Änderung (evtl. chargenabhängige) der TRÄMA-Qualität (CAF z.B.)	Reklamation bei Liefer- o. Herstellerfirma (gleiche Art.-Nr. garantiert nicht vollidentisches Produkt). Bei Wechsel des TRÄMA: Vergleich parallel gelaufener Pherogramme alter und neuer TRÄMA-Charge
Änderung der Elektrophoresewerte (bei Ausschluß sonstiger Ursachen)	Änderung der Zusammensetzung der Färbelösung bzw. des Farbstoffs (Amidoschwarz 10B z.B. besteht aus mehreren Hersteller-abhängigen Farbkomponenten verschiedener	Zunächst Färbelösung erneuern; falls neuer Lauf ohne Erfolg, Reklamation bei Liefer- oder Herstellerfirma des Farbstoffs oder der Färbelösung (Art.-Nr. keine

Tabelle 3.6-3: (Fortsetzung)

Veränderung	Fehlerquelle	Vermeidung
	Konzentration u. spezifischem Proteinbindungsvermögen)	Garantie für identisches Produkt. Bei neuer Lieferung alte und neue Charge mit gleichem Serum parallel laufen lassen).
Extinktionsschreiber auf max. Schreibhöhe begrenzt: Lambert-Beer'sches Gesetz nicht mehr erfüllt, Werte der größten Fraktion erniedrigt (normal Albumin)	Durch zu große PR-Menge Schreiber am Anschlag	PR-Menge verringern
Zu schwach angefärbte Fraktionen	Zu geringe PR-Menge	PR-Menge erhöhen
Stark halbmondförmige Banden nahe Trägerrand gelaufener Proben	PR zu nahe am Rand aufgetragen. In geringem Maß immer das Problem bei außen gelaufenen Proben	Breitesten Träger des Systems verwenden, z.B. bei CAF Beckman-Format (8 PR: 1/4 Außen-PR) statt Objektträger-Format (3 PR: 2/3 Außen-PR)
CAF-E: Färbung schwächer	PR-Auftrageseite der CAF auf Färbelösung gelegt	PR-Auftrageseite nicht auf Farbelösung legen
CAF-E: Relativ geringe Färbung der Globuline	Folie zu lange im Entfärbe- und/oder Transparenzbad. Farbstoffkonzentration der Färbelösung zu gering	Gleiche (erprobte bzw. vorgeschriebene) Zeiten einhalten. Färbelösung rechtzeitig erneuern.
CAF-E: Relativ geringe Färbung der Albumine	Kein oder nicht ausreichender Eisessigzusatz in der Eisessig-Methanol-Färbelösg.	Färbelösung erneuern.
Auswertung von CAF-E: Glob.-Werte vergleichsweise höher als Albumin-Werte	Folie nicht ausreichend entfärbt	Entfärbung verbessern (Lösung, Zeit)
Glob.-Werte vergleichsweise niedriger als Albuminwerte	Nullpunkt vor Auswertung nicht richtig eingestellt: Untere Flächenteile der Fraktionen werden abgezogen, je kleiner die Fraktion, desto gravierender	Nullpunkt weit genug vor Präalbuminfraktion wählen
CAF: Folie nicht blasenfrei auf Glasplatte	Glasplatte nicht fettfrei Folie mit nicht ausreichendem oder zu hohem Druck auf Glasplatte gerollt Trockenschrank-Temperatur zu hoch	Entfettete Glasplatte nehmen Nicht auswertbar, Versuch mit richtigem Druck wiederholen Trockenschrank-Temperatur regulieren
CAF: Folie brüchig, schrumpft oder löst sich teilweise oder ganz auf	Eisessiggehalt der Eisessig-Methanol-Transparenzlösung zu hoch	Transparenzlösung erneuern

Tabelle 3.6-3: (Fortsetzung)

Veränderung	Fehlerquelle	Vermeidung
CAF: Folie nach Transparentierung und Trocknen trübe	Transparenzlösung nicht in Ordnung (falsche Zusammensetzung; Kontamination mit Entfärbelösung; Transparenzlösung verbraucht, zu alt)	Transparenzlösung erneuern
	Trockenschrank-Temperatur zu niedrig	Trockenschrank-Temperatur regulieren
	Folie auf Glasplatte nach Transparenzbad zu trocken in den Trockenschrank gebracht	Versuch mit nasser Folie durchführen und Überschuß an Transparenzlösung im Trockenschrank ablaufen lassen
	CAF: Foliencharge nicht in Ordnung	Reklamation bei Hersteller- bzw. Lieferfirma
CAF: Folie zeigt nach Trocknen Falten	Überschuß an Transparenzlösung im Trockenschrank nicht ausreichend abgelaufen	Glasplatte mit Folie im Trockenschrank senkrecht zum Trocknen stellen

Tabelle 3.6-4: Gesamteiweiß und Eiweißfraktionen:
Präzisionskontrolle über 16 Monate (Moni-Trol I Lot No 164). Anzahl Bestimmungen pro Monat n = 17 bis 30, im Mittel 20,5. Mittelwerte der Monatsmittelwerte $\bar{\bar{x}}$, mittlere Monats-Standardabweichungen $\bar{s}$ und deren prozentuale Standardabweichungen $\overline{s\%}$ sowie die gemittelten unteren und oberen Warngrenzen ($\bar{\bar{x}} \pm 2\bar{s}$). In Klammer ( ) dazu die jeweiligen s und s% der Mittelwerte von 16 Monaten. Eigene Analysenwerte

Parameter Sollwert in Prozent	$\bar{\bar{x}}$ (s) (s%)	$\bar{s}$ (s) (s%)	$\overline{s\%}$ (s)	$\bar{\bar{x}} \pm 2\bar{s}$
Ges. Eiweiß g/dl 6,72 6,25 - 7,19	6,57 (0,08) (1,227)	0,144 (0,03) (22,409)	2,185 (0,49)	6,28- 6,86
Albumin 73,5 68,0 - 79,0	72,88 (1,22) (1,671)	1,787 (0,50) (27,795)	2,460 (0,70)	69,3 -76,45
α_1-Globulin 3,5 2,5 - 4,5	3,28 (0,10) (3,145)	0,276 (0,05) (19,186)	8,466 (1,72)	2,74- 3,83
α_2-Globulin 7,5 5,5 - 9,5	7,59 (0,34) (4,480)	0,547 (0,15) (27,204)	7,169 (1,85)	6,53- 8,70
β-Globulin 7,0 4,5 - 9,5	7,73 (0,71) (9,222)	0,772 (0,24) (31,369)	9,879 (2,52)	6,19- 9,27
γ-Globulin 8,0 6,0 - 10,0	9,33 (0,55) (5,924)	0,927 (0,22) (24,023)	9,902 (2,18)	7,48-11,19

Elektrophoresen beachtet und als mangelhaft anzusehende Pherogramme grundsätzlich nicht ausgewertet werden sollten.

Für die interne Sicherung der analytischen Phase sind Präzisionskontrollseren (= Kontrollseren ohne Werteangaben) oder Richtigkeitskontrollseren (höhere Kosten!) einzusetzen oder gepoolte Seren geeignet. Präzisionskontrollseren sind von den Firmen zu beziehen, die auch Richtigkeitskontrollseren auf den Markt bringen. Über die im Rahmen des Eichgesetzes zu treffenden Maßnahmen, z. B. wann die Probe einzusetzen ist und wie die Registrierung der gewonnenen Werte auf den Kontrollkarten zu erfolgen hat, ist im Allgemeinen Kapitel berichtet worden.

Es soll von der Präzisionskontrolle mit einem Kontrollserum berichtet werden (Moni-Trol I Lot No 164), deren Werte in der Routine die Gesamtproteine und Proteinelektrophoresen der Patientenseren während eines Zeitraums von 16 Monaten (Januar 1981 bis April 1982) begleitet haben (**Tabelle 3.6-4**). Die geringe Streuung der Gesamtproteine im Vergleich zu den Streuungen der Elektrophoresefraktionen ist bekannt.

In der Tabelle sind in der ersten Spalte die gemittelten Werte der Parameter aus den 16 Mittelwerten der 16 Monate dauernden Laufzeit des Kontrollserums ($\bar{\bar{x}}$) angegeben und für jeden Parameter 2 Reihen tiefer in ( ) deren prozentuale Standardabweichungen. Die Standardabweichung ist am geringsten beim Gesamtprotein (1,227%) gefolgt vom Albumin und steigt an über α_1-, α_2-, γ-Globulin bis zum β-Globulin. Entgegen der Erwartung liegt das α_1-Globulin mit 3,145% relativ günstig.

3.6.0.4 Externe Qualitätssicherung der Analytik

Die Proteinbestimmung und die elektrophoretische Bestimmung von Serumproteinfraktionen sind Bestandteil von im Auftrag der Bundesärztekammer, der Arbeitsgemeinschaft Westdeutscher Ärztekammern und den Kassenärztlichen Vereinigungen auf Grund des Eichgesetzes von 1969 durchgeführten Ringversuchen.

Außer regionaler Kassenärztlicher Vereinigungen sind mit der Durchführung das Institut für Standardisierung und Dokumentation im Medizinischen Laboratorium e.V. (*INSTAND e. V.*), Abteilung Qualitätssicherung, Zentralbüro Düsseldorf, Johannes-Weyer-Str. 1, Postfach 4402, 4000 Düsseldorf 1, Tel. 0211/314067; und die Deutsche Gesellschaft für Klinische Chemie e. V. (*DGKCH*), Externe Qualitätskontrolle, Bonn beauftragt.

Nach dem vom Instand herausgegebenen Leitfaden für die Ringversuche besteht bei den genannten Bestimmungen die Wahlmöglichkeit zwischen 2 Programmen:
- Programm A (4 Ringversuche im Jahr) Gruppe 123 - Klinische Chemie 1: Gesamteiweiß, Eiweißfraktionen;
- Programm C (4 Ringversuche im Jahr) Gruppe 141 - Eiweißfraktionen: Gesamteiweiß, Eiweißfraktionen.

Für das Gesamteiweiß ist im Protokollbogen im 1. Vorfeld die Methode anzugeben:
- 01 Biuret-Methode mit Berücksichtigung des Probenleerwerts
- 02 Biuret-Methode ohne Berücksichtigung des Probenleerwerts
- 99 Andere Methoden

Im 2. Vorfeld folgt die Angabe des Reagenzienherstellers entsprechend dem Code des Reagenzienschlüssels abgekürzt in 2 Buchstaben.

An 3. Stelle der Vorfelder ist der 4-stellige Code des Herstellers des Photometers (2 Buchstaben) und des Photometertyps dieser Firma (2-stellige Zahl) einzutragen. Für die Eintragung der ermittelten Gesamteiweißwerte der je Ringversuch zu untersuchenden beiden Proben sind die beiden Ergebnisfelder des Protokollbogens vorgesehen.

Beispiel: Gesamteiweiß Probe 41: 5,14 g/dl, Probe 42: 6,18 g/dl, Biuretmethode mit Berücksichtigung des Probenleerwerts, Reagenz Boehringer Mannheim, Photometer Eppendorf 1101 M. Eintragung im Protokollbogen Programm A Nr. 123 - Klinische Chemie 1:

Vorfelder			Ergebnisfelder	
Methode	Reagenz	Gerät	Probe 41	Probe 42
01	BM	EP12	5,14	6,18

Bei den elektrophoretisch getrennten Eiweißfraktionen sind analog dem Gesamteiweiß in den Vorfeldern anzugeben unter Methode unter
- 01 Amidoschwarz,
- 02 Ponceaurot,
- 99 Andere Farbstoffe.

Unter der Rubrik Reagenz ist der Hersteller oder Vertreiber des Folienmaterials und als Gerät das verwendete Auswertegerät anzugeben. Dahinter folgen in den Ergebnisfeldern die Angaben der Eiweißfraktionen in Prozenten für die beiden untersuchten Proben.

Beispiel: Albumin Probe 41: 65,4%, Probe 42: 58,6%, Farbstoff Amidoschwarz, CAF Sartorius, Densitometer Hirschmann Elscript 3, Programm A Nr. 123 - Klinische Chemie 1:

Vorfelder			Ergebnisfelder	
Methode	Reagenz	Gerät	Probe 41	Probe 42
01	SR	HRO3	65,4	58,6

Umfang und Art der verschiedenen, in die Protokollbögen einzutragenden Angaben beruhen auf Erfahrungen, die in den Jahren vor und seit der Durchführung von Ringversuchen gemacht worden sind.

Bei der *Deutschen Gesellschaft für Klinische Chemie* besteht je nach Vertragstyp die Möglichkeit, an einzeln wählbaren oder acht über das Jahr verteilten Ringversuchen teilzunehmen. Beim Gesamtprotein wird bei der Auswertung nach Methodennummern differenziert:
1. Biuret-Methode ohne Berücksichtigung des Serumleerwerts
2. Biuret-Methode mit Berücksichtigung des Serumleerwerts
3. Andere

In der 2. Rubrik erfolgt die Differenzierung nach dem Reagenzienhersteller mit Hilfe eines 2-stelligen Zahlencodes.

Die 3. und 4. Rubrik sind den Ergebnissen der beiden Proben A und B vorbehalten.

Bei der Serumeiweiß-Elektrophorese werden nur die in Prozenten angegebenen Albumine und γ-Globuline von den beiden Proben A und B eingetragen. In der Spalte 1 wird nur nach Farbstoff bei Verwendung von CAF und bei Amidoschwarzfärbung gesondert für das Auswertegerät Elscript und nicht nach Folienarten unterschieden. Alles andere wird unter 4. zusammengefaßt:

1. Acetatfolie mit Ponceau S
2. Acetatfolie mit Amidoschwarz 10 B
3. Acetatfolie mit Amidoschwarz 10 B, Auswertung mit Elscript
4. Andere

In der 2. Spalte wird auch hier der Reagenzienhersteller nach dem oben erwähnten Code eingetragen.

3.6.1 Protein (Gesamt-Eiweiß, Protein total)

3.6.1.1 Präventivmaßnahmen

Die quantitative Bestimmung des Gesamt-Proteins kann erfolgen durch *Methoden*, die beruhen auf der

- Farbkomplexbildung von zugesetzten Substanzen mit dem Protein (Photometrie)
- Trübungsmessung des gefällten Proteins nach Zusatz von Fällungsmitteln (Turbidimetrie)
- Messung des im Protein enthaltenen Stickstoffs (Rest-Stickstoff-Bestimmung nach Kjeldahl).

Die Wahl der Methode hängt von einer Reihe von Faktoren ab, u. a. vom Milieu, in dem die Protein-Bestimmung durchgeführt werden soll *(Serum, Liquor, Urin)*, in welchem Konzentrationsbereich ermittelt werden soll, welche Anforderungen an die Genauigkeit gestellt werden und welche Geräte zur Verfügung stehen.

Bevorzugte Methoden sind die Turbidimetrie und von den Farbkomplexbildungen die Biuret-Reaktion (Cannon et al, 1964). Die turbidimetrische Methode wird in den USA bevorzugt für die Bestimmung von Protein im Urin verwendet (Henry et al, 1956). Ihr Vorteil besteht in der schnelleren Durchführbarkeit.

In der Bundesrepublik Deutschland wird bei der Proteinbestimmung im *Serum*, wie im ganzen europäischen Raum, bevorzugt die *Biuret-Reaktion* mit und ohne Berücksichtigung des Probenleerwerts verwendet. Hierfür stehen vorgefertigte Testsätze einschließlich Standardlösungen mit 6,0 g Protein/dl verschiedener Hersteller zur Verfügung.

Die Biuret-Methode zeichnet sich durch große Genauigkeit und relativ gute Spezifität für Peptidbindungen aus. Allerdings werden schon Peptide ab 2 Peptidbindungen aufwärts mitbestimmt. Diese Methode, bei der Protein mit Kupfer-(II)-Ionen in alkalischer Lösung einen blauvioletten Farbkomplex bildet, hat zahlreiche Varianten. Zu empfehlen ist die von Weichselbaum (1946) verbesserte Methode, bei der ein Zusatz von Kalium-Natrium-Tartrat zur Stabilisierung des Biuret-Reagenz dient und die Bildung von Kupferhydroxid-Fällung verhindert wird, und durch Kalium-Jodid-Zugabe die Autoxidation der Kupfer-(I)-Ionen vermieden wird. Das Absorptionsmaximum liegt bei 546 nm. Über die Messung mit Standard siehe 3.6.1.3 und Einsatz eines Probenleerwerts bestehend aus Serum, Biuret-Reagenz ohne Kupfersulfat und Kaliumjodid siehe 3.6.1.6. Außer den in Kapitel 2 Allgemeiner Teil erwähnten werden keine weiteren speziellen Anforderungen an Geräte, Reagenzien, Standards und Kontrollproben gestellt.

Vergleichende quantitative Total-Protein-Bestimmungen im *Urin* mit der Lowry-, Biuret-, Coomassie Blue- und Ponceau S-Methode (Weber et al, 1983) führten zu folgenden Ergebnissen:

Tabelle 3.6-5: Total-Protein-Bestimmung. Empfindlichkeit bei angegebener Wellenlänge bis zur Konzentration von 1,3 g/l

Methode	Biuret	Lowry	Coomassie Blue	Ponceau S
Wellenlänge nm	546	546	578	578
E/g/l	0,01	0,97	0,83	0,18

Die *Lowry-Methode* ist zwar am empfindlichsten (**Tabelle 3.6-5**), kann aber besonders bei Proben von nephrologischen Patienten sehr störanfällig sein. Die Reaktionslösung ist täglich neu anzusetzen. Erst nach 35 Minuten, wenn sich der Farbkomplex gebildet hat, kann entschieden werden, ob eine Verdünnung der Probe erforderlich ist.

Die *Coomassie Blue-Methode* weist diesen Nachteil nicht auf, jedoch verläuft die Eichkurve nur bis 1,3 g/l linear. Das Ergebnis liegt bereits nach 5 Minuten vor. Ihre Nachteile sind: Unter 0,3 g/l Protein besitzt sie nur mäßige Empfindlichkeit, Urinproben über 1,3 g/l Protein müssen verdünnt werden, die Meßküvetten verschmutzen mit schwerlöslichen Farbstoffpartikeln. Daher sind für genaue Messungen Doppelbestimmungen und gegebenenfalls Reinigen der Glasküvetten erforderlich.

Die *Biuret-Reaktion* verläuft linear bis über 10 g Protein pro Liter. Sie besitzt somit ausreichende Linearität, aber von den genannten Methoden die geringste Empfindlichkeit. Sie beträgt bei 546 nm bis zu einer Konzentration von 1,3 g/l nur Δ E/g/l = 0,01. Die Absorptionsänderung ist etwa 20 mal geringer als bei der Reaktion mit Ponceau S und etwa 80- bis 90-fach kleiner als bei der Reaktion mit Coomassie Blue oder Folin-Reagenz. Ein Nachteil der Biuret-Reaktion ist auch die lange Wartezeit von 45 Minuten, bis sich der Farbkomplex ausgebildet hat. Insgesamt benötigt die Methode bis zum Erhalt des Ergebnisses etwa 70 Minuten. Dies kann bei kleinen Meßfehlern zu großen Abweichungen der Proteinwerte führen. Sie erfordert daher bei Konzentrationen unter 0,8 g/l einen 10-fachen Probeneinsatz. Außerdem verläuft die Eichkurve nicht durch den Nullpunkt und schneidet die y-Achse bei E = 0,074.

Die Protein-Bestimmung mit *Ponceau S* hat gegenüber der Biuret-Reaktion folgende Vorteile: Keine Wartezeit, kein Verdünnen und Erhöhen der Probenmenge, ausreichende Empfindlichkeit ab 0,2 g/l Protein, gute Reproduzierbarkeit der Ergebnisse, Stabilität der Farbstoffbindung von etwa 6 Stunden und einen Gesamt-Zeitverbrauch von ca. 20 Minuten. Von Nachteil ist, daß die Eichkurve bei 2,2 g einen leichten Knick hat, die Empfindlichkeit von 0,18 auf 0,14 Δ E/g/l sinkt und bei einer Proteinlösung von 6,0 g/l eine Extinktion erreicht, die etwas unter 1,000 liegt.

Die Bestimmung mit Ponceau S sollte an umfangreichem Material geprüft und auch mit dem Kjeldahl-Verfahren und der in den USA üblichen turbidimetrischen Methode verglichen werden, um abzuklären, ob die Jahrzehnte lang erprobte Biuret-Reaktion - die Dauer der Verwendung dieser Methode mit ihren Nachteilen spricht dafür, daß es bisher für diese allgemein als einfach angesehene Methode nicht gelang, eine bessere Routinemethode zu finden - durch eine neue Methode ersetzt werden kann.

3.6.1.2 *Qualitätssicherung in der präanalytischen Phase*

Den grundsätzlichen Ausführungen in Kapitel 2.3 und Unterabschnitt 2.3.0.2 ist folgendes hinzuzufügen:

Farblose klare *Seren* besitzen im allgemeinen einen Probenleerwert, der etwa 0,2 g Protein pro dl entspricht. Dieser sollte bei der Biuret-Reaktion bei der Ermittlung des Total-Proteins berücksichtigt werden. Bei ikterischen Seren (über 5 mg Bilirubin/dl), hämolytischen oder lipämischen Seren muß der Probenleerwert unbedingt bestimmt und in Abzug gebracht werden. 1 mg Hämoglobin/dl täuscht die Anwesenheit von 1,9 mg Protein im Serum vor. Triglyceride von über 1000 mg/dl stören die Biuret-Reaktion. Lipämie kann aber ohne Verfälschung der Werte durch Klärungsmittel (Klärmittel für trübe Sera, Behringwerke AG, Frankfurt a. M., Best.-Nr. ∅SVW 60) beseitigt werden.

Bei der turbidimetrischen Methode erfolgt die Präzipitation des Proteins entweder mit Sulfosalicylsäure oder β-Naphthalinsulfonsäure, vornehmlich aber mit Trichloressigsäure (Cannon et al, 1964). In unserem Laboratorium durchgeführte Versuche haben gezeigt, daß die turbidimetrische und die Biuret-Methode im Urin vergleichbare Werte ergeben (Schütz, 1979).
Über die *Stabilität* der Total-Proteinwerte unter verschiedenen Aufbewahrungsbedingungen von Proben liegen gesicherte Erkenntnisse vor.

In unserem Laboratorium im Zusammenhang mit Serumproteinelektrophoresen durchgeführte Versuche zeigen, daß das nach der Blutabnahme gewonnene Serum bei Aufbewahrung über 9 Tage bei Raumtemperatur und über 26 Tage bei Kühlschranktemperatur oder ein halbes Jahr lang bei -20 °C bei normalem und pathologischem Serum mit erhöhtem γ-Globulin (je $n = 20$) eine geringe Veränderung der Total-Proteinwerte erfährt (Hoffmann, 1981).

Die Veränderung beträgt bei Raumtemperatur nach 2 Tagen Aufbewahrung 0,25 g/dl (von 7,03 auf 7,28 g/dl), bei weiterer Aufbewahrung nach 12 Tagen 0,34 g/dl (auf 7,37 g/dl). Danach sinkt der Wert nach 16 Tagen Aufbewahrung offensichtlich durch beginnende Proteinfällung auf 6,67 g/dl ab. In einer bei Kühlschranktemperatur aufbewahrten Probe des gleichen Serums steigt der Total-Proteinwert nach 26 Tagen auf 8,08 g/dl an.

Da Verdunstung bei den Versuchen praktisch ausgeschlossen ist, können die Erhöhungen der Werte nur auf Veränderungen der Proteinstruktur während der Aufbewahrung beruhen, indem durch beginnende Denaturierung zusätzlich freiwerdende Peptidbindungen mehr Kupferionen zur Biuret-Reaktion komplex binden. In diesem Zusammenhang muß davor gewarnt werden, die Biuret-Reaktion ohne Probenleerwert durchzuführen, da die Erhöhungen durch Vernachlässigen dieses Einflusses weit größer erscheinen.

Die quantitative Bestimmung von Protein im *Urin* kann, wie im Serum, mit Hilfe der Biuret-Reaktion durchgeführt werden. Wegen der geringen Proteinkonzentration im Urin ist eine der Bestimmung vorausgehende Konzentrierung durch Fällung des Proteins Voraussetzung für eine ausreichend genaue Bestimmung. Das geeignetste Fällungsmittel ist Trichloressigsäure. Nach Zentrifugieren wird der Überstand dekantiert, das Röhrchen zum fast vollständigen Abtropfen noch 10 Minuten mit der Öffnung nach unten auf Filtrierpapier stehen gelassen, das Präzipitat mit Biuret-Reagenz versetzt und mit dem abgerundeten Ende eines Glasstabes bis zum Auflösen durchgeknetet und aufgerührt. Reste von den in das Präzipitat gelangten Urinpigmenten können dadurch berücksichtigt werden, indem eine aliquote Menge Urin bis zum Präzipitat aufgearbeitet wird und nun mit Leerwert-Reagenz, d.h. Biuret-Reagenz ohne Kalium-Natrium-Tartrat und Kalium-Jodid, versetzt und wie beim Hauptwert behandelt wird. Die Extinktion des Leerwerts wird von der des Hauptwerts in Abzug gebracht. Bei der Bestimmung der Proteine im Urin sollte in der beschriebenen Weise verfahren und der Leerwert stets berücksichtigt werden.

Um die durchschnittliche Proteinkonzentration in einem 24-Stunden-Urin bestimmen zu können, ist es zwingend erforderlich, den gesammelten Urin vor der Probeentnahme gut zu durchmischen, da nach unseren Erfahrungen anderenfalls die Proteinkonzentration über dem Gefäßboden bis doppelt so hoch sein kann wie in der Nähe der Oberfläche. Das Durchmischen kann am einfachsten durch Umschütten in ein anderes Gefäß geschehen.

Die quantitative Protein-Bestimmung im entzellten *Liquor* wird allgemein mit Hilfe der Biuret-Reaktion durchgeführt. Sie ist mit der in den USA bevorzugten turbidimetrischen und Folin-Lowry-Methode nur dann gut vergleichbar, wenn wegen der geringen Proteinkonzentration vor der quantitativen Bestimmung eine Konzentrierung durch Fällung mit 3 N Trichloressigsäure (oder Phosphorwolframsäure) erfolgt. Dabei werden störende Substanzen, wie z. B. Ammoniumionen, eliminiert. Nach der Einengung ist für die quantitative Bestimmung der Biuret-Reaktion der Vorzug zu geben, weil die beiden anderen genannten Bestimmungsmethoden störanfälliger sind.

3.6.1.3 Interne Sicherung der analytischen Phase

Die interne Qualitätssicherung der Protein-Bestimmung wird auf verschiedene Weise gewährleistet:

Bei der Biuret-Reaktion erfolgt üblicherweise die Extinktionsmessung der Probe bei 546 nm. Der experimentell ermittelte Umrechnungsfaktor von Extinktionen in g/dl beträgt bei dieser Wellenlänge 0,373. Die oben erwähnte notwendige Berücksichtigung des normalen Probenleerwerts geschieht allgemein, indem von der Extinktion des Hauptwerts die Extinktion 0,010 abgezogen wird. Bei einem üblichen Einsatz von 0,1 ml Untersuchungsgut und 5,1 ml Gesamtvolumen wird daher die Proteinkonzentration in g/dl durch Multiplikation mit dem Faktor 19 bzw. in g/l mit dem Faktor 190 berechnet. Der dem Testsatz beigegebene Standard mit z. B. 6,0 g/dl Protein läuft bei dieser Wellenlänge etwa wie ein Kontrollserum mit. Nur wenn bei 546 nm nicht gemessen werden kann, ist für jeden neuen Testsatz einmal die Extinktion des Standards durch Doppelbestimmung zu ermitteln und bei der Berechnung der Konzentrationen in den Proben einzusetzen.

Außerdem wird die Qualität der Protein-Bestimmung intern durch das im Allgemeinen Teil ausführlich beschriebene und vom Gesetzgeber geforderte Mitführen und Protokollieren von Präzisions- und Richtigkeitskontrollseren gesichert.

Es folgt vergleichsweise die Angabe eigener Ergebnisse der internen Qualitätssicherung am Beispiel des 16 Monate (Januar 1981 bis April 1982) eingesetzten Kontrollserums Moni-trol I Lot No 164 (AHS/Merz und Dade, München) mit den über diesen Zeitraum gemittelten Werten und Grenzen für die Eintragung in die Kontrollkarten: Sollwert: 6,72 (6,25 bis 7,19) g Protein/dl
gefunden: 6,75 g/dl $s = 0{,}144$ g/dl $s\% = 2{,}19\%$
Warngrenzen ($\bar{x} \pm 2s$): 6,28 bis 6,86 g/dl
Kontrollgrenzen ($\bar{x} \pm 2s$): 6,14 bis 7,00 g/dl

3.6.1.4 Externe Qualitätssicherungsmaßnahmen

Die Protein-Bestimmung im Serum ist eine vergleichsweise genaue Bestimmung. Die Auswertungen der Bestimmungen der Total-Proteine unter Berücksichtigung der Probenleerwerte in den Ringversuchen zeigen über mehrere Jahre (1976 bis 1980) (Merten, 1981) bei den Referenzlaboratorien mittlere relative Standardabweichungen von etwa $s\% = 3$ und bei den mehrere tausend Teilnehmer umfassenden kollektiven Werte um $s\% = 5$ bis 6%. Sie liegen damit gering unter den sehr guten Werten der Elektrolyte Natrium, Kalium und Chlorid, aber besser als z. B. Calcium (bestimmt durch Flammenemissions-/Atomabsorptionsspektrometrie; Cl durch Coulometrie) und Glucose, Harnsäure oder gar Enzyme.

Bei den Instand-Ringversuchen 1981 sind bei den eingesetzten 8 Kontrollseren die von den Referenzlaboratorien (je Ringversuchsprobe ca. n = 45) ermittelten Werte für die Protein-Bestimmungen *mit* und *ohne Berücksichtigung der Probenleerwerte* miteinander verglichen worden. Die Mittelwerte der beiden Serien zeigen Unterschiede von $\Delta\ \bar{x} = 0$ (n = 2) bis 0,26 g Protein/dl Serum. Die höheren Mittelwerte sind stets bei den Bestimmungen ohne Berücksichtigung des Probenleerwerts zu finden. Die prozentualen Standardabweichungen sind bei einem Teil der Proben (n = 4) mit und ohne Probenleerwert-Bestimmung identisch, 2 weitere unterscheiden sich um Δ s% = 0,48 bzw. 0,64 und die 7. Probe um Δ s% = 1,39%. Bei den 3 differierenden prozentualen Standardabweichungen liegt in einem Fall der Wert mit Berücksichtigung des Probenleerwerts und in 2 Fällen ohne die Berücksichtigung höher, d. h. bezüglich der Streuung der Werte mit und ohne Berücksichtigung der Probenleerwerte sind praktisch keine Unterschiede erkennbar.

3.6.1.5 Sicherung der postanalytischen Phase

Allgemein werden als *Normbereich für das Serum* Proteinkonzentrationen von 6 bis 8 g/dl (60 bis 80 g/l) angegeben. Nach Reed et al (1972) liegen die Werte bei Bestimmung mit dem Technicon AutoAnalyzer SMA 12/60 für die Biuret-Reaktion zwischen 6,6 und 8,3 g/dl. Diesen Angaben liegen die Untersuchungen von 1419 klinisch gesunden, 20 bis 69 Jahre alten Erwachsenen zugrunde. Es werden die Normbereichsgrenzen (2,5%- und 97,5%-Percentile) sowie die Mediane von 816 Frauen und 603 Männern, in 10-Jahresklassen unterteilt, angegeben. Signifikanz-Vergleiche zwischen den Untergruppen gleichaltriger Männer und Frauen ergeben signifikante Unterschiede nur bei den 2,5%-Percentilen. Die Normbereiche und die Mediane beider Geschlechter sinken mit zunehmendem Alter. Nur die oberen Normbereichsgrenzen der 60- bis 69-jährigen Männer und Frauen steigen um 0,2 bzw. 0,3 g/dl an (**Tabelle 3.6-6**).

Werner et al (1970) haben über Untersuchungen an 3000 Patienten aller Altersgruppen bis 79 Jahre berichtet. Analysengerät und Bestimmungsmethode sind dieselben wie bei Reed und die Werte daher vergleichbar. Sie zeigen an Hand der Mittelwerte, daß bei beiden Geschlechtern die größten Veränderungen während der Pubertät und Adolenz und bei Frauen in der Menopause auftreten. Die Proteinkonzentration steigt bei beiden Geschlechtern bis in die Pubertät an (♂ : +0,25 g/dl, ♀ : +0,33 g/dl). Bei den Männern steigen die Werte weiter an bis in das 3. Jahrzehnt (+ 0,39 g/dl im Vergleich zum 1. Jahrzehnt) und fallen danach bis zum 7. Jahrzehnt ab (-0,28 g/dl), während bei Frauen die Werte vom 2. bis zum 6. Jahrzehnt abnehmen (-0,22 g/dl) (**Tabelle 3.6-7**).

Größere *Unterschiede* bestehen *zwischen erwachsenen und jungen Menschen*, bei denen die Werte erheblich tiefer liegen. Zum Vergleich sind aus der Literatur die Total-Proteine von den Frühgeburten bis zu den Schulkindern zusammengestellt (**Tabelle 3.6-8**).

Von v. Boroviczény (persönliche Mitteilung, unveröffentlicht) sind die Proteinwerte vor einigen Jahren bei 13205 Personen im *Alter* von 15 bis 90 Jahren untersucht worden. Eine Unterteilung der Werte in Extrem-, pathologische und Normbereiche ist in **Tabelle 3.6-9** zusammengestellt worden.

Tabelle 3.6-6: Normbereiche der Total-Proteine (2,5%- und 97,5%-Perzentile, Mediane) von 1419 klinisch normalen, 20 bis 69 Jahre alten Erwachsenen, getrennt nach Geschlecht und Altersklasse (10 Jahre). AutoAnalyzer SMA 12/60 (Reed et al, 1972)

Alter	Männer (n = 603) g %		Frauen (n = 816) g %	
(Jahre)	Normbereich	Median	Normbereich	Median
20-29	6,8-8,3	7,6	6,6-8,4	7,5
30-39	6,8-8,2	7,5	6,6-8,4	7,4
40-49	6,6-8,3	7,5	6,4-8,3	7,3
50-59	6,6-8,1	7,4	6,5-8,3	7,3
60-69	6,6-8,4	7,3	6,4-8,6	7,3
Alle Altersgruppen	6,6-8,3	7,5	6,5-8,3	7,4

Tabelle 3.6-7: Mittelwerte der Totalproteine von 3000 ambulanten Patienten nach Altersgruppe und Geschlecht getrennt (mit Signifikanzprüfungen, Werner et al, 1970)

Altersgruppe	Totalprotein (g/dl)				P Differenz
	♂	P	♀	P	♀ .... ♂
0-12	7,24		7,25		NS
13-19	7,49	< 0,001	7,58		NS
20-29	7,67		7,54	< 0,001	0,05
30-39	7,63	NS	7,49	NS	0,05
40-49	7,51		7,48		NS
50-59	7,46	< 0,001	7,49	< 0,01	NS
60-69	7,39		7,35		NS
70-79	7,51		7,36		NS

P = Prüfung auf Signifikanz, NS = nicht signifikant

Tabelle 3.6-8: Normalwerte von Proteinen im Serum bei verschiedenen Altersgruppen. (Literatur-Zusammenstellung).
Bei Neugeborenen bis einschließlich Schulkindern mit Angaben für 5. und 95. Perzentile, Medianwert in ( )

Altersgruppe (Bereich)		Normalwertbereich (g/dl)	Literatur
Frühgeburten		3,6 bis 6,0	Bauer et al (1970)
Neugeborene	(0-7 Tage)	4,5 „ 6,5 (5,5)	Schlosser (1978)
Säuglinge	(8 Tage - 12 Monate)	5,1 „ 7,7 (6,2)	„
Kleinkinder	(13-30 Monate)	5,4 „ 8,0 (6,8)	„
Kleinkinder	(31 Monate - 6 Jahre)	5,1 „ 7,7 (6,8)	„
Schulkinder	(6-14 Jahre)	5,9 „ 7,9 (6,9)	„
Erwachsene		6,6 „ 8,7	Josephson und Gyllenswärd (1957)
„		6,2 „ 8,0	Rick (1977)
„		6,5 „ 8,0 ($\bar{x}$ = 7,3)	Wuhrmann und Märki (1963) Märki und Wuhrmann (1965)

Tabelle 3.6-9: Zusammenstellung der Wertebereiche mit Angabe der Proteinkonzentration (siehe Text, v. Boroviczény, persönliche Mitteilung)

Bereich	g Protein / dl
Unterer Extrembereich	3,4 bis 4,8
Unterer pathologischer Bereich	4,8 „ 5,5
Unterer Grenzbereich	5,5 „ 6,0
Normbereich	6,0 „ 8,0
Oberer Grenzbereich	8,0 „ 8,8
Oberer pathologischer Bereich	8,8 „ 9,2
Oberer Extrembereich	über 9,2

Die Angaben in der Literatur über den *Normbereich im Urin* sind sehr unterschiedlich. Dies beruht teilweise darauf, daß die Werte stark methodenabhängig sind und liegt auch darin begründet, daß der Proteingehalt wesentlich vom Ernährungszustand abhängt. Bei gutem Proteinangebot in der Nahrung, wie z.B. in den USA, gelten bei Bestimmung mit der Biuret-Reaktion 40 bis 150 mg/die als normal (Savory et al, 1968). Allgemein werden in der Bundesrepublik Deutschland dafür etwa 45 bis 70 mg/die angegeben (Rick, 1977).

Der Proteingehalt des *Liquor cerebrospinalis* beträgt bei Erwachsenen und älteren Kindern normal 15 bis 45 mg/dl bzw. 0,15 bis 0,45 g/l (Cannon et al, 1964). Bei älteren Erwachsenen besteht eine Tendenz zu höheren Werten. Bei Geburt liegt der Proteingehalt höher, aber unter 90 mg/dl, gelegentlich über 120 mg/dl. Während der ersten 5 Lebensjahre sinkt die obere Grenze auf etwa 50 mg/dl.

Die Proteinkonzentration des *Serums* unterliegt in 24 Stunden *individuellen Schwankungen*, deren circadianer Charakter nicht feststeht (Winkel et al, 1975). Die niedrigste Proteinkonzentration enthält normalerweise am liegenden Patienten gewonnenes Nüchternserum.

Art und Zeitpunkt der Probenahme wirken sich auf die Ergebnisse aus. Beim Übergang aus der senkrechten in die waagerechte *Körperlage* (Lange, 1946, Whitehead et al, 1954) kann das Blut in einer halben Stunde im Mittel um etwa 10% verdünnt werden (Böhme, 1911) - aus 8,1 g werden dann z.B. 7,2 g Protein/dl. Das Minimum ist erreicht 2 bis 4 Stunden nach Einnahme der horizontalen Lage. Beim umgekehrten Vorgang nimmt das Blutvolumen schon innerhalb von 10 bis 15 Minuten um denselben Prozentsatz ab und die Proteinkonzentration steigt entsprechend an (Fawcett und Wynn, 1950). Das Maximum liegt bei 2 Stunden nach dem Aufstehen und kann in Extremfällen mehr als 20% (ca. 1,4 g/dl Protein) über den im Liegen gemessenen Werten ausmachen. Die statistischen Schwankungen sind beträchtlich, doch sind die Unterschiede bei der Positionsänderung des Körpers vom Liegen zum Stehen und geringer vom Liegen zum Gehen deutlich.

Dieses Phänomen ist durch Hämokonzentration in aufgerichteter Position zu erklären. Eigene Versuche ergaben, daß die Unterschiede der Total-Proteine zwischen senkrechter und waagerechter Lage bis zu 0,8 g/dl betragen können. Ein Vergleich der Serumproteinwerte ist daher streng genommen nur dann statthaft, wenn die Blutabnahmen bei gleichem Verhalten auch zur gleichen Uhrzeit erfolgen.

Bei Patienten mit Neigung zu Ödemen kann die Änderung sogar 15% und mehr betragen. Wird Blut nach 30 Minuten im Stehen des Patienten abgenommen, so liegen die Proteinwerte aus dem herabhängenden Arm entnommen um etwa 5% höher als bei einem in die Höhe des rechten Vorhofs angehobenen (Eisenberg, 1963).

Die Beeinflussung des Blutvolumens durch *Körperlage und Stauung* betrifft alle corpusculären und proteingebundenen Bestandteile des Blutes (Kreutz, 1973).

Bei *Stauung* des Arms kann es mit zunehmender Staudauer zum Anstieg der Proteinkonzentration im Serum bis um 20% nach 10 Minuten (Page und Moinuddin, 1962) - einer bei schwerkranken Patienten durchaus vorkommenden Staudauer - kommen. Es ist zu empfehlen, die Blutabnahme ohne Stauen zu praktizieren, außer in den Fällen, wo sonst keine Blutprobe zu erhalten ist. Kurzer oder kürzest möglicher Stau ist jedoch erlaubt. So ergibt 2 Minuten dauernder Stau bei Abnahme von 8 ml Blut keine Proteinkonzentrationsänderung, aber nach einer 20 ml-Abnahme eine Erhöhung um 5%. 5 Minuten dauernder Stau z. B. bewirkt eine Erhöhung von 6,9 bis 9,3%.

Blutspender zeigen nach der Blutabnahme (500 ml) etwa 2 Wochen lang eine um 4 bis 5% verringerte Proteinkonzentration im Serum. Danach setzt die Regeneration ein und nach 1 bis 2 Monaten werden in etwa die Ausgangswerte wieder erreicht (Lange, 1946).

Hämolyse beeinflußt die Proteinwerte. Sobald das Plasma durch Hämolyse eine rötlich-gelbe oder orange Farbe annimmt, ist die Total-Protein-Konzentration erhöht (etwa + 0,10 g/dl), bei kirschroter Färbung schon um etwa 0,5 g/dl und bei tiefroter Färbung um 2,0 g/dl und mehr. Dies besagt, daß deutlich sichtbare Hämolyse das Plasma ungeeignet für die Protein-Bestimmung macht (Lange, 1946).

Gerinnungshemmer können Einfluß auf die Proteinwerte haben. Ein Vergleich in 27 Blutproben nach Zusatz von 0,1 mg Heparin/ml bzw. 2,0 mg Oxalat/ml zeigt, daß im Mittel die Proteinwerte beim Oxalat-Blut um 0,40 ± 0,02 g Protein/dl tiefer liegen als bei Zusatz von Heparin.

Gesunde ambulante Patienten (n = 115) weisen eine etwa 8% höhere Proteinkonzentration auf als *Genesende* (n = 46). Es ist nicht untersucht worden, ob die niedrigeren Werte dem häufigeren Liegen der Genesenden zuzuschreiben sind (Lange, 1946).

Ein Anstieg von 6 bis 12% Protein im Serum ergibt sich nach kurzdauerndem *extremem Leistungssport* (Lange, 1946).

Während der *Schwangerschaft* fällt die Proteinkonzentration in den ersten 6 Monaten um etwa 10 bis 12% ab. Danach steigt der Proteinwert wieder an (Musa et al, 1967).

Es besteht eine Abhängigkeit der Proteinwerte im Serum von der *Nahrungsaufnahme*. Werner et al (1970) haben festgestellt, daß bei allen Altersgruppen die tiefsten Werte ½ bis 2½ Stunden nach den Mahlzeiten liegen, wobei die Unterschiede bis zu 0,4 g/dl betragen können. Mit Ausnahme der beim männlichen Geschlecht angestellten Vergleiche zwischen 1. und 3., 3. und 7. sowie 1. und 7. Jahrzehnt sind alle genannten, im unmittelbaren zeitlichen Verlauf beobachteten Änderungen der Konzentrationen aber nicht signifikant.

Bei den *pathologischen Änderungen* des Total-Proteins im Serum werden primäre und sekundäre Proteinstoffwechselstörungen unterschieden. *Primäre Stoffwechselstörungen* liegen vor, wenn fehlerhafte Proteine (Proteinvarianten, Proteindefekte) auf Grund genetischer Defekte synthetisiert bzw. nicht mehr synthetisiert werden. *Sekundäre Störungen* können z. B. auf gestörtem enzymatischen Abbau (Maldigestion) und / oder unzureichender Resorption (Malabsorption) bei Erkrankungen des Magen- und Darmtraktes beruhen. Ebenso können z. B. Leber-, Nieren- und Hauterkrankungen oder Dysfunktionen endokriner Drüsen sekundär zu Dysproteinämien führen.

Quantitative Veränderungen der Blutplasmaproteine werden bei Zunahme der Proteine als *Hyperproteinämien* und bei Abnahme als *Hypoproteinämien* bezeichnet. Diese können entweder durch eine Änderung des Proteingehalts oder durch eine Zu- oder Abnahme des Wassergehalts hervorgerufen werden. - Hyperproteinämien werden nicht durch Vermehrung aller Serumproteine sondern durch speziellen Anstieg eines oder mehrerer Proteine bewirkt; es handelt sich hierbei um *Dys-* bzw. *Paraproteinämien.* Ein relativer Anstieg der Plasmaproteine kann nach Wasserverlust - Erbrechen, Diarrhoe, Durst - auftreten. - Hypoproteinämien treten bei relativer oder absoluter Abnahme der Plasmaproteine auf. Hierbei sind selten alle Proteinfraktionen betroffen. Ursachen von Hypoproteinämien sind:

- ungenügende Proteinsynthese bei Lebererkrankungen, Proteinabbau bei Infekten oder Corticoidtherapie
- zu geringe Proteinzufuhr bei Hunger, einseitiger und mangelhafter Proteinernährung, Malabsorption
- Proteinverlust durch Proteinurie, Verbrennungen, Blutungen, Punktion proteinreicher Flüssigkeit wie Pleuraerguß, Ascites.

Bei Pyelonephritis und Glomerulonephritis, den häufigsten *Erkrankungen der Nieren* (Sarre, 1967) lassen sich oft nur geringe bis mäßige Proteinmengen im Urin nachweisen. Häufige Urinuntersuchungen sind angebracht, da gelegentlich die Proteinausscheidung nur zeitweise auftritt. Beim nephrotischen Syndrom besteht eine starke Proteinurie von 2 bis 30 g Protein/die. Eine merkliche Proteinausscheidung ist auch beim Plasmozytom, bei Amyloidose, orthostatischer Proteinurie Jugendlicher, Herzinsuffizienz und bei starker körperlicher Anstrengung zu beobachten.

Die Proteinkonzentration im *Liquor* ist erhöht bei entzündlichen Erkrankungen des Zentralnervensystems und der Hirnhäute (Meningitis epidemica, M. tuberculosa und Enzephalitis epidemica), bei Lues, Hirntumor, Hirnabszeß, Poliomyelitis, multipler Sklerose und Hirnverletzungen. Eine Unterbrechung der Liquorzirkulation im Rückenmarkskanal, wie sie z. B. bei Tumoren auftritt, führt zu starker Proteinerhöhung im Lumballiquor. Besonders hohe Proteinkonzentrationen von über 100 mg/dl werden gefunden bei spinalem Querschnittssyndrom, Tumoren, Polyradikulitis, bakterieller Meningitis, Tbc und Subarachnoidalblutung (Kleine, 1980).

3.6.1.6 Fehlermöglichkeiten

Zahlreiche Substanzen bewirken im Organismus oder durch Beeinflussung der *Bestimmungsmethode* einen Anstieg der Proteinkonzentration im *Serum* (Young et al, 1975) (**Tabelle 3.6-10**). Einige *Medikamente* haben die Eigenschaft, die Farbe des Serums zu verfälschen, wie z. B. Pyridium (Phenazopyridin) (Constantino und Kabat, 1973). Eine vorausgegangene Dextran-Infusion bildet eine Fehlerquelle und kann zu höheren Werten führen (Helger, 1980). Nach Anwendung von Macrodex kann die Proteinkonzentration fälschlich bis zu 30% zu niedrig bestimmt werden, während kein Effekt nach Rheomacrodex eintritt (Skrede et al, 1973).

Die quantitative Bestimmung von Protein im *Urin* ist problemreich. Die *Bestimmungsmethode* beeinflussende Substanzen gibt es in großer Zahl (**Tabelle 3.6-11**), die Proteinmenge ist wesentlich geringer und der Gehalt an anorganischen Ionen höher als im Serum oder gar in der Cerebrospinalflüssigkeit.

Eine Vielzahl von *Medikamenten* verursacht durch Reduktion des Cu^{++}-Ions des Biuret-Reagenz fälschlich höhere Proteinwerte (Schütz, 1979; van Itallie, 1969; Lubran, 1969) (**Tabelle 3.6-12**).

Eine Reihe von Medikamenten, deren Metabolite und bestimmte Nahrungsmittel verfärben den Urin (Bauer und DeVino, 1970), sodaß es bei der spektrophoto-

Tabelle 3.6-10: Substanzen und sonstige Einflüsse, die im Organismus (V) bzw. durch Beeinträchtigung der Bestimmungsmethode (M) eine Erhöhung (↑) oder Erniedrigung (↓) der Proteinkonzentration im Serum hervorrufen bzw. vortäuschen

Aminosäuren	M ↑	Hämolyse	M ↑
Ammoniumionen	M ↓	Insulin	V ↑
Anabole Steroide	V ↑	Kontrastmittel	M ↑
Androgene	V ↑	Laxantien	V ↓
Angiotensin	V ↑	Lipämie	M ↑
Benzol	V ↓	Orale Kontrazeptiva	V ↑, ↓
Bilirubin	M ↑	Östrogene	V ↓
Bromsulfthalein	M ↑	Phosgen	V ↓
Clofibrat	V ↑	Pyrazinamide	V ↓
Corticosteroide	V ↑	Quecksilberverbindungen	V ↓
Corticotropin	V ↑	Rifampin	V ↓
Dextran	M ↑	Schilddrüsenhormon	V ↑
Digitalis	V ↑	Schwefelkohlenstoff	V ↓
Epinephrin	V ↑	Tetrachlorkohlenstoff	V ↓
Hämoglobin	M ↑	Wachstumshormon	V ↑

Tabelle 3.6-11: Beispiele für Substanzen, die direkt oder durch Beeinträchtigung der Bestimmungsmethode (M) eine Erhöhung der Proteinkonzentration im Urin bewirken

Acetanilid	Corticotropin	Oxacillin
Äther (Diäthyl-)	Dihydrotachysterin	Paraldehyd
Äthylendiaminotetra-essigsäure (EDTA)	Dinitrophenol	Penicillin
	Gentamycin	Phenacetin
Äthylenglykol	Heroin	Phenylbutazon
Aminosalicylsäure	Insektizide	Phosphor
Ampicillin	Isoniazid	Pyrazolon
Antimonverbindungen	Kerosin	Quecksilberverbindungen
Aspirin	Kohlenmonoxid	Säuren
Blei u. -verbdgn.	Kontrastmittel (M)	Schwefelkohlenstoff
Bacitracin	Kupfer (M)	Streptomycin
Cadmium u. -verbdgn.	Lithium	Sulfonamide
Carbutamid	Metahexamid (M)	Tetrachlorkohlenstoff
Cephalothin (M)	Metaxalon	Tetracyclin
Chloralhydrat	Methanol	Thiocyanate
Chlorthalidon	Methylbromid	Thiosemicarbazon
Corticosteroide	Naphthalin	Wismutverbindungen

Tabelle 3.6-12: Medikamente, die durch Reduktion des Cu^{2+}-Ions des Biuret-Reagenz fälschlich höhere Protein-Werte ergeben

Aminosäuren	Chloromycetin	Penicillin
Ascorbinsäure	Cephalotin	Phenol
Carinamid	Homogentisinsäure	Salicylate
Chloral	Isoniazid	Streptomycin
Chloramphenicol	Naladixinsäure	Sulfonamid
Chloroform	p-Aminosalicylsäure	Terramycin

metrischen Bestimmung zu falschen Ergebnissen kommen kann (**Tabelle 3.6-13**). Pyridium (Phenazopyridin) verursacht eine gelbbraune Färbung des Urins. Wir haben festgestellt, daß bei Proteinfällung mit Trichloressigsäure nur geringe Mengen Chromogen mitausgefällt werden. Da der überwiegende Teil im Überstand bleibt, werden die Werte nicht verfälscht (Schütz, 1979).

3.6.1.7 Gesichtspunkte der Wirtschaftlichkeit

Zur Kostenersparnis und ohne nennenswerten Verlust an Genauigkeit kann durch den Einsatz von Halbmikroküvetten die für die Protein-Bestimmung erforderliche Reagenzien- (und Untersuchungs-)menge auf ein Fünftel verringert werden.

3.6.2 Protein- (oder Eiweiß-)Fraktionen, Serumprotein-Elektrophorese

3.6.2.1 Präventivmaßnahmen

Die Auftrennung der Proteine in möglichst viele Fraktionen wird häufig bei wissenschaftlichen Fragestellungen gefordert (siehe 3.6.0.1). Auch spezielle Elektrophoreseverfahren, wie z. B. die Hochspannungselektrophorese, Isoelektrofocussierung, Immunelektrophorese, sowie die Kombination der verschiedenen Verfahren, werden angewandt.

Tabelle 3.6-13: Medikamente und Nahrungsmittel, die eine Verfärbung des Urins hervorrufen

Medikament / Nahrungsmittel	Verfärbung
Aloe	rotbraun bis gelbrosa (alk. U.) gelbbraun (saurer Urin)
Benzol	rotbraun
Blei (chronisch)	rotbraun
Cascara	gelbbraun (saurer Urin) gelbrosa (alkalischer Urin) braunschwarz (nach längerem Stehen)
Diphenylhydantoin	rosa bis rot bis rotbraun
Indomethacin	grün
Levodopa	dunkelgelb
Methyldopa	dunkel oder blau nach längerem Stehen
Methylenblau	grünlichgelb bis blau
Metronidazol (Clont)	dunkelbraun
Möhren	gelb
Nitrofurantoinmetabolite	braun oder rostgelb
Phenazopyridin (Pyridium)	orangerot (saurer Urin)
Phenol	dunkelgrün bis braunschwarz
Phenophthalein	rosa bis rot bis dunkelrot
Quecksilber (chronisch)	rotbraun
Resochin	rostgelb bis braun
Rhabarber	gelbbraun (saurer Urin) gelbrosa (alkalischer Urin)
Riboflavin	gelb
Senna	gelbbraun (saurer Urin) gelbrosa (alkalischer Urin) dunkelt nach längerem Stehen
Sulfonamide	rostgelb oder braun
Tetrachlorkohlenstoff	rotbraun
Thymol	grünlichblau
Triamteren	bläulich

Seit 3 Jahrzehnten hat sich bei den Routineuntersuchungen wegen der besseren Handhabung und des geringeren apparativen Aufwands die *Trennung an Trägermaterialien* an Stelle der trägerfreien Elektrophorese (z. B. im Glucosegradienten) (Tiselius, Antweiler) durchgesetzt. Die zunächst neben Agargel verwendeten Filtrierpapierstreifen (Grassmann und Hannig) sind seit etwa 1½ Jahrzehnten fast vollständig durch die mit besseren Eigenschaften ausgestatteten Celluloseacetatfolien (CAF, auch Membranfolie nach Kohn) ersetzt worden. Daneben werden in geringerem Umfang Agargel, Agarosegel, Stärkegel, Cellulosenitratfolie und Polyacrylamidgel verwendet.

Hier soll das im klinisch-chemischen Labor am häufigsten verwendete *Verfahren der Serumprotein-Elektrophorese* besprochen werden.

Die Serumproteine liegen in einem Puffer vom pH-Wert 8,6 als Anionen vor. Sie besitzen im elektrischen Gleichstromfeld aufgrund ihrer unterschiedlichen Anionenstärke verschiedene Wanderungsgeschwindigkeit und werden in Fraktionen getrennt. Üblicherweise werden die Serumproteine im Barbital-Acetat-Puffer in 5 Fraktionen getrennt: Die am schnellsten wandernde Albumin-Fraktion und die nachfolgenden α_1-, α_2-, β- und γ-Globuline. Die Verwendung von Citrat statt Acetat im Puffer ergibt eine Auftrennung der β-Globulin-Fraktion in eine β_1- und β_2-Fraktion und die α_2-Globulin-Fraktion ist erhöht. Gelegentlich ist vor der Albumin-Fraktion eine Präalbumin-Fraktion nachzuweisen.

Die Vielzahl der Proteine im Serum ist der Grund, warum bei demselben Serum die Verwendung unterschiedlich zusammengesetzter Pufferlösungen, CAF, Farbstoffe, Verfahren mit und ohne

Transparentierung, verschiedener Trennkammern und Auswerteverfahren zu voneinander abweichenden Werten führen kann und eine Vergleichbarkeit der Werte von Labor zu Labor nicht zu bestehen braucht. Das Gleiche gilt für die Normalwerte. Für die Anwendung der Elektrophorese im Rahmen der Humanmedizin sind daher Richtlinien für die zu verwendenden Begriffe und die Durchführung von Serumprotein-Elektrophoresen aufgestellt worden.

Zur Erzielung einer möglichst kurzen *Trennzeit* und eines noch gut auswertbaren Elektropherogramms dienen kleine CAF-Formate (Mikrozonenelektrophorese) für 3 (Objektträger-Format) oder 8 Seren (sog. Beckman-Format), die mit Einzel- oder Mehrfachstempeln beschickt werden können. Die *CAF* besteht entweder aus einem Gemisch aus Cellulosemono-, di- und -triacetat, die vor der Auswertung mit einem separaten *Transparenzbad* (sog. mTB- oder MTB-Folie) transparentiert werden muß, oder sie enthält einen höheren Cellulosetriacetatanteil und wird ohne Transparenzbad (sog. oTB- oder OTB-Folie) im Trockenschrank bei 90 bis 100 °C transparent. Nur eine praktisch vollständig transparente CAF ist Voraussetzung für die quantitative densitometrische Auswertung auf der Grundlage des Lambert-Beer-Bouguer'schen Gesetzes.

Die Bedingungen für die Durchführung von Serumprotein-Elektrophoresen sind in der Deutschen Norm in DIN 58915 Spezielle Laboratoriumsmedizin; Serumeiweiß-Elektrophorese; Begriffe, Anforderungen (1981) zusammengefaßt (**Tabelle 3.6-14**).

Die Norm besagt, daß die zur Anode wandernden Fraktionen mit abnehmender Wanderungsgeschwindigkeit als Präalbumin, Albumin, α_1-, α_2-, β- bzw. β_1, β_2- und γ-Globulin bezeichnet werden. Bei Verwendung geeigneter Pufferlösungen können darüber hinaus Fraktionen in Unterfraktionen aufgetrennt werden, die durch weitere Indizierung zu kennzeichnen sind, z. B. α_{2_1}- und α_{2_2}-Globulin. - Der pH-Wert des Trennmediums ist auf 8,6 festgelegt, bei dem alle Proteine als Anionen vorliegen, und die Seren sollen innerhalb von 2 Tagen nach der Blutabnahme getrennt werden, um Veränderungen der Ergebnisse zu vermeiden. - Die Reproduzierbarkeit und Vergleichbarkeit der

Tabelle 3.6-14: Auszug aus Deutsche Norm DIN 58 915: Serumeiweiß-Elektrophorese. Begriffe, Anforderungen. April 1981

Geltungsbereich
Diese Norm gilt für die elektrophoretische Trennung, Bestimmung und Auswertung von Eiweißsubstanzen im Serum.

Begriffe
Fraktionen der Serumeiweiß-Elektrophorese sind die aufgrund verschiedener Wanderungsgeschwindigkeit voneinander getrennten Eiweißsubstanzen: Sie werden bei Verwendung von Celluloseacetatfolie (CAF) als Träger von der Anodenseite beginnend wie folgt bezeichnet: Präalbumin, Albumin, α_1-, α_2-, β_1-, β_2- und γ-Globulin. Untergruppen werden durch weitere Indizierung gekennzeichnet.

Trennmedium
Es ist ein Trennmedium mit einem pH-Wert von 8,6 zu verwenden.

Probenvorbereitung
Die zu untersuchenden Seren sollen innerhalb von zwei Tagen nach Blutentnahme elektrophoretisch untersucht werden, da sonst in der Regel Verschiebungen bei den Ergebnissen auftreten.

Reproduzierbarkeit, Vergleichbarkeit
Die Ergebnisse jeder Fraktion müssen innerhalb der angegebenen Wertebereiche eines zur Prüfung verwendeten Kontrollserums liegen.

Präzision
Für die Präzision der verwendeten Methode von Tag zu Tag wird gefordert, daß die relativen Standardabweichungen (Variationskoeffizienten) die folgenden Werte nicht überschreiten:

Albumin (einschl. Präalbumin)	3,5%
α_1-Globulin	12%
α_2-Globulin	8%
β_1- und β_2- oder β-Globulin	8%
γ-Globulin	8%

Mitgeltende Normen
DIN 58 938 Teil 1 und Teil 2

Ergebnisse ist gewährleistet, wenn die Werte jeder Fraktion in den angegebenen Wertebereichen eines zur Prüfung eingesetzten Kontrollserums liegen. Für die Präzision von Tag zu Tag verlangt die Norm, daß die prozentualen Standardabweichungen s% folgende Werte nicht überschreiten:

Albumin (einschl. Präalbumin)	3,5%
α_1-Globulin	12%
α_2-Globulin	8%
β_1- und β_2- oder β-Globulin	8%
γ-Globulin	8%

Nach der elektrophoretischen Trennung werden die Proteinfraktionen denaturiert und fixiert, angefärbt und der nicht an Protein gebundene Farbstoff dem Träger im Entfärbebad entzogen. Danach wird die CAF auf eine Glasplatte durch leichtes Andrücken mit einer Gummirolle aufgezogen und je nach Folienart entweder zuvor im Transparenzbad oder direkt im Trockenschrank transparentiert. Die Menge adsorbierten Farbstoffs jeder Fraktion wird meistens und auch am besten densitometrisch im Durchlicht gemessen.

Gelegentlich erfolgt die Auswertung auch durch Ausschneiden der Fraktionen, Herauslösen des Proteinfarbstoffs und Photometrieren. In diesem Fall liegen nach unseren Erfahrungen die Albumine bei Anfärbung mit Amidoschwarz 10 B um 3 bis 5% höher und die Globuline entsprechend tiefer als die densitometrisch ermittelten Werte. Sie nähern sich damit den auch bei der trägerfreien Elektrophorese höher liegenden und den nach Kjeldahl bestimmten Werten. Die optische Dichte des Pherogramms wird gleich 100% gesetzt und der Anteil der einzelnen Fraktionen in Prozent angegeben. Die Berechnung des absoluten Proteinanteils der Fraktionen geschieht mit Hilfe des Gesamt-Proteinwerts. Beides sollte heute vom Densitometer berechnet und neben dem Pherogramm ausgedruckt werden, um zusätzliche Rechenarbeit zu ersparen.

Wegen der weiteren Anforderungen an die Geräte wird auf 3.6.0.2 sowie DIN 58938 Teil 2 (1981) verwiesen.

Für die *Überprüfung der Zuverlässigkeit* der Serumproteinwerte sind eine Reihe der üblicherweise auch für andere klinisch-chemische Parameter einsetzbare Kontrollseren zu verwenden. Darüber hinaus werden von den Firmen einige spezielle für die Serum-Elektrophorese gefertigte Kontrollseren angeboten.

Beispiele für derartige, stets auf Humanserumbasis hergestellte, meist lyophilisiert aber auch 3 flüssig angebotene Kontrollseren sind in **Tabelle 3.6-15** aufgeführt. Zu beachten ist, daß sie große Unterschiede in der Anzahl der Methoden aufweisen, bedingt durch andere Trägermaterialien, Puffer (pH), Färbungen, Techniken (Trennkammern) und Auswertegeräte. So sind z. B. für das Serum „Electrophoresis Control“ 13 methodische Varianten mit deren Elektrophoresewerten auf dem Beipackzettel angegeben.

3.6.2.2 Qualitätssicherung in der präanalytischen Phase

Die Art der Aufbewahrung der Seren vor der Durchführung der Elektrophoresen kann von Einfluß auf die Ergebnisse sein.

Hier ist besonders die *Dauer* und *Temperatur der Aufbewahrung* zu nennen (Hoffmann, 1981). Die Aufbewahrung bei Raumtemperatur führt beim Normalserum schon am 2. Tag zur Abnahme der Albumin-Fraktion um etwa 2%. Die verringerten Werte werden bis zum Ende der Versuchsdauer nach 26 Tagen unter Schwankungen beibehalten. Die γ-Globuline verlaufen in etwa zu den Albuminwerten spiegelbildlich. Auch die α_1- und α_2-Globulinwerte nehmen zu. Bei Kühlschranktemperatur stellt sich die Verringerung der Albumine und die Zunahme der γ-Globuline etwa 1 bis 3 Tage später ein. - Die β-Globuline nehmen bei Raumtemperatur ab 2. Versuchstag und bei Kühlschranktemperatur ab 3. Tag drastisch ab. Die stärksten Veränderungen sind bei den α_2- und β-Globulinen am α_2-Globulin/β-Globulin-Quo-

Tabelle 3.6-15: Zusammenstellung einiger für die Qualitätssicherung der Serumprotein-Elektrophorese geeigneter, auf Humanserumbasis hergestellter **Kontrollseren**. Mit Angaben der Firmen: Firma in ( ); Packung: Anzahl Fläschchen, ml Inhalt, flüssig (sonst lyophilisiert); Anzahl Methoden (n); Trägermaterial; evtl. Art.-Nr.; Puffer pH; Färbung; Technik (Kammer); Auswertegerät

Kontroll- serum (Firma)	Inhalt ml	n	Träger	Puffer pH	Färbung	Technik	Auswer- tung
Decision™ Level 1,2,3 (Beckman)	4×20 flüssig	1	CAF	8,6	Amido- schwarz	IL Bosk	Bend & Hob
Duotrol EL (BIOMED)	20×5	2	CAF	-	Amido- schwarz Ponceau S	- -	- -
		1	CAF	-		Hite-Sytem	Olympus
Electropho- resis Con- trol (AH S/M+D)	10×1	13	CAF Sart SM 11200	Veronal- Citrat 8,6	Amido- schwarz	IL Bosk Mikrophor	Bend & Hob Elphormat
			CAF Sart SM 12200	„	Ponceau S	Beckman Mikrozone	Beckman Densito- meter
			CAF Sart SM 12400	„	„	Temo- Moltronic	„
			CAF Sart SM 12200	„	Amido- schwarz	Bend & Hob Elphor Mikro Rapid	Bend & Hob Elphormat
			CAF Sart	„	„	Il Bosk Mikrophor	Hirsch- mann Elscript 3n 580 nm
			CAF IL Bosk	Michae- lis-P. IL Bosk	Ponceau S IL Bosk	IL Bosk	IL Bosk Densito- meter 520 nm
			CAF IL Bosk	„	Amido- schwarz IL Bosk	IL Bosk	IL Bosk Densito- meter 600 nm
			CAF Cel- logel Sebia	Veronal- tris, 9,2	Ponceau S	Sebia S60A	Sebia Cel- losystem
			CAF Hé- léna SA	Tris-Na- barbital 8,6-9 Héléna	Ponceau S	Héléna System	Héléna Auto- scanner
			CAF Beckman Microzone Plus	8,6	Ponceau S	Beckman	Microzone System 520 nm
			CAF Gel- man (Se- praphore III)	8,8	Ponceau S	Gelman	Sepratek System 520 nm

Tabelle 3.6-15: (Fortsetzung)

Kontrollserum (Firma)	Inhalt ml	n	Träger	Puffer pH	Färbung	Technik	Auswertung
			Agar-Gel	8,6	Ponceau S	Corning	System 520 nm
			Agar-Gel	„	Amidoschwarz	„	„ 580 nm
Fluinorm-Eph (Behring)	8 × 1	11	CAF IL Bosk	Veronal-Na	Amidoschwarz	IL Bosk	IL Bosk IL 377
			„	„	Ponceau S	„	„
			CAF Sart	Veronal-citrat	Amidoschwarz	IL Bosk	Vogel Mul tiphorese
			„	„	Ponceau S	„	„
			CAF Sart	„	Amidoschwarz	Beckman Mikrozone	Beckman Computing Densitometer
			„	„	Ponceau S	„	„
			CAF Sart	Veronal-Na	Amidoschwarz	IL Bosk	Zeiss KFE_4 KFE_3
			„	„	Ponceau S	„	„
			CAF Sart	„	Amidoschwarz	Bend & Hob	Bend & Hob Elphormat bzw.“graph
			CAF Sart	„	„	Il Bosk	Zeiss Extinktionsschreiber III
			CAF Sart	„	Ponceau S	„	Gilford 300 N
			CAF Sart	„	„	„	Eppendorf Epp. Photometer, Pherogramm-Auswerter 2613 + Rechner
Kontrollogen L (Behring)	4 × 5	3	CAF Sart	Veronal-Na	Ponceau S	Beckman Mikrozone	Beckman-Computing Densitometer
			CAF IL Bosk/ Sart	„	Amidoschwarz	IL Bosk Bend & Hob	Hirschmann Elscript
			CAF IL Bosk/Sart	„	„	„	Vogel Multiphorese

Tabelle 3.6-15: (Fortsetzung)

Kontroll-serum (Firma)	Inhalt ml	n	Träger	Puffer pH	Färbung	Technik	Auswertung
Kontrollogen LP (Behring)	4 × 5	3	Differenzierung wie bei Kontrollogen L (s.o.)				
Lyotrol „N" (bioMérieux)	6 × 5	1	CAF	Barbital 8,6	Ponceau S	- - -	- - -
Lyotrol „P" (bioMérieux)	6 × 5	1	CAF	Angaben wie bei Lyotrol „N" (s.o.)			
Moni-trol IE (AHS/M + D)	6 × 5	3	CAF	- - -	Amidoschwarz	- - -	- - -
			„	- - -	Ponceau S	- - -	- - -
			„	- - -	Amidoschwarz	- - -	IL Bosk Densitometer
Moni-trol IIE (AHS/M + D)	6 × 5	3	CAF	Differenzierung wie bei Moni-trol IE (s.o.)			
Normosic (Behring)	4 × 5	4	CAF IL Bosk/ Sart	Veronal-Na	Amidoschwarz	IL Bosk Bend & Hob	Bend & Hob Elphormat bzw. graph
			„	„	„	IL Bosk	Vogel Multiphorese
			„	„	Ponceau S	Beckman Mikrozone	Beckman Computing Densitometer
			„	„	Amidoschwarz	IL Bosk Bend & Hob	Hirschmann Elscript
Precilip (BM)	4 × 3	2	CAF	8,6	Amidoschwarz	- -	- -
	20 × 3		CAF	„	Ponceau S	- -	- -
Precinorm Protein (BM)	3 × 1 flüssig	2	CAF	„	Amidoschwarz	- -	- -
			„	„	Ponceau S	- -	- -
Precinorm U (BM)	4 × 5	2	CAF	„	Amidoschwarz	- -	- -
	20 × 5		CAF	„	Ponceau S	- -	- -
Precipath U (BM)	4 × 5	2	CAF	„	Amidoschwarz	- -	- -
	20 × 5		CAF	„	Ponceau S	- -	- -
Validate-A (Organon Teknika)	3 × 5	10	CAF	„	Amidoschwarz	ohne Differenzierung	
			CAF	„	Ponceau S	ohne Differenzierung	
			CAF Sart	„	Amidoschwarz	IL Bosk	Bend & Hob

Tabelle 3.6-15: (Fortsetzung)

Kontroll-serum (Firma)	Inhalt ml	n	Träger	Puffer pH	Färbung	Technik	Auswertung
			SM 11200				Elphormat
			CAF Sart SM 12200	„	„	„	„
			CAF Sart SM 11200	„	Ponceau S	Beckman	„
			CAF Sart SM 12200	„	„	„	„
			CAF Sart SM 11200	„	Amido-schwarz	Elphor Mikro Rapid	„
			CAF Sart SM 12200	„	„	„	„
			CAF Sart SM 11200	„	Ponceau S	IL Bosk	Vogel Mul-tiphor. II
			CAF Sart SM 11200	„	Amido-schwarz	„	„
Validate-N (Organon Teknika)	3 × 5	10	Differenzierung wie bei Validate-A (s.o.)				

Anmerkungen:

(AHS/M+D)	=	AHS Deutschland GmbH, Merz + Dade AG, Lerchenstr. 5, 8000 München 50
(Beckman)	=	Beckman Instruments GmbH, Frankfurter Ring 115, 8000 München
(Behring)	=	Behringwerke AG, 3550 Marburg
(Bend & Hob)	=	Bender & Hobein GmbH, Lindwurmstr. 71, 8000 München 2
(Biomed)	=	BIOMED Labordiagnostik GmbH, Grashofstr. 73, 8000 München 50
(bioMerieux)	=	api bioMérieux GmbH, Werastr. 25, 7440 Nürtingen
(BM)	=	Boehringer Mannheim GmbH, Sandhofer Str. 116, 6800 Mannheim 31
(Corning)	=	Corning Medical GmbH, Postfach 5708, 6300 Gießen
(Eppendorf)	=	Eppendorf Gerätebau Netheler + Hinz GmbH, Barkhausenweg 1, 2000 Hamburg 63
(Gelman Sepratek System)	=	LRE, Relais u. Elektronik GmbH, Bereich Medizin-Technik, Linprun-Str. 16, 8000 München 2
(Gilford)	=	Gilford Instruments, Sternstr. 67, 4000 Düsseldorf 30
(Organon Teknika)	=	Organon Teknika, Bereich Labordiagnostik, Mooswaldallee 1-9, Postfach 605, 7800 Freiburg (früher Labordiagnostik Gödecke)
(Hirschmann)	=	Hirschmann-Gerätebau GmbH + Co. KG, Lohe Str. 5, 8025 Unterhaching
(IL Bosk)	=	Instrumentation Laboratory Boskamp GmbH, Kleinstr. 14, 5303 Bornheim 2
(Olympus)	=	Olympus Optical Co. GmbH, Steindamm 105, 2000 Hamburg 1
(Sart)	=	Sartorius Membranfilter GmbH, Weender Landstr. 94-108, 3400 Göttingen
(Sebia)	=	Sebia, Hochstr. 36, 6422 Herbstein-Stockhausen
(Vogel)	=	Vogel KG, Marburger Str. 81, 6300 Gießen
(Zeiss)	=	Carl Zeiss, 7082 Oberkochen

tienten zu beobachten. Er verläuft bei Raumtemperatur von etwa 0,6 über 0,95 am 4. Tag bis 0,65 am 9. Tag, bei Kühlschranktemperatur erreicht er sein Maximum fast am 6. Tag und hält diese Höhe bis zum Versuchsende, dem 14. Tag, bei.

Allgemein ist zu sagen, daß die Veränderungen beim beschriebenen pathologischen Serum weniger ausgeprägt sind als beim normalen Serum. Unterschiede ergeben sich vor allem durch das gegensätzliche Verhalten der Albumin- und γ-Globulin-Fraktion: Die Albumine steigen zunächst leicht an und die γ-Globuline fallen ab.

Die Bedingungen des *Postversands* können erhebliche Änderungen der Elektrophoresewerte zur Folge haben (Baer und Krause, 1968). Werden die Proben 7 Tage lang Temperaturen von 35 bis 46 °C ausgesetzt, so führt dies in Übereinstimmung mit unseren Ergebnissen zu einer signifikanten Erhöhung der α_2-Globuline. Dies soll auf einer partiellen Übernahme von Proteinen der α_1-Globulin-Fraktion beruhen. – Auch Eberhagen (1973) stellt fest, daß nach 3 Tage dauerndem Postversand von Seren mit Veränderungen der Elektrophorese-Ergebnisse zu rechnen ist.

Moore et al (1949) geben an, daß auf Lipiden und Lipoproteinen beruhende Veränderungen der Serumproteinverteilung frühzeitiger auftreten als solche, die allein von den Proteinen hervorgerufen werden.

Die Beobachtung von Oncley und Gurd (1953), daß die Wanderungsgeschwindigkeit isolierter β_1-Lipoproteine mit der *Aufbewahrungszeit* zunimmt, kann mit verantwortlich sein für die Abnahme der β-Globuline.

Schon nach einmaligem *Einfrieren und Auftauen* nehmen die Albuminwerte beim eingesetzten normalen Serum um etwa 3% signifikant ab und die Globulin-Fraktionen zu. Im weiteren Verlauf nehmen danach auch die β-Globuline ab, deutlich zu erkennen am Ansteigen des α_2/β-Globulin-Quotienten. Nach 80 Tagen Aufbewahrung mit in regelmäßigen Abständen erfolgten Unterbrechungen durch 14 maliges Einfrieren und Auftauen liegt der letzte Albuminwert etwa 5% unter dem Ausgangswert. Es ist festzustellen, daß diese Albuminverringerung später auftritt als bei Aufbewahrung im Kühlschrank.

Das pathologische Serum zeigt (wie so oft) im Vergleich zum normalen Serum weniger ausgeprägte Veränderungen.

Nach mehrmonatigem *Aufbewahren* sind auch hier schließlich die Endwerte der Fraktionen des normalen Serums im gleichen Sinn wie bei den vorauf beschriebenen Einfrierversuchen signifikant gegenüber den Ausgangswerten verändert. Wie bei den zuvor beschriebenen Versuchen fallen die Ergebnisse beim pathologischen Serum weniger eindeutig aus als beim Normalserum.

Aus den beschriebenen Versuchen und deren Ergebnissen ist zu folgern (Hoffmann, 1981):

Schon nach 2 Tagen Aufbewahrung von Serum bei Raumtemperatur oder Kühlschranktemperatur ist mit signifikanten Veränderungen der Fraktionen der CAF-Elektrophorese zu rechnen; solche Proben sind, wenn überhaupt, nur zur orientierenden Diagnostik zu verwenden. Innerhalb dieser Zeitspanne ist die Aufbewahrung bei Kühlschranktemperatur nicht unbedingt vorteilhafter als bei Raumtemperatur.

Bei *Verlaufsbeobachtungen* muß zwingend frisches Serum verarbeitet werden, wenn die Aussagen der Elektrophorese verwendet werden sollen. Ist trotz allem eine Aufbewahrung von Seren für die CAF-Elektrophorese erforderlich, dann ist das

Einfrieren die Methode der Wahl. Ergebnisse, mit frischen Seren erhalten, dürfen nicht mit Ergebnissen von ein- oder mehrmals eingefrorenen und aufgetauten Seren verglichen werden. Wenige Male eingefrorene Proben können jedoch untereinander verglichen werden.

Auch die *Wahl der Folienart* und die damit verbundene *Transparentierung* sind für die Ergebnisse von Bedeutung.

In unserem Laboratorium sind vergleichende Untersuchungen von Elektrophoresen an CAF IL Boskamp mit (Best.-Nr. 49206-04, Ch.-Nr. 5021/939) und ohne Transparenzbad (OTB-Folien, Best.-Nr. 48217, Ch.-Nr. 38/838) sowie CAF Sartorius mit (mTB SM 11200) und ohne Verwendung eines Transparenzbades (oTB SM 12200) unter sonst gleichen Bedingungen (IL Boskamp-Kammer, Veronalpuffer pH 8,6, Gilford-Densitometer 300 N) durchgeführt worden (Schmidt, 1983). Für die Untersuchungen sind insgesamt 5 Seren eingesetzt worden: 2 auf Humanserenbasis hergestellte, lyophilisierte Kontrollseren „Electrophorese Control" und „Precilip®", 1 pathologisches Serum mit stark erhöhter γ-Globulin-Fraktion und 2 unauffällige Seren gesunder Personen (**Tabelle 3.6-16**).

Alle 5 Fraktionen (je n = 20) zeigen auf IL Boskamp-Folien bei Ponceau S-Färbung wie bei Amidoschwarz 10 B-Färbung bis auf wenige Ausnahmen, die bei verschiedenen Seren und Fraktionen auftreten, keine signifikanten Unterschiede zwischen den an mTB- und oTB-Folien ermittelten Werten. - Bei den entsprechenden Sartorius-Folien mTB und oTB sind ebenfalls in den Fraktionen serumabhängige, allerdings im Vergleich zu den IL Boskamp-Folien anders lokalisierte Ausnahmen festzustellen.

Außerdem liegen unter den genannten Bedingungen die Albuminwerte nach Färbung mit Ponceau S sowohl bei den IL Boskamp-Folien als auch bei den Sartorius-Folien mit und auch ohne Transparenzbad (mTB und oTB) im Vergleich zu den Werten mit Amidoschwarz 10 B-Färbung - im Extrem bis zu 7% - höher.

Beim Vergleich der Standardabweichungen, Varianzen und prozentualen Standardabweichungen z. B. der Albumine sind bei Ponceau S-Färbung und IL Boskamp-Folie die Werte an CAF oTB höher (E. C., PL) oder tiefer (Pathologisches Serum, Normalserum I, Normalserum II) als an der CAF mTB-Folie, bei der Sartoriusfolie sind die Verhältnisse umgekehrt. Bei Amidoschwarz 10 B-Färbung liegen bei der IL Boskamp-Folie nur die Werte mit der oTB-Folie tiefer, alle anderen liegen höher, während bei der Sartorius-Folie oTB und Amidoschwarz 10 B-Färbung alle Werte niedriger sind als bei der mTB-Folie.

Die Elektrophorese an CAF mit (mTB) und ohne Transparenzbad (oTB) ließ bei Färbung mit Amidoschwarz 10 B bzw. mit Ponceau S zwar unterschiedliche, aber doch in eine Richtung tendie-

Tabelle 3.6-16: Albumin-Fraktion. Vergleich der Werte an CAF ohne (oTB) und mit (mTB) Benutzung eines Transparenzbades unter sonst gleichen Bedingungen

CAF Färbung	E.C.	PL	Serum Path.S.	NS I	NS II
oTB IL Boskamp					
Ponceau S	–	+	+	–	=
Amidoschwarz	–	–	+	–	=
oTB Sartorius					
Ponceau S	–	+	–	–	–
Amidoschwarz	–	–	–	–	–

+ : Albumin (%) an CAF oTB höher als an CAF mTB
– : Albumin (%) an CAF oTB tiefer als an CAF mTB
E.C. : „Electrophorese Control", Dade, Lot No 1098
PL : „Precilip", Boehringer Mannheim GmbH, Ch.-Nr. 661
Path.S. : Pathologisches Serum mit stark erhöhter γ-Globulin-Fraktion
NS I : Normales Serum einer Versuchsperson
NS II : Normales Serum einer zweiten Versuchsperson

rende Änderungen der Werte erwarten. Jedoch zeigt der Austausch der einen Folienart gegen die andere, daß je nach eingesetztem Serum die Werte sozusagen unvorhersehbar zu vergleichsweise höheren oder niedrigeren Werten in den Fraktionen führen können. Es besteht kein eindeutiger Trend! Die Richtung der Abweichung scheint, wie am Beispiel der Albumine zu sehen ist, durch spezifische Eigenschaften der verschiedenen Seren beeinflußt zu werden - eine in mehrerer Hinsicht betrübliche Erkenntnis, die besagt, daß zu den in den voraufgegangenen Jahren bekanntgewordenen, Einfluß ausübenden Parametern auch noch das Serum selbst als ein solcher Parameter hinzugerechnet werden muß.

Die vorstehenden Angaben unterstützen die in der Norm *DIN 58915* angegebenen Forderungen. Danach soll die Serumprotein-Elektrophorese innerhalb von 2 Tagen nach Blutentnahme durchgeführt werden, da sonst in der Regel Veränderungen der Ergebnisse auftreten.

Das *Auftragen* der Serumprobe auf den Träger mit Hilfe von Einfach- oder Mehrfachstempeln kann nach 2 Methoden erfolgen. Bei der Anspringmethode wird der für die aufzunehmende Probenmenge vorgesehene Stempelbügel so nah über der Oberfläche des Serumtropfens entlang bewegt, daß der Tropfen anspringt. Bei der Eintauchmethode wird dagegen eine größere Probenmenge als bei der Anspringmethode vom Stempelbügel lamellenartig aufgenommen. Die Methode ist somit primär entscheidend für die aufzutragende Probenmenge. Außerdem ist sie abhängig von der individuellen Fertigkeit und Erfahrung. Ein zu großer oder zu kleiner Probenauftrag wirkt sich auf die Ergebnisse aus.

3.6.2.3 Interne Qualitätssicherung der analytischen Phase

Für die routinemäßige Durchführung der Serumprotein-Elektrophorese stehen außer verschiedenen Trennapparaturen und Auswertegeräten unterschiedliche Trägermaterialien, Farbstoffe und Pufferlösungen zur Verfügung.

Als *Trägermaterial* dienen bevorzugt Celluloseacetatfolien mit und ohne Verwendung eines Transparenzbades. Es können unter sonst gleichen Bedingungen mit der gleichen Folienart aber verschiedener Hersteller zum Teil voneinander signifikant abweichende Elektrophoresewerte erhalten werden. Die gleiche Folienart desselben Herstellers ändert sich zudem gelegentlich kurzfristig oder über längere Zeiträume. Auch können die Werte bei gleicher Folienart differieren, je nach dem, ob sie vom Hersteller direkt oder über eine Vertriebsfirma bezogen werden, d.h. von verschiedenen Chargen stammen.

Wie die Beispiele (**Tabelle 3.6-17**) zeigen, liegen unter den genannten, sonst gleichen Bedingungen bei Verwendung der Sartorius-Folie mit Transparenzbad die Albuminwerte höher, die α_2 und γ-Globuline dagegen niedriger als bei der Folie ohne Transparenzbad.

Zum *Anfärben* werden im wesentlichen Lösungen von 2 Farbstoffen verwendet, der rote Farbstoff Ponceau S und der blaue Farbstoff Amidoschwarz 10 B. Diese beiden etwa vor 100 Jahren auf den Markt gebrachten Wollfarbstoffe ergeben unterschiedliche Werte. Darüber hinaus können aber auch verschiedene Chargen des gleichen Farbstoffs zu signifikant unterschiedlichen Ergebnissen führen. Folglich können sich auch beim Auslaufen einer Charge und Übergang zu einer neuen Charge andere Werte ergeben. Auch wird ein von verschiedenen Herstellern stammender Farbstoff von der Vertriebsfirma unter derselben Artikelnummer angeboten. Die Herstellung eines identischen Produkts ist aber wegen des chargenweisen, im kleintechnischen Maßstab ablaufenden Verfahrens und wegen der Bildung von Isomerengemischen bei Zwischen- und Endprodukten derzeit nicht möglich. Es ergibt sich dadurch eine ständig neue Vielzahl auf dem Markt befindlicher Farbstoffvarianten.

Tabelle 3.6-17: Vergleich der Sartorius-Folie mit Einschaltung eines Transparenzbades SM 11 200 mit oder ohne Verwendung eines solchen SM 12 200. Sonst gleiche Parameter:
1. Kolumne: Kammer IL Boskamp, Amidoschwarz 10B,
Auswertegerät Elphormat Bender & Hobein
2. Kolumne: Kammer Beckman, Ponceau S,
Auswertegerät Elphormat B. & H.
3. Kolumne: Kammer Elphor Mikro Rapid, Amidoschwarz 10B,
Auswertegerät Elphormat B. & H.
Angaben: Mit SM 11 200 höhere (+) oder tiefere (−) Werte
im Vergleich zu SM 12 200

a. Kontrollserum Validate A, Ch.-Nr. 064 1117				
		1	2	3
	Albumin	+0,8%	+0,9%	+1,9%
	α_2-Glob.	−0,5%	−0,8%	−0,4%
	γ-Glob.	−0,4%	−0,6%	−1,3%
b. Kontrollserum Validate N, Ch.-Nr. 084 5058				
		1	2	3
	Albumin	+3,2%	+2,6%	+5,1%
	α_2-Glob.	−0,6%	−1,9%	−2,1%
	γ-Glob.	−1,3%	−1,1%	−2,1%

Tabelle 3.6-18: Vergleich Ponceau S- mit Amidoschwarz 10B-Färbung. Kontrollserum: M + D Electrophoresis Control, Lot No EC-120. Die übrigen Parameter sind identisch: CAF IL Boskamp, Michaelis-Puffer IL Boskamp, Kammer IL Boskamp,
Auswertegerät IL Boskamp.
Angaben: Werte bei Ponceau S-Färbung höher (+) bzw. niedriger (−) als bei Amidoschwarz 10B-Färbung

Albumin	+ 4,3%
α_1-Globulin	− 0,9%
α_2-Globulin	− 1,1%
β-Globulin	− 1,7%
γ-Globulin	− 0,6%

Häufig liegen die Albuminwerte bei Färbung mit Ponceau S höher und die Globulinwerte entsprechend niedriger als mit Amidoschwarz 10 B (**Tabelle 3.6-18**). Aber auch andere Verschiebungen der Werte können die Folge des Farbstoffwechsels sein (**Tabelle 3.6-19**).

Läßt man spezielle *Pufferlösungen* außer acht, die nur gelegentlich Verwendung finden, so werden üblicherweise über ein halbes Dutzend unterschiedlich zusammengesetzte Lösungen für die Trennung an CAF von den Herstellerfirmen bzw. in der Literatur angegeben. Auch diese Vielfalt führt z. T. zu sehr unterschiedlichen Ergebnissen.

Die Varianten von Pufferlösungen führen erst recht in Kombination mit der beschriebenen Vielfalt an Trägermaterialien und Farbstoffen beim selben Serumprotein zu einer hohen Anzahl von z. T. signifikant von einander abweichenden Ergebnissen bei den Proteinfraktionen.

Es soll der Einfluß verschiedener *Auswertegeräte* bei unterschiedlichen Färbungen und Pufferlösungen auf die Werte von Kontrollseren gezeigt werden (**Tabelle 3.6-20, 3.6-21**).

Tabelle 3.6-19: Vergleich Ponceau S- mit Amidoschwarz 10B-Färbung bei Änderung von Puffer, Auswertegerät und Folie.
Kontrollserum Fluinorm-Eph K.-Nr. 1301.
1. Kolumne: CAF IL Boskamp, Kammer IL Boskamp, Veronal-Na-Puffer, Auswertegerät IL 377.
2. Kolumne: geändert Veronal-Citrat-Puffer, Auswertegerät Vogel Multiphorese.
3. Kolumne: geändert gegenüber 1. Kolumne CAF Sartorius SM 11 200, Auswertegerät Zeiss KFE_4 und KFD_5.
Angaben: Werte bei Ponceau S-Färbung höher (+) bzw. tiefer (−) als bei Amidoschwarz 10B-Färbung

	1	2	3
Albumin	+ 0,4%	− 3,4%	+ 4,0%
α_1-Glob.	− 0,1%	+ 0,8%	− 0,5%
α_2-Glob.	+ 0,9%	+ 1,1%	+ 0,1%
β-Glob.	− 0,1%	+ 1,8%	− 0,2%
γ-Glob.	− 1,0%	+ 0,9%	− 3,1%

Tabelle 3.6-20: Vergleich der mit Auswertegerät Elphormat B. & H. erhaltenen Werte (höher (+), tiefer (−)) mit Multiphorese II Vogel.
Gleiche Bedingungen: Kammer IL Boskamp, Folie Sartorius SM 11200, Amidoschwarz 10B.
1. Kolumne: Kontrollserum Validate N, Ch.-Nr. 084 5058.
2. Kolumne: Validate A, Ch.-Nr. 064 1117

	1	2
Albumin	+ 0,9%	− 0,5%
α_2-Globulin	− 0,5%	+ 0,5%
γ-Globulin	+ 0,4%	+ 1,3%

Vergleich der Auswertegeräte wie oben mit denselben Bedingungen, aber Färbung mit Ponceau S.

	1	2
Albumin	− 0,4%	− 0,5%
α_2-Globulin	− 1,5%	− 0,1%
γ-Globulin	+ 2,2%	+ 1,2%

Mit der Problematik der z. T. großen, von mehreren Parametern abhängigen Unterschiede in den Werten wird man besonders krass bei der internen und externen Qualitätssicherung sowie der Sollwertermittlung konfrontiert. - Bis zur Normung bzw. Standardisierung dieses Teils der Methode ist es daher dringend geboten, für die *Konstanz der laboreigenen Elektrophoresewerte durch Überwachung mit möglichst mehreren speziellen Kontrollseren* zu sorgen.

Der statistische Vergleich von Patientenseren und einigen in der Bundesrepublik gängigen Kontrollseren, gelaufen an im Handel befindlichen Folien und gefärbt mit Ponceau S bzw. Amidoschwarz 10 B, ergibt unter sonst identischen Bedingungen häufig hochsignifikante Unterschiede bei den gleichen Fraktionen. Dieselbe Aussage trifft für die *prozentualen Standardabweichungen* (s%) zu. Die Untersuchungen zeigen aber auch, daß bestimmte Kombinationen von Kontrollseren, Fo-

Tabelle 3.6-21: Vergleich von 2 Elektrophorese-Auswertegeräten

a. Multiphorese II Vogel und Eppendorf Photometer mit Pherogramm Auswerter 2613 + Rechner. Sonst identische Bedingungen: Folie Sartorius SM 11 200, Technik IL Boskamp, Veronal-Citrat-Puffer, Ponceau S, Kontrollserum Fluinorm-Eph 1301.

Albumin mit Multiphorese II	tiefer (−4,4%) als bei Eppendorf
α_1-Glob. „ „	höher (+1,5%) „ „ „
α_2-Glob. „ „	höher (+1,1%) „ „ „
β-Glob. „ „	höher (+1,8%) „ „ „
γ-Glob. „ „	höher (+0,2%) „ „ „

b. KFE_4, KFD_5 und Extinktionsschreiber III Zeiss. Folie Sartorius SM 11 200, Kammer IL Boskamp, Veronal-Na-Puffer, Amidoschwarz 10B, Fluinorm-Eph 1301.

Albumin mit KFE_4, KFD_5	tiefer (−3,0%) als bei Ext.Schr.III
α_1-Glob. „ „ „	tiefer (−0,3%) „ „ „
α_2-Glob. „ „ „	tiefer (−0,9%) „ „ „
β-Glob. „ „ „	tiefer (−0,2%) „ „ „
γ-Glob. „ „ „	höher (+4,5%) „ „ „

c. KFE_4, KFD_5 Zeiss und 300N Gilford. Folie Sartorius SM 11 200, Kammer IL Boskamp, Veronal-Na-Puffer, Ponceau S, Fluinorm-Eph 1301.

Albumin bei KFE_4, KFD_5	höher (+3,6%) als beim 300-N
α_1-Glob. „ „ „	tiefer (−1,3%) „ „ „
α_2-Glob. „ „ „	tiefer (−2,1%) „ „ „
β-Glob. „ „ „	tiefer (−2,1%) „ „ „
γ-Glob. „ „ „	höher (+0,9%) „ „ „

d. Elphormat Bender & Hobein und Elscript 3 Hirschmann. Folie Sartorius SM 11 200, Kammer IL Boskamp, Veronal-Citrat-Puffer, Amidoschwarz 10B, Fluinorm-Eph 1301.

Albumin mit Elphormat	tiefer (−4,7%) als mit Elscript 3
α_1-Glob. „ „	höher (+0,6%) „ „ „
α_2-Glob. „ „	höher (+1,5%) „ „ „
β-Glob. „ „	tiefer (−0,9%) „ „ „
γ-Glob. „ „	höher (+3,5%) „ „ „

Tabelle 3.6-22: Beispiel für extrem große Unterschiede in den Elektrophoresewerten. Identische Bedingungen: Folie Sartorius SM 12 200, Veronal-Citrat-Puffer, Electrophoresis Control, Lot No EC-120, M + D.
Unterschiedliche Bedingungen:
A. Ponceau S, Kammer Beckman Microzone R200, Beckman Densitometer
B. Amidoschwarz 10B, Kammer Elphor Mikro Rapid Bender & Hobein, Auswertegerät Elphormat Bender & Hobein

Albumin	mit A. höher	(+10,1%) als mit B.
α_1-Glob.	„ „ tiefer	(− 2,1%) „ „ „
α_2-Glob.	„ „ tiefer	(− 2,3%) „ „ „
β-Glob.	„ „ tiefer	(− 1,9%) „ „ „
γ-Glob.	„ „ tiefer	(− 3,8%) „ „ „

lien, Farbstoffen und Auswertegeräten zu besonders geringen und andere zu extrem hohen Unterschieden in den Werten führen können (**Tabelle 3.6-22**).

Daraus ist zu folgern, daß möglichst jedes Elektrophoresen durchführende Labor unter seinen eigenen Bedingungen testet, welches Kontrollserum bei Verwendung welcher Folie und welcher Färbung usw. nicht nur die richtigsten Werte, sondern auch die geringsten s% ergibt und somit für die Routine am geeignetsten ist.

Ein weiteres Problem bezüglich der Richtigkeit der Werte besteht darin, daß jede Proteinfraktion eine *spezifische Anfärbbarkeit* besitzt, d. h. jede Fraktion wird auf die Proteinmenge bezogen mit einer bestimmten, aber von Fraktion zu Fraktion unterschiedlichen Farbstoffmenge beladen. Die spezifische Anfärbbarkeit ist zudem abhängig vom eingesetzten Farbstoff. Amidoschwarz 10 B wird vom Protein stärker gebunden als Ponceau S. Das Bindungsvermögen nimmt bei beiden Farbstoffen vom γ-Globulin bis zum Albumin zu. Die spezifische Anfärbbarkeit der Albumine liegt um 40% höher als die der Gesamt-Globuline. Vor mehr als 10 Jahren war es deshalb z. T. üblich, den größten Fehler durch eine am Densitometer einstellbare „Albuminkorrektur" zu eliminieren. Heute wird allgemein dieser Fehler vernachlässigt und somit die pro Proteinfraktion adsorbierte Farbstoffmenge fälschlicherweise der Proteinmenge gleichgesetzt.

Die *Kontrollmöglichkeiten* der Serumprotein-Elektrophorese sind in Tabelle 3.6-2 angegeben.

3.6.2.4 Externe Qualitätssicherungsmaßnahmen

Über das Angebot zur Teilnahme an regelmäßigen Ringversuchen siehe 3.6.0.4.

3.6.2.5 Sicherung der postanalytischen Phase

Aus den besonders in 3.6.2.3 beschriebenen Gründen sind die Elektrophoresewerte von Serumproteinfraktionen von einer Reihe von Parametern abhängig und können sich daher stark von einander unterscheiden. Daher sollen hier nur die in unserem Laboratorium ermittelten Normalbereiche wiedergegeben werden (Folie Sartorius SM 11200, *Färbung Ponceau* S, Veronalpuffer pH 8,6):

Fraktion	$\bar{x} \pm 2s$ (in %)
Albumin	64,7 ± 6,4
α_1-Globulin	2,7 ± 0,9
α_2-Globulin	7,2 ± 1,6
β-Globulin	9,6 ± 2,4
γ-Globulin	15,9 ± 5,2

Im Vergleich zum Ponceau S sind bei der Färbung mit Amidoschwarz 10 B die Minima stärker ausgeprägt, die Fraktionen visuell und densitometrisch besser zu erfassen und die prozentualen Standardabweichungen niedriger. Allerdings wird bei relativ hohem Proteinanteil einer Fraktion, wie es normalerweise schon beim Albumin der Fall ist, das Lambert-Beer-Bouguer'sche Gesetz leicht verlassen. Folglich sind bei Amidoschwarz 10 B-Färbung die Albumine zugunsten der Globuline um etwa 2 bis 4% erniedrigt im Vergleich zur Färbung mit Ponceau S. Die γ-Globuline liegen dabei um etwa 2% höher. Die mit Ponceau S erhaltenen Werte nähern sich stärker den Werten der trägerfreien Elektrophorese - die Albumine bis auf 3 bis 4% -, die durch verschiedene andere Proteinbestimmungsmethoden abgesichert sind und daher „richtiger" liegen.

Bei *Färbung mit Amidoschwarz 10 B* werden als *Richtlinien zur Interpretation* der gewonnenen Ergebnisse folgende Bereiche angegeben (Rick, 1977):

Albumin	55-70%
α_1-Globulin	2- 5%
α_2-Globulin	5-10%

Tabelle 3.6-23: Normalwerte der Serumprotein-CAF-Elektrophoresen von Neugeborenen bis zu 14 Jahre alten Schulkindern, unterteilt in 4 Altersgruppen.
Angabe in g/l, Mittelwerte (Schlosser, 1978)

Protein-fraktion	Neugeborene n = 93	Säuglinge n = 64	Kleinkinder n = 168	Schulkinder n = 94
Albumin	37,76	43,24	44,87	46,24
α_1-Globulin	1,74	1,72	1,90	1,78
α_2-Globulin	4,19	6,57	6,90	6,49
β-Globulin	4,20	5,47	5,84	5,75
γ-Globulin	7,60	6,04	7,87	9,01

Bemerkung: Die Gesamt-Proteinwerte von Kindern gleichen Lebensalters sind sehr unterschiedlich. Es sind daher die Konzentrationen in g/l an Stelle der Prozentwerte eingetragen.

β-Globulin	10-15%
γ-Globulin	12-20%

Untersuchungen über die Normalwerte im frühen Alter reichen von den Neugeborenen bis zu 14 Jahre alten Schulkindern (Schlosser, 1978), die sich aus den 4 Altersgruppen der Neugeborenen (0 bis 7 Tage), Säuglinge (8 bis 12 Monate), Kleinkinder (1 Jahr bis 6 Jahre) und Schulkindern (6 Jahre bis 14 Jahre) zusammensetzen.

Beim Albumin, α_2- und β-Globulin fällt die starke Zunahme der Werte von den Neugeborenen zu den Säuglingen auf, die sich beim β-Globulin bis zu den Kleinkindern fortsetzt. Die γ-Globuline nehmen beim Übergang von den Neugeborenen zu den Säuglingen dagegen stark ab, um dann bei den Kleinkindern den bei den Neugeborenen ermittelten Wert zu übertreffen und darüber hinaus bei den Schulkindern weiter stark anzusteigen (**Tabelle 3.6-23**).

Seit einigen Jahren sind CAF auf dem Markt, die ohne Transparenzbad (Dioxanhaltig - giftig !) durch Erhitzen transparent gemacht werden. Es handelt sich um eine im höheren Grade triacetylierte Cellulose. Im Vergleich zu den bisher verwendeten, aus einem Gemisch von mono-, di- und triacetylierter Cellulose bestehenden Folien können bei Kontrollseren die Albumine z. B. zugunsten der Globuline um etwa 3 bis 5% tiefer liegen. Bei Patientenseren bestehen nach unseren Erfahrungen keine nennenswerten Unterschiede.

Klinische Bedeutung

Beim Über- oder Unterschreiten der Normalwertbereiche des Gesamtproteins, bei Verdacht auf Verschiebungen innerhalb der Fraktionen auch bei normalem Gesamtprotein, anderen mit Proteinveränderungen zusammenhängenden Parametern, wie z. B. erhöhte Blutkörperchensenkungsgeschwindigkeit und Proteinurie, und bei mit Proteinveränderungen einhergehenden Erkrankungen, wie z. B. Tumoren, Nierenerkrankungen, Antikörpermangelsyndrom, Entzündungsreaktionen, ist die Serumprotein-Elektrophorese wenigstens als Screening, aber auch zur Verlaufskontrolle einzusetzen. Weitergehende spezielle Bestimmungen, wie z. B. die Immunglobulinbestimmungen können folgen.

Serumproteinverändernde Prozesse beginnen im allgemeinen mit einer α-Globulinvermehrung, die im Verlauf allmählich über einen β-Globulinanstieg in eine γ-Globulinerhöhung (im chronischen Stadium) übergehen kann. Bei exsudativ entzündlichen Veränderungen kommt es zu einer α_1- und α_2-Globulinvermehrung. Bei proliferativen Veränderungen tritt ein γ-Globulinanstieg auf.

Dysproteinämien sind gekennzeichnet durch quantitative Serumprotein-Verschiebungen mit Pherogrammveränderungen, bei denen der Albuminanteil immer vermindert ist:

- α-Hyperglobulinämie bei nephrotischem Syndrom, exsudativ-entzündlichen Prozessen, malignen Tumoren (Einschmelzung)
- β-Hyperglobulinämie die β_1- und β_2-Plasmozytom, nephrotischem Syndrom, Hepatitis (Frühstadium, Mikroglobulinämie vom β-Typ)
- γ-Globulinämie bei chronisch entzündlichen Prozessen, chronischen Leberaffektionen, Morbus Boeck, Lungentuberkulose, chronischer Polyarthritis, manchen malignen Tumoren (Lebermetastasen), γ-Plasmozytom, Makroglobulinämie von γ-Typ
- α- und β-Hyperglobulinämie beim nephrotischem Syndrom
- α-, β- und γ-Hyperglobulinämie bei chronisch entzündlichen Prozessen, malignen Tumoren.

Defektdysproteinämien zeichnen sich dadurch aus, daß eine oder mehrere Serumprotein-Fraktionen ganz oder fast (z. T. erbliche Anomalien) fehlen:
- A-γ-Globulinämien z. B. bei Antikörpermangelsyndrom (starke Anfälligkeit für bakterielle Infektionen)
- Symptomatische A- und Hypo-γ-Globulinämie bei Lipoidnephrose, Plasmozytom, Morbus Cushing
- Afibrinogenämie, einer angeborenen Form und erworbener akuter Fibrinogenmangel
- Analbuminämie, keine Albuminsynthese

Paraproteinämien sind charakterisiert durch veränderte, modifizierte, körpereigene Proteine, erkennbar an schmalbasigen hohen Gradienten im Elektropherogramm:
- Plasmozytome bzw. multiples Myelom (Morbus Kahler) - oft Gelierungstendenz („Kryoglobulinämie")
- Makroglobulinämie Waldenström: Makroglobuline in hoher Konzentration (Ultrazentrifuge, Immunelektrophorese)

Alloproteinämien sind demgegenüber durch vorübergehend im Blut auftretende, immunologisch definierte, im Verlauf bestimmter Krankheiten auftretende Proteine gekennzeichnet:
- C-reaktives Protein (bei akut-entzündlichen Vorgängen vor BKS-Erhöhung auftretend)
- Rheumafaktor: Makromolekulares γ-Globulin bei primär chronischer Polyarthritis
- Antistreptolysin: Antikörper gegen Streptokokken
- LE-Faktor (bei Kollagenosen, insbesondere Lupus erythematodes, auftretend), sog. LE-Zellen.

3.6.2.6 Fehlermöglichkeiten

Bei der Serumprotein-Elektrophorese auftretende Fehler sind in Tabelle 3.6-3 zusammengestellt.

3.6.3 Lipoproteinfraktionen

3.6.3.1 Präventivmaßnahmen

Durch die *Bestimmung* des Gesamt-Cholesterins können nur 60%, mit der Triglyceridbestimmung allein nur 70% und mit beiden Bestimmungsarten höchstens 95% aller Patienten mit Hyperlipidämien erfaßt werden. Diese beiden Lipidbestimmungen geben aber nur eine ungenügende oder keine Auskunft darüber, welche metabolischen Defekte zu einer Erhöhung der Serumlipide und dem Entstehen einer Arteriosklerose führen. Die Entwicklung der Forschung hat gezeigt, daß die Pathobiochemie der Arteriosklerose nur dann weiter aufgeklärt werden kann, wenn in der Analytik der Lipoproteine und ihrem Stoffwechsel Fortschritte erzielt werden können.

Für die *Trennung* von Lipoproteinen in Fraktionen werden chromatographische, elektrophoretische, Präzipitations- und Ultrazentrifugen-Methoden eingesetzt. Als Standardmethode wird die zeitraubende Ultrazentrifugen-Methode verwendet. Die Trennung beruht auf der unterschiedlichen Dichte der Fraktionen, die durch verschiedene Elektrolytlösungen (KBr) mit abgestuften Dichtegraden bewirkt werden. Mit Hilfe der Ultrazentrifugen-Methode sind verschiedene Lipoproteinfraktionen nachgewiesen worden, die sich nicht nur durch die Dichte, sondern auch durch ihre Partikelgröße, Lipidzusammensetzung und ihren Proteinanteil unterscheiden.

Da diese Methode sich als Routinebestimmung nicht eignet, weil sie zu aufwendig ist und nur Speziallaboratorien vorbehalten bleibt, ist schon früher versucht worden, die Trennung auf Grund ihrer unterschiedlichen Wanderungsgeschwindigkeit im elektrischen Feld - die Lipoprotein-Elektrophorese - durchzuführen.

Die von Fredrickson und Lees (1965) durchgeführte qualitative Auswertung der Lipid-Elektrophorese an Stelle der aufwendigen Ultrazentrifugen-Methode ist der erste Schritt in diese Richtung gewesen und hat zu der nach ihm benannten klinisch bezogenen Typeneinteilung der Hyperlipoproteinämien geführt, die von der Weltgesundheitsorganisation (WHO, 1972) übernommen worden ist. Die klinische Überinterpretation hat dieses System zu Unrecht in Mißkredit gebracht. Auch heute noch stellt es die rationalste Grundlage jeder diätetischen und medikamentösen Therapie dar.

Die von Fredrickson damals zur Darstellung der Lipoprotein-Fraktionen verwendete Fettfärbung der Lipide (Lipid-Elektrophorese) mit Sudanschwarz ist heute verlassen worden. Sie hat den Nachteil, daß die Fraktionen nicht quantitativ und insbesondere die so wichtigen α-Lipoproteine auf Grund ihres relativ geringen Fettanteils nur mangelhaft dargestellt werden und ihre klinische Bedeutung nicht gewürdigt worden ist.

Das Problem der quantitativen Darstellung der Lipoprotein-Fraktionen (Lipoprotein-Elektrophorese) ist durch Ausfällen der elektrophoretisch getrennten Fraktionen mit Hilfe der Polyanionenpräzipitation gelöst worden (Wieland und Seidel, 1978).

Zur Klärung der Frage, welches der zur Zeit häufig durchgeführten Elektrophorese-Verfahren am geeignetsten ist, haben Dörner et al (1980) zwei CAF-Elektrophorese-Verfahren, das eine mit nachfolgender Ozonierung und Färbung mit Schiffs Reagenz (Grabener et al, 1970) und das andere mit enzymatischer Bestimmung des Cholesterin-Anteils der Lipoprotein-Fraktionen (Dörner et al, 1980), verglichen mit der Elektrophorese an Lipidophor einschließlich Polyanionenpräzipitation. Die verschiedenen Verfahren sind in der Übersicht von Holasek und Petek (1977) beschrieben. Die Blutabnahme ist morgens bei den nüchternen Probanden, 6 bis 17 Jahre alten Schülern im Rahmen einer Schuluntersuchung erfolgt. Beim Verfahren mit Ozonierung werden nur die ungesättigten Fettsäuren in den Lipoproteinen erfaßt, nicht die Lipoproteine insgesamt, und bei der Methode mit enzymatischer Cholesterin-Bestimmung ist die Farbintensität auf der Folie nur gering; zudem ist die Linearität der Färbung noch nicht bewiesen. Die Lipoprotein-Elektrophorese mit Lipidophor® und anschließender Polyanionenpräzipitation ist zur Zeit das beste Verfahren. Sein Vorteil besteht darin, daß die Lipoproteine selbst sichtbar gemacht werden. Der einzige Nachteil liegt in dem relativ hohen Preis.

Tabelle 3.6-24 zeigt die *Präzision in der Serie* bei den genannten Verfahren. Die Präzision von Tag zu Tag ist von den Autoren nicht untersucht worden, da Lipoprotei-

Tabelle 3.6-24: Präzision in der Serie und Mittelwerte von Lipoprotein-Fraktionen bei 5- bis 18jährigen gesunden Schülern, erhalten mit 3 verschiedenen Elektrophorese-Verfahren (Dörner et al., 1980)

Methode	Lipoproteine	n	$\bar{x}$	s	s%
1[1]	α-Lipoproteine	16	14,5	1,07	7,4
	Prä-β-Lipoproteine	16	-[4]	-	-
	β-Lipoproteine	16	85,6	1,01	1,2
2[2]	α-Lipoproteine	16	20,4	1,29	16,1
	Prä-β-Lipoproteine	16	-[4]	-	-
	β-Lipoproteine	16	79,6	3,31	4,2
3[3]	α-Lipoproteine	11	54,1	0,92	1,7
	Prä-β-Lipoproteine	11	2,8	0,25	9,0
	β-Lipoproteine	11	43,1	0,92	2,1

[1] Methode 1: CAF-Elektrophorese mit Ozonierung und Färbung mit Schiffs Reagenz
[2] Methode 2: CAF-Elektrophorese mit enzymatischer Bestimmung des Cholesterinanteils der Fraktionen
[3] Methode 3: Lipidophor -Elektrophorese (IMMUNO) auf Agargel mit Polyanionenpräzipitation
[4] nicht nachweisbar.

Tabelle 3.6-25: Auszug aus Deutsche Norm DIN 58 919: Lipoprotein-Elektrophorese. Begriffe, Einheiten, Anforderungen. Februar 1982

Anwendungsbereich

Diese Norm gilt für die elektrophoretische Trennung und Identifizierung von Lipoproteinen und Lipoproteingemischen. Die Erkennung der Hyperlipoproteinämie-Typen I, II a, II b, III, IV und V nach Fredrickson sowie die Quantifizierung von α-, Prä-β- und β-Lipoproteinen ist möglich.

Begriffe

Die Fraktionen der Lipoprotein-Elektrophorese werden bei Verwendung von Celluloseacetatfolie oder Agarosegel als Träger von der Anodenseite beginnend als α-, Prä-β-, β-Lipoproteine und gegebenenfalls Chylomikronen bezeichnet. Untergruppen werden durch Indizierung gekennzeichnet.

Probenvorbereitung

Die zu untersuchenden Seren sollen innerhalb von 1 Tag nach Blutentnahme elektrophoretisch untersucht werden, da sonst in der Regel Verschiebungen bei den Ergebnissen auftreten.

Träger

Als Trägermaterial ist Celluloseacetatfolie, gelatinierte Celluloseacetatfolie, Agarosegel mit Albuminzusatz oder Polyacrylamidgel zu verwenden. Für die absorptionsphotometrische Auswertung soll der Träger transparent sein oder transparent gemacht werden könnnen. Bei Trübungsmessungen bei Polyanionenpräzipitation darf die höchste Extinktion E = 0,8 nicht überschritten werden.

Reproduzierbarkeit, Vergleichbarkeit

Die Ergebnisse jeder Fraktion müssen innerhalb der angegebenen Wertebereiche eines zur Prüfung verwendeten Kontrollserums liegen.

Präzision

Für die Präzision der verwendeten Methode von Tag zu Tag wird gefordert, daß die relativen Standardabweichungen die folgenden Werte nicht überschreiten:

α-Lipoprotein	8%
Prä-β-Lipoprotein	15%
β-Lipoprotein	8%

Mitgeltende Normen

DIN 58 938 Teil 1 und Teil 2

ne nicht über einen Tag hinaus stabil sind und beim Einfrieren irreversibel geschädigt werden. Beim Vergleich der Werte mit denen von Erwachsenen fällt auf, daß die Gesamt-Lipoprotein-Konzentration geringer ist und die Präzision dadurch schlechter. Außerdem liegen bei Kindern nur wenig Prä-β-Lipoproteine im Serum vor.

Die beiden Methoden - Lipoprotein-Elektrophorese und Ultrazentrifugation - verwenden eigene Benennungen für die getrennten Fraktionen und sind heute nebeneinander gebräuchlich.

Die *„Begriffe, Einheiten und Anforderungen"* für die Lipoprotein-Elektrophorese sind in der Deutschen Norm DIN 58919 (1982) festgelegt und auszugsweise in **Tabelle 3.6-25** wiedergegeben worden.

Die verschiedenen Lipoproteine bestehen aus Protein (PR), Cholesterin (CH), Triglyceriden (TR) und Phospholipiden (LIPP) unterschiedlicher, für jede Fraktion charakteristischer Zusammensetzung, die unter normalen und pathologischen Verhältnissen praktisch als konstant angesehen werden kann:

Chylomikronen: An der Auftragestelle liegenbleibende große Aggregate niederer Dichte. Sie gehören nach dem Verhalten in der Ultrazentrifuge zu den very low density lipoproteins (VLDL), Dichte 0,95 g/ml, und kommen im normalen Plasma oder Serum nicht vor:

PR : CH : TR : LIPP = 2 : 7 : 85 : 6

β-Lipoproteine: Mit den β-Globulinen wandernde Fraktion low density lipoproteins (LDL), Dichte 1,006–1,063 g/ml:

PR : CH : TR : LIPP = 21 : 45 : 10 : 24

Sie stellen die eigentliche atherogene Fraktion dar. Ihr Proteinanteil besteht bevorzugt aus Apolipoprotein B. Diese Fraktion ist der aussagefähigste Risikofaktor für koronare Herzerkrankungen bei allen Altersklassen. Es besteht eine gesicherte positive Korrelation zum koronaren Herzerkrankungsrisiko.

Prä-β-Lipoproteine: Kleinste Lipoprotein-Fraktion. Very low density lipoproteins (VLDL), Dichte 0,95–1,006 g/ml:

PR : CH : TR : LIPP = 10 : 15 : 55 : 20

Sie enthalten als Proteinanteil hauptsächlich Apolipoprotein C und B. Die Partikel besitzen auch atherogenes Lipoprotein a ($LP_{(a)}$), das in der Prä-β-Position wandert und 41% Cholesterin enthält.

α-Lipoproteine: Mit den α-Globulinen wandernde kleinste Lipoproteinpartikel, high density lipoproteins (HDL). Dichte 1,036–1,21 g/ml:

PR : CH : TR : LIPP = 47 : 18 : 7 : 28

Sie besitzen als Hauptapolipoprotein AI und AII. Als Unterfraktionen sind zu nennen: atherogenes $LP_{(a)}$, die vermutlich antiatherogenen HDL_{2a} und HDL_{2b} und die wahrscheinlich neutralen HDL_3. Es besteht eine negative Korrelation zum koronaren Herzerkrankungsrisiko, bevorzugt bei über 50 Jahre alten Personen. Die α-Lipoproteine stellen einen zusätzlichen Parameter dar zur besseren Risikobeurteilung im Graubereich (Cholesterin zwischen 220 und 280 mg/dl) im Zusammenhang mit verläßlicher LDL-Cholesterinbestimmung, oder anders definiert, sie fungieren als Divisor im wichtigen „Arterioskleroseindex" (β-LP/α-LP).

Cremer et al (1985) haben verschiedene Verfahren zur Quantifizierung von Lipoproteinen (und Apolipoproteinen) am Beispiel eines Kontrollserums mit intakt erhaltenen Lipoproteinen und 2 Patientenseren miteinander verglichen, und zwar die Ultrazentrifugen-Methode nach den Empfehlungen der LRC, die quantitative Lipoprotein-Elektrophorese mit nachfolgender Polyanionenpräzipitation, die Präzipitationstechniken zur Bestimmung des HDL- und LDL-Cholesterins und die kinetisch immun-nephelometrische Bestimmung der Apolipoproteine AI und B.

Die Präzision der immun-nephelometrischen Methode liegt am günstigsten, eng gefolgt von der quantitativen Lipoprotein-Elektrophorese und danach folgen die Präzipitationstechniken. Die Richtigkeitsüberprüfung aller genannten Methoden an Hand der Korrelationskoeffizienten und -geraden ergibt bis auf die nachfolgend genannten Einschränkungen gute Korrelationen. Voraussetzung ist hierfür bei der Lipoprotein-Elektrophorese die eindeutige Trennbarkeit der β-, Prä-β- und α-Lipoproteine und evtl. der Chylomikronen und kein Vorliegen anderer Fraktionen. Bei der rechnerischen LDL-Cholesterin-Bestimmung nach Friedewald weist die Korrelationsgerade eine Steigung von ca. 6,5 statt, wie verlangt 5,0 auf, d. h. VLDL-Cholesterin wird über- und LDL-Cholesterin im Rahmen der Formel unterbewertet.

3.6.3.2 Qualitätssicherung in der präanalytischen Phase

Die Patienten sollen an den Tagen vor der *Blutentnahme* ihre Eßgewohnheiten möglichst beibehalten, jedoch vermeiden, besonders fettreiche Nahrung zu sich zu nehmen. Vor der Abnahme soll der Patient in jedem Fall 12 Stunden lang nüchtern sein. – In diesem Zusammenhang ist von uns beobachtet worden, daß bei Patienten nach mehrtägigem stationären Aufenthalt in der Klinik unter Klinikkost fast immer eine mäßige Abnahme des Cholesterin- und etwas höhere Abnahme des Triglyceridspiegels festgestellt werden konnte. Dies hat gelegentlich zum sog. „Typenwechsel" vom Typ IV zum Typ IIb geführt.

Es muß daran gedacht werden, daß besonders bei ambulanten Patienten und besonders häufig bei am späten Vormittag untersuchten Patienten immer wieder Blutabnahmen für Lipidbestimmungen im nicht nüchternen Zustand erfolgen. Ausnahmsweise können auch Blutproben analysiert werden, die nicht später als 60 bis 90 Minuten nach Einnahme eines üblichen Frühstücks abgenommen werden, da in diesem Zeitraum noch kein Einfluß auf die Höhe der Lipidwerte stattgefunden hat.

Tabelle 3.6-26: Qualitätssicherung der Lipoproteine: Lipidophor Kontrollserum-R, Lot: 0310/082[1], Sollwertangaben und eigene von November 1984 bis August 1985 ermittelte Werte. Reagenenzien: Lipidophor All in 12[1], Kammer: Rapidophor[1], Auswertung Elscript 3[2]

Fraktion	Sollwert $\bar{x}$	$(\bar{x} \pm 2s)$	gefunden $\bar{x}$	$(\bar{x} \pm 2s)$	s%
α-Lipoproteine	43,7	(39,3-48,1)	45,3	(38,7-51,9)	6,04
Prä-β-Lipoproteine	10,5	(7,6-13,4)	11,0	(8,1-13,9)	13,07
β-Lipoproteine	45,7	(40,7-50,8)	43,6	(38,1-49,1)	5,41

[1] IMMUNO GmbH, D-6900 Heidelberg 1, Slevogtstrasse 3-5
[2] Hirschmann

Das zu untersuchende Blut soll möglichst innerhalb einer halben Stunde, spätestens innerhalb einer Stunde abzentrifugiert sein. Die Seren sollen innerhalb eines Tages nach der Blutentnahme elektrophoretisch untersucht werden, da sonst in der Regel Verschiebungen bei den Ergebnissen durch Alterung auftreten, die z. B. zu einer Doppelgipfelbildung bei der α-Lipoprotein-Fraktion führen. Ein Einfrieren des Serums soll in jedem Fall vermieden werden.

3.6.3.3 Interne Sicherung der analytischen Phase

Bis vor wenigen Jahren hat es wegen der Denaturierung der Lipoproteine während der Lyophilisierung kein für die interne Qualitätssicherung der Lipoprotein-Elektrophorese geeignetes Kontrollserum gegeben, das elektrophoretisch deutlich in seine Lipoprotein-Fraktionen getrennt werden konnte. Nachdem ein spezielles Verfahren gefunden worden ist, bei dem die Lyophilisierung gepoolter Seren in Gegenwart von Saccharose unter Lipoproteinstabilisierung abläuft, gibt es ein geeignetes Kontrollserum (Lipidophor Kontrollserum, IMMUNO AG, A-1220 Wien, Industriestraße 72; Vertrieb in der BRD: IMMUNO GmbH, D-6900 Heidelberg 1, Slevogtstraße 3-5).

In **Tabelle 3.6-26** sind für das Lipidophor Kontrollserum-R, Lot 0310/082 die Sollwerte und von die uns ab November 1984 bis August 1985 gefundenen Mittelwerte, Vertrauensbereiche und prozentualen Standardabweichungen zusammengestellt worden.

Hohenwallner et al (1980) haben bei diesem Kontrollserum die Präzisionen der Lipoprotein-Fraktionen in der Serie (n = 8) und von Tag zu Tag (n = 13) untersucht. Die gefundenen s%-Werte sind: α-Lipoprotein 5,4 bzw. 5,8; Prä-β-Lipoprotein 14,8 bzw. 21,3; β-Lipoprotein 5,4 in beiden Fällen.

Die Richtigkeit der quantitativen Lipoprotein-Elektrophorese mit nachfolgender Polyanionenpräzipitation kann durch die Ermittlung von Berechnungsfaktoren über durch Ultrazentrifugation und Dialyse gereinigte Lipoprotein-Fraktionen und Vergleich von unabhängig gemessenen Gesamt-Cholesterinwerten und der Summe der errechneten Cholesterinkonzentrationen in den drei Lipoprotein-Fraktionen gesichert werden. Dies ist möglich, weil die Cholesterinanteile in den einzelnen Fraktionen, wie oben bereits erwähnt, praktisch konstant sind. Die Linearität der Methode reicht beim Cholesterinanteil der β-Lipoproteine bis 500 mg/dl und z. B. bei dem Anteil der α-Lipoproteine bis 120 mg/dl (Bronzert et al, in Vorbereitung).

Die Präzision der quantitativen Lipoprotein-Elektrophorese mit Polyanionenpräzipitation ist bei Patientenseren durchweg besser als bei Kontrollseren, weil es sich hierbei vorwiegend um Poolseren handelt, die lyophilisiert sind. Beim gepoolten Serum ist die Trennung zwischen der β- und Prä-β-Fraktion schlechter als bei einem frischen Normalserum. Daher ist die Präzision der Prä-β-Fraktion schlechter als bei den anderen Fraktionen. Die Präzisionskontrolle kann mit dem gepoolten und stabilisierten speziellen Präzisionskontrollserum Lipidophor Kontrollserum-P (IMMUNO GmbH) durchgeführt werden.

In Übereinstimmung mit anderen Untersuchern haben wir folgende Präzision von Tag zu Tag bei Patientenseren gefunden:

	s%
β-Lipoproteine	3-5
Prä-β-Lipoproteine	5-12 (bei Kontrollseren 8-20%)
α-Lipoproteine	5-6

Nach DIN 58919 wird gefordert, daß die Präzision folgende Werte nicht überschreiten soll:

	s%
β-Lipoproteine	8
Prä-β-Lipoproteine	15
α-Lipoproteine	8

Die Kontrollmöglichkeiten der Lipoprotein-Elektrophorese sind in Tabelle 3.6-2 aufgeführt.

3.6.3.4 Externe Qualitätssicherungsmaßnahmen

Für die elektrophoretisch getrennten Lipoprotein-Fraktionen werden von den für die Durchführung von Ringversuchen in der Bundesrepublik beauftragten Institutionen bisher keine Ringversuche durchgeführt.

3.6.3.5 Sicherung der postanalytischen Phase

Es ist üblich, die Ergebnisse der Lipoprotein-Elektrophorese mit nachfolgender Anionenpräzipitation in mg/dl Serum für jede Fraktion anzugeben.

Hohenwallner et al (1980) haben die Referenzbereiche der Lipoprotein-Fraktionen mit Hilfe des Lipidophor® -Systems ermittelt. **Tabelle 3.6-27** gibt Auskunft über die zur Zeit gültigen Richtwertbereiche, bis großangelegte Untersuchungen genauere Werte erbringen. Da diese Werte fast mit den unsrigen identisch sind, haben wir sie übernommen. Für die Erstellung der Referenzwerte sind je 50 männliche und weibliche stationäre Patienten im Alter von 20 bis 81 Jahren mit Cholesterinwerten unter 250, Triglyceridwerten unter 200 mg/dl und einem „Arterioskleroseindex" nicht über 2 ausgewählt worden. Die Bestimmungen sind nach 12 Stunden Nahrungskarenz durchgeführt worden.

Dörner et al (1980) haben ebenfalls mit dem Lipidophor® -System Referenzwerte für 5- bis 18-jährige Schulkinder beiderlei Geschlechts aufgestellt. Sie haben hierzu die Seren von 575 gesunden Schulkindern im Rahmen von Schuluntersuchungen eingesetzt. Wie die **Tabelle 3.6-28** an Hand der Perzentile zeigt, enthält das Serum gesunder Kinder im Vergleich zu Erwachsenen wesentlich geringere β-Lipoprotein-Konzentrationen (22 bis 89 mg/dl).

Mindestens ebenso wichtig wie der Cholesterinwert sowie die einzelnen Lipoproteinmengen mit ihren Cholesterinanteilen ist der sogenannte Arterioskleroseindex, der Quotient aus β- und α-Lipoproteinen. Die Heranziehung des Index erweitert den klinischen Aussagewert der Typeneinteilung nach Fredrickson. Ein großer Teil der nach Fredrickson unklaren Befunde konnte mit dem Index geklärt werden. So konnte z. B. festgestellt werden, daß einerseits hohe α-Lipoproteine hohe β-Li-

Tabelle 3.6-27: Referenzbereiche (♂, ♀) von Lipoprotein-Fraktionen und deren Cholesterin-Anteil im Serum nach Elektrophorese mit Lipidophor und Polyanionenpräzipitation (n = 50; Median, Mittelwert in mg/dl, 95% Perzentile). Blutabnahme nach 12 Stunden Nahrungskarenz (Hohenwallner et al., 1980)

Lipoproteine		Median	$\bar{x}$	95% Perzentile
α-Lipoproteine	♂	221	241	143 - 442
(HDL)	♀	245	252	136 - 336
β-Lipoproteine	♂	264	269	147 - 384
(LDL)	♀	275	275	207 - 383
Prä-β-Lipoproteine	♂	49	54	5 - 144
(VLDL)	♀	38	45	7 - 86
LP-Cholesterin				
α-LP-Cholesterin	♂	39	43	26 - 79
(HDL-Cholesterin)	♀	44	46	25 - 66
β-LP-Cholesterin	♂	119	122	67 - 173
(LDL-Cholesterin)	♀	124	128	93 - 172
Prä-β-LP-Cholesterin	♂	7	8	1 - 22
(VLDL-Cholesterin)	♀	6	7	1 - 13
„Arterioskleroseindex"	♂	1,3	1,27	0,4 - 1,8
(β-LP/α-LP)	♀	1,1	1,21	0,6 - 2,0

Tabelle 3.6-28: Referenzwerte für den Gehalt an Lipoprotein-Fraktionen (% und mg/dl) in Seren von 575 gesunden 6- bis 17-jährigen Schulkindern beiderlei Geschlechts, ermittelt durch Lipidophor-Elektrophorese mit nachfolgender Polyanionenpräzipitation (Dörner et al., 1979 und 1980)

Lipoproteine		$P_{2,5}$	P_{10}	P_{50}	P_{90}	$P_{97,5}$
α-Lipoproteine	%	34,9	41,5	52,9	63,5	68,2
„	mg/dl	59	83	131	183	217
Prä-β-Lipoprot.	%	0,0	0,4	3,5	8,6	12,9
„	mg/dl	0	1	9	24	35
β-Lipoproteine	%	28,8	33,3	42,5	53,5	59,5
„	mg/dl	22	30	47	72	89

poproteine kompensieren können und andererseits bei normalen Cholesterin und normalen Triglyceriden zu niedrige α-Lipoproteine ein Risiko darstellen.

Der Arterioskleroseindex zeigt bei einheitlicher Diät über mehrere Wochen nur geringe Schwankungen und eignet sich daher bestens zur Therapiekontrolle: Ein normales oder auch niedriges bis durchschnittliches Risiko mit normalem Arterioskleroseindex (β-LP/α-LP) umfaßt Werte bis 1,5. Ein erhöhtes Risiko ist angezeigt, wenn von folgenden 3 Befunden mindestens 2 zutreffen:

	mg/dl Serum
Gesamt-Cholesterin	über 230
Cholesterinanteil der β-LP-Fraktion	über 140
Arterioskleroseindex (β-LP/α-LP)	1,6 bis 2,5

Ein hohes Risiko liegt vor, wenn eine der folgenden 3 Angaben zutrifft:

	mg/dl Serum
Gesamt-Cholesterin	über 280
Cholesterinanteil der β-LP-Fraktion	über 190
Arterioskleroseindex	über 2,5.

Liappis et al (1981) haben die Lipoproteine im Nüchternserum von 67 gesunden Neugeborenen ♂ = 38, ♀ = 29) im Alter von 1 bis 15 Tagen untersucht (**Tabelle 3.6-29**). Die Konzentrationen der

Tabelle 3.6-29: Lipoprotein-Fraktionen und deren Cholesterin-Anteil im Nüchternserum von 67 gesunden 1 bis 15 Tage alten Neugeborenen (♂ = 38, ♀ = 29) nach Elektrophorese mit Lipidophor und Polyanionenpräzipitation; Angaben in mg/dl (Liappis et al., 1981)

Fraktion		Median	$\bar{x}$	s	Normwertbereich[1]
α-Lipoproteine	♂	164	156	53,2	72,2 - 256,1
(HDL)	♀	181	184	61,0	94,4 - 296,1
β-Lipoproteine	♂	160	171	45,0	100,2 - 257,8
(LDL)	♀	180	182	40,0	111,1 - 258,9
Prä-β-Lipoproteine	♂	70	82	46,4	22,0 - 203,2
(VLDL)	♀	67	71	33,8	30,0 - 149,3
α-LP-Cholesterin	♂	30	28	9,6	13,0 - 46,1
(HDL-Cholesterin)	♀	33	33	11,0	17,0 - 53,3
β-LP-Cholesterin	♂	72	77	20,3	45,1 - 116,0
(LDL-Cholesterin)	♀	81	82	18,0	50,0 - 116,5
Prä-β-LP-Cholesterin	♂	10,6	12,3	7,0	3,3 - 30,5
(VLDL-Cholesterin)	♀	10,0	10,7	5,1	4,5 - 22,4
„Arterioskleroseindex“	♂	1,03	1,25	0,59	0,59 - 2,41
(β-LP/α-LP)	♀	0,95	1,14	0,53	0,50 - 2,03

[1] Normalwertbereich innerhalb verteilungsfreier Toleranzgrenzen; Erfassung von etwa 80% der Gesamtpopulation bei ♂ (n = 38) und ♀ (n = 29) mit einer Sicherheitswahrscheinlichkeit von 90%.

β-Lipoproteine liegen signifikant niedriger und die der Prä-β-Lipoproteine wie auch der „Arterioskleroseindex“ signifikant höher als bei Erwachsenen. Das gleiche gilt auch für die Cholesterin-Anteile der Lipoprotein-Fraktionen. Gemäß ihren Transportfunktionen entsprechen den erhöhten Prä-β-Lipoproteinen hohe Triglycerid-Werte und erniedrigten β-Lipoproteinen niedrige Cholesterin-Werte. Etwa 20% der Neugeborenen besitzen auffallend hohe Triglycerid-Werte von 160 bis 310 mg/dl und infolgedessen einen „Arterioskleroseindex“ zwischen 1,50 und 2,71. Bei Erwachsenen besagt dies erhöhtes Arterioskleroserisiko. Aber bei Neugeborenen ist mit der Kalium-40-Methode bewiesen worden, daß dies auf das starke Fettwachstum - vom ersten Lebenshalbjahr mit 0,44 kg auf 2,27 kg am Ende des ersten Lebensjahres (Burmeister et al, 1974; Burmeister, 1980) - zurückzuführen ist.

Die hohen β-LP/α-LP-Quotienten stehen im Zusammenhang mit der unterschiedlichen Ernährung und dem Lebensalter. Ein hoher „Arterioskleroseindex“ ergibt sich bei Ernährung mit Muttermilch im Alter zwischen 4 und 9 Tagen. Auch die β- und Prä-β-Lipoproteine sind erhöht, wobei die β-Lipoproteine sogar signifikant erhöht und die α-Lipoproteine signifikant niedriger liegen als bei den mit adaptierter Kuhmilch ernährten Neugeborenen.

Im Nabelschnurblut haben Cress et al (1974) keine Unterschiede bei den Lipoprotein-Fraktionen männlicher (n = 138) und weiblicher (n = 132) Neugeborener gefunden. Carlson et al (1977) haben dagegen bei 1426 männlichen und 1391 weiblichen Neugeborenen festgestellt, daß die Cholesterin-Konzentration aus Prä-β- und β-Lipoproteinen bei den weiblichen Neugeborenen signifikant erhöht ist.

Eine größere und wohl die meisten Probanden umfassende Studie über Richtwerte oder Normbereiche auf dem Gebiet der Lipoproteine unterteilt nach Geschlechtern und Altersgruppen ist von Heiss et al (1980) veröffentlicht worden: Lipoprotein-Cholesterol Distributions in Selected North American Populations: The Lipid Research Clinics Program Prevalence Study (LCD-LRCPPS). Die Lipoproteine werden nicht durch Lipoprotein-Elektrophorese sondern durch Ultrazentrifugation (d = 1,006 g/ml) getrennt. HDL-Cholesterin wird direkt im Gesamt-Plasma bestimmt nach Präzipitation mit Heparin-Manganchlorid. LDL-Cholesterin wird bestimmt, indem das Cholesterin in der unteren UZ-Fraktion abzüglich HDL-Cholesterin berechnet wird. VLDL-Cholesterin erhält man aus dem Gesamt-Cholesterin abzüglich dem Cholesterin in der unteren UZ-Fraktion. Die skizzierte Methode ist publiziert (Lipid and Lipoprotein Analysis, DHEW No. (NIH) 75-628, 1974).

Tabelle 3.6-30: Lipoprotein-Fraktionen bei Männern und Frauen (ohne und mit Einnahme von Hormonpräparaten) im Alter von 20 bis 59 Jahren; Mittelwert $\bar{x}$ und 5.-95. Perzentile (P) in mg/dl (berechnet aus Lipid Research Clinics, 1980)

	α-Lipoprotein		β-Lipoprotein		Prä-β-Lipoprotein	
Alter	$\bar{x}$	5.-95.P.	$\bar{x}$	5.-95.P.	$\bar{x}$	5.-95.P
Männer						
20-24	252	167-350	230	147-327	91	7-187
25-29	248	172-350	259	156-367	116	20-240
30-34	253	156-350	281	173-441	142	33-320
35-39	241	161-344	296	180-420	161	20-373
40-44	246	150-372	301	193-413	170	33-373
45-49	252	167-356	320	218-449	163	33-340
50-54	245	156-350	316	198-438	179	53-413
55-59	256	156-394	323	196-449	144	20-327
Frauen, ohne Hormonpräparate						
20-24	290	-	218	-	79	-
25-29	311	206-450	236	156-336	80	13-160
30-34	308	211-417	242	151-329	70	0-160
35-39	303	189-456	264	169-384	96	7-233
40-44	317	189-483	278	169-387	94	20-193
45-49	321	183-278	289	180-418	113	13-267
50-54	333	296-494	322	200-476	111	0-247
55-59	331	200-478	334	207-471	142	13-327
Frauen, mit Hormonpräparaten						
20-24	306	189-439	241	138-362	101	7-200
25-29	312	194-461	258	160-376	102	13-240
30-34	322	-	261	-	104	-
35-39	317	-	264	-	136	-
40-44	339	-	277	-	115	
45-49	364	-	283	-	127	-
50-54	376	-	266	-	125	-
55-59	394	-	294	-	182	-

Die Blutabnahme ist im Sitzen nach 12 Stunden Nahrungskarenz durchgeführt worden. Die Laboruntersuchungen sind innerhalb 3 Stunden nach der Abnahme begonnen worden.

Dieser umfangreichen Studie liegen die Werte von 4756 weißen männlichen und weiblichen gesunden Personen im Alter von 20 bis 59 Jahren zugrunde, unterteilt in Altersklassen zu je 5 Jahren. Sie entstammen einem Kollektiv von 48431 Teilnehmern (The Lipid Research Clinics (LRC) Program Epidemiology Committee, 1979). Bei den weiblichen Probanden werden solche ohne und mit Einnahme von Sexualhormonpräparaten unterschieden.

Eine direkte Vergleichsmöglichkeit zwischen den in der LRC-Studie angegebenen Werten für die Cholesterinanteile der Lipoprotein-Fraktionen und den aus der Lipoprotein-Elektrophorese erhaltenen Werten ist gegeben, wenn die weitgehend konstanten Cholesterinanteile der Fraktionen mit den oben genannten Faktoren in die Konzentrationen der jeweiligen Lipoproteine, wie in **Tabelle 3.6-30** geschehen, umgerechnet werden. Wie den Werten der Tabelle zu entnehmen ist, verlaufen bei den Männern die α-Lipoproteine von der jüngsten Altersgruppe (303 mg/dl) ab fast waagerecht. Nur die letzte Altersgruppe zeigt einen geringen Anstieg. Bei Frauen ohne Einnahme von Hormonpräparaten ist ein höherer Anfangswert (348 mg/dl) und ein stetiger geringer Anstieg festzustellen. Im Vergleich dazu liegen bei Frauen mit Einnahme von Hormonpräparaten die Anfangswerte noch höher (367 mg/dl) und der Anstieg bis zur Altersgruppe von 50 bis 59 Jahren verläuft noch steiler.

Bei Männern beträgt der Mittelwert der β-Lipoproteine in der Altersgruppe von 20 bis 24 Jahren 230 mg/dl, er erreicht das Maximum und damit ein Plateau mit 45 bis 49 Jahren bei 320 mg/dl, das bis zur letzten Altersgruppe beibehalten wird. Frauen ohne Einnahme von Sexualhormonpräparaten haben in der jüngsten untersuchten Altersgruppe einen niedrigeren Mittelwert (218 mg/dl) als gleichaltrige Männer, danach steigen die Werte ohne Plateaubildung schließlich auf 334 mg/dl an. Frauen mit Einnahme solcher Präparate zeigen einen höheren Anfangswert (241 mg/dl) und die Werte steigen linear, jedoch schwächer als bei dem voraufgehenden Frauenkollektiv ohne Sexualhormon-Einnahme bis auf 294 mg/dl.

Bei 20 bis 24 Jahre alten Männern beträgt der Mittelwert der Prä- β-Lipoproteine 76 mg/dl, danach folgt ein Anstieg zum Maximum von 141,7 mg/dl mit 40 bis 44 Jahren und schließlich ein Abfall auf 120 mg/dl. Bei Frauen ohne Hormonpräparate liegt der Ausgangswert tiefer (66,1 mg/dl) als bei Männern und steigt ohne Plateaubildung auf 118,3 mg/dl. Frauen mit Einnahme von Hormonpräparaten beginnen mit höheren Ausgangswerten (84,4 mg/dl) als Männer. Die Werte steigen linear schließlich auf 106,6 mg/dl bei der Altersgruppe von 55 bis 59 Jahren an.

Bronzert et al (im Druck) haben die von Heiss et al im Rahmen der LCD-LRCPP-Studie praktizierte Lipoprotein-Bestimmung mit der quantitativen Lipoprotein-Elektrophorese an Hand des Lipidophor-Systems verglichen. Das Lipidophor-System gibt richtige Werte für Seren mit einem Cholesteringehalt bis zu 8000 und Triglyceride bis zu 10000 mg/dl an. Die Präzision des mitgeführten Lipid-Kontrollserums beträgt in der Serie 4,8, an einem Tag 5,7 und von Tag zu Tag 6,8%. Der Vergleich von 100 Proben der Elektrophorese-Werte (Y) mit den LRC-Werten (X) ergibt bei den linearen Regressionsanalysen ($Y = mX + b$) für die Lipoproteine folgende Werte:

	r	m	b
α-Lipoprotein	0,942	1,06	4,0
α-LP + β-LP	0,992	1,01	4,3
α-LP + β-LP + Prä-β-LP	0,987	1,04	-3,3

Diese Werte zeigen, daß die quantitative Agarosegel-Elektrophorese mit anschließender Präzipitation der Lipoproteine mit Natriumphosphorwolframsäure (Lipidophor®-System) und densitometrischer Auswertung wohl mit der standardisierten LRC-Methode der Quantifizierung des Cholesterinanteils in den Lipoprotein-Fraktionen gut korreliert.

Die Lipoproteine, bevorzugt die Prä-β-Lipoproteine, werden in der Leber gebildet. Sowohl die im Blut vorhandene Lipoprotein-Lipase als auch die Triglycerid-Lipase wandeln die Prä-β-Lipoproteine über das Zwischenprodukt IDL (Intermediate Density Lipoprotein) in β-Lipoprotein um. IDL tritt nur beim genetischen Defekt auf - der Abbau ist blockiert (Hyperlipoproteinämie Typ III).

Die β-Lipoproteine werden an spezifische Plasmamembranrezeptoren der Leberzelle fixiert, durch Endozytose in die Zelle aufgenommen und intralysosomal abgebaut. Das in der Zelle frei gewordene Cholesterin hemmt die Cholesterinsynthese und die Synthese der LDL-Rezeptoren und damit die Aufnahme von Cholesterin in die Zelle.

Hyperlipoproteinämien sind durch Erhöhung der Blut-, Plasma- oder Serumlipoproteine gekennzeichnet.

Primäre Hyperlipoproteinämien sind genetisch oder exogen unbekannt bedingte Krankheitsformen; bei sekundären Hyperlipoproteinämien sind dagegen Kausalzusammenhänge mit einer Grundkrankheit festzustellen. Die pathogenetische Bedeutung der Hyperlipoproteinämien besteht darin, daß die längere Zeit anhaltende Erhöhung von Lipoproteinen ein schwerwiegendes Arterioskleroserisiko darstellen kann.

Die Veränderungen des Gesamt-Cholesterins, der Triglyceride, das Verhalten der Fraktionen der Lipoprotein-Elektrophorese und das Aussehen des 12 Stunden stehenden Plasmas oder Serums im Vergleich zum Normalplasma oder -serum dienen seit 1968/69 nach Fredrickson zur Einteilung der primären Hyperlipoproteinämien in die Typen I bis V (**Tabelle 3.6-31**), wobei der Typ II nachträglich in die beiden Typen II a und II b geteilt wurde. Dies stellt einen ersten Schritt dar, Hyperlipoproteinämien phänomenologisch einzuordnen. Die qualitative Auswertung der elektrophoretisch getrennten Fraktionen erfolgte damals nach Fettfärbung der Lipidanteile, der sog. Lipidelektrophorese. Die genetisch bedingten Typen zeigen dominanten (Typ II a), rezessiven (Typ I und III) oder unklaren (Typ II b, IV, V) Erbgang. Am häufigsten ist der Typ IV (ca. 30 bis 40%), es folgt Typ II a (ca. 20%) und Typ II b (ca. 10 bis 20%). Typ I kommt selten (unter 1%) vor, Typ III (2 bis 9%) und Typ V (5 bis 8%) etwas häufiger.

Typ I: Abbau-Störung der Chylomikronen wegen Mangels oder Fehlens an heparininduzierbarer Lipoprotein-Lipase (Chylomikronämie verbunden mit Lipidablagerungen in der Leber, Milz und Hautxanthomen).

Tabelle 3.6-31: Schema zur Differenzierung der Hyperlipoproteinämietypen nach Fredrickson. Chylo = Chylomikronen; β bzw. prä-β = β- bzw. Prä-β-Lipoproteine; ↓ = Konzentration erniedrigt, n = normal, ↑ = erhöht, ↑↑ = stark erhöht

Normal	Typ I fettinduzierte Hypertriglyceridämie	IIa Hypercholesterinämie	IIb	III Hyperlipidämie, KH-induzierbar	IV Endogene Hypertriglyceridämie, KH-induzierbar	V Endogen-exogene Hypertriglyceridämie, Fett- u. KH-induzierbar
Serum	rahmig	klar	klar bis trübe	klar bis trübe	klar bis milchig	milchig bis rahmig
Triglyceride	↑↑	n	↑	↑	↑↑	↑↑
Cholesterin	↑	↑	↑	↑	↑	↑
LP-Elektrophorese	Chylo ↑	β ↑	β ↑ Prä-β ↑	breite β-Bande	Prä-β ↑	Chylo ↑ Prä-β ↑

Typ V: Zur Zeit die gleichen Störungen wie beim Typ I.

Typ IIa: Mangel an membrangebundenen β-Lipoprotein-Rezeptoren.

Typ III: Defekt im Abbau der Prä-β-Lipoproteine durch gestörte Aktivität der Lebertriglycerid-Lipase. IDL reichert sich an. (Wanderungsgeschwindigkeit zwischen Prä-β-Lipoproteinen und β-Lipoproteinen - als breites Band bei der Elektrophorese erkennbar („Broad-β-disease“)).

Typ IV: Noch unklare Pathogenese.

Die Typeneinteilung nach Fredrickson gilt nur für primäre Hyperlipoproteinämien, d.h. Lipoproteinstoffwechselstörungen.

3.6.3.6 Fehlermöglichkeiten

Die die Lipoprotein-Elektrophorese betreffenden Fehlermöglichkeiten sind in Kapitel 3.6.1.6 erörtert und in Tabelle 3.6-3 zusammengestellt.

Darüber hinaus können bei der quantitativen Lipoprotein-Elektrophorese Fehler dadurch entstehen, daß Fraktionen sich durch verschiedene Einflüsse verändern und dadurch die prozentuale Zusammensetzung des Pherogramms und infolge dessen die Konzentrationen der einzelnen Fraktionen geändert werden.

Schon Holasek und Petek (1977) berichten über das Auftreten von 2 α-Lipoproteinbanden bei der Agarosegelelektrophorese. Diese beiden Banden treten bei der CAF-Elektrophorese nicht auf. Sie haben unterschiedliche Lipid- und Apolipidzusammensetzung. Die Autoren erklären dieses Phänomen mit einer höchstwahrscheinlichen Trennung innerhalb der α-Lipoproteine bei der Elektrophorese und bemerken, daß dies jedoch eine Bezeichnung als 2 verschiedene Fraktionen nicht rechtfertigt (Kostner et al, 1971; Petek et al, 1972).

Von Vogelberg et al (1973) wird über doppelte Prä-β-Lipoprotein-Banden berichtet. Sie führen diese auf höhere Konzentrationen von Lp(a) zurück. Holasek und Petek (1977) können dies nicht bestätigen, da Doppelbanden auch bei sehr geringen Lp(a)-Konzentrationen auftreten.

In unserem Laboratorium ist festgestellt worden (van Ellen, 1983), daß bei normalem und pathologischem Serum mit der *Lagerungszeit* zunehmend eine Aufteilung der α-Lipoprotein-Fraktion eintritt, die mit einer Zunahme der α-Lipoprotein-Werte einhergeht. In der anodenwärts liegenden Flanke der α-Lipoprotein-Fraktion bildet sich ein immer höher werdender Peak heraus und zur Kathodenseite hin ein absinkender Peak. Gleichzeitig flacht der Prä-β-Lipoprotein-Peak und das anfänglich die Prä-β- und β-Lipoprotein-Fraktion trennende Minimum ab. Die Prä-β-Lipoprotein-Fraktion geht schließlich in die β-Lipoprotein-Fraktion über und von diesem Zeitpunkt ab steigen die β-Lipoprotein-Werte wieder an.

Diese beschriebenen, für die Aufbewahrung bei Raumtemperatur zutreffenden Vorgänge, laufen bei Kühlschranktemperatur zeitlich langsamer ab. Bei Lagerung im Gefrierschrank tritt keine Zweiteilung der α-Lipoprotein-Fraktion auf. Die Amplitude des α-Lipoprotein-Peaks wird kleiner und der α-Lipoprotein-Wert nimmt drastisch ab.

Der Einfrier/Auftau-Vorgang führt bei der α- und Prä-β-Lipoprotein-Fraktion zu einer starken Erniedrigung der Werte. Die Dauer der Lagerung sowie mehrfaches Einfrieren und Auftauen haben nur geringen Einfluß auf die α-Lipoprotein-Werte. Vergleichsweise wirken sich diese Vorgänge stärker und statistisch signifikant auf die Erniedrigung der Prä-β-Lipoprotein-Werte aus.

Auf die Veränderung von Lipoprotein-Pherogrammen bei überalterten Serumproben weisen auch Cremer et al (1985) hin. Dies betrifft besonders Laboratorien, die Proben von externen Einsendern erhalten. Die Zusammensetzung der Lipoproteine wird besonders durch Lipolyse verändert, die mit einer Änderung der physiko-chemischen Eigenschaften der Partikel und ihrem Verhalten bei verschiedenen Trennverfahren einhergeht. Überalterte Proben zeigen eine extrem schmale α-Lipoprotein-Fraktion mit sehr hohem, spitzem Gipfel. Die Prä-β-Lipoproteine verschwinden. Diese Veränderungen führen gleichzeitig zu einer Verfälschung der Ergebnisse. Die Autoren geben an, daß unter ihren Bedingungen die β-Lipoprotein- und α-Lipoprotein-Werte erhöht ($n=15$; β-LP-Cholesterin von 172 auf 186 mg/dl, α-LP-Cholesterin von 48 auf 55 mg/dl) und die Prä-β-Lipoprotein-Werte erniedrigt werden ($n=15$; von 28 auf 9 mg/dl). Die Verfälschung der Werte trifft in noch stärkerem Maße für die Fällungstechniken, und zwar die direkten wie auch die Berechnungen nach Friedewald, als auch die Apolipoprotein B-Bestimmung zu. Aber nur durch die Lipoprotein-Elektrophorese können überalterte Proben aufgrund des Pherogramms als solche erkannt und die Verfälschung der Ergebnisse gesehen werden.

Zusammenfassend ist zu bemerken, daß für die Probe eine Aufbewahrungszeit von einem Tag nicht überschritten werden darf, da länger dauernde Lagerung abhängig von der Art und der Dauer der Lagerung die Ergebnisse der quantitativen Lipoprotein-Elektrophorese signifikant verändert.

Veränderungen von Lipoprotein-Fraktionen können auch durch ihre Unterfraktionen bewirkt werden. Es ist bekannt, daß die α-Lipoprotein-Fraktion (HDL) von der Kathodenseite her betrachtet aus den Unterfraktionen HDL_2, unterteilt in HDL_{2a} und HDL_{2b}, und HDL_3 besteht. Nach zur Zeit bevorzugter Ansicht soll aus HDL_3 bei der Lipolyse triglyceridreicher Bestandteile durch Aufnahme von freiem Apo C, Phospholipiden und Cholesterin HDL_2 entstehen (Patsch et al, 1978). Auch das Enzym LCAT wirkt an der Umformung von HDL_3 zu HDL_2 mit (Schmitz, 1982). Der Anstieg bzw. Abfall des HDL_2 geht mit einer entsprechenden Änderung des Gesamt-HDL einher; der geschlechtsunabhängige HDL_3-Wert bleibt dabei konstant.

Berg und Keul (1984) berichten über Veränderungen im Lipoprotein-Pherogramm der HDL-Fraktion bei *körperlicher Aktivität.* Unter ca. 40 bis 60 Minuten dauernder intensiver Ausdauerbelastung kann eine densitometrisch sicher abtrennbare, weiter anodisch wandernde HDL-Bande nachgewiesen werden. Mit Hilfe der Ultrazentrifuge läßt sich nachweisen, daß es sich hierbei um mit freien Fettsäuren beladene HDL-Partikel, bevorzugt höherer Dichte ($d=1{,}12$–$1{,}21$ g/ml) handelt. Durch Dichtegradienten/Ultrazentrifugenpräparation haben sie während und nach intensiver Ausdauerbelastung nachweisen können, daß eine signifikante Reaktion in der HDL-Verteilung auf die Belastung hin erfolgt. Besonders während der

Erholungsphase ist eine deutliche reziproke Verschiebung der Protein- und Cholesterinanteile in den HDL-Unterfraktionen von höherer zu niederer Dichte feststellbar. In Abhängigkeit von der Dauer der Belastung kommt es zu einer veränderten HDL_2/HDL_3-Verteilung bei gleichzeitiger Konstanz der Protein- und Gesamt-Cholesterinanteile der HDL-Subfraktionen. Die Autoren sehen diese Veränderungen im Zusammenhang mit VLDL-Triglycerid-Hydrolyse zu „Oberflächen-Remnants", der körpergewichtbezogenen maximalen Sauerstoffaufnahme und dem HDL-/Gesamt-Cholesterin-Quotienten - physiologische Abnahme um ca. 0,02 je Lebensjahrzehnt - sowie einem erhöhten Lipidstoffwechsel-Risiko mit zunehmendem Alter, während die altersabhängige Verschlechterung des HDL-/Gesamt-Cholesterin-Quotienten für ausdauertrainierte Personen nicht besteht.

Ergänzend ist noch zu erwähnen, daß nach unseren Beobachtungen gelegentlich auch frische Blutproben mehr oder weniger ausgeprägte Doppelbanden bei der α-Lipoprotein-Fraktion aufweisen. Es ist denkbar, daß dies eventuell auf dem Einfluß von Medikamenten beruht.

3.6.3.7 Gesichtspunkte der Wirtschaftlichkeit

Zur Zeit stellt die quantitative Lipoprotein-Elektrophorese mit dem Lipidophor-System einschließlich Polyanionenpräzipitation im Vergleich zu den früher üblichen Lipid-Elektrophoresen mit Lipid-Färbung die beste, zugleich aber auch teuerste Methode dar. Will man diese finanzielle Ausgabe kürzen, dann hat man nur die Wahl, diese Methode durch die direkten Präzipitationsmethoden von HDL und LDL und die Bestimmung ihres Cholesterin-Anteils mit ihren Nachteilen zu ersetzen.

3.7 Qualitätssicherung bei Enzymaktivitätsbestimmungen

Silke Heller (Berlin-Wilmersdorf), Christian Müller (Berlin-Charlottenburg) und Winfried Ausländer (Berlin-Spandau)

3.7.0 Beschreibung der Analysengruppe

3.7.0.1 Einleitung

Die überwiegende Mehrzahl der im lebenden Organismus ablaufenden intra- und extrazellulären biochemischen Reaktionen wird durch substrat- bzw. reaktionsspezifische Enzyme katalysiert. Da diese Proteine in Körperzellen synthetisiert werden und, entsprechend ihrer Aufgabenstellung, entweder in diesen Zellen verbleiben oder in den Extrazellulärraum transportiert werden, erlaubt die Bestimmung ihrer Aktivitäten in den Körperflüssigkeiten häufig Aussagen über Ort und Grad einer Organschädigung sowie über Prognose und Verlauf der Erkrankung. Folgerichtig hat die Bestimmung von Enzymaktivitäten in der medizinischen Diagnostik während der letzten 25 Jahre ständig an Bedeutung gewonnen.

Die *Benennung der Enzyme* in der wissenschaftlichen Literatur und in der Laborpraxis erfolgt uneinheitlich. Der historisch gewachsenen Vielfalt und Unsystematik der Nomenklatur ist durch Richtlinien der Enzyme Commission (EC) der International Union of Biochemistry (IUB) ein verbindliches und eindeutiges Klassifizierungssystem entgegengesetzt worden (Report of the Commission, 1961). Hierin wird ein Enzym nach seiner Funktion zunächst einer der folgenden sechs *Hauptklassen* zugeordnet: 1. Oxidoreduktasen, 2. Transferasen, 3. Hydrolasen, 4. Lyasen, 5. Isomerasen und 6. Ligasen. Die weitere Zuordnung in Unter- und Subunterklassen ergibt schließlich für jedes Enzym eine eindeutige *Systemnummer*. Der systematische Name eines Enzyms basiert auf der chemischen Gleichung und der Hauptklasse der katalysierten Reaktion. Wegen der Kompliziertheit dieses Systems und der resultierenden Nomenklatur haben jedoch *Trivialnamen* und ihre *Kürzel* im Labor und in der Klinik weiterhin ihre Daseinsberechtigung. Auch hier geht der Trend aufgrund von Empfehlungen der EC sowie nationaler und internationaler Gesellschaften zu einer wünschenswerten Vereinheitlichung. Durch Beschluß der EC der IUB (1961) gibt es heute eine international einheitliche Definition und Nomenklatur. (Vergleiche hierzu in **Tabelle 3.7-1a** die Spalten Trivialname, Kürzel, Systemnummer sowie die Nomenklaturangaben bei den einzelnen Analysenbestandteilen).

Die *quantitative Bestimmung* von Enzymen in Körperflüssigkeiten könnte prinzipiell darauf abzielen, die Substanzmenge bzw. -konzentration des gesuchten Bestandteils zu ermitteln. Aus einsichtigen Gründen (komplexe Zusammensetzung der Proben, Nachweisgrenzen, gleichzeitiges Vorliegen aktiver und inaktiver Enzymmoleküle u. a.) wird in der klinischen Enzymologie die Messung der *katalytischen Aktivität* der Enzyme der quantitativen Bestimmung vorgezogen (siehe Kapitel 3.7.0.5). Hinsichtlich der verwendeten Meßbedingungen und Einheiten hat eine unübersichtliche Vielfalt die Vergleichbarkeit von Messungen erschwert oder unmöglich gemacht.

Für ein vertiefendes Studium und historisch interessante Details sei auf Bergmeyer (1984), Bergmeyer u. Gawehn (1977), Meyer-Bertenrath (1976), Rick (1977) sowie Schmidt u. Schmidt (1973) verwiesen.

Im folgenden sollen die klinisch bedeutsamsten und weitestverbreiteten Methoden zur Enzymaktivitätsbestimmung sowie Kontrollmaßnahmen zur Qualitätssiche-

Tabelle 3.7-1 a: Enzyme, allgemeine Übersicht

Name (Trivialname)	Kürzel	System-Nr. (EC-Nr.)	Reaktionstyp			Nachweis Opt. Test		Sonstig.	Nitro-bildg.	Empfehlung Enzymkomm. DGKC
			Oxido-reduktase	Trans-ferase	Hydro-lase	Ein-fach	Indikator/ Hilfsreaktion			
Amylase	AMY	3.2.1.1			*		*		*	(*)
Phosphatase, alkalische	AP	3.1.3.1			*				*	*
Cholinesterase (Pseudo-)	CHE	3.1.1.8			*				*	
Kreatin(phospho)kinase	CK	2.7.3.2		*			*			*
Kreatinkinase MB-Isoenzym	CK-MB	2.7.3.2		*	*		*			
γ-Glutamyltranspeptidase	GGT			*					*	
Glutamat-dehydrogenase	GLDH	1.4.1.3	*							*
Aspartat-amino-transferase (Glutamat-oxalacetat-transaminase)	ASAT (GOT)	2.6.1.1		*			*			*
Alanin-amino-transferase (Glutamat-pyruvat-transaminase)	ALAT (GPT)	2.6.1.2		*			*			*
α-Hydroxybutyrat-dehydrogenase (LDH-1-Isoenzym)	HBDH	1.1.1.27	*			*				*
Lactat-dehydrogenase	LDH	1.1.1.27	*			*				*
Lipase	LIP	3.1.1.3			*			*		
Phosphatase, saure Prostata-	PSP	3.1.2.3			*				*	
Phosphatase, saure	SP	3.1.2.3			*				*	

Tabelle 3.7-1 b: Enzyme (Haltbarkeit, Kontrollmöglichkeiten)

Name (Trivialname)	Kürzel	Halbwertzeit in vivo*	Haltbarkeit im Plasma* (°C)			Kontrollmöglichkeiten	
			25	4	−20	der Analyse **	der Konstellation
Amylase	AMY	3-6 h	7 d	7 d	2 m	alle	+
Phosphatase, alkalische	AP	3-7 d	5 h	5 d	2 m	alle	
Cholinesterase (Pseudo-)	CHE	10 d	7 d	7 d	2 m	alle	(+)
Kreatin(phospho)kinase	CK	15 h	15 h	5 d	1 m	alle	+
Kreatinkinase MB-Isoenzym	CK-MB	15 h				alle bis auf RV	+
γ-Glutamyltranspeptidase	GGT	3- 4 d	2 d	7 d	1 m	alle	
Glutamat-dehydrogenase	GLDH	18 ± 1 h	1 d	2 d	2 d	alle	
Aspartat-amino-transferase (Glutamat-oxalacetat-transaminase)	ASAT (GOT)	17 ± 5 h	2 d	2 d	1 m	alle	+
Alanin-amino-transferase (Glutamat-pyruvat-transaminase)	ALAT (GPT)	47 ± 10 h	2 d	2 d	1 d	alle	+
α-Hydroxybutyrat-dehydrogenase (LDH-1-Isoenzym)	HBDH	113 ± 60 h	7 d	1 m	1 m	alle	+
Lactat-dehydrogenase	LDH	50 ± 10 h	10 d	2 d	2 d	alle	+
Lipase	LIP	3- 6 d	7 d	1 m	3 a	alle	+
Phosphatase, saure-Prostata-	PSP		2 h			alle	
Phosphatase, saure	SP		24 h	14 d	4 m (ph 4-5 beachten)	alle	

* h = Stunden, d = Tage, m = Monate, a = Jahre. Angaben zur Haltbarkeit sind in der Literatur häufig widersprüchlich, es wurde daher bei differierenden Angaben die Mindestzeit genannt, über die Übereinstimmung besteht. Häufig sind längere Aufbewahrungszeiten möglich.
** Kontrollmöglichkeiten: Doppelbestimmung, Kontrollkarte, Quotientenkarte, Präzision, Richtigkeit, Tages-$\bar{x}$, s, Median/Schwellenwert, Lage/Trend

rung besprochen werden (**Tabelle 3.7-1 b**), während die mit Hilfe enzymatischer Reaktionen durchgeführten Substratbestimmungen in Kapitel 3.4 berücksichtigt werden. Enzymaktivitätsbestimmungen werden ebenso in der Gerinnungsanalytik und in der Hämatologie, z. B. zum Nachweis von Erythrozytenenzymdefekten, angewendet. (Methoden siehe Kapitel 4.5 und 4.6).

3.7.0.2 Präventivmaßnahmen

Die katalytische Aktivität eines Enzyms bzw. seine Aktivitätskonzentration wird in der Geschwindigkeit der katalysierten Reaktion unter optimierten Reaktionsbedingungen gemessen. Zur Verfolgung der Umsatzgeschwindigkeit lassen sich verschiedene physikalische oder chemische Methoden einsetzen; überragende Bedeutung im klinisch-chemischen Labor hat jedoch die Photometrie erlangt.

Ihr Einsatz hat zur Voraussetzung, daß bei der zu messenden Reaktion ein Reaktionspartner mit ausreichender, unterscheidbarer Lichtabsorption entweder direkt oder in gekoppelten *Hilfs- und Indikatorreaktionen* gebildet oder verbraucht wird. Hilfs- und Indikatorraktionen dürfen dabei nicht limitierend auf die zu messende Reaktion wirken. Zur Vereinheitlichung der Meßmethoden und zur Optimierung der Meßgeräte wird bei dem Aufbau eines Testsystems möglichst die zeitliche Änderung der Extinktion bei 334 oder 340 nm im *NAD(P)$^+$/NAD(P)H-System* zur Verfolgung der Umsatzgeschwindigkeit herangezogen. Ein bedeutsamer Teil der Enzyme, die einer Bestimmung über das NAD(P)$^+$/NAD(P)H-System (bisher) nicht zugänglich sind, läßt sich mit Hilfe von *künstlichen Substraten* messen, bei deren Umsetzung aromatische Nitroverbindungen freigesetzt werden, die sich bei 405 nm photometrisch erfassen lassen. Unter meßtechnischen Gesichtspunkten lassen sich deshalb Enzymaktivitätsbestimmungen unterscheiden:

- mit NAD(P)$^+$/NAD(P)H-Umsatz als Indikatorreaktion
- mit Bildung aromatischer Nitroverbindungen als Indikatorreaktion und
- andere Meßmethoden.

Soweit bereits veröffentlicht, werden den Ausführungen über Meßmethoden und Qualitätssicherung die empfohlenen Standardmethoden der Deutschen Gesellschaft für Klinische Chemie (DGKCh) zugrunde gelegt. Liegt für ein Enzym eine empfohlene Standardmethode noch nicht vor, so werden die gebräuchlichen Methoden gegenübergestellt und ebenfalls kritisch gewichtet. In jedem Fall hat es der Untersucher mit fertigen Reagenzien-Kits zu tun: er muß selbst Methode und Hersteller nach den Kriterien Spezifität, Repetierbarkeit, Störanfälligkeit, Linearität, Automatisierbarkeit und Wirtschaftlichkeit auswählen. Darüber hinaus muß er dafür Sorge tragen, daß störende Eingriffe in das optimierte Testsystem minimiert werden.

Kontrollmaßnahmen für Enzymaktivitätsbestimmungen sind noch mit deutlichen Schwierigkeiten behaftet.

Primäre Standards stehen noch nicht zur Verfügung, sind jedoch in den USA für einige Enzyme, z. B. GOT (Sampson et al., 1980), bereits in der Erprobung.

Kontrollseren bergen durch ihre Zusammensetzung, durch die Aufstockung mit Enzymen teilweise tierischen Ursprungs und anderen Isoenzymmustern, durch die Vielzahl von Bestandteilen, die sich möglicherweise gegenseitig hemmen, und durch den Trübungsgrad häufig Unzulänglichkeiten (Reinauer, 1981).

3.7.0.3 Präanalytik und interne Qualitätssicherung der Analytik

Zu den Vorbedingungen der internen Qualitätssicherung in der Enzymanalytik gehören zum einen die Kontrolle der Einhaltung *definierter (optimaler) Reaktionsbedingungen* im Testansatz, zum anderen die regelrechte Auswahl und der Einsatz von Analysen- und Hilfsgeräten und deren Funktionssicherung. Zur Standardisierung der katalytischen Aktivitätsbestimmung von Enzymen empfiehlt die DGKCh (Empfehlungen, 1970) die Festlegung folgender Parameter:

- fortlaufende Messung der Enzymkinetik („Kinetischer Test“)
- Verlauf der Reaktion während der gesamten Messung proportional der Zeit
- optimale Wahl (Substanzen und Konzentrationen) der Substrate, Coenzyme, Aktivatoren und Puffer
- Verwendung inhibitorfreier Reagenzien
- Meßtemperatur 25 °C.

Im Einzelfall sind die Reaktionsbedingungen durch eine empfohlene Standardmethode oder durch Vorgabe der Hersteller definiert und in kommerziellen Tests vorkonfektioniert. Sie interessieren hier nur insoweit, wie sie vom Untersucher beeinflußt werden können.

Die häufigste *Fehlerquelle* bei allen Messungen von Enzymaktivitäten ist die *Nichteinhaltung einer konstanten Meßtemperatur.* Eine Abweichung von 1 °C von der vereinbarten Meßtemperatur bedingt Verfälschungen der Ergebnisse bis zu 10%. Die Standardisierung der Meßtemperatur ist international noch umstritten: so sind z. B. in der Schweiz und Frankreich 30 °C, in den USA und den skandinavischen Ländern 37 °C üblich. Die Standardtemperatur für Referenzmethoden der International Federation of Clinical Chemistry (IFCC) ist im Mai 1982 erneut mit 30 °C bestätigt worden; eine Umstellung nationaler Empfehlungen auf diese Temperatur könnte in naher Zukunft erfolgen. In der Bundesrepublik Deutschland beziehen sich jedoch zur Zeit noch alle Empfehlungen - auch in Ringversuchen zur Externen Qualitätskontrolle - auf 25 °C als Standardtemperatur (zu dem Thema vergleiche auch Allgemeine Qualitätssicherung (AQS) der Deutschen Gesellschaft für Laboratoriumsmedizin (DGL), 1984).

Die *Konstanthaltung der Meßtemperatur* in der Küvette ist nur mit entsprechender apparativer Ausstattung möglich. Temperiereinrichtungen wie Wasserbäder mit Gegenkühlung (Kühlaggregate sind geeigneter als Leitungswasser-Kühlanlagen) oder Peltierelemente zur Temperierung des Meßraumes und Vortemperierung von Proben und Reagenzien sind für die Enzymanalytik unabdingbar. Die Temperiereinrichtungen sollten auf 25 °C, 30 °C und 37 °C einstellbar sein (DIN 58966). Eine Raumtemperatur von mindestens 17 °C mit einer Schwankungsbreite von ± 5 °C muß gewährleistet sein. Die *Temperaturkontrolle* sollte auch *im Meßraum* (Küvette), nicht nur im Wasserbad erfolgen. Die Temperaturgefälle können wegen zu langer oder verstopfter Schläuche, zu kurz oder nicht vorgewärmter Reagenzien (Monotests aus dem Kühlschrank) oder bei schlecht wärmeleitenden Kunststoffküvetten unter Umständen mehrere Grad Celsius betragen. Zu Temperaturkontrollen sollten Thermometer nach DIN 47100 Verwendung finden, an denen die Temperaturen auf 0,05 °C genau abgelesen werden können.

Die *„optimalen" Substrat- und Coenzymkonzentrationen* für eine Enzymaktivitätsbestimmung beziehen sich streng auf den angegebenen Probenanteil am Testansatz und die vereinbarte Meßtemperatur. Willkürliche Veränderungen des Probenanteils können zu Abweichungen von den gewünschten enzymkinetischen Bedingungen führen. Die optimalen Konzentrationen der Substrate und Coenzyme werden stark von der gewählten Meßtemperatur beeinflußt. Auf 25 °C eingestellte Tests sollten deshalb nicht bei 30 °C oder 37 °C durchgeführt werden und umgekehrt. Auch Umrechnungen auf andere Meßtemperaturen mit Korrekturfaktoren sind problematisch, da z. B. die Temperaturabhängigkeit der katalytischen Aktivität von Isoenzymen stark differiert. Bei pathologischen Proben können dadurch falsche Werte resultieren (z. B. LDH).

Inhibitoren können die Enzymaktivität reversibel oder irreversibel hemmen; im letzteren Fall werden sie auch als *Destruktoren* bezeichnet.

Überschreiten der vorgeschriebenen *Lagerfristen* oder *falsche Lagerung* (Temperatur, Licht, Feuchtigkeit) können bei optischen Tests zum Zerfall von NADH bei gleichzeitiger Bildung von Inhibitoren der Oxidoreduktasen (z. B. LDH) führen (Bergmeyer u. Gawehn, 1977). Schwermetallionen und Detergentien sind bekannte Destruktoren: ihre Einschleppung in Bestimmungsansätze durch verunreinigte Hilfsgeräte wie Meßkolben, Pipetten, Küvetten oder das laborseitig verwendete Wasser muß ausgeschlossen werden. Es empfiehlt sich die Verwendung von Einwegmaterial. Enzyminhibitoren können schließlich durch die Probe selbst eingebracht werden (Pharmaka!); als Hinweis kann die Messung höherer Enzymaktivitäten nach Vorverdünnung der Probe (Erniedrigung der Inhibitorkonzentration) gelten.

Die Einhaltung des *pH-Optimums* einer Enzymreaktion ist unbedingt erforderlich; pH-Kontrollen der Puffer sollten daher - auch bei industriell gefertigten Lösungen - regelmäßig erfolgen. Ein laborinterner Störfaktor ist häufig das verwendete Wasser: gerade bidestilliertes Wasser ist oft schwach sauer. Bakterielle Verunreinigungen sind sorgfältig zu vermeiden: Reagenzienlösungen und Puffer sind ideale Nährböden.

Zur *Probengewinnung* und *-behandlung* sind die in Kapitel 2.3 gegebenen Hinweise zu beachten. Enyzmaktivitätsbestimmungen im zellfreien Anteil des Blutes sollten bevorzugt mit Heparinplasma, gewonnen aus der ungestauten Vene, durchgeführt werden. Gegebenenfalls sind unterschiedliche Referenzbereiche für Serum und Plasma zu beachten. Proben aus Serum führen infolge Mikrohämolyse während der Gerinnung (GOT, LDH, SP) oder durch Thrombozytenzerfall (LDH, SP) zu falsch erhöhten Werten. Nur zellfrei zentrifugiertes Plasma ist zum *Probenversand* geeignet; dieser muß schnellstmöglich und, bei hohen Außentemperaturen, gekühlt erfolgen, um einen proteolytischen Abbau der Enzyme zu verhindern. Schaumbildung durch Schütteln der Probe (auch von Kontrollseren) ist unbedingt zu vermeiden, da dies zur *Denaturierung* der Enzymproteine führen kann. Die Stabilität der Enzyme unter verschiedenen Lagerbedingungen ist sehr unterschiedlich; generell sollten Proben nur einmal eingefroren und aufgetaut werden (Tabelle 3.7-1).

Die photometrische Bestimmung von Enzymaktivitäten in *lipämischen Proben* kann aufgrund hoher Hintergrund-Extinktion und eventueller Phasenentmischung Schwierigkeiten bereiten. Lipämische Proben sollten deshalb in der Ultrazentrifuge oder, einfacher, durch kurzes, intensives Mischen der Proben mit dem gleichen Volumen an Frigen geklärt werden. Die so vorbehandelten Proben können direkt weiterverarbeitet werden, da die Vorbehandlung nicht mit Enzymaktivitätsbestimmungen interferiert (Voigt, 1977).

Volumenmeßgeräte sollten nach Möglichkeit geeicht sein. Kolbenhubpipetten sind nach Vorschrift zu warten und regelmäßig auf Präzision und Richtigkeit zu prüfen. Dies kann durch Auswägen des dosierten Wasservolumens, durch photometrische Vermessung geeigneter Farbstofflösungen oder mit Hilfe im Handel erhältlicher Prüfsets erfolgen.

Von großer Bedeutung sind schließlich Auswahl und *Kontrolle der verwendeten Photometer und Meßwellenlängen*. Grundsätzlich gut geeignet für die Enzymanalytik sind Spektrallinienphotometer. Enzymaktivitätsbestimmungen, die auf einem direkten oder gekoppelten optischen Test basieren, sollten bei einer Meßwellenlänge von 340 nm (Spektralphotometer) bzw. 334 nm (Spektrallinienphotometer) durchgeführt werden, da hier die Extinktionsänderung pro Zeiteinheit im $NAD(P)^+/NAD(P)H$-System beinahe doppelt so groß wie bei der Meßwellenlänge 365/366 nm ist. Besondere Anforderungen an die Monochromasie des Photometers stellen Tests, bei denen die Enzymaktivität über die Bildung aromatischer Nitroverbindungen bestimmt wird. Diese Messungen müssen an der Bandenflanke bei 405 nm erfolgen, um die Eigenextinktion der Substrate vernachlässigen zu können.

Die Kontrolle der Photometer auf Richtigkeit und Linearität kann, wie in Kapitel 3.4 und bei Bergmeyer und Gawehn (1977) beschrieben, mit hochreinen NADH-Präparationen bzw. p-Nitrophenol-Standardlösung erfolgen.

Grundsätzlich sind alle in Kapitel 2.1 und Tabelle 3.7-1 b angegebenen *Kontrollmöglichkeiten zur Qualitätssicherung* in der Enzymanalytik einsetzbar.

Zur *Plausibilitätskontrolle* aufgrund von Enzymaktivitäts-Konstellationen sei auf die befundorientierte medizinische Literatur verwiesen.

3.7.0.4 Externe Qualitätssicherung der Analytik

Ringversuche zur externen Qualitätskontrolle werden für alle in diesem Kapitel behandelten Enzyme (zur Zeit noch nicht CK-MB) in der Bundesrepublik Deutschland von INSTAND, der Ringversuchsorganisation der DGKCh, von mehreren kassenärztlichen Vereinigungen sowie im Ausland von den meisten Ringversuchsveranstaltern angeboten.

3.7.0.5 Größen und Einheiten

Bei Enzymaktivitätsbestimmungen werden zur Zeit „internationale Einheiten" benutzt, eine Umstellung auf entsprechende SI-Einheiten wird diskutiert (Klein-Wisenberg, 1977; Boroviczény und Copeland, 1982). Eine *Internationale Einheit* (U) ist diejenige Enzymaktivität, die unter definierten Bedingungen die Umwandlung von 1 µmol Substrat pro Minute katalysiert.

Im klinischen Bereich werden Enzymaktivitäten bevorzugt als Konzentration in der untersuchten Probe angegeben: es resultiert die katalytische Aktivitätkonzentration (U/l). Weitergehende Standardisierungsbestrebungen der IUB im Rahmen der von der WHO 1977 auch für die Medizin empfohlenen Verwendung von SI-Einheiten sehen für die nahe Zukunft als Einheit der katalytischen Aktivität das *Katal* vor.

Ein Katal (kat) ist diejenige Enzymaktivität, die unter definierten Bedingungen den Umsatz von 1 mol Substrat pro Sekunde katalysiert. Umrechnung: 1 U = 1 µmol/min = 16,67 nkat.

3.7.1 Lactat-Dehydrogenase (LDH)

3.7.1.1 Präventivmaßnahmen

Zur Bestimmung der Lactat-Dehydrogenase (systematisch L-Lactat: NAD-Oxidoreduktase EC 1.1.1.27; empfohlene Abkürzung: LDH) liegt eine optimierte Standardmethode der DGKCh (1972) vor. Einschränkend muß dazu gesagt werden, daß es eine „optimierte Methode" zur Bestimmung der Lactat-Dehydrogenase-Aktivität nicht geben kann, da die einzelnen LDH-Isoenzyme bei *unterschiedlichen* Reaktionsbedingungen wie pH, Substratkonzentration etc. ihre maximale Aktivität entfalten. Im Routinelabor kann dieser Einwand vernachlässigt werden; der optimierte Test ist auf die Isoenzym-Zusammensetzung normaler Plasmen respektive Seren „abgestimmt". Das wichtigste Isoenyzm der LDH (LDH_1, alpha-HBDH) wird gesondert im nächsten Abschnitt besprochen.

Die Lactat-Dehydrogenase (das oxydierende Gärungsferment Warburgs) katalysiert den letzten Schritt der Glykolyse:

$$\text{Pyruvat} + \text{NADH} + H^+ \xrightarrow{\text{LDH}} \text{Lactat} + \text{NAD}^+$$

Aus der Geschwindigkeit der durch diese Reaktion hervorgerufenen NADH-Abnahme kann die Aktivität der LDH direkt berechnet werden.

Es ist bekannt, daß der Extinktionsabfall bei der LDH nicht immer linear verläuft, sondern aus drei oder mehr linearen Teilen mit verschiedener Steigung zusammengesetzt sein kann (Richterich u. a., 1978). Die Gesamt-LDH ist also eine Resultante aus den verschiedenen Aktivitäten der einzelnen Isoenzyme, die Bestimmung ein Kompromiß.

In fraglichen Fällen kann eine Registrierung mittels eines am Photometer anzuschließenden Schreibers und Beachtung des graphisch aufgezeichneten Verlaufs des Extinktionsabfalls Klarheit schaffen.

Da vor allem die Erythrozyten, aber auch die Thrombozyten große LDH-Mengen enthalten, weist die LDH-Aktivität im Serum einen signifikanten Plusfehler auf (Haugk und Kluge, 1969). Die Enzymaktivitätsbestimmung im Plasma ist daher vorzuziehen. Für lipämische Proben gilt das in 3.7.0.3 Gesagte.

Die standardisierte Reaktionstemperatur ist zur Zeit noch 25 °C. Die vorgesehene Umstellung auf 30 °C bringt, von den veränderten Normalwerten einmal abgesehen, bezüglich der LDH kaum wesentliche Probleme. Allerdings muß vor der Umrechnung per Faktor von einer Temperatur auf die andere dringend gewarnt werden. Was bei anderen Enyzmen tolerierbar und laborpraktischer Alltag ist, führt aus den oben dargelegten Gründen bei der LDH zu Schwierigkeiten und Ausreißern.

3.7.1.2 Sicherung der präanalytischen Phase

Als Probenmaterial sollte bevorzugt *Plasma* eingesetzt werden (s. o.), da bei dem Einsatz von Serum signifikant höhere Werte zu erwarten sind (um bis zu 30 U/l höhere Werte innerhalb des Referenzbereichs). Die *Stabilität* der verschiedenen Isoenzyme ist, insbesondere beim Abkühlen auf 4 °C bzw. beim Einfrieren, sehr unterschiedlich. Die *Probenaufbewahrung* für die LDH oder LDH-Isoenzymbestimmung sollte unbedingt bei Zimmertemperatur erfolgen und im Kühlschrank (wenn aus Praktikabilitätsgünden unvermeidlich) nicht länger als eine Woche betragen (vergleiche auch die Übersichtstabelle 3.7-1 b) (Kreutzer und Fennis, 1964).

Hämolytische Proben sind, auch in geringem Maße, für die LDH-Bestimmung absolut ungeeignet. Die LDH-Konzentration im Erythrozyten ist etwa 360-mal höher als im Serum. Daher sollte dieses auch zur Vermeidung falsch erhöhter Werte durch Mikrohämolyse möglichst innerhalb einer Stunde vom Blutkuchen abgetrennt werden.

Arzneimittelinterferenzen sind für die LDH direkt bisher nicht bekannt geworden (Keller und Staber, 1983). Für Clofibrat und Vitamin C wird eine Beeinflussung diskutiert (Sitzmann, 1978). In vivo-Effekte könnten auf eine Erhöhung der LDH durch Östrogene, orale Kontrazeptiva, Phenothiazine, Streptokinase und anabole Steroide zielen. Angriffsort wäre hier das Leberparenchym (Thomas, 1984).

3.7.1.3 Interne Sicherung der analytischen Phase

Die Kontrollmöglichkeiten der internen Qualitätssicherung sind in der Tabelle 3.7-1 b, die orientierenden Genauigkeitsangaben in der **Tabelle 3.7-2** zusammengestellt.

Tabelle 3.7-2: Orientierende Genauigkeitsangaben zur LDH

Größe	Methode	Bereich (U/L)	s	VK/s%
Wiederholgenauigkeit (Repetierbarkeit in der Serie; Doppelbestimmungen an Patientenproben)	opt. Standardmethode DGKC, 1972 (1) Cobas-Bio n = 24	80-400	0,9	
Robustheit (Kontrollkartenergebnisse mit jeweils einer Kontrollprobe)	2 verschiedene Kontrollseren n = 160 (1)	250-500		5,7 3,4
Ringversuchsergebnisse I der Referenzlaboratorien	INSTAND 1980 (2)			6,9
Ringversuchsergebnisse II der bereinigten Teilnehmerkollektive	INSTAND 1980 (2)			10,7

(1) Heller S, Müller C: Unveröffentlichte Ergebnisse
(2) Merten R (1981 a)

3.7.1.4 Externe Qualitätssicherungsmaßnahmen

Die LDH-Aktivitätsbestimmung wird von nahezu allen Ringversuchsorganisationen angeboten (siehe Tabelle 3.7-2). Mit einem VK aller Teilnehmer um 9% in den Jahren 1985/86 nimmt die LDH-Aktivitätsbestimmung einen recht zufriedenstellenden Platz unter den Enzymaktivitätsbestimmungen ein.

3.7.1.5 Sicherung der postanalytischen Phase

Referenzbereiche der LDH: Erwachsene: 120-240 U/l
(Weißhaar, Gossrau, Faderl, 1975)
Die LDH kommt in allen menschlichen Zellen in relativ hohen Konzentrationen vor, wobei das *Isoenzymmuster* stark unterschiedlich ist.

Die Isoenzyme sind aus je vier Polypeptidketten, wovon man zwei Typen gefunden hat, zusammengesetzt. Die zwei Typen werden mit M (für Muskel) und H (für Herz) bezeichnet; die fünf möglichen Kombinationen beider Ketten ergeben so die tetrameren Isoenzyme der LDH (elektrophoretisch verschieden schnell wandernd). Erneut sei hervorgehoben, daß die Gesamt-LDH ein sehr organunspezifisches Enzym ist: bei LDH-Aktivitätserhöhungen muß daher eine weiterführende Diagnostik angeschlossen werden, z. B. bei Verdacht auf Herzinfarkt eine alpha-HBDH-Bestimmung mit LDH/HBDH-Quotienten-Bildung bzw. auch CK-NAC + CK-MB-Analyse. Bei anderen Fragestellungen, z. B. bei Blut- und Lebererkrankungen, müssen Blutbild und andere Leberenzyme die Diagnostik absichern. Tabellarisch sind einige wichtige Krankheitsbilder mit LDH-Erhöhung in **Tabelle 3.7-3** zusammengefaßt.

3.7.1.6 Fehlermöglichkeiten

Bereits durch die bei der Blutgerinnung eintretende *Mikrohämolyse* und den *Plättchenzerfall* tritt eine Erhöhung der LDH-Aktivität gegenüber den Werten im Plasma auf, wobei dieser Unterschied je nach Isoenzymmuster bis zu 25% betragen kann (Haugk und Kluge, 1969). Bei sehr hohen LDH-Konzentrationen (> 10000 U/l) wird unter Umständen bereits in der Zeit zwischen Zugabe des Serums und der ersten Ablesung ein großer Teil der NADH-Menge verbraucht, so daß die Reaktion nicht mehr unter optimalen Bedingungen ablaufen kann; dies führt zu falsch nied-

Tabelle 3.7-3: LDH-Erhöhung und Krankheitsbezug

Progressive Muskeldystrophie	Erhöhung bei Typ 1 und 3 oft Jahre vor klinischer Symptomatik
Herzinfarkt	Erkennung innerhalb von 6-12 Stunden Maximalerhöhung 24-60 Stunden Normalisierung 7.-15. Tag Wertvolle Bestimmung zur Spätdiagnose des Infarktes, wenn andere Indikatoren wie die CK-MB, CK und GOT sich bereits normalisieren (etwa 5. Tag nach dem akuten Ereignis)
Lungenembolie	Anstieg der LDH in etwa 60% der Fälle Diff.-Diagnose: Herzinfarkt siehe α-HBDH
Hämolytische Anämie	bei akuten Schüben
Megaloblasten-Anämie spez. perniziöse Anämie	stärkste Erhöhung Abfall vor Retikulozytenanstieg
Lebererkrankungen	unspezifisch
Intoxikationen	stärkergradige Erhöhung
Maligne Tumoren	unspezifisch, geeignet nur in Punktaten und Exsudaten

rigen Werten. Deshalb muß in einer 2. Bestimmung diesem vorzeitigen Substratverbrauch durch adäquate Vorverdünnung der Probe begegnet werden.

Wie bereits erwähnt, verläuft die LDH-Aktivität nicht linear, sondern es gibt verschiedene Phasen des Extinktionsabfalls. Der schnellen ersten Phase folgt ein gemäßigterer NADH-Verbrauch. Je nach dem, ob das erste Zeitintervall für die Aktivitätsbestimmung, eventuell sogar ausschließlich, ausgewertet wird, ergeben sich falsch hohe Werte. Diese Fehler sind zum Teil von den Gerätetypen bzw. der Geräteeinstellung abhängig und können einen Plusfehler von 10 bis 15% und mehr ergeben (beachte: Gerätewahl).

3.7.1.7 Gesichtspunkte der Wirtschaftlichkeit

Die Bestimmung der Gesamt-LDH-Aktivität ist ein weitgehend unspezifischer Test, der als allgemeiner Suchtest, bei bestimmten Verlaufskontrollen (hämatologische Erkrankungen, z. B. Perniziosa) und, zusammen mit der alpha-HBDH-Aktivitätsbestimmung, beim Herzinfarkt in Betracht kommt. Die Bestimmung der einzelnen Isoenzyme hat sich bislang in der Routine, bis auf die alpha-HBDH-Aktivitätsbestimmung, nicht durchgesetzt (siehe Abschnitt 3.7.5). Eine Indikation zur dringenden LDH-Aktivitätsbestimmung im Notfall-Labor ist nicht bekannt.

3.7.2 alpha-Hydroxybutyrat-Dehydrogenase (α-HBDH)

3.7.2.1 Präventivmaßnahmen

Die sogenannte alpha-HBDH (systematisch: 2-Hydroxybutyrat-NAD-Oxyreduktase; empfohlene Abkürzung: α-HBDH) wird mit der Standardmethode der DGKCh (1972) bestimmt:
α-Ketobutyrat + NADH + H^+ $\rightarrow$ α-Hydroxybutyrat + NAD^+

Das Gleichgewicht liegt wie bei der LDH-Reaktion mit Pyruvat weit auf der rechten Seite, so daß die NADH-Abnahme pro Zeiteinheit, gemessen bei 340 oder 334 nm, proportional der α-HBDH-Konzentration ist.

Die α-HBDH ist kein eigenes einheitliches Enzym, sondern ein Isoenzymgemisch der LDH, das wegen seiner klinischen Bedeutung einen eigenen Namen erhalten hat. Überwiegend besteht die α-HBDH aus LDH-Isoenzym 1, teilweise auch aus Isoenzym 2. Die Affinität zum Substrat alpha-Ketobutyrat (gegenüber Pyruvat bei der Gesamt-LDH) bildet Grundlage und Verbindungsstück der diagnostisch relevanten Untereinheit α-HBDH, die im wesentlichen dem vom Herzmuskel freigesetzten LDH-Enzymanteil entspricht. Die Standardisierungskommission der DGKCh betont deshalb, daß der Test methodisch nicht optimiert, sondern nur standardisiert ist, die gewählten Bedingungen aber eine optimale Diskriminierung zwischen der α-HBDH und der LDH-Gesamtaktivität ermöglichen. Diese Methode wird daher immer in Verbindung mit der Bestimmung der Gesamt-LDH-Aktivität und der Berechnung der LDH/HBDH-Relation empfohlen.

3.7.2.2 Sicherung der präanalytischen Phase

Als Probenmaterial sollten bevorzugt Heparin- oder EDTA-Plasma eingesetzt werden, da bei Einsatz von Serum signifikant höhere Aktivitäten zu erwarten sind (vergleiche auch 3.7.1.2).

LDH-1-Isoenzym ist bei Zimmertemperatur, Kühlschranktemperatur oder in tiefgefrorenem Zustand bis zu 30 Tagen ohne wesentlichen Aktivitätsverlust haltbar, was es positiv von den weiteren Isoenzymen der LDH unterscheidet.

3.7.2.3 Interne Sicherung der analytischen Phase

Die Möglichkeiten der internen Qualitätssicherung sind in der Tabelle 3.7-1 b, die orientierenden Genauigkeitsangaben in der **Tabelle 3.7-4** zusammengestellt.

3.7.2.4 Externe Qualitätssicherungsmaßnahmen

Die α-HBDH-Aktivitätsbestimmung wird von nahezu allen Ringversuchsorganisationen angeboten. Herausragend gut kann man die Streubreite nicht nennen, obwohl bis 1985/86 eine geringere Streuung zu beobachten ist; weitere methodische Anstrengungen aller Laboratorien könnten hier Verbesserungen bewirken. Die

Tabelle 3.7-4: Orientierende Genauigkeitsangaben zur α-HBDH

Größe	Methode	Bereich (U/l)	s	VK/s%
Wiederholgenauigkeit (Repetierbarkeit in der Serie; Doppelbestimmungen an Patientenproben)	opt. Standardmethode DGKC, 1972 (1) Cobas-Bio n = 24	60-140	1,48	
Robustheit (Kontrollkartenergebnisse mit jeweils einer Kontrollprobe)	2 verschiedene Kontrollseren (1)			5,22 7,20
Ringversuchsergebnisse I der Referenzlaboratorien	INSTAND 1980 (2)			7,95
Ringversuchsergebnisse II der bereinigten Teilnehmerkollektive	INSTAND 1980 (2)			11,49

(1) Heller S, Müller C: unveröffentlichte Ergebnisse
(2) Merten R (1981 a, 1982)

meist vorgenommene Quotientenbildung LDH/HBDH mit den sich möglicherweise addierenden Fehlern sollte dazu besonderer Anreiz sein. Wie bei allen anderen Enzymaktivitätsbestimmungen wird auch hier z. B. auf die Möglichkeit des Probentauschs mit einem benachbarten Laboratorium hingewiesen.

3.7.2.5 Sicherung der postanalytischen Phase

Die Referenzbereiche der α-HBDH bei Erwachsenen liegen bei 60 bis 135 U/l.

Kinder zeigen altersabhängig höhere Werte, beginnend mit einem Gipfel im ersten Lebensmonat und langsamer Anpassung an Erwachsenenwerte bis zum Ende der Wachstumsphase.

Eine Erhöhung der HBDH-Aktivität bzw. eine Veränderung des LDH-HBDH-Quotienten findet sich im allgemeinen bei Myokardläsionen. Die enzymatische Herzinfarktdiagnostik sollte durch Bestimmung von CK, CK-MB und GOT auf jeden Fall ergänzt werden. Ausdrücklich sei auf die verschiedenen Halbwertzeiten von Gesamt-LDH und LDH-1-Isoenzym hingewiesen. Bei Normalisierung der LDH ist als „Spätmarker" eines Infarktgeschehens noch eine Erhöhung der α-HBDH möglich. Dies macht den besonderen diagnostischen Wert gegenüber allen weiteren „Infarktenzymen" aus. Ebenso kann mit dem LDH/HBDH-Quotienten ein Infarkt von einer Lungenembolie abgegrenzt werden (weitere Einzelheiten vergleiche Thomas, 1984).

Die α-HBDH-Aktivität kann immer nur ein Teil der LDH-Aktivität sein. Ein α-HBDH-Wert, der höher ist als der gleichzeitig in der gleichen Probe bestimmte LDH-Wert, ist also nicht plausibel. So gehören die Veränderungen des LDH/HBDH-Quotienten zur Plausibilitätskontrolle sowohl der einen wie der anderen Enzymaktivitätsbestimmung.

3.7.2.6 Fehlermöglichkeiten

Bereits durch die bei der Blutgerinnung eintretende *Mikrohämolyse* tritt eine Erhöhung der α-HBDH-Aktivität gegenüber den Werten im Plasma auf.

Oxalat führt zu einer fast vollständigen Inaktivierung. Weitere Störfaktoren vergleiche auch Abschnitt 3.7.1.6.

Medikamenteneinflüsse konnten für die bekanntesten und am häufigsten gebrauchten Pharmaka ausgeschlossen werden.

3.7.2.7 Gesichtspunkte der Wirtschaftlichkeit

Da die α-HBDH kein Enzym sui generis, sondern eine Bezeichnung für eine einfache Methode zur Erfassung der elektrophoretisch rasch wandernden LDH-1- und LDH-2-Isoenzyme ist, kann von einer spezifischen Methode keine Rede sein; vielmehr handelt es sich um ein für differentialdiagnostische Belange praktikables Nachweisverfahren. Die Bestimmung der α-HBDH-Aktivität ist nur bei erhöhter LDH-Aktivität oder bei Verdacht auf einen mindestens 36 Stunden, höchstens aber 2 Wochen zurückliegenden Herzinfarkt indiziert. Andere Indikationen für die α-HBDH-Bestimmung sind nicht bekannt; ebenso gibt es keine Indikation zur α-HBDH-Bestimmung im Notfall-Labor. Automatisierung mit minimierten Reagenzienvolumina (und daher auch der Kosten) ist problemlos möglich; daher ist die Bestimmung ohne wirtschaftlichen „Reizwert" wie etwa die der α-Amylase oder CK-MB.

3.7.3 Glutamat-Dehydrogenase (GLDH)

3.7.3.1 Präventivmaßnahmen

Zur Bestimmung der GLDH (systematisch: L-Glutamat-NAD-Oxidoreduktase; EC 1.4.1.2; empfohlene Abkürzung: GLDH) liegt eine optimierte Standardmethode der DGKCh (1972) vor. Das Enzym Glutamat-Dehydrogenase katalysiert die NADH-abhängige Übertragung von Ammoniak auf 2-Oxoglutarat unter Bildung von Glutamat und NAD:

α-Ketoglutarat + NADH + $NH_4^+ \rightarrow$ Glutamat + NAD^+ + H_2O

wobei das Gleichgewicht weitgehend auf der rechten Seite liegt. Die Geschwindigkeit der NADH-Abnahme ist somit der Aktivität der GLDH direkt proportional.

Da bei der Bestimmung der GLDH-Aktivität in etwa 60% aller Proben eine unspezifische Vorreaktion in der Größenordnung von 10 bis 40% des Normbereichs auftritt, wäre es optimal, die Aktivitätsbestimmung bei der Wellenlänge 340 nm (oder Hg 334 nm) unter Zuhilfenahme eines am Photometer anzuschließenden Schreibers durchzuführen und graphisch auszuwerten. So läßt sich eine eventuelle Vorreaktion mühelos abgrenzen. Steht kein entsprechendes Photometer zur Verfügung, sollte mindestens eine Reagenzien-Testkombination verwendet werden, die eine gesonderte Ermittlung bzw. den Ausschluß der unspezifischen Vorreaktion ermöglicht. Monotest-Reagenziensätze, die mit Probe gestartet werden, sind dafür also weniger gut geeignet als Testkombinationen, die mit α-Ketoglutarat starten. Die optimierte Methode ist bis etwa 30 U/l linear.

3.7.3.2 Sicherung der präanalytischen Phase

Als Probenmaterial sind sowohl Heparin- oder EDTA-Plasma als auch Serum geeignet. Natrium-Fluorid ergibt falsch erniedrigte Werte. Da die Extinktionsänderung ohnehin mit 0,001 Einheiten bei 334 nm für 1 U/min bei 25 °C extrem niedrig ist und an die Meßgenauigkeitsgrenze eines üblichen Filterphotometers stößt, sollten grenzwertige Befunde *stets kontrolliert* werden.

Da die Erythrozyten keine GLDH enthalten, stört eine geringfügige Hämolyse nicht. Für lipämische Proben dagegen und deren Entfettungsbehandlung wird ein Einfluß angenommen (Adolph, Guder, 1982).

3.7.3.3 Interne Sicherung der analytischen Phase

Die Möglichkeiten der internen Qualitätssicherung sind in der Tabelle 3.7-1b, orientierende Genauigkeitsangaben in der **Tabelle 3.7-5** zusammengestellt. Dabei

Tabelle 3.7-5: Orientierende Genauigkeitsangaben zur GLDH

Größe	Methode	Bereich (U/l)	s	VK/s%
Wiederholgenauigkeit (Repetierbarkeit in der Serie; Doppelbestimmungen an Patientenproben	opt. Standardmethode DGKC, 1972 (1) Eppendorf-Photometer mit K-Küvetten	1–55	0,27	
Robustheit (Kontrollkartenergebnisse mit jeweils einer Kontrollprobe)	3 verschiedene Kontrollseren n = 160 (1)	2–20		9,8 8,2 13,7
Ringversuchsergebnisse I der Referenzlaboratorien	INSTAND 1980 (2)			7,99
Ringversuchsergebnisse II der bereinigten Teilnehmerkollektive	INSTAND 1980 (2)			12,7

(1) Heller S, Müller C: unveröffentlichte Ergebnisse
(2) Merten R (1981 a)

sollte beachtet werden, daß Zielwerte unter 4 U/l, die dem Normalwert entsprechen und häufig in Kontrollsera enthalten sind, zur internen Qualitätssicherung wenig geeignet sind (zu hohe Streubreite). Eine besondere Schwierigkeit kann durch die erwähnte unspezifische Vorreaktion beim Einsatz handelsüblicher Kontrollseren und auch Ringversuchsmaterial auftreten. Je nach Herkunft (tierisch, menschlich), Trübungsgrad, Zusatz von EDTA, ist die Kontrollprobe Störungen unterworfen, die in der Patientenprobe weniger wahrscheinlich sind. Dies kann in der Praxis zu dem Paradoxon führen, daß die Kontrollprobe im Prinzip anders als die Patientenprobe zu behandeln ist, wodurch ihr Wert als echte Kontrolle deutlich relativiert wird. Auch aus diesen Gründen ist die Abtrennung respektive Erfassung der Vorreaktion unbedingt erforderlich.

3.7.3.4 Externe Qualitätssicherungsmaßnahmen

Die GLDH-Aktivitätsbestimmung wird von nahezu allen Ringversuchsorganisationen angeboten; die Ergebnisse sind in Tabelle 3.7-5 aufgeführt. Dieses Enzym ist bei seiner Bestimmung mit einer hohen Streuung behaftet (siehe auch 3.7.3.3). Trotz Optimierung der Methode finden sich Streuungen der Werte der Referenzlaboratorien bis zu 12% und bei allen Teilnehmern von 14 bis 15% (Merten, 1981). Weitere Anstrengungen zur Minimierung der Streuung sowohl durch Qualitätsverbesserung des Kontrollmaterials von Seiten der Industrie als auch durch exaktere Analytik von Seiten der Anwender sind erforderlich. Daß dies möglich ist, hat schon der bessere Ausfall der Ringversuchsergebnisse im Vergleich 1976 zu 1980 gezeigt, bei denen eine prozentuale Verbesserung von 20% der Jahresdurchschnittswerte erreicht werden konnte (Merten, 1982). Dieser Trend hält erfreulicherweise weiter an. So finden sich in den Jahren 1985/86 VK's aller Teilnehmer zwischen 11 und 12%.

3.7.3.5 Sicherung der postanalytischen Phase

Der Referenzbereich für GLDH beträgt bis 4 U/l.

Krankheiten, bei denen die GLDH-Aktivität vermehrt ist, sind alle leberbezogen. Bei besonderer Erhöhung der GLDH muß an Metastasenleber oder Leberkarzinom gedacht werden; die GLDH hat hier eine regelrechte Indikatorfunktion. (Weitere Einzelheiten bei Thomas, 1984.)

Besonderer Beliebtheit im klinischen Alltag erfreut sich der „Schmidt-Index": GOT+GPT/GLDH, der im groben eine Differenzierung von entzündlichen Lebererkrankungen gegenüber toxischen oder hypoxischen Schädigungen erlaubt. Zu bedenken ist jedoch bei Indexbildungen aller Art, daß alle Messungen mit der Standardmethode aus derselben Probe durchgeführt werden müssen, und daß sich die unvermeidlichen Meßabweichungen im Sinne des Fehlerfortpflanzungsgesetzes addieren können. Ferner kann der klinische Einzelfall durchaus Schwankungen unterliegen und sich nicht in ein Zahlenschema pressen lassen, das für die statistische Mehrzahl der Fälle zutreffen mag.

3.7.3.6 Fehlermöglichkeiten

Körperliche Anstrengungen und leichte Hämolyse stören nicht. Bei einwandfreier Abgrenzung der Vorreaktion ist die Aktivitätsbestimmung weitgehend leberspezifisch. Medikamentöse Störfaktoren, die die GLDH-Aktivität hemmen, sind durch höhere i.v. verabreichte Heparindosen und Sulfonylharnstoffe bekannt. Ammonium- oder Lithiumheparinat zur Plasmagewinnung stören hingegen nicht. Eine Erhöhung der GLDH ist nach Gabe von Cortison, Glucagon und Thyroxin beschrieben worden (Schmidt, 1974).

3.7.3.7 *Gesichtspunkte der Wirtschaftlichkeit*

Die GLDH ist überwiegend in den Mitochondrien der Leberzellen lokalisiert. Ihre Bestimmung ist damit auf die Differentialdiagnostik der Leberkrankheiten und die Verlaufskontrolle jener Lebererkrankungen, die mit einem Zellzerfall einhergehen, beschränkt. Eine Indikation zur ***dringenden*** GLDH-Bestimmung (beispielsweise im Notfall-Labor) gibt es *nicht.* Eine Automatisierung ist nur unter Beachtung der unter 3.7.3.1 genannten Vorbehalte möglich; nicht alle Automaten sind entsprechend programmierbar. Die Bestimmung wird daher eher kleineren Serien im halbautomatischen Betrieb (Eppendorf-Küvetten oder dergleichen) vorbehalten bleiben.

3.7.4 γ-Glutamyl-Transpeptidase (GGT)

3.7.4.1 *Präventivmaßnahmen*

Methodenwahl: Im wesentlichen finden heute nur noch Methoden Anwendung, die als Substrat verschiedene γ-Glutamylparanitroanilinderivate einsetzen (über die Eignung der verschiedenen Derivate siehe Persign et al., 1976). Als Endprodukte entstehen beispielsweise p-Nitroanilid bzw. 5-Amino-2-nitrobenzoat, deren Bildung kontinuierlich um 405 nm gemessen wird. Das unsubstituierte γ-Glutamylparanitroanilid ist relativ schlecht löslich, was besonders bei Analysenautomaten, die mit Startreagenzdosierung arbeiten, zu Schwierigkeiten führen kann. Methoden, die unter dem Namen „γ-GT neu" auf dem Markt sind, verwenden das gut lösliche γ-Glutamyl-3-carboxy-4-nitroanilid als Substrat und sind daher besonders zu empfehlen (Einzelheiten zur Methode siehe Richterich et al., 1978).

3.7.4.2 *Qualitätssicherung in der präanalytischen Phase*

Siehe allgemeine Gesichtspunkte in Kapitel 2.3 und 3.7.0.3.

3.7.4.3 *Interne Sicherung der analytischen Phase*

Möglichkeiten der internen Qualitätssicherung siehe Tabelle 3.7-1b. Im Gegensatz zu Humanseren kann bei Kontrollseren nicht davon ausgegangen werden, daß mit verschiedenen Methoden übereinstimmende Werte gefunden werden. In Abhängigkeit vom Substrat (γ-Glutamyl-3-carboxy-4-nitroanilid bzw. γ-Glutamyl-4-nitroanilid) unterscheiden sich die gemessenen Enzymaktivitäten zum Teil erheblich (Gorka et al., 1983). Hinsichtlich der zu erzielenden Genauigkeit siehe **Tabelle 3.7-6.**

3.7.4.4 *Externe Qualitätssicherung*

Ringversuche werden in ausreichender Zahl von den bekannten Institutionen (siehe 3.7.0.4) angeboten. Die INSTAND-Ringversuche der Jahre 1976 bis 1980 ergaben für das Teilnehmerkollektiv eine Verbesserung der Jahresdurchschnittswerte von 1976 für s% von 13,91 auf 1980 s% = 10,17, wobei die Erfolgsquote 1980 bei 74,1% lag (Merten, 1981). Auch 1985/86 liegen die Werte für s% im Durchschnitt bei 11,5, bei einer Erfolgsquote von 85,7% (siehe Tabelle 3.7-7).

3.7.4.5 *Sicherung der postanalytischen Phase*

Normalwerte der GGT siehe **Tabelle 3.7-7.**

Klinische Relevanz: diagnostisches Hauptgewicht hat die Bestimmung der GGT bei der Differentialdiagnostik der Leberkrankheiten (Colombo, 1981; Schmidt et al., 1978). Besondere Bedeutung hat die GGT bei der Beurteilung toxischer Leberschäden (z. B. Alkohol). Die GGT ist hervorragend geeignet, den Erfolg einer Alkoholentziehungskur zu beurteilen, da nach ca. 60 Tagen Abstinenz wieder Normalwerte erreicht werden (Colombo, 1981). Verschiedene Lebererkrankungen mit besonders starker GGT-Erhöhung und hohem GGT/GOT-Quotienten sind in **Tabelle 3.7-8** zusammengestellt.

Tabelle 3.7-6: Orientierende Genauigkeitsangaben zur GGT

Größe	Methode Substrat: γ-Glutamyl- 3-carboxy-4-nitroanilid	Bereich (U/l)	s	VK/s%
Wiederholgenauigkeit (Repetierbarkeit in der Serie; Doppelbestimmungen an Patientenproben)	Cobas-Bio n = 20 (1)	5–330	0,7	
Robustheit (Kontrollkartenergebnisse mit jeweils einer Kontrollprobe)	Cobas-Bio n = 80 (1) 4 verschiedene Kontrollseren	20–100		4,1
Kompatibilität (mit Matrixeffekt; Quotienten- bzw. Differenzkartenergebnisse)	Cobas-Bio n = 180 (1) 7 verschiedene Kontrollseren mittlerer Quotient: 0,96	20–120		4,4
Vergleichbarkeit I (zwischen Arbeitsplätzen eines Laboratoriums)	mittlere Abweichung Cobas-Bio/Eppendorf-Phot. mit Schreiber: 2,6 U/l (1)	5–100	3,3	
Ringversuchsergebnisse I der Referenzlaboratorien	INSTAND 1980 (2)			5,3
Ringversuchsergebnisse II der bereinigten Teilnehmerkollektive	INSTAND 1980 (2)			10,2

(1) Ausländer W: unveröffentlichte Ergebnisse
(2) Merten R (1981 a)

Tabelle 3.7-7: Normbereiche der GGT

	Normalbereich (U/l)	Literatur
Männer	6 bis 28	Richterich et al., 1978
Frauen	4 bis 18	
Kinder		
Neugeborene (bis 4. Woche)	14 bis 163	Witt et al., 1982
Säuglinge (2. bis 12. Monat)	2 bis 91	
Kinder (über 12 Monate)	3 bis 17	

Tabelle 3.7-8: Lebererkrankungen mit besonders starker GGT-Erhöhung und hohem GGT/GOT-Quotienten (aus Schmidt E et al., 1978)

Erkrankung	GGT (U/l) um	GGT/GOT um
chronisch aggressive Hepatitis	100	2
chronisch alkoholische Hepatitis	350	7
alkoholisch toxische Zirrhose	200	4
primär biliäre Zirrhose	350	7
Metastasenleber	1000	20

Durch verschiedene Pharmaka (Barbiturate, Antiepileptika) werden infolge einer verstärkten Enzymsynthese (Induktionsmechanismus) erhöhte GGT-Aktivitäten im Serum gemessen (Colombo, 1981). Östrogene im Überschuß senken hingegen die Enzymaktivität.

3.7.4.6 Fehlermöglichkeiten

Zu den „Störfaktoren" gehören Lipämie, Hämolyse, Bilirubinerhöhungen, Oxalat, Citrat und Fluorid. Der Störeffekt durch Heparin kann weitgehend vermieden werden, wenn hinreichend vorinkubiert und nachfolgend mit Startreagenz gestartet wird (Shaw et al., 1983; Boehringer Mannheim, 1979).

3.7.4.7 Gesichtspunkte der Wirtschaftlichkeit

Die Bestimmung der GGT ist leicht auf Analysenautomaten adaptierbar und damit kostengünstig routinemäßig durchzuführen.

3.7.5 Aspartat-Aminotransferase (ASAT, AST, GOT)

3.7.5.1 Präventivmaßnahmen

Zur Bestimmung der Aspartat-Aminotransferase (empfohlener Trivialname; systematisch: L-Aspartat-2-oxoglutarat-aminotransferase, EC 2.6.1.1; gebräuchlicher Trivialname: Glutamat-Oxalacetat-Transaminase; Abkürzungen: ASAT, AST, GOT) liegt eine optimierte Standardmethode der DGKCh vor (Empfehlungen 1970, 1972; DIN 58971 Teil 1). Die optimierte Standardmethode nutzt zur Bestimmung der Aktivitätskonzentration der GOT die Vorwärtsreaktion der Reaktionsgleichung:

$$\text{L-Aspartat} + \alpha\text{-Ketoglutarat} \xrightarrow{\text{GOT}} \text{Oxalacetat} + \text{L-Glutamat},$$

wobei das entstehende Oxalacetat in der Indikatorreaktion:

$$\text{Oxalacetat} + \text{NADH} + \text{H}^+ \xrightarrow{\text{MDH}} \text{Malat} + \text{NAD}^+$$

unter Verbrauch von NADH fortlaufend und praktisch vollständig in Malat überführt wird. Die Extinktionsabnahme im nahen UV-Bereich pro Zeiteinheit ist der Aktivitätskonzentration der GOT in der Probe proportional. Der Testansatz enthält zusätzlich LDH, wodurch mit der Probe eingebrachtes Pyruvat während der Vorinkubationszeit eliminiert wird. Dieses methodische Vorgehen hat sich auch international durchgesetzt, so daß andere Verfahren, z. B. die fortlaufende Umsetzung des gebildeten Oxalacetats mit 2.4-Dinitrophenylhydrazin (Farbtest) hier nicht berücksichtigt werden müssen. Da im übrigen der Testansatz zur Bestimmung der GOT dem zur Bestimmung der GPT weitgehend gleicht, werden im folgenden nur Besonderheiten der GOT-Bestimmung angesprochen; generell sei auf Abschnitt 3.7.6 verwiesen.

3.7.5.2 Qualitätssicherung in der präanalytischen Phase

Bei Raumtemperatur gelagerte Proben (Heparin-Plasma, EDTA-Plasma, Serum) sollten innerhalb von vier Stunden verarbeitet, andernfalls bei 4 °C aufbewahrt oder eingefroren werden (Tabelle 3.7-1 b). Auf jeden Fall muß eine Probenaufbewahrung von Vollblut im Kühlschrank, z. B. über Nacht, vermieden werden. Dieser häufig von der Klinik bei ambulanten Patienten gemachte Fehler täuscht, schon durch Mikrohämolyse bedingt, zu hohe Werte vor, da die Konzentration der GOT in Erythrozyten etwa 40-fach höher ist als im Serum (Thomas, 1978). Sichtbare Hämolyse verbietet von daher a priori die Bestimmung der GOT. Hepatotoxische Chemikalien und Medikamente führen zu erhöhten GOT-Werten im Blut (Young et al., 1975). Die GOT-Werte trainierter Personen liegen auch nach Dauerlaufbelastung im Referenzbereich (Priest et al., 1982).

Tabelle 3.7-9: Orientierende Genauigkeitsangaben zur GOT

Größe	Methode	Bereich (U/l)	s	VK/s% bzw. s% (s% min-max)
Wiederholgenauigkeit (Repetierbarkeit in der Serie; Doppelbestimmungen an Patientenproben	opt. Standardmethode, Eppendorf-Enzymstraße 5020, n = 20 (1)	6-68	0,7	
Robustheit (Kontrollkartenergebnisse mit jeweils einer Kontrollprobe)	opt. Standardmethode, 1 Kontrollserum, Mittelwert aus 285 Laboratorien (2)			6,6 (1,4 -19,2)
Ringversuchsergebnisse I der Referenzlaboratorien	opt. Standardmethode, INSTAND 1980 (3)			6,01 (4,18- 7,34)
Ringversuchsergebnisse II der bereinigten Teilnehmerkollektive	opt. Standardmethode, INSTAND 1980 (3)			11,03 (9,60-13,60)

(1) Heller S, Müller C: unveröffentlichte Ergebnisse
(2) Boehringer Mannheim GmbH (1982), pers. Mitteilung
(3) Merten R (1981 a)

3.7.5.3 Interne Sicherung der analytischen Phase

Die Möglichkeiten der internen Qualitätskontrolle sind Tabelle 3.7-1b zu entnehmen. Hinsichtlich der zu erzielenden Genauigkeit siehe **Tabelle 3.7-9**.

3.7.5.4 Externe Qualitätssicherungsmaßnahmen

Ringversuche, die die Bestimmung der GOT beinhalten, werden seit Jahren in ausreichender Zahl angeboten (siehe Abschnitt 3.7.0.4). Eine Analyse der INSTAND-Ringversuche bis 1980 (Merten, 1981) zeigt, daß die Bestimmung der GOT in der Gruppe der Enzyme bezüglich Genauigkeit und Präzision mit einer relativen Standardabweichung von 11,03% einen guten Mittelplatz einnimmt (1985/86 s% = 10). Auch hier weist die ansteigende Tendenz über die letzten Jahre und besonders der deutliche Abstand zum Jahresdurchschnittswert der Referenzlaboratorien darauf hin, daß weiterer Spielraum zur Verbesserung der Genauigkeit dieser Bestimmung vorhanden ist (siehe Tabelle 3.7-9).

3.7.5.5 Sicherung der postanalytischen Phase

Referenzbereiche der Aktivitätskonzentrationen der GOT in Abhängigkeit von Alter und Geschlecht finden sich bei Richterich und Colombo (1978).

Die Bestimmung der GOT ist vor allem bei der Diagnose und Verlaufskontrolle von Herzmuskel- und Leberschädigungen von Bedeutung. Die Aktivitätserhöhung korreliert grob mit Schwere und Ausdehnung einer Zellschädigung (siehe **Tabelle 3.7-10**, Thomas, 1978). Eine Organlokalisation wird durch zusätzliche Bestimmung der CK sowie der GPT und Auswertung der CK/GOT- bzw. GOT/GPT-Quotienten ermöglicht (vergleiche hierzu die Abschnitte 3.7.6.5 und 3.7.7.5).

3.7.5.6 Fehlermöglichkeiten

Es gelten sinngemäß die Ausführungen zur Bestimmung der GPT in Abschnitt 3.7.6.6, man beachte aber die erhöhte Störanfälligkeit gegen Hämolyse.

Tabelle 3.7-10: GOT-Aktivität im Serum bei Muskel- und Lebererkrankungen (aus Thomas L, 1978)

Erkrankung	$\bar{x}$ (U/l)
Herzinfarkt	120
Akute Virushepatitis	700
Chronische Hepatitis persistierend	50
Aggressive Form	160
Leberzirrhose	60–65
Verschlußikterus	120
Akut toxische Leberschäden	
Halothan	>2000
Östrogen, Gestagen	> 100
Skeletmuskelerkrankungen	50–150

Zusätzliche Fehlermöglichkeiten können sich bei gerätespezifischen Testkits durch herstellerseitige Modifikation der empfohlenen Methoden ergeben: so zeigt ein modifizierter GOT-Kit wegen Herabsetzung der LDH-Aktivität bei gleichzeitig verkürzter Vorinkubationszeit erhebliche Interferenzen durch endogenes Pyruvat in physiologischer Konzentration (van Zanten und Verbeek, 1984).

3.7.5.7 Gesichtspunkte der Wirtschaftlichkeit

Siehe Abschnitt 3.7.6.7. Wird aufgrund der Geräteausstattung die GOT bei 30 bzw. 37 °C bestimmt und auf 25 °C umgerechnet, so können hierfür auch Testkits nach IFCC eingesetzt werden. Diese bieten, bei geringfügig höherem Preis pro ml Reagenz, den Vorteil einer erheblich besseren Reagenzstabilität (2 Tage bei Raumtemperatur, 5 Tage bei 4 bis 8 °C) und damit letztlich einer vollständigeren Reagenzausnutzung bei verbesserter analytischer Sicherheit.

3.7.6 Alaninaminotransferase (ALAT, ALT, GPT)

3.7.6.1 Präventivmaßnahmen

Zur Bestimmung der Alaninaminotransferase (empfohlener Trivialname; systematisch: L-Alanin-2-oxoglutarat-aminotransferase, EC 2.6.1.2; gebräuchlicher Trivialname: Glutamat-pyruvat-transaminase; Abkürzungen: ALAT, ALT, GPT) liegt eine optimierte Standardmethode der DGKCh vor (Empfehlungen 1970, 1972). Die optimierte Standardmethode nutzt zur Bestimmung der Aktivitätskonzentration der GPT die Vorwärtsreaktion der Reaktionsgleichung:

$$\text{L-Alanin} + \alpha\text{-Ketoglutarat} \xrightarrow{\text{GPT}} \text{Pyruvat} + \text{L-Glutamat},$$

wobei das entstehende Pyruvat in der Indikatorreaktion:

$$\text{Pyruvat} + \text{NADH} + \text{H}^+ \xrightarrow{\text{LDH}} \text{Lactat} + \text{NAD}^+$$

unter Verbrauch von NADH fortlaufend und praktisch vollständig in Lactat überführt wird. Die Extinktionsabnahme im nahen UV-Bereich pro Zeiteinheit ist der Aktivitätskonzentration der GPT in der Probe proportional. Dieses methodische Vorgehen hat sich auch international durchgesetzt, so daß andere Verfahren, z. B. die fortlaufende Umsetzung des gebildeten Pyruvats mit 2.4-Dinitrophenylhydrazin (Farbtest), hier nicht berücksichtigt werden müssen.

Störungen der optimierten Standardmethode durch im Serum vorkommende Metabolite sind nicht zu erwarten, da NADH-verbrauchende Reaktionen mit endogenen Substraten wie Pyruvat und Oxalacetat in der vorgeschriebenen Vorinkubationszeit vollständig ablaufen. Störungen können jedoch bei unzureichender Qualität des verwendeten Indikatorenzyms auftreten. LDH-kontaminierende Enzyme (Aminotransferasen) führen zu meßbaren Leerwertaktivitäten; Ammonium-Ionen (aus LDH-Suspensionen in Ammoniumsulfat-Lösung) reagieren, katalysiert durch endogene und kontaminierende GLDH, mit α-Ketoglutarat unter NADH-Verbrauch (Jung et al., 1976).

Kommerziell werden Einglas-Reagenziensätze, die mit der Probe, sowie Reagenziensätze, die mit α-Ketoglutarat gestartet werden, angeboten. Letztere erlauben eine optimale Einstellung der Vorinkubationszeit unabhängig vom Start der eigentlichen Meßreaktion. Die Gefahr eines vorzeitigen Substratverbrauchs bei hochaktiven Proben ist dadurch etwas eingegrenzt. Bei Verwendung stabiler und empfindlicher Photometer, einer Meßstrahlung von 334 bzw. 340 nm und ausreichender Meßzeit liegt die untere Einsatzgrenze der Methode bei etwa 3 U/l; sie ist linear bis 170 U/l. Proben mit höheren Aktivitätskonzentrationen müssen mit physiologischer NaCl-Lösung vorverdünnt werden. Die Methode ist zur manuellen wie zur automatisierten Durchführung gut geeignet (zwei bzw. drei Pipettierschritte).

Untersuchungen der letzten Jahre haben zu Revisionen der Meßbedingungen geführt, die sich auch in den Empfehlungen der IFCC zur Messung der GPT (IFCC 1980) wie der GOT (IFCC 1977) niedergeschlagen haben. Abgesehen von der Meßtemperatur von 30 °C zeigen die IFCC-Methoden gegenüber den optimierten Standardmethoden folgende wesentliche Unterschiede:

a) Die Testansätze enthalten Pyridoxalphosphat, um Schwankungen im Pyridoxalphosphatgehalt der Proben auszugleichen.
b) Die Testansätze bauen auf einem Tris-Puffer anstelle eines Phosphatpuffers auf, da die Rekombination von Apoenzym und Pyridoxalphosphat durch Phosphat-Ionen gehemmt wird.

Neuere Untersuchungen von Westerhus und Hafkenscheid (1983) zeigen in der Tat, daß zwischen endogenem Pyridoxalphosphatgehalt der Proben und der Stimulierbarkeit der GPT- bzw. GOT-Aktivität durch zugesetztes Pyridoxalphosphat ein inverser linearer Zusammenhang besteht. Die Aktivitätssteigerungen betragen bei der GPT im Mittel 26,3% (extrem 40%), bei der GOT im Mittel 13,1% (extrem 28%). Hieraus wird deutlich, daß eine laborinterne Korrelation IFCC-angelehnter Methoden zu optimierten Standardmethoden der GPT- bzw. GOT-Bestimmung, wie sie bei einigen geschlossenen Analysensystemen wünschenswert ist, mit grundsätzlichen Schwierigkeiten behaftet ist, die über das in Abschnitt 3.7.0.3 Gesagte hinausgehen. Vor allem aber stellt sich die Frage, ob nicht die deutschen optimierten Standardmethoden einer erneuten Optimierung bedürfen.

3.7.6.2 Qualitätssicherung in der präanalytischen Phase

Zur Bestimmung der GPT sind als Probenmaterial Heparin-Plasma, EDTA-Plasma sowie Serum geeignet. Standzeiten der Proben über 1 Tag bei Raumtemperatur bzw. über drei Tage bei 4 °C führen nicht zu meßbaren Aktivitätsverlusten; Einfrieren bringt bezüglich der Lagerzeit keine Vorteile (Tabelle 3.7-1 b). Nicht sichtbare Hämolyse stört die Bestimmung nicht. Zu beachten ist, daß die Einnahme einer Vielzahl von Medikamenten oder Chemikalien über hepatotoxische Effekte zur Erhöhung der GPT im Blut führen kann (Young et al., 1975).

3.7.6.3 Interne Sicherung der analytischen Phase

Die Möglichkeiten der internen Qualitätskontrolle sind aus Tabelle 3.7-1 b zu entnehmen. Hinsichtlich der zu erzielenden Genauigkeit siehe **Tabelle 3.7-11**.

3.7.6.4 Externe Qualitätssicherungsmaßnahmen

Ringversuche, die die Bestimmung der GPT beinhalten, werden seit Jahren in ausreichender Zahl angeboten (siehe Abschnitt 3.7.0.4). Eine Analyse der INSTAND-Ringversuche der letzten Jahre (Merten, 1981), zeigt, daß die Bestimmung der GPT in der Gruppe der Enzyme bezüglich Genauigkeit und Präzision einen Mittelplatz einnimmt. Obwohl sich der Jahresdurchschnittswert der relativen Standardabweichung innerhalb von 5 Jahren um knapp 2% auf 11,25% verbessert hat, zeigt doch der Vergleich mit den Genauigkeitswerten der Referenzlaboratorien, daß weitere Anstrengungen zur Erhöhung der Genauigkeit erforderlich sind.

Tabelle 3.7-11: Orientierende Genauigkeitsangaben zur GPT

Größe	Methode	Bereich (U/l)	s	VK/s% bzw. s% (s% min-max)
Wiederholgenauigkeit (Repetierbarkeit in der Serie; Doppelbestimmungen an Patientenproben)	opt. Standardmethode, Eppendorf-Enzymstraße 5020, n = 20 (1)	6-145	1,2	
Robustheit (Kontrollkartenergebnisse mit jeweils einer Kontrollprobe)	opt. Standardmethode, 1 Kontrollserum Mittelwert aus 282 Laboratorien (2)			6,8 (1,0 -22,0)
Ringversuchsergebnisse I der Referenzlaboratorien	opt. Standardmethode, INSTAND 1980 (3)			6,93 (4,41- 8,83)
Ringversuchsergebnisse II der bereinigten Teilnehmerkollektive	opt. Standardmethode, INSTAND 1980 (3)			11,23 (9,18-13,80)

(1) Heller S, Müller C: unveröffentlichte Ergebnisse
(2) Boehringer Mannheim GmbH (1982) pers. Mitteilung
(3) Merten R (1981 a)

Tabelle 3.7-12: GPT-Aktivität im Serum bei Lebererkrankungen (aus Thomas L, 1978)

Erkrankung	$\bar{x}$ (U/l)
Akute Virushepatitis	1200
Chronische Hepatitis persistierend	90
Aggressive Form	170
Leberzirrhose	50
Verschlußikterus	200
Akut toxische Leberschäden	
Halothan	>2000
Östrogen, Gestagen	200

3.7.6.5 Sicherung der postanalytischen Phase

Mit der Erstellung von Referenzbereichen für die Aktivitätskonzentration der GPT in Abhängigkeit von Alter, Geschlecht und Körpergewicht haben sich eine Reihe von Untersuchungen beschäftigt (Übersicht bei Richterich und Colombo, 1978).

Aufgrund der relativen Konzentrationsverteilung im Organismus ist die Bestimmung der GPT vor allem zur Diagnose und Verlaufskontrolle von Lebererkrankungen von Bedeutung (**Tabelle 3.7-12**). Die Nekrose von 0,2% der Leberparenchymzellen führt bereits zu einer meßbaren Erhöhung der GPT im Blut. Über den GOT/GPT-Quotienten (De Ritis-Quotient) läßt sich die Nekroserate abschätzen: schwere Leberschädigung bei GOT/GPT > 0,7; leichterer Schädigungsgrad bei Quotienten < 0,7 (Thomas, 1978). Zu berücksichtigen ist, daß sich bei der Quotientenbildung die meßtechnischen Ungenauigkeiten beider Enzymbestimmungen gegenseitig verstärken.

3.7.6.6 Fehlermöglichkeiten

Methodische Störungen der GPT-Bestimmung durch Medikamente sind nicht bekannt. Fälschliche Erhöhungen der Meßwerte durch erythrozytäre GPT ist erst bei sichtbarer Hämolyse zu befürchten. Bei hochaktiven Proben können durch weitgehenden Substratverbrauch während der Vorinkubationszeit extrem niedrige Aktivitätskonzentrationen gemessen werden: Meßwerte um oder unter 3 U/l sind daher grundsätzlich mit vorverdünnter Probe zu überprüfen.

Bei Schwierigkeiten mit der Genauigkeit im Rahmen der internen und externen Qualitätskontrolle sollte auch die Qualität der verwendeten Testreagenzien überprüft werden: liegt die mit bidestilliertem Wasser als Probe gemessene *Leerwertaktivität* bei oder über 3 U/l, so ist eine Kontamination der Testpackung mit Fremdenzymen und/oder Ammonium-Ionen zu vermuten (Jung et al., 1976).

3.7.6.7 Gesichtspunkte der Wirtschaftlichkeit

Die Reagenzkosten für die Bestimmung der GPT sind niedrig verglichen mit denen zur Bestimmung anderer Enzyme. Sie lassen sich vor allem durch Verkleinerung des Testansatzvolumens und Einschränkungen im Verbrauch teuren Einwegmaterials weiter verringern.

3.7.7 Kreatin-Kinase (CK)

3.7.7.1 Präventivmaßnahmen

Zur Bestimmung der Kreatin-Kinase (systematisch: ATP-Kreatin-N-Phosphotransferase, EC 2.7.3.2; empfohlene Abkürzung: CK) liegt eine optimierte Standardmethode in überarbeiteter Fassung der DGKCh vor (Empfehlungen 1977). Diese Methode nutzt zur Bestimmung der Aktivitätskonzentration der CK die Rückwärtsreaktion der Reaktionsgleichung:

$$\text{Kreatin} + \text{ATP} \xrightleftharpoons{\text{CK}} \text{Phosphokreatin} + \text{ADP}$$

Das hierbei fortlaufend aus Phosphokreatin und ADP gebildete ATP führt in zwei gekoppelten Hilfsreaktionen zur Reduktion äquivalenter Mengen $NADP^+$:

$$\text{a) ATP} + \text{Glukose} \xrightarrow{\text{HK}} \text{ADP} + \text{Glukose-6-phosphat}$$

$$\text{b) Glukose-6-phosphat} + \text{NADP}^+ \xrightarrow{\text{G-6-PDH}} \text{6-Phosphoglukonsäure} + \text{NADPH} + \text{H}^+$$

Die Extinktionszunahme im nahen UV-Bereich pro Zeiteinheit ist der Aktivitätskonzentration der CK in der Probe proportional.

Die Bestimmung der CK-Aktivität unterliegt in erster Linie zwei Störmöglichkeiten. Zum einen wird die CK durch Oxidation der Sulfhydrylgruppen im aktiven Zentrum des Enzyms sehr schnell nach der Probennahme inaktiviert; zum anderen führt die in Seren in wechselnder Konzentration vorkommende und durch eventuelle Hämolyse zusätzlich freigesetzte Adenylatkinase (Myokinase) zur Bildung von ATP ⇄ (2 ADP AMP + ATP). Die überarbeitete optimierte Standardmethode verwendet zur Reaktivierung der CK N-Acetylcystein (NAC), dessen Oxidationsprodukt (im Gegensatz zum oxidierten Glutathion) offensichtlich keinen Störreaktionen unterliegt. Der Testansatz enthält ferner Diadenosinpentaphosphat und AMP in optimierten Konzentrationen: dieses Inhibitorgemisch hemmt die Adenylatkinasen zu mehr als 90%, während die CK nur zu maximal 5% gehemmt wird.

Angeboten werden Einglas-Reagenziensätze, die mit der Probe, sowie Reagenziensätze, die mit Phosphokreatin als Startreagenz gestartet werden. Letztere erlauben prinzipiell die Ermittlung eines Probenleerwertes. Bei Verwendung eines stabilen und empfindlichen Photometers liegt bei einer Meßstrahlung von 334 nm und voller Ausnutzung der Meßzeit die untere Einsatzgrenze der Methode bei 5 U/l; sie ist linear bis 1000 U/l. Die Methode eignet sich gut zur manuellen Durchführung und ist leicht automatisierbar (zwei bzw. drei Pipettierschritte). Aufgrund der vielfältigen, kommerziell erhältlichen Packungsgrößen läßt sie sich in kleinen und großen Laboratorien wie auch im Notfall-Labor wirtschaftlich einsetzen. Für die Überprüfung von Präzision und Richtigkeit ist zu beachten, daß die CK in lyophilisierten Kontrollseren nach Auflösung lichtempfindlich sein kann (Weidmann et al., 1979). Mit Vorteil werden frisch rekonstituierte Kontrollseren in eingefärbten Originalfläschchen verwendet.

Immer noch werden Reagenziensätze nach der ursprünglichen optimierten Standardmethode (Empfehlungen 1972) angeboten. Bei dieser Methode wird Glutathion (GSH) zur Reaktivierung der CK verwendet; sie liefert Aktivitätskonzentrationen, die bis zu 50% unter den Werten liegen, die mit der überarbeiteten Standardmethode gemessen werden. Eine Umrechnung der Meßwerte erscheint problematisch (Schmidt und Bender, 1979). Vorverdünnung der Probe mit physiologischer NaCl-Lösung führt häufig zu höheren Meßwerten. Die Bestimmung kann ferner durch Glutathion-reduktase, die in der Probe enthalten ist, erheblich gestört werden, da dieses Enzym die Umsetzung von NADPH (Produkt der Indikatorreaktion) mit oxidiertem Glutathion katalysiert. Von der Verwendung der bisherigen Standardmethode CK-GSH wird deshalb abgeraten.

3.7.7.2 Qualitätssicherung in der präanalytischen Phase

Zur Bestimmung der CK sind als Probenmaterial Heparin-Plasma, EDTA-Plasma sowie Serum geeignet. Die mit Thiolverbindungen reaktivierbare CK-Aktivität nimmt zwar mit zunehmender Lagerdauer der Probe ab (Tabelle 3.7-1b), jedoch sind Standzeiten über einen Tag bei Raumtemperatur bzw. über mehrere Tage im Kühlschrank unproblematisch. Die CK-Aktivität wird durch eine Vielzahl von Metall- (insbesondere Schwermetall-) Kationen sowie Anionen (SH-Reagenzien, Chelatbildner) gehemmt. Es empfiehlt sich daher die durchgängige Verwendung von Einmalmaterial. Die üblichen EDTA-Konzentrationen zur Plasmagewinnung interferieren jedoch nicht. Hämolyse bis zu 200 mg Hb/100 ml stört die Bestimmung nicht.

3.7.7.3 Interne Sicherung der analytischen Phase

Die Möglichkeiten der internen Qualitätskontrolle sind aus Tabelle 3.7-1b zu entnehmen. Hinsichtlich der zu erzielenden Genauigkeit siehe **Tabelle 3.7-13**.

3.7.7.4 Externe Qualitätssicherungsmaßnahmen

Ringversuche, die die Bestimmung der CK beinhalten, werden seit Jahren in ausreichender Zahl angeboten (siehe 3.7.0.4). Eine Analyse der INSTAND-Ringversuche der letzten Jahre (Merten, 1981) zeigt, daß bei der externen Qualitätskontrolle die CK in der Gruppe der Enzyme vergleichsweise schlecht liegt. Die Jahresdurchschnittswerte der relativen Standardabweichung s% der Teilnehmerkollektive liegen im Jahre 1980 bei 12,6 gegenüber 15,3 im Jahre 1976. Dabei haben sich zwar insbesondere für 1979 und 1980 deutliche Verbesserungen gegenüber dem jeweiligen Vorjahr ergeben, jedoch zeigt auch für 1980 der Vergleich der Minimal- und Maximalwerte der relativen Standardabweichungen des Teilnehmerkollektivs (s% min bis max: 10,6 bis 14,9%) mit den Werten der Referenzlaboratorien (s% min bis max: 4,75 bis 10,3%), daß noch ein erheblicher Spielraum zur Verbesserung der Qualität dieser Bestimmung vorhanden ist. Dies gilt weiterhin, obwohl der durchschnittliche VK in den Jahren 1985/86 von 11% nur eine Verbesserung um 1,5% signalisiert.

3.7.7.5 Sicherung der postanalytischen Phase

Während für die alte Standardmethode CK-GSH Referenzbereiche auch nach Lebensaltern erstellt worden sind (Richterich und Colombo, 1978), liegen für die überarbeitete optimierte Standardmethode CK-NAC statistisch abgesicherte Normbereiche nur für Erwachsene vor (**Tabelle 3.7-14**). Ältere Angaben (Richterich und Colombo, 1978) und neuere Untersuchungen an kleinen Kollektiven (Lang und Würzburg, 1982) lassen den Schluß zu, daß bei Neugeborenen und Säuglingen in

Tabelle 3.7-13: Orientierende Genauigkeitsangaben zur CK

Größe	Methode	Bereich (U/l)	s	VK/s% bzw. s% (s% min-max)
Wiederholgenauigkeit (Repetierbarkeit in der Serie; Doppelbestimmungen an Patientenproben)	opt. Standardmethode CK-NAC, Eppendorf-Enzymmeßplatz mit Küvettenwechselautomat und Enzymrechner n = 20 (1)	5-90	1,8	
Robustheit (Kontrollkartenergebnisse mit	wie oben, 2 verschiedene Kontrollseren, n = 180 (1)	50-90	2,8 3,8	5,1
	opt. Standardmethode CK-NAC, 1 Kontrollserum, Mittelwert aus 207 Laboratorien (2)			6,8 (0,3 -27,3)
Ringversuchsergebnisse I der Referenzlaboratorien	opt. Standardmethode CK-NAC, INSTAND 1980 (3)			8,40 (4,75-10,3)
Ringversuchsergebnisse II der bereinigten Teilnehmerkollektive	opt. Standardmethode CK-NAC, INSTAND 1980 (3)			12,66 (10,6 -14,9)

(1) Heller S, Müller C: unveröffentlichte Ergebnisse
(2) Boehringer Mannheim GmbH (1982), pers. Mitteilung
(3) Merten R (1981 a)

Tabelle 3.7-14: Normbereiche der CK (Chemnitz G, Schmidt E, Koller PU, Busch EW, 1979)

Referenzgruppe	n	Referenzbereich (U/l)
Frauen	410	10 bis 70
Männer	388	10 bis 80

den ersten Lebensmonaten der Referenzbereich grundsätzlich zu höheren Aktivitätskonzentrationen hin verschoben ist.

Die Bestimmung der Aktivitätskonzentration der CK ist von besonderer Bedeutung bei der klinisch-chemischen Diagnose des Herzinfarktes. Neuere Untersuchungen (Gerhardt et al., 1982) zeigen, daß Proben, die im Zeitraum von 10 bis 20 Stunden nach Auftreten der akuten Symptome abgenommen werden, bei allen Infarktpatienten erhöhte CK-Aktivitäten aufweisen. Im Aktivitätsmaximum, 15 bis 20 Stunden nach akutem Infarkt, haben Chemnitz et al. (1979) mit der überarbeiteten optimierten Standardmethode Werte zwischen 160 und 2000 U/l gefunden. Unter erfolgreicher Therapie mit Streptokinase zeigt sich das Aktivitätsmaximum der CK (wie auch der CK-MB und der GOT) schon ca. 12 Stunden nach Infarkt, wobei diese Zeitverschiebung als in vitro-Indikator einer gelungenen Lyse angesehen werden kann (Kwong et al., 1984). Erhöhte CK-Aktivitäten sind jedoch zunächst nur für eine muskuläre Schädigung beweisend; **Tabelle 3.7-15** gibt einen Überblick über typische Bereiche der CK-Werte im Serum bei extrakardialen Erkrankungen.

Zudem kann die intramuskuläre Injektion einer Vielzahl von Pharmaka innerhalb von 12 bis 24 Stunden zu einem beträchtlichen Anstieg der CK-Aktivität im Blut führen, dessen Ursache im

Tabelle 3.7-15: CK-Konzentrationen bei extrakardialen Erkrankungen (Chemnitz G, Schmidt E, Koller PU, Busch EW, 1979)

Diagnose	n	$\bar{x}$ (U/l)
Muskelerkrankungen	38	120- 9551
akute Psychosen	28	100- 841
verschiedene Traumata	23	118- 903
akute Intoxikationen	17	102- 2072
Delirium tremens	12	183-18912
Hypothyreosen	12	113- 924
apoplektische Insulte	8	197- 4750
Schock verschiedener Genese	6	300- 2838

Injektionstrauma selbst bzw. in lokalen Reaktionen auf die Pharmaka vermutet wird (Richterich und Colombo, 1978).

Zur klinisch-chemischen Diagnose des Herzinfarktes werden weitere Parameter zur Sicherung herangezogen. Bei Ausschluß einer Lebererkrankung bzw. Lebermitreaktion und einer Gesamt-CK-Aktivität über 150 U/l sprechen CK/GOT-Quotienten unter 10 für einen Myokardinfarkt, über 10 für eine Skeletmuskelschädigung (Chemnitz et al., 1979). Eine zweite Möglichkeit besteht in der Messung der Aktivitätskonzentration des CK-Isoenzyms CK-MB, das eine relative Herzspezifität besitzt. Ein CK-MB-Anteil von über 6% einer erhöhten Gesamtaktivität ist ein hochsensitiver und sehr spezifischer Indikator für einen Herzinfarkt (siehe Abschnitt 3.7.8).

Die Bestimmung der CK-Aktivität ist weiterhin von Bedeutung bei der Diagnose der progressiven Muskeldystrophie vom Typ Duchenne im präklinischen, asymptomatischen Stadium (stark erhöhte Werte bei Neugeborenen) sowie bei der Identifikation der heterozygoten Trägerinnen des pathologischen Gens (Richterich und Colombo, 1978).

3.7.7.6 Fehlermöglichkeiten

Methodische Störungen der CK-Bestimmung durch Medikamente sind nicht bekannt. Besteht der Verdacht auf falsch hohe Werte (Adenylatkinase, z. B. bei Hämolyse über 200 mg Hb/100 ml), so kann über die Bestimmung des Probenleerwertes vor dem Start mit Kreatinphosphat eine Klärung und Korrektur erfolgen. Bei Verwendung von Heparin-Plasma ist die Einhaltung des korrekten pH-Wertes von 6,7 im Testansatz besonders wichtig: sinkt der pH-Wert im Ansatz unter 6,5, so kann es zu Trübungen (Präzipitate aus β-Lipoproteinen/Heparin/Mg^{2+}) und entsprechenden Schwankungen der Meßwerte kommen (Andregat et al., 1982).

3.7.7.7 Gesichtspunkte der Wirtschaftlichkeit

In der Standardpalette der Enzymbestimmungen sind die Reagenzienkosten für die CK-MB und die CK am höchsten. Die Bestimmung kann jedoch sowohl manuell wie automatisiert leicht im Halbmikromaßstab, an Zentrifugal-Analyzern auch in Endvolumina um 250 µl (gegenüber 2,6 ml im Makroansatz) durchgeführt werden.

In der Diagnostik des Herzinfarktes sollte die CK-Bestimmung nach Möglichkeit der Bestimmung der CK-MB vorgeschaltet werden, zum einen, um überflüssige CK-MB-Bestimmungen (erheblich kostenintensiver) zu vermeiden, zum anderen, um im Falle erhöhter CK-Aktivitäten über den CK-MB/CK-Quotienten die Sicherheit der diagnostischen Aussage zu erhöhen.

3.7.8 Kreatinkinase-MB-Isoenzym (CK-MB = CK II)

3.7.8.1 Präventivmaßnahmen

Von den drei regulären Isoenzymen der Kreatinkinase, CK-BB = CK I (= Gehirn), CK-MB = CK II (= Herz und Muskel) und CK-MM = CK III (= Muskeltyp) ist im Serum gesunder Personen neben der CK-MM nur das Isoenzym CK-MB nachweisbar. Zur spezifischen Bestimmung der Aktivitätskonzentration der CK-MB lassen sich zwei verschiedene Wege einschlagen:

a) Die CK-MB wird zunächst aus der Probe durch physiko-chemische Trennverfahren (Elektrophorese, Ionenaustausch, Säulenchromatographie) isoliert und dann bestimmt,
b) mit einem gegen die M-Untereinheit gerichteten Antikörper wird im Testansatz die enzymatische Aktivität dieser Untereinheit durch Immuninhibierung vollständig ausgeschaltet. Die B-Untereinheit im Isoenzym CK-MB bleibt enzymatisch aktiv; da im Regelfall kein BB-Isoenzym in menschlichen Seren gefunden wird, ist die CK-Restaktivität im immuninhibierten Testansatz allein auf CK-MB zurückzuführen.

Für die Routinearbeit im klinisch-chemischen Labor werden kommerziell Reagenziensätze angeboten, bei denen nach a) CK-MB manuell oder automatisiert (aca, DuPont) aus der Probe säulenchromatographisch isoliert wird, oder bei denen nach b) die CK-B-Aktivität nach Immuninhibierung der M-Untereinheiten mit der empfohlenen Standardmethode CK-NAC gemessen wird. Die Bestimmung der CK-MB nach Immuninhibierung hat sich als Methode in den klinisch-chemischen Labors aufgrund ihrer einfachen Handhabung und Automatisierbarkeit weitgehend durchgesetzt. Die Zusammensetzung der Reagenzien im Test entspricht exakt der empfohlenen optimierten Standardmethode CK-NAC; der Testansatz enthält Antikörper, um CK-MM-Aktivitäten bis zu 1000 U/l zu hemmen. Die vollständige Immuninhibierung der CK-MM-Untereinheiten erfordert eine Vorinkubation des Testansatzes von 10 Minuten bei 25 °C: der Reaktionsverlauf ist danach, bei Gesamt-CK-Aktivitäten der Probe unter 1000 U/l, für mindestens 20 Minuten linear (Schmidt und Bender, 1979). Bei der Berechnung der Aktivitätskonzentration der CK-MB muß berücksichtigt werden, daß im Test nur die enzymatische Aktivität der B-Untereinheit gemessen wird. Die Berechnungsfaktoren sind daher gegenüber denen zur Bestimmung der Gesamt-CK um den Faktor 2 größer.

Für die CK-MB-Bestimmung ist es entscheidend, daß die untere, vom Probenleerwert unterscheidbare Nachweisgrenze deutlich unter der diagnostisch bedeutsamen Entscheidungsgrenze von 10 U/l liegt. Unter Routinebedingungen (Eppendorf Enzymmeßplatz, Küvettenwechselautomat, Enzymrechner, Meßstrahlung 334 nm, volle Ausnutzung der Meßzeit) liegt bei uns die untere Nachweisgrenze bei 5 U/l, für Photometer mit Schreiber wird sie mit 3 U/l angegeben (Würzburg et al., 1977); die Empfindlichkeit läßt sich auch durch Verdoppelung des Probenanteils im Testansatz steigern (Haux et al., 1979). Kommerziell erhältlich sind, wie für die CK, Einglas-Reagenziensätze, die mit der Probe, sowie Reagenziensätze, die mit Phosphokreatin als Startreagenz gestartet werden. Letztere erlauben die Bestimmung des Probenleerwertes; diese Möglichkeit sollte bei der Bestimmung der CK-MB prinzipiell wahrgenommen werden (siehe Abschnitt 3.7.8.6). Für die Überprüfung von Präzision und Richtigkeit stehen speziell ausgewiesene lyophilisierte Kontrollseren zur Verfügung, die mit CK-Isoenzymen tierischer Herkunft aufgestockt worden sind. Für diese gelten spezielle Auflöse- und Lagervorschriften, die strikt zu beachten sind.

Schließlich sei auf die Einführung eines Biolumineszenzassays hingewiesen, der eine entschieden empfindlichere Bestimmung der CK-MB erlaubt (Lundin und Styrelius, 1978). Der kommerzielle Reagenziensatz (LKB®) ist in den Reaktionsbedingungen (Immuninhibierung, Puffer, Aktivatoren) eng an die oben vorgestellte Methode CK-MB, NAC-aktiviert, angelehnt, nutzt aber als Indikatorreaktion die durch Luciferase katalysierte Umsetzung von ATP mit Luciferin und Sauerstoff und mißt das in dieser Reaktion entstehende Licht. CK- bzw. CK-MB-Aktivitätskonzentrationen unter 1 U/l können sicher erfaßt werden; die Korrelation zum photometrischen Verfahren ist sehr gut, die Präzision bei niedrigen Aktivitätskonzentrationen besser (Tarkkanen et al., 1979). Allerdings erfordert dieses Verfahren die Anschaffung eines speziellen Meßgeräts (Luminometer) und entsprechender Auswertungsgeräte.

3.7.8.2 Qualitätssicherung in der präanalytischen Phase

Es gelten die für die CK im Unterabschnitt 3.7.4.2 getroffenen Aussagen. Hämolyse der Probe sollte vermieden werden: Heparin- bzw. EDTA-Plasma sind deshalb Serum als Probenmaterial vorzuziehen.

3.7.8.3 Interne Sicherung der analytischen Phase

Die Möglichkeiten der internen Qualitätskontrolle sind Tabelle 3.7-1 b zu entnehmen. Hinsichtlich der zu erzielenden Genauigkeit siehe **Tabelle 3.7-16**. Kommer-

Tabelle 3.7-16: Orientierende Genauigkeitsangaben zur CK-MB (Heller S, Müller C: unveröffentlichte Ergebnisse)

Größe	Methode	Bereich (U/l)	s	VK/s%
Wiederholgenauigkeit (Repetierbarkeit in der Serie; Doppelbestimmungen an Patientenproben)	immunolog. UV-Test CK-MB, NAC-aktiviert, 25 °C, Eppendorf-Enzymmeßplatz mit Küvettenwechselautomat und Enzymrechner, mit Leerwertabzug, n = 20	5- 46	1,21	
	wie oben, ohne Leerwertabzug, n = 20	5- 49	1,28	
Robustheit (Kontrollkartenergebnisse mit jeweils einer Kontrollprobe)	wie oben, ohne Leerwertabzug, 3 verschiedene Kontrollseren, n = 208	15-120	1,7-6,8	7,0

zielle Kontrollseren enthalten immer stark erhöhte CK-MB-Aktivitätskonzentrationen, ihre ausschließliche Verwendung kann das Labor in falscher Sicherheit wiegen. Koch et al. (1986) empfehlen deshalb zur Überprüfung der Präzision zusätzlich die Verwendung eines laboreigenen, aliquotiert eingefrorenen Serumpools mit einer CK-MB-Aktivitätskonzentration nahe am Entscheidungsbereich.

3.7.8.4 Externe Qualitätssicherungsmaßnahmen

Die Ringversuche der beiden größten Organisationen (INSTAND und DGKCh) beinhalten die Bestimmung der CK-MB leider noch nicht. Externe Qualitätskontrolle kann deshalb zur Zeit nur in selbstorganisierten privaten Ringversuchen (Probentausch, Ringstudien) betrieben werden.

3.7.8.5 Sicherung der postanalytischen Phase

Die Erstellung von Referenzbereichen für die CK-MB wird zunächst durch die Tatsache erschwert, daß die CK-MB-Werte gesunder Personen unter bzw. nahe an der Erfassungsgrenze der in der Routine einsetzbaren Bestimmungsmethoden liegen. Darüber hinaus zeigt sich bei Benutzung der immunologischen Methode CK-MB NAC-aktiviert, daß die Berücksichtigung bzw. Vernachlässigung des Probenleerwerts einen deutlichen Einfluß auf die Breite des Referenzbereiches hat. Schließlich ergibt sich eine geringfügige Abhängigkeit der Breite des Referenzbereiches vom Reagenzienhersteller (Hinsch und Stickel, 1981), vermutlich über die Qualität der zur Immuninhibierung eingesetzten Antikörper. Die von Hinsch und Stickel (1981) ermittelten breiteren Normbereiche sind in **Tabelle 3.7-17** wiedergegeben; diese Angaben stimmen gut mit der von Klapdor und Harm (1978) empfohlenen Entscheidungsgrenze von 10 U/l überein. Neugeborene, Kleinkinder und Kinder zeigen höhere CK-MB-Werte; auch liegt der Anteil der CK-MB an der Gesamt-CK über 6%; noch ist ungeklärt, ab welchem Alter die Referenzbereiche für Kinder und Erwachsene übereinstimmen (Lang und Würzburg, 1982).

Die Bestimmung der Aktivitätskonzentration der CK-MB hat heute ihren festen Platz in der klinisch-chemischen Diagnostik des Herzinfarktes. Da ein Herzinfarkt immer auch mit einer Erhö-

Tabelle 3.7-17: Normbereiche der CK-MB (Hinsch W, Stickel A, 1981)

	n	Methode	$\bar{x}$ (U/l)
Angestellte mit vorwiegend sitzender Tätigkeit und Blutspender (1)	86	immunolog. UV-Test CK-MB, NAC-aktiviert, 25 °C, mit Leerwertabzug	bis 7
		wie oben, ohne Leerwertabzug	bis 10

(1) ohne Angaben über Alter und Geschlecht

hung der Gesamt-CK einhergeht, ist es ökonomisch sinnvoll, diese Bestimmung der aufwendigeren CK-MB-Messung als Screening vorzuschalten. Schließlich verbessert die Kenntnis der CK-Aktivität die diagnostische Aussagekraft eines CK-MB-Wertes: Verdacht auf Herzinfarkt bei CK-MB-Anteilen von über 6% an einer erhöhten CK-Gesamtaktivität. Die klinische Sensitivität und Spezifität für die Diagnostik des Herzinfarktes wird dann mit 97 bzw. 99% angegeben (Lang und Würzburg, 1982). Eine sichere Infarktdiagnostik auf der Grundlage der CK/CK-MB-Bestimmung ist nur innerhalb eines „Zeitfensters“ von 10 bis 20 Stunden nach Auftreten der akuten Symptome möglich (Gerhardt et al., 1982; Lang und Würzburg, 1982). Im Zeitraum zwischen 0 und 10 Stunden nach Infarkt steigen die Aktivitätskonzentrationen der CK-Isoenzyme MM und MB zwar schon an, die oben genannten Entscheidungskriterien müssen aber noch nicht erfüllt sein; daher empfiehlt es sich, vor allem bei unklarer Terminierung des Ereignisses, Bestimmungen im Abstand mehrerer Stunden durchzuführen. Mehr als 20 Stunden nach Eintritt kann ein Infarkt nicht mehr sicher über den CK-MB-Anteil erfaßt werden, da die Aktivitätskonzentrationen der Isoenzyme im Serum mit Halbwertzeiten von 15 Stunden (MM) bzw. 12 Stunden (MB) abnehmen (Lang und Würzburg, 1982).

In seltenen Fällen können Patientenseren atypische CK-Isoenzyme enthalten, die, besonders bei der immunologischen Bestimmungsmethode, grotesk erhöhte CK-MB-Aktivitäten vortäuschen können. Diese Störungen werden im nächsten Unterabschnitt besprochen.

3.7.8.6 Fehlermöglichkeiten

Aufgrund der geringen Volumenaktivitäten der CK-MB im Serum gesunder Personen und der niedrigen Entscheidungsgrenze von 10 U/l erfordert die Bestimmung dieses Isoenzyms eine erheblich schärfere Beobachtung und Kontrolle möglicher Störreaktionen, die im allgemeinen zu falsch erhöhten Werten führen. Solche Störungen werden vor allem durch Adenylatkinase- und/oder durch Kreatin-Kinase-Aktivitäten verursacht, die nicht auf die Isoenzyme CK-MM und CK-MB zurückzuführen sind.

Die Kombination der *immunologischen Bestimmungsmethode* mit der überarbeiteten empfohlenen Standardmethode CK-NAC hat zunächst zwei Verbesserungen erbracht: Störungen durch Serum-Glutathionreduktase sind ausgeschaltet; Adenylatkinase wird fast vollständig gehemmt (siehe 3.7.7.1).

Dennoch empfiehlt sich die Verwendung von Reagenziensätzen, die mit Phosphokreatin gestartet werden. Diese ermöglichen nach Ablauf der Vorinkubation im gleichen Testansatz zunächst die Ermittlung eines Probenleerwertes, worauf die Meßreaktion mit Phosphokreatin gestartet wird. Die Probenleerwerte liegen im Bereich zwischen 0 und 8 U/l, können im Extremfall jedoch 35 U/l erreichen (Hinsch und Stickel, 1981).

Die automatisierte *säulenchromatographische Isolierung* und Bestimmung der CK-MB (aca, DuPont) unterlag bisher einer hauptsächlichen Störmöglichkeit: bei sehr hohen CK-Aktivitätskonzentrationen führte eine ungenügende Retention des MM-Isoenzyms zu falsch hohen CK-MB-Werten. Diese Störung wurde durch Zugabe von Antikörpern gegen die M-Untereinheit im enzymatischen Testansatz behoben, so daß auch Proben mit extrem hohen CK-Werten ohne Vorverdünnung gemessen werden können (Leroux und Desjardins, 1985; Koch et al., 1986).

Wesentlich schwieriger zu erkennen und unter Kontrolle zu bringen sind Störungen durch Kreatinkinasen, die nicht vom MM- oder MB-Typ sind. Ursache falsch zu hoher CK-MB-Werte können sein: a) freies Isoenzym CK-BB; b) Makro-Kreatinkinasen (Komplexe aus CK-BB und Immunglobulinen); c) atypische CK-Isoenzyme, vermutlich mitochondrialer Herkunft. Im Extremfall kann der *scheinbare* CK-MB-Anteil mehr als 100% der CK-Gesamtaktivität betragen, wobei diese inplausiblen, paradoxen Werte durch die rechnerische Verdoppelung der Meßergebnisse zustande kommen.

Die Häufigkeit solcher Störungen der CK-MB-Bestimmung ist von Bayer et al. (1982) eingehender untersucht worden: unter 1191 unselektierten Krankenhauspatienten finden sich 69, bei denen der CK-MB-Anteil an der Gesamt-CK mit der immunologischen Methode zu über 20% bestimmt wird. Durch *CK-Elektrophorese* kann diese Gruppe folgendermaßen aufgeschlüsselt werden: freie CK-BB - 5 Patienten; Makro-Kreatinkinasen - 13 Patienten; atypische CK - 16 Patienten; zwei Patientenseren enthalten Makro-Kreatinkinasen und atypische CK, in 6 Fällen entspricht die Erhöhung tatsächlich dem Anteil an CK-MB. Die restlichen 27 Fälle werden auf Störungen durch Adenylatkinase zurückgeführt. Da 16% der Patienten mit falsch zu hohen CK-MB-Werten eine erhöhte CK-Gesamtaktivität haben, ist eine klinisch-chemische Fehldiagnose „Herzinfarkt", bezogen auf das untersuchte Kollektiv, bei etwa 0,5% der Patienten zu erwarten.

Eine weitgehende Eingrenzung der Fehlermöglichkeiten bei der klinisch-chemischen Diagnostik des Herzinfarktes mit der immunologischen CK-MB-Bestimmung läßt sich demnach durch folgende Vorgehensweise erreichen:

- Bestimmung der CK-Gesamtaktivität; Bestimmung der CK-MB erst ab CK-Aktivitäten über 100 U/l
- Bestimmung der CK-MB unter Berücksichtigung des Probenleerwertes
- CK-MB-Anteile über 20% mit entsprechender Einschränkung übermitteln.

Abklärung über Verlaufskontrolle (konstanter CK-MB-Anteil: Makro-Kreatinkinasen oder atypische Isoenzyme; fallender CK-MB-Anteil: echtes CK-MB oder freies CK-BB), besser über CK-Elektrophorese.

Benötigt wird in Zukunft ein einfaches, robustes Verfahren, das zwischen CK-MB und varianten Isoenzymen zu differenzieren vermag. Ein vielversprechender Ansatz in dieser Richtung ist kürzlich beschrieben worden (Wicks et al., 1982). Das Testsystem (Isomune-CK, Roche Diagnostics) wird bereits auf dem amerikanischen Markt vertrieben:

- die CK-Aktivität der Probe wird nach Immuninhibierung der M-Untereinheiten in einem ersten Ansatz (a) gemessen
- aus einem ebenfalls immuninhibierten Parallelansatz (b) werden die Immunkomplexe CK-MM/IgG und CK-MB/IgG durch Präzipitation mit einem zweiten Antikörper entfernt und die CK-Restaktivität (freie CK-BB, Makro-Kreatinkinasen, atypische Isoenzyme, Adenylatkinasen) im Überstand bestimmt
- Subtraktion des Meßwertes aus (b) von (a) ergibt den bereinigten Wert für die Aktivität der CK-MB.

Pesce und Bodourian (1983) finden sehr gute Übereinstimmung zwischen dieser Methode und der quantitativen Bestimmung der CK-MB in der Agarose-Gelelektrophorese.

Frei von Störungen durch variante Enzyme sind auch verschiedene *Immunoassays*, mit denen die Massenkonzentration der CK-MB nach dem ELISA- bzw. RIA-

Prinzip bestimmt wird (Koch et al., 1986). Bei diesen Methoden erschweren jedoch vorläufig der Zwang zur Abarbeitung zumindest kleiner Serien sowie die lange Analysendauer den vollwertigen Einsatz im Labor.

3.7.8.7 Gesichtspunkte der Wirtschaftlichkeit

Die Bestimmung der CK-MB ist zwangsläufig die teuerste der gängigen Enzymanalysen im klinisch-chemischen Labor: zum einen aufgrund der hohen Reagenzienkosten, die sich nur durch Verkleinerung der Ansatzgröße mindern lassen; zum anderen aufgrund der Tatsache, daß sie als typische Einzelanforderung (Notfall) mit entsprechend höherem Arbeitszeitanteil und höheren Qualitätskontrollkosten verbunden ist. Die alleinige Bereitstellung der CK-MB als Notfallparameter für die Herzinfarktdiagnostik ist unter klinisch-chemischen wie unter wirtschaftlichen Gesichtspunkten widersinnig: die Bestimmung der CK-Gesamtaktivität ist als Screening vorzuschalten.

3.7.9 (Pseudo-)Cholinesterase (CHE)

3.7.9.1 Präventivmaßnahmen

Methodenwahl: In Deutschland haben sich Methoden durchgesetzt, die als Substrate schwefelhaltige Cholinester verwenden, wie z. B. Acetylthiocholinjodid, Butyrylthiocholinjodid oder Propionylthiocholinjodid. Die CHE hydrolysieren diese Substrate unter Freisetzung von Thiocholinjodid, das mit Dithiobisnitrobenzoesäure zu einem gelben Farbstoff (2-Nitro-5-mercaptobenzoat) gekoppelt wird. Die Zunahme der Farbintensität wird photometrisch bei 405 nm gemessen. Ein Vergleich unter Verwendung der oben genannten Substrate zeigte eine enge Korrelation zwischen den Methoden und ihrer diagnostischen Gleichwertigkeit (Prellwitz et al., 1976). Im Gegensatz zu den sonst üblichen kontinuierlichen Messungen, bei denen eine Extinktionsdifferenz, bezogen auf ein festes Zeitintervall (üblicherweise 1 Minute), gemessen wird, wird speziell bei der Bestimmung der CHE-Aktivität häufig eine abweichende Meßtechnik angewandt. Hierbei erfolgt eine Zeitmessung bei vorgegebener Extinktionsdifferenz (üblicherweise $\Delta E = 0{,}1$). Der Vorteil besteht darin, daß unabhängig von der Enzymaktivität immer im linearen Substratsättigungsbereich gemessen wird und somit auch bei hohen CHE-Aktivitäten jegliche Probenverdünnung entfällt. Nachteilig bei dieser Methode ist hingegen, daß serielle Messungen an mechanisierten Geräten nicht möglich sind. Durch einfache Umrechnung des Berechnungsfaktors kann aber wie gewohnt kontinuierlich gemessen werden:

$kU/l = F/Sekunden = F_1 \cdot \Delta E/Minute$; $F_1 = F \cdot 10/60$

Beispielsweise erstreckt sich der Linearitätsbereich der Merck-Methode bei kontinuierlicher Adaptation mindestens bis 10 kU/l bei einer Gesamtmeßzeit von 2 Minuten (Ausländer, unveröffentlichte Ergebnisse). Kürzlich wurde über eine neue kontinuierliche, kolorimetrische, vollenzymatische Methode berichtet, bei der Benzoylcholin als Substrat eingesetzt wird (Ponteghini et al., 1984). Die CHE spaltet das Substrat unter Bildung von Cholin, welches durch Cholinoxidase zu Betain oxidiert wird; das dabei gebildete H_2O_2 oxidiert, vermittelt durch Peroxidase, 4-Aminoantipyrin und Phenol zu einem Farbstoff, dessen Bildung kontinuierlich bei 500 nm gemessen wird.

Spezielle Methoden, die die Erfassung der atypischen Cholinesterase mit einbeziehen (sog. Dibucain-Hemmtest), sollen an dieser Stelle nicht behandelt werden (siehe Richterich et al., 1978).

3.7.9.2 Qualitätssicherung in der präanalytischen Phase

Siehe allgemeine Gesichtspunkte in Kapitel 2.3 und 3.7.0.3.

3.7.9.3 Interne Sicherung der analytischen Phase

Möglichkeiten der internen Qualitätssicherung siehe Tabelle 3.7-1 b. Hinsichtlich der zu erzielenden Genauigkeit siehe **Tabelle 3.7-18**.

Tabelle 3.7-18: Orientierende Genauigkeitsangaben zur CHE

Größe	Methode (Substrat: Butyrylthiocholinjodid)	Bereich (kU/l)	s	VK/s%
Wiederholgenauigkeit (Repetierbarkeit in der Serie; Doppelbestimmungen an Patientenproben)	manuell (PL4) n = 150 (1)	0,5-7,6	0,14	
Kompatibilität (mit Matrixeffekt, Quotienten- bzw. Differenzkartenergebnisse)	n = 60, 7 verschiedene Kontrollseren, mittlerer Quotient 0,994; manuell (Eppendorf) (3)	2 -6		4,2
Ringversuchsergebnisse I der Referenzlaboratorien	INSTAND 1980 (2)			6,9
Ringversuchsergebnisse II der bereinigten Teilnehmerkollektive	INSTAND 1980 (2)			11,4

(1) Boroviczény KG: unveröffentlichte Ergebnisse
(2) Merten R (1981 a)
(3) Ausländer W: eigene unveröffentlichte Ergebnisse

Tabelle 3.7-19: Normbereiche der CHE (Prellwitz et al., 1976)

	Acetylthiocholinjodid (kU/l)	Butyrylthiocholinjodid (kU/l)	Propionylthiocholinjodid (kU/l)
Männer	1,3-3,7	2,3-7,4	3,1-7,5
Frauen	1,2-3,2	2,1-6,7	2,9-6,9

3.7.9.4 Externe Qualitätssicherungsmaßnahmen

Ringversuche werden in ausreichender Zahl von den bekannten Institutionen (siehe 3.7.0.4) auf dem deutschen Markt angeboten. Die INSTAND-Ringversuche der Jahre 1976 bis 1980 weisen für das Teilnehmerkollektiv nahezu konstante Jahresdurchschnittswerte für s% auf (zwischen 11 bis 12%), wobei die Erfolgsquote 1980 bei 76% lag (Merten, 1981) (1985/86 s% = 9,5, Erfolgsquote 90%).

3.7.9.5 Sicherung der postanalytischen Phase

Normbereiche der CHE gemessen mit verschiedenen Substraten, siehe **Tabelle 3.7-19**. Eine detaillierte Analyse des Normbereiches der CHE (Butyrylthiocholinjodid als Substrat) unter Berücksichtigung von Alter und Geschlecht (speziell bei Frauen: Einfluß von hormoneller Kontrazeption und Gravidität) findet sich bei de Blaauwen et al. (1983).

Klinische Relevanz: Da die Cholinesterase in der Leber synthetisiert und in das Blut sezerniert wird, ist die Bestimmung der CHE-Aktivität ein guter Indikator zur Beurteilung der Syntheseleistung der Leber. Nach Guder (1980) schließt eine normale CHE eine Leberzirrhose mit 90% Wahrscheinlichkeit aus.

Kürzlich wurde gezeigt, daß erhöhte CHE-Aktivitäten u. a. mit einem erhöhten koronaren Risiko korrelieren (Schriewer et al., 1985).

Tabelle 3.7-20: Ursachen pathologischer CHE-Aktivitäten

Verminderte Aktivität:	Erhöhte Aktivität:
Lebererkrankungen: akute Hepatitis Leberzirrhose endogenes und exogenes Leberkoma toxische Leberschäden bei Vergiftungen (Arsen, Knollenblätterpilz) Metastasenleber	Nephrotisches Syndrom Exsudative Enteropathie Erhöhtes Infarktrisiko
Intoxikationen durch CHE-Hemmer: Nervengifte (Typ Trilon) Insektizide (Alkylphosphate) verschiedene Parasympathomimetika	
Negative Stickstoffbilanz	
Hereditärer CHE-Mangel	

Im Rahmen der Anästhesie kann es klinisch bedeutsam sein, sogenannte atypische Cholinesterasen zu erfassen. Hierunter werden genetisch bedingte Enzymvarianten verstanden, die das in der Anästhesie häufig verwandte Muskelrelaxans Succinylbischolin verzögert abbauen. Hierdurch können Narkosezwischenfälle mit verlängerter Apnoephase auftreten.

3.7.9.6 Fehlermöglichkeiten

Hämolyse stört nur bei Verwendung von Acetylthiocholinjodid als Substrat (Thomas, 1984). Die CHE wird durch Parasympathomimetika (z. B. Physostigmin, Neostigmin) und besonders stark durch organische Phosphorsäureester (Insektizide) gehemmt (Keller et al., 1983).

3.7.9.7 Gesichtspunkte der Wirtschaftlichkeit

Die CHE-Bestimmung ist grundsätzlich auf Analysenautomaten adaptierbar (siehe auch Faktorumrechnung im Unterabschnitt 3.7.9.1) und somit rationell in großen Serien zu bestimmen. Nach Ansicht verschiedener Autoren (z. B. Schmidt et al., 1977; Wisser et al., 1984), sollte die CHE-Bestimmung - neben der GPT und der GGT - zum Screening-Programm zwecks Ausschluß von Lebererkrankungen gehören (s. **Tabelle 3.7-20**).

3.7.10 Alkalische Phosphatase (AP)

3.7.10.1 Präventivmaßnahmen

Methodenwahl: Als Standardmethode (Empfehlung der DGKCh, 1972) hat sich gegenüber anderen Methoden (Methodenübersicht siehe Richterich et al., 1978) als einfacher photometrischer Test die kontinuierliche Messung (400-405 nm) des aus p-Nitrophenylphosphat freigesetzten p-Nitrophenol durchgesetzt, gemäß folgendem Reaktionsschema:

$$\text{4-Nitrophenylphosphat} + H_2O \xrightarrow[\text{pH } 9{,}8]{\text{AP}} \text{4-Nitrophenolat} + \text{Phosphat}$$

(Ausführliche Methodenbeschreibung mit kritischer Würdigung siehe DIN 58972, Teil 1).

Die Methode ist sowohl für kleine als auch für große Laboratorien geeignet, da in verschiedenen Abpackungen erhältlich und sowohl manuell (2 Pipettierschritte) als auch auf Analysenautomaten leicht durchführbar bzw. adaptierbar. Spezielle Anforderungen sind hinsichtlich der Monochromasie an das Photometer zu stellen (Messung an der Bandenflanke siehe Kapitel 3.7.0.3).

Tabelle 3.7-21: Orientierende Genauigkeitsangaben zur AP

Größe	Methode	Bereich (U/l)	s	VK/s%
Wiederholgenauigkeit (Repetierbarkeit in der Serie; Doppelbestimmungen an Patientenproben	opt. Standardmethode, n = 20, manuelle Durchführung am Eppendorf-Photometer mit Schreiber (Winkelmessung) (1)	70–310	2,2	
Robustheit (Kontrollkartenergebnisse mit jeweils einer Kontrollprobe)	4 verschiedene Kontrollseren, n = 420 Durchführung wie oben (1)	50–350		3,9
Kompatibilität (mit Matrixeffekt; Quotienten- bzw. Differenzkartenergebnisse)	n = 210, 7 verschiedene Kontrollseren, mittlerer Quotient 1,002; Durchführung wie oben (1)	50–350		4,6
Ringversuchsergebnisse I der Referenzlaboratorien	opt. Standardmethode, INSTAND 1980 (2)			5,82
Ringversuchsergebnisse II der bereinigten Teilnehmerkollektive	opt. Standardmethode, INSTAND 1980 (2)			10,27

(1) Ausländer W: eigene unveröffentlichte Ergebnisse
(2) Merten R (1981 a)

Bei der Qualitätskontrolle unter Verwendung kommerzieller Kontrollseren ist zu beachten, daß im Gegensatz zu Patientenproben keine Zeitkonstanz der Zielwerte vorliegt. In Kontrollseren wurde ein fortlaufender Anstieg der AP-Aktivität beobachtet (Peter, 1980).

3.7.10.2 Qualitätssicherung in der präanalytischen Phase

Ergänzend zu Kapitel 2.3 und Tabelle 3.7-1 b siehe Kapitel 3.7.0.3:

Zufuhr größerer Mengen von Neutralfetten ca. 12 bis 16 Stunden vor der Probennahme sollte vermieden werden, da es hierdurch zu einem Anstieg der AP-Aktivität im Serum kommen kann.

Außer Serum ist nur Heparin-Plasma als Probenmaterial geeignet (siehe 3.7.10.6 Fehlermöglichkeiten).

3.7.10.3 Interne Sicherung der analytischen Phase

Möglichkeiten der internen Qualitätskontrolle siehe Tabelle 3.7-1b. Hinsichtlich der zu erzielenden Genauigkeit siehe **Tabelle 3.7-21**.

3.7.10.4 Externe Qualitätssicherungsmaßnahmen

Ringversuche werden in ausreichender Zahl von den bekannten Institutionen (siehe Kapitel 3.7.0.4) auf dem deutschen Markt angeboten. Bezogen auf andere Enzyme (z. B. GOT, GPT) weisen die INSTAND-Ringversuche der letzten Jahre aus (Merten, 1981), daß die AP bei der externen Qualitätskontrolle einen positiven Spitzenplatz einnimmt. Bei - gegenüber 1974 - deutlich verbesserter Präzision erreichte das Teilnehmerkollektiv 1980 einen Jahresdurchschnittswert für s% von 10,27 bei einer Erfolgsstatistik von 84,4% (1985/86 s% = 12,5!, Erfolgsquote 90%).

Tabelle 3.7-22: Normbereiche der AP

	Normbereich (U/l)	Literatur
Erwachsene	70-180	Richterich et al., 1978
	70-200	Sitzmann, 1976
Neugeborene		
(1.-10. Tag)	116-364	Witt et al., 1982
Säuglinge		
(10.-30. Tag)	135-591	
(2.-12. Monat)	159-683	
Kinder		
(2-8 Jahre)	128-593	
(>8 Jahre)	114-572	

Tabelle 3.7-23: Typische Krankheitsbilder mit erhöhter AP-Aktivität im Serum

Lebererkrankungen	
ohne Cholestase	normal bis mäßig erhöht
mit cholestatischer Beteiligung bzw. primärer Cholestase (z. B. Verschlußikterus)	stärkere Erhöhung möglich (z. B. bis zu 1000 U/l)
Knochenerkrankungen	
M. Paget, Hyperparathyreoidismus, Osteomalazie, osteoblastische Tumoren	sehr starke Erhöhungen möglich >1000 U/l)
Akromegalie, Knochentuberkulose, Hyperthyreose, osteolytische Tumoren	normal bis mäßig erhöht

3.7.10.5 Sicherung der postanalytischen Phase

Da die physiologische AP-Aktivität mit dem Knochenwachstum korreliert, werden bei Kindern deutlich höhere AP-Aktivitäten gemessen als bei Erwachsenen (Normbereiche siehe **Tabelle 3.7-22**).

Der diagnostische Schwerpunkt der AP liegt auf dem Gebiet der Leber- und/oder Knochenerkrankungen (differentialdiagnostische Einzelheiten siehe Thomas, 1984). Unklare AP-Erhöhungen, bei denen sich die Frage nach der Organbeteiligung ergibt, können durch elektrophoretische Auftrennung der AP-Isoenzyme (Leber-AP, Knochen-AP, Dünndarm-AP, Plazenta-AP) abgeklärt werden (**Tabelle 3.7-23**).

3.7.10.6 Fehlermöglichkeiten

Siehe hierzu Kapitel 3.7.0.3. Störfaktoren, die die AP-Aktivität beeinflussen, sind Hämolyse (Richterich et al., 1978), EDTA, Citrat, Oxalat und Fluorid (DIN 58972, Teil 1) sowie Penicillamin, Theophyllin und Sulfonamide (Keller et al., 1983).

3.7.10.7 Gesichtspunkte der Wirtschaftlichkeit

Die Reagenzienkosten sind bei der AP im Vergleich zu anderen Enzymen niedrig. Da die Bestimmung im Mikromaßstab durchgeführt werden kann und einfach in der Durchführung ist (manuell bzw. an Analysenautomaten), ist eine kostengünstige Analytik möglich.

3.7.11 Saure Phosphatase (SP) und

3.7.12 Saure Prostata-Phosphatase (PSP)

3.7.11.1/3.7.12.1 Präventivmaßnahmen

Methodenwahl:

1. p-Nitrophenylphosphat als Substrat (37 °C): da die SP ein pH-Optimum im sauren Bereich aufweist, inkubiert man bei pH = 4,8. Die SP-Aktivität ist unter diesen Bedingungen nicht kinetisch meßbar, da das freigesetzte p-Nitrophenol erst im alkalischen Bereich eine Gelbfärbung zeigt. Man ist daher bei dieser Methode auf eine Zweipunktmessung angewiesen, da der zur Färbung des p-Nitrophenols notwendige Zusatz von Lauge gleichzeitig Reaktionsstop bedeutet (Einzelheiten siehe Richterich et al., 1978).
2. 1-Naphtylphosphat als Substrat (30 °C/37 °C): seit einigen Jahren ist die von Hillmann (1971) entwickelte kinetische Methode als modifizierter Test auf dem Markt erhältlich. Bei dieser Methode wird das bei der enzymatischen Hydrolyse von 1-Naphtylphosphat freigesetzte 1-Naphtol unmittelbar mit diazotiertem 2-Amino-5-Chlortoluol zu einem Farbstoff gekuppelt, dessen Bildung kontinuierlich bei 405 nm gemessen wird. Gegenüber dem p-Nitrophenylphosphat zeichnet sich das 1-Naphtylphosphat durch eine höhere Umsatzgeschwindigkeit und durch eine größere Substratspezifität gegenüber der PSP aus (Babson, 1984a + b).

Zur Erfassung der PSP wird bei den oben genannten Methoden ein Parallelansatz mit Tartratzusatz mitgeführt. Da durch Tartratzusatz die PSP nahezu selektiv gehemmt wird, ergibt sich die PSP-Aktivität aus der Differenz beider Testansätze.

Neuere Methoden zur direkten Bestimmung der PSP beruhen auf dem *Enzymimmunprinzip* (Bauer et al., 1981), dem *Radioimmunprinzip* (Schweiger et al., 1982) bzw. auf dem *immunenzymatischen Prinzip* (Bauer, 1982). Bei der letztgenannten Methode (Vorteil: Bezugskurve entfällt) wird die Prostata-Phosphatase durch Antikörper abgetrennt und die enzymatische Aktivität der PSP im abzentrifugierten Immunkomplex mit den bekannten Substraten bestimmt, wobei aus den bereits genannten Gründen 1-Naphtylphosphat als Substrat vorzuziehen ist (Babson, 1984a + b). Bezüglich der Verwendung monoklonaler Antikörper gegen die PSP konnte keine Überlegenheit gegenüber den polyklonalen Antikörpern festgestellt werden (Bauer, 1985).

Die stürmische Entwicklung der Methodenvielfalt in den letzten Jahren gebietet an dieser Stelle eine vorsichtige kritische Diskussion. Keine der bisher bekannten Methoden ist zur Früherkennung des Prostata-Karzinoms geeignet, sondern dient der Therapiekontrolle. Gegenüber der tartrathemmbaren Phosphatase mit p-Nitrophenylphosphat als Substrat wird von vielen Autoren den immunologischen Methoden eine geringere Störanfälligkeit und eine bessere Treffsicherheit bei der Erkennung des Prostata-Karzinoms zugeschrieben (Bauer et al., 1981; Schweiger et al., 1982; Bauer, 1982; Cooper et al., 1982; Müller et al., 1982). Eine Vergleichsstudie von van Cangh et al. (1982) zwischen RIA-Methode und enzymatischer Methode mit p-Nitrophenylphosphat als Substrat ergab jedoch weder bei der Sensitivität noch bei der Spezifität eine Überlegenheit der RIA-Methode. Bezogen auf die tartrathemmbare saure Phosphatase mit 1-Naphtylphosphat als Substrat wurde in keiner der nachfolgend genannten Studien eine signifikante Überlegenheit der immunologischen Methoden nachgewiesen (Mensink et al., 1983; Seiler et al., 1983; Allner, 1985).

Die nachfolgenden Angaben beziehen sich auf die nicht-immunologischen Enzymaktivitätsbestimmungen.

3.7.11.2/3.7.12.2 Qualitätssicherung in der präanalytischen Phase

Als Probenmaterial ist Serum bzw. Citrat-Plasma geeignet. Die Verwendung von Heparin-Plasma ist nicht zu empfehlen, da Heparin als partieller Inhibitor für die Enzymreaktion wirkt (Richterich et al., 1978). Geeignet ist auch die unmittelbare Überführung (respektive Abnahme) in ein Stabilisator-Röhrchen mit entsprechendem pH. Wenn eine Prostatamanipulation durchgeführt wurde (Palpation, Zystoskopie, Endoskopie, Biopsie, Katheterisierung der Harnblase) sollte die Blutabnahme *frühestens* 48 Stunden später erfolgen (Cooper et al., 1982).

Tabelle 3.7-24: Orientierende Genauigkeitsangaben zur PSP (VK/s%)

	Zweipunktmessung mit p-Nitrophenylphosphat	kinetisch (37 °C) mit 1-Naphthylphosphat
Präzision in der Serie (Allner, 1985)	4,1	4,3
Präzision von Tag zu Tag (Allner, 1985)	8,3	7,5
INSTAND-Ringversuche (Teilnehmer) gemittelt aus 4 Ringversuchen von Februar 1984 bis Februar 1985	17,6	13
INSTAND-Ringversuche (Teilnehmer) mittlere Erfolgsquote von Februar 1984 bis Februar 1985	66	83

3.7.11.3/3.7.12.3 Interne Sicherung der analytischen Phase

Bei der Qualitätskontrolle der Enzymaktivitätsbestimmungen unter Verwendung kommerzieller Kontrollseren ist zu beachten, daß nach Auflösen der Kontrollseren ein fortlaufender Abfall der Zielwerte beobachtet wurde (Peter, 1980). Auch Patientenproben sollten aufgrund der Instabilität der SP u. PSP umgehend verarbeitet werden, andernfalls ist der Zusatz von Stabilisatoren zu empfehlen (z. B. $NaHSO_4$, Essigsäure, Citrat). Kürzlich wurde gezeigt (Blick et al., 1983), daß mit Kontrollseren (humane saure Phosphatase), die in Zitronensäure rekonstituiert und portioniert eingefroren wurden, eine verbesserte Langzeit-Qualitätskontrolle möglich ist. Zur Entwicklung eines stabilen Referenzmaterials für die Prostataphosphatase siehe Duncan et al. (1984). Genauigkeitsangaben siehe **Tabelle 3.7-24**.

3.7.11.4/3.7.12.4 Externe Qualitätssicherungsmaßnahmen

Ringversuche für die SP und PSP werden von den bekannten Institutionen (siehe 3.7.0.4) auf dem deutschen Markt angeboten. Für die SP und PSP ergibt sich aus den INSTAND-Ringversuchen (Februar 1984 bis Februar 1985) im Mittel:

		s%	Erfolgsquote
für *SP*	p-Nitrophenylphosphat	11,8	87%
	1-Naphtylphosphat (37 °C)	12,2	80%
für *PSP*	p-Nitrophenylphosphat	17,6	66%
	1-Naphtylphosphat (37 °C)	13	83%

3.7.11.5/3.7.12.5 Sicherung der postanalytischen Phase

Da bei der Blutgerinnung größere Mengen SP aus den Thrombozyten freigesetzt werden, sind die Normbereiche im Serum (**Tabelle 3.7-25**) und im Plasma unterschiedlich. Da über die Normbereiche im Plasma in der Literatur nur wenige Angaben zu finden sind (Richterich et al., 1978), wird die Ermittlung eigener Normalwerte empfohlen.

3.7.11.6/3.7.12.6 Fehlermöglichkeiten

Hämolyse stört generell (hohe SP-Aktivität in den Erythrozyten). Bilirubin wird als Störfaktor bei der 1-Naphtylphosphat-Methode angegeben.

Tabelle 3.7-25: Normbereiche der SP und PSP im Serum

	Normbereich (U/l)	Literatur
SP		
Männer	a) 4,8-13,5	Richterich et al., 1978
	b) bis 4,2	Seiler et al., 1983
	c) bis 4,7	Seiler et al., 1983
Frauen	a) 5-12	Richterich et al., 1978
	b) bis 3,0	Seiler et al., 1983
	c) bis 3,7	Seiler et al., 1983
PSP		
Erwachsene Männer	a) bis 3,7	Richterich et al., 1978
	b) bis 1,5	Seiler et al., 1983
	c) bis 1,6	Seiler et al., 1983

a) Zweipunktmessung mit p-Nitrophenylphosphat
b) kinetisch (30 °C) mit 1-Naphthylphosphat
c) kinetisch (37 °C) mit 1-Naphthylphosphat
Plasmawerte entscheidend niedriger!

3.7.11.7/3.7.12.7 Gesichtspunkte der Wirtschaftlichkeit

Da von der klinischen Aussage her den immunologischen Methoden ebenbürtig, ist die enzymatische 1-Naphtylphosphat-Methode als wirtschaftliche Methode hinsichtlich Preis und Aufwand (automatisierbar) zu empfehlen. Es ist sorgfältig zu prüfen, ob den aufwendigeren immunologischen Methoden aufgrund ihrer geringeren Störanfälligkeit der Vorzug zu geben ist.

3.7.13 Alpha-Amylase (α-AMY)

3.7.13.1 Präventivmaßnahmen

Methodenwahl: Bei keinem Enzym ist die Methodenvielfalt so groß und die Entwicklung so stürmisch wie bei der Bestimmung der α-Amylase (Methodenübersicht siehe Gibitz, 1982; Henkel, 1984). Auf einem Workshop der DGKCh im Oktober 1978 wurden Kriterien entwickelt, die eine moderne α-Amylase-Methode erfüllen sollte (Lorentz, 1979):

1. sollte ein wohldefiniertes, kostengünstiges Substrat konstanter Qualität eingesetzt werden, das durch die α-Amylase in eindeutiger Stöchiometrie gespalten wird,
2. sollen kontinuierliche Messungen möglich sein,
3. soll endogene Glukose nicht stören.

Die von Natur aus geeigneten Substrate für die α-Amylase sind hochpolymere Moleküle (z. B. Stärke, Glykogen, Amylose, Amylopektin), die überwiegend modifiziert (kovalent gebundene Farbstoffgruppen) in verschiedenen Testsystemen Anwendung finden. Grundsätzlich gilt für alle hochpolymeren Substrate: sie sind chemisch schlecht definiert und ihre Spaltungsstöchiometrie ist weitestgehend unklar. Kontinuierliche Messungen sind bei dem Einsatz hochpolymerer Substrate häufig nicht möglich (neuere Entwicklungen gestatten auch kontinuierliche Messungen mit hochpolymeren Substraten). Die neueren kontinuierlichen Methoden setzen überwiegend definierte kurzkettige Oligosaccharide ein, die aus 4 bis 10 Glukosemolekülen in 1-4-glykosidischer Bindung bestehen. Bei den Methoden, die als Indikatorreaktion die Glukosebestimmung nach der Hexokinasemethode einsetzen, ist grundsätzlich der endogene Glukoseeinfluß zu beachten. Zusätzliche Maßnahmen zur Ausschaltung der Glukoseeinflusses verkomplizieren bzw. verteuern den Test (z. B. NADH-Regeneration nach Ablauf der endogenen Glukosereaktion durch eine Hilfsreaktion bzw. Abtrennung der endogenen Glukose durch Säulenchromatographie bei der aca-Methode).

Derzeit sind zwei Gruppen von Verfahren zu nennen, die sich nach dem jetzigen Kenntnisstand deutlich herausheben. Es sind dies zum einen Verfahren, die mit dem Substrat Maltotetraose arbeiten, und zum anderen Verfahren, die an p-Nitrophenol (pNP) gekoppelte Substrate verwenden (neuerdings anstelle von pNP auch 2-Chlor-4-nitrophenol). Bei den genannten Methoden stört endogene Glukose überhaupt nicht (Maltotetraose) bzw. erst bei sehr hoher Konzentration (pNP-Methoden). Auch die im Urin vorkommende α-Glukosidase ist ohne Einfluß auf die genannten Tests (Einzelheiten siehe Lorentz, 1983).

Maltotetraose-Methode: Methodenvergleiche gegenüber fast allen marktüblichen Amylase-Methoden sind in der Literatur ausführlich beschrieben (Meier et al., 1979; Lorentz et al., 1980; Lorentz, 1983). Vorteilhaft bei dieser Methode ist das eindeutig stöchiometrische Reaktionschema (für die Herleitung des Berechnungsfaktors entscheidend!):

$$\text{Maltotetraose} \xrightarrow{\alpha\text{-Amylase}} 2\,\text{Maltose}$$

$$2\ \text{Maltose} + 2\text{PO}^{3}{}_{-4} \xrightarrow{\text{MP}} 2\,\text{G} + 2\ \beta\text{-G-1-phosphat}$$

$$2\ \beta\text{-G-1-phosphat} \xrightarrow{\beta\text{-PGM}} 2\,\text{G-6-phosphat}$$

$$2\ \text{G-6-phosphat} + 2\text{NAD}^{+} \xrightarrow{\text{G-6-PDH}} 2\ \text{6-Phosphogluconat} + 2\text{NADH} + 2\ \text{H}^{+}$$

G: Glukose
MP: Maltosephosphorylase
β-PGM: β-Phosphoglukomutase
G-6-PDH: Glukose-6-phosphat-dehydrogenase

Ein Nachteil der kurzkettigen Maltotetraose ist die im Vergleich zu längerkettigen Substraten geringere Substratspezifität gegenüber der Pankreasamylase (in etwa gleiche Spezifität für Pankreas- und Speichelamylase).

pNP-Methode:
Kommerziell angebotene Methoden verwenden als Substrate pNP-maltoheptaosid bzw. ein Gemisch aus pNP-maltohexaosid/-pentaosid (kritische Würdigung siehe Lorentz, 1983). Vorteilhaft bei diesen Methoden ist die im Vergleich zur Maltotetraose höhere Substratspezifität gegenüber der Pankreasamylase. Das Spaltmuster ist bei den pNP-Substraten sehr komplex (siehe Übersicht Wallenfels et al., 1982; Wallenfels et al., 1983) und zumindest bei dem Gemisch aus pNP-maltohexaosid/-pentaosid nicht festlegbar. Bei der Verwendung des pNP-maltoheptaosids als Substrat entstehen nach Untersuchungen von Hägele et al. (1982) im zusammengesetzten Test (die durch Amylasespaltung entstehenden Bruchstücke werden durch α-Glukosidase weitergespalten) aus 1 Mol Ausgangssubstrat neben anderen Bruchstücken ⅓ Mol p-Nitrophenol, d.h., der stöchiometrische Faktor beträgt 3 (ausgedrückt als Reziprokwert des gebildeten pNP). Untersuchungen von Masson et al. (1984) zeigen jedoch, daß je nach dem Isoamylasemuster in der Probe der stöchiometrische Faktor zwischen 2–4 variieren kann. Störend macht sich unter Umständen bei den pNP-Methoden bemerkbar, daß der molare Extinktionskoeffizient des p-Nitrophenols zum Teil erheblich abhängig ist vom pH-Wert, von der Temperatur und von der Eiweißmatrix in der Probe (Lorentz, 1983).

2-Chlor-4-nitrophenyl-β-D-maltoheptaosid als Substrat
Nach ersten Untersuchungen scheint das neue Substrat Vorteile gegenüber den pNP-Substraten zu haben (Henkel et al., 1984; Hafkenscheid et al., 1985):

Tabelle 3.7-26: Orientierende Genauigkeitsangaben zur α-Amylase

Größe	Methode Maltotetraosemethode	Bereich (U/l)	s	VK/s%
Wiederholgenauigkeit (Repetierbarkeit in der Serie; Doppelbestimmungen an Patientenproben)	n = 20, manuelle Durchführung am LP6A-Photometer (1)	5-35	1,0	
Stabilität in der Serie,	Cobas-Bio, 3 verschiedene Serien (1)	15-40	0,2	
(Dauerlauf N = 20)	1 Serie (1)	79	1,7	2,2
Robustheit (Kontrollkartenergebnisse mit jeweils einer Kontrollprobe)	Cobas-Bio, n = 100, 5 verschiedene Kontrollseren (1)	15-45		3,5
Vergleichbarkeit I (zwischen Arbeitsplätzen eines Laboratoriums	mittlere Abweichung Cobas-Bio - LP6A: 0,3 U/l (1)	5-35	1,8	
Vergleichbarkeit II (Probentausch zwischen Laboratorien)	mittlere signifikante Abweichung zwischen zwei Laboratorien (n = 40): 2,5 U/l (1)	4-45	3,6	
Ringversuchsergebnisse der bereinigten Teilnehmerkollektive	INSTAND-Ringversuche 1984/85	15-40		10-12

(1) Ausländer W: eigene, unveröffentlichte Ergebnisse

- die Messung des gebildeten 2-Chlor-4-nitrophenols wird nicht durch Änderungen des pH-Wertes bzw. der Temperatur beeinflußt,
- es besteht eine höhere Testempfindlichkeit, da bei der Substratspaltung mehr 2-Chlor-4-nitrophenol gebildet wird und zusätzlich der molare Extinktionskoeffizient höher ist,
- die Störanfälligkeit durch Bilirubin und Hämoglobin ist geringer, da weniger Probenmenge eingesetzt werden kann.

  Die nachfolgenden Angaben beziehen sich im wesentlichen auf die α-Amylase-Methode mit Maltotetraose als Substrat.

3.7.13.2 Qualitätssicherung in der präanalytischen Phase

Vom Zeitpunkt der Probengewinnung bis zum Abschluß der Analytik ist peinlichst darauf zu achten, daß keine Speichelkontamination stattfinden kann (Niesen, pipettieren mit dem Mund).

3.7.13.3 Interne Sicherung der analytischen Phase

Möglichkeiten der internen Qualitätskontrolle siehe Tabelle 3.7-1b. Genauigkeitsangaben siehe **Tabelle 3.7-26**. Für Linearitäts- und Präzisionsstudien eignen sich Serumproben, die nach Lee et al. (1982) mit humaner Pankreas- bzw. Speichelamylase aufgestockt werden.

3.7.13.4 Externe Qualitätssicherungsmaßnahmen

Für Ringstudien zwecks Vergleich verschiedener Amylasemethoden in verschiedenen Laboratorien sind nur Proben geeignet, die menschliche Pankreasamylase enthalten (Lee et al., 1982). Kommerzielle Kontrollseren sind hierzu ungeeignet (meist tierische Amylase bzw. Speichelamylase), da die unterschiedlichen Substrate der verschiedenen Methoden von den jeweiligen Amylasetypen unterschiedlich gespalten werden. Geeignete Standards (humane Pankreasamylase gelöst in gepufferter Albuminlösung) sind neuerdings durch das Center for Disease Control, Atlanta auf dem US-Markt verfügbar.

Ringversuche mit der Maltotetraose-Methode werden von den bekannten Institutionen auf dem deutschen Markt angeboten. Aus den INSTAND-Ringversuchen der Jahre 1984/85 ergibt sich im Mittel folgendes Bild: s% des Teilnehmerkollektivs = 10 bis 12, Erfolgsquote 90%.

3.7.13.5 Sicherung der postanalytischen Phase

Normbereiche siehe **Tabelle 3.7-27**.

Klinische Relevanz: entsprechend ihres Entstehungsortes werden erhöhte Amylaseaktivitäten bei Erkrankungen des Pankreas bzw. der Speicheldrüse gefunden, wobei das Schwergewicht auf der Pankreasdiagnostik liegt. Es sind aber auch eine Vielzahl extrapankreatischer Erkrankungen bekannt, die mit erhöhten Amylaseaktivitäten gekoppelt sind (siehe **Tabelle 3.7-28**). Da die α-Amylase harngängig ist, wobei die pankreatische gegenüber den salivären Isoenzymen eine höhere Clearance aufweist, kommt der Amylase-Bestimmung im Urin eine besondere Bedeutung zu. Speziell bei akuten Pankreatitiden sind erhöhte Amylaseaktiviäten im Urin länger nachweisbar als im Serum. Eine hohe Treffsicherheit in der Pankreasdiagnostik kann jedoch nur erzielt werden, wenn zusätzlich zur Amylase- auch immer die Lipaseaktivität bestimmt wird.
(Tabelle 3.7-28)

Tabelle 3.7-27: Normbereiche der α-Amylase mit Maltotetraose als Substrat bei 25 °C (Herstellerangaben)

	Normbereich (U/l)
Serum	6- 34
Urin	8-130
Urin 24 h	6-105

Tabelle 3.7-28: Extrapankreatische Ursachen von Amylaseerhöhungen

	Serum	Urin
Ulkusperforation	+	+
Ileus	+	+
Mesenterialinfarkt	+	+
Akute Cholezystitis	+	+
Parotitis	+	+
Niereninsuffizienz	+	–
Makroamylasämie	+	–
Extrauteringravidität	+	+
Mumps	+	+
Diabetische Azidose	+	+
Opiate	+	+

3.7.13.6 Fehlermöglichkeiten

Die Maltotetraose-Methode wird im wesentlichen nur durch endogenes Pyruvat gestört. 2 mmol/l Pyruvat erniedrigen die Amylaseaktivität um ca. 10% (Lorentz, 1983). Alle marktüblichen Amylasemethoden werden partiell durch Hydroxyäthylstärke inhibiert, die in verschiedenen Plasmaexpandern (z. B. Expafusin) enthalten ist.

3.7.13.7 Gesichtspunkte der Wirtschaftlichkeit

Mit der Maltotetraosemethode ist eine rationelle Analytik an mechanisierten Analysegeräten möglich. Im Rahmen der Notfalldiagnostik ist zu beachten, daß eine Amylasebestimmung an den in großen Notdienstlaboratorien häufig vorhandenen aca-Geräten aufgrund des aufwendigen Reagenzienpacks (integrierte Chromatographiesäule) besonders kostenintensiv ist.

3.8 a Qualitätssicherung bei radioimmunologischen in-vitro-Analysen

William Graham Wood (Lübeck)

3.8 a.0 Einführung

Der Rang der deutschen Forschung im internationalen Vergleich ist ein heiß diskutiertes Thema in forschungspolitischen und -fördernden Gremien der Bundesrepublik Deutschland. Die Qualitätskontrolle klinisch-chemischer Analysen stellt einen deutschen Beitrag zum internationalen Fortschritt der Wissenschaft dar, der nach der Originalität der Idee, Perfektion der Durchführung und praktischem Erfolg erstklassig genannt werden darf. Die Qualitätskontrolle ist in der klinischen Chemie gesetzlich vorgeschrieben und basiert auf der Arbeit von einigen „Pionieren" (Büttner und Stamm, 1966; Büttner, 1967; Stamm, 1968; Stamm und Büttner, 1969; Stamm, 1971).

Die Probleme bei den immunologischen Assays sind zum Teil anders als die in der klinischen Chemie. Der Unterschied zur klinischen Chemie besteht vor allem darin, daß wir es hier mit Antikörpern und Antigenen zu tun haben, die nicht so genau charakterisiert sind wie z. B. Enzyme und Substrate und noch nicht so standardisiert werden können.

Das Prinzip des Radioimmunoassays ist von Yalow und Berson (1959) erstmals unter diesem Namen beschrieben worden. Diese Bestimmungen benutzen eine begrenzte Menge substanzspezifischer Antikörper und ein radioaktiv markiertes Antigen. Die Menge der zu messenden Substanz wird anhand der Kompetition mit der markierten Substanz über eine Kalibrierungskurve ermittelt, wobei die Trennung von antikörpergebundenem und freiem Antigen Voraussetzung ist. Für dieses Analysenprinzip erhielt Frau Yalow den Nobelpreis (Yalow, 1978).

Auch für die Qualitätskontrolle quantitativer immunologischer Bestimmungen wie z. B. Radioimmunoassays (siehe **Tabelle 3.8 a-1**) kann man sich auf die international akzeptierte Methode der

Tabelle 3.8 a-1: Klassifizierung klinisch-chemischer Analysenmethoden

Methode	Wert
-	Wahrer Wert (True value)
Definitive Methode (Definitive method)	Definitiver Wert (Definitive value)
Referenzmethode (Reference method)	Referenzmethodenwert (Reference method value)
Methode mit bekannter Abweichung (Method with known bias)	Sollwert (Assigned value, stated or certified)*
Methode mit unbekannter Abweichung (Method with unknown bias)	Sollwert (Assigned value, stated or certified)**

* Ein „stated value" ist ein Sollwert ohne offizielle Beurkundung, z. B. ein kommerzielles Kontrollserum.

** Ein „certified value" ist ein Sollwert mit offizieller Beurkundung, z. B. ein internationales Referenzpräparat wie WHO 80/558 für hTSH.

allgemeinen klinischen Chemie beziehen (Büttner et al, 1980a, b; Röhle und Breuer, 1982; Saris, 1980). Die ganze Qualitätskontrolle beruht auf zwei Begriffen, die hier definiert werden, nämlich: Richtigkeit und Präzision. Um diese zu erzielen, braucht man Standard- und Referenzpräparate (Stamm, 1979; WHO, 1981).

Richtigkeit wird definiert als das Maß für die Übereinstimmung der gemessenen Werte mit dem tatsächlich wahren Wert. Man sieht, daß hier keinerlei Angaben über die Streuung der Meßwerte (Präzision) festgelegt sind, ein Punkt, der später aufgegriffen wird.

Präzision wird definiert als die Übereinstimmung der Meßwerte bei Mehrfachbestimmungen einer bestimmten Substanz.

Immunologische Assays können nur Ergebnisse auf der Ebene von „assigned values" (Büttner et al, 1980; Saris, 1980) liefern (siehe Tabelle 3.8a-1), und um die Verbesserung dieser Werte geht es in dem hier geschriebenen Kapitel.

Ziele dieses Kapitels:

In der hier geschriebenen Arbeit werden in dem ersten Abschnitt (3.8a.1) Methoden (Statistik, Kontrollseren) der internen (laboreigenen) Kontrolle der Präzision untersucht und mitgeteilt. Bedauerlicherweise finden sich nur noch wenige Arbeitsgruppen außerhalb der Industrie, die selbständig an der Entwicklung immunologischer Assays arbeiten. Dies ist deswegen bedauerlich, weil dadurch Kontrollinstanzen verlorengehen, die in der Vergangenheit durch Anregung, Kritik und Zusammenarbeit die Analytik zweifellos verbessert haben.

Der zweite Abschnitt (3.8a.2) dieser Arbeit beschäftigt sich mit dem Aufbau stabiler Methoden (Rugged Assays), wobei zu hoffen ist, daß das methodische Selbstbewußtsein der klinisch-chemisch interessierten Kollegen wieder zunimmt.

Der letzte Abschnitt (3.8a.3) zeigt auf, welche Ergebnisse die Methoden der externen Qualitätskontrolle im Laufe der letzten Jahre im Bereich der Immunoassays erbracht haben. Neben der Dokumentation der Präzision wurde eine bedeutende Verbesserung der Vergleichbarkeit von Labor zu Labor erzielt. Die Leistungsfähigkeit verschiedener Ringversuchsmodelle wird aufgezeigt. Das Instrument des Ringversuchs wird aber nicht nur zur Qualitätskontrolle eingesetzt, sondern leistet darüber hinaus Wesentliches im Sinne der konstruktiven Methodenkritik und der individuellen Beratung des einzelnen Ringversuchsteilnehmers.

Das Anliegen des Autors besteht darin, mit den genannten drei verschiedenen methodischen Ansätzen (1. Interne Qualitätssicherung, 2. Stabile (rugged) Assays, 3. Ringversuche) die Immunoassays für Hormone und andere Substanzen auf ein höheres Niveau der Zuverlässigkeit zu heben. Dementsprechend werden für diese Arbeit zahlreiche, zum Teil unveröffentlichte Einzelbeispiele ausgewählt, nach Methoden und Ergebnissen kurz dargestellt und im Hinblick auf das Gesamtziel diskutiert.

3.8a.1 Interne Qualitätskontrolle - Laborselbstkontrolle

3.8a.1.1 Einführung

Die Zuverlässigkeit eines Labors hängt direkt von der selbst durchgeführten internen Qualitätskontrolle ab. Die Richtlinien, die für die klinische Chemie gelten, sind auch für die in-vitro Ligandenbindungsassays anwendbar. Wie man die interne Qualitätskontrolle durchführt, ist nicht festgelegt. Es gibt verschiedene Methoden, die gewählt werden können, um bestimmte Probleme am besten zu lösen. Einige Methoden (z. B. Kontrollkarten, Kontrollseren) werden in diesem Abschnitt behandelt, zusätzliche Informationen sind andernorts nachlesbar (Büttner, 1967; Büttner et al, 1980a, b; Saris, 1980; Sokolowski und Wood, 1981; Stamm, 1968).

3.8a.1.2 Qualitätskontrollkarten

Bei der Durchführung eines internen Qualitätskontrollprogrammes im radioimmunologischen Labor haben sich die verschiedenen Kontrollkartentypen (Sokolowski und Wood, 1981; Stamm und Büttner, (1969) als ideales Hilfsmittel erwiesen. Sie sind eine einfache graphische Methode der Qualitätskontrolle und geben zu jeder Zeit einen Überblick über die Präzision einer Analysenserie. Über einen längeren Zeitraum geführte Kontrollkarten (Büttner et al, 1980a) zeigen Qualitätsunterschiede verschiedener Reagenzienchargen auf und dokumentieren die Zuverlässigkeit eines Testsystems.

Zweck der in diesem Abschnitt vorgestellten Kontrollkartentypen ist es, eine zuverlässige Registrierung der Meßdaten zu erreichen, mit dem Ziel, Veränderungen dieser Werte graphisch leicht erkennbar zu machen.

Shewart'sche Kontrollkarte (Levy-Jennings Kontrollkarte)

Das in den **Abbildungen 3.8a-1a und 3.8a-1b** aufgeführte Beispiel zeigt anhand des Routine-Theophyllin-Radioimmunoassays, wo die Analysenmethode nicht mehr unter Kontrolle ist (Assay 28 - beide Werte außerhalb der 3s-Grenzen) und welche Prüf- und Abhilfemaßnahmen ergriffen werden müssen. Man sieht, daß für eine Kontrollkarte bestimmte Kenngrößen benötigt werden - dieses gilt nicht nur für die Shewart'schen Kontrollkarten, sondern auch für fast alle anderen Kontrollkartentypen.

Benötigte Werte:
- Der Mittelwert - z. B. der Sollwert des Kontrollserums.
- Die Standardabweichung - von mindestens 20 Serien gerechnet.
- Der Variationskoeffizient - wie oben.
- Die Warngrenzen - $-2s$- bis $+2s$-Bereich.
- Die Kontrollgrenzen - $-3s$- bis $+3s$-Bereich.

Man sieht, daß die letzten vier der obengenannten Werte von der Präzision der Meßwerte - und deshalb von der Sorgfalt der Assistentin - abhängig sind. Oft wird vergessen, daß es eine „Inter-Assistentin"-Variation innerhalb einer Methode gibt. Deshalb wurde für jede einzelne Assistentin in Abbildung 3.8a-1 ein eigenes Symbol gewählt.

Wie erstellt man den Mittelwert oder Sollwert? Der Mittelwert wird von mindestens 20 Assays festgestellt, je nach der Verteilung der Einzelwerte. Wenn die Verteilung normal ist, ist der arithmetische Mittelwert zu verwenden. Wenn die Verteilung nicht normal ist, wird der Medianwert genommen. Die Streuung (Abweichung) der Einzelwerte im letzteren Fall wird nicht als die absolute Standardabweichung (s) ausgedrückt, sondern relativ als die 16. bzw. 84. Perzentile. Eine nicht normale Verteilung kommt nur vor, wenn die Sollwerte der Kontrollseren nahe an der unteren bzw. oberen Grenze der ablesbaren Standardkurve liegen. Wenn ein Assay gut funktioniert, sind die Kontrollserenwerte um den Mittelwert verteilt und liegen innerhalb der $-2s$- bis $+2s$- (95%-Vertrauens-) Bereiche.

Die 2s-Grenze ist als Warngrenze bezeichnet, d. h. Werte, die außerhalb liegen, haben nur eine Wahrscheinlichkeit von 5% innerhalb der Normalverteilung zu liegen. Die 3s-Grenze dient als Kontrollgrenze - d. h. Werte außerhalb dieser Grenzen haben eine Wahrscheinlichkeit unter 1% innerhalb der Normalverteilung zu liegen.

Wenn ein Kontrollserumwert außerhalb der 3s-Grenzen liegt, muß geprüft werden, ob z. B. der Assay wiederholt werden muß. Da man für jeden Assay mindestens drei Kontrollseren bestimmen sollte, um sowohl die niedrigen als auch die mittleren und oberen Eichkurvenbereiche zu überwachen, sollte geprüft werden, ob die anderen zwei Kontrollserenwerte ebenfalls außerhalb der Kontrollgrenzen liegen. Gegebenenfalls ist der Assay nach Fehlersuche zu wiederholen.

Mit der Shewart'schen Kontrollkarte (Büttner et al, 1974) ist die Analysenmethode auch „außer Kontrolle" wenn:
- die Kontrollserenwerte bei 7 aufeinanderfolgenden Assays auf einer Seite der Mittelwertlinie liegen (sog. Shift). Hier hat sich ein systematischer Fehler in die Testreihe eingeschlichen, den es möglichst schnell zu finden und zu eliminieren gilt,

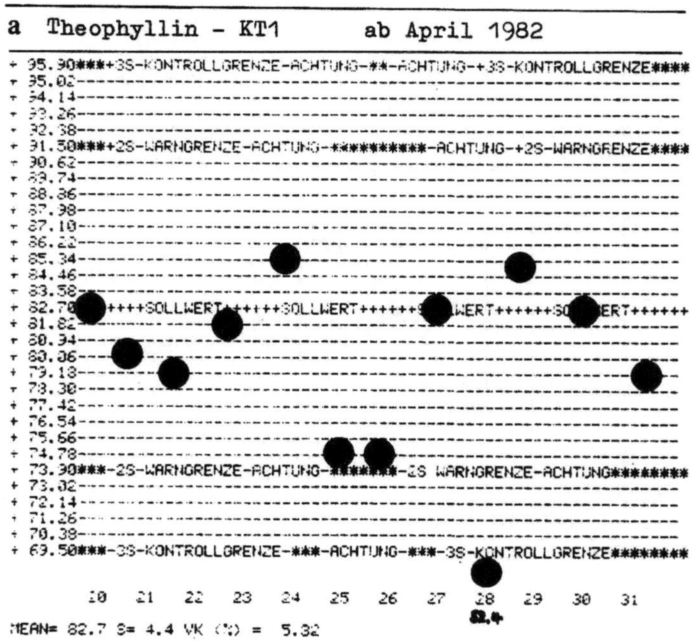

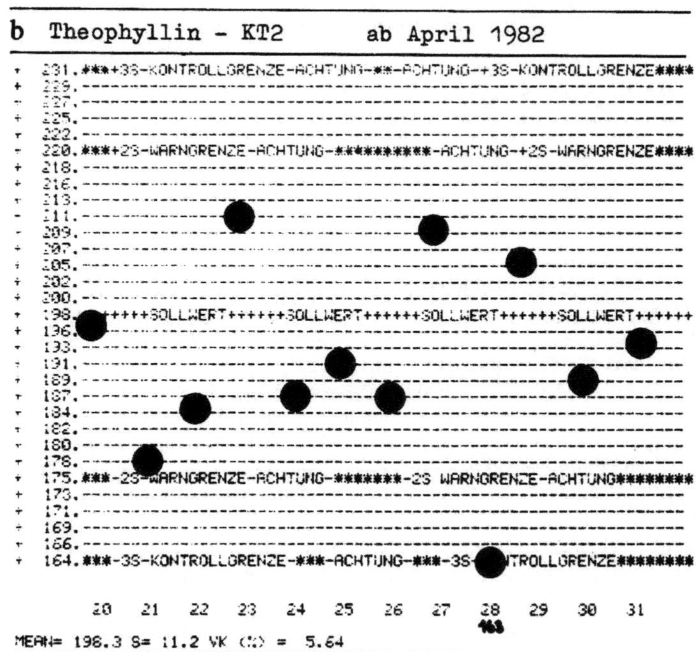

Abbildung 3.8 a-1 a und -1 b: Shewart'sche Kontrollkarte. Jedes Pünktchen stellt den Mittelwert des Kontrollserums KT1 oder KT2 in einem Ansatz dar. Obwohl es in schwarzweiß nicht zu sehen ist, hat jedes Pünktchen eine bestimmte Farbe. Weil jede Assistentin ihre eigene Farbe hat, findet ein „Wettkampf" statt, wer die beste Präzision zeigt. Assistentinnen, die am Anfang nicht so präzise arbeiten, versuchen, sich so schnell wie möglich unter die anderen Farben zu mischen! Solch eine „Farbenverteilung" zeigt, daß es tatsächlich Inter-Assistent(in)-Variationen gibt, die eine Rolle in der Ermittlung der Interassay-Variationskoeffizienten spielen, wenn mehrere Assistentinnen einen Assay ansetzen

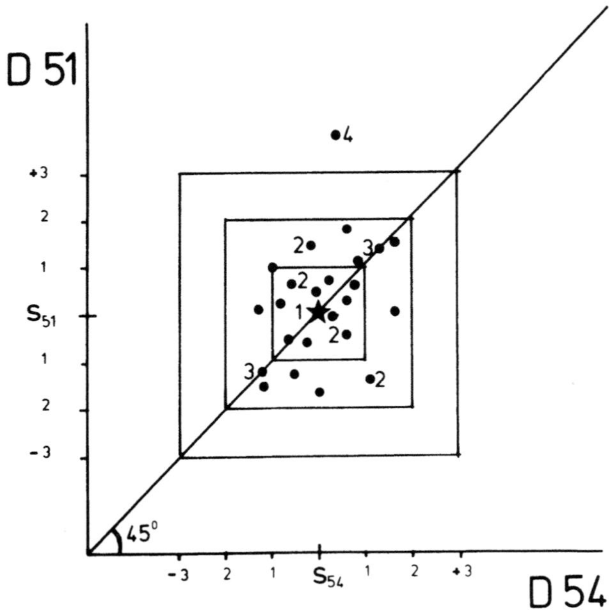

Abbildung 3.8a-2: Youden Diagramm
Werte für zwei Digoxin-Kontrollseren D 51 (Sollwert 0,45 nmol/l) und D 54 (Sollwert 8,30 nmol/l). Die Werte sind von 25 Routine-Assays im September 1982 vom Klinischen Labor in der Klinik für Innere Medizin der Medizinischen Hochschule Lübeck

- die Kontrollserenwerte bei 7 aufeinanderfolgenden Assays eine ansteigende bzw. fallende Tendenz zeigen (sog. Trend).

Besonders bei der Erkennung von „Shifts“ und „Trends“ hat sich diese Form von Kontrollkarten bewährt. Durch sie ist es möglich, sich langsam einschleichende Fehler bei Routineassays zu erkennen.

Youden-Diagramm
Die Meßwerte von zwei Kontrollseren oder von einem Kontrollserum, das zweimal im gleichen Assay (z. B. am Anfang und am Ende) bestimmt wird, können zu einer zweidimensionalen Kontrollkarte kommen, dem Youden-Plot verarbeitet werden (Stamm, 1971) (**Abbildung 3.8a-2**). Der Mittelwert und die Standardabweichung von den zwei (bzw. einem) Seren sind in der Vorperiode bestimmt worden. Hier bilden die 1 s- bzw. 2 s- und 3 s-Bereiche (oder die 67%-, 95%- und 99%-Vertrauensbereiche) konzentrische Quadrate mit dem Mittelwert als Mittelpunkt. Eine genaue Bestimmung beider Werte führt zu einem Punkt, der in Abbildung 3.8a-2 als „1“ bezeichnet wird. Systematische Fehler (beide Kontrollserenwerte zu hoch bzw. zu niedrig) führen zu einer Verschiebung entlang der 45° Linie (in Abbildung 3.8a-2 als „2“ bezeichnet). Durch kleine unvermeidbare, zufällige Fehler liegen die Punkte um den Mittelwert (Ziffer „3“ in Abbildung 3.8a-2) und durch grobe Fehler liegen sie weit vom Mittelwert und von der 45° Linie weg (Ziffer „4“ in Abbildung 3.8a-2). In diesem Beispiel werden zwei Kontrollseren von der Routine-Digoxin-Bestimmung genommen.

Das Youden-Diagramm kann auch für Langzeitstudien über die Stabilität von Kontrollseren benutzt werden, indem die Punkte mit Datum bzw. Ansatznummer gekennzeichnet werden. Eine andere Anwendung ist bei der Deutschen Gesellschaft für Klinische Chemie bei ihren Zwei-Proben-Ringversuchen für Hormone, aber auch für andere klinisch-chemische Parameter, üblich. Obwohl systematische und zufällige Fehler voneinander getrennt werden können, sagt das Youden-Diagramm nichts über die Fehlerursachen aus.

Die Cusum (Cumulative Sum) Karte
In eine Cusum-Kontrollkarte (Bergen und Hirsch, 1976; Malan, 1979) wird kumulativ die Differenz des täglichen Meßergebnisses von dem in einer Vorperiode bestimmten Sollwert des Kontroll-

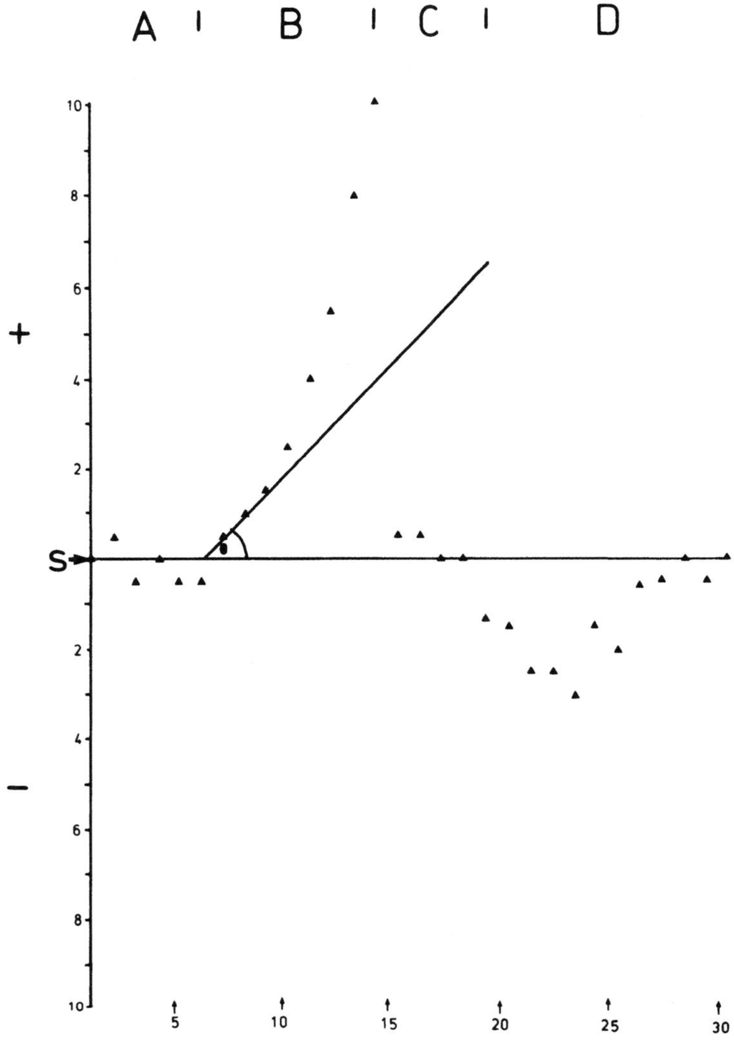

Abbildung 3.8a-3: Cusum-Karte
Werte von einem Insulin-Kontrollserum (A 23). In Zeitperiode B war das Serum mit 4,5 ml anstatt 5 ml Wasser aufgelöst. Perioden C und D zeigen Werte mit einem neu aufgelösten Fläschchen des Kontrollserums, diesmal mit 5,0 ml Wasserzugabe!

serums eingetragen. Ein Beispiel ist in **Abbildung 3.8a-3** dargestellt. Stimmen die täglichen Meßwerte mit dem Sollwert überein, so erhält man Punkte um die Linie, wo die Abweichung vom ermittelten Sollwert gleich null ist. Gibt es z. B. einen positiven Unterschied zwischen den täglichen Meßwerten und dem Sollwert, steigt die Kurve in der Cusum-Karte an. Methodische Fehler werden schnell erkannt.

Ob ein Assay in oder außer Kontrolle ist, kann man feststellen, indem man den Winkel der Steigung mißt. Mit Hilfe einer vom Assay abhängigen „V-Maske" (Abbildung 3.8a-3) ist es möglich, zu entscheiden, ob der Assay immer noch unter Kontrolle ist. Obwohl Cusum-Kontrollkarten theoretisch vielleicht am besten sind, um schnellstens zu sehen, ob der Assay in Ordnung ist, haben sie andererseits eine ausreichende Kenntnis des Assays zur Voraussetzung. Es geht nicht zuletzt um die „richtige" Festlegung der Sollwerte bzw. um die Anfertigung der „V-Maske" für jeden Assay.

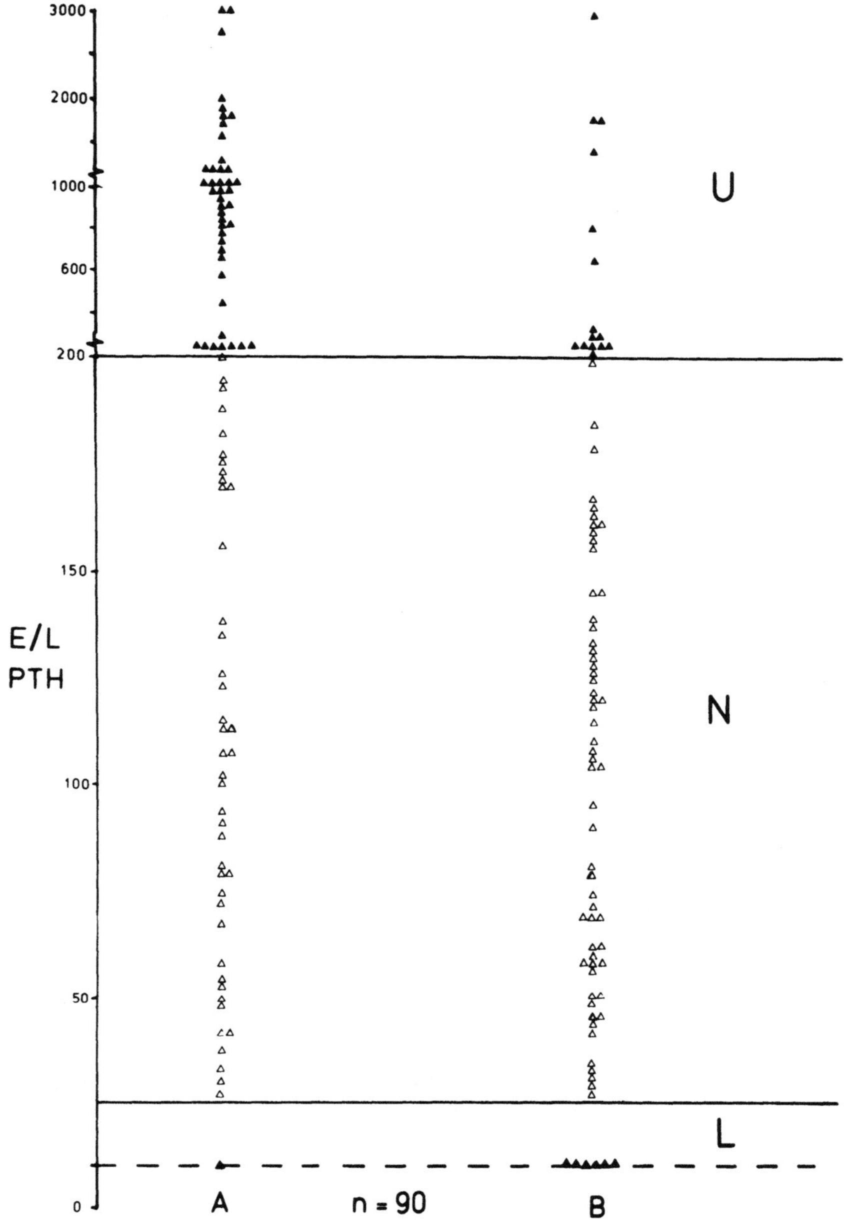

Abbildung 3.8a-4: Mean of Normals (MONS)
Diese Abbildung zeigt die Auslese der Normalwerte und damit die Stabilität des Assays. Diese Methode hat keinen Sinn, wenn weniger als 30 Werte im Referenzbereich (hier 20-200 mE/l) liegen, weil die Statistik dann nicht mehr zuverlässig ist. Dieses Beispiel für den PTH-Routineassay zeigt, daß in einem Durchgang, wo einige Dialysepatienten (mit 2. bzw. 3. PTH) mit dabei waren, der „Mean of Normals", hier als Median ausgedruckt, nicht beeinflußt wurde (Assay 1: Median 102 mE/l, Mittelwert 107 mE/l. Assay 2: Median 104 mE/l, Mittelwert 100 mE/l)

Mean of Normals (Täglicher Mittelwert aller Untersuchungswerte, die im Referenzbereich liegen)
In großen Labors, in denen täglich Testansätze über 100 Patientenseren durchgeführt werden, kann als Alternative das sogenannte „Mean of Normals" (Stamm, 1968) als zusätzlicher Qualitätskontrollparameter herangezogen werden. Alle Seren, die innerhalb festgesetzter Grenzen liegen (normalerweise der Referenzbereich), werden zur täglichen Mittelwertsbildung benutzt. Damit wird sichergestellt, daß dieser Wert von pathologisch veränderten Werten nicht beeinflußt wird. **Abbildung 3.8a-4** zeigt ein Beispiel des „Mean of Normals" von zwei Parathyrin Assays, wo in einem Fall die Dialysepatienten mitgemessen werden, ohne daß der Mittelwert beeinflußt wurde. Diese Abbildung zeigt sowohl die individuellen Werte als auch die darauf berechneten Kenngrößen. Wenn dieser Mittelwert sich systematisch verändert, ist der Assay nicht in Ordnung, und es ist eine Wiederholung des Ansatzes bzw. Prüfung des Systems erforderlich. Die Anwendung dieser Methode ist von der Probenzahl (n), die sich im Referenzbereich findet, abhängig (n = 30). Ein wichtiger Vorteil dieser Methode besteht darin, daß keine subjektive Beeinflussung der Kontrollmethode durch das Laborpersonal möglich ist. Diese Methode hat sich nach der persönlichen Erfahrung des Autors in der allgemeinen klinischen Chemie (in der Medizinischen Klinik Innenstadt der Universität München) bewährt, besonders in der Darstellung auf einer Shewart'schen Kontrollkarte.

Precision Profile (Präzisionsprofil)
Wegen der nicht-linearen Form der Eichkurve bei halblogarithmischer Darstellung ist die Präzision der Messung von der Konzentration des Analyts abhängig. Dies wurde von Ekins (Ekins, 1978) be-

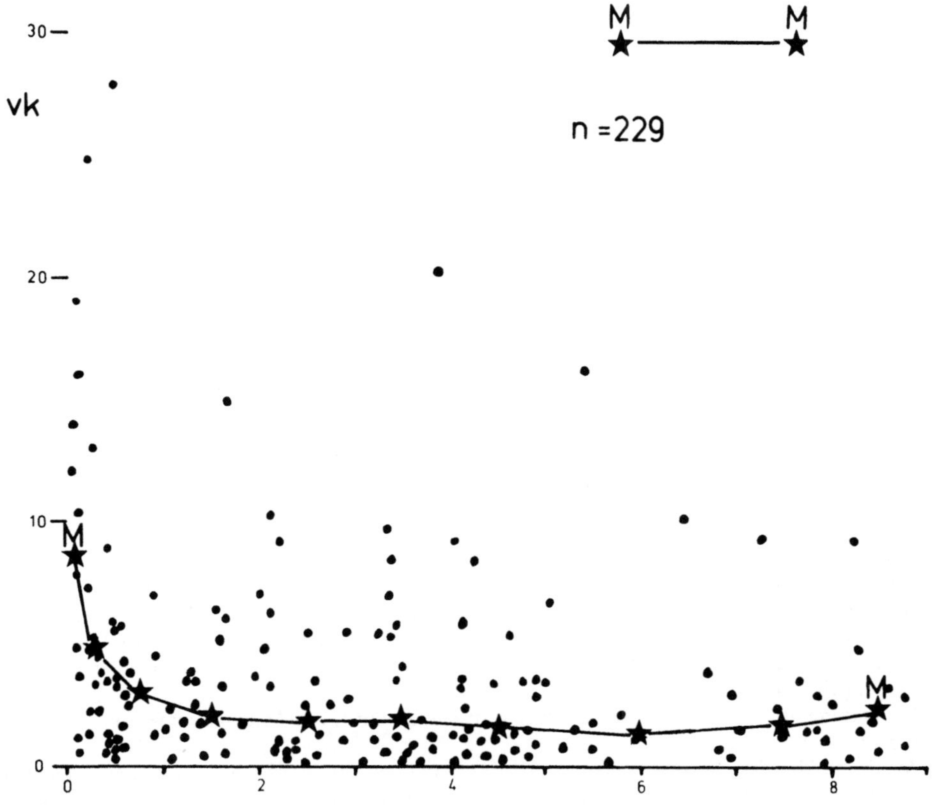

Abbildung 3.8a-5: Präzisionsprofil - Digoxin-Routineassay
Präzisionsprofil von 19 nebeneinanderfolgenden Routine-Digoxinassays mit einer Tracercharge während des Monats September 1982 (Assays 185-203). Die typische U-Form des Profils ist zu sehen und zeigt, daß der Assay gut im Griff ist, da die Medianwerte (Sternchen) im relevanten Bereich (working Range) unter 5% liegen

schrieben und heißt Heteroskedastizität, d. h. die Präzision ist schlechter bei hoher sowie bei niedriger Konzentration (in den flachsten Teilen der Standardkurve) als im Bereich des 50%-Intercepts (Standardkonzentration mit 50% Tracerbindung des Nullstandards - steilster Teil der Eichkurve).

Zeichnet man Präzision (y) gegen Konzentration (x), bekommt man eine U-förmige Kurve, die als Präzisionsprofil bezeichnet wird (Sokolowski und Wood, 1981). Je steiler die U-Form, desto schlechter mißt der Assay in Extrembereichen. **Abbildung 3.8 a-5** zeigt ein Präzisionsprofil für einen Digoxin-RIA, der „gut im Griff" ist.

Intercept-Überwachung
Es wird oft beschrieben, daß der 50%-Intercept die Empfindlichkeit eines Assays zeigt. Dies ist falsch, obwohl viele Wissenschaftler dies, ohne Fragen zu stellen, akzeptiert haben. Der 50%-Intercept ist vielmehr ein wichtiger Qualitätskontrollparameter, der die Lage der Eichkurve zeigt. Zusätzlich zum 50%-Intercept sollte sowohl die Bindung des Nullstandards (Bo/T) und die unspezifische Bindung (UB/T) als die Lage jeder Eichkurve mit dem 80%-, 65%-, 35%- und 20%-Intercept geprüft werden (**Abbildung 3.8a-6a und 3.8a-6b**). Dies läßt eine Früherkennung von Fehlern zu

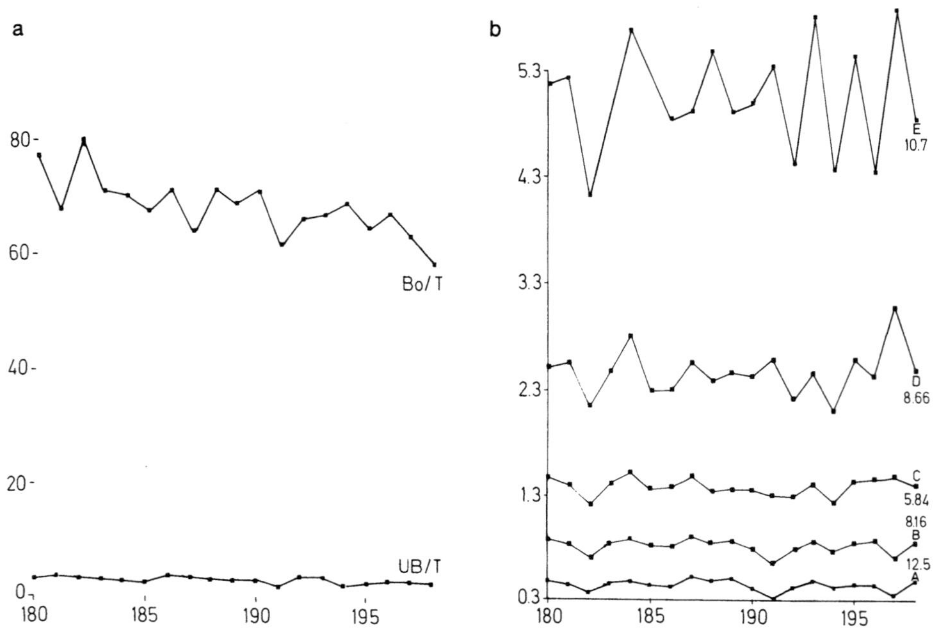

Abbildung 3.8a-6a: Bindung des Null-Standards und die unspezifische Bindung
Diese Abbildung zeigt die Schwankung der Bindung des Null-Standards und der unspezifischen Bindung für die Digoxinassays in Abbildung 3.8a-5. Man sieht, daß während der Tracer älter wird, die Bindung des Null-Standards absinkt. Dies ist darauf zurückzuführen, daß, obwohl die ^{125}Jod-markierten Digoxinmoleküle im Tracer z. T. zerfallen sind, diese immer noch an dem ersten Antikörper gebunden werden.
B_o-Bindung des Null-Standards, UB - unspezifische Bindung. Die Assay-Nummer findet sich auf der Abszisse
Abbildung 3.8a-6b: Diese Abbildung zeigt das Verhältnis der 80, 65, 50, 35 und 20% Intercepte während des gleichen Zeitraums und Assays wie in Abbildung 3.8a-6a. Die Variationskoeffizienten der Interceptwerte spiegeln die Heteroskedastizität der Eichkurve wider, d. h. je steiler die Eichkurve, desto niedriger der Variationskoeffizient. Da die Kurve am steilsten um den 50%-Intercept ist, ist hier die niedrigste Schwankung (VK) zu erwarten, was auch in der Tat der Fall ist.
Die Buchstaben A-E zeigen die 80, 65, 50, 35 und 20 Intercepte. Die Werte dazu sind die Variationskoeffizienten (VK)

a

DATE:1978.10.25
ASSAY CODE:MRC 68/38 TSH IN TSHFS

STANDARDS

POS	CODE	TIME	COUNTS	CPM	1S(%)	MD(%)
1	TOTA	60	15884	15884	.8	
2	TOTA	60	15963	15963	.8	
				15923.5	.8	.2
3	BLAN	60	267	267	6.1	
4	BLAN	60	275	275	6	
				271	6.1	1.5
5	0.1	60	5284	5013	1.5	
6	0.1	60	5247	4976	1.5	
				4994.5	1.5	.4
7	0.39	60	5068	4797	1.5	
8	0.39	60	5050	4779	1.5	
				4788	1.5	.2
9	0.78	60	4893	4622	1.5	
10	0.78	60	4785	4514	1.5	
				4568	1.5	1.2
11	1.56	60	4399	4128	1.6	
12	1.56	60	4400	4129	1.6	
				4128.5	1.6	0
13	3.12	60	3589	3318	1.8	
14	3.12	60	3720	3449	1.8	
				3383.5	1.8	1.9
15	6.25	60	2596	2325	2.2	
16	6.25	60	2584	2313	2.2	
				2319	2.2	.3
17	12.5	60	1692	1421	2.9	
18	12.5	60	1706	1435	2.9	
				1428	2.9	.5
19	25	60	1142	871	3.9	
20	25	60	1018	747	4.3	
				809	4.1	7.7
21	50	60	817	546	5.2	
22	50	60	774	503	5.5	
				524.5	5.4	4.1
23	100	60	583	312	7.7	
24	100	60	611	340	7.3	
				326	7.5	4.3

b

UB/TOTAL = 1.7 %
B0/TOTAL = 33.1 %

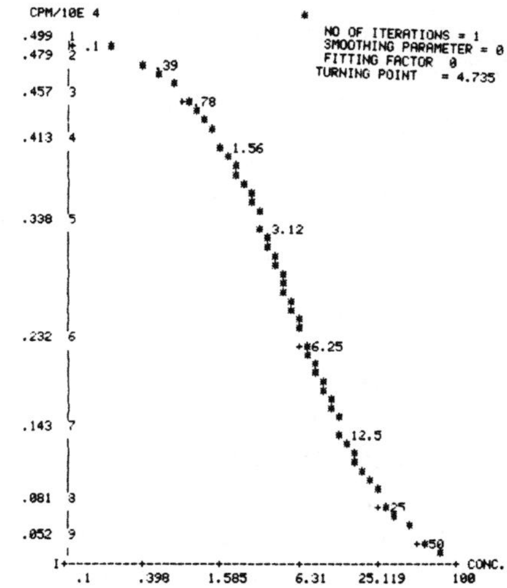

THE RESULTS BASED ON THE STANDARD CURVE ABS.DIFF.(%)

c

THE RESULTS BASED ON THE STANDARD CURVE

ABS.DIFF.(%)

ST.NO.	CONC.	CPM	CONC	WEIGHT(%)
1	.1	0	0	1.4563
2	.39	0	.0117	1.4892
3	.78	0	8.4E-03	1.5267
4	1.56	0	2.2E-03	1.6111
5	3.12	0	.0121	1.9359
6	6.25	0	0	2.2051
7	12.5	0	0	2.9075
8	25	0	0	7.6638
9	50	0	0	5.4603
10	100	0	1E-04	7.6488

SUM OF SQUARES OF ABS.DIFF= 0 -WEIGHTS= 33577 RATIO= 0

80,65,50,35 & 20% INTERCEPTS

80	1	60	4266	3995	1.6		1.8183	
				3995	1.6	0	1.8183	
							1.82	0

CONFIDENCE LIMITS 1.69 TO 1.95

65	2	60	3517	3246	1.8		3.4371	
				3246	1.8	0	3.4371	
							3.44	0

CONFIDENCE LIMITS 3.3 TO 3.58

50	3	60	2768	2497	2.1		5.5624	
				2497	2.1	0	5.5624	
							5.56	0

CONFIDENCE LIMITS 5.38 TO 5.74

35	4	60	2019	1748	2.6		9.5041	
				1748	2.6	0	9.5041	
							9.5	0

CONFIDENCE LIMITS 9.15 TO 9.85

20	5	60	1269	998	3.6		19.3552	
				998	3.6	0	19.3552	
							19.36	0

CONFIDENCE LIMITS 18.11 TO 20.61

d

UNKNOWNS

POS	UNK	TIME	COUNTS	CPM	1S(%)	MD(%)	CONC.	PREC(CV)
1	1	60	4664	4393	1.6		1.0815	
2	1	60	4679	4408	1.6		1.0554	
				4400.5	1.6	.2	1.0684	
							1.07	.86

CONFIDENCE LIMITS .94 TO 1.2

POS	UNK	TIME	COUNTS	CPM	1S(%)	MD(%)	CONC.	PREC(CV)
3	2	60	3165	2894	1.9		4.3267	
4	2	60	3075	2804	2		4.5792	
				2849	2	1.6	4.4511	
							4.45	2.03

CONFIDENCE LIMITS 4.16 TO 4.74

PRECISION PROFILE

NO.OF SAMPLES	MEAN PRECISION %	CONCENTRATION RANGE
11	6.3	0 TO 10
4	4.9	10 TO 20
2	5.9	20 TO 30
2	.4	30 TO 40
0	0	40 TO 50
1	11.1	50 TO 60
0	0	60 TO 70
0	0	70 TO 80
2	3.1	80 TO 90
0	0	90 TO 100

Abbildung 3.8 a–7 a, b, c, d: Computerausdruck mit wichtigsten Qualitätskontrolldaten
Diese Abbildung zeigt einen Ausdruck der Routine-RIA-Auswertungsprogramme. Wie von der WHO empfohlen, sind die wichtigsten Daten enthalten. 5 verschiedene Intercepte, Präzision und 95%-Vertrauensbereiche jeder Probe, Angabe der Anpassung der Eichkurve an den Meßwerten (Gewichtung) sowie ein Präzisionsprofil sind vorhanden. Mit solch einem Programm ist die interne Qualitätskontrolle leicht zu überwachen

und erlaubt, eine Änderung der Komponenten oder Durchführung des Assays (z. B. falsche Inkubationszeiten, falsche Antikörperverdünnung) zu erkennen.

Für immunoradiometrische Assays (IRMA) sind die Interceptpunkte dementsprechend anders zu wählen. Weil die Eichkurve von „unten nach oben" verläuft, wird als Bezugspunkt entweder die Impulszahl des höchsten Standards bzw. die Gesamtaktivität gewählt. Hier bekommt man die Verhältnisse Bo/T oder Bo/Bsmax, wo Bsmax die Impulszahl in dem höchsten Standard ist. In ähnlicher Weise bildet man die Quotienten 0,20.Bsmax, 0,35.Bsmax, 0,50.Bsmax, 0,65.Bsmax und 0,80.Bsmax. Da oft unter 10% der zugegebenen Impulse in einem IRMA gebunden werden, ist der Quotient mit Bsmax und nicht mit T gebildet.

Die **Abbildungen 3.8a-7a, b, c und d** zeigen einen Computerausdruck vom Labor des Autors, der alle für die interne Qualitätskontrolle relevanten Gesichtspunkte berücksichtigt - hier für einen TSH-RIA als Beispiel.

3.8a.1.3 Kontrollseren für die laborinterne Qualitätskontrolle

Richtigkeits- oder Präzisionsseren?

Obwohl kommerzielle Kontrollseren für die Richtigkeit eines Assays verkauft werden, können diese, genau genommen, nur als Präzisionskontrollseren eingesetzt werden, da keine definitiven Methoden für Immunoassays bestehen. Ein Anfang ist gemacht worden, indem einige Arbeitsgruppen versuchen, definitive Methoden für Niedermolekulargewicht-Substanzen (z. B. Steroide) auszuarbeiten (Büttner et al, 1980b; Cohen und Bizollon, 1982; Saris, 1980; Siekmann, 1978). Diese beruhen auf der Gaschromatographie und den Isotopenverdünnungstechniken, gekoppelt mit Massenspektrometrie (Isotopenverdünnungsmassenspektrometrie - IDMS oder Gaschromatographmassenspektrometrie - GCMS). Es ist immer noch nicht klar, ob diese Methoden als *„definitiv"* anzusehen sind, da die Ergebnisse von verschiedenen Laboratorien für die gleichen Substanzen nicht identisch waren, was für eine definitive Methode zu erwarten wäre !

Die Daten in **Tabelle 3.8a-2** stammen von Ringversuchen der Deutschen Gesellschaft für Klinische Chemie sowie von der Lyoner Arbeitsgruppe von Professor Ch. A. Bizollon (Cohen und Bizollon, 1982).

Müssen wir die Richtigkeit eines Wertes unberücksichtigt lassen, da wir nun wissen, daß nur die Präzision überwacht werden kann? Auf keinen Fall ! Es gibt einen international anerkannten Maßstab, nämlich die internationalen Referenzpräparate der NIBSC, WHO und NIAMDD (Büttner et al, 1980b; Saris, 1980; Sokolowski und Wood, 1981; Stamm, 1979; WHO, 1975, 1979, 1981).

Die beste Lösung des Problems wäre, den Assay mit einem solchen Präparat zu standardisieren, d. h. seinen Standard damit zu eichen oder zu vergleichen, um zu den bestmöglichen „assigned values" zu kommen. Diese Methode wird von den Kit-Herstellern für ihre Eichung angewendet. Solch eine Eichung garantiert aber nicht, wie wir später sehen werden, daß die Assay-Ergebnisse damit automatisch richtig liegen werden.

Da wir wissen, daß das Richtigkeitsproblem zur Zeit nicht zu lösen ist, wissen wir auch, daß die Hersteller von kommerziellen Kontrollseren im Prinzip nur Präzisionskontrollseren anzubieten haben (siehe oben).

Herstellung von laboreigenen Präzisionskontrollseren

Wenn irgend möglich, sollte jedes Labor seine eigenen Kontrollseren herstellen (Abbildungen 3.8a-1 und 3.8a-2). Dies kommt der Ausbildung des Laborpersonals zugute und spart außerdem Geld (WHO, 1975) !

Tabelle 3.8a-2: „Definitive Methoden" - IDMS und GCMS für 17 β-Östradiol - Vergleich mit RIA

I. Deutsche Gesellschaft für Klinische Chemie
Isotopenverdünnungsmassenspektrographie (IDMS) gegen
Radioimmunoassay (RIA) - Ergebnisse von 1979 bis 1982

IDMS	*RIA	IDMS	RIA
1,17	1,19	2,06	1,84 nmol/l
2,06	1,90	0,836	1,10
0,794	0,895	1,17	1,20
1,13	1,38	0,836	1,01
0,964	1,02	0,836	1,15
0,836	1,02	1,13	1,24
1,36	1,42	0,998	1,15
1,73	1,84	0,885	1,09
0,998	1,08	1,36	1,30
0,376	0,500	1,80	1,79

Statistik - WILCOXON signed rank test - non-parametrisch
$T = 37$, $p = 0{,}01$ (two-tailed)

II. Professor Ch. A. Bizollon, Lyon, Frankreich
Gaschromatographie mit Massenspektrographie (GCMS)
gegen RIA - Ergebnisse von 1980

GCMS	RIA	GCMS	RIA
0,147	0,264	32,3	39,9 nmol/l
0,261	0,619	30,7	42,5
0,172	0,483	0,105	0,193
39,1	33,2	0,183	0,526
0,463	1,50	0,172	0,396
0,070	0,121	28,3	36,5

Statistik wie oben:
$T = 9$, $p = 0{,}02$

* Medianwerte vom nationalen Ringversuch - n mindestens 25

Die Herstellung von laboreigenen Präzisionskontrollseren kann nach dem folgenden Schema vorgenommen werden:

- Kontrollseren für einen oder nur wenige Parameter herstellen (z. B. Thyroxin, Trijodthyronin und thyroxinbindendes Globulin)
- Seren in interessanten Konzentrationsbereichen sammeln (z. B. niedrig, mittel, hoch)
- Seren auf Hepatitis-Antigene und -Antikörper sowie HIV-Antikörper prüfen (oder das Risiko eingehen, daß alle Seren Hepatitis- bzw. HIV-Viren enthalten können)
- Seren poolen, filtrieren (mittels Asbestfilter unter Druck mit Preßluft bzw. Stickstoff) und portionieren
- Zu kontrollierende Bestandteile messen
- Seren lyophilisieren oder tieffrieren (bei mindestens - 35 °C)
  Lyophilisierte Seren ändern sich nicht wesentlich über mehrere Monate bei 4 °C)
- Wenn Kontrollseren für Enzymimmunoassays verwendet werden, dürfen keine Enzymgifte (Natriumazid, Merthiolat (Hg !) als Konservierungsmittel benutzt werden

- Nach der Auflösung lyophilisierter Seren ca. 30 Minuten warten (während dieser Zeit ab und zu leicht schwenken), portionieren und einfrieren. Eine Portion sollte genug Material für einen Assay enthalten.

3.8a.1.4 Diskussion

Die Wichtigkeit der Qualitätskontrolle im Labor selbst (interne Maßnahmen) wird in Abschnitt 3.8a.1 dargestellt. Die Anlage von übersichtlichen Qualitätskontrollkarten spielt eine wichtige Rolle für die laborinterne Qualität. Dies wirkt sich auf die Patientendaten aus, da nur plausible Werte, die die Qualitätsparameter erfüllt haben, weitergegeben werden. Die Anregung des Laborpersonals (z. B. mittels farbiger Klebepünktchen) ist eine „Selbsthilfemaßnahme" zur Qualitätsverbesserung, wobei MTAs, die mit ihrer Farbe außerhalb des Referenzbereiches liegen, sehr schnell ihre Arbeit sorgfältiger durchführen, um unter die anderen „Farben" zu kommen ! Solche Kleinigkeiten kosten nichts und sind selbstregulierend.

Die Herstellung von laboreigenen Qualitätsseren gehört zur Ausbildung des Laborpersonals, weil durch solch eine Übung die Grundlage und der Zweck der Qualitätssicherung erlernt werden können. Es spart gleichzeitig Geld, weil kommerzielle Seren oft relativ teuer sind, und man weiß, was man hat, wenn man selber Seren zur internen Qualitätskontrolle herstellt !

3.8a.2 Aufbau von „Rugged Assays" - Qualitätsverbesserung durch Selbständigkeit

Was ist ein „Rugged Assay"? Ein „Rugged Assay" ist ein robuster Assay, der optimal aufgebaut ist (Ekins, 1978). Solche robusten Assays funktionieren gut, auch wenn kleine Abweichungen von der Vorschrift vorhanden sind. Wie man zu solchen Assays kommt, wird in diesem Abschnitt beschrieben. Dabei werden alle Komponenten und Schritte eines Assays unter die Lupe genommen.

3.8a.2.1 Komponenten eines Assays

Die Komponenten eines Radioliganden-Assays (z. B. eines Radioimmunoassays) sind:

- Standard (zu messendes Antigen in reiner Form)
- Tracer (wie der Standard, aber radioaktiv markiert, z. B. mit ^{125}Jod)
- Immunogen (Antigen in Form eines antikörpererregenden Konjugats oder Mischung)
- Substanzspezifischer Antikörper (gewonnen durch Immunisierung eines artfremden Tieres, z. B. mit dem zu messenden Antigen. Der substanzspezifische Antikörper ist spezifisch für das Antigen)
- Trennmittel zur Trennung des antikörpergebundenen Antigens von nicht gebundenem Antigen (z. B. ein speziesspezifischer Antikörper gegen die IgG-Fraktion des Serumproteins von der Tierspezies, von der der substanzspezifische Antikörper gewonnen wurde)

Standard

Die Standardsubstanz sollte in humanem Serum gelöst werden, das frei von der zu messenden Substanz (hier: hTSH) ist (Horn et al, 1976). **Abbildung 3.8a-8** zeigt einen Vergleich von Standardkurven, die in hTSH-freiem humanem Serum angesetzt

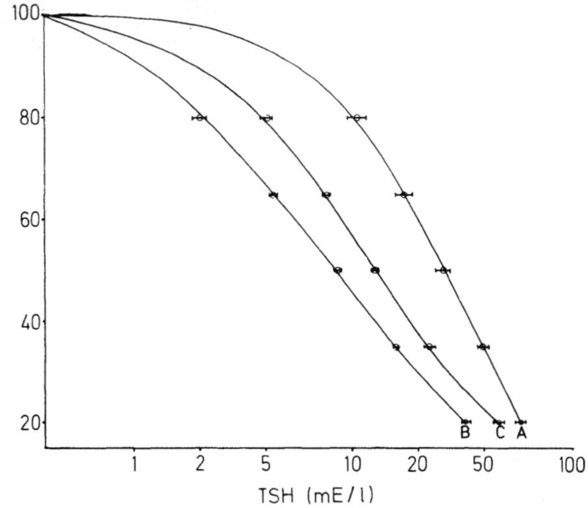

Abbildung 3.8a-8: Vergleich 3 TSH-Assays
Assay A (Abbott) hat Standards im Pferdeserum und einen PEG-Trennschritt. Assay B (DPC) hat Standards im Puffer und einen Zweiten-Antikörper- plus PEG-Trennschritt, und Assay C (Henning) hat Standards im Humanserum und Zweiten-Antikörper-Trennschritt. Alle Assays hatten eine Vorinkubation. Obwohl Assay B am empfindlichsten ist, mißt Assay C richtig. Assay A ist unempfindlich.
Die Kreise (o) und Spannbreite (⊢o⊣) zeigen die Mittelwerte und Vertrauensbereiche der 80-, 65-, 50-, 35- und 20%-Intercepte. Diese Art der Kurvenauftragung „standardisiert" die Assays und erlaubt einen Vergleich zwischen zwei oder mehreren Assays. Diese Art der Auftragung wird für fast alle Abbildungen in dieser Arbeit verwendet.
Die B_0/T-Werte sind für Assay A-0,48, für Assay B-0,22 und für Assay C-0,45. Die UB/T-Werte sind für Assay A-0,12 für Assay B-0,02 und für Assay C-0,02. Die 50%-Intercepte für die Assays liegen für Assay A bei 37, für Assay B bei 7,2 und für Assay C bei 11,2 mE/l. Die Werte an der Ordinate sind - wie in allen folgenden Abbildungen dieser Art - in Prozent ausgedruckt

werden, mit anderen, in denen die Standards in Albuminpuffer bzw. in Pferdeserum angesetzt werden. Die Verschiebungen, die in den Puffer- bzw. Pferdeserum-Standardkurven zu sehen sind, zeigen den Effekt der Matrix, in welcher die Standards gelöst sind. Ob der Einsatz von monoklonalen Antikörpern diese Matrixeffekte reduzieren oder eliminieren kann, ist abzuwarten.

Standardsubstanzen müssen nicht unbedingt dem ganzen Molekül entsprechen, wie ein Beispiel des Parathyrin (PTH)-Assays zeigt. In diesem Fall haben Antiseren gegen verschiedene Teile des Moleküls nur die korrespondierende Sequenz des PTH-Moleküls als Standard. **Abbildung 3.8a-9** zeigt das PTH-Molekül und die wichtigen Aminosäurensequenzen, die heute weltweit als Standards verwendet werden.

Ein Standard für Proteohormone sollte möglichst mit einem internationalen Referenzpräparat verglichen werden, z. B. für hTSH - gegen WHO 68/38 oder WHO 80/558. Eine Liste der wichtigsten internationalen Referenzpräparate findet sich in **Tabelle 3.8a-3** sowie in der Literatur (WHO, 1975, 1979, 1981). Kommerzielle Hersteller von Testbestecken kalibrieren ihre Standards nach diesem Verfahren.

Zukünftig werden Proteohormonstandards zum Teil synthetisiert werden, aber wohl auch, wie bisher, durch Extraktion von den entsprechenden Drüsen oder von

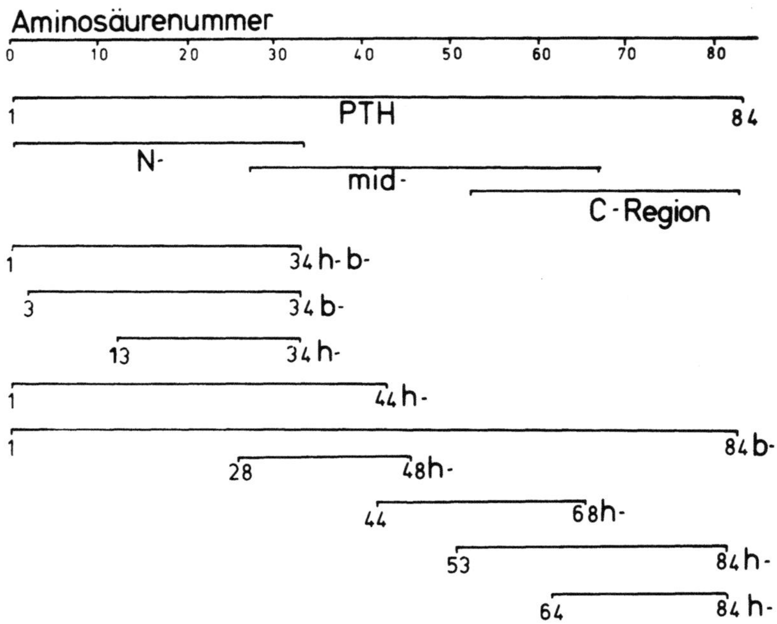

Abbildung 3.8a-9: PTH-Molekül (schematisch) mit synthetischen Peptiden der Fa. Bachem
Die drei gängigen Regionbezeichnungen und die synthetischen Peptide der Firma Bachem aus Torrence, Californien, sind gezeigt

Tabelle 3.8a-3: Internationale Referenzpräparate für Radioimmunoassays und Bioassays des NIBSC, London

Präparat	Kennnummer	Inhalt pro Ampulle
Alpha-Fetoprotein	WHO 72/225	-
C-Peptid	NIBSC 76/561	2,5 nmol
*p-Calcitonin	WHO 70/306	1,0 IE.
s-Calcitonin	WHO 72/158	80 IE.
h-Calcitonin	WHO 70/234	1,0 IE.
Choriongonadotropin	MRC 75/537	650 IE.
- Alpha Untereinheit	MRC 75/569	70 IE.
- Beta Untereinheit	MRC 75/551	70 IE.
Wachstumshormon	WHO 66/217	0,35 IE.
Insulin	WHO 66/304	3,0 IE.
Placenta-Lactogen	MRC 73/545	0,85mIE.
p-Glucagon	MRC 69/194	1,49 IE.
Gastrin	MRC 68/439	12 IE.
Lutropin (LH)	MRC 68/40	77,1 IE.
Follitropin (FSH)	MRC 68/39	32,8 IE. FSH
		23,6 IE. LH
	MRC 69/104	10 IE. FSH
		25 IE. LH
**Thyrotropin	WHO 68/38	147 mIE.
Prolactin	MRC 75/504	0,65 IE.
Renin	-	0,1 IE.
Parathyrin	MRC 75/549	0,25 IE.
	MRC 79/500	100 ng

* Vorsilben: p - Schwein, s - Lachs, h - Human, Präparate ohne Vorsilben sind menschlichen Ursprungs. ** durch den 2.IRP (WHO 80/558) ersetzt.

Tabelle 3.8a-4

Herstellung von Digoxigenin-Hemisuccinat
Äquimolare Mengen von Digoxigenin und Bernsteinsäureanhydrid werden in trockenem Pyridin gelöst. Zum Reagenzgefäß werden einige Körnchen eines 4 Å Molekularsiebs zugegeben, das Gefäß wird verschlossen und bei Zimmertemperatur für 48-72 Stunden unter Lichtausschluß aufbewahrt.
Das Pyridin-Reaktionsgemisch wird vom Molekularsieb getrennt und das Pyridin im Rotationsverdampfer entfernt.
Das Digoxigenin-Hemisuccinat wird aus Methanol/Wasser (60:40, v/v) kristallisiert (Ausbeute ca. 85% des theoretischen Wertes).

Herstellung eines Digoxigenin-Hemisuccinat-Transferrin-Konjugats (nach Erlanger)
Äquimolare Mengen von Hemisuccinat, Isobutylchlorameisensäure und Triethylamin werden in trockenem Dioxan gelöst und für ca. 2 Stunden bei 4 °C gerührt (Herstellung eines gemischten Anhydrids). Eine Transferrinlösung* in Dioxan/Wasser (50:50) wird langsam zugegeben und der pH-Wert bei 8,3 konstant gehalten. Nach Zugabe des Transferrins wird das Gemisch über Nacht bei 4 °C gelagert, nachdem der pH-Wert für eine Stunde bei 8,3 gehalten wird. Reinigung des Konjugats erfolgt durch Säulenchromatographie mit Ultrogel AcA 44.

* Die Transferrin-Menge wird als Äquivalent der NH_2-Gruppen von Lysin bestimmt, um eine maximale Substitution zu erreichen.

Seren von Patienten mit erhöhtem Hormonspiegel gewonnen werden (von Werder et al, 1978). Die extrahierten Standards werden dann weiter gereinigt und charakterisiert. Dies geschieht mittels Hochleistungsflüssigchromatographie (High Performance Liquid Chromatography - HPLC) (Schettler et al, 1982). Die Zukunft der HPLC-Methoden liegt ohne Zweifel u. a. in der Charakterisierung und Reinigung von Protein- und Peptidhormonen (Zanelli et al, 1981).

Der Standard sollte, wenn irgend möglich, für die Herstellung des Immunogens sowie auch für die Tracer-Herstellung verwendet werden. Wenn der Standard ein Molekulargewicht von weniger als 3000 Dalton hat, sollte er als Hapten an ein Trägerprotein gekoppelt werden. Methoden der Kopplung sind an anderer Stelle beschrieben (Sokolowski und Wood, 1981). Ein Herstellungsbeispiel für die Aktivierung und Kopplung von Digoxigenin an Transferrin ist in **Tabelle 3.8a-4** zu finden.

Tracer

Wenn keine zur Markierung verwendbare chemische Gruppe vorhanden ist, muß man das Antigen zuerst aktivieren. Dies geschieht durch die Einführung eines Tyrosinrestes oder einer reaktiven Amino- bzw. Carboxylgruppe.

Die Markierung von Tyrosin- bzw. Histidinresten mittels Chloramin-T (Hunter und Greenwood, 1962) oder Iodogen (Fraker und Speck, 1978; Wood et al, 1981) sowie neue Methoden zur kombinierten Markierung mit Iodogen oder Bolton-Hunter-Reagenz (Wood et al, 1981) sind schon veröffentlicht worden. Alternative „sanfte" Markierungen mit ^{125}Jod mittels Lactoperoxidase mit Wasserstoffsuperoxid (Haustein, 1975) oder Glucoseoxidase (Sokolowski und Wood, 1981) sind auch beschrieben worden.

Der Sinn all dieser Reaktionen ist die Einführung eines oder mehrerer radioaktiver Jodatome in das Standardmolekül, um es in ein Tracermolekül (Signalträger) umzuwandeln. Während dieses Prozesses muß viel beachtet werden, damit der Tra-

1, 3, 4, 6 - Tetrachloro - 3α, 6α -diphenylglycoluril.

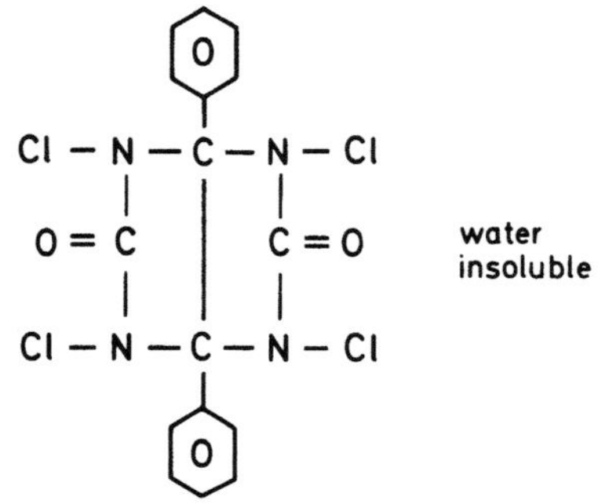

Labelling Principle

a. $Cl^{\oplus} + {}^{125}I^{\ominus} \longrightarrow Cl^{\ominus} + {}^{125}I^{\oplus}$

b. ${}^{125}I^{\oplus} + \text{Tyr} \xrightarrow{\text{pH } 7.5} {}^{125}I - \text{Tyr}$

c. ${}^{125}I^{\oplus} + \text{His} \xrightarrow{\text{pH } 8.5} {}^{125}I - \text{His}$

Abbildung 3.8a-10: Struktur des Iodogenmoleküls
Wichtig sind die 4 N-Cl-Verbindungen, die die Jodierung mit Natriumjodid ermöglichen. Im Prinzip ist die Jodierungsreaktion im Ablauf gleich der mit Chloramin-T

cer von optimaler Qualität ist. Die Hauptursachen für schlechte Tracerqualität nach der Markierung mit ^{125}Jod sind:
- Überoxidierung,
- Überinkorporation,
- falsche Lagerung.

Hier einige Beispiele:

Überoxidierung
Die elektrophile Substitution im Tyrosin bzw. Histidin mit Jod ist eine Reaktion, die nur mit I^+, d.h. Jodiniumionen, durchführbar ist. Um Natriumjodid in diesen Zustand zu überführen, braucht man ein Oxidationsmittel. Dies ist normalerweise Chloramin-T, bekannt durch seine Desinfektionseigenschaften, Iodogen^R oder das Enzym Lactoperoxidase. Die erste Reaktion ist die Oxidierung von Jodid zum Jod und Jodiniumionen, dies geschieht durch Chloramin-T, Iodogen^R oder Lactoperoxidase - freigesetztes Wasserstoffsuperoxid. Leider werden dabei auch andere leicht oxidierbare Verbindungen angegriffen, d.h. in Proteinen alle Cystein- und Methioninreste. Dies führt zu einer Veränderung des Moleküls.

Diese Reaktionen und ihre Nebeneffekte sind in **Abbildung 3.8a-10** (für Iodogen) und **Abbildung 3.8a-11** für alle oxidativen Reaktionen mit chlorhaltigen Reagenzien zu sehen. Beispiele für aktuelle Jodierungen sind schon veröffentlicht worden (Fraker und Speck, 1978; Haustein, 1975; Sokolowski und Wood, 1981; Wood et al, 1978, 1981).

Eine Alternative dazu wäre die nicht-oxidative Jodierung mit einem aktiven Ester (Bolton-Hunter-Reagenz) (Bolton und Hunter, 1973). Der N-hydroxysuccinimid-

Reaktionsgruppe I - mit freigesetztem Chlor.

$Cl^+ + Cl^- \longrightarrow Cl_2$

$Cl_2 + H_2O \longrightarrow HCl + HOCl$

Reaktionsgruppe II - HOCl mit Methionin und Cystein.

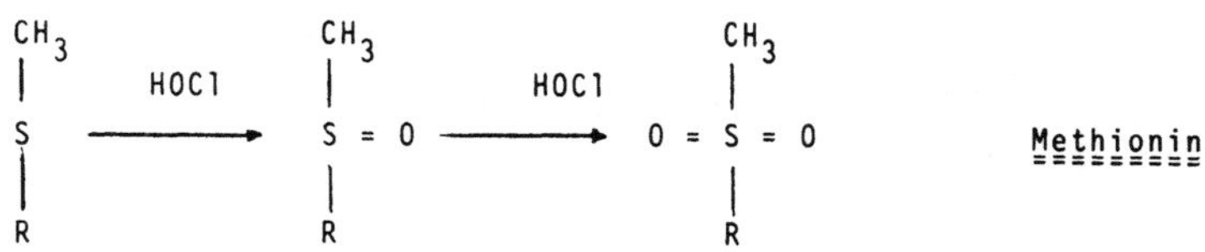

neutral — sauer
non-polar — polar

Methionin + 2 HOCl — Methionin Sulphon + 2 HCl

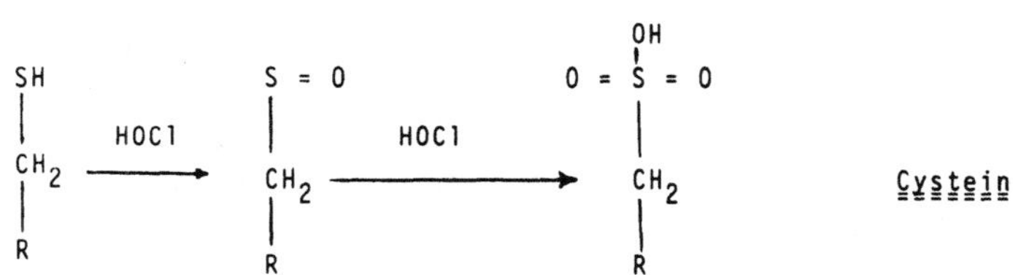

neutral — sauer
reduzierend — nicht reduzierend

Cystein + 3 HOCl — Cysteinsulphonsäure + 3 HCl
und
Cystein + HOCl — Cystin + HCl + H_2O

Abbildung 3.8a-11: Iodierungs-Nebenreaktionen
Oft wird die Nebenreaktion der Oxidation des Jodid zu Jod nicht berücksichtigt, und man bekommt dann einen nicht optimalen Tracer. Je mehr verfügbare SH- und S-CH_3-Gruppen das Protein besitzt, desto mehr Schaden kann entstehen. Die häufigste Reaktion, die zu konformationellen Änderungen führt, ist hier gezeigt

ester reagiert mit primären Alkylaminogruppen, z.B. in Lysin oder mit der terminalen Aminogruppe von Proteinmolekülen. Die biologische bzw. immunologische Aktivität im Tracer kann nicht mehr vorhanden sein, wenn ein Lysinrest im aktiven Zentrum bzw. in der Antikörperdeterminantenregion markiert wird. Dies trifft besonders für kleine Peptide zu und stellt einen möglichen Nachteil dieser Methoden dar.

Oft gibt es keine „beste Methode" zur Markierung. Es ist wohl möglich, daß z.B. ein Rattenhormon (z.B. rLH) am besten mit Chloramin-T markiert wird, obwohl das analog menschliche Hormon am besten mit Lactoperoxidase zu markieren ist (Wood et al, 1981).

Überinkorporation
Eine Inkorporation, in der ein Molekül Jod pro Molekül der zu markierenden Substanz erreicht wird, kann als gute Markierung gelten. Wird zu viel Jod inkorporiert, bekommt man einen Tracer von hoher spezifischer Aktivität (Erhardt und Scriba, 1974), aber gleichzeitig mit veränderter Struktur und kurzer „Lebensdauer".

Falsche Lagerung
Einen schlechten Tracer bekommt man auch durch falsche Lagerung. Wenn ein Tracer zu hoch konzentriert gelagert wird, dann bewirkt die Radiolyse u.a. die Zerstörung des Tracers. Verdünnt man den Tracer aber - direkt nach der Markierung und Reinigung - auf ca. 10-20 GBq/l mit Assay-Puffer, kann bei „empfindlichen Tracern" die Lebenszeit um ein Vielfaches verlängert werden. Ein Beispiel dafür ist eine Calcitonin-Markierung (Wood et al, 1978 d). Die Hälfte des markierten Hormons wurde sofort auf 15 GBq/l (ca. 200 ml Tracer) mit Assay-Puffer verdünnt, portioniert und bei - 20 °C gelagert. Die andere Hälfte wurde nicht verdünnt und bei 4 °C gelagert. Innerhalb 48 Stunden wurde die letztere Hälfte vollkommen zerstört - d.h. sie wurde nicht vom Antikörper gebunden. Der verdünnte Tracer hatte eine Bindung im Antikörper-Überschuß von über 75% noch 3 Monate nach der Markierung. Dies ist keine Seltenheit. „Empfindliche Tracer" sind sehr oft die Stiefkinder von schlecht ausgedachten Vorschriften, die zum Teil von führenden amerikanischen Laboratorien stammen und heute noch, fast 20 Jahre nach ihrer Konzeption, unverändert an alle, die Referenzpräparate und Markierungs- bzw. Assayvorschriften anfordern (Jaffe und Behrmann, 1974; NIAMDD) weitergegeben werden.

Die Wahl der Aufbewahrungslösung (Puffer) mag für einige Tracer wichtig sein: Vorsicht mit Serumzusätzen in Fällen von Bindungsproteinen (z.B. CBG, TBG, Transferrin). In einigen Fällen ist aber ein Proteinersatz wie Tween 20 am besten geeignet.

Antikörper
Das bindende Agens im Radioimmunoassay ist der Antikörper. Dieser ist entweder speziesspezifisch (zweiter Antikörper), z.B. Esel-anti-Kaninchen-Gammaglobulin, oder substanzspezifisch (erster Antikörper), z.B. Kaninchen-antihumanes-Thyroglobulin.

Erste Antikörper müssen sehr spezifisch sein, d.h. wenig Kreuzreaktivität mit ähnlichen Substanzen zeigen. **Abbildung 3.8 a-12** zeigt zwei Cortisol-Antiseren, das eine ist sehr spezifisch, das andere nicht spezifisch (Stalla et al, 1981). Erste Antikörper sind normalerweise in einer Verdünnung um 1: einigen 1000 ansetzbar.

Der zweite Antikörper muß bei Präzipitationsmethoden im Überschuß verwendet werden und ist oft in einer Verdünnung um etwa 1:25 einzusetzen. Wenn man diesen zweiten Antikörper an eine feste Phase bindet, z.B. an mikrokristalline Cellulose (Fricke et al, 1982), kann man diese Verdünnung um Faktor 10 bis 100 verbessern, da man hier kein Ko-Präzipitat braucht.

Da für die Antikörpergewinnung sehr viele sogenannte „optimale" Vorschriften existieren, sollte man am besten seine eigene Methode dafür entwickeln. Nachfolgend wird eine Methode beschrieben, bei der sehr wenig Immunogen benötigt wird.

Normalerweise spritzt man das Immunogen alle 10-14 Tage 3- bis 8-mal. 14 Tage nach der 3. Injektion erfolgt die erste Blutabnahme, um festzustellen, ob Antikörper

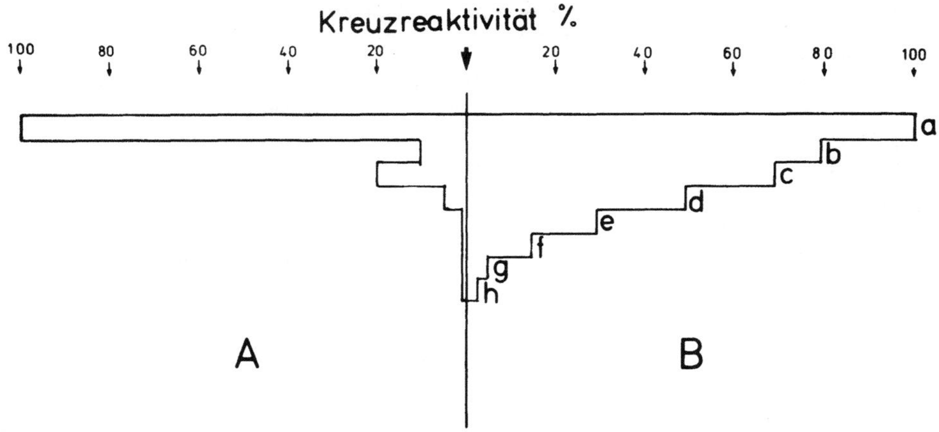

Abbildung 3.8a-12: Kreuzreaktivitätsstudie mit zwei Cortisol-3-CMO-Thyroglobulin-Antiseren vom Kaninchen

Antiserum A ist sehr spezifisch, weil es hauptsächlich nur mit Cortisol reagiert, Antiserum B dagegen ist unspezifisch und schlecht zu gebrauchen, weil es mit anderen Steroiden kreuzreagiert.

a-h repräsentieren die folgenden Steroide:

a	- Cortisol	e	- Cortison
b	- 11-Desoxycortisol	f	- Corticosteron
c	- Prednisolon	g	- Testosteron
d	- Prednison	h	- Progesteron

Die Kreuzreaktivität mit Cortisol ist bei 100% festgesetzt

vorhanden sind. Diese Methode ist aufwendig und meistens nicht ergiebiger als folgende Methode:

Etwa 50 µg Antigen (entspricht 500-1000 µg Immunogen für Haptene) in komplettem Freund'schen Adjuvans (ca. 500 µl) werden in den Rücken eines Kaninchens in 3 bis 4 Stellen subkutan gespritzt. Das gleiche wird nach etwa 2 Monaten wiederholt. Die Blutabnahme erfolgt 10-14 Tage danach (Emons et al, 1982). **Tabelle 3.8a-5** zeigt die Impfschemen und die Ergebnisse bei ca. 10 Kaninchen, die so behandelt worden sind, im Vergleich zur herkömmlichen Methode (Sokolowski und Wood, 1981). Die Erfolgsquote ist gut und mit etwa einem Zehntel des Antigens erreicht worden. Diese Methode bietet sich an, wenn man über wenig Antigen verfügt und die Wartezeit keine zu große Rolle spielt. Da sie sich für Proteine sowie für Haptene eignet, ist sie älteren Methoden ebenbürtig. Das Immunogen sollte möglichst mit reinem Antigen vorbereitet werden. Um sicherzugehen, daß der Tracer gebunden wird, werden in einigen Fällen sogar Antiseren gegen das Tracer-Konjugat gewonnen werden müssen. Dies beinhaltet ein Risiko, da die Antikörper den Tracer bevorzugen können. Diese Erfahrungen sind schon veröffentlicht worden (Kuss et al, 1973, 1978).

3.8a.2.2 Assaydauer

Wie lange soll ein Assay inkubieren? Sollte möglichst ein Äquilibriumzustand erreicht werden?

Diese Fragen können mit einigen Beispielen diskutiert werden. Die Inkubationsdauer eines Assays hängt von der Affinität des Antiserums und der Konzentration

Tabelle 3.8 a-5: Kaninchen Immunisierungsschema - „Münchner" und „Lübecker" Modelle

1. Münchner Impfschema
Tag 1: Konjugat in komplettem Freund'schen Adjuvans intradermal spritzen, (für Proteine ca. 100 µg, für Protein-Hapten Konjugate ca. 1 mg an 5 bis 10 Stellen am Rücken).
Tage 15, 29, 43, 57, 71 und 85: wie oben.
Tage 29, 43, 57, 71, 85 und 99: 1 ml Blut abnehmen und auf Antikörpergehalt prüfen.

2. Lübecker Impfschema
Tag 1 und 150: wie beim Münchner Impfschema oben.
Tag 160 bis 165: Kaninchen unter Anästhesie ausbluten und das Blut auf Antikörper testen.

Ergebnisse von beiden Methoden

Immunogen	Antikörpertiter Münchner Methode	Antikörpertiter Lübecker Methode
Transferrin (TF)	1:125.000	1:120.000
Caeruloplasmin	1:320.000	1:170.000
Digoxin-BSA	1:1450	1:1100
Gentamicin-TF	1:840	1:5000
Tobramycin-TF	1:15	1:4200
p-Insulin	1:450	1:300
hPTH 53-84	nicht nachweisbar	1:1250
Gc-Globulin	1:85.000	1:65.000

des zu messenden Antigens ab. Je höher die Affinität des Antiserums, desto kürzer die Inkubationszeit. Dabei sollte aber beachtet werden, daß die Inkubationszeit umgekehrt proportional zur Konzentration des Analyts ist. Je niedriger die Konzentration, desto länger die Inkubationszeit.

Dieser Effekt konnte anhand eines PTH-Assays verdeutlicht werden. Es wurden zwei Antikörper von Schaf benutzt. Beide sind für den mittleren Teil des PTH-Moleküls spezifisch. Das eine (S-478) hat eine niedrige Affinitätskonstante (**Abbildung 3.8 a-13 a**). Dieses Assay-System ist bereits ausreichend veröffentlicht worden (Wood et al, 1978 b). Der Assay dauerte mindestens 24 Stunden und mußte bei 4 °C durchgeführt werden. Dagegen hat der zweite Antikörper (Giselle) eine sehr hohe Affinitätskonstante (**Abbildung 3.8 a-13 b**) und die Assay-Zeit konnte - ohne Verlust an Empfindlichkeit - auf 5 Stunden reduziert werden. Obwohl auch dieser Assay schon veröffentlicht worden ist (Wood et al, 1980 c) zeigen **Abbildungen 3.8 a-14 und 3.8 a-15** die Effekte der Inkubationen (verglichen mit Antiserum S-478) und die Effekte der Inkubationen 18 + 5 Stunden bei 4 °C gegen 3 + 2 Stunden bei Raumtemperatur.

Die Entscheidung fiel, wegen seiner Empfindlichkeit, auf den Antikörper mit der höheren Affinität, entweder bei gleichen Inkubationsbedingungen oder bei verkürzter Inkubationsdauer.

Bei den beiden beschriebenen Assays braucht man eine „kalte Vorinkubation", um die Empfindlichkeit zu steigern, d. h. das vorhandene Antigen im Standard bzw. der Probe bekommt zuerst die Möglichkeit, die Bindungsstellen der Antikörper allein für sich zu beanspruchen. In der Theorie (wenn auch nicht in der Praxis) hat der später zugesetzte Tracer nur die Möglichkeit, die unbesetzten Antikörperstellen zu besetzen. Da die Antikörper-Antigen-Reaktion ein dynamisches, temperaturabhängiges System darstellt, kommt es zu einem Austausch zwischen nicht markierten

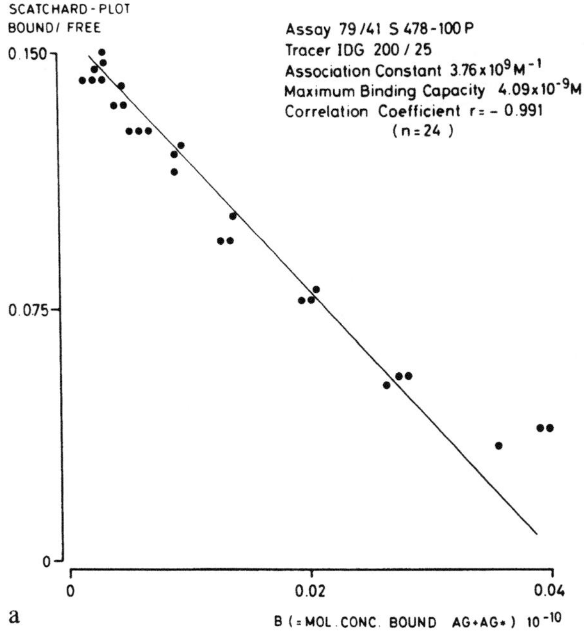

a

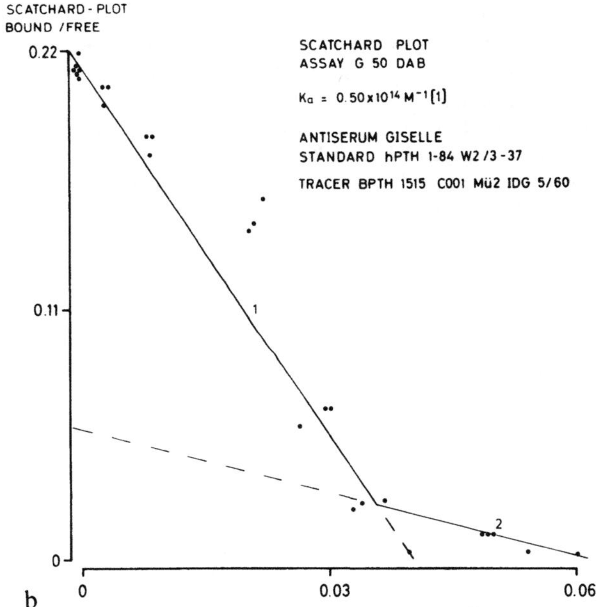

b

Abbildung 3.8a-13a und b: Scatchard-Plots von 2 PTH-Antiseren
3.8a-13a: Scatchard-Plots des Antiserums S-478 (Schaf anti PTH) unter Assaybedingungen (S-478-100). Die Affinitätskonstanz ist mit ca. $4 \times 10^9 \, mol^{-1}$ niedrig, obwohl der Plot zeigt, daß hauptsächlich mit einer Antikörperpopulation gearbeitet wird.
3.8a-13b: Scatchard-Plots des PTH-Antiserums „Giselle" unter Assay-Bedingungen (Assay G-50 DAB). Hier spielen 2 Antikörper- (oder Antikörperbindungs-)Populationen eine Rolle. Man sieht dies durch das Abknicken der Kurve, die eine Auflösung in zwei Geraden ermöglicht. Dieser Antikörper hat eine sehr hohe Affinität zum PTH (Affinitätskonstante 5×10^{13} mol^{-1})

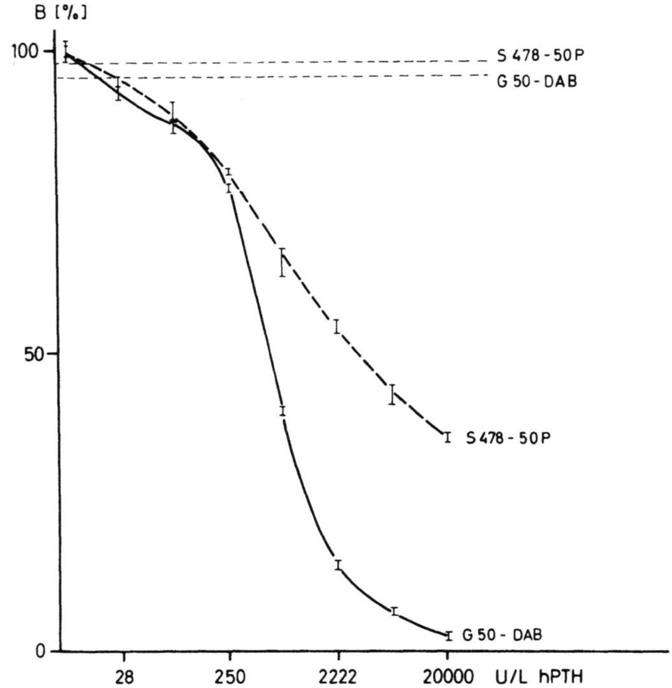

Abbildung 3.8a-14: PTH-Assays - Vergleich 2 Standardkurven mit Antikörper S-478 und „Giselle"
Diese Abbildung zeigt zwei Standardkurven. Sie zeigt deutlich, daß der Ablauf der Standardkurve von dem Antikörper abhängig ist. Antikörper S-478 hat sehr viele Bindungsstellen, die vom Tracer nicht zu besetzen sind, da die Standardkurve bei einem B/B_O-Wert von ca. 0,4 aufhört. Antikörper „Giselle" dagegen läßt eine Kurve zustande kommen, wodurch ein B/B_O-Wert von unter 0,05 bei dem höchsten Standard erreicht wurde. Der Standard ist hPTH, der von Nebenschilddrüsenadenomen extrahiert wurde

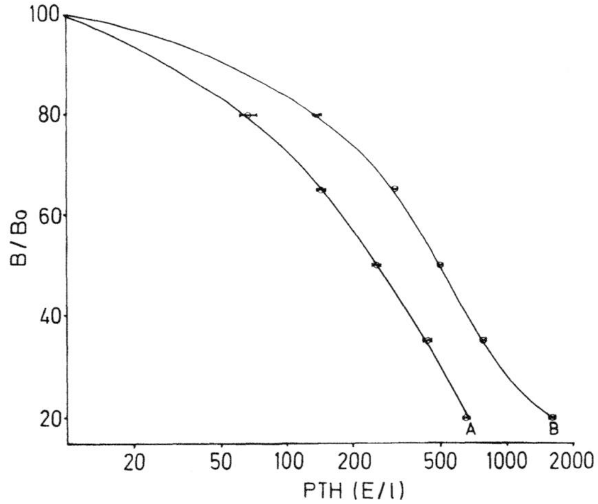

Abbildung 3.8a-15: PTH-Assays mit Antikörper „Giselle" und Polyethylenglykol(PEG)-Trennung
Bei Assay A ist der Routine-Assay mit 23 h Inkubationsdauer und bei Assay B der Notfall-Assay mit 5 h Inkubationsdauer angesetzt. Die aktuellen Daten sind in der dazugehörigen Tabelle (Tabelle 3.8a-10) zu finden

und markierten Antigenmolekülen. Dieser Effekt ist niedriger, je höher die Affinitätskonstante des Antiserums und je niedriger die Temperatur und damit die Dissoziationskonstante ist.

Dies beantwortet die Frage, warum der Antikörper S-478 bei der PTH-Bestimmung nur bei 4 °C funktioniert. Bei Zimmertemperatur war die Dissoziationskonstante hoch genug, um einen regelrechten Austausch von Tracer und Standard an den Antikörperbindungsstellen zu erlauben. Wo die Antigen-Konzentration hoch genug ist, ist eine kalte Vorinkubation nicht notwendig, da der Assay dadurch zu empfindlich werden könnte. In solchen Fällen können markierte und unmarkierte Antigene für die Antikörperbindungsstellen gleichzeitig konkurrieren. Ein Beispiel dafür ist die Digoxin-Bestimmung (Wood, 1977; Wood und Wachter, 1979). Alle Digoxin-Kits funktionieren ohne Vorinkubation. Der Effekt einer kalten Vorinkubation ist auch publiziert worden (Sokolowski und Wood, 1981).

Die Wahl der Assay- bzw. Inkubationsdauer muß mit kinetischen Untersuchungen festgelegt werden. Solche kinetischen Studien sind für PTH-, Cortisol- und Calcitonin-Assays schon veröffentlicht worden (Stalla et al, 1981; Wood et al, 1978b, 1978c, 1979b, 1979c, 1980c). Solchen Studien ist zu entnehmen, wann die Reaktion einen Punkt erreicht hat, wo man den Assay weiterführen kann, ohne die Stabilität in Gefahr zu bringen, d. h. wann kleine Zeit- und Temperaturunterschiede den robusten Assay nicht mehr beeinflussen.

3.8a.2.3 Trennschritte zur Entfernung des nicht gebundenen Antigens vom Reaktionsgemisch

Nach Ablauf der Inkubationszeit muß man den zweiten Teil des Assays, die Trennung von antikörpergebundenem und nicht gebundenem (freiem) Antigen, optimieren. Hier gibt es spezifische und weniger spezifische Methoden, beide mit Vor- und Nachteilen. Die spezifische Trennung erfolgt mittels eines zweiten speziesspezifischen Antiserums, das gegen das erste substanzspezifische Antiserum gerichtet ist (Sokolowski und Wood, 1981; Wood et al, 1979c). Die nicht-spezifischen Methoden trennen mittels chemischer oder physikochemischer Techniken, die die unterschiedlichen Charakteristika der zwei Phasen ausnutzen. Beispiele solcher Methoden sind:

Ionenaustauscher (Meade und Klitgaard, 1962), Dextrankohle (Jacobs, 1969), Silikate (Wood et al, 1979c), organische Lösungsmittel (Sokolowski und Wood, 1981), Polymere (Wood et al, 1978c) und anorganische Salze (Sokolowski und Wood, 1981).

Die beiden Trennmöglichkeiten werden in den folgenden Beispielen besprochen:

Doppelantikörpermethode

In der Regel ist der zweite Antikörper ein IgG-Molekül, das spezifisch gegen das Fc-Fragment im IgG-Molekül des ersten Antikörpers gerichtet ist. Es gibt drei Möglichkeiten, mit einem zweiten Antikörper zu arbeiten:

- Normalerweise mit der verdünnten Lösung eines kopräzipitierenden Gammaglobulins von der ersten Antikörper-Tierspezies. Diese Methode ist weit verbreitet, aber ziemlich kostenaufwendig.
- Mit einem zweiten Antikörper unter Zusatz von Polyethylenglykol, das die Reak-

tion beschleunigt (Wood et al, 1979d). Diese Methode ist schneller als mit zweitem Antikörper allein, kostet aber genauso viel.
- Mit Systemen, in denen der zweite Antikörper unlöslich oder an eine feste Phase (sog. Solid Phase) gekoppelt ist, so daß man keinen Ko-Präzipitanden braucht (Wide, 1969). Diese Methode ist am wirtschaftlichsten, aber wird oft unterschätzt, da oft die Inkubation unter stetem Schütteln durchgeführt werden muß.

Bei den ersten beiden Methoden ist ein Ko-Präzipitand notwendig, um unlösliche Komplexe aus erstem und zweitem Antikörper zu bilden, die dann durch Zentrifugation abgetrennt werden können. Das zusätzliche Gammaglobulin von der Spezies des ersten Antikörpers benötigt eine entsprechend höhere Menge von zweiten Antikörpern. Das Ausbleiben der Fällungsreaktion durch zu wenig oder zu viel Ko-Präzipitanden nennt man den „Prozoneffekt" (Sokolowski und Wood, 1981).

Ist der zweite Antikörper schon präzipitiert (bzw. an einer festen Matrix), braucht man keinen Ko-Präzipitanden. Deshalb können im dritten Beispiel oben bis zu zehn mal mehr Ansätze pro Antikörpermenge durchgeführt werden als in den ersten zwei Beispielen. Man kann dann alle zweiten Antikörpermoleküle und nicht nur die präzipitierenden verwenden.

Die Herstellung von solid-phase-zweiten Antikörpern kann unterschiedlich sein. Eine Methode wird hier beschrieben und auch im Labor praktiziert. Diese Methode wurde schon veröffentlicht (Fricke et al, 1982). Ein Vergleich zwischen Zweiten-Antikörper-solid-phase- und Zweiten-Antikörper-Polyethylenglykol-Methoden ist in **Abbildung 3.8a-16** und **Tabelle 3.8a-6** zu sehen.

Prinzip:

Es wird eine mikrokristalline Cellulose-Matrix zuerst bei pH 5 mit Natriummetaperjodat oxidiert, um freie Aldehydgruppen zu bilden. Diese reagieren anschlie-

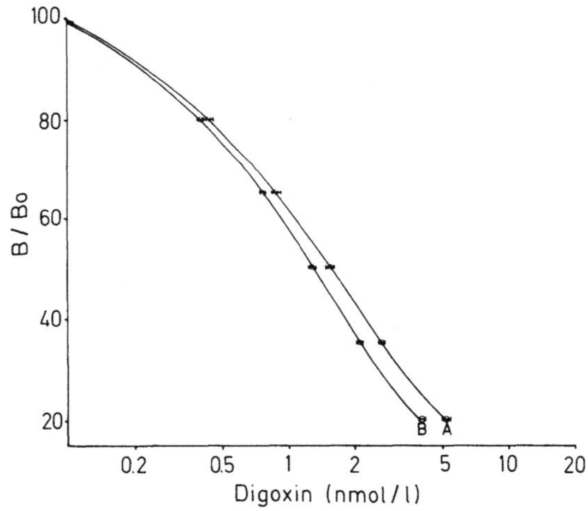

Abbildung 3.8a-16: Vergleich von 2 Digoxin-Assays: Assay A mit Zweiten-Antikörpern, Assay B mit mikrokristalliner Cellulose (MCC)-Trennung

Gezeigt ist der Effekt vom Austausch der Zweiten-Antikörper-PEG-Fällung mit einer, die mikrokristalline Cellulose (MCC)-gebundene Zweite-Antikörper benutzt. Alle anderen Komponenten sind identisch. Die MCC-Fällung bringt in diesem Fall eine höhere unspezifische Bindung mit sich. Für Assay A wird eine B_O/T von 0,68 und eine UB/T von 0.03 erreicht. Für Assay B wird eine B_O/T von 0,76 und eine UB/T von 0,10 erreicht

Tabelle 3.8a-6: Trennung mit zweitem Antikörper verglichen mit 2 Ak/mikrokristalliner Cellulose anhand eines Digoxin Assays

Parameter	Trennung mit 2. Ak		Trennung mit MCC/2 Ak	
	1	2	1	2
Gesamt-Aktivität (T)	13533	13038	13521	13136
Unspez. Bindung (UB)	426	418	1443	1391
Standards nmol/l				
0	9002	9012	10112	10094
0,64	6684	6625	7552	7584
1,28	5061	5311	5858	5721
2,56	3537	3515	4125	4222
5,12	2121	2179	2699	2720
10,2	1501	1578	2001	1985
UB/T %	3,20		10,6	
Bo/T %	67,8		75,8	
Intercepte - nmol/l + (95% Vertrauensbereich)				
80%	0,44	(0,42-0,46)	0,41	(0,39-0,43)
65%	0,89	(0,85-0,93)	0,78	(0,76-0,80)
50%	1,56	(1,49-1,63)	1,31	(1,27-1,35)
35%	2,67	(2,60-2,74)	2,24	(2,18-2,30)
20%	5,16	(4,95-5,37)	4,06	(3,94-4,18)
Therapeutischer Bereich: 1,00 - 2,60 nmol/l				
50%-Int/-OGTB*	0,60		0,50	

* Dieser Quotient liegt bei unzureichender Empfindlichkeit eines Assays unter 1,0.
OGTB - obere Grenze des therapeutischen Bereiches.

ßend bei pH 8,2-8,8 mit der IgG-Fraktion des Antiserums. Um die Schiff'schen Basen zu stabilisieren, wird die Cellulose-IgG-Mischung bei pH 7 mit Natrium(cyan)borhydrid behandelt. Der ganze Reaktionsablauf ist in **Tabelle 3.8a-7** dargestellt. Als Alternative zur Cellulose bieten sich Nylon, Glas oder Polystyrol an. Diese Verfahren befinden sich zum Teil in der Entwicklungsphase (Von Klitzing et al, 1982; Wood et al, 1983, 1984; Gadow et al, 1984).

Chemische Trennmethoden

Holzkohle oder dextranbeschichtete Holzkohle
Die Entfernung nicht reagierter Antigenmoleküle ist mit Holzkohle (Charcoal) oder beschichteter Holzkohle möglich, wenn das Molekulargewicht nicht zu hoch ist. Die Grenzen sind bei einem relativen molekularen Maß (Mr) von ca. 10.000 zu setzen.

Die Routine-Insulin-Bestimmung wird heutzutage immer noch sehr häufig mit Holzkohle getrennt. **Abbildung 3.8a-17** zeigt eine typische Eichkurve für Insulin (alte Kit-Methode), verglichen mit der oben genannten Zweiten-Antikörper-Polyethylenglykol-Methode (neue Kit-Methode). **Tabelle 3.8a-8** zeigt die Werte dazu.

Der Vorteil dieser Methode ist, daß sie sehr billig ist. Die Nachteile sind:
- Bei dieser Methode kann es zu „stripping" kommen, d.h., wenn der Antikörper eine niedrige Affinität hat, wird das Gleichgewicht der Antigen-Antikörper-Re-

Tabelle 3.8a-7: Aktivierung der mikrokristallinen Cellulose mit Natrium-metaperjodat

1. Aktivierung
40 g mikrokristalline Cellulose (MCC)
0,5 g Natrium-metaperjodat ($NaIO_4$)
200 ml Phosphatpuffer, 0,1 mol/l, pH 5,5

30 min 70 °C
(Jede 10 Minuten Probe entnehmen (10 µl) und mit Schiff'schem Reagenz (1 ml - „Lipid"-Typ) testen. Aldehyd (CHO)-Gruppen färben sich rosa bis blau-lila)

2 × mit 500 ml Wasser waschen und zentrifugieren (2 min bei 3000 g)

Überstand mit Natrium-dithionit ($Na_2S_2O_4$) auf Jodat (IO_3^-) oder Perjodat (IO_4^-) testen. (Positiv: gelb-braune Färbung, die mit überschüssigem Dithionit wieder farblos wird)

MCC-CHO ist jetzt fertig zur Weiterverarbeitung bzw. Lyophilisation.

2. Weiterverarbeitung
10 g MCC-CHO
50 ml Natriumborat-Lösung, 0,05 mol/l, pH 9,35
Ligand-NH_2 (z. B. 2 Ak)

18 h bei 4 °C reagieren lassen

Überstand abkippen und mit Tris-HCl-Puffer, 0,1 mol/l, pH 8,0 mit Rinderserum-Albumin (BSA) 18 bis 24 h bei 4 °C stehenlassen.

200 mg Natriumborhydrid ($NaBH_4$) oder Natriumcyanborhydrid ($NaCNBH_3$) zugeben, 2 h bei 4 °C stehenlassen.

Waschen wie oben und in Tris-HCl-BSA-Puffer aufbewahren, oder lyophilisieren.

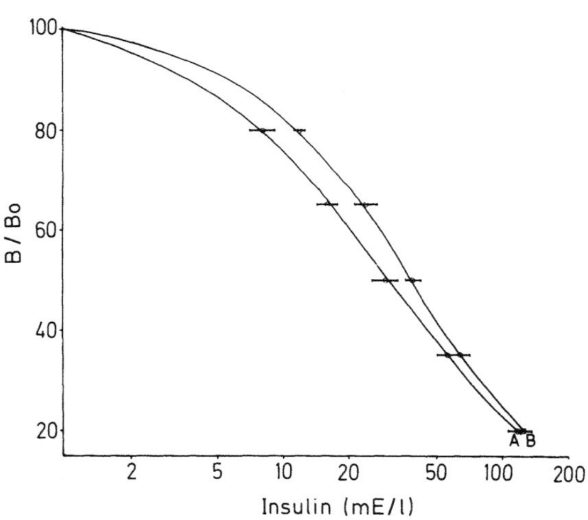

Abbildung 3.8a-17: Vergleich mit 2 Insulin-Assays der Fa. CIS-Deutschland (IDW) - Assay A mit Dextran-Kohle (DCC), Assay B mit zweitem Antikörper-PEG-Fällung
Ab und zu werden Kit-Vorschriften geändert, um ein moderneres Verfahren anzupassen. Diese Abbildung zeigt den originalen Insulin-Radioimmunoassay der Firma Isotopendienst West, der mit einem dextranbeschichteten Holzkohle-Trennschritt vorgesehen wurde, mit dem Nachfolgeassay, der mit Doppelantikörper-PEG-Fällung arbeitet. Die dazugehörigen Daten sind in Tabelle 3.8a-8 zu sehen

Tabelle 3.8a-8: Insulin-Kit Vergleich - Kits von CIS-International Trennung mit Dextran-Charcoal (DCC) und mit zweitem Antikörper

Parameter	DCC-Kit		2. Ak-Kit	
	1	2	1	2
Gesamt-Aktivität (T)	12884	12801	7837	7826
Unspez. Bindung (UB)	793	863	324	420
Standards mE/l				
0	5777	5751	3422	3456
10	4613	4679	2727	2651
25	3077	3093	1892	1822
50	2195	2226	1318	1272
100	1486	1416	957	1010
200	1153	1163	668	715
UB/T %	6,42%		4,07%	
Bo/T %	44,9%		43,9%	
Intercepte - mE/l + (95% Vertrauensbereich)				
80%	8,72	(8,24-9,20)	7,75	(7,09-8,41)
65%	14,4	(13,8 -14,9)	14,5	(13,7 -15,3)
50%	22,4	(21,6 -23,2)	24,5	(23,3 -25,7)
35%	37,3	(35,9 -38,8)	43,7	(41,4 -46,0)
20%	69,0	(66,2 -71,7)	107	(99,1 -115)
Referenzbereich				
- mE/l	12-25 (nüchtern)		12-25 (nüchtern)	
50%-Int/OGRB*	0,90		0,98	

Korrelation bei Routine-Seren n = 45 r = 0,882 $a_{yx} = 5{,}42$ $b_{yx} = 1{,}07$

* OGRB - obere Grenze des Referenzbereiches.

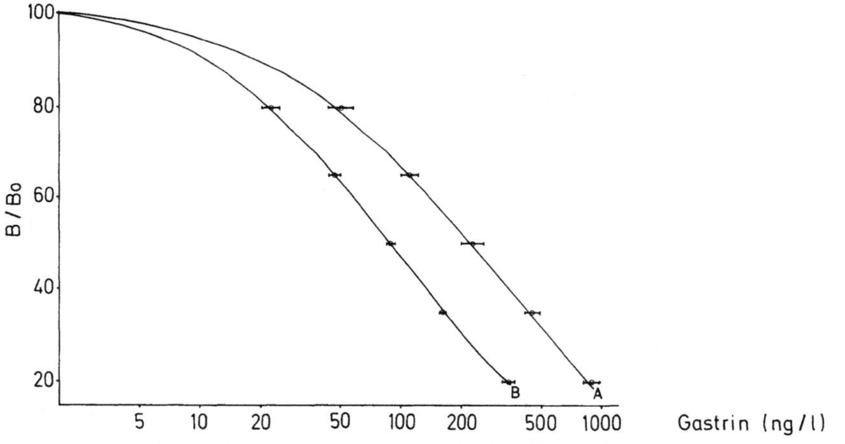

Abbildung 3.8a-18: Vergleich von 2 Gastrin-Kits der Fa. Becton-Dickinson - Assay A mit Ionenaustauschern, Assay B mit Zweiten-Antikörper-PEG-Trennung

Diese Abbildung zeigt eine ähnliche Erneuerung (vgl. Abbildung 3.8a-17) des Radioimmunoassay-Kits der Fa. Becton-Dickinson für den Gastrin-Assay. Die alte Methode benutzte einen Ionenaustauscher für die „Bound-Free"-Trennung. Der Nachfolger benutzt, wie in sehr vielen Fällen zu sehen ist, eine Doppelantikörper-PEG-Fällung. In diesem Fall wurde gleichzeitig der Referenzbereich des Assays geändert, um sich an die Werte vom neuen Kit anzupassen. Die dazugehörigen Daten können in Tabelle 3.8a-9 gesehen werden

Tabelle 3.8a-9: Gastrin-Kit-Vergleich - Trennung mit Ionenaustauscher-Harz und mit zweitem Antikörper - Becton-Dickinson-Kits

Parameter	mit Ionenaustauscher		mit 2. Antikörper	
	1	2	1	2
Gesamt-Aktivität (T)	7405	7436	13286	12809
Unspez. Bindung (UB)	345	328	415	411
Standards ng/l				
0	3713	3699	4811	4814
15			4268	4378
25	3456	3438	3820	3773
50	2817	3221	3293	3166
100	2592	2625	2556	2552
200	2185	1982	1732	1642
500	1394	1445	1048	1051
1000	860	994	672	640
UB/T %	4,50		3,20	
Bo/T %	49,9		36.9	
Intercepte - mE/l + (95% Vertrauensbereich)				
80%	50,8	(33,0- 68,6)	22,7	(20,9- 24,5)
65%	113	(102 -124)	47,4	(44,3- 50,5)
50%	227	(198 -256)	89,6	(85,1- 94,2)
35%	447	(413 -481)	162	(155 -170)
20%	885	(808 -962)	343	(322 -364)
Referenzbereich				
- ng/l	70-150		20-70	
50%-Int/OGRB	1,51		1,28	

Korrelation (Routine-Seren im Referenzbereich)
n = 41 r = 0,888 $a_{yx} = 4{,}09$ $b_{yx} = 0{,}403$

aktion gestört, so daß das Antigen vom Antikörper „wegspringt" und an die Holzkohle geht.

- Man braucht zwei Röhrchen, weil der Überstand im Spektrometer gezählt wird. Dies verdoppelt das Volumen des radioaktiven Abfalls.
- Diese Trennung ist zeit- und temperaturabhängig, d.h. man muß im Zeittakt arbeiten.

Ionenaustauscher

Sehr oft wird die Ladung von Antikörper-gebundenem und nicht gebundenem Antigen genutzt, um eine Trennung durchführen zu können. Diese Methode wird heute nicht sehr oft angewandt. **Abbildung 3.8a-18** und **Tabelle 3.8a-9** zeigen aber als Beispiel die radioimmunologische Gastrin-Bestimmung mit Ionenaustauschern (alter Kit) und mit Zweitem-Antikörper-Polyethylenglykol (neuer Kit). Die Vor- und Nachteile sind ähnlich wie bei Holzkohle. Dazu kommt ein anderer Gesichtspunkt, nämlich Zusätze zu den Blutproben. Wird Heparinblut benutzt, besteht die Gefahr, daß der Ionenaustauscher wegen dieser Polyanionen nicht richtig funktionieren kann. Das gleiche gilt für Aprotenin (ein polybasisches Glykopeptid) und für Protamin und Protaminsulfat. Oft gibt man das Ionenaustauscherharz als Streifen zum

Röhrchen (wie z. B. bei den alten RIA-MAT T_4 und T_3 Radioimmunoassays mit Res-O-Mat Streifen von der Firma Byk-Mallinckrodt), so daß die Trennung ohne Zentrifugation erfolgte. Statt dessen muß man die Reaktionsröhrchen während der Trennung schütteln oder rotieren.

Polyethylenglykol (PEG)

Polyethylenglykol ist in der Histologie als „Carbowax" bekannt, in dem man histologische Proben einbettet (Pearse, 1961).

Es gibt Polyethylenglykole mit verschiedenen Molekulargewichten (zwischen 1.500 und 20.000). Diejenigen, welche für Radioimmunoassays verwendet werden, sind hauptsächlich die mit einem Molekulargewicht von 4.000 bis 8.000 (Anderson et al, 1975; Sokolowski und Wood, 1981). Bei niedrigen Konzentrationen hat Polyethylenglykol keine Fällungseigenschaften per se, aber in Endkonzentrationen über ca. 10% fällt Polyethylenglykol, mehr oder weniger spezifisch, die Gammaglobulinfraktion aus. Vorteil der Polyethylenglykolfällung ist, daß direkt nach der Zugabe zentrifugiert werden kann (Zeitgewinn).

Diese Methode ist einfach, wenn man die Gefahren der Anwendung des Polyethylenglykols als Trennmittel kennt. Bei Dysproteinämien - z. B. bei Dialysepatienten, M. Waldenström, Polyglobulien, Hyper- bzw. Hypalbuminämien - kann es zur Verfälschung der Ergebnisse kommen. Um dieses zu verhindern, gibt man häufig, direkt vor der Polyethylenglykolfällung, Trägerserum dazu, um die Protein- (d. h. Gammaglobulin-) Konzentration aller Proben auszugleichen. Ergebnisse dazu sind schon veröffentlicht worden (Wood et al, 1979 b).

Als Beispiel eines Assays mit Polyethylenglykolfällung ist in **Abbildung 3.8 a-19** und **Tabelle 3.8 a-10** der Routine-PTH-Assay „Giselle" dargestellt. Dieser Assay ist

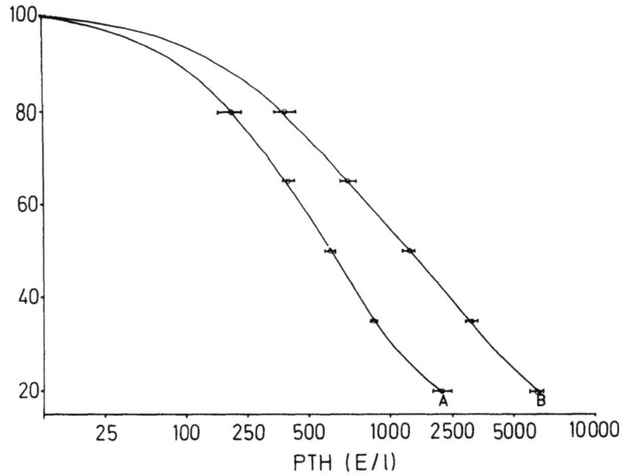

Abbildung 3.8 a-19: Vergleich von 2 PTH-Assays mit Antikörper „Giselle" - Assay A mit PEG-, Assay B mit Zweiten-Antikörper-PEG-Trennung

Gezeigt wird der Effekt der Trennmethodenänderung auf den Referenzbereich, hier mit einem PTH-Assay bei PEG-und Zweiten-Antikörper-PEG-Trennung. Hier verschob sich der Referenzbereich mit der Zweiten-Antikörper-PEG-Trennung um fast 100% nach oben. Dieser Effekt ist noch nicht zu erklären, obwohl es bei Schafs-Antikörpern häufiger vorkommt. Die dazugehörigen Daten sind in Tabelle 3.8 a-10 zu sehen

mit Doppelantikörperfällung schon publiziert worden (Wood et al, 1980c). Eine Kombination von Doppelantikörper und sechs-prozentigem Polyethylenglykol ist in **Abbildung 3.8a-20** zu sehen, wo die Kinetik für den PTH-Assay gezeigt worden ist.

Aussalzungen
Ähnlich wie bei der Polyethylenglykolfällung lassen sich die albumin- und globulinhaltigen Fraktionen durch Aussalzung trennen, wobei letztere gefällt werden. Die häufigsten Mittel dazu sind Ammonium- und Natriumsulfat in ca. 2 mol/l Konzentration. Diese Methoden sind sehr stark pH-abhängig. Durchgeführt wird auch eine Salzfällung, kombiniert mit Doppelantikörper, um einen zweiten Antikörper zu sparen und um die Spezifität der Trennmethode zu verbessern. Die anderen Vor- und Nachteile sind wie bei Polyethylenglykol.

Tabelle 3.8a-10: PTH-Assay mit Antikörper „Giselle" - Trennung mit Polyethylenglykol und mit zweitem Antikörper

Parameter	Trennung mit 2. Ak		Trennung mit PEG	
	1	2	1	2
Gesamt-Aktivität (T)	16886	17060	15643	15731
Unspez. Bindung (UB)	428	499	1156	1149
Standards E/l				
0	6700	6674	6692	6619
28	6271	6334		
41			6006	5855
82	5869	5862		
123			4895	4991
246	5145	5227		
370			3367	3294
743	2680	2657		
1111			1822	1794
2222	1392	1446		
3333			1225	1233
6667	882	924		
20.000	587	524		
UB/T %	2,41		7,29	
Bo/T %	39,4		42,4	
Intercepte - E/l + (95% Vertrauensbereich)				
80%	178	(165- 190)	67,7	(61,9- 73,5)
65%	323	(313- 333)	146	(138 -153)
50%	495	(482- 508)	257	(247 -267)
35%	783	(760- 806)	433	(418 -449)
20%	1614	(1540-1690)	756	(729 -784)
Referenzbereich				
- E/l	50-425		10-200	
50%-Int/OGRB	1,16		1,29	

Korrelation (Routine-Seren im Referenzbereich)
n = 117 r = 0,907 a_{yx} = - 4,86 b_{yx} = 0,498

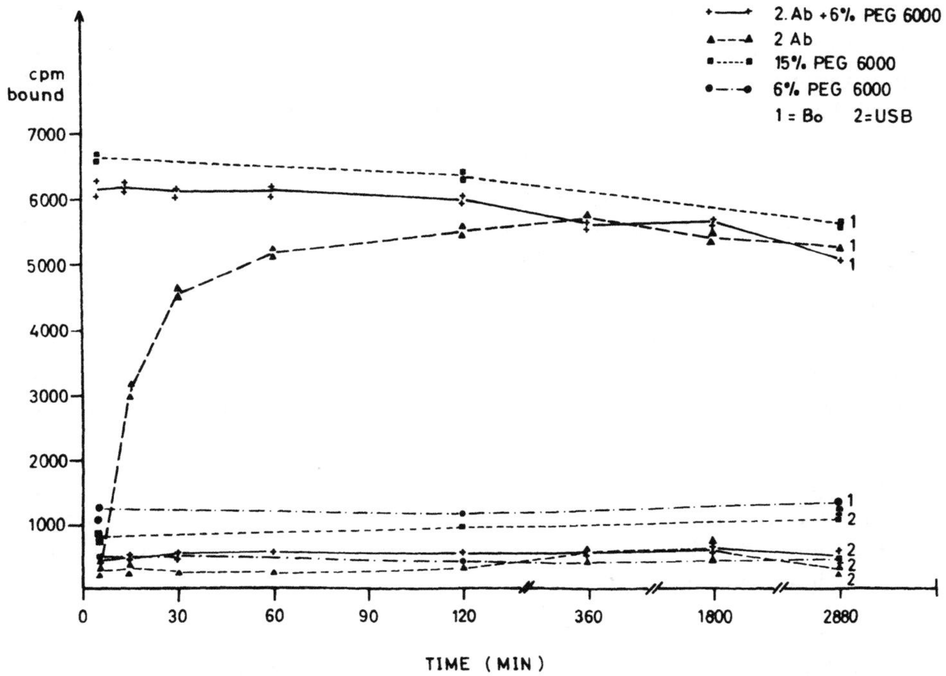

Abbildung 3.8a-20: Zeit-Kinetik der kombinierten Zweiten-Antikörper-PEG-Trennung mittels PTH-Assay S-478 90 Q - Vergleiche mit Zweiten-Antikörpern oder mit 15%igem PEG allein
Gezeigt wird der Effekt, wenn man eine geringe Konzentration PEG (Endkonzentration <5%) zum Zweiten-Antikörper zusetzt. In fast allen Fällen reagiert der Zweite-Antikörper mit dem Ersten-Antikörper innerhalb weniger Sekunden mit der Bildung eines präzipitierbaren Ersten-/Zweiten-Antikörper-Komplexes. Diese schnelle Kinetik wurde zuerst in unserem Labor Anfang 1979 gezeigt, obwohl das Benutzen von PEG-Zweiten-Antikörpern früher bekannt wurde

Andere Methoden

Die nicht spezifische Adsorption von Antigen durch silikathaltige Erde (z. B. QUSO 32, Talkum, Bentonit) wird ähnlich wie Holzkohle eingesetzt. Nicht spezifische Ausfällung des Antikörper-gebundenen Antigens mittels organischer Lösungsmittel (z. B. Dioxan und Ethanol) sind auch Methoden der Vergangenheit und werden heutzutage kaum mehr praktiziert. Das Gleiche gilt für die Chromatoelektrophorese, die bei Yalow und Berson (1959) für den ersten Radioimmunoassay für Insulin verwendet wurde.

3.8a.2.4 Diskussion

Rugged-Assays (robuste Verfahren) bieten höhere diagnostische Sicherheit. Der analytisch arbeitende Wissenschaftler sollte sich seine methodische Unabhängigkeit von den kommerziellen Bestimmungsmethoden bewahren. Patentrezepte, die für alle Analyte anwendbar wären, kann es nicht geben. Deshalb und zur Ermutigung methodisch Gleichgesinnter wurden in diesem Abschnitt für die Einzelkomponenten der Radioimmunoassays Beispiele dargestellt, zum Teil mit Verweisen auf frühere Veröffentlichungen, die erfolgreiche Wege zur Verbesserung der Verfahren aufzeigen sollen.

Standards: Die Bedeutung der vom Analyt freien, aber sonst mit der zu messenden Probe identischen Matrix wurde für das Beispiel TSH-Standard in TSH-freiem Humanserum erläutert. Die wünschenswerte Identität von Standard und Immunogen wird mit der Herstellung eines Digoxigenin-Transferrin-Konjugates aufgezeigt.

Tracer: Als Fehler bei der Tracer-Herstellung von Immunogenen aus niedermolekularen Substanzen (z. B. Aminoglykoside) wird ein sparsames, aber in zahlreichen Fällen höchst erfolgreiches Immunisierungsschema für die Gewinnung des substanzspezifischen (ersten) Antikörpers aufgezeigt.

Trennverfahren: Die Beschleunigung der Doppelantikörpermethode durch Polyethylenglykolzusatz (z. B. PTH-Bestimmung) und die Einsparung an Zweiten-Antikörpern durch Herstellung einer kovalenten Verbindung zwischen mikrokristalliner Cellulose und Zweiten-Antikörpern (z. B. Digoxin-Radioimmunoassay) wird vorgeführt (Solid-Phase-Technik).

Assay-Ablauf: Zeitkinetische Untersuchungen und Beobachtungen des Temperatureinflusses sowie der Abfolge des Reagenzzusatzes bieten weitere Verbesserungsmöglichkeiten, die hier am Beispiel der Bestimmung von PTH, Digoxin, Cortisol und Calcitonin aufgezeigt werden.

Diese Arbeit zeigt auch, daß die Änderung des Trennschrittes unter bestimmten Bedingungen die Ergebnisse erheblich verändern kann. Dies kann für Kit-Hersteller eine „Umschulung" ihrer Kunden erforderlich machen insofern, als eventuell ein neuer Referenzbereich eingeführt werden muß. Dies wurde für einen Gastrin-Kit gezeigt, der seit Jahren mit Ionenaustauschern gearbeitet hatte und der plötzlich auf eine neuere Doppelantikörpermethode umgestellt wurde. Der Referenzbereich verschob sich um einen Faktor 2 bis 3 nach unten. Änderung von Referenzbereichen sind immer lästig und führen zumindest zu vorübergehender diagnostischer Verunsicherung. Daher sollte ein Kit erst nach Optimierung verkauft werden.

Alle Komponenten eines Radioimmunoassays (oder allgemeiner gesagt: Ligandenbindungstests) müssen optimiert werden, um einen stabilen Assay durchführen zu können. Dieser Abschnitt beschreibt die „Kleinarbeit", die hinter einem guten Assay steckt. Es ist bedauerlich, daß so viele Laboratorien diese Grundlagenarbeit nicht mehr durchführen, ja sogar nicht mehr in der Lage sind, solche Arbeiten durchführen zu können. Viel zu viele Laboratorien sind von Kit-Firmen abhängig, und wenn es Schwierigkeiten mit einer bestimmten Testpackung gibt, ist das Labor weder in der Lage, früh genug zu erkennen, daß nicht alles in Ordnung ist, noch Maßnahmen zu ergreifen, um alles in den Griff zu bekommen. Ein konkretes Beispiel kann hier noch zitiert werden:

Im August 1982 wurde von unserem Labor festgestellt, daß ein bekannter Tumormarkerassay nicht mehr funktionierte, da alle Werte viel zu hoch waren. Dies wurde dem Hersteller mitgeteilt, der dem Labor versicherte, daß alles in Ordnung sei und daß die Assistentinnen den Test noch einmal ansetzen sollten (der Test dauerte drei Tage, bevor die Ergebnisse erschienen !). Nach dem zweiten Ansatz konnten wir sagen, daß der Kit wirklich nicht mehr zu gebrauchen war. Sechs Wochen nach unserer Meldung kam die zweite „Anklage" - aus Japan - , daß der Kit nicht funktionierte. Nach weiteren fünf Tagen meldete sich ein zweites deutsches Labor mit der gleichen Behauptung und nach weiteren 10 Tagen hatten noch 12 deutsche Laboratorien das gleiche behauptet. Welche Ergebnisse in der Zwischenzeit (8 Wochen !) für diese Methode herausgegeben und welche unnötigen Folgeuntersuchungen veranlaßt worden waren, möge sich jeder selbst denken !

Dieses Beispiel sollte nur zeigen, was man erkennen kann, wenn ein vernünftiges Qualitätskontrollprogramm durchgeführt wird.

3.8a.3 Ergänzung der „Selbstkontrolle" durch unabhängige Qualitätskontrolle – Ringversuche oder External Quality Assessment

Die unabhängige Beurteilung eines Labors ist eine Ergänzung der internen Qualitätskontrolle, welche in den Abschnitten 3.8a.1 und 3.8a.2 schon diskutiert wurde. Die externe Qualitätskontrolle ist notwendig, da es weder Standardmethoden noch (in manchen Fällen) Material für internationale Standards gibt. Dazu kommt die Vielfalt der Antiseren mit ihrer verschiedenen Spezifität. Ein gut geplanter regelmäßig durchgeführter Ringversuch erlaubt einen Vergleich zwischen Laboratorien und Methoden (d. h. „eigenen" und Kits).

Verschiedene Ringversuche werden hier kurz angesprochen und zwei davon als Modell für ein optimiertes externes Qualitätskontrollprogramm dargestellt (Merten, 1982; Röhle und Breuer, 1982). Einiges auf diesem Gebiet ist schon im Detail veröffentlicht worden. Die Punkte, die hier angesprochen werden, stammen meistenteils von nicht veröffentlichten Ergebnissen. **Tabelle 3.8a-11** zeigt die Ringversuchsveranstalter auf internationaler und nationaler Ebene.

In der Bundesrepublik Deutschland veranstalten zwei Gruppen regelmäßig Ringversuche. „Regelmäßig" bedeutet 3 bis 4 mal im Jahr. Wie nachfolgend gezeigt wird, verfehlten beide dieser Veranstalter das eigentliche Ziel, das hier angesprochen wird. Ein nützlicher Langzeit-Ringversuch, der zur Zeit in der Bundesrepublik Deutschland durchgeführt wird, wird von einem kommerziellen Unternehmen (Wellcome Diagnostics Quality Control Programme BC 08 und BC 09) angeboten und in über 900 Laboratorien in über 40 Ländern durchgeführt (Wood und Sokolowski, 1982). Eine Arbeitsgruppe unter der Leitung von P. C. Scriba hatte von 1974 bis 1980 Ringversuche für Hormone durchgeführt, die als „Münchner Modell" für Hormonringversuche bekannt geworden sind (Horn et al., 1976; Marschner et al., 1974, 1976; Wood et al., 1979a, 1980a, 1980b). Ab und zu werden „einmalige" Ringversuche veranstaltet, um den zeitweiligen Zustand eines Assays zu erfassen, z. B. European Parathyroid Study Group Calcitonin-Ringversuch (Raue, 1982).

3.8a.3.1 Hormon-Ringversuche in der Bundesrepublik Deutschland Deutsche Gesellschaft für Klinische Chemie (D. G. K. Ch.)

Seit 1976 verschickt die Deutsche Gesellschaft für Klinische Chemie je zwei Proben für Steroidhormone und Proteohormone sowie ausgewählte Proteine (z. B. Carcinoembryonales Antigen, Tissue Polypeptide Antigen) plus Digoxin bis zu 3 mal im Jahr an interessierte Teilnehmer.

Die Sollwerte für die Steroide werden seit ein paar Jahren durch Isotopenverdünnungsspektrometrie (IDMS) festgelegt. Die Veranstalter sind der Meinung, daß IDMS eine „definitive Methode" für einige Steroide darstellt in der Annahme, daß mit IDMS der wahre Wert gemessen werde. Der Umstand, daß alle verschiedenen Östradiol-Radioimmunoassays systematisch höhere Werte als IDMS messen (Tabelle 3.8a-3), kann durch kreuzreagierende Substanzen im Radioimmunoassay be-

Tabelle 3.8a-11: Ringversuchsveranstalter - Allgemeine Bedingungen

	Teil-nahme	Kosten-pflichtig	Typ	Anzahl der Parameter	Hauptpunkt
1. International					
WHOHRU	*EL	nein	1P/14T*	7	Fortpfl.-H.
Wellcome BC 08/09	*ANM	ja	1P/14T	26	Prot., Vit., Horm., Pharm.
IAEA	EL	nein	6P/1M	4	Schilddrüse
2. National					
D** - INSTAND	ANM	ja	4S/2P/4M	33	Horm., Pharm., Tumormarker, TSH-NN
D - DGKC	ANM	ja	2S/2P/4M	18	Steroide, Proteohormone
F - Probiqual	ANM	nein	3P/1M	20	Horm., Prot.
I - CNR	ANM	nein	2S/2-3P/1M	8	Fortpfl.-Horm.
GB - SAS	*PFL	nein	VS/1-3P/7-14T	10	Endokrinol. und Klin. Chemie
USA - CAP	ANM	ja	2S/3P/1M	23	wie GB - SAS
DDR	ANM	nein	2P/1M	10	Schilddrüse, Hormone
Brasil-IAEA	EL	nein	3P/3M	2	Schilddrüse

* P = Probe(n), T = Tage, M = Monat, S = Schemen, V = Verschiedene, EL = Einladung, ANM = Anmeldung, PFL = Pflicht
** Internationale Kennzeichen mit Abkürzung des Veranstalters

Tabelle 3.8a-12: Deutsche Gesellschaft für Klinische Chemie - Ringversuchsproben-Komponenten

Gruppe I - Steroide	**Gruppe II - Hormone**
Aldosteron	Trijodthyronin
Cortisol	Thyroxin
17-β-Östradiol	Thyrotropin
Gesamt-Östriol	Prolactin
Progesteron	Lutropin
Testosteron	Follitropin
	Wachstumshormon
	Insulin
	Digoxin

dingt sein oder aber bedeuten, daß die „definitiven“ Methoden zu niedrig messen. Veröffentlichte Ergebnisse (Siekmann 1978) deuten an, daß IDMS wahrscheinlich den wahren Wert mißt und daß die Fehler bei den Radioimmunoassays, die ohne Extraktion arbeiten, zu suchen sind.

Die Veranstalter setzten keine Sollwerte für Proteohormone bzw. Proteine fest. Es wird von jedem zu messenden Parameter ein Gesamtkollektiv-Mittelwert (Median) festgesetzt und, soweit statistisch möglich, auch ein Mittelwert für jede Einzelmethode. Die Auswertung wird sowohl graphisch als auch tabellarisch dargestellt. Die erfaßten Komponenten sind in **Tabelle 3.8a-12** abgebildet.

Die Auswertung erfolgt, wie schon erwähnt, mit graphischen und tabellarischen Darstellungen sowie mit einem Kommentar und einer Auflistung der Kits und Methoden.

Abbildung 3.8a-21 zeigt ein Beispiel (Digoxin) für die Auswertemethoden. Um die zwei Proben und ihre Ergebnisse darzustellen, wird ein Youden-Plot (s. 3.8 a.1.2) benutzt. Dazu gehört eine Tabelle mit Kit-Auflistung und die Einzelergebnisse als Median mit 16- und 84-Perzentil. Die Anzahl der Teilnehmer pro Kit wird auch angegeben.

Nachteile der D. G. K. Ch.-Ringversuche sind:
- drei Ringversuche im Jahr reichen nicht aus, um einen Assay zu kontrollieren,
- durch Versand nicht ausreichend definierter und wechselnder Proben ist die Aussagekraft reduziert,
- Kits mit dem „Löwenanteil" des Marktes für einen bestimmten Bestandteil beeinflussen den Medianwert, so daß ein „schiefes" Bild entstehen könnte, wenn dieser Kit falsch mißt,
- eine Langzeitkontrolle ist kaum möglich.

INSTAND (Institut für Standardisierung und Dokumentation im medizinischen Laboratorium)

Diese Ringversuche sind als Alternative zu denjenigen der Deutschen Gesellschaft für Klinische Chemie gedacht und haben auch fast alle die vorhin erwähnten Vor- und Nachteile. Ein zusätzlicher Vorteil ist die größere Palette der angebotenen Parameter, die mit immunologischen Methoden bestimmt werden können.

Für die Auswertung wird kein Youden-Diagramm, sondern ein Balken-Diagramm dargestellt, in dem jeder Teilnehmer seine eigenen Ergebnisse gegenüber den anderen Teilnehmern sehen kann.

Externe Qualitätsüberwachung außerhalb der Bundesrepublik Deutschland

In den *USA* veranstaltet das *College of American Pathologists (CAP* Ringversuche von ähnlicher Art wie die Deutsche Gesellschaft für Klinische Chemie und INSTAND. Vor- und Nachteile sind ähnlich. Die Ergebnisse dienen meistenteils der Werbung für Kits und Kit-Hersteller, die „gut" abschneiden.

Im *UK* veranstaltet der *Supra-Regional-Assay-Service (SAS)* eine Reihe von Langzeit-Ringversuchen mit Zweiweg-Kontakt zwischen Veranstalter und Teilnehmer. Diese Programme laufen seit einigen Jahren und gehören zu den besseren externen Qualitätskontrollprogrammen (Hunter und McKenzie, 1979; Malan, 1979; Wilson et al., 1979).

In *Frankreich* gibt es einen *nationalen Langzeit-Ringversuch* (Cohen und Bizollon, 1979, 1982). Schwerpunkte dieser Ringversuche sind die Proteohormon- und die Steroidhormonsektoren. **Abbildung 3.8a-22** zeigt einen Ausdruck dieses Ringversuchs.

In *Italien* läuft ein *nationales Qualitätskontrollprogramm*, das von der *CNR* organisiert und durchgeführt wird (Albertini und Bolleli, 1982). Ein Ausdruck eines CNR-Ringversuches ist in **Abbildung 3.8a-23** zu sehen.

Andere Ringversuche, die weltweit laufen, sind die der *„Human Reproduction Unit of the World Health Organization (WHOHRU)"*, die von Genf aus geleitet werden, außerdem der *Wellcome BC 08 und BC 09 Ringversuch* (Sokolowski und Wood, 1981), die noch ausführlicher besprochen werden sollen.

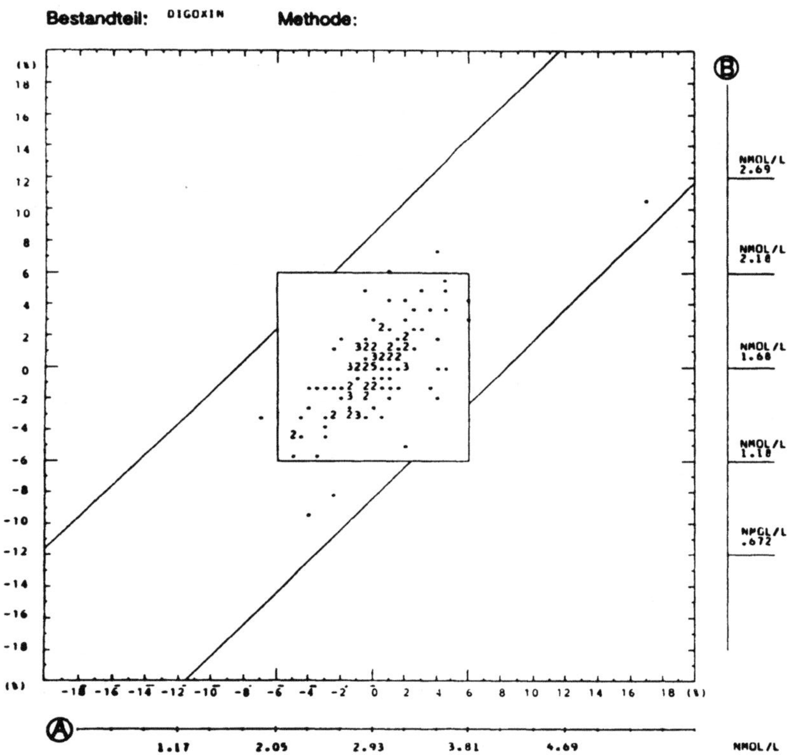

DIGOXIN **PROBE A**

KIT	N	16%	50%	84%	MIN	MAX
G	126	2.57	2.93	3.20	1.47	5.43
4	4		3.30		2.96	3.58
8	22	2.79	3.02	3.28	2.40	5.43
18	16	2.11	2.67	2.97	1.47	3.31
24	1		3.45		3.45	3.45
28	11	2.58	2.84	3.20	2.37	3.20
32	3		2.80		2.70	2.86
36	18	2.46	2.87	3.10	2.20	3.56
40	10	2.93	3.16	3.59	2.90	3.84
44	14	2.67	2.94	3.32	2.20	3.82
46	4		2.83		2.40	2.89
52	2		2.98		2.94	3.02
53	1		2.56		2.56	2.56
60	4		2.53		2.32	3.50
64	1		3.05		3.05	3.05
72	2		3.53		3.47	3.60
75	1		2.56		2.56	2.56
76	1		3.60		3.60	3.60
98	9	2.53	3.07	3.33	2.30	3.51
99	2		2.39		2.35	2.43

LAGE DER PERCENTILE 1.820 2.520 3.220 3.920

DIGOXIN **PROBE B**

KIT	N	16%	50%	84%	MIN	MAX
G	126	1.41	1.68	1.89	.900	2.75
4	4		1.86		1.46	2.17
8	22	1.60	1.75	1.86	1.54	2.55
18	16	1.39	1.60	1.87	1.20	2.75
24	1		1.60		1.60	1.60
28	11	1.35	1.59	1.77	.900	2.05
32	3		1.40		1.40	2.09
36	18	1.40	1.66	1.92	1.30	2.18
40	10	1.38	1.69	1.92	1.28	2.05
44	14	1.58	1.68	1.94	1.30	2.11
46	4		1.74		1.20	1.82
52	2		2.15		1.66	2.65
53	1		1.80		1.80	1.80
60	4		1.55		1.02	1.60
64	1		1.60		1.60	1.60
72	2		1.98		1.97	2.00
75	1		1.41		1.41	1.41
76	1		2.10		2.10	2.10
98	9	1.42	1.70	2.05	1.30	2.33
99	2		1.62		1.45	1.80

LAGE DER PERCENTILE 1.120 1.470 1.820 2.170

("|----" 16% PERCENTILE,
"--X--" MEDIAN,
"----|" 84% PERCENTILE)

Abbildung 3.8a-21: Ausdruck der Ergebnisse von einem DGKCh-Ringversuch mittels Youden-Diagramm
Diese Abbildung zeigt ein Youden-Diagramm des DGKCh-Versuches für den Digoxin-Assay. Die Kits sind ausgelistet sowie die Anzahl der Teilnehmer pro Methode und die 16. bzw. 50. und 84. Perzentilwerte (entsprechen dem -1s-, Mittelwert- plus 1s-Bereich für nicht normal verteilte Daten)

PROBIOQUAL (Radioimmunologie)

ENQUETE INTERLABORATOIRE 1980

HGH

Sérum IA31***

µg/l	CODE	AB	AD	BF	Div.
-+	BF			1	
3,2-++	BF-BF			2	
-					
3,0-+	AB	1			
-					
2,8-					
-+	AD		1		
2,6-					
-+++	BF-BF-BF			3	
2,4-++	BF-BF			2	
-+	BF			1	
2,2-+	AD		1		
-+	AB	1			
2,0-+	AX				1
-+	BF			1	
1,8-					
-+	AB	1			
1,6-					
-++	AB-AB	2			
1,4-+	AX				1
-					
1,2-+	AB	1			
-+	XX				1
1,0-					
-+	XX				1

		AB	AD	BF	Div.
N	22	6	2	10	4
Moyenne	2,14	1,81	2,43	2,60	-
Ecart-type	0,70	0,65	-	0,45	-
Moy. tronquée à 2 ET	2,14	1,81	-	2,60	-

Sérum IA32*

µg/l	CODE	AB	AD	BF	Div.
-					
16,0-					
-+	BF			1	
15,0-					
-					
14,0-+	XX				1
-+	AD		1		
13,0-+++	AD-BF-BF		1	2	
-++	BF-BF			2	
12,0-+++	AB-BF-BF	1		2	
-++	BF-BF			2	
11,0-+++	AB-BF-XX	1		1	1
-++	AB-AX	1			1
10,0-+	AB	1			
-+	AB	1			
9,0-					
-					
8,0-					
-+	AB	1			
7,0-					
-					

		AB	AD	BF	Div.
N	21	6	2	10	3
Moyenne	11,65	9,94	13,19	12,33	-
Ecart-type	1,70	1,41	-	1,25	-
Moy. tronquée à 2 ET	11,67	9,94	-	12,(0	-

Sérum IA33**

µg/l	CODE	AB	AD	BF	Div.
-					
7,5-					
-					
7,0-+	BF			1	
-++	AX-BF			1	1
6,5-++	BF-BF			2	
-					
6,0-++	AD-BF		1	1	
-++++	AB-AD-BF-BF	1	1	2	
5,5-+	BF			1	
-++	AB-BF	1		1	
5,0-+++	AX-BF-XX			1	2
-					
4,5-					
-+	AB	1			
4,0-++	AB-AB	2			
-					
3,5-+	XX				1
-					
3,0-+	AB	1			
-					
2,5-					

		AB	AD	BF	Div.
N	22	6	2	10	4
Moyenne	5,35	4,35	5,85	5,98	-
Ecart-type	1,11	1,01	-	0,68	-
Moy. tronquée à 2 ET	5,47	4,35	-	5,98	-

* le sérum IA32 est identique au sérum IA26
** le sérum IA33 a été obtenu en diluant au 2/5 le sérum IA32
*** le sérum IA31 a été obtenu en diluant au 2/5 le sérum IA33

Abbildung 3.8a-22: Ausdruck vom französischen Ringversuch (Prof. Bizollon, Lyon)
Hier sind die Werte für hGH gezeigt. Die Bezeichnung „Code" ist der Kit-Hersteller und in verschlüsselter Form gleichzusetzen

```
C.N.R. CONTROLLO DI QUALITA' NAZIONALE INTERLABORATORI PER  I DOSAGGI RADIOIMMUNOLOGICI
ELABORAZIONE DATI: ISTITUTO DI FISIOLOGIA CLINICA DEL C.N.R. ; PISA 15- 6-81
***************************************************************************************
RISULTATI  CORTISOLO,MICROG/100 ML       ;CAMPIONE S012 INVIO DEL 27- 4-81
  94 CAMPIONI INVIATI;  50 RISULTATI PERVENUTI
  44 RISULTATI NON PERVENUTI DAI LAB   A2 A5 B2 D3 D7 D8 E1 E4 F2 F5 G9 H6 H9 K0 M3 M9 N8 O7 P2 P7 Q0 Q3 Q5 R1 R4 R8 S0 S1 S7 T1
                                       T2 T4 T6 U4 V1 V3 W0 W2 W7 W8 X5 Y1 Y4 Y9

                          NO DI LAB  MEDIA     SD      CV%      MEDIANA      RANGE
TUTTI I RIS                  50      13.59     3.4.    25.11     13.05     ( 7.60     27.20)
ESCLUSI  1 RIS ABERRANTI     49      13 31     2.82    21.17     13 00     ( 7.60     20.50)
RIS ESCLUSI      LAB
  27.20          W3
                 0    2    4    6    8    10   12   14   16   18   20   22   24   26   28   30   32  %DEVIAZIONE
                 +--+--+--+--+--+--+--+--+--+--+--+--+--+--+--+--+--+--+--+--+--+--+--+--+--+--+--+-  DALLA MEDIA
> 0.00<= 4.93    [.....................................................................]  >-100.<=-63.0
> 4.93<= 5.72    [.....................................................................]  >-63.0<=-57.0
> 5.72<= 6.52    [.....................................................................]  >-57.0<=-51.0
> 6.52<= 7.32    [.....................................................................]  >-51.0<=-45.0
> 7.32<= 8.12    [-X9..................................................................]  >-45.0<=-39.0
> 8.12<= 8.92    [-O1..................................................................]  >-39.0<=-33.0
> 8.92<= 9.72    [-C3..................................................................]  >-33.0<=-27.0
> 9.72<=10.52    [-U1-C0-B0............................................................]  >-27.0<=-21.0
>10.52<=11.32    [-F9-N6-S4-L1-H2......................................................]  >-21.0<=-15.0
>11.32<=12.11    [-E6-S3-Z2-I4-T9-Y3-N1................................................]  >-15.0<=-9.00
>12.11<=12.91    [-K9-A1-O2-S9-I6-B9...................................................]  >-9.00<=-3.00
>12.91<=13.71    [-Y7-M0-Z6-L6-C5-T5-V7................................................]  >-3.00<= 3.00
>13.71<=14.51    [-L9-Z9-A9-G4-U7-A7...................................................]  > 3.00<= 9.00
>14.51<=15.31    [-K1-S8...............................................................]  > 9.00<=15.00
>15.31<=16.11    [-F3-P5...............................................................]  >15.00<=21.00
>16.11<=16.91    [-K5..................................................................]  >21.00<=27.00
>16.91<=17.71    [-U2-B8-L0............................................................]  >27.00<=33.00
>17.71<=18.50    [-U3..................................................................]  >33.00<=39.00
>18.50<=19.30    [-H1..................................................................]  >39.00<=45.00
>19.30<=20.10    [-Z4..................................................................]  >45.00<=51.00
>20.10<=20.90    [-Y0..................................................................]  >51.00<=57.00
>20.90<=21.70    [.....................................................................]  >57.00<=63.00
>21.70<=146.4    [-W3..................................................................]  >63.00<=1000
                 +--+--+--+--+--+--+--+--+--+--+--+--+--+--+--+--+--+--+--+--+--+--+--+--+--+--+--+-
                 0    2    4    6    8    10   12   14   16   18   20   22   24   26   28   30   32
```

Abbildung 3.8a-23: Ausdruck des CNR-Qualitätskontrollprogramms von Prof. A. Albertini, Brescia/Italien
Dieses Beispiel gilt für Cortisol

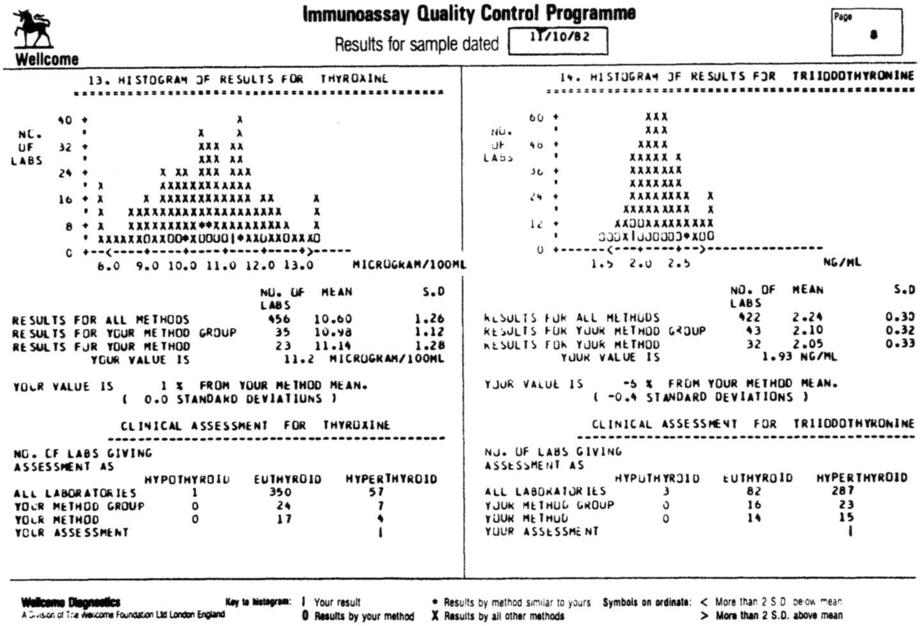
Wellcome

Immunoassay Quality Control Programme

Results for sample dated 11/10/82

Page 8

13. HISTOGRAM OF RESULTS FOR THYROXINE

```
    40 +                    X
NO.    .               X    X
OF  32 +               XXX XX
LABS   .               XXX XX
    24 +           X XX XXX XXX
       . X         XXXXXXXXXXXX
    16 + X      X XXXXXXXXXXXX XX      X
       . X    XXXXXXXXXXXXXXXXXXXX     X
     8 + X    XXXXXXXXX**XXXXXXXXXX    X
       . XXXXXXOXXOO*XOOOO|*XXOXXOXXXO
     0 +--<----+----+----+----+----+>-----
         6.0  9.0 10.0 11.0 12.0 13.0     MICROGRAM/100ML
```

	NO. OF LABS	MEAN	S.D
RESULTS FOR ALL METHODS	456	10.60	1.26
RESULTS FOR YOUR METHOD GROUP	35	10.98	1.12
RESULTS FOR YOUR METHOD	23	11.14	1.28
YOUR VALUE IS	11.2 MICROGRAM/100ML		

YOUR VALUE IS 1 % FROM YOUR METHOD MEAN.
(0.0 STANDARD DEVIATIONS)

CLINICAL ASSESSMENT FOR THYROXINE

NO. OF LABS GIVING ASSESSMENT AS

	HYPOTHYROID	EUTHYROID	HYPERTHYROID
ALL LABORATORIES	1	350	57
YOUR METHOD GROUP	0	24	7
YOUR METHOD	0	17	4
YOUR ASSESSMENT			|

14. HISTOGRAM OF RESULTS FOR TRIIODOTHYRONINE

```
    60 +          XXX
NO.    .          XXX
OF  48 +         XXXX
LABS   .        XXXXX X
    36 +        XXXXXXX
       .        XXXXXXX
    24 +        XXXXXXXX  X
       .       XXXXXXXXX  X
    12 +      XXOOXXXXXXXXX
       .     OOOX|OOOOOO*XOO
     0 +------<---+----+-->--------------
           1.5  2.0  2.5                 NG/ML
```

	NO. OF LABS	MEAN	S.D
RESULTS FOR ALL METHODS	422	2.24	0.30
RESULTS FOR YOUR METHOD GROUP	43	2.10	0.32
RESULTS FOR YOUR METHOD	32	2.05	0.33
YOUR VALUE IS	1.93 NG/ML		

YOUR VALUE IS -5 % FROM YOUR METHOD MEAN.
(-0.4 STANDARD DEVIATIONS)

CLINICAL ASSESSMENT FOR TRIIODOTHYRONINE

NO. OF LABS GIVING ASSESSMENT AS

	HYPOTHYROID	EUTHYROID	HYPERTHYROID
ALL LABORATORIES	3	82	287
YOUR METHOD GROUP	0	16	23
YOUR METHOD	0	14	15
YOUR ASSESSMENT			|

Wellcome Diagnostics
A Division of The Wellcome Foundation Ltd London England

Key to histogram: | Your result; O Results by your method; * Results by method similar to yours; X Results by all other methods

Symbols on ordinate: < More than 2 S.D. below mean; > More than 2 S.D. above mean

Abbildung 3.8a-24: Auszug aus einem Wellcome-Ringversuch-Ausdruck
Gezeigt wird ein Teilausdruck des Wellcome-BC-08-Internationalen-Ringversuchs, in dem bis 900 Labors in über 40 Ländern teilnehmen. Dieser Ausdruck gilt für das Labor des Autors und zeigt die Ausdrucke für Triiodthyronin und Thyroxin

Der Wellcome Ringversuch basiert auf dem WHOHRU-Ringversuch und ist an gleicher Stelle ausgewertet worden. Ein Ausdruck des Wellcome BC 08 Ringversuches für das Labor des Verfassers ist in **Abbildung 3.8a-24** zu sehen.

3.8a.3.2 Externe Qualitätssicherung der Hormonanalytik - Begründung des Ringversuches nach dem „Münchner Modell"

Hormonbestimmungen sind einer externen Qualitätskontrolle analog den Verfahren in der engeren klinischen Chemie nicht zugänglich, da - außer für einige Steroide - kein Bezug auf definitive bzw. Standardmethoden genommen werden kann. Die Notwendigkeit einer Qualitätskontrolle für die Messung von Proteohormonen ist bei der Verwendung von Radioimmunoassays und den damit verbundenen uneinheitlichen Bedingungen (z.B. Antikörperspezifität, extraktive Standardgewinnung aus tierischen bzw. humanen Geweben) jedoch besonders dringlich. Wie die Erfahrung zeigt, gelingt es nicht, mit Hilfe von Referenzpräparaten Hormonassays zu standardisieren. Vielmehr spielt die Assaymethodik (Art und Dauer der Inkubation, Antiserum, Markierungsart des Tracers, Trenntechnik, Lösungsmittel des Standards usw.) eine ganz entscheidende Rolle. Es wurde deshalb im Jahre 1974 von der Arbeitsgruppe unter P.C. Scriba ein Ringversuchsmodell entwickelt, das erlaubte, systematische von zufälligen Fehlern im Rahmen der externen Qualitätskontrolle von Hormonen zu unterscheiden. Im Laufe der folgenden Jahre ist dieses Konzept immer mehr ausgereift und ist heute als „Münchner Modell" bekannt. Ein erweitertes Konzept ist für Cortisol und die Schilddrüsenhormone veröffentlicht (Wood et al., 1980a, 1980b).

Tabelle 3.8a-13: „Münchner-Modell" Ringversuch - Hauptpunkte

1. Vergleich der Ergebnisse von verschiedenen Labors.
2. Vergleich der Eichsubstanzen (Standards) in kommerziellen Testbestecken (Kits).
3. Vergleich zwischen Teilnehmerstandards und „International Reference Preparations" der WHO, MRC und NIBSC.
4. Unterscheidung von zufälligen (random) und systematischen Fehlern (Bias).
5. Erstellung von Sollwerten für Wellcome-Typ Ringversuche durch die Ergebnisse von ausgewählten „Referenzlabors".
6. „Schulung" von Teilnehmern - wenn erforderlich.
7. Ausschluß von untauglichen (non-robust) Methoden.
8. Überwachung des Kit-Marktes ohne legislativen Eingriff.

Das Münchner Modell hat drei Schwerpunkte:
- Überprüfung der Richtigkeit gegen internationale Referenzpräparationen (Proteohormone) bzw. reine Substanzen (z. B. Thyroxin),
- Analyse möglicher systematischer Fehlerquellen eines Assays (Einfluß von Kurvenberechnungsverfahren, Standardlösungsmittel, Inkubationsbedingungen usw.),
- individuelle konstruktive Kritik der Teilnehmer.

Die Hauptpunkte des „Münchner Modells" sind in **Tabelle 3.8a-13** dargestellt. Ringversuche nach diesem Modell sind schon in der Literatur zu finden (Horn et al., 1976; Marschner et al., 1974, 1976; Wood et al., 1979a, 1980a, 1980b) und werden hier nicht weiter verfolgt.

3.8a.3.3 Diskussion

Zwei Organisationen sind in der Bundesrepublik Deutschland ermächtigt, Ringversuche im Bereich der klinischen Chemie durchzuführen und für die erfolgreiche Teilnahme Zertifikate auszustellen. Beide Organisationen, die Deutsche Gesellschaft für Klinische Chemie und das Institut für Standardisierung und Dokumentation im Medizinischen Laboratorium, führen auch Ringversuche für Hormone durch. Für diese Hormon-Ringversuche werden je zwei Proben an die Teilnehmer versandt, aus denen jeweils mehrere Parameter zu bestimmen sind. Die Ergebnisse werden von beiden Organisationen (statistisch unterschiedlich) ausgewertet und den Teilnehmern zugesandt. Der Vorteil dieses Ringversuchmodells ist die einfache Durchführbarkeit und die höhere Frequenz. Die übrigen Vor- und Nachteile dieser Ringversuche wurden unter 3.8a.3.1 diskutiert. Ein erweitertes Modell dieser zwei Proben Ringversuche (3.8a.3.1) wendet die Weltgesundheitsorganisation (WHO) an. Hier werden über längere Zeit Seren verschickt, die wechselweise einem großen Pool von 15-20 Seren entnommen werden. Hier ist eine externe Langzeitpräzisionskontrolle möglich, weil jedes dieser Seren im Verlauf von 2 bis 3 Jahren in jedem Labor mehrmals gemessen wird. Allerdings steigt hier der Aufwand für den Veranstalter durch die Beschaffung und Lagerung der riesigen Serummengen enorm an. Die Wellcome BC 08 und BC 09 Ringversuche sind identisch mit dem von der WHO, unterscheiden sich in den zu messenden Parametern und auch, daß nur eine Serumprobe je 14 Tage zu messen ist (Wood und Sokolowski, 1982; Wood, 1982).

Die Nachteile der Ringversuche vom „Münchner Modell" liegen im Aufwand für Veranstalter und Teilnehmer, 20 Serumproben vorzubereiten bzw. zu messen

Tabelle 3.8a-14: Komponenten der Wellcome BC-08/09-Ringversuche

BC-08	BC-09
Alpha-Fetoprotein	Saure Phosphatase (Prostata-)
Carcinoembryonales Antigen (CEA)	Follitropin
Choriongonadotropin (qual./quant.)	Gastrin
Placentales Lactogen	Wachstumshormon
Cortisol	Immunglobulin-E (gesamt)
Trijodthyronin	Östradiol
Thyroxin	Parathyrin
Thyrotropin	Progesteron
Digoxin	Prolactin
Ferritin	Testosteron
Folat	Freies Thyroxin
Cyancobalamin (Vitamin B_{12})	Thyroxin-bindendes Globulin
Gesamt-Östriol	
Freies Östriol	

und in den relativ langen Zeitabständen von mindestens zwei Jahren zwischen Ringversuchen der gleichen Parameter. Der Aufwand ist für eine kleine Arbeitsgruppe zu groß, um eine regelmäßige Durchführung zu gewährleisten. Ein anderer Nachteil ist die Begrenzung eines jeweiligen Ringversuches auf einen, höchstens zwei Parameter. Allerdings erlauben diese Ringversuche auf Grund ihrer komplexen Datenerfassung eine wesentlich aufschlußreichere Fehleranalyse. Hier kommt die verbesserte Analyse der Fehlerquellen im Erfahrungsaustausch zwischen Teilnehmern und Veranstaltern dem Teilnehmer direkt zugute.

Eine optimale Lösung wäre eine Kombination beider Ringversuchsarten, wobei das Münchner Modell die Zielwerte für jeden Parameter in etwa 15 Serumpools setzen und vielleicht Referenzlaboratorien nachher auswählen könnte, die mit standardisierten Methoden und Reagenzien arbeiten (sog. Matched Reagents nach dem WHO-Modell). Diese ‚Matched Reagents' (abgestimmte Reagenzien) könnten entweder ein kommerzieller Kit oder selbsthergestellte Reagenzien sein. Nach Erstellung der Zielwerte würden dann über 2 bis 3 Jahre Einfach- oder Doppelproben aus dem Pool nach dem WHOHRU/Wellcome BC 08/BC 09 Modell für mehrere ausgewählte Komponenten verschickt werden. Nach der Meinung des Autors ist ein solches Unternehmen nur in Zusammenarbeit mit den beiden gesetzlichen Qualitätskontrollinstanzen und eventuell auch mit Kit-Herstellern möglich. Die Hauptpunkte des Wellcome BC 08/BC 09 Ringversuches sind in der **Tabelle 3.8a-14** gezeigt, in der eine Liste der zu messenden Parameter sowie eine Darstellung der Vorteile dieses Ringversuch-Modells zu finden sind (Wood, 1982).

In diesem Abschnitt wurde die Bedeutung der externen Qualitätskontrolle angesprochen und wie diese hier in der Bundesrepublik Deutschland und anderswo behandelt wird.

Eine regelmäßige externe Qualitätskontrolle muß aber eine rigorose interne Qualitätskontrolle begleiten. Dies ist zur Zeit der Abfassung dieser Arbeit mit Hilfe eines kommerziellen Qualitätsüberwachungsprogramms der Firma Wellcome (Programm BC 08/BC 09 für 29 Parameter) möglich. Für diejenigen, denen die Folgen einer nicht ausreichenden Ausübung der Qualitätskontrolle nicht bewußt sind, sind zwei Arbeiten vom Journal of Irreproducible Results zu empfehlen ! (Kaye, 1975; Rudin, 1975).

3.8b Vitamine und Tumorproteine

Friedrich da Fonseca-Wollheim (Berlin)

3.8b.0 Beschreibung der Analysengruppe

Die Vitamine B12 und Folsäure sowie die tumor-assoziierten Proteine bilden eine strukturell und funktionell heterogene Gruppe von Analyten. Gemeinsam ist ihnen der sehr niedrige Konzentrationsbereich, in dem sie nachgewiesen werden müssen. Dementsprechend ist ihre Bestimmung wie bei den Hormonen zu einer Domäne der Proteinbindungsanalytik geworden. Die für diesen Bereich der klinisch-chemischen Analytik allgemein anzuwendenden Prinzipien der Qualitätssicherung sind im Kapitel 3.8a beschrieben. In diesem Kapitel sollen dagegen die speziellen Gesichtspunkte einiger klinisch besonders wichtiger Analyte aus dieser Gruppe detailliert dargestellt werden. Dabei wird auch ausführlicher als in den anderen Kapiteln auf die methodischen Alternativen eingegangen; denn einer optimalen Methodenauswahl kommt bei diesem verhältnismäßig jungen und im Fluß befindlichen Gebiet besondere Bedeutung zu (Haven et al. 1983).

Bestimmungen von Vitamin B12 und Folsäure haben praktische Bedeutung für die Klinik gewonnen, weil Mangelzustände dieser beiden Vitamine Ursache der nicht seltenen megaloblastären Anämien sind. Carcinoembryonales Antigen (CEA) und alpha-1-Fetoprotein (AFP) gehören zu den am besten charakterisierten Tumormarkern, für die auch die meisten gebräuchlichen Verfahren der Qualitätssicherung anwendbar sind.

3.8b.1 Vitamin B12

3.8b.1.0 Begriff und klinische Bedeutung

Vitamin B12 (Cobalamin) ist der mit der Nahrung aufgenommene Vorläufer bestimmter Coenzyme des Intermediärstoffwechsels, deren Mangel im Organismus zu schweren Störungen der Blutbildung (megaloblastäre Anämie) und Nervenschädigungen führt. Die Vitamin B12-Bestimmung dient dementsprechend vor allem zur Erfassung eines Cobalaminmangelzustandes, dem in den meisten Fällen eine Resorptionsstörung im Magen-Darm-Trakt zugrunde liegt (Heilmann, 1980).

3.8b.1.1 Methodenübersicht

Für das klinische Laboratorium kommen die mikrobiologische und die Proteinbindungsanalyse in Betracht. Eine definitive Methode steht bisher nicht zur Verfügung (Olesen, 1983).

Mikrobiologische Methode: Euglena gracilis (Anderson, 1964) oder Lactobacillus leishmannii (Thompson et al., 1950) benötigen Cobalamin als Wuchsfaktor und finden für die Analytik Verwendung. In geeigneten B12-defizienten Medien vermehren sich die Mikroorganismen in Abhängigkeit vom zugesetzten Cobalamin. Kalibratorreihen von Cobalamin werden mit Serum als Matrix angesetzt, um die dort vorhandenen Hemmfaktoren zu berücksichtigen (Stenman und Puutula-Räsänen, 1982).

Abgesehen von der notwendigen Erfahrung mit der Keimkultivierung und des verhältnismäßig großen Arbeitsaufwandes ist die mikrobiologische Cobalaminbestimmung mit folgenden Nachteilen behaftet:

- Interferenz durch Medikamente, insbesondere Antibiotika (Powell et al., 1969; Herbert et al., 1965)
- Beeinflussung von Analysenresultaten und Referenzbereichen durch das Testmedium (Paltridge et al., 1980)
- nur mittelmäßige Präzision.

Trotz dieser Einschränkungen wird die mikrobiologische Methode weiterhin bei der Evaluierung neuer Varianten der Proteinbindungsmethoden zum Vergleich herangezogen (Green, 1980; Paltridge, 1980; Houts und Carney, 1981; Kubasik et al., 1980).

Proteinbindungsmethode

Natürlich vorkommende, physiologisch für Resorption oder Transport wichtige Proteine mit hoher Affinität zu Cobalamin ermöglichen den Aufbau von Proteinbindungsmethoden mit 57-Co-Cobalamin als Tracer (Barakat und Etkins, 1961). Für die Methodenauswahl ist die Kenntnis der Eigenschaften der benutzten Bindungsproteine entscheidend:

- „R-Proteine" binden außer B12 auch im Serum vorkommende, biologisch unwirksame Cobalaminanaloge (Kohlhouse, 1978). Nach Mitteilungen über unerkannt gebliebene B12-Mangelzustände bei Verwendung von R-Protein-haltigen Bindungsreagenzien (Cooper und Whitehead, 1978) ist ihre weitere Anwendung obsolet
- Intrinsic-Faktor-(IF)-Präparate: sofern sie wenig gereinigt sind und noch die erwähnten R-Proteine enthalten, müssen letztere durch Zusatz von Cobinamiden blockiert werden, um eine ausreichende Spezifität des Bindungsreagenz für Cobalamin zu erhalten (Kubasik et al., 1980). Die affinitätschromatographische Reinigung von IF ist möglich; z.T. liegt der IF auch primär frei von R-Proteinen im biologischen Material vor (Reynoso et al., 1981). Grundsätzlich wird die Verwendung von gereinigtem IF als Bindungsreagenz favorisiert, weil mit spezifisch gegen IF gerichteten Antikörpern die B12-Bindung blockiert und damit die Einheitlichkeit des Bindungsreagenz geprüft werden kann
- Bindungsprotein aus Hühnerserum (Green, 1980; Houts und Carney, 1981): eine Besonderheit dieses Bindungsproteins ist seine hohe Affinität zu Cobalamin noch bei pH 12,9. Bei diesem alkalischen pH-Wert geben die Transcobalamine im menschlichen Serum das gebundene Cobalamin frei. Hierdurch ergibt sich eine wesentliche Vereinfachung der Probenaufbereitung (Houts und Carney, 1981).

Im allgemeinen muß aber vor Zusatz von Bindungsreagenz und Tracer eine Probenaufbereitung durchgeführt werden, bei der B12 aus der Bindung an Serumtransportproteine freigesetzt und durch Reaktion mit KCN in das stabile und einheitliche Cyanocobalamin überführt wird. Weiterhin sollen Antikörper mit Anti-IF-Aktivität in der Probe zerstört werden, welche die Bindungsanalyse stören würden. Bei den älteren Modifikationen erfolgte die Probenaufbereitung durch Erhitzen mit KCN auf 100°. Bei den neueren sogenannten „no-boil"-Methoden erreicht man durch leichtes Erwärmen bei pH 12–13 eine ausreichende Proteindenaturierung. Weitere Varianten ergeben sich durch unterschiedliche Techniken zur Trennung von freier und gebundener Radioaktivität (vergleiche 3.8 a. 3.3).

Eine besondere Fehlermöglichkeit besteht bei der simultanen Analyse von Vitamin B12 und Folat. Bei der Radioaktivitätsmessung muß die Fenstereinstellung so gewählt werden, daß die gegenseitige Beeinflussung der Tracer (57-Co-Cobalamin bzw. 125-J-Folat) minimal ist.

3.8b.1.2 Qualitätssicherung in der präanalytischen Phase
Einhaltung des Nüchternzustandes bei der Blutentnahme ist nicht erforderlich, mit Rücksicht auf eine simultane Folatanalyse aber zu beachten. Eine auch Monate zurückliegende B12-Therapie entwertet die B12-Spiegelbestimmung (Heilmann, 1980). Die Inkorporierung radioaktiver Substanzen vor der Untersuchung sollte vermerkt werden. Zur Analyse kann Serum oder EDTA-Plasma, nicht jedoch Heparinplasma verwendet werden (Fairbanks und Klee, 1986). Hohe Konzentrationen von Vitamin C und Fluorid stören. Lichtexposition des Spezimen ist zu vermeiden. Bei der Proteinbindungsmethode ist hämolytisches Material nicht brauchbar. Vitamin B12 ist zwar auch bei Raumtemperatur 14 Tage im Serum stabil (Kubasik et al., 1979); bei simultaner Folatbestimmung wird aber empfohlen, das Serum nur bis zu 4 Stunden bei 4°, sonst aber bei −18° gefroren zu lagern (Haltbarkeit über 6 Wochen).

3.8b.1.3 Interne Qualitätskontrolle
Sorgfältige Systemkontrollen, wie im Kapitel 3.8a für die radioimmunologischen Analysen allgemein beschrieben, sind für qualifizierte Resultate mit dem B12-RIA unerläßlich.

Zur Bestimmung der Reproduzierbarkeit werden selbsthergestellte Poolsera in verschiedenen Konzentrationsbereichen verwendet. Bei der Bestimmung der Interassay-Präzision werden Variationskoeffizienten zwischen 5 und 9% beim RIA gefunden (Houts und Carney, 1980). Die Streubreite beim mikrobiologischen Test mit Euglena liegt in der gleichen Größenordnung (Paltridge et al., 1980). Für die laborinterne Richtigkeitskontrolle stehen lyophilisierte Kontrollsera kommerziell zur Verfügung (z.B. Lyphocheck der Fa. Biorad). Obwohl ein definierter Standard (Cyanocobalamin) zur Verfügung steht, variieren die „assigned values" für die verschiedenen RIA-Varianten erheblich. Aufschlüsse über die Richtigkeit der Methode können auch Wiederfindungsversuche von mit Cyanocobalamin aufgestockten Sera geben (Houts und Carney, 1980). Reinheit und Konzentration von Cyanocobalaminlösungen lassen sich spektroskopisch prüfen (Chanarin, 1979).

3.8b.1.4 Externe Qualitätskontrolle
Ringversuche zur Kontrolle der B12-Bestimmung werden seit 1972 von dem College of American Pathologists (CAP) veranstaltet. In dem Zeitraum bis 1980 haben sich die Variationskoeffizienten (ohne Berücksichtigung der Methodenvarianten) von anfänglich fast 40 auf 15% reduziert (Data ReCAP 1970–1980). Die Selektivität von 13 RIA-Kits wurde kürzlich bei einem Ringversuch dieser Institution geprüft, indem die Miterfassung von Cobinamid (als Modellsubstanz für „Cobalaminanaloge") untersucht wurde. Von den „Cobalaminspezifischen" Testkits wurde Cobinamid zwischen 4,5 bis 10,5% als Cobalamin bestimmt, was besagt, daß die Spezifität der gebräuchlichen RIA für Cobalamin in den letzten Jahren deutlich verbessert werden konnte (Reynoso und Mackenzie, 1982). Cobalamin ist auch Bestandteil bei

Tabelle 3.8b-1: Störungsmöglichkeiten bei der Vitamin B12-Bestimmung

	falsch erniedrigt	falsch normal	falsch erhöht
Methodenunabhängig			
Nach B12-Medikation		+	+
Licht, Ascorbinsäure	+	+	
RIA			
Chloralhydrat		+	+
Mikrobiol. Analyse			
Antibiotika	+	+	
Kalibrator ohne Serumzusatz	+	+	

den Ringversuchen von INSTAND und dem Ringversuchszyklus BC-08 der Fa. Wellcome. Die Auswertungsübersichten zeigen eine deutliche Abhängigkeit der Mittelwerte von den benutzten Testbestecken.

3.8b.1.5 Störungen

Mögliche Störeinflüsse sind (ohne Anspruch auf Vollständigkeit) in **Tabelle 3.8b-1** zusammengestellt.

3.8b.1.6 Einheiten

Konventionell werden Cobalaminkonzentrationen in ng/l oder pg/ml angegeben. Unter den Bedingungen der Analytik gehen die verschiedenen im Serum vorkommenden B12-Derivate in das definierte Cyanocobalamin (relative Molmasse 1355,40) über. Die Einheit im SISystem ist pmol/l.

Umrechnung: ng/l · 0,7378 = pmol/l

3.8b.1.7 Referenzbereiche und Plausibilitätskontrolle

Wegen der noch unbefriedigenden Vergleichbarkeit der Analysenergebnisse mit den verschiedenen Methodenvarianten liegen weder für die mikrobiologische Methode noch für den B12-RIA allgemein gültige Referenzbereiche vor. In jedem Fall sind die vom Hersteller des Reagenzienbestecks angegebenen Referenzbereiche zu beachten. Darüber hinaus wird gerade für diesen Analyten dem ausführenden Labor angeraten, eigene Referenzbereiche zu ermitteln (Fairbanks und Klee, 1986).

Bei Vitamin B12-Mangel sinken die Serumspiegel auf Werte um 100 ng/l; Werte von 10 ng/l können vorkommen. Bei B12-Konzentrationen < 130 ng/l zeigt das Knochenmark im allgemeinen megaloblastäre Veränderungen. Es gibt aber auch Erniedrigungen des Serum-B12-Spiegels ohne Vorliegen eines B12-Mangels. Dieses ist bei Verminderung des aus Granulozyten stammenden Transcobalamin I der Fall (Granulozytopenie, multiples Myelom). Abgesehen vom Folsäuremangel (siehe Abschnitt 3.8b.2.0) können megaloblastäre Knochenmarksveränderungen ohne Erniedrigung des Serum-B12-Spiegels beim Di-Guglielmo-Syndrom angetroffen werden. Erhöhte B12-Konzentrationen beobachtet man bei Lebererkrankungen. Starke Erhöhungen (bis über 4000 ng/l) treten bei myeloproliferativen Erkrankungen auf (Gilbert, 1969).

3.8b.2 Folsäure

3.8b.2.0 Begriff und klinische Bedeutung

„Folsäure“ bzw. „Folat“ ist die Sammelbezeichnung für Pteroylglutaminsäure (PGA) und alle im Stoffwechsel der „Einkohlenstoffeinheiten“ auftretenden Folsäurederivate. Im Serum dominiert 5-Methyltetrahydrofolsäure (5-MTFA); intrazellulär überwiegt die konjugierte Speicherform mit 2 bis 7 Glutaminsäureresten. Folsäuremangelzustände treten aus alimentärer Ursache und bei Alkoholismus auf. Weitere Entstehungsmöglichkeiten sind Malabsorption, gestörte Verwertung (Therapie mit Folsäureantagonisten) und gesteigerter Bedarf (Gravidität, Tumorerkrankungen, chronischer Blutverlust, Vitamin B12-Mangel). Folsäuremangel führt ebenso wie ein Vitamin B12-Defizit zu megaloblastären Blutbildungsstörungen. Oft wird die Folsäurebestimmung kombiniert mit der Vitamin B12-Analyse zur differentialdiagnostischen Klärung eingesetzt (Heilmann, 1980).

3.8b.2.1 Methodenübersicht

Für die klinische Diagnostik wird neben der älteren mikrobiologischen Bestimmung die Proteinbindungsanalyse verwendet.

Mikrobiologische Bestimmung (Wilson und Horne, 1982): Als Testkeim wird Lactobacillus casei Stamm ATC 7469 verwendet, der Folsäure als Wuchsfaktor benötigt. Das Bakterienwachstum wird turbidimetrisch verfolgt. Die verschiedenen Monoglutamate werden gleichmäßig erfaßt. Die Polyglutamate müssen vor der Bestimmung durch Conjugase gespalten werden (Shane et al., 1980). Die mikrobiologische Bestimmung wird durch Serumhemmfaktoren, Folsäureantagonisten und Antibiotika gestört (Waxman und Schreiber, 1980).

Proteinbindungsmethode: Als Bindungsreagenz wird meistens beta-Lactoglobulin aus Milch, seltener ein Bindungsprotein aus Schweineserum benutzt. Der störende Einfluß endogener Bindungsproteine im Serum wird durch Erhitzen oder Verwendung denaturierender Puffer mit Dithiothreitol („no-boil“-Methoden) ausgeschaltet. Beta-Lactoglobulin zeigt gegenüber den verschiedenen Monoglutamaten bei neutralem pH eine unterschiedliche Dosis/Wirkungsrelation. Im alkalischen Milieu werden diese Unterschiede nivelliert, sodaß hier die stabile Pteroylglutaminsäure als Standard und Radio-Jod-markierter Tracer eingesetzt werden kann. Allerdings ist im Alkalischen der Störeinfluß von Folsäureantagonisten stärker ausgeprägt. Insgesamt ist die Proteinbindungsmethodik zur halbquantitativen Bestimmung des „Folatstatus“ diagnostisch ausreichend, jedoch nicht als quantitative Bestimmungsmethode für Folsäurederivate im strengen Sinne anzusehen (Shane et al., 1980). Die Bestimmung des Folsäuregehaltes in Erythrozyten erfordert wegen der überproportionalen Affinität des Bindungsproteins zu den Polyglutamaten deren vorhergehende Spaltung mit Conjugase.

3.8b.2.2 Qualitätssicherung in der präanalytischen Phase

Die Blutentnahme soll unter Nüchternbedingungen erfolgen, um kurzfristige Schwankungen auf Grund der Nahrungsaufnahme zu vermeiden. Hämolytische Proben sind wegen des hohen Konzentrationsgefälles zwischen Erythrozyten und Serum nicht zu verwenden. Starke Lichtexposition bei der Spezimenaufarbeitung ist zu vermeiden. Bei nicht umgehend ausgeführter Analyse kann das Serum ohne signifikante Konzentrationsänderung 14 Tage gefroren gelagert werden (Kubasik, 1979). Zusatz von 5 mg/ml Ascorbat verbessert die Haltbarkeit des Folats in der Probe (zerstört aber den Vitamin B12-Gehalt). Postversand der Probe ohne Kühlung ist unzulässig. Bei Folsäurebestimmungen im Hämolysat läßt man die Probe nach Hämolyse 1 bis 2 Stunden bei Raumtemperatur stehen, um Polyglutamate durch die endogene Conjugase spalten zu lassen. Danach muß das Hämolysat bis zur Analyse unbedingt gefroren gelagert werden (Kubasik et al., 1979). Bei bakterieller Kontamination ist mit falsch erhöhten Ergebnissen zu rechnen.

Tabelle 3.8b-2: Folsäurebestimmung, Interassay-Präzision (McGown et al., 1978)

Probenmaterial	Methode	$\bar{x}$ (µg/l)	VK (%)
Serum	mikrobiologisch	10,0	8,0
	Proteinbindung	8,9	7,8
Hämolysat	mikrobiologisch	187,0	14,0
	Proteinbindung	244,0	11,6

3.8b.2.3 Interne Qualitätskontrolle

Sorgfältige Systemkontrollen, wie im Kapitel 3.8a für die radioimmunologischen Analysen allgemein beschrieben, sind für qualifizierte Resultate mit der radiochemischen Folat-Bestimmungsmethode unerläßlich.

Für die Präzisionskontrolle werden tiefgefrorene, mit 5 mg/ml Ascorbat stabilisierte Poolsera in verschiedenen Konzentrationsbereichen (gegebenenfalls mit Folsäure aufgestockt) verwendet. Für die Qualitätskontrolle der Folsäurebestimmung im Hämolysat ist Einfrieren des Lysates möglich (Kubasik et al., 1979). Die erreichte Interassay-Präzision liegt bei der mikrobiologischen Bestimmung und bei der radiochemischen Proteinbindungsanalyse in der gleichen Größenordnung (McGown et al., 1978; **Tabelle 3.8b-2**).

Für die interne Richtigkeitskontrolle der radiochemischen Folatbestimmung stehen kommerziell Kontrollsera (z. B. Lyphocheck der Fa. Biorad) mit methodenspezifischen Zielwertangaben zur Verfügung. Standards können aus kristalliner Pteroylglutaminsäure selbst hergestellt und durch Messung der UV-Absorption überprüft werden (McGown et al., 1978). Bei der Folsäurebestimmung im Hämolysat können Wiederfindungsversuche mit zugesetzter Pteroylglutaminsäure nützlich sein.

3.8b.2.4 Externe Qualitätskontrolle

Die vom College of American Pathologists (CAP) seit 1974 in die Ringversuche eingeschlossene Folsäurebestimmung wies in den Jahren 1974 bis 1978 einen deutlichen Rückgang der mittleren jährlichen Variationskoeffizienten von anfänglich 40 auf 15% auf. Die Häufigkeitsverteilung bei einem Ringversuch des CAP im Jahr 1980 zeigte deutlich eine Zweigipfligkeit, die teilweise auf Verschiedenheit der zur Kalibrierung verwendeten Standardsubstanzen mit ihren unterschiedlichen Dosis-Wirkungsrelationen zurückzuführen war. Der ohne Methodenberücksichtigung gefundene Variationskoeffizient lag daher mit 29% extrem hoch (Data ReCAP 1970–1980). Die Aufschlüsselung der Ergebnisse nach Testbestecken zeigte große systematische Abweichungen (von −23% bis +27% vom arithmetischen Mittel) als deutlichen Hinweis auf unbefriedigende Vergleichbarkeit der Ergebnisse.

Prinzipiell ähnlich sind die Ergebnisverteilungen bei den Wellcome-Ringversuchen BC-08.

3.8b.2.5 Einheiten

Konventionell werden Folsäurekonzentrationen in µg/l oder ng/ml, im SI in nmol/l angegeben.

Relative Molmasse von 5-Methyltetrahydrofolsäure (MTFA) 445,44; von Pteroylglutaminsäure (PGA) 441,41.

Umrechnungsfaktor (Kalibrierung mit 5-MTFA): µg/l · 2,245 = nmol/l
Umrechnungsfaktor (Kalibrierung mit PGA): µg/l · 2,265 = nmol/l

3.8b.2.6 Bereiche und Plausibilitätskontrolle

Als Referenzbereich für Serumfolat sind größenordnungsmäßig 2 bis 14 µg/l, für Erythrozytenfolat 125 bis 600 µg/l anzunehmen (Proteinbindungsmethode). Auf die noch unbefriedigende Vergleichbarkeit der Ergebnisse mit verschiedenen Testbestecken ist im Abschnitt 3.8b.2.4 hingewiesen worden. Die vom Kit-Hersteller angegebenen methodenspezifischen Referenzbereiche sollten nicht kritiklos übernommen, sondern durch eigene Referenzwertermittlungen überprüft werden (Raniolo et al., 1984). Bei der mikrobiologischen Methode werden Serumfolatspiegel < 3 µg/l und Erythrozytenfolatspiegel < 140 µg/l als defizient angesehen (Säuberlich et al., 1973). Bei mangelhafter Folatzufuhr ist zunächst nur der Serumspiegel vermindert. Erniedrigungen des Erythrozytenfolatgehaltes und die megaloblastären Veränderungen erfolgen später.

3.8b.3 alpha-Fetoprotein

3.8b.3.0 Begriff und klinische Bedeutung

Alpha-Fetoprotein (AFP) ist ein Glykoprotein (relative Molmasse ca. 69000 Dalton; Kohlenhydratanteil 4%), das physiologisch im Dottersack, in der fetalen Leber und in geringer Menge auch im fetalen Intestinaltrakt gebildet wird. Höchste Serumkonzentrationen werden gegen Ende des ersten Schwangerschaftstrimesters erreicht; danach sinken die Spiegel ab, um beim Erwachsenen nur noch mit äußerst empfindlichen Methoden nachweisbar zu sein. Die Funktion des AFP ist bisher weitgehend unklar. Als Tumormarker hat die Serum-AFP-Bestimmung Bedeutung für die Diagnose der hepatozellulären Karzinome und der Teratokarzinome erlangt. Im Rahmen der Schwangerschaftsüberwachung kann durch quantitative AFP-Bestimmung im maternalen Serum ein Hinweis für das Vorliegen einer fetalen Mißbildung gewonnen werden (Übersicht siehe Weiss, 1978).

3.8b.3.1 Methodenübersicht

Zur empfindlichen quantitativen AFP-Bestimmung kommt nur die Proteinbindungsanalyse in Betracht. Bei den radiochemischen Verfahren existiert eine große Methodenvielfalt, wozu hier nur ein kurzer prinzipieller Überblick gegeben werden kann:

- Bindung des Proben-AFP in Konkurrenz mit dem radioaktiven Tracer-AFP (RIA-Prinzip). Einige Varianten kommen mit nur einem Antikörper aus, der in flüssiger Form oder an eine Festphase gebunden mit dem Antigen reagiert. Bei anderen Modifikationen wird die Trennung von freier und gebundener Radioaktivität unter Benutzung eines zweiten Antikörpers erreicht
- Bindung des AFP-Moleküls an einen an einer Festphase fixierten ersten Antikörper. An das so gebundene AFP heftet sich ein zweiter Antikörper, der radioaktiv markiert ist (Prinzip des immunradiometrischen Assay IRMA).

Das IRMA-Prinzip eignet sich für hochmolekulare Substanzen und bietet die Möglichkeit, durch Auswahl von zwei gegen verschiedene Epitope des Moleküls gerichtete monoklonale Antikörpern eine hochspezifische Methode aufzubauen (siehe auch bei 3.8b.4.1). Gegenüber dem RIA wird mit dem IRMA eine über den Meßbereich gleichmäßigere Präzision beobachtet (Coombes et al., 1986).

Die ohne radioaktive Markierung arbeitenden Enzymimmunassays nach dem ELISA-Prinzip sind analog den IRMA-Verfahren konzipiert und enthalten zum Nachweis ein an den zweiten Antikörper gebundenes Enzym (z.B. alkalische Phosphatase, Peroxidase, beta-Galaktosidase). Gegenüber den sonst im klinisch-chemischen Laboratorium üblichen Enzymaktivitätsmessungen bestehen folgende Besonderheiten:

- zunächst hat durch präzises Waschen eine möglichst quantitative Entfernung der nicht gebundenen Enzymaktivität zu erfolgen
- vor Zugabe des Substrats müssen alle Reste der Waschlösung entfernt werden, damit das vorgeschriebene Endvolumen im Inkubationsansatz eingehalten wird
- da die Enzymaktivitätsmessung nicht kinetisch, sondern nach der Zweipunktmethode erfolgt, muß bei Zugabe von Substrat und Stopp-Lösung im genauen Zeittakt gearbeitet werden; bei größeren Analysenserien - oft mit Doppelbestimmungen -, mehreren Kalibratoren und Kontrollsera wird dieser Punkt kritisch, insbesondere, wenn die Inkubationszeit kurz ist
- erfolgt die Photometrie im Inkubationsröhrchen, so darf dieses weder außen feucht oder anderweitig in seinem Leerwert verändert sein
- die gemessenen Extinktionen verteilen sich über einen breiten Meßbereich; bei starker Farbentwicklung kann der lineare Meßbereich des Photometers überschritten werden.

Im allgemeinen sind mit ELISA-Methoden den entsprechenden radiochemischen Verfahren ebenbürtige Ergebnisse zu erzielen, sodaß die Entscheidung für eine bestimmte Methodologie sich nach der vorhandenen instrumentellen Ausstattung und anderen praktischen Gesichtspunkten richtet. Für einen AFP-ELISA ist im Vergleich zu einem etablierten AFP-RIA Gleichwertigkeit (Fathe-Moghadam, 1981) und auch bei einer anderen Evaluierung des Enzymimmunassays keine Beeinträchtigung durch die für photometrische Methoden typischen Störfaktoren wie Hämolyse, Lipämie, Bilirubin und eine Auswahl gängiger Medikamente festgestellt worden (Albert et al., 1982).

3.8b.3.2 Qualitätssicherung in der präanalytischen Phase

Neben Serum kann auch Plasma mit Zusatz von Antikoagulantien wie Heparin, EDTA oder Zitrat verwendet werden. Hämolyse stört nicht. Bei 4° ist die Serumprobe 1 Woche, bei −18° 6 Monate haltbar. Mehrmaliges Einfrieren und Auftauen ist ohne Einfluß. Hitzeinaktivierung der Probe zerstört dagegen die antigenen Eigenschaften des AFP.

Fruchtwasser kann nach Abzentrifugieren der zellulären und sonstigen Partikel wie Serum gelagert werden. Bei der Amniozentese zur Gewinnung von Fruchtwasser ist die Kontamination mit fetalem Blut unbedingt zu vermeiden (Gefahr falsch positiver Befunde). Die Blutentnahme bei der Mutter soll vor einer Amniozentese vorgenommen werden (Ashwood und Lenke, 1984).

3.8b.3.3 Interne Qualitätskontrolle

Sorgfältige Systemkontrollen, wie im Kapitel 3.8a für die radioimmunologischen Analysen allgemein beschrieben, sind für qualifizierte Resultate mit dem AFP-RIA unerläßlich.

Entsprechend sind auch bei den ELISA-Verfahren die Meßprotokolle vor der Ausgabe von Ergebnissen im einzelnen hinsichtlich Leerwertlage, Steilheit der Bezugskurve usw. zu beurteilen. Es empfiehlt sich, auch die verwendeten Reagenz-

Tabelle 3.8b-3: Ergebnisse der Qualitätskontrolle bei der AFP-Bestimmung mit dem ELISA Enzygnost Behringwerke und Kontrollsera der Fa. Biorad (Einfachbestimmungen)

Chargen-Nr.	71111	71112	71113
n	19	24	24
Xq kU/l	1,33	46,38	135,70
s kU/l	0,24	1,87	7,23
VK %	18,6	4,0	5,3
Zielwert kU/l	1,3	47,9	137,0
Abweichung %	+2,3	−3,2	−1,0

chargen zu protokollieren, um reagenzbedingte Schwankungen der Qualitätskontrollergebnisse abklären zu können.

Zur *Herstellung von Präzisionskontrollsera* können Poolsera von Männern mit Schwangerensera so gemischt werden, daß unterschiedliche Konzentrationsbereiche erhalten werden. Diese Präzisionskontrollsera werden bei −18° gelagert. Für den Konzentrationsbereich von 60 bis 288 μg/l werden mit RIA-Technik bei der Präzisionskontrolle von Tag zu Tag Variationskoeffizienten zwischen 4 und 9% erhalten (Forest et al., 1982). Von uns ist mit einem kommerziellen Enzymimmunassay über den Zeitraum von 5 Monaten die in **Tabelle 3.8b-3** wiedergegebene Reproduzierbarkeit erreicht worden.

Für das pränatale Screening wird ein Intra-Assay-VK von 3 bis 5% und ein Inter-Assay-VK von < 12% als ausreichend erachtet (Chard, 1978).

Für die Richtigkeitskontrolle stehen kommerzielle Kontrollsera mit Reagenzienspezifischen „assigned values" zur Verfügung. Eigene Ergebnisse der Richtigkeitskontrolle mit den Lyphocheck-Kontrollsera der Fa. Biorad sind ebenfalls in Tabelle 3.8b-3 niedergelegt. Sofern das Labor AFP-Untersuchungen im Rahmen des pränatalen Screening durchführt, sollte speziell die Richtigkeit der Methode im Meßbereich zwischen 50 und 200 μg/l überwacht werden.

3.8b.3.4 Externe Qualitätskontrolle

Ringversuche zur externen AFP-Qualitätskontrolle werden z. B. von INSTAND veranstaltet. Bei dem Ringversuch 11/82 wurde die Wiederfindung von einer zugesetzten Standardpräparation überprüft. Bei 61 Teilnehmern, die 12 verschiedene radiochemische oder ELISA-Verfahren anwendeten, ergab sich eine durchschnittliche Wiederfindung von 90,1%, wobei die ELISA-Verfahren tendenziell eine niedrigere Wiederfindung zeigten. Der VK der Ergebnisse aller Teilnehmer lag bei einem Mittelwert von 44,3 kU/l mit 13,7% befriedigend. Mit einem kommerziellen EIA betrug die systematische Abweichung unseres Laboratorium gegenüber dem Mittelwert des Gesamtkollektivs bei den in 14-tägigem Abstand durchgeführten Ringversuchen BC-08 der Fa. Wellcome in zwei Halbjahreszyklen durchschnittlich −4,1 bzw. −3,5% und zeigte damit auch bei wechselnden Reagenzchargen eine beachtliche Konstanz.

3.8b.3.5 Einheit

Da auch hochgereinigte AFP-Präparationen im Vergleich zu dem IARCStandard 72/225 (WHO Reference Preparation, Sizaret und Anderson, 1978) unterschiedliche Aktivitäten bei der Bindungsanalyse zeigen (Sizaret, 1979), wird empfohlen, die Ergebnisse von AFP-Bestimmungen in kU/l bzw. U/ml anzugeben. Für die Umrechnung in Masseneinheiten (µg/l bzw. ng/ml) kann demzufolge kein allgemein gültiger Umrechnungsfaktor angegeben werden. Er wird meistens vom Reagenzienhersteller in der Packungsbeilage angegeben und liegt in der Größenordnung zwischen 1 und 1,5.

Beispiel: Die Kalibrierung eines Enzymimmunassay für AFP erfolgt mit Kalibratorlösungen, die in ng/ml definiert sind.

Der Hersteller gibt an, daß 1,5 ng seines Kalibratorpräparates 1 U AFP entsprechen. Die in ng/ml erhaltenen Ergebnisse sind dann zur Umrechnung in kU/l mit 0,666 zu multiplizieren.

3.8b.3.6 Bereiche und Plausibilitätskontrolle

Tumordiagnostik: Als obere Grenze des Referenzbereiches für Gesunde wurden für den AFP-ELISA der Behringwerke 7 kU/l ermittelt (Dati et al., 1981). Vorübergehend leicht erhöhte AFP-Spiegel (bis 60 kU/l) können bei gutartigen Lebererkrankungen vorkommen (Weiss, 1978). Darüber liegende Werte sprechen für Tumorbefall, wobei Werte über 2000 kU/l für primäres Leberzellkarzinom oder einen teratogenen Tumor mit Dottersackstrukturen beweisend sind. Allerdings ist der AFP-Spiegel in größenordnungsmäßig 10% von primären Leberzellkarzinomen *nicht* erhöht. In extremen Fällen werden beim primären Leberzellkarzinom AFP-Spiegel über 1 000 000 kU/l gemessen. Bei derartigen extremen Erhöhungen kann ein falsch negatives Resultat erhalten werden (Antigenexzeß), sodaß bei ensprechendem Verdacht zusätzliche Untersuchungen mit vorverdünnter Probe angesetzt werden sollten. Dem Anwender sollte jedenfalls bekannt sein, wie die von ihm benutzte Methode sich bei Antigenexzeß verhält. Mässige AFP-Erhöhungen (bis 500 kU/l) beobachtet man sporadisch auch bei einigen anderen malignen Tumoren des Gastrointestinaltraktes (Wepsic und Kirpatrick, 1979).

Pränatales Screening: Die höchsten AFP-Konzentrationen treten im Blut des Feten auf, jeweils in größenordnungsmäßigen Abständen gefolgt von Amnionflüssigkeit und maternalem Serum. Die jeweiligen Konzentrationsgipfel liegen beim Feten gegen Ende des ersten Schwangerschaftstrimesters, im Fruchtwasser in der 13. bis 14. Schwangerschaftswoche und im maternalen Serum in der 31. bis 32. Schwangerschaftswoche. Für das pränatale Screening auf Neuralrohrdefekte (Anencephalie und Spina bifida) im maternalen Serum hat sich die 16. bis 18. Schwangerschaftswoche bewährt. Ein Serum-AFP-Spiegel oberhalb des 2,5-fachen Medianwertes oder oberhalb der 97. Perzentile des Referenzbereichs der entsprechenden Schwangerschaftswoche wird als verdächtig für eine Mißbildung angesehen. Eine Bestätigung des Befundes bei Wiederholungsuntersuchung (und richtig bestimmtem Gestationsalter) zieht die Ultraschalluntersuchung und Amniozentese nach sich. Der Verdacht wird erhärtet, wenn der AFP-Spiegel im Fruchtwasser oberhalb des 3- bis 3,5-fachen des Referenzbereiches dieses Gestationszeitpunktes liegt (Weitzel et al., 1982). Ein pathologischer AFP-Befund im Fruchtwasser kann durch die gelelektrophoretische Analyse der Acetylcholinesterase bestätigt werden (Smith et al., 1979).

3.8b.4 Carcinoembryonales Antigen

3.8b.4.0 Begriff und klinische Bedeutung

Als carcinoembryonales Antigen (CEA) wird eine Gruppe immunologisch und biochemisch eingehend studierter Glykoproteine bezeichnet (Übersicht siehe Wagener und Breuer, 1982). CEA wurde zunächst in Colonkarzinomgewebe und fetalem Darm, später auch im Serum von Patienten mit Tumorerkrankungen gefunden (Fuks et al., 1974). Wegen der Gefahr übertriebener diagnostischer Erwartungen wurden von Experten folgende Feststellungen getroffen (Summary of NIH Consensus Statement, 1981): infolge der unzureichenden Sensitivität und Spezifität ist die CEA-Bestimmung nicht zum ungezielten Screening bei asymptomatischen Fällen geeignet. Dagegen spricht bei klinischem Karzinomverdacht ein deutlich erhöhter CEA-Wert stark für Tumor. Viel wesentlicher ist jedoch die Bedeutung der CEA-Bestimmung in der postoperativen Überwachung von Patienten mit kolorektalen Tumoren: bei kurativer Therapie sinken erhöhte Werte kontinuierlich ab und bleiben niedrig; bei lokalem Rezidiv oder Metastasierung wird dagegen ein erneuter Anstieg oder das Ausbleiben der Normalisierung beobachtet.

3.8b.4.1 Methodenübersicht

Die niedrigen im Serum nachzuweisenden CEA-Spiegel erfordern hochempfindliche Analysenmethoden, wofür nur radiochemische oder ELISA-Techniken in Frage kommen. Die Methodenentwicklung war in den lezten Jahren noch sehr im Fluß. Abgesehen von dem Wunsch nach besserer Praktikabilität ist die Entwicklung von der Forderung bestimmt gewesen, die diagnostische Aussage durch bessere Spezifität und Sensitivität für Tumorerkrankungen zu verbessern. Wesentlich zu den erreichten Fortschritten hat die Hybridomtechnik zur Gewinnung monoklonaler Antikörpern beigetragen.

CEA-Präparationen: Gereinigte CEA-Päparationen werden als Antigen zur Antikörpergewinnung sowie als Kalibratoren und - bei den Radioimmunassays - auch als markierte Tracersubstanz benötigt. Die Methode der CEA-Präparation variiert bei den einzelnen Herstellern hinsichtlich Ausgangsmaterial (Kolon-Karzinommetastasen, Gewebekultur) und der Reinigungsprozedur. Zum Teil werden die gereinigten Produkte mit der ursprünglichen Präparation von Gold verglichen (Wagener und Breuer, 1980); zum Teil lehnen sich die Hersteller an die WHO-Referenzpräparation 2/22 J an, andere Firmen benutzen ein eigenes System.

CEA-Antikörper: Polyklonale Antisera gegen CEA müssen durch Absorption mit den bekannten kreuzreagierenden Antigenen CEA-spezifischer gemacht werden. Bei aus Hybridomzell-Linien gewonnenen monoklonalen Antikörpern hat sich die Spezifität für bestimmte Epitope des komplexen Antigens ermitteln lassen. Wenn auch kein monoklonaler Antikörper frei von Kreuzreaktivität gegenüber normalen Serumbestandteilen ist, kann doch durch Auswahl von zwei gegen verschiedene Epitope des CEA gerichteten monoklonalen Antikörpern eine hohe CEA-Spezifität im IRMA bzw. ELISA erreicht werden (Hedin et al., 1983).

Indirekte und direkte CEA-Bestimmung: Methoden mit polyklonalen Antisera erfordern wegen der Kreuzreaktionen mit anderen Serumbestandteilen eine Säurefällung, bei der die ungewöhnliche Säurelöslichkeit des CEA zur Abtrennung von Störsubstanzen ausgenutzt wird (indirekte Methoden). Die hohe Selektivität von monoklonalen Antikörpern ermöglicht es, Serum direkt in die Proteinbindungsanalyse mit den Vorteilen besserer Praktikabilität und Reproduzierbarkeit einzusetzen (Klee et al., 1984).

CEA-RIA, -IRMA oder -ELISA: Auf die zahlreichen technischen Varianten des Immunoassay kann hier nicht eingegangen werden, jedoch sind Methoden mit zwei CEA-spezifischen Antikörpern grundsätzlich von Vorteil (Davidson et al., 1985). Im übrigen sei auf die Ausführungen im Abschnitt 3.8b.3.1 verwiesen.

3.8b.4.2 Qualitätssicherung in der präanalytischen Phase

Bei der Blutentnahme sind weder eine besondere Vorbereitung des Patienten, noch die Einhaltung von Nüchternbedingungen erforderlich. Während bei der Zirkonylphosphatgel-Methode ausdrücklich EDTA-Plasma gefordert wurde, kann bei den neueren Festphasen-Immunoassays mit Serum oder EDTA-Plasma gearbeitet werden. Abzentrifugiertes Serum oder Plasma kann bei 4 bis 8° bis zu 24 Stunden gelagert werden; gefroren ist es bei $-18°$ mindestens 6 Monate haltbar. Bei Postver-

Tabelle 3.8 b-4: Ergebnisse der Qualitätskontrolle bei der CEA-Bestimmung mit dem CEA-EIA Monoclonal Abbott und Kontrollsera der Fa. Biorad (Einfachbestimmungen) über 22 Wochen

Chargen-Nr.	71111	71112	71113
n	22	22	22
Xq µg/l	3,01	21,17	31,91
s µg/l	0,16	1,5	2,42
VK %	5,4	7,1	7,6
Zielwert µg/l	3,05	21,6	32,1
Abweichung %	−1,2	−2,0	−0,6

sand wird Trockeneiskühlung empfohlen, wenn mit Temperaturen über 45° zu rechnen ist.

3.8b.4.3 Interne Qualitätskontrolle

Sorgfältige Systemkontrollen des benutzten Immunassays, wie im Kapitel 3.8a und im Abschnitt 3.8b.3.1 beschrieben, sind zur Erzielung qualifizierter Ergebnisse bei der CEA-Bestimmung unumgänglich. Um zuverlässige postoperative CEA-Verlaufskontrollen liefern zu können, ist es besonders wichtig, daß das Labor die Reproduzierbarkeit seiner Methode kennt und ständig beobachtet. **Tabelle 3.8 b-4** zeigt die Präzisionskontrolldaten des eigenen Laboratoriums über einen Zeitraum von 22 Wochen mit dem CEA-EIA monoclonal der Fa. Abbott. Mit dem früher benutzten indirekten CEA-EIA mit Hitzpräzipitation sind von uns deutlich größere Streuungen erhalten worden. Auch die Abweichung der Mittelwerte von den „assigned values" der benutzten Kontrollsera hält sich in engen Grenzen.

3.8b.4.4 Externe Qualitätskontrolle

Eine vom amerikanischen National Cancer Institut geförderte Studie der Vergleichbarkeit der CEA-Resultate ergab für eine Reihe von normalen und pathologischen Proben mit unterschiedlichen RIA-Verfahren bereits 1974 immerhin Übereinstimmung in der diagnostischen Aussage. Weil weiterhin eine Vielfalt von Methodenvarianten mit unterschiedlichen Antikörpern, Kalibratorpräparationen und Assaytechniken in Gebrauch ist, zeigte ein 1982 von INSTAND durchgeführter Ringversuch, bei dem die Wiederfindung von zugesetztem CEA geprüft wurde, doch beachtliche Unterschiede für die einzelnen Testkits. Neben den systematischen Abweichungen wird bei den Ringversuchszyklen BC-08 der Fa. Wellcome durch wiederholte Analyse der gleichen Proben auch die Reproduzierbarkeit (unter Blindbedingungen) in verschiedenen Konzentrationsbereichen geprüft. Von uns ist beispielsweise in einem Zyklus mit dem CEA-EIA monoclonal einen mittlerer VK von 10,0% erreicht worden. Im Durchschnitt aller von den Teilnehmern angewendeten Methoden hat der VK 16,0% betragen und damit nicht gerade „überwältigende" Präzision gezeigt.

3.8b.4.5 Einheit

Üblicherweise werden CEA-Konzentrationen in µg/l bzw. ng/ml angegeben. Weil die mit verschiedenen Methoden erhaltenen Ergebnisse nicht vergleichbar sind, soll die angewendete Methode zusammen mit dem Referenzbereich im Befund angegeben werden. Einzelne Hersteller kalibrieren ihre Methode auch unter Bezugnahme auf die 1 st I. R. P CEA,human 73/601 der WHO und geben das Analysenresultat in mU/ml an. Dabei ist aber zu beachten, daß die fehlende Vergleichbarkeit weniger auf unterschiedlicher Kalibration als auf Verschiedenheit der Antikörper und des Aufbaus der Immunoassays beruht (Davidson et al., 1985).

3.8b.4.6 Bereiche und Plausibilitätskontrolle

Je nach CEA-Kalibrator, Antikörperspezifitäten und Methodologie (z. B. direkte/indirekte Verfahren) werden unterschiedliche Referenzbereiche erhalten. Bei den meisten CEA-Methoden liegen die für Raucher ermittelten Bereiche um den Faktor 2 bis 3 höher als bei Nichtrauchern. Dies gilt teilweise auch für Methoden mit zwei monoklonalen Antikörpern (Abbott-EIA-monoclonal, Produktinformation 83-0655/R5). Bei einer Reihe von gutartigen Erkrankungen (Hepatitis, ulzeröse Colitis) erhält man mäßig erhöhte CEA-Spiegel. Neu entwickelte CEA-Tests mit entsprechend ausgewählten und kombinierten monoklonalen Antikörpern reagieren hierauf weniger stark (Hedin et al., 1983; Liu et al., 1985). Die Sensitivität des benutzten CEA-Tests für die einzelnen Tumorarten sollten dem Anwender bekannt sein. Beispielsweise kann bei vergleichbarer Sensitivität zweier CEA-Testbestecke für kolorektale Tumoren die Sensitivität hinsichtlich Pankreastumoren signifikant verschieden sein.

Postoperative Verläufe: Bei kurativer Operation normalisieren sich erhöhte CEA-Spiegel innerhalb von 1 bis 2 Wochen, gelegentlich auch erst nach 20 Tagen. Steile Anstiege im postoperativen Verlauf sprechen für Metastasierung, langsame kontinuierliche Anstiege für Lokalrezidiv. Auch ohne neues Tumorwachstum können im weiteren postoperativen Verlauf leichte Schwankungen der CEA-Werte beobachtet werden (Staab et al., 1982).

3.9 Steroidhormonrezeptoren

Hans Bojar (Düsseldorf)

3.9.0 Einleitung

Hormonrezeptoren sind Proteine, über die Hormone ihre biologische Wirkung entfalten. Als Mittler zwischen Hormon und intrazellulärem Stoffwechsel der Zielzelle hat der Rezeptor eine Doppelfunktion:

- Signalerkennung auf der Grundlage stereospezifischer Wechselwirkungen zwischen Hormon und Hormonbindungszentrum des Rezeptors (strukturelle Komplementarität, Schlüssel-Schloß-Beziehung) und
- Signalumwandlung, wobei die durch Hormonbindung bewirkte Strukturänderung des Rezeptormoleküls es befähigt, definierte metabolische Programme in den Zielzellen abzurufen.

Im Gegensatz zu den plasmamembranständigen Rezeptoren für Proteohormone und Katecholamine sind die Steroidhormonrezeptoren im Zellinnern lokalisiert. Den verschiedenen Klassen der Steroidhormone entsprechend werden 5 verschiedene Steroidhormonrezeptoren unterschieden: Androgen-, Gestagen (Progesteron)-, Östrogen-, Glucocorticoid- und Mineralocorticoidrezeptoren.

Die bisher gültige Vorstellung des Wirkmechanismus der Steroidhormone, die auf Erkenntnissen auf der Basis des klassischen Radioliganden-Bindungs-Assays (RBA) beruht, ist am Beispiel der Östrogene exemplarisch und stark vereinfacht in **Abbildung 3.9-1** dargestellt.

Der zunächst im Zytoplasma lokalisierte freie Hormonrezeptor bindet mit hoher Affinität nicht-kovalent (d.h. reversibel) das entsprechende Hormon. Das Hormonbindungszentrum des Rezeptors reagiert dabei selektiv mit der entsprechenden Klasse der Steroidhormone (hier: Östrogene). Nur Zellen von Zielgeweben des jeweiligen Hormons verfügen über die zugehörigen Rezeptoren. Der gebildete Hormonrezeptorkomplex wird transformiert (aktiviert) und anschließend in den Kern übertragen (Translokation). Durch Bindung an spezifische Akzeptorproteine des Chromatins aktiviert der Komplex die Transkription bestimmter Gene und induziert damit nach dem Export der gebildeten m-RNA (Boten-RNA) zum ribosomalen Apparat der Proteinbiosythese im Zytoplasma die Synthese verschiedener Proteine (z.B. Enzyme). Über die Regulation der Genaktivität steuern Steroidhormone Wachstum, Differenzierung und metabolische Aktivität ihrer Zielgewebe.

Unter der Annahme, daß die mittels neuer immunhistochemischer Östrogenrezeptorbestimmung beobachtete ausschließlich nukleare Rezeptorlokalisation die wahre subzelluläre Verteilung reflektiert, muß die Vorstellung vom Wirkmechanismus der Steroidhormone korrigiert werden. Nach den neuen Erkenntnissen werden die Hormonrezeptor-Komplexe nicht primär im Zytoplasma, sondern direkt im Zellkern gebildet (**Abbildung 3.9-2**). Eine Translokalisation des Komplexes aus dem Zytoplasma in den Zellkern findet somit gar nicht statt. Das Hormon tritt ohne Bindung an den Rezeptor in den Kern ein, wo es den Rezeptor in niederaffiner Chromatinbindung vorfindet. Nach der Bildung des Hormonrezeptor-Komplexes erhöht sich die Affinität des Rezeptors zum Chromatin. Dieser Prozeß führt in nicht näher definierter Weise zur Genaktivierung.

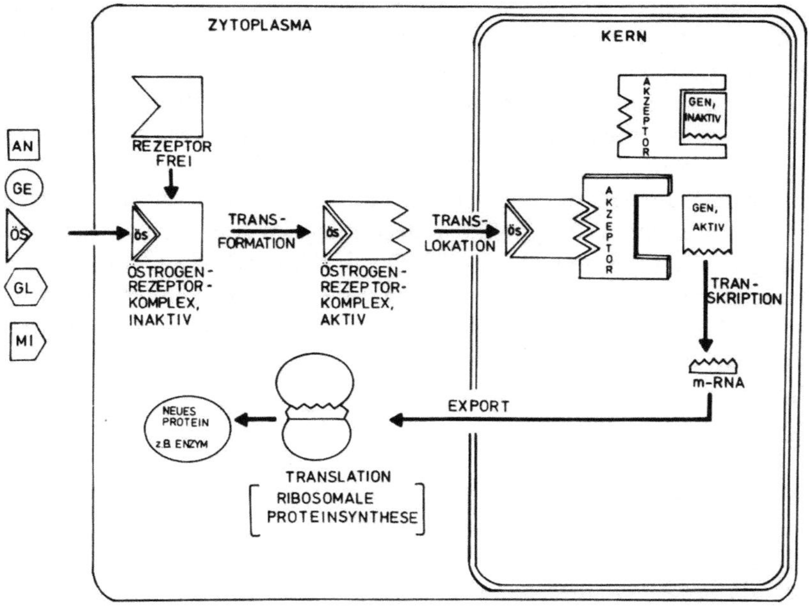

Abbildung 3.9-1: Klassisches Modell des Wirkungsmechanismus der Steroidhormone am Beispiel der Östrogene.
GE = Gestagene, AN = Androgene, ÖS = Östrogene,
GL = Glucocorticoide, MI = Mineralocorticoide

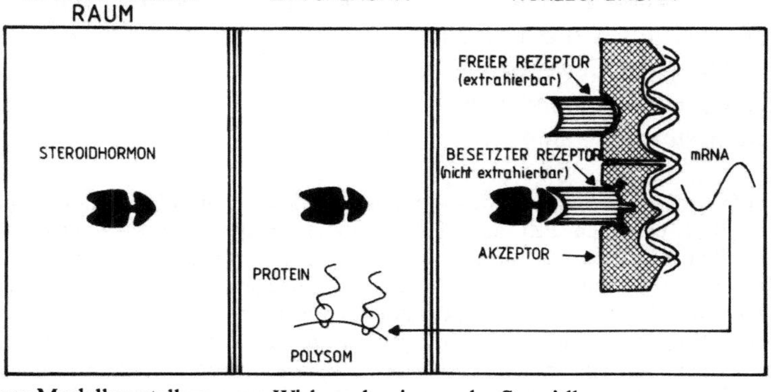

Abbildung 3.9-2: Neue Modellvorstellung zum Wirkmechanismus der Steroidhormone

Die klassischen *Nachweismethoden* für Steroidhormonrezeptoren beruhen auf der Darstellung der Rezeptoren über die Bindung tritiierter oder ^{125}J-markierter Steroidhormone. Zu den zuverlässigsten und reproduzierbarsten Verfahren zur Steroidhormonrezeptorbestimmung gehören der Mehrpunkt-Dextrankohle-Assay (mit Auswertung der Bindungsdaten nach der Methode von Scatchard (1979)) und die Saccharose-Gradientenzentrifugation (DeSombre et al., 1979). Seit neuestem ist

der Östrogenrezeptornachweis und in Kürze auch der Progesteronrezeptornachweis sowohl biochemisch (ER-EIA) als auch histochemisch (ER-ICA) unter Verwendung von monoklonalen Antikörpern möglich.
Klinische Bedeutung hat die Steroidhormonrezeptoranalytik für die endokrine Therapie des metastasierten Mammakarzinoms, da es das Verfahren erlaubt, mit bislang unübertroffener Trennschärfe prätherapeutisch Patientinnen mit hormonabhängigen Tumoren zu erkennen. Im Vordergrund steht dabei die Bestimmung des Östrogenrezeptors. Die prädiktive Bedeutung des Tests wird durch zusätzliche Messung des Gestagenrezeptors erhöht. Die Erklärung für die Optimierung dürfte darin zu suchen sein, daß die Synthese des Gestagenrezeptors unter östrogener Kontrolle steht. Das zusätzliche Vorhandensein des Gestagenrezeptors weist darauf hin, daß der Östrogenrezeptor und alle nachgeordneten Mechanismen der Östrogenwirkung intakt sind.

3.9.1 Methodik

Die methodischen Richtlinien basieren, soweit der klassische RBA betroffen ist, auf Standardisierungsempfehlungen der „E.O.R.T.C. Breast Co-operative Group" (1980) und der deutschen „BMFT-Planungsgruppe zur Vereinheitlichung der Steroidhormon-Rezeptoranalytik", die seit 1979 Qualitätskontrollen im Bundesgebiet durchführt (Bojar, 1984).

3.9.1.1 Aufbereitung der Gewebeproben in der Klinik (**Abbildung 3.9-3**)

Für eine komplette Östrogen- und Gestagenrezeptorbestimmung mittels Mehrpunkt-Dextrankohle-Methode werden mindestens 0,5 g Tumormaterial (Feuchtgewicht) benötigt. 0,1 g Tumorgewebe reichen aus, um beide Hormonrezeptoren durch Gradientenzentrifugation bzw. immunbiochemisch zu bestimmen. Adäquate Kühlung des Gewebes (wegen ausgeprägter Thermolabilität der Rezeptoren in den Gewebeproben) und eine repräsentative histologische Befundung des Untersuchungsmaterials sind unverzichtbar.

Sofort nach Entnahme soll das Tumormaterial in einer auf Eis liegenden Schale von unerwünschten Begleitgeweben (Fett- und Bindegewebe) freipräpariert werden. Nicht sorgfältige Präparation des für die Rezeptorbestimmung vorgesehenen Tumorgewebes kann die Analysenergebnisse verfälschen. Das den Tumor umgebende Fett- und Bindegewebe ist östrogen-, gestagen- und androgenrezeptornegativ. Enthält die eingesandte Gewebeprobe neben dem Tumormaterial beispielsweise auch Fettgewebe, sind bei einem rezeptornegativen Tumor dadurch keine falschpositiven Analysenergebnisse zu befürchten. Problematisch ist die Situation, in der ein rezeptorpositiver Tumor von größeren Anteilen (rezeptornegativem) Fett- und Bindegewebe umgeben ist, dessen lösliche Zellproteine nach Pulverisieren der Gewebeprobe mit extrahiert werden. Da die überwiegende Anzahl der Laboratorien als Bezugssystem für die Angabe der Rezeptorkonzentrationen Zytosolprotein verwendet, ermitteln die Rezeptorlaboratorien in der oben beschriebenen Situation fälschlich zu niedrige Bindungskapazitäten. Im Extremfall könnte daraus ein falsch rezeptornegativer Befund resultieren.

Kann die histologische Befundung nicht in der jeweiligen Klinik selbst durchgeführt werden, muß das Tumorgewebe auf Eis in einem Isolierbehälter (Dewargefäß, Styroporbehälter) unverzüglich dem Pathologen zugeführt werden.

Unmittelbar nach Gewebsentnahme für die Histologie soll das für die Rezeptorbestimmung vorgesehene Gewebe unter Trockeneiskühlung in einem isolierten Transportbehälter dem Rezeptorla-

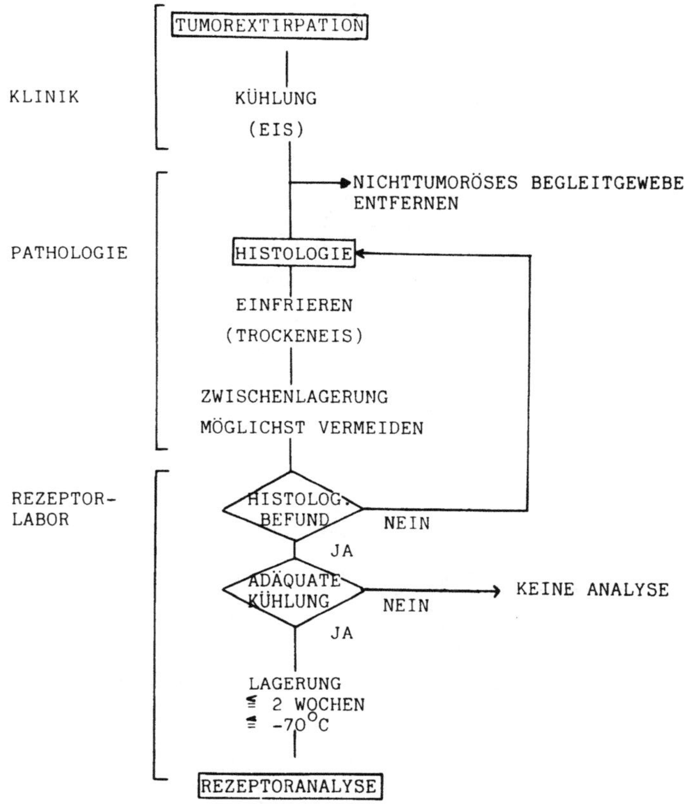

Abbildung 3.9-3: Aufbereitung der Gewebeproben in der Klinik

bor zugeleitet werden. Die Zeit von der Entnahme der Gewebeprobe bis zum Einfrieren des Tumors sollte bei ununterbrochener Kühlung 30 Minuten nicht überschreiten. Um die Lagerzeit des Tumorgewebes bis zur Rezeptorbestimmung kurz zu halten, ist ein Zwischenlagern der Proben in den angeschlossenen Kliniken möglichst zu vermeiden.

Rezeptorbestimmungen sollen nicht nach Unterbrechung der Kühlkette, irrtümlicher Fixierung des Gewebes mit z. B. Formaldehyd und bei Fehlen eines für die eingesandte Probe selbst repräsentativen histopathologischen Befundes durchgeführt werden. Durch die in der Histologie üblichen Fixationsmittel wie z. B. Formalin werden die Rezeptorproteine so denaturiert, daß ihre Fähigkeit zur hochaffinen Steroidbindung verloren geht. Fixation des Gewebes führt deshalb zu falsch negativen Rezeptorbefunden.

3.9.1.2 Zytosolpräparation (**Abbildung 3.9-4**)

Gewöhnlich wird die Steroidhormonrezeptoranalytik in Tumorzytosol durchgeführt.

Größere Tumorstücke werden zunächst im tiefgefrorenem Zustand vorzerkleinert (z. B. mit starker Aluminiumfolie umhüllen und mittels Hammer zerschlagen).

Zur Herstellung des Zytosols wird zunächst das tiefgefrorene Tumorgewebe unter Kühlung durch flüssigen Stickstoff mit Hilfe eines Mikro-Dismembrators (Braun Melsungen AG) pulveri-

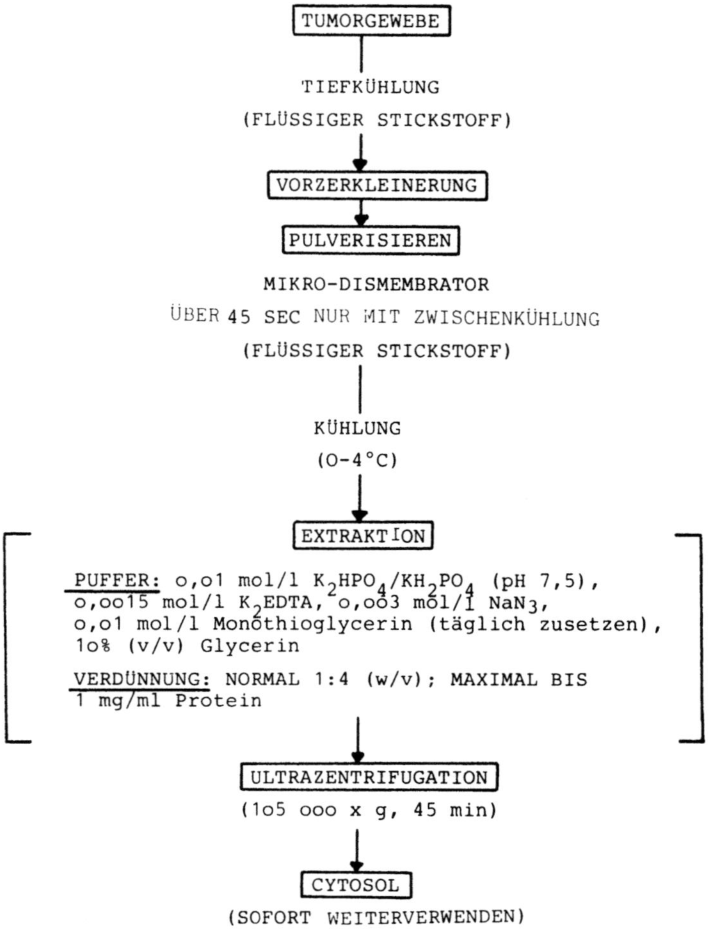

Abbildung 3.9-4: Zytosolpräparation

siert. Hierbei ist auf ausreichende Tiefkühlung zu achten (ohne Zwischenkühlung nicht länger als 45 Sekunden homogenisieren; nach dem Pulverisieren darauf achten, ob das Pulver angetaut erscheint). Anschließend wird das Pulver bei 0 bis 3° mit folgendem Puffer extrahiert: 0,01 mol/l K_2 HPO_4/KH_2 PO_4 (pH 7,5), 0,0015 mol/l K_2 EDTA, 0,003 mol/l NaN_3, 10% (v/v) Glycerin, 0,01 mol/l Monothioglycerin (am Tag der Analyse hinzufügen). Nach Möglichkeit wird eine Verdünnung von 1:4 angestrebt. Muß stärker verdünnt werden, sollte darauf geachtet werden, daß dabei im Tumorzytosol eine Proteingrenzkonzentration von 1 mg/ml nicht unterschritten wird. Da mit unspezifischer Adsorption von Proteinen an die später zur Abtrennung des nicht gebundenen Hormons verwendete Dextrankohle zu rechnen ist, besteht vor allem bei geringem Gesamtproteingehalt des Zytosols die Gefahr der Adsorption von Hormonrezeptorkomplexen an die Kohle und damit im Extremfall falsch negativer Analysenergebnisse. Aus dem Homogenat wird durch Ultrazentrifugation (105000xg, 45 Minuten) Zytosol gewonnen. Das gewonnene Zytosol soll unter Beachtung kontinuierlicher Kühlung (0 bis 3°) sofort weiterverwendet werden, um einen Rezeptorverlust zu vermeiden, der besonders ausgeprägt ist, wenn die Rezeptoren nicht durch Hormonbindung stabilisiert sind. Zytosolfraktionen lassen sich nicht ohne Verlust an Rezeptorbindungsaktivität für spätere Analysen einfrieren.

3.9.1.3 Hormone

Die Wahl der geeigneten Hormone gehört zu den kritischen Punkten der Hormonrezeptorbestimmung. Natürlich vorkommende Hormone haben zumeist den gravierenden Nachteil, daß sie nicht nur an den jeweiligen Hormonrezeptor, sondern auch an verschiedene Transportproteine für Steroidhormone gebunden werden, die infolge unvermeidbarer und variierender Serumkontamination in der Zytosolfraktion anwesend sind.

So ist zum Beispiel Progesteron für die Bestimmung des Progesteronrezeptors ungeeignet, weil es auch an Transcortin bindet. Cortisol kann aus dem gleichen Grund nicht zur Markierung des Glucocorticoidrezeptors verwendet werden. Radioaktives 17 β-Östradiol, das außer mit Rezeptoren auch mit Sexhormon-bindendem Globulin (SBG) einen Komplex bildet, ist nur in Kombination mit unmarkiertem Diäthylstilböstrol (DES) zur Rezeptoranalytik geeignet, da DES das radioaktive 17 β-Östradiol nur aus seiner Rezeptorbindung verdrängt. Der Anteil des an SBG gebundenen 17 β-Östradiols wird dadurch als unspezifische Bindung erkannt. Als Liganden (radioaktives Hormon/unmarkiertes Hormon) empfehlen sich für den Gestagenrezeptor (^{3}H) R5020/R5020 (New England Nuclear), oder (^{3}H) ORG 2058/ORG 2058 (Amersham), den Glucocorticoidrezeptor (^{3}H) Dexamethason/Dexamethason und den Androgenrezeptor (^{3}H) R1881/R1881 (New England Nuclear). Bei der Analyse des Androgenrezeptors empfiehlt es sich, allen Ansätzen unmarkiertes Triamcinolonacetonid zuzusetzen, um eine Kreuzreaktion von R1881 mit dem Gestagenrezeptor

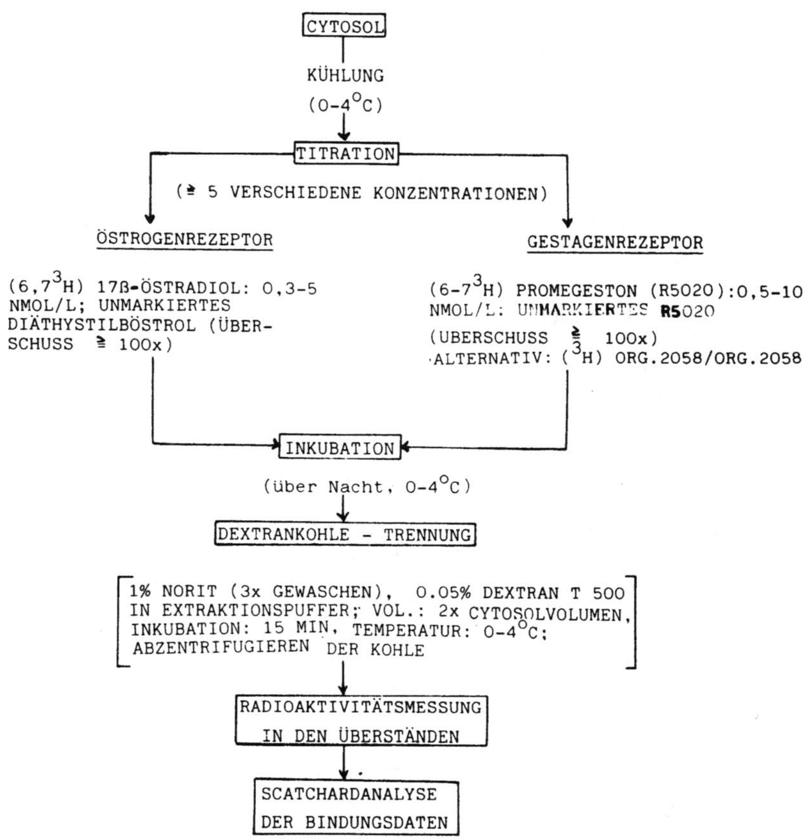

Abbildung 3.9-5: Mehrpunkt-Dextrankohle-Assay

und in geringerem Umfang mit dem Glucocorticoidrezeptor zu verhindern. Anstelle des tritiummarkierten 17 β-Östradiols kann auch ^{125}J-markiertes Östradiol benutzt werden. Die Reinheit der markierten Liganden ($>$ 95%) soll bei Erhalt und später bei zweifach tritriierten Hormonen monatlich, bei höherem Markierungsgrad wöchentlich überprüft werden.

Um Radiolyseschäden auf ein Minimum zu reduzieren, empfiehlt es sich, die kommerziellen Präparate unmittelbar nach Erhalt weiter zu verdünnen. Wäßrige Gebrauchslösungen der radioaktiven Liganden sollten nur für den Tagesbedarf angesetzt werden.

3.9.1.4 Mehrpunkt-Dextrankohle-Assay (**Abbildung 3.9-5**)

Beim Mehrpunkt-Dextrankohle-Assay wird Tumorzytosol zur Bestimmung der totalen Hormonbindung mit steigenden Konzentrationen (6 Punkte) des radioaktiven Steroidhormons (^{3}H) 17 β-Östradiol 0,3 bis 5 nmol/l; (^{3}H) R5020 0,5 bis 10 nmol/l, alternativ (^{3}H) ORG 2058 über Nacht bei 0 bis 3° inkubiert.

Zur Ermittlung der unspezifischen Bindung werden bei jeder Konzentration des tritiummarkierten Steroids Parallelansätze mitgeführt, die zusätzlich zum radioaktiven Hormon einen mindestens 100-fachen Überschuß an unmarkiertem Steroid enthalten. In diesen Parallelansätzen wird durch das nichtradioaktive Hormon eine so hohe Isotopenverdünnung (Abnahme der molspezifischen Aktivität) des tritiummarkierten Steroids herbeigeführt, daß in Anbetracht der geringen Hormonbindungskapazität (niedrige Rezeptorkonzentration) der Zytosole eine Bindung des radioaktiven Steroids an Rezeptoren nicht mehr meßbar ist. Dextrankohle-Reagenz wird am Ende der Inkubationszeit zur Abtrennung des freien Steroids verwendet.

Das Dextrankohle-Reagenz enthält 1% Norit A (3 × durch Zentrifugation in Extraktionspuffer gewaschen) und 0,05% Dextran T500 (oder T70) in Extraktionspuffer. Das Volumenverhältnis Zytosol : Dextrankohle-Reagenz beträgt 1:2. Die Suspension sollte 15 Minuten bei 0 bis 3° unter vorsichtigem Schütteln inkubiert werden. Nach Abzentrifugieren der Kohle wird die Radioaktivität in den Überständen gemessen. Die Differenz zwischen der totalen und unspezifischen Bindung wird als spezifische Bindung (= Rezeptorbindung) bezeichnet.

3.9.1.5 Scatchard-Analyse (Abbildung 3.9-6)

Die Ermittlung der scheinbaren Dissoziationskonstanten und der maximalen Bindungskapazität wird dann nach der Methode von Scatchard (1949) durchgeführt.

Ein typisches Titrationsexperiment ist in **Abbildung 3.9-6** dargestellt.
Abbildung 3.9-6a zeigt die Abhängigkeit der Gesamtbindung (totale Bindung) und der unspezifischen Bindung von der Konzentration des eingesetzten Hormons. Die spezifische Bindung als Differenz zwischen Gesamtbindung und unspezifischer Bindung ist dann zur Ermittlung der Bindungsparameter nach der Methode von Scatchard herangezogen worden. In **Abbildung 3.9-6b** ist der Quotient aus den Konzentrationen des gebundenen und freien Hormons gegen die Konzentration des gebundenen Hormons aufgetragen worden. Bei der Steroidhormonrezeptor-Analytik zeigt ein solcher Scatchard-Plot im allgemeinen eine Gerade, deren Steigung gleich $-1/K_D$ ist und deren extrapolierter Schnittpunkt mit der Abszisse die maximale Bindungskapazität (R_{total}) angibt. Im niedrigen Konzentrationsbereich können Scatchard-Plots bei der Steroidhormonrezeptor-Analytik gelegentlich vom geraden Kurvenverlauf abweichen. In solchen Fällen beobachtet man zunächst einen ansteigenden Verlauf, der bei höheren Steroidhormonkonzentrationen erst in die bekannte absteigende Gerade übergeht. Da bekannt ist, daß Steroidhormonrezeptoren durch die Hormonbindung stabilisiert werden, nimmt man heute an, daß die oben beschriebenen Kurvenverläufe durch die verminderte Stabilität der Rezeptoren in Gegenwart niedriger Hormonkonzentrationen zustande kommen.

3.9.1.6 Östrogenrezeptornachweis mittels monoklonaler Antikörper

Für den Östrogenrezeptornachweis stehen monoklonale Antikörper zur Verfügung, auf deren Grundlage von Abbott Laboratories kommerzielle Assays sowohl für den biochemischen als auch histochemischen Nachweis entwickelt wurden.

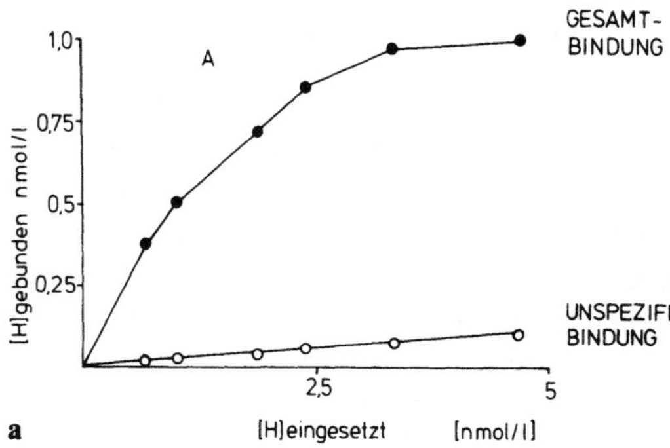

a

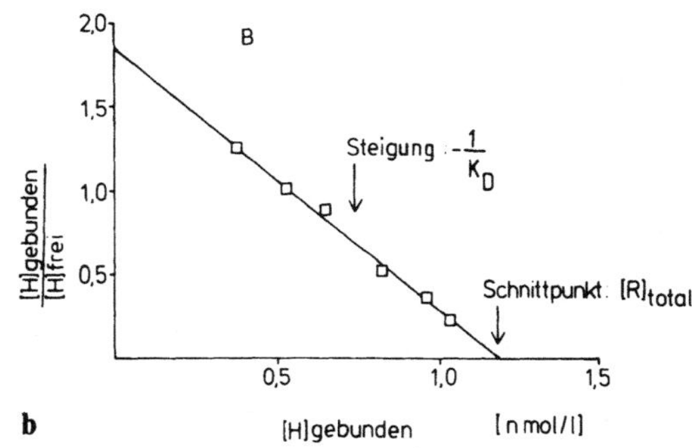

b

Abbildung 3.9-6: **a** Titrationskurve und **b** daraus abgeleitetes Scatchard-Diagramm

Bei der immunbiochemischen Bestimmung handelt es sich um einen Solid-Phase-Enzyme-Immunoassay nach dem Sandwich-Prinzip. Es werden zwei monoklonale Antikörper gegen unterschiedliche Epitope des Östrogenrezeptors verwendet. Der erste Antikörper verankert den Rezeptor auf der Festphase (Kugel), der zweite Antikörper, mit Merettichperoxidase markiert, dient zur enzymatischen Messung der Menge des gebundenen Östrogenrezeptors.

Der immunhistochemische Östrogenrezeptornachweis basiert auf der von Sternberger et al. (1970) beschriebenen Peroxidase/Antiperoxidase-Methode und lokalisiert den Östrogenrezeptor in Gefrierschnitten.

3.9.1.7 Bezugssystem

Von den verschiedenen Bezugssystemen (Feuchtgewicht, DNA- und Proteingehalt), die zur Angabe der Rezeptorkonzentration verwendet werden, benutzen die meisten Laboratorien den Proteingehalt des Tumorzytosols.

Die Proteinbestimmung erfolgt dabei fast ausschließlich nach der Methode von Lowry et al. (1951) oder Bradford (1976). Viele Laboratorien bevorzugen inzwischen die einfachere Bradford-Methode. Bei Verwendung der Lowry-Methode muß unbedingt berücksichtigt werden, daß Monothioglycerin (Bestandteil des Extraktionspuffers) gleichfalls eine positive Farbreaktion gibt. Deshalb läßt sich die Proteinbestimmung nach Lowry nur in stark verdünnten Zytosolen (1:100 mit physiologischer Kochsalzlösung) durchführen, wobei Reagenzienleerwerte mit entsprechend verdünntem Extraktionspuffer mitzuführen sind. KABI-Humanserumalbumin wird als Proteinstandard empfohlen. Da Zytosolpräparationen eine unterschiedlich starke Serumkontamination aufweisen, erscheint es notwendig, das ermittelte Gesamtzytosolprotein um den Serumprotein- oder zumindest den Serumalbuminanteil zu korrigieren. Zur Albuminbestimmung werden im allgemeinen NOR-Partigen-Abumin-Immundiffusionsplatten (Behring, Marburg) verwendet.

3.9.2 Bewertung der Rezeptorbefunde

Der für einen positiven Rezeptorbefund angenommene Schwellenwert variiert weltweit zwischen 10 und 20 fmol/mg Zytosolprotein. Nach Lippmann und Allegra (1980) besteht eine Korrelation zwischen der Östrogenrezeptorkonzentration und der Ansprechrate auf endokrine Therapie. Mammakarzinome mit einem Östrogenrezeptorgehalt < 10 fmol/mg Zytosolprotein sprechen nur zu 9% auf hormonelle Manipulationen an. Mit zunehmender Rezeptorkonzentration steigt dann die Ansprechrate, wobei Mammakarzinome mit einer Rezeptorkonzentration > 50 fmol/mg Zytosolprotein Ansprechraten von 77% aufweisen. Wird zusätzlich der Progesteronrezeptorgehalt berücksichtigt, werden nach einer Literaturübersicht von Wander (1984) die im folgenden aufgeführten Ansprechraten gefunden:

Ansprechraten auf endokrine Therapie in Abhängigkeit vom Rezeptorstatus
ER = Östrogenrezeptor, PgR = Progesteronrezeptor

ER+/PgR+	ER+/PgR−	ER−/PgR+	ER−/PgR−
73%	24%	43%	7%

Wie oben dargelegt, sprechen nicht alle östrogen- und progesteronrezeptorpositiven Tumoren auf endokrine Therapie an. Eine mögliche Erklärung dafür könnte ein inhomogener Aufbau des Tumors aus rezeptorpositiven und -negativen Zellen sein. Die Therapieresistenz einer Reihe von biochemisch rezeptorpositiven Mammakarzinomen könnte auf das Überleben rezeptornegativer Tumorzellsubpopulationen zurückzuführen sein. Die Fähigkeit des immunhistochemischen Assays, solche Mosaikstrukturen aufzudecken, qualifiziert diese Methode zu einer wichtigen Zusatzmethode zu den biochemischen Verfahren. Nach vorliegenden Untersuchungen (Bojar, 1986) besteht darüber hinaus eine gute qualitative Übereinstimmung zwischen den biochemischen und histochemischen Untersuchungsergebnissen. Die alleinige Anwendung des histochemischen Assays erscheint allerdings zur Zeit nur dann gerechtfertigt, wenn die Gewebsmenge nicht für eine biochemische Analyse ausreicht.

Weiterhin gehören zu den bei der Bewertung der Rezeptorbefunde zu berücksichtigenden Kriterien folgende in-vivo-Faktoren:
- der Hormonstatus der Patientin zum Zeitpunkt der Tumorentnahme
- endokrine, zytostatische und radiologische Therapien unmittelbar vor bzw. zum Zeitpunkt der Tumorentnahme.

Endogene Hormonspiegel, sowie die Serumkonzentration von Hormonen und Antihormonen bei additiver endokriner Therapie, beeinflussen den meßbaren Anteil der Rezeptoren. Mit der Mehrpunkt-Dextrankohle-Methode werden nur freie, d.h. nicht durch Hormone oder Antihormone besetzte Rezeptoren nachgewiesen. Auch bei der biochemischen Östrogenrezeptorbestimmung mittels monoklonaler Antikörper werden nicht, wie ursprünglich erwartet, zusätzlich in vivo präformierte Östrogenrezeptorkomplexe erfaßt. Bei der Zytosolherstellung mit Standard-Zytosolpuffern niedriger Salzkonzentration werden, wie durch die neue Modellvorstellung des Wirkmechanismus der Steroidhormonrezeptoren deutlich wird, nur die freien, locker gebundenen Rezeptoren extrahiert, während die fest verankerten Hormonrezeptoren-Komplexe im Kernsediment verbleiben.

Bei prämenopausalen Patientinnen wird die Tumorentnahme während der frühen Proliferationsphase empfohlen (Maass, 1983), da die hohen endogenen Östradiolspiegel in der lutealen Phase die Konzentration der meßbaren Östrogenrezeptoren senkt.

Das Antiöstrogen Tamoxifen blockiert den Östrogenrezeptor und entzieht ihn somit auch dem Nachweis (Michel und Bastert, 1983; Hüll et al., 1983; Koenders et al., 1980). Noch ein bis zwei Monate nach der Therapie ist wegen der langen biologischen Halbwertzeit des Tamoxifens mit falsch negativen bzw. falsch zu niedrigen Östrogenrezeptorergebnissen zu rechnen (McGuire, 1983). In dieser Situation ist der histochemische Assay den biochemischen Verfahren überlegen, weil auch mit Tamoxifen blockierte Hormonrezeptoren erfaßt werden.

Tamoxifen induziert dagegen die Synthese des Gestagenrezeptors. Dies ist allerdings nur in Gegenwart niedriger Östrogenspiegel zu beobachten, so daß der Effekt sich gelegentlich bei postmenopausalen Patientinnen zeigt (Bojar und Audretsch, 1986; Michel und Bastert, 1983). Bei Mammakarzinomen prämenopausaler Patientinnen kann Tamoxifen den Progesteronrezeptorgehalt des Gewebes reduzieren (Bojar und Audretsch, 1986).

Auch eine Therapie mit Medroxyprogesteronazetat (MPA) beeinträchtigt die Nachweisbarkeit der Östrogen- und Gestagenrezeptoren (Michel und Bastert, 1983). MPA reduziert die Östrogenrezeptorkonzentration und besetzt den Gestagenrezeptor.

Rezeptorverluste sind ebenfalls bei einer Tumorentnahme unmittelbar nach radiologischer und zytostatischer Therapie zu erwarten (Bressot et al., 1979; Michel und Bastert, 1983). Als Ursache dafür ist nicht eine besondere Empfindlichkeit rezeptorpositiver Zellen gegenüber beiden Therapiemodalitäten anzunehmen, sondern die Zunahme devitalen Tumorgewebes mit einem überproportionalen Verlust der labilen Rezeptorproteine im Vergleich zu den übrigen Gewebsproteinen, die als Bezugssystem für die Konzentrationsangabe der Rezeptoren dienen.

3.9.3 Qualitätskontrolle

Die Onkologische Chemie der Universität Düsseldorf stellt seit 1979 Qualitätskontrollpräparate für die klassische Steroidhormonrezeptor-Analytik her (Bojar et al., 1980) und leitet seit dieser Zeit Ringversuche zur externen Qualitätskontrolle der Routine-Rezeptoranalytik in der Bundesrepublik (Bojar, 1984).

Die Bedeutung der Ringversuche zur Qualitätsverbesserung und Qualitätssicherung der Hormonrezeptoranalytik kann anhand der in **Tabelle 3.9-1** mitgeteilten Variationskoeffizienten ersehen werden.

Dabei zeigt sich, daß durch eine systematische Qualitätskontrolle und Standardisierung der Methoden entsprechend den dargestellten Richtlinien und eine Beratung der Laboratorien bei methodischen Problemen die Variationskoeffizienten für die Östrogen- und Gestagenrezeptorbestimmung stetig verbessert werden können. Insbesondere sind Fehler bei der Proteinbestimmung und der Bestimmung des Wirkungsgrades der Flüssigkeitsszintillationszähler aufgedeckt worden.

Tabelle 3.9-1: Variationskoeffizienten der Ringversuche in Prozent 1984/85

Ringversuch	I/84	II/84	III/84	I/85	II/85
Östrogenrezeptor	83	55	42	36	35
Gestagenrezeptor	115	64	45	46	42
Proteinkontrolle	31	*	26	22	12
Efficiency-Check	39	*	41	22	30

* nicht analysiert

Vor der Markteinführung des neuen immunbiochemischen Nachweisverfahrens für den Östrogenrezeptor wurde ein Methodenvergleich zwischen diesem und dem konventionellen Mehrpunkt-Dextrankohle-Verfahren durchgeführt (Bojar, 1986; Leclercq et al., 1986), wobei Qualitätskontrollproben aus lyophilisiertem humanen Mammakarzinomzytosol verwendet wurden. In Bezug auf Intraassay-Variationen (ER-RBA: 4,9%; ER-EIA: 2,2%) und Interassay-Variationen (ER-RBA: 9,2%; ER-EIA: 7,0%) zeigte sich der ER-EIA dem ER-RBA ebenbürtig bzw. leicht überlegen. Die ermittelten Rezeptorkonzentrationen waren methodenunabhängig identisch.

Im Rahmen eines anschließenden europäischen Ringversuchs, an dem sich qualifizierte Laboratorien beteiligten, zeigten Rezeptorbestimmungen beider Methoden an drei Chargen unterschiedlicher Rezeptorkonzentrationen für ER-RBA Interlabor-Variationen zwischen 15 und 21%, für ER-EIA zwischen 10 und 13% (Bojar, 1986; Leclercq et al., 1986). Die mittels ER-EIA bestimmten Rezeptorkonzentrationen lagen um den Faktor 2,6 niedriger als die vergleichbaren Ergebnisse des ER-RBA. Diese Unterschiede beruhen auf der Verwendung von Qualitätskontrollmaterial nicht humanen Ursprungs (lyophilisiertes Kälberuteruszytosol). Sie sind auf die teilweise Speziesspezifität der monoklonalen Antikörper, die gegen den humanen Östrogenrezeptor der MCF-7-Zellinie erzeugt wurde, zurückzuführen.

Seit kurzem steht der Onkologischen Chemie zur Kontrolle des Transportsystems eine Tablette mit definierter Rezeptorkonzentration zur Verfügung, die bei gleicher Behandlung wie das Tumormaterial Rückschlüsse auf die Qualität des Transportweges zuläßt. Nach Aktivierung der Tablette zum Zeitpunkt der Tumorentnahme spiegelt sich eine Unterbrechung der vorgeschriebenen Kühlung während des Tumortransportes von der einsendenden Klinik zum Rezeptorlabor in einem prozentualen Rezeptorverlust der Tablette wider (Bojar, 1986).

3.10a Pharmakaanalysen I

Rudolf Sommer (Linz, Österreich)

3.10a.1 Einleitung

Seit der Einführung der Therapieüberwachung durch Pharmakabestimmung konnte die medikamentöse Therapie in vielen Bereichen rationeller gestaltet und verbessert werden. Bei den Antiepileptika hat die Pharmakabestimmung dazu geführt, daß vom Prinzip der Kombinationstherapie der Weg zu einer kontrollierten Monotherapie freigemacht wurde (Deisenhammer u. Sommer, 1978, 1979, 1980). Bei anderen therapeutischen Bereichen wie Herzglykoside, Antiarrhythmika, Antiasthmatika, Antibiotika und Zytostatika wird die klinische Bedeutung und die Indikationsstellung wesentlich unterschiedlicher bewertet; es hat sich aber auch in diesen Bereichen die Indikation zur Pharmakabestimmung bei Problemfällen durchgesetzt.

Im folgenden soll daher das methodische Rüstzeug dargestellt werden, um dem Kliniker am Krankenbett rasche und sichere Analysendaten zur Verfügung zu stellen. Dabei geht es um folgende 4 Problemkreise:

1. welche analytischen Methoden stehen zur Verfügung, insbesondere solche, die in Routinelaboratorien durchgeführt werden können,
2. wie zuverlässig sind diese, ein zentrales Thema bei der therapeutischen Pharmakabestimmung, da es sich um Analyte handelt, die normalerweise nicht im Blut vorkommen und daher auch nicht einer Plausibilitätskontrolle durch sogenannte Referenzbereiche unterworfen werden können,
3. welche präanalytischen Probleme müssen, insbesondere bei dem Zeitpunkt der Probennahme, beachtet werden, da die Blutkonzentration, je nach Medikament, verschieden starken Schwankungen während des Dosisintervalls unterliegt, und schließlich
4. wie lassen sich Fragen der Interpretation in der postanalytischen Phase beantworten, wobei insbesondere unplausible Ergebnisse einer solchen Interpretation bedürfen.

3.10a.2 Analytische Methoden

In **Tabelle 3.10a-1** sind die gebräuchlichsten Methoden zur Bestimmung von Medikamenten im Plasma oder Serum wiedergegeben. Die klassischen Methoden der Gas-Liquid-Chromatographie (GLC) und der Hochdruckflüssigkeitschromatographie (HPLC) gelten aufgrund ihrer hohen Spezifität nach wie vor als Referenzme-

Tabelle 3.10 a-1: Methoden für die therapeutische Pharmakabestimmung

1. GLC	(Gas-Flüssigkeits-Chromatographie)
2. HPLC	(Hochdruckflüssigkeitschromatographie)
3. RIA	(Radio-Immuno-Analytik)
4. EMIT, ELISA, EIA	(Enzym-Immuno-Analytik)
5. FIA	(Fluoreszenz-Immuno-Analytik)
6. FPIA	(Fluoreszenz-Polarisations-Immuno-Analytik)

thoden, mit denen Immuno-Assays verglichen werden können. Sie haben den Vorteil, daß aus einer Plasma-, Serum- oder Harnprobe verschiedene Medikamente und auch deren Metabolite getrennt erfaßt und quantitativ analysiert werden können, was bei immunologischen Methoden nicht der Fall ist. Der Nachteil bei diesen Methoden ist, daß sie apparativ und personell aufwendig sind und den Durchsatz von großen Analysenserien nicht erlauben. Solange nur diese Methoden zur Verfügung standen, war auch die therapeutische Pharmakabestimmung nur auf wenige Zentren beschränkt und nicht als Routinemethode verfügbar.

Radioimmunologische Methoden (RIA) werden neben der GLC und HPLC zur therapeutischen Pharmakabestimmung eingesetzt (Yalow u. Berson, 1959; Oellerich et al., 1978). RIA-Methoden können nur in Labors mit einer speziellen Ausrüstung zur Messung von radioaktiven Isotopen angewendet werden. Der radioaktive Abfall und die notwendigen Strahlenschutzbestimmungen erschweren ihren Einsatz auf breiter Basis. Erst mit der Einführung von enzymimmunologischen Methoden (EIA) durch Engvall und Perlman (1971) sowie van Weemen und Schuurs (1971) konnte sich die Pharmakabestimmung in den Routinelaboratorien durchsetzen.

Die Enzym-Immuno-Analytik zeigt gegenüber der Radio-Immuno-Analytik mehrere Vorteile: da keine radioaktiven Materialien verwendet werden, brauchen keine besonderen Sicherheitsvorschriften (C-Platz) eingehalten werden. Die Reagenzien sind länger haltbar und unterliegen nicht dem Gesetz des radioaktiven Zerfalls. Die Bezugskurven der Enzym-Immuno-Analytik sind aus diesem Grunde stabiler und es kann in den meisten Fällen auf Doppelbestimmungen verzichtet werden, während bei der Radio-Immuno-Analytik Doppelbestimmungen, ja manchmal Dreifachbestimmungen erforderlich sind.

Die Enzym-Immuno-Analytik braucht keine besondere Laboreinrichtung, es können Routinephotometer verwendet werden, vorausgesetzt, daß sie eine sehr gute Temperaturstabilität in der Meßküvette aufweisen (± 0,1°). Der Hauptvorteil der enzymimmunologischen Methoden ist ihre einfache und rasche Durchführbarkeit. Ihre Spezifität hängt in erster Linie von der guten Qualität des verwendeten Antikörpers ab. In letzter Zeit werden zunehmend monoklonale Antikörper verwendet.

Unter dem Begriff Enzym-Immuno-Analytik werden verschiedene Techniken zusammengefaßt: EMIT und ELISA.

a) *EMIT (= Enzyme multiplied Immuno-Assay-Technique):*
Unter EMIT-Technik versteht man sogenannte „homogene“ Enzym-Immuno-Analytik, wobei kein Trennschritt des Reaktionsgemischs notwendig ist. Diese Techniken eignen sich hervorragend zur Mechanisierung und haben einen hohen Grad an laborinterner Zuverlässigkeit (VK von 5 bis 10%) und auch Vergleichbarkeit zwischen verschiedenen Laboratorien (Ringversuch-VK zwischen 10 und 15%) erreicht (Rubinstein et al., 1972; Wisdom, 1976; Haeckel u. Oellerich, 1977)

b) *ELISA (= Enzyme linked Immuno-Sorbent-Assay):*
Die ELISA-Techniken benötigen einen Trennschritt zwischen nachzuweisendem Antigen und enzymmarkiertem Antigen. Sie sind daher zur Mechanisierung nicht so gut geeignet wie die EMIT-Techniken. Aufgrund des Trennschrittes ist aber eine höhere Empfindlichkeit erzielbar, so daß diese Techniken für Medikamente mit niedrigen Konzentrationen eingesetzt werden (Digoxin und Digitoxin) (Borner u. Rietbrock, 1978).

Fluoreszenz-Immuno-Analytik (FIA)
Anstatt einer Enzymmarkierung wird bei dieser Methode das gesuchte Antigen mit einer Fluoreszenzmarkierung versehen. Es ist kein Trennschritt erforderlich (= homogene Immuno-Analytik). Aufgrund der hohen Empfindlichkeit muß das Plasma bzw. Serum vorverdünnt werden.

Fluoreszenz-Polarisations-Immuno-Analytik (FPIA)
Das Prinzip der Fluoreszenz-Polarisation ist bereits seit den 20er Jahren bekannt (Weber, 1953). In weiteren Arbeiten ist die Verbindung von Antigen-Antikörper-Reaktionen mit der Fluoreszenz-Polarisation beschrieben (Dandliker u. Feigen, 1961; Jolley et al., 1981; Popelka et al., 1981). Beim FPIA kommt zum bekannten Prinzip der Immuno-Analytik (spezifische Antigen-Antikörper-Reaktion) noch als Meßprinzip die Fluoreszenz-Polarisation hinzu. Durch die Anwendung des physikalischen Meßprinzips der Fluoreszenz-Polarisation ergibt sich eine sehr gut reproduzierbare analytische Methode, die in der Präzision der Enzym-Immuno-Analytik überlegen ist.

Prinzip der Fluoreszenz-Polarisations-Immuno-Analytik
Das zu bestimmende Medikament wird mit Fluoreszein markiert. Das im Patientenserum vorliegende nicht markierte Medikament konkurriert mit dem Fluoreszein-markierten Medikament um eine beschränkte Anzahl von Antikörperbindungsstellen. Wenn das Untersuchungsmaterial des Patienten eine hohe Konzentration des Medikaments aufweist, ergibt sich entsprechend dem Wert des freien Fluoreszeins eine geringe Polarisation .

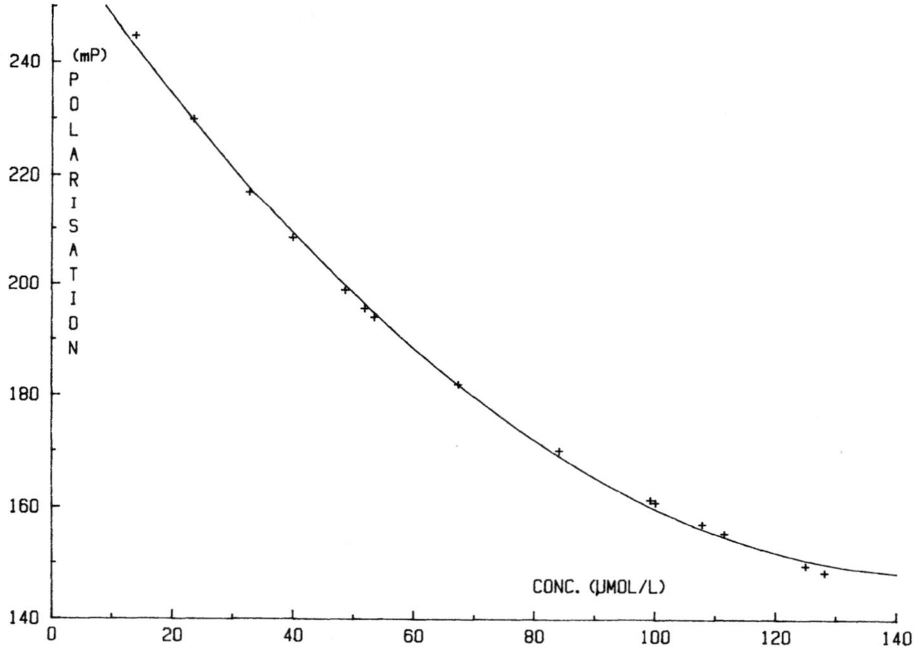

Abbildung 3.10a-1: Eichkurve für Phenytoin mit der FPIA-Methode, Beziehung zwischen Konzentration und Meßsignal

Bei niedriger Konzentration des Medikaments im Patientenserum ergibt sich eine hohe Polarisation (entsprechend dem gebundenen Fluoreszein). Aufgrund dieser indirekten Beziehung zwischen Konzentration und Polarisation wird mit Hilfe von 5 Standards eine Bezugskurve erstellt. Über eine nicht lineare Kurvenanpassungmit der Methode der kleinsten Fehlerquadrate wird dann die Konzentration der unbekannten Patientenprobe berechnet.

Das Beispiel einer Phenytoin-Bezugskurve ist in **Abbildung 3.10a-1** dargestellt. Die Bezugskurve zeigt die indirekte Beziehung zwischen Konzentration (Abszisse) und Meßsignal (Ordinate). Die Kurve ist nur leicht gekrümmt, so daß eine gute Empfindlichkeit über den gesamten Meßbereich gewährleistet ist. Die Reproduzierbarkeit ist ausgezeichnet. Die Stabilität der Bezugskurve ist bei dem von uns verwendeten Gerät (TDX, Abbott) über 3 bis 4 Monate gegeben, so daß die Bezugskurve gespeichert bleiben kann und der Vorteil einer raschen Verfügbarkeit tatsächlich zum Tragen kommt. Mit Hilfe dieses Gerätes ist es möglich, innerhalb von etwa 10 Minuten eine Notfallsanalyse mitsamt den Kontrollen durchzuführen.

3.10 a.3 Qualitätssicherung der Pharmakabestimmung

Zuverlässigkeit der Methoden

Der statistische Nachweis einer ausreichenden Zuverlässigkeit ist auf dem Gebiet der therapeutischen Pharmakabestimmung besonders wichtig, weil die nachgewiesenen Analyte kein physiologischer Bestandteil des Serums sind, sondern von außen zugeführt werden. Dadurch fehlt die Möglichkeit der Plausibilitätskontrolle aufgrund eines sogenannten Referenzbereichs, und auch die Möglichkeit einer Verlaufskontrolle unter bekannten pathophysiologischen Bedingungen. Die einzige Möglichkeit zur Plausibilitätskontrolle von Medikamentenspiegeln im Plasma bzw. Serum liegt in der Kenntnis der verabreichten Dosis des betreffenden Medikaments. Aber auch dadurch ist nur eine grobe Orientierung möglich, da die Dosis-Konzentrationsbeziehung große Schwankungen aufweist, ganz abgesehen davon, daß durch die fehlende Bereitschaft des Patienten die vorgeschriebene Dosis oft gar nicht zugeführt worden ist. Die Zuverlässigkeit muß daher laborintern bei jeder Analysenserie abgesichert werden. Dafür stehen bereits mehrere qualitativ hochwertige Kontrollseren zur Verfügung, die eine große Stabilität aufweisen.

3.10 a.4 Präanalytik

Die Standardisierung der Blutabnahme spielt bei der Bestimmung von Medikamenten im Serum eine besonders wichtige Rolle. Sowohl der einsendende Arzt als auch der Laborarzt müssen über ausreichende Kenntnisse der Pharmakokinetik der untersuchten Medikamente verfügen. Da am Beginn einer medikamentösen Therapie die Konzentration des Medikamentes erst allmählich ansteigt (Anflutungsphase), muß prinzipiell das Fließgleichgewicht (steady state) erreicht sein, um eine sinnvolle Analyse eines Medikamentenspiegels durchführen zu können. Dieses Fließgleichgewicht wird aufgrund pharmakokinetischer Gesetzmäßigkeiten erst nach vier bis fünf Halbwertszeiten erreicht. Diese Zeit ist daher bei jeder Neueinstellung und auch bei jeder Dosisänderung abzuwarten, bis die neue steady-state-Konzentration bestimmt werden kann. Im steady-state unterliegt die Konzentration des Medikamentes je nach Halbwertszeit verschieden starken Schwankungen zwischen den Dosierungsintervallen. Der *richtige Zeitpunkt der Blutentnahme* hängt einerseits von der Halbwertszeit des untersuchten Medikamentes ab, andererseits von der Fragestellung des anfordernden Arztes. Aus Gründen der Vergleichbarkeit sollte die Blutabnahme bei einem bestimmten Medikament immer zum gleichen Zeitpunkt des Dosierungsintervalles erfolgen.

Bei Medikamenten mit relativ langer Halbwertszeit (über 12 Std., z. B. die meisten Antiepileptika) soll die Blutabnahme *vor* der nächsten Dosisgabe, also am tiefsten Punkt der Blutspiegelkurve (= Talwert) erfolgen. In der Regel erfolgt diese morgens zwischen 8 und 9 Uhr, evtl. gleichzeitig mit anderen laborchemischen Untersuchungen am nüchternen Patienten. Nach der Blutabnahme wird die Morgendosis des untersuchten Medikamentes verabreicht.

Um eventuelle toxische Spitzenwerte zu erfassen, ist eine Blutabnahme im *Resorptionsmaximum* notwendig (Spitzenwert). Der Zeitpunkt des Maximums hängt von der Resorptionsgeschwindigkeit des jeweiligen Medikamentes ab und liegt in der Regel 2–4 Stunden nach der Dosisgabe. Bei Medikamenten mit einer schmalen therapeutischen Breite und einer relativ kurzen Halbwertszeit (z. B. Gentamycin und Tobramycin) sind zwei Blutabnahmen erforderlich, der Talwert unmittelbar vor Dosisgabe und der Spitzenwert 60 Minuten nach Ende der Kurzinfusion.

Bei den Antiarrhythmika, z. B. Lidocain, ist die Blutabnahme während der Infusion zur Dosissteuerung sinnvoll. Bei Medikamenten, die intravenös verabreicht werden, muß die initiale Verteilungsphase abgewartet werden, um nicht zu hohe Spiegelwerte zu erhalten. Beim therapeutischen Drugmonitoring des Methotrexats sind Blutspiegelbestimmungen 24, 48, 72 Stunden nach Infusionsbeginn durchzuführen.

Der Zeitpunkt der Blutabnahme soll stets auf dem Befundzettel eingetragen werden.

Die zahlreichen Einzeldaten für jedes Medikament sind in Taschenbüchern zusammengefaßt, die bei den entsprechenden Reagenzienherstellern erhältlich sind.

3.10 a.5 Laborinterne Qualitätssicherung

In **Tabelle 3.10a-2** und **3.10a-3** sind die Ergebnisse der laborinternen Qualitätskontrolle für drei Antiepileptika enthalten. Die Variationskoeffizienten in der Serie liegen zwischen 2,4 und 3,8% bzw. von Serie zu Serie zwischen 2,55 und 4,15%. Diese

Tabelle 3.10 a-2: Fluoreszenz-Polarisations-Immuno-Analytik (FPIA) Präzision in der Serie,
Kontrollserum: STRATUS™, TDM Control, Level II,
Ch: TDM2-211,
RQ = Richtigkeits-Quotient (Mittelwert/Zielwert)

Zielwert:	Phenytoin (57,4 µMol/L)	Phenobarbital (107,7 µMol/L)	Carbamazepine (46,5 µMol/L)
N	10	10	10
MW	57,3	104,7	47,9
s	1,44	2,53	1,82
VK (%)	2,51	2,41	3,80
RQ ($\bar{x}$/SW)	1,00	0,97	1,03

Tabelle 3.10a-3: Fluoreszenz-Polarisations-Immuno-Analytik (FPIA) Präzision von Serie zu Serie, Kontrollserum: TDX-Control, Medium-Level, Ch: 57-068-SV,
RQ = Richtigkeits-Quotient (Mittelwert/Zielwert)

Zielwert:	Phenytoin (59,4 µMol/L)	Phenobarbital (129,3 µMol/L)	Carbamazepine (25,38 µMol/L)
N	10	10	8
MW	59,8	130,1	25,55
s	2,48	3,32	0,74
VK (%)	4,15	2,55	2,90
RQ ($\bar{x}$/SW)	1,01	1,01	1,01

hohe Präzision ist zum Teil besser als bei routinechemischen Parametern. Auch die Richtigkeits-Quotienten (Mittelwert/Zielwert) zeigen nur Abweichungen bis maximal ± 3%.

Die laborinterne Qualitätskontrolle ergibt somit eine sehr gute Präzision und Richtigkeit der analytischen Ergebnisse.

Wiederholbarkeit der Patientenergebnisse
Diese Art der internen Qualitätskontrolle bietet eine sehr effektive und billige Möglichkeit, um zunächst unplausibel erscheinende Analysenergebnisse durch eine Zweitanalyse zu bestätigen (Gibitz, 1978). Sie stellt zudem eine vertrauensbildende Maßnahme zwischen dem Laboratorium und Kliniker dar. Dabei wird so vorge-

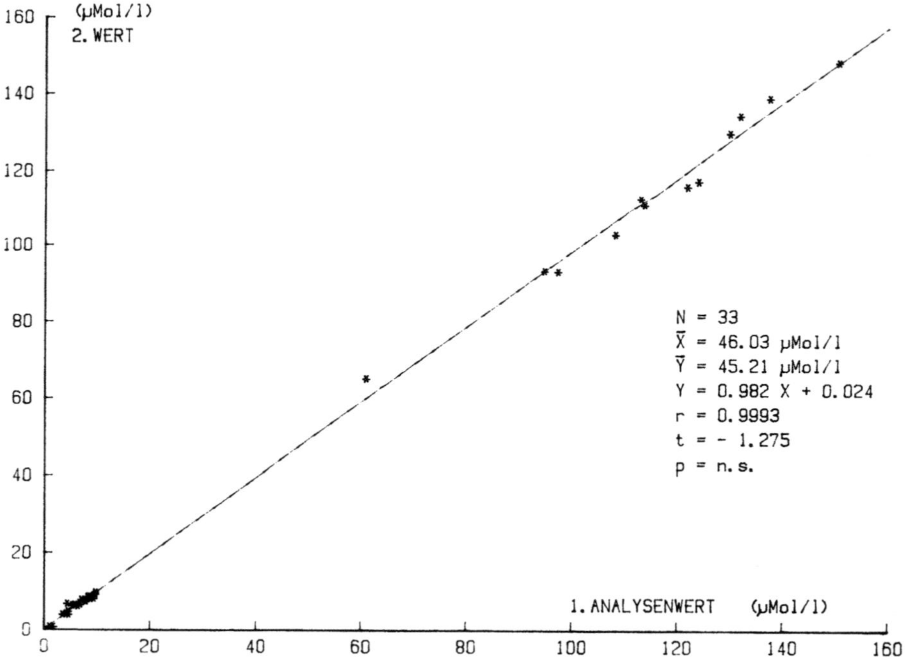

Abbildung 3.10a-2: Analytische Wiederholbarkeit von Patientenseren bei der Bestimmung von Phenytoin mit der FPIA-Methode

gangen, daß alle Probenreste prinzipiell eine Woche im Tiefkühler bis zur nächsten Analysenserie aufgehoben werden. Folgende Probenreste werden ein zweites Mal untersucht:

- Proben, die einen im Vergleich zur Dosis unplausiblen Analysenwert ergaben,
- Proben, deren Analysenwert von Seiten des Klinikers aus irgendeinem Grund reklamiert wurde,
- Proben mit extrem hohen oder extrem niedrigen Analysenergebnissen.

Die Häufigkeit der Wiederholungen der Patientenproben liegt in der Regel unter 2%. Das Ergebnis der analytischen Wiederholbarkeit von Patientensera ist in **Abbildung 3.10a-2** dargestellt. Daraus ist eine sehr gute Vergleichbarkeit erkennbar. Dies führte in der Folge dazu, daß die Ursache von unplausiblen Ergebnissen auch in der präanalytischen Phase gesucht wird (fehlende Bereitschaft des Patienten, falscher Zeitpunkt bei der Blutabnahme, eventuell Probenverwechslung).

3.10 a.6 Laborexterne Qualitätssicherung

Neben der laborinternen muß eine laborexterne Qualitätssicherung durch regelmäßige Teilnahme an Ringversuchen gewährleistet sein. Es existieren bereits mehrere Qualitätskontrollorganisationen, die für eine Beteiligung offenstehen:

1) INSTAND-Ringversuche, D-4000 Düsseldorf 1, Johannes-Weyer-Straße 1, Postfach 4402, (vierteljährliche Durchführung, Ringversuchsleiter: Prof. Dr. K. Borner, Berlin)
2) HEATH-Control, Prof. A. Richens, Department of Pharmacology and Therapeutics, Welsh National School of Medicin, Heath-Park, Cardiff, CF4 4XN, Wales, United Kingdom (monatliche Durchführung)
3) TDM-Ringversuche der ÖQUASTA (Österreichische Gesellschaft für Qualitätssicherung und Standardisierung) A-1090 Wien, Währingerstraße 10 (halbjährliche Durchführung, Ringversuchsleiter: Prim. Dr. R. Sommer, Linz).

In **Abbildung 3.10a-3** sind die Ergebnisse eines Phenytoin-Ringversuches nach dem HEATH-Control-Schema dargestellt. Die laboreigene Methode (FPIA) ist mit Kreuzen gekennzeichnet und kann so innerhalb des Gesamtkollektivs erkannt werden. Deutlich wird eine methodenbedingte engere Streuung gegenüber dem Gesamtkollektiv sichtbar. Dementsprechend ist der Variationskoeffizient der Teilnehmer mit der Methode FPIA mit 4,4% deutlich kleiner im Vergleich zu der Gesamtstreuung von 7,7%, die alle Methoden beinhaltet.

Daß dies kein Zufall ist, zeigt die **Tabelle 3.10a-4**, in der eine Übersicht über die Ringversuchsergebnisse aus dem Jahre 1984 tabellarisch aufgelistet ist. Die Variationskoeffizienten der FPIA-Methode sind durchwegs kleiner als die VK's über alle Methoden und liegen zum Teil unter 5%, womit eine sehr gute Übereinstimmung zwischen den FPIA-Anwendern dokumentiert ist.

Auffallend ist auch, daß die Mittelwerte der FPIA-Methode mit den Gesamtmittelwerten gut übereinstimmen, während beide Mittelwerte erhebliche Abweichungen (bis ± 20%) gegenüber den eingewogenen Werten („spiked values") aufweisen **(Abbildung 3.10a-4)**. Diese manchmal beträchtlichen Abweichungen zwischen dem eingewogenen Wert und dem gemeinsamen Mittelwert sind wahrscheinlich auf Matrix-Effekte. zurückzuführen. Dies bedarf noch weiterer Untersuchungen. Prin-

```
SAMPLE:-PPC  0685
DRUG   :-PHENYTOIN
METHOD:-POLARISATION FLUORO-IMMUNOASSAY

DRUG   NO.OF OBS
LEVEL    T   M        O=TOTALS    X=YOUR METHOD
              ***********************************
  37.0   0   0*                                  *
  38.0   0   0*                                  *
  39.0   0   0*                                  *
  40.0   0   0*                                  *
  41.0   1   0*O                                 *
  42.0   1   0*O                                 *
  43.0   1   0*O                                 *
  44.0   4   0*OOOO                              *
  45.0   2   0*OO                                *
  46.0   8   0*OOOOOOOO                          *
  47.0   5   0*OOOOO                             *
  48.0   6   0*OOOOOO                            *
  49.0  20   3*XXXOOOOOOOOOOOOOOOOO              *
  50.0  17   1*XOOOOOOOOOOOOOOOO                 *
  51.0  19   4*XXXXOOOOOOOOOOOOOOO               *
  52.0  16   4*XXXXOOOOOOOOOOOO                  *
  53.0  28   7*XXXXXXXOOOOOOOOOOOOOOOOOOOOO<*
  54.0  23   4*XXXXOOOOOOOOOOOOOOOOOOO           *
  55.0  18   5*XXXXXOOOOOOOOOOOOO                *
  56.0  13   5*XXXXXOOOOOOOO                     *
  57.0   6   1*XOOOOO                            *
  58.0  12   1*XOOOOOOOOOOO                      *
  59.0  10   0*OOOOOOOOOO                        *
  60.0   4   0*OOOO                              *
  61.0   1   0*O                                 *
  62.0   0   0*                                  *
  63.0   0   0*                                  *
  64.0   1   0*O                                 *
  65.0   1   0*O                                 *
  66.0   0   0*                                  *
              ***********************************

                            TOTALS    METHOD
        NUMBER ACCEPTED       217       35
        NUMBER REJECTED         8        0
        MEAN                52.95     53.75
        STANDARD DEVIATION   4.08      2.37
        COEF. OF VARIATION   7.70%     4.40%
        MINIMUM             41.00     49.20
        MAXIMUM             65.00     58.00
        MEDIAN              53.10     53.7
        MODE                53.50     53.50
        SPIKED VALUE        59.50
        YOUR VALUE          53.70
        NO. SDs FROM MEAN    0.18      0.02
        ************************************
        PERFORMANCE INDEX     1         1
        INTER-LAB RANK       37         1
```

Abbildung 3.10a-3: Ergebnisse eines Phenytoin-Ringversuches, Heath-Control, Prof. A. Richens, Cardiff

zipiell ist eine Übereinstimmung zwischen eingewogenem Wert und erzieltem Mittelwert zu fordern, da Kontrollseren mit eingewogenem Analyten definitionsgemäß mit einem primären Standard vergleichbar sind.

In **Tabelle 3.10a-5** ist derselbe Vergleich mit der EMIT-Methode gegenüber dem Gesamtkollektiv aufgelistet (RV 1983). Die Mittelwerte der EMIT-Methode stimmen ebenfalls mit den Gesamtmittelwerten gut überein. Es ergaben sich jedoch höhere Variationskoeffizienten als mit der FPIA-Methode. Die Erklärung dafür liegt einerseits im verbesserten Meßprinzip der FPIA-Methode und andererseits sicher-

Tabelle 3.10 a-4: Vergleich der Ringversuchsergebnisse der FPIA-Methode mit den Ergebnissen aller Methoden und den eingewogenen Werten (spiked value) (Anzahl N, Mittelwert $\overline{x}$, Variationskoeffizient VK)
Phenytoin Ringversuchsergebnisse 1984, A. Richens, Cardiff

1984 Monate	Spiked value µMol/L	Alle Methoden			FPIA		
		N	$\overline{x}$	VK	N	$\overline{x}$	VK
1	87,1	211	104,7	8,55	11	106,5	5,18
2	39,0	193	46,2	9,03	16	46,0	4,63
3	78,9	206	91,9	7,92	16	90,7	3,12
4	148,3	191	164,9	8,96	19	162,2	6,19
5	30,1	201	30,0	9,60	22	29,2	7,37
6	58,7	201	57,1	8,11	26	58,3	6,79
7	64,1	200	65,5	7,35	28	64,6	5,22
8	60,0	173	47,4	7,57	21	48,0	4,41
9	19,5	186	19,8	12,27	25	19,7	10,80
10	108,4	209	98,9	6,90	27	100,8	4,69
11	10,2	200	9,25	18,90	25	9,0	15,70
12	100,5	206	94,0	7,37	24	94,9	4,86

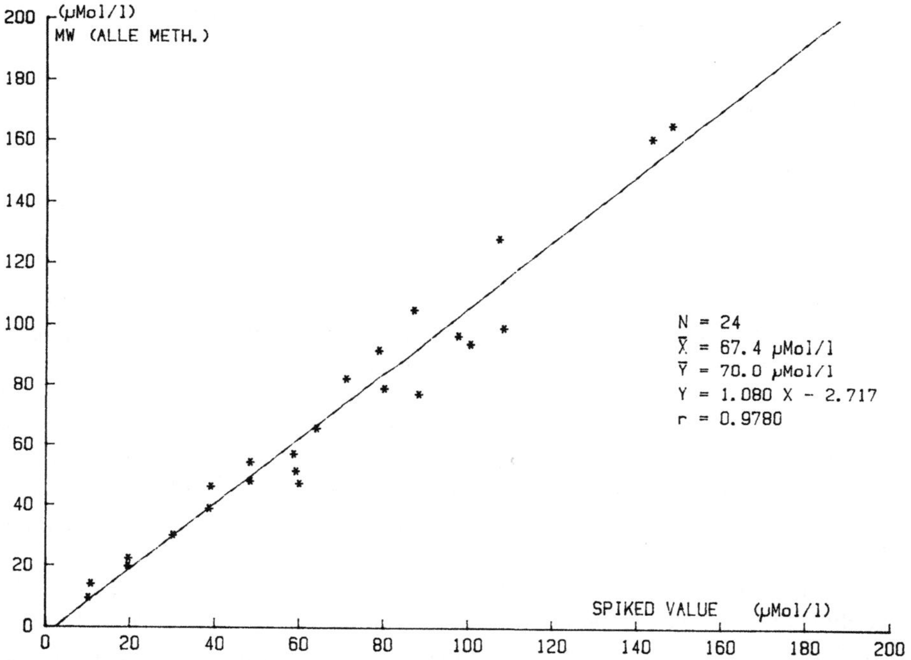

Abbildung 3.10 a-4: Vergleich der Mittelwerte aller Methoden mit den eingewogenen Werten (spiked value) bei den Ringversuchen 1984 für Phenytoin (Heath-Control, Prof. A. Richens, Cardiff)

Tabelle 3.10 a-5: Vergleich der Ringversuchsergebnisse der EMIT-Methode mit den Ergebnissen aller Methoden und den eingewogenen Werten (spiked value) (Anzahl N, Mittelwert $\bar{x}$, Variationskoeffizient VK)
Phenytoin-Ringversuchsergebnisse 1983 (A. Richens, Cardiff)

1983 Monat	Spiked value µMol/L	Alle Methoden			EMIT		
		N	$\bar{x}$	VK	N	$\bar{x}$	VK
1	107,10	187	118,6	10,82	83	120,6	11,62
2	41,10	190	47,4	12,43	78	45,17	13,48
4	143,90	188	172,1	10,41	77	175,57	9,96
5	28,20	195	36,1	10,26	86	37,27	9,78
6	57,60	192	65,6	8,99	83	64,91	8,64
7	71,50	211	81,4	8,24	91	82,05	8,85
9	19,20	209	22,2	11,40	90	22,37	9,69
10	108,90	197	104,9	8,26	94	104,88	8,83
12	98,90	199	112,7	8,54	80	112,16	8,25

lich auch darin, daß die FPIA-Methode „uniform", d.h. bei allen Teilnehmern mit dem gleichen Reagenz und dem gleichen Gerät (TDX) durchgeführt wurde, während die EMIT-Methode mit verschiedenen Reagenzien und auf verschiedenen Geräten, zum Teil auch mit manuellen Methoden analysiert wurde.

3.10 a.7 Interpretation und postanalytische Phase

Die Interpretation der Ergebnisse von Medikamentenanalysen im Serum erfolgt anhand sogenannter „therapeutischer Bereiche", die in prospektiven Studien ermittelt wurden. Die Grenzen dieser therapeutischen Bereiche sind aber fließend und können im Einzelfall nur als statistische Größe gesehen werden. Besonders die untere Grenze zeigt starke individuelle Unterschiede und muß bei jedem Patienten durch genaue klinische Beobachtung (Anfallsbereitschaft) individuell festgelegt werden. Auch die Obergrenze zum potentiell toxischen Bereich hin kann von Patient zu Patient verschieden sein und muß erforderlichenfalls durch sogenanntes „Ausdosieren des Medikaments" bis zur toxischen Obergrenze auf den einzelnen Patienten abgestimmt werden. Erst wenn trotz Dosissteigerung bis in den subtoxischen Bereich (unter TDM-Kontrolle) und Auftreten von ersten klinischen Überdosierungserscheinungen kein ausreichender therapeutischer Effekt eintritt, sollte ein Wechsel des Medikaments in Erwägung gezogen werden. Bei manchen Medikamenten (z.B. Primidon) entstehen im Organismus pharmakologisch wirksame Metabolite (Phenobarbital), die bei der Interpretation berücksichtigt werden müssen. Ein optimaler Informationsgewinn zum Nutzen des Patienten kann in einem regelmäßigen, etwa wöchentlichen „postanalytischen Konsilium" erzielt werden, in dem Problemfälle in einer engen interdisziplinären Zusammenarbeit zwischen Kliniker und Laborarzt gemeinsam diskutiert werden.

3.10b Pharmakaanalysen II

Klaus Borner (Berlin) und Hans Reinauer (Düsseldorf)

3.10b.1 Einleitung

Für die Qualitätssicherung der Analytik von Pharmaka gelten sinngemäß die gleichen Regeln guter Laborpraxis wie für andere Analyte (Haeckel, 1975). Dazu gehören Maßnahmen der internen und externen Qualitätssicherung. Die Möglichkeiten der internen Qualitätssicherung haben sich in den letzten Jahren durch ein erweitertes Angebot kommerziell verfügbarer Kontrollmaterialien verbessert. Jedoch bestehen für die externe Qualitätssicherung bisher noch keine bindenden Vorschriften. Die zunehmende Zahl von Pharmakaanalysen zur Therapieunterstützung (therapeutic drug monitoring) hat INSTAND seit 1981 zur Veranstaltung von regelmäßigen Ringversuchen in dieser Stoffgruppe veranlaßt. Der nachstehende Bericht gibt eine Übersicht über das methodische Vorgehen und die Ergebnisse der Jahre 1981 bis 1985.

3.10b.2 Organisation der Ringversuche

Die Ringversuche sind vom Institut für Standardisierung und Dokumentation im medizinischen Laboratorium e.V. (INSTAND) durchgeführt worden. Fachberater sind die Verfasser. Eine Übersicht gibt **Tabelle 3.10b-1**.

Versuchsplan
In den Jahren 1981 und 1982 wurden je 3 Ringversuche und seit 1983 je 4 Versuche jährlich veranstaltet. 1985 wurden in jedem Ringversuch je 4 Kontrollproben verschickt, die insgesamt 15 Bestandteile (Digoxin, Digitoxin, Phenobarbital, Phenytoin, Primidon, Carbamacepin, Ethosuximid, Valproinsäure, Gentamicin, Tobramycin, Netilmicin, Amikacin, Vancomycin, Theophyllin und Lithium) in jeweils

Tabelle 3.10b-1: Ringversuche 1981-1985 Übersicht

Jahr	Zahl der Ringversuche	Bestandteile	Mittlere Teilnehmerzahl	Ergebnisse pro Teilnehmer
1981	3	12	115	3,3
1982	3	12	138	3,8
1983	4	14	136	3,9
1984	4	14	144	4,9
1985	4	15	161	5,3

2 Konzentrationen enthielten. Die Konzentrationen erstreckten sich vom subtherapeutischen bis in den toxischen Bereich.

Kontrollmaterial
Als Kontrollmaterial diente aufgestocktes, gefriergetrocknetes Rinderserum und Humanserum. Vom 3. Ringversuch 1985 an wurde nur noch Humanserum als Matrix eingesetzt, das vom Hersteller auf Abwesenheit von HBsAg und Antikörpern gegen Hepatitisviren und HTLVIII/LAV überprüft worden war. Zusätzlich wurden Qualität und Konzentration der Serum-Proteine und der Lipide kontrolliert.

Zielwertbestimmung
Die im Ringversuch zu bestimmenden Bestandteile wurden der Matrix in definierter Menge zugesetzt. Die Einwaage wurde durch Analysen der Referenzlaboratorien vor dem Ringversuch bestätigt, der Zielwert durch die Einwaage definiert.

Auswertung der Versuchsergebnisse
Die Berechnung der üblichen statistischen Kenngrößen (Mittelwert, Median, Variationskoeffizient) erfolgte mit Hilfe von Standardverfahren nach Eliminierung von statistischen Ausreißern. Als Eliminationskriterium diente eine Abweichung vom Median aller Teilnehmerergebnisse von mehr als 40%.

Als ausreichendes Teilnehmerergebnis („bestanden") wurde ein Ergebnis bewertet, wenn in beiden untersuchten Proben die Konzentrationen nicht mehr als ± 20% vom Zielwert abwichen. Als Zielwert galt die Einwaage, wenn der Median der Teilnehmerergebnisse um weniger als ± 10% von dieser abwich. Anderenfalls wurde der Median der Referenzlaboratorien als Zielwert definiert, die Bestehensgrenzen wurden wie zuvor berechnet. Methodenabhängige Zielwerte wurden nur in wenigen statistisch gesicherten Fällen zugelassen (siehe Ergebnisse).

3.10 b.3 Ergebnisse

Teilnehmerzahlen
Die durchschnittliche Teilnehmerzahl pro Ringversuch ist von 1981 bis Ende 1985 von 115 auf 161 gestiegen (Tabelle 3.10b-1). Dabei stieg die Zahl der überprüften Ergebnisse von 3,3 auf 5,3 je Teilnehmer. Die Zahl der angebotenen Bestandteile wurde schrittweise von 12 auf 15 angehoben. Die einzelnen Bestandteile werden zur Zeit von minimal 7 (Vancomycin) und maximal 180 (Digoxin) Ringversuchsteilnehmern analysiert. Jedoch haben die Teilnehmerfrequenzen bei allen Bestandteilen ständig zugenommen (**Tabelle 3.10 b-2**).

Eine Aufschlüsselung der Teilnehmer von 1985 nach Arbeitsbereichen ergab ca. 30% Teilnehmer aus der Gruppe der niedergelassenen Fachärzte und Laborgemeinschaften, 63% aus Krankenhauslaboratorien und Universitätsinstituten sowie 6% aus Laboratorien der Industrie.

Eingesetzte Analysenmethoden
Eine Übersicht über die im Jahre 1985 von den Teilnehmern eingesetzten Analysenmethoden gibt **Tabelle 3.10 b-3**. Zur Bestimmung von Digoxin und Digitoxin wurde

Tabelle 3.10b-2: Mittlere Teilnehmerzahlen (N) und Erfolgsquoten (E%) INSTAND 1981 bis 1985

Jahr Bestandteil	1981		1982		1983		1984		1985	
	N	E%	N	E%	N	E%	N	E%	N	E%
Digoxin	85(3)	65	107(3)	71	67(2)	69	116	71	133	77
Digitoxin	37(3)	41	46(3)	75	68(2)	61	56	68	87	80
Phenobarbital	43(2)	69	58(3)	68	60	81	72	85	83	87
Phenytoin	43(2)	74	61(3)	84	60	81	72	84	87	91
Carbamacepin	39(3)	75	54(3)	62	54	75	68	87	75	85
Ethosuximid	21(3)	56	32(3)	55	28	81	37	79	49	77
Primidon	40(2)	60	53(3)	81	52	81	65	84	76	86
Valproinsäure	12(3)	73	32(3)	69	34	87	48	82	55	93
Gentamicin	6(3)	35	10(3)	57	12	88	27	84	32	76
Tobramycin	4(3)	67	-	-	12(1)	58	25(2)	76	26(2)	84
Netilmicin	-	-	-	-	3(1)	67	8	87	10	80
Amikacin	-	-	3(3)	62	8(2)	80	8(2)	76	10(2)	95
Vancomycin	-	-	-	-	-	-	-	-	7(3)	100
Theophyllin	14(3)	74	27(3)	64	38	73	61	77	79	86
Lithium	41(3)	89	36(3)	74	38	85	49	92	50	88
Gesamt-Erfolg %		68		70		76		81		85

Die Teilnehmerzahl ist der Jahresdurchschnitt. Wenn weniger als 4 Ringversuche durchgeführt wurden, ist die Zahl in Klammern angegeben.

Tabelle 3.10b-3: Relative Häufigkeit (%) der eingesetzten Analysenmethoden. Ringversuche 1985

Bestandteil	RIA	ELISA	EMIT	FPIA	Summe (EL+EM +FP)	GC	HPLC	HPLC +GC	Sonstige
Digoxin	38	18	8	23	49	-	-	-	12
Digitoxin	44	16	-	29	45	-	-	-	10
Phenobarbital	-	-	35	33	68	-	10	13	14
Phenytoin	-	-	35	34	69	-	9	12	12
Carbamacepin	-	-	38	32	70	-	10	12	15
Ethosuximid	-	-	49	20	69	8	12	20	13
Primidon	-	-	37	33	70	-	10	13	13
Valproinsäure	-	-	38	40	78	11	-	11	7
Gentamicin	-	-	18	62	80	-	-	-	20
Tobramycin	-	-	12	63	75	-	-	-	25
Netilmicin	-	-	12	76	88	-	-	-	12
Amikacin	10	-	-	80	85	-	-	-	5
Vancomycin	-	-	-	95	95	-	-	-	5
Theophyllin	-	-	22	42	64	-	9	9	26

Anteile unter 8% sind nur durch einen Strich gekennzeichnet.
Abkürzungen: RIA Radioimmunoassay, ELISA enzyme linked immuno assay, EMIT homogener Enzymimmunoassay, FPIA Fluoreszenzpolarisationsimmunoassay, HPLC Hochdruckflüssigkeitschromatographie, GC Gaschromatographie

von ca. 45% der Teilnehmer der Radioimmunoassay und in gleicher Häufigkeit insgesamt die nicht-radioaktiven Immunoassays Fluoreszenzpolarisationsimmunoassay (FPIA), homogener Enzymimmunoassay (EMIT) und heterogener Enzymimmunoassay (ELISA) benutzt. Der Radioimmunoassay spielte bei den übrigen 13 Bestandteilen keine wesentliche Rolle. Bei den Antiepileptika dominierten EMIT und FPIA mit über 70% Anteil. Eine kleine Gruppe (ca. 12%) verwendet neuerdings chromatographische Methoden, meist die Hochdruckflüssigkeitschromatographie (HPLC), selten die Gaschromatographie (GC). Antibiotika wurden überwiegend mit FPIA, gelegentlich mit EMIT bestimmt. Auch Theophyllin wurde überwiegend mit FPIA oder EMIT bestimmt, von einer kleineren Gruppe mit der HPLC.

Wiederfindung
Für die Erstellung methodenunabhängiger Zielwerte ist eine einwandfreie Wiederfindung erforderlich. Typische Beispiele sind für Phenytoin in **Abbildung 3.10b-1** und für Digitoxin in **Abbildung 3.10b-2** wiedergegeben. Von insgesamt 228 Doppelproben aus 18 Ringversuchen lagen 60% der Mediane der Teilnehmerergebnisse innerhalb des tolerierten Einwaagebereichs (siehe oben), so daß die Einwaage als Zielwert verwendet werden konnte.

Präzision
Die mittlere jährliche Erfolgsquote verbesserte sich für alle Bestandteile innerhalb der Periode von 1981 bis 1985 von 68% auf 85 % bei unveränderter Bestehensregel (Tabelle 3.10b-2). Dies ist hauptsächlich auf eine verbesserte Präzision zurückzuführen. Als Beispiele für erreichbare Präzision mögen die in **Abbildung 3.10b-3** bis

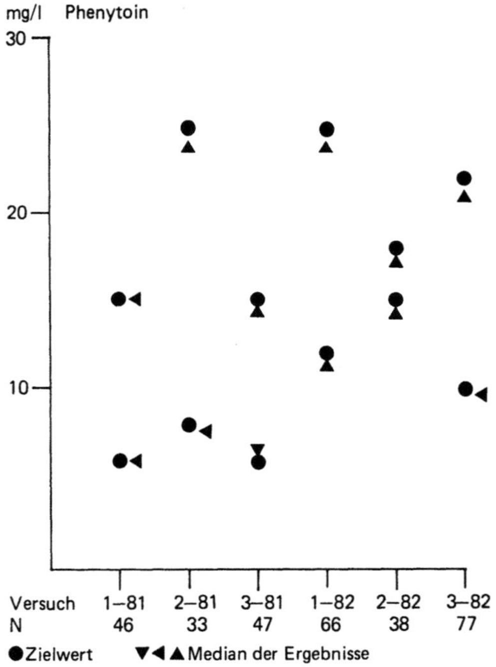

Abbildung 3.10b-1: Wiederfindung von Phenytoin. Punkte: Einwaage, Dreiecke: Median der Teilnehmer

3.10b-5 dargestellten Variationskoeffizienten von Theophyllin, Digitoxin und Phenytoin dienen. Sie zeigen keine Abhängigkeit des Variationskoeffizienten von der Konzentration, ausgenommen sehr niedrige Bereiche. Weiterhin ergab die Umstellung von Rinder- auf Humanserum keine Unterschiede in der Präzision. Die aus den Ergebnissen aller Teilnehmer ermittelten Variationskoeffizienten hängen jedoch sehr von dem Anteil der angewendeten Methoden ab. Die Aufteilung einer genügend großen Stichprobe mit Ergebnissen der Theophyllin-Bestimmung ergab in fast allen Beispielen folgende Reihenfolge der Variationskoeffizienten: HPLC > EMIT > FPIA (**Abbildung 3.10b-6**). Die mit der HPLC ermittelten Ergebnisse

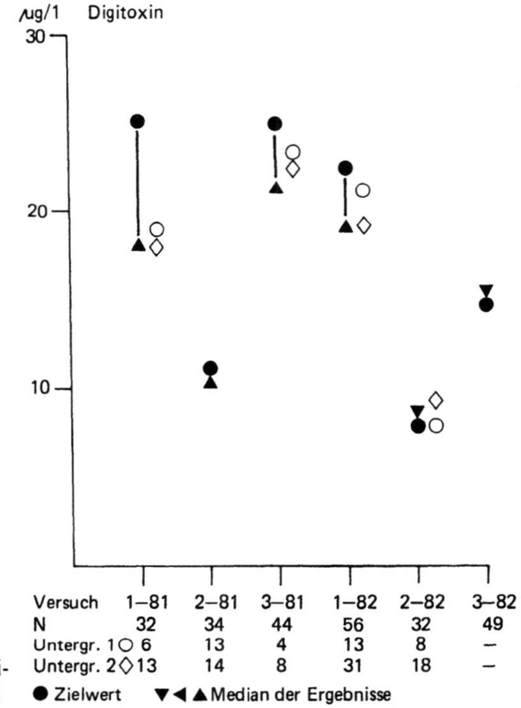

Abbildung 3.10b-2: Wiederfindung von Digitoxin. Erklärung siehe Abbildung 3.11b-1

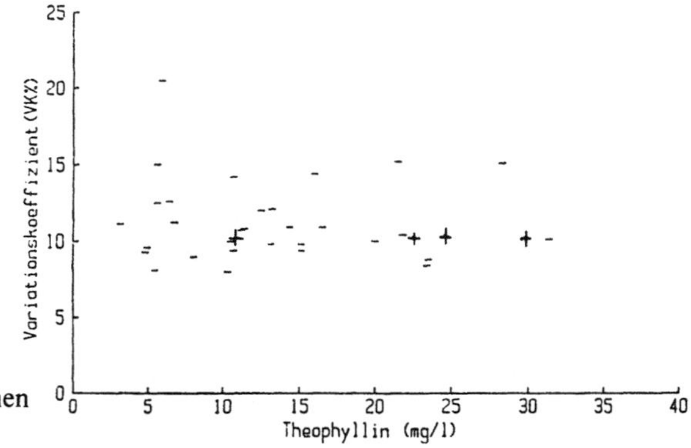

Abbildung 3.10b-3: Präzision zwischen den Laboratorien: Theophyllin

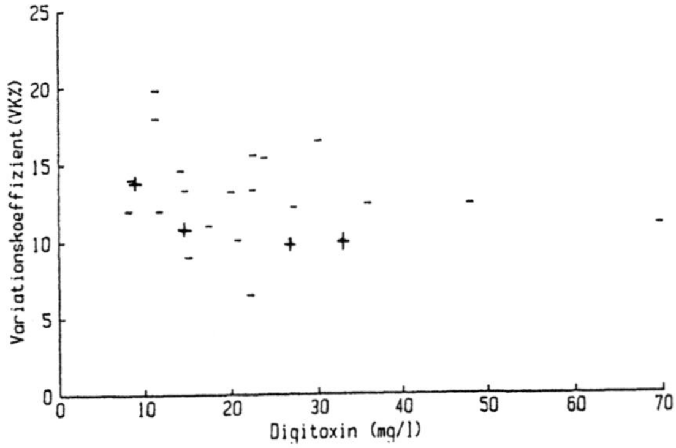

Abbildung 3.10b-4: Präzision zwischen den Laboratorien: Digitoxin

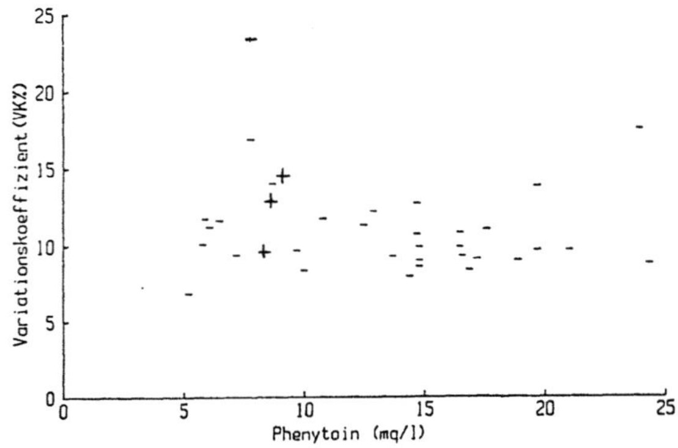

Abbildung 3.10b-5: Präzision zwischen den Laboratorien: Phenytoin

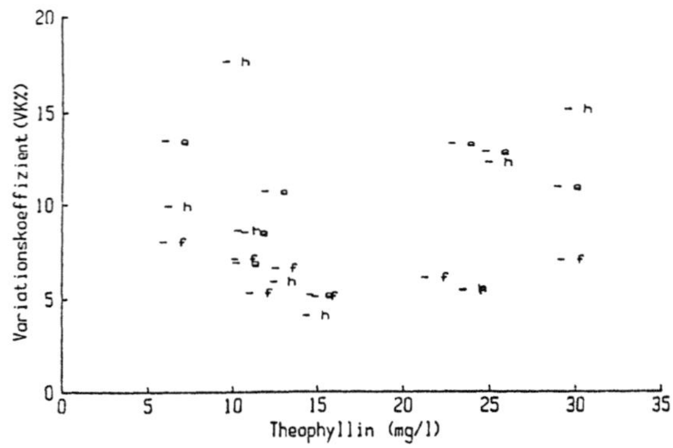

Abbildung 3.10b-6: Einfluß der Analysenmethode auf die Präzision: Theophyllin

streuten also am stärksten, die mit dem FPIA ermittelten am wenigsten. Eine ähnliche Tendenz war auch bei anderen Bestandteilen des Programms erkennbar.

Spezifität und Matrixeffekte

Beim derzeitigen Stand der analytischen Technik ergaben einige Analyte des Versuchsprogramms eine Kreuzreaktion mit anderen Bestandteilen. Sie wurden des-

Tabelle 3.10b-4: Einfluß der Probenmatrix auf die Bestimmung von Digitoxin. Ringversuche 1985.
R Rinderserum, H Humanserum

Methode:		ELISA			Andere Methoden			
Probe	Matrix	N	$\bar{x}$ (μg/l)	s(μg/l)	N	$\bar{x}$ (μg/l)	s(μg/l)	Diff. $\bar{x}$ (%)
21	R	17	73.4	9.2	90	69.6	7.6	+ 5.4
22	R	17	19.1	3.0	91	14.5	1.6	+31.4
31	R	9	60.0	10.9	55	47.9	5.9	+25.2
32	R	9	46.0	6.8	55	35.9	4.4	+28.1
41	H	18	29.3	3.0	87	32.8	3.3	−10.7
42	H	18	24.1	2.9	87	26.7	2.6	− 9.7
51	H	13	13.5	1.7	58	14.7	1.5	− 8.2
52	H	13	8.4	1.3	58	8.9	1.2	− 5.6

halb in getrennten Proben angeboten (Digoxin/Digitoxin, Aminoglykosid-Antibiotika). Weiterhin ergab die Bestimmung von Digoxin und Digitoxin in Rinderserum mit dem ELISA eine positive Interferenz (**Tabelle 3.10b-4**). Eine negative Interferenz wurde bei der Bestimmung von Carbamacepin mit dem FPIA beobachtet. Beide Störungen konnten durch Umstellen auf Humanserum beseitigt werden.

3.10b.4 Diskussion und Schlußfolgerung

Die externe Qualitätssicherung von Pharmakaanalysen steht im deutsch-sprachigen Raum erst am Anfang. Wesentlich umfangreichere Erfahrungen sind in Großbritannien (Richens, 1980; Wilson et al., 1983; Anonym zit. von Jennings) den USA (Pippenger et al., 1976; Lohff, 1980; Hansell, 1979) und den Niederlanden (Dijkhuis, persönliche Mitteilung) gesammelt worden. Die Ergebnisse der von INSTAND in der Bundesrepublik Deutschland durchgeführten Ringversuche belegen einerseits die erwartete Nützlichkeit externer Kontrollmaßnahmen auch für diese Analyte, andererseits die Durchführbarkeit von Pharmaka-Ringversuchen. Schwierigkeiten in der Durchführbarkeit gibt es wegen der Kreuzreaktion der Antikörper lediglich bei Digoxin und Digitoxin in der Herstellung von Kontrollmaterial. Die Festlegung methoden-unabhängiger Zielwerte ist realistisch für alle Substanzen, ausgenommen auch hier Digoxin und Digitoxin. Das auffallendste Globalergebnis ist die innerhalb von 5 Jahren von ca. 68% auf 85% aller Ergebnisse gestiegene Erfolgsquote bei gleichbleibender Bewertungsregel (Tabelle 3.10b-2). Die beobachtete Qualitätssteigerung ist hauptsächlich auf die verbesserte Präzision zurückzuführen. Dabei haben sich mehrere Effekte überlagert:

- länger teilnehmende Laboratorien erreichen eine bessere Präzision
- neu hinzukommende Teilnehmer verschlechtern umgekehrt die Gesamt-Präzision,
- im Berichtszeitraum neu eingeführte Analysenmethoden, speziell der FPIA, verbessern die Präzision.

Da der letztgenannte Effekt überwiegt, resultiert eine verbesserte Gesamtpräzision.

Angesichts des erreichten Standes der analytischen Technik und der Möglichkeiten der Qualitätssicherung sollten jedoch die Grenzen der jetzigen Versuchsanordnung des Ringversuchs nicht übersehen werden:

1. Mängel in der präanalytischen Phase werden durch das derzeitige Prüfschema nicht erkannt; besonders bei schnell eliminierten Pharmaka können falsche oder falsch angegebene Entnahmezeiten das Ergebnis völlig entwerten,
2. für einige Substanzen reicht die Spezifität der derzeit verfügbaren Analysenmethoden nicht aus, um analoge Substanzen in einer Probe bestimmen zu können (Digitoxin/Digoxin; Aminoglykosid-Antibiotika); auch dieses Problem kommt gelegentlich in der Praxis vor,
3. Metabolite der Pharmaka, die in Patientenproben vorkommen können, werden in Ringversuchen nicht eingesetzt.

Zusammenfassend ist festzustellen, daß die Qualitätskontrolle der Pharmakaanalysen den geforderten Kriterien bei klinisch-chemischen Analyten standhält und die Analysenqualität nachweislich verbessert hat.

3.12 Qualitätssicherung in der Harnanalytik

Walter Appel (Karlsruhe)

3.12.0 Allgemeiner Teil

3.12.0.1 Historischer Abriß, Entwicklung

„Die Harn-Analyse bildet heute für den praktischen Arzt ein ebenso wichtiges als auch unentbehrliches diagnostisches Hilfs- und Unterstützungsmittel; von ebenso großer Bedeutung ist sie aber auch für den Chemiker in physiologischer wie toxikologischer Richtung." (Daiber, 1884). Beobachtungen über Veränderungen des Harns sollen sich schon in den Felsengravuren des prähistorischen Menschen finden (Free, 1974). Die Ägypter kennen bereits Polyurie und Hämaturie. In der assyrischen Medizin (650v. Chr.) sind die Ärzte verpflichtet, Stuhl und Harn zu untersuchen. In der klassischen Antike stehen die Beurteilung des Harns mit den Sinnesorganen im Vordergrund. Farbe, Geruch, Geschmack, Veränderungen beim Stehenlassen werden als Ausdruck bestimmter Krankheitserscheinungen gedeutet. Eine bevorzugte Rolle findet dabei die Beobachtung der „Hypostasis", des heutigen Sediments. Hippokrates (400v. Chr.) beobachtet Veränderungen von Geruch und Farbe des Harns bei Fieber. Galen (150 n. Chr.) schließlich betont die Bedeutung von Harnuntersuchungen zur Diagnosestellung so sehr, daß seine Lehren bald nach seinem Tod in einem „Compendium de Urinis" zusammengefaßt werden.

Im Mittelalter entwickelt sich die Harnanalyse zwar zum wichtigsten analytischen Hilfsmittel (Diagnose) des Arztes, verläßt aber gleichzeitig die naturbeobachtende Ausgangsbasis. Johannes Actuarius (1281-1328) beschreibt erstmalig die „Matula", das Harnbeschauglas zur Harndiagnostik, W.A. Scribonius (1585) den „schwarzen Urin" mit dazugehörigen Krankheitsbildern, wahrscheinlich Alkaptonurie.

Der erste Teststreifen stammt wohl von Plinius: „Deprehenditur et papyro galla prius macerata: nigrescit enim statim aerogine illata." Die erste Harnanalyse mit einem derartigen Schnelltest dürfte Tachenius (um 1655) zuzuschreiben sein. Ihm gelingt der Nachweis von Eisen im Harn mittels Galläpfeln und mit auf Papierstreifen eingetrockneten Galläpfelextrakten. Damit hat er den Nachweis erbringen können, daß Eisen normalerweise nicht mit dem Urin ausgeschieden wird, sondern „eine sekundäre Verunreinigung sein müsse". Boyle (1627-1691) verwendet Veilchenextrakte, die er auf Papier hat eintrocknen lassen, um mit den darin enthaltenen Indikatorstoffen den sauren oder alkalischen Charakter das Harns feststellen zu können.

Jahrhunderte hat man nichts mehr von derartigen Schnelltesten gehört, bis 1942 Chemiker der Firma Miles, Sparte Ames, die Idee der Trockenreagenzien auf der Basis der Tüpfelteste des Wiener Analytikers Feigl wieder aufgreifen. Sie adaptieren den klassischen Zuckernachweis von Benedict auf Trockenmedien und schaffen so mit dem „Clinitest-Reagens" den ersten Tablettentest zum Nachweis von reduzierendem Zucker im Harn (Kucharz, 1981).

3.12.0.2 Nomenklatur, Begriffe, Benennungen

Die Begriffe „Harn" und „Urin" werden synonym gebraucht.

Zur Einführung sei neben der Handbuchliteratur auf einige neuere Arbeiten aus der Praxis (Rogendorff et al., 1984) und Klinik (Hodgson et al., 1984; Truninger u. Colombo, 1985) sowie Firmenschriften (Boehringer Mannheim, 1982; Madaus, 1982) verwiesen.

Urinstatus: Nach Colombo und Richterich (1977, S. 21) versteht man unter „Urinstatus" die Methoden der einfachen Urinuntersuchung, nämlich:
1. Direkte oder unmittelbare Untersuchung des Harns mit den Sinnesorganen,
2. den Nachweis von Harnsubstanzen mittels chemischer Schnelltests und
3. die mikroskopische Untersuchung des Harnsediments. Neth (1979) faßt unter diesem Begriff Untersuchungen im Harn zusammen, die erste Hinweise auf einen Diabetes mellitus, Lebererkrankungen, Nierentumoren und Harnwegsinfektionen ergeben. Weitergehende Zusammenstellungen (Mouck, 1970, von Heyden, 1980) ziehen zum Harnstatus noch die Prägung der Farbe sowie die chemische, mikroskopische und mikrobiologische Harnuntersuchung hinzu. Der Begriff „Urinstatus" sollte heute zugunsten bestimmter qualitativer oder semiquantitativer physikalisch-chemischer und chemischer Untersuchungsmethoden verlassen werden.

Schnelltests
Folgende Definition wird vorgeschlagen: Schnellteste im medizinischen Laboratorium sind analytische Verfahren mit labordiagnostischem Ziel, die nur einen geringen Einsatz an Arbeitszeit, Prozeßzeit und apparativem Aufwand erfordern, auf naß- oder festkörperchemischen Prinzipien beruhen und geeigneten Qualitätssicherungsmaßnahmen unterworfen werden können. Schnellteste im weitesten Sinne sind Labormethoden, die eine minimale Laborausrüstung erfordern (Keller u. Reutter, 1976). Präziser definiert werden sie als „qualitative oder halbquantitative diagnostische Methoden, die besonders einfach und schnell zu handhaben sind ..., und die bereits auf bestimmte Erkrankungen abgezielt sind" (Dulce, 1970 u. v. Boroviczény, 1981). In Weiterführung wird gefordert, daß „keinerlei apparativer Aufwand" erforderlich ist (Peter, 1977, S. 173). Kutter definiert den Schnelltest „als eine klinisch-chemische Untersuchung, die mit Hilfe von fertigen Reagenzien (meist Testpapieren oder Testtabletten) in kürzester Zeit und auf extrem einfache Weise qualitative bzw. halbquantitative Ergebnisse liefert". Als Zeitbedarf versteht Kutter (1979) 30 min, Nennstiel (1966) 10 min. Dieser Auffassung kann man sich schwerlich anschließen, da keinerlei Qualitätskriterien genannt werden, darüberhinaus letztlich auf käuflich erhältliche vorgefertigte Reagenzien abgehoben wird. Demnach wären auch naßchemische Verfahren, wie die Sulkowitsch-, Azetat-Koch- oder Ehrlich-Probe keine Schnellteste, ebensowenig moderne quantitative, „trockenchemische" Bestimmungsmethoden von Serumbestandteilen mittels Reflexions- oder „naßchemische" mittels „Taschen"-photometern, z. B. dem Compur-System. Schließlich kann man auch der Mikrohämatokritbestimmung mittels Minizentrifugen schwerlich den Charakter eines Schnelltestes aberkennen.

Eindeutiger, aber wohl zu weit gefaßt, erscheint die Definition von Colombo, der unter Schnelltest nur diejenigen Verfahren betrachtet, „die keine Inkubations- oder Prozeßzeit benötigen" (Colombo u. Richterich, 1977, S. 22, weitere Literatur Appel, 1975, Koslowski u. Maaser, 1980, Olbing, 1977).

Such- oder Screening-Tests
Diese Begriffe sind bislang nicht eindeutig definiert und werden oft fälschlicherweise synonym mit Schnelltesten gleichgesetzt (Keller u. Reutter, 1976). Hier sei Dulce (1970) gefolgt, der als Suchreaktionen diejenigen Labormethoden bezeichnet, „die eine allgemeine Orientierung über ein Krankheitsgeschehen ermöglichen und dem Erkennen von Körperflüssigkeiten dienen" (Peter 1977, S. 15). Auch hierbei sind Begriffsunschärfen nicht zu übersehen. Auf alle Fälle steht bei Suchtests die Forderung nach einer großen Zahl von Analysen im Vordergrund, insbesondere bei bevölkerungshygienischen Maßnahmen und der staatlichen Gesundheitsvorsorge.
Bed-side-tests sind Verfahren, die am Krankenbett durchgeführt werden.
Side-room-tests umfassen Methoden, die in der Sprechstunde eingesetzt werden (Kutter 1976, S. 1). Unter diese Begriffe zählen somit alle Verfahren des sogenannten „Westentaschenlabors".
Teststreifensieb ist ein bisher von der Industrie eingeführter Begriff für ein Vorscreening mittels Teststäbchen.
Testtabletten sind Schnelldiagnostika, bei denen die Reagenzien in Preßlingen, meist in Tablettenform vorliegen (Koslowski u. Maaser 1980).
Streifenteste sind Schnelldiagnostika, bei denen die Reagenzien auf einem saugfähigen Material, meist Papier, aufgezogen und in Form von Streifen rollenförmig (z. B. Indikatorpapierrollen) in einem Schutzbehälter aufbewahrt sind.

Teststäbchen sind Schnelldiagnostika komplizierterer Art. Sie sind so aufgebaut, daß Papierstückchen mit Reagenzien getränkt, diese auf einen saugfähigen Träger aufgebracht, beide mit einem hauchdünnen Überzug auf Nylonnetz versehen und auf einer stabilen weißen, stäbchenförmigen Trägerfolie aufgeklebt werden.
Mehrfachteststäbchen sind Schnelldiagnostika, die mehrere solcher Reagenzienträger, z. T. bis zu 9, auf einer einzigen Trägerfläche enthalten.
Testbriefchen sind komplizierte Diagnostika. Sie bestehen aus einem (Reagenzien-) Trägerfeld, das von zwei Seiten mit einem Deckblatt verschlossen und postversandfähig ist. Nach Öffnen der Vorderseite wird die Probe, z. B. Stuhl, auf das Feld aufgegeben, das Briefchen verschlossen und zur Analyse eingesandt. Im Labor wird die Rückseite geöffnet und eine farbgebende Reagenzienlösung zugetropft. Kennzeichnend sind somit Hygiene und Versandfähigkeit.
Eintauchnährboden-Systeme für die orientierende Keimzahlbestimmung und Klassendifferenzierung in der mikrobiologischen Harnanalytik und Latex-Schnellteste für die Graviditätsteste aus Harn seien der Vollständigkeit halber erwähnt.

Begriffe zur Qualitätssicherung in der Harnanalytik

Bei den qualitativen und semiquantitativen Verfahren spielen die Begriffe der Präzision und Richtigkeit eine untergeordnete Rolle. Wichtiger ist die Empfindlichkeit, am wichtigsten ist die Spezifität.

Spezifität: Die Spezifität einer Harnuntersuchungsmethode im technischen Sinn umfaßt die Selektivität und in besonderem Maße die Störanfälligkeit. Beispiele für eine hohe Selektivität, d. h. das Erfassen nur eines Stoffes, sind die Glukose-oxidase-Reaktionen auf Teststreifen und -stäbchen, Beispiele für eine geringe Selektivität die Proteinnachweisreaktionen. Erstere sind gleichzeitig ein Beispiel für hohe, letztere für eine geringe Störanfälligkeit.

Empfindlichkeit: Als maßgebende Größe für die Empfindlichkeit wird am besten die Nachweisgrenze verwendet (Colombo u. Richterich, 1977, S. 24). Sie kann als diejenige Konzentration eines Analyten definiert werden, die mit Hilfe eines Nachweisverfahrens noch „eindeutig" von der Konzentration Null dieses Analyten unterschieden werden kann. Zum Anhaltspunkt für die „Eindeutigkeit" wird oft als Nachweisgrenze diejenige Konzentration angesehen, die bei Mehrfachstimmungen einen statistischen arithmetischen Mittelwert des Meßsignals liefert, der mit einer Irrtumswahrscheinlichkeit von $p = 0{,}05$ von demjenigen unterschieden ist, der sich aus dem Meßsignal bei Abwesenheit des Analyten ergibt. Da nun aber im Harn Gesunder fast alle nachzuweisenden Stoffe in geringen Konzentrationen vorhanden sind, müssen medizinische Kriterien für die Empfindlichkeit eines Tests eingeführt werden. Die gilt beispielsweise für die Konzentrationen von Protein, Leukozyten, Erythrozyten, Bilirubin und vor allem Urobilinogen. Daher ist die Empfindlichkeit einer chemischen Reaktion keineswegs mit der medizinisch erwünschten gleichzusetzen: Liegt erstere unter der letzteren, treten zu viele falsch positive Ergebnisse auf, im umgekehrten Falle zu viele falsch negative. Dies bedeutet, daß „technische" Sensitivität und Spezifität nicht beliebig eingestellt werden können. Kutter (1976, S. 15) hat daher folgende pragmatische Empfehlungen vorgeschlagen: als praktische Empfindlichkeit bezeichnet er „diejenige Stoffkonzentration, die sich unter geläufigen Bedingungen in 90% einer größeren Probenzahl nachweisen läßt (E 90)", als maximale Empfindlichkeit" diejenige, die sich unter geläufigen Bedingungen noch in 10% der Harnproben nachweisen läßt (E 10)". Die ideale Empfindlichkeit entspricht der höchsten Leistungsfähigkeit einer Methode bei völliger Abwesenheit von Störfaktoren. Unter geläufigen Bedingungen versteht er „frische Harnproben", so wie sie in der täglichen Routine anfallen.

Präzision und Richtigkeit

Diese beiden Begriffe besitzen erst bei quantitativen Untersuchungen ihre Bedeutung, nehmen aber dann im Rahmen der Harnanalytik keine Sonderstellung gegenüber allgemein klinisch-chemischen Verfahren ein.

Störungen

Umgekehrt stellen Störungen und Störfaktoren gerade in der Harnanalytik eine bisher viel zu sehr vernachlässigte Einflußgröße dar. Im Gegensatz zu Serum oder Liquor erscheint im Harn nicht nur eine größere Zahl von Arzneimitteln oder Metaboliten, sondern diese auch in wesentlich höheren Konzentrationen. Insbesondere bei Klinikpatienten stellen derartige Harne eine chemische „Wundermixtur" dar.

3.12.0.3 Visuelle und instrumentelle Messung

„Die einfache Urinuntersuchung" von Colombo u. Richterich (1977) beschränkt sich auf die direkte Anwendung der Sinnesorgane. Daneben standen und stehen die Methoden der quantitativen Harnanalytik mit Hilfe von Meßinstrumenten; Polarimeter, Photometer, Titratoren, DC-, GC- oder HPLC-Analysegeräte kennzeichnen diese Analytik. In den letzten Jahren sind weitere Gerätesysteme für die Harnanalytik entwickelt worden, die gewissermaßen eine Mittelstellung einnehmen: Reflexionsphotometersysteme für Teststäbchen.

Es handelt sich hier um moderne Meßgeräte, deren Sensoren spektral und konzentrationsabhängig auf Farbzonen von Teststäbchen ansprechen. Somit ergeben sich kontinuierliche Meßsignale, die nach Verarbeitung zu Mengen- oder Konzentrationswerten analog oder digital angezeigt oder sogar ausgedruckt erscheinen. Daß sekundär die primär kontinuierlich anfallenden Meßsignale gequantelt und die Zahlenwerte gruppiert ausgegeben werden, ist eine Konzession an die Gewohnheit der visuellen Ablesung semiquantitativer Farbblöcke und wahrscheinlich ein Erfordernis der (noch) nicht optimierten „Chemie der Reaktionszonen". Die Weiterentwicklung der Trockenchemie hat gezeigt, daß dieses Zwischenstadium in der instrumentellen Analytik der Harnuntersuchungen überschritten worden ist.

Die wichtigsten dieser Gerätesysteme seien kurz besprochen:

Das *Reflexionsphotometer Clini-Tek-System* (Ames-Miles).

Das Clini-Tek-System ist Nachfolger des aus Kosten- und Praktibilitätsgründen gescheiterten „Clinilab" des gleichen Herstellers.

Das *Clini-Tek-System* ist 1977 von Peele et al. eingeführt worden und besteht aus dem Reflexionsphotometer Clini-Tek, dem 8-fach-Teststreifen Multistix für Clini-Tek, Testharnkapseln mit Kontrollreagenzien in Pulverform sowie - fakultativ - einem Drucker. Das Gerät enthält eine polychromatische Lichtquelle, deren Licht über ein Liniensystem auf die jeweilige Reaktionszone des Teststreifens fällt. Das reflektierte Licht wird durch ein Beugungsgitter zerlegt, ein für jede Farbzone geeignetes farbiges Licht automatisch über einen Filterrevolver ausgestreut und über einen Photomultiplier in Spannungsanteile umgesetzt. Vor dem Abtasten der Reaktionszonen kalibriert sich das Gerät selbst durch Registrierung der Reflexion einer Keramikscheibe für jede Wellenlänge. Die Spannungswerte werden gespeichert und mit Werten aus uringetränkten Reaktionszonen verglichen. In Abhängigkeit von der Konzentration des jeweiligen Analyten im Urin werden kontinuierliche Spannungsdifferenzen gemessen, gespeichert und mit einer Serie von Grenzspannungen verglichen. Diese teilen die kontinuierlichen Spannungen in Spannungsdifferenzen und somit Konzentrationsbereiche ein. Die Ergebnisse erscheinen digital über Leuchtdioden oder ausgedruckt auf einem Registrierstreifen. Das System hat seine klinische Brauchbarkeit bewiesen (Appel et al. 1979).

Clinitek 200 Urine Chemistry Analyzer (Bayer Diagnostik).

1985 ist ein Nachfolgegerät des Clini-Tek-Systems erschienen, der „Clinitek 200 Urine Chemistry Analyzer". Es handelt sich um ein semiautomatisches Tischgerät mit einem Programmodul zur Ablesung der Reaktionszonen des Mehrfachteststreifens N-Multistix SG oder anderer Mehrfachteststreifen. Erfaßt werden pH-Wert, Protein, Glukose, Ketokörper, Bilirubin, Blut, Nitrit, Urobilinogen und spezifisches Gewicht. Farbe und Intensität des von den Reaktionszonen reflektierten Lichts werden analysiert, umgerechnet und in Zahleneinheiten bzw. Symbolen (Protein, Bilirubin, Blut und Nitrit) ausgedruckt. Das optische System besteht aus einer Quarzlampe, die eine in 11 kleine Bündel unterteilte Glasfiberoptik beleuchtet. Ein Bündel führt zu einem Referenzdetektor, die übrigen leiten zu den Reaktionszonen und streuen einen Teil des Lichts darauf. Das reflektierte

Licht wird von einem zweiten Bündelpaket auf ein Filterrad mit Interferenzfiltern geleitet, von dort auf einen Photodetektor. Die Meßsignalverarbeitung bis zum Ausdruck gehorcht bekannten Prinzipien. Die Kalibrierung erfolgt mittels eines speziellen Kalibrationsstreifens, die Programmierung durch ein auswechselbares Programm-Modul. Eine Zusatzbatterie wird beim Ausschalten des Gerätes aktiviert und erhält die gespeicherten Werte. Die Teststreifen werden nach einem akustischen Signal in den Urin eingetaucht, seitlich abgestreift und einfach auf den Transporttisch gelegt. Ein Schiebearm transportiert zu einem definierten Zeitpunkt den Teststreifen unter die Meßköpfe mit den zu- und abführenden Lichtfaserbündeln. Nach der Meßsignalerfassung wird der alte Streifen in einen Abfallbehälter weg- und ein frisch mit Urin benetzter zugeführt. Eine Messung an 400 Patientenurinspezimen hat eine sehr gute Übereinstimmung mit den visuell ermittelten Konzentrationen bei allen Analyten gezeigt. Eine Verschleppung findet nicht statt. Hohe Einfärbungen von Harnproben werden eliminiert. Eine interne Qualitätskontrolle ist mit Kontrollstreifen und/oder Kontrollurinen möglich. Nach Teilnahme an externen Ringversuchen werden Zertifikate erhalten. Technische Störungen mit Betriebsausfällen sind bislang (9 Monate) nicht aufgetreten (Appel, unveröffentlicht).

Das *Reflexionsphotometer Urotron-System* (Boehringer Mannheim).
Das Urotron-System ist 1978 von Koller et al. eingeführt worden und besteht aus dem Reflexionsphotometer Urotron mit dem Befundformular „Urinprofil“, dem 8-fach-Teststreifen Combur-8-Test-U und der Kontroll-Lösung Combur-Control. Das Urotron wertet die Testfelder des Teststreifens nach einer festgelegten Reaktionszeit unter standardisierten Bedingungen mittels eines monochromatischen roten und grünen Blitzlichtes konstanter Intensität und einer Photozelle definierter Empfindlichkeit aus. Das vom Testfeld reflektierte Licht fällt auf die Photozelle; deren Meßsignal wird von einem Mikroprozessor verarbeitet und dann auf dem Befundformular in Gestalt eines „peaks“ aufgeschrieben. Die Einflüsse unterschiedlicher Lichtverhältnisse und subjektiver Ablesefehler sind somit ausgeschaltet. Die Meßgeschwindigkeit beträgt bis zu 140 Proben pro Stunde mit je 8 Parametern. Die Resultate werden in einzelnen Konzentrationsbereichen geschrieben. Auch dieses System hat seine klinische Brauchbarkeit unter Beweis gestellt (Colombo et al., 1980; Sojka, 1980).

Urotron RL 9
1984 hat Boehringer Mannheim ein 11-Kanal-Reflexionsphotometer der 2. Generation auf den Markt gebracht. Jedes der 9 Testfelder des Teststreifens, das Kompensationsfeld und eine Startkodierung werden nacheinander von je einer Leuchtdiode mit Licht jeweils einer von 4 Wellenlängen „angeblitzt“. Das reflektierte Licht wird von einem Phototransistor empfangen, der ein entsprechendes Signal an einen Analog/Digitalwandler weiterleitet. Ein Mikroprozessor rechnet den Digitalwert in einen Konzentrationswert (arbiträre, konventionelle oder SI-Einheiten) um; diese werden von einem Drucker ausgegeben; die Harneigenfärbung wird auskompensiert. Die Eingabe des Teststreifens erfolgt über ein Papierband. Von dort wird dieser unter das optische System transportiert, nach exakt 60 Sekunden vermessen, automatisch eingerollt und so entsorgt. Ein Datenspeicher sorgt für den Erhalt der Daten bei Stromausfall. Die Analysenfrequenz beträgt wahlweise 150 oder 300 Teststreifen pro Stunde. Die Probenidentifizierung kann wahlweise über einen mitlaufenden Numerator, Vorspeicher von bis zu 300 10-stelligen Probennummern oder Eingabe individueller Nummern erfolgen. Die Befundausgabe ist auf Vordrucken („Urinprofil“), Blankoformularen (jeweils 1 Original mit 2 Durchschlägen) oder auch Klebeetiketten möglich. Eine Art Kalibrierüberprüfung kann über Standard-Graufelderteststreifen (Control-Test-RL 9) erreicht werden. Das Urotron RL 9 kann über verschiedene Schnittstellen an ein Apple IIc-Peripheriegerät zur zugeordneten Eingabe mikroskopischer Sedimentdaten oder an eine Labor-/Klinik-EDV angeschlossen werden.

Die Systemkomponente Combur^9-Test-RL ist ein weiter entwickelter Teststreifen, dessen Blut- und Glukose-Reaktionsfeld durch Zusatz von Iodat einen Schutz vor Askorbinsäurestörung beinhaltet. Das Leukozyten-Reaktionsfeld vermag auch lysierte Zellen und Zylinder zu erfassen (Nagel et al., 1982).

Das *Reflexionsphotometer Aution Analyzer HS-7* (Kyoto Daiichi Kagaku Co. Ltd.).
Das Aution Analyzer HS-7 (Okuda, 1978) ist das Nachfolgesystem des „Urin-Automatic-Analyzer Aution UA-6“ des gleichen Herstellers. Es besteht aus einem Reflexionsphotometer, dem Hi-Speed

Aution Analyzer und einem 7-fach Teststreifen, dem Uriflet-A. Über ein System von Filtern und Linsen fällt bichromatisches Licht selektiv auf eine Reaktionszone des Teststreifens. Das reflektierte Licht trifft über einen sphärischen Spiegel auf zwei um 90 Grad versetzte Dioden; die Signale werden in üblicher Weise weiter verarbeitet, angezeigt und ausgedruckt. Die Resultate werden sowohl in Symbolen wie auch in Konzentrationsbereichen angegeben. Das System hat sich in der Bundesrepublik Deutschland bislang nicht durchsetzen können. Nach eigenen Erfahrungen entsprechen die Teststreifen (noch) nicht hinreichend unseren Ansprüchen hinsichtlich Reproduzierbarkeit und/oder Chargenkonstanz.

Aution Analyzer MA-4210
Der Aution-Analyzer MA-4210 (Kyoto Daiichi Kagaku Co. Ltd.) stellt ein vereinfachtes „Mini-Analyzer"-System dar. Das System besteht aus dem nur 350 × 300 × 165 mm kleinen Photometer und dem 8-fach Teststreifen (ohne Leukozytenzone) Uriflet 5 A, -7A oder -8 A. Das Meßprinzip entspricht dem des obengenannten HS-7 mit 3 Meßwellenlängen. Die Befundausgabe erfolgt über einen Druckerstreifen. Die Reaktionszeit beträgt 25 - 29 Sekunden, die Durchsatzgeschwindigkeit 120 Teststreifen/Stunde. Der Teststreifen ist konventionell aufgebaut.

Das *Reflexionsphotometer Rapimat* (Behringwerke Marburg).
1982 ist ein weiteres Meßgerät speziell für den Teststreifen Rapignost des gleichen Herstellers eingeführt worden. Die Baugruppe, ein 10-Kanal-Reflexionsphotometer, Drucker und 24-Interface sind in einem Gehäuse untergebracht. Die Taktzeiten sind mit 10, 20 oder 30 Sekunden frei wählbar, die maximale Durchsatzgeschwindigkeit (einschließlich Askorbinsäure) beträgt 360 Teststreifen mit je 9 Testzonen pro Stunde. Interessant ist die Beschickung mit Teststreifen: diese werden auf ein saugfähiges Papierband ohne weitere Justierung aufgelegt, von diesem mittels eines Sensors vor die Meßzelle transportiert und anschließend in ein Papierband eingerollt. Dieses kann mühelos entnommen und verworfen werden. Dadurch werden vor allem Verschleppungsfehler minimiert und eine große Hygienefähigkeit erreicht. Die Messung selbst erfolgt - je nach Testfeld - bei 555 nm, 605 nm oder 660 nm. Anzeige und Ausdruck sind analog anderen Geräten konstruiert. Das System scheint ausgereift zu sein (Hagemann, 1983).

Zum Rapimat liegt eine ausführliche Multi-Center-Evaluierung in 4 europäischen Kliniklaboratorien unter Federführung von Haeckel vor. Dabei wurde erstmals strikt das ECCLS-Protokoll vom Mai 1985 (Haeckel, 1984) angewandt. Das Gerät „stellt ein analytisch zuverlässiges System im Vergleich zu anderen, meist quantitativen Verfahren dar. Während der Beobachtungszeit von etwa 6 Monaten ereignete sich in keinem Laboratorium ein Defekt, der zu einem Stillstand des Gerätes führte oder eine Bestellung des Firmenservice erforderlich machte". Interferenzen und Nachweisgrenzen werden in Bezug auf den Teststreifen Rapignost diskutiert (Haeckel, 1985).

3.12.0.4 Kontrollmaterialien

Kontrollproben für die interne Qualitätssicherung

Interne Standards entsprechend solchen, wie sie für klinisch-chemische Untersuchungen an Blut eingesetzt werden, stehen nicht zur Verfügung. Ersatzweise kann auf Kontrollurine zurückgegriffen werden. Prinzipiell sind drei Möglichkeiten realisiert worden: Kontrollproben für qualitative und semiquantitative Verfahren, für quantitative Verfahren und für naßchemische bzw. spezielle Analyseverfahren.

Qualitative Verfahren mit Teststäbchen

Für qualitative und semiquantitative Verfahren sind keine speziellen Kontrollproben im Handel erhältlich, sie müssen selbst hergestellt werden.

Quantitative Verfahren mit Teststäbchen

Für quantitative Bestimmungen an Reflexionsphotometern stellen deren Hersteller einfach zusammengesetzte, preiswerte Kontrollproben zur Verfügung.

Spezielle Verfahren

Für quantitative und spezielle naßchemische Verfahren sind Kontrollurine mehrerer Hersteller in mehreren Konzentrationsbereichen verschiedener Harnbestandteile verfügbar. Es sind dies lyophilisierte Humanurine, meist in 25 ml-Flaschen abgefüllt. Diese Kontrollmaterialien haben sich bislang bei uns nicht durchsetzen können, da sie am Bedarf vorbeientwickelt worden sind.

Deklariert sind sehr oft Bestandteile für seltene, komplizierte Analyseverfahren. Diese gehören in die Hand des Laborarztes und klinischen Chemikers, der als einziger mit seiner Fachkompetenz die Verantwortung für die Qualität seiner Befunde übernehmen kann und muß - und dabei nicht auf kommerzielle Kontrollproben angewiesen ist, zumal deren Richtigkeitsdeklarierungen aufgrund weniger Referenzlaboratorien unsicher sein können.

Für die häufigsten Harnuntersuchungsverfahren liegen in der Regel keine oder nur wenige Zielwertangaben für mehrere Konzentrationen vor; diese Kontrollurine sind meist viel zu teuer und mit 25 ml-Abfüllungen zu aufwendig. Für die Präzisionskontrolle von Teststreifen-Verfahren bleiben somit nur selbsthergestellte, portionierte und tiefgefroren aufbewahrte Kontrollurine oder die für Reflexionsphotometer bestimmten Kontrollproben übrig. Diese stellen zur Zeit die Mittel der Wahl dar.

Zukunftsträchtig erscheinen die speziell für die einfache Harnanalytik entwickelten MD-Kova-Kontrollurine mit Streifentest-Sollwertdeklarationen für drei Hersteller in 4 Konzentrationsbereichen (Colombo u. Richterich, 1977). Selbstherzustellende „künstliche" Urine haben sich zwar für Unterrichts- und Demonstrationszwecke bewährt, für die interne Qualitätskontrolle aber nicht durchsetzen können. Allerdings haben bei orientierenden Ringversuchen in der pädiatrischen klinischen Chemie sehr gute Ergebnisse erzielt werden können.

Kontrollproben für die externe Qualitätssicherung (Ringversuche) in der Bunderepublik Deutschland.

INSTAND e. V. hat als einzige Ringversuchsinstitution in der Bundesrepublik seit einigen Jahren unter Beratung des Verfassers Ringversuche für die qualitative Harnanalytik durchgeführt. Dabei haben folgende Kontrollmaterialien zur Verfügung gestanden:

1. Clini-Tek Testharnkapseln (Miles-Ames)
2. Combur-Control Testtabletten (Boehringer-Mannheim)
3. Lypho-Chek Qualitative Control (Environmental Chemical Specialities Inc/Bio-Rad)
4. MD-Kova-Kontrollurin I,II und III (Madaus)
5. „Normaler" und pathologischer Kontrollurin (Cyanamid/Lederle)
6. Ortho-Control Urine I und II (Ortho Diagnostic System)
7. Q-Pak Chemistry Urine Control und Urine Control, Supplemental (Hyland/Travenol)
8. UriChem TM Urine Chemistry Control (Human) Level I und II (Fisher Diagnostics/Boehringer Ingelheim)
9. Uricon 1 und 2 (Molter)

Noch nicht erprobt sind: Human Urine Control (Quantimex Medical Industry, USA); Gilford Control Urine I und II; Urinorm und Uripath (Instruchemie).

Universeller einsetzbar sind *Kontroll-Urine* auf Humanbasis, insbesondere, wenn sie herstellerseitig mit verschiedenen Konzentrationen verschiedener Bestandteile angeboten werden. Manche dieser Kontrollproben enthalten Zielwertangaben für Teststäbchenmethoden. Viele weisen Sollwerte für Bestandteile auf, deren Bestimmung Speziallaboratorien vorbehalten bleibt. Sie sind für die einfache Urinanalyse zu teuer.

Die Deutsche Arbeitsgruppe für pädiatrische klinische Chemie hat 1981/1982 einen internen Ringversuch mit einem selbsthergestellten Kontrollurin durchgeführt. Dieser lyophilisierte Humanharn hat den qualitativen Nachweis von Ketonkörpern, Cystin, Homocystin, Phenylbrenztraubensäure, Dinitrophenylhydrazin-positiven und reduzierenden Substanzen erbracht. Es standen zwei Kontrollproben mit teilweise verschiedenen Substanzkonzentrationen zur Verfügung.

Weitere in den USA eingeführte Kontroll-Urine sind bei uns nicht im Handel. Dazu gehören QC-U (General Diagnostic), UR-Sure (Hyland), Urintrol (Harleco) und Kovatrol (ICL Scientific).

Eine sehr interessante Neuentwicklung stellt der „Chek-Stix Urinalysis Control Strip" (Miles/Ames Frankfurt/Main) dar. Das „Prüfstäbchen" ist ein stabiler Plastikstreifen, auf dem sechs voneinander getrennte Analyten-Zonen aufgebracht sind. Jede Zone enthält eine oder mehrere natürliche oder synthetische Substanzen, die sich nach dem Eintauchen des Stäbchens in ein definiertes Volumen destillierten Wassers herauslösen. Die Lösung ist zur Untersuchung der Harnteststäbchen des Herstellers hervorragend geeignet. Sie ist als bekannte oder unbekannte Kontrollösung einsetzbar. Das Prüfstäbchen enthält folgende Bestandteile: Protein (Rinderserumalbumin), Glukose, Keton (Methylazetat), Bilirubin (kristallisiert), Blut (Rinderhämoglobin), Nitrit ($NaNO_2$) und Urobilinogen (p-Phenylendiamin·2HCl). Neben diesen Meßgrößen können am Harnstäbchen zusätzlich pH-Wert, spezifisches Gewicht, Phenylketone und Askorbinsäure kontrolliert werden.

Hinzuweisen ist auf ein interessantes Qualitätskotrollmaterial, das in 16 verschiedenen Zusammensetzungen eine umfassende interne (und auch externe) Qualitätskontrolle zu erlauben verspricht. Die in tiefgefrorenem Zustand haltbare Lösung enthält folgende Bestandteile: Protein, Glukose, Azeton, Hämoglobin, formalinfixierte Erythrozyten, Leukozyten, nichtpathogene E. coli, Hefezellen, Zylinder (aus Nephrose-Harn), Spermatozoen, Kristalle von Cystin und Tripelphosphat sowie Puffersubstanzen und NaCl zur zusätzlichen Prüfmöglichkeit für den pH-Wert und das spezifische Gewicht. Dieses Kontrollmaterial ist vom Anwender selbst herstellbar, die Rezeptur ist veröffentlicht (Hoeltge u. Ersts, 1980).

3.12.0.5 Interne Qualitätssicherung der analytischen Phase

Gute Ergebnisse setzen in der Harnanalyse in besonderem Maße voraus:

1. Einwandfreie Gewinnung der Spezimen, einwandfreie Reagenzien, zuverlässige Methoden, eine qualifizierte technische Mitarbeiterin und eine fachkundige Befundinterpretation.
2. Verwendung unbekannter Proben zur Kontrolle der Probenverarbeitung, Analyse und Befundermittlung und den Einsatz von Referenzmaterialien zur Kontrolle der Güte von Reagenzien und Geräten (Free, 1974, S. 115; Appel et al., 1979, S. 8). Für die Harnanalyse gelten fast alle bekannten Forderungen der Qualitätssicherung, wobei spezifische Anforderungen hinzutreten. Auf entsprechende Ausführungen in Kap. 2.1 - 2.5 und auf Reinauer (in UP Merten, 1981, S. 165ff) sei hier hingewiesen.

3.12.0.6 Externe Qualitätssicherung der analytischen Phase

Seit 1980 sind von INSTAND unter der Leitung des Verfassers regelmäßig dreimal jährlich insgesamt 18 Ringversuche mit je einem Probenpaar zur Teststäbchenanalytik im Harn durchgeführt worden.

Die Teilnehmerzahl lag konstant um 110 bis 140 pro Jahr. Es waren insgesamt 2340 Teilnehmer. Bei jedem Ringversuch waren zwei Proben ausgegeben worden. Die Bewertung erfolgte nach den bei INSTAND üblichen Kriterien. Als Kontrollmaterial dienten lyophilisierte Humanurine, synthetische Mischungen in Form von Pulver, Tabletten und Teststreifen. Es waren dies im einzelnen *Kontrollurine I und II* der Firma Ortho, Kontrollurine *Urichem I und II* der Firma Fisher, Kontrollurine *MD-Kova I und III* der Firma Madaus, Kontrollurine Lypho-Chek I und III der Firma Biorad. Diese Urine wurden zum Teil mehrfach ausgegeben. Weiterhin standen zur Verfügung Pulver in Kapseln *Clini-Tek* der Firma Miles und Tabletten *Combur-Control* der Firma Boehringer Mannheim. Schließlich wurde der mit verschiedenen Kontrollsubstanzen präparierte Teststreifen *Check-Stix improved* der Firma Miles sowie zu Beginn der Untersuchungen ein vom Versuchsleiter hergestelltes Lyophilisat eines Humanurins eingesetzt. Die Kontrollpräparate der Firma Miles waren 6 mal, Ortho 3 mal, Madaus 2 mal, Fisher und Boehringer je 1 mal ausgegeben worden. 1981 und 1983 wurde je ein Ringversuch unter identischen Bedingungen wiederholt. Zur weiteren Absicherung wurden die synthetischen Mischungen *Clini-Tek und Combur-Control*, zusätzlich in halber und in doppelter Konzentration, bezogen auf die vom Hersteller vorgegebene Konzentration ausgegeben. Zusätzlich aufgestockte oder in verringerter Konzentration eingesetzte Kontrollurine humaner Herkunft sind bislang nicht eingesetzt worden. Es wurde angestrebt, negative und positive Resultate für alle 8 zu untersuchenden Bestandteile in gleicher Anzahl vorzugeben. Dies bereitete bei Protein, Glukose, Blut, Nitrit und Bilirubin keine Schwierigkeiten. Dagegen waren Ketokörper und Urobilinogene nur bei synthetischen Mischungen vorhanden. Hier wurden also meist Negativkontrollen ausgegeben.

Trefferquoten

Die Trefferquoten (**Tabelle 3.12-1a**) stiegen stetig an: von 1980 bis 1985 von 78,7 über 85,7, 93,0, 92,7 auf 93,7. Die geringste Quote war im Februar 1980 mit 71,9%, die höchste im Februar 1982 mit 96,4 % zu verzeichnen.

Alle *Kontrollmaterialien* (**Tabelle 3.12-1b**) sind gut geeignet. Die höchsten Trefferquoten finden sich bei der synthetischen Mischung Combur-Control der Firma Boehringer Mannheim. Unter Verwendung der Teststäbchen des gleichen Herstellers erreichen 95,8% aller Teilnehmer bei allen Bestandteilen die richtige negative

Tabelle 3.12-1a: Übersicht und Trefferquoten

Nr.	Ringversuch (RV)	Teilnehmerzahl (TN)	RN/RV (Mittel)	Trefferquote (Einzel)	(Mittel)
1	1980	160		71,9%	
2		152	139	81,1%	78,7%
3		104		83,0%	
4*	1981	157		82,2%	
5		92	122	79,3%	85,7%
6		125		96,3%	
7	1982	154		96,4%	
8		105	135	94,8%	93,0%
9		146		90,7%	
10**	1983	51		95,4%	
11		135	112	88,9%	92,7%
12		150		94,1%	
13	1984	82		91,9%	
14		120	119	92,6%	93,7%
15		154		95,8%	
Gesamt		1887	126		

* = Wiederholung von Nr. 3 unter identischen Durchführungsbedingungen
** = Wiederholung von Nr. 9 unter identischen Durchführungsbedingungen

Tabelle 3.12-1b: Kontrollmaterialien: Trefferquoten

RV	Probe Nr.	Kontroll-Material	Prot.	Gluk.	Keto-körp.	Uro-bilin.	Bili-rubin	Blut	Nitrit	pH
3	10	Control Urin,	+81,1	−94,0	−95,8	-	−95,5	−94,0	−95,4	93,5
10	11	Control Urin	−88,2	−84,3	−100,0	−100,0	−100,0	−96,0	−97,9	98,0
13	11	Control Urin	−87,5	−80,0	−100,0	−94,8	−98,7	−100,0	−97,2	94,7
3	11	Control Urin	+74,8	+92,0	−95,1	-	−96,5	−85,6	−96,7	95,5
10	12	Control Urin	+88,2	+94,2	−98,0	−94,0	−96,0	−96,0	−97,9	100,0
13	12	Control Urin	+96,2	+88,7	−98,7	−96,1	−98,7	−100,0	−95,9	90,7
1	4	CliniTek	+92,9	+96,0	+77,6	+81,5	+72,9	+84,9	+94,5	97,5
1	5	CliniTek	+98,6	+83,1	+98,6	+91,7	+63,3	+90,8	+72,4	93,0
9	10	CliniTek	+97,3	+93,3	+82,0	+91,6	+82,6	+95,3	+97,9	91,8
11	22	CliniTek	+91,8	+94,1	+80,0	+91,7	+76,3	+90,3	+93,6	93,6
4	1	CliniTek ½	+41,0	+94,0	+74,5	+90,8	+47,5	+97,3	+98,0	97,0
5	4	CliniTek ½	+58,0	+94,3	+91,0	+91,0	+91,0	+97,0	+97,0	97,0
4	2	CliniTek 2	+99,0	+94,0	+97,3	+88,9	+91,8	+96,1	+98,0	97,0
5	5	CliniTek 2	+97,0	+99,0	+99,0	+91,0	+88,0	+97,0	+97,0	97,0
14	22	Chek-Stix	−94,1	−95,0	−98,3	−92,5	+89,1	+91,7	−91,1	94,1
11	21	Chek-Stix	+88,9	+94,1	+74,4	−88,0	+78,5	+98,5	+97,6	97,6
14	21	Chek-Stix	+80,0	+95,8	−95,8	−84,2	−95,0	−95,8	−94,9	92,4
9	11	Chek-Stix	+74,0	+93,3	+63,4	−96,6	+85,6	+97,6	+99,9	87,7
7	4	Kova Trol	−90,1	−98,0	−99,3	−97,8	−98,5	−95,4	−96,2	97,9
21	41	Kova Trol	−98,4	−96,7	−98,0	−97,3	−98,0	−92,7	−96,5	88,7
7	5	Kova Trol	+98,6	+99,3	−92,5	−92,0	+88,0	+98,0	+84,3	98,6
12	41	Kova Trol	+97,3	+96,6	+83,0	−91,3	+85,3	+97,4	-	91,3
15	41	UriChem	−95,5	−96,1	−98,7	−98,1	−99,4	−98,7	−86,9	96,0
15	42	UriChem	+90,9	+89,6	−97,4	−98,1	−99,4	−98,4	−94,5	96,7
8	7	Lypho Chek	−90,9	−98,1	−99,3	−98,6	−98,6	−95,4	−96,4	98,6
8	8	Lypho Chek	+98,7	+99,4	−94,1	−93,9	+86,9	+98,0	+41,8	98,6
6	7	Combur-Contr.	+99,2	+97,7	−97,7	−89,0	-	+98,0	−98,0	94,6
6	8	Combur-Contr.	+99,2	+97,7	−97,7	−91,0	-	+98,0	−98,0	95,4

oder positive Aussage. Die schlechtesten Trefferquoten liegen bei einem Humanurinlyophilisat mit 83,5%. Berücksichtigt man die Trefferquoten hinsichtlich negativer und positiver Reaktionen, so erweisen sich die Kontrollurine Lypho Chek, Kova Trol und Uri Chem als sehr geeignet. Die Trefferquoten sind durchweg bei über 95% gelegen.

Unter den *Untersuchungsmethoden* (**Tabelle 3.12-1c**) dominierte die Teststreifenmethode.

1980 verwendeten 92 bis 85% aller Teilnehmer Teststäbchen, in den drei Folgejahren 92,2 bis 95,4%; 1984 waren es 97,5%, 87,9% und 88,3%. Ob dies zufällig ist, muß dahingestellt bleiben.

Der *qualitative* Nachweis von Eiweiß wird von 2 bis 5% aller Teilnehmer immer noch mittels Sulfosalicylsäure durchgeführt. Die Kochprobe dagegen verwenden nur noch wenige Teilnehmer. 1980 waren dies noch 1-3%, in den Folgejahren 0-1%. In gleicher Größenordnung liegt die Verwendung der Biuret-Reaktion für qualitative Zwecke. Esbach wird seit 1981 nicht mehr verwendet. Die Tablettentests für Glukose werden ebenfalls seit 1981 praktisch nicht mehr eingesetzt. Dagegen scheint die quantitative Glukosebestimmung auch für Ja-Nein-Entscheidungen herangezogen zu werden. Waren dies in den ersten Jahren 0-1%, so 1984 3,8%, 1,7% und 2,6%. Ein bis 3%

Tabelle 3.12-1c: Methodenübersicht Differenz zu 100%: nicht auswertbare oder unklare Angaben

RV Nr.	Jahr	Test-stäb.	Eiweiß Sulfosal.	Koch-probe	Esb.	Biuret	Glukose		Ketone Tabl.	Urobil. Ehrlich	Bilirubin		Blut Andere	Nitrit Andere	Glas-elektrode
							Tabl.	Quant.			Tabl.	Jod			
1	1980	85,4	7,1	2,8	2,8	1,3	1,3	1,3	3,4	6,2	6,2	2,4	0	0	2,4
2		84,2	6,8	2,5	2,0	2,5	2,5	0	2,0	4,0	2,5	0,7	0	0	0
3		92,2	5,2	1,3	0,7	1,3	0	1,3	-	4,6	4,6	1,3	5,3	0	2,0
4	1981	91,3	5,6	1,9	0,6	1,2	0	2,6	3,1	5,6	3,8	6,3	0	0	2,5
5		95,4	3,4	3,4	0	0	0	0	2,4	3,4	3,4	4,6	0	1,2	1,2
6		94,0	4,5	1,5	0	0,8	0	1,5	4,5	6,2	2,3	6,4	0,8	0,8	0,8
7	1982	92,9	6,5	0	0	0,7	1,3	0	3,4	4,9	2,8	4,2	0	1,4	1,4
8		95,4	4,6	0	0	0	0	0	0	0	4,8	3,2	0	0	0
9		92,6	7,3	0	0	0	0	0	4,1	4,1	3,5	3,5	0	0	1,4
10	1983	92,2	1,5	6,5	0	0	0	0	0	1,0	0	2,6	0	0	0
11		92,5	4,4	0,7	0	1,5	0	1,5	1,5	3,0	3,0	4,4	0,7	0,8	0
12		95,4	3,9	0	0	0	0	0	0	0	0	0	0	0	0
13	1984	0	0	0	1,3	0	3,8	0	1,3	0	0	0	0	0	0
14		5,0	0	0	1,7	0	1,7	1,7	1,7	0,8	0,8	0	0	1,7	1,7
15		3,2	0,6	0	1,3	0	2,6	1,3	3,3	1,9	1,9	0	0	0,6	0

aller Teilnehmer über die 5 Jahre hinweg verwenden Tablettenteste für den Ketokörpernachweis, die Ehrlich-Reaktion für Urobilinogen, Tablettenteste und die Jodreaktion für Bilirubin. Blut und Nitrit werden fast ausnahmslos mit Teststäbchen nachgewiesen. Die Bestimmung des pH-Wertes erfolgt ebenfalls mittels Teststäbchen, nur 0,5 bis 2,5% aller Teilnehmer verwendeten die Glaselektrode.

Hersteller
Der Hauptteil der Teilnehmer verwendet Teststäbchen der Firma Boehringer Mannheim mit 61 bis 75%, gefolgt von Ames Bayer Diagnostik mit 20 bis 15%. Deutlich geringere Anteile erhalten Behringwerke und Merck, keine Rolle spielen die Teststäbchen von Madaus, Boehringer Ingelheim, Schleicher und Schüll sowie ausländische Hersteller.

Technische Signifikanz
Technische Spezifität (**Tabelle 3.12-1d**) (Negativkontrollen: richtig negative Befunde). Eindeutige statistische Aussagen sind aufgrund der geringen Teilnehmerzahl nur mit großen Einschränkungen möglich. Beschränkt man sich auf die Teststreifen von Boehringer Mannheim, so sind *alle Kontrollproben geeignet.* Bei Verwendung synthetischer Mischungen liegen z. B. für alle 8 Bestandteile die Trefferquoten über 92%, meist sogar über 98%. Gleiches gilt auch für die Verwender von Teststäbchen von Ames/Bayer Diagnostik mit Trefferquoten um 99 - 100%, ausgenommen Urobilinogen, wo nur 18,2% (!) den richtigen Befund negativ stellten.
Technische Sensitivität (**Tabelle 3.12-1e**) (Positivkontrollen: richtig positive Befunde). Das Gesamtbild wird hier uneinheitlich. Zwar sind Kontrollmaterialien und Teststreifen in weitaus den meisten Fällen miteinander kompatibel, es treten jedoch deutlich geringere Trefferquoten und auch Unverträglichkeiten hervor. Die *Proteinreaktion* wird von allen Teststreifen mit Clini-Tek von Ames, Combur-Control von Boehringer, KovaTrol von Madaus und Lyphocheck von Biorad mit Trefferquoten von 91 - 99% einwandfrei wiedergegeben. Dagegen ist Check-Stix von Ames deutlich weniger geeignet. Ähnliches gilt für *Glukose*, allerdings erreichen die Teststreifen von Ames mit den synthetischen Mischungen nur ca. 75% richtig positive Resultate. Das gilt kurioserweise auch für Clini-Tek und Check-Stix von Ames.

Schwieriger wird die Beurteilung positiver *Ketoreaktionen.* Einwandfrei geeignet ist die synthetische Mischung Combur-Control von Boehringer. Hier erreichen die Verwender von Boehringer Teststreifen und Ames Teststreifen 97 - 99%.

Bei Verwendung von Check-Stix *sinkt* diese Quote auf 73, von Clini-Tek auf 52%. Mit *KovaTrol* als Kontrollprobe erreichen die Teilnehmer mit Boehringer Teststreifen 95,2%, mit Ames Teststreifen nur 15,5% richtige Treffer.
Urobilinogen ist aus den obengenannten Gründen schwer beurteilbar. Combur-Control von Boehringer ist für die beiden Marktführer gut geeignet.
Bilirubin wird mit 80 - 90% etwas schlechter wiedergefunden. Negativ-Ausnahme ist hier Lyphocheck von Biorad, bei dem die Trefferquoten durchweg nur zwischen 14 und 30% liegen !

Die *Blutzone* bietet erstaunlicherweise keine Schwierigkeiten. *Alle* Hersteller von Kontrollmaterialien sind für *alle Teststreifen* sehr gut geeignet. Die Trefferquoten liegen meist über 95%, oft bei 99 %.
Nitrit ist ebenfalls problemlos, die Trefferquoten liegen meist bei 99%.
pH-Wert. Eine Abhängigkeit von Kontrollmaterial ist nicht festzustellen. Allerdings scheint die Reaktionszone für den pH-Wert bei den Teststreifen von Ames besser ausgeprägt zu sein als bei Boehringer Mannheim. Die Trefferquoten liegen um 95 - 100 bzw. 80 - 90%.

Als Beispiel einer Befundung eines Ringversuchs sei der *Ringversuch* vom *November 1985* aufgeführt.

Kontrollmaterial für Probe 41 war ein lyophilisierter Humanurin, Urichem Level I (Fisher Diagnostics). Für die Probe 42 wurde erstmals ein lyophilisierter synthetischer Urin für die Qualitätskontrolle von Metallbestimmungen, Lanonorm-Metalle (Behringwerke) verwendet. Beide Kontrollurine erwiesen sich als geeignet. In Vorversuchen waren positive Reaktionen gegenüber den Glukose- und Eiweiß-Teststäbchen bei Lanonorm festgestellt worden. Dies hat sich in den Ringversuchen bestätigt.

Tabelle 3.12-1 d: Teststäbchen-Trefferquoten A: Technische Spezifität (Negativkontrollen): Richtig negative Befunde

Teststäb. Hersteller	Kontrollmaterial		RV	Probe	Trefferquoten in %								Gesamt
	Bezeichnung	Hersteller			Prot.	Gluk.	Ketone	Urobil.	Bilir.	Blut	Nitrit	pH	
BM	Kova Trol	Madaus	7	4	92,0	96,6	100,0	98,8	98,8	94,3	98,8	95,5	96,8
AM					92,0	100,0	100,0	100,0	100,0	100,0	98,6	100,0	-
ME					1/2	2/2	2/2	2/2	2/2	2/2	2/2	2/2	-
BW					8/12	11/12	12/12	12/12	12/12	11,12	11/12	11/12	-
BM	Chek-Stix	Ames	14	21/22	99,9	99,9	98,7	96,3	99,9	99,9	91,9	97,4	98,0
AM					100,0	99,7	100,0	18,2!	99,7	100,0	100,0	100,0	-
ME					3/3	3/3	3/3	3/3	3/3	3/3	3/3	2/3	-
BW					7/7	7/7	7/7	7/7	7/7	3/7!	7/7	7/7	-
BM	UriChem	Fisher	15	41	97,0	98,0	100,0	100,0	100,0	99,0	100,0	92,1	98,2
AM					100,0	100,0	100,0	99,0	100,0	100,0	100,0	96,0	-
ME					2/3	1/3	3/3	3/3	3/3	3/3	3/3	3/3	-
BW					6/6	6/6	6/6	6/6	6/6	6/6	6/6	6/6	-
BM	Control Urin	Ortho	13	11	88,6	82,1	100,0	99,7	99,7	100,0	98,5	93,5	95,2
AM					90,9	90,9	100,0	72,7	100,0	100,0	100,0	100,0	-
ME					3/3	3/3	3/3	3/3	3/3	3/3	3/3	3/3	-
BW					4/4	4/4	4/4	4/4	4/4	4/4	4/4	4/4	-
Gesamt (nur BM)					94,4	86,7	99,7	98,6	99,6	98,3	97,3	94,6	97,1

Tabelle 3.12-1e: Teststäbchen-Trefferquoten B: Technische Sensitivität (Positivkontrollen. Richtig positive Befunde. „-" bedeutet: Bestandteil nicht vorhanden

Teststäb. Hersteller	Kontrollmaterial		RV	Probe	Trefferquoten in %								Gesamt
	Bezeichnung	Hersteller			Prot.	Gluk.	Ketone	Urobil.	Bilir.	Blut	Nitrit	pH	
BM	Chek-Stix	Ames	9	11	77,8	96,8	70,3	-	85,6	98,9	99,5	80,2	87,1
AM					68,0	83,3	73,7	-	90,0	100,0	99,5	94,2	-
ME					1/2	2/2	2/2	-	1/2	2/2	2/2	1/3	-
BW					6/7	7/7	2/7!	-	2/7!	7/7	7/7	7/7	-
BM	Clini Tek	Ames	4	2	98,8	100,0	92,5	-	82,1	94,0	99,5	85,4	93,2
AM					99,0	77,8!	51,7!	nicht	85,5	99,0	99,0	96,0	-
ME					3/3	2/3	3/3	verwertbar	2/3	3/3	3/3	3/3	-
BW					6/6	1/6!	6/6		3/6	6/6	6/6	6/6	-
BM	Combur-Control	Boehringer	6	8	98,7	94,9	96,5	96,2	-	98,7	-	89,5	95,8
AM					100,0	76,5!	99,7	99,8	-	90,4	-	94,5	-
ME					3/3	3/3	3/3	3/3	-	3/3	3/3	3/3	-
BW					10/10	10/10	10/10	7/10	-	10/10	10/10	10/10	-
BM	Kova Trol	Madaus	12	42	98,0	99,0	95,2	-	92,3	98,7	-	91,4	95,7
AM					100,0	100,0	15,5!	-	61,2	99,0	-	100,0	-
ME					4/4	4/4	4/4	-	4/4	4/4	-	4/4	-
BW					10/10	10/10	10/10	-	5/10!	10/10	-	8/10	-
BM	Lypho Chek	Bio Rad	8	8	97,1	100,0	-	-	30,3!	95,1	-	95,1	83,5
AM					90,6	100,0	-	-	14,3!	90,5	-	100,0	-
ME					1/4!	4/4	-	-	1/4!	4/4	-	4/4	-
BW					7/7	7/7	-	-	2/7!	6/7	-	6/7	-

Die Gesamtzahl der Teilnehmer betrug 158; 154 Teilnehmer, d.h. 97,5 %, verwendeten Teststäbchen. Die Sulfosalicylsäureprobe war dreimal, die Acetat-Kochprobe einmal vertreten. Soweit aus den Angaben erkennbar, verwendeten 12 Teilnehmer ein Reflektionsphotometer. Der Anteil des Marktführers lag bei 72,1%, die folgenden Quoten lagen bei 13,6%, 0,6% und 4,5%. 9,1% aller Teilnehmer waren aufgrund unklarer Angaben nicht zuzuordnen.

Erfolgsbilanz
Die Zielwerte decken sich, ausgenommen Glukose und Protein bei Lanonorm I mit den Angaben der Hersteller. Die Gesamttrefferquote dieses Ringversuches war sehr hoch und betrug 97,2%.

Die *Trefferquoten* lauten im einzelnen:

Bestandteil	Probe 41	Probe 42	Gesamt
Eiweiß	100,0	90,5	95,3
Glukose	100,0	86,0	93,0
Ketonkörper	100,0	100,0	100,0
Urobilinogen	99,3	100,0	99,7
Bilirubin	99,4	100,0	99,6
Blut	98,8	96,2	97,5
Nitrit	89,4	96,7	93,1
pH-Wert	99,4	98,7	99,1

Einzelauswertung

Eiweiß
Die positive Wiederfindung von Eiweiß war auch in diesem Ringversuch nicht eindeutig. Da dieser Bestandteil vom Hersteller nicht deklariert ist, wurden neben der an sich richtigen Angabe „03“ = positiv, die immerhin von 112 Teilnehmern richtig wiedergefunden worden war, auch „02“ = fraglich zugelassen. „01“ war sicher falsch. In ähnlicher Weise traten auch Schwierigkeiten bei der Glukosebestimmung auf. Da hier die Ablesung jedoch eindeutig war, konnte nur „03“ = positiv zugelassen werden, das auch von 86,0% aller Teilnehmer richtig wiedergegeben wurde. Diese beiden Bestandteile wurden bewußt in dieser Form ausgegeben, um nicht nur die wichtigsten Bestandteile, sondern diese auch unter Grenzbedingungen kontrollieren zu können.

Wie in den bisherigen Ringversuchen bereitete die Wiederfindung bei negativen Kontrollproben keinerlei Schwierigkeiten. Falsch positive oder fragliche Reaktionen waren nicht mitgeteilt worden.

Glukose
Hier gilt sinngemäß das obengenannte.

Ketokörper, Urobilinogen, Bilirubin, Blut, Nitrit
Für diese Bestandteile ergaben sich keine Schwierigkeiten.

pH-Wert
Als Zielwert wurde der Bereich $-2s \ldots +2s$ nach logarithmischer Transformation festgelegt. Daraus resultieren die oben angegebenen Bereiche. Sie wurden anstandslos von den Teilnehmern eingehalten.

Schlußbemerkung
Die Trefferquote war diesmal besonders hoch. Dies lag sicher zum Teil daran, daß vorwiegend negative Reaktionen wiederzufinden waren. Daher waren in diesem Ringversuch für Eiweiß und Glukose Schwierigkeiten eingeplant worden. Trotzdem lag auch hier die Trefferquote so hoch, daß das günstige Gesamtresultat erhalten werden konnte.

Erneut bittet der Versuchsleiter, in Zukunft die vorgesehenen Schlüsselzahlen verwenden zu wollen. Quantitative Meßergebnisse müssen in die qualitativen Angaben umgewandelt werden. Es ist schade, daß solche Übertragungsschwierigkeiten eine Zertifikatserteilung verhindern. Teilnehmer 953 wird gebeten, zukünftig die Schlüsselzahl 1 anstelle der von ihm verwendeten „0“ einzusetzen; ausnahmsweise wurde diesmal das Zertifikat erteilt, da sinngemäß ein richtiges Resultat erzielt worden war.

Der „Arbeitskreis für pädiatrische klinische Chemie“ in der Bundesrepublik Deutschland hat unter der Leitung von Dörner (1981/82) einen Ringversuch für bestimmte Harnbestandteile durchgeführt.

Lyophilisierte Kontrollurine humaner Herkunft enthielten mehrere Bestandteile in verschiedenen Konzentrationen (s. 3.12.0.4). Für Ketokörper, Homocystein, Phenylpyruvat, dinitrophenylhydrazin-positive und reduzierende Substanzen konnte trotz der unterschiedlichen Tests eine gute Übereinstimmung in der Richtigkeit erzielt werden (Dörner et al., 1982).

Aus den USA liegen größere Erfahrungen vor (Glenn, 1979; Elevitch u. Noce, 1981). Detailergebnisse werden in den Abschnitten 3.12.1 - 3.12.8 aufgeführt.

Aus den CAP-Übersichten geht folgendes hervor:

Die Teilnehmerzahl lag 1970 bei 1750 im „Basic Survey", 1200 im „Comprehensive Hematology Survey" und stieg 1980 auf 4110 im „Basic Survey" bzw. 2480 im „Comprehensive Survey". Die Verteilung auf verschiedene Methoden ergab 1980 bei dem „Basic Survey": Chemstrip 870, Clinilab 10, Clinitest 240, Fouchetreagenz 0, Harrison Tüpfeltest 0, Ictotest 680, Teststäbchen 2320. Die Trefferquote lag für alle Methoden 1970 bis 1980 bei der „Basic Survey" zwischen 96,8 und 99,5%, im „Comprehensive Survey" zwischen 96,9 und 99,7%.

Über Anwendung und Erfolg des Qualitätskontrollsystems für das allgemeine Harnanalyselaboratorium von Hoeltge und Ersts (1980) liegen dem Autor keine Daten vor. Ebensowenig lassen sich die Ergebnisse des „Centre Suisse de Controle de Qualite" la Chaux-de-Fonds beurteilen, da außer der Enquete S-73 vom Oktober 1982 keine Daten zur Harnanalyse zur Verfügung stehen. Eine neuere Übersicht beschäftigt sich mit 10 spezielleren Harnbestandteilen, vor allem Hormonen (Glenn, 1983).

3.12.0.7 Größen und Einheiten in der Harnanalytik

Es sind, soweit irgendmöglich, die früher viel verwendeten, namentragenden Einheiten, zu verlassen. Empfohlen werden folgende Größen bzw. Einheiten:

qualitativ (naßchemisch oder trockenchemisch)	
negativ:	0 oder 01
zweifelhaft:	(+) oder 02
positiv:	+ oder 03
stark positiv:	++ oder 04
sehr stark positiv:	+++ oder 05
(Sediment):	
nicht nachweisbar:	0 oder 01
an der Nachweisgrenze:	(+) oder 02
vereinzelt:	+ oder 03
zahlreich:	++ oder 04
massenhaft:	+++ oder 05

Semiquantitativ

Konzentrationen in mg/dl (trockenchemisch; bei Urobilinogen sind „Ehrlich-Einheiten" noch verwendbar);

bei Sediment und Keimzahl: Zahlenwerte/Gesichtsfeld, besser: Zahlenwerte/ml (orientierende Keimzahlbestimmung u. a.).

Quantitativ
Organische Substanzen: mg/l oder g/l bzw. g/24h.
Anorganische Substanzen: mmol/l bzw. mmol/24h.
Physikalische Größen, z. B. pH-Wert, Dichte, Osmolalität: SI-Einheiten.
Stoffmenge, z. B. ADDIS-Count: Zahlenwert/ml
Angestrebt wird somit, alle Reaktionsausfälle und Zahlenangaben stets äquivalent zu den Konzentrationen des Analyten in mg/dl zu setzen und auf Nativharn zu beziehen. Ansonsten ist das SI-Einheitssystem anzuwenden.

3.12.0.8 Wirtschaftlichkeit

Die Untersuchungsmethoden der einfachen Harnanalytik gehören hinsichtlich Kosten und Nutzen zu den wirtschaftlichsten Methoden der Laboratoriumsdiagnostik überhaupt (Mariani et al., 1984). Die reinen Reagenzienkosten sind bei naßchemischen Verfahren, wie der Azetat-Kochprobe, der Sulfosalizylsäureprobe oder den Diazo-Reaktionen als Pfennigbeträge völlig zu vernachlässigen. Auch Teststreifen sind recht preisgünstig.

Ein 1-fach-Teststreifen für Glukose kostet um 0,20 DM, ein 1-fach-Teststreifen für Protein um 0,18 DM, ein 5-fach-Teststäbchen von 0,77 - 0,93 DM, ein 9-fach-Teststäbchen von 0,83 - 1,04 DM (orientierende Preise inkl. MWSt, 1 × 50 Teststäbchen, bei Abgabe über den Fachhandel, Stand März 1985) (Ärztl. Management 1985, dort auch viele Details).

Demgegenüber steht eine krasse Unterbewertung in der zur Zeit in der Bundesrepublik Deutschland gültigen Gebührenordnung.

So sind 1-fach-Teststreifen und -stäbchen überhaupt nicht berechnungsfähig, die meisten Mehrfachteststäbchen nur mit DM 3,20, eine orientierende Keimzahlbestimmung sowie alle qualitativen Untersuchungen mit DM 4,00 und im Rahmen der instrumentellen Harnanalytik mit DM 7,30. Können mehrere Bestandteile durch Verwendung eines Mehrfachteststäbchens erfaßt werden, so ist immer nur eine Berechnungsgrundlage gegeben (Kassenärztliche Abrechnung, Stand April 1985).

3.12.1 bis 3.12.15: Spezieller Teil

3.12.1 Analysenbestandteil Protein

3.12.1.1 Präventivmaßnahmen

Indikation
Akute und chronische Nierenerkrankungen, z. B. Nephrosen, Glomerulo- und Pyelonephritis, Zystenniere. Zur Schwangerschaftsüberwachung, zur Kontrolle der Nierenfunktion bei Phenazetin-Einnahme. Generell bei internistischen und pädiatrischen Problempatienten und in der urologischen Praxis.

Qualitative Methoden
Die *Heller'sche Ringprobe* mit konzentrierter Salpetersäure ist veraltet und kann aufgrund ihrer Unspezifität und Gefährlichkeit nicht mehr angewandt werden.

Die *Azetat-Kochprobe* galt lange als Methode der Wahl. Sie ist für Albumine und Globuline gleichermaßen wenig empfindlich und erfaßt etwa ab 30 mg/dl Protein (Appel, 1973). Das Erhitzen erfordert Arbeitsaufwand, die Verwendung von Einwegröhrchen ist nicht möglich. Diese Untersuchungsmethode ist heute als veraltet abzulehnen, obgleich Bence-Jones-Proteine miterfaßt werden (Colombo u. Richterich, 1977).

Die *Sulfosalizylsäure-Probe* beruht auf der Eigenschaft von Proteinen, durch anionische Fällungsmittel präzipitiert zu werden. Die Empfindlichkeit gegenüber Albumin und Globulinen ist gleich groß und hoch. Immunglobuline und Hämoglobin werden gut, Bence-Jones-Proteine weniger gut ausgefällt. Die Empfindlichkeit liegt bei 5 mg/dl (Keller u. Reutter, 1976), 10–50 mg/dl (Colombo u. Richterich, 1977) bzw. 10–30 mg/dl Protein (Appel, 1973) und entspricht somit derjenigen der Indikator-Fehler-Methoden. Da Globuline empfindlicher erfaßt werden als bei den letztgenannten Methoden, hat die Sulfosalizysäureprobe als Gegenprobe in unklaren Fällen eine gewisse Bedeutung beibehalten, obgleich gelegentlich „physiologische" Proteinurien als „positiv" beurteilt werden können.

Semiquantitative Methoden
Die früher sogar für quantitative Bestimmungen empfohlenen Proteinfällungsmethoden mit Pikrinsäure nach Esbach oder Aufrecht sind nicht nur unbrauchbar, sondern sogar irreführend (Colombo u. Richterich, 1977, S. 28). Untersuchungen des Verfassers haben bis zu 10% falsch positive oder fälschlich stark hohe Reaktionen ergeben, allerdings an Harnproben von Klinikpatienten. Da die Indikator-Fehler-Methoden heute soweit ausgereift sind, daß sie semiquantitative Abstufungen der Harnproteinkonzentrationen zu beurteilen erlauben, sollte die Esbach-Methode endgültig aufgegeben werden.

Indikator-Fehler-Methoden: Teststreifen
Das Prinzip aller Reaktionszonen für Proteine auf Teststreifen beruht auf dem bereits 1937 von Feigl und Anger beschriebenen „Proteinfehler eines Indikatorfarbstoffes": Ein Indikatorfarbstoff mit einem Umschlagpunkt im schwach sauren Bereich und unempfindlich gegenüber den im Harn vorkommenden Salzkonzentrationen wird mit Puffersubstanzen versetzt, um den Einfluß von OH_3^+und OH^- auszuschalten. Proteine bilden mit ihren NH_2^- -Gruppen mit dem Farbstoff salzartige Verbindungen, die durch OH_3^+-Ionen nicht beeinflußt werden. Somit liegt beim pH-Wert des Harn-Puffersystems in Gegenwart von Proteinen der Indikatorfarbstoff nicht in seiner Säureform, sondern als Salz vor. Säure und Salz sind verschieden gefärbt: der Unterschied ist bei bestimmten Indikatoren besonders stark ausgeprägt. Die Farbtiefe ist proportional der Farbstoffsalz- und damit der Proteinkonzentration. Die am häufigsten eingesetzten Indikatoren Tetrabromphenolblau und Tetrabromphenolphtaleinester schlagen von gelb auf blau um.

Die Empfindlichkeit heutiger Teststreifen liegt in der Größenordnung physiologischer Proteinurien; eine „Spur"-Reaktion kann u. U. klinisch bedeutsam sein (Humbel, 1983).

Eine Übersicht der derzeit in der Bundesrepublik Deutschland im Handel befindlichen Teststreifen mit Reaktionszonen für Proteine gibt **Tabelle 3.12-2**.

3.12.1.2 Qualitätssicherung in der präanalytischen Phase
Für qualitative und semiquantitative Untersuchungen ist der erste Morgenurin vorzuziehen, jedoch kann jede spontan gelassene Urinprobe verwendet werden. Für quantitative Zwecke muß ein 24-h-Sammelurin zur Verfügung stehen. Zusatz eines Konservierungsmittels ist besonders bei anschließendem Versand empfehlenswert. Als Haltbarkeit werden ca. 5 h bei Raumtemperatur als optimal angesehen. Genaue Daten fehlen.

3.12.1.3 Interne Sicherung der analytischen Phase
Für Teststreifenmethoden, insbesondere unter Auswertung mit Reflektionsphotometer empfiehlt sich dringend die regelmäßige Kontrolle mit einfachen Kontroll-

Tabelle 3.12-2: Schnelltests für Harnanalysen: Protein

Hersteller	Bayer-Diagnostik (Ames-Miles)	Boehringer Mannheim	Boehringer Ingelheim	Behringwerke	Merck	Madaus	Macherey-Nagel
Produkt	N-Multistix SG	Combur-Test Combur-9-Test	Keto ingo Schnelltest	Rapignost Total-Screen	Multi-Merckognost-dip	MD-9-Basisitest	Medi-Test
Chemie	Proteinfehler an Tetrabromphenol-blau (0,3%), nicht reagierende Stoffe 2,4%	Proteinfehler an 3′, 3″, 5′, 5″, Tetrachlorphenol-3,4,5,6-tetrabromphenolsulfonphthalein	Puffer + Indikator	Proteinfehler an Tetrabromphenolphthaleinmethylester	Puffer + pH-Indikator	Proteinfehler an 4, 5, 6, 7, 3′, 5′, 3″, 5″-Octabromphenolsulfonphthalein	Indikatoren + Puffer
Farbumschlag	Gelb→gelbgrün→blaugrün	Gelb→gelbgrün→grün	Gelb→grün→blau	Gelb→gelbgrün→blaugrün	Gelbgrün→blaugrün→blau	Gelb→gelbgrün→grünblau	Gelb→grünblau
Ablesezeit (sec)	unkritisch, evtl. sofort	60	30	30–60	30–60	30–60	30
Empfindlichkeit (mg/dl)	25 (Albumin)	6 (Albumin)	10	30	10 (Albumin)	10	10
Abstufung (mg/dl)	30, 100 300, ±2000	30, 100 500	10, 30–100, 300, 1000	30, 100, 500	10–20, 30, 100, 300	30, 100, . . 00	30, 100, 500
Spezifität	Albumin bevorzugt. Globuline, Hämoglobin, Bence-Jonce-Proteine und Mucoproteide, freie Leichtketten werden nicht bzw. erst in sehr hohen Konzentrationen erfaßt.						
Störungen	↗ pH > 8 quartäre Ammoniumverbindungen, abgestandener Harn Chlorhexidin	↗ pH > 9; PVP, Desinfektionsmittel, Chlorhexidin; Phenazopyridin, Chinin, Chinidin, Chloroquin stören nicht	↗ pH > 8; PVP, Detergentien, Desinfektionsmittel	↗ pH > 9 PVP, Desinfektionsmittel, Methylenblau, Pyridium, rote Rüben, Blutersatzmittel	↗ pH > 8; PVP (evtl. Harn ansäuern)	↗ pH > 9; PVP Chinin, Desinfektionsmittel, Methylenblau, rote Rüben, quartäre Ammoniumverbdg.	↗ PVP, Chinin, Desinfektionsmittel
Sonstiges	Jede Färbung oberhalb des Farbblockes „Spur“→Proteinurie	Sichere Nachweisgrenze: 15 mg/dl Albumin, 70 mg/dl Globulin, 50 mg/dl Mucoprotein		Farbwerte mit > 30 mg/dl sind als negativ bzw. normal zu bewerten	Farbwerte von ca. 10–20 mg/dl sind negativ bzw. normal		

Tabelle 3.12-3: Qualitätssicherungsdaten für Proteinbestimmungsmethoden

Methodenart	Methode	Reagenzien	Präzision (%)		Richtigkeit		Autor
			Serie	Tag/Tag	Korrelation/ Konkordanz	Trefferquote in %	
Semiquant.	Test-streifen	Rapignost	-	-	Immun-präzip.	9 falsch pos. 6 falsch neg.	1
		Combur-8	-	-	ebs.	19 falsch pos. 9 falsch neg.	
		Rapignost	-	-	Biuret	K = 0, 76-0,84	2
		Urei-Test	-	-	Sulfosalizyl-säureprobe	96 (n = 548)	3
		Albustix	-	-	Sufosalizyl-säureprobe Kochprobe	70-99 83-97	4
		N-Multistix	-	-	Reflexions-photometer	87,4-92,6	5
Quantitativ	Biuret-Reaktion	Merck	5,82 (n = 30)	8,51 (n = 34)	Linearität Wiederfindung	0,5-3,0 g/l 99-101	2
	Farbstoff-bindung	Coomassie BB	1,52-6,74 (n = 20)	1,76-8,94 (n = 20)	Biuret Linearität	K = 0,966 bis 0,4 g/l	6
		ebs.	je nach Konzentration -	-	Empfindlichkeit Linearität	30 mg/dl bis 1,5 g/l	7
		Ponceau S	2,0 (n = 15)	2,5 (n = 12)	Turbidimetrie Lowry Linearität Wiederfindung Empfindlichkeit	K = 0,726 K = 0,967 bis 1,6 g/l 75-100 50 mg/dl	8
		(Urin-Pak®)	0,3 (?)	-	Biuret	Diff. -42	9

1 Vonderschmitt u. Scholer 1980
2 Appel 1979
3 Kutter 1976
4 Fritzsche 1972
5 Appel 1979
6 Thomas et al. 1981
7 von Wilgenburg 1981
8 Pesce et al. 1973
9 Trietsch 1980

lösungen; insbesondere Testtabletten und Testharnkapseln sind preisgünstig und haltbar. Dadurch kann das Risiko „schlecht gewordener Teststreifen“ ausgeschaltet werden. Diese Kontrollmaterialien sind zwar für die instrumentelle Harnanalytik entwickelt worden (und dort eigentlich obligatorisch), aber nach Erfahrungen des Verfassers zur subjektiven Auswertung der Teststreifen sehr gut geeignet. Sie sind sogar für die externe Qualitätskontrolle gut geeignet. Kontrollurine sind zu teuer.

Quantitative Harnproteinbestimmungsmethoden bedürfen grundsätzlich der Kontrolle. Dafür empfehlen sich die erwähnten Kontrollurine, soweit die Proteinkonzentration für die verwendete Methode deklariert ist. Dies ist selten der Fall. Als Ausweg bietet sich die serielle Mitführung einer Humanserum- oder Rinderserumalbuminlösung nach entsprechender Verdünnung auf etwa 1,00 g/l Protein an. Die Führung von Kontrollkarten ist möglich. Qualitätssicherungsdaten für quantitative und semiquantitative Methoden siehe **Tabelle 3.12-3.**

3.12.1.4 Externe Qualitätssicherungsmaßnahmen

Die Ergebnisse der Ringversuche von INSTAND 1980 - 1985 sind in Tabelle 3.12-1a bis 3.12-1e wiedergegeben.

Tabelle 3.12-4: Normbereiche und oberer Grenzbereich: Harnprotein

Kollektiv	Normbereich	Oberer Grenzbereich	Methode	Autor
Erwachsene	8- 21 mg/dl		Ponceau S	1
	bis 10 mg/dl		Lowry	3, 2
	bis 15 mg/dl		Immunpräz.	4
	bis 30 mg/dl			5
	20-50 mg/dl			6
	25-30 mg/dl			3
	bis 30 (morg.) bis 500 (tags) mg/dl		Biuret	8
	31,2-120,0 mg/24 h		Coomassie BB	9
	17 - 48 mg/24 h		ebs.	10
	51 mg/ 24 h	150 mg/24 h	Biuret	11
	70 mg/ 24 h		Biuret	12
	25 - 75 mg/24 h		Turbidimetrie	13
	45 - 75 mg/24 h		ebs.	14
	47 - 76 mg/24 h		ebs.	15
	40 - 150 mg/24 h		Biuret	16
	31,2- 120,0 mg/24 h		Coomassie BB	9
	38 -394 mg/24 h		Lowry	17
Kinder	3 - 13 mg/24 h			18
	6 - 11 mg/24 h			10
> 1 a	< 100 mg/m^2 2/24 h			19

1 Burlina et al. (1949)
2 Busse u. Amirfallah (1967)
3 Colombo u. Richterich (1977)
4 Vonderschnitt u. Scholer (1981)
5 Fuchs (1974)
6 Kutter (1976)
7 King u. Grenbeck (1952)
8 Boesken et al. (1973)
9 Thomas et al. (1981)
10 Plenert u. Heine (1973)
11 Cao et al. (1975)
12 Merck (1970)
13 Henry et al. (1974)
14 Rick (1977)
15 Thomas (1978)
16 Bovce et al. (1954)
17 Hemmingsen (1968)
18 Sitzmann (1978)
19 Meites u. Skony (1981)

Aus den CAP-Übersichten (Elevitch u. Noce, 1981) geht folgendes hervor. Die Teilnehmerzahl lag 1970 bei 2090 im „Basic Survey“ und 1360 im „Comprehensive Hematology Survey“ und steigt 1980 auf 4060 im „Basic Survey“ bzw. 2470 an. Die Verteilung auf verschiedene Methoden ergab 1980 bei der „Basic Survey“: Chemstrip 820; Clinilab unter 10; Clinitec 230; Kochprobe Keine; Salpetersäureprobe Keine; Teststäbchen 2230; Sulfosalicylsäureprobe 780. Die Trefferquote lag für alle Methoden 1970 bis 1980 im „Basic Survey“ zwischen 90 und 99,0%.

3.12.1.5 Sicherung der postanalytischen Phase

Die Referenzbereiche sind in **Tabelle 3.12-4** wiedergegeben.

3.12.1.6 Fehlermöglichkeiten

Unsachgemäße Lagerung und Überschreiten des Verfalldatums von Teststreifen sind nicht zu unterschätzende Fehlerquellen (Fritzsche, 1972). Weitere Fehlermög-

Tabelle 3.12-5: Analytische Interferenzen (Störfaktoren): Harnprotein

Einflußfaktoren	Methode	Erniedrigt	Erhöht	Autoren
Gallenfarbstoff	Azetat-	Störung	Störung	2
Röntgenkontrast-	Kochprobe			
mittel, orale	"	"	"	2
Antidiabetika	"	"	"	2
Penicillin, Sulfonamide, PAS	"	"	"	2
Azetazolamid	"		+	3
Bikarbonat	"		+	3
Penicillin G	"		+	3
Tolbutamid	"		+	3
Trüber Urin	"		+	1, 2
Alkalischer Urin	Sufonsali-	+		2
Azetatzolamid	zylsäure-		+	3
PAS	probe		+	1, 3
Bikarbonat	"		+	3
Cephalotin, Chephaloridin	"		+	3
Kontrastmittel, jodhaltig	"		+	1, 2, 3
Nafcillin	"		+	3
Penicillin G	"		+	1, 3
Sulfisoxazol	"		+	2, 3
Tolbutamid	"		+	1, 2, 3
Tolmetin	"		+	3
Thymol	"		+	1
Trüber Urin	"		+	1, 2
	"			
Albumin/Globulinquotient	"	+	+	4
p-Aminohippursäure	Lowry Methode		+	3
Levodopa	"		+	3
Harnfarbstoff	"	+		4
Dextrane	Biuret Reaktion		+	3
Harnfarbstoffe, Cu^{++} Komplexbildner	"		+	4
Glasabsorption	Coomassie BB	+		5
Aminoglykoside	Ponceau S		+	6
Sulfisoxazol 50 mg/dl	"	22%		7
Salizylsäure "	"	20%		
Sulfodiazin "	"	21%		
Bilirubin 2 mg/dl	"	19%		

1 Colombo (1977)
2 Free (1974)
3 Hausten (1981)
4 Thomas et al. (1981)
5 Van Wilgenburg et al. (1981)
6 Burlina et al. (1979)
7 Pesce et al. (1973)

lichkeiten sind in **Tabelle 3.12-5** aufgeführt. Bei Teststreifenmethoden ist günstigerweise auf Angaben des Herstellers zu achten, da diese Produkte gerade hinsichtlich der Störanfälligkeit laufend verbessert werden und ältere Angaben leicht überholt sein können. So wird für Teststreifen von Boehringer Mannheim berichtet, daß pH-Werte zwischen 5 und 9 sowie NH_3 bis zu 5% nicht stören (Carstensen et al., 1980). Mukoproteide können durch Verfärbung falsch positive Reaktionen bei Teststreifen hervorrufen (Vonderschmitt u. Scholer, 1981). Auch manche Plasmaexpander geben ebenso wie bei der quantitativen Harnproteinbestimmung falsch erhöhte Werte (Appel, 1985).

3.12.2 Analysenbestandteil Glukose

3.12.2.1 Präventivmaßnahmen

Indikation
Fahndung nach unbekanntem Diabetes mellitus, insbesondere bei Personen mit Hypertonie, koronaren, peripheren und zerebralen Durchblutungsstörungen; Hypertriglyzeridämie; Hyperurikämie; chronischen Infekten der ableitenden Harnwege; Leber- und Gallenwegserkrankungen; chronischen Hauterkrankungen. Ferner bei übergewichtigen Personen mit familiärer Belastung und über 40 Jahren; Müttern von Kindern mit hohem Geburtsgewicht oder Mißbildungen, mit Totgeburten oder Fehlgeburten. Zur Diagnostik und Verlaufsbeobachtung von Diabetes mellitus und Nierenerkrankungen. Zur Schwangerschaftsüberwachung. Zur Einstellung, Überwachung und Selbstkontrolle des Diabetikers.

Zur Selbstkontrolle sind widersprüchliche Meinungen vorhanden. Das Prinzip beruht darauf, daß die gesunde Niere bei Blutzuckerkonzentrationen über 160 bis 180 mg/dl Glukose in den Harn in gut meßbaren Konzentrationen ausscheidet. Bei Patienten, bei denen Aglukosurie gefordert werden muß, ist der qualitative Nachweis mit geeigneten Teststreifen ausreichend (1-2 Stunden nach dem ersten Frühstück, zwei- bis dreimal wöchentlich). Wenn jedoch eine Glukosurie in Kauf genommen werden muß und ein therapeutisches Eingreifen notwendig wird, hat sich (viermal täglich) eine semiquantitative Harnzuckertestung mit Tabletten, besser mit Teststreifen bewährt. Der insulinbehandelte Diabetiker sollte seinen Diabetes in der Regel täglich selbst kontrollieren. Von einer regelmäßigen *kombinierten Testung* mit Teststreifen und Tabletten muß abgeraten werden (Willms, 1981). Eindeutige Kriterien für Typ-II-Diabetiker sind erarbeitet worden (Berger, 1981).

Qualitative Methoden
Die *Reduktionsproben* nach Trommer, Fehling oder Benedict galten über 50 Jahre lang als Standardmethoden für den Nachweis von Harnzucker. Sie haben heute noch eine gewisse Berechtigung bei der Fahndung nach Melliturien, also letztlich für unspezifische Reduktoren im Harn. Der Meinung, diese Methode im Kliniklabor verfügbar halten zu müssen (Colombo u. Richterich, 1977, S. 100), wird die Wirklichkeit nicht beipflichten.

Die *Clinitest*-Testtablette stellt eine Variante des Benedict-Testes dar. Aufgrund seiner Einfachheit und Preiswürdigkeit hat dieser Tablettentest eine Renaissance erlebt und einen festen Platz in der Führung und Selbstkontrolle des Diabetikers erhalten. Dabei hat er sich sogar für die semiquantitative Bestimmung bewährt.
Teststreifen und *Teststäbchen* auf dem Glukose-Oxidase-Prinzip sind als Mittel der Wahl anzusehen. Diese Diagnostika gibt es als Teststreifen in einer handlichen Rollenforn (Glukotest), als 1-fach-Teststreifen (S-Glukotest), auch einzeln in einer Schutzhülle verpackt; als Einzelteststäbchen (Diastix, Diabur-Test u.a.) und als Reaktionszonen auf Mehrfachteststäbchen (**Tabelle 3.12-6**). Einzeln verpackte Teststreifen werden für den qualitativen Nachweis von Harnzucker durch den Laien selbst propagiert: „Zeigt sich eine Farbveränderung von gelb auf grün oder gelbgrün, besteht Verdacht auf Zucker-Krankheit!" (Beipackzettel zu S-Glukotest). Alle übrigen Teststäbchen eignen sich bereits sehr gut für semiquantitative Bestimmungen.

Der Ansicht, *Stäbchenteste* für Glukosebestimmungen im Harn könnten, aufgrund von Überlegungen über den prädikativen Wert, nur als qualitativ betrachtet werden (James u. Base, 1979), kann nicht beigepflichtet werden; sie ist durch die Wirklichkeit widerlegt.

Semiquantitative Methoden
Hierzu zählen alle Tabletten-, Einzel- und Mehrfachteststäbchen. Beim Clinitest entspricht eine Reihenfolge von Farbtönen bestimmten Glukosekonzentrationen: Blau - dunkelgrün - grasgrün - grünbraun - braunrot - orange - dunkelbraun = 0 - 250 - 500 - 750 - 1000 - 2000 mg/dl. Die Emp-

Tabelle 3.12-6: Schnelltests für Harnanalysen: Glukose

Hersteller	Bayer-Diagnostik (Ames-Miles)	Boehringer Mannheim	Boehringer Ingelheim	Behringwerke	Merck	Madaus	Macherey-Nagel
Produkt	N-Multistix SG	Combur-8-Test Combur-9-Test	Gluko-ingo Schnelltest	Rapignost Total-Screen	Mulit-Merckognost	MD-9-Basistest	Medi-Test
Chemie	Glukoseoxidase/Peroxidase/Kaliumiodid (1,3 IU GOD + 3300 IU POD + 7,0% KI)	Glukoseoxidase/Peroxidase/Indikator	Glukoseoxidase/Peroxidase/Chromogen	Glukoseoxidase/Peroxidase/Chromogen	Glukoseoxidase/Peroxidase/Chromogen	Glukoseoxidase/Peroxidase/Chromogen	Glukoseoxidase/Peroxidase/Chromogen
Farbumschlag	Blaugrün→grün→braun	Gelb→orange→braun (bis 1986)	Gelblich→hellblau→dunkelblau	Gelb→grün→blau	Gelb→grün	Grün→blaugrün	Gelb→grün→blaugrün
Ablesezeit (sec)	30	60	10	30-60	30-60	30-60	30-60
Empfindlichkeit (mg/dl)	100	40 (praktische Nachweisgrenze)	20-100	35	20	20	-
Abstufung (mg/dl)	100-250-500-1000 ≧ 2000	100, 300, 1000	−, +, + +, + + +	50, 150, 500, 1000	40, 80, 200	50, 150, 500 ≧ 1000	50, 150, 500, 1000
Spezifität	Spezifisch für D-Glukose	Spezifisch für D-Glukose	Spezifisch f. D-Glukose	Spezifisch f. D-Glukose	Spezifisch f. D-Glukose	Spezifisch f. D-Glukose	Spezifisch f. D-Glukose
Störungen	↘ Askorbinsäure „geringfügig" bei > 50 mg/dl; Ketone < 40 mg/dl	↘ Askorbinsäure, Reduzierende Medikamente (nicht ab 1985) ↗ Reste peroxidasehalt. Reinigungsm.	↘ Askorbinsäure, Gentisinsäure, Dopa u. Metabolite, Salizylate, Ketokörper und pH 5	↘ Askorbin-Säure ↗ 20 mg/dl, Gentisinsäure, pH < 5 mit Ketonurie ↗ Hypochlorit, Peroxide	↘ Askorbinsäure, Salizylate, L-Dopa und Metabolite	↘ Askorbinsäure, Gentisinsäure, ↗ Reinigungsmittel ↘ Furchtsäfte, Antibiotika	↘ Askorbinsäure, Gentisinsäure, ↗ peroxidhaltige Reinigungsmittel
Sonstiges	Temperaturabhängigkeit gering	Ketokörper stören nicht, keine pH-Abhängigkeit		Gelbe bzw. schwach grüne Testfelder < 500 mg/dl sind als normal zu werten			

Tabelle 3.12-6: (Fortsetzung) Schnelltests für Harnanalysen: Glukose

Hersteller	Boehringer Mannheim	Boehringer Mannheim	Boehringer Mannheim	Bayer-Diagnostik (Ames-Miles)	Bayer-Diagnostik (Ames-Miles)	Bayer-Diagnostik (Ames-Miles)
Produkt	Glukotest S-Glukotest	Diabur-Test	Diabur-Test 5000 und Keto-Diabur-Test 5000	Clinistix	Clinitab	Diastix
Chemie	Glukoseoxidase Peroxidase + Indikator	Glukoseoxidase Peroxidase + Indikator	Glukoseoxidase Peroxidase + Tetramethylbenzidin	Glukoseoxidase Peroxidase + o-Tolidin	Benedict-Reaktion	Glukoseoxidase Peroxidase + KI (+ Brillant Blue FCF)
Farbumschlag	Gelb→grün	Gelb→orange→braun	a) Gelb→hellgrün→dunkelgrün b) Hellblau→blau	Violett→blau	Orange→braun	Blaugrün→grün→braun
Ablesezeit (sec)	60	120	120	10	15	30
Empfindlichkeit (mg/dl)	(20) 40	(100)	(100)	10 (90)	150 (250)	55 (85)
Abstufung (mg/dl)	bis 100, 100-500, = 500	100; 300, 1000	100; 250; 500, 1000, 200, 3000, 5000	bis 250, 500, über 500	250, 500, 750, 1.000, 2000, 5000	100, 250, 500, 1000, 2000
Spezifität	Spezifisch f. D-Glukose	Spezifisch f. D-Glukose	Spezifisch f. D-Glukose	Spezifisch f. D-Glukose	Unspezifisch alle Reduktone	
Störungen	Askorbinsäure, Reduzierende Medikamente ↘, Reste peroxidasehaltiger Reinigungsmittel; Galaktose ↗ (ab 500 mg/dl)		↘ Askorbinsäure ab 40 mg/dl Nicht mehr ab 1985	↘ Askorbinsäure ab 50 mg/dl, Salizylate	Siehe Tab. 13 Weniger empfindlich als N-Multistix SG	Askorbinsäure ab 20 mg/dl, ↘ Azetessigsäure! Harnsäure
Sonstiges		Ablesebereich bis 2000 mg/dl 71		14 Pharmaka in maximalen Ausscheidungskonzentrationen stören nicht, ebensowenig Ketone		Erster Schnelltest! (1942) Zur Diabetiker Selbstkontrolle

findlichkeit liegt um 150 mg/dl (Colombo u. Richterich, 1977). Charakteristisches Merkmal ist die Unspezifität. Von den drei Störgruppen: physiologisch vorkommende reduzierende Oligosaccharide, physiologische Metabolite in höheren Konzentrationen und Arzneimittel, bedingt die erste gerade den Vorteil der Clinitest-Reaktion: die Erkennung von Melliturien insbesondere bei Neugeborenen und Kleinkindern.

Das Feld beherrschen die Stäbchenteste, alle sind auf der Grundlage der Glukose-Oxidase-Reaktion aufgebaut. Erwähnt sei die bis 1986 einzigartige Idee beim Diabur-Test 5000. Die Reagenzien sind in einem leicht reagierenden dünnen Kunststoff-Film eingebettet, das Stäbchen enthält zwei Testbezirke mit unterschiedlicher Empfindlichkeit für Glukose. Der eine Testbezirk ist gelb eingefärbt und entwickelt bis zu 2 g/dl Glukose eine hell- bis dunkelgrüne Farbe, der zweite ist weiß und färbt sich ab 0,5 g/dl bis zu 5 g/dl Glukose in eine hellblaue bis dunkelblaue Farbe. Der Vergleich beider Farbfelder mit Interpolationsmöglichkeit erlaubt eine recht gute Konzentrationsbestimmung (Kattermann et al., 1982). Eine Übersicht über alle Teststäbchen, jeweils ein Vertreter der entsprechenden Testzone, gibt Tabelle 3.12-6. Eine hohe Empfindlichkeit soll der bei uns nicht eingeführte Teststreifen Chemstrip uG (Bio-Dynamics Inc.) aufweisen, jedoch erst nach 2 min (Bandi et al., 1982). Weitere „bicolore" Teststäbchen werden kommen.

3.12.2.2 Qualitätssicherung in der präanalytischen Phase

Zur Entdeckung einer Glukosurie ist am besten eine Harnprobe geeignet, die 2 Stunden nach einer kohlenhydratreichen Mahlzeit erhalten wird. Dagegen soll sogar der für andere Harnuntersuchungen übliche „erste Morgenurin" nicht benutzt werden (Colombo u. Richterich, 1977) und der Nachweis in der zweiten „Morgenportion" innerhalb von 2 Stunden durchgeführt werden. Beim Stehenlassen bei Raumtemperatur treten nach 24 h um 40% Verluste auf (Thomas, 1978). Konservierungsmittel sind nicht zu empfehlen.

3.12.2.3 Interne Sicherung der analytischen Phase

Es gelten sinngemäß die Ausführungen zu 3.12.1.3.

3.12.2.4 Externe Qualitätssicherungsmaßnahmen

Die Ergebnisse der Ringversuche von INSTAND 1980-1985 sind in Tabelle 3.12-1a bis 3.12-1e wiedergegeben.

Aus den CAP-Übersichten (Elevitch u. Noce, 1981) geht folgendes hervor: die Teilnehmerzahl lag 1970 bei 2140 im „Basic Survey" und 1390 im „Comprehensive Hematology Survey" und stieg 1980 auf 4420 im „Basic Survey" bzw. 2510 im „Comprehensive Survey" an. Die Verteilung auf verschiedene Methoden ergab 1980 im „Basic Survey": Chemstrip 820, Clinilab 10, Clinitek 230, Clinitest 60, Teststäbchen 2280, TesTape 40. Die Trefferquote lag für alle Methoden von 1970 bis 1980 im „Basic Survey" zwischen 96,5 und 99,8 %, im „Comprehensive Survey" zwischen 96,3 und 99,7%.

3.12.2.5 Sicherung der postanalytischen Phase

Die Referenzbereiche sind in nachfolgender **Tabelle 3.12-7** wiedergegeben.

3.12.2.6 Fehlermöglichkeiten

Es gelten sinngemäß die Ausführungen unter 3.12.1.6. Eine Übersicht über weitere Fehlermöglichkeiten gibt **Tabelle 3.12-8**. Als vorsichtig aufzunehmen sind Befunde, wonach Glukose-Oxidase-Reaktionen negativ durch Salizylate und L-Dopa beeinflußt werden, sowie Phenazopyridin (Feldmann et al., 1970) und Trioxazin die Glukose-Reaktionszonen von Combistix falsch positiv beeinflussen (Neumann, 1967). Die Störung durch Askorbinsäure ist lange diskutiert worden. Bei Diabur-Test 5000 und Keto-Diabur-Test 5000 ist durch Imprägnierung der Reaktionszone mit

Tabelle 3.12-7: Norm-, Grenz- und pathologische Bereiche: Harnglukose

Kollektiv	Normbereich	Oberer Grenzbereich	Pathologischer Bereich	Autor
Erwachsene	bis 9 mg/dl			1
	bis 15 "			2, 3
	bis 20 "			4
	bis 30 "			1, 5, 6, 7
		bis 72 mg/dl		8
		über 25 "	über 100 mg/dl	9
		pber 30 "		3
	15-130 mg/dl			10
	bis 75 "			9
	25-100 "			5
	bis 50 "			11
	bis 60 "			12
	bis 72 "			1
	bis 78 "			12
	bis 250 "			3
	bis 350 "			1, 13
	bei Gravidität			
Neugeborene	10- 30 mg/dl			3
Säuglinge	90-300 mg/24 h			3
Kleinkinder	175-300 mg/24 h			3
bei hochgradigem Insulinmangel			über 2000 mg/dl	14

1 Plenert u. Heine (1973)
2 Thomas (1978)
3 Sitzmann (1978)
4 Berger (1975)
5 Colombo u. Richterich (1977)
6 Peter (1977)
7 Fritzsche (1973)
8 Heimsoth et al. (1978)
9 Davidson (1978)
10 Rick (1977)
11 Meites (1981)
12 Merck (1970)
13 Pense et al. (1973)
14 Willms (1981)

Tabelle 3.12-8: Fehlermöglichkeiten: Glukose

Einflußfaktoren	Benedict-Reaktion		Clinitest-Tablette	
	Beeinflussung	Autor	Beeinflussung	Autor
Acetanilid	+	1		
Acetylsalizylate			+	8
p-Aminosalicylsäure	+	1,2,3	+	8
Askorbinsäure	+	1,2,3	(+)	2,3,4,8
Cephalexin			+	6
Chephaloridin	+	3	+	2,7
Cephalotin	+	1	+/−	5,6,8
Chloramphenicol	+	2	+	1
Chloralhydrat	+	2,3	+	9
L-Dopa		3,5	+	7
Formaldehyd	+	1		
Isoniazid	+	1,2,3		
Kontrastmittel	+	1	+	8

Tabelle 3.12-8: (Fortsetzung) Fehlermöglichkeiten: Glukose

Einflußfaktoren	Benedict-Reaktion		Clinitest-Tablette	
	Beeinflussung	Autor	Beeinflussung	Autor
Menthol	+	2,3		
Metaxalon	+	1,2		
α-Methyldopa			+	1
Morphin	+	2		
Nalidixinsäure	+	2,3		
Nitrofurantoin	+	2		
Penicillin G	+	1,2,3		
Phenazetin	+	1,2		
Phenol				
Probenecid	+	1,2,3	+	1,2,3
Salicylate	+	2,3	(2,5-4,0 g/d)+	7,8
Sulfonamide	+	1	+	1
Streptomycin	+	1	500 mg/dl+	7,8
Tetrazykline	+	1		
Terpentin	+	2,3		
Harnsäure	+	2,3		
Kreatinin	+	2,3		
Fruktose	+	2,3	+	2,8
Galaktose	+	2,3	+	2,3,8
Laktose	+	2,3	+	2,3,8
Maltose	+	2,3	+	2,8
Pentosen	+	2,3	+	3,8

1 Hansten (1981)
2 Colombo (1977)
3 Ames (1981)
4 Smith (1977)
5 Kostis u. Berger (1966)
6 Morrill (1974)
7 Feldmann et al. (1970)
8 Kutter (1976)

Iodat der Teststreifen störsicher geworden (siehe 3.12.6.6). Keinen Einfluß auf den Glukosenachweis zeigen 500 mg/dl Azetoazetat, 100 mg/dl Hydroxybutyrat und 50 mg/dl Hämoglobin. 40 mg/dl Askorbinsäure beeinflussen nur 20% von Harnproben mit Glukosekonzentrationen von 100 mg/dl (Smalley u. Bradley, 1985).

3.12.3 Analysenbestandteil Ketonkörper

3.12.3.1 Präventivmaßnahmen

Indikation

Erfassung von Stoffwechseldekompensation bei Diabetes mellitus: Ketonazidosen beim Coma diabeticum, Abgrenzung zum anazidotisch-hyperosmolaren Koma. Ketosen bei Totalfasten, Hungerzuständen oder bei Ernährung mit kohlenhydratarmer Diät und nach schweren körperlichen Anstrengungen („post exercise Ketosis"). Azetonämisches Erbrechen bei Kleinkindern und im Fieber. Zur Kontrolle von Fastenkuren. Erfassung von angeborenen Stoffwechselstörungen bei Neugeborenen.

Qualitative Methoden
Die Basis ist die 1883 von Legal beschriebene Reaktion von *Azeton* mit Natriumnitroprussiat (= Nitroprussid-Natrium), bei der die NO-Gruppe Isonitrosoazeton bildet, das in einem komplexen Anion verbleibt und violett-braunrot gefärbt wird. Die Legalprobe spricht vor allem auf Azetessigsäure an; Azeton wird ca. 10 mal geringer, Hydroxybuttersäure praktisch nicht erfaßt (Colombo u. Richterich, 1977). Sie ist heute nicht mehr gebräuchlich. Die Modifikation nach Lange war weit verbreitet. Sie erfaßt etwa 5 mg Ketokörper/dl Harn, Azetessigsäure besser (Merck, 1970). Eine weitere Variante war die Reaktion nach Gerhardt. Alle diese Methoden sind heute verlassen.
Azetessigsäure läßt sich spezifisch nach Arreguine und Garcia mit Resorzin als ß-Methylumbelliferon nachweisen. Die Empfindlichkeit beträgt 0,1 mg/dl, unter einer Analysenquarzlampe 0,0001 ml/dl (Merck, 1970).
ß-Hydroxybuttersäure läßt sich nach Hard mit Wasserstoffperoxid zu Azeton oxidieren; dieses wird nach vorherigem Erhitzen des Harnes mit einer der üblichen Proben nachgewiesen. Alle Proben werden durch Phenolsulphthalein, Bromthalein und Phenolphthalein (in Abführmitteln) gestört.

Semiquantitative Methoden
Acetest-Tabletten (Ames-Miles) stellen das erste Trockenreagenz auf der Basis der Nitroprussidnatrium-Reaktion dar. Es ist für Azeton und Azetessigsäure spezifisch. Die Nachweisgrenze liegt bei 5 mg Azetessigsäure und 20 mg Azeton pro dl Harn (Merck, 1970). In Abstufungen werden in 10-20, 25-40, 50 mg/dl Azetessigsäure bzw. 25-50, 200-250, 400-1000 mg/dl Azeton erfaßt (Merck, 1970; Kutter, 1976). Die Reaktion erfolgt nach 30 Sekunden. Metaboliten von L-Dopa, höhere Konzentrationen von Phenylbrenztraubensäure und die bereits genannten Laxantien und Funktionsdiagnostika stören (Kutter, 1976).

Der *DPNH-Test* wird unter 3.12.12 abgehandelt.

Durchgesetzt haben sich *Teststäbchen*. Auch sie sind ausnahmslos auf der Nitroprussidnatrium-Reaktion aufgebaut. *Ketostix* (Ames-Miles) wurde inzwischen verbessert. Er reagiert nur mit Azetessigsäure und Azeton mit einer Empfindlichkeit von etwa 5 mg/dl bzw. 70 mg/dl. Die Reaktionszeit beträgt 15 Sekunden. In Abstufungen werden in 10-20, 30-50, 80-120 mg/dl Azetessigsäure und 80-140, 320-820, 1600-2400 mg/dl Azeton erfaßt (Merck, 1970; Kutter, 1976). Störungen siehe **Tabelle 3.12-9**. Der *Ketur-Test* verhält sich analog; er wird unter dem Mehrfachteststreifen abgehandelt.

Mehrfachteststreifen siehe Tabelle 3.12-9.
Nachweis von Ketonkörpern in Plasma und Tränenflüssigkeit mit Ketostix oder Acetest siehe Berger (1973).

3.12.3.2 Qualitätssicherung in der präanalytischen Phase
Zur Vermeidung der Dekarboxylierung der Azetessigsäure sollten die Untersuchungen mit möglichst frischem Harn erfolgen (Fritzsche, 1972; Berger, 1973). Als maximale Aufbewahrungszeit können 6 Stunden, nach Möglichkeit im Kühlschrank aufbewahrt, angesehen werden. Spontanharn ist ausreichend.

3.12.3.3 Interne Sicherung der analytischen Phase
Es gelten sinngemäß die Ausführungen zu 3.12.1.3.

3.12.3.4 Externe Qualitätssicherungsmaßnahmen
Die Ergebnisse der Ringversuche von INSTAND 1980-1985 sind in Tabelle 3.12-1a bis 3.12-1e wiedergegeben.

3.12.3.5 Sicherung der postanalytischen Phase
Die Referenzbereiche sind in nachfolgender **Tabelle 3.12-10** wiedergegeben.

Tabelle 3.12-9: Schnelltests für Harnanalysen: Ketonkörper

Hersteller	Bayer-Diagnostik (Ames-Miles)	Boehringer Mannheim	Boehringer Ingelheim	Behringwerke	Merck	Madaus	Macherey-Nagel
Produkt	N-Multistix SG	Combur-8-Test Combur-9-Test	Keto ingo Schnelltest	Rapignost Total-Screen (A)	Multi-Merckognost	MD-9-Basistest	Medi-Test
Chemie	Nitroprussidnatrium/Glycin (LEGAL) (7,1% NaNiPr)	Nitroprussignatrium/Glycin (LEGAL)	Nitroprussidnatrium/Glycin (LEGAL)	Nitroprussidnatrium/Glycin/Puffer (LEGAL) variiert	Nitroprussidnatrium/Glycin/Puffer (LEGAL)	Nitroprussidnatrium (LEGAL)	Nitroprussidnatrium (LEGAL)
Farbumschlag	Braun→lavendel→violett (purp.)	Beige→violett	Gelblich→hellviolett→dunkelviolett	Bräunlich→violett	Beige→bräunlich→violett	Gelblich→hellviolett→violett	Gelblich→hellviolett→violett
Ablesezeit (sec)	15	60	15	30-60	30-60	30-60	30 (-60)
Empfindlichkeit (mg/dl)	5-10 (Acetessigs.)	5 (Azetessigs.) 40-70 Aceton	5 (Azetessigs.) 70 Azeton	5 (Azetessigs.) 50 Azeton	5 (Azetessigs.) 50-100 Aceton	10 (Azetessigs.) 50 Azeton	10 (Azetessig.) 50 Azeton
Abstufung (mg/dl)	+, ++, +++	5-40, 40-100 ≧ 100 (entsprechend +, ++, +++	10-25, 25-100, 50-100 ≧ 150	25, 100, 300	20, 50, 100 +, ++, +++	25, 100, 300	25, 100, 300
Spezifität	Azetessigsäure, Azeton	Azetessigsäure, Azeton	Azetessigsäure, Azeton	Azetessigsäure, Azeton	Azetessigsäure, Azeton	Azetessigsäure, Azeton	
Störungen	↗ Bromsulphthalein, Phenylketone L-Dopa, starke Eigenfarbe	Farbverfälschung durch Phenylketone und Phthaleine ↗ L-Dopa?	Farbverfälschung durch Phenylketone und Phthaleine	Phenylketone, Phthalein und Anthrachinone geben andere Färbungen (rot) im alkalischen Bereich	Phenylketone, Phthalein ergeben störende Färbungen	↗ Phenylketone in hohen Konzentrationen, Anthrachinone überlagern	Phenylketone in höheren Konzentrationen, Phthaverbindungen
Sonstiges	Azeton reagiert schwächer, Hydroxybuttersäure nicht erfaßt	β-Hydroxybuttersäure wird nicht erfaßt	100-400, 400-800 u. 800-2000 u. ≧ 2000 mg/dl Azeton	β-Hydroxybuttersäure reagiert nicht. Physiologische Ketonurie (< 2 mg/dl) wird nicht erfaßt		durch Rotfärbung im alkalischen Bereich Physiol. Ketonurie (bis 2 mg/dl) sind nicht angezeigt.	β-Hydroxybuttersäure wird nicht erfaßt

Tabelle 3.12-10: Norm-, Grenz- und pathologische Bereiche: Ketonkörper

Kollektiv	Normbereich	Oberer Grenzbereich	Autoren
Erwachsene	2 mg/dl		1
	2-3 mg/dl		2
	bis 10 mg/dl		3
	3-15 mg/24 h		4
	209 mg/24 h		5

1 Kutter (1976)
2 Sitzmann (1978)
3 Colombo u. Richterich (1977)
4 Merck (1970)
5 Plenert u. Heine (1973)

3.12.3.6 Fehlermöglichkeiten

Für die Legalprobe und darauf aufgebaute Tests gilt generell, daß Bromthalein, Phenolsulfonphthalein und Phenolphthalein im alkalischen Bereich eine störende Rotfärbung verursachen. Phenylketonkörper in höheren Konzentrationen ergeben rote Färbungen. Die Acetest-Tablette ist im allgemeinen etwas weniger gestört als Diastix. So reagiert L-Dopa mit Ketostix, nicht mit Acetest (Merck, 1970). Letztere werden dagegen durch Salizylate oder Metabolite der Azetylsalizylsäure falsch positiv, Ketostix und die entsprechenden Mehrfachteststreifen nicht beeinflußt (Ames/Miles, 1981). Die Gerhardtsche Probe wird durch Phenothiazine negativ, durch Salizylate positiv verfälscht (Hansten, 1981).

3.12.4 Analysenbestandteil Urobilinogen

3.12.4.1 Präventivmaßnahmen

Indikation

Leberfunktionsstörungen: Leberzirrhose, Virushepatitis, chronische Hepatitis, toxische Hepatitis, toxische Leberschäden, Stauungsleber, Hypoxie der Leber, Lebertumoren, inkomplette Gallenwegsverschlüsse, Verschluß der Vena hepatica, Pfortaderthrombose.

Gesteigerter Hämoglobinabbau: Hämolytische und perniziöse Anämie, intravasale Hämolyse, Polyzythämie.

Vermehrte Urobilinogenbildung: Obstipation, Enterocolitis, Ileus, Infektion der Gallenwege.

Qualitative Methoden

Die klassische Ehrlich-Reaktion des Urobilinogens mit p-Dimethylaminobenzaldehyd in salzsaurer Lösung hat aufgrund ihrer geringen Spezifität heute keine große Bedeutung mehr. Sie „sollte nicht mehr durchgeführt werden" (Colombo u. Richterich, 1977). Die Bestimmung nach Schlesinger beruht auf der Oxidation des Urobilinogens zu Urobilin und dessen fluorimetrischem Nachweis als Zinksalz. Diese Probe ist sehr empfindlich und vor allem dann indiziert, wenn die Harnprobe zu lange aufbewahrt werden mußte. Die Bewertung der nachgewiesenen Urobilinurie ist gleich der der Urobilinogenurie (Merck, 1970). Fluoreszierende Farbstoffe und Proteine in höheren Konzentrationen stören. Eine Verbesserung stellt die Modifikation von Lipp 1942) dar.

Die Diazo-Reaktion mit Ehrlich's Diazoreagentien I und II ist als Globaltest auf vermehrt ausgeschiedene aromatische Stoffwechselprodukte, darunter Urobilinogen, zu verstehen und heute wertlos. Hierzu gehört auch die Methode nach Wallace und Diamond.

Semiquantitative Methoden

Vorbemerkung: 1 Ehrlich-Einheit (EE) entspricht 1 mg Urobilinogen (Kutter, 1976; Fischer, 1973).

Hierzu gehören alle Teststäbchen-Methoden. Dabei sind zwei Reaktionstypen zu unterscheiden:

Tabelle 3.12-11: Schnelltests für Harnanalysen: Urobilinogen

Hersteller	Bayer-Diagnostik (Ames-Miles)	Boehringer Mannheim	Boehringer Ingelheim	Behringwerke	Merck	Madaus	Macherey-Nagel
Produkt	N-Multistix SG	Combur-8-Test Combur-9-Test	Keto ingo Schnelltest	Rapignost Total-Screen (A)	Multi-Merckognost	MD-9-Basistest	Medi-Test
Chemie	p-Dimethylaminobenzaldehyd (EHRLICH) in stark saurem Milieu (2,9% p-Dimba)	Kupplung mit p-Methoxybenzoldiazoniumfluoroborat in saurem Milieu	p-Dimethylaminobenzaldehyd und eine feste Säure	Kupplung mit einem stabilen Diazoniumsalz, 2-Trifluormethylbenzoldiazoniumtetra-fluoroborat/Puffer	Stabiles Diazoniumsalz und Säure, Kupplung zu rotem Azofarbstoff	Stabiles Diazoniumsalz	Stabiles Diazoniumsalz
Farbumschlag	Gelb→bräunlich→rotbraun	Gelbrosa→rosa→rötlich	Gelb→gelbbraun→braun	Gelb→gelbbraun→braunrosa	Hellgelb→gelbbraun→braun	Hellgelb→gelblich→gelbrosa	Hellgelb→gelblich→gelbrosa
Ablesezeit (sec)	45	60	90	30–60	30–60	30–60	30–60
Empfindlichkeit (mg/dl)	0,1	0,4 (praktisch)	1,0	0,5–1,0	0,5		0,5–1
Abstufung (mg/dl)	1,4,8,12	1,4,8,12	1,4,7,9	2,4,8,12	1,4,8,12	2,4,8,12	2,4,8,12
Spezifität	Wie EHRLICH-Reaktion	Spezifisch	Wie EHRLICH-Reaktion				
Störungen	Maskierung durch Porphobilinogen, p-Aminosalizylsäure oder Azofarbstoffe z. B. Azogantrisin	EHRLICH-positive Substanzen stören nicht. ↘ Licht, Formaldehyd, ↗ rotfärbende Medikamente	↘ Hexamethylentetramin, Formaldehyd, Eiweiß, Sufonamide, PAS, Prokain, Nitrit, Senna- u. Rheumaextrakte ↗ Trypaflavin, Pyridinderivate	↗ Formaldehyd, ↗ rotfärbende Medikamente, Phenazopyridin, rote Rüben Lichtempfindlich!	↘ Licht, Askorbinsäurekonzentration über 100 mg/dl ↗ Phenazopyridin, hohe Bilirubinkonzentrationen	↘ Stehenlassen, ↗ Formaldehyd, Farbstoffe im Harn, Bilirubin (gelb)	↘ Licht ↗ Farbstoffe Medikamente Bilirubin
Sonstiges	Das Fehlen von Ubg kann nicht nachgewiesen werden	> Bilirubin Normale Ubg-Konzentrationen werden erfaßt		Völlige Ubg-Freiheit ist nicht nachweisbar; normal 1 mg/dl			

Modifikation der Ehrlich-Reaktion mit p-Dimethylaminobenzaldehyd sowie Kupplungsreaktionen mit einem stabilen Diazoniumsalz. Zur ersten, etwas veralteten Gruppe gehört der erste Stäbchentest für Urobilinogen, *Urobilistix* (Ames/Miles). In der ursprünglichen Version hatte dieser Test eine Empfindlichkeit von 0,1 Ehrlich-Einheiten pro dl Harn (Merck, 1970) bzw. 0,1 mg pro dl Harn (Kutter, 1976). Die Abstufung entspricht 1,4,8,12 E/dl. Bei Abwesenheit von Nitrit schließt eine negative Urobilistix-Reaktion eine pathologische Urobilinogenurie aus (Kutter, 1976, S. 142). In den heutigen Mehrfachteststäbchen des gleichen Herstellers ist die Reaktionszone verbessert und weniger störanfällig (Siehe N-Multistix, **Tabelle 3.12-11**).

Der erste Vertreter der zweiten Gruppe ist Ugen-Test (Boehringer Mannheim). Als Kupplungskomponente dient p-Methoxybenzoldiazoniumfluoroborat. Die Empfindlichkeit liegt bei etwa 0,4 mg/dl (Colombo u. Richterich, 1977). Die Spezifität dieses Tests ist demjenigen mit dem Ehrlich'schen Aldehydreagenz weit überlegen (Colombo u. Richterich 1977, S. 144). Körpereigene Metabolite stören nicht. Die Korrelation der Farbfelder zu quantitativ ermittelten Konzentrationen befriedigt (Fischer, 1973).

3.12.4.2 Qualitätssicherung in der präanalytischen Phase

Die Urobilinogenausscheidung unterliegt einer Tagesrhythmik. Gesunde zeigen Konzentrationen, die mittags und abends deutlich über der Normgrenze liegen (Gorgels et al., 1977). Daher wird empfohlen, die Harnproben nach Möglichkeit zwischen 14 und 16 Uhr zu sammeln (Merck, 1970). Allerdings wird bei Leberkranken eine ausgeprägte Erhöhung der Konzentration an Urobilinogen über den Tag hinweg nicht festgestellt; für die Unterscheidung normal/pathologisch ist der erste Morgenurin am besten geeignet (Gorgels et al., 1977). Urobilinogen ist bekanntermaßen instabil. Sauerstoff oxidiert, besonders in Gegenwart von Licht, rasch zu Urobilin. Der Abbau ist unterschiedlich: manche Harnproben zeigen schon nach 1-2 Stunden einen Verlust; in einem anderen Fall blieb eine Harnprobe mit 16 mg/dl Urobilinogen nach 4-tägigem Stehen an der Sonne ohne großen Verlust (Kutter, 1973). Es empfiehlt sich, nur frischen, aber abgekühlten Harn zu untersuchen (Hiller et al., 1948).

3.12.4.3 Interne Sicherung der analytischen Phase

Es gelten sinngemäß die Ausführungen zu 3.12.1.3. Für spezielle Zwecke sind als Standards Sterkobilin IX und Urobilin IX brauchbar.

3.12.4.4 Externe Qualitätssicherungsmaßnahmen

Die Ergebnisse der Ringversuche von INSTAND 1980-1985 sind in Tabelle 3.12-1a bis 3.12-1e wiedergegeben.

3.12.4.5 Sicherung der postanalytischen Phase

Die Referenzbereiche sind in nachfolgender **Tabelle 3.12-12** wiedergegeben.

3.12.4.6 Fehlermöglichkeiten

Die Unspezifität und Störbarkeit der Ehrlich-Reaktion ist hinlänglich bekannt (siehe auch Hiller et al., 1948, S. 317; Merck, 1970, S. 315; Fischer, 1973; Kutter, 1973; Kutter et al., 1973; Kutter, 1976, S. 139; Colombo u. Richterich, 1977; Ames/Miles, 1981).

Störfaktoren für Teststäbchen siehe Tabelle 3.12-11.

Tabelle 3.12-12: Normbereiche: Urobilinogen

Kollektiv	Normbereich	Autor
Erwachsene	bis 1 mg/dl	1-7
	bis 2 mg/dl	2
	bis 4 mg/24 h	2
	3- 12 mg/24 h	8
Säuglinge	0- 4 mg/dl	9
Kinder	4- 8 mg/dl	9
	bis 3 mg/24 h	8

1 Colombo u. Richterich (1977)
2 Merck (1970)
3 Peter (1977)
4 Dulce (1970)
5 Kutter (1976)
6 Fischer (1973)
7 Kutter (1973)
8 Plenert u. Heine (1973)
9 Sitzmann (1978)

3.12.5 Analysenbestandteil Bilirubin

3.12.5.1 Präventivmaßnahmen

Indikation
Lebererkrankungen: Hepatitis (viral, toxisch, medikamentös), Gallenstauung (extra- und intrahepatisch), teilweise bei Leberzirrhose, Infektionen, Metastasen, Hyperthyreoidismus. Beim *hämolytischen Ikterus* ist nur das freie, nicht wasserlösliche Bilirubin im Serum erhöht und erscheint nicht im Harn, im Gegensatz zu Urobilinogen.

Bilirubin sollte immer mit Urobilinogen zusammen bestimmt werden, um zur Differentialdiagnose ikterischer Zustände herangezogen werden zu können. Beispielsweise ist bei einer *Hepatitis epidemica* Urobilinogen in den ersten 15 und zwischen 25 und 40 Krankheitstagen erhöht, Bilirubin nicht oder kaum. Zwischen 15 bis 25 Tagen ist es umgekehrt. Erstes Zeichen einer Besserung ist das Wiederauftreten von Urobilinogen im Harn.

Qualitative Methoden
Es existieren unzählige Methoden. Die Oxidationstests wurden von Gmelin 1826 (!) eingeführt und von Heller aufgebaut (HNO_3), Rosin (J_2), Huppert-Nakayama ($BaCl_2$), Obermayer ($FeCl_3$/HCl), Fouchet ($FeCl_3$/Trichloressigsäure), Kapsinow ($FeCl_3$/ HCl/$CHCl_3$), Naumann (Talk und Fouchet), Harrison ($BaCl_2$ + Fouchet, „Spot-test"), Watson (analog „strip test").

Kalk und Wildhirt führten den Methylenblau-Test ein. Alle diese Methoden sind (zu) unempfindlich und unspezifisch. Sie spielen heute keine Rolle mehr. Die heute ausschließlich benützten Diazo-Reaktionen wurden von Ehrlich für die klinische Diagnostik herangezogen (Ehrlich-Reagenz = Pauly-Reagenz). Entscheidende Verbesserungen erbrachte die Empfindlichkeitserhöhung durch Absorption des Bilirubins: Hunter ($BaCl_2$), Godfried ($BaCl_2$), Free und Free (Asbestzellulose).

Alle Methoden wurden durch die Teststäbchen-Tests verdrängt.

Semiquantitative Methoden
Ictotest ist ein Tablettentest. Die Tablette enthält als stabiles Diazoniumsalz p-Nitrobenzoldiazonium-p-toluolsulfonat, Sulfosalizylsäure und Natriumhydrogenkarbonat. Harn wird tropfenweise auf ein Filterpapierquadrat aus Asbestzellulose aufgegeben. Bilirubindiglukuronid wird an der Auftragsstelle adsorbiert, andere (und Stör-) Substanzen wandern weg. Nach Auflegen der Tablette und Aufgabe einiger Tropfen Wasser reagiert das Bilirubindiglukuronid mit dem Reagenz zu einem blauvioletten Farbstoff; freiwerdendes CO_2 durchmischt das System. Der Test ist schnell und empfindlich: Innerhalb von 30 Sekunden werden 0,05 - 0,10 mg/dl Bilirubin erfaßt. Der Reaktionsausfall wird mit neg, +, + + oder + + + bewertet. Die Korrelation zu quantitativ ermittelten Kon-

Tabelle 3.12-13: Schnelltests für Harnanalysen: Bilirubin

Hersteller	Bayer-Diagnostik (Ames-Miles)	Boehringer Mannheim	Boehringer Ingelheim	Behringwerke	Merck	Madaus	Macherey-Nagel
Produkt	N-Multistix SG	Combur-8-Test Combur-9-Test	Bili ingo Schnelltest	Rapignost Total-Screen (A)	Multi-Merckognost	MD-9-Basistest	Medi-Test
Chemie	Kupplung mit diazotiertem 2,4-Dichloranilin (0,4%) (GOLDEN und SNAVELY) in stark saurem Milieu	Kupplung mit 2,6-Dichlorbenzoldiazoniumfluoroborat	Stabilisiertes Diazoniumsalz und eine feste Säure	Kupplung mit einem gepufferten stabilen Diazoniumsalz, 2-Trifluormethylbenzoltetrafluoroborat	Azokupplung mit stabilisiertem Diazoniumsalz und Säure zu roten und braunen Farbstoffen	Kupplung mit einem Diazoniumsalz in saurem Milieu	Kuppelung mit einem Diazoniumsalz in saurem Milieu
Farbumschlag	Gelb→hellbraun→braun	Gelb→rosa→hellviolett	Gelb→gelbbraun→braun	Gelb→gelbbraun→braunrosa	Gelblich→gelbbraun→bräunlich	Gelblich→Gelbbraun→braunrosa	Gelblich→gelbbraun→bräunlich
Ablesezeit (sec)	20	30–60	30	30–60	30–60	30–60	30–60
Empfindlichkeit (mg/dl)	0,8	0,5 (praktisch)	0,2	0,5	0,2	0,5–1,0	0,5–1,0
Abstufung (mg/dl)	0,2, 0,5, 1,0	+, ++, +++	0,2–1, 1–2,5 > 2,5	1, 2, 4	0,5, 1,5, 3 +, ++, +++	1, 2, 4	1, 2, 4
Spezifität	Spezifisch	Spezifisch	Spezifisch	Spezifisch	Spezifisch		
Störungen	↗ Chlorpromazin, atypische Rotfärbungen mit Pyridium-/Serenium-Metaboliten ↘ Askorbinsäure > 25 mg/dl	↘ Askorbinsäure, Nitrit, Licht. ↗ Phenazopyridin	↘ Askorbinsäure über 200 mg/dl ↗ Chlorpromazin, Ethoxazene, Fluvenaminsäure, Phenazopyridin	↘ Askorbinsäure, Nitrit ↗ Starke Eigenfärbung des Harnes. Lichtempfindlich?	↘ Licht, Askorbinsäurekonzentration über 200 mg/dl ↗ Phenazopyridin Urobilinogen	↘ Askorbinsäure, Nitrit, Licht. ↗ Medikamente mit roter Eigenfärbung	↘ Askorbinsäure, Nitrit Licht. ↗ Medikamente mit roter Harnfärbung
Sonstiges	Ictotest Tabletten sind 2–4× empfindlicher!	Mit anderen Harnbestandteilen. Schon geringste Rosatöne sind positiv		Physiologische Bilirubinurien werden nicht erfaßt (gelb)	Physiologische Bilirubinurien werden nicht erfaßt (gelb)	Mitunter Gelbfärbung durch Harnbestandteile	

zentrationen ist gut. Der Test ist etwas überempfindlich, so daß gelegentlich falsch positive Reaktionen auftreten können. Der Test wird noch verhältnismäßig häufig eingesetzt. Alle modernen Methoden sind auf Teststäbchen aufgebaut (**Tabelle 3.12-13**).

3.12.5.2 Qualitätssicherung in der präanalytischen Phase

Für den Zeitpunkt der Probengewinnung liegen keine Vorschriften vor.

Bilirubin ist bekanntlich licht- und sauerstoffempfindlich, so daß die Untersuchung möglichst umgehend nach der Probengewinnung erfolgen soll. Stabilitätsangaben liegen vor. Außerdem nimmt die Reaktionsfähigkeit durch partielle Hydrolyse des Glukuronids beim Stehen ab (Colombo u. Richterich, 1977).

3.12.5.3 Interne Sicherung der analytischen Phase

Es gelten sinngemäß die Ausführungen zu 3.12.1.3.

3.12.5.4 Externe Sicherung

Die Ergebnisse der Ringversuche INSTAND 1980-1985 sind in Tabelle 3.12-1a bis 3.12-1e wiedergegeben.

3.12.5.5 Sicherung der postanalytischen Phase

Referenzbereichangaben siehe **Tabelle 3.12-14.**

3.12.5.6 Fehlermöglichkeiten

Für die Ictotest-Reaktion werden folgende interferierenden Faktoren angegeben:

Hohe Konzentrationen an Askorbinsäure setzen die Empfindlichkeit herab (Merck, 1970; Hiller et al., 1948). Die Hemmung tritt ein bei Askorbinsäurekonzentrationen über 100 mg/dl (Colombo u. Richterich, 1977, S. 140) bzw. 100-200 mg/dl (Kutter, 1976, S. 148), bei Bilirubinkonzentrationen von 0,15-15 mg/dl. Nitrit (Colombo u. Richterich, 1977) ergibt falsch negative, Flufenamin- und Mefenaminsäure (Hansten, 1981) und Chlorpromazin (Colombo u. Richterich, 1977) falsch positive Reaktionen. Pyridium, der Farbstoff der roten Rübe (Kutter, 1976) sowie

Tabelle 3.12-14: Normbereiche: Bilirubin

Kollektiv	Normbereich	Autor
Erwachsene	Nicht vorhanden	1, 2
	bis 0,2 mg/dl	3
	bis 1 mg/dl mit Grenzbereich von 0,11-0,19 mg/dl	4, 5

Ab 0,5 mg/dl tritt visuell sichtbare Gelbfärbung auf (5). Nierenschwelle: Ein Übergang in den Harn tritt auf ab einer Serumkonzentration von 1,4 mg/dl (1) bzw. 2,0 mg/dl (6) Bilirubinglukuronid und von 4 mg/dl (5) bzw. 20 mg/dl (5) freies Bilirubin. Bei Hepatitiskranken erhöht sich die Nierenschwelle auf 2-6 mg/dl (3).

1 Merck (1970)
2 Rick (1976)
3 Colombo u. Richterich (1977)
4 Dulce (1970)
5 Kutter (1976)
6 Peter (1977)

Phenazopyridin (Colombo u. Richterich, 1977, Ames/Miles, 1981)) und Ethoxazin (Ames/Miles, 1976) können die Farbe verfälschen. Die bei Teststäbchen in Frage kommenden Störfaktoren sind in Tabelle 3.12-12 aufgeführt.

3.12.6 Analysenbestandteil Blut (Erythrozyten und Hämoglobin)

3.12.6.1 Präventivmaßnahmen

Definitionen (z.T. nach Colombo u. Richterich, 1977)
Hämaturie, Makrohämaturie: Makroskopisch blutiger Urin, enthält über 0,5 ml Blut/l entsprechend 2500 Erythrozyten/l Harn.
Hämurie, Hämoglobinurie: Chemisch nachweisbares Hämoglobin enthaltender Urin.
Myoglobinurie: Nur Myoglobin enthaltender Urin.
Mikrohämaturie, oft mit Erythrozyturie gleichgesetzt: nach dem Zentrifugieren am Boden des Urinsediments deutlich sichtbarer roter Fleck vorhanden.
Erythrozyturie: Mehr als 4.5 Erythrozyten pro Gesichtsfeld (bei 400-facher Vergrößerung) enthaltender Urin.

Seit Einführung moderner Teststäbchen, deren Reaktionszonen hämolysierende Reagenzien enthalten, lassen sich damit sowohl Hämoglobin (+ Myoglobin) wie auch Erythrozyten (z.T. einzeln) nachweisen. Damit verwischt sich in der Praxis die Grenze zwischen Hämoglobin- und Erythrozyturie. Beide Bestandteile werden hier gemeinsam abgehandelt.

Indikation

Hämaturie

Erkrankungen der Niere und der Urogenitaltraktes und hämorrhagische Diathese. Urolithiasis (zu Beginn oft nur Mikrohämaturie).

Tumoren: bis zur Abklärung sollte jede Hämaturie als tumorverdächtig gelten; schmerzlose Makro- und Mikrohämaturien sind bei bösartigen Tumoren von Nieren, ableitenden Harnwegen und Blase oft ein entscheidendes Warnsymptom. Pyelonephritis. Hämorrhagische Diathesen bei Hämophilie, Koagulopathie, Thrombopathie oder Antikoagulantientherapie; Infektionen der Harnwege; Traumen der Niere und Harnwege; Niereninfarkt; Nierenzysten; Gichtniere; Hypertonie; Stauungsniere bei Rechtherzinsuffizienz; Diabetes; Lupus erythematodes u.a.

Hämaglobinurie, Myoglobinurie.
Zerfall von Erythrozyten intravasal, intrarenal oder im Harn, Übertritt in den Harn bei Überschreitung der Kapazität der Haptoglobinbindung und der Tubulusrückresorption ab ca. 100 mg Hämoglobin pro dl Plasma. Anstieg der Myoglobinkonzentration über 15-20 mg/dl Plasma.

Schwere hämolytische Amämien; schwere Vergiftungen; schwere Infektionskrankheiten; Verbrennungen; Muskelverletzungen; progressive Muskelerkrankungen; Herzinfarkt; nach schweren körperlichen Anstrengungen (Reiterhämaturie!).

Qualitative Methoden
Benzidinprobe. Sie ist die Grundlage aller Hämoglobinnachweise und beruht auf der Oxidation von Benzidin oder Derivaten durch die Peroxidasewirkung des Hämoglobins und Myoglobins zu gefärbten Reaktionsprodukten, hier Benzidinblau. Diese Teste sind sehr empfindlich und haben sich weltweit bewährt. Aufgrund seiner Kanzerogenität darf Benzidin nicht mehr verwendet werden. (Der verantwortliche Laborleiter sollte sich nicht dazu verleiten lassen, sich aus anderen Quellen erhältliches Benzidin zu beschaffen). Ein vollwertiger Ersatz ist die *o-Tolidinprobe,* z.B. in der naßchemischen Ausführung (Rick, 1977). Sie ist sehr empfindlich.

Die Verwendung des für den Nachweis von Blut im Stuhl vorgesehenen, auf dem gleichen Reaktionsprinzip aufgebauten Ames-Blut-Testes für den Hämaturienachweis hat sich nicht durchgesetzt.

Semiquantitative Methoden
Hierzu gehören alle Teststäbchen-Teste, die aufgrund ihrer Verschiedenheit zum Teil einzeln behandelt werden müssen (z. B. Asberg et al., 1984; Illek et al., 1984). Siehe **Tabelle 3.12-15**.

Zur *Sedimentuntersuchung* siehe unter Kap. 3.12.10.

Für *Myoglobin* steht ein modifizierter Blondheim-Test (Blondheim et al., 1958) nach Keller und Reutter (1976) zu Verfügung.

Heglostix (Ames/Miles) ist der zuerst eingeführte Teststäbchentest für *Hämaturie.* Das Redoxsystem: o-Tolidin-Cumolhydroperoxid liegt heute in verbesserter Formulierung vor. Lange Zeit war dies jedoch weltweit das alleinige Teststäbchen für Blut im Harn. Die Empfindlichkeit E_{90} liegt bei 100 hämolysierten und 50 intakten Erythrozyten pro µl und ist damit nicht nur den modernen Teststäbchen unterlegen, sondern auch nicht ausreichend (Kutter, 1976). Allerdings reagiert die Zone mit freiem Hämo- und Myoglobin empfindlicher als mit intakten Erythrozyten (Rick, 1977). Im Vergleich mit der Erythrozytenzählung aus dem Sediment fällt die geringe Empfindlichkeit ebenfalls auf (Fritzsche, 1972). Das Heglostix-Stäbchen ist veraltet.

N-Multistix als Nachfolger besitzt eine wesentlich empfindlichere Reaktionszone. E_{90} liegt bei 5 hämolysierten und 5-10 intakten Erythrozyten pro µl (Kutter, 1976a).

N-Multistix improved enthält eine nochmals verbesserte Reaktionszone durch Wegfall eines Transmitters, Methoxychinolin und erhöhte Konzentrationen von o-Tolidin und Cumolhydroperoxid.

Sangur-Test (Boehringer Mannheim) besitzt als Redoxsystem o-Tolidin-2,5-Dimethylhexan-2,5-dihydroperoxid. Intakte Erythrozyten werden als grüne Punkte auf dem Testblättchen sichtbar, freies Hämoglobin bewirkt eine diffuse Verfärbung. Die Empfindlichkeit liegt bei 5-10 Erythrozyten pro 1 Harn, E_{90} (Kutter, 1976b), entsprechend einer Hämoglobinkonzentration von 0,015 bis 0,03 mg/dl (Kutter et al., 1974). Gegenüber der mikroskopischen Kammerzählung erbrachte dieser Test bei 253 erythrozytenhaltigen Harnen 33% mehr positive Ergebnisse (Kutter et al., 1974). Diese Zone ist in allen Mehrfachteststäbchen enthalten, vor allem im Combur^8-Test.

Combur^9-Test besitzt ein verbessertes Blut-Testfeld, das einen neuartigen Schutz vor Askorbinsäureeinfluß bis zu 500 mg/dl aufweist. Es enthält Iodat und schützt somit auch vor anderen Reduktionseinflüssen, z. B. Pharmaka bei Intensivpatienten (Nagel et al., 1982, Seiler et al, 1981).

Rapignost Total-Screen A und seine Varianten (Behringwerke) entsprechen dem heutigen Stand der Methodik. Das Blut-Testfeld weist eine praktische Empfindlichkeit E_{90} von 4-5 intakten Erythrozyten/ µl Harn, die maximale Empfindlichkeit E_{10} unterschreitet mit 3 Ery/ µl die Normgrenze nicht oder nur wenig. Für hämolysierte Erythrozyten werden $E_{90} = 15$ Ery/ µl angegeben, entsprechend 0,05 mg/dl Hämoglobin (Habenstein, 1980).

Die neu eingeführten Teststäbchen der *"dip"-Reihe Multi-Merckognost* mit ihren Varianten (Merck) sind ebenfalls modern konzipiert und entsprechen heutigen Anforderungen.

3.12.6.2 Qualitätssicherung in der präanalytischen Phase

Ein bestimmter *Zeitpunkt für die Gewinnung des Harnes* wird nicht gefordert. Für die quantitative Bestimmung wird eine Sammelperiode von 4.00 bis 8.00 Uhr morgens empfohlen (Thomas u. Walk, 1980).

Nach Möglichkeit sollte Mittelstrahlurin verwendet werden. Die Katheterisierung zur Untersuchung auf eine Mikrohämaturie ist generell nicht empfehlenswert, da diese auch durch Mikrotraumatisierung ausgelöst werden kann (Brühl et al., 1976).

Der Harn sollte möglichst frisch untersucht werden, da der Hämolysegrad abhängig von Alter, Konzentration und pH-Wert, sehr verschieden sein kann. Bei einem pH-Wert unter 7,5 und einer Osmolalität über 300 mosmol/kg (entsprechend einem spezifischen Gewicht von ca. 1015) sind die Erythrozyten über 24 h stabil. Außerhalb dieser Randbedingungen sinkt die Haltbarkeit auf ca 6 h. Aufbewahrung im Kühlschrank verlängert die Lebensdauer der Erythrozyten (Colombo u. Richterich, 1977, S. 22).

Tabelle 3.12-15: Schnelltests für Harnanalysen: Blut

Hersteller	Bayer-Diagnostik (Ames-Miles)	Boehringer Mannheim	Boehringer Ingelheim	Behringwerke	Merck	Madaus	Macherey-Nagel
Produkt	N-Multistix SG	Combur-8-Test Combur-9-Test	ingo Blut Schnelltest	Rapignost Total-Screen (A)	Multi-Merckognost	MD-9-Basistest	Medi-Test
Chemie	Oxidation von o-Tolidin/Cumolhydroperoxid mit Hb-Peroxidase und 3,3', 5,5'-Tetramethylbenzidin	Oxidation eines Indikators durch 2,5-Dimethylhexan-2,5-dihydroperoxid mittels Hb-Peroxidase		Oxidierung von Tetramethylbenzidin und Dekalinhydroperoxid in Gegenwart von Tartrazin durch Hämoglobin	Oxidierung eines Chromogens durch Peroxid mittels Hämoglobins zu grünen Farbstoffen	Oxidation eines Farbindikators durch ein organisches Hydroperoxid mittels Hämoglobin	Oxidation eines Farbindikators durch ein organisches Hydroperoxid mittels Hämoglobin
Farbumschlag	Orange→grünlich-blau→dunkelblau	Gelb→grün→dunkelgrün		Gelb→grünlich→grün→dunkelgrün	Gelb→grün→-blaugrün→blau	Gelb→grün-gelb→blaugrün	Gelb→grün-gelb→blaugrün
Ablesezeit (sec)	40	60		30–60	30–60	30–60	30 (–60)
Empfindlichkeit (mg/dl)	0,0062 Hb ≙ 20 Ery = 20ml	0,015–0,03 HB 5 Ery/µl bzw. 10 Ery/µl		0,015 Hb 5–10 Ery/µl	5 Ery/µl	0,015 Hb 5–10 Ery/µl	0,015 Hb 5–10 Ery/µl
Abstufung (mg/dl)	Spur +, + +, + + +	ca. 10; ca. 50; ca. 250 Ery/µl		0,03; 0,2; 1,0 (Hb) Physiol. Hämaturien werden nicht angezeigt	5–10, 50, 250 bzw. Hb aus 10, 50, 250 Ery/µl	ca. 50–ca. 250 Ery/µl bzw. Hb am Ery	0,03; 0,2; 1,0 Ery/µl
Störungen	↘ Askorbinsäure. höhere Harn-Dichte; ↗ Hypochlorit, Mikrobielle Peroxidase	Askorbinsäure stört nicht mehr!		↘ Harnsäure, Glutathion, Gentisinsäure, Askorbinsäure	↘ Askorbinsäure	↘ Askorbinsäure, Antibiotika, Gentisinsäure, ↗ Reinigungsmittel	

3.12.6.3 Interne Sicherung der analytischen Phase

Im Prinzip gelten die Ausführungen zu 3.12.1.3. Für die Erythrozytenzählung im Sediment hat sich das *MD-Kova System* bewährt. Durch Einsatz des MD-Kova-Kontrollurins, der u. a. stabilisierte Erythrozyten enthält, ist eine interne Qualitätssicherung auch für die Kammerzählung möglich. Die Verwendung stabilisierter Erythrozyten in Kontrollurinpräparationen ist für diesen Zweck offensichtlich möglich (Hoeltge u. Ersts, 1980). Sie ist umsomehr notwendig, als Bee et al. (1979) eine generell schlechte Übereinstimmung zwischen den Ergebnissen an den Teststäbchen N-Multistix und Chemstrip 8 (= Combur[8]-Test) einerseits, den Werten der Hämozytometerzählung und der Sedimentuntersuchung andererseits finden.

3.12.6.4 Externe Qualitätssicherungsmaßnahmen

Die Ergebnisse aus den INSTAND-Ringversuchen 1980-1985 sind in Tabelle 3.12-1a bis 3.12-1e wiedergegeben.

Aus den CAP-Übersichten (Elevitch et al., 1981) geht folgendes hervor: die Teilnehmerzahl lag 1970 bei 2080 im „Basic Survey" und 1420 im „Comprehensive Hematology Survey" und stieg 1980 auf 4040 bzw. 2640 an. Die Verteilung auf verschiedene Methoden ergab 1980 im „Basic Survey": Benzidintest 0, Chemstrip 1010, Clinilab 10, Clinitec 260, o-Tolidin-Test 0, Stäbchenteste 2770. Die Trefferquote lag für alle Methoden im „Basic Survey" 1970 bis 1980 zwischen 95,2 und 99,1%, im „Comprehensive Survey" zwischen 97,3 und 99,0%.

3.12.6.5 Sicherung der postanalytischen Phase

Normwerte sind in **Tabelle 3.12-16** wiedergegeben.

3.12.6.6 Fehlermöglichkeiten und Exkurs: Askorbinsäurestörung

Teststreifen zur Anzeige der Erythrozytenzahl sind störanfällig. Askorbinsäurekonzentrationen im Harn über 10 mg/dl können eine Erythrozyturie vortäuschen (Thomas u. Walb, 1980).

Heglostix (Ames/Miles) reagiert mit Myoglobin ebenfalls (Merck, 1970; Ames/ Miles, 1981). Falsch positive Ergebnisse können durch Reste von oxidationsmittelhaltigen Reinigungsmitteln (Hypochlorit, Chlor, Fe (III)-Salze) vorgetäuscht werden (Merck, 1970). Gleiches bewirken sehr große Mengen Leukozyten (Rick, 1977). Eine positive Reaktion tritt mit Jod ab 500 mg/dl ein (Kutter, 1976 a). 2 mg/dl Nitrit unterdrücken den Nachweis von 50/ µl intakten, 5 mg/dl den von 50/ µl hämolysierten Erythrozyten (Kutter, 1976 a). Glutathion soll ähnlich wirken (Fritzsche, 1972 c). Falsch erniedrigte Werte ergeben sich durch inadäquate Hydrolyse bei niedrigen pH-Werten (Levin u. Engström, 1984). Gesichert sind falsch erniedrigte oder negative Befunde durch Askorbinsäure (Merck, 1970, Rick, 1977; Fritzsche, 1972 c). Bereits 5 mg/dl verschleiern 50/ µl intakte, 10 mg/dl sogar 50/ µl hämolysierte Erythrozyten (Colombo u. Richterich, 1977). N-Multistix enthält ein verbessertes Reaktionsfeld, das aber immer noch ab 5 mg/dl Askorbinsäure gestört wied. Die Blutreaktionszone der Rapignost-Teststäbchen (Behringwerke) wird ebenfalls beeinflußt. 20 mg/dl Askorbinsäure reduzieren die praktische Empfindlichkeit E_{90} von 0,05 mg/dl (= ca. 15 hämolysierte Erythrozyten/ µl) auf 0,2 mg/dl (= ca. 60/ µl) Hämoglobin (Habenstein, 1980).

Mehrere Studien am Sangur-Test (Boehringer Mannheim) erweisen auch hier eine Hemmwirkung der Askorbinsäure. Eine zumindest teilweise Hemmung bei

Tabelle 3.12-16: Normbereiche Blut (Erythrozyten)

Kollektiv	Normbereiche	Autoren
Erwachsene	1265 Ery/h	1
Sammelharn	2980 Ery/h	ältere Arbeiten von 1926-1938
	5479 Ery/h	
	6800 Ery/h	
	10833 Ery/h	
	13658 Ery/h	
	30000 Ery/h ♀	Prescott, Zit 2
	40000 Ery/h ♂	Prescott, Zit 2
	43800 Ery/h	Kerp (1956), Zit 1
	53300 Ery/h	Dups (1962), Zit 1
	54285 Ery/h	Gadeholt (1964), Zit 1
	60000 Ery/h	Hamburger (1969), Zit 2
	80000 Ery/h	Addis (1925), Zit 2
	83000 Ery/h	3
	90000 Ery/h	4
	120000 Ery/h	5
	12000 Ery/h ♂	15
	18000 Ery/h ♀	
Nativharn	bis 3 Ery/µl	6
	2-3 Ery/µl	7
	5 Ery/µl	2, 4, 6, 8
	Über 5 Ery/µl sicher pathologisch	9 (dort weitere) Literatur)
		10, 11, 12
		13
	0-4 Ery/Gesichtsfeld bei 400-facher Vergrößerung	1
	-	
	-	

1 Colombo u. Richterich (1977)
2 Thomas (1978)
3 Merck (1970)
4 Thams u. Walb (1980)
5 Rick (1977)
6 Keller (1976)
7 Habenstein (1980)
8 Kutter (1976)
9 Kutter et al. (1974)
10 Braun et al. (1975)
11 Endres (1972)
12 Brühl et al. (1976)
13 Nocke (1971)
14 Sitzmann (1979)
15 Amrein et al. (1979)

über 10 mg/dl Askorbinsäure ist mehrfach beschrieben Kutter et al., 1974; Keller u. Reutter, 1976; Brühl et al., 1979; Bee et al., 1979). 20 mg/dl verschieben die Erythrozytenanzeige um einen, 150 mg/dl um zwei Farbblocks (Seiler et al., 1981). Nitrit hemmt ab 10 mg/dl (Kutter et al., 1974; Brühl et al., 1976; Rick, 1977), zumindest über 100 mg/dl (v. Boroviczeny, 1981), ebenso Gentisinsäure und Formalin (Keller u. Reutter, 1976; Brühl et al., 1976). Falsch positive Reaktionen verursachen Iod und Iodid (Brühl et al., 1976), wenn auch erst in praktisch kaum vorkommenden Konzentrationen ab 5000 mg/dl (Kutter et al., 1974; Kutter, 1976a). Schließlich ergeben falsch positive Reaktionen Reste oxidationsmittelhaltiger Reinigungs- und

Desinfektionsmittel (Kutter et al., 1974; Brühl et al., 1976; Keller u. Reutter, 1976; Kutter, 1976a). Auf die Störsicherheit des Combur[9]-Tests und der Varianten sei an dieser Stelle nochmals hingewiesen.

3.12.7 Analysenbestandteil Leukozyten

3.12.7.1 Präventivmaßnahmen

Definitionen (Colombo u. Richterich, 1977)
Leukozyturie: Mehr als 4 Leukozyten pro Gesichtsfeld (bei 400-facher Vergrößerung) enthaltender Urin.
Pyurie: Das Sediment ist vermehrt und besteht fast ausschließlich aus Granulozyten.

Indikationen
Bei Frauen finden sich Leukozyten häufiger als bei Männern bei Erkrankungen der Niere und/oder ableitenden Harnwege. Akute und chronische Pyelonephritis, Cystitis, Urethritis. Leukozyturie und Bakteriurie gehen nicht parallel. Abakterielle Leukzyturien finden sich bei Glomerulopathien, Analgetika- und Intoxikationsnephropathien, Tuberkulose der Nieren und/oder des Genitaltraktes. Zur Überwachung einer Peritonealdialyse. Leukozyten und Bakterien sind gemeinsam zu bestimmen.

Qualitative Methoden
Keine bekannt.

Tabelle 3.12-17: Schnelltests für Harnanalysen: Leukozyten

Hersteller Produkt	Boehringer Mannheim Cytur-Test	 Cytur-Test NEU
Chemie	Hydrolyse eines Indoxyl-karbonsäureesters durch Granulozytenesterase, Oxidation des Indoxyls durch Luft O_2 zu Indigo	Hydrolyse eines Indoxyl-karbonsäureesters durch Granulozytenesterase, Kuppelung des Indoxyls mit einem Diazoniumsalz
Farbumschlag	Beige→blau	Farblos→violett
Ablesezeit (sec)	15 min	120 (vom Hersteller nicht propagiert) 60
Empfindlichkeit (mg/dl)	10-20 Leukozyten/µl	20 Leukozyten/µl (10-25)
Abstufung (mg/dl)	+, + +, + + +	(+), +, + +, + + +, > + + +
Spezifität	Granulozyten, Histiozyten	Spezifisch
Störungen	↘ Askorbinsäure > 50 mg/dl, Humanalbumin, Nitrit > 10 mg/dl	*Keine* Hemmung durch Askorbinsäure, Ketonkörper, Bakterien; ↗ Protein > 70 bis 350 mg/dl, Formaldehyd > 40 mg/dl
Sonstiges	Kein Einfluß von pH-Wert, Erythrozyten, Epithelien, Spermatozen	Maximale Empfindlichkeit um 5/µl. Bestandteil des Combur-9-Test seit 1983

Semiquantitative Methoden
Seit 1979 gibt es weltweit den ersten Teststäbchentest, Cytur-Test, der 1981 bereits verbessert worden ist, Cytur-Test Neu (Boehringer Mannheim) (siehe **Tabelle 3.12-17**). Grundlage ist die Tatsache, daß bei der Leukozyturie praktisch nur Granulozyten ausgeschieden werden. Sie können aufgrund ihres Gehaltes an Granulozytenesterase erfaßt werden. Diese hydrolysiert einen Indoxylcarbonsäureester, das entstehende Indoxyl reagiert mit Luftsauerstoff zum Indigofarbstoff (Cytur-Test) oder kuppelt mit einem Diazoniumfarbstoff (Cytur-Test-Neu). Dabei wird die Reaktionszeit von 15 Minuten auf 2 Minuten herabgesetzt. Dies wiederum erlaubt die zusätzliche Aufbringung eines Reaktionsfeldes auf einen Mehrfachteststreifen (Combur[9]-Test) (Literatur bei Colombo et al., 1982; Keller u. Koller, 1982; Schaller, 1983; Hagemann, 1983; Colombo et al., 1983).

3.12.7.2 Qualitätssicherung in der präanalytischen Phase
Frühere Beobachtungen über diurnale Fluktuationen (Colombo u. Richterich, 1977) scheinen sich nicht bestätigt zu haben. Für die Wahl des Zeitraumes für Sammelharn siehe 3.12.6.3. Voraussetzung zu jeder Leukozytenzahlbestimmung ist ein sauber gewonnener Harn. Vaginale Kontamination muß ausgeschlossen sein. Im Normalfall empfiehlt sich Mittelstrahlurin, nur in Ausnahmefällen Katheter- oder Blasenpunktionsurin.

Leukozyten im Harn sind sehr instabil (Friger u. Smith, 1960; Kutter, 1980; Kierkegaard, 1980). Lagerung bei Raumtemperatur bewirkt nach 5 Stunden bereits einen Verlust von 40%, mitunter schon nach 3 Stunden zu über 90% (Dichte um 1,005, pH 8). Selbst bei Kühlschranklagerung treten nach 5 Stunden im Mittelteil 30% Verluste auf (Brühl et al., 1979). Harn muß also sofort untersucht werden.

3.12.7.3 Externe Qualitätssicherungsmaßnahmen
Bislang keine Informationen.

3.12.7.4 Sicherung der postanalytischen Phase
Normwerte sind in **Tabelle 3.12-18** wiedergegeben.

3.12.7.5 Fehlermöglichkeiten
Der wichtigste Störfaktor ist Askorbinsäure (siehe Exkurs 3.12.6.6). Konzentrationen über 50 mg/dl verschleiern eine Leukozyturie beim Teststreifennachweis (Thomas u. Walb, 1980). Die für Cytur-Test angegebenen Störungen sind vor allem auf Askorbinsäure zurückzuführen. Durch die Einsiegelung von Iodat beim Cytur-Test Neu ist der Störfaktor Askorbinsäure bis zu 100 mg/dl im Gesamtbereich von 6500-65000 Leukozyten/ml ausgeschaltet.

Dagegen bleiben die Hemmwirkungen von Harnprotein schon ab 79 mg/dl bestehen, ebenso die falsch positive Resultate bewirkende Störung durch Formaldehyd ab 40 mg/dl. Urotropin, 3 x150 mg/die an 3 Tagen, hat dagegen keine Wirkung (Kutter et al., 1982).

3.12.7.6 Exkurs: Das „Teststreifensieb"
Unter dem Begriff „Teststreifensieb" verstehen Hersteller und Fachleute eine zweistufige Harnuntersuchung, bei der routinemäßig mit Hilfe eines Mehrfachstäbchens alle relevanten Harnbestandteile für Nierenerkrankungen einschließlich Leukozyten untersucht werden. Nur diejenigen Proben, die einen pathologischen Teststreifenbefund aufweisen oder bei denen aufgrund anamnestischer Daten oder

Tabelle 3.12-18: Normbereiche Leukozyten

Kollektiv	Normbereich	Autoren
Erwachsene	16730 Leuko/h	Ältere Arbeiten von
Sammelharn	26848 Leuko/h	1926-1939)
	26875 Leuko/h	Zit. 1
	27485 Leuko/h	"
	29733 Leuko/h	"
	24000 Leuko/h	2, 3
	59410 Leuko/h	Kerp (1956), Zit 1
	71666 Leuko/h	Dubs (1962), Zit 1
	83333 Leuko/h	Naeraa (1934), Zit 1
	87700 Leuko/h	Houghton (1957), Zit 1
	112546 Leuko/h	Gadeholt (1964), Zit 1
	110000 Leuko/h ♀	4
	30000 Leuko/h ♂	
Männer:		
<45 a	25500 Leuko/h	13
>45≦55 a	28700 Leuko/h	
>55 a	34700 Leuko/h	
Frauen:		
≦45 a	67100 Leuko/h	
>45 a	42300 Leuko/h	
Nativharn	bis 5 Leuko/μl	5, 8, 9, 10
	5 bis 9 Leuko/μl	7
	bis 10 Leuko/μl	4, 6, 12
Suspekt	10-20 Leuko/μl	5
Patholog.	über 20 Leuko/μl	5, 12
	über 25 Leuko/μl	7
	über 40000 Leuko/h	9
	bis 4	2
	bis 5 Leuko pro Gesichtsfeld, 400-fach	11

1 Colombo u. Richterich (1977)
2 Merck (1970)
3 Rick (1976)
4 Thomas (1978)
5 Fuchs (1970)
6 Sitzmann (1979)
7 Brühl et al. (1979 a)
8 Kutter (1980)
9 Mowad (1981)
10 Kutter et al. (1982)
11 Thomas u. Walb (1980)
12 Endres (1972)
13 Amrein et al. (1979)

klinischer Befunde eine besondere Fragestellung zu berücksichtigen ist, werden gezielt mikroskopisch (+ Sediment!) und bakteriologisch weiter untersucht. Literatur bei Brühl et al. (1979 a, b), Kutter (1980, 1981), Bauer et al. (1981), Fröhlich et al. (1981), Kutter et al. (1982), Busch et al. (1982), Schaller (1983). Die Brauchbarkeit und Treffsicherheit, auch sein prädikativer Wert, bleibt auch heute noch in Diskussion. Einzelheiten siehe unter 3.12.10.1.

3.12.8 Analysenbestandteil Nitrit

3.12.8.1 Präventivmaßnahmen

Indikation
Chemischer Bakteriennachweis. Zum Screening auf Nieren- und Harnwegserkrankungen, vor allem Harnwegsinfekte; akute und chronische Pyelonephritis; Routinescreening bei Risikopatienten; Patienten mit Diabetes mellitus, Gicht, Hypertonie, mit Disposition zu Urolithiasis, mit Phenazetinabusus, beginnendem Prostataadenom; alte Menschen; Mädchen und Frauen bei Schwangerschaft; Kontrolle der Chemo- und Antibiotikatherapie.

Die meisten pathogenen Keime, insbesondere E. coli, Klebsiella, Proteus, Citrobacter, einige Pseudomonas-Spezies, Staphylokokkus und Enterokokkus reduzieren in vivo aufgrund ihres Gehaltes an Nitratreduktase das mit der Nahrung zugeführte Nitrat zu Nitrit.

Qualitative Methoden
Der *TTC-Test* (Merck) ist ein Tablettentest. Nitrit reduziert Triphenyltetrazoliumchlorid zu rotem Triphenylformazan. Der Test ist empfindlich und erfaßt 10^5 Keime (Merck, 1970). Die Farbintensität korreliert mit der Keimzahl (Brückel, 1966). Trotz der guten Erfolge in der Lebensmittelchemie hat sich dieser Test in der Labordiagnostik nicht durchsetzten können. Der Bakteriennachweis im Harn über den Nachweis der Abwesenheit von Glukose mittels eines Teststreifens nach Schersten (Schersten et al., 1968) hat sich ebensowenig durchsetzen können wie mehrere Methoden zur Erfassung der Katalaseaktivität.

Die *Nitritprobe* nach Griess-Ilosvay hat seit ihrer Einführung 1897 hervorragende Dienste getan. Die ursprüngliche naßchemische Methode wird heute nicht mehr angewandt, dagegen stellen die trockenchemischen Varianten mittels Teststäbchen heute die einzigen empfehlenswerten Methoden dar.

N-Labstix ist ein Mehrfachteststreifen (Ames/Miles), der eine Testzone enthält, die die Grieß-Reaktion direkt übernimmt. Die Zone enthält p-Arsanilsäure und N-(1-Naphthyl)-ethylendiamindichlorhydrat als Kupplungskomponente. Die Nachweisempfindlichkeit beträgt 0,1 mg/dl in Wasser, 0,5 mg/dl in Harn. Die Weiterentwicklung, N-Multistix SG, 1985, enthält als Kupplungspartner 1, 2, 3, 4-Tetrahydrobenzo-(h)chinolin-3-ol.

Rapignost (Behringwerke) und die entsprechenden Mehrfachteststäbchen entsprechen N-Labstix.

Nitur-Test (Boehringer Mannheim) wiederum ist der Vorgänger von N-Mulitstix und ist in den entsprechenden Mehrfachteststäbchen übernommen. Für andere Teststäbchen siehe **Tabelle 3.12-19**.

Semiquantitative Methoden
Alle Stäbchenteste werden heute nur noch für „ja/nein"-Aussagen herangezogen.

3.12.8.2 Qualitätssicherung in der präanalytischen Phase

Eine obligatorische Voraussetzung ist die Verwendung *des ersten Morgenurins* (Czerwinski et al., 1971). Zur bakteriellen Nitratreduktion sind wenigstens 4, besser 6 und mehr Stunden erforderlich, damit nach der lag-Phase von etwa 2 Stunden eine hinreichende Stoffwechseltätigkeit der Bakterien gewährleistet ist. Die Blase ist der beste Inkubator! Außerdem muß der Harn genügend konzentriert sein. Eine normale gemüsehaltige Nahrung am Vortag ist günstig. Besonders bei Klinikpatienten ist in den ersten Tagen darauf zu achten! Eine Nitratgabe am Vorabend verbessert bei negativen Reaktionsausfällen die Trefferquote auf 95% (Böhme, 1969). In der Praxis dürfte dies jedoch nicht durchführbar sein (Colombo u. Richterich, 1977). Bei Antibiotika- oder Chemotherapie muß diese wenigstens drei Tage vor der Untersuchung abgesetzt werden (Colombo u. Richterich, 1977).

Mittelstrahlurin ist nicht erforderlich, Katheterharn wegen der Gefahr bakterieller Kontamination ungeeignet, Blasenpunktionsharn ideal.

Tabelle 3.12-19: Schnelltests für Harnanalysen: Nitrit

Hersteller	Bayer-Diagnostik (Ames-Miles)	Boehringer Mannheim	Boehringer Ingelheim	Behringwerke	Merck	Madaus	Macherey-Nagel
Produkt	N-Multistix SG	Combur-8-Test Combur-9-Test	Nephro ingo Schnelltest	Rapignost Total-Screen (A)	Multi-Mercko-gnost	MD-9-Basistest	Medi-Test
Chemie	Diazotierung von p-Arsanilsäure und Kupplung mit 1,2,3,4-Tetrahydrobenzo-(h)chinolin-3-ol (GRIESS) (1,3%)	Diazotierung von Sulfonilamid und Kupplung mit 3-Hydroxy-1,2,3,-4-tetra-hydrobenzo-(h)-chinolin	Aromatische Amine, Kupplungs-reaktion zu Azofarbstoff (GRIESS)	Diazotierung von p-Arsanilsäure und Kupplung mit 1-Naphthyl-ethylendiamin (GRIESS)	Diazotierung eines Amins und Azokupplung zu einem roten Farbstoff	Diazotierung von p-Arsanilsäure und Kupplung mit 1-Naphthyl-ethylendiamin (GRIESS)	Diazotierung eines Amins mit anschließender Kupplung
Farbumschlag	Gelb→rosa	Farblos→rosa	Gelblich→rosa	Farblos→rosa	Farblos→rosa	Frablos→rosa	Farblos→rosa
Ablesezeit (sec)	40	60	10–30	30–60	30–60	30–60	30 (–60)
Empfindlichkeit (mg/dl)	0,1	0,05		0,05–0,1	0,05	0,05–0,1	0,05–0,1
Abstufung (mg/dl)	+, ++	+	+	+	+	+	+
Spezifität	Spezifisch	Spezifisch		Spezifisch	Spezifisch		
Störungen	↘ Askorbinsäure über 25 mg/dl, Nitrit < 0,03 mg/dl	↘ Askorbinsäure ↗ Phenazopyridin		↘ Keine Nitritbildner, nitritarme Kost, starke Diurese, Antibiotika, ↗ Pyridium, rote Rüben	↘ Keine Nitritbildner, ↗ Rötliche Harnbestandteile, längeres Liegen an der Luft→Verfärbung		↘ hohe Askorbinsäure Konzentrationen, Antibiotika, starke Diurese, geringe Blasenverweildauer. Falsch positive Resultate sind praktisch auszuschließen.
Sonstiges	Jede Rosafärbung ist als Signifikante Bakteriurie, > 10^5 Keime/ml zu interpret.	Verweildauer im Harn 4 h und 1. Morgenharn 81–92% Treffsicherheit		Nachweisgrenze ca. 10^5 Keime/ml. Normale Keimzahl wird nicht erfaßt.	Antibiotika- oder Chemotherapeutikatherapie 3 Tage vorher einstellen.	Nachweisgrenze ca. 10^5 Keime/ml.	

Der Harn sollte wegen der Gefahr nachträglicher Kontamination mit Luftkeimen (Hospitalismuskeime!) vor allem bei Klinikpatienten möglichst frisch untersucht werden. Außerdem reduziert sich die Gefahr eines in-vitro Abbaus von Nitrit zu Stickstoff bzw. NH_3-Gruppen bei hoher Bakterienkonzentration. Maximale Aufbewahrung sind 4 Stunden (Grimm u. Sharifi, 1971), möglichst im Kühlschrank.

3.12.8.3 Interne Sicherung der analytischen Phase
Es gelten sinngemäß die Ausführungen zu 3.12.1.3.

3.12.8.4 Externe Qualitätssicherungsmaßnahmen
Die Ergebnisse der Ringversuche von INSTAND 1980-1985 sind in Tabelle 3.12-1a bis 3.12-1e wiedergegeben.

3.12.8.5 Sicherung der postanalytischen Phase
Normalerweise und in sterilem Harn ist kein Nitrit nachweisbar (Colombo u. Richterich, 1977; Fuchs u. Gutensohn, 1969). Für einen positiven Reaktionsausfall müssen mindestens 10 µg Nitrit im Harn vorliegen (Colombo u. Richterich, 1977). In der Regel beträgt die Empfindlichkeit der Teststreifen 0,03 - 0,06 µg/dl, was etwa einer Keimzahl von 100.000 Keimen/ml entspricht. Somit bedeutet jegliche Rosafärbung der Testzonen eine positive Reaktion und damit in der Regel einen Harnwegsinfekt. Eine negative Reaktion kann einen Harnwegsinfekt nicht ausschließen!

Die Trefferquote beträgt beim erstmaligen Untersuchen des 1. Morgenharns 50%, 70%, bis zu 81% (Dula, 1970), 90% (Czerwinski et al., 1971), 92% (Kutter, 1976a). Dabei müssen aber die unter 3.12.8.2 genannten Voraussetzungen erfüllt sein.

3.12.8.6 Fehlermöglichkeiten
Wichtige Fehlermöglchkeit ist das Nichteinhalten der Bedingungen für die präanalytische Phase. Askorbinsäure hemmt die Reaktion (Ames/Miles, 1981) je nach Teststreifen in Konzentrationen ab 40 (Colombo u. Richterich, 1977) bzw. 100 mg/dl (Kutter, 1976a).

Phenazopyridinhaltige Arzneimittel können positive Reaktionen vortäuschen (Pyridium) (Ames/Miles, 1981), ebenso ältere, abgestandene Harnproben (siehe auch Tabelle 3.12-19).

Negative Verfälschungen können bei Polyurien, Pollakisurien und bei Patienten mit nitratarmer Kost auftreten. Vor allem ist auf die Nichtmedikation mit Antibiotika oder Chemotherapeutika zu achten!

3.12.9 Analysenmerkmal pH-Wert

3.12.9.1 Präventivmaßnahmen

Definition:
Azidotischer Harn: Harn mit einem pH-Wert unter 6,5,
Alkalotischer Harn: Harn mit einem pH-Wert über 6,5

Indikation
Der Harn-pH-Wert ist ein sehr grobes Maß für den Säure-Basenhaushalt im Organismus. Deutlich alkalischer Harn tritt auf bei Harnwegsinfekten mit urease-haltigen Bakterien, respiratorischen und

Tabelle 3.12-20: Schnelltests für Harnanalysen: pH-Wert

Hersteller	Bayer-Diagnostik (Ames-Miles)	Boehringer Mannheim	Boehringer Ingelheim	Behringwerke	Merck	Madaus	Macherey-Nagel
Produkt	N-Multistix SG	Combur-8-Test Combur-9-Test	Keto ingo Schnelltest	Rapignost Total-Screen (A)	Multi-Merckognost	MD-9-Basistest	Medi-Test
Chemie	Mischindikator aus Methylrot und Bromthymolblau (0,2% + 2,8%)	Mischindikator aus Methylrot und Bromthymolblau		Mischindikator	Mischindikator	Mischindikator aus Methylrot und Bromthymolblau	
Farbumschlag	Orange→gelb→grün→blau	Orange→grün→blau		Orange→gelb-grün→türkis	Gelb→blau-violett	Orange→grün→türkis	
Ablesezeit (sec)	beliebig	sofort		30–60	15–60	30–60	
Meßbereich	5–9 (instrum.) 5–8,5 (visuell)	5–9		5– 9	4– 8	5– 9	
Abstufung in pH-Einheiten	0,5	0,5		1	1	1	
Störungen	Puffer stören nicht, hohe Proteinurien kaum. ↗ alter Harn	↗ Stehenlassen des Harns bei ph > 7,5			↗ Azetazolamid Längeres Stehenlassen Konservierungs- und Reinigungsmittel	↗ zu langes Stehenlassen	
Sonstiges	Unabhängig von der Harn-Dichte						

metabolischen Alkalosen, Kalium-Mangel und bei tubulärer Azidose bei gleichzeitiger hyperchlorämischer Azidose. Saurer Harn wird gefunden bei metabolischen Alkalosen mit Hypokaliämie („paradoxial aciduria"), bei Gicht, Ketoazidosen, schwerer Diarrhöe, Fieber, z .T. bei bestimmten Intoxikationen und Tumoren. Der pH-Wert ist ernährungsabhängig: eiweißhaltige Kost liefert mehr sauren, pflanzliche mehr alkalischen Harn. Therapieüberwachung bei Nephrolithiasis bzw. Prophylaxe.

Qualitative Methoden
Alle einfachen Indikatormethoden auf naß- oder trockenchemischer Basis sind veraltet, insbesondere auch das Lackmuspapier.

Semiquantitative Methoden
Eine Übersicht über die Eigenschaften der pH-Reaktionszonen auf Teststäbchen zeigt **Tabelle 3.12-20**.

3.12.9.2 Qualitätssicherung in der präanalytischen Phase

Der pH-Wert zeigt starke tagesrhythmische Schwankungen. Die tiefsten Werte werden zwischen Mitternacht und 6 Uhr morgens beobachtet. Tagsüber liegt der pH-Wert um 1 bis 2 pH-Einheiten über dem des Morgenharns. Nach Mahlzeiten steigt der pH-Wert an. Somit empfiehlt sich der erste Morgenharn.

Die Art der Harnprobengewinnung spielt kein Rolle.

Ein Stehenlassen des Harns ist zu vermeiden, da infolge bakterieller Zersetzung durch Urease die pH-Werte ansteigen.

3.12.9.3 Interne Sicherung der analytischen Phase

Es gelten sinngemäß die Ausführungen zu 3.12.1.3. Pufferstandardlösungen sind sowohl für die semiquantitativen wie auch quantitativen Methoden sehr gut geeignet und werden empfohlen. Die Präzision der Ablesung liegt im Harn bei etwa 0,3 pH-Einheiten (Colombo u. Richterich, 1977).

3.12.9.4 Externe Qualitätssicherungmaßnahmen

Die Ergebnisse der INSTAND-Ringversuche 1980-1985 sind in Tabelle 3.12-1a bis 3.12-1e wiedergegeben.

Aus den CAP-Übersichten (Elevitch u. Noce, 1981) geht folgendes hervor: die Teilnehmerzahl lag 1970 bei 3420 im „Basic Survey" und 1980 im „Comprehensive Survey" und stieg 1980 auf 4180 bzw. 2450 an. Die Verteilung auf verschiedene Methoden ergab 1980 im „Basic Survey": Chemstrip 1020, Clinilab 10, Clinitek 250, Hydrion 0, Nitrazen 0, pH-Meter 20, Teststäbchen 2890. Die Trefferquote lag für alle Methoden 1970 - 1980 im „Basic Survey" zwischen 96,3 und 99,6%, im „Comprehensive Survey" zwischen 98,3 und 99,9%.

3.12.9.5 Sicherung der postanalytischen Phase

Der Normalwert des Harnes von Gesunden schwankt zwischen pH 4,8 und 7,6. Der physiologische Neutralpunkt liegt bei pH 6,5 (Colombo u. Richterich, 1977), meist zwischen pH 5 und pH 6, in der Regel um pH 5,0 (Merck, 1970). Der Harn-pH-Wert von Neugeborenen liegt zwischen pH 5,4 und 9,0, der von Säuglingen zwischen pH 6,9 und 7,8 (Muttermilchnahrung) oder pH 5,4 und 6,9 (Kuhmilchnahrung) (Sitzmann, 1978).

3.12.9.6 Fehlermöglichkeiten

Siehe 3.12.10.1, 3.12.10.2 und Tabelle 3.12-20.

3.12.10 Analysenbestandteil Sediment

Grundsatzfrage: Ist die Untersuchung des Sediments veraltet?

In den Jahren verstärkt sich der Trend, die Untersuchung des Harnsediments zu verlassen. Diese Untersuchung sei veraltet, historisch vorbelastet, nicht standardisierbar, nicht mechanisierbar, zu zeitaufwendig, zu anspruchsvoll, zu kostenaufwendig und nicht zuletzt durch die Bewährung der Teststreifenmethoden nicht mehr aussagekräftig genug.

Demgegenüber wird festgehalten, daß ein reicher Erfahrungsschatz vorläge, den man nicht ohne weiteres aufgeben solle, manche Sedimentbestandteile diagnostisch sehr wertvoll seien und nur durch Sedimentuntersuchungen erkannt werden, die Technik des Mikroskopierens schon von der Blutmorphologie her bekannt und erlernbar sei und insbesondere bei Zellzählungsmethoden nicht oder kaum zeit- und kostenaufwendiger sei (Christensen et al., 1985).

Die praxisgerechte Wahrheit liegt wohl irgendwo in der Mitte. Nach Ausdiskutieren des Begriffs „Teststreifensieb" (Busch, 1982) wird Klarheit zu erwarten sein.

Die vielgepflegte Untersuchung des Sediments auf das Vorliegen anorganischer amorpher (z. B Urate) und kristalliner (z. B. Oxalate) Elemente ist diagnostisch wertlos! Von großer diagnostischer Bedeutung ist jedoch die Untersuchung des Sediments auf zelluläre Elemente, Zylinder und Mikroorganismen (Colombo u. Richterich, 1977, S. 205; Keller u. Reutter, 1976; Haber, 1981).

Die Sedimentuntersuchung, wie sie üblicherweise gehandhabt wird, ist mit schwerwiegenden Mängeln behaftet (Brody et al., 1971, 1982; Winkel et al., 1974; Nöffler u. Fiegel, 1975). Standardisierungsversuche sind immer wieder unternommen worden (Bauer et al., 1981; Fröhlich et al., 1981; Stansfeld u. Webb, 1953; v. Froreich et al., 1974). Vor allem scheint das MD-Kova-System einen großen Fortschritt gebracht zu haben (Bee et al., 1979; Kutter et al., 1980, 1982; Fröhlich et al., 1981; Kutter 1981, 1982; Gravinger et al., 1981, 1982). Für spezielle Zwecke sind auch gebrauchsfertige Färbereagenzien für die Urin-Sediment-Färbung erhältlich (Sedicolor, Molter). Besondere Aufmerksamkeit verdient der Einsatz von Testsimplets zum Nachweis und Differenzierung von Erythrozyten, Zylindern und Epithelzellen (Hersteller Boehringer Mannheim). Es sind dies vorgefärbte Objektträger mit den Farbstoffen Neu-Methylenblau N und Kresylviolett, die anstelle von gewöhnlichen Objektträgern mit 1 Tropfen eines aus 10 ml Harn gewonnenen und in 2 Tropfen physiologischer Kochsalzlösung suspendierten Sediments versetzt werden. Die Durchmusterung erfolgt nach 10 Minuten mit einem Hellfeldmikroskop (Riedel u. Semm, 1980; Schuster, Schramek u. Schmidbauer, 1985).

Die einfache mikroskopische Untersuchung des Harnsediments dürfte auch heute noch zu den obligaten Untersuchungsmethoden gehören, denn oft gibt es bereits erste Hinweise auf Erkrankungen der Nieren oder auf Harnwegsinfekte und löst dann weitere Untersuchungen aus. Es wird ihr ein hoher Stellenwert beigemessen (Thomas u. Walb, 1980).

Teststreifensieb

Eine vorherige Untersuchung mittels Teststäbchen auf Leukozyten und Protein erlaubt, die Anzahl mikroskopischer Sedimentuntersuchungen auf die Hälfte zu reduzieren (Bonarr et al., 1982). Andererseits werden lysierte, im Sediment nicht sichtbare Zellen miterfaßt, wodurch 21,3% aller sediment-negativen Harnproben bezüglich Leukozyten sichtbar werden. Umgekehrt werden 4,4% „verpaßt" (Bonarr, 1982). Es wurde vorgeschlagen, die mikroskopische Untersuchung auf diejenigen Proben zu beschränken, bei denen mindestens 1 positives Teststreifenergebnis auf Leukozyten, Erythrozyten, Protein und Ketokörper, Nitrit und Askorbinsäure (!) auftritt, und bei den übrigen auf die Mikroskopie zu verzichten (Kutter, 1980). Nach Einführung des Cytur-Test Neu mit 2 Minuten Reaktionszeit ist das Teststreifensieb weiter vereinfacht worden (Kutter et al., 1982). Bei Kombination dieses Stäbchentestes mit denen für Erythrozyten, Protein und Nitrit können diejenigen Harnproben herausgefiltert werden, die keiner mikroskopischen Untersuchung bedürfen. Allerdings dürften - auch bei Verwendung des Teststäbchens Combur 9-Test die Folgerungen des Autors auf erheblichen Vorbehalt stoßen: „Specimens reacting negatively for these four parameters do not contain leucocytes, erythrocytes, free hemoglobin or myoglobin, granular or waxy cast, leucocyte casts, erythrocyte casty, hemoglobin or myoglobin casty" (Kutter, 1981).

Gerade im Hinblick auf die Aussagekraft der „Zylinder" und der Absicherung einer Bakteriurie ist - mit oder ohne Vorschaltung eines „Teststreifensiebs" - die mikroskopische Untersuchung des Harnsediments nach wie vor ein Eckpfeiler der

Tabelle 3.12-21: Beurteilung der geformten organischen Bestandteile des Harnes (nach Colombo u. Richterich, 1977; Thomas u. Walb, 1980)

Geformte Harnbestandteile	Beurteilung
Hyaline Zylinder	Zum Teil auch in normalem Harn nachweisbar. In großer Menge bei Dehydratation und stärkerer Proteinurie. Unspezifischer Befund
Erythrozytenzylinder a) Reine Zellzylinder b) Zellzylinder mit hyaliner Matrix c) Sog. Blood-Casts (durch Hämoglobin gefärbte homogene Zylinder)	Akut und chronische Glomerulopathie verschiedenster Ursachen, insbesondere aktive Glomerulonephritis (überzeugender Befund)
Leukozytenzylinder a) Reine Zellzylinder b) Zellzylinder mit hyaliner Matrix	Bakterielle und nicht bakterielle interstitielle Nierenerkrankungen, insbesondere chronischer Pyelonephritis
Epithelzylinder	Nach akutem Nierenversagen und bei Tubulusschäden verschiedenster Ätiologie (glomeruläre und interstitielle Nierenerkrankungen, jedoch vorwiegend bei interstitieller Nephropathie)
Granulierte Zylinder, Wachszylinder	Erkrankungen des Nierenparenchyms verschiedenster Ursachen
Fettzylinder, Fettzellzylinder	Stärkere Proteinurie verschiedenster Ursachen
Myoglobin-, Melanin-, Bilirubin-Zylinder	Selten, zum Teil pathognomonisch
Breite Zylinder	Hinweis auf chronische Nierenerkrankung mit gruppenförmiger Atrophie von Nephronen. Entstehen bei geringem Harnfluß in Sammelrohren

einfachen Harnanalyse. Eine möglichst weit vorangetriebene Standardisierung von Herstellung und Auswertung ist allerdings Voraussetzung.

Harnsediment
Für die Sedimentuntersuchung genügt Mittelstrahlurin, der aber möglichst sofort, spätestens nach 1-2 Stunden untersucht werden soll (Keller u. Reutter).

Eine Konservierung des Harnes ist nicht möglich. Bei Raumtemperatur kommt es nach wenigen Stunden zu einer starken Vermehrung der Bakterien, was eine Untersuchung geformter Bestandteile erschwert oder unmöglich macht. Gleiches gilt für die Aufbewahrung im Kühlschrank, wobei ausfallende Salze diese Störung bewirken. Einfrieren zerstört Leukozyten und Erythrozyten (Rick, 1977). Für die Herstellung und Beurteilung des Sediments wird auf die klassische Handbuchliteratur, z. B. Merck (1970), Colombo u. Richterich (1977), Rick (1977) sowie **Tabelle 3.12-21** verwiesen.

3.12.11 Analysenbestandteil Bakterien

Der Nachweis einer Bakteriurie kann chemisch mit dem Nitritnachweis (siehe 3.12.8), mikroskopisch aus dem Sediment (siehe 3.12.10) oder mikrobiologisch erfolgen. Im Routinelabor der Praxis und der Klinik ist eine orientierende Keimzahlbestimmung mittels „Objektträgertests", besser „Eintauchnährböden" möglich. Alle weitergehenden Untersuchungen gehören unbedingt in die Hand des Mikrobiologen.

3.12.11.1 Präventivmaßnahmen

Definitionen Bakteriurie

Kontamination:	unter 10^4	Keime/ml Harn
Verdacht:	10^4 bis 10^5	Keime/ml Harn
Signifikant:	über 10^5	Keime/ml Harn

Diagnostik (siehe auch 3.12.8.1)
Nachweis einer signifikanten Bakteriurie, insbesondere bei der symptomarmen Pyelonephritis.

Gerade im Hinblick auf den mitunter geringen diagnostischen prädikativen Wert des Nitrit-Nachweises ist auf einen direkten Nachweis von Bakterien im Harn nicht zu verzichten. Soweit Sedimente untersucht werden, fällt der Bakteriennachweis mit an: bei negativem Ausfall liegt der Befund „Bakteriurie ja/nein" damit bereits vor; bei positivem Ausfall kann eine orientierende Keimzahlbestimmung nachgezogen werden oder noch am gleichen Tag eine unter strengen Kautelen neu zu gewinnende Harnprobe zur mikrobiologischen Konzentrationsbestimmung, Keimartdifferenzierung oder/und Resistenzprüfung veranlaßt werden.

Ohne die zeit- und kostenaufwendige Objektträgerkultur bietet nur die gleichzeitige Zählung von Leukozyten und Bakterien eine gewisse Alternative. Leukozyturie oder Bakteriurie allein können einen Harnwegsinfekt weder beweisen noch ausschließen.

Qualitative Methoden
Nitrittest siehe 3.12.8.1, Sediment siehe 3.12.10.1.
Semiquantitative Methoden
Auszählung der Bakterien im Sediment siehe Colombo u. Richterich, 1977, S. 211, 264.

Objektträger-Methoden
Ein mit einem geeigneten Nährboden beschichteter Objektträger wird in eine Harnprobe eingetaucht und zur Inkubation oder zum Versand in ein steriles Plastikfläschchen gebracht. Nach Bebrütung, meist 17 h / 37° wachsen die Keime zu Kolonien heran, deren Dichte mit Vorlagen verglichen und in meist drei Stufen als „Keimzahl pro ml Harn, orientierend" angegeben wird. Auf einem Objektträger können mehrere selektiv unterdrückende Nährböden Seite an Seite oder Rükken an Rücken oder beides aufgebracht sein, was eine gewisse Vororientierung über die Keimart-Typen ermöglicht. Alle erforderlichen Bestandteile werden gebrauchsfertig als „Kits" im Handel angeboten. Das erste dieser Diagnostika war das in den USA entwickelte „Quanti-Kit", später war die Firma Orion, Finnland, wegbereitend. Dip Slide Oxoid (Oxoid), Dipinoc Stayne (Stayne) und Urifect (Haury, Boehringer Ingelheim) spielen bei uns keine Rolle gegenüber Urotube (Roche), Merckognost-Bakteriurie (Merck) und vor allem Uricult (Boehringer Mannheim). Sehr interessant und vielfach bewährt war der Teststreifen-Test Microstix (Ames/Miles).

Quantitative Methoden
Widersprüchlich beurteilt werden Biolumineszenzmethoden. Grundlage ist die Messung der Biolumineszenz des mikrobiellen ATP im Harn, z. B. mit Hilfe eines speziellen Meßgerätes, z. B. Lumac Biocounter M 2000 (Wolf u. Pittay, 1969; Ruokonen et al., 1981) oder Biolumat LB 9500 (Wulff et al., 1982). Auf mikrobiologische Spezialverfahren sei hier nicht eingegangen.

3.12.11.2 Qualitätssicherung in der präanalytischen Phase

Auf die einwandfreie Gewinnung und Verarbeitung der Harnprobe ist besonderer Wert zu legen. Infrage kommen nur einwandfreier Mittelstrahlurin, Katheterurin (falls unumgänglich) oder Blasenpunktionsurin (besonders bei Verdacht auf Bakteriurie und/oder Vorbefunde), die Methode der Wahl. Die Untersuchung muß sofort, spätestens nach 2 Stunden, durchgeführt werden.

3.12.11.3 Interne Sicherung der analytischen Phase

3.12.11.4 Externe Qualitätssicherungsmaßnahmen

3.12.11.5 Sicherung der postanalytischen Phase

3.12.11.6 Fehlermöglichkeiten

Hier gelten für die Untersuchung des Harnes keine Besonderheiten gegenüber den allgemeinen Maßnahmen der Mikrobiologie (siehe 5.3).

3.12.12 Analysenbestandteil Osmolalität und spezifisches Gewicht

3.12.12.1 Präventivmaßnahmen

Definitionen:
Spezifisches Gewicht = Dichte: Ein Maß für die Massenkonzentration im Urin. Das spezifische Gewicht des Urins ist das Gewicht (richtig: die Masse) von 1 ml Urin, also = g (Gewicht) / v (Volumen), bezogen auf reines Wasser bei 4,0°, unter Berücksichtigung der Temperatur. Aus historischen Gründen hat sich eingebürgert, daß der Zahlenwert mit 1000 multipliziert wird.
Osmolalität: Ein Maß für die Stoffmengen-Konzentration im Urin, soweit sie osmotisch, nicht onkotisch wirksam ist. Die Osmolalität des Urins ist die osmolare Konzentration von 1 kg Urin (Osmolalität bezieht sich auf 1 l Lösung, hier Urin).

Physiologisch, pathobiochemisch und klinisch diagnostisch wichtig ist weniger das Gewicht der gelösten Teilchen *(Dichte)*, sondern ihre Anzahl (Osmolalität). Das spezifische Gewicht des Harns ist vorwiegend durch die Konzentration an Glukose, Phosphate, NH_3 und Harnstoff bedingt (Colombo u. Richterich, 1977). Im Urin herrscht zwischen Dichte und Osmolalität keineswegs eine feste Beziehung, sondern nur ein lockerer, rein empirischer Zusammenhang (Colombo u. Richterich, 1977; Ruokonen et al., 1981; Braun et al., 1979).

Eusthenurie: Dichte zwischen 1020 und 1040
Hyposthenurie: Dichte unter 1020
Isosthenurie: Dichte unter 1010 (konstant über den Tag)
Hypersthenurie: Dichte über 1040

Indikation
Globaltest zur Prüfung auf die Funktionstüchtigkeit des Tubulusparenchyms bei der Niere, soweit keine Retention harnpflichtiger Stoffe vorliegt. Ein Abfall der Osmolalität bedeutet eine Verminderung der Funktionstüchtigkeit. Weitere Aussagen geben Konzentrationsversuche.

Chronische Niereninsuffizienz, interstitielle Nephritis, Pyelonephritis; Verlaufsbeobachtung bei drohender Niereninsuffizienz; bei nephrotoxischer medikamentöser Behandlung, Infusionstherapie, Dialysetherapie, nach Nierentransplantationen.

Qualitative Methoden
Nicht bekannt, da aussagelos.

Semiquantitative Methoden
N-Multistix SG (Bayer Diagnostik) (Plischke et al., 1982; Wiesemann, 1982; Taylor, 1982) enthält eine 9. Reaktionszone, die halbquantitative Angaben (Dörner et al., 1982) des spezifischen Gewichts ermöglicht (**Tabelle 3.12-22**). Dieses Testfeld enthält den Polyelektrolyt Poly-(Methylvinyläther/Maleinsäure)anhydrid und den pH-Indikator Bromthymolblau. Die dissoziierbaren Protonendonatorgruppen der Monomereinheiten des Polyelektrolyten sind auf der Reaktionszone zum Teil durch basische Gruppen besetzt, also neutralisiert. Eine weitere Dissoziation ist somit erschwert. Nach Kontakt mit Urin reagieren dessen ionisierte Stoffe mit den reaktiven Gruppen des Polymers, Protonen werden abgegeben. Ihre Konzentration (pH-Wert) wird durch Farbumschlag des Indikators sichtbar. Die Salzkonzentration des Urins ist ein Maß für dessen spezifisches Gewicht. Die Osmolalität wird somit nur indirekt erfaßt (Burckhardt et al., 1982; Kirschbaum, 1983, 1984; Zack, 1983; Chu u. Sparks, 1983; Adams, 1983; Luft et al., 1984).

3.12.12.2 Qualitätssicherung in der präanalytischen Phase

Diagnostisch ist das spezifische Gewicht nur unter genau standardisierten Bedingungen aussagefähig (Kutter, Humbel u. Holtzner, 1982). Folgendes Vorgehen wird

Tabelle 3.12-22: Schnelltests für Harnbestandteile: Spez. Gewicht

Hersteller	Ames-Miles
Produkt	N-Multistix
Chemie	pk_s-Änderung verschiedener Polyelektrolyte (poly(Methyl-vinyl-ether) Maleinsäure-Anhydrid)
Farbumschlag	Blaugrün→grün→gelbgrün
Ablesezeit (sec)	45-60
Empfindlichkeit (mg/dl)	-
Abstufung (mg/dl)	7 Stufen zwischen d = 1,000 und 1,030, je 0,005
Spezifität	Spezifisch
Störungen	↘ hochgepufferte alkalische Harne. ↗ Glukose stört nicht
Sonstiges	Übereinstimmung mit Refraktometrie gut.

empfohlen: der Patient nimmt am Vortag eine normale Mischkost zu sich, höchstens 200 g Fleisch auf beide Hauptmahlzeiten verteilt, mäßig Salz, keine Milchprodukte. Bei der Abendmahlzeit keine flüssigen oder wasserhaltigen Speisen, keine Suppe, Obst, Getränke. Die Blase wird vor dem Schlafengehen, eventuell zusätzlich nachts, entleert. Der erste Morgenurin wird für die Bestimmung verwendet (Kutter, Humbel u. Holtzner, 1982). Zu Konzentrationsversuch, Vasopressintest, Durstversuch siehe z.B. Kaltwasser et al. (1967). Der Harn sollte wegen Autolysegefahr frisch untersucht werden (Richterich u. Colombo, 1978).

3.12.12.3 Interne Sicherung der analytischen Phase

Hauptbedingung ist das strikte Einhalten der vorgeschriebenen Randbedingungen.

Bei der *Aräometrie* müssen einige Korrekturen angebracht werden: bei Über- bzw. Unterschreiten der Eichtemperatur von 15° ± 0,01; bei Glukosekonzentrationen > 2,7 g/l ± 0,01; bei Proteinkonzentrationen je 0,9 g/l ± 0,001 (Merck, 1970, 35). Nach anderen Angaben muß pro 1 g/dl Glukose 0,037, pro 1 g/dl Protein 0,003 abgezogen werden (Colombo u. Richterich, 1977).

„Die in diesen Situationen auftretenden Fehler werden in der Praxis so groß, daß es richtiger erscheint, in solchen Fällen auf die Bestimmung des spezifischen Gewichts durch Aräometrie ganz zu verzichten" (Colombo u. Richterich, 1977, S. 49). Die Fehlerbreite beträgt ± 5% (Colombo u. Richterich 1977), die Präzision in der Serie VK = 0,39 ± 1,29% (Dörner, Röhrke u. Gustmann, 1982).

Bei der *Refraktometrie* müssen für Glukose und Protein die gleichen Korrekturen angebracht werden.

Bei der *Kryoskopie* sind keine besonderen Maßnahmen zu treffen. Kontrollmöglichkeiten ergeben sich durch die Mitführung der Kalibrierlösung als unbekannte Kontrollprobe. Die Präzision von Tag zu Tag beträgt 1,10% (Dörner, Röhrke u. Gustmann, 1982).

Bei dem Teststreifen N-Multistix SG ist eine pH-Abhängigkeit zu berücksichtigen. Der Hersteller empfiehlt, bei pH-Werten über 6,5 zum Ergebnis 0,005 Einheiten, d.h. 1 Farbblock zu addieren. Unklar ist, ob eine Korrektur in saurem Bereich bzw. bei Harnproben von Patienten unter stark alkalisierender Therapie möglich oder notwendig ist. (Dörner, Röhrke u. Gustmann, 1982). Die mit dem Teststreifen ermittelten Werte korrelieren sehr gut mit denen der Kryoskopie: 1005 (200) bis 1010 (350) bis 1015 (53) bis 1020 (670) bis 1025 (750) bis 1030 (870 mosmol/kg) (Dörner u. Campos, 1982). Die Korrelationen sind (in abnehmender Reihenfolge) demgegenüber schlechter bei: Kreatinin, Cl^-, Na^+, K^+. Die Ablesegenauigkeit ist mit Schritten von 0,0025 g/ml bei Farbblockdifferenzen von 0,005 g/ml ausgezeichnet.

3.12.12.4 Externe Qualitätssicherung

Nichts bekannt.

3.12.12.5 Sicherung der postanalytischen Phase

Normwerte für das spezifische Gewicht und für die Osmolalität sind in **Tabelle 3.12-23** aufgeführt.

Für den Teststreifen N-Mulitstix SG zeigt sich bei vergleichenden Untersuchungen an stationären und ambulanten Patienten im Alter von 1 Tag bis 18 Jahre eine befriedigende Übereinstimmung mit den Werten der Osmolalität (Dörner, Röhrke

Tabelle 3.12-23: Normbereich: Spezifisches Gewicht

		Autor
Erwachsene	1,015-1,025 bei normaler Kost und Flüssigkeitszufuhr	1
	1,001-1,035 je nach Flüssigkeitszufuhr, Fieber, Polyurie	1
	1,020-1,035 Grenzwerte: 1,017-1,020	2
	1,012-1,030 im 24-h-Harn	
	1,003-1,040 in einzelnen Harnproben	
	bis 1,026 Konzentrierfähigkeit des Gesunden	3
	1,022-1,032	4
Osmolalität		
Erwachsene	900-1400 mosml/kg je nach Alter	5
	917-1137 mosml/kg je nach Alter	
	918-1230 mosml/kg je nach Alter	
	767-1628 mosml/kg ♂, 24-h-Harn	6
	433-1146 mosml/kg ♀, 24-h-Harn	
	770-1290 mosml/kg Grenzwerte: 620-770	2
Osmolarität	800-1400 mosml/kg	4
	800-1300 mosml/l normale Diät	
	807-1407 mosml/l nach 18 h Dürsten	
	bis 1026 mosml/l bis 65 Jahre	
	bis 1023 mosml/l bis 95 Jahre	je
	1087-1131 mosml/l 20-39 Jahre	nach
	1032-1060 mosml/l 40-49 Jahre	Autor
	833- 931 mosml/l 50-79 Jahre	
Säuglinge	9- 418 mosml/kg 1 Tag alt 24-h-	6
	100- 352 mosml/kg 2 Tage alt Harn	
	58- 393 mosml/kg 3 Tage alt	
	49- 363 mosml/kg 4 Tage alt	
	37- 216 mosml/kg 5 Tage alt	
	39- 264 mosml/kg 6 Tage alt	
Kinder	869-1309 mosml/l Diät besonders wichtig!	

1 Merck (1970)
2 Colombo u. Richterich (1977)
3 Rick (1977)
4 Thomas (1978)
5 Geigy (1968)
6 Richterich u. Colombo (1978)

u. Gustmann, 1982). Im Gegensatz hierzu wird eine engere Korrelation zu den Werten der Aräometrie, d. h. zum spezifischen Gewicht, gefunden (r = 0,91; die Korrelation (Spezifisches Gewicht bei Teststreifen : Osmolarität) ist praktisch identisch mit der Korrelation (spezifisches Gewicht bei Aräometer: Osmolarität) (Kutter, Humbel u. Holtzner, 1982). Bei Gesunden und Klinikpatienten wird eine gute Übereinstimmung zwischen den Werten des Testreifens und denen des Hydrometers, der Refraktometrie, der Kryoskopie und denen der Tropfenfall-Methode berichtet (Free u. Johnston, 1981). Die Korrelation mit der Kryoskopie ist bei Erwachsenen eng und linear, bei Kindern jedoch weiter und sigmoidal (Dörner u. Campos, 1982) (Tabelle 3.12-23).

3.12.12.6 Fehlermöglichkeiten

Die Fehlermöglichkeiten bei der Ärometrie sind hinreichend bekannt, die der Kryoskopie auf Arbeitsfehler beschränkt.

Für den Teststreifen N-Multistix SG fällt vor allem der Einfluß höherer pH-Werte auf. Saurer Harn ergibt höhere, alkalischer niedrigere Werte gegenüber der Kryoskopie. Der Hersteller empfiehlt eine Korrektur von + 0,005 Einheiten bei pH-Werten ⩾ 6,5, genauer wohl + 0,005 bei pH 7,0 - 7,5 und + 0,010 bei pH ⩾ 8,0 (Kutter, Humbel u. Holtzner, 1982).

Widersprüche liegen vor hinsichtlich der Störung durch Glukose (Diabetes mellitus als Risikofaktor bei Nephropathien!). Der Teststreifen soll nicht auf Glukose ansprechen (Kutter, Humbel u. Holtzner, 1982), hohe Glukosekonzentrationen beeinflussen ihn negativ (Dörner, Röhrke u. Gustmann, 1982). Neben extremer Ernährung fallen weitere Störfaktoren auf (die Zahlen bedeuten: Anzahl gestörter Urine/Gesamtzahl gestörter Urine, Erwachsene und Kinder).

Extreme pH-Werte ≦ 4,5 und ⩾ 8,0	26/68 und 30/96
Extrem hohe oder niedrige Konzentrationen an Nicht-Ionen	15/68 und 12/96
Hohe Phosphatkonzentrationen	4/68 und 12/96
Ungeklärte Ursachen	23/68 und 42/96

Protein > 300 mg/dl bewirkt falsch erhöhte, Ketokörper > 80 mg/dl falsch erniedrigte Anzeigen am Teststreifen (Dörner u. Campos, 1982).

3.12.13 Analysenbestandteil Askorbinsäure

3.12.13.1 Präventivmaßnahmen

Indikation
Diagnose eines Vitamin C-Mangels durch Nachweis der Ausscheidung im Harn nach oraler Verabreichung.

Erkennung von Störungen bei Teststäbchen-Reaktionszonen durch Askorbinsäure.

Qualitative Methoden
Keine bekannt.

Semiquantitative Methoden
Es existieren 3 Teststäbchen verschiedener Hersteller, davon 2 auf einem Mehrfachstreifen (siehe **Tabelle 3.12-24**). C-Stix (Ames/Miles) war der erste auf dem Markt. Ascorbur-Test (Boehringer Mannheim) ist nicht im Handel. In der chemischen Analytik bekannt ist der bewährte Merckoquant Ascorbinsäure-Test auf der Basis eines Teststäbchens.

3.12.13.2 Qualitätssicherung in der präanalytischen Phase

Verwendet wird 6 h- oder 24 h-Sammelurin. Dem Sammelgefäß wird zur Vermeidung von Verlusten etwas feste meta-Phosphorsäure zugesetzt. Zum einfachen Nachweis ist frischer Spontanharn günstiger.

Die Untersuchung ist möglichst umgehend durchzuführen. Ein Aufbewahren der Proben, selbst unter Luftabschluß und im Kühlschrank ist nicht zu empfehlen.

3.12.13.3 Interne Sicherung der analytischen Phase

Außer dem sorgfältigen Beachten der Arbeitsvorschriften nichts bekannt.

Tabelle 3.12-24: Schnelltests für Harnanalysen: Askorbinsäure

Hersteller	Behringwerke	Madaus	Ames-Miles
Produkt	Rapignost Total-Screen A	MD-9 Basis-Test	C-Stix
Chemie	Entfärbung von TILLMANNS-Reagenz (2,6-Dichlorphenolindophenol unter Bildung von L-Dehydroaskorbinsäure	Entfärbung von 2,6-Dichlorphenol-indophenol (TILLMANNS-Reagenz)	Reduktion von Phosphomolybdat zu Molybdänblau
Farbumschlag	Graublau→mauve →orange	Blau→blauviolett→rot	Farblos→grünblau→graublau
Ablesezeit (sec)	30–60	30–60	2–5
Empfindlichkeit (mg/dl)	5–10	5	5
Abstufung (mg/dl)	10; 20 +, ++	10; 20	0; 5; 10; 20; 40
Spezifität	spezifisch	spezifisch	spezifisch
Störungen	(Ab 5 mg/dl stört Askorbinsäure die Glukose-Reaktion deutlich, ab 20 mg/dl massiv)		↗ Gentisinsäure 3,4-Dihydroxyphenylessigsäure
Sonstiges	Evtl. 1 Tag vorher Vit. C absetzen		Harnsäure, Salizylsäure, Kreatinin reagieren nicht

3.12.13.4 Externe Qualitätssicherungsmaßnahmen
Nichts bekannt, auch nicht erforderlich.

3.12.13.5 Sicherung der postanalytischen Phase
Siehe Exkurs unter 3.12.2.4. Die Angaben über Normalwerte, d. h. die Ausscheidung bei Gesunden schwanken in sehr weiten Grenzen, je nach Ernährung, z. B. 1,7 bis 4,2 mg/dl (Merck, 1970), 80 bis 440 mg/dl 3h nach Zufuhr, 60 bis 129 mg/dl nach Aufsättigung (Appel, Nürck u. Merkle 1978), 5 bis 20 mg/dl (81), 10 bis 20 mg/dl (Appel, Nürck u. Merkle 1979, 1981), 50 mg/dl (Kutter, 1976).

3.12.13.6 Fehlermöglichkeiten
Nichts bekannt.

3.12.14 Analysenbestandteil α -Amylase

(Vorbemerkung: „Diastase“ ist ein Synonym für α -Amylase.)

3.12.14.1 Präventivmaßnahmen

Indikation
Akutes Abdomen. Akute Pankreatitis, Schübe einer akuten oder chronischen Pankreatitis; differentialdiagnostisch z. B. bei Gallenwegserkrankungen; Parotitis. Zur Differentialdiagnostik: Bestimmung der Pankreas- und Speichel-Isoamylase. Bei Kindern liegt im ersten Lebensjahr vorwiegend das Speichel-Isoenzym vor: Mumps, Parotitis, Coxsackie-Pankreatitis. Erhöht bei diabetischer Ketoazidose, erniedrigt bei chronischer Nierenerkrankung.

Qualitative Methoden
Amyloklastischer Schnelltest „Merck" (Merck, 1970, S. 378). 3 min Abbau von Stärke durch die Amylase im Harn, dann Zugabe von Jod (Jod-Stärke-Reaktion). Subjektive Beurteilung.

Semiquantitative Methoden
Teststreifen Rapignost Amylase (Behringwerke) (Lind, 1982): Screening-Test zur Erkennung erhöhter Amylaseaktivitäten im Harn. Der Teststreifen besteht aus einem Plastikstreifen, der eine Fließzone als Auftragszone und eine Papierzone als Nachweiszone enthält.

Das Prinzip dieses Teststreifens ist sehr elegant. In einem Arbeitsgang erfolgt eine Auftrennung der Harnbestandteile durch Diffusion, Reaktion des chromogenen Stärkesubstrates mit Harnanalyse, Abtrennung des freigesetzten Farbstoffes durch erneute Diffusion in eine Nachweiszone und subjektive Beurteilung der Farbtiefe. Die Reaktion ist nach 3 Minuten beendet (**Tabelle 3.12-25**).

3.12.14.2 Qualitätssicherung in der präanalytischen Phase

Einwandfreie Aussagen ergeben sich nur bei Analyse von Sammelharn unter definierten Bedingungen. Hierzu ist ein 2 h-(mehrmals), 12 h- oder 24 h-Sammelharn erforderlich. Spontanurin ist nur in Notfällen (Notfallambulanz!) erlaubt. Eine Konservierung ist nicht anzuraten, die Harnprobe soll möglichst rasch untersucht werden. Ein Einfrieren ist möglich, bei Untersuchungen mit dem Teststreifen jedoch untersagt. Die Stabilität beträgt bei pH 7,9 und Raumtemperatur etwa 1 Woche.

3.12.14.3 Interne Sicherung der analytischen Phase

Spezielle Kontroll-Lösungen sind nicht bekannt. Die für Serum brauchbaren Kontrollseren lassen sich z. T. für die quantitativen Harnanalysebestimmungen verwen-

Tabelle 3.12-25: Schnelltests für Harnanalysen: α-Amylase

Hersteller	Behringwerke
Produkt	Rapignost Amylase
Chemie	Hydrolyse eines chromogenen Substrats und Chromatographie des Farbstoffes an einem Teststreifen
Farbumschlag	Farblos→rosaviolett→deutlich rotviolett
Ablesezeit (sec)	(2–)3 min
Empfindlichkeit	siehe Text
Abstufung (mg/dl)	neg.; +; ++
Spezifität	spezifisch
Störungen	Bilirubin in höheren Konzentrationen verfälscht Farbe; eingefrorener Harn; Konservierungsmittel
Sonstiges	Cave: Schweiß und Speichel! Harn frisch und raumtemperiert

Tabelle 3.12-26: Normbereich: α-Amylase

Kollektiv	Normbereich	Methode	Autor
Erwachsene	30- 70 SCE/dl	Street-Close	Merck (1970)
	40-30000 SCE/24 h	Street-Close	
	180- 2280 U/l	Chromogen	
	250- 1820 U/l	Chromogen	
	100- 1200 SE/dl	Somogyi	
	128- WE/l	Wohlgemuth	Rick (1977)
	♀ 250- 3000 U/l	Chromogen	
	♂ 200- 2000 U/l	Chromogen	
	♀ 240- 3250 U/l	Saccharogen	Thomas (1978)
	♂ 220- 1980 U/l	Saccharogen	
	143- 2325 U/l	Amyloklastisch	
	< 1000 U/l	Nephelometrisch	
	♀ 192- 1310 U/l	Chromogen	
	♂ 125- 1590 U/l	Chromogen	
	143- 2325 U/l	Radikale Immundiffusion	
Heranwachsende	3000 U/l	Caraway	Meites (1981)
	400- 3300 U/l jeweils 2-h-Sammlung	Street-Close	

den. Für die Teststreifenmethode sind bislang noch keine Kontrollösungen erhältlich.

3.12.14.4 Externe Qualitätssicherung

Angaben zu *Normwerten* siehe **Tabelle 3.12-26.**

Der Teststreifen Rapignost Amylase hat sich in eigenen Untersuchungen gut bewährt. An unausgewählten Harnproben bei Routineanforderungen für Klinikpatienten finden wir im Vergleich zum Schnelltest (Merck) eine technische Spezifität von 89% (Harn) und 95% (Serum), eine technische Sensibilität von 93% (Harn) und 99% (Serum) und einen prädikativen Wert von 80% (Harn) und 89% (Serum). Beim Vergleich mit einem chromogenen Substrat (Pharmacia) lauten die entsprechenden Werte 69% (Harn) und 89% (Serum), 81% (Harn) und 96% (Serum) sowie 60% (Harn) und 81% (Serum). Die Gesamtzahl der untersuchten Harne war allerdings gering, beim Schnelltest n = 37 (Harn) und n = 204 (Serum).

Diese Zahlen sind mit vor kurzem publizierten Werten vergleichbar. An 1294 Harnproben von Klinikpatienten liegt die Spezifität bei 91,1 %, die Sensitivität bei 95,1%, der prädikative Wert (Effizienz) bei 96% (Hofmann, Dati u. Habenstein, 1982). An Harnen von 828 Nicht-Klinikpatienten und 96 Klinikpatienten beträgt die Effizienz 94% (Habenstein u. Kohl, 1981).

3.12.14.5 Sicherung der postanalytischen Phase

3.12.14.6 Fehlermöglichkeiten

Für den Schnelltest (Merck) sind keine über die Fragen der Spezifität hinausgehenden Störfaktoren bekannt, den Streifentest Rapignost Amylase stören „übliche“

Harnbestandteile nicht (Hoffmann u. Weiß, 1982). Für die quantitative Bestimmung existieren bei Übertragung auf Harn keine über die bei Serum bekannten Störfaktoren.

3.12.15 Analysenmerkmal antibakterielle Substanzen

Nachweis von antibakteriellen Stoffen im Urin.

Die Aussagekraft einer Keimzahl-Bestimmung im Urin hängt entscheidend davon ab, ob in dem untersuchten Urin antibakterielle Stoffe vorhanden sind. Die Anzahl der Hemmstoff-positiven Urine schwankt dabei je nach Patientengut zwischen 21 und 30,7% (Schuler, 1981, Grimm u. Sharifi, 1971). Diese Befunde führten dazu, daß in den Verfahrensrichtlinien der Deutschen Gesellschaft für Hygiene und Mikrobiologie (DGHM) für Urin-Untersuchungen empfohlen wird, bei jeder Keimzahl-Bestimmung im Urin gleichzeitig einen Test zum Nachweis von antibakteriellen Stoffen im Urin mitzuführen (1981). Als Methode wird dabei ein biologischer Nachweis mit dem Testorganismus Bacillus subtilis empfohlen (Kaltwasser, Bode, 1983).

Mit dem neuen Teststreifen Micur-BT (Boehringer Mannheim) können solche Hemmstoffe im Urin entsprechend diesen Empfehlungen einfach nachgewiesen werden. Der Teststreifen enthält einen Kunststoff-Film, auf dem Sporen von Bacillus subtilis imprägniert sind. Die Sporen sind in Kontakt mit einem Nährkarton, der zusätzlich ein Tetrazoliumsalz enthält. Bei Befeuchten des Teststreifens mit hemmstoff-freien Flüssigkeiten keimen die Sporen aus und reduzieren das Tetrazoliumsalz zu dem roten Formazan. Enthält die Flüssigkeit Bakterien-Hemmstoffe, im Urin meist Antibiotika, so unterbleibt das Wachstum und das Testfeld bleibt weiß.

Zur Durchführung wird der Teststreifen ca. 3 Sekunden in den frischen nativen Urin getaucht und anschließend in einem Bebrütungsgefäß 16 - 20 Stunden bei 35 - 37° bebrütet. Die Auswertung erfolgt bei verschlossenem Bebrütungsgefäß anhand von Vergleichsfarben.

Bei Abwesenheit von Hemmstoffen (rotes Testfeld) ist die durchgeführte Keimzahl-Bestimmung ohne Einschränkung verwendbar.

Bei Anwesenheit von Hemmstoffen (weißes Testfeld) und Wachstum von Keimen ist unabhängig von der Keimzahl eine Sensibilitätstestung und Identifizierung durch das Fachlabor angebracht. Ist in hemmstoff-haltigen Urinen kein Keimwachstum nachzuweisen, so ist nach Absetzen der Therapie in einer neuen, hemmstoff-freien Urinprobe dieser Befund zu bestätigen. Die klinische Sensitivität beträgt ca. 95%, die Spezifität ca. 98% (Rathert, 1983).

Neben der Verbesserung des Informationsgehaltes von Keimzahl-Bestimmungen mit Micur-BT kann darüber hinaus sehr einfach die Patientencompliance bei Antibiotika-Therapie überprüft werden. Nach Untersuchungen in England waren in 21% der Urinproben von Patienten, die angeblich unter Antibiotika-Therapie standen, keine antibakteriellen Stoffe nachzuweisen (Cruickshank et al., 1980).

Eigene Untersuchungen an Klinikpatienten ergaben ausgezeichnete Resultate (Appel, 1984).

Eine weitere Einsatzmöglichkeit der Anwendung dieses Teststreifens ist die Überwachung der Patienten-Compliance (Rathert, 1983; Peuckert, 1984).

3.12.16 Analysenmerkmal Chlorid

Bei der Führung von Hypertonikern soll auf eine Einhaltung der Vorschriften für kochsalzreduzierte Kost geachtet werden. Die Compliance ist durch einen neuartigen Teststreifen für Chlorid überwachbar, da dieses der Zufuhr von Na^+praktisch weitgehend entspricht. Es handelt sich um einen „Chlorid-Titrator" eines Eintauch-Teststreifens mit einer Chromatographiezone, imprägniert mit einer braun gefärbten Silberbichromatzone (Quantab™, Ames-Miles, Elkhart). Sobald Harn durch die Kapillarkräfte aufsteigt, reagiert das Chlorid zum weißen Silberchlorid AgCl. Nach ca. 20 Minuten ist die Säule abgesättigt, was mittels eines Feuchtigkeitsindikators an ihrem oberen Ende durch Blaufärbung signalisiert wird. Die Höhe der Weißfärbungszone ist ein Maß für die Cl-Konzentration des Harnes. 24-h-Sammelharn ist nicht erforderlich, der erste Morgenharn genügt (Tompkins et al., 1970; Pie-Hinea et al., 1979; Luft et al., Kaplan et al., 1982).

Harn-Chlorid ist auf trockenchemischem Wege mittels Mehrschichtfilmplättchen quantitativ am Kodak-Ektachem 400 bestimmbar (Methem et al., 1985). Dieses System übersteigt jedoch den Rahmen der einfachen Harnanalytik.

3.12.17 Analysenmerkmal Verschiedene

Ein weites Einsatzgebiet stellen spezielle „spot"-Tests auf Filterpapier dar, z. B. für Methylmalonsäure (Hyman et al., 1983), auf die hier nicht näher eingegangen werden soll.

Der Vollständigkeit halber sei auf Schwangerschaftstests mittels dieser Technik und nicht zuletzt auf Testblättchen zur Antibiotika-Bestimmung und -Resistenzprüfung hingewiesen. Von Interesse könnten auch Eintauchstäbchen zum Drogenscreening im Harn werden (Jukofsky et al., 1981).

4 Hämatologie

4.0 Einführung in die Qualitätssicherung in der Hämatologie

Karl-Georg v. Boroviczény (Berlin)

Hämatologie ist ein Sammelbegriff, gebräuchlich seit der Mitte des 18. Jahrhunderts, als darunter noch alles verstanden wurde, was heute als Laboratoriumsmedizin, Kardiologie und Kreislaufmedizin bezeichnet wird. Noch zu Beginn unseres Jahrhunderts, als die erste hämatologische Zeitschrift, die Folia haematologica erschienen ist, gehörte die gesamte Laboratoriumsmedizin einschließlich Klinischer Chemie und Mikrobiologie zur Hämatologie. Inzwischen ist der Begriff Hämatologie weiter eingeschränkt worden und bezieht sich heute auf die *Hämatomorphologie* (Physiologie und Pathologie der Blut- und Lymphzellen), die *Hämostaseologie* (Physiologie und Pathologie der Blutgerinnung), die *Transfusions- und Transplantationsimmunologie* (Blutgruppen, HLA-Gruppen einschließlich Vaterschaftsbegutachtungen) sowie die *Immunologie der Proteine* (Immunglobuline usw.). Wie jede Einteilung ist auch die Einteilung der Laboratoriumsmedizin in Klinische Chemie, Hämatologie und Mikrobiologie willkürlich. Es gibt reichlich Übergänge, so ist z. B. die Hämoglobinometrie einerseits eine typisch hämatologische Untersuchungsmethode, andererseits aber auch eine der ältesten klinisch-chemischen Methoden; der Nachweis einer infektiösen Mononukleose wird sowohl vom Hämatologen als auch vom Mikrobiologen durchgeführt wird. Es ist auch wahrscheinlich, daß man in der Zukunft vier Teilbereiche des Gebietes Laboratoriumsmedizin unterscheiden wird: Klinische Chemie, Hämatologie, Immunologie und Mikrobiologie.

Dieses Buch folgt noch der klassischen Dreiteilung und behandelt dementsprechend im Teil 4 die Hämatomorphologie mit Blutbild, Differentialblutbild, Knochenmark sowie die Hämoglobinopathien, glykosylierten Hämoglobine und Erythrozytenenzyme, die Hämostaseologie und letztlich Immunglobuline, Immunelektrophorese, Autoantikörper, Blutgruppen und HLA.

Im Gegensatz zur klinischen Chemie, bei der überwiegend haltbares *Untersuchungsmaterial* (Blutplasma, Blutserum) zur Verfügung steht, in dem ebenfalls haltbare Analyte bestimmt werden können, bei dem also das durch Zentrifugieren gewonnene, von den Blutzellen entsprechend abgetrennte Untersuchungsmaterial im Kühlschrank oder tiefgefroren längere Zeit aufbewahrt werden kann, werden in der Hämatologie im allgemeinen im Vollblut unterschiedlich haltbare und/oder wenig haltbare Analyte untersucht. Aus diesem Grund wird empfohlen, für hämatologische Analyte das Untersuchungsmaterial in der Regel nicht durch die Post einzusenden, sondern es im Labor selbst abzunehmen oder durch Boten innerhalb weniger Stunden in das Labor bringen zu lassen (siehe hierzu die *Präanalytik* in 4.1 bis 4.11).

Die Richtlinien der Bundesärztekammer sind bis Redaktionsschluß noch nicht verabschiedet gewesen, so daß noch keine verbindlichen Aussagen gemacht werden können. Da jedoch der vom Gesetzgeber vorgeschriebene Konsens zwischen Bundesärztekammer und der Physikalisch-Technischen Bundesanstalt über den Inhalt der neuen Richtlinien soweit hergestellt ist, können Aussagen über den Inhalt und die sich daraus ergebenden Verpflichtungen für jeden mit der notwendigen Einschränkung gemacht werden, der auf dem Gebiet der Bundesrepublik Deutschland (einschließlich Berlin West) Laboratoriumsuntersuchungen für die medizinische Vorsorge, Diagnostik und/oder Therapie durchführt. Unter ausdrücklichem Hinweis auf diese Einschränkung sind in **Tabelle 4.0-1** diejenigen Analysenbestandteile der Hämatologie aufgeführt, bei der die Führung von Kontrollkarten bzw. die Teilnahme an Ringversuchen vorgeschrieben bzw. empfohlen werden und bei denen zumindest die Teilnahme an Ringversuchen empfohlen bzw. von den kassenärztlichen Vereinigungen gefordert wird.

Der *postanalytischen Phase*, d.h. der Ergebnissichtung und -überprüfung, den Plausibilitätskontrollen, insbesondere aber der Befundung kommt in der Hämatologie große Bedeutung zu.

Neben den Vorwertkontrollen (nb. Blutgruppen!) gibt es zahlreiche Möglichkeiten der *Konstellationskontrollen*, auf die in den einzelnen Kapiteln hingewiesen wird.

In der Hämatologie gibt es zahlreiche Untersuchungen, bei denen die verbale *Befundung* eine große Rolle spielt (z. B. Differentialblutbild, Knochenmark- und andere Punktate, Gerinnungsfaktoren, blutgruppenserologische Begutachtung). Diese Untersuchungen müssen oft Experten der jeweiligen Subspezialität überlassen werden.

Tabelle 4.0-1: Analyte, bei deren Bestimmung die Führung von Kontrollkarten und Teilnahme an Ringversuchen vorgeschrieben bzw. empfohlen wird

1	**Analyte, bei deren Bestimmung die Führung von Kontrollkarten und Teilnahme an Ringversuchen in den Richtlinien der BÄK, Teil I. Anlage 1 vorgeschrieben wird*:**
1.1	*Hämatomorphologie:* Erythrozyten, Hämoglobin, Hämatokrit (zentrifugiert), Leukozyten und Anteildaten des Differentialblutbildes
1.2	*Hämoglobinfraktionen:* Glykierte (glykosylierte) Hämoglobine
1.3	*Hämostaseologie:* Fibrinogen und Thromboplastin (Quick)
1.4	*Plasma- und Serumproteine:* Coeruloplasmin, Ferritin, Gamma-Globulin, IgA, IgE, IgG, IgM und Transferrin
2	**Analyte, bei deren Bestimmung die Teilnahme an Ringversuchen von kassenärztlichen Vereinigungen gefordert wird*:**
2.1	*Transfusionsmedizin:* Antikörpertiter, Antikörpersuchtest, Blutgruppen und Coombstest im Vollblut bzw. Plasma oder Serum
3	**Analyte, bei deren Bestimmung die Führung von Kontrollkarten und Teilnahme an Ringversuchen im Sinne der Richtlinien der BÄK empfohlen wird*:**
3.1	*Hämatomorphologie:* Blutplättchen (Thrombozytenzahl) im Vollblut, Beurteilung des Differentialblutbildes
3.2	*Hämostaseologie:* Antithrombin-III, Nachweis von Fibrinogenspaltprodukten mit heparinunabhängiger Thrombinzeit bzw. Batroxombinzeit, Gerinnungsfaktoren, Partielles Thromboplastin und Thrombin im Blutplasma
3.3	*Immunglobuline:* Alpha-1-Antitrypsin, Alpha-1-Glykoprotein. Alpha-2-Makroglobulin, C3-Komplement und Haptoglobin, Nachweis der Gammopathien und Immundefekte, Nachweis von Organ- und Zellspezifischen Antigenen und Autoantikörpern im Plasma oder Serum

* Die Angaben im Zusammenhang mit den Richtlinien der Bundesärztekammer und den Verordnungen der Kassenärztlichen Vereinigungen sind vorläufige aufgrund des Kenntnisstandes bei Redaktionsschluß des Buches am 15. August 1986.

4.1 Das kleine Blutbild

Karl-Georg v. Boroviczény (Berlin)

4.1.0 Beschreibung der Analysengruppe

Kleines Blutbild und Senkung sind Analysen, die in nahezu jedem Laboratorium, im Labor der Praxis eines Allgemeinmediziners bis zum großen Zentrallaboratorium gleichermaßen zur alltäglichen Routine gehören. In diesem Kapitel werden die Analyte des kleinen Blutbildes „HB-Ery-Leuko" zusammen mit dem Hämatokrit-(Hkt)-Wert, den Erythrozytenindices und der Erythrozyten-Senkungs-Reaktion behandelt.

4.1.0.1 Einleitung

Die Bestimmung von Hämoglobinkonzentration, Hämatokritwert, Zellzahlen und die Errechnung der Erythrozyten-Indices sind bereits im 19. Jahrhundert, die Erythrozyten-Senkungs-Reaktion in den zwanziger Jahren unseres Jahrhunderts in das Repertoire der Labor-Routine-Diagnostik aufgenommen worden (siehe von Boroviczény, Einführung in die Geschichte der Hämatologie, Thieme-Verlag, Stuttgart, 1974).

Eine der wesentlichsten Schwierigkeiten besteht darin, daß Vollblut zeitlich nur begrenzt haltbar ist: Blutplättchen beginnen nach kürzester Zeit zu zerfallen, Leukozyten sterben innerhalb weniger Stunden ab, Hämolyse setzt ein. Konservierungsmaßnahmen verändern das Blut so, daß die Probenähnlichkeit mit frischem Patientenblut nicht mehr voll gegeben ist. Andererseits sind die Zusammenhänge zwischen Hämoglobinkonzentration, Erythrozytenpartikelkonzentration (Erythrozytenzahl) und Erythrozytenvolumenanteil (Hämatokrit) geeignet, andere Qualitätssicherungsmaßnahmen, als sie bisher für klinisch-chemische Bestandteile verwendet worden sind, einzuführen. Die Hämoglobinometrie ist eine photometrische Meßmethode, die Bestimmung der Erythrozytenkonzentration eine Partikelzählmethode, der Hämatokrit dagegen eine physikalische Längenmeßmethode. Der Zusammenhang zwischen einer photometrischen, einer Längenmeßmethode und einer Zählmethode ist besonders für die Erprobung statistischer Qualitätssicherungsmaßnahmen geeignet.

Wegen der geschilderten Schwierigkeiten ist es erforderlich gewesen, für die Qualitätssicherung in der Hämatomorphologie z. B. eine neue Kontrollmethode unter Verwendung einer anderen als in der klinischen Chemie bislang üblichen Kontrollkartenmethode zu finden.

4.1.0.2 Präventivmaßnahmen

Für die *Hämoglobinbestimmung* im Vollblut ist die Zyanmethämoglobinmethode national und international genormt (DIN 58 931) und die Vergleichbarkeit durch eine von der Weltgesundheitsorganisation anerkannte Referenzlösung (Zyanmethämoglobin-Standardlösung) gesichert. Die Zyanmethämoglobinmethode ist zugleich die verbreiteste Routinemethode.

Die Bestimmung des *Hämatokritwertes* ist ebenfalls national und international genormt (DIN 58933), wobei die Anwendung genormter Kapillaren und einer hochtourigen Zentrifuge vorgeschrieben sind . Die indirekte Bestimmung aufgrund einer elektronisch oder optisch durchgeführten Volumenbestimmung der Einzelzellen ergibt in pathologischen Fällen oft abweichende Ergebnisse, weshalb ihre Anwendung *nicht* empfohlen wird.

Für die *Partikelkonzentrationsbestimmungen*, im allgemeinen Erythrozytenzahl, Leukozytenzahl bzw. Blutplättchenzahl (auch Thrombozytenzahl genannt), sind einerseits Zählkammermethoden, andererseits mechanisierte Methoden weit verbreitet. Praktikable Referenzmethoden oder „ausgewählte" Routinemethoden gibt es nicht. [Im Abschnitt 4.1.0.5 werden die Zählgeräte allgemein besprochen, während in den Abschnitten 4.1.2, 4.1.6 und 4.1.7 sowohl die Kammerzählung als auch die Apparatezählung näher erörtert werden.]

Die *Erythrozyten-Senkungs-Reaktion* (ESR) mit der Methode nach Westergren ist international und national genormt (DIN 58935). [Im Abschnitt 4.1.5 wird diese Methode besprochen.]

Die *weiterführende Literatur* bis 1976 ist im Handbuch der Inneren Medizin, 5. Auflage, Band II/I zusammengestellt. Die seither erschienene Literatur ist zum Teil in den Literaturverzeichnissen der Bände 3, 4 und in diesem Band der INSTAND-Schriftenreihe enthalten.

Für die Analyte des kleinen Blutbildes gibt es ein breites Angebot an *Kontrollblutproben*, deren Haltbarkeit von einigen Wochen bis zu mehreren Monaten reicht und die auch in den Ringversuchen eingesetzt werden. Grundsätzlich sind diese Kontrollproben bei allen manuellen und mechanisierten Methoden einsetzbar, aber mit der Einschränkung, daß es zwischen bestimmten Kontrollbluten und einzelnen bei der manuellen oder maschinellen Zellzählung anzuwendenden Verdünnungslösungen Inkompatibilitätserscheinungen geben kann. Da hierauf in den Beipackzetteln nicht immer hingewiesen wird, muß bei entsprechendem Verdacht bei den Herstellern nachgefragt werden.

Während für die Hämoglobinometrie die erwähnte Standardlösung vorliegt, ist die Entwicklung von Standardsuspensionen zur Kalibrierung der Zellzählgeräte noch nicht soweit fortgeschritten. Am besten behilft man sich mit „Normalblut", das von mehreren gesunden Spendern stammt, eine Maßnahme, die in einer Blutbank leicht, in einem anderen Laboratorium schwerer oder gar nicht durchführbar ist. Als Notlösung kann man mit dem Kontrollblut des einen Herstellers das Gerät kalibrieren und mit dem Kontrollblut des anderen Herstellers die Richtigkeitskontrolle durchführen.

Für die Erythrozyten-Senkungs-Reaktion gibt es weder Standards noch Kontrollproben.

4.1.0.3 Präanalytik

Blut soll nach Möglichkeit zwischen 7 und 9 Uhr morgens beim noch nüchternen Patienten aus der, wenn möglich, ungestauten, anderenfalls aus der nur kurz gestauten und nach der Entnahme sofort wieder entstauten Vene abgenommen werden. Wird Blut für mehrere Untersuchunen in mehrere Röhrchen abgenommen, so muß das erste Röhrchen zu eventuellen Blutgerinnungsuntersuchungen, das nachfolgende Röhrchen für morphologische Blutuntersuchungen verwendet werden; anschließend folgen Entnahmen für klinisch-chemische Analysen. Als Antikoagulans wird Citratblut bzw. EDTA-Blut bevorzugt. Kapillarblut sollte wegen der Gefahr der Beimengung von Gewebesaft nur bei Kindern Verwendung finden; die Verdünnung erfolgt gleichzeitig. Wenn zusätzlich eine Thrombozytenzahlbestimmung durchgeführt werden soll, muß das Blut spätestens eine Stunde nach der Blutentnahme im Labor eintreffen und sofort analysiert werden. [Ansonsten ist auf die allgemeinen im Kapitel 2.3 beschriebenen Vorschriften zu achten.]

4.1.0.4 Interne Qualitätssicherung der Analytik

Als Ergebnis der diesbezüglichen Normung gibt es bei allen in diesem Kapitel besprochenen Analyten für jede Patientenprobe, jede Kontrollprobe und jede Ringversuchsprobe immer nur je einen Zielwert. Bei der Hämoglobinometrie ist dies ein Referenzmethodenwert, beim Hämatokritwert das Ergebnis einer ausgewählten Routinemethode. Bei der Erythrozyten- und Leukozytenzählung ist das Ergebnis der Bemühungen, aber auch der Erfahrungen, die bei INSTAND in den vergangenen 19 Jahren in über 70 Ringversuchen (Ringstudien) gemacht worden sind, daß es möglich geworden ist, immer nur *einen allgemein verbindlichen Zielwert* anzugeben. Eine gewisse Einschränkung muß nur bei der Thrombozytenzahl gemacht werden, bei der zur Zeit noch mehrere miteinander konkurrierende Methoden verwendet werden, für die methoden- bzw. geräteabhängige Sollwerte anzugeben sind.

Um das Auftreten von Mikrogerinnseln im Blut zu vermeiden, muß Venenblut, bevor es verarbeitet wird, vorsichtig, aber gründlich, am besten unter Anwendung eines Rollmischers gemischt werden. Jedes Röhrchen muß vor der Bestimmung in die Hand genommen und unter mehrfachem vorsichtigem Schwenken beobachtet und auf Mikrogerinnsel geprüft werden. Findet man auch nur ein einziges, noch so kleines Gerinnsel, ist die Probe für die in diesem Kapitel besprochenen Bestimmungen ungeeignet.

Die *Kontrollmöglichkeiten* in der Analytik sind in der **Tabelle 4.1-1** für alle Blut- und Knochenmarkzellen, die Genauigkeitsangaben in **Tabelle 4.1-2** und die klinisch relevanten Bereiche in **Tabelle 4.1-3** wiedergegeben.

4.1.0.5 Externe Qualitätskontrolle der Analytik

Wie aus der Tabelle 4.1-1 hervorgeht, werden Ringversuche mit Ausnahme der Erythrozyten-Senkungs-Reaktion für alle in diesem Kapitel behandelten Analyte angeboten. Die jährlich mindestens viermalige Teilnahme ist für die Bestimmung der Hämoglobinkonzentration, des Hämatokritwertes (zentrifugiert), der Erythrozyten- und Leukozytenpartikelkonzentration gesetzlich vorgesehen, für die Blutplättchenpartikelkonzentration (Thrombozytenzahl) wird sie dringend empfohlen.

Bei der Bestimmung der Partikelkonzentration (im Alltag „Zellzahl", gelegentlich auch „Partikeldichte" genannt) nehmen die Zellzählgeräte eine immer größere

Tabelle 4.1-1: Kontrollmöglichkeiten in der Hämatomorphologie

Befund-qualitäten		Kontrollmethoden	Analysenbestandteile: Hämoglobin	Ery-Zahl	Hämatokrit	Ery-Durchmesser	Ery-Indices	E.S.R.	Leukozahl	Differentialblutbild	Knochenmark-Punktat	Plättchenzahl	Andere Methoden
Präzision	Wiederholbarkeit	Doppelbestimmung	+	+	+	+	+	+	+	+	+	+	+
	Langzeitvarianz	Kontrollkartenführung	+	+	+		+		+	+		+	
Vergleich-barkeit	von Serie zu Serie	Doppelbestimmung	+	+	+	+	+		+	+		+	+
	der Methodolgien	Doppelbestimmung	+	+	+	+	+	+	+	+	+	+	+
	der Laboratorien	Probentausch	+	+	+	+	+	+	+	+	+	+	+
		Ringversuch	+	+	+	+	+		+	+	+	+	
Richtigkeit		Richtigkeitskontroll-probe	+	+	+		+		+	+		+	
Plausibilität	Serienkontrolle	Medianwert	+	+	+	+	+	+	+	+		+	+
		Schwellenwerte	+	+	+	+	+	+	+	+		+	+
		Tagesmittelwert	+	+	+	+	+	+	+	+		+	+
		Tagesstreuung	+	+	+	+	+	+	+	+		+	+
	Einzelwertkontrolle	Lage	+	+	+	+	+	+	+	+		+	+
		Trend	+	+	+	+	+	+	+	+	+	+	+
		Konstellationen	+	+	+		+	+		+		+	+

Tabelle 4.1-2: Genauigkeitsangaben in s%, im Referenzbereich

Analyt	Wiederhol-abweichung	Vergleichsabweichung, Kontroll-karten	Vergleichsabweichung, 2 Arbeits-plätze	Vergleichsabweichung, Ringver-suchergebnisse
Hämoglobinkonzentration im Vollblut	Zählgerät 0,8%	Zählgerät 1,9%	Zählgerät 2,0%	Alle Methoden 4,0%
Erythrozytenpartikel-konzentration	Zählgerät 1,3%	Zählgerät 3,4%	Zählgerät 3,6%	Alle Methoden 5,7%
Hämatokritwert	Zentrifug. 1,9%	Zentrifug. 3,6%	-	Zentrifugiert 4,0%
Erythrozyten-Senkungs-Reaktion	Westergren 10,8%	-	-	-
Leukozytenpartikel-konzentration	Zählgerät 3,0%	Zählgerät 5,9%	Zählgerät 9,4%	Alle Methoden 9,0%
Plättchenpartikel-konzentration	Zählgerät 3,3%	Zählgerät 6,7%	Zählgerät 8,4%	-

Tabelle 4.1-3: Klinische Bezugsbereiche

Analyt		Untere Alarmgrenze	Unterer Extrembereich	Unterer pathol. Bereich	Unterer Grenzbereich	Referenzbereich	Oberer Grenzbereich	Oberer pathol. Bereich	Oberer Extrembereich	Obere Alarmgrenze	Einheit
Hämoglobinkonzentration im Vollblut	♂	6	1-7	7-12	12-14	14-17	17-19	19-21	21-25	-	g/dL
Hämoglobinkonzentration im Vollblut	♀	6	1-7	7-11	11-12	12-15	15-17	17-19	19-25	-	g/dL
Erythrozytenpartikelkonzentration	♂	2	0,3-2,2	2,2-4	4-4,6	4,6-5,3	5,3-6,3	6,3-7	7-9	-	TE/L
Erythrozytenpartikelkonzentration	♀	2	0,3-2,2	2,2-3,7	3,7-4,1	4,1-4,8	4,8-5,7	5,7-6,3	6,3-9	-	TE/L
Hämatokritwert	♂	0,25	0,03-0,2	0,2-0,36	0,36-0,41	0,41-0,48	0,48-0,54	0,54-0,63	0,63-0,8	-	L/L
Hämatokritwert	♀	0,25	0,03-0,2	0,2-0,33	0,33-0,37	0,37-0,43	0,43-0,48	0,48-0,57	0,57-0,8	-	L/L
Leukozytenpartikelkonzentration		1,5	0,2-3	3-4	4-5	5-9	9-11	11-28	28-1300	15	GE/L
Plättchenpartikelkonzentration		50	0,5-40	40-80	80-145	145-340	340-360	360-600	600-1500	-	GE/L

Rolle ein, da sie in der Mehrzahl der Fälle bei einer geringeren Arbeitsbelastung eine zum Teil wesentlich höhere Genauigkeit erbringen. Man kann drei grundsätzlich verschiedene Meßprinzipien unterscheiden: die photometrische Partikeldichtemessung, die Partikelzahlbestimmung aufgrund von Impedanzsignalen und die Partikelzahlbestimmung aufgrund optischer Signale.

Die photometrische Partikeldichtebestimmung wird als Trübungsmessung oder nephelometrische Messung zur Bestimmung der Erythrozytenpartikeldichte herangezogen; hieraus wird die Partikelkonzentration abgeleitet.

Je höher die Partikelkonzentration (Erythrozytenzahl), um so höher ist natürlich auch die Partikeldichte, wobei letztere aber auch von der Partikelgröße abhängt, da bei gleicher Partikelkonzentration größere Partikel eine höhere Partikeldichte als kleinere ergeben. Suspendierte Partikel bewirken eine Trübung, wodurch die Lichtdurchlässigkeit herabgesetzt wird. Bei der Durchlichtphotometrie steigt dementsprechend mit zunehmender Partikelkonzentration der gemessene Extinktionswert, bedauerlicherweise aber nicht streng proportional. Wie bereits angedeutet, wird die Partikeldichte neben der Partikelkonzentration auch durch die Partikelgröße, der Extinktionswert außerdem durch die Partikelfarbe (Erythrozyten sind bekanntlich rot) beeinflußt. Aus diesen Gründen können bei der Trübungsmessung nur bei gesunden, nicht aber bei kranken Personen zuverlässige Werte ermittelt werden. Dieser Umstand kann in Ringversuchen nicht berücksichtigt werden, da hier nur verschieden stark verdünnte Erythrozyten gesunder Spender angewendet werden können. Die Schwächung trüber Lösungen ist dadurch bedingt, daß die suspendierten Partikel die Strahlen ablenken, also Streulicht entsteht. Bei entsprechenden Versuchsbedingungen (Wahl der Suspendierlösung, der Wellenlänge des Meßstrahles, des Streuwinkels und der Form und Anordnung des Strahlungsempfängers) können zuverlässige Angaben über die Erythrozytenpartikeldichte auch bei pathologischen Fällen erhalten werden.

Die Partikelzählung mittels Impedanz-Signal-Zählung ist von den Brüdern Wallace und Joseph Coulter 1956 zum Patent angemeldet und gleichzeitig mit Geräten, die auf diesem Zählprinzip beruhen, auf den Markt gebracht worden. Das Patent ist zwar seit vielen Jahren ausgelaufen; die Firma, die nach wie vor den beiden Brüdern gehört, floriert aber weltweit. Neuerdings ist ein Gerät durch zusätzliche Hochfrequenzimpedanzmessung verbessert worden, womit simultan gezählt und das Differentialblutbild bestimmt werden kann.

Das Meßprinzip beruht auf der Tatsache, daß die zu zählenden Partikel (Erythrozyten, Leukozyten, Blutplättchen) schlechtere elektrische Leiter als die Verdünnungslösung sind. Die entsprechend verdünnte Suspension wird durch eine Kapillare gesogen, an deren beiden Seiten Anode und Kathode angeordnet sind. Der elektrische Strom fließt durch die Kapillare; so oft ein Partikel durch die Kapillare schlüpft, wird durch die Impedanz des Partikels der durchfließende Strom verändert. Diese Veränderungen werden gezählt, wodurch die Partikelkonzentration ausgerechnet werden kann. Das durch die einzelnen Partikel verursachte Impedanz-Signal ist bei gleichartigen Partikeln unter anderem von der Partikelgröße abhängig. Da neben dem Auftreten das Ausmaß der Signale ohne zusätzlichen Aufwand meßbar ist, werden diese in den neueren Geräten statistisch analysiert und in Bezug zu der Signalzahl gebracht, wodurch sich die verschiedensten Indexe berechnen lassen. Da das Ausmaß des Impedanz-Signals bei nicht kugelförmigen Partikeln (die Erythrozyten sind *nicht* kugelförmig) von der Partikelform und der Partikelgröße und die Partikelgröße auch vom pH-Wert der Verdünnungslösung abhängt, können die von Impedanz-Signal-Zählgeräten errechneten Hämatokritwerte sowie die MCV- und MCHC-Werte von den entsprechenden Patienten-Nativ-Werten abweichen. Aus diesem Grunde sollten sie für die Differentialdiagnostik der Anämien nicht verwendet werden.

Die einzeln durch die Kapillare schlüpfenden Partikel verändern nicht nur den elektrischen Strom, sondern auch einen durch die Kapillare geleiteten Lichtstrahl. Der Lichtstrahl wird meist senkrecht zur Kapillarachse angeordnet und eignet sich ebenfalls gut zur Zellzahlbestimmung.

Das Prinzip der photoelektronischen Blutkörperchenzählung hat als erster 1934 Moldavan beschrieben, ein in der Routine einsetzbares Gerät ist aber erst 20 Jahre später von Crossland-Taylor konstruiert worden. Bereits 1948 bzw. 1950 haben Langercranz und Wolff die photoelektrische Mechanisierung der Kammerzählung im Mikroskop beschrieben; dieses Prinzip ist aber wieder verlassen worden.

Impedanz-Signal-Zählgeräte und Zählgeräte für optische Signale werden inzwischen weltweit von vielen Herstellern angeboten und sind in allen mittleren und größeren hämatologischen Laboratorien anzutreffen. Die Konstruktion der Geräte wird ständig weiterentwickelt und verbessert und hinsichtlich der Differenzierung der Leukozyten erweitert, so daß heute keine klare Grenze mehr zwischen den einfachen Zellzählgeräten und den Differentialblutbildgeräten gezogen werden kann. Bedauerlicherweise gibt es noch kein Gerät, das die Kriterien einer Referenzmethode erfüllt, so daß zu Vergleichszwecken immer die Kammerzählung herangezogen werden muß.

4.1.0.6 Postanalytik

Bei der Durchführung von *Plausibilitätskontrollen* ist als besonderer Vorteil zu bewerten, daß zwischen Hämoglobinkonzentration, Hämatokritwert und Erythrozytenpartikelkonzentration ein gewisser Zusammenhang besteht, auf den später noch eingegangen werden soll. Neben der Leukozytenzahl wird im allgemeinen ein Differentialblutbild angefertigt. Dabei kann die Leukozytenpartikelkonzentration aufgrund einer Schätzung überprüft werden. Bei der Thrombozytenzahl gibt es einen Zusammenhang zu den Blutgerinnungsglobaltests.

4.1.0.7 Größen und Einheiten

Die Hämoglobinkonzentration wird aufgrund nationaler (DIN 58931) und internationaler (ICSH) Empfehlungen als Massenkonzentration bestimmt, wobei zur Zeit die Angabe in g/dl am weitesten verbreitet ist, während die Angabe in g/l im Zusammenhang mit dem Gesetz über Größen und Einheiten empfohlen wird.

Bei der Hämatokritbestimmung wird der relative Volumenanteil der Erythrozyten und/oder Leukozyten und/oder Blutplättchen im Gesamtblut festgestellt und der gemessene Anteil in Liter pro Liter (L/L bzw. L^{-1}) angegeben. Die früher übliche Angabe in Prozentzahlen wird nicht empfohlen, da bei der Angabe des Variationskoeffizienten eine Verwirrung entstehen kann.

Die Partikelkonzentration wird als Anzahl der Partikel pro Volumen Vollblut angegeben, wobei das Volumen in Litern und Teilen des Liter angegeben wird. Üblich sind Angaben für die Erythrozytenpartikelkonzentration in Partikelanzahl pro Pikoliter (pL), bei der Leukozytenpartikel- und Thrombozytenpartikelkonzentration in Partikelanzahl pro Nanoliter (nL). Früher war die Angabe der Anzahl der Erythrozyten-, Leukozyten- bzw. Thrombozytenpartikelkonzentration in Partikelanzahl pro Mikroliter (µL); dies ist aber wegen der vielen Nullen inzwischen verlassen worden.

Die Generalkonferenz für Gewicht und Maß (CIPM) hat bislang noch keine mit Vorsätzen versehbare Zähleinheit benannt, während das Internationale Büro für Gewichte und Maße (BIPM) vor einigen Jahren die vorläufige Anwendung einer Zähleinheit mit der Benennung „Entität" (Symbol E) genehmigt hat. Die Angabe der Partikelkonzentration in Entitäten pro Liter (E/L) hat sich auch bereits in einem gewissen Maße durchgesetzt, weshalb sie in diesem Kapitel beibehalten wird. Es wird zu einer Angabe der Erythrozytenpartikelkonzentrationen in Tera-Entitäten (TE/L) und zur Angabe der Leukozyten- bzw. Plättchenpartikelkonzentration in Giga-Entitäten pro Liter (GE/L).

4.1.1 Qualitätssicherung der Bestimmung der Hämoglobinkonzentration

4.1.1.1 Präventivmaßnahmen
Die Hämoglobinkonzentration kann im Vollblut, Blutplasma, Blutserum oder anderen Körperflüssigkeiten (Liquor, Urin, Punktionsflüssigkeiten usw.) bestimmt werden. Am verbreitetsten ist die Zyanmethämoglobinmethode, die als Referenzmethode oder Routinemethode sowohl bei der Konzentrationsbestimmung im Vollblut (DIN 58931) als auch bei allen anderen genannten Körperflüssigkeiten gleichermaßen eingesetzt werden kann, wobei die Bestimmung mit einer Zweiwellenlängenmethode vorgenommen werden muß.

Besondere Vorkehrungen sind nicht notwendig, da eine möglicherweise auftretende Hämolyse die Hämoglobinbestimmung nicht stört. Die im Handel erhältlichen Zyanmethämoglobinstandardlösungen und Kontrollblute sind zur Aufstellung einer Bezugskurve bzw. zur Überprüfung der Methode geeignet.

4.1.1.2 Qualitätssicherung in der präanalytischen Phase
Eine besondere Patientenvorbereitung ist nicht erforderlich; bei der Blutentnahme sind die üblichen Maßnahmen wie bei allen anderen Bluteiweißbestimmungen zu beachten. Bei der Blutentnahme sollte der Patient nach Reisen der letzten drei Wochen befragt werden, da die Höhenlage die Hämoglobinkonzentration beeinflußt und sich ein zurückliegender Aufenthalt in einem Höhenkurort dementsprechend bemerkbar machen kann.

4.1.1.3 Interne Sicherung der analytischen Phase
Da es sich bei der Hämoglobinometrie um die national wie international am längsten genormte hämatologische bzw. zugleich klinisch-chemische Methode handelt, ist sie bei der Ausarbeitung der verschiedensten Qualitätssicherungsmaßnahmen immer berücksichtigt worden. Entsprechend gibt es keine Besonderheiten, die hier erwähnt werden müssen. In der Tabelle 4.1-2 finden sich Angaben über die Standardabweichung unter Wiederholbedingungen, laborinternen Vergleichsbedingungen und Vergleichsbedingungen zwischen Laboratorien (Ringversuche). Diese Angaben beziehen sich auf die Hämoglobinbestimmung im Vollblut. Genauigkeitsangaben über die Hämoglobinbestimmung in anderen Körperflüssigkeiten stehen uns nicht zur Verfügung. Eigenen Erfahrungen zufolge liegen sie bei der Zweiwellenlängenmethode in der gleichen Größenordnung wie bei der Konzentrationsbestimmung im Vollblut.

4.1.1.4 Externe Qualitätssicherungsmaßnahmen
Hämoglobinometrie-Ringversuche werden von INSTAND seit 1968 jährlich ein- bis mehrmals veranstaltet, in den letzten 6 Jahren auch von der Deutschen Gesellschaft für Klinische Chemie. Die jährlich mindestens viermalige Teilnahme an mindestens einem dieser beiden Ringversuchsprogramme ist für alle medizinischen Laboratorien, bei denen Hämoglobinkonzentrationsbestimmungen durchgeführt werden, verpflichtend. Hämoglobinometrie-Ringversuche sind im Rahmen der Blutbild-Ringversuche auch im Ausland weit verbreitet.

4.1.1.5 Sicherung der postanalytischen Phase

In der Tabelle 4.1-3 finden sich Angaben über die verschiedenen medizinisch relevanten *Bereiche*, wobei für die Extrembereiche das im Kapitel 2.6 Gesagte gilt: die Bereichsgrenzen sind von Labor zu Labor unterschiedlich, so daß die diesbezüglichen Angaben der Tabelle nur bedingt anwendbar sind.

Bei *Trendkontrollen* müssen klinische Angaben über Blutung oder Transfusion unbedingt beachtet werden.

Bei *klinischen Konstellationskontrollen* sind unter physiologischen Bedingungen der Einfluß der Höhenlage und der pathologischen Bedingungen bei den Anämien (verbreitetste Volkskrankheit) und Polyzythämien sowie sekundären Polyglobulien zu beachten.

Zur *statistischen Konstellationskontrolle* ist der Zusammenhang zwischen Hämoglobinkonzentration, Hämatokritwert und Erythrozytenpartikelkonzentration bekannt. Hier ist auch auf die diesbezüglichen Unterschiede bei verschiedenen Krankheiten (siehe **Tabelle 4.1-4**) hinzuweisen.

4.1.1.6 Fehlermöglichkeiten

Als besondere Fehlermöglichkeiten müssen die bei jeder Hämoglobinometrie auftretenden *Trübungen* erwähnt werden. Erythrozyten-Stromata, Leukozyten und Blutplättchen bleiben nach der Hämolyse suspendiert und verursachen eine mehr oder weniger ausgeprägte Trübung. Um genaue Ergebnisse zu erhalten, muß diese Trübung entweder durch Zentrifugieren oder durch Anwendung einer Zweiwellenlängenmethode eliminiert werden. Unter Routinebedingungen kann der Trübungsfehler bei Leukozytenzahlen bis 20 GE/l und Blutplättchenzahlen bis etwa 300 GE/l vernachlässigt werden.

Tabelle 4.1-4: Vergleich von Erythrozytenzahl und Hämoglobinkonzentration (aus Handbuch der inneren Medizin, Band 2.5)
Hämatokritwert, Erythrozytenzahl und Hb-Konzentration sind nur bedingt voneinander abhängig. Die Relation dieser Werte kann bei pathologischen Zuständen stärker differieren. Bei der Tabelle 4.1-4 haben die ersten fünf Patienten den gleichen Hämatokritwert bei unterschiedlichen Erythrozytenzahlen und Hämoglobinkonzentrationen, während der sechste, siebte und achte Patient identische Hämoglobinkonzentrationen bei unterschiedlichen Hämatokrit-Werten und Erythrozytenzahlen aufweisen. Die letzten fünf weisen bei gleichen Erythrozytenzahlen unterschiedliche Hämatokritwerte und Hb-Konzentrationen auf

I-Zahl	Diagnose	Datum	Krit (Vol.-%)	Ery ($10^6 \cdot \mu l^{-1}$)	Hämoglobin (g [100 ml]$^{-1}$)
21 12 00 26	Hypertonie	6. 7. 62	**35**	4,29	11,1
24 10 21 43	Werlhof	20. 5. 64	**35**	2,39	11,9
12 02 01 98	Lymphadenose	13. 5. 63	**35**	3,25	7,4
19 05 32 60	Diabetes mellitus	29. 5. 62	**35**	3,81	15,6
02 03 06 80	Metastasen	10. 6. 64	**35**	3,84	**12,2**
08 12 00 95	Thrombocythämie	30. 3. 62	42	5,46	**12,2**
06 03 13 94	Pleuritis	24. 6. 63	39	**3,42**	**12,2**
16 07 08 92	Laennec-Cirrhose	20. 6. 63	27	**3,48**	13,2
29 05 01 56	Plasmocytom	13. 5. 63	32	**3,40**	9,5
18 05 15 23	Myelose	24. 6. 63	37	**3,48**	11,8
30 01 46 09	Intestinalblutung	25. 2. 63	29	**3,42**	9,8

4.1.1.7 *Gesichtspunkte der Wirtschaftlichkeit*

Bei jeder Neuaufnahme eines Patienten ist entweder die Bestimmung der Hämoglobinkonzentration *oder* die Bestimmung des Hämatokritwertes *oder* die Bestimmung der Erythrozytenpartikelkonzentration indiziert. Das Gleiche gilt für alle Notfalluntersuchungen, wenn lediglich die Frage nach Normalbefund, Anämie (steht die Blutung?) oder Polyglobulie zu beantworten ist. Bei diesen Fragestellungen ist die gleichzeitige Bestimmung von zwei oder sogar von drei der eben genannten Analyte redundant und *überflüssig*. Nur bei der Differentialdiagnostik von Anämien sind diese Analysen indiziert.

Die Bestimmung im Blutplasma oder Blutserum ist bei Verdacht auf Transfusionsreaktionen, die Bestimmung im Urin, Liquor usw. bei Verdacht auf entsprechende Blutungen indiziert.

Eilige zeitkritische Hämoglobinbestimmungen im Notfall-Labor sind nur bei begründetem Verdacht auf eine stärkergradige Blutung indiziert. Die Hämoglobinbestimmung im Plasma ist bei Verdacht auf eine Transfusionsreaktion angezeigt.

4.1.2 Qualitätssicherung der Bestimmung der Erythrozytenpartikelkonzentration

4.1.2.1 *Präventivmaßnahmen*

In jedem Laboratorium, bei dem *Zellzählungen* auch nur gelegentlich vorkommen, sollten mindestens zwei Zählkammern (Bürker-Kammern mit „Neubauer impr.“, hell-linige-Teilung) vorgehalten werden. Werden Zellzahlbestimmungen täglich in der Serie durchgeführt, sollte ein *Zellzählgerät* zur Verfügung stehen. Die *photometrische Bestimmung* wird *nicht* empfohlen, da in pathologischen Fällen mehr oder weniger stark vom richtigen Wert abweichende Ergebnisse gefunden werden. Die *Streulichtmethode* ist gut einsetzbar; da sich die hierfür geeigneten Geräte (Erymat-Hellige) aber für die Leukozytenzählung nicht eignen, sind sie nur beschränkt einsetzbar und deshalb nicht mehr verbreitet.

Bei der Wahl eines Zellzählgerätes sollte man sich nach der Güte des Kundendienstes vor Ort erkundigen, da es für jede Gerätekategorie mehrere Anbieter gibt, deren Geräte etwa gleichwertig sind und auch vergleichbare Preise haben.

1984 ist von Boroviczény und Mitarbeitern eine *Kammerzähl-Referenzmethode* beschrieben worden, die aber nur mit sehr teuren Spezialkammern und unverhältnismäßig hohem Zeitaufwand durchführbar ist. Daher ist sie nur bei der Bearbeitung wissenschaftlicher Spezialaufgaben einzusetzen. Die Bestimmung der Erythrozytenpartikelkonzentration in der *geeichten Zellkammer* mit geeichten Melangeur-Pipetten sollte nicht nur in jedem Labor vorgehalten, sondern auch mit einer gewissen Regelmäßigkeit geübt werden.

Für die Kammerzählung wird seit über 100 Jahren die Hayem'sche Lösung angewendet, während es für die elektronischen Zellzählgeräte besondere Verdünnungslösungen gibt. Bei schweren Paraproteinosen nimmt man physiologische Kochsalzlösung. Grundsätzlich sind bei jedem elektronischen Zellzählgerät nicht nur die vom Hersteller vertriebenen, sondern auch die meisten anderen am Markt erhältlichen Verdünnungslösungen anwendbar bzw. können selbst hergestellt werden; sie müssen nur am Ende mit einer Schott-5g-Glasfritte partikelfrei filtriert werden. Das Zellzählgerät muß für die Anwendung einer bestimmten Verdünnungslösung speziell adjustiert werden (siehe Gebrauchsanweisung); man kann also verschiedene Verdünnungslösungen nicht nach Belieben im Wechsel einsetzen.

Grundsätzlich ist jedes Kontrollblut zur Überprüfung jedes Zellzählgerätes geeignet. Es gibt aber gelegentlich Inkompatibilitäten zwischen der Verdünnungslösung des einen und dem Kontrollblut eines anderen Herstellers. Dies muß beachtet werden, da im Beipackzettel hierauf meist nicht hingewiesen wird, aber bei INSTAND oder den Herstellern erfragt werden kann. Zur Aufstellung einer Bezugskurve kann mit mehrfach gewaschenen Erythrozyten einer Blutkonserve eine Verdünnungsreihe aufgestellt und mehrfach gemessen werden. In den USA ist die Kalibrierung mit einem einwägbaren Hefe-Präparat (Fleishman's Yeast) empfohlen worden.

4.1.2.2 Qualitätssicherung in der präanalytischen Phase

Bei der Probennahme dürfen nur trockene Kanülen und Gefäße verwendet werden, da sonst bereits bei der Abnahme eine zumindest partielle Hämolyse auftreten und das Ergebnis verfälschen kann. Auch bei der Einsendung ist darauf zu achten, daß keine Hämolyse auftritt (siehe 4.1.0.2).

4.1.2.3 Interne Sicherung der analytischen Phase

Wegen der begrenzten Haltbarkeit der Kontrollblute ist vor 20 Jahren die Quotientenkontrollkarte eingeführt worden, die sich seither auch in der klinischen Chemie durchgesetzt hat (siehe Kapitel 2.4) und zur internen Kontrolle der Erythrozytenzählung bevorzugt wird. Die Genauigkeitsangaben sind in der Tabelle 4.1-2 enthalten.

4.1.2.4 Externe Qualitätssicherungsmaßnahmen

In Bezug auf Ringversuche wird auf das bei der Hämoglobinometrie Gesagte verwiesen (siehe 4.1.1.4). Für die Teilnahme an Erythrozyten-Ringversuchen und die unaufgeforderte Vorlage der Zertifikate besteht eine Pflicht.

4.1.2.5 Sicherung der postanalytischen Phase

Auch diesbezüglich wird auf das bei der Hämoglobinometrie Gesagte (siehe 4.1.1.5) und auf die Tabellen 4.1-2 und 4.1-3 hingewiesen.

4.1.2.6 Fehlermöglichkeiten

Bei allen Erythrozytenzählmethoden werden Leukozyten in der Regel mitgezählt. Die dadurch verursachte Meßabweichung kann beim üblichen Erythrozyten/Leukozyten-Verhältnis (etwa 500:1) vernachlässigt werden. Bei Hyperleukozytosen (z. B. hochgradigen Leukämien) muß die Leukozytenzahl von der Erythrozytenzahl in Abzug gebracht werden, um die „bereinigte“ oder „richtige“ Erythrozytenpartikelkonzentration mitteilen zu können.

Bei Verdacht auf *Hämolyse* kann die Probe zentrifugiert und im Überstand eine Plasma-Hämoglobin-Bestimmung in Laboratorien, die mit Bluttransfusionen zu tun haben, durchgeführt werden, um die Bestimmung der Erythrozytenpartikelkonzentration gegebenenfalls ablehnen zu können.

Bei der elektronischen Partikelzählung gibt es je nach Konstruktion der Geräte verschiedene Meßabweichungen: gelegentlich passieren nicht nur ein, sondern zwei oder sogar drei Erythrozyten die Zählkapillare gleichzeitig; hierdurch entsteht eine theoretisch wie experimentell bestimmbare und rechnerisch korrigierbare systematische Meßabweichung, die bei den moderneren Geräten automatisch berichtigt wird (sogenannter *Koinzidenzfehler*). Bei Geräten älterer Bauart kommt es außerdem im Zählbereich gelegentlich zu Wirbelbildungen, so daß Zellen entweder mehrfach oder überhaupt nicht gezählt werden; bei neueren Geräten tritt dieser Fehler infolge entsprechender Konstruktionsmerkmale nicht oder nur in unbedeutendem Maße auf.

4.1.2.7 Gesichtspunkte der Wirtschaftlichkeit

Auch diesbezüglich muß auf das bei der Hämoglobinometrie Gesagte verwiesen werden (siehe Abschnitt 2.1.1.7). Ergänzend ist zu sagen, daß von den drei Möglichkeiten (Hämoglobinometrie, Hämatokrit bzw. Erythrozytenzahl) die beiden erstgenannten weniger Fehler als die letztgenannte aufweisen, weshalb sie bei der Einzelbestimmung, insbesondere auch im Notfall-Labor vorzuziehen sind.

4.1.3 Qualitätssicherung der Bestimmung des Hämatokritwertes

4.1.3.1 Präventivmaßnahmen

Wie bereits im Abschnitt 4.1.0 darauf hingewiesen wurde, sollte die Bestimmung des Hämatokritwertes nur in einer Spezialkapillare und in hochtourigen Spezialzentrifugen nach DIN 58933 erfolgen. Man sollte auch genügend lange zentrifugieren: in der **Abbildung 4.1-1** ist ein Nomogramm wiedergegeben, aus dem man die Zentrifugierzeit ablesen kann. Die von größeren elektronischen Zellzählgeräten angezeigten „Hämatokritwerte" sollten als Patientenergebnis *keine* Verwertung finden.

4.1.3.2 Qualitätssicherung in der präanalytischen Phase

Es gilt hier das bei der Bestimmung der Erythrozytenpartikelkonzentration Gesagte (siehe Abschnitt 4.1.2.2). Beim Auftreten einer Hämolyse würde die Bestimmung des Hämatokritwertes als grober Fehler gewertet werden müssen.

4.1.3.3 Interne Sicherung der analytischen Phase

Es wird auf den Abschnitt 4.1.2.3 und die Tabellen 4.1-2 und 4.1-3 verwiesen. Die üblichen Kontrollblute können auch für die interne Qualitätskontrolle des Hämatokritwertes angewendet werden; die Ergebnisse sollen in eine Quotientenkontrollkarte eingetragen werden.

4.1.3.4 Externe Qualitätssicherungsmaßnahmen

Das bei der Erythrozytenzahl Gesagte (siehe Abschnitt 4.1.2.4) gilt auch hier: jedes Labor, das zur Durchführung der Hämatokritmethode eingerichtet ist, ist neben der Kontrollkartenführung zur jährlich mindestens viermaligen Teilnahme an einem Ringversuch verpflichtet.

4.1.3.5 Sicherung der postanalytischen Phase

Das bei der Hämoglobinbestimmung und Erythrozytenzahlbestimmung Gesagte (siehe Abschnitt 4.1.1.5 bzw. 4.1.2.5) gilt auch hier.

4.1.3.6 Fehlermöglichkeiten

Die Ablesung sollte bei guter Beleuchtung möglichst unter einem Vergrößerungsglas erfolgen, um sicherzustellen, daß der Hämatokritwert am Ende der roten Säule und nicht erst am Ende der darauffolgenden weißen Schicht erfolgt. *Vor und nach* der Ablesung soll die Einstellung des Null-Punktes und des 1,00-Punktes (oft auch als 100% bezeichnet) überprüft werden. Am schnellsten und sichersten kann der Hämatokrit mit einem speziellen Meßmikroskop (QBC der Firma Clay Adams) abgelesen werden.

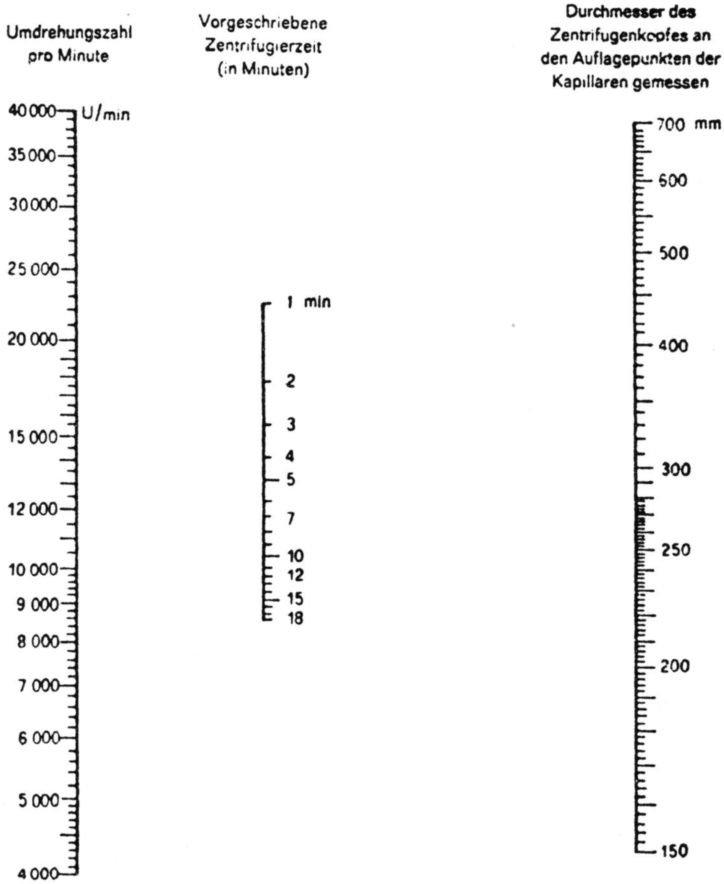

Abbildung 4.1-1: Nomogramm zur Ermittlung der Zentrifugierzeit bei der Hämatokritbestimmung

Gebrauchsanleitung: man messe den Durchmesser des Tellers (Spezialzentrifugenkopf für Hämatokritbestimmung), und zwar vom Auflagepunkt einer Kapillare über die Mitte des Tellers bis zum Auflagepunkt der gegenüber liegenden Kapillare. Dieser Wert (in mm) ist der „Durchmesser", der auf der rechten Seite eingestellt werden soll.

Auf der linken Leiter wird die maximale Umdrehungszahl pro Minute der verwendeten Zentrifuge eingestellt (dieser Wert sollte von Zeit zu Zeit kontrolliert werden).

Die beiden so eingestellten Punkte werden mit einem Lineal verbunden: dort, wo das Lineal die mittlere Leiter schneidet, wird die Zentrifugierzeit (einschließlich der Anlauf- und Bremszeit) abgelesen. Diese Zeit sollte weder unter- noch überschritten werden. Wenn die mittlere Leiter nicht erreicht wird, so ist die vorhandene Einrichtung ungeeignet (die Drehzahl muß erhöht oder der Teller vergrößert werden). Eine Zentrifugierzeit länger als 18 Minuten ist unzulässig.

Beim Zuschmelzen der Kapillare ist darauf zu achten, daß nur das noch trockene Röhrchenende zugeschmolzen werden darf. Keinesfalls darf das Röhrchenende vor dem Abschmelzen mit Blut und/oder Blutplasma benetzt worden sein, da es zur Eiweißkoagulation und zu dadurch bedingten Fehlbestimmungen führt. Wichtig ist es auch, das Röhrchen mit einem flachen Boden zuzuschmelzen, wofür die richtige Auswahl der Glassorte (Schmelzpunkt) die Voraussetzung ist. Man sollte deshalb nur Hämatokrit-Kapillaren anwenden, deren Verpackung das Gütezeichen DIN trägt.

4.1.3.7 Gesichtspunkte der Wirtschaftlichkeit

Das bei der Hämoglobinometrie bzw. Erythrozytenzählung Gesagte (siehe Abschnitte 4.1.1.7 und 4.1.2.7) gilt auch hier. Zu bedenken ist, daß bei der Erythrozytenzahlbestimmung die meisten unbemerkt bleibenden Fehler vorkommen können, während man beim Ablesen des Hämatokritwertes, wenn für gute Beleuchtung und eine Lupe gesorgt ist, festgestellt werden kann, ob eine Hämolyse besteht und der Abschmelzvorgang lege artis durchgeführt worden ist. Im Notfall-Labor ist deshalb die Hämatokritbestimmung im allgemeinen die Methode der Wahl. Besteht ein Verdacht auf Hämolyse, soll nur die Bestimmung der Hämoglobinkonzentration durchgeführt werden.

4.1.4 Qualitätssicherung der Bestimmung der Erythrozyten-Indices

Erythrozyten-Indices sind keine Meßwerte, sondern abgeleitete Werte, bei denen sich die Qualitätssicherung auf das korrekte Ausrechnen beschränkt. Um Rechenfehler zu vermeiden, wird empfohlen, ein Nomogramm anzuwenden (**Abbildung 4.1-2**), mit dem zugleich eine differentialdiagnostische Aussage gemacht werden kann.

Mehrkanal-Zellzählgeräte sind meist so eingerichtet, daß Hämoglobinkonzentration und Erythrozytenzahl parallel bestimmt und der Hb/Ery-Wert (Färbeindex, MCH) berechnet und auch angegeben wird. Diese drei Ergebnisse sind gut verwertbar, während die weiteren erythrozytenbezogenen Angaben der elektronischen Zellzählgeräte (MCV, „Hämatokrit“, MCHC usw.) als Patientenergebnisse keine Verwertung finden sollten. Bei allen elektronischen Zellzählgeräten werden die Erythrozyten in einer gepufferten Lösung suspendiert; da das Erythrozyteneinzelvolumen pH-abhängig ist, verändert die Verdünnungslösung das Erythrozytenvolumen in der Mehrzahl der Fälle mehr oder weniger, wodurch die ebengenannten Meß- und Indexwerte verfälscht werden.

Da der MCHC-Wert beim Menschen innerhalb enger Grenzen geregelt ist, kann der von elektronischen Geräten angezeigte Patienten-MCHC-Wert zur Plausibilitätskontrolle der Serie erfolgreich herangezogen werden: dieser Wert eignet sich gut zur Kontrolle des Tagesmittelwertes bzw. des Serien-Medianwertes und der Schwellenwerte (siehe Kapitel 2.6).

a

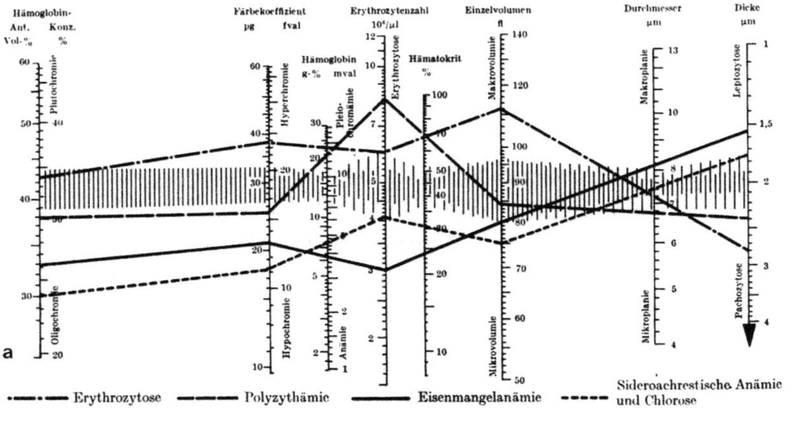

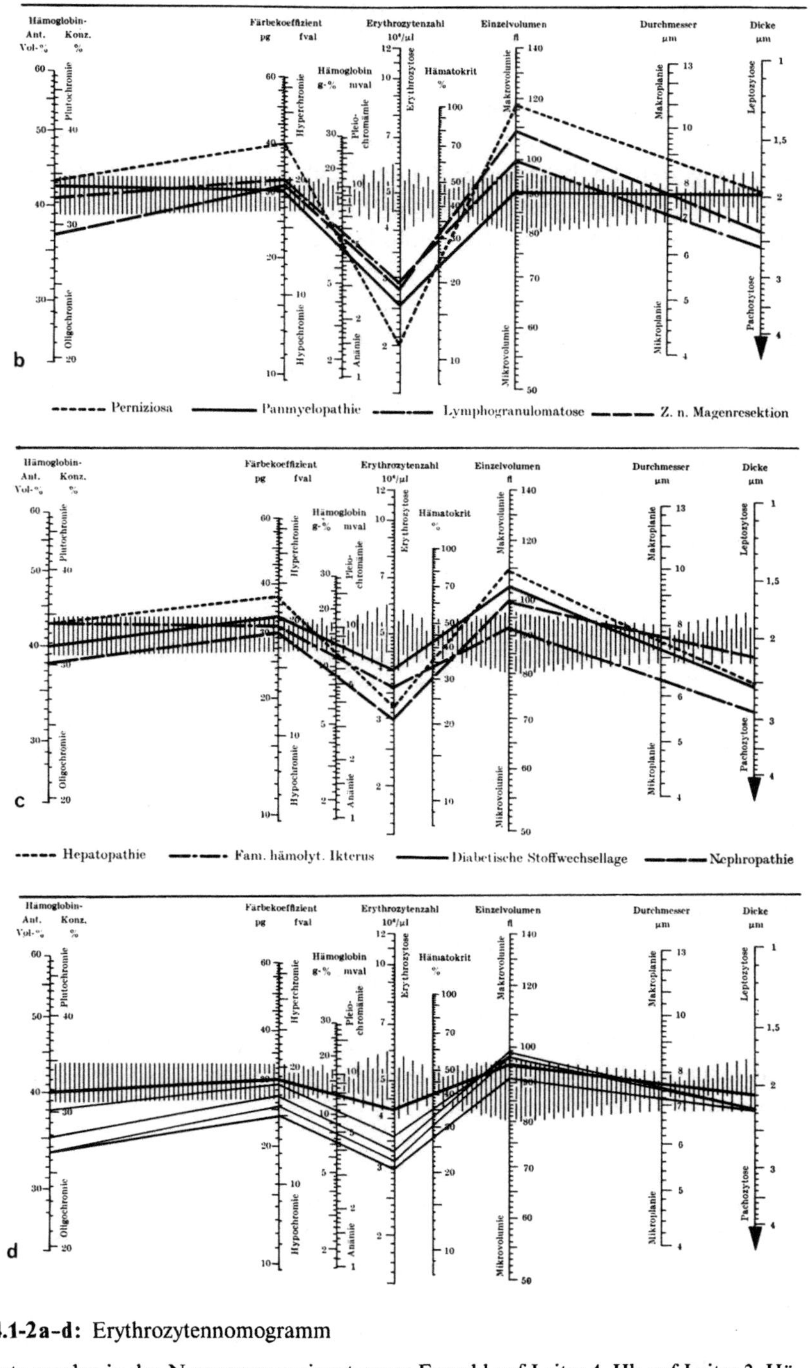

Abbildung 4.1-2 a-d: Erythrozytennomogramm

Die Meßwerte werden in das Nomogramm eingetragen: Eryzahl auf Leiter 4, Hb auf Leiter 3, Hämatokrit auf Leiter 5, Durchmesser auf Leiter 7. Diese Punkte werden miteinander verbunden und die Linien bis Leiter 2 und 6, dann von 6 über 7 bis 8 und die gedachte Verbindung zwischen 6 und 2 bis 1 verlängern. So wird die sogenannte erythrozytometrische Mittelwertkurve erhalten.

In den Abbildungen **a-c** sind typische Kurven verschiedener Erkrankungen, in Abbildung **d** ist eine Verlaufskurve eingetragen

4.1.5 Qualitätssicherung bei der Bestimmung der Erythrozyten-Senkungs-Reaktion

4.1.5.1 Präventivmaßnahmen

Besonders in den zwanziger und dreißiger Jahren sind zahlreiche Methoden zur Bestimmung der Erythrozyten-Senkungs-Reaktion (ESR; auch Blut-Senkungs-Geschwindigkeit, BSG, genannt) beschrieben worden. Durchgesetzt hat sich, national und international genormt, die Methode nach Westergren (DIN 58935). Wichtig ist, daß bei den senkrecht stehenden Röhrchen nach 60 und nach 120 Minuten abgelesen wird. Eine „Schnellsenkung" mit schräggestellten Westergren-Röhrchen führt zu abweichenden Ergebnissen und wird *nicht* empfohlen. Eine genormte Mikromethode für die pädiatrische Praxis, die in jedem Fall vergleichbare Ergebnisse zeigen würde, ist bedauerlicherweise nicht bekannt.

Empfohlen wird die Benutzung von *Glas*-Einweg-Westergren-Röhrchen. Kunststoffröhrchen werden *nicht* empfohlen. Wichtig ist, daß die Senkungsröhrchen genau senkrecht stehen, weshalb am Senkungsgestell eine Libelle oder ein Senkblei angebracht sein sollte. Wichtig ist auch die Reaktionstemperatur, weshalb entweder direkt am Senkungsgestell oder in unmittelbarer Nähe ein genau ablesbares geeichtes Thermometer für die Zimmertemperatur (von etwa 15 °C bis etwa 25 °C) vorhanden sein sollte.

Aus Gründen der Sicherheit des Personals sind Geräte zu bevorzugen, bei denen man das Blut aus der Einwegspritze direkt in das Senkungs-Röhrchen füllen kann.

Es sind mechanisierte Geräte auf dem Markt, bei denen die Ablesung nach 60 und 120 Minuten mittels Selenzellen oder anderen Strahlungsempfängern vorgenommen wird. Diese Mechanisierungstendenzen sind zu begrüßen; es wird aber bedauert, daß die bisher bekannt gewordenen Geräte keinerlei Temperiereinrichtung aufweisen.

4.1.5.2 Qualitätssicherung in der präanalytischen Phase

Eine besondere Patientenvorbereitung ist *nicht* notwendig. [Falls eine Gravidität besteht, muß dies bekannt sein.] Die Blut-Zitrat-Verdünnung muß exakt eingehalten werden. Sie kann entweder direkt bei der Blutentnahme erfolgen oder es wird EDTA-Blut abgenommen und vor der Durchführung der Analyse mit Zitrat vorschriftsmäßig 1:5 verdünnt. Die Analyse muß spätestens vier Stunden nach der Blutentnahme begonnen werden.

4.1.5.3 Interne Sicherung der analytischen Phase

Bedauerlicherweise gibt es keinerlei Referenzmaterialien für die Erythrozyten-Senkungs-Reaktion, deshalb kann als einzige interne Kontrollmöglichkeit die Doppelbestimmung unter Vergleichsbedingungen angewendet werden. Dabei wird entweder doppelt abgelesen (besonders bei „Schleiersenkungen" zu empfehlen) oder das mit Zitrat verdünnte Blut wird geteilt und von zwei Untersuchern aufgezogen, aufgestellt und abgelesen.

Wenn die Ablesung nicht genau 60 und 120 Minuten nach dem Aufstellen des Senkungsröhrchens vorgenommen werden kann, müssen Abweichungen, die mehr als eine Minute betragen, vermerkt werden. Die Umgebungstemperatur soll beim Aufstellen und bei jedem Ablesen überprüft werden. Abweichungen von mehr als

1 °C von 20 °C sollten protokolliert werden. Beim Aufstellen und Ablesen muß überprüft werden, ob die Senkungs-Röhrchen exakt senkrecht stehen. Das Senkungsgestell darf direktem Sonnenschein *nicht* ausgesetzt sein.

4.1.5.4 Externe Qualitätssicherungsmaßnahmen
Mangels Referenzmaterialien gibt es keine Ringversuche für die Erythrozyten-Senkungs-Reaktion. Ein Probentausch ist mit einem benachbarten Laboratorium grundsätzlich möglich.

4.1.5.5 Sicherung der postanalytischen Phase
Konstellationskontrollen sollten bei einer beschleunigten bzw. stark oder gar extrem stark beschleunigten Senkungsreaktion immer durchgeführt werden: eine ausgeprägte Anämie, eine Leukozytose mit Linksverschiebung, das Auftreten von Tumormarkern oder ausgeprägte Dysproteinämien können als Ursache gefunden werden.

Es ist vorteilhaft, Erythrozyten-Senkungs-Reaktionen in Serien, d.h. im Krankenhaus nicht auf Station, sondern im Zentrallaboratorium durchführen zu lassen, da hier die Möglichkeit einer Plausibilitätskontrolle der Serie besteht (Tagesmittelwerte, Medianwert usw.).

4.1.5.6 Fehlermöglichkeiten
Das nicht strikt vertikale Aufstellen der Röhrchen und die Abweichungen von 20 °C Umgebungstemperatur gehören zu den häufigsten Fehlern, ebenso ein abweichendes Mischungsverhältnis und eine bakterielle Kontamination der Zitratlösung. Schließlich sind Abweichungen vom Westergren-Rohr-Sollvolumen und Veränderungen der Innenfläche (Spülmittelrückstände, Aufrauhungen, Kunststoff statt Glas) als weitere Fehlerquellen zu nennen.

4.1.5.7 Gesichtspunkte der Wirtschaftlichkeit

Die Erythrozyten-Senkungs-Reaktion ist eine der wichtigsten Suchreaktionen. Mit Ausnahme einer Schwangerschaft bedeutet eine beschleunigte Senkungs-Reaktion immer einen pathologischen Zustand, dessen Ursache aufgeklärt werden muß. Die Erythrozyten-Senkungs-Reaktion sollte daher bei jeder Erstuntersuchung eines Patienten und ebenso bei der Untersuchung eines Probanden, der sich gesund fühlt, durchgeführt werden. Die Erythrozyten-Senkungs-Reaktion sollte dementsprechend Bestandteil jedes Aufnahmestatus und jeder Vorsorge(Screening)-Untersuchung sein. Wenn die Erythrozyten-Senkungs-Reaktion im Zentrallaboratorium in Serien durchgeführt wird, ist sie kostengünstig, weswegen sie in entsprechenden Zeitabständen (wöchentlich, monatlich) auch für Verlaufsuntersuchungen bei entzündlichen oder Tumorkrankheiten ihre Berechtigung hat.

4.1.6 Qualitätssicherung der Bestimmung der Leukozytenpartikelkonzentration

Neben der Leukozytenpartikelkonzentration (Leukozytenzahl) wird neuerdings auch der relative Leukozytenanteil des Vollblutes, der Leukokrit, in die Kontrolle einbezogen.

4.1.6.1 Präventivmaßnahmen
Das in Abschnitt 4.1.2.1 und 4.1.3.1 Gesagte gilt auch hier.

4.1.6.2 Qualitätssicherung in der präanalytischen Phase

Das in den Abschnitten 4.1.2.2 bzw. 4.1.3.2 Gesagte gilt auch hier mit der Einschränkung, daß eine Hämolyse der Probe die Leukozytenzählung grundsätzlich nicht stört. Es muß aber beachtet werden, daß während oder nach einer Hämolyse oft auch eine Leukolyse eintritt.

4.1.6.3 Interne Sicherung der analytischen Phase

Das in den Abschnitten 4.1.2.3 bzw. 4.1.3.3 Gesagte gilt entsprechend auch hier. Da eine Leukolyse zu falsch niedrigen, eine Leukorhexis zu falsch hohen Werten führen kann, ist besonders bei der Anwendung teilmechanisierter Zellzählgeräte, die genaue Einhaltung der Zeit zwischen Zugabe des Hämolysemittels und Feststellung der Zellzahl zu beachten. Es muß auch auf die Umgebungstemperatur geachtet werden, da bei stark erhöhter Zimmertemperatur die Leukolyse bzw. Leukorhexis rasch eintreten kann. Bei höheren Temperaturen muß in einem klimatisierten Raum gearbeitet werden.

4.1.6.4 Externe Qualitätssicherungsmaßnahmen

Das in den Abschnitten 4.1.2.4 bzw. 4.1.3.4 Gesagte gilt entsprechend auch hier: die Teilnahme an den Ringversuchen und das Einreichen der Zertifikate ist Pflicht.

4.1.6.5 Sicherung der postanalytischen Phase

Das in den Abschnitten 4.1.2.5 und 4.1.3.5 Gesagte gilt grundsätzlich auch hier.

Bei den Konstellationskontrollen ist der Vergleich mit dem Differentialblutbild und den dort geschätzten Leukozytenzahlen von besonderer Bedeutung.

Wie bei der Erythrozytenzahl und beim Hämatokrit gibt es auch bei der Leukozytenzahl sowohl pathologisch erniedrigte als auch pathologisch erhöhte Werte mit dem Unterschied, daß sich der Bereich bei der Erythrozytenzahl auf eine Dekade, bei der Leukozytenzahl aber auf drei bis vier Dekaden erstrecken kann. Deshalb sollen die Grenzen des Meßbereichs der angewandten Methoden bzw. Geräte beachtet und unter Umständen weitere Bestimmungen mit einer um eine oder zwei Dezimalstellen höheren oder aber um ebenso viel niedrigeren Verdünnung angeschlossen werden.

4.1.6.6 Fehlermöglichkeiten

Das in den Abschnitten 4.1.2.6 bzw. 4.1.3.6 Gesagte gilt entsprechend auch hier.

Eine besondere Fehlerquelle der Leukozytenzählung ist das Auftreten kernhaltiger Erythrozyten (Erythroblasten), deren Anteil auf 100 Leukozyten im Differentialblutbild ermittelt und bei der Angabe der Leukozytenzahl in Abzug gebracht werden muß.

Diese Fehlerquelle ist besonders bei Erythro-Leukämien und bei der Mittelmeeranämie von Bedeutung. Auf die Leukolyse bzw. Leukorhexis ist bereits im Abschnitt 4.1.6.3 hingewiesen worden.

4.1.6.7 Gesichtspunkte der Wirtschaftlichkeit

Die Untersuchung des „kleinen Blutbildes“ ist weit verbreitet und nur selten indiziert. Indiziert ist vielmehr bei der Suchanalytik (Aufnahmestatus, Screening) die Untersuchung der Hämoglobin-Konzentration *oder* des Hämatokritwertes *und* eines Leukozytenblutbildes“ (entweder mit dem

QBC-System oder mit einem großen Zellzählgerät, das eine gewisse Leukozytendifferenzierung ermöglicht) *und* der Blutplättchenmenge (als Zahl oder Thrombokrit).

Leukozytenzahl *und* Differentialblutbild sollten bei jedem Verdacht einer Verschiebung und/oder Veränderung des Differentialblutbildes durchgeführt werden. Die Bestimmung der Leukozytenzahl oder des Leukokrits ist einer der wichtigsten Bestandteile eines Notfall-Laborprogrammes.

4.1.7 Qualitätssicherung der Bestimmung der Plättchen-Partikel-Konzentration

Die Plättchenmenge (Thrombozytenmenge) kann entweder als Plättchen-Partikel-Konzentration (Thrombozytenzahl) oder als Plättchenkrit (Thrombokrit) bestimmt werden.

4.1.7.1 Präventivmaßnahmen

Es gibt mehrere sehr unterschiedliche Methoden der Bestimmung der Plättchen-Partikel-Konzentration: die Methode nach Fonio im Blutausstrich ist die einfachste Methode, die in jedem Labor durchführbar ist und auf die in Grenzsituationen (Spontanaggregationen) zurückgegriffen werden muß. Die Kammerzählung nach Feissly muß in jedem Labor vorgehalten werden, das Thrombozytenzählungen durchzuführen pflegt, und sollte besonders bei schweren Thrombopenien zur Ergebnissicherung unter Vergleichsbedingungen herangezogen werden. Bei den elektronischen Zellzählgeräten ist bis vor kurzem die Bestimmung der Thrombozytenzahl nach vorherigem Zentrifugieren (Zentrifugier- bzw. Flotationsmethode) weit verbreitet gewesen; sie ist in den letzten Jahren durch Geräte abgelöst worden, die die Plättchenzahl im Vollblut bestimmen, eine Methode, die unbedingt vorgezogen werden sollte und sich in der Zukunft als Routinemethode in allen mittleren und größeren Laboratorien durchsetzen dürfte.

Die Auswahl an plättchenhaltigen Kontrollblutpräparaten ist in den letzten Jahren erfreulich angestiegen, was dazu geführt hat, daß jetzt auch in den Ringversuchen die Überprüfung der Plättchenzählung angeboten werden kann.

4.1.7.2 Qualitätssicherung in der präanalytischen Phase

Das im Abschnitt 4.1.6.2 Gesagte gilt grundsätzlich auch hier. Da die Plättchen am schnellsten zerfallen oder auch zu aggregieren beginnen bzw. an der Gefäßwand haften können und als erste an der Gerinnung beteiligt sind, ist besonders darauf zu achten, daß das Blut in geeignete Gefäße abgenommen und baldmöglichst in das Labor gebracht wird, da die Untersuchung spätestens ein bis eineinhalb Stunden nach der Blutentnahme erfolgen sollte.

4.1.7.3 Interne Sicherung der analytischen Phase

Das im Abschnitt 4.1.6.3 Gesagte gilt grundsätzlich auch hier. Unabhängig davon, welche Plättchenzählmethode angewandt wird, sollte in jeder Serie eine Kontrollprobe mitgeführt und unbedingt eine Kontrollkarte geführt werden.

4.1.7.4 Externe Qualitätssicherungsmaßnahmen

Das im Abschnitt 4.1.6.4 Gesagte gilt entsprechend auch hier mit der Einschränkung, daß die Ringversuchsteilnahme für die Bestimmung der Blutplättchen-Partikel-Konzentration gesetzlich noch nicht vorgeschrieben ist, aber dringend empfohlen wird.

4.1.7.5 Sicherung der postanalytischen Phase

Das in Abschnitt 4.1.6.5 Gesagte gilt entsprechend auch hier. Als Konstellationskontrollen sind bei der Plättchenzahlbestimmung die Blutgerinnungs-Globaltests sowie die Plättchenfunktionstests von großer Bedeutung.

4.1.7.6 Fehlermöglichkeiten

Das in Abschnitt 4.1.6.6 Gesagte gilt entsprechend auch hier. Eine besondere Fehlerquelle ist das Auftreten von Spontanaggregationen und/oder die Adsorption der Plättchen an die Wand des Untersuchungsgefäßes. Spontanaggregationen können bei Patienten auftreten, die mit Zytostatika behandelt werden und werden durch wiederholtes Ablesen der Plättchenzahl entdeckt, wenn das Probengefäß zwischendurch immer für wenige Minuten auf den Rotor-Mischer gelegt wird. Es ist bekannt, daß bei der Methode nach Fonio systematische Minusabweichungen auftreten.

4.1.7.7 Gesichtspunkte der Wirtschaftlichkeit

Das in Abschnitt 4.1.6.7 Gesagte gilt entsprechend auch hier. Die Bestimmung der Plättchenzahl sollte nicht „automatisch" an die Bestimmung der Leukozytenzahl und/oder Erythrozyten gekoppelt, sondern aufgrund einer entsprechenden Indikationsstellung durchgeführt werden.

4.2 Zelldifferenzierung in Blut, Knochenmark und anderen Punktaten

Irene Boll (Berlin)

4.2.0 Allgemeiner Teil

4.2.0.1 Einleitung

Das *kleine Blutbild* - Hämoglobin, Erythrozyten- und Leukozytenzahl, Hämatokrit nebst Rechenwerten - wird durch das Differentialblutbild aus dem gefärbten Ausstrich zum sogenannten großen Blutbild ergänzt. Die Thrombozyten- und die Retikulozytenwerte vervollständigen es. Die Werte werden mit Zählgeräten oder mittels Ausstrich-Technik bestimmt.

Das *Differentialblutbild* mit zytologischer Charakterisierung der korpuskulären Blutbestandteile ist für die Diagnose akuter Infektionskrankheiten und hämatologischer Erkrankungen von großer Bedeutung. In der Chirurgie wird es bei akutem Bauch u. a., ebenso in der inneren Medizin sowie in vielen anderen Fachgebieten der Medizin eingesetzt. Es gehört daher zur aktuellen Routine-Diagnostik, seit seine Bedeutung durch V. Schilling in der Monographie „Das Blutbild" 1912 mit schnell folgenden Neuauflagen bis 1933 herausgestellt wurde. Für die Erkennung und Verlaufsbeobachtung der speziellen Blutkrankheiten ist es von zentralem Wert, da Blutproben in fast beliebiger Häufigkeit untersucht werden können, ohne den Patienten zu belästigen.

Leukozyten wurden von Virchow 1846 beschrieben, aber deren Genese wurde erst Schritt für Schritt in den darauffolgenden fünfzig Jahren erkannt. E. Neumann und G. Bizzozero entdeckten 1868 gleichzeitig die Bedeutung des Knochenmarks für die Blutbildung. H. M. Schultze beschrieb 1865 noch nach Vitalbeobachtungen alle kernhaltigen Blutzellen, P. Ehrlich 1880 nach Fixation und Triazid-Färbung Myelozyten und Erythroblasten. 1902 wurden von Wright, May, Grünwald und Giemsa Farbmischungen eingeführt, die die Innenstrukturen der Zellen klarer darstellen und die 1908 von Pappenheim kombiniert wurden. Die zytochemischen Reaktionen wurden erst relativ spät in die Hämatologie eingeführt (Merker, 1963).

Die *zytologische Knochenmarkuntersuchung* wurde 1929 von Arinkin in die hämatologische Diagnostik eingeführt. Klima und Rosegger entwickelten 1935 eine Punktionsnadel, die sich bis heute bewährt, um Knochenmarkpunktate aus dem Sternum und anderen Knochen zu entnehmen.

Die *histologische Untersuchung des Knochenmarks* wird in zunehmender Weise bei Lymphomen, Leukämie u. a. eingesetzt (Burkhardt, Jamshidi), sollte aber durch eine nebenherlaufende zytologische Aufarbeitung des Punktates ergänzt werden, da die Ausstrich-Zytologie viele Informationen gibt, die auch bei der Dünnschnitt-Methacrylat-Einbettung fehlen. R. Virchow stellte mit seiner Zellularpathologie 1854 die Zytologie schon begrifflich vor die Histologie, die sich nach Einführung des Mikrotoms durch Purkinje und der Paraffineinbettung von Klebs 1869 entwickelte.

Feinnadelbiopsien, Tupfpräparate von Schnittflächen von Milz, Leber, Lymphknoten, Tumoren u. a. sowie Abstriche von Körperoberflächen = exfoliative Zytologie (Vogel, 1843) können nach Pappenheimfärbung ausgewertet werden und sind geeignet, schnell und kostensparend diagnostisch wichtige Ergebnisse zu liefern.

Gefärbte Sedimentausstriche von Ergüssen (Donne, 1845; Zadek, 1933), Liquor (H. W. Köhnel, 1976), Urin und Zysteninhalte (Lambe, 1856) u. a. sowie von Sputum lieferten wichtige Hinweise für die Onkologie, bevor durch die Entwicklung der Schnitt-Technik die zytologischen Untersuchungen durch die histologische Gewebsaufarbeitung überholt wurden.

Tabelle 4.2-1: Synonyma (Boll, Handbuch 1975, Knochenmark-Zytologie, 1980)

Abkürzung		
1.	Meta	Neutrophiler Metamyelozyt = jugendlicher Granulozyt (Arneth, Schilling)
2.	Stab	Neutrophiler stabkerniger Granulozyt = stabkerniger Neutrophiler (Schilling, 1912)
3.	Poly	Neutrophiler segmentkerniger Granulozyt = polymorphkerniger Neutrophilozyt
4.	Eosi	Eosinophiler Granulozyt = eosinophiler Segmentkerniger
5.	Baso	Basophiler Granulozyt = Blutbasophiler (Ehrlich) = basophiler Segmentkerniger
6.	Mozy	Monozyt (Metchnikow, 1892)
7. a)	Lyzy	Blut-Lymphozyt = T_M-Zelle
7. b)	Prol	Prolymphozyt = T_G-Zelle (WHO) = großer junger Lymphozyt = stimulierter Lymphozyt = Lymphoidzelle = reaktiver Lymphozyt der stimulierten Blutkultur
8. a)	NSEZ	Nicht sicher einzuordnende Zellen
	AMZ	atypische mononukleäre Zellen (Jorke, Bond)
8. b)	ALMO	Lymphomonozyten = Pfeiffer-Zellen; Virozyten
9.	B-Ly	Knochenmark-Lymphozyt = B-Zelle = kleine Retikulumzelle (Rohr)
10.	Lybl	Lymphoblast (Maximow)
11.	Ibl	Immunoblast (Damashek)
12.	Hist	Histiozyten = große Retikulumzelle = lymphoide nach Rohr = Sinusoidzelle (Heckner), auch phagozytierende Makrophage oder als Speicherzelle
13.	Hämo	Hämozytoblast
14.	Gmz	Gewebsmastzelle (Ehrlich, 1880)
15.	Plas	Plasmazelle nach Marschalko
16.	Plab	Plasmozyten-Vorstufen = Plasmoblasten = lymphoblastische Plasmazelle
17. a)	Myel	Myeloblast (Naegeli 1900, Maximow 1909) = die granulopoetisch determinierte Stammzelle = CFU_C Metcalf = transitional cell (Yoffey 1960) = Lymphoidzelle, morphologisch nicht vom Eosinophiloblasten, Basophiloblasten (Undritz) und von der BFUe, der jüngsten erythropoetisch determinierten Stammzelle zu unterscheiden
17. b)	Blas	leukämische Myeloblasten sind im Mittel größer als normale. Es kommen aber, besonders im peripheren Blut bei Leukämie,
17. c)	Mibl	Mikroblasten vor, die morphologisch zwischen Myeloblast und B-Lymphozyt angesiedelt sind.
18.	Mobl	Monoblast (Schilling) = die monopoetisch determinierte Stammzelle = CFUm = Prekursor I d. monopoetischen Reihe
19.	Prom	Neutrophiler Promyelozyt = Progranulozyt, auch eosinophiler und basophiler Promyelozyt
20.	Myzy	Neutrophiler Myelozyt
21.	EoMy	Eosinophiler und basophiler Myelozyt
22.	Mono	Promonozyt = Prekursor II (Meuret 1974, S. 18)
23.	PE	Proerythroblast und Makroblast
24.	bE	basophiler Erythroblast, auch Makroblast
25.	pE	polychromatischer Erythroblast
26.	oE	oxyphiler = acidophiler Erythroblast, reifer Erythroblast
27.	Megal	Megaloblast und Megaloblastoide
28.	Megkb	Megakaryoblast
29.	Megz	Megakaryozyt + Promegakaryozyt = basophiler Megakaryozyt
30.	Oste	Osteoblast + Osteoklast

Eine international anerkannte Einigung über die *Nomenklatur* ist bisher in der Hämatologie nicht erreicht worden. Bei der notwendigen Auswahl werden für die praktische Durchführung der Routinebefundung geeignete Zellbezeichnungen ausgewählt, die als Grundlage für die weiteren Besprechungen dienen sollen (**Synonyma, Tabelle 4.2-1**).

4.2.0.2 Präventivmaßnahmen

Fixierung durch Lufttrocknung einige Stunden oder bei Eile eine halbe Stunde bei 37 °C

Anfärben der Ausstrich-Präparate

Die Färbung nach Pappenheim bzw. Wright ist für alle hämatologischen Untersuchungen in Blut, Knochenmark und Organen die Standardfärbung.

Panoptische Färbung nach Pappenheim
I. Eosin-Methylenblau-Lösung nach May und Grünwald
II. Romanowsky-Giemsa-Lösung

Je konzentrierter die Lösung nach Giemsa hergestellt wird, desto kürzer kann die Färbezeit gewählt werden. Ist das Wasser zu sauer, wird ein Phosphat-Puffer verwendet, um die Giemsa-Lösung herzustellen (Hallmann u. a.). Es sollten nur Farblösungen Verwendung finden, die in der DIN-Norm 58981-1 des Normenausschuß Medizin (NaMed) z. B. für die Giemsa-Färbung, Azur B- und Eosin-Y-Lösung genannt sind. 50 kommerzielle Präparate haben 1972 nach spektralphotometrischer und dünnschichtchromatographischer Prüfung eine zu breite Streuung (Toepfer) ergeben.

Ausstriche können mit Methanol entfärbt werden, um sie mit einer anderen Methode noch einmal zu färben, wenn keine ungefärbten Ausstriche mehr vorhanden sind.

Färberezepte bei Boll (1980): Zytologische Knochenmarkdiagnostik, S. 6-9; Merker (1963) u. a.

Zytochemische Reaktionen

Zytochemische Reaktionen sind bei hämatologischen Systemerkrankungen zur Differentialdiagnose erforderlich. Dafür sollten die Ausstriche höchstens eine Woche im Kühlschrank aufbewahrt werden. Für längere Konservierung ist flüssiger Stickstoff (−80 °C) zweckmäßig, um durch Vermeidung von Hämolyse und Zytolyse eine gut differenzierbare Zellzusammensetzung zu erhalten. Für die ALP-Reaktion ist frisches Kapillarblut zu verwenden (**Tabelle 4.2-2**).

Der Index der alkalischen Leukozytenphosphatase (*ALP-Index*) wird im Blutbild aus der Intensität des Niederschlags über den neutrophilen Granula nach Kaplow (1955) berechnet.

Mikroskopieren

Das Mikroskop soll binocular sein, einen Kreuztisch und mehrere Objektive besitzen. Das zehnfache Objektiv dient zum Auffinden geeigneter Objektträgerstellen. Ein 90- bis 100-faches Objektiv als Apochromat oder Achromat für Ölimmersionen ist zum Differenzieren der Zellen erforderlich. Ein 40- bis 65-faches Trockenobjektiv kann die Suche seltener großer Zellen erleichtern.

Tabelle 4.2-2: Zusatzfärbungen bei

Anämien	Brilliantkresylblau	- Retikulozyten (= Pronormozyten)
	Nilblausulfat	- Heinzsche Innenkörper
	Berliner-Blau-Reaktion	- Siderozyten und -blasten
	Kleihauer-Betke-Färbung	- fetales Hb
myeloproliferativen Syndromen	alkalische Leukozytenphosphatase Index: < 10→CML oder Virusinfekt > 100→Polycythämia vera, Osteomyelofibrose, bakterieller Infekt	
akuten Leukämien	POX Peroxydase PAS Schiffsches Reagens α-NA-Esterase (Naphthyl-Acetat)	
Lymphomen	saure Phosphatase evtl. mit Tartrathemmung α-NA-Esterase PAS-Reaktion denke an: Fluoreszenzoberflächenmarkierung Rosettenteste	

Zedernöl ist durch hochgereinigte Öle, die die Mikroskophersteller vertreiben, um die Frontlinsen zu schonen, ersetzt. Benzin oder ein ähnliches Fettlösungsmittel wird mit feinem Linsenpapier oder mit Zellstoff verwendet, um Ölreste vom Mikroskop sorgfältig zu entfernen.

Obengenannte Mikroskope werden nur noch mit eingebauter Lichtquelle geliefert. Das *Köhlern* = die Zentrierung des Beleuchtungsprinzips ist trotzdem exakt erforderlich: Der Kondensor wird zum oberen Anschlag gestellt, die Frontlinse hochgeklappt, die Leuchtfeld- und die Aperturblende geöffnet und die Lichtquelle auf weißem durchsichtigem Papier bzw. dem scharf eingestellten Präparat abgebildet. Sie soll nach Schließen der Leuchtfeldblende rund in der Mitte des Gesichtsfeldes abgebildet sein, was durch Regulierung an den Stellschrauben des Kondensors und der Lampenfassung erreicht werden kann. Dann wird die Leuchtfeldblende wieder so weit geöffnet, daß ihr Bild am Rande des Gesichtsfeldes gerade verschwindet. Anschließend wird die Aperturblende so weit geschlossen, bis das Präparat gut durchgezeichnet und kontrastreich, aber nicht überblendet erscheint. Das ist meistens bei 1/3 der Fall und kann bei herausgenommenem Objektiv kontrolliert werden. Für Farbaufnahmen wird soviel Licht gegeben, daß der Hintergrund möglichst weiß erscheint.

Der Augenabstand und die Okularhöhen muß sich jeder Mikroskopierende individuell einstellen, um keine Kopfschmerzen zu bekommen, ebenso die Höhe und Rückenlehne seines Drehstuhls. Der Arbeitsplatz soll nur schwaches Tageslicht haben, möglichst gegen eine dunkle Wand gerichtet sein, weil bei Blendung nachweislich Strukturen übersehen werden.

Anforderungen an das Personal

Die geprüften medizinisch-technischen Assistentinnen sollten an Morphologie interessiert und wenn möglich Fach-MTA für Hämatologie sein oder diese Zusatzbezeichnung anstreben. Die Fortbildung des Personals muß durch interne Fortbildungsübungen, durch Aufbewahren von Instand-Kontrollpräparaten und deren regelmäßiges Differenzieren gewährleistet werden. Die Zellgröße, Kernform und -struktur sind wichtiger als die Färbung, da letztere durch pH-Änderung veränderlich ist. Außerdem sind die typischen morphologischen Veränderungen auch in allen Zusatzfärbungen oder zytochemischen Reaktionen zur Zellcharakterisierung wichtig.

Dia-Sammlungen von Referenzpräparaten, typischen Präparaten, pathologischen Blutausstrichen, Knochenmark-Zytologie und Organ-Zytologie sollten ebenso angelegt und archiviert werden wie Präparate-Sammlungen für Lehr- und Fortbildungszwecke.

In der Nähe der *Mikroskopier-Arbeitsplätze* sollten Zelltafeln an der Wand hängen, um direkte Vergleiche zu ermöglichen und Atlanten zum Nachschlagen greifbar sein. Zur Diskussion über einzelne Präparatestellen eignet sich ein Diskussionsaufsatz zum Mikroskop, der zwei oder vier binoculare Aufsätze trägt oder eine Glarex-Mattglasscheibe als Mikroskopaufsatz, vor der ebenfalls einige Beobachter Platz finden.

Unbekannte Zellen können zum *Wiederauffinden* mit einer Präparate-Nadel bei Lupenvergrößerung eingekreist, dann der Objektträger von unten mit Glastinte oder Fettstift markiert werden. Noch genauer können Zellen mit dem Mikropositioner-Objektträger (Albert Sass, 1000 Berlin 41) wiedergefunden werden.

4.2.0.3 Interne Qualitätssicherung

Hier sind in erster Linie *Doppelbestimmungen* zweckmäßig. Alle unüblichen Befunde sollten durch eine Kollegin, womöglich durch eine Hämatologie-MTA, nachbefundet werden. Außergewöhnliche Befunde sind dem hämatologisch versierten Laborarzt oder einem Hämatologen vorzulegen. Zweifel in der numerischen Verteilung können durch Differenzierung von 200 oder gar 400 Zellen ausgeräumt werden.

In jedem größeren Labor muß sich eine Hierarchie zwischen erfahreneren und weniger erfahrenen Mitarbeitern einstellen. Es besteht sowohl für die weniger lange auf diesem Gebiet tätigen Mitarbeiter die Verpflichtung, bei ihren unklaren Befunden die länger Tätigen zu Rate zu ziehen als auch umgekehrt für letztere, geduldig zu raten und anzulernen. Der Laborleiter oder ein anderer Laborarzt sollte ebenso für alle Mitarbeiter zur Verfügung stehen, Atlanten zu Rate ziehen und ein nützliches Vertrauensverhältnis herstellen. Bei auch ihm unklarem Befund sollte er einem Fachhämatologen die Präparate mit Angaben der klinischen Fragestellung vorlegen.

4.2.0.4 Externe Qualitätssicherung

Sie kann durch *Probentausch* zwischen MTAs eines Labors oder zwischen verschiedenen Laboren erfolgen, besser jedoch durch regelmäßige Teilnahme an *Ringversuchen.*

4.2.1 Differentialblutbild

4.2.1.0 Morphologie der Zellarten im Differentialblutbild bei nicht hämatologischen Krankheiten

Definitionen der Nomenklaturkommission der Internationalen Gesellschaft für Hämatologie (s. a. Tabelle 4.2-1).

Neutrophiler Myelozyt (Myelo): Neutrophiler Granulozyt mit reifem Zytoplasma und einem runden oder ovalen Kern. Das Verhältnis der Axen eines ovalen Kernes darf nicht mehr als 1:2 betragen.
Neutrophiler Metamyelozyt (Meta) (Synonym: Jugendlicher): Neutrophile Zelle mit reifem Plasma und nierenförmigem Kern. Die Einbuchtung des Kernes darf nicht tiefer sein als die Hälfte des zu einem Oval ergänzten Kernes.
Neutrophiler stabkerniger Granulozyt (Stab): Neutrophiler Granulozyt mit reifem Zytoplasma und einem hufeisenförmigen oder wurstförmigen Kern weist eine klare Bandform auf. Der Durchmesser der dünnsten Stelle des Kernes muß mehr als ⅓ der Durchmesser der beiderseits befindlichen dicksten Stellen des Kernes betragen.
Neutrophiler polymorphkerniger Granulozyt (Poly) (Synonyma: Segmentkerniger, Filamentkerniger): Neutrophiler Granulozyt mit reifem Zytoplasma und einem Kern, der mehr oder weniger deutlich zwei oder (meistens) drei oder mehrere Kernteile (Segmente) aufweist, oder mit einem Kern, der der oben genannten Definition des Myelozyten, Metamyelozyten bzw. Stabkernigen nicht entspricht.

Der *eosinophile Granulozyt (Eosi)* hat meist einen zweisegmentierten Kern (Zwickerform) und ist voller großer eosinophiler Granula von 0,3 bis 0,8 μm Durchmesser.

Der *basophile Granulozyt* oder *Blutbasophile* hat einen unregelmäßig geformten Kern und gemischt dunkelbasophile und farblose (degranulierte) Granula von 0,2 bis 1 μm Durchmesser.

Der *Monozyt* (MOZY) hat zum rauchgrauen oder schwach basophilen Zytoplasma einen gelappten oder stark gebuchteten Kern. Er wird als Makrophage oder Phagozyt bezeichnet, wenn er Zelleinschlüsse oder Vakuolen enthält.

Der *Blutlymphozyt* (LYZY) ist die kleinste kernhaltige Blutzelle, oft etwas kleiner als ein Erythrozyt. Der Kern ist von verwaschener, marmorierter, dunkelvioletter oder grober Struktur und meist nur von einem dreieckigen Häubchen hellblauen Zytoplasmas umgeben. Zytochemisch reagieren die Lymphozyten fast alle granulär mit saurer Phosphatase, nur zum Teil mit PAS. Sicherer Nachweis ihrer T-Zelleigenschaft ist die Rosettenbildung mit neuraminidasebehandelten Schaferythrozyten. Häufig sind Zelle und Kern als Zeichen ihrer Beweglichkeit deformiert (Handspiegel oder Spindelform).

Der *Virozyt* ist ein Lymphozyt mit azurophilen rötlichen Granula. Er kommt wie andere atypische Lympho- und Monozyten (ALMO) bei Virusinfekten u. a. vor.

Unter *atypischen mononukleären Zellen* (AMZ = NSEZ = nicht sicher einzuordnende Zellen) können alle Zellatypien subsumiert werden. Erst bei über 4% der Leukozyten stellen sie einen krankhaften Befund dar. Speziell für weniger erfahrene Befunder ist diese Zellart zweckmäßig, um zu vermeiden, schwer einzuordnende Zellen gar nicht mit anzugeben:

Atypische Monozyten und Makrophagen,
Blutplasmazellen,
Lymphoidzellen des Pfeifferschen Drüsenfiebers,
Leukämische Blasten als Lymphoblasten, Myeloblasten, Monoblasten oder Promyelozyten durch zytochemische Reaktionen zu sichern.
Normale Progenitorzellen aller hämatopoetischer Reihen (wie Myelozyten). Nackte Megakaryozytenkerne kommen ebenso wie große Retikulumzellkerne unter bestimmten Umständen in geringer Menge im peripheren Blut vor.

Erythroblasten in allen Reifestufen werden unter Sonstige Zellen (SONL) adzent geführt.

Atypien der neutrophilen Granulozyten
Übersegmentierte, von Bedeutung ab 6 Kernsegmenten,
Pelgerzellen mit 2 Kernsegmenten und verdichteter Kernstruktur als erbliche Kernanomalie oder transitorisch bei Enteritis mit lockerer Kernstruktur,
Pseudo-Pelgerzellen zeichnen sich durch vergrößerte Kernlappen mit sehr lockerer Kernstruktur aus. Sie kommen durch überstürzte Ausreifung bei behandelten akuten Leukämien u. a. vor.
Nekrozyten = nekrobiotische Abbauformen von Segmentkernigen haben statt des Kernes mehrere homogene, dunkelviolette Kugeln ohne filiforme Verbindungen.
Cave: Sie kommen schon bei längerem Aufbewahren des Blutes vor dem Ausstreichen vor. In frischen Ausstrichen deuten sie auf zytostatische Behandlung oder ionisierende Bestrahlung des Patienten hin.
Toxische Granulation - rotbraun - bei bakteriellen Infekten.
Doehle-Körper - zartblaue Einschlüsse - ebenso bei bakteriellem Infekt.
Aldersche Granulationsanomalie - basophile Granula,
Chediak-Steinbrick-Leukozytenanomalie - graue Riesengranula,
May-Hegglins Leukozytenanomalie - ähnlich Doehle-Körper
(Näheres s. Sandoz-Atlas E. Undritz)

Atypien von Lymphozyten:
Riederformen = Zentrozyten mit gekerbten Kernen,
Vakuolisierung - erblich mit Idiotie.

Blutplättchen = Thrombozyten
werden auch im Blutausstrich erfaßt.
Normale Größe ist 2,5-5 µm Durchmesser.
Größenabweichungen werden bei Bestimmung durch Automaten übersehen, wenn sie außerhalb des Meßbereiches liegen, z. B. bei Überwiegen von *Riesenplättchen* nach Splenektomie. Im Ausstrich werden Riesenplättchen leichter erfaßt als *Mikrothrombozyten. Pathologische Thrombozyten* können eine vergröberte azurophile Granulation oder Vakuolen enthalten.

Bezeichnungen der pathologischen Abweichungen des weißen Blutbildes Quantitativer Art:
Linksverschiebung nach V. Schilling bedeutet Vermehrung der Stabkernigen, Jugendlichen und Myelozyten, da die Differentialverteilung neben und nicht untereinander geschrieben wurde.

Neutrophilie - die *Rechtsverschiebung* ist im Gegensatz dazu die Vermehrung der neutrophilen Segmentkernigen.
Eosinophilie ist die Vermehrung der Eosinophilen.
Basophilie ist die Vermehrung der Basophilen.
Monozytose ist die Vermehrung der Monozyten.
Lymphozytose ist die Vermehrung der Lymphozyten.
Lymphopenie ist die Verminderung der Lymphozyten.

Qualitativer Art:
Hiatus leukämicus ist das Auftreten von Blasten ohne sonstige Linksverschiebung bei akuten myeloischen Leukämien.
Auerstäbchen bestätigen diese Diagnose.
Gumprechtsche Kernschatten kommen bei chronischer lymphatischer Leukämie vor.

Zwillingsmißbildungen oder Zweikernige bei Lymphozyten oder Monozyten deuten auf Strahlenschaden oder hämatologische Systemerkrankung hin.

Erythroblastose wird das Auftreten von über 5% Erythroblasten im Blutbild genannt, die adzent auf 100% Leukozyten gezählt werden.

Bezeichnungen der pathologischen Abweichungen des roten Blutbildes:
Normale Erythrozyten haben einen Durchmesser von 7,5 µm und eine zentrale Aufhellung.

Pathologische Erythrozyten, die auf einen *angeborenen Defekt* hinweisen:
Kugelzellen = Sphärozyten oder Mikrosphärozyten
Sichelzellen = Drepanozyten
Schießscheibenzellen = Targetzellen
Elliptozyten oder Ovalozyten
Stomatozyten
Pathologische Erythrozyten, die auf einen *erworbenen Defekt* hinweisen:
basophile Tüpfelung → Intoxikation
Leptozyten, Anulozyten, Pessarformen, Hypochromasie → Eisenmangel
Anisozytose = Mikrozyten (6 µm) und Makrozyten (9 µm) gemischt → Infektanämie u. a.
Megalozyten und Polychromasie → perniziöse Anämie
Stechapfel-Erythrozyten → hyperosmolares Milieu, meist als Ausstrichartefakt
Schistozyten, Fragmentozyten, Akanthozyten, Burr- und Helmzellen → Zytoplasma-Abrisse von Erythroblasten oder Erythrozyten, z. B. bei Gefäß-Prothesen
Poikilozytose → überstürzte Ausreifung der Erythroblasten
Howell-Jolly-Körper sind Kernreste in Erythrozyten → Splenektomie
Cabot-Ringe sind Spindelfaserreste
Die Menge dieser Erythrozyten-Anomalien wird halbquantitativ mit 1 - 3 + angegeben.

4.2.1.1 Präventivmaßnahmen

Bei täglichem Anfall von über 100 Ausstrichen bewährt sich eine *Färbebank*, die auf einer Schiene oder in einem Karussell läuft und mit der Farbkombination nach Pappenheim u. a. gefüllt werden kann. Kleinere Ausstrichmengen werden in einer *Färbeküvette* in Serie gefärbt. Bei Zusatzfärbungen erkennt man so schneller Färbefehler. Bei *zytochemischen Untersuchungen* sollte nur in Serie gearbeitet werden, möglichst unter Mitlaufenlassen von bekannten Ergebnissen. Die Ausstriche sollen höchstens eine Woche im Kühlschrank bis zur Reaktion aufgehoben werden. Bei Notwendigkeit längerer Lagerung empfiehlt sich das Einfrieren bei - 80 °C in flüssigem Stickstoff, um Hämo- und Zytolyse zu vermeiden.

Spezialfärbung zur Darstellung pathologisch veränderter Leukozyten
LE-Zelle, darstellbar nur in defibriniertem Blut nach mechanischer Irritation im Schüttelapparat. Die *LE-Zelle* ist ein neutrophiler Segmentkerniger, dessen Kern durch den großen, lysierten LE-Körper, aus einem anderen Leukozyten entstanden, beiseite gedrängt ist. Sie ist das führende Symptom der Autoaggressions-Krankheit Lupus erythematodes visceralis.

Pseudo-LE-Zellen enthalten statt des LE-Körpers eine Vakuole.

Tart-Zellen sind Monozyten mit phagozytierten, nicht lysierten Kernen. Beide sind kein Beweis für Lupus erythematodes visceralis.

Cave: Das Auftreten von LE-Zellen ist nur qualitativ, nicht quantitativ zu verwerten. LE-Zellen treten nach Glukokortikoiden und auch Rheuma-Medikamenten auf.

Zytochemische Reaktionen zur Darstellung pathologisch veränderter Leukozyten (s. **Tabelle 4.2-3**).

Spezialfärbungen für Erythrozyten (s. Tabelle 4.2-2 oben)

Retikulozyten = Pronormozyten
Als Vorstufen der Erythrozyten durch die Entkernung der Erythroblasten entstanden, sind sie z. T. etwas größer als die Erythrozyten. Mit Zunahme der Reifung ver-

Tabelle 4.2-3: Zytochemische Reaktionen

	Zytochemische Reaktion	Indikation
ALP	Alkalische Phosphatase (Kaplow)	Chronisch-myeloische Leukämie, Polyzythämie
SP	Saure Phosphatase (Barka u. Anderson)	Lymphome
TSP	Tartrathemmung der sauren Phosphatase	Haarzell-Leukämie
PAS	PAS-Reaktion mit Perjodsäure-/Schiffschem Reagens (Hotchkiss und McManus)	Lymphome, akute lymphatische Leukämie
unspez. EST	Alpha-Naphthylacetat-Esterase und Naphthol-AS-Acetat-Esterase mit Hemmung durch Natriumfluorid (Löffler)	Lymphome, monozytäre Leukämie u. a.
spez. EST	Alpha-Naphthol-ASD-Chloracetat-Esterase (Merker, Leder)	
POX	Peroxydase-Reaktion mit Toluidin-Lösung (Graham-Knoll)	akute myeloische Leukämie
FETT	Sudan-Schwarz-B (Sheehan)	Basophilen-Leukämie

lieren sie ihre Substantia granulofilamentosa, so daß verschiedene Stadien eingeteilt werden können. Stufe 0 und 1 nach Heilmeyer weisen auf das Vorliegen eines myeloproliferativen Syndroms hin. Bei den häufigeren Retikulozytenvermehrungen bei hämolytischen oder regenerativen Anämien kommen die Stufen III und IV vor.

Die Anzahl der Retikulozyten wird auf 1000 Erythrozyten bestimmt und, auf die Erythrozytenzahl/µl bezogen, in Werten/µl angegeben, da sonst der Nachschub nicht erfaßt und bei schwereren Anämien eine zu gute Regeneration vorgetäuscht wird.

Retikulozyten-Normalwert 25–75000/µl

Heinz'sche Innenkörper – nur am Rand des Erythrozyten angelagert im Gegensatz zum retikulären Netzwerk des Retikulozyten – ebenso die
basophile Tüpfelung der Erythrozyten, entstehen durch Intoxikation mit Phenazetin, Sulfonamiden, Phenylhydrazin u. a.,

Siderozyten kommen bei Sideroblasten-Anämie, Sideroachresie, essentiell oder vergesellschaftet mit verschiedenen Erkrankungen vor.

4.2.1.2 Qualitätssicherung in der präanalytischen Phase

Die Ausstriche werden sofort nach Herstellung mit einem Bleistift mit dem Namen des Patienten und dem Datum beschriftet. Erst nach Lufttrocknung können sie gefärbt werden.

Technik der Auswertung

Das Differentialblutbild wird quantitativ ausgewertet durch Zählung an einer Objektträgerstelle, an der die Zellen gut ausgebreitet sind. Das Ergebnis wird in Prozentwerten angegeben. Als Minimum sollen 100 kernhaltige Zellen differenziert werden. Der statistische Fehler nimmt ab, wenn 200 oder gar 500 Zellen differenziert werden, wie es durch die Automaten geschieht.

Zählgeräte wie das Leukodiff der Firma Boskamp und andere elektronische Zählgeräte erleichtern nicht nur die manuelle Differenzierung des Blutbildes, sondern sparen auch Arbeitszeit ein.

Es ist üblich, die *Erythroblasten* aus der Prozentzahl der Leukozyten als Adzent-Angabe herauszunehmen. Die *Erythrozyten* werden gleichzeitig auf Formveränderungen durchgesehen und diese mit 1-3 und halbquantitativ angegeben. Auch die Plättchenzahl und -morphologie soll schätzungsweise erfaßt und mit den Rechenwerten verglichen werden.

Bedeutung von Absolutwerten
Für die Beurteilung, ob eine hämatopoetische Insuffizienz vorliegt, ist es zweckmäßig, absolute Werte aus den Leukozyten/µl und der Differentialverteilung im Ausstrich umzurechnen.

Beispiel:
Bei 95% Lymphozyten von 100000 Leukozyten/µl sind immer noch 5000/µl Stab- und Segmentkernige vorhanden, es liegt also keine Neutropenie vor.

2500-7500/µl Granulozyten → Normalbereich
< 1500/µl Granulozyten + Monozyten → myeloische Insuffizienz
< 1000/µl Lymphozyten → Lymphopenie

Korrekte Differenzierung
Eine besonders wichtige und trotzdem sehr schwierige Entscheidung ist die Differenzierung zwischen *polymorph- und stabkernigen Granulozyten*, weil bei der Fixierung Überlagerung von Kernsegmenten und von fadenförmigen Brücken häufig sind (Mathy, Koepke). Deswegen kann de facto die Sichtbarkeit mindestens einer Kernverschmälerung auf unter ⅓ nicht der Differenzierung zugrunde gelegt werden, um die international anerkannten Normwert-Tabellen einzuhalten (s. Abb. 4.2-1). Deswegen müssen neue Mitarbeiter eingearbeitet *und* ständig überwacht werden.

Die Erkennung von *Eosinophilen* ist weniger schwierig, da sie auf zwei Qualitäten: Farbe *und* Form beruht. Die eosinophilen Granula sind deutlich größer als neutrophile oder toxische Granula.

Die Erkennung von *Blutbasophilen* ist dadurch erschwert, daß häufig ein Teil der Granula degranuliert sind, d. h. eine weiße Vakuole statt des basophilen Granulums vorliegt.

Nomenklatur-Probleme
Hier sei ein Hinweis auf die problematische Nomenklatur in den hämatologischen Farb- und sonstigen Bezeichnungen erlaubt:

Basophil ist im Zytoplasma diffus oder als Tüpfelung blau, in Granula der Blutbasophilen oder Mastzellen dunkelviolett;
azurophil ist bei Promyelozytengranula dunkelviolett;
bei Lymphozytengranula leuchtendrot;
bei Megakaryozytengranula braun-rosa;

Retikulozyten sind entkernte Erythroblasten, nur mit Spezialfärbung darzustellen;

Retikulumzellen, große lymphoide, sind Zellen im Knochenmark, ähnlich den Hämozytoblasten, die besser als Histozyten - wie auch im Englischen - bezeichnet werden.

4.2.1.3 Interne Qualitätssicherung

Technik der Blutabnahme

Patientenvorbereitung

Das Blut sollte bevorzugt morgens, etwa um 8 Uhr, vom nüchternen Patienten abgenommen werden. Im allgemeinen wird EDTA-Venenblut abgenommen, das so rasch wie möglich, jedenfalls binnen weniger Stunden, ausgestrichen werden muß, da durch die EDTA-Einwirkung zuerst in den Monozyten und Granulozyten, später auch in den anderen Zellen Veränderungen (Vakuolenbildung u.ä.) auftreten. Deshalb ist es vorteilhafter, bei der Blutentnahme aus der herausgezogenen Nadel, von dem in ihr verbliebenen nativen Blutstropfen sofort einige Ausstriche anzufertigen.

Vorbereitung der Objektträger

Alle Glassachen müssen mit Äther-Alkohol 1:1 gereinigt und mit einem Leinentuch getrocknet sein.

Ausstrich-Technik

Der Blutausstrich wird entweder manuell oder als Schleuderausstrich auf dem Objektträger angefertigt. Der *manuelle Ausstrich* wird auf einem Objektträger 76 × 26 × 0,8 mm mit einem geschliffenen Deckglas von 20 mm Kantenlänge, gehalten durch trockene, saubere Finger, angefertigt, das in einem Winkel von ca. 40° hinter einem kleinen Blutstropfen (0,1 µl) aufgesetzt wird, der sich sofort hinter dem Ausstrichglas ausbreiten muß. Das Gläschen soll aber nicht in den Tropfen eintauchen, da es damit Zellen zerstören würde. Der so verbreitete Tropfen wird nachgezogen über den Objektträger ausgestrichen, wobei die Blutfahne nicht das Ende des Objektträgers erreichen und weder zu dünn noch zu dick sein soll (Undritz).

Es ist darauf zu achten, daß der Ausstrich so dünn wird, daß die Erythrozyten dicht nebeneinander, aber nicht übereinander liegen (Undritz). Der Objektträgerausstrich mit nachgezogenem Tropfen kann in der ganzen Fläche, an den Rändern wie auch in der Mitte des Ausstriches, differenziert werden. Die prozentuale Zusammensetzung der Leukozytenarten ist gleichartig, abgesehen vom Ende der „Fahnen", wo auch viele Zellen zerstört sind. Der Deckglasausstrich wird von einigen führenden Hämatologen wegen der Gleichmäßigkeit des Ausstriches bevorzugt.

Der *Schleuderausstrich* hat den Vorteil, daß bei dieser Technik die Leukozyten bei gleichbleibender prozentualer Verteilung auf das doppelte angereichert und die Blutplättchen äußerst gleichmäßig verteilt sind. Ein Nachteil ist die größere Infektionsmöglichkeit aus dem fein versprühten Blut als bei sauberem manuellen Arbeiten. Der Schleuderausstrich eignet sich sowohl für die visuelle Mikroskopie wie auch für die Differentialblutbild-Automaten, für die er in den meisten Fällen vorgeschrieben wird.

Kapillarblutausstriche
Der Anfertigung eines Blutbildes aus dem *Kapillarblut des Ohrläppchens* kommt eine besondere Bedeutung zu, vorausgesetzt, daß das Ohrläppchen nur vorsichtig desinfiziert, beim Einstich mit dem Schnepper nicht gequetscht und der erste spontan austretende Blutstropfen ausgestrichen wird. Man findet in solchen Präparaten vermehrt Monozyten und andere größere Zellelemente, z. B. Tumorzellen, *Makrophagen.* Diese Entnahme- und Ausstrich-Technik ist besonders geeignet zur Suche nach pathologischen Zellformen.

Aus dem Finger wird Kapillarblut bei Kleinkindern, bei Kältehämoglobinämien oder schlechten Venen angefertigt.

Fixation und Färbung kann bei allen Blutausstrichen erst nach gründlicher Lufttrocknung erfolgen.

Dicker Tropfen
Der dicke Tropfen, gefärbt mit Giemsa-Lösung (Hallmann u. a.), ist geeignet, in einer großen Zellmenge bei hämolysierten Erythrozyten anfärbbare Partikel wie Parasiten aufzufinden. Zur Feindiagnostik ist jedoch noch ein üblicher Ausstrich erforderlich.

Auswertung des Blutbildes
Die Auswertung des Blutbildes erfolgt entweder durch *Mikroskopieren* oder durch einen *Automaten.* Den Differenzierungsangaben in % sind mindestens 100 gezählte Leukozyten zugrunde zu legen.

Mit der Trockenvergrößerung 10fach wird zuerst eine zum Mikroskopieren mit Ölimmersion geeignete Ausstrichstelle aufgesucht, wobei die Erythrozytenformen und Unregelmäßigkeiten der Zellverteilung betrachtet werden. Sind zu viele Zellen in ihrer Morphe geschädigt, sollte ein Ausstrich aus einer frischen EDTA-Blutprobe, eventuell direkt aus dem Kapillarblut, angefertigt werden (Hauswaldt, 1973). Je größer die Menge differenzierter Zellen ist, desto genauer der Wert (Rümke, **Abbildung 4.2-1** und Tabelle 4.2-4). Deshalb sind gut erkennende Automaten mit ihrer höheren Anzahl differenzierter Zellen dem Mikroskopieren überlegen, wenn kein zu hoher Anteil schwer differenzierbarer Zellen vorhanden ist. Immerhin können ca. 90% der anfallenden Blutbilder mit den Automaten befriedigend differenziert werden.

Mikroskopierautomaten für Differentialblutbilder
Mit dem manuellen Differentialblutbild ist ein hoher Arbeitsaufwand und eine große Ungenauigkeit verbunden. Wegen der teuren man-power werden in der Routine nur 100 Zellen pro Befund differenziert, dadurch wird, wie in **Tabelle 4.2-4** belegt, sogar in einem Teil der Fälle der Befund wertlos. Das Cytoskop von Zeiss und Zählgeräte wie Leuco Diff u. a. haben die Arbeitszeit verkürzt, aber die Zahl gezählter Zellen nicht erhöhen können.

Mechanisierung und Automation durch allerdings kostenaufwendige Geräte schalten folgende Fehler aus:
- persönliche systematische Fehler
- zu kleine Zahl - Binomialverteilung
- Ermüdung des Befunders

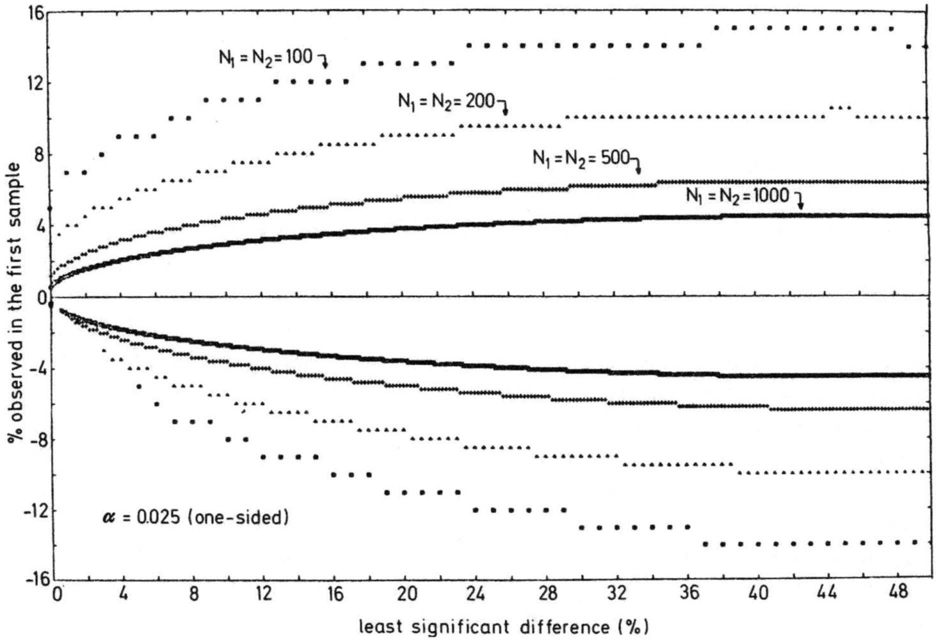

Abbildung 4.2-1: Das Rümke-Projektil. Eine graphische Darstellung der Tabelle 4.2-4

Tabelle 4.2-4: 95%-Vertrauensgrenzen für den Prozentsatz an Zellen mit einem besonderen Kennzeichen, vorausgesetzt, daß die Prozentzahlen mit diesem besonderen Kennzeichen bei der Untersuchung von n Zellen gefunden werden (Stobbe, 1968)

(%)	Anzahl der untersuchten Zellen n											
	100			200			500			1000		
0	0	bis	4	0	bis	2	0	bis	1	0	bis	1
1	0		6	0		4	0		3	0		2
2	0		8	0		6	0		4	1		4
3	0		9	1		7	1		5	2		5
4	1		10	1		8	2		7	2		6
5	1		12	2		10	3		8	3		7
6	2		13	3		11	4		9	4		8
7	2		14	3		12	4		10	5		9
8	3		16	4		13	5		11	6		10
9	4		17	5		15	6		12	7		11
10	4		18	6		16	7		14	8		13
15	8		24	10		21	12		19	12		18
20	12		30	14		27	16		24	17		23
25	16		35	19		32	21		30	22		28
30	21		40	23		37	26		35	27		33
35	25		46	28		43	30		40	32		39
40	30		51	33		48	35		45	36		44
45	35		56	38		53	40		50	41		49
50	39		61	42		58	45		55	46		54

Morphologisch mikroskopisch arbeitende Geräte:

LARC	Fa. Corning, später Omron (Japan)
Hematrac	Geometric Data mit mehrfachen Verbesserungen
Coulter Diff 3	Coulter
ADC 500	Abbott
Cytofluorograph	Ortho

Das ADC 500 differenziert pro Stunde schon 500 Zellen in 40 Ausstrichen und gibt damit wesentlich genauere Befunde an. In einem Teil der Geräte können unklare Zellen (NSEZ) wieder vorgeführt und nachbefundet werden. Da in Routine-Laboratorien 90% der *Differentialblutbilder* nicht pathologisch sind, ergibt sich durch die Automaten eine erhebliche Arbeitseinsparung. Die *Erythrozyten-Morphologie* wird von einigen Geräten miterfaßt.

Eine ganz andere Logistik wird von Technicon im *Hemalog D* und im *H6000* verwirklicht. Hier wird ein Differentialblutbild digital ausgedruckt, ohne daß ein Blutausstrich angefertigt und gefärbt wird. Die Geräte untersuchen im Durchflußverfahren mit zytochemischen Reaktionen (POX, Esterase) 1000-3000 Zellen. Dies ergibt eine gute Präzision und Reproduzierbarkeit. Zusätzlich werden leukämische Blasten als LUC, sowie geringe Zellzahlen nach Zytostase erfaßt, ein weiterer Vorteil gegenüber der manuellen Erstellung des Blutbildes. Die Linksverschiebung wirft dafür Probleme auf, da Stab- und Segmentkerniger sich cytochemisch kaum unterscheiden lassen. Für die Erythrozytenmorphologie wird ein zusätzlicher Ausstrich erforderlich.

Geräte, die aus der Volumenverteilung der Leukozyten eine Einteilung in Lymphozyten, Monozyten und Ganulozyten durchführen, ermitteln gleichzeitig eine Volumenverteilung der Erythrozyten und der Thrombozyten (Firmen Coulter Electronics, Toa, Molter).

Auf immunologischer Basis arbeitende Geräte sind in Vorbereitung.

4.2.1.4 Externe Qualitätssicherung

Ringversuche

Von großem Lerneffekt ist die Teilnahme an den Instand-Ringversuchen. Das Ausfüllen der Fragebögen zwingt zur Entscheidung, und die Rückgabe der Bewertung spornt zur Arbeit an. Die englischen CAP-Ringversuche verzichten auf Einsendung und zentrale Auswertung, senden vielmehr das Ergebnis zwecks Selbstkontrolle später hinterher - in englischer Fairness.

Beim Differentialblutbild werden von vielen Laboratorien als Richtigkeitskontrollproben die *Ringversuchausstriche* gesammelt. Wenn täglich solche Präparate mitdifferenziert werden, kann eine Kontrollkarte geführt werden, wobei aber die Besonderheiten der Statistik der Zähldaten beachtet werden müssen. Da hier Anteilsdaten vorgegeben sind, handelt es sich um abweichende statistische Modelle, so daß die für die klinische Chemie üblichen Präzisionskarten geändert werden müssen.

Bei der Differenzierung der Leukozyten gibt es verschiedene, dafür spezifische Fehlerarten: den statistischen Zählfehler und den systematischen Klassifizierungsfehler (Stobbe, 1968; Rümke, 1975).

Statistische Zählfehler

Den statistischen Zählfehler des Differentialblutbildes hat Rümke untersucht und ausgerechnet (Tabelle 4.2-4, Abbildung 4.2-1). Je nach Größe des prozentualen Anteiles einer Leukozytenart und davon abhängig, ob 100, 200, 500 oder 1000 Zellen differenziert worden sind, verursachen statistische Zählfehler unter Wiederholbedingungen größere oder kleinere Abweichungen, nicht zu verwechseln mit der 95% Vertrauensgrenze.

Die *Klassifizierung* der jeweils im Mikroskop gefundenen Leukozyten, d.h. ihre Einordnung in eine der vorgegebenen Klassen, bereitet bei manchen Zellen, z.B. beim Eosinophilen oder Basophilen, keine Schwierigkeiten. Anders wird die Frage aber, ob eine Zelle ein stabkerniger oder ein polymorphkerniger neutrophiler Granulozyt ist, von verschiedenen Untersuchern je nach ihrer Schule, aber auch vom selben Untersucher zu verschiedenen Zeitpunkten unterschiedlich beantwortet. Daher ist es wichtig, die Unterscheidungskriterien klar festzulegen und zu prüfen, ob alle Untersucher eines Laboratoriums sie gleich auslegen. Am besten legt man den Untersuchern *Mikrophotogramme* vor; ihre Entscheidungen sollten sie für jedes Bild protokollieren. Dazu kann ein Bilderbuch benutzt werden, das viele schwarzweiß Mikrophotogramme oder Polaroidbilder von reifen neutrophilen Granulozyten enthält, oder der Corning-Atlas von Prof. Megla und die Protokolle des CAP: College of American Pathologist Survey Program in Hematology von Mathy. Jeder Mitarbeiter des Labors wird von Zeit zu Zeit aufgefordert, in einer Tabelle anzugeben, bei welchen Zellen es sich um stabkernige bzw. polymorphkernige neutrophile Granulozyten handelt. In der Beurteilung sind die Unterschiede von Untersucher zu Untersucher, auch bei geübten Hämatologen, erschreckend groß. Bei Wiederholungen kann aber beim Personal ein guter Lerneffekt erzielt werden.

Der *persönliche Fehler* einer medizinisch-technischen Assistentin ist kleiner als der einer Gruppe von medizinisch-technischen Assistentinnen eines Labors, dieser wieder kleiner als der mehrerer zusammenarbeitender Laboratorien usw.

Es bewährt sich, die Ausstriche einige Zeit, z.B. einen Monat, aufzuheben, um sich nicht der Gelegenheit zur Nachkontrolle bei Rückfragen zu berauben.

4.2.1.5 Postanalytische Phase

Zur *Plausibilitätskontrolle* des Blutbildes gehört die Abstimmung des „kleinen Blutbildes“ mit dem Ausstrich: Die Leukozytenzahl kann ebenso wie die Thrombozytenzahl aus dem Ausstrich geschätzt und damit die Zählwerte bestätigt werden.

Riesen- und Mikrothrombozyten können außerhalb des Meßbereiches von Zählautomaten liegen und dadurch einen zu kleinen Meßwert ergeben.

Ein erniedriger Hämoglobingehalt pro Erythrozyt muß sich im Ausstrich als Leptozyt darstellen, ein erhöhter als Hyperchromasie. Ebenso müssen erniedrigtes Erythrozytenvolumen (MCV) mit Mikrozyten, erhöhtes mit Makrozyten im Ausstrich übereinstimmen. Im Zweifelsfall ist eine neue Blutprobe anzufordern.

Normwerte

Die *numerische Verteilung* des Differentialblutbildes (**Tabelle 4.2-5**) ist das Ergebnis aus 1200 Blutbildern von jungen Menschen (1940) und von Heine 1960 vergleichend im Venen- und Kapillarblut untersucht (**Tabelle 4.2-6**).

Tabelle 4.2-5: Normwerte des weißen Blutbildes (Aus Heilmeyer) (Relativwerte) (Leukozyten-Gesamtzahl: 4400 bis 11000, im Mittel 7000/μl)

	Durchschnitt in %	Normbereich in %	Durchschnittliche Absolutzahl	Referenzbereich der Absolutzahl
Jugendliche	0-1	-	-	0- 100
Stabkernige	2-3	1-10	100-200	100- 700
Segmentkernige	52	23-82	3640	1800-7800
Eosinophile	2-5	1-10	175	40- 600
Basophile	0-1	-	-	-
Lymphozyten	36	13-65	2520	1300-5000
Monozyten	4	1-10	280	100- 800
Atypische mononukleäre Zellen	0-4	1-10	-	-

Tabelle 4.2-6: Normwertvergleiche zwischen Venen- und Kapillarblut in der Original-Reihenfolge nach V. Schilling (Aus H. Heine, K. Heine, H. Schmidt)

	Das weiße Blutbild von 234 Erwachsenen (18-35jährige Gesunde) - venöses Blut -		Das weiße Blutbild von 101 Erwachsenen (18-35jährige Gesunde) - Kapillarblut - - Finger -		Das weiße Blutbild von 99 Erwachsenen (18-35 jährige Gesunde) - Kapillarblut - - Ohr -	
	Zentralwert	beobachtete Schwankungsbreite	Zentralwert	beobachtete Schwankungsbreite	Zentralwert	beobachtete Schwankungsbreite
Gesamtleukozyten	4966	3170-8450	4783	3343-7425	5604	3450-8280
Absolute Werte:						
Basophile	21	0- 76	15	0- 75	22	0- 78
Eosinophile	112	8- 395	111	13- 285	123	24- 369
Jugendliche	10	0- 0	8	0- 41	10	0- 50
Stabkernige	200	36- 785	119	10- 364	147	27- 551
Segmentkernige	2393	1339-4746	2505	1499-4650	3242	1808-5445
Neutrophile	2610	1500-5075	2772	1692-5121	3383	2035-5873
Lymphozyten	1936	1026-3014	1641	1020-2934	1831	984-3060
Monozyten	192	29- 467	225	101- 451	303	72- 538
%-Werte:						
Basophile	0,50	0 - 1,0	0,25	0 - 1,75	0,50	0 - 1,75
Eosinophile	2,25	0 - 7,25	2,50	0,25- 6,00	2,00	0,25- 6,25
Jugendliche	0,25	0 - 1,50	0,25	0 - 1,00	0,25	0 - 1,00
Stabkernige	4,25	0,75-11,75	2,75	0,25- 6,75	2,75	0,50- 9,50
Segmentkernige	49,50	31,5 -64,25	53,0	36,0 -66,25	55,5	43,0 -74,25
Neutrophile	54,5	35,25-73,0	57,0	43,0 -72,75	59,0	46,75-76,5
Lymphozyten	38,75	21,5 -55,5	35,0	19,0 -48,75	32,25	18,0 -44,75
Monozyten	4,0	0,75- 8,25	4,75	1,25- 8,75	5,00	0,75- 9,25

Tabelle 4.2-7: Leukozyten-Normalwerte, abhängig vom Lebensalter

Alter	segmentk. Neutroph.		stabk. Neutroph.		Eosinophile		Basophile		Lymphozyten		Monozyten	
	%	/ µl	%	/ µl	%	/ µl	%	/ µl	%	/ µl	%	/ µl
bei Geburt	52 ± 14	9400	9,1 ± 3	1650	2,2	400	0,6	100	31 ± 5	5500	5,8	1050
12 h	58	13200	10,2	2330	2,0	450	0,4	100	24	5500	5,3	1200
24 h	52	9800	9,2	1750	2,4	450	0,5	100	31	5800	5,8	1100
1 Woche	39	4700	6,8	830	4,1	500	0,4	50	41	5000	9,1	1100
2 Wochen	34	3900	5,5	630	3,1	350	0,4	50	48	5500	8,8	1000
4 Wochen	30 ± 10	3300	4,5 ± 2	490	2,8	300	0,5	50	56 ± 15	6000	6,5	700
2 Monate	30	3300	4,4	490	2,7	300	0,5	50	57	6300	5,9	650
4 Monate	29	3300	3,9	450	2,6	300	0,4	50	59	6800	5,2	600
6 Monate	28	3300	3,8	450	2,5	300	0,4	50	61	7300	4,8	580
8 Monate	27	3300	3,3	410	2,5	300	0,4	50	62	7600	4,7	580
10 Monate	27	3200	3,3	400	2,5	300	0,4	50	63	7500	4,6	550
12 Monate	28	3200	3,1	350	2,6	300	0,4	50	61	7000	4,8	550
2 Jahre	30	3200	3,0	320	2,6	280	0,5	50	59	6300	5,0	530
4 Jahre	39 ± 10	3500	3,0 ± 2	270	2,8	250	0,6	50	50 ± 15	4500	5,0	450
6 Jahre	48	4000	3,0	250	2,7	230	0,6	50	42	3500	4,7	400
8 Jahre	50	4100	3,0	250	2,4	200	0,6	50	39	3300	4,2	350
10 Jahre	51 ± 15	4200	3,0 ± 2	240	2,4	200	0,5	40	38 ± 10	3010	4,3	350
12 Jahre	52	4200	3,0	240	2,5	200	0,5	40	38	3000	4,4	350
14 Jahre	53	4200	3,0	240	2,5	200	0,5	40	37	2900	4,7	380
16 Jahre	54 ± 15	4200	3,0 ± 2	230	2,6	200	0,5	40	35 ± 10	2800	5,1	400
18 Jahre	54	4200	3,0	230	2,6	200	0,5	40	35	2700	5,2	400
20 Jahre	56	4200	3,0	230	2,7	200	0,5	40	33	2500	5,0	380
21 Jahre	56 ± 15	4200	3,0 ± 2	220	2,7	200	0,5	40	34 ± 10	2500	4,0	300

Die *Zusammensetzung* des Differentialblutbildes ergibt bei einer Analyse der erhaltenen Prozentwerte, daß die selten vertretenen Zellen (basophile Granulozyten und neutrophile Metamyelozyten) einer Poisson-Verteilung folgen, während die anderen Zellen statistisch als Normalverteilung vorliegen. Der arithmetische Mittelwert der neutrophilen Granulozyten beträgt 54,12% $\pm$ 0,56; der Zentralwert 54,50%, die Standardabweichung ist gleich $\pm$ 8,57% (Stobbe).

Die Normalwerte als relative und absolute Zahlen sind beim Differentialblutbild ebenso wie die Leukozytenwerte je Mikroliter weitgehend *abhängig vom Lebensalter*, wie die **Tabelle 4.2-7** verdeutlicht (Miale).

4.2.1.6 Fehlermöglichkeiten

Ausstriche können zu dick oder zu dünn sein.

Der häufigste Färbefehler stellt die Erythrozyten olivgrün dar, vermeidbar durch Puffer statt Aqua dest. Der pH des Wassers soll, ebenso wie jede Färbecharge, vor der Verwendung geprüft werden.

Zu schwache *Mikroskopvergrößerung* stört die Zellbeurteilung bei manuellem Differenzieren.

Die *Differenzierautomaten* hingegen können beschädigte sowie übereinanderliegende Leukozyten nicht erkennen. Insbesondere Gumprechtsche Kernschatten irritieren sie durch ihre Häufigkeit. Auch können sie Partikelgrößen über oder unter ihrem Meßbereich nicht erfassen.

4.2.1.7 Gesichtspunkte der Wirtschaftlichkeit

Das kosten- und zeitaufwendige Differentialblutbild sollte das kleine Blutbild immer ergänzen, wenn die Leukozytenzahl unter 4000/µl oder über 15000/µl Blut liegt. Bei den Werten dazwischen (erweiterte Normalwerte) sollten bei allen Krankenhaus-Aufnahmen, abgesehen vielleicht von unkomplizierten Unfallkranken, ebenfalls Differenzierungen der Leukozyten vorgenommen werden. Einstellungsuntersuchungen in Krankenanstalten sollen ein Differentialblutbild enthalten. Für alle Beschäftigten des Strahlenbereichs ist es gesetzlich angeordnet. Im Zweifelsfall werden Ausstriche von der Blutprobe angefertigt und aufgehoben, um sie bei Bedarf noch später zu differenzieren.

4.2.2 Zytologie von Knochenmark und anderen Organen

Die Morphologie der hämatopoetischen Zellen im nach Pappenheim gefärbten Ausstrichpräparat kann aus den vorzüglichen Atlanten von Undritz (1972), McDonald (1972), Hayhoe und Flemans (1969), Silver (1970), Stobbe (1970), Heckner (1965), Begemann und Rastätter (1978), Riesen und Albrecht (1957) und anderen entnommen werden. Die Systematik der Zellmorphologie und ihre kinetische Abhängigkeit sind in der Zytologischen Knochenmarkdiagnostik von Boll kurz dargestellt.

4.2.2.1 Präventivmaßnahmen

Antragsscheine

Für alle zytologischen Beurteilungen, abgesehen vom Routine-Differentialblutbild, ist die Fragestellung, weswegen die mikroskopische Untersuchung erfolgen soll, von Bedeutung. Notwendige Zusatzfärbungen können so parallel eingeleitet werden. Der Mikroskopierende kann zeit- und arbeitssparend arbeiten, indem er sich der speziellen Frage direkt zuwendet. Deswegen sollte kein Material zur Untersuchung angenommen werden ohne einen sorgfältig ausgefüllten Begleitschein.

Analysenantrag eines zytologischen Befundes aus Knochenmark oder Organen:
Patienten-Abroller Station Datum
Klinische Diagnose:
Fragestellung:
Milz:
Blutbild:
BSR:
Vorpunktate:
Histologische Befundung:
Vorbehandlung mit Eisen, Vitamin B_{12}, Corticoiden, Chemotherapie, ionisierende Bestrahlung, Bluttransfusionen:

Anfärben der Knochenmarkpräparate

Zytochemische Reaktionen werden bei der Diagnostik von Leukämien und malignen Lymphomen erforderlich.

Die alkalische Phosphatase zur Diagnostik der chronischen myeloischen Leukämie hat nur im Blutausstrich Bedeutung.

Eine Knochenmarkbefundung aus dem Pappenheim-Ausstrich allein jedoch muß unvollständig bleiben. Die Berliner-Blau-Reaktion ist essentiell für jede Anämie-Diagnostik.

Ausbildung der Befunder

Nur eine sorgfältige Ausbildung der Befunder ermöglicht das richtige Erkennen der hämatopoetischen Zellen im Pappenheim-Ausstrich und in den zytochemischen Reaktionen. Der Nachweis erfolgt durch die Anerkennung als ‚Internist, Teilgebietsbezeichnung Hämatologie' einer Ärztekammer oder durch erfolgreiche Teilnahme an hämatologischen Kursen. Die Kenntnis der Zellmorphologie muß durch laufende Übungen und praktischen Gebrauch gefestigt werden. Zweifelhafte oder seltene Befunde sind einem bekannten Referenzlabor vorzulegen. Besuch von Fortbildungsveranstaltungen ist ratsam.

Registratur und Präparatesammlung

Ein hämatologisches Zytologielabor benötigt eine nach Datum geordnete *Registratur* und möglichst zusätzlich eine alphabetische Handkartei nach Patientennamen, um alte Vergleichsbefunde zuziehen zu können. Die Präparate sind mindestens 10 Jahre zu archivieren. ‚Lab-aid slide file-Schränke' von Technicon oder ähnliche zur geordneten Aufbewahrung der Präparate sind ebenso notwendig wie eine Befundablage nach fortlaufender Numerierung.

Von großem Vorteil ist eine Sammlung von charakteristischen und seltenen Präparaten und eine Diasammlung zu Lehr- und Fortbildungszwecken. Ein Abodiaschrank erlaubt es, gleichzeitig 100 Dias vergleichend zu betrachten, um geeignetes Lehr- oder Vergleichsmaterial auszuwählen. Fotomikroskopie mit automatischer Belichtungseinstellung erleichtern die Herstellung solcher Dias.

4.2.2.2 *Qualitätssicherung in der präanalytischen Phase*

Vorbereitung der Knochenmarkpunktion

Vor der Knochenmarkpunktion sollte, abgesehen von Bluttransfusionen aus vitaler Indikation bei einer Anämie um 4g% Hämoglobin, keine auf eine Beeinflussung des Blutbildes gerichtete therapeutische Maßnahme durchgeführt, insbesondere weder Vitamin B_{12} noch Eisen verabreicht werden, um die konkrete Ausgangssituation nicht zu verschleiern.

Einschränkung der Aussagefähigkeit

Die Schwierigkeit, aus einer Knochenmarkpunktionsstelle Rückschlüsse auf die gesamte Hämatopoese zu ziehen, liegt darin, daß nicht alle Veränderungen im Knochenmark gleichzeitig, diffus, einheitlich und gleichförmig sein müssen. Angefangen vom Lymphonodulus, der in jedem Knochenmarkpunktat vorkommen kann, aber nur selten gefunden wird, bis hin zum multiplem Myelom finden sich Beispiele. Deswegen wird neuerdings bei malignen Lymphomen die Punktion beider Bekkenkämme durchgeführt.

Vor jeder Knochenmarkpunktion ist festzustellen, ob der *Entnahmeort* nicht im Felde einer ionisierenden Tiefenbestrahlung liegt, da in diesen Bezirken dauerhaft zellarmes Fettmark entsteht.

Postmortal können Knochenmarkzellen zur Diagnostik nur in den ersten 20 Minuten entnommen werden. Nach dieser Zeit ändert sich die Differentialverteilung durch Autolyse der segmentkernigen, später aller Zellen. Auch verändert sich die Färbbarkeit der Zellen durch die Gewebsazidose. Nach 24 Stunden können die hämatopoetischen Zellen kaum noch zytologisch differenziert werden.

4.2.2.3 *Interne Qualitätssicherung*

Technik der Knochenmarkentnahme

Das Knochenmark-Punktat kann aus dem Sternum oder aus dem Beckenkamm (Spina iliaca dorsalis), bei Kindern auch aus dem Tibiakopf, gewonnen werden. Die Technik der Knochenmarkentnahme ist aus Boll:

Knochenmark-Zytologie; Queisser: Das Knochenmark u. a. zu entnehmen.

Ausstriche aus Knochenmark-Punktaten

Um die nachfolgenden diagnostischen Hinweise auf die eigenen Präparate übertragen zu können, ist eine bestimmte Ausstrichtechnik zweckmäßig: 0,2-0,5 ml eines sehr schnell angesaugten *Knochenmarkblutes* werden auf ein entfettetes Petrischälchen gespritzt. Durch Schräghalten des Glases läßt man das Blut abfließen und überträgt mit einer Objektträgerecke oder einem kleinen Skalpell die Bröckchen schnell, möglichst blutfrei, auf die gut entfetteten Objektträger. Die *Quetschpräparate* werden zwischen zwei planparallel verschobenen Objektträgern ohne Druck angefertigt (Undritz, Boll u. a.). Man erhält dabei ein ovales Feld von Knochenmarkzellen mit einem größeren Anteil retikulärer Elemente oder Fett im Zentrum und mehr hämatopoetische Zellen und Erythrozyten in der Peripherie, die sich zur Beurteilung der Vorstufen eignet. Die Mittelstücke erlauben aber eine Aussage über die Formation des retikulären Anteils. Nur wenn selbst feinste Bröckchen im abfließenden Blut nicht zu erkennen sind, müssen Ausstriche aus dem Knochenmarkblut hergestellt werden, eventuell nach Zentrifugation. Manchmal ist aus der schnell entfernten Nadel noch verwertbares Material auszuspritzen.

Sollte das Ausstreichen nicht schnell genug gelingen, z.B. weil keine gelernte Hilfsperson zur Verfügung steht, ist eine andere Technik, das Punktat aufzufangen, empfehlenswert: Es wird schnell in ein Gefäß, z.B. Zentrifugenröhrchen, mit 4 ml 0,9% NaCl + 1 ml 3,8% Natriumcitrat-Lösung oder mit 25 ml 0,9% NaCl + 1 Tr. Liquemin-Lösung (5000 E/ml) injiziert. Man hat nun Zeit, die *Bröckchen* mit einem Starmesserchen oder einer Metallnadel und wie oben auszustreichen, eventuell auch nach Versand zu entnehmen. Für die Befundung muß man wissen, daß die Ausstriche in gleicher Weise gelingen, aber fast keine Erythrozyten enthalten. Mit dieser Methode hat man den Vorteil, daß der Fettgehalt des Punktates grob geschätzt werden kann. Durch die Schwimmprobe läßt sich ein grober Anhaltspunkt über Fett- und Zellgehalt gewinnen (Boll).

Erbringt die Punktion kein diagnostisch auswertbares Resultat - *Punctio sicca* - sollte eine *Knochentrepanation* nach Jamshidi oder Burkhardt aus dem Beckenkamm angeschlossen werden.

Die *Knochenmark-Zytologie*, aus dem Ausstrich diagnostiziert, wird immer häufiger durch die *Knochenmark-Histologie* aus dem Methacrylatschnitt ergänzt. Die Knochenmarkgewinnung mit der Fräse nach Burkhardt, die unter aseptischen Bedingungen durchgeführt werden muß, ist meistens durch die mit der Nadel nach Jamshidi u.a. zu ersetzen. Der histologische Dünnschnitt der Knochenmarkbiopsie gibt Informationen über die Zelldichte und den Gewebeaufbau von Knochenmark, Endost, Sinus und Gefäßen, läßt jedoch viele Aussagen über die Feinstruktur der Zellen vermissen, an die der Diagnostiker schon aus dem Differentialblutbild gewöhnt ist (azurophile Granulation, Polychromasie der Erythroblasten u.a.).

Tupfpräparate vom Stanzzylinder

Bei der Knochenmarkbiopsie wird ein Stanzzylinder gewonnen, der mit der Myelotomie-Fräse größer wird als mit den Nadeln nach Jamshidi, Bartelheimer oder Pribilla. Hängt ein Tropfen am vorderen Ende des bioptischen Präparates, kann dieser auf einen Objektträger abgetupft und ausgestrichen werden. Sonst werden alle Seiten vorsichtig auf den Objektträger getupft. Streicht man den Stanzzylinder ab, werden die Zellen zerstrichen und sind nicht mehr erkennbar. Bessere Ausstriche gewinnt man bei Aspiration vor der Gewinnung der Stanze. Die zytologische Beurteilung sollte jede Knochenmark-Histologie ergänzen!

Ausstriche aus Feinnadelbiopsien

Die Probenentnahme erfolgt nach Hautdesinfektion mit einer 10 ml Injektionsspritze. Meist wird nur Material aus der Nadel mit Lumen L1 bis L14 gewonnen, das sofort nach Entnahme aus dem Körper auf einen sauber vorbereiteten Objektträger gespritzt und mit einem anderen Objektträger je nach Blutreichtum ausgestrichen oder wie Knochenmark als Quetschpräparat verarbeitet wird. Wurde eine größere Menge Flüssigkeit aspiriert, wird sie in spitzem Zentrifugenglas 5 Minuten bei 1000 Upm (= 160 g) zentrifugiert und nach Dekantieren das Sediment ausgestrichen. Die *Zytozentrifuge* (Firma Shandon Elliott SCA 0030) verteilt den Ausstrich schonender und mit besserer Zellanreicherung direkt auf dem Objektträger mit nur 500 Upm (= 22 g) relativer Zentrifugenbeschleunigung.

Tupfpräparate von Lymphknoten oder Organen
Die zytologische Beurteilung exzidierter Organe oder deren Teil ist nur von einer frisch hergestellten Schnittfläche (mit Messer oder Schere) möglich. Die Schnittfläche wird mit Zellstoff oder einem Leinentuch ein- bis mehrmals abgetupft. Danach wird ein Objektträger mehrmals nebeneinander leicht auf dieselbe Schnittstelle aufgedrückt, ohne zu wischen.

Auswertung des Knochenmarkausstriches
Die Auswertung des Knochenmarkausstriches erfolgt meistens nur qualitativ und durch Schätzung. Die entscheidenden Informationen werden dem Pappenheim-Präparat entnommen. Zuerst wird es makroskopisch angesehen, dann mit einem schwachen Objektiv (10 ×) durchgemustert, um den Zell- und Fettgehalt und die Zellverteilung zu beurteilen und um eine geeignete Stelle mit gut ausgebreiteten Zellen für die stärkere Vergrößerung zu finden.

Die faserreichen Bezirke in der Mitte des *Bröckel-Ausstriches* eignen sich wegen ihres hohen Anteils an Retikulumzellen weniger zur Auswertung. Weiter nach außen liegen die hämatopoetischen Zellen, die differenziert werden sollen. Die Differentialzählung des Knochenmarkausstriches ist nur selten erforderlich, und selbst bei Differenzierung von 500 Zellen muß noch darauf geachtet werden, daß eine repräsentative Stelle verwendet wird. Die Durchsicht von 6–10 Ausstrichen ist hingegen erforderlich, um lokale Veränderungen, wie sie im Knochenmark relativ häufig vorkommen, insbesondere Karzinomzellverbände, nicht zu übersehen. Der Geübte wird meistens auf die Differentialzählung zugunsten der Schätzung verzichten.

Ein *Auswertbogen* erweist sich als nützlich (**Tabelle 4.2-8**), unabhängig, ob eine Zählung oder nur eine Schätzung vorgenommen wurde. Der Befunder wird durch den Vordruck angehalten, zu allen vorkommenden Zellarten Stellung zu nehmen. Die Schreibkraft kann nach dem Auswertbogen den Befundbericht schreiben.

Bei der zytologischen Auswertung anderer *Organausstriche* steht ebenso die qualitative Beurteilung durch Schätzung im Vordergrund.

Tabelle 4.2-8: Zytologische Auswertung von Knochenmark-Ausstrichen

Datum:	Name:	Station:
Sternal-, Beckenkammpunktat	Histologie: Ja - Nein	
Klinische Diagnose:	Fragestellung:	
Vorpunktate:	Therapie:	

Pappenheim-, Peroxydase-, PAS-Färbung, Berliner Blau-Reaktion,
Alpha-NA-Esterase, saure und alkalische Phosphatase
Knochenmark schwimmt - schwebt - sedimentiert - keine Bröckel

Ausstriche: zellreich - mittlere Zelldichte - zellarm - fast nur Blut
- fettreich - mittlerer Fettgehalt - fettarm

Retikulum und Lymphopoese:
Histiozyten (große Retikulumzellen):
reichlich - vermehrt - normal - vermindert
Alpha-NA-Esterase positiv, aLP positiv

Tabelle 4.2-8: (Fortsetzung)

---

phagozytierende Histiozyten: reichlich - vermehrt - keine
Gaucherzellen - Schaumzellen - seeblaue Histiozyten -
Gewebsmastzellen
Knochenmark-Lymphozyten (kleine Retikulumzellen):
massenhaft - reichlich - vermehrt - normal - vermindert
Alpha-NA-Esterase - granuliert - diff. positiv - negativ
PAS - granulär - schollig - positiv - negativ
Blutlymphozyten:
massenhaft - reichlich - vermehrt - normal - vermindert - azurgranuliert
saure Phosphatase positiv - negativ
PAS - granulär - schollig - positiv - negativ
Prolymphozyten - Lymphoblasten - Immunoblasten:
reichlich - normal - keine
PAS positiv
Plasmazellen: massenhaft - vermehrt - normal - vermindert
atyp. Plasmazellen - Plasmoblasten: reichlich - keine
Mitosen: reichlich - vorhanden - keine

Granulopoese:
vermehrt - normal - wenig - stark - vermindert, links-, rechts-, nicht verschoben
Mitosen - reichlich - vorhanden - keine
vorwiegend Myeloblasten - Promyelozyten - Myelozyten -
Jugendliche - Stabkernige - Segmentkernige
toxisch granuliert - Riesenstäbe - Auerstäbchen - Pelgerformen
Peroxydase - gut - mäßig - positiv
PAS - gut - mäßig - positiv
Eosinophile - stark - wenig - vermehrt - normal - vermindert
Monoblasten - Promonozyten - Monozyten - vermehrt - normal - keine
Alpha-NA-Esterase - granulär - diffus - positiv - negativ

Erythropoese:
stark - vermehrt - normal - wenig - stark - vermindert
links-, rechts-, nicht verschoben
Mitosen - reichlich - vorhanden - keine
normoblastisch - Megaloblasten zu ca. ... %
Megaloblastoide - reichlich - keine - vorhanden
Haemozytoblasten (Übergangsformen von Retikulumzellen zu Proerythroblasten) - reichlich - vorhanden - keine
Erythroblasten - nicht - PAS-positiv
Eisenspeicherung in Histiozyten - reichlich - normal - kaum - keine
Sideroblasten - keine - wenig - reichlich
Ringsideroblasten - vorhanden
Siderozyten - keine - wenig - reichlich

Thrombopoese:
Megakaryoblasten - vermehrt - vorhanden - keine
Megakaryozyten - in allen Reifestufen - reichlich - keine
Übersegmentierte Megakaryozyten - Mikrokaryozyten - basophile Riesenformen
Riesen-, - vakuolisierte Riesenzellen, Solitär-Kerne
PAS - gut - mäßig - positiv - negativ
Osteoblasten - Osteoklasten - knochenmarksfremde Elemente

Diagnose:

Tabelle 4.2-9: Zählvordruck

Knochenmark-Nr.:		Patient:		
Zellart	Gesamtzellzahl	Mitosen P fM sM A T R	2kernige	% Zahl
Histiozyten Phagozytierende Histiozyten Knochenmark- Lymphozyten Blut-Lymphozyten Lymphoblasten Plasmazellen				
Gesamte Mitosen				100
Myeloblasten[1] Promyelozyten Neutrophile Myelozyten Eosinophile Myelozyten Basophile Myelozyten Promonozyten Metamyelozyten				
Granuloblasten-Zwischensumme für wMI				
Stabkernige Segmentkernige Eosinophile Segmentkernige Basophile Segmentkernige Monozyten				
Gesamte Granulopoese				100
Proerythroblasten Basophile Erythroblasten Polychromatische Erythroblasten Oxyphile Erythroblasten Reife Erythroblasten				
Gesamte Erythroblasten				100
Megakaryoblasten Promegakaryozyten Megakaryozyten				
Gesamte Megakaryopoese				100
Gesamtsumme				

[1] Einschließlich Monoblasten, Basophiloblasten
Abkürzungen: P Prophase, fM frühe Metaphase, sM späte Metaphase, A Anaphase, T Telophase, R Rekonstruktionsphase

Befundung des Knochenmarks

Die Zusammensetzung des Knochenmarks kann *quantitativ* oder/und *qualitativ* von der Norm abweichen. Im Extremfall sind die Veränderungen *uniform*, und es genügt ein Blick ins Mikroskop, um die Diagnose zu finden. Zum Beispiel ist dies möglich quantitativ bei hämolytischer Anämie, Agranulozytose, Thrombozythämie u.a., qualitativ bei Plasmozytom, chronischer lymphatischer Leukämie, akuten Leukämien, Megaloblastenmark u.a. Sind die quantitativen Abweichungen von der Norm zweifelhaft, empfiehlt sich die Differenzierung von mindestens 500 Zellen an einer oder an mehreren repräsentativen Ausstrichstellen.

Aus dem *Zählvordruck* (**Tabelle 4.2-9**) können der G/E-Index, das Verhältnis von granulozytärer Reihe zu Erythroblasten, der Gb/Gz Index, das Verhältnis der teilungsfähigen Granuloblasten zu den nicht teilungsfähigen Granulozyten, der Granuloblasten-Mitose-Index und der Erythroblasten-Mitose-Index in ‰ leicht errechnet werden. Die prozentuale Mitosephasenverteilung im fixierten Präparat wird karyologische Kurve genannt.

Aus der zytologischen Knochenmarkzusammensetzung können - abgesehen von einigen Raritäten - etwa 30 Diagnosen gestellt werden. Einige Diagnosen wie sideroachrestische Anämie, monozytäre Leukämie, von der CLL abweichende Lymphome sind durch zusätzliche zytochemische Reaktionen abzugrenzen. Die anderen häufigen Diagnosen haben wir in einem *Entscheidungsbaum* zusammengefaßt (Boll 1980, 1982). Er soll erleichtern, die einzelnen Erkenntnisschritte zu vollziehen. Der Entscheidungsbaum (**Abbildung 4.2-2**) kann selbstverständlich nur ein grobes Raster darstellen. Es wurden *9 Symptom-Qualitäten* ausgewählt, die ihrerseits nochmals in *26 Einzelmerkmale* unterteilt sind. Jedes quadratische Feld läßt das Auftreten der entsprechenden, linksstehenden Veränderungen des Knochenmarks für eine bestimmte Diagnose oder Diagnosegruppe erwarten. Sind an einzelnen Stellen Symptome nicht durch Felder markiert, ist ihr Auftreten dort für den Entscheidungsprozeß bedeutungslos.

Geht man von oben nach unten vor und setzt die gefundenen Merkmale (Vermehrung ↑, Verminderung ↓, unverändert =, normal n, Atypien *, Linksverschiebung ←, Rechtsverschiebung →) ein, kommt man zwangsläufig zu den untenstehenden Diagnosen. Es zeigt sich jedoch, daß nicht alle erwarteten Symptome immer erfüllt werden und die Notwendigkeit der Gewichtung der Symptome entsprechend ihrer Bedeutung besteht.

Die Diagnostik des Knochenmarks im Einzelnen und ihre Einordnung in die gesamte hämatologische Diagnostik muß speziellen Lehr- und Handbüchern vorbehalten bleiben.

Richtigkeitskontrollen

Richtigkeitskontrollen für Knochenmark- und andere Zytologie sind noch nicht möglich, abgesehen von Lehr-Präparaten.

Bei unklaren Befunden oder bei speziellen Erkrankungen ist das Vorlegen von Proben in einer zentralen Sammelstelle wie z.B. bei malignen Non-Hodgkin-Lymphomen im Lymphomregister in Kiel dringend erforderlich, um den z.Zt. besten Standard zu erreichen.

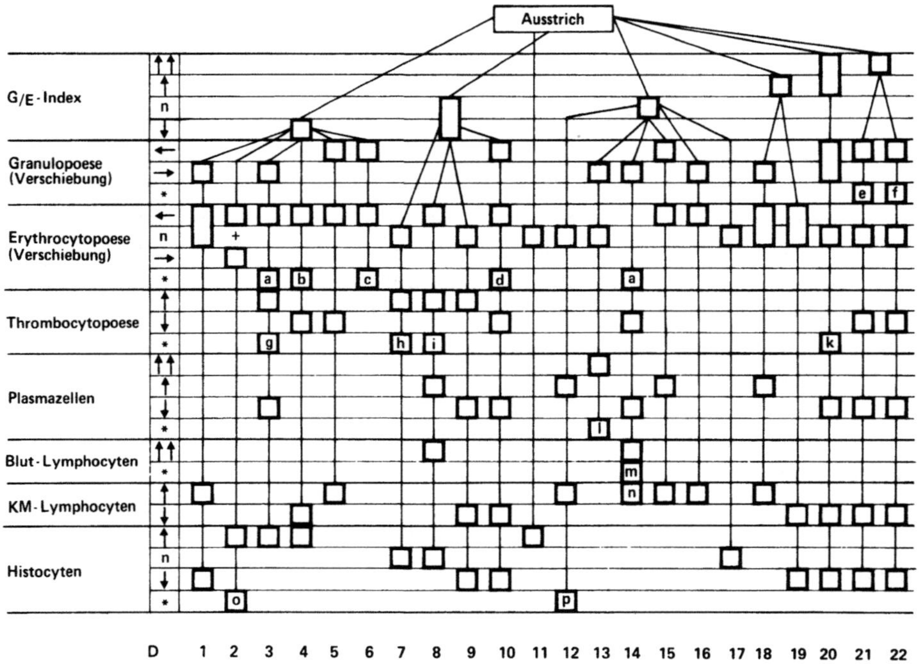

Abbildung 4.2-2: Entscheidungsbaum.
D 1: Angeregte Erythrozytopoese bei Hämolyse: angeborene und erworbene autoimmun-hämolytische Anämien; D 2: Angeregte Erythrozytopoese bei hypochromer, mikrozytärer Anämie: chronische Blutungsanämie oder Eisenmangelanämie anderer Genese; D 3: Megalozytopoese; D 4: Akute Erythrämie; D 5: Panmyelopathie (smould. leukemia); D 6: Angeregte Erythrozytopoese bei Sideroachresie; D 7: Megakaryozyten-Leukämie; D 8: Thrombozytopenie (ITP); D 9: Polycythämie vera; D 10: Erythroleukämie; D 11: Nephrogene Anämie; D 12: M. Waldenström; D 13: diffuses Plasmozytom; D 14: Chronische Lymphadenose (CLL); D 15: Splenogene Markhemmung bei Lebererkrankung; D 16: Splenogene Markhemmung; D 17: Cardio-pulmonale Polyglobulie; D 18: Entzündliche Leukosen bei chronischem Infekt; D 19: Entzündliche Leukosen bei akutem Infekt; D 20: Chronisch myeloische Leukämie (CML, unbehandelt); D 21: Akute Promyelozyten-Leukämie; D 22: Akute Myeloblasten-Leukämie (AML).
a: Megaloblasten, Megaloblastoide; b: Paraerythroblasten; c: Reichlich Eisenspeicherung, Ringsideroblasten, Siderozyten; d: Gigantoblasten, Karyorhexis, Polyploidie, Megaloblastoide; e, f: Vorherrschen charakteristisch pathologischer Zellarten; g: hypersegmentierte Megakaryozyten; h: Megakaryoblasten und Promegakaryozyten; i: Zerfallsformen der Megakaryozyten; k: Mikrokaryozyten; l: Atypische Plasmazellen und oder Plasmoblasten; m: Lymphoblasten und Wanderformen; n: Pathologische B-Zellen; o: Keine Fe-Speicherung im Retikulum; p: Retikuläre oder lymphatische oder epitheloidzellähnliche Markmetaplasie und Gewebsmastzellen vermehrt

4.2.2.4 Externe Qualitätssicherung

Verbund von Befundern

Die Befundung von Knochenmark-Zytologie wird verbessert, wenn sie in einem Labor mit mehreren Befundern durchgeführt wird, um Gelegenheit des *Erfahrungsaustauschs* und der Diskussion problematischer Befunde zu geben. Andernfalls sollte ein Verbund mehrerer Labore diese Möglichkeit bieten. Nur durch laufende Fortbildung der Untersucher in Routine-Befundung und durch Tagungs- und Kongreßbesuche kann die Qualität gesichert werden. Kongreßbesuche sind notwendig, um über Neuerungen auf dem laufenden zu bleiben, wie sie z. Zt. gerade auf dem lymphatischen Sektor vorkommen.

Knochenmark-Ringversuche werden von INSTAND schon seit 1975 durchgeführt. Regelmäßige Teilnahme fördert die Qualität der Ergebnisse. Schwierigkeiten bestehen in der Anfertigung von z. B. 100 Ausstrichen aus einer Markprobe, um identisches Material verschicken zu können.

4.2.2.5 Postanalytische Phase

Numerische Verteilung des menschlichen Knochenmarks
Als Anhaltspunkt für die Beurteilung von Knochenmarkpunktaten sollen die Normalwerte, gemittelt von Knochenmarkpunktaten bei hämatologisch Gesunden, dienen (**Tabellen 4.2-10** und **4.2-11**). Die Prozentzahlen für die Granulo- und Erythrozytopoese rechts erscheinen übersichtlicher als die Promille-Angaben für alle Knochenmarkzellen.

Der *G/E-Index* gibt das Verhältnis aller granulozytopoetischen und monozytären Vorstufen zu allen Erythroblasten wieder:

$$G/E\text{-}I = \frac{\text{Granuloblasten} + \text{-zyten}}{\text{Erythroblasten}} \quad \text{(normal ca. 2,8)}$$

Er ist bei fast allen Anämien erniedrigt.

Der *granulopoetische Reifungsindex* nach Bock ist ein gutes Kriterium für den Grad der Ausreifung dieser Reihe:

$$Gb/Gz\text{-}I = \frac{\text{Granuloblasten}}{\text{Granulozyten}} \text{(normal ca. 0,8)}$$

Bei hohem Gb/Gz-Index ist die Ausreifung gehemmt und bei niedrigem Gb/Gz-Index die Knochenmarkreserve erhöht und die Ausreifung beschleunigt.

Die Mitoseindizes werden getrennt für beide hämatopoetischen Reihen bestimmt. Der Mitoseindex bezieht die Mitosen auf alle teilungsfähigen Zellen.

$$MI = \frac{\text{Zahl der Mitosen}}{\text{Zahl der teilungsfähigen Zellen}} \text{in ‰ angegeben.}$$

Das sind in der erythropoetischen Reihe alle Erythroblasten mit Ausnahme der reifen, d. h. der mit pyknotischen Kernen. Obgleich die Proerythroblasten und basophilen Erythroblasten mehr mitotische Teilungen durchmachen, findet man normalerweise mehr Mitosen bei den polychromatischen Erythroblasten, weil ihre Prozentzahl die weitaus größere ist.

In der granulozytopoetischen Reihe sind die Metamyelozyten selten, Stab- und Segmentkernige nicht mehr teilungsfähig und die Mitosen werden nur auf die Vorstufen des granulozytopoetischen Proliferationsspeichers bezogen. Auch hier kommen auf die Myeloblast und Monoblasten die meisten Mitosen, aber da diese determinierten Stammzellen sehr selten vorkommen, finden sich ebenfalls die meisten Mitosen bei den Promyelozyten, Myelozyten und Promonozyten.

Im Retikulum und in der Lymphopoese kommen fast nie Mitosen im Knochenmark vor.

Tabelle 4.2-10: Normalwerte des Knochenmarkes bei Erwachsenen. Medianwerte und Interquantilbereiche 93% von 28 hämatologisch Gesunden (je 2000 differenzierte Zellen). Nicht erwähnte Zellen kommen normalerweise nicht vor. Die Prozentbereiche für die Granulozytopoese und für die Erythropoese streuen weit weniger als der Promillebereich, weil der Anteil lymphatischer und retikulärer Zellen schon je nach Ausstrichstelle stark schwankt

	‰		%	
Lymphopoese und Retikulum				
Blutlymphozyten	83,5	(18-130)		
Knochenmarklymphozyten	22	(1-128)		
Plasmazellen	10	(1- 30)		
Histiozyten = große Retikulumzellen	12	(1- 51)		
phagozytierende Histiozyten und Gewebsmastzellen	1,5	(0- 11)		
	139,0			
Granuloblasten, mittlerer Mitoseindex 13 ‰				
Myeloblasten, Basophiloblasten und Monoblasten	13,5	(8- 36)	2,5	(0,5- 6)
Promyelozyten	84,5	(31-144)	13,2	(5 -26)
neutrophile Myelozyten	111,5	(57-177)	17,8	(12 -29)
eosinophile Myelozyten	16,5	(0- 44)	3,1	(0 - 7)
Promonozyten	1	(0- 18)	0,2	(0 - 3)
Metamyelozyten	69	(33-150)	12,2	(7 -23)
Stabkernige	103,5	(52-173)	18,7	(11 -24)
Neutrophile Segmentkernige	159	(80-229)	27,2	(13 -38)
Eosinophile Segmentkernige	21,5	(0- 41)	3,6	(0 - 6)
Monozyten	4	(0- 19)	0,6	(0 - 3)
	584,0		99,1	
Erythroblasten, mittlerer Mitoseindex 15 ‰				
Proerythroblasten	15	(7- 28)	7,1	(3 -13)
Basophile Erythroblasten	38	(19- 87)	17,0	(6 -35)
Polychromatische Erythroblasten	111	(59-207)	49,5	(26 -63)
Oxyphile Erythroblasten	24,5	(2- 80)	12,6	(1 -34)
Reife Erythroblasten	17	(4- 54)	7,5	(2 -28)
	205,5		93,7	
Thrombozytopoese				
Megakaryoblasten	0	(0- 2)		
Megakaryozyten und Promegakaryozyten	2	(0- 5)		
	2			

4.2.2.6 Fehlermöglichkeiten

Ausstrichfehler der Knochenmark-Zytologie:
- zerquetschte Zellen
- pyknotische Zellen durch zu nassen Ausstrich
- zu große Blutbeimengungen

Außerdem können nekrobiotische Abbauformen von allen Zellen vorkommen und andere Artefakte, Glas- und Färbefehler.

Alte Präparate leiden durch pfleglose Behandlung und können so zerkratzt sein, daß sie nicht mehr beurteilt werden können.

Tabelle 4.2-11: Normalwerte des Knochenmarkes beim Kind. (Nach Queisser 1978) in %

Zellart	Geburt		1. Woche		Ende der Neugeborenenperiode		Kleinkindesalter		Schulalter	
	Wintrobe (24)	Opitz/Weicker (15)	24	15	24	15	24	15	24	15
neutrophile Granulopoese gesamt	54 (31-77)	52.5	65 (21-79)	60	37 (22-52)	43	50 (32-68)	52	52 (35-69)	58.5
Myeloblasten		2.5 (0.2- 5.0)		2.0 (0.2- 5.0)		1.5 (0.2- 5)		1.0 (0.2-5)		1.0 (0.2- 5)
Promyelozyten		3.0 (0.2- 5.0)		3.5 (0.5- 7.5)		2.5 (0.8-10)		2.5 (0.5-7.5)		3.0 (0.5-10)
Myelozyten		6.0 (2 -20.0)		10.5 (5.0-20.0)		10.0 (5 -15)		12.5 (5 -20)		15.0 (5 -25)
Metamyelozyten		12.5 (5 -25.0)		12.5 (5.0-25.0)		10.0 (5 -15)		12.5 (5 -20)		15.0 (5 -25)
Stabkernige		12.5 (5 -25.0)		15.0 (10 -25)		8.0 (5 -15)		10.0 (5 -15)		12.5 (5 -20)
Segmentkernige		15.0 (10 -30)		15.0 (10 -25)		7.0 (1 -15)		8.5 (1 -15)		8.0 (1 -15)
Basophile		0.05 (0 - 0.5)				0.05 (0-1)		0.1		0.2 (0 - 1.0)
Eosinophile	3 (1-3)	1.0 (0-5.0)	3 (1-5)	2.5 (0.5-7.0)	3 (1-5)		6 (2-10)	5 (1.5-7.5)	3 (1-5)	4.0 (1-7)
Monozyten				5.0 (2-10)		2.0 (0.5-5.0)		3 (1-5)		1.5 (0.5-4)
Lymphozyten	6 (2-10)	-	13 (7-19)	-	23 (18-54)		22 (8-36)	-	18 (12-28)	20.0 (10-35)
Reticulumzellen		5.0 (0 -10.0)		25.0 (10-40)		35.0 (15-50)		27.5 (15-40)		0.5 (0.2-2.8)
Plasmazellen		0.1 (0.1- 1.0)		0.1 (0-45)		0.5 (0- 2)		0.5		0.5 (0.2-2.5)
Megakaryozyten		0.1		0.1		0.5		0.5		0.5
Erythropoese gesamt	34 (18-50)	35.0	15 (5-25)	10	17 (7-27)	20	19 (11-27)	17.5	21 (11-31)	20
Basophile		5.0 (0.5-10.0)		1.0 (0- 3)		2.5 (0.5- 5)		2.5 (1- 3)		3 (1- 8)
Polychrom.		15.0 (7.5-30.0)		3.0 (0-10)		10.0 (5 -20)		5.0 (2-10)		6 (3-10)
Oxyphile		15.0 (7.5-30.0)		6.0 (2-20)		7.5 (5 -12.5)		10.0 (5-20)		11 (5-20)

Durch Aufbewahrung unter Luftzutritt, z. B. in früher üblichen Präparatekästen ohne Eindeckung, verliert die Färbung nach Jahren ihre Brillanz. Dies kann aber auch durch das Eindeckmaterial (Eukitt) entstehen. So erweisen sich dicht bei dicht gelagerte Ausstrich-Objektträger ohne Luftzutritt nach Jahrzehnten als die besten. Deswegen sind Lab-aid-Schränke empfehlenswert.

4.2.2.7 Wirtschaftlichkeit

Zytochemische Reaktionen sind kostenaufwendig, so daß zu überlegen ist, ob sie nicht nur gezielt bei akuten Leukämien bzw. malignen Lymphomen durchgeführt werden sollen. Kostengünstiger ist, auch bezüglich des Personalaufwandes, sie nur einmal wöchentlich in einer Küvette durchzuführen. Wir verwenden die Peroxydase-Reaktion statt der α-Naphtol-ASD-Chloracetat-Esterase, weil sie schneller durchführbar und billiger ist.

Die zytologische Knochenmark-Untersuchung ist wesentlich wirtschaftlicher und auch schneller - bei einigen Indikationen wie perniziöser Anämie und akuter Leukämie von großer Bedeutung - als die histologische Knochenmark-Untersuchung. Die Zytologie reicht sicher bei vielen Fragestellungen allein zur Diagnosefindung aus.

Cave: Knochenmark-Zytologie nach dem Schillingtest zeigt keine Megaloblasten mehr wegen der Cobalamin-Applikation.

Indikationen zur zytologischen Knochenmarkuntersuchung sind:
- normochrome und hyperchrome Anämien
- ungeklärte hypochrome Anämien
- nicht infektiöse Leukozytosen
- Leukozytopenie
- Atypien des Differentialblutausstriches
- ungeklärte Lymphknotenschwellungen
- Splenomegalie
- Thrombozytopenie
- Thrombozythämie
- unklare Blutsenkungserhöhung und Plasmaproteinverschiebung
- Verdacht auf Karzinose oder Speicherkrankheiten
- Behandlung mit Immunsuppressiva oder Zytostatika

4.3 Glykosylierte (glykierte) Hämoglobine

Hans Reinauer (Düsseldorf)

4.3.0 Einleitung

Auf den Tagungen der wissenschaftlichen Fachgesellschaften, insbesondere der Deutschen Diabetes-Gesellschaft und der Deutschen Gesellschaft für Laboratoriumsmedizin, wurde sehr früh die Forderung nach Vergleichbarkeit der Analysenwerte bei den glykosylierten Hämoglobinen erhoben. Daraufhin wurde vor etwa 4 Jahren die externe Qualitätskontrolle der Glykohämoglobine im Institut für Standardisierung und Dokumentation im medizinischen Laboratorium e.V. (INSTAND) eingeführt, und mittlerweile liegen Ergebnisse aus 16 Ringversuchen vor.

4.3.1 Probenbeschaffenheit und Stabilität

Voraussetzung für die effektive interne und externe Qualitätskontrolle der Glykohämoglobine sind geeignete Proben. Bei den zur Verfügung stehenden Proben von verschiedenen Herstellern handelte es sich ausnahmslos um Hämolysate, die flüssig oder in lyophilisierter Form vorlagen. Bei der Überprüfung der Haltbarkeit stellte sich heraus, daß das Hämoglobin in Hämolysaten (auch von gewaschenen Erythrozyten und nach anschließender Beseitigung der Erythrozytenmembranen) keinesfalls stabil bleibt. Die chemischen Grundlagen dieser Hämoglobinveränderungen sind zum Teil bedingt durch Oxidation des zweiwertigen Eisens im Hämoglobin zum Hämiglobin, weiterhin durch Bildung von gemischten Disulfiden mit Glutathion oder Denaturierung des Hämoglobinmoleküls evtl. mit proteolytischem Abbau (Hammon et al., 1982).

Die *Eignung* der verfügbaren Proben in der internen und externen Qualitätskontrolle wurde durch wiederholte Analysen unter verschiedenen Lagerungsbedingungen untersucht. Die *Lagerung* der lyophilisierten Proben bei verschiedenen Temperaturen beeinträchtigte die Analysenqualität nicht. Die Lagerung der rekonstituierten Proben bei 4 °C und bei 22 °C ergab, daß eine Haltbarkeit über mehrere Tage nur bei 4 °C gewährleistet war (**Abbildung 4.3-1**). In den rekonstituierten Proben verändert sich das Hämoglobin allmählich, wobei falsch-hohe Meßwerte, insbesondere mit der Methode der Mikrosäulentechnik, resultieren.

Abkürzungen:

HbA_1 = glykosylierte Hämoglobine = Glykohämoglobine = glykierte Hämoglobine
FPLC = fast protein liquid chromatography
HPLC = high performance liquid chromatography

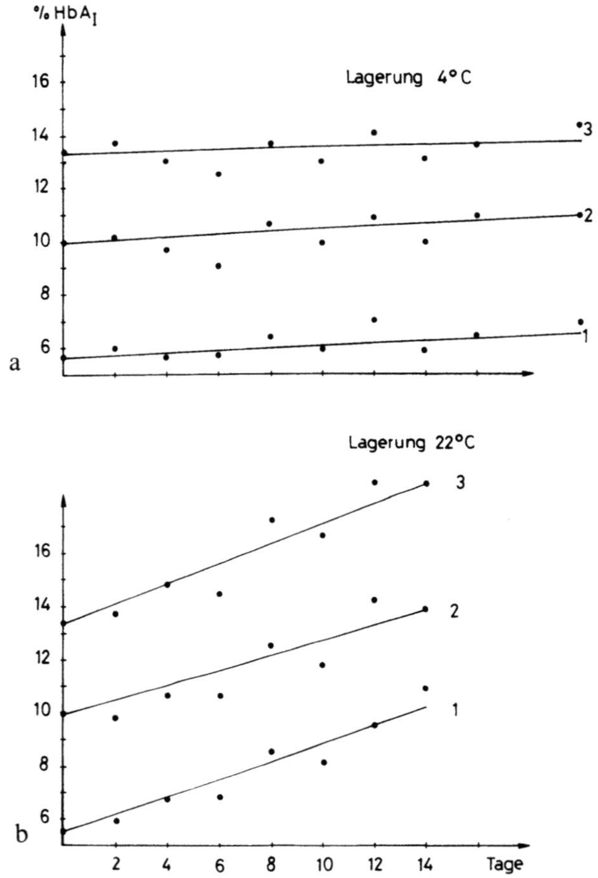

Abbildung 4.3-1 a, b:
Lyophilisierte Ringversuchsproben wurden rekonstituiert, bei 4° C (a) und bei 22° C (b) über 14 Tage gelagert und jeden zweiten Tag mit dem Mikrosäulenverfahren analysiert. Untersucht wurden drei verschiedene Proben (1-3)
Ordinate: % Hämoglobin A_1
Abszisse: Lagerungsdauer in Tagen

Die Veränderung des gelagerten Hämoglobins in Lösung ist auch in der FPLC nachweisbar (**Abbildung 4.3-2**). Dabei wurde deutlich, daß ein Teil der Veränderungen auf die Entstehung von Hämiglobin zu beziehen ist (**Abbildung 4.3-3**).

In weiteren Untersuchungsreihen wurden auch Flüssigproben analysiert, die durch Verdünnung mit Ethylenglycol haltbar gemacht wurden (Mosca et al., 1985). Auch diese Hämolysate zeigten zeitabhängige Veränderungen, wobei die Analysenqualität in der HPLC durch Ethylenglycol beeinträchtigt wurde. Gute Ergebnisse hingegen wurden bei diesen Proben mit dem Mikrosäulenverfahren erzielt.

Die bisherigen Erfahrungen lehren, daß jede Probe vor ihrem Einsatz im Ringversuch mit folgenden *Verfahren* getestet werden muß: Mikrosäulenverfahren, HPLC oder FPLC und elektrophoretisches Verfahren. Abschließend ist noch zu bemerken, daß mit der Thiobarbitursäuremethode auch bei mehrtägiger Lagerung von rekonstituierten Proben bei 20 °C stabile Werte erhalten werden (Little et al.,

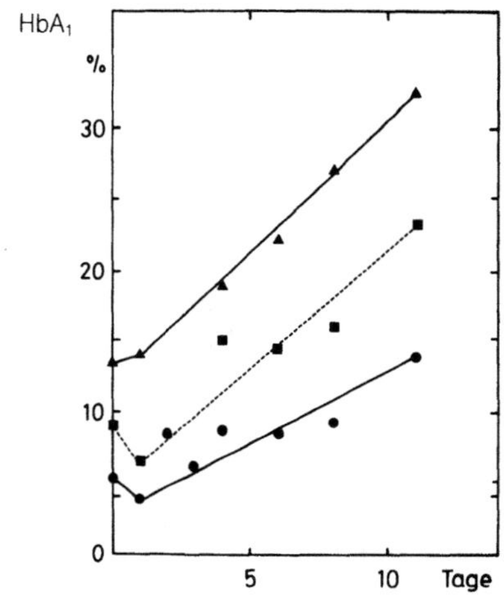

Abbildung 4.3-2:
Mit dem HPLC-Verfahren (Bio-Rex 70, Phosphatpuffer 0,05 M, pH 6,74 unter Zusatz von Kaliumzyanid) wurden rekonstituierte Proben, die bei 22°C bis zu 10 Tagen gelagert wurden, fortlaufend untersucht. Analysiert wurde der Anteil an Hämoglobin A_1. Auch mit dem HPLC-Verfahren stieg die Konzentration „HbA_1" kontinuierlich mit der Lagerungsdauer an

Peak	Ret.-Zeit (min)	Fläche (ref. %)
1	18.30	3.09
2	22.78	2.09
3	24.44	84.59
4	25.51	10.24

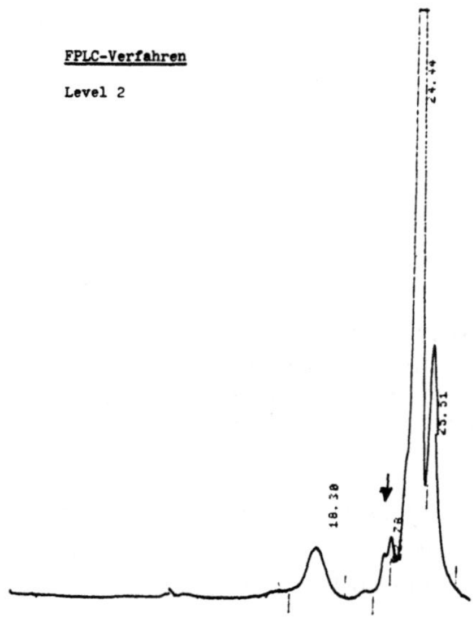

Abbildung 4.3-3:
Analyse der gelagerten Probe mit dem FPLC-Verfahren. Mit der Lagerungsdauer steht ein zusätzlicher Peak vor der Zacke des HbA_0. Die Zacke (HbA_{1d}) entspricht Hämiglobin bzw. einem gemischten Disulfid aus Hämoglobin und Glutathion

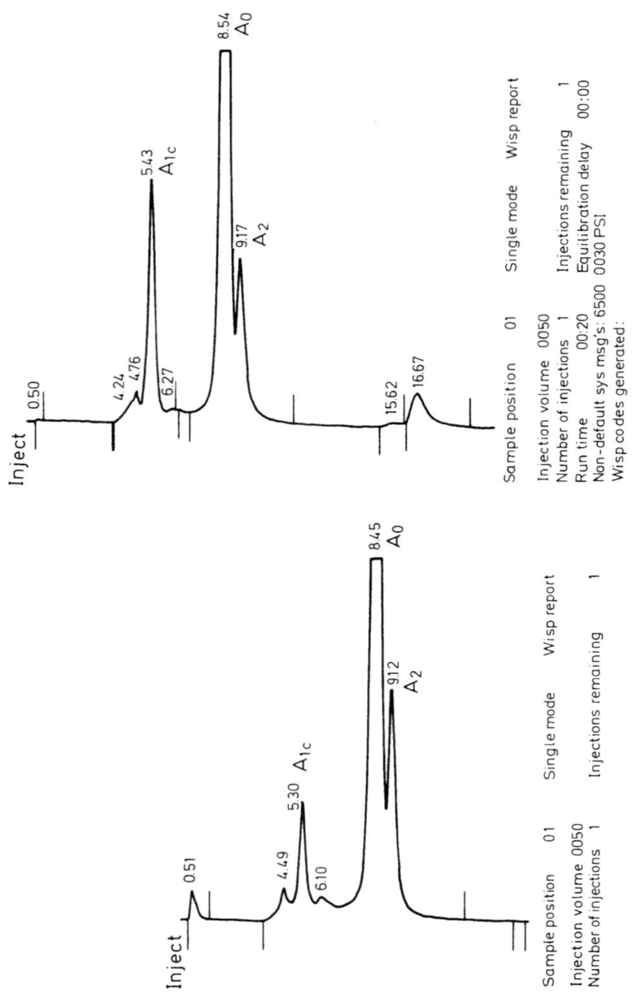

Abbildung 4.3-4:
Analyse von Ringversuchsproben mit dem HPLC-Verfahren (Säule Mono-S der Firma Pharmacia). Das analytische Verfahren ist publiziert worden (Humfeld und Reinauer, 1984). Mit diesem Verfahren werden die Zielwerte für HbA$_{1c}$1c bestimmt

1983). Den Ringversuchsteilnehmern wird empfohlen, die rekonstituierten Proben bei 4 °C zu lagern und innerhalb von 48 Stunden zu analysieren. Der pH der rekonstituierten Probe sollte im Bereich des Neutralpunktes liegen.

4.3.2 Interne Qualitätskontrolle

Wegen der hohen Temperaturempfindlichkeit des Mikrosäulenverfahrens sind regelmäßige interne Qualitätskontrollmaßnahmen erforderlich. Im Handel befinden sich nur Proben für die interne Richtigkeitskontrolle, es fehlen Proben für die Präzisionskontrolle. Die Herstellung von geeigneten Präzisionskontrollen ist problematisch, weil Hämolysate, auch im eingefrorenen Zustand, nur eine beschränkte Halt-

Tabelle 4.3-1: Variationskoeffizienten VK bei der Präzisionskontrolle von HbA_1-Analysen (von Tag zu Tag) (n = 20)

	VK
HPLC	2,8%
Mikrosäule	2,4%
TBA-Methode	4,0%
Elektrophorese	5,6%

Tabelle 4.3-2: Ringversuche zur Bestimmung der glykosylierten Hämoglobine mit dem Mikrosäulenverfahren in den Jahren 1983 und 1984

Ringversuche	Ringversuche Hämoglobin A_1 (Methode : Mikrosäule)					
	Teilnehmer	Zielwert $\bar{x}$	Zielwert V_K	Kollektiv $\bar{x}$	Kollektiv V_K	Erfolgsquote %
I/1983	40	19,8	9,8	19,27	13,2	82
		8,9	9,8	9,0	13,6	
II/1983	81	8,6	12	8,7	18,6	86,4
		15,4	12	15,4	13,2	
III/1983	86	5,8	7,5	5,8	18,1	62,7
		15,6	7,5	15,4	13,4	
I/1984	62	7,2	7,5	7,3	13,7	82,2
		11,3	7,5	11,3	13,7	
II/1984	81	6,6	7,5	6,7	11,3	75,3
		11,3	7,5	11,7	13,1	
III/1984	85	19,0	7,5	19,0	12,2	77,6
		8,4	7,5	8,2	14,7	
		Durchschnittliche Bestehensquote				77,7%

barkeit haben. Für die Präparation von Präzisionskontrollproben eignet sich am ehesten das Verfahren nach Mosca et al. (1985). Dieses Präparationsverfahren beinhaltet folgende Präparationsschritte: Zentrifugation, Dialyse, Konzentration des Hämoglobins, Verdünnen mit Ethylenglykol, Begasung mit Kohlenmonoxyd, hochtourige Zentrifugation. Laboratorien, die für diese präparativen Arbeiten ausgerüstet sind, könnten sich geeignete Proben kostengünstig herstellen und bei −80 °C lagern. Die aufgetauten Proben haben eine beschränkte Haltbarkeit und sind allenfalls 4 Tage verwendungsfähig.

Eine weitere Möglichkeit für die interne Qualitätskontrolle der glykosylierten Hämoglobine besteht in der erneuten Analyse von Proben des Vortages. Die Präzisionskontrolle nach diesem Verfahren wird in Doppelbestimmungskontrollkarten der Norm DIN 58936/5 eingetragen und geprüft.

Für die interne Richtigkeitskontrolle stehen *Richtigkeitskontrollproben* zur Verfügung, deren Zielwerte aber *nicht* von Referenzlaboratorien festgelegt worden sind. Die *Zielwertermittlung* für diese Kontrollproben und die statistische Auswertung der Zielwertermittlung muß vom Hersteller angefordert und bereitgestellt werden. Diese internen Richtigkeitskontrollproben liegen in der Regel in lyophilisierter Form vor und sind in dieser Form haltbar. Nach Rekonstituierung haben die Proben eine begrenzte Haltbarkeit von 3-4 Tagen bei 4 °C. Ein großer Nachteil dieser Proben ist der relativ hohe Preis.

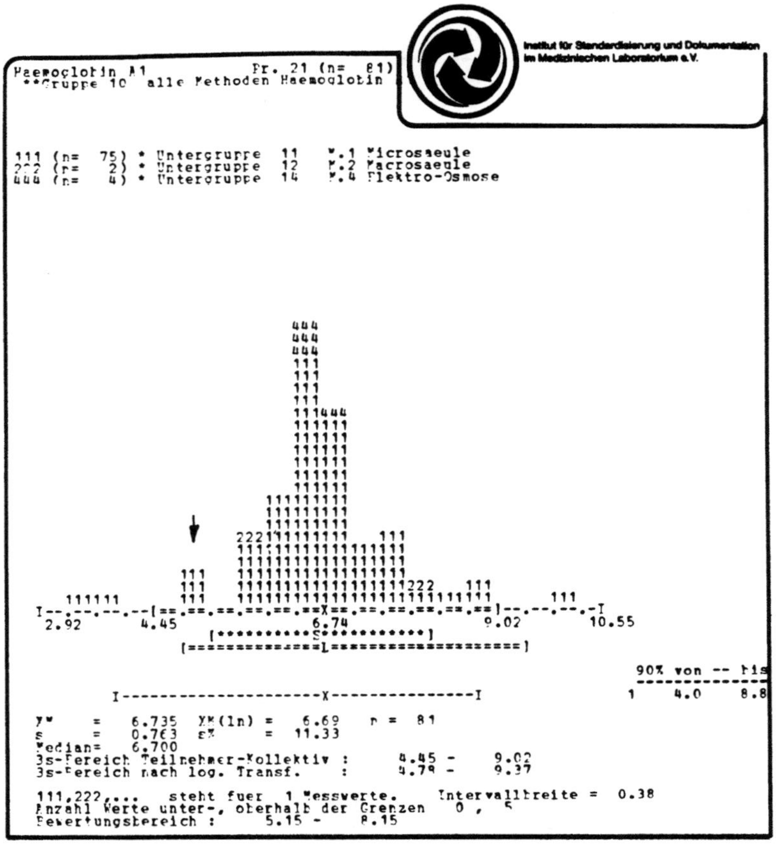

Abbildung 4.3-5:
Histogramm der Probe 21. Dargestellt sind alle Analysenwerte, die mit dem Mikrosäulenverfahren und mit der Elektroosmose analysiert worden sind

Die *Variationskoeffizienten* bei der internen Präzisionskontrolle sollten 5% nicht überschreiten (**Tabelle 4.3-1**). Bei der Richtigkeitskontrolle sind Abweichungen von 10% tolerabel.

Zusammenfassend ist festzustellen, daß angesichts der begrenzten Haltbarkeit von Hämoglobinproben lediglich eine Richtigkeitskontrolle in jeder 4. Serie empfohlen werden kann. Diese Richtigkeitskontrollen sind käuflich zu erwerben. Die Zielwertermittlung muß dokumentiert werden. Für die Präzisionskontrolle stehen keine käuflichen Proben zur Verfügung, die Präparation muß im Labor selbst erfolgen. Alternativ sind Proben vom Vortage wiederholt zu analysieren und in Doppelbestimmungskontrollkarten einzutragen und auszuwerten.

4.3.3 Ergebnisse der Ringversuche

Die *Zielwerte* der in den Ringversuchen eingesetzten Proben wurden mit Hilfe der Hochdruckflüssigkeitschromatographie oder FPLC ermittelt (**Abbildung 4.3-4**). Zusätzlich wurden geeignete Referenzlaboratorien für die Zielwertermittlung mit

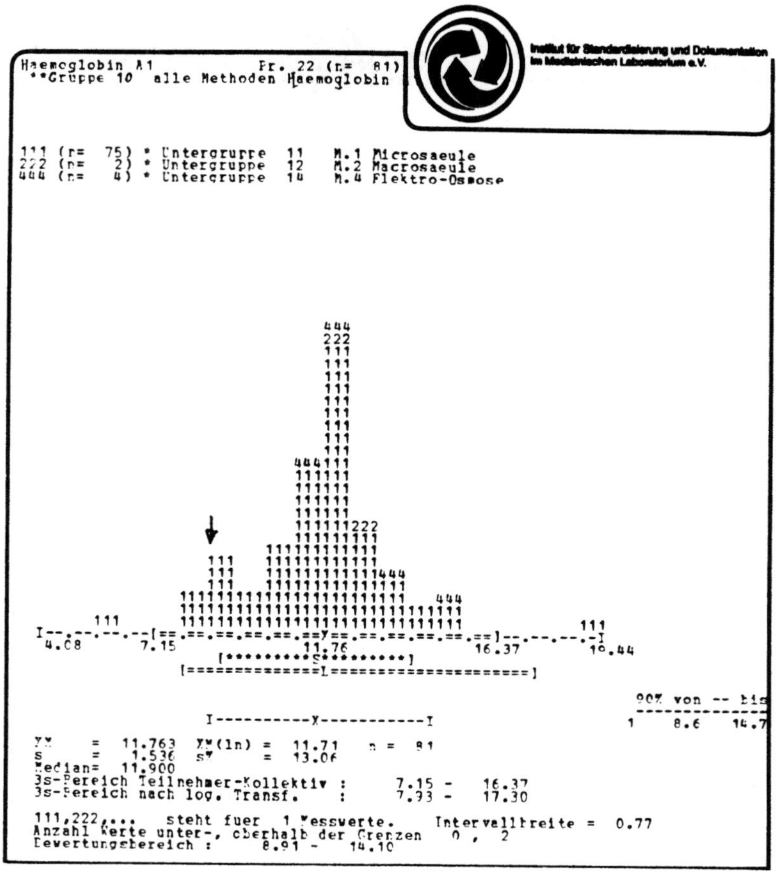

Abbildung 4.3-6:
Histogramm der Probe 22. Legende siehe Abbildung 4.3-5

dem Mikrosäulenverfahren eingesetzt. Die Überprüfung der Zielwerte mit dem Mikrosäulenverfahren erwies sich als notwendig, weil mehr als 90% der Ringversuchsteilnehmer dieses Analyseverfahren zur Bestimmung der glykosylierten Hämoglobine einsetzen.

In der **Tabelle 4.3-2** sind die *Ringversuche* der Jahre 1983 und 1984 (Methode: Mikrosäule) dargestellt. Die Zahl der freiwilligen Teilnehmer stieg in dieser Zeitspanne von 40 auf 85 an. Bei der Auswertung der Ringversuche sind alle Teilnehmer, die das Mikrosäulenverfahren mit Kationenaustauscher verwenden, zusammengefaßt worden. Eine Aufschlüsselung der Meßergebnisse nach Herstellern war nicht erforderlich. Während die Zielwerte mit dem HPLC- und dem Mikrosäulenverfahren erstellt wurden, wurden die *Bewertungsbereiche* (VK) zunächst empirisch nach den medizinischen Erfordernissen angesetzt. Im Jahre 1983 wurde der *Variationskoeffizient* der Referenzlaboratorien übernommen, wobei Variationskoeffizienten bis zu 12% beobachtet wurden. In späteren Ringversuchen wurde einheitlich ein VK von 7,5% zugrundegelegt, weil einerseits die Referenzlaboratorien niedrigere Variationskoeffizienten erzielt hatten, andererseits den medizinischen Erfordernis-

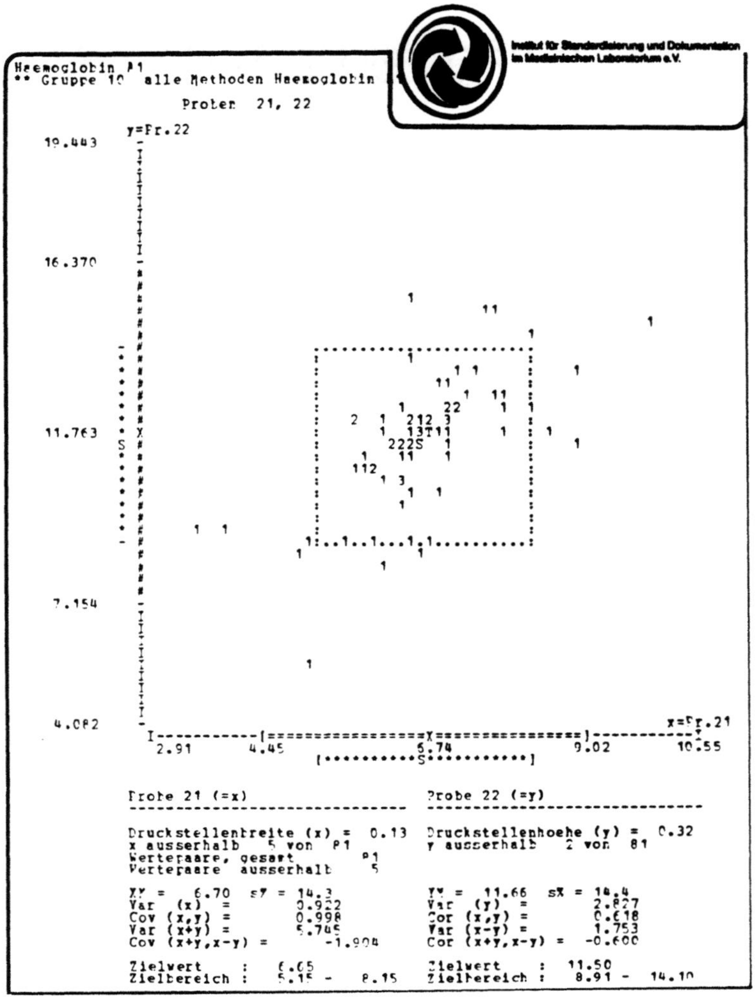

Abbildung 4.3-7:
Youden-Plot der Analysenwerte den Proben 21 und 22 (vgl. Abbildung 4.3-5 und 4.3-6)

Tabelle 4.3-3: Ergebnisse der Ringversuche zur Bestimmung von Hämoglobin A_{1c} mit dem Mikrosäulenverfahren

Ringversuche	Ringversuche	Hämoglobin A_{1c}				
	Teilnehmer	Zielwerte		Kollektiv		Erfolgsquote
		$\bar{x}$	V_K	$\bar{x}$	V_K	%
1984/I	5	5,3	7,5	5,33	13,3	71
		8,3	7,5	8,42	8,7	
1984/II	13	4,89	7,5	4,8	17,3	84
		9,5	7,5	9,6	12,8	
1984/III	20	12,8	7,5	12,8	8,0	70
		5,47	7,5	5,37	14,5	

sen entsprechende Variationskoeffizienten zwischen 5,5 und 7,5% geschätzt wurden. Im Jahr 1984 wurde aufgrund der besseren Probenqualität ausnahmslos ein VK von 7,5% für die Berechnung des Bewertungsbereiches herangezogen. Die Bestehensquoten lagen um 80% (Niederau u. Reinauer, 1984).

Die eingehende Analyse des Gesamtkollektivs in Histogrammen und Youden-Plots ergibt, daß das Mikrosäulenverfahren auch mit den Ergebnissen der Makrosäule und der Elektroosmose gut vergleichbar ist (**Abbildungen 4.3-5** und **4.3-6**). Die niedrigen Werte im Histogramm (Abbildungen 4.3.6-6 und 4.3.6-7), erzielt mit Mikrosäulenverfahren, beziehen sich auf die Bestimmung von HbA_{1c}. Im Youden-Plot wird deutlich, daß die Mehrzahl der Teilnehmer die Analysen ohne große systematische Abweichung durchgeführt haben (**Abbildung 4.3-7**).

Seit 1984 wird Hämoglobin A_{1c} auch mit dem Mikrosäulenverfahren bestimmt. Dieses Analyseverfahren arbeitet mit einer guten Reproduzierbarkeit, denn die Streuung des Gesamtkollektivs liegt etwa im gleichen Bereich wie bei der Bestimmung der gesamten glykosylierten Hämoglobine (**Tabelle 4.3-3**). Die Zielwerte wurden in diesem Falle aus dem Gesamtkollektiv abgeleitet, weil die HPLC-Analyse abweichende Werte ergab. Künftig werden aber die Zielwerte für die Bestimmung von HbA_1 und HbA_{1c}, unabhängig vom eingesetzten Verfahren, mit Hilfe der HPLC bzw. FPLC festgelegt werden.

Auf dem Symposion anläßlich der Jahrestagung der Deutschen Gesellschaft für Laboratoriumsmedizin in Hamburg wurde ein Mikrosäulenverfahren nach dem Prinzip der Affinitätschromatographie vorgestellt (Bruns et al., 1983; Schmidt und Vormbrock, 1984; Hampel und Reinauer, 1985). Dieses Analyseverfahren soll künftig ebenfalls in die Ringversuche einbezogen werden. Dabei wird zu prüfen sein, ob die Vergleichbarkeit der Analysenergebnisse zwischen den Kationenaustauschersäulen und den Affinitätssäulen gegeben ist.

Das Problem einer Miterfassung der Aldiminform besteht bei den Ringversuchsproben nicht. Aufgrund des Waschvorganges und der säulenchromatographischen Reinigung von Hämoglobin sind Ringversuchsproben praktisch frei von der Aldiminform (vgl. auch Eberentz-Lhomme et al., 1984).

4.3.4 Zusammenfassung

1. Die Qualitätskontrolle der Analysen von glykosylierten Hämoglobinen ist durchführbar.
2. Voraussetzung für die Durchführung der internen und externen Qualitätskontrolle sind geeignete Proben. Die zur Zeit für die interne Richtigkeitskontrolle und für Vergleichsmessungen zur Verfügung stehenden Proben liegen in lyophilisierter Form vor, müssen mit Aqua dest. rekonstituiert und innerhalb von 48 Stunden analysiert werden. Die rekonstituierten Proben müssen bei 4 °C gelagert werden.
3. Beim Mikrosäulenverfahren nach dem Prinzip der Kationenaustauscher sind herstellerspezifische Abweichungen statistisch nicht zu sichern. Die gemeinsame Bewertung des Kollektivs anhand von Zielwerten, die mit Hilfe der Hochdruckflüssigkeitschromatographie und mit dem Mikrosäulenverfahren durch Referenzlaboratorien ermittelt worden sind, ergibt Erfolgsquoten um 80%. Dabei wird dem Bewertungsbereich ein VK von 7,5% aufgrund der Analysen der Referenzlaboratorien und der medizinischen Erfordernisse zugrunde gelegt.

4.4 Suchtests bei Hämoglobinopathien

Hans Rudolf Marti (Aarau, Schweiz)

4.4.0 Einleitung

In Mitteleuropa werden Hämoglobinopathien vor allem bei Patienten angetroffen, die aus Mittelmeerländern und dem Nahen Osten stammen. Es handelt sich um genetisch determinierte Störungen der Globinsynthese. Ihre Auswirkungen sind Thalassämien und anomale Hämoglobine. Die Hämoglobine werden teils mit Buchstaben (A = adult, F = fetal, C, D, E, G, H etc.) und teils mit Eigennamen bezeichnet. Für weitere Informationen sei auf folgende Literatur hingewiesen (Brewer, 1984; Bunn et al, 1977; Huisman, Jonxis, 1977; Schmidt 1978; Stamatoyannopoulos, Nienhuis, 1983; Weatherall, Clegg, 1981).

Hämoglobinopathien sind Musterbeispiele molekularer Krankheiten. Das erstbekannte anomale Hämoglobin war Hb S, das von Pauling (1949) entdeckt und von Ingram (1957) in seiner Struktur chemisch analysiert wurde. Heute sind rund 400 anomale Hämoglobine bekannt, von denen allerdings viele nur selten vorkommen und keine klinischen Auswirkungen haben. Bei den meisten anomalen Hämoglobinen ist in einer Polypeptidkette eine einzige Aminosäure ausgetauscht (**Tabelle 4.4-1**). Bei den Thalassämien ist die Synthese einer Polypeptidkettenart durch einen genetischen Defekt blockiert.

Hb S und Hb C sind sporadisch auch in Mittelmeerländern anzutreffen. Die Thalassämien haben ihre größte Häufigkeit in den Mittelmeerländern, im Mittleren Osten und in Südostasien.

4.4.0.1 Präventivmaßnahmen

Die hier angeführten Methoden sind so ausgewählt, daß sie im nicht spezialisierten Laboratorium ohne größere Schwierigkeiten durchführbar sind (**Tabelle 4.4-2**). Eine gewisse Erfahrung ist jedoch unerlässlich. Spezielle Anforderungen an die Reagenzien sind nicht zu stellen. Kontrollblut von Erwachsenen (Hb A, Hb A_2) und Nabelschnurblut (Hb F) sind von jedem Laboratorium selbst zu beschaffen. Kon-

Tabelle 4.4-1: Geographisches Vorkommen der wichtigsten anomalen Hämoglobine

Hämoglobin	**Anomalie**	**Häufigstes Vorkommen**
Hb S	β Glu Val	Aequatorialafrika
Hb C	β Glu Lys	Ghana
Hb D Punjab	β 121 Glu Gln	Punjab Indien
Hb E	β 26 Glu Lys	Südostasien

Tabelle 4.4-2: Einfachste Suchtests für Hämoglobinopathien

Hämoglobinopathien	Labormethoden
β-Thalassämien	Elektrophorese Hb F-Elutionstest
Hb H-α Thalassämie	Elektrophorese
Hb S	Sichelzelltest Löslichkeitstest Elektrophorese
Hb C, D, E	Elektrophorese
instabile Hb	Isopropanoltest

trollblute mit anomalen Hämoglobinen sind im Handel nicht erhältlich, können aber im nächstgelegenen Referenzlaboratorium angefordert werden.

4.4.0.2 Interne Sicherung

Zur Untersuchung eignet sich ungeronnenes Venenblut. Als Antikoagulans empfiehlt sich Citrat oder ACD. Ein Versand ohne Kühlpackung während 24 Std. ist möglich. Die Lagerung im Laboratorium erfolgt bei +4 °C. Die Untersuchung ist vorzunehmen, bevor eine sichtbare Autohämolyse auftritt.

Die wichtigste Indikation zur Untersuchung auf anomale Hämoglobine sind hämolytische Anämien, für welche keine andere Ursache offenkundig ist, sowie anderweitig ungeklärte Methämoglobinämien und Polyglobulien. Bei hypochromen Anämien ohne Eisenmangel sind Thalassämien und Hb Lepore zu suchen.

Der Nachweis eines anomalen Hämoglobins in der Elektrophorese bedeutet noch keine Identifikation ! Nur Hb S ist mit einfachen Mitteln durch Sichelzelltest oder Löslichkeitstest zu identifizieren. Alle anderen anomalen Hämoglobin-Varianten sollten in einem spezialisierten Laboratorium identifiziert werden, um Fehldeutungen zu vermeiden.

4.4.0.3 Externe Sicherung

Jedes Routinelaboratorium sollte eine Beziehung zu einem Referenzlaboratorium unterhalten. Dort sind Ratschläge bei methodischen Schwierigkeiten erhältlich. Zur Qualitätskontrolle im eigenen Laboratorium können periodisch Resultate im Referenzlaboratorium überprüft werden. Allgemein zugängliche Ringversuche werden bis heute nicht durchgeführt. Angaben über künftige Ringversuche sind beim Referenzlaboratorium erhältlich.

Ringversuche zur Bestimmung von Hb F und Hb A_2 sind 1981 und 1982 von Stephens vorgenommen worden. Die Teilnehmerzahl war beschränkt. Die Resultate haben gezeigt, daß die Reproduzierbarkeit in den einzelnen Laboratorien allgemein gut ist, daß aber noch zu große Differenzen zwischen den einzelnen Untersuchungsstellen vorhanden sind. Zu ähnlichen Schlußfolgerungen ist Kleihauer 1975 anläßlich einer multizentrischen Studie der Hb F-Bestimmung mittels Alkalidenaturierung gekommen. (Anschriften: A. D. Stephens, MD., MRCPath. Consultant Haematologist, Department of Haematology, St. Bartholomew's Hospital, West

Smithfield, London EC1A 7BE / England; E. Kleihauer, Prof. Dr., Departement für Kinderheilkunde der Universität Ulm, Prittwitzstraße 43, 7900 Ulm / BRD).

Die Identifikation anomaler Hämoglobine erfordert mit Ausnahme von Hb S aufwendigere Methoden, wie Elektrophorese bei verschiedenem pH, isoelektrische Fokusierung, Funktionsuntersuchungen und Polypeptidketten-Analysen.

4.4.1 Nachweis von Sichelzell-Hämoglobin (Hb S)

4.4.1.1 Präventivmaßnahmen

Zum Nachweis oder Ausschluß eignen sich als Suchverfahren am besten der Sichelzell- und der Löslichkeitstest (**Tabellen 4.4-3 und 4.4-4**). Mit den beiden Methoden lassen sich die verschiedenen Sichelzellsyndrome allerdings nicht voneinander unterscheiden (heterozygote, homozygote und doppelt heterozygote Anomalieanlage). Der Sichelzelltest eignet sich am besten für Einzeluntersuchungen, der Löslichkeitstest für Reihenuntersuchungen. Der Löslichkeitstest kann auch mit flüssigem oder auf Filterpapier eingetrocknetem Blut vorgenommen werden; doch ist die hier angegebene Methode mit Hämolysat weniger fehleranfällig.

4.4.1.2 Präanalytik (Vgl. 4.4.0.2)

4.4.1.3 Interne Sicherung

Positivkontrollen sind mitzuführen, sofern Hb S-haltiges Blut verfügbar ist. Zur Negativkontrolle dient Blut eines beliebigen Patienten mitteleuropäischer Herkunft. Beim Sichelzelltest sollten stets mindestens 3 Testpräparate hergestellt werden, weil

Tabelle 4.4-3: Methode des Sichelzelltests

Reagenzien:	Natriumdithionit $Na_2 S_2 O_4$ 2% oder Natriummetabilsulfit $Na_2 S_2 O_5$ 2%. Haltbarkeit der Lösung: 24 Std.
Ausführung:	1 Tropfen Blut wird mit 1 Tropfen Reagens auf dem Objektträger gut gemischt, mit einem Deckglas zugedeckt und am Rand gegen Luftzutritt abgedichtet (Paraffin, Lack, Vaseline etc.). Bei Zimmertemperatur stehen lassen. Mikroskopische Beurteilung nach 1, 4 und 24 Stunden.

Tabelle 4.4-4: Methode des Hb S-Löslichkeitstests

Hämolysat:	Hämolyse dreifach mit 0,9% NaCl gewaschener Erythrozyten: Erythrozytensediment + 1 1/2 Vol. H_2O + 1/4 Vol. CCl_4 oder Toluol, Zentrifugation.
Reagenzien:	- Phosphatpuffer 2,24 M pH 6,5 - $Na_2 S_2 O_4$
Ausführung:	In kleinem Röhrchen 1 ml Puffer und 2 Tropfen Hämolysat mischen, dann 1 Spatelspitze (10 - 20 mg) $Na_2 S_2 O_4$ zugeben und erneut mischen. Bei Anwesenheit von Hb S starke Trübung, sonst klare Lösung. Ablesen am besten gegen bedrucktes weißes Papier.

das kleinste Leck am Rand zu falsch negativen Resultaten führt. Wenn die Raumtemperatur unter 18 °C liegt, müssen die Sichelzellpräparate im Wärmeschrank bei 20 bis 37 °C inkubiert werden. Zur Identifikation von Hb S genügen Elektrophorese und Sichelzell- oder Löslichkeitstest.

4.4.1.4 Externe Sicherung

Bei heterozygoter Hb S-Anlage (Hb A und Hb S zu fast gleichen Teilen) ist die Hilfe eines Referenzlaboratoriums entbehrlich. Zur Unterscheidung von homozygoter und doppelt heterozygoter Anomalieanlage (z. B. Hb S-Thalassämie) sind Elternuntersuchungen oder zusätzliche Analysen im Referenzlaboratorium erforderlich.

4.4.1.5 Postanalytische Phase

Die ethnische Herkunft des Patienten kann als Plausibilitätsmaßstab herangezogen werden. Sporadisch kommt Hb S bei Süditalienern, Griechen, Etitürken, Nordafrikanern, im Nahen und Mittleren Osten und in Indien vor.

4.4.1.6 Fehlermöglichkeiten

Für den falsch negativen Sichelzelltest vgl. 4.4.1.3. Weiterhin ergeben alte Blutproben mit hohem Methämoglobingehalt falsch negative Resultate. Falsch positive Ergebnisse entstehen, wenn eine atypische Deformation weniger Einzelzellen diagnostisch verwertet wird. Beim Löslichkeitstest kann überschüssiges, nicht gelöstes Dithionit eine Trübung vortäuschen (sedimentieren lassen).

4.4.1.7 Gesichtspunkte der Wirtschaftlichkeit

Der Sichelzelltest ist so wenig aufwendig, daß er als Suchtest bei allen Patienten aus Ländern mit hoher Hb S-Genfrequenz vorgenommen werden sollte.

4.4.2 Hämoglobinelektrophorese und Chromatographie

4.4.2.1 Präventivmaßnahmen

Die einfache Methode der Elektrophorese auf Celluloseacetat-Folien eignet sich zum qualitativen Nachweis und zur groben quantitativen Schätzung. Zur Bestimmung von Hb A_2 müssen die Fraktionen eluiert werden; die Densitometrie ergibt weniger genaue Resultate. Bei quantitativen Untersuchungen hat jedes Laboratorium die Streubereiche normaler Resultate selbst zu bestimmen.

Die Hämoglobinchromatographie ist eine etablierte Methode zur Bestimmung von Hb A_2. Sie fand zunächst keine allgemeine Verbreitung, weil jedes Laboratorium die Chromatographiesäulen selbst zubereiten mußte. Jetzt sind aber im Handel gebrauchsfertige Kits erhältlich, die es jedem mittelgroßen oder großen hämatologischen oder biochemischen Laboratorium gestatten, Hb A_2 mit guter Genauigkeit zu bestimmen. Die Chromatographie ist heute als Methode der Wahl zu betrachten; sie ist einfach und zeitsparend.

4.4.2.2 Präanalytik (Vgl. 2.3 sowie 3.6 und 4.4.0.2)

4.4.2.3 Interne Sicherung
Bei der Elektrophorese ist stets normales Erwachsenenblut- und Nabelschnurblut-Hämolysat mitzuführen. Hb S läuft bei pH 8,6 etwas langsamer als Hb F und kann mittels Sichelzelltest identifiziert werden. Für alle anderen anomalen Hämoglobine empfiehlt sich die Identifikation im Referenzlaboratorium. Zur Qualitätskontrolle der Hb A_2-Bestimmung mittels Chromatographie ist Kontrollblut mit normalem und erhöhtem Hb A_2-Gehalt zu beschaffen.

4.4.2.4 Externe Kontrolle (Vgl. 4.4.2.3)

4.4.2.5 Postanalytische Phase
Die ethnische Herkunft der Patienten kann bei Hb C, D und E mitberücksichtigt werden, reicht aber zur Identifikation der Anomalie nicht aus.

4.4.2.6 Fehlermöglichkeiten
Zahlreiche anomale Hämoglobine wandern in der Elektrophorese wie Hb A. Die Elektrophorese ermöglicht somit keinen sicheren Ausschluß einer Hämoglobinanomalie. Hb C wandert wie Hb A_2, kommt aber nur in wesentlich größerer Menge vor. Hämoglobin in Plasma und Urin ist meist enzymatisch verändert und wandert schneller als Hb A, was eine Anomalie vortäuschen kann.

4.4.2.7 Gesichtspunkte der Wirtschaftlichkeit
Die Indikation zur Hämoglobinelektrophorese ist gegeben bei Nachweis von Hb S, bei hypochromen mikrozytären Anämien ohne Eisenmangel sowie bei diagnostisch nicht anders zu klärenden hämolytischen Anämien, Methämoglobinämien und Polyglobulien. Wegen der Seltenheit der Hämoglobinopathien in Mitteleuropa sollten aber häufigere Ursachen vorgängig ausgeschlossen werden.

4.4.3 Nachweis instabiler Hämoglobine

4.4.3.1 Präventivmaßnahmen
Instabile anomale Hämoglobine sollen bei allen diagnostisch ungeklärten hämolytischen Anämien und Methämoglobinämien ausgeschlossen werden. Als Verfahren kommen Isopropanoltest, Hitzepräzipitation und Heinzkörpertest in Frage. Als einfachstes Suchverfahren eignet sich der von Carrel und Kay (1972) angegebene Isopropanoltest am besten (**Tabelle 4.4-5**).

Tabelle 4.4-5: Methode des Isopropanoltests

Hämolysat:	Hb-Konzentration ca. 100 g/l
Reagens:	Isopropanol 17 Vol.% in 0,1M Tris-HCl-Puffer, pH 7,4
Ausführung:	2 ml Reagens in kleinem Röhrchen 10 Min. im Wasserbad bei 37 °C vorwärmen, 0,2 ml Hämolysat zugeben, verschließen, mischen, 25 Min. im Wasserbad bei 37 °C inkubieren. Ablesen sofort nach Inkubation. Instabiles Hämoglobin ergibt je nach Menge und Instabilität eine leichte Trübung, eine massive Trübung oder ein Präzipitat.

4.4.3.2 Präanalytik (Vgl. 4.4.0.2)

4.4.3.3 Interne Sicherung
Es ist nur Blut verwendbar, das bei + 4 °C nicht länger als 3 Tage aufbewahrt wurde. Als Negativkontrolle ist stets ein Kontrollansatz mit frischem Hämolysat aus normalem Erwachsenenblut mitzuführen. Für eine Positivkontrolle ist, sofern vorhanden, ein Hämolysat mit einem bekannten instabilen Hämoglobin zu verwenden.

4.4.3.4 Externe Kontrolle
Instabile anomale Hämoglobine sollten in einem Referenzlaboratorium identifiziert werden.

4.4.3.5 Postanalytische Phase
Instabile Hämoglobine sind überall selten, so daß die ethnische Herkunft der Patienten als Plausibilitätsmaßstab nicht zu verwerten ist. Hb H kommt bei der α-Thalassämie vor, die ihre größte Häufigkeit in Südostasien hat.

4.4.3.6 Fehlermöglichkeiten
Hämolysate alter Blutproben, Methämoglobin sowie hohe Konzentrationen von Hb F oder Hb E ergeben eine Trübung.

4.4.3.7 Gesichtspunkte der Wirtschaftlichkeit
Nur bei anderweitig nicht geklärter hämolytischer Anämie ist nach einem instabilen Hb zu suchen.

4.4.4 Nachweis von Hb F

4.4.4.1 Präventivmaßnahmen
Zur Bestimmung von Hb F dienen Alkalidenaturierung, Chromatographie und Immunopräzipitation. Sie eignen sich nur für Laboratorien mit größeren Untersuchungsserien. Am wenigsten arbeitsaufwendig ist die Immunopräzipitation. Fertige Agarplatten und Standardlösungen sind im Handel erhältlich (Helena Laboratories: Hb F-Quiplate Procedure, Cat.-No. 9325). Zur einfachen Orientierung ist der von Kleihauer und Betke (1958) angegebene Elutionstest zweckmäßig, der es gestattet, die Hb F-Menge zu schätzen und gleichzeitig die Hb F-Verteilung in der Erythrozytenpopulation zu erkennen (**Tabelle 4.4-6**). Er erlaubt auch den Nachweis einzelner fetaler Erythrozyten im mütterlichen Blut.

4.4.4.2 Präanalytik (Vgl. 4.4.0.2)

4.4.4.3 Interne Sicherung
Normales Erwachsenenblut und ein künstliches Gemisch aus Nabelschnur- und Erwachsenenblut sind bei Elutionstest als Kontrollen mitzuführen. Die Puffer-Stammlösungen können bei 4 °C bis zu 6 Monaten aufbewahrt werden, sofern keine Trübung auftritt.

Tabelle 4.4-6: Methode des Hb F-Elutionstests

Reagenzien:	- Aethylalkohol 80% - Citronensäure-Phosphat-Puffer nach McIlvane, pH 3,2 - saure Hämatoxylinlösung nach Ehrlich 1% - wässrige Eosinlösung 0,1%
Ausführung:	Auf gut entfetteten Objektträgern dünne Blutausstriche herstellen, an der Luft trocknen lassen, Fixation in Aethylalkohol 5 Min., gut wässern, erneut an der Luft trocknen lassen, im Wasserbad bei 37 °C 3-5 Min. in Pufferlösung stellen (gelegentliches Umstellen der Objektträger oder sehr schwaches Rührwerk), gut wässern, an der Luft trocknen lassen, Färbung 2 Min. mit Hämatoxylin und 3 1/2 Min. mit Eosin, abspülen, trocknen lassen. Beurteilung im Mikroskop mit größter Vergrößerung des Trokkensystems und weitgehend geschlossener Blende. Hb F-freie Erythrozyten sind schwach sichtbare Stromaschatten, die Hb F-haltigen Zellen sind je nach Hb F-Gehalt mehr oder weniger stark angefärbt.

4.4.4.4 Externe Kontrolle

Werden im Elutionstest fetale Zellen im mütterlichen Blut nachgewiesen, ist keine externe Kontrolle erforderlich. Für die Diagnostik der Hämoglobinopathien sollte ein vermehrtes Hb F quantifiziert werden. Diese externe Ergänzung ist notwendig, sofern Hb F nicht mittels Immunopräzipitation im eigenen Laboratorium bestimmt werden kann.

4.4.4.5 Postanalytische Phase

Die ethnische Herkunft der Patienten kann bei der Thalassämie als Plausibilitätsmaßstab herangezogen werden.

4.4.4.6 Fehlermöglichkeiten

Beim Elutionstest muß die Elution exakt standardisiert werden. Je nach abweichender Intensität oder Dauer der Säureexposition entstehen falsch positive oder falsch negative Resultate. Die Ausstriche sind so anzufertigen, daß die Erythrozyten ziemlich nahe beieinander, aber nicht übereinander liegen. Eine leichte Hb F-Vermehrung stellt eine unspezifische Erscheinung dar und kommt bei zahlreichen hereditären und erworbenen hämatologischen Störungen vor. Zur Interpretation einer Hb F-Vermehrung sind weitere klinische und hämatologische Daten erforderlich.

4.4.4.7 Gesichtspunkte der Wirtschaftlichkeit

Hauptindikationen sind die Suche nach fetomaterneller Blutübertragung und Thalassämien.

4.5 Erythrozyten-Enzyme

Angelo Burlina (Padua)

4.5.0 Einleitung

Über den Enzymmangel der Erythrozyten ist mehr bekannt als über die Störungen irgend eines anderen Organ-Systems. Die Unterteilung der Erythropathien in erworbene und hereditäre Formen ist zweckmäßig.

Zu den erworbenen Veränderungen der Enzyme der Erythrozyten gehören Fehler, die

- im Zusammenhang mit dem Altern der Erythrozyten auftreten,
- durch bestimmte Veränderungen der Ernährung hervorgerufen werden,
- im Zusammenhang mit Präleukämie- und dyserythropoetischen Stadien stehen und
- bei der paroxysmalen nächtlichen Hämoglobinurie nachgewiesen werden.

In **Tabelle 4.5-1** sind die Erythrozyten-Enzyme genannt, die bei bestimmten *nicht-genetischen Krankheiten* verändert sind.

Die *genetisch determinierten Enzymmängel* können eine beträchtliche Beeinträchtigung des Stoffwechsels verursachen und - in dem kurzen Leben der Erythrozyten - zu hämolytischen Anämien führen oder die Reduktion des Hämoglobins vermindern.

Da der reife Erythrozyt einen vereinfachten Stoffwechsel aufweist, kann die Klassifizierung der erworbenen Enzymdefekte leicht durchgeführt werden:

- die erste Gruppe bezieht sich auf die Glykolyse, auch bekannt als Embden-Meyerhof-Zyklus,
- die zweite auf den Hexosephosphat-Shunt,
- die dritte betrifft verschiedene beim Glutathion-Stoffwechsel und bei der Methämiglobin-Reduktion auftretende Enzyme,
- die vierte schließlich die Enzyme, deren Wirksamkeit in den Erythrozyten nachweisbar ist, die jedoch deren Funktion, Form oder Überleben nicht beeinträchtigt.

Es sind zahlreiche abnorme mutante Enzyme des Embden-Meyerhof- und Pentose-Phosphat-Zyklus bekannt. Unter diesen stellt der *Glukose-6-Phosphat-dehydrogenase-Mangel* über 95% der klinisch wichtigsten Stoffwechselstörungen der Erythrozyten. Es folgt in der Häufigkeit, wenn auch gleich selten, der *Pyruvat-kinase-Mangel*. Beide Mutanten werden hier behandelt.

Demetrius verbot den Mitgliedern seines Kultes, Bohnen zu essen, vielleicht weil die Vorfahren Favismus erkannt hatten. Pythagoras, Mathematiker, Philosoph und Physiker, lebte im fünften

Tabelle 4.5-1: Klinisch wichtige Veränderungen der Erythrozytenenzyme, die nicht genetisch bestimmt sind

A. Verminderte Aktivität bei gleichzeitiger Abnahme der Konzentration des Co-Faktors im Plasma		
Enzyme	Co-Faktor	Prinzip des Bestimmungsverfahrens
Transketolase (EC 2.2.1.1; TKT)	Thiaminpyrophosphat	Kolorimetrische Bestimmung der Verwendung von Pentose oder Bildung von Sedoheptulose-7-Phosphat und Hexosephosphaten, oder spektrophotometrische Bestimmung der Glyzeraldehydphosphat-Synthese mit Hilfe eines gekoppelten Enzym-Systems
Aspartat-amino-transferase (EC 2.6.1.1; AST)	Pyridoxalphosphat	Bestimmung der Bildung von Oxalacetat aus Aspartat bei Hämolysaten durch spektrophotometrische Messung der NADH-Oxidation mit Malatdehydrogenase als Enzym-Indikator
Glutathionreduktase (NAD(P)H) (EC 1.6.4.2; GLR)	Flavin-adenindinucleotid	
B. Verminderte Aktivität bei einer erniedrigten Erythropoese		
Enzym	Ursache	Prinzip des Bestimmungsverfahrens
Glukose-6-phosphatdehydrogenase (EC 1.1.1.49; GPD)	Hypothyreose Hypopituitarismus	
C. Erhöhte Enzymaktivität begleitet von erhöhter Erythropoese		
Enzym	Ursache	Prinzip des Bestimmungsverfahrens
Enzyme der Glykolyse und Pentosephosphatzyklus	Hämolytische Anämie. Erythrozyten des Neugeborenen	
Aspartat-amino-transferase (EC 2.6.1.1; AST)	Hämolytische Anämie	
D. Verminderte Enzymaktivität bei hämolytischen Krankheiten		
Enzym	Krankheit	Prinzip des Bestimmungsverfahrens
Acetylcholinesterase (EC 3.1.1.7; ACC)	Marchiafava-Syndrom ABO-Erythroblastose	Kolorimetrische Bestimmung bei intakten Erythrozyten durch Messung der Thiocholinfreisetzung aus Acetylthiocholin

(Aus: Schroeter W.: Erythrozyten-Enzyme. In: Klinische Biochemie. Prinzipien und Methoden. H.Ch. Curtius und M. Roth (eds). De Gruyter, Berlin, New York, 1974.)

Jahrhundert vor Christi unter den griechischen Kolonisten im südlichen Zipfel Italiens. Auch er verbot seinen Anhängern, Bohnen zu essen, was nahelegt, daß auch ihm der als Favismus bezeichnete Zustand bekannt war. Auch heute noch ist in Süd-Italien das Vorkommen von Glukose-6-phosphat-dehydrogenase-(G-6-PDH)-Mangel am häufigsten festzustellen. Warburg führte sein Interesse am Stoffwechsel der roten Blutkörperchen zur Entdeckung zweier wichtiger Enzyme: der G-6-PDH, der er die Bezeichnung „Zwischenferment" verliehen hat. Dieses Enzym ist in einer Reihe von Untersuchungen der hämolytischen Wirkung von 8-Aminoquinolin (Antimalaria-Tabletten)

Tabelle 4.5-2: Enzymaktivitäten bei kongenitalen hämolytischen Anämien

Empfohlene Namen*	EC-Nummer*	Abkürzung**
Hexokinase	2.7.1.1	HEK
Glukosephosphat-isomerase	5.3.1.9	GPI
6-Phosphofruktokinase	2.7.1.11	PFK
Fruktose-bisphosphat-aldolase	4.1.2.13	FBA
Triosephosphat-isomerase	5.3.1.1	TPI
Glycerinaldehydphosphat-dehydrogenase	1.2.1.12	GAD
Phosphoglyzerat-kinase	2.7.2.3	PGK
Bisphosphoglyzeromutase	2.7.5.4	(bi)-PGM
Pyruvatkinase	2.7.1.40	PYK
Glukose-6-phosphat-dehydrogenase	1.1.1.49	GPD
Phosphoglukonat-dehydrogenase	1.1.1.43	PGD
Glutathionreduktase (NAD(P)H)	1.6.4.2	GLR
Adenosintriphosphatase	3.6.1.3	ADN
3-Phosphoglyzerat-phosphatase	3.1.3.38	PGP
Glutathion-peroxidase	1.11.1.9	GTP
Glutathion-synthetase	6.3.2.3	GLS

* Empfehlungen (1978) des Nomenklatur-Komitees der International Union of Biochemistry (IUB). Academic Press, Ins., New York - San Francisco - London, 1979.
** Vorgeschlagen durch das COWS-WASP Subkomitee für Enzyme.

in der zweiten Hälfte der zwanziger Jahre entdeckt worden. Pyruvat-kinase-Störungen sind erst zu Beginn der sechziger Jahre nachgewiesen worden.

In **Tabelle 4.5-2** werden diejenigen Enzyme genannt, die mit spektrophotometrischen Methoden bestimmt werden können und deren Defekte zu einer kongenitalen hämolytischen Anämie führen.

Die Zunahme der Anzahl nachgewiesener Erythrozyten-Störungen hat zur Entwicklung einfacher und möglichst spezifischer Screening-Tests geführt, die eine ätiologische Diagnose zur Verwendung in nicht-spezialisierten Laboratorien ermöglichen. Die wichtigsten Screening-Tests, die ihnen zugrunde liegenden Prinzipien und ihr diagnostischer Wert sind in **Tabelle 4.5-3** aufgeführt. Wichtige Arbeiten finden sich bei Beutler (1978), Luzzato (1975), Rifkind et al. (1980), Wilkinson (1976) und Beutler (1976).

4.5.0.1 Präventivmaßnahmen

G-6-PDH, PK und AChE sind im Zytoplasma der Erythrozyten in gelöster Form enthalten. Es besteht auch eine gewisse Bindung an die Erythrozytenmembran, jedoch nur durch eine Fraktion der Enzymaktivität. Daher müssen diese Membranen vor der quantitativen Bestimmung durch Hämolyse zerstört und die Membranfragmente durch Zentrifugieren abgetrennt werden. Die Enzymaktivität im Hämolysat entspricht der freien Aktivität im Zytoplasma, die locker an die G-6-PDH-Membran gebunden ist und während der Präparation freigesetzt wird.

Die Enzyme G-6-PDH und PK werden spektrophotometrisch über ein gekoppeltes Enzym-System mit Hilfe einer Absorptionsmessung der Pyridin-Nukleitide bei 340 oder 366 nm bestimmt. Aus praktischen Gründen wird die Aktivität bei einem pH von 7,4 bis 7,5 gemessen. Substrate und Co-Faktoren sind im Überschuß in der Inkubationsmischung vorhanden. Die AChE ist eine Hydrolase, deren Aktivität nach Hydrolyse von Acetylcholin durch Bestimmung der SH-Gruppen gemessen werden kann.

Tabelle 4.5-3: Suchtest bei hereditären Erythrozyten-Enzymopathien

Enzym	Test	Prinzip	Kommentar
Glukose-6-phosphat-dehydrogenase (G-6-PDH)	Brillantkresylblau-Test	Reduktion des BCB durch NADPH	Unzuverlässig, wenn die Enzymtätigkeit um mehr als 40% abgenommen hat
	Methämoglobinreduktions-Test	Nach völliger Oxidation des Hb in Met-Hb durch Nitrit verhält sich die Reduktion des Met-Hb in Berührung mit Methylenblau proportional zur G-6-PDH-Aktivität	Feststellung von 75% heterozygoter Frauen
	Tetrazol-Flecken-Test	Reduktion des MTT durch NADPH	Es werden nur einige heterozygote Personen festgestellt
	Fluoreszenz-Test	Fluoreszenz des NADPH bei UV-Licht	Geeignet für Reihenuntersuchungen mit kleinen Blutmengen
	Askorbat-Zyanid-Test	Oxidation des Hb in Hämochrome durch das in gemeinsamer Reaktion zwischen Askorbat und Oxi-Hb gebildete H_2O_2	Falsch positive Feststellung bei Neugeborenen, vermutlich wegen der abgenommenen Aktivität des GSH-Px
	Zyanmethämoglobin-Eluierungstest	Zytochemischer Nachweis des aus einigen Erythrozyten mit der G-6-PDH eluierbaren Hb nach Inkubation des Met-Hb, das Erythrozyten mit Nilblau-Sulfat und Glukose enthält	Besonders geeignet zur Feststellung heterozygoter Genträger
	Zytochemisches Verfahren mit Tetrazolium	Zytochemische Bestimmung der gesenkten Met-Hb-Reduktion bei einzelnen Erythrozyten mit G-6-PDH-Mangel durch Nichtbildung von Formazan aus MTT	Geeignet für die Feststellung heterozygoter Genträger
Pyruvatkinase PK, PYK	o-Kresolrot-Test	Messung der Laktat-Bildung aus PEP durch Bestimmung der pH-abhängigen Farbveränderung des o-Kresolrot	Dieses Verfahren wurde nicht umfassend getestet
	Fluoreszenz-Test	Abnahme der Fluoreszenz durch NADH, das in einer gemeinsamen Reaktion mit LDH verbraucht wird	Feststellung homo- und heterozygoter Genträger
Galaktose-1-phosphat-uridyltransferase (PGM)	Methylenblau-Test	Verbindung der Transferase-Reaktion mit der Reduktion des NADP und Methylenblau unter anaeroben Bedingungen	Mühsam, wegen CO-Durchlauf
	Fluoreszenz-Test	Verbindung der Transferase-Reaktion mit der Reduktion von NADP und der Bestimmung der NADPH-Fluoreszenz bei UV-Licht	Schwerer PGM-Mangel oder G-6-PDH kann zur Zunahme der falsch positiven Bestimmungen führen
Katalase	H_2O_2-Schaumtest	Ausbleiben der Schaumbildung der Hämolysate oder Zellsuspensionen nach Zugabe von H_2O_2. Braunfärbung durch Bildung von Met-Hb	Positiv, wenn weniger als 5% der normalen Enzymaktivität vorhanden sind. Geeignet zur Feststellung von Akatalasämie
	H_2O_2-Permanganat-Test	Das H_2O_2, das bei Abnahme der Katalaseaktivität nicht völlig zerstört wird, oxidiert Permanganat	Geeignet zur Feststellung von Hypokatalasämie. Falsch positive Bestimmung, wenn die Hb-Konzentration weniger als 77 g/l beträgt

(Aus: Schroeter W. (1974): Erythrozyten-Enzyme. In: H.Ch.Curtius und M.Roth (eds) Klinische Biochemie. Prinzipien und Verfahren. De Gruyter, Berlin, New York)

Tabelle 4.5-4: Stabilität der Erythrozytenenzyme und ihrer Intermediärprodukte im Blut bei Lagerung in unterschiedlichen Medien und bei verschiedener Temperatur

	25 °C			4 °C		
	ACD	EDTA	Heparin	ACD	EDTA	Heparin
Hexokinase	5 +	5 +	5 +	20 +	20 +	20 +
Glukosephosphat-isomerase	5 +	5 +	5 +	20 +	20 +	20 +
Phosphofruktokinase	2	1	1	20 +	6	6
Aldolase	5 +	5 +	5 +	20 +	20 +	20 +
Triosephosphat-isomerase	2	2	2	6	6	6
Glyzerinaldehydphosphat-dehydrogenase	5 +	5 +	5 +	6	6	6
Phosphoglyzerat-kinase	5 +	5 +	5 +	20 +	20 +	20 +
Monophosphoglyzeratmutase	5 +	5 +	5 +	20 +	20 +	20 +
Enolase	5 +	5 +	5 +	20 +	20 +	20 +
Pyruvatkinase	5 +	5 +	5 +	20 +	20 +	20 +
Laktat-dehydrogenase	5 +	5 +	5 +	20 +	20 +	20 +
Glukose-6-phosphat-dehydrogenase	5 +	5 +	5 +	20 +	20 +	20 +
6-Phosphoglukonat-dehydrogenase	5 +	5 +	5 +	20 +	20 +	20 +
Glutathion-reduktase	5 +	5 +	5 +	20 +	20 +	20 +
Glutathion-peroxidase	5 +	5 +	5 +	20 +	20 +	20 +
NADPH-diaphorase	5 +	5 +	5 +	20 +	20 +	20 +
NADH-diaphorase	5 +	5 +	5 +	20 +	20 +	20 +
Phosphoglukomutase	5 +	5 +	5 +	20 +	20 +	20 +
GOT	5 +	5 +	5 +	20 +	20 +	20 +
Adenylatkinase	5 +	5 +	5 +	20 +	20 +	20 +
Galaktose-1-phosphat-uridyltransferase	5 +	5 +	5 +	20 +	20 +	20 +
Galaktokinase	5 +	2	2	20 +	6	6
UDP-Glukose-4-epimerase	1	1	1	6	6	6
NADP + NADPH	5 +	5 +	5 +	20 +	20 +	20 +
NAD + NADH	1	5 +	5 +	20 +	20 +	20 +
GSH	5 +	1	2	20 +	6	6

+ Die Zahlen geben die Zahl der Tage der Aufbewahrung mit 10% Aktivitätsverlust an. Vollblutproben sind bei Zimmertemperatur (25 °C) und bei 4 °C unter sterilen Bedingungen aufbewahrt worden. Die Analysen sind bei Zimmertemperatur nach 1, 2 und 5 Tagen, bei 4 °C nach 6 und 20 Tagen erfolgt.
Nach Beutler (1971) Red cell metabolism. Grune-Stratton, New York - London

Biochemische Studien mit Erythrozyten von Patienten mit einer hereditären nichtsphärozytären hämolytischen Anämie erfordern zahlreiche Enzym-Tests, da klinische Daten zur Feststellung der verschiedenen Defizit-Typen unter Umständen nicht ausreichen.

Bei der *Auswahl der Methoden* ist die Durchführung sämtlicher Bestimmungen in demselben Hämolysat mit denselben Puffern, Substraten und Co-Faktoren wünschenswert. Auf diese Weise wird das einzelne Enzym nicht im Zustand der maximalen Aktivität untersucht: die vorgeschlagenen Methoden sollten daher nicht angewendet werden, weil sie sich für die Untersuchung der kinetischen Eigenschaften der gereinigten Enzyme eignen, sondern weil sie nicht in der Lage sind, wesentliche klinische Veränderungen der Erythrozyten-Enzymaktivitäten nachweisen können (ICSH: EP 12/1 (TS): 1976).

Zur *Bestimmung der Aktivität* der meisten Enzyme in Erythrozyten können Kolorimeter, UV-Spektrophotometer und Spektrofluorometer verwendet werden. Diese Geräte können manuell, teilautomatisch oder vollmechanisiert in den gewünschten Einheiten verwendet werden. Andere Geräte, die zur Bestimmung der Erythrozyten-Enzymen notwendig sind, sind ein zuverlässiger pH-Meter, eine hochqualifizierte analytische Wage und eine Kühlzentrifuge.

Es gibt keinerlei besondere Hinweise für die Herstellung der *Reagenzien*. Es besteht lediglich ein größeres Problem hinsichtlich seiner Konservierung. **Tabelle 4.5-4** gibt eine Übersicht über die *Enzymstabilität* in Erythrozyten. Fertige Test-Kombinationen sind bisher nur für einige Enzyme im Handel erhältlich (Sigma Chemical Company, St. Louis, Missouri).

Die Zusammensetzung der Reaktionsmischungen der wichtigsten Erythrozyten-Enzyme ist in dem Bericht der ICSH-Expertengruppe über „Erythrozyten-Enzyme" enthalten. Das Problem der Kalibrier-Standards betrifft lediglich das Hämoglobin: hierfür gibt es keine befriedigende Lösung. Ein für Kontroll-Standards künstlicher Standard für Hb ist im einzelnen bei Dacie und Lewis (1975) beschrieben.

4.5.0.2 Präanalytische Phase

In der präanalytischen Phase stellen *Probennahme* und *-bereitung der Erythrozyten-Suspension* sowie der *Versand* der Proben ein besonderes Problem dar. Mehr Informationen finden sich in Kapitel 2.3.

Die *Präparation der Hämolysate* stellt einen fundamentalen Teil der Bestimmung der Erythrozyten-Enzymaktivitäten dar. Die Erythrozyten werden aus Venenblut erhalten, das mit einem Antikoagulans, am meisten angewandten, z. B. einer Sauren Zitrat-Dextrose-(ACD)-Lösung versetzt wird. Die Enzymaktivitäten sollten sobald wie möglich nach der Blutentnahme bestimmt werden. Die meisten Enzyme sind bei intakten Erythrozyten einige Tage bei Raumtemperaturen, z. T. sogar einige Wochen, stabil. Vollblut kann ohne Risiko bei 4 °C gelagert werden.

In Tabelle 4.5-4 sind die Daten hinsichtlich der Stabilität verschiedener Erythrozyten-Enzyme und deren Produkte bei Lagerung in verschiedenen gerinnungshemmenden Medien bei 25 und 4 °C zusammengestellt (Beutler, 1971). Sobald die Erythrozyten hämolysiert werden, werden die Enzyme, auch bei 4 °C, schnell inaktiv. Wird die Probe per Post versandt, sollte dies in einer Thermoflasche (oder einem anderen temperaturisolierenden Behälter) erfolgen.

4.5.0.3 Interne Qualitätssicherung

Die Qualitätssicherung bei der Bestimmung der Erythrozyten-Enzymaktivitäten besteht einerseits aus der Bestimmung der Enzyme (Kapitel 3.7), andererseits aus den Qualitätssicherungsmaßnahmen bei der Zählung der Erythrozyten und der Bestimmung des Hämoglobins (Kapitel 4.1). Es fehlen jedoch zuverlässige interne Referenzmaterialien sowohl für den hämatologischen als auch für den enzymatischen Bereich. Die interne Qualitätssicherung beruht fast ausschließlich auf der Aufmerksamkeit bei der Durchführung der Qualitätssicherungsmaßnahmen der präanalytischen, analytischen und postanalytischen Phase.

Diese sollen sich bei der Analyse auf folgende Maßnahmen beziehen:
a) Trennung der Erythrozyten von Plasma, Leukozyten und Blutplättchen,
b) Präparation der Hämolysate,
c) Bestimmungmethode und
d) Berechnung der Ergebnisse.

Zu a) Zur *Trennung der Erythrozyten* von Plasma und anderen Elementen können drei Techniken angewendet werden: Absaugung des Plasmas und der obersten Leukozytenschicht nach Zentrifugation des mit einem Antikoagulans versehenen Blutes, wiederholtes Waschen mit physiologischer Kochsalzlösung, Zentrifugieren und Filtrieren durch mikrokristalline Alpha-Zellulose oder Baumwolle.

Die ersten beiden Techniken haben den Nachteil, daß die Leukozyten nicht vollständig entfernt werden; da die Aktivitäten einiger Enzyme in Leukozyten und

Blutplättchen $10^2 \times$ größer als bei Erythrozyten sind, kann eine Kontamination zur Messung falsch hoher Enzymaktivitäten führen. Ein Nachteil der Waschmethode liegt darin, daß die obere Erythrozytenschicht hauptsächlich aus jungen Zellen mit spezifisch leichterem Gewicht besteht. Wiederholtes Waschen und Entfernung der oberen Erythrozytenschicht vermindert den Anteil junger Zellen; da die jungen Zellen eine besonders hohe Aktivität aufweisen, sind die gemessenen Enzymaktivitäten infolgedessen zu niedrig. Beide Nachteile werden weitgehend vermieden, indem man das Blut durch eine Baumwoll- oder Zellulose-Säule passieren läßt. Die Trennungsverfahren über eine Säule sind in der Vorschrift des ICSH-Expert-Panel über Erythrozytenenzyme enthalten (Beutler, Blume, Kaplan, Loehr, Ramot, Valentine, 1977). Jedoch halten einige Autoren dieses Vorgehen bei klinischen Proben nicht für erforderlich (Vasudeva Paniker et al., 1982).

Zu b) Für die *Präparation von Hämolysaten* gibt es mehrere Methoden: nach vollständiger Entfernung der Leukozyten und Blutplättchen Lösung des Erythrozytensediments bzw. der aus der Säule gewonnenen Erythrozyten und 3maligem Waschen in eiskalter (0 bis 4 °C) Kochsalzlösung wird das Zentrifugat (15 Minuten bei 1000g) entweder in hypotoner digitoninhaltiger Lösung oder durch wiederholtes Einfrieren und Auftauen nach Mischen mit Kochsalzlösung bzw. durch Aufnahme in einer hypotonen Lösung hämolysiert und anschließend mit einer „stabilisierenden Lösung" gemischt (Beutler et al., 1977).

Das Hämolysat sollte nicht zentrifugiert werden, da einige Enzyme teilweise oder vollständig an Erythrozyten-Stromata gebunden sind. Das Vorhandensein der Stromata beeinträchtigt die Bestimmung der löslichen Enzyme nicht. Andere Methoden weisen zahlreiche Nachteile auf. Digitonin z. B. ist unlöslich und nur zu 70 bis 80% rein, da es 10 bis 20% Tigonin und 5 bis 10% Saponin enthält. Ultraschall-Einwirkung kann eine komplette Hämolyse einleiten, erfordert jedoch ein besonderes Gerät und kann zur teilweisen Inaktivierung einiger Enzyme, in diesem Fall instabiler Varianten führen. Die hypotone Lösung führt schließlich zu keiner befriedigenden Loslösung der obengenannten, teils an die Membran gebundenen Enzyme.

Zu c) Für die *Bestimmungsverfahren* gibt es im Vergleich mit allen spektrophotometrischen und kolorimetrischen Enzymbestimmungen keine besonderen Anforderungen an die Qualitätssicherung. Der Hämoglobin-Gehalt muß bei den Hämolysaten mit Hilfe des Drabkin-Reagenz bestimmt werden. Die Reagenzien sollten von zuverlässigen biochemischen Firmen bezogen werden. Da sowohl Konzentration als auch Reinheit der Reagenzien von Firma zu Firma und selbst von Lot zu Lot stark schwanken und die erhaltenen Ergebnisse unbefriedigend sind, ist es von großer Bedeutung auf die Qualität der verwendeten Reagenzien zu achten.

Zu d) Enzym-Aktivitäten werden in internationalen *Einheiten (U)* ausgedrückt. Eine Einheit entspricht der Enzymmenge, die 1 µmol Substrat in 1 Minute umwandelt; die Anzahl der Erythrozyten in der Waschflüssigkeit, die Hämoglobinkonzentration des Hämolysats und die Erythrozytenmenge der Suspension werden als Bezugsgrößen herangezogen. Die Enzymaktivitäten werden nach folgender Formel berechnet:

$$\text{U pro } 10^{11} \text{ Erythrozyten} = \frac{(\Delta\ \text{A/min}) \times \text{V} \times \text{f} \times 10^{11}}{\varepsilon \times l \times \nu \times \text{ery}}$$

$$\text{U pro g Hämoglobin} = \frac{(\Delta\ \text{A/min}) \times \text{V} \times 10^{3}}{\varepsilon \times l \times \nu \times \text{Hb}}$$

$$\text{U pro ml Erythrozyt} = \frac{(\Delta\ \text{A/min}) \times \text{V} \times \text{f} \times 10^{2}}{\varepsilon \times l \times \nu \times \text{Hkt}}$$

ΔA/min = Änderung der Absorption pro Minute
V = Gesamt-Volumen der Inkubationsmischung in ml
f = Verdünnungsfaktor des Hämolysats
ε = Extinktionskoeffizient
l = Lichtweg der Küvette in cm
ν = Volumen des zugefügten Hämolysats in ml
ery = Anzahl der Erythrozyten pro ml Suspension
Hb = Hämoglobinkonzentration im Hämolysat in g/l
Hkt = Hämatokrit der Erythrozytensuspension in %

Eine Einheit (U) in 10^{11} Erythrozyten entspricht etwa 0,35 U/g Hb oder 0,1 U/ml Erythrozyten. Jedes Labor muß seine eigenen Normalwerte aufstellen (**Tabelle 4.5-5**). Im übrigen sei im deutschen Schrifttum auf die ausführlichen Angaben im methodischen Abschnitt von Agriseg in „Hämatologie und Immunhämatologie" (Hüber, Pastner, Gabl (eds) 1983, p. 309 ff) verwiesen.

4.5.0.4 Externe Qualitätssicherung

Gegenwärtig besteht die einzige Möglichkeit eines Vergleichs der Ergebnisse mit anderen Laboratorien unter Anwendung von *Referenzmethoden*. Die Einsendung von Blindproben zur Prüfung der Qualität der Ergebnisse zwischen den Laboratorien auf nationaler und internationaler Ebene ist wegen der Labilität der Hämolysate unmöglich. Es gibt einige Versuche zur Präparation von Erythrozytensuspensionen mit einem bestimmten Enzymgehalt; doch ist diese präparative Phase noch weit entfernt. Ein Austausch von Proben auf regionaler Ebene unter Anwendung spezieller, nicht postalischer Versandmöglichkeiten ist möglich.

4.5.0.5 Postanalytische Phase (siehe Kapitel 2.6, 4.5.1 und 4.5.2)

4.5.0.6 Größen und Einheiten

Die Werte der Erythrozyten-Enzym-Aktivitäten (Bestandteile) werden in Enzym-Einheiten (U), bezogen auf unterschiedliche Systeme ausgedrückt, meist auf g Hb des Hämolysats. Wie im voraufgehenden Kapitel 4.5.0.3 zu sehen ist, kann auch auf die Erythrozytenzahl ($\times 10^{11}$) oder die Erythrozyten/ml bezogen werden. Wie bei allen Enzymaktivitäten ist die Angabe der Temperatur (25, 30 und 37 °C) zusammen mit Größe und Einheit erforderlich.

Die Tabelle 4.5-5, entnommen einer ähnlichen Tabelle des Berichts der ICSH-Expert-Panel „Empfohlene Verfahren für die Enzym-Analyse von Erythrozyten", zeigt die bei 25, 30 und 37 °C unter den Bedingungen der Referenzmethoden mit den von erwachsenen, gesunden Spendern gewonnenen Blutproben erhaltenen Enzymaktivitäten. In dieser Tabelle sind die Enzymaktivitäten (Mittelwert und Standardabweichung) in Einheiten/g Hb bei 37 °C und die *Umrechnungsfaktoren* für 30 und 25 °C angegeben. Entsprechend sind die von dem Expert-Panel angegebenen Normalwerte

Tabelle 4.5-5: Enzymaktivitäten bei 37 °C (Mittelwert x̄ und Standardabweichung SD); Umrechnungsfaktoren für 30 °C und 25 °C (x̄ ± SEM) entsprechend den in Kapitel 4.5-0 beschriebenen Bedingungen

Enzyme	**U/gHB 37 °C** (n = 10)	**30 °C/37 °C** (n = 5)	**25 °C/37 °C** (n = 5)
HEK	1,27 ± 0,18	0,709 ± 0,037	0,477 ± 0,022
niedrig S* (%)	50,5 ± 5,38	1,087 ± 0,052	1,213 ± 0,076
GPI	60,8 ± 11,0	0,760 ± 0,019	0,590 ± 0,014
niedrig S (%)	46,2 ± 2,41	1,027 ± 0,045	1,082 ± 0,049
PFK	9,05 ± 1,89	0,750 ± 0,045	0,580 ± 0,014
niedrig S (%)	16,5 ± 2,01	0,873 ± 0,085	0,902 ± 0,089
niedrig S + **ADP** (%)	29,9 ± 4,15	0,968 ± 0,103	1,122 ± 0,088
FBA	3,19 ± 0,86	0,628 ± 0,051	0,548 ± 0,089
niedrig S (%)	64,1 ± 7,40	1,057 ± 0,122	0,932 ± 0,113
TPI	2111 ± 397	0,656 ± 0,051	0,475 ± 0,047
GAD	226 ± 41,9	0,699 ± 0,044	0,520 ± 0,013
PGK	320 ± 36,1	0,735 ± 0,047	0,604 ± 0,056
niedrig S (%)	56,2 ± 5,33	1,065 ± 0,102	1,059 ± 0,086
PGM (bi)	4,78 ± 0,65	0,710 ± 0,033	0,504 ± 0,038
PGM (1)	19,3 ± 3,84	0,696 ± 0,015	0,399 ± 0,020
niedrig S (%)	49,8 ± 5,48	1,164 ± 0,025	1,373 ± 0,036
ENO (2)	5,39 ± 0,83	0,700 ± 0,018	0,445 ± 0,010
niedrig S (%)	63,1 ± 9,27	1,090 ± 0,130	1,189 ± 0,132
PYK	15,0 ± 1,99	0,689 ± 0,037	0,432 ± 0,026
niedrig S (%)	14,9 ± 3,71	0,868 ± 0,034	1,170 ± 0,081
niedrig S + **FDP** (%)	43,5 ± 2,46	0,976 ± 0,065	1,063 ± 0,050
LAD (3)	200 ± 26,5	0,670 ± 0,019	0,440 ± 0,009
GPD**	8,34 ± 1,59	0,815 ± 0,031	0,559 ± 0,034
niedrig S (%)	67,1 ± 6,53	0,937 ± 0,075	1,118 ± 0,116
GPD****	12,1 ± 2,09	0,730 ± 0,035	0,504 ± 0,020
niedrig S (%)	62,2 ± 4,65	1,095 ± 0,034	1,153 ± 0,033
PGD	8,78 ± 0,78	0,668 ± 0,013	0,486 ± 0,025
niedrig S (%)	62,4 ± 4,21	1,091 ± 0,082	1,116 ± 0,036
GLR w FAD	7,18 ± 1,09	0,714 ± 0,005	0,543 ± 0,047
w FAD	10,4 ± 1,50	0,735 ± 0,009	0,562 ± 0,020
GTP	31,35 ± 2,97	0,867 ± 0,013	0,818 ± 0,014
ADK (4)	258 ± 29,3	0,770 ± 0,061	0,553 ± 0,052
niedrig S (%)	38,0 ± 3,63	1,221 ± 0,097	1,350 ± 0,147
ADE (5)	1,11 ± 0,23	0,750 ± 0,022	0,489 ± 0,021
AST w PLP	3,02 ± 0,67	0,867 ± 0,043	0,601 ± 0,019
w PLP	5,04 ± 0,90	0,789 ± 0,058	0,561 ± 0,015
PGT (6)	5,50 ± 0,62	0,643 ± 0,011	0,416 ± 0,008
NHD (7)	***	***	2,60 ± 0,71 U/g HB
ACC	36,93 ± 3,83	0,822 ± 0,035	0,730 ± 0,053

* Schwache Substratkonzentration ** Korrigiert für GPD-Aktivität *** Wegen Enzym-Instabilität zu vermeiden **** Ohne Korrektur für GPD-Aktivität

(1) Phosphoglyzeratmutase (EC 2.7.5.3, PGM)
(2) Enolase (EC 4.2.1.11, ENO)
(3) Laktat-dehydrogenase (EC 1.1.1.27, LDH)
(4) Adenylatkinase (EC 2.7.4.3, ADK)
(5) Adenosindesaminase (EC 3.5.4.4, ADE)
(6) Phosphoglukomutase (EC 2.7.5.1, PGT)
(7) NADH-dehydrogenase (EC 1.6.99.3, NHD)

Tabelle 4.5-6: Normalwerte der Erythrozyten-Pyruvatkinase-Varianten

PK-Aktivität (in % des Normalwerts)	100 ± 14,0
$K_{0,5\,s}$ (PEP) in mM	1,31 ± 0,13
Hill-Koeffizient (n)	1,45 ± 0,18
$K_{0,5\,s}$ (ADP) in mM	0,179 ± 0,027
Nukleotid-Spezifität (in % des ADP)	
UDP	71,0 ± 8,3
GDP	71,9 ± 11,0
CDP	11,3 ± 1,9
ATP-Hemmung (in % der 1 mM ATP)	80,5 ± 9,5
F-1,6-DP-Aktivierung (μM F-1,6-DP bei 50% Aktivierung) Thermostabilität	0,70 ± 0,15
(in % der nach 60 Minuten verbleibenden Aktivität)	
Hämolysat (53 °C)	82,4 ± 4,4
Teils gereinigte Probe (54 °C)	66,7 ± 9,2
Optimum des pH	6,5 – 7,0
Elektrophoretische Beweglichkeit (in % des Normalwertes)	100

Aus: ICSH-Sachverständigenverzeichnis über Enzyme roter Blutkörperchen. (EP 12/2 TS: 1979. Brit J Hämatol 1979, 43: 275)

als „Richtlinie für Laboratorien“ anzusehen, die derartige Bestimmungen durchführen. Es können signifikante Veränderungen von Laboratorium zu Laboratorium und von Serie zu Serie innerhalb desselben Laboratoriums gefunden werden. Dies liegt, wahrscheinlich zum größten Teil, an den Unterschieden der zur Enzymbestimmung verwendeten, im Handel erhältlichen Reagenzien.

Es ist wichtig, erneut daran zu erinnern, daß die Aktivität mehrerer Erythrozytenenzyme untrennbar von dem Alter der Erythrozyten abhängig ist. Bei Patienten mit hämolytischer Anämie und einem hohen Pronormozytenanteil ist eine starke Zunahme bestimmter Enzyme, z. B. der Hexokinase, Aldolase, Glukose-6-phosphat-dehydrogenase und Aspartat-aminotransferase festzustellen. Eine geringere Zunahme der Aktivität der Enzyme der Erythrozyten kann bei Abnahme des durchschnittlichen Alters der Erythrozytenpopulation eintreten. Normalwerte, wie sie in **Tabelle 4.5-6** aufgeführt sind, sind bei Erwachsenen erhalten worden; Neugeborene und Kinder können Enzymaktivitäten aufweisen, die sich von den Werten der Erwachsenen sehr unterscheiden. Das Durchschnittsalter der Erythrozyten von Neugeborenen ist in der Tat niedriger als bei Erwachsenen im mittleren Alter. Es bestehen ebenfalls Unterschiede in der Enzymaktivität bei Erythrozyten von Neugeborenen, die sich nicht durch Unterschiede in der Altersverteilung der Erythroyzten erklären lassen.

4.5.1 Glukose-6-phosphat-dehydrogenase (G-6-PDH)

4.5.1.1 Präventivmaßnahmen

Zahlreiche Varianten der G-6-PDH der Erythrozyten sind durch biochemische und elektrophoretische Analysen entdeckt worden (Betke et al., 1967). Varianten mit einem Aktivitätsmangel verursachen mehrere Arten klinischer Störungen: die häufigste ist der mediterrane Typ, der eine sehr niedrige Aktivität aufweist, und der Typ A, der bei schwarzen Bevölkerungsgruppen (West-Afrika und USA) festzustellen ist. Dazu stehen folgende Such-Tests und Bestimmungsmethoden zur Verfügung.

a) *Such-Tests bei G-6-PDH-Mangel und anderen Defekten des Pentosephosphatzyklus*
Mit Hilfe von Such-Tests kann der G-6-PDH-Mangel bei hemizygoten (männlichen) oder homozygoten (weiblichen) Personen leicht festgestellt werden; jedoch ist es schwieriger, heterozygote weibliche Träger zu entdecken.

Zu den Such-Tests gehören Messungen und Bestimmungen der:
- Größe der Hämiglobinreduktion (Brewer's Test) (Brewer et al., 1962)
- Reduktionsgeschwindigkeit von Kresylblau oder anderen Farben (Motulsky et al., 1959)
- Farbreaktion des Blutes mit Askorbat und Zyanid (Jacob und Jandl, 1966)
- Spot-Tests, bei denen die Fluoreszenzabnahme des NADP verwendet wird.

Such-Tests genügen für die meisten klinischen Zwecke; doch sei daran erinnert, daß die Reaktionen zusätzlich zur G-6-PDH von der Aktivität mehrerer Enzyme abhängen. Die Aktivitäten einiger dieser Enyzme beeinflussen die Ergebnisse, so daß die Such-Tests für semiquantitative G-6-PDH-Bestimmungen nicht verwendet werden können.

Beispielsweise ist der Askorbat-Zyanid-Test positiv, wenn nicht nur ein G-6-PDH-Mangel, sondern auch ein Mangel anderer Enzyme des Pentosephosphatzyklus vorliegt, oder wenn die Glutathionsynthese defekt ist. Farb- und Fluoreszenztests sind spezifischer bei G-6-PDH-Mangel, da die Reaktionen von der Fähigkeit der Erythrozyten zur Produktion von NADPH abhängen.

Das Prinzip des Fluoreszenzsuchtests nach der Methode von Beutler und Mitchell (1968) ist folgendes: NADPH, das bei Vorhandensein von G-6-PDH im Blut entsteht, fluoresziert im Langwellen-UV-Licht. Erythrozyten mit weniger als 20% der normalen G-6-PDH-Aktivität bewirken keine Fluoreszenz. Dieses Verfahren ist für Screening-Untersuchungen mit großen Probandenzahlen sehr zweckmäßig, doch werden die meisten heterozygoten Merkmalsträger übersehen. Das unlängst empfohlene ICSH-Verfahren beruht auf dieser Methode (EP 12/3 (TS), Beutler et al., 1979).

b) *Biochemische Bestimmung der G-6-PDH*
Die Bildung von NADPH aus NADP bei Verwendung von Glukose-6-Phosphat als Substrat und Verwendung eines Erythrozytenlysats als Quelle der G-6-PDH wird spektrophotometrisch gemessen. In Gegenwart einer angemessenen G-6-PDH-Aktivität wird NADP zu NADPH reduziert, das ein Absorptionsmaximum von 340 nm aufweist. Das Prinzip beruht auf folgendem: Oxidation eines Moleküls G-6-P zu 6-PGA durch G-6-PDH, geht mit der Reduktion eines $NADP^+$ in ein NADPH-Molekül einher. Die Reduktionsrate von $NADP^+$ zu NADPH kann spektrophotometrisch verfolgt werden; denn NADPH hat eine millimolare Absorption von 6,22 $L \cdot \mu\,mol^{-1} \cdot cm^{-1}$ bei 340 nm. Ein weiteres in den Erythrozyten vorhandenes Enzym, die 6-Phosphoglukonat-dehydrogenase (PGD; EC 1.1.1.44), erzeugt durch Oxidation von 6-PGA zu Ribulose-5-phosphat unter Freisetzung eines CO_2-Moleküls ein zweites NADPH-Molekül.

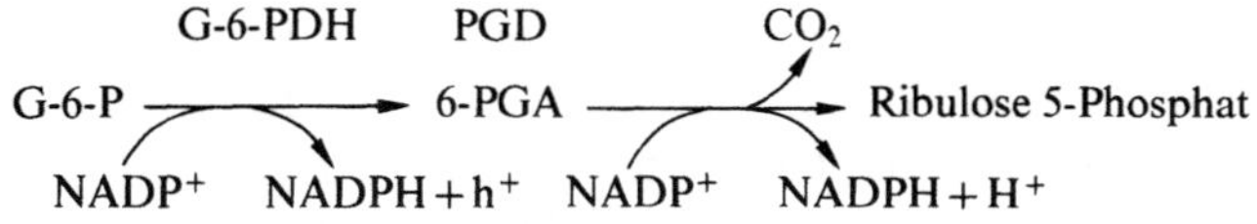

Zur Unterscheidung zwischen diesen beiden Enzymaktivitäten wird ein Aliquot des Erythrozytenhämolysats mit gesättigter 6-PGA und $NADP^+$-Lösung vermischt, während ein zusätzliches Aliquot der Mischung aus G-6-P, 6-PGA und $NADP^+$ zugefügt wird. Die Menge NADPH, die bei der ersten Reaktion (PGD-Aktivität) entsteht, wird von der NADPH-Menge, die in der späteren Reaktion (G-6-PDH-Aktivität plus PGD-Aktivität) gebildet wird, subtrahiert, um die Menge NADPH zu erhalten, die durch G-6-PDH allein gebildet wird. Die G-6-PDH-Aktivität wird aus der pro Minute produzierten NADPH-Menge berechnet.

Weitere Methoden, die auf der Messung von NADPH beruhen, sind, jeweils mit Vor- und Nachteilen von Carson (1960) sowie Glock und MacLean (1953) beschrieben worden. Wir empfehlen die von dem ICSH-Expert-Panel empfohlene Referenzmethode. Für kleine klinisch-chemische Laboratorien ist eine von der Referenzmethode abgeleitete, jedoch vereinfachte und wirtschaftlichere Methode vorgeschlagen worden (Vasudeva Paniker et al., 1982).

4.5.1.2 Präanalytische Phase

Wesentliche und allgemeine Daten sind im Kapitel 4.5.0.2 aufgeführt.

Der pH-Wert des Hämolysats in der Stabilisierungslösung (Beutler et al., 1977) ist, vor allem wegen der Puffer-Kapazität des Hämoglobins, ziemlich stabil. Viele Enzyme sind bei 0 °C mindestens 8 Stunden im Hämolysat stabil, obwohl die G-

6-PDH-Aktivität unmittelbar nach Präparation des Hämolysats gemessen werden muß. Die G-6-PDH-Aktivität nimmt nämlich nach 6 Stunden um 21 bis 27% ab. Die „stabilisierende Lösung" erhält die DTNB-bestimmten SH-Gruppen bei 4 °C für mindestens 10 Tage.

Der pH-Wert des Reaktionsgemischs ist bei dieser Methode kritisch. Nach Herstellung des Reaktionsgemischs muß der pH-Wert kontrolliert und auf 7,5 eingestellt werden. Die Azidität der $NADP^+$-Lösung bewirkt eine Abnahme im pH-Wert. Von Löhr und Waller (1974) ist gezeigt worden, daß das pH-Optimum dieses Enzyms zwischen 7,4 und 8,6 liegt. Die Bestimmung erfolgt bei pH 7,5, nicht nur, weil dieser nahe dem physiologischen pH-Wert liegt, sondern weil alle Ergebnisse in hohem Maße reproduzierbar sind. Das Hämolysat muß in einem Eis-Wasserbad aufbewahrt werden; Die Bestimmung muß innerhalb von 2 Stunden erfolgen, da G-6-PDH im Hämolysat ziemlich unstabil ist. Kann die Bestimmung nicht an demselben Tag abgeschlossen werden, wird das Spezimen aufbewahrt, das Vollblut bei 4 °C gelagert. G-6-PDH ist in dem bei 4 °C aufbewahrten Vollblut für mindestens 20 Tage stabil.

Die Hämoglobin-Konzentration des Hämolysats sollte bei 1,0 ± 0,3 g/dl liegen. Bei höheren Hämoglobin-Konzentrationen liegen die Werte der Enzymaktivität niedriger, möglicherweise als Folge der spektralen Einwirkung durch Hämoglobin.

4.5.1.3 Interne Qualitätskontrolle

Die internen Qualitätssicherungsmaßnahmen sind im Kapitel 4.5.0.3 enthalten. Die Reproduzierbarkeit ist gut. Innerhalb eines einzelnen Tages ist bei 20 Proben ein VK von 4,5% und bei weiteren 20 Proben ein VK von Tag zu Tag von 5,0% gefunden worden (Burlina, 1982). Das einzige Mittel zur Kontrolle der Genauigkeit der Ergebnisse besteht im Vergleich mit den beim Referenzverfahren erhaltenen Ergebnissen. Die Bestimmung, die sich für alle kleinen Laboratorien als anwendbar erwiesen hat, bringt jedoch keine Werte, die mit den von dem ICSH-Expert-Panel über Erythrozytenenzyme aufgestellten Werten vergleichbar wären. Die einfache Durchführung und Verwendung leicht verfügbarer, unschädlicher Reagenzien sollte dennoch eine akzeptable Begründung für ihre Verwendung bieten. Auf Wunsch kann ein Faktor zur Umrechnung der mit diesen Verfahren erhaltenen Ergebnisse in die nach dem Verfahren des Expert-Panel erhaltenen Werte gegeben werden: dieser Faktor beträgt 1,3.

4.5.1.4 Externe Qualitätskontrolle

Es gibt Möglichkeiten des *Probentauschs* und der Organisation von *Ringversuchen auf kleiner Ebene.* Eine wesentliche Bedingung dafür ist, daß mindestens eines der teilnehmenden Labors die G-6-PDH-Aktivität nach dem Referenzverfahren mißt. Es sind auch hier die Vorschriften über Lagerung der Erythrozyten und Hämolysate sowie deren Transport zu beachten. Es gibt bisher keine veröffentlichten Resultate größerer nationaler oder internationaler Ringversuche über Erythrozytenenzyme. In den Jahresberichten des College of American Pathologists finden sich Daten über die Erythrozyten- und Hämoglobinbestimmung. (Grannis, 1978; Ross und Fraser, 1979, 1982; Ross et al., 1980).

4.5.1.5 Postanalytische Phase

Die Bezugswerte, ermittelt von dem ICSH-Expert-Panel sind in Tabelle 4.5-5 aufgeführt. Die Werte für die G-6-PDH-Aktivität im Blut von 25 gesunden erwachsenen Probanden liegen bei 37 °C bei 6,54 ± 0,79 U/g Hb. Es gibt keinen Unterschied zwischen normalen Männern und Frauen bzw. normalen Kindern.

Alexander (1982) hat das Verfahren an 20 gesunden Versuchspersonen in der Pädiatrie getestet. Alle Kinder zeigen Werte über 6,0 U/g Hb. Untersuchungen bei 10 Versuchspersonen, die durch Screening-Untersuchungen als „defizient" erkannt worden sind, haben Werte unter 5,0 U/g Hb (0,0 bis 5,0) gezeigt. Burlina (1982) hat mit demselben Verfahren in Doppelbestimmungen bei 20 Versuchspersonen einen Referenzbereich von 6,03 ± 2,08 U/g Hb gefunden. Bekanntlich sind 2 Bestimmungen erfolgt.

Bei der ersten Bestimmung ist die Aktivität der 6-Phosphoglukonat-dehydrogenase (PGD), beim zweiten die Aktivität der PGH + G-6-PDGH gemessen worden. Bei stark defizienten Personen kann die Aktivität bei der zweiten Bestimmung gleich oder sogar höher als die Aktivität im ersten Versuch sein. In diesen Fällen sollte ein dritter Versuch wie im zweiten Versuch, doch ohne 6-PGA, durchgeführt werden. Die Aktivität der G-6-PDGH kann dann allein aus diesem Versuch errechnet werden.

Den meisten Hämatologie-Laboratorien ist es möglich, die bekannten Enzymdefekte, z. B. G-6-PDGH und PK festzustellen und zu finden, wo die wahrscheinlichen Defekte bei den selteneren Störungen möglicherweise liegen. Eine detaillierte Untersuchung über aberrante Enzyme und den Stoffwechsel anormaler Zellen wird am besten in Speziallaboratorien durchgeführt.

4.5.1.6 Abweichungen und Fehler

G-6-PDGH wird durch Primaquin und andere 8-Aminoquinoline in millimolaren Konzentrationen sowie durch Phenylhydrazin gehemmt. Die Verwendung von Phosphat-Puffern sollte vermieden werden, da 0,1 M Phosphat das Enzym total hemmt. Bei Verwendung radioaktiver Verfahren (C^{51}) hat sich gezeigt, daß G-6-PDH-effiziente Erythrozyten „in vivo" eine kürzere Überlebenszeit haben, selbst wenn sie durch vorhandene Drogen keinen Belastungen ausgesetzt sind.

Blutproben mit hoher Pronormozytenzahl können zu falschen Ergebnissen führen, da diese Zellen einen höheren G-6-PDH-Spiegel als reife Erythrozyten besitzen.

4.5.1.7 Wirtschaftliche Betrachtungen

Quantitative Erythrozytenenzym-Versuche sind bei unterschiedlichen Diagnosen über nicht-sphärozytäre hereditäre hämolytische Anämien und bei induzierter Hämolyse zweckmäßig. Bei G-6-PDH-Mangel sind Screening-Untersuchungen normalerweise das geeignete Mittel und auf jeden Fall vor quantitativen Bestimmungen durchzuführen. Neben einer korrekten Diagnose ist dies ein Weg zur Kostensenkung.

Die für kleinere Laboratorien vorgeschlagene quantitative Methode ist außerdem viel weniger kostspielig als das Referenzverfahren.

Die G-6-PDH-Bestimmung und die Bestimmung anderer Erythrozytenenzyme stellt in keiner Weise ein Kostenproblem dar.

4.5.2 Pyruvatkinase (PK)

4.5.2.1 Präventivmaßnahmen

Über den PK-Mangel in Erythrozyten bei einer nicht sphärozytären hämolytischen Anämie ist zum ersten Mal von Valentine et al. (1961) berichtet worden. Inzwischen ist nachgewiesen, daß die meisten Fälle von PK-Mangel durch Enzymmutanten mit anomalen Merkmalen verursacht werden.

Eine korrekte Diagnostik basiert auf drei Typen der Bestimmung: dem Such-Test, der quantitativen Bestimmung des Enzyms und der Charakterisierung der Varianten.

a) Der *Such-Test* zur Feststellung des PK-Mangels der Erythrozyten beruht als Fleckentest auf folgendem Prinzip (Beutler, 1966):
eine Phosphatgruppe (Phosphoenolpyruvat, PEP) wird in Adenosindiphosphat (ADP) überführt, das im Kontakt mit der PK der Erythrozyten Pyruvat und Adenosintriphosphat (ATP) bildet. Lactatdehydrogenase (LDH) im Hämolysat von Erythrozyten katalysiert die Reduktion von Pyruvat zu Laktat mit nachfolgender Oxidation des NADH. Ein Teil des Reaktionsgemischs wird unmittelbar auf das Papierfilter getüpfelt. Der Rest wird inkubiert. Nach der Inkubation wird ein zweiter Fleckentest durchgeführt. Nach Trocknung auf dem Papier werden die Flecken unter ultraviolettem Licht untersucht. Der erste Fleck einer normalen Blutprobe fluoresziert hell, der zweite jedoch nicht. Bei PK-Mangel fluoreszieren beide Flecken.

b) *Biochemische Bestimmung der PK*
Phosphoenolpyruvat (PEP) wird durch PK in Kontakt mit ADP in Pyruvat umgewandelt. Anschließend wird Pyruvat durch LDH in Gegenwart von NADH in Laktat umgewandelt. Der Umwandlung des NADH in NAD^+ folgt die Messung der Änderung der optischen Dichte bei 340 nm (Valentine et al., 1961).

c) *Biochemische Parameter zur Charakterisierung der PK-Varianten*
Die zur Charakterisierung der Varianten wesentlichen biochemischen Parameter sind: PK-Aktivität (bezogen auf normales Enzym), $K_{0,5S}$ (PEP), Hill's Koeffizient (n), $K_{0,5S}$ (ADP), Nukleotid-Spezifität (% ADP), Hemmung durch ATP (% der Aktivität in Kontakt mit 1,0 mM ATP), Aktivierung durch Fruktose-1,6-diphosphat (µM der F-1,6-DP zur 50% Aktivierung), Thermostabilität (% der Restaktivität nach 60 Minuten Inkubation), optimaler pH und elektrophoretische Beweglichkeit in % des Normalwertes.

Um feststellen zu können, ob eine bestimmte PK-Variante tatsächlich erblich ist, muß eine Familienuntersuchung durchgeführt werden (Arnold et al., 1974; Boivin et al., 1975).

In allen Fällen ist nach Möglichkeit eine Beschreibung der klinischen Anzeichen und hämatologischen Daten hinzuzufügen. Wichtig ist die genaue Angabe, ob der Patient einer Milzexstirpation unterzogen worden ist oder nicht, da ein Pronormozytenanstieg im Postsplenektomiestadium die PK-Aktivität wesentlich verändern kann.

4.5.2.2 *Präanalytische Phase*

Wesentliche allgemeine Daten sind im Kapitel 4.5.0.2 wiedergegeben. Normalerweise genügen für eine vollständige Untersuchung 10 ml Blut einer normalen Kontrollperson und 20 bis 30 ml Blut eines Patienten; bei stärkerem Mangel sind größere Blutmengen notwendig. Wird Blut bei 4 °C gelagert, sind Analysen innerhalb von 3 Tagen nach Probennahme ratsam, da einige Varianten ziemlich unstabil sind. Bei längerer Konservierung werden die Erythrozyten vorher von den Leukozyten und Blutplättchen durch mikrokristalline Zellulose-Säulen (Beutler et al., 1977) abgetrennt, gewaschen und in derselben Menge Sorbitol-Glyzerin-Salzlösung (28 g Glyzerin und 2,8 g Sorbitol aufgelöst in 100 ml Salzlösung) suspendiert; nach 30 Minuten wird die Suspension tropfenweise in flüssigen Stickstoff überführt, um die Erythrozyten einzufrieren. Zur Analyse werden die Erythrozytentropfen bei Raumtemperatur zur nachfolgenden Hämolyse aufgetaut. (Im deutschen Schrifttum siehe bei Hüber, Pastner, Gabl 1983, pp. 316.)

4.5.2.3 *Interne Qualitätskontrolle*

Die Maßnahmen zur Durchführung der internen Qualitätssicherung sind in Kapitel 4.5.0.3 und 4.5.1.3 enthalten. Zur Bestimmung der Gesamt-PK wird das Hämolysat nach Beutler et al. (1977) vorbereitet. Danach wird es mit 1:1000 im Verhältnis gegen eine „stabilisierende Lösung“ dialysiert. Sämtliche Reagenzien, Substrate und Enzyme müssen für die PK-Bestimmung sehr rein sein. LDH wird mit der „stabilisierenden Lösung“ verdünnt und muß wegen einer möglichen PK-Kontamination nach Beutler (1971) kontrolliert werden. ADP wird zur Standard-PK-Bestimmung neutralisiert, nicht aber PEP.

Einige besondere Maßnahmen zur Durchführung der Tests für Varianten-Analysen können hier nicht beschrieben werden.

4.5.2.4 Externe Qualitätskontrolle

Es sei auf Kapitel 4.5.1.4 verwiesen. Die Verwendung der Standard-Methoden zur PK-Varianten-Analyse ermöglicht den Vergleich der in den verschiedenen Laboratorien erhaltenen Ergebnisse sowie die Identifikation der Varianten auf der Basis biochemischer Parameter und klinischer Anzeichen.

4.5.2.5 Postanalytische Phase

Die normalen Bezugsbereiche für Gesamt-PK sind in Tabelle 4.5-5 und 4.5-6 einschließlich der PK-Varianten wiedergegeben. Sämtliche Bestimmungen werden bei 37 °C durchgeführt. Die berichteten Referenzwerte können von den interessierten Laboratorien bei ihren Untersuchungen als Richtlinien verwendet werden. Referenzwerte können je nach Laboratorium zeitlich variieren, obwohl die festgestellten Unterschiede nicht zu groß sein sollten. Die Schwankung in den Referenzwerten dürfte weitgehend an der unterschiedlichen Stabilität der verwendeten handelsüblichen Reagenzien liegen. Wichtig ist, daß jedes Laboratorium seine eigenen Referenzwerte ermittelt.

4.5.2.6 Abweichungen und Fehler

Leukozyten sind eine reiche Quelle für die PK. Die Enzymaktivitäten der Leukozyten sind bei hämolytischer Anämie vom Typ II normal; unbedingt sollte darauf geachtet werden, daß das Hämolysat der Erythrozyten völlig frei von Leukozyten ist.

4.5.2.7 Wirtschaftliche Betrachtungen

Der Such-Test muß in jedem Falle zuerst durchgeführt werden. Anschließend muß die Standardbestimmung der Gesamt-Enzymaktivität, möglicherweise nach dem empfohlenen Verfahren, folgen. Die Untersuchung der Varianten ist eine Aufgabe von Laboratorien, die in enzymologischen und hämatologischen Analysen hochspezialisiert sind.

4.5.3 Acetylcholinesterase (AChE)

4.5.3.1 Präventivmaßnahmen

Die AChE-Aktivität der Erythrozyten vermindert sich oft bei der paroxysmalen nächtlichen Hämoglobinurie (PNH). Es scheint wahrscheinlich, daß die AChE in den PNH-Erythrozyten = 0 ist; da jedoch nur wenige Erythrozyten bei PNH anomal sind, kann möglicherweise eine erniedrigte AChE-Aktivität der Erythrozyten im Gesamtblut nicht nachgewiesen werden. Die AChE-Bestimmung hat deshalb nur einen begrenzten diagnostischen Wert. Die Bedeutung der erniedrigten AChE-Aktivität der PNH-Erythrozyten und ihre Beziehung zur Lyse ist, sofern vorhanden, nicht bekannt.

Ein zuverlässiges und praktikables, auch für nicht-spezialisierte Laboratorien gültiges Verfahren geht von der Freisetzung von SH-Gruppen durch AChE aus Acetylthiocholin aus. Die SH-Gruppen reagieren mit 5,5′-Dithiobis-(2)-nitrobenzoesäure und ergeben eine gelbe Färbung, die spektrophotometrisch gemessen werden kann. Die AChE-Aktivität wird in U/g Hb ausgedrückt, wobei die Einheit der Enzymmenge entspricht, die 1 µmol Substrat pro Minute umwandelt. (Auditore und Hartmann, 1959; De Sandre und Ghiotto, 1958; Metz, Bradlow, Lewis und Dacie, 1960; Dacie und Lewis, 1975).

4.5.3.2 Präanalytische Phase

Die wesentlichen allgemeinen Daten sind in Abschnitt 4.5.0.2 wiedergegeben.

4.5.3.3 Interne Qualitätskontrolle

Die Mittel zur Sicherung der internen Qualitätssicherung sind in Abschnitt 4.5.0.3 aufgeführt. AChE ist relativ stabil und Blut kann ohne sichtbaren Aktivitätsverlust bei 20 °C mindestens 3 Tage aufbewahrt werden.

4.5.3.4 Externe Qualitätskontrolle

Siehe Abschnitt 4.5.1.4.

4.5.3.5 Postanalytische Phase

Die Referenzbereiche für normale Werte der Erythrozytenenzyme, die von dem ICSH-Expert-Panel mitgeteilt worden sind, sind in Tabelle 4.5-5 aufgeführt.

Die reduzierten AChE-Werte der Erythrozyten sind bei Patienten mit PNH nachgewiesen worden, doch ist eine ähnliche Senkung bei der hämolytischen ABO-Erkrankung von Neugeborenen gefunden worden.

Die AChE-Aktivität der Pronormozyten und jungen Erythrozyten ist erhöht, die Bestimmung der Enzymaktivität kann daher bei der Einschätzung der Knochenmarksaktivität helfen.

4.5.3.6 Abweichungen und Fehler

Die Methode weist keine besonderen Fehlermöglichkeiten auf. Eine aufmerksame Bewertung ist vielmehr bei der diagnostischen Auswertung der Ergebnisse notwendig.

4.5.3.7 Wirtschaftliche Betrachtungen

Die Bestimmungsmethode ist einfach und kostengünstig. Es können von der Industrie gefertigte und vertriebene spezielle Kits verwendet werden.

4.6 Hämostaseologie

Heinz Beeser (Freiburg i. Br.) und Jürgen Fischer
(Germering bei München)

4.6.0 Einleitung

Die Hämostase, d. h. die Blutstillung, ist eine Eigenfunktion des Gefäßsystems und des darin zirkulierenden Blutes, die zusammen eines der wesentlichsten Transportsysteme des Organismus darstellen. Die Blutstillung soll als unerläßliche Notfallreaktion das Ausfließen des Transportmittels Blut bei einem Leck des Röhrensystems verhindern, um dadurch einen ausreichenden An- und Abtransport der erforderlichen Wirkstoffe zu den Organen des Körpers zu gewährleisten. Dies wird neben der nur kurzzeitigen Kontraktion des Gefäßsystems an der verletzten Stelle endgültig durch die Ausbildung eines Gerinnsels, das im Verlauf bindegewebig organisiert wird, erreicht. Dabei darf es jedoch nicht zu einer Einengung oder Verlegung der Blutbahn - Thrombose - mit den katastrophalen Folgen für die betroffenen Organe kommen. Es ist leicht einzusehen, daß die Steuerung dieses Systems, das einerseits im Notfall sofort wirksam werden muß, andererseits aber nicht überschießend oder ohne Vorliegen eines Defektes des Gefäßsystems aktiviert werden darf, einer ausgeklügelten Feinabstimmung bedarf. Diese kann nur über viele Stufen von Aktivatoren und Inhibitoren erreicht werden.

An der Blutstillung sind Mechanismen der Gefäße und Blutplättchen (Thrombozyten) sowie die für die endgültige Blutstillung hauptsächlich verantwortlichen Blutgerinnungsfaktoren beteiligt. Die meisten dieser Aktivitäten sind nur als Spurensubstanzen in Gefäßwandzellen, Thrombozyten und im Blutplasma enthalten. Dies erklärt die Tatsache, daß viele dieser Faktoren erst während der letzten 30 Jahre mit der zunehmenden Entwicklung leistungsfähiger biochemischer Nachweismethoden entdeckt, jedoch bis heute noch nicht ausreichend charakterisiert worden sind. Gefäß-, Thrombozyten- und Gerinnungsfaktoren wirken in einem auf vielen Ebenen gekoppelten komplexen Reaktionsablauf zusammen, um neben einigen vorläufigen Blutstillungsvorgängen das endgültige Fibringerinnsel zu bilden (Blutgerinnung) oder bei überschießender Reaktion wieder abzubauen (Fibrinolyse). Hierzu wird auf die einschlägige Literatur verwiesen. Wegen der Spurenkonzentration der Hämostasefaktoren, wodurch die Reindarstellung und Charakterisierung wesentlich erschwert wird, sind die meisten Aktivitäten weder quantitativ als Substanz noch in einer direkten Enzym-Substrat-Reaktion nachweisbar. Für den Nachweis bleibt als einzig sichtbare Reaktion die Bildung eines Fibringerinnsels in dem betreffenden Reaktionsgemisch. Erst in letzter Zeit sind Ansätze einer mehr spezifischen Enzym-Substrat-Reaktion für einzelne Aktivitäten durch Verwendung artifizieller chromogener Peptidsubstrate vorhanden.

Als Folge der bereits erwähnten noch sehr jungen Erkenntnisse über den *Hämostasemechanismus* und seine im allgemeinen nur indirekt über die Fibrinbildung oder -auflösung erfaßbaren Aktivitäten müssen *Labormethoden der Hämostase* im Gegensatz zur klinischen Chemie mit wesentlich komplexeren Reaktionsansätzen arbeiten. Lange Zeit ist nur eine globale Aussage über die Blutstillungsfähigkeit eines

Tabelle 4.6-1: Globaltests der Blutgerinnung

Test	Probe	Aussage	Normalwert	Bemerkungen
Vollblutgerinnungszeit (GZ)	Vollblut	Intrinsic-Gerinnung (I, II, V, VIII, IX, X, XI, XII), Thrombozytenzahl und -funktion, Inhibitoren	6-12 Min. in Glasröhrchen	unmittelbar nach der Blutentnahme bei 37 °C durchzuführen
Clot-Observation-Test (COT)	Vollblut	Intrinsic-Gerinnung (I, II, V, VIII, IX, X, XI, XII) Thrombozytenzahl und -funktion, Fibrinolyse, Inhibitoren	8-15 Min. in Glasröhrchen	Bed-side-Methode der Gerinnungszeit, bei Raumtemperatur durchführbar, durch Weiterbeobachtung nach Gerinnungseintritt Beurteilung einer Hyperfibrinolyse möglich
Plasma-Rekalzifizierungszeit (RZ)	Zitratplasma	Intrinsic-Gerinnung (I, II, V, VIII, IX, X, XI, XII), Inhibitoren	70-130 sec.	Ergebnis stark abhängig von der je nach Zentrifugationsbeschleunigung im Plasma verbliebenen Plättchenzahl
Thrombelastogramm (TEG)	Vollblut Zitratblut	Intrinsic-Gerinnung (I, II, V, VIII, IX, X, XI, XII) auch Faktor XIII, Thrombozytenzahl und -funktion, Fibrinolyse, Inhibitoren	r: 10-15 Min. k: 3-6 Min. mε: 90-150	ermöglicht Zuordnung der Hämostasestörung zu verschiedenen Phasen des Gerinnungsablaufes sowie zu thrombozytären oder Fibrinolysestörungen

r = Reaktionszeit
k = Gerinnselbildungszeit
mε = maximale Thrombuselastizität

Patienten (Thrombozytenzahl, Auftreten von Petechien nach Belastung des Kapillarsystems, Bestimmung der Vollblutgerinnungszeit und daraus hergeleiteter Labormethoden) möglich gewesen.

Die vaskuläre Teilfunktion der Hämostase entzieht sich naturgegeben weitgehend einer Laborkontrolle. Die *Globaltests der Blutgerinnung* und ihre Aussagefähigkeit sind in **Tabelle 4.6-1** dargestellt. Erst im Jahre 1935 ist von Quick auf der Basis der damals geltenden Morawitz'schen Vier-Faktoren-Theorie der Versuch eines spezifischen Prothrombinnachweises unternommen worden. Dieser Test hat heute noch als Prothrombinzeit oder Thromboplastinzeit (TPZ) - landläufig auch als „Quicktest" bezeichnet - eine große Bedeutung als Gruppentest für das Extrinsic-System (Aktivierung durch Gewebsthromboplastin) (**Tabelle 4.6-2**).

Die meisten Gerinnungsfaktoren, die das Vier-Faktoren-Schema von Morawitz aus dem Jahre 1905 zum heute gültigen komplexen Reaktionsablauf der Blutgerinnung erweitert haben, sind erst Ende der 40er Jahre und im Laufe der 50er und 60er Jahre dieses Jahrhunderts entdeckt worden. Erst von diesem Zeitpunkt an ist die Entwicklung spezifischer Nachweismethoden der Einzelaktivitäten möglich geworden. Das Prinzip spezifischer quantitativer Bestimmungsmethoden folgt im wesentlichen dem Aufbau des Quicktests (Extrinsic-System) oder der PTT (Intrinsic-System), deren Reaktionsablauf (Gerinnungszeit) durch Zugabe eines Plasmas mit isoliertem völligem Mangel der zu untersuchenden Aktivität (Mangelplasma) quantitativ von der im Patientenplasma vorhandenen

Tabelle 4.6-2: Gruppentests der Blutgerinnung

Test	Probe	Aussage	Normalwerte	Bemerkungen
Partielle Thromboplastinzeit (PTZ, PTT)	Zitratplasma	Intrinsic-Gerinnung (I, II, V, VIII, IX, X, XI, XII), Inhibitoren	30-50 sec.	unabhängig vom Plättchenfaktor-3-Gehalt des Probandenplasmas; Laborkontrolle der Heparinbehandlung
Thromboplastinzeit (TPZ)	Zitratplasma	Extrinsic-Gerinnung (I, II, V, VII, X), Inhibitoren	70-110%	übliche Labormethode zur Kontrolle der Behandlung mit oralen Antikoagulantien des Hydroxycumarin- und Indandiontyps
Thrombinzeit (TZ)	Zitratplasma	Sofortantithrombine (Heparin), Fibrin(ogen)-Spaltprodukte, starke Fibrinogenverminderung (< 40 mg/100 ml), Dysfibrinogenämie	je nach Ansatz 12-15 sec. 18-22 sec.	Laborkontrolle der Heparin- sowie der Streptokinase/Urokinasebehandlung
Reptilase- bzw. Thrombinkoagulasezeit (RZ, TKZ)	Zitratplasma	Fibrin(ogen)-Spaltprodukte, starke Fibrinogenverminderung (< 40 mg/100 ml), Dysfibrinogenämie	16-24 sec.	wird nicht durch Heparin beeinflußt, Test zur Differenzierung von Heparin- und Spaltproduktwirkung

Aktivität dieses Gerinnungsfaktors abhängig wird. Somit bleibt auch für die spezifischen quantitativen Gerinnungsmethoden die Fibrinbildung in einem komplexen Ansatz mit zahlreichen vorgeschalteten Reaktionsstufen der bestimmende Parameter.

Nach diesem kurzen Abriß der Komplexität des von Spurensubstanzen bestimmten Gerinnungsablaufes und der Labormethoden zur Bestimmung seiner Aktivitäten ist es leicht einsehbar, daß die Ergebnisse einer derartigen Methodik nur bei sorgfältigster Vorbereitung der Reagenzien und Durchführung der Technik bewertbar sind. In diesem Sinne haben bereits seit den Anfängen der Gerinnungsmethodik Maßnahmen, die heute unter der Bezeichnung Qualitätssicherung zusammengefaßt werden, eine entscheidende Rolle gespielt.

Da im Zuge der in den letzten Jahrzehnten schnell wachsenden Kenntnis der pathophysiologischen Zusammenhänge des Hämostasesystems prophylaktische und therapeutische Maßnahmen auf diesem Gebiet in alle klinischen Disziplinen vorgedrungen sind, hat auch die *Labormethodik* des Hämostasesystems eine entsprechende Bedeutung im Routinelabor gewonnen. Um Aussagefähigkeit und Vergleichbarkeit der bereits erwähnten komplexen Reaktionskinetik der Labormethoden ausreichend zu sichern, sind *einheitliche Vorschriften* der Qualitätssicherung, die in Übereinstimmung mit den allgemein gültigen Prinzipien der Qualitätssicherung in der Laboratoriumsmedizin die Besonderheiten des Hämostaselabors berücksichtigen, unerläßlich.

Die Verwirklichung erweist sich jedoch infolge einer ganzen Reihe von Besonderheiten dieses bluteigenen Funktionssystems als schwierig. Diese sind in **Tabelle 4.6-3** zusammengefaßt.

Tabelle 4.6-3: Für die Methodik entscheidende Charakteristika des Gerinnungssystems

- Eigenfunktion des Blutes, die in der Probe labil ist (Aktivierung, Inaktivierung)
- Komplexer Reaktionsablauf sich gegenseitig beeinflussender Aktivitäten über kaskadenförmige Aktivierungsprozesse bis zur Fibrinogen-Fibrinumwandlung als sichtbarer Indikatorreaktion
- Gerinnungsfaktoren sind Spurenproteine, die nicht als Bestandteil, sondern nur als Funktion erfaßbar sind
- Reaktionszeiten (sec), die in arbiträre Einheiten (Prozent, Einheit/ml) oder in Reaktionszeit-quotienten transformiert werden
- Ergebnisse, die entscheidend durch Aktivatoren (partielles Thromboplastin, Thromboplastin, Thrombin u. a.) beeinflußt werden
- Erhebliche physiologische Schwankungsbreite der Gerinnungsfaktoren

Einerseits sind die Gerinnungsfaktoren des Plasmas besonders empfindlich gegenüber Aktivierung und Inaktivierung, die sowohl in vivo (z. B. Aktivierung durch körperliche Arbeit oder Streß), vor allem aber auch in vitro (z. B. Aktivierung an Oberflächen und Inaktivierung durch Lagerung) auftreten können. Andererseits laufen die auch heute noch üblichen klassischen Gerinnungsmethoden in komplexen Reaktionsgemischen sich gegenseitig beeinflussender Aktivitäten über die bekannten Reaktionsketten des Intrinsic- bzw. Extrinsic-Systems ab, bis Fibrinogen in Fibrin umgewandelt wird als Indikatorreaktion, wie dies **Abbildung 4.6-1** schematisch für den Reaktionsablauf im Faktor-VIII-Einstufentest mit Hämophilie A Mangelplasma zeigt.

Da die Gerinnungsfaktoren außer Fibrinogen als Spurenproteine nicht bekannter Konzentration im Plasma vorhanden sind, können sie nur als eine Funktion, die den Gerinnungseintritt in der jeweiligen Methode beschleunigt, d. h. als Reaktionszeit (sec) gemessen werden; diese wird durch Vergleich mit einer Bezugskurve in arbiträre Einheiten (Prozent oder Einheiten/ml) transformiert oder als Reaktionszeitquotient (Reaktionszeit $(sec)_{Patient}$: Reaktionszeit $(sec)_{Normal}$) mitgeteilt. Bei allen Gerinnungsmethoden wird das Ergebnis entscheidend von dem verwendeten Aktivator beeinflußt, wodurch ein Vergleich von Ergebnissen wesentlich erschwert wird. Als Konsequenz der erheblichen physiologischen Schwankungsbreite der ver-

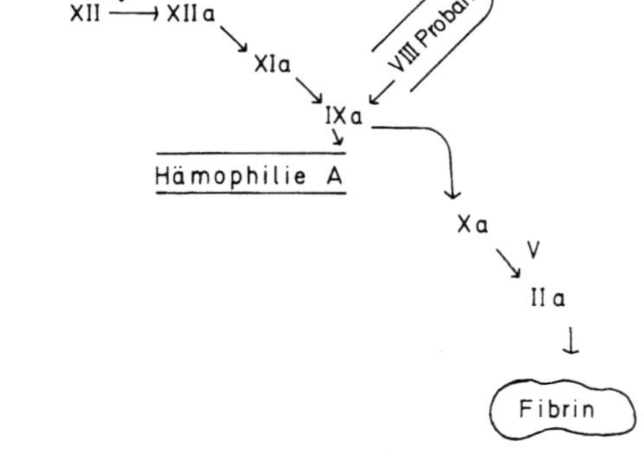

Abbildung 4.6-1: Reaktionskette des Intrinsic-Systems am Beispiel des F VIII-Einstufentests

Tabelle 4.6-4: Physiologische Schwankungsbreite der Faktor VIII-Normalaktivität

Untersucher	Jahr	Streubreite Faktor VIII in %
Graham	1953	68 - 165
Brinkhous	1956	60 - 170
Pitney	1956	50 - 220
Biggs	1957	60 - 140
Fischer	1958	50 - 140
Pitney	1959	60 - 200
Nilsson	1959	60 - 160
Pool	1959	50 - 200
Waaler	1959	70 - 130
Jung	1959	40 - 150
Bergna	1960	50 - 200
Cooperberg	1960	50 - 195
Rapaport	1960	52 - 133
Egeberg	1961	64 - 147
Goedecke	1962	60 - 170
Pitney	1962	60 - 190
Preston	1964	60 - 140
Gugler	1965	65 - 220
Caen	1966	80 - 130
Dahlmann	1967	65 - 190
Noren	1972	60 - 160
Glueck	1972	85 - 137

schiedenen Gerinnungsfaktoren sind die als Bezug erforderlichen Normalwerte nur über Mischplasmen von zahlreichen gesunden Spendern (Poolplasma) zu erhalten. **Tabelle 4.6-4** gibt eine Auflistung der in der Literatur beschriebenen physiologischen Schwankungsbreite für die Faktor-VIII-Aktivität.

4.6.1 Qualitätssicherungsmaßnahmen

Aufgrund der dargelegten Eigenschaften müssen besonders strenge und umfassende Anforderungen an eine wirksame *Qualitätssicherung* der Labormethoden der Blutgerinnung als bluteigenem Funktionssystem gestellt werden, die im folgenden aufgezeigt werden sollen.

Im Rahmen dieser umfassenden Qualitätssicherung ist bei Gerinnungsanalysen die sorgfältige Beachtung optimaler, möglichst standardisierter Bedingungen im präanalytischen Bereich von entscheidendem Einfluß auf das Untersuchungsergebnis. Verbindliche Empfehlungen der Qualitätssicherung für die präanalytische Phase sind bisher weder international noch national veröffentlicht worden, obwohl die in Lehrbüchern und Laboranweisungen für die einzelnen Methoden mitgeteilten optimalen Bedingungen für Patientenvorbereitung, Probenentnahme, Identitätssicherung, Probenaufbereitung und Probenaufbewahrung weitgehend übereinstimmen. Auch für das Hämostaselabor gelten selbstverständlich die allgemeinen Prinzipien der Qualitätssicherung in der Labormedizin.

4.6.1.1 Präanalytik

Sowohl bei der Vorbereitung der zu untersuchenden Person und der Probennahme als auch beim Probentransport und bei der Probenaufbereitung sind speziell für Gerinnungsanalysen erforderliche Maßnahmen zu beachten, um die Unversehrtheit der gegenüber Aktivierung bzw. Inaktivierung höchst empfindlichen Gerinnungsfaktoren zu gewährleisten. Diese Veränderungen sind nicht gleichsinnig für die verschiedenen Aktivitäten.

So kann z. B. die Faktor-VIII-Aktivität durch Streß, aber auch bereits bei normaler körperlicher Betätigung um ein mehrfaches in vivo erhöht werden, während die durch die gleichen Vorgänge aktivierte Fibrinolyse zu einer Verminderung des Fibrinogenspiegels führen oder die Thrombozyten durch derartige Aktivierungsvorgänge so stimulieren kann, daß sie in der Probe teilweise aggregieren und dadurch ihre Zahl zu gering gemessen wird.

Besonders unterschiedlich verhalten sich die Aktivitäten jedoch in vitro nach inadäquater Probennahme sowie nicht adäquater Aufbereitung und Aufbewahrung der Probe. Während Thrombozyten (durch Aggregation), Fibrinogen (durch Fibrinolyseaktivierung), Faktor V und Faktor VIII dadurch an Konzentration abnehmen, werden besonders die Kontaktfaktoren (XII, XI, Präkallikrein) und die Faktoren VII und X aktiviert.

Zur adäquaten Vorbereitung des Probanden und sorgfältigen Probennahme ist folgendes zu beachten:

- Zur Blutentnahme soll der Patient nüchtern oder nach einem leichten Frühstück ohne Fettaufnahme (auch keine Milch) einbestellt werden
- der Patient oder Proband soll vor der Blutentnahme möglichst 15 Minuten liegen oder in einem bequemen Entnahmestuhl ruhen, um Aktivierungen zu vermeiden
- bei der Probennahme ist die Identität in geeigneter Weise zu sichern
- die venöse Stauung ist nur kurz mit möglichst geringem Staudruck durchzuführen, um eine Aktivierung der Fibrinolyse zu vermeiden
- eine nochmalige Entnahme von Blut aus einer Punktion unterhalb der bereits vorher gestauten Stelle darf frühestens 20 Minuten später nach nochmaliger Stauung vorgenommen werden
- es sind Einmalkanülen und Plastikspritzen aus Materialien, die eine Kontaktaktivierung vermeiden, zu verwenden
- die Punktion ist streng intravenös durchzuführen, um eine Beimengung von Gewebssaft zu vermeiden, wodurch eine Aktivierung durch Gewebsthromboplastin induziert würde
- das Verhältnis der Volumenanteile Antikoagulans zu Blut (üblicherweise 1 Volumenanteil Antikoagulans plus 9 Volumenanteile Blut) ist genau einzuhalten
- die Durchmischung von Antikoagulantienlösung und Blut ist unmittelbar nach der Blutentnahme durchzuführen, da anderenfalls ein teilweiser Anstoß der Hämostasevorgänge durch thrombozytäre und plasmatische Aktivitäten erfolgt, der zu einer latenten, nicht visuell erkennbaren Veränderung des Hämostasepotentials führt
- die Punktionsnadel ist zur Vermeidung von mechanischer Hämolyse ausreichend weit zu wählen.

Die wesentlichen Maßnahmen zur Qualitätssicherung bei der *Patientenvorbereitung* und *Probennahme* sind in **Tabelle 4.6-5** aufgelistet. In **Tabelle 4.6-6** sind die *Voraussetzungen einer sachgerechten Probenaufbereitung und Lagerung* zusammengestellt.

Die *Aufbereitung der Blutproben* sollte möglichst unmittelbar nach der Entnahme erfolgen. Ist eine sofortige Aufbereitung nicht möglich, so ist eine kurze *Lagerung* bei Raumtemperatur der Aufbewahrung im Kühlschrank vorzuziehen.

Tabelle 4.6-5: Präanalytische Qualitätskontrolle, Qualitätssicherung der Patientenvorbereitung und Probennahme

Patient:	- möglichst 15 Minuten liegend ruhen (F VIII-, F V-Aktivierung, Fibrinolysesteigerung) - Blutentnahme möglichst nüchtern oder nach leichtem Frühstück ohne Milch (Lipämie)
Probennahme:	- Identitätssicherung - kurze venöse Stauung mit geringem Staudruck (Aktivierung der Fibrinolyse) - Einmalkanülen und Kunststoffspritzen mit inerten Oberflächen (Kontaktaktivierung) - streng intravenöse Punktion (Aktivierung durch Gewebssaft) - ausreichend weite Nadel zur Vermeidung mechanischer Hämolyse - Beachtung des genauen Mischungsverhältnisses von Antikoagulans und Blut - sofortiges Durchmischen von Antikoagulans und Blut unmittelbar nach der Entnahme

Tabelle 4.6-6: Präanalytische Qualitätskontrolle, Qualitätssicherung der Probenaufbereitung

- Aufbereitung möglichst unmittelbar nach Entnahme
- bei späterer Aufbereitung (einige Stunden) nicht im Kühlschrank, sondern bei Raumtemperatur lagern
- Überführung in Kunststoffröhrchen aus Material mit inerter Oberfläche
- scharfe Zentrifugation, mindestens 10 Minuten bei ca. 15 °C Rotortemperatur in der Kühlzentrifuge
- Abhebern des Plasmas unter strenger Schonung des Buffy-Coat
- Plasma in verschlossenen Kunststoffröhrchen im Kühlschrank bei 4 bis 8 °C lagern (bis 24 Stunden), jedoch möglichst innerhalb 4 Stunden nach Probennahme untersuchen
- bei Lagerung länger als 24 Stunden sofort bei −40 °C tieffrieren
- Auftauen tiefgefrorener Proben bei kontrollierter Temperatur von 37 °C

- Zunächst sollten die Proben in verschlossene Plastikröhrchen aus inertem Material überführt werden
- zur Gewinnung des Plasmas ist das Blut in silikonierten oder Kunststoffröhrchen scharf zu zentrifugieren, um die Thrombozyten möglichst quantitativ in das Zellsediment zu bringen
- die Zentrifugation wird zweckmäßigerweise bei einer Rotortemperatur von +15 °C (nicht bei +4 °C) in einer Kühlzentrifuge durchgeführt
- beim Abhebern des Plasmas ist auf eine strenge Schonung des Buffycoat aus Leukozyten und Thrombozyten zu achten
- das Plasma soll in verschlossenen Kunststoffröhrchen im Kühlschrank bei +4 °C bis +8 °C gelagert und möglichst innerhalb von 4 Stunden nach der Probennahme untersucht werden
- kann die Probe nicht innerhalb von 24 Stunden untersucht werden, so muß sie sofort bei −40 °C schockgefroren und tiefgefroren gelagert werden
- das Auftauen tiefgefrorener Proben zur Durchführung von Gerinnungsanalysen muß bei kontrollierter Temperatur von +37 °C unter sorgfältiger Beobachtung erfolgen
- nach dem völligen Auftauen müssen die Proben vor der Untersuchung 10 Minuten lang bei Raumtemperatur stehen.

Untersuchungen der Hämostaseaktivitäten an eingesandten Proben sind nur bei schweren Defekten begrenzt aussagefähig. Die Ergebnisse können nur als Anhalt für eine mögliche Störung dienen. Bei anormalen Ergebnissen in derartigen Proben

Tabelle 4.6-7: Analytische Qualitätskontrolle, Qualitätssicherung bei der Durchführung der Gerinnungsanalyse

- erprobte, schriftlich festgelegte und für alle Mitarbeiter des Labors verbindliche Methodik verwenden
- adäquate Restitution und Aufbewahrung der Reagenzien
- bei lyophilisierten Reagenzien Lösungsmittelvolumen exakt zugeben, Quellzeit von 30 Minuten beachten, Schaumbildung vermeiden
- auf Verfalldaten der Reagenzien und Haltbarkkeit restituierter Lyophilisate achten
- für eine Methode möglichst nur Reagenzien eines Herstellers benutzen
- die methodische Probenverdünnung mit dem vorgeschriebenen Verdünnungsmittel vornehmen
- die vorgeschriebene Reaktionstemperatur überprüfen und angegebene Vorwärmzeiten einhalten
- das verwendete mechanische Coagulometer u. a. Geräte sorgfältig warten
- für jeden Untersucher laboreigene Bezugskurven bei jeder Veränderung im Untersuchungsgang (Geräte, Reagenziencharge u. a.) erstellen, Kalibriertabellen des Herstellers mit Richtigkeitskontrollproben in mindestens 3 Bereichen kontrollieren
- laufende Durchführung der statistischen Qualitätskontrolle: Ergebnisse stets aufmerksam verfolgen
- regelmäßig an der externen Qualitätskontrolle (Ringversuche) teilnehmen

sowie zur quantitativen Erfassung eines Hämostasedefektes ist eine Kontrolluntersuchung an einer Blutprobe, die im Gerinnungslabor unter Beachtung der beschriebenen Bedingungen gewonnen und aufbereitet wird, erforderlich.

4.6.1.2 Durchführung der Gerinnungsanalyse

Die wesentlichen Maßnahmen der Qualitätssicherung für die Durchführung der Gerinnungsanalyse sind in **Tabelle 4.6-7** zusammengestellt.

- Die Zuverlässigkeit der Gerinnungsanalysen ist wegen der bereits erwähnten Komplexität des Reaktionsansatzes und der Labilität der biologischen Aktivität vieler der für den normalen Ablauf der jeweiligen Reaktion unerläßlichen Faktoren entscheidend von der Verwendung einer erprobten, schriftlich festgelegten *Methodik*, die für alle Mitarbeiter des Labors verbindlich ist, abhängig
- die von den Herstellern angegebenen Bedingungen der Aufbereitung und Haltbarkeit der rekonstituierten Reagenzien (Thromboplastin, partielles Thromboplastin, Mangelplasma, Kontrollplasma) sind sorgfältig zu beachten
- bei Lyophilisaten ist auf vollständige Lösung mit dem genauen Volumen des Lösungsmittels, auf die Vermeidung von Schaumbildung sowie auf eine ausreichende Quellzeit von 30 Minuten nach dem Anlösen zu achten
- Verfalldaten der Reagenzien dürfen nicht überschritten werden.

Die Auswahl einer der zahlreichen Modifikationen einer Bestimmungsmethode ist in der Regel durch die verwendeten Reagenzien gegeben. Es wird dringend empfohlen, für eine bestimmte Methode nur Reagenzien eines einzigen Herstellers zu benutzen; die Anwendung der vom Hersteller empfohlenen Bestimmungsvorschrift bietet dann bei sorgfältiger Durchführung am ehesten Gewähr für Ergebnisse, die eine möglichst zuverlässige diagnostische Aussage erlauben.

Weitere kritische Punkte bei der Durchführung der Gerinnungsanalyse sind die

- exakte Herstellung der methodischen Probenverdünnung mit dem vorgeschriebenen Verdünnungsmittel
- Einhaltung der vorgeschriebenen Reaktionstemperatur und
- regelmäßige Wartung der mechanischen Coagulometer und anderen Geräte.

4.6.1.3 Bewertung der Ergebnisse und Kontrollen

Es ist bereits erwähnt worden, daß die Gerinnungsaktivitäten fast ausschließlich als *Reaktionszeiten* der Fibrinogen-Fibrinumwandlung in dem jeweiligen Testansatz gemessen werden. Die Reaktionszeit selbst erlaubt aber keine quantitative Aussage über die vorhandene Gerinnungsaktivität in einem untersuchten Plasma, da sie stark von Reagenzien und Testansatz sowie von Arbeitstechnik, Gerät und Untersucher abhängt. Im Vergleich zu einem normalen Frischplasmapool oder einem daran kalibrierten Referenzplasma und definierten pathologischen Kontrollplasmen lassen die gemessenen Reaktionszeiten jedoch semiquantitative Aussagen über das Gerinnungspotential zu, wie sie zur Beurteilung für manche Gerinnungsuntersuchungen als ausreichend erachtet werden (Partielle Thromboplastinzeit (PTZ), Thrombinzeit (TZ), Batroxobinzeit (BXZ)).

Durch die *Bildung des Quotienten* aus der Reaktionszeit des jeweiligen Testansatzes mit Patientenplasma und der Reaktionszeit mit einem definierten Normalplasma (über Frischplasmapool kalibriertes normales Kontrollplasma) können methodisch bedingte Unterschiede der Reaktionszeiten, zumindest bei Verwendung gleicher Reagenzien oder bestimmter Reagenzientypen, weitgehend ausgeglichen werden, so daß auf diese Weise eine vergleichbare Bewertung der Ergebnisse möglich wird. Eine solche Bewertung nach *Reaktionszeitquotienten* ist vor allem dort von Vorteil, wo die Untersuchungsergebnisse zur Steuerung therapeutischer Maßnahmen herangezogen werden und daher von Labor zu Labor vergleichbar sein müssen. Dies gilt vornehmlich für die Laborkontrolle der oralen Antikoagulantienbehandlung mit Hilfe der TPZ-Bestimmung (siehe auch die Ausführungen über TPZ-Standardisierung in International Normalized Ratio (INR) und International Sensitivity Index (ISI)).

Quantitative gerinnungsanalytische Untersuchungen werden in der Bundesrepublik Deutschland jedoch meist als *Aktivitätsprozente* angegeben; das sind, wie schon erwähnt, Prozentanteile der im Plasma gesunder Probanden normalerweise vorhandenen Aktivität bzw. Konzentration an Gerinnungsfaktoren.

Bei diesem ebenfalls weitgehend vergleichbaren Maß der Gerinnungsaktivität handelt es sich um eine Transformation der Sekundenergebnisse des Tests über eine unter gleichen Testbedingungen aufgestellte Bezugskurve mit einem frischen, normalen Mischplasma (100%-Pool) und dessen prozentuale Verdünnungen.

Wegen der bereits in Tabelle 4.6-4 dargelegten beträchtlichen physiologischen Schwankungsbreite der Gerinnungsaktivitäten kann das Plasma eines einzelnen Spenders nicht als Bezugsgrundlage der Norm gelten, sondern es muß mit einem normalen Mischplasma (Normalplasmapool) von mehreren Spendern verglichen werden. Zur *Gewinnung* dieses *Normalplasmas* sind mindestens fünf gesunde Männer zwischen 20 und 40 Jahren auszuwählen, deren einzeln überprüfte Plasmen eine normale Gerinnungsaktivität (TPZ, PTZ) aufweisen müssen, bevor sie zu einem normalen Mischplasma (100%-Pool) vereinigt werden. Für streng wissenschaftliche Zwecke ist nur ein nach weitergehenden Kriterien geprüfter Plasmapool aus wenigstens 30 gesunden Spenderplasmen geeignet, um eine sichere 100%-Grundlage zu gewährleisten (siehe auch „Referenzplasma" nach DIN 58939/1).

Zuverlässige Ergebnisse von Gerinnungsuntersuchungen können nur erwartet werden, wenn sie mit Hilfe *eigener Bezugskurven* gewonnen worden sind, da nur dann die laboreigenen Modifikationen und individuellen Besonderheiten der Bestimmungstechnik berücksichtigt werden. Diese müssen unter den Bedingungen des eigenen Labors durch Untersuchung eines frischen Normalplasmapools und seiner prozentualen Verdünnungen mit der jeweiligen Methodik erstellt werden. Jede Änderung der Testbedingungen wie Wechsel der Reagenziencharge, des Untersuchers, des Gerätes u.a. erfordert die Erstellung einer neuen Bezugskurve. Vorgegebene Bezugskurven oder -tabellen, wie sie z. B. vom Reagenzienhersteller geliefert werden, sind deshalb für die Ermittlung der Gerinnungsaktivität weniger geeignet – sofern sie nicht durch ein breit angelegtes Qualitätskontrollprogramm intern bestätigt werden können. Geeignete *lyophilisierte Normalplasmapools* oder *Kalibrierplasmen* zur Erstellung von Bezugskurven könnten die Arbeit des Hämostaselabors sehr erleichtern und insgesamt verbessern.

Es ist verständlich, daß bei dieser diffizilen Methodik die Zuverlässigkeit der Ergebnisse letztlich entscheidend von der exakten Beherrschung der Bestimmung durch den Untersucher abhängt.

4.6.1.4 Interne Qualitätskontrolle

Eine nach den allgemeinen Richtlinien regelmäßig durchgeführte *statistische Qualitätskontrolle* erlaubt bei aufmerksamer Beachtung der Resultate eine weitere Absicherung der Laborergebnisse. Das regelmäßige Mitführen von Präzisionskontrollproben und die Dokumentation der Ergebnisse auf der Kontrollkarte ermöglichen eine frühzeitige Warnung bei drohenden, nicht mehr tolerierbaren Abweichungen. Periodisch eingesetzte Richtigkeitskontrollproben zeigen systematische Unterschiede des eigenen Testsystems gegenüber dem Zielwert der Referenzlaboratorien auf und lassen eine Beurteilung zu, ob auftretende Differenzen toleriert werden können oder nicht („Vertrauensbereich"). Auf diese Weise läßt sich z. B. auch erkennen, ob eine gegebene Bezugskurve für das Labor Gültigkeit hat oder nicht und wann eine Neukalibrierung zur Ermittlung der Aktivitätsprozente notwendig wird.

So lassen sich mit Hilfe der ständigen *Präzisionskontrolle* durch ein mitgeführtes Kontrollplasma über die erhaltenen und dokumentierten Gerinnungszeiten unter anderem folgende Probleme feststellen und eingrenzen:

- Generelles Ausmaß der Störeinflüsse und damit eine Aussage über die Sicherheit der Laborergebnisse (Größe von s%)
- Auftreten besonderer Störungen, die zu fehlerhaften Ergebnissen führen bzw. in Kürze führen können (Anstieg, Abfall oder zunehmende Streuung der Werte)
- unerwartete oder mit dem Wechsel von Reagenz, Technik oder Untersucher einhergehende systematische Abweichungen, die auf plötzlich veränderte Testbedingungen hinweisen und bei Kenntnis und Akzeptieren der Ursache das Erstellen einer neuen Bezugskurve notwendig machen.

Mit Hilfe der periodisch eingefügten *Richtigkeitskontrolle* durch Kontrollplasmen mit Zielwerten in verschiedenen Aktivitätsbereichen läßt sich vor allem die Vergleichbarkeit der erhaltenen Aktivitätsprozente oder Reaktionszeitquotienten (Ratio) mit denen anderer qualifizierter Laboratorien sicherstellen:

- Ausmaß der Diskrepanzen und Erkennung nicht mehr tolerierbarer systematischer Abweichungen des eigenen Testsystems gegenüber den Referenzlaboratorien („Vertrauensbereich")
- Überprüfung der im Labor verwendeten Bezugskurven zur Ermittlung der Aktivitätsprozente (Eignung vorgegebener Bezugskurven oder Kalibriertabellen bzw. Sicherung selbsterstellter Kalibrierbeziehungen)
- Gewährleistung einer gleichartigen Beurteilung pathologischer Befunde und therapeutisch angestrebter Gerinnungszustände.

Zusammenfassend ist zu sagen, daß sich trotz aller Komplexität des Gerinnungsablaufes bei konsequenter Anwendung der statistischen Qualitätskontrollmaßnahmen sehr zuverlässige Untersuchungsergebnisse erreichen lassen.

4.6.1.5 Externe Qualitätskontrolle durch Ringversuche

Ein wesentlicher Beitrag zur Steigerung der Zuverlässigkeit der Ergebnisse im Gerinnungslabor, insbesondere der Vergleichbarkeit der Ergebnisse zwischen den Laboratorien, kann durch die regelmäßige Teilnahme an Ringversuchen zur externen Qualitätskontrolle erzielt werden. Diese für Gerinnungstests bisher freiwilligen Ringversuche werden von den Autoren in der Bundesrepublik Deutschland zur Zeit vierteljährlich über INSTAND durchgeführt. Bei der Vielzahl der Hämostaseparameter und der noch größeren Zahl von Methodenmodifikationen ist die Auswahl der Bestandteile für eine regelmäßige externe Qualitätskontrolle in der Hämostaseologie natürlich auf die für die allgemeine Klinik wichtigen Labormethoden beschränkt.

Die regelmäßig in Ringversuchen angebotenen *Untersuchungen* umfassen:

- Thrombozytenzahl, Thromboplastinzeit (TPZ)
- partielle Thromboplastinzeit (PTZ, engl. PTT)
- Thrombinzeit (TZ), Batroxobinzeit (BXZ)
- Fibrinogen (FIB), Antithrombin III (AT-III)

Darüber hinaus besteht die Möglichkeit, auch an regelmäßig durchgeführten Ringversuchen für die quantitative Bestimmung der Gerinnungsfaktoren II, V, VII, VIII, IX, X, XI und XII teilzunehmen.

Die Auswahl der *Analysenmethoden* und der einzelnen Modifikationen ist dabei dem teilnehmenden Labor ebenso freigestellt wie die angewendete Arbeitstechnik. Beides wird in einem detaillierten Methodenschlüssel erfaßt und bei der Auswertung weitgehendst berücksichtigt.

Die *Bewertung* der Ringversuchsergebnisse in der Hämostaseologie ist besonders aufwendig, da wegen der Vielzahl unterschiedlich empfindlicher Reagenzien (Thromboplastine, partielle Thromboplastine, Aktivatoren u.a.) sowie wegen der Fülle von Methodenmodifikationen und Geräten mit verschiedenen Endpunktmeßprinzipien keine einheitliche Bewertung möglich ist. Die **Tabellen 4.6-8** und **4.6-9** zeigen diese Vielfalt am Beispiel der Reagenzien-, Methoden-, Geräte- und Kalibrierschlüssel für einen Thromboplastinzeit-Ringversuch.

Aus diesem Grund kann eine Bewertung nur in Gruppen vergleichbar empfindlicher Reagenzien-, Methoden- und Geräte-Kombinationen erfolgen, die durch aufwendige Voruntersuchungen von Referenzlaboratorien ermittelt werden müssen.

Außerdem ist für die Beurteilung nach Reaktionszeitquotienten noch das Mitführen einer Bezugsprobe (Normalplasma) als dritter Ringversuchsprobe erforderlich. Die **Tabellen 4.6-10** und **4.6-11** veranschaulichen dies am Beispiel der Auswertung eines Thromboplastinzeit-Ringversuchs.

In Tabelle 4.6-10 sind die TPZ-Prozentergebnisse für die beiden pathologischen Proben (41 und 42) in neun Gruppen ausgewertet. Beachtenswert sind die unterschiedlichen Zielwerte der einzelnen Gruppen, die gute Übereinstimmung der Mittelwerte des Teilnehmerkollektivs mit den Zielwerten und die weitgehend akzeptablen relativen Standardabweichungen (s%). Die Erfolgsrate liegt in den meisten Gruppen bei über 70%.

Tabelle 4.6-8: Gruppe 221 - Hämostaseologie I

Bestandteil/ Einheit		RVF Reagenzien und Methoden	
		Plasma-Methoden:	
Thromboplastin-Zeit (TPZ) in Sekunden	**1**	**Asid**	Thromboplastin-Calcium
	11	Asid	Thromboplastin-Calcium „neu"
	2	**Behringwerke**	Calcium-Thromboplastin
	12	Behringwerke	Thromborel
	22	Behringwerke	Thromborel-S
	3	**DiaMed**	Thromboplastin flüssig
	4	**api bioMérieux**	Calcium-Thrombplastin
	14	api bioMérieux	Thrombomat
	5	**Boehringer Mannheim**	Calcium-Thromboplastin
	15	Boehringer Mannheim	Hepato-Quick (Plasma)
	25	Boehringer Mannheim	Hepato-Quick (Plasmaverdünnung 1+10)
	55	Boehringer Mannheim	Thromboplastin -a-
	6	**Dade/Merz + Dade/AHS**	Thromboplastin -C-
	16	Dade/Merz + Dade/AHS	Thromboplastin flüssig
	26	Dade/Merz + Dade/AHS	Thromboplastin -FS-
	7	**Gödecke/General Diagnostics**	Simplastin
	17	Gödecke/General Diagnostics	Simplastin Automated
	88	**Nyegaard/Immuno Diagnostika**	Thrombotest (30 µl Plasma)
	8	Nyegaard/Immuno Diagnostika	Thrombotest (50 µl Plasmaverdünnung 3+2)
	18	Nyegaard/Immuno Diagnostika	Normotest (25 µl Plasmaverdünnung 3+2)
	9	**Roche/Hoffmann-La Roche**	Calcium-Thromboplastin
	19	Roche/Hoffmann-La Roche	Calcium-Thromboplastin F. VII
	91	**Bio-Dynamics**	Thromboplastin flüssig
	92	**Hyland/Travenol**	Thromboplastin flüssig
	93	**Compur**	Calcium-Thromboplastin
	98	Andere Methoden	
		Vollblutmethoden	
	42	**Behringwerke**	Thromborel, Kapillar-Vollblut (25/50 µl)
	35	**Boehringer Mannheim**	Hepato-Quick, Kapillar-Citratblut (120 µl)
	45	Boehringer Mannheim	Hepato-Quick, Kapillar-Vollblut (20 µl)
	28	**Nyegaard/Immuno Diagnostika**	Thrombotest, Venenblut (50 µl)
	38	Nyegaard/Immuno Diagnostika	Thrombotest, Kapillar-Citratblut
	48	Nyegaard/Immuno Diagnostika	(100 µl)
	58	Nyegaard/Immuno Diagnostika	Thrombotest, Kapillar-Vollblut (50 µl)
	68	Nyegaard/Immuno Diagnostika	Normotest, 25 µl Venenblut
	78	Nyegaard/Immuno Diagnostika	Normotest, 50 µl Kapillar-Citratblut
	83	Nyegaard/Immuno Diagnostika	Normotest, 25 µl Kapillar-Vollblut
			Normotest, andere Methode
	99	Andere Reagenzien	
Thromboplastin-Zeit (TPZ) in Prozent		**Reagenzien und Methoden wie bei TPZ in Sekunden**	

Tabelle 4.6-9: Gruppe 221 - Hämostaseologie I

Bestandteil/Einheit	LVF	Techniken
Thromboplastin-Zeit (TPZ) in Sekunden		**Manuelle und visuelle Techniken**
	1	Kipp-Technik (manuell)
	2	Häkchen-Technik (manuell)
	3	Kugelmethode (visuell)
	9	Andere manuelle/visuelle Technik
		Mechanisierte Techniken, Geräte
	10	Auto-Fi (Dade)
	23	Biomatic (Sarstedt)
	11	Clotek (Hyland/Travenol)
	12	Clot-timer (Mechrolab/Schlag)
	13	Coag-a-Pet (Alphamedics/Gödecke)
	14	Coagulation Unimeter (Bio-Dynamics)
	15	Coagulyzer (Oxford-Lancer)
	16	Coagulometer (Schnitger-Gross/Amelung)
	17	Coagulometer mit Automatik-Pipette (Schnitger-Gross/Amelung)
	18	Digiclot (Elvi)
	19	Electra (Fisher-Scientific)
	20	Fibrintimer (LAbor/Roche)
	21	Fibrometer (BBL/Becton Dickinson/api bioMérieux)
	22	MKG (Labtronic)
	24	KC-Coagulometer (Amelung)
	25	Micro-Coagulometer (Greiner)
	26	M2000 CS (Compur)
	99	Andere mechanisierte Techniken
Thromboplastin-Zeit (TPZ) in Prozent		**Kalibrierung**
		Selbsterstellte Bezugskurve des eigenen Laboratoriums
	1	Frischplasmapool-Verdünnung
	2	Tiefgefr. Normalplasmapool-Verdünnung
	3	Lyoph. Normalplasma-Verdünnung
	4	Kalibrierplasmen
		Vorgegebene Bezugskurve oder -tabelle des Reagenzienherstellers
	5	Chargenspezifisch, mit 2 bis 4 Kontrollplasmen selbst überprüft
	6	Chargenspezifisch, nicht weiter überprüft
	7	Ohne nähere Chargenangabe, mit 2 bis 4 Kontrollplasmen selbst überprüft
	8	Ohne nähere Chargenangabe, nicht oder nur bei 100% geprüft
	9	Andere Art der Kalibrierung
Partielle Thromboplastin-Zeit (PTZ) in Sekunden		**Techniken wie Thromboplastin-Zeit in Sekunden**

In Tabelle 4.6-11 sind dieselben TPZ-Ringversuchsergebnisse der beiden pathologischen Proben als Reaktionszeitquotienten, bezogen auf die mitgelieferte Bezugsprobe (3. Probe) zusammengestellt. Neben einer ähnlich guten Übereinstimmung der Teilnehmermittelwerte mit den Zielwerten fällt hierbei auf, daß die von Bezugskurven unabhängigen Reaktionszeitquotienten im Teilnehmerkollektiv meist wesentlich geringere relative Standardabweichungen (s%) und höhere Erfolgsquoten aufweisen.

Tabelle 4.6-10: Ringversuch Hämostaseologie I - November 1984 (Einheit: Prozent; R = Reagenz/Methodik, siehe Tabelle 4.6-8)

Bestandteil	Probe	Zielwert	Bewertungs-grenzen	Teilnehmerkollektiv			Erfolg %	Zertifi-kat %
				MW	s% (VK)	N		
TPZ, Quick (%)	41	20.5	16.8 - 24.2	21.01	10.5	91	79.1	73.6
R. 04,05,14,55	42	40.0	32.1 - 47.8	39.91	12.0	91	82.4	
TPZ, Quick (%)	41	18.0	15.0 - 21.0	18.27	12.3	75	89.3	84.0
R. 03,06,16,91,93	42	39.0	31.9 - 46.1	38.67	10.8	75	92.0	
TPZ, Quick (%)	41	18.0	14.4 - 21.6	18.06	11.8	57	85.9	82.4
R. 07,17,92	42	34.0	27.3 - 40.7	34.31	10.5	57	92.9	
TPZ, Quick (%)	41	18.0	15.0 - 21.0	17.23	13.3	162	85.8	79.0
R. 01,02,11,12,22,42	42	36.0	28.9 - 43.1	34.63	13.1	162	87.0	
TPZ, Quick (%)	41	12.0	9.96 - 14.0	11.99	16.1	13	69.2	46.1
R. 09	42	36.5	29.9 - 43.1	36.27	19.7	13	61.5	
TPZ, Quick (%)	41	7.50	5.81 - 9.19	7.567	15.1	97	80.4	78.3
R. 15,18,25,35,45,58	42	25.0	19.7 - 30.3	25.23	12.0	97	89.6	
TPZ, Quick (%)	41	5.00	3.87 - 6.13	4.620	19.1	6	83.3	
R. 08,28,38,48,88	42	17.0	13.4 - 20.6	15.88	10.4	6	83.3	
TPZ, Quick (%)	41	18.0	15.0 - 21.0	19.32	8.0	6	100.0	
R. 26	42	38.0	31.1 - 44.9	40.05	6.3	6	100.0	
TPZ, Quick (%)	41	17.0	13.9 - 20.1	17.75	18.2	11	63.6	46.1
Restgruppe	42	37.0	29.7 - 44.3	34.94	15.7	13	76.9	

Tabelle 4.6-11: Ringversuch Thromboplastinzeit - November 1984 (Einheit: Quotient (Q); R = Reagenz/Methodik, siehe Tabelle 4.6-8)

Bestandteil	Probe	Zielwert	Bewertungs-grenzen	Teilnehmerkollektiv			Erfolg %	Zertifi-kat %
				MW	s% (VK)	N		
TPZ, Quick (Q)	41	2.38	2.12 - 2.63	2.356	8.2	89	83.1	80.8
R. 05,55	42	1.57	1.42 - 1.72	1.555	5.4	89	86.5	
TPZ, Quick (Q)	41	2.43	2.17 - 2.69	2.437	5.9	73	93.1	91.7
R. 03,06,16,91,93	42	1.51	1.37 - 1.65	1.515	4.6	73	94.5	
TPZ, Quick (Q)	41	2.30	2.02 - 2.58	2.304	7.7	56	96.4	92.8
R. 07,17,92	42	1.57	1.40 - 1.74	1.560	6.9	56	92.8	
TPZ, Quick (Q)	41	2.77	2.47 - 3.07	2.778	9.2	166	82.5	79.5
R. 01,02,11,12,22,42	42	1.70	1.49 - 1.91	1.698	8.9	166	86.7	
TPZ, Quick (Q)	41	2.80	2.50 - 3.10	2.822	11.8	13	69.2	69.2
R. 09	42	1.50	1.36 - 1.64	1.508	6.7	13	84.6	
TPZ, Quick (Q)	41	6.25	5.02 - 7.47	6.114	15.0	88	77.2	73.8
R. 15,18,25,35,45,58	42	2.28	2.00 - 2.56	2.237	9.9	88	81.8	
TPZ, Quick (Q)	41	4.70	3.85 - 5.55	4.566	18.2	6	83.3	
R. 08,28,38,48,88	42	1.85	1.62 - 2.08	1.809	12.7	6	83.3	
TPZ, Quick (Q)	41	3.20	2.86 - 3.54	3.108	9.8	6	83.3	
R. 26	42	1.78	1.61 - 1.95	1.738	6.7	6	83.3	
TPZ, Quick (Q)	41	2.54	2.23 - 2.85	2.481	10.8	7	71.4	
R. 04,14,Rest	42	1.57	1.40 - 1.74	1.689	8.6	9	77.7	

Probenauswahl und -behandlung, Untersuchung und Ergebnisprotokollierung:
Wie schon gesagt, erfordert die externe Qualitätskontrolle an zwei Plasmen unterschiedlicher Aktivität eine dritte Bezugsprobe, so daß drei Plasmen parallel untersucht werden müssen, wobei die nicht unmittelbar bewertete Bezugsprobe in der Regel im Normalbereich liegt. Zu diesem Zweck kommen in den Ringversuchen jeweils drei Plasmen zum Einsatz, deren Aktivitäten vom Grenzbereich normal/pathologisch über therapeutisch wichtige Aktivitätsstufen bis hin zur latenten Blutungsgefahr reichen, also den gesamten klinisch bedeutsamen Bereich umfassen - eine regelmäßige Teilnahme an den Ringversuchen vorausgesetzt.

Das gilt inzwischen weitgehend auch für die Thrombinzeit und manche Einzelfaktorbestimmung, für die die entsprechende Probenbeschaffung schwierig gewesen ist. Allerdings sind die Ergebnisse wegen der hohen Empfindlichkeit dieser Tests gegenüber Störeinflüssen zum Teil noch recht unbefriedigend.

Über die allgemeine Behandlung der für die Untersuchung über die Post zugestellten gefriergetrockneten Plasmen finden sich in der INSTAND-Ringversuchsbroschüre zahlreiche Hinweise, die zur einwandfreien Restitution des zuvor im Kühlschrank bei +2 bis +4 °C gelagerten Trockenmaterials erforderlich sind.

Spezielle Hinweise werden jeweils zusammen mit besonderen Angaben in Begleitschreiben zum Ringversuch mitgeteilt, so daß für das Vorgehen zum Lösen und Weiterbehandeln der Proben keine Zweifel bestehen. Sie werden nach 15 bis 30 Minuten Quellzeit innerhalb der nächsten zwei Stunden in der gleichen Weise wie die Patientenplasmen untersucht; die gemessenen Sekundenergebnisse (TPZ, PTZ, TZ, BXZ, Faktoren) sowie die zugehörigen Aktivitätsprozente (TPZ, Faktoren) werden in mitgelieferte Protokollbögen eingetragen (FIB nur in mg/dl, AT-III nur in Prozent).

Aus dem bisher Gesagten ist leicht ersichtlich, daß unbedingt weitere Angaben zu Reagenz, Methode und Arbeitstechnik gemacht werden müssen, um eine je nach Verfahren richtig zugeordnete Bewertung zu ermöglichen.

Dies geschieht mit Hilfe der EDV über einen Zahlenschlüssel, der in der Ringversuchsbroschüre und dem Begleitschreiben (siehe auch Tabelle 4.6-8 und 4.6-9) angegeben ist und dessen oberflächliche Beachtung leider oft zu Fehlbeurteilungen führt.

Thromboplastinzeit-Methoden mit Venen- oder Kapillarblut:
Für die unmittelbar mit Venen- oder Kapillarblut arbeitenden Labormethoden liegt die Schwierigkeit der externen Qualitätssicherung darin, daß die Gewährleistung unveränderter Gerinnungsaktivität bei Lagerung und Versand von Blut nicht mehr gegeben ist, sodaß Proben derartiger Beschaffenheit nicht eingesetzt werden können.

Ein Ausweichen auf Plasmamethoden läßt wichtige Schritte der laborüblichen Arbeitsweise unberücksichtigt und bleibt daher unbefriedigend. So bietet sich zur Qualitätssicherung derartiger Labormethoden, die wegen ihrer ohnehin schon diffizilen Handhabung zwischen Blutabnahme und Untersuchungsbeginn problematisch erscheinen, nur folgender Ausweg an:

Die in Ringversuchen gelieferten Citratplasmen werden im Verhältnis der fehlenden Zellbestandteile weiterverdünnt, um dann im laborüblichen Untersuchungsgang anstelle von „Venenblut" (60%-Plasmaverdünnung = 3 + 2), „Vollblut" (67%-Plasmaverdünnung = 2 + 1) oder „Kapillar-Citratblut" (spezielle Plasmaverdünnung je nach Methode) eingesetzt zu werden. Dadurch wird der gesamte Analysengang solcher Labormethoden überprüfbar und den betreffenden Laboratorien über die jeweils mitgeteilten Verdünnungsmaßnahmen die Möglichkeit eröffnet, sich an Ringversuchen zur externen Qualitätssicherung zu beteiligen.

Referenzlaboratorien und Zielwert:
Für die Beurteilung der Resultate in Ringversuchen werden die Meßergebnisse qualifizierter Laboratorien herangezogen. Diese nach bestimmten Kriterien ausgewählten „Referenzlaboratorien“ führen mit den in Betracht gezogenen Plasmaproben noch vor den jeweiligen Ringversuchen sogenannte „Zielwertermittlungen“ durch, deren Ergebnisse dann als Bewertungsgrundlage dienen.

Aufgrund der zu fordernden Zuverlässigkeit unter gleichzeitiger Berücksichtigung der Methodenvielfalt im Bereich der Gerinnungsanalytik handelt es sich dabei um ein recht aufwendiges Verfahren:

Für jede zu berücksichtigende Methode erstellen jeweils vier bis zehn Laboratorien, die die betreffende Methode routinemäßig beherrschen und streng nach Vorschrift durchführen, an zwei bis fünf Arbeitstagen insgesamt 20 unabhängige Doppelwerte je Plasmaprobe. Diese unter Kontrollmaßnahmen erhaltenen 40 Daten je Plasma und Methode werden nach besonderen Gesichtspunkten geprüft (Präzision, Kontrollwerte, Extremwerte, andere Unregelmäßigkeiten) und ihre statistischen Kenngrößen ermittelt ($\bar{x}$, s%, n).

Dies geschieht parallel neben den Sekundenergebnissen auch mit den daraus abgeleiteten Quotienten und Aktivitätsprozenten, die im allgemeinen über die Gerinnungszeiten mitgelieferter Kalibrierplasmen errechnet oder in gewissen zeitlichen Abständen aus direkt durchgeführten Frischplasmapool-Untersuchungen gewonnen werden. Nach eingehendem Vergleich aller drei Größen samt ihren statistischen Kenndaten werden die Ergebnisse schließlich zum Zielwert des Plasmas für die betreffende Methode zusammengefaßt und auch die jeweilige relative Standardabweichung (s%) zur späteren Festlegung des zulässigen Bereiches registriert.

Ergebnisbewertung und Bewertungsgrenzen:
In Anbetracht der zahlreichen, sich in ihren Resultaten meist überschneidenden Methoden ist es für die Bewertung der Ringversuchsergebnisse zur Zeit notwendig, die Zielwerte in Gruppen zusammenzufassen.

Dies geschieht in der Weise, daß innerhalb der untersuchten Bestandteile zunächst einmal Methodenvarianten mit demselben Reagenz, darüber hinaus aber auch Untersuchungsmethoden mit Reagenzien ähnlicher Provenienz zusammengefaßt werden, soweit dies gewisse, der Statistik entnommene Abgrenzungen erlauben. Diese Abgrenzungen sind so gefaßt, daß die Zielwerte der zu bündelnden Methoden nicht weiter vom mittleren Lagekriterium, als es einer Standardabweichung (s% $\sim$ 3–6) der beteiligten Methoden entspricht, entfernt sein dürfen. Unter dieser Voraussetzung können dann *Methodengruppen* gebildet werden, wobei gleichzeitig der zulässige Bereich ($\pm$ 3 s) um das neue Lagekriterium herum entsprechend erhöht wird (s% $\sim$ 4–8), sodaß den Teilnehmern durch diese Maßnahme kein Nachteil entsteht.

Abgesehen von wenigen isoliert beurteilten Methoden erfolgt die *Bewertung* der Teilnehmerergebnisse also weitgehend in Methodengruppen, deren Lagekriterien und Bewertungsgrenzen nach dem geschilderten Verfahren aus den zugehörigen Zielwert- und s%-Resultaten der Referenzlaboratorien ermittelt werden. Die grundsätzliche Bewertungsgrenze für den zu untersuchenden Bestandteil eines Plasmas bleibt dabei aus prinzipiellen Erwägungen heraus methodenunabhängig, indem nicht jedes einzelne s%-Resultat, sondern eine durchschnittliche relative Standardabweichung aus den methodenabhängigen Zielwertermittlungen zugrunde gelegt wird.

Abschließend sei bemerkt, daß die doch recht komplizierten und aufwendigen Maßnahmen zur Sicherung der Ergebnisbewertung in angemessenen Grenzen Denkanstöße zu Standardisierungsbestrebungen hervorrufen sollten.

Ergebnisbeurteilung, Schlußfolgerungen und weitere Aspekte:
Die Beurteilung der Teilnehmerergebnisse erfolgt nach dem Grad der Abweichung vom jeweils vorgegebenen Lagekriterium (Zielwert).

Diese Abweichungen werden in Vielfachen der vorgegebenen Standardabweichungen (s) ausgedrückt und als deren Quadrate (Varianzen) in Form von sogenannten „Fehlerpunkten" mitgeteilt. Eine Abweichung des eigenen Wertes vom Zielwert um 1 s bedeutet daher einen Fehlerpunkt, eine solche von 2 s führt zu vier Fehlerpunkten, und schließlich ist die Bewertungsgrenze von ± 3 s mit neun Fehlerpunkten erreicht, deren Überschreitung dann die Zertifikatserteilung wegen mangelnder Übereinstimmung ausschließt. Aber auch darüber hinausgehende Abweichungen bis zu ± 5 s mit 25 Punkten werden noch aufgezeigt, ebenso die entsprechende Lage des eigenen Wertes im Teilnehmerkollektiv selbst, wie es der **Tabelle 4.6-12** in Verbindung mit Tabelle 4.6-10 und 4.6-11 im einzelnen zu entnehmen ist.

Welche Schlußfolgerungen kann man nun aus diesen Angaben ziehen ?

Für den Bereich der Gerinnungsanalytik ist aus den Darlegungen des vorhergehenden Abschnittes zu entnehmen, daß die enge Übereinstimmung mit dem Zielwert im Rahmen von ± 1 s zwar ein sehr gutes Ergebnis darstellt, wegen der Gruppenbildung aber eine gewisse Unschärfe in der Nähe des Lagekriteriums besteht, die jedoch mit zunehmender Entfernung vom Zielwert abnimmt, bis sie bei neun Fehlerpunkten keine Rolle mehr spielt. Daraus folgt, daß die „Kommastelle der Fehlerpunkte" vor allem bei geringen Abweichungen nicht überbewertet werden darf und auch ein Ergebnis mit ein bis zwei Fehlerpunkten durchaus als gut zu bezeichnen und in keiner Weise zu beanstanden ist. Ebenso stellen zwei bis fünf Fehlerpunkte noch keinen Anlaß zu durchgreifenden Maßnahmen dar, weil rund ein Viertel aller richtigen Ergebnisse in diesem Bereich zu finden ist; es bleibt aber durchaus sinnvoll, sich die Einzelheiten der Abweichungen anzusehen und vor allem im Wiederholungsfalle der möglichen Ursache nachzugehen. Erst größere Abweichungen sollten nach genauer Analyse der mitgeteilten Fakten zur näheren Überprüfung der Testbedingungen im Labor führen, was insbesondere dann notwendig ist, falls neun Fehlerpunkte erreicht oder überschritten worden sind.

Die manchmal recht mühselige Arbeit der „*Fehlersuche*" kann durch eine genaue Kenntnis der Lage der beiden eigenen Ergebnisse in Bezug auf Referenzwert- und Teilnehmerkollektiv sehr erleichtert werden. Deshalb empfiehlt es sich, den persönlichen Ergebnisausdruck (vgl. Tabelle 4.6-12) und die mitgelieferte Gesamtübersicht (vgl. Tabellen 4.6-10 und 4.6-11) eingehend zu studieren.

Oft finden sich schon im Bericht zur Gesamtübersicht Hinweise auf häufig auftretende Probleme (teils mit Angaben der TeilnehmerNummern); gelegentlich werden darin auch alle Problemfälle einer einzelnen Methodengruppe beispielgebend durchgesprochen. Zumindest kann aber bei falsch verschlüsselter Zuordnung der Werte (welche zuerst geprüft werden sollte) die richtige Gruppe aufgesucht und das für die Labormethode zutreffende Ergebnis der externen Qualitätskontrolle in eigener Regie nachvollzogen werden.

Soweit hieraus keine Rückschlüsse auf die Abweichungen der eigenen Resultate zu ziehen sind, kann die aus dem speziellen Ergebnisausdruck hervorgehende Information weiterhelfen, die seit 1984 auch orientierende Angaben zu den Gerinnungszeiten selbst enthält:

Tabelle 4.6-12: INSTAND-Ringversuch August 1984
Ergebnisausdruck für den Teilnehmer ...

Hämostaseologie I (221)		Probe	Vorfelder L	R	Ihr Wert	Soll-wert(2)	Bewertungs-grenzen	Abw. %	Fehler-punkte	
TPZ, Quick (S)	sec (1)	31	16	06	30.1	(28.9)				
R. 06		32	16	06	12.1	(11.3)				
		33	16	06	12.6	(11.8)				
TPZ, Quick (%)	Prozent	31	3	06	15.0	17.0	13.9 - 20.1	-11.7	3.7	+
R. 03,06,16,91,93		32	3	06	111	105	84.5 - 126	5.7	0.7	
		33	3	06	94.0	95				
PTZ (S)	sec (1)	31	16	06	64.0	(59.5)				
R. 06		32	16	06	31.0	(31.3)				
		33	16	06	28.1	(29.0)				
TPZ, Quick (Q)	quot.	31	16	06	2.38	2.45	2.15 - 2.75	−2.4	0.3	*
R. 03,06,16,91,93		32	16	06	.960	.960	.901 - 1.02	0.0	0.0	
PTZ (Q)	quot.	31	16	06	2.27	2.05	1.74 - 2.36	11.1	4.8	+
R. 06,07,08		32	16	06	1.10	1.08	.981 - 1.18	2.1	0.4	
Durchschnittliche Fehlerpunktzahl der Gruppe 1.7										
Hämostaseologie II (222)										
TZ (S)	sec (1)	31	16	02	25.0	(21.7)				
R. 02		32	16	02	23.1	(20.3)				
		33	16	02	18.7	(19.0)				
Fibrinogen	mg/dl	31	16	05	83.0	80.0	63.1 - 96.8	3.7	0.2	*
Hauptgruppe		32	16	05	104	107	86.1 - 128	-2.8	0.1	
		33	16	05	320	305				
TZ (Q)	quot.	31	16	02	°1.33	1.14	.999 - 1.28	17.2	17.6	-
R. 02,12,22,32		32	16	02	°1.23	1.07	.940 - 1.20	15.4	14.4	

(1) Die Bewertung erfolgt hier als Quotient, unter Bezug auf die dritte Probe: sec 1/sec 3 = quot. 1 und sec 2/sec 3 = quot. 2; siehe unter „quot".
(2) Die eingeklammerten Vergleichswerte sind Abschätzungen der Gerinnungszeiten mit der Häkchentechnik und dienen als Orientierungshilfe bei der Fehlersuche.
° : Meßwert außerhalb der Bewertungsgrenzen   A : Ausreißer (Fehlerpunktzahl > 25)
* : sehr gutes Ergebnis (Fehlerpunktzahl < = 1)   + : bestanden (Fehlerpunktzahl < = 9)
- : kein Zertifikat   ? : Meßsystem außer Kontrolle

Liegen z. B. beide Quotientenresultate zu hoch oder zu tief, so kann es sich entweder um eine Fehlbestimmung der Bezugsprobe (richtige Prozentbefunde!) oder um einen beträchtlichen systematischen Störeinfluß handeln, der sich (wegen Unterdrückung proportionaler Komponenten bei der Quotientenbildung) noch drastischer bei den Prozentresultaten - und zwar durch entgegengesetzte Abweichungen - auswirken müsste.

Aus diesem Grunde sprechen auch nur leicht in eine Richtung abweichende, durchaus noch „richtige" Quotientenergebnisse beider Proben mit Prozentbefunden, die die Bewertungsgrenze in der anderen Richtung überschreiten, für Probleme ausgesprochen systematischer Natur; allerdings kommen hierzu nicht nur gleichsinnige Abweichungen der Gerinnungszeiten, sondern ebenso auch unzutreffende Bezugskurven oder Kalibriertabellen (abweichende Prozente bei richtigen Quotienten) in Betracht.

Umgekehrt deuten uneinheitliche Abweichungen auf einzelne Fehlbestimmungen oder ein zu hohes Maß an zufälligen Störeinflüssen hin; dies wird vor allem bei regelmäßiger Teilnahme an Ringversuchen sichtbar und wirkt sich vornehmlich auf die Quotienten, ebenso aber auch auf die Prozentresultate aus.

Diese Betrachtung von Ergebnisbeurteilungen soll dazu anregen, bei der Fehlersuche zielbewußt vorzugehen, um so einen raschen Erfolg beim Ausschalten oder Eindämmen der Störeinflüsse zu erreichen. Bei diesem Bemühen ist eine über entsprechende Kontrollplasmen einbezogene interne Qualitätssicherung außerordentlich hilfreich und kann bei regelmäßiger Anwendung die Probleme von vornherein gering halten. Das sollte nicht vergessen werden.

Zur Vervollständigung des Bildes über die Ergebnisbeurteilung in der externen Qualitätssicherung soll abschließend noch auf die Rolle der *Arbeitstechniken* (Geräte zur Bestimmung des Gerinnungsendpunktes) eingegangen werden.

Ausgehend von der als Basismethode geltenden manuellen Häkchentechnik sind nicht nur mechanisierte Häkchentechniken, sondern auch alle anderen Techniken mit vergleichbaren Ergebnissen in Bezug auf Prozent- und Quotientenresultate geeignet, den Anforderungen der externen Qualitätskontrolle zu entsprechen, auch wenn die Gerinnungszeiten selbst differierende Werte aufweisen. Eine zusätzliche Aufspaltung der ohnehin schon zahlreichen Methodengruppen nach seltenen gerätebedingten Unterschieden ist nicht nur zu aufwendig, sondern mangels genügender Teilnehmerzahl solcher „geräte- und methodenspezifischer Gruppen" auch nicht durchführbar. Es bleibt deshalb zu wünschen, daß die entsprechenden Geräte diesen Erfordernissen angepaßt und Neuentwicklungen entsprechend konzipiert werden, um vergleichbare Ergebnisse zu gewährleisten und die Situation nicht noch verwirrender zu gestalten. Dies ist eine wichtige Forderung im Sinne der Standardisierungsbemühungen.

4.6.2 Referenzthromboplastine

Ein weiterer Fortschritt hinsichtlich der Zuverlässigkeit der Ergebnisse von Gerinnungsmethoden kann durch internationale Referenzpräparationen oder Standards erzielt werden. Hier ist vor allem die Möglichkeit der Kalibrierung von kommerziellen Thromboplastinen am primären Humanen Internationalen Referenzthromboplastin IRP 67/40 und daran kalibrierten sekundären Referenzthromboplastinen aus Kaninchenhirn (RBT) bzw. Rinderhirn (OBT) von Bedeutung.

Durch Umrechnung der Thromboplastinzeitergebnisse mit einem beliebigen Thromboplastin auf entsprechende Thromboplastinzeiten des IRP 67/40 kann der therapeutische Effekt der oralen Antikoagulantienbehandlung unabhängig vom verwendeten Thromboplastin verglichen werden.

Die Kalibrierung ist allerdings ein aufwendiges Verfahren, indem an 10 Tagen sowohl mit dem Referenzthromboplastin als auch mit dem Prüfthromboplastin die Thromboplastinzeit an je 2 frischen Normalplasmen und je 6 frischen Plasmen stabil oral antikoagulierter Patienten parallel zu untersuchen ist. Aus der Steigung der Regressionsgeraden der logarithmierten Reaktionszeiten (sec) kann der ISI des Prüfthromboplastins berechnet werden. Durch Potenzieren des Thromboplastinzeitquotienten aus den Thromboplastinzeiten des kalibrierten Thromboplastins für Patienten- und Normalplasma mit dessen ISI erhält man die INR als standardisierten Thromboplastinzeitquotienten (**Tabelle 4.6-13**).

Tabelle 4.6-13: Berechnung der International Normalized Ratio

INR	= International Normalized Ratio
ISI	= International Sensitivity Index
R	= Ratio = Patientenplasma sec / Normalplasma sec
INR	= R^{ISI}
	Therapeutischer Bereich: 2,0–4,5
ISI	= Kalibrierfaktor, der vom Hersteller des Thromboplastins anzugeben ist

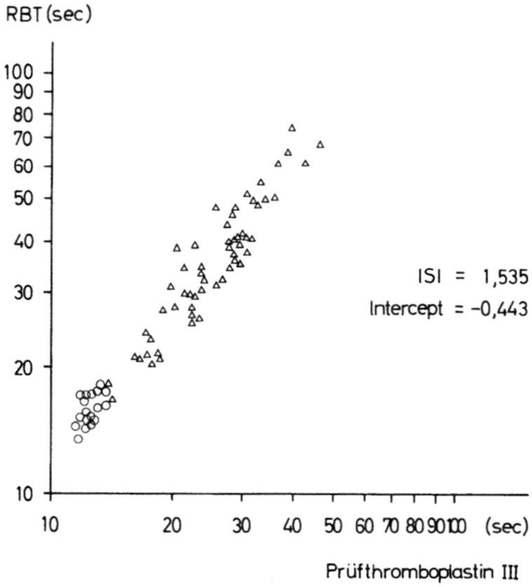

Abbildung 4.6-2: Ergebnisse der Kalibrierung eines Prüfthromboplastins gegen das sekundäre Referenzthromboplastin

Abbildung 4.6-2 stellt die Ergebnisse der Kalibrierung eines Prüfthromboplastins gegen das sekundäre Referenzthromboplastin RBT/BCR dar, aus dem sich ein ISI mit 1,535 errechnet.

4.6.3 Referenzmethoden

Referenzmethoden für die komplexen Bestimmungen der Hämostasefaktoren sind dringend wünschenswert. Wegen der zahlreich vorhandenen Modifikationen für jede Methode, die bei entsprechender Erfahrung im einzelnen Labor voll zufriedenstellende Ergebnisse bringen, jedoch die interlaboratorielle Vergleichbarkeit stark beeinträchtigen, ist eine Einigung der Experten auf eine gemeinsame Referenzmethode bisher besonders langwierig und mühsam.

In Deutschland sind im NAMed C2.5 Gerinnungsanalytik Referenzmethoden für die Thromboplastinzeitbestimmung in Citratplasma aus Venenblut, Citratblut, Kapillarblut und Kapillarcitratblut, für die Faktor-VIII: C-Einstufenmethode und für die aktivierte partielle Thromboplastinzeit (aPTZ bzw. aPTT) erstellt worden, die als DIN-Normen vorliegen. Es besteht die Wahrscheinlichkeit, daß diese Referenzmethoden über Deutschland hinaus in Europa Anwendung finden, da dem Ausschuß auch Experten aus dem benachbarten Ausland angehören.

4.7 Immunglobuline und Plasmaproteine

Bernd Schmolke und Karl-Otto Vorlaender (Berlin)

4.7.0 Einleitung

4.7.0.1 Begriffe und Benennungen

Immunologische Abwehrreaktionen, die auf einer spezifischen Antigenbindung beruhen und ohne Beteiligung reaktionsfähiger, thymusabhängiger Lymphozyten vor sich gehen, sind durch *Antikörper* bedingt. Antikörper sind Proteine von vergleichsweise hohem Molekulargewicht und definierten physikalischen, chemischen und biologischen Eigenschaften. Sie gehören ganz überwiegend der Gamma-Globulin-Fraktion des Serums an, ein kleiner Teil kann im Bereich von Beta- und von Alpha-Globulin wandern. Diese im Serum auftretenden Proteine mit potentieller Antikörperqualität werden richtiger als Immunglobuline bezeichnet: erst die Stimulierung durch ein spezifisches Antigen und die Möglichkeit der spezifischen Bindung an dieses Antigen rechtfertigen den Begriff des Antikörpers.

Das Bauprinzip dieser Immunglobuline wird den beiden entscheidenden Hauptfunktionen gerecht. Der eine Teil dient der Antigenerkennung und variiert von Molekül zu Molekül: wir sprechen von dem „variablen Teil", der für die Spezifität der Antigenbindung hauptverantwortlich zeichnet. Der andere Teil nimmt unspezifische Effektorfunktionen wahr, dieser Teil ist strukturell uniform: wir sprechen von dem konstanten Teil des Proteinmoleküls.

Diese Grundstruktur geht auf vier Polypeptidketten zurück, die durch verschiedenartige Bindungskräfte, vor allem aber über Disulfidbrücken zusammengehalten werden. So ergeben sich wichtige Stabilitätsfaktoren für die Molekülkonfiguration.

Zwei der vier Polypeptidketten bezeichnet man in Bezug auf das Molekulargewicht als *schwere* Ketten; die zwei anderen Polypeptidketten sind halb so lang, werden als *leichte* Ketten bezeichnet und flankieren jeweils die Kopfhälften der schweren Ketten. Der variable Teil des Antikörpermoleküls ist durch die leichten Ketten repräsentiert, hier erfolgt die jeweils spezifische Antigenbindung. Der konstante Teil des Antikörpermoleküls besteht aus den beiden schweren Ketten, die, ohne die leichten Ketten, den zweiten wichtigen Teil des Antikörpers, den sogenannten Fc-Stamm repräsentieren:

Hier erfolgen wichtige Effektorfunktionen der Immunglobuline, die nach spezifischer Bindung an ein definiertes Antigen die eigentlichen biologischen Abwehrmechanismen auslösen. Zu ihnen gehört vor allen Dingen die Komplementaktivierung auf dem „klassischen" Weg, hierher gehört auch die Bindung an spezifische Rezeptoren von Makrophagen und neutrophilen Granulozyten, die an jedem Abwehrmechanismus maßgeblich beteiligt sind. Schließlich spielt das Fc-Fragment eine nicht unbedeutende Rolle in der Regulation der humoralen Immunabwehr, entweder im Sinne einer positiven oder einer negativen Rückkopplung, also Steigerung antikörperbedingter Abwehrmechanismen oder Verminderung von Antikörperreaktionen dann, wenn diese unter besonderen Voraussetzungen von sich aus pathogenetisch, d.h. krankheitsauslösend werden sollten (vgl. bei Vorlaender und Seiler, 1982/1983).

Klassen und Subklassen humaner Immunglobuline:
Bei aller Einheitlichkeit in dem kurz beschriebenen Aufbau der Immunglobulinmoleküle gibt es Unterschiede in der Anzahl der Schwerketten-Anteile, in der Anzahl und Lokalisation der Disulfidbrücken, auch im Zusammenbau der Grundmoleküle. Daraus lassen sich *5 Hauptklassen* der humanen Immunglobuline entsprechend ihrer unterschiedlich aufgebauten schweren Ketten voneinander abgrenzen. Diesen verschiedenen Immunglobulinklassen kommen verschiedene Eigenschaften und Funktionen zu:

Immunglobulin-G macht nach seiner Menge etwa 75 bis 80% aller Immunglobuline im Organismus aus, es vereinigt nahezu alle Funktionsmerkmale eines Antikörpers in sich. Dazu gehören Komplementaktivierung, antibakterielle Lyse, Virushemmung, Neutralisation von Toxinen. Immunglobulin-G kann auch an der Phagozytose, einer besonderen zellulären Abwehrreaktion, beteiligt sein. Es wirkt überdies im Sinne der Selbstkontrolle an der Syntheseregulation von IgG mit.

Beim Menschen sind 4 Subklassen von IgG bekannt, die sich durch Anzahl und Lage der Disulfidbrücken, aber auch in der Primärstruktur der schweren Ketten unterscheiden. Wichtige biologische Unterschiede betreffen die Komplementaktivierung, auch die Bindung an reaktionsfähige Zellen wie Makrophagen. Aus allem ergeben sich unterschiedliche Funktionen in der Infektabwehr, die bei Immunglobulinmangelzuständen große Bedeutung gewinnen.

Das *Immunglobulin-M* hat vergleichsweise das höchste Molekulargewicht und die größte elektrophoretische Beweglichkeit aller Immunglobuline. Die Komplementbindung und Komplementaktivierung durch IgM ist aktiver als bei anderen Immunglobulinen. IgM ist der natürliche Antikörper der *ersten Abwehrphase* in der sogenannten Primärreaktion = Primärantwort auf einen spezifischen antigenen Reiz. Es ergibt sich eine besondere Aktivität in der Abwehr = Lyse von Bakterien.

Immunglobulin-A kommt als zirkulierendes Immunglobulin vor, aber auch als *Sekret-IgA-Immunglobulin*, das im Speichel, in Tränen, vor allem in Intestinalsekreten, aber auch im Kolostrum und in anderen Körperflüssigkeiten auftreten kann. Dieses sekretorische IgA ist im Gegensatz zum Serum-IgA nicht in der Lage, Komplement zu binden oder zu aktivieren, es wirkt auch *nicht* bakterizid. Dennoch wird dem Sekret-IgA eine bedeutende Rolle für die Lokalisierung infektiöser Prozesse vor allem in Schleimhautbereichen zugesprochen und dieser Effekt scheint sich auch auf Virusinfektionen der Schleimhäute des Darmes und der Nase auszuwirken. IgA kann ebenfalls an der Neutralisierung von bakteriellen Toxinen beteiligt sein.

Das *Immmunglobulin-E* hat eine sehr hohe Affinität zu spezifischen Rezeptoren an Mastzellen und basophilen Granulozyten. Für diese Bindung verantwortlich sind Struktureigenarten im Fc-Fragment. IgE-Immunglobuline sind als *Reagine* für die Auslösung allergischer und anaphylaktischer Reaktionen hauptverantwortlich, die hohe Bindungsaffinität zu den genannten Zellen hat eine denkbar geringe Serumkonzentration zur Folge. Allergische Reaktionen kommen *ohne* Komplementbeteiligung zustande.

Dem *Immunglobulin-D* kommt eine wesentliche Rolle bei der Infektabwehr offensichtlich nicht zu. Dieses Immunglobulin existiert ebenfalls als Serum-IgD, dann aber auch als membrangebundenes IgD an der Oberfläche von Lymphozyten. Möglicherweise gründet sich hier eine wesentliche Rolle in der Regulation der humoralen Immunantwort. Antikörper der Klasse IgD können aber auch als sogenannte Autoantikörper gegen körpereigene Antigene wie Thyreoglobulin oder Insulin oder Kernantigene gerichtet sein und damit an Stelle einer Abwehrreaktion sogar pathogene Folgereaktionen im menschlichen Organismus auslösen.

Polyklonale und monoklonale Gammopathien:

Alle Immunglobuline werden in B-Lymphozyten synthetisiert und nach deren Reifung zu Plasmazellen in die Zirkulation abgegeben. An der Infektabwehr sind in der Regel mehrere, von verschiedenen Plasmazellen gebildete Antikörperglobuline mit gleicher Spezifität für das auslösende Antigen beteiligt: wir sprechen von einer *polyklonalen Gammopathie*, die auf eine Proliferation *verschiedener* B-Lymphozyten zurückgeht **(Abbildung 4.7-1a und 4.7-1b)**.

Eine polyklonale Gammopathie imponiert in der Elektrophorese als *breitbasige* Gammaglobulinvermehrung.

Ihre Ursachen: chronische Entzündungen, Immunopathien, auch bei maligner Neoplasie. Eine polyklonale Gammopathie ist vielfach also Ausdruck der humoralen Immunantwort des Organismus auf eine exogene oder auch auf eine endogene (Auto-)Antigenstimulation.

Vergleichsweise ist die *monoklonale Gammopathie* (= Paraproteinbildung des alten Sprachgebrauchs) durch die Proliferation nur eines einzigen B-Zell-Stammes = B-Zellklonus bedingt. Die im Exzeß gebildeten Immunglobulinmoleküle bleiben physiologisch wirksam und sind von individualspezifisch einheitlicher Struktur. Es handelt sich damit *nicht* um abartige und funktionsuntüchtige Immunglobuline, wie man lange Zeit glauben wollte. Daher trifft die Bezeichnung Paraprotein nicht ganz exakt zu.

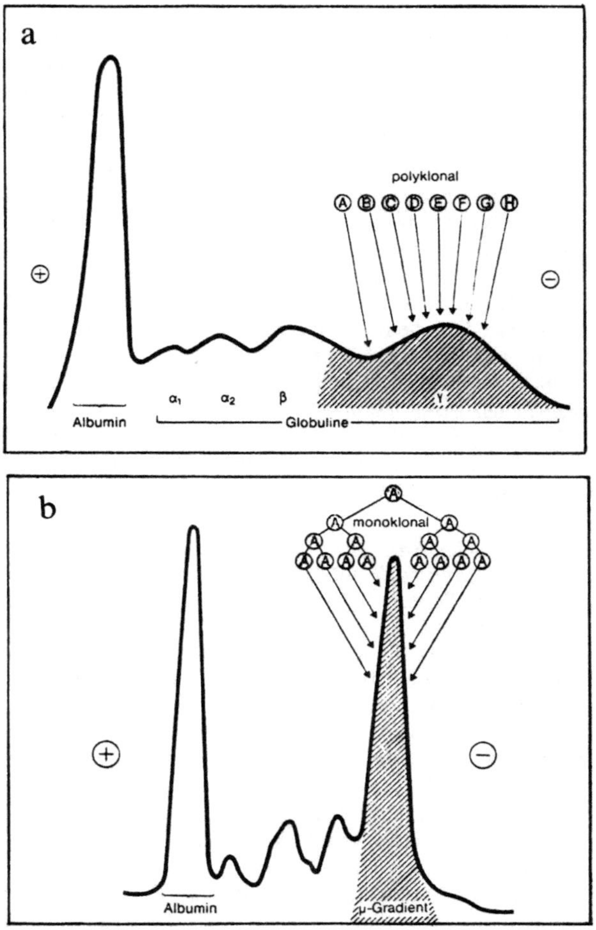

Abbildung 4.7-1 a: Elektrophorese polyklonaler Antikörper
Die Elektrophorese zeigt die heterogene elektrophoretische Verteilung von Antikörpern, die typisch für eine polyklonale Reaktion sind, da sie aus den vielen verschiedenen Klonen der Plasmazellen gebildet werden. A, B, C, etc. stellen jeweils aus einem Klon stammende Antikörper dar.
Abbildung 4.7-1 b: Produktion homogener oder monoklonaler Antikörper, z. B. aus dem Serum eines Myelom-Patienten

Monoklonale Gammopathien imponieren in der Elektrophorese als *schmalbasige* Gammaglobulinvermehrung. Monoklonale Gammopathien sind ausschließlich durch die abnormale Vermehrung einer einzigen Immunglobulinklasse (zumeist IgG oder IgA, seltener IgM) gekennzeichnet. Es findet sich grundsätzlich nur ein einziger Immunglobulintypus, der durch die leichten Ketten, häufiger Kappa als Lambda,in gebundener Form definiert werden muß. Zur Diagnose der monoklonalen Gammopathie gehört also nicht nur die exzessive quantitative Vermehrung einer definierten Immunglobulinklasse, sondern auch die Analyse eines einzigen Immunglobulintypus.

Die Ursachen sind nicht vollständig geklärt, da im Vordergrund die Hypothese von der malignen, tumorartigen Transformation der für die Immunglobulinsynthese verantwortlichen Plasmazellen steht. Diese geht von den plasmazellulären Retikulumzellen des Knochenmarks aus und kann sich vorwiegend im Skelettsystem (Plasmozytom), aber auch in allen anderen inneren Organen ausbreiten (Morbus Waldenström = Immunozytom).

Weitere Plasmaproteine:
In Anlehnung an F. W. Putnam (1976) lassen sich Kriterien aufstellen, die nicht unbedingt in gleicher Form für Immunglobuline zutreffen, obwohl auch Immunglobuline natürlich Plasmaproteine sind: gemeint sind Plasmaproteine mit bevorzugter Synthese in der Leber oder im RES-System, nicht aber in anderen spezialisierten Organgeweben und nicht speziell in B-Lymphozyten oder Plasmazellen. Die Hauptfunktion dieser Plasmaproteine wird im vaskulären System, *nicht* in einem bestimmten Zielorgan ausgeübt. Der Eintritt in das Blut erfolgt durch aktive Sekretion, nicht durch Einschwemmung aus geschädigten Gewebsbezirken.

Die höchste Konzentration des Proteins wird im Blut und nicht in anderen Körperflüssigkeiten gemessen. Vergleichsweise kann IgG z. B. in Körperflüssigkeiten, wie im Urin, in sehr hohen Konzentrationen auftreten.

Für einige dieser Plasmaproteine ergibt sich ein besonderer genetischer Polymorphismus; dieser sollte jedoch nicht geweblicher Herkunft sein wie bei einigen Isoenzymen. Diese Klassifizierungs-Kriterien sind für die Blutgerinnungsfaktoren I bis XIII, für Proteine des Komplementsystems und auch für Lipoproteine erfüllt (vgl. dort).

Von hohem diagnostischen Wert ist die Gruppe der *Proteinaseinhibitoren*, auch die Gruppe der sogenannten *Transportproteine*.

Die Besprechung dieser zusätzlichen Plasmaproteine erfolgt in demselben Zusammenhang, weil für Nachweis und quantitative Messung fast die gleichen Methoden zur Verfügung stehen wie für die Immunglobulinanalyse auch.

Proteinaseinhibitoren:
Das *Alpha-1-Antitrypsin* mit der Beweglichkeit eines Alpha-Globulins hat bei *erhöhter Serumkonzentration* nur Bedeutung als „Akute-Phase-Reaktion". Klinische Spezifität ergibt sich nicht. Konzentrationserhöhungen auch am Ende der Gravidität, bei Tumoren, nach Operation, in der Frühphase nach Myokardinfarkt und bei nekrotisierenden Prozessen.

Im Brennpunkt des Interesses steht das *Alpha-1-Antitrypsin-Mangelsyndrom* mit einem autosomalen, rezessiven Erbgang. Klinisch imponiert ein Ikterus prolongatus neugeborener Säuglinge, in Einzelfällen kommt es zur Entwicklung einer kindlichen Leberzirrhose, die *nicht* als Folge einer Virusinfektion angesehen werden kann. Ursächlich verantwortlich ist die Einlagerung von Alpha-1-Antitrypsin in die Leberzelle mit der Folge einer Leberzellschädigung. Weitere pathogene Folgereaktionen sind noch nicht ausreichend gesichert, doch steht außer Frage, daß die Verminderung der Serumkonzentration von Alpha-1-Antitrypsin mit einer erhöhten Einlagerung in die Leberzelle einhergeht.

Bei *Erwachsenen* kann die Verminderung von Alpha-1-Antitrypsin zum Symptom der chronisch-obstruktiven Lungenerkrankungen werden, hier bestehen vor allen Dingen Beziehungen zur Entwicklung des Lungenemphysems. Auf welchem Wege der Alpha-1-Antitrypsinmangel aber zur Septendestruktion in der Lunge zu führen vermag, ist ebenfalls noch nicht endgültig geklärt (Ward und Talamo, 1973).

Erhöhungen auch des *Alpha-2-Makroglobulins* gelten als Akute-Phase-Reaktion. Abnorme Erhöhungen sind symptomatisch möglich im Rahmen einer Leberzellschädigung, vor allem dann, wenn gleichzeitig Synthesestörungen für andere Plasmaproteine, nämlich Hämopexin und Haptoglobin mit erniedrigten Serumkonzentrationen gefunden werden. Alpha-2-Makroglobulinvermehrung gibt es auch als Symptom entzündlicher Nierenrindenerkrankungen. Weniger deutliche Vermehrungen im Serum können bei Gravidität, nach Einnahme oraler Kontrazeptiva, bei Diabetes und auch bei Malignomen nachgewiesen werden.

Erniedrigungen der Serumkonzentration sind ohne wesentliche klinische Bedeutung, sie sind möglich bei chronischen gastrointestinalen Erkrankungen und hier vor allen Dingen bei der einheimischen Sprue, doch fehlt jede klinische Spezifität.

Transportproteine:
Im Gegensatz zu den Proteinaseinhibitoren wirken diese Proteine *einzeln*, nicht in einem Proteinsystem: So können Hormone, Vitamine, Ionen, Pigmente und Metalle transportiert werden, um nur einige wenige herauszugreifen. Möglicherweise toxisch wirksame Stoffwechselschlacken können abtransportiert werden, so daß Transportproteine auch an Entgiftungsfunktionen teilhaben.

Haptoglobin ist das Hämoglobin-bindende und -transportierende Protein des Serums. Bei Überschuß von *freiem* Hämoglobin kann dieses in einem äquimolaren Verhältnis gebunden werden, dadurch wird freies Hämoglobin abgefangen, eine Hämoglobinurie verhindert, wodurch die Nierentubuli sinnvoll vor möglichen toxischen Einflüssen geschützt werden und ein zu rascher Eisenverlust vermieden wird. Die Nierenschwelle ist mit anderen Worten für Hämoglobin direkt abhängig von der Höhe des Haptoglobinspiegels.

Serumkonzentrationserhöhungen imponieren wieder als Akute-Phase-Reaktion. Erhöhungen bis zur 10-fachen oberen Normgrenze finden sich aber auch bei Nekrosen, bei Tumoren, bei schweren entzündlichen Prozessen. Die Erniedrigung der Serumkonzentration in nicht zu gravierenden Meßbereichen kann Symptom einer Synthesestörung in der Leberzelle sein. Sehr starke Konzentrationserniedrigungen im Serum dokumentieren häufig die Entwicklung hämolytischer Syndrome.

Hämopexin ist ein Häm-bindendes Transportprotein. Von Globin befreites und oxidiertes (Fe^{+++}-haltiges) Häm wird durch Albumin locker, durch Hämopexin aber sehr fest gebunden und durch letzteres der Leberzelle zugeführt. Hämopexin wird infolge dieses Transportes nicht wie Haptoglobin in der Leber zerstört, sondern nach erfolgtem Transport wieder freigesetzt und erneut zur Verfügung gestellt. Die Hämopexinkonzentration im Serum nimmt aus diesen Gründen nur mäßig und auch nur zeitlich befristet ab. Starke Serumkonzentrationserniedrigungen geben besseren Aufschluß über die Entwicklung hämolytischer Prozesse als die erniedrigte Haptoglobinkonzentration. Durch Bestimmung des Hämopexins in der Amnionflüssigkeit kann eine Hämolyse beim Foetus sehr frühzeitig objektiviert werden. Auch Hämopexin schützt die Niere und bewahrt den Körper vor zu großen Eisenverlusten.

Coeruloplasmin ist für den Kupfertransport verantwortlich: 95% von Cu^{++} sind an Coeruloplasmin gebunden, nur 8% in lockerer Form an Albumin. Möglicherweise existieren verschiedene Coeruloplasminfraktionen. *Erhöhungen der Serumkonzentration* finden sich bei Gravidität, nach Verabfolgung von Östrogenen, bei Malignomen, vor allem bei Leberzirrhose. Coeruloplasminvermehrung gehört auch zur Diagnostik entzündlicher Systemerkrankungen mit Gefäßbeteiligung. *Erniedrigungen* bis unter 5 mg/dl und weniger sind ein sehr sicheres Symptom der Wilson-Erkrankung (hepato-lentikuläre Degeneration). Es handelt sich um eine chronische Lebererkrankung in Kombination mit extrapyramidaler Symptomatik (Tremor, Muskelrigidität, Gangstörung, mnemische Starre). Verantwortlich ist eine genetisch bedingte Speicherung von Kupfer in den verschiedenen Organen, vor allen Dingen in der Leber und im Großhirn als Folge eines gestörten Transportmechanismus. Geringgradige Erniedrigungen im Serum finden sich auch bei Nephrosesyndromen und Malabsorption.

Transferrin hat als Metall-bindendes Protein eine echte Transportfunktion für Eisen mit mehreren Bindungsstellen. Transferrin ist aber auch Träger der Folsäure und es scheint bei der Regulation der Eisenresorption eine wesentliche Rolle mitzuspielen. Transferrin kann schließlich das Wachstum von Bakterien und von Viren hemmen, ohne Antikörperspezifität zu besitzen. *Serumkonzentrationserhöhungen* bedeuten Eisenmangel, können aber auch bei Gravidität, dann nach Einnahme von Oestrogenen und kontrazeptiv wirksamen Präparaten gefunden werden. *Erniedrigungen* unter 200 mg/dl finden sich bei Hämochromatose entsprechend einer abnormalen Eiseneinlagerung in die Leber, weiter bei Infektanämien, bei nephrotischen Syndromen, auch bei malignen Erkrankungen. Eine *kongenitale* Atransferrinämie mit totalem Fehlen dieses Plasmaproteins charakterisiert einen schwersten Eisenmangelzustand.

Saures Alpha-1-Glykoprotein und das bekannte *C-reaktive Protein* sind die „Klassiker" unter den Akute-Phase-Proteinen, aber nicht nur bei frischen entzündlichen Schüben erhöht, sondern unter Umständen auch bei Tumoren und vor allem bei nekrotisierenden Prozessen einschließlich Herzinfarkt! Erniedrigungen finden sich allenfalls bei renalen oder enteralen Eiweißverlustsyndromen, in ausgesprochenen Hungerzuständen und bei schweren Lebererkrankungen, wobei im letzteren Fall Synthesestörungen durch Leberzellschädigung beteiligt sein können.

4.7.0.2 Bedeutung quantitativer Analysen

Selbst heute noch wird vielfach die Ansicht vertreten, elektrophoretische Serumanalyse sei allein genügend, um den diagnostischen Erfordernissen gerecht zu werden. Das ist global vielleicht richtig: breitbasige Gammaglobulinvermehrung wird zum Kriterium chronisch entzündlicher Aktivität, die Vermehrung der Alpha-2-Glykoproteine kann eine akute Schubsituation andeuten, eine deutliche Verminderung der Gammaglobulinfraktion kann einen humoralen Immundefekt andeuten oder bei erheblicher quantitativer Verminderung belegen. Aber das alles ist nur global richtig, das alles wird selektiven Veränderungen nicht gerecht und gerade diese spielen in der Diagnostik eine große Rolle, quantitative Analysen der wichtigsten zirkulierenden Immunglobulinklassen IgG, IgA, IgM, IgE sind heute unentbehrlich.

Das sei durch wenige Beispiele charakterisiert:

Prädominante Vermehrung nur der *IgM-Immunglobuline* ist keinesfalls ein einseitiges Kriterium akut entzündlicher Aktivität. Prädominante Vermehrung der IgM-Immunglobuline kann in Zuordnung zum Nachweis von Mitochondrien-Antikörpern in hohem Titer diagnostisch verbindlich werden für die Diagnose der nicht eitrigen, destruierenden Cholangitis mit Übergang in die primäre biliäre Leberzirrhose. Immerhin hat eine solche Konstellation eine Häufigkeit von weit über 90%.

Die prädominante Vermehrung des *IgA* im Serum wird zum Ausdruck alkoholtoxischer Schäden oder entzündlicher Gefäßprozesse oder auch kardiologischer Prozesse. Die prädominante Vermehrung von IgA gehört mit großer Regelmäßigkeit zu entzündlichen Schleimhauterkrankungen. Alle solche Zuordnungen sind klinisch nicht unbedingt spezifisch, aber wichtige Hinweise im Zusammenhang der Diagnostik.

Die prädominante Vermehrung von IgG weit über 2000 bis 3000 mg/dl wird zum Kriterium der progressiven Entwicklung einer chronisch aktiven Hepatitis, wenn diese aus anderen klinischen Befunden und biochemischen Parametern gesichert ist (Irrtumswahrscheinlichkeit nach statistischer Untersuchung an mehreren Kollektiven nicht größer als 1%, vgl. bei Vorlaender et al., 1971).

Aus der gleichzeitigen prädominanten Vermehrung von IgG und dem Nachweis hoch konzentrierter Aktin-Antikörper läßt sich eine chronisch entzündliche Progressionstendenz virusinduzierter Hepatitiden mit sehr hoher diagnostischer Erfolgsaussicht wahrscheinlich machen.

Die prädominante Vermehrung von IgG zusammen mit einer Erhöhung der DNS-Bindungskapazität von weit über 30 E/ml gehört in über 90% aller Fälle zu den aktiven Krankheitsstadien eines genuinen, visceralen Lupus erythematodes.

In der *Diagnose humoraler Immundefekte* kommt selektiven Verminderungen einer einzigen Immunglobulinfraktion unter Umständen ganz besondere Bedeutung zu. Bekanntestes Beispiel ist das *selektive IgA-Mangelsyndrom* mit einem fast totalen oder gänzlichen Fehlen des Serum-IgA: durch gleichzeitige Vermehrung der Nachbar-Immunglobuline IgG und IgM kann das Elektrophoresediagramm in solchen Fällen völlig normal imponieren.

Der selektive IgA-Mangel wird in Deutschland bei 1 auf 800 der Bevölkerung objektiviert. Er kann klinische Symptome machen, die sich dann in rezidivierenden bakteriellen Infektionen der oberen Atemwege ausdrücken, das braucht aber nicht so zu sein. Selektive IgA-Mangelsyndrome sind darum so wichtig, weil sie eine Immunregulationsstörung charakterisieren, die im weiteren Verlauf nicht selten durch sekundäre Immunopathien kompliziert wird. Hier ist die Entwicklung entzündlich rheumatischer und verwandter Erkrankungen zu nennen, es sind Malabsorptionssyndrome zu nennen. Die Objektivierung eines selektiven IgA-Mangelsyndroms ist schließlich von Bedeutung, wenn es um die Frage der Gammaglobulinsubstitution aus therapeutischer Indikation gehen soll: wenn IgA total fehlt, wird es vom Organismus unter Umständen nicht als körpereigen erkannt, nach dem ersten Kontakt möglicherweise mit einer Antikörperbildung beantwortet. Bei Wiederholungskontakt sind dann schwere anaphylaktische Zustände möglich und klinisch immer wieder beobachtet worden. Bei Verdacht auf selektiven IgA-Mangel sollte keinesfalls mit Gammaglobulin-Präparaten substituiert werden, ohne daß die Frage der Antikörperbildung gegen IgA voruntersucht wurde!

In der Praxis sind erworbene Immundefekte häufiger als angeborene Formen: *Selektive IgG-Verlustsyndrome*, die wiederum mit elektrophoretischer Analyse allein nicht objektivierbar sind, treten bei renalen und enteralen Eiweißverlusten, bei Unterernährung und nach Verbrennungen in den Vordergrund des klinischen Interesses und können eine Substitutionsbehandlung mit Erfolgsaussicht begründen helfen.

Die Verminderung der IgM-Immunglobuline bei Urämie charakterisiert einen natürlichen „immunsuppressiven" Vorgang, der eine Synthesestörung der für die IgM-Produktion verantwortlichen Plasmazellen zur Voraussetzung hat. Immundefekte durch Verminderung aller 3 Immunglobulinfraktionen sind bei jeder langfristigen immunsuppressiven oder zytostatischen Behandlung von Tumoren oder auch von Plasmozytomen und Immunozytomen zu erwarten: sie charakterisieren die Entwicklung eines Immundefektes, der die natürliche immunologische Überwachung malignen Zellwachstums in Frage oder außer Funktion stellt. So kommt bei jedem fünften Mann und jeder sechsten Frau mit Plasmozytom unter langfristiger zytostatischer Behandlung eine Zweitneoplasie zur Beobachtung, häufig in Form akuter Myeloblasten-Leukämien, seltener in Form von Bronchial- und Magen-Karzinomen (vgl. bei Gerhartz, 1982). Beim Immunozytom, also dem Morbus Waldenström des früheren Sprachgebrauchs, gelten ähnliche Beobachtungen für 20% aller langfristig zytostatisch behandelten Personen.

Zu jeder dieser „Paraproteinosen" des alten Sprachgebrauchs gehört der begleitende humorale Immundefekt mit sehr niedrigen Konzentrationen der dem monoklonal vermehrten Immunglobulin benachbarten Immunglobulinklassen. Je höher die Gefahr des begleitenden humoralen Immundefektes, desto größer die Gefahr sekundärer Komplikationen durch Entwicklung maligner Zweiterkrankungen, auch durch komplizierende, meist bakterielle Infekte, die ebenfalls nicht mehr ausreichend abgewehrt werden.

Der Wert der quantitativen Plasmaprotein-Bestimmungen ist an den Einzelbeispielen bereits dargestellt worden. Die Übersicht zeigt, daß quantitative Bestimmungen von Immunglobulinen und Plasmaproteinen in der modernen Diagnostik auch unter den Bedingungen der freien Praxis ihre klare Indikation haben und integrierter Bestandteil der Diagnostik sein oder werden müssen.

4.7.0.3 Nachweismethoden

Dem quantitativen Nachweis von Immunglobulinen und Plasmaproteinen in Körperflüssigkeiten dienen:
- Präzipitationsreaktionen in Gel-Medien.
- Präzipitationsreaktionen in Lösungen.
- Antigen-Antikörper-Reaktionen an festen Phasen (**Tabelle 4.7-1**).

Tabelle 4.7-1: Immunologische Methoden zur quantitativen Bestimmung von Immunglobulinen und Plasmaproteinen

Präzipitations-Reaktionen in Gel-Medien
- Einfache Gel-Diffusion
Lineare Immundiffusion nach Oudin
Radiale Immundiffusion
Endpunktbestimmung nach Mancini, Carbonara und Heremans
Kinetische Methode nach Fahey und McKelvey
Elektroimmundiffusion nach Laurell
- Doppelte Gel-Diffusion
Radiale Doppelimmundiffusion nach Ouchterlony (semiquantitativ)
Gegenstromelektrophorese (semiquantitativ)
Zweidimensionale Immunelektrophorese
Präzipitations-Reaktionen in Lösung
Präzipitatanalyse nach Kjeldahl
Nephelometrie
Endpunktmessung
Kinetische Messung
Turbidimetrie
Endpunktmessung
Kinetische Messung
Antigen-Antikörper-Reaktionen an festen Phasen
Quantitative Immunfluoreszenz
Radioimmunoassay
Enzymimmunoassay

Tabelle 4.7-2: Empfindlichkeitsvergleich einiger wichtiger immunologischer Bestimmungsmethoden

Nachweistechnik	untere Nachweisgrenze pro Milliliter Probe	
Gesamteiweiß (Biuretmethode)	1 mg	
Serumelektrophorese (CAF)	1 mg	10^{-3} g
Immunelektrophorese (Agargel)	0,05-0,1 mg	
Doppeldiffusion (Ouchterlony)	1-40 µg	
Lineare Immundiffusion (Oudin)	10 µg	
Radiale Immundiffusion (Mancini)	10 µg	
Elektroimmundiffusion (Laurell)	0,5-15 µg	
Lasernephelometrie	1 µg	10^{-6} g
Gegenstromelektrophorese	0,1-0,4 µg	
Komplementbindungsreaktion	0,01-0,1 µg	
Passive Hämagglutination	0,01-0,03 µg	
Hämagglutinations-Hemmtest	0,006-0,01 µg	
Enzymimmunoassay	< 1 ng	
Radioimmunoassay	< 1 ng	10^{-9} g
Quantitative Immunfluoreszenz	< 1 ng	

Bei der Bewertung dieser verschiedenen Methoden der Proteinanalyse sind unterschiedliche Empfindlichkeitsbereiche zu berücksichtigen: die größtmögliche Empfindlichkeit ist den radioimmunologischen, den enzymimmunologischen Methoden und der quantitativen Immunfluoreszenz zuzumessen (**Tabelle 4.7-2**).

Etwas geringer, für routinediagnostische Anwendungen mit Ausnahme der IgE-Bestimmung aber voll ausreichend, sind Präzipitationsreaktionen in Lösungen, wo hingegen die Serum-Elektrophorese und auch die Immunelektrophorese die geringste Empfindlichkeit haben und aus den oben schon auseinandergesetzten Gründen auch eine selektive quantitative Bewertung der Konzentrationen einzelner Immunglobuline oder Plasmaproteine nicht gewährleisten.

Aus der Fülle der verschiedenen möglichen methodischen Verfahren haben sich für die Praxis vor allem drei Methoden in besonderem Maße durchzusetzen vermocht, nämlich die

- radiale Immundiffusion nach Mancini, Carbonara und Heremans (1965) für etwa ²/₃ aller routinemäßig durchgeführten Untersuchungen, sowie die
- nephelometrischen und turbidimetrischen Bestimmungsmethoden.

Das hat rein praktische Gründe: Die radiale Immundiffusions-Technik ist relativ einfach, im wesentlichen kostensparend und vor allen Dingen auch unter den Bedingungen der Praxis durchzuführen.

Dem entgegengesetzt sind nephelometrische Verfahren an teure Geräte gebunden und nur dann wirtschaftlich vertretbar, wenn Bestimmungen in hoher Untersuchungsfrequenz garantiert sind.

Die Turbidimetrie ist zwischen diesen beiden Bestimmungsverfahren einzuordnen. Sie bedarf keiner teuren Apparate (erforderlich ist lediglich ein laborübliches Photometer), ist aber aus wirtschaftlichen Gründen an größere Untersuchungsserien gebunden.

Nur die Bestimmungen des totalen Serum-IgE und des allergenspezifisch stimulierten IgE sind aus beiden Methoden auszunehmen, die schon erwähnten sehr geringen Serumkonzentrationen machen empfindlichere Verfahren notwendig, wobei radioimmunologische Techniken und enzymimmunologische Techniken für die entsprechenden Nachweise obligat erforderlich sind.

4.7.0.4 Internationale Standardisierung quantitativer Plasmaprotein-Bestimmungen

Um die Vergleichbarkeit von immunologischen Immunglobulin- und Plasmaprotein-Bestimmungen zu ermöglichen, hat die Weltgesundheits-Organisation (WHO) ein lyophilisiertes, stabilisiertes Humanserum zum internationalen Standard erklärt. Handelsübliche Protein-Standard-Präparationen mit Serum-Proteinkonzentrationen in mg/dl können mit Hilfe deklarierter Umrechnungsfaktoren in die internationalen Einheiten (I. U./ml) umgerechnet werden.

Tabelle 4.7-3: Normalwerte verschiedener Autoren für 15 Serumeiweiße bei Erwachsenen, in mg/dl
In Anlehnung an H. Keller: Die Analyse des Serumeiweißbildes mit Hilfe der immunochemischen Untersuchungsmethoden nach Mancini. Verlag Hans Huber, Bern - Stuttgart - Wien 1980, S. 14

	1966 Zitiert in Schultze/ Heremans	1968 Schu-macher und Keßler	1972 Weeke et al.	1973 Zitiert in Kawai	1968 Störiko (RID)	Behring Werk-angabe (RID)	Eigene Werte Ermittelt mit Partigenplatten (100 Personen aller Altersklassen)
Praealbumin	28- 35		12- 39	28- 35	10- 40	10- 40	20- 35
saures α_1-Glykoprotein	75- 100			75- 100	70- 110	55- 140	40- 80
α_1-Antitrypsin	210- 500		98- 245	210- 500	190- 500	200- 400	180- 320
Coeruloplasmin	27- 63	26	9- 51	27- 63	10- 40	20- 45	25- 40
α_2-HS-Glykoprotein			30- 90		40- 85	40- 85	50- 70
Haptoglobin	30- 190		58- 373	30- 290	10- 220	50- 220	60- 180
α_2-Makroglobulin			145- 443	220- 380	130- 380	150- 420	150- 300
Hämopexin	80- 100		53- 121	80- 100	80- 130	70- 130	55- 100
C_{3c}	35		35- 115		80- 140	80- 140	65- 90
C_4					20- 40	20- 40	25- 50
Transferrin	200- 320	286	152- 336	200- 300	200- 450	200- 400	190- 300
β_2-Glykoprotein	20- 25			20- 25	15- 25	15- 30	15- 25
IgG	900-1500	1001	680-1600	170-1540	800-1800	800-1800	900-1500
IgA	110- 180	195	54- 350	60- 490	120- 400	90- 450	120- 400
IgM	39- 117	87	21- 144	37- 204	80- 170	60- 280	90- 260
				42- 261			

Der internationale Standard für die Immunglobulin-Bestimmungen: Der WHO-Standard enthält per definitionem pro Ampulle mit 81,47 mg lyophilisiertem Serum je 100 internationale IgG-, IgA- und IgM-Einheiten (I. U./ml).

Folgende Beziehungen ergeben sich zwischen den bisherigen Angaben der Methode der einfachen radialen Immundiffusion (Tri-Partigen-Platten) in mg/dl und den internationalen Einheiten (I. U./ml):

1 mg IgG entspricht 11,5 internationalen Ig-G-Einheiten.
1 mg IgA entspricht 59,5 internationalen Ig-A-Einheiten.
1 mg IgM entspricht 115,0 internationalen Ig-M-Einheiten.
Bei dieser Angabe handelt es sich um deklarierte Umrechnungsfaktoren.

Für Plasmaproteinbestimmungen stehen bisher 6 Standards mit folgenden Umrechnungen zur Verfügung:

1 mg Albumin entspricht 2,5 I. U. Albumin
1 mg Alpha-1-Antitrypsin entspricht 42,0 I. U. Alpha-1-Antitrypsin
1 mg Coeruloplasmin entspricht 320,0 I. U. Coeruloplasmin
1 mg Transferrin entspricht 35,0 I. U. Transferrin
1 mg C3c entspricht 128,0 I. U. C3c
1 mg Alpha-2-Makroglobulin entspricht 42,0 I. U. Alpha-2-Makroglobulin

Zur Erläuterung ein Umrechungsbeispiel:
Welcher IgG-Konzentration des nachfolgenden Beispiels in mg/dl würden 138 I. U./ml entsprechen?

11,5 I. U. IgG ≙ 1,0 mg IgG
138,0 I. U./ml IgG ≙ × mg/ml IgG

$$\text{IgG (mg/ml)} = \frac{138{,}0\ \text{I. U./ml IgG} \times 1{,}0\ \text{mg IgG}}{11{,}5\ \text{I. U. IgG}}$$

IgG = 12,0 mg/ml bzw. IgG = 1200 mg/dl
Unter diesen Umständen ergeben sich die folgenden Normwerte für Erwachsene bei einzelnen Immunglobulinklassen und für 12 weitere Plasmaproteine (**Tabelle 4.7-3**).
Für Kinder ergeben sich gesonderte Verhältnisse.

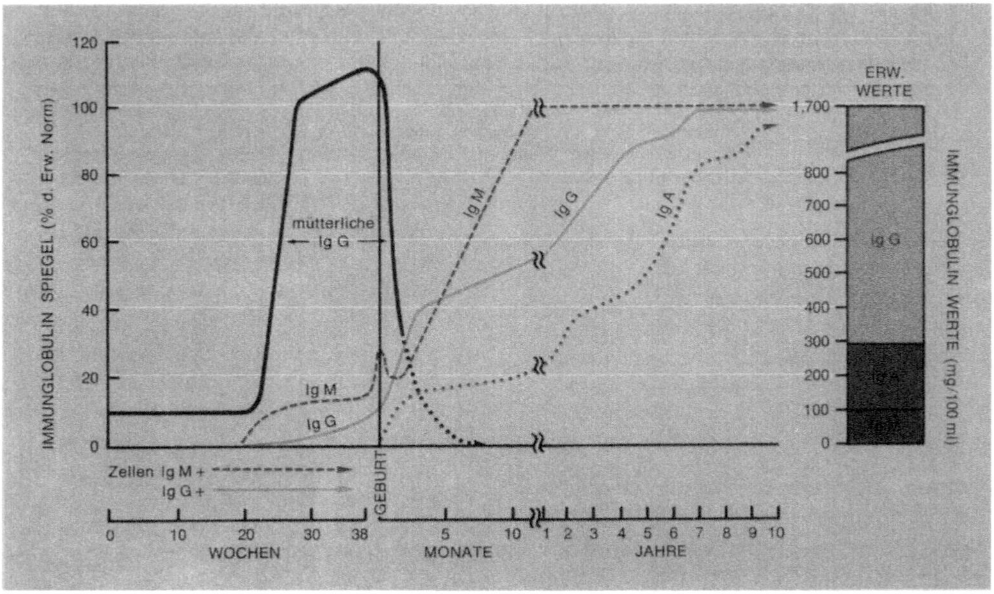

Abbildung 4.7-2: Intrauterine und extrauterine Entwicklung der Immunglobulinspiegel im Serum

4.7.0.5 Normgrenzen der wichtigsten Immunglobuline für Kinder verschiedener Lebensalter

Neugeborene verfügen noch nicht über eine eigene aktive ausreichende Synthese von Immunglobulinen. Der Infektionsschutz erfolgt durch die von der Mutter diaplazentar oder mit der Milch übertragenen Immunglobuline.

Unter physiologischen Bedingungen beginnt zunächst die Eigensynthese für IgM, die innerhalb von 6 Monaten ausreichende Serumkonzentrationen ermöglicht. Die IgG-Synthese ist erst nach Ablauf von 24 Monaten vom Datum der Geburt an voll ausreichend,
die IgG-Subklassen 1 und 3 sind nach 12 Monaten,
die IgG-Subklassen 2 und 4 auch nach 24 Monaten knapp ausreichend synthetisiert.

IgA erreicht ebenfalls frühestens nach Ablauf von 2 Jahren die erforderliche Serumkonzentration.

Neuerdings wurde erkannt, daß für diese Verhaltensweisen eine zunächst noch nicht ausreichende Helferzelltätigkeit, also die Funktion einer T-Zell-Subpopulation, hauptverantwortlich scheint: Sie erreicht erst mit Ende des 2. Lebensjahres ihre volle, physiologische Funktion (Andersson, Bird und Britton, 1981) (**Abbildung 4.7-2**). Aus diesen physiologischen Verhaltensweisen ergibt sich die Notwendigkeit, die bei Kindern errechneten Immunglobulinkonzentrationen jeweils zu denjenigen Serumkonzentrationen in Vergleich zu setzen, die für das jeweilige Lebensalter gültig sind (siehe **Tabelle 4.7-4**).

4.7.0.6 Normbereiche für IgE-Immunglobuline

Die Normwerte für Serum-IgE werden in der Literatur unterschiedlich angegeben. Diese Abweichungen können zum Teil durch unterschiedliche Bestimmungsmethoden bedingt sein (radioimmunologische Techniken oder enzymimmunologische Techniken). Es können aber auch Unterschiede der untersuchten gesunden *Probandenkollektive* mitverantwortlich sein und nicht zuletzt auch Unterschiede in den Standardisierungs-Versuchen.

Nach internationaler Übereinkunft wird der IgE-Gehalt einer Serumprobe in Einheiten (*U*nits) IgE/ml ausgedrückt. Die einer willkürlich gewählten „Einheit" entsprechende IgE-Menge ist zwar nicht exakt bekannt, sie dürfte aber ungefähr 2,4 ng IgE entsprechen:

1 U ~2,4 ng IgE

Tabelle 4.7-4: Normalbereiche der Immunglobuline IgG, IgA und IgM im Serum bei Kindern in verschiedenen Lebensaltern
Angegeben sind das geometrische Mittel ($\bar{x}$) mit der einfachen Standardabweichung (± 1 s). Die Meßwertermittlung erfolgte mit der radialen Immundiffusion nach Mancini (modifiziert nach Uffelman et al., 1970 und Schulz et al., 1974)

		Geometrische Mittel $\bar{x}$ ± 1 s (mg/dl)					
		IgG		IgA		IgM	
Alter	n	$\bar{x}$	± 1 s	$\bar{x}$	± 1 s	$\bar{x}$	± 1 s
Neugeborene		1124	747-1502	0		23	11- 35
6 Wo.		599	339- 859	11	0- 22	42	13- 71
3 Mon.		603	286- 920	30	2- 57	49	18- 81
4-6 Mon.	11	370	183- 567	16	5- 37	60	31- 89
bis 12 Mon.	12	491	296- 687	33	13- 53	71	41-101
bis 2 J.	8	592	492- 692	44	5- 84	86	65-107
bis 4 J.	11	571	268- 872	87	47-127	120	77-163
bis 5 J.	25	720	485- 955	114	59-169	125	60-190
bis 6 J.	28	760	513-1007	121	77-165	120	65-175
bis 7 J.	26	796	528-1064	127	62-192	118	75-161
bis 8 J.	14	895	658-1132	104	66-142	142	90-194
bis 10 J.	16	895	606-1184	129	53-205	114	71-157
bis 12 J.	15	869	504-1234	138	70-206	127	82-172
bis 14 J.	7	1037	668-1406	199	127-271	128	97-159

Tabelle 4.7-5: IgE-Normalwerte im Serum gesunder nicht-atopischer Kinder und Erwachsener
Das geometrische Mittel plus der zweifachen Standardabweichung (2 s) wird als obere Normgrenze betrachtet (modifiziert nach Kjellmann et al., 1976)

Alter	n	Geometrisches Mittel (U/ml)	+ 2 s
Neugeborene	24	0.2	1.3
6 Wochen	17	0.7	6.1
3 Monate	15	0.8	3.8
6 Monate	15	2.7	16.3
9 Monate	16	2.4	7.3
12 Monate	12	3.5	15.2
2 Jahre	18	3.0	29.5
3 Jahre	6	1.8	16.9
4 Jahre	7	8.6	68.9
7 Jahre	18	12.9	161.0
10 Jahre	17	23.7	570.0
14 Jahre	19	20.1	195.0
> 20 Jahre	175	13.8	120.0

Nach zahlreichen Untersuchungen liegt der Normbereich der Gesamtkonzentration des IgE im Serum für erwachsene Personen (älter als 20 Jahre) bei 13,8 U/ml (Nye et al., 1975). Bei erhöhten Serumkonzentrationen weit über 100 U/ml kann ein allergisches Geschehen zugrunde liegen, die Ermittlung ist aber nicht spezifisch: IgE-Vermehrungen dieser Größenordnung gibt es auch bei Parasitenbefall, auch bei Tumoren, auch bei Personen mit immunologischer Hyperreaktivität auf dem Boden vielleicht einer Systemerkrankung nach Art des Erythematodes.

Die Normwerte der IgE-Immunglobuline bei *Kindern* sind wiederum abhängig vom Lebensalter. Die Serumkonzentrationen steigen zunächst kontinuierlich an, erreichen um das *10. Lebensjahr* ein Maximum und fallen danach wieder ab. Eine plausible Erklärung für den relativ hohen Wert ist auch, daß bei Kindern die IgE-Serumkonzentration frühestens nach 6 Jahren Größenordnungen erreichen kann, wie sie eben auch bei Erwachsenen unter Normbedingungen gefunden werden.

Die von Kjellman et al. (1976) mitgeteilten Normbereiche für Gesamt-IgE im Kindesalter sind nach strengen Kriterien ermittelt worden und werden deshalb hier als Bezugsgrößen angegeben (**Tabelle 4.7-5**).

Die zweifache Standardabweichung ($\pm 2s$) ist klinisch von Interesse, da dieser Wert bei Kindern häufig als die obere Bezugsgrenze gilt. Eine Erhöhung über diese Bezugsgrenze hinaus gilt als krankhaft im Sinne der oben bereits diskutierten klinischen Zuordnungsmöglichkeiten.

Eine einheitliche Standardisierung der IgE-Bestimmung gibt es zur Zeit noch nicht. Die auf dem Markt befindlichen IgE-Standards sind unter Umständen gegen verschiedene Referenz-Materialien kalibriert (z. B. gegen „The International Reference Preparation 69/204" for Human Serum Immunoglobulins der WHO; oder auch gegen „The First British Standard" for Human Serum Immunoglobin E 75/502).

Besondere Fehlerquellen:

- Therapie-spezifische Medikamente in normaler Dosierung beeinflussen die Ergebnisse der Gesamt-IgE-Serumkonzentrationen nicht. Allenfalls Langzeitbehandlungen über 5 Jahre hinaus erniedrigen den IgE-Serumspiegel (Kumar et al., 1971).
- Die ermittelte Gesamt-IgE-Konzentration bezieht sich nur auf den frei zirkulierenden Anteil der IgE-Antikörper. Der an Zellen fixierte und unter Umständen sehr erhebliche Anteil wird nicht erfaßt und entzieht sich dem Nachweis in einer der oben angegebenen Techniken. Damit können falsch-negative Resultate imponieren.

Zur Bestimmung allergenspezifischer Folgereaktionen eignet sich also die Gesamt-IgE-Bestimmung im Serum als Einzelmethode nicht. Man benötigt ein zweites Verfahren, das unter dem Namen

*R*adio-*A*llergo-*S*orbens-*T*est (RAST)

in die Diagnostik eingegangen ist. Dieses Verfahren erlaubt die semiquantitative Bestimmung *allergenspezifischer* zirkulierender Antikörper der Klasse IgE.

Die Patientenprobe wird in einer ersten Inkubation mit kovalent an Papierscheiben gekoppeltem Allergen in Kontakt gebracht. Die spezifischen IgE-Antikörper reagieren nunmehr mit ihrem korrespondierenden Allergen und werden gebunden, wohingegen andere, eben unspezifische IgE-Globulinanteile in einem anschließenden Waschvorgang entfernt werden. Dann wird radioaktiv markiertes Anti-IgE zugesetzt, das nun seinerseits mit den gebundenen, *allergenspezifischen* IgE-Antikörpern reagiert (**Abbildung 4.7-3**).

Die Radioaktivität des Allergen-IgE-Anti-IgE-Jod-125-Komplexes wird in einem Gammazähler gemessen und die Zählrate mit einer parallel laufenden Referenzserie verglichen:

Je höher die Zählrate, desto mehr spezifische IgE-Antikörper gegen das getestete spezifische Allergen sind in der Probe!

Wichtige Anmerkung: Die im Test verwendeten Referenzseren sind durch Verdünnungen eines Serumpools von Allergikern gewonnen worden und gegen einen WHO-Standard eingestellt. Die Zählraten dieser 4 Bezugsseren A bis D mit abnehmendem Gehalt an allergenspezifischen IgE-Antikörpern stellen die Grenzwerte dar für die Einteilung in 5 Allergieklassen (**Abbildung 4.7-4**).

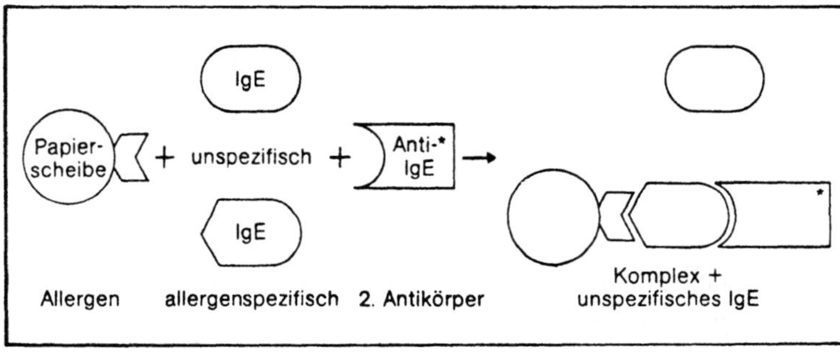

Abbildung 4.7-3: Prinzip der allergenspezifischen IgE-Bestimmung im Serum
Chemisch an einen inerten Träger gekoppeltes Allergen reagiert nur mit den allergenspezifischen IgE-Antikörpern in der Probe. Hinzugefügtes Anti-IgE markiert den Komplex radioaktiv und ermöglicht so über eine Radioaktivitätsmessung eine semiquantitative Bestimmung der allergenspezifischen Antikörper.
In: Vorlaender KO, Schmolke B (1980) Diagnostik unter Verwendung immunologischer Methoden. Thieme Stuttgart, S. 276

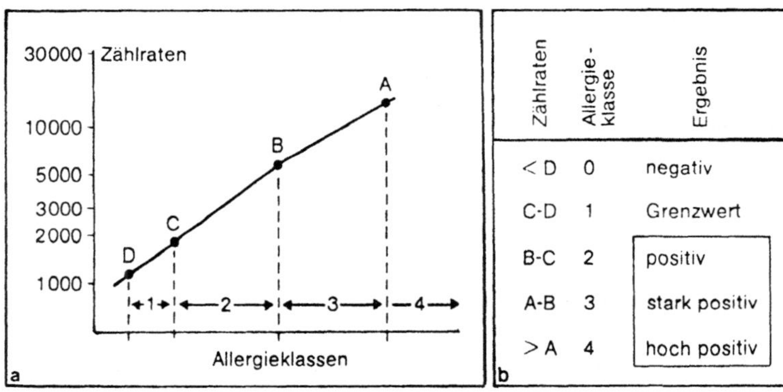

Abbildung 4.7-4: RAST-Klassen in Abhängigkeit von den Zählraten der Referenzseren A bis D
In: Vorlaender KO, Schmolke B (1980) Diagnostik unter Verwendung immunologischer Methoden. Thieme Stuttgart, S. 176

Fehlermöglichkeiten: IgE-Reagine können auch nach spezifischer Allergenstimulation ausschließlich in der Haut oder an Zelloberflächen oder in Geweben gebunden sein, damit also dem Nachweis im Serum auch mit Hilfe des RAST-Verfahrens entzogen bleiben. Das hat sich aus Vergleichen zu Hauttestungen bei bekannten Allergien eindeutig ermitteln lassen. Weitere Einzelheiten bei K. O. Vorlaender u. B. Schmolke (1980).

Es zeigt sich also, daß unter bestimmten Voraussetzungen Hauttestungen durch das RAST-Verfahren nicht zu ersetzen sind. Bei Pollen-Allergien, bei Nahrungsmittel-Allergien und auch bei inhalativen Allergien treten kreuzreagierende Allergene auf, die sich entweder in nahe verwandte Pflanzen oder in mehreren Getreidearten oder bei mehreren inhalativen Allergien gleichzeitig finden, hier ist eine weitere Differenzierung auch mit Hilfe des RAST-Verfahrens nicht mehr mit ausreichender Erfolgsaussicht möglich.

Dennoch steht außer Frage, daß die Routinediagnostik insbesondere durch die Bestimmungsmöglichkeiten für allergenspezifische IgE-Antikörper (RAST-Verfahren) eine wesentliche Bereicherung erfahren hat.

4.7.1 Spezielle Nachweismethoden und ihre Fehlergrenzen

4.7.1.1 Die einfache radiale Immundiffusion nach Mancini, Carbonara und Heremans (1965)

Sie ist die inzwischen gebräuchlichste Methode zur quantitativen Proteinbestimmung in Körperflüssigkeiten überhaupt. Zahlreiche Vorteile, wie einfache Handhabung, Spezifität, ausreichende Empfindlichkeit, hohe Präzision und Wirtschaftlichkeit haben dazu geführt, daß dieses analytische Bestimmungsverfahren (radiale Immundiffusion = RID) zu einer Standardmethode im klinischen Laboratorium geworden ist.

Prinzip der Durchführung: Von einem zylinderförmigen Startloch aus diffundieren die gelösten Antigen-(= Protein-)Moleküle radial in ein homogenes Agargel, das jeweils einen korrespondierenden Antikörper enthält. Der sich nach Stunden langsam ausbildende Präzipitationszylinder vergrößert sich nach beendeter Diffusion nicht mehr, wir sprechen von einer *Endpunktdiffusion.* Die kreisförmige Grundfläche des Zylinders, einschließlich des Auftragekreises ist der gesuchten Proteinmenge direkt proportional. Die *Auswertung* erfolgt graphisch. Da es sich um Relativmessungen handelt, wird unter Verwendung einer Standardpräparation zunächst eine optimale Bezugskurve erstellt, mit deren Hilfe dann die Antigen-Konzentration in den zu untersuchenden Proben ermittelt wird (**Abbildung 4.7-5**).

Einschränkung: Nur schwach entwickelte Immunpräzipitate sind schwer auszumessen und müssen ggf. mit einem Protein-Farbstoff angefärbt und dadurch besser sichtbar gemacht werden.

Die *Vorteile* der Endpunktbestimmung liegen in der relativ großen Empfindlichkeit mit einer unteren Nachweisgrenze von etwa 1,0 mg/dl. Die Präzision ist außerordentlich hoch und hat einen Variationskoeffizienten von Tag zu Tag kleiner als 10%.

Nachteile: Die Diffusionszeit ist relativ lang, je nach Molekülgröße des zu untersuchenden Proteins muß man bis zu 80 Stunden in Rechnung stellen.

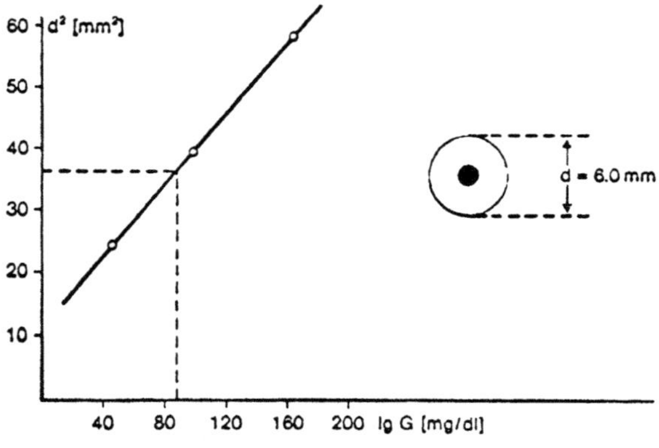

Abbildung 4.7-5: Beispiel für eine quantitative Bestimmung der IgG-Konzentration im Serum
Gemessener Präzipitatdurchmesser = 6.0 mm. Zum quadrierten Durchmesser $d^2 = 36.0\ mm^2$ gehört die auf der Abszisse des Bezugssystems ermittelte IgG-Konzentration = 86 mg/dl. Verdünnungsfaktor = 10. Wahre IgG-Konzentration = 860 mg/dl. In: Vorlaender KO, Schmolke B (1980) Diagnostik unter Verwendung immunologischer Methoden. Thieme Stuttgart - New York

Dieser Nachteil ist auszugleichen durch eine *Schnellmethode nach Fahey-McKelvey:* Die Antigenkonzentration kann hier bereits vor Ablauf der Enddiffusionszeit, in der Regel bereits nach wenigen Stunden, ermittelt werden. Für diesen Vorteil der kurzen Untersuchungszeit muß allerdings eine geringere Präzision in Kauf genommen werden. Bei sehr hoher Genauigkeitsanforderung ist deshalb der Bestimmung der Endpunktdiffusion Vorrang zu geben.

Allgemeine Bewertung: Die RID ist vor allem darum ein technisch einfaches Verfahren, weil heute spezielle handelsübliche Diffusionsplatten zur Verfügung stehen, die eine Untersuchung auch geringster Serumkonzentrationen möglich machen. So können Immunglobuline und auch Albumin im Liquor mit ausreichender Genauigkeit analysiert werden,
es kann auch die IgA-Konzentration im Speichel und in der Tränenflüssigkeit ermittelt werden,
IgM kann im Neugeborenen-Serum als Hinweis für eine abgelaufene intrauterine Infektion quantitativ erfaßt werden.

Fehlerquellen: Neben allgemeinen Fehlermöglichkeiten, die für alle quantitativen klinisch-chemischen Untersuchungen gelten, gibt es spezielle Fehlerquellen vorwiegend für immunologische Testansätze und hier im besonderen für die quantitativen Immunglobulin- und Plasmaproteinbestimmungen.

Fehlerquellen bei dem *analytischen Vorgehen* zur Plasmaproteinbestimmung sind:

1. Die vorgeschriebene Probenverdünnung wird nicht exakt eingehalten (*Verdünnungsfehler*).
2. Die erforderliche Probenmenge wird unvollständig in die eingestanzten Auftragestellen der Agargelplatte eingefüllt (*Pipettierfehler*).
3. Die Agarplatten müssen während des gesamten Diffusionsvorganges waagerecht liegen, um Verformungen der Präzipitatringe zu vermeiden (*Ablesefehler*).
4. Die *Mindestdiffusionszeiten* für die Endpräzipitation müssen strikt eingehalten werden. Für IgG und IgA 50 Stunden, für IgM 80 Stunden.
   Für weitere Serumproteine gelten in aller Regel 48 Stunden, nur für hochmolekulare, langsam diffundierende Plasmaproteine wie Alpha-2-Makroglobulin und Haptoglobin sind 72 Stunden anzusetzen. Bei Unterschreiten dieser Mindestdiffusionszeiten werden zu geringe Konzentrationen ermittelt.
5. Erheblicher *Antigenüberschuß* zeigt sich durch einen unscharf begrenzten Präzipitationshof, die wahre Konzentration kann nicht mehr ermittelt werden, da es im Antigenüberschuß zur Bildung löslicher Immunkomplexe gekommen ist. Durch sukzessive Verdünnung des Probandenserums muß der Äquivalenzbereich ermittelt werden (**Abbildung 4.7-6**).
6. Bei *minimalen Antigenkonzentrationen* im Untersuchungsmaterial entstehen verwaschene, vielfach nur gering diffundierte Doppelringphänomene. Hier ist es erforderlich, die Untersuchungsprobe einzuengen oder Agarplatten zu verwenden, die ausdrücklich für die Ermittlung kleiner Antigenkonzentrationen geeignet sind, das gilt vor allen Dingen für IgD- und IgE-Bestimmungen, soweit letztere eben nicht, wie im vorhergehenden gesagt, mit genügend empfindlichen radioimmunologischen Techniken nachgewiesen werden.
7. In stark *lipämischen* oder auch *hämolytischen Seren* kann es an der Auftragestelle zu ringförmigen Spontanpräzipitaten kommen, in denen die echten Immunpräzipitate untergehen, ohne quantitativ gemessen werden zu können.
8. Ein häufiger Fehler ergibt sich aus *ungenügenden Vergleichen mit den Standardseren.* Das Mitführen von mindestens 3 unterschiedlichen Standards auf jeder

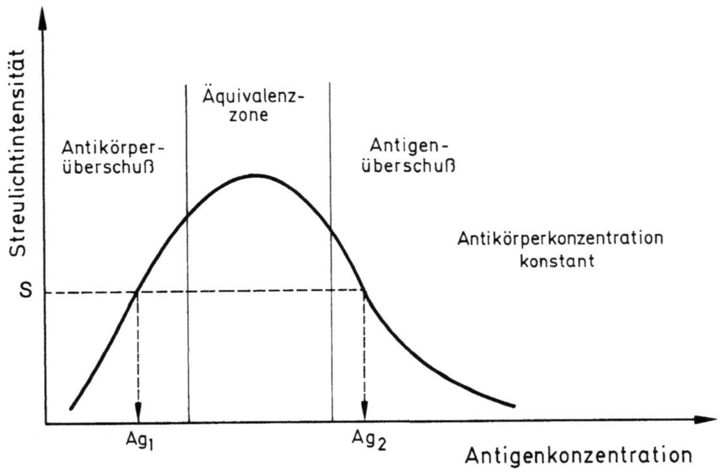

Abbildung 4.7-6: Immunpräzipitationskurve nach Heidelberger und Kendall
Die Heidelberger Kurve: Bei Antigen-Antikörper-Reaktionen in wäßrigen Medien lassen sich drei Konzentrationsbereiche unterscheiden, die graphisch durch eine sogenannte „Heidelberger Kurve" anschaulich dargestellt werden können. Auf der Abszisse der Abbildung sind steigende Antigenkonzentrationen aufgetragen, die Ordinate ist eingeteilt in eine der Immunkomplexbildung proportionale Meßgröße, hier die Intensität des Streulichts. Mit steigender Antigenkonzentration erfolgt in Gegenwart einer konstanten Menge der Antiserumlösung zunächst eine stetige Zunahme der Immunkomplexbildung und das Streulichtsignal steigt an. Nur dieser ansteigende Kurvenanteil im *Antikörperüberschußbereich* liefert zuverlässige und reproduzierbare Meßwerte für quantitative Bestimmungen. Nach Überschreiten des Kurvengipfels (Äquivalenzzone) kommt es im *Antigenüberschuß* wieder zu einer Auflösung der Immunpräzipitate; die Streulichtintensität sinkt ab.
Einem gemessenen Streulichtsignal (S) können also zwei völlig verschiedene Konzentrationswerte zugeordnet werden: der korrekte Meßwert (Ag_1) liegt im Antikörperüberschußbereich auf dem aufsteigenden Kurvenschenkel. Das gleiche Meßsignal kann aber auch einer sehr viel höheren Konzentration (Ag_2) auf dem absteigenden Kurvenschenkel im Antigenüberschuß entsprechen.
Die Frage, welchem Ast der Kurve ein Meßwert zugeordnet ist, läßt sich durch weitere Zugabe von Antiserumverdünnung entscheiden: nur bei Antigenüberschuß steigt das Streulicht erneut deutlich an (weitere Immunkomplexbildung). Eine solche Serumprobe (z. B. bei einer Gammopathie) muß nach weiterer Vorverdünnung nachuntersucht werden

zweiten Platte erscheint unerläßlich, wird aus Kostenersparnisgründen aber häufig vermieden und dann in der Praxis nicht durchgeführt, wenn zu selten Immunglobulin- oder Plasmaproteinbestimmungen anfallen.

9. *Agargelplatten* altern bei längerem Stehen und sind sogar bei korrekter Lagerung nicht unbegrenzt haltbar (Verfallsdatum genau beachten!).
10. Die *Verwendung überalterter Standardseren* ist ein weiterer sehr häufiger Fehler, wie Ringversuchanalysen ergeben haben. Es resultieren Vergleichswerte, die nicht mehr repräsentativ zu nennen sind, auf die aber dann rückbezogen wird. Auch hier sind häufig falsch verstandene Kostenersparnisgründe maßgebend.
11. Die Basis für die korrekte Auswertung quantitativer Immunglobulin- und Plasmaproteinbestimmungen bilden die *Bezugskurven.* Sie sollten bei jeder Meßserie *neu* errechnet und neu gezeichnet werden. Unregelmäßige oder zu seltene Erstellung der Kurven sind eine der häufigsten Ursachen für schwerwiegende Fehlmessungen.

Weitere spezielle Fehlermöglichkeiten:

- Die quantitative Bestimmung *monoklonal* vermehrter Immunglobuline liefert mit keiner der bisher üblichen Routinemethoden verläßliche Meßwerte. Die eingeschränkte Antigenspezifität solcher Proteine und das gleichzeitige Vorhandensein von monomeren und polymeren Formen der gleichen Proteinspezifität (7-S und 19-S IgM) bedingen unterschiedliche Reaktionen mit dem Antiserum und führen zu falschen Konzentrationswerten.
- Die *3. Komplementkomponente = C3* (ebenfalls ein Plasmaprotein) liegt in frischen Seren als Beta-1-C-Globulin vor, das sich aber schon in Stunden umwandelt in:
  C3a (C3a - Anaphylatoxin).
  C3c (β_1 A - Globulin).
  C3d (α_2 D - Globulin).
  Die Geschwindigkeit dieser Umwandlung ist nicht einheitlich, sondern individuell verschieden. Im allgemeinen wird C3c (β_1 A-Globulin) stillschweigend als sogenanntes C3 bestimmt. Dennoch wird in Zukunft die Kinetik der Umwandlung berücksichtigt werden müssen.
  In dieser Diskussion ist unmittelbar das Problem der Standardisierungen betroffen: es muß geprüft und ermittelt werden, gegen welche Komponente(n) das eingesetzte Antiserum gerichtet ist und wie das Standardserum zusammengesetzt ist. Zur Kinetik ist schon hier anzumerken, daß durch den Einsatz schneller analytischer Verfahren (z. B. vollmechanisierte Laser-Nephelometrie) mit einer extrem kurzen Bearbeitungszeit der Meßprobe, zeitabhängige Konzentrationsunterschiede der Komplement-C3-Umwandlungsprodukte auftreten können!
- *Haptoglobin* liegt in drei genetisch verschiedenen Typen vor (Hp 1-1, Hp 2-1, Hp 2-2). Die exakte immunologische Bestimmung mit der RID erfordert die Berücksichtigung des jeweiligen genetischen Haptoglobintypus.
- Ein entscheidender Fehler ergibt sich aber auch durch die *unzulängliche Standardisierung der Antiseren.* Nationale und internationale Fachverbände sind seit Jahren bemüht, hier Abhilfe zu schaffen und auch in der Immunologie eine Standardisierung der Bestimmungsmethoden zu erreichen. Nur so wird es möglich sein, zu vergleichbaren und diagnostisch zuverlässigen Meßergebnissen zu gelangen. Diese Standardisierungsbemühungen haben bereits zu ersten Erfolgen geführt.

4.7.1.2 Nephelometrie

Alle quantitativen nephelometrischen Bestimmungen in wäßriger Phase beruhen auf *Streulichtmessungen* an spezifischen Antigen-Antikörper-Komplexen. Die Messung des gestreuten Lichts erfolgt entweder seitlich unter einem Winkel von 90° (klassische Nephelometrie) oder unter einem kleineren Einstellwinkel. Als Strahlungsquelle werden in den Nephelometern neben konventionellen Lichtquellen auch Helium-Neon-Gaslaser eingesetzt, was auch zur Bezeichnung „Laser-Nephelometrie" geführt hat.

LASER bedeutet „*L*ight *A*mplification by *S*timulated *E*mission of *R*adiation", d. h. Lichtverstärkung durch induzierte Emission von Strahlung. Die Verwendung einer Laser-Lichtquelle bedingt zwei wesentliche Vorteile: die hohe Empfindlichkeit der Meßmethode und die gute Reproduzierbarkeit der analytischen Resultate.

Prinzip der Durchführung: zur quantitativen Bestimmung wird ein Antigen in verdünnter Lösung in einer Meßküvette vorgelegt und mit einer konstanten Menge des optisch klaren und hochspezifischen Antiserums zur Reaktion gebracht. Nach ausreichender Inkubationszeit (Endpunktmethodik) wird die Küvette in den Strahlengang des Nephelometers eingeführt und die Lichtstreuung an den suspendierten Antigen-Antikörper-Komplexen in der Reaktionslösung gemessen (Faraday-Tyndall-Effekt).

Im Gegensatz zu den klassischen Nephelometern wird bei den Laser-Nephelometern nur das besonders intensive Streulicht in Vorwärtsrichtung in einem unterhalb von 90° liegenden Winkel ausgewertet. Die so registrierte maximale Streulichtintensität ist bei vorgegebener Antikörperkonzentration proportional der Antigenkonzentration in der Meßküvette. Die *graphische Auswertung* erfolgt über eine Referenzkurve. Vollmechanisierte Geräte drucken die Endkonzentrationen in mg/dl direkt aus.

Die Proportionalität zwischen Gesamtstreulichtintensität und Antigenmenge gilt aber nur innerhalb festgelegter Konzentrationsbereiche: diese wichtige und notwendige Einschränkung betrifft alle Immunpräzipitationsreaktionen und ergibt sich aus den Gesetzmäßigkeiten der Immunkomplexbildung in wäßriger Phase, die bereits anhand der sogenannten Heidelberger-Kurve diskutiert worden sind.

Allgemeine Bewertung: Die Nephelometrie ist eine schnelle und einfache Methode zur quantitativen Proteinbestimmung in biologischen Flüssigkeiten. Bei geringem Antiserumverbrauch liegt das Untersuchungsergebnis bereits nach kurzer Zeit vor. Empfindlichkeit und Präzision sind zufriedenstellend. Im Gegensatz zur RID ist die Präzision nahezu unabhängig von der Konzentration des gemessenen Bestandteils. Die Referenzkurven umfassen einen weiten Konzentrationsbereich, Proben niedriger und sehr hoher Konzentration können in einem Testdurchgang untersucht werden. Im Routinebetrieb ist das natürlich ein erheblicher Vorteil. Da in großer Verdünnung gearbeitet wird, können auch extrem niedrige Proteinbestimmungen, z. B. IgG-Bestimmungen im Liquor ohne vorherige Anreicherung durchgeführt werden, erforderlich ist lediglich eine entsprechende Änderung der Vorverdünnung. Bei hohem Probendurchgang kann durch eine Vollmechanisierung des analytischen Systems eine erhebliche Arbeitserleichterung erreicht werden. Für nephelometrische Bestimmungen sind hoch gereinigte und optisch klare Antiseren erforderlich, da unspezifische Komplexbildungen im Reaktionsansatz vermieden werden müssen.

Fehlerquellen:

1. *Streulichtveränderungen* in trüben Proben (vorwiegend hyperlipämische Seren) sind der wahren Antigenkonzentration nicht mehr proportional und ergeben auch nach Abzug der Eigentrübung falsche Meßwerte. Ein Grund dafür ist, daß sich das Gesamtstreulichtsignal nicht additiv aus den einzelnen Komponenten zusammensetzt. Zur Vermeidung dieses Fehlers sollten deshalb möglichst nur nüchtern entnommene Seren verwendet werden. Es kann auch versucht werden, hyperlipämische Seren durch Ausschütteln mit Frigen (Fluorkohlenwasserstoff) zu klären.
2. Bei den *Verdünnungsschritten* müssen *Schaum- und Blasenbildung* vermieden werden.
3. Die *Reaktionszeit* muß ausreichend bemessen sein und einen Abschluß der Antigen-Antikörper-Reaktion garantieren. Bei Überschreitung der optimalen Inkubationszeiten können *nicht* antikörperspezifische Trübungen auftreten, die eine Verfälschung der analytischen Meßwerte verursachen.
4. Bei *Antigenüberschuß* (z. B. in Seren mit Paraproteinen) beobachtet man ein Meßsignal, das unter Umständen nicht dem linken aufsteigenden, sondern dem rechten absteigenden Ast der Heidelberger-Kurve zuzuordnen ist. Dabei kommt es

im Antigen-Exzeß zur Auflösung der Immunkomplexe. Fehlinterpretationen sind möglich und nur durch neue Verdünnungsschritte zu vermeiden.
In eigenen Arbeitsvorschriften ist es daher die Regel, zu jeder Meßprobe mit Verdacht auf hohe Immunglobulinkonzentrationen erneut eine Antiserumverdünnung hinzuzugeben und das Streulichtsignal noch einmal unter Beobachtung auszumessen. Im Fall des Antigenüberschusses tritt eine starke Zunahme des Meßwertes auf, bedingt durch neue Immunkomplexbildung! Bei Antikörperüberschuß tritt keine oder nur eine geringfügige Veränderung der Streulichtintensität auf.

5. Ein zentrales Problem ergibt sich durch das Fehlen einheitlicher internationaler *Protein-Standards*, die exakte Vergleiche wirklich garantieren. Speziell für den Einsatz der Laser-Nephelometrie stellt sich ein besonderes Problem insofern, als tatsächlich ein von der WHO entwickelter Standard vorliegt, der jedoch wegen seiner sehr hohen Eigentrübung nach Rekonstitution für nephelometrische Probenbestimmungen nicht mehr voll geeignet ist (vgl. auch bei Sieber, 1978).

Kinetische Nephelometrie:
Das Verfahren stellt eine Variante der nephelometrischen Endpunktmethodik dar.
Die spezifische Antigen-Antikörper-Reaktion erfolgt in einem Puffersystem in Gegenwart eines sogenannten Reaktionsbeschleunigers, meist Polyäthylenglykol (PEG). Zur Konzentrationsermittlung wird das Geschwindigkeitsmaximum der Streulichtzunahme gemessen, verursacht durch die in der Reaktionslösung ablaufende Bildung großmolekularer Immunkomplexe. Dabei wird in weniger als 60 Sekunden nach Reaktionsbeginn die höchste Trübungszunahme beobachtet und damit zugleich die maximale Reaktionsgeschwindigkeit erreicht. Zu ihrer Registrierung ist eine kontinuierliche Differenzierung des gemessenen Streulichtsignals nach der Zeit durchzuführen, was nur mit Hilfe eines zusätzlichen Rechners möglich ist. Die Maximalgeschwindigkeit der Streulichtzunahme ist bei Antikörperüberschuß eine Funktion der Antigenkonzentration, die mit Hilfe einer semiempirischen Gleichung errechnet werden kann (Ein-Punkt-Eichung).

Bewertung: Das kinetische System bietet einen wichtigen Vorteil dadurch, daß bei dieser Methodik nur eine Streulichtzunahme, nicht der Absolutwert gemessen wird, Eigentrübung der Proben und Leerwerte für Puffer in den Küvetten sind also entbehrlich! Damit können auch geringere Reinheitsanforderungen an die Eigentrübung der eingesetzten Reagenzien gestellt werden. Bei der einfachen Nephelometrie sind im Gegensatz hierzu Leerwertmessungen und Filtrationsschritte notwendig, um die schon genannten unspezifischen Reaktionen oder Fremdteilchen in den Lösungen auszuschließen. Auch bei dieser Methodik sind die Gesetzmäßigkeiten der Heidelberger-Kurve zu berücksichtigen: um sicherzustellen, daß ein bestimmter Analysenwert nicht auf der Antigen-Überschußseite der Heidelberger-Kurve im abfallenden Schenkel gemesssen wird, wird zusätzlich eine neue Antigenlösung zum Reaktionsansatz hinzugefügt. Nur bei einem Antikörperüberschuß entsteht ein weiterer Anstieg der Reaktionsgeschwindigkeit; nur dann wird der vom Rechner gespeicherte Meßwert als richtig freigegeben.

4.7.1.3 Turbidimetrie
Grundlage dieser analytischen Bestimmungsmethode ist die photometrische Messung derjenigen Trübung in der Reaktionslösung, die durch die spezifische Antigen-Antikörper-Reaktion in stark verdünnter Lösung hervorgerufen wird. Anders als bei den nephelometrischen Verfahren, wo die Streulichtintensität als physikalische Meßgröße für die Konzentrationsbestimmung herangezogen

wird, erfolgt hier eine Messung der trübungsbedingten Extinktion im geraden durchgehenden Lichtstrahl.

Die Intensitätsminderung von eintretendem zu austretendem Licht ist in bestimmten Konzentrationsbereichen der Menge des Antigens in der Meßprobe direkt proportional (Lambert-Beer'sche Beziehung). Da Trübungsmessungen bei kurzen Wellenlängen eine höhere Empfindlichkeit aufweisen, werden quantitative Proteinbestimmungen vorzugsweise mit kurzwelligem Licht des nahen UV-Bereiches durchgeführt. Der Bezug auf einen Referenzstrahl (Doppelstrahl-Kompensationsprinzip) ermöglicht eine vollständige Kompensation des Leerwertes, so daß auch vorgetrübte Proben untersucht werden können. Die Trübungsmessungen können an vielen Photometern und Automaten problemlos vorgenommen werden.

Neben dieser Endpunktmessung kann die *Immunturbidimetrie* auch als *kinetische Methode* durchgeführt werden. Dabei wird die Geschwindigkeit der *Trübungszunahme* im Verlauf der Antigen-Antikörper-Reaktion zu Beginn der Immunkomplexbildung gemessen. Durch Zusatz von PEG wird die Reaktionsgeschwindigkeit der Präzipitatbildung soweit gesteigert, daß sich sehr kurze Meßzeiten von wenigen Minuten ergeben. Bei dem sogenannten „fixed-time"-Verfahren läßt man die Reaktion über ein festgelegtes Zeitintervall ablaufen und mißt die Trübungszunahme über die Extinktionsdifferenz ΔE zwischen Beginn und Ende des gewählten Intervalls.

Die registrierten Meßwerte werden über eine Bezugskurve ausgewertet. Zu diesem Zweck werden die Sollwerte der Standards gegen die gemessenen Extinktionsdifferenzen aufgetragen. Aus den Extinktionsdifferenzen der unbekannten Proben werden über die Standardkurve die Konzentrationen ermittelt.

Bewertung: Die Ergebnisse der Endpunktbestimmung und der kinetischen Methode sind mit denen anderer Techniken (RID, Nephelomterie) in Bezug auf Präzision vergleichbar. Die Turbidimetrie ist einfach und schnell duchzuführen und verursacht nur geringe Kosten, da in der Regel keine zusätzlichen Geräte notwendig werden. Die Methode kann ohne großen Aufwand auf vollmechanisierte Analysensysteme adaptiert werden. Der Meßbereich liegt zwischen der höchsten und der niedrigsten Standardkonzentration, ein *Antigenüberschuß* kann auch mit dieser Proteinbestimmungsmethode nur durch zusätzliche Untersuchungen sicher erkannt werden (vgl. im vorhergehenden).

Größenangaben und Einheiten:
Die Ergebnisse sollten grundsätzlich in mg/dl angegeben werden. Bis heute existieren noch keine ausreichenden Standards für sämtliche möglichen Proteinbestimmungen in Körperflüssigkeiten. Umrechungen in internationale Einheiten (I.E.) sind aus diesem Grund jetzt noch nicht möglich, aber das kann sich ändern.

4.7.2 Präanalytik

Fehlermöglichkeiten bei der Probengewinnung, beim Probentransport und bei der Probenverwahrung können das Ergebnis quantitativer Immunglobulin- und Plasmaprotein-Bestimmungen nachteilig beeinflussen. Diese Störfaktoren und ihre Auswirkungen werden bei den üblichen Qualitätskontrollen nicht unbedingt und in jedem Fall genügend miterfaßt: sie ereignen sich außerhalb des Laboratoriums und vor Beginn des eigentlichen Testansatzes. Fehlerhafte Einwirkungsmöglichkeiten sind unter Umständen grundsätzlich verschieden, je nachdem, ob Immunglobulin- oder Plasmaprotein-Konzentrationen im Serum bestimmt werden sollen, ob es sich um immunhistologische Nachweisreaktionen für spezifische Antikörperphänomene oder gar um zelluläre Analysen handelt. Zellen und Zellrezeptoren vor allem sind sehr unterschiedlich haltbar, zum Teil sogar ganz außerordentlich empfindlich. Gerade hier sind in der präanalytischen Phase gravierende Fehler möglich.

Die im folgenden vorgelegte Analyse beschränkt sich auf alle jene Störfaktoren, die im Bezug auf quantitative Immunglobulin- und Plasmaprotein-Bestimmungen wirksam werden können. Einflußnahmen auf Antikörperbestimmungen oder immunzytologische Untersuchungen sind aus den entsprechenden Spezialkapiteln zu entnehmen und im vorliegenden Zusammenhang ausdrücklich nicht mit berücksichtigt.

4.7.2.1 Probengewinnung

Nahrungsaufnahme

Nahrungs- und Genußmittel beeinflussen die Zusammensetzung des Blutes und das Verhältnis der einzelnen Blutbestandteile zueinander. *Normwerte* für klinisch-chemische Meßwerte im Blut sind in aller Regel also nach Probennahme am nüchternen Patienten ermittelt worden.

Im Hinblick auf die genannten immunologischen Untersuchungen zur Bestimmung von Immunglobulin- und Plasmaprotein-Konzentrationen gilt vor allem folgendes: eine Hyperlipoproteinämie, wie sie nach einer einfachen fettreichen Mahlzeit möglich sein würde, hat unter Umständen erhebliche nachteilige Einflüsse auf Nachweistechniken, die aus der heutigen Routinediagnostik gar nicht mehr wegzudenken sind. Dabei ist vor allen Dingen die Lasernephelometrie zu nennen, die einer modernen Trübungsmessung entspricht; in Frage kommen aber auch alle photometrischen Bestimmungsmethoden. Es gelingt keinesfalls immer, durch Filtration und Extraktion mit halogenierten Kohlenwasserstoffen lipämische Trübungen so weitgehend aus dem Serum zu entfernen, daß störende Einflüsse voll eliminiert werden.

Einflüsse von Medikamenten

Östrogene („die Pille") führen zu einer Erhöhung von Coeruloplasmin, von Alpha-1-Glykoprotein, von Transferrin und von Thyroxin-bindendem Globulin. Langzeitverabfolgung von Östrogenen hat erhebliche Veränderungen dieser Plasmaprotein-Konzentrationen zur Folge und darf bei der Bewertung der Ergebnisse keinesfalls vernachlässigt werden.

Cortison-Präparate, Immunsuppressiva wie Azathioprin (= Imurek) oder Zytostatika haben nach *kurzfristiger Applikation* keinen wesentlichen Einfluß auf Testergebnisse zur Immunglobulin- oder Plasmaprotein-Bestimmung. Eine immunsuppressive Therapie wird unter verschiedenen klinischen Indikationen aber häufig als *Langzeittherapie* durchgeführt. Eigene Untersuchungen stellen außer Frage, daß hier auf Dauer Verminderungen zirkulierender Immunglobulin-Konzentrationen auftreten können, die nach Unterbrechung oder Beendigung einer immunsuppressiven Therapie reversibel sind, also therapiebedingt aufgetreten sein müssen.

Zelluläre Immunreaktionen werden sehr viel nachhaltiger durch immunsuppressive Therapie beeinflußt: das ist in aller Regel gewollt und geradezu das Ziel einer entsprechenden therapeutischen Indikationsstellung, sollte trotzdem bei Mitteilung entsprechender Befundergebnisse in richtiger und kritischer Interpretation gewertet werden.

Eine offene Frage ist, ob die Gegenwart erhöhter Cortison-Konzentrationen in einer Serumprobe den Reaktionsablauf zwischen einem Antigen und einem Antikörperglobulin hemmend beeinflussen kann: zahlreiche Arbeiten sprechen von einer temporären Maskierung vorher und nachher positiver immunologischer Reaktionen für die Dauer der Anwesenheit erhöhter Cortisonwerte im Serum.

Größere Mengen von Dextran, wie sie nach Infusionen anfallen können, führen zu einer Störung wiederum all jener Nachweisverfahren für Plasmaproteine, die auf Trübungsmessungen beruhen.

Für sehr viele *Medikamente* ist ganz unklar, ob negative Einflußnahmen auf serologische Nachweisreaktionen gegeben sein können oder nicht. Wo möglich, empfiehlt sich eine Unterbrechung der Medikation rechtzeitig vor der Probennahme. Nach Cortison-Langzeitverabfolgung sollte man nach aller Möglichkeit 10 bis 14 Tage warten, bis eine quantitative Immunglobulin- oder Plasmaprotein-Bestimmung vorgenommen wird: erst dann sind nachteilige unspezifische Einflußnahmen auf das Testergebnis ganz sicher auszuschließen.

Es steht außer Frage, daß sehr viele Medikamente temporär oder auch auf Dauer leberzellschädigend wirken können. Zahlreiche Plasmaproteine, unter ihnen auch wichtige Komplementfaktoren, werden in Leberzellen synthetisiert. Physiologische Serumkonzentrationen sind an eine voll intakte Funktion der Leberzelle gebunden. Störungen der Leberzellfunktion, auch in diskreten Ausmaßen, müssen nachteilige Auswirkungen auf die Serumkonzentration dieser Plasmaproteine haben. Umgekehrt kann der Nachweis einer Konzentrationsverminderung geeigneter Plasmaproteine bei Ausschluß andersartiger ursächlicher Zusammenhänge der erste Hinweis auf eine Synthesestörung durch Leberzellschädigung sein. Die Verminderung entsprechender Plasmaprotein-Konzentrationen wird hier zum diagnostischen Kriterium der Leberzellschädigung und kann dem Verhalten der Transaminasen vergleichend gegenübergestellt werden.

Der Einfluß von Tageszeiten und Jahreszeiten

Für zirkulierende Immunglobuline und Plasmaproteine ist ein zirkadianer Rhythmus nicht festgestellt. Es ist also nicht unbedingt erforderlich, entsprechende Proben am frühen Morgen abzunehmen. Es ergeben sich keine gravierenden Verfälschungen.

Andere jahreszeitliche Schwankungen: polyklonale Antikörper, wie sie in sehr vielen diagnostischen Testverfahren Verwendung finden, stammen von verschiedenen Tierspezies. Wer selbst Langzeit-Immunisierungen bei Tieren vorgenommen hat, weiß, daß Avidität (= Bindungsfähigkeit), Spezifität von Antikörperglobulinen und auch die Serumkonzentration jahreszeitlichen Schwankungen unterliegen können. Man versucht, dieses Phänomen durch Pool-Bildungen aus sehr vielen Tierseren auszuschalten. Das gelingt mit weitgehender, nicht aber absoluter Sicherheit. Monoklonale, also künstlich hergestellte Antikörper höchster Spezifität unterliegen nicht analogen Voraussetzungen. Sie behalten ihre gleichbleibende Qualität und bieten nicht zuletzt aus diesem Grunde Vorteile bei der diagnostischen Anwendung.

Eiweißersatz und Eiweißentzug

Immunglobulin-Substitution aus therapeutischer Indikationsstellung, vor allem auch Bluttransfusionen, haben ganz selbstverständlich einen Anstieg entweder nur von Immunglobulinen oder auch von anderen Plasmaproteinen innerhalb zeitlicher Grenzen zur Folge. Dabei bleibt die Konzentrationssteigerung spezifischer Immunglobuline nach Substitution wegen humoraler Immundefekte oftmals hinter dem Ausmaß der Erwartung weit zurück: erhöhter Verbrauch kann der Grund dafür sein, daß zugeführte Immunglobuline nur in geringer Konzentration und in sehr kurzen Zeiträumen im Serum wirklich ansteigen.

Eiweißentzug, etwa bei therapeutischer Anwendung der Plasmapherese, hat selbstverständlich schnelle Konzentrationsverminderungen zirkulierender Immunglobuline und Plasmaproteine zur Folge. Natürlich werden hier nicht nur die in einem löslichen Immunkomplex gebundenen Immunglobuline aus der Zirkulation entfernt! Auch Komplementfaktoren werden vermindert. Wiederzuleitung korpuskulärer Blutbestandteile nach Plasmapherese allein genügt nicht, physiologische Verhältnisse voll wiederherzustellen, Eiweißersatz durch Albumin wird notwendig.

Röntgenstrahlen führen insbesondere bei wiederholter Anwendung aus therapeutischer Indikation zu Verminderung und Funktionseinschränkung der zur Antikörpersynthese befähigten B-Lymphozyten. Folglich müssen Immunglobulin-Konzentrationen nach Röntgen-Therapie im Serum Verminderungen erfahren. Das gilt sicher in gleichem Maße für T-zellabhängige Immunreaktionen auch. Die therapeutische Anwendung von monospezifischem Antilymphozytenglobulin hat dem entgegengesetzt eine selektive Wirkung nur auf zytotoxisch wirksame T-Zellen. Zirkulierende Immunglobuline und Plasmaproteine dürften dabei keine wesentlichen Veränderungen erfahren.

Körperlage bei der Blutentnahme

Konzentrationsänderungen von Bluteiweißbestandteilen in Abhängigkeit von der Körperlage sind erst in allerjüngster Zeit richtig erkannt worden. So sinkt beim Übergang aus der vertikalen in die horizontale Körperlage der Eiweißgehalt im Armvenenblut innerhalb einer Stunde um etwa 1000 mg/dl ab!

Beim Übergang in die senkrechte Körperhaltung kommt es bereits nach 15 Minuten zu einer deutlichen Konzentrationserhöhung zirkulierender Plasmaproteine! Man kann diese Zusammenhänge nicht nachdrücklich genug betonen. Blutentnahmen sollten stets in gleicher Körperlage oder Körperhaltung durchgeführt werden.

Der Einfluß körperlicher Arbeit

Unmittelbar nach erhöhter körperlicher Leistung beobachtet man bei den meisten Plasmaproteinen eine vorübergehende Konzentrationserhöhung. Das gilt für Albumin, für Alpha-2-Makroglobulin, für Transferrin, für Alpha-1-Antitrypsin, Haptoglobin, zum Teil sogar für zirkulierende Immunglobuline. Kurzfristige körperliche Hochleistung (verschiedene Sportarten), aber auch Streßfaktoren, können eine einmalig vermehrte Cortisol-Ausschüttung aus der Nebennierenrinde zur Folge haben. Dadurch können Immunglobuline temporär wieder vermindert, zelluläre Immunreaktionen sogar in erheblichem Ausmaß temporär geschädigt werden. Einschränkung der Infektabwehr während oder nach Marathonläufen ist wiederholt in der Literatur beschrieben worden.

Länger andauernde körperliche Leistungen haben aber auch Veränderungen des effektiven Filtrationsdruckes in den Kapillaren und damit Flüssigkeitsverschiebungen zwischen dem Intravasal- und dem interstitiellen Raum zur Folge.

Zusätzliche Schweißverluste können zur Verminderung des Plasmavolumens führen (vgl. bei Röcker et al, 1977). Auswirkungen auf die Serumkonzentrationen von Plasmaproteinen und auch Immunglobulinen sind folgerichtig zu erwarten.

Probennahme: kapillär oder venös?
Normwerte der hier zur Diskussion stehenden Immunglobulin- und Plasmaprotein-Bestimmungen beziehen sich ausschließlich auf Untersuchungen im venösen Blut. Venöse Probennahmen sind auch wegen des geringeren Probennahmefehlers (Gewebsflüssigkeit!) einer kapillären Probennahme vorzuziehen. Als Ausnahmen haben Blutzucker-Bestimmungen und Blutgas-Analysen zu gelten, stehen aber im vorliegenden Zusammenhang nicht zur Diskussion.

Hämolyse
Zu starke Stauungen bei der venösen Blutentnahme können intravasale Hämolyse zur Folge haben. Ähnliche Veränderungen treten ein, wenn bei der Probennahme zu stark aspiriert wird oder das Blut zu scharf ausgespritzt wird. Zu langes Stehenlassen von Vollblut oder zu starkes Zentrifugieren können ebenfalls hämolytische Veränderungen bedingen. Hämolyse ist eine sehr häufige Fehlerquelle und wirkt sich insbesondere auf die Serumkonzentrationen von Haptoglobin und Hämopexin aus. Außerdem werden natürlich alle in der Immundiagnostik gebräuchlichen Hämolyse-Nachweisreaktionen zum Teil erheblich und nachteilig beeinflußt, man denke z. B. an die Bestimmung der hämolytischen Komplementaktivierung.

Kontamination der Blut- und Serumproben
Probenröhrchen müssen „sauber“ sein. Verunreinigungen mit Fremdbestandteilen können schwerwiegende Fehlergebnisse zur Folge haben. So werden z. B. Enzymreaktionen (Enzym-Immunoassay) durch geringste Spuren von Detergenzien und Schwermetallen (Spülmittel, Pinzette, Spatel) ganz empfindlich gestört!

Berücksichtigt man zusammenfassend die aufgelisteten Fehlermöglichkeiten, die nicht einmal den Anspruch auf Vollständigkeit erheben können, dann ergibt sich eine notwendige Empfehlung für die Standardisierung der Blutentnahmetechnik: Für die Mehrzahl aller Laboruntersuchungen ist die venöse Blutentnahme aus der peripheren Armvene am ausgeruhten, nüchternen, aufrecht sitzenden Patienten morgens zwischen 07.00 und 09.00 Uhr die Methode der Wahl.

Nicht alle, aber doch die meisten der vorhergehend aufgelisteten Störfaktoren dürften auf diese Weise ausgeschaltet werden.

4.7.2.2 Probentransport

Serum oder Plasma
Bestimmungen werden grundsätzlich im Serum ermittelt, nicht im Plasma. Transportprobleme stellen sich in aller Regel nicht, die Serumproben sind sogar erstaunlich gut haltbar. Das gilt keineswegs in gleicher Weise für Heparin-Blutproben, aus denen Zellen, vor allem Lymphozyten, zur weiteren immunologischen Charakteri-

sierung unter Verwendung monoklonaler Antikörper gewonnen werden sollen. Heparin-Blutproben sind nicht haltbar; Zellen, Membranproteine und Zellrezeptoren ändern sich schnell. Im Gegensatz zu Serumproben eignen sich Heparin-Blutproben sehr schlecht oder überhaupt nicht zum Postversand.

Blutproben für *serologische Analysen* sollten in Glasröhrchen aufgenommen und transportiert werden. Innerhalb 30 Minuten kommt es zur Spontangerinnung, so daß das Serum abgehoben werden kann. In unbehandelten Kunststoffgefäßen kann der Eintritt der Spontangerinnung um bis zu 2 Stunden und mehr verzögert sein. Hier verhindert der hydrophobe Charakter des Kunststoffes die Kontaktaktivierung zwischen den korpuskulären Anteilen der Blutprobe und der Röhrchenwand. Gegebenenfalls ergeben sich Schwierigkeiten, ausreichende Serummengen zu gewinnen. Auch sollten Blutproben erst dann abzentrifugiert werden, wenn die Gerinnung abgeschlossen ist. Im anderen Fall können störende Einflüsse durch noch verbliebene Gerinnungsfaktoren bedingt werden.

Licht- und Sonneneinwirkung

Einflüsse auf Serumkonzentrationen von Bluteiweißstoffen sind nicht auszuschließen. Ein wichtiges Beispiel ist das neuerdings unter vielen Fragestellungen bestimmte Neopterin, dem eine besonders hohe Lichtempfindlichkeit zugesprochen werden muß. Mangelnder Lichtabschluß kann dazu führen, daß in richtiger Analysentechnik viel zu niedrige Serumkonzentrationen gemessen werden!

4.7.2.3 Probenverwahrung

Nach Möglichkeit sollte das Untersuchungsmaterial am Tage der Blutentnahme analysiert werden. Eine Probenverwahrung ist notwendig, wenn Analysen aus organisatorischen Gründen nicht am Entnahmetag durchgeführt werden können.

Für die Bestimmung von Immunglobulin- und Plasmaprotein-Konzentrationen ergeben sich durch Probenverwahrung in der Regel keine Probleme. Die Aufbewahrung sollte im Kühlschrank bei +4 °C in verschlossenen Röhrchen erfolgen, die genannten Serumbestandteile bleiben stabil.

Das alles gilt für andere Bluteiweißkörper, z. B. für Gerinnungsfaktoren, nicht. Hier verbietet sich sowohl Probenversand wie längerfristige Probenverwahrung wegen nicht ausreichender Stabilität der Blutbestandteile.

Langfristige Aufbewahrung von Proben auch zur Bestimmung von Immunglobulin- und Plasmaprotein-Konzentrationen ist auch bei +4 °C im Kühlschrank nicht mehr möglich. Sollen entsprechende Proben dennoch aufbewahrt werden, ist es notwendig, auf mindestens −20 °C einzufrieren oder lyophil = wasserfrei zu trocknen.

Diese Proben sollten aber nur einmal eingefroren werden. Mehrmaliges Einfrieren und Wiederauftauen schädigt empfindliche Eiweißstrukturen, verdeckte Epitope können freigelegt werden, neue antigene Determinanten entstehen, die immunologische Spezifität wird auf Dauer sicher negativ beeinflußt oder grundsätzlich in Frage gestellt.

Das alles sind keine theoretischen Erwägungen. Viele Standardseren, die immer wieder zum Verbrauch zur Verfügung stehen sollten, können durch falsche Lagerung oder durch wiederholtes Einfrieren und Auftauen derartig leiden, daß verwertbare Meßergebnisse nicht mehr zu erhalten sind.

Tabelle 4.7-6: Haltbarkeit nach der Probennahme

Untersuchung (Serum)	Raumtemperatur 20-25 °C	+ 4 °C	−20 °C
Gesamt-Eiweiß	6 Tage	6 Tage	10 Tage
Albumin	4 Tage	6 Tage	
IgA, IgG, IgM,	3 Tage	7 Tage	6 Monate
Transferrin	4 Tage	7 Tage	3 Monate
Haptoglobin	4 Tage	7 Tage	
CRP	4 Tage	7 Tage	
Immunelektrophorese	4 Tage	7 Tage	
Rheumafaktor	4 Tage	7 Tage	
ASL-0-Titer	4 Tage	7 Tage	
Alpha-1-Fetoprotein	4 Tage	7 Tage	

Im Hinblick auf die große praktische Bedeutung sei die Haltbarkeit für Gesamteiweiß, für Immunglobuline, Plasmaproteine und einige wichtige Antikörperproteine in einer tabellarischen Übersicht **(Tabelle 4.7-6)** zusammengestellt!

Verdunstung
Alle Serumproben müssen verschlossen aufbewahrt werden. Durch Verdunstungsvorgänge könnten nicht flüchtige Eiweißbestandteile relativ konzentriert und damit zu hoch gemessen werden.

Urinproben
Die Aufbewahrung in sterilen Gefäßen ist nur bei bakteriologischen Untersuchungen erforderlich. Qualitative Untersuchungen, z. B. auch zur Objektivierung von Leichtketten-Ausscheidungen, sind im ersten Morgenharn möglich, der keine Zusätze enthalten sollte.

Quantitative Eiweißbestimmungen im Harn machen dem entgegengesetzt eine Sammlung über exakt 24 Stunden notwendig.

4.7.3 Ergebnisse von Ringversuchen zu quantitativen Immunglobulin- und Plasmaproteinbestimmungen

Qualitätskontrollen durch Ringversuche sind seit 1974 in Gebrauch, zunächst ausschließlich bei quantitativen Immunglobulinbestimmungen und Analysen monoklonaler Gammopathien. Erstmals 1975 sind Plasmaproteinbestimmungen in die Ringversuche aufgenommen worden, zunächst ohne Bestimmung von β_1 C/A-Gobulin (3. Komplementkomponente) und Haptoglobin, die später aber in die Qualitätskontrolle mit einbezogen sind. Seit 1976 sind 7 Plasmaproteine, seit 1977 auch die Bestimmungen der IgE-Serumkonzentrationen in die Ringversuche einbezogen worden (**Abbildung 4.7-7**).

Die *Zielwertermittlungen* der Kontrollproben sind jeweils in 10 Referenzlaboratorien mit guter Übereinstimmung ermittelt worden.

Eine Übersicht der bisherigen Ringversuchsergebnisse bis heute gestattet folgende globale Beurteilung:

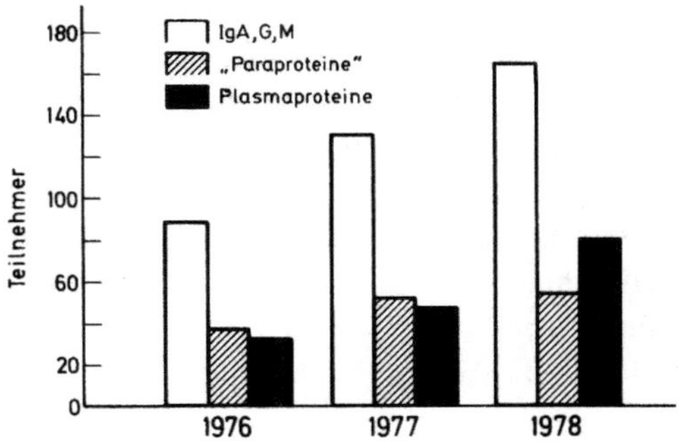

Abbildung 4.7-7: Die Entwicklung der Teilnehmerzahlen an den immunologischen Untersuchungen der Ringversuche seit 1976

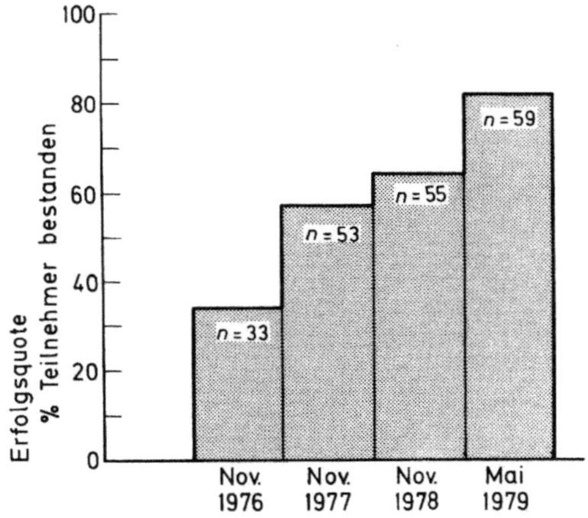

Abbildung 4.7-8: Graphische Darstellung der steigenden Erfolgsquoten bei der Differenzierung der Gammopathien (n = Teilnehmerzahlen)

In den ersten Jahren nach 1974 haben sich bei der quantitativen Bestimmung der Immunglobulinkonzentrationen relative Standardabweichungen von weit mehr als 20% ergeben; die Ergebnisse sind zunächst völlig unbefriedigend gewesen. Seit 1977/78 lassen alle ausgewerteten Daten den Schluß zu, daß es zu einer deutlichen Trendverbesserung gekommen ist. Grobe Abweichungen sind ungleich weniger häufig als früher, sie gehen in der Mehrzahl der Fälle auf jene Fehlermöglichkeiten zurück, die im vorhergehenden für jedes methodische Verfahren als besonders gravierend herausgestellt worden sind (**Abbildung 4.7-8**).

Die Plasmaproteinbestimmungen haben von vornherein ein günstigeres Ergebnis gehabt und zeigen heute recht gut reproduzierbare Analysenergebnisse mit einer relativen Standardabweichung, welche die angestrebte Grenze von etwa 10% zu erreichen scheint (vgl. bei Schmolke et al., 1985).

Auch für die qualitative und quantitative Analyse monoklonaler Gammopathien gibt es eindeutig eine aufstrebende Tendenz, aber gerade hier sind aus Gründen, die im vorhergehenden genau auseinandergesetzt sind, bei den quantitativen Immunglobulin-Bestimmungen die größten Fehler gemacht worden. Diese gehen auf die oben beschriebenen Besonderheiten zurück, die bei exzessivem Antigenüberschuß oder Antikörperüberschuß gegeben sind.

Die bisherigen Ringversuche zur Proteinanalyse in Körperflüssigkeiten haben mit Sicherheit zu einer Klärung vieler Probleme geführt und die hauptsächlichen Fehlerquellen erkennen lassen und mit zunehmender Eliminierung dieser erkannten Fehlermöglichkeiten auch zur Verbesserung der Ergebnisse von Jahr zu Jahr geführt.

4.8 Immunelektrophorese

Franz Gabl (Wien) und Dorothea Pastner (Innsbruck)

4.8.0 Einleitung

Die *Immunelektrophorese (IEL)* und die *Immunfixation (IFix)* benützen zur Trennung und Charakterisierung von Proteingemischen (in Körperflüssigkeiten) eine Kombination von physikalisch-chemischer (Wanderung im elektrischen Feld, Diffusion) und biologischer-immunchemischer Technik (Antigen/Antikörperreaktion, Immun-Präzipitation). Damit lassen sich im menschlichen Plasma oder Serum etwa 30 Proteine charakterisieren. Die Methode kommt somit vorwiegend bei qualitativen Fragestellungen, insbesondere der Immunglobuline, und der Darstellung des M-Gradienten zum Einsatz. Eine Quantifizierung ist nur sehr bedingt unter Anwendung von Antigenverdünnungen (Verdünnungsreihen) und Berücksichtigung der Antikörpertiter sowie der Lage und Form der Präzipitationslinien möglich (Rocket IEL). Dies gilt sowohl für IEL wie für IFix. Beide Methoden sind in einem personell und apparativ gut ausgestatteten medizinischen Routinelaboratorium durchführbar. Die Ergebnisse stehen praktisch am Abend des Probengewinnungstages (IFix) oder spätestens nach 48 h zur Verfügung (IEL).

Die IEL wurde zuerst von Grabar und Williams als Makromethode beschrieben (1953). Scheidegger publizierte zwei Jahre später seine Mikromethode auf agarbeschichteten Objektträgern und Kohn benützte später Acetatfolien als Trägermaterial (1958).

Um die Angriffspunkte der Kontrollmöglichkeiten aufzuzeigen, sollen die Testprinzipien kurz wiedergegeben werden.

Prinzip der IEL

Der erste Schritt besteht in der elektrophoretischen Auftrennung der Probe. Im zweiten Schritt wird parallel zur Elektrophorese Antiserum aufgetragen, das im Laufe der Immundiffusion mit den zugehörigen Antigenen Immunpräzipitate von charakteristischer Lokalisation und Morphologie bildet. Nach Auswaschen nicht präzipitierter Proteine färbt man die Immunpräzipitate mit einer der üblichen Proteinfärbungen an. Bei Verwendung durchsichtiger Trägermedien (Agar, Agarose) kann die Immunpräzipitation laufend unter Schräglicht beobachtet und auch photographisch dokumentiert werden (Direktbildphotographie/Polaroid).

Eine Variante der IEL ist die *Immunselektion* (ISel), die unter Verwendung geeigneter Antiseren die Erkennung und Charakterisierung von Schwerkettenanteilen (die nicht mit Leichtketten gekoppelt sind) ermöglicht. In der ISel wird bereits vor der elektrophoretischen Auftrennung das Trägergel mit Antikörpern gegen leichte Ketten versetzt. Damit wird ein Auspräzipitieren aller derjenigen Immunglobulinmoleküle, die Leichtketten enthalten, bereits in der Trennphase erreicht. In der darauffolgenden Phase der Immundiffusion und -präzipitation mit Antiseren gegen Schwerketten kommen dann nur mehr diejenigen Ig-Moleküle zur Darstellung, die Schwerketten oder Anteile von Schwerketten sind.

Prinzip der IFix
Wie bei der IEL ist der erste Schritt der elektrophoretische Trennschritt, allerdings in gekühltem Agarosegel und mit strichförmiger Auftragstelle. Damit wird die notwendige hohe Auflösung der Proteinbanden erreicht. Die Immunpräzipitation des jeweils interessierenden Antigens wird durch Auflegen eines mit monospezifischem Antiserum getränkten Streifens auf die elektrophoretische Trennzone erzielt. Damit wird die entsprechende Antigenbande gekennzeichnet und charakterisiert. Färbung und Dokumentation erfolgen wie bei IEL.

4.8.1 Präventivmaßnahmen

Geräte: Von verschiedenen Firmen werden sowohl für Agar-, Agarose-, Gel- als auch Acetatfolienelektrophorese geeignete Gerätesätze angeboten (Trennkammern, Stromspeisegeräte, Densitometer etc.). Meist sind in diesen Angeboten auch Erweiterungssätze für die Immunelektrophorese enthalten (LKB, Camag, Desaga, Boscamp u.a.). Auch Gelplatten mit vorgestanzten Serumauftragstellen und Antikörperrinnen sind im Handel.

Personal: Wir würden raten, daß ein mit Immunelektrophorese befaßtes und daran interessiertes Labor die Gelplatten möglichst selbst herstellt. Dies stellt eine gewisse zusätzliche Anforderung an das Personal und die Laboreinrichtung, steht aber in keinem Verhältnis zum Preis der fertigen Platten. Wenn die Möglichkeiten aber nicht so weit gehen, ist die doch zeit- und materialaufwendige IEL nicht effizient durchzuführen. Die Anforderung an ein Labor (die auch die Befunderstellung durch den mit den Methoden vertrauten Arzt einschließt), geht deutlich über den Einsatz z.B. der Mancinitechnik mit Fertigplatten (quantitative Immunglobulinbestimmung) hinaus. Die Beurteilung bzw. Auswertung der Präparate ist Aufgabe eines entsprechend immunologisch und technisch geschulten Laborarztes.

Antiseren: Sowohl mono- wie polyspezifische oder auch gegen sehr spezielle Determinanten gerichtete Antiseren verschieden hoher Titer werden von mehreren Firmen angeboten (Behringwerke, Dako, Nordic, Ortho Diagnostics, Wellcome etc.). Je mehr Antiseren verschiedener Provenienz (d.h. sowohl Hersteller wie Tierspezies) sich ein immun-chemisch arbeitendes Labor leisten kann, desto qualifizierter kann seine Arbeit sein. Eigene Erfahrung mit Immunisierung von Tieren und Präparation von Antiseren sind für die Beurteilung käuflicher Antiseren von Vorteil, aber keine Voraussetzung. Bei Beschaffung von kommerziellen Präparaten ist auf Angaben bezüglich Titer, Spezifität, Ablaufdatum und Stabilisatorzusätze zu achten. Präparate ohne solche Angaben sind abzulehnen. Die Standardisierung sollte auf WHO-Basis beruhen.

Bei Ingebrauchnahme einer neuen Charge eines Antiserums ist die Austestung gegen bezüglich Zusammensetzung und Konzentration bekannte Antigengemische im eigenen Labor erforderlich (laborinterne Qualitätssicherung). Diesbezüglicher Erfahrungsaustausch mit anderen Laboratorien ist zweckmäßig.

4.8.2 Präanalytische Phase

Es sollte möglichst nur frisches Probenmaterial verarbeitet werden. Die Einsendung von Serum- und Harnproben etc. ist problemlos möglich, vorausgesetzt, daß das Material nicht bakteriell verunreinigt ist (Proteolyse!). Dies gilt besonders für Harnproben. Am besten ist die Verwendung von frischem Morgenharn, der nach Gewinnung steril zentrifugiert wird und evtl. auch durch geeignete Filtration von Bakterien befreit werden muß.

Zur Erlangung einer ausreichenden Antigenkonzentration in proteinarmen Körperflüssigkeiten (u. U. auch Serum in Bezug auf spezielle Proteine) ist oft eine Einengung notwendig. Moleküle über 15000 Dalton dürfen der Einengung nicht entgehen (Bruchstücke von Leichtketten!).

Auf die Vermeidung der Verschleppung von Antigenen und Antikörpern (hochkonzentrierte monoklonale Immunglobulinkomponenten, gegenseitige Verunreinigung hochtitriger monospezifischer Antiseren) ist besonders sorgfältig zu achten.

Die Markierung und Protokollierung der Gelträger ist so vorzunehmen, daß sowohl jeder Träger als auch jede einzelne Auftragstelle für Antigene und Antikörper bei der Auswertung durch Verwendung eines Glasschreibers identifizierbar sind. Das erfordert genaueste Protokollführung, die durch Skizzen erleichtert und ergänzt wird.

Bezüglich der längerfristigen Aufbewahrung von Proben und Antiseren wird auf Kapitel 2.3 verwiesen.

4.8.3 Interne Qualitätssicherung

Die interne Qualitätssicherung der analytischen Phase beginnt mit der Kontrolle der Antigenauftrennung. Da meist die IEL in anderen Trägermedien (Unterschiede in pH, Ionenstärke, Matrix, Temperatur) erfolgt als die übliche Eiweißelektrophorese, müssen Auftrennung und Position der Eiweißfraktionen durch Anfärben eines Serums mit Bromphenolblau und Mitlaufenlassen in jeder Serie kontrolliert werden. Dies geschieht am besten, indem man eine der Antigenauftrennungen aus dem selben Lauf und der selben Kammer sofort nach der Elektrophorese fixiert. Die übrigen Auftrennungen desselben Antigens werden der Immundiffusion und -präzipitation zugeführt. Durch dieses Vorgehen wird auch eine globale Kontrolle der die Elektrophorese wesentlich beeinflussenden Faktoren (pH, Temperatur, Homogenität des Trägermaterials, Endosmose) erreicht. Routinemäßig sollten drei verschiedene Antigenkonzentrationen - IEL bis 1:10, IFix bis 1:50 - untersucht werden.

Für die Zusammenstellung eines Antikörpersets ist sowohl der klinisch-diagnostische Aspekt der Suche nach M-Gradienten und deren Charakterisierung als auch ebenso die gegenseitige Kontrolle der Ergebnisse (Präzipitate) maßgeblich, die mit verschiedenen poly- und monospezifischen Antiseren erhalten werden. Daher muß ein solches Set 1 - 2 polyspezifische Antihumanseren und monospezifische Antiseren gegen schwere und leichte Immunglobulinketten *(α, γ, μ, κ, λ)* beinhalten. Für den Bence-Jones-Proteinnachweis sind Antiseren gegen freie Leichtketten zusätzlich erforderlich.

Wegen der unterschiedlichen Antikörpertiter und Avidität von Antigen und Antikörper zueinander sind Antiseren verschiedener Herkunft (Spezies, Hersteller, Charge) bei der Abklärung mancher Fälle notwendig.

4.8.4 Externe Qualitätssicherung

Die externe Qualitätssicherung kann fallweise durch Probentausch und Austausch von Antiseren mit anderen Laboratorien erfolgen.

Die Teilnahme an regionalen und internationalen Ringversuchen wird empfohlen. Regionale Reingversuche sind bisher nicht angeboten.

4.8.5 Postanalytische Phase

Wie bereits betont, betrachten wir die IEL in den hier beschriebenen methodischen Varianten als qualitative Methode zur empfindlichen und spezifischen Charakterisierung von Einzelproteinen in komplexen Proteingemischen. Im Regelfall ist bei monoklonalen Ig-Vermehrungen die Angabe der Molekülformel (schwere und leichte Peptidketten) möglich. Selbstverständlich ist hierzu die gleichzeitige Anwendung von monospezifischen Antiseren gegen schwere und leichte Ketten erforderlich. Durch fortlaufende Beobachtung des zeitlichen Auftretens der Präzipitate, sowie deren Lage und Form können Rückschlüsse auf die Molekülgröße (Makroglobuline, Polymerisate, Ig-Fragmente) gezogen werden.

Die in der IEL charakterisierten Ig können durch *Immunfluoreszenz*untersuchungen an Plasmazellen des Patienten bestätigt werden. Eine solche Bestätigung ist wünschenswert, wenn das entsprechende Ig nur in geringen Mengen von den bildenden Plasmazellen sezerniert wird.

Bei nicht ganz eindeutigen Ergebnissen raten wir zu folgendem Vorgehen:

1. Wiederholung der bereits gemachten Ansätze.
2. Zusätzliche Ansätze mit geänderten Antigen- und Antikörpermengen und/oder -relationen (s. a. 4.8.2).
3. Bei nicht wandernden bzw. nicht diffundierenden Proteinanteilen erhöht man die Salzkonzentration im Gel vor der Diffusion.
4. Verwendung von Antiseren anderer Herkunft (s. a. 4.8.1).
5. Einsatz anderer IEL-Techniken: die IFix erleichtert die Erkennung von kleinen Banden und die Unterscheidung von elektrophoretisch wenig unterschiedlich wandernden monoklonalen Ig (s. a. 4.8.0).
6. Die Auswertung der Präparate nach Trocknung und Färbung erhöht die Empfindlichkeit gegenüber der Auswertung in Nativpräparaten (Verdeutlichung schwacher oder unscharfer Präzipitate).

Die so erhobenen qualitativen Befunde sollten in der Zusammenschau keine Diskrepanzen aufweisen und durch *quantitative Ig-Bestimmungen* ergänzt werden (polyklonale Ig). Zum gezielten Einsatz und zur optimalen Beurteilung der genannten, immerhin aufwendigen Techniken ist es erforderlich, dem Laboratorium die für die Diagnostik relevanten klinischen Befunde zur Verfügung zu stellen, bzw. die diagnostischen Überlegungen mit dem verantwortlichen Laborarzt zu diskutieren. Damit ist auch eine *Plausibilitätskontrolle* der IEL-Befunde am besten gegeben. Als Beispiele seien genannt die:

- Diskrepanz zwischen Serum- und Harnbefund in Elektrophorese und IEL,
- häufige Diskrepanz der quantitativen Proteinbestimmungen im Harn mittels Teststreifen und Sulfosalicylsäuremethode bei mikromolaren Myelomen,
- Nichtübereinstimmung zwischen mikroskopisch-histologischem Plasmazellbefund inklusive Immunfluoreszenz und negativen immunelektrophoretischen Befunden in Serum und Harn bei nicht sezernierenden Plasmazelltumoren.

Das einfachste Beispiel stellt eine schmalbasige Elektrophoresefraktion zwischen β_2 und γ ohne korrespondierendes Ig-Präzipitat dar, wenn anstelle von Serum Plasma untersucht wurde.

4.8.6 Fehlermöglichkeiten

Für den elektrophoretischen Trennschritt bestehen grundsätzlich dieselben Fehlerquellen wie für jede Elektrophorese. Hinzu kommen spezielle Fehlermöglichkeiten und Störeffekte in der IEL-Technik, deren wichtigste in **Tabelle 4.8-1** aufgeführt sind.

Wie bei kaum einer anderen Methode führen unsorgfältiges Vorgehen bei der Arbeit und technische Mängel zu Artefakten, die pathologische Präzipitatkonfigurationen vortäuschen können. Die häufigsten sind unscharf gestanzte oder eingerissene Auftragstellen für Antigengemisch und Antiserum sowie Proteinspuren, die versehentlich auf das Präparat gelangt sind.

4.8.7 Gesichtspunkte der Wirtschaftlichkeit

Die Hauptindikation für immunelektrophoretische Untersuchungen ist die Auffindung und Abklärung von monoklonalen Ig-Komponenten. Solche können bei Myelomen, primären Amyloidosen, Non-Hodgkin-Lymphomen und anderen malignen Erkrankungen auftreten. Es gibt jedoch auch zahlreiche monoklonale Gammopathien ohne nachweisbares klinisches Korrelat, sog. „benigne Gammopathien“, die bei Personen über 70 Jahren häufiger anzutreffen sind. Wiederholungsuntersuchungen und der erweiterte Einsatz immunologischer Techniken (s. a. 4.8.5) zur diagnostischen Abklärung, Verlaufs- und Therapiekontrolle sind abhängig von klinischen Gesichtspunkten, die zwischen behandelndem Arzt und Laborarzt besprochen werden sollten. Der betroffene Patient sollte über die Aufwendigkeit und Notwendigkeit der Untersuchungen aufgeklärt werden.

Tabelle 4.8-1: Immunelektrophorese. Einige wichtige Abhängigkeiten der Teil- und Endergebnisse von Durchführung und Material

	Elektrophoretische Trennung	Art und Lage der Auftragstellen	Antigen	Antikörper	Diffusion	Immunpräzipitation	Empfindlichkeit und Ergebnisdarstellung	Artefakte
Zeit	×				×	×	×	
Trennkammer	×							
Gelstanze	×	×						×
Applikator	×	×						
Gel: Matrix	×				×			
Homogenität	×	×			×			×
Endosmose	×							
Feuchtigkeit	×	×			×			
Oberfläche	×	×						
Puffer: pH	×		×					
Ionenstärke	×							
Antigen: Menge		×	×			×	×	
Konzentration			×			×	×	
Molekülgröße			×		×			
Antikörper: Titer						×		
Affinität						×		
Avidität						×		×
Spezifität						×		
Molekülgröße							×	
Balastfreiheit								
Trocknen								×
Auswaschen			×	×			×	
Proteinfärbung							×	
Identifikationen	×		×	×		×		×
Verschleppungen	×		×	×				×

4.9 Autoantikörper

Hans-Peter Seelig (Karlsruhe)

4.9.0 Einleitung

Autoantikörper (AK) richten sich gegen körpereigene Antigene. Bei Menschen wurden bisher weit über 100 solcher Autoantikörper beschrieben, die mit intranukleären, intrazytoplasmatischen und Membranantigenen von Parenchymzellen und zirkulierenden Blutzellen, mit Interzellularsubstanzen oder löslichen Antigenen wie Proteinen und Hormonen reagieren. Je nach Antigenspezifität lassen sich organspezifische (z. B. AK gegen Schilddrüsenmikrosomen) und nicht organspezifische (z. B. AK gegen Zellkernantigene) sowie spezies-spezifische und nicht spezies-spezifische Autoantikörper unterscheiden (**Tabelle 4.9-1**). Autoantikörper vermögen durch die Reaktion mit den korrespondierenden Antigenen (sofern diese für den Antikörper akzessibel sind) immunpathologische Reaktionen auszulösen. Durch die Neutralisierung von Antigenen (z. B. von Hormonen) können Defekt-Syndrome entstehen. Zytotoxische Reaktionen werden durch Antikörper gegen Membranantigene von Zellen, Entzündungsreaktionen durch Antikörper gegen Interzellularsubstanzen (z. B. Basalmembranen) oder durch solche Antikörper ausgelöst, die mit in die Zirkulation freigesetzten Antigenen (z. B. DNS) Immunkomplexe bilden. Solche pathogenen Reaktionen sind allerdings nur für einige der bekannten Autoantikörper zweifelsfrei bewiesen. Bei der Mehrzahl läßt sich eine eindeutige Kausalbeziehung zwischen ihrem Auftreten und den konkomittierenden Krankheitssymptomen noch nicht aufstellen. Sie sind vorerst als Epiphänomene zu werten, denen aber eine wichtige diagnostische Bedeutung zukommen kann (Übersicht: Seelig und Seelig, 1983 a).

Im folgenden soll die Qualitätssicherung bei den Nachweisverfahren der vier meist untersuchten Autoantikörper (unter Ausschluß von Rheumafaktoren und Erythrozytenantikörpern) analysiert werden. Es handelt sich um die gegen Zellkernantigene, Mitochondrien, Schilddrüsenantigene und glatte Muskulatur gerichteten Autoantikörper (**Tabelle 4.9-2**), zu deren Nachweis im wesentlichen die *indirekte Immunfluoreszenz* sowie *radioimmunologische Techniken* (AK gegen ds-DNS) angewendet werden (**Abbildung 4.9-1**).

4.9.1 Präventivmaßnahmen

Mit dem Nachweis eines Autoantikörpers sollte eine eindeutige Definition seiner Antigenspezifität verbunden sein. Begriffe wie Herzantikörper, Nierenantikörper, Magenantikörper können den die Nachweismethode nicht Überblickenden zu

Tabelle 4.9-1: Autoantikörper des Menschen

Antikörper gegen Gewebeantigene			Zellen	Serumproteine, Hormone
Zellkerne (AFN)	Herzmuskelantigene	Pankreasacinusepithel	Erythrozyten	T_3, T_4
ds-DNS	Skelettmuskel	Pankreasgangepithel	Lymphozyten	GIP
ss-DNS	Myoide Thymuszellen	Pankreasinselzellen	Thrombozyten	Sekretin
RNS	Acetylcholinrezeptoren	Nebenniere	Granulozyten	Albumin
	Niere:	Ovar	Spermatozoen	Intrinsic-Faktor:
Histone	Glomerulus-BM	Nebenschilddrüse		blockierende Ak
ENA, RNP, Sm	Tubulus-BM	Placenta		bindende Ak
Sm	Lunge:	Sertolizellen		Insulin
U1-n-RNP	Alveolen-BM	Leyeding-Zellen		C3 Nephritisfaktor
SS-A (Ro)	Haut	Schilddrüse:		Gerinnungsfaktoren
SS-B (Ha, La)	Stachelzelldesmosomen	Thyreoglobulin		
Scl-70	epidermale BM	Mikrosomen		
PM-1	Lebermembran-Ag (LMA)	Kolloid-Ag II		
X-ANA	Leberspez. Ag (LSP)	TSI, TDA		
RF-ANA	Lk-Liver-Kidney-Ag	Schilddrüsenepithel		
R-ANA	Ribosomen	Schwann'sche Scheiden		
Granulozytenkerne	Gallengangcanaliculi	Myelin		
Mitochondrien:	Gallengangepithel	Colonepithel		
Typ I-VI	Parietalzellen	Nervenzellen		
glatte Muskulatur:	Gastrinzellen			
Actin-Myosin etc.				
Reticulin:				
Typ I, Typ II				
Elastin				
Kollagen:				
Typ I-IV				

Fehlinterpretationen der Pathogenese und damit auch der Therapie einer Krankheit verleiten. Diese für diagnostische sowie pathogenetische Aussagen wichtige Charakterisierung der Antigenspezifität kann nur durch den Einsatz reiner Antigene erzielt werden. Die Verwendung unfraktionierter Gewebe oder Zellhomogenate ermöglicht keine ausreichende Definierung der Antikörperspezifität. Die verbreiteten Immunfluoreszenztechniken an Gewebe- oder Zellpräparationen gestatten eine nach histo-topographischen Gesichtspunkten orientierte Charakterisierung der Antigenspezifität. Gegen intrazelluläre Antigene gerichtete Antikörper (Mitochon-

Tabelle 4.9-2: Nachweismethoden für Autoantikörper

Methode:	Autoantikörper gegen:
Agargel-Doppeldiffusion	Muskelantigene (Actin) Zellkernantigene (Sm, RNP, SS-A, SS-B, RANA, Ha, PM 1, Scl 70)
Gegenstromelektrophorese	DNS, Sm, RNP, Histone Nucleoproteine
Partikelagglutination	Rheumafaktoren, Thyreoglobulin DNS
Passive Hämagglutination	DNS, Nucleoproteine, RNP, Sm, Thyreoglobulin, Schilddrüsenmikrosomen, Kollagen etc.
Komplementbindungsreaktion	Mitochondrien, nucleäre Antigene, Kollagen, Herzmuskelantigene etc., Thrombozyten
Indirekte Immunfluoreszenz	Zellkerne, glatte Muskulatur, Mitochondrien, zahlreiche Gewebeantigene, Thrombozyten
Radioimmunologische Verfahren	z. B. FARR-Assay auf DNS-, RNS-Ak Acetylcholinrezeptoren, Basalmembranantigene, Kollagen, Intrinsic-Faktor, Plasmaproteine, Thrombozyten, Hormonrezeptoren
Zytotoxizitätsteste	Lymphozyten

drien, Mikrosomen, Ribosomen, verschiedene Zellkernantigene) lassen sich hiermit nicht ausreichend differenzieren, so daß gegebenenfalls weitere Verfahren wie passive Hämagglutination, Komplementbindungsreaktionen oder radioimmunologische und enzymimmunologische Methoden mit isolierten Antigenen hinzugezogen werden müssen (Tabelle 4.9-2). Eine Standardisierung der Untersuchungen zum Nachweis von Autoantikörpern ist dringend erforderlich, um für den Kliniker vergleichbare Resultate zu gewährleisten. Dies gilt nicht nur für die immunfluoreszenz-serologischen, sondern auch für andere Bestimmungsmethoden. Wichtig erscheint die Anlage einer Referenzseren-Bank mit definierten Antikörpern, auf die die Untersuchungslaboratorien zurückgreifen können.

4.9.1.1 Indirekte Immunfluoreszenz

Prinzip der Methode

Das Prinzip der indirekten Immunfluoreszenztechnik (Coons et al., 1941) besteht darin, daß Gewebeschnitte, Zellausstriche oder mit Antigenen beladene Festkörper (Sepharose, Latex) mit Patientenserum inkubiert werden (**Abbildung 4.9-2**). Die Antikörper binden sich an die korrespondierenden Antigene, das überschüssige Serum wird anschließend durch Waschen in neutralen isotonischen Pufferlösungen

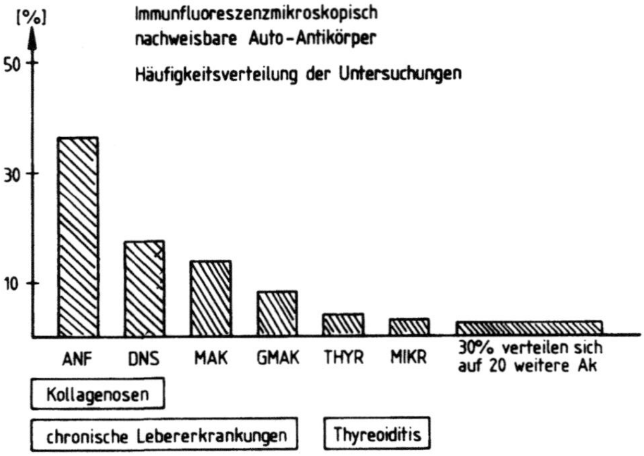

Abbildung 4.9-1: Häufigkeitsverteilung von Untersuchungen auf verschiedene Zellkernantikörper. Die Zahlen basieren auf 3915 konsekutiven Untersuchungen aus einem Spektrum von 61 möglichen Autoantikörper-Testen.

a) Häufigkeitsverteilung aller Untersuchungen
ANF = Zellkernantikörper aller Spezifitäten, MAK = Mitochondrienantikörper, SD = Schilddrüsenantikörper, GMAK = glatte Muskel-Antikörper, SO = Sonstige Antikörper.

b) Häufigkeit der Untersuchungen auf Zellkernantikörper verschiedener Spezifität: ANF = Fluoreszenz-Test auf Zellkernantikörper, ds-DNS = Antikörper gegen Doppelstrang-DNS, ss-DNS = Antikörper gegen denaturierte (Einzelstrang)-DNS, ENA = Antikörper gegen U1-n-RNP, SO = Antikörper gegen weitere Kernantigene

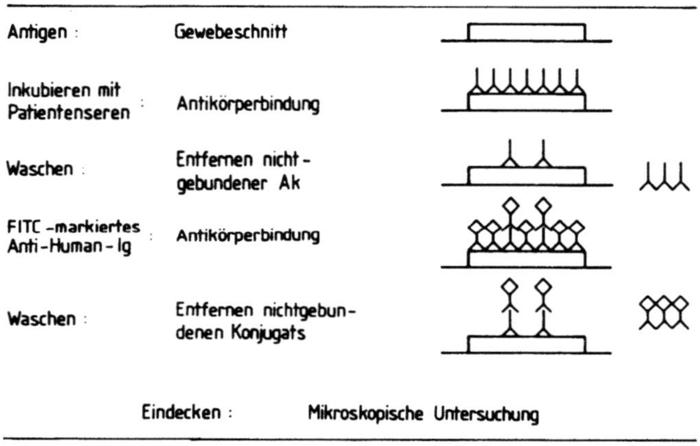

Abbildung 4.9-2: Schematische Darstellung des Nachweises von Autoantikörpern mittels der indirekten Immunfluoreszenz

entfernt. Der am Antigen gebundene Antikörper wird sodann mit einem zweiten gegen Human-Immunglobuline gerichteten fluoreszenz-markierten Antikörper aus einer anderen Spezies dargestellt (z. B. fluoreszenz-markiertes anti-Human-Immunglobulin vom Kaninchen = Konjugat). Dieser zweite Antikörper markiert diejenige Gewebestruktur, an die der Autoantikörper des Patienten gebunden ist. Das Ergebnis wird in der Regel mittels eines Fluoreszenzmikroskops subjektiv durch einen Betrachter ausgewertet. Eine objektive fluoreszenz-photometrische Registrierung der Ergebnisse ist für einfache Antigenpräparationen sowie für Festkörper-gebundene Antigene (Ploem, 1982; Knapp, 1982) teilweise möglich.

Geräteauswahl und -wartung
Die für immunfluoreszenz-serologische Untersuchungen benötigten Geräte und Materialien variieren je nach Spezialisierung des untersuchenden Labors. Auch bei Verwendung kommerzieller Testkits ist zumindest ein lichtstarkes Fluoreszenzmikroskop, das in einem Dunkelraum stehen sollte, notwendig. Fluoreszenzmikroskope mit Einrichtungen für Durch- und Auflichtfluoreszenz stehen in großer Auswahl zur Verfügung. Zur Anregung der Fluoreszenz wird das Mikroskop mit einem UV-Licht-emittierenden Brenner ausgerüstet. Die korrekte Einstellung der Lampen sollte beachtet, die Brenndauer protokolliert werden. Die Lampen sind regelmäßig zu überprüfen, eingeschwärzte Lampen verlieren an Leuchtkraft, was bei schwacher Fluoreszenz zu falsch negativen Ergebnissen führen kann. Durch Interposition sogenannter Erregerfilter zwischen Lichtquelle und Präparat wird die optimale Wellenlänge für die Fluoreszenzanregung des verwendeten Fluorochroms erhalten. Das durch das Präparat tretende UV-Licht wird mit Sperrfiltern zwischen Objektiv und Okular ausgefiltert, so daß nur die vom Präparat emittierte langwellige Fluoreszenzstrahlung zum Okular gelangt. Sperr- und Erregerfilter können bei der Auflichtfluoreszenz durch einen Strahlungsteiler ergänzt werden. Es handelt sich dabei um einen beidseitig bedampften Spiegel, der auf der Erregerseite die optimalen Wellenlängen des UV-Lichtes, auf der Betrachterseite die optimale Fluoreszenzemmission passieren läßt. Für die Analyse der mit Fluoresceinisothiocyanat (FITC) oder Tetramethylrhodaminisothiocyanat (TMRITC) markierten Antikörper sind optimal eingestellte Filtersysteme im Handel zu erhalten. Wegen der Verwendung unterschiedlicher Filtersysteme, von Objektiven und Okularen verschiedener Qualität und der von der Brenndauer abhängigen Lichtintensität der Lampen werden mikroskopbedingte, von Labor zu Labor variierende Ergebnisse zu erwarten sein. Die Auflichtfluoreszenz ist für die hier besprochenen Untersuchungen der Durchlichtfluoreszenz vorzuziehen. Die Objektive sollten der Güteklasse der Neofluare entsprechen, ein Planapochromat (40-fach, Öl) ist zu empfehlen. (Weiterführende Literatur: Müller und Trapp, 1979; Nairn und Ploem, 1974).

Für das Waschen der Präparate ist eine elektrisch betriebene Waschanlage, die eine langsame Bewegung der Schnitte in den Pufferlösungen ermöglicht, zu empfehlen (Seelig, 1979). Die Lagerung der Schnittpräparate sollte bei Temperaturen unter - 20 °C erfolgen, tiefere Temperaturen (- 45 bis - 70 °C) sind vorzuziehen. Für die Herstellung von Schnittpräparaten wird ein Kryostaten-Mikrotom mit regulierbarer Kammertemperatur (- 25 °C und tiefer) benötigt. Besonderer Wert sollte auf einen korrekten Schliff der Mikrotom-Messer gelegt werden. Überhitzen beim Schleifen führt zu einer Abstumpfung der Schleifkante.

Antigene
Zum Nachweis von Autoantikörpern gegen Gewebe- und Zellantigene können Gewebeschnitte von tierischen oder menschlichen Organen bzw. Ausstriche von Kulturzellen verwendet werden. Zur Gewährleistung homogenen Antigenmaterials empfiehlt es sich, Organe von Inzuchttieren gleichen Geschlechts und Gewichts zu

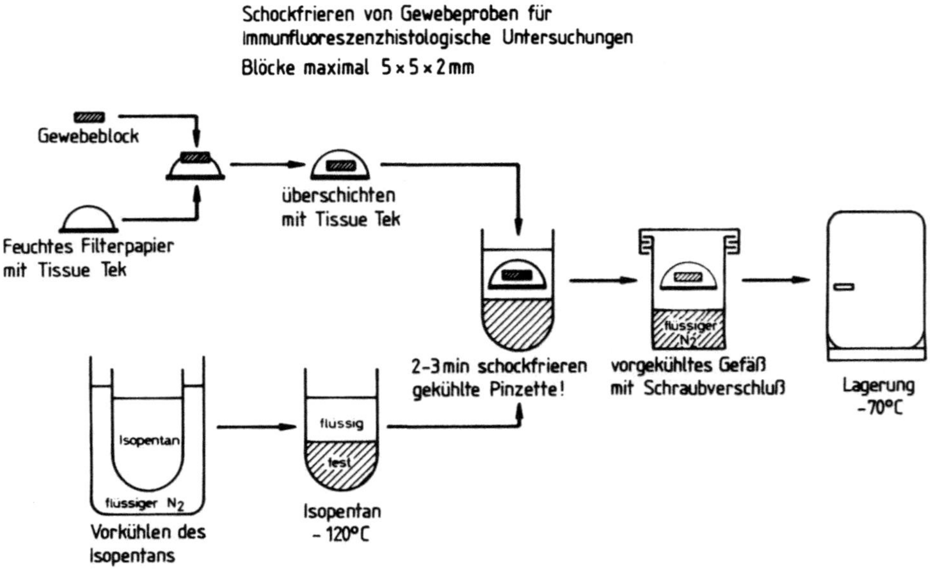

Abbildung 4.9-3: Arbeitsschritte beim Schockfrieren von Gewebeproben zur Herstellung von Schnittpräparaten

verwenden. Für die Aufarbeitung der Antigene eignet sich besonders die Tieffrierung kleiner Gewebeblöcke (max. 5 × 5 × 2 mm), die gleichzeitig der zur Herstellung von Schnittpräparaten notwendigen Härtung des Gewebes dienen. Zur Tieffrierung werden die Gewebe in durch flüssigen Stickstoff gekühltem Isopentan (- 120 °C) eingebracht (**Abbildung 4.9-3**). Alternativ können Gewebeblöcke in Isopentan, das durch ein Trockeneis-Aceton-Gemisch gekühlt wurde (- 70 °C) tiefgefroren werden. Ein langsames Einfrieren von Geweben in der Tiefkühltruhe führt zur Eiskristallbildung und dadurch zur Zerstörung der Struktur. Verläßliche Resultate werden mit solchen Präparaten nicht mehr erzielt. In luftdichten Behältern können tiefgefrorene Gewebeblöcke bei - 70 °C gelagert werden. Von den Blöcken werden auf einem Kryostatenmikrotom (- 25 °C) 3-5 µm dicke Schnitte hergestellt, luftgetrocknet und gegebenenfalls fixiert. Trockene Schnittpräparate können luftdicht verpackt bei - 30 °C und tiefer bis zu mehreren Wochen gelagert werden. Kulturzellen können entweder in Form von Ausstrichen, zytozentrifugierten Präparaten oder natürlich gewachsenen Monolayer nach entsprechender Trocknung und Fixierung für immunfluoreszenz-mikroskopische Untersuchungen herangezogen werden (weiterführende Literatur: Nairn, 1969; Seelig, Seelig und Drescher, 1975; Seelig, 1983).

Die Art des Antigens (Spezies, Organ), die Aufarbeitung, Lagerung und Nachbehandlung (Fixierung) beeinflussen das Testergebnis. Da der Antigengehalt und das Antigenspektrum der Gewebe variiert (z. B. höherer RNP-Gehalt in Gehirn- als in Leberzellkernen), ist damit zu rechnen, daß antigenabhängig unterschiedliche Ergebnisse erhalten werden. So ist zum Nachweis von Antikörpern gegen Parietalzellen der oft auch kommerziell vertriebene Rattenmagen nicht geeignet, da 12% der gesunden Personen heterophile Antikörper gegen Parietalzellen von Nagern auf-

Tabelle 4.9-3: Antigene zum Nachweis häufiger Autoantikörper bei Immunfluoreszenz-serologischen Verfahren

Autoantikörper	mögliche Antigene
Zellkernantigene	Niere, Leber, Pankreas (Ratte, Maus, Affe, Mensch) Kulturzellen; HEp 2-Zellen BHK-Zellen, Amnionepithel
Doppelstrang-DNS	Crithidia luciliae
glatte Muskulatur	Magen, Niere, Uterus (Ratte, Maus)
Mitochondrien	Magen, Niere, Leber (Ratte, Affe, Mensch)
Thyreoglobulin	Schilddrüse (Mensch, Affe) Kolloid-Struma (Mensch)
Mikrosomen Schilddrüse	Schilddrüse (Affe, Mensch) hyperthyreote Struma
Parietalzellen	Magen (Mensch, nicht Ratte)

weisen, die aber nicht mit Parietalzellen von Affen- und Menschenmagen reagieren. Bei der Verwendung menschlicher Gewebe ist auf ABO-Kompatibilität zu achten. Die Antigeneigenschaften der Gewebeschnitte werden durch Lagerungsdauer und Temperatur beeinflußt. Antigene der glatten Muskulatur werden auch bei Lagerung in tiefgekühltem Zustand weniger gut erhalten als solche von Zellkern- und Mitochondrienantigenen. Die Gewebestruktur wird durch mehrfaches Auftauen und Einfrieren der Schnitte erheblich beeinträchtigt, so daß eine mikroskopische Auswertung nicht mehr möglich ist. Bei kommerziellen Präparaten sollten dem Anwender das Herstellungsdatum, das Herstellungsverfahren, mögliche Fixierungen oder andere Aufbereitungsschritte bekannt sein.

Antigene zum Nachweis von Zellkernantikörpern

Zellkernantikörper umfassen eine heterogene Population von Antikörpern, die sich gegen verschiedenartige Zellkernantigene wie DNS, RNS, Ribonukleoproteine, Non-Histon-Proteine, Histone etc. richten. Sie sind größtenteils weder organ- noch spezies-spezifisch, so daß zum immunfluoreszenz-mikroskopischen Nachweis im Prinzip alle zellkernhaltigen Substrate herangezogen werden können (**Tabelle 4.9-3**). Es empfiehlt sich jedoch, simultan mehrere fixierte und unfixierte Gewebe zu verwenden, um ein möglichst breites Antigenspektrum zu erhalten. Mit verschiedenen Antigenpräparationen werden schon bei qualitativen Untersuchungen unterschiedliche Resultate erhalten, da bestimmte Antigendeterminanten fehlen, durch die Aufarbeitung zerstört oder nur zu bestimmten Phasen des Zellzyklus exprimiert werden. So können z. B. in manchen Fällen Zellkernantikörper an Leberschnitten nicht nachgewiesen werden, während sie an Nierenschnitten gut darstellbar sind. Generell lassen sich Antikörper gegen Zellkernantigene empfindlicher an Gewebeschnitten von Mensch und Affe als an solchen von Ratte und Maus nachweisen. Falsch negative Resultate können durch Denaturierung oder Elution von Antigenen bei der Aufarbeitung der Präparate auftreten. Bei ungenügender Fixierung oder feucht gewordenen Schnittpräparaten kann es zu einer Elution extrahierbarer nukleärer Antigene (ENA) bzw. zu einer Diffusion solcher Antigene in das umliegende Zytoplasma kommen, so daß bei der fluoreszenz-mikroskopischen Analyse ein leerer Kern mit granulärer Kernmembran und eine granuläre perinukleäre intrazytoplasmatische Fluoreszenz erhalten wird. Daß es sich hierbei um diffundierte Kernantigene handelt, läßt sich dann erkennen, wenn in manchen Schnittpartien das granuläre Fluoreszenzmuster der Kerne noch erhalten blieb. Antikörper gegen nicht akzessible Epitope der Zellkerne lassen sich mit der indirekten Immunfluoreszenz nicht nachweisen. Liegt z. B. in gut erhaltenen Präparaten die DNS noch überwiegend als Doppelstrang-DNS (ds-DNS) vor, werden Antikörper gegen Einzelstrang-DNS (ss-DNS) nicht erfaßt. Ein negativer Immunfluoreszenztest schließt daher die Anwesenheit von Zellkernantikörpern nicht generell aus. Zellkernantikörper, die ein zentromeres Fluoreszenzmuster aufweisen, lassen sich an Organen von Nagern selten darstellen, hierzu eignen sich Kulturzellen besser (HEp 2-Zellen). Der Untersucher sollte sich bewußt sein, daß mit einem einzelnen Antigen keineswegs sämtliche der gegen Zellkernantigene gerichteten Autoantikörper erfaßt werden (Übersicht: Seelig und Seelig, 1983 b).

Antigene zum Nachweis von Doppelstrang-DNS

Antikörper gegen native Doppelstrang-DNS (ds-DNS) richten sich gegen die Helixstruktur der DNS. Aarden et al. (1975) haben eine spezifische immunfluoreszenzserologische Methode zum Nachweis von Antikörpern gegen native Doppelstrang-DNS beschrieben. Als Antigen werden Flagellaten (Crithidia luciliae) eingesetzt, deren Kinetoplast ein modifiziertes Riesenmitochondrium darstellt, das zirkuläre proteinfreie doppelsträngige DNS enthält. Sofern gewährleistet wird, daß bei der Aufarbeitung der Flagellaten keine Denaturierung der DNS eintritt, können mit diesem Antigen spezifisch Antikörper gegen Doppelstrang-DNS nachgewiesen werden (siehe auch unten).

Antigene zum Nachweis von Antikörpern gegen Mitochondrien

Geeignet sind Kryostatschnitte von Nierengewebe verschiedener Spezies, da das Tubulusepithel einen hohen Gehalt an Mitochondrien aufweist. Auch hierbei ist zu beachten, daß Mitochondrien-Antikörper verschiedenartiger Antigenspezifität existieren, die zu unterschiedlichen Fluoreszenzmustern innerhalb des Tubulussystems führen. Da Antikörper gegen Mikrosomen und Ribosomen ebenfalls eine Fluoreszenz des Tubulusepithels hervorrufen und da nicht immer eine eindeutige Differenzierung der Spezifität von Mitochondrien-Antikörpern mit immunfluoreszenz-serologischen Verfahren möglich ist, sollte dieser Test als Screening-Test betrachtet werden, der bei speziellen Fragestellungen durch weitere Untersuchungen an gereinigten Mitochondrien und deren Subfraktionen ergänzt wird. Mitochondrien-Antikörper geben auch einen positiven Befund an Schilddrüsenepithelien, so daß eine Verwechslung mit Schilddrüsenmikrosomen-Antikörpern möglich ist (Übersicht: Baum und Berg, 1980).

Antigene zum Nachweis von Antikörpern gegen glatte Muskulatur

Antikörper gegen glatte Muskulatur sind weder organ- noch spezies-spezifisch. Als Antigene können daher frische tierische Gewebeschnitte (Rattenmagen, Rattenuterus) verwendet werden. Die besten immunhistologischen Resultate erhält man mit frischen, nicht fixierten Kryostatschnitten. Die am Rattenmagenschnitt nachzuweisenden Antikörper gegen glatte Muskulatur können an anderen Geweben sowie an unter bestimmten Bedingungen aufbereiteten Kulturzellen (z. B. Fibroblasten) verschiedenartige Fluoreszenzmuster hervorrufen, die in beschränktem Maße eine Differenzierung der Antigenspezifität erlauben. Weiterführende Untersuchungen an Einzelzellpräparationen sowie mit gereinigten chemisch definierten Antigenpräparationen sind hierzu meist notwendig (Übersicht: Fagraeus und Norberg, 1978; Seelig und Seelig, 1977; Seelig, 1979).

Antigene zum Nachweis von Schilddrüsen-Antikörpern
Antikörper gegen Thyreoglobulin und Schilddrüsenmikrosomen lassen sich mittels der indirekten Immunfluoreszenz an Kryostatschnitten von Menschen und Affenschilddrüsen nachweisen. Für den immunfluoreszenz-serologischen Nachweis von Thyreoglobulin-Antikörpern eignen sich kurzfristig in Methanol fixierte Kryostatschnitte von normalen Drüsen oder Kolloidstrumen. Da jedoch in seltenen Fällen auch Kolloide produziert werden, mit denen die Thyreoglobulin-Antikörper nicht reagieren, sollten entsprechende Kontrollen mit Referenzseren durchgeführt werden. Antikörper gegen Schilddrüsenmikrosomen richten sich gegen Lipoproteinantigene, die gegenüber Detergenzien, Alkohol oder Formalin empfindlich sind. Sie sind vorwiegend in den apikalen Teilen der Schilddrüsenepithelien lokalisiert und in größerer Menge in den Epithelien hyperthyreoter Schilddrüsen vorhanden. Für den immunhistologischen Nachweis der Mikrosomen-Antikörper eignen sich unfixierte Kryostatschnitte menschlicher Schilddrüsen oder von Affenschilddrüsen. Da die Antigene in hyperthyreoten Strumen (Basedow-Struma) vermehrt vorliegen, sollten solche Gewebe nicht zuletzt auch wegen der größeren Höhe des Epithels eingesetzt werden. Kolloidstrumen sind für den Nachweis von Mikrosomen-Antikörpern ungeeignet. Der immunfluoreszenz-mikroskopische Nachweis von Thyreoglobulin-Antikörpern ist weniger empfindlich und spezifisch als die passive Hämagglutination mit Thyreoglobulin-beladenen Erythrozyten, der Nachweis von Mikrosomen-Antikörpern entspricht in seiner Empfindlichkeit und Spezifität der passiven Hämagglutination (Übersicht: Schatz et al., 1980).

Konjugate
Den grundlegenden Bestandteil immunfluoreszenz-technischer Methoden stellt das Konjugat, die kovalente Verbindung von Fluoreszenzfarbstoff und Antikörper dar. Zumeist wird für die Konjugation das grün-fluoreszierende Fluoreszeinisothiocyanat (FITC), weniger häufig das gelb-orange fluoreszierende Tetramethylrhodaminisothiocyanat (TMRITC) verwendet. Die Qualität der Untersuchungsergebnisse hängt in besonderem Maße von der Güte dieser Konjugate ab. Eine ausreichende Spezifität und Avidität der Antikörper schon in den für die Konjugatherstellung herangezogenen Rohantiseren sollte gewährleistet sein. Zur Koppelung sollten möglichst reine Immunglobulinpräparationen, am besten durch Immunadsorption an festen Trägern isolierte reine Antikörperfraktionen einer bestimmten Antigenspezifität herangezogen werden. Durch diese Immunadsorption werden nicht präzipitierende Antikörper und die zu unspezifischen Bindungen neigenden Ballast-Proteine eliminiert.

Die Antigenspezifität der Konjugate kann mittels der Agargel-Doppeldiffusion oder der ein- und zweidimensionalen Immunelektrophorese überprüft werden. Da diese Prüfmethoden jedoch 10- bis 100-fach unempfindlicher sind als die Immunfluoreszenz, schließen sie Verunreinigungen nicht mit Sicherheit aus. Als empfindlichere Prüfmethoden im gleichen Testsystem werden immunhistologische Untersuchungen an monoklonalen Plasmazellen oder das DASS-System (defined antigenic substrate system, Übersicht: Knapp, 1982) empfohlen. Im letzteren Fall limitiert der Reinheitsgrad der Antigene die Beurteilung der Antikörperspezifität. Folgende Eigenschaften eines Konjugates sollten neben der Spezifität bekannt sein: die Avidität des Antikörpers bzw. der Gehalt an spezifischem Antikörper, die Menge des gebundenen Fluoreszenzfarbstoffes sowie Konservierungszusätze.

Die Avidität der Antikörper kann in präzipitierenden Einheiten bei einer Antigenkonzentration von 1 mg/ml angegeben werden. Antikörperpräparationen sollten mindestens 4 bis 8 präzipitierende Einheiten aufweisen, d.h. das Anti-Immunglobulin sollte in der Agargel-Doppeldiffusion mit 1 mg/ml reinem Humanimmunglobulin bei einer Verdünnung von 1:8 noch ein deutliches Präzipitat ergeben. Der Antikörpergehalt kann ferner mittels der Immunpräzipitation nach Heidelberger oder mittels der umgekehrten radialen Immundiffusion gemessen werden. Die spezifische Fluoreszenz, d.h. die durch die Reaktion des Antikörpers mit dem Antigen hervorgerufene Fluoreszenz ist umso größer, je höher der Anteil der spezifischen Antikörper am Gesamtprotein des Konjugates.

Durch die Konjugation mit Fluoreszenzfarbstoffen werden die physikalischen und immunologischen Eigenschaften der Antikörper verändert. Die Antigenbindungsfähigkeit und die Wasserlöslichkeit nehmen ab, der isoelektrische Punkt wird verschoben, die Basophilie steigt. Mit zunehmender Farbstoffbindung erhöht sich die negative Ladung der Antikörper. Hierdurch kann eine unspezifische Bindung an basische Strukturen (unspezifische Färbung) auftreten. Höher konjugierte Antikörper weisen jedoch auch eine stärkere Fluoreszenzintensität auf, die Empfindlichkeit der Methode steigt. Als Maß der Fluorochrombeladung des Antikörpers dient der FP-Quotient (Fluorochromproteinbindungsquotient). Der gewichtsbezogene FP-Quotient wird errechnet nach:

$$F/P(\text{Gewicht}) = \frac{\mu\text{g FITC proteingebunden/ml}}{\text{mg Protein/ml}}$$

Der molare F/P-Quotient errechnet sich hieraus:

$$F/P(\text{mol}) = 0{,}411 \times F/P(\text{Gewicht}),$$

da bei einem Molekulargewicht von 160000 für IgG und 389 für FITC:

$$F/P = \frac{160000}{389} \times \frac{0{,}001 \text{ mg FITC}}{1{,}0 \text{ mg Protein}} = 0{,}411$$

Fraktionen mit einem molaren F/P-Quotienten zwischen 1,5 und 3 werden im allgemeinen für Fluoreszenzteste herangezogen. Richtlinien über die Qualitätsansprüche (**Tabelle 4.9-4**), die an Konjugate für immunfluoreszenz-serologische Untersuchungen zu stellen sind, sind veröffentlicht worden (Goldstein et al., 1961; Brandtzaeg, 1973a, b; Wick et al., 1976; Merten et al., 1980).

Tabelle 4.9-4: Spezifikation für monospezifische Konjugate gegen menschliche Immunglobuline

- Das Konjugat darf keine Antikörper gegen Immunglobuline anderer Klassen, Leichtketten, Komplementkomponenten und andere Proteine enthalten.
- Konjugat soll frei sein von nicht gebundenen für die Konjugationsreaktion benutzten Farbstoffen.
- Konjugat soll keine störenden basophilen und hydrophoben Proteinkonjugatanteile enthalten.
- Angaben über die Antikörperaktivität sollen vorliegen.
- Die Proteinkonzentration des Konjugats und des stabilisierenden Proteinzusatzes soll unter Angabe der Bestimmungsmethode deklariert werden.
- Das molare F/P-Verhältnis ist unter Angabe der Bestimmungsmethode zu deklarieren.
- Alle Stabilisatoren (auch Proteine und Konservierungsmittel soweit vorhanden) sollen mit Konzentrationsangaben deklariert werden.
- Lagerungstemperatur, Haltbarkeit sollen angegeben werden.
- Angaben zur Menge und Beschaffenheit des Lösungsmittels sowie der erforderliche Zeitraum nach Rekonstitution bis zum Einsatz im Test sollen vorliegen.

Gebrauchsverdünnung der Konjugate

Für jede immunfluoreszenz-serologische Untersuchung muß auch bei Verwendung desselben Konjugats die optimale Gebrauchsverdünnung für das entsprechende Antigen ermittelt werden. Hierzu ist die Schachbrett-Titration geeignet: Verdünnungsreihen eines Antikörper-haltigen Serums werden mit verschiedenen Verdünnungen eines Konjugats an dem Antigen ausgetestet. In der Regel bleibt der Antikörper-Titer über eine gewisse Reihe von Konjugatverdünnungen hin konstant (Plateau-Titer); er fällt bei weiterer Konjugatverdünnung steil ab (Plateau-Endpunkt). Die Gebrauchsverdünnung kann in der Regel zwei Titerstufen höher als die des Plateau-Endpunktes gewählt werden. Die Länge des Plateaus wird durch die Antikörper-Menge des Konjugats bestimmt, die Höhe des Plateau-Titers von dem molaren FP-Quotienten. Aus diesem Grunde ist es verständlich, daß unter gleichen Versuchsbedingungen mit verschiedenen Konjugaten gleicher Spezifität divergierende Ergebnisse erhalten werden.

Fehlerhafte Resultate bei immunfluoreszenz-serologischen Untersuchungen sind nicht selten durch falsch gewählte und ungenügend eingestellte Konjugate bedingt. Eine Schachbrett-Titration ist daher unbedingt zu empfehlen. Weitere Fehlermöglichkeiten bestehen darin, daß unspezifische Färbungen durch freies Fluorochrom auftreten, wenn das Konjugat nicht vollständig von Fluorochrom befreit wurde oder wenn instabile Verbindungen zwischen Fluorochrom und Antikörper vorlagen, die während der Lagerung dissoziierten. Werden zur Konjugatherstellung keine reinen Antikörperfraktionen verwendet, können andere Proteine (Ballastproteine) mitmarkiert werden, die unspezifisch binden und eine spezifische Fluoreszenz vortäuschen. Die unspezifische Bindung solcher Ballastproteine kann durch eine Absorption der Konjugate mit Aceton-getrocknetem Gewebepulver vermindert werden. Gebrauchsverdünnungen von Konjugaten sollten nicht über längere Zeiträume tiefgefroren gelagert werden, da sich wegen der verminderten Hydrophilie Aggregate bilden, die unspezifisch binden. Solche Aggregate lassen sich zwar aufgrund ihrer partikulären Fluoreszenz, die außerhalb der Objektebene liegt, zumeist leicht von der spezifischen Fluoreszenz unterscheiden, wesentlicher ist aber, daß durch die Aggregatbildung der Anteil wirksamer Antikörper vermindert wird und dadurch eine Störung des Systems eintritt. Unspezifische Färbungen können auch dadurch entstehen, daß nekrotische oder an basischen Proteinen reiche Gewebe (z.B. Epidermis) negativ geladene Konjugate binden. Werden Fixierungsmittel nicht ausreichend durch Waschvorgänge entfernt oder neutralisiert, kann auch hierdurch eine unspezifische Bindung konjugierter Antikörper auftreten.

4.9.1.2 Radioimmunologische Bestimmung von ds-DNS

Prinzip der Methode

Zumeist wird für die Untersuchungen ein kommerzieller Testkit angewandt, der auf dem Prinzip des Farr-Assay beruht: radioaktiv markierte DNS wird mit Patientenserum inkubiert. Es bilden sich DNS-Antikörperkomplexe, die mit Ammoniumsulfat präzipitiert werden. Die Radioaktivität des DNS-enthaltenden Überstandes oder des komplexierten Präzipitates bzw. beider werden gemessen und die Bindung der DNS als Maß für den Antikörpergehalt angegeben. Für die Durchführung des Farr-Assays mit nicht kommerziellen Reagenzien sind zahlreiche Modifikationen hinsichtlich der eingesetzten Serummenge und DNS-Konzentration, der Inkubationsdauer und Temperatur beschrieben (Manthorpe et al., 1978). Hierdurch können von Labor zu Labor unterschiedliche Befunde erhalten werden. Da das Farr-Assay wegen der hohen Konzentration an Ammoniumsulfat nur Antikörper mit hoher Avidität erfaßt, werden mit dem indirekten Immunfluoreszenztest an Crithidien häufiger positive Resultate erhalten (Smeek et al., 1982).

Wegen der bei radioimmunologischen Untersuchungen notwendigen Geräte, deren Wartung etc. sei auf die entsprechenden Kapitel dieses Buches verwiesen.

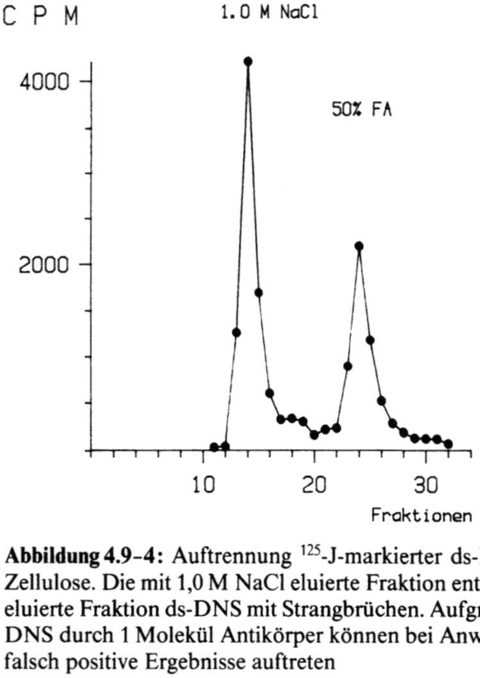

Abbildung 4.9-4: Auftrennung ^{125}-J-markierter ds-DNS eines Test-Kits auf benzoylierter DEAE-Zellulose. Die mit 1,0 M NaCl eluierte Fraktion enthält reine ds-DNS, die mit 50% Formamid (FA) eluierte Fraktion ds-DNS mit Strangbrüchen. Aufgrund der möglichen Präzipitation von 1 Molekül DNS durch 1 Molekül Antikörper können bei Anwesenheit von ss-DNS-Antikörpern in der Probe falsch positive Ergebnisse auftreten

Antigene
Die Qualität und damit die Aussagekraft der zum Nachweis von ds-DNS-Antikörpern eingesetzten Methoden hängt in erster Linie von der Reinheit und der absoluten Doppelsträngigkeit der DNS-Präparation ab. Doppelstrang-DNS-spezifische Antikörper lassen sich nur dann nachweisen, wenn die DNS weder mit Einzelstrang-Molekülen noch mit Doppelstrang-DNS-Molekülen, die Strangbrüche enthalten, verunreinigt ist. Wie **Abbildung 4.9-4** zeigt, sind diese Forderungen bei einem kommerziellen Testkit nicht gewährleistet. Reine DNS-Präparationen müssen daher selbst hergestellt werden bzw. durch Nachreinigung kommerzieller Chargen gewonnen werden. Das Ergebnis wird ferner von dem Molekulargewicht der DNS mitbestimmt. Weitere auszuschließende Störfaktoren sind bekannte DNS-bindende Substanzen im Serum wie C1 q, Faktor B, Lysozym, C-reaktives Protein, Fibronectin und low-densitiy-Lipoproteine. Verunreinigungen der DNS mit Nukleoproteinen können zu falsch positiven Resultaten führen, wenn in dem zu untersuchenden Serum, was häufig der Fall ist, Antikörper gegen solche Antigene vorliegen (weiterführende Literatur: Seelig und Seelig, 1983 b).

4.9.2 Präanalytische Phase

In der präanalytischen Phase zu beachtende Richtlinien für Autoantikörpernachweise gelten grundsätzlich für alle Methoden. Die Probenvorbehandlung ist wegen der Stabilität der Antikörper in der Regel nicht kritisch. Für die Untersuchung wird möglichst frisches Serum benötigt. Es sollte zum Versand nicht länger als 1 bis 2 Tage bei Zimmertemperatur gehalten werden. Bakterielle Kontaminationen sind zu vermeiden. Bei Transportzeiten über 48 h sollten die Serumproben gekühlt (4 °C) oder besser tiefgefroren werden. Die Lagerung der Seren im Labor kann bis zu 3 bis 4 Tagen nach der Abnahme im Kühlschrank erfolgen (4 °C), wird eine längere Lagerung notwendig, sind sie tiefzufrieren. Bei der Bestimmung von ds-DNS-Antikörpern muß das Serum bei 56 °C inaktiviert werden (Vermeidung der Bindung von C1 q).

Die Frage nach der Beeinflussung des Testergebnisses durch Medikamente (Immunsuppressiva, Cortison) wird öfters geäußert. Kurzfristige Applikationen solcher Medikamente (1 bis 2 Wochen) werden das Testergebnis nur wenig stören, sofern es sich um den Nachweis von IgG-Antikörpern mit einer Halbwertzeit von ca. 20 Tagen handelt. Die Konzentration der den anderen Immunglobulinklassen angehörenden Antikörper (IgA, IgM, IgE) wird entsprechend ihrer kürzeren Halbwertzeit schneller durch solche Therapeutika beeinflußt.

4.9.3 Interne Qualitäts- und Plausibilitätskontrolle

Die Qualitätssicherung immunfluoreszenz-serologischer Untersuchungen wird dadurch erschwert, daß weder genormte Testverfahren noch fluoreszenzmarkierte Referenzantikörper oder Autoantikörper-haltige Referenzpräparate in ausreichenden Mengen zur Verfügung stehen. Bisher sind bei der WHO ein FITC-markiertes anti-Human-Immunglobulin (anti-Human Ig) sowie ein FITC-markiertes anti-Human-IgG und -IgM vom Schaf als Referenzseren zu erhalten (WHO, 1982). Als Referenzseren für Autoantikörper werden ein gefriergetrocknetes LE-Serum (661233) mit homogenem Kernmuster, aber nicht charakterisierter Antigenspezifität, sowie ein der Klasse IgM angehörender monoklonaler Zellkernantikörper (HL) mit gesprenkeltem Muster sowie ein Anti-Thyreoglobulin-Serum angeboten. Für eine umfassende Qualitätskontrolle bei Autoantikörper-Untersuchungen reichen diese Möglichkeiten jedoch nicht aus (weiterführende Literatur: Holborow et al., 1982). Das Untersuchungslabor muß sich daher im wesentlichen auf eigene Kontrollen und auf die selbständige Überprüfung der Plausibilität des Testergebnisses verlassen. Es ist zu fordern, daß der Untersucher in der Lage ist, die Qualität sämtlicher, in den Test eingesetzter Reagenzien zu prüfen.

Beispiel eines täglich erstellten Protokollbogens über Ergebnisse bei Untersuchungen auf Zellkernantikörper. Ausgedruckt werden:
1. Seren, bei denen Diskrepanzen zwischen verschiedenen Methoden bestehen bzw. bei denen zusätzliche Kontrollen durchgeführt werden.
2. Anzahl der Untersuchungen.
3. Quotienten aus negativen zu positiven Ergebnissen.
4. Prozentualer Anteil der positiven Resultate, gegliedert nach Antikörperklassen.
5. Median der Antikörper-Titer.
6. Korrelation zwischen Immunfluoreszenztest und anderen Untersuchungen.

Folgende Richtlinien sollten beachtet werden:
1. Die Konjugate sollten den von der Arbeitsgruppe Standardisierung immunfluoreszenz-serologischer Methoden geforderten Richtlinien entsprechen (siehe oben).
2. Für jede einzelne Bestimmungsmethode muß eine protokollierte Schachbrett-Titration zur Entwicklung der Gebrauchsverdünnung der Konjugate vorliegen (**Tabelle 4.9-5**).
3. Die Reaktivität selbst hergestellter und kommerzieller Antigene muß bei der Testdurchführung nicht nur durch eine negative und positive Kontrolle überprüft werden (**Abbildung 4.9-5**), sondern auch durch Kontrollseren verschiedener Antigenspezifitäten, wie z. B. bei Antikörpern gegen Zellkernantigene durch Seren mit homogener, ringförmiger, nukleärer und/oder gesprenkelter Fluoreszenz.

Tabelle 4.9-5: Schachbrettitration eines Patientenserums mit Antikörper gegen Zellkernantigene (gesprenkeltes Fluoreszenzmuster)

Antigen: Ratten-Leber, Kryostatschnitte
Konjugat: Anti-Human-IgG, FITC-markierte F/P = 2,2

						Plateau-Endpunkt			
Plateau-	1:2560	+	+	+	+	+			
Titer	1:1280	+ +	+ +	+ +	+	+			
	1:640	+ +	+ +	+ +	+	+			
	1:320	+ +	+ +	+ +	+ +	+	+	+	
	1:160	+ + +	+ + +	+ +	+ +	+ +	+ +	+	
	1:80	+ + +	+ + +	+ + +	+ + +	+ + +	+ +	+ +	+
	1:40	+ + +	+ + +	+ + +	+ + +	+ + +	+ +	+ +	+
	1:20	+ + + +	+ + + +	+ + +	+ + +	+ + +	+ + +	+ +	+ +
Konjugat-verdünnung		1:8	1:16	1:32	1:64	1:128	1:256	1:512	1:1024

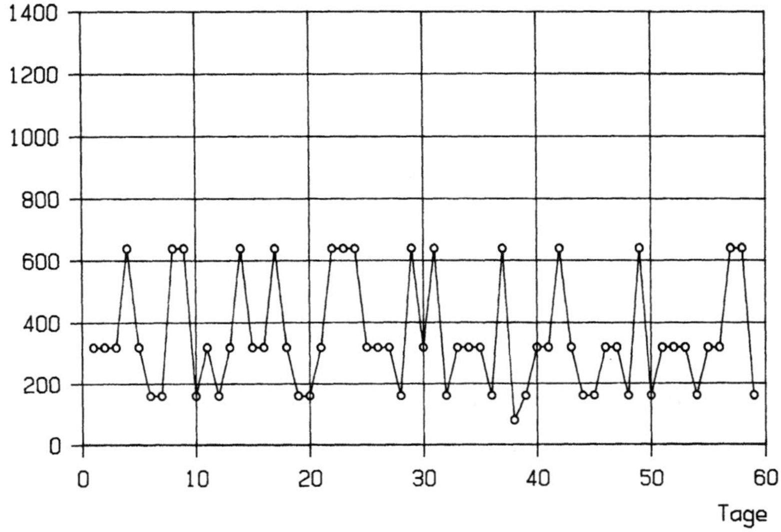

Abbildung 4.9-5: Antikörper-Titer eines laborintern lyophilisierten Referenzserums (SE 105-81-5) mit Zellkernantikörpern an Rattenlebern während 59 Untersuchungstagen. Das Serum enthält Kernantikörper mit homogenem Muster (ds-DNS positiv, ss-DNS positiv, Anti-Histon positiv, SM und RNP negativ)

Statistische Analysen der Ergebnisse sind nur sinnvoll, wenn größere Untersuchungsserien pro Arbeitstag ausgewertet werden. Als auswertbare Parameter bieten sich an: das Verhältnis negativer zu positiver Resultate, der prozentuale Anteil der verschiedenen Immunglobulinklassen oder das Mittel (bzw. der Median) der Antikörpertiter bei positiven Befunden (Tabelle 4.9-5). Nach unseren bisher vorliegenden Untersuchungen erweist sich hiervon als relativ konstanter Parameter das Verhältnis von negativen zu positiven Testergebnissen (**Abbildung 4.9-6**). Der Wert wird sich je nach dem untersuchten Patientenkollektiv von Labor zu Labor verschieben. Die Kontrolle des Testverfahrens selbst kann mit lyophilisierten selbsthergestellten Referenzseren verschiedener Antigenspezifität (Abbildung 4.9-5) erfolgen. Bei der Untersuchung auf ds-DNS-Antikörper ermöglichen solche Referenzen ebenfalls Aussagen über die laborinterne Analysenqualität (**Abbildung 4.9-7**).

Weitere Kontrollen bestehen darin, daß positive qualitative Testergebnisse durch nachfolgende Titerbestimmungen überprüft werden, wobei sich das positive Ergebnis bestätigen muß. Der Geübte kann aus der Fluoreszenzintensität die zu erwartende Titerhöhe der Antikörper abschätzen, stellt sich diese nicht ein, ist nach möglichen Fehlern zu fahnden. Ein Vergleich der Ergebnisse mit den Angaben auf dem Anforderungsschein der Klinik oder Praxis läßt unter Umständen eine Beurteilung der Plausibilität der Ergebnisse zu, z. B. ein Vergleich mit klinischen Angaben, Art des Einsenders (Nephrologie, Hepatologie, Hämatologie etc.), Alter, Geschlecht und Herkunft des Patienten. Weitere laborinterne Plausibilitätskontrollen könnten darin bestehen, daß z. B. bei Anforderungen auf ds-DNS-Antikörper grundsätzlich ein immunfluoreszenz-serologischer Test auf Antikörper gegen Zellkernantigene mitläuft, so daß bei einem divergierenden Ergebnis nach Fehlermöglichkeiten gefahndet werden kann.

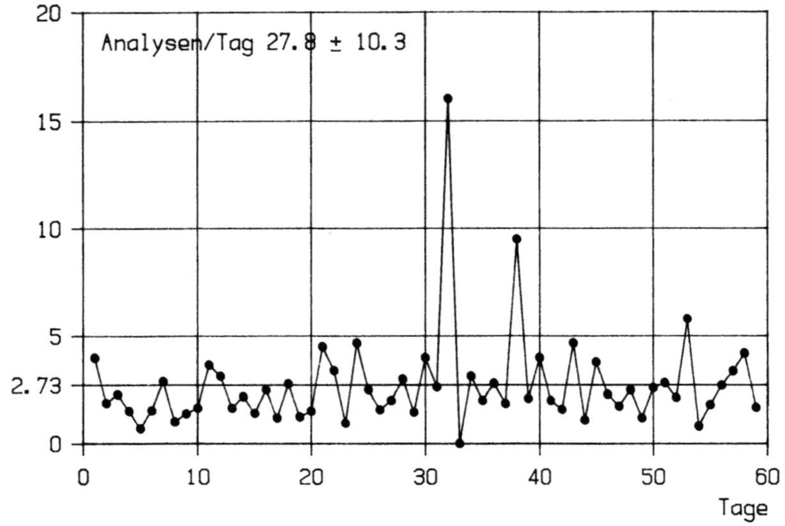

Abbildung 4.9-6: Quotient aus der Anzahl negativer zu positiver Untersuchungen auf Zellkernantikörper pro Untersuchungstag, ohne Berücksichtigung von Fluoreszenzmuster, Antikörperklasse und Titer. Die Mittelwerte der Quotienten liegen bei 2,73 ± 1,6) × ± S1)

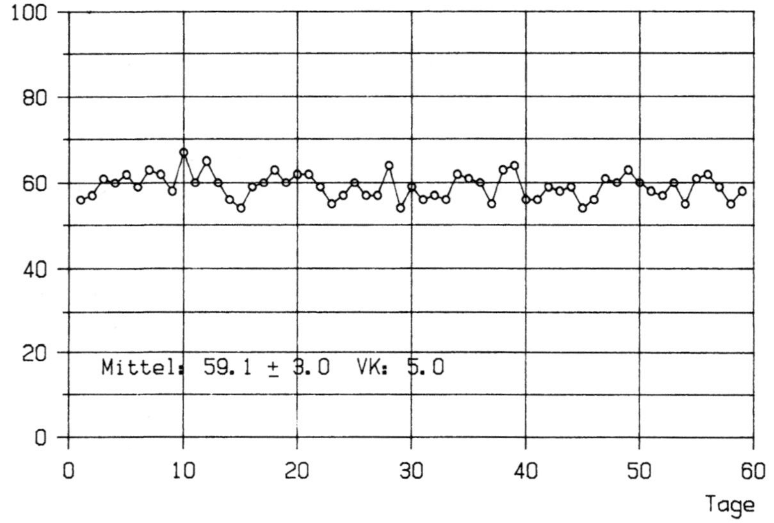

Abbildung 4.9-7: DNS-Bindung eines lyophilisierten Referenzserums (SE 83-80-9) während eines Zeitraumes von 59 Untersuchungstagen. Die Untersuchung wurde mit nachgereinigter kommerzieller DNS mittels FARR-Assay durchgeführt

4.9.4 Externe Qualitätskontrolle

Die das Testergebnis beeinflussenden variierenden Parameter sind bei immunfluoreszenz-serologischen Untersuchungsmethoden sowohl das Antigen als auch das Patientenserum, das Konjugat (fluoreszenz-markiertes anti-Human-Immunglobulin), die Mikroskop-Ausrüstung, die Testdurchführung sowie der Untersucher

Tabelle 4.9-6: Ergebnisse eines Ringversuchs zum Nachweis von Antikörpern gegen Zellkernantigene. Den Teilnehmern war dasselbe Patientenserum, Konjugat und Schnittmaterial zur Verfügung (N = 45) gestanden

	negativ	positiv	10-100	100-500	500-1000	1000-5000	5000-10000
Probe 1	6	5	18	11	3	2	
Probe 2	1	4	3	12	9	14	2

selbst. Die bisher durchgeführten Ringversuche zur externen Qualitätskontrolle verdeutlichen die außerordentliche Streubreite der Untersuchungsergebnisse. Selbst dann, wenn nicht nur dasselbe Testserum, sondern auch die gleichen Antigene und Konjugate zur Verfügung gestellt worden sind, haben sich divergierende Resultate ergeben (**Tabelle 4.9-6**).

Eine totale Vereinheitlichung der Methodik innerhalb der Laboratorien läßt sich aus vielfältigen Gründen nicht durchführen, sie dürfte wahrscheinlich auch nicht zu dem gewünschten Erfolg führen, wie die Ergebnisse aus Tabelle 4.9-3 und früherer Untersuchungen dieser Art vermuten lassen (Holborow et al., 1982). Vielversprechender erscheint die Ausrichtung nach genormten Referenzseren. Der Bezug auf solche Referenzseren setzt jedoch voraus, daß Reagenzien identischer immunologischer Spezifität verglichen werden. Ein gegen Nukleoprotein gerichtetes Referenzserum mit homogenem Fluoreszenzmuster kann daher nicht als Bezugssystem für Antikörper mit gesprenkeltem oder nukleärem Fluoreszenzmuster dienen.

Eine der Klinischen Chemie vergleichbare interne und externe Qualitätskontrolle läßt sich auf dem Gebiet der Autoantikörpernachweise in naher Zukunft nicht verwirklichen. Immunologische Reagenzien können als biologisches Material nicht allein mit chemischen und physikalischen Mitteln charakterisiert werden. Umso mehr müssen Erfahrung und Umsicht des Untersuchers diese Mängel auszugleichen versuchen, wenn für den Kliniker aussagekräftige und vergleichbare Resultate erzielt werden sollen.

Die für die Dokumentation der Statistik und deren Bearbeitung notwendigen Programme (Prime 150) stammen von Herrn Geisler.

4.10 Blutgruppenserologie

Max Matthes und Norbert Kleine (Freiburg i. Br.)

4.10.0 Einleitung

Im Bereich der Bluttransfusionsdienste und blutgruppenserologischen Laboratorien ist die Qualitätssicherung von besonderer Bedeutung, da Gesundheit und Leben der zu transfundierenden Patienten von den Ergebnissen der Blutgruppenbestimmungen und der Aufdeckung von Antikörpern abhängen. Wird hierbei etwas falsch gemacht, sei es durch Verwechslung von Blutproben oder unsachgemäßes Arbeiten, können bei Unverträglichkeit heftigste Transfusionszwischenfälle auftreten, die nicht selten zum Tode der Patienten führen.

Auch müssen für die Qualitätssicherung in der Blutgruppenserologie andere Kriterien als in der klinischen Chemie stehen. Es gibt keine Streuwerte, da nicht Meßwerte über Gehalt und Konzentration eines Substrates Auskunft geben. Die Antwort auf einem Blutgruppenbestimmungsansatz lautet immer „ja"/„nein". Der Reaktionsausfall wird mit „negativ" oder „positiv" bewertet; allerdings kann man im Gegensatz zum Resultat „negativ" bei dem Ergebnis „positiv" zwischen stark: + + +, mittel: + + und schwach: + unterscheiden. Ein fraglicher Ausfall der Reaktion +/− bedeutet, daß das Ergebnis nicht verwertbar ist; der Ansatz muß also wiederholt bzw. mit anderen Reagenzien (Testseren bzw. Testerythrozyten) oder Techniken erneut durchgeführt werden. Dabei ist eventuell auch auf kompliziertere Methoden wie z. B. Antikörper-Absorption zurückzugreifen, um ein klares Ergebnis zu erhalten. Am Ende jeder Blutgruppenbestimmung muß immer ein klares „ja" oder „nein" stehen. Das Ergebnis einer semiquantitativen Bestimmung wird in der Blutgruppenserologie durch Angabe des Titers eines Antikörpers angegeben. Hierzu werden Verdünnungsreihen des zu untersuchenden Materials hergestellt und bei jeder Verdünnungsstufe das bereits oben dargestellte Resultat mit „ja" oder „nein", d. h. mit „positiv" oder „negativ" bewertet. Die größte Verdünnungsstufe, bei der noch eine eindeutig positive Reaktion ablesbar ist, wird als Titer des Antikörpers bezeichnet.

4.10.0.1 Agglutination und Hämolyse

Es gibt zwei Reaktionserscheinungen zwischen Antikörpern im Serum (Plasma) und den Blutgruppenantigenen der Erythrozyten: die Agglutination (Verklumpung der Erythrozyten) und die Hämolyse (Auflösung der Erythrozyten). Beide sind untereinander verwandt und teilweise nur vom Zeitfaktor abhängig. Vereinfacht kann gesagt werden, daß zunächst eine Agglutination auftritt, die mit zunehmender Zeit des Reaktionsablaufes in die Hämolyse übergeht. Bei höheren Temperaturen (37 °C) wird dieser Vorgang beschleunigt. Wichtig ist, zu wissen, daß das Auftreten

Tabelle 4.10-1: Ausfall der Agglutinationsreaktion durch Hämolyse (H) (+, + +, + + +) bei verschiedenen Temperaturen

Verdünnung 1:		2	4	8	16	32	64	128
Temperatur	4 °C	+	+ +	+ + +	+ + +	+ + +	+ + +	+ + +
Anti-A	23 °C	+	+	±	+ +	+ +	+ + +	+ + +
	37 °C	+	+	+	+	±	+	+ + +

der Hämolyse die Agglutination hemmt und dadurch Fehlablesungen bei der Blutgruppenbestimmung möglich sind.

In nachstehender **Tabelle 4.10-1** ist am Beispiel einer 2-stündigen Reaktion von A-Erythrozyten mit einem in einer Titer-Reihe verdünnten Anti-A-Serum dargestellt, wie die aufgetretene Hämolyse (H) den Ausfall der Agglutinationsreaktion bei verschiedenen Temperaturen beeinflussen kann.
(Tabelle 4.10-1)
Mit den industriell hergestellten Testseren tritt bei Einhaltung der angegebenen Ablesezeit keine Hämolyse auf. Bei dem Probandenserum (Patienten), das zur Zweitbestimmung bei der AB0-Blutgruppenbestimmung mit Testerythrozyten der bekannten Blutgruppen A_1, A_2, B und 0 verwendet wird, können aber neben den agglutinierenden Antikörpern auch hämolysierende Antikörper vorkommen, die dann im Ansatz zu einer totalen oder teilweisen Hämolyse führen bzw. eine Agglutination soweit abschwächen, daß sie leicht übersehen werden kann. Da für die Hämolyse Komplement erforderlich ist, kann man diese durch Inaktivieren des Serums (Erhitzen des Serums auf + 56 °C für die Dauer von 30 Minuten) verhindern. Durch Inaktivierung des Serums werden die thermolabilen Anteile des Komplements zerstört.

4.10.0.2 Verwechslungen

Die meisten Fehler in der Blutgruppenserologie werden durch Verwechslungen der Proben verursacht, wobei besonders häufig die nachträgliche Beschriftung von Proberöhrchen auf den Stationen zu Vertauschungen führt. Es wird deshalb gefordert, daß die Proberöhrchen zunächst mit Namen, Vornamen und Geburtsdatum bzw. der Kennummer des Probanden/Patienten beschriftet werden. Erst anschließend wird das von dem Probanden/Patienten entnommene Blut in die Röhrchen gegeben. Am besten zeigt man dann das Röhrchen dem Patienten und fragt ihn: „Ist Ihr Name auf dem Röhrchen richtig geschrieben?" Durch diese weitere Kontrolle hat man eine Röhrchenverwechslung praktisch ausgeschlossen.

Eine Korrektur der Beschriftung durch Radieren, Überkleben oder ähnliches darf dann nicht mehr erfolgen. Ungenügend oder nicht richtig beschriftete Proberöhrchen sind von vornherein aus dem Untersuchungsgang auszuschließen, es sei denn, es handelt sich um Notfälle. Weiter muß darauf geachtet werden, daß die Klebeetiketten für die Beschriftung fest am Probengefäß haften und nicht durch normale Umwelteinflüsse abgelöst werden. Am besten wird eine Absicherung der Befunde gegen Verwechslungen bei der Entnahme und im Labor durch eine weitere, zu einem späteren Zeitpunkt abgenommene Blutprobe mit nachfolgenden Untersuchungen erreicht. Hierbei müssen die Kontrollen unabhängig von der ersten

Blutprobe in den Untersuchungsgang eingeführt und die Ergebnisse der Untersuchungen miteinander verglichen werden. Bei vollkommener Übereinstimmung darf man dem Ergebnis trauen.

4.10.0.3 Gewinnung und Aufbewahrung der Blutproben

Bevor eine Blutprobe in den Untersuchungsgang kommt, sollte man sich durch Augenschein überzeugen, ob eine Hämolyse stattgefunden hat, um auszuschließen, daß die Blutprobe nicht längere Zeit gestanden hat. Ferner sollte keine starke Lipidtrübung auffallen. Außerdem ist darauf zu achten, daß das Entnahme-Datum der Blutprobe nicht länger als 48 Stunden zurückliegt. Andererseits sollte bei Nativ-Blut die Blutprobe auch nicht zu frisch sein, da bei noch nicht abgeschlossener Gerinnung weiterhin Gerinnsel gebildet werden, die man irrtümlich als Agglutinate ansehen kann und als positives Resultat wertet.

4.10.0.4 Reagenzien und Chemikalien

Kochsalzlösung: Die physiologische Kochsalzlösung wird bei vielen blutgruppenserologischen Untersuchungen verwendet und sollte aus reinem, kristallisiertem NaCl hergestellt werden. Wenn nicht anders vorgeschrieben, werden 9 g in 1 l demineralisiertem Wasser aufgelöst. Die Lagerung sollte in Plastikflaschen aus möglichst inertem Kunststoff erfolgen und bei 4 °C nicht länger als 14 Tage betragen. Auch muß darauf geachtet werden, daß die Gefäße vor Neueinfüllung frischer Kochsalzlösung stets in einwandfrei gesäubertem Zustand sind. Es ist schon beobachtet worden, daß sogar Flaschen verwendet worden sind, die durch einen grünlichen Belag anzeigten, daß Algenwachstum stattgefunden hatte. Durch eine nicht einwandfreie Kochsalzlösung treten häufig falsch positive Resultate auf. Diese können sowohl durch Schwermetallionen, kleine Glaspartikel und/oder durch organische Substanzen, z. B. aus Algen- oder Bakterienwachstum, ausgelöst sein.

Proteasen: Proteasen werden im gefriergetrockneten Zustand geliefert und sind erst zum Gebrauch mit der beigepackten Lösung aufzubereiten. Die angegebene Laufzeit ist unbedingt zu beachten. Die Lagerung in gut geschlossenen Flaschen erfolgt wie bei allen biologischen Materialien bei + 4 °C. Sind die Proteasen aufgelöst, sind sie in kleinen Portionen einzufrieren. Nicht eingefrorene Protease-Lösungen sind nur 24 Stunden bei Raumtemperatur haltbar. Aufgetaute Proben müssen nach wenigen Stunden verworfen werden.

Zur Prüfung der Proteasenaktivität wird ein IgG-Anti-D Serum in 2^n-Stufen mit inertem AB-Serum verdünnt; die einzelnen Verdünnungen werden gegen D-positive Erythrozyten mit der entsprechend vorgeschriebenen 1- oder 2-Stufentechnik getestet. Die gefundenen Titer und Score-Zahlen sollten mindestens die gleiche Höhe wie ein parallel durchgeführter Antiglobulin-Test mit gleichem Serum und gleichen Erythrozyten haben.

Wird der 2-Stufen Test angewendet, müssen Zellen aller AB0-Gruppen gegen antikörperfreies AB-Serum mit der vorgesehenen Methode geprüft werden, wobei die Inkubationszeit gegenüber den Angaben des Herstellers verdoppelt wird. Es darf weder eine Agglutination noch eine Hämolyse sichtbar sein.

Erythrozytensuspensionen: Zum Nachweis von Antikörpern werden Erythrozytensuspensionen benötigt. Die Empfindlichkeit der Reaktionen hängt im wesentlichen von der Qualität der roten Blutkörperchen ab. Man sollte deshalb für differenzierte Untersuchungen kommerziell hergestellte „Panel" verwenden und die Reaktivität dieser Zellen gegen verschiedene Standard-Antiseren von Zeit zu Zeit untersuchen. Da es nicht möglich ist, sämtliche erythrozytären Antigene auf ihre Reaktivität zu testen, hat man sich geeinigt, nur solche Determinanten zu prüfen, die sich während der Lagerungszeit verändern können. Diese sind P1, K und Le^a. Auch sollte man sich täglich durch Augenschein vergewissern, ob die Zellsuspensionen hämolytisch geworden sind oder ihre Farbe verändert haben. Beides deutet auf eine Kontamination bzw. nicht optimale Lagerungstemperatur hin, so daß diese Zellsuspensionen für Testzwecke ungeeignet sind. Ebenso sollte man täglich mit Anti-D sensibilisierte Erythrozyten überprüfen, die als Marker im Antiglobulintest zur Bestätigung des negativen Resultates fungieren.

Testseren: Die Testseren oder Antiseren sind Reagenzien, die Antikörper gegen bestimmte antigene Determinanten der Erythrozyten-Oberfläche beinhalten. Diese Antikörper werden im allgemeinen von Personen gewonnen, die durch Schwangerschaften oder unbeabsichtigte Fehltransfusionen sensibilisiert worden sind. Daneben gibt es auch Testseren von Tieren (z. B. Anti-M oder Anti-N) oder Pflanzenextrakte (z. B. Anti-H, Anti-A_1). Neuerdings ist es gelungen, auch über Zellkulturen in vitro Blutgruppenantikörper zu gewinnen (monoklonale Antikörper), die den Vorteil haben, daß sie mit konstanten Titern, immer gleicher Avidität und in beliebigen Mengen erzeugt werden können. Für den Routinebetrieb werden diese Testseren seit kurzem nicht nur für seltene Blutfaktoren, sondern auch für das AB0- und Rh-System angeboten; sie werden aber wegen ihres noch relativ hohen Preises zunächst speziellen Fragestellungen und solchen Faktorenbestimmungen, für die durch Immunisierung gewonnene Testseren nicht zur Verfügung stehen, vorbehalten bleiben.

Die Beipackzettel der Testseren sind genauestens zu beachten, da sie die Methode beschreiben, mit der die jeweiligen Testseren optimal reagieren. Da die Reagenzien überwiegend aus biologischem Material hergestellt sind, kann während der Lagerung, d.h. bis zum Gebrauch, einiges passieren: es können Allo-Antikörper wieder auftreten, die während der Herstellung nicht vollständig absorbiert waren, nun aber zu unspezifischen Reaktionsausfällen führen. Ferner können unerwünschte spezifische Allo-Antikörper auftreten, die zur Zeit der Herstellung nur mit anderen Techniken nachweisbar waren, die nicht den im Beipackzettel empfohlenen Methoden entsprechen. Ferner kann es vorkommen, daß die spezifischen Antikörper in den Testseren während der Lagerung völlig verschwinden oder so abgeschwächt werden, daß die Reaktion mit heterozygoten oder schwach reagierenden Zellen fast vollständig ausbleibt.

Ebenso wie bei allen anderen flüssigen Reagenzien ist nicht auszuschließen, daß auch die Testseren bakteriell kontaminiert sind, wodurch ebenfalls falsch positive Resultate (Thomsen-Phänomen) auftreten können. In diesen Fällen ist die Erythrozyten-Oberfläche verändert. Bakterienneuraminidase spaltet von den roten Blutkörperchen Neuraminsäure ab, so daß nun Rezeptoren als Kryptantigene wirksam werden. Diese neuen Strukturen heißen T-Rezeptoren und reagieren mit Anti-T, das in unterschiedlicher Konzentration im Serum Erwachsener vorkommt. Es kann so passieren, daß AB-Serum die bakteriell veränderten Erythrozyten unabhängig von ihrer Blutgruppe agglutiniert.

Antiglobulin-Seren (Coombs-Seren) zeigen auch heute noch substantielle Unterschiede in der Reaktivität. Diese Differenzen treten nicht nur bei verschiedenen Herstellern auf, sondern finden sich auch, je nach Charge, bei ein und demselben Hersteller. Bisher hat man sich nicht auf einheitliche Tests zur Prüfung der Antiglobulin-Seren einigen können, obwohl man sich darüber im klaren ist, welche Eigenschaften diese Seren haben sollen:

- diese Antiglobulin-(AHG)-Seren dürfen unsensibilisierte Erythrozyten nicht agglutinieren, einerlei aus welchen Blutproben sie stammen; sei es aus geronnenem Blut, das bis zu 24 Stunden kühl gestanden hat, oder aus bis zum Ende der Laufzeit gelagertem Konservenblut. Auch Erythrozyten aus Nabelschnurblut und mit Enzymen behandelte Zellen müssen nach Versetzen mit AHG-Serum reaktionslos bleiben
- das Reagenz muß sensibilisierte Zellen agglutinieren, die IgG-Allo-Antikörper in verschiedener Konzentration tragen
- das AHG-Serum muß bei verschiedenen Verdünnungen eines komplementbindenden Standard-Serums zur Agglutination führen, z. B. muß Anti-Le^a in der Anwesenheit von Komplement zu einem signifikant höheren Titer führen, als wenn das Komplement durch Zusatz von K_2-EDTA (oder auch durch Erhitzen auf + 56 °C) inaktiviert wurde.

Die kommerziell hergestellten Testseren Anti-A, Anti-B, Anti-A + B und Anti-D (inkl. CDE, CD, DE) müssen durch staatliche Institutionen (in der BRD das Paul-Ehrlich-Institut in Frankfurt) auf Titer und Avidität geprüft sein. Sie werden dort auch während der Laufzeit in bestimmten Zeitabständen überprüft und bei einem vorzeitigen Abfall des Titers von den Verbrauchern (über die entsprechenden Firmen) zurückgerufen. Diese Testseren erfüllen einen Mindeststandard, so daß zuverlässiges Arbeiten damit gewährleistet ist, falls die in den Beipackzetteln angegebenen Vorschriften eingehalten werden. Hierzu gehört:

- das Serum muß sich in der angegebenen Laufzeit befinden
- die für das Serum geeigneten Techniken müssen angewendet werden (Objektträger- bzw. Plattentest, Röhrchentest, etc.)
- das Reaktionsmilieu muß beachtet werden (NaCl, Albumin)
- die vorgeschriebene Temperatur muß eingehalten werden (4 °C, Raumtemperatur, 37 °C - Brutschrank/Wasserbad)
- die Reaktionszeit (Sofortablesung, Inkubationszeit, etc.) ist wichtig. Auch sollte man darauf achten, daß nach dem Mischen der Antiseren mit den Erythrozyten-Suspensionen das Reaktionsgemisch auf Grund zu langen, unabgedeckten Stehens eindickt. Ansonsten wird die Konzentration der häufig zugesetzten Supplemente derart erhöht, daß unspezifische Reaktionen auftreten können
- die Methode (direkte Agglutination, Coombs-Test = Antihumanglobulintest) ist entscheidend. Es gibt z. B. Testseren, die ausschließlich im Coombs-Test reagieren und im NaCl- oder Albuminmilieu falsch negative Resultate ergeben
- das Verhältnis von Serum zu Erythrozyten (Erythrozytensuspensionen, 5%ig, 10%ig, 20%ig, 50%ig oder konzentriert, und Mengenverhältnis) muß entsprechend der Gebrauchsanweisung eingehalten werden

- die Zentrifugierzeit und die -geschwindigkeit sind für die Reaktionsstärke von Bedeutung
- bei der Ablesung muß das Aufschütteln (Röhrchentest) vorsichtig und gleichmäßig erfolgen. Der Zusammenhalt von Agglutinaten ist unterschiedlich; man kann durch zu starkes Schütteln auch Agglutinate trennen und Erythrozyten resuspendieren, so daß ein falsch negatives Ergebnis abgelesen wird.

4.10.0.5 Kontrollen

Aufgrund der vielen Fehlermöglichkeiten ist es daher erforderlich, jeden Tag bei der Blutgruppenbestimmung eine Positiv- und Negativkontrolle mitlaufen zu lassen. Hat man nicht die Möglichkeit, Blut mit bekannten Blutgruppen von Spendern oder Personal zu verwenden, kann man Kontrollerythrozyten und Kontrollseren von der Industrie beziehen. Auch bei diesen ist unbedingt auf die Laufzeit zu achten.

Zur Sicherung der Blutgruppenbestimmung ist immer eine Doppelbestimmung erforderlich. Die ideale Doppelbestimmung sollte folgendermaßen erfolgen:

- die Untersuchung wird an zwei getrennt voneinander vom Patienten abgenommenen Blutproben vorgenommen
- es werden zwei voneinander unabhängige Blutgruppenbestimmungen durchgeführt
- die Untersuchung muß mit Testseren bzw. Testerythrozyten zweier verschiedener Hersteller, mindestens aber mit verschiedener Chargen-Nummer erfolgen
- die Ablesung der Ergebnisse wird von zwei verschiedenen Personen vorgenommen, von denen eine ein fachkundiger Arzt sein sollte
- die Protokollierung und der Vergleich der Ergebnisse werden von zwei verschiedenen Personen durchgeführt.

Diese Idealuntersuchung ist in der Praxis (z. B. bei Notfällen und im Nachtdienst) kaum durchführbar. Man sollte aber versuchen, sich möglichst wenig vom Ideal zu entfernen. Die Bestimmung mit zwei verschiedenen Testseren bzw. Erythrozytensuspensionen muß aber immer möglich sein.

4.10.0.6 Protokollierung

Nach langjährigen Erfahrungen genügt es für die Protokollierung der Resultate nicht, nur das Ergebnis niederzuschreiben, sondern es muß auch der Reaktionsausfall „negativ" bzw. „positiv" mit Angabe der Stärke, z. B. $+++$, $++$, $+$, $\pm$ festgehalten werden. Darüber hinaus sollen nach den Richtlinien die benutzten Testseren (Hersteller, Chargen-Nummer) protokolliert werden. Bei der Personalangabe muß der vollständige Name, Vorname, Geburtsdatum und Einsender der Bestimmungsanforderung niedergeschrieben sein. Für Reihenbestimmungen genügt auch eine Kontrollnummer, die auf dem Einsendeformular nach der Trennung von Serum und Erythrozyten auch auf den beiden Röhrchen mit Serum bzw. Erythrozyten und im Protokollbuch festgehalten ist. Zusätzlich sollte diese Nummer dann auch noch auf der Befundmitteilung vermerkt sein.

4.10.1 AB0-Blutgruppe

Die Ablesung bei der AB0-Blutgruppenbestimmung mit Testseren und Testerythrozyten muß reziprok sein, d. h. wenn ein Antigen reagiert hat (z. B. A), muß im Serum der korrespondierende Antikörper fehlen (im genannten Beispiel das Anti-A). Stellt man sich selbst Testerythrozyten für die Blutgruppenbestimmung her, so sollten hierzu besonders für Suspensionen der Blutgruppe A_1 und A_2 immer Mischungen von jeweils vier verschiedenen Bluten der entsprechenden Gruppe erfolgen, da die Agglutinabilität der Erythrozyten unterschiedlich stark ist. Man kann so annähernd einen einheitlichen Reaktionsausfall erwarten.

Aufzeichnung der Ergebnisse der AB0-Blutgruppenbestimmung: Bei der AB0-Blutgruppe genügt es als Doppelbestimmung, wenn einmal mit Testseren und als Zweitbestimmung mit Testerythrozyten im Patienten-Serum gearbeitet wird. Ausnahmen sind hier aber Neugeborene, Greise und kachektische Patienten, sowie Personen mit Agamma- bzw. Hypogammaglobulinämien, die oft keine oder nur sehr wenige A- und/oder B-Antikörper im Blut haben und deswegen die Testerythrozyten nicht mehr agglutinieren. In diesem Fall muß die Bestimmung mit zwei verschiedenen Testseren erfolgen. Bei bestimmten Erkrankungen (z. B. M. Waldenström, Leukämien, Myelomen, hämolytischen Anämien, etc.) können Störungen bei der Blutgruppenbestimmung auftreten (z. B. Paraproteine, Autoantikörper). Deshalb sollte man bei Blutgruppenbestimmungen von Patientenblut immer auf der Angabe der Diagnose bestehen.

4.10.2 Rhesus-System

Vom Rh-System wird im Regelfall nur der Faktor D bestimmt, da er die stärkere Antigenität besitzt, also am ehesten zur Antikörperbildung anregt. Die größeren Kliniks- und Krankenhausbluttransfusionsdienste führen darüber hinaus bei ihren Spendern die Bestimmungen der Faktoren C, c, E, e und vom Kell-System K und k durch, da besonders in den hämatologischen Abteilungen häufig Patienten liegen, bei denen zahlreiche Transfusionen durchgeführt worden sind bzw. werden, und die somit einer erhöhten Gefahr der Antikörperbildung ausgesetzt sind. Für diese Patienten sind daher zur Bluttransfusion Blut- und Erythrozytenkonserven auszuwählen, deren Genformel weitgehend verträglich, d. h. fast ohne Sensibilisierungsgefahr für den Empfänger ist (**Tabelle 4.10-2**).

Tabelle 4.10-2: Einfluß der Rh-Faktoren des Spenders auf den Empfänger bei Bluttransfusionen in %

Empfänger	Häufigkeit	Mögliche Spender
C c D E e	13	Alle Varianten
c c D E e	12	„ , nur selten Anti-C
C c D e e	35	„ , außer E
C C D e e	18	„ , außer c und E
c c D E E	2	„ , außer C und e
c c D e e	2	„ , außer C und E
c c . e e	15	Nur Rh-negativ: c c . e e

Von diesem Schema kann man relativ gefahrlos bei älteren Patienten und notfalls auch bei Männern abweichen, jedoch sollte man keinesfalls bei Frauen vor der Menopause eine Antikörperbildung provozieren.

Die Testseren mit inkompletten Antikörpern enthalten Supplemente, durch die die Agglutination der Erythrozyten erst ermöglicht wird. Dadurch kann es aber auch zur Agglutination bzw. agglutinationsähnlichen Erscheinungsbildern kommen, wenn sich im Patientenblut sensibilisierte Erythrozyten (z. B. durch Autoantikörper) befinden oder Proteinverschiebungen vorkommen, die schon in vitro zu einer Reaktion mit den Erythrozyten führen können. Es ist daher erforderlich, daß bei jeder Rh-Faktorenbestimmung, außer den Kontrollen mit positiven und negativen Blutkörperchen bekannter Faktoren, auch eine Kontrolle mit dem Verstärkungsmedium, im allgemeinen Rinderalbumin, durchgeführt wird. Rinderalbumin (20 bis 25%-ige Lösung) ist das am häufigsten verwendete Verstärkungsmittel. Gegebenenfalls sind die Erythrozyten vor der Testung mit isotonischer Kochsalzlösung zu waschen, um die Autoantikörper o. ä. zu entfernen.

Bei der Objektträger- bzw. Plattenmethode kommt ein weiterer Störfaktor hinzu. Insbesondere bei höheren Temperaturen treten vom Rande her Eintrocknungserscheinungen auf, die der weniger Erfahrene mit einer beginnenden Agglutination verwechseln kann. Durch nachträgliches Zufügen von 1 bis 2 Tropfen NaCl-Lösung läßt sich im allgemeinen eine Differenzierung ermöglichen, da die nicht echten Agglutinate durch die Verdünnung mit Kochsalzlösung wieder verschwinden.

Wird nicht die Rh-Genformel, sondern nur der Faktor D des Rhesus-Systems bestimmt (oft bei Vorsorgeuntersuchungen und in Notfällen), ist es zweckmäßig, als zweites Testserum ein Anti-C + D + E-Serum zu verwenden. Hierdurch ist bei negativem Ausfall der Reaktion mit Anti-D erkennbar, ob eventuell ein C- bzw. E-Faktor vorhanden ist. Ist D negativ bestimmt worden, muß man nach den Richtlinien auch eine Untersuchung auf D^u vornehmen. Hierzu wird der Röhrchentest-Ansatz mit dem Anti-D-Serum zum Anti-Globulintest weitergeführt und auf Agglutination untersucht. Ist der Test positiv, so liegt der Faktor D^u vor.

4.10.3 Kell-System

Bei der Bestimmung der Kell- und Cellano-Faktoren ist das Mitführen von positiven und negativen Kontrollerythrozyten zur Vermeidung von Fehlern ebenfalls sehr wichtig. Auch ist die Beachtung der den Testseren beigegebenen Anweisungen von großer Bedeutung, da diese Seren im allgemeinen nur bei Einhaltung der angegebenen Methode zuverlässige Resultate ergeben. Zum Beispiel erfordern die meisten Anti-Cellano-Seren die Anwendung des AHG-Tests. Sollte jedoch für das betreffende Serum der einfache Platten- oder Röhrchentest zur Bestimmung des K- bzw. k-Faktors nach Angaben des Herstellers ausreichend sein, so ist bei negativem oder fraglich positivem Reaktionsausfall zu empfehlen, das Ergebnis zusätzlich durch den AHG-Test abzusichern. Hierzu ist allerdings Grundvoraussetzung, daß die Testseren nicht weitere AHG-reaktive Antikörper aus anderen Systemen beinhalten. Die im AHG-Test negativen Ergebnisse müssen dann immer mit sensibilisierten Kontrollerythrozyten auf die Richtigkeit des negativen Ergebnisses überprüft werden.

4.10.4 MNS-System

Das MNS-System ist für die Bluttransfusion von untergeordneter Bedeutung, da Transfusionszwischenfälle durch das MNS-System außerordentlich selten sind. Man hat bisher nur von Zwischenfällen durch Anti-S oder Anti-s gehört, aber nicht durch Anti-M oder Anti-N, die im Regelfall Kälteantikörper sind. Dieses System ist aber, außer für forensische Zwecke, auch zur Identitätskontrolle des eingesandten Blutes nützlich, da die Gen-Verteilung relativ gleichmäßig ist und dadurch oft die Unterscheidung der Blute untereinander ermöglicht wird. Die MNS-Faktoren werden daher von manchen Laboratorien mitbestimmt. Beim MN-System sind die Antikörper (Anti-M und Anti-N) im allgemeinen Kälteantikörper, d.h. sie reagieren besser bei geringen Temperaturen (4 °C oder Raumtemperatur) als bei 37 °C. Dabei ist zu beachten, daß die Reaktionszeit mit sinkender Temperatur zunimmt, im Kühlschrank der Ansatz also länger verweilen muß als bei Raumtemperatur. Deshalb müssen diese Ansätze in einer feuchten Kammer erfolgen, um durch Eintrocknungserscheinungen Fehlinterpretationen zu vermeiden. Die Ergebnisse sind im allgemeinen klar und eindeutig; es muß allerdings erwähnt werden, daß schwache Faktoren vorkommen, die leicht übersehen werden können. Diese spielen aber nur für die forensische Blutgruppenbestimmung eine Rolle, da bei der Identitätssicherung jedesmal dasselbe (evtl. falsche) Resultat vorliegen wird. Das MN-System ist durch die Entdeckung der Faktoren S und s erweitert worden. Die Antikörper verhalten sich ähnlich wie die Antikörper des Kellsystems, da sie auch durch Schwangerschafts- oder Transfusionssensibilisierung gebildet werden. Bei ihrer Bestimmung ist daher bei Verwendung industrieller Testseren das dort Gesagte zu beachten. Anti-M und Anti-N Antikörper kommen beim Menschen nur selten vor und wenn, dann nur mit niedrigem Titer. Die industriell gelieferten Testseren sind daher tierischen Ursprungs.

4.10.5 Andere Blutgruppensysteme

Die Zahl der bekannten Blutgruppensysteme vermehrt sich ständig, wobei sich Neuentdeckungen nicht nur auf erythrozytäre Systeme beschränken. Inzwischen sind differenzierte Determinanten-Systeme bekannt geworden, die Leukozyten, Plasma und Plättchen betreffen. Transfusionsreaktionen durch diese Systeme wurden beschrieben, so daß man in die Aufklärung von Zwischenfällen die Leukozyten-, Plättchen- und Plasma-Antikörper einbeziehen muß.

Bei der Bestimmung der jeweiligen Faktoren müssen die vom Serumhersteller angegebenen Anweisungen exakt beachtet werden. Im allgemeinen werden diese Bestimmungen jedoch den Speziallaboratorien vorbehalten bleiben, da sie überwiegend wissenschaftliche und forensische Bedeutung haben. Oft besitzen nur wenige Laboratorien entsprechende Seren, falls sie nicht zwischenzeitlich sogar verbraucht sind, so daß die Feststellung bestimmter Erythrozyteneigenschaften nicht mehr möglich ist.

4.10.6 Zusammenfassung

Die Qualitätskontrolle der Testseren für den Routinegebrauch muß gewährleisten, daß die Reaktionen spezifisch und entsprechend stark sind. Ferner sollen die Testseren auch auf die Erfassung schwacher Antigene überprüft werden. Hierzu wählt man als positive Kontrollzellen solche, von denen bekannt ist, daß sie schwache Reaktionen liefern; z. B. sollten A_2 oder AB-Zellen für die Kontrolle von Anti-A, DCE/dce-Zellen für die von Anti-D genommen werden. Antiglobulin-Seren müssen die Anforderungen auf Spezifität und Reaktivität erfüllen und darüber hinaus mit Komplement beladene Erythrozyten agglutinieren. Die Testerythrozyten müssen täglich auf ihre Reaktivität geprüft werden, indem man sie mit Verdünnungen verschiedener Standardseren testet. Ferner sollte bei Beginn eines jeden Arbeitstages die visuelle Prüfung auf Hämolyse und Farbveränderung vorgenommen werden. Rinderalbumin darf weder Geldrollenbildung noch Hämolyse hervorrufen. Proteasen werden am besten durch Titrierung eines IgG Anti-D-Serums im Vergleich mit dem indirekten Antiglobulin-Test geprüft. Titer und Scorezahl muß hierbei mindestens gleich sein. Ferner dürfen alle Zellen der AB0-Gruppen, die gegen AB-Serum getestet werden, weder Agglutination noch Hämolyse zeigen. Reagenzien und Geräte sind ebenfalls täglich auf Sauberkeit und Funktionstüchtigkeit zu überprüfen, wobei vor allem der NaCl-Lösung besondere Beachtung geschenkt werden muß. Bei den Wasserbädern zur Inkubation der Reaktionsgemische ist stets die geforderte Temperatur durch ein Thermometer zu kontrollieren.

4.10.7 Qualitätssicherung in der Blutgruppenserologie in Ringversuchen

Für die Qualitätssicherung in der Blutgruppenserologie sollte die Durchführung von Ringversuchen für alle Laboratorien, die sich mit diesen Untersuchungen beschäftigen, zwingend vorgeschrieben werden, wie es von Drescher und Josef (1984) wieder gefordert wurde.

Vor einer Reihe von Jahren hat *INSTAND* mit der Durchführung von blutgruppenserologischen Ringversuchen angefangen. Die Ergebnisse waren beunruhigend. Nach einer Zusammenstellung der oben genannten Autoren ergibt sich in der Zeitperiode 1977/78 im relativ einfach zu bestimmenden AB0-System eine Fehlerquote von durchschnittlich 2,1% (s. **Tabelle 4.10-3**). Die Resultate nach weiteren 5 Jahren ergeben eine durchschnittliche Fehlerquote von 2,9% und somit keine Verbesserung der Ergebnisse, wobei allerdings das Resultat durch das sehr schlechte Ergebnis des Ringversuchs Mai/Juni 1982 ungünstig beeinflußt ist (**Tabelle 4.10-4**).
Während die Ringversuche bei der Bestimmung der Rh-Faktoren Fehlerquoten in ähnlicher Größenordnung aufgewiesen haben, verschlechterte sich das Ergebnis ganz erheblich, wenn unter den Proben ein D^u war.

Auch bei den Antikörpersuchtesten war die Fehlerhäufigkeit ganz erheblich, so daß Drescher und Josef (1984) die Ansicht äußern, „Antikörper gegenüber den Blutgruppenantigenen sind sicherlich für manchen höhere Mathematik". Die Fehlbestimmung einer Blutgruppe oder das Nichterkennen von Antikörpern in der Verträglichkeitsprobe vor Bluttransfusionen kann aber zu schweren, manchmal tödlichen Zwischenfällen führen. Ebenso können solche Fehler bei der Schwangeren-

Tabelle 4.10-3: Ringversuche Immunhämatologie, AB0-System.
Nach K. H. Drescher, D. Josef (1984)

	Probe 1	Probe 2	falsch (%)
Februar 77	A_1	0	2,5
April 77 I	B	0	2,4
April 77 II	A_1	A_1	0,0
September 77	A_2	B	6,5
November 77 I	0	0	1,4
November 77 II	A_1	A_1 B	2,2
Februar 78	A_1	0	3,0

Tabelle 4.10-4: Ringversuche Immunhämatologie, AB0-System (1982)

	Probe 1	Probe 2	falsch (%)
Februar 82	0	A_2	2,7
Mai/Juni 82	B	A_1 B	7,4
August 82	0	A_2	0,9
November 82	A_1 B	A_1	1,7
Februar 83	A	0	1,7
Mai 83	A_1 B	A_1	1,9
August 83	B	A	3,8

Tabelle 4.10-5: Ringversuche Immunhämatologie in der Bundesrepublik Deutschland, durch INSTAND, Februar 1977 bis Februar 1978 nach K. H. Drescher, D. Josef (1984)

	Zahl	Total falsch	Fehler (%)
AB0	641	18	2,0
Rh-Faktor (D)	641	100	15,6
Rh-Merkmale Cc Ee	441	44	10,0
Antikörper-Suchtest	478	109	22,8
Antikörper-Differenzierung	243	57	23,5

vorsorgeuntersuchung zur Unterlassung oder zumindest zur Verzögerung der Vorbereitung und Durchführung lebensrettender Maßnahmen für das Neugeborene führen.

Die Zahl derjenigen, die derzeit an Ringversuchen teilnehmen, ist immer noch verschwindend klein gegenüber der großen Zahl von Krankenhauslaboratorien, niedergelassenen Laborärzten, Gynäkologen und Fachärzten anderer Richtungen sowie Allgemeinärzten, die Blutgruppenbestimmungen und zum großen Teil auch Verträglichkeitsproben vor Bluttransfusionen sowie Antikörpersuchteste durchführen. Die Teilnehmer gehen bei den Ringversuchen von der AB0-Blutgruppe bis zur Antikörperdifferenzierung entsprechend dem zunehmenden Schwierigkeitsgrad der Untersuchungstechnik kontinuierlich zurück (**Tabelle 4.10-5**), während die Fehlergebnisse in entgegengesetzter Richtung ansteigen.

Tabelle 4.10-6: Angabe wichtiger Störfaktoren beim Ringversuch

a) bei *Blutgruppenbestimmungen*:

Störfaktor	Ergebnis
Schwache A Eigenschaft	Bei Gruppe AB ist B bestimmt Bei Gruppe A ist 0 bestimmt
Serumeiweißverschiebungen z. B. Dysproteinämie, Beimengungen z. B. Warthonscher Sulze im Nabelschnurblut	vorgetäuschte Agglutinationen
Antikörperbeladene Erythrozyten z. B. bei Erythroblastose, bei autoimmunhämatologischen Syndromen	unspezifische Agglutinationen
Irreguläre Antikörper	falsche Agglutinationen
Polyagglutinationsphänomene	alles agglutiniert
Stark erhöhte BSG	Pseudoagglutination

Tabelle 4.10-7: Angabe wichtiger Störfaktoren beim Ringversuch

b) beim *Antikörpersuchtest und bei der Kreuzprobe*:
Neben den in Tabelle 4.10-6 genannten kommen folgende Störfaktoren hinzu:

Störfaktor	Ergebnis
Begrenzte Zahl der verfügbaren Testerythrozyten mit den erforderlichen Determinanten	eindeutige Differenzierung seltener Antikörper oft nicht möglich
Beschaffenheit der Erythrozyten: zu alt	Areaktivität
verkeimt	Polyagglutinabilität
Besonderheiten des zu untersuchenden Serums z. B. Eiweißverschiebungen	Polyagglutinationen (Vortäuschung des Vorhandenseins von Antikörpern)
Medikamentös induzierte Antikörper bei Nichteinbringung des auslösenden Medikamentes in den Testansatz	kein Nachweis des medikamentös induzierten Antikörpers

in Anlehnung an K. Krämer und V. Sachs (1982)

Da erfahrungsgemäß an den freiwilligen Ringversuchen nur relativ gut arbeitende Untersucher teilnehmen, sind die Teilnehmer als eine positive Auswahl anzusehen.

Der jeweilige Ausfall der Ringversuche ist stark von der Auswahl der Proben abhängig. Krämer und Sachs (1982) haben die wichtigsten Störfaktoren bei der Blutgruppenbestimmung und den Antikörpernachweis zusammengestellt (s. **Tabellen 4.10-6 und 4.10-7**).
Mayr (1984) macht besonders auf Fehlermöglichkeiten bei der Anwesenheit von Medikamenten in den Blutproben von Patienten aufmerksam.

Tabelle 4.10-8: AB0- und Rh-D-Bestimmung 1981 in USA im Ringversuch bei annähernd 2.300 Teilnehmern. Nach R. H. Walker et al. 1983

Ringversuch	Probe-Nr.	Blutgruppe	Fehler (%)
J-A	J-1-R	A_1 Rh-pos	99,3
	J-2-R	0 Rh-neg	98,1
	J-3-R	A_2 Rh-pos	98,6
J-B	J-5-R	A_2 Rh-pos	98,1
	J-6-R	A_1 B Rh-pos	97,6
	J-7-R	A_2 B Rh-pos	98,1
J-C	J-9-R	0 Rh-pos	99,4
	J-10-R	0 Rh-neg	97,3
	J-11-R	0 Rh-neg	98,6
J-D	J-13-R	B Rh-pos	99,5
	J-14-R	B Rh-pos	99,3
	J-15-R	B Rh-pos	99,5

Die zahlreichen Fehlermöglichkeiten müssen der blutgruppenserologisch und immunhämatologisch tätige Arzt sowie sein Mitarbeiterstamm kennen, um falsche Untersuchungsergebnisse zu vermeiden.

Eine weitere Fehlerquelle ist besonders in Krankenhauslaboratorien möglich. In diesen Laboratorien, die rund um die Uhr arbeiten müssen, zeigt sich ein „Tag-Nacht-Gefälle" bei den Fehlbestimmungen (Busch, 1976), da nachts oft unter besonderem Zeitdruck die Untersuchungen von mit der Materie weniger vertrautem Personal durchgeführt werden müssen. Die Einbeziehung auch der Nacht- und Feiertagsbereitschaftsdienste bei der Durchführung der Ringversuche ist daher als eine zwingende Notwendigkeit zu betrachten, damit auch diese Bereitschaftsdienste ausreichend geschult werden.

Die Durchführung von Ringversuchen ist somit zur Qualitätskontrolle bei allen Ärzten und in Krankenhäusern, die blutgruppenserologische und immunhämatologische Untersuchungen durchführen, ein ebenso großes Erfordernis wie in der klinisch-analytischen Chemie, wo die Qualitätskontrolle seit langem eine Selbstverständlichkeit ist. Auf dem Gebiet der blutgruppenserologischen Untersuchungen ist diese sogar besonders leicht durchzuführen, da sich hier fast immer nur eine klare Ja-Nein-Antwort ergibt. Vorbildlich in dieser Hinsicht sind Mitteilungen aus den *USA*.

Walker et al. (1983) berichten über die Ergebnisse von Ringversuchen in USA mit einer Teilnehmerzahl von annähernd 2300 Laboratorien im Jahr 1981. Mehr als 98% richtige Resultate wurden bei der AB0-Blutgruppe und dem Rh-Faktor D an Proben von Blutspendern und Patienten gefunden (s. **Tabelle 4.10-8**). Bei der Verträglichkeitsprobe (Kreuzprobe) wurden bei unverträglichen Bluten einmal 98,3%, bei einer anderen Probe 99,6% richtig erkannt. Weniger gut waren die Ergebnisse beim Antikörpersuchtest. Zwar wurde das Vorhandensein von Antikörpern in den meisten Fällen erkannt, es gelang jedoch oft nicht, den Antikörper zu identifizieren, wobei sich hier aber Unterschiede ergaben, je nachdem, welcher Antikörper vorlag. Sehr konsequent ist die blutgruppenserologische Qualitätskontrolle mittels Ringversuchen in der *DDR* aufgebaut. Sie liegt in den Händen der Bezirksinstitute für das Blutspende- und Transfusionswesen, die in ihrem Bezirk die für die Qualitätskontrolle erforderlichen Blutproben an die Krankenhäuser versenden und die Untersuchungsergebnisse auswerten. Diese Bezirksinstitute werden in ihrer Arbeit wiederum durch das Referenzlaboratorium für blutgruppenserologische Untersuchungen der DDR, das dem Bezirksinstitut für das Blutspende- und Transfusionswesen Berlin angeschlossen ist, kontrolliert, indem sie von dort jährlich zweimal Blutproben zur Differenzierung erhalten, die entsprechend der größeren Aufgaben einen höheren Schwierigkeitsgrad haben und schon für die Identifizierung ganz spezielle Kenntnisse voraussetzen, z. B. Seren, in denen mehrere Antikörper vorkommen, Blutproben von hämolytischer Anämie etc. Die Ergebnisse werden in Besprechungen mit den Teilnehmern diskutiert und außerdem schriftlich dem ärztlichen Direktor des Krankenhauses zur Weiterleitung an das Laboratorium zugesandt. In der Bundesrepublik könnte eine solche dezentrale Ringversuchs-Qualitätskontrolle so aufgebaut werden, daß die großen Speziallaboratorien der DRK-Blutspendedienste und der staatlichen und kommunalen Bluttransfusionsdienste für den Bereich ihrer Bezirksärztekammer Blutproben bzw. Seren an die Krankenhäuser und niedergelassenen Ärzte zur Untersuchung versenden und für ihren Bereich die Befunde auswerten. Diese mit blutgruppenserologischer Qualitätskontrolle beauftragten Laboratorien müßten sich dann selbst einer Kontrolle (z. B. 1 - 2 mal jährlich) durch ein Blutgruppenreferenzlaboratorium unterziehen.

4.11 HLA-Antigene

Immo Hoppe (Berlin)

4.11.0 Beschreibung der Analysengruppe

Merkmale des HLA-Systems sind an der Oberfläche aller kernhaltigen Zellen sowie der Thrombozyten vertreten. Sie werden gesteuert von mehreren eng gekoppelten Genorten des C6-Chromosoms. Für jeden Genort sind eine große Zahl verschiedener Allele nachgewiesen worden („multiple Allelie") (**Tabelle 4.11-1**), so daß die Merkmalskonstellation aller HLA-Genorte zusammen für jeden Menschen in höchstem Maße individualspezifisch ist. Dies hat unübersehbare Vorteile (Paternitätsforschung) wie Nachteile (Transfusions- und Transplantationswesen). Auf jeden Fall macht es die HLA-Typisierung zu einer der kompliziertesten serologischen Laborleistungen. Den klassischen, serologisch definierten (SD-) Genorten HLA-A, -B und -C steht der lymphozytär definierte (LD-) HLA-D-Locus gegenüber. Die SD-Antigene werden mit Hilfe spezifischer Testseren identifiziert. Bevorzugte Substrate sind Leukozyten/Lymphozyten und Thrombozyten. In der Praxis hat sich der Mikrolymphozytotoxizitätstest gegenüber dem Leukozyten-Agglutinationstest und dem Thrombozyten-Mikrokomplementfixationstest ganz allgemein durchgesetzt, wobei die Serologie der klassischen Genorte HLA-A und HLA-B auch heute noch die größte praktische Bedeutung hat. Für den Nachweis der LD-Merkmale sind Testlymphozyten erforderlich, deren Bestückung mit D-Antigenen bekannt ist. Aus ihrer Fähigkeit, die Lymphozyten eines Probanden in der Zellkultur zu Teilungsvorgängen zu stimulieren, werden Rückschlüsse auf dessen eigene HLA-D-Merkmale gezogen. Die HLA-D-Typisierung mit Hilfe der gemischten Lymphozytenkultur (MLC) ist ein umständliches Verfahren. Neuerdings deutet sich die Möglichkeit einer serologischen Definierung auch der D-Antigene über D-related antigens (DR-Antigene) der B-Lymphozyten an (Zytotoxizitätstest mit Doppelfluorochromierung).

Weiterführende Literatur: Bender, 1983.

4.11.1 Präventivmaßnahmen

Der Mikrolymphozytotoxizitätstest wurde von Terasaki und McClelland (1964) als Zweistufentest, von Kissmeyer-Nielsen und Kjerbye (1967) als Einstufentest beschrieben. Der entscheidende Unterschied liegt darin, daß beim Zweistufentest die Lymphozyten zunächst mit Testserum und anschließend mit Komplement, beim Einstufentest aber simultan mit Testserum und Komplement inkubiert werden. Der Farbstoffausschlußtest zur Bestimmung der Zellvitalität erfolgt beim Zweistufen-

Tabelle 4.11-1: Nomenklatur der HLA-Antigene 1984
(9th International Histocompatibility Testing Workshop)

HLA-A	HLA-B		HLA-C	HLA-D	HLA-DR	HLA-DQ	HLA-DP
A1	B5	Bw60(40)	Cw1	Dw1	DR1	DQw1	DPw1
A2	B7	Bw61(40)	Cw2	Dw2	DR2	DQw2	DPw2
A3	B8	Bw62(15)	Cw3	Dw3	DR3	DQw3	DPw3
A9	B12	Bw63(15)	Cw4	Dw4		DR4	DPw4
A10	B13	Bw64(14)	Cw5	Dw5	DR5		DPw5
A11	B14	Bw65(14)	Cw6	Dw6	DRw6		DPw6
Aw19	B15	Bw67	Cw7	Dw7	DR7		
A23 (9)	B16	Bw70	Cw8	Dw8	DRw8		
A24 (9)	B17	Bw71(w70)		Dw9	DRw9		
A25 (10)	B18	Bw72(w70)		Dw10	DRw10		
A26 (10)	B21	Bw73		Dw11 (w7)	DRw11(5)		
A28	Bw22			Dw12	DRw12(5)		
A19 (w19)	B27	Bw4		Dw13	DRw13(w6)		
A30 (w19)	B35	Bw5		Dw14	DRw14(w6)		
A31 (w19)	B37			Dw15			
A32 (w19)	B38(16)			Dw16	DRw52		
Aw33(w19)	B39(16)			Dw17 (w7)	DRw53		
Aw34(10)	B40			Dw18 (w5)			
Aw36	Bw41			Dw19 (w6)			
Aw43	Bw42						
Aw66(10)	B44(12)						
Aw68(28)	B45(12)						
Aw69(28)	Bw46						
	Bw47						
	Bw48						
	B49(21)						
	Bw50(21)						
	B51(5)						
	Bw52(5)						
	Bw53						
	Bw54(w22)						
	Bw55(w22)						
	Bw56(w22)						
	Bw57(17)						
	Bw58(17)						
	Bw59						

test mit Eosin, beim Einstufentest mit Trypanblau. Weithin durchgesetzt hat sich inzwischen die NIH-Technik, die auch Gegenstand verschiedener Standardisierungsübereinkünfte geworden ist (Mittal, 1978).

Gewinnung von Lymphozyten: Defibriniertes oder Heparinblut wird über Ficoll-Isopaque (spez. Gew. ca. 1,08) zentrifugiert (1000 g). Während die Lymphozyten zwischen Plasma und Medium als weißliche Grenzschicht zurückbleiben, sammeln sich Erythrozyten und Granulozyten auf Grund ihrer höheren Dichte auf dem Boden des Röhrchens. Die Lymphozyten werden mit einer Pasteurpipette aufgezogen und sind nach Waschen mit Hanks-Lösung (200–400 g) gebrauchsfertig.

Zweistufentest: Da spezifische Testseren und Testsubstrat nur in kleinen Mengen verfügbar sind, wird der Lymphozytotoxizitätstest als Mikromethode durchgeführt. Das „Reagenzglas" sind grübchenartige Vertiefungen im Boden von Plastikplatten (Mikrotest-Platten), die zum Schutz vor Austrocknung mit Mineralöl abgedeckt werden. Je µl Lymphozytensuspension in Hanks-Lösung (Konzentration ca. 2000 Lymphozyten/µl) werden mit einer Dosierspritze (Hamilton) in die Vertiefungen eingebracht und mit Testserum (1 µl) inkubiert (30 Min. Zimmertemperatur). Nach Zusatz von 5 µl Kaninchenkomplement und weiterer Inkubation (60 Min. Zimmertemperatur) werden 3 µl 5 %iges wäßriges Eosin zugefügt und kurz danach mit Formaldehyd die Reaktion gestoppt. Kommt es in der 1. Stufe auf Grund einer entsprechenden Antigen-Antikörper-Konstellation zur Antikörperbeladung, so folgt in der 2. Stufe eine Komplementlyse der Lymphozytenmembran. Eosin tritt in die Zelle und färbt sie an. Die Beurteilung der sedimentierten Lymphozyten erfolgt mit dem umgekehrten Phasenkontrast-Mikroskop.

Dieses *Testmodell* wird benutzt

- zur kompletten HLA-Typisierung unter Verwendung einer umfangreichen Batterie von HLA-Testseren, die möglichst alle bekannten Spezifitäten (mehrmals) abdecken (Transfusions- und Transplantationswesen; Paternitätsforschung).
- zum Nachweis einzelner krankheitsassoziierter HLA-Merkmale unter Verwendung eines individuell zusammengestellten Satzes, bestehend aus mehreren Testseren gegen das betreffende Merkmal sowie Seren gegen kreuzreagierende Spezifitäten und supertypische HLA-Komponenten.
- zum Nachweis einzelner krankheitsassoziierter HLA-Merkmale (z. Z. nur HLA-B27) unter Verwendung kommerzieller Testkits mit Testseren gegen das betreffende Merkmal (Histognost-B27, Behring; Lymphotype-B27, Biotest).

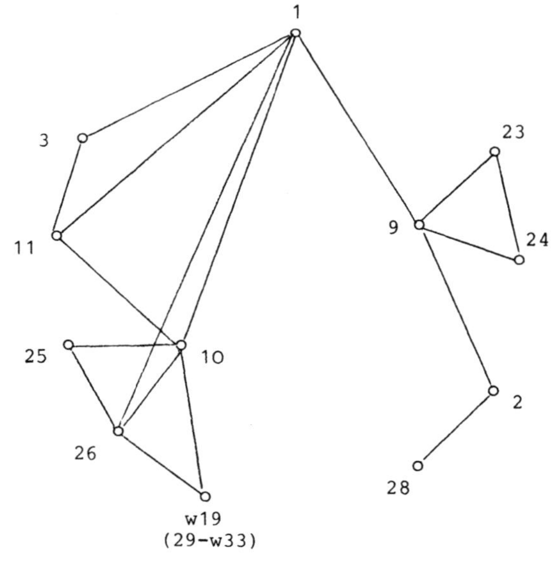

Abb. 4.11-1: Kreuzreaktionen in der HLA-A-Serie (nach Bender, 1978)

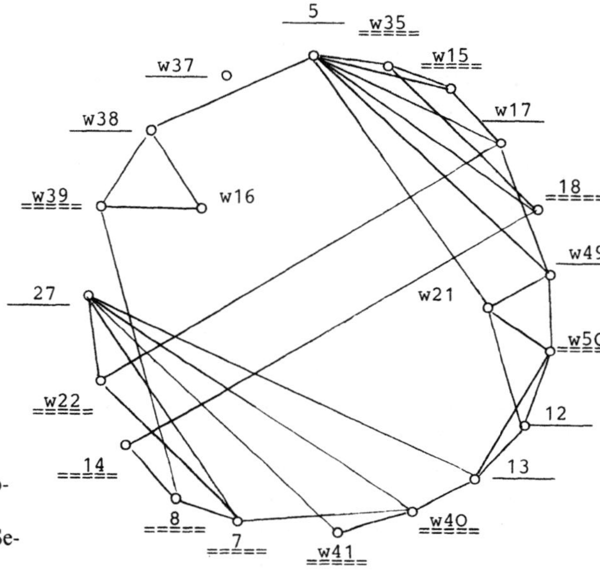

Abb. 4.11-2: Kreuzreaktionen sowie supertypische Beziehungen (**Bw4** bzw. **Bw6**) in der HLA-B-Serie (nach Bender, 1978)

- zum Nachweis von HLA-Antikörpern im Patientenserum unter Verwendung von Lymphozyten verschiedener Spender als Suchzellen (**Abbildungen 4.11-1** und **4.11-2**).

4.11.2 Präanalytische Phase

Für den Mikrolymphozytotoxizitätstest sollten nur frische oder höchstens 24 Stunden alte Blutproben (Lagerung +4 °C bis +20 °C) verwendet werden. Lymphozytensuspensionen aus älteren oder bei höherer Temperatur gelagerten Bluten haben vermehrt avitale Zellen, was die Beurteilung erschwert. Tiefgefroren aufbewahrte Lymphozyten sind ebenfalls mit einem höheren „Hintergrund" behaftet. Für Routinezwecke eignen sie sich nicht. Heparinisiertes Blut enthält Thrombozyten, die bei der Zentrifugation über dem Dichtegradienten zunächst bei den Lymphozyten bleiben und durch anschließendes Waschen unbedingt zu entfernen sind, da sie als HLA-Merkmalsträger die Wirkung von Testseren abschwächen und sogar falsch negative Befunde herbeiführen können. Kontaminierende Granulozyten sind auf Grund von Größe und Gestalt auch ungefärbt im Phasenkontrast-Mikroskop erkennbar, können aber bei mangelnder Erfahrung positive Ergebnisse vortäuschen. Dies gilt insbesondere bei Blutproben von Patienten mit myeloischer Leukämie.

4.11.3 Interne Sicherungsmaßnahmen

Maßnahmen der internen Qualitätskontrolle richten sich in erster Linie auf die Qualität der Laborarbeit. Ansätze mit polyspezifischen HLA-Antiseren humanen Ursprungs oder lymphozytotoxisch wirkenden heterologen Antiseren haben mit jedem Typ vom Testlymphozyt zu reagieren. Als Positivkontrolle bestätigen sie den korrekten Ablauf der Testprozedur sowie die Wirksamkeit der Reagenzien bis hin zum Komplement. Ansätze mit AB-Serum oder ohne Serumzusatz zeigen an, in welchem Umfang Lymphozyten durch Präparationsfehler Schaden nahmen. Der Hintergrund an avitalen Zellen in diesen Negativkontrollen ist bei der Beurteilung der Ansätze mit spezifischen HLA-Antiseren zu berücksichtigen. Ist er hoch, so sind auch halbwegs plausibel erscheinende Befunde durch Zweituntersuchungen zu bestätigen. Bei hämatologischen Erkrankungen mit erhöhter Vulnerabilität der Lymphozyten kann es sich als zweckmäßig erweisen, auf den Thrombozyten-Mikrokomplementfixationstest auszuweichen. Positiv- und Negativkontrollen sind auch bei kommerziellen Testkits zur Untersuchung auf krankheitsassoziierte Einzelmerkmale vorgesehen bzw. möglich. Sie garantieren allerdings nicht die Wirksamkeit der spezifischen HLA-Antiseren. Sie ergibt sich aus dem Verhalten verschiedener parallel laufender Ansätze mit Testseren gleicher Spezifität, d. h. aus der mehrfachen Abdeckung eines jeden HLA-Antigens. Sie ist bei häufigen Einzelmerkmalen, zu denen HLA-B27 zählt, leicht möglich und wird auch in kommerziellen Testkits berücksichtigt. Schwierigkeiten ergeben sich im Rahmen kompletter HLA-Typisierungen, bei denen auf seltene Merkmale untersucht werden muß, für die oftmals nur ein einziges halbwegs brauchbares Testserum verfügbar ist.

4.11.4 Externe Kontrollen

Seit Jahren werden auf verschiedener Ebene HLA-Ringversuche durchgeführt, die der externen Qualitätskontrolle dienen und auf eine Vereinheitlichung auf dem Sektor der Gewebetypisierung abzielen. Fast ohne Ausnahme handelt es sich um den Austausch von Lymphozyten zur kompletten HLA-Merkmalsbestimmung. International wird er vermittelt durch das UCLA Tissue Typing Laboratory, Los Angeles, California (PI Terasaki) sowie in Europa z. B. durch Eurotransplant in Leiden (JJ van Rood). Eurotransplant veranstaltete auch Crossmatchringversuche, deren Ziel der Nachweis (nicht aber die Spezifitätsbestimmung) von HLA-Antikörpern im Serum von Patienten war. In der Bundesrepublik Deutschland werden Ringversuche über die Arbeitsgemeinschaft für Histokompatibilitätstestung abgewickelt, deren Mitglieder rundum den Versand interessanter Testzellen sowie die Auswertung der daraufhin eingehenden Untersuchungsergebnisse wahrnehmen. Die Probleme der HLA-Serologie werden verdeutlicht durch 1980 veröffentlichte Ergebnisse von 5 Jahren Zellaustausch in einer Gruppe von 220 qualifizierten Laboratorien aus aller Welt (Loon et al. 1980). Selbst wohldefinierte Antigene wurden nur von etwa der Hälfte der Labors stets korrekt nachgewiesen. Besonders deutlich wurde die Problematik, der Einzelmerkmalsbestimmungen ausgesetzt sind. HLA-B27 wurde nur von 31% der Labors stets korrekt nachgewiesen, während nicht weniger als 65% falsch positive Befunde lieferten. Probleme bereiteten seltene Merkmale und „Splits“ der HLA-A- und HLA-B-Serie sowie generell die C- sowie DR-Merkmale. Ursachen dürften vor allem das Fehlen starker monospezifischer Antiseren sein und im Falle von HLA-C zusätzlich Antigenverluste während des Zelltransportes. Die Reproduzierbarkeit der Ergebnisse an mehrfach versandten Zellen erwies sich als zufriedenstellend. Externe Qualitätskontrollen dieser Art erfassen lediglich eine kleine Gruppe von Labors, für die die HLA-Serologie laufende Routine ist, während die wachsende Zahl von Laboratorien, die sich mit krankheitsassoziierten Einzelmerkmalen beschäftigen, hieran nicht teilnimmt und aus kapazitativen Gründen auch nicht teilhaben kann. Angesichts der sich daraus ergebenden diagnostischen und therapeutischen Konsequenzen wäre zu überlegen, ob nicht auch diesem Kreis von Untersuchern eine seinen Bedürfnissen angepaßte Art der Qualitätskontrolle angeboten werden sollte.

Ob dieses Angebot angenommen wird, ist allerdings fraglich. Dies zeigen die Histokompatibilitäts-Ringversuche der American Society for Histocompatibility and Immunogenetics/College of American Pathologists (ASHI/CAP), die auch Labors in Übersee offenstehen. Der Anteil von Teilnehmern, die ausschließlich an einem gesicherten HLA-B27-Nachweis interessiert sind (extent 1 <), beläuft sich auf nur 2,5%, während 7,5% komplette HLA-A,B-Typisierungen (extent 2) und 90% HLA-A,B-Typisierungen auch unter Berücksichtigen neuester Splits bzw. Spezifität (extent 3) liefern. Letztere sind es vermutlich auch nur, die sich auf das noch immer unsichere Feld der HLA-C-Typisierung wagen und ihre Leistungen auf dem Gebiet der Crossmatchs sowie der HLA-Antikörperidentifikation unter Beweis stellen.

4.11.5 Postanalytische Phase

Die Ergebnisse der HLA-Serologie sind qualitativer Natur. Die bei einem Probanden nachgewiesenen Merkmale sind erblich festgelegt und zeitlebens konstant. Insofern kann man für sie zwar Reproduzierbarkeit fordern; für sich genommen erlauben sie aber keine Plausibilitätskontrolle. Klinische Angaben sind weder bei der Bestimmung von HLA-Merkmalen noch bei der Untersuchung von Patientenserum auf HLA-Antikörper von praktischer Bedeutung, wenn es auch im letzteren Falle für den Untersucher interessant sein mag, zu erfahren, ob ein festgestellter HLA-Antikörper durch frühere Transfusionen, Transplantationen oder Schwangerschaften induziert wurde.

4.11.6 Fehlermöglichkeiten

Das Hauptproblem der HLA-Serologie ist die quantitative und qualitative Ausstattung mit Antiseren. Die Zahl der für die verschiedenen HLA-Genorte bekanntgewordenen Allele ist groß und wächst noch immer durch Aufgliederung bekannter Merkmale in „Splits" (s. Tabelle 4.11-1). Neue Genorte wie HLA-DR, -DQ und -DP in der Nachbarschaft von HLA-D werden voneinander abgegrenzt, ohne daß ihre praktische Bedeutung vorerst klar ist. Nur für einen Teil von ihnen sind kommerzielle Antiseren oder Testlymphozyten verfügbar. HLA-Antikörper treten nur ausnahmsweise monospezifisch auf. Ihre hohe Kreuzreaktivität (Abbildung 4.11-1, 4.11-2) ergibt sich daraus, daß die HLA-Antigene aus zahlreichen Einzeldeterminanten zusammengesetzt sind. HLA-Antiseren stammen auch heute noch im wesentlichen von Frauen, die während der Schwangerschaft Antikörper gegen HLA-Merkmale produzierten, die das Kind von seinem Erzeuger ererbte. Da Antikörper nur gegen körperfremde Antigendeterminanten gebildet werden können, wird ihre

Spezifität bzw. Kreuzreaktivität vom HLA-Muster sowohl der immunisierenden kindlichen Zellen als auch der immunisierten Mutter bestimmt. So kommt es, daß selbst Antikörper einer gegebenen HLA-Spezifität nicht absolut gleichartig reagieren.

Hoffnungsvoll erscheint die Entwicklung monoklonaler Antikörper, die neuerdings auch auf den HLA-Bereich übergreifen.

Eine halbwegs sichere Darstellung ganzer HLA-Phänotypen, wie sie im Transplantations- und Transfusionswesen gefordert wird, ist somit nur wenigen Labors möglich und erfordert allein für HLA-A- und HLA-B-Serologie den Einsatz einer Batterie von 100 bis 200 Seren pro Proband. Kreuzreaktionen haben eine besondere Bedeutung bei der Bestimmung von krankheitsassoziierten HLA-Einzelmerkmalen. HLA-B27, ein Merkmal mit besonders hohem pathognomonischen Wert, wird fälschlich diagnostiziert bei Vorliegen von B7, 40, 13 sowie Bw22 und 41, insbesondere in homozygoter bzw. kombinierter Form. Irrtümer lassen sich nur dadurch vermeiden, daß kreuzreagierende Merkmale durch eine entsprechend erweiterte Palette von Antiseren berücksichtigt werden.

4.11.7 Gesichtspunkte der Wirtschaftlichkeit

Komplette Bestimmungen des HLA-Phänotyps sind in Transplantations- und Transfusionswesen zum Zweck einer optimalen Anpassung von Spender und Empfänger indiziert. Durch sie soll das Transplantat-Überleben verbessert bzw. eine Sensibilisierung gegen HLA-Merkmale tragende Blutzellkomponenten hintangehalten werden. Auch in der Paternitätsforschung ist eine umfassende Merkmalsbestimmung notwendig. Die Diagnostik HLA-assoziierter Erkrankungen (Dausset und Svejgaard, 1977) erfordert hingegen lediglich die Untersuchung einer relativ schmalen Palette von Merkmalen, im Sinne einer Ja-Nein-Aussage, sollte aber auf jeden Fall Kreuzreaktivitäten berücksichtigen. Vor allem bei inzipienter Spondylitis ankylopoetica (Morbus Bechterew) stellt der einwandfreie HLA-B27-Nachweis ein hervorragendes Diagnostikum dar, da das Merkmal in der gesamten Bevölkerung nur in etwa 8% vertreten ist, bei sicheren Krankheitsfällen dagegen in etwa 95%. Serumanalysen auf präformierte HLA-Antikörper mit Hilfe eines selektierten Panels von Testlymphozyten sind vor Organtransplantationen und Spezialtransfusionen erforderlich, um die voraussichtlichen Schwierigkeiten bei der Spenderselektion besser abschätzen zu können.

Darüberhinaus ist unmittelbar vor Transplantation bzw. Transfusion der Crossmatch im lymphozytotoxischen Test mit Serum des Empfängers und Spenderlymphozyten durchzuführen. Auch bei Vorliegen einer HLA-Sensibilisierung ist der Therapieeffekt im allgemeinen bei negativem Crossmatch gesichert. Umgekehrt hat eine Therapie gegen entsprechende HLA-Antikörper zur Folge, daß Transplantate bzw. Blutelemente, die das korrespondierende Merkmal tragen, beschleunigt abgestoßen bzw. aus der Zirkulation eliminiert werden. Gerade im Transplantationswesen, welches der HLA-Serologie die entscheidenden Impulse vermittelte, ist deren klinische Relevanz auch heute noch umstritten. Gesichert ist lediglich der prognostische Wert des Crossmatchs. Eine HLA-Adaptation zwischen Spender und Empfänger macht dagegen eine begleitende Immunsuppression keineswegs überflüssig, und es ist strittig, ob sie das Transplantatüberleben überhaupt verbessert. So ist es nicht verwunderlich, daß weiterhin das Transplantationswesen der wesentliche Motor für die weitere Aufklärung der Histokompatibilitätssysteme des Menschen ist und daß gerade hier auch neuere und kompliziertere diagnostische Techniken wie MLC und DR-Serologie Anwendung finden.

5 Mikrobiologie

5.0 Einführung in die Qualitätssicherung der Mikrobiologie Prävention und Präanalytik

Utz P. Merten (Köln)

5.0.0 Einleitung

Die Qualitätssicherung beschäftigt sich auch in der Mikrobiologie mit allen Teilen einer Untersuchung von der *Indikationsstellung* bis zur *Archivierung* der Untersuchungsergebnisse und Befunde. Ihr Ziel ist die Sicherstellung von Richtigkeit, Zuverlässigkeit und Reproduzierbarkeit, und damit eine optimale Untersuchungsinformation für den Patienten und den behandelnden Arzt. Die verschiedenen Bereiche der Mikrobiologie werden in den folgenden Beiträgen aus dieser Sicht behandelt, wobei aus didaktischen Gesichtspunkten eine Unterteilung in den Nachweis der jeweiligen Erreger bzw. den jeweiligen Antikörpernachweis in den Disziplinen Virologie, Bakteriologie, Mykologie und Parasitologie erfolgt. Für jedes Gebiet ergeben sich eigenständige Bedingungen, bei denen zwar Überschneidungen bestehen, diese aber nur in Teilbereichen eine zusammenfassende Abhandlung erlauben (siehe Burkhardt 5.3, Merten 5.4, Hannelene Müller 5.5, 5.6 und Piekarski u. Seitz 5.7, 5.8). Für den Nachweis von Antikörpern gegen die verschiedenen Infektionserreger sind die Methoden in ihrer jeweiligen Problematik einer Qualitätssicherung den Gebieten zugeordnet, in denen sie ihre vorwiegende oder klassische Anwendung finden. Qualitätssicherung ist, schon bevor eine systematische Erfassung ihrer Einzelschritte erfolgt, ein integrierter Bestandteil mikrobiologischer Untersuchungen gewesen, die sich in Empfehlungen wissenschaftlicher Gesellschaften, des Bundesgesundheitsamtes und im Bundes-Seuchengesetz niedergeschlagen hat. Da bei dem heute möglichen Standard neben der Sicherung von Spezifität und Empfindlichkeit auch eine hohe Reproduzierbarkeit gefordert wird, sind entsprechende Richtlinien, z. B. durch die Deutsche Gesellschaft für Hygiene und Mikrobiologie (DGHM-Verfahrensrichtlinien), das Deutsche Institut für Normung e. V. (DIN) (siehe die Zusammenstellung der DIN-Normen und -entwürfe in Kapitel 7.2), das National Committee of Clinical Laboratory Standards (NCCLS) und die American Society for Microbiology (ASM) erstellt worden, die an Bedeutung und in ihrer Verbreitung ständig zunehmen. Die entsprechend dem neuen Eichgesetz von 1986 erforderliche Erstellung der Richtlinien der Bundesärztekammer wird wahrscheinlich zu einer stärkeren Einbindung mikrobiologischer Untersuchungen in die routinemäßige Sicherung ihrer Ergebnisse durch standardisierte interne Qualitätskontrollen und regelmäßige Teilnahme aller auf diesem Gebiete tätigen Laboratorien an allen Ringversuchen führen.

In **Tabelle 5.0-1** sind daher Analysenbestandteile der Mikrobiologie aufgeführt, wie sie für die Führung von Kontrollkarten, interne Qualitätssicherungsmaßnahmen und für die Teilnahme an Ringversuchen vorgeschrieben bzw. empfohlen wer-

Tabelle 5.0-1: Analyte, bei denen Kontrollkartenführung und Ringversuchteilnahme vorgeschrieben bzw. empfohlen wird

1 Analyte, bei denen Kontrollkartenführung und Ringversuchteilnahme (sofern solche angeboten werden) in den Richtlinien der BÄK, Teil I. Anlage 1 vorgeschrieben wird: *
1.1 *Immunologie der Infektionskrankheiten:* Antikörper, bei Röteln, Hepatitis, Lues, Toxoplasmose und Candidiasis.
2 Analyte, bei denen die Teilnahme an Ringversuchen (soweit solche angeboten werden) von kassenärztlichen Vereinigungen gefordert wird: *
2.1 *Virologie:* Direkter Antigennachweis (z. B. HVL, Chlamydien).
2.2 *Bakteriologie:* Bakterienisolierung, Identifizierung und Sensibilitätsprüfung einschließlich Salmonellen-, Brucellen-, Yersinien- und Shigellen-Differenzierung und mikroskopischem Nachweis.
2.3 *Mykologie:* Anzüchtung und Differenzierung von Dermatophyten und Hefen.
2.4 *Parasitologie:* Für den mikroskopischen Nachweis, z. B. bei Amöbiasis und Malaria.
3 Analyte, bei denen die Führung von Kontrollkarten von kassenärztlichen Vereinigungen gefordert wird*:
3.1 *Mikrobiologie:* Für die verwendeten Nährböden, Nährmedien und Differenzialmedien müssen Kontrollkarten für den positiven Züchtungsnachweis bzw. der erforderlichen Identifikationsreaktion geführt werden.

* Die Angaben im Zusammenhang mit den Richtlinien der Bundesärztekammer und der Forderungen der Kassenärztlichen Vereinigungen sind vorläufig, aufgrund des Kenntnisstandes bei Redaktionsschluß des Buches, am 15. Juli 1986.

Tabelle 5.0-2: Inhalte der Präanalytik

Informationsmaterial des Laboratoriums als Anleitung zur Indikationsstellung und zum Gebrauch der Probenentnahme- und Probentransportmaterialien	
Wahl der Untersuchungsmethode	Entnahmematerial
Wahl des Probenmaterials	Transportmedium
Patientenvorbereitung	Probenaufbereitung
Probenbeschaffenheit	Probenlagerung
Zeitpunkt der Probennahme	Transportart
Entnahmetechnik	Transportzeit

den. Diese Aufstellung ist mit dem ausdrücklichen Hinweis verbunden, daß hierzu zur Zeit keine verbindlichen Aussagen über Inhalt und Form gemacht werden können, da eine Verabschiedung noch aussteht.

Die verschiedenen Maßnahmen der Qualitätssicherung sind in den folgenden Beiträgen enthalten. Da häufig vernachlässigt wird, soll in der Einleitung auf die Präanalytik und Prävention näher eingegangen werden.

Die *Präanalytik* umfaßt alle Maßnahmen, die sich auf Patienten, Probengewinnung, -transport, -aufbereitung, -lagerung und die Proben gewinnenden Personen, also auch viele außerhalb des Laboratoriums den Patienten und die Probe betreffende Maßnahmen beziehen (siehe **Tabelle 5.0-2**). Unter dem Begriff *Prävention* werden alle vor der Analyse im Laboratorium erforderlichen Maßnahmen, die eine zuverlässige Analytik sicherstellen soll, zusammengefaßt (siehe **Tabelle 5.0-3**).

Ein allgemeiner Überblick über diese Teilbereiche ist im folgenden für die Mikrobiologie zusammengestellt.

Tabelle 5.0-3: Inhalte der Präventionsmaßnahmen

Arbeitsplatzbeschreibung	Methodenvorschriften
Arbeitsplatzsicherheit	Kontrollmaterialien
Vorsichtsmaßnahmen	Kontrollantigene und -seren
Sicherheitsvorschriften	Anweisungen zur internen/externen Qualitätssicherung
Überwachungsprogramme	
Wartung und Pflege	Probenidentifikationssysteme
Mitarbeiterschulung	Probenlagerung

5.0.1 Präanalytik

Die Auswahl der bei dem jeweiligen Krankheitsbild in Frage kommenden Untersuchungen stellt den ersten Kontakt zwischen behandelndem Arzt und dem Laboratorium her. Hierin liegt ein wesentlicher Teil der Qualität eines mikrobiologischen Befundes, die durch Probenwahl, Probenart, Zeitpunkt und Art der Entnahme und Transport stark beeinflußt wird. Das Laboratorium muß hierfür den einsendenden Ärzten und seinen Mitarbeitern präzise Unterlagen zur Verfügung stellen, die alle Informationen zur Indikationsstellung, Methodenwahl, Probenart, Probengewinnung und Probentransport ausreichend, aber so kurz und übersichtlich wie möglich darstellen. Informationshinweise auf die einschlägige Literatur ersetzen nicht ausreichende und schriftliche Hilfen, wobei die notwendigen Vorschriften auf das jeweilige Laboratorium bezogen sein sollten.

Die *Indikationsstellung* für mikrobiologische Analysen ist abhängig von Anamnese, klinischem Untersuchungsbefund, Grundleiden, Symptomen, Verdachts- bzw. Differentialdiagnose, Impf- und Reiseanamnese und bereits erfolgter Therapie (Akut- oder Dauertherapie). Diese Angaben sollten, soweit sie für die Entscheidung über die durchzuführenden Analysen von Bedeutung sind, auch dem Labor mitgeteilt werden, was leider selten und unzureichend erfolgt. Ohne diese Angaben kann der Arzt für Mikrobiologie als Konsiliarius seine Fähigkeiten dem Patienten bzw. dem behandelnden Arzt nicht voll zukommen lassen. Dies wirkt sich insbesondere dann negativ aus, wenn *Antikörpernachweise* z.B. bei Diphtherie, Pertussis oder Cholera angefordert werden. Ein solcher Antikörpernachweis ist zwar möglich, wird aber selten durchgeführt. Diese Antikörpertiter steigen erst sehr spät im Verlauf der Krankheit an. Es bietet sich daher für eine Früherfassung eher der *kulturelle Nachweis* der Erreger an, da dieser im *Früh-* bzw. *Akutstadium* der Erkrankung erfolgversprechender ist.

Ein direkter Antigennachweis mittels Immunfluoreszenz kann schnell, z.B. bei Pertussis, Herpes oder Chlamydien, zum entscheidenden Hinweis führen. Andererseits kann bei gewissen Parasiten, die nur im Darmlumen des Patienten nachweisbar sind, ein Antikörpernachweis, wenn überhaupt, nur selten ein positives Ergebnis bringen. Hier ist eine direkte Untersuchung des Stuhls mit Nachweis der Erreger eher angebracht.

Ein *Antikörpernachweis* sollte immer dann erwogen werden, wenn sich mikroskopisch oder kulturell keine Erreger nachweisen lassen, klinisch aber der Verdacht auf ein bestimmtes Agens begründet ist. Bei Untersuchungen in der Parasitologie muß hierbei der Ablauf der *Präpatenzzeit* (Geschlechtsreifung) abgewartet werden, bevor mit verschiedenen Untersuchungsmethoden ein diagnostischer Erfolg verzeichnet werden kann.

Die *Methodenwahl* ist für den Erfolg der diagnostischen Maßnahmen von besonderer Bedeutung. Oft reicht der Einsatz einer einzigen Methode allein nicht, um einen eindeutigen Befund zu erhalten. Im Frühstadium einer Erkrankung ist, worauf schon hingewiesen worden ist, häufig die Kultur oder ein direkter Antigennachweis erfolgversprechender als der serologische Nachweis von Antikörpern. Als Ausnahme kann bei einigen Erregern der Nachweis spezifischer Antikörper der Klasse IgM, einer früher sehr aufwendigen, heute mittels Immunoassay weniger aufwendigen Methode angeführt werden. Im späten Verlauf einer Infektion kann andererseits bei der Leptospirose beispielsweise eine serologische Untersuchung erfolgversprechender als ein kultureller Nachweis sein.

Die Erfassungsbreite der einzelnen Methoden soll daher bekannt sein, so daß ein kultureller Nachweis, Antigennachweis, Nachweis spezifischer Antikörper der Klasse IgM, IgA oder IgG und ein Titeranstieg bei Paralleltitration richtig, für die angestrebte Diagnose erfolgversprechend und kostensparend eingesetzt werden können. Hierbei ist z. B. auch an Kreuzreaktionen zu denken, wie sie beim Antikörpernachweis gegen Cholera, Brucellose und Tularämie bzw. Histoplasmose, Blastomykose, Coccidioidomykose und Cryptokokkose auftreten. Bei diesen Gruppen sollten jeweils Antikörper gegen alle Erreger der jeweiligen Gruppe durchgeführt werden, um eine verläßliche Aussage zu erhalten.

Die Gewinnung der erforderlichen *Probenart* richtet sich nach der Indikationsstellung und der Methodenwahl, wobei in der Serologie in der Regel nur Serum verwendet wird.

Die Probenbeschaffenheit ist für den Erfolg der gewünschten Untersuchung nicht nur dann von entscheidender Bedeutung, wenn in ungeeignetem Spezimen falsche Ergebnisse erzielt werden können wie z. B. im Heparin- und Oxalatfluoridplasma, in dem bei zwei recht verbreiteten Methoden für die Hepatitis-Bs-Antigen-Bestimmung falsch positive Nachweise geführt worden sind (Kubasik und Harrison, 1979).

Zusätze von EDTA oder anderen gerinnungshemmenden Mitteln können ebenfalls zu Störungen führen. Diese und ähnliche Hinweise müssen im *Informationsmaterial* des Laboratoriums enthalten sein, so z. B., daß der Nachweis von Amöben im körperwarmen Stuhl zu fordern ist und daß bei Verdacht auf Typhus eine kulturelle Untersuchung im Blut bzw. Urin oft erfolgversprechender als eine solche im Stuhl ist.

Die *Probengewinnung* muß so erfolgen, daß die Probe die vorgesehenen diagnostischen Maßnahmen sichert. Hierzu sollte Blut steril entnommen und Serum im geschlossenen sterilen Röhrchen eingeschickt werden, es sei, das Material wird durch Boten ins Laboratorium transportiert. Mit der Post eingesandtes Vollblut führt häufig zur Hämolyse und damit zum Teil zu Störungen der Teste.

Es gibt verschiedene Ursachen, warum der Nachweis von Erregern nach Entnahme und Transport unterschiedliche Ergebnisse zeigen kann; zu ihnen gehören der Einfluß des Materials und der Feuchtigkeitsgehalt der Tupfer, die Art des Transportmediums, eine eventuelle Anwesenheit von Hemmstoffen des Wirtes oder konkurrierender Bakterien (Jefferson et al., 1975). Hier sollte das Laboratorium den negativen Einflüssen einer Abnahme mittels Baumwolltupfern und des Transportes in falschem Medium von vornherein Grenzen setzen und dem Einsender geeignete *Entnahmebestecke* und *Transportmedien* für die jeweilige Erregergruppe bzw. das zu gewinnende Spezimen zur Verfügung stellen. Da es kein Transportmedium gibt, das sich für alle Erreger eignet und die besten Anzüchtungsergebnisse bzw. Wiederfindungen sich nur dann ergeben, wenn das Probenmaterial direkt auf geeignete Nährböden aufgebracht bzw. in geeignete Nährmedien eingebracht wird, ergibt sich zwangsweise eine Vielzahl von Transportmaterialien, die ein Laboratorium den Einsendern zur Verfügung stellen muß (siehe DIN 58942 Teil 4 mit Beiblatt).

Daraus ergibt sich wiederum, daß für das jeweilige Gebiet (Virologie, Bakteriologie, Mykologie, Parasitologie bzw. Serologie) ein adäquates Probenmaterial nur dann gewonnen werden kann, wenn das Laboratorium in der präanalytischen Phase die geeigneten Informationen und Transportmaterialien zur Verfügung gestellt hat. Für den Einsender empfiehlt es sich, für das jeweilige Gebiet entsprechend der jeweiligen Indikation getrennte Proben zur Verfügung zu stellen. So kann z. B. das Material Stuhl für die Isolierung von Hefen und Bakterien bei schnellem Transport für viele Erreger als unkritisch betrachtet werden; zum Nachweis von Viren eignet sich dagegen ein Rektalabstrich im Transportmedium besser. Es sei hier zu den verwendeten Tupfern in der Mikrobiologie auf die entsprechenden DGHM-Richtlinien hingewiesen.

Der *Probentransport* muß für den Befund wesentliche Veränderungen des Probenmaterials ausschließen. Dieses ist insbesondere dann von Bedeutung, wenn ein quantitativer Keimnachweis geführt wird oder wenn es sich um labile Keime handelt. Die Informationen des Laboratoriums sollten daher auch Angaben zu den Zeitgrenzen enthalten, in denen Proben nach ihrer Gewinnung unter gegebenen Transportbedingungen noch verwertet werden können. Ein Einsatz von Probenmaterial, das für den jeweiligen Test nicht geeignet ist, sollte aus Kostengründen unterbleiben. Dies bezieht sich nicht nur auf kulturelle Nachweise, sondern z. B. auch auf hämolytische Seren, die in serologischen Tests zu falschen Ergebnissen führen können (siehe oben).

Seren müssen innerhalb von drei Tagen auf ihren Antikörpergehalt getestet oder bei − 60 °C eingefroren werden. Bei längerer Lagerung unter anderen Bedingungen werden *Antikörper der Klasse IgM* in ihrer Konzentration negativ beeinflußt. Dies gilt auch für die Lagerung bei − 20 °C und ebenso für mehrfaches Einfrieren und Auftauen. Antikörpertiter können bei Auftauen und Wiedereinfrieren um eine Titerstufe je Vorgang absinken.

Hier schließt sich der Kreis, der in der Präanalytik zeigt, daß von der ersten Information und Anweisung an den Einsender bis zum Eintreffen der Probe im Laboratorium nicht der Zufälligkeit überlassen bleiben darf. Da heute die Untersuchungen einen hohen Grad an Spezialisierung erreicht haben, müssen *Informationen* als klare, deutliche und umfassende Anweisung für jede Untersuchung dezidiert dem behandelnden Arzt vorliegen, um einen unnötigen diagnostischen Aufwand zu vermeiden. Eine gute Übersicht über grundsätzliche Gesichtspunkte, die bei Entnahme und Transport von Untersuchungsmaterial zur mikrobiologischen Untersuchung zu berücksichtigen sind und die wichtigsten Fehlerquellen, die beachtet werden müssen, findet sich bei Schaal (1976).

5.0.2 Prävention

Die Prävention soll geeignete Versuchsbedingungen für den laborinternen Abschnitt des Untersuchungsablaufes schaffen. Hierzu gehören vor allem *Vorsichts-* und *Überwachungsmaßnahmen*, die die Einhaltung der Methoden-, Sicherheits- und Rechtsvorschriften sicherstellen und Patienten wie Mitarbeiter vor Schaden schützen sollen.
Überwachung, Wartung und Sicherheit aller Geräte muß gewährleistet sein. Für jedes Gerät soll eine eigene Wartungs- und Überwachungsart festgelegt und regelmäßige Kontrollmaßnahmen in entsprechenden Kontrollbüchern protokolliert werden. Die Kontrolle der Geräte geht bis hin zu den Inokulatoren, deren Temperaturkonstanz regelmäßig überprüft werden muß, wobei das Ablesungsergebnis jeweils dokumentiert wird. So muß die Funktion von Autoklaven und Sterilisatoren durch chemische oder Bio-Indikatoren regelmäßig kontrolliert werden. Brutschränke und Bruträume sollen mittels eines Temperaturkontrollschreibers und/oder regelmäßiger Einzelkontrollen auf ihre Temperaturbeständigkeit, gegebenenfalls auch auf ihren Feuchtigkeits-, CO_2-Gehalt bzw. Sauerstoffreduktion geprüft werden. Dies kann mit Hilfe entsprechender Meßvorrichtungen und/oder auch mit entsprechenden Teststämmen erfolgen.

Neben der Temperaturkonstanz von Kühlschränken und Kühlräumen müssen auch sterile Werkbänke in regelmäßigen Abständen auf Sicherheit und Effektivität der jeweils verwendeten Filter überprüft werden. Einer solchen regelmäßigen Kontrolle sollen im Prinzip alle im Laboratorium verwendeten Geräte (siehe auch die Geräteordnung) unterworfen werden.

Die *Arbeitsplatzsicherheit* muß durch regelmäßige Reinigung und Desinfektion der Arbeitsbereiche und durch eine sichere Beseitigung des infektiösen Materials gewährleistet sein. Bei dem Arbeiten mit infektiösem Material ist es von besonderer Bedeutung, daß Erreger nicht durch Luftturbulenzen unkontrolliert verteilt werden (siehe auch die Sicherheitsvorschriften der DIN-Norm 58956 und DIN 58957 und die Unfallverhütungsvorschriften der „Berufsgenossenschaft für Gesundheits- und Wohlfahrtspflege").

Strikte Sicherheitsmaßnahmen sind auch bei der *Probenidentifikation* notwendig, bei der die meisten Fehler im Laboratorium auftreten. Probenverwechslungen sind grobe Fehler, die, wenn es sich um gezielte Einzeluntersuchungen handelt, häufig nicht mehr nachvollziehbar sind. In der Serologie werden die Proben oft über längere Zeiträume aufbewahrt, um Paralleltitrationen oder spätere Kontrolluntersuchungen vorzunehmen. Die Gefäße für die Langzeitlagerung müssen dabei sorgfältig verschließbar und für die Lagerung bei entsprechenden Temperaturen geeignet sein. Es empfiehlt sich, die Nummernsysteme so einzurichten, daß weder beider Lagerung, noch in einer EDV Verwechslungen und Überschneidungen durch die Langzeitlagerung erfolgen können. Alle Proben sollten eine gewisse Zeit in einer Probenbank/Serumbank gelagert werden.

Seren sollen innerhalb von drei Tagen nach der Blutentnahme untersucht oder bei − 60 °C eingefroren werden, da insbesondere spezifische Antikörper der Klasse IgM (auch bei − 20 °C) negativ beeinflußt werden können. Die Lagerung sollte mindestens für 1-2 Wochen erfolgen, um bei nichtplausiblen Befunden Kontrollen im Ursprungsmaterial durchführen zu können. In der Serologie ist die Aufbewahrung von Seren bei – 60 °C unbedingt notwendig, um in Paralleltitrationen einen Antikörperanstieg nachweisen zu können. Auch andere Probenmaterialien, z. B. Materialien zur Untersuchung auf Tuberkulose, sollten aufbewahrt werden, damit bei nichtplausiblen Ergebnissen die Untersuchung aus dem Originalmaterial wiederholt werden kann. In gleicher Weise sollen Untersuchungsmaterialien zur *Virusisolierung* nach Vorbehandlung bei – 60 °C aufbewahrt werden, damit bei einem positiven Isolierungsversuch eine Reisolierung versucht werden kann.

Die Bereitstellung ausreichender Lagerflächen über einen Zeitraum von 6–12 Monaten bedarf eines relativ hohen Aufwandes. Durch die Möglichkeit der Wiederholungsuntersuchung werden aber Aussagefähigkeit, Sicherheit und Reproduzierbarkeit der Befunde derart erhöht, daß dies das Vertrauen der kooperierenden Ärzte und damit den Ruf des Laboratoriums fördert.

Methodenvorschriften sollten an den jeweiligen Arbeitsplätzen schriftlich, wenn möglich nach einheitlichem Muster, vorliegen und die detaillierten Arbeitsanweisungen müssen laufend auf den neuesten Entwicklungsstand gebracht werden. Wenn möglich, sollen Standardmethoden und Referenzmethoden entsprechend den Empfehlungen der DGHM, des DIN, NCCLS oder anderer Organisationen bevorzugt angewandt werden.

Für die Prüfung neuer Methoden empfiehlt sich ebenfalls ein solches Vorgehen, wobei zusätzlich eine umfassende Protokollierung erforderlich ist. Dies hilft, die Reaktionsfähigkeit eines Laboratoriums auf neue Gegebenheiten zu verbessern, da allgemeine und immer erforderliche Maßnahmen und Kontrollen bereits festgelegt sind und alle Energie für die Lösung spezifischer Probleme verwandt werden kann.

Neben Methodenvorschriften sollte in jedem Laboratorium ein *Handbuch* existieren, das die Organisation wie auch alle Einzelmaßnahmen im Laboratorium übersichtlich beschreibt. Dies hilft neuen Mitarbeitern, sich in relativ kurzer Zeit eine Übersicht über die Vorgänge des Laboratoriums zu verschaffen. Sie können sich schneller informieren. Dies ist auch wichtig, da Methoden und Kontrollen heute an Komplexität stetig zunehmen.

Kontrollmaterialien bestehen neben positiven bzw. negativen Kontrollseren und speziellen Antiseren auch aus anderen Proben, z. B. positiven Patientenseren, deren spezifischer Antikörpergehalt mehrfach bestimmt worden ist und die wie die kommerziellen Seren je nach Einsatz lyophilisiert oder bei – 60 °C aufbewahrt werden. Da Serumproben wegen des damit verbundenen Titerverlustes nicht mehrfach eingefroren oder aufgetaut werden können, sollen sie in kleineren Mengen abgefüllt gelagert werden.

Neben Kontrollseren sind auch verschiedene Antigene und Referenzstämme in geeigneter Form bereitzuhalten. Die Herkunft der Referenzstämme (z. B. GTCC, ATCC, NIH) ist ebenso wie die Herkunft von Zellstämmen in geeigneter Form zu dokumentieren. Die Lagerung hat auch hier so zu erfolgen, daß ihre Infektiosität bzw. Anzüchtbarkeit erhalten bleibt und ihre Identität sicher gewährleistet werden können. In der Infektionsimmunologie müssen für alle quantitativen Antikörperbestimmungen Kontrollkarten für den Reaktionausfall (Titerhöhe) eingerichtet und geführt werden. Für die verschiedenen Kulturmedien ist, soweit möglich eine regelmäßige Prüfung der Anzuchtbedingungen bzw. der Reaktionsergebnisse mit Testkeimen und eine dem jeweiligen Vorgehen angepaßte Protokollierung erforderlich.

Die für die verschiedenen Tests verwendeten Medien müssen regelmäßig auf Sterilität, Eignung und Selektivität geprüft werden. Dies gilt insbesondere auch für die verwendeten Antibiotikalösungen. Die sonstigen Reagenzien müssen entsprechend ihrer Haltbarkeit richtig gelagert und ständig entsprechend den erwarteten Reaktionsergebnissen (z. B. pH, Wachstumskriterien) getestet werden.

Eine *Mitarbeiterschulung* ist periodisch durchzuführen. Arbeitsplatzbeschreibungen und Methodenvorschriften sollen regelmäßig kontrolliert, ihre Anwendung mit den Mitarbeitern durchgesprochen und ihre Einhaltung überprüft werden. Dies bezieht sich auch auf die Sicherheitsvorschriften, deren Einhaltung in der täglichen Routine leicht übersehen wird. Als Zeichen einer aktiven Kooperation eines Mitarbeiters hat sich immer wieder die Sorgfalt der täglichen Protokollierung erwiesen; sie kann als ein Hinweis auf die Zuverlässigkeit des jeweiligen Mitarbeiters gewertet werden. Eine regelmäßige Weiterbildung in Form von Fortbildungsvorträgen, Kursen und turnusmäßiger Arbeitsplatzwechsel sichert neben einer hohen Flexibilität Fach- und Hintergrundwissen der Mitarbeiter sowie das Interesse an ihrem Beruf.

Die effektive Arbeitsleistung, Arbeitssicherung und damit der Arbeitserfolg werden durch die empfohlenen *Maßnahmen der Qualitätssicherung* festgestellt. Hierzu dienen in erster Linie das regelmäßige „Abarbeiten und schriftliche Quittieren" von Checklisten, Überwachungsbüchern und Listen, die in jedem Laboratorium im Sinne eines internen Überwachungsprogrammes erstellt und deren Führung festgelegt ist. Dies gilt weiter für alle Maßnahmen, die die Arbeitsvorgänge und Einhaltung der Sicherheitsvorschriften betreffen. Hierzu gehören auch die Vorschriften zur Einhaltung der internen Qualitätssicherung für die jeweilige Methode.

In den verschiedenen Bereichen eines mikrobiologischen Laboratoriums sollte eine regelmäßige Zusammenarbeit mit anderen qualifizierten Laboratorien die Regel sein. Hierdurch können nichtplausible und unklare Ergebnisse bestätigt und überprüft werden. Darüber hinaus sollten für geeignete Fälle die Möglichkeiten von Referenzlaboratorien bzw. Nationalen Referenzzentren in Anspruch genommen werden.

Soweit wie möglich sollten alle Bereiche des mikrobiologischen Laboratoriums an der externen Qualitätssicherung in Form von Ringversuchen und Ringstudien teilnehmen. Durch die hierbei zu isolierenden und typisierenden Erreger wird objektiv die Fähigkeit des Laboratoriums zu einem exzellenten Arbeiten überprüft. Bei seltenen Erregern führt die Teilnahme dazu, im Laboratorium eine gezielte Entwicklung und Fortschritte in den diagnostischen Fähigkeiten zu bewirken und anhand der von Ringversuchsleitern herausgegebenen Erläuterungen einen praktischen Hinweis auf den weiteren Aufbau von Zusatzmethoden zu erhalten. Die Auswertung der Ringversuchsmitteilungen und die interne Diskussion mit den betroffenen Untersuchern ist eine der wichtigsten Funktionen und sollte regelmäßig durchgeführt werden.

5.0.3 Zusammenfassung

Die Maßnahmen der Qualitätssicherung für die Präanalytik und die Prävention umfassen zahlreiche Probleme. Es würde in diesem Beitrag zu weit führen, in alle Einzelheiten zu gehen. Dies würde z. B. bis hin zur Lagerungskontrolle eines jeden Antigens führen. Es empfiehlt sich daher, Anordnungs- und Prüfungslisten für jeden Laborbereich bzw. jeden Laborraum einzeln zu erstellen, anschließend eine Zusammenfassung durchzuführen und im Sinne der Übersichtlichkeit logische Gruppen zu bilden.

Für den Leiter des Laboratoriums seien aber im folgenden als Übersicht die wesentlichsten Punkte der von ihm zu ergreifenden Maßnahmen aufgeführt:

1. Erstellung und Verteilung einer umfassenden Information und des Probenversandmaterials an die kooperierenden Ärzte.
2. Organisation eines geeigneten Transportsystems.
3. Ein mehrfach geprüftes und gesichertes Probenidentifikationssystem mit möglichst schneller Zuordnung der Proben zu den einzelnen Laborbereichen.
4. Ständig aktualisierte Methodenvorschriften.
5. Ständig aktualisierte Arbeitsplatzbeschreibungen.
6. Ständig aktualisierte Beschreibung der Sicherheitsvorschriften.
7. Anweisungen zur internen Qualitätssicherung (Referenzstämme, Kontrollseren).
8. Beschreibung der Teilnahme an externen Qualitätssicherungsprogrammen.
9. Interne Fortbildungsprogramme.
10. Interne Überprüfungsroutine.
11. Beschreibung der Überwachungsprogramme (Checklisten zu Reagenzien, Medien, käuflichen Testzusammenstellungen, Antigenen, Geräten, Protokollen).
12. Liste von Kooperationslaboratorien und Referenzlaboratorien.

5.1 Virologie

Utz P. Merten und Abdul-Fattah Saleh (Köln)

5.1.0 Einleitung

Mit der Entwicklung der Gewebekultur ist es möglich geworden, Viren in der Routinediagnostik zu isolieren. Diese bewirken nach Infektion der Zellen typische Veränderungen der Zellformen und können durch chemische und immunologische Tests typisiert werden (Andrewes und Pereira, 1972).

Verschiedene immunologische Methoden ermöglichen es auch, in klinischen Proben einen direkten Nachweis viraler Antigene zu führen. Es ist zu erwarten, daß sich besonders der Nachweis mittels Immunfluoreszenz und Immunoassay durch den Einsatz monoklonaler Antiseren in Zukunft stärker durchsetzt.

5.1.1 Präventivmaßnahmen

Bei lebenden Zellen, die in einem flüssigen Medium wachsen, ist ein hoher Schutz vor ungewünschten Infektionen erforderlich. Dies erfordert:
- steriles Arbeiten
- sterile Arbeitsbedingungen
- sterile Materialien und Reagenzien
- ein besonders geschultes Personal.

Präventivmaßnahmen umfassen neben regelmäßigen Kontrollen der Sterilität und/oder Volumenkonstanz von Dilutoren, Dispensern, Pipetten, Kulturflaschen bzw. Röhrchen und anderen Glaswaren auch solche der Rahmenbedingungen wie Temperaturkonstanz von Brutschränken, Kühlschränken und Wasserbädern, Konsistenz, Sterilität und pH-Wert selbst zubereiteter Medien, käuflicher Reagenzien und besonders die Einhaltung aller bestehenden Sicherheitsvorschriften für den Arbeitsplatz. Dies ist ein besonderer Inhalt der laufenden Weiterbildung der Mitarbeiter(innen).

Da bei der *Virusanzüchtung* lebende Zellen eingesetzt werden, sind spezifische Maßnahmen zu beachten. In der Routine werden neben der Zellkultur bebrütete Hühnereier und Tiere für die Anzucht von Viren eingesetzt.

Viren vermehren sich nur in lebenden Zellen und verändern diese biologisch für die Produktion von Viren. Die Zellen sterben meist ab, und es zeigt sich eine oft für die jeweilige Virusgruppe spezifische Veränderung, der sichtbare cytopathische Effekt (CPE). Die Anzucht in Gewebekulturen ist heute eine verbreitete Methode und hat Tierversuche weitgehend abgelöst. Die Empfindlichkeit dieser Methode gegen Kontamination mit Bakterien und Pilzen ist ein wesentlicher Störfaktor, weshalb optimale Arbeitsbedingungen für ein steriles Arbeiten erforderlich sind. Diese werden entweder durch räumliche Abtrennung der Arbeitsbereiche in sogenannte sterile Arbeitsboxen mit Be- und Entlüftungssystemen oder durch den Einsatz steriler Werkbänke erreicht. Kühlschränke, Lagerschränke, Zentrifugen und sonstige größere Geräte, durch deren Betreiben Kontaminationen bewirkt werden können, sollten sich außerhalb des Arbeitsbereiches, d. h. in einem gesonderten Vorraum, befinden.

Gewebekulturen sollten im allgemeinen bei einer Temperatur von 36–37 °C unter möglichst geringen Schwankungen gezüchtet werden. Der optimale pH-Bereich für die Kultivierung von Zellen liegt zwischen 7.2 und 7.4. Schwankungen zwischen pH 6.8 und pH 7.8 können von Kulturen überlebt werden, sollten aber durch den Einsatz geeigneter Puffersysteme und von CO_2-Brutschränken vermieden werden. Nach Zusatz von Glycerin kann ein langsames kontrolliertes Einfrieren (um 1 °C pro Minute) bis – 70 °C und anschließendes Schockgefrieren bei 196 °C in flüssigem Stickstoff erfolgen. Das Auftauen muß sehr schnell durchgeführt werden, d. h., aus dem flüssigen Stickstoff werden die Proben sofort in ein Wasserbad von 37 °C gegeben, anschließend in frischem Medium suspendiert und kultiviert. Je nach Sorgfalt der Manipulation und Dauer der Lagerung liegen die Rekultivierungserfolge in der Regel bei 20–70% der Zellen.

Bei einigen Viren ist ein Isolierungsversuch im bebrüteten Hühnerei möglich. Die verschiedenen Zellschichten eignen sich zur Anzüchtung und Vermehrung verschiedener Virusarten (z. B. Amnion- und Allantois-Höhle für Influenza, Dottersack für Rickettsien und Chorio-Allantois-Membran für Herpes-Viren) (Lennette und Schmidt, 1979). Obwohl diese Methode durch die Entwicklung der Gewebekultur an Gewicht verloren hat, wird sie bei bestimmten Fragestellungen vorgezogen:

- Isolierung und Differenzierung von Arboviren
- Isolierung von Influenza-A-Stämmen, da diese Methode empfindlicher als die Zellkultur ist (bei Influenza-B-Stämmen ist dies jedoch umgekehrt)
- Herstellung von Antigenen zur serologischen Diagnostik, z. B. Influenza, Mumps, Herpes Virus hominis, Chlamydien und Rickettsien.

Voraussetzungen sind, daß die Eier je nach Virus bei 33 °C, 35 °C oder 37 °C bebrütet werden und anschließend die entsprechenden Gewebe bzw. Flüssigkeiten entnommen werden können.

Tierversuche werden nur selten erforderlich (siehe **Tabelle 5.1-1**), wenn die obengenannten Verfahren nicht für die zu untersuchenden Viren durchführbar sind. Vor

Tabelle 5.1-1: Auswahl der Tiere zur Viruszüchtung

Virus	Tier
Gelbfiebervirus, LCM-Virus, Lyssa-Virus (Chlamydien, Rickettsien)	Maus
Coxsackie A Viren, Arbo-Viren, Reo-Viren	Babymaus
LCM-Virus (Rickettsien)	Meerschweinchen
Lyssa-Virus	Kaninchen

der Inokulation der Tiere muß sichergestellt werden, daß diese frei von pathogenen Erregern sind und keine latente Infektion aufweisen, sonst kann es zu einer Reaktivierung der Infektion kommen und damit zu einem falschen Ergebnis. Geimpfte Tiere müssen täglich kontrolliert werden, wobei kranke Tiere, bei denen entsprechende Symptome einer Infektion auftreten, getötet und entfernt werden. In Tabelle 5.1-1 sind einige Viren zusammen mit der für eine Kultur geeigneten Tierspezies aufgeführt.

Glasgeräte sind wegen ihrer Wiederverwendbarkeit und leichten Sterilisierung ein gut geeignetes Material für die Kultivierung von Zellen, jedoch ist die Beseitigung toxischer Rückstände nach Reinigung oft ein Problem. Nach gründlichem Bürsten und Spülen sollte das Glas in einem Wasserbad neutralisiert und anschließend gründlich mit Aqua dest. gespült werden. Die Sterilisation erfolgt im Heißluftsterilisator. Gummistopfen müssen vor ihrer Verwendung auf Toxizität geprüft werden, indem sie in Hankscher Lösung gekocht und die Flüssigkeit auf toxische Substanzen überprüft wird.

Kultur-Medien enthalten neben essentiellen und nicht essentiellen Aminosäuren Vitamine und Elektrolyte, die für den Stoffwechsel der Zellen unverzichtbar sind. Die Herstellung ist relativ kompliziert, und die Zusammensetzung des zu verwendenden Mediums richtet sich nach der jeweiligen Zellinie. Neben diesen Substanzen sind weitere Zusätze erforderlich, die dem Wachstum und der Erhaltung der Zellkulturen dienen. Zu ihnen zählen u. a. fötales Kälberserum, Lactalbumin, Tryptosephosphatlösung und Antibiotikazusätze.

Alle Einrichtungsgegenstände, Geräte und Materialien müssen den hohen Anforderungen für ihre Eignung gerecht und Zellkulturen, Bruteier oder geeignete Tierspezies müssen ständig vorgehalten werden, was insbesondere während Zeiten, in denen wenig Virusisolierungsversuche erforderlich sind, eine hohe Belastung und ein Risiko für das Laboratorium darstellt (Inhorn, 1978).

5.1.2 Präanalytische Phase

Für eine erfolgreiche Isolierung ist die Auswahl und Anforderung der gewünschten Untersuchung, eine ausreichende und gezielte Spezimengewinnung, ein entsprechend geeigneter Transport in das Laboratorium sowie eine sofortige Aufbereitung der Probe Voraussetzung.

Bei der Auswahl des Untersuchungsmaterials spielt die erwartete Viruskonzentration in der Probe eine wesentliche Rolle. Sie ist im allgemeinen bei Beginn der klinischen Symptome am höchsten, weshalb es empfehlenswert ist, direkt bei Auftreten der Symptomatik Probenmaterialien zu entnehmen. Kenntnisse über den Infektionsablauf sind bei einer Materialentnahme zur Virusisolierung unabdingbar. Hierzu müssen vom Laboratorium geeignete Informationen den kooperierenden Ärzten vorliegen (siehe auch 5.0.1) (Bonin, 1973; Lennette, 1981 und 1985). Die Entnahme des Untersuchungsmaterials richtet sich nach diesen Vorschriften und sollte auf das jeweilige Laboratorium abgestimmt sein. Alle Untersuchungsmaterialien müssen zur Vermeidung einer bakteriellen Kontamination steril entnommen werden. Da Abstriche während des Transports austrocknen, müssen sie in einem speziellen Virustransportmedium (VTM) aufbewahrt und transportiert werden. Zur Hemmung des Bakterienwachstums sind dem VTM Antibiotika (Penicillin/Streptomycin o.ä.), die keine Toxizität gegenüber Zellkulturen aufweisen dürfen, zugesetzt. Das VTM wird in der Regel steril in geeignete Kunststoff- oder Glasgefäße gefüllt und auf Aufforderung vom Laboratorium dem Einsender zur Verfügung gestellt.

Die *Entnahmetechnik* entscheidet häufig über den Erfolg und die Qualität des Isolierungsversuchs, daher ist ihr ein besonderer Wert beizumessen. *Rachenabstriche* werden durch festes Abstreichen des hinteren Gaumenbogens mit einem sterilen, trockenen Tupfer gewonnen. Zunge und Mundschleimhaut dürfen dabei nicht berührt werden. Der Tupfer wird in ein geeignetes VTM für den Transport eingegeben und abgebrochen. Korrekt durchgeführte Rachenabstriche führen zu einer guten Isolierungsrate und werden bei Routineuntersuchungen oft durchgeführt.

Pharynxabstriche sollen so früh wie möglich und nicht später als fünf Tage nach Krankheitsbeginn wie Rachenabstriche gewonnen und versandt werden. Erwachsene können stattdessen mit 10 ml Tryptose-Phosphat-Lösung gurgeln und diese danach in ein sauberes Gefäß aushusten. Der Inhalt wird in ein Gefäß mit Schraub- oder Gummistopfen-Verschluß gegeben und sicher verschlossen. Bei Kindern von Hals und Nasopharynx Abstriche anfertigen, Abstrichspatel in ein Gefäß mit 5,0 ml einer Salzlösung geben und mit Schraubgewinde oder Gummistopfen sicher verschließen. Proben sofort kühlen oder, wenn sie nicht direkt versandt werden, sofort in schräger Lage einfrieren.

Blut durch eine sterile Punktion der Venen gewinnen, wobei meist 10 ml Heparinblut ausreichen. Unter Umständen kann auch steril entnommenes Kapillarblut verwendet werden (z. B. bei Kindern).

Stuhl (4–8 g) in einem sterilen, gut verschlossenen Gefäß ohne VTM und ungekühlt ins Labor senden. Ist die Transportzeit zu lang, kann man eine Stuhlsuspension mit VTM herstellen, zentrifugieren und den Überstand mit der normalen Post versenden. Oft sind Rektalabstriche, die wie Rachenabstriche aufbereitet und versandt werden, für den Isolierungsversuch günstiger als Stuhlproben.

Liquor (3–5 ml) unter sterilen Bedingungen gewinnen und in ein steriles Gefäß füllen. Sofort gekühlt ins Laboratorium senden.

Konjunktivalabstriche vorsichtig gewinnen, aber so gründlich, daß genügend Zellmaterial am Tupfer haftet. Abstrichtupfer in VTM einbringen, abbrechen und schnellstmöglich ins Laboratorium senden.

Proben aus infektiösen *Bläschen* werden mit einem sterilen, mit VTM angefeuchteten Tupfer gewonnen. Auch Abstriche von zellulären Resten des Blasengrundes können mit Hilfe eines sterilen Tupfers bzw. eines Skalpells gewonnen werden. Die Abstriche in einem gut verschlossenen Gefäß transportieren. Bei kurzer Transportzeit kann auch der Inhalt eines Bläschens mit einer sterilen Spritze gewonnen und, entsprechend abgedeckt, ins Laboratorium gesandt werden.

Für *Urinuntersuchungen* eignet sich nur frischer Urin. Bei Verdacht auf Cytomegalie-Virus müssen 10-20 ml Urin in ein steriles Gefäß mit Schraubverschluß gegeben werden. Die Probe sollte gekühlt, aber nicht eingefroren und so schnell wie möglich am selben Tag ins Laboratorium gebracht werden. Für alle anderen Viren sollte der Urin so schnell wie möglich, bei Transport über mehrere Stunden aber in gefrorenem Zustand (– 20 °C bis – 70 °C), in das Laboratorium gebracht werden.

Bei *Autopsie-* oder *Biopsie-Proben* für jedes Gewebeteilchen bei der Entnahme aus einem pathologisch veränderten Gebiet ein separates steriles Instrument benutzen. Jedes Teilchen in ein separates Gefäß einbringen, direkt einfrieren und gekühlt zum Laboratorium bringen. Wenn dies nicht innerhalb weniger Stunden erfolgen kann, muß die Probe sofort bei – 50 °C bis – 70 °C tiefgefroren und auf Trockeneis gelagert werden. Autopsiematerial muß, im Gegensatz zu bakteriologischen Untersuchungsmaterialien, sofort nach dem Exitus entnommen werden, da die Zahl der Viren schnell abnimmt.

Beim *Transport* des Untersuchungsmaterials hat die Temperatur den größten Einfluß auf die verbleibende Infektiosität der Viren. Eine Isolierung nach einem Transport bei hohen Temperaturen ist selten erfolgreich. Auch häufige Temperaturwechsel sollten vermieden werden, wobei das Einfrieren des Untersuchungsmaterials bei – 70 °C bzw. ein Transport auf Trockeneis recht gute Isolierungserfolge zeigt.

Im allgemeinen wird das Untersuchungsmaterial zur Virusisolierung gekühlt in Eis (+ 4 °C) versandt. Die Proben können entweder in einer Isolierverpackung (Kunststoff) mit Kältebeutel, in einem wasserdichten Beutel, umgeben von Eisstükken oder in speziellen Kühlgefäßen verschickt werden.

Als Kennzeichnung des Untersuchungsmaterials muß jedes Material neben Name, Vorname und Geburtsdatum des Patienten auch Angaben über die Art des Materials und das Entnahmedatum enthalten. Diese Informationen müssen unlösbar, sichtbar und vor allem lesbar auf dem Transportgefäß aufgebracht werden. Daneben ist ein Begleitschreiben erforderlich, auf dem Name, Vorname, Alter, Geschlecht und Adresse des Patienten, sowie die Art des zu untersuchenden Materials, die klinische Diagnose oder Befunde, Datum der Entnahme, frühere Erkrankungen, Therapie, Kostenträger, Name und Adresse des einsendenden Arztes angegeben sind.

Bei *Chlamydien* und *Rickettsien* bestehen einige Besonderheiten. Diese Erreger gehören zwar nicht zur Gruppe der Viren, werden jedoch häufig im virologischen Laboratorium isoliert bzw. nachgewiesen. Die Untersuchung erfolgt meist serologisch, Isolierungsversuche werden nur in wenigen Speziallaboratorien durchgeführt. Da Chlamydien und Rickettsien antibiotikaempfindlich sind, darf kein Antibiotika-Zusatz zum Untersuchungsmaterial bzw. Transportmedium gegeben werden. Das Laboratorium muß hierfür ein besonderes Transportmedium oder geeignete Objektträger zur Verfügung stellen, wenn der direkte Nachweis von Chlamydien mittels Immunfluoreszenz und monoklonaler Antiseren durchgeführt wird.

5.1.3 Interne Qualitätssicherung

Der Einsatz von Zellkulturen ist wenig verbreitet, da Zellkulturen nur in wenigen Speziallaboratorien zur Verfügung stehen. Aus diesem Grunde wird in diesem Beitrag auf die Qualitätskontrolle der analytischen Verfahren nur kurz eingegangen (**Tabelle 5.1-2**).

Neben den Qualitätssicherungsmaßnahmen zur Kultivierung verschiedener Zellarten ist die Eignung der jeweiligen Zelle, des Bruteis bzw. des jeweiligen Tieres für die Anzüchtung des vermuteten Virus eine Voraussetzung zur zuverlässigen Durchführung eines Isolierungsversuches (**Tabelle 5.1-3**).

Weitere Voraussetzungen sind, daß die Zellen frei von Mykoplasmen sind, die Zellinie sich nicht verändert hat und weiterhin für die vermuteten Viren empfänglich ist. Durch eine sachgemäße und antibiotische Vorbehandlung der Spezimen wird eine Kontamination durch Bakterien, Hefen oder Pilze und Störungen durch toxische Einflüsse weitgehend ausgeschlossen. Eine Antibiotika-Zugabe zum Nährmedium der jeweiligen Zellarten ist zwar in der Lage, das Wachstum von Hefen und Bakterien zu unterdrücken, jedoch nur bis zu einem gewissen Grad; sie führt nicht zum Ziel, wenn resistente Keime oder Mykoplasmen in die Kulturen

Tabelle 5.1-2: Direkter Nachweis von Viren und Chlamydien mittels monoklonaler Antikörper

Viren/Chlamydien	Spezimen	Methoden
HVH	Abstrichmaterial	IIF
Hepatitis-A-Virus	Stuhl	RIA/EIA
Hepatitis-B-Virus	Serum	RIA/EIA/IIF
Rota-Viren	Stuhl	EIA
Lyssa-Virus	Gewebe	IIF
Chlamydien	Abstrichmaterial	IIF/EIA

Tabelle 5.1-3: Isolierung und Züchtung von Viren und Chlamydien

Virus	Isolierung aus	Anzüchtung auf
Influenza-Virus	Rachen-, Nasenabstrich	Brutei
Parainfluenza-Virus	Rachenabstrich	Zellkultur
Masern-Virus	Rachenabstrich	Zellkultur
Röteln-Virus	Rachenabstrich	Zellkultur
Adenoviren	Konjunktival-, Rachen-, Rektalabstrich	Zellkultur
HVH	Liquor, Gewebe, Bläschenmaterial	Zellkultur
VZV	Liquor, Gewebe Bläschenmaterial	Zellkultur
CMV	Speichel, Urin, Gewebe	Zellkultur
Reo-Viren	Stuhl, Urin	Zellkultur
Entero-Viren	Stuhl, Urin, Liquor	Zellkultur
Rhino-Viren	Rachenabstrich	Zellkultur
LCM-Virus	Liquor	Maus
Rabies-Virus	Liquor, Gewebe	Maus
Chlamydien	Abstrichmaterial	Zellkultur

Tabelle 5.1-4: Einige Maßnahmen der internen Qualitätssicherung bei Virusisolierungsversuchen

Gewebekulturzellen	Empfänglichkeit für das jeweilige Virus Mykoplasma- und Kontaminationsfreiheit
Medium und Mediumzusätze (Serum, Antibiotikalösung)	Abwesenheit von toxischen, virushemmenden oder virusneutralisierenden Einflüssen
Probenmaterial	Sicherer Ausschluß bakterieller oder mykologischer Kontamination und/oder Mykoplasmen Inokulation nur auf geeignete Zellkulturen entsprechend den zu isolierenden Viren

eingebracht werden. Sie ersetzt also nicht die Anforderung an eine optimale Entnahme, eine umsichtige Vorbehandlung des Spezimen und ein steriles Arbeiten.

Zeigt sich in der Kultur ein „cytopathischer Effekt" (CPE), so erfolgt die Typisierung mittels verschiedener Subkulturen und Zusatzuntersuchungen, z.B. Säure-Stabilitätstest, Äthertest, HBB-Guanidin-Test, Neutralisationstest mit monospezifischen Antiseren, Hämagglutinationstest, inverser KBR, Immunfluoreszenz- oder elektronenmikroskopischer Untersuchungen. Auf die Standardisierung und Qualitätssicherung dieser Untersuchungen soll hier nicht eingegangen werden.

Zusammenfassend sind einige Maßnahmen der internen Qualitätssicherung bei Virusisolierungsversuchen in **Tabelle 5.1-4** aufgeführt.

5.1.4 Externe Qualitätssicherung

Externe Qualitätssicherung im Sinne von Ringversuchen werden in den USA und in England routinemäßig, sowie in der Bundesrepublik Deutschland (von INSTAND und von der Deutschen Vereinigung zur Bekämfung der Viruskrankheiten) in Form von Pilotringversuchen durchgeführt. Es ist zu hoffen, daß bei uns zukünftig solche Ringversuche, zumindest für den direkten Antigennachweis allen Laboratorien ermöglicht werden. Erfahrungen über solche Ringversuche liegen bisher nur vereinzelt für die von verschiedenen Referenzzentren durchgeführten Pilotstudien vor (Merten und Thomssen, 1986).

5.1.5 Postanalytische Phase

Kann in einer Gewebekultur der Verdacht auf ein Virus gestellt, oder kann durch einen direkten Nachweis Antigen eines bestimmten Virus nachgewiesen werden, so erfolgt die Typisierung des Virus beim indirekten Verfahren anschließend durch verschiedene serologische und chemische Zusatzuntersuchungen; bei direktem Nachweis des Antigens ist die Typisierung durch die Spezifität des eingesetzten monoklonalen Antiserums schon im Versuch erfolgt.

Der spezifische Nachweis eines Antigens und der indirekte Nachweis eines Virus mit anschließender Typisierung bedeutet aber nicht unbedingt, daß der Patient durch dieses Virus erkrankt ist. Der Patient kann Ausscheider und Träger des Virus sein. Letztlich entscheiden über die Wertigkeit einer positiven Isolierung für den Patienten Anamnese, Krankheitsbild und Krankheitsverlauf.

5.1.6 Gesichtspunkte der Wirtschaftlichkeit

Die Anforderung einer Virusisolierung soll unter besonderer und eingehender Berücksichtigung des Krankheitsbildes und Alters des Patienten erfolgen, damit unnötige Untersuchungen vermieden werden. Untersuchungen in ungeeignetem Material werden durch Gewinnung adäquater Untersuchungsmaterialien zum richtigen Zeitpunkt, entsprechend dem jeweiligen Krankheitsbild und dem Verlauf, verhindert. Die Einsendung verschiedener Materialien ist ebenfalls angezeigt.

Die Vorhaltung der erforderlichen verschiedenen Zellarten zur Isolierung verschiedenster Viren ist material- und personalintensiv, wodurch verständlich wird, wenn hierin zur Zeit sich nur wenige Laboratorien engagieren und sich eher auf den direkten Nachweis viraler Antigene mittels serologischer Methoden beschränken. Es ist daher auch in dem vorliegenden Beitrag auf eine ausführlichere Darlegung, wie sie in den entsprechenden Lehrbüchern zu finden ist, verzichtet und nur die präanalytische Phase eingehender besprochen worden. Der direkte Antigennachweis mittels Immunoassay und Immunfluoreszenz wird sich mit der weiteren Entwicklung und Gewinnung monoklonaler Antikörper wegen seiner Schnelligkeit, dem relativ geringeren Aufwand und den damit geringeren Kosten eher durchsetzen. Die Qualitätssicherung dieser Methoden ist in anderen Beiträgen dieses Buches eingehend beschrieben.

5.2 Virusimmunologie

Utz P. Merten (Köln)

5.2.0 Einleitung

Antikörper gegen virale Antigene können verschiedenen Immunglobulinklassen angehören, von denen für die Klärung des Immunstatus die IgG, für den Nachweis einer akuten Infektion spezifische Antikörper der Klasse IgM besondere Bedeutung besitzen. Für den Nachweis spezifischer Antikörper ist die Reinheit des Antigens eine Voraussetzung, wobei die Empfindlichkeit der Nachweismethode eine untere Nachweisbarkeitsgrenze setzt und die Titerhöhe beeinflußt. Entsprechend der Testart können die nachgewiesenen Antikörper z. B. als neutralisierende, präzipitierende, komplementbindende oder hämagglutinationshemmende Antikörper bezeichnet werden.

Für die Bestimmung viraler Antikörper werden die Komplementbindungsreaktion (KBR), der Hämagglutinationshemmtest (HHT), die passive (indirekte) Hämagglutination (PHA, IHA) und der Neutralisationstest (NT) häufig eingesetzt. KBR, IHA und HHT gehören heute zu den Routineuntersuchungen in vielen Laboratorien, neben denen auch Bindungsanalysen (RIA, EIA, FIA), Methoden der indirekten Immunfluoreszenz und der Immunadhärenz - Hämagglutination (Lenette und Lenette, 1978) eingesetzt werden. Einige dieser Methoden sind in anderen Beiträgen dieses Buches beschrieben.

Die Qualitätssicherung bei der Bestimmung von Antikörpern mittels KBR, HHT oder NT umfaßt eine eingehende Vortestung der im Versuch eingesetzten Reaktionspartner und die interne und externe Kontrolle der Testdurchführung und der Testergebnisse. Die interne Qualitätssicherung schließt die Überprüfung der verschiedenen Reaktionspartner auf ihre geeignete Beschaffenheit während der Testdurchführung, die Sicherung der Ergebnisse aller Vortestungen während des Testablaufes und eine Prüfung aller Seren auf Störfaktoren ein.

Die allgemeinen Prinzipien der Qualitätssicherung in der Laboratoriumsmedizin gelten auch für die Virusimmunologie. Sie umfassen die Kontrollen der Sensitivität und Spezifität der Reaktion wie die Richtigkeit und Präzision der Bestimmung. Die Empfindlichkeit (Sensitivität) eines Tests wird durch die untere Nachweisgrenze einer immunologischen Antwort gekennzeichnet, so ist z. B. ein Antikörpernachweis in der KBR weniger empfindlich als im HHT oder NT. Die Spezifität wird u. a. durch die Reinheit des Antigens und durch die Auswahl eines geeigneten Testsystems für ein bestimmtes Antigen unter Berücksichtigung möglicher gruppenspezifischer Kreuzreaktionen erreicht. Sensitivität, Spezifität, Abwesenheit von Störungen und richtige wie präzise Testdurchführung werden durch die Maßnahmen der internen Qualitätskontrolle überprüft und gesichert. Neben der internen Qualitätssicherung sollten die eigenen Ergebnisse ständig mit Ergebnissen anderer Laboratorien verglichen werden, um die Qualität der Ergebnisse und die damit verbundene diagnostische Aussage der eigenen Untersuchungen auf eine zwischen Laboratorien vergleichbare Basis zu stellen. Die externe Qualitätssicherung stellt eine solche Überprüfung der Ergebnisse eines Laboratoriums an identischem Untersuchungsmaterial mit den Ergebnissen von Referenzlaboratorien und denen anderer teilnehmender Laboratorien dar. Die Kontrolle erfolgt in Form von Ringversuchen, in denen neben der Vergleichbarkeit der erhaltenen Ergebnisse auch Spezifität und Empfindlichkeit verschiedener Testverfahren gegenüber gestellt werden können (s. 5.2.6).

5.2.1 Präventivmaßnahmen

Unter „Präventivmaßnahmen" werden alle Vorkehrungen zusammengefaßt, die beim Aufbau und vor der Durchführung eines Tests berücksichtigt werden müssen. Soweit möglich, sollten standardisierte Methoden, standardisierte Reagenzien und spezifische Standardseren bekannter Titerhöhen als Kontrollseren verwendet werden. Angaben zu Standardseren können der Literatur entnommen werden (WHO, 1970; Palmer et al., 1973; Palmer et al., 1974; CDC, 1977; NCCLS, 1978).

Da zur Zeit nahezu ausschließlich im Mikrotitersystem gearbeitet wird, müssen Präventivmaßnahmen u. a. regelmäßige Kontrollen der Volumenkonstanz von Dilutoren und Dispensern (insbesondere bei halb- oder vollmechanisierten Dispensern) und der weiteren Rahmenbedingungen, z. B. Temperaturkonstanz von Brutschränken und Wasserbädern, Konsistenz, Sterilität und pH-Wert selbst zubereiteter wie käuflicher Reagenzien, Temperaturregelung bei der Komplementtitration, und die Einhaltung bestehender Sicherheitsvorschriften für den Arbeitsplatz einschließen (**Tabelle 5.2-1**). Zu den Präventivmaßnahmen gehört, was leider häufig vergessen wird, auch die Weiterbildung der Mitarbeiter.

5.2.2 Präanalytische Phase

Vor der Testdurchführung stehen Auswahl und Anforderung der Untersuchung, Spezimengewinnung, Transport in das Laboratorium, Probengewinnung und Aufbereitung der Probe. Ebenso wesentlich wie die richtige Auswahl der geeigneten Untersuchungsanforderungen bei dem jeweiligen Krankheitsbild bzw. der vorliegenden Fragestellung ist die Gewinnung eines geeigneten Spezimen für die angeforderte Untersuchung und die dabei einzusetzende Methode (s. auch 2.3 und 5.0). In der Regel werden zur Antikörperbestimmung Serumproben ohne Zusätze benötigt. Blutentnahme und Serumtransport müssen steril erfolgen, da zur Diagnosestellung häufig ein Titeranstieg nachgewiesen werden muß und die Seren der Patienten für eine spätere Paralleltitration über längere Zeiträume bei $-20\,°C$ gelagert werden. Dem Versand von Vollblut ist wegen der Gefahr einer Hämolyse durch Temperatureinfluß und mechanische Einwirkungen ein Transport von Serum vorzuziehen, das steril in ein dichtes Gefäß überführt und dessen Inhalt wie Herkunft eindeutig gekennzeichnet sein muß. Wird bei Verdacht auf eine frische Infektion keine Bestimmung virusspezifischer Antikörper der Klasse IgM durchgeführt, sollte immer

Tabelle 5.2-1: Präventivmaßnahmen: Überprüfung von Reagenzien, Geräten und Testdurchführung (modifiziert nach Taylor et al., 1979)

Prüfung der	Zeitraum
1. organischen und anorganischen Reagenzien	
- auf die richtige Zusammensetzung	jede Charge
- auf pH-Wert, Sterilität, Trübung Verunreinigung und Hemmstoffreiheit	täglich bis wöchentlich
2. biologischen Reagenzien	
- auf Aktivität	jede neue Charge (bzw. mind. halbjährlich)
3. Antigene	
- auf Aktivität mit spezifischen Antiseren	jede neue Charge (bzw. mind. halbjährlich)
4. Antiseren (Kontrollseren)	
- auf Reaktivität (Titer) mit spezifischem Antigen	jede neue Charge (bzw. mind. halbjährlich)
5. Geräte	
- auf einwandfreie Funktion (Volumen, Temperatur, Zentrifugengeschwindigkeit, Sterilität)	mind. wöchentlich
6. Testergebnisse	
- durch Kontrollproben	täglich (in jedem Ansatz)
- durch unbekannte Proben	monatlich
- durch Parallelbestimmung in Referenzlaboratorien	jährlich
7. Testvorschriften	
- auf Vollständigkeit und Richtigkeit	halbjährlich
8. Technische Assistenten (in)	
- Arbeitsplatzbelastung (Testanzahl)	jährlich
- Arbeitsplatz (Einhaltung der Sicherheitsvorschriften)	halbjährlich
- Weiterbildung	jährlich

(*) Alle Reaktionspartner müssen monatlich auf ordnungsgemäße Beschriftung, vorschriftsmäßige Lagerung und Verfallsdatum geprüft werden.

eine zweite und gegebenenfalls auch eine dritte Serumprobe zur Paralleltitration im Zeitraum von 10 bis 14 Tagen eingesandt werden. Laboratorien sollten eindeutige Vorschriften für die Patientenvorbereitung, den Zeitpunkt und die Art der Probengewinnung unter Berücksichtigung der eingesetzten Methoden wie des Transportes erarbeiten und ausgeben. Liegen solche Anleitungen nicht vor, können sie der entsprechenden Literatur entnommen werden (Lenette, 1980; Rose, Friedmann, 1980).

5.2.3 Interne Qualitätssicherung

Präventivmaßnahmen sind aus didaktischen Gründen schon oben besprochen worden, sie gehören mit anderen Teilen der präanalytischen Phase zum Komplex der internen Qualitätssicherung (**Tabelle 5.2-2**). Art und Umfang der internen Quali-

Tabelle 5.2-2: Allgemeine Maßnahmen der internen Qualitätssicherung

- Präventivmaßnahmen
  Auswahl und Kontrolle der:
  Methoden, Reagenzien, Kontrollseren, Geräte,
  Arbeitsplätze, Mitarbeiter (s. Tab. 5.2-1)
- Präanalytische Phase
  Zeitpunkt und Art der Spezimengewinnung
  Aufbereitung, Versand/Transport und Lagerung der Proben
- Testdurchführung
  Arbeitsanleitung, Protokolle, Listen
  Prüfung der Verfallszeiten
  Spezielle Kontrollen des jeweiligen Tests
  (s. Tab. 5.2-5 und 5.2-6)
- Postanalytische Phase
  Plausibilitätskontrolle (klinische Angaben!)

tätssicherung richten sich z.T. nach der jeweiligen Methode. Es gibt verschiedene Vorschriften zur Durchführung der KBR (u.a. Bonin, 1973; CDC, 1977; Lenette und Schmidt, 1979; NCCLS, 1978; Palmer et al., 1973; US Public Health Service, 1965; WHO, 1970; DGHM, 1983), des HHT (Bonin, 1973; CDC, 1977; Lenette und Schmidt, 1979; Antoniadis, 1974; Mertens, 1976; NCCLS, 1978; Palmer et al., 1970; WHO, 1970) und des NT (Bonin, 1973; Lenette und Schmidt, 1979).

Grundlagen der internen Qualitätssicherung eines immunologischen Tests sind genaue Arbeitsanleitungen, ausreichende Protokolle der Ansätze und Ergebnisse und die Führung von Listen, in denen täglich die Daten und Änderungen für Antigene, Komplementverdünnungen, verwendete Reagenzien wie auch die Ergebnisse der positiven und negativen Kontrollseren eingetragen werden. Wenn als positive Kontrollen Patientenseren oder käufliche nicht standardisierte Kontrollseren eingesetzt werden, sollen diese regelmäßig auf ihren Antikörpergehalt durch Paralleltitration mit einem Standardserum kalibriert werden. Stehen solche Standardseren nicht zur Verfügung, sollten positive Patientenseren portioniert werden und vor ihrem Einsatz als Kontrollseren mehrmals an verschiedenen Tagen zur Feststellung einer mittleren Titerhöhe getestet werden.

Für die meisten Methoden können Seren bei $-20\,°C$ über mehrere Monate gelagert werden, ohne daß dies den Antikörpertiter wesentlich beeinflußt. Mehrmaliges Auftauen und Einfrieren der Seren sollte vermieden werden, sie sollten unverdünnt oder, mit negativem Serum verdünnt, in kleinen Aliquots abgefüllt und erst dann eingefroren werden.

Werden für die Durchführung eines Tests käufliche Testzusammenstellungen (Kits) verwendet, so ist auf eine eindeutige Beschriftung der Einzelkomponenten und des Verfalldatums zu achten und zu berücksichtigen, daß die verschiedenen Komponenten eines Kits aufeinander abgestimmt sind und häufig nicht mit anderen Reagenzien und anderen Kits gemischt und/oder im Test eingesetzt werden können.

5.2.3.1 Interne Qualitätssicherung des Hämagglutinationshemmtests (HHT)

Antigene und Vorversuch

Antigene bei Hämagglutinationstests bzw. Hämagglutinationshemmtests können aus intakten Viren oder aus Spaltprodukten von Virusteilchen bestehen. Die Spezifität des Antigens hängt von der Gewinnung und Aufbereitung ab.

Jede Antigen-Charge muß vor Einsatz im Versuch durch einen Hämagglutinationstest auf ihre Aktivität geprüft werden, da infolge von Transport- und Lagerungseinflüssen die von den Herstellerfirmen angegebenen Verdünnungen häufig nicht übernommen werden können. Im HHT werden vier hämagglutinierende Einheiten (4HE) eingesetzt, wobei als 1 HE die Antigenverdünnung bezeichnet wird, die noch eine vollständige Agglutination der Testerythrozyten bewirkt.

Vorbehandlung der Patientenseren

Zur Beseitigung von Inhibitoren im Serum von Patienten können je nach Art der Inhibitoren verschiedene Verfahren eingesetzt werden, wobei thermolabile Inhibitoren durch Inkubation des Serums bei 56 °C über 30 Minuten im Wasserbad beseitigt werden. Hierbei ist zu beachten, daß kleine Probenvolumina in kleinen Röhrchen verwendet werden, so daß ein schneller Temperaturausgleich in der Probe erreicht wird (aus diesen Gründen eignet sich ein Brutschrank nicht zur Inaktivierung von Seren). Die Beseitigung unspezifischer Agglutinine kann durch Absorption dieser an die im Test verwendeten Erythrozyten erfolgen. Handelt es sich um unspezifische thermostabile Inhibitoren, können diese durch Absorption an Kaolin bei pH 9.6, durch eine Heparin-Manganchlorid-Behandlung oder durch andere Verfahren beseitigt werden. Liegen sowohl unspezifische Agglutinine wie auch Inhibitoren im Serum des Patienten vor, können diese durch parallel oder hintereinandergeschaltete Adsorption und Absorption beseitigt werden. Eine Kontrolle der vollständigen Beseitigung dieser Störfaktoren kann durch die parallele Durchführung eines HHT mit Sindbis-Virus als Antigen erfolgen (Schneeweis, 1972).

Hauptversuch

Im eigentlichen Hämagglutinationshemmtest wird das Serum des Patienten auf Vorliegen spezifischer, gegen das eingesetzte Antigen gerichteter Antikörper getestet. Neben dieser eigentlichen diagnostischen Untersuchung müssen zur Feststellung der Sensitivität und Spezifität und zum Ausschluß möglicher Störungen folgende Kontrollen mitgeführt werden:

1. *Serumkontrolle:* Im HHT ist für jeden Patienten eine Serumkontrolle in den ersten beiden Titerstufen mitzuführen, um eine unvollständige Absorption/ Elimination vorhandener Inhibitoren/Hämagglutinine aus dem Serum des Patienten auszuschließen. Ohne diesen Ausschluß kann das Testergebnis nicht verwertet werden. Der Test muß nach erneuter, diesmal vollständiger Absorption/Elimination wiederholt werden.
2. *Kontrollseren:* In jedem Testansatz sind mindestens zwei negative und zwei positive Kontrollseren mitzuführen. Die positiven Kontrollseren sollen verschieden hohe Titer (z. B. Titer im Grenzbereich, niedrige und höhere Titer) aufweisen. Im Idealfall sollte es sich bei Kontrollseren um spezifische Antiseren, ggf., wenn

möglich, um standardisierte, nationale oder internationale Referenzseren handeln. Sollte bei der Testauswertung ein negatives Serum einen Titer aufweisen, muß der Test wiederholt werden. Das gleiche gilt, wenn die positiven Kontrollseren mehr als zwei Titerstufen von den festgelegten Titern abweichen.

3. *Rücktitration:* Eine Antigenrücktitration ist erforderlich, um das Vorliegen von vier hämagglutinierenden Einheiten im Testansatz sicherzustellen. Diese Rücktitration wird durch Verdünnung der im Test eingesetzten Antigenverdünnung (4, 2, 1, 0.5, 0.25 HE) durchgeführt. Zeigt sich, daß im vorliegenden Test mit einem Antigenüberschuß oder mit einem Antigenmangel gearbeitet worden ist, so muß der Test wiederholt werden.
4. *Erythrozytenkontrolle:* Eine Erythrozytenkontrolle dient zum Nachweis der einwandfreien Erythrozytensedimentation im Test und schließt eine Eigenagglutination der Erythrozyten bzw. einen agglutinierenden Einfluß des verwendeten Puffers aus. Diese Kontrolle sollte mehrfach angesetzt werden.
5. *Auswertung:* Die Auswertung eines Hämagglutinations- wie eines Hämagglutinationshemmtests erfolgt über die Bewertung der Agglutination der eingesetzten Erythrozyten. Eine vollständige Hämagglutination liegt vor, wenn die über den ganzen Napfboden sedimentierten agglutinierten Erythrozyten schildförmig liegen bleiben. Keine Hämagglutination liegt vor, wenn die Erythrozyten knopfförmig in der Spitze des V-förmigen Napfbodens zusammenrutschen und bei Schrägstellung der Mikrotiterplatte zur tiefsten Stelle hin ablaufen (sogenanntes Kerzenflammenphänomen)[1]. Während beim Hämagglutinationstest die vollständige Hämagglutination in der höchsten Antigenverdünnung als Vorliegen einer hämagglutinierenden Einheit zu bewerten ist, wird beim Hämagglutinationshemmtest nur die Serumverdünnung als Antikörpertiter gewertet, die als Endpunkt eine vollständige oder fast vollständige Sedimentation der Erythrozyten aufweist. Forderungen der Qualitätssicherung beim Hämagglutinationstest sind in **Tabelle 5.2-3** zusammengefaßt.

5.2.3.2 Interne Qualitätssicherung der Komplementbindungsreaktion (KBR)

Die Maßnahmen der internen Qualitätssicherung ergeben sich zum Teil aus der Komplexität der Komplementbindungsreaktionen und des Indikatorsystems. Der eigentliche Versuch verlangt sorgfältig aufbereitete, gereinigte und konzentrierte Antigene, zuverlässige Bezugspräparate, ein gut eingestelltes Komplement und sehr exaktes Pipettieren der verschiedenen Reaktionskomponenten (Bonin, 1973). In vielen Laboratorien werden modifizierte Methoden nach Vorschriften des US Public Health Service (1965) bzw. nach Lenette und Schmidt (1979) für die Vorversuche und den Hauptversuch einer KBR eingesetzt. Einen Überblick über erforderliche Qualitätssicherungsmaßnahmen sind in **Tabelle 5.2-4** als Übersicht dargestellt.

Ambozeptor-Vorversuch

Der Ambozeptor ist ein Antikörper von Kaninchen gegen Hammelerythrozyten (alte Bezeichnung Hämolysin). Diese Antikörper lysieren Hammelerythrozyten erst

[1] Der Test erfolgt sinnvollerweise in Mikrotiterplatten mit V-förmigen Napfböden, um ein gut lesbares Hämagglutinationsbild zu erreichen, und ein Abrollen der Erythrozyten-Monolayer an den Rändern zu vermeiden.

Tabelle 5.2-3: Maßnahmen der internen Qualitätssicherung beim Hämagglutinationstest (HHT)

Vorversuch
Hämagglutinationstest für jede Antigencharge durchführen.

Hauptversuch
In jedem Hauptversuch mit- bzw. durchführen:
- Serumkontrolle für jeden Patienten (2 Titerstufen)
- Mindestens zwei negative Kontrollseren
- Mindestens zwei positive Kontrollseren (unterschiedlicher, bekannter Titerhöhe, vorzugsweise Referenzseren)
- Antigen-Rücktitration (4,2,1,0.5, 0.25 HE)
- Erythrozytenkontrolle (mehrfach)

Erforderliche Ergebnisse der internen Qualitätssicherung
- Negative Kontrollseren dürfen keinen Antikörpertiter gegen das zu testende Antigen aufweisen
- Positive Kontrollseren müssen den erwarteten (Titer ± eine Titerstufe) aufweisen
- Die Serumkontrolle des jeweiligen Serums darf keine Hämagglutination der Erythrozyten aufweisen
- Die Erythrozytenkontrollen müssen eine vollständige Sedimentation der Erythrozyten zeigen
- Es müssen mindestens zwei und dürfen nicht mehr als acht Antigeneinheiten im Test vorliegen

Tabelle 5.2-4: Maßnahmen der internen Qualitätssicherung bei der Komplementbindungsreaktion (KBR)

Vorversuche

Ambozeptor	Ambozeptorversuch für jede Charge durchführen
Komplement	Komplement-Vorversuch für jede Charge mit mehreren Antigenen durchführen
Antigen	Für jedes Antigen einer jeden Charge eine Schachbrett-Titration durchführen

Hauptversuch

In jedem Hauptversuch für jedes getestete Antigen mit- bzw. durchführen:
- negatives Kontrollserum
- positives Kontrollserum bekannter Titerhöhe (vorzugsweise ein Referenzserum)
- Serumkontrolle mit Puffer als Antigenersatz für jedes Serum
- Serumkontrolle mit Kontrollantigen für jedes Serum

Erforderliche Ergebnisse der internen Qualitätssicherung:

- das negative Kontrollserum darf keine Antikörpertiter gegen das zu testende Antigen aufweisen
- das positive Kontrollserum muß den zu erwartenden Titer (± eine Titerstufe) aufweisen
- die Serumkontrollen mit Puffer und Kontrollantigen müssen eine vollständige Lyse zeigen
- es müssen mindestens 1.5 und dürfen nicht mehr als 4 Einheiten Komplement im Test vorliegen

nach Bindung von Komplement (Beispiel einer komplementabhängigen Lyse). Der Ambozeptor soll einen Mindesttiter von 1:4000 bis 1:6000 in 0,25 ml aufweisen. Auf Grund eines Vorversuches, in dem eine Ambozeptorverdünnungsreihe in Gegenwart von Komplement mit Hammelerythrozyten reagiert, wird die Verdünnung des Ambozeptors, die zwei Ambozeptor-Einheiten enthält, für die Herstellung des hämolytischen Systems festgelegt. Dieser Vorversuch muß für jede Charge neu durchgeführt und auch von Zeit zu Zeit bei länger gelagerten Chargen wiederholt werden. Entsprechend dem Ergebnis des Ambozeptor-Vorversuches wird eine nach dreimaligem Waschen hämolysefrei hergestellte 2%ige Hammelerythrozyten-Suspension in Veronal-Puffer 1:1 mit der entsprechenden Ambozeptor-Verdünnung gemischt und 10 Minuten bei Raumtemperatur inkubiert. Diese Mischung stellt das hämolytische System dar. Sie muß am Testtag jeweils neu angesetzt werden, da sie auch bei Kühlschranktemperaturen nicht haltbar ist.

Komplement-Vorversuch

Die Aktivität des Komplements in einem Meerschweinchenserum kann in Anwesenheit spezifischer Antigene unterschiedlich stark sein. Das Meerschweinchen-Serum kann spezifische Antikörper gegen bestimmte Viren (Reo-Viren, Myxo-Viren) aufweisen, wenn das Spendertier Kontakt mit dem Erreger hatte (Lennette und Schmidt, 1979). Bei käuflichem Komplement, das nur für die Lues-Reaktionen hergestellt wurde, können diese Antikörper häufig nachgewiesen werden. Es ist daher erforderlich, den Komplement-Vorversuch bei jeder Charge mit verschiedenen Antigenen durchzuführen und die Seren im Vorversuch in möglichst kleinen Stufen zu verdünnen. Die für den Hauptversuch erforderliche Komplementverdünnung wird für jedes Antigen einzeln festgelegt.

Antigene und Antigen-Vorversuch

Käufliche Antigene haben eine unterschiedliche Qualität, die von der Art der Gewinnung (Gewebekultur, Brutei, Extraktion aus Organen infizierter Tiere), von ihrem Gehalt an Fremdstoffen und von den eingesetzten Reinigungs- und Konzentrationsverfahren abhängen. Eine nachweisbare Antikomplementarität kann in einem Teil der Fälle durch Vorbehandlung des Antigens mit inaktiviertem Meerschweinchen-Serum behoben werden. Spezifität und Aktivität eines jeden Antigens und einer jeden Charge müssen vor Einsatz im Hauptversuch durch eine Schachbrett-Titration geprüft werden. Hierdurch wird ermittelt, in welcher Verdünnung eines bestimmten Antigens eine Antigen-Einheit vorliegt, damit die optimale Antigenkonzentration (zwei Einheiten) für den Hauptversuch festgelegt werden kann. Dies ist auch bei käuflichen Antigenen erforderlich, die mit einer Titerangabe versehen sind, da Transport- und Lagerungseinflüsse nicht sicher bewertet werden können. Daraus folgt auch, daß Antigenpräparationen, die über längere Zeit (bei +4 °C bis -70 °C, je nach Antigen) gelagert worden sind, durch eine neue Schachbrett-Titration von Zeit zu Zeit kontrolliert werden müssen. Bei der Schachbrett-Titration wird eine Antigen-Verdünnungsreihe gegen eine Verdünnungsreihe eines Standardserums im Komplementbindungsversuch getestet, so daß Antigen- und Antikörperkonzentrationen bei konstanter Komplementmenge variieren. Die optimale Antigenverdünnung kann durch einen „Peak“ oder ein „Plateau“ gekennzeichnet sein, wobei diejenige Antigenverdünnung als optimal bezeichnet wird, bei der das positive Kontrollserum den höchsten Titer in einer Verdünnungsstufe als „Peak" aufweist bzw. bei welcher Antigenverdünnung das positive Kontrollserum einen maximalen Titer über mehrere Verdünnungsstufen als „Plateau" aufweist. Der Versuch ist auswertbar, wenn gleichzeitig mit dem negativen Kontrollserum, dem Kontrollantigen und in der Serumkontrolle des positiven Serums keine Hämolysehemmung bei der entsprechenden Antigenverdünnung aufgetreten ist und im Test zwei Einheiten Komplement vorliegen. Daraus folgt, daß in einem Antigenvorversuch auch Serumkontrollen des positiven Serums sowohl mit Puffer als auch mit Kontrollantigen und eine abgestufte Komplementkontrolle zur Sicherung des Vorliegens von zwei Komplementeinheiten bei jeder Antigenverdünnung mitgeführt werden müssen.

Kontrollseren

Als negative Kontrollseren können Patientenseren eingesetzt werden, bei denen mehrfach ein negativer Antikörpernachweis gegen das entsprechende Antigen geführt worden ist. Puffer darf nicht als Ersatz für ein Negativserum eingesetzt werden. Als positive Kontrollseren können, bei Fehlen monospezifischer Kontrollseren, Patientenseren verwandt werden, die vor ihrem Einsatz gegen positive Bezugsseren mit bekannter Titerhöhe getestet worden sind. Vorzugsweise sollten Standardseren eingesetzt werden. Leider gibt es solche Standardseren nicht für alle in der Routine zum Nachweis viraler Antikörper durchgeführten Tests. Käufliche Antiseren sind zwar mit einer Titerangabe versehen; dem Anwender wird aber selten mitgeteilt, ob und auf welchen Standard sich diese Angaben beziehen. Auf diesem Gebiet sind noch Anstrengungen seitens der Fachgesellschaften und Referenzzentren erforderlich, um allen Laboratorien standardisierte Bezugspräparate für die Routine zugänglich zu machen.

Humane Bezugsseren können aus Patientenseren als Einzelpräparation oder durch Mischen hochtitriger Rekonvaleszentenseren hergestellt werden. Sollte das Poolserum eine antikomplementäre Aktivität zeigen, kann diese durch Behandlung mit frischem Meerschweinchenserum beseitigt werden (Bonin, 1973).

Da der Zusatz eines Konservierungsmittels die Reaktionen in der KBR (insbesondere bei der Bestimmung von Herpes-Antikörpern) stören kann, sollten Kontrollseren lyophilisiert und bei + 4 °C, besser bei − 20 °C, gelagert werden. Bei einigen Immunseren (z. B. gegen Mumps-Antigen) empfiehlt es sich, diese unter − 70 °C zu lagern, da sie bei höheren Temperaturen leicht ihre Aktivität verlieren. Für nicht lyophilisierte Kontrollseren ist eine Lagerung bei − 70 °C zu empfehlen.

Hauptversuch

Bei der Durchführung des Hauptversuches einer Komplementbindungsreaktion sind Kontrollen der verschiedenen Reaktionen zur internen Qualitätssicherung erforderlich. Neben den zu testenden Patientenseren müssen stets positive und negative Kontrollseren mitgeführt werden. Für alle Seren wird je eine Serumkontrolle mit Puffer als Ersatz für das Antigen bzw. mit Kontrollantigen mitgeführt. Dies dient der Feststellung, daß ein gegebenes Serum keine antikomplementären Aktivitäten aufweist und daß auch keine Reaktion mit dem Kontrollantigen erfolgt[2].

[2] Ein Kontrollantigen ist eine Lösung, in der alle Substanzen der Antigen-Suspension vorhanden sind, ausschließlich des spezifischen zu testenden Antigens.

Ohne diese beiden Kontrollen kann ein ermittelter Titer nicht als spezifisch gewertet werden, da der Komplementverbrauch auch durch unspezifische Eigenschaften des Serums oder bei einer spezifischen Antikörper-Antigen-Reaktion mit nichtviralen Substanzen des Antigens (z. B. Mykoplasmen, zelluläre Bestandteile) erfolgen kann.

Weiterhin muß bei jedem Hauptversuch das Komplement in absteigender Konzentration mit Antigen und Puffer getestet werden, um eine antikomplementäre Wirkung des Antigens bzw. die Komplementaktivität nachzuweisen und das Vorliegen von zwei Einheiten Komplement sicherzustellen.

Interne Qualitätssicherung der KBR

Die verschiedenen Maßnahmen der internen Qualitätssicherung bei der Durchführung einer Komplementbindungsreaktion sind in Tabelle 5.2-4 aufgeführt. Werden Vorversuche und Kontrollen regelmäßig durchgeführt und in entsprechenden Protokollbüchern aufgezeichnet, können Änderungen im System beobachtet werden. Dies ist insbesondere dann von Bedeutung, wenn die verschiedenen Komponenten der KBR einmal aufeinander eingestellt sind. Durch die Vorversuche können neue Chargen eines einzelnen Reaktionspartners in das bestehende System eingefügt werden, ohne daß das empfindliche Gleichgewicht gestört wird. Durch die in jedem Hauptversuch mitgeführten Kontrollen können Komplementaktivität, Antigenaktivität und Antigenspezifität, das hämolytische System und Störungen durch die Patientenseren gut überwacht werden. Ohne diese Kontrollen ist eine Sicherung der Ergebnisse innerhalb der Schwankungsbreite der Methode nicht durchführbar.

5.2.3.3 Interne Qualitätssicherung beim Neutralisationstest (NT) in den Zellkulturen

Neutralisationstests in Zellkulturen sind wenig verbreitet, da Gewebekulturen nur in Speziallaboratorien zur Verfügung stehen. Daher soll hier nur kurz auf dessen Qualitätssicherung eingegangen werden.

Neben den Qualitätssicherungsmaßnahmen zur Kultivierung verschiedener Zellinien ist die Eignung der Zellen für die Anzüchtung der Viren eine der Voraussetzungen zur zuverlässigen Durchführung eines Neutralisationstestes. Weitere Voraussetzungen sind die Sterilität der Arbeitszone, aller verwendeten Geräte und Reagenzien wie auch der eingesetzten Serumproben, die Reinheit und Konzentration der Viruspräparationen und die Verwendung monospezifischer Antiseren zur Sicherung der Spezifität der eingesetzten Viruspräparation.

Eine möglichst frühzeitige und insbesondere sterile Gewinnung eines Akut- und Rekonvaleszentenserums im Abstand von 10 - 14 Tagen ist erforderlich. Bei der Bewertung der Ergebnisse gilt nur ein mindestens vierfacher Anstieg der Antikörper in Paralleltitration beider Proben diagnostisch als Hinweis auf eine frische Infektion. Einzeltiter, z. B. gegen Enteroviren, können weder miteinander verglichen noch kann deren Höhe als Hinweis auf eine akute Infektion gewertet werden.

5.2.3.4 Interne Qualitätssicherung bei Bestimmungen spezifischer Antikörper der Klasse IgM

Als Referenzmethode gilt die Trennung der Immunglobulin-Klassen durch eine Dichtegradientenzentrifugation in der Ultrazentrifuge vor dem spezifischen Antikörpernachweis. Neben dieser werden zunehmend chromatographische Auftrennungen wie auch verschiedene Methoden der Immunbindungsanalyse eingesetzt (siehe 5.2.3.5).

Eine Qualitätssicherung bei der Dichtegradientenzentrifugation oder bei der Säulenchromatographie besteht im positiven Nachweis der IgM-Konzentration bei negativem Nachweis von IgG und IgA in den diagnostisch im spezifischen Test verwerteten Fraktionen. Zu fordern ist, daß sich keine meßbaren IgA- oder IgG-Konzentrationen in den für die Diagnose verwerteten Fraktionen befinden. Darüber hinaus soll bei der Fragestellung einer Interruptio die Bestimmung spezifischer Antikörper der Klasse IgM mit mindestens zwei verschiedenen Methoden erfolgen (Mertens, 1983).

5.2.3.5 Interne Qualitätssicherung bei Bestimmungen spezifischer Antikörper durch Immunbindungsanalysen

Die Qualitätssicherungsmaßnahmen bei Immunbindungsanalysen sind in den jeweiligen Beiträgen (3.8) beschrieben. Sie werden zunehmend für die Antikörperbestimmung gegen virale Antigene, z. B. bei Röteln, CMV, HVH, VZV u. a. m. eingesetzt.

Wie bei vielen immunologischen Reaktionen zeigen sich auch bei Immunbindungsanalysen (Enzym- (EIA), Fluoreszenz- (FIA) und Radio- (RIA) Immuno-Assays) Probleme hinsichtlich der Spezifität der Antigen-Antikörper-Reaktion, z. B. durch Störungen bei Prozonenphänomenen und durch endogene Moleküle (Rheumafaktoren); diese müssen durch spezielle Qualitätssicherungsmaßnahmen ausgeschlossen werden (Gravell et al., 1977; Kalimo et al., 1976). Weiterhin muß berücksichtigt werden, daß ein Antikörpernachweis um so unspezifischer wird, je weiter er sich von der biologischen Funktion entfernt. So gehen in die Messung bei Immun-Assays alle Antikörper ein, die gebunden werden, also auch alle kreuzreagierenden Antikörper. Beim Nachweis von Antikörpern gegen Enteroviren zeigen z. B. alle gegen Enteroviren gerichtete Antikörper mit den anderen Typen Kreuzreaktionen, da es sich bei der Bindung von Antikörpern nicht nur um neutralisierende Antikörper handelt; d. h., es werden auch virale Proteine gebunden, die weder als neutralisierende Antikörper für den Immunstatus gegen einen bestimmten Virustyp noch für die Diagnose einer Infektion bedeutsam sind (Mertens, 1982).

5.2.4 Fehlermöglichkeiten

Störungen im Testablauf können bei der Kombination der einzelnen Reaktionspartner sowie durch technische Mängel auftreten. Vermindert sich z. B. die Komplementkonzentration, zeigt sich dies in einer fehlenden bzw. unzureichenden Lyse des hämolytischen Systems in der Komplementkontrolle. Ist die Antigenkonzentration zu gering, fällt der Titer des positiven Kontrollserums in der KBR bzw. steigt dieser im HHT an. Ist die Antigenkonzentration im HHT zu hoch, liegen die Titer aller positiven Seren niedrig. Bei einem ungeeigneten Puffer kann es zu unterschiedlichen Störungen kommen; so können spezifische Reaktionen oft nur ablaufen, solange die Pufferkapazität der eingesetzten Seren in den ersten Verdünnungsstufen das Testgleichgewicht herstellen kann (s. **Tabelle 5.2-5 und 5.2-6**).

Tabelle 5.2-5: Fehlermöglichkeiten beim HHT

Reaktionspartner	Störungen	mögliche Folgen
Antigen	Konzentration zu hoch	- erniedrigte Titer positiver Seren
	Konzentration zu niedrig	- Titererhöhung bzw. unvollständige, nicht ausreichende Hämagglutination
Erythrozyten-suspension	Konzentration zu hoch	- unsauberes Hämagglutinationsbild (zusätzliche Knopfbildung)
	Konzentration zu niedrig	- ungenügende Sedimentation (zu kleine Knopfbildung, schlecht ablesbarer Test)
	alte Erythrozyten	- Hämolyse
Puffer	ungeeignete Zusammensetzung Verschiebung des pH-Optimums	- Verschiebung der Testempfindlichkeit - Störung der Hämagglutination - Hämolyse - höhere Adsorptionsverluste spezifischer Antikörper (bei Kaolin)
Serum	Kontamination	- Hämagglutinationsstörung - Hämolyse - falsch positive Titer
	unvollständige Absorption der Inhibitoren	- falsch positive Hämagglutinationshemmung
	unvollständige Elimination unspez. Hämagglutinine	- verdeckt niedrige Titer

Eigenhemmungen der Patientenseren werden durch die Serumkontrolle, unspezifische Reaktionen durch den Testansatz mit Kontrollantigen aufgedeckt und Prozonenphänomene durch eine generelle Austitrierung der Serumproben über mehrere Titerstufen erkannt. Die meisten Fehler der Testdurchführung können durch die beschriebenen Maßnahmen der Qualitätssicherung entdeckt werden. Diese beruhen aber auch wesentlich auf einer zuverlässigen und regelmäßigen Durchführung aller Vortestungen, deren Bedeutung nicht genug betont werden kann.

5.2.5 Postanalytische Phase

Die Qualität der Untersuchung auf spezifische Antikörper hängt für den Arzt wie für den Patienten von der Bewertung der Ergebnisse ab. Diese richtet sich in erster Linie nach dem Antigen, gegen das der Antikörper gerichtet ist. Bei einigen Viren (LCM, FSME) und einigen anderen Erregern (Chlamydien, Rickettsien, Mycoplasmen) kann ein Antikörper-Nachweis zusammen mit der entsprechenden Titerhöhe einen Hinweis auf eine akute oder kürzliche Infektion geben. Generell kann ein Einzeltiter aber nur dann eine frische Infektion nachweisen, wenn es sich um den

Tabelle 5.2-6: Fehlermöglichkeiten bei der KBR

Reaktionspartner	**Störung**	**mögliche Folgen**
Komplement	Konzentration zu hoch	- erniedrigter Titer positiver Seren
	Konzentration zu niedrig	- erhöhter Titer positiver Seren - keine vollständige Hämolyse
Antigen	Konzentration zu hoch	- erhöhter Komplementverbrauch - Antigenverschwendung
	Konzentration zu niedrig	- fehlende Reaktion positiver Seren
Hämolyt. System	Konzentration zu hoch	- erhöhter Komplementverbrauch
Ambozeptor	Konzentration zu niedrig	- unvollständige bis fehlende Lyse
Erythrozyten-suspension	Konzentration zu hoch	- unvollständige Lyse
	Konzentration zu niedrig	- unzureichende Sedimentation - erniedrigte Titer positiver Seren
Puffer	ungeeignete Zusammensetzung	- fehlende Hämolyse in höheren Verdünnungsstufen der Seren - vollständige Hämolyse - Störung der Aktivität und des Reaktionsgleichgewichtes aller Reaktionspartner
Serum	unvollständige Inaktivierung	- erniedrigter Titer
	Kontamination (CIC)	- Antikomplementarität - unspezifische Titer

Nachweis antigen-spezifischer Antikörper der Klasse IgM handelt. Für die Bewertung des Immunstatus kann ein Einzeltiter, z. B. bei Röteln ausreichend sein; bei anderen Viren kann er aber nur unter Berücksichtigung des eingesetzten Antigens (z. B. V-, S-Antigene) und auch eines möglichen Antigenwechsels des jeweiligen Virus bewertet werden. Die KBR ist vielfach nicht für die Beurteilung der Immunitätslage geeignet, da deren Antikörper nach ein bis zwei Jahren (z. B. Mumps, VZV) häufig nicht mehr nachweisbar sind. In der Regel sollte zum Nachweis einer frischen Infektion ein Vierfachanstieg der Antikörper in Paralleltitration unter Berücksichtigung des Infektionszeitpunktes und des entsprechenden Titerverlaufes angestrebt werden.

Anzustreben ist auch der gleichzeitige Nachweis des Erregers durch Isolierung oder direkte Methoden (EM, EIA, RIA), wobei zur sicheren Interpretation ein direkter Kontakt zwischen Laborarzt und behandelndem Arzt immer gefordert wird. Nur so kann eine Plausibilitätskontrolle sinnvoll durch den Mikrobiologen durchgeführt werden und die Diagnose sich unter Berücksichtigung des Krankheitsbildes, eines zu erwartenden Antikörperanstieges und bei Kenntnis des Krankheitsverlaufs evtl. auf den Nachweis spezifischer Antikörper stützen (Konstellationskontrolle).

5.2.6 Externe Qualitätssicherung

Eine externe Qualitätssicherung durch Ringversuche wird für Antikörperbestimmungen gegen virale Antigene wie bei Röteln, Hepatitis und Mononukleose von verschiedenen Institutionen, z. B. INSTAND, Center for Disease Control (CDC), College of American Pathologists (CAP) u. a. m., durchgeführt. Die Ergebnisse der Teilnehmer an diesen Ringversuchen haben eine relativ gute Übereinstimmung der Ergebnisse für den Röteln-HHT und für die qualitative radioimmunologische Bestimmung bei Hepatitis-B-Markern gezeigt. In zwei INSTAND-Ringversuchen zur Bestimmung der Rötelnantikörper sind je ein Serum einer Patientin vor und nach erfolgreicher Rötelnimpfung versandt worden. Die Ergebnisse der Teilnehmer, die an beiden Ringversuchen Bestimmungen durchgeführt haben, sind in **Tabelle 5.2-7** aufgeführt.

Bei der negativen Probe zeigen sich zwei bzw. drei falsch positive Ergebnisse, davon je einmal mit hohem Titer, die wie der einmalige negative Nachweis für das positive Serum auf eine mögliche Probenverwechslung hinweisen. Die Titerstreuung liegt für das positive Serum zwischen 1:32 und 1:64 (bei zwei hohen Titern von 1:192 und 1:256) bzw. beim zweiten Ringversuch zwischen 1:32 und 1:128 (bei zwei niedrigen Titern 1:16 und 1:24 und einem hohen Titer von 1:192). Damit liegt die Mehrzahl der Ergebnisse innerhalb einer Streuung von zwei Titerstufen. Dies kann aber nicht darüber hinwegtäuschen, daß in diesem begrenzten Teilnehmerkollektiv bis zu 10% falsch positive und in einem Fall ein falsch negativer Antikörpernachweis geführt worden ist. Das Gesamtkollektiv dieser beiden Ringversuche zeigt vergleichbare Ergebnisse für die Einzelproben: in den negativen Proben haben 92% bzw. 85% der Teilnehmer richtige Ergebnisse erzielt, in den positiven Proben 97% (1: 32 bis 1: 256), bzw. 100% (1: 16 bis 1:256) den Immunstatus der Patientin richtig ermittelt. Eine Abhängigkeit der Ergebnisse von der eingesetzten Methode oder den verwendeten Reagenzien war nicht sicher feststellbar.

Ein Überblick, der zur Zeit in den Ringversuchen des CAP mit einem großen Teilnehmerkollektiv am häufigsten eingesetzten Methoden beim Röteln-HHT ist zusammen mit einer Übersicht der CAP-Ringversuche bei Elevitch und Noce (1981) zu finden (**Tabelle 5.2-8**). Es zeigt sich darin eine Übereinstimmung der Ergebnisse bei Antikörperuntersuchungen positiver Seren immuner Patienten von 94,1 bis 100% und bei negativen Seren nicht immuner Patienten von 92,1 bis 100%. Wenn man berücksichtigt, daß bei einem Röteln-Ringversuch in nur 68,6%, in einem anderen in nur 89,6% eine Übereinstimmung bei negativen Seren mit der Heparin-$MnCl_2$-Methode und humanen O-Erythrozyten erreicht worden ist, verdeutlicht dies, daß Ringversuche zur Sicherung der Diagnostik mittels serologischer Tests regelmäßig und auf allgemeiner Basis durchgeführt werden müssen.

In Hepatitis-Ringversuchen, die in Deutschland von INSTAND in Zusammenarbeit mit dem Nationalen Referenzzentrum für die Virushepatitis (Thomssen und Merten, 1979; Thomssen, Legler und Merten, 1982) durchführt werden, sind Antigen- bzw. Antikörperhaltige Standardseren in Verdünnungsreihen (sieben positive und eine negative Probe) an die Laboratorien versandt worden. Bei Hepatitis-B-surface-Antigen-Ringversuchen sind für die Subtypen „ad" und „ay" Konzentrationen von 0 bis 64 ng/ml (bezogen auf die nationalen Standardpräparate für HBs-Ag/ "ad" bzw. HBs-Ag/"ay") analysiert worden. Ergebnisse eines solchen Ringver-

Tabelle 5.2-7: Ergebnisse zweier Ringversuche Röteln-HHT
Ein negatives und positives Serum ist im Abstand von 9 Monaten an die RV-Teilnehmer versandt worden. Aufgezeigt sind die Ergebnisse der Teilnehmer, die an beiden Ringversuchen Ergebnisse mitgeteilt haben.

Ringversuch	negatives Serum (reziproke Titer)							positives Serum (reziproke Titer)						
	< 8	8	16	32	64	128	256	< 8	8	16	32	64	128	256
9/1981 n = 24	22	1	0	0	0	1	0	1	0	0	8	13	1	1
6/1982 n = 24	21	2	0	0	0	0	1	0	0	2	8	9	5	0

Tabelle 5.2-8: Röteln-Antikörper-Ringversuche des „College of American Pathologists" Zusammenfassung der Ergebnisse nach Methoden, Probenart und Jahr (aus Elevitch und Noce 1981)

	Survey: Comprehensive Microbiology/Serology								
	1978 Prozent Überein-stimmung		1979 Prozent Überein-stimmung		1980 Prozent Überein-stimmung		1978 Anzahl der Teilnehmer	1979	1980
	immun	nicht immun	immun	nicht immun	immun	nicht immun	n = < 296	n = 292	n = 267
HHT									
Erythrozyten von 1-3 Tage alten Küken									
Heparin $MnCl_2$	99,3	92,6	100,0	100,0	100,0	---	22	15	17
Kaolin	96,5	94,3	98,6	95,7	100,0	---	29	21	15
Fixierte Küken-erythrozyten									
Heparin $MnCl_2$	98,5	100,0	98,4	98,5	99,6	---	63	64	56
Kaolin	95,2	99,2	99,2	98,2	99,2	---	119	107	89
Humane O-Erythro-zyten									
Dextran-Sulfat	97,7	93,3	100,0	100,0	---	---	13	14	9
Heparin $MnCl_2$	99,0	97,1	100,0	98,2	99,5	---	43	63	77
Andere	---	---	---	---	---	---	7	8	4
Probenanzahl	7	1	7	1	8	0			

suches (**Tabelle 5.2-9**) zeigen, daß mit der Radio-Immuno-Analytik (RIA) noch 49% der Teilnehmer eine Konzentration des Subtyps „ad" von 1 ng/ml nachgewiesen haben. Die Empfindlichkeit für den Subtyp „ay" ist deutlich geringer. Da neben diesem Unterschied auch die Empfindlichkeit des Tests von Methode zu Methode und von Tag zu Tag schwankt, ergibt sich aus den Ringversuchsergebnissen die Forderung, daß negative Meßwerte quantitativ mitgeteilt werden sollten.

Bei einem Ringversuch zur Anti-HBc und Anti-HBs-Bestimmung sind Verdünnungsreihen eines Nationalen Referenzpräparates bzw. menschlicher Seren versandt worden, die als „Nationales Referenzpräparat" vorgesehen sind. Die Ergeb-

Tabelle 5.2-9: Ergebnisse INSTAND Ringversuch: HBs-Ag
(Subtyp „ad“ und „ay“)

HBs-Ag Konzentration ng/ml	% positiv Subtyp „ad“	% positiv Subtyp „ay“
64	100	100
16	100	91
8	93	84
4	85	61
1	49	7
0.25	0	0
0.0625	0	0
NHS	0	0

(Methode: RIA, n = 16, NHS = Negatives Humanes Serum)

Tabelle 5.2-10: Ergebnisse: INSTAND-Ringversuch Anti-HBc
Verdünnungsreihe eines als Nationales Referenzpräparat vorgesehenen humanen Serumpools

Methode	*Verdünnung (reziproke Titer)*								
	n	8	32	128	512	1024	2048	8192	NHS[1]
Alle Teilnehmer									
RIA	44	44 (100)	43 (97,7)	43 (97,7)	2 (4,5)	0	0	0	0
EIA 1	7	7 (100)	7 (100)	7 (100)	4 (57,1)	0	0	0	0
EIA 2	1	1	1	0	0	0	0	0	0
Referenzlaboratorien									
RIA	5	5	5	5	0	0	0	0	0
EIA 1	1	1	1	1	1	0	0	0	0
EIA 2	1	1	1	1	0	0	0	0	0
Ref.Lab.	7	7	7	7	1	0	0	0	0
Gesamt %		(100)	(100)	(100)	(14,3)				

[1]NHS = negatives Humanserum, n = 52, Angaben in ( ) = Prozent

nisse für beide Bestimmungsserien mit den eingesetzten Methoden (**Tabellen 5.2-10 und 5.2-11**) zeigen, daß bei der Bestimmung des Anti-HBc für den RIA und den EIA gleich hohe Empfindlichkeiten erzielt worden sind, während bei der Bestimmung des Anti-HBs die Empfindlichkeit zweier EIA-Präparationen deutlich niedriger erscheint. Die bisherigen Erfahrungen lassen erkennen, daß externe Vergleiche der Methode und Testdurchführung dem Laborarzt helfen, die Zuverlässigkeit seiner Ergebnisse zu kontrollieren und damit seine diagnostische Sicherheit zu fördern.

Bei den noch nicht in Ringversuchen angebotenen Antikörperbestimmungen kann sich das einzelne Labor sichern, indem in ausgewählten Fällen Seren mit fraglichem oder positivem Antikörpernachweis an Referenzlaboratorien gesandt werden. Durch eine solche interlaboratorielle Kontrolle wie auch durch die von nur wenigen Laboratorien durchgeführten Ringstudien oder Pilot-Ringversuche kön-

Tabelle 5.2-11: Ergebnisse: INSTAND-Ringversuch: Anti-HBs
Verdünnungsreihe eines mit 30 Natl. E/ml festgesetzten Standardpräparates

Methode	*Verdünnung (reziproke Titer)*								
	n	256	64	16	4	1	0,25	0,06	NHS[1]
Alle Teilnehmer									
RIA	46	46	46	46	38	13	0	0	0
		(100)	(100)	(100)	(82,6)	(28,3)			
EIA 1	1	1	1	1	1	1	0	0	0
EIA 2	7	6	3	0	0	0	0	0	0
		(85,7)	(42,9)						
EIA 3	3	2	2	2	1	0	0	0	0
Referenzlaboratorien									
RIA	6	6	6	6	6	4	0	0	0
EIA 1	1	1	1	1	1	1	0	0	0
Ref.Lab.	7	7	7	7	7	5	0	0	0
Gesamt	(100)	(100)	(100)	(100)	(71,4)				

[1]NHS = negatives Humanserum, N = 57 (%)

nen die Ergebnisse seltener oder neuer Untersuchungen miteinander verglichen werden. In der Zukunft ist aber zu wünschen, daß für alle Antikörpernachweise Referenzlaboratorien zur Verfügung stehen, entsprechende Referenzpräparate gewonnen und diese in Ringversuchen anderen Laboratorien zur Verfügung gestellt werden.

5.2.7 Wirtschaftlichkeit

Die Anforderung von Antikörperuntersuchungen gegen virale Antigene sollte unter Berücksichtigung des Krankheitsbildes und Alters des Patienten durchgeführt werden, damit unnötige Untersuchungen, die z. T. auch seltene Antigene verbrauchen, vermieden werden. Untersuchungen in ungeeignetem Material sollten durch Gewinnung adäquater Untersuchungsmaterialien zum richtigen Zeitpunkt entsprechend dem jeweiligen Krankheitsbild und Krankheitsverlauf ausgeschlossen und auch ein Rekonvaleszentenserum nach Ersteinsendung eingesandt werden. Die gleichzeitige Einsendung eines Akut- und Rekonvaleszentenserums ist besser als die Einsendung nur eines Serums, wobei das Akutserum bei −20 °C zwischenzeitlich gelagert werden sollte. Für die jeweilige Fragestellung sollte auch der geeignete Test angefordert und durchgeführt werden. Die Anforderung einer Bestimmung von Antigen-spezifischen Antikörpern der Klasse IgM sollte gezielt erfolgen, wobei es aber auch eine Aufgabe des Laborarztes ist, Untersuchungsanforderungen sinnvoll nach Indikation und Möglichkeit zu beschränken oder gegebenenfalls zu erweitern.

5.3 Bakteriologie

Friedrich Burkhardt (Erlangen)

5.3.0 Einleitung

Qualitätssicherung in der Bakteriologie umfaßt die Gesamtheit aller Maßnahmen, die auf eine Optimierung der bakteriologisch-diagnostischen Leistung ausgerichtet sind. Innerhalb des Laboratoriums hat sie die Ausschaltung von Fehlern im Untersuchungsablauf und eine möglichst kurze Dauer der Untersuchung zum Ziel. In allen Arbeitsgängen ist dazu ein möglichst hoher Grad an Perfektion anzustreben (Bartlett et al., 1978, 1982; Blazevic et al., 1976; Prier et al., 1975).

Die wichtigsten Ziele sind:
- Isolierung aller für eine Infektion ursächlichen Bakterien und deren Identifizierung, möglichst bis zur Spezies-, zumindest aber bis zur Genus-Ebene.
- Zuverlässige Bestimmung der Empfindlichkeit nachgewiesener Erreger
- Erzielung aussagekräftiger serologischer Untersuchungsergebnisse
- Schnellstmögliche Abwicklung der Untersuchung

Ungeeignetes Untersuchungsmaterial schränkt die Verwertbarkeit der Laborergebnisse auch bei sorgfältigster Technik ein oder hebt sie völlig auf. Ebenso verliert der bakteriologische Befund mit der Dauer der Untersuchung zunehmend an Wert. Die Zeit zwischen Gewinnung der Probe und Eintreffen des Laborberichtes muß daher so kurz wie möglich gehalten werden. Neben dem laborinternen Teil muß also die Sicherung der bakteriologisch-diagnostischen Leistungsqualität auch alle Voraussetzungen für eine sinnvolle Untersuchung, d.h. die Auswahl, Gewinnung und Übermittlung der Proben und, nach Abschluß der laborinternen Untersuchungsgänge, eine ordnungsgemäße, rasche und einwandfrei interpretierbare Befunderstattung umfassen.

Das entscheidende Kriterium der bakteriologisch-diagnostischen Leistung ist die medizinische Relevanz. Sie schließt neben Merkmalen wie Güte und Verläßlichkeit des Befundes den Faktor Zeit als wesentliches Element in sich ein. In der Qualitätssicherung ist demnach das Streben nach Richtigkeit der Ergebnisse mit der möglichst raschen Abwicklung des Gesamtuntersuchungsganges zu verbinden. Hier sind also zwei Forderungen, die wegen des biologisch bedingten Zeitbedarfs eines Großteils der Untersuchungen der Bakteriologie häufig in einem gewissen Antagonismus zueinander stehen, möglichst eng zur Deckung zu bringen.

Folgende Elemente der Qualitätssicherung in der Bakteriologie sind zu unterscheiden:
- Schaffung geeigneter Vorbedingungen für den laborinternen Abschnitt des Untersuchungsablaufes

- Interne und externe Qualitätssicherung sowie Standardisierung der Untersuchungsgänge
- Einwandfrei interpretierbare Befunderstattung und Anwendung zeitsparender Verfahren der Befundübermittlung.

Wichtige Aufgaben in der Schaffung adäquater Vorbedingungen bestehen für den Bakteriologen in der Vorsorge für richtige Auswahl, sachgemäße Gewinnung und rasche Übermittlung des Untersuchungsmaterials. Dies erfordert entsprechenden Gedanken- und Informationsaustausch mit dem einsendenden Kollegen.

Die Qualitätssicherung im Laboratorium umfaßt gemäß der Definition durch die WHO-Arbeitsgruppe „Quality Assessment in Health Laboratories" (Euro Reports, 1981) alle *Prüfungs*maßnahmen zur Sicherung eines vernünftigen Grades an Zuverlässigkeit der erhobenen Befunde. Sie vollzieht sich als sog. interne Qualitätssicherung innerhalb des einzelnen Laboratoriums und wird durch die *externe* Qualitätssicherung ergänzt, in der sich das Laboratorium einer Beurteilung durch ein auswärtiges Prüfsystem unterwirft.

Die in die Qualitätssicherung zu integrierende *Standardisierung* bezieht sich auf die Vorgabe exakter Arbeitsanweisungen. Sie umfassen das technische Vorgehen und die dabei verwendeten Geräte und Reagenzien mit dem Ziel der Ermittlung gleichartiger Daten bei gleichartigem Probengehalt. Die Standardisierung liefert somit die Grundlagen für Vergleichbarkeit und Reproduzierbarkeit der Untersuchungsergebnisse. Sie beruht auf dem Wissen und der Erfahrung ausgewählter Sachkenner. Für die bakteriologische Diagnostik werden hierzu derzeit die Richtlinien der Deutschen Gesellschaft für Hygiene und Mikrobiologie e.V. (DGHM) (Burkhardt, 1983) entwickelt, die dem bakteriologischen Laboratorium zusammenfassende Darstellungen praktisch bedeutsamer Arbeitsverfahren an die Hand geben sollen und so ausgelegt sind, daß sie von sachgerecht ausgestatteten und auf dem erforderlichen Erfahrungsstand arbeitenden Laboratorien in der diagnostischen Arbeit angewandt werden können. Gleichfalls in diesem Sinn sind verschiedene Normverfahren des Fachnormenausschusses Medizin im Deutschen Institut für Normung e.V. (DIN) ausgelegt.

5.3.1 Präventivmaßnahmen

Die Sicherung der Leistungsqualität ist nur auf der Basis einer *fachlichen Qualifikation* des für die Untersuchungen verantwortlichen *Mikrobiologen* realisierbar. Ein hoher Kenntnis- und Erfahrungsstand ist also eine unabdingbare Voraussetzung für eine optimale Qualität der Ergebnisse. Keinesfalls darf bakteriologische Diagnostik allein durch technische Hilfskräfte ohne fachlich fundierte Überwachung betrieben werden.

Das *Personal* bedarf einer periodischen Schulung. Dabei sind Kenntnisse über Krankheitserreger zu vermitteln und aufzufrischen, die seltener vorkommen und dadurch leicht übersehen und verkannt werden. Neueingeführte Verfahren sind nach Prinzip und technischem Ablauf zu erklären, durch Neuentwicklung erforderliche Änderungen der Methodik sind zu besprechen und zu begründen. Neben dem eigentlichen Laborpersonal bedürfen auch das mitwirkende Verwaltungspersonal und die für die technischen Einrichtungen verantwortlichen Mitarbeiter einer adäquaten Schulung.

In jedem Laboratorium müssen detaillierte *Arbeitsanweisungen* für die dort durchgeführten Untersuchungsverfahren vorliegen, die für alle Mitarbeiter bindend sind. Diese Anweisungen sind laufend dem Entwicklungsstand anzupassen. Wegen der oft mehrtägigen Dauer bakteriologischer Untersuchungsgänge ist eine einwandfreie *Protokollierung* der Feststellungen und der sich daraus ergebenden weiteren Untersuchungsschritte unerläßlich, die eine Nachvollziehung zu jedem späterem Zeitpunkt ermöglicht.

Die gesamte Laborarbeit ist von den Verantwortlichen in unregelmäßigen, nicht zu großen Intervallen zu kontrollieren.

Die *Untersuchungsmethodik* selbst muß sich an bewährten Darstellungen orientieren und Mindestanforderungen entsprechen wie sie etwa in dem DGHM-Verfahrensrichtlinien beschrieben sind.

Die Isolierungs- und Identifizierungs*substrate*, *Reagenzien* und sonstige Materialien sind unter dem Gesichtspunkt größtmöglicher Effizienz zu wählen. Sie müssen sorgfältig gelagert und, wenn gebraucht, bestimmungs- und zweckgemäß eingesetzt werden.

Für die *Auswahl der Nähr- und Testsubstrate* sind folgende Gesichtspunkte zu beachten (Vera, 1973):

- Maßgebend ist primär der Verwendungszweck und die Qualität, erst sekundär der Preis
- Die Ingredienzien müssen klar definiert sein, Substrate mit undefinierten Peptonen, Infusionen oder Extrakten sind abzulehnen
- Oft ist es vorteilhaft, für die selektive Isolierung von Erregern zwei verschiedene Medien mit unterschiedlicher, d. h. hoher und niedriger Selektivität einzusetzen
- Stehen Nährböden mit unterschiedlicher Erfassungsbreite zur Wahl, ist - bei gleicher selektiver Eigenschaft - derjenige mit dem größten Spektrum der zweckmäßigste
- Neben selektiven sollen auch nichtselektive Substrate eingesetzt werden, um andere, unerwartete Erreger mitzuerfassen
- Der Vorzug gebührt dem Medium, das bei gleich-sicherem Ergebnis die raschere Diagnose erlaubt
- Soweit sinnvoll, sind Anreicherungsmedien in den Nährbodensatz einzubringen. Sie sollten vor allem bei klinischem Material ein möglichst weites Spektrum anspruchsvoller Bakterienarten erfassen. Bei engerem Erregerspektrum, etwa in der Seuchenmikrbiologie, sollten sie zugleich selektierend wirken
- Kommen Verbesserungen auf den Markt, sind diese zu nutzen; jedoch dürfen sie in den Routinebetrieb erst übernommen werden, wenn eine hinreichende Zahl von Parallelprüfungen ihre Überlegenheit bewiesen und das Personal eine gewisse Erfahrung gewonnen hat.

Alle *Substrate, Chemikalien, Färbe- und sonstige Lösungen sowie biologischen Materialien* sollten bei ihrem Eintreffen im Laboratorium nach Kauf deutlich sichtbar mit dem Eingangsdatum beschriftet werden, damit Überalterungen festgestellt werden können. Soweit diese Stoffe im Rahmen der internen Qualitätssicherung Prüfungen zu unterziehen sind, wird empfohlen, sie in einer Liste zu erfassen, in der die erforderlichen *Prüfverfahren und -intervalle* sowie ggf. die *Auslaufzeiten* und der zweckmäßige Umfang des *Vorrats* angegeben sind. Ist die Haltbarkeit von Materialien unbekannt, sollten rechtzeitig vor Aufbrauch eine Neubeschaffung und eine Parallelprüfung der alten und neuen Reagenzien erfolgen, damit ein Anhalt über die Auslaufzeit gewonnen wird.

Eine wesentliche Grundlage für die Qualität ist auch die Ausstattung der Laboratorien. Neben den seit langem in der Bakteriologie üblichen *Brutschränken* erfordert die moderne Diagnostik den Einsatz von *CO_2- und Anaerobierinkubatoren* bzw. von Gerätschaften, die eine Bebrütung unter speziellen atmosphärischen Bedingungen ermöglichen wie Gaspak- oder Kerzentöpfe bzw. Einrichtungen zur Einleitung spezieller Gasgemische in Kulturkammern zum Nachweis besonderer Erregerarten. Die Bebrütungs- und Kühleinrichtungen, Wasserbäder, Thermoblocks u. dgl. müssen mit exakt einstellbaren Temperaturregel- und mit geeigneten Meßeinrichtungen versehen sein. In *Bruträumen* sind Umwälzanlagen erforderlich, die die Aufrechterhaltung einer gleichmäßig temperierten Atmosphäre im gesamten Raum gewährleisten. Sie sollten, ebenso wie Tiefkühlgeräte, mit Warneinrichtungen ausgestattet sein, die eine Über- oder Unterschreitung des zulässigen Temperaturbereiches optisch oder, besser, akustisch anzeigen.

Für bestimmte Arbeiten, etwa solche, die mit der Bildung erregerhaltiger *Aerosole* einhergehen (z. B. Untersuchungen auf Tuberkulose) oder bei denen ein besonders hoher Grad an Luftreinheit gefordert wird (z. B. Sterilitätsprüfungen), sind reine Arbeitsbänke erforderlich, die je nach Aufgabenstellung den Schutz des Personals und des Materials bzw. des Materials allein gewährleisten müssen. Sie erfordern eine laufende Überwachung (s. 5.3.3.7).

Zum *Schutz des Personals* sind Einrichtungen zur Entseuchung von Kulturen oder kontaminierten Gefäßen wie Autoklaven und Desinfektionsapparate bzw. Dampftöpfe, für die Wiederaufbereitung von Glassachen, gewissen Instrumenten etc. in der Regel auch Heißluftsterilisatoren erforderlich.
Sonstige Geräte wie Zentrifugen, Mikroskope, Dosierungs- und Beimpfungseinrichtungen, Untersuchungsautomaten und pH-Meßgeräte müssen so beschaffen sein, daß sie unbeabsichtigte Keimübertragungen verhindern und die Richtigkeit der Beobachtungsdaten sichern. Neben dem Gesichtspunkt der Qualitätssicherung gilt hier wie auch bei den schon zuvor genannten Einrichtungen derjenige der *Sicherheit im Labor.* Neuanschaffungen sind stets in beiderlei Hinsicht zu planen. Für Arbeiten mit erhöhtem Infektionsrisiko sollten nur noch Zentrifugen mit mitlaufenden, d. h. geschlossenen Rotoren eingesetzt werden.

Der Arbeitsablauf bei der *Beseitigung und Wiederaufbereitung* von Material ist primär nach dem Gesichtspunkt der Vermeidung von Erregerausbreitungen zu gestalten. In den Laboratorien müssen Behälter für Sammlung und Transport von infektiösem oder infektionsverdächtigem Material wie Versandgefäße und Kulturen bereitstehen. Der Inhalt ist in vorgegebenen Zeitabständen, z. B. einmal täglich mittags, der Dekontamination oder Vernichtung zuzuführen. Die in den Kreislauf der Materialwiederaufbereitung integrierten Bereiche müssen in der Reihenfolge Desinfektion, Spülung und Sterilisation angeordnet und mit den erforderlichen Einrichtungen wie Dampftöpfen, Autoklaven, Spülgeräten bzw. Spülmaschinen, Heißluftsterilisatoren u. dgl. ausgestattet sein. Streng zu achten ist auf die Trennung in unreinen und reinen Bereich und auf die Vermeidung von Überkreuzungen. Glassachen müssen nach festgelegten Schemata in Abhängigkeit vom Verwendungszweck gereinigt werden.

Die Leistung im Laboratorium wird nicht nur durch Personal, Arbeitsverfahren, Geräte und Verbrauchsmaterial, sondern auch durch die *allgemeinen Arbeitsbedingungen* bestimmt. Zu vermeiden sind sowohl Überbelastungen infolge eines Mißverhälnisses von Personal, verfügbaren Räumen und Gerätschaften einerseits und Arbeitsumfang bzw. Untersuchungsintensität und -umfang andererseits, als auch - aus Gründen der Wirtschaftlichkeit - mangelnde Auslastung. Geeignete Organisation hat bei unterschiedlichem Probenaufkommen für einen Ausgleich der Belastung zu sorgen. Räumliche Beengung mindert die Leistung; daher ist die verfügbare Raumkapazität für die Qualität der Untersuchungen bedeutsam. Aus Gründen der Sicherheit für das Laborpersonal und für die Qualität der Ergebnisse sowie wegen möglicher Risiken für die Umwelt ist über die notwendige Größe hinaus auch eine *funktionsgerechte Aufteilung der vorhandenen Räume* erforderlich. In diesem Zusammenhang wird auf DIN 58956 „Sicherheit im mikrobiologischen Laboratorium" und auf die Unfallsverhütungsvorschrift der Berufsgenossenschaft „Gesundheitsdienst und Wohlfahrtspflege" hingewiesen.

Fragestellungen, die nur selten vom Laboratorium zu bearbeiten sind, bergen die erhöhte Gefahr minderer Qualität. Im Hinblick auf die Verantwortung gegenüber dem Patienten ist daher das Untersuchungsprogramm den gegebenen Möglichkeiten anzupassen. Seine Möglichkeiten übersteigende Fragestellungen muß der Bakteriologe an kompetente Laboratorien weitergeben, die über entsprechend spezialisierte Mitarbeiter verfügen und von ihrer personellen und materiellen Ausstattung her die Voraussetzungen für derartige Untersuchungen erfüllen. Die Einsender sind entsprechend zu informieren. Wegen des Zeitverlustes und der Qualitätsminderung des Materials ist es strikt abzulehnen, daß Laboratorien bakteriologische und serologische Untersuchungen, die sie nicht selbst durchführen, sondern routinemäßig weiterleiten, in ihrem Untersuchungsprogramm ausweisen.

5.3.2 Präanalytische Phase

Die präanalytische Phase umfaßt das bereits angesprochene Vorfeld des laborinternen Untersuchungsabschnittes; in ihm spielt sich die Auswahl und Gewinnung des Untersuchungsmaterials und sein Transport zum Laboratorium ab. Um die Nützlichkeit der bakteriologischen Untersuchung zu sichern, müssen die qualitätsverbessernden Maßnahmen schon in dieser Phase des Untersuchungsablaufes einsetzen. Dazu ist u. a. nötig, daß

- das dem Einzelfall adäquate Probenmaterial verwendet wird,
- die Probe selbst korrekt, unter angemessenen, wohldefinierten Bedingungen gewonnen wird,
- das Material dem Laboratorium in einer Form übermittelt wird, die wesentliche Veränderungen ausschließt.

Erst die Erfüllung dieser Vorbedingungen sichert die Verwertbarkeit der bakteriologischen Untersuchungsarbeit und rechtfertigt den damit verbundenen, oft erheblichen personellen und materiellen Einsatz. Für den Bakteriologen bestehen hier wichtige Aufgaben in der Information und Schulung der einsendenden Ärzte sowie des Pflege- und sonstigen medizinischen Hilfspersonals. Von besonderer Bedeutung ist dazu die Bereitstellung geeigneter Einsendebehälter und zeitsparender Systeme der Probenübermittlung unter Nutzung der heute verfügbaren Transport- und Kommunikationsmöglichkeiten.

Die *Art des Materials und sein Transport* sind entscheidend für die Nachweiswahrscheinlichkeit pathogener Bakterien.

Abstriche sind für die bakteriologische Untersuchung weniger geeignet als originäres Eiter- oder sonstiges flüssiges Probenmaterial. Soweit sie unumgänglich sind, sollten die Tupfer zur Beseitigung inhibierender Wirkungen vorbehandelt werden (DGHM-Richtlinien 1.5.1981). Konventioneller Versand von Abstrichen führt in einem hohen Prozentsatz zu diagnostischen Fehlern (Burkhardt 1979). Dies gilt nicht nur für empfindlichere Arten von Aerobiern und die sauerstoffgefährdeten Anaerobier, sondern auch für Keime wie Enterobakteriazeen, Pseudomonaden, Staphylokokken und Hefen, die gemeinhin als robuster gelten. *Abstrichtupfer* müssen daher in geeigneten Transportsubstraten eingesandt werden; andernfalls wird das fehlerhafte Ergebnis der Untersuchung schon in der präanalytischen Phase vorprogrammiert. Dasselbe gilt für *Urin- und Sputumproben* sowie zahlreiche andere Materialien, wenn diese über mehrere Stunden ungekühlt unterwegs sind. Urinproben können, wenn unumgänglich, bis zu 24 Std. im Kühlschrank gelagert werden, ohne daß wesentliche Einbußen im Erregernachweis befürchtet werden, wenn sie anschließend binnen 2 Stunden zum Labor befördert werden können. Bei den meisten anderen Materialien ist mit dem Verlust anspruchsvollerer Erreger oder mit mengenmäßigen Keimverschiebungen zu rechnen, die eine gesicherte Interpretation in Frage stellen. Zumindest in den Fällen, in denen Proben von nicht ortständigen Einsendern auf dem *Postweg* zur Untersuchung kommen, sollte die Verwendung kühlbarer Versandgefäße angestrebt werden, die die Temperatur genügend niedrig halten.

Eine wesentliche Verbesserung ergibt sich durch die Einrichtung von *Boten- bzw. Abholdiensten.* Sie garantieren untersuchungswürdiges Material und verkürzen zugleich die Zeit zwischen Probengewinnung und Befunderstattung. Stehen solche Dienste nicht zur Verfügung, können sich Laboratorien vielfach dadurch helfen, daß sie - zumindest in dringenden Fällen - die Überbringung des Materials durch Angehörige des Erkrankten veranlassen.

5.3.3 Interne Qualitätssicherung

Der Umfang der laboratoriumsinternen Qualitätssicherung ergibt sich aus der Art und Vielfalt der durchgeführten Untersuchungen, steht also in Beziehung zur diagnostischen Leistungsbreite. Grundsätzlich bedarf jede diagnostische Maßnahme samt den dabei benützten Geräten und Materialien der Überwachung. Jedoch sind die einzelnen Verfahren und Verfahrenskomponenten in recht unterschiedlichem Maße störanfällig. Diesem Ausmaß an Störanfälligkeit einerseits und der Schwere der durch eine Störung bedingten Folgen andererseits ist bei der Frage der Häufigkeit und Intensität der Kontrollmaßnahmen Rechnung zu tragen.

Die Durchführung der internen Qualiätssicherung sollte mikrobiologisch erfahrenen Mitarbeitern übertragen werden. Von ihnen ist ein *Kontrollprogramm* aufzustellen, schriftlich zu fixieren und zu überwachen. Die darin enthaltenen Maßnahmen sind dem aktuellen Kenntnisstand laufend anzupassen. Die Ergebnisse der Kontrollen sind zu dokumentieren; ggf. erforderliche Konsequenzen bei Feststellung von Schwächen sind rasch zu realisieren.

5.3.3.1 Mikroskopische Untersuchungen

Die für die Herstellung von *Objektträgerpräparaten* verwendeten *Suspensionsflüssigkeiten* sind wöchentlich mindestens einmal auf Bakterienwuchs zu prüfen. Werden sie, wie etwa im Falle einfach herzustellender Flüssigkeiten, durch neue ersetzt, sind gleichzeitig die zugehörigen Fläschchen auszuwechseln.

Die *Gramfärbung* ist bei der Routineuntersuchung von Kulturpräparaten täglich mit grampositiven und gramnegativen Stämmen zu prüfen (z. B. mit S. aureus und E. coli). Fragliche Ergebnisse von Originalpräparaten sind durch Zumischung einer grampositiven und einer gramnegativen Bakterienart zu je einem Tröpfchen des Materials neben dem originären Material auf demselben Objektträger zu kontrollieren.

Andere Färbungen sind jedesmal bei Anwendung mit entsprechenden Testkeimen zu prüfen. Bei der Neisserfärbung oder anderen Färbungen von Corynebakterien ist C. diphtheriae, bei der bakterioskopischen Prüfung auf Mykobakterien mittels der Ziehl-Neelsen-Färbung oder der Färbung mit Fluorochromen (Auramin etc.) ist M. tuberculosis mitzuführen.

Bei *sonstigen mikroskopischen Untersuchungen* sind die Kontrollkeime entsprechend dem Darstellungszweck auszuwählen (z. B. Sporenfärbungen mit sicher Sporen enthaltenden, Kapselfärbungen mit sicher bekapselten Kulturen). Nähere Hinweise zur Prüfung mit Färbungen siehe **Tabelle 5.3-1.**

5.3.3.2 Isolierungs- und Identifizierungssubstrate

Substrate, die im eigenen Laboratorium aus Einzelkomponenten hergestellt werden, sind durch mehr Fehlermöglichkeiten belastet und unterliegen von Charge zu Charge stärkeren Schwankungen als die im großen Maßstab hergestellten und erst nach umfangreichen Qualitätskontrollen zum Vertrieb kommenden kommerziellen Produkte. Wenngleich auch diese nicht grundsätzlich ein sicheres Arbeiten garantieren und gleichfalls in die interne Qualitätssicherung einbezogen werden müssen, ist ihnen in der Regel der Vorzug gegenüber den selbsthergestellten Substraten zu geben. Fehlermöglichkeiten, die bei der Rekonstitution dehydrierter Medien zu beachten sind, werden unter 5.3.6 besprochen.

Die *Nährböden* sind so rechtzeitig fertigzustellen, daß Zeit bleibt, sie vor ihrem Einsatz im Laboratorium zu prüfen. Bis dahin sind sie gesondert zu lagern, in der Regel bei 4 - 6 °C. Es wird empfohlen, die *Substratprüfungen* an einem eigenen Arbeitsplatz anhand einer Liste durchzuführen, in der die erforderlichen Teststämme und die zu erwartende Koloniemorphologie bzw. die biochemischen Reaktionen aufgeführt sind. Jede Charge ist zu datieren. Sie ist erst nach Abschluß der Prüfung für den Gebrauch in den Laboratorien freizugeben bzw. in die dort zugänglichen Kühleinrichtungen zu schaffen.

Bei der *Lagerung* ist der Schutz vor Verdunstung wichtig. Nährböden ohne biolo-

Tabelle 5.3-1: Prüfung von Reagenzien und Färbungen[1]

Test oder Reagenz	Teststämme		Prüfung	
	positiv	negativ	Bedingungen	Häufigkeit
Differenzierungs-blättchen				
Bacitracin (Hemmung)	S. pyogenes	S. agalactiae	Blutagar	wöchentlich
Optochin (Hemmung)	S. pneumoniae	S. faecalis	Blutagar	wöchentlich
Faktor X (Wachstum)		H. influenzae	Müller-Hinton-agar	wöchentlich
Faktor V (Wachstum)	H. parainfluenzae	H. influenzae	Müller-Hinton-agar	wöchentlich
Faktor X + V (Wachstum)	H. influenzae		Müller-Hinton-agar	wöchentlich
Oxidase	P. aeruginosa	E. coli	Tryptic Soy Agar	täglich, soweit der Test anfällt
Katalase	S. aureus	S. faecalis	Tryptic Soy Agar	täglich, soweit der Test anfällt
ONPG	E. coli	P. mirabilis		täglich, soweit der Test anfällt
Phosphatase	S. aureus	S. faecalis	Blut- oder anderer Nähragar	täglich, soweit der Test anfällt
Plasmakoagulase	S. aureus	S. epidermidis	Blut- oder anderer Nähragar	täglich, soweit der Test anfällt
CAMP-Test	S. agalactiae	S. pyogenes	Blutagar	täglich, soweit der Test anfällt
Gramfärbung	S. aureus	E. coli		täglich, soweit der Test anfällt
Neisserfärbung	C. diphtheriae	C. pseudodiphth.		täglich, soweit der Test anfällt
Ziehl-Neelsen-/ Auraminfärbung	Mb. tuberculosis			Jedesmal bei Anwendung der Färbung
Sonst. Färbungen	je nach angewandter Färbung			Jedesmal bei Anwendung der Färbung

[1] nach: DGHM-Richtlinie 4.1 Qualitätssicherung in der Medizinischen Mikrobiologie (Zbl. Bakt. Hyg. A 268 (1984) 1-19.

gische Supplemente sind in dichten Gefäßen bis zu einem halben Jahr, Röhrchen oder Kolben mit Wattestopfen oder losen Kappen oft nur 2-4 Wochen haltbar. In Petrischalen ausgegossene Nährböden ohne biologische Supplemente können bis zu 6 Monaten brauchbar bleiben, wenn sie mit Plastik- oder Metallfolie luftdicht umhüllt werden. Auf der Verpackung ist das Datum zu vermerken.

Selbsthergestellte Nährböden sind jedesmal vor Einsatz neuer Chargen zu prüfen.

Bei *dehydrierten Medien* richten sich die Häufigkeit von Kontrollen neuer Substratchargen nach der Schnelligkeit des Verbrauches, also nach der Größe der Pakkungen und dem Nährbodenumsatz. Bei Isolierungsnährböden ohne Zusatz wie Blut und andere biologische Supplemente sind zumindest die erste Charge nach Öffnung einer neuen Packung, bei geringem Konsum weitere Ansätze nach je etwa 3 Monaten zu prüfen. Enthalten solche Medien biologische Zusätze, ist auch im Falle handelsüblicher Nährböden jede Charge einer Kontrolle zu unterziehen. Dasselbe gilt für *Identifizierungssubstrate*, die zudem erfahrungsgemäß oft weniger häufig und damit in der Regel über längere Zeit verwendet werden.

Je nach Art und Verwendungszweck sind die *Isolierungssubstrate* nach der Herstellung auf Sterilität sowie wachstumsfördernde, selektierende und differenzierende Wirkung, die Identifizierungsmedien auf ihre Aussagesicherheit bei biochemischen Tests zu prüfen.

Fertignährböden in Petrischalen, Röhrchen und Flaschen sind unter Beachtung des Auslaufsdatums zu benützen. Für sie genügt innerhalb der Verfallszeit eine einmalige Prüfung vor dem ersten Einsatz nach Lieferung.

Sterilitätsprüfungen sind bei jeder neuen Charge von Nährböden durchzuführen, denen nach der Sterilisation weitere Komponenten wie Blut, Kohlenhydrate oder anderweitige thermolabile Supplemente, z. B. bei Blut-, Kochblut-, Thayer-Martin-, Campylobacter-Agar, zugesetzt werden. *Bebrütungszeit und -temperatur* richten sich dabei nach den Anwendungsbedingungen der Substrate. Werden Nährböden bei Zimmertemperatur gelagert, ist zusätzlich eine Prüfung nach mehrtägigem Stehen durch sorgfältige makroskopische Musterung vor der Verwendung erforderlich.

Bei Nährböden für die Isolierung von Mykobakterien und anderen langsam wachsenden Keimarten ist hinsichtlich der Bebrütungszeit ein Kompromiß erforderlich. Neue Chargen sind vor Verwendung durch Bebrütung während mindestens 2 Tagen bei 36 °C zu prüfen.

Der Anteil der auf Sterilität zu prüfenden Substrate beträgt 5% der Charge, bei größeren Chargen bis zu 10 Proben. Die zur Prüfung verwendeten Nährböden sind nach der Ablesung zu verwerfen.

Zeigen Sterilitätstests bei Medien, die nach der Entkeimung keine Zusätze erhalten, über längere Zeit keine Auffälligkeiten, kann die Prüfung unterbleiben, soweit die Herstellungsbedingungen nicht geändert werden. Treten Kontaminationen auf, sind die Kontrollen wieder aufzunehmen, bis die Ursache eindeutig erkannt und beseitigt ist.

In Selektivmedien können selbst stärkere Kontaminationen unerkannt bleiben. Werden sie vermutet, etwa bei vermehrtem Auftreten von Mischkulturen nach Abimpfung von Einzelkolonien, können solche Verunreinigungen durch Verdünnungsverfahren meist erkannt werden, z. B. durch Beimpfung der 10fachen Menge einer neutralen Nährbouillon mit einer kleinen Menge des selektiven Substrates.

Prüfungen auf wachstumsfördernde, differenzierende und selektierende Wirkung von Substraten haben denselben Rang wie die Kontrolle auf Sterilität. Medien zur Isolierung anspruchsvoller Bakterien sind prinzipiell mit Stämmen zu testen, die hohe Ansprüche an die Nährbodenqualität stellen. Für die Prüfung differenzierender Substrate gilt analog das Prinzip, Stämme zu benutzen, die die zu erwartende Nährbodenveränderung möglichst nur in abgeschwächter Form zeigen. Selektivsubstrate sind mit zwei Arten von Bakterien zu prüfen: die zu isolierende Spezies soll so wenig resistent sein, daß sie gerade noch darauf wächst; die zu hemmende Art soll dagegen möglichst wenig empfindlich sein.

Bei Medien zum Nachweis von Mykobakterien und bei solchen, die unmittelbar nach der Herstellung zu verwenden sind (z. B. zur Isolierung von B. pertussis), ist eine regelrechte Prüfung der entwicklungsfördernden Leistungen bis zur praktischen Diagnostik nicht möglich. Auch in diesen Fällen sollte aber die wachstumsfördernde Qualität geprüft werden, damit auftretende Probleme möglichst rasch erkannt und Störursachen daraus abgeleitet werden können.

Nähere Hinweise zur Prüfung von Isolierungssubstraten s. **Tabelle 5.3-2.**

Prüfungen biochemischer Identifizierungssubstrate sind mit jeweils positiv und negativ reagierenden Stämmen durchzuführen. Dasselbe trifft zu für die dabei gebrauchten Reagenzien (z. B. für die Indol- oder die Voges-Proskauer-Reaktion). Handelsübliche, in der Regel miniaturisierte Identifizierungssysteme werden nach

Tabelle 5.3-2: Prüfung von Isolierungssubstraten[1]

Medium	Testorganismus	Prüfung: Bedingungen	Prüfung: Häufigkeit	Bemerkungen
1. Medien mit Zusätzen nach der Sterilisation				
Blutagar	S. pyogenes S. pneumoniae	1 Tg./36 °C	jede Charge	
Kochblutagar	H. influenzae N. gonorrhoeae	1 Tg./36 °C	jede Charge	
Thayer-Martin- u. a. Selektivmedien für pathogene Neisserien	N. gonorrhoeae S. aureus E. coli C. albicans	1 Tg./36 °C	jede Charge	
Clauberg- u. a. Selektivmedien für C. diphtheriae	C. diphtheriae	1 Tg./36 °C	jede Charge	
Supplementierter Blutagar für Anaerobier	B. asaccharolyticus	2 Tg./36 °C	jede Charge	anaerobe Bebrütung
Myko-, Ureaplasmen-Agarmedien	M. hominis/pneumoniae U. urealyticum	4 Tg./36 °C	jede Charge	anaerobe Bebrütung
Campylobacter-Selektivagar	C. jejuni E. coli P. mirabilis	1 Tg./42 °C	jede Charge	Bebrütung in mikroaerophiler Atmosphäre
Fildes-Bouillon	H. influenza	1 Tg./36 °C	jede Charge	
Diphteriebakterien-Anreicherungsbouillon	C. diphtheriae	1 Tg./36 °C	jede Charge	[2]
Ureaplasmen-Anreicherungsbouillon	U. urealyticum	bis 4 Tg./36 °C	jede Charge	[2]

[1] nach: DGHM-Richtlinie 4.1 Qualitätssicherung in der Medizinischen Mikrobiologie (Zbl. Bakt. Hyg. 258 (1984) 1-19).
[2] Abschätzung der Koloniezahlen vor und nach Bebrütung empfehlenswert bzw. (bei Ureaplasmen-Anreicherung) erforderlich (Ausimpfung mit kalibrierter Öse auf Kochblutagar oder andere geeignete, selektivstoff-freie Nährböden).

denselben Prinzipien geprüft wie dehydriert bezogene oder selbsthergestellte Substrate. Die besondere Aufmerksamkeit ist dabei denjenigen Reaktionen zuzuwenden, die erfahrungsgemäß häufiger zu fehlerhaftem Ausfall neigen wie der Zitratverwertungstest und die Dekarboxylase-Reaktionen. Hierfür sind Stämme zu verwenden, die z. B. bei Neigung des Substrates zu falsch negativer Reaktion in den klassischen Identifizierungssubstraten ein eher schwächeres als starkes Ergebnis bewirken und umgekehrt.

Nähere Hinweise zur Prüfung biochemischer Testsubstrate s. **Tabelle 5.3-3.**

5.3.3.3 Besondere Züchtungssysteme und Transport-(Konservierungs-)Substrate

Im klinisch-bakteriologischen Laboratorium sollten auch die von den verschiedenen Herstellern in den Handel kommenden Systeme zur Isolierung von Bakterien

Tabelle 5.3-2: Prüfung von Isoliersubstraten (Fortsetzung)

Medium	Testorganismus	Prüfung: Bedingung	Prüfung: Häufigkeit	Prüfung: Bemerkung
2. Medien ohne Zusätze nach der Sterilisation				
Nähragar	S. aureus E. coli			
Medien zur Sensibilitätsprüfung schnell wachsender Erreger	S. aureus E. coli P. aeruginosa			
Laktose-Indikator-Medien wie Endo-, McConkey-, EMB-Agar	S. typhi S. flexneri E. coli	1 Tg./36 °C		
Leifson- u. SS-Agar	S. typhi S. flexneri E. coli			
Xylose-Lysin-Desoxycholat-Agar	S. typhimurium S. flexneri E. coli			
Phenolrot-Brillantgrün-Agar	S. typhimurium E. coli		selbst hergestellte Medien: jede Charge	
Wilson-Blair-Agar	S. typhi E. coli	2 Tg./36 °C	Kommerzielle Medien:	
Mannit-Kochsalz-Agar u. a. Staphylokokken-Selektivmedien	S. aureus E. coli	1 Tg./36 °C	zumindest die erste Charge aus jeder Packung	
TCBS-Agar	V. eltor V. parahaemolyticus E. coli			
Mykobakterien-Isolierungsmedien wie Löwenstein-Jensen-Medium	M. tuberculosis M. bovis	3 Wochen/36 °C		
Nährbouillon	S. aureus			
Thioglycolat-, Leberbouillon und andere flüssige Medien für Anaerobierkultur	B. fragilis	1 Tg./36 °C		
Tetrathionat-Bouillon, Gramnegative Broth (Hajna)	S. typhimurium			
Selenit-Bouillon	S. typhi S. flexneri			
Alkalisches Peptonwasser u. a. Vibrionen-Anreicherungsmedien	V. eltor V. parahaemolyticus	8 Std./36 °C		

Tabelle 5.3-3: Prüfung von Identifizierungssubstraten[1]

Reaktion	Testorganismen für positiv	Testorganismen für negativ
Monotrope Substrate		
Äskulinhydrolyse	S. faecalis	S. agalactiae
CTA-Medium		
Glukose	N. gonorrhoeae	B. catarrhalis
Maltose	N. meningitidis	B. catarrhalis
Saccharose	C. xerosis	B. catarrhalis
Dekarboxylasen		
Arginin (Dihydrolase)	E. cloacae	M. morganii
Lysin	K. pneumoniae	M. morganii
Ornithin	E. cloacae	K. pneumoniae
DNase-Agar	S. aureus	S. epidermidis
Gelatinase	P. mirabilis	M. morganii
Hippurathydrolyse	S. agalactiae	S. pyogenes
Indolbildung	E. coli	K. pneumoniae
KCN-Test	K. pneumoniae	C. diversus
Kohlenhydratabbau (insbes. Enterobacteriaceae, Vibrionaceae)		
Adonit	K. pneumoniae	M. morganii
Arabinose	K. pneumoniae	M. morganii
Dulcit	S. typhimurium	M. morganii
Glukose	K. pneumoniae	A. lwoffi
Inosit	K. pneumoniae	M. morganii
Laktose	K. pneumoniae	M. morganii
Maltose	K. pneumoniae	M. morganii
Mannit	K. pneumoniae	M. morganii
Raffinose	K. pneumoniae	M. morganii
Rhamnose	K. pneumoniae	M. morganii
Saccharose	K. pneumoniae	M. morganii
Salicin	K. pneumoniae	M. morganii
Sorbit	K. pneumoniae	M. morganii
Xylose	K. pneumoniae	M. morganii
Lezithinase	C. perfringens	C. sporogenes
Lipase	C. sporogenes	C. perfringens
Malonatverwertung	K. pneumoniae	M. morganii
Methylrot-Reaktion	E. coli	K. pneumoniae
Nitratreduktion	E. coli	A. lwoffi
OF-Test		
Glukose	F.: K. pneumoniae O.: P. aeruginosa	A. lwoffi
Maltose	F.: K pneumoniae O.: P. maltoph.	P. aeruginosa
Phenylalanin-Deaminase	P. mirabilis	E. coli
Urease	P. mirabilis	E. coli
d-Tartratverwertung	S. java	S. paratyphi B
Voges-Proskauer-Reaktion	K. pneumoniae	E. coli
Zitratverwertung (Simmons)	K. pneumoniae	E. coli

Tabelle 5.3-3: Prüfung von Identifizierungssubstraten (Fortsetzung)

Medium	Nachweis von	Ergebnis	
		positiv	negativ
Polytrope Substrate			
LIA (Lysin-Eisen-Agar)	Lysindecarboxylase H_2 S-Bildung Deaminase	Hochschicht violett Schwärzung im Hoch- Rötung schichtbereich	Hochschicht gelb keine Schwärzung Hochschicht rot
LIM (Lysin-Indol-Motilit.-Medium)	Lysindekarboxylase Indolbildung Beweglichkeit	Blaufärbung Reagenz wird rot gleichm. Trübung	Gelbfärbung keine Farbänderung Wachst. entlang Stich
MIO (Motilitäts-Indol-Ornithin-Medium)	Beweglichkeit Indolbildung Ornithindekarbox.	gleichm. Trübung Reagenz wird rot Blaufärbung	Wachst. entlang Stich keine Farbänderung Gelbfärbung
SIM (Sulfit-Indol-Motilit.-Medium)	H_2 S-Bildung Indolbildung Beweglichkeit Indolbrenztraubensäure-Bildung	Schwärzung Reagenz wird rot gleichm. Trübung bräunl. Verfärbung nahe Oberfläche	keine Schwärzung keine Farbänderung Wachst. entlang Stich keine Verfärbung
TSI (Dreizucker-Eisen-Agar)	Glukose-Abbau Laktose- und/oder Saccharose-Abbau H_2 S-Bildung	Schrägfläche rot/ Hochsch. gelb Schrägfläche gelb Schrägfläche gelb Schwärzung im Hochschichtbereich	Schrägfläche u. Hochschicht rot Schrägfläche rot Schrägfläche rot keine Schwärzung
Kligler-Agar (Zweizucker-Eisen-Agar)	Glukose-Abbau Laktose-Abbau H_2 S- Bildung	Schrägfläche rot/ Hochschicht gelb Schrägfläche gelb Schwärzung im Hochschichtbereich	Schrägfläche u. Hochschicht rot Schrägfläche rot keine Schwärzung

[1] nach: DGHM-Richtlinie 4.1 Qualitätssicherung in der Medizinischen Mikrobiologie (Zbl. Bakt. Hyg. A 258 (1984) 1-19

aus flüssigen Untersuchungsmaterialien wie Blut, Liquor, Urin, Dialyse- und sonstigen Lösungen, Befeuchtungs- und Spülflüssigkeiten auf ihre wachstumsfördernde und ggf. selektierende bzw. differenzierende Leistung geprüft werden (Sietzen, 1983).

Zur Prüfung von *Blutkulturen* sollten die für Septikämien in erster Linie in Betracht kommenden, meist anspruchsvolleren Bakterienarten benutzt werden. Für aerobe Blutkulturen sind S. pneumoniae, S. salivarius, N. meningitidis und H. influenzae, für anaerobe Systeme C. novyi, B. asaccharolyticus und P. anaerobius als Kontrollstämme zu empfehlen. Das Inokulum sollte 10-50 koloniebildende Einheiten (KBE) betragen. Da die Blutkultursysteme auf den Zusatz von Blut abgestimmt sind, wird die Durchführung der Prüfung mit Zusatz von sterilem Humanblut empfohlen.

Eintauchkultursysteme werden in breitem Umfang für die bakteriologische Harnuntersuchung herangezogen. Infolge unterschiedlicher, oft unkontrolliert langer Lagerung beim behandelnden Arzt besteht hier die erhöhte Gefahr eines Flüssig-

keitsverlustes bzw. der Austrocknung mit der Folge geminderter oder gänzlich aufgehobener Nährbodenleistung. Für die Prüfung werden folgende Bakterienarten empfohlen: K. pneumoniae, P. mirabilis, P. aeruginosa, Enterokokken, S. aureus, S. agalactiae. Die Nährböden werden in physiologische Salzlösung eingetaucht, die mit 10^3 KBE/ml beschickt sind. Es sollte sowohl mit Lösungen von pH 5,5 als auch von pH 7,5 geprüft werden.
Transportmedien werden mit zugleich empfindlichen und anspruchsvollen Bakterienarten wie N. gonorrhoeae, H. influenzae, S. pyogenes, S. pneumoniae und mit Anaerobiern wie B. asaccharolyticus getestet; bei speziellem Verwendungszweck erfolgt die Prüfung mit einer entsprechenden anderen Keimart. So werden Medien zum polyvalenten Nachweis enteropathogener Keime wie z. B. das Cary-Blair-Medium mit S. typhi, S. flexneri und V. eltor getestet. Für die Prüfung wird ein Tupfer in eine Nährbouillon eingetaucht, die etwa 10^4 KBE/ml enthält, und dann in das Transportsubstrat eingesteckt. Von hier erfolgt Ausimpfung nach 1 und 2 Tagen Lagerung bei Zimmertemperatur.

5.3.3.4 Chemische und biologische Reagenzien

Chemische und vor allem biologische Reagenzien zeigen in ihrer Stabilität eine beträchtliche Schwankungsbreite; dementsprechend unterschiedlich ist auch ihre Störanfälligkeit. Diese Materialien sind vor der ersten Verwendung nach Kauf, Gewinnung oder Selbstherstellung grundsätzlich mit geeigneten Stämmen zu prüfen, seltener gebrauchte Reagenzien darüber hinaus bei jeder Anwendung. Dabei sind die üblichen Anwendungsbedingungen nachzuvollziehen und Stämme zu wählen, die zu erwartende positive Reaktionen möglichst nur in abgeschwächter Form zeigen. Dies gilt sowohl für Reagenzien, die im Zusammenhang mit Identifizierungssubstraten gebraucht (z. B. für die Indol- oder die Voges-Proskauer-Reaktion), als auch für diejenigen, die ohne Beziehung zu spezifischen Substraten angewandt werden (z. B. Oxidase-Reagenz). Zu beachten ist die Einhaltung der richtigen Art und Temperatur der Lagerung (z. B. im Dunkeln, bei 4 °C), die auf Etiketten o. dgl. zusammen mit Herstellungs- und ggf. Auslaufdatum zu vermerken sind.

Bei geringer Stabilität ist durch organisatorische Maßnahmen dafür zu sorgen, daß die Reagenzien in geeigneten Zeitabständen routinemäßig an die entsprechenden Arbeitsplätze frisch verteilt werden. Bei mehreren Verbrauchern geschieht dies am besten von einer zentralen Stelle, etwa der Nährbodenküche aus.

Diagnostische Filterpapierscheiben, z. B. für den Optochin- oder den Bacitracintest, sind wegen ihrer Feuchtigkeitsempfindlichkeit in dichten Gefäßen mit Silikagel oder anderen Trocknungsmitteln im Kühlschrank zu lagern und wöchentlich einmal (Optochintest) bzw. zweimal (Bacitracintest) mit sensiblen und resistenten Kontrollstämmen zu prüfen.

Hinweise zur Testung der chemischen und biologischen Reagenzien s. Tabelle 5.3-3.

5.3.3.5 Diagnostische Seren und serologische Untersuchungen

Diagnostische Seren für die Objektträgeragglutination sind im Kühlschrank aufzubewahren; sie sollten nur kurzzeitig während ihrer Verwendung der Raumtemperatur ausgesetzt werden. Das Verfallsdatum ist zu beachten. Die Serumfläschchen sind bei Erhalt oder, wenn im lyophilisierten Zustand geliefert, nach ihrer Rehydrierung auf Trübung und Farbänderung zu prüfen und mit dem Datum zu beschriften. Flockungen und Farbänderungen wecken den Verdacht auf Kontamination. Solche Seren sollten nicht verwendet werden.

Diagnostische Seren für die Objektträgeragglutination sind zumindest bei vermehrtem Auftreten schwach-positiver Reaktionen mit homologen Stämmen zu prüfen. Stets erforderlich ist die Kontrolle positiver Ergebnisse mit bekannt negativen Seren oder 3,5%iger Kochsalzlösung.

Fluorescein-markierte diagnostische Seren für den direkten Antigen-Nachweis bedürfen bei jedem Versuchsansatz der Kontrolle im positiven und negativen Test. Markiertes Antihumanglobulin für die indirekte Immunfluoreszenz ist nach Lieferung und ggf. Rekonstituierung in geringgradiger Vorverdünnung in Mengen gemäß dem Tagesbedarf abzufüllen und bei -20 °C zu lagern. Nicht gebrauchtes aufgetautes Konjugat ist zu verwerfen.

Kontrollseren für KBR, ELISA- und andere Reaktionen sollten in gleicher Weise wie fluoresceinmarkiertes Antihumanglobulin in geeigneten Portionen abgefüllt bei -20 °C gelagert werden. Bei Anwendung chemischer Konservierungsstoffe sind für die KBR u. U. Störungen von Reaktionen zu befürchten.

Widalreaktionen werden in ihrem Ergebnis von der Dichte der Bakteriensuspension beeinflußt. Diese ist daher gemäß der für das betreffende Antigen vorgeschriebenen Vorgehensweise einzustellen. Beim Versuchsansatz sind Antigen- und Serumkontrollen zum Ausschluß von Spontanagglutinationen der Bakterien bzw. störenden Ausflockungen des Serums mitzuführen. Weitere Maßnahmen der Qualitätssicherung bei Agglutinationsreaktionen, etwa zur Antigenbereitung, ergeben sich aus der DGHM-Richtlinie 3.2 Bakterienagglutination.

Präzipitationsreaktionen erfordern stets die Mitführung positiver und negativer Seren bzw., beim Antigennachweis, positiver und negativer Antigenkontrollen. So sind beispielsweise beim Elek-Ouchterlony-Test auf Toxinbildung von C. diphtheriae ein Toxin-positiver und -negativer Stamm (oder statt letzterem C. pseudodiphtheriticum bzw. C. xerosis) mit dem zwischen beiden Kontrollstämmen angesetzten, zu prüfenden Stamm mitzuführen.

Zur Qualitätssicherung bei anderen serologischen Reaktionen wie *Komplementbindungs- oder Hämagglutinations-Reaktion* wird auf die entsprechenden Abschnitte des Kapitels 5.2 verwiesen.

Bei quantitativen Untersuchungen dürfen mitgeführte Kontrollseren um nicht mehr als 1 Titerstufe vom deklarierten Wert abweichen. Wird diese Forderung nicht erfüllt, ist der Untersuchungsansatz nicht verwertbar bzw. ist zu prüfen, ob der fehlerhafte Ausfall durch Mängel der Kontrollseren bedingt ist. Zur Kontrolle qualitativ-serologischer Reaktionsansätze sind nach Möglichkeit schwach positive Seren zu verwenden. Das damit erzielte Ergebnis ist aussagekräftiger als das von positiven Seren, zumal wenn deren Positivitätsgrad (sehr stark positiv - gerade noch positiv) nicht aufgrund vorher durchgeführter quantitativer Prüfung festgestellt ist.

5.3.3.6 Empfindlichkeitsprüfung von Bakterien

Die Beschickung der Wirkstoffträger für den Agardiffusionstest und die Qualität der Testmedien konnte in den letzten Jahren soweit stabilisiert werden, daß bei sachgemäßer Verwendung von Produkten der namhaften Hersteller falsche Ergebnisse nur im Ausnahmefall zu befürchten sind. Neue Chargen von Testblättchen und -medien sind nichtsdestoweniger vor dem ersten Gebrauch mit Kontrollstämmen zu prüfen.

Allgmein sind hierfür eingeführt
- Escherichia coli ATCC 25922
- Staphylococcus aureus ATCC 25923
- Pseudomonas aeruginosa ATCC 27853

Die *Hemmzonenbereiche* dieser Kontrollstämme für sensibel - mäßig sensibel - resistent bei gegebenen Blättchenbeschickungen sind den einschlägigen Veröffentlichungen (z. B. NCCLS) zu entnehmen. Die Kontrollen sollten wiederholt werden, wenn sich Werte nahe dem Toleranzbereich bewegen.

Penicilline und Cephalosporine verlieren bei Lagerung im Kühlschrank in relativ kurzer Zeit merklich an Aktivität. Mit diesen Substanzen beschickte Testblättchen sind bei -20 °C oder niedrigerer Temperatur zu lagern. Andere Testblättchen vertragen bis zum Ende der angegebenen Verwendbarkeitsdauer auch die Lagerung bei Kühlschranktemperatur ohne stärkeren Aktivitätsverlust. Am Ende der Laufzeit sind die Blättchen zu verwerfen.

Bei nicht allzu spärlichem Gebrauch ist *Kühlschranktemperatur* generell ausreichend, solange Antibiotika-Testblättchen im Einsatz sind, z. B. in (Multi-)Dispensern. Dabei ist Lagerung in feuchtigkeitsdichten Behältern unter Beigabe von Trocknungsmitteln erforderlich. Damit ein Feuchtigkeitsniederschlag aus der Raumluft mit nachfolgendem Aktivitätsverlust vermieden wird, müssen die Behälter so rechtzeitig vor der Verwendung aus dem Kühlschrank genommen werden, daß bis zum Gebrauch eine Erwärmung auf Zimmertemperatur eintreten kann.

Ungenauigkeiten bei der Bestimmung der Hemmhofdurchmesser und der Bakteriendichte sind viel häufiger die Ursache von Fehlern als Mängel der beim Agardiffusionstest verwendeten Materialien. Auf die Standardisierung der Ablesung und die richtige Interpretation der Hemmzonen ist daher besonderer Wert zu legen. Die Sicherheit der Ablesung läßt sich durch die bei den Kontrollstämmen gefundenen Ergebnisse in einem gewissen Umfang überprüfen. Es ist daher vorteilhaft, diese Stämme nicht nur bei Verwendung neuer Blättchen- und Substrat-Chargen, sondern generell bei den täglichen Routine-Empfindlichkeitsprüfungen zu protokollieren. Diese Kontrolle ist primär also nicht auf die Erkennung von Mängeln beim verwendeten Material, sondern auf die Überwachung der technischen Durchführung des Tests ausgerichtet.

Quantitative Empfindlichkeitsprüfungen in Bouillon- und Agarverdünnungstests sind mit Stämmen zu prüfen, deren minimale Hemmkonzentration (MHK) bekannt ist. Die Ergebnisse sind verwertbar, wenn die Abweichungen 1 $\log_2$-Verdünnungsstufe nicht überschreiten. Für die Aufbewahrung der Antibiotika-Pulver in getrocknetem Zustand gilt wie bei den Blättchen, daß für Penicilline und Cephalosporine eine Temperatur von -20 °C oder niedriger erforderlich ist, während für die anderen Wirkstoffe Kühlschranktemperatur ausreicht. Stammlösungen sind grundsätzlich bei -20 °C oder niedriger und nur für kurze Zeit aufzubewahren. Beim Auftauen und erneuten Einfrieren tritt ein Aktivitätsverlust ein. Die Lösungen sind daher in geeigneten Portionen abgefüllt zu lagern; nach Auftauen übrigbleibende Reste sind zu verwerfen.

Hinsichtlich der bei Empfindlichkeitsprüfungen zu beachtenden methodischen Details wie Einsaatdichte der Bakterien sowie Menge und Art des Testmediums wird auf anerkannte Darstellungen (z. B. DIN 58940, NCCLS-Standard ASM-2) verwiesen.

Gleichfalls einer Kontrolle befürfen die im Handel befindlichen vorgefertigten Systeme zur Empfindlichkeitsprüfung wie Micro-Media System (MMS) bzw. Micrognost-MHK-System (Biotest), oder MIC-System (Dynatech). Die Prüfung folgt dem bereits beschriebenen Prinzip der Kontrolle mittels Stämmen, deren MHK gegen die zu untersuchenden Antibiotika bekannt ist. Schließlich müssen auch die mittels Automaten gewonnenen Ergebnisse von Sensibilitätstests in geeigneter Weise auf ihre Richtigkeit kontrolliert werden. Die Durchführung der Prüfung richtet sich dabei nach den Angaben der Hersteller der Geräte.

5.3.3.7 Ausrüstung des Laboratoriums

Die Temperaturen von *Brut- und Kühleinrichtungen, Wasserbädern, Thermoblocks u. dgl.* sind täglich vor Arbeitsbeginn zu überprüfen und in ein Kontrollheft einzutragen. Die Aufzeichnungen von Temperaturschreibern sind zu sammeln, damit nachträgliche Prüfungen möglich sind. Alarmeinrichtungen von Brut- und Kühlräumen sowie von Tiefkühleinrichtungen sind vierteljährlich auf ihre Funktion zu prüfen.

Da Bruteinrichtungen in Abhängigkeit von verschiedenen Faktoren wie Größe, Beschickung, Fabrikat, Regelsystem Schwankungen um 1-2 °C und mehr aufweisen, sollten sie auf eine Temperatur von 35-36 °C eingestellt werden. Die Minderung gegenüber dem Temperaturoptimum vieler pathogener Arten von 37 °C ist für die Züchtungs- und Identifizierungsergebnisse ohne faßbare Auswirkungen, vermeidet aber die Gefahr, daß gewisse empfindliche Bakterien wie N. gonorrhoeae infolge geringgradig überschrittener Toleranzgrenze zugrundegehen.

Die *Entwicklung nahezu aller humanpathogenen Bakterienarten* wird durch eine *Kohlensäurespannung von 6-8%* gefördert; Für das Wachstum kapnophiler Stämme ist darüber hinaus ein erhöhtes CO_2-Angebot essentiell. Auch viele Anaerobier wachsen selbst bei einwandfreier Entfernung des Luftsauerstoffs erst bei erhöhter CO_2-Spannung. Daher sollten nach Möglichkeit CO_2-Brutschränke verwendet oder die Inkubation in anderweitig mit CO_2 angereicherter Atmosphäre, z. B. im Kerzentopf, durchgeführt werden. CO_2-Brutschränke sind periodisch zu überprüfen, z. B. mittels Gasspürgerät und Kohlendioxid-Röhrchen der Fa. Dräger (Postfach 1339, 2400 Lübeck). Ansonsten besteht die Möglichkeit der Prüfung durch Kundendienste der Brutschrankhersteller. Außerdem sollte eine laufende Kontrolle durch die tägliche Mitführung eines CO_2-abhängigen Stammes erfolgen, der durch gleichzeitige Züchtung in normaler Atmosphäre auf seine CO_2-Abhängigkeit zu prüfen ist. CO_2-abhängige Stämme gibt es u. a. bei der Spezies Neisseria gonorrhoeae. Jedoch ist diese Keimart so empfindlich, daß sie auch durch verschiedene andere Umstände am Wachstum gehindert werden kann, ohne daß dies durch CO_2-Mangel bedingt sein muß. Problemloser durchführbar ist die Kontrolle mit Stämmen wie Actinomyces viscosus, der sich zwar auch bei Abwesenheit von CO_2 noch entwickelt, aber dabei doch so viel schwächer wächst, daß die Wachstumsförderung durch das Gas gerade bei kurzzeitiger Bebrütung deutlich in Erscheinung tritt.

Anaerobier-Brutschränke und andere Einrichtungen zur Anaerobierzüchtung bedürfen einer laufenden Überwachung durch Redox-Indikatoren wie Methylenblau. Zusätzlich sollte die Einhaltung der Anaerobiose durch Mitführung von Testkeimen wie P. aeruginosa und B. asaccharolyticus bzw. C. novyi geprüft werden. P. aeruginosa darf dabei auf nitratfreien Nähböden nicht wachsen, die beiden anderen Arten müssen gute Entwicklung zeigen. Die Katalysatoren von Anaerobier-Züchtungseinrichtungen wie Gaspak sind nach jeder Verwendung in Heißluft bei 160–180 °C 2 Std. zu reaktivieren. Bis zur erneuten Verwendung sind sie in dichten Behältern trocken aufzubewahren. Zu beachten ist dabei, daß die Reaktivierbarkeit solcher Katalysatoren bei starker H_2S-Bildung, z. B. durch gewisse Klostridienarten, stark eingeschränkt werden oder gänzlich verlorengehen kann.

Die Funktion von *Autoklaven* ist vierteljährlich mit Bioindikatoren zu prüfen; Temperaturschreiber sind täglich abzulesen. Nichtregistrierende Geräte sind zusätzlich jeden Tag chemisch oder physikalisch zu prüfen. Als chemische Indikatoren zur laufenden Sofortkontrolle sind Produkte zu wählen, die über die Temperatur hinaus weitere Parameter wie Einwirkzeit und Feuchtigkeit anzeigen und zuverlässige Ergebnisse liefern wie Timecard-Indikatoren, High-Speed- oder ATI-Steam-Clox-Kärtchen. Die Kontrollen sind vorrangig in diejenigen Bereiche einzulegen, in welchen erfahrungsgemäß erschwerte Wirkungsbedingungen bestehen, z. B. im unteren Teil der Kammer. Anderweitig vorgeschriebene Sicherheitsvorschriften und Überwachungsmaßnahmen für Druckbehälter bleiben von diesen Forderungen unberührt.

Heißluftsterilisatoren und Desinfektionsgeräte wie Dampftöpfe sind analog wie Autoklaven zu kontrollieren.

Glassachen sind in Abhängigkeit vom Verwendungszweck nach festgelgten Schemata zu reinigen. Besondere Kontrollmaßnahmen, z. B. Parallelprüfungen, können bei Material für serologische Untersuchungen erforderlich sein.

Reine Arbeitsbänke werden in der Regel durch Service-Verträge überwacht. Soweit solche Geräte auf den gleichzeitigen Schutz von Personal und Material ausgelegt sind (Bio-Hazard-Bänke), muß auch die bakteriologisch einwandfreie Qualität der in den Laborraum zurückgeleiteten Abluft gewährleistet sein. Funktion und Dichtsitz der Filter, Leckdichtheit der Kammer sowie Art und Geschwindigkeit der Luftströmung sind in die Kontrolle einzubeziehen. Die UV-Röhren der Werkbänke sind zweimal monatlich mit einem alkoholgetränkten Lappen von Staubablagerungen zu befreien und halbjährlich auf die Intensität der Strahlung zu prüfen. Die protektive Wirkung auf Untersuchungsmaterial und Kulturen ist einmal wöchentlich mittels Blutagarplatten zu prüfen, die während der technischen Prozeduren im Arbeitsraum aufgestellt werden.

Sonstige Geräte wie Mikroskope, Zentrifugen, Dosierungs- und Beimpfungseinrichtungen, pH-Meßgeräte sind regelmäßig zu kontrollieren und zu reinigen bzw. zu desinfizieren und, soweit erforderlich, ebenso wie die zuvor beschriebenen Gerätschaften hinsichtlich Sicherheit zu überwachen.

Für die einzelnen Geräte sollten *Listen* mit einer Beschreibung der erforderlichen Kontrollmaßnahmen geführt werden. In diesen sind das Datum der Prüfung, der Name des Prüfers, das Ergebnis der Prüfung sowie ggf. daraus abzuleitende Maßnahmen zu vermerken.

5.3.3.8 Referenzstämme

Für die Kontrolle der Empfindlichkeitsprüfung sind die unter 5.3.3.6 genannten Stämme zu benutzen. Für die Prüfung von Isolierungs- und Identifizierungsmedien,

Reagenzien und Färbungen geeignete Bakterienarten sind aus den Tabellen 5.3-1, 5.3-2 und 5.3-3 ersichtlich. Man kann diese Stämme aus eigenen Isolaten auswählen oder käuflich erwerben.

Beispiele für *Bezugsquellen:*
- American Type Culture Collection (ATTC), 12301 Parklawn Drive, Rockville/ Maryland 20852 (USA). Von dort sind auch die verbilligten Preceptol-Stämme beziehbar.
- Deutsche Sammlung für Mikroorganismen (DSM), Grisebachstr. 8, 3400 Göttingen
- Hoffmann-LaRoche AG, Postf. 1380, 7889 Grenzach-Wyhlen 1
- Difco Laboratories. Auslieferung u.a. durch Biotest Serum-Institut GmbH, Postf. 730260, 6000 Frankfurt 73, oder O. Nordwald, Waterloostr. 48, 2000 Hamburg 50

Die Verimpfung auf feste Nährböden soll so erfolgen, daß Einzelkolonien entstehen. Bei der Prüfung biochemischer Testsubstrate wählt man die für den Test gebräuchliche Bakterienmenge.

Aufbewahrung und Fortzüchtung von Stammkulturen (nach Washington, 1981)
Aerobe und fakultativ aerobe Bakterien:
- Koloniematerial von Blutagarkultur einimpfen in steriles defibriniertes Schafblut (ohne konservierende oder gerinnungshemmende Zusätze)
- abfüllen in 2 kleine, gründlich gereinigte, sterile Schraubgläschen
- bei - 60 °C oder niedrigerer Temperatur aufbewahren.

Zur Anzüchtung wird eine Öse der Suspension nach Auftauen auf Blutagar oder ein anderes geeignetes, nichtselektives Medium ausgeimpft und über Nacht bebrütet. Diese tiefgefrorene Suspension ist jahrelang haltbar und wird durch wiederholtes Auftauen und Einfrieren kaum beeinträchtigt. Gelingt die Fortzüchtung aus dem einen Gläschen nicht mehr, wird das andere zur Fortzüchtung benutzt und ein neues Gläschen mit frischer Suspension zur Tiefkühlung bereitet.

Häufig benutzte Stämme - mit Ausnahme von Neisseria, Haemophilus und Streptococcus sp. - können bei 14 tägiger Überimpfung auf Nähragar oder anderen geeigneten Substraten als Schrägagarkulturen gehalten werden.

Anaerobe Bakterien:
- 0,5 ml einer kräftig getrübten Flüssigkultur zugeben zu 5 ml eines doppelt-konzentrierten Magermilch-Mediums
- abfüllen in 2 kleine, gründlich gereinigte, sterile Schraubgläschen
- bei - 60 °C oder niedrigerer Temperatur aufbewahren.

Zur Anzüchtung wird eine Öse der Suspension nach Auftauen auf ein geeignetes Nährsubstrat ausgeimpft und die Kultur anaerob bebrütet (Bebrütungsdauer je nach Bakterienart). Häufig gebrauchte Stämme werden wöchentlich in supplementierte Thioglykolat-Bouillon frisch überimpft und in monatlichen Abständen zur Reinheitskontrolle auf feste Nährböden ausgeimpft.

5.3.3.9 Interne Fertigkeitsprüfung (Proficiency testing).

Das Qualitätsniveau des Labors läßt sich besonders zuverlässig mittels simulierter

Proben prüfen, die alle Merkmale normaler Einsendungen tragen (einschl. Untersuchungsantrag, Absender, eingesetzer Labornummer etc.). Für die Untersuchung auf bakterielle Erreger kann entweder echtes klinisches Material verwendet werden oder die Probe wird durch Zusatz bestimmter Bakterien zu sterilem Material wie Urin, Punktat, Abstrich o. dgl. vorgetäuscht. Serologische Verfahren lassen sich kontrollieren durch zuvor in der Routinediagnostik geprüfte Seren, die bei −20 °C oder niedrigerer Temperatur aufbewahrt waren. Dabei muß sichergestellt werden, daß die mit der Untersuchung befaßten Mitarbeiter keine Kenntnis von der Prüfung haben. Gleichzeitig ist dafür zu sorgen, daß der angegebene Einsender keinen Befundbericht über die fingierte Einsendung erhält. Diese Art der Qualitätsprüfung hat gegenüber der externen Qualitätssicherung (s. 5.3.5) den großen Vorteil, daß die Ergebnisse die tatsächlichen Bedingungen im Labor wiederspieglen und die Untersuchung sich weder durch eine das übliche Maß übersteigende Sorgfalt noch durch zusätzlichen Aufwand von der routinemäßigen Behandlung der Proben unterscheidet.

Die Ergebnisse derartiger *"blinder" Kontrollen* dienen als Prüfstein dafür, ob die richtigen Untersuchungsverfahren angewandt werden und ob Erfahrung, Wissen und Sorgfalt der für die Untersuchung Verantwortlichen den Anforderungen entsprechen. Nach Fertigstellung des Befundes sind die Ergebnisse zu besprechen. Bei Fehlern und Problemen ist nach der Ursache zu fahnden und sind Anweisungen bzw. Empfehlungen für Verbesserungen zu erarbeiten. Nach Durchführung entsprechender Maßnahmen sollte mit einer ähnlichen „Blindprobe" geprüft werden, ob die notwendige Verbesserung eingetreten ist.

Diese Form der internen Prüfung hat sich als besonders wirkungsvoll für die Hebung des Qualitätsstandards erwiesen. Sie stellt einen wichtigen Faktor des Qualitätssicherungsprogrammes dar und sollte etwa einmal wöchentlich in den verschiedenen bakteriologischen und serologischen Arbeitsbereichen durchgeführt werden.

5.3.4 Postanalytische Phase

Die postanalytische Phase kann in zwei voneinander weitgehend verschiedene Aufgabenbereiche unterteilt werden, die einerseits die Bewertung der erbrachten Leistungsqualität aufgrund von Ergebnis-Statistiken und andererseits die den Untersuchungsgang abschließenden Befundarbeiten zum Inhalt haben.

Die *Qualitätsbewertung* begegnet dort nur wenig Schwierigkeiten, wo die Beurteilung der Leistung nach einfachen Kriterien wie „positiv" oder „negativ" vollzogen wird oder wo Vergleiche, etwa zwischen mikroskopischen und kulturellen Befunden, möglich sind. Ein einfaches statistisches Mittel zur Darstellung der Qualität der Arbeit über eine gewisse Zeit hinweg ist die Kontrollkarte, mit der nicht nur der Ablauf bzw. die quantitative Seite des Untersuchungsbetriebes und die erzielten Ergebnisse sichtbar gemacht werden können, sondern die vor allem auch Fehlentwicklungen bzw. notwendige Korrekturmaßnahmen zu einem frühen Zeitpunkt signalisiert. Ein typisches Einsatzgebiet ist z. B. die Mykobakterien-Diagnostik, wo es z. B. wichtig sein kann, zu erfahren, ob die Schwankung der Positivitätsquote mikroskopischer oder kultureller Untersuchungen zufallsbedingt, Ausdruck einer echten Qualitätsänderung oder eines Wechsels der Rahmenbedingungen – z. B. durch Verschiebung im Bereich der Einsender - ist. Hierzu wird der Prozentsatz positiver Befunde bei einer bestimmten Untersuchungsserie mit dem mittleren Prozentsatz bei einer bestimmten Zahl vorausgegangener Serien verglichen. Unter Berücksichtigung der zuvor ermittelten tolerablen Schwankung kann eine Aussage gewonnen werden, inwieweit eine bestimmte Serie aus dem Rahmen fällt oder nicht. Ein über den festgelegten Schwankungsbereich hinausgreifendes Ergebnis gibt Veranlassung, nach den Ursachen zu fahnden, die, soweit laborinterne Ursachen in Betracht kommen, etwa in der Qualitätsänderung eingesetzter Nährböden oder in einem Wechsel innerhalb des Laborpersonals etc. liegen können.

Ähnliche Auswertungen können auch in verschiedenen anderen Arbeitsbereichen von Nutzen sein und dadurch frühzeitige Hinweise auf eingetretene Leistungsschwächen geben.

Eine ganz anders gelagerte, für das alltägliche Leistungsniveau unmittelbar bedeutsame Maßnahme der Qualitätssicherung in der *postanalytischen Phase* betrifft den Laborbericht und seine Übermittlung an den Einsender nach Abschluß der laborinternen Untersuchungsgänge. Dieser letzte Abschnitt der Untersuchung unterliegt noch voll der Verantwortung des Bakteriologen. Seine Bedeutung darf keinesfalls unterschätzt werden; denn auch bei einwandfreier Probenauswahl, -gewinnung und -übermittlung sowie rascher und korrekter Durchführung der Untersuchung kann durch verzögerte Befundzustellung und schwierige Interpretierbarkeit des Ergebnisses die Bedeutung der bakteriologischen Untersuchung maßgeblich beeinträchtigt werden. Ein zuverlässiger, aber zu spät eintreffender Befund ist ebensowenig wert wie ein unkorrekter Befund. Der Dauer der Gesamtuntersuchung als wichtiger Komponente der klinischen Relevanz muß also auch in der postanalytischen Phase die gebührende Beachtung gezollt werden. Dazu muß sichergestellt sein, daß der Laborbericht einwandfrei interpretierbar ist und schnellstens zum Empfänger gelangt. Die Beschleunigung der Befundübermittlung, eine vielfach vernachlässigte Forderung der Qualitätssicherung, ist heute durch moderne Kommunikationsformen wie die Telekopie zumindest für die Zusammenarbeit mit Krankenhäusern gut realisierbar. Dabei werden durch rascheren Einsatz gezielter Therapie, Verkürzung der Krankenhausverweildauer etc. deutliche Einsparungen erzielt, die die Mehrkosten gegenüber dem konventionellen Befundversand mittels Briefpost weit übersteigen (Burkhardt, 1977). Es ist daher eine wichtige Aufgabe, die Qualitätssicherung auch auf diesem Gebiet voranzutreiben.

Bei als eilig erkennbaren Befunden ist eine sofortige telefonische Benachrichtigung des behandelnden Arztes erforderlich. Auch bei schwerer deutbaren Ergebnissen, inadäquatem Untersuchungsmaterial oder anderen Besonderheiten sollte im direkten Gespräch zwischen dem bakteriologisch tätigen Arzt und dem Kollegen am Krankenbett durch Erörterung aller verfügbarer anamnestischer, klinischer oder epidemiologischer Daten eine Klärung gesucht bzw. die Abstellung von Schwächen bei Gewinnung und Übermittlung der Proben sowie allgemein eine Intensivierung der Zusammenarbeit angestrebt werden.

5.3.5 Externe Qualitätssicherung

Die externe Qualiätssicherung ist neben den internen Kontrollmaßnahmen ein essentieller Bestandteil der Sicherung der Laborleistung. In einfacher Weise kann sie in Form des Abtausches von Proben zwischen zwei oder mehr Laboratorien durchgeführt werden, wobei das Untersuchungsergebnis vom Senderlabor zuvor, ggf. durch zusätzlichen diagnostischen Aufwand, besonders abgesichert sein muß. Eine wesentlich breitere Wirkung kommt bei externen Kontrollmaßnahmen dem *Ringversuch* zu. Er ist heute als wichtige Maßnahme der Qualitätssicherung anerkannt.

Nach Auffassung der WHO Working Group „External Quality Control of Health Laboratories" (Euro Report, 1981) ist es Aufgabe zentraler Institutionen, für Aufbau und Organisation der externen Qualitätssicherung Sorge zu tragen und sie in die mikrobiologische Diagnostik zu integrieren. Dabei sollen erfahrene Fachwissenschaftler geeignete Schemata ausarbeiten, die Art der Prüfobjekte festlegen und die Form der Ergebnisbewertung klären. Im Hinblick auf den erwünschten pädagogischen Effekt ist es wichtig, daß die externen Kontrollverfahren bzw. Prüfobjekte von den Teilnehmern akzeptiert werden und das Verfahren als wissenschaftlich einwandfrei anerkannt wird. Die Zahl der Ringversuche sollte nach dem Urteil der WHO-Arbeitsgruppe mindestens vier pro Jahr betragen.

Wegen der Schwierigkeit, bei größeren Teilnehmerzahlen und unterschiedlichen Transportzeiten eine Gleichartigkeit des Prüfmaterials zu sichern, werden meist Bakterienstämme oder Serumproben versandt. Dabei ist die Art- und Gattungszugehörigkeit sowie die Antibiotika-Empfindlichkeit der Keime bzw., bei Serumproben, deren Antigen- oder Antikörpergehalt zu bestimmen.

Wichtig ist auch beim Ringversuch die Einbeziehung des Faktors Zeit, der ja ein wesentliches Element der mikrobiologischen Leistung darstellt. Die Auswertung darf nicht zu lange auf sich warten lassen, da ein zu langes Intervall das Interesse des Teilnehmers an der ggf. erforderlichen Richtigstellung seiner Befunde mindert oder das übersandte Material für Wiederholungsuntersuchungen nach fehlerhaftem Befund nicht mehr geeignet ist.

Die externe Qualitätskontrolle hat in erster Linie eine Aus- und Fortbildungsfunktion. Sie soll den Laboratorien helfen, Schwächen in ihrer Diagnostik zu erkennen und den Qualitätsstandard zu verbessern. Dies ist bei der Ringversuchsbewertung durch entsprechende Hinweise, etwa auf Fehlerquellen, technische Verbesserungsmöglichkeiten u. dgl. zu unterstützen. Sanktionen gegenüber Teilnehmern, bei denen sich grobe Fehler trotz wiederholter Bemühung nicht beseitigen lassen, sollten die Ausnahme sein.

In der Bundesrepublik Deutschland werden bakteriologische Ringversuche von INSTAND, Postfach 4402, 4000 Düsseldorf 1, ausgerichtet. Es steht zu erwarten, daß die externe Qualitätssicherung durch die Deutsche Bundesärztekammer unter maßgeblicher Mitwirkung der DGHM in absehbarer Zeit institutionalisiert werden wird.

5.3.6 Fehlermöglichkeiten

Die Effizienz eines bakteriologischen Laboratoriums hängt von zahlreichen Faktoren ab. Da die bakteriologische Diagnostik maßgeblich auf der Isolierung und Identifizierung von Erregern beruht, ist die Qualität der dazu verwendeten Substrate einer der wichtigsten davon. Es ist deshalb vor allem notwendig, die Fehlermöglichkeiten bei der Bereitung dieser Substrate zu kennen und zu beachten.

Bei *Selbstherstellung* von Nähr- oder Testsubstraten ist in der Regel mit einer größeren Häufigkeit von Fehlern zu rechnen als bei der Rekonstituierung handelsüblicher dehydrierter Medien. In beiden Fällen sind folgende Fehlermöglichkeiten zu beachten:

- unsachgemäße oder zu lange Lagerung von Grundstoffen oder dehydrierten Produkten, was infolge Feuchtigkeit, Oxidation, zu hoher oder schwankender Temperaturen etc. zu unkontrolliertem und nur schwer bemerkbarem Qualitätsverlust führen kann. Der Nährbodenvorrat ist daher so zu bemessen, daß er in spätestens 12 Monaten verbraucht ist. Der Bestand ist laufend umzuwälzen; das erfordert konsequente Datierung jedes neu eintreffenden Substratbehälters. Das Auslaufdatum ist zu beachten;
- unzureichend entionisiertes Wasser, etwa bei Störung der Entmineralisierungsanlage, bei Nichtbeachtung, Versagen oder gar Fehlen eines Meßinstrumentes an der Entnahmestelle bzw. Verwendung von Leitungswasser statt Wassers der erforderlichen Qualität;
- unkorrekte Einwaage des Trockenmaterials infolge Irrtums oder fehlerhafter Waage;
- unrichtige Bemessung des Lösungsmittels;
- unreine oder mit Detergentien bzw. Desinfektionsmitteln behaftete Gefäße;
- unzureichende Homogenisierung der Trockensubstanzen im Lösungsmittel;
- zu lange Einwirkung der richtigen oder zeitgerechte Einwirkung einer zu hohen Temperatur bei der Auflösung der Substanzen oder bei der Sterilisation, mit nachfolgender Karamelisierung von Zuckern, pH-Änderungen oder Entstehung anderweitiger inhibitorischer Effekte;
- mehrfach wiederholtes Erhitzen von Nährböden;
- ungenaue pH-Einstellung bzw. überschießende Korrektur, dann erforderliche Nachkorrektur und dadurch bedingte Änderung des Gehaltes an Salzen. Der fertige Nährboden darf höchstens um 0,2 pH-Stufen vom Sollwert abweichen.

Lösungen von Oligosacchariden dürfen nicht autoklaviert werden, da sie durch das Erhitzen zu einfachen Zuckern zerlegt werden, und durch die entstehenden Spaltprodukte Verfälschungen von biochemischen Reaktionen zu befürchten sind. Oligosaccharide müssen daher den Medien sterilfiltriert zugesetzt werden. Monosaccharide können dagegen im Substrat mitsterilisiert werden, da sie die übliche thermische Behandlung vertragen.

Eine häufige Fehlerquelle besteht in der *Kontamination von Nährböden* bei der nachträglichen Zufügung thermolabiler Stoffe wie Blut, Serum, Antibiotika, Vitaminen und gewissen Salzlösungen zum sterilisierten Grundsubstrat. Die Sterilität dieser Stoffe muß gewährleistet sein; die Arbeiten haben unter Anwendung besonderer Vorkehrungen zur Vermeidung von Verunreinigungen zu erfolgen. Dazu zählen die UV-Bestrahlung der Raumluft, ggf. das Tragen von Mund-/Nasen- und Haarschutz sowie frischer Schutzkleidung, vorausgehende gründliche Desinfektion aller Flächen des Arbeitsbereiches, für den eine kleine Kabine oder eine Reine Werkbank gewählt werden sollte.

Schafblut, der häufigste Zusatz, ist nicht unerheblich durch Verunreinigungen bei der Gewinnung gefährdet. Bei sofortiger Kühlung oder raschem Verbrauch bleiben diese z. T. unbemerkt. Vom Handel bezogenes Schafblut erweist sich nicht selten durch Bakterien kontaminiert, wenn Einzelkeime, die trotz sorgfältiger Entnahmetechnik in das Sammelgefäß gelangen können, beim Transport, besonders in der warmen Jahreszeit, Gelegenheit zur Vermehrung finden. Die Verunreinigungsgefahr bei der Gewinnung kann durch Verwendung evakuierter Gefäße mit fertig angeschlossenem, mitsterilisiertem Schlauch-Nadel-System wesentlich eingeschränkt, wenn auch nicht ausgeschlossen werden. Viel häufiger und stärker ist jedoch frei in der geöffneten Flasche aufgefangenes Blut verunreinigt.

Die für die *Identifizierung von Streptokokken* beschriebenen *Hämolysereaktionen* beziehen sich auf die Verwendung von Schlafblut. Auf Humanblut kann Haemophilus haemolyticus β-hämolysierende Streptokokken vortäuschen. Andererseits wird die Isolierung dieses Keimes ebenso wie die von Gardnerella vaginalis auf Menschen- und Kaninchenblut erleichtert, da sie Schafblut nicht lysiert. Pferdeblut kann gleichfalls abweichende Hämolysereaktionen ergeben; sie sind ggf. mit Schafblut zu überprüfen. Blut von der Blutbank kann die Bakterienentwicklung wegen der zugesetzten gerinnungshemmenden Substanzen stören; die gleichzeitig zugefügte Glukose ändert das Hämolyseverhalten von Streptokokken, so daß vergrünende Stämme auf Schafblutagar nachgeprüft werden müssen. *Ungenaue pH-Einstellung von Nährböden* ist u. U. an Farbabweichungen neuer Chargen zu erkennen. Trübungen und Farbänderungen zeigen oft die Unbrauchbarkeit von Nährböden an, können aber auch auf Ausfällungen infolge Kühllagerung zurückzuführen sein; diese pflegen bei Erwärmung im Laufe des normalen Gebrauchs zu verschwinden.

Minderung des Feuchtigkeitsgehaltes von Substraten ist nicht selten die Ursache falsch negativer Ergebnisse. Bei Zeichen von Austrocknung wie Ablösung des Agars vom Rand der Petrischale, Einrissen oder Kräuselung der Oberfläche müssen Nährböden unbedingt verworfen werden; jedoch kann die Nährbodenleistung schon bei weniger augenfälliger Feuchtigkeitsabnahme mehr oder weniger stark beeinträchtigt sein. Um das hintanzuhalten, sollten in Petrischalen abgefüllte Substrate erst wenige Stunden vor Verwendung aus der Kühleinrichtung entnommen und bei Nichtgebrauch bald wieder dorthin zurückgebracht werden.

Fehler anderer Art, etwa Verwechslung von Proben oder Auslassung der Numerierung einer Einsendung mit der Folge von Fehlnumerierung der anschließenden Proben sind so gravierend, daß ihnen durch ein strenges, gleichartig ablaufendes Reglement, laufende Kontrollen und Doppelüberwachung vorgebeugt werden muß. Ähnliche Fehler sind möglich beim Ablesen der Isolierungs- und Identifizierungskulturen sowie der Resistenzbestimmungen. Sie treten besonders leicht bei Übertragung von Laborprotokollen in die Befundberichte ein. Soweit möglich, sollten daher Protokollierungssysteme angewandt werden, die - etwa unter Nutzung von Durchschreibeverfahren oder durch den Einsatz elektronischer Datenverarbeitung - die endgültige Fixierung der Befunde unmittelbar im Rahmen der Ablesung ermöglichen.

5.3.7 Gesichtspunkte der Wirtschaftlichkeit

Die Maßnahmen der Qualitätssicherung machen neben den eigentlichen Untersuchungsaufgaben einen zusätzlichen Kosten- und Arbeitsaufwand erforderlich. Das Streben nach Vervollkommnung der Ergebnisse muß dabei mit dem Zwang zur

Praktikabilität in Einklang gebracht werden. Innerhalb des Laboratoriums lassen sich die Kontrollmaßnahmen nach dem Prozentsatz festgestellter Mängel und nach dem zu ihrer Verhütung notwendigen Aufwand abstufen. Ist die resultierende Kosten-Nutzen-Relation nach dieser Berechnungsart bei Kontrollmaßnahmen an zwei verschiedenen Objekten im Laborbereich gleich, so kann sie im klinisch-therapeutischen Bereich mit einem ganz andersartigen Effekt verbunden sein. So kann sich bei gleicher Fehlerhäufigkeit ein fehlerhaft bereiteter Nährboden zum Nachweis enteropathogener Keime viel gravierender auswirken als etwa ein nicht funktionierender Zitratverwertungstest: im einen Fall kann das Mißlingen eines wichtigen Erregernachweises die Folge sein, im anderen Fall muß der Fehler nicht einmal zu einer Fehlidentifizierung eines Bakteriums Anlaß geben, da der Test nur eines neben etlichen anderen Bestimmungskriterien liefert. Als Maßstab für den Umfang von Sicherungsmaßnahmen wird man bei der schwierigen Beurteilbarkeit und der Komplexität der Zusammenhänge bis zum Vorliegen anderweitig gesicherter Daten dennoch im Laboratorium vorwiegend empirisch ermittelte Fehlerhäufigkeiten heranziehen.

Die vom Center for Disease Control (CDC, Atlanta, Georgia, USA) entwickelten Empfehlungen für eine systematische Qualitätskontrolle gingen von der Annahme aus, daß die meisten Reagenzien, Gerätschaften und Verfahren potentiellen Mängeln unterworfen und daher in das Monitoring einzubeziehen sind (Sietzen, 1983). In der Folgezeit stellte sich heraus, daß bei den verschiedenen Techniken, Materialien und Geräten recht unterschiedliche Störanfälligkeiten bestehen. Es erscheint daher geboten, die einzelnen Maßnahmen nach ihrer Wirksamkeit, bezogen auf die damit verbundenen Kosten, in eine Prioritätenskala einzuordnen (Bartlett et al.,1982, Tydeman et al., 1982).

Eine sorgfältge Abwägung gebietet die Bedeutung der Kosten-Nutzen-Relation vor allem bei einer Institutionalisierung von Programmen zur Qualitätssicherung. Zu berücksichtigen ist auch, daß solche Kontrollmaßnahmen für kleinere Laboratorien eine wesentlich größere Belastung darstellen als für große. Diese Überlegung zeigt indessen aber auch, daß die Größe von Laboratorien bzw. die Breite des von ihnen angebotenen Untersuchungsspektrums zumindest dort eine Begrenzung nach unten finden muß, wo die als notwendig erkannten Kontrollmaßnahmen aus Kosten- oder anderen Gründen nicht mehr möglich oder nicht mehr gewährleistet sind. Gerade bei kleinen Laboratorien sind solche Maßnahmen vielfach besonders dringend, da allein z. B. bei selteneren Fragestellungen die Gefahr von Fehlern größer ist als in großen Laboratorien, wo solche Proben täglich, u. U. mehrfach, bearbeitet werden und bessere personelle und materialle Voraussetzungen für die Untersuchung vorhanden sind.

Der mit der Qualitätssicherung verbundene Aufwand ist prinzipiell dann gerechtfertigt, wenn er niedriger als die Folgekosten liegt, die aufgrund unrichtiger Laborbefunde durch inadäquate diagnostische oder therapeutische Entscheidungen entstehen. Der bakteriologisch tätige Arzt hat bei seiner Entscheidung über das Ausmaß der von ihm einzusetzenden Maßnahmen der Qualitätssicherung also über die Auswirkung auf die Wirtschaftlichkeit im Labor hinaus, ja vordringlich, die Auswirkung seiner Untersuchungsergebnisse auf den Patienten zu berücksichtigen. Er muß daher - unabhängig von Kostenüberlegungen - schon aus diesem Grund in entsprechenden Fällen unter Berücksichtigung seines Wissens, seiner Erfahrungen und der gegebenen technischen und räumlichen Voraussetzungen sorgfältig abwägen, ob die Bearbeitung besonderer bzw. seltener oder ungewöhnlicher Fragestellungen im eigenen Labor gerechtfertigt ist oder ob es nicht erforderlich ist, solche Proben an kompetente Institutionen weiterzugeben.

Letztlich leiten sich die Bemühungen um die Sicherung der Qualität bakteriologischer Leistungen aus der ärztlichen Berufsethik ab, die den bakteriologisch tätigen Arzt zu bestmöglicher Leistung für den Kranken bzw. zum Schutz der Bevölkerung vor der Ausbreitung von Krankheitserregern verpflichtet.

5.4 Bakterienimmunologie

Utz P. Merten, Ingrid Degner-Harms und Wolfgang Beier (Köln)

5.4.0 Einleitung

An erster Stelle in der Diagnostik bakterieller Infektionen steht die kulturelle Isolierung, Identifizierung und Testung des Resistenzverhaltens eines spezifischen Infektionserregers. Indirekte diagnostische Verfahren sind erforderlich, wenn die Anzüchtung nicht, wenig erfolgversprechend oder nur mit erheblichem Aufwand möglich ist, bzw. wenn nicht der Erreger selbst, sondern seine toxischen Produkte für die Erkrankung verantwortlich sind. Hierzu zählen verschiedene, in den letzten Jahren in die Labordiagnostik aufgenommene Methoden des Antigen-Nachweises ohne Erregerisolierung. Zum anderen gehören hierzu die verschiedenen Methoden der *serologischen Diagnostik:* u.a. *Präzipitation*, *Agglutination* (passive Hämagglutination, indirekte Hämagglutination, Widal-Reaktion), *Komplementbindungsreaktion*, *Immunfluoreszenz* und *Immunoassay.*

Zur Wahrung der Qualität und letztlich der Aussagekraft für den Patienten sollen sowohl interne als auch externe Qualitätssicherungsmaßnahmen selbstverständlich sein. An dieser Stelle wird die interne Qualitätssicherung der *indirekten Hämagglutination* am Beispiel des *TPHA* und die der *Agglutination* am Beispiel des *VDRL* und der *Widal-Reaktion* besprochen.

5.4.1 Präventivmaßnahmen

Hierzu gehören alle Kontrollmaßnahmen, die vor der Testdurchführung im Laboratorium zur Überprüfung der Funktionstüchtigkeit des *Arbeitsplatzes* und der verwendeten *Geräte* erforderlich sind (siehe auch Kapitel 5.0.1). Bei serologischen Untersuchungen wird heute bevorzugt das *Mikrotitersystem* verwendet, bei dem Mikrodiluter und Tropfdispenser täglich auf Volumenkonstanz überprüft werden müssen. Sofern Brutschränke oder Wasserbäder verwendet werden, ist deren tägliche Temperaturkontrolle erforderlich (siehe auch Kapitel 5.0.2).

Als Methode sollte eine Standardmethode unter Standardbedingungen mit standardisierten Reagenzien und Standardseren eingesetzt werden. Nicht standardisierte Seren bzw. Reagenzien müssen mit entsprechenden Standards verglichen und auf diese eingestellt werden. Bei allen verwendeten *Medien* müssen bei Herstellung ihre Rezeptur und, bei längerer Verwendung, auch zwischenzeitlich pH-Wert und Sterilität überprüft werden.

Bei *Standardseren* bzw. *Antigensuspensionen* muß eine vorschriftsmäßige und geeignete Lagerungstemperatur eingehalten, bei längerer Verwendung eine bakterielle

Tabelle 5.4-1: Einige Prüfroutinen der Prävention am serologischen Arbeitsplatz

Kühlschrank/-raum Brutschrank/-raum Wasserbäder, Inkubatoren	Temperatur täglich prüfen und protokollieren, Sauberkeit und Ordnung sicherstellen
Mikrotitersystem	Volumenkonstanz der Mikrodilutoren und Tropfpipetten täglich prüfen
Geräte, Systeme und Zentrifugen	auf geeignete, sichere Funktion und Einhaltung der Sicherheitsvorschriften prüfen
Reagenzien, Antigene und Antiseren	Chargenzusammenstellung sichern, Lagerung, Sterilität, Verfallsdaten, Vorrat und geeignete Verwendung prüfen
Mitarbeiter(innen)	Informationsstand und Protokolle prüfen, Fortbildung sichern

Kontamination ausgeschlossen und besonders auf Verfallsdaten wie auf regelmäßige Kontrollen der biologischen Aktivität geachtet werden (siehe **Tabelle 5.4-1**).

Bei den heute recht aufwendigen Methoden ist die fachliche Qualifikation des Mitarbeiters, der die Untersuchungen durchführt, von besonderer Bedeutung. Neben Kenntnissen und Erfahrungswerten ist eine periodische *Schulung* und Weiterbildung erforderlich, und an jedem Arbeitsplatz müssen detaillierte *Arbeitsanleitungen* und sinnvolle *Protokolle* zur Verfügung stehen.

5.4.2 Präanalytische Phase

In der präanalytischen Phase ist darauf zu achten, daß das geeignete *Untersuchungsmaterial* zum richtigen Zeitpunkt für die jeweils gewählte Methode gewonnen, es richtig transportiert und im Labor fachgerecht bis zur Aufarbeitung gelagert wird. Für serologische Untersuchungen wird zum *Antikörpernachweis* im allgemeinen steril entnommenes venöses Blut benötigt, das nativ ohne Zusätze in einem sterilen Röhrchen bis zur Gerinnung bei Raumtemperatur aufbewahrt wird. Da eine bakterielle Kontamination Ergebnisse verfälschen kann, muß unter sterilen Bedingungen gearbeitet werden. Um eine Hämolyse bei längeren Transportzeiten und ungünstigen Temperaturen zu vermeiden, ist die Versendung von Serum zu bevorzugen. Da bei bestimmten Infektionserkrankungen für die Diagnosestellung der Blutabnahmezeitpunkt und/oder eine *Paralleltestung* zweier im Abstand von 10 bis 20 Tagen gewonnener *Akut-* und *Rekonvaleszentenseren* zur Erfassung von Titerveränderungen von großer Bedeutung sind, muß der einsendende Arzt darüber informiert sein und daran erinnert werden. Die Inhalte der Präanalytik sind in Kapitel 5.0.1 zusammengefaßt. Dieses *Informationsmaterial* sollte kooperierenden Ärzten in geeigneter Form vorliegen, auf das jeweilige Laboratorium bezogen sein und ständig der Entwicklung angepaßt werden.

5.4.3 Interne Qualitätssicherungsmaßnahmen

Unter Qualitätssicherung ist die Gesamtheit aller Maßnahmen zu verstehen, die eine optimale Aussagekraft diagnostischer Untersuchungen ermöglicht. Die interne Qualitätssicherung umfaßt neben den bereits beschriebenen Präventivmaßnahmen und der Präanalytik die Versuchsdurchführung (analytische Phase) und die postanalytische Phase. Aus didaktischen Gründen wird die Postanalytik unter Kapitel 5.4.5 und im folgenden die analytische Phase behandelt.

5.4.3.1 Interne Qualitätssicherung des indirekten Hämagglutinations-Tests (IHA)
Am Beispiel des Treponema-pallidum-Hämagglutinationstests (TPHA), der als Suchreaktion für die Erkennung bzw. den Ausschluß einer Syphilis eingesetzt wird, sollen die erforderlichen Maßnahmen bei der indirekten Hämagglutination (IHA) aufgezeigt werden (Lennette, 1985).

Ultraschall-fraktionierte Zellkomponenten von Treponema pallidum (Stamm Nichols, passagiert auf Kaninchen-Hoden) sind als Antigen an Formalin-behandelten, tannierten Hammelerythrozyten angelagert. Treponema pallidum-spezifische Antikörper in einem mit speziellem Absorptionsmedium verdünnten Patientenserum werden an das Antigen auf den Hammelerythrozyten gebunden und führen zu einer Agglutination der Erythrozyten.

Der TPHA-Test wird von verschiedenen Herstellern angeboten und unterliegt der staatlichen Chargenprüfung und Zulassung. Alle verfügbaren kommerziellen Tests beruhen auf dem gleichen Prinzip. Es bestehen jedoch Unterschiede in den methodischen Einzelheiten, weshalb die jeweilige Arbeitsanleitung strikt eingehalten werden muß.

Zur *Vorbereitung der Patientenseren* wird zunächst Serum mit einem Absorptionsmedium 30 Minuten bei Raumtemperatur inkubiert. Hierdurch werden speziesspezifische Antikörper nicht entfernt. Gattungsspezifische Antikörper wie Heteroagglutinine bzw. durch Forssman-Antigen absorbierbare oder gegen Treponemen (sogenannte Reiter-Antikörper) gerichtete Antikörper, die zu einem unspezifisch-reaktiven TPHA-Ergebnis führen können, werden entfernt. Dieses Absorptionsmedium setzt sich zusammen aus ultraschallfraktionierten Zellmembranen von Hammel- und Rindererythrozyten, Meerschweinchen-Nierengeweben, normalen Kaninchenhoden-Extrakten, ultraschallbehandelten Reiter-Treponemen und normalen Kaninchenseren.

Eine quantitative Durchführung des TPHA ist im allgemeinen nur selten erforderlich, deckt aber bei Verwendung eines bekannten Kontrollserums mit bekanntem Antikörpergehalt Schwankungen in der Empfindlichkeit der sensibilisierten Erythrozyten von Charge zu Charge auf und überwacht die Reaktivität des TPHA-Reagenz.

Bei der *Reagenzienvorbereitung* werden alle Reagenzien, soweit sie nicht bereits gebrauchsfertig sind, entsprechend der Vorschrift rekonstituiert. Lyophilisierte Erythrozyten müssen nach Zugabe des Suspensionsmittels mindestens 30 Minuten bei 2–4 °C (zur vollständigen Rehydratisierung) inkubiert werden, und alle Reagenzien sind vor Testbeginn auf Raumtemperatur zu bringen.

Kontrollansätze müssen in jedem Testansatz unbedingt mitgeführt werden. Durch ein positives *Kontrollserum* bekannter Titerhöhe wird die erforderliche Agglutinabilität der Testerythrozyten überprüft. Ein weiteres schwach positives Kontrollserum soll eine Mindestsensibilität des Tests sicherstellen und auf Schwankungen der Sensibilität hinweisen; durch die Mitführung eines negativen Kontrollserums wird eine Spontanagglutination von Test- oder Kontrollerythrozyten ausgeschlossen.

Als *Serumkontrolle* wird das absorbierte Patientenserum mit nicht sensibilisierten Kontrollerythrozyten inkubiert, um z. B. unspezifisch hämagglutinierende Substanzen (Heteroagglutinine) im Patientenserum auszuschließen. Als *Reagenzienkontrolle* werden sensibilisierte und nicht sensibilisierte Hammelerythrozyten mit dem Absorptionsmedium inkubiert, um eventuell vorliegende unspezifische Effekte des Mediums erkennen zu können.

Der *Test* wird vorzugsweise in U-Form Mikrotiterplatten durchgeführt, die jeweils für diese Reaktion vorgeprüft werden. Eine elektrostatische Aufladung der Mikrotiterplatte wird vor Testbeginn, z. B. durch Abwischen des Plattenbodens mit einem feuchten Tuch, reduziert. Beim Arbeiten mit elektrischen Mehrfachtitratoren kann es ebenfalls zu einer statischen Aufladung der Platte kommen, die dann vor Eintropfen der Erythrozytensuspension erneut durch Abwischen des Plattenbodens beseitigt wird.

Nach Zugabe der Erythrozyten in die Reaktionskammern muß der Inhalt gut durchmischt und anschließend die Platte abgedeckt werden, um während der Inkubation bei Raumtemperatur Verdunstung und Verstaubung zu verhindern. Die Platten dürfen nicht erschüttert werden und nicht der Sonnenbestrahlung ausgesetzt sein.

Bei der *Auswertung* kann eine Erstablesung nach 3-4 Stunden vor hellem Hintergrund mit Hilfe eines Vergrößerungsglases und die Endablesung nach 18 bis 24 Stunden erfolgen. Der Übergang von deutlich ausgebreiteten agglutinierten Erythrozyten (positive Hämagglutination) zur knopfförmigen Erythrozytensedimentation ist kontinuierlich, so daß die Grenze oft schwer abzuschätzen ist. Die Ablesung des Tests sollte deshalb möglichst immer unter Verwendung der gleichen Kriterien erfolgen. Die Bewertung erfolgt von – (negativ) bis + + + + (stark positiv) immer im Vergleich mit den Reaktionsbildern der Kontrolle.

Tabelle 5.4-2: Einige Maßnahmen der internen Qualitätssicherung beim TPHA-Test

Reagenzienkontrolle	Sensibilisierte und nicht sensibilisierte Erythrozyten werden mit Absorptionsmedium inkubiert, um unspezifische Mediumeffekte auszuschließen
Serumkontrolle	Absorbiertes Patientenserum wird mit nicht-sensibilisierten Erythrozyten inkubiert, um das Vorliegen unspezifischer Agglutinine auszuschließen
negative Kontrollseren	Eine negative Reaktion schließt eine Spontan- oder Eigenagglutination der Test- und Kontrollerythrozyten aus
positive Kontrollseren	Ein schwach positives Kontrollserum sichert eine Mindestempfindlichkeit des jeweiligen Testansatzes Ein stark positives Kontrollserum bekannter Titerhöhe sichert die Empfindlichkeit des quantitativen Tests und die Reproduzierbarkeit der Testergebnisse

Der Test wird als positiv bewertet, wenn die Kontrollerythrozyten in der Serumkontrolle nicht agglutiniert, die Testerythrozyten durch das Patientenserum hingegen agglutiniert werden. Zeigt das Serum eine Reaktion von + bis + + + +, wird es als reaktiv bzw. positiv bewertet. Zweifelhafte Reaktionen müssen wiederholt werden. Zeigt das Serum mit den Kontrollerythrozyten eine Agglutination, so muß das Serum zunächst einer Absorption mit den Kontrollerythrozyten (2 Stunden bei Raumtemperatur) unterzogen und anschließend nochmals getestet werden. Einige Maßnahmen der internen Qualitätssicherung des TPHA sind in **Tabelle 5.4-2** zusammengefaßt.

5.4.3.2 Interne Qualitätssicherung des VDRL-Tests (Veneral Disease Research Laboratory Test)

Als nicht-Treponemen spezifischer Test der Syphilis-Diagnostik ist der Cardiolipin-Mikroflockungstest ein Verfahren zum Nachweis von Lipoid-Antikörpern im Serum bzw. Liquor. Hierbei wird ein in Phosphat-gepufferter Kochsalzlösung dispers gelöstes Cardiolipin-Lecithin-Cholesterol-Antigen mit einem Patientenserum oder -liquor vermischt und nach Inkubation bei Raumtemperatur unter ständiger Rotation mikroskopisch auf Flockung untersucht (Lennette, 1985).

Zur *Vorbereitung der Patientenseren* wird das Serum vor Versuchsbeginn in einem Wasserbad für 30 Minuten bei 56 °C erhitzt. Zu beachten ist, daß vier Stunden nach einer *Hitzeinaktivierung* das Serum vor Versuchsbeginn erneut hitzeinaktiviert und anschließend wieder auf Raumtemperatur gebracht werden muß. Bei Verwendung von Liquor entfällt die Hitzeinaktivierung.

Die *Reagenzienvorbereitung* richtet sich nach den von verschiedenen Herstellern standardisierten Antigenen und Verdünnungsflüssigkeiten. Der pH-Wert der Verdünnungsflüssigkeit muß bei 6.0 liegen und regelmäßig kontrolliert werden.

Bei der Herstellung der Antigensuspension sollen Antigen und Verdünnungsflüssigkeit Raumtemperatur (25 °C ± 2 °C) haben. Das Antigen wird der Verdünnungsflüssigkeit tropfenweise zugesetzt und die Antigensuspension vor jedem Gebrauch vorsichtig durchgemischt. Sie darf nicht mehrfach mit Gewalt durch eine Spritze oder enge Kanüle gedrückt werden, da dabei die Reaktivität gemindert wird. Die Antigensuspension darf keine Verklumpungen erkennen lassen, sie muß jeden Tag frisch angesetzt werden, und die Partikel müssen fein verteilt sein.

In den *Kontrollansätzen* wird die Reaktivität der Antigensuspension mit Kontrollseren vor dem täglichen Gebrauch überprüft. Hierbei werden reaktive, schwach reaktive und negative Seren eingesetzt. Bei allen Flockungstests ist das Verhältnis von Antigensuspension zu Serum wichtig. Ungleiche Anteile führen zu ungenauen Ergebnissen. Deshalb muß die Genauigkeit der Pipetten und deren Volumenabgabe regelmäßig, z. B. durch Wägungen, überprüft werden. Weiterhin müssen *Rotationsgeschwindigkeit* und *-zeit* genau eingehalten werden, da verstärkte Rotationsgeschwindigkeit oder verlängerte Rotationszeit zu verstärkter Reaktivität bzw. verminderte Geschwindigkeit und Verkürzung der Zeit zu verminderter Reaktivität führen. Schlechte Verteilung oder Durchmischung in den Vertiefungen bzw. falsche Vertiefungsdurchmesser des Objektträgers beeinflussen ebenfalls die Reaktivität.

Um Störeffekte zu vermeiden, werden die Objektträger nach einer Reinigung mit Detergentien 6–8 mal in Aqua dest. gespült. Anschließend wird, um eine homogene Verteilung der Partikel zu ermöglichen, sichergestellt, daß die Objektträger fettfrei

Tabelle 5.4-3: Einige Maßnahmen der internen Qualitätssicherung beim VDRL-Test

Antigensuspension	Suspension täglich neu herstellen, Antigen der Verdünnungsflüssigkeit tropfenweise zugeben, pH 6.0 kontrollieren
Patientenseren	Patientenseren müssen vor dem Testansatz innerhalb von 4 Stunden 30 Minuten bei 56 °C hitzeinaktiviert werden
Kontrollseren	Positives Serum zur Kontrolle der Reaktivität und bei quantitativer Bestimmung der Empfindlichkeit und Reproduzierbarkeit der Testergebnisse mitführen
Testansatz	Volumenverhältnis Ag/Ak konstant halten, geeichte Pipetten verwenden, alle Reagenzien vor Ansatz auf Raumtemperatur (25 °C ± 2 °C) bringen
Inkubation	Rotationsgeschwindigkeit und -zeit genau einhalten

sind. Wegen der temperaturabhängigen Flockungen werden Patientenserum, Kontrollseren und Testantigen vor Versuchsbeginn auf Raumtemperatur gebracht (siehe **Tabelle 5.4-3**).

Die Auswertung wird sofort nach Beendigung der Rotation mit dem Mikroskop bei 100-facher Vergrößerung vorgenommen. Ist die Lösung gleichmäßig getrübt und sind Flocken oder Verklumpungen nicht erkennbar, dann liegt ein nicht-reaktives Ergebnis vor.

Deutlich sichtbare Verklumpungen in klarer Umgebung bedeuten eine positive Reaktion. Zu beachten ist, daß falsch reaktive Ergebnisse bei zahlreichen Infektionskrankheiten durch Zerfall insbesondere der lymphatischen Zellen hervorgerufen werden und daß Prozonen falsch negative Ergebnisse verursachen können. Es ist daher erforderlich, sowohl ein positives als auch ein negatives Ergebnis nur in Zusammenhang mit einer entsprechenden Anamnese und Klinik oder den Ergebnissen weiterer (Bestätigungs-) Untersuchungen zu bewerten und gegebenenfalls sogar eine Austitrierung anzuschließen.

5.4.3.3 Interne Qualitätssicherung der Widal-Reaktion

Die klassische Widal-Reaktion wird im Makrosystem mittels Salmonella- und Shigella-Suspensionen durchgeführt, um gegen diese Antigene gerichtete Antikörper in Patientenseren nachzuweisen (Seeliger, 1978).

Salmonella-*Kontrollseren* dienen zur Überprüfung der Spezifität der Salmonella-Suspensionen und der Sensibilität des Testansatzes. Die Suspensionen sowie die Kontrollseren sollen bei 2-8 °C gelagert werden. Direktes Sonnenlicht und längeres Stehen bei Raumtemperatur sind zu vermeiden. Suspensionen und Kontrollseren dürfen nicht eingefroren werden. Da käufliche Salmonella-O-Suspensionen kein Konservierungsmittel enthalten, dürfen Entnahmen nur unter sterilen Bedingungen erfolgen, um Kontamination mit Luftkeimen zu vermeiden.

Für den *Testansatz* wird von den Patientenseren eine geometrische Verdünnungsreihe in isotonischer Kochsalzlösung hergestellt. Sie beginnt mit der Verdünnung 1:25; eine Antigenkontrolle in physiologischer Kochsalzlösung, ein positives und ein negatives Kontrollserum werden mitgeführt. In jedes Röhrchen werden 0,5 ml

Tabelle 5.4-4: Einige Maßnahmen zur internen Qualitätssicherung der Widal-Reaktion

Antigensuspension	Bei 2–8 °C lagern, nicht einfrieren und nur kurz bei Raumtemperatur ohne direkte Sonneneinwirkung belassen Sterile Entnahme erforderlich
Kontrollseren	Bei 2–8 °C lagern, nicht einfrieren, positive und negative Kontrollseren in jedem Testansatz mitführen, wobei bekannte positive Titer ± eine Titerstufe erreicht werden müssen
Reaktionsbild	Körnige bzw. flockige Agglutinationen gegenüber homogener milchiger Trübung vorsichtig und im Vergleich mit den Kontrollreaktionen ablesen (wenn erforderlich, nur ganz leicht schütteln)

Antigen-Suspension gegeben. Dadurch entsteht eine Endverdünnung von 1:50. Der Ansatz wird für 2 Stunden in ein Wasserbad (50 °C) gestellt.

Die erste Ablesung (O- und H-Agglutination) erfolgt bei geeigneter Beleuchtung nach 2 Stunden visuell gegen einen dunklen Hintergrund. Der Titerendpunkt muß mit der Lupe oder einem Agglutinoskop bei 6-facher Vergrößerung gesichert werden. Nach einer weiteren 18-stündigen Inkubation im Kühlschrank bei 2–8 °C erfolgt die Endablesung der O-Agglutination.

Bei der *O-Agglutination* zeigt sich eine positive Reaktion durch körnige Agglutinate, die mit bloßem Auge oder einer Lupe bzw. einem Agglutinoskop sichtbar sind. Bei negativer Reaktion bleibt die Suspension homogen und milchig trüb.

Bei der *H-Agglutination* zeigt sich eine positive Reaktion durch flockige Agglutinate, die mit bloßem Auge, einer Lupe oder einem Agglutinoskop sichtbar sind. Es ist darauf zu achten, daß nur im Bedarfsfall der Ansatz ganz leicht geschüttelt werden darf, da die Agglutinate leicht zerstört werden. Bei negativer Reaktion bleibt auch hier die Suspension homogen und milchig trüb. Bei einer Überprüfung der Salmonella-Suspension mit den Salmonella-Kontrollseren sollen die auf dem Etikett angegebenen Titer zur Sicherung der Empfindlichkeit des Tests und der Reproduzierbarkeit der Untersuchungsergebnisse (**Tabelle 5.4-4**) erreicht werden. Schwankungen um eine Titerstufe sind zulässig.

Bei der *Auswertung* muß beachtet werden, daß die Agglutinine erst von der zweiten Krankheitswoche an auftreten, aber auch während des gesamten Krankheitsverlaufs fehlen können. Eine negative Widal-Reaktion schließt daher eine Typhus- oder Paratyphuserkrankung nicht aus. O-Agglutinine können auch in Normalseren gefunden werden; sie zeigen meist eine schwache Reaktion, die nur bis zur Verdünnung 1:100 positiv ist. H-Agglutinine fehlen in Normalseren. Bei H- und bei O-Agglutination liegt der Titer vom Ende der zweiten Krankheitswoche an fast stets über 1:100. Mitreaktion des Typhus-Antigens bei Paratyphus kann auftreten und beruht auf den O-Antigengemeinschaften von Partialantigenen; charakteristisch für die Art der Erkrankung ist deshalb des Ergebnis der H-Agglutination. Stärkere O-Agglutination ohne H-Agglutination erlaubt nur eine Verdachtsdiagnose (Erkrankung durch Bakterien der Salmonella-Gruppe).

Nach einer Schutzimpfung (H-Agglutination bis über 1:1000) ist der Ausfall der H-Agglutination oft nicht zu verwerten. Bei nicht erkrankten Schutzgeimpften ist die O-Agglutination meist nur schwach ausgeprägt; bei starker O-Agglutination (über 1:200) besteht auch bei schutzgeimpften Personen der Verdacht auf eine typhöse Erkrankung.

Für die Diagnostik ist es wegen der verschiedenen Einflüsse auf die Titerhöhe (z. B. Impfungen, Krankheitsstadium, therapeutische Maßnahmen) schwierig, generell Grenzwerte anzugeben. Bei Ungeimpften können bereits Titer ab 1:100 als krankheitsverdächtig angesehen werden, bei Sh. sonnei-Infektionen schon Titer ab 1:50. Weiter ist auch zu beachten, daß eine frühzeitige Antibiotika-Therapie die Ausbildung von verwertbaren Agglutinationstitern verhindern kann.

5.4.4 Fehlermöglichkeiten

Störungen im Testablauf können durch eine ungeeignete Kombination oder durch unsachgemäße Behandlung einzelner Reaktionspartner auftreten. Werden, z. B. beim TPHA, die *lyophilisierten Erythrozyten* nicht 30 Minuten nach Zugabe des Suspensionsmittels bis zur vollständigen *Rehydratisierung* inkubiert, ist die Empfindlichkeit des Tests gestört. Vergleichbare Störungen werden beim VDRL hervorgerufen, wenn die Antigenverdünnung nicht tropfenweise bei pH 6.0 erfolgt, und bei der Widal-Reaktion, wenn die Antigensuspension unter Sonneneinfluß oder zu lange warm gelagert wird. Kontaminationen der Antigenlösungen treten bei Widal-Antigenen leichter auf, stören aber alle Reaktionen, auch die der anderen Tests.

Wird im TPHA nicht Serum, sondern EDTA-Plasma oder anderweitig gewonnenes Plasma eingesetzt, kommt es zu Störungen, das Testergebnis ist nicht verwertbar. Gleiches kann durch noch verbliebene Fibrinreste bei unvollständigem Abseren hervorgerufen werden.

Während beim TPHA eine Hitzeinaktivierung des Serum zu Störungen im Sinne von unspezifischen Sedimentationsmustern der Testerythrozyten führen kann, ist diese für die Durchführung des VDRL eine Voraussetzung, und Seren, deren Hitzeinaktivierung mehr als vier Stunden zurückliegt, müssen erneut dieser Behandlung unterzogen werden. Selbstverständlich ist, daß stark hämolytische Seren und solche, die bakteriell kontaminiert sind, nicht im Test eingesetzt werden dürfen. Durch eine geeignete Information der kooperierenden Ärzte, eine umsichtige Regelung und Einhaltung der Präventivmaßnahmen und die Maßnahmen der internen Qualitätssicherung können die meisten Fehler entdeckt bzw. vermieden werden.

5.4.5 Postanalytische Phase

Der Nachweis spezifischer Antikörper kann sowohl als akut-diagnostische Maßnahme bei einem Notfallpatienten erforderlich sein, z. B. bei einem Neugeborenen mit Verdacht auf kongenitale Syphilis vor einer eventuell notwendigen Penicillintherapie oder aber auch als nicht eiliger Routine-Test als Vorsorgeuntersuchung in der Schwangerschaft. Einzeltiter gegen bakterielle Antigene können ab einer gewissen Titerhöhe eher als solche gegen virale Antigene einen Hinweis auf eine frische Infektion geben. Dennoch ist auch hier der Nachweis spezifischer Antikörper der Klasse IgM oder IgA (z. B. IgM- FTA-abs) zu empfehlen.

Häufig ist der gleichzeitige Nachweis des Erregers durch kulturelle Züchtung oder eine direkte mikroskopische Methode anzustreben, wobei zur sicheren Interpretation ein direkter Kontakt zwischen dem Mikrobiologen und dem behandelnden Arzt erforderlich ist. Nur so kann, wenn erforderlich, in einem konsiliarischen Gespräch die Plausibilität der Befunde unter Berücksichtigung von Anamnese und klinischem Befund und damit die Diagnose für den Patienten gesichert werden.

5.4.6 Externe Qualitätssicherung

Externe Qualitätssicherung in Form von Ringstudien und Ringversuchen in der Immunologie von Infektionskrankheiten werden seit einigen Jahren von der DGHM und INSTAND durchgeführt.

In den Jahren 1982 und 1983 haben z. B. INSTAND-Ringversuche in der Lues-Immunologie gezeigt, daß für die auswertbaren positiven Titernachweise die Teilnehmer beim VDRL-Test in 86-100% und beim TPHA-Test in 54-87% Ergebnisse innerhalb eines zulässigen Bereiches vom Mittelwert ± einer Titerstufe erreicht haben (**Tabelle 5.4-5**). Die mitgeteilten Titerschwankungen sind zu groß und weisen auf einen zu starken Unterschied in der Diagnostik zwischen den verschiedenen Laboratorien hin. Dazu kommt, daß sich in ca. 5% beim TPHA-Test falsch negative Ergebnisse gezeigt haben. Auch wenn der TPHA-Test heute fast ausschließlich als qualitativer Suchtest eingesetzt wird, haben sich eine unzureichende Präzision und (im Ringversuch 11/1983) zu häufig falsch negative Ergebnisse gezeigt. Im VDRL-Test sind sogar, je nach Probe, zwischen 1 und 40% falsch positive Reaktionen berichtet worden; dies ist aber wegen der geringeren Spezifität dieses Tests zu erwarten, bestätigt andererseits auch den in den letzten Jahren zunehmenden Einsatz des TPHA-Tests als primäre Lues-Suchmethode.

Tabelle 5.4-5: Ergebnisse der INSTAND-Ringversuche in der Lues- Immunologie (VDRL- und TPHA-Test) 1982 und 1983

VDRL-Test (Veneral Disease Research Laboratory Test)				
RV	Probe	TN (1)	$\bar{x}$ ± 1 Titer (2)	% (3)
1982	10	70	16-64	86
	11	64	2- 8	92
1983	21	51	1- 4	88
	22	82	4-16	88
	43	72	4-16	89
	44	29	1- 4	100

TPHA-Test (Treponema pallidum Hämagglutinationstest)				
RV	Probe	TN (1)	$\bar{x}$ ± 1 Titer (2)	% (3)
1982	10	69	1280- 5120	54
	11	70	160- 640	71
1983	22	80	160- 640	78
	42	82	160- 640	67
	43	84	1280-10240	87
	44	88	320- 1280	71

(1) TN = Teilnehmerzahl, deren Ergebnis als positiver Titer in die Bewertung einbezogen worden ist
(2) $\bar{x}$ ± 1 Titer = Mittelwert $\bar{x}$ ± eine Titerstufe
(3) % = Prozent der Teilnehmer, die innerhalb des Mittelwertes $\bar{x}$ ± eine Titerstufe liegen

Leider ist die Teilnehmerzahl an diesen Ringversuchen mit ca. 100 im Verhältnis zu den heute Luesdiagnostik durchführenden Laboratorien zu gering. Im Vergleich haben in den USA an den CAP-Ringversuchen 1980 über 1000 Laboratorien für den VDRL- bzw. RPR-Test mit Untersuchungen in 20 Spezimen teilgenommen (Elevitch, 1981). Es ist bei der Bedeutung dieser Diagnostik, insbesondere in der Mutterschaftsvorsorge, zu fordern, daß Ringversuche für diese Untersuchungen regelmäßig durchgeführt werden und daß alle Laboratorien daran teilnehmen müssen.

5.4.7 Wirtschaftlichkeit

Wie bei der Untersuchung auf Antikörper gegen virale Antigene sollten Untersuchungen auf Antikörper gegen bakterielle Antigene nur unter Berücksichtigung des Krankheitsbildes durchgeführt werden, es sei denn, es handelt sich um eine Vorsorgeuntersuchung. Häufig ist aber die Erregerisolierung im akuten Stadium der Erkrankung erfolgversprechender, da kulturelle Ergebnisse zum Teil in einem vergleichbaren Zeitraum wie serologische Testresultate erzielt werden können und die nach erfolgreicher Isolierung mögliche Resistenzbestimmung einen weiteren wesentlichen Vorteil für Patient und Arzt bringt.

Nur wo solche Anzüchtungen nicht erfolgreich durchgeführt werden können, zu lange dauern, oder eine zu große finanzielle Belastung bedeuten, sollte die Bestimmung von Antikörpern gezielt eingesetzt werden. Hierbei sollte die Testauswahl entsprechend der Klinik erfolgen, entweder als Akutdiagnostik durch Bestimmung Antigen-spezifischer Antikörper der Klasse IgM oder IgA, durch Einsatz einer Testkombination (z. B. KBR und IIF) oder als Verlaufsbeobachtung unter gezieltem Einsatz nur einer Methode erfolgen. Es bleibt Aufgabe des Arztes für Mikrobiologie, als Konsiliarius mit dem kooperierenden Arzt einen sinnvollen, sicheren und gleichzeitig wirtschaftlichen Weg zum Vorteil des Patienten zu finden.

5.5 Mykologie

Hanne-Lene Müller (Basel, Schweiz)

5.5.0 Einleitung

Aus dem umfangreichen Gebiet der Mykologie, der Wissenschaft der Pilze, greift der im medizinischen Labor Tätige nur einen kleinen Teil heraus. Ihn interessieren vor allem die Pilze, die bei Mensch und/oder Tier Krankheiten (Mykosen) verursachen können. Diese Erreger muß er isolieren und identifizieren. Obgleich bereits Mitte des 19. Jahrhunderts sekundäre Mykosen durch Candida und Aspergillus beschrieben werden, ist die Mykologie lange Zeit Domäne der Dermatologie gewesen. In den letzten Jahrzehnten nehmen jedoch infolge moderner Heilmethoden die sekundären Organ- und Systemmykosen durch Sproß- und Schimmelpilze erheblich zu. So umfaßt heute die medizinische Diagnostik das ganze Spektrum der Haut-, Schleimhaut- und Organmykosen. An dieser Stelle soll deshalb auf die Qualitätssicherung bei der mikrobiologischen Diagnostik der Haut-, Schimmel- und Sproßpilzinfektionen eingegangen werden.

5.5.1 Präventivmaßnahmen

Wie generell in der Mikrobiologie, so kommt es auch in der Mykologie auf sorgfältig steriles Arbeiten an. Der Arbeitsplatz sollte so beschaffen sein, daß Tischplatte und Fußboden mühelos zu reinigen und zu desinfizieren sind. Luftturbulenzen durch Ventilatoren, Fenster- und Türöffnungen sind zu vermeiden, um einerseits Kontaminationen durch Luftkeime, andererseits das Streuen von Conidien bereits gewachsener Schimmelpilzkulturen zu verhindern.

Da das Temperaturoptimum der Pilze unterschiedlich ist, sollten Brutschränke für 2 Temperaturbereiche vorhanden sein, nämlich für 28–30 °C und für 37 °C. Um das Austrocknen der Medien bei Langzeitbebrütung zu verhindern, empfiehlt es sich, eine Wanne mit Wasser in den Brutschrank zu stellen. Jedoch sollte das Wasser mindestens einmal wöchentlich erneuert und die Wanne desinfiziert werden.

Zur Anzüchtung von Pilzen werden spezielle Pilzmedien wie Sabouraud Dextrose-, Grütz-, Kimmig-, Malz- u. a. zuckerhaltige Medien verwendet. Die Medien werden von verschiedenen Herstellern als Trockenmedien, z. T. auch in gebrauchsfertiger Form in Petrischalen, angeboten.

- Reinigung und Desinfektion der Arbeitstische.
- Vermeidung von Luftturbulenzen.
- Steriles Arbeiten.

- Brutschränke für 2 Temperaturbereiche.
- Vermeidung einer Austrocknung der Platten und Kulturen.
- Verwendung spezieller Pilzmedien.
- Lagerung von Fertigplatten bei 4–8 °C (Kühlraum) oder bei 15–25 °C.

Die optimale Lagerung von Fertigplatten (selbstgegossene oder kommerziell erhältliche) für längere Aufbewahrungsdauer ist bei 4–8 °C. Kleinere Haushaltskühlschränke sind hierfür jedoch nicht geeignet. Durch das ständige Öffnen und Schließen entstehen Temperatur- und Feuchtigkeitsschwankungen, die zur Bildung von Kondenswasser führen. Steht kein Kühlraum zur Verfügung, so ist es besser, die Fertigplatten bei Raumtemperatur, 15–25 °C, aufzubewahren. Hierfür ist ein Platz mit wenig Temperaturschwankungen zu suchen. Platten mit Austrocknungserscheinungen sind zu verwerfen.

Aus Trockenmedien selbst gegossene Platten sind vor Austrocknung zu schützen, z. B. durch Einwickeln von je 5 Platten in einfache Haushaltsfolie.

5.5.2 Präanalytische Phase

Es sei hier auf die einführenden Kapitel im allgemeinen Teil verwiesen. Zusätzlich ist folgendes zu beachten:

1. Bei Verdacht auf System- oder Organmykosen ist das Grundleiden sowie die Therapie des Patienten im Untersuchungsantrag zu erwähnen.
2. Soll Patientenmaterial sowohl bakteriologisch als auch mykologisch untersucht werden, so ist die Probe zu teilen, besser sollten zwei Proben eingesandt werden.

Für bakteriologische Untersuchungen bereits vorbehandeltes (z. B. zentrifugiertes) Material ist für eine weitere mykologische Untersuchung abzulehnen.

- Angabe des Grundleidens des Patienten.
- Verdachtsdiagnose mitteilen.
- Bisherige Therapie angeben.
- Probenmaterial für bakteriologische und mykologische Untersuchungen teilen, besser 2 Proben einsenden.

5.5.3 Interne Qualitätssicherung

Das Material soll so schnell wie möglich verarbeitet werden, dies gilt ganz besonders bei Verdacht auf Sproßpilzinfektionen der Atemwege, des Intestinal- und Harnwegstraktes, wo nur der quantitative oder semiquantitative Nachweis im Sputum, Stuhl und Mittelstrahlurin aussagekräftig ist (siehe **Tabelle 5.5–1** nach J. Müller, 1978). Sputum und Stuhl müssen vor Anlegen quantitativer Kulturen gut homogenisiert werden. Blutkulturen unbedingt unter sterilen Bedingungen belüften. Nur so erreicht man eine optimale Ausbeute positiver Sproßpilzkulturen (siehe **Tabelle 5.5–2**). Kulturen mit Material der Oberfläche (Haare, Schuppen, Nägelspäne usw.) müssen bei 28–30 °C oder Raumtemperatur inkubiert werden, alle anderen bei 37 °C. Die Temperaturen sind ständig zu kontrollieren.

Tabelle 5.5-1: Diagnostische Wertigkeit der Keimzahl von Candida und Torulopsis-Arten in klinischen Untersuchungsmaterialien (nach Müller, 1978)

Bewertung Untersuchungsmaterial	pathognomonisch unbedeutsam	wiederholte kulturelle und serologische Kontrollen angezeigt	pathognomonisch bedeutsam
Sputum	$\leqq 10^3$/ml	10^4-10^5/ml	$\geqq 10^6$/ml
Rachengurgelflüssigkeit	$\leqq 10^2$/GKZ[a]	10^3-10^4 GKZ	$\geqslant 10^5$ GKZ
Urin Mittelstrahl	$\leqq 10^3$/ml[b]	10^4-10^5/ml[c]	$\geqq 10^5$ ml[c]
Blasenpunktion	0	jeder kulturell positive Befund[c]	
Stuhl	$\leqq 10^3$/g	10^4-10^5/g	$\geqq 10^6$/g
Vaginalmaterial			jeder kulturell positive Befund
Blut	0	jeder kulturell positive Befund cave: transitorische Fungämie bei Katheterpatienten	
Liquor	0	jeder kulturell positive Befund	
Andere Punktate	0	jeder kulturell positive Befund	

[a] GKZ = Gesamtkeimzahl an Sproßpilzen einer Probe bei 1 Minute Gurgeln (Methode siehe Literatur 4).

[b] Bei Sproßpilzbefunden im nicht durch Punktion gewonnenen Urin ist die mögliche Kontamination durch eine genitale Sproßpilzbesiedlung abzuklären; falls dieser Befund negativ ausfällt, ist daran zu denken, daß niedrige Sproßpilzkonzentrationen im Urin auch auf eine Sproßpilz-Sepsis hindeuten können. Zur eindeutigen Klärung eines solchen Verdachtes ist die Gewinnung einer Urinprobe durch Blasenpunktion indiziert.

[c] Frisch gewonnen oder gekühlt transportiert.

Tabelle 5.5-2: Positive Candida-Befunde in Blutkulturen, abhängig von der Belüftung in %

	unbelüftete Kulturen	belüftete Kulturen	beide Kulturen	total
Harkness et al. (1975)	0	21 (75%)	7 (25%)	28
Szymezak et al. (1979)	(10%)	(28%)	(32%)	?
Washington II: (1978)	3 (3%)	71 (79%)	16 (18%)	90

Interne Qualitätssicherung in der analytischen Phase.

A. Allgemeine Hinweise:
- Material so schnell wie möglich verarbeiten.
- Für quantitative Bestimmungen gut homogenisieren.
- Inkubationstemperatur je nach Material.

B. Spezielle Hinweise:
- Färbereagenzien auf Abwesenheit von Sproßpilzen und Pilzfäden prüfen.
- Zentrifugationen in sterilen Gläsern durchführen.

Jede Charge Trockenmedien im Funktionstest prüfen
- auf quantitative Erfassung,
- auf Selektivität.

Zur Identifizierung folgende Kriterien berücksichtigen:
- Temperaturoptimum,
- Wachstumszeit,
- Pigmentbildung,
- zellmorphologische Besonderheiten auf entsprechenden Medien,
- biochemische Reaktionen überprüfen.

Referenzstämme mitführen.

Bei serologischer Identifizierung von Sproßpilzen
- monospezifische Antiseren verwenden,
- Spontanagglutination durch NaCl-Kontrolle ausschließen.

5.5.3.1 Interne Qualitätssicherung mikroskopischer Untersuchungen
Dem mikroskopischen Primärpräparat kommt besondere Bedeutung zu bei Material von Hautmykosen und allen Punktaten. Man sollte deshalb sicher sein, daß in den Färbereagenzien nicht Sproßpilze oder Pilzfäden vorhanden sind. Ebenso ist darauf zu achten, daß die steril entnommenen Punktate auch steril zentrifugiert werden.

5.5.3.2 Interne Qualitätssicherung von Nährböden
Jede neue Charge von Trockenmedien ist im Funktionstest der Qualitätskontrolle zu unterziehen, und zwar sowohl im Hinblick auf eine quantitative Erfassung von Sproßpilzen als auch bei Zusätzen von Hemmstoffen auf die Selektivität.

a) Quantitative Bestimmung:
Je ein Bouillon-Röhrchen wird mit einer Öse voll C. albicans und T. glabrata beimpft. Nach einer Inkubation von ca. 18 h bei 30 °C liegt erfahrungsgemäß eine Keimzahl von $1-5 \times 10^7$ vor. In steriler NaCl-Lösung wird dann eine Verdünnungsreihe von 1:10000; 1:100000 und 1:1000000 hergestellt. Aus jeder Verdünnung wird 0,1 ml entnommen und mit einem Drigalsky-Spatel auf je eine Platte des zu prüfenden Mediums ausgespatelt. Die Verdünnung 1:10000 soll ca. 100–500 Kolonien, 1:100000 10–50 Kolonien und die Verdünnung 1:1000000 mindestens 1 Einzelkolonie zeigen. Sind diese Bedingungen nicht erfüllt, sollte man die Charge nicht verwenden. Sind sie nur für C. albicans, nicht aber für T. glabrata erfüllt, können die Platten zumindest nicht für den Nachweis von Vaginalmykosen herangezogen werden, da T. glabrata der zweithäufigste Erreger von Vaginalmykosen ist. Bei geringer Keimzahl würde sich der Nachweis dieses Erregers auf solchen Nährboden-Platten entziehen.

b) Prüfung auf Selektivität:
Bei Verwendung von Selektiv-Medien ist jede neue Charge und bei längerer Aufbewahrung der Platten durch eine Wiederholung nach 3 Monaten die Hemmwirkung gegenüber Bakterien zu prüfen. Hierzu werden Bouillon-Röhrchen mit je 8 verschiedenen grampositiven und gramnegativen Bakterienstämmen beimpft und über Nacht bei 37 °C inkubiert. Am folgenden Tag werden auf je ¼ der Nährboden-Platten die Bakterien-Suspensionen mit Hilfe eines sterilen Wattepinsels ausgestrichen. Mindestens 7 der geprüften Stämme dürfen kein Wachstum zeigen.

Zur Anzüchtung von Dermatophyten werden den Pilz-Medien neben bakteriellen Hemmstoffen auch meist Cycloheximid zugesetzt, um das Wachstum von Schimmelpilzen weitgehend zu unterdrücken. Da jedoch nicht alle Schimmelpilze Cycloheximid-empfindlich sind, empfiehlt sich die Prüfung auf Anwesenheit, bzw. ausreichende Konzentration mit einem Cycloheximid-empfindlichen Sproßpilz-Stamm, wie z. B. T. glabrata oder C. krusei. Die Prüfung erfolgt im gleichen Schema wie mit Bakterien oben beschrieben.

5.5.3.3 Qualitätssicherung bei der Identifikation von Erregern

Für die Schimmelpilze und Dermatophyten ergibt sich die Identifizierung aus der Beobachtung des Temperaturoptimums, der Wachstumszeit, der Pigmentbildung und der zellmorphologischen Besonderheiten. Sproßpilze werden aufgrund ihrer Zellmorphologie *und* ihren biochemischen Leistungen differenziert.

Qualitätssicherung der Prüfung zellmorphologischer Kriterien

Die Zellmorphologie von Dermatophyten und Schimmelpilzen wird an Agarblockkulturen der unter 5.5.3.2 beschriebenen Medien geprüft. Für die Prüfung der zellmorphologischen Kriterien von Sproßpilzen bedarf es spezieller Medien bzw. Methoden. Hierfür haben sich der Serum-Test, Morphologie-Agar nach Wickerham und Reismedien verschiedener Modifikationen bewährt.

Serum-Test: Die Pseudomycel-Bildung, besonders aber die Bildung von Keimschläuchen von C. albicans und C. stellatoidea ist abhängig von der Einsaat-Menge und Sterilität des Serums (Auger, Joly, 1977; Joshi et al, 1973; MacKenzie, 1962). Es ist deshalb das zu verwendende Serum auf Sterilität zu prüfen. 0,5 ml Serum werden in ein Röhrchen mit Bouillon gegeben und über Nacht bei 37 °C inkubiert. Ist eine Trübung sichtbar, ist das Serum nicht zu verwenden. Ist mit bloßem Auge keine Trübung sichtbar, so empfiehlt sich zur Sicherheit ein Ausstrich auf Blut-Agar-Platte. Um die geeignete Quantität an Sproßpilzen zu haben, hat sich uns das Verfahren nach Finegold (zitiert bei Rogers et al, 1979) bewährt: Mit der Spitze einer sterilen Pasteurpipette wird eine Kolonie der zu prüfenden Kultur angetupft und die Pipette in das Röhrchen mit Serum gegeben, wo sie während der 3-4-stündigen Inkubation bei 37 °C verbleibt. Anschließend wird mit der Pipette ein Tropfen Serum auf einen Objektträger überführt, dieser mit einem Deckgläschen bedeckt und sofort mikroskopiert.

Morphologie-Agar nach Wickerham und Reis-Medien: Die Prüfung der Qualität jeder Charge dieser Medien erfolgt mit einwandfrei differenzierten Sproßpilz-Stämmen, z. B. C. albicans (Keimschlauch- bzw. Chlamydosporenbildung, C. tropicalis (Pseudomycelbildung) und Geotrichum (Arthrosporenbildung).

Jedoch sollte bei jeder Routine-Untersuchung mindestens ein C. albicans als Referenz-Stamm mitgeführt werden. Es ist jedoch darauf zu achten, daß besonders die Keimschlauchbildung bei alten Kulturstämmen verloren geht bzw. verzögert auftritt. Es sollten deshalb frisch isolierte Stämme mit nicht allzu vielen Kulturpassagen (nicht länger als 6 Monate Kultivierung) eingesetzt werden.

Qualitätssicherung der biochemischen Differenzierung von Sproßpilzen
Ganz gleich, ob man selbstgefertigte Zuckermedien nach Lodder (1974) oder vorgefertigte kommerzielle Testsysteme verwendet, für die biochemische Differenzierung muß unbedingt von Reinkulturen ausgegangen werden. Sind für die Vorkultur (Anzüchtung) Selektiv-Medien verwendet worden, so soll eine Subkultur in Form eines Verdünnungsausstriches auf Pilzmedien ohne Hemmstoffe angelegt werden. Nur so können Verunreinigungen sicher erkannt werden. Ganz unerläßlich ist dies für Pilze, die aus Stuhlproben isoliert werden; hier ist die bakterielle Kontamination besonders stark.

Die kommerziellen Testsysteme werden firmenintern ausgiebig geprüft, eine Qualitätskontrolle beschränkt sich dabei auf eine Sichtkontrolle, um evtl. Veränderungen, z. B. durch Transportfehler oder falsche Lagerung, festzustellen. Jedes System hat seine Besonderheiten. Um diese zu kennen und bei der Interpretation richtig zu beurteilen, sollte ein im Labor neu eingeführtes System zunächst mit eindeutig deklarierten Sproßpilzstämmen durchgetestet werden. Es empfiehlt sich, hierfür Referenzstämme, z. B. aus dem CBS Delft anzufordern.

Bei den Testsystemen mit Code-Zahlen sind die Abweichungen einzelner Reaktionen auch durch verschiedene Code-Zahlen aufgefangen.
Bei selbst hergestellten biochemischen Reihen ist eine interne Qualitätsprüfung unerläßlich und sollte bei jeder neuen Charge mit Referenz-Stämmen durchgeführt werden.

Für *alle* Systeme gilt, daß beim Endergebnis die zellmorphologischen Kriterien unbedingt mitberücksichtigt werden. Bei der Vielzahl der in der Natur vorkommenden Sproßpilzarten kommen identische biochemische Reaktionen verschiedener Arten vor, hier kann nur unter Einbeziehung der morphologischen Kriterien richtig identifiziert werden.

5.5.3.4 Interne Qualitätssicherung serologischer Identifikationen
Durch die umfangreichen Antigenstudien von Tsuchiya (1974) ist es möglich geworden, auch serologisch die wichtigsten Erreger von Sproßpilzinfektionen zu identifizieren. Hierzu werden Immunseren verwendet, die durch entsprechende Absorptionen zu monospezifischen Antiseren manipuliert werden. Da jedoch gerade die häufigsten Erreger von Sproßpilzinfektionen sehr starke Kreuzreaktionen untereinander aufweisen, muß überprüft werden, ob das hergestellte oder das kommerzielle Serum wirklich monospezifisch ist. So bestehen z. B. besonders enge Antigengemeinschaften zwischen C. albicans, C. tropicalis, C. parapsilosis und T. glabrata. Die Mitreaktion dieser Sproßpilze muß deshalb ausgeschlossen werden.

Ferner ist zu beachten, daß einige Sproßpilzstämme zur Spontanagglutination neigen. Es muß deshalb immer parallel eine NaCl-Kontrolle mitgeführt werden. Im Zweifelsfall sind unbedingt die Morphologie und das biochemische Verhalten der zu identifizierenden Sproßpilze zu prüfen.

5.5.3.5 Qualitätssicherung bei Resistenzbestimmungen
Auf die Resistenzbestimmungen wird im Anhang noch näher eingegangen. Es sei aber schon an dieser Stelle darauf hingewiesen; lieber keine Resistenzbestimmung als eine falsche! Da noch keine Standardisierungsvorschrift vorliegt und die Diffu-

sionsteste bei den meisten Antimykotika sehr schwer ablesbar sind, sollte diese Untersuchung den Spezialisten vorbehalten bleiben.

5.5.3.6 Interne Qualitätssicherung durch Referenzstämme
Es ist mehrfach auf die Notwendigkeit hingewiesen worden, bei den einzelnen Methoden Referenzstämme mitzuführen. Die bekannteste Stammsammlung existiert in Holland (Centralbureau voor Schimmelcultures Yeast Division, Julianalaan 67 a, Delft und Oosterstraat 1, Barn (NL)); die deutsche Sammlung in Berlin (Teilsammlung I (Fadenpilze), Institut für Mykologie, BBA, Königin-Luise-Straße 19, D-1000 Berlin 33). Hier finden sich auch weitere Adressen anderer Länder.
Referenzstämme für die Resistenzbestimmungen sind vom Institut Pasteur zu bekommen (Vertrieb (Dr. E. Fresenius KG, Borkenberg 14, Postfach 1809, D-6370 Oberursel) in der BRD durch Fresenius Diagnostik).

5.5.4 Postanalytische Phase

Das saprophytäre Vorkommen der Sproßpilze auf der Haut und Schleimhaut des Menschen sowie das ubiquitäre Vorkommen der Schimmelpilze in der Natur macht eine sorgfältige Analyse der kulturellen Befunde zwingend. Die Kenntnis über das Grundleiden und die Therapie des Patienten ist hierzu unerläßlich. Das gilt vor allem bei Verdacht auf Organmykosen, primäre Organmykosen durch Sproß- oder Schimmelpilze sind bislang nicht bekannt. Im Zweifelsfall sind mit dem behandelnden Arzt Wiederholungsuntersuchungen zu vereinbaren und, wo es noch nicht durchgeführt worden ist, quantitative Untersuchungen (Sputum, Urin, Stuhl) und serologische Titerbestimmungen einzubeziehen. Für die Bewertung der quantitativen, kulturellen Bestimmungen sei auch hier auf die Bewertung von Wise et al. hingewiesen (siehe **Tabelle 5.5-3**).

Zu bewerten sind auch die Vorbefunde. Zeigten z. B. mehrere Proben des gleichen Patienten eine hohe Keimzahl von Sproßpilzen im Urin, oder fanden sich bei wiederholten Untersuchungen Pilzfäden im Primärpräparat des Sputums, so ist dies ein starkes Indiz für eine Mykose.

Besondere Aufmerksamkeit verlangt die Interpretation quantitativer Befunde bei Urin-Untersuchungen von Patienten mit Dauerkathetern. Es ist bekannt, daß mit zunehmender Verweildauer des Katheters die Sproßpilz-Keimzahl zunimmt, ohne daß eine Infektion vorliegt.

Tabelle 5.5-3: Einfluß der Uringewinnung auf den quantitativen Befund nach Wise et al. (1976)

	Keimzahlen von Sproßpilzen im Urin	
	ohne klinische Symptome	mit klinischen Symptomen
Mittelstrahlurin	2×10^3 - 15×10^4/ml im Durchschnitt 5×10^3/ml	10^3 - 4×10^4/ml im Durchschnitt $2{,}2 \times 10^4$/ml
Dauerkatheter	2×10^4 - 10^5/ml im Durchschnitt $7{,}1 \times 10^5$/ml	4×10^4 - 10^5/ml im Durchschnitt $6{,}4 \times 10^4$/ml

Tabelle 5.5-4: Prozentualer Anteil der in 4 Laboratorien korrekt identifizierten Pilze in Prozent im speziellen Mykologie-Programm
Aus Data ReCAP 1970-1980 Elevitch et al. 1981

Jahr	Candida albicans	Candida tropicalis	Trichophyton rubrum	Aspergillus fumigatus	Blastomyces dermatitidis	Philophera verrucosa
1970		38	47			
1974	93	56	46			51
1975	93	83			84	
1976	97	87		71	86	55
	85			75		
1977		90	60	78	84	
1978	98	87	68		95	
					96	
1979		93	73	85	96	70
1980	99	94				
		86				

Qualitätssicherung in der postanalytischen Phase
- Einbezug des Grundleidens und Therapie in die Auswertung der Befunde. Wiederholungsuntersuchungen.
- Serologische Titerdynamik einbeziehen.
- Bewertung kultureller Befunde im Zusammenhang mit den Vorbefunden. Bei Dauerkatheter Verweildauer berücksichtigen.

5.5.5 Externe Qualitätssicherung

Im deutschsprachigen Raum haben sich noch keine Ringversuche für Mykologie etablieren können. Es sei deshalb vor allem dem Anfänger geraten, sich einen in der Mykologie erfahrenen Experten auszuwählen und sich von diesem die eigenen Identifizierungsergebnisse bestätigen zu lassen. Wie wichtig eine Überprüfung und die dadurch indizierte Verbesserung der Methodik ist, zeigt eine Übersicht (**Tabelle 5.5-4**) über die Differenzierungsergebnisse des CAA (USA) ReCAP 1970-80. Während 1970 C. tropicalis und Trichophyten rubrum mit einer Treffsicherheit unter 50% identifiziert wurden, verbesserte sich das Ergebnis bis 1979 auf 93 bzw. 73%.

5.5.6 Fehlermöglichkeiten

Die Fehlermöglichkeiten sind in den einzelnen Kapiteln bereits beschrieben worden. Bei auftretenden Diskrepanzen sind die einzelnen Punkte nochmals durchzugehen.

5.5.7 Gesichtspunkte der Wirtschaftlichkeit

Eine kulturelle Anzüchtung ist nur bei Mykose-Verdacht durchzuführen. Für eine Überwachung Mykose-gefährdeter Patienten ist die Kultur zu aufwendig, da im voraus ja kein Verdacht besteht, an welchem Ort sich eine Mykose ansiedeln wird

(Ausnahme: schwere Lungenerkrankungen); so müßten mehrere Materialien routinemäßig untersucht werden. Für eine routinemäßige Überwachung bietet die Serologie bessere und billigere Möglichkeiten.

Eine Zusammenfassung, wann welche Methoden einzusetzen sind, findet sich wegen der wichtigen Beziehung zwischen kulturellem und serologischem Befund in Kapitel 5.6.7.

Es wird vielfach diskutiert, ob eine Differenzierung der Sproßpilze überhaupt notwendig sei. Aus folgenden Gründen ist dies zu bejahen:

1. Die Kenntnis des Erregers ist für die Aussage der Serologie von ausschlaggebender Bedeutung (z. B. C. albicans-Antigen erfaßt kaum C. krusei-Antikörper),
2. Ein Erregerwechsel läßt sich z. B. unter Therapie nur so nachweisen und
3. der Differenzierung kommt epidemiologische Bedeutung zu.

Dagegen ist aber eine biochemische Differenzierung von C. albicans für die Routine nicht notwendig, wenn die morphologischen Untersuchungen bereits eindeutig Chlamydosporen oder Keimschläuche zeigten.

Eine Resistenzbestimmung gegen Amphotericin B und Nystatin ist als Routinebestimmung aus Kostengründen nicht gerechtfertigt. Für beide Antimykotika sind resistente Keime nur als Raritäten beschrieben (unter 2024 geprüften 4 bzw. 6 Isolate, Dermoumi 1981). Eine Resistenzbestimmung empfiehlt sich allenfalls bei Erregern von Systemmykosen, dann aber als MHK.

5.5.8 Exkurs (Anhang)

Resistenzbestimmung und erforderliche Maßnahmen der Qualitätssicherung
Unter den Antimykotika muß vor allem gegen *5-Fluorcytosin* (5-FC, Ancotil, Ancobon) eine Resistenzbestimmung durchgeführt werden, da ein Teil der Pilze eine Primärresistenz, andere eine Sekundärresistenz aufweisen können.

Im allgemeinen genügt die Durchführung des Agardiffusionstests, da eine gute Korrelation zwischen Hemmhofdurchmesser und der im Agardilutionstest ermittelten MHK besteht (Scholer und Polak 1973). Disks mit 1 µg 5-FC-Beladung sind im Handel erhältlich, man kann sie auch selbst herstellen (siehe Seeliger, Heymer, 1981). Das Medium muß frei von 5-FC-Antagonisten sein. Hierzu ist der Yeast-Morphology-Agar, Difco, geeignet, jedoch muß jede Charge vorher überprüft werden (Hemmzone an Referenzstämmen vergleichen). Dermoumi (1980) empfiehlt das halbsynthetische Medium vom Institut Pasteur. Fertigplatten der Firma Hoffmann-La Roche & Co. AG „Mycoplate MS“ sind auf Antagonistenfreiheit geprüft. Eine Keimaussaat von ca. 10^5 Zellen/ml hat sich durchgesetzt. Dringend zu beachten ist, daß nach Auftragen der Keimsuspension mit dem Wattepinsel die Nährbodenfläche wieder angetrocknet ist (ca. 10 min. stehen lassen), ehe die Disk aufgebracht wird. Das 5-FC diffundiert bei zu hoher Feuchtigkeit über die ganze Petrischale hinweg, und es kommt zu falsch-resistenten Werten.

Die *Bestimmung der minimalen Hemmkonzentration (MHK)* erfolgt als Agardilutionstest oder im Flüssigmedium. Für die Prüfung auf Antagonistenfreiheit gilt das gleiche wie für den Diffusionstest. Hier ist es jedoch wichtig, nicht nur jede Charge einmal mit Kontrollstämmen zu prüfen, sondern bei Bestimmung der MHK sollte

Tabelle 5.5-5: Unterschiedliche Konzentrationen der Antimykotika auf Papier-Disks (kommerzielle Produkte und Empfehlungen verschiedener Autoren)

Antimykotika	Institut Pasteur Fresenius*	Tachezy*	Seeliger 1981	Potel 1982	Dermoumi 1980**	Hantschke***
Amphotericin B	100 µg	20 µg	5 µg	3,1 µg	0,31 µg	1 + 10 µg
Nystatin	100 IE	100 IE	100 IE	6,7 µg	20 IE	10 µg
Fluorocytosin	1 µg	1 µg	1 µg	1 µg	5-1 µg	1 µg
Clotrimazol	50 µg	10 µg	1 µg	5 µg	40-1,25 µg	10 µg
Miconazol	50 µg	-	-	1,25 µg	1,25 µg	10 µg
Primaricin	-	-	-	5 µg	-	-
Econazol	50 µg	10 µg	-	5 µg	-	10 µg
Natamycin	-	10 µg	5 µg	-	-	-

* kommerzielle Produkte
** Konzentration mit bester Übereinstimmung zur MHK
*** persönliche Mitteilung

bei jeder Prüfung ein Referenzstamm mit bekannter MHK mitgeführt werden. Im Handel erhältlich sind von der Firma APi Teststreifen zur MHK-Bestimmung gegen 5-FC, die aber nur mit dem ebenfalls angebotenen entsprechenden Medium zu gebrauchen sind.

Für die *Resistenzbestimmung gegen Polyene und Imidazolderivate* bemüht sich eine Arbeitsgruppe der Paul-Ehrlich-Gesellschaft Grundlagen zu erarbeiten, um Richtlinien erstellen zu können. Die meisten Autoren, die sich mit diesem Problem befassen, kommen zu dem Schluß, daß der Agardiffusionstest für diese Antimykotika wenig geeignet ist und höchstens orientierend beurteilt werden kann, und zwar aus folgenden Gründen: die Imidazole verursachen einen unscharfen Hemmhof, der schwer exakt abzulesen ist, während die Polyene, besonders Amphotericin B schlecht diffundieren und dadurch nur sehr kleine Hemmhöfe entstehen. Zum anderen unterscheiden sich Hemmhofgrößen und MHK-Werte z.T bei den verschiedenen Spezies beträchtlich (Potel 1982). Nach Dermoumi (1980) ist die schlechte Übereinstimmung zwischen Hemmhofdurchmesser und MHK durch zu hohe Antimykotika-Beschickung der Papier-Disk bedingt. Wie die **Tabelle 5.5-5** zeigt, variiert die Konzentration der kommerziell erhältlichen untereinander und auch in den Empfehlungen verschiedener Autoren beträchtlich. Dies ist ein weiterer Grund, den Diffusionstest nur als orientierend anzusehen und unbedingt Referenzstämme mitzuführen.

Für die Testung von *Polyenen* und *Imidazolderivaten* wird ebenfalls Yeast Morphology-Agar empfohlen, ebenso aber auch das Medium nach Shadomy (Potel und Arndt 1982) sowie ein Casiton-haltiges Medium (Polak 1982). Da die Ergebnisse sehr stark vom pH-Wert abhängen, empfehlen Potel et al. 1982, die Einstellung auf pH 6,0. Die Keimeinsaat liegt bei den meisten Untersuchern bei ca. 10^5 Zellen/ml.

Bei lokaler Anwendung genügt - soweit dies überhaupt nötig ist - die orientierende Resistenzbestimmung im Agar-Diffusionstest. Bei systemischer Anwendung sollte dagegen nach Möglichkeit eine MHK-Bestimmung erfolgen.

Die MHK-Bestimmung wird im festen oder flüssigen Milieu durchgeführt. Auch hier ist es notwendig, bei jedem Ansatz Referenzstämme mitzuführen.

5.6 Immunologie der Mykosen

Hanne-Lene Müller (Basel, Schweiz)

5.6.0 Einleitung

Pilze und ihre Stoffwechselprodukte stellen Antigene dar, die eine immunbiologische Antwort des Wirtsorganismus induzieren. Vor allem die humorale Antikörperantwort kann man zur diagnostischen Hilfe heranziehen. Obgleich Todd bereits 1937 Zusammenhänge zwischen hohen Agglutinationstitern und der Anwesenheit von Soorpilzen in Mund und Rachen nachwies, konnte sich die Serologie als diagnostisches Hilfsmittel in der Mykologie erst im letzten Jahrzehnt mühsam durchsetzen.

In der Mykologie haben sich zum Nachweis der Antikörper folgende Methoden etabliert: Agglutination (AGG), indirekte Hämagglutination (IHA), Komplementbindungsreaktion (KBR), indirekte Immunfluoreszenz (IIF) und Präzipitation (P). Neuere Methoden wie Radioimmunoassay (RIA) und Enzymimmunoassay (EIA) werden dagegen nur in wenigen spezialisierten Laboratorien durchgeführt. Wie auch in anderen Fachdisziplinen reicht die Anwendung einer einzigen Methode allein nicht für eine kritische Befundung aus. Es ist deshalb Voraussetzung, die Erfassungsbreite der einzelnen Methoden zu kennen und eine sinnvolle Kombination verschiedener Methoden für die Routine einzusetzen. Das gleiche gilt natürlich auch für die Antigenpräparationen. In den **Tabellen 5.6-1 und 5.6-2** sind deshalb die Aussagewerte der Methoden in der Candida- und Aspergillus-Serologie zusammengestellt. Die Angaben sind jedoch so zu verstehen, daß die Methoden nicht ausschließlich, sondern überwiegend IgM oder IgG erfassen.

Tabelle 5.6-1: Aussagewert der Methoden in der Candida-Serologie nach Müller, H.-L.: Der Hautarzt (1982)

Art der Untersuchung	Methoden	Antigen	Erfassung von überwiegend
Suchtest	KBR	extrahierte Polysaccharide	IgM
	IHAT	extrahierte Polysaccharide	IgM
Bestätigungstest	IIFT	intakte Zellen	IgG
	KBR	intakte Zellen	IgG
	EIA	Zellinhalt	IgG ?
	RIA	extrah. Polysaccharide	?
Differenzierungen von Systemmykosen	IE	Inhalt-Proteine	IgM + IgG
	2-DI-IE	Inhalt-Proteine	?
	IHA abs.	Inhalt-Proteine	IgM + IgG

Tabelle 5.6-2: Aussagewert der Methoden in der Aspergillus-Serologie nach Müller, H.-L., Basel 1981, vervollständigt durch H. P. R. Seeliger

Art der Untersuchung	Methoden	Antigen
Suchtest	KBR	Conidien
	LAGG	extrahierte Polysaccharide
	IHAT	extrahierte Polysaccharide
Bestätigungstest	IE und	metabolische Antigene*
	KBR	somatische Antigene*
	2-DI-IE	metabolische Antigene
	IHAT	metabolische Antigene*

* artspezifisch, deshalb mehrere Antigene einsetzen

In den letzten Jahren versucht man, wie schon lange bei Kryptokokkose üblich, auch bei Candida-Infektionen das Antigen nachzuweisen. Hierzu dienen vor allem Latex-Tests (LA), aber auch der EIA wird hierzu eingesetzt.

5.6.1 Präventivmaßnahmen

Es empfiehlt sich bei allen Methoden, positive und negative Kontrollseren bzw. Antigene mitzuführen. Die eigenen Kontrollseren sollten in Portionen lyophilisiert oder tiefgefroren werden. Einmal aufgetaute Proben sollten nach Möglichkeit nicht wieder eingefroren werden. Mehrmaliges Einfrieren und Auftauen führt zu Titerverlust. Das Einfrieren von kleinen Portionen bedingt die Verwendung dicht schließender Gefäße; sonst kommt es zu Austrocknungserscheinungen und als Folge zur Titererhöhung.

Das zur Komplementaktivierung dienende Wasserbad muß dahingehend kontrolliert werden, ob 56 °C eingehalten werden. Bei 60 °C kommt es bereits zur Inaktivierung von IgM.

Präventivmaßnahmen:

Stets positive und negative Kontrollseren bzw. Antigene mitführen, Kontrollseren lyophilisieren oder tiefgefrieren, eingefrorene Seren nur einmal auftauen, Antrocknung durch dicht schließende Gefäße vermeiden, Wasserbad-Temperatur kontrollieren (nicht höher als 56 °C).

5.6.2 Präanalytische Phase

Im allgemeinen gilt, was schon in den Kapiteln 2.3 und 5.0 beschrieben wurde. Zusätzlich sei darauf hingewiesen, daß Serum zur Untersuchung eingesandt werden soll. Bei Vollblut kommt es durch den Transport, vor allem in den warmen Monaten, zu Hämolyse-Erscheinungen. Hämolytische Seren können vor allem im Immunfluoreszenztest falsche Titerwerte ergeben.

Die Patientenseren sollten mindestens innerhalb von 3 Tagen nach Blutentnahme untersucht werden, oder bei −60 °C oder darunter eingefroren werden. Sonst wird der IgM-Anteil nicht mehr oder nicht in der ursprünglichen Höhe erfaßt.

Nur Serum einsenden (um Hämolyse zu vermeiden),
hämolytische Seren können falsche Ergebnisse verursachen,
Seren innerhalb von 3 Tagen nach Blutentnahme untersuchen
oder bei −60 °C einfrieren.

Wie das Beispiel in der **Tabelle 5.6-3** am Candida HA-Test zeigt, weisen bereits nach 1 Woche 8 von 20 geprüften Seren einen signifikanten Titerabfall von 3 oder mehr Stufen auf. Dabei ist kein Unterschied gefunden worden, gleich ob die Seren bei Raumtemperatur, im Kühlschrank oder bei −20 °C aufbewahrt worden sind.

5.6.3 Interne Qualitätssicherung

Der internen Qualitätssicherung kommt besondere Bedeutung zu. Es sind hier eine Reihe von Fakten zu beachten, wie sie im folgenden zusammengefaßt sind. Der wichtigste Bestandteil zum Antikörpernachweis sind die Antigene.

Kreuzreaktivität beachten,
unter Umständen homologe Antigene einsetzen,
jede neue Antigencharge austesten, Kontrollserum muß den gleichen Titer aufweisen,
Normaltiter beachten,
mehrere Seren untersuchen, Titerdynamik!
bei Agglutination, Spontanagglutination ausschließen,
IF-Test, Zellenvorbehandlung und Zelldichte optimieren,
Auflichtmikroskop verwenden,
für Kryptokokken-Antigennachweis Material erhitzen,
Liquor 100 °C, Serum 56 °C.

Da über 80% aller Candida-Infektionen durch C. albicans verursacht werden und C. albicans starke Kreuzreaktionen mit anderen fakultativ-pathogenen Candida-Arten aufweist, empfiehlt sich als Antigenquelle bei Sproßpilz-Infektionen C. albicans. Entsprechend dem Schema in Tabelle 5.6-1 kommen zur Anwendung: Intakte

Tabelle 5.6-3: Stabilität des Candida-Hämagglutinationstiters nach Müller, H.-L. (1974)

	Titerabfall der Anti-Candida-Titer um 3 oder mehr Stufen nach 1 Woche	2 Wochen	3 Wochen	⩾ 4 Wochen
2-Merkaptoäthanol-empfindliche Seren	8	6	–	6
				3 nach 4 W.
				1 „ 6 W.
				1 „ 9 W.
Gesamt 20				1 „ 10 W.
2-Merkaptoäthanol-resistente Seren	–	–	1	9
				1 nach 4 W.
				4 „ 6 W.
				1 „ 7 W.
				1 „ 8 W.
Gesamt 10				2 „ 10 W.

Zellen, extrahierte Polysaccharide, z. B. nach dem Verfahren von Westphal, Lüderitz und Bister (1952) sowie der Zellinhalt (somatisches Antigen). Zu beachten ist, daß die Kreuzreaktionen zwischen C. albicans einerseits und C. krusei, C. pseudotropicalis und C. guilliermondii andererseits nicht ausreichen, um pathologische Titer bei Infektionen durch diese Candida-Arten mit C. albicans-Antigen nachzuweisen (Müller, 1979). Bei diesen Infektionen müssen homologe Antigene eingesetzt werden. Bei allen selbsthergestellten Antigenen ist eine Prüfung jeder neuen Charge an bekannten entsprechenden Antikörper-haltigen Seren unerläßlich. Eine neue Antigencharge muß so eingestellt werden, daß das Kontrollserum mit dieser den gleichen Titer aufweist wie mit der vorhergehenden.

Für die Aspergillus-Serologie muß man zwischen den Polysaccharid-Antigenen einerseits und den somatischen und metabolischen Antigenen andererseits unterscheiden. Die Polysaccharid-Antigene der einzelnen Aspergillus-Arten haben starke Antigengemeinschaften, so daß eine Aspergillus-Art, nämlich A. fumigatus, als Antigenquelle genügt. Anders ist es bei den metabolischen Antigenen; sie sind weitgehend artspezifisch. Es sind deshalb Antigene der am häufigsten als Krankheitserreger vorkommenden Aspergillus-Arten, nämlich A. fumigatus, A. flavus, A. niger, A. nidulans und A. terreus, einzusetzen. Auch hier gilt selbstverständlich, daß jede Antigencharge an Kontrollseren eingestellt werden muß. Da keine offiziellen Kontrollseren für die Hämagglutinationsteste beziehbar sind, ist man auf die Herstellung eigener Kontroll- oder Standardseren angewiesen. Hierzu empfiehlt es sich, Kaninchen mit den jeweiligen Antigenen zu immunisieren. Man kann aber auch mehrere Patientenseren mischen (poolen) und dieses Gemisch als Kontrollserum einsetzen. Gleich welchen Ursprungs das Standard- oder Kontrollserum ist, sollte es in kleinen Portionen lyophilisiert werden. Für die anderen Methoden sind positive Seren bei verschiedenen Firmen zu erhalten, z. B. Pasteur Institut, Paris und CDC Atlanta, USA.

5.6.3.1a Qualitätssicherung bei Antikörpernachweis gegen Sproßpilze

Durch das saprophytäre Vorkommen von Sproßpilzen auf unseren Schleimhäuten sind auch beim gesunden Menschen Antikörper gegen Candida-Arten nachweisbar. Es ist deshalb für die Interpretation der Befunde unumgänglich, daß der ‚Normaltiter', der mit den verwendeten Methoden erreicht wird, bekannt ist. Zudem ist es unbedingt erforderlich, mehrere Serumproben eines Patienten zu untersuchen, um den allein beweiskräftigen Titeranstieg bzw. retrospektiv den Titerabfall zu erfassen.

Agglutination

Die Agglutination mit intakten Zellen wird in der Routine-Diagnostik kaum noch verwendet. Sie eignet sich aber als einfach durchzuführende Methode da, wo homologe Antigene oder der Patientenstamm selbst als Antigen eingesetzt werden soll. Zu beachten ist, daß einige Sproßpilzstämme zur Spontanagglutination neigen. Dieses Risiko läßt sich durch die Verwendung junger Kulturen (24–48-stündige Inkubation) herabsetzen.

Die geernteten Zellen werden 3 mal mit Phosphat-gepufferter NaCl-Lösung gewaschen und auf eine Konzentration von 10^9 Keimen/ml bzw. MacFarland-Standard Nr. 3 gebracht. Sollen die Antigen-Suspensionen über längere Zeit haltbar sein, so empfiehlt sich die Herstellung einer mit 0,3% Formalin abgetöteten Stamm-Suspension, die bei + 2 bis + 8 °C im Kühlschrank mehrere Monate haltbar ist (Seeliger, 1958). Am Versuchstag wird dann die beschriebene Gebrauchsverdünnung hergestellt.

Da die Endpunktbestimmung oft schwierig ist, muß unbedingt eine Kochsalz-Kontrolle mitgeführt werden. Nach einer Inkubation von 18 h bei 37 °C werden die Agglutinationen im Vergleich zur NaCl-Kontrolle beurteilt. Als Normaltiter werden in der Literatur Titer von 1:160 bis 1:200 angegeben.

Komplementbindungsreaktion
Die KBR kann je nach erwarteter Aussage (siehe Tabelle 5.6-1) mit extrahierten Polysacchariden, als auch mit intakten Zellen durchgeführt werden. Auf die Qualitätssicherung der KBR soll an dieser Stelle verzichtet werden, da diese in allen mikrobiologischen Fachdisziplinen eine breite Anwendung findet und ausführlich bei der Virusimmunologie beschrieben wird (Kapitel 5.2).

Indirekter Hämagglutinationstest
Zur Sensibilisierung von Erythrozyten werden extrahierte Polysaccharide verwendet. Bei selbsthergestellten Antigenen muß für jede neue Charge die optimale Antigenmenge bestimmt werden (siehe Kapitel 5.6.8). Bei dem kommerziellen Candida-HA-Test (Roche) wird von der Herstellerfirma eine optimale und standardisierte Antigenbeladung der Erythrozyten garantiert.

Indirekter Immunfluoreszenztest
Publikationen über den Candida-IF-Test zeigen am Beispiel der Normtiter am deutlichsten, wie abweichend die Resultate mit selbsthergestellten Antigenen sein können.

Autor		Normtiter bis
Bienas	1971	1:150
Drouhet	1971	1:40
Esterly	1968	1:64
Lehner	1966	1:16
Taschdjian	1971	1:160

Sicher spielt auch das Fluoreszenz-Mikroskop hierbei eine Rolle, so weisen ältere Arbeiten generell niedrigere Titer auf, da vermutlich noch Durchlichtmikroskope benutzt wurden. Heute hat sich das Auflichtmikroskop durchgesetzt und sollte für Immunfluoreszenzteste nur noch verwendet werden. Von entscheidender Bedeutung ist aber für die Empfindlichkeit des Tests auch die Vorbehandlung der Zellen, die Zelldichte (Müller und Holtmannspötter, 1975) und der verwendete Stamm, da die Antigenität der Stämme untereinander nicht einheitlich ist (Poulain, Vernes und Biguet, 1980).

Letztere Einflüsse sind bei einem im Handel befindlichen (F. Hoffmann-La Roche) standardisierten Candida-IF-Test eliminiert. Weitere Abweichungen sind von der Leuchtstärke des Mikroskops, dem verwendeten Antiserum, der Technik und der subjektiven Beobachtung des Beurteilers abhängig. Deshalb ist das Mitführen eines Kontrollserums mit bekanntem Titer unerläßlich.

Nach eigenen Erfahrungen ist die Ablesbarkeit eindeutiger, wenn die Seren vor dem Test 30 Minuten bei 56 °C inaktiviert werden.

Weitere Hinweise, besonders im Hinblick auf die Qualitätssicherungsmaßnahmen bei indirekten Immunfluoreszenztesten, finden sich im Kapitel: Autoantikörper.

Immunelektrophorese
Da noch keine gereinigten Candida-Protein-Antigene erhältlich sind, eignet sich die Immunelektrophorese am besten zum Nachweis von Antikörpern gegen die Proteinantigene. Durch die unterschiedliche elektrophoretische Auftrennung der Antigene, kann eindeutig zwischen Präzipitaten, die mit Proteinen und denen, die mit Mannanen entstanden sind, unterschieden werden.

Das Antigen kann durch das Aufbrechen einer 50 Vol.%igen Suspension von C. albicans in physiologische NaCl-Lösung selbst hergestellt werden.

Gut geeignet für die Immunelektrophorese zum Nachweis von Antikörpern gegen C. albicans-Protein-Antigene ist auch das somatische Antigen des Instituts Pasteur. Jeder Nachweis von Antikörpern gegen C. albicans-Protein-Antigen gilt als pathologisch (mit Ausnahme der empfindlicheren 2-dimensionalen Immunelektrophorese). Da diese Antikörper jedoch noch längere Zeit nach Ausheilung persistieren können, sollte man sich vergewissern, ob bereits eine systemische Candida-Infektion vorausgegangen ist. Auf die Technik der Immunelektrophorese wird an anderer Stelle eingegangen.

5.6.3.1b Qualitätssicherung bei Antigennachweis von Candida-Arten
Entsprechend den beiden chemisch unterschiedlichen Antigengruppen der Candida-Arten muß man auch beim Antigennachweis zwischen dem Nachweis von Polysaccharid-Antigenen und dem Nachweis von Protein-Antigenen unterscheiden.

Am häufigsten angewendet werden Latex-Tests. Latex-Partikel werden mit Gammaglobulinen beladen, die von Hyperimmunseren gegen C. albicans gewonnen werden. Die Menge der benötigten Gammaglobuline wird an einer Verdünnungsreihe extrahierter Candida albicans-Polysaccharide bzw. C. albicans-Proteine ausgetestet. Die Untersuchung kann je nach Ort der Erkrankung im Liquor, Serum oder Urin durchgeführt werden. Am meisten Erfahrungen liegen bis jetzt jedoch für den Antigennachweis im Serum vor. Während für den Nachweis des hitzelabilen Proteinantigens eine Vorbehandlung nicht möglich ist, empfehlen Bailey, Sada und Bennet (1985) zum Nachweis der Polysaccharide eine Vorbehandlung mit Protease und anschließender Erhitzung im kochenden Wasserbad. Nach ihren Erfahrungen kann hierdurch die Empfindlichkeit des Tests gesteigert werden. Als Kontrolle sollte ein Humanserum mit einer Endkonzentration von 5 ng/ml Candida Polysaccharid-Antigen (Mannan) mitgeführt werden. Entsprechend sollten natürlich auch beim Nachweis von Candida-Protein-Antigenen positive Kontrollen mitgeführt werden, z. B. das somatische Candida albicans-Antigen vom Institut Pasteur.

Den kommerzialisierten Tests zum Antigennachweis sind positive Kontrollen beigegeben.

Jede positive Reaktion im Serum muß auf Anwesenheit von Rheumafaktoren überprüft werden, da diese ebenfalls mit Gammaglobulin-beladenem Latex reagieren können.

5.6.3.2 Qualitätssicherung bei Antikörpernachweis gegen Schimmelpilze

Da Antikörper gegen Aspergillus-Arten bei gesunden Personen nicht vorkommen, sind empfindliche Methoden nicht unbedingt erforderlich. Die Präzipitation, vor allem in Form der Immunelektrophorese gilt heute noch als Referenzmethode. Dafür werden die Antigene sehr sorgfältig evaluiert. Die Einführung immunsuppressiv wirkender Heilmittel bewirkt jedoch eine Zunahme der invasiven Aspergillose, die einen früheren und empfindlicheren Antikörpernachweis notwendig werden läßt. So gliedert sich die Art der Untersuchung wieder wie in der Candida-Serologie nach Such- und Bestätigungstests auf, wie in der **Tabelle 5.6-4** dargestellt.

Indirekter Hämagglutinationstest

Je nach erwarteter Aussage werden Erythrozyten mit extrahierten Polysacchariden oder metabolischen Antigenen beladen. Die Antigenmenge wird analog dem Candida-HA-Test (siehe 5.6.8) an den entsprechenden Kontrollseren ausgetestet. Die Testdurchführung geschieht ebenfalls analog dem Candida-HA-Test.

Als standardisiertes Antigen ist das Aspergillus-HA-Antigen (Roche) im Handel. Bei einer gesunden Population findet man maximal Titer bis 1:10. Titer von 1:20 und 1:40 sind verdächtig. Titer von 1:80 und mehr gelten als pathologisch. Es muß jedoch unbedingt ein Bestätigungstest durchgeführt werden (z. B. mit der Immunelektrophorese). Bei chronischen Aspergillus-Infektionen sollten von vornherein 2 Methoden durchgeführt werden, da der HA-Titer bereits wieder abgesunken sein kann.

Tabelle 5.6-4: Mikrobiologische Untersuchungen bei den wichtigsten Candida-Infektionen

Art der Infektion	Untersuchungs-material	mikrosko-pisches Primär-präparat	kulturelle Anzüch-tung	Candida-HA	Candida-IF	Antikörper-nachweis gegen Protein-antigen
Sepsis	Blut		wiederh. Blutkultur	X	X	X
	Urin	X	quantitativ			
Harnwegs-infekt	Mittelstrahl-Urin	[X]	quantitativ	X	X	X
	Punktions-Urin	X	qualitativ			
Infekt der Atemwege	Sputum	[X]	quantitativ	X	X	X
	Bronchial-sekret	X	qualitativ			
Darmwegs-infekt	Stuhl	[X]	quantitativ	X	X	X
Meningitis	Liquor	X	qualitativ	X	X auch im Liquor	X
Vaginal-mykose	Abstrich	ⓧ	qualitativ			
Hautmykose	Verschiedenes	X	qualitativ			

[X] positives Präparat, Hinweis auf Vermehrung, kein Beweis
ⓧ nur positiver Befund ist aussagekräftig, negativer schließt eine Mykose nicht aus

Komplementbindungsreaktion
Die KBR unter Verwendung von Conidien als Antigen eignet sich vor allem als Suchtest bei chronischen Aspergillosen bzw. im späteren Stadium der Erkrankung. Bei Verwendung von metabolischen Antigenen der verschiedenen Aspergillus-Arten ist sie jedoch eindeutig als Bestätigungstest zu sehen. Die Antigene sind wie üblich an Kontrollseren zu testen und auszutitrieren.

Immunelektrophorese
Sie ist die in der Aspergillus-Serologie am häufigsten angewendete Methode und gilt auch heute noch als Referenzmethode. Metabolische und von A.fumigatus auch somatische Antigene sind vom Institut Pasteur im Handel erhältlich, ebenfalls Kontrollseren.

Für Eigenherstellung von metabolischen und somatischen Antigenen hat sich die Vorschrift von Biguet (beschrieben bei Seeliger und Sühler, 1974) bewährt. Sie sollten jedoch unbedingt an Hyperimmunseren kontrolliert werden.

5.6.3.3 Qualitätssicherung bei Antigennachweis von Cryptococcus neoformans
Während man bei den gewöhnlichen Sproßpilz- und bei den Schimmelpilzinfektionen Antikörpertiter bestimmen kann, gelingt dies bei Kryptokokkose nur sehr selten. Dafür bietet der Antigennachweis eine hervorragende diagnostische Stütze, häufig sogar den einzigen diagnostischen Hinweis.

Am meisten bewährt hat sich der Latex-Test. Latex-Partikel werden mit Gammaglobulinen, die von mit Cryptococcus neoformans hyperimmunisierten Kaninchen gewonnen werden, beladen. Die Menge der benötigten Gammaglobuline wird an einer Verdünnungsreihe extrahierter Cryptococcus-Polysaccharide ausgetestet. Die Untersuchung wird je nach Ort der Erkrankung im Liquor, Serum oder Urin durchgeführt. Um unspezifische Reaktionen zu vermeiden, empfiehlt es sich, den Liquor 10 Minuten im kochenden Wasserbad und Serum 30 Minuten bei 56 °C zu erhitzen. Jede positive Reaktion im Serum muß auf Anwesenheit von Rheumafaktoren überprüft werden, da diese ebenfalls mit dem Gammaglobulin-beladenen Latex reagieren können.

5.6.4 Postanalytische Phase

Die Interpretation eindeutig pathologischer Titer bereitet keine Schwierigkeiten. Gelegentlich findet man jedoch Grenztiter, die vor allem in der Candida-Serologie wegen des ,Normtiters' schwer zu deuten sind. Dazu ist zu berücksichtigen, daß unter immunsuppressiver Therapie die Titer wesentlich niedriger sind, so daß ein Titer, der ohne immunsuppressive Behandlung noch als normal gilt, hier schon pathologisch sein kann. Die Titerdynamik ist von ausschlaggebender Bedeutung, d.h. es sollten immer mehrere Titerbestimmungen durchgeführt werden. Am einfachsten ist die Interpretation, wenn der Grundtiter des Patienten bekannt ist. Das heißt, wenn nicht routinemäßig eine serologische Überwachung der Mykose-gefährdeten Patienten durchgeführt wird, sollte mindestens einmal nach Einsetzen immunsuppressiver Medikamente der Titer bestimmt werden. Dieser Grundtiter sowie die Anwendung einer sinnvollen Kombination verschiedener Methoden und die Kenntnis über das zeitliche Auftreten der Antikörperklassen erleichtert die Interpretation nicht nur erheblich, sondern erlaubt auch eine serologische Differenzierung in Schleimhaut- und Organmykosen. Selbstverständlich sind die Ergebnisse der serologischen Untersuchung zusammen mit dem klinischen Bild und den kulturellen Befunden zu interpretieren. Bei Sepsis, wo der kulturelle Nachweis häufig versagt, müssen die serologischen Befunde als beweiskräftig angesehen werden.

Bei der Interpretation therapeutische Maßnahmen
berücksichtigen, Titerdynamik verfolgen,
bei serologischer Überwachung Basis-Titer bestimmen
zeitliches Auftreten der Immunglobulinklassen berücksichtigen,
anamnestische Reaktionen abklären,
Gesamtbefund aus Klinik, Kultur und Serologie beurteilen.

Nach bisherigen Erfahrungen ist der Antigennachweis bei Sproßpilzinfektionen sehr spezifisch, aber mit Ausnahme des EIA (Araj, Hopfer, Chesnut, Fainstein, Bodey, 1982) recht unempfindlich. Das heißt, ein positiver Nachweis kann als Beweis einer Candida-Infektion gelten, ein negativer Testausfall schließt eine Candida-Infektion nicht aus. Wie beim Antikörpernachweis sollten unbedingt Wiederholungsuntersuchungen durchgeführt werden (Burnie, Williams, 1985).

In der Aspergillus-Serologie fällt die Interpretation leichter, da hier keine ‚Normtiter' gefunden wurden. Jedoch persistieren die Antikörper nach ausgeheilter Aspergillose über längere Zeit. Das gilt besonders für den Aspergillus-HA-Test. Eine sorgfältige Anamnese ist hier angezeigt.

5.6.5 Externe Qualitätssicherung

So wie es bisher keine standardisierten Methoden (mit Ausnahme der kommerziellen Tests) in der Serologie der Mykosen gibt, so gibt es auch noch keine Ringversuche. Solange es auch keine nationalen oder internationalen Standardseren gibt, sollten die Laboratorien Seren untereinander austauschen und die Werte aufeinander abstimmen.

5.6.6 Fehlermöglichkeiten

Pipettierfehler sind meist von untergeordneter Bedeutung, da sie nur eine Abweichung von 1 Titerstufe verursachen; 1 Stufe liegt aber ohnehin im Bereich der Fehlerbreite der Methoden. Gelegentlich gibt es Seren, die ein sogenanntes Zonenphänomen zeigen. Das heißt, bei hohen Serumkonzentrationen ist die Reaktion negativ und erst bei weiteren Verdünnungen erscheint eine positive Reaktion. Deshalb sollten immer mehrere Verdünnungsschritte durchgeführt werden.

Bei der KBR ist die Eigenhemmung ein bekanntes Phänomen (siehe auch 5.2.8 sowie Kapitel: Virusimmunologie 5.2).

Auf Störeinflüsse hämolytischer Seren im IF-Test ist bereits hingewiesen worden.
Mehrere Verdünnungen prüfen, um Zonenphänomen erklären zu können,
keine hämolytische Seren im IF-Test verwenden.

5.6.7 Gesichtspunkte der Wirtschaftlichkeit

Die Serologie bietet sich zur Überwachung Mykose-gefährdeter Patienten geradezu an. Solange jedoch kein Verdacht besteht, ist es noch nicht notwendig, mehrere Methoden durchzuführen. Es genügt hierfür eine Methode, die empfindlich Antikörper vom IgM-Typ unter Einsatz von Polysaccharid-Antigen erfaßt. Steigt der Titer allerdings an, dann muß die Kombination der verschiedenen Methoden und Antigene zum Einsatz kommen. (Bei der routinemäßigen Überwachung Mykose-gefährdeter Patienten hat sich uns zur schnellen Erkennung eines Titeranstiegs das Anlegen einer Patientenkartei bewährt.) Dagegen genügt zur Therapie-Kontrolle eine Methode, die überwiegend IgG erfaßt. Auch bei chronischen Erkrankungen ist das Hauptgewicht auf eine Methode mit Erfassung von IgG zu legen.

Selbstverständlich kann man bei Hautmykosen auf eine serologische Untersuchung verzichten, ebenfalls bei Vaginalmykosen; hier ist die Kultur beweiskräftig.

Der sinnvolle Einsatz aller mikrobiologischen Untersuchungen ist am Beispiel der Candida-Infektionen in der Tabelle 5.6-4 aufgezeigt.

5.6.8 Exkurs (Anhang) Indirekter Hämagglutinationstest und die erforderlichen Maßnahmen der Qualitätssicherung

Der indirekte Hämagglutinationstest (Candida und Aspergillus) erfaßt überwiegend IgM und eignet sich deshalb besonders zur Überwachung Mykose-gefährdeter Patienten und zur Erfassung des Frühstadiums einer Mykose. Das für den Hämagglutinationstest zu verwendende Polysaccharidantigen wird mit Hilfe der Phenol/Wasser-Extraktion nach Westphal, Lüderitz und Bister (1952) gewonnen. Das getrocknete Antigen wird 4%ig (Candida) bzw. 3%ig (Aspergillus) in physiologischer NaCl-Lösung gelöst.

Das gelöste Antigen wird dann sofort in kleine Portionen abgefüllt (1,0 ml) und bis zum Gebrauch eingefroren. (Bei Aufbewahrung im Kühlschrank nimmt die serologische Aktivität innerhalb einer Woche stark ab.)

Antigenaustestung (Vorversuch)
Von jeder neu hergestellten Antigencharge muß eine Austestung der serologischen Aktivität an einem Kontrollserum mit bekanntem Titer erfolgen.
Bei Verwendung von Schaferythrozyten wird das Kontrollserum absorbiert.
Von der kleinsten Antigenmenge, die den Titer des Immunserums erreicht, wird die 1½-fache Menge für den Hauptversuch verwendet.

Hauptversuch
Antigenherstellung: Gewaschenes Erythrozytensediment wird mit der im Vorversuch ermittelten Antigenmenge versetzt. (Die Menge des Ansatzes richtet sich nach der Anzahl von Seren, die am Versuchstag getestet werden sollen.)

Patientenserum:
Die Seren werden vor der Absorption inaktiviert (30 Minuten bei 56 °C). Zur Absorption heterologer Antikörper gibt man zu 1,0 ml Patientenserum 0,15 ml Schaf-

erythrozytensediment. Die Seren werden dann 1 h im Wasserbad bei 37 °C inkubiert, danach scharf zentrifugiert und der Überstand sauber abgehoben.

Testansatz:
Pro Patientenserum eine geometrische Verdünnungsreihe in NaCl der Makrotiterplatte zu 10 Kammern ansetzen. Gesamtvolumen 0,2 ml.

Kammer 1 dient zur Kontrolle des Patientenserums auf vollständige Absorption der Agglutinine.

Kammer 2-10 Verdünnungsreihe

Pipettierschema:
0,2 ml der 1%igen Suspension in die Kammern 2-10 pipettieren. Kontrolle auf vollständige Absorption: 0,2 ml 1%ige Schaferythrozyten-Kontrollsuspension in die Kammer 1 pipettieren. Antigen-Kontrolle: Pro Ansatz in einer Vertiefung einer leeren Reihe der Titerplatte 0,2 ml der 1%igen Antigensuspension zu 0,2 ml NaCl geben. Den ganzen Testansatz gut mischen. Der Testansatz wird dann 2 Stunden bei 37 °C inkubiert. Ist nach dieser Zeit eine eindeutige Beurteilung der Agglutination nicht möglich, werden die Titerplatten 12 Stunden bei 2-8 °C im Kühlschrank belassen und der Titer danach abgelesen.

Beim Ablesen des Tests wird zuerst die Serumkontrolle beurteilt, d. h. ist in der ersten Vertiefung eine Agglutination zu sehen, so ist das Serum nicht vollständig absorbiert. Der Test muß wiederholt werden, nachdem das Patientenserum mit der doppelten Menge Schaferythrozyten absorbiert wurde.

Weist die Antigensuspension mit der NaCl-Kontrolle Spontanagglutination auf, so darf das Antigen nicht mehr verwendet werden.

Werden für den Ansatz humane Erythrozyten der Gruppe 0 verwendet, so entfällt die Absorption der Patientenseren.

Bei jedem Versuchsansatz wird ein Kontrollserum mit bekanntem Titer mitgeführt. Der Ansatz dieses Serums geschieht analog den Patientenseren.

Als Hämagglutinationstiter wird jene Serumverdünnung angegeben, bei der die mit Antigen beladenen Erythrozyten gerade noch zur Agglutination gebracht werden.

Tabelle 5.6-5: Serologische Befunde bei Candida-Infektionen (vereinfachte Darstellung) nach Müller, H.-L.: Klinikarzt 7 (1978)

Art der Infektion	signifikanter Titeranstieg gegen Candida-Mannane		Antikörpernachweis gegen Candida-Proteine
	IgM (3-10 Tage nach Infektion)	IgM (mehr als 8 Tage nach Infektion)	
Akute Schleimhautcandidose flüchtiger Infekt	+		
Akute Schleimhautcandidose mit massiver Ausbreitung	+	+	
Chronische Schleimhautcandidose	(+)	+	(+)
Systemcandidose	+	+	+

Bei den bereits erwähnten kommerziell erhältlichen Tests sind die rekonstituierten Antigensuspensionen 1 Woche (Aspergillus-HA-Antigen) bzw. 14 Tage (Candida-HA-Antigen), im Kühlschrank aufbewahrt, verwendbar. Die Suspensionen sollten aber an den Versuchstagen nicht längere Zeit bei Raumtemperatur belassen werden.

5.7 Lichtmikroskopischer Parasitennachweis

Gerhard Piekarski und Hanns Martin Seitz (Bonn)

5.7.0 Einleitung: Parasiten des Menschen*

Als Parasiten des Menschen im engeren Sinne werden die tierischen Krankheitserreger Protozoen und Helminthen angesehen. Sie unterscheiden sich durch wesentliche Merkmale wie Größe, Struktur und Epidemiologie von Pilzen, Bakterien und Viren und erfordern daher auch spezifische Nachweismethoden. Da sie relativ groß sind, 0,5 µm bis mehrere Meter, lassen sie sich im Prinzip fast alle lichtmikroskopisch, zum Teil sogar makroskopisch (einige Wurmarten), in den Ausscheidungen oder Körpersäften (Blut, Urin, Stuhl, Sputum) nachweisen. Ausnahmen bilden die Parasiten, die im Menschen keine freien Stadien (Eier, Larven) ausbilden (z.B. *Toxoplasma, Trichinella*) oder, irrtümlich in den Menschen gelangt, zu Krankheitserscheinungen führen, aber nicht geschlechtsreif werden (*Toxocara, Echinococcus, Cysticercus*, vgl. 5.8.3).

Protozoen und Helminthen unterscheiden sich voneinander dadurch, daß sich Protozoen im Menschen vermehren, während die Würmer, von wenigen Ausnahmen abgesehen, nur einen Entwicklungsprozeß im Menschen durchmachen und dabei heranwachsen oder auch geschlechtsreif werden. Dadurch hängt der Erfolg einer mikroskopischen Untersuchung auf Wurmbefall u.a. auch von der Zahl der Wurmlarven ab, die in den Körper gelangt sind und geschlechtsreif werden. Ausnahmen bilden die Arten *Hymenolepis nana* und *Strongyloides stercoralis*, die sich u. U. im Menschen vermehren können.

5.7.0.1 Protozoen - Helminthen

Die mikroskopische Untersuchung erfordert zur Qualitätssicherung viel Geduld und Sorgfalt (wenigstens 100 Gesichtsfelder), weil die Parasitendichte oft gering ist. Ein negativer Befund bei einmaliger Untersuchung bedeutet noch nicht Abwesenheit von Parasiten. Deshalb muß die Untersuchung im allgemeinen ein- bis zweimal wiederholt werden; denn auch die Entdeckung einer Parasitenart bedeutet noch nicht, daß andere fehlen. So sind z.B. *Ascaris lumbricoides* und *Trichuris trichiura* häufig gleichzeitig vorhanden; Spulwurmeier fallen eher auf als die schlankeren *Trichuris*-Eier, die meist auch spärlicher vorhanden sind als Spulwurmeier.

---

* Es können hier nur einige, relativ leicht durchführbare Methoden, die den mikroskopischen Nachweis eines Parasiten (einschließlich der Kulturmethoden) begünstigen, zusammengestellt werden. Es wird auf die einschlägige Fachliteratur verwiesen, die weitergehende technische Anweisungen zur Untersuchung von Blut, Stuhl, Urin und anderen Körperausscheidungen auf Parasiten enthält (Beitrag 5.8.0) (siehe Mehlhorn und Peters, 1983; Beaver et al., 1984).

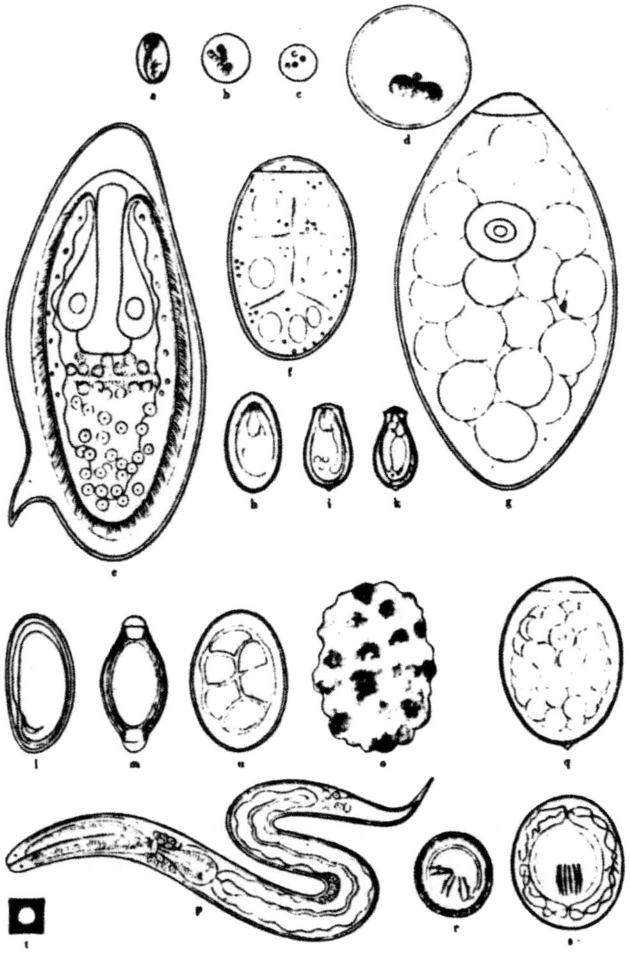

Abbildung 5.7-1: Protozoen-Helminthen (Vergrößerung etwa 360 : 1, aus Piekarski, 1975)

Parasiten-Spezies

a Giardia lamblia (Lamblia intestinalis) - Zyste
b Entamoeba coli - 8-kernige Zyste
c Entamoeba histolytica - 4-kernige Zyste
d Balantidium coli - Zyste
e Schistosoma mansoni - Ei mit Mirazidium
f Paragonimus westermani - Ei
g Fasciolopsis buski - Ei
h Dicrocoelium dendriticum - Ei
i Opisthorchis felineus - Ei
k Clonorchis sinensis - Ei
l Enterobius vermicularis - Ei
m Trichuris trichiura - Ei
n Ancylostoma duodenale - Ei
o Ascaris lumbricoides - Ei
p Strongyloides stercoralis - Larve
q Diphyllobothrium latum - Ei
r Taenia saginata - Embryophore
s Hymenolepis nana - Ei mit Onkosphäre
t Erythrozyt des Menschen (etwa 7 µm) als Vergleichsobjekt

Höfler und Mitarbeiter (1985) haben für einige Darmprotozoen konkrete Angaben geliefert. Systematische Untersuchungen ergaben, daß der Anteil positiver Befunde je nach Art der zu erwartenden Parasiten wechselt.

Nachweis von Darmprotozoeninfektionen in Abhängigkeit von der Probenzahl (nach Höfler et al., 1985)

Anzahl der Stuhlproben	Zu erwartende positive Befunde bei		
	Entamoeba histolytica	*Giardia lamblia*	Alle Arten
1	61,6%	87,9%	79,9%
3	85,1%	95,5%	93,0%
5	90,8%	97,0%	97,9%

Zur Qualitätssicherung ist die Anwendung von *Konzentrationsverfahren* unerläßlich (vgl. 5.7.4). Viele Würmer lassen sich erst nach Ablauf einer Präpatenzzeit, d.h. nach Abschluß der Geschlechtsreife (Eier oder Larven), feststellen. Dieser Zeitraum ist je nach Art verschieden (Dauer bis zu einem Jahr! Vgl. **Tabelle 5.7-1**). Es gelingt also nicht sofort nach Rückkehr von einer relativ kurzen Reise (von etwa 1-3 Wochen), alle in Betracht kommenden Parasiten mikroskopisch zu erfassen (da die Infektion erst kurz vor dem Verlassen des tropischen Gebietes eingetreten sein kann), denn erst nach Ablauf der Präpatenzzeit ist mit dem Auftreten der Eier oder Larven im Stuhl oder von Mikrofilarien im Blut oder in der Haut zu rechnen. Bei manchen Blutfilarien kommt noch eine Periodizität hinzu, die bei der Art *Loa loa* dazu führt, daß die Mikrofilarien nur tagsüber (!), bei *Wuchereria bancrofti* dagegen nur nachts (!) im peripheren Blut auftreten. (Vgl. 5.7.4.4: Filariosen).

Die *mikroskopische Untersuchung* von Blut-, Liquor- und Duodenalsaft, Vaginalsekret-, Stuhl- und Sputumproben auf Parasiten verlangt eine gute und sichere Formenkenntnis, die meist schon eine Artdifferenzierung erlaubt. So ist z. B. das Ei des Peitschenwurms *Trichuris trichiura* durch seine charakteristische Gestalt unverwechselbar, und Eier der *Schistosoma*-Arten sind ebenfalls so typisch, daß nur der Unerfahrene sie nicht erkennt (vgl. **Abbildung 5.7-1 e**). Es ist daher zur *Qualitätssicherung* ratsam, sich nicht allein anhand von Abbildungen und Beschreibungen zu informieren, sondern *die richtige Formenkenntnis in einem anerkannten Fachlaboratorium zu erwerben*, um zuverlässige Aussagen machen zu können.

Anforderungen an die Qualitätssicherung beim mikroskopischen Parasitennachweis:

- Anwendung zuverlässiger Techniken
- Anwendung von Konzentrationsverfahren (s. 5.7.4)
- Geduld und Sorgfalt (wenigstens 100 Gesichtsfelder)
- Untersuchung ggfs. erst nach Ablauf der Präpatenzzeit (je nach Parasitenverdacht verschieden! Vgl. Tabelle 5.7-1)
- Artdifferenzierung nur bei sicheren Formen- und Strukturkenntnissen
- zweimalige Wiederholung der Untersuchung
- bei Mikrofilarien Untersuchung des peripheren Blutes je nach Verdacht nur tagsüber bzw. nur nachts
- evtl. Hinzuziehung eines anerkannten Fachlaboratoriums

Tabelle 5.7-1: Präpatenz verschiedener Parasiten, d. h. erstes Auftreten von Geschlechtsprodukten in Stuhl (ST), Urin (U) oder Blut (B) – Zusammenstellung aus verschiedenen Literaturangaben nach Piekarski, 1975

Spezies	Entwicklungsstadium	Ort	Präpatenz	Lebensdauer im Menschen (Extremwerte)
Nematoden				
Ancylostoma duodenale	Eier	ST	35–42 Tage	5–12 Jahre
Necator americanus	Eier	ST	60–65 Tage	5– 8 Jahre
Ascaris lumbricoides	Eier	ST	50–80 Tage	1– 1,5 Jahre
Enterobius vermicularis	Eier	After	30–37 Tage	etwa 100 Tage
Strongyloides stercoralis	Larven	ST	17–28 Tage	20 Jahre
Trichuris trichiura	Eier	ST	1– 3 Monate	mehrere Jahre
Trichostrongylus orientalis	Eier	ST	20–30 Tage	
Filarien				
Brugia malayi	Mikrofilarien (nachts)	B	3 Monate – 1 Jahr	8–10 Jahre
Loa loa	Mikrofilarien (tags)	B	etwa 1 Jahr	etwa 17 Jahre
Onchocerca volvulus	Mikrofilarien	Haut	6 Monate – 1 Jahr	15–18 Jahre; Mikrofilarien etwa 30 Monate
Wuchereria bancrofti	Mikrofilarien (nachts)	B	etwa 1 Jahr	6–7 Jahre; Mikrofilarien 17 Jahre
Zestoden				
Diphyllobothrium latum	Eier	ST	3 Wochen	15–20 Jahre
Echinococcus granulosus	Eier (Hund)	Kot	6–8 Wochen (Hund)	Hydatide 5–20 Jahre
Hymenolepis nana	Eier	ST	2–4 Wochen	
Dipylidium	Eier	ST	20–30 Tage	
Taenia solium	Bandwurm-Glieder(!)	ST	35–74 Tage	bis zu 25 Jahren
saginata		ST	77–84 Tage	bis zu 20 Jahren
Trematoden				
Fasciolopsis buski	Eier	ST	etwa 30 Tage	
Echinostoma ilocanum	Eier	ST	?	
Metagonimus yokogawai	Eier	ST	10–14 Tage	
Heterophyes heterophyes	Eier	ST	7–10 Tage	2–4 Monate
Clonorchis sinensis	Eier	ST	etwa 14 Tage	25 Jahre
Opisthorchis felineus	Eier	ST	21–28 Tage	15 Jahre
Dicrocoelium dendriticum	Eier	ST	50–56 Tage	
Fasciola hepatica	Eier	ST	60–90 Tage	
Paragonimus spec.	Eier	Sputum u. ST	70–90 Tage	20 Jahre
Schistosoma	Eier			
mansoni		ST	35–42 Tage	
intercalatum		ST	?	bis zu 25 Jahren
japonicum		ST	40–50 Tage	
mekongi		ST	40–50? Tage	
haematobium		U	70–80 Tage	

Zur Qualitätssicherung ist es dringend erforderlich, sich auch mit den Strukturen nichtparasitären Ursprungs vertraut zu machen, die in mikroskopischen Präparaten auftreten und die leicht zu *Mißdeutungen* führen können. Dazu gehören vor allem im Nativpräparat als wichtigste Elemente die *Leukozyten.* Sie werden z. B. für *Amöben* gehalten oder für geißellose *Trichomonas-Zellen.* Hier gilt es, kritisch zu bleiben; denn wo entzündliche Prozesse ablaufen, dort befinden sich vermehrt Leukozyten, die dann auch in Stuhl und Urin gelangen.

Pflanzen- und Kunststoffasern sowie unverdaute Nahrungsreste in Stuhlproben werden für Würmer, deren Larven oder Wurmeier gehalten. Diese Strukturen weisen aber keine Außen- oder Innenstrukturen auf, wie sie für Würmer typisch sind. Hier bewahrt nur die Information in Fachlaboratorien vor Mißdeutungen. Umstritten ist die Natur der sog. *Blastocystis*-Zellen im Stuhl (Pilze, Protozoen, pathogen oder apathogen; Matsumoto et al., 1986).

Bewimperte Zellen, die bei pathologischen Prozessen vermehrt abgestoßen werden, fallen u. U. im Frischpräparat durch anhaltend schlagende Wimpern auf. Sie können aus dem Bereich des weiblichen Geschlechtsapparates oder aus der Nasenschleimhaut stammen; sie ähneln dann entfernt Ziliaten, für die sie manchmal gehalten werden. Ziliaten treten aber nur als Darmparasiten auf *(Balantidium coli)*! Blütenpollen werden nicht selten für Protozoenstadien oder Wurmeier gehalten.

Kunstprodukte, die wie belebt erscheinen, treten in frischen Blutpräparaten auf, wenn es bei einem granulären Zerfall der Blutzellen zu einer Entmischung und Freisetzung von Lipoiden kommt, die Myelinfiguren bilden und besonders im Dunkelfeld deutlich in Erscheinung treten. Im Dunkelfeld werden im Frischpräparat auch die sog. Chylomikronen sichtbar, die verschiedene Gestalt annehmen und infolge der Brownschen Molekularbewegung mit lebenden Mikroorganismen, Spirochäten oder Bakterien (z. B. Kokken, Spirillen u. a.) verwechselt werden.

Mißdeutungen sind möglich durch Verkennung von
a) Leukozyten
b) bewimperten Epithelzellen
c) Chylomikronen* insbesondere bei Dunkelfeldbetrachtung
d) Myelinfiguren* insbesondere bei Dunkelfeldbetrachtung
* in frischen Blutpräparaten (Nativblut!)

5.7.0.2 Mikroskopische Blutuntersuchung

Im gefärbten Blutpräparat lassen sich mikroskopisch Mikrofilarien, Malaria-Parasiten, Trypanosomen und selten auch einmal Leishmanien nachweisen. Dazu dienen der sog. Dicke Tropfen und der Blutausstrich. Der Dicke Tropfen führt zu einer Konzentration der Parasiten, die durch eine 20- bis 30-fache Überlagerung der roten Blutkörperchen (im Vergleich zum normalen Blutausstrich) erreicht wird. Das unfixierte Präparat muß dazu hämolysiert werden, so daß bei dem Färbeprozeß im wesentlichen nur noch Parasiten und Leukozytenreste dargestellt werden; die roten Blutkörperchen bleiben als schwach gefärbte Stromata zurück. An der Zahl der Leukozyten im Gesichtsfeld läßt sich der Grad der Parasitenkonzentration im Vergleich zum Blutausstrich abschätzen.

Der Dicke Tropfen: Ein etwa reiskorngroßer Tropfen Blut wird auf einem sauberen, möglichst entfetteten Objektträger durch Verrühren (!) zu einem Quadrat von Daumennagelgröße ausgebreitet. Damit kommt es zu einer Gerinnung und zum Haften des Blutes an der Glasfläche. Vor dem Färben soll das Präparat an der Luft etwa 30 Minuten trocknen.

Läßt man einen Tropfen Blut ohne weitere Behandlung auf dem Objektträger eintrocknen, so löst er sich schon bei leichter Erschütterung (z. B. während eines Posttransportes) vom Objektträger und kann nach Ankunft im Laboratorium nicht mehr untersucht werden. Unsachgemäß angefertigte Dicke Tropfen lassen sich schlecht hämolysieren und färben; sie schwimmen meist dabei ab und sind dann unbrauchbar. Das Präparat darf keinesfalls fixiert werden, auch Hitzeeinwirkung (offene Flamme!) ist absolut zu vermeiden. Ältere Dicke Tropfen, die z. B. bei großer Hitze (Tropen!) eintrocknen, lassen sich meist schlecht hämolysieren. Dann empfiehlt es sich, das Präparat vor der Färbung zur Unterstützung der Hämolyse in destilliertes Wasser zu legen, dem einige Tropfen Essigsäure zugefügt wurden. Danach ist es allerdings notwendig, gründlich mit Leitungswasser (alkalisch!) zu spülen.

Dicker Tropfen:
a) Kleinen Blutstropfen auf Objektträger intensiv verrühren und lufttrocknen!
b) Keine Fixierung! Keine Erhitzung! Die Hämolyse läuft während Giemsa-Färbung ab!
c) Vorsichtig spülen! Gefahr der Abschwemmung des Blutes!
d) Lufttrocknen! Kein Filterpapier zum Trocknen verwenden!
e) Betrachtung direkt mit Ölimmersion oder nach Einbettung unter einem Deckglas!

Es gibt verschiedene Vorschriften für die Weiterverarbeitung des Dicken Tropfens, z. B. eine Hämolyse mit anschließender Färbung. Ausgezeichnete Ergebnisse bringt auch ein einfaches Verfahren, bei dem Hämolyse und Färbung gleichzeitig ablaufen.

Das horizontal liegende Präparat wird mit frisch angesetzter Giemsa-Gebrauchslösung überschichtet. Man färbt 20 (bis 30) Minuten. Danach wird die Farblösung vorsichtig abgespült und das Präparat an der Luft getrocknet. Es darf nicht mit Filterpapier getrocknet werden! Wichtig bei der Giemsa-Färbung ist, daß die Stammlösung jeweils mit neutralem Wasser (pH 6,8 bis 7,2) verdünnt wird, in der Regel muß eine frische Pufferlösung, z. B. das Puffergemisch nach Weise, verwendet werden. Die Gebrauchslösung wird durch Mischen von 1 ml Wasser und 1 Tropfen Stammlösung hergestellt; auch andere Mischungsverhältnisse sind brauchbar, sollten aber auf die notwendigen Färbezeiten geprüft werden. Die Flasche mit der Stammlösung ist stets gut zu verschließen. Jedes Einbringen von Wasser in die Flasche mit der Stammlösung ist strikt zu vermeiden, da es sonst zu Farbstoffausfällungen in der Stammlösung kommt und diese damit verdirbt. Ein Ausfallen des Farbstoffes in der Gebrauchslösung während der Färbung beeinträchtigt das Färberesultat dagegen nicht.

Der Blutausstrich: Ein relativ kleiner Blutstropfen wird auf dem Objektträger dadurch ausgebreitet, daß ein Deckglas oder die kurze Kante eines (geschliffenen) Objektträgers im spitzen Winkel auf den Anfang eines sauberen Objektträgers aufgesetzt und der Blutstropfen *hinter dem Deckglas* (oder Objektträger) über den Objektträger gezogen wird. Bei richtiger Durchführung soll der Ausstrich vor dem Ende des Objektträgers auslaufen. Dann ergeben sich hinreichend dünne Präparate mit vorwiegend dicht nebeneinander liegenden Erythrozyten, was für die Malaria-Diagnostik Vorteile bietet. Die lufttrockenen Ausstrichpräparate werden etwa 3 Minuten in absolutem Methanol fixiert und luftgetrocknet nach Giemsa gefärbt.

Giemsa-Lösung: Herstellung wie beim Dicken Tropfen. Etwa 6 Tropfen auf 5 ml neutrales oder gepuffertes destilliertes Wasser je Präparat; die Färbung dauert 20–30 Minuten, je nach Qualität des Farbstoffes. Danach Abspülen der Farblösung mit scharfem Wasserstrahl und trocknen lassen. Nicht mit einem Deckglas bedeckte fertige Präparate können nur mit Ölimmersion betrachtet werden. Ausnahme: Filarienpräparate werden entweder mit einer Ölschicht bedeckt oder, unter einem Deckglas eingeschlossen, mit einem mittleren Trockensystem untersucht. Für eine exakte Mikrofilarienuntersuchung zur Bestimmung der Art (Zellkerne im

Schwanz!) verwendet man statt der Giemsa-Färbung besser eine Hämatoxylinfärbung, die eventuell vorhandene „Scheiden“ (Eihüllen der Mikofilarien) zuverlässiger darstellt (vgl. 5.7.4.4).

Blutausstrich:
- Kleinen Blutstropfen z. B. mit Deckglaskante auf fettfreiem Objektträger ausstreichen
- Lufttrocknen, fixieren mit Methanol (3–5 Minuten)
  Färbung mit Giemsa-Lösung (20–30 Minuten)
  Gut spülen und an der Luft trocknen (evtl. zwischen Filtrierpapier,
  Betrachtung mit Ölimmersion

5.7.0.3 Makroskopische Stuhluntersuchung

Makroskopisch erkennbar sind Bandwurmglieder und spontan oder nach Medikamentengabe abgegangene Darmwürmer (z. B. Madenwurm, Spulwurm, Hakenwurm). Im frischen Stuhlpräparat zeigen diese Parasiten ebenso wie die Bandwurmglieder u. U. noch Bewegung, die dann vielfach nicht richtig gedeutet und für selbständige Würmer gehalten werden.

5.7.0.4 Mikroskopische Stuhluntersuchung

Die *Stuhluntersuchung* kann sowohl mit frischem als auch mit fixiertem Material erfolgen. Dabei lassen sich Darmprotozoen und Wurmeier oder Larven von Darmwürmern und Eier von Leberegeln, u. U. auch von Lungenegeln (s. 5.7.0.6) finden.

Im Frischpräparat kann neben der Gestalt und einigen Strukturen auch die Bewegungsweise von Protozoen (Pseudopodien, Geißeln) beobachtet werden.

Im gefärbten Präparat sind dagegen die charakteristischen Feinstrukturen in Zytoplasma und Zellkern zu erkennen.

Die *einfachste Protozoen-Färbung* läßt sich durch Zusatz einer geringen Menge einer Jod-Lösung erreichen (2 bis 4%ige Jod-Jodkali-Lösung). Danach treten bei Lamblien und Amöbenzysten die Zellkerne deutlicher hervor, was für die Artdifferenzierung von Bedeutung ist (s. 5.7.5.1).

Fixierung und Färbung nach Heidenhain wird meist nicht erforderlich sein, wenn Erfahrungen mit der Jodfärbung vorliegen. Die Hämatoxylinfärbung nach Heidenhain erlaubt eine differenziertere Darstellung der Zellstrukturen. Der Einsatz relativ großer Sublimatmengen bei der Fixierung ist unter Aspekten des Umweltschutzes nicht unbedenklich.

Die mikroskopische Stuhluntersuchung auf Wurmeier:
Dabei gilt die allgemeine Regel: der Kotausstrich soll so dünn sein, daß Druckschrift bequem hindurch sichtbar bleibt. Um Eier mit farbloser Schale besser sichtbar zu machen, kann man die Kotproben anstelle von Wasser mit 2 bis 4%iger Jod-Lösung (nach Rezept) oder 2%-iger Eosinlösung verreiben.

Bei der Suche nach Wurmeiern sollte stets der der Kotsäule evtl. anhaftende Schleim, insbesondere blutige Schleimflocken, wenn vorhanden, mikroskopisch untersucht werden.

Da Wurmeier oft nur spärlich vorhanden sind, verwendet man regelmäßig sog. Konzentrationsverfahren (vgl. 5.7.4).

5.7.0.5 Nachweis von Parasiten im Urin

Im Urin lassen sich Parasiten nach vorsichtigem Zentrifugieren im Sediment feststellen. Dabei können die Flagellatenart *Trichomonas vaginalis* und Eier von *Schistosoma haematobium*, selten auch von *S. mansoni* (extrem selten von *S. intercala-*

tum) gefunden werden. Im Urinsediment können *T. vaginalis-Zellen* sowohl beim Mann als auch - weit häufiger - bei der Frau auftreten. Diese Parasiten sind an ihrer Bewegung durch Geißeln erkennbar. Freie geißellose *T. vaginalis* gibt es nicht - entgegen der gelegentlich vertretenen Auffassung (und falschen Deutung von Leukozyten; vgl. 5.7.5.3). *T. vaginalis* läßt sich auf geeignetem Nährboden relativ leicht vermehren, so daß auch ein mikroskopisch nicht erkannter Befall u. U. doch noch (z. B. nach Vaginalspülung) erfaßt werden kann.

Eier von *Schistosoma haematobium* sind relativ groß (etwa 130 µm, mit endständigem Stachel) und enthalten in der Regel ein Mirazidium, das unter geeigneten Bedingungen schlüpft (sog. Mirazidienschlüpfverfahren; s. 5.7.3.5).

5.7.0.6 Nachweis von Parasiten im Sputum

Im Sputum treten Eier des Lungenegels *Paragonimus westermani* (oder verwandte Arten) auf. Die etwa 90 µm großen Eier besitzen am oberen Pol einen flachen Dekkel (Abbildung 5.7-1 f). Da die Sputumuntersuchung durch den oft hohen Schleimgehalt erschwert sein kann, ist es zweckmäßig, den Auswurf mit Hilfe eines Konzentrationsverfahrens zu untersuchen. Dazu wird eine 3%-ige Natriumhypochloridlösung zur Auflösung des Schleims verwendet. Nach dem Zentrifugieren findet man die Eizelle mit 5-10 Dotterzellen. Da ein Teil der Lungenegeleier immer mit dem Sputum abgeschluckt wird, können sie auch bei der Stuhluntersuchung gefunden werden. Im Vordergrund steht aber die Sputumuntersuchung auf Eier.

5.7.0.7 Spezialverfahren

Nicht alle Parasiten lassen sich durch eine mikroskopische Blut-, Stuhl-, Urin- oder Sputumuntersuchung nachweisen.

Leishmanien findet man nur äußerst selten im peripheren Blut; sie müssen im Organpunktat (Milz-, Leber- oder Knochenmarkpunktat; *Leishmania donovani*) oder bei Haut-Leishmanien durch Punktieren der Randpartie eines Hautgeschwürs *(Leishmania tropica)* und nach Anfertigung eines Ausstrichs nachgewiesen werden. Auch Kulturverfahren, die mit dem durch Punktion gewonnenen Material angesetzt werden, können bei der Diagnostik hilfreich sein (s. 5.7.3.2).

Zum Nachweis einer *Pneumocystis carinii*-Infektion in vivo ist bei entsprechendem Verdacht eine Lungenspülung („bronchoalveoläre Lavage") erforderlich. Dabei wird Untersuchungsmaterial direkt aus den Alveolen gewonnen. Für die mikroskopischen Präparate wird die Spülflüssigkeit vorsichtig zentrifugiert und das Sediment zu Ausstrichen verarbeitet und gefärbt. Entscheidend für den Erfolg ist die geeignete Färbemethode. Mit einer verlängerten Giemsa-Lösung lassen sich Trophozoiten und Sporozoiten in den Zysten darstellen. Mit der Methenamin-Silber-Methode nach Gomori/Grocott erscheinen die Zystenwände schwarz, bei Anwendung der Toluidin-Blau-Färbung metachromatisch blaurot (Jacobs et al., 1984). Die Toluidin-Blau-Färbung ist technisch zwar einfacher als die Silberfärbung, erreicht aber nicht deren Zuverlässigkeit (vgl. Janitschke, 1986).

Diese Färbeverfahren eignen sich auch bei einer pathohistologischen Untersuchung nach einer Obduktion. Bei fehlenden eigenen Erfahrungen sollte aber ein Speziallaboratorium zu Rate gezogen werden, da Verwechslungen mit anderen organischen Gebilden, wie z. B. Pilzsporen und Erythrozyten, möglich sind.

Bei *Onchocerca*-Befall befinden sich Mikrofilarien in der Haut. Bei Verdacht müssen Hautbiopsien („skin-snips") gewonnen und mikroskopisch untersucht werden. Diese speziellen Verfahren sollte man einem Fachlaboratorium überlassen.

Bei einem Madenwurm-Befall (*Enterobius vermicularis*) ist nicht mit Eiern im Stuhl zu rechnen, sondern diese werden an der Afteröffnung abgelegt, wo sie am besten durch ein Abklatschverfahren mit Hilfe eines durchsichtigen Klebestreifens (z.B. Tesa-Film) gewonnen werden können. Der Streifen wird dann fest auf einen Objektträger aufgeklebt und mikroskopisch auf Madenwurmeier untersucht (Abbildung 5.7-1l).

5.7.1 Umgang mit parasitenverdächtigem Untersuchungsmaterial

Beim Umgang mit parasitenverdächtigem Untersuchungsmaterial ist Vorsicht am Platze. Stuhlproben sollten grundsätzlich als potentiell infektiös angesehen werden, weil *Amöben*-Zysten, *Lamblien*-Zysten, *Isospora*-Oozysten, *Bandwurmeier* (*Taenia*, *Hymenolepis*) sofort infektionstüchtig sind. Außerdem können pathogene Bakterien und andere Erreger vorhanden sein. Übertriebene Ängstlichkeit ist nicht angebracht, aber leichtfertiger Umgang sollte auf jeden Fall vermieden werden. Stuhlprobenreste, Urinsedimente und dergleichen müssen „abgetötet", d.h. sterilisiert und beseitigt werden (Viren, Bakterien, Pilze).

Besondere Beachtung verdienen dabei die Nematodenarten *Ancylostoma duodenale* und *Necator americanus* sowie *Strongyloides stercoralis*, weil Larven dieser Parasiten unter geeigneten Umständen in relativ kurzer Zeit infektionstüchtig werden (Abbildung 5.7-1p). Die zunächst rhabditiformen Larven sind zwar in frischen Stuhlproben noch nicht sofort infektionsfähig, aber es entsteht aus der rhabditiformen Larve - je nach Klimabedingungen innerhalb von 1-3 Tagen (Mindesttemperatur 15 °C) - eine infektionstüchtige filariforme Larve. (Zimmertemperatur reicht in unseren Breiten meist aus; daher u.U. mit Gummihandschuhen hantieren!)

Eine gewisse Vorsicht ist auch angebracht beim Hantieren mit frischen Blutproben (nicht Blutausstrichen!), die *Trypanosoma*-verdächtig sind. Dagegen sind Urinsedimente und Sputum parasitologisch ungefährlich. Die darin vorkommenden Trichomonaden haben wohl noch niemals zu einer Laboratoriumsinfektion geführt; sie sind sehr hinfällig und bilden keine resistenten Stadien, keine Zysten!

Vom seuchenhygienischen Standpunkt aus sind die typischen *tropischen Parasiten* beim Umgang mit verdächtigen Proben im allgemeinen ungefährlich, weil sie für ihre weitere Entwicklung zum infektiösen Stadium hin außerhalb des Körpers mehrere Tage bis Wochen unter bestimmten Klimabedingungen benötigen oder sogar bestimmte Zwischenwirte, ohne die sie nicht zur Ausbildung eines infektiösen Entwicklungsstadiums kommen, das dem Menschen gefährlich werden kann. Zudem fehlen diese Zwischenwirte meist in der Bundesrepublik Deutschland.

5.7.2 Versand von Untersuchungmaterialien

Eine sichere und zweckmäßige Verpackung vorausgesetzt, lassen sich *alle Materialproben an zuständige Laboratorien versenden.* Bei Darmprotozoen können dann im *unfixierten Stuhlmaterial* meist nur Zysten bzw. Oozysten nachgewiesen werden

(*Amöben, Giardia lamblia, Sarcocystis, Kryptosporidien, Isospora*); die vegetativen Stadien von Amöben, Lamblien und Trichomonaden gehen beim Transport zugrunde (vgl. auch *Entamoeba histolytica*). Gut erhalten bleiben fast alle Wurmeier, selbst wenn der Transport länger als 24 Stunden benötigt (s. aber auch unter 5.7.1). Stuhlproben lassen sich aber auch fixiert versenden. Höfler hat 1980 empfohlen, eine frische, etwa walnußgroße Stuhlprobe oder rektoskopisch gewonnenes blutigschleimiges Material mit wenigstens dem 4-fachen Volumen verdünnten Formalins, besser mit einer Sublimat-Alkohol-Lösung, unter kräftigem Schütteln zu vermischen und bruchsicher zu verschicken (1 Teil 96%-iger Alkohol + 2 Teile gesättigte wäßrige Sublimatlösung = 5,7%; oder 35% Formalinlösung 1:10 verdünnt; s. auch unter 5.7.4).

5.7.3 Kulturmedien zur Anzüchtung von Parasiten

Kulturmedien zur Anzüchtung von Parasiten kommen bei der Laboratoriumsdiagnostik *nur für Protozoen* in Betracht, von denen sich Amöben, Trichomonaden und Leishmanien auf geeigneten Medien vermehren. Parasiten, die im Menschen streng intrazellulär leben, lassen sich nur in Laboratoriumstieren oder in Gewebekulturen züchten; für die praktische Arbeit (z. B. mit *Toxoplasma*) hat aber nur der Tierversuch unter Verwendung von Mäusen gewisse Bedeutung.

Die für solche Arbeiten erforderlichen Geräte und Versuchstiere sind auch in der Bakteriologie üblich.

5.7.3.1 Trichomonas vaginalis
läßt sich leicht kultivieren, doch werden an die Qualität des Nährmediums hohe Anforderungen gestellt. Bewährt hat sich das Rezept von Asami (1952).

1000 ml Leberbouillon (159 g Rinderleber, in würfelförmige Stücke geschnitten, wird 1 Stunde in 1000 ml 0,5%-iger NaCl-Lösung im Dampftopf gekocht, anschließend durch ein einfaches Faltenfilter geschickt), 20 g Pepton, 2 g Cysteinhydrochlorid, 5 g Dextrose, 2 ml einer 0,1%-igen Methylenblau-Lösung. Diese Mischung wird 20 Minuten lang autoklaviert. Die abgekühlte Lösung wird mit 200 ml sterilem inaktiviertem Human- oder Pferdeserum versetzt und mit 500–1000 IE Penicillin und Streptomycin/ml versetzt. Tief gefroren oder lyophilisiert läßt sich das Nährmedium über viele Wochen aufbewahren.

Zur Qualitätssicherung müssen die im Handel (!) befindlichen Nährmedien stets mit positiven Kontrollen auf ihre Brauchbarkeit hin geprüft werden, da sie relativ schnell - je nach Aufbewahrungsart schon nach Tagen - nicht mehr zu verwenden sind. Auch das nach obigem Rezept selbst hergestellte Nährmedium hat bei Kühlschranktemperatur (+4 °C) nur wenige Tage lang optimale Eigenschaften und sollte - wie erwähnt - entweder tiefgefroren oder lyophilisiert aufbewahrt werden.

5.7.3.2 Leishmania spec.
Zur Anzüchtung von Leishmanien (*Leishmania tropica* - Hautleishmaniose; *L. donovani* - viszerale Leishmaniose) hat sich Blutagar-Nährboden nach Novy, McNeal und Nicolle (daher NNN-Agar) bewährt.

Er besteht aus 14 g Agar, 5 g Kochsalz und 900 ml Aqua dest. Bei 45–50 °C wird zu dieser Mischung defibriniertes Kaninchenblut im Verhältnis 1:3 hinzugefügt. Man läßt den in Reagenzgläsern abgefüllten Nährboden schräg liegend erstarren. Im Kondenswasser vermehren sich dann die Leishmanien als promastigote (begeißelte) Stadien.

Überimpft wird bei Verdacht auf *L. tropica* ein unmittelbar steril gewonnenes Punktat aus dem Geschwürsrand einer Orientbeule oder bei *L. donovani* ein Knochenmark-, Leber- oder Milzpunktat (vgl. auch 5.7.0.7).

Der Kulturversuch sollte in der Leishmaniendiagnostik nicht als Alternative zum mikroskopischen Präparat betrachtet werden, sondern stets mit diesem zusammen eingesetzt werden.

5.7.3.3 Entamoeba histolytica

Zahlreich sind die Rezepturen zur Herstellung eines Nährbodens zur Anzüchtung von *Entamoeba histolytica.* Angestrebt wird eine bakterienfreie Kultur, die aber bei der Anzüchtung aus einer Stuhlprobe nicht sofort gelingt.

Als Nährmedium hat sich die Rezeptur nach Dobell und Laidlaw bewährt.

Dazu wird steril gewonnenes Pferdeserum benötigt, das auf Reagenzgläser (je 5-10 ml) abgefüllt in schräger Lage innerhalb von 60-70 Minuten im Wasserbad bei 80 °C erstarrt. Dieses wird mit einer Eiweiß-Ringer-Lösung überschichtet (Stammlösung: Steril gewonnenes Hühnereiweiß mit 100 ml gepufferter Ringer-Lösung wird mit sterilen Glasperlen gemischt und kräftig geschüttelt; Ringer-Lösung: Aqua dest. 1 l mit 6 g NaCl, 0,1 g $CaCl_2$, 0,1 g $NaHCO_3$, 0,1 g KCl (wird auf pH 7,4-7,5 gebracht). Die Fertigstellung des endgültigen Nährbodens, d. h., die Kombination der beiden Anteile, erfolgt kurz vor Beimpfung der (angewärmten) Nährböden. Dem flüssigen Nährboden wird schließlich eine Prise steriles Reismehl hinzugefügt, das die Amöben „fressen". Kulturtemperatur bei 37 °C. Zur Unterdrückung des Bakterienwachstums dient ein Zusatz von Penicillin und Streptomycin. Vom ersten Ansatz (es sollten stets mehrere Röhrchen beimpft werden) müssen nach 2-3 Tagen Passagen auf frische Nährböden folgen. Dabei wird eine Probe mit einer Kapillarpipette aus dem Grund des Nährmediums übertragen (siehe auch Diamond et al., 1978; Saathoff, 1985).

5.7.3.4 Spezialverfahren

Parasitische Würmer lassen sich in vitro nicht zur Vermehrung bringen (Ausnahme: *Strongyloides stercoralis,* s. u.). Bei einigen Arten können die im Stuhl enthaltenen Eier jedoch zur Ausbildung der Wurmlarven veranlaßt werden. Sie verlassen dann die Eihülle und wandern aus dem Kotmaterial aus (Hakenwürmer; Zwergfadenwurm *Strongyloides stercoralis*; *Trichostrongylus*; *Ternidens*).

Die früher benutzte umständliche Kohle-Kot-Kultur wird heute durch das Verfahren nach Harada und Mori (1955) ersetzt.

Filterpapierstreifen (etwa 13 × 120 mm) werden im mittleren Drittel auf der einen Seite 1-2 mm stark mit Stuhlmaterial beladen und in ein Zentrifugenröhrchen gestellt, das etwa 3 ml Wasser enthält, so daß 1-2 cm des Filterpapierstreifens in das Wasser eintauchen. Das Röhrchen kann mit einem Watte- oder Gummistopfen verschlossen werden. Der Stopfen soll jedoch das obere Ende des Filterpapierstreifens nicht berühren. Wenn das Wasser in dem Röhrchen unter den Unterrand des Filterpapiers sinkt, muß Wasser ergänzt werden, damit Filterpapier und Kot feucht bleiben. Die Kultur wird bei Dunkelheit und einer Temperatur von 20-24 °C aufbewahrt. Die innerhalb von 3-7 Tagen schlüpfenden Wurmlarven wandern abwärts in das Wasser, wo man sie mit einer Handlupe leicht feststellen und mit einer Kapillarpipette absaugen kann (Vorsicht: Infektionsgefahr!).

5.7.3.5 Mirazidien-Schlüpfverfahren

Das sog. Mirazidien-Schlüpfverfahren zum Nachweis einer *Schistosoma-(Bilharzia)*-Infektion ermöglicht es, auch relativ wenige Eier bzw. Larven nachzuweisen, weil die Ausgangsmenge von Kot und Urinsediment größer ist als bei einfacher mikroskopischer Untersuchung. Die Anwendung dieser Technik erfordert Übung und Erfahrung und sollte Speziallaboratorien überlassen werden.

5.7.4. Konzentrationsverfahren bei Stuhluntersuchungen

Die im Untersuchungsmaterial zu erwartenden Parasitenstadien treten nicht immer in großer Zahl und Dichte auf; sie lassen sich dann z. B im einfachen Stuhlpräparat - gleichgültig ob frisch oder fixiert und gefärbt - nur schwer oder gar nicht auffinden. Eine Qualitätssicherung läßt sich mit Hilfe von Konzentrationsverfahren erreichen; die Chance, Zysten von Darmprotozoen oder Eier oder Larven von Darmwürmern und Leberegeln aufzufinden, kann dadurch erheblich gesteigert werden (vgl. auch Dicker Tropfen bei Blutparasiten).

Folgende Verfahren haben sich bei einer Stuhluntersuchung (je nach Laboratoriumsbedingungen und Fragestellung) bewährt:

5.7.4.1 Kochsalzverfahren

Das einfachste Konzentrationsverfahren (als *Auftriebsverfahren*) verwendet eine konzentrierte *Kochsalzlösung* (geeignet nur für Nematodeneier, insbesondere Hakenwurmeier). Effektiver ist das folgende Verfahren:

5.7.4.2 Zinksulfatverfahren

Vorsichtiges Zentrifugieren der Stuhlsuspension beschleunigt den Auftrieb der Parasitenstadien. Die Anwendung einer konzentrierten Zinksulfatlösung (etwa 33%-ig, spez. Gewicht 1,18) erlaubt auch, Amöbenzysten und Kokzidienoozysten aufzufinden. Die Zinksulfatlösung kann bei der Suche nach Oozysten auch durch eine Zuckerlösung ersetzt werden (56 g auf 100 ml Wasser und 1,3 g Phenol als Desinfizienz).

5.7.4.3 MICF-Verfahren

Das *MIFC-Verfahren* (Merthiolate-Iodine-Formaldehyde-Concentration) gilt als besonders effektiv, weil es auch Amöben- und Lamblienzysten erfaßt. Dazu werden zwei Stammlösungen verwendet, die erst kurz vor Gebrauch zusammengefügt werden (Blagg et al., 1955).

Stammlösung A: 250 ml Aqua dest., 200 ml Merthiolat-0,1%-ige Lösung (= Thimerosal), 25 ml konzentriertes Formalin, 5 ml Glycerin (= 480 ml MF).
Stammlösung B: Frische 5%-ige Jod-Lösung (5% Jod in 10%-iger Kalium-Jodid-Lösung in Aqua dest.), die nicht älter als 3 Wochen sein sollte.

Beide Lösungen müssen stets in brauner Flasche aufbewahrt werden. Vor Gebrauch werden 4,7 ml der Lösung A mit 0,3 ml der Lösung B gemischt.

Bei der praktischen Durchführung wird eine etwa haselnußgroße Stuhlprobe in der frisch hergestellten Mischung verrührt. Die in dieser Weise fixierte Stuhlprobe wird dann durch ein doppeltes Gazefilter geschickt und in einem Zentrifugenröhrchen mit 4 ml Äther versetzt. Diese Mischung wird kräftig geschüttelt, bis sich kein Äther mehr auf der Oberfläche befindet. Das Röhrchen bleibt 2 Minuten stehen und wird dann 1 Minute zentrifugiert (etwa 1600 Umdrehungen). Der Detrituspfropf zwischen Äther und MIF-Zone wird mit Hilfe eines Stäbchens leicht vom Röhrchen gelöst, der flüssige Anteil abgegossen. Am Boden des Röhrchens befinden sich *sowohl Wurmeier als auch Protozoenzysten* (Vorsicht: bei Äther Explosionsgefahr!).

Das oben beschriebene Gemisch kann auch zum Fixieren von Stuhlproben für den Postversand verwendet werden. Das so konservierte Stuhlmaterial läßt sich noch nach Monaten mikroskopisch untersuchen (vgl. dazu 5.7.2).

Beim Mikroskopieren der gewonnenen Sedimente ist durch Betätigung der Aperturblende auf geeignete Licht- und Kontrastverhältnisse zu achten, so daß z. B. auch die schwach lichtbrechenden Oozysten entdeckt werden können.

Sorgfalt, Geduld und gute Formenkenntnisse sind in jedem Fall Voraussetzung für eine Qualitätssicherung!

5.7.4.4 Mikrofilarien-Nachweisverfahren

Bei der Suche nach *Mikrofilarien* im peripheren Blut ist zu bedenken, daß die Parasiten je nach Spezies entweder vorwiegend um die Mittagszeit (! - *Loa loa*) oder um Mitternacht (! - *Wuchereria bancrofti, Brugia malayi*) im peripheren Blut zu finden sind. Zu anderen Zeiten sind Mikrofilarien nur spärlich vorhanden.

Fülleborn (1913) hat ein Konzentrationsverfahren empfohlen, das zugleich eine Anfärbung der Mikrofilarien (wie der Leukozyten) im Blut erlaubt.

Dabei werden 3-5 ml Venenblut mit etwa 10-15 ml der folgenden Mischung versetzt: 95 ml 2%-ige Formaldehydlösung, 5 ml Eisessig, 2 ml einer gesättigten alkoholischen Gentiana-Violett-Lösung (4 g auf 100 ml 96%-igen Alkohol). Nach Zentrifugieren findet man im Bodensatz angefärbte Mikrofilarien und Leukozyten; die fast ungefärbten Erythrozyten bleiben als Stromata zurück.

Neuerdings werden *Filtrationsverfahren* mit Nuclepore-Filtern angewendet (s. u.).

Mikrofilariennachweis durch ein Filtrationsverfahren:

Vorbereitungen:

1. Ein Nuclepore-Filter (25 mm Durchmesser) wird in den speziellen Filterhalter eingelegt, die matte Seite des Filters nach oben, d. h. spritzenwärts gerichtet. Allgemein ist die Verwendung von Filtern mit 3 µm Porenweite zu empfehlen, da dann auch dünne Mikrofilarien zurückgehalten werden *(Dipetalonema)*; es können jedoch auch Filter mit 5 µm Porenweite benutzt werden.
2. Bereitzuhalten sind etwa 50 ml *isotonische Kochsalzlösung* und 50 ml 70%-iges Äthanol, das auf 50-60 °C vorgewärmt wurde.

Filtration:

1. 5 bis 10 (bis 20) ml Blut, die in eine Plastikspritze aufgezogen wurden, werden sofort, d. h. bevor die Gerinnung eintritt, durch das Filter gepreßt. Blut, das durch EDTA-, Zitrat- oder Heparin-Zusatz ungerinnbar gemacht wurde, ist ebenfalls geeignet, liefert aber nicht so gute Ergebnisse wie Nativblut.
2. Nach der Filtration des Blutes die Spritze mehrmals mit isotonischer Kochsalzlösung füllen und diese ebenfalls durch das Filter pressen (Spülen des Filters).
3. Schließlich die Spritze zwei- bis dreimal mit warmem Äthanol füllen und dieses langsam durch das Filter drücken. Am Ende der Filtration ist darauf zu achten, daß noch Alkohol im Filterhalter zurückbleibt.
4. Der Filterhalter wird vorsichtig zerlegt, das Filter entnommen und für weitere 15 Minuten in erwärmtem 70%-igem Äthanol fixiert. Das Filter sollte nicht trocken werden, da die evtl. vorhandenen Mikrofilarien sonst schrumpfen.
5. Nach der Fixierung wird das Äthanol abgegossen und das Filter in Hämatoxylin gefärbt. Besonders zu empfehlen ist unverdünntes Hämatoxylin nach Delafield; Färbezeit 4 Minuten (vgl. dazu Feldmeier et al., 1981).

5.7.5 Spezielle Hinweise für die mikroskopische Untersuchung

5.7.5.1 Entamoeba histolytica

Die korrekte mikroskopische Erkennung von *Entamoeba histolytica* im Stuhlpräparat gehört zu den schwierigsten Aufgaben der parasitologischen Diagnostik. Nur ausreichende Erfahrung schützt vor der Verwechslung mit anderen Zellen, mit Leukozyten, Pilzen, pflanzlichen Strukturen und Kunstprodukten. Die charakteristischen Kennzeichen für *E. histolytica* müssen beachtet werden, sonst besteht die Gefahr von Fehlinterpretationen. Beim Fehlen typischer Merkmale - eine korrekte Präparationstechnik vorausgesetzt - muß im Zweifelsfalle negativ entschieden werden (vgl. Janitschke, 1986).

Entamoeba histolytica tritt in Abhängigkeit vom Infektionszustand bzw. klinischen Bild in unterschiedlicher Gestalt auf. Bei einer akuten Amöbenruhr findet man in den blutig-schleimigen Ausscheidungen, auch im rektoskopisch entnommenen Material, relativ große (20–40 μm) vegetative Formen, die meist zahlreiche rote Blutkörperchen enthalten (Magnaformen = hämatophage Trophozoiten). Bei der Fortbewegung dieser Amöben treten glasklare Pseudopodien auf, in die das granuläre Endoplasma nachströmt. Dabei werden die roten Blutkörperchen mitgenommen und bieten dadurch ein deutliches Bild von Plasmaströmung. Diese Trophozoiten sind sehr hinfällig und müssen nach Möglichkeit innerhalb von 10–20 Minuten nach Absetzen des Stuhls untersucht werden. Ist eine sofortige Untersuchung nicht möglich, so auch im Fall der Versendung des Materials an ein Laboratorium, kann der Amöbennachweis auch im fixierten Stuhlmaterial erfolgen. Wie bereits erwähnt, kann im Notfall eine Probe des blutig-schleimigen Materials bzw. des Stuhls in einer 4%-igen Formaldehydlösung (Formalin 1:10 verdünnt) gut verteilt werden (Vgl. 5.7.2).

Bei einer *latenten symptomlosen Amöbeninfektion* sind neben den kleineren (12–18 μm) vegetativen Trophozoiten (Minutaformen) ein- bis vierkernige Zysten zu finden. In unreifen Zysten sind schollige, wetzsteinförmige Chromidialkörper zu erkennen. Die Zysten werden im geformten Stuhl ausgeschieden und lassen sich auch noch nach mehreren Tagen im versandten Material nachweisen. Die Feinstrukturen der Amöbenzysten sind nach Anfärbung mit Jod-Jodkali-Lösung oder auch nach Hämatoxylin-Färbung (Heidenhain-Färbung) wesentlich besser zu erkennen als im nativen Zustand (vgl. Janitschke, 1986).

Mit geeigneten Kulturmedien und unter bestimmten Bedingungen lassen sich zum Amöbennachweis auch Kulturen anlegen, die allerdings zur Voraussetzung haben, daß die Zysten schon vierkernig geworden sind. Unreife Zysten eignen sich nicht zur Anzüchtung, weshalb eine Stuhlprobe u. U. 1–2 Tage bei Zimmertemperatur gelagert und regelmäßig kontrolliert werden sollte (Michel, persönliche Mitteilung).

5.7.5.2 Giardia lamblia (Lamblia intestinalis)

Giardia lamblia tritt im Stuhl als begeißelte vegetative Form (Trophozoit) und als vierkernige Zyste auf. Latente Infektionen („carrier") sind häufiger als Erkrankungen an Lambliasis. Für den mikroskopischen Parasitennachweis gelten grundsätzlich die gleichen Methoden wie bei *Entamoeba histolytica*-Infektionen (s. 5.7.5.1). In der frischen Stuhlprobe kann man sowohl die Trophozoiten als auch die Zysten mikroskopisch finden, wenn sie in hinreichender Zahl vorliegen. In breiigen oder dünnflüssigen Stühlen werden meist nur vegetative Formen gefunden, dann oft in großer Zahl. Die vegetativen Stadien sind nach Gestalt und Bewegung so charakteristisch, daß sie kaum falsch gedeutet werden können. In besonderen Fällen kann die Untersuchung von *Duodenalsaft* zusätzlich vorgenommen werden, doch ist sie nur sinnvoll und gerechtfertigt, wenn die unverzügliche Bearbeitung gewährleistet ist. Zur Qualitätssicherung (siehe Janitschke, 1986) ist bei Verdacht die Anwendung von Konzentrationsmethoden zum Zystennachweis notwendig (s. 5.7.4). Die birnenförmigen Trophozoiten sind recht hinfällig. Deshalb empfiehlt es sich, Stuhlproben innerhalb von 15–20 Minuten zu untersuchen. Zur Sicherung des Nachweises von *Giardia* sind mindestens 3 bohnen- bis haselnußgroße Stuhlproben an 3 verschiedenen Tagen zu entnehmen. Der Versand von fixiertem Stuhlmaterial ist möglich (s. 5.7.2). Allgemein anwendbare Kulturverfahren und serologische Untersuchungsmethoden gibt es bisher nicht (vgl. dazu Keister, 1983; Farthing et al., 1983).

5.7.5.3 Trichomonas vaginalis

Trichomonas vaginalis wird ebenfalls im Frischpräparat und im gefärbten Präparat häufig verkannt, weil von einigen Autoren die Ansicht vertreten wird, daß *T. vaginalis* als unbegeißeltes Stadium („Rundform"; Zysten) in Vaginalabstrich oder Urinsediment auftreten kann. Diese Ansicht ist nicht richtig. Es gibt weder unbegeißelte freie *Trichomonas*-Zellen noch Zystenstadien. Auch die als Mittel zur Unterscheidung von Leukozyten zeitweilig empfohlene Anfärbung mit Brillantkresylblau erlaubt keine Differenzierung. Es sollte also im Frischpräparat wie im gefärbten Präparat stets nur die Begeißelung bzw. die aktive Bewegung als Kennzeichen für *T. vaginalis* anerkannt werden (vgl. Piekarski und Saathoff, 1978). (Kulturverfahren unter 5.7.3.1).

Serologische Nachweismethoden sind bisher nicht zuverlässig.

5.7.5.4 Kryptosporidien

Gewisse Schwierigkeiten bereitet der Nachweis der Oozysten von *Kryptosporidien.* Primär Parasiten verschiedener Haus- und Nutztiere, treten sie zunehmend auch beim Menschen auf, insbesondere bei immungeschwächten Patienten.

Die mit den Faeces ausgeschiedenen Oozysten sind relativ klein (4 bis 7 µm). Deshalb entgehen sie leicht der mikroskopischen Untersuchung. Die Oozysten aus frischen Stuhlproben enthalten bereits 4 Sporozoiten, doch bei diarrhoischen Stühlen treten auch 1- bis 4-kernige Oozysten auf. In jedem verdächtigen Fall sollte ein Konzentrationsverfahren angewendet werden (Vgl. 5.7.4).

Zur Färbung der Oozysten (mit Sporozoiten) kann die Giemsa-Lösung dienen, aber Karbolfuchsin nach Ziehl-Neelsen färbt die Oozysten selektiv deutlich rot (nach Henriksen und Pohlenz, 1981). Dazu werden die getrockneten Stuhlausstriche zwei bis fünf Minuten mit Methanol fixiert, getrocknet und 20 bis 30 Minuten – auch länger – in konzentrierter Karbolfuchsin-Lösung ohne Erhitzen gefärbt, in Leitungswasser gespült und dann in 5% Malachitgrün etwa 5 Minuten gegengefärbt, erneut mit Leitungswasser gespült, bei Zimmertemperatur getrocknet und in Eukitt eingebettet. Hefezellen bleiben dabei ungefärbt, so daß Mißdeutungen ausbleiben. Die Färbedauer muß auch je nach Qualität des Farbstoffes erst ermittelt werden (vgl. dazu Göbel, 1983; BGA bei Janitschke, 1986).

5.7.6 Externe Qualitätssicherung

Eine offizielle externe Qualitätssicherung für den mikroskopischen Nachweis von Parasiten des Menschen existiert innerhalb der Bundesrepublik Deutschland bisher noch nicht. Diese läßt sich durch den besonderen Charakter der mikroskopischen

Originalpräparate bzw. der aufgearbeiteten Untersuchungsproben sehr schwer durchführen, weil objektive Parameter fehlen; allein gute Formenkenntnis ist die Grundlage einer zuverlässigen mikroskopischen Diagnostik. Hier ist die Empfehlung zu wiederholen, sich in Zweifelsfällen an eines der unten genannten Speziallaboratorien zu wenden (siehe Kapitel 5.8).

5.8 Serodiagnostik von Parasiten

Gerhard Piekarski und Hanns Martin Seitz (Bonn)

5.8.0 Einleitung

Serologische Nachweisverfahren zur Feststellung eines Parasitenbefalls durch einen Antikörpernachweis sind in den vergangenen Jahren in zunehmendem Maße entwickelt worden. Anlaß dazu war zunächst das gewachsene Interesse an den vermehrt auftretenden tierischen Krankheitserregern. Zudem konnten neue serologische Methoden entwickelt werden, welche die bis dahin sehr mangelhafte Spezifität der Ergebnisse wesentlich verbesserten. Dabei ging es nicht allein um die einheimischen Parasiten, die sich mikroskopisch gar nicht oder ausnahmsweise feststellen lassen wie z. B. die Toxoplasmen, Trichinellen und Echinokokken, sondern auch um die aus warmen Ländern mitgebrachten parasitären Erkrankungen wie z. B. die Amöbiasis mit extraintestinaler Abszeßbildung, die Malaria, die viszerale Leishmaniose, Bilharziose, Filariose und Fasziolose. Serologische Nachweisverfahren sind auch nützlich, wenn der mikroskopische Nachweis eines Parasitenbefalls trotz begründetem Verdacht nicht gelingt (vgl. 5.7), weil entweder nur sehr wenige Parasiten (oder bei Würmern nur männliche Parasiten!) vorliegen oder in Spätzuständen ebenfalls nur spärlich Eier oder Larven produziert werden, die bei akuten Zuständen leichter nachweisbar sind, z. B. Schistosomiasis (vgl. 5.7).

5.8.1 Allgemeiner Teil

Intrazelluläre Parasiten oder solche, die sich in parenchymatösen Organen und Geweben festsetzen, sind meist gute Anreger zur Antikörperbildung (z. B. Toxoplasmen, Leishmanien, Trichinellen, Echinokokken). Dagegen regen Parasiten, die nur geringen Kontakt zum Gewebe ihres Wirtes haben wie die reinen Darmlumen-Parasiten, z. B. der Madenwurm, der Peitschenwurm oder die Bandwürmer, nur in geringem Maße zur Antikörperbildung an und lassen sich daher serologisch nicht erfassen. Meist produzieren diese Arten jedoch viele Eier oder Larven, so daß eine mikroskopische Stuhluntersuchung bei sorgfältiger Präparation zuverlässige Aussagen erlaubt (vgl. 5.7).

Der Wert serologischer Ergebnisse hängt weitgehend von der *Qualität der Antigene* ab, die nach Möglichkeit in hochgereinigtem Zustand vorliegen und von derselben Parasitenart stammen sollten, die jeweils nachzuweisen ist. Außerdem ist zu erwarten, daß spezifische Resultate mit höherem Antikörper-Titer gewonnen werden, wenn dieselbe Parasitenart als Antigen dient und keine verwandten Arten verwendet werden müssen.

Auf die Qualität der serologischen Ergebnisse wirkt sich auch die *Quantität der Antigene* aus, weil die Quantität der Antikörper in gewisser Relation zur verfügbaren Antigen-Quantität stehen muß. Um vergleichbare Resultate von verschiedenen Laboratorien zu erlangen, empfiehlt es sich, *Standardseren* regelmäßig als Kontrolle zu verwenden.

Bei den folgenden Ausführungen wird davon ausgegangen, daß *humorale* Antikörper bestimmter Parasiten im Serum eines Patienten gesucht werden. Neuere Methoden gehen allerdings dahin, *gelöste Antigene* in Serum und Darminhalt der Patienten nachzuweisen. Dazu sind neue Verfahren entwickelt worden, die für die Anwendung in einem Routinelaboratorium noch nicht ausreichend erprobt sind, aber in Zukunft beachtet werden müssen; von ihnen wird eine höhere Spezifität erwartet, z. B. durch Verwendung definierter monoklonaler Antikörper.

5.8.1.1 Nachweis von Antikörpern der Parasiten des Menschen

Die hier anzuwendenden Verfahren entsprechen prinzipiell denen, die auch in der Bakteriologie und Virologie üblich sind. Sie sind in den entsprechenden Kapiteln bereits eingehend beschrieben worden, so daß hier eine Wiederholung nicht erforderlich ist (vgl. 5.2, 5.5, 5.6). Daneben sind aber für die einzelnen Parasiten spezielle Methoden entwickelt worden, die meist in Verbindung zu bestimmten Entwicklungsstadien der Parasiten stehen, z. B. bei *Toxoplasma*, *Schistosoma* und *Trichinella*: Komplementbindungsreaktion (KBR), Indirekter Immunfluoreszenztest (IIFT), Indirekter Hämagglutinationstest (IHAT), Indirekter Latex-Bentonite-Test, ELISA (*e*nzyme-*l*inked *i*mmuno *s*orbent *a*ssay).

5.8.2 Spezieller Teil - Protozoonosen

Malaria, Toxoplasmose, viszerale Leishmaniose, invasive Amöbiasis, Trichomoniasis

5.8.2.1 Malaria

Plasmodium vivax, Plasmodium malariae, Plasmodium ovale, Plasmodium falciparum

Eine *akute Malaria*, bei der sich die Parasiten in den Erythrozyten des peripheren Blutes befinden, kann zuverlässig *nur mikroskopisch im Dicken Tropfen diagnostiziert werden*; daran sollte bei entsprechendem Verdacht stets festgehalten werden (vgl. 5.7.0.2). Meßbare, serologisch nachweisbare Antikörper treten etwa 10–14 Tage nach dem Beginn der Erkrankung auf, d. h. in der Regel nach dem Ablauf der akuten fieberhaften Erkrankung; sie bleiben aber über mehrere Jahre erhalten. Die z. Z. einzige praktikable Nachweismethode ist der IIFT. Als Antigen dienen in erster Linie Kulturformen von *Plasmodium falciparum*, die auf Objektträger aufgetrocknet und fixiert werden. Die Ergebnisse werden dann im UV-Licht mikroskopisch abgelesen. Diese *Plasmodium*-Art als Antigen hat sich als allgemein verwendbar erwiesen, weil positive Kreuzreaktionen innerhalb der Gattung *Plasmodium* auftreten. Daher erlaubt ein positives Ergebnis noch keine Aussage über die vorliegende bzw. überstandene Malaria-Art (Tertiana, Quartana, Tropica). Als Ersatz-Antigen werden dann auch Blutausstriche von *Plasmodium*-Arten der Tiere (Affen: *Plasmodium knowlesi, Plasmodium fieldi*) verwendet, die sich prinzipiell als brauchbar erwiesen haben, jedoch niedrigere Titer ergeben als bei *Plasmodium fal-*

ciparum als Antigen, aber als ‚Such-Antigen' empfohlen werden (Knobloch et al., 1982).

Bei Verwendung der Kulturformen von *Plasmodium falciparum* erhält man im allgemeinen Titer in Höhe von 1:20 bis 1:160. Titer über 1:60 sprechen für eine sehr wahrscheinlich durchgemachte Malaria, wobei genauere Angaben über den Zeitpunkt der Infektion nicht gemacht werden können (Reiseanamnese!).

5.8.2.2 Toxoplasmose

Der Nachweis von *Toxoplasma-Antikörpern* stellt einen wesentlichen Teil der Toxoplasmose-Diagnostik dar, weil der Parasit wegen seiner intrazellulären Lebensweise nicht in Blut oder Ausscheidungen nachweisbar ist. Dabei fällt für den behandelnden Arzt erschwerend ins Gewicht, daß die Häufigkeit von latenten *Toxoplasma*-Infektionen in der Bevölkerung mit dem Lebensalter zunimmt. Sie erreicht etwa einen Anteil, der mit dem Lebensalter parallel geht, d.h., daß 40-jährige zu etwa 40% infiziert sind etc. Dabei heißt „infiziert" nicht zugleich erkrankt, denn der Anteil der akuten Erkrankungen ist wesentlich geringer als der der latenten Infektionen. Diesem Umstand muß bei der Differentialdiagnose Rechnung getragen werden, um nicht andere Krankheitsursachen (z.B. Lymphogranulomatose, Mononukleose) durch einen positiven serologischen *Toxoplasma*-Befund beim Erwachsenen zu übersehen; denn auch bei frischen, aber symptomlos verlaufenden *Toxoplasma*-Infektionen können ebenso hohe Antikörper-Titer auftreten wie z.B. bei einer akuten Lymphknoten-Toxoplasmose. Besondere Bedeutung gewinnt die Serodiagnostik bei der Toxoplasmose durch den Umstand, daß eine Erstinfektion der Mutter während der *Schwangerschaft* ohne Chemotherapie zur Infektion oder Erkrankung des Neugeborenen führen kann. Es muß daher die Serodiagnostik der Toxoplasmose eingehend dargestellt werden.

Eine *Erstinfektion bei der Schwangeren* wird an einer Titerkonversion erkannt, d.h. am Wechsel von einem negativen serologischen Ergebnis zur Zeit der Konzeption bzw. zu Beginn der Schwangerschaft zu einem folgenden positiven serologischen Resultat im Verlauf der Schwangerschaft bis zum Zeitpunkt der Entbindung. Eine Titerkonversion muß in jedem Fall Anlaß zu einer sofortigen medikamentösen Behandlung der Schwangeren sein, die nach allen Erfahrungen eine *Toxoplasma*-Infektion des Kindes unterbindet. Die serologisch nachgewiesene *Toxoplasma*-Infektion bietet deshalb keine Indikation für den Schwangerschaftsabbruch (vgl. Thalhammer, 1981).

Zur *Ermittlung des Infektionszeitpunktes* dienen IgG- und IgM-Antikörper. IgM-Antikörper treten kurz nach der Erstinfektion auf, lassen sich - je nach angewandter serologischer Methode - nur wenige Monate bis zu etwa 1 Jahr danach noch nachweisen. Bis vor wenigen Jahren wurde zum Nachweis von IgM-Antikörpern allein der einfache sog. *Remington-Test* unter Verwendung des IIFT herangezogen. Es hat sich aber gezeigt, daß nur etwa 25% der Ergebnisse als zuverlässig angesehen werden dürfen, weil sich zum Teil falsch-positive Befunde (Rheumafaktor, antinukleärer Faktor), zum Teil falsch-negative Befunde (IgM-Blockade durch IgM-Antikörper) ergeben. Remington selbst hat sein Verfahren verbessern, die falsch-positiven Ergebnisse ausschalten und die falsch-negativen vermindern können, so daß die veränderte Methode zu 75% zuverlässige Ergebnisse erbringt (vgl. Remington, 1982).

Die wichtigsten Verfahren zum *Nachweis von IgG-Antikörpern* sind

a) Komplementbindungsreaktion (KBR)
b) Farbtest nach Sabin und Feldman (SFT)
c) indirekter Immunfluoreszenztest (IIFT)
d) indirekter Hämagglutinationstest (IHAT)
e) direkter Agglutinationstest (DAT)
f) indirekter Latex-Agglutinationstest (ILAT)
g) ELISA (*e*nzyme-*l*inked *i*mmuno *s*orbent *a*ssay)

Von diesen Verfahren werden zur Zeit in der Praxis vorwiegend a), b) und c) angewendet (zum ELISA: s. Dahl und Johnson, 1984).

Bei der Deutung der Ergebnisse wird davon ausgegangen, daß ein relativ stabiler Antikörper-Zustand vorliegt, denn die von manchem behandelnden Arzt erwartete ansteigende oder abfallende Titer-Kurve zur Beurteilung des Infektions- bzw. Krankheitsverlaufes läßt sich nur selten gewinnen, weil der Patient eben meist mit einer „fertigen" Krankheit zum Arzt kommt. Er zeigt dann seinen derzeit höchsten Titer-Wert, der meist eine gewisse Stabilität aufweist und selbst unter einer wirksamen medikamentösen Therapie nur langsam, d. h. im Verlauf weniger Wochen, abfällt.

Um zu einer gewissen Standardisierung der serologischen Untersuchungsergebnisse zu gelangen, sind schon in den Jahren 1966 und 1975 von einer Expertengruppe Empfehlungen für den IIFT und die KBR vom Bundesgesundheitsamt veröffentlicht worden, auf die ausdrücklich hingewiesen sei (Bundesgesundheitsblatt, 1966, 1975).

Zu a): Die *KBR*, für die meist ein wäßriger *Toxoplasma*-Extrakt als Antigen verwendet wird, führt - je nach Qualität des Antigens - zu unterschiedlichen Resultaten. In der Fachliteratur wird zwischen einem „schwachen" und einem „starken" Antigen unterschieden. Das „schwache" Antigen stellt einen hoch-zentrifugierten wäßrigen Extrakt dar, das „starke" eine Suspension von *Toxoplasma*-Trümmern, bei manchen Autoren sogar von ganzen Toxoplasmen. In der Bundesrepublik Deutschland wird im allgmeinen das „schwache" Antigen verwendet. Die Titer bewegen sich dabei zwischen 1:5 und 1:640, selten höher. Die Ergebnisse der KBR mit dem „starken" Antigen stimmen weitgehend mit denen des SFT überein; mit dem „schwachen" Antigen treten positive Resultate nur bei Vorliegen eines hohen SFT-Titers auf. Das bedeutet aber in der Regel *akutes Geschehen*, entweder frische Infektion oder - bei entsprechender Symptomatologie - spezifische Erkrankung. Der erste Zustand ist - z. B. für den Fall einer Schwangerschaft - von großer Bedeutung wegen der dann erforderlichen therapeutischen Konsequenzen; im zweiten Falle steht die Frage einer Differentialdiagnose, z. B. bei einer akuten Erkrankung an einer Lymphdrüsen-Toxoplasmose gegenüber dem Pfeifferschen Drüsenfieber (Mononukleose), zur Diskussion.

Nach einer frischen Infektion wird die KBR mit „schwachem" Antigen im allgemeinen einige Tage später positiv als der SFT und fällt viel früher bis auf Null ab, während die meisten latenten Infektionen bei langsam abfallenden Titern lebenslang (?) zu positiven Ergebnissen in SFT oder IIFT führen.

Zu b): Der *SFT* hat wegen seiner hohen Spezifität und Sensibilität immer noch Standardqualität, d.h. die Ergebnisse aller anderen Methoden werden am SFT gemessen, weil sich praktisch alle Infektionszustände mit dem SFT zuverlässig erkennen lassen. Dieser wurde aber wegen der Notwendigkeit, im Laboratorium mit lebenden Erregern zu arbeiten, durch den IIFT abgelöst (siehe unter c), der grundsätzlich die gleichen Resultate bei gleicher Titer-Höhe liefert wie der SFT. Die Titer-Werte bewegen sich zwischen 1:4 und 1: 64000, höhere Titer werden im Routinelaboratorium nicht ermittelt.

Beim SFT wird das Ergebnis der Antigen-Antikörper-Reaktion, eine Zytoplasmalyse, am Parasiten selbst abgelesen, aber ein Komplement-Anteil - hier als Aktivator bezeichnet - ist dazu erforderlich. Mikroskopisch sichtbar wird das Resultat entweder im Phasenkontrast-Mikroskop oder durch Anfärbung mit basischem Methylenblau. Da sich das Verfahren nur noch in Speziallaboratorien praktizieren läßt, wird hier auf technische Einzelheiten verzichtet.

Zu c): Wie oben unter Punkt b erwähnt, wird anstelle des SFT heute der IIFT angewendet. Die Interpretation der Ergebnisse entspricht der des SFT. Der IIFT kann auch zur Ermittlung von IgM-Antikörpern verwendet werden, doch hat das Remington-Verfahren nur sehr eingeschränkte Bedeutung (s.u. und vgl. Literaturangabe).

Zu d): Der *IHAT* bereitet gewisse technische Schwierigkeiten, weil mehrere subjektive Faktoren die Ergebnisse beeinflussen können. Dabei spielen u.a. die Art der verwendeten Erythrozyten (Mensch - Blutgruppe?, Hammel), das angewandte Fixierungsmittel, die Konzentration der „Gerbemittel" (Tannin für die Erythrozyten) und die Qualität des gelösten Antigens eine Rolle. Daraus resultieren - je nach der verwendeten Technik - unterschiedliche Titer-Werte und Interpretationsmöglichkeiten.

Ein bestimmtes IHAT-System zeigt z.B. im Titer-Verlauf bei einer experimentellen *Toxoplasma*-Infektion große Übereinstimmung mit dem Sabin-Feldman-Test und wird dann auch anstelle des SFT verwendet, doch ist die Übereinstimmung mit diesem nicht vollständig. Daraus ergibt sich die Frage, wodurch Abweichungen auftreten (z.B. Einfluß von Medikamenten?). Sicher ist, daß die Ergebnisse des IHAT durch die Verwendung eines gelösten (Zytoplasma-) Antigens nicht identisch sind mit denen des SFT, bei dem sich ein Membran-Antigen auswirkt.

Ein anderes IHAT-System einer veränderten Technik zeigt ebenfalls keine völlige Übereinstimmung mit den Ergebnissen des IHAT oder SFT, sondern sogar einen diskrepanten Verlauf, d.h., bei hohen Anfangswerten im SFT bei einer frischen Infektion bleiben die IHAT-Werte relativ niedrig und steigen erst später bei schon abfallenden SFT-Titern an. Dieser diskrepante Titer-Verlauf bietet in gewissen Grenzen die Möglichkeit zur Erkennung des Zeitpunktes einer *Toxoplasma*-Infektion, der, z.B. bei einer Schwangerschaft, von großer Bedeutung sein kann, um noch rechtzeitig eine Chemotherapie einleiten zu können (Fesefeldt und Braveny, 1978).

Für ein Routinelaboratorium, das auf kommerzielle Antigene angewiesen ist, besteht jedoch die Schwierigkeit, zu erkennen, zu welchem der beiden IHAT-Systeme das vom Hersteller angebotene Antigen-System gehört. Außerdem läßt sich die Interpretation der Ergebnisse nicht verallgemeinern, wie verschiedene Autoren darlegen.

Zu e): Der *Direkte Agglutinationstest* (DAT) nach Fulton und Turk (1960) gilt als ein spezifisches und sensitives Verfahren zum Nachweis von *Toxoplasma*-IgG- und -IgM-Antikörpern. Verwendet werden dazu Toxoplasmen aus in-vitro-Kulturen oder hoch gereinigte Suspensionen aus dem Peritonealexsudat infizierter Mäuse. Die kommerziellen Produkte sind von unterschiedlicher Qualität, so daß die gewonnenen Ergebnisse untereinander nicht vergleichbar sind; es fehlt auch hier wie bei anderen serologischen Verfahren die Standardisierung.

Der DAT hat sich in der Toxoplasmose-Diagnostik nicht allgemein durchgesetzt. Aber Thulliez et al. (1986)* berichteten kürzlich über Erfahrungen mit dem DAT im Zusammenhang mit der Überwachung von Schwangeren wegen der wesentlichen Frage, ob eine *Toxoplasma*-Infektion schon vor der Konzeption bestand oder erst während der Schwangerschaft erworben wurde. Die Autoren benutzen in-vitro-kultivierte Toxoplasmen und verwenden nebeneinander Aceton-behandelte und Formalin-fixierte Parasiten. Mercaptoäthanol-behandelte Patientenseren mit einer kürzlich erworbenen Infektion agglutinieren beide *Toxoplasma*-Suspensionen mit hohen Titern. Bei länger bestehenden Infektionen agglutinieren nur die Formalin-fixierten Parasiten mit hohen Titern, während die Aceton-behandelten Toxoplasmen nur geringe Titer erbringen oder negativ reagieren (z. B. bei Chorioretinitis, bei AIDS-Patienten). Wieweit dieses Verfahren allgemeinere Anwendung finden wird, muß die Zukunft erweisen.

Zu f): Der *Indirekte Latex-Agglutinationstest (ILAT)* unterscheidet sich nicht wesentlich vom IHAT. Hier werden anstelle von Erythrozyten *Kunststoff-Partikel* von geringer Größe mit dem gelösten *Toxoplasma*-Antigen beladen; sie werden sensibilisiert. In Anwesenheit von *Toxoplasma*-Antikörpern agglutinieren die Partikel und bilden - wie beim IHAT - einen netzartigen Schleier, der den Rundboden der Reaktionsgefäße bedeckt. Im negativen Falle entsteht ein weißlicher „Knopf", die Ansammlung der einzeln liegenden Kunststoff-Partikel. Die Titerhöhen sind mit denen des IIFT vergleichbar, aber eine absolute individuelle Übereinstimmung ist nicht zu erwarten; qualitativ ist der Latex-Test jedenfalls brauchbar. Das gilt aber für alle bei demselben Serum nebeneinander vertretenen Methoden. Abweichungen treten immer wieder auf; sie lassen sich nicht ohne Kenntnis der klinischen Situation erklären, demonstrieren aber, daß zur Qualitätssicherung der Befunde bei dringendem klinischem Verdacht einerseits Wiederholungsuntersuchungen, andererseits wenigstens zwei verschiedene Methoden erforderlich sind (z. B. zusätzlich SFT oder IIFT).

Zu g): Der ELISA bietet dem Laboratoriumsarzt für die *individuelle Toxoplasmose-Diagnostik* keinen wesentlichen Vorteil: er erlaubt keine zuverlässigere Aussage als der IIFT. Er eignet sich vorerst nur für Screening-Untersuchungen, epidemiologische Studien, bei denen es bei vielen Probanden um schnelle Entscheidungen hinsichtlich einer *Toxoplasma*-Infektion geht - unabhängig von der Erkennung eines therapiebedürftigen Zustandes.

---

* Thulliez, Ph., Remington, J. S., Santoro, F., Ovlaque, G., Sharma, S., Desmonts, G.: A new agglutination test for the diagnosis of acute and chronic *Toxoplasma* infection. IX. International Congress of Infectious and Parasitic Diseases, München 1986, Ref.-Nr. 1301.

IgM-Antikörper werden zur Zeit mit folgenden Methoden nachgewiesen:

a) Indirekter Immunfluoreszenztest (IIFT), nach Remington (1969), positiv vom 5. Tag bis zu vier Monaten post inf. bei geringer Spezifität
b) Double-Sandwich-IgM-ELISA (DSIgM-ELISA) nach Remington (1982a), positiv bis zu 12 Monaten post inf.
c) Reverse Enzyme Immuno Assay (REIA) nach Walls und Franco (1982), positiv bis zu 12 Monaten post inf.
d) Immuno-Sorbent Agglutination Assay (IgM-ISAgA) nach Desmonts (1982), positiv bis zu 12 Monaten post inf.
e) Enzyme Immuno Assay (EIA) nach Wielaard et al. (1983), positiv bis zu 12 Monaten post inf.

Zur Ermittlung des Infektionszeitpunktes, der bei Schwangeren von entscheidender Bedeutung für die Frucht sein kann, hat sich der Nachweis von IgM-Antikörpern als notwendig erwiesen. Von den obengenannten Methoden hat sich der IgM-ISAA-Test dem bisher üblichen IgM-IIFT in bezug auf Empfindlichkeit und vor allem auf Spezifität hin als klar überlegen (72 bis 81% positiv) erwiesen; er bleibt positiv bis zu etwa 12 Monaten post infectionem (vgl. Naot et al., 1981).

Die guten Erfahrungen mit dem IgM-ISAgA haben Saathoff und Seitz (1985) veranlaßt, das letztgenannte Verfahren mit dem bisherigen indirekten Immunfluoreszenzverfahren zu verbinden, weil bei Anwendung beider Verfahren der Zeitpunkt der Erstinfektion relativ gut festgelegt werden kann. Diese Methoden können jedoch zur Zeit nur in Speziallaboratorien durchgeführt werden.

Für die *Interpretation* eines Antikörpernachweises bei Patienten bieten sich - unter Berücksichtigung der beiden häufigsten Methoden, des IIFT und der KBR (einschließlich IgM-Bestimmung) - die folgenden Hinweise:

Toxoplasma-Antikörper lassen sich *erstmalig* etwa 11 Tage nach der Infektion mit dem IIFT nachweisen und haben in der Regel bereits 3 bis 4 Wochen p.i. den höchsten Titerstand erreicht (IIFT ≙ SFT).

Zur Qualitätssicherung müssen nach einer einmaligen serologischen Untersuchung, wie sie z.B. auf der Suche nach einem ätiologischen Agens üblich ist, folgende Beurteilungsmaßstäbe beachtet werden, um eine falsche Interpretation der Ergebnisse weitgehend auszuschließen:

1. Sind alle serologischen Untersuchungen *negativ*, dann liegt höchstwahrscheinlich keine *Toxoplasma*-Infektion vor. Information für Schwangere: Gefährdung der Frucht nur bei Erstinfektion; deshalb Prophylaxe besonders sorgfältig beachten.
   Aber durch eine Wiederholung der serologischen Untersuchung nach 2 bis 3 Monaten auf eine Titerkonversion achten!
2. Beim *IIFT oder SFT mit Titer bis 1:256 und KBR mit Titer 1:5* liegt vermutlich eine latente, symptomlose *Toxoplasma-Infektion* vor oder Beginn einer Erstinfektion (!), u.U. auch ohne klinische Symptome! Bestehen aber Lymphknotenschwellungen, subfebrile Temperaturen, ein allgemeines Krankheitsgefühl oder eine *Schwangerschaft*, so ist eine sofortige Wiederholungsuntersuchung mit Bestimmung des IgM-Wertes angezeigt. Falls ein Titeranstieg und positive IgM-Werte vorliegen, siehe unter 3.

3. *IIFT oder SFT 1:1000 - 1:64000 und KBR 1:10 - 1:320:* begründeter Verdacht für das Vorliegen einer manifesten akuten Toxoplasmose! Therapie ist im allgemeinen nur bei klinischen Symptomen erforderlich! IgM-Bestimmung!
   Bei Schwangeren sind nur frische Erstinfektionen therapiebedürftig (Titerkonversion!), jedoch erst nach der 12. Schwangerschaftswoche.
   Sind die Werte zum Zeitpunkt der Konzeption nicht bekannt, sollte umgehend eine IgM-Kontrolle durchgeführt werden. Bleiben die Ergebnisse gleich bzw. sind sie höher, sollte wie bei einer behandlungsbedürftigen Erstinfektion vorgegangen werden. Positive serologische Ergebnisse bedeuten keineswegs schicksalhafte Gefährdung der Frucht!
4. Titerschwankungen um das 2-4-fache, z.B. 1:64 - 1:256, können physiologisch oder auch untersuchungstechnisch bedingt sein. Sie dürfen nicht ohne weiteres als Absinken oder Ansteigen des Antikörpertiters im Sinne einer Verbesserung oder Verschlechterung der Krankheit gedeutet werden. Kontrollen sind erforderlich!

5.8.2.3 Die viszerale Leishmaniose (Kala-Azar)

Der Erreger der viszeralen Leishmaniose (*Leishmania donovani*) wird durch den Stich von Sandmücken (*Phlebotomus*-Arten und Verwandte) auf den Menschen übertragen, wobei sich die Überträger häufiger an Tieren (als Erreger-Reservoire) als an Menschen infizieren. Wesentliches klinisches Symptom ist eine Splenomegalie. Da der mikroskopische Erregernachweis und die Anzüchtung auf Nährboden (vgl. 5.7.3.2) mühevoll und schwierig sind (Sternalpunktat, Leber-, Milzpunktat; vgl. 5.7.0.1) und daher nicht immer gelingen, kann bei begründetem klinischem Verdacht der Antikörpernachweis eine wertvolle diagnostische Hilfe bieten.

Antikörper lassen sich mit Hilfe des IIFT sowohl unter Verwendung von Kulturleishmanien als auch mit Schnitten experimentell infizierter Hamsterleber als Antigen recht zuverlässig nachweisen. Die Ergebnisse (Titer zwischen 1:64 und 1:4000) sind bei Ausschluß anderer möglicher Parasiten aus der Gruppe der Trypanosomiden relativ spezifisch. Der IHAT gilt als weniger zuverlässig als der IIFT. Auch die *KBR* läßt sich zum Antikörpernachweis einsetzen, doch ist ihre Sensitivität geringer als die des IIFT. Die Titer fallen nach einer Behandlung schneller und deutlicher ab als beim IIFT, weshalb sich die KBR zu einer Erfolgskontrolle nach einer Therapie eignet.

Der IIFT mit Gewebsformen als Antigen (s.o.) gilt als der empfindlichste Test. Die Titer-Werte bewegen sich zwischen 1:64 und 1:4096. Niedrigere Titer können als positive Kreuzreaktionen u.U. bei Infektionen mit *Trypanosoma cruzi* (Chagas-Krankheit) oder *Leishmania brasiliensis* (Schleimhautleishmaniase) auftreten.

Bei Patienten mit einer Orientbeule (*Leishmania tropica*) tritt ein positiver IIFT nur dann auf, wenn Lymphknoten beteiligt sind. Nach medikamentöser Behandlung fallen die Titer im IIFT nur langsam ab.

5.8.2.4 Amöbiasis, Amöbenruhr, Amöbenabszeß (vgl. dazu auch 5.7.3.3)

Eine Infektion des Dickdarms mit *Entamoeba histolytica* kann im allgemeinen durch eine mikroskopische Stuhluntersuchung aufgedeckt werden. Bei einer *invasiven Amöbiasis*, die zur Darmwandschädigung oder zu Abszessen in der Leber und in anderen Organen führt, kommt es auch zur Antikörperbildung, die sich serologisch erfassen läßt. Abszesse können jedoch auch dann vorliegen, wenn keine

Darminfektion mehr nachzuweisen ist. Neben der KBR werden der IIFT, der Latex-Agglutinationstest (LAT), der IHAT sowie der ELISA angewendet.

Als Antigen lassen sich Ruhramöben von axenisch oder monaxenisch gezüchteten Stämmen, beim IIFT auch Gefrierschnitte von experimentell infizierten Goldhamsterlebern verwenden. Die KBR mit einem löslichen Antigen aus Kulturamöben führt im allgemeinen nur im akuten Infektionsstadium zu positiven Werten (Titer über 1:5). Nach den Erfahrungen im Bonner serologischen Laboratorium wird die KBR mit dem Auftreten von Krankheitserscheinungen gleichzeitig mit dem IIFT (s. u.) positiv, fällt aber nach der Behandlung mit Medikamenten früher ab; unspezifisch positive Befunde sind dabei extrem selten.

Der IIFT gilt als sehr empfindlich und spezifisch; bei einem Amöbenabszeß der Leber treten in der Regel Antikörper-Titer von über 1:256 auf, maximal bis 1:16000. Zwei bis vier Monate nach einer erfolgreichen Behandlung läßt sich im IIFT meist ein deutlicher Titer-Abfall beobachten; niedrigere Titer-Werte (um 1:64) bleiben aber u. U. noch lange Zeit bestehen. Im Frühstadium der Krankheit kann der Test noch negativ ausfallen. Besteht dabei begründeter Verdacht auf Amöbenabszeß, muß auch an eine spezifische Therapie gedacht werden. Die Interpretation der Ergebnisse ist aber nicht vom klinischen Bild zu trennen. (Bei Titern über 1:320 besteht 90 bis 100%-ige Wahrscheinlichkeit).

Der *Latex-Agglutinationstest* (Handelsprodukt: Serameba, Ames) ist relativ leicht durchführbar und recht empfindlich. Er bleibt aber noch relativ lange Zeit nach überstandener Krankheit positiv und sollte nur in Verbindung mit einer der beiden anderen Reaktionen angewendet werden.

Im einzelnen kann folgende Regel gelten:

Selbst beim Vorliegen eines charakteristischen klinischen Bildes können Antikörper fehlen, die aber erst unter einer medikamentösen Therapie auftreten oder danach stärker ansteigen. Andererseits erschwert das Verbleiben von Antikörpern nach erfolgreicher medikamentöser Behandlung über mehrere Jahre die Entscheidung, ob noch ein verborgener Abszeß vorliegt oder nicht. Hier muß die klinische Untersuchung (Sonographie, CT-Untersuchung) die Abklärung bringen. IgG- und IgM-Antikörper liegen manchmal gleichzeitig vor oder treten erst nacheinander auf, ohne dabei einander abzulösen. So findet man bei einer Erstinfektion IgG- und IgM-Antikörper, aber die IgM-Klasse verschwindet relativ schnell, während die IgG-Antikörper länger verbleiben. Ein negativer IgM-Befund spricht gegen eine akute Amöbiasis.

5.8.2.5 Trichomoniasis (T. vaginalis)

Trichomonas-Antikörper lassen sich mit Hilfe der Komplementbindungsreaktion, des indirekten Immunfluoreszenztests und des indirekten Hämagglutinationsverfahrens, neuerdings auch mit dem ELISA (Street et al., 1982) nachweisen. Nach den bisherigen Erfahrungen fallen die Reaktionen bei mikroskopisch bestätigter Infektion zu etwa 86 bis 90% positiv aus. 63% der mikroskopisch positiven Frauen werden im ELISA positiv, 18,5% auch mit IgM-Antikörpern. Für die individuelle Diagnostik bringen diese Methoden jedoch höchstens einen Hinweis, der durch mikroskopischen oder kulturellen Nachweis bestätigt werden muß.

Teras (1961, 1966) hat auf das Vorkommen verschiedener Serotypen bei *Trichomonas vaginalis* aufmerksam gemacht, die das serologische Ergebnis beeinflussen können. Sie werden besonders deutlich erkannt mit der Agglutinationsmethode. Mit einem homologen Serotyp als Antigen werden optimale Titer, mit heterologem u. U. sogar negative Resultate gewonnen. Deshalb ist es notwendig, regional abzuklären, welche Serotypen vorherrschen und darauf die immunbiologischen Reaktionen abzustimmen.

Andere Protozoonosen kommen bei Patienten in der Bundesrepublik Deutschland für die Serodiagnostik nicht in Betracht. Möglich ist die Anwendung immundiagnostischer Verfahren noch bei der Chagas-Krankheit Südamerikas (*Trypanosoma cruzi*) und begrenzt bei *Trypanosoma brucei gambiense* und bei *T. b. rhodesiense* (Schlafkrankheit Afrikas). Solche klinischen Fälle sind aber so selten, daß ihre besondere Darstellung hier nicht erforderlich erscheint. Diese Fälle bleiben Speziallaboratorien vorbehalten, weil die erforderlichen Antigene nicht im Handel erhältlich sind.

5.8.3 Helminthosen

Bei Helminthosen werden serologische Nachweismethoden dann erforderlich, wenn Eier oder Larven der Parasiten in Körpersäften oder Exkreten nicht auftreten oder nur so selten sind, daß sie sich mikroskopisch nicht erfassen lassen, z.B. bei der Trichinellose, bei der Echinokokkose oder Zystizerkose; sie sind u.U. spärlich bei der Bilharziose, Filariose und Fasziolose. Auch die Larven der Spulwürmer von Hund und Katze (*Toxocara*-Arten) können sich im Menschen weiterentwickeln, werden aber nicht geschlechtsreif und wandern ständig umher. Sie gelangen dabei auch in das ZNS sowie in die Augen, die sie u.U. bis zur Erblindung schädigen.

5.8.3.1 Schistosomiasis (Bilharziose)

Die Schistosomiasis ist eine Wurmkrankheit der Tropen und Subtropen, deren Erreger ihre Entwicklung zum Teil in Wasserschnecken als Zwischenwirten absolvieren. In diesen entwickeln sich Cercarien als infektiöse Stadien. Diese Infektion wird zunehmend bei Personen beobachtet, die sich vorübergehend oder dauernd in den genannten Gebieten aufgehalten haben und Kontakt zu befallenen Gewässern (nur Süßwasser) hatten (Reiseanamnese!).

Die Patienten scheiden bei Darm-Schistosomiasis Eier mit dem Kot, bei Blasen-Schistosomiasis mit dem Urin aus, die sich mikroskopisch relativ leicht feststellen lassen (vgl. 5.7.0.4, 5.7.0.5 u. Tabelle 5.7-1).

In Fällen, bei denen ein begründeter Verdacht vorliegt, aber Eier nicht oder nicht mehr ausgeschieden werden, besteht die Möglichkeit, *Schistosoma*-Antikörper durch serologische Untersuchungen festzustellen. Dazu können die folgenden bevorzugten *Methoden* angewendet werden:

1. Indirekter Immunfluoreszenztest (IIFT)
2. Indirekter Hämagglutinationstest (IHAT)
3. ELISA (*e*nzyme-*l*inked *i*mmuno *s*orbent *a*ssay)
4. Cercarienhüllenreaktion

Grundsätzlich können alle Entwicklungsstadien als Antigen verwendet werden. Dazu ist allerdings die Haltung des Entwicklungszyklus von *Schistosoma mansoni* im Laboratorium erforderlich, weil Handelspräparate nicht zur Verfügung stehen. Der IIFT läßt sich mit Cercarien-Antigen sowie mit Antigen von geschlechtsreifen Würmern (z.B. Gefrierschnitte von erwachsenen Schistosomen) durchführen. Es gilt die allgemeine Regel, daß das Cercarien-Antigen in erster Linie für die Frühdiagnose geeignet ist; es reagiert bei einem frischen *Schistosoma*-Befall positiv, während das Antigen von erwachsenen Würmern nur schwache oder gar keine positive Reaktion ergibt. - Die *Cercarienhüllenreaktion* mit lebenden Cercarien kann bereits nach zehn Tagen positiv ausfallen. Dabei bildet sich auf der Oberfläche der Cercarien ein Niederschlag, der einer Hülle gleicht und die ganze Gestalt der Cercarien wiedergibt. Bei heftigem Schlagen kann diese Hülle - fast vollkommen erhalten - abgestreift werden. Manchmal beschränkt sich der Niederschlag auf einen blasenartigen Anhang an der Mundöffnung, dessen Spezifität durch Kontrollen erhärtet werden kann.

Der *IIFT mit Cercarien-Antigen* allein erreicht zu Beginn der Eiausscheidung den höchsten Titer-Wert und fällt dann langsam ab. Eine positive Cercarien-Reaktion darf noch nicht als Beweis für das Vorliegen einer frischen *Schistosoma*-Infektion angesehen werden, weil eine Cercarien-Dermatitis auch durch Cercarien von Vogel-Schistosomen hervorgerufen werden kann.

Der *IIFT mit Antigen von adulten, d.h. erwachsenen Würmern* wird erst kurz vor dem ersten Auftreten von Eiern in Urin oder Stuhl positiv. Bei länger bestehenden Erkrankungen treten häufig hohe Antikörper-Titer auf. Dabei können auch solche Patienten erfaßt werden, die nur wenige Eier ausscheiden.

Eine Unterscheidung zwischen einer *Schistosoma mansoni*- und *S. haematobium*- oder *S. intercalatum*-Infektion läßt sich serologisch weder qualitativ noch quantitativ treffen.

Bei einem frischen *Schistosomen-Befall* reagiert zunächst nur das Cercarien-Antigen positiv. Die Cercarienhüllenreaktion (CHR) kann bereits 10 Tage p.i. positiv werden. Der IIFT mit Cercarien erreicht bereits zu Beginn der Patentperiode den höchsten Titer-Stand und fällt dann langsam wieder ab. Bei länger bestehenden Infektionen können Cercarien-IIFT und Cercarienhüllenreaktion völlig negativ ausfallen. Eine positive Reaktion mit Cercarien-Antigen allein darf deshalb noch nicht als Beweis für das Vorliegen einer frischen *Schistosoma mansoni*- oder *S. haematobium*-Infektion angesehen werden. Das Cercarien-Antigen ist in erster Linie für die Frühdiagnose geeignet.

Der IIFT mit Adulten-Antigen ist geeignet, auch diejenigen Infektionen zu erfassen, bei denen, z. B. infolge bereits vorhandener Organschäden oder durch das Alter der Würmer bedingt, nur noch spärlich Eier ausgeschieden werden.

Neben dem IIFT stellt auch das ELISA-Verfahren bei entsprechender Herstellung von Adulten-Antigen eine sensible und zugleich spezifische Methode zum Nachweis von *Schistosoma*-Infektionen dar.

Die indirekte Hämagglutination wird - möglicherweise in Abhängigkeit vom jeweils verwendeten Antigen - teils als sehr gut, teils aber als diagnostisch nicht verwertbar beurteilt. Zudem weisen auch Serumproben von Personen mit *Trichinella*-Frischinfektionen und von Personen mit *Fasciola*-Befall zu einem hohen Prozentsatz Kreuzreaktionen mit Cercarien-Antigen auf. Letztere lassen sich anhand des Cercarien-Antigens weder qualitativ noch quantitativ von homologen Antigen-Antikörper-Reaktionen unterscheiden.

Bei Berücksichtigung dieser möglichen Kreuzreaktionen stellt die Schistosomen-Serologie ein sicheres und sehr sensibles Verfahren zum Nachweis oder zum Ausschluß einer Schistosomen-Infektion dar.

Andere Verfahren wie der Latex-Test und die Immunelektrophorese sowie die

Gegenstromelektrophorese und der ELISA bringen für die Routinearbeit keine diagnostischen Vorteile.

5.8.3.2 Echinokokkose

Der geschlechtsreife *Echinococcus* entwickelt sich vorwiegend in Hund bzw. Fuchs und Katze; das Larvenstadium, der Finne von *Taenia* spec. vergleichbar, findet man in der freien Natur z. B. in Schafen bzw. Mäusen. Aber auch beim *Menschen* entwickeln sich die *Larvenstadien* der beiden Bandwurmarten *Echinococcus granulosus* (der Hundebandwurm) und *E. multilocularis* (der sog. Fuchsbandwurm). Da sich die Larven vorwiegend in Organgeweben (z. B. Leber, Lunge und Gehirn) entwickeln, besteht keine Möglichkeit, den Echinokokkenbefall in Ausscheidungen mikroskopisch zu erfassen (abgesehen von seltenen Fällen eines *Lungen-Echinococcus*, bei dem u. U. Echinokokken im Sputum gefunden werden können).

Für die Laboratoriumsdiagnostik bleibt - außer den bildgebenden physikalischen Verfahren - praktisch nur der serologische Nachweis von *Echinococcus-Antikörpern*. Da die Echinokokkenlarven meist lebhafte Antikörperbildung anregen, lassen sich praktisch alle bekannten serologischen Verfahren zum Antikörper-Nachweis anwenden.

Unter diesen haben sich der IIFT, die KBR, der IHAT und der ELISA bewährt. Dabei ist jedoch zu berücksichtigen, daß die Hydatidenflüssigkeit (als Antigen) von Wirt zu Wirt und je nach Größe der Zysten verschiedene Qualität aufweist, die jeweils austitriert werden muß (Janitschke et al., 1981; Böhle und Janitschke, 1984; Disko et al., 1984). Der indirekte Immunfluoreszenztest wird an Schnitten von Echinokokkenzysten (mit Protoscolices) durchgeführt; er gilt als sehr empfindlich. Bei einer Leber-Echinokokkose werden etwa 80%, bei einer Lungen-Echinokokkose nur 58 bis 60% der Fälle serologisch erfaßt; es sind auch bei operativ bestätigten Fällen negative Ergebnisse, vor allem bei Lungen-Echinokokkose zu erwarten (vgl. Ambroise-Thomas und Desgeorges, 1979). Nach Janitschke et al. (1981) sollte neben dem IIFT stets ein zweiter Test herangezogen werden, z. B. der IHAT.

Die Endtiter liegen beim IIFT bei 1:320, beim IHAT bei 1:16000, beim ELISA positiv ab 1:80.

Zur Qualitätssicherung bei der Durchführung des IIFT liegen Empfehlungen einer Kommission des Bundesgesundheitsamtes zur Vereinheitlichung der Laboratoriumsdiagnostik der Echinokokkose vor (vgl. BGBlatt 24, Jahrgang 1981, S. 310-311). Sie wurden erarbeitet, um eine weitgehende Übereinstimmung der serologischen Testergebnisse innerhalb der Bundesrepublik Deutschland zu erreichen. Damit wurde auch eine erste einheitliche Interpretation ermöglicht. Einzelheiten zur empfohlenen Technik müssen im Bundesgesundheitsblatt nachgelesen werden.

Eine Hilfe bei epidemiologischen Studien bietet auch die Immunelektrophorese, bei der sich eine charakteristische Präzipitationslinie im sog. Arc 5 bildet (vgl. dazu Varela-Diaz et al., 1983).

Kreuzreaktionen mit anderen Cestoden (*Taenia*-Cysticercen) aber auch (im Tierversuch) mit Filarien, sind beobachtet worden (Hinz et al., 1981). Eine Unterscheidung zwischen *E. granulosus* (*E.* cysticus) und *E. multilocularis* (*E.* alveolaris) gelingt serologisch in gewissen Grenzen. Gottstein (1983) gelang es, aus *E. multilocularis* eine für diese Art spezifische Antigenfraktion für den ELISA zu gewinnen; Seren von *E. granulosus* reagieren negativ.

Bei Verwendung eines homologen Antigens treten in der Regel höhere Titerendwerte auf als bei heterologem Antigen. - Postoperativ kommt es (u. U. nach kurzzeitigem Antikörperanstieg) zu langsamem Titerabfall innerhalb von 1 bis 2 Jahren. Bleibt er aus, besteht ein begründeter Verdacht auf das Vorliegen nicht erkannter Zysten.

Eine Weiterführung der immunbiologischen Verfahren liegt in den Nachweisen von zirkulierendem Antigen vor. Dabei läßt sich mit Hilfe von parasitenspezifischen Antikörpern und einem abgewandelten ELISA zirkulierendes Echinokokken-Antigen erfassen (Gottstein, 1984 a, b; Gottstein et al., 1984).

5.8.3.3 Zystizerkose

Die *Zystizerkose* geht auf einen Befall mit dem Finnenstadium des Schweinebandwurms *Taenia solium* (sog. Cysticercus) zurück, das sich auch im Menschen entwikkeln und Muskulatur sowie Zentralnervensystem infizieren kann. Da ein mikroskopischer oder makroskopischer Nachweis der Zystizerken nur ausnahmsweise (z. B. bei der Lage der Finnen dicht unter der Epidermis oder in der vorderen Augenkammer) gelingt, läßt sich eine Zystizerkose nur serologisch erkennen (KBR, IIFT und IHAT). Bisher war dabei nur ein gruppenspezifisches Resultat zu erwarten. Kürzlich gelang es aber Gottstein (1986), ein speziesspezifisches Resultat zu erzielen; die Methode (Präzipitation im Western blot) ist aber vorerst Speziallaboratorien vorbehalten.

5.8.3.4 Trichinellose

Die Trichinellen bilden kein freies Entwicklungsstadium aus, so daß der Nachweis der Parasiten durch mikroskopische Stuhl- oder Blutuntersuchung in der Regel nicht möglich ist (Ausnahme: Blutphase und Muskelbiopsie). Daher sind bei der Trichinellose die serologischen Nachweismethoden von besonders großer Bedeutung.

Zum Nachweis von Trichinellen-Antikörpern lassen sich grundsätzlich alle bekannten serologischen Verfahren verwenden.

Humorale Antikörper findet man frühestens 10 Tage nach der Infektion, je nach Infektionsstärke aber auch noch später als das Auftreten einer Eosinophilie, die hohe Werte erreichen kann. Am bekanntesten ist die KBR, die vorwiegend bei akut erkrankten Personen positiv ausfällt. Zuverlässiger und daher bevorzugt sind der IIFT und der IHAT. Der ELISA wird für größere Reihenuntersuchungen - u. a. auch bei Schweinen - verwendet und gilt als sehr sensibel (vgl. Ruitenberg et al., 1975, 1978).

Die höchsten beim Menschen beobachteten Titer-Werte liegen bei der KBR bei 1:320, beim IIFT bei 1:4000. Werte über 1:20 im IIFT machen eine Trichinellose sehr wahrscheinlich, aber auch negative Ergebnisse schließen einen Trichinellenbefall nicht aus, weil der Antikörper-Titer auch bei bestehender Infektion im Laufe von Jahren auf Null, d. h. unter 1:5, zurückgehen kann. Ein Trichinellenbefall mit lebensfähigen Larven kann im Menschen lebenslang (beobachtet wurden 30 Jahre) bestehen. Dabei können Antikörper nachweisbar sein, müssen es aber nicht. Wegweisend kann eine hohe Eosinophilie sein, wenn sie sich nicht durch andere Ursachen erklären läßt.

IIFT und IHAT können auch bei Filarienbefall positiv reagieren, doch läßt sich die Validität eines Ergebnisses mit einer Kontrolluntersuchung unter Verwendung von Filarien-Antigen abklären; Darmnematoden führen manchmal auch zu niedrigen Titern.

Von Lamina (1980) wird der Ouchterlony-Test zum Nachweis von Trichinen-Antikörpern empfohlen. Er ist aber ebenso eingeschränkt verwendbar wie der Mikropräzipitationstest (an lebenden Larven, besser an eingefrorenen kryopräserviert-konservierten Larven - nach Constantinescu und Cápraru, 1980; positiv ab der 3. Woche p.i., max. 45 bis 65 Tage); beide Methoden schließen bei negativer Reaktion einen Trichinenbefall nicht aus.

5.8.3.5 *Filarien*

Personen, die sich in tropischen oder subtropischen Gebieten der Erde aufgehalten haben, bringen gelegentlich eine Filarieninfektion mit. Diese Fadenwürmer werden durch Insekten von Mensch zu Mensch übertragen. Als Geschlechtsprodukte entstehen Mikrofilarien (etwa 200-300 μm lang, 4-8 μm breit), die bei den sog. Blutfilarien im peripheren Blut auftreten, bei den Gewebefilarien im Unterhautgewebe leben. Sie sind dort mikroskopisch nachweisbar (vgl. 5.7.0.2, 5.7.4.4; Blutausstrich, Dicker Tropfen, Konzentrationsverfahren). Doch liegt die Präpatenz bei 3 bis 15 Monaten (vgl. 5.7.0.1). Hinzu kommt bei manchen Blutfilarien eine Periodizität der Mikrofilarien. Diese treten bei *Wuchereria bancrofti* und *Brugia malayi* vorwiegend nachts (Microfilaria nocturna), bei *Loa loa* tagsüber (M. diurna) im peripheren Blut auf.

Es ist daher in jedem verdächtigen Falle die mikroskopische Untersuchung auf Mikrofilarien - je nach Art - *um Mitternacht oder um die Mittagszeit* erforderlich.

Die lange Präpatenz und die oft spärliche Zahl von Mikrofilarien machen bei entsprechendem Verdacht *serologische Untersuchungen* notwendig. Durch den häufigen Mangel an homologem Antigen-Material - diese Parasiten des Menschen lassen sich nicht in Laboratoriumstieren vermehren - sind wir meist auf verwandte Filarienarten als Antigen angewiesen. Durch die gruppenspezifische Reaktion ist diese Einschränkung jedoch nur von geringer Bedeutung, zumal die erreichbaren Titer-Höhen bei verschiedenen Antigenen wenig voneinander differieren. Angewendet wird der IIFT, ebenso der IHAT, der allerdings eine geringere Empfindlichkeit aufweist.

Die Schwierigkeit der Antigen-Beschaffung beschränkt allerdings die Durchführung der serologischen Verfahren auf Speziallaboratorien.

5.8.3.6 *Toxocariasis (Larva migrans visceralis)*

Nematoden der Gattung *Toxocara* sind häufige Darmparasiten von Hund und Katze (*T. canis*, *T. cati*). Ihre Larven können sich aber auch im Menschen entwickeln, werden aber nicht geschlechtsreif. Sie wandern ziellos umher, lassen sich mikroskopisch nicht erfassen und können je nach Aufenthaltsort zu uncharakteristischen Krankheitserscheinungen führen. Neben den viszeralen Organen wie Leber und Lunge („Larva migrans visceralis") wird gelegentlich auch ein Auge (z. B. Netzhautablösung) oder das ZNS befallen, wodurch sehr unterschiedliche Krankheitserscheinungen auftreten. Kinder im Alter von drei bis fünf Jahren leiden bevorzugt unter diesen Parasiten (Glickman et al., 1979), deren Eier mit dem Hunde- und Katzenkot auf Sandspielplätzen verschleppt werden; doch bleibt keine Altersgruppe verschont. Über das wahre Ausmaß der durch die Toxokariasis hervorgerufenen

Krankheiten lassen sich keine zuverlässigen Auskünfte geben. Allein serologische Untersuchungen erlauben, die Infektion zu erkennen, die meist durch eine hohe Eosinophilie gekennzeichnet ist. Im Vordergrund steht der IIFT mit einem homologen Antigen, die Mikropräzipitation mit lebenden *Toxocara*- oder *Ascaris*-Larven und der Ouchterlony-Test mit *Toxocara*-Antigen.

Positive Kreuzreaktionen treten allerdings auf, wenn *Ascaris*-Befall, Trichinellose oder Filariose vorliegen. Dabei wird die parasitologische Diagnose in Verbindung mit dem klinischen Bild zu stellen sein. Außerdem hilft eine genaue Reiseanamnese, das serologische Ergebnis richtig zu interpretieren. Eine absolut sichere Diagnose wird oftmals schwierig sein. Einzelheiten zu den serologischen Verfahren mitzuteilen, erübrigt sich hier, weil die Durchführung der serologischen Untersuchung Speziallaboratorien vorbehalten bleiben muß. Die erforderlichen Antigene sind im Handel nicht erhältlich. Sie müssen durch Tierversuche (Gewinnung der Larven durch Infektion von Mäusen) gewonnen werden.

Lamina (1980) empfiehlt die Agar-Gel-Technik nach Ouchterlony, bei der das Antiserum gegen verschiedene Nematoden-Antigene geprüft wird, sowie die Mikropräzipitation unter Verwendung lebender *Toxocara*-Larven; dem zweiten Verfahren räumt er höhere Spezifität ein, doch dürfte beiden Methoden der IIFT hinsichtlich der Sensitivität überlegen sein. Im Zweifelsfalle sollten stets wenigstens zwei verschiedene Methoden verwendet werden, die für eine positive Entscheidung einander bestätigen müssen. Nach den Erfahrungen von Lamina liegt das Alter der meisten Patienten mit Augenschäden zwischen 20 und 30 Jahren.

5.8.4 Externe Qualitätssicherung

Eine externe Qualitätssicherung im Sinne einer Standardisierung und einheitlicher serologischer Methodik (Antigen, Antiserum) ist bisher nur in engen Grenzen gelungen. Für die Serologie der Toxoplasmose und Echinokokkose sind in Verbindung mit dem Bundesgesundheitsamt *„Empfehlungen"* erarbeitet worden, die im Bundesgesundheitsblatt publiziert worden sind (vgl. Literaturverzeichnis). Zur Toxoplasmose liegt ein Standardserum vor, das vom Statens Serum Institut in Kopenhagen (Dr. Lyng) betreut wird und an dem sich die Fachlaboratorien orientieren. Ein solches Serum wird auch vom Institut für Medizinische Parasitologie der Universität Bonn abgegeben. Es gehen aber die Bemühungen der Fachgesellschaft dahin, auch für andere Parasitosen zu Laboratoriumsempfehlungen und Standardseren zu kommen.

Institute in der Bundesrepublik Deutschland mit Speziallaboratorien für parasitologische Laboratoriumsdiagnostik (nach Postleitzahlen geordnet)

Bundesgesundheitsamt, Robert-Koch-Institut, Abteilung für Klinische Parasitologie,
Nordufer 20, 1000 Berlin 65

Bernhard-Nocht-Institut für Schiffs- und Tropenkrankheiten
Bernhard-Nocht-Str. 74, 2000 Hamburg 4

Institut für Medizinische Parasitologie der Universität Bonn
Sigmund-Freud-Str. 25, 5300 Bonn 1

Institut für Parasitologie der Universität Gießen
Rudolf-Buchheim-Str. 2, 6300 Gießen 1

Institut für Tropenhygiene und öffentliches Gesundheitswesen der Universität
Im Neuenheimer Feld 324, 6900 Heidelberg
Tropenmedizinisches Institut der Universität Tübingen
Wilhelmstr. 31, 7400 Tübingen
Institut für vergleichende Tropenmedizin und Parasitologie der Tierärztlichen Fakultät der Universität München
Leopoldstr. 5, 8000 München 40
Institut für Medizinische Mikrobiologie und Hygiene der TU München
Trogerstr. 9, 8000 München 80

6 Verschiedenes

6.0 Einführung in Gerätekontrollen

Karl-Georg v. Boroviczény (Berlin)

Aufgrund der Eichordnung 1987 unterscheidet man Verfahrenskontrollen und Gerätekontrollen. Bei den Verfahrenskontrollen werden bestimmte Analysenverfahren, z. B. die Bestimmung der Blutzuckerkonzentration oder einer Blutgruppe, überprüft, während bei den Gerätekontrollen das Gerät selbst unabhängig von anzuwendenden Methoden und möglichst in der gesamten Breite des Meßbereiches genau untersucht wird. Ringstudien (siehe Anhang des Bandes 4 der INSTAND-Schriftenreihe) haben erwiesen, daß Verfahrenskontrollen allein nicht genügen, sodaß der Gesetzgeber begonnen hat, nun auch Gerätekontrollen vorzuschreiben (**Tabelle 6.0-1**).

In den vorangegangenen drei Abschnitten des Buches sind die Verfahrenskontrollen in den Teilbereichen der Klinischen Chemie, Hämatologie und Mikrobiologie behandelt worden. Der vorliegende Abschnitt behandelt zunächst nur die Photometerkontrollen, unterteilt in ein erstes ausführliches Kapitel, das auch die theoretischen Hintergründe, Formen usw. beinhaltet, und in ein zweites kürzeres Kapitel mit praktischen, auch für das technische Personal leicht nachvollziehbaren Vorschriften. Bei der Physikalisch-Technischen Bundesanstalt werden derzeit Untersuchungen durchgeführt mit dem Ziel, Kontrollvorschriften für die elektronischen Zellzählgeräte zu erarbeiten. Später sollen Vorschriften für weitere Gerätekontrollen folgen.

Für die englische Ausgabe des Bandes sind Kapitel über die Qualitätssicherung bei der Zytologie und Histologie vorgesehen. Diese entfallen in der deutschen Auflage, da Zytologie und Histologie im deutschen Sprachraum bestenfalls Randgebiete der Laboratoriumsmedizin sind und der Umfang des Bandes auch ohne diese beiden Kapitel größer als im Verlagsvertrag vorgesehen geworden ist.

Tabelle 6.0-1: Geräte, bei deren Vorhaltung die Teilnahme an Ringversuchen vorgeschrieben wird

1 **Geräte, bei deren Vorhaltung die Teilnahme an Ringversuchen in den Geräterichtlinien der BÄK vorgeschrieben wird*:**

1.1 *Photometer:* Kontrolle, abwechselnd je eines oder mehrerer Photometer alle zwei Jahre. Regelmäßiger Vergleich aller im Labor vorhandenen Photometer und Dokumentierung dieser Vergleiche.

* Die Angaben im Zusammenhang mit den Richtlinien der Bundesärztekammer sind vorläufige aufgrund des Kenntnisstandes bei Redaktionsschluß des Buches am 15. August 1986.

6.1a Photometerkontrollen I

Albert von Klein-Wisenberg (Freiburg i.Br.)

6.1a.0 Einleitung

6.1a.0.1 Nomenklatur

Die Eigenschaft eines in homogener Phase vorliegenden Stoffes, in bestimmten Frequenzbereichen die Intensität einer durchgeschickten, elektromagnetischen Strahlung zu schwächen - zu absorbieren -, kann im Grenzfall ideal verdünnter Lösungen über das wohlbekannte Bouguer-Lambert-Beer'sche Gesetz zur Bestimmung der Konzentration dieses Stoffen ausgenützt werden. In der Benennung dieses Meßvorganges schlägt sich das historische Herkommen nieder: Ursprünglich hat man Helligkeitsvergleichungen mit Beobachtung durch das bloße Auge durchgeführt, also das Verhältnis zweier Lichtstärken erhalten (sichtbares Licht ist der sich von 0,38 µm bis 0,78 µm Wellenlänge erstreckende, vom menschlichen Auge wahrnehmbare Teilbereich des gesamten Spektrums der elektromagnetischen Strahlung). Heute wird der Begriff „Photometrie" auf den Vorgang der Messung von Lichtstärken (Verhältnissen) des sichtbaren Lichtes, gegebenenfalls mit Gewichtung durch eine wellenlängenabhängige Bewertungsfunktion eingeengt. Die Messung spektraler Leistungsgrößen allgemein, insbesondere mit Hilfe von Meßgrößenwandlern (Transducers), die diese analogen, zur Messung bequemer geeigneten elektrischen Größen bereitstellen, nennt man *Radiometrie*, bei Vorhandensein einer spektralen Aussonderungsvorrichtung *Spektroradiometrie*. Ist der nutzbare Wellenlängenbereich in Grenzen frei wählbar, spricht man auch verkürzt nur von *Spektrometrie*.

Visuelle Messungen spielen heute keine Rolle mehr. Wenn wir dennoch die in der klinischen Chemie in weitem Umfang betriebene Lösungsabsorptionsspektrometrie kurzweg „Photometrie" nennen, so benutzen wir einen Laborjargon und sollten uns dessen bewußt sein.

6.1a.0.2 Beziehungen, Größen und Einheiten

Die Kenngröße der Strahlungsschwächung ist der Transmissionsgrad $\tau\ (\lambda)$. Er ist definiert als das Verhältnis der aus der Probe austretenden ($\emptyset_{ex}$) zu den in die Probe eingestrahlten ($\emptyset_{in}$) Strahlungsleistungen.

$$\tau\,(\lambda) = \frac{\emptyset_{ex}}{\emptyset_{in}}$$

Die Verhältnisgröße Transmissionsgrad kann jeden positiven Wert zwischen 0 und 1 annehmen; vielfach ist es üblich, ihn in Prozent anzugeben. Da an jeder Grenzfläche Strahlungsreflexion stattfindet (bei senkrechtem Strahlungseinfall ist nach Fresnel der Bruchteil der reflektierten Strahlung an einer Grenzfläche $f = ((n_2 - n_1) : (n_2 + n_1))^2$, wobei n_2 und n_1 die Brechzahlen in dem jeweiligen Medium für die verwendete Wellenlänge bedeuten), ist der unmittelbar gemessene Transmissionsgrad immer kleiner als der unter Ausschaltung der Reflexionsverluste (rechnerisch oder durch Kompensation mittels einer nicht absorbierenden Probe (z.B. der Vergleichsküvette)) ermittelte Reintransmissionsgrad τi (englisch: spectral internal transmittance). Weil dieser nach einem Exponentialgesetz von Konzentration und Schichtdicke der Probe abhängt, überführt man durch Logarithmieren in das bekannte Grenzgesetz von Bouguer-Lambert-Beer.

$$E(\lambda) = \lg(1/\tau i) = \varepsilon(\lambda)\, c\, d$$

Hierbei bedeuten:
- $E(\lambda)$ das - wellenlängenabhängige - spektrale dekadische Absorptionsmaß, auch Absorbanz oder Extinktion genannt, SI-Einheit 1. Es wird diskutiert, die Herkunft dieser Größe als dekadischer Logarithmus des Verhältnisses zweier Energiegrößen durch die Einheit Bel (Kurzzeichen B) zum Ausdruck zu bringen.
- $\varepsilon(\lambda)$ die - wellenlängenabhängige - Stoffkonstante spektrales molares dekadisches Absorptionsmaß, auch molare Absorptivität oder molarer Extinktionskoeffizient genannt. SI-Einheit B m^2/mol.
- c die Konzentration des absorbierenden Stoffes in der Meßküvette. SI-Einheit mol/m^3, gebräuchliche Einheiten mmol/l, µmol/l.
- d die wirksame Schichtdicke der Meßküvette. SI-Einheit m, gebräuchliche Einheit cm oder mm.

6.1a.0.3 Besondere Verhältnisse bei Enzymaktivitätsmessungen

Man kann bei gleichbleibender Analysenvorschrift den Kehrwert des Produktes $(\varepsilon(\lambda)\, d)^{-1}$, multipliziert mit dem Verdünnungsfaktor der Probe im Meßansatz zu einer Verfahrenskonstante zusammenfassen, mit der man den gemessenen Extinktionswert multipliziert, um unmittelbar die gesuchte Konzentration des Analysenbestandteils in der Probe erhalten zu können. Gewöhnlich wird diese Verfahrenskonstante durch Messung eines Standards bei sonst gleichen Bedingungen ermittelt. Wichtige Ausnahme: enzymatische Reaktionen, die über das Coenzym NAD bzw. NADP im „optischen Test" verfolgt werden. Die reduzierte Form dieser Pyridinnukleotide ($NADH^+$ bzw. $NADPH^+$) absorbiert im langwelligen ultravioletten Spektralbereich (UV-A); viele Enzymaktivitäten werden durch Verfolgen der zeitabhängigen Veränderung der Absorption des mit dem Reaktionsmechanismus gekoppelten Coenzyms über den molaren Extinktionskoeffizienten gemessen. Die derzeit als gesichert angesehenen molaren Absorptivitäten sind in **Tabelle 6.1a-1** zusammengestellt.

Bei den p-Nitroaryl-substituierten Substraten, die man zur Messung der Aktivität von Hydrolasen (Phosphatasen, β-Galaktosidasen) bzw. Aminoacyltransferasen (γ-GT) und Peptidhydrolasen (LAP) anwendet, stehen in den Reaktionsendprodukten p-Nitrophenol und p-Nitroanilin Bezugssubstanzen zur Verfügung, nach denen das Verfahren kalibriert werden kann. Auch für die über die molare Absorptivität des Cyanmethämoglobins standardisierte Hämoglobinbestimmung stehen

Tabelle 6.1a-1: Spektralphotometrische Meßdaten von Didymgläsern „D = 1,5542 Schott-Hämometerprüfstelle BG 20-13330/65/2 × 3505" Messung gegen Luft. Derzeit geltende molare Absorptivitäten von $NADH^+$ und $NADPH^+$
(NAD bzw. NADP berücksichtigt)

Wellenlänge nm	*molare Absorptivität* Bm^2/mol	*Temperaturkoeffizient* %/K
NADH:		
334	618	0,02
340	630	0,00
365	343	-0,10
NADPH:		
334	618	0,03
340	630	0,00
365	353	-0,10

preiswerte Standards zur Verfügung, so daß, bei sonst befriedigender Funktion des Absorptionsspektrometers für die klinische Chemie, die Überprüfung im mit Glas- und Kunststoffküvetten zugänglichen Gebiet des langwelligen Ultraviolett (UV-A: 315-380 nm) besonders wichtig ist. Wir werden nachfolgend vor allem die hier notwendigen Maßnahmen zur Qualitätssicherung besprechen.

6.1a.1 Überprüfung der Richtigkeit eines Absorptionsphotometers

Die aus dem primär gemessenen Transmissionsgrad abgeleitete Größe „Extinktion" ist bei sonst gleichen Bedingungen eine Funktion der Wellenlänge der Meßstrahlung. Die Geräteüberprüfung zerfällt damit in die
- Überprüfung der Richtigkeit der Wellenlängeneinstellung,
- Überprüfung der Richtigkeit der photometrischen Ablesung.

6.1a.1.1 Richtigkeit der Wellenlängeneinstellung
Bei Spektrallinienphotometern ist die Auswahl der verfügbaren Wellenlängen durch die Art der verwendeten Spektrallampe - meist eine Quecksilberdampf-Entladungslampe - und die zugehörigen Filter vorgegeben; eine Überprüfung erübrigt sich daher. Zu beachten ist dennoch, daß sich im Laufe der Betriebszeit der Lampe die Intensitätsverhältnisse der einzelnen Linien, auch innerhalb einer Liniengruppe, verschieben können, so daß sich die wirksame Schwerpunktwellenlänge einer mittels Filter isolierten Liniengruppe (z.B. Hg 365/366, Hg 577/578) ändern kann. Mißt man noch dazu an der Flanke einer Absorptionsbande, so kann der dadurch verursachte Fehler der Extinktionsmessung durchaus in der Größenordnung von 1% liegen.

Überprüfung mittels Spektrallampen
Für den sichtbaren Spektralbereich (VIS) kann man mit fast jedem UV-VIS-Spektrometer, sofern als Strahlungsquelle für das UV eine Wasserstoff-Entladungslampe vorhanden ist, die Wellenlängeneinstellung über die vom Wasserstoff herrührenden Fraunhofer'schen Linien C und F (656 nm und 486 nm) vornehmen. Die

Spaltbreite ist mit etwa 1 nm Halbwertbreite zu wählen. Zweistrahlspektrometer werden auf Einstrahlbetrieb (oft mit „energy mode" bezeichnet) eingestellt. Man stellt die Wellenlängeneinstellung ungefähr ein und sucht das Maximum des Ausschlags an der Transmissionsanzeige. (Sollte das Gerät in einer Weise bedienerfreundlich ausgelegt sein, daß der Bediener überhaupt nicht mehr nachprüfen kann, was und wo er eigentlich mißt, so wird der Hersteller sicherlich eine Photodiode vorgesehen haben, die mit „low energy" bezeichnet ist. Wenn diese verlischt, befindet man sich am Ort einer Spektrallinie.) Wenn die Wellenlängenskala auf zwei Wellenlängen im Sichtbaren justiert ist, darf man mit Wahrscheinlichkeit hoffen, auch außerhalb dieses Bereiches keine große Abweichung zu haben. Wegen der

Tabelle 6.1a-2: Kalibrierung der Wellenlängenskala eines Spektralphotometers
Ausgewählte Spektrallinien zur Wellenlängenkalibrierung im sichtbaren Spektralbereich (VIS)

Fraunhofersche Linie	emittierendes Element	Wellenlänge in nm	mittlere Wellenlänge in nm	Anmerkungen zu
A'_1 } A'	K	769,9	768,2	
A'_2	K	766,5		
C	H	656,28		2)
	D	656,10		
C'	Cd	643,847		6)
	^{86}Kr	605,781		7)
D_1	Na	589,59	589,3	
D_2	Na	589,0		
D_3 = d	He	587,59		
	H	581,26		2), 4)
	D	581,10		
e	Hg	546,07		5)
	Cd	508,6		
F	H	486,13		2), 3)
	D	486,00		
F'	Cd	480,0		
g	Hg	435,83		5)
G'	H	434,05		2), 4)
	D	433,93		
h	Hg	404,66		5)

Anmerkungen:
1) Die hier angegebenen Linien des Sonnenspektrums sind mit ihren Bezeichnungen nach J. Fraunhofer noch heute in der geometrischen Optik zur Kennzeichnung der Wellenlängen von Brechzahlen üblich.
2) Mit jedem UV-VIS-Spektralphotometer mit Wasserstofflampe reproduzierbar.
3) Linie hebt sich sehr deutlich vom Untergrund ab, Einstellung von Hand möglich.
4) Linie hebt sich merklich vom Untergrund ab, Registrierung erforderlich.
5) Mit jeder quecksilbergefüllten Entladungslampe reproduzierbar (Höhensonne - „Quarzlampe"-, Entkeimungsstrahler, Leuchtstoffröhre).
6) Früher als Längennormal gebräuchlich.
7) Im SI als Längennormal definiert.

höheren Strahlungsleistung werden allerdings „Wasserstoff"-Entladungslampen häufig mit dem Isotop Deuterium gefüllt, dessen Emissionslinien etwas kurzwelliger liegen. Man vergewissere sich, ob die „Wasserstofflampe" sicher keine „Deuteriumlampe" ist. Die genauen Wellenlängen sind in **Tabelle 6.1a-2** aufgeführt.

Daneben sind verschiedene, klein bauende Spektralstrahler erhältlich (z.B. Pen-Ray, lieferbar durch Firma Hormuth-Vetter, 6908 Wiesloch), die Spektrallinien anderer Elemente emittieren. Nach Entfernung des Gehäuses des Beleuchtungsteils des Spektrometers lassen sich diese mit einigem Geschick immer so anbringen, daß ihre Strahlung auf den Eintrittsspalt des Monochromators fällt und wie beschrieben verfahren werden kann. Nutzbare Wellenlängen weiterer Elemente siehe Tabelle 6.1a-2.

Insbesondere durch die Häufigkeit ihrer Anwendung in den verschiedensten Bereichen sind die Quecksilberdampf-Entladungslampen ausgezeichnet. **Tabelle 6.1a-3** gibt eine Aufstellung der zur Wellenlängenkalibrierung nützlichen Spektrallinien. Die durch Isotopie bedingten unterschiedlichen Wellenlängen liegen in der Größenordnung einiger Zehntel Picometer und fallen für die Belange der Absorptionsspektrometrie nicht ins Gewicht. Die hier angegebenen Wellenlängen beziehen sich auf das Vakuum; in Luft von Raumtemperaturen und Atmosphärendruck sind sie etwa 0,1 nm kürzerwellig.

Die umgangssprachlich fälschlicherweise Neonlampen genannten Leuchtstofflampen enthalten als Entladungsträger ebenfalls Quecksilberdampf, dessen Spektrallinien dem Kontinuumsspektrum des Leuchtstoffes aufgesetzt sind, wovon man sich mit einem Handspektroskop überzeugen kann. Man kann demnach auch durch Einspiegeln der üblichen Laborbeleuchtung auf den Eintrittsspalt des Monochromators auf die einfachste Weise eine Wellenlängenüberprüfung eines Spektrometers vornehmen. Besonders geeignet sind hierzu die Linien 577/579, 546 und 436 nm.

Tabelle 6.1a-3: Kalibrierung der Wellenlängenskala eines Spektralphotometers
Ausgewählte intensive Linien des Quecksilberspektrums,
(Niederdruck-Quecksilberdampf-Entladungslampe), natürliches Quecksilber.

Isotop	^{196}Hg	^{198}Hg	^{199}Hg	^{200}Hg	^{201}Hg	^{202}Hg	^{204}Hg
rel. Häufigkeit	$0{,}1_5$	10,1	$16{,}8_5$	23,1	13,2	29,8	6,8%

Klassifikation	Wellenlänge in nm	wirksame Wellenlänge	Anmerkungen zu
$6^3P_0/7^3D_1$	253,476	253,65	1)
$6^1S/\&^3P_1$	253,652		
$6^3P_1/9^3S$	257,629		2)
$6^3P_1/7^3D_2$	265,204	265,3	
$6^3P_1/7^3D_1$	265,368		
$6^3P_1/7^1D$	265,513		
$6^3P_2/9^3D_3$	269,883		3)
$6^3P_0/8^3S$	275,278		
$6^3P_2/8^3D_3$	280,347	280,40	
$6^3P_2/8^3D_2$	280,444		
$6^3P_1/8^3S$	289,360		

Tabelle 6.1a-3: (Fortsetzung)

Klassifikation	Wellenlänge in nm	wirksame Wellenlänge	Anmerkungen zu
$6^3P_0/6^3D_1$	296,728		4)
$6^3P_2/7^3D_2$	302,150	302,25	
$6^3P_2/7^3D_2$	302,347		
$6^3P_1/6^3D_2$	312,567		
$6^3P_1/6^3D_1$	313,155	313,16	
$6^3P_1/6^1D$	313,184		
$6^3P_2/8^3S$	334,148		
$6^3P_2/6^3D_3$	365,015		9)
$6^3P_2/6^3D_2$	365,484		5),7)
$6^3P_2/6^3D_1$	366,288	366,32	6),7)
$6^3P_2/6^1D$	366,328		
$6^3P_0/7^3S$	404,656		9)
$6^3P_1/7^1S$	407,783		
$6^3P_1/7^3S$	435,833		
$6^3P_2/7^3S$	546,074		9)
$6^1P_1/6^3D_2$	576,960		9),8)
$6^1P/6^1D_2$	577,907		9),8)

Anmerkungen:

1) Bei Niederdrucklampen ist die Linie 253,62 nm bei weitem die intensivste. (Bei Hochdruckbrennern ist infolge der Selbstabsorption dieser Resonanzlinie die Liniengruppe um 365 nm am stärksten.) Bei Gittermonochromatoren kann sich diese Spektrallinie trotz Sperrfilter noch in der 2. und 3. Ordnung (507,3 nm, 761 nm) bemerkbar machen.
2) 257,6 nm sitzt auf dem Untergrund (Fußpunkt) der starken Linie 253,6 nm und sollte erkennbar aufgelöst werden.
3) 269,9 nm erhebt sich geringfügig aus dem Kontinuum und sollte erkennbar sein.
4) 296,7 nm ist mit Gittermonochromatoren in der 2. Ordnung noch erkennbar (593,5 nm), weil das UV-Sperrfilter hier schon merkbar durchlässig ist.
5) 365,02 nm ist die stärkste Linie dieser Gruppe.
6) Die Intensität der Linie 366,29 ist weitaus geringer als die der Linie 366,33, so daß diese die wirksame Wellenlänge bestimmt.
7) Bei langsamer Registrierung eignen sich diese Linien zur Demonstration des Auflösungsvermögens eines Spektralphotometers.
8) iese Linien sind etwa gleich stark und sollten bereits mit einem Spektralphotometer der mittleren Preisklasse klar getrennt werden können. Bei einem gering auflösenden Gerät darf 578 nm als mittlere Wellenlänge angenommen werden.
9) Als sekundärer Standard vorgeschlagen.

Tabelle 6.1a-4: Kalibrierung der Wellenlängenskala eines Spektralphotometers
Hervorgehobene Stellen geringster Durchlässigkeit von Gläsern mit Beimengungen von seltenen Erden

Holmiumglas (Corning 3130)	361 nm	536,9 nm		
Didymglas (Corning 5120, Schott-INSTAND, Chance 12)	441,0 nm	528,7 nm	585,0 nm	684,8 nm

Überprüfung mittels Absorptionsfilter

Übergangselemente zeigen wegen der unausgefüllten inneren Elektronenschale vielfach Absorption im sichtbaren Spektralbereich. Bei den seltenen Erdmetallkationen findet man sehr differenzierte und wohldefinierte, schmalbandige Absorptionsspektren, die zur Wellenlängenkalibrierung von Spektrometern dienen können. Die Absorptionsbanden sind allerdings in einem gewissen Maße temperaturabhängig, können aber innerhalb der üblichen Zimmertemperatur als konstant und reproduzierbar angesehen werden. Zu diesem Zweck sind Gläser mit Beimengungen von seltenen Erden erhältlich, die ausgeprägte Stellen maximaler Absorption (minimaler Durchlässigkeit) aufweisen (**Tabelle 6.1 a-4**).

Schärfere Absorptionsbanden beobachtet man in wäßrigen Lösungen von seltenen Erden. Ein Hersteller bietet Holmium-(III)-Nitratlösungen in einem zu einem Satz zusammengefaßten Photometer-Standard an (Holnicob, Laboratoires Bristol, Paris, Vertrieb ABL GmbH, 5223 Forstmehren). Preiswerter kommt man durch Selbstansetzen davon: 4 bis 10 g $Ho(NO_3)_3$ werden in 100 ml etwa 1,5 molarer Perchlorsäure gelöst. Die Lösung ist unbeschränkt haltbar und eignet sich zur schnellen Überprüfung der Wellenlängenrichtigkeit insbesondere von breitbandigen Instrumenten (spektrale Spaltbreite größer als 5 nm) bei den angegebenen Wellenlängen.

6.1a.1.2 Überprüfung der Richtigkeit der spektroradiometrischen Messung

Ein Monochromator soll am Ausgangsspalt Strahlung einheitlicher und vorbestimmter Wellenlänge zur Verfügung stellen. Die Monochromasie ist durch die spektrale Halbwertbreite bestimmt; bei Prismen- und Filtermonochromatoren ist die Durchlaßfunktion symmetrisch dreiecksförmig. Es ist nicht nützlich, durch Wahl allzu enger Spaltbreiten die Monochromasie verbessern zu wollen, da die am Ausgang verfügbare Energie umgekehrt proportional zum Quadrat der Spaltbreite abfällt und an allzu engen Spalten Beugungserscheinungen wieder zu einer Verbreiterung der Durchlaßcharakteristik führen. Es ist für Absorptionsmessungen an wäßrigen Lösungen fast nie erforderlich, spektrale Spaltbreiten von einem Nanometer zu unterschreiten.

Einflußgrößen auf die Richtigkeit

Es ist unvermeidlich, daß Strahlung im Monochromator gestreut wird und daß Strahlung anderer als des vorgewählten Wellenlängenbereiches den Monochromator verläßt. Die Benennung dieser Strahlung ist uneinheitlich, im Englischen heißt sie false radiation oder monochromator stray radiation; wir bevorzugen als deutschen Ausdruck die Bezeichnung Falschstrahlung (im Sichtbaren: Falschlicht). Sie ist von anderer Wellenlänge als der gewünschten.

Die den Monochromator verlassende Strahlung kann im Probenraum gestreut werden und, ohne die Probe zu passieren, zum Empfänger gelangen. Hier sprechen wir von Streustrahlung (scattered radiation). Sie ist von gleicher Spektralzusammensetzung wie die Strahlung am Monochromatorausgang (einschließlich etwa vorhandener Falschstrahlung).

Von außerhalb des Gerätes herrührende Strahlung (z.B. von der Raumbeleuchtung) kann unbeabsichtigt auf den Empfänger gelangen. Dies ist ein grober Fehler, der durch Abdecken des Gerätes oder Veränderung der Raumbeleuchtung immer vermieden werden kann. Er zeigt sich in einer unvorhergesehenen Anzeige und kann durch Messung einer Probe mit und ohne eingeschalteter Raumbeleuchtung erkannt werden.

Schließlich kann die Strecke Strahlungsempfänger - Verstärker - gegebenenfalls Logarithmierglied - Anzeige des Meßgerätes additive, proportionale und nicht lineare Fehlerkomponenten in das System einführen. Man beurteilt diese am besten durch Richtigkeitsstandards in verschiedenen Extinktionsbereichen, nachdem man sich von der Abwesenheit oder zumindest dem Ausmaß der Falsch- und Streustrahlung überzeugt hat.

Falschstrahlung

Auch bei Spektrallinienphotometern muß man mit Strahlung anderer, oft um viele Zehnerpotenzen intensiverer, als der durch das Filter zu isolierenden Spektrallinien rechnen, die einen meßbaren Einfluß auf den Strahlungsempfänger ausüben. Man überprüft diesen Einfluß mittels im Nutzungsbereich der Messung schmalbandig stark absorbierender Proben.

So darf das INSTAND-Didymglas (**Abbildung 6.1a-1**) im Bereich von 578 ± 5 nm keine höhere Durchlässigkeit als 0,16% zeigen. Beobachtet man höhere Werte, so ist damit die Anwesenheit von Falschlicht anderer Wellenlängen im anteiligen Ausmaß von mindestens - wegen der Absorption des Glases auch in anderen Wellenlängenbereichen - der 0,16% überschießenden Ablesung erwiesen.

Für das nahe UV haben wir im Nitritanion (wäßrige Lösung von 0,1 mol/l $NaNO_2$ oder KNO_2 bei 1 cm Schichtdicke) ein einfaches Prüfmittel auf Falschlicht an Hand. **Tabelle 6.1a-5** zeigt die Durchlässigkeit einer solchen Lösung bei den in Frage kommenden Quecksilberlinien.

Streustrahlung

Der Anteil dieser im Probenraum an der Probe vorbei zum Empfänger gestreuten Strahlung läßt sich dadurch abschätzen, indem man eine mäßig absorbierende Pro-

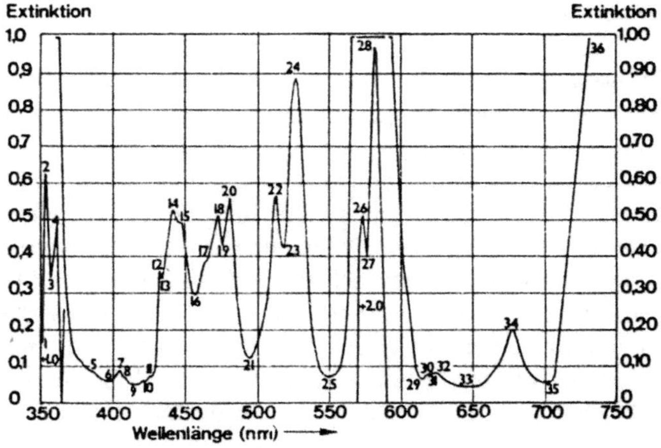

Abbildung 6.1a-1. Extinktions-Wellenlängen-Registrierung des Prüf-Didymglases. Schott-Hämometerprüfstelle BG 20-13330/65/27/3505

Tabelle 6.1a-5: Transmission des Nitrit-Ions bei 1 cm Schichtdicke, c ($NaNo_2$) = 0,1 mol/l

Wellenlänge nm	313	334	357	365	405
Transmission %	10,5	2,5	0,3	0,6	90,2

be leicht schräg zum Strahlengang in den Küvettenhalter stellt. Hierdurch werden die vorher bestehenden geometrischen Bedingungen verändert, ohne daß sich der Einfluß zunehmender Schichtdicke wesentlich bemerkbar macht; Anwesenheit von Streustrahlung gibt sich in veränderter Ablesung zu erkennen. Auch hierzu eignet sich das INSTAND-Didymglas wie auch das dünnste Glas aus dem INSTAND-Grauglassatz.

Außenlicht

Auf diesen vermeidbaren Fehler wurde schon zuvor eingegangen.

Prüfmittel für die spektroradiometrische Messung - Absorptionsfilter

Verschiedene Hersteller bieten kalibrierte Glasfilter zur Überprüfung der Absorptionsspektrometer an. Auch INSTAND stellt Interessierten, wie schon erwähnt, für diese Zwecke ein Didymglas und einen vierteiligen Graugläsersatz zur Verfügung. Der Vorteil dieser Prüfmittel liegt in ihrer bei pfleglicher Behandlung jahrelangen Konstanz, die Verschlechterungen des Meßgerätes an seiner früheren Leistung zu beurteilen erlaubt.

Didymglas

Dieser an mehr als 30 Wellenlängen und 21 Meßgeräten vermessene Standard ist insbesondere zur Langzeitkontrolle registrierender Absorptionsspektrometer geeignet, da durch Aufeinanderlegen der unter gleichen Nebenbedingungen registrierten Spektren am Leuchttisch Veränderungen in der Leistung des Gerätes augenscheinlich werden (Abbildung 6.1 a-1).

Graugläser

Mit vier verschiedenen Graugläsern sinnvoll abgestufter Dicke sind vier Einzelmessungen möglich; es lassen sich auf sechs verschiedene Weisen zwei Gläser herausgreifen (sechs Kombinationen von vier Elementen zur zweiten Klasse ohne Wiederholung) und jeweils gegeneinander messen, endlich gibt es drei Möglichkeiten, je zwei Gläser paarweise gegeneinander zu messen: der vierteilige Grauglassatz ermöglicht also 13 physikalisch sinnvolle Messungen, wobei sich bei den neun letztgenannten die Reflexionsverluste an den Oberflächen kompensieren. Die Reflexionsverluste der vier Einzelmessungen gegen Luft sind streng genommen nicht konstant, weil die mehrfach reflektierte Strahlung von den unterschiedlich dicken Gläsern unterschiedlich absorbiert wird; doch macht dies in praxi höchstens einen vernachlässigbaren Unterschied im Transmissionsgrad von 0,15% aus. Man kann demnach mit einer Regressionsrechnung aus den vier Einzelmessungen aus dem Ordinatenabschnitt den Reflexionsverlust und aus der Steigung den Extinktions-

Tabelle 6.1a-6: Numerische Werte der ausgewählten Wellenlängen

Element	Fraunhofersche Linie des Sonnenspektrums	Bezeichnung des Quecksilberspektrums n. Kohlrausch	Wellenlänge (nm)
Quecksilber			690,8
			623,4
		a	579,07
unaufgelöst 578		b	576,96
	e	c	546,07
			496,0
		d	491,6
	g	e	435,83
		i	407,78
	h	k	404,66
		n	366,63
		p	365,48
		q	365,02
Natrium	D_1		589,59
Mitte der Doppellinien 589,3	D_2		589,0
Wasserstoff	C		656,20
			581,26
			493,0
	F		486,13
			463,0
			458,3
	G′		434,05

(Bei kürzeren Wellenlängen werden die noch erkennbaren Linien vom Untergrund zugedeckt.)

Tabelle 6.1a-7: INSTAND-Prüfprotokoll für Photometer (Zeiß PMGII/MQ 1982-03-31) Grauglassatz SCHOTT/INSTAND NG4/15337 Nr.00 Glasdicken (µm): 1145 1885 2135 3370 Extinktionsmodul für 550 nm: 0,416 ± 0,002 (1% Irrtumswahrscheinlichkeit beidseitig, 4% Reflexionsverlust je Oberfläche)
Bemerkungen:

Probe	Bezug	Sollwert		Wirksame Schichtd.	Meßwert		Modul
		Transm.%	Extinktion		Transm.	Extinktion	
		+,1	−,002				
1145	Luft	30,8	0,512	1,145 + Refl	0,309	0,510	0,4130
		−,2	+,002				
		+,1	−,004				
1885	Luft	15,2	0,820	1,885 + Refl	0,151	0,822	0,4164
		−,2	+,003				
		+,1	−,005				
2135	Luft	11,9	0,924	2,135 + Refl	0,119	0,923	0,4149
		−,1	+,004				
		+,1	−,006				
3370	Luft	3,6	1,437	3,370 + Refl	0,37	1,434	0,4145
		−,0	+,007				

Tabelle 6.1a-7: (Fortsetzung)

Probe	Bezug	Sollwert Transm.%	Sollwert Extinktion	Wirksame Schichtd.	Meßwert Transm.	Meßwert Extinktion	Modul
Regression I. Art: Ordinatenabschnitt 0,0371 ± 0,0038; Steigung 0,4148 ± 0,0017 (Reflexionsverlust) (Modul)							
1885	1145	+,2 49,2 −,1	−,002 0,308 +,001	0,740 mm	0,492	0,308	0,4102
2135	1145	+,2 38,7 −,1	−,002 0,412 +,002	0,990 mm	0,387	0,412	0,4102
3370	1145	+,1 11,9 −,2	−,005 0,926 +,004	2,225 mm	0,119	0,923	0,4148
2135	1885	+,1 78,7 −,1	−,005 0,104 +,005	0,250 mm	0,785	0,105	0,4200
3370	1885	+,2 24,1 −,1	−,003 0,618 +,003	1,485 mm	0,240	0,620	0,4175
3370	2135	+,2 30,6 −,1	−,003 0,514 +,002	1,235 mm	0,307	0,513	0,4154
2135 +3370	1145 +1885	+,2 9,3 −,1	−,005 1,030 +,005	2,475 mm	0,094	1,029	0,4158
1885 +3370	1145 +2135	+,1 15,1 −,2	−,004 0,822 +,004	1,975 mm	0,152	0,819	0,4147
1145 +3370	1885 +2135	+,2 62,2 −,1	−,001 0,206 +,001	0,495 mm	0,621	0,207	0,4182
Mittel aus 9 Werten E = 0,0015 ± 0,0009 + (0,4147 ± 0,0006) α ≈ (0,4156 ± 0,0003) α							0,4165 ± 0,0017
Mittel aus 11 Werten (Steigung doppelt gezählt)							0,4163 ± 0,0017

modul (schichtdickenbezogene Extinktion) ermitteln. Dieser ergibt sich auch für jedes Glas direkt nach Abzug des Reflexionsverlustes, in Extinktion umgerechnet, von der gemessenen Extinktion und Division durch die Schichtdicke.

Ähnlich verfährt man mit den neun Meßwerten der Glaskombinationen gegeneinander. Ergibt sich ein schichtdickenabhängiger Gang, in diesem Fall von der Schichtdicke der Gläser im Bezugsstrahlengang abhängig - des Extinktionsmoduls, so hat man Nichtlinearität zu vermuten. Für Routineüberprüfungen genügt es, die erhaltenen Meßwerte darauf zu überprüfen, ob sie in den zulässigen Sollbereichsintervallen liegen. Die beispielhaft in **Tabelle 6.1a-7** vorgerechnete Statistik ist bei so zufriedenstellenden Ergebnissen überflüssig.

Anmerkung: Zum statistischen Vorgehen in diesen und ähnlichen Fällen ohne ausdrückliche Herleitung folgendes:

Es werde ein linearer Zusammenhang zwischen der abhängigen Größe y und der unabhängigen (vorgegebenen) Größe x unterstellt.

$y = a + b\,x$ (N Meßwertpaare)

Für diese Regression I. Art liefern viele Taschenrechner ohne weiteres:

Ordinatenabschnitt	a
Steigungsmaß	b und
Korrelationskoeffizient	r

Dann gilt für die Varianz der Steigung b

$$s_b^2 = b^2\left(\frac{1/r^2-1}{N-2}\right)$$

und für die Varianz des Ordinatenabschnittes a

$$s_a^2 = s_b^2\frac{\sum x^2}{N}$$

Ergibt sich zu einem vorgegebenen Niveau der Vertrauenswahrscheinlichkeit für Student's t mit N - 2 Freiheitsgraden

$$t \cdot s_a \geqq a$$

so darf vermutet werden, daß zwischen y und x unmittelbare Proportionalität besteht, die Regressionsgerade also durch den Ursprung geht. Das neue Steigungsmaß b′ ist dann

$$b' = \frac{\sum x\,y}{\sum x^2}$$

mit Varianz

$$s\,b'^2 = \frac{1}{N-1}\left(\frac{\sum y^2}{\sum x^2} - b'^2\right)$$

Es empfiehlt sich also, bei derartigen Rechnungen neben $\bar{y}$, $\bar{x}$, a, b und r auch die Werte von N, $\sum y^2$ und $\sum xy$ zu notieren.

Lösungen zur Kontrolle der Absorptionsspektroradiometer

Da uns hier vor allem Standards für das UV-A interessieren, brauchen wir das Problem von Graulösungen, sowie die Temperaturabhängigkeit von Kobalt- und Nickellösungen nicht zu diskutieren. In diesem Spektralbereich bietet sich vor allem Kaliumbichromat ($M(K_2Cr_2O_7) = 294{,}21$, als SRM 935 vom NBS oder analysenrein im Reagenzienhandel erhältlich), vor dem Einwägen eine Stunde unter 110 °C getrocknet, an.

In Schwefelsäure bzw. Kalilauge der Konzentration 0,005 mol/l bzw. 0,05 mol/l gelöst, liegt es überwiegend als $HCrO_4^-$ bzw. CrO_4^{2-}-Anion vor. Nutzbare Konzentrationsbereiche, molare Absorptivitäten maximaler und minimaler Absorption und Temperaturkoeffizienten vgl. **Tabelle 6.1a-8**. Während das NBS früher der alkalischen Chromatlösung den Vorzug gab, empfiehlt der neuere Standard die schwefelsaure Lösung.

Tabelle 6.1a-8: Molare Absorptivitäten von Hydrogenchromat ($HCrO_4^-$) und Chromat (CrO_4^{--})

Wellenlänge nm	molare Absorptivität Bm^2/mol	Temperaturkoeffizient %K
$HCrO_4^-$ (0,3...0,7 mol/l)		
313 (min)	71,8 ± 1,2 × 10	0,02
350 (max)	157,6 ± 1,6 × 10	-0,05
CrO_4^{--} (0,1...1,8 mol/l)		
315 (min)	21,3 × 10	n.a
373 (max)	482 × 10	-0,09

Tabelle 6.1a-9: Molare Absorptivität des Pikratanions ($C_5H_2(NO_2)_3O^-$) pH9

Wellenlänge nm	molare Absorptivität Bm^2/mol	Temperaturkoeffizient %K
313,16	60,4 × 10	-0,21
334,15	113 × 10	-0,13
366	138 × 10	0,13
405	95 × 10	0,25
435,8	43,5 × 10	0,60

Diese Lösung wird auch in einem Satz von 6 zugeschmolzenen 1 cm Küvetten mit um je 0,2 B unterschiedlichen Extinktionen von 0–1,2 B angeboten (Starna Ltd., High Rd., Ilford, Essex, GB).

Schon 1936 wurde von v. Halban und Mitarbeitern das Kaliumpikrat in alkalischer Lösung als photometrische Standardsubstanz in Vorschlag gebracht. In der Tat erfüllt es die an Urtitersubstanzen gestellten Anforderungen, es ist

- stabil,
- haltbar,
- reproduzierbar darstellbar,
- analysenrein zugänglich

und hat mit M ($C_6H_2(NO_2)_3OK$) = 267,20 eine verhältnismäßig große relative Molekularmasse.

Das Absorptionsmaximum liegt bei 355 nm (molare Absorptivität 144,5 $B \cdot m^2/mol$) also in der Nähe der Maximalabsorption von NAD(P)H. Es wird aus diesem Grund bei den INSTAND-Ringversuchen zur Photometerkontrolle angewendet. Die für die Quecksilberlinien geltenden Daten sind in **Tabelle 6.1a-9** zusammengestellt.

6.1a.2 Ringversuche zur Spektroradiometerkontrolle

In Spezialistenkreisen sind schon oftmals in USA und England, hier vor allem von der Photoelectric Spectrometry Group, Ringversuche für die Absorptionsspektrometrie, meist unter Verwendung saurer Chromatlösungen, durchgeführt worden.

Tabelle 6.1a-10: Säuredissoziationskonstanten und Wellenlängen maximaler Absorption für aromatische Nitroverbindungen

λ ε max	pK_a	λ_{max}
4-Nitroanilin	1,02	400 nm
4-Nitrophenolat	7,15	420 nm
2,4,6-Trinitrophenolat	0,0 ± 0,4	355 nm

Im Bereich der deutschen Laboratoriumsmedizin sind Ringversuche von INSTAND sowie von Rotzler und Ludewigs für den Bereich der KV Nordbaden und von der Deutschen Gesellschaft für Klinische Chemie veranstaltet worden. Hierbei wurden p-Nitrophenol, p-Nitroanilin und, von INSTAND, Kaliumpikrat eingesetzt. Die beiden erstgenannten Stoffe finden zwar in gewissen enzymatischen Tests Verwendung (vgl. 6.1a.02), doch machen sie ihre physikalisch-chemischen Eigenschaften für Kontrollen im UV-A weniger geeignet: p-Nitrophenol ist eine weitaus schwächere Säure als 2,-4,-5-Trinitrophenol und liegt daher nur in stärker alkalischen Lösungen vollständig dissoziiert vor; p-Nitroanilin ist eine sehr schwache Base und liegt im gemäßigten pH-Bereich als Gleichgewichtssystem vor. Beide Stoffe absorbieren im Violetten maximal. **Tabelle 6.1a-10** bringt eine Zusammenstellung kennzeichnender Stoffeigenschaften der in Rede stehenden Verbindungen.

Die bei den INSTAND-Ringversuchen versandten Kaliumpikratlösungen werden durch Einwaage hergestellt. Nach Abfüllung werden die Ampullen auf Identität mit der angelieferten Lösung von der Physikalisch-Technischen Bundesanstalt (PTB) überprüft. Die Lösungen werden vom Ringversuchsteilnehmer in 1 cm Küvetten bei den angegebenen Wellenlängen gemessen, die Auswertung erfolgt nach dem Standardprogramm. Als zulässige Fehlertoleranz (entsprechend ± 1s) werden zunächst für alle Wellenlängen 0,007 B festgesetzt; eine durch Erfahrung legitimierte, großzügige Vorgabe. Hierbei liegt die Erfolgsquote bei etwa Dreiviertel der Teilnehmer. Leider wird der Anteil der systematischen Fehler, wie aus dem Youden-Diagramm zu entnehmen ist - die überwiegende Fehlerkomponente. Durch Überprüfung und Kalibrierung der Meßgeräte, wie sie hier beschrieben wurde, könnte künftig eine weitaus bessere Übereinstimmung der Meßwerte erreicht werden, als sie jetzt gegeben ist.

6.1b Photometerkontrollen II

Albert von Klein-Wisenberg (Freiburg), Richard Merten
und Hans Reinauer (Düsseldorf)

6.1b.1 Einleitung

Die Messung der Schwächung optischer Strahlung beim Durchgang durch Lösungen ist eines der am häufigsten angewandten Meßverfahren in der klinischen Chemie. Die zu bestimmenden Analyte werden Reaktionen unterzogen, die zum Entstehen oder Verschwinden absorbierender Stoffe führen. Über die verfahrenstypische Kalibrierungsfunktion wird vom Meßsignal auf die Konzentration des Analyten geschlossen. Man bezeichnet heute den zugrundeliegenden physikalischen Meßvorgang als „Spektroradiometrie", weil die Intensität einer spektraldefinierten Strahlung - gewöhnlich in Bezug auf eine Differenzstrahlung - ermittelt wird. Wortbildungen mit „Photo-" sollen sich auf das Gebiet des sichtbaren Lichtes (380 nm bis 780 nm) beschränken und die Bewertung durch die spektrale Empfindlichkeitskurve des Auges des Normbeobachters einschließen. Die Benennung „Photometer" für die in medizinischen Laboratorien gebräuchlichen Spektroradiometer ist ein (vermutlich unausrottbar eingebürgerter) Laborjargon und wird im folgenden deshalb in Anführungszeichen gesetzt.

INSTAND hat vor 10 Jahren damit begonnen, in Ringstudien besondere Proben als „Photometer"-Kontrollen anzubieten, nachdem sich gezeigt hatte, daß selbst sehr einfache, außer der spektroradiometrischen Messung nur wenige Pipettierschritte erfordende Konzentrationsbestimmungen wie von Hämoglobin (als Zyanmethämoglobin) oder von Eiweiß (mittel der Biuret-Reaktion) nicht geeignet waren, differenzierte Aussagen über Präzision und Richtigkeit der Messung zu liefern. Zunächst wurden Zyanmethämoglobinlösungen, wie sie bereits als Richtigkeitskontrollen für die genormte Hämoglobinbestimmung handelsüblich waren und für die eine internationale Referenzpräparation zur Verfügung steht, für die INSTAND „Photometer"-Kontrollen angeboten. Da offenbar die meßtechnischen Schwierigkeiten im nahen ultravioletten Spektralgebiet, welches insbesondere für die zahlreich vorgenommenen enzymatischen Bestimmungen benutzt wird, größer waren als im sichtbaren Teil des Spektrums, wurden zusätzliche Proben mit Absorptionsschwerpunkt in der Nähe des Absorptionsmaximums von NADH (340 nm) bereitgestellt, wobei zu beachten war, daß die Messungen an den Wellenlängen des Quecksilberemissionsspektrums möglich sein sollten.

Hierfür brauchbar waren nach Literaturangaben und Vorversuchen schwach alkalisch gepufferte wäßrige Lösungen von Kaliumpikrat, das sich leicht in hoher Reinheit kristallin erhalten läßt und den Anforderungen genügt, die seit jeher an Standardreferenzmaterialien gestellt werden (**Tabelle 6.1 b-1**). Die spezielle Eignung ergibt sich aus dem Absorptionsspektrum (**Abbildung 6.1 b-1**), der hohen Azidität, welche vollständige Dissoziation erwarten läßt, und dem verhältnismäßig geringen Temperatureinfluß auf die spektrale Absorption der Lösungen.

Tabelle 6.1b-1: Anforderungen an Standardsubstanzen

für die Maßanalyse („*Urtitersubstanzen*")
- chemisch definiert
- analysenrein darstellbar
- in Substanz unzersetzt haltbar
- in Zimmeratmosphäre gewichtskonstant (nicht verwitternd oder hygroskopisch)
- in Lösung über längere Zeit unzersetzt haltbar
- in definierter Weise ohne Nebenreaktionen löslich
- durch qualitative Proben auf ihre Brauchbarkeit überprüfbar

für die Absorptionsspektrophotometrie in Lösung zusätzlich:
- dem Beerschen Gesetz gehorchend
- geringer Temperaturkoeffizient der Absorbanz
- hinreichend breite Absorptionsbanden

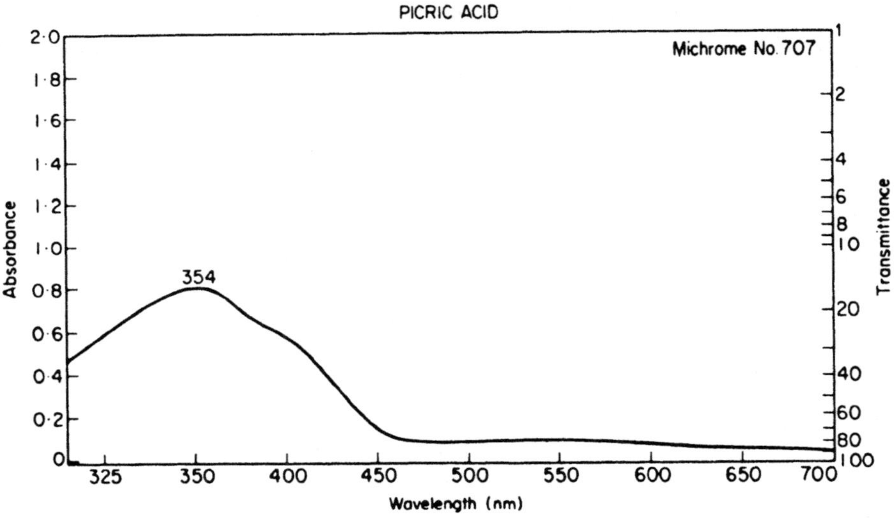

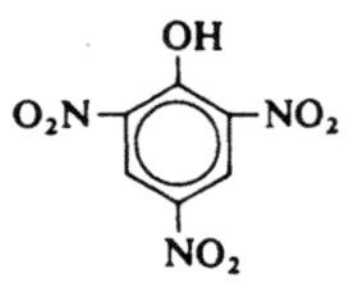

$C_6H_3N_3O_7$
Molecular weight 229: Anionic weight 228

Abbildung 6.1b-1: Absorptionsspektrum des Pikrations (aus Gurr, 1971)

6.1b.2 Ergebnisse der Ringversuche

Wir blicken nunmehr mehr als sechs Jahre auf Ringversuche zur „Photometer"-Kontrolle zurück, die unter den gleichen Bedingungen mit derselben Substanz durchgeführt worden sind. Für die Zwecke dieses Berichtes wird dieser Zeitraum in zwei Abschnitte unterteilt:

- 1979 bis Februar 1983: 6 Ringversuche mit je zwei Proben und
- Mai 1983 bis Februar 1986: 12 Ringversuche mit je 2 Proben.

Zunächst werden Richtigkeit und Präzision der Ergebnisse der Teilnehmerkollektive verglichen.

6.1 b.2.1 Richtigkeit

Da immer dieselbe Reinsubstanz zum Ansetzen der Lösungen in den Fachberatern bekannten Konzentrationen Verwendung gefunden hat, lassen sich die Ergebnisse leicht vergleichbar machen, indem auf die Stoffkonstante „(wellenlängenabhängige) molare Absorptivität *($\varepsilon(\lambda)$)*" zurückgeführt wird: die vereinbarungsgemäß je cm Schichtdicke angegebenen Meßwerte der spektralen Extinktion zu den fünf Wellenlängen des Quecksilberspektrums werden durch die Konzentration geteilt. Die Ergebnisse sind für die Teilnehmer in den Perioden 1979/82 und 1983/86 (**Tabellen 6.1 b-2** und **6.1 b-3**), für die Referenzwerte 1983/86 (**Tabelle 6.1 b-4**) und die Ergebnisse der Physikalisch-Technischen Bundesanstalt, im folgenden PTB abgekürzt, ebenfalls von 1983 bis 1986 in der **Tabelle 6.1 b-5** zusammengefaßt.

Um nicht von vorneherein Normalverteilung voraussetzen zu müssen (ein Vergleich von Median- und Mittelwerten zeigt allerdings gute Übereinstimmung), sind die in dieser Arbeit vorgenommenen statistischen Beurteilungen verteilungsunab-

Tabelle 6.1 b-2: Molare Absorptivitäten aus Teilnehmer-Werten 1979/82)

INSTAND-Ringversuch „Photometer"-Kontrollen 1979/82: 6 Probenpaare
c (Pikrat)/mmol/L = 0,015 ... 0,075

molare Absorptivität (in Bm^2/mol) aus Teilnehmer-Mittelwerten

Wellenlänge/nm		313	334	365	405	436
Median		610	1128	1366	944	435
50%	von	577	1106	1357	939	431
	bis	618	1134	1372	948	448
Spannweite	von	529	1085	1337	926	425
	bis	629	1140	1380	952	463

Tabelle 6.1 b-3: Molare Absorptivitäten aus Teilnehmer-Werten 1983/86

INSTAND-Ringversuch „Photometer"-Kontrollen 1983/86: 12 Probenpaare
c (Pikrat)/mmol/L = 0,029 ... 0,101

molare Absorptivität aus Teilnehmer-Mittelwerten in Bm^2/mol

Wellenlänge/nm		313	334	365	405	436
Median		625	1134	1358	938	428
50%	von	616	1121	1346	932	426
	bis	631	1143	1367	940	430
Spannweite	von	591	1112	1339	924	416
	bis	651	1215	1448	950	434

(Mit Konzentration negativ rangkorreliert)

Tabelle 6.1 b-4: Molare Absorptivitäten aus Referenz-Werten 1983/86

INSTAND-Ringversuch „Photometer"-Kontrollen 1983/86: 12 Probenpaare
c (Pikrat)/mmol/L = 0,029 ... 0,101

molare Absorptivität (in Bm^2/mol) aus Referenz-Werten

Wellenlänge/nm		313	334	365	405	436
Median		611	1130	1365	944	429
50%	von	605	1123	1357	938	422
	bis	617	1143	1374	948	434
Spannweite	von	597	1104	1349	928	406
	bis	631	1163	1413	966	456

Tabelle 6.1 b-5: Molare Absorptivitäten aus PTB-Werten 1983/86

INSTAND-Ringversuch „Photometer"-Kontrollen 1983/86: 12 Probenpaare
c (Pikrat)/mmol/L = 0,029 ... 0,101

molare Absorptivität (in Bm^2/mol) aus PTB-Werten

Wellenlänge/nm		313	334	365	405	436
Median		612	1127	1372	952	436
50%	von	609	1122	1362	946	433
	bis	618	1134	1380	955	438
Spannweite	von	602	1113	1358	941	428
	bis	661	1224	1454	969	445

(Mit Konzentration negativ rangkorreliert)

Tabelle 6.1 b-6: Übersicht über die molaren Absorptivitäten 1983/86

INSTAND-Ringversuch „Photometer"-Kontrollen
1983/86: 12 Probenpaare, c (Pikrat)/mmol/L = 0,029 ... 0,101

Bezogen auf die Teilnehmer-Mittelwerte liegen die molaren Absorptivitäten mit (zweiseitiger) Irrtumswahrscheinlichkeit kleiner als 1% für die Wellenlängen

	313 nm	334 nm	365 nm	405 nm	436 nm
für Ref.-Werte	niedriger	gleich	höher	höher	gleich
für PTB-Werte	gleich	gleich	höher	höher	höher

hängig nach Rangordnung der Daten vorgenommen worden, so wie es an anderer Stelle (v. Klein-Wisenberg, Merten, Schumann, 1985) geschildert worden ist. Meistens ist der Friedman-Test angewendet worden. Das im voraus angenommene Niveau der Wahrscheinlichkeit für den Fehler erster Art beträgt durchweg 1% für die zweiseitigen Tests.

In Vergleichen der molaren Absorptivität zwischen Teilnehmern, Referenz- und PTB-Werten haben sich in der Tat statistisch sichtbare Unterschiede ergeben (**Tabelle 6.1 b-6**). Es entspricht aber der Erwartung, dass spektroradiometrische Absorptionsmeßergebnisse, mit Meßeinrichtungen hoher spektraler Reinheit und gerin-

Tabelle 6.1b-7: Übersicht über die molaren Absorptivitäten aus verschiedenen Quellen

Molare Absorptivitäten des Pikratanions/Bm^2/mol					
	Wellenlänge/nm				
Quelle	313	334	365	405	436
v. Halban, Kortüm, Szigeti 1936*	610	1143	1393	955	436
v. Klein-Wisenberg 1986**	604	1130	1380	950	435
6 RV 1979/82:					
Ref.-Werte	610	1126	1365	943	433
TN-Median	610	1128	1366	944	433
12 RV 1983/86:					
Ref.-Werte	611	1130	1365	944	429
TN-Median	625	1134	1358	938	428
PTB	612	1127	1372	952	436

* H. v. Halban, G. Kortüm, B. Szigeti: Z. Elektrochem. angew. physik Chem. *42* (1936) 628
** A. v. Klein-Wisenberg: INSTAND-Schriftenreihe Bd. 5 (1986)

gem Störstrahlungsanteil immer höhere Extinktionswerte liefern müssen als weniger anspruchsvolle Messungen. Dem einzigen Fall der Wellenlänge 313 nm, bei dem die Referenzextinktionen niedriger liegen, dürfte ein statistischer Irrtum zweiter Art zugrundeliegen. Die Teilnehmeranzahlen sind bei dieser Wellenlänge viel geringer als bei den anderen. Relativ fällt die Abweichung mit 2,4% nicht sehr ins Gewicht.

Das Kaliumpikrat ist insbesondere von v. Halban und Mitarbeitern 1936 als Standardsubstanz für die Absorptionsspektrometrie empfohlen worden. Diese Autoren geben im Wellenzahlabstand von 500 cm^{-1} eine Tabulation der Logarithmen der molaren Absorptivitäten mit drei Dezimalstellen. Es fällt auf, daß die Endziffern 0 und 5 am häufigsten, jene von 1, 4 und 9 gar nicht vorkommen. Diese augenscheinliche Bevorzugung bei der Rundung verschwindet, wenn man die Daten in Gruppen von 0,003 zusammenfaßt. Die den nicht logarithmierten molaren Absorptivitäten der v. Halbanschen Zusammenstellung anhängende Unsicherheit kann man daraus zu 0,7% abschätzen. Unstetigkeiten der ersten bzw. der zweiten Differenzen bei 385 nm bzw. 308 nm lassen zusätzlich Übertragungsfehler vermuten. Die molaren Absorptivitäten bei den bevorzugten Wellenlängen des Quecksilberspektrums sind nach Lagrange mit vier Stützwerten aus der Tabelle interpoliert worden.

Die zusammenfassende Übersicht der Zentralwerte der molaren Absorptivitäten für die fünf im Ringversuch angewendeten Quecksilberwellenlängen zeigt eine so gute Übereinstimmung zwischen Teilnehmer-, Referenz-, PTB- und Literaturwerten, wie dies nur gewünscht werden kann (**Tabelle 6.1b-7**). Die Median- und die infolge der Symmetrie der Verteilung übereinstimmenden Mittelwerte der Ringversuchsteilnehmer sind mit den Zielwerten identisch.

6.1b.2.2 Präzision

In der Laboratoriumsmedizin werden insbesondere zwei Maßzahlen zur Beurteilung der Präzision herangezogen: die Standardabweichung s (sie hat die Einheit der Meßgröße) und die relative Standardabweichung s% (auch Variationskoeffizient genannt), eine dimensionslose Verhältnisgröße, die oft in Prozent angegeben wird.

Tabelle 6.1 b-8: Teilnehmer-Standardabweichungen 1979/82

INSTAND-Ringversuch „Photometer"-Kontrollen 1979/82: 6 Probenpaare

Teilnehmer-Standardabweichungen/mB

Wellenlänge/nm		313	334	365	405	436
Median		10,9	13,5	17,4	15,0	8,3
50%	von	9,4	10,5	10,7	8,6	7,0
	bis	14,4	18,5	26,8	19,5	13,2
Spannweite	von	7,3	7,2	7,0	6,1	5,8
	bis	19,8	48,1	75,2	75,3	16,1

Tabelle 6.1 b-9: Teilnehmer-Standardabweichungen 1983/86

INSTAND-Ringversuch „Photometer"-Kontrollen 1983/86: 12 Probenpaare

Teilnehmer-Standardabweichungen/mB

Wellenlänge/nm		313	334	365	405	436
Median		26,1	26,8	28,0	22,2	12,5
50%	von	16,6	19,9	20,2	17,4	10,7
	bis	36,5	33,5	31,9	24,8	15,7
Spannweite	von	3,5	7,9	4,4	3,3	4,4
	bis	45,8	63,2	53,2	36,6	20,4

(Mit Konzentration positiv rangkorreliert)

Standardabweichungen

Die Standardabweichungen der Extinktionen in dem Zeitraum 1983/86 liegen in den Spitzenwerten höher als in der vorherigen Dreijahresperiode (**Tabellen 6.1 b-8** und **6.1 b-9**). Dies ist durch Abfüll-Inhomogenitäten, die leider erst festgestellt wurden, nachdem die Proben schon versandt waren, zu erklären. Obwohl die Abweichungen der Rückstellmuster der drei Proben in zwei Ringversuchen unter 5% lagen, sind die Standardabweichungen des Teilnehmerkollektivs beträchtlich vergrößert. Dennoch wurden diese Proben für die weitere Auswertung nicht als Ausreißer eliminiert. Soweit die Rangzahlen der Varianzen bei den einzelnen Wellenlängen mit einer Homogenität der Varianzen für ein Intervall um den Median der Varianzen nach dem Friedman-Test vereinbart war, ist dies durch Unterstreichung dieses Intervalls veranschaulicht. Der Punkt über dem Intervallstrich kennzeichnet den Zentralwert der Varianz.

Ungeachtet verschiedener konzentrations- und wellenlängen-bedingten molaren Absorptivitäten, also unabhängig von der Höhe der Extinktion, ist im Zeitraum 1979/82 Varianzhomogenität mit dem Median der Standardabweichung von 10,9 mB festzustellen. Im Zeitraum 1983/86 liegen die Varianzen wegen der Inhomogenität von drei Proben deutlich höher bei den kürzeren Wellenlängen. Indessen ist hier eine positive Rangkorrelation der Standardabweichungen mit der Konzentration auffällig: je höher die Extinktion, desto höher auch die Standardabweichung. Hierdurch wird nahegelegt zu prüfen, ob nicht etwa die relative Standardab-

Tabelle 6.1 b-10: Relative Standardabweichungen der Teilnehmer 1979/82

INSTAND-Ringversuch „Photometer"-Kontrollen 1979/82: 6 Probenpaare
relative Teilnehmer-Standardabweichungen/%

Wellenlänge/nm		313	334	365	405	436
Median		3,90	2,57	2,41	2,91	4,69
50%	von	3,10	1,76	1,66	2,01	3,50
	bis	4,61	6,78	4,47	4,25	7,03
Spannweite	von	2,03	1,11	1,00	1,31	2,60
	bis	13,43	8,09	8,47	10,03	10,23

Tabelle 6.1 b-11: Relative Standardabweichungen der Teilnehmer 1983/86

INSTAND-Ringversuch „Photometer"-Kontrollen 1983/86: 12 Probenpaare
relative Teilnehmer-Standardabweichungen/%

Wellenlänge/nm		313	334	365	405	436
Median		7,70	4,28	3,55	4,04	5,66
50%	von	5,46	3,49	2,92	3,48	4,53
	bis	8,91	4,74	4,48	5,64	7,42
Spannweite	von	1,86	1,64	0,80	0,76	2,55
	bis	16,67	14,30	9,01	8,90	10,04

weichung eher als die Standardabweichung als solche als gleichbleibend angesehen werden kann.

Relative Standardabweichungen
Die relativen Standardabweichungen der Teilnehmerdaten aus dem Zeitraum 1979/82 können mit einem Median mit 2,91% ebenso als homogen angesehen werden (**Tabelle 6.1 b-10**), wie dies für die Standardabweichungen als solche gilt (Tabelle 6.1 b-8). In dem durch Probeninhomogenität von drei Proben beeinflußten Zeitraum von 1983/86 müssen die größten und kleinsten Werte bei den Wellenlängen 331 nm und 436 nm als nicht zu dem homogenen Kollektiv mit der größten Spannweite um den Median von 4,28% bei 334 nm gehörig ausgeschieden werden (**Tabelle 6.1 b-11**). Jedoch ist hier keine (also auch keine negative) Rangkorrelation mit der Konzentration zu sichern.

Hinweise zur Auswertung
Nach den vorliegenden Daten zur Einzelauswertung der Proben jedes Ringversuches kann also die Frage nicht entschieden werden, ob es zutreffender ist, eine konstante Standardabweichung oder eine konstante relative Standardabweichung anzunehmen. Beide Ringversuchsorganisationen, die in der Bundesrepublik Deutschland Ringversuche zur „Photometer"-Kontrolle anbieten (INSTAND und die Deutsche Gesellschaft für Klinische Chemie), verfahren unterschiedlich. INSTAND bewertete mit festen Grenzen, die Deutsche Gesellschaft für Klinische Chemie mit vorgegebenen relativen Standardabweichungen. Hierdurch waren die Teilnehmer, die an beiden Ringversuchen ständig oder alternierend partizipierten, in einer ebenso mißlichen Lage wie die Ge-

rätehersteller, die im Nichterfolgsfall auf Reklamationen eingehen mußten. Auf Betreiben des Verbandes der Diagnostica und Diagnostica-Geräte-Hersteller (VDGH) fand deshalb im Frühjahr 1983 eine Konferenz statt (v. Klein-Wisenberg, 1983), bei der autorisierte Vertreter beider Fachgesellschaften einem Kompromißvorschlag der PTB (Prof. Dr. R. Nink) zustimmten, künftig ein gemeinsames, mittleres Bewertungskriterium anzunehmen.

Bewertungsbereich (PTB-Vorschlag 1983): $E_z \pm (0.03\ E_z + 0{,}01)$

Die Zielwerte sollten für jeden Ringversuch von der PTB erstellt werden.

Im folgenden soll untersucht werden, inwieweit die Ergebnisse der seither durchgeführten Ringversuche diesem Kriterium entsprechen.

6.1 b.3 Auswertung der Ringversuche

Bei den Ringversuchen zur „Photometer"-Kontrolle kommen immer zwei Proben unterschiedlicher Konzentration zur Anwendung. Die bisherigen Richtlinien der Bundesärztekammer zur Qualitätssicherung im medizinischen Laboratorium schreiben vor, jede Probe für sich auszuwerten. Es fällt aber auf, daß, insbesondere bei weiter vom Zielwert abweichenden Ergebnissen eines Teilnehmers, besonders häufig entweder für beide Proben zu niedrige oder für beide Proben zu hohe Meßwerte angegeben werden: die Meßwerte sind korreliert.

6.1 b.3.1 Modell

Dies wird im sogenannten Youden-Diagramm deutlich, in dem die Meßwerte gegeneinander aufgetragen worden sind (**Abbildung 6.1 b-2**). Während man bei konstanter, von der Konzentration unabhängiger Standardabweichung erwarten müßte, einen bestimmten Prozentsatz (der hier mit 50% festgelegt wurde) der Werte um die Mittelwerte (von denen oben festgestellt wurde, daß sie mit den Zielwerten identisch sind) innerhalb eines Kreises um diesen als Zentrum zu finden, beobachtet man stets eine Ellipse als Konturfigur, deren Hauptachse in Richtung Koordinatenursprung zielt.

Bei voneinander abhängigen Werten führt man eine Regressionsrechnung durch; da die Erwartungswerte beide fehlerbehaftet und unterschiedlich sind, ist eine orthogonale Regression angemessen, bei der die Ausgleichsgerade so gelegt wird, um die Summe der Abstandsquadrate beider Werte der Teilnehmer von dieser Geraden zu einem Minimum zu machen. Das rechnerische Vorgehen ist an anderer Stelle erläutert (v. Klein-Wisenberg, 1985; siehe auch Abbildungen 6.1b-6a, b, c). Mit den Daten von Abbildung 6.1b-2 resultiert eine Konturellipse (hier die 90%-Konturellipse), wie sie in **Abbildung 6.1 b-3** dargestellt ist. Es ist unmittelbar einsichtig, daß die kleine Halbachse der Konturellipse der Zufallskomponente der Abweichung der Datenpaare vom Zielwert proportional sein muß; nach dem Fehlerfortpflanzungsgesetz veranschaulicht dann aber die lineare Exzentrizität den Betrag der systematischen Komponente der Abweichung vom Zielwert. Aus der Regressionsrechnung der Teilnehmer-Datenpaare erhält man zunächst neben dem Korrelationskoeffizienten, der die Beurteilung gestattet, ob überhaupt eine Abhängigkeit zwischen Datenpaaren besteht, die beiden Mittelwerte, die zugehörigen Standardabweichungen und die Kovarianz (Abbildung 6.1b6a). Hieraus folgt die Steigung (Abbildung 6.1b-6b) und die Länge (Abbildung 6.1b-6c) der beiden Ellipsenhalbachsen. Es sei nun der Winkel, den die vom Koordinatenursprung zum Ellipsenmittelpunkt (Zielwerte) zielende Gerade mit der positiven Abszissenachse einnimmt, ϑ, der tatsächliche Steigungswinkel der großen Halbachse der Konturellipse β und die lineare Exzentrizität e bezeichnet (**Abbildung 6.1 b-4**). Wäre die systematische Abweichung rein additiv, also beide Meßwerte – neben der Zufallsabweichung – um denselben Betrag erhöht oder erniedrigt, so wäre der Winkel β mit 45° zu erwarten. Wäre hingegen die systematische Abweichung dem Meßwert proportional, so

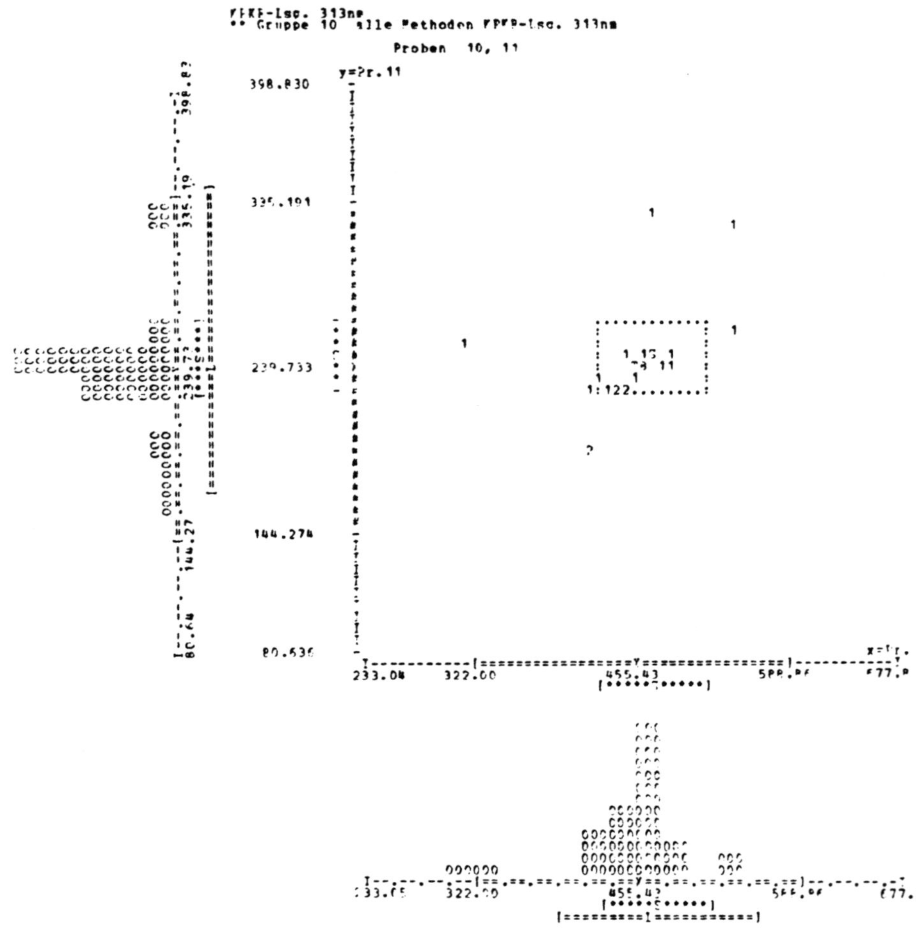

Abbildung 6.1 b-2: Youden-Plot Ringversuch Februar 1983

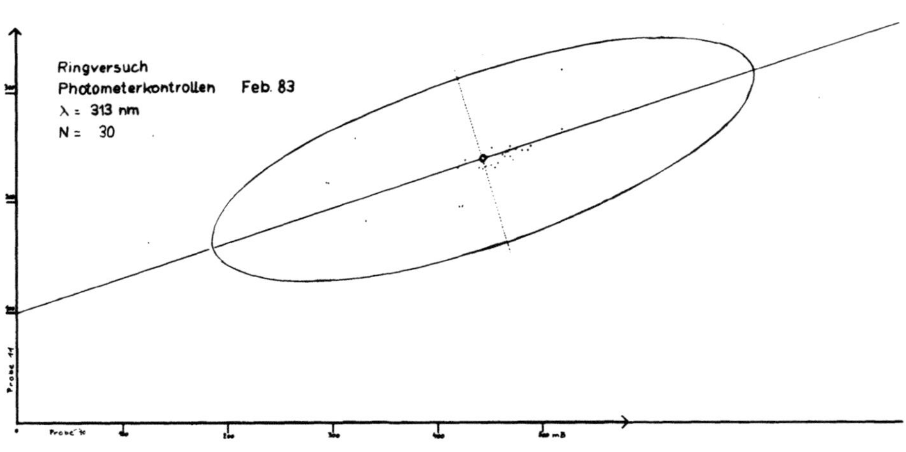

Abbildung 6.1 b-3: Youden-Plot mit 90%-Toleranzellipse. Ringversuch Februar 1983

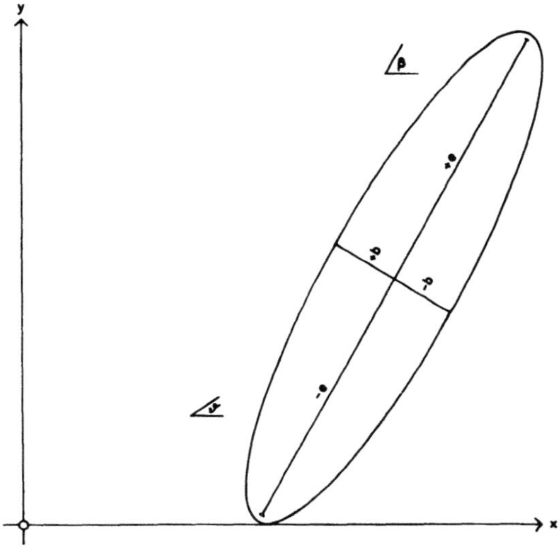

Abbildung 6.1 b-4: Schema zur Definition der Konturellipse

wäre der Winkel β gleich dem Winkel ϑ, und die Regressionsgerade zweiter Art würde durch den Koordinatenursprung verlaufen. In Wirklichkeit zeigen alle 60 Regressionsgeraden der Teilnehmer-Meßwertpaare der Ringversuche „Photometer"-Kontrollen im Zeitraum 1983/86 eine gesicherte Korrelation, jedoch weder Ordinatenabschnitt gleich Null mit einer Steigung gleich ϑ, wie es bei reiner Proportionalabweichung zu erwarten wäre, noch einen Steigungswinkel gleich 45°, den eine rein additive Abweichung zur Folge hätte. Die lineare Exzentrizität ist als pythagoräische Differenz der beiden Halbachsen, von der die kleine der zufälligen Abweichung proportional ist, ein Maß für die systematische Abweichung; sie ist in der Konturellipse nach der großen Halbachse unter dem Winkel β zur positiven Abszissenachse gerichtet. Wäre die systematische Abweichung beider Meßwerte je Probenpaar und Wellenlänge rein additiv, so würde die Regresisonsgerade unter einem Winkel von 45° verlaufen und nicht durch den Ursprung gehen. Wäre hingegen die systematische Abweichung rein proportional, so würde die Regressionsgerade durch den Ursprung unter einem Winkel von δ zur positiven Abszissenachse verlaufen. Ist keines von beiden der Fall und liegt der Winkel β zwischen 45° und ϑ, dann nehmen wir an, daß beide Einflüsse wirksam sind, und fassen die gerichtete, unter dem Winkel β verlaufende lineare Exzentrizität als einen Vektor auf, der den Einflüssen p und q unterworfen ist. Die goniometrische Durchrechnung liefert dann

$$p = e\frac{\sin(\beta - 45°)}{\sin(\vartheta - 45°)} \qquad q = e\frac{\sin(\vartheta - \beta)}{\sin(\vartheta - 45°)}$$

Von 60 Regressionsgeraden, die sämtlich bei nicht ablehnbarer Korrelation positive Steigungen aufweisen, zeigen 21, daß
entweder $\beta < \vartheta < 45°$
oder $\beta > \vartheta > 45°$ ist.
(Der Fall ϑ gleich 45° kommt nicht vor, weil immer Probenpaare unterschiedlicher Konzentration verwendet worden sind). In diesen Fällen ergibt die Rechnung unangemessen große Beträge für die proportionale Komponente p und die additive Komponente q (**Abbildung 6.1 b-5, links**). Daher ist versuchsweise eine dritte Komponente r eingeführt worden, die senkrecht auf q, also unter einem Winkel von 135° zur positiven Abszissenachse verläuft (**Abbildung 6.1 b-5, rechts**). Hierdurch wird zusätzlich zu den Projektionen auf die Koordinatenachsen eine dritte Bedingungsgleichung erforderlich, für die sich ein Minimalansatz der Quadratsumme anbietet. Die Komponente r bewirkt eine Erhöhung des einen mit einer gleichzeitigen Erniedrigung des anderen Meßwertes, würde also in der Auswirkung gleich einer nicht vollzogenen Korrektur der Eigenabsorption der Meß- und Bezugsküvetten sein. Sie kann aber auch als Störkomponente gedeutet werden und sollte dann der durch die kleine Halbachse der Konturellipse unterschätzten Zufallsabweichung zugeschlagen

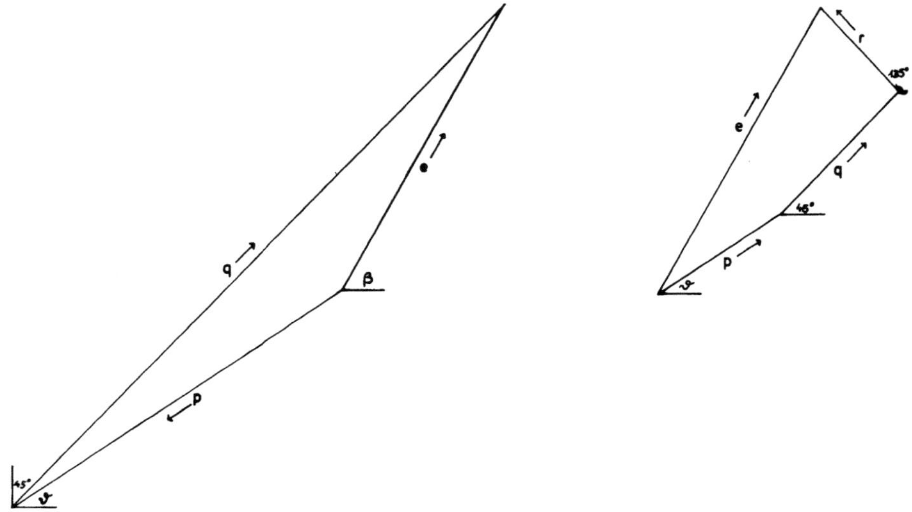

Abbildung 6.1 b-5: Vektorielle Komponentenzerlegung: links 2 Komponenten, rechts 3 Komponenten

werden. Die Zerlegung des Vektors e in die Komponenten p, q und r und die Minimumbedingung für deren Quadratsumme sind aus dem Formelsatz der **Abbildung 6.1b-6,** Formel 6 d, ersichtlich.

6.1 b.3.2 Zufällige Komponenten der Abweichungen vom Zielwert

Nach dem hier beschriebenen Modell wurden die 12 Ringversuche Mai 1983 bis Februar 1986 durchgerechnet. Die kleinen Halbachsen der 50%-Toleranz-Ellipse erweisen sich bezüglich der Wellenlängen kleiner als 436 nm als homogen (**Tabelle 6.1 b-12**); die Ergebnisse für 436 nm weichen besonders günstig nach unten ab. Will man diese Werte mit den Standardabweichungen von Tabelle 6.1b-9 vergleichen, so muß man die zentralen Perzentile der Normalverteilung (**Tabelle 6.1 b-13**) heranziehen und die Werte von Tabelle 6.1b-12 durch 0,675 teilen (rund um 50% vergrößern). Es ist augenscheinlich, daß die bivariate Auswertung zu signifikant kleineren Werten für die Zufallsabweichung führt, indem der Anteil der systematischen Abweichung herausgeschält wird.

6.1 b.3.3 Systematische Komponenten der Abweichungen vom Zielwert

Additive Komponenten

Die Beträge für r und q, wie sie sich aus der Vektorzerlegung von e ergeben, wurden mit der kleinen Halbachse der Toleranzellipse in Beziehung gesetzt, die ein Maß für die Zufallsabweichung ist. Sie waren bei allen 12 Ringversuchen der Zeitspanne 1983/86 betragsmäßig kleiner als die Zufallsabweichung und konnten daher vernachlässigt werden. Die additiven Komponenten der systematischen Abweichungen vom Zielwert, wie sie durch die Elongation der Konturellipsen veranschaulicht werden, fallen gegenüber der Zufallskomponente nicht ins Gewicht.

Proportionale Komponente

Demnach muß die lineare Exzentrizität der Konturellipse allein durch die Proportionalkomponente der systematischen Abweichung vom Zielwert bestimmt sein. Sie

Formel 6.1b-6a: Mit s_x^2, s_y^2,den Varianzen und s_{xy}, der Kovarianz von x und y definiert man eine Hilfsvariable

$$D=(s_y^2-s_x^2)/s_{xy},$$

wobei angenommen sei, daß die Kovarianz von Null verschieden sei. Wegen $b=s_{xy}/s_x^2$ und $r^2=s_{xy}^2/(s_x^2\cdot s_y^2)$ - Formeln (632) und (704b) der Geigy-Tabellen - gilt

$$D=\left(\left(\frac{b}{r}\right)^2-1\right)/b$$

Der orthogonale Regressionskoeffizient, die Steigung der großen Halbachse der Toleranzellipse, ergibt sich dann nach Formel (738) der Geigy-Tabellen als

$$b_0=\frac{D}{2}\pm\sqrt{1+\left(\frac{D}{2}\right)^2},$$

und weiter

Formel 6.1b-6b: $b_0=\tan\left[\frac{\pi}{4}\left(1+\operatorname{sgn}\left(\frac{b}{r}-1\right)\right)+\frac{1}{2}\arctan\left(r\cdot\tan\left(2\arctan\left(\frac{b}{r}\right)\right)\right)\right]$

Die Längen der Halbachsen der Toleranzellipse sind

Formel 6.1b-6c: $l_1\approx s_x\sqrt{\chi^2_{(2),\gamma}(1+b\cdot b_0)}$

$$l_2\approx s_x\sqrt{\chi^2_{(2),\gamma}(1-b/b_0)}$$

Formel 6.1b-6d: Vektorielle Komponentenzerlegung der linearen Exzentrität der Toleranzellipse

$$e.\cos\beta=p.\cos\theta+q.(0{,}5)^{0{,}5}-r.(0{,}5)^{0{,}5}$$
$$e.\sin\beta=p.\sin\theta+q.(0{,}5)^{0{,}5}+r.(0{,}5)^{0{,}5}$$
$$\text{Min.!}=p^2+q^2+r^2$$

führt zu

$$e^2=3p^2+q^2+r^2$$
$$p=0{,}5.e.\cos(\beta-\theta)$$
$$q=e.\cos(\beta-45°)-p.\cos(\theta-45°)$$
$$r=e.\sin(\beta-45°)-p.\sin(\theta-45°)$$

Abbildung 6.1b-6: Formelsatz zur Auswertung der orthogonalen Regression

Tabelle 6.1b-12: Kleine Halbachse der 50% Toleranzellipsen

INSTAND-Ringversuch „Photometer"-Kontrollen 1983/86: 12 Probenpaare

kleine Halbachse der 50%-Toleranzellipse/mB

Wellenlänge/nm		313	334	365	405	436
Median		10,5	13,1	14,6	9,1	6,2
50%	von	9,3	10,2	11,2	7,7	5,4
	bis	12,9	14,4	16,2	11,5	7,2
Spannweite	von	3,4	5,7	3,7	2,8	3,0
	bis	27,6	32,3	25,0	16,8	9,6

Tabelle 6.1 b-13: Perzentile der Normalverteilung

Bei Normalverteilung liegen
10.0% aller Werte innerhalb $\bar{x} \pm 0.126$ s
50.0% aller Werte innerhalb $x \pm 0{,}675$ s
68,3% aller Werte innerhalb $x \pm 1{,}000$ s
82,3% aller Werte innerhalb $x \pm 1{,}349$ s
90,0% aller Werte innerhalb $x \pm 1{,}645$ s

Tabelle 6.1 b-14: Lineare Exzentrizität der 50%-Toleranzellipse

INSTAND-Ringversuch „Photometer"-Kontrollen 1983/86: 12 Probenpaare

lineare Exzentrizität der 50%-Toleranzellipse/mB

Wellenlänge/nm		313	334	365	405	436
Median		33,2	35,0	34,0	29,6	15,9
50%	von	18,3	29,1	30,8	24,1	13,4
	bis	42,1	37,9	39,4	31,4	17,7
Spannweite	von	8,0	12,4	6,3	3,9	6,9
	bis	51,7	57,1	54,8	38,1	24,4

(Mit Konzentration positiv rangkorreliert)

Tabelle 6.1 b-15: Relative lineare Exzentrizität der 50%-Tolleranzellipse

INSTAND-Ringversuch „Photometer"-Kontrollen 1983/86: 12 Probenpaare

relative lineare Exzentrizität der 50%-Toleranzellipse/%

Wellenlänge/nm		313	334	365	405	436
Median		5,61	3,57	3,06	3,65	4,49
50%	von	4,29	3,15	2,72	3,16	4,17
	bis	7,26	4,38	3,57	4,03	5,02
Spannweite	von	1,74	1,48	0,65	0,58	2,25
	bis	10,30	6,52	3,91	5,14	5,47

muß demnach mit dem Zahlenwert des Zielwertes zunehmen. Dies ist der Fall (**Tabelle 6.1 b-14**). Wenn man durch die Quadratwurzel aus der Summe der Quadrate der beiden Zielwerte teilt - dies entspricht dem Abstand vom Koordinatenursprung bis zum Mittelpunkt der Toleranzellipse - so erhält man erwartungsgemäß eine über die Wellenlänge homogene systematische Proportionalabweichung; ihr Medianwert ist 3,57% in dem hier untersuchten Kollektiv (**Tabelle 6.1 b-15**).

6.1 b.4 Schlußfolgerungen

Die Verwendung einer reinen, chemisch definierten Substanz in den Ringversuchen zur „Photometer"-Kontrolle hat sich bewährt. Die Mittelwerte des Teilnehmerkollektivs stimmen mit den Zielwerten überein. Die Verwendung unterschiedlicher

Tabelle 6.1b-16: Anzahl der Teilnehmer an den Ringversuchen „Photometer"-Kontrollen 1983/86

INSTAND-Ringversuch „Photometer"-Kontrollen 1983/86: 12 Probenpaare
Anzahl der Teilnehmer

Wellenlänge/nm		313	334	365	405	436
Mittelwert		26	126	192	225	133
Spannweite	von	14	60	111	123	67
	bis	35	161	253	298	175

Tabelle 6.1b-17: Erfolgsstatistik der Teilnehmer an den Ringversuchen „Photometer"-Kontrollen 1983/86

INSTAND-Ringversuch „Photometer"-Kontrollen 1983/86: 12 Probenpaare
Erfolgsstatistik

Wellenlänge/nm		313	334	365	405	436
Mittelwert		69,6%	79,5%	76,2%	80,9%	82,6%
Spannweite	von	50,0%	58,3%	54,2%	58,5%	73,2%
	bis	93,7%	91,7%	88,2%	85,6%	92,9%

Konzentrationen ist kein Hindernis für die Längsschnittauswertung, da die Ergebnisse jedes Ringversuches über die bekannten Konzentrationen einheitlich normiert werden können. Verbesserungsbedürftig war die Homogenität der Abfüllung.

Der Schwerpunkt des Teilnehmerinteresses liegt bei den Quecksilberwellenlängen 365 nm und 405 nm (**Tabelle 6.1b-16**). Nach dem für die beiden deutschen Ringversuchsveranstalter, INSTAND und Deutsche Gesellschaft für Klinische Chemie, gemeinsamen Auswertungskriterium, das von der PTB vorgeschlagen worden ist, liegen die Erfolgsquoten über 70% (**Tabelle 6.1b-17**).

Das bereits 1983 vorgeschlagene Verfahren der bivariaten Auswertung mittels orthogonaler Regression hat sich als geeignet erwiesen, eine Aufspaltung der Varianz in eine Zufallskomponente und eine systematische Komponente, welche wiederum dem Meßwert proportional ist, vorzunehmen. Der Median der 50%-Erwartungswerte beträgt für die Zufallsabweichung 0,0105 B, für die systematische Abweichung 3,57%, und entspricht somit dem Auswertungskriterium (Abschnitt 2.2.3): Bewertungsbereich (PTB-Vorschlag 1983: $E_z \pm (0{,}03\ E_z + 0{,}01)$*, Befund aus 12 Ringversuchen 1983/86:

Median der 50%-Toleranzbereiche $E_z \pm (0{,}036\ E_z + 0{,}011)$.

* (E_z = Extinktion-Zielwert)

6.2 Photometerkontrollen III

Ulrich Poppy (Berlin)*

6.2.0 Einleitung

Im menschlichen Blut sind viele am Stoffwechselgeschehen beteiligte Substanzen enthalten. Diese werden im Serum oder Plasma eines gesunden Menschen innerhalb bestimmter Konzentrationsbereiche gefunden. Abweichungen von diesen Normbereichen sind für den behandelnden Arzt Hinweise auf mögliche Erkrankungen; ein Rückgang der Werte in den üblichen Bereich unter Therapie kann Beweis für den Erfolg der Behandlung sein. Die Bestimmung der Konzentration dieser Substanzen erfolgt zum überwiegenden Teil mittels photometrischer Tests.

Bei dem Nachweis der Substanzen beeinflussen drei Faktoren die Qualität der Ergebnisse:
- Ausführung der erforderlichen Arbeiten
- Funktion des Photometers (Absorptionsspektrometers)
- Auswahl der geeigneten Untersuchungsmethode

Unter der Voraussetzung, daß die am besten geeignete Methode verwendet wird und jeder im klinisch-chemischen Laboratorium Tätige mit der erforderlichen Sorgfalt arbeitet, werden im folgenden einige Fehlermöglichkeiten am Photometer besprochen und Hinweise zur Fehlersuche bzw. Photometerkontrolle gegeben.

6.2.1 Fehlfunktionen und Kontrolle der Photometer

Da mehr als 95% aller untersuchten Bestandteile des menschlichen Serums mit Absorptionsspektrometern bestimmt werden, kommt der richtigen Auswahl des geeigneten Gerätes für das klinisch-chemische Laboratorium und der Kontrolle der einwandfreien Funktion des Gerätes besondere Bedeutung zu. Es werden nach der Art der Strahlungsquelle und der Art der Herstellung monochromatischer Strahlung drei Typen von Absorptionsspektrometern unterschieden:
- Absorptionsspektrometer mit spektraler Aufteilung durch Prisma oder Gitter eines Strahlenkontinuums, Strahlungsquelle Wolfram- oder Halogenlampe

Es kann hiermit bei jeder beliebigen Wellenlänge gemessen werden; die Strahlungsintensität ist relativ gering, die Monochromasie der Strahlung ausreichend.

---

* Während v. Klein-Wisenberg aus den theoretischen Grundlagen die Praxis der Photometerkontrolle darstellt, faßt Poppy in dem nachfolgenden Beitrag die Überprüfung der Gerätefunktion mit Kontroll-Lösungen zusammen.

- Absorptionsspektrometer mit Linienspektrum emittierender Strahlungsquelle (Hg- oder Cd-Brenner)

Man erhält Strahlung großer Intensität; die erreichbare Monochromasie ist sehr gut; es stehen nicht alle Wellenlängen zur Verfügung.

- Absorptionsspektrometer mit Kontinuumstrahler und Filtern zur Gewinnung der Strahlung mit gewünschter Wellenlänge

Wegen der nur annähernd erreichbaren Monochromasie der Strahlung und der Linearitätsabweichungen bei höheren Extinktionen sind Geräte dieses Typs nur bedingt zu empfehlen.

Bei der Aufzählung der Spektrometertypen werden die wesentlichen Vor- und Nachteile angegeben. Für weitere Informationen wird auf die Fachliteratur verwiesen.

Hier sollen die Fehlermöglichkeiten, die bei Arbeiten mit Absorptionsspektrometern am Gerät auftreten können, erörtert werden. Fehler, die in der Chemie der durchzuführenden Tests ihre Ursache haben, sollen bei den einzelnen Analyten besprochen werden.

6.2.1.1 Spektrometerbedingte Störungen

Ein Absorptionsspektrometer besteht aus einem optischen, einem photoelektrischen und einem elektronischen Teil. Die wesentlichen Funktionselemente eines Spektrometers sind (**Abbildung 6.2-1**):

A Strahlungsquelle (z. B. Hg- oder Cd-Strahler, Wolfram- oder Halogenlampe usw.)
B Zerlegung der Strahlung (durch Prisma, Gitter, Filter)
C Küvette
D Strahlungsempfänger
E Verstärkerteil und
F Meßwertanzeige (analog oder digital)

Abbildung 6.2-1 zeigt eine gebräuchliche Reihenfolge der Funktionselemente. Sie ist jedoch nicht zwingend, z. B. sind bei Spektrometern der Fa. Lange, Berlin die Teile B und C vertauscht. Jedes der aufgeführten Funktionselemente kann Fehler aufweisen, die das Ergebnis der Messung unterschiedlich beeinflussen.

Die *Strahlungsquelle* (A) muß einwandfrei justiert sein, vor allem nach Austausch defekter Strahler, und mit der richtigen Spannung versorgt werden. Auch sollte das Alter des Strahlers nicht zu hoch sein. Jeder der angegebenen Faktoren beeinflußt

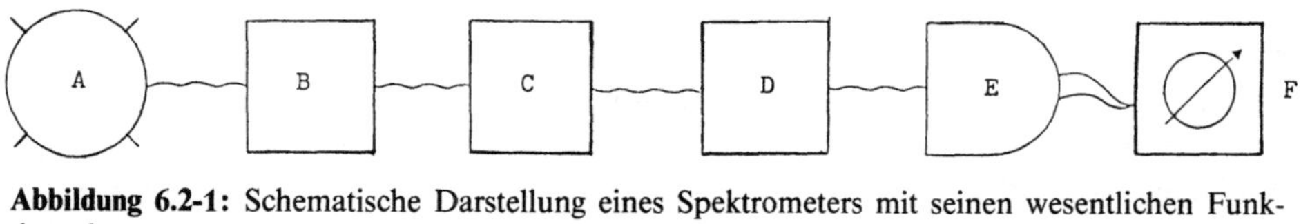

Abbildung 6.2-1: Schematische Darstellung eines Spektrometers mit seinen wesentlichen Funktionselementen

die für die Messung zur Verfügung stehende Strahlungsintensität, meist als Minderung feststellbar.

Im Bereich *Strahlungszerlegung* (B) wird durch die Dejustierung des Funktionsteils bei Spektrometern mit spektraler Zerlegung bzw. die Verlagerung des Filterschwerpunktes Strahlung falscher Wellenlänge für die Messung ausgewählt. Dadurch sind die Extinktionen der zu messenden Lösungen höher oder niedriger als bei Strahlung der richtigen Wellenlänge, bei der die eingesetzten Faktoren ermittelt worden sind.

Bei der *Küvette* (C) muß auf mehrere Fehler geachtet werden. Die Abweichungen vom vorgegebenen Maß (Lichtweg = 1 cm, Wandstärke !) sollen minimal, die Oberflächen der optischen Fenster der Küvetten unbeschädigt und sauber sowie das Material der Küvetten ohne Eigenabsorption sein. Neben den Küvettenfehlern ist auf die richtige Position der Küvette im Strahlengang zu achten, da bei Verdrehungen der Küvette der Lichtweg gegenüber der Kalibration geringfügig verändert ist.

Im *photoelektrischen und elektronischen Teil* des Spektrometers sind Fehler durch Alterung (langfristige Trends in der internen Qualitätskontrolle) und/oder durch Störungen in der Stromversorgung verursacht. Die neueren Spektrometer enthalten im Stromversorgungsteil ein Stabilisierungsglied, das die benötigte Spannung weitgehend konstant hält. Extreme Abweichungen von der Sollspannung des Stromnetzes schlagen jedoch durch und führen unter Umständen zu nicht reproduzierbaren Ergebnissen, die meist bei der Plausibilitätskontrolle auffallen.

Schließlich sei auf die *Abweichung von der Linearität* hingewiesen. Es sind die häufigsten Störungen bei photometrischen Messungen. Die gemessenen Extinktionsänderungen je Konzentrationseinheit werden mit zunehmender Konzentration der zu messenden Lösung kleiner. Ursache der Nichtlinearität kann ein physikalisch-chemischer Effekt sein (Voraussetzungen des Lambert-Beer-Gesetzes sind nicht erfüllt), oder - und das ist weit häufiger - ein Fehler am Photometer schränkt die Linearität ein.

Der *Gerätefehler* kann unterschiedlich lokalisiert sein:
- Filterfehler, das Licht ist nicht ausreichend monochromatisch
- der Monochromator ist dejustiert, die Anzeige stimmt mit der realen Wellenlänge nicht überein
- die Empfindlichkeit des Strahlungsempfänger reicht nicht aus.

Dies ist von uns bei fabrikneuen Ersatzteilen beobachtet worden und sicher ein seltener Fall. Beim Austausch defekter Strahlungempfänger sollte daher auf den Spektralbereich des Ersatzteiles geachtet werden.

6.2.1.2 Kontrolle der Spektrometer

Nach dem Lambert-Beer-Gesetz liegen die Extinktionen einer Verdünnungsreihe einer Meßlösung auf einer Geraden, wenn das Photometer einwandfrei arbeitet. Um die Arbeitsweise eines Photometer kontrollieren zu können, müssen die *Kontrollösungen* bestimmte Voraussetzungen erfüllen:

Die eingesetzten Substanzen sollen chemisch definiert und möglichst sauber sein und sich ohne Veränderung lösen. Ihre Lösungen sollen stabil und temperaturunabhängig sein und sich wie echte Lösungen verhalten. Das Absorptionsmaximum soll in der Nähe der zu überprüfenden Wellenlänge liegen.

6.2.2 Eigenschaften der Kontrollösungen

In der Literatur werden eine Reihe von Lösungen anorganischer und organischer Substanzen zur Photometerkontrolle beschrieben. Entsprechend ihren Eigenschaften sind sie mehr oder weniger gut für die Kontrolle der Photometer geeignet.

Als anorganische Salze für die Kontrollösungen finden Holmiumnitrat, Kaliumbichromat, Nickel- und Kobaltsalze die häufigste Verwendung. Organische Verbindungen sind p-Nitrophenol, Hämiglobinzyanid und NADH bzw. NADPH.

6.2.2.1 Holmiumnitratlösungen

weisen scharfe Extinktionsmaxima im Bereich von ca. 350 bis 650 nm auf. Bei Spektralphotometern läßt sich die Wellenlängeneinstellung anhand dieser Maxima sehr gut justieren. Für Spektrallinienphotometer mit Quecksilberdampflampe ist die Lösung nicht geeignet, weil die Spektrallinien der Hg-Lampe nicht mit den Absorptionsmaxima der Holmiumnitratlösung übereinstimmen.

6.2.2.2 Kaliumbichromat

wird vom National Bureau of Standards (NBS, USA) zur Photometerkontrolle empfohlen. Die saure Lösung dieses Salzes hat ein Absorptionsmaximum bei 350 nm.

Wird der vorgeschriebene pH-Wert nicht eingehalten, entsteht Kaliumchromat. Die Folge sind dann unbrauchbare Ergebnisse. Kaliumbichromatlösungen werden, auch wenn sie mit Perchlorsäure stabilisiert sind, durch reduzierende Substanzen (z. B. Staub) verfälscht und sollten deshalb stets frisch verwendet werden.

6.2.2.3 Nickel- und Kobaltsalzlösungen

sind deutlich stabiler als Bichromatlösungen. Nickelnitratlösungen besitzen ein Absorptionsmaximum bei 396 nm und Kobalthexaminsulfat-Lösungen ein solches bei 510 nm. Beide Maxima sind relativ weit von den im klinisch-chemischen Labor üblichen Meßwellenlängen entfernt und deshalb für die Qualitätsprüfung von Filtern mit Filterschwerpunkten von 405 bzw. 540 nm wenig geeignet.

6.2.2.4 Hämiglobinzyanidlösungen

besitzen ein Absorptionsmaximum bei 419 nm und ein gering ausgeprägtes Maximum bei 540 nm. Die Überprüfung der Filterqualität ist damit nur bedingt möglich. Mit den käuflichen Standards verschiedener Konzentrationen läßt sich die Funktionstüchtigkeit des photoelektrischen und elektronischen Bauteils jedoch gut unter der Voraussetzung kontrollieren, daß die Herstellerangaben richtig sind. Bei Verwendung dieser Lösungen muß auf den einwandfreien Zustand geachtet werden, da sie durch häufigere Temperaturwechsel und durch Bakterien leicht zerstört werden.

6.2.2.5 NADH- und NADPH-Lösungen

eignen sich bestens zur Photometerkontrolle bei 340 nm und etwas weniger gut bei 366 nm. Es kann die Linearität des Strahlungsempfängers ebenso wie die Filterqualität geprüft werden. Eine Richtigkeitskontrolle, die wegen des sehr genau bekannten Extinktionskoeffizienten denkbar ist, kann jedoch unter Routinebedingungen wegen der ungenügenden Haltbarkeit dieser Substanzen nicht durchgeführt werden.

6.2.2.6 p-Nitrophenollösungen
eignen sich im besonderen Maße für die Photometerkontrolle bei 405 nm. Es gibt keine interferierenden Absorptionsbande wie bei Kaliumbichromat. Die Lösungen sind geeignet für die Prüfung der Linearität des Strahlungempfängers und der Filterqualität. Zur einwandfreien Durchführung der Kontrollmessungen muß der bei den käuflichen Testkits angegebene pH-Wert exakt eingehalten werden.

6.2.2.7 Grauglasfilter
zeigen über einen großen Bereich des sichtbaren Lichtes flach verlaufende Absorptionskurven. Diese Filter sind wie die Hämiglobinzyanid-Standards zur Linearitätskontrolle des Strahlungsempfängers geeignet.

6.2.3 Durchführung der Kontrollmessungen

Diese erfolgen stets in derselben Küvette. Es wird gegen Luft gemessen. Günstig ist die Verwendung von Kontrollösungen mit Konzentrationen im niedrigen A-, mittleren B- und hohen C-Kontrollbereich. Es werden die Extinktionen des Lösungsmittels (E_L) und der Kontrollösungen A, B und C (E_1, E_2 und E_3) gemessen. Die Differenzen zwischen den Extinktionen E_1, E_2, E_3 und E_L ergeben die korrigierten Werte für die Lösungen A, B und C, die mit den vorgegebenen Bezugswerten des Herstellers verglichen werden.

Wenn innerhalb enger Grenzen Übereinstimmung besteht, bedeutet dies einwandfreie Arbeit des Photometers bei der geprüften Wellen länge, d. h., Lichtquelle, Filter, Küvettenposition, Strahlungsempfänger und Verstärkerteil sind in Ordung. Eine Aussage zur Qualität der geprüften Filter ist nicht möglich.

7 Anhang

7.0 Einführung zum Glossar, zu Normen, gesetzlichen Auflagen und zu den Richtlinien

Karl-Georg v. Boroviczény (Berlin) und Richard Merten (Düsseldorf)

Der letzte Teil dieses Buches enthält im Anhang ein Glossar, Kapitel über die Sicherheit im Labor, über laborrelevante Normen und gesetzliche Auflagen sowie den Text der Richtlinien der Bundesärztekammer für die Qualitätssicherung in Verfahrenskontrollen und Gerätekontrollen medizinischen Laboratorien.

Im *Glossar*, das systematisch untergliedert ist, enthalten die Abschnitte 7.1.1 bis 7.1.8 die zur Qualitätssicherung wichtigsten *Benennungen* mit deren englischer Übersetzung und *Definitionen*, Anmerkungen und Quellenangaben, wobei insbesondere auf internationale und deutsche Normen hingewiesen wird. Diese Abschnitte des Glossars sollen einen wesentlichen Beitrag zur Vereinheitlichung der Nomenklatur auf dem Gebiet der Qualitätssicherung im medizinischen Laboratorium beitragen. Der Abschnitt 7.1.9 enthält weitere Eintragungen, die sämtlich im Zusammenhang mit der *deskriptivenLaborstatistik* stehen.

Ab 1. Januar 1987 müssen alle Laboratorien in Krankenhäusern mit mehr als 250 Betten und ab 1. Januar 1988 alle Laboratorien in Häusern mit mehr als 100 Betten eine „Leistungsstatistik" nach Vorschrift der Bundespflegesatzverordnung führen. Der Gesetzgeber hat eine Rahmenverordnung erlassen, nach deren Erscheinen durch Umfrage eine außerordentlich verwirrende Vielfalt der im Bundesgebiet geübten Laborstatistiken festgestellt worden ist. Unter „*Laborstatistik*" versteht jeder etwas anderes. Um auch auf diesem Gebiet etwas Klarheit zu schaffen, ist in diesem Abschnitt der Versuch einer systematisierenden Nomenklatur wiedergegeben worden. Es ist dabei auf Vorarbeiten dreier Arbeitskreise zurückgegriffen worden, wobei allerdings zu betonen ist, daß diese Arbeitskreise die Diskussion über die anzuwendende Nomenklatur noch nicht abgeschlossen haben. Entsprechend zeigt der Abschnitt 7.1.9.2 lediglich die Vielfalt der bisher bekannt gewordenen Zählobjekte auf und kann nur als Anregung für eine systematisierende Nomenklatur dienen. Im Abschnitt 7.1.9.3 sind Definitionen anderer Normen übernommen worden.

Die Kapitel über die *Sicherheitsvorschriften* im Labor, über die laborrelevanten Normen und über die laborrelevanten gesetzlichen Auflagen erheben keinen Anspruch auf Vollständigkeit, sondern sollen lediglich einige wichtige Hinweise geben.

Die *Richtlinien der Bundesärztekammer* sind zu Beginn der Drucklegung dieses Buches noch nicht verabschiedet. Die Diskussion über den Text ist aber soweit gediehen, daß die Herausgeber meinen, es verantworten zu können, den Text, wie er im Sommer 1986 bekannt gewesen ist, in den Band mit dem an mehreren Stellen gegebenen Hinweis aufnehmen zu lassen, daß bei der Verabschiedung Änderungen vorkommen können.

Die *Richtlinien zur Gerätekontrolle* sind an das Ende des Bandes gesetzt, um bekanntwerdende Änderungen, Anlagen usw. bis zuletzt einfügen zu können. Die Texte und die dazugehörenden Anlagen entsprechen dem Stand der Diskussion Mitte September 1986.

7.1 Glossar der Qualitätssicherung im medizinischen Laboratorium

Karl-Georg v. Boroviczény (Berlin), Fjedor Eßer (Helmstedt), Richard Merten (Düsseldorf) und Wolfgang Schütz (Berlin)

7.1.0 Einleitung

Im Zusammenhang mit der Qualitätssicherung müssen sich Laborarzt und andere Anwender zunehmend mit den hierfür verwendeten Begriffen und damit zwangsläufig mit der Nomenklatur der Statistik befassen. Deshalb ist ein Glossar mit 188 Abschnitten zusammengestellt worden, welches die für die Qualitätssicherung bedeutenden Begriffe und in der internationalen und nationalen Normung festgelegten Definitionen enthält. Im Abschnitt 7.1.9 sind wichtige Begriffe aufgeführt, die im AA C4 des Normenausschusses Medizin im DIN genormt werden.

Das Glossar ist nach den CIOMS-Richtlinien zusammengestellt worden (Medical Terminology and Lexicography. Karger, Basel, New York, 1966). Die benutzten Quellen werden auch als weiterführende Literatur empfohlen:

- DIN-Normen, Vornormen (V), Norm-Entwürfe (E); siehe auch DIN-Taschenbücher 22 und 101
- International Standards (ISO), Draft International Standards (DIS), Draft Proposals (DP), Richtlinien (Guides), siehe auch ISO Standards Handbooks 2 und 3, sowie ‚Certification, Principles and Practice (ISO, ITC, 1980)‘
- IWM, Internationales Wörterbuch der Metrologie, Beuth-Verlag, Berlin, Köln, 1984; vom DIN besorgte Übersetzung des International Vocabulary of Basic and General Terms in Metrology, BIPM/Paris, IEC/Genf, ISO/Genf, OIML/Paris, 1984
- BW, Biometrisches Wörterbuch I-II, Dtsch. Landwirtschaftsverlag Berlin, 1968
- Duden, Das große Wörterbuch der deutschen Sprache I-VI. Bibliographisches Institut Mannheim/Wien, Zürich Dudenverlag, 1976-1981.
- Roche Lexikon. Urban & Schwarzenberg, München Wien Baltimore 1984 Englisch-Deutsches Glossar S. 1783

Im folgenden werden nach der *Benennung* in Klammern die englische Übersetzung (E), eventuelle Synonyma (Syn), Gegenworte (Ant für Antonyme) und Quellen (Q) angegeben. Es folgen Definitionen und Anmerkungen sowie gegebenenfalls Beispiele.

Die Autoren danken den Herren Prof. Dr. Jesdinsky†, Prof. Dr. Geiger, Dr. Bablock und Dr. Markowetz für die Beratung in statistischen Fragen, sowie Herrn Prof. Dr. Thefeld, dem Obmann des Arbeitsausschusses Qualitätssicherung im Normenausschuß Medizin, Dr. von Klein-Wisenberg und anderen Kolleginnen und Kollegen für vielfältige Hinweise, die zum Teil aus diskutierten Normvorhaben stammen.

7.1.1 Allgemeines

7.1.1.1 Gegenstand (E: object; Syn: Objekt; Q: DIN 2330)
Materielles oder immaterielles Ding.

Anmerkung: die gedankliche Zusammenfassung von individuellen Gegenständen führt zu Denkeinheiten, die als ‚Begriffe' bezeichnet werden können.

7.1.1.2 Versuchsobjekt (E: experimental material; Q: BW)
Gegenstand, an dem die Wirkung einer bestimmten Behandlung geprüft wird.

7.1.1.3 Merkmal (E: characteristic; Q: DIN 2330, 55350 Teil 12, 58936 Teil 1, BW)
Eigenschaft, die das Unterscheiden von Einheiten einer Gesamtheit ermöglicht, und zwar entweder qualitativ (Attribut) oder quantitativ (Größe, Menge).

Anmerkungen: Merkmalsausprägungen können als Zufallsvariable aufgefaßt und durch eine Verteilungsfunktion charakterisiert werden.

7.1.1.4 Qualitatives Merkmal (E: qualitative characteristic; Syn: Attributmerkmal, nominales Merkmal; Q: DIN 58936 Teil 1)
Merkmal, dessen Ausprägungen entweder nur klassifiziert oder klassifiziert und dann gezählt werden können.

7.1.1.5 Alternativmerkmal (E: alternative character, attribute; Q: DIN 58930, BW)
Qualitatives Merkmal mit nur zwei, einander ausschließenden Ausprägungen.

Anmerkungen: meist ist das Merkmal entweder vorhanden (positive Ausprägung) oder nicht (negative Ausprägung). Das Alternativmerkmal ist ein Sonderfall des qualitativen Merkmals. Beispiel: die Blutgruppeneigenschaft B, männlich/weiblich.

7.1.1.6 Klassifikationsmerkmal (E: classification; Q: BW)
Qualitatives Merkmal mit mehreren gleichrangigen, einander ausschließenden Ausprägungen.

Anmerkungen: Klassifikationsmerkmale können auch als System mehrerer zusammengehöriger Alternativmerkmale aufgefaßt werden. Jedes Merkmal ist binomial, die Gesamtheit der Merkmale ist multinomial verteilt. Beispiel: der ‚Rh-Faktor' ist zuerst als Alternativmerkmal bezeichnet worden. Später ist das System der Klassifikationsmerkmale CcD. Ee bekannt geworden, die alle gleichwertig sind, d. h., die Reihenfolge der Aufzählung ist willkürlich.

7.1.1.7 Ordinales Merkmal (Syn: Komparatives Merkmal)
Merkmal, dessen Ausprägungen eine klassifizierende Rangordnung bedeuten.

Anmerkungen: der Umfang und der gegenseitige Abstand der Klassen kann unterschiedlich sein. Beispiel: Hodgkin I-II-III-IV.

7.1.1.8 Quantitatives Merkmal (E: quantitative character; Q: BW)
Merkmal, dessen Ausprägung eine diskrete, zählbare Menge oder eine kontinuierliche, meßbare Größe ist.

7.1.1.9 Zustandsmerkmal (E: state characteristic)
Merkmal, dessen Ausprägung während einer definierten Zeitdauer beständig ist.

Anmerkungen: mehr oder weniger lang dauernde Beschaffenheit, deren Ausprägungen mehrfach gezählt oder gemessen werden können. Beispiel: Meßgeräteanzeige bei Konzentrationsbestimmung, Zellzahl in einer Suspension.

7.1.1.10 Ereignismerkmal (E: event characteristic; Q: BW)
Merkmal, dessen Ausprägung sich nur einmal ausbildet, das nur einmal vorkommt.

Anmerkungen: Ereignisse sind zwar einmalig, können aber experimentell mehrmals hervorgerufen werden. In der Wahrscheinlichkeitsrechnung nennt man jedes mögliche Ergebnis eines Versuches im weitesten Sinne ein Ereignis. Beispiel: Blutungszeit, Radioaktiver Zerfall.

7.1.1.11 Diskret ausgeprägtes Merkmal (E: discrete character; Syn: Menge)
Merkmal, dessen mögliche Ausprägungen durch ähnliche Intervalle oder Abstände voneinander getrennt sind.

Anmerkungen: ein diskret ausgeprägtes Merkmal kann eine Binomialverteilung aufweisen. Beispiel: Zellzahlen, radioaktiver Zerfall.

7.1.1.12 Kontinuierlich ausgeprägtes Merkmal (E: continuous character; Syn: stetiges Merkmal, Größe)
Merkmal, dessen mögliche Ausprägungen eine sich ununterbrochen ausdehnende Größe darstellen.

Anmerkungen: um die Ausprägung eines kontinuierlichen Merkmales bestimmen zu können, werden Skalen angewandt. Es kann eine Nominalskale (z. B. Fehling neg/pos), Ordinalskale (z. B. Teststreifen), Intervallskale (z. B. Digitalphotometer, Titerstufen) oder Verhältnisskale (z. B. Analogphotometer) Anwendung finden, wodurch sich die Ausprägung des Merkmales aber nicht ändert. Ein kontinuierlich ausgeprägtes Merkmal kann eine Normalverteilung aufweisen.

7.1.1.13 Skale
In der Naturwissenschaft übliche Bezeichnung für Maßstab oder Einteilung.

Anmerkungen: man unterscheidet Nominal-, Ordinal-, Intervall- und Verhältnisskalen.

7.1.1.14 Skalar
Durch einen reellen Zahlenwert bestimmte Größe.

7.1.1.15 Beobachtung (E: observation; Q: BW)
Feststellung an einem Gegenstand, bzw. Versuchsobjekt.

Anmerkungen: Beobachtungen können durch qualitative oder quantitative Daten (Beobachtungswerte) ausgedrückt werden.

7.1.1.16 Einzelbeobachtung (E: individual observation; Syn: Einzelbestimmung, Q: BW)
Einmalige Bestimmung eines Merkmals.

7.1.1.17 Mehrfachbeobachtung (E: multiple observation; Q: BW)
Mehrmalige Bestimmung eines Merkmals.

Anmerkungen: die Mehrfachbeobachtung ermöglicht die Ermittlung der Streuung der Einzelbeobachtungen.

7.1.1.18 Doppelbeobachtung (E: double observation)
Zweimalige Bestimmung eines Merkmals. Anmerkung: Sonderfall der Mehrfachbeobachtung.

7.1.1.19 Paarweise Beobachtung (E: paired observation; Q: BW)
Einmalige Beobachtungen an zwei ähnlichen Objekten.

7.1.2 Metrologie

7.1.2.1 Größe (E: quantity; Q: IWM, ISO 31/0, DIN 1313, BW)
Eigenschaft eines Phänomens, eines Körpers oder einer Substanz, die qualitativ beschrieben und quantitativ bestimmt werden kann.

Anmerkungen: die Benennung ‚Größe' kann sich auf die Größe im allgemeinen Sinn (z. B. Zeit, Länge usw.) oder auf eine spezielle Größe (ein Merkmal, z. B. den Durchmesser eines im Mikroskop betrachteten Erythrozyten) beziehen. Im deutschen Sprachgebrauch war es üblich, *meßbare Größen* von *zählbaren Mengen* zu unterscheiden; da es für diese beiden Begriffe nur die eine englische Bezeichnung *Quantity* gibt, werden jetzt auch deutsch die zählbaren Mengen ‚Größen' genannt, d. h. auch Zählungen werden Messungen genannt.

7.1.2.2 Dimension (E: dimension; Q: IMW, ISO 31/0, DIN 1313)
Qualitative Eigenschaft einer Größe, wobei Zahlelement, Vorzeichen, Vektoreigenschaften und Sachbezug außer Betracht bleiben.

Beispiel: die Breite eines Schrankes, die Größe eines Menschen, die Tiefe eines Brunnens sind Größen, die alle die Dimension ‚Länge' haben.

7.1.2.3 Einheit (E: unit, item; Q: IWM, ISO 31/0, 3534, DIN 1313, DIN 55350 Teil 11)
Durch Vereinbarung festgelegte spezielle Größe, als deren Vielfaches jede andere Größe der gleichen Dimension dargestellt werden kann.

Anmerkungen: Beim Zählen (Messen) wird verglichen, wie oft die Vergleichsgröße (Einheit) in der zu messenden Größe enthalten ist. Daraus folgt die *Grundgleichung der Größenlehre*: Größe gleich Zahlenwert mal Einheit. Der Begriff ‚Einheit' wird auf vielen Gebieten auch als Synonym für *Gegenstand* angewandt (E: item).

7.1.3 Statistik (siehe auch 7.1.9)

7.1.3.1 Grundgesamtheit (E: population; Q: DIN 55350 Teil 14, DIN 58936 Teil 3, BW)

Gesamtheit aller Merkmalsträger, über deren Merkmale eine Aussage gemacht werden kann.

Anmerkungen: der Umfang einer Grundgesamtheit kann eine endliche oder unendliche Menge von Individuen sein, wobei sich ‚Individuen' nicht notwendigerweise auf lebende Organismen bezieht; eine endliche Grundgesamtheit ist genau begrenzt und eindeutig definiert (z. B. die Gesamtheit der Einwohner eines Landes an einem Stichtag); eine unendliche Grundgesamtheit ist nur hypothetisch (z. B. die unendliche Menge von Messungen, die an einer Probe durchgeführt werden könnte).

7.1.3.2 Stichprobe (E: sample; Q: DIN 13303 Teil 1, DIN 55350 Teil 14, DIN 58936 Teil 3, BW)

Eine oder mehrere Einheiten (Gegenstände), die aus der Grundgesamtheit oder einer Teilgesamtheit entnommen werden.

Anmerkungen: Stichproben sind Teilmengen einer Grundgesamtheit, geliefert von einem zu spezifizierenden Prozeß. Für Laboratoriumsuntersuchungen werden Stichproben oft *mehrstufig* entnommen (z. B. 10 ml Vollblut - 1 ml Serum - 0,1 ml Reaktionsprodukt). In der Wahrscheinlichkeitslehre versteht man unter einer Stichprobe (der Größe n) n Zufallsvariable, die unabhängig sind und die gleiche Verteilung besitzen. Stichproben werden gezogen, um mit einem begrenzten Aufwand statistisch definierte Aussagen über die Grundgesamtheit machen zu können.

7.1.3.3 Zufallsstichprobe (E: Tandem sample; BW)

Stichprobe, bei der für jede Einheit (Element) der Grundgesamtheit eine wohldefinierte, oder die gleiche Wahrscheinlichkeit besteht, entnommen zu werden, sowie Zufallsstichproben der Ordnung n, bei denen für n und alle $k < n$ die Eigenschaft besteht, daß jedes Element die gleiche Wahrscheinlichkeit besitzt, aufgenommen zu werden.

Beispiel: Blutentnahme aus der ungestauten Vene.

7.1.3.4 Gezielte Stichprobe (E: Aligned sample; BW)

Stichprobe, die aufgrund vorhergehender Informationen über eine Auswahleinheit entnommen wird.

Beispiel: Punktion eines Tumorknotens.

7.1.3.5 Geschichtete Stichprobe (E: Stratified sample; BW)

In ‚Schichten', die in sich möglichst homogen und untereinander heterogen sind, aufgeteilte Stichprobe.

Beispiel: Urin-Dreigläser-Probe.

7.1.3.6 Geklumpte Stichprobe (E: Clustered sample; BW)

In ‚Klumpen', die in sich möglichst heterogen und untereinander homogen sind, aufgeteilte Stichprobe.

Beispiel: Blutausstriche eines Ringversuches, die alle aus derselben Blutentnahme stammen.

7.1.3.7 Verteilung (E: distribution; Q: DIN 1313 Teil 1, DIN 55350 Teil 21, BW)
Gesetzmäßigkeit, nach der eine Zufallsvariable ihre Werte annimmt.

Anmerkungen: die Verteilung bestimmt die Wahrscheinlichkeit aller mit der Zufallsvariablen zusammenhängenden möglichen Ereignisse. Verteilung ist hier im Sinne der Verteilungsfunktion gebraucht; der Wert dieser Funktion an der Stelle x gibt an, mit welcher Wahrscheinlichkeit die Zufallsvariable Werte annimmt, die nicht größer als x sind. Wichtige Verteilungsformen sind die Gaußverteilung, die Poissonverteilung und die Binomialverteilung.

7.1.3.8 Normalverteilung (E: normal distribution; Syn: Gaußverteilung; Q: DIN 55350 Teil 22; BW)
Statistische Beschreibung der glockenförmigen Erscheinungsform eines Naturgesetzes, der Verteilung unendlich vieler zufälliger Abweichungen einer Gesamtheit.

Anmerkungen: beliebige lineare Funktionen normalverteilter Variablen sind ebenfalls normalverteilt. Die wichtigsten, von der Normalverteilung abgeleiteten Verteilungen sind die Chiquadrat-Verteilung, t-Verteilung und F-Verteilung. Die lognormale Verteilung wird auch Normalverteilung 2. Art genannt.

7.1.3.9 Poisson-Verteilung (E: Poisson distribution; Q: DIN 55350 Teil 22; BW)
Statistische Beschreibung der einparametrischen Verteilung einer diskret ausgeprägten Zufallsvariablen. Beispiel: Zellzahl.

7.1.3.10 Binomialverteilung (E: binomial distribution; Syn: Bernoulli-Verteilung; Q: DIN 55350 Teil 22; BW)
Statistische Beschreibung der Verteilung diskret ausgeprägter Zufallsvariablen einer unendlichen dichotomen Population.

Anmerkungen: Bei einer endlichen dichotomen Population führt eine Stichprobennahme mit Zurücklegen zu einer Binomialverteilung, ohne Zurücklegen zu einer hypergeometrischen Verteilung. Das mehrdimensionale Analogon ist die Multinomialverteilung. Beispiel: Anteildaten des Differentialblutbildes.

7.1.3.11 Kenngröße (E: parameter, statistic; Q: ISO 3534, DIN 13303 Teil 1, DIN 55350 Teil 23; BW)
Funktion der Beobachtungswerte, die eine Eigenschaft der Häufigkeitsverteilung charakterisiert.

Anmerkungen: eine Kenngröße ist eine nach den Regeln der beschreibenden Statistik festgelegte Bezeichnung einer Verteilung. Im Sinne von ‚statistic' werden Kenngrößen nicht in Verbindung mit Grundgesamtheiten, sondern nur in Bezug auf Stichproben angewandt.

7.1.3.12 Parameter (E: parameter; Q: DIN 55350 Teil 22; BW)
Kenngrößen der Grundgesamtheiten.

7.1.3.13 Schätzer (E: Statistic)
Kenngrößen der Stichproben, die im allgemeinen Funktionen der Stichprobenwerte sind.

7.1.3.14 Verteilungsparameter (E: distribution parameter; Q: ISO 2602, ISO 3534, DIN 13303 Teil 1, DIN 53804 Teil 1, DIN 55350 Teil 21, 23; BW)
Kenngröße, die Verteilungen charakterisiert.

Anmerkungen: unter Verteilungsparameter versteht man in der Wahrscheinlichkeits- oder Dichtefunktion auftretende Größen oder auch Quantile oder die Momente einer Verteilung. Wichtige Verteilungsparameter sind die Lageparameter, Streuungsparameter, Formparameter und Abhängigkeitsparameter.

7.1.3.15 Lageparameter (E: Location parameter; Q: DIN 55250 Teil 21; BW)
Sammelbezeichnung für Erwartungswert, Modalwert = Dichtemittel = häufigster Wert, Bereichmitte, sowie für Schätzungen der Lageparameter wie harmonischer < arithmetischer < quadratischer Mittelwert und Quantil (z.B. Median, Spannmitte).

7.1.3.16 Streuungsparameter (E: dispersion parameter; Q: DIN 55350 Teil 21; BW)
Sammelbezeichnung für Varianz, Standardabweichung, mittelwertbezogene prozentuale Standardabweichung = Variationskoeffizient, Spannweite, Quantilabstand.

7.1.3.17 Formparameter (Q: DIN 55350 Teil 21)
Sammelbezeichnung für Schiefe, Kurtosis, Exzeß.

7.1.3.18 Abhängigkeitsparameter (E: dependent parameter; BW)
Sammelbezeichnung für Kovarianz, Korrelationskoeffizient, Regressionsfläche (-ebene), Regressionskurve (-linie), Regressionskoeffizient.

7.1.3.19 Nullhypothese (E: null hypothesis; Q: ISO 3534, DIN 13303 Teil 2, DIN 55350 Teil 24; BW)
Aussage, durch die aus einer Menge von zugelassenen Wahrscheinlichkeitsverteilungen eine Teilmenge ausgewählt wird.

Anmerkungen: gegenüber anderen Hypothesen ausgezeichnete Annahme über eine Parametermenge der Grundgesamtheit. Die Teilmenge (Parametermenge) wird, wo möglich, so ausgewählt, daß die Aussage nicht mit der zu prüfenden Vermutung vereinbar ist. Die Annahme der Nullhypothese besagt, daß an Stichproben beobachtete Unterschiede nur zufällig und in der Grundgesamtheit gesetzmäßig nicht vorhanden sind.

7.1.3.20 Alternativhypothese (E: alternative hypothesis; Q: DIN 55350 Teil 24)
Eine Aussage, die der Nullhypothese entgegensteht.

7.1.3.21 Gütefunktion (E: power function; Q: DIN 55350 Teil 24)
Wahrscheinlichkeit für das Verwerfen der Nullhypothese.

7.1.3.22 Operationscharakteristik (E: operating characteristica; Syn: OC-Funktion; Q: DIN 55350 Teil 24)
1(minus)-Gütefunktion.

7.1.3.23 Signifikanz (E: Significance; Q: DIN 55350 Teil 24)
Wird eine Nullhypothese (Testhypothese) mit vorgegebener Irrtumswahrscheinlichkeit x (meist 5%) abgelehnt (verworfen), nennt man die beobachteten Unterschiede bzw. Wirkungen signifikant auf dem vorgegebenen Niveau.

7.1.4 Größenwert, Bereich

7.1.4.1 Größenwert (E: value; Q: IWM, DIN 1313)
Spezielle Größe, dargestellt als Produkt einer Zahl und einer geeigneten Einheit.

Anmerkungen: ein Größenwert ist invariant gegen einen Einheitenwechsel. Zahlenwert und Einheit eines Größenwertes verhalten sich gegenläufig als Faktoren eines konstanten Produktes. Dies gilt auch beim Übergang zu einem mit einem Vorsatz gebildeten dezimalen Vielfachen oder Teil einer Einheit (z. B. 0,001 $m^3 = 1\ dm^3 = 1\ l = 10\ dl = 1000\ mm^3 = 1000\ ml$ usw).

7.1.4.2 Einzelwert (Q: IWM, DIN 1319 Teil 3)
Bei einer Beobachtung, Zählung oder Messung gefundene qualitative oder quantitative Ausprägung eines untersuchten Merkmals.

Beispiele: Hautfarbe, Pulsfrequenz, Gewicht eines Probanden.

7.1.4.3 Wahrer Wert (E: true value; Q: IWM, ISO 3534, ISO Guide 30, DIN 1319 Teil 3, DIN 55350 Teil 12)
Größenwert einer unter den bei der Beobachtung herrschenden Bedingungen vollständig definierten Größe.

Anmerkungen: der wahre Wert ist - im allgemeinen - nicht bekannt; er ließe sich nur dann feststellen, wenn sämtliche Meßabweichungen vermieden werden könnten. Der Zahlenwert des wahren Wertes, eines kontinuierlichen quantitativen Merkmales, ist mit einer an Sicherheit grenzenden Wahrscheinlichkeit ein unendlicher Dezimalbruch. Der wahre Wert einer Menge kann feststellbar sein (z. B. die Zahl der MTA in einem Laboratorium zu einem gegebenen Zeitpunkt).

7.1.4.4 Richtiger Wert (E: conventional true value; Q: IWM, DIN 1319 Teil 3)
Größenwert, der für einen vorgegebenen Zweck den wahren Wert ersetzen kann.

Anmerkung: ein (konventionell) richtiger Wert wird im allgemeinen als dem wahren Wert so weit angenähert betrachtet, daß die Differenz für den vorliegenden Zweck als vernachlässigbar erscheint.

7.1.4.5 Istwert (E: actual value; Syn: Merkmalswert; Q: IWM, DIN 1319 Teil 3)
Beobachtungswert einer Größe.

Anmerkungen: jeder gemessene Istwert eines quantitativen Analyten mit stetiger Ausprägung ist mit einer von Meßabweichungen herrührenden Meßunsicherheit behaftet. Ein durch Zählen festgestellter Istwert einer eindeutig abgegrenzten Menge kann, fehlerfrei, als wahrer Wert erkennbar sein (siehe Beispiel bei 7.1.4.3).

7.1.4.6 Sollwert (E: desired value; Q: DIN 55350 Teil 12)
Vorgegebener Wert einer Zähl- oder Meßgröße, von dem der Istwert dieser Größe so wenig wie möglich abweichen soll.

Anmerkung: ein Sollwert wird aufgrund wissenschaftlicher Erkenntnisse, Konventionen oder aus Gründen der Zweckmäßigkeit vorgegeben. Beispiele: Der Sollwert für die Konzentration einer Natriumzitratlösung beträgt 105 mmol/l; der von der IFCC vorgegebene Sollwert für die Meßtemperatur bei Enzymaktivitätsbestimmungen beträgt 30 °C.

7.1.4.7 Zielwert (E: target value; Q: BW)
Beobachtungswert einer Zähl- oder Meßgröße, die als Ergebnis einer Analyse unter definierten experimentellen Bedingungen festzustellen ist.

Anmerkung: unter gegebenen Umständen gibt es für eine Beobachtung nur einen wahren bzw. richtigen Wert, Referenzmethodenwert oder kurz Referenzwert genannt; wegen der Unvollkommenheit der Analysenmethoden und infolge der Matrixeffekte kann es aber mehrere, methodenabhängige Zielwerte, die oft „methodenabhängige Sollwerte" genannt werden, geben.

7.1.4.8 Richtwert (Syn: Expertenwert, Richtergebnis, Expertenergebnis)
Festlegung des Zielwertes bzw. Zielergebnisses durch einen sachkundigen Untersucher.

Anmerkungen: es kann sich um einen mit definitiver Methode von nur einem Labor festgestellten Zielwert oder um ein qualitatives Ergebnis handeln, das aufgrund von Zusatzinformationen (z. B. Krankengeschichte) von dem Wissenschaftler, der die Probe zur Verfügung gestellt hat, mitgeteilt wird.

7.1.4.9 Konsenswert (Syn: Teilnehmerkollektivmittelwert)
Schätzung des richtigen Wertes aufgrund der Teilnehmerwerte eines Ringversuches.

Anmerkungen: meist handelt es sich um einen ‚bereinigten', d.h. von Ausreißern befreiten Konsenswert. Der Zielwert ist ein Konsenswert eines Sonderringversuches der Referenzlaboratorien.

7.1.4.10 Zielbereich (E: target range; Syn: Bewertungsbereich)
Alle möglichen Werte einer Verteilung, die zwischen zwei statistisch oder konventionell definierten Quantilen liegen und deren Erreichung als Analysenergebnis unter definierten experimentellen Bedingungen angestrebt wird.

Beispiele: Zielbereich einer Kontrollprobe in einem Ringversuch.

7.1.4.11 Klinische Bezugsbereiche
Alle möglichen Werte von Verteilungen von Analysenergebnissen, die zwischen zwei nach Gesichtspunkten der Patientenbeurteilung definierten Quantilen der jeweils betreffenden Verteilung liegen.

Anmerkung: klinische Bezugsbereiche sind Referenzbereiche, Grenzbereiche, pathologische Bereiche und Extrembereiche.

7.1.4.12 Referenzbereich (E: reference range)
Alle möglichen Werte einer Verteilung von Analysenergebnissen, die einen statistisch definierten Teil (meist der zentrale 95%-Bereich) jener Analysenergebnisse eines Analyten beinhaltet, die bei sich gesund und arbeitsfähig fühlenden Probanden einer definierten Population erhoben werden können.

Anmerkungen: zur Definition der Referenzpopulation gehören Angaben über Alter, Geschlecht, Rasse, Gesundheitszustand, Gewichtsindex, Auswahlkriterien usw. Anstelle der Transversalbeurteilung der Referenzpopulation kann die Longitudinalbeurteilung des aus Vorwerten eines einzigen Probanden gebildeten Referenzbereiches treten. Diese werden nach ihrer Lage von dem Populationsbereich abweichen und im allgemeinen kürzer als dieser sein.

7.1.4.13 Grenzbereich (E: borderline range)
Alle möglichen Werte einer Gesamtheit von Analysenergebnissen, die zwischen dem Referenzbereich und dem pathologischen Bereich liegen.

Anmerkung: man unterscheidet meist einen unteren und einen oberen Grenzbereich.

7.1.4.14 Klinischer Entscheidungsbereich (E: decision range)
Alle möglichen Werte einer Gesamtheit von Analysenergebnissen, die zwischen zwei nach klinischen Gesichtspunkten definierten Quantilen liegen und zu Entscheidungen auf den Gebieten der Diagnostik oder Therapie häufig herangezogen werden.

Anmerkungen: klinische Entscheidungsbereiche entsprechen oft den Grenzbereichen, liegen zum Teil aber auch in den pathologischen Bereichen. Beispiel: klinische Entscheidungsbereiche des Blutzuckers sind bei 40 bis 50 mg/dl (Hypoglykämiegefahr), bei 100 bis 110 mg/dl (diabetische Stoffwechsellage) und bei 300 bis 500 mg/dl (Komagefahr) definiert.

7.1.4.15 Pathologischer Bereich (E: pathologic range)
Alle möglichen Werte einer Verteilung von Analysenergebnissen, die einen statistisch definierten Teil (meist den zentralen 95%Bereich) jener Analysenergebnisse eines Analyten beinhaltet, die bei bestimmten Erkrankungen vorkommen und die Ausprägung des betreffenden Analyten beeinflussen.

7.1.4.16 Extrembereich (E: extreme range)
Alle möglichen Werte einer Gesamtheit von Analysenergebnissen, die mit dem Leben vereinbar sind, aber im betreffenden Laboratorium nur selten (meist in 2,5 oder 5% der Fälle) vorkommen.

Anmerkung: der Extrembereich ist ein Teil des pathologischen Bereiches, der grundsätzlich unplausible und deshalb besonders zu überprüfende Ergebnisse enthält. Extrembereiche sind durch die Zusammensetzung der Patientenpopulation definiert, müssen daher in jedem Laboratorium aufgrund eigener Patientenergebnisse festgelegt werden.

7.1.4.17 Nonsensergebnisse (E: nonsense values)
Analysenergebnisse, die außerhalb der Extrembereiche liegen oder aus anderen Gründen zweifelsfrei als unrichtig erkannt werden.

Beispiele: Hämoglobinkonzentration > 30 g/dl; HBDH-Aktivität > LDH-Aktivität desselben Spezimen; Veränderung der Blutgruppe gegenüber dem Vorergebnis.

7.1.4.18 Meßbereich (E: measuring range; Q: DIN 1319 Teil 2)
Jenes Intervall zwischen zwei Quantilen einer Verteilung von Meßwerten der Meßgröße, in welchem vorgegebene, vereinbarte oder garantierte Fehlergrenzen nicht überschritten werden.

Anmerkung: alle möglichen Werte einer Gesamtheit von Analysenergebnissen, die zwischen der Bestimmungsgrenze und der höchsten Konzentration liegen, die in der Analysenvorschrift angegeben ist.

7.1.5 Zuverlässigkeit

7.1.5.1 Zuverlässigkeit (E: reliability; Q: DIN 40041 Teil 1, DIN 55350 Teil 11; BW)
Gesamtheit derjenigen Eigenschaften einer Beobachtungseinheit, welche sich auf die Eignung zur Erfüllung gegebener Erfordernisse unter vorgegebenen Bedingungen für ein gegebenes Zeitintervall beziehen.

Anmerkung: die Zuverlässigkeit ist ein Unterbegriff der Qualität und somit ein Sammelbegriff für die im folgenden aufgezählten Zuverlässigkeitsmerkmale.

7.1.5.2 Genauigkeit (E: accuracy; Q: DIN 1319 Teil 3, DIN 55350 Teil 13)
Allgemeine qualitative Bezeichnung für die Annäherung von Beurteilungsergebnissen (Beobachtungs-, Berechnungs- sowie statistische Schätzergebnisse) an die richtigen oder wahren Werte.

Anmerkung: bei einem Zähl- oder Meßergebnis wird die Genauigkeit durch die Sorgfalt bei der Ausschaltung bekannter systematischer Zähl- und Meßabweichungen und durch die Zähl- und Meßunsicherheit bestimmt, wobei in der Zähl- und Meßunsicherheit sowohl die zufälligen Zähl- und Meßabweichungen als auch die unbekannten systematischen Zähl- und Meßabweichungen erfaßt werden. Genauigkeit ist somit ein Sammelbegriff, der Präzision und Richtigkeit beinhaltet.

7.1.5.3 Präzision (E: precision; Ant: Streuung; Q: ISO 3534, ISO Guide 30, DIN 55350 Teil 13)
Qualitative Bezeichnung für das Ausmaß der Übereinstimmung zwischen Ergebnissen, wie sie bei wiederholter Anwendung eines festgelegten Bestimmungsverfahrens gewonnen werden.

Anmerkung: die Präzision als Sammelbegriff bezieht sich auf die Wiederholbarkeit und Vergleichbarkeit, nicht aber auf die über die Vergleichbarkeit hinaus gehende Reproduzierbarkeit.

7.1.5.4 Wiederholbarkeit (E: repeatability; Q: IWM, ISO 3534, ISO Guide 30, DIN ISO 5725, DIN 1319 Teil 3, DIN 55350 Teil 13; BW)
Ausmaß der Annäherung zwischen Ergebnissen aufeinanderfolgender Messungen derselben Meßgröße, ausgeführt unter:
- denselben Anwendungsbedingungen (Umwelt)
- demselben Beobachter (Untersucher)
- demselben Meßverfahren (Methode)
- demselben Meßort (Arbeitsplatz)

- derselben Meßeinrichtung (Geräte, Reagenzien)
- der Wiederholung in kurzen Zeitabständen (in der Serie)

Anmerkungen: die reziprokale Wiederholbarkeit kann quantitativ anhand des Streumaßes für die Ergebnisse angegeben werden; üblich ist die Bezeichnung Wiederholstandardabweichung. Die Wiederholstandardabweichung ist ein Maß zur Beurteilung eines Analysenverfahrens. Die übliche Bezeichnung für die Wiederholstandardabweichung ist r.

7.1.5.5 Vergleichbarkeit (E: comparability; Q: DIN ISO 5725, DIN 1319 Teil 3, DIN 55350 Teil 13)

Ausmaß der Annäherung zwischen Ergebnissen von Messungen derselben Meßgröße, ausgeführt unter folgenden, zum Teil unterschiedlichen Bedingungen:
- denselben Meßverfahren (Methode), aber eventuell
- unterschiedlichen Anwendungsbedingungen (Umweltbedingungen)
- unterschiedlichen Beobachtern (Untersucher)
- unterschiedlichen Meßorten (Arbeitsplätze)
- unterschiedlichen Meßeinrichtungen (Geräte, Reagenzien)
- unterschiedlichen Zeiten (zwischen den Serien).

Anmerkungen: quantitativ ist die Vergleichbarkeit, der Betrag, unter dem der Absolutwert der Differenz zwischen zwei unter den genannten Bedingungen gewonnenen Ergebnissen mit einer vorgegebenen Wahrscheinlichkeit oder, bei Fehlen einer anderen Vorgabe, mit einer Wahrscheinlichkeit von 95% erwartet werden kann. Unterschieden wird zwischen einer „Vergleichbarkeit innerhalb eines Laboratoriums" und einer „Vergleichbarkeit zwischen Laboratorien". Die letztere ist identisch mit der Vergleichbarkeit selbst; bei der ersteren sind die Bedingungen, unter denen die Ergebnisse gewonnen werden, insofern anders, als es sich nicht um verschiedene Laboratorien, aber möglicherweise um verschiedene Beobachter, gegebenenfalls auch um verschiedene Prüfplätze (Arbeitsplätze) in einem Laboratorium handelt. Man stellt die Vergleichbarkeit als Varianzkomponente dar, die auf den Faktor entfällt, in dem unterschiedliche Bedingungen vorlagen. Die übliche Bezeichnung für die Vergleichbarkeit ist R.

7.1.5.6 Reproduzierbarkeit (E: reproducibility; Q: IWM, ISO 3534, ISO Guide 30, DIN 58936 Teil 1; BW)

Ausmaß der Annäherung zwischen Ergebnissen von Messungen derselben Meßgröße, ausgeführt unter folgenden, zum Teil unterschiedlichen
- kompatiblen Meßverfahren (Methoden) und eventuell
- Anwendungsbedingungen (Umweltbedingungen)
- Beobachtern (Untersucher)
- Meßorten (Arbeitsplätze)
- Meßeinrichtungen (Geräte, Reagenzien)
- Zeiten (zwischen den Serien).

Anmerkungen: die Bestätigung unter Bedingungen der Reproduzierbarkeit ist die beste Absicherung eines unplausiblen (unerwarteten) Ergebnisses und wird deshalb, z. B. bei dem Auftreten von Extremwerten, angewandt. Da es viele unterschiedliche Versuchsbedingungen bei der Vergleichbarkeit und Reproduzierbarkeit geben kann, sollten die Faktoren der Variabilität (siehe Tabelle 2.1-3, in der die Unterschiede zwischen Wiederholbarkeit, Vergleichbarkeit und Reproduzierbarkeit aufgezeigt sind) angegeben werden. Beispiele R 20 TS = Kontrollkartenführung an 20 Tagen, je nach Kontrollproben-Fläschchen; r 30 = Dauerlauf mit 30 Analysen unter Wiederholbedingungen.

7.1.5.7 Richtigkeit (E: accuracy of the mean; Syn: Akkuranz; Ant: Bias; IWS, ISO 3534, ISO Guide 30, DIN 55350 Teil 13, DIN 58936 Teil 1)
Quantitative Bezeichnung für das Ausmaß der Übereinstimmung zwischen dem Erwartungswert und dem wahren Wert.

Anmerkungen: der Erwartungswert ist das mittlere Ergebnis, welches aus der unablässig wiederholten Anwendung des unter vorgegebenen Bedingungen praktizierten Bestimmungsverfahrens gewonnen werden könnte. Anstelle der Übereinstimmung mit dem wahren Wert kann die Übereinstimmung mit dem richtigen Wert genommen werden.

7.1.5.8 Plausibilität (E: plausibility, Q: DIN 58936 Teil 1)
Ausmaß der Übereinstimmung des an einer Probe gewonnenen Ergebnisses mit dem Ergebnis, das aufgrund vorhandener Informationen erwartet wurde.

Anmerkung: die Plausibilität ist kein Zuverlässigkeitsmerkmal, da ein unplausibler Wert genau und richtig sein kann, ein Umstand, der durch eine Validierung festzustellen ist.

7.1.6 Qualitätssicherung

7.1.6.1 Qualität (E: quality, Q: DIN ISO 8402, DIN 55350 Teil 11)
Gesamtheit der Merkmale und zugehörigen Werte eines Gegenstandes bezüglich seiner Eignung zur Erfüllung gegebener Forderungen.

Anmerkungen: in dieser Definition wird Qualität weder qualitativ im Sinne eines „Vortrefflichkeitsgrades" noch rein quantitativ zum Zweck technischer Berechnungen verwendet. Die Forderungen werden durch die jeweiligen Ziele bestimmt. Dies sind in der Laboratoriumsmedizin zuverlässige Ergebnisse und Befunde. Der Begriff Qualität enthält nicht die Aussage, daß die gegebenen Forderungen bereits erfüllt sind.

7.1.6.2 Qualitätsmerkmal (E: quality characteristic; DIN 55350 Teil 11)
Die Qualität mitbestimmendes Merkmal.

Anmerkung: die Gesamtheit der Merkmale, die Beschaffenheit, wird durch das Qualitätsmerkmal als Element nicht definiert. Beispiele: für den Gegenstand „Analysenmethode" sind Empfindlichkeit, Spezifität, Präzision und Richtigkeit wichtige Qualitätsmerkmale.

7.1.6.3 Qualitätsforderung (E: Quality requirement; Q: DIN 55350 Teil 11)
Vorgabe der Qualitätsmerkmale und ihrer Werte, welche die festgelegten oder vorausgesetzten Anforderungen ausdrücken.

7.1.6.4 Qualitätssicherung (E: quality assurance, quality management; Q: ISO DIS 8402, ISO DP 9000, DIN 55350 Teil 11, DIN 58936 Teil 1)
Gesamtheit aller geplanten und systematisch durchgeführten Maßnahmen, die mit einer vorgegebenen Wahrscheinlichkeit (Konfidenz) sichern sollen, daß ein Produkt, Prozeß oder eine Leistung den vorgegebenen Forderungen entsprechen wird.

Anmerkungen: in der Technik unterscheidet man Qualitätsplanung, -lenkung und -prüfung. Die Qualitätssicherung umfaßt in der Laboratoriumsmedizin alle Maßnahmen - von der Patientenvorbereitung bis zur Eintragung der Befunde in das Krankenblatt -, die einen Einfluß auf die Zuverlässigkeit der Analysenergebnisse und Befunde haben.

7.1.6.5 Präventivmaßnahmen (E: preventiv measures)
Vorbeugende Qualitätssicherungsmaßnahmen, durch deren Anwendung das Auftreten von Fehlern vermieden werden soll.

Beispiele: Personalfortbildung, Geräteinstandhaltung, Gerätejustierung, Analysenvorschriften.

7.1.6.6 Kontrollmaßnahmen, Qualitätskontrolle (E: quality control; Syn: Qualitätsprüfung; Q: ISO 3435, ISO DIS 8402, ISO DP 9000, DIN 58936 Teil 1; BW)
Prüfung, inwieweit die Merkmalswerte die gegebenen Forderungen erfüllen.

Anmerkung: man unterscheidet interne und externe Qualitätskontrolle, die statistische (z. B. Kontrollkarte) und nicht statistische (z. B. Gegenprobe bei der AB0-Blutgruppenbestimmung) Qualitätskontrolle. Die statistische Qualitätskontrolle ist eine Maßnahme, bei der statistische Verfahren zur Planung und Bewertung eingesetzt werden.

7.1.6.7 Konsequenzmaßnahmen (E: consequence measures)
Qualitätssicherungsmaßnahmen zur Behebung erkannter Fehler.

Beispiel: Koinzidenzkorrektur bei Zellzählgeräten.

7.1.6.8 Interne Qualitätssicherung (E: internal quality assurance and management; Q: DIN 58936 Teil 1)
Jener Teil der Qualitätssicherung, der mit eigenen Mitarbeitern und Mitteln durchgeführt wird.

Anmerkung: die interne Qualitätssicherung ist Grundlage einer jeden Qualitätssicherung. Beispiele: interne Qualitätssicherungsmaßnahmen sind in der Laboratoriumsmedizin, z. B. die Geräteinstandhaltung, Aufstellung von Bezugskurven, Beachtung der Vorwerte, sofortige Mitteilung alarmierender Ergebnisse durch die Mitarbeiter des Laboratoriums.

7.1.6.9 Bezugskurve (E: calibration curve; Syn: Eichkurve)
Graphische Darstellung der Meßanzeige als Funktion der Konzentration.

Anmerkung: die Bezugskurve kann eine Gerade sein.

7.1.7 Abweichung, Fehler

7.1.7.1 Abweichung (E: deviation; Q: DIN 55350 Teil 12)
Unterschied zwischen einem Merkmalswert und einem Bezugswert dieses Merkmals.

Anmerkung: die Abweichung kann bei qualitativen und quantitativen Merkmalen gleichermaßen auftreten. Bei einem quantitativen Merkmal (Menge, Größe) ist die Abweichung Merkmalswert minus Bezugswert.

7.1.7.2 Zähl- bzw. Meßabweichung (E: deviation of count, of measurement; Q: IWM, DIN 1319 Teil 3, DIN 58936 Teil 3; BW)

Ermittelter Zähl- bzw. Meßwert abzüglich des wahren Wertes der Zähl- bzw. Meßgröße.

Anmerkungen: dieser Begriff bezieht sich gleichermaßen auf
- den Zähl- bzw. Meßwert
- das unberichtigte Zähl- bzw. Meßergebnis
- das berichtigte Zähl- bzw. Meßergebnis.

Die bekannten Anteile der systematischen Zähl- bzw. Meßabweichungen sollten durch Korrektur kompensiert werden. Die Zähl- bzw. Meßabweichung des berichtigten Zähl- bzw. Meßergebnisses kann durch die Angabe der Zähl- bzw. Meßunsicherheit beschrieben werden.

7.1.7.3 Zufällige Zähl- bzw. Meßabweichungen (E: random deviation; Q: IWM, DIN 1319 Teil 3; BW)

Komponente der Zähl- bzw. Meßabweichung, die im Verlauf einer Anzahl von Zählungen bzw. Messungen derselben Zähl- und Meßgröße im Einzelfall in einer unvorhersagbaren Weise schwankt.

Anmerkungen: zufällige Abweichungen weisen ein im Einzelfall nicht vorhersagbares Ausmaß und Vorzeichen auf; sie verursachen eine Streuung. Es ist daher nicht möglich, die zufällige Abweichung durch eine Berichtigung auszuschalten. Zufällige Abweichungen können durch Mehrfachbestimmungen und Mittelwertbildung vermindert werden. Ihre quantitative Bestimmung kann durch Mehrfachbestimmungen erfolgen. In der Laboratoriumsmedizin werden hierfür Dauerläufe und Doppelbestimmungen an Patientenproben durchgeführt.

7.1.7.4 Systematische Zähl- bzw. Meßabweichung (E: systematic deviation; Q: IWM, DIN 1319 Teil 3; BW)

Komponente der Zähl- bzw. Meßabweichung, die im Verlauf einer Anzahl von Zählungen bzw. Messungen derselben Zähl- bzw. Meßgröße konstant bleibt oder sich in einer vorhersagbaren Weise ändert.

Anmerkungen: liegen systematische Abweichungen vor, treten Verzerrungen auf; der Mittelwert der Zähl- bzw. Meßreihe weist einen Bias auf; da systematische Abweichungen bei gleicher Vorgehensweise gleiches Ausmaß und Vorzeichen aufweisen, sollten sie, wenn Ursache, Vorzeichen und Ausmaß bekannt und zeitlich konstant sind, korrigiert werden. Beispiele: Kaliberfehler einer Pipette (Korrekturfaktor wird durch Auswaage bestimmt, eingeätzt und berücksichtigt); Koinzidenzfehler bei elektronischen Zellzählgeräten (wird durch Benutzung einer Koinzidenztabelle oder durch Geräteelektronik berichtigt; sollte korrekt „Koinzidenzabweichung" genannt werden).

7.1.7.5 Zähl- bzw. Meßunsicherheit (E: uncertinity of count or measurement; Q: IWM, DIN 1319 Teil 3)

Schätzwert zur Kennzeichnung eines Wertebereiches, innerhalb dessen der wahre Wert liegt.

Anmerkungen: im allgemeinen enthält die Zähl- bzw. Meßunsicherheit mehrere Komponenten. Einige dieser Komponenten können aufgrund statistischer Verteilungen der Ergebnisse von Zähl- bzw. Meßreihen geschätzt und mittels empirischer Standardabweichungen angegeben werden. Abschätzungen für andere Komponenten können ausschließlich auf Erfahrung oder andere Informationen gegründet werden. Ist u der Betrag der Zähl- bzw. Meßunsicherheit (symmetrischer Fall) und x das berichtigte Zähl- bzw. Meßergebnis, so ist die Untergrenze des Wertebereiches $x - u$ und die Obergrenze $x + u$. Der Wertebereich hat demnach eine Spanne von $2u$.

7.1.7.6 Mangel (E: defect; Q: Duden)
Nichtvorhandensein einer benötigten Eigenschaft.

Anmerkungen: etwas, was an einer Sache nicht so ist, wie es sein sollte, wodurch die Brauchbarkeit beeinträchtigt und von jemandem als unvollkommen, schlecht oder ähnlich beanstandet wird. Mangel ist ein juristischer Begriff. Es ist notwendig, zwischen Abweichung, Mangel, Fehler, Irrtum bzw. zwischen den englischen Bezeichnungen für diese Begriffe zu unterscheiden.

7.1.7.7 Fehler (E: nonconformity; Q: DIN 1319 Teil 3, DIN 13303 Teil 2, DIN 55350 Teil 11; BW)
Nichterfüllung vorgegebener Forderungen durch einen Merkmalswert.

Anmerkungen: Fehler können bei quantitativen Bestimmungen auftreten, wobei es sich um Zähl- bzw. Meßabweichungen handelt, die nicht tolerierbar sind, da der festgelegte Toleranzbereich überschritten wird. Fehler können auch bei qualitativen Bestimmungen auftreten, z. B. bei einer fehlerhaften Blutgruppenbestimmung. Man unterscheidet zufallsbedingte, systematische und grobe Fehler.

7.1.7.8 Grobe Fehler (E: gross error; Q: DIN 1319 Teil 3, DIN 58936 Teil 3)
Grundsätzlich vermeidbarer Fehler infolge Nichteinhaltung der Beobachtungs-, Arbeits- und/oder Dokumentationsanweisungen.

Anmerkungen: grobe Fehler sind nicht korrigierbar, man muß den Vorgang korrekt wiederholen. Grobe Fehler können auch durch einen Irrtum oder eine Verwechslung entstehen; sie verfälschen das Ergebnis. Das Ausmaß des groben Fehlers kann geringfügig, u. U. nicht feststellbar sein, wenn z. B. die Blutzuckerwerte zweier gesunder Probanden verwechselt werden; dennoch handelt es sich hierbei um einen groben Fehler.

7.1.7.9 Ausreißer (E: outlier, straggler; Q: DIN ISO 5725, DIN 58804 Teil 1, DIN 58936 Teil 3)
Wert, der nicht der vermuteten Grundgesamtheit angehört.

Anmerkungen: man unterscheidet sichere Ausreißer, bei denen ein grober Fehler als Ursache nachweisbar ist, und vermutete Ausreißer (auch wahrscheinliche Ausreißer genannt), die so stark von vergleichbaren Werten (z. B. in einer Tabelle) abweichen, daß sie als unvereinbar mit den anderen Daten angesehen werden müssen. Solche vermuteten Ausreißer werden mit Hilfe statistischer Tests (z. B. Dixon-Test, Cochran-Test) ermittelt. Bei vermuteten Ausreißern ist besonderes Gewicht darauf zu legen, einen Irrtum 1. Art zu vermeiden, d. h., es darf nicht leichtfertig ein Wert als Ausreißer bei statistischen Berechnungen vernachlässigt werden, der unter Umständen eine wichtige und richtige Information enthält. Insbesondere in der Laboratoriumsmedizin ist darauf zu achten, nicht einen unplausiblen, aber zutreffenden Wert als Ausreißer zu verwerfen.

7.1.7.10 Fehlerquelle (E: source of error; Syn: Einflußfaktor; Q: DIN 1319 Teil 3)
Trivialbezeichnung für Ursachen unzutreffender Beobachtungen oder von Zähl- bzw. Meßabweichungen.

Beispiele:
- Umwelteinflüsse, z. B. Temperatureinflüsse
- Zeiteinflüsse, z. B. Abweichungen zwischen Serien, Langzeitvarianz
- Untersuchereinflüsse, z. B. infolge Pipettierungenauigkeit
- Methodeneinflüsse, z. B. infolge der Unspezifität einer Methode

- Geräteeinflüsse, z. B. infolge ungenauer Justierung
- Reagenzieneinflüsse, z. B. infolge Substratverbrauch
- Probeneinflüsse, z. B. infolge eines Matrixeffektes

7.1.7.11 Irrtum (E: error)
Aus Mangel an ausreichender Information, Konzentration, Urteilskraft o. ä. fälschlich für richtig gehaltene Annahme.

Anmerkungen: man unterscheidet in der Statistik Irrtümer verschiedener Art, die auch Fehler der betreffenden Art genannt werden.

7.1.7.12 Irrtum 1. Art (E: type I error; Syn: Fehler 1. Art; Q: ISO 3534, DIN 1303 Teil 2, DIN 55350 Teil 24; BW)
Ablehnen einer zutreffenden Nullhypothese.

Anmerkungen: aufgrund einer Stichprobe, aus der Schätzer für die unbekannten Parameter berechnet wurden, die in der Nullhypothese zur Diskussion stehen, wird die Nullhypothese nicht angenommen, obwohl sie richtig ist. Das Ausmaß des akzeptierbaren Irrtums 1. Art wird vor dem Test festgelegt und aus ihm der Annahmebereich für die Nullhypothese berechnet. Beispiele: Ablehnung eines korrekten Laborwertes; falsche Annahme, daß ein Wert fehlerhaft sei; aufgrund einer Stichprobe bei der Qualitätskontrolle wird eine Serie nicht freigegeben, obwohl sie den Qualitätsanforderungen genügt (Produzentenrisiko).

7.1.7.13 Irrtum 2. Art (E: type II error; Syn: Fehler 2. Art; Q: ISO 3534, DIN 1303 Teil 2, DIN 55350 Teil 24; BW)
Nichtverwerfen einer Nullhypothese, obwohl die wahre Wahrscheinlichkeitsverteilung zur Alternativhypothese gehört.

Beispiele: Akzeptanz eines fehlerhaften Wertes; Übersehen eines Fehlers oder Irrtums; aufgrund einer Stichprobe bei der Qualitätskontrolle wird eine Serie freigegeben, obwohl sie den Qualitätsanforderungen nicht genügt (Anwenderrisiko).

7.1.7.14 Irrtum 3. Art (E: type III error; Syn: Fehler 3. Art; Q: BW)
Richtiges Verwerfen der Nullhypothese aus falschem Grund.

Beispiel: bei zweiseitiger Alternative die Annahme der falschen Alternativhypothese.

7.1.8 Analytik

7.1.8.1 Analysenmethode (E: analytic method; Q: DIN 58937 Teil 4)
Exakt beschriebenes Verfahren zur Bestimmung qualitativer oder quantitativer Merkmalsausprägungen eines Analyten.

Anmerkungen: die in der Laboratoriumsmedizin angewandten Analysenmethoden beruhen auf biologischen, chemischen und/oder physikalischen Überlegungen sowie bei quantitativen Bestimmungen auf statistischen Gesetzmäßigkeiten. Um den Richtlinien zu genügen, muß dem Anwender eine den Erfordernissen der zitierten Norm entsprechende Beschreibung zur Verfügung stehen, wobei die statistischen Kenngrößen im eigenen Laboratorium experimentell zu ermitteln sind. Wird bei Anwendung einer Analysenmethode ein bestimmter Gerätetyp eines bestimmten Herstellers und ein bestimmter Reagenzienkit eines bestimmten Herstellers verwendet, so wird diese Methoden-Geräte-Reagenzienkombination *Analysenverfahren* genannt.

7.1.8.2 Analysenserie
Jede an ähnlichen Proben durchgeführte, zusammenhängende Bestimmungsreihe, in der von demselben Untersucher, mit denselben Geräten, den gleichen Reagenzien, an demselben Analyten Bestimmungen nacheinander in kurzen Zeitabständen durchgeführt werden.

Anmerkungen: als kürzeste Serie gilt die Einzelbestimmung im Notfall-Labor. Bei Geräten, die eine fortlaufende Untersuchung ermöglichen, besteht die Serie aus einer Reihe mehrerer nacheinander folgender Analysen und ist durch jede im System vorkommende Veränderung, z. B. der Neukalibrierung, Reagenzienwechsel, Wechsel des Untersuchers, Aus- und Wiedereinschalten des Gerätes begrenzt. Bei stabilen Verfahren, bei denen die Stabilität im eigenen Laboratorium durch Dauerlauf bereits nachgewiesen ist, kann eine Serie so lange wie die im Dauerlauf nachgewiesene Zeit der Stabilität dauern, jedoch maximal eine Arbeitsschicht.

7.1.8.3 Dauerlauf (E: jogging-run)
Unter Wiederholbedingungen durchgeführte längere Analysenserie ($n > 30$), die zur Prüfung der Stabilität einer Methoden-Geräte-Reagenzienkombination durchgeführt und ausgewertet wird.

Anmerkungen: die statistische Auswertung prüft Trend, Drift, Periodizität, Autokorrelation und Ausreißer. Eine graphische Darstellung wird empfohlen. Ein Dauerlauf ist eine Zeitreihe, die nach dem Verfahren von Box und Jenkins statistisch angewandt werden kann.

7.1.8.4 Empfindlichkeit
Sammelbegriff für Nachweisgrenze und Bestimmungsgrenze.

7.1.8.5 Nachweisgrenze (E: limit of detection; Q: DIN 38402 Teil 43)
Jene kleinste Menge oder Konzentration eines Stoffes, die mit einer geforderten statistischen Sicherheit (Signifikanzniveau = 5%) bei einmaliger Analyse mit einem Fehlerrisiko > 5% und < 50% qualitativ nachgewiesen werden kann.

7.1.8.6 Bestimmungsgrenze (E: limit of determination; Q: E DIN 38402 Teil 43)
Jene kleinste Menge oder Konzentration eines Stoffes, die mit der geforderten statistischen Sicherheit (Signifikanzniveau = 5%) bei einmaliger Analyse quantitativ mit einem Fehlerrisiko von < 5% bestimmt werden kann.

7.1.8.7 System (E: system, Syn: Ausgangsmaterial)
In der Laboratoriumsmedizin übliche Benennung der Grundgesamtheit des Untersuchungsmaterials.

Beispiel: gesamte zirkulierende Blutmenge des Probanden.

7.1.8.8 Referenzmaterial (E: reference material)
Sammelbezeichnung für Kalibratoren (Standard) und Kontrollproben.

7.1.9 Deskriptive Laborstatistik

Vorbemerkungen
Die Bundespflegesatzverordnung vom 21. August 1985 (BGBL I S. 1666) schreibt u. a. die Führung einer Laborstatistik ab 1. Januar 1987 vor. Daten der Laborstatistik sind wichtige Entscheidungshilfen der Labororganisation und die Grundlage für Kostenberechnungen. Sie können nur bei Ausrüstung mit einem Personalcomputer oder Laborcomputer in der nötigen Detailliertheit erfaßt und ausgewertet werden. (Die nachfolgenden Begriffe sind von 3 Arbeitsgruppen erarbeitet und zur Zeit in DIN NaMed AA C4 diskutiert worden.)

7.1.9.0 Zweck
Um statistische Angaben korrekt zu benennen, richtig interpretieren und miteinander vergleichen und um Laborcomputer zweckentsprechend programmieren zu können, ist die Aufzählung, Benennung und eindeutige Definition der verschiedenen Zählobjekte, Zählperioden, Erfassungseinheiten, Erfassungsarten und Auswertemöglichkeiten nötig.

Anmerkung: aus einer laborstatistischen Mitteilung muß in jedem Fall hervorgehen, was, wann, wo und wie gezählt worden ist.

7.1.9.1 Zählobjekte
Entitäten, deren Menge festzustellen ist.

Anmerkung: Zählobjekte der Laborstatistik lassen sich in vier Gruppen einteilen; es können Analysenanträge (Anforderungen), Eingänge, ausgeführte Leistungen und erzielte Analysenergebnisse gezählt werden.

7.1.9.2 Anträge (Syn: Anforderungen, Aufträge)
Mitteilungen, aufgrund derer Laboranalysen durchgeführt werden können.

Anmerkung: Anträge können formlos, auf Vordrucken, Datenträgern (z. B. Markierungskarten), verbal oder mittels entsprechend programmierter EDV auch automatisch (z. B. als Aufnahmeprofil) gestellt werden. Analysenanträge sind Zählobjekte, die nach unterschiedlichen Gesichtspunkten gezählt und aufgeteilt werden und entsprechend unterschiedliche Mengen ergeben können. So können die Anträge als Antrags-Statistik (z. B. die Überweisungsscheine je Einsender und Monat) oder die Inhalte der Anträge als Antragsumfang usw. gezählt werden.

7.1.9.3 Antragsumfang
Bezeichnung für die im Antrag enthaltene Angabe, wieviele Analysen veranlaßt werden sollen.

Anmerkung: die Antragsumfang-Statistik unterscheidet und zählt Einzelanalytanträge, Geräteprofilanträge, Organblockanträge und offene Anträge.

7.1.9.4 Analysenantrag
Antrag auf Bestimmung eines einzelnen Analyten bzw. einer einzelnen speziellen Meßgröße.

Beispiel: Bestimmung der Konzentration der U-Glukose.

7.1.9.5 Geräteprofilantrag
Antrag auf ein Mehrkanalanalysengerät mit starrem, unveränderbarem Analysenprofil.

Beispiel: SMAC oder Coulter-S.

7.1.9.6 Organblockantrag
Antrag auf Analysen, die im Zusammenhang mit möglichen Erkrankungen eines Organs durchgeführt werden.

Anmerkung: Organblöcke sind vom Labor konventionell definierte Analytgruppen, z. B. „Nierenchemie" oder „Leberchemie".

7.1.9.7 Offener Antrag
Bezeichnung einer Gruppe von Analysen, wobei das Labor über den Umfang entscheidet.

Beispiel: ein „Gerinnungsstatus" kann aufgrund der Ergebnisse des Suchtests weniger oder mehr Analysen umfassen.

7.1.9.8 Antragsherkunft
Bezeichnung jener natürlichen oder juristischen Person, die die Analyse veranlaßt.

Anmerkung: die *Antragsherkunft-Statistik* unterscheidet und zählt interne Aufträge und externe Anträge.

7.1.9.9 Interner Antrag
Anweisung des Leiters oder eines Mitarbeiters des Laboratoriums zur Durchführung einer oder mehrerer Analysen.

Beispiele: die Analyse von Referenzmaterialien (Standards, Kontrollproben), Mehrfachbestimmungen, Methodenvergleichsanalysen.

Anmerkung: interne Anträge können programmiert werden und automatisch erfolgen, z. B., wenn in einem Analysenautomaten die Verdünnung und Wiederholung der Analyse bei einer Meßbereichüberschreitung automatisch erfolgt.

7.1.9.10 Externer Antrag
Antrag von anderen natürlichen oder juristischen Personen an das Labor zwecks Veranlassung einer oder mehrerer Analysen.

Anmerkung: externe Anträge können programmiert werden und automatisch erfolgen, z. B. als Aufnahmeprofil bei Neuaufnahmen in einem Krankenhaus.

7.1.9.11 Antragsbezug
Bezeichnung der Herkunft des Analysenmaterials.

Anmerkung: die Antragsbezugs-Statistik unterscheidet und zählt Anträge, die sich auf einen Probanden beziehen, und sonstige Anträge.

7.1.9.12 Probandenbezogene Anträge

Auf eine natürliche Person bezogene Anträge, von der das zu analysierende Material stammt.

Anmerkung: in Krankenanstalten sind die zu zählenden Probanden aufzuteilen in ambulante, unterteilbar nach Einsendern, und stationäre Patienten, einteilbar nach Abteilungen und Stationen.

7.1.9.13 Nicht probandenbezogene Anträge

Auf Referenzmaterialien (Kontrollproben, Ringversuchsproben, Standardlösungen), auf Proben für Methodologieanalysen (Methoden-, Geräte- oder Reagenzienvergleiche) bezogene Analysenanträge sowie interne oder externe Anträge, die im Rahmen von Forschung und Lehre gestellt werden.

7.1.9.14 Antragsindikation

Grund, warum eine Analyse durchgeführt werden soll.

Anmerkung: die Indikations-Statistik unterscheidet und zählt Indikationen, Folgeaufträge und sonstige Aufträge.

7.1.9.15 Indikation

Anträge, die zwecks Prävention, Früherkennung, Diagnostik (zu unterteilen nach ICD-Nummern der Verdachts- oder vorläufigen Diagnose) oder Therapieüberwachung gestellt werden.

7.1.9.16 Antragsausführung

Angabe darüber, ob ein Antrag zur Ausführung gekommen ist oder, wenn nicht, was die Ausführung verhindert hat.

Anmerkung: die Antragsausführungs-Statistik unterscheidet ausgeführte und nicht ausgeführte Anträge, wobei die letzteren aufgrund der Begründung unterteilt werden.

Ein *ausgeführter Antrag* ergibt eine oder mehrere Leistungen. *Nicht ausgeführte Anträge* sind Anträge, deren Ausführung aus einem anzugebenden Grund verhindert worden ist. Verhinderungsgründe sind: kein Material (zurückgezogener Antrag), zu wenig Material, ungeeignetes Material, verunglücktes oder abgelehntes Material. Erläuterung: „ungeeignet" für die Gerinnungsanalyse ist ein Spezimen, das Gerinnsel aufweist.

7.1.9.17 Eingang

Bezeichnung der unterschiedlich aufteilbaren Menge des während einer Arbeitsschicht von einem Laboratorium übernommenen Untersuchungsmaterials.

Anmerkung: man unterscheidet Sendungen, Spezimen, Proben und Analyte.

7.1.9.18 Sendung (Syn: Eingang)

Bezeichnung für alle Spezimen und Proben einer Person, die gleichzeitig im Laboratorium eintreffen.

Anmerkung: die Sendungsstatistik zählt die eingehenden Sendungen, die nach Absendern aufgeteilt werden können. Jede Sendung enthält ein oder mehrere Spezimen bzw. Proben.

7.1.9.19 Spezimen (E: specimen; Syn: Untersuchungsmaterial)
In der Laboratoriumsmedizin übliche Benennung des Materials, das für Untersuchungen als Stichprobe dem Probanden entnommen wird.

Beispiel: 10 ml Vollblut, das bei einer Blutentnahme gewonnen wurde.
Anmerkung: die Spezimeneingangs-Statistik zählt die eingegangenen Spezimen je Sendung oder je Art (Blut, Urin, usw.). Ein Spezimen enthält eine oder mehrere Proben.

7.1.9.20 Probe (E: sample; Syn: Analysenmaterial)
In der Laboratoriumsmedizin übliche Benennung der aus der Stichprobe entnommenen Teilmenge des Spezimen, die in einem Arbeitsgang analysiert werden soll.

Beispiel: 5 ml Heparinplasma, das aus 10 ml Vollblut mittels Zentrifugation gewonnen und abgegossen wird.
Anmerkung: die *Probeneingangs-Statistik* zählt die Proben je Sendung, je Spezimen oder je Art des durchzuführenden Arbeitsganges. In einer Probe kann ein oder können mehrere Analyte bestimmt werden. Erläuterung: ein Spezimen kann (u. U. nach Vorbehandlung wie Zentrifugation) in mehrere Proben aufgeteilt werden (z. B. 1 ml Blutserum für einen Enzymanalysator, weitere 1 ml für einen Substratanalysator).

7.1.9.21 Analyt (E: analyte; Syn: Probenbestandteil, Analysenbestandteil)
In der Laboratoriumsmedizin übliche Benennung für einen Bestandteil oder eine Eigenschaft der Probe, dessen qualitatives oder quantitatives Merkmal beobachtet, gemessen oder gezählt werden soll.

Beispiel: Bestimmung der Aktivität (Merkmal) des Enzyms alkalische Phosphatase (Analyt) im Blutserum (System) nach DIN 58972/1 (Methodenbeschreibung).
Anmerkung: die *Analyseneingangs-Statistik* zählt die zu bestimmenden Analyte je Probe, Spezimen, Sendung oder Analytart.

Erläuterung: wenn auf einem Antragsformular die Bestimmung der Blutzucker- und Leukozytenkonzentration sowie die Bestimmung des Rh-Merkmals beantragt wird, so handelt es sich dabei um drei Analysenanträge.

7.1.9.22 Leistung
Tätigkeiten, die in einem Laboratorium verrichtet werden.

Anmerkung: es sind Zählobjekte der Leistungsstatistik. Im folgenden werden mehrere Gesichtspunkte angegeben, nach denen die Leistungsstatistik geführt werden kann. Besonders wichtig ist die Unterscheidung zwischen vorschriftsmäßig durchgeführten Analysen und dem oder den dafür erforderlichen Ansätzen. Aus der Leistung ergibt sich der Aufwand (Geräteaufwand, Kostenaufwand usw.).

7.1.9.23 Leistungsart
Bezeichnung für die Unterscheidung analytischer und nichtanalytischer Laboratoriumsleistungen.

Anmerkung: die Leistungsstatistik unterscheidet Analysenleistungen, Rechenleistungen und allgemeine Leistungen.

7.1.9.24 Analysenleistung

Qualitative und/oder quantitative Bestimmungen der Analyte.

7.1.9.25 Rechenleistung

Manuell (mit Nomogramm oder Taschenrechner) oder mechanisiert (durch das Analysengerät) erbrachte Leistung, um einen Bezug aus zwei oder mehreren Analysenergebnissen herzustellen.

Beispiele: Clearance-Wert, Färbeindex.

7.1.9.26 Allgemeine Leistung

Zählbare, nicht analytische Leistungen.
Erläuterung: in vielen Laboratorien werden neben den Analysen auch andere Leistungen wie Blutentnahmen, Ausgabe von Blutbestandteilkonserven usw. erbracht.

7.1.9.27 Ansatz

Das einfachste Element einer analytischen Leistung.

Anmerkung: die Ansatz-Statistik unterscheidet Hauptansätze und Hilfsansätze.

Erläuterung: das Zählen der Ansätze ist bedeutsam, da bei on-line angeschlossenen Analysengeräten diese Zählart die Ausgangswerte für alle anderen Leistungserfassungen bildet.

7.1.9.28 Hauptansatz

Ansatz, der zu einem Untersuchungsergebnis führt.

7.1.9.29 Hilfsansatz

Ansatz, der zu keinem Untersuchungsergebnis führen, aber zur Errechnung oder Berichtigung der Analysenergebnisse herangezogen wird.
Erläuterungen: Hilfsansätze sind Probenblindwerte, Reagenzienleerwerte und Kalibrationsansätze. Hilfsansätze können bei jedem oder einzelnen Hauptansätzen (z. B. nur bei lipämischen Proben) oder bei jeder oder nur bei einzelnen Analysenserien vorkommen (Kalibration jedesmal oder gelegentlich).

7.1.9.30 Analyse

Untersuchung eines Analyten zwecks Feststellung seiner Attribute und Bestimmung seiner Merkmalsausprägungen.

Anmerkung: die Analysenleistungs-Statistik unterscheidet Primäranalysen, Sekundäranalysen und sonstige Analysen. Eine Analyse besteht aus einem oder mehreren Ansätzen.

7.1.9.31 Primäranalyse

Die aufgrund eines externen oder internen Analysenantrages jeweils zuerst durchgeführte Einzelanalyse.

Anmerkung: nur Ergebnisse von beantragten Primäranalysen sind abrechenbar. Es ist üblich, die Anzahl aller durchgeführten Analysen durch die Anzahl der Primäranalysen zu teilen (Aufwandindex) oder die Anzahl der Primäranalysen als Prozentsatz aller Analysen anzugeben (Abrechenbarkeitsanteil). Der Aufwandindex sollte in mittleren und großen Routinelaboratorien zwischen 1,2 und 1,4, der Abrechenbarkeitsanteil zwischen 71 und 83% liegen.

7.1.9.32 Sekundäranalyse

Im Anschluß an Primäranalysen durchgeführte Doppel- bzw. Mehrfachbestimmungen unter Wiederhol- oder Vergleichsbedingungen.

7.1.9.33 Sonstige Analysen

Aufgrund eines nicht probandenbezogenen Auftrages durchgeführte Analysen, z. B. zur Qualitätssicherung, Methodologie, Forschung und Lehre.

7.1.9.34 Serie

Jede an ähnlichen Proben durchgeführte, zusammenhängende Bestimmungsreihe, in der von demselben Untersucher, mit denselben Geräten, den gleichen Reagenzien die gleichen Analyte nacheinander in kurzen Zeitabständen bestimmt werden.

Anmerkung: die Serien-Statistik unterscheidet Routineserien, Notfallserien und unterteilte Serien. Diese Unterscheidung ist notwendig, da der bei Routine- und Notfallserien entstehende Aufwand verschieden ist. Unterteilte Serien entstehen, wenn das Gerät automatisch Kalibratoren einschiebt.

7.1.9.35 Leistungsumfang

Aussage darüber, ob und welche Analysen zusammengefaßt werden können.

Anmerkung: die Leistungsumfang-Statistik unterscheidet Einzelleistungen, Mehrfachleistungen, Profilleistungen und Blockleistungen.

7.1.9.36 Einzelleistung

In einem analytischen Arbeitsgang erhalten.

Beispiel: photometrische Blutzuckerbestimmung.

7.1.9.37 Mehrfachleistung

In zwei oder mehreren getrennten Arbeitsgängen erhaltene Ergebnisse.

Beispiel: Kreatinin-Clearance.

7.1.9.38 Profilleistung

In einem analytischen Arbeitsgang simultan zwangsläufig zwei oder mehrere erhaltene Ergebnisse.

Erläuterung: Profilanalysatoren sind Mehrkanalanalysatoren, die keine Analysenselektion ermöglichen.

7.1.9.39 Blockleistung

Ebenfalls in einem analytischen Arbeitsgang simultan zwei oder mehrere erhaltene Ergebnisse, wobei der Umfang des Blockes jedesmal frei festlegbar ist.

Erläuterung: Blockanalysatoren sind Mehrkanalanalysatoren, die eine Analysenselektion ermöglichen.

7.1.9.40 Bedeutung
Angabe darüber, ob die Erbringung einer Leistung notwendig ist oder nicht.

Anmerkung: die *Bedeutungs-Statistik* unterscheidet *benötigte* und *redundante Analysen.*

Erläuterung: neben den benötigten Analysen gibt es solche, deren Ergebnisse nicht mitgeteilt werden und auch nicht zu Folgeanalysen führen, die also redundant, d. h. überflüssig geworden sind.

Beispiel: die nicht benötigten Analysen eines Profilanalysators.

7.1.9.41 Ergebnis
Größengleichung, die aufgrund *einer oder mehrerer* Analysen aufgestellt wird und aus der Nennung der speziellen Größe (Proband, System, Analyt, Größenart), dem Zahlenwert und der Einheit besteht.

Anmerkung: es wird oft unterlassen, die Größenart mitzuteilen. Bei dimensionslosen sowie sogenannten halbquantitativen Ergebnissen wird meist auch auf die Mitteilung der Einheit verzichtet. Bei Ergebnissen sogenannter qualitativer Analysen entfällt der Zahlenwert. Die Ergebnisse werden nach Analysen, Mitteilungen, Abrechenbarkeit oder Kostenstellen aufgeteilt.

Erläuterung: Ergebnisse sind Datensätze, die verbal (telefonisch), schriftlich oder mittels Datenübertragung (z. B. über Bildschirm) mitgeteilt werden.

7.1.9.42 Analysenergebnis
Ergebnis nach 7.1.49, das aufgrund *einer* Analyse entstanden ist.

Anmerkung: Analysenergebnisse sind Zählobjekte der *Ergebnisstatistik*, aufgeteilt nach Analyten.

7.1.9.43 Mitteilungsart
Bezeichnung des Umstandes, ob ein Ergebnis anderen, befundet oder unbefundet, übermittelt wird oder überhaupt nicht.

Anmerkung: die *Mitteilungsstatistik* wird danach eingeteilt.

7.1.9.44 Nicht mitgeteiltes Ergebnis
Ergebnis, das im Labor zurückgehalten wird.

Erläuterung: wenn an einem Profilgerät (siehe 2.3.5.3) unbeantragte Ergebnisse entstehen oder der Untersucher die Zuverlässigkeit eines Ergebnisses als ungenügend beurteilt, wird das Ergebnis nicht mitgeteilt. Ergebnisse nicht probandenbezogener Anträge werden in den meisten Fällen auch nicht mitgeteilt.

7.1.9.45 Nicht befundetes Ergebnis
Ergebnis, bei dem die Größengleichung kommentarlos übermittelt wird.

7.1.9.46 Befundetes Ergebnis
Ergebnis mit einem dazu gegebenen Kommentar; der Befund.

Anmerkung: die Befundung kann von einem Menschen mental oder von einem entsprechend programmierten Computer automatisch erfolgen.

7.1.9.47 Abrechenbarkeit
Mitgeteiltes Ergebnis, das dem Beantrager in Rechnung gestellt werden kann.

Anmerkung: verschiedene Einteilungen sind üblich; zum Teil werden in der Abrechnungs-Statistik auch nicht mitgeteilte Ergebnisse erfaßt.

7.1.9.48 GOÄ (Gebührenordnung für Ärzte)-Abrechnungsstatistik
Entsprechend den Nummern der Gebührenordnung für Ärzte aufgeteilte Zählart, wobei die Aufteilung nach Einzelnummern oder nach Nummerngruppen erfolgen kann.

Anmerkung: die GOÄ enthält die abrechenbaren Gebühren für die unterschiedlichsten ärztlichen Leistungen. In den meisten Fällen handelt es sich tatsächlich um Leistungen (Untersuchung des Patienten, Operation usw.), im Falle der Laboratoriumsuntersuchungen aber um mitgeteilte Ergebnisse, wobei der Leistungsumfang bzw. der entstandene Aufwand u. U. durch einen Faktor zum Ausdruck kommen kann, mit dem der Gebührensatz multipliziert wird.

7.1.9.49 Kostenstellen
Buchführungstechnische Einteilungseinheiten.

Anmerkung: die Kostenstellen-Statistik wird nach den Einsendern (Abteilungen, Stationen bzw. einsendende Ärzte) aufgeteilt, die die Kostenstellen bilden.

7.1.9.50 Zählperiode
Zeitspanne, auf die sich eine Mitteilung der Laborstatistik bezieht.

Erläuterung: jede Laborstatistik muß sich auf eine definierte Zählperiode beziehen. Infolgedessen werden im folgenden Zählperioden aufgezählt, benannt und definiert, die erfahrungsgemäß zur Laborstatistik herangezogen werden.

7.1.9.51 Jahr
Kalenderjahr beginnt am 1. Januar um 0 Uhr und endet am folgenden 31. Dezember um 24. Uhr.

Beliebiges Jahr beginnt an einem beliebigen Kalendertag zu einer beliebigen Uhrzeit und endet im darauffolgenden Kalenderjahr am gleichen Kalendertag zur gleichen Uhrzeit.

Gerundetes mittleres Jahr hat 365 Tage.

7.1.9.52 Quartal: drei aufeinander folgende Kalendermonate.
Erläuterung: man unterscheidet das erste (Januar-März), zweite (April-Juni), dritte (Juli-September) und vierte (Oktober-Dezember) Quartal.

7.1.9.53 Monat
Kalendermonat beginnt an seinem ersten Kalendertag um 0 Uhr und endet an seinem letzten Kalendertag um 24 Uhr.

Beliebiger Monat beginnt an einem beliebigen Kalendertag zu einer beliebigen Uhrzeit und endet im darauffolgenden Kalendermonat am gleichen Tag zur gleichen Uhrzeit.

Mittlerer Monat ist der zwölfte Teil eines mittleren Jahres.

Anmerkung: ein Monat hat 173 Arbeitsstunden.

7.1.9.54 Woche
Kalenderwoche beginnt am Montag um 0 Uhr und endet am folgenden Sonntag um 24 Uhr.

Beliebige Woche beginnt an einem beliebigen Wochentag zu einer beliebigen Uhrzeit und endet in der darauffolgenden Kalenderwoche am gleichen Wochentag zur gleichen Uhrzeit.

Mittlere Woche ist der zweiundfünfzigste Teil eines mittleren Jahres.

7.1.9.55 Tag
Kalendertag beginnt um 0 Uhr und endet um 24 Uhr.

Beliebiger Tag beginnt zu einer beliebigen Uhrzeit und endet nach 24 Stunden.

Werktage sind die Kalendertage Montag bis Freitag, wenn es sich dabei nicht um gesetzliche Feiertage handelt.

Wochenendtage sind der Samstag und diejenigen Kalendertage vor Feiertagen, an denen die Arbeitszeit bereits mittags endet (Hl. Abend, Silvester).

Sonn- und Feiertage sind Kalendertage mit gesetzlicher Arbeitsruhe.

Arbeitstag ist ein beliebiger Tag, in dessen Verlauf ein Tagespensum an Arbeit zu leisten ist.

7.1.9.56 Laborschicht
Zeitspanne von 8 Stunden (480 Minuten).

Anmerkung: jede Schicht zählt zu dem Kalendertag, an dem sie beginnt. Man unterscheidet Tages-, Spät-, Nacht-, Wochenend-, Sonn- und Feiertagsschichten. Die Unterscheidung verschiedener Schichten ist im Zusammenhang mit Kostenrechnungen bedeutsam, da das Gehalt je Schicht unterschiedlich ist.

7.1.9.57 Tagesschicht
Schicht, die morgens bzw. am Vormittag beginnt.

Erläuterung: während der Tagesschicht wird in der Regel die Routinearbeit erledigt.

7.1.9.58 Spätschicht
Schicht, die mittags oder am Nachmittag beginnt.

7.1.9.59 Nachtschicht
Schicht, die abends beginnt.

7.1.9.60 Wochenendschicht
Schicht, die an einem Wochenendtag beginnt.

7.1.9.61 Sonn- und Feiertagsschicht
Schicht, die an einem Sonn- oder Feiertag beginnt.

Anmerkung: man unterscheidet Sonn- und Feiertag: -Tages-, -Spät- und -Nachtschichten.

7.1.9.62 Erfassungseinheiten
Orte, an denen die Zählobjekte erfaßt werden.

7.1.9.63 Zentrallaboratorium
Eigenständige Abteilung einer Krankenanstalt, die Analysen in zwei oder mehr Teilbereichen der Laboratoriumsmedizin für die anderen Abteilungen der Krankenanstalt durchführt.

7.1.9.64 Zentrales Speziallaboratorium
Eigenständige Abteilung einer Krankenanstalt, die Analysen in einem Teilbereich der Laboratoriumsmedizin für die anderen Abteilungen der Krankenanstalt durchführt.

Beispiel: Histopathologie, Mikrobiologie.

7.1.9.65 Hauptlaboratorium
Laboratorium, das in einer Abteilung einer Krankenanstalt eingerichtet ist und Analysen für diese und andere Abteilungen der Krankenanstalt durchführt.

Beispiel: in Röntgenabteilungen eingerichtete RIA-Laboratorien.

7.1.9.66 Abteilungslaboratorium
Laboratorium, das in einer Abteilung einer Krankenanstalt eingerichtet ist und Analysen nur für diese Abteilung durchführt.

7.1.9.67 Stationslaboratorium
Laboratorium, das auf einer Krankenstation eingerichtet ist und Analysen nur für diese Station durchführt.

7.1.9.68 Andere dezentrale Laboratorien
Z. B. OP-Blutgaslabor, Labor der Aufnahme.

Anmerkung: Hauptlaboratorien, Abteilungslaboratorien, Stationslaboratorien und andere dezentrale Laboratorien können Satellitenlaboratorien des Zentrallaboratoriums sein, vom Zentrallaboratorium beaufsichtigt werden oder ohne Fachaufsicht des Zentrallaboratoriums arbeiten.

7.1.9.69 Laborfachpraxen niedergelassener Laborärzte

7.1.9.70 Praxislaboratorien niedergelassener Nichtlaborärzte

7.1.9.71 Laboratorien in Praxis- oder Apparategemeinschaften

7.1.9.72 Selbständige Speziallaboratorien
Z. B. die DRK-Blutbanken, Medizinaluntersuchungsämter usw.

7.1.9.73 Industrielaboratorien von Reagenzienfirmen, Geräteherstellern usw.

7.1.9.74 Laboratorien von Gesellschaften und eingetragenen Vereinen
(siehe auch DIN 58937 Teil 1)

Beispiel: Referenzlaboratorien von INSTAND und der DGKCh.

7.1.9.75 Gliederung der Laboratorien
Zwecks Datenerfassung müssen die möglichen Gliederungen der Laboratorien benannt und definiert werden. Die Datenerfassung erfolgt an den Einzelgeräten nach Einzelanalyten. Die erfaßten Daten werden der hierarchischen Gliederung entsprechend zusammengefaßt und aufsummiert.

7.1.9.76 Teilbereich
Individuell definierte Gliederungen größerer Laboratorien bzw. des Gebietes Laboratoriumsmedizin.

Anmerkung: übliche Bezeichnungen für Teilbereiche sind: Notfall-Labor, Klinische Chemie, Hämatologie, Immunologie, Mikrobiologie, Zytologie, Histologie usw.

7.1.9.77 Satellitenlaboratorium
Ausgelagerter Teil eines Zentrallaboratoriums.

Erläuterungen: Satellitenlaboratorien werden errichtet, wenn die Entfernungen innerhalb einer Krankenanstalt dies notwendig machen (z. B. verschiedene örtliche Bereiche; Satelliten-Notfall-Laboratorium bei der Aufnahmestation des Krankenhauses). In einem Satellitenlaboratorium ist meist nur ein Teilbereich vorhanden, es können aber auch mehrere Teilbereiche vorhanden sein.

7.1.9.78 Arbeitsgruppe
Zusammenfassung mehrerer Arbeitsplätze.

7.1.9.79 Arbeitsplatz
Örtlich begrenzte Gliederungseinheit der Laboratorien, an denen eine oder mehrere Arbeitskräfte ein oder mehrere Analysengeräte bedienen.

7.1.9.80 Analysengerät
Hilfsmittel der Analytik, bei dessen Nutzung Analysenergebnisse erarbeitet werden.

Erläuterungen: Analysengeräte sind z.B. Photometer, Mikroskopie, Tüpfelplatten, Teststreifen zur visuellen Ablesung, Gefäße mit Nährmedien usw. Analysengeräte können zur Ermittlung von Einzelergebnissen oder zur simultanen Ermittlung mehrerer Ergebnisse dienen. Man unterscheidet Routinegeräte zur Durchführung der Routineanalysen, Ausweichgeräte zur Ausfallsicherung und Notfall-Geräte, wenn in Zentrallaboratorien ein Notfall-Labor eingerichtet ist. Ein Analysengerät kann einen oder mehrere Gerätekanäle aufweisen.

7.1.9.81 Gerätekanal
Gliederungseinheit eines Analysengerätes, mit dem Ergebnisse an Einzelanalyten ermittelt werden.

7.1.9.82 Logisches Gerät
Verknüpfung eines Analyten mit einem System, wenn in einem Analysengerät Proben unterschiedlicher Systeme analysiert werden können.

Anmerkung: diese Unterscheidung ist nötig, wenn die Ergebnisse des Analysengerätes über ein DV-System ausgegeben werden. Ein Flammenphotometer enthält z.B. zwei verschiedene logische Geräte, wenn damit Plasma und Urin untersucht werden (P-Na, U-K, U-Na und U-K).

7.1.9.83 Datenerfassung
Vorgang, der die Entitäten nach Zählobjekten, Zählperioden und Erfassungseinheiten getrennt oder indiziert auflistet.

Anmerkung: man unterscheidet die manuelle und maschinelle Datenerfassung.

7.1.9.84 Manuelle Datenerfassung
Datenerfassung an allen Geräten, die nicht an ein DV-System on-line angeschlossen und nicht mit einem Bildschirm-Eingabegerät ausgestattet sind.

Anmerkung: die manuelle Datenerfassung erfolgt auf Statistikbögen. Es gibt Statistikbögen zur Erfassung je Arbeitsplatz oder Arbeitsgruppe, je Tag sowie je Analyt und Monat. Die Statistikbögen werden aufgrund von Strichlisten oder Eintragungen in den Arbeitslisten ausgefüllt. Die Statistikbögen enthalten meist etwa 30 Zeilen zur Eintragung der Analyte oder Tage und mehrere Spalten zur Eintragung der Primär-, Sekundär- und sonstigen Analysen. Um zuverlässige Daten zu erhalten, müssen die Eintragungen täglich erfolgen. Werden die Daten nur zeitweise täglich erfaßt und hochgerechnet, erhält man nur Annäherungsergebnisse.

Tagesstatistikbögen werden täglich neu ausgefüllt und enthalten Zeilen für mehrere Analyte.

Monatsstatistikbögen werden je Analyt ausgefüllt und enthalten Zeilen für die Tage eines Monats.

7.1.9.85 Maschinelle Datenerfassung
Datenerfassung an Arbeitsplätzen, die mit Bildschirm-Eingabegeräten ausgestattet sind, und an Arbeitsplätzen, deren Analysengeräte on-line an eine Labor-DV-Anlage angeschlossen sind.

Off-line-Datenerfassung erfolgt an Bildschirm-Eingabegeräten auf Masken, deren Einteilung derjenigen der Statistikbögen entspricht.

On-line-Datenerfassung erfolgt automatisch durch eine entsprechend programmierte Labor-DV-Anlage, an die die Analysengeräte angeschlossen sind.

7.1.9.86 Zählregeln

Für die Führung der deskriptiven Laborstatistik sind verschiedene konventionelle Regeln vereinbart worden.

Anmerkung: nur die strenge Einhaltung dieser Regeln sowie der hier angegebenen Nomenklatur gewährleistet die Vergleichbarkeit der Statistik verschiedener Laboratorien.

7.1.9.87 Verknüpfungen

Verschiedene Daten der Zählobjekte, Zählperioden und Erfassungseinheiten, die miteinander kombiniert oder verknüpft werden können, um weitere Ergebnisse, Aufschlüsse, Entscheidungshilfen zu erhalten, z. B. Leistungs/Ergebnis-Quotienten, Leistungsvergleich an mechanisierten und manuellen Arbeitsplätzen, Analysenzahlen je Monat und Jahr usw.

7.2 Übersicht über die Normung unter Berücksichtigung der Arbeiten auf dem Gebiet der Qualitätssicherung in der Laboratoriumsmedizin

Egon Kropp (Berlin)

Was ist Normung ?

„Normung ist die planmäßige, durch die interessierten Kreise gemeinschaftlich durchgeführte Vereinheitlichung von materiellen und immateriellen Gegenständen zum Nutzen der Allgemeinheit ...", so steht es in DIN 820 Teil 1.

Das wesentliche Merkmal der Normung, nämlich die Vereinheitlichung, ist aber keineswegs erst eine Erfindung unseres technischen Zeitalters. Sie wurzelt tief in der Wesenart des Menschen und entspricht seinem Wunsch nach Ordnung.

Normen finden sich nicht nur bei Gesetzen, Vorschriften, Maßeinheiten, sondern ebenso bei Bräuchen und Zeremonien und auch bei der Mode und interessanterweise auch in der Kunst.

Die Entstehung der Normen reicht in die Anfänge des menschlichen Gemeinschaftslebens zurück. Das Motiv mag sowohl im Nachahmungstrieb als auch in dem durch Gewohnheit geprägten Form- und Schönheitsempfinden, aber auch im rationalen, auf Wirtschaftlichkeit und Ökonomie ausgerichteten Denken liegen.

Nur einige Beispiele für die Normung in früherer Zeit:
- Babylonische Elle (5000 v. Chr.)
- Codex Hammurabi (1750 v. Chr.)
- Ägyptische Pyramiden
- Griechische Krüge
- Römische Amphoren
- Wikingerschiffe
- Holländische Windmühlen

Woher kommt das Wort Norm ?

Der Begriff Norm ist, wie bereits dargelegt, altes europäisches Kulturgut und aus dem Lateinischen übernommen worden; er stammt aber - vermittelt durch die Etrusker - aus dem Griechischen.

„Gnomon" bedeutet ein Doppeltes: Kenner, Beurteiler und Zeiger an der Sonnenuhr, Anzeiger des Tages. Es ist auch Bestandteil des Wortes „gi-gnoskein" - erkennen, einsetzen, urteilen - und entspricht dem lateinischen „(g)noscere" - erkennen, wissen, anerkennen. Aus dem damit zusammenhängenden „gnorima" ist „norma" - Winkelmaß - und im übertragenen Sinn Richtschnur, Regel, Vorschrift, geworden, das im Mittelalter als „Norm" mit derselben Bedeutung in die deutsche Sprache übernommen worden ist (Muschalla, 1982).

Im anglo-amerikanischen Sprachraum ist das entsprechende Wort für Norm „standard", wird dort aber auch im erweiterten Sinne, z. B. für Referenzmaterial gebraucht. Oft wird auch „specification" verwendet.

In der DDR entspricht „Standard“ unserem Wort „Norm“. Das Wort Wort „Norm“ und wird dort in Verbindung mit der Arbeitsleistung gebraucht.
Das Transliteration des russischen Wortes für „Norm“ lautet „Standart“.

Nutzen der Normung
Die Normung darf nicht zu einem wirtschaftlichen Sondervorteil einzelner führen (DIN, Grundlagen der Normungsarbeit, 1982).

Der Vorteil für die Allgemeinheit liegt klar auf der Hand. Hierfür nur drei Beispiele:

- Eine Bibel kostete	1350 in Handschrift	20000 Mark
	1455 in Handdruck	4000 Mark
	1925 in Maschinendruck	3 Mark

- Ein weltweit tätiges Industrieunternehmen stellte 1974 fest, daß die Normung in der Industrie etwa das Siebenfache ihrer Kosten durch Einsparungen wieder hereinbringt.
- Trotz steigender Stromerzeugung nehmen seit Jahren die tödlichen Unfälle kontinuierlich ab (Beitz, Vorlesungsunterlagen zur Normung, 1981).

Organisation der Normung
Die nationalen Normenorganisationen der Industrieländer entstanden um die Jahrhundertwende meist unter industriellen Rationalisierungsgesichtspunkten. Das DIN Deutsches Institut für Normung e.V. wurde am 18. Mai 1917 als „Normalienausschuß für den allgemeinen Maschinenbau“ gegründet. Von 1926 bis 1975 lautete der Name „Deutscher Normenausschuß“ mit der Kurzform „DNA“.

In Großbritannien nahm die British Standards Institution (BSI) und in Frankreich die Association Française de Normalisation (AFNOR) ihre Arbeit auf, um nur wenige Beispiele zu nennen.

Mit wachsender wirtschaftlicher Verflechtung benachbarter Länder und Ländergruppen wurde eine regionale Organisation immer wichtiger.

In Europa arbeiten folgende Normenorganisationen:
- Europäisches Komitee für Normung (CEN) und Europäisches Komitee für Elektrotechnische Normung (CENELEC) für Westeuropa (EG- und EFTA-Staaten). CEN und CENELEC sind nicht-staatliche, gemeinnützige Vereinigungen mit Sitz in Brüssel. Normen gibt es in englischer, französischer und deutscher Sprache.
- Normenkommission des Rates für gegenseitige Wirtschaftshilfe (RGW) der Staatshandelsländer Osteuropas.

Darüber hinaus gibt es wie im nationalen Bereich auch regionale Zusammenschlüsse interessierter Fachkreise im Vorfeld der (regionalen) Normung, z. B. ECCLS als Gegenstück zum NCCLS im regionalen Bereich Nordamerikas.

Die weltweite internationale Normung liegt bei der International Organization for Standardization (ISO) und bei der International Electrotechnical Commission (IEC), die beide ihren Sitz in Genf haben. Die Bundesrepublik Deutschland einschließlich Berlin (West) ist in beiden Organisationen durch das DIN bzw. durch die Deutsche Elektrotechnische Kommission im DIN und VDE (DKE) vertreten.

Wie wird genormt ?

Innerhalb des DIN, das durch Vertrag mit der Bundesrepublik Deutschland als die zuständige Normenorganisation für das Bundesgebiet und Berlin (West) anerkannt ist, arbeiten etwa 40000 Fachleute aus allen Kreisen der Wirtschaft, der Wissenschaft und der Behörden in etwa 120 verschiedenen Normenausschüssen (NA). Jeder Normenausschluß besitzt für seine fachlichen Entscheidungen einen Beirat mit einem Vorsitzenden. Innerhalb der Normenausschüsse wird weiter untergliedert in Fachbereiche (FB) und Arbeitsausschüsse (AA). Die Arbeitsausschüsse können für Teilfragen Unterausschüsse (UA) und für zeitlich begrenzte Aufgaben Arbeitskreise (AK) oder Ad-hoc-Gruppen einsetzen.

Die Arbeitsausschüsse tagen unter der Leitung ihres Obmanns üblicherweise zweimal im Jahr. Sie setzen sich aus etwa 15 bis 20 Fachleuten zusammen und sind für die fachliche Arbeit an den von ihnen zu verabschiedenden Normen zuständig. Sie werden in normungstechnischen Dingen von hauptamtlichen Mitarbeitern des DIN unterstützt.

DIN-Normen entstehen im Konsensusverfahren. Nur das ist normbar, was als normungswürdig anerkannt wird und was gemeinsam vom Arbeitsausschuß erarbeitet wird. Auch die Finanzierbarkeit spielt dabei eine Rolle.

Die Veröffentlichung der Arbeitsergebnisse als Norm-Entwurf und die Möglichkeit des Einspruchs hierzu durch jedermann, gegebenenfalls über ein Schlichtungsverfahren und über ein Schiedsverfahren, stellen sicher, daß die DIN-Normen sich als anerkannte Regeln der Technik (Technik hier im weitesten Sinne) einführen und anerkannt werden. Die Einführung der Normen in die Praxis ist ein wichtiges Indiz für ihre Notwendigkeit.

Die Normungsarbeit auf regionalem und weltweitem Gebiet läuft ähnlich. Bei großen Unterschieden zwischen den nationalen Standpunkten kann auf Harmonisierungsdokumente oder Fachberichte (technical reports) ausgewichen werden.

Während im nationalen Bereich die Anzahl der vorhandenen DIN-Normen, Norm-Entwürfe und Beiblätter aufgrund des angelegten strengen Maßstabes nur gering gestiegen ist (auf etwa 25000), weiten sich die regionale und internationale Normung stark aus. Es ist wichtig, hierfür im nationalen Bereich rechtzeitig mit den Vorarbeiten zu beginnen. Vorhandene Normen müssen spätestens alle fünf Jahre geprüft und gegebenenfalls überarbeitet werden, um ihre Aktualität zu erhalten.

Der Normenausschuß Medizin

Der Normenausschuß Medizin im DIN Deutsches Institut für Normung e.V. kann im Jahr 1987 auf eine 20-jährige Tätigkeit zurückblicken. Etwa vor 25 Jahren mehrten sich die Stimmen, die darauf hinwiesen, daß die Qualität der Prüfmethoden in der Laboratoriumsmedizin auch von der Qualität der verwendeten Laboratoriumsgeräte abhänge. Man forderte, einen Arbeitsausschluß „Medizinische Laboratoriumsgeräte" zu gründen. Andere Interessengruppen engagierten sich, und Normungsvorhaben wie „Bluttransfusion", „Medizinische Atemgeräte", „Medizinische Spritzen und Kanülen" und auch sehr früh „Laboratoriumsdiagnostik" wurden begonnen.

So kam es am 28. April 1967 zur Gründung des Normenausschusses Medizin, in dem von Anfang an die Laboratoriumsmedizin eine besonders wichtige Rolle spielte. Kennzeichnend für den NAMed, wie der Normenausschuß Medizin in seiner

Kurzform heißt, war es immer, daß seine Normen „anwenderbezogen" waren. Von Anfang an waren Ärzte unter den etwa 450 ehrenamtlichen Mitarbeitern an exponierter Stelle, z. B. als Obleute der einzelnen Arbeitsausschüsse, tätig. Mediziner verschiedener Fachrichtungen, Vertreter der Wissenschaft aus Hochschulen, Forschungsinstituten und aus der einschlägigen Industrie sind auch noch heute die Träger der freiwilligen Gemeinschaftsarbeit. Am „runden Tisch der Normung" sitzen daneben die Hersteller solcher Geräte, derer sich die Laboratoriumsmediziner in zunehmendem Maße bedienen.

Das vertrauensvolle Zusammenarbeiten aller an der Normung interessierter Kreise führt letztlich zu Normen, die - anerkannt von der breiten Öffentlichkeit - als Richtschnur für das Handeln des Einzelnen dienen können.

Innerhalb des NAMed arbeiten 4 Fachbereiche, und zwar:
- Transfusion, Infusion, Injektion
- Laboratoriumsmedizin und Klinische Chemie
- Medizinische Laboratoriumsgeräte (Anforderungen)
- Mikrobiologie.

Im Fachbereich Laboratoriumsmedizin und Klinische Chemie liegen die Schwerpunkte auf folgenden Gebieten:
- Hämatologie
- Allgemeine und spezielle Methodologie
- Qualitätskontrolle
- Elektrophorese
- Gerinnungsanalytik.

Im Fachbereich Mikrobiologie liegen die Schwerpunkte auf folgenden Gebieten:
- Begriffdefinitionen, um zu einer Sprachregelung zu kommen,
- mikrobiologische Verfahren und chemotherapeutische Untersuchungsmethoden sowie Kulturmedien
- Atemtrakts-, Tb- und Urindiagnostik
- Laborausrüstung
- Immunologie
- Farbstoffe in Medizin und Biologie
- Testung von Anaerobiern gegen Chemotherapeutika
- Qualitätssicherung im mikrobiologischen Laboratorium.

Ziel jedes Qualitätssicherungsprogramms ist es, die Genauigkeit, die Zuverlässigkeit, die Reproduzierbarkeit und die Vergleichbarkeit der Ergebnisse innerhalb eines Labors und darüber hinaus in der Gesamtheit der Laboratorien zu verbessern, auf ein hohes Niveau zu bringen und dort zu halten.

Der Beginn der Normungsarbeiten liegt dabei zunächst auf nationalem Gebiet. Frühzeitig ist jedoch die Ausweitung über die Ländergrenzen hinweg anzustreben, da diese Grenzen heute im Zeitalter des Massentourismus und der wirtschaftlichen Verflechtung keine Grenzen für die ärztliche Betreuung von Patienten sein dürfen.

Diese regionale, d. h. auf Europa bezogene, und die internationale (weltweite) Normungsarbeit erfordert einen hohen personellen und wirtschaftlichen Aufwand. Es hat sich jedoch bisher immer gezeigt, daß das Nutzen-Kosten-Verhältnis zugunsten der Normung gesprochen hat.

Ein besonderes Merkmal der DIN-Normung ist die Einheitlichkeit des Normenwerks. Die Aufteilung in viele prägnante Einzelnormen ermöglicht ein hohes Maß an Flexibilität bei der Anpassung an den jeweiligen Stand der Technik. Häufig - und das gilt insbesondere für den Normenausschuß Medizin - stoßen die Arbeitsausschüsse in das Gebiet der Forschung vor, um bei voller Wahrung der Entwicklungsmöglichkeiten bereits zu einem frühen Zeitpunkt den Rahmen abzustecken.

Normen sind keine Lehrbücher. Sie haben nicht die Verbindlichkeit von Verordnungen. Sie sind Empfehlungen, erarbeitet von Experten, die bei richtiger Anwendung allen Benutzern echten Nutzen bringen. Sie werden spätestens alle 5 Jahre auf ihre Aktualität hin überprüft.

Die Sammlungen einschlägiger Normen in den bekannten DIN-Taschenbüchern stellen eine wichtige Unterlage für den jeweils angesprochenen Interessenkreis dar (DIN-Taschenbuch 101; Medizin 2).

Die nachfolgende Aufstellung enthält die um die Jahresmitte 1986 gültigen Normen des Normenausschusses Medizin zu den Stichwörtern „Laboratoriumsmedizin" und „Qualitätssicherung". Darüber hinaus steht die Geschäftsstelle des Normenausschusses Medizin zu weiteren Auskünften zur Verfügung.

Literatur

DIN Deutsches Institut für Normung: Grundlagen der Normungsarbeit des DIN (1982) DIN Deutsches Institut für Normung e.V. (Hrsg.) 4. geänderte Auflage, Beuth Berlin Köln, (Normenheft 10) ISBN 3-410-11550-1.

Beitz W (1981) Vorlesungsunterlagen zur Normung. DIN Deutsches Institut für Normung e.V. (Hrsg.) Beuth Berlin Köln, ISBN 3-410-11470-X.

Muschalla R (1982) Überregelung - Sachzwang oder menschliches Versagen? Was ist unter „normungsfähig" zu verstehen DIN-Mitt. 61. Nr 9 S. 513 ff.

DIN Taschenbuch 101, Medizin 2, Normen über Transfusion, Infusion, Injektion, Laboratoriumsmedizin, Hämatologie, Medizinische Mikrobiologie.

Anhang

Liste der Normen, Norm-Entwürfe und Beiblätter der Fachbereiche Laboratoriumsmedizin und Klinische Chemie und Medizinische Mikrobiologie (Stand Mitte 1986)

Deutsche Normen

Herausgeber: DIN Deutsches Institut für Normung e.V., Postfach 1107, 1000 Berlin 30
Vertrieb: Beuth Verlag GmbH, Postfach 1145, 1000 Berlin 30

DIN 58909 Teil 1 (Norm-Entwurf September 1985)
Gerinnungsanalytik; Einstufenmethode zur Bestimmung der Faktor VIII-Gerinnungsaktivität (F VIII:C)
Coagulation analysis, one-stage method for the determination of factor VIII coagulant activity (F VIII:C)

DIN 58910 Teil 1 (Februar 1982)
Gerinnungsanalytik; Thromboplastinzeitbestimmung; Bestimmung in venösem Citratplasma
Coagulation analysis; determinaiton of the thromboplastin time (one-stage prothrombin time); using plasma from citrated venous blood

DIN 58915 (April 1981)
Spezielle Laboratoriumsmedizin; Serumeiweiß-Elektrophorese; Begriffe, Anforderungen
Serum protein electrophoresis; concepts, requirements

DIN 58917 Teil 1 (April 1982)
Spezielle Laboratoriumsmedizin; Liquor-Elektrophorese; Liquor-CAF-Elektrophorese; Begriffe, Anforderungen
liquor electrophoresis; liquor-CAF-electrophoresis concepts, requirements

DIN 58917 Teil 2 (Juli 1985)
Spezielle Laboratoriumsmedizin; Liquor-Elektrophorese; Liquor-Agargel-Elektrophorese; Begriffe, Anforderungen
Special laboratory medicine; liquor electrophoresis; liquor-agargel-electrophoresis, concepts, requirements

DIN 58918 (April 1981)
Spezielle Laboratoriumsmedizin; Hämoglobin-Elektrophorese; Begriffe, Anforderungen
Hemoglobin electrophoresis, concepts, requirements

DIN 58919 (Februar 1982)
Spezielle Laboratoriumsmedizin; Lipoprotein-Elektrophorese; Begriffe, Einheiten, Anforderungen
Lipoprotein-electrophoresis, concepts, units, requirements

DIN 58936 Teil 1 (November 1975)
Qualitätssicherung in der Laboratoriumsmedizin; Begriffe der Eigenschaften von Laboratoriumsbefunden
Quality control in clinical pathology; terms for characteristics of the laboratory results

DIN 58936 Teil 2 (November 1975)
Qualitätssicherung in der Laboratoriumsmedizin; Begriffe der Maßnahmen zur Sicherung der Zuverlässigkeit von Laboratoriumsbefunden
Quality control in clinical pathology; terms for reliability measures

DIN 58936 Teil 3 (Juli 1975)
Qualitätssicherung in der Laboratoriumsmedizin; Begriffe der Statistik
Quality control in clinical pathology; terms for statistic

DIN 58936 Teil 4 (Juli 1975)
Qualitätssicherung in der Laboratoriumsmedizin; Protokollierung von Ergebnissen
Quality control in clinical pathology; documentation

DIN 58936 Teil 5 (Juli 1983)
Qualitätssicherung in der Laboratoriumsmedizin; Kontrollkarten; Begriffe,
Allgemeine Anforderungen
Quality control in clinical pathology; control charts, concepts, general requirements

DIN 58937 Teil 1 (Januar 1975)
Allgemeine Laboratoriumsmedizin; Benennungen, Gliederung
Clinical pathology in general; naming, division

DIN 58937 Teil 1 (Norm-Entwurf Juni 1985)
Allgemeine Laboratoriumsmedizin; Einteilung medizinischer Laboratorien
Clinical pathology in general; classification of medical laboratories

DIN 58937 Teil 3 (Juli 1982)
Allgemeine Laboratoriumsmedizin; Einteilung der Methoden
General laboratory; classification of methods

DIN 58937 Teil 4 (Januar 1975)
Allgemeine Laboratoriumsmedizin; Anforderungen an die Beschreibung von Methoden
Clinical pathology in general; requirements for description of methods

DIN 58937 Teil 4 (Norm-Entwurf September 1985)
Allgemeine Laboratoriumsmedizin; Anforderungen an die Beschreibung von Methoden
Clinical pathology in general; requirements for description of methods

DIN 58937 Teil 5 (Juni 1975)
Allgemeine Laboratoriumsmedizin; Regeln für die Ergebnismitteilung
Clinical pathology in general; documentation of results

DIN 58938 Teil 1 (April 1981)
Spezielle Laboratoriumsmedizin; Elektrophoretische Trennung von Eiweiß oder eiweißhaltigen Substanzen in Körperflüssigkeiten; Allgemeine Begriffe, Einheiten
Electrophoretic separation of protein or of protein containing substances in body fluids; general concepts, units

DIN 58938 Teil 2 (April 1981)
Spezielle Laboratoriumsmedizin; Elektrophoretische Trennung von Eiweiß oder eiweißhaltigen Substanzen in Körperflüssigkeiten; Allgemeine Anforderungen
Electrophoretic separation of protein or of protein containing substances in body fluids; general requirements

DIN 58941 Beiblatt 1 (Mai 1984)
Medizinische Mikrobiologie; Qualitätssicherung in der humanmedizinischen Bakteriologie und Mykologie; Bezugsquellen für Bakterien- und Pilzstämme als Referenzstämme
Medical microbiology; quality assurance in human bacteriology and mycology; sources of supply for bacterial and fungal strains as reference strains

DIN 58941 Teil 2 (Mai 1984)
Medizinische Mikrobiologie, Qualitätssicherung in der humanmedizinischen Bakteriologie und Mykologie; Bakterienstämme
Medical microbiology; quality assurance in human bacteriology and mycology; bacterial strains

DIN 58941 Teil 2 Beiblatt 1 (Mai 1984)
Medizinische Mikrobiologie; Qualitätssicherung in der humanmedizinischen Bakteriologie und Mykologie; Bakterienstämme; Methoden zur Aufbewahrung von Stamm- und Gebrauchskulturen
Medical microbiology; quality assurance in human bacteriology and mycology; bacterial strains; methods for the preservation of reference strains and working cultures

DIN 58941 Teil 3 (Mai 1984)
Medizinische Mikrobiologie; Qualitätssicherung in der humanmedizinischen Bakteriologie und Mykologie; Pilzstämme
Medical microbiology; quality assurance in human bacteriology and mycology; fungal strains

DIN 58941 Teil 3 Beiblatt 1 (Mai 1984)
Medizinische Mikrobiologie; Qualitätssicherung in der humanmedizinischen Bakteriologie und Mykologie; Pilzstämme; Methoden zur Aufbewahrung von Stamm- und Gebrauchskulturen
Medical microbiology; quality assurance in human bacteriology and mycology; fungal strains; methods for preservation of reference strains and working cultures

DIN 58941 Teil 4 (Januar 1986)
Medizinische Mikrobiologie; Qualitätssicherung in der humanmedizinischen Bakteriologie und Mykologie; Untersuchungsauftrag und Befundbericht
Medical microbiology; quality assurance in human bacteriology and mycology; examination order and finding report

DIN 58941 Teil 4 Beiblatt 1 (Januar 1986)
Medizinische Mikrobiologie; Qualitätssicherung in der humanmedizinischen Bakteriologie und Mykologie; Formblatt für Untersuchungsauftrag und Befundbericht
Medical microbiology; quality assurance in human bacteriology and mycology; blank form for examination order and finding report

DIN 58941 Teil 6 (Norm-Entwurf Juli 1985)
Medizinische Mikrobiologie; Qualitätssicherung in der humanmedizinischen Bakteriologie und Mykologie; Anforderungen an mikroskopische Untersuchungen
Medical microbiology; quality assurance in human bacteriology and mycology; requirements on microscopic methods

DIN 58956 Teil 1 (März 1984)
Medizinische Mikrobiologie; Medizinisch-mikrobiologische Laboratorien; Begriffe, Risikobereiche, Räumlichkeiten, sicherheitstechnische Anforderungen und Prüfung
Medical microbiology; medical microbiological laboratories; definitions, areas of risk, localities, safety requirements

DIN 58956 Teil 1 Beiblatt 1 (Dezember 1984)
Medizinische Mikrobiologie; Medizinisch-mikrobiologische Laboratorien; Zuordnung von Mikroorganismen zu Risiko-Gruppen I bis IV
Medical microbiology; medical microbiological laboratories; grouping of microorganisms into risk groups I to IV

DIN 58956 Teil 2 (Januar 1986)
Medizinische Mikrobiologie; Medizinisch-mikrobiologische Laboratorien; Anforderungen an die Ausstattung
Medical microbiology; medical microbiological laboratories; requirements for equipment

DIN 58956 Teil 3 (Norm-Entwurf Dezember 1984)
Medizinische Mikrobiologie; Medizinisch-mikrobiologische Laboratorien; Organisationsanweisungen; Sicherheitstechnische Anforderungen und Prüfungen
Medical microbiology; medical microbiological laboratories; instructions for organisation; safety requirements and test

DIN 58956 Teil 4 (Januar 1986)
Medizinische Mikrobiologie; Medizinisch-mikrobiologische Laboratorien; Anforderungen an die Entsorgung
Medical microbiology; medical microbiological laboratories; waste disposal; safety requirements and testing

DIN 58956 Teil 10 (Januar 1986)
Medizinische Mikrobiologie; Medizinisch-mikrobiologische Laboratorien; Sicherheitskennzeichnung
Medical microbiology; medical microbiological laboratories; safety marking

DIN 58957 Teil 1 (Januar 1986)
Medizinische Mikrobiologie; Medizinisch-mikrobiologische Fachlaboratorien; Sicherheitstechnische Anforderungen an mykobakteriologische Untersuchungen
Medical microbiology; special laboratories for medical microbiology; safety requirements for mycobacteriological examinations

DIN 58971 Teil 1 (Juni 1979)
Spezielle Laboratoriumsmedizin; Bestimmung von L-Aspartat: 2-oxoglutarat aminotransferase Aspartat-Aminotransferase (ASAT) im Serum oder Plasma, Standardmethode
Special laboratory medicine; determination of L-aspartat: 2-oxoglutarate aminotransferase (aspartataminotransferase) in serum or plasma, standard method

DIN 58972 Teil 1 (Juni 1979)
Spezielle Laboratoriumsmedizin; Bestimmung von Orthophosphorsäuremonoester phosphohydrolase (Alkalische Phosphatase (AP)) im Serum, Standardmethode
Special laboratory medicine; determination of orthophosphoric monoester phosphohydrolase (alkaline phosphatase) in serum, standard method

DIN 58973 Teil 1 (August 1981)
Spezielle Laboratoriumsmedizin; Bestimmung von Kreatinin (2-Amino-1,5-dihydro-1-methylimidazol-4-on) im Serum oder Plasma; Jaffé-Reaktion nach Enteiweißung und Adsorption
Special laboratory medicine; determination of creatinine (2-amino-1,5-dihydro-1-methylimidazol-4-on) in serum; Jaffé-reaction after deproteinisation and adsorption

DIN 58974 Teil 1 (Februar 1982)
Speziele Laboratoriumsmedizin; Bestimmung von D-Glucose in Kapillarblut, Plasma, Liquor und Harn; Hexokinase-G6P-DH-Methode
Special laboratory medicine; determination of substrate concentration, D-Glucose in whole blood, plasma, cerebrospinal fluid as well as urine; hexokinase-G6P-DH-method

DIN 58975 Teil 4 (Norm-Entwurf Juli 1980)
Spezielle Laboratoriumsmedizin; Dünnschichtchromatographischer Nachweis wichtiger Arzneimittel und Rauschgifte im Harn oder Magensaft, Dünnschichtchromatographie des basischen Extraktes aus hydrolisiertem Harn
Special laboratory medicine; proof of important pharmaceutics and drugs with thin layer chromatography in urine or gastric juice, thin layer chromatography of the basic extract from hydrolized urine

DIN 58976 Teil 1 (Februar 1982)
Spezielle Laboratoriumsmedizin; Bestimmung von L-Alanin: 2-oxoglutarat aminotransferase (Alanin-Aminotransferase (ALAT)) im Serum oder Plasma; Standardmethode
Special laboratory medicine; determination of L-Alanine: 2-oxoglutarate aminotransferase (Alaninaminotransferase) in serum or plasma; standard method

DIN 58977 Teil 1 (Februar 1983)
Spezielle Laboratoriumsmedizin; Bestimmung von ATP: creatine-N-phosphotransferase (Creatinkinase (CK)) im Serum oder Plasma; Standardmethode
Special laboratory medicine; determination of ATP; creatine-N-phosphotransferase (creatinase (CK)) in serum or plasma; standard method

DIN 58979 Teil 1 (April 1983)
Spezielle Laboratoriumsmedizin; Bestimmung von Harnstoff im Serum, Plasma und Harn; Urease-GLDH-Methode (Endpunktverfahren)
Special laboratory medicine; determination; urea in serum, plasma and urine; urease-GLDH-method

DIN 59980 Teil 1 (Februar 1983)
Spezielle Laboratoriumsmedizin; Bestimmung der Gesamtporphyrine im Harn; Bestimmung durch Ionenaustauschchromatographie
Special laboratory medicine; determination of total porphyrin in urine; determination by means of exchange chromatography

DIN 58982 Teil 2 (Norm-Entwurf September 1980)
Allgemeine Methodologie; Ergebnisbeeinflussung
General methodology; influence of the result

DIN 58982 Teil 2 Beiblatt 1 (Entwurf Juni 1984)
Laboratoriumsmedizin; Allgemeine Methodologie; Prüfliste für die systematische Fehlersuche in der klinisch-chemischen Analytik mit lösungsabsorptionsspektrometrischen Verfahren

Clinical pathology; methodology in general; protection of the reliability of results in the clinical-chemical analytics with dissolving absorbent spectrometric methods

DIN 58983 Teil 1 (April 1985)
Allgemeine Laboratoriumsmedizin; Kalibrations- und Kontrollmaterial; Begriffe
General laboratory medicine; calibration material and control material; concepts

DIN 58984 Teil 1 (Februar 1984)
Spezielle Laboratoriumsmedizin; Bestimmung von Anorganika im Serum, Plasma, Harn und anderen Körperflüssigkeiten; Bestimmung von Calcium mittels Atomabsorptionsspektrometrie (AAS)
Special laboratory medicine; determination of inorganic substances in serum, plasma, urine and other body fluids; determination of calcium by atomic absorption spectrometry

7.3 Staatliche Auflagen zur Qualitätssicherung

Reinhard Nink (Berlin)

7.3.1 Das Gesetz über das Meß- und Eichwesen (Eichgesetz)

Das staatliche Eichwesen wurde in Deutschland ursprünglich für die Sicherstellung richtigen Messens im Warenhandel entwickelt. Heute dient die überwiegende Zahl der amtlichen Eichungen von Meßgeräten zwar noch immer dem Verbraucherschutz im geschäftlichen Verkehr, jedoch kommt der staatlichen Überwachung von Meßgeräten, die in der Heilkunde verwendet werden, seit 1969 eine zunehmende Bedeutung zu. Ziel ist hier der Schutz von Patient und Arzt vor Fehldiagnose oder -therapie durch Fehlmessungen. Damals wurde durch das Eichgesetz (EichG) eine Reihe von in der Heilkunde verwendeten, meist klassischen Meßgerätearten eichpflichtig, darunter auch solche für die Laboratoriumsmedizin wie Analysenwaagen, Feingewichte, Blutzellenzählkammern, Blutmischpipetten, Blutsenkungsrohre sowie unter bestimmten Voraussetzungen Volumenmeßgeräte aus Glas. Verglichen mit der Zahl aller in der Heilkunde verwendeten Meßgerätearten war die Zahl der davon eichpflichtigen medizinischen Meßgeräte aber gering.

Eine besondere Regelung war durch die Eichpflichtausnahmeverordnung (EAusnV, 1970) gegeben. Danach waren Volumenmeßgeräte, die nur für solche quantitativen Analysen benutzt wurden, deren Richtigkeit durch ständige Überwachung nach den Methoden der statistischen Qualitätskontrolle und durch Ringversuche nachgewiesen wird, von der Eichpflicht ausgenommen. Dann waren die von der Bundesärztekammer im Benehmen mit der Physikalisch-Technischen Bundesanstalt und den zuständigen Behörden aufgestellten Richtlinien (RiliBÄK, 1971) sowie die hierzu von der Bundesärztekammer erlassenen Ausführungsbestimmungen (Ausf. Bst. BÄK, 1974) einzuhalten.

Statistische Qualitätskontrolle und Ringversuche haben sich inzwischen so bewährt, daß der Gesetzgeber diese Qualitätssicherungsmaßnahmen bei der Novellierung des Eichgesetzes als gesetzliche Regelungen vorgesehen hat.

Die ab 1977 geplante Änderung des Eichgesetzes hatte zwei Hauptziele:

Erstens war die im Eichgesetz enthaltene Aufzählung medizinischer Meßgeräte durch die Entwicklung neuer Meßmethoden überholt und die Eichung nicht mehr in allen Fällen geeignet, die Meßsicherheit der Geräte zu gewährleisten. Es wurde daher

- das Eichgesetz so geändert, daß nun auch für neuartige medizinische Meßgeräte gesetzliche Überwachungsmaßnahmen festgelegt werden können, soweit hierfür aus medizinischen oder technischen Gründen eine Notwendigkeit besteht,

- das bisherige System der Zulassung und Einzelprüfung (Eichung) medizinischer Meßgeräte um andere alternative Kontrollmaßnahmen ergänzt, daß es der Entwicklung der Meßtechnik und den besonderen Anforderungen im medizinischen Bereich Rechnung trägt,
- die Maßnahmen so gestaltet, daß die Verantwortung für die Richtigkeit der Meßgeräte stärker als nach bisherigem Recht in die Hände des Herstellers bzw. des Verwenders gelegt werden kann.

Zweitens sollte das Eichrecht gestrafft und transparenter gestaltet werden.

Der unten wiedergegebene § 4 des neuen Eichgesetzes (EichG, 1985) berücksichtigt folgende Erfahrungen und Gegebenheiten:

Die seit 1969 neu entwickelten, technisch komplizierteren und komplexeren Meßgerätearten wurden vom alten Eichgesetz nicht erfaßt oder lassen sich durch Bauartzulassung und Eichung allein nicht sachgerecht überwachen.

Viele der neu auf den Markt gekommenen Meßgeräte verfügen nicht über die angegebene Meßgenauigkeit oder diese kann nur durch regelmäßige Überprüfung oder Wartung gewährleistet werden.

Der Arzt besitzt in der Regel nicht die Kenntnisse, um die meßtechnische Qualität der Geräte bei ihrer Anschaffung und der späteren Verwendung beurteilen zu können. Er ist sich häufig nicht bewußt, daß auch gute Meßgeräte einer regelmäßigen Wartung bedürfen oder verfügt nicht über ausreichende Wartungsunterlagen.

Während manche Firmen für ihre Meßgeräte einen gut funktionierenden Wartungsdienst anbieten, trifft dies auf andere bisher nicht zu. Insbesondere ausländische Firmen bieten mitunter nur einen geringen Service, stellen nur fremdsprachliche Unterlagen zur Verfügung oder ziehen sich vom deutschen Markt wieder zurück, wenn die erhofften Absatzchancen ausbleiben, ohne daß für eine ausreichende Versorgung des vorhandenen Gerätebestandes gesorgt ist.

Genaue Diagnosedaten setzen nicht nur zuverlässige Meßgeräte, sondern auch eine richtige Anwendung aller verwendeten Geräte voraus. Das hatte sich beispielhaft in der Laboratoriumsmedizin gezeigt. Um hier Abhilfe zu schaffen, ist es erforderlich, daß alle medizinischen Laboratorien Kontrolluntersuchungen durchführen und sich an Vergleichsmessungen mit anderen Laboratorien beteiligen.

Nach dem neuen Konzept des Eichgesetzes werden die medizinischen Meßgeräte, die dem Gesetz unterliegen, nicht mehr im Gesetz selbst aufgezählt, sondern durch Rechtsverordnung festgelegt, damit eine flexible Anpassung an die technische Entwicklung möglich ist. Das neue Konzept geht nach wie vor von der Zulassung der Art oder der Bauart des Meßgerätes aus, läßt aber in geeigneten Fällen an die Stelle der Eichung durch die Behörde eine Prüfung der Meßgeräte durch den Hersteller und eine Überwachung durch Wartungsdienste oder das Bedienungspersonal treten. Auch für bisher bereits eichpflichtige medizinische Meßgeräte hat der Verordnungsgeber nun die Möglichkeit, die Eichung durch eine Herstellerbescheinigung zu ersetzen. Der Hersteller kann ferner verpflichtet werden, die erforderlichen Wartungs- und Bedienungsanleitungen in verständlicher Form und deutscher Sprache zur Verfügung zu stellen.

Für medizinische Laboratorien kann die Durchführung von Kontrolluntersuchungen und die Teilnahme an Vergleichsmessungen zur Pflicht gemacht und dafür auf die Eichung der verwendeten Meßgeräte verzichtet werden.

Alle Einzelheiten werden durch Rechtsverordnung und – soweit erforderlich – bei der Bauartzulassung geregelt.

Der erforderliche Ermächtigungsrahmen ist eng gefaßt. Vorschriften sollen nur für solche medizinischen Meßgeräte erlassen werden, deren Meßwerte für diagnostische oder therapeutische Entscheidungen von Bedeutung sind oder die der Selbstkontrolle des Gesundheitszustandes dienen.

Die nach dem neuen Konzept des Eichgesetzes zu treffenden Maßnahmen werden dem Verordnungsgeber von einem Beirat für medizinische Meßtechnik bei der Physikalisch-Technischen Bundesanstalt vorgeschlagen, der sich bereits 1984 konstituiert hat. Ihm gehören Vertreter der Ärzteschaft, der Wissenschaft und der Wirtschaft an. Der Beirat trägt durch seine Arbeit zum Erlaß praxisnaher und mit vertretbarem Aufwand realisierbarer Vorschriften bei.

Medizinische Meßgeräte, die bisher noch nicht dem Eichgesetz unterliegen, werden nur schrittweise in die Neuregelung einbezogen werden, um die Belastung aller Beteiligten in vertretbaren Grenzen zu halten.

Eichgesetz
§ 4 Medizinische Meßgeräte
(1) Medizinische Meßgeräte im Sinne dieses Gesetzes sind
1. Geräte, mit denen bei der Ausübung der Heilkunde, Zahnheilkunde oder Tierheilkunde Messungen zur Untersuchung oder Behandlung von Menschen oder Tieren vorgenommen werden,
2. Meßgeräte, die der Selbstkontrolle des Gesundheitszustandes von Menschen dienen.

(2) Der Bundesminister für Wirtschaft wird ermächtigt, zur Gewährleistung der Meßsicherheit medizinischer Meßgeräte im Interesse des Gesundheitsschutzes oder zur Durchführung von Rechtsakten der Europäischen Gemeinschaften durch Rechtsverordnung nach Anhörung von Sachverständigen aus Kreisen der Ärzteschaft, der Wissenschaft und der Wirtschaft vorzuschreiben, daß medizinische Meßgeräte nur dann in den Verkehr gebracht, bereitgehalten oder verwendet werden dürfen, wenn sie zugelassen sind. Zu den gleichen Zwecken kann der Bundesminister für Wirtschaft ferner durch Rechtsverordnung vorschreiben,
1. diese Meßgeräte nur geeicht in den Verkehr zu bringen, bereitzuhalten oder zu verwenden,
2. diese Meßgeräte nur in den Verkehr zu bringen, bereitzuhalten oder zu verwenden, wenn der Hersteller oder eine andere Stelle ihre Übereinstimmung mit der Zulassung bescheinigt hat,
3. diese Meßgeräte nur in den Verkehr zu bringen, wenn ihnen eine Wartungs- und Gebrauchsanweisung beigefügt ist,
4. diese Meßgeräte zu warten oder warten zu lassen,
5. Kontrolluntersuchungen vorzunehmen und an Vergleichsmessungen teilzunehmen.

(3) In Rechtsverordnungen nach Absatz 2 kann der Bundesminister für Wirtschaft Vorschriften zur Durchführung der dort bezeichneten Maßnahmen erlassen. Er kann ferner Anforderungen an Stellen nach Absatz 2 Satz 2 Nr. 2 und an Wartungsdienste festlegen, ihre Anerkennung und Überwachung durch die zuständige Behörde vorschreiben und die Voraussetzungen der Anerkennung und Überwachung

regeln. Maßnahmen nach Absatz 2 Satz 2 Nr. 4 und 5 können auch anstelle einer Zulassung vorgeschrieben werden.
(4) Der Zulassung nach Absatz 2 Satz 1 steht die Zulassung zur Eichung gleich.
(5) Im übrigen sind auf die Zulassung die Vorschriften des § 9 über die Zulassung zur Eichung entsprechend anzuwenden.
(6) Sofern die Physikalisch-Technische Bundesanstalt dies in einer Bauartzulassung festgelegt hat, dürfen Meßgeräte, die nach Absatz 2 Satz 1 zugelassen sein müssen, nur in den Verkehr gebracht werden,
1. wenn der Hersteller oder eine von der Physikalisch-Technischen Bundesanstalt bestimmte Stelle ihre Übereinstimmung mit der Bauartzulassung bescheinigt hat,
2. wenn ihnen eine Wartungs- und Gebrauchsanweisung beigefügt ist, deren Inhalt von der Physikalisch-Technischen Bundesanstalt festgelegt werden kann; insbesondere können Hinweise auf Maßnahmen nach Absatz 2 Satz 2 Nr. 4 und 5 vorgeschrieben werden.
(7) Rechtsverordnungen nach den Absätzen 2 und 3 ergehen im Einvernehmen mit dem Bundesminister für Arbeit und Sozialordnung und dem Bundesminister für Jugend, Familie und Gesundheit. Sie bedürfen der Zustimmung des Bundesrates.

7.3.2 Neue Eichordnung und neue Richtlinien der Bundesärztekammer

Aufgrund der durch das neue Eichgesetz gegebenen Ermächtigung wird der Bundesminister für Wirtschaft 1987 die neue Eichordnung erlassen. Noch vorher werden „Richtlinien der Bundesärztekammer zur Qualitätssicherung in medizinischen Laboratorien (Verfahrenskontrolle)" und „Richtlinien der Bundesärztekammer zur Überwachung von Absorptionsphotometern in medizinischen Laboratorien durch Ringversuche (Gerätekontrolle)" veröffentlicht werden. Die meßtechnischen Bestimmungen der o. a. Richtlinien werden im Einvernehmen mit der Physikalisch-Technischen Bundesanstalt z. Z. erstellt. Sie werden von der Eichordnung zitiert werden und sind damit dann gesetzlich vorgeschrieben.

Anhang

Überlegungen zum Eichgesetz und zur Eichordnung von B. Baumgarten (Berlin)*

„*Medizinische Meßgeräte* im Sinne des Eichgesetzes sind Geräte, mit denen bei der Ausübung der Heilkunde, Zahnheilkunde oder Tierheilkunde Messungen zur Untersuchung oder Behandlung von Menschen oder Tieren vorgenommen werden." Dazu gehören auch Meßgeräte zur *Selbstkontrolle* (z. B. Blutdruck, Blutzucker).

Die *Eichung* ist ein hoheitlicher Akt, der von den Eichämtern (Länderbehörden) ausgeübt wird. Sie beinhaltet die Überprüfung und amtliche Bescheinigung der Einhaltung formaler und meßtechnischer Eigenschaften. Die Eichung ist gebührenpflichtig.

---

* Vortrag anläßlich des INSTAND-Treffs am 11. Oktober 1986 in Spandau

Der Gesetzgeber unterscheidet Geräte, die nur *geeicht in den Verkehr gebracht* werden dürfen (z. B. muß der Hersteller Fieberthermometer, Blutdruckmeßgeräte, Zählkammern und Blutmischpipetten amtlich eichen lassen, bevor er sie zum Verkauf anbietet), und solche, die nur *geeicht in den Gebrauch genommen* werden dürfen (z. B. dürfen Waagen, Dichtemeßgeräte ungeeicht verkauft und nachträglich geeicht werden, um bei der Eichgebühr die Mehrwertsteuer zu sparen).

Der Handel bietet auch *eichfähige Geräte* an, die im Aufbau, nicht aber in der Meßfunktion den Eichvorschriften entsprechen müssen. „Eichfähig" bedeutet also nicht, daß die Toleranzen der Eichordnung eingehalten worden sind! Wenn ein eichfähiges Meßgerät gekauft wird, soll vom Hersteller entweder eine Konformitätsbescheinigung (siehe unten) verlangt oder im Kaufvertrag ein Rückgaberecht für den Fall gesichert werden, daß das Eichamt das Gerät zurückweist.

Die Eichung kann zeitlich begrenzt oder unbegrenzt sein. Sie erlischt, wenn das Gerät der Eichordnung nicht mehr entspricht (z. B. wenn die Pipettenspitze beschädigt ist oder die Auflagefläche der Zellzählkammer einen Kratzer aufweist).

Die Eichung kann neben dem Meßgerät *Zusatzeinrichtungen*, z. B. einfache Ergebnisdrucker oder vollständige Computersysteme einbeziehen oder sich auf das Meßgerät selbst beschränken und Zusatzeinrichtungen ausschließen.

Die Eichbehörde prüft auch die Einhaltung der gesetzlichen Vorschriften wie Eichung, Zulassung, Konformitätsbescheinigung, Aufzeichnung über Wartungsarbeiten, Ringversuchszertifikate usw. Diese Prüfung wird durch Eichbeamte durchgeführt, die die Laboratorien aufsuchen. Der Eichbeamte überprüft bei dieser Gelegenheit die Eichmarken, nimmt eichpflichtige Geräte in Augenschein, überprüft die Wartungsdokumentation, Ringversuchszertifikate, usw.

Die *Zulassung* ist also ein hoheitlicher Akt, der von der *Physikalisch-Technischen Bundesanstalt* (PTB, Bundesbehörde) ausgeübt wird. Sie beinhaltet die Überprüfung und amtliche Bescheinigung der Einhaltung formaler, sicherheits- und meßtechnischer Eigenschaften sowie anderer Voraussetzungen wie deutschsprachige Gebrauchs- und Wartungsanweisungen. Die Zulassung wird vom Hersteller oder Vertreiber des Meßgerätes beantragt und ist ebenfalls gebührenpflichtig.

Die PTB prüft das Konzept, das Meßgerät selbst, die Ausführlichkeit und Verständlichkeit der Gebrauchsanweisung, der Vorschriften der Wartungsanweisungen und andere Vorgaben. Es können Gerätetypen und/oder Einzelgeräte zugelassen werden. Die Zulassung soll verhindern, daß grundsätzlich ungeeignete oder gar gefährliche Meßgeräte auf den deutschen Markt kommen. Die Zulassung kann jederzeit aufgrund neuerer Erkenntnisse zurückgenommen oder an bestimmte Auflagen geknüpft werden.

Die Zulassung kann neben dem Meßgerät Zusatzeinrichtungen einbeziehen oder sich auf das Meßgerät selbst beschränken und Zusatzeinrichtungen somit ausschließen.

Plant ein Laboratorium ein noch nicht zugelassenes Gerät zu *evaluieren*, so muß es dieses Vorhaben der PTB schriftlich mitteilen.

Auch Meßkolben, Büretten, Pipetten, Dispenser, Dilutoren, Kolbenhubpipetten, Blutsenkungsrohre, Spritzen, Photometer zur Transmissionsmessung usw. dürfen nur verwendet oder bereitgehalten werden, d. h. auch im Labor vorhanden sein, wenn sie zugelassen sind.

Die *Übereinstimmung des Meßgerätes mit der Zulassung* wird durch eine Konformitätsbescheinigung bestätigt. Geeichte Geräte sind natürlich ebenso anwendbar.

Die *Konformitätsbescheinigung* ist ein von einer dafür berechtigten juristischen oder natürlichen Person ausgegebenes Dokument mit Aussagen über Eigenschaften des Meßgerätes. Konformitätsbescheinigungen darf nur ausstellen, wer dazu von der *Eichbehörde ermächtigt* ist. Im allgemeinen ist dies der Hersteller oder Vertreiber des Meßgerätes. Aussagen der Konformitätsbescheinigung können von den Eichbehörden bzw. der PTB überprüft werden und sind einklagbar. Konformitätsbescheinigungen sollen die Eichbehörden entlasten, das Auf-den-Markt-bringen neuer Geräte vereinfachen und entbürokratisieren.

Der Gesetzgeber kann für Gerätetypen eine *Wartungspflicht* vorschreiben. *Wartung* ist ein Sammelbegriff für die interne und externe Instandhaltung, Überprüfung der Einhaltung der Eichvorschriften und Instandsetzung (Reparatur).

Die *interne Wartung* wird vom Betreiber des Gerätes, die *externe Wartung* von einer dazu berechtigten juristischen bzw. in deren Auftrag von einer oder mehreren natürlichen Personen durchgeführt. Die Berechtigung, vorgeschriebene externe Wartungsarbeiten durchzuführen, wird von der Eichbehörde an sachverständige juristische oder natürliche Personen erteilt. Der Hersteller wird grundsätzlich als sachverständig angesehen. Die Berechtigung ist rücknehmbar.

Wenn bei einer internen oder externen Wartung eine Überschreitung der Eichtoleranzen oder sonstige Mängel festgestellt werden, so ist die Eichung erloschen und die *Eichmarke sofort zu entfernen* oder unkenntlich zu machen. Auch der Betreiber des Gerätes selbst muß dieser Pflicht nachkommen.

Über alle durchgeführten internen und externen Wartungsarbeiten muß der Betreiber des Meßgerätes übersichtliche *Aufzeichnungen führen* (Gerätekartei oder Gerätebuch) und diese 5 Jahre lang aufbewahren.

Der Gesetzgeber fordert *Kontrollmessungen* (mit Kontrollkartenführung) und *Vergleichsmessungen* (Teilnahme an Verfahrens- und Geräteringversuchen) für alle, die mit medizinischen Meßgeräten (siehe oben) quantitative Analysen durchführen. Die Unterlagen über die interne und externe Qualitätssicherung müssen 5 Jahre lang aufbewahrt werden.

Die Nichteinhaltung der gesetzlichen Auflagen (*Ordnungswidrigkeiten*) kann mit Bußgeldern bis zu *DM 20.000* geahndet werden. Dazu gehört auch das Nichtvorhandensein von Betriebsanleitungen, Wartungsvorschriften, Wartungsaufzeichnungen und Ringversuchszertifikaten (auch wenn man diese nicht vorweisen kann, weil sie gerade nicht greifbar sind!).

Wegen einzelner nichtmedizinischer Vorschriften der Eichordnung bestehen noch Meinungsverschiedenheiten, so daß der Termin der Inkrafttretung noch ungewiß ist. Die Inkraftsetzung wird zum 1. Juli 1987 erwartet.

7.4 Sicherheit im Medizinischen Laboratorium

Karl-Georg v. Boroviczény (Berlin), Richard Merten (Düsseldorf) und Utz P. Merten (Köln)

7.4.1 Einleitung

Die „Sicherheit im Medizinischen Laboratorium" gehört zwar nur bedingt und mittelbar in den Rahmen dieses Buches. Es erscheint uns aber notwendig, auch im Zusammenhang mit der Qualitätssicherung der Sicherheit auf die wichtigsten Gesichtspunkte hinzuweisen.

1. Für den auf dem Gebiet der Heilkunde tätigen Arzt als Arbeitgeber und die Arzthelferin, Laboranten, medizinisch-technischen Assistenten als Arbeitnehmer sind zahlreiche Gesetze und Verordnungen, Technische Regeln, Unfallverhütungsvorschriften, Richtlinien, Sicherheitsregeln, Merkblätter und DIN-Normen durch den Gesetzgeber, die Bundesarbeitsgemeinschaft der gemeindlichen Unfallversicherungsträger, den Hauptverband der gewerblichen Berufsgenossenschaften sowie die Berufsgenossenschaft für Gesundheitsdienst und Wohlfahrtspflege herausgegeben worden, die nicht nur den Krankenhausträger, die im Krankenhaus tätigen Ärzte und den niedergelassenen Arzt mit seinen Mitarbeitern, sondern im besonderen alle im medizinischen Laboratorium Beschäftigten betreffen.

2. Diese Gesetze haben die Aufgaben der zuständigen Berufsgenossenschaften für Gesundheitsdienst und Wohlfahrtspflege (BGW) erheblich beeinflußt, insbesondere das frühere Ordnungsstrafverfahren der Berufsgenossenschaften durch das Ordnungswidrigkeitengesetz (OWiG) in ein Bußgeldverfahren umgewandelt worden ist.

Ordnungswidrigkeiten kommen vor allem bei schuldhaften Verstößen gegen die Unfallverhütungsvorschriften in Betracht. Eine Geldbuße kann auch verhängt werden, wenn die Berufsgenossenschaft zur Durchführung der Unfallverhütungsvorschriften eine Anordnung nach § 712 der Reichsversicherungsordnung (RVO) erläßt und diese nicht befolgt wird. Gegen den Bußgeldbescheid kann allerdings Einspruch erhoben werden. Wenn die Widerspruchsstelle dem Einspruch nicht abhilft, kann der Betroffene Klage beim Amtsgericht erheben.

3. Die überwiegende Zahl der Sicherheitsregelungen und Unfallverhütungsvorschriften wendet sich an den *„Betreiber und Verwender"* auf dem Gebiet der Heilkunde im Krankenhaus und in der niedergelassenen Praxis, also an den Arzt und an seine Mitarbeiter.

Durch das Gesetz über technische Arbeitsmittel (Gerätesicherheitsgesetz) wird festgestellt, daß der Hersteller oder Einführer technischer Arbeitsmittel diese nur in den Verkehr bringen oder aufstellen darf, wenn sie nach den allgemein anerkannten Regeln der Technik (TRG) sowie den Arbeitsschutz- und Unfallverhütungsvorschriften (UVV) so beschaffen sind, daß Benutzer oder Dritte bei bestimmungsgemäßer Verwendung gegen Gefahren für Leben und Gesundheit geschützt sind.

Hiervon kann nur abgewichen werden, wenn die gleiche Sicherheit auch auf andere Weise gewährleistet ist. Diese Bestimmung des Sicherheitsniveaus allein genügt jedoch nicht. Zur Durchführung des Gesetzes sind Verwaltungsvorschriften erlassen worden, in denen die Arbeitsschutz- und Unfallverhütungsvorschriften sowie die sicherheitstechnischen Normen des DIN Institut für Normung enthalten sind, in denen die allgemein anerkannten Regeln der Technik ihren Niederschlag finden.

4. In zunehmendem Maße ist es notwendig, daß sich der im Krankenhaus tätige und der niedergelassene, insbesondere der für das medizinische Laboratorium verantwortliche Arzt mit diesen Gesetzen, Vorschriften, Richtlinien und Regeln vertraut macht, die im Einzelnen im Text und in ihrer Gesamtheit im Anhang aufgeführt sind. Mit Nachdruck sei darauf hingewiesen, daß jeder Laborleiter, seine Vertreter und auch die leitenden MTA, in größeren Laboratorien ein Sicherheitsbeauftragter, gegebenenfalls auch der Betriebsarzt dazu verpflichtet sind, diese in vollem Umfange durchzusetzen.

Die Sicherheit des Laborpersonals muß also oberstes Gesetz sein!

Bei der Gefährdung des Laborpersonals steht die Infektionsgefahr an erster Stelle. In zunehmendem Maße muß mit AIDS-infektiösem Material gerechnet werden, d. h., daß alle medizinisch-diagnostischen Laboratorien in die Stufe 3 nach DIN 58957 Teil 1 mit allen Konsequenzen eingeordnet werden. Im Zusammenhang mit dem Infektionsrisiko bildet der Schutz jugendlicher Mitarbeiter und werdender und junger Mütter, die im Labor weiterarbeiten möchten, eine besondere Problematik. Neben dem Infektionsrisiko müssen aber die Risiken energetischer Einwirkungen und mit besonderem Nachdruck die Fragen des Brandschutzes beachtet werden. Letzere betreffen nicht nur das Personal, sondern auch Einrichtung, Geräte und - nicht zuletzt - den Datenbestand.

7.4.2 Allgemeine Präventivmaßnahmen

7.4.2.1 Räume, Vorrichtungen und Gerätschaften, Sauberkeit und Ordnung

Räume, Vorrichtungen und Gerätschaften müssen so eingerichtet sein, daß die Mitarbeiter gegen Gefahren für Leben und Gesundheit geschützt sind.

Entsprechend müssen für *Bau und Ausrüstung* nach Abschnitt 3 der „Richtlinien für Laboratorien“ (ZH1/119)

- Türen von Laboratoriumsräumen grundsätzlich nach außen aufschlagen
- Stolperstellen in Form von Stufen oder Leitungen vermieden werden
- Fußböden oder deren Beläge sowie Leitungsdurchführungen flüssigkeitsdicht sein
- ausreichende technische Lüftungseinrichtungen bestehen
- Arbeitstische hinsichtlich Werkstoff, Konstruktion, Rohrleitungen und elektrischer Installation so beschaffen sein, daß sie den vorgesehenen betrieblichen Beanspruchungen standhalten, insbesondere
- Arbeitsflächen der Arbeitstische und Abzüge mit einem weitgehend flüssigkeitsdichten Belag versehen sein
- für die Beleuchtung, Lüftung und Energie getrennte Stromkreise eingerichtet sein
- Labortische und Abzüge für sich frei schaltbar sein
- Schalter und Steckdosen an Labortischen über der Arbeitsfläche installiert sein
- flüssige und gasförmige Stoffe zu den Labortischen ständig in fest verlegten Leitungen zugeführt werden
- Brenngasleitungen, die zu einer oder mehreren nebeneinander liegenden Entnahmestellen führen, gesondert absperrbar sein
- Notbrausen möglichst von Trinkwasserqualität am Ausgang oder im Flur unmittelbar vor dem Laborraum installiert sein.

für den *Betrieb* nach Abschnitt 4 der Richtlinien für Laboratorien (ZH1/119) und den unten genannten Allgemeinen Vorschriften (VBG 1), Arbeitsblättern und den DIN-Normen

- *Anweisungen* insbesondere für Arbeiten mit infektionsgefährlichen, radioaktiven, giftigen oder explosionsgefährlichen Stoffen, vom Unternehmer ausgearbeitet vorliegen
- *Vorschriften* für „Wärmeschutz und Heizbäder, Laboratoriumsgeräte (DIN 12476, 12879 und 12878), Schläuche und Armaturen (DVGM Arbeitsblatt G621, DIN 30664 Teil 1, DIN 4815 Teil 1 und 2, ZH1/455), Dichtungen und Stopfen (DIN 12871), Vorratshaltung und Aufbewahrung von Chemikalien (UVV „Allgemeine Vorschriften" VBG 1, Verordnung über Lagerung, Abfüllung und Beförderung brennbarer Flüssigkeiten VBF 1)
- Vorschriften für das Verhalten der Beschäftigten (Information, Ordnung, Sauberkeit, Anwesenheit, Abfüllen und Transport gefährlicher Stoffe, Reinigen, Sicherheitseinrichtungen, Speisen und Getränke, Kleidung und Schuhwerk, gefährliches Arbeiten, Arbeiten bei Explosionsgefährdung, Umgang mit explosivgefährlichen Stoffen, Brandschutz, Erste Hilfe), Vorschriften für arbeitsmedizinische Vorsorge (VBG 100) und Arbeitssicherheit (VBG 122)
- Vorschriften für die persönliche Schutzausrüstung (Augenschutzgeräte - MB ZH1/192, Schutzhandschuhe - MB ZH1/570, Schutzkleidung - MB ZH1/105, Atemschutzgeräte - MB ZH1/134) beachtet werden.

Sauberkeit und Ordnung sind der Anfang aller Sicherheitsmaßnahmen, aber auch jeder zuverlässigen Analytik. Man darf die Augen nicht davor verschließen, daß der Sauberkeits- und Ordnungssinn von Mensch zu Mensch verschieden stark ausgeprägt ist. In jedem mittleren bis größeren Labor gibt es Sauberkeits- und Ordnungsfanatiker, aber auch weniger ordentliche, manchmal auch weniger saubere Mitarbeiter, die sonst ausgezeichnete Arbeit leisten.

Aufgabe der Laborleitung ist es, die hierfür notwendigen Voraussetzungen zu schaffen, Reinigungsgeräte und Reinigungsmittel stets in ausgezeichneter Qualität und genügendem Umfang bereitzustellen, aber auch für genügend Schränke, Schubladen usw. zu sorgen, damit nach der Arbeit alles weggeräumt werden kann. Bei Betriebsschluß sind die Arbeitsplätze zu sichern, z. B. durch Ziehen der Netzstecker, Ausschalten der Hauptschalter, Schließen der Wasserhähne u. a. m. Es hat sich als nützlich erwiesen, in jeder Abteilung einen Mitarbeiter mit der Beaufsichtigung zu beauftragen.

7.4.2.2 Schulung des Laborpersonals

Auf die Bedeutung der Aus-, Fort- und Weiterbildung des Laborpersonals ist bereits wiederholt hingewiesen worden (siehe z. B. Abschnitt 2.3.2.1). An dieser Stelle muß besonders betont werden, daß sich die Unterweisung des Laborpersonals nicht nur auf die persönliche Hygiene, das Verhalten bei Infektionsgefährdung und Maßnahmen zur Desinfektion und Sterilisation, sondern auch auf die Sicherheit im Labor beziehen muß.

Ein besonders ausgewählter Mitarbeiter sollte die im folgenden genannten einschlägigen Gesetze, Verordnungen, Richtlinien und andere Publikationen kennen und stets greifbar vorliegen haben:

- Allgemeine Vorschriften - VBG 1
- Arbeitsstättenverordnung (ArbStättV)
- Gesetz über gesundheitsschädliche oder feuergefährliche Arbeitsstoffe
- Gesetz über explosionsgefährliche Stoffe (Sprengstoffgesetz)
- Chemikaliengesetz
- Gesetz über technische Arbeitsmittel (Gerätesicherungsgesetz)
- Verordnung über gefährliche Stoffe (Gefahrstoffverordnung - GefStoffV) mit Merkblatt ZH1/81, Ausgabe April 1986

- Verordnung über den Schutz vor Schäden durch ionisierende Strahlen (Strahlenschutzverordnung - StrlSchV)
- Technischen Regeln für gefährliche Arbeitsstoffe (TRgA)
- Verordnung über Druckbehälter, Druckgasbehälter und Füllanlagen (Druckbehälterverordnung - DruckbhV) (ZH1/400)
- Technische Regeln Druckbehälter (TRB) und für Druckgase (TRG)
- Verordnung über elektrische Anlagen (VBG 4) mit Durchführungsbestimmungen vom April 1986
- Verordnung über Anlagen zur Lagerung, Abfüllung und Beförderung brennbarer Flüssigkeiten zu Lande, Verordnung über brennbare Flüssigkeiten (VbF)
- UVV „Gesundheitsdienst" (VBG 103)
- Berufskrankheitenverordnung (BekV)
- Bau und Ausrüstung von Laboratorien

Es sei hier auch auf den Film „Sicherheit im medizinischen Laboratorium" hingewiesen, der als 16-mm-Tonfilm oder als Videokassette über die Programm-Film (5062 Hoffnungsthal) ausgeliehen werden kann.

7.4.2.3 Schutz des Probanden/Patienten

In jedem Probenentnahmeraum sollten Liegen, Wärmedecken und Medikamente (evtl. auch ein Erste-Hilfe-Schrank) vorhanden sein, um bei Störungen im Befinden des Probanden/Patienten sofort die notwendigen Maßnahmen treffen zu können. (UVV „Erste Hilfe" VBG 109).

7.4.2.4 Schutz Jugendlicher und werdender Mütter

Der Status „Jugendlicher" ist vorgegeben und vergeht mit der Zeit. Anders ist es mit *werdenden Müttern*, die im Labor gelegentlich völlig unerwartet existent sind. Die besondere Problematik bei *werdenden Müttern* liegt darin, daß sie keinem „erhöhtem Infektionsrisiko" ausgesetzt werden dürfen. Hierüber sollten sie schriftlich informiert werden und den Erhalt dieser Information durch Unterschrift bestätigen. Die meisten MTA, die ihren Beruf lieben, wollen die Laborarbeit auch während ihrer Schwangerschaft fortsetzen und teilen das Eintreten der Schwangerschaft u. U. dem Laborleiter aus diesem Grunde zunächst nicht mit. Im Zweifelsfall wird jedem Laborleiter dringend empfohlen, mit den örtlich zuständigen Behörden besondere Probleme zu erörtern und das Ergebnis schriftlich festzuhalten.

Ob und wo bei der Arbeit in einem medizinischen Laboratorium ein erhöhtes bzw. ein unterschiedliches Infektionsrisiko an den verschiedenen Arbeitsplätzen besteht, darüber gehen die Meinungen auseinander. Ein Infektionsrisiko gibt es bereits bei der Materialgewinnung. Viele vertreten die Meinung, daß das Infektionsrisiko in öffentlichen Verkehrsmitteln wesentlich höher sei als in einem Labor, in dem jedem bewußt ist, daß er mit zumindest potentiell infektiösem Material arbeitet.

Die Aufsichtsbehörde stellt nach Paragraph 4 (5) MuSchG fest, ob eine Arbeit unter die beschriebenen Beschäftigungsverbote fällt. Bei entsprechenden Gefährdungsmöglichkeiten kann die werdende Mutter mit einer anderen zumutbaren Arbeit beschäftigt werden, die sie auch bei minderem Qualifikationsanspruch für die Dauer der Schwangerschaft anzunehmen hat. Die Aufsichtsbehörde entscheidet im Zweifelsfall über eine mögliche Gefährung.

Nach den vorliegenden Gesetzen und Verordnungen

- Gesetz zum Schutz der arbeitenden Jugend (Jugendarbeitsschutzgesetz, JArbSchG)
- Gesetz zum Schutze der erwerbstätigen Mütter (Mutterschutzgesetz, MuSchG), geändert durch Bundeserziehungsgeldgesetz

- Verordnung über gefährliche Arbeitsstoffe (Arbeitsstoffverordnung, ArbStoffV), ersetzt durch die Verordnung über gefährliche Stoffe (Gefahrstoffverordnung - GefStoffV) mit Merkblatt für gefährliche Stoffe ZH1/81
- Verordnung über den Schutz vor Schäden durch ionisierenden Strahlen (Strahlenschutzverordnung, StrlSchV)
- Unfallverhütungsvorschrift „Gesundheitsdienst" (VBG 103)

dürfen werdende Mütter nicht mit Arbeiten beschäftigt werden,

- „soweit nach ärztlichem Zeugnis Leben oder Gesundheit von Mutter und Kind bei Fortdauer der Beschäftigung gefährdet sind"
- „wenn sie schädlichen Einwirkungen von gesundheitsgefährendenden Stoffen oder Strahlen von Staub, Gasen oder Dämpfen ... ausgesetzt sind"
- „bei denen Berufskrankheiten entstehen können"
- „bei erhöhter Infektionsgefährdung".

Die gesetzlichen Auflagen müssen jedem Laborleiter bekannt sein, der Jugendliche und/oder werdende Mütter beschäftigt.

Die sich daraus ergebenden Beschränkungen lassen sich wie folgt zusammenfassen:

Im *klinisch-chemischen Laboratorium* dürfen Schwangere *ohne besondere Schutzmaßnahmen* **nicht**
- Blut bei Patienten (oder Tieren) entnehmen und das entnommene Blut zur weiteren Untersuchung aufbereiten
- mit dem Auspacken von menschlichen oder tierischen Untersuchungsmaterialien und mit vorbereitenden Arbeiten zur Durchführung der endgültigen Untersuchung beauftragt werden
- mit konzentrierten Säuren und Laugen umgehen, wenn diese Tätigkeit für den Arbeitsplatz bestimmend ist
- mit Lösungsmitteln umgehen, wenn es sich um regelmäßiges Arbeiten mit großen Mengen handelt und wenn diese Arbeiten nicht unter einem funktionierenden Abzug bzw. in einer ‚Reinen Werkbank' erfolgen, bei der sichergestellt ist, daß Gase ausreichend abgesaugt werden
- beschäftigt werden, wenn ein genehmigungsbedürftiger Umgang mit offenen radioaktiven Stoffen stattfindet.

In *mikrobiologischen Laboratorien* dürfen Schwangere *ohne spezielle Schutzvorkehrungen* **nicht** mit Arbeiten beschäftigt werden,
- in denen mit menschenpathogenen Mikroorganismen (Bakterien, Chlamydien, Protozoen, Parasiten usw.) umgegangen wird; hierzu gehört auch das Auspacken des Untersuchungsmaterial, die Vorbereitung zur weiteren Verarbeitung, Verimpfen auf Nährböden usw. (Schwangere können jedoch mit Mikroorganismen arbeiten, gegen die sie eine nachgewiesene und ausreichende Immunität besitzen)
- in denen menschenpathogene Mikroorganismen vermehrt und/oder in ihren biologischen oder physikalisch-chemischen Eigenschaften untersucht werden
- wenn Tierversuche mit menschenpathogenen Mikroorganismen durchgeführt werden.

In der *Pathologie* dürfen Schwangere
- Arbeiten mit gefährlichen Arbeitsstoffen **nur** mit Handschuhen und nur in einem gut funktionierenden Abzug durchführen
- Färbungen histologischer Präparate ebenfalls nur unter einem Abzug vornehmen
- **nicht** mit Lösungsmitteln, Fixierungsmitteln (wie Formaldehyd, Xylol oder Glutaraldehyd) oder der Herstellung und Verarbeitung der als Einbettungsmittel verwendeten Epoxidharze arbeiten.

(Siehe hierzu G. Maass: Beschäftigung Schwangerer in medizinischen Laboratorien, Mitt Dtsch Ges Klin Chem (1985) S. 244 ff).

7.4.3 Spezielle Präventivmaßnahmen

7.4.3.1 Sicherung gegen Infektionen

Jedes Patientenmaterial ist potentiell infektiös. Die besondere Kennzeichung der Proben, die von bekannten Hepatitis-, Lues- oder AIDS-Patienten stammen, wird *nicht* empfohlen, da diese unterschwellig dazu führt, nicht gekennzeichnetes Material als weniger infektionsgefährdend anzusehen.

Bei allen Arbeiten, bei denen mit potientiell infektiösem Material unmittelbar gearbeitet wird, sollten möglichst *Einweghandschuhe* getragen werden. Dies gilt besonders für die Probenannahme, -vorbereitung, -verteilung und -entsorgung, aber auch an entsprechenden Arbeitsplätzen.

An jedem Arbeitsplatz oder zumindest in der Nähe eines jeden Arbeitsplatzes sollte ein Einweghandschuh-Spender vorhanden sein, wobei alle Handschuhgrößen vorliegen sollen, die den im Labor Beschäftigten passen.

Nach der UVV „Gesundheitsdienst" entstehen bei jeder bakteriologischen Arbeit bakterienhaltige Areosole, deren Entstehen weitgehend vermieden werden muß, z. B. beim Öffnen des Probengefäßes, Umfüllen, Zugabe von Lösungen, Homogenisieren, Zentrifugieren, Dekantieren, Abhebern des Überstands, Aufschütteln des Sediments, Ausstreichen einer Öse, Abnehmen des Kulturverschlusses, Aufziehen einer Pipette.

Augen, Nase, Mund sind neben offenen Wunden die bevorzugten Pforten der Infektionswege. Wer *Brillen* trägt, ist hier „bevorzugt"; seine Augen sind geschützt (auch gegen Säure- oder Laugenspritzer). Es ist töricht, wenn aus Eitelkeitsgründen im Labor Haftschalen anstelle von Brillen getragen werden. Wer keine Brille trägt, sollte bei bestimmten Arbeiten eine Schutzbrille tragen (Augenschutzmerkblatt ZH1/192). In sicherheitsbewußten Laboratorien gibt es am Eingang einen Behälter für Schutzbrillen, damit sich auch Besucher damit ausrüsten können. Auch *Gesichtsmasken*, wie sie der Chirurg im OP trägt, sollten im Labor vorrätig sein, einerseits für Arbeitsplätze, bei denen eine erhöhte Tröpfcheninfektionsgefahr besteht, insbesondere dort, wo Untersuchungsmaterial geöffnet und vorbereitet wird, andererseits für Mitarbeiter, die trotz eines grippalen Infektes zur Arbeit kommen (Atemschutzmerkblatt ZH1/184).

Das Personal muß eine *Schutzkleidung* tragen, die vorne entweder mit einer verdeckten Knopfleiste oder am Rücken geschlossen wird und beim Sitzen die Knie bedecken soll. Die Schutzkleidung sollte gekennzeichnet sein. In besonderen Fällen sollen zusätzlich desinfizierbare Kunststoff- und Einwegschürzen, Einweghandschuhe und geeignete Schutzmasken zur Verfügung stehen (Schutzkleidungsmerkblatt ZH1/105).

Es ist selbstverständlich, daß in allen Räumen, ausgenommen in besonderen Aufenthaltsräumen ein *absolutes Eß-, Trink- und Rauchverbot* besteht (Richtlinien ZH1/119: 5.7 p21; 5.8 p22). In den Aufenthaltsräumen sollen besondere Kühlschränke stehen, in denen das Laborpersonal mitgebrachte Lebensmittel aufbewahren kann. Auch Zwischenmahlzeiten dürfen nur hier eingenommen werden. Es sollten Möglichkeiten zum Tee- und Kaffeekochen sowie evtl. Getränkeautomaten vorhanden sein.

Niemals darf mit dem Mund pipettiert werden; dies ist nicht nur eine Sicherung gegen Infektionen, sondern auch ein Sicherung gegen Gifteinwirkungen, zugleich aber auch eine Sicherung gegen Probenkontamination mit Untersucherspeichel. Es genügt nicht, daß Pipettierhilfen für Mikro- und Makropipetten vorhanden sind, sie müssen auch in jedem Fall benutzt werden. Wenn jemand meint, er könne bei Melangeur-Pipetten für die Blutverdünnung anstelle einer Pipettierhilfe bei Zellzählungen auf den Pipettierschlauch nicht verzichten, so muß dieser mindestens einen Meter lang sein und in der Mitte eine Glaskugel aufweisen, um den Flüssigkeitsfluß in beiden Richtungen sicher zu unterbrechen. (MB 651: „Richtig Pipettieren").

Für den *Versand* sind die jeweils gültigen postalischen Vorschriften zu beachten (BGBl. III S. 2126, Folge 27 S. 19, 1966). Dabei ist es besonders wichtig, Probengefäße mit infektiösem Material mit einer bruchsicheren Umhüllung zu schützen (DIN 55515 Teil 1 und 2, DIN 58942 Teil 4 mit Beiblatt 1, DIN 58943 und DIN 98956 Teil 1, 2, 3, 4; DIN 78957 Teil 1) (siehe auch Schutz- und Sicherheitsmaßnahmen mit Tuberkulosebakterien: Ärztl Lab 28:137, 1982).

7.4.3.2 Sicherung gegen giftige und gefährliche chemische Einwirkungen

Giftige und gefährliche chemische Substanzen müssen im Giftschrank aufbewahrt werden und sollten nur in einer absolut notwendigen Menge vorhanden sein. Giftstoffe enthaltende Lösungen sollten nicht selbst angesetzt, sondern fertig gekauft werden.

Würde man z. B. die Zyanmethämoglobinlösung selbst ansetzen, müßte man das hochgiftige Zyanid in Substanz vorhalten, während man sich mit der fertigen Lösung wegen der niedrigen Zyanidkonzentration und dem schlechten Geschmack unmöglich vergiften kann. Veronalpuffer sollte möglichst durch ein anderes Puffergemisch ersetzt werden.

Jeder Leiter eines mittleren oder größeren Laboratoriums sollte daran denken, daß der eine oder andere Mitarbeiter auch einmal suizidgefährdet sein kann. Auch in diesem Zusammenhang ist er für die Vorhaltung von Giftstoffen verantwortlich. (Allgemeine Vorschriften VBG 1, Richtlinien für Laboratorien ZH1/119: 4.8 p 16 ff, 7.2 p 23 ff).

7.4.3.3 Sicherung gegen mechanische Einwirkungen

In jedem Labor muß es *standfeste und sichere Leitern* geben, damit man nicht auf den Tisch steigen, unter Umständen sogar einen Stuhl auf den Tisch stellen muß, um eine ausgebrannte elektrische Birne zu erneuern. Das gleiche gilt für Trittstufen und Trittleitern (UVV Leitern und Tritte - VBG 74 und Richtlinien 1/423 und 1/526, Merkblatt Leitern ZH1/266).

In diesem Zusammenhang muß auch besonders auf die Verriegelung der *Zentrifugen* hingewiesen werden. In vielen Laboratorien gibt es noch alte Zentrifugen, deren Deckel geöffnet werden können, während die Zentrifuge noch läuft. Der Laborleiter ist verpflichtet, solche Zentrifugen auszusondern oder umrüsten zu lassen, anderfalls trägt er für Unfälle die volle Verantwortung (VBG 7 z).

Gasflaschen müssen entweder liegend oder stehend mit Ketten so gesichert sein, daß sie nicht umfallen und jemanden verletzen können (Richtlinien für die Verwendung von Flüssiggas ZH1/455).

Das gleiche gilt für alle Geräte und Einrichtungsgegenstände mit einer ungünstigen Standfläche/Gewicht-Relation.

Überhaupt sollte ein Labor genügend geräumig sein, damit man auch ein Tablett mit Probenmaterial bequem an seinen Platz tragen kann, ohne irgendwo anzustoßen.

7.4.3.4 Sicherung gegen Stromeinwirkungen

In jedem Labor müssen in allen Räumen genügend mittels FI-Schaltern gesicherte *Stromanschlüsse* vorhanden sein, deren Leitungen von Fachleuten verlegt worden sind. Für Beleuchtung, Lüftung und Energie sind getrennte *Stromkreise* einzurichten; Labortische und Abzüge sollten für sich frei schaltbar sein (Richtlinien ZH1/119: 3.6 p 8 ff; siehe auch UVV „Elektrische Anlagen und Betriebsmittel", VBG 4, mit Durchführungsbestimmungen, DIN 12924, DIN 12926). Verlängerungsschnüre und ein Stromkabelwirrwarr bei den Geräten sind Gefahrenquellen. Ausgebrannte Sicherungen müssen durch fabrikneue Sicherungen ersetzt und dürfen nicht schnell mit einem Draht überbrückt werden. In dem Sicherungskasten sollten *Pläne* vorhanden sein, aus denen die Lage der Licht- und Steckdosen entnommen werden kann. Auf diesen sollten analoge Bezifferungen angebracht sein, um bei Störungen deren Lage sofort erfassen zu können.

Bevor man ein Gerät öffnet, muß der Stecker herausgezogen werden.

7.4.3.5 Sicherung gegen Gaseinwirkung

Auf *Stadtgas* sollte im medizinischen Laboratorium grundsätzlich verzichtet werden. Beim Stadtgas besteht immer die Gefahr eines unbemerkten Gasaustrittes durch schadhafte Leitungen und/oder nicht vollkommen geschlossene Gashähne, was zu Explosionen und schwersten Feuerschäden führen kann. Werden im Labor „Flammen" benötigt, sollte man Camping-Gas-Kartuschen mit zugehörigen Bunsenbrennern verwenden. Man hat damit eine mobile und viel weniger gefährliche Flamme.

Das Reinigen und Ausglühen von Ösen (in der Mikrobiologie, Immunologie, Gerinnung) kann durch Autoklavieren, aber auch durch kleine Ultraschallbäder erreicht werden, die auch deshalb rentabler sind, weil die immer wieder zu reinigenden Ösen und Haken auf diese Weise eine unvergleichbar längere Lebensdauer bekommen. Im Ultraschallbad können auch andere Gegenstände, z. B. Brillen schnell und gut gereinigt werden.

Andere Gasarten (Druckluft, Acetylen, Stickstoff usw.) sollten, sofern sie an mehreren Arbeitsplätzen benötigt werden, im Labor nur an einer dafür geeigneten Stelle lagern (Richtlinien ZH1/119: 7.4 p 23) und mit eigenen Druckminderventilen versehen sein (7.4 p 24); von hier sollen die Arbeitsplätze durch Leitungen versorgt sein. Es ist Aufgabe des Sicherheitsingenieurs, zu entscheiden, wo Gasflaschen gelagert werden dürfen und wie groß die Vorratshaltung sein darf.

Druckgasflaschen sind grundsätzlich außerhalb der Laboratorien aufzustellen; ist dies aus technischen Gründen nicht möglich, müssen sie entweder in dauerbelüfteten, wärmeisolierten Schränken untergebracht oder nach Arbeitsschluß an einen sicheren Ort gebracht werden. Druckgasflaschen müssen gegen Umstürzen gesichert sein, z. B. durch Ketten, Rohrschellen oder Einstellvorrichtungen, und vor starker Erwärmung, z. B. durch Heizkörper oder Sonnenbestrahlung, ebenso vor scharfem Frost geschützt werden (Richtlinien ZH1/455).

7.4.3.6 Sicherung gegen Feuer

Feuer kann durch offene Flammen, schadhafte elektrische Leitungen, bestimmte Chemikalien, weggeworfene Zigarettenkippen, aber auch durch einfache Sonneneinwirkung (Brennglaseffekt) u.a.m. entstehen. Bereits bei der Einrichtung eines Labors müssen mit den zuständigen Sicherheitsbeauftragten Anzahl, Art und Standort der vorgeschriebenen *Feuerlöscheinrichtungen* (Richtlinien ZH1/119: 8, p36 und 9, p37 sowie Anhang 3, p49), *Löschdecken* nach DIN 14155, *Schutzkleidung* (MB ZH1/105), *Atemschutzgeräte* (MB ZH1/134), *Augenschutzgeräte* (MB ZH1/192) und *Schutzhandschuhe* (MB ZH1/570) festgelegt werden.

Gewohnheit macht blind. In der Panik eines Ernstfalles weiß man oft nicht, wo der nächste Feuerlöscher angebracht ist. Es wird deshalb empfohlen, bei jedem Erste-Hilfe-Schrank ein kleines „*Sicherheitszentrum*" einzurichten, in dem neben Erste Hilfe-Material (VBG 109) mit Verbandstoffen, medizinischen Geräten und Medikamenten insbesondere für Augen- und Hautverletzungen, Verbrennungen und Verbrühungen (MB ZH1/328), Feuerlöscher (ZH1/201), Löschdecke (nach DIN 14155) und Atemschutzgeräte (ZH1/134) vorhanden sind. Auf die Unterweisung des Personals ist besonderer Wert zu legen. Richtlinien, Anweisungen des Laborleiters sollten den Beschäftigten zur Kenntnis gebracht werden und im Laboratorium ausliegen. Auf das Rauchverbot im Labor ist bereits hingewiesen worden.

Im Laboratorium soll am Ausgang oder im Flur unmittelbar vor dem Laborraum eine möglichst mit Trinkwasser gespeiste *Notbrause* eingerichtet werden, deren Funktionsfähigkeit mindestens monatlich überprüft werden muß.

Besondere Bedeutung kommt den *Fluchtwegen* zu: sie müssen an genügend vielen Stellen gekennzeichnet sein, damit jeder, auch ein zufällig anwesender Fremder im Gefahrenfall in die richtige Richtung gewiesen wird. Die Fluchtwege müssen *offen* sein. Sie dürfen weder verstellt werden (auch nicht durch leicht beiseite räumbare Stühle, Schachteln usw.) noch von innen verschlossen werden. Fluchttüren sollen nach außen aufgehen und von außen einen Knopf, von innen eine Klinke aufweisen. Wenn dies nicht genügt, kann man diese Tür mit einem Schloß versehen, das von außen mit dem Schlüssel, von innen aber durch Niederdrücken der Klinke geöffnet wird (VBG 1, p 11 ff).

Jährlich sollte mindestens einmal in jedem Labor eine *Feuerschutzübung* abgehalten werden, bei der alle Fluchtwege begangen und der Gebrauch von Feuerlöschern demonstriert wird. Die Feuerlöscher sollten alle 2 Jahre von einem Wartungsdienst geprüft und jeweils mit einem Aufkleber versehen werden.

In den meisten Fällen reichen zur Brandbekämpfung im Laboratorium Kohlensäure- oder Halon-Löscher. Sie hinterlassen keine Rückstände und verursachen daher auch keine Verschmutzung, keine Schäden an empfindlichen Geräten und sind vorzugsweise bei elektrischen Anlagen zu verwenden (ZH1/119, p49, Anhang 3).

7.4.3.7 Sicherung gegen Strahleneinwirkungen

Um mit Radioisotopen arbeiten zu dürfen, müssen der Leiter des Labors und/oder seine Mitarbeiter entsprechende Kurse absolvieren, in denen die Vorschriften der Strahlenschutzverordnung mitgeteilt werden.

7.4.3.8 Sicherung gegen Datenverlust

Die Sicherung gegen Datenverlust hat zwar nichts mit der Sicherheit in Laboratorien zu tun, sollte hier aber berücksichtigt werden. In zunehmendem Maße werden in medizinischen Laboratorien beim heutigen Stand der Technik die Daten auf magnetisierten Medien aufbewahrt, deren Sicherung in mindestens zwei Kopien erfolgen soll, wobei die zweite Sicherungskopie täglich neu anzulegen und in einem Wandsafe zu verwahren ist. Es ist zu erwarten, daß Sicherungskopien in Kürze auf CD-Platten bzw. anderen optisch lesbaren Medien erstellt werden können, was in jedem Fall auch aus wirtschaftlichen Gründen vorzuziehen ist.

7.4.4 Kontroll- und Konsequenzmaßnahmen

7.4.4.1 Überprüfung der allgemeinen und speziellen Präventivmaßnahmen
Auf die Instandhaltung der „Arbeitsstätte", Pflege und Wartung sowie die regelmäßigen Inspektionen aufgrund der UVV Allgemeine Vorschriften (VBG 1) und die Überprüfung der Sicherheitseinrichtungen zur Verhütung oder Beseitigung von Gefahren (Arbeitsstättenverordnung - ArbstättV - § 52 bis § 55) ist mehrfach hingewiesen worden. Der Laborleiter ist für die Einhaltung aller Sicherheitsvorschriften, auch für deren regelmäßige Kontrolle verantwortlich. In größeren Laboratorien ist meist einer der Ingenieure (VBG 122), zusammen mit einem oder mehreren Mitgliedern des technischen Personals damit beauftragt, diese Aufgaben zu übernehmen.

7.4.4.2 Datenschutz
Auf die Probleme des Datenschutzes ist bereits im Zusammenhang mit der Befundübermittlung (2.6.2.1) hingewiesen worden.

7.4.4.3 Flucht- und Rettungsplan
Ein Flucht- und Rettungsplan (Alarmplan) muß an geeigneter Stelle im Laboratorium ausliegen oder aushängen. Immer wieder muß auf Sicherheitsvorschriften und -maßnahmen hingewiesen werden. Im Rahmen der laborinternen Fortbildung sollte alle 3 bis 4 Monate ein bestimmtes Sicherheitsthema behandelt werden und einmal im Jahr der bereits erwähnte Film gezeigt werden. Regelmäßig sollen Übungen für den Gefahrenfall stattfinden (Arbeitsstättengesetz, § 55 p 71).

7.4.4.4 Erste-Hilfe-Einrichtungen
Kleine Unfälle kommen in jedem Labor vor, weshalb, je nach Größe, ein oder mehrere Erste-Hilfe-Schränke vorhanden sein sollen.

Anhang

I. Gesetze/Verordnungen

Bezugsquelle: Carl Heymanns Verlag KG, Luxemburgerstr. 449, 5000 Köln 41 (Tel.: 02 21/46 01 00) bzw. Bundesgesetzblatt, Postfach 624, 5300 Bonn 1

Gesetz über gesundheitsschädliche oder feuergefährliche Arbeitsstoffe
- Gesetz über explosionsgefährliche Stoffe (Sprengstoffgesetz)
- Chemikaliengesetz
- Gesetz über technische Arbeitsmittel (Gerätesicherungsgesetz) vom 24. Juni 1968, zuletzt geändert am 13. August 1980 (ZH1/399)
- Gesetz zum Schutze der arbeitenden Jugend (Jugendarbeitsschutzgesetz - JArbSchG) vom 12. April 1976, BGBl 1 S. 965, geändert am 15. Oktober 1984

- Gesetz zum Schutze der erwerbstätigen Mütter (Mutterschutzgesetz - MuSchG) in der Fassung der Bekanntmachung vom 18. April 1968 (BGBl 1 S. 315, geändert durch Bundeserziehungsgeldgesetz vom 6. Dezember 1985

Verordnung über gefährliche Arbeitsstoffe (Gefahrstoffverordnung - GefStoffV), ersetzt durch Verordnung über gefährliche Stoffe vom 26. August 1986, BGBl I S. 1470

- Verordnung über den Schutz vor Schäden durch ionisierende Strahlen (Strahlenschutzverordnung - StrlSchV) vom 13. Oktober 1976 (BGBl 1 S. 2905, 1977 1 S. 184, 269) in der Fassung der ersten Verordnung zur Änderung
- Verordnung über elektrische Anlagen (VBG 4) mit Durchführungsbestimmungen vom April 1986
- Verordnung über elektrische Anlagen in explosionsgefährdeten Räumen (Elex V)
- Verordnung über Druckbehälter, Druckgasbehälter und Füllanlagen (Druckbehälterverordnung, DruckbhV) (ZH1/400)
- Verordnung über Arbeitsstätten (Arbeitsstättenverordnung, ArbStättV) vom 20. März 1975 (BGBl I S. 129), geändert durch die Erste Verordnung zur Änderung der Arbeitsstättenverordnung vom 2. Januar 1982 (BGBl I, S. 1), in der Fassung vom 1. August 1983 (BGBl I S. 1057) mit Erläuterungen, 3. Auflage 1983 und
- Verordnung zur Verbesserung der Ausbildung Jugendlicher vom 1. August 1983 (BGBl I, S. 1057)
- Verordnung über Anlagen zur Lagerung, Abfüllung und Beförderung brennbarer Flüssigkeiten zu Lande (Verordnung über brennbare Flüssigkeiten - (VbF),

Technische Regeln für brennbare Flüssigkeiten (TRbF)

- Technische Regeln für gefährliche Arbeitsstoffe (TRgA) (ZH1/81), Ausgabe April 1986
- Technische Regeln für besondere Flüssigkeiten (TRGF)
- Technische Regeln für Druckgase (TRG)
- Technische Regeln Druckbehälter (TRB)
- Technische Grundsätze für ortsbewegliche Druckgasbehälter

Technische Regeln Druckbehälter (TRB 003, 004 und 005) mit den darin genannten Bestimmungen von Unfallverhütungsvorschriften, Erläuterungen, Durchführungregeln und Durchführungsanweisungen) (GUV 92.2)

2. Unfallverhütungsvorschriften (UVV)

Bezugsquelle: Berufsgenossenschaft für Gesundheitsdienst und Wohlfahrtspflege (BGW), Schäferkampallee 24, 2000 Hamburg 6 (Tel.: 040-41251)

Karl Heymanns Verlag KG, Luxemburger Str. 449, 5000 Köln 41 (Tel.: 0221-460100)

Allgemeine *Vorschriften* vom 1. Oktober 1984 (VBG 1, GUV 0.1) mit Durchführungsanweisungen vom Oktober 1984

- Arbeitsmedizinische Vorsorge vom 1. Oktober 1984, Ausgabe 1985 (VBG 100, ZH1/529, GUV) mit Durchführungsanweisung vom Oktober 1984, Ausgabe 1985
- Unfallvorschrift (UVV) Gesundheitsdienst (VBG 103)
- Arbeitssicherheit (VBG 122, ZH1/502, GUV) mit Durchführungsvorschriften vom April 1980, Ausgabe 1984
- Erste Hilfe im Betrieb vom 1. April 1979 (VBG 109, ZH1/142, GUV 0.3)
- Sicherheitsingenieure und andere Fachkräfte für Arbeitssicherheit vom 1. April 1980 (VBG 125) mit Durchführungsbestimmungen vom April 1980, Ausgabe 1984
- Sicherheitskennzeichnung am Arbeitsplatz vom 1. April 1980 (VBG 125, GUV 0.7)
- Schutz gegen gefährliche chemische Stoffe (VBG 1 A)
- Müllbeseitigung (VBG 126, GUV) mit Durchführungsbestimmungen vom Oktober 1979
- Elektrische Anlagen vom 1. April 1979 (VBG 4, GUV 2.10)
- Leitern und Tritte vom 1. Oktober 1984 (VBG 74, GUV 6.4) mit Durchführungsbestimmung vom Oktober 1980
- Zentrifugen vom 1. April 1981 (VBG 62) mit Durchführungsvorschriften vom Oktober 1985
- Sauerstoff (VBG 62, GUV 9.8)
- Gase (VBG 621, GUV 9.9)

3. Richtlinien, Sicherheitsregeln, Merkblätter

Bezugsquelle: Carl Heymanns Verlag KG, Köln
Berufsgenossenschaft (BGW)

Richtlinien für Laboratorien (ZH1/119), Ausgabe 1982

- Richtlinien für die Vermeidung von Zündgefahren infolge elektrostatischer Aufladungen, Richtlinien „Statische Elektrizität (ZH1/200, GUV 19.7)
- Richtlinien für die Vermeidung der Gefahren durch explosionsfähige Atmosphäre mit Beispielsammlung - Explosionsschutz-Richtlinien (EX-RL) (GUV 19.8)
- Richtlinien für die Verwendung von Flüssiggas (ZH1/455, GUV 19.9)
- *Anleitung* zur Ersten Hilfe bei Unfällen (GUV 20.5)
- *Sicherheitsregeln* für die Ausrüstung von Arbeitsstätten mit Feuerlöschern (ZH1/201, GUV 10.10)

Merkblätter für:

- Gefährliche chemische Stoffe (ZH1/81) Ausgabe April 1986
- Erste Hilfe bei Unfällen (ZH1/311)
- Erste Hilfe bei Unfällen durch elektrischen Strom (ZH1/403)
- Erste Hilfe und Erstbehandlung bei Verbrennungen - Merkblatt für Ersthelfer (ZH1/328)
- Erste Hilfe bei Einwirkung chemischer Stoffe (ZH1/175)
- Erste Hilfe bei erhöhter Einwirkung ionisierender Strahlen (ZH1/546, GUV 20.22)
- Verbandmittel für die Erste Hilfe bei Unfällen (ZH1/483, GUV 20.6)
- Augenschutz-Merkblatt (ZH1/192, GUV 20.13)
- Atemschutz-Merkblatt (ZH1/134, GUV 20.14)
- Schutzhandschuh-Merkblatt (ZH1/105, GUV 20.17)
- Schutzkleidungs-Merkblatt (ZH1/105, GUV 20.19)
- Ammoniak (ZH1/7.1)
- Quecksilber und seine Verbindungen (ZH1/125)
- Arbeiten mit Cyanwasserstoff (Blausäure) (ZH1/129.1)
- Fluorwasserstoff (Flußsäure) und anorganische Fluoride (ZH1/161)
- Salpetersäure (ZH1/214)
- Ätzende Stoffe (ZH1/229)
- Chlor (ZH1/230)
- Acetaldehyd, Formaldehyd (ZH1/296)
- Phenol, Kresole und Xylenole (ZH1/314)
- Brom (ZH1/334)
- zur Verhütung von Acetylenflaschen-Explosionen (ZH1/20)
- zur Verhütung gewerblicher Hauterkrankungen (ZH1/132)
- MAK-Werte-Liste (ZH1/401)

Bezugsquelle: Berufsgenossenschaft für Gesundheitsdienst und Wohlfahrtspflege (BGW)
Merkblatt: Richtig pipettieren (M 651, GUV)

Bezugsquelle: Verlag Chemie GmbH, Pappelallee 3, 6940 Weinheim/Bergstraße und Gentner Verlag, Forststr. 131, 7000 Stuttgart

- Berufsgenossenschaftliche Grundsätze für arbeitsmedizinische Vorsorgeuntersuchungen und Erläuterungen (Stand August 1985)
- Merkblätter über Gesundheitsschutz, Stand 1985

4. DIN-Normen

Bezugsquelle: Beuth Verlag GmbH, Burggrafenstraße 4-10, 1000 Berlin 30 (Tel.: 030-26011)

DIN 4066, Teil 2, Hinweisschilder für Brandschutzeinrichtungen

- DIN 4102, Teil 1, Brandverhalten von Baustoffen und Bauteilen; Baustoffe, Begriffe, Anforderungen und Prüfungen

- DIN 4815, Teil 1, Schläuche für Flüssiggas, Schläuche mit und ohne Einlagen
- DIN 4815, Teil 2, Schläuche für Flüssiggas, Schlauchleitungen
- DIN 12476 Laboratoriumsgeräte, Saugflaschen mit Tubus
- DIN 12491 Laborgeräte aus Glas; Vakuum-Exsikkatoren
- DIN 12871 Laborgeräte; Gummistopfen für Laborgeräte
- DIN 12878 Elektrische Laborgeräte: Einstellbare Flüssigkeits-Glas-Kontaktthermometer und Steuergeräte, allgemeine und sicherheitstechnische Anforderungen und Prüfung
- DIN 12979, Teil 1, Elektrische Laborgeräte, Flüssigkeitsthermostate, allgemeine und sicherheitstechnische Anforderungen und Prüfungen
- DIN 12880, Teil 1, Elektrische Laborgeräte; Wärmeschränke, sicherheitstechnische Anforderungen und Prüfungen, allgemeine technische Anforderungen
- DIN 12920 Farbige Kennzeichnung der Hahn- und Ventilgriffe von Laborarmaturen nach dem Durchflußstoff
- DIN 12922 Laboreinrichtungen; Labortische, Tischelemente, Außenmaße
- DIN 12923 Laboreinrichtungen; Abzüge, Arten, Hauptmaße
- DIN 12924, Teil 1, Laboreinrichtungen; Anforderungen an Abzüge; Abzüge für allgemeinen Gebrauch
- DIN 12924, Teil 2, Laboreinrichtungen; Anforderungen an Abzüge; Abzüge für besondere Zwecke
- DIN 12926, Teil 1, Laboreinrichtungen; Anforderungen an Labortische; Labortische für allgemeinen Gebrauch
- DIN 14155 Löschdecke
- DIN 18381 VOB Verdingungsordnung für Bauleistungen, Teil C: Allgemeine Technische Vorschriften für Bauleistungen, Gas-, Wasser- und Abwasser-Installationsarbeiten innerhalb von Gebäuden
- DIN 58957, Teil 1, Medizinisch-mikrobiologische Fachlaboratorien. Sicherheitstechnische Anforderungen an mikrobakteriologische Untersuchungen.

5. VDE-Bestimmungen

Bezugsquelle: VDE-Verlag GmbH, Bismarckstraße 33, 1000 Berlin 12

VDE 0631 Bestimmungen für Temperaturregler, Temperaturbegrenzer und ähnliche Vorrichtungen

6. VDI-Richtlinien

Bezugsquelle: Beuth Verlag GmbH, Burggrafenstraße 4-10, 1000 Berlin 30

VDI-Richtlinie 2051: Raumlufttechnik in Laboratorien

7. DVGW-Arbeitsblätter

Bezugsquelle: ZfGW-Verlag GmbH, Postfach 90 10 80, 6000 Frankfurt/M 90

DVGW Arbeitsblatt W 503 Richtlinien für den Anschluß von das Trinkwasser gefährdenden Geräten und Anlagen

DVGW Arbeitsblatt G 621 Technische Regeln für Installation von Gasanlagen in Laboratorien

7.5 Richtlinien der Bundesärztekammer zur Qualitätssicherung im medizinischen Laboratorium (Verfahrenskontrolle)

Anmerkung: Zur Zeit der Drucklegung, am 15. Januar 1987, waren die Richtlinien von der Bundesärztekammer noch nicht verabschiedet. Der an diesem Tag vorliegende Text war durchdiskutiert und so ausgereift, daß die Herausgeber meinen, die Aufnahme in den Band vertreten zu können. Der Leser wird auf den allein maßgeblichen, offiziellen Text hingewiesen, der im Spätfrühjahr 1987 im Deutschen Ärzteblatt erscheinen wird.

Präambel

Diese Richtlinien dienen der Qualitätssicherung bei der Erbringung von Laborleistungen; gleichzeitig sollen sie der Durchführung von Vorschriften dienen, die der Bundesminister für Wirtschaft mit Zustimmung des Bundesrates aufgrund des Eichgesetzes vom 11. Juli 1969 (BGBL. I, S. 759) in der Fassung der Bekanntmachung vom 22. 2. 1985 (BGBL. I, S. 410) zu erlassen beabsichtigt.

Diese Richtlinien sind in Zusammenarbeit und - soweit es Teil I, Abschnitt 2 und die Anlage 1 betrifft - im Einvernehmen mit der Physikalisch-Technischen Bundesanstalt aufgestellt.

Sie basieren auf wissenschaftlich begründeten Modellen für die Qualitätskontrolle, die nach ihrer Erprobung in langfristigen Ringversuchen die Grundlage für die Richtlinien der Bundesärztekammer zur Qualitätskontrolle von 1971 und für die dazu ergangenen Ausführungsbestimmungen und Erläuterungen von 1974 waren. Die Erfahrungen mit diesen Richtlinien und neue Konzepte zur Verbesserung der Zuverlässigkeit der Untersuchungen entsprechend den medizinischen Erfordernissen sind in die vorliegenden Richtlinien eingegangen.

Diese Richtlinien werden den sich wandelnden medizinischen Erfordernissen entsprechend dem jeweils neuesten Erkenntnisstand aus Wissenschaft und Technik angepaßt und fortgeschrieben. Die sich daraus ergebenden Vorgaben für die Qualitätssicherung haben einen bestimmenden Einfluß auf ärztliche Entscheidungen.

Die „Richtlinien der Bundesärztekammer zur Qualitätssicherung in medizinischen Laboratorien“ treten am 1. Januar 1988 in Kraft. Gleichzeitig werden die „Richtlinien der Bundesärztekammer zur Durchführung der statistischen Qualitätskontrolle und von Ringversuchen im Bereich der Heilkunde“ vom 12. 7. 1971 und die hierzu erlassenen „Ausführungsbestimmungen und Erläuterungen zu den Richtlinien der Bundesärztekammer zur Durchführung der statistischen Qualitätskontrolle und von Ringversuchen im Bereich der Heilkunde“ vom 16. 2. 1974 (Deutsches Ärzteblatt 13/1974, S. 959-965) aufgehoben.

0. Allgemeines

(1) Ziel der laboratoriumsmedizinischen Untersuchungen ist die Erhebung eines ärztlichen Befundes. Diese Untersuchungen sind ärztliche Handlungen. Die Durchführung der Analyse ist nur einer von vier Teilschritten im Verlaufe dieser ärztlichen Handlung. Die vier Teilschritte sind:

1. Untersuchungsentscheidung, Entnahme des Untersuchungsgutes einschließlich Analysenvorbereitung (Präanalytischer Teilschritt)
2. Durchführung der Analyse mit Analysenergebnis
3. Analytische Beurteilung
4. Medizinische Beurteilung

(2) Der Laboratoriumsbefund entsteht demnach in einem komplexen Untersuchungsgang. Die Prüfung der Zuverlässigkeit der Analysenergebnisse ist dabei ein unerläßlicher Bestandteil jeder Untersuchung.

(3) Die in diesen Richtlinien für die Zuverlässigkeitskriterien festgelegten Grenzwerte richten sich nach den medizinischen Erfordernissen unter Berücksichtigung des Standes der Analysentechnik.

(4) Zur Gewährleistung von zuverlässigen und vergleichbaren Ergebnissen von Laboratoriumsuntersuchungen ist die Funktionsfähigkeit der benutzten Meßgeräte unbedingte Voraussetzung.

(5) Um die Zuverlässigkeit der Untersuchungen unter Praxisbedingungen zu gewährleisten, müssen Kalibriermaterialien, Reagenzien, Kontrollproben und Geräte den medizinischen Anforderungen entsprechen.

(6) Die Durchführung eines verbindlichen Basisprogramms der Qualitätskontrolle und die Festlegung der Grenzwerte für die dabei überprüften Zuverlässigkeitskriterien (vgl. Teil I, Abschnitt 1) sind Gegenstand dieser Richtlinie.

(7) In Teil I dieser Richtlinien wird die Qualitätssicherung der Bestimmung derjenigen Meßgrößen* behandelt, bei denen die Verfahrenskontrolle mit einem Kontrollproben-System durch laborinterne Qualitätskontrolle (Kontrolluntersuchungen) und Ringversuche (Vergleichsuntersuchungen) vorgenommen werden kann. Weitere Teile dieser Richtlinien sind anderen Verfahren der Qualitätssicherung vorbehalten.

(8) Die Verfahrenskontrolle ist vorgeschrieben für Meßgrößen, die in Anlage 1 aufgeführt sind. Es wird empfohlen, auch für andere als die in Anlage 1 genannten Meßgrößen diese Richtlinien soweit als möglich anzuwenden.

(9) Diese Richtlinien gelten auch dann, wenn Angehörige anderer naturwissenschaftlicher Berufe selbständig Laboratoriumsuntersuchungen erbringen, deren Ergebnisse zu Schlußfolgerungen in der Heilkunde führen.

---

* Siehe Anmerkung zu Abschnitt 2, Seite 959

Teil I

1. Prinzipien

(1) Das Ziel der Analyse ist es, Ergebnisse zu gewinnen, die den medizinischen Erfordernissen entsprechende, gute Annäherungen an den „wahren Wert" sind. Die Ergebnisse werden durch folgende Zuverlässigkeitskriterien gekennzeichnet:

Präzision — Qualitative Bezeichnung für das Ausmaß der Übereinstimmung der Ergebnisse wiederholter Messungen.
Sie wird quantitativ durch die Standardabweichung oder den Variationskoeffizienten der Ergebnisse von Wiederholungsmessungen (Unpräzision) indirekt beschrieben. Der Mittelwert, die Anzahl der Messungen, die Versuchsanordnungen (in der Serie, von Tag zu Tag, zwischen Laboratorien) müssen angegeben werden.

Richtigkeit — Qualitative Bezeichnung für die Übereinstimmung zwischen dem „wahren Wert" einer Größe und der gemessenen Annäherung an diesen „wahren Wert".
Sie wird quantitativ durch die Differenz zwischen dem Meßergebnis (Mittelwert von Wiederholungsmessungen) und dem richtigen Wert indirekt beschrieben (Unrichtigkeit).

Spezifität — Eignung einer analytischen Methode zur Bestimmung des deklarierten Analyten* bei Unempfindlichkeit gegen die Wirkung anderer Komponenten oder Eigenschaften.

Nachweisgrenze — Kleinstes, sicher vom Leerwert abgehobenes Meßergebnis (für eine Einzelmessung: z. B. dreifache Standardabweichung des entsprechenden Leerwertes).

(2) Ursachen für nicht den medizinischen Erfordernissen entsprechende Präzision und Richtigkeit können in unzureichender Spezifität der Analysenmethode begründet sein. Eine wirksame Kontrolle von Präzision und Richtigkeit ist nur möglich, wenn das Meßergebnis hinreichend weit über der Nachweisgrenze liegt.

1.1 Rangfolge der Analysenmethoden

(1) Voraussetzung für eine wirksame Richtigkeitskontrolle sind Methoden, die ausreichende Annäherungen an den „wahren Wert" der gemessenen Größe liefern.

(2) Eine Definitive Methode ist richtig und spezifisch; sie liefert einen Definitiven (richtigen) Wert als beste Annäherung an den „wahren Wert".

(3) Eine Referenzmethode liefert einen Referenzmethodenwert: seine Abweichung vom richtigen Wert ist im Hinblick auf die medizinischen Erfordernisse vernachlässigbar klein.

Die Richtigkeit einer Referenzmethode wird geprüft, entweder

- durch Vergleich mit der Definitiven Methode (sofern vorhanden) und

---

* Siehe Anmerkung zu Abschnitt 2, Seite 959

- durch Verwendung eines primären Standardmaterials (Kalibriermaterial) oder
- durch Verwendung eines vereinbarten Standardmaterials.

(4) Eine Routinemethode ist eine Methode mit einer für die Anwendung hinreichenden Zuverlässigkeit und Praktikabilität. Die Größe einer möglichen systematischen Abweichung vom richtigen Wert sollte bekannt sein.

(5) Einer Referenzmethode und einer Routinemethode kann das gleiche Analysenprinzip zugrunde liegen. Bei der Referenzmethode sind aber andere aufwendige Arbeitsschritte notwendig, um das analytische Ziel zu erreichen. Sie erfordert deshalb eine besondere Qualifikation des Untersuchers und ist als Routinemethode im allgemeinen nicht geeignet.

(6) Eine ausgewählte Methode ist eine Routinemethode, die aufgrund der festgestellten Zuverlässigkeitskriterien sowie auch in Hinblick auf ihre Praktikabilität vor anderen Routinemethoden empfohlen wird.

1.2 Aufgaben des Systems für die Qualitätssicherung (Basisprogramm)

Das Qualitätssicherungssystem soll folgende Aufgaben erfüllen:

1. Überwachung der zufälligen Meßabweichungen* = Präzisionskontrolle
2. Überwachung der systematischen Meßabweichungen* = Richtigkeitskontrolle
3. Kontrolle der Matrixeinflüsse auf Präzision, Richtigkeit und Spezifität
4. Erkennung von Trends

Es muß dabei folgenden Anforderungen genügen:

1. Kontrolle über den gesamten klinisch relevanten Meßbereich
2. Kontinuierliche Anwendbarkeit
3. Sofortige Erkennbarkeit von Meßabweichungen
4. Anwendbarkeit auch für mechanisierte Analysensysteme
5. Anwendbarkeit des Basisprogramms vom Praxislaboratorium bis zum Zentrallaboratorium

Arbeitsaufwand und Kosten müssen sich in vertretbaren Grenzen halten.

1.3 Kontrollproben-System

(1) Die im Abschnitt 1.2 aufgeführten Aufgaben können durch das in Abschnitt 2 beschriebene System der Qualitätskontrolle erfüllt werden. Dabei sind die Analysenergebnisse von Kontrollproben heranzuziehen, die in die Analysenserie der Patientenproben eingefügt und zusammen mit diesen analysiert werden.

(2) Die Kontrollproben müssen bei sachgerechter Lagerung eine ausreichende Konstanz der deklarierten Meßgrößen haben und sollen in ihrer Zusammensetzung den untersuchten Proben so ähnlich wie möglich sein. Sie müssen völlig unabhängig von den Kalibriermaterialien eingesetzt werden und dürfen nicht zur Kalibrierung der Analysenmethoden benutzt werden.

---

* Meßabweichungen nach DIN 1319; früher „Fehler“

(3) Für die Kalibrierung der Routinemethoden sind reine, genau definierte Kalibriermaterialien notwendig. Sie sollen keine Komponenten enthalten, die einen unspezifischen Beitrag zum Meßsignal liefern. Die Anforderung an Kalibriermaterialien und an Kontrollmaterialien sind grundsätzlich verschieden.

(4) Zur statistischen Qualitätskontrolle werden aus der Verteilung der Analysenergebnisse, die aus derselben Analysenprobe oder verschiedenen Abfüllungen derselben Probe gewonnen werden, ein Lageparameter und ein Steuerungsparameter ermittelt.

Lageparameter werden ermittelt als:
1. Arithmetischer Mittelwert oder
2. Median oder
3. Mitte eines definierten Streubereiches der Einzelergebnisse.

Streuungsparameter sind:
1. Die Standardabweichung
2. Die relative Standardabweichung (Variationskoeffizient)
3. Differenzen zwischen Perzentilen

2. Durchführung der Qualitätssicherung

(1) Die Qualitätssicherung nach diesen Richtlinien umfaßt die laborinterne Qualitätskontrolle (Präzisions- und Richtigkeitskontrolle) und die externe Qualitätskontrolle in Form von Ringversuchen (Vergleichsuntersuchungen). Sie muß für die in Anlage 1 festgelegten Meßgrößen* erfolgen. Die Verpflichtung zur Qualitätskontrolle nach diesen Richtlinien gilt auch für Meßgrößen derselben System/Analyt-Kombination, die mit einer anderen Größenart gebildet werden.

(2) Der für ein medizinisches Laboratorium verantwortliche Arzt ist verpflichtet, der zuständigen Ärztekammer unaufgefordert anzuzeigen, wenn er quantitative Laboratoriumsuntersuchungen vornimmt, die diesen Richtlinien unterliegen, wenn er dies nicht im Rahmen der kassenärztlichen Versorgung der für ihn zuständigen Kassenärztlichen Vereinigung anzeigt. Entsprechendes gilt für Angehörige anderer naturwissenschaftlicher Berufe, wenn sie im Zuständigkeitsbereich einer Ärztekammer Laboratoriumsuntersuchungen nach Maßgabe des MTA-Gesetzes selbständig durchführen.

2.1 Laborinterne Qualitätskontrolle

(1) Die laborinterne statistische Qualitätskontrolle erfolgt mit einem Kontrollprobensystem nebeneinander mit zwei verschiedenen Versuchsanordnungen:
- Präzisionskontrolle und
- Richtigkeitskontrolle.

---

* Der in diesen Richtlinien benutzte Begriff „Meßgröße" entspricht der „quantity" gemäß der IFCC-Nomenklatur. Die Bezeichnung „Meßgröße" enthält danach die Angabe des Systems (system), des Analyten (component to be measured) und der Größenart (Größe im allgemeinen Sinne, kind of quantity). Beispiel: Serum-Glucose, Stoffmengenkonzentration

(2) Für die Kontrolle der Präzision ist es ausreichend, wenn sie an der wichtigsten Entscheidungsgrenze erfolgt.

(3) Die Kontrolle der Richtigkeit muß über den jeweils klinisch-relevanten Meßbereich erfolgen. Dazu sollen verschiedene Kontrollproben eingesetzt werden, welche die unterschiedlichen Konzentrationen der Analyte und die Variabilität der Matrix bei den Patientenproben widerspiegeln.

2.1.1 Präzisionskontrolle

(1) Die Präzisionskontrolle ist eine offene Arbeitsplatzkontrolle durch den diese Analyse Ausführenden selbst. Die Proben aus Abfüllungen derselben Kontrollprobe werden in jeder Analysenserie mit Patientenproben (vgl. (2)) eingefügt. Analysenergebnisse der Przäisionskontrollprobe werden unmittelbar anschließend einem

Tabelle 1 Gegenüberstellung von Präzisionskontrolle und Richtigkeitskontrolle

	Präzisionskontrolle Häufigkeit bei jeder Analysenserie	Richtigkeitskontrolle Häufigkeit bei jeder 4. Analysenserie
Hilfsmittel		
a) Kontrollprobe	eine Präzisionskontrollprobe über möglichst lange Zeitspanne	Analyse jeweils einer Kontrollprobe von vielen verschiedenen bereitgehaltenen Richtigkeitskontrollproben mit Referenzmethodenwerten oder Sollwerten
	Konzentration an der häufigsten Entscheidungsgrenze	im Normalbereich und in pathologischen Bereichen
b) Statistisches Testinstrument	Kontrollkarte	Testbogen zur Prüfung der Richtigkeit
Untersucher	erkennt Kontrollprobe	erkennt Kontrollprobe im allgemeinen
	kennt Konzentration	soll Konzentration nicht kennen Laborleiter kennt Konzentration
Ziele	Offene Arbeitsplatzkontrolle 1. Erkennen zu großer zufälliger Meßabweichungen 2. Erkennen von Trends	Blindkontrolle 1. Erkennen systematischer Meßabweichungen 2. Kontrolle über den klinisch-relevanten Untersuchungsbereich 3. Erkennen der Einflüsse von Nebenbestandteilen (Matrixeinflüsse) 4. Ausschalten von bewußten oder unbewußten Täuschungen des Untersuchers

graphischen statistischen Test unter Benutzung der Kontrollkarte (auch in Form eines entsprechenden EDV-Ausdrucks) unterzogen. Der Untersucher erkennt dadurch sofort, ob das analytische System noch unter den vorgegebenen Grenzen stabil ist.

(2) Eine Analysenserie ist eine Folge von gleichartigen Analysen, die mit denselben kontinuierlich betriebenen Geräten, derselben Kalibrierung von demselben Untersucher in kurzen Zeitabständen durchgeführt werden. Die kleinste Serie umfaßt eine Einzelprobe, die längste Serie erstreckt sich bei stabilen Analysensystemen über eine Arbeitsschicht. Große Serien sollen in Segmente von 10 bis 20 Proben unterteilt werden, in denen eine Kontrollprobe mitgeführt wird.

2.1.2 Durchführung der Präzisionskontrolle

(1) Präzisionskontrollproben können in ihrer quantitativen Zusammensetzung unbekannt sein. Abfüllungen derselben Kontrollprobe können solange benutzt werden, wie die Kontrollprobe bei sachgemäßer Lagerung unverändert haltbar ist.

(2) Die Präzisionskontrollprobe wird zunächst an mindestens 20 verschiedenen Arbeitstagen analysiert. Die Analysenergebnisse werden protokolliert und aufbewahrt. Nach Ablauf dieser Vorperiode werden arithmetischer Mittelwert und Standardabweichung der Analysenergebnisse berechnet.

(3) In eine Kontrollkarte werden eingetragen:

1. Der arithmetische Mittelwert nach Absatz (2),
2. Mittelwert zuzüglich und Mittelwert abzüglich der dreifachen Standardabweichung als obere bzw. untere Kontrollgrenzen.

(4) Die Präzisionskontrolle nach Absatz (2) weist eine ausreichende Präzision des kontrollierten Analysenverfahrens nach, wenn die relative Standardabweichung nicht größer ist als die nach den medizinischen Erfordernissen für die jeweilige Meßgröße in Anlage 1 maximal zulässige relative zufällige Meßabweichung.

(5) Vor der Benutzung einer neuen Charge der Präzisionskontrollprobe muß diese in einer Vorperiode gemäß Absatz (2) analysiert und müssen die Kontrollgrenzen nach Abs. (3) neu berechnet werden.

(6) Auch in der auf die Vorperiode folgenden Kontrollperiode sollen jeden Monat oder nach Vorliegen von wenigstens 15 Analysen, die längstens in vier Monaten an verschiedenen Tagen durchgeführt werden, aus den Ergebnissen der Präzisionskontrollproben Mittelwert, Standardabweichung von Tag zu Tag und relative Standardabweichung (Unpräzision) berechnet werden. Danach ist zu überprüfen, ob die erzielte relative Standardabweichung noch den medizinischen Erfordernissen entspricht, da dies allein aus der Kontrollkarte nicht mit hinreichender Zuverlässigkeit zu erkennen ist (Anlage 1).

(7) In jeder Untersuchungsserie (vgl. 2.1.1 (2)) muß mindestens eine Präzisionskontrollprobe analysiert werden, auch wenn die Serie nur eine Patientenprobe enthält. Das Ergebnis der Analyse wird in die Kontrollkarte eingetragen. Liegt dieses Ergebnis der Qualitätskontrolle nicht innerhalb der Kontrollgrenzen, so muß die Ursache festgestellt und die gesamte Untersuchungsserie einschließlich der Kontrollmaßnahmen wiederholt werden.

(8) Ein Analyseverfahren muß außerdem überprüft werden, wenn
- sieben aufeinanderfolgende Werte auf einer Seite des Mittelwertes liegen,
- sieben aufeinanderfolgende Werte eine ansteigende Tendenz zeigen,
- sieben aufeinanderfolgende Werte eine abfallende Tendenz zeigen.

(9) Wenn die Glucose-Bestimmung als einzige quantitative Bestimmung und nicht häufiger als einmal wöchentlich durchgeführt wird, dann kann anstelle der Präzisionskontrolle in jeder Analysenserie eine Richtigkeitskontrolle nach Abschnitt 2.1.4 durchgeführt werden.

(10) Die nach Meßgrößen und Analysenmethoden geordneten Ergebnisse der Präzisionskontrollen werden in Listen eingetragen, die zusammen mit den entsprechenden Berechnungen und Kontrollkarten über einen Zeitraum von mindestens fünf Jahren aufzubewahren sind.

2.1.3 Richtigkeitskontrolle

(1) Die Richtigkeit der Ergebnisse quantitativer Bestimmungen wird im Rahmen der laborinternen Qualitätskontrolle mit Hilfe von Richtigkeitskontrollproben geprüft, die durch einen Referenzmethodenwert gekennzeichnet sein sollen.

(2) Stehen keine geeigneten Referenzmethoden zur Verfügung oder zeigen die mit Routinemethoden erzielten Analysenergebnisse beträchtliche, medizinisch relevante Abweichungen von den Referenzmethodenwerten, so kann in einer Übergangsphase die Richtigkeitskontrolle durch Vergleich mit methodenabhängigen Sollwerten erfolgen (vgl. Anlage 1)*.

2.1.4 Durchführung der Richtigkeitskontrolle

(1) Die Richtigkeitskontrolle erfolgt in jeder vierten Serie (vgl. 2.1.1 (2)). Es sind verschiedene Kontrollproben mit unterschiedlichen Konzentrationen über den gesamten medizinisch relevanten Meßbereich, also im Normalbereich (Referenzintervall) und außerhalb des Normalbereiches in zufälliger Reihenfolge zu verwenden. Dem Untersucher sollen die Lageparameter unbekannt sein.

(2) Die Richtigkeitskontrollen nach diesen Richtlinien müssen mit Richtigkeitskontrollproben durchgeführt werden, deren Lageparameter (Referenzmethodenwert oder Sollwert) durch Referenzinstitutionen ermittelt werden.

(3) Die Matrix der verschiedenen Richtigkeits-Kontrollproben soll deutliche Unterschiede in der Art und Konzentration der Haupt- und Nebenbestandteile aufweisen, damit Matrixeinflüsse erkannt werden können.

(4) Die Unterschiedlichen Konzentrationen der Richtigkeitskontrollproben dürfen nicht durch die Rekonstituierung von Abfüllungen derselben Kontrollprobe mit genau abgemessenen unterschiedlichen Volumina von Wasser eingestellt werden.**

---

* Der Vergleich mit methodenabhängigen Sollwerten ist theoretisch und sachlich unbefriedigend und wird schrittweise durch den besseren Vergleich mit den Referenzmethodenwerten abgelöst. „Sollwert" wird in diesen Richtlinien immer in der Bedeutung „methodenabhängige Lageparameter" verwendet.

** Bei einem solchen Vorgehen bliebe das Verhältnis der Matrixbestandteile zueinander in den Richtigkeitskontrollproben erhalten, so daß die Matrixeinflüsse nicht hinreichend wirksam kontrolliert werden könnten.

(5) Die Art der Richtigkeitskontrolle (Vergleich mit dem Referenzmethodenwert oder Vergleich mit dem methodenabhängigen Sollwert) und die maximal zulässigen Abweichungen von den Lageparametern der Richtigkeitskontrollproben müssen den medizinischen Erfordernissen entsprechen (Siehe Anlage 2).

(6) Die maximal zulässige relative Abweichung des Einzelergebnisses vom Lageparameter darf nicht überschritten werden. Ist die Abweichung eines Einzelergebnisses größer, so muß die Ursache festgestellt und die gesamte Untersuchungsserie einschließlich der Kontrollmaßnahmen wiederholt werden.

(7) Die Ergebnisse müssen protokolliert werden.

(8) Die nach Meßgrößen und Analysenmethoden geordneten Ergebnisse der Richtigkeitskontrollen werden in Listen eingetragen, die zusammen mit den dazugehörigen Berechnungen über einen Zeitraum von mindestens fünf Jahren aufzubewahren sind.

2.2 Ringversuche

(1) Die im Rahmen dieser Richtlinien durchgeführten Ringversuche dienen der objektiven Überwachung der Richtigkeit von Ergebnissen quantitativer Laboratoriumsuntersuchungen. Sie ergänzen als eine externe Richtigkeitskontrolle die laborinterne Qualitätskontrolle.

(2) Die Bundesärztekammer trägt dafür Sorge, daß die organisatorischen Voraussetzungen für die Durchführung von Ringversuchen gegeben sind.

2.2.1 Ringversuchsleiter

(1) Der Ringversuchsleiter ist verantwortlich für die Ankündigung, die Organisation und die sachgemäße Durchführung der Ringversuche sowie deren zeitgerechte Auswertung entsprechend diesen Richtlinien.

(2) Ringversuchsleiter und deren Stellvertreter werden von der Bundesärztekammer für die Dauer von jeweils vier Jahren bestellt; Wiederwahl ist möglich. Voraussetzung für die Bestellung ist der Nachweis der fachlichen Qualifikation und praktischer Erfahrungen auf dem Gebiet der Qualitätskontrolle in medizinischen Laboratorien unter Vorlage folgender Unterlagen:

1. Ausführlicher wissenschaftlicher Werdegang
2. Verzeichnis der Publikationen
3. Nachweis von Erfahrungen als Leiter eines Referenz- und/oder Sollwertlaboratoriums

(3) Das Verzeichnis der Ringversuchsleiter und deren Stellvertreter wird im Deutschen Ärzteblatt bekanntgegeben.

2.2.2 Pflichten des Ringversuchsleiters

(1) Der Ringversuchsleiter kündigt jeweils im voraus für ein Jahr die von ihm geplanten Ringversuche an. In diesen Ankündigungen nennt er:

1. Termine: Jeweils Beginn des Ringversuchs, spätester Probeneingang beim Teilnehmer und letzter Absendetag der Ergebniskarte (Poststempel),
2. die in den Ringversuch eingeschlossenen Meßgrößen, erforderlichenfalls mit Angabe der Analysenmethode,
3. die Probenvolumina der flüssigen oder rekonstituierten Ringversuchsproben,
4. die Bewertungsgrundlage für die Ergebnisse (vgl. Abschnitt 2.2.3),
5. die Anmeldetermine für die Teilnahme an den Ringversuchen.

Ringversuche sind in so ausreichender Zahl anzubieten, daß an mindestens zwei Ringversuchen teilgenommen werden kann.

(2) Der Ringversuchsleiter wählt in Zusammenarbeit mit einer Referenzinstitution Ringversuchsproben aus und prüft deren Eignung.

(3) Die Eignung der ausgewählten Ringversuchsproben für diejenigen Meßgrößen, deren Bewertung auf der Basis von Referenzmethodenwerten erfolgt, muß mit einer besonders zuverlässigen Routinemethode unter Routinebedingungen durch eine Sollwertermittlung geprüft werden.

(4) Die Ergebnisse der Eignungsprüfung gemäß Absatz (2) und (3) müssen vor Beginn des Ringversuchs vorliegen. Die Ergebnisse der Ermittlung der Lageparameter der Ringversuchsproben müssen vor Beginn des Ringversuchs vorliegen, sofern die Bundesärztekammer für einzelne Meßgrößen oder Methoden keine Ausnahmen zugelassen hat.

(5) Bei jedem Ringversuch sollen nach Möglichkeit mindestens zwei verschiedene Probensätze versandt werden.

(6) Der Ringversuchsleiter läßt bei jedem Ringversuch von jedem Teilnehmer mindestens zwei Ringversuchsproben mit unterschiedlichen Konzentrationen des Analyten und verschiedener Matrixzusammensetzung untersuchen.

(7) Der Ringversuchsleiter versendet an jeden Ringversuchsteilnehmer die Ringversuchsproben mit einer Versuchsbeschreibung und einem Formular für die Eintragung der Analysenergebnisse.

(8) Der Ringversuchsleiter wertet alle diejenigen Ergebnisse aus, die bis einschließlich letztem Absendetag (Poststempel) abgesandt sind.

(9) Jedem Ringversuchsteilnehmer ist eine Teilnahmebescheinigung sowie zusätzlich eine Mitteilung zuzustellen, die mindestens enthält:
1. Lageparameter und Bewertungsgrenzen der Ringversuchsproben.
2. Lageparameter und Streuungsparameter der Ergebnisse aller Teilnehmer
3. Anzahl der Teilnehmer.

(10) Jedem Ringversuchsteilnehmer ist für jede Meßgröße, bei der die Analysenergebnisse für alle ausgesandten Ringversuchsproben innerhalb der zugehörigen Bewertungsgrenzen liegen, ein Zertifikat auszustellen als Bestätigung des Nachweises der Zuverlässigkeit der Analysen dieser Meßgrößen. Das Zertifikat hat Gültigkeit im gesamten Bereich der Bundesrepublik Deutschland einschließlich Berlin (West). Das Zertifikat hat eine Gültigkeitsdauer von 12 Monaten.

(11) Vergleichende Darstellungen von ärztlichen Teilnehmergruppen dürfen nicht vorgenommen werden und auch aufgrund der Ergebnisausdrucke der Ringversuche nicht möglich sein.

(12) Der Ringversuchsleiter darf sich bei der Belieferung mit Ringversuchsmaterial vertraglich nicht an einen bestimmten Hersteller/Importeur binden.

2.2.3 Bewertung der Ringversuchsergebnisse

(1) Die Bewertung der Analysenergebnisse der Teilnehmer (vgl. Abschnitt 2.2.2 (8)) erfolgt durch Vergleich mit dem Referenzmethodenwert der Meßgröße in den Ringversuchsproben, wo dies möglich ist.

(2) Falls für die jeweilige Meßgröße keine Referenzmethode verfügbar ist oder die weiteren Bedingungen gemäß Abschnitt 2.1.3 Absatz (2) zutreffen, erfolgt die Bewertung aufgrund von methodenabhängigen Sollwerten.

(3) Die Bundesärztekammer entscheidet darüber, welche der beiden vorstehenden Bewertungsgrundlagen anzuwenden ist und legt im Einvernehmen mit der Physikalisch-Technischen Bundesanstalt fest, wie die Referenzmethodenwerte zu ermitteln und die Sollwerte festzulegen sind.

(4) Falls für eine Analysenmethode weder Referenzmethodenwerte noch methodenabhängige Sollwerte ermittelt werden konnten, sind die Ergebnisse der Ringversuchsproben der Gruppe „Andere Methoden" zuzuordnen. Die Sollwerte für „Andere Methoden" sollen wie folgt festgelegt werden:

- Im Regelfall wird als Sollwert der Median aller für die Ringversuchsprobe bestimmten methodenabhängigen Sollwerte verwendet.
- Bei Meßgrößen, die abhängig von den Meßbedingungen definiert werden (z. B. Enzymaktivitäten), gelten die Sollwerte der empfohlenen Standardmethode.

(5) Bewertungsgrenzen sind Lageparameter (Referenzmethodenwert oder Sollwert) plus maximal zulässige Abweichung und minus maximal zulässige Abweichung. Die maximal zulässigen Abweichungen von den Lageparametern der Ringversuchsproben müssen den medizinischen Erfordernissen entsprechen. Sie sollen mit den maximal zulässigen Abweichungen für die laborinterne Richtigkeitskontrolle übereinstimmen (Anlage 1).

(6) Der Ringversuch ist für eine Meßgröße bestanden, wenn die Ergebnisse für die an den Teilnehmer ausgesandten Ringversuchsproben innerhalb der Bewertungsgrenzen nach Absatz (5) liegen.

2.2.4 Pflichten des Ringversuchsteilnehmers

(1) Die Teilnahme an zwei Ringversuchen im Jahr ist obligatorisch.

(2) Der Ringversuchsteilnehmer meldet sich jeweils für ein Kalenderjahr bei einem Ringversuchsveranstalter für bestimmte Gruppen von Meßgrößen an.

(3) Beim Teilnehmer werden die Bestimmungen in den Ringversuchsproben unter Routinebedingungen durchgeführt und die Analysenergebnisse und die jeweils verwendete Analysenmethode in das dafür vorgesehene Formular eingetragen. Der Teilnehmer bestätigt mit seiner Unterschrift, daß die Analysen gemäß den Richtlinien in dem von ihm geleiteten Laboratorium durchgeführt worden sind. Wenn der Teilnehmer die Analysen nicht selbst ausführt, ist die unterschriftliche Bestätigung durch den Untersucher der jeweiligen Meßgröße in der laborinternen Dokumentation zusätzlich erforderlich.

(4) Erhält ein Teilnehmer für eine Meßgröße kein Zertifikat, so ist er verpflichtet, die Ursachen der Unrichtigkeit des Laborergebnisses zu klären und durch eine Nachkontrolle zu beseitigen. Auf die Nachkontrolle finden die Vorschriften zur laborinternen Qualitätskontrolle dieser Richtlinien entsprechend Anwendung.

(5) Der für das medizinische Laboratorium verantwortliche Arzt (siehe Abschnitt 2 (2)) ist verpflichtet, unaufgefordert der zuständigen Ärztekammer die ihm erteilten Ringversuchs-Zertifikate (2.2.2 (10)) einzureichen, wenn er sie nicht im Rahmen der kassenärztlichen Versorgung der für ihn zuständigen Kassenärztlichen Vereinigung zugeleitet hat. Abschnitt 2 (2), Satz 2 gilt entsprechend.

3. Ermittlung der Referenzmethodenwerte und der Sollwerte für die Richtigkeitskontrolle und für Ringversuche

3.1 Referenzinstitutionen

(1) Referenzinstitutionen sind zuständig für die Ermittlung der Referenzmethodenwerte und der Sollwerte für die Richtigkeitskontrollproben und für Ringversuchsproben. Sie arbeiten dabei mit Referenz-Laboratorien (vgl. Abschnitt 3.2) und Sollwert-Laboratorien (vgl. Abschnitt 3.3) zusammen.

(2) Die Referenzinstitutionen müssen von der Bundesärztekammer bestätigt sein. Die Bestätigung erfolgt unter folgenden Voraussetzungen:

1. Die Referenzinstitution muß in der Bundesrepublik Deutschland einschließlich Berlin (West) ansässig sein.
2. Die Referenzinstitution oder deren Träger müssen nachweisen, daß sie bereit und in der Lage sind, das für den Betrieb der Referenzinstitution erforderliche sachkundige und erfahrene Personal bereitzustellen und die erforderlichen Mittel aufzubringen (für die notwendigen Räumlichkeiten, die technischen Einrichtungen sowie den laufenden Betrieb).
3. Die Referenzinstitution oder deren Träger müssen nachweisen, daß sie bereit und in der Lage sind, Schäden zu ersetzen, die aufgrund der Tätigkeit der Referenzinstitution entstehen.
4. Wenn die Referenzinstitution einen Träger hat, muß dieser eine fachlich zuständige wissenschaftliche-medizinische Fachgesellschaft, ein entsprechendes Institut oder eine Körperschaft des öffentlichen Rechts sein.
5. Die Referenzinstitution muß unabhängig von Herstellern/Importeuren von Reagenzien, Standards, Kontrollproben und Geräten sein.

(3) Die Bestätigung ist zu widerrufen, wenn die Voraussetzungen hierfür nicht mehr vorliegen.

(4) Die Bundesärztekammer führt die Aufsicht über die Referenzinstitutionen.

3.1.1 Ermittlung der Referenzmethodenwerte

(1) Referenzmethoden nach Abschnitt 1.1 sollen unter Aufsicht der Wissenschaftlichen-Medizinischen Fachgesellschaften aufgebaut und/oder geprüft oder von ihnen anerkannt oder empfohlen sein. Sie sind in Anlage 2 aufgeführt.

(2) Die Festlegung der Versuchspläne für die Ermittlung der Referenzmethodenwerte der Richtigkeitskontrollproben und Ringversuchsproben, die Beauftragung der Referenzlaboratorien und die Auswertung der Analysenergebnisse und deren Zusammenfassung zu einem Referenzmethodenwert erfolgen durch die Referenz-

institutionen nach Anlage 3. Die Versuchspläne sind Interessenten auf Anforderung zugänglich zu machen.

(3) Die Referenzinstitution übermittelt dem Hersteller/Importeur und den beteiligten Referenzlaboratorien folgende Informationen:

1. Meßgröße
2. Lageparameter (Zahlenwert und Einheit)
3. Streuungsparameter der Ergebnisse der Referenzlaboratorien
4. Beteiligte Referenzlaboratorien

(4) Die Verantwortung für die Richtigkeit der Referenzmethodenwerte zum Zeitpunkt ihrer Ermittlung liegt bei der Referenzinstitution.

(5) Die Verantwortung für die Einheitlichkeit und Haltbarkeit der Kontrollproben unter den vorgeschriebenen Bedingungen liegt beim Hersteller/Importeur.

(6) Die Referenzinstitutionen müssen die Dokumentation über die Ermittlung der Referenzmethodenwerte für die Dauer von 5 Jahren aufbewahren.

3.1.2 Ermittlung der methodenabhängigen Sollwerte

(1) Viele Routinemethoden liefern einen unspezifischen Anteil am Meßsignal. Deswegen sind Sollwerte häufig methodenabhängig. Die Sollwerte sollen deshalb mit Routinemethoden bekannter Zuverlässigkeit bestimmt werden.

(2) Die Sollwerte für die in Anlage 1 aufgeführten Meßgrößen in Richtigkeitskontrollproben und Ringversuchsproben sind von den Referenzinstitutionen auf der Grundlage der von Sollwert-Laboratorien einschließlich Laboratorien nach Absatz (3) erhaltenen Analysenergebnisse zu ermitteln. Die Hersteller/Importeure können Vorschläge für die Auswahl der Sollwert-Laboratorien machen.

(3) Die Referenzinstitutionen können zu den Sollwertermittlungen ein Laboratorium des Herstellers/Importeurs der jeweiligen Kontrollproben heranziehen, wenn dieses Laboratorium und dessen Leiter die in Abschnitt 3.3.1 aufgeführten Kriterien - mit Ausnahme von Absatz (1) - erfüllen.

(4) Die Ermittlung der Sollwerte muß unter genau festgelegten reproduzierbaren Bedingungen erfolgen.

(5) Im Regelfalle werden pro Meßgröße/Analysenprinzip-Kombination fünf, in begründeten Ausnahmefällen (z. B. neueingeführte oder auslaufende Verfahren) mindestens drei Sollwert-Laboratorien einschließlich Laboratorien nach Absatz (3) herangezogen.

(6) Die Referenzinstitution übernimmt die Prüfung der ihr von den Sollwert-Laboratorien übersandten Analysenergebnisse für die Festlegung des Sollwertes. Die Eliminierung von „Ausreißern" ist nur nach einer sachlichen Klärung der Ursachen zulässig.

(7) Die Festlegung des Sollwertes erfolgt in zwei Schritten:

1. Festlegung eines geeigneten Bereiches (Sollbereich), in dem 95% der Ergebnisse liegen.
2. Festlegung des Lageparameters der Ergebnisse in dem 95%-Bereich durch
   - Arithmetischen Mittelwert oder
   - Median oder
   - Mitte des 95-%-Bereiches (des Sollbereiches).

Die Verantwortung für die Richtigkeit der Sollwerte zum Zeitpunkt ihrer Ermittlung liegt bei der Referenzinstitution.

(8) Die Referenzinstitution übermittelt dem Hersteller/Importeur und den beteiligten Sollwert-Laboratorien folgende Informationen:

1. Meßgröße/Analysenprinzip-Kombination
2. Lageparameter (Zahlenwert und Einheit)
3. Streuungsparameter
4. 95-%-Bereich
5. Beteiligte Sollwert-Laboratorien

In besonderen Fällen kann der Hersteller/Importeur die Unterlagen der Sollwertermittlung einsehen.

(9) Die Frist zwischen dem Probeneingang bei der Referenzinstitution bzw. den Sollwertlaboratorien und der Übermittlung der Sollwerte an den Hersteller/Importeur soll im Regelfall drei Monate nicht überschreiten.

(10) Die Verantwortung für die Einheitlichkeit und Haltbarkeit der Kontrollproben unter den vorgeschriebenen Bedingungen liegt beim Hersteller/Importeur.

(11) Die Referenzinstitutionen müssen die Dokumentation über die Ermittlung der Sollwerte für die Dauer von 5 Jahren aufbewahren.

(12) Beipackzettel zu den Kontrollproben dürfen nicht nur die Sollwerte für die Reagenzien-Packungen eines Herstellers angeben, sondern müssen mindestens einen weiteren Sollwert aufführen, der mit einer Routinemethode bekannter Zuverlässigkeit bestimmt wurde; in begründeten Fällen kann von dieser Regel abgewichen werden.

(13) Auf Beipackzetteln dürfen die an der Sollwertermittlung beteiligten Sollwert-Laboratorien nicht genannt werden.

3.2 Referenz-Laboratorien

(1) Die Referenz-Laboratorien arbeiten in Erfüllung dieser Richtlinien mit den von der Bundesärztekammer benannten Referenzinstitutionen nach Abschnitt 3.1 zusammen.

(2) Referenz-Laboratorien sind wissenschaftliche Laboratorien und müssen unabhängig von Herstellern/Importeuren von Geräten, Reagenzien, Kalibriermaterialien und Kontrollproben sein.

(3) Der Leiter eines Referenz-Laboratoriums muß auf dem Gebiet der Referenzmethoden durch wissenschaftliche Publikationen ausgewiesen sein, über besondere fachliche Kenntnisse und Erfahrungen verfügen und in der Lage sein, neue Methoden selbst zu entwickeln und zu prüfen.

(4) Referenz-Laboratorien müssen über alle jene Einrichtungen und Verfahren verfügen, durch die die Zuverlässigkeit der von ihnen gewonnenen Analysenergebnisse gewährleistet werden kann.

(5) Referenz-Laboratorien werden durch die Bundesärztekammer bestellt. Die Bestellung erfolgt in Zusammenarbeit mit den fachlich zuständigen Wissenschaftlichen-Medizinischen Fachgesellschaften für die Dauer von jeweils zwei Jahren. Die Bestellung kann jederzeit widerrufen werden, wenn die Voraussetzungen nicht mehr vorliegen.

(6) Mit der Tätigkeit im Rahmen der Ermittlung von Referenzmethodenwerten darf nicht geworben werden.

(7) Die Verantwortung für die Richtigkeit der Analysenergebnisse zum Zeitpunkt ihrer Ermittlung liegt beim Leiter des Referenz-Laboratoriums.

3.3 Sollwert-Laboratorien

(1) Die Sollwert-Laboratorien arbeiten in Erfüllung dieser Richtlinien mit den von der Bundesärztekammer benannten Referenzinstitutionen nach Abschnitt 3.1 zusammen.

(2) Sollwert-Laboratorien müssen unabhängig von Herstellern/Importeuren von Geräten, Reagenzien, Kalibriermaterialien und Kontrollproben sein.

3.3.1 Anforderungen an Sollwert-Laboratorien

(1) Der Leiter eines Sollwert-Laboratoriums muß über besonders fachliche Kenntnisse und Erfahrungen verfügen und in der Lage sein, neue Methoden selbst zu entwickeln und zu prüfen. Die Sollwert-Laboratorien sollen funktionell selbständig sein und über einen eigenen Personal- und Sachetat verfügen.

(2) Sollwert-Laboratorien müssen über alle jene Einrichtungen und Verfahren verfügen, durch die die Zuverlässigkeit der von ihnen im Rahmen der Sollwert-Ermittlung gewonnenen Analysenergebnisse gewährleistet werden kann. Dazu sind erforderlich:

1. Ein umfassendes System der statistischen Qualitätskontrolle.
2. Die Möglichkeit zur Reinheitsprüfung von Substanzen, die für die Herstellung von Kalibriermaterialien verwendet werden.
3. Die Möglichkeit der Herstellung von Kalibriermaterialien/Kalibrierlösungen.
4. Die Möglichkeit des Methodenvergleiches.
5. Durchführung einer ständigen externen Kontrolle durch Vergleichsuntersuchungen mit anderen Sollwert-Laboratorien (vgl. Abschnitt 3.1.2).

(3) Sollwert-Laboratorien werden durch die Bundesärztekammer bestellt. Die Bestellung erfolgt in Zusammenarbeit mit den fachlich zuständigen Wissenschaftlichen-Medizinischen Fachgesellschaften für die Dauer von jeweils zwei Jahren.

(4) Mit der Tätigkeit im Rahmen der Sollwert-Ermittlung darf nicht geworben werden.

3.3.2 Analysen der Sollwert-Laboratorien

(1) Die Analyse der Kontrollproben in den Sollwert-Laboratorien muß unter Routinebedingungen erfolgen.

(2) Die Sollwert-Laboratorien haben bei der Durchführung der Analysen die Vorschriften der Referenzinstitution zu befolgen, insbesondere über die Verwahrung und Rekonstituierung der Kontrollproben sowie die Kalibrierung und Berechnung der Analysenergebnisse und haben gegebenenfalls zusätzlichen Angaben, die für die Auswertung der Ergebnisse notwendig sind, zu machen.

(3) Das Sollwert-Laboratorium führt für jede Meßgröße/Analysenprinzip-Kombination eine Doppelbestimmung in verschiedenen Serien an 10 aufeinanderfolgenden Werktagen unter Routinebedingungen durch.

(4) Der Leiter des Sollwert-Laboratoriums prüft seine Ergebnisse sowie die gleichzeitig durchgeführte laborinterne Qualitätskontrolle und bestätigt dies durch seine Unterschrift.

(5) Der Leiter des Sollwert-Laboratoriums bzw. des Laboratoriums nach Abschnitt 3.1.2 (3) trägt die Verantwortung für die Richtigkeit und Präzision der von ihm ermittelten Analysenergebnisse.

4. Aufgaben der Bundesärztekammer

Die Bundesärztekammer nimmt in Ausführung dieser Richtlinien im Einvernehmen mit der Physikalisch-Technischen Bundesanstalt, soweit es die Anlage 1 angeht, und in Abstimmung mit den fachlich zuständigen wissenschaftlichen-medizinischen Fachgesellschaften, soweit es die Anlagen 1 bis 5 angeht, folgende Aufgaben wahr:

1. Aufstellung des Verzeichnisses der Meßgrößen, die der Qualitätskontrolle nach diesen Richtlinien unterliegen gemäß Abschnitt 2 und des Verzeichnisses der für die Meßgrößen nach den medizinischen Erfordernissen maximal zulässigen relativen Standardabweichung (Anlage 1) gemäß Abschnitt 2.1.2 (4) in der Anlage 1.
2. Festlegung der Art des für die jeweilige Meßgröße bei Richtigkeitskontrollen und Ringversuchen verbindlichen Lageparameters (Referenzmethodenwert oder Sollwert) sowie der aufgrund der medizinischen Erfordernisse maximal zulässigen relativen Abweichung eines Einzelergebnisses vom Lageparameter gemäß Abschnitt 2 in der Anlage 1.
3. Aufstellung des Verzeichnisses von Referenzmethoden einschließlich bibliographischer Angaben (Anlage 2) gemäß Abschnitt 3.1.1 (1).
4. Bestellung der Referenzinstitutionen für die Ermittlung von Referenzmethodenwerten bzw. der Sollwerte in Kontrollproben sowie der Bewertungsgrenzen in Ringversuchen (Anlage 3) gemäß Abschnitt 3.1.
6. Bestellung der Referenz- und Sollwertlaboratorien (Anlage 4) gemäß Abschnitt 3.2 (5) und 3.3.1 (3).
7. Bestellung der Ringversuchsleiter und deren Stellvertreter (Anlage 5) gemäß Abschnitt 2.2.1 (2) und (3).

Die Verzeichnisse nach Nr. 1-5 sind im Deutschen Ärzteblatt bekanntzugeben.

5. Sonstige Regelungen

5.1 Streitfragen

(1) Über Streitfragen, die sich aus der Anwendung der Richtlinien ergeben, entscheidet die Bundesärztekammer nach Anhörung des bei ihr gebildeten zuständigen Fachausschusses, soweit dies nicht zu den Belangen der zuständigen Behörden gehört.

(2) Dem Ausschuß gehört ein Vertreter der Physikalisch-Technischen Bundesanstalt an.

6. Anlagen

Anlage 1: Verzeichnis der Meßgrößen und Vorgaben für die Qualitätskontrolle, die der Qualitätssicherung nach Teil I dieser Richtlinien unterliegen
Anlage 2: Verzeichnis der Referenzmethoden
Anlage 3: Verzeichnis der Referenz-Institutionen
Anlage 4: Verzeichnis der Referenz- und Sollwertlaboratorien
Anlage 5: Verzeichnis der Ringversuchsleiter und deren Stellvertreter

7.6 Richtlinien der Bundesärztekammer zu Gerätekontrollen

Anmerkung: Zur Zeit der Drucklegung, am 15. Januar 1987, waren die Richtlinien von der Bundesärztekammer noch nicht verabschiedet. Der an diesem Tag vorliegende Text war durchdiskutiert und so ausgereift, daß die Herausgeber meinen, die Aufnahme in den Band vertreten zu können. Der Leser wird auf den allein maßgeblichen, offiziellen Text hingewiesen, der im Spätfrühjahr 1987 im Deutschen Ärzteblatt erscheinen wird.

7.6.0 Allgemeines

(1) Diese Richtlinien dienen der Qualitätssicherung bei der Verwendung von Absorptionsphotometern (Meßgeräte für quantitative Untersuchungen an Lösungen durch Messung des spektralen Absorptionsmaßes mit Ausnahme von Geräten für Trübungsmessungen), die für die Erbringung von Laborleistungen eingesetzt werden; gleichzeitig sollen sie der Durchführung von Vorschriften dienen, die der Bundesminister für Wirtschaft mit Zustimmung des Bundesrates aufgrund des Eichgesetzes vom 11. Juli 1969 (BGBL. I, S. 759) in der Fassung der Bekanntmachung vom 21. 2. 1985 (BGBL. I, S. 410) zu erlassen beabsichtigt

(2) Diese Richtlinien sind im Einvernehmen mit der Physikalisch-Technischen Bundesanstalt aufgestellt

(3) Ziel der Ringversuche (Vergleichsmessungen) zur Überwachung von Absorptionsphotometern (Photometer-Ringversuche) nach diesen Richtlinien ist die Überprüfung eines für die einwandfreie Qualität der Analysen notwendigen technischen Zustandes

(4) Die Überprüfung eines Absorptionsphotometers im Rahmen eines Photometer-Ringversuchs mit Ringversuchsproben gemäß diesen Richtlinien ist eine Richtigkeitskontrolle

7.6.1 Organisation der Ringversuche

(1) Die Bundesärztekammer trägt dafür Sorge, daß die organisatorischen Voraussetzungen für die Durchführung von Photometer-Ringversuchen gegeben sind

(2) Die nach den „Richtlinien der Bundesärztekammer zur Qualitätssicherung in medizinischen Laboratorien (Verfahrenskontrolle)“, (Deutsches Ärzteblatt .....) bestellten Ringversuchsleiter und bestätigten Ringversuchsveranstalter sind auch für die Durchführung von Photometer-Ringversuchen verantwortlich

(3) Die Ringversuchsveranstalter kündigen in Abstimmung mit dem Ringversuchsleiter jeweils im voraus für ein Jahr die von ihnen geplanten Photometer-Ringversuche an. In den Ankündigungen nennen sie folgende Termine:

- Beginn des Ringversuchs und letzter Absendetag für Ringversuchsproben
- spätester Probeneingang beim Teilnehmer
- letzter Absendetag der Ergebnisse (Poststempel)
- Anmeldetermine für die Teilnahme

Photometer-Ringversuche sind mindestens dreimal jährlich anzubieten

(4) Der Teilnehmer nennt bei der Anmeldung zu einem Photometer-Ringversuch Typ und Fabrikationsnummer seines Absorptionsphotometers und die von ihm für Analysenzwecke genutzten Wellenlängen

(5) Die Teilnehmer erhalten von dem Ringversuchsveranstalter die Ringversuchsproben mit einer Versuchsbeschreibung und einem Formular für die Eintragung der Meßergebnisse. Die Versuchsbeschreibung enthält die zu wählenden Wellenlängen

(6) Die Meßwerte müssen dem Ringversuchsveranstalter innerhalb der von diesem vorgegebenen Frist schriftlich mitgeteilt werden

(7) Der Ringversuchsleiter erteilt dem Teilnehmer eine Teilnahmebescheinigung, die als Teilnahmenachweis gegenüber Behörden oder ärztlichen Körperschaften dient. Die Teilnahmebescheinigung enthält eine Mitteilung über die richtigen Werte, die Bewertungsgrenzen und die Streuungsparameter der Teilnehmer am Ringversuch

7.6.2 Ringversuchsmaterial und Bewertung

(1) Die Physikalisch-Technische Bundesanstalt prüft die Eignung der Materialien, die für einen Photometer-Ringversuch eingesetzt werden sollen

(2) Die Physikalisch-Technische Bundesanstalt ermittelt die richtigen Werte des spektralen Absorptionsmaßes A_R für die in den Photometer-Ringversuch einbezogenen Wellenlängen

(3) Von einem Teilnehmer an einem Photometer-Ringversuch sind in der Regel vier Werte des spektralen Absorptionsmaßes A zu ermitteln, und zwar bei zwei Wellenlängen für mindestens zwei Ringversuchsproben unterschiedlicher Absorption

(4) Der Photometer-Ringversuch ist bestanden, wenn alle vier Meßwerte des spektralen Absorptionsmaßes innerhalb der Bewertungsgrenzen liegen

(5) Für jede Ringversuchsprobe und Wellenlänge gelten folgende, vom richtigen Wert des spektralen Absorptionsmaßes A_R abhängige Bewertungsgrenzen:

Obere Bewertungsgrenze: $A_o = 1{,}03 \cdot A_R + 0{,}01$

Untere Bewertungsgrenze: $A_u = 0{,}97 \cdot A_R - 0{,}01$

7.6.3 Pflichten für Anwender von Absorptionsphotometern

(1) Wer Absorptionsphotometer für die Erbringung von Laborleistungen einsetzt, ist zur Teilnahme an mindestens zwei Photometer-Ringversuchen im Jahr verpflichtet

(2) Der Anwender eines Absorptionsphotometers, der einen Photometer-Ringversuch nicht bestanden hat, hat dafür zu sorgen, daß das Absorptionsphotometer gewartet und über die Wartung ein Protokoll angefertigt wird

(3) Die Ergebnisse von Photometer-Ringversuchen, die Teilnahmebescheinigungen sowie gegebenenfalls Wartungsprotokolle sind über einen Zeitraum von mindestens fünf Jahren aufzubewahren

(4) Der Anwender von mehreren Absorptionsphotometern in einem Laboratorium, die bei gleichen oder benachbarten Wellenlängen benutzt werden, muß nur einen bestandenen Photometer-Ringversuch im Halbjahr nachzuweisen, wenn er alle verwendeten Absorptionsphotometer laborintern mit geeigneten Maßnahmen überwacht und vergleicht und dies in einer Weise dokumentiert, daß die zuständige Behörde die Einhaltung dieser Auflage kontrollieren kann.

(5) Der Anwender mehrerer Absorptionsphotometer muß jedes einzelne Absorptionsphotometer spätestens nach zwei Jahren in einen Photometer-Ringversuch einbeziehen

8.0 Literaturverzeichnis

Zur Literatur über die „Qualitätssicherung im medizinischen Laboratorium" sei auf die ausführlichen Angaben in K. G. v. Boroviczény und R. Merten in der „Systematik der Qualitätskontrolle im medizinischen Laboratorium", Medicus, Berlin 1972 sowie in den bereits vorliegenden Bänden der INSTAND-Schriftenreihe Band 1: Osburg K (1. Aufl. 1970, 2. Aufl. 1984, 3. Aufl. in Vorbereitung) Personalbedarf und Kosten im Medizinischen Laboratorium. Springer, Berlin Heidelberg New York Tokyo; Band 3: Merten R (1984) Zielwert, Sollwert, Zielbereiche in der Laboratoriumsmedizin. Springer, Berlin Heidelberg New York Tokyo und Band 4: Merten R, v. Boroviczény KG, Haeckel R (1985) Methoden-, Reagenzien- und Geräte-Evaluation in der Laboratoriumsmedizin. Springer, Berlin Heidelberg New York Tokyo verwiesen.
Das vorliegende Literaturverzeichnis beschränkt sich wesentlich auf die nach 1972 bzw. 1983 erschienenen Publikationen, soweit die Autoren der Beiträge im Speziellen Teil nicht in engerem Zusammenhang mit dem Thema dieses Bandes auf frühere Quellen zurückgreifen.

Aakvaag A, Leskinen E, Lindstedt G, Moller J, Nyberg A, Weber T (1985) The use of kits in clinical laboratories. Scand J Clin Lab Invest 45: 573

Aarden LA, de Groot ER, Feltkamp TEW (1975) Immunology of DNA. III Crithidia luciliae, a simple substrate for the determination of anti-ds-DNA with the immunofluorescence technique. Ann New York Acad Sci 254: 505

Abbate R, Favilla St, Boddi M, Costanzo G, Prisco D (1986) Factors influencing platelet aggregation in whole blood. Am J Clin Pathol 86: 91

Abell A, Levy A, Brodie BB, Kendall FE (1952) A simplified method for the estimation of total cholesterol in serum. J Biol Chem 195: 357

Abell MR (1983) Requirements for certifikation - standards resulting from conflicting forces. Pathologist 37: 113

Abendroth TW, Bongiovanni WB, Krieg AF (1986) A microcomputer program for critical evaluation. Arch Pathol Lab Med 110: 952

Abraham K, Miethe R, Rösler-Englhardt A (1983) Studie über den Vergleich von Analysengroßgeräten. Teil I. GIT Lab Med 4: 237
Teil II. GIT Lab Med 5: 307

Abraham K, Rösler-Englhardt A (1978) Ärztliche und technische Leistung im medizinischen Laboratorium. Empfehlungen zur Gewinnung und Sicherung des Probeguts für Laboranalysen. Lab med 2(A + B): 133

Ackerknecht EH (1979) Geschichte der Medizin. Enke Verlag, Stuttgart

Adams LJ (1983) Evaluation of Ames Multistix SG for urine specific gravity versus refractometer specific gravity. Am J Clin Pathol 80: 871

Adamson AW (1978) SI Units ? A camel is a camel. J Chem Educ 55: 634

Adeloju, SB, Bond AM (1985) Influence of laboratory environment on the precision and accuracy of trace element analysis. Anal Chem 57: 1733

Adeloju SB, Bond AM, Briggs MH (1984) Assessment of differential pulse adsorption voltammetry for the simultaneous determination of nickel and cobalt in biological materials. Anal Chim Act 164: 181

Adeloju SB, Bond AM, Briggs MH (1985) Multielement determination in biological materials by differential pulse voltammetry. Anal Chem 57: 1386

Adolf PK, Moskin SP (1978) An improved kinetic glucose determination. Clin Chem 24: 1015
Adolph L (1985) Ursachen unerwarteter Enzymaktivitäten. Diagnostik und Intensivmedizin 3: 4
Ahluwalla GS, Kuczala ZJ, Carlson LR (1976) Fast economical technique for separating serum from blood samples. Clin Chem 22: 519
Air Transport Restricted Articles Circular No. 6-D, Section III, Part K, 615 (e). Airline Tariff Publishing Company, USA, 20 June 1977, p 240
Akerblom O, Verdier CH de, Garby L, Hogman C (1968) Restoration of defective oxygen-transport function of stored red blood cells by addition of inosine. Scand J Clin Lab Invest 21: 245
Albath W (1982) Präanalytische Phase im Labor - Teilschritt Blutgewinnung. Gruppenpraxis 1: 4
Albers JJ, Cheung MC, Wahl PW (1980) Effect of storage on the measurement of apolipoproteins A-I and A-II by radial immunodiffusion. J Lipid Res 21: 874
Albert ED, Scholz S (1978) The biology of the major histocompatibility complex in man. Behring Inst Mitt 62: 21
Albert WHW, Oehler J, Scherer R, Staber G (1982) Alpha-1-Fetoproteinbestimmung mit einem Enzymimmunoassay. Workshop-Bericht über die klinische Erprobung an 13 Zentren. Lab Med 6: 167
Albertini A, Bolleli G (1982) Italian external quality-control for steroid hormones. In: Radioimmunoassay and related procedures in medicine 1982, IAEA, Vienna p 629
Alexander VT (1982) Glucose-6-phosphate dehydrogenase activity in erythrocytes. In: Faulkner WR, Meteis S (eds) Selected methods for the small clinical chemistry laboratory. AACC, Washington, Vol 9 p 255
Alfrey AC, Smythe WR (1983) Trace metals and regular dialysis. In: Drukker W, Parsons FM, Maker JF (eds) Replacement of renal function by dialysis. Nijhoff Publ 2nd ed p 804
Allain CC, Poon LS, Chan CS, Richmond W, Fu PC (1974) Enzymatic determination of total cholesterol. Clin Chem 20: 470
Allen JK, Batjer JD (1985) Evaluation of an automated method for leukocyte differential counts based on electronic volume analysis. Arch Pathol Lab Med 109: 534
Aller RD (1985) Surviving prospective reimbursement: how computers can help contain lab costs. Pathologist 39: 11
Allner R (1985) Beobachtungen über Fibrinogen als Störquelle bei heterogenen Enzym-Immunoassays. J Clin Chem Clin Biochem 23: 231
Allner R (1985) Zur Bestimmung der sauren Prostata-Phosphatase ein Methodenvergleich. Lab Med 9: 82
Alström T, Gräsbeck R, Hjelm M, Skandsen S (1975) Recommendations concerning the collection of reference values in clinical chemistry and activity report. Scand J Clin Lab Invest 35 (Suppl) 144: 1
Amazon K, Soloni FG, Rywlin AM (1981) Separation of bilirubin from hemoglobin by recording derivative spectrophotometry. Am J Clin Pathol 75: 519
Ambroise-Thomas P, Desgeorges PT (1979) L'hemagglutination indirecte dans le sero-diagnostic de l'hydatidose comparaison avec l'immuno-fluorescence indirecte et la technique ELISA. Lyon Médical 241: 755
Amelung D, Hofmann L, Otto L (1966) Untersuchungen zur Haltbarkeit der Fermentaktivität im Serum. Dtsch Med Wschr 91: 851
Ames Division Miles (1981) Interfering factors in urine chemistry. Miles Laboratories Australia Pty.
Amrein R, Reber H, Widmer LK, Thölen H (1979) Normalwerte für die Ausscheidung von Erythrozyten und Leukozyten im 2-Stunden-Harn. Ärztl Lab 25: 117
Anand VD, Ducharme DM (1974) Stability of chromium ions at low concentrations in aqueous and biological matrices stored in glass, polyethylene and polycarbonate containers. In: Accuracy in trace analyses: Sampling, sample handling and analysis. Proceedings of the 7th IMR-Symposium, Gaithersburg, Md, NBS Special Publication 422, 611
Anand VS, White JM, Nino HV (1975) Some aspects of specimen collection and stability in trace element analysis of body fluids. Clin Chem 21: 595
Anderson B (1964) Investigations into the Euglena method for vitamin B 12 in serum. J Clin Pathol 17: 14
Andersson G, Ronquist G (1983) Volume determination in 24-hour urine specimens. Laboratory medicine 14: 652
Andersson U, Bird G, Britton S (1981) A sequential study of human lymphocyte function from birth to two years of age. Acta Paediatr Scand 70: 837

Andrejat G, Fitzgibbon L, Gilis R, Rodgers J, Doumas BT (1982) Heparin interference in creatine kinase assays. Clin Chem 28: 1718
Andrewes Ch, Pereira HG (1972) Viruses of vertebrates. Balliere Tindall, London, 3 rd ed
Annino JS, Relman AS (1959) The effect of eating on some of the clinically important chemical constituents of the blood. Am J Clin Pathol 31: 155
Anonym: External quality control assessment schemes in clinical chemistry. Directory of schemes available in the united kingdom. Mitgeteilt von: Jennings RD, Department of Health and Social Security, GB London SE1 6TE, Hannibal House
Anschütz F (1980) Die Bedeutung der Anamnese für den klinischen Entscheidungsprozeß. diagnostik 13: 1
Antoniadis G, Enders G, Lennertz H, Thomssen R (1974) Standardisierte Technik zur Durchführung des Röteln-HA- und HAH-Testes. Bundesgesundheitsblatt 22: 320
Appel W (1973) Schnellteste. Teil II. Medizin 11: 40
Appel W (1975) Diagnostica. In: Ullmanns Enzyklopädie der technischen Chemie, Bd 10, Chemie Weinheim, 4. Neubearbeitete und erweiterte Aufl p 59
Appel W (1977) Arzneimittelwirkungen in der Laboratoriumsmedizin: Arzneimittelwechselwirkungen. Tempo Medical 7: 12
Appel W (1977) Schnelldiagnostika im Aufwärtstrend. Medizin 5: 334
Appel W (1979) Eiweiß im Urin: Vergleich von Schnelldiagnostika und quantitativer Bestimmung. Laboratoriumsblätter 29: 33
Appel W (1981) Harnanalytik richtig bewertet. Moderne Medizin 9: 417
Appel W (1985) Qualitätssicherung in der einfachen Harnanalytik - Ergebnisse der INSTAND-Ringversuche 1980-1985. Lab Med 9: 149
Appel W (1986) Methodenabhängige Störfaktoren bei der Harnproteinbestimmung. In: Nieren und Hochdruckkrankheiten. Bd 15 p 210
Appel W (1986) Qualitätssicherung in der Harnanalytik mit Teststreifen und gestuften Skalen. Mitt Klin Chem
Appel W, Appel S, Banauch D (1984) Nachweis antibiotisch wirksamer Substanzen im Harn mit Teststreifen. Allgemeinarzt 6: 904
Appel W, Merkle U, Müller E (1979) Ein halbautomatisiertes Harnanalyse-System. diagnostik 12: 1
Appel W, Nürck Ch, Merkle U (1978) Harnglukose-Schnelltest mit Askorbinsäurezone. diagnostik 11: 78
Appel W, Nürck Ch, Merkle U (1979) A rapid test for urinary glucose determination with an ascorbin zone. Med Lab 6: 29
Appel W, Wirmer V, Ebenezer St (1968) Beeinflussung klinisch chemischer Untersuchungen durch Dextran. Anaesthesist 17: 95
Araj GF, Hopfer RL, Chesnut S, Fainstein V, Bodey GP (1982) Diagnostic value of the enzym-linked immunosorbent assay for detection of candida albicans cytoplasmatic antigen in sera of cancer patients. J Clin Microbiol 16: 46
Arinkin MI (1929) Die intravitale Untersuchungsmethodik des Knochenmarks. Fol Haematol 38: 233
Arkin ChF (1984) Standardizing the prothrombin time. Pathologist 38: 460
Arkin ChF (1985) Quality control: what are our goals ? How much is necessary ? Pathologist 39/8: 19
Arnold H, Blume KG, Löhr GW, Boulard M, Najean Y (1974) Acquired red cell enzyme defects in hematological diseases. Clin Chim Acta 57: 187
Arnold M (1977) Leistungsdruck und Kostenbegrenzung im Krankenhaus. Dtsch Ärztebl 83: 2699
Artmann C (1983) Erfahrungen mit einem neuen Kontrollblut für die Hämatologie. Lab Med 7: 312
Ärztl. Management Redaktion (1985) Was kosten Labor-Teststreifen? Ärztl Manag 5: 64
Asami K (1952) Bacteria-free cultivation of Trichomonas vaginalis. Kitasato Arch Exp Med 25: 149
Asami K, Nakamura M (1955) Experimental inoculation of bacteria-free Trichomonas vaginalis into human vaginae and its effect on the glycogen content of vaginal epithelia. Am J Trop Med Hyg 4: 254
Asberg A (1984) Evaluations of dipsticks for the assessment of microhematuria. Scand J Clin Lab Invest 44: 377
Aschir G (1977) Interne Qualitätskontrolle im Routinelabor. mta Zschr 22: 1

Ash KO, Clark StJ, Sandberg LB, Hunter E, Woodward StC (1983) The influences of sample distribution and age on reference intervals for adult males. Am J Clin Pathol 79: 574

Ashwood E, Lenke R (1984) Elevated maternal alpha-Fetoprotein (AFP) following amniocentesis. Clin Chem 30: 998

ASM American Society for Microbiology, 1913 I St. N.W., Washington DC 20006, USA: CUMITECH: Cumulative techniques and procedures in clinical microbiology.

Asper R (1983) Labor-EDV-Systeme: Erfahrungen und Vergleiche. Plausibilitätskontrolle und Befundgestaltung. Mitt Dtsch Ges Klin Chem 14/3: 114

Assmann G, Oberwittler W, Schulte H, Schriewer H, Funke H, Epping PH, Hauss WH (1980a) Prädiktion und Früherkennung der koronaren Herzkrankheit. Prospektive epidemiologische Studie bei Betriebsangehörigen im Raum Westfalen. Internist 21: 446

Assmann G, Schriewer H (1980b) Diagnostik der Hyperlipidämien. Therapeutische Umschau 37: 965

Assmann G, Schriewer H (1980c) High-density-Lipoproteine: Analytik, Biochemie und Klinik. Münch Med Wschr 122 (Suppl 5): 197

Assmann G, Schriewer H (1981a) Bedeutung der Hypertriglyzeridämie als Risikofaktor der koronaren Herzkrankheit. Internistische Welt 4: 485

Assmann G, Schriewer H (1981b) Möglichkeiten und Grenzen der Analytik des HDL-Cholesterins. J Clin Chem Clin Biochem 19: 1

Assmann G, Schriewer H, Funke H (1981b) Zur Richtigkeit der HDL-Cholesterin- und HDL-Apolipoprotein A-I-Bestimmung nach Phosphorwolframsäure/$MgCl_2$-Präzipitation Apolipoprotein B-haltiger Lipoproteine. J Clin Chem Clin Biochem 19: 273

Assmann G, Schriewer H, Juchem KH (1981a) Zur Rolle des HDL-Cholesterins in der Präventivmedizin. Therapiewoche 31: 5563

Assmann G, Schriewer H, Schmitz G, Hägele EO (1983) Quantification of high-density lipoprotein cholesterol by precipitation with phosphotungste acid/$MgCl_2$. Clin Chem 29: 2026

Astaldi G, Burlina A, Galzigna L (1972) Blood specimens collection for red cells enzyme assay. Acta Vitamin Enzym 78

Auditore JV, Hartmann RC (1959) Paroxysmal nocturnal hemoglobinuria: II. Erythrocyte acetylcholinesterase defect. Am J Med 27: 401

Auger P, Jolz J (1977) Factors influencing germ tube production in Candida albicans. Mycopathol 61: 183

Aull JC, McCord WM (1957) Effects of posture and activity on the major fractions of serum protein. Am J Clin Pathol 27: 52

Ausschuß für Qualitätssicherung (AQS) in der Deutschen Gesellschaft für Laboratoriumsmedizin (1984) Die Meßtemperatur bei der enzymatischen Bestimmung. Lab Med 8: 49

Averdunk R, Braun JS (1972) Über die Aktivität von Reagenzien zur Thromboplastinzeit-Bestimmung (Quick-Wert) verschiedener Hersteller bei Konzentrationsveränderungen einzelner Gerinnungsfaktoren. Blut 24: 303

Avery GB (1980) What pediatric patients need from laboratories. Clin Chem News 6 (11): 7S

Avogaro P, Capri C, Pais M, Cazzolato G (1973) Plasma and urine cortisol behavior and fat mobilization in man after coffee ingestion. Isr J Med Sci 9: 114

Babson AL (1984a) A new endogenous immunoenzyme assay for prostatic acid phosphatase evaluated. Clin Chem 30: 1254

Babson AL (1984b) 1-Naphtylphosphate: The preferred substrate for acid phosphatase. Clin Chem 30: 1418

Bachner P (1983) QAS notes: candidate methods for hematology quality control. Pathologist 37: 531

Bachorik PS (1982) Collection of blood samples for lipoprotein analysis. Clin Chem 28: 1375

Bachorik PS, Walker R, Brownell KD, et al (1980) Determination of high-density lipoprotein-cholesterol in stored human plasma. J Lipid Res 21: 608

Bacus JW (1973) The observer error in peripheral blood cell classification. Am J Clin Pathol 59: 223

Baer DM, Belsey RE (1986) Acting as consultant - and improving patient care. Pathologist 40: 14

Baer DM, Krause RB (1968) Spurious laboratory values resulting from simulated mailing conditions. A study of time and temperature variables. Am J Clin Pathol 50: 111

Bageant RA (1975) Variations in arterial blood gas measurements due to sampling techniques. Respir Care 20: 565

Bailey M, Capel BJ (1983) Contained clinical chemical analysis of hazardous specimens. Lab Pract 32: 142

Baily JW, Sada E, Brass C, Bennett JE (1985) Diagnosis of systemic candidiasis by latex agglutination for serum antigen. J Clin Microbiol 21: 749

Bain B, Forster T, Sleight B (1980) Heparin and the activated partial thromboplastin time - a difference between the in-vitro and in-vivo effects and implications for the therapeutic range. Am J Clin Pathol 74: 668

Baker C, Kahn SE, Bermes EW (1980) Effect of bromide and iodide on chloride methodologies in plasma or serum. Ann Clin Lab Sci 20: 523

Ballantyne FC, Ballantyne D, Carlson K (1977) Effect of storage conditions of serum lipoproteins on electrophoretic mobility in agarose gel and on lipid composition. Scand J Clin Lab Invest 37: 189

Bandi ZL, Myers JL, Bee DE, James GP (1982) Evaluation of determination of glucose in urine with some commercially available dipsticks and tablets. Clin Chem 26: 2110

Banez EI, Triplett DA, Koepke J (1980) Laboratory monitoring of heparin therapy - the effect of different salts of heparin on the activated partial thromboplastin time. Am J Clin Pathol 74: 569

Banner N, Rumler W (Hrsg) Pädiatrie und Laboratoriumsmedizin. Martin-Luther-Universität, Halle-Wittenberg

Bär DM, Krause RB (1968) Spurios laboratory values resulting from simulated mailing conditions. Am J Clin Pathol 50: 111

Barakat RM, Etkins RP (1961) Assay for vitamin B 12 in blood. Lancet 2: 25

Barbaresei G, Gozzo ML, Zuppi C (1986) Automation in urinanalysis - sample and data management, and quality control. J Autom Chem 8: 142

Barnett RN (1974) Accuracy needs of the physician for diagnosis and treatment. Med Instr 8: 14

Barnett RN (1979) Clinical laboratory statistics. Little, Brown Co, Boston MA, 2nd ed

Barnett RN (1984) Clinical effectiveness of laboratory equipment: criteria for evaluation. Laboratory Medicine 15: 93

Barnett RN, McIver DD, Gotron WL (1978) The medical usefulness of stat tests. Am J Clin Pathol 69: 520

Barnth B, Caputo MJ, Deicher H, Leyssens H (1978) Quantitative Bestimmung von Serum-Proteinen mit einem neuen Laser-Nephelometer. J Clin Chem Clin Biochem 16: 397

Barr RD, Koekebakker M (1984) Storage and transportation of samples for analysis of terminal transferase by indirect immunofluorescence. Am J Clin Pathol 81: 660

Barragán F, Fuentes J, Orts J, Castelao A (1985) Specimen collection time for enzyme analysis in urine. J Clin Chem Clin Biochem 23: 213

Bartels H, Boehmer M (1973) Eine kinetische Meßmethode für Serumkreatinin. Med Lab (Stuttg) 26: 209

Bartl K, Brandhuber M, Ziegenhorn J (1979) Improved automated kinetic determination of uric acid in serum by use of uricase catalase/aldehyd-dehydrogenase. Clin Chem 25: 619

Bartlett RC (1975) Control of cost and medical relevance in clinical microbiology. Am J Clin Pathol 64: 518

Bartlett RC (1981) Quality control in microbiology. In: Sommers HM (ed) Clinical relevance in microbiology. College of American Pathologists, Skokie, Ill, p 25

Bartlett RC, Allen VD, Blazevic DJ, Dolan CT, Dowell VR, Gavan TL, Tuhorn SL, Lombard GL, Matsen JM, Melvin DM, Sommers HM, Suggs MT, West BS (1978) Clinical microbiology. In: Inhorn SL (ed) Quality assurance practices for health laboratories. Amer Publ Health Assoc, Washington D.C.

Bartlett RC, Kaczmarczyk LA (1984) Usefulness of microscopic examination in urinalysis. Am J Clin Pathol 82: 713

Bartlett RC, Rutz C (1980) Processing control and cost in bacteriology. Am J Clin Pathol 74: 287

Bartlett RC, Rutz CA, Konopacki N (1982) Cost effectiveness of quality control in bacteriology. Am J Clin Pathol 77: 184

Bartmann, Fink, Hussels, Jakschik, Kosinowski, Müller, Petersen, Roester, Schriever, Schröder, Urbanczik (1976) Minimalforderungen zur Differenzierung von Mykobakterien. Ärztl Lab 22: 78

Bauer HW (1982) Die Untersuchung des Harnsediments mit dem MD-Kova-System. Med Welt 33: 875

Bauer HW (1982) Immunenzymatischer Assay für die prostataspezifische saure Prostataphosphatase beim Prostatakarzinom. Med Welt 33: 1616
Bauer HW (1985) Wertung der PAP-Bestimmung mit monoklonalen Antikörpern. Lab Med 9: 271
Bauer HW, Göttinger H, Grenner G, Dati F (1981) Erster Enzymimmunoassay für die prostataspezifische saure Phosphatase. Tumordiagnostik II: 44
Bauer HW, Haase W, Sieck R (1981) New diagnostic possibilities in the analysis of urinary sediment with the MD-Kova-System. J Clin Chem Clin Biochem 19: 587
Bauer K, Gabl F (1979) Hemmung der Serum-Cholinesterase durch Kunststoff-Serumfilter Seraclear. Med Lab (Stuttg) 32: 170
Bauer S, DeVino T (1970) Advances in automated analysis. White Plains, New York, Mediad Inc 3: 31
Baum H, Berg PA (1980) Serology of primary biliary cirrhosis. Semin Immunopathol 3: 355
Bauman JE (1982) Stability of radioimmunoassayable steroid and protein hormones after repeated freeze-thaw cycles. Clin Chem 28: 2336
Baumgartner D (1978) Probleme bei der Erweiterung der Eichpflicht für Meßgeräte in der Heilkunde - Konsequenzen für Mediziner und Patienten. PTB-Mitt 88: 13
Bayer PM, Wider G, Unger W, Köhn H, Hajdusich P, Hotschek H (1982) Atypische Kreatinkinase Isoenzyme, Inzidenz und klinische Bedeutung. Klin Wschr 60: 365
Beardslee R, Owens P (1976) Stabilization by boric acid of aldolase activity at room temperature. Clin Chem 22: 1543
Beaver PC, Jung RC, Cupp EW (eds) (1984) Clinical Parasitology. Lea & Febiger, Philadelphia 9th ed
Bechtler G, Epstein MS, Geary TD, Havemann W, Attoe P (1982) IFCC 1982/1: Listing specifications of flame emission spectrometers. J Clin Chem Clin Biochem 20: 259
Beck JR (1986) Likelihood ratios. Another enhancement of sensitivity and specificity. Arch Pathol Lab Med 110: 685
Beck O, Bech-Jansen P, Rosen J (1972) A new method of arterial blood sampling. Acta anaesth scand 16: 32
Becker StM, Ramirez G, Pribor H, Gillen A (1973) A quality control product for urinalysis. Am J Clin Pathol 59: 185
Becker W (1980) Die Standardisierung immunchemischer Plasmaprotein-Bestimmungen. Laboratoriumsblätter 30: 25
Becker W, Rapp W, Schwick HG, Störiko K (1968) Methoden zur quantitativen Bestimmung von Plasmaproteinen durch Immunpräzipitation. Z Klin Chem Klin Biochem 6: 113
Becton-Dickinson and Company (1981) Seminar Stresses Importance of Specimen Collection. Rutherford, New Jersey, Becton-Dickinson Vacutainer Systems
Bedford RF (1978) Long-term radial artery cannulation: effects on subsequent vessel function. Crit Care Med 6: 64
Bee DE, James GP, Paul Kata L (1979) Hemoglobinuria and hematuria: accuracy and precision of laboratory diagnosis. Clin Chem 25: 1696
Beeler MF, Boudreau DA (1977) CAP Interlaboratory survey of analytic balances. Am J Clin Pathol 68: 207
Beeler MF, Lancaster RG (1975) CAP Survey to assess the extent of stray light problems in precision spectrophotometry. Am J Clin Pathol 63: 953
Beeser H (1976) Qualitätssicherung hämostaseologischer Untersuchungsmethoden. Med Lab (Stuttg) 29: 262
Beeser H (1977) Qualitätskontrolle gerinnungsphysiologischer Untersuchungsmethoden. In: Englhardt A, Lommel H (Hrsg) Diagnostik hämorrhagischer Diathesen. Verlag Chemie, Weinheim p 185
Beeser H (1981) Standardization of clotting and factor assays. In: Rosalki, Anido (eds) New approaches to clinical chemistry and hematology. Huber Verlag, Bern
Beeser H (1983) Vergleichende Untersuchungen der Blutentnahme und Probenaufbewahrung für Gerinnungsuntersuchungen mit dem „Einmalkunststoffspritzen-Einmalkanülensystem“ und dem Vakuum-Blutentnahmesystem Vacutainer. In: Symposium „Präanalytik“ 16.-19.3.1983 Plymouth, England, Becton Dickinson Vacutainer System Heidelberg p 15
Beeser H, Fischer J (1980) Die Rolle eines Referenzplasmas bei der Standardisierung der Thrombo-

plastinzeit und anderer Gerinnungstests: 1. Kongreß für Thrombose und Blutgerinnung, Wien, 21-23.2.80. Abstr In: Blut 40: 53
Beeser HP, Fischer J (1985) The West Germany quality assessment programm for caogulation testing. CAP Coagulation Conference
Begemann H (1970-1981) Handbuch der Inneren Medizin. 7 Teilbände, Bd. II. Springer, Berlin Heidelberg New York
Behne D (1980) Trace element analytical chemistry in medicine and biology. In: Brätter P, Schramel P (eds) 1st Int workshop Neuherberg. De Gruyter, Berlin New York p 769
Behne D, Brätter P (1977) Probleme bei der Spurenelementanalyse in der Medizin. In: Gladtke E, Heimann G, Eckert J (Hrsg) Spurenelemente. Analytik, Umsatz, Bedarf, Mangel und Toxikologie. Thieme, Stuttgart p 42
Behring Diagnostica (1985) Methodenspezifische Fehlerquellen und Störeinflüsse bei klinisch-chemischen Bestimmungen
Bencze K (1979) In: Gladtke E et al (Hrsg) Spurenelemente. Thieme, Stuttgart p 342
Bender K (1983) Das HLA-System. Biotest, Frankfurt/Main
Benson ES (1978) Strategies for improved use of the clinical chemistry laboratory in patient care. In: Benson ES, Ruben M (eds) Logic and economics of clinical laboratory use. Elsevier North Holland Biomedical Press, New York, p 245
Benth S, Lacey RH (1982) Effect of recent food on estimation of high-density lipoprotein and total cholesterol in normal subjects. Ann Clin Biochem 19: 176
Berensmann RD, Ludewigs M, Rotzler A (1975) Qualitätsverbesserung durch Ringversuche. diagnostik 8: 581
Berg A, Keul J (1984) Beeinflussung der Serumlipoproteine durch körperliche Aktivität. Dtsch Ärztebl 81: 1161
Berg B (1986) Ascorbate interference in the estimation urinary glucose by test strips. J Clin Chem Clin Biochem 24: 89
Berg B, Estborn B, Tryding N (1981) Stability of serum and blood constituents during mail transport. Scand J Clin Lab Invest 41: 425
Bergen J, Hirsch H (1976) Vorschlag für eine fortlaufende graphische Darstellung von Ringversuchsergebnissen. J Clin Chem Clin Biochem 14: 461
Berger W (1973) Teststreifenmethoden zur Beurteilung der Ketose. Dtsch Med Wschr 98: 2335
Berger W (1975) Teststreifenmethoden zum Urinzucker-Nachweis. Dtsch Med Wschr 98: 2304
Berger W (1981) Diabetes-Kontrolle: wie zuverlässig ist der Urinzucker? Zit. nach Med Tribune 37: 32
Bergman A, Öhman G (1980) Effect of detergent on kinetic Jaffe method assay of creatinine. Clin Chem 26: 1729
Bergmeyer HU (1973) Standardisierung der Reaktionstemperatur bei der Aktivitätsbestimmung von Enzymen. Boehringer Mannheim
Bergmeyer HU (1974) (Hrsg) Methoden der enzymatischen Analyse. Chemie, Weinheim, 3. Aufl
Bergmeyer HU (1981) Thought on standardization in the eighties. J Clin Chem Clin Biochem 19: 109
Bergmeyer HU (ed) (1986) Methods of enzymatic analysis, 3. Aufl Vol 1-10, Chemie, Weinheim
Bergmeyer HU, Brent E, Gawehn K, Michael G (1974) Handling of biochemical reagents and samples. In: Bergmeyer HU (ed) Methods of Enzymatic Analysis 1. Chemie, Weinheim, Academic Press Inc., New York and London, p 165
Bergmeyer HU, Busch EW (1978) Metabolic and drug influence on enzymatic assay procedures. Int Congr Clin Chem Mexico
Bergmeyer HU, Gawehn K (1977) Grundlage der enzymatischen Analyse. Chemie, Weinheim
Bergmeyer HU, Grassl M (1983) Handling of reagents. In: Bergmeyer HU (ed) Methods of enzymatic analysis. 3rd ed, Vol II, Chemie, Weinheim p 102
Bergmeyer HU, Hørder M, Rej R (1986) Approved recommendation (1985) on IFCC methods for the measurement of catalytic concentrations of enzymes. Part 2: IFCC method for aspartate aminotransferase (L-Asparate: 2-oxoglutarate aminotransferase, EC 2.6.1.1). J Clin Chem Clin Biochem 24: 497
Bergmeyer HU, Hørder M, Rej R (1986) Approved recommendation (1985) of IFCC methods for the measurement of catalytic concentrations of enzymes. Part 3: IFCC method for alanine ami-

notrasferase (L-Alanine: 2-oxoglutarate aminotransferase, EC 2.6.1.2). J Clin Chem Clin Biochem 24: 481
Bergqvist Y, Eckerbom S, Funding L (1984) Effect of use of gel-barrier sampling tubes on determination of some antiepileptic drugs in serum. Clin Chem 30: 465
Bermes EW Jr, Erviti V, Forman DT (1976) Statistics, normal values, and quality control. In: Tietz N (ed) Fundamentals of clinical chemistry. WB Saunders, Philadelphia PA p 83
Bernstein JH (1985) An analysis of laboratory workload and physician test use. Pathologist 39: 35
Bernstein LH (1985) Predicting the costs of laboratory testing. Pathologist 39: 19
Bernstein LH (1985) Reorganizing for optimum efficiency. Pathologist 39: 25
Bernstein LH, Reynoso G (1983) Serum lactate dehydrogenase isoenzyme-1: effect of time of sampling and total serum LD activity on diagnostic efficacy. Clin Chem 29: 589
Bernstein LH, Sachs E (1984) Cutting laboratory costs: where we are most likely to succeed. Pathologist 38: 795
Bernstein RE (1976) Further use of the Sure-Sep technique for serum-plasma separation. Clin Chem 22: 120
Bernt E, Bergmeyer HU (1974) Harnsäure. In: Bergmeyer HU (Hrsg) Methoden der enzymatischen Analyse. Verlag Chemie, Weinheim, 2. Aufl p 1885
Berry RE (1966) A comparative study of laboratory performance using frozen serum unknowns. Am J Clin Pathol 46: 193
Bertram HP (1983 a) Analytik von Spurenelementen. In: Zumkley H (Hrsg) Spurenelemente; Grundlagen, Ätiologie, Diagnose, Therapie. Thieme, Stuttgart S 6
Bertram HP (1983 b) Analytik von Spurenelementen. In: Zumkley H (Hrsg) Spurenelemente, Grundlagen, Ätiologie, Diagnose, Therapie. Thieme, Stuttgart S 9
Bessman JD (1983) New parameters on automated hematology instruments. Laboratory Medicine 14: 488
Betke K, Beutler E, Brewer GJ, Kirkman HN, Luzzatto L, Motulsky AG, Ramot B, Siniscalco M (1967) Standardization of procedures for the study of glucose-6-phosphate dehydrogenase. Technical Report Series N. 366, WHO, Geneva
Betke K, Kleihauer E (1958) Fetaler und bleibender Blutfarbstoff in Erythrozyten und Erythroblasten von menschlichen Feten und Neugeborenen. Blut 4: 241
Beutler E (1966) A series of new screening procedures for pyruvat kinase deficiency, glucose-6-phosphate dehydrogenase deficiency and glutathione reductase deficiency. Blood 28: 533
Beutler E (1972) Preservation of erythrocytes-liquid storage. In: Williams WJ, Beutler E, Erslev AJ, Rundles RW (eds) Hematology. McGraw-Hill Book Co, New York, p 1299
Beutler E (1976) Enzyme tests in haematological diseases. In: Wilkinson JH (ed) The principles and practice of diagnostic enzymology. Arnold Publ, London
Beutler E (1978) Hemolytic anemia in disorders of red cell metabolism. In: Wintrobe MM (ed) Topics in hematology. Plenum Medical Publ Corp, New York
Beutler E, Blume KG, Kaplan JC, Löhr GW, Ramot B, Valentine WN (1977) ICSH Expert panel on red cell enzymes. Brit J Haematol 35: 331
Beutler E, Blume KG, Kaplan JC, Löhr GW, Ramot B, Valentine WN (1977) Recommended methods for red cell enzyme analysis. Brit J Haematol 35: 311
Beutler E, Blume KG, Kaplan JC, Löhr GW, Ramot B, Valentine WN (1979) International Committee for Standardization in Haematology. EP 12/3 TS 1979
Beutler E, Mitchell M (1968) In: Hsia DYY (ed) Galactosemia. Thomas, Springfield, Illinois
Bieber RJ (1976) Blutgasanalysen: Vergleichbarkeit. Methodische Mitteilungen. diagnostik 9: 316
Bijster P, Vader HL, Vink CLJ (1983) Influence of erythrocytes on direct potentiometric determination of sodium and potassium. Ann Clin Biochem 20: 116
Biswas CK, Ramos JM, Kerr DNS (1981) Heparin effects on ionised calcium concentration. Clin Chim Acta 116: 343
Bjorkhem J, Blomstrand R, Lantto O, Svensson L, Öhman G (1976) Toward absolute methods in clinical chemistry: application of mass fragmentography to high-accuracy analyses. Clin Chem 22: 1789
Bjornsson TD, Nash PV (1986) Variability in heparin sensitivity of APTT reagents. Am J Clin Pathol 86: 199
Bjornsson TD, Wolfram KM (1981) Determinants of the anticoagulant effect of heparin in vitro. Ann NY Acad Sci 370: 656

Bjornsson TD, Wolfram KM (1982) Intersubject variability in the anticoagulant response to heparin in vitro. Eur J Clin Pharmacol 21: 491
Blaauwen DH den, Poppe WA, Tritschler W (1983) Cholinesterase mit Butyrylthiocholinjodid als Substrat: Referenzwerte in Abhängigkeit von Alter und Geschlecht unter Berücksichtigung hormonaler Einflüsse und Schwangerschaft. J Clin Chem Clin Biochem 21: 381
Blackburn EK, Shinton NK (1979) Blood specimen collection tubes for coagulation tests. Brit Med J 1: 894
Blackburn EK, Shinton NK (1979) Blood specimen collection tubes for coagulation tests. J Clin Pathol 32: 741
Blagg W, Schloegel EL, Mansour NS, Khalaf GI (1955) A new concentration technic for the demonstration of protozoa and helminth eggs in feces. Am J Trop Med Hyg 4: 23
Blazevic DJ, Hall CT, Wilson ME (1976) Cumitech 3: Practical quality control procedures for the clinical microbiology laboratory. In: Balows A (coordinating ed) American Society for Microbiology. Washington D.C.
Bleiber R, Engelhardt I, Egger E, Rueth P (1981) Zur Anwendung von Na_2ÄDTA als Antikoagulans in der hämatologischen Diagnostik. Dtsch Gesundh-Wesen 36: 794
Blick KE, Commens MJ, Passey RB (1983) Quality control of acid phosphatase assay improved by direct reconstitution of lyophilized control materials with citric acid. Clin Chem 29: 2093
Blijenberg BG, Leijnse B (1979) A spectrometric version of the total bilirubin determination with the DuPont aca with respect to neonatal sera. J Clin Chem Clin Biochem 17: 303
Blijenberg BG, Leijnse B (1980) A survey report on the determination of total bilirubin in neonatal samples. J Clin Chem Clin Biochem 18: 27
Bloch DM (1980) Computer-generated management tools for the clinical pathology laboratories. J Med Systems 4: 367
Blom M, Hjorne N (1976) Profile analysis of blood proteins with a centrifugal analyzer. Clin Chem 22: 657
Blom M, Sorensen D (1978) Simultaneous blank correction in a turbi dimetric continuous flow system for immunochemical quantitation of plasma proteins. Scand J Clin Lab Invest 38: 785
Bloomer JR, Berk PD, Howe RB, Berlin NI (1971) Interpretation of plasma bilirubin levels based on studies with radioactive bilirubin. J Amer Med 218: 216
Blum W (1984) Notwendig: Regelmäßige Desinfektionsmaßnahmen zur Bekämpfung von Hautpilzerkrankungen. GIT Suppl 4: 70
Blumenfeld TA (1978) Infant blood collection and chemical analysis. Diagn Med 1: 58
Blumenfeld TA, Hertelendy WG, Ford SG (1977) Simultaneously obtained skin puncture serum, skin puncture plasma, and venous serum compared, and effects of warming the skin before puncture. Clin Chem 23: 1705
Blumenfeld ThA, Turi GK, Blanc WA (to be published) Recommended site and depth of heel puncture in newborns based on postmortem measurements and histopathology
Bock HE (1939) Das Haemomyelogramm. Klin Wschr 18: 1565
Böcker JF (1984) Probennahme - Gewinnung einer Blutprobe für das klinisch-chemische Laboratorium. mta Journal 6: 10
Bodansky A (1931) Paradoxical increase of phosphatase activity in preserved serum. Proc Soc Exp Biol Med 29: 1292
Bode H, Wielinger H, Wieczorek L (1983) Antibakterielle Stoffe im Urin. Nachweis mit einem neuen Teststreifen. Z Allg Med 59: 781
Boehringer Mannheim (1982) Testreport Monotest Cholesterin „high performance"
Boehringer Mannheim Peridochrom Trigyzeride, Produktinformation. Boehringer Mannheim Test Combination Triglyzeride vollenzymatisch, Produktinformation
Boehringer Mannheim, Wiss. Abt. Diagnostica. Proben, Probennahme, Probenvorbereitung, Probenverwahrung (1979). Qualitätskontrolle, Fehlersuche (1979). Medikamenteneinflüsse (1981). Qualitätssicherung, Qualitätskontrolle, Grundlagen, Richtlinien und praktische Hinweise (1983). Kontrollseren, Kalibrationsseren und Kontrollplasmen (1984). Störfaktor Arzneimittel (1984). Störungen durch Hämolyse (1984). Qualitätssicherung bei Laboruntersuchungen (1986)
Böhle F, Janitschke K (1984) Evaluation of Echinococcus antigens from different intermediate hosts for serodiagnosis of human hydatidosis. Zbl Bakt Hyg A 258: 415
Böhme A (1911) Über die Schwankungen der Serumkonzentration beim gesunden Menschen. Dtsch Arch klin Med 103: 522

Bohner J, Stein W, Renn W, Steinhart R, Eggstein M (1981) Stability of macro creatine kinases and creatine kinase isoenzymes compared: heat inactivation test for determination of thermostable creatine kinases. J Clin Chem Clin Biochem 19: 1021

Boivin P, Galand C, Hakl J, Kahn A (1975) Acquired erythroenzymopathies in blood disorders: study of 200 cases. Brit J Haematol 31: 531

Bojar H (1984) Results of external quality control trials performed by the german cooperative group for receptor assay standardization. In: Leclercq G, Toma S, Parisdens R, Heuson JC (eds) Clinical interest of steroid hormone receptors in breast cancer. European experience. Recent results in cancer research 91: 94

Bojar H (1985) Östrogen-Rezeptornachweis mit monoklonalen Antikörpern. In: Nagel GA, Sauer R, Schreiber HW (Hrsg) Hormonabhängigkeit des Mammakarzinoms. Aktuelle Onkologie 31: 175, Zuckschwert, München

Bojar H (1986) Das Labor als Entscheidungshilfe für die Therapie des Mammakarzinoms. In: Nagel GA, Sauer R, Schreiber HW (Hrsg) Hormone, Antihormone, Zytostatika. Aktuelle Onkologie 27: 98, Zuckschwert, München

Bojar H (1986) Quality control requirements in estrogen receptor determination. Cancer Res 46 (Suppl): 4249

Bojar H, Audtretsch W (Manuskript in Vorbereitung) Effect of tamoxifen on the steroid hormone receptor status of nonprimarily resectable mammary cancer.

Bojar H, Staib W, Beck K, Pilasky J (1980) Investigation on the thermostability of steroid hormone receptors in lyophilized calf uterine tissue powder. Cancer 46: 2770

Bölke G (1983) Die Medizingeräteverordnung zu § 8a Gerätesicherheitsgesetz aus der Sicht des Krankenhausträger. Am J Med Technol 49: 3

Boll I (1976) Granulozytopoese. In: Begemann H (Hrsg) Handbuch der Inneren Medizin. Leukozytäres und retikuläres System. Bd. II/3. Springer, Berlin Heidelberg New York p 193

Boll I (1980) Zytologische Knochenmarksdiagnostik, ein Leitfaden. 2. Aufl. Springer, Berlin Heidelberg New York

Boll I (1982) Allgemeine Probleme der Knochenmarkbefundung aus dem Ausstrichpräparat und Zusammenschau der für die Zytologie vorhandenen diagnostischen Möglichkeiten. Lab med 6: 101

Bolton AE, Hunter WM (1973) The labelling of proteins to high specific radioactivities by conjugation to a 125 I-containing acylating reagent. Biochem J 133: 529

Bonard C, Weber E, Koller PU, Willamowski KD, Bachmann F (1982) Rationalisierung im Urinlabor ohne Verzicht auf diagnostische Sicherheit. Dtsch Med Wschr 107: 249

Bonin O (1973) Qualitative virologische Methodik. Thieme, Stuttgart

Böning D, Schweigart U, Kunze M (1974) Diurnal variations of protein and electrolyte concentrations and of acid-base status in plasma and red cells of normal man. Eur J Appl Physiol 32: 239

Bonvicini P, Ceriotti G, Plebani M, Volpe G (1979) Heparin interferes with albumin determination by dye-binding methods. Clin Chem 25: 1459

Börcker E (1978) Beiträge zum Umweltschutz durch geeichte Meßgeräte. PTB-Mitt 88: 15

Borner K (1973) Ein einfaches System der Dokumentation von Laboratoriumsbefunden als Beispiel einer Informationskette im Krankenhaus. Meth Info Med 12: 26

Borner K (1976) Manuelle fotometrische Messungen mit Einweg-Küvetten aus Kunststoff. Ärztl Lab 22: 386

Borner K, Klose S (1977) Enzymatische Bestimmung von Gesamtcholesterin mit dem Greiner Selective Analyzer (GSA-II). J Clin Chem Clin Biochem 15: 121

Borner K, Rietbrock N (1978) Bestimmung von Digoxin im Serum, Vergleich von Radioimmunoassay und heterogenem Enzymimmunoassay. J Clin Chem Clin Biochem 16: 335

Börner U, Szász G, Bablok W, Busch EW (1979) Referenzwerte für Kreatinin im Serum ermittelt mit einer spezifischen enzymatischen Methode. J Clin Chem Clin Biochem 17: 679

Boroviczény KG v (1971) Zum Problem der Blutabnahme für Laboratoriumsuntersuchungen. Arbeitsmed Sozialmed Arbeitshyg 6: 250

Boroviczény KG v (1972) Systematic quality control in clinical pathology. CIS-MEL Publ Arch „Casa sollievo della sofferenza. Med Ed 1: 161

Boroviczény KG v (1974) Das Eichgesetz und die gesetzliche Durchführung der Qualitätskontrolle. Kassenarzt H. 4

Boroviczény KG v (1974) Kontrola jakosei badan w malych laboratoriach diagnostycznych. Diagn lab 1 D Nr 6

Boroviczény KG v (1976) Die Qualitätssicherung im medizinischen Laboratorium. PTB Mitt 76: 86

Boroviczény KG v (1976) Highly accurate (assured) values in medical laboratories. Proceedings of the IX world congress of anatomic and clinical pathology, Sidney Oct 13–17, 1975. Excerpta Medica, Amsterdam p 239

Boroviczény KG v (1979) Größen und Einheiten. Med Klin 74: 1520

Boroviczény KG v (1980) Qualitätssicherung des Blutbildes. Gruppenpraxis 7: 20

Boroviczény KG v (1981) Qualitätskontrolle qualitativer und halbquantitativer Analysenergebnisse. In: Merten UP: Qualitätssicherung. INSTAND-Tagungsvorlage Düsseldorf

Boroviczény KG v (1981) Qualitätssicherung in der Hämatomorphologie. In: Merten UP (ed) Qualitätssicherung in der Laboratoriumsmedizin. INSTAND-Tagungsvorlage Düsseldorf p 87

Boroviczény KG v (1984) Istaufnahme, Kostenermittlung und Istanalyse. INSTAND-Schriftenreihe Bd 1, Springer, Berlin Heidelberg New York Tokyo p 120

Boroviczény KG v (1984) Prüfung von Kontrollbluten durch den Versuchsleiter. In: Merten R (Hrsg) Bd 3 der INSTAND-Schriftenreihe S 70

Boroviczény KG v (1984) Qualitätssicherung und Zielwertermittlung qualitativer und halbquantitativer Analysenergebnisse. In: Merten R (Hrsg) Bd 3 der INSTAND-Schriftenreihe S 105

Boroviczény KG, Copeland BE (1982) Statement from the third quadrennial international symposium on quantities and units in clinical medicine. Am J Clin Pathol 77: 1

Boroviczény KG v, Harnoth Chr, Söker M, Wolf I (1984) Referenzmethode für die Bestimmung der Erythrozytenpartikelkonzentration (Erythrozytenzahl) im Blut. In: Merten R (Hrsg) Bd 3 der INSTAND-Schriftenreihe S 44

Boroviczény KG v, Klein-Wisenberg A v, Merten R, Merten UP, Schumann V (1976) Accuracy assessment and target values. In: Finck ES, Clayton-Jones (eds) The effects of environment on cells and tissues. Proceedings of the IX World Congress of Anatomic and Clinical Pathology Sidney 1975. Excerpta Medica, Amsterdam Oxford p 237

Boroviczény KG v, Merten R (1972) Systematik der Qualitätskontrolle im medizinischen Laboratorium. Medicus-Verlag, Berlin

Boroviczény KG v, Merten R (1974) Impact of hematology and chemistry surveys on the medical laboratories in West Germany. Read before the joint seminar of the College of American Pathologists and the World Association of Societies of Pathology, Washington

Boroviczény KG v, Merten R (1984) Entwicklung des INSTAND-Modells zur Ermittlung des Zielwertes und des „abgesicherten" Laborwertes. In: Merten R (Hrsg) Bd 3 der INSTAND-Schriftenreihe S 127

Boroviczény KG v, Reinauer H (1986) Referenzlaboratorien und Referenzwerte. Lab med 10: 84

Boroviczény KG v, Schipperges H, Seidler E (1974) Einführung in die Geschichte der Hämatologie. Thieme, Stuttgart

Bossak HN, Harris H, Olansky O (1955) Effect of room temperature on serologic tests for syphilis. Brit J Vener Dis 31: 33

Bossenmaier I, Cardinal R (1968) Stability of delta-aminolevulinic acid and porphobilinogen in urine under varying conditions. Clin Chem 14: 610

Bowen HJM (1980) Application of activation techniques to biological analysis. CRC Crit Rev Anal Chem 10: 127

Bowers LD (1980) Kinetic serum creatinine assays. 1. The role of various factors in determining specificity. Clin Chem 26: 551

Boyer KW, Horwitz W, Albert R (1985) Interlaboratory variability in trace element analysis. Anal Chem 57: 455

Bradford MM (1976) A rapid and sensitive method for the quantation of microgramm quantities of protein utilizing the principle of protein dye binding. Analyt Biochem 72: 248

Bradley AF, Stupfel M, Severinghaus JW (1956) Effect of temperature on pCO_2 und pO_2 of blood in vitro. J Appl Physiol 9: 201

Bradley JV (1968) Distribution free statistical tests. Prentice Hall, Englewood Cliffs, NY

Brand G (1983) Theory sampling. 1. Uniform inhomogeneous material. Analyt Chem 314: 6

Brandt JT, Triplett DA (1981) Laboratory monitoring of heparin. Effect of reagents and instruments on the activated partial thromboplastin time. Am J Clin Pathol 76: 530

Brandt S (1975) Datenanalyse, mit statistischen Methoden und Computerprogrammen. B.-Wissenschaftsverlag, Mannheim Wien Zürich p 74

Brandtzaeg P (1973a) Conjugates of immunoglobulin G with different fluorochromes. I. Characterization by anionic-exchange chromatography. Scand J Immunol 2: 273

Brandtzaeg P (1973b) Conjugates of immunoglobulin G with different fluorochromes. II. Specific and non-specific binding properties. Scand J Immunol 2: 333

Branscomb LM (1982) Electronics and computers: an overview. Science 215: 755

Branson D (1966) Problems and errors in the clinical microbiology laboratory. Am J Med Technol 32: 349

Braun H, Grafnetter D, Muche J, Gütschker A, Günther KH, Piorkowski R, Braun G, Schöneborn K (1980) Internationale Vergleichbarkeit von Cholesterinbestimmungen zur Bearbeitung epidemiologischer Studien. Dt Gesundh-Wesen 35: 2085

Braun JS, Straube W (1975) Die Diagnostik der Mikrohämaturie mit mikroskopischen Untersuchungsmethoden. Ein Vergleich mit einem neuen Teststreifen. Dtsch Med Wschr 100: 87

Bressot N, Saussol J, Rosinski E, Lavie M, Verone J, Pujol H (1979) Effect of radiotherapy on estrogen and progestin receptor concentrations in breast cancer. Cancer Treatment Reports 63: 1224

Breuer H, Jungbluth D, Marschner I, Röhle G, Scriba PC, Wood WG (1978) The current state of external quality control surveys in the German Federal Republic in the field of peptide hormone radioimmunoassays, „Radioimmunoassay and related procedures in medicine“, IAEA Vienna II, p 81

Breuer J (1980) Vergleichende Bestimmung von Glukose im Vollblut mit Hilfe der Glukose-Dehydrogenase nach Enteiweißung, der Hexokinase im Hämolysat und der Hexokinase nach Enteiweißung. Med Lab (Stuttg) 33: 57

Brewer GJ (1984) The red cell. Progr Clin Biol Res, Liss, New York

Brewer GJ, Tarlov AR, Alving AS (1962) The methemoglobin reduction test for primaquine-type sensitivity of erythrocytes. A simplified procedure for detecting a specific hypersusceptibility to drug hemolysis. JAMA 180: 386

Britton GM, Brecher G, Johnson CA, Elashof RM (1969) Stability of blood in commonly used anticoagulants. Am J Clin Pathol 52: 690

Brojer B, Moss DW (1971) Changes in the alkaline phosphatase activity of serum samples after thawing and after reconstitution from the lyophilized state. Clin Chim Acta 35: 511

Brook I (1982) Stability of lactic acid in cerebrospinal fluid specimens. Am J Clin Pathol 77: 213

Brosious EM, Schmidt RM, Koepke JA (1978) Hemoglobinopathy testing. A report of the 1976 and 1977. College of American Pathologists Survey. Am J Clin Pathol 70 (Suppl): 563

Broughton PMG, Eldjarn L (1985) Methods af assigning accurate values to reference serum. Part 1: The use of reference laboratories and concensus values, with an evaluation of a procedure for transferring values from one reference serum to another. Ann Clin Biochem 22: 625

Broughton PMG, Hogan TC (1981) A new approach to the costing of clinical laboratory tests. Ann Clin Biochem 18: 330

Broughton PMG, Hogan TC (1981) Costing. Ann Clin Biochem 18: 330

Brouman J, Deligne CH, Deconinck I, Willems D (1983) Factors affecting the determination of ionised calcium in blood. Scand J Clin Lab Invest 43 (Suppl 165): 27

Brown DF, Heslin AS, Doyle JT (1963) Fasting and postprandial serum triglyceride levels in young americans. Am J Clin Nutr 13: 1

Brown HH, Vanco M, Meola JM (1974) Interference from serum separators in drug screening by gas chromatography. Clin Chem 22: 919

Brown SS, Healy MJR, Kearns M (1981) Report on the inter-laboratory trial of the reference method for the determination of total calcium in serum. J Clin Chem Clin Biochem 19: 395

Brown SS, Mitchell FL, Young DS (1979) Chemical diagnosis of disease. Elsevier/North Holland. Biomedical Press, Amsterdam New York Oxford

Bruckner A (1980) Enzymkinetische Glukosebestimmung im Hämolysat. Ärztl Lab 26: 302

Brühl P, Busch EW, Fuchs T (1976) Klinische Erfahrungen mit einem Teststreifen zur Fahndung nach Erythrozyturien und Hämoglobinurien (Sangur-Test). Therapiewoche 26: 5193

Brühl P, Fuchs T, Kattermann R, Hannack D, Peracino A, Oldenziel H, van Oudheusden APM, Vormittag E, Zeckert F, Bergstöm K, Jagenburg R, Colombo JP, Peheim E, Kutter D, Banauch D (1979a) Leukozytennachweis im Urin mit einem neuen Teststreifen. Dtsch Med Wschr 104: 1236

Brühl P, Mikolai D, Vahlensieck W (1979b) Problemdiagnose „Leukozyturie“. Ein einfaches Verfahren zur quantitativen Bestimmung der Harnzellkonzentration. Urol A 18: 278

Brühl P, Vajna M, van Ahlen H, Banauch D (1982) Diagnostische Wertlosigket von Urin-Schnelltests. Münch med Wschr 124: 918

Bruns DE, Lobo PI, Freer K, Savory J, Wills MR (1983) Glycosylated haemoglobins in uremia: measurement of the boronate affinity method and correlation with indicators of blood glucose control. Clin Chem 29: 1230; 30: 569

Buchanan A (1981) Preservation of 24 hour urine collections. New Zealand J Med Lab Technol 35: 84

Buddecke E (Hrsg) (1978) Pathobiochemie. Walter de Gruyter, Berlin New York p 45

Bull BS, Elashoff RM, Heilbron DC, Couperus J (1974) A study of various estimators for the derivation of quality control procedures from patient erythrocyte indices. Am J Clin Pathol 61: 473

Bull BS, Korpman RA (1982) Intralaboratory quality control using patient's data. In: Cavill I (ed) Quality control. Churchill-Livingstone, London

Bundesärztekammer (1971, 1974) Richtlinien der Bundesärztekammer zur Durchführung der statistischen Qualitätskontrolle und von Ringversuchen im Bereich der Heilkunde, aufgestellt aufgrund § 6 (2) Satz 2 der Verordnung über Ausnahmen von der Eichpflicht vom 26.6.1970 (Bundesgesetzblatt I, S. 960) im Benehmen mit der Physikalisch-Technischen Bundesanstalt und den zuständigen Behörden. Dtsch Ärztebl 68: 2228 (1971) u. 74: 595 (1974)

Bundesgesundheitsamt. Empfehlungen zur Laboratoriumsdiagnostik der Amöbiasis, Giardiasis, Kryptosporidiose und weiterer Kokzidiosen. Lab Med 10: 118 (1986)

Bundesgesundheitsamt. Empfehlungen zur Laboratoriumsdiagnostik der Pneumocystose. Lab Med 10: 122 (1986)

Bundesgesundheitsamt. Zur einheitlichen Laboratoriumsdiagnostik der Toxoplasmose. Bundesgesundheitsblatt 9: 354 (1975)

Bundesgesundheitsamt. Zur Vereinheitlichung der Laboratoriumsdiagnostik der Toxoplasmose. Bundesgesundheitsblatt 18: 170 (1981)

Bundesgesundheitsamt. Zur Vereinheitlichung der Laboratoriumsdiagnostik der Echinokokkose. Bundesgesundheitsblatt 24: 310 (1986)

Bunn HF, Forget BG, Ranney HM (1977) Human hemoglobins. Saunders WB, Philadelphia London Toronto

Burchardt U (1986) Einflußgrößen und Störfaktoren bei Harnenzymbestimmungen. Mitt Klin Chem 3: 140

Burckhardt AE, Johnston KG, Waszak CE, Jackson ChE, Shafer SR (1982) A reagent strip for measuring the specific gravity of urine. Clin Chem 28: 2068

Bürgi W (1972) Aufgabe und Bedeutung von Ringversuchen. Chem Rundsch 25: 893

Bürgi W (1974) Aktuelle Probleme der Qualitätskontrolle in der klinischen Chemie. Med Lab (Stuttg) 27: 105

Burke MD (1981) Cost effective laboratory testing. Postgrad Med 69: 191

Burkhardt F (1977) Das Telekopieverfahren, ein Weg zur Kostensenkung durch Beschleunigung der Befundübermittlung. Med Lab (Stuttg) 30: 76

Burkhardt F (1979) Ergebnisse der Keimisolierung mit einem neuen Versandsystem für bakteriologische Abstriche. Ärztl Lab 25: 198

Burkhardt F (1983) Richtlinien der Deutschen Gesellschaft für Hygiene und Mikrobiologie e. V.

Burkhardt F (1983) Standardisierung medizinisch-mikrobiologischer Untersuchungen. Notwendigkeiten - Möglichkeiten - Grenzen. Forum Mikrobiologie 6: 146

Burkhardt F (1983) Verfahrensrichtlinien für die mikrobiologische Diagnostik. Fischer, Stuttgart New York

Burkhardt R (1970) Farbatlas der klinischen Histopathologie von Knochenmark und Knochen. Springer, Berlin Heidelberg New York

Burkhardt R (1973) Sternalpunktion oder Myelotomie. Dtsch Ärztebl 15: 963

Burkhardt RT, Batsakis JG (1978) An interlaboratory comparison of serum total protein analyses. Am J Clin Pathol 70 (Suppl): 508

Burlina A (1982) Glucose-6-phosphate dehydrogenase activity in erythrocytes. In: Faulkner WR, Meteis S (eds) Selected methods for the small clinical chemistry laboratory. AACC, Washington Vol 9 p 255

Burlina A, Benozzi MS, Graziani Zaninotto (1979) An improved method for determination of clinical proteinuria. Lab J Res Lab Med 6: 407

Burmeister W (1980) Zur Physiologie des Körperfettes. Klin Pädiat 192: 2

Burmeister W, Romahn A (1974) Über die Entwicklung des Depotfetts und der Körperzellmasse von Neugeborenen bis zum Ende des Wachstums. Mschr Kinderheilk 122: 558

Burn R (1973) Blood-glucose in paracetamol poisoning. Lancet p 728

Burnett RW (1975) Accurate astimation of standard deviations for quantitative methods used in clinical chemistry. Clin Chem 21: 1935

Burnett RW (1981) Quality control in blood pH gas analysis by use of a tonometered bicarbonate solution and duplicate blood analysis. Clin Chem 27: 1761

Burnie JP, Williams JD (1985) Evaluation of the Ramcolatex agglutination test in the early diagnosis of systemic candidiasis. Eur J Clin Microbiol 4: 98

Burrows, Pellettiere (1984) False elevation of serum creatinine during fasting. Pathologist 79: 740

Burstein M, Scholnick HR, Morfin R (1970) Rate method for the isolation of lipoproteins from human serum by precipitation with polyanions. J Lipid Res 11: 583

Burtis CA, Begovich JM, Watson JS (1975) Factors influencing evaporation from sample cups, and assessment of their effect on analytical error. Clin Chem 21: 1907

Busch EW (1982) Das „Teststreifensieb". Ein neues Konzept für die Urindiagnostik (Firmenschrift). Boehringer Mannheim GmbH, Mannheim

Busch H (1976) Sind Transfusionsrichtlinien realisierbar und sinnvoll? Chirurg 47: 53

Bush JL, Campell J, Sanderson JA (1981) Performance of glucose procedure based on the glucose-dehydrogenase reaction on Technicon continuous equipment. Clin Chem 27: 1050

Büttner H (1964) Analysenfehler und Kontrollmöglichkeiten im klinischen Laboratorium. In: Method Inform Medizin 3: 105

Büttner H (1965) Fehleruntersuchungen bei klinisch-chemischen Analysen. Z Klin Chem Klin Biochem 3: 69

Büttner H (1966) Über die Zuverlässigkeit der Befunde des Praxislaboratoriums. Med Welt 17: 1808

Büttner H (1967) Statistische Qualitätskontrolle in der klinischen Chemie. Theoretische Grundlagen und methodische Durchführung. J Clin Chem Clin Biochem 5: 41

Büttner H (1977) Geschichte der Klinischen Chemie. Med Welt 28: 1238

Büttner H (1978) Kommunikation zwischen Laboratorium und Klinik. Krankenhausarzt 51: 887

Büttner H (1978) Optimization of laboratory testing. In: Benson ES, Rubin M (eds) Logic and Economics of Clinical Laboratory Use. New York, Elsevier/North Holland Publ Co.

Büttner H, Eggstein M, Breuer (1975) Klinische Chemie: Normbereiche und Befundmuster. Ärztl Praxis 27: 32

Büttner H, Hansert E, Stamm D (1974) Auswertung, Kontrolle und Beurteilung von Meßergebnissen. In: Bergmeyer HU (Hrsg) Methoden der enzymatischen Analyse. Chemie, Weinheim Bd I 2. Aufl S 283

Büttner H, Stamm D (1966) Qualitätskontrolle klinisch-chemischer Untersuchungen. J Clin Chem Clin Biochem 4: 303

Büttner J (1977) Die Beurteilung des diagnostischen Wertes klinisch-chemischer Untersuchungen. J Clin Chem Clin Biochem 15: 1

Büttner J (1982) Interrelationships between clinical medicine and clinical chemistry, illustrated by the example of the german speaking countries in the late 19th century. J Clin Chem Clin Biochem 20: 465

Büttner J (1986) Reference methods vs Standardized methods in Clinical Enzymology. Mitt Klin Chem p 338

Büttner J, Borth R, Boutwell JH, Broughton PMG (1975) Provisional recommendation on quality control in clinical chemistry (Committee on Standards IFCC). Z Klin Chem Klin Biochem 13: 523

Büttner J, Borth R, Boutwell JH, Broughton PMG, Bowyer RC (1979) Approved recommendation (1978) on quality control in clinical chemistry. Part 1. General principles and terminology. Clin Chim Acta 98: 129, reprinted in J Clin Chem Clin Biochem 18: 69 (1980)

Büttner J, Borth R, Boutwell JH, Broughton PMG, Bowyer RC (1980) Approved recommendation (1978) on quality control in clinical chemistry. Part 2. Assessment of analytical methods for routine use. Clin Chim Acta 98: 145, reprinted in J Clin Chem Clin Biochem 18: 78

Büttner J, Borth R, Boutwell JH, Broughton PMG, Bowyer RC (1980b) Approved recommendations (1979) on quality control in clinical chemistry. Part 3. Calibration and control methods. J Clin Chem Clin Biochem 18: 855

Büttner J, Borth R, Broughton PMG, Bowyer RC (1980a) Quality control in clinical chemistry. Part 4. Internal quality control. J Clin Chem Clin Biochem 18: 535

Buyze G, Egberts PF, Van Win PEC, Van Breukelen EA et al. (1976) Serum enzyme activity and physical condition. J Sport Med Phys Fitness 16: 155

Buzzee D (1979) Possible sodium contaminations of evacuated blood collection tubes. Clin Chem 25: 814

Bye A (1976) Drug interference with creatinine assay. Clin Chem 22: 283

Calam R (1977) Reviewing the importance of specimen collection. Am J Med Technol 39: 297

Calam R, Cooper MG (1982) Recommended „Order of Draw“ for collecting blood specimens into additive containing tubes. Clin Chem 28: 1399

Calder AB (1969) Photometric methods of analysis. Adam Hilger Ltd, London p 175

Cannon DC, Olitzky I, Inkpen JA (1964) Proteins. In: Henry RJ, Cannon DC, Winkelman JW (eds) Clinical Chemistry - Principles and Technics, 2nd ed Harper & Row, Publishers, Hagerstown Maryland New York San Francisco London. Chemie, Weinheim New York p 405

Cao A, Balant L, Fabre J, Canavese J-C (1975) La protéinurie physiologique. Schweiz med Wschr 105: 422

CAP College of American Pathologists (1974) So you're going to collect a blood specimen. Danville, Illinois, Interstate Printers and Publishing Co.

CAP (1976) Laboratory Management and Planning Committee of the College of American Pathologists: Laboratory Workload Reporting Method. 3rd Ed. Chicago, Ill

Caraway WT (1962) Chemical and diagnostic specificity of laboratory tests: effect of hemolysis, lipemia, anticoagulants, medications, contaminants and other variables. Am J Clin Pathol 37: 445

Caraway WT, Kammeyer CW (1972) Chemical interference by drugs and other contaminants and other variables with clinical laboratory test procedures. Clin Chim Acta 41: 349, 395

Carlson LA, Hardell LI (1977) Sex differences in serum lipids and lipoproteins at birth. Europ J Clin Invest 7: 133

Carlsson A, Holmgard A, Persson R (1983) New developments and practice considerations in automation: bar codes, sample identification, direct sampling. Symposium „Präanalytik“ 16.-19. März 1983 Plymouth (England) Becton-Dickinson Vacutainer Systems, Heidelberg

Carothers JE, Kurtz NM, Lemann Jjr (1976) Error introduced by specimen handling before determination of inorganic phosphate concentrations in plasma and serum. Clin Chem 22: 1909

Carrell RW, Kay R (1972) A simple method for the detection of unstable haemoglobins. Brit J Haematol 23: 615

Carson PE (1960) Glucose-6-phosphate dehydrogenase deficiency in hemolytic anemia. Fed Proc 19: 995

Carstairs KC, Path MRC, Peters E, Kuzin EJ (1977) Development and description of the „random duplicates“ method of quality control for a hematology laboratory. Am J Clin Pathol 67: 379

Carstensen AA, Schick H (1980) Eiweißtestfeld für Harn, Empfindlichkeit und Spezifität. Ärztl Lab 8: 17

Cartwright H (1982) Standards for laboratory accreditation. Pathologist 36: 641

Cashman JS, Ahlin PA, Matsen JM (1984) Evaluation of a rapid bacteriuria screening instrument. Diagn Microbiol Infect Dis 2: 11

Cembrowski GS, Chandler EP, Westgard JO (1984) Assessment of „average of normals“ quality control procedures and guidelines for implementation. Am J Clin Pathol 81: 492

Center for Disease Control (1977) Biological products division. Catalog of immunological and microbiological products. Atlanta, GA, USA

Chakrabarti CL, Sturgeon RE, Langford CH (1976) Studies on the mechanism of atom formation in Graphite Furnace Atomic Absorption Spectrometry. Analyt Chem 48: 1792

Chan K-M, Arriaga C, Landt M, Smith CH, Ng RH (1983) Interference by hemolysis with various methods for total calcium and its correction by trichloroacetic acid precipitation. Clin Chem 29: 1497

Chanarin I (1979) The megaloblastic anaemias. Blackwell Scientific Publications, London 2nd ed

Chard T (1978) Experience with maternal screening in the United Kingdom. In: Grandall BF, Bra-

zier AB (eds) Prevention of neural tube defects; the role of alpha-Fetoprotein. UCLA Forum Med Sci 20: 179
Chase GR, Hoel DG (1975) Serial dilutions: error effects and optimal designs. Biometrika 62: 329
Chatterjee G, Maaser R (1971) Ein Vergleich von Hämoglobin- und Hämatokrit-Bestimmungen im Blut aus dem Ohrläppchen und aus der Fingerbeere von Kindern. Dtsch Med Wschr 96: 789
Chemnitz G, Schmidt E, Koller PU, Busch EW (1979) Kreatinkinase, überarbeitete Standardmethode: Referenzwerte und Klinik. Dtsch Med Wschr 104: 257
Chen IW, Sperling MI, Maxon HR, Kaplan LA (1982) Stability of immunologic activity of human prostatic acid phosphatase in serum. Clin Chem 28: 1163
Cheng MH, Lipsey AJ, Blanco V, Wong HT, Spiro SG (1979) Microchemical analysis for the 13 constituents of plasma from healthy children. Clin Chem 25: 692
Cherian AG, Hill JG (1978) Age dependence of serum enzymatic activities (alkaline phosphatase, aspartate aminotransferase, and creatine kinase) in healthy children and adolescents. Am J Clin Pathol 70: 783
Chiang CS, Kowalski AJ (1982) cAMP radioimmunoassay without interference from calcium or EDTA. Clin Chem 28: 150
Cho HW, Meltzer HY (1979) Factors affecting stability of iso-enzymes of creatine phosphokinase. Am J Clin Pathol 71: 75
Christensen RH, Tucker JA, Allen E, Resnik M (1985) Results of dipstick tests, visual inspection, microscopie examination of urine sediment and microbiological cultures of urine compared for simplfying urinalysis. Clin Chem 31: 448
Chu SY, Sparks D (1984) Assessment of a solid-phase reagent for urinary specific gravity determination. Clin Biochem 17: 34
Cissik JH, Salustro J, Patton OL, Louden JA (1977) The effects of sodium heparin on arterial bloodgas analysis. Cardiovasc Pulmonary Technol 9: 17
Ciulla AP (1984) Free serum hemoglobin in syringe-drawn and vacuum tube-drawn specimens. Laboratory Medicine 15: 478
Clade H (1984) Immer wichtiger: Kosten-Nutzen-Rechnungen im Gesundheitswesen. Arzt und Krankenhaus 11: 442
Clarc DR, Kalman SM (1986) Survey news. Detection limits. Pathologist 40: 11
Clark AJL, Bilous RW, Keen WL, Keen G (1982) Capillary tubes for blood glucose sampling. Diabetologia 23: 539
Cleveland WS (1982) Reply to R. Ehrenson. Science 218: 919
Cleveland WS, Diaconis P, McGill R (1982) Variables on scatterplots look more highly correlated when the scales are increased. Science 216: 1138
Cochran WC (1963) Sampling techniques. 2nd ed. John Wiley. New York
Cohen A (1979) Effect of time on hematologic values in prediluted capillary and venous blood. Am Soc Clin Pathol 7413: 306
Cohen R, Bizollon CA (1979) An interlaboratory quality control in France: a two-year survey. In: Bizollon CA (ed) Radioimmunology, Elsevier North Holland, Amsterdam p 295
Cohen R, Bizollon CA (1982) Radioimmunoassay quality control in France. J Nucl Med Appl Sci 26: 261
Cohen S, Sadun EH (1976) Immunology of parasite infections. Blackwell Sci Publ, London
Cohle SD, Saleem A, Makkaoui DE (1981) Effects of storage of blood on stability of hematologic parameters. Am J Clin Pathol 76: 67
Colombo JP (1981) Aspekte der Leberdiagnostik mit γ-Glutamyltranspeptidase. Laboratoriumsblätter 31: 61
Colombo JP, Gorgely IPMC, Kaltwasser F, Oudheusden APM v, Pecker I, Peheim E, Weißhaar D, Poppe WA, Koller PU, Bablock W (1980) Urinanalyse im urotron. Ergebnisse aus der klinischen Erprobung. Med Lab (Stuttg) 33: 85
Colombo JP, Peheim E, Keller H, Bostjancic W, Woschnagg B, Siest G, Henny J, Kaehler K, Weiland J, Oette K, Schindler J, Wisser H unter Mitarbeit von Koller PU, Poppe WA (1983) Erfahrungen mit Kombinationsteststreifen visuell und reflektometrisch im Vergleich zum Urin-Sediment. Lab Med 7: 184
Colombo JP, Peheim E, Keller H, Kutter D, Bostjancic W, Woschnagg B, Siest G, Henny H, Oette K, Schindler J, Wisser H, Poppe WA, Koller PU (1982) Zeitverkürzte Erfassung von Urin-Leuko-

zyten mit einem neuen Leukozyten-Teststreifen. Eine kooperative Studie an acht Zentren. Dtsch Med Wschr 107: 853
Colombo JP, Richterich R (1977) Die einfache Urinuntersuchung. Huber, Bern Stuttgart Wien
Constantino N, Kabat H (1973) Drug-induced modifications of laboratory values - revised. Am J Hosp Pharm 30: 24
Conteras TJ, Hunt SM, Lionetti FJ, Valeri CR (1978) Preservation of human granulocytes. III. Liquid preservation studied by electronic siting. Transfusion 18: 46
Cook IJY (1972) The collection of specimens and choice of containers with special reference to leakage and aerosol tests. Amer J Med Technol 2: 38
Coombes EJ, Gamlen TR, Batstone GF (1983) Effect of temperature on the stability of thyroid stimulating hormone in dried blood spots. Ann Clin Biochem 20: 252
Coombes EJ, O'Conell N, Grinter A, Batsone GF (1986) Comparison of a within-day solid-phase immunoradiometric assay with a solution phase radioimmunoassay for the measurement of alpha-fetoprotein in amniotic fluid. J Clin Chem Clin Biochem 24: 405
Coons AH, Creech HJ, Jones RN (1941) Immunological properties of an antibody containing a fluorescent group. Proc Soc Exp Biol 47: 200
Cooper BA, Whitehead VM (1978) Evidence that some patients with pernicious anemia are not recognised by radio dilution assay for cobalamin in serum. N Engl J Med 299: 816
Cooper EM, Bauer HW, Dati F (1982) Die immunchemische Bestimmung der sauren Prostata-Phosphatase (PAP) beim Prostatakarzinom. Laboratoriumsblätter 32: 87
Copeland BE (1973) Quality control in clinical chemistry. Revised. American Society of Clinical Pathologists, Chicago, Ill
Copeland BE (1974) Statistical tools in clinical pathology. In: Davidsohn I, Henry JB (eds) Clinical diagnosis by laboratory method. WB Saunders Co., Philadelphia, PA, 5th ed
Copeland BE, Rosenbaum JM (1972) Organization, planning, and results of the Massachusetts Society of Pathologists regional quality control program. Am J Clin Pathol 57: 676
Copeland BE, Skendzel LP, Barnett RN (1972) Interlaboratory comparison of university hospital laboratories using results of the 1968 CAP clinical chemistry survey. Am J Clin Pathol 58: 281
Cornbleet J (1985) Who „controls" quality control data analysis ? Pathologist 39: 16
Cornwell DG, Kruger FA (1961) Molecular complexes in the isolation and characterization of plasma lipoproteins. J Lipid Res 2: 110
Costill DL (1977) Sweating: its composition and effects on body fluids. Ann NY Acad Sci 301: 160
Costongs GMPJ, Janson PCW, Bas BM, Hermans J, Brombacher PJ, van Wersch JWJ (1985) Short-term and long-term intra-individual variations and critical differences of haematological laboratory parameters. J Clin Chem Clin Biochem 23: 69
Cotlove E, Harris EK, Williams GZ (1970) Biological and analytic components of variation in long-term studies of serum constituents in normal subjects. III. Physiological and medical implications. Clin Chem 16: 1028
Coyne RV, Bailey TJ (1975) Changes in serum total protein values occuring in clinical samples during shipment. Am J Med Technol 41: 22
Craig PS, Zeyhle E, Romig T (1986) Hydatid disease: research and control in Turkana. II. The role of immunological techniques for the diagnosis of hydatid disease. Trans Roy Soc Trop Med Hyg 80: 183
Crane CR, Sanders DC, Abbott JK, (1970) Studies on the storage stability of human blood cholinesterases. Natl Tech Inform Services AM 70: 4
Creer MH, Ladenson J (1983) Analytical errors due to lipemia. Laboratory Medicine 14: 351
Cremer P, Seidel D, Wieland H (1985) Quantitative Lipoproteinelektrophorese: ihre routinemäßige Anwendung im Vergleich mit anderen Verfahren zur differenzierten Untersuchung des Fettstoffwechsels. Lab Med 9: 39
Cress HR, Shaher RM, Greenberg MH, Laffin R (1974) Lipoproteins in neonates. J Pediat 84: 585
Crous G (1981) Labororganisation in einer Praxisgemeinschaft niedergelassener Ärzte unter besonderer Berücksichtigung der Sicherung der Qualität. Gruppenpraxis 3: 11
Cruiskchank J et al (1980) Costs of unnecessary tests: nonsens urines. Brit med J 280: 1355
Curb JD, Overturf ML, Harrist RB (1980) Lability of HDL-cholesterol during serum storage. Atherosclerosis 37: 641

Curtis JL, Dreyer J (1984) Glycosylated hemoglobins: methodological considerations. Pathologist 38: 666

Curtius HCh, Bürgi W (1966) Gaschromatographische Bestimmung des Serumcholesterins. Z Klin Chem Klin Biochem 4: 38

Custer EM, Myers JL, Poffenbarger PhL, Schoen I (1983) The storage stability of 3-hydroxybutyrate in serum, plasma, and whole blood. Am J Clin Pathol 80: 375

Dacie JV, Lewis SM (1975) Practical Haematology. Churchill Levingstone, Edinburgh

Dahl RJ, Johnson AM (1984) Specificity of the enzyme-linked immunosorbent assay (ELISA) for Toxoplasma IgG antibody. Trans Roy Soc Trop Med Hyg 78: 661

Dandliker WB, Feigen GA (1961) Quantification of the antigen-antibody reaction by polarization of fluorescence. Biochem Biophys Res Commun 5: 299

Date R, Gray AL (1981) Plasma source mass spectrometry using an inductively coupled plasma and a high resolution quadrupole mass filter. Analyst 106: 1255

Dati F, Grenner G, Schmittberger R (1981) Quantitation of alpha-fetoprotein by enzyme-linked immunosorbent assay. J Clin Chem Clin Biochem 19: 216

Dati F, Kolde H-J, Heimburger N, Keller F (1986) Methodische Aspekte zur photometrischen Bestimmung der Prothrombinzeit mittels chromogener Substrate. Methodological aspects of the photometric determination of prothrombin time using chromogenic substrates. I Clin Chem Clin Biochem 24: 877

Datta P, Graham GA, Schoen I (1986) Interference by IgG paraproteins in the Jaffe method for creatinine determination. Am J Clin Pathol 85: 463

Daugherty NA, Hammond KB, Osberg IM (1978) Bilirubin interference into the kinetic Jaffe method for serum creatinine. Clin Chem 24: 392

Dausset J, Svejgaard A (1977) HLA and disease. Munksgaard, Copenhagen

Davidson D, Mallernee R, Squires RJ, Garfield H (1982) Viscous specimens can cause problems. Clin Chem 28: 2179

Davidson H, Pledger DR, Belfield A (1985) Lack of comparability between CEA analyses using three different methods. Ann Clin Biochem 22: 94

Davidson JK (1978) Diabetes-Früherkennung: Urinzucker quantitativ. Diabetes 27: 810

Davies R (1981) Economies in a cost conscious laboratory. Lab Pract 30: 800

Davis G, Poholek R (1979) Stability of dried blood spots on paper, as used in screening neonates for hypothyroidism. Clin Chem 25: 24

Dawson RB, Meyer DR, Sisk LD, Brandt HA, Koklin S (1981) Blood preservation 50. Red cell 2,3-DPG maintenance in CPD-adenine. In: Brewer G (ed) The red cell: fifth Ann Arbor Conference. Liss, New York, p 643

De Broe ME, van de Vyver F (1984) Symposium über Spurenelemente. Münster

De Loos-Vollebregt MTC, De Galan L (1978) Theory of Zeeman-atomic absorption-spektrometry. Spectrochimica Acta 33 B:495

De Sandre G, Chiotto G (1958) Über die Bedeutung der Acetylcholinesterase der Erythrozyten. Helv Med Acta 25: 235

Deeg R, Krämer W, Ziegenhorn J (1980) Kinetic determination of serum glucose by use of the hexokinase/glucose-6-phosphatedehydrogenase method. J Clin Chem Clin Biochem 18: 49

Deisenhammer E, Sommer R (1978) Serumkonzentration von Antikonvulsiva und therapeutischer Effekt bei Mono- und Kombinationstherapie. Nervenarzt 49: 674

Deisenhammer E, Sommer R (1979) Die Serumkonzentration der Antikonvulsiva - Pharmakokinetische Erkenntnisse und deren praktische Anwendung. Wien Klin Wschr 91: 571

Deisenhammer E, Sommer R (1980) Serumspiegel der Antikonvulsiva-Konsequenzen für die Therapieführung. In: Sommer R (Hrsg) Kontrolle der Plasmaspiegel von Pharmaka. Thieme, Stuttgart

Delbrück A, Poschmann H (1968) Über den Einfluß des Rohrposttransportes auf klinisches Untersuchungsmaterial unter verschiedenen Betriebsbedingungen. Z Klin Chem Klin Biochem 6: 211

Demacker PNM, Hijmans AGM, Sommeren-Zondag DF van, Jansen AP (1982) Stability of frozen liquid control sera for assay of cholesterol in high-density lipoprotein. Clin Chem 28: 155

Demacker PNM, Jansen AP (1983) Stability of high-density-lipoprotein cholesterol in frozen sera. Clin Chem 29: 567

Dermoumi H (1980) Resistenzbestimmung bei klinisch bedeutsamen Sprosspilzen - ein Vergleich zwischen Reihenverdünnungs- und Hemmhoftest. Mykosen 23: 1

Desmonts G (1982) Les recherches d'anticorps IgM specifiques par immuno-adsorption (Immunosorbent assay ou ISA). Lyon Mèdical 248: 37
DeSombre ER, Carbone PP, Jenson EV, McGuire WL, Wells SA, Wittliff JL, Lipsett MB (1979) Steroid receptors in breast cancer. New Engl J Med 301: 1011
Desquitado M, Huestis B (1977) How we reduce our bad specimen problems. Lab Management February p 24
DeVerdier CH, Groth T, Westgard JO (1981) What is the quality of quality control procedures? Scand J Clin Lab Invest 41: 1
DGHM Deutsche Gesellschaft für Hygiene und Mikrobiologie (1981) Verfahrensrichtlinien für die mikrobiologische Diagnostik. In: Burkhardt F (Hrsg) Fischer, Stuttgart
Deutsche Gesellschaft für Klinische Chemie - Eine Dokumentation. 2. Aufl. Köln 1982
Dharan M (1977) Semantics of „accuracy" vs. „inaccuracy". Clin Chem 23: 304
Di Giorgio J (1974) Nonprotein nitrogenous constituents. In: Henry J, Cannon D, Winckelmann JW (eds) Clinical chemistry. Verlag Chemie, Weinheim, 2. Aufl p 5195
Diamond LS, Harlow DR, Cunnick CC (1978) A new medium for the axenic cultivation of Entamoeba histolytica and other Entamoeba. Trans Roy Soc Trop Med Hyg 72: 431
Dick W (1980) Glukosebestimmung im Venen- und Kapillarblut mit der Glukose-dehydrogenase-Methode in einer neuen Hämolysierlösung am Auto-Analyzer II. J Clin Chem Clin Biochem 18: 255
Dickerson OB (1980) Arsenic. In: Waldron HA (ed) Metals in the environment. Academic Press, London
Dickgießer A, Trendelenburg Ch, Kruse-Jarres JD (1981) Praktikable und zuverlässige Probengewinnung auf Filterpapier für die Glukosebestimmung im Kapillarblut. Med Lab (Stuttg) 34: 143
Diem K, Lentner C (1968) Documenta Geigy. Wissenschaftliche Tabellen 7. Aufl, Basel p 175
Diesfeld HJ, Mocikat K-H (1984) Sangodiff zur Färbung in der Malariadiagnostik. Erfahrungsheilkunde 5: 281
Dijkhuis R, personal communication
Dilger J, Liebich HM, Maulbetsch RH (1975) Vergleich zwischen reflektometrischer Blutglukosebestimmung mittels Reflotest-System und klinisch-chemischen Routinemethoden. Therapiewoche 25: 5195
DIN 58908 Gerinnungsanalytik; Bestimmung der aktivierten partiellen Thromboplastinzeit (APTZ), 1. Norm-Vorlage, Febr. 1986
DIN 58909, Teil 1; Gerinnungsanalytik; Einstufenmethode zur Bestimmung der Faktor-VII Gerinnungsaktivität (F VIII), Normentwurf
DIN 58910, Teil 1: Gerinnungsanalytik, Thromboplastinzeitbestimmung; Bestimmung in venösem Citratplasma. Beuth-Verlag Berlin
DIN 58910, Teil 3; Gerinnungsanalytik, Thromboplastinzeitbestimmung; Bestimmung in Kapillar-Citratblut. Beuth-Verlag Berlin
DIN 58910, Teil 4: Gerinnungsanalytik, Thromboplastinzeitbestimmung; Bestimmung in Kapillar-Vollblut. Beuth-Verlag Berlin
DIN 58911 Gerinnungsanalytik; Kalibrierung von Methoden; Gerinnungszeit-Meßverfahren, Normentwurf
DIN 58915 (1981) Spezielle Laboratoriumsmedizin. Serumeiweiß-Elektrophorese. Begriffe, Anforderungen. Beuth, Berlin Köln
DIN 58919 (1982) Spezielle Laboratoriumsmedizin. Lipoprotein-Elektrophorese. Begriffe, Einheiten, Anforderungen. Beuth, Berlin
DIN 58938 Teil 1 (April 1981) Spezielle Laboratoriumsmedizin. Elektrophoretische Trennung von Eiweiß- oder eiweißhaltigen Substanzen in Körperflüssigkeiten. Allgemeine Begriffe, Einheiten. Beuth, Berlin Köln
DIN 58938 Teil 2 (April 1981) Spezielle Laboratoriumsmedizin. Elektrophoretische Trennung von Eiweiß- oder eiweißhaltigen Substanzen in Körperflüssigkeiten. Allgemeine Anforderungen. Beuth, Berlin Köln
DIN 58939, Teil 1: Gerinnungsanalytik „Referenzplasma": Herstellung, Begriffe, Anforderungen. Beuth-Verlag Berlin
DIN 58940: Methoden zur Empfindlichkeitsprüfung von bakteriellen Krankheitserregern (außer Mykobakterien) gegen Chemotherapeutika. Beuth, Berlin
DIN 58956: Sicherheit im mikrobiologischen Laboratorium. Beuth, Berlin

DIN 58972 Spezielle Laboratoriumsmedizin: Bestimmung von Orthophosphorsäuremonoester-phosphorylase (Alkalische Phophatase [AP]) im Serum; Standardmethode

DIN 59977 Teil 1 Spezielle Laboratoriumsmedizin, Bestimmung von ATP:creatine-N-phospho-transferase (Creatinkinase [CK]) im Serum oder Plasma, Standardmethode

DiSilvio ThV (1979) An examination of statistical strategies for evaluation of stability of lyophilized quality control serum under actual conditions of use. Clin Chem 25: 1086

DiSilvio ThV (1983) QAS notes - state of the art analytic precision for selected enzymes. Pathologist 37: 91

Disko R, Mielcarek R (1984) The behaviour of the ascorbic acid in the snail Biomphalaria glabrata after infection with Schistosoma mansoni. Zbl Bakt Hyg A 258: 390

Dito WR (1982) The role of the microcomputer device in the clinical laboratory. A multifaceted functional unit for medical decisions. Laboratory Medicine 13: 48

Dix D, Cohen P (1983) Total and biological variation in some diagnostic tests. Clin Chem 29: 732

Dix D, Cohen P, Barzegar S (1982) Estimating biological variation in diagnostic tests. Clin Chem 28: 1982

Dix D, Cohen P, Kingsley S, Lea MJ, Senkbeil J, Sexton K (1979) Interference by lactescence in glycohemoglobin analysis. Clin Chem 25: 494

Dixon M, Paterson CR (1978) Posture and the composition of plasma. Clin Chem 24: 824

Dixon WJ (1953) Processing Data for outliers. Biometrics 9: 74

Doe RP, Mellinger GT, Seal US (1965) Stabilization and preservation of serum prostatic acid phosphatase activity. Clin chem 11: 943

Dombrose FA, Barnes ChCjr, Gaynor JJ, Elston RC (1982) A lyophilized human reference plasma for coagulation factors. Evidence for stability of factors I, II, V, and VII though XII. Am J Clin Pathol 77: 32

Dominick HCh, Bachmann KD (1979) Die Hypoglykämie des Neugeborenen. Geburtsh Frauenheilk 39: 564

Donohoe GA, Geary TD, Jennings RD (1982) Evaluation of instrumentation in clinical chemistry. IFCC Document, Bibliography p 64

Dörner K (1975) Fluorimetrische Calciumbestimmung durch EGTA-Titration. Ärztl Lab 21: 48

Dörner K, Campos R (1982) Feasibility and limitations of the teststrip Multistix SG for the estimation of the osmolality of urine. J Clin Chem Clin Biochem 20: 681

Dörner K et al (1982) Bericht über die Kleinkonferenz „Pädiatrische Klinische Chemie". Mitt Dtsch Ges Klin Chem 13: 63

Dörner K, Faest D (1980) Lipoproteinelekrophoresen im pädiatrischen Labor. GIT Lab Med 4: 330

Dörner K, Röhrecke E (1982) Abschätzung der Urinosmolalität mit dem neuen Teststreifen Multistix SG. In: Miles GmbH, Sparte Ames, Frankfurt

Dörner K, Röhreke E, Gustmann H (1982) Erprobung eines neuen Teststreifens zur Bestimmung der Urinkonzentration gelöster Teilchen. Ärztl Lab 28: 153

Dörner K, Stingl EM, Toeller W, Simon C (1979) Richtwerte zum Fettstoffwechsel im Kindesalter. Mschr Kinderheilk 127: 511

Dorsey DB (1983) Personnel management. Clin Lab Med 3: 453

Douglas G, Christian RP (1969) Drug interference with laboratory blood chemistry determinations. Am J Clin Pathol 54: 118

Doumas B, Jendrzejtzak B (1979) Effect of light and temperature on the stability of creatine kinase. Human sera and controls. Clin Chem 25: 625

Drescher H, Josef D (1984) Beurteilung qualitativer Merkmale in Ringversuchen. In: Merten R (Hrsg) Zielwert, Sollwert, Zielbereiche in der Laboratoriumsmedizin. Springer, Berlin Heidelberg New York Tokyo

Dreskin RB, Sommers HM, Edson D (1982) A review of the CAP parasitology system for mycobacteriology. Am J Clin Pathol 78: 873

Drosdowsky M et al (1980) Factors to be taken into consideration for blood sampling in view of establishing reference values (document E, stage 3). Ann Biol Clin (Paris) 38 (4): 251

DuBois JA (1980) Course in print 6-blood circulation and venipuncture. Lab World 31: 22 D

Dugan PF (1986) The effects of a 48-hour fast in 26 biochemical variables in 23 volunteers. Ir Med J 79: 34

Dukes MNG (1984) Meyler's side effects of drugs. An encyclopaedia of adverse reactions and interactions. Exerpta Medica, Elsevier, Amsterdam New York Oxford Princeton

Duncan P et al (1982) A candidate reference method for uric acid in serum. II. Interlaboratory testing. Clin Chem 28: 291
Duncan PH, van Etten RL, MacNeil ML, Shaw LM (1984) Development of a stable reference material for prostatic acid phosphatase. Clin Chem 30: 1327
Dünges W (1982) Probenvorbereitung in der Chromatographie - Mikrolitertechniken in Routine und Forschung. GIT FachZ Lab 26: 17
Dunn CDR, Boden DJ, Wallace LD (1983) Is the stability of the oxyhaemoglobin dissociation curve in stored blood a function of the way the cells „pack"?. Scand J Clin Lab Invest 43: 179
Durbridge TC, Edwards F, Edwards RG, et al (1976) Evaluation of benefits of screening tetss done immediately on admission to hospital. Clin Chem 22: 968
Dutcher ThF (1983) Leukocyte differentials: are they worth the effort? Clin Lab Med 3: 71
Dybkaer R (1982) IFCC: The theory of reference values. J Clin Chem Clin Biochem 20: 841
E.O.R.T.C. Breast Cooperative Group (1980) Revision of the standards for the assesment of hormone receptors in human breast cancer; report of the second E.O.R.T.C. workshop, held on 16-17 march, 1979, in the Netherlands Cancer Institute. Europ J Cancer 16: 1513
Eastham RD (1970) Interpretation klinisch-chemischer Laborresultate. S. Karger, Basel
Ebel HG, Günther T (1980) Magnesium metabolism: a review. J Clin Chem Clin Biochem 18: 257
Eberentz-Lhomme C, Ducrocq R, Intrator S, Elion J, Nunez E, Assan R (1984) Haemoglobinopathies: a pitfall in the assessment of glycosylated haemoglobin by ion-exchange chromatography. Diabetologia 27: 596
Eberhagen D (1973) Change of serum values following postal shipment. Med Klin 68: 1019
ECCLS (1982) 2nd Draft Standard for the labelling of clinical laboratory materials
ECCLS (1985) Standard for quality assurance. part 2: Internal quality control in microbiology
ECCLS Document (1982) Standard for quality assurance programmes. Part 3: External quality assessment in microbiology. Vol2, No 6
Echemendia E, Van Heertum RL, Guzman L, Narayanan S, Ince G (1984) The stabilizing effect of aprotinin on selected hormone assays. Clin Chem 30: 1051
Effendy I (1984) Materialabnahme, Nativpräparat und Kultur zur mykologischen Untersuchung. GIT Lab Med 7: 57
Egger E (1973) Zum Problem der statistischen Auswertung von Mehrfachkontrollen. Zbl Pharm 112: 1131
Egger E, Grützmann KD, Ulonska W (1973) Ermittlungen von geschlechts- und altersabhängigen Referenzbereichen. Zbl Pharm 112: 1091
Eggstein M, Kuhlmann E (1974) Triglyzeride und Glyzerin (alkalische Verseifung). In: Bergmeyer HW (Hrsg.) Methoden der enzymatischen Analyse. Verlag Chemie, Weinheim p 1871
Ehnert W (1979) Die sogenannte „Standardabweichung in der Serie". Lab med 3 (A + B): 75
Ehrenson S (1982) Correlations percieved and measured. Science 218: 918
Eilers RJ (1973) The present situation of standardization in hematology. Intern Conf Standard Diagn Material, Atlanta
Eilers RJ (1975) Principles of total quality control. In: Lewis SM, Coster JF (eds) Quality control in haematology. Academic Press, London
Eilers RJ (1975) Quality assurance in health care: missions, goals, activities. Clin Chem 21: 1357
Eisenberg S (1963) Effect of posture and position of the venous sampling site on the hematocrit and serum protein concentration. J Lab Clin Med 61: 755
Eisenwiener HG (1978) Voraussetzungen zur Erzielung zuverlässiger Laboratoriumswerte. 2. Teil: Leerwerte und deren Berücksichtigungsmöglichkeiten. Med Lab (Stuttg) 31: 137
Eisenwiener HG, Bablok W, Bardorff W, Bender R, Markowetz D, Passing H, Spaethe R, Specht W (1983) Präzisionsangaben beim Methodenvergleich. Lab med 7: 273
Eisenwiener HG, Bablok W, Bardorff W, Bender R, Markowetz D, Passing H, Spaethe R, Specht W, Völkert E (1984) Statistische Auswertung beim Methodenvergleich. Lab med 8: 232
Eisenwiener HG, Bablok W, Breiter J, Koller P, Passing H (1984) Überprüfung von Medikamenteneinflüssen auf Analysenverfahren. Lab med 8: 303
Eisenwiener HG, Keller M (1979) Absorbance measurement in cuvettes lying longitudinal to the light beam. Clin Chem 25: 117
Eisenwiener HG, Kindbeiter JM (1982) Konsekutiv-Meßverfahren: eine Variante zur Richtigkeitskontrolle bei Einzel-, Profil- und Notfallbestimmungen. J Clin Chem Clin Biochem 20: 191

Ekins RP (1978) The future of radioimmunoassay. In: Radioimmunoassay and related procedures in medicine, IAEA, Vienna, Vol. I p 241

Eldjarn L (1968) Control solutions in clinical chemistry. Z Anal Chem 243: 766

Eldjarn L, Broughton PMG (1985) Methods of assigning accurate values to reference serum. Part 2: The use of definitive methods, reference laboratories, transferred values and consensus values. Ann Clin Biochem 22: 635

Elevitch FR, Barnett RN, Boroviczény KG v, et al. (1979) Analytical goals in clinical chemistry: their relationship to medical care. Am J Clin Pathol 71: 624

Elevitch FR, Noce PS (1981) Data ReCAP 1970-1980, a compilation of data from the College of American Pathologists clinical laboratory improvement programs. Skokie, Illinois p 309

Elin RJ, Johnson E, Chesler R (1982) Four methods for determining uric acid compared with a candidate reference method. Clin Chem 28: 2098

Elin RJ, Robertson EA, Sever GA (1983) Workload, space, and personnel of hematology laboratories in teaching hospitals. Am J Clin Pathol 80: 190

Elin RJ, Robertson EA, Sever GA (1984) Workload, space, and personnel of microbiology laboratories in teaching hospitals. Am J Clin Pathol 82: 78

Elking SMP, Kabat HF (1968) Drug induced modifications of laboratory test values. Am J Hosp Pharm 25: 485

Ellion-Gerritzen WE (1973) The absorbance of the standard. A valuable tool in quality control of spectrophotometric methods. Am J Clin Pathol 60: 493

Emerson PM, Wilkinson JH (1964) Effect of oxalate on the activity of lactate dehydrogenase isoenzymes. Nature (London) 27: 1337

Emons G, Klingler W, Haupt O, Ball P (1982) Radioimmunoassay for 4-hydroxyestrone 4-methyl ether in human urine. Horm Met Res 14: 376

Empfehlungen der Deutschen Gesellschaft für Klinische Chemie (1972) Standardisierung zur Bestimmung von Enzymen in biologischen Flüssigkeiten. Z Klin Chem Klin Biochem 8: 658, 10: 182, 191; (1972) J Clin Chem Clin Biochem 15: 249 (1976)

Enders B, Wöhle W, Zwisler O (1981) Standardization and quality of immunodiagnostic techniques and reagents in parasitology. Mérieux Foundation/World Health Organization Meeting on Immunological Methods in Malariology, Lyon, France, Sept. 9-12 WHO/MAL/81.959

Endres P (1972) Zur Bestimmung der Leukozyten- und Erythrozytenausscheidung im Urin. Schweiz med Rundsch (Praxis) 61: 1001

Endröczi E, Szabó A (1979) Lesson drawn from the quality control performed in the years 1977/78. Orszagos Laboratoriumi Intezet, VI: 37

Endröczi E, Szabó A (1981) Results of quality control in the years 1979/80. Orszagos Laboratoriumi Intezet VIII: 50

Engelhardt I, Bleiber R, Renner M, Egger E (1983) Ein Verfahren zur Beschichtung von Blutentnahmeröhrchen mit EDTA. Z med Labor-Diagn 24: 176

Engelhardt I, Egger E (1982) Über die Haltbarkeit von Transformationslösungen zur Hämoglobinbestimmung. Z med Lab-Diagn 23: 182

Enger SCh, Herbjørnsen K, Erikssen J, Fretland A (1977) High density lipoproteins (HDL) and physical activity: the influence of physical exercise, age and smoking on HDL-cholesterol and the HDL-/ total cholesterol ratio. Scand J Clin Lab Invest 37: 251

Engvall E, Perlman P (1971) Enzyme-linked immunosorbent assay (ELISA). Quantitative assay of immunoglobulin G. Immunochemistry 8: 871

Erb W (1976) Fehlerursachen bei Spektralphotometern für die klinische Chemie. PTB Mitt 86: 168

Erhardt FW, Scriba PC (1974) Probleme der radioimmunologischen hTSH-Bestimmung. Ärztl Lab 20: 191

Ericson A, DeVerdier CH (1981) Specimen handling for the assay of adenylates and glycerate 2,3-bisphosphate in erythrocytes. Scand J Clin Lab Invest 41: 361

Eßer F (1982) Standardisierung im präanalytischen Bereich - Erfahrungen mit dem Vacutainer-Blutentnahmesystem. Gruppenpraxis 1: 17

Essinger U, Grundmann P, Mandel P, Walter K (1978) Erfahrungen mit der Auswertung elektronischer Datenverarbeitung im bakteriologischen Routinelaboratorium. Zbl Bakt Hyg Abt Orig A 242: 106

Estevez EG (1986) Microbiology for the physician's office. Pathologist 40: 21

External Quality Assessment of Health Laboratories (1981) Report of a WHO working group.

EURO Reports and studies 36. Regional Office for Europe, World Heath Organization, Copenhagen
Ezekiel M (1941) Methods of correlation analysis. Wiley & Sons / Chapman & Hall Ltd., New York London p 63
Fagraeus A, Norberg R (1978) Anti-actin antibodies. Current Topics in Microbiol and Immunol 82: 1
Fahey JL, McKelvey EM (1965) Quantitative determination of serum immunoglobulins in antibody-agar plates. J Immunol 94: 84
Fairbanks VF (ed) (1980) Diagnostic laboratory methods. Hemoglobinopathies and thalassemias: laboratory methods and clinical cases. Dekker Thieme, Stuttgart New York p 85
Fairbanks VF, Klee GG (1986) Biochemical aspects of hematology. In: Tietz NW (ed) Textbook of clinical chemistry. Saunders, Philadelphia London Toronto Mexico City Rio de Janeiro Sydney Tokyo Hong Kong p 1495
Falch DK (1981) Clinical chemical analyses of serum obtaines from capillary versus venous blood using microtainers and vacutainers. Scand J Clin Lab Invest 41: 59
Fan PT, Yu DTY, Clements PJ, Opetz G, Goldberg L, Bluestone R (1977) Daily variation in circulating lymphocyte counts. Life Sci 21: 793
Fareed J, Messmore HL, Walenga JM, Bermes EW (1983) Diagnostic efficacy of newer synthetic-substrates methods for assessing coagulation variables: a critical overview. Clin Chem 29: 225
Farthing MJG, Varon SR, Keusch GT (1983) Mammalian bile promotes growth of Giardia lamblia in axenic culture. Trans Roy Soc Trop Med Hyg 77: 467
Fateh-Moghadam A (1981) Erfahrungen mit einer enzymimmunologischen Methode zur Bestimmung von Alpha-Fetoprotein (AFP). Vortrag Kongreß für Laboratoriumsmedizin Berlin
Fateh-Moghadam A, Knedel M (1978) Klinische Aspekte der Bestimmung von Immunglobulinen. Diagnostica dialog 2: 1
Faulkner WR, Meites S (1982) Selected methods for the small clinical chemistry laboratory. Am Ass Clin Chem, Washington DC
Faust EC, Sawitz W, Tobie J, Odom V, Peres C, Linicome DR (1939) Comparative efficiency of various technics for the diagnosis of Protozoa and Helminths in feces. J Parasitol 25: 241
Fawaz EN, Tejirian A (1972) A new enzymatic method for the estimation of inorganic phosphate in native sera. Z Klin Chem Klin Biochem 10: 215
Fawcett JK, Wynn V (1950) Effects of posture on plasma volume and some blood constituents. J Clin Pathol 13: 304
Feenders O, Dominick HC, Bachmann KD (1977) Die Magnesiumkonzentration der Erythrozyten und des Plasmas im Kindesalter. Dtsch Med Wschr 102: 1065
Felding P, Petersen PH, Hørder M (1981) The stability of blood, plasma and serum constituents during simulated transport. Scand J Clin Lab Invest 41: 35
Felding P, Tryding N, Petersen PH, Hørder M (1980) Effects of posture on concentrations of blood constituents in healthy adults: practical application of blood specimen collection procedures recommended by the Scandinavian Committee on reference values. Scand J Clin Lab Invest 40: 615
Feldmann U, Schneider B, Klinkers H, Haeckel R (1981) A multivariate approach for the biometric comparison of analytical methods in clinical chemistry. J Clin Chem Clin Biochem 19: 121
Feldmeier H, Bienzle U, Schuh D (1981) Combination of techniques for concentration and identification of microfilariae from peripheral blood. Trans Roy Soc Trop Med Hyg 75: 251
Felkner D (1973) A protocol for teaching and maintaining arterial puncture skills among respiratory therapists. Respir Care 18: 700
Fenner O (1974) Die Qualitätskontrolle in der Heilkunde. Kassenarzt 10: 579
Fenton LJ, Bertie B, Gaines J, Cipriani JA (1977) A superior method for obtaining blood from the heel of the newborn infant. Clin Pediatr 16: 815
Fernandez-Cano P, Labbe RF (1983) Specimen collection for urinary porphyrin studies. Clin Chim Acta 132: 317
Fernandez FJ, Myers SA, Slavin W (1980) Background correction in atomic absorption spectroscopy utilizing the Zeeman-Effect. Anal Chem 52: 741
Fesefeldt C, Braveny I (1978) Indirekter Hämagglutinationstest zum Nachweis von Toxoplasma-Antikörpern. Immunität und Infektion 6: 160
Feusner JH, Behrens JA, Detter JC, Gußen TC (1979) Platelet counts in capillary blood. Am J Clin Pathol 72: 410

Fex G, Kristensson H, Trell E (1980) Week-day variation in clinical chemical analyses. Clin Chem 26: 784

Filstein MR, Cullinan JA, Strauss JF (1983) Aberrant results of serum β-human chorionic gonadotropin assays: an infrequent but vexing problem. Fertil Steril 39: 714

Fineberg HV (1979) Clinical chemistries: the high cost of low cost diagnostic tests. In: Altman SH, Blendon IL (eds) Medical technology: The culprit behind health care costs Government Printing Office, Washington DC, DHEW publication No PHS 7903216, p 144

Fischer H, Ferber F, Fritzsche W, Siedentopf HG, Spielmann W (1965) Preservation of human blood in the liquid state; the practical importance of some new media. Bibl Haemat 23: 616

Fischer J, Beeser H (1977) Calibrated plasmas, surveys and standardization of prothrombin time: a model practised in the Federal Republic of Germany. Thromb Haemostasis 38: 290

Fischer J, Beeser H (1980) Kalibrierplasmen zur Standardisierung der Thromboplastinzeit: 1. Kongreß für Thrombose und Blutgerinnung, Wien 21.-23.2.80. Abstr In: Blut 40: 52

Fischer J, Beeser H (1986) Kalibrierplasmen zur Standardisierung der Thromboplastinzeit. In: Wenzel E et al, Rationelle Therapie und Diagnose von hämorrhagischen und thrombophilen Diathesen. Schattauer, Stuttgart New York

Flack CP, Woollen JW (1984) Prevention of interference by dextran with biuret-type assay of serum. Clin Chem 30: 559

Fleischhauer W (1982) Bestimmung von Blei im Vollblut und Mangan im Serum durch flammenlose Atomabsorptionsspektroskopie bei Diabetikern und Normalpersonen. Dissertation Universität Düsseldorf p 31

Fogh-Andersen N (1977) Albumin/Calcium association at different pH as determined by potentiometry. Clin Chem 23: 2122

Fogh-Andersen N, Christiansen TF, Komarmy L, Siggaard-Andersen O (1978) Measurement of free calcium ion in capillary blood and serum. Clin Chem 24: 1545

Fogh-Andersen N, Hedegaard L, Thode J, Siggaard-Andersen O (1984) Sex-dependent relation between ionized calcium in serum and blood pressure. Clin Chem 30: 116

Folger GM jr, Kouri P, Sabbah HN (1980) Arterialized capillary blood sampling in the neonate. A reappraisal. Heart Lung 9: 521

Folsom A, Kuba K, Luepker RV, Jacobs DR, Frantz IDjr (1983) Lipid concentrations in serum and EDTA-treated plasma from fasting and non-fasting normal persons, with particular regard to highdensity lipoprotein cholesterol. Clin Chem 29: 505

Fonseca-Wollheim F da, Lange W (1979) Datenverarbeitung mit dem Tischrechner Hewlett Packard 1983 A im klinischen Laboratorium. Software-Entwicklungen und praktische Erfahrungen. Lab Med 3(A + B): 128

Forbes AL, Camlin JA (1959) Effects of storage on serum non-esterified fatty acid concentrations. Proc Soc Exp Biol Med 102: 709

Ford HC (1978) Use and abuse of clinical laboratories. NZ Med J 88: 16

Foster LB, Frings CS, Dunn RT, et al. (1970) Presence of calcium contamination in vacuum tubes for blood collection. Clin Chem 16: 546

Foti AG, Herschman H, Cooper JF (1977) Comparison of human prostatic acid phosphatase by measurement of enzymatic activity and by radioimmunoassay. Clin Chem 23: 95

Foulis PhR, Norbut AM, Losos FJ, Kessler GF (1980) Quality-control statistical interpretation by microcomputer. Am J Clin Pathol 74: 636

Fraker PJ, Speck JC (1978) Protein and cell membrane iodinations with a sparingly soluble chloroamide, 1,3,4,6-tetrachloro-3a, 6a-diphenylglycoluril. Biochem Res Comm 80: 849

Francini C, Kaltwasser F, Leinberger R, Nagel D, Rodrian J, Seiler D (1985) Leistungsfähigkeit der reflexionsphotometrischen Harnanalytik: Ergebnisse der klinischen Erprobung mit urotron RL9. Lab Med 9: 379

Frank JJ, Bermes EW, Bickel MJ, Watkins BF (1978) Effect of in vitro hemolysis on chemical values for serum. Clin Chem 24: 1966

Frank W (1976) Parasitologie. Ulmer, Stuttgart

Fraser CG (1986) Analytical goals for glucose analyses (review). Ann Clin Biochem 23: 379

Fraser CG, Shephard MDS (1983) Use of existing data on biological variation is advocated. Clin Chem 29: 731

Frayn KN, Maycook PF (1983) Sample preparation with ion-exchange resin before liquid-chromatographic determination of plasma catecholamines. Clin Chem 29: 1426

Fredrickson DS, Lees RS (1965) A system for phenotyping hyperlipoproteinemia. Circulation 31: 321

Free AH, Johnston KA (1981) The measurements and meaning of urine solids concentration. J Clin Chem Clin Biochem 19: 671

Freedman J, Mollison PL (1976) Preparations of red cells coated with C4 and C4-subcomponents and production of anti-C4d and anti-C3d. Vox Sang 31: 241

Freedman SJ (1984) Routine microscopic examination of the urine sediment revisited. Arch Pathol Lab Med 108: 855

Freer DE, Statland BE (1977) The effects of ethanol (0,75 g/kg body weight) on the activities of selected enzymes in sera of healthy young adults. I. Intermediate term effects. Clin Chem 23: 830

Frei J (1981) Dialog zwischen Laboratorium und Station. Swiss Med 3: 7

Fremstad D, Bergerud K (1976) Plasma protein binding of drugs as influenced by blood collection methods. Acta Pharmacol Toxicol 39: 570

Fricke H, Strasburger CJ, Wood WG (1982) Enzyme enhanced luminescence immunoassay for the determination of transferrin concentrations in serum. J Clin Chem Clin Biochem 20: 91

Friedel R, Mattenheimer H (1970) Release of metabolic enzymes from platelets during blood clotting in man, dog, rabbit and rat. Clin Chim Acta 30: 37

Friedman RB, Anderson RE, Entine SM, Hirshberg SB (1980) Effects of disease on clinical laboratory tests. Clin Chem 26: 1D–476D

Fritzsche R (1972/1973) Untersuchungen über Brauchbarkeit und Zuverlässigkeit von Schnellmethoden im Vergleich mit klassischen Labormethoden. a Protein. Päd Praxis 11: 89. b Ketokörper. Päd Praxis 11: 277. c Blutfarbstoffe. Päd Praxis 11: 447. d Harnzucker. Päd Praxis 12: 113

Fröhlich G, Muraitis-Schieren I, Siek R (1981) Standardized analysis of urinary sediment with the MD-Kova-System. J Clin Chem Clin Biochem 19: 588

Froreich A v (1979) Vorstellung eines modular aufgebauten Analysensystems hoher Leistung. GIT Lab med 2: 42

Froreich A v (1980) Die rechnergestützte manuelle Probenverteilung. GIT Lab Med 3: 37

Froreich A v (1980) Probenverteilung und Labororganisation. Ärztl Forschung 2: 27

Froreich A v (1981) Das System Megalyzer - ein wirtschaftliches Organisationsprinzip für das klinisch-chemische Labor. GIT Lab Med 4: 166

Froreich A v (1984) Folgekosten in der klinischen Chemie - exakt berechnet. GIT Lab Med 3: 234

Froreich A v, Kaufmann J, Müller-Plathe O, Henze D (1974) Das Mikrosediment. Eine neue Methode der quantitativen Bestimmung zellulärer Harnbestandteile. Urologe A 13: 24

Fröscher W, Gullotta F, Saathoff M (1982) Chronische Trichinose und neuromuskuläre Erkrankungen. Klinische, serologische und therapeutische Erfahrungen. Dtsch med Wschr 107: 1432

Fuchs PG, Dolan CT (1982) Performance of yeast identification systems. An analysis of the College of American Pathologists Special Mycology Survey Data. Am J Clin Pathol 78: 664

Fuentes J (1982) Errors in describing errors. Clin Chem 28: 2329

Fughe R, Herchenhahn B, Dati F, Becker U, Heimburger N (1986) Ein neues Humanthromboplastin, orientiert an internationalen Referenzthromboplastinen. In: Wenzel et al (1986)

Führ J, Kessler ACh, Munz E, Benozzi A (1980) Vorschlag zur Prüfung von Kalibrierseren im Routinelaboratorium. Ärztl Lab 26: 119

Fuks A, Banjo C, Shuster J, Freedman SO, Gold P (1974) Carcinoembryonic antigen (CEA): molecular biology and clinical significance. Biochem Biophys Acta 417: 123

Fyhrquist F, Puutula L (1978) Effect of temperature on plasma renin samples. Clin Chem 24: 1202

Gadow A, Fricke H, Strasburger CJ, Wood WG (1984) Synthesis and evaluation of luminescent tracers and hapten-protein conjugates for use in luminescence immunoassay with immobilised antibodies and antigens. A critical study of macro solid phase for use in immunoassays systems, Part II. J Clin Chem Clin Biochem 22: 337

Gaines Das RE, Calam DH, Mitchell FL, Woodford FP, Cawood M, Gaskell SJ, Joyce B, McMillan M, Wheller MJ (1983) Stability of four steroids in lyophilised human serum. Ann Clin Biochem 20: 364

Galli A (1980) Analytical interferences of drugs. In: Siest G (ed) Drug effects on laboratory test results. Developments in clinical biochemistry. Nijhoff Publ p 39

Galteau MM, Siest G (1984) IFCC. Drug effects in clinical chemistry. Part 2. Guidelines for evaluation of analytical interference. J Clin Chem 22: 275

Gambino SR (1959) Comparisons of pH in human arterial, venous and capillary blood. Am J Clin Pathol 32: 298
Gambino SR (1961) Collection of capillary blood for simultaneous determinations of arterial pH, CO2-content, pCO2, and oxygen saturation. Am J Clin Pathol 35: 178
Garber CC (1981) Jendrassik-Grof analysis for total and direct bilirubin in serum with a centrifugal analyzer. Clin Chem 27: 1410
Garcia LS, Voge M (1980) Diagnostic clinical parasitology: 1. Proper specimen collection and processing. Am J Med Technol 46: 459
Garcia-Webb P, Bottomley S, Bonser AM (1983) Instability of c-peptide reactivity in plasma and serum stored at 20 °C. Clin Chim Acta 129: 103
Garg AK (1972) „Arterialized" capillary blood. Can Med Assoc J 107: 16
Garratty G (1970) The effects of storage and heparin on the activity of serum complement with particular reference to the detection of blood group antibodies. Am J Clin Pathol 54: 531
Garratty G, Petz LD (1976) The significance of red cell bound complement in development of standards and quality assurance for the anti-complement components of antiglobulin sera. Transfusion 16: 297
Garrett PE, Kurtz SR, Hurd JKjr (1983) False-positive results for choriogonadotropin in serum. Clin Chem 29: 1871
Gärtner R, Horn K, König A, Schatz A (1983) The first external quality control survey (EQSCS) for antihyroglobulin- and antimicrosomal antibody determination. J Clin Chem Clin Biochem 21: 373
Gast LR, Scacci R, Miller WF (1978) The effect of heparin dilution on hemoglobin measurement from arterial blood samples. Respir Care 23: 149
Gauer P, Friedman J, Imrey P (1980) Effects of syringe and filling volume on analysis of blood pH, oxygen tension, and carbon dioxide tension. Respir Care 25: 558
Gautschi VM, Richterich R (1973) Untersuchungen zur Trübung von Humanplasma. Z Klin Chem Klin Biochem 11: 139
Geary TD, Farrance I (1982) Methoden zur Überprüfung von Pipetten, Dispensern und Dilutoren. GIT FachZ Lab 26: 34
Geiger W (1976) „Grenzwerte" oder die fatale „$\pm$-Toleranz" ? DIN Mitt 55: 596
Geiger W (1977) Jeder Mangel ist ein Fehler - aber nicht umgekehrt. Werkstatt und Betrieb 110: 782
Geiger W (1979) Die Abweichung und der Fehler. Feinwerktechnik & Meßtechnik 87: 1
Geiseler D, Ritter M (1984) Effect of sample dilution on measurement of free (unbound) hormones. Clin Chem 30: 28
Geisinger KR, Batsakis JG, Bauer (1979) Serum uric acid. Am J Clin Pathol 72: 330
Geisinger KR, Geisinger KF, Wakely PE, Batsakis JG (1980) Serum chloride - a CAP survey. Am J Clin Pathol 74 (Suppl): 546
George H, Garret PE, Kurtz SR (1983) Two liquid and lyophilized control materials compared. Clin Chem 29: 1999
Gerbig K (1979) Differentialblutbild: Laborgröße bestimmt die Methode. Ärztl Praxis 34: 3371
Gerbig K (1980) Normalbereiche als Basis jeder Labordiagnostik. Ärztl Praxis 37: 1369
Gerhardt W, Keller H (1986) Evaluation of test data from clinical studies. I. Terminology, graphic interpretation, diagnostic strategies, and selection of sample groups. Scand J Clin Lab Invest 46: 5
Gerhardt W, Keller H (1986) Evaluation of test data from clinical studies. II. Critical review of the concepts of efficiency, receiver operated characteristics (ROC), and likelihood ratios. Scand J Clin Invest 46: 47
Gerhardt W, Waldenström J, Gruber W (1978) EDTA effect on creatine kinase (CK) and on the SCE reagent. Scand J Clin Lab Invest 38: 737
Gerhardt W, Waldenström J, Hörder M, Hofvendahl S, Billström R, Ljungdahl R, Berning H, Bagger P (1982) Creatine kinase and creatine kinase B - subunit activity in serum in cases of suspected myocardial infarction. Clin Chem 28: 277
Gerhartz D (1982) Zweitmalignome unter zytostatischer Therapie. Lebensversicherungsmedizin 34: 110
German S (1979) Messen und technisches Ordnungsrecht. Recht und Technik. PTB Mitt 89: 103
Gerson B (1980) Quality control in therapeutic drug monitoring: intralaboratory precision and medical requirements. Ther Drug Monit 2: 225

Ghazali S, Barratt TM (1974) Urinary excretion of calcium and magnesium in children. Arch Dis Child 49: 97

Giampietro O, Navalesi R, Buzzigoli G, Boni C, Benzi L (1980) Decrease in plasma glucose concentration during storage at 20°C. Clin Chem 26: 1710

Gibitz HJ (1978) Qualitätssicherung durch Nachuntersuchung von Patientenproben. Ber ÖGKC 1: 253

Gibitz HJ (1982) α-Amylase-Übersicht und Methodenvergleich. Mitt Dtsch Ges Klin Chem 5: 162

Gibson JG, Evans RD, Aub JC, Sack T, Peacock WC (1947) The post transfusion survival of preserved human erythrocytes stored as whole blood or in resuspension, after removal of plasma, by means of two isotopes of radioactive iron. J Clin Invest 26: 715

Gidez LI, Miller GJ, Burstein M, Eder HA (1981) Analyses of plasma high density lipoprotein subclasses by a precipitation procedure: correlation with preparative and analytical ultracentrifugation. In: Lippel K (ed) Report of the high density lipoprotein methodology workshop. National Heart, Lung, and Blood Institute, NIH, DHHS Publication No. 82, p 328

Gierl L (1979) Simultane Patientendurchlaufplanung für mehrere Leistungsstellen. Krankenhausplanung, p 195

Gilbert HS, Kraus S, Pasternak B, Herbert V, Wassermann LR (1969) Serum vitamin B12 and unsaturated vitamin B12-binding capacity in myeloproliferative disease: value in differential diagnosis as indicators of disease activity. Ann Intern Med 71: 719

Gilbert RK (1974) Survey data 73-chemistry. CAP Chicago, Ill

Gilbert RK (1974) The size and the source of analytic error in clinical chemistry. Am J Clin Pathol 61(Suppl): 904

Gilbert RK (1975) Progress and analytic goals in clinical chemistry. Am J Clin Pathol 63 (Suppl): 960

Gilbert RK (1976) A comparison of participant mean values of duplicate specimens in the CAP chemistry survey program. Am J Clin Pathol 66: 184

Gilbert RK (1978) Accuracy of clinical laboratories studied by comparison with definitive methods. Am J Clin Pathol 70(Suppl): 450

Gilbert RK (1979) A comparison of participant mean values of duplicate specimens in the CAP chemistry survey program. Am J Clin Pathol 72: 365

Gilbert RK, Rosenbaum IM (1979) Accuracy in interlaboratory quality control programs. Am J Clin Pathol 72 (Suppl): 260

Gilbert RK, Sheehan L (1978) Evaluation of non-core laboratories. Am J Clin Pathol 70 (Suppl): 481

Gilmer PR et al (1977) Calibration methods for automated hematology instruments. Am J Clin Pathol 67: 185

Gilmer PR, Williams LJ (1980) The status of methods of calibration in hematology. Am J Clin Pathol 74: 600

Ginsburg AD, Aster RH (1972) Changes associated with platelet aging. Thromb Diath Haemorrh 27: 407

Glenn FC (1979) Evaluation of the urinary chemistry survey program of the CAP. Am J Clin Path 12 (Suppl): 299

Glenn FC (1983) The advanced urine chemistry survey. Am J Clin Pathol 73 (Suppl): 570

Glenn GC, Hathaway ThK (1976) Effects of specimen evaporation on quality control. Am J Clin Pathol 66: 645

Glenn GC, Hathaway ThK (1979) Quality control by blind sample analysis. Am J Clin Pathol 72: 156

Glickman L, Cypess R, Hiles D, Gessner T (1979) Toxocara-specific antibody in the serum and aqueous humor of a patient with presumed ocular and visceral toxocariasis. Am J Trop Med Hyg 28: 29

Glickman LT, Schantz PM, Cypess RH (1979) Epidemiological characteristics and clinical findings in patients with serologically proven toxocariasis. Trans Roy Soc Trop Med Hyg 73: 254

Glock GE, MacLean P (1953) Further studies on the properties and assay of glucose-6-phoshate dehydrogenase and 6-phosphogluconate dehydrogenase of rat liver. Biochem J 55: 400

Göbel E (1983) Kryptosporidiose bei Mensch und Tier: Nachweis und Intestinalentwicklung der Parasiten. Mitt Oesterr Ges Tropenmed Parasitol 5: 49

Goguel A, Beuzard A, Speth J, Guerit D (1972) Exchanges interlaboratoires: un moyen de con-

trole de qualite en hematimetrie. In: Actualités Hematologiques, sixieme serie Paris, Masson p 207
Goguel A, Guerit D, Beuzard A, Speth J (eds) (1972) Trois ans d'echanges de prelevements pour le controle de qualité interlaboratoire en hematimetrie. Biologie prospective II e Colloque de Pont-a-Mousson. L,Expension scientifique francaise
Goldbloom RB, Fischer E, Reinhold J, Hsia DYY (1953) Studies on the mechanical fragility of erythrocytes. I. Normal values for infants and children. Blood 8: 165
Goldstein G, Slizys IS, Chase MW (1961) Studies on fluorescent antibody staining. I. Non-specific fluorescence with fluoresceincouples sheep anti-rabbit globulins. J Exper Med 89: 109
Golf SW, Kaul-Kunz C, Roka (1984) Creatinine kinase isoenzyme MB. Determination on the ACA: dependence on serum matrix and other effectors. J Clin Chem Clin Biochem 22: 751
Golimowski J, Valenta P, Stoeppler M, Nürnberg HW (1979) A rapid high-performance analytical procedure with simultaneous voltammetric determination of toxic trace metals in urine. Talanta 26: 649
Göpel H, Koenig R (1977) Individuallabor und Gemeinschaftslabor. Versuch eines Kostenvergleichs. Arzt und Wirtschaft p 11
Gordon T, Castelli WP, Hjortland MC, Kannel WB, Dawber TR (1977) High density lipoproteins as a protective factor against coronary heart disease. Am J Med 62: 707
Gorgels JPMC, Peters HJ, van Manen L, Koller PU (1977) Quantitative und semiquantitative Methoden zur Bestimmung von Urobilinogenausscheidung im Harn. Med Lab (Stuttg) 30: 156
Gorka G, Häusler H (1983) Zur Problematik eines Sollwertes für verschiedene Bestimmungsmethoden der γ-Glutamyltransferase. J Clin Chem Clin Biochem 21: 395
Gorsky JE, Dietz AA (1978) Contamination-free serum samples for trace analyses. Clin Chem 24: 169
Gotelli GR (1983) Alternative method for stabilizing carbon dioxide in serum. Clin Chem 29: 993
Gottstein B (1984) Detection of circulating antigens in patients with cystic echinococcosis. Zbl Bakt Hyg A 258: 417
Gottstein B (1984) Eine spezifische Antigen-Fraktion aus Echinococcus multilocularis und ihre Verwendung im ELISA. In: Boch J (Hrsg) Tropenmedizin, Parasitologie p 379
Gottstein B, Schantz PM, Tsang VCW (1986) Antigenanalyse von Taenia solium und spezifische Immundiagnose der Zystizerkose des Menschen. 12. Tagung Dtsch Ges Parasitol, Ref Nr 32, Wien
Grabener W, Gronauer W, Berg G, Bergner D (1970) Mikrolipidelektrophoresen auf Celluloseacetatfolien. Clin Chim Acta 28: 299
Grafnetter D, Valek J (1976) Choice and standardization of lipid methods in cooperative populations studies. Paper read at the 2nd Dresdner Lipidsymposium. Dresden, May 1976
Graninger WR, Lenzhofer R, Breyer S, Stanek G (1981) Urinary diagnostic in the clinical hospital. J Clin Chem Clin Biochem 19: 587
Grannis GF (1978) Use of survey-validated reference materials (survey serum) to establish target values of quality control pools. Am J Clin Pathol 70 (Suppl): 580
Grassl M (1974) Quality control of biochemicals. In: Spencer B (ed) Federation of European Biochemicals Societies. Industriel Aspects of Biochemistry. Vol 30, Part II, North-Holland Publishing Company, Amsterdam, p 891
Grassl M (1985) Qualitätssicherung industriell hergestellter Reagenz-Packungen für die klinische Chemie am Beispiel der α-Amylase. Lab Med 9: 113
Graubaum HJ, Wagenknecht C, Meurer W, Stephan J (1979) Referenzwerte für alkalische Phosphatase-, GOT-Isoenzyme- und Kreatinin-Prüfung des Ernährungseinflusses. Zschr Med Lab Diagn 20: 24
Gravell M, Dorcett PH, Gutenson O, Ley AC (1977) Detection of antibody to Rubella virus by enzyme-linked immuno/sorbent assay. J Infect Dis 136: 300
Green, R (1980) Competitive binding assays for vitamin B12 in biological fluids or solid tissues. In: McCornick DB, Wright LD (eds) Methods of enzymology. Academic Press, New York London Sydney San Francisco, Vol. 67 p 39
Greendyke RM, Wormer JL, Banzhaf JC (1979) Quality assurance in the blood bank. Am J Clin Pathol 71: 286
Gregory B, Reid IG (1976) Effect of storage time and temperature on some haematological parameters. NZJ med Lab Technol 30: 54

Grenner G, Sieber A (1977) Immunchemische Proteinbestimmungen mit Hilfe der Laser-Nephelometrie. J Clin Chem Clin Biochem 15: 156
Gressner AM (1981) Klinisch-chemische Notfalluntersuchungen. Medizinische und organisatorische Aspekte. Krankenhausarzt 9: 793
Greyson J (1981) Analytische Chemie auf trockenen Reagenz-Trägern. Probleme und Möglichkeiten. Med Lab (Stuttg) 34: 209
Griebel RJ, Knoblock EC, Koch ThR (1979) Fluorometric calcium titration: interference from hemolysis estimated. Clin Chem 25: 1983
Gries G, Kley R, Lorenz H (1979) Erfahrungen mit Ringversuchen bei Bindungsanalysen (Radio- und Enzymimmunoassays etc.). Therapiewoche 29: 5327
Grillo F, Murador E (1982) Comments on interference from bilirubin in a system for HDL-cholesterol determination. Clin Chem 28: 384
Gripenberg M, Kurki P (1986) Demonstration of human autoantibodies by quantitative enzyme immunoassays (Review). Immunol methods 92: 1448
Grist NR, Ross CAC, Bell EJ, Stott EJ (1966) Diagnostic methods in clinical virology. Blackwell Scientific Publications, Oxford
Grob P, Pfister E (1980) Idiopathischer Immunglobulinmangel bei Jugendlichen und Erwachsenen. Schweiz Med Wschr 110: 596
Grode HP, Brinkmann B (1980) Aufgaben und Ziele der Kommission Metrologie (KM) im DIN und der ISO-Gruppe Metrologie. DIN Mitt 59: 215
Groth T (1980) Methods and approaches to determine „optimal" quality for clinical chemical data. Scand J Clin Lab Invest (Suppl) 40: 47
Groth T (1986) Analytical quality, test quality and quality costs. Ups J Med Sci 91: 205
Grunze H, Spriggs AI (1980) History of clinical cytology - a selection of documents. GIT-Verlag, Darmstadt
Guder WG (1976) Einfluß von Probennahme, Probentransport und Probenverwahrung auf klinisch-chemische Untersuchungsergebnisse. Ärztl Lab 22: 69
Guder WG (1977) Gewinnung und Sicherung der Untersuchungsmaterialien für klinisch-chemische Untersuchungen. Med Welt 28: 1249
Guder WG (1980) Einflußgrößen und Störfaktoren bei klinisch-chemischen Untersuchungen. Internist 21: 533
Guder WG (1980) Modell Leber-Erkrankungen. In: Lang H, Rick W, Büttner H (Hrsg) Validität klinisch-chemischer Befunde. Springer, Berlin Heidelberg New York p 84
Guder WG (1981) Standardisierung der Methoden zur Probennahme und Probenvorbereitung bei Enzymaktivitätsbestimmungen im Blut. Lab Med 5(A + B): 233
Guder WG (1983) Störfaktoren in der klinischen Chemie. In: Symposium „Präanalytik" 16.-19.3.1983 Plymouth (England) Becton Dickinson Vacutainer System Heidelberg p 4
Guder WG (1983) The preanalytic phase - impact on quality. In: Clinical Laboratory Forum, Plymouth p 15
Guder WG (1986) Haemolysis as an influence factor in clinical chemistry. J Clin Chem Clin Biochem 24: 125
Guder WG (1986) Trends und Zukunftsaspekte der Klinischen Chemie. Mitt Klin Chem 5: 285
Guder WG, Hallbach J (1986) Automatisierung der Bestimmung von N-acetylglucosaminidase im Urin. In: Nieren- und Hochdruckkrankheiten. Bd 15, p 220
Guder WG, Heidland A (1986) Kleinkonferenz ‚Harnanalytik'. Mitt Klin Chem 5: 71
Guder WG, Hoffmann GE, Hubbuch A, Poppe WA, Siedel J, Price CE (1986) Multizentrische Evaluierung eines empfindlichen Farbtests zur enzymatischen Bestimmung von Kreatinin in Serum und Urin. J Clin Chem Clin Biochem 24: 889
Guder WG, Kruse-Jarres JD (1982) Is glucose a reliable index of carbohydrate metabolisme? J Clin Chem Clin Biochem 20: 135
Gurr E (1971) Synthetic dyes in biology, medicine and chemistry. Academic Press, London New York p 103 u. 350
Guy LR, Neitzer GM, Klein RE (1977) Quality control - how much is enough? Transfusion 17: 183
Gyllenwärd C, Josephson B (1967) The development of the serum electrolyte concentrations in normal infants. Scand J Clin Lab Invest 9: 21
Haas RG, Mushel S (1982) Modified DuPont aca calcium method for hemolyzed specimens. Am J Clin Pathol 77: 216

Habenstein K (1980) Teststreifen: Modifiziertes Feld für okkultes Blut im Urin. Laboratoriumsblätter 30: 162
Habenstein K, Kohl H (1981) A new test strip for the determination of amylase in urine. J Clin Chem Clin Biochem 19: 688
Haber MH, Lindner LE (1981) Scanning electron microscopic study of the urinary sediment. J Clin Chem Clin Biochem 19: 587
Häbisch HJ (1982) Vacuplast 2 - das System der sicheren Blutgewinnung. Gruppenpraxis 1: 31
Haeckel R (1975) Berechnungen über die Kosten der Qualitätssicherung im medizinischen Laboratorium. Ärztl Lab 21: St57
Haeckel R (1975) Qualitätssicherung im medizinischen Labor. Deutscher Ärzteverlag Köln
Haeckel R (1976) The reliability of a mechanized procedure (Perkin-Elmer C 4) for the enzymatic determination of uric acid according to Kageyama. J Clin Chem Clin Biochem 14: 165
Haeckel R (1976) Zur Probenverwechslung bei Laboruntersuchungen. Prakt Arzt 2: 323
Haeckel R (1980) Decision criteria for the selection of analytical instruments used in clinical chemistry. J Autom Chem 2
Haeckel R (1980) Prinzipien der Geräte-Evaluation in der Klinischen Chemie. PTB-Mitteilungen 90: 187
Haeckel R (1981) Assay of creatinine in serum, with use of fuller earth to remove interferents. Clin Chem 27: 179
Haeckel R (1981) Erprobung und Bewertung von Geräten der Laboratoriumsmedizin. I. Standardisierung der Evaluation von Geräten. Lab Med 5(A + B): 1
Haeckel R (1981) Statistische Verfahren beim Methodenvergleich. Med Lab (Stuttg) 34: 8
Haeckel R (1982) Empfehlungen zur Anwendung statistischer Methoden beim Vergleich klinisch-chemischer Analysenverfahren. J Clin Chem Clin Biochem 20: 107
Haeckel R (1982) Standardisation efforts for evaluating instruments in clinical chemistry. Adv Clin Chem 1: 255
Haeckel R (1984) Statistische Probleme beim Vergleich klinisch-chemischer Analysenverfahren. (Ber Kleinkonf Dtsch Ges Klin Chem 9.-10.6.83 Bremen). J Clin Chem Clin Biochem 22: 265
Haeckel R, Bonini P, Ceriotti S, Kutter D, Vonderschmitt DJ (1985) Multi centre evaluation of the urine test strip analyser rapimat. J Clin Chem Clin Biochem 23: 473
Haeckel R, Busch EW, Gentilini JL, Jennings RD, Christiansen TF (1984) ECCLS Document 4 No 1
Haeckel R, Fischer G, Fischer M, Gergely T, Gibitz HJ, Osburg K (1984) Arbeitsgruppe für Analysenermittlungen: Vorschläge zur Erfassung von Analysenzahlen. Mitt Dtsch Ges Klin Chem 15: 24
Haeckel R, Haeckel H (1972) Die Bestimmung der Glucosekonzentration in 20 Mikroliter Kapillarblut, Liquor und Urin nach der Hexokinasemethode mit dem Endpunktautomaten 5030 (Eppendor). J Clin Chem Clin Biochem 10: 453
Haeckel R, Heinz F (1975) Die Bestimmung der Harnsäurekonzentration mittels Uricase, Katalase und NADH-abhängiger Aldehyddehydrogenase. J Clin Chem Clin Biochem 13: 244
Haeckel R, Höpfel P (1980) Fehlersuche bei photometrischen Messungen im medizinischen Laboratorium. Dtsch Ärztebl 77: 11
Haeckel R, Höpfel P, Höner G (1974) Berechnung über die Wirtschaftlichkeit von mechanisierten Analysensystemen. Ein Vorschlag zur Schätzung der kritischen Serienlänge. Z Klin Chem Klin Biochem 12: 14
Haeckel R, Hørder M, Zender R (1982) IFCC 1982/5: Survey of opinions concerning preferred incubation temperatures. J Clin Chem Clin Biochem 20: 947
Haeckel R, Oellerich M (1977) Enzymimmunotests für die Routinediagnostik. Lab Med 1: 121
Haeckel R, Perlick M (1976) A new enzymatic determination of cholesterol. J Clin Chem Clin Biochem 14: 411
Haeckel R, Pocklington P (1980) Rationelle Gestaltung des Anforderungsformulars für klinisch-chemische Analysen. GIT Lab Med 3: 392
Haeckel R, Porth AJ (1972) Die Berücksichtigung des Verschleppungsfehlers bei der Natrium-, Kalium- und Chloridbestimmung mit dem Analysenautomat C4. Z Klin Chem Klin Biochem 10: 91
Haeckel R, Rotzler A (1977) Photometer für die ärztliche Praxis. Praxis-Technik p 5
Haeckel R, Rotzler A (1977) Photometer für die ärztliche Praxis. Bd 1 des Zentralinstitutes für die kassenärztliche Versorgung in der Bundesrepublik Deutschland. Dtsch Ärzteverlag, Köln

Haeckel R, Schneider B (1980) Statistische Modelle und Verfahren beim Vergleich von Analysenmethoden. GIT Lab Med 3: 97
Haeckel R, Schneider B (1981) Statistische Verfahren beim Methodenvergleich. Med Lab 34 (Stuttg): 8
Haeckel R, Schneider B (1983) Detection of drift effects before calculating the standard deviation as a measure of analytical imprecision. J Clin Chem Clin Biochem 21: 491
Haeckel R, Sonntag O (1980) Detection of drug interferences in method evaluation programs. In: Siest G (ed) Drug effects on laboratory test results. M Nijhoff, the Hague, p 58
Haeckel R, Sonntag O, Külpmann WR, Feldmann W (1979) Comparison of 9 methods for the determination of cholesterol. J Clin Chem Clin Biochem 17: 553
Haeckel R, Weirich A (1982) Modell einer vollständigen Kostenrechnung für das medizinische Laboratorium. GIT Lab Med 5: 199
Hafkenscheid JCM, Hessels M (1985) The determination of α-amylase with 2-Chloro-4-nitrophenyl-β-maltoheptaoside as substrate: comparison with other methods. J Clin Chem Clin Biochem 23: 529
Hafkenscheid JCM, van Jongekrigg (1983) Stability test of six enzymes for internal quality control. Enzyme 29: 239
Hagedorn-Götz H, Küppers G, Stoeppler M (1977) On Nickel contents in urine and hair in a case of exposure to nickel carbonyl. Arch Toxicol 38: 275
Hagedorn-Götz H, Stoeppler M (1975) Zum forensischen Nachweis von Thallium in menschlichen Haaren durch flammenlose Atomabsorptionsspektroskopie. Arch Toxikol 34: 17
Hagemann P (1976) Transport von Blutproben mit der Rohrpost. Med Lab (Stuttg) 29: 300
Hagemann P (1983) Mechanisierte Auswertung von Urinteststreifen. Der Rapimat. Lab Med 7: 118
Hagemann P, Arenz F (1983) Teststreifen und Sedimentuntersuchung in der Urinalyse. Lab med 7: 39
Haider T, Foss OP (1983) The analytical variation and mean difference of serum lipid values in duplicate samples subjected to different times of storage. Scand J Clin Lab Invest 43: 439
Halban H v, Kortüm G, Szigeti B (1936) Zur Methode der photographischen Lösungsspektrophotometrie. Z Elektrochem angew phys Chem 42: 628
Halban H v, Litmanowitsch M (1941) Bemerkungen zur Methodik der Absorptionsspektrographie. Helv Chim Acta 24: 44
Halban H v, Wieland K (1944) Über eine Eichsubstanz für spektrographische Absorptionsmessungen. Helv Chim Acta 27: 1032
Hale DC, Wright DN, McKie JE, Isenberg HD, Jenkins RD, Matsen JM (1981) Rapid screening for bacteriuria by light scatter photometry (Autobac): a collaborative study. J Clin Microbiol 13: 147
Hall CV (1975) A biological safety centrifuge. Health Lab Sci 12: 104
Hall PM, Cook JGH (1982) Fluoride and iodoacetate interfere with glucose determination with the Yellow Springs Glucose Analyzer. Clin Chem 28: 387
Hallbach J, Hofmann W, Guder WG (1986) Urine screening by combined test strip and N-acetyl-β-D-glucosaminidase. J Clin Chem Clin Biochem 24: 769
Hallmann L, Burchardt F (1980) Klinische Chemie und Mikroskopie. Thieme, Stuttgart New York
Hamasaki N, Hirota C, Ideguchi H, Ikehara Y (1981) Regeneration of 2,3-biphosphoglycerate and ATP of stored erythrocytes by phosphenol-pyruvate; a new preservative for blood storage. In: Brewer G (ed) The red cell: fifth Ann Arbor Conference. Liss, New York, p 577
Hamlin WB (1983) The law, regulations, and the clinical laboratory. Clin Lab Med 3: 443
Hamman RF, Wells R, Ryschon K, Zerbe G, Young W (1982) Glycohaemoglobin stability. Diabetes Care 5: 143
Hamoudi AC, Lin S (1981) Cost analysis of automicrobic system urine identification card. J Clin Microbiol 14: 411
Hampel H, Reinauer H (1985) Mehodenvergleich der Mikrosäulenverfahren zur Analyse der glykosylierten Hämoglobine. Lab Med 9: 160
Han P, Ardlie NG (1974) The influence of pH, temperature, and calcium on platelet aggregation: maintenance of environmental pH and platelet function for in vitro studies in plasma. Brit J Haematol 26: 373
Handy RW (1979) Zn contamination in vacutainer tubes. Clin Chem 25: 197

Hanok A, Kuo J (1968) The stability of a reconstituent serum for the assay of fifteen chemical constituents. Clin Chem 14: 58

Hansell JR (1979) A laboratory intercomparison of commercial digoxin kits. Am J Clin Pathol 72: 341

Hansen HJ, Caudill SP, Boone J (1985) Crisis in drug testing. JAMA 253: 2382

Hansert E, Stamm D (1980) Determination of assigned values in control specimens for internal accuracy control and for interlaboratory surveys. J Clin Chem Clin Biochem 18: 461

Hanson DJ (1974) The relationship of College of American Pathologists clinical standard solutions to National Bureau of Standards standard reference materials. Am J Clin Pathol 61(Suppl): 916

Hanson JE, Stone ME, Ong ST, Kessel AL van (1982) Evaluation of blood gas quality control and proficiency testing material by tonometry. Am Rev Respir Dis 125: 480

Hanson M, Falcon AB, Watson CJ (1971) Normal and abnormal variation and clinical significance of the one-minute and total serum bilirubin determination. J Lab Clin Med 38: 446

Hanson NQ, Freier EF (1974) Stability in urea as a measure of cardiac lactate dehydrogenase on the centrifugal analyzer. Clin Chem 20: 769

Hanson NQ, Freier EF (1983) Effect of protein on the determination of total bile acids in serum. Clin Chem 29: 171

Hanson NQ, Freier EF (1983) Enzyme inactivation in serum before determination of total bile acids. Clin Chem 29: 1073

Hansten PhD (1985) Drug interactions. In: Lea and Fabinger, Philadelphia 5nd ed. Arzneimittel-Interaktionen. Aus dem Englischen übersetzt von Gugler R, Hengstmann JH, Hippokrates Verlag, Stuttgart 2. Aufl p 474

Hantke U (1986) Chemilumineszente organische Verbindungen - Mechanistische Vorstellungen zur Chemilumineszenzreaktion und mögliche Einflußgrößen auf die Chemilumineszenz dieser Verbindungen. Ärztl Lab 32: 1

Hänze S (1964) Der Magnesium-Stoffwechsel. Physiologie und Klinik. Thieme, Stuttgart

Harada Y, Mori O. A new method for culturing hook-worm. Yonago Acta med 1: 177 (1955); Trop Dis Bull 53: 343 (1956)

Harders HD, Helger R (1977) Eine neue Indikatorreaktion für die enzymatische Cholesterinbestimmung (CHOD-Jodid-Molybdat-Methode). Lab Med 1: 141

Hardwick DF, Cassidy PA, Morrison JI, Chase WH, Tydeman J (1982) Structuring complexity of testing: a process oriented approach to limiting unnecessary laboratory use. Am Soc Med Technol 48: 605

Hardwick DF, Morrison JI, Tydeman J et al (1981) Laboratory costs and utilization: framework for analysis and policy design. J Med Educ 56: 307

Hardy M, Bjorström Ch (1984) Effect of heparin on determination of plasma albumin by Beckman Astra B (BCG) and Du Pont ACA II (BSP) autoanalysers. Clin Biochem 21: 387

Harkaj (1984) Validity and bias in laboratory tests. Arch Pathol Lab Med 108: 769

Harm K (1980) Qualität und Plausibilität klinisch-chemischer Daten. Ärztl Lab 26: 52

Harm K (1983) Rechnerunterstützte Plausibilitätskontrolle mit Extremwerten und Befundmustern. Mitt Dt Ges Klin Chem 3: 123

Harm K, Dieckvoß E, Nagel H-H, Voigt KD (1981) Alters- und Geschlechtsabhängigkeit klinisch-chemischer Kenngrößen. Lab Med 5: 134

Harm K, Funke M (1979) Extremwertgrenzen für die Plausibilitätsprüfung klinisch-chemischer Analysenergebnisse. Ärztl Lab 25: 263

Harm K, Höhne KH, Dahlmann K (1973) Computeranwendung im hämatologischen Laboratorium. II. Rückgewinnung der Meßwerte für die Erfordernisse der Routine und für die wissenschaftliche Auswertung. Ärztl Lab 19: 237

Harm K, Lensch S (1980) Computer in der klinischen Chemie: Istzustand und Perspektiven. Ärztl Lab 26: 25

Harm K, Rauh K, Hagemann J, Voigt KD (1985) Untersuchungen zur Variation von Serumbestandteilen über Zeitabschnitte von drei bis zu acht Jahren. Variationsbreiten und Variationskoeffizienten von Individualwertsätzen. Ärztl Lab 31: 33

Harm K, Rauh K, Nagel HH, Voigt KD (1985) Untersuchungen zur Variation von Serumbestandteilen über Zeitabschnitte von drei bis zu acht Jahren. II. Korrelation zwischen Variationsbreiten und zwischen Variationskoeffizienten von Individualwertsätzen. Ärztl Lab 31: 83

Harm K, Rehpenning W, Domesle A, Voigt KD (1979) Falsch positive Werte bei der Vielfachanaly-

se: eine Erhebung an Referenz- und Patientenkollektiven. J Clin Chem Clin Biochem 17: 517
Harm K, Voigt KD, Rehpenning W, Domesle A (1978) Investigations concerning the frequency of falsely positive values in biomedical profiling. Biol Prosp 66
Harm K, Wegener M, Dieckvoß E, Nagel H-H, Voigt KD (1982) Plausibilitätskontrolle klinisch-chemischer Meßwerte. Med Lab (Stuttg) 35: 145
Harm K, Wegener M, Nagel HH, Voigt KD (1981) Zweidimensionaler Bereich für die Plausibilitätsprüfung klinisch-chemischer Analysenergebnisse mit Befundmustern. Ärztl Lab 27: 173
Harris EK (1970) Distinguishing physiologic variation from analytic variation. J Chron Dis 23: 469
Harris EK (1979) Statistical principles underlying analytik goal-setting in clinical chemistry. Am J Clin Pathol 72: 374
Harris EK, Cooil BK, Shakarji G, Williams GZ (1980) On the use of statistical models of within-person variation in long-term studies of healthy individuals. Clin Chem 26: 383
Harris EK, Kanofsky P, Shakarji G, Cotlove E (1970) Biological and analytic components of variation in long-term studies of serum constituents in normal subjects. II. Estimating biological components of variation. Clin Chem 16: 1022
Harris G (1976) Equipment and maintenance. In: A seminar on performance evaluation. Amer Association of Blood Banks, Washington D.C. p 121
Harrison MJG, Pollock SS, Weisblatt E (1984) Haematocrit and platelet aggregation. Lancet ii: 991
Härter G (1977) Das Labor der Allgemeinpraxis. Notwendigkeit Wirtschaftlichkeit. Laboratoriumsblätter 27: 76
Härter G, Rotzler A (1974) Qualitätssicherung im Praxislabor. Prakt Arzt 10: 1
Hartmann AE (1982) Vial-to-vial variation of a stabilized liquid quality control serum. Am J Clin Pathol 78: 345
Hartmann AE (1984) How the NBS research associate program assists the chemistry survey. Survey news. Pathologist 38: 539
Hartmann AE, Juel RD, Barnett RN (1981) Long term stability of a stabilized liquid quality control serum. Clin Chem 27: 1448
Hartmann E (1982) Das Sehvermögen vor der Berufswahl testen. Ärztl Praxis 74: 24
Hartz AJ (1984) Overlap index: an alternative to sensitivity and specificity in comparing the utility of a laboratory test. Arch Pathol Lab Med 108: 65
Hauck H, Kluge A (1969) Serum-Plasma-Differenzen bei Enzymaktivitäts-Bestimmungen im menschlichen Blut. Ärztl Lab 15: 349
Haupt I, Jung HJ, Nuske M, Ringelmann R (1979) Zur Eingrenzung des Normbereiches der Serum-IgE-Konzentration. Immunität und Infektion 7: 97
Haustein D (1975) Effective radioiodination by lactoperoxidase and solubilisation of cell surface proteins of cultured murine-T lymphoma cells. J Immunol Meth 7: 25
Hauswaldt Ch, Schröder U (1973) Differentialblutbilder im EDTA-Blut. Dtsch Med Wschr 98: 2391
Haux P, Scheidt F, Jakob I, Sobe D, Kattermann R (1979) Diagnostische Aussagekraft der Kreatinkinase-MB: Verlaufsuntersuchungen bei cardialen und cerebralen Erkrankungen. J Clin Chem Clin Biochem 17: 747
Havekes L (1981) Apparent loss of apolipoprotein B immunoreactivity of isolated low density lipoprotein during storage: consequences for the quantification of apolipoprotein B in human plasma. Clin Chim Acta 116: 131
Haven GT, Lawson NS, Moore TD (1979) Stability of mean values of organic analytes in lyophilized quality control serum. Am J Clin Pathol 72: 274
Haven GT, Lawson NS, Ross JW (1980) Quality control outline. Pathologist 34: 619
Haven GT, Tholen DW, Oxley DK (1983) Source of analytic variation in ligand assay. A study based on data from the 1976 and 1981 basic ligand assay surveys of the College of American Pathologists. Am J Clin Pathol 80: 615
Hayaski T, Tsuchiya H, Naruse H (1983) The stabilisation of α-keto acids in biological samples using hydrazide gel column treatment. Clin Chim Acta 132: 231
Hayhoe FGJ, Flemans RJ (1969) Atlas der hämatologischen Cytologie. Springer, Berlin Heidelberg New York
Haymond RE, Knight JA (1975) Venous serum, capillary serum, and capillary plasma compared

for use in determinations of lactate dehydrogenase and aspartate aminotransferase activities. Clin Chem 21: 896
Heckner F (1986) Praktikum der mikroskopischen Hämatologie. Urban & Schwarzenberg, München Berlin, 6. Aufl
Heckner FC (1978) Leitfaden der Blutzellkunde. 4. Aufl. Urban & Schwarzenberg, Berlin
Hedin A, Carlsson L, Berglund A, Hammarström S (1983) A monoclonal antibody-enzyme immunoassay for serum carcinoembryonic antigen with increased specificity for carcinomas. Proc Natl Acad Sci 80: 3470
Hefel P (1978) Die visuelle Beurteilung des Serums unter besonderer Berücksichtigung der Bilirubin-Konzentration. Ärztl Lab 24: 352
Heidrich R, Schmidt RD, Heidemann G (1982) Untersuchungsauftrag und Befundbericht als Kommunikationsmittel zwischen Klinik und Laboratorium mit DV-System. Datenverarbeitung in Forschung und Medizin. GIT FachZ Lab (Suppl)26: 24
Heilmann E (1980) Pathogenese und Diagnostik der megaloblastären Anämien. Lab Med 4: 253
Heim P, Schlicht G (1983) Laborkunde. Kiehl, Ludwigshafen
Heimsoth VH, Graffe-Achelis Ch, Banauch D, Vollmar J (1978) Referenzwerte für die Glukosekonzentration im Urin von Erwachsenen. Med Lab (Stuttg) 31: 236
Heining MPD, Band DM, Linton RAF (1983) The effect of temperature on plasma ionized calcium measured in whole blood in vitro. Scand J Clin Lab Invest 43: 709
Heiss G, Tamir I, Davis GE, Tyroler HA, Rifkind BM, Schonfeld G, Jacobs D, Frantz IDjr (1980) Lipoprotein-cholesterol distributions in selected North American populations: the lipid research clinics program prevalence study. Circulation 61: 302
Helbig W, Janke H, Schneider D (1974) Knochenmarkbefund-Dokumentation zur Weiterverarbeitung mittels elektronischer Datenverarbeitung. Fol Haematol 101: 949
Helger R (1980) Influence of the solutions for infusion on the determination of serum protein by the biuret reaction. Fresenius Z Anal Chem 301: 174
Helger R, Rindfrey H, Hilgenfeld J (1974) Eine Methode zur direkten Bestimmung des Creatinins im Serum und Harn ohne Enteiweißung nach einer modifizierten Jaffe-Reaktion. Z Klin Chem Klin Biochem 12: 344
Heller S (1983) Qualitätssicherung im Notfallabor. Lab Med 7: 118
Helman EZ, Wallick DK, Reingold IM (1971) Vacutainer contamination in trace-element studies. Clin Chem 17: 61
Henkel E (1984) α-Amylase-Bestimmung - Gebräuchliche Methoden und klinische Bedeutung. GIT (Suppl) 4: 24
Henkel E, Morich S, Henkel R (1984) 2-Chloro-4-nitrophenyl-β-D-maltoheptaoside: a new substrate for the determination of α-amylase in serum and urine. J Clin Chem Clin Biochem 22: 489
Henkel E, Portenhauser R, Munz E, Klose S, Stoltz M (1974) Erfahrungen mit der enzymatischen Harnsäurebestimmungsmethode Uricase/4-Amino-phenazon auf dem Auto-Analyzer II oder SMA 6/60-System. Ärztl Lab 25: 83
Henriksen SA, Pohlenz J (1981) Staining of cryptosporidia by a modified Ziehl-Neelsen technique. Acta Vet Scand 22: 594
Henry JB, Giegel JL (1977) Quality control in laboratory medicine. Transactions of the first inter-american symposium. Masson Publishing, USA
Henry RJ, Cannon DC, Winkelman JW (1974) Clinical chemistry principles and technics. Harper & Row, Hagerstown 2nd ed
Henry RJ, Soebel C, Segalove M (1956) Turbidimetric determination of proteins with sulfosalicylic and trichloracetic acids. Proc Soc Exp Biol Med 92: 748
Henschler D (1977) Wichtige Gifte und Vergiftungen. In: Forth W, Henschler D, Rummel W (Hrsg) Allgemeine und spezielle Pharmakologie und Toxikologie. Bibliographisches Institut Mannheim Wien Zürich p 595
Henze K, Wallmüller-Strycker A, Bauer M, Barth C, Wolfram G , Zöllner N (1981) Cholesterin und Triglyzeride im Serum einer Münchener Bevölkerungsgruppe: Beziehung zu Alter und Geschlecht. J Clin Chem Clin Biochem 19: 1013
Herberg M (1982) Hinweise zur Darstellung der laborinternen Arbeitsanleitungen. mta Praxis 28: 333
Herbert V, Gottlieb CW, Altschule MD (1965) Apparent low vitamin B12 levels associated with chlorpromazine. Lancet 2: 1052

Herkness JL, Hall M, Ilstrupp DM, Washington II JA (1975) Effects of atmosphere of incubation and of routine subcultures on detection of bacteremia in vacuum blood culture bottles. J Clin Microbiol 2: 296
Hermann G, Kraus W (1973) Absicherung von Stamm- und Bewegungsdaten mit Hilfe von Prüfziffern, Kontroll- und Kennbuchstaben. IBM Deutschland GmbH, Stuttgart
Hermann GA, Sugiura HT (1984) Validity and bias in laboratory tests. Arch Pathol Lab Med 108: 769
Hetland O, Brubakk E (1972) Diurnal variation in serum zinc concentration. Scand J Clin Lab Invest 32: 225
Heumann KG (1980) Mass spectrometric isotope dilution analysis for accurate determination of elements in environmental samples. Toxicol Environ Chem Rev 3: 111
Heumann KG (1982) Isotopic analysis of inorganic and organic substances by mass spectrometry. Int J Mass Spectrom Ion Phys 45: 87
Heunert HH (1953) Praxis der Mikrophotographie. Springer, Berlin Göttingen Heidelberg
Heyden v (1980) Harnfibel. Eigenverlag München
Heyns ADuP, van den Berg DJ, Kleynhans PhT, Toit PW (1981) Unsuitability of evacuated tubes for monitoring heparin therapy by activated partial thromboplastin time. J Clin Pathol 34: 63
Hicks JM, Rowland GL, Buffone GJ (1976) Evaluation of a new blood-collecting device („Microtainer") that is suited for pediatric use. Clin Chem 22: 2034
Hieftje GM (1983) New techniques and tools for clinical chemistry. Clin Chem 29: 1659
Hill AB, Nahrwold ML. Noonan D, Northrope P (1979) Does heparin affect potassium values? Anesthesiol 51: 207
Hill B, Wilson DW, Hill RP, Hill PG (1983) Heparin does not interfere with the measurement of plasma albumin by bromcresol purple. Clin Chem 29: 1989
Hill MA, Dixon WJ (1982) Robustness in real time: a study of clinical laboratory data. Biometrics 83: 377
Hillmann G (1971) Fortlaufende photometrische Messung der sauren Prostataphosphatase-Aktivität. Z Klin Chem Klin Biochem 9: 273
Hinsberg K, Lang K (1957) Medizinische Chemie. Urban & Schwarzenberg, München Berlin Wien 3. Aufl
Hinsch W, Stickel A (1981) Säulenchromatographische und immunologische CK-MB-Bestimmungen, ein Methodenvergleich. Ärztl Lab 27: 325
Hinz E, Diesfeld HJ, Gehrig H, Kirsten C (1981) Serologische Kreuzreaktionen zwischen experimentell mit Echinococcus multilocularis oder Dipetalonema viteae infizierten Nagetieren. Tropenmed Parasit 32: 247
Hirai H (1977) A collaborative study of carcinoembryonic antigen in Japan. Cancer Res 37: 2267
Hitzig WH (1979) Immundefekt-Syndrome - Hinweise auf einen WHO-Report. Immunität und Infektion 7: 93
Hjelm M (1980) Preparing reference individuals for blood specimen collection. In: Grasbeck R, Alström T (eds) Reference values in laboratory medicine. John Wiley and Sons, Chichester, New York, Brisbane, Toronto, Singapore p 105
Hjelm M, Tentori L, Verwilghen RL (1981) The theory of reference values. Clin Lab Haematol 3: 369
Höcker P, Spreng W, Wagner A, Buchmayr E (1984) ErythrozytenPräparationen und deren Anwendung. Lab Med 8: 170
Hodgson W et al (1984) Dipstick chemistry: simple and realiable or simply unreliable. New Zealand Med Lab Techn 38: 68
Höffler D, Fiegel P (1975) Zur Zytologie und Bakteriologie des Harns. Therapiewoche 25: 285
Hoffmann GE, Dati F, Habenstein K (1982) Der Nachweis von Amylase im Urin mit Teststreifen. J Clin Chem Clin Biochem 20: 675
Hoffmann GE, Hermeyer J, Schmidt R, Weiss L (1979) Störung der Retikulozytenanfärbung durch Citrat und EDTA. Ärztl Lab 25: 317
Hoffmann GE, Weiss L (1982) Teststreifen: Amylase-Nachweis im Urin. Laboratoriumsblätter 32: 151
Hoffmann JP, Richterich R (1970) Die Eliminierung von Trübungen bei der Bestimmung von Plasma-Proteinen mit dem Biuret-Reagenz. Z Klin Chem Klin Biochem 8: 595

Hoffmann K, Müller K, Nink R (1978) Aufgaben der PhysikalischTechnischen Bundesanstalt in der Medizinischen Meßtechnik. PTB Studie
Hoffmann RG (1971) Establishing quality control and normal ranges in the clinical laboratory. Exposition Press, New York
Hoffmann RG (1974) New clinical laboratory standardization methods. Exposition Press, New York
Hoffmann RG, Waid ME (1965) The „average of normals" method of quality control. Am J Clin Pathol 43: 134, 194
Hoffmann T (1981) Celluloseacetatfolien-Elektrophorese - Abhängigkeit der Eiweißfraktionen normaler und pathologischer Seren von der Aufbewahrungsdauer bei verschiedenen Temperaturen und vom Einfrieren und Auftauen. Med Dissertation, Universität Bonn
Hoffmeister H, Junge B (1970) Über die Haltbarkeit von Serumbestandteilen und die Zuverlässigkeit ihrer Bestimmung im Auto-Analyzer SMA 12/30. Z Klin Chem Klin Biochem 8: 613
Höfler W (1980) Hinweise zur parasitologischen Diagnose der Amöbendysenterie. Dtsch Ärztebl Ärztl Mitt 77: 367
Höfler W, Lindner HU, Lorenz K, Hermann I (1985) Untersuchungen zur Effizienz der Darmprotozoendiagnostik. Kongreßbericht 13. Tagung Dtsch Tropenmed Ges Ref Nr 73: 279
Hohenwallner W (1984) Qualitätskontrolle in der Hämatologie. Lab Med 8: 59
Hohenwallner W, Wimmer E (1975) Qualitätskontrolle hämatologischer Parameter mit Hilfe eines stabilisierten Kontrollblutes. Ärztl Lab 21: 42
Hohenwallner W, Wimmer E, Sommer R (1980) Ermittlung von Referenzbereichen der Lipoproteinfraktionen mit Lipidophor. Ärztl Lab 26: 293
Hohenwallner W, Wimmer E, Sommer R (1980) Qualitätskontrolle der Thrombozyten mit HAEM-PC. Ber ÖGKCh 3: 34
Höhne KH, Dahlmann K, Harm K (1973) Computeranwendung im hämatologischen Laboratorium. I. Möglichkeiten der on-line-Erfassung und Auswertung hämatologischer Daten mit dem System LABMAT. Ärztl Lab 19: 198
Hokanson JA, Ladoulis ChT, Doutre WH, Guernsey BG, Harry DJ, Richard PL (1983) Do you understand the role of software ? It is the key to performance of laboratory computer systems. Pathologist 37
Hoke SR, Trent JL (1976) Non-effect of heparin on serum electrolyte values. Clin Chem 22: 1540
Holasek A, Petek W (1977) Lipoproteinelektrophorese. Med Lab 30: 289
Holborow EJ, Johnson GD, Chantler S (1982) Use of international reference preparations for immunofluorescence. In: Wick G, Trail KN, Schauenstein K (eds) Immunofluorescence Technology. Elsevier Biomedical Press, Amsterdam New York Oxford p 1
Holburn AM, England JM (1982) The UK National External Quality Assessment Scheme in blood bank serology. Compatibility testing 1979-1980. Clin Lab Haematol 4: 3
Holdt G (1960) The use of scatter diagrams in emission spectroscopy. Appl Spectrosc 14: 64
Holdt G (1965) Zur Anwendung des Streudiagramms in der Spektralanalyse. Z Anal Chem 209: 46
Hollan SR (1981) Editorial training of blood transfusion teams. Haematologia 14: 3
Hollister LE, Wright A (1965) Diurnal variation of serum lipids. J Atheroscler Res 5: 445.
Hollmann A (1977) Arztrecht in der Praxis. Das neue Bundesdatenschutzgesetz. Arztrecht in der Praxis 39: 1395
Holmquist M (1983) Where are the applicants ? Laboratory Medicine 14: 234
Höltge GA, Ersts A (1980) A quality control system for the general urinalysis laboratory. Am J Clin Pathol 73: 403
Holtz AH, Lewis SM, Spaander J (1984) Standardization of diagnostic materials and methods: specific problems in clinical haematology. Clin Chem (Rep) 30: 364
Holzrichter W (1972) Organisation von Ringversuchen. Chem Rundsch 25: 896
Hoppe I (1982) Durch Reaktionsverstärkung bedingte Probleme der D^u-Erkennung. Lab Med 6 (A + B): 54
Horn K, Marschner I, Scriba PC (1976) Erster Ringversuch zur Bestimmung der Konzentrationen von L-Trijodthyronin (T_3) und L-Thyroxin (T_4) im Serum: Bedeutung für die Erkennung methodischer Fehlerquellen. J Clin Chem Clin Biochem 14: 353
Houbouyan L-L, Roussi J-H, Goguel A-F (1978) Effet anti-heparine dans les tubes „B. D. Vacutainer". Nouv Presse Med 7: 3262
Houts TM, Carney JA (1981) Radioassay for cobalamin (vitamin B12) requiring no pretraetment of serum. Clin Chem 27: 263

Howanitz PJ (1985) Wich rules are more cost effective? Pathologist 39: 8
Howanitz PJ, Howanitz JH (1983) Quality control for the clinical laboratory. Clin Lab Med 3: 541
Howe-Davies S, Holman RR, Phillips M, Turner C (1978) Home blood sampling for plasma glucose assay in control of diabetes. Brit Med J 2: 596
Huber H, Pastner D, Gabl F (1972) Laboratoriumsdiagnose hämatologischer und immunologischer Erkrankungen. Springer, Berlin Heidelberg New York
Hubsch G, Huout O, Henry J (1980) Influence of turbidity on photometric assays: a blank sample must always be used. J Clin Chem Clin Biochem 18: 149
Huestis DW (1981) More on thawing plasma. Am J Clin Pathol 75: 115
Huisman THJ (1986) Introduction and review of standard methodology for the detection of hemoglobin abnormalities (Review). Methods Hematol 15: 1
Huisman THJ (1986) The hemoglobinopathies. Churchill Livingstone, Edinburgh
Huisman THJ, Jonxis JPH (1977) The hemoglobinopathies. Dekker, New York Basel
Huizenga JR, van der Belt K, Gips CH (1985) The effect of storage at different temperatures on cholinesterase activity in human serum. J Clin Chem Clin Biochem 23: 283
Hüll DF, III, Clark GM, Osborne CK, Chamness GC, Knight WA, III (1983) Multiple estrogen receptor assays in breast cancer. Cancer Res 43: 413
Humbel R (1983) Vergleichende Bewertung der Protein-Zonen von drei Mehrfach-Harnteststreifen. Lab med 7 (A + B): 151
Humfeld S, Reinauer H (1984) Hochdruckflüssigkeitschromatographische Analyse der glykosylierten Hämoglobine. Lab Med 8: 385
Humfeld S, Susanto F, Reinauer H (1985) Vergleichende Bestimmung der glykosylierten Hämoglobine mittels Hochdruckflüssigkeitschromatographie (HPLC), isoelektrischer Fokussierung (IEF) und Mikrosäulentechnik (MC). Lab Med 9: 349
Humm M (1984) Medical technology and medicare costs. Pathologist 38: 749
Humphrey KR, Gruemer HD, Lott JA (1977) Impact of posture on the „reference range" for serum proteins and calcium. Clin Chem 23: 1343
Hunt CE (1973) Capillary blood sampling in the infant: usefulness and limitations of two methods of sampling, compared with arterial blood. Pediatrics 51: 501
Hunter WM, Greenwood FC (1962) Preparation of iodine-131 labelled growth hormone of high specific activity. Nature 194: 495
Hunter WM, McKenzie I (1979) A national quality control scheme for serum hGH assays. In: Bizollon CA (ed) Radioimmunology Elsevier North Holland, Amsterdam p 269
Hurt SG (1984) Management of laboratory information. Analytical Instruments Computers
Husdan H, Rapoport A (1968) Estimation of creatinine by the Jaffe-reaction. A comparison of the methods. Clin Chem 14: 222
Husdan H, Rapoport A, Locke S (1973) Influence of posture on the serum concentration of calcium. Metabolism 22: 787
Husdan R, Rapoport A, Locke S, Oreopoulos D (1974) Effects of venous occlusion of the arm on the concentration of calcium in serum and methods for its compensation. Clin Chem 20: 529
Hutchison AS, Dryburgh FJ, Ralston SG (1986) Sampling errors in pH and blood gas analysis - an evaluation of three new arterial blood samplers. Ann Clin Biochem 23: 329
Hyanek J (1964) Der Einfluß einiger äußerer Faktoren auf die Blutsenkungsgeschwindigkeit. Z Inn Med 19: 195
Hyman DB, Saunders AM, Tanaka K (1983) A rapid spot test for urinary methylmalonic acid collected on ionexchange filter paper. Clin Chim Acta 132: 219
Hythan K, Brondos GA (1983) A basic laboratory medicine library. Laboratory Medicine 14: 439
ICSH International Committee for Standardization in Hematology (1973) Reference method for the erythrocyte sedimentation rate (ESR) test on human blood. Brit J Hematol 24: 671
IFCC International Federation of Clinical Chemistry (1977) Provisional recommendation on quality control in clinical chemistry. Part 3. Calibration and control materials. J Clin Chem Clin Biochem 15: 233
IFCC (1979) Provisional recommendation on evaluation of diagnostic kits. J Clin Chem Clin Biochem 17: 657
IFCC (1980) Approved recommendation (1978) on quality control in clinical chemistry. Part 1 and 2. J Clin Chem Clin Biochem 18: 69 und 78
IFCC (1982) Recommendations and related documents. Cummulative Index by Saris NE, Helsinki. J Clin Chem Clin Biochem 20: XXXI

IFCC Committee on Standards, Expert Panel on Enzymes (1974) Provisional recommendation and IFCC methods for the measurement of catalytic concentrations of enzymes.

IFCC, Expert panel on enzymes (1977) IFCC method for aspartat aminotransferase. J Clin Chem Clin Biochem 15: 39

IFCC, Expert panel on enzymes (1980) IFCC method for alanine aminotransferase. J Clin Chem Clin Biochem 18: 521

IFCC (1984) Expert Panel on drug effects in clinical chemistry. The basic concepts. J Clin Chem Clin Biochem 22: 271. Guidlines for evaluations of analytic interference. J Clin Chem Clin Biochem 22: 275; Clin Chim Acta 139: 223F

IFCC News (1985) ISE's, pH and blood gases. 40: 7

IFCC (1976) Section No 1. Quality control in clinical chemistry. II. Part. 2. Assessment of analytical methods for routine use. J Clin Chem Clin Biochem 14: 265

IFCC (1984) Section No 3. Drug effects in clinical chemistry. Part I The basic concepts. Clin Chim Acta 139: 215F. Part II Guidelines for evaluation of analytical interference. Clin Chim Acta 139: 223F

IFCC/WHO (1984) Principles and Recommendations on Evaluation of Diagnostic Reagent Sets Used in Health Laboratories with limited Resources. Part 3. Selection and Evaluation Using Reference Materials. General Considerations. J Clin Chem Clin Biochem 22: 573

Illek B et al (1984) Clinical performance parameters of microhematuria determination with „Labstix“ and „Sangur Test“ reagent strips. Biochem Clin Bohemo 13: 39

Ingram GIC, Hills M (1976) The prothrombin time test: effect of varying citrate concentration. Thromb Haemostas (Stuttg) 36: 230

Ingram VM (1959) Abnormal human haemoglobins. II. The chemical difference between normal and sickle cell haemoglobins. Biochem Biophys Acta 36: 402

Inhorn SL (ed) (1978) Quality assurance practices for health laboratories. Am Public Health Assoc, Washington

ISBT International Society of Bloodtransfusion Guide 3 (1978) Quality assurance in the blood transfusion laboratory. Paris

Isenberg HD, D'Amato RF, McKinley GA (1984) New approach in microbiology may fill the cost containment bill. Pathologist 38: 804

Isenberg HD, Schoenknecht FD, von Graevenitz A (1979) Collection and processing of bacteriological specimens. Cumitech 9, American Society for Microbiology, Washington DC

Isherwood DR (1979) Validity of temperature correction factors for enzyme assays in clinical chemistry. Med Lab Sci 36: 211

ISO 2602 Statistical interpretation of test results - estimation of mean - confidencal interval

ISO 2854 Statistical interpretation of data - techniques of estimation and tests relating to means and variances

ISO 2859 Add. 1 General information on sampling inspection, and guide to the use of the ISO 2859 tables

ISO 2859 Sampling procedures and tables for inspection by attributes

ISO 3207 Statistical interpretation of data - determination of a statistical tolerance interval

ISO 3494 Statistical interpretation of data - power of tests relating to means and variances

ISO 3534 Statistics - vocabulary and symbols 1972

ISO 3951 Sampling procedures and charts for inspection by variables for percent defective

ISO 5725 Precision of test methods: determination of repeatability and reproducibility by interlaboratory tests

ISO/DIS 5479 Normality tests

ISO/REMCO (July 1983): Draft ISO Guide 35. General and statistical principles for the certification of reference materials. Chapter 3 - certification by interlaboratory consensus. Revision of ISO/REMCO 88

Issag HJ, Zielinski WL (1974) zit in Tölg G (1979)

Isselstein FA (1977) Lactat-Dehydrogenase. Ärztl Lab 23: 21

Issitt PD, Smith TR (1976) Evaluation of antiglobulin reagents. In: A seminar on performance evaluation. Amer Association of Blood Banks, Washington D.C. p 25

Itallie PH van (1969) How drugs may affect laboratory tests. Hosp Pharm 4: 4

IUPAC and IFCC (1972) Appendices on tentative nomenclature, symbols, units and standards - Number 20: Quantities and units in clinical chemistry. IUPAC, Oxford

Iyengar GV (1976) Procedure and development aspects of a multielement automatic radiobiochem machine. Applied to NIBS, interne Veröffentlichung 6, KFA Jülich
Iyengar GV (1982) Presampling factors in the elemental composition of biological systems. Anal chem 54: 554 A
Iyengar GV, Sansoni B (1980) Sample preparation of biological materials for trace element analysis. Techn Rep Series No. 197 IAEA, Wien
Jackson JJ, Conrad ME, Campbell J (1986) A reflectance reading urine analyzer (Kyoto urine analyzer). ICPR Jan/Febr, p 11
Jacobs HS (1969) Use of activated charcoal in the radioimmunoassay of human growth hormone in plasma. J Clin Pathol 22: 710
Jacobs HS, Jandl JH (1966) A simple visual screening test for glucose-6-phosphate dehydrogenase deficiency employing ascorbate and cyanide. NEJM 274: 1162
Jacobs S, Peterson L, Thompson L, Tukey D, Paine-Saunders St, Hedlund BO, Smith C II (1986) Newborn screening for hemoglobin abnormalities. A comparison of methods. Am J Clin Pathol 85: 713
Jacobs T, Ziefer A, Seitz HM (1984) Staining techniques for Pneumocystis carinii. Zbl Bakt Hyg A 258: 379
Jacobsen E, Rosen J (1975) Improved syringe for arterial blood sampling. Anesthesiology 42: 112
Jaffe BM, Behrman HR (eds) (1974) In: Methods of hormone radioimmunoassay. Academic Press, New York Kapitel 5, 6, 7, 8, 9, 12, 14, 16, 18, 24
James GP, Bee DE (1979) Glucosuria: accuracy and precision of laboratory diagnosis by dip stick analysis. Clin Chem 25: 996
James GP et al (1979) Inhibition of glucose oxidase paper tests by reducing substances. Diabetes 19: 337
Janitschke K (1986) Empfehlungen zur Laboratoriumsdiagnostik der Pneumocystose. Lab Med 10: 122
Jankegt R, Lohman JJHM, Hooymans PM, Merkus FWHM (1983) Do evacuated blood collection tubes interfere with therapeutic drug monitoring ? Pharm Weekbl (Sci) 5: 297
Jansen AP, van Kampen EJ, Meijers CAM, van Munster PJJ, Boerma GJM (1978) Quality control and the quality of commercial test sera. Clin Chim Acta 84: 255
Jansen AP, van Kampen EJ, Steigstra H, van der Ploeg PHW, Zwart A (1986) Simultaneous spectrophotometric calibration of wavelength and absorbance in an interlaboratory survey using holmium oxide (H_2O_3) in perchloric acid as reference, compared with p-nitrophenol and cobaltous sulphate solutions (1978–1984). J Clin Chem Clin Biochem 24: 141
Jansen RTP, Bonants PJM (1983) Variance reduction in analytical processes in the clinical laboratory by digital filtering. Ann Clin Biochem 20: 174
Jaynes PK, Witte DL, Simpson CH, Feld RD (1982) Interference by some monoclonal IgMs in discrete serum creatinine analysis. Clin Chem 28: 1580
Jefferson H, Dalton HP, et al. (1975) Transportation delay and the microbiological quality of clinical specimens. Am J Clin Pathol 64: 689
Jelic-Ivanovich Z, Majkic-Singh N, Spasics S, Todorovic P, Zivanov Stakic D (1985) Interference by analgesic and antirheumatic drugs in 25 common laboratory assays. J Clin Chem Clin Biochem 23: 287
Jennings C, Weaver DM, Kruski AW (1979) Effects of freeze-thawing on determinations of cholesterol and high-density lipoproteins in baboon sera. Clin Chem 25: 490
Jens WE, O'Donn RT, Rosenbe IH (1982) Gaseous contaminants in sterilized evacuated blood-collection tubes. Clin Chem 28: 1406
JMA Quality Control Survey Committee, Chairman Kosakai N (1981) Annual report of JMA quality control survey in clinical laboratories in 1980. Asian Med J 24: 453
Johansson SGO, Högman CF, Killander J (1968) Quantitative immunglobulin determination. Acta Path Microbiol Scand 74: 519
Jolley ME, Stroupe SD, Wang C-HJ, Panas HJMN, Keegan CL, Schmidt RL, Schwenzer KS (1981) Fluorescence polarization immunoassay I. Monitoring aminoglycoside antibiotics in serum and plasma. Clin Chem 27: 1190
Jones DA (1972) Blood samples: Probability of discrimination. J Forens Sci Soc 12: 355
Jones EA, Berk PD (1979) Liver function. In: Brown SS, Mitchell FL, Young DS (eds) Chemical diagnosis on disease. Elsevier, Amsterdam p 540

Jones JD (1980) Factors that affect clinical laboratory values. J Occup Med 22: 316
Jong EBM de, Goldschmidt HMJ, Loog JA, van Alphen ACCM (1978) Interference by tubing material in continuous-flow systems. Clin Chem 24: 2170
Jonkman JHG, Franke JP, Schoenmaker R, de Zeeuw RA (1981) Stability of theophylline in serum, plasma, and saliva stored at different temperatures. Clin Chem 27: 2071
Jørgensen JH, Holmes P, Williams WL, Harris JL (1978) Computerization of a hospital clinical microbiological laboratory. Am J Clin Pathol 69: 605
Josephson B, Gyllenswärd C (1957) The development of the protein fractions and of cholesterol concentration in the serum of normal infants and children. Scand J Clin Lab Invest 9: 29
Josephson L, Houle P (1980) Stability of prostatic acid phosphatase in normal human sera. Clin Chem 26: 1631
Joshi KR, Bremner DA, Gavin JB, Herdson PB, Parr DN (1973) The formation of germ tubes by Candida albicans in sheep serum and trypticase soya broth. Am J Clin Pathol 60: 839
Jubiz W, Canterbury JM, Riess E, Tyler FH (1972) Circadian rhythm in serum parathyroid hormone concentration in human subjects. Correlation with serum calcium, phosphate, albumin, and growth hormone levels. J Clin Invest 51: 2040
Jukofsky D, Kramer A, Mulè J (1981) Evaluation of the TRI „Dipstick" Test for the detection of drugs of abuse in urine. J Anal Tox 5: 14
Jung K, Fechner Ch, Egger E (1976) Influence on auxiliary enzymes on the spectrophotometric measurement of alanine aminotransferase and aspartate aminotransferase activities. J Clin Chem Clin Biochem 14: 53
Jung K, Pergande M, Schreiber G, Schröder K (1983) Stability of enzymes in urine at 37 °C. Clin Chim Acta 131: 185
Junge B, Hoffmeister H, Feddersen H-M, Röcker L (1978) Standardisierung der Blutentnahme. Einfluß der Stauung auf 33 Blut- und Serumbestandteile. Dtsch Med Wschr 103: 260
Juul P (1967) Stability of plasma enzymes during storage. Clin Chem 13: 416
Kaehler H (1977) Darstellung von Laborbefunden. Ärztl Lab 23: 11
Kagan IG (1974) Advances in the immunodiagnosis of parasitic infections. Z Parasitenkd 45: 163
Kagan IG (1976) Serodiagnosis of trichinosis. In: Cohen S, Sadun EH (eds) Immunology of parasitic infections. Blackwell Sci Publ, London
Kageyama K (1971) A direct colorimetric determination of uric acid in serum and urine with uricase-catalase systems. Clin Chim Acta 31: 421
Kaiser G (1973) Grundlagen zur Beurteilung von Analysenverfahren. Methodicum Chimicum 2
Kaiser H (1965) Zum Problem der Nachweisgrenze. Z Anal Chem 209: 1
Kaiser R, Gottschalk G (1972) Elementare Tests zur Beurteilung von Meßdaten. Bibliographisches Institut Mannheim, Wissenschaftsverlag
Kalimo KOK, Meurman OH, Halonen PE, Ziola BR, Viljanen MV, Granfors K, Tolvanen P (1976) Solid-phase radioimmuno-assay of Rubella virus immunglobulin M antibodies. J Clin Microbiol 4: 117
Kaltwasser F, Banauch D, Wieczorek L (1983) Nachweis antibakterieller Substanzen im Harn mit Teststreifen. Münch Med Wschr 125: 694
Kannisto H, Lalla M, Lukkari E (1983) Characterization and elimination of a factor in serum that interferes with turbidimetry and nephelometry of lipase. Clin Chem 29: 96
Kao YS, Beeler MF, Strong JP (1978) Comparison of the conventional method and the self-instruction method for teaching clinical pathology. Am J Clin Pathol 70: 847
Kaplan A, Williamson L (1974) Suitability of a plastic disc for use in separating serum or plasma. Clin Chem 20: 403
Kaplan LA, Gau N, Stein EA (1980) Collection and storage of serum lactic acid samples at room temperature without deproteinization. Clin Chem 26: 175
Kaplan NM, Simmons M, McPee ChN, Carnegie A, Stefanu C, Cade Sh (1982) Two techniques to improve adherence to dietary sodium restriction in the treatment of hypertension. Arch Intern Med 142: 1638
Kaplan SA, Yuceoglu AM, Strauss J (1959) Chemical microanalysis: analysis of capillary and venous blood. Pediatrics 24: 270
Karjalainen EJ, Karjalainen U (1983) Analysis of external quality assessment results in three dimensions. Ann Clin Biochem 20: 182
Kasparek K (1977) Die Neutronenaktivierungsanalyse und ihre Anwendung zur Bestimmung von

Spurenelementen in der Medizin. Interne Veröffentlichung 11/1977 S 1, Institut für Medizin KFA Jülich
Kattermann R (1979) Die enzymatische Bestimmung des Cholesterins im Serum. Internist 20: 201
Kattermann R, Frey HO, Ballin U, Kutter D, van Oudheusden APM, van Buul T, Klein HJ, Forster E, Banauch D, Koller PU (1982) Diabur-Test 5000 - ein neuer Teststreifen zur Harnzuckerkontrolle des Diabetikers. Dtsch Med Wschr 107: 97
Kattermann R, Giele H (1975) Gesamteiweißbestimmung in lipämischen oder ikterischen Proben. Med Lab (Stuttg) 28: 130
Kattermann R, Köhring B, Bunne B (1976) Normbereiche von Cholesterin und Triglyzeriden im Serum - Vergleiche enzymatischer und kolorimetrischer Methoden - Dtsch Med Wochenschr 101: 953
Kattermann R, Kupke JR, Borner K et al (1983) Vorläufig ausgewählte Methode für die enzymatische Bestimmung des Gesamt-Cholesterins im Serum. J Clin Chem Clin Biochem 21: 347
Katz L, Johnson DL, Neufeld PD, Gupta KG (1975) Evacuated blood collection tubes - the backflow hazard. Can Med Assoc J 113: 208
Kaufmann D, Wobig GH (1984) Colorimetric calibration of multichannel pipettes. Clin Chem 30: 1885
Kaufmann-Raab J, Jonen HG, Jähnchen E, Kahl GF, Groth U (1976) Interference by acetaminophen in the glucose oxidation-peroxidase method for blood glucose determination. Clin Chem 22: 1729
Kaye M (1975) The preparation of pure crap. In: Ertel J (ed) J. I. R. (selected papers), J. I. R. Chicago p 249
Kebel W (1975) Schutz vor elektrischen Gefährdungen in der Medizin. Med Markt 23: 324
Keister DB (1983) Axenic culture of Giardia lamblia in TYI-S-33 medium supplemented with bile. Trans Roy Soc Trop Med Hyg 77: 487
Keitges PW (1976) Proficiency testing and clinical laboratory immunology. p 918 In: Rose NR, Friedman H (eds) Manual of clinical immunology. American Society for Microbiology, Washington DC
Keitges PW (1983) The pathologist as a clinical consultant with computers - an update. Pathologist 37: 319
Keitges PW, Mohrbacher RJ (1982) Reagents, specimen collection, calibrators, reference materials and standards. In: Werner M, Seligson C (eds) CRC Handbook of clinical chemistry. Vol 1. CRC Press Inc, Boca Raton, Florida USA p 289
Keller H (1972) Identifikationsprozesse im klinisch-chemischen Laboratorium. Z Klin Chem Klin Biochem 10: 482
Keller H (1972) Perspektiven der Laborautomation. Med Lab (Stuttg) 25: 135 u. 188
Keller H (1975) Lagerungsbedingte Fehler bei der Bestimmung von 11 Parametern in heparinisiertem Vollblut und Plasma. Z Klin Chem Klin Biochem 13: 217
Keller H (1977) Der laborärztliche Befund. Med Lab (Stuttg) 30: 191
Keller H (1978) Der laborärztliche Befund. Lab Med 2(A + B): 79
Keller H (1979) Einfluß von Prädeterminatoren auf Laboratoriumsparameter. Med Lab (Stuttg) 32: 175
Keller H (1979) Problems of identification in the clinical laboratory. State of the art and other considerations. J Clin Chem Clin Biochem 17: 57
Keller H (Hrsg) (1980) Die Analyse des Serumeiweissbildes mit Hilfe der immunchemischen Untersuchungsmethode nach Mancini. Hans Huber, Bern Stuttgart Wien
Keller H (1980) Einflüsse auf klinisch-chemische Meßgrößen. In: Lang H, Rick W, Büttner H (eds) Validität klinisch-chemischer Befunde. Springer, Berlin Heidelberg New York p 25
Keller H (1980) Organisation von Krankenhauslaboratorien. Arzt u Krankenhaus 9: 20
Keller H (1986) Klinisch-chemische Labordiagnostik für die Praxis. Thieme, Stuttgart
Keller H, Gessner U (1978) Die Bedeutung von Wahrscheinlichkeit und Information für Indikation und Interpretation klinisch-chemischer Daten. Krankenhausarzt 51: 801
Keller H, Gessner U (1980) Systematik der Deviationsursachen klinisch-chemischer Analysen. Med Lab (Stuttg) 33: 139
Keller H, Gessner U (1981) Zur Frage der Validität klinisch-chemischer Befunde. Med Lab (Stuttg) 34: 31

Keller H, Gessner U (1982) Die logischen Grundlagen der Laboratoriumsdiagnostik. Schweiz Med Wschr 112: 914

Keller H, Guder WG, Hansert E, Stamm D (1985) Biological influence factors and interference factors in clinical chemistry: general considerations. J Clin Chem Clin Biochem 23: 3

Keller H, Schleuss P, Niederer R (1978) Das computerunterstützte Labororganisationsmodell St. Gallen - ein Erfahrungsbericht nach 30 Betriebsmonaten. Med Lab (Stuttg) 31: 1

Keller H, Staber G (1983) Arzneimittel-Interferenzen bei klinisch-chemischen Tests. Lab Med 7: 164

Keller HP, Reutter FW (1976) Such- und Schnellteste bei Erkrankungen von Nieren und Harntrakt. Internist 17: 445

Kelly A, Munan L, Petit Clerc C, Billon B (1977) Impact of posture on reference ranges for serum calcium and protein. Clin Chem 23: 1938

Kelly DT, Kelly ME (1981) Proposals and current practices in quality control. Am J Med Technol 47: 957

Kennedy JB, Maehara KT, Baker Am (1981) Cell and platelet stability in disodium and tripotassium EDTA. Am J Med Technol 47: 89

Kessler KM, Leech RC, Robin CC, Spann JF (1979) Blood collection techniques, heparin and quinidine protein binding. Clin Pharm Ther 25: 204

Kiechle FL, Karcher RE, Epstein E (1984) Routine microscopic examination of the urine sediment revisited. Arch Pathol Lab Med 108: 855

Kierkegaard H, Feldt-Rasmussen U, Hørder M, Andersen HJ, Jorgensen PJ (1980) Falsely negative urinary leucocyte count due to delayed examination. Scand J Clin Lab Invest 40: 259

Kiilerich S, Christensen MS, Naestoft J, Christiansen C (1981) Serum and plasma zinc concentrations with special reference to standardized sampling procedure and protein status. Clin Chim Acta 114: 117

Kim YD, Tonita JT, Schenk JR, Moeller C, Weber GF, Hirato AA (1979) Extraction of human plasma or sera by heat treatment for a solid-phase radioimmunoassay of carcinoembryonic antigen. Clin Chem 25: 773

Kimmig P (1982) Fascioliasis: Infektionsweg, Klinik und Nachweisverfahren. Lab Med 6 Suppl 1: 31

Larva migrans visceralis: Infektionsweg, Klinik und Nachweisverfahren. Lab Med 6 Suppl 1: 32

Filarisosen: Infektionsweg, Klinik und Nachweisverfahren. Lab Med 6 Suppl 1: 35

Kinast P, Steinbrück P (1984) Medizinische Kanülen, Entwicklung und Prüfung. GIT FachZ Lab 28: 402

King SW, Statland BE, Savory J (1976) The effect of a short burst of exercise on activity values of enzymes in sera of healthy young men. Clin Chim Acta 72: 211

Kirberger E (1969) Fehlerquellen bei Laboratoriumsuntersuchungen. Therapiewoche 19: 33

Kirberger E (1970) Laboratoriumsuntersuchungen - Hinweise und Fehlermöglichkeiten. Therapieberichte 42: 119

Kirberger E (1972) Rationelles Protokollieren von Präzisions- und Richtigkeitskontrollwerten. diagnostik 5: 269

Kirberger E, Keller H (1973) Lagerungsbedingte Fehler bei Creatininbestimmungen. Z Klin Chem Klin Biochem 11: 205

Kirschbaum BD (1983) Evaluation of a colorimetric reagent strip assay for urine specific gravity. Am J Clin Path 79: 722

Kirschbaum BD (1984) Further discussion of a urine specific gravity test strip. Clin Chem 30: 161

Kissmeyer-Nielsen F, Kjerbye KE (1967) Lymphocytotoxic microtechnique. Purification of lymphocytes by flotation. Histocompatibility testing. Munksgaard, Copenhagen

Kiyasu J, Napoles D, Gonzales MA, Hauschild U, Ince G, Lin FC, Narayanan S (1982) State and routine chemistry analyses utilizing thrombin containing blood collection tubes. Clin Chem 28: 1656

Klapdor R, Harm K (1978) Herzinfarktdiagnostik durch Bestimmung des Kreatinkinase-MB-Isoenzyms mittels inhibierender Antikörper. Dtsch Med Wschr 103: 1665

Klatt EC, Wasef ES, Wong ET (1982) Creatine kinase in a biochemical test panel: the high cost of a seemingly inexpensive test. Am J Clin Pathol 77: 280

Klee CG, Dodge LA, Bruen J, Schaffel S (1984) Comparison of an Abbott monoclonal CEA procedure (DMC) with the CEA-EIA Kit. Clin Chem 30: 997

Klein-Wisenberg A v (1970) Welches Photometer wann? Ärztl Lab 16: 283
Klein-Wisenberg A v (1972) Prüfung von Photometern für das medizinische Laboratorium. Was besagt ein Prüfbericht? Ärztl Lab 18: 243
Klein-Wisenberg A v (1975) Qualitätskontrolle im medizinischen Laboratorium: Schnellverfahren zur Schätzung von Verteilungsparametern. GIT Sonderheft Okt p 959 Nov p 1061
Klein-Wisenberg A v (1976) Statistical models and confidence intervals in the assessment of target values. In: Proceedings of the IX World Congress of Anatomic and Clinical Pathology. Excerpta Medica, Amsterdam p 242
Klein-Wisenberg A v (1983) Photometerkontrollen, Bericht über die 1. Tagung über Photometerkontrollen im Ringversuch mit VDGH, INSTAND und der DGKCH Lab Med 7(A + B): 162
Klein-Wisenberg A v (1984a) Fehleranalyse photometrischer Messungen. In: Merten R (Hrsg) Zielwert, Sollwert, Zielbereiche in der Laboratoriumsmedizin. INSTAND-Schriftenreihe Springer, Berlin Heidelberg New York Tokyo Bd 3 p 26
Klein-Wisenberg A v (1984b) Modelle zur Festlegung des Lageparameters. ibid p 132
Klein-Wisenberg A v (1985a) Pflichtenkatalog für Gerätehersteller. In: Merten R, Boroviczény KG v, Haeckel R (Hrsg) Methoden-, Reagenzien- und Geräte-Evaluation in der Laboratoriumsmedizin. INSTAND-Schriftenreihe Bd 4 p 132
Klein-Wisenberg A v, Boroviczény KG v (1967) Standardisierung der Photometrie am Beispiel der Hämoglobinbestimmung. GIT FachZ Lab 11: 1060
Klein-Wisenberg A v, Boroviczény KG v, Merten R (1977) Medizin und Einheitengesetz. INSTAND-Schriftenreihe Bd 2. Triltsch Druck und Verlag, Düsseldorf
Klein-Wisenberg A v, Merten R, Schumann V (1985b) Gütebeurteilung von Methoden, Geräten und Laboratorien mittels Rangfolgen. ibid p 351
Klein-Wisenberg A v, Richterich R (1971) Welches Photometer für die Praxis? Therapeut Umschau - Rev Ther 28: 681
Kleine OT (1980) (Hrsg) Neue Labormethoden für die Liquordiagnostik. Thieme, Stuttgart New York
Kley HK, Rick W (1984) Einfluß von Lagerung und Temperatur auf die Analyse von Steroiden in Plasma und Blut. J Clin Chem Clin Biochem 22: 371
Klitzing L v, Schultek T, Strasburger CJ, Fricke H, Wood WG (1982) Comparison between adsorption and covalent coupling of proteins to solid-phases using different polymers as support. In: Radioimmunoassay and related procedures in medicine 1982, IAEA, Vienna p 57
Klose S, Stoltz M, Portenhauser R (1978) Determination of uric acid in continous-flow (Auto-Analyzer and SMA) systems with a Uricase/Phenol/4-Aminophenazone colortest. Clin Chem 24: 250
Knapp G (1982) Aufschlußmethoden zur Bestimmung von Spurenelementen in biologischen Materialien. Ärztl Lab 28: 179
Knapp W (1982) Preparation and use of defined antigenic substrates for standardized immunofluorescence. In: Wick G, Trail KN, Schauenstein K (eds) Immunofluorescence Technology. Elsevier Biomedical Press, Amsterdam New York Oxford p 11
Knedel M (1985) Aspekte zur Optimierung der Wirtschaftlichkeit im Krankenhauslaboratorium. In: Merten R, Boroviczény KG, Haeckel R (Hrsg) Methoden-, Reagenzien und Geräteevaluation in der Laboratoriumsmedizin. INSTAND-Schriftenreihe Bd 4: 263, Springer, Berlin Heidelberg New York Tokyo
Knezek KH, Dorn GL, Fleming WG (1983) Is your incubator really calibrated? Laboratory Medicine 14: 366
Kniehl E, Stegmüller B (1983) Tischrechnerunterstütztes Bestellwesen im Laboratoriumsbetrieb - Systembeschreibung und Erfahrungsbericht. GIT Lab Med 6: 250
Knight P (1984) Laboratory data management - at what Cost? Int Labmate p 23
Knisz H (1979) Laborinstallationen und Laboreinrichtungen nach dem Baukastensystem. GIT 23: 294
Knobloch J, Mannweiler E, Zum Felde I (1982) Determination of malaria antibodies by means of screening and differentiating antigens. Zbl Bakt I Abt Orig A 252: 566
Knoll E, Müller FW, Ratge D, Bauersfeld W, Wisser H (1984) Influence of food intake on concentrations of plasma catecholamines and cortisol. J Clin Chem Clin Biochem 22: 597
Knoll E, Stamm D (1970) Spezifische Creatininbestimmung im Serum. Z Klin Chem Klin Biochem 8: 582

Knutti R (1985) Atomspektrometrische Spurenanalytik. 3. Colloquium Konstanz

Kny J, Reh H-R (1986) Arzneieinflüsse auf labordiagnostische Prüfergebnisse - Konzeption zur Untersuchung von in vitro-Beeinflussungen. Zbl Pharm Pharmakother Lab diagn 125: 75

Koch CD (1978) Diagnostische Zuverlässigkeit klinisch-chemischer Untersuchungen. Internist Praxis 18: 729

Koch CD, Arnst E (1979) Prozeßrechnerüberwachte Qualitätskontrolle im medizinischen Laboratorium. Ärztl Lab 25: 112

Koch CD, Burkhardt H, Wepler R, Blersch H (1983) Einfluß von thermischer und mechanischer Belastung auf 17 klinisch-chemische Parameter. Lab Med 7: 23

Koch CD, Rommel K (1978) Bedeutung der Gewinnung, des Transports und der Lagerung von Blutproben für den klinisch-chemischen Befund. Dtsch Ärztebl 21: 1251

Koch G (1965) Comparison of carbon dioxide tension, pG and standard bicarbonate in capillary blood and in arterial blood. Scand J Clin Lab Invest 17: 223

Koch TR, Metha UJ, Nipper HC (1986) Clinical and analytical evaluation of kits for measurement of creatine kinase isoenzyme MB. Clin Chem 32: 186

Koenders AJM, Beex LVM, Guerts-Moespot J, Benraad TJ (1980) Steroid hormone receptors in mammary carcinoma: the effect of tamoxifen. In: Mouridsen HT, Palshof (eds) Breast cancer - experimental and clinical aspects. Eur J Cancer 16 (Suppl 1): 63

Koenig AS (1983) Laboratory planning and design. Clin Lab Med 3: 485

Koepke JA (1975) Interlaboratory trials: the quality control survey programme of the College of American Pathologists. In: Lewis SM, Coster JF (eds) Quality control in haematology. Academic Press, London p 53

Koepke JA (1975) The partial thromboplastin time in the CAP survey program. Am J Clin Pathol 63 (Suppl): 990

Koepke JA (1977) A deliveration of performance criteria for differentiation of leucocytes. Am J Clin Pathol 68 (Suppl): 202

Koepke JA (1977) The calibration of automated instruments for accuracy in hemoglobinometry. Am J Clin Pathol 68: 180

Koepke JA (1982) The use of proficiency testing results in the coagulation laboratory. Laboratory evaluation of coagulation. Am Soc Clin Pathol Press p 368

Koepke JA (1986) Hematology and urinalysis testing in the physician's office. Pathologist 40: 17

Koepke JA, Cicchetti DV (1973) Laboratory proficiency in blood banking: the variability of blood bank reagents - 1971 (a follow up study). Transfusion 113: 41

Koepke JA, Eilers RJ (1966) Survey of red cell parameters in 1.600 United States hospitals. Bibl Haematol 27: 137

Koepke JA, Gilmer PR Jr, Filip DJ, Eckstein JD, Sibley CA (1975) Studies of fibrinogen measurement in the CAP survey program. Am J Clin Pathol 63(Suppl): 1984

Koepke JA, Gilmer PR Jr, Triplett DA, O'Sullivan MB (1977) The prediction of prothrombin time system performance using secondary standards. Am J Clin Pathol 68(Suppl): 191

Koepke JA, Protexter TJ (1980) Quality assurance: production continously useful hematology data. Lab World p 21

Koepke JA, Protexter TJ (1981) Quality assurance for multichannel hematology instruments: four years experience with patient mean erythrocyte indices. Am J Clin Pathol 75: 28

Koepke JA, Rodgers J, Ollivier MJ (1975) Pre-instrumental variables in coagulation testing. Am J Clin Pathol 64: 591

Koepke JA, Thakur K (1972) Laboratory proficiency in blood banking: the variability of blood bank reagents for blood typing. Vox Sang 22: 222

Kohl H, Habenstein K (1984) Bestimmung von Glukose mit einem Auswertegerät für Harnteststreifen. Laboratoriumsblätter 34: 26

Kohler A, Grutzmann K-D (1986) Zur Qualitätssicherung von Enzymaktivitätsbestimmungen. Zbl Pharm Pharmakother Lab diagn 125: 81

Kohlmeier M, Schlierf G (1982) Effect of storage on HDL-cholesterol measurements. Clin Chem 28: 396

Koizumi H, Yasuda K, Katayama M (1976) Atomic absorption spectrometry based on the polarization characteristics of the Zeeman-Effect. Analyt Chem 49: 1106

Kolhouse JF, Kondo H, Allen NC (1978) Cobalamin analogues are present in human serum and can mask cobalamin deficiency because current radioisotope assays are not specific for true cobalamin. N Engl J Med 299: 785

Kollee LAA, Willems JL, De Kort AFM, Monnens LAH, Trijbels JMF (1977) Blood sampling technique for lactate and pyruvate estimation in children. Ann Clin Biochem 14: 285
Koller PU, Sojka BK, Poppe WA (1980) Reflexionsphotometer in der Harnanalyse: Ergebnisse einer klinischen Erprobung. J Clin Chem Clin Biochem 17: 172
Koller S (1972) Normalwerte im Alter. Zschr Gerontol 5: 362
Kölmel HW (1976) Atlas of cerebrospinal fluid cells. Springer, Berlin Heidelberg New York
Komjathy ZL, Mathies JC, Parker JA, Schreiber HA (1976) Stability and precision of an new ampuled quality-control system for pH and blood-gas measurements. Clin Chem 22: 1399
Kortüm G (1962) Kolorimetrie, Photometrie und Spektrometrie. Eine Anleitung zur Ausführung von Absorptions-, Emissions-, Fluoreszenz-, Streuungs-, Trübungs- und Reflexionsmessungen. Springer, Berlin Göttingen Heidelberg 4. Aufl
Koslowski H, Maaser M (1980) Präanalytische Einflußfaktoren und Störmöglichkeiten bei Laborergebnissen. In: Banner N, Rumler W (eds) Pädiatrie und Laboratorium. Martin-Luther-Universität, Halle-Wittenberg
Kossmann KT, Viering J, Neumann M (1975) Haltbarkeit von Serumbestandteilen unter thermischer und thermisch-mechanischer Belastung. Ärztl Lab 21: 129
Kost GJ (1986) Application of program evaluation and review technic (PERT) to laboratory research and development planning. Am J Clin Pathol 86: 186
Kostner G, Depisch A, Petek W, Holasek A (1971) Untersuchung der beiden in der Agarosegel-Elektrophorese auftretenden α-Lipoproteinbanden. Hoppe-Seyler's Z physiol Chem 352: 1440
Kostner GM, Avogaro P, Bittolo-Bon GB, Cazzalato G, Quinci GB (1972) Determination of high density lipoproteins: screening methods compared. Clin Chem 25: 930
Krämer K, Sachs V (1982) Zu Problemen der Qualitätssicherung bei Blutgruppen- und Antikörperbestimmungen. Lab Med 6: 147
Krauss EA (1983) Evaluation of laboratory instrumentation. Clin Lab Med 3: 425
Kreger van Rij NJ (1984) The yeasts. A taxonomic study. 3rd revised and enlarged ed. Elsevier Science Publishers BV, Amsterdam
Kreutz FH (1973) Auswirkungen der Probennahme auf klinisch-chemische Untersuchungsergebnisse. In: Lang H, Rick W, Róka (Hrsg) Optimierung der Diagnostik. Springer, Berlin Heidelberg New York p 149, 154
Kreutzer HH, Fennis WHS (1964) Lactic dehydrogenase isoenzymes in blood serum after storage at different temperatures. Clin Chim Acta 9: 64
Krieg AF, Lundberg GD, Hosty TA, Marquardt VC, Sinton EB, Wertman BG (1979) A definition and classification of clinical laboratory data processing. Pathologist 33
Krieg M, Gunßer K-J, Steinhagen-Thiessen E, Becker H (1986) Vergleichende quantitative Analytik klinisch-chemischer Kenngrößen im 24-Stunden-Urin und Morgenurin. J Clin Chem Clin Biochem 24: 863
Kritchevsky G, Bolen JL (1975) Gravimetric calibration of volumetric microsyringes. Annal Chem 47: 192
Krivan V, Geiger H (1981) Bestimmung von Fe, Co, Cu, Zn, Se, Rb und Cs in NBS-Ochsenleber, Blutplasma und Erythrozyten durch INAA und AAS. Fresenius Z Anal Chem 305: 399
Kruse-Jarres JD, Müller HAG (1984) Probenträger für die Blutzuckerbestimmung. Dtsch Med Wschr 109: 783
Kubasik NP, Graham M, Sine HE (1979) Storage and stability of folate and vitamin B12 in plasma and blood samples. Clin Chim Acta 95: 147
Kubasik NP, Harrison SE (1979) A further comparison of radioassay results for serum and plasma. Clin Chem 25: 135
Kubasik NP, Hunter T, Ricotta M, Sine HE (1982) Effect of duration and temperature on storage on nephelometry of five proteins. Clin Chem 28: 1820
Kubasik NP, Ricotta M, Hunter T, Sine HE (1982) Effect of duration and temperature of storage on serum analyte stability: examination of 14 selected radioimmunoassay procedures. Clin Chem 28: 164
Kubasik NP, Ricotta M, Sine HE (1980) Commercially supplied binders for plasma cobalamin (vitamin B12) analysis – „purified" intrinsic factor, „cobinamid"-blocked R protein binder, and nonpurified intrinsic factor-R-protein binder – compared to microbiological assay. Clin Chem 26: 598
Kubasik NP, Sine HE (1979) A further comparison of radioassay results for serum and plasma. Clin Chem 25: 135

Kucharz W (1981) The history of diagnostic urine examination. J Clin Chem Clin Biochem 19: 739
Küchler R (1983) Richtigkeit der Untersuchungen klinisch-mikrobiologischer Laboratorien. Dtsch Ärztebl 80: 544
Küffer H, Richterich R, Peheim E, Colombo JP (1973) Die Bestimmung des Bilirubins in Plasma und Serum als Azobilirubin mit dem Greiner Electronic Selective Analyzer GSA II. J Clin Chem Clin Biochem 12: 294
Kuhfahl E (1976) Zur Problematik des unerwarteten Laborergebnisses. Dtsch Gesundheitswesen 31: 1592
Kuhlmann U, Siegenthaler W, Siegenthaler G (1979) Wasser- und Elektrolythaushalt. In: Siegenthaler W (Hrsg) Klinische Pathophysiologie. Thieme, Stuttgart 4. Aufl
Külpmann WR, Buchholz R, Leupold C, Maibaum P (1985a) Determination of calcium and lithium in control sera by reference methods. A comparison of reference method values with method dependent assigned values. J Clin Chem Clin Biochem 23: 542
Külpmann WR, Kannengießer A, Passing H (1987) Bestimmung von Natrium und Kalium mittels ionenselektiver Elektroden und Flammenphotometrie (im Druck)
Külpmann WR, Lagemann J, Sander R, Maibaum P (1985b) A comparison of reference method values for sodium, potassium, and chloride with method dependent assigned values. J Clin Chem Clin Biochem 23: 865
Kumar L, Newcomb RW, Hornbrook M (1971) A year-round study of serum IgE levels in asthmatic children. J Allergy Clin Immunol 48: 305
Kuse R, Hausmann K (1975) Fehlermöglichkeiten der Leukozytenzählung durch Verschleppung (Carryover) in Coulter Counter S. Blut 30: 107
Kuse R, Hausmann K (1976) Aufdeckung von Reagenzienfehlern durch interne Qualitätskontrolle für den Coulter Counter S. Blut 32: 297
Kuss E, Dirr W, Göbel R, Gloning D, Hötzinger H, Link M, Thoma H (1978) Steroids as immunochemical probes: thermodynamic and kinetic data with special regard to the bridge-problem in estrone radioimmunoassay. In: Radioimmunoassay and related procedures in medicine. IAEA, Vienna, Vol. I p 69
Kuss E, Göbel R, Enderle H (1973) Steroids as immunochemical probes - I. Influence of oxo- and/ or hydroxy groups at C-16/C-17 of estrogens on affinity to anti-estrone, anti-estradiol 17 α and anti-estradiol 17 β antisera. Hoppe-Seylers Z Physiol Chem 354: 347
Kußmann J, Trobisch H (1985) Probleme der Probenaufbereitung bei der Heparinbestimmung. Lab Med 9: 292
Kutter D (1976) Harnuntersuchungen bei Harnwegserkrankungen. Z Allg Med 26: 1335
Kutter D (1976) Schnelltests in der klinischen Diagnostik. Urban & Schwarzenberg, München Berlin Wien
Kutter D (1980) Teststreifen zur Rationalisierung der mikroskopische Harnuntersuchung. Dtsch med Wschr 104: 1245
Kutter D (1981) Can we dispense with the urinary sediment? J Clin Chem Clin Biochem 19: 588
Kutter D (1982) Vorschläge zur rationellen Optimierung der Harnmikroskopie. Med Lab (Stuttg) 35: 27
Kutter D (1986) Morphologische Harndiagnostik pro/contra. J Clin Chem Clin Biochem 24: 753
Kutter D, Humbel R, Holtzmer MM (1982) Bestimmung des spezifischen Gewichts des Harns mit einem Teststreifen. Klinische Erprobung. In: Die Bestimmung des spezifischen Gewichts in der Harnroutine mit der neuen Polyelektrolyt-Trockenchemie. Miles GmbH, Sparte Ames, Frankfurt
Kutter D, Klemmer L, Risch-Thoma S (1982) Praktische Erfahrungen mit einem verbesserten Teststreifen auf Leukozyten im Harn. Ärztl Lab 28: 17
Kutter D, van Ouedheusden APM, Wilvers AG, Nechvile K, van Buul T, Koller PU (1974) Die Brauchbarkeit eines neuen Teststreifens zum Nachweis von Erythrozyten und Hämoglobin im Harn. Dtsch Med Wschr 99: 2332
Kutter KD (1983) The european experience in rationalization of urine microscopy. Tarpon Springs, Fl, Bio-Dynamics, p 22
Kwong TC, Fitzpatrick PG, Rothbard RL (1984) Activities of some enzymes in serum after therapy with intracoronary streptokinase in acute mycardial infarction. Clin Chem 30: 731
Kyrein HJ (1978) Der Enzym-Immunoassay (EIA). Ärztl Lab 24: 57
Ladenson JH, Tsai L-MB, Michael JM, Kessler G, Joist JH (1974) Serum versus heparinized plasma for eighteen common chemistry tests. Am J Clin Pathol 62: 545

Laessig RH, Hassemer DJ, Paskey TA, Schwartz ThH (1976) The effects of 0.1 and 1.0 per cent erythrocytes and hemolysis of serum chemistry values. Am J Clin Pathol 66: 639

Laessig RH, Hassemer DJ, Westgard JO, Carey RN, Feldbruegge DH, Schwartz ThH (1976) Assessment of the serum separator tube as an intermediate storage device within the laboratory. Am J Clin Pathol 66: 653

Laessig RH, Indriksons AA, Hassemer DJ, Paskey TA, Schwartz ThH (1976) Changes in serum chemical values as a result of prolonged contact with the clot. Am J Clin Pathol 66: 598

Laessig RH, Pauls FP, Schwartz ThH (1972) Long term preservation of serum specimens collected in the field for epidemiological studies of biochemical parameters. Health Lab Sci 9: 16

Laessig RH, Schwartz ThH, Indriksons AA, Miran DE (1972) A study of statistical techniques applied to changes during storage of serum specimens for multiphasic screening. Health Lab Sci 9: 269

Laessig RH, Schwartz ThH, Paskey TA, Indriksons AI (1975) A proposed blind routine quality control system for multichannel analyzers. Am J Clin Pathol 64: 225

Laessig RH, Westgard JO, Carey RN, Hassemer DJ, Schwartz ThH, Feldbruegge DH (1976) Assessment of a serum separator device for obtaining serum specimens suitable for clinical analyses. Clin Chem 22: 235

Lafferty FW (1984) Trends in analytical instrumentation. Science 226: 251

Lambrecht J, Seidel D (1974) Enzymdiagnostik bei Patienten mit Hyperlipoproteinämie: Beseitigung von Plasmatrübungen durch selektive Polyanionenpräzipitation von Plasmalipoproteinen. Z Klin Chem Klin Biochem 12: 154

Lamers KJB, Doesburg WH, Gabreels FJM, Romsom AC, Renier WO, Wevers RA, Lemmens WAJG (1985) Reference values of blood components related to fuel metabolism in children after an overnight fast. Clin Chim Acta 145: 17

Lamina J (1970) Immunbiologischer Nachweis einer Larva-migrans-visceralis-Infektion'. Tierexperimentelle Ergebnisse. II. Mitteilung: Der Mikropräzipitationstest an der lebenden Larve. Zbl Bakt I Abt Orig 215: 386

Lamina J (1974) Zur Immundiagnostik menschlicher Helminthen-Infektionen. Münch Med Wschr 116: 1467

Lamina J (1980) Larva-migrans-visceralis-Infektionen durch Toxocara-Arten. Dtsch Med Wschr 105: 796

Lampasso JA (1968) Changes in hematologic values induced by storage of ethylenediamine tetraacetate human blood for varying periods of time. Am J Clin Pathol 49: 443

Lang H, Rick W, Fritsch WP (eds) (1972) Auftrag der Klinik an das klinisch-chemische Laboratorium. Schattauer, Stuttgart New York

Lang H, Rick W, Róka L (1973) Optimierung der Diagnostik. In: Zusammenarbeit von Klinik und Klinischer Chemie, DGKCH Merck-Symposium 1973. Springer, Berlin Heidelberg New York

Lang H, Würzburg U (1982) Creatine kinase, an enzyme of many forms. Clin Chem 28: 1439

Langdell RD (1984) College of American Pathologists. Laboratory improvement programs. Arch Pathol Lab Med 108: 947

Lange HF (1946) The normal plasma protein values and their relative variations. Acta Med Scand (Suppl 176): 100

Langner PHjr, Fies HL (1942) Blood sugar values of blood obtained simultaneously from the radial artery, antecubital vein, and the finger. Am J Clin Pathol 12: 559

Lantz RK, Eisenberg RB (1978) Preservation of acid phosphatase activity in medico-legal specimens. Clin Chem 24: 486

Lapidus BM, Dehner GF (1975) Gravity delivery of laboratory specimens. Am J Clin Pathol 64: 127

Lappin TRJ, Farrington ChL, Nelson MG, Merrett JD (1979) Intralaboratory quality control of hematology. Am J Clin Pathol 72: 426

Larsen ML (1986) Evaluation of a new capillary blood collection system for laboratory. Scand J Clin Lab Invest 46: 315

Larsson-Cohn U (1976) Differences between capillary and venous blood glucose during oral glucose tolerance tests. Scand J Clin Lab Invest 36: 805

Lasch HG, Heene DC (1975) In: Lehrbuch der Hämatologie, 2. Aufl, Thieme Stuttgart

Laue D (1986) Critical remarks on a Reference System for Clinical Enzymology from a European point of view. Mitt Klin Chem p 346

Laurell CB, Lundh B, Nosslin B (1980) Angewandte Klinische Chemie. Bratt Institut für Neues Lernen, Goch

Lauridson JR (1985) Transmitting data between computers. Pathologist 39: 19

Lawson NS, Haven GT, DiSilvio TV, Gilmore BF (1981) Stability of sodium and potassium in lyophilized quality control serum. Am J Clin Pathol 76: 581

Lawson NS, Haven GT, DiSilvio TV, Gilmore BF (1982) Glucose stability in lyophilized chemistry quality control serum. A study of data from the Quality Assurance Service (QAS) program of the College of American Pathologists. Am J Clin Pathol (Suppl) 78: 597

Lawson NS, Haven GT, Moore TD (1977) Long-term stability of enzymes, total protein, and inorganic analytes in lyophilized quality control serum. Am J Clin Pathol 68(Suppl):117

Lawson NS, Haven GT, Moore TD (1978) Long-term stability of glucose in lyophilized quality control serum. Am J Clin Pathol 70: 523

Lawson NS, Haven GT, Williams GW (1982) Analytic stability in clinical chemistry control materials. CRC Crit Rev Lab Sci 17: 1

Lazaroni JA, Maier EC, Gorczyca R (1958) The stability of lactatdehydrogenase in serum. Clin Chem 4: 379

Leader (1982) The cost of high technology medicine. New Zealand Med J 95: 308

Leavelle DE (1983) Coagulation quality control using standardized reagents. Pathologist 37: 85

Leclerq G, Bojar H, Goussard J, Nicholson R, Pichon M-F, Piffanelli A, Poussette A, Thorpe S, Lonsdorfer M (1986) Abbott monoclonal enzyme immunoassay measurement of estrogen receptors in human breast cancer: a european multicenter study. Cancer Res 46 (Suppl): 4233

Lee VW, Willis C (1982) Activity of human and non-human amylases on different substrates used in enzymatic kinetic assay methods - a pitfall in interlaboratory quality control. Am J Clin Pathol 77: 290

Lehmann E, Auffarth J (1984) Meßmethoden und -geräte für die Arbeitsplatzüberwachung, Teil 1. GIT FachZ Lab 28: 593

Leidel J, Mertens Th, Eggers HJ (1977) Auftreten und Persistenz röteln-spezifischer IgM-Antikörper. Dtsch Med Wschr 102: 1418

Leidel J, Mertens Th, Fischer G, Hermann G, Eggers HJ (1976) Untersuchungen zur Optimierung des Rötelnvirus-Hämagglutinationshemmtest. Dtsch Med Wschr 101: 1387

Leijten JF, Geer F van der, Scholten MNM, Goldschmidt HMJ (1984) The costing of tests in a laboratory for clinical chemistry and haematology. Ann Clin Biochem 21: 109

Lennette DA, Lennette EH (1981) A users guide to the diagnostic virology laboratory. University Park Press, Baltimore

Lennette EH (1980) Manual of clinic microbiology. American Society for Microbiology. Washington DC 3rd ed

Lennette EH, Balows A, Hausler WJ jr, Shadomy HJ (1985) (eds) Manual of clinical microbiology. American Society for Microbiology 4th ed

Lennette EH, Lennette DA (1978) Immune adherence hemagglutination: alternative to complement fixation serology. J Clin Mircobiol 6: 282

Lennette EH, Schmidt NJ (1979) Diagnostic procedures for viral, rickettsial and chlamydial infections. American Public Health Association Inc 5th ed

Leonhard G, Nielsen LG, Groves BJ, Ash KO (1978) The effect of evaporation from sample cups on urea nitrogen assay. Am J Med Technol 44: 112

Leppanen E, Grasbeck R (1986) The effect of the order of filling tubes after venipuncture on serum potassium, total protein, and aspartate and alanine aminotransferases. Scand J Clin Lab Invest 46: 189

Leroux ML, Desjardins PRE (1985) Old and new aca methods for creatine kinase MB compared. Clin Chem 31: 1572

Lestin H, Thiele HJ (1973) Qualtätskriterien für Hämoglobinbestimmungen im ärztlichen Entscheidungsfeld. Zbl Pharm 112: 1053

Lestin HG, Thiele HJ, Marin G (1976) Definition von Qualitätskriterien der Hämoglobinbestimmung. Dt Gesundh Wesen 31/18

Letellier G, Gagne M (1980) Study of drug differences with biochemical tests in an interlaboratory quality control program. In: Siest G, Young PS (eds) Drug measurement and drug effects in laboratory health science. Karger, Basel p 175

Levey S, Jennings ER (1950) The use of control charts in the clinical laboratory. Am J Clin Pathol 20: 1059
Levin K, Engström I (1984) Inadäquate hemolysis of erythrocytes on reagent strips at low pH causes false-negative readings. Clin Chem 30: 1845
Levis SM (1983) Impact of analyzers in the haematology laboratory. In: Clinical Laboratory Forum, Plymouth p 33
Levy SA, Dioso C, Ince G, Narayanan S (1983) Stability studies on immunoglobulins and selected specific proteins using rate nephelometry. Proc 5th Europ Congr Clin Chem, Budapest Hungary p 333
Levy WC, Bull BS, Koepke JA (1986) The incorporation of red blood cell index mean data into quality control programs. Am J Clin Pathol 86: 193
Levy WC, Hay KL, Bull BS (1986) Preserved blood versus patient data for quality control - Bull's algorithm revisited. Am J Clin Pathol 85: 719
Lewis SA, O'Haver TC, Hornly JM (1984) Analysis of blood serum for essential metals by simultaneous multielement atomic absorption spectrometry with flame atomization. Anal Chem 56: 1066
Lewis SA, O'Haver TC, Hornly JM (1985) Determination of metals at the microgram-per-liter level in blood serum by simultaneous multielement atomic absorption spectrometry with graphite furnance atomization. Anal Chem 57: 2
Lewis SM (1976) Qualitätskontrolle in der Hämatologie. Ärztl Lab 22: 333
Lewis SM (1982) Aims and scope of standardization in haematology. Haematology 15: 17
Lewis SM (1983) Special lecture-2, Standardization in haematology. XII World Congress of Pathology; 30. Japanese Congress of Clinical Pathology p 1
Lewis SM, Burgess BJ (1966) A stable standard suspension for red cell counts. Lab Pract 15: 305
Lewis SM, Stoddard CTH (1971) Effects of anticoagulant and containers (glass and plastic) on the blood count. Lab Pract 20: 787
Lewis SM, Wardle JM (1978) An analysis of blood specimen container leakage. J Clin Pathol 31: 888
Leybold K (1975) Ein verbessertes System zur Anfertigung und Übermittlung von Laboratoriumsergebnissen. Med Lab (Stuttg) 28: 241
Liappis N (1972a) Die Natrium-, Kalium- und Chlorid-Konzentration im Serum von Säuglingen, Kindern und Erwachsenen. Monatsschr Kinderheilkd 120: 138
Liappis N, Brodehl J, Dotcher D, Jäkel A (1972b) Die Calciumkonzentration in Serum, Urin und Stuhl von Säuglingen und Kindern. Ärztl Lab 18: 80
Liappis N, Schlebusch H, Hildenbrand G (1981) Lipid- und Lipoproteinspektrum im Nüchternserum von gesunden Neugeborenen im Vergleich zu Erwachsenen. Klin Pädiat 193: 444
Libeer JC (1985) Solid phase chemistry in clinical laboratory tests: a literature review. J Clin Chem Clin Biochem 23: 645
Liebich HM, Müller PH, Schmülling R-M, Eggstein M, Stähler F, Weisshaar D (1977) Vollenzymatische Trglyzeridbestimmung im Continous Flow System am 12-Kanal-Analysator. J Clin Chem Clin Biochem 15: 503
Lievens MM, Celis PJ (1982) Drug interference in turbidimetry and colorimetry of proteins in urine. Clin Chem 28: 2328
Lifton LJ, Kreiser J (1982) False-positive stool occult blood tests baused by iron preparations. Gastroenterol 83: 860
Lin TM, Chin-See MW, Halbert SP (1984) The stability of prostatic acid phosphatase as measured by a capture immunoenzyme assay. Clin Chim Acta 138: 73
Lin YL, Smith CH, Dietzler DN (1976) Stabilization of blood glucose by cooling with ice: an effective procedure for preservation of samples from adults and newborns. Clin Chem 22: 2031
Lind H (1982) α-Amylase - neuere Entwicklungen und Trends in der Pankreasdiagnostik. mta-Journal 4: 222
Linder A (1960) Statistische Methoden für Naturwissenschaftler, Mediziner und Ingenieure. Birkhäuser, Basel Stuttgart 3. Aufl
Linnet K (1983) Effect of protein on determination of total bile acids in serum is minimized by preheating the sample. Clin Chem 29: 1871
Lipid and Lipoprotein Analysis (1947) In: Manual of laboratory operations, lipid research clinics

program 1 DHEW (Department of Health, Education and Welfare Application), publication No (NIH, National Institute of Health) 75-628, Center of Disease, Atlanta, GA

Lippel K, Ahmed S, Albers J, et al. (1978) External quality control survey of cholesterol analyses performed by 12 lipid research clinics. Clin Chem 24: 1477

Lippmann ME, Allegra JC (1980) Quantitative estrogen receptor analyses. Cancer 46: 2829

Lissner D, Mason R, Posen S (1981) Stability of vitamin D metabolites in human blood serum and plasma. Clin Chem 27: 773

Little RR, England JD, Wiedmeyer HM, Goldstein DE (1983) Effects of whole blood storage on results for glycosylated haemoglobin as measured by ion-exchange chromatography, affinity chromatography, and colorimetry. Clin Chem 29: 1113

Little RR, England JD, Wiedmeyer HM, Goldstein DE (1983) Microsample collection and room-temperature storage. Clin Chem 29: 1080

Little RR, Goldstein DE (1986) A commercially available paper sample collection method for measuring glycated hemoglobin evaluated: are all of these people diabetic? Clin Chem 32: 898

Little RR, Wiedmeyer HM, England JD, Knowler WC, Goldstein DE (1985) Measurements of glycosylated whole-blood protein for assessing glucose control in diabetes: collection and storage of capillary bloods on filter paper. Clin Chem 30: 213

Liu TZ, Khayam-Bashi H (1981) Thymol preservative interferes with quantitation of serum uric acid by the direct acid ferric reduction method. Clin Chem 27: 1144

Liu YSV, Tobias RJ, Zurawski VR (1985) A more specific, simpler radioimmunoassay for carcinoembryonic antigen, with use of monoclonal antibodies. Clin Chem 31: 191

Lodder J (1974) The yeasts. A taxonomic study. 2nd revised and enlarged edition. North-Holland Publishing Company, Amsterdam Oxford

Loeliger EA, Dijk-Wierda A van, Roos J (1977) Qualitätskontrolle und Standardisierung der Prothrombinzeitbestimmung zur Kontrolle oraler Antikoagulation. Blut 34: 147

Loeliger EA, Poller L, Samama M, Thomson JM, van den Besselaar AMHP, Vermeylen J, Verstraete M (1985) Questions and answers on prothrombin time standardization in oral anticoagulant control. Thrombos Haemostas 54: 515

Lohff MR (1980) Preliminary observations on the quality assurance service therapeutic drug monitoring. Am J Clin Pathol 74: 542

Löhr GW, Waller HD (1974) Glucose-6-phosphate dehydrogenase. In: Bergmeyer HU (ed) Methods of enzymatic analysis. Academic Press, New York 2nd ed

Lombarts AJP (1983) A simple inexpensive quality control material for Ortho ELT-8 platelet counts. Ann Clin Biochem 20: 121

Lombarts AJP, Leijnse B (1983) Preparation and evaluation of a 7-parameter intralaboratory control blood of 4-month stability. Ann Clin Biochem 20: 302

Lommel H, Weyer MG (1982) Long I, eine Longitudinal-Studie über Normbereiche für Prävention und Früherkennung. Lab Med 6: 14

Loon J, Terasaki PI, Perdue S, Takemura S, Bernoco D (1980) HLA standardization through an international cell exchange: 1974-1979. Histocompatibility testing. UCLA Tissue Typing Laboratory, Los Angeles

Lorbacher P (1983) Möglichkeiten und Grenzen der automatisierten Blutbild-Differenzierung mit zytochemischen Methoden. mta-Journal 5: 44

Lorentz K (1979) α-Amylase assay: current state and future development. J Clin Chem Clin Biochem 17: 499

Lorentz K (1983) Evaluation of α-Amylase assays with 4-Nitrophenyloligosaccharides as substrates. J Clin Chem Clin Biochem 21: 463

Lorentz K, Flatter B (1980) Neuere Verfahren zur Bestimmung von α-Amylase und Lipase. 1. Mitteilung: α-Amylase. Med Lab (Stuttg) 33: 217

Lorentz K, Weiß T (1986) Proteinbestimmung im Urin - Eine kritische Übersicht. J Clin Chem Clin Biochem 24: 309

Löscher T, Heidelmeyer CF, Lang W (1978) Diagnostische Bedeutung von IgE und Eosinophilie bei Amöben, Plasmodien und Helminthen-Infektionen des Menschen. Zbl Bakt I Abt Ref 257: 2

Lott JA, Tholen DW, Massion ChG (1984) Survey of serum enzyme analyses. Human tissues as a source of enzymes. Arch Pathol Lab Med 108: 949

Louderback A, Szatkowski R, Matthews H (1977) A stable whole blood pH/blood gas control em-

ployed for monitoring measured and calculated parameters. 29th National Meeting of the American Association of Clinical Chemistry, Chicago
Löwenstein G (1974) Qualitätssicherung ist unabwiegbar. Ärztl Praxis 46: 23
Lowry OH, Rosebrough AL, Farr AL, Randall RJ (1951) Protein measurement with folin phenol reagent. J Biol Chem 193: 265
Lubran M (1969) The effects of drugs on laboratory values. Med Clin North Am 53: 212
Ludewigs M, Rotzler A (1976) Pipettiergenauigkeit und Qualität von Laborwerten. diagnostik 17: 593
Ludwig U, Nennstiel H-J (1985) Lab 6000 - Sicherheit in der off- und on-line-Datenerfassung. Lab Med 9: 369
Luft FC (1984) Determination specific gravity of urine with reagent strips. Clin Chem 30: 582
Luft FC, Fineberg NS, Sloan RS (1982) Overnight urine collections to estimate sodium intake. Hypertension 4: 494
Lum G, Gambino SR (1974) A comparison of serum versus heparinized plasma for routine chemistry tests. Am J Clin Pathol 61: 108
Lundberg P-A, Jagenburg R, Lindstedt G, Nyström E (1982) Heparin in vivo effect on free thyroxin. Clin Chem 28: 1241
Lundberg P-A, Lindstedt G, Andersson T, Brânegard B, Lundquister G, Nyström E (1984) Increase in serum ferritin concentration induced by fasting. Clin Chem 30: 161
Lundin A, Styrelius J (1978) Sensitive assay of creatine kinase isoenzymes in human serum using M-subunit inhibiting antibody and firefly luciferase. Clin Chim Acta 87: 199
Luzzatto L (1975) Interactions between genetic red cell defects and the environment. Brit J Haematol 31 (Suppl): 21
L'Vov BV (1976) „Electrothermal atomization - the way towards absolute methods of atomic absorption analysis", presented as an invited paper at the 3rd FACSS-Meeting and the 6th International Conference on Atomic Spectroscopy, Nov 15-19, Philadelphia PA
Maas AHJ, Veefkind AH, van der Camp RAM, Feunissen AJ, Winckers EKA, Jansen AP (1977) Evaluation of ampuled tonometered buffer solutions. Quality control system for pH, pCO_2 and pO_2 measurements. J Clin Chem Clin Biochem 15: 174
Maass G (1985) Beschäftigung Schwangerer in Medizinischen Laboratorien. Mitt Klin Chem p 240
Maass H (1983) Interpretation falsch-positiver und falsch-negativer Hormonrezeptoranalysen. Aktuelle Onkologie 8: 259
MacKenzie DWR (1962) Serum tube identification of Candida albicans. J Clin Pathol 15: 563
Macki IJ, Barnard DF, Jenkins C, Machin SJ (1981) Effect of an evacuated blood collection system on coagulation screening tests. J Clin Pathol 34: 597
Mackie IJ, Jones R, Machin SJ (1984) Platelet impedance aggregation in whole blood and its inhibition by antiplatelet drugs. J Clin Pathol 37: 874
Macrae FA, J St John DJB, Caligiore P, Taylor LS, Legge IW (1982) Optimal dietary conditions for hemoccult testing. Gastroenterol 82: 899
Maddocks J (1973) Effect of methyldopa on creatinine estimation. Lancet p 157
Maguire GA, Price ChP (1983) Evidence for interference by ascorbate in cerebrospinal fluid glucose measurement by a kinetic glucose oxidase/peroxidase procedure. Clin Chem 29: 1810
Maguire GA, Price ChP (1984) Kinetic glucose dehydrogenase method for glucose measurement with a discrete kinetic analyzer overcomes interference by ascorbate. Clin Chem 30: 157
Maier WA (1982) Diagnostische Möglichkeiten bei Leishmaniasis, Trypanosomiasis und Chagaskrankheit. Zur Diagnostik der Malaria. Lab Med 6 Suppl 1: 3
Maier WA (1982) Zur Diagnostik der Malaria. Lab Med 6 Suppl 1: 6
Majewski E, Söker J (1977) Über Ringversuche. MTA Zschr dvta 11: 435
Majkic N, Berkes J (1977) Determination of free and esterified cholesterol by a kinetic method. I. The introduction of the enzymatic method with ABTS. Clin Chim Acta 80: 121
Malan PG (1979) Results from some external quality control schemes. In: Bizollon CA (ed) Radioimmunology, Elsevier North Holland, Amsterdam p 257
Mancini G, Carbonara AD, Heremans JF (1965) Immunochemical quantitation of antigens by single radial immunodiffusion. Immunochemistry 2: 235
Mandel J (1977) Statistics and standard reference materials. ASTM Standardization News 5: 10
Mandel J (1977) The analysis of interlaboratory test data. ASTM Standardization News 5: 17
Mani N (1981) The historical background of clinical chemistry. J Clin Chem Clin Biochem 19: 311

Mann CK, Yoe JH (1956) Spectrophotometric determination of magnesium with sodium 1-azo-2-hydroxy-3-(2,4-dimethylcarboxanilido)-naphthalene-1'-(2-hydroxybenzene-5-sulfonate). Anal Chem 28: 202

Mann JI, Truswell AS (1971) Effect of controlled breakfast on serum cholesterol and triglycerides. Am J Clin Nutr 24: 1300

Mannucci PM, Mariani G, Tentori L (1980) (eds) Standardization and quality control of coagulation tests. Scand J Hematol, Suppl 37, Munksgaard, Copenhagen

Mannweiler E (1980) Möglichkeiten und Grenzen der Serologie parasitärer Infektionen. In: Gsell O (Hrsg) Importierte Infektionskrankheiten. Epidemiologie und Therapie. 15. Symposion Dtsch Ges Fortschr Inn Med, Freiburg i. Br. Thieme, Stuttgart p 77

Mannweiler E, Stumpf J, Lederer I (1978) Serumantikörper-Befunde bei der Trichinose. Dtsch Med Wschr 103: 162

Manthorpe R, Palit J, Bendixen G (1978) Anti-DNA antibody in serum measured by radioimmunoassay (FARR-technique). Allergy 33: 42

Marbach EP, McLean M, Scharn M, Jones T (1975) Sodium iodoacetate as an antiglycolytic agent in blood samples. Clin Chem 21: 1810

Mariani AJ et al (1984) Dipstick chemical urinalysis: Accurate costeffective screening test. J Urology 132: 64

Märki HH (1979) Eiweißstoffwechsel. In: Siegenthaler W (Hrsg) Klinische Pathophysiologie, 4. Aufl. Thieme, Stuttgart p 87

Märki HH, Wuhrmann F (1965) Plasmavolumen und Plasmaproteine bei akut-entzündlichen Erkrankungen. Schweiz Med Wschr 95: 736

Markowitz M, Rotkin L, Rosen JF (1981) Circadian rhythms of blood minerals in humans. Science 213: 672

Marschner I, Bottermann P, Erhard F, Linke R, Löffler G, Maier V, Schwandt P, Vogt W, Scriba PC (1974) Group determination on the radioimmunological insulin determination. Horm Met Res 6: 293

Marschner I, Erhardt FW, Scriba PC (1976) Ringversuch zur radioimmunologischen Thyrotropinbestimmung (hTSH). J Clin Chem Clin Biochem 14: 345

Marschner I, Wood WG, Thiel D v, Habermann J, König A, Scriba PC (1983) Vergleich dreier Ringversuche zur immunologischen Thyrotropin-Bestimmung nach dem „Münchner Modell". J Clin Chem Clin Biochem 21: 301

Martinek R (1966) Specimens for clinical laboratory analysis collection and preservation. Postgrad Med 37: A46

Maruhn D (1986) Probenvorbereitung und Qualitätskontrolle bei Harnenzymanalysen. Mitt Klin Chem 3: 139

Mascioli SR, Bantle JP, Freier EF, et al (1984) Artifactual elevation of serum creatinine level due to fasting. Arch Intern Med 144: 1575

Masoro EJ, Bertrand H, Liepa G, Yu BP (1979) Analysis and exploration of age-related changes in mammalian structure and function. Fed Proc 38: 1956

Masoud AN, Dubes GR, Krupski DM (1980) Interfering impurities in commercial high-purity methylene chloride before and after evaporation. Clin Chem 26: 1363

Massarrat S, Herbert V (1977) Haltbarkeit der Serumenzyme beim Versand. Dtsch Ärztebl 74: 1909

Massion CG, Frankenfeld JK (1972) Alkaline phosphatase: lability in fresh and frozen human serum and in lyophilized control material. Clin Chem 18: 366

Massmann H (1977) Atomspektrometrische Lösungsanalyse - AAS oder ICP?. Lab Praxis Nov: 28

Massmann H (1982) The origin of systematic errors in background measurements in Zeeman atomic-absorption-spectrometry. Talanta 29: 1051

Masson P, Hultberg B (1984) Action pattern of serum amylase using p-Nitrophenyl-maltoheptaoside as substrate. J Clin Chem Clin Biochem 22: 427

Masson P, Lindahl I (1984) Bilirubin interferes with uric acid determinations involving peroxidase-mediated reactions. Clin Chem 30: 493

Matheis H, Staehler F, Wittner H, Vollmer J (1974) Beeinflussung eines neuen enzymatischen Harnsäure-Farbtests durch Pharmaka in vitro und in vivo. Med Klin 69: 607

Mathies JC (1974) Evaluation of a new device for rapidl y separating serum or plasma from blood. Clin Chem 20: 1533

Mathy K, Koepke JA (1974) The clinical usefulness of segmented vs. stab neutrophil criteria for differential leukocyt counts. Am J Clin Pathol 61: 947
Matsumoto Y, Yamada M, Yoshida Y (1986) Light microscopical appearance and ultrastructure of Blastocystis hominis, an intestinal parasite of man. Zbl Bakt Abt A 260 (in Druck) Mehlhorn H, Peters W (1983) Diagnose der Parasiten des Menschen, einschließlich der Therapie einheimischer und tropischer Parasitosen. Fischer, Stuttgart
Mayr WR (1984) Probleme bei der Bestimmung von erythrozytären Erbmerkmalen bei Erkrankungen und bei Anwendung von Medikamenten. Lab Med 8: 20
McBay AJ (1986) Substance abuse testing. Pathologist 40: 35
McCance RA, Widdowson ED (1960) Renal aspects of acid base control in the born. I. Natural developments. Acta paediatr 49: 409
McConnell ThS, Writtenberry-Loy Ch (1983) Whither waiting: turnaround times of laboratory tests for emergency room patients. Laboratory Medicine 14: 644
McDonald GA, Dodds TC, Cruickshank B (1972) Atlas der Hämatologie. Thieme, Stuttgart
McGown E, Lewis CM, Dong MH, Saeuberlich HE (1978) Results with commercial radioassay kits compared with microbiological assay for folate in serum and whole-blood. Clin Chim Acta 24: 2186
McGuire WL (1983) Biology of breast cancer; clinical implications of receptors. 3 rd EORTC breast cancer working conference, Amsterdam, Abstr 2.1
McKay RJjr (1966) Diagnosis and treatment: risks of obtaining samples of venous blood in infants. Pediatrics 38: 906
McNair P, Nielsen StL, Christiansen C, Axelsson Ch (1979) Gross errors made by routine blood sampling from two sites using a tourniquet applied at different positions. Clin Chim Acta 98: 113
McPhedran P et al (1974) Prolongation of the activated partial thromboplastin time associated with poor venipuncture technique. Am J Clin Pathol 62: 16
McPherson K, Healy MJR, et al (1978) The effect of age, sex and other factors on blood chemistry in health. Clin Chim Acta 24: 373
Mead SV (1983) The implementation of an evacuated blood collection system. Med Lab World October p 51
Meade RC, Klitgaard HM (1962) A simplified method for the immunoassay of human serum insulin. J Nucl Med 3: 407
Medical Tribune (1974) Postversand von Serumproben fragwürdig. 4: 57
Meier H, Henkel E, Dankert H (1979) Kontinuierlich messende Verfahren zur Aktivitätsbestimmung der α-Amylase im Serum. Vergleich zu amyloklastischen und chromolytischen Methoden. J Clin Chem Clin Biochem 17: 709
Meites S (1981) Pediatric clinical chemistry, a survey of reference (normal) values methods, and instrumentation, with commentary. American Association for Clinical Chemistry, Washington DC
Meites S, Levitt MJ, Blumenfeld TA, Hammond KB, Hicks JM, Hill GJ, Sherwin JE, Smith EK (1979) Skin puncture and blood-collecting techniques for infants. Clin Chem 25: 183
Meites S, Saniel-Banrey K (1979) Preservation, distribution, and assay of glucose in blood, with special reference to the newborn. Clin Chem 25: 531
Mejia LA, Viteri FE (1983) Ferritin concentrations in plasma from capillary (finger prick) blood and venous blood compared. Clin Chem 29: 871
Mena E, Thompson ES, Armfield AY, Dowell VRjr, Reinhardt DJ (1978) Evaluation of Port-A-Cul transport system for protection of anaerobic bacteria. J Clin Microbiol 8: 28
Mendez A (1978) Some considerations on the retrieval of literatur based on citations. Inform Scientist 12: 67
Mendez A, Blanco C (1979) Differences between requested and cited literature in a group of dairy research scientists. J Inf Science 1: 113
Mensink HJA, Marrink J, Hindriks FR, van Zanten AK (1983) Prostatic acid phosphatase: comparison of radioimmunoassay and enzyme activity assay. J Urol 129: 1136
Merck E (1970) Klinisches Labor. Eigenverlag, Darmstadt 11. Aufl
Merck E, Diagnostica (1984) Hämatologische Labormethoden 4. Aufl GIT Verlag
Merker H (1963) Zyto- und Histochemie in der Hämatologie. 9. Freiburger Symposion an der Med. Univ. Klin. 25.-27.10.62. Springer, Berlin Göttingen Heidelberg
Merril C, Statland BE (1981) Effect of turbidity on serum glucose results on the DuPont ACA. Clin Chem 27: 1051

Merrill J et al (1974) Interference with urinary glucose determination by cephalotin. JAMA 230: 822
Merten R (1967) Zuverlässigkeitskontrolle im ärztlichen Laboratorium und Normierung klinisch-chemischer Methoden. Ärztl Lab 13: 438
Merten R (1970) Wie erhalte ich einen zuverlässigen Laboratoriumswert ? In: Der ärztliche Gutachter in der Rentenversicherung. Hrsg: Verband deutscher Rentenversicherungsträger Heft 8: 91
Merten R (1974) Ringversuche zur externen Qualitätssicherung von Laboratoriumswerten. Kassenarzt 10: 628
Merten R (1981) Probleme interner und externer Qualitätssicherung in der Klinischen Chemie. In: Merten UP (ed) Qualitätssicherung in der Laboratoriumsmedizin. Tagungsvorlage Düsseldorf
Merten R (1981 a) 1. Mitt. Die Effektivität von Ringversuchen in der Klinischen Chemie. Lab Med 5(A + B): 6
Merten R (1981 b) 2. Mitt. Bewertungsmaßstäbe und ihre Auswirkung. Beurteilung von Qualitätskontrollmaßnahmen mit Hilfe der relativen Standardabweichungen in INSTAND-Ringversuchen. Lab Med 5(A + B): 68
Merten R (1981) 3. Mitt. Bewertungsmaßstäbe und ihre Auswirkung. Sollwert und Sollbereich. Lab Med 5(A + B): 197
Merten R (1981) 4. Mitt. Bewertungsmaßstäbe und ihre Auswirkung. Median oder arithmetischer Mittelwert der Referenzlaboratorien bzw. Mittelwert der Teilnehmer an Ringversuchen. Lab Med 5(A + B): 257
Merten R (1982) 5. Mitt. Die Effektivität von Ringversuchen als externe Qualitätssicherung im medizinischen Laboratorium. Schlußfolgerungen. Lab Med 6(A + B): 17
Merten R (1982) Die Effektivität von Ringversuchen als externe Qualitätssicherng im medizinischen Laboratorium - Bewertungsmaßstäbe und ihre Auswirkung. Lab Med 5: 6,68,197,257; 6(A + B): 17
Merten R (1984) Prüfung von Kontrollseren durch den Versuchsleiter. In: Merten R (ed) Zielwert, Sollwert, Zielbereich. Bd 3 der INSTAND-Schriftenreihe. Springer, Berlin Heidelberg New York Tokyo p 64
Merten R, Boroviczény KG v (1972) Fehlermöglichkeiten bei Laboratoriumswerten. diagnostik 5: 172
Merten R, Boroviczény KG v (1972) Zufällige und systematische Fehler im Laboratorium. diagnostik 5: 325
Merten R, Boroviczény KG v (1976) Qualitätssicherung im ärztlichen Labor mit einem Fragenkatalog zur Fehlererkennung, Fehlersuche und Fehlervermeidung. Helferin des Arztes. Heft 2 bis 8
Merten R, Boroviczény KG v (1984) Beurteilung von Ringversuchsteilnehmern aus der Sicht des Versuchsleiters. In: Merten R (ed) Bd 3 der INSTAND-Schriftenreihe p 178
Merten R, Merten UP (1976) Target values for evaluating results in collaborative surveys. In: Proceedings of the IX World Congress of Anatomic and Clinical Pathology. Sidney 1975. Excerpta Medica, Amsterdam Oxford p 252
Merten UP (1972) Bürotechnische EDV-Anlage für das medizinische Laboratorium. Ärztl Lab 18: 432
Merten UP (1976) Descriptors in clinical pathology. In: Proceedings of the IX World Congress of Anatomic and Clinical Pathology. Sidney 1975. Excerpta Medica, Amsterdam Oxford p 259
Merten UP (ed) (1981) Qualitätssicherung in der Laboratoriumsmedizin. Tagungsvorlage - Herbsttagung INSTAND und Deutsche Gesellschaft für Laboratoriumsmedizin
Merten UP (1981) Qualitätssicherung in der Virusimmunologie. In: Merten UP (ed) Qualitätssicherung in der Laboratoriumsmedizin. Tagungsvorlage Düsseldorf
Merten UP (1982) Datenverarbeitung in der Mikrobiologie. GIT Lab Med 5: 40
Merten UP (1982) Über die intra- und extrakorporale Beeinflussung biochemischer und hämatologischer Ergebnisse durch die Art der Probengewinnung. Die Gruppenpraxis 1: 6
Merten UP (1986) Antikörperbestimmungen gegen Rötelnantigen. Externe Qualitätssicherung: Ergebnisse der INSTAND-Ringversuche 1979-1985. Lab Med 11: 31
Merten UP Baudner S, Baenkler HW, Beer H-J, Felgner P, Fröhlich C, Geisen H-P, Knapp W, Roesler-Englhardt A, Schlesing H, Schoff F-H, Schuster J, Seelig HP, Störiko K, Weidner PA, Wellensiek HJ (1980) Standardisierung von Immunfluoreszenzmethoden. 1 Lab Med 4(A + B): 15
Merten UP, Klein-Wisenberg A v (1976) Deskriptoren in der klinischen Pathologie. Med Lab (Stuttg) 29: 277

Merten UP, Thomssen R (1986) INSTAND Ringversuche Hepatitis B, Ergebnismitteilung
Mertens Th (1976) Der Röteln-Hämagglutinationshemmtest (HHT). Dissertation, Universität Köln
Mertens Th (1982) Persönliche Mitteilung
Mertens Th, Zippel C, Seuffer R, Eggers HJ (1983) Comparison of four different methods for detection of Rubella IgM antibodies. Med Microbiol Immunol 172: 181
Mertz DP (1973) Vergleichende Untersuchungen der enzymatischen Bestimmung von Harnsäure mit einer einfachen kolorimetrischen Methode. Klin Wschr 51: 96
Metz J, Bradlow BA, Lewis SM, (1960) The acetylcholinesterase activity of the erythrocytes in paroxysmal nocturnal haemoglobinuria in relation to the severity of the disease. Brit J Haematol 6: 372
Meuret G (1974) Monozytopoese beim Menschen. J. F. Lehmanns, München
Meyer HP (1982) EDV-Einsatz im klinischen Labor wirtschaftlich sinnvoll? Laborpraxis, eine Wirtschaftlichkeitsanalyse p 16
Michaelsson M, Jolin S (1965) Haemolysis in blood samples from newborn infants. Acta Paediatr Scand 54: 325
Michel R-Th, Bastert G (1983) Wichtige Rahmenbedingungen zur Interpretation von Hormonrezeptorbefunden menschlicher Mammakarzinome. Med Welt 34: 3
Mieth I, Haeckel R (1982) Vorschlag zur Nomenklatur der Probenidentifikation. J Clin Chem Clin Biochem 20: 253
Miller WG (1979) Pooled serum products and proficiency testing. Clin Chem 25: 2058
Mira M, Stewart PM, Gebski V, Llewellyn-Jones D, Abraham SF (1984) Changes in sodium and uric acid concentrations in plasma during the menstrual cycle. Clin Chem 30: 380
Missen AW, Dickson SJ (1974) Contamination of blood-samples by plasticizer in evacuated tubes. Clin Chem 20: 1247
Missen AW, Gwyn SA (1978) Another source of contamination from blood sample containers. Clin Chem 24: 2063
Mitchell CHA, Tesar PJ, Maynard JH, Choong SH (1981) Chloralhydrate interferes with radioassay of vitamin B12. Clin Chem 27: 1480
Mitchell RJ (1973) Improved method for specific determination of creatinine in serum and urine. Clin Chem 19: 408
Mittal KK (1978) Standardization of the HLA typing method and reagents. Vox Sang 34: 58
Mittermayer H (1982) Methoden der mikrobiologischen Diagnostik - Standortbestimmung und neue Entwicklungen. Berichte ÖGKC 5: 141
Miyada DS, Tipper P, Ying D, et al (1980) Effect of lipemia on chemical measurements. Clin Chem 26: 1062
Moe PJ (1970) Hemoglobin, hematocrit and red blood cells count in „capillary" (skin prick) blood compared to venous blood in children. Acta Paediatr Scand 59: 49
Montigel C (1986) Zum Problem der Kalibrierung von Thromboplastinen. Lab Med 10: 75
Moody JR, Lindstrom RN (1977) Selection and cleaning of plastic containers for storage of trace element samples. Anal Chem 49: 2264
Moore BPL, Humphreys P, Lovett-Moseley CA (1958) Serological and immunological methods. The Canadian Red Cross Society. 7th ed 1972
Moore DH, Roberts JB, Costello M, Schonberger TW (1949) Factors influencing the electrophoretic analysis of human serum. J Biol Chem 180: 1147
Moore JL, Widish JR, Sudduth NC (1970) Evaporation-induced errors in clinical chemistry assays. Am J Med Technol 36: 519
Morell VO, Blytt HJ, Butler LG (1983) Inactivation of alkaline phosphatase. Clin Chem 29: 996
Morgan DB (1983) The impact of ageing - present and future. Ann Clin Biochem 20: 257
Mori L (1978) Modified Jendrassik-Grof method for bilirubin adapted to the Abott Bichromatic Analyzer. Clin Chem 24: 1841
Morin LG (1977) Creatine Kinase: Stability, inactivation, reactivation. Clin Chem 23: 646
Morrison B, Shenkin A, McLelland A, Robertson DA, Barrowman M, Graham S, Wuga G, Cunningham KJM (1979) Intra-individual variation in commonly analyzed serum constituents. Clin Chem 25: 1799
Morrison JI, Tydeman J, Cassidy PA, Hardwick DF, Davies CT (1983) Cost of clinical chemistry laboratory tests. Laboratory Medicine 14: 567

Morrison MC, Lum G (1986) Dipstick testing of urine - can it replace urine microscopy ? Am J Clin Pathol 85: 590

Mortensen N, Howell HO (1966) The use of formalin-preserved erythrocytes in quality control. Am J Clin Pathol 45: 122

Mosca A, Carpinelli A, Paleari R, Carenini A, Bonini P, Franzini C (1985) Preparation and control of ethylene glycol-stabilized haemolysates for glycated haemoglobin assay. J Clin Chem Clin Biochem 23: 361

Mosley JW, Goodwin RF (1965) Stability of serum glutamate pyruvic transaminase activity in storage. Tech Bull Reg Med Technol 35: 183

Moss DM (1986) The place of Reference materials in Clinical Enzymology. Mitt Klin Chem p 341

Motulsky AG, Krault JM, Thieme WT, Musto DF (1959) Biochemical genetics of glucose-6-phosphate dehydrogenase deficiency. Clin Research 7: 89

Mowad JJ (1981) Ist der Befund „Pyurie" verläßlich? Tempo Medical 14: 17

Mueller RG (1983) Effect of serum and plasma on absorbance of the scandinavian creatine kinase buffer. Clin Chem 29: 570

Mueller RG, Lang GE, Beam JM (1976) Bubbles in samples for blood gas determinations: a potential source of error. Am J Clin Pathol 65: 242

Mühlfellner O, Mühlfellner G, Zofel P, Kaffarnik H (1972) Über die Haltbarkeit von Plasmalipiden unter verschiedenen Lagerungsbedingungen. Z Klin Chem Klin Biochem 10: 37

Müller F, Bauersfeld W, Knoll E, Wisser H (1982) Einfluß der Nahrungsaufnahme auf die Konzentration der Katecholamine im Serum in Abhängigkeit von der Tageszeit. J Clin Chem Clin Biochem 20: 645

Müller F, Trapp L (1979) Entwicklung und gegenwärtiger Stand der präparativen und optischen Technik für die fluoreszenzimmunologische Diagnostik. Ärztl Lab 25: 163

Müller H, Hengst W, Grebe SF (1982) Wertigkeit des Radioimmunoassays für saure Phophatase beim Prostatakarzinom. Ärztl Lab 28: 209

Müller H-L (1974) IgM- and IgG-antibodies against candida polysaccharides in the serodiagnosis of candidiasis. Bull Soc Francaise Mycol Med (Nouvell serie) 3: 51

Müller H-L (1978) Serologische Diagnostik der Mykosen. Klinikarzt 7: 638

Müller H-L (1979) Kreuzreaktionen von 8 Sprosspilzarten und ihre Bedeutung für die serologische Candida-Diagnostik. Med Microbiol Immunol 167: 211

Müller H-L (1981) Möglichkeiten und Grenzen der Candida- und Aspergillus-Serologie. 16. Wiss Tag Dtsch Sprach Mykol Ges Erlangen, 1.-3.5.

Müller H-L (1982) Entwicklung und gegenwärtiger Stand der Serodiagnostik bei Sprosspilzinfektionen. Hautarzt 33: 632

Müller H-L, Holtmannspötter H (1975) Vergleichende Titerbestimmung mit dem Candida-Hämagglutinationstest und dem Candida-Immunfluoreszenztest. Mykosen 18: 91

Müller J (1978) Tagungsbericht der „Sektion Antimykotische Chemotherapie" der Paul-Ehrlich-Gesellschaft vom 29.4.1977 in Gauting. Mykosen 21: 122

Müller K (1980) Meßtechnische Probleme bei der elektronischen Zählung von Blutzellen. PTB-Mitt 90: 128

Müller-Matthesius R, Damm M, Sommer K, Burk V (1985) Der Einfluß hoher Konzentrationen auf die Richtigkeit kinetischer Substrat-Bestimmungen. Lab Med 9: 25

Müller PH, Schmülling RM, Liebich HM, Eggstein M, Stähler F, Stinshoff K (1977) Vollenzymatische Triglyzerid-Bestimmung: Präzision, Richtigkeit, Methodenvergleich. J Clin Chem Clin Biochem 15: 457

Müller-Plathe O (1979) Qualitätssicherung in der Blutgasanalytik. Internist 20: 407

Müller-Plathe O (1981) Maßnahmen zur Qualitätsverbesserung von Blutgasanalysen. Med Lab (Stuttg) 34: 177

Müller-Plathe O (1982) Säure-Basen-Haushalt und Blutgase. Thieme, Stuttgart New York

Müller-Plathe O, Halpaap I (1981) Evaluation eines neuartigen Kontrollmaterials für die Blutgasanalytik: gasäquilibrierte Pufferlösungen in Druckbehältern ohne Gasphase. Ärztl Lab 28: 9

Müller-Plathe O, Lindemann K (1984) Gesamtcalcium oder ionisiertes Calcium? Dtsch Med Wschr 109: 527

Müller WG, Crana PD, Cryer C (1986) Interlaboratory standardization of enzyme results: The Richmond project. Clin Chem 32: 1525

Müller-Wiegand B, Benozzi A, Brettschneider H, Häusler H, Neckermann E, Passing H, Spaethe R

(1986) Das Sollwertermittlungsmodell des Verbandes der Diagnostica- und Diagnosticageräte-Hersteller e. V. (VDGH) - bisherige Erfahrungen. Lab Med 10: 65
Musa BU, Doe RP, Seal US (1967) Serum protein alterations produced in women by synthetic estrogens. J Clin Endocrinol 27: 1463
Musiala TS, Dubin A (1977) Effects of chylomicrons and their removal on spectrophotometric analyses. Clin Chem 23: 1121
Myhre BA (1974) Quality control in blood banking. John Wiley & Sons, New York
Myhre BA, Koepke JA (1975) The College of American Pathologists comprehensive blood banks survey program 1973. Am J Clin Pathol 63: 995
Myhre BA, Koepke JA, Polesky HF, Walker R, Schoonhoven P van (1977) The CAP blood bank comprehensive survey program - 1975. Am J Clin Pathol 68: 175
Nackowaki SB, Putnam RD, Robbins DA, Varner MO, White LD, Nelson KW (1977) Trace metal contamination of evacuated blood collection tubes. Am Ind Hyg Assoc J 38: 503
Nagel D, Seiler D, Appel W, Rodrian J, Tritschler W (1982) Einfluß von Ascorbinsäure auf einen neuen Harnteststreifen zum Nachweis von Erythrozyten. Med Lab (Stuttg) 35: 137
Nairn RC (1969) Fluorescent protein tracing. E & S Livingston Ltd., Edinburgh London
Nairn RC, Ploem JS (1974) Moderne Immunfluoreszenzmikroskopie und ihre Anwendung in der klinischen Immunologie. Leitz Mitt Wiss Techn Bd. VI 3: 91
Naito HK, Gatautis VJ (1976) Effect of two new serum separating devices on results for cholesterol and triglyceride. Clin Chem 22: 936
Naka K (1978) Microbial contamination of automated analyzers. Clin Chem 24: 1288
Nakano G (1985) Automation in serum separation and dispensation (Jap) Jpn J Clin Lab Aut 10: 4
Nanji AA (1982) Intercorrelations between normal concentrations of glucose, triglycerides, total cholesterol, high-density lipoprotein cholesteron, and uric acid in plasma during fasting. Clin Chem 28: 1242
Nanji AA (1983) Decreased activity of commonly measured serum enzymes: causes and clinical significance. Am J Med Technol 49: 241
Nanji AA, Adam W, Campbell DJ (1984) Routine microscopic examination of the urine sediment - should we continue? Arch Pathol Lab Med 108: 399
Nanji AA, Blank D (1982) Increase in serum alkaline phosphatase owing to furosemide. Clin Chem (L) 28: 240
Naot Y, Desmonts G, Remington JS (1981) IgM enzyme-linked immunosorbent assay test for the diagnosis of congenital Toxoplasma infection. J Pediatr 98: 32
Narayanan S (1983) Analytical and specimen considerations including specimen stability for selected analytes. In: Clinical Laboratory Forum, Plymouth p 23
Narayanan S (1984) Control of specimen collection variables in eliminating preanalytical errors. In: Clinical Laboratory Forum, Plymouth p 39
Narayanan S (1984) Specimen considerations and analyte stability in haematology and coagulation. In: Clinical Laboratory Forum, Plymouth p 67
Narayanan S, Hassemer DJ, Laessing RH, Habig RL, Butts WC, Borkowski JD (1979) Control of blood collection and processing variables to obtain extended (greater than five days) stability in serum constituents. Clin Chem 25: 1086
Narayanan S, Lin F (1984) Sampling technique. In: Wong SH (ed) Therapeutic drug monitoring. Dekker New York p 79
Narayanan S, Masson P, Lidèn A (1983) Analytical and specimen considerations in therpeutic drug monitoring. In: Clinical Laboratory Forum, Plymouth p 43
Nathan DM, Francis ThB, Palmer JL (1983) Effect of aspirin on determinations of glycosylated hemoglobin. Clin Chem 29: 406
National Institute for Arthritis, Metabolic and Digestive Diseases (NIAMDD) Radioimmunoassay of rat lutenising hormone-bulletin.
NBS National Bureau of Standards (1984) Standard Reference Material Catalog. Spec Publ 260
NCCLS - National Committee for Clinical Laboratory Standards (1980) Standard for Evacuated Tubes for Blood Specimen Collection. Adopted Standard H1-A. NCCLS, 771 East Lancaster Avenue, Villanova, PA 19085, USA
NCCLS: Approved performance standard for antimicrobial disc susceptibility test. Rohde PA (Chairholder) Villanova, PA. 19085 USA

NCCLS: Guidlines for the collection, transport and preparation of blood specimens for coagulation testing. Proposed Standard. H21-P p 9
NCCLS: Preparation of manuals for installation, operation and repair of laboratory instruments. ASI-1
NCCLS Proposed Guideline: Nomenclature and definitions for use in the ational reference system for the clinical laboratory. Thiers RE: Order Code NRSCL 8-P, Vol 5, No 21
NCCLS Tentative guidelines for manufacturers for establishing performance claims for clinical chemical methods
NCCLS (1975) Protocol for establishing the precision and accuracy of automated analytic systems NCCLS proposed standard: PSEP-1
NCCLS (1976) TSI-3 Standard for determining spectrophotometer performance criteria.
TSI-5 Power requirements for clinical laboratory instruments and for laboratory power lines.
TSI-6 Guidelines for service of clinical laboratory instruments.
NCCLS (1978) List of Standards, Villanova, PA, USA
NCCLS (1979) Standard procedures for the handling and transport of adopted standard H4-A1. Domestic diagnostic specimens and etiologic agents. Villanova, Pennsylvania, NCCLS
NCCLS (1980) Collection of arterial blood for laboratory analysis. Villanova PA
NCCLS (1980) Guidelines for the collection, transport and prepara tion for blood specimens for coagulation testing
NCCLS (1980) Standard for evacuated tubes for blood specimen collection. Adopted Standard H1-A
NCCLS (1980) Standard procedures for the collection of diagnostic blood specimens by venipuncture. Approved Standard ASH-3. Adopted Standard: H3-A
NCCLS (1981) Guidelines for the Collection, Transport and Preparation of Blood Specimens for Coagulation Testing. Proposed Standard H21-P, p 1, 9
NCCLS (1982) Standard for Handling and processing of blood specimens H18-P
NCCLS (1983) Draft document EP9P proposed guidelines for user comparison of quantitative clinical laboratory methods using patient samples
Nealon DA, Henderson AR (1977) Stability of commonly used thiols and of human creatine kinase isoenzymes during storage at various temperatures in various media. Clin Chem 23: 816
Nealon DA, Pettit SM, Henderson AR (1980) Effect of serum pH on storage stability and reaction lag phase of human creatine kinase isoenzymes. Clin Chem 26: 1165
Nennstiel H-J (1972) Gedanken zur Anwendung der EDV in der laborärztlichen Praxis. Ärztl Lab 18: 430
Nennstiel H-J (1974) Datenverarbeitung in der Praxis des niedergelassenen Laborarztes. Electro medica 2: 57
Nennstiel H-J (1982) Anwendung der EDV im bakteriologischen Labor des niedergelassenen Laborarztes. Lab Med 6 (A+B): 57
Nennstiel H-J, Ludwig U (1980) Sieben Jahre EDV-Einsatz in einer Laborarztpraxis. Ärztl Lab 26: 108
Nennstiel HJ, Ludwig U (1984) LAB 6000 - eine praxisgerechte, flexible und leistungsfähige EDV-Lösung für Laborärzte, Laborgemeinschaften und Krankenhäuser. Ärztl Lab 30: 93
Nennstiel HJ, Ludwig U (1985) Lab 6000 - Ein in die Labor-EDV integriertes Buchhaltungs- und Kostenermittlungssystem. Ärztl Lab 31: 345
Neth RD (1979) Blutbild und Urinstatus. Springer, Berlin Heidelberg New York p 47
Netheler HG (1974) Absorptionsphotometrie. In: Bergmeyer HU (Hrsg) Methoden der enzymatischen Analyse. Verlag Chemie, Weinheim 3. Aufl
Netteland B, Bakke OM (1977) Inadequate sample-preparation technique as a source of error in determination of erythrocyte folate by competitive binding radioassay. Clin Chem 23: 1505
Ng RH, Menon M, Ladenson JH (1984) Collection and handling of 24-hour urine specimens for measurement of analytes related to renal calculi. Clin Chem 30: 467
Ng SSK, Blass KG (1986) Jaffe's reaction products. Produkte der Jaffe-Reaktion. J Clin Chem Clin Biochem 24: 565
Nicholson GA, Griffiths LR (1983) A sensitive assay for creatine kinase in serum samples dried on paper: enhanced therme stability of the dried enzyme. Pathology 15: 21
Niederau CM, Reinauer H (1984) Hämoglobin A_1-Analysen mit dem Mikrosäulenverfahren und Ergebnisse der Ringversuche. Lab Med 8: 74

Nikolakakis NI, DeFrancisco AM, Rodger RSC, Gaiger E, Goodship THJ, Ward MK (1985) Effect of storage on measurement of ionized calcium in serum of uremic patients. Clin Chem 31: 287
Nink R (1985) Gerätesicherheitsgesetz und Eichgesetz. Lab Med 9: 335
Nipper HC (1976) Patient preparation and specimen collection and handling, including storage stability. In: Schoen I, Fischer G, Winter S, Barnett R (1974) CAP Standards Committee. Clin Chem 22: 1548
Nishi HH (1965) A rapid technique for the preparation of all cell free blood serum and plasma. Clin Chim Acta 11: 290
Norberg B, Söderström S (1967) ‚Radial segmentation‘ of the nuclei in lymphozytes and other blood cells induced by some anticoagulants. Scand J Haemat 4: 68
Noren I, Blombäck M, Fridell E, Wallinder U (1975) Vacutainer sampling for blood coagulation assays. Scand J Clin Lab Invest 35: 63
Nosanchuk JS (1977) Automated transport of clinical laboratory specimens by a new air-transport tube system. Am J Clin Pathol 67: 204
Nosanchuk JS, Salvatore JD (1977) Improved pneumatic tube system shortens turn-around time. Laboratory Medicine 8: 21
Nosslin B (1960) The direct diazo-reaction of bile pigments in serum: experimental and clinical studies. Scand J Clin Lab Invest 12: 1
Nussbaum B, Minckler T, Roby R, Ackermann E (1977) Economic impact of a computer-based centralized organization in a clinical laboratory. Am J Clin Pathol 67: 149
Nye L, Merrett TG, Landon J et al. (1975) A detailed investigaton of circulating IgE levels in a normal population. Clin Allergy 1: 13
Oehme FW (1976) Mechanisms of heavy metal inorganic toxicities. In: Oehme FW (ed) Toxicity of heavy metals in the environment. Part I. Dekker, New York p 69
Oellerich M, Haindl H, Haeckel R (1978) Die Bestimmung von Digoxin im Serum mit Enzymimmunotests. Internist 19: 188
Oepen J (1969) Fehlbestimmung der Faktoren MNSs, Fy(a) sowie der Rhesusfaktoren CcDEe an gealterten Blutproben. Dtsch Z ges gerichtl Med 66: 130
Oepen J, Trautner R (1968) Zum Ausschluß einer Blutprobenverwechslung durch vergleichende Blutgruppenuntersuchung. Blutalkohol 5: 27
Oesterle B (1986) Plausibilitätsbeurteilung klinisch-chemischer Befunde - Zuverlässigkeit und Bedeutung von Extremwerten. Mitt Klin Chem p356
Öhman G (1979) Evaluation of three clinical chemical routine methods for the determination of serum uric acid by mass fragmentography. Clin Chim Acta 95: 219
Oka S, Sibazaki Y, Tahara S (1981) Direct potentiometric determination of chloride ion in whole blood. Anal Chem 53: 588
Okuda K (1978) Reflectometric appliance in clinical chemistry. Mitt Dtsch Ges Klin Chem 79: 55
Olbing H, Wellmann P (1969) Schwerwiegende Fehlbeurteilungen bei der Urinuntersuchung auf Glukose mit Schnelltesten. Dtsch Med Wschr 94: 1566
Olbing P (1979) Harnwegsinfektion bei Kindern und Jugendlichen. Stuttgart
Olesen H (1983) Vitamin B12 assays: call for a definitive method. Clin Chem 29: 1442
Oliver LK (1977) Sodium fluoride stabilizes insulin at room temperature. Clin Chem 23: 303
Omang SH, Vellar OD (1973) Analytical error due to concentration gradients in frozen and thawed samples. Clin Chim Acta 49: 125
Oncley JC, Gurd FRN (1953) Blood cells and plasma proteins. New York p 349
Ong ST, David D, Snow M, Hansen JE (1983) Effect of variations in room temperature on measured values of blood gas quality control materials. Clin Chem 29: 502
Ono T, Kitaguchi K, Takehara M, Shiiba M, Hayami K (1981) Serum-constituents analyses: effect of duration and temperature of storage of clotted blood. Clin Chem 27: 35
Osburg K (1970) Bewertungssysteme für chemische Laboratoriumsleistungen. Ärztl Lab 16: 325
Osburg K (1974) Bewertungssystem für Laboratoriumsleistungen. Ärztl Lab 20: 132
Osburg K (1984) Personalbedarf und Kosten im medizinischen Laboratorium. Anleitung zur Ermittlung. In: INSTAND-Schriftenreihe Bd 1 (2. überarbeitete Aufl.) Springer, Berlin Heidelberg New York Tokyo
O'Sullivan DD (1975) Legal problems in quality control of medicine. Biomedical p 11
O'Sullivan MB (1979) Laboratory hematology procedures. In: Seligson D (ed) CRC Critical Reviews in Clinical Laboratory Science, Boca Raton, Florida, CRC Press, p 5

Oudheusden APM, Eisenberg K, Hennecke A, Helbig AR, Busch EW (1973) Die Brauchbarkeit eines neuen Teststreifens zum Nachweis von Urobilinogen im Harn. Dtsch Med Wschr 98: 112
Oxley DK (1983) DATA ReCAP, Quality Control for Patient Care. Pathologist 37: 260
Paar D (1981) Qualitätssicherung im Gerinnungslabor unter besonderer Berücksichtigung der konventionellen Methoden zur Kontrolle der oralen Antikoagulantientherapie. Med Lab (Stuttg) 34: 83
Page JH, Moinuddin M (1962) The effect of venous occlusion on serum cholesterol and total protein concentration - a warning. Circulation 25: 651
Palermo LM et al (1980) Avoidance of heparin contamination in coagulation studies drawn from indwelling lines. Anesth Analg (Cleve) 59: 222
Palmer DF, Cavallaro JJ, Galt RH (1973) Laboratory diagnosis by serologic method. Public Health Service, US Department of H. E. W., Atlanta, GA, USA, Center for Disease Control
Palmer DF, Herrmann KL, Lincoln RE, Hearn MV, Fuller TM (eds) (1970) A procedural guide to the performance of the standardized Rubella hemagglutination-inhibition test. Immunology series No 2. Center of Disease Control. Atlanta, GA, USA
Palmer RN, Gralnick HR (1982) Cold-induced contact surface activation of the prothrombin time in whole blood. Blood 59: 38
Paltridge G, Rudzki Z, Ryall RG (1980) Validity of transcobalamin II-based radioassay for the determination of serum vitamin B12 concentrations. Ann Clin Biochem 17: 287
Panteghine M, Bonora R (1984) Evaluation of a new continous colorimetric method for determination of serum pseudocholinesterase catalytic activitiy and its application to a centrifugal fast analyzer. J Clin Chem Clin Biochem 22: 671
Parker ME, Krieg AF, Demers LM (1981) Analytical systems for microchemistry: 1. Sample collection. J Clin Lab med 1: 25
Parvy PhR, Bardet JI, Kamoun PP (1983) EDTA in vacutainer tubes can interfere with plasma amino acid analysis. Clin Chem 29: 736
Paschen K (1975) Die Bestimmung des Calciums und seiner Fraktionen im Serum. Thieme, Stuttgart
Passey RB, Gillum RL, Fuller JB, Urry FM, Giles ML (1977) Evaluation and comparison of 10 glucose methods and the reference method recommended in the proposed product class standard (1974). Clin Chem 23: 131
Passing H, Bablok W (1983) A new biometrical procedure for testing the equality of measurements from two different analytical methods. Application of linear regression procedures for method comparison studies. J Clin Chem Clin Biochem 21: 709
Passing H, Bablok W (1984) Comparison of regression procedures for method comparison and determination of sample sizes. J Clin Chem Clin Biochem 22: 431
Passing H, Bablok W, Glocke M (1981) An optimized design for the established of assigned values in control sera. The establishment of assigned values in control sera, IV. J Clin Chem Clin Biochem 19: 1167
Passing H, Glocke M, Brettschneider H, Müller B (1980) Ein optimiertes verteilungsfreies Sollwertermittlungsmodell für Kontrollseren. Lab Med 4(A + B): 154
Passing H, Müller B, Brettschneider G (1981) The importance of a blind control in the establishment of assigned values in control sera. J Clin Chem Clin Biochem 19: 1137
Patsch JR (1985) Postprandiale Lipämie und HDL-Cholesterin. Ärztl Lab 31: 251
Patsch JR, Gotto AM Jr, Olivecrona T, Eisenberg S (1978) Formation of high density lipoprotein 2-like particles during lipolysis of very low density lipoproteins in vitro. Proc Natl Acad Sci USA 75: 4519
Paule RC, Mandel J (1982) Consensus values and weighting factors. J Res NBS 87: 377
Pauling L, Itano HA, Singer SJ, Wells IC (1949) Sickle cell anemia: a molecular disease. Science 110: 543
Payne RB, Levell MJ (1968) Redefinition of the normal range for serum sodium variability. Clin Chem 14: 172
Pearl F (1982) Erfahrungen mit dem Vacutainer-Blutentnahmesystem aus amerikanischer Sicht. Gruppenpraxis p 26
Pearson KH, Schermaier AJ, Tyko SA, Kasay S, Lin FC, Narayanan S (1983) Evaluation of trace metal vakutainer tubes by Zeeman AAS. Clin Chem 29: 1286
Peck JM (1978) Laboratory tip: application artifact in electrophoresis. Am J Med Technol 44: 136

Pedersen KO (1972) On the cause and degree of intraindividual serum calcium variability. Scand J Clin Lab Invest 30: 191

Peele JD jr, Gadsden RH, Crews R (1977) Evaluation of Ames „Clinic-Tek". Clin Chem 23: 2238

Pelton TN (1985) Instituting change to cut lab costs. Pathologist 39: 17

Pennock CA (1973) A comparison of Auto-Analyzer methods for the estimation of glucose in blood. Clin Chim Acta 48: 193

Pennock CA, Jones KW (1966) Effect of ethylene-diamine-tetra-acetic acid (dipotassium salt) and heparin on the estimation of packed cell volume. J Clin Pathol 19: 196

Perlick E, Bergmann A (eds) (1962) Gerinnungslaboratorium in Klinik und Praxis. Venenblutmethoden. VEB Thieme, Leipzig, 2. Aufl p 74

Perry B, Doumas B, Jendrzejczak B (1979) Effect of light and temperature on the stability of creatinekinase in human sera and controls. Clin Chem 25: 625

Perry BW (1981) Interlaboratory precision in bilirubin analysis. Clin Chem 27: 1036

Persign JP, van der Silk W (1976) A new method for the determination of γ-Glutamyltransferase in serum. J Clin Chem Clin Biochem 14: 421

Pesce MA, Bodourian SH (1983) Effect of atypical creatine kinase isoenzymes and CK-BB on an immunochemical CK-MB assay. Clin Chem 29: 584

Petek W, Kostner G, Knötgen U (1972) Immunochemical characterization of the „pre-α" band in lipoprotein electrophoresis. Clin Chim Acta 38: 460

Peter G (1977) Klinische Chemie. Rathgeber Verlag, München

Peter G (1980) Zeitkonstanz klinisch-chemischer Parameter in Kontroll- und Patientenseren. mta Zschr 26: 193

Peters HJ, Hunger P, Neumann G, Köhler H (1982) Das Verhalten der Elemente Magnesium, Kupfer und Zink unter sportlichem Stress. Zbl Pharm 121: 463

Peterson EE (1977) Röteln-HHT: Kontrolle im Ringversuch. Laboratoriumsblätter 1: 29

Pettersson J, Hussi E, Jänne J (1980) Stability of human plasma catecholamines. Scand J Clin Lab Invest 40: 297

Petty TL (1966) The simplicity and safety of arterial puncture. JAMA 195: 181

Peuckert W (1984) Bakteriologische Harndiagnostik. Päd Praxis 30: 423

Pezzlo MT, Tan GL, Peterson EM, De La Maza IM (1982) Screening of urine cultures by three automated systems. J Clin Microbiol 15: 468

Pflug B, Paschen K, Aigeldinger E (1979) Tagesrhythmische Schwankungen der Magnesiumkonzentration in Plasma und Erythrozyten. Krankenhausarzt 52: 281

Phillips PJ, Pain RW, Brooks GE (1976) The pain of venipuncture. NEJM 294: 116

Pickup JF, Harris EK, Kearnes M, Brown SS (1977) Intra-individual variation of serum constituents and its relevance to populationbased reference ranges. Clin Chem 23: 842

Piekarski G (1975) Medizinische Parasitologie in Tafeln. Korrigierter Nachdruck der 2. Auflage. Springer, Berlin Heidelberg, New York

Piekarski G (1982) Die Amöbenruhr oder Amöbiasis. Lab Med 6 Suppl 1: 17

Piekarski G (1982) Die Laboratoriumsdiagnose der Toxoplasmose. Lab Med 6 Suppl 1: 12

Piekarski G (1982) Die Schistosomiasis (Bilharziose). Epidemiologie und Nachweismethoden. Lab Med 6 Suppl 1: 25

Piekarski G (1987) Medizinische Parasitologie in Tafeln. Springer, Berlin Heidelberg New York London Paris Tokyo, 3. Aufl

Piekarski G, Saathoff M (1978) Über den mikroskopischen und kulturellen Nachweis von Trichomonas vaginalis und mögliche Fehlerquellen. MTA Zschr vdta 8: 325

Pike RM (1978) Past and present hazards of working with infectious agents. Arch Pathol Lab Med 102: 333

Pike RM, Richardson JG (1979) Prevention of laboratory infections. In: Lenette EH, Schmidt NJ (eds) Diagnostic procedures for viral and rickettsial infections. 5th ed, Public Health Association, New York

Pilon VA, Howanitz PJ, Howanitz JH, Domres N (1981) Day-to-day variation in serum ferritin concentration in healthy subjects. Clin Chem 27: 78

Pinkerton PH, Zuber ED, Barr RM, Croucher BEE, Quantz MC, Rapson DA, Wood DE, Crockford J, Moore BPL (1984) Sensitivity of routine blood bank methods for the detection of Anti-D as determined during proficiency testing. Am J Clin Pathol 82: 326

Pinta M (1978) Modern methods for trace element analysis. Ann Arbor Science Publ Inc, Ann Arbor, Mich, p 149

Pippenger CE, Penry JK, White BG, Daly DD, Buddington R (1976) Interlaboratory variability in determination of plasma antiepileptic drug concentrations. Arch Neurol 33: 351

Plenert W, Heine W (1973) Normalwerte. 4. Aufl. VEB Volk und Gesundheit, Berlin

Plischke W, Röderer R, Storz G (1982) Polyelektrolyt-Trockenchemie. Funktionsdiagnostik von Nierenerkrankungen mit einem neuen Teststreifen zur Bestimmung des spezifischen Gewichts. In: Die Bestimmung des spezifischen Gewichts in der Harnroutine mit der neuen Polyelektrolyt-Trockenchemie. Miles GmbH, Sparte Ames, Frankfurt

Ploem JS (1982) Automated methods in immunofluorescence studies. In: Wick G, Trail KN, Schauenstein K (eds) Immunofluorescence technology. Elsevier Biomedical Press, Amsterdam New York Oxford p 73

Pöge AW, Hannes J, Köhler G (1983) Der Einfluß von Dextranen, Aminosäuren, Lipiden, Bilirubin, Hämoglobin, Penicillin,Heparin und EDTA auf die Bestimmung des Serumalbumins mittels Bromkresolgrün. Z med Labor-Diagn 24: 220

Pöge AW, Kirazov L, Köhler G (1982) Der Einfluß von Dextranen, Aminosäuren, Lipiden, Bilirubin, Hämoglobin, Penicillin, Heparin und EDTA auf die Bestimmung von Gesamtprotein mittels Biuret-Reaktion. Z med Labor-Diagn 23: 43

Polak A (1982) Oxiconazole, a new imidazole derivative. Arzneimittelforschung 32: 17

Polak A, Müller H-L (1981) Aspergillus-Hämagglutinationstest mit Polysaccharidantigenen. 16. Wiss Tag Dtsch Mykol Ges Erlangen 1.-3.5.

Poller L (1964) Standardization of anticoagulant treatment: the Manchester Regional Thromboplastin Scheme. Brit Med J 2: 565

Poller L (1967) A national standard for anticoagulant therapy. Lancet 1: 491

Poller L (1985) Standardisation of the prothrombin time. In: Clinical Laboratory Forum p 77

Popelka SR, Miller DM, Holen JT, Kelso DM (1981) Fluorescence polarization immunoassay II. Analyzer for rapid, precise measurement of fluorescence polarization with use of disposable cuvettes. Clin Chem 27: 1198

Popper H, Mandel E, Mayer H (1937) Zur Kreatininbestimmung im Blut. Biochem Z 291: 354

Porres JM (1974) Quality control in microbiology. Am J Clin Pathol 62: 412

Porter WH, Carroll JR, Roberts RE (1977) Hemoglobin interference with the DuPont Automatic Clinical Analyzer for calcium. Clin Chem 23: 2145

Porth AJ (1977) Erarbeitung eines einheitlichen Schlüssels für Laboruntersuchungen. Mitt Dt Ges Klin Chem 6: 186

Porth AJ (1983) Erfahrungen mit Plausibliltätskontrollen. Mitt Dt Ges Klin Chem 14: 119

Portnoy AL, Harrigan T, Likeas P (1981) Evaluation of effect of hemoglobin on the determination of bilirubin. Clin Chem 27: 1037

Potel J, Arndt K (1982) Zur Frage der in vitro-Testung von Hefen gegen antimykotische Substanzen. Arzneimittelforschung, im Druck Poulain D, Vernes A, Biguet J (1980) Variation of the antigenic structure of Candida albicans blastospores cell wall. Med Mycol Zbl Bakt (Suppl)8: 147

Poulain D, Vernes A, Biguet J (1980) Variation of the antigenic structure of candida albicans blastospores cell wall. Medical Mycology. Zbl Bakt (Suppl)8: 147

Powell DEB, Thomas JH, Mandal AR, Dignam CT (1969) Effect of drugs on vitamin B12 levels obtained using the lactobacillus leichmannii method. J Clin Pathol 22: 672

Pradhan S, Ennis B, Ince G, Lin FC, Narayanan S, Stiller RL, Perel JM (1982) Effects of methodology and blood collection system for the determination of blood alcohol. Clin Chem 28: 1587

Pragay DA, Brinkley Sh, Reject Th, Gotthelf J (1979) Vacutainer contaminations revisited. Clin Chem 25: 2058 L

Pragay DA, Edwards L, Toppin RR, et al. (1974) Evaluation of an improved pneumatic tube system suitable for transportation of blood specimens. Clin Chem 20: 57

Pragay DA, Howard SF, Chilcote ME (1971) Inorganic ion contaminations in vacutainer tubes and micropipets used for blood collection. Clin Chem 17: 350

Prellwitz W, Kapp S, Müller D (1976) Vergleich von Methoden zur Aktivitätsbestimmung der Serumcholinesterasen und deren diagnostische Wertigkeit. J Clin Chem Clin Biochem 14: 93

Pribilla W, Natt F (1981) Knochenmark-Ringversuch. Lab Med 5: 76

Price D (1983) Quality control charting in a large automated laboratory. Am J Med Technol 49: 229

Price GD (1981) Quality personnel. Am J Med Technol 47: 973

Prier JE, Bartola J, Friedman H (1975) Quality control in microbiology. University Park Press, Baltimore London Tokyo
Priest JB, Oei TO, Moorehead WR (1982) Exercise-induced changes in common laboratory tests. Am J Clin Pathol 77: 285
Prothrombin time standardization: report of the expert panel on oral anticoagulant control (1977) Thromb Haemostasis 42: 1073
Purell GV, Behena DB, Walch PR (1979) Evaluation of the BMC glucose oxidase/peroxidase-4-aminophenanzon-phenol procedure for glucose as adapted to the Technicon SMAC. Clin Chem 25: 1844
Queisser W (1978) Das Knochenmark. Thieme, Stuttgart
Race RR, Sanger R (1950) Blood groups in man. Blackwell Scientific Publications, Oxford, 1st ed
Racich L, Dooley JF (1983) The stability of serum sorbitol dehydrogenase (SDH). Clin Chem 29: 1282 (Abstr)
Radack KL, Rouan G, Hedges J (1986) The likelihood ratio. An improved measure for reporting and evaluating diagnostic test results. Arch Pathol Lab Med 110: 689
Rajamäki A (1980) External quality control in haematological morphology: a method to assess the performance of an individual laboratory and changes in it. Scand J clin Lab Invest 40: 79
Rand RN, Di Pasqua A (1962) A new diazo-method for the determination of bilirubin. Clin Chem 8: 570
Raniolo E, Phillipou G, Paltridge G, Sage RE (1984) Evaluation of a commercial radioassay for the simultaneous estimation of vitamin B12 and folate, with subsequent derivation of the normal reference range. J Clin Pathol 37: 1327
Rappoport AE (1972) Computering without tears (A guide to chossing your computer). In: Rappoport AE (ed) Quality Control in Clinical Chemistry. Hans Huber, Bern Stuttgart Vienna p 114
Rappoport AE (1979) The laboratory's orbit in a hospital information solar system (HIS). In: Biologie prospective. 4th Colloquium de Pont-a-Mousson. Masson, Paris
Rappoport AE (1981) Integrating a computerized clinical laboratory information system into a global hospital information system. Presented an the XI International Congress of Clinical Chemistry, Vienna, Austria, August 30
Rappoport AE, Gennaro WD, Berquist RE (1979) An automated and computerized clinical laboratory triage system (LTS) to achieve quality assurance and maximum reliability. In: Race EG (ed) Laboratory medicine. Harper and Row Publ Hagerstown
Rappoport AE, Gennaro WD, Berquist RE, Tom YD (1977) Computerization in the service of the clinical laboratory of the Youngstown hospital Assn. J Clin Computing 7: 75
Rappaport S (1947) Dimensional, osmotic, and chemical changes of erythrocytes in stored blood. 1. Blood preserved in sodium citrate, neutral, and acid-citrate-glucose (ACD) mixtures. J Clin Invest 26: 591
Rash JM, Jerkunika I, Sgoutas DS (1979) Mechanisms of interference of nonesterified fatty acids in radioimmunoassays of steroids. Clin Chim Acta 93: 283
Rash JM, Jerkunika I, Sgoutas DS (1980) Lipid interference in steroid radioimmunoassay. Clin Chem 26: 84
Ratge D, Wisser H (1983) Präanalytik und Analytik der Katecholamine. Ärztl Lab 29: 209
Rathert P (1983) Micur-BT zur Absicherung von Keimzahlbefunden und Überwachung der Patientenkompliance. Boehringer Mannheim, Workshop „Neue Möglichkeiten in der Urindiagnostik", Frankfurt
Raue F (1982) Interlaboratory comparison of radioimmunological calcitonin determination. J Clin Chem Clin Biochem 20: 157
Reckless JPD, Betteridge DJ, Wu P, et al (1977) Effect of storage on plasma lipoproteins. Lancet i: 350
Reed AH, Cannon DC, Winkelman JW, Bhasin YP, Henry RJ, Pileggi VJ (1972) Estimation of normal ranges from a controlled sample survey. I. Sex- and age-related influence on the SMA 12/60 screening group of tests. Clin Chem 18: 57
Rehpenning W, Harm K, Domesle A, Voigt KD (1979) Falsch positive Werte bei der Vielfachanalyse: die Abschätzung der Häufigkeit mit der Sylvesterschen Formel und ihre Reduktion durch eine multivariate Testgröße. J Clin Chem Clin Biochem 17: 565
Rehpenning W, Harm K, Ringe JD, Bützow GH, Voigt KD (1984) Quasiverteilungsfreie multiva-

riate Beurteilung klinisch-chemischer Kenngrößen mit Hilfe der X-Transformation von van der Waerden. J Clin Chem Clin Biochem 22: 319

Reid ME, Ellisor SS, Frank BA (1975) Another potential source of error in Rh-hr-typing. Transfusion 5: 485

Reinauer H (1981) Probleme der externen Qualitätskontrolle und Perspektiven. In: Merten UP (Hrsg) Qualitätssicherung in der Laboratoriumsmedizin. Tagungsvorlage INSTAND und der DGL Düsseldorf 1981 p 81

Reinauer H (1981) Qualitätssicherung in der klinischen Chemie. In: Merten UP (Hrsg) Qualitätssicherung in der Laboratoriumsmedizin. Tagungsvorlage zur Herbsttagung 1981 von INSTAND und der DGL, Düsseldorf p 165

Reinauer H (1985) Externe Qualitätskontrolle der Analysen von glykosylierten Hämoglobinen. Kongress Laboratoriumsmedizin, Hamburg

Reinhard S (1978) Statistische Methoden bei der Ersteichung - Konsequenzen für Hersteller von Meßgeräten. PTB Mitt 88: 19

Reinhard S (1980) Qualitätskontrolle im Rahmen der Eichpflichtausnahmeverordnung - Erfahrungen der Eichaufsichtsbehörden. PTB-Mitt 90: 278

Rej R, Vanderlinde RE (1981) Effects of temperature on the steady-state kinetics and measurement of aspartate amino-transferases. Clin Chem 27: 213

Remington JS (1969) The present status of IgM fluorescent antibody technique in the diagnosis of congenital toxoplasmosis. J Pediatr USA 75: 1116

Remington JS (1982a) A double-sandwich IgM-ELISA for diagnosis of acute acquired and congenital Toxoplasma infection. Lyon Médical 248: 31

Remington JS (1982b) Toxoplasmosis in homosexuals. Lyon Médical 248: 133

Renoe BW, McDonald JM, Ladenson JH (1979) Influence of posture on free calcium and related variables. Clin Chem 25: 1766

Resinger HE (1977) Budgeting: Cost control through planning. Am J Pathol 68: 443

Reynoso G, Mackenzie JR (1982) Are ligand assay methods specific for cobalamin? Am J Clin Pathol 78(Suppl): 621

Reynoso G, Tuggey R, Hansen H, Fontela PA, Konopka S, Miller JT (1981) Intrinsic factor, free of R proteins, can be prepared from mouse stomach and used in ligand assay specific for „true" cobalamin. Am J Clin Pathol 75: 786

Richens A (1980) Quality control in drug measurement. Ther Drug Monitor 2: 51

Richterich R, Colombo JP (1978) Klinische Chemie. Karger, Basel München Paris London New York Sidney 4. Aufl

Richterich R, Küffer H (1973) Die Bestimmung des Harnstoffs im Plasma und Serum (Urease/Berthelot-Methode) mit dem Greiner Electronic Selective Analyzer GSA II. Z Klin Chem Klin Biochem 11: 553

Richtlinien der Bundesärztekammer zur Durchführung von Maßnahmen der statistischen Qualitätskontrolle und von Ringversuchen im Bereich der Heilkunde (1971) Dtsch Ärztebl 68: 2228 Ausführungsbestimmungen und Erläuterungen zu den Richtlinien der Bundesärztekammer zur Durchführung der statistischen Qualitätskontrolle und von Ringversuchen im Bereich der Heilkunde (1974). Dtsch Ärztebl 74: 961

Richtlinien der Kassenärztlichen Vereinigung Nordrhein über die Auswahl, den Inhalt und die Durchführung der Qualitätssicherung von medizinischen Laboratoriumsuntersuchungen gemäß Beschluß des Vorstandes vom 19. Mai 1976 i. d. F. vom 14.9.1977

Rick W (1977) Klinische Chemie und Mikroskopie. Springer, Berlin Heidelberg New York 5. Aufl p 209, 216, 396

Ricour C, Gros J, Maziere B, Comar D (1976) Trace elements in children on total parenteral nutrition. Acta Chir Scand (Suppl) 466: 22

Riedel HH, Semm K (1980) Der Nachweis von Leukospermien mittels farbbeschichteter Objektträger (Testsimplets). Urologe B 20: 7

Rieger HJ (1974) Arztrecht in der Praxis - Mitteilung des Untersuchungsbefundes an den Patienten. Dtsch Med Wschr 99: 1381

Rieger HJ (1974) Arztrecht in der Praxis - Vornahme von Injektionen, Infusionen und Blutentnahmen durch Angehörige der medizinischen Assistenzberufe. Dtsch Med Wschr 99: 1380

Rieger HJ (1976) Arztrecht in der Praxis - Pflicht zur doppelten Aufbewahrung von Arztunterlagen? Dtsch Med Wschr 101: 558

Rifikind RA, Bank A, Marks PA, Nossel HL, Ellison RR, Lindenbaum J (1980) Fundamentals of hematology. Year Book Medical Publ Inc, Chicago London
Rippey JH (1983) Quality control in the diagnostic immunology laboratory. Pathologist 37: 252
Roberts FJ (1986) Quantitative urine culture in patients with urinary tract infection and bacteremia. Am J Clin Pathol 85: 616
Robertson EA, Zweig MH, Van Steirteghem AC (1983) Evaluating the clinical efficacy of laboratory tests. Am J Clin Pathol 79: 78
Röcker L, Schmidt HM, Junge B, Hoffmeister H (1975) Orthostasebedingte Fehler bei Laboratoriumsbefunden. Med Lab (Stuttg) 28: 267
Röcker L, Schmidt HM, Motz W (1977) Der Einfluß körperlicher Leistungen auf Laboratoriumsbefunde im Blut. Ärztl Lab 23: 351
Roesner P (1978) Harmonisierungsarbeit in der EWG. PTB-Mitt 88: 26
Rogers DJ (1986) Unity and diversity in medical laboratory science. Clin Chem 32: 1980
Rogers DW, Elliot LP (1979) How popular is the germ tube test to identify Candida spp? Lab Manag 17: 40
Röhle G, Breuer G (1982) Über die Notwendigkeit und die Problematik von Ringversuchen in der Endokrinologie. Acta Endocrinol (Kbh) 3: 33
Röhle G, Voigt U, Hesse A, Breuer H (1982) Ergebnisse aus Ringversuchen für Harnsteinanalysen. J Clin Chem Clin Biochem 20: 851
Röhle G, Voigt U, Kruse R, Torresani (1983) Results of quality control surveys of radioimmunological determinations of thyrotropin in newborns. J Clin Chem Clin Biochem 21: 813
Röhle G, Voigt U, Siekmann L, Breuer H (1983) Ringversuche für Steroidhormonbestimmungen: Richtigkeit und Präzision der Analyseergebnisse. J Clin Chem Clin Biochem 21: 157
Röhrborn C, Rugendorff EW, Schneider HJ (1984) Teststreifenverfahren im Praxislabor - ein kritischer Vergleich. GIT Lab Med 4: 266
Rollo JL, Davis JE, Ladenson JH, McDonald JM, Braus DE (1978) Effects of β-Mercaptoethanol and chelating agents on the stability and activation of creatine kinase in serum. Clin Chim Acta 87: 189
Rolls S, Baldwin I, Gardener L, Lester E (1986) A comparison of serum electrolyte concentrations in blood collected by evacuated tubes of syringes. Ann Clin Biochem 23: 492
Romano AT, Young GW jr (1977) Mild forearm exercise during venipuncture, and its effect on potassium determinations. Clin Chem 23: 303
Rommel K (1978) Der klinisch-chemische Befund. Med Welt 29: 1306
Rommel K (1978) Einflußgrößen auf klinisch-chemische Parameter. Med Welt 29: 1
Rommel K, Koch CD, Spilker D (1978) Einfluß der Materialgewinnung auf klinisch-chemische Parameter im Blut, Plasma und Serum bei Patienten mit stabilem und zentralisiertem Kreislauf. J Clin Chem Clin Biochem 16: 373
Rommel K, Steinhardt B, Überla K (1976) Modell-Vorsorgeuntersuchung in zwei Betrieben. II. Genauigkeit von Laborverfahren und Fragebogen. Klin Wschr 54: 1177
Ronald H, Menon M, Ladenson JH (1984) Collection and handling of 24-hour urine specimens for measurement of analytes related to renal calculi. Clin Chem 30: 467
Röschlau P, Bernt E, Gruber W (1974) Enzymatische Bestimmung des Gesamtcholesterins im Serum. Z Klin Chem Klin Biochem 12: 403
Rose NR, Friedman (1980) Manual of clinical immunology. American Society for Microbiology. Washington DC 2nd ed
Rosenthal Ph, Pincus M, Fink D (1984) Sex- and age-related differences in bilirubin concentrations in serum. Clin Chem 30: 1380
Rösler-Englhardt A (1981) Ärztliche und technische Leistungen im medizinischen Laboratorium. Kontrollsysteme des medizinischen Laboratoriums. Lab Med 5(A + B): 59
Ross JW (1986) Goals for allowables analytic error better based on medical usefulness criteria. Am J Clin Pathol 85: 391
Ross JW, Fraser MD (1979) Analytical clinical laboratory precision: state of the art for twenty-nine analytes. Am J Clin Pathol 72: 265
Ross JW, Fraser MD (1982) Clinical laboratory precision. The state of the art and medical usefulness based internal quality control. Am J Clin Pathol 78 (Suppl): 578
Ross JW, Fraser MD, Moore TD (1980) Analytic clinical laboratory precision. State of the art for thirty-one analytes. Am J Clin Pathol 74 (Suppl): 521

Rosselin G, Assan R, Yalow RS, Berenson SA (1966) Separation of antibody bound and unbound peptide hormones labelled with iodine-131 by talcum powder and precipitated silica. Nature 212: 355

Rossing RG, Foster DM (1980) The stability of clinical chemistry specimens during refrigerated storage for 24 hours. Am J Clin Pathol 73: 91

Rosvoll RV, Mengason AP, Smith L, Patel HJ, Maynard J, Connor F (1979) Visual and automated differential leukocyte counts. Am J Clin Pathol 71: 695

Rotzler A (1974) Die Qualitätssicherung im Labor. Internist 15: 17

Rotzler A (1974) Vorschläge für eine praktikablere Qualtitätssicherung im Labor. Prakt Arzt 19: 2

Rotzler A, Ludewigs M (1976) Qualitätssicherung: Einflüsse auf die Präzision der Ergebnisse. diagnostik 9: 432

Rotzler A, Völker E, Ludewigs M (1980) Ärztliche und technische Leistungen im medizinischen Laboratorium. Einflüsse auf Laborwerte. Lab Med 4(A + B): 117

Roulston JE, Sanger B, Wathen CG (1983) The stability of angiotensin I formed at room temperature in the presence of ethylenediaminetetraacetate to subsequent incubation at 37 °C. J Clin Chem Clin Biochem 21: 703

Rousseaux J, Abdo Y, Coanon G, Vittu C, Dautrevaux M (1982) Studies of an abnormal serum albumin unstable upon storage. Clin Chim Acta 124: 293

Rubenstein KE, Schneider RS, Ullman EF (1972) „Homogeneous" enzyme immunoassay. A new immunochemical technique. Biochem Biophys Res Commun 47: 846

Rudin SA (1975) The art of finding the right graph paper to get a straight line. In: Ertel J (ed) J. I. R. (selected papers). Chicago p 229

Rugendorff EW, Schneider HJ, Röhrborn C (1984) Teststreifenverfahren im Praxislabor - ein kritischer Vergleich. Lab Med 4: 267

Ruitenberg EJ, Ljungström J, Steerenberg PA, Buys J (1975) Application of immunofluorescence and immunoenzyme methods in the serodiagnosis of Trichinella spiralis infection. Ann NY Acad Sci 254: 296

Ruitenberg EJ, van Kampen F, Vermeulen CJ (1978) Enzyme-linked immunosorbent assay (ELISA) in Trichinella spiralis infections in pigs. In: Kim CW, Pawlowski ZS (eds) Trichinellosis: Proceedings of the Fourth International Conference on Trichinellosis. University Press New England, Hanover p 487

Rümke CL (1960) Variability of results in differential counts on blood smears. Triangle 4: 154

Rümke CL, Bezemer PD, Kuik DJ (1975) Normal values and least significant leukocyte counts. J Chron Dis 28: 661

Ruokonen A, Koskinen M, Leinonen M, Tiilikainen A, Vihko R (1981) Comparision of some screening tests in the diagnosis of urinary infection. J Clin Chem Clin Biochem 19: 821

Rushovich AM, Golash RG, Randall EL (1984) Evaluation of the Para-Pak TM (C&S) stool transport system. Laboratory Medicine 15: 475

Russell CD (1975) Quality control charts in the clinical laboratory. Am J Clin Pathol 64:

Ryabukhin YS (1978) Activation analysis of hair as an indicator of contamination of man by environmental trace element pollutants. Report IAEA RL 50

Ryan WL, Curtis GL, Sornson H (1985) Aging changes in platelet controls. J Am Med Technol 42: 215

Saathoff M (1982) Trichomoniasis, Nachweismethoden und Fehlerquellen. Lab med 6 Suppl 1: 9

Saathoff M (1985) Verwendung von modifiziertem Asami-Medium als monoxenisches Kulturmedium für Entamoeba histolytica. Zbl Bakt Hyg A 259: 142

Saathoff M, Seitz HM (1985) Untersuchungen zum Toxoplasma-spezifischen IgM-Antikörper-Vergleich von ISAgA- (Immunosorbent Agglutination Assay) und Immunfluoreszenz-Ergebnissen. Z Geburtsh Perinat 189: 73

Sabin S, Taylor JR, Kaplan AI (1976) Clinical experience using a small-gauge needle for arterial puncture. Chest 69: 437

Sachs L (1978) Angewandte Statistik. 5. Aufl, Springer, Berlin Heidelberg New York

Sachs R (1984a) Improvements in the miniature anion exchange centrifugation technique for detecting trypanosomes in domestic pigs. Trans Roy Soc Trop Med Hyg 78: 561

Sachs R (1984b) The superiority of the miniature anion exchange centrifugation technique for detecting low grade trypanosome parasitaemias. Trans Roy Soc Trop Med Hyg 78: 694

Sachs V, Martin W, Dörner R (1984) Zur Frage, mit welcher Wahrscheinlichkeit zwei Blutproben mit identischen Gruppenmustern von derselben Person oder von verschiedenen Personen stammen. Ärztl Lab 30: 80

Sacker LS (1975) Specimen collection in quality control in haematology. In: Lewis SH, Coster JF (eds) Quality control in haematology. Academic Press, London New York San Francisco p 211

Sackner MA, Avery WG, Sokolowski J (1971) Arterial punctures by nurses. Chest 59: 97

Saeuberlich HE, Skala JH, Dowdy RP (1974) Laboratory tests for the assessment of nutritional status. CRP Press Inc., Cleveland Ohio p 265

Sailer S (1976) Trigyzeride. In: Schettler G (Hrsg), Greten H, Schlierf G, Seidel D Stoffwechsel-Krankheiten 4. Teil. In: Handbuch der Inneren Medizin. Springer, Berlin Heidelberg New York 5. Aufl Bd. VII. p 3

Samaja M, Melotti D, Rovida E, Rossi-Bernardi L (1983) Effect of temperature on the p50 value for human blood. Clin Chem 29: 110

Sampson EJ, Culbreth PH (1982) Contaminants in water used for „highperformance" liquid chromatography. Clin Chem 28: 1393

Sampson EJ, Whitner VS, Burtis CA, McKneally SS, Fast DM, Bayse DD (1980) An interlaboratory evaluation of the IFCC method for aspartat aminotransferase with use of purified enzyme materials. Clin Chem 26: 1156

Sander R (1983) Chloridbestimmung im Serum mit Hilfe einer Referenzmethode - ein Vergleich mit methodenabhängigen Sollwerten. Diss Med Hochschule Hannover

Sanford KJ, Sutherland JWH, Norton GE (1981) Thermal effects on enzymes of clinical interest. Ber ÖGKCh 3: 154

Sanhu RS, Fischman SJ (1981) Effect of temperature on glycosylated hemoglobin determination by two commercial kits. Clin Chem 27: 1051

Sansoni B, Iyengar GV (1980) Element analysis of biological materials. Internat Atomic Energy Agency Wien p 57

Sarewitz StJ (1984) Routine microscopic examination of the urine sediment revisited. Arch Pathol Lab Med 108: 855

Saris NE (1979) IFCC Section. Provisional recommendation (1978) on evaluation of diagnostic kits, part 1. J Clin Chem Clin Biochem 17: 657

Saris NE (1980) Approved recommendations (1978) on quality control in clinical chemistry. Part I. General principles and terminology. J Clin Chem Clin Biochem 18: 69

Sarkozi L, Ramanathan L, Narayanan S (1981) In vitro and methodological effects of sodium, ammonium and lithium heparinate on frequently assayed biochemical constituents. J Clin Chem Clin Biochem 19: 825

Sarre H (1967) (Hrsg) Nierenkrankheiten, Physiologie, Pathophysiologie, Untersuchungsmethoden, Klinik und Therapie. Thieme, Stuttgart

Sasaki M, Kitamura M (1985) An attempt for transporting of laboratory samples - the stablishment and further development of the belt line system. Jpn J Clin Lab Aut 10: 10

Sasaki T, Araake A (1981) Effect of light on creatine phosphokinase activities of serum. J Clin Chem Clin Biochem 19: 825

Sassier P, Couzineau P, Beasley Y (1986) Clinical significance of the RDW in hematology. Am J Clin Pathol 86: 527

Sator H (1986) Ein Diagnostikmodell zur Unterstützung der Interpretation klinisch-chemischer Befunde. Mitt Klin Chem p355

Sator H, Neumeier D, Knedel M (1981) Optimierung der Probenverteilung in einem zentralisierten klinisch-chemischen Institut. J Clin Chem Clin Biochem 19: 1107

Savage RA (1983) Goals and results of morphology evaluation using transparencies-surveys news. Pathologist 37: 773

Savage RA (1984) Why „normal" varies in the normal complete count. Pathologist 38: 424

Savage RA (1985) Calibration Bias ans imprecision for automated hematology analyzers. An evaluation of significance of short-term bias resulting from calibration of an analyzer with S Cal™. Am J Clin Path 84: 186

Savory J, Pu PH, Sunderman FWjr (1968) A biuret method for the determination of protein in normal urine. Clin Chem 14: 1160

Savory J, Sobel RE (1972) Physiological variations in serum triglycerides. Am Clin Lab Sci 2: 126

Sazama K (1985) Stat testing and DRGs: a strategy for cost containment. Pathologist 39: 28

Sazama K, Robertson EA, Chesler RA (1979) Is antiglycolysis required for routine glucose analysis? Clin Chem 25: 1086

Scanu AM, Pollard H, Hirz R, Kothary K (1969) On the conformational instability of human serum low-density lipoprotein: effects of temperature. Proc Natl Acad Sci USA 62: 171

Scatchard G (1949) The attractions of proteins for small molecules and ions. Ann NY Acad Sci 51: 660

Schaal KP (1976) Entnahme und Transport von Untersuchungsmaterial zur mikrobiologischen, parasitologischen und serologischen Diagnostik von Infektionskrankheiten. Krankenhausarzt 49: 395; 446; 531; 599; 689; 781; 841

Schaefer PÜ (1986) Laborwachstum und Kostendämpfung, ein Widerspruch ? Lab Med 10: 221

Schaffer R, Cohen A, Hertz HS, Mandel S, Paule RC, Sniegoski LT, Sun T, Welch US, White E (1979) A candidate definitive method for total serum cholesterol based on ID/MS. Clin Chem 25: 1074

Schaffer R, Sniegoski LT, Welch US, White E, Cohen A, Hertz HS, Mandel S, Paule RC, Svensson L, Bjoerkem I, Blomstrand R (1982) Comparison of two ID/MS methods for determination of total cholesterol. Clin Chem 28: 5

Schaller G (1983) Zur Sensitivität der Teststreifendiagnostik von Leukozyturien. Ärztl Lab 29: 83

Schatz H, Teuber J, Grebe S, Federlin K (1980) Nachweis und klinische Bedeutung von Immunprozessen bei Schilddrüsenerkrankungen. Lab Med 4: 47

Scheer WD, Catrou PG, Lipscomb GE, Boudreau DA (1986) A comprehensive evaluation of the performance of duplicate prothrombin time and activated partial thromboplastin time assays. Am J Clin Pathol 85: 456

Schettler T, Casaretto M, Zahn H (1982) Reversed phase high performance liquid chromatography of parathyroid hormone. Acta Endocrinol (Kbh) 99(Suppl 246): 140

Schifman RB (1985) Quality assurance goals in microbiology: current trends and future directions. Pathologist 39: 10

Schifreen RS, Hickingbotham JM, Bowers GN (1980) Accuracy, precision and stability in measurement of hemoglobin A1c by „high performance" cation-exchange chromatography. Clin Chem 26: 466

Schilling V (1933) Das Blutbild und seine klinische Verwertung. 9. und 10. Aufl. G. Fischer, Jena

Schläpfer P, Hänni F (1981) Ein einfaches Modell zur Haltbarkeitsberechnung. J Clin Chem Clin Biochem 19: 351

Schlebusch H, Rick W, Lang H, Knedel M (1974) Normbereiche der Aktivitäten klinisch wichtiger Enzyme. Dtsch Med Wschr 99: 765

Schlebusch H, Sorger M, Munz E, Kessler ACh, Zwerz W (1980) Glukosebestimmung in hämolytischen Blutproben. J Clin Biochem 18: 885

Schleyer F (1963) Vergleichende Versuche zur AB0-Gruppenzuordnung hämolytischer Blutproben mit Hilfe des Lattes- und des Absättigungsversuches und von Absorptions-Elutionsverfahren. Zschr ges Hygiene 149: 281

Schlicht G (1986) Beispiele zur Kosten-/Nutzen-Relation bei Laboratoriumsuntersuchungen. Lab Med 10: 218

Schlimbach HP, Boroviczeny KG von (1971) Hämatokritbestimmung. Ärztl Lab 17: 78

Schlosser G (1978) Die Celluloseacetatfolien-Elektrophorese zur Serumeiweiß-Fraktionierung. Normalwerte im Kindesalter. Med Dissertation, Universität Frankfurt

Schmid W, Dietl F, Sansoni B (1975) Untersuchung der Luft auf Schwebstoffe, Blei, Cadmium, Zink und andere Metallspuren. I. Ges. Strahlen- u. Umweltforschung mbH München, Bericht 371: 16

Schmidt E, Schmidt FW (1963) Untersuchungen über die Alterung von Enzymen in vitro. Enzymol Biol Clin 3: 80

Schmidt E, Schmidt FW (1977) Enzym-Diagnostik von Leber-Erkrankungen in der Praxis. diagnostik 10: 348

Schmidt E, Schmidt FW (1978) Normwerte und Befundmuster bei Lebererkrankungen. Therapiewoche 28: 1788

Schmidt E, Schmidt FW (1981) Kleine Enzym-Fibel. Schriftenreihe Diagnostika Boehringer Mannheim, 3. Aufl

Schmidt EW, Bender W (1979) Kreatinkinase und Kreatinkinase-Isoenzyme MB: Erfahrungen mit

der neuen optimierten Methode mit N-Acetylcystein als Aktivator bei Gesunden und bei akutem Myokardinfarkt. J Clin Chem Clin Biochem 17: 9
Schmidt G, Vormbrock R (1984) Determination of glycosylated haemoglobin by affinity chromatography. Fresenius Z Anal Chem 317: 703
Schmidt N (1983) Serumeiweiß-Elektrophorese an Celluloseacetatfolie mit und ohne Transparenzbad. Med Dissertation, Universität Bonn
Schmidt PJ, Kevy SV (1963) Sources of error in a hospital blood bank. Transfusion 3: 198
Schmidt RM (1978) Hematology procedures manual. HEW Publ No (CDC) 78-8337, USA
Schmidt RM, Brosious EM, Wright JM (1977) Preparation and use of a quality control hemolysate for microchromatographic determinations of hemoglobin A_2. Am J Clin Pathol 67: 215
Schmitz G, Assmann G, Melnik B (1982) The role of lecithincholesterol acyltransferase in high-density lipoprotein-3/highdensity lipoprotein-2 interconversion in man. Clin Chim Acta 119: 225
Schmolke B (1980) Was leistet die Lasernephelometrie heute? Medica 1: 826
Schmolke B (1985) Quantitative Plasmaprotein-Bestimmungen: Ergebnisse der Ringversuche 1984. Lab Med 9: 74
Schmolke B, Vorlaender KO (1985) Quantitative Plasmaprotein-Bestimmungen: Ergebnisse der Ringversuche 1984. Lab Med 9: 74
Schneeweis KE, Wolff MH, Marklein G (1972) Sindbis-Virus zur Kontrolle der vollständigen Beseitigung unspezifischer Inhibitoren beim Röteln-Hämagglutinationshemmtest. Z Immunforsch 144: 75
Schneider W (1983) Einfluß der präanalytischen Phase auf hämatologische Untersuchungsergebnisse (Patientenvorbereitung, Probennahme, Probentransport, Probenverwahrung). Lab Med 7(A + B): 136
Schoen I (1984) The role of „rounding" in clinical pathology. Pathologist 38
Schoen I, Fisher C, Winter S, Barnett R (1974) Patient preparation and specimen collection and handling including storage stability. Medical Usefulness Subcommettee of CAP Standards Committee
Scholda G, Gergely Th, Wider G, Unger W, Aberham R, Bayer PM (1979) Zur Bestimmung von Elektrolyten in lipämischen Serumproben. Med Lab (Stuttg) 32: 281
Scholer HJ, Polak A (1973) Fungistatic and fungicidal properties of 5-fluorcytosine: methods for routine sensitivity tests. Vortrag im „Symp Int Mykol Med", Bukarest
Schramel P, Lill G, Hasse S (1985) Mineral- und Spurenelemente im menschlichen Urin. J Clin Chem Clin Biochem 23: 293
Schreiner RL, Glick MR (1981) State of the art accuracy determination for total and conjugated bilirubin analyses, using stabilized liquid sera. Clin Chem 27: 1067
Schriewer H, Assmann G, Hüttenbrink G, Schulte H (1985) Pseudocholinesterase im Blutserum als Indikator des koronaren Risikos. Lab med 9: 200
Schriewer H, Emke F, Funke H, Schulte F, Assmann G (1986) HDL apolipoprotein A-I and HDL apolipoptorein A-II concentrations in male company employees in Westphalia aged 40 years and older. J Clin Chem Clin Biochem 24: 627
Schroeder H, Balassa JJ, Tipton IH (1962) Abnormal trace elements in man - chromium. J chron Dis 15: 941
Schüler U (1981) Bedeutung des Nachweises antibakterieller Stoffe im Urin. Urologe B 21: 33
Schultz W (1983) Spurenelemente in der Nephrologie. Dustri-Verlag
Schulz DW, Passonneau JV, Lowry OH (1967) An enzymic method for the measurement of inorganic phosphate. Analyt Biochem 19: 300
Schulz P, Gathof G, Hang H (1974) Normalwerte der Immunglobulinfraktionen IgA, IgG und IgM sowie von anderen Serumeiweissfraktionen bei Kindern. Ärztl Lab 20: 151
Schulze WS (1982) Kostendämpfung im Krankenhaus. Teil I: Grundlagen, Möglichkeiten und Folgerungen. GIT Lab Med 5: 28
Schumann V (1976) Statistisches Modell zur Erstellung von Sollwerten und Sollbereichen in Kontrollproben. Med Lab (Stuttg) 29: 271
Schütz R (1979) Urineiweißbestimmungen - kritische Vergleiche zwischen der Esbach-, Biuret- und turbidimetrischen Methode. Med Dissertation, Universität Bonn
Schütze RH (1984) Bestimmung der Spurenmetalle Chrom, Cadmium und Zink im Serum von Diabetikern und Normalpersonen. Dissertation Universität Düsseldorf p 53

Schwartz GJ, Haycock GB, Chir B, Spitzer A (1976) Plasma creatinine and urea concentration in children: normal values for age and sex. J Pediatr 88: 828
Schwartz MK (1980) What are the sources of pre-analytical error? In: Rand RN, Eilers RJ, Lawson NS, Broughton A (eds) Quality assurance in health care. Am Assoc Clin Chem, Inc. Washington DC
Schwarz S (1982) Strategy and organization of intralaboratory radioimmunoassay. Quality control. International Atomic Energy Agency p 447
Schweiger H, Rohr HL, Brand K (1982) Radioimmunologische Bestimmung der sauren Prostataphosphatase - Spezifität und Haltbarkeit. Lab Med 6: 163
Scoran MD (1983) Effect of in vitro hemolysis on the ratio of lactate dehydrogenase isoenzyme 1 to lactate dehydrogenase isoenzyme 2. Laboratory Medicine 14: 571
Scott PV, Horton JN, Mapleson WW (1971) Leakage of oxygen from blood and water samples stored in plastic and gas syringes. Brit Med J 3: 512
Scully RE, McNeely BU, Mark EF (eds) (1986) Normal reference laboratory values. New Engl J Med, Waltham MA, USA
Seckinger DL, Vazquez DA, Rosenthal PhK, Heller ZH (1981) Evaluation of a new serum separator. Clin Chem 28: 157
Seelig HP (1979) Immunfluoreszenz-Nachweis von Antikörpern gegen Zellkernantigene, DNS, Mitochondrien, Glatte Muskulatur, Thyreoglobulin, Mikrosomen, Treponema pallidum, Toxoplasma gondii. Begleittext für die Teilnahme an einer Seminarfolge über Immunfluoreszenz, veranstaltet von der Firma Travenol, München
Seelig HP (1983) Immunhistologische Methoden. In: Vorlaender KO (Hrsg) Immunologie. Thieme, Stuttgart New York p 242
Seelig HP, Seelig R (1977) Immunfluoreszenzmikroskopie: Nachweis von Antikörpern gegen Gewebe, Zellen und Infektionserreger. Kirchheim & Co, Mainz
Seelig HP, Seelig R (1983 a) Autoantikörper. In: Thomas L (Hrsg) Labor/Diagnose. Medizinische Verlagsgesellschaft, Marburg (1983 b) Antikörper gegen Zellkernantigene (ANF, ANA)
Seelig HP, Seelig R, Drescher M (1975) Der Einfluss der Autolyse auf die immunhistologische Darstellbarkeit gewebegebundener Immunglobuline der Niere. Virch Arch Path Histol 365: 151
Seeliger HPR (1958) Mykologische Serodiagnostik. Barth, Leipzig
Seeliger HPR (1978) Taschenbuch der medizinischen Bakteriologie. Urban & Schwarzenberg p 265
Seeliger HPR, Heymer TH (1981) Diagnostik pathogener Pilze des Menschen und seiner Umwelt. Thieme, Stuttgart New York
Seeliger HPR, Sühler H (1974) Serologie der Aspergillose. Zbl Bakt Hyg, I. Abt Orig A 229: 524
Seeling W, Altemeyer KH, Bowdler J, Breucking E, Feist H, Schmidt E (1981) Trace elements in parenteral nutrition. In: Howard AN, McLean Baird (eds) Recent advances in clinical nutrition. Bd 1 Libbey, London p 89
Seeling W, Grünert A, Kienle KH, Swobodnik M (1979) Bestimmung von Chrom in menschlichem Serum und Plasma mit der flammenlosen Atomabsorptionsspektrometrie. Z Anal chem 299: 368
Seidel D, Cremer P, Elster H, Weise M, Wieland G (1984) Influence of smoking on the plasma lipoprotein profile. Klin Wschr (Suppl II),18
Seiffert UB, Janson D (1981) Zur optischen Qualität von Photometerküvetten aus Plastik. J Clin Chem Clin Biochem 19: 41
Seiler D, Fiehn W (1980) Die Beeinflussung klinisch-chemischer Kenngrößen durch Patientenvorbereitung und Probenentnahme. Ärztl Lab 26: 296
Seiler D, Jeppson JO, Nagel D, Kristensen HH, Jacobsen HJ, Daae L, Tritschler W, Willamowski KD (1981) Klinische Wertigkeit der Ascorbinsäurestörung bei der Bestimmung von Glukose und Erythrozyten mit Harnteststreifen. Med Lab (Stuttg) 34: 327
Seiler D, Nagel D, Tritschler W, Looser S (1983) Saure Phophatase im Serum (Substrat: 1-Naphtylphosphat): Referenzwert und diagnostische Aussage. J Clin Chem Clin Biochem 21: 519
Seitz HM (1982) Diagnostik und Therapie der Wurmerkrankungen. Intern Welt 5: 344
Seligson D (1969) Observations regarding laboratory instrumentation and screening analysis. In: Benson ES, Strandjord PE (eds) Multiple Laboratory Screening, pp 87-114, New York, Academic Press
Selle J (1984) Geräteerprobung und Gerätebeschaffung unter Beachtung der Wirtschaftlichkeit. mta praxis 30: 75

Shah VP, Knapp G, Skelly JP, Cabana BE (1982) Drug assay interference caused by plasticizer in vacutainer. Am K Hosp Pharm 39: 1454

Shah VP, Knapp G, Skelly JP, Cabana BE (1982) Interference with measurements of certain drugs in plasma by a plasticizer in vacutainer tubes. Clin Chem 28: 2327

Shane B, Tamura T, Stockstadt ELR (1980) Folat assay: a comparison of radioassay and microbiological methods. Clin Chim Acta 100: 13

Shang-Qiang J, Evenson MA (1983) Effects of contaminans in blood collection devices on measurements of therapeutic drugs. Clin Chem 29: 456

Shank L, Jaberg C, Chames V, Potter JL (1984) Age-related reference ranges for the co-optimized alkaline phosphatase method as used in the aca III. Clin Chem 30: 3

Sharma A, Artiss JD, Strandbergh DR, Zak B (1986) Enzymic clearing of lipaemic serum following total parenteral nutrition: determination of neonatal bilirubin as a model. J Clin Chem Clin Biochem 24: 571

Sharp P (1972) Interference in glucose oxidase-peroxidase blood glucose methods. Clin Chim Acta 40: 115

Shaw LM, Stromme JH, London JL, Theodorsen L (1983) IFCC method for γ-Glutamyltransferase. J Clin Chem Clin Biochem 21: 633

Shaw STjr (1983) Selection of reference laboratory services. Clin Lab Med 3: 509

Sheiko MC, Burkhardt RT, Batsakis JG (1979) Glucose measurements - 1977 CAP survey analysis. Am J Clin Pathol 72: 337

Shephard MDS, Penberthy LA, Fraser CG (1981) Short- and long-term biological variation in analytes in urine of apparently healthy individuals. Clin Chem 27: 569

Sherlock S (1975) Diseases of the liver and biliary system. Blackwell, Oxford 5. Aufl

Sherman LA, Dorner IM (1974) A new method for thawing fresh frozen plasma. Transfusion 14: 595

Shewhart WA (1931) Economic control of quality of the manufactured product. Van Nostrand, New York

Shields CE (1968) Comparison studies of whole blood stored in ACD and CPD and with adenine. Transfusion 8: 1

Shukla R, Nario A, Bauer B et al (1981) Elimination of interference due to hemolyzed, icteric and lipemic sera in glucose, phosphorus, and urea nitrogen determinations. Clin Chem 27: 1099

Shyr C, Young CC (1980) Effect of sample protein concentration on results of analyses for sodium and potassium in serum. Clin Chem 26: 1517

Sidebottom RA, Williams PR, Kanarek KS (1982) Glucose determinations in plasma and serum: potential error related to increased hematocrit. Clin Chem 28: 190

Sieber A, Schwick HG (1978) Stand der Bemühungen um die Entwicklung von internationalen Proteinstandards. Mitt Dtsch Ges Klin Chem 9: 17

Sieck R (1982) Gegenwärtiger Stand der Harnanalytik. 11. Internationaler und 4. Europäischer Kongress für Klinische Chemie (Firmenschrift) Dr. Madaus Co, Köln

Siedel J, Hägele EO, Ziegenhorn J, Wahlefeld AW (1981) Reagent for the enzymatic determination of serum total cholesterol with improved lipolytic efficiency. J Clin Chem 29: 1075

Siegenthaler W, Beckerhoff R, Würsten D, Zimmermann K (1973) Medikamentöse Nebenwirkungen durch Interferenz mit geregelten biologischen Systemen. In: Lang H, Rick W, Róka L (eds) Optimierung der Diagnostik. Springer, Berlin Heidelberg New York p 121

Siekmann L (1978) Isotope dilution mass spectrometry, a definitive method in clinical chemistry. In: Quantitative mass spectrometry in life sciences. Elsevier North Holland, Amsterdam, Vol. II p 3

Siest G, Appel W, Blijenberg GB, Capolaghi B, Galteau MM, Heusghem C, Hjelm M, Lauer KL, Le Perron B, Loppinet V, Love C, Royer RJ, Tognoni C, Wilding P (1978) Drug interference in clinical chemistry. Studies on ascorbic acid. J Clin Chem Clin Biochem 16: 103

Siest G, Dawkins (1984) Drug effects in clinical chemistry. Expert panel on drug effects in clinical chemistry. IFCC Doc stage 2, draft 3 with a proposal for an IFCC recommendation. Part 1: The basic concept. J Clin Chem Clin Biochem 22: 271

Siest G, Dawkins SJ, Galteau MM (1983) Drug effects on clinical laboratory tests. J Pharm Biomedical Analysis 1: 247

Siest G, Houot O, Henry J (1975) Materials and methods for health testing. In: Anido G, van Kampen EJ, Rosalki SB, Rubin M: Quality control in clinical chemistry. de Gruyter, Berlin p 473

Siest G, Young DS (eds) (1980) Drug measurement and drug effects in laboratory health science. Karger Basel
Sietzen W (1983) Standardisierung mikrobiologischer Nährböden. Vortrag im Haus der Technik - Außeninstitut der Rhein.-Westf. Technischen Hochschule Aachen in Essen am 9.3.83
Siggaard-Andersen O (1968) Acid-base and blood gas parameters - arterial or capillary blood. Scand J Clin Lab Invest 21: 289
Siggard-Andersen O, Thode J, Fogh-Andersen N (1983 a) Nomograms for calculating the concentration of ionized calcium, total protein and/or albumin and pH. J Scand Lab Invest 43 (Suppl 165): 57
Siggaard-Andersen O, Thode J, Fogh-Andersen N (1983 b) What is „ionized calcium" ? Scand J Clin Lab Invest 43(Suppl 165): 11
Silver RT (1970) Morphology of the blood and marrow in clinical practice. Grune & Stratton Inc., New York London
Simmons A (1982) Blood storage. Am J Clin Pathol 77: 117 (L)
Simon M, Hoover JD (1982) Effect of sample instability on glycohemoglobin (HbA1) measured by cation-exchange chromatography. Clin Chem 28: 195
Sinclair AJ, Slattery W (1978) Blood collecting tube as a contamination source in vitamin E fluorometry. Clin Chem 24: 2073
Sinclair FM, McDonald DJ (1983) Correlation between glycosylated hemoglobin in specimens containing potassium EDTA and fluoride/oxalate. Clin Chem 29: 1319
Singer JM, Edberg StC, Selinger M, Amram M (1979) Quality control of the latec-fixation test. Am J Clin Pathol 72: 591
Singh HP, Hebert MA, Gault MH (1972) Effect of some drugs on clinical laboratory values as determined by the Technicon SMA 12/60. Clin Chem 18: 137
Sippach E (1983) Qualitätskontrolle in der Hämatologie heute. Laboratoriumsblätter 2: 63
Sitzmann FC (1978) Normalwerte. Hans Marseille, München p 60
Sitzmann FC (1978) Unspezifische Enzymreaktionen. Med Klin 73: 37
Sizaret P (1979) Equivalence between international units and mass units of alpha-fetoprotein. Clin Chim Acta 96: 59
Sjöln S (1954) The resistance of red cells in vitro. Acta Paediatr Scand 43(Suppl 98):1
Skendzel LP (1981) Current status of rubella testing - a report based on data from the CAP surveys 1978-1980. Am J Clin Pathol 76: 547
Skendzel LP, Copeland BE (1975) An international laboratory survey. Am J Clin Pathol 63 (Suppl): 1007
Skendzel LP, Wilcox KR, Edson DC (1983) Evaluation of assays for the detection of antibodies to rubella. A report based on data from the CAP surveys of 1982. Am J Clin Pathol 80 (Suppl): 494
Skrede S, Ro JS, Mjolnerod O (1973) Effects of dextrans on the plasma protein changes during the postoperative period. Clin Chim Acta 48: 143
Slavin W, Manning DC, Carnrick GR (1981) The stabilized temperature platform furnace. Acta Spectr 2: 137
Slockbower JM (1979) Venipuncture procedures. Laboratory Medicine 10: 747
Slockbower JM (1982) Blood collection problems: factors in specimen collection that contribute to laboratory error. Therapeutic drug monitoring continuing education and quality program. American Association for Clinical Chemistry. Washington DC
Slockbower JM, Blumenfeld T (eds) (1983) Collection and handling of laboratory specimens. A practical guide. Lipincott JB
Slot C (1965) Plasma creatinine determination. A new and specific Jaffe reaction method. Scand J Clin Lab Invest 17: 381
Smeek R, van der Lelij G, Aarden L (1982) Avidity of antibodies to ds-DNA: comparison of IFT and crithidia luciliae, FARR-assay and PEG-assay. J Immunol 128: 73
Smith AF, Fogg BA (1972) Possible mechanisms for the increase in alkaline phosphatase activity of lyophilized control material. Clin Chem 18: 1518
Smith D, Young WW (1977) Effect of large-dose ascorbic acid on the two-drop Clini-Test determinations. Am J Hosp Pharm 34: 1347
Smith J, Svenjak D, Tarrell J, Vlastelica D (1982) An innovative technology for „random-access" sampling. Clin Chem 28: 1867

Smith JW (1981) Use of microbiology survey programs for quality control. In: Sommers HM (ed) Clinical relevance in microbiology. College of American Pathologists, Skokie, Ill, p 19
Smith RG, Craig P, Bird EJ, Boyle AJ, Iseri LT, Jacobsen SD, Myers GB (1950) Spectrochemical values for sodium, potassium, iron, magnesium, and calcium in normal human plasma. Am J Clin Pathol 20: 263
Smith RT (1980) Effect of in vitro hemolysis on assay of plasma catecholamines and DOPA. Clin Chem 26: 1354
Sojka BK (1980) Urotron: Ein halbautomatisches Reflexionsphotometer zur Auswertung von Harnteststreifen: Aufbau und Funktionsweise. Med Lab (Stuttg) 33: 93
Sokolowski G (1981) Qualitätssicherung im RIA-Labor. Teil 1. mta Journal 3: 457; Teil 2. mta Journal 4: 7
Sokolowski G, Wood WG (1981) Radioimmunoassay in Theorie und Praxis - ein Laborhandbuch für Anfänger und Fortgeschrittene. Schnetztor-Verlag, Konstanz
Soloni FG, Gunningham MT, Amazon K (1986) Plasma hemoglobin determination by recording derivative spectrophotometry. Am J Clin Pathol 85: 342
Soloway HB (1975) Quality control in the coagulation laboratory - value of lyophilized normal control plasmas. Am J Clin Pathol 64: 288
Soloway HB, Belliveau RR, Grayson JW et al (1972) The in-vitro effect of heparin on the activated partial thromboplastin time. Am J Clin Pathol 58: 405
Sommer R (1979) Externe Qualitätskontrolle - Effektivität von Ringversuchen. Lab Med 3: 172
Sommer R, Hohenwallner W (1976) Ein Beitrag zur Qualitätskontrolle von Gerinnungsuntersuchungen. Wiener Klin Wschr 88: 19
Sonntag O (1985) Arzneimittel-Interferenzen. Thieme, Stuttgart
Sonntag O (1986) Haemolysis as an interference factor in clinical chemistry. J Clin Chem Clin Biochem 24: 127
Sonntag O, Haeckel R (1980) Evaluation des Beckman-Creatinin-Analysators 2. GIT Lab Med 4: 380
Spaethe R, Lampart A, Tenger F, Vavra S (1982) Künstliche Kontrollmaterialien - Hämatologie. Medizintechnik 102: 5
Spaethe R, Strauß J (1986) Bestimmung des International (Sensitivity) Index (ISI) und Umrechnung von Thromboplastinzeiten in „International Normalized Ratios (INR)". Vergleichsuntersuchungen mit hochsensitiven Thromboplastinen. In: Wenzel et al
Spaethe R, Tenger F, Lampart A (1981) Artificial control materials haematology. In: Rosalki SB (ed) New approaches to laboratory medicine. GIT Verlag Giebeler, Darmstadt, p 19
Spanuth E, Breyer J, Bablok W (1984) Chargen- und gerätespezifische Kalibrierung der Thromboplastinzeitbestimmung: ein Beitrag zur Qualitätssicherung im Gerinnungslabor. Lab med 8: 147
Spanuth E, Breyer J, Bablok W (1986) Erfahrungen mit einem System zur chargen- und gerätespezifischen Kalibrierung der Thromboplastinzeit (TPZ). In: Wenzel et al
Speich M (1983) Choice of a satisfactory evacuated blood-collection tube for magnesium and zinc assays. Clin Chem 29: 1560
Speich M, Bousquet B, Nicolas G (1981) Reference values for ionized, complexed, and protein bound plasma magnesesium in men and women. Clin Chem 27: 264
Speicher CE (1983) Pathologists are consultants. Pathologist 37: 31
Speicher CE (1985) All laboratory tests are not created equal. Arch Pathol Lab Med 109: 709
Speicher CE, Smith JW (1983) Choosing effective laboratory tests. Philadelphia, WB Saunders Co,
Speicher CE, Stevenson TD (1986) Qualitative and semiquantitative tests: clinical microscopy, physicians office, bedside, and self-performed. In: Howanitz PJ, Howanitz HJ (eds) Laboratory Quality Assurance. New York, McGraw-Hill Book Co.
Speiser F, Gottstein B (1984) Studies on standardization of the ELISA for the serodiagnosis of human toxocariasis. Zbl Bakt Hyg A 258: 421
Spencer WW, Nelson GH, Konicke KA (1976) Evaluation of a new system („Corvac") for separating serum from blood for routine laboratory procedures. Clin Chem 22: 1012
Spencer WW, Nelson GH, Konicke KA (1977) Use of „Corvac" system in serum iron determinations. Clin Chem 23: 305
Staab HJ, Glock S, Hornung A (1982) Ein neuer Festphasen-Enzym Immunoassay mit monoclonalem Antikörper zur CEA-Bestimmung bei Patienten mit verschiedenen Karzinomen. Tumor Diagnostik Therapie 3: 183

Staber G, Busch EW, Koller PU (1982) Systematische Prüfung von Pharmakaeinflüssen auf neu entwickelte Testkits. Med Lab (Stuttg) 35: 10

Staehler F, Munz E, Kattermann R (1975) Enzymatische Bestimmung von Gesamtcholesterin im Serum. Dtsch Med Wschr 100: 876

Stalla GK, Giesemann G, Müller OA, Wood WG (1981) The development of a direct homologous radioimmunoassay for serum cortisol. J Clin Chem Clin Biochem 19: 427

Stamatoyannopoulos G, Nienhuis AW (1983) Globin gene expression and hematopoietic differentiation. Liss, New York

Stamm D (1967) Tagesschwankungen der Normalbereiche diagnostisch wichtiger Blutbestandteile. Verh dtsch Ges inn Med 73: 982

Stamm D (1968) Control card techniques in quality control compared with statistical methods. Fresenius Z Anal Chem 243: 805

Stamm D (1971) Ringversuche in der klinischen Chemie. Schweiz Med Wschr 101: 429

Stamm D (1974) Calibration and quality control materials. Z Klin Chem Klin Biochem 12: 137

Stamm D (1974) Einführung der Qualitätskontrolle für die quantitativen klinisch-chemischen Untersuchungen in der Bundesrepublik Deutschland. Mitt Dtsch Ges Klin Chem 74: 25–65

Stamm D (1979) Recommendations for the description of a selected method in clinical chemistry. J Clin Chem Clin Biochem 17: 280

Stamm D (1979) Reference materials and reference methods in clinical chemistry. J Clin Chem Clin Biochem 17: 283

Stamm D (1980) Die Meßsicherheit bei quantitativen klinisch-chemischen Untersuchungen. PTB Mitt 90: 134

Stamm D (1981) Control of analytical variation in the productions of reference values. Clin Chem Clin Biochem 23: 109

Stamm D (1982) A new concept for quality control of clinical laboratory investigations in the light of clinical requirements and based on reference method values. J Clin Chem Clin Biochem 20: 817

Stamm D (1986) Möglichkeiten der Qualitätskontrolle quantitativer Analysen mit trägergebundenen Reagenzien. Mitt Klin Chem 7: 316

Stamm D, Büttner H (1969) Ringversuche zur Qualitätskontrolle. J Klin Chem Klin Biochem 7: 393

Starr H, Rhoades P, Lam-Po-Tang PRLC et al (1980) Prothrombin times: an evaluation of four thromboplastins and four machines. Pathol 32: 567

Statland BE, Winkel P (1977) Effects of preanalytical factors on the intraindividual variation of analytes in the blood of healthy subjects: consideration of preparation of the subject and time of venipuncture. CRC Crit Rev Clin Lab Sci 8: 105

Statland BE, Winkel P (1977) Physiologic variation of the concentration values of selected analytes in healthy young adults. In: CAP Aspen Conference 1976. Analytic goals in clinical chemistry. College of American Pathologists. Skokie, Illinois p 94

Statland BE, Winkel P (1984) Reference values: are they useful? Clin Lab Med 4: 61

Statland BE, Winkel P, Bokelund H (1973) Factors contributing to intra-individual variation of serum constituents: II. Effects of exercise and diet on variation of serum constituents in healthy subjects. Clin Chem 19: 1383

Statland BE, Winkel P, Bokelund H (1974) Factors contributing to intra-individual variation of serum constituents. IV. Effects of posture and prolonged tourniquet application on variation of serum constituents in healthy subjects. Clin Chem 20: 1513

Statland BE, Winkel P, Bokelund H (1974) Factors contributing to variation of serum constituents in healthy subjects. In: Burlina A (ed) Proceedings of the Sixth International Symposium on Clinical Enzymology p 181

Steele BW, Köhler DF, Azar MM, Blaszkowski PT, Kuba K, Dempsey ME (1976) Enzymatic determination of cholesterol in high density lipoprotein fractions prepared by a precipitation technique. Clin Chem 22: 98

Stein W, Mildner J, Maulbetsch R (1978) Mikrobestimmungen von Glukose mit Glukosedehydrogenase bei bestimmungsunabhängiger Probenvorbereitung im Routinelaboratorium. J Clin Chem Clin Biochem 16: 225

Steindel StJ (1980) Evaluation of a thrombin-containing blood collection tube. Clin Chem 26: 173

Steinmetz J, Panek E, Siest G, Gueguen R (1979) Factors affecting the concentration of triacylglycerols (triglycerides) in plasma: reference values for adults. Clin Chem 25: 924

Stenman UH, Puutula-Räsänen (1980) Comparison of serum vitamin B12 (cobalamin) determination by two isotope-dilution methods and by Euglena assay. In: McCornick DB, Wright LD (eds) Methods of enzymology. Academic Press, New York London Sydney San Francisco Vol. 67 p 24
Stern EL, Johnson JW, Vesley D, Halbert M, Williams LE, Blume Ph (1974) Aerosol production associated with clin lab procedures. Am J Clin Pathol 62: 591
Sternbach H (1983) Zentrifugieren: aber richtig! Laborpraxis p 64
Sternberger LA, Hardy PH, Cuculis JJ, Meyer HG (1970) The unlabeled antibody enzyme method of immunochemistry. J Histochem Cytochem 18: 315
Stewart GW, Ellory JC, Klein RA (1980) Increased human red cell cation passive permability below 12 °C. Nature 186: 403
Stilwell JA (1981) Costs of a clinical chemistry laboratory. J Clin Pathol 34: 589
Stobbe H (1968) Untersuchungen von Blut und Knochenmark. VEB-Verlag Volk und Gesundheit, Berlin
Stobbe H (1970) Hämatologischer Atlas. Akademie-Verlag, Berlin 3. Aufl
Stobbe H (1973) Der heutige Stellenwert des „Blutbildes“ in der Diagnostik. Zschr ärztl Fortb 67: 779
Stobbe H (1983) Hämatologie und Immunhämatologie. Springer, Berlin Heidelberg New York Tokyo
Stoeppler M, Nürnberg HW (1984) Analytik von Metallen und ihren Verbindungen. In: Merian E (Hrsg) Metalle in der Umwelt. Verlag Chemie, Weinheim p 51, 61, 67
Stoker DJ, Wynn V (1966) Effect of posture on the plasma cholesterol level. Brit Med J 1: 336
Stone WJ, McKinney TD, Warnock LG (1979) Spurious hyperbilirubinemia in uremic patients of propanolol therapie. Clin Chem 25: 1761
Stratton F, Rawlinson VI (1974) Preparation of test cells for the antiglobulin test. J Clin Pathol 27: 359
Stratton F, Rawlinson VI (1976) Observation on the antiglobulin test II. C4 components on erythrocytes. Vox Sang 31(Suppl): 44
Stratton F, Renton PH (1958) Practical blood grouping. Blackwell Scientific Publications, Oxford
Strauss D, Raderecht HJ (1969) Über biochemische Kriterien der Haltbarkeit von Testerythrozyten während der Lagerung bei 4 °C in einem phosphat- und nukleosidhaltigen Medium. Zschr inn Med 24: 897
Street DA, Taylor-Robinson D, Ackers JP, Hanna NF, McMillan A (1982) Evaluation of an enzyme-linked immunosorbent assay for the detection of antibody to Trichomonas vaginalis in sera and vaginal secretion. Brit J Vener Dis 58: 330
Stromme JH, Theodorsen L (1985) Heparin interference in the measurement of y-glutamyltransferase activity with the Scandinavien and IFCC recommended method. Scand J Clin Lab Invest 45: 437
Stumpf HH (1983) The pathologists as clinical consultant: mirage or reality? Pathologist 37: 29
Sturgeon RE, Chakrabarti CL (1977) Mechanism of atom loss in graphite Furnace AAS. Analyt Chem 49: 1100
Südhof H, Wotzel E (1960) Über die Haltbarkeit von zur Enzymaktivitätsbestimmung vorgesehener Serumproben. Klin Wschr 38: 1165
Summary of a NIH Consensus Statement (1981) Carcinoembryonic antigen: its role in the management of cancer. Brit Med J 282: 373
Sundermann FW (1970) Drug interference in clinical biochemistry. Crit Rev Clin Lab Sci 1: 427
Sundermann FW jr (1980) Analytical biochemistry of Nickel. Pure Appl Chem 52: 529
Sutor AH, Schorn P (1976) PTT-Bestimmung im Kindesalter, Normalwerte und Veränderungen unter verschiedenen Lagerungsbedingungen. Klin Päd 188: 499
Swain RR, Briggs SL (1977) Positive interference with the Jaffé reaction by cephalosporin antibodies. Clin Chem 23: 1340
Szász G, Börner U, Busch EW, Bablok W (1979) Enzymatische Kreatininbestimmung im Serum: Vergleich mit Jaffé-Methoden. J Clin Chem Clin Biochem 17: 683
Szász G et al (1974) Einfluß von Pharmaka auf eine einfache enzymatische Harnsäurebestimmung. Chem Rundschau 39: 21
Szász G, Huth K, Busch EW, Koller PU, Stähler F, Vollmar J (1974) In vivo drug interference with various glucose determinations compared with in vitro results. Z Klin Chem Klin Biochem 12: 256

Szymczak EG, Barr JT, Durbin WA, Goldmann DA (1979) Evaluation of blood culture procedures in a pediatric hospital. J Clin Microbiol 9: 88

Taaca EB (1975) Simulated patient „arm" help in venipuncture instruction. Laboratory Medicine 6: 40

Tarkkanen P, Komor S, Cornely C (1979) Bestimmung der Creatinkinase und deren Isoemzym-Aktivitäten im Serum und im Liquor mit Hilfe einer Biolumineszenz-Methode (Autorenreferat). J Clin Chem Clin Biochem 17: 193

Taswell HF, Smith AM, Sweatt MA, Pfaff KJ (1974) Quality control in the blood bank - an new approach. Am J Clin Pathol 62: 491

Taylor A (1986) Usefullness of measurements of trace elements in hair (review). Ann Clin Biochem 23: 364

Taylor A, Walker G (1982) Urine test strip: a new way to measure specific gravity. Lancet 2: 775

Taylor JK (1983) Reference Materials - What they are and how they should be used. J Test Eval 11: 385

Taylor RN (1974) Derivation of evaluation survey data from proficiency testing for infectious mononucleosis. Ph D Thesis. Univ Utah

Taylor RN, Fulford KM, Huong AY (1977) Results of a nationwide proficiency test for carcinoembryonic antigen. J Clin Microbiol 5: 433

Taylor RN, Huong AY, Fulford KM, Przybyszewski VA, Hearn Tl (1979) Quality control for immunologic tests. US Department of H. E. W., Public Health Service, Center for Disease Control, Atlanta, GA, USA

Technical Methods and Procedures (1974) Amer Association of Blood Banks, Washington D. C., 6th ed

Teng Leary E, Delaney CJ, Kenny MA (1977) Use of equilibrated blood for internal blood-gas quality control. Clin Chem 23: 493

Teras J (1966) Differences in the antigenic properties within strains of Trichomonas vaginalis. Wiadomosci Parazytologiczne T XII: 357

Teras J, Mertens T, Piekarski G (1985) Zur Verbreitung der Urogenitaltrichomoniasis bei HWG-Frauen. Immun Infekt 13: 44

Terasaki PI, McClelland JD (1964) Microdroplet assay of human serum cytotoxins. Nature 204: 998

Thalhammer O (1981) Toxoplasmose. Dtsch Med Wschr 106: 1051

The Lipid Research Clinics Program Epidemiology Committee (1979) Plasma lipid distributions in selected North American populations: the lipid research clinics program prevalence study. Circulation 60: 427

Thefeld W, Hoffmeister H, Busch EW, Koller PU, Vollmar J (1973) Normalwerte der Serumharnsäure in Abhängigkeit von Alter und Geschlecht mit einem neuen enzymatischen Harnsäurefarbtest. Dtsch Med Wschr 98: 380

Thiers RE, Wu GT, Reed AH, Oliver LK (1976) Sample stability: a suggested definition and method of determination. Clin Chem 22: 176

Thom R (1979) Rationalisierung hämatologischer Untersuchungen. In: Haeckel R (ed) Rationalisierung des medizinischen Laboratoriums. GIT Verlag Giebeler, Darmstadt

Thom R (1981) Calibration in haematology. In: Rosalki SB (ed) New approaches to laboratory medicine. GIT Giebeler, Darmstadt p 3

Thom R (1985) Einfluß von Reagenzien und Materialien auf hämatologische Meßergebnisse und Probleme der Standardisierung mit Kalibriermaterial. Lab Med 9: 98

Thomas L (1984) Labor und Diagnose. Med Verlagsgesellschaft, Marburg/Lahn 2. Aufl

Thomas L, Appel W (1984) Trockenchemie: Bestimmung von Blutbestandteilen. diagnostik 17: 22

Thomas L, Walb D (1980) Mikroskopische Harnuntersuchungen und Teststreifenverfahren zur Diagnostik von Nierenerkrankungen. diagnostik 13: 325

Thomas L, Winckelmann HC, Michaelis HC, Walb D (1981) Quantitative Proteinbestimmung im Harn mit dem Proteinbindungsfarbstoff Coomassie Brillant Blau G 250. J Clin Chem Clin Biochem 19: 203

Thompson C (1977) Blood drawing and your patients emotions. Med Lab Obs 9: 51

Thompson CB, Diaz DD, Quinn PG, Lapins M, Kurtz SR, Valeri CR (1983) The role of anticoagulation in the measurement of platelet volumes. Am J Clin Pathol 80: 327

Thompson H, Rechnitz GA (1974) Ion electrode based enzymatic analysis of creatinine. Analyt Chem 46: 246

Thompson JM, Eastern AC, Faragher EB (1983) The use of vacutainers for collection and storage of blood for coagulation testing. Clin Lab Haemat 5: 253

Thompson KS, O'Kell RT (1981) Comparison of fresh-frozen plasmas thawed in a microwave oven and in a 37 °C water bath. Am J Clin Pathol 75: 851

Thompson WHS (1969) An investigation of physical factors influencing the behaviour in vitro of serum creatine phosphokinase and other enzymes. Clin Chim Acta 23: 105

Thomsen A, Andersen LH (1976) Evaluation of the sampling technique and storage of blood using the B 109 Arterial Blood Sampler Syringe. Scand J Clin Lab Invest 36: 857

Thomson JM (1983) The effect of blood specimen collection on the prothrombin time test. In: Clinical Laboratory Forum, Plymouth p 87

Thomson JM (1984) Specimen collection for blood coagulation testing. In: Koepke JA (ed) Laboratory haematology. Churchill Livingstone, New York

Thomssen R, Legler K, Merten UP (1982) INSTAND-Ringversuch 1981, Anti-HBc/Anti-HBs, Auswertung und interne Mitteilung an die Ringversuchsteilnehmer.

Thomssen R, Merten UP (1979) INSTAND-Ringversuch 1979. Hepatitis B surface Antigen. Auswertung und interne Mitteilung an die Ringversuchsteilnehmer.

Thornsberry C (1983) NCCLS Standards for antimicrobial susceptibility tests. Laboratory Medicine 14: 549

Thun W v (1972) Qualitätskontrolle im klinisch-chemischen Laboratorium. GIT FachZ Lab 16: 423

Tietz NW (1976) Fundamentals of clinical chemistry. Saunders Co., Philadelphia 2nd ed

Tietz NW (1979) A model for a comprehensive measurement system in clinical chemistry. Clin Chem 25: 833

Tipton IH (1960) Metal binding in medicine. Seven Lippincott MJ (ed) Philadelphia p 72

Todd RL (1937) Studies on yeast-like organisms isolated from the mouth and throats of normal persons. Am J Hyg 25: 212

Toffaletti J, Blosser N, Kirvan K (1984) Effects of storage temperature and time before centrifugation on ionized calcium in blood collected in plain vacutainer tubes and silicone-separator (SST) tubes. Clin Chem 30: 553

Toffaletti J, Lee KM (1985) Preparation and use of serum-based material as control and calibrator in evaluating ion-selective electrodes for calcium. Clin Chem 31: 1349

Tölg G (1979) In: Gladtke E et al (Hrsg) Spurenelemente. Thieme, Stuttgart p 1

Tompkins RK, Kraft AR, Zillinger RM (1970) Use of urinary salt concentrations in surgical fluid therapy. Surg Gynec Obstet 131: 500

Toner PG, McLay ALC (1986) Lab managenmet memo: why the balance tips in favor of SNOMED. Pathologist 40: 9

Tonks DB (1972) Quality control in clinical laboratories. Warner-Chilcott Laboratories Co Ltd, Scarborough, Ont

Tonks DB (1982) Some faults with external and internal quality control programs. Clin Biochem 15: 67

Töpfer K (1972) Analyse der May-Gruenwald-Giemsa-Färbung als Beitrag zur Notwendigkeit des Arbeitens mit reinen, definierten Farbstoffen. 78. Tagung Dtsch Ges Inn Med, Wiesbaden, Nr. 317

Torring O, Sjöberg HE (1983) An ionized calcium regulated calcium clamp technique in man. Scand J Clin Lab Invest 43(Suppl 165): 101

Tougaard (1985) A simplified method for estimating mean values of multiple specimens. Scand J Clin Lab Invest 45: 477

Transwell HW, Smith AM, Sweat MA, Pfaff KJ (1974) Quality control in the blood bank - a new approach. Am J Clin Pathol 62: 491

Trendelenburg Ch (1984) Von der auftrags- zur patientenorientierten Arbeitsweise bei Einsatz eines EDV-Systems im Krankenhauslabor. Lab Med 8: 334

Trendelenburg Ch, Heidrich R, Luthe H, Hesseling B, Porth AJ, Weiß U (1985) Forderungen an ein Labor-EDV-System hinsichtlich Zeitverhalten, Meßwerterfassung, Behandlung von Notfalleinsendungen und Systempflege. Mitt Dtsch Ges Klin Chem 16/4: 172

Trietsch P, Schmidt EW (1980) Quantitativer Nachweis einer Proteinurie. diagnostik 4: 66

Triplett DA (1983) Surveys news - coagulation resource committee target areas for activity. Pathologist 37: 165

Triplett DA (ed) (1982) How the prothrombin time actually is performed, standardization of coagulation assays: an overview. College of American Pathologists, Skokie, p 113

Triplett DA, Harms CS, Koepke JA (1978) The effect of heparin on the activated partial thromboplastin time. Am J Clin Pathol 70: 556

Truninger B, Colombo A (1985) Zuverlässigkeit von Teststreifen. Schweiz Med Wschr 115: 918

Try K (1980) Turbidimetry as a cause of error in the L-alanine transferase (ALAT) method. Scand J Clin Lab Invest 40: 305

Tryding N, Ross K-A (1986) Drug interferences and drug effects in Clinical Chemistry. AB TrealTryck, Stockholm 4th ed

Turner JM, Hall RA, Whittaker M, Kricka LJ (1984) Effects of storage and repeated freezing and thawing on plasma cholinesterase activity. Ann Clin Biochem 21: 363

Turton M (1983) Heparin solution as a source of error in blood gas determinations. Clin Chem 29: 1562

Tydeman J, Morrison JI, Hardwick DF, Cassidi PA (1982) The cost of quality control procedures in the clinical laboratory. Am J Clin Pathol 77: 528

U. K. External Quality Assessment Scheme, Wolfson Research Labs., Queen Elizabeth Medical Centre, Birmingham, Distribution No 300 (20.1.1986)

U. S. Public Health Service (1965) Standardized diagnostic complement fixation method and adaption to micro test. U. S. Government Printing Office, Washington, DC, Public Health Monograph No 74 (PHS Publication No 1228) World Health Organisation (1970) WHO Expert Committee on Biological Standardization. Twenty-second report. WHO Tech Report Series 444

Uffelman JA, Engelhard WE, Jolliff CR (1970) Quantitation of immunoglobulins in normal children. Clin Chim Acta 28: 185

Uhlenbruck W (1977) Die Einwilligung in ärztliche Heileingriffe bei minderjährigen Patienten. Dtsch Med Wschr 102: 65

Ullmann U (1986) Untersuchungen zur Stabilität von Antibiotika in festen Nährmedien in Abhängigkeit von deren Lagerzeit. Lab Med 10: 139

Umweltbundesamt (Hrsg) (1981) Cadmium-Bericht. Ein Beitrag zum Problem der Umweltbelastung durch nicht- oder schwer abbaubare Stoffe, dargestellt am Beispiel Cd. Texte 1/81

Undritz E (1972) Hämatologische Tafeln. Sandoz AG, Nürnberg 2. Aufl

Utiger RD, Parker ML, Daughaday WH (1962) Studies on human growth hormone: a radioimmunoassay for human growth hormone. J Clin Invest 41: 254

Valdiserri RO (1985) Promoting maintenance continuing education in a prospective payment environment. Pathologist 39: 29

Valenta P, Mart L, Nürnberg HW, Stoeppler M (1977 a) Voltammetrische simultane Spurenanalyse toxischer Metalle in Meerwasser, Binnengewässern, Trink- und Brauchwasser. Jahrbuch vom Wasser 48: 89

Valenta P, Rützel H, Nürnberg HW, Stoeppler M (1977 b) Trace chemistry of toxic metals in biomatrices II. Voltammetric determination of trace content of cadmium and other toxic metals in human whole blood. Z Anal Chem 285: 25

Valentine WN, Tanaka KR, Uniwa S (1974) A specific erythrocyte glycolytic enzyme defect (pyruvate kinase) in three subjects with congenital non-spherocytic hemolytic anemia. Trans Ass Am Physicians 74: 100

Valeri CR, Valeri DA, Gray A, Melaragno A, Dennis RC, Emerson CP (1982) Red blood cell concentrates stored at 4 °C for 35 days in CPDA-1, CPDA-2, or CPDA-3 anticoagulant-preservative, biochemically modified, and frozen and stored in the polyvinyl chloride plastic primary collection bag with 40% w/v glycerol at −80 °C. Transfusion 22: 102

Valkovic V (1977) Trace elements in human hair. Garland STPM Press, New York

Van Cangh PJ, Opsomer R, de Nayer Ph (1982) Serum prostatic acid phosphatase determination in prostatic diseases: a critical comparison of an enzymatic and a radioimmunologic assay. J Urol 128: 1212

Van den Besselaar AMHP (1985) Standardization of coagulation assays for the control of heparin treatment. In: Clinical Laboratory Forum, p 71

Van den Besselaar AMHP (1986) A universal scale for the prothrombin time in oral anticoagulant control. In: Wenzel et al

Van den Besselaar AMHP, Evatt BL, Brogan DR, Triplett DA (1984) Proficiency testing and standardization of prothrombin time: effect of thromboplastin, instrumentation, and plasma. Am J Clin Pathol 82: 688

Van den Besselaar AMHP, Gralnick HR, Lewis SM (eds) (1984) Thromboplastin calibration and oral anticoagulant control. Martinus Nijhoff Publishers. La Hague, Boston

Van den Besselaar AMHP, Loeliger EA (1981) The effect of contact activation on the prothrombin time with special reference to insufficiently siliconised vacutainers tubes and veneject devices. In: Triplett DA (ed) Standardisation of coagulation assays. CAP, Skokie, p 95

Van den Besselaar AMHP, van Halem-Visser LP, Loeliger EA (1983) The use of evacuated tubes for blood collection in oral anticoagulant control. Thromb Haemostas (Stuttg) 50: 676

Van Ellen (1983) Lagerungsbedingte Änderungen von Lipiden und Lipoproteinen in vitro bei Routineuntersuchungen. Med Dissertation, Universität Bonn

van Gent CM, van der Voort HA, De Bruyn AM, Klein F (1977) Cholesterol determinations: a comperative study of methods with special reference to enzymatic procedures. Clin Chim Acta 75: 243

Van Royen E, Lohmans S, Voss M, Pondman K (1978) Inactivator and cold-promoted activation of factor VII. J Lab Clin Med 95: 152

Van Steirteghem AC, Robertson EA, Young DS (1978) Variance components of serum constituents in healthy individuals. Clin Chem 24: 212

Van Stekelenburg GJ (1970) The influence of temperature changes on the pO_2 of normal anaerobic blood samples. Resp Physiol 8: 245

Van Weemen BK, Schuurs AHWM (1971) Immunoassay using antigen-enzyme conjugates. FEBS Lett 15: 232

Van Wilgenburg MGM, Werkman EMA, Van Gorkem WH, Soons JBJ (1981) Criticism of the use of Coomassie Brillant Blue G 250 for the quantitative determination of proteins. J Clin Chem Clin Biochem 19: 301

Van Zanten AP, Verbeek KA (1984) Pyruvat interference in RA 1000 single-reagent AST method. Clin Chem 30: 1883

Varela-Diaz VM, Guarnera EA, Coltorti EA, Angiorama E, Conesa H, Hernandez A, Cavallo C, Morrone R, Garcia R (1983) Significance of hydatid immunodiagnostic surveys to health care and estimation of prevalence in the Argentine province of Chubut. Tropenmed Parasit 34: 98

Vaseduva Paniker N, Roloff JS, Burton A, Lukens JN (submitters); Alexander VT, Burlina CA (evaluators); Burtis CA (reviewer) (1982) Glucose-6-phosphate dehydrogenase activity in erythrocytes. In: Faulkner WR, Meites S (eds) Selected methods for the small clinical chemistry laboratory. AACC, Washington p 255

VDGH Verband der Diagnostica- und Gerätehersteller, Symposium (1985) Qualitätssicherung bei der Herstellung mikrobiologischer Nährböden und deren Anwendung im medizinisch-mikrobiologischen Laboratorium. Ärztl Lab 31: 129

VDGH (1986) Nutzen, Kosten und zukünftige Entwicklung der Laboratoriumsdiagnostik. Lab Med 10: 209

Velapoldi RA, Paule RC, Schaffer R, Mandel J, Machlan JL, Gramlich JW (1979a) A reference method for the determination of potassium in serum. NBS Special Publication 260-63

Velapoldi RA, Paule RC, Schaffer R, Mandel J, Murphy TJ, Gramlich JW (1979b) A reference method for the determination of chloride in serum. NBS Special Publication 264

Vera HD (1973) Quality control in diagnostic microbiology. Health Lab Sci 8: 176

Versieck J, Cornelis R (1980) Normal levels of trace elements in human blood plasma or serum. Anal Chim Acta 116: 217

Versieck J, Hoste J, Barbier F, Steyaert H, De Rudder J, Michels H (1978) Determination of cobalt and chromium in human serum by neutron activation analysis. Clin Chem 24: 303

Versieck JMJ, Specke ABG (1972) Nuclear activation techniques in the life sciences. Intern Atomic Energy Agency Wien p 39

Vogel AE (1962) Quantitative in organic analysis. Longmans, Green and Co Ltd, London, 3rd ed, Chapter XXIII

Vogel H, Minning W (1949) Hüllenbildung bei Bilharzia-Cercarien im Serum bilharzia-infizierter Tiere und Menschen. Zbl Bakt I Abt Orig 153: 91

Vogel H, Mohr W (1975) Durch Helminthen verursachte Krankheiten. In: Nauck EB (ed) Lehrbuch der Tropenerkrankungen. Thieme, Stuttgart, 4. Aufl

Vogelberg KH, Utermann G, Gries FA (1973) Zur Differenzierung des Lp(a)-Lipoproteins mit Hilfe der Agarosegel-Elektrophorese. Z Klin Chem Klin Biochem 11: 291
Vogt W (1977) Die analytische Zuverlässigkeit radioimmunologischer Methoden. Ärztl Lab 23: 173
Vogt W (1984) An evaluation of immunological methods based on the requirements of the clinical chemist. J Clin Chem Clin Biochem 22: 927
Voigt HW (1977) Klärung lipämischer Seren durch neues Verfahren. Laboratoriumsblätter 27: 168
Vonderschmitt D, Scholer A (1981) Teststreifen für ScreeningUntersuchungen zum semiquantitativen Nachweis von Proteinurien. J Clin Chem Clin Biochem 19: 997
Vorlaender KO, Henning H, Lüders CJ (1971) Die Indikation zur Immunsuppression bei der aggressiven chronischen Hepatitis. Klin Wschr 49: 666
Vorlaender KO, Schmolke B (1980) (Hrsg) Diagnostik unter Verwendung immunologischer Methoden. Thieme, Stuttgart
Vorlaender KO, Seiler FR (1983) Immunglobuline und Antikörper. In: Vorlaender KO (Hrsg) Immunologie. Thieme, Stuttgart
Wagenbreth H (1981) Vergleichbarkeit von Messungen mit geeichten Meßgeräten. PTB-Mitteilungen 91: 101
Wagener C, Breuer H (1980) Diagnostische Bedeutung von Tumormarkern in der Klinischen Chemie. J Clin Chem Clin Biochem 18: 821
Wagener C, Breuer H (1982) Biochemical and immunochemical aspects of carcionoembryonic antigen (CEA) and CEA related antigens: current status and future perspectives. J Clin Chem Clin Biochem 20: 705
Wahlefeld AW, Herz G, Bergmeyer HU (1974) In: Bergmeyer HU (Hrsg) Methoden der enzymatischen Analyse. Verlag Chemie, Weinheim p 1834
Wahlefeld AW, Herz G, Bernt E (1972) Modification of the Malloy-Evelyn-method for a simple determination of total bilirubin in serum. Scand J Clin Lab Invest 29: 126
Waker RH, Kuban DJ, Polesky HF, van der Hoeven LH (1983) The comprehensive blood bank survey of the College of American Pathologists - 1981. Am J Clin Pathol 80 (Suppl): 585
Walford RL, Sowa M, Dahley D (1956) Stability of protein, enzyme and nonprotein constituent of stored and frozen plasma. Am J Clin Pathol 26: 376
Walker BA, Eze LC, Tweedie MCK, Price-Evans DA (1971) The influence of AB0 blood groups, secretor status and fat ingestion on serum alkaline phosphatase. Clin Chim Acta 35: 433
Walker RH, Kuban DJ, Polesky HF, Van der Hoeven LH (1983) The comprehensive blood bank survey of the CAP - 1981. Am J Clin Pathol 80 (Suppl): 585
Wallach S, Cahill LN, Rogan RH, Jones HL (1962) Plasma and erythrocyte magnesium in health and disease. J Lab Clin Med 59: 195
Wallenfels K, Janatsch G (1983) Neue Substrate zur Bestimmung der Amylase. Ärztl Lab 29: 339
Wallenfels K, Laule G, Meltzer B (1982) Wirkungsmuster von menschlicher Pankreas- und Speichelamylase bei der Hydrolyse von 1,4-α-D-Nitrophenylmaltooligosacchariden. J Clin Chem Clin Biochem 20: 581
Walls KW, Franco EL (1982) Reversed enzyme immunoassay. Lyon Mėdical 248: 43
Walser M (1967) Magnesiummetabolism. Ergebn Physiol 59: 185
Walters MI (1983) Quality control and therapeutic drug monitoring. Pathologist 37: 247
Wander HE, Nagel GA (1984) Mammakarzinome. Zuckschwert, München
Wandrup J, Kancir C (1983) The concentration of free calcium ions in whole blood. Scand J Clin Lab Invest 43 (Suppl 165): 47
Ward PA, Talamo RC (1973) Deficiency of the chemotactic factor inactivator in human sera with alpha 1-antitrypsin deficiency. J Clin Invest 52: 516
Warnick GR, Cheung MC, Albers JJ (1979) Comparision of current methods high density lipoprotein cholesterol quantitation. Clin Chem 25: 596
Warnick GR, Mayfield C, Albers JJ (1981) Evaluation of quality-control materials for high density lipoprotein cholesterol quantitation. Clin Chem 27: 116
Washington II JA (1978) The detection of septicemia. CRC Press, Florida
Washington JA (1977) The microbiology of evacuated blood collection tubes. Ann Int Med 86: 186
Washington JE (1981) (ed) Laboratory microbiology. Springer, New York Heidelberg Berlin
WASP World Association of Societies of Pathology (1979) Proceedings of the subcommittee on analytical goals in clinical chemistry. Analytical goals in clinical chemistry: their relationship to medical care. Am J Clin Pathol 71: 624

Watterodt U (1981) „Teststreifensieb“: Rationalisierung und Optimierung der Harndiagnostik. Krankenhausarzt 54: 948
Waxman S, Schreiber C (1980) Determination of folate by use of radioactive folate and binding proteins. In: McCornick DB, Wright LD (eds) Methods of enzymology. Academic Press, New York London Sydney San Francisco, Vol. 66 p 468
Weatherall DJ, Clegg JB (1981) The thalassaemia syndromes. Blackwell, Oxford London Edinburgh Boston Melbourne
Weaver DK, Miller D, Leventhal EA, Tropeano V (1978) Evaluation of a computer-directed pneumatic-tube system for pneumatic transport of blood specimens. Am J Clin Pathol 70: 400
Weber G (1953) Rotational brownian motion and polarization of the fluorescence of solutions. Adv Prot Chem 8: 415
Weber H (1971 a) Indikationen zur Bestimmung der alpha-Hydroxybutyrat-dehydrogenase im Serum. Dtsch med Wschr 96: 1534
Weber H (1971 b) Die klinische Bedeutung des LDH/HBDH-Quotienten. Dtsch Med Wschr 96: 1607
Weber MH, Bitter T, Scheeler F (1983) Quantitative Proteinbestimmung im Urin. Lab Med 7: 155
Wedum AG, Barkley WE, Hellman A (1972) Handling of infectious agents. J Am Vet Med Assoc 161: 1567
Weichselbaum TE (1946) An accurate and rapid method for the determination of proteins in small amounts of blood serum and plasma. Am J Clin Pathol 16: 40
Weidemann G, Heidrich R (1983) Laborexterne und laborinterne Probenidentifikation. In: Symposium „Präanalytik“ 16.-19.3.1983 Plymouth (England) Becton Dickinson Vacutainer System Heidelberg p 9
Weidemann G, Schmid RD, Reichold L (1979) Lichtempfindlichkeit der Kreatin-Kinase in Kontrollseren. J Clin Chem Clin Biochem 17: 721
Weiss W (1978) Klinische Relevanz der alpha-1-Fetoprotein-(AFP)Bestimmung im Serum. Onkologie 1: 6
Weißhaar D, Gossrau E, Faderl B (1975) Normbereiche von alpha-HBDH, LDH, AP und LAP bei Messung mit substratoptimierten Testansätzen. Med Welt 26: 387
Weitzel HK, Dati F, Grenner G (1982) Alpha-Fetoproteinbestimmung in der Schwangerschaft mittels Enzymimmunoassay. Laboratoriumsblätter 32: 136
Welz B (1976) Atomic absorption spectroscopy, Verlag Chemie, Weinheim, New York p 8
Wendt F (1986) Kleines Vademecum Haematologicum Nordmark. Nordmark, Uetersen
Wenzel E, Hellstern P, Morgenstern E, Köhler M, Blohn G v (1986) (eds) Rationelle Therapie und Diagnose von hämorrhagischen und thrombophilen Diathesen. Schattauer, Stuttgart New York
Wepsic HT, Kirpatrick A (1979) Alpha-fetoprotein and its relevance to human disease. Gastroenterology 77: 787
Werder K v, Felixberger F, Gottsmann M, Kerner W, Glöckner B (1978) A homologous radioimmunoassay with an antibody against little hPRL. In: Radioimmunoassay and related procedures in medicine, IAEA, Vienna, Vol. I p 43
Werner H (1981) Zur Vereinheitlichung der Laboratoriumsdiagnostik der Echinokokkose. Bundesgesundheitsblatt 24: 310
Werner M (1977) Ein dreischichtiges Modell zur Bewertung der Wirksamkeit von Analysen und Befunden. Med Welt 28: 1255
Werner M, Altchuler CH (1979) Utility of multiphasic biochemical screening and systematic laboratory investigations. Clin Chem 25: 509
Werner M, Tolls RE, Hultin JV, Mellecker J (1970) Influence of sex and age on the normal range of eleven serum constituents. Z Klin Chem Klin Biochem 8: 105
Wernick W (1984) Kosten- und Leistungsrechnung im Krankenhaus. GIT Suppl 4: 35
Wernicke J, Schirren C (1982) Morphologische Differenzierung menschlicher Spermaatozoen mittels vorgefertigter Methodik. Andrologia 14: 471
West P, Marsland I, Bradshaw P (1979) Automated capillary blood spot glucose estimation. Med Lab Sci 36: 379
Wester PO (1980) Tissue Zinc at autopsie - relation to medication with diuretics. Acta Med Scand 208: 269
Westerhuis LWJJM, Hafkenscheid JCM (1983) Apoenzyme content of serum aminotransferases in relation to plasma pyridoxal-5-phosphate concentration. Clin Chem 29: 789

Westgard JO, Barry PL, Hunt MR (1981) A multi-rule shewhart chart for quality control in clinical chemistry. Clin Chem 27: 493

Westgard JO, Groth T (1983) A predictive value model for quality control: effects of the prevalence of errors on the performance of control procedures. Am J Clin Pathol 80: 49

Westphal O, Lüderitz O, Bister F (1952) Über die Extraktion von Bakterien mit Phenol/Wasser. Z Naturforsch 76: 148

Westphal RG (1982) Rapid thawing of fresh frozen plasma. Am J Clin Pathol 78: 220

Weyer MG, Lommel G (1981) Long I - eine Longitudinal-Studie über Normbereiche. 1. Mitteilung: Prüfung auf Tagesschwankungen (zirkadiane Rhythmik). Lab Med 5: 258

Weyer MG, Lommel H (1986) Long IA - Folgeuntersuchung zur Longitudinalsstudie LONG I. Lab Med 10: 19

Whitby LD, Mitchell FL, Moss DW (1967) Quality control in routine clinical chemistry. In: Bodansky O, Stewart CP (eds) Advances in clinical chemistry. Academic Press, New York

Whitehead TP (1974) Quality control techniques in laboratory services. Brit Med Bull 30: 237

Whitehead TP (1977) Quality control in clinical chemistry. Wiley & Sons, New York

Whitehead TP, Woodford FP (1981) External quality assessment of clinical laboratories in the United Kingdom. J Clin Pathol 34: 947

WHO World Health Organisation (1972) Classification of hyperlipidemias and hyperlipoproteinemias. (Reprint from the bulletin of the WHO 43: 891 (1970)) Circulation 45: 501

WHO (1975) Expert committee on biological standards, 26th report, WHO technical report series no 565, WHO, Geneva

WHO (1977) WHO Expert committee on biological standardization. 28th technical report series, World Health Organization, Geneva

WHO (1978) Guiding principles and recommendation on labelling of clinical laboratory materials: a WHO memorandum Bull. WHO 56: 881

WHO (1978) WHO Expert committee on biological standardization. 29 th report, WHO technical report series no 626, WHO, Geneva

WHO (1979) Guidelines for antimicrobial susceptibility testing. Lab 79: 3

WHO (1979) WHO Expert committee on biological standards, 30th report, WHO technical report series no 638, WHO, Geneva

WHO (1981) Euro Reports „Quality Assessment in Health Laboratories"

WHO (1981) WHO Expert committee on biological standards, 31th report, WHO technical report series no 658, WHO, Geneva

WHO (1981) WHO Working Group (Euro Report) External Quality Control of Health Laboratories

WHO (1982) Biological substances. International standards, reference preparations and reference reagents. ISBN 92 4 154161 1X

WHO (1982) WHO Regional Office for Europe. External quality assessment of health laboratories

WHO (1983) External quality assessment of health laboratories. Med Lab Sciences 40: 211

Wick G, Baudner S, Herzog F (1976) Immunfluoreszenz. Medizinische Verlagsgesellschaft, Marburg

Wicks R, Usategui-Gomez M, Miller M, Warshaw M (1982) Immunochemical determination of CK-MB isoenzyme in human serum II. An enzymic approach. Clin Chem 28: 54

Wide L (1969) Radioimmunoassay employing immunosorbents. Acta Endocrinol (Kbh) 63 (Suppl 142): 207

Wiedecke L (1980) Grundsätze einer Neufassung des Eichgesetzes für den Bereich der Heilkunde. PTB-Mitteilungen 90: 285

Wiegand H, Schlipköter HW (1983) Spurenelemente und Luftverschmutzung. In H Zumkley (ed) Spurenelemente; Grundlagen, Ätiologie, Diagnose, Therapie. Thieme, Stuttgart New York p 272

Wielaard F, Gruijthuijsen H van, Duermeyer W, Joss AWL, Skinner L, Williams H, Elven EH van (1983) Diagnosis of acute toxoplasmosis by an enzyme immunoassay for specific immunoglobulin M antibodies. J Clin Microbiol 17: 981

Wieland H, Seidel D (1978) Fortschritte in der Analytik des Lipoproteinmusters. Inn Med 5: 290

Wielders JPM, Beunis MH, Wersch JWJ van (1986) A comparison of the screening ability of two automated leukocyte differential counters. J Clin Chem Clin Biochem 24: 471

Wiesemann A (1982) Erfahrungen mit dem neuen Teststreifen N-Multistix SG in der täglichen Harnanalyse einer Praxis. In: Miles GmbH, Sparte Ames, Frankfurt

Wilding P, Zilva JF, Wilde CE (1977) Transport of specimens for clinical chemistry analysis. Ann Clin Biochem 14: 301
Wiles PhG, Watkins PJ (1983) Capillary blood collecting system for glucose determination. Postgrad Med J 59: 288
Wilkinson JH (1976) The principles and practice of diagnostic enzymology. Arnold Publ, London
Williams GW, Bowman HE (1980) Reproducibility of syphilis serology results. Am J Clin Pathol 74: 586
Williams GW, Burns TL, Schork MA (1980) The distribution of selected hematology measurements in the CAP survey. Am J Clin Pathol 74: 595
Williams GW, Schork MA, Anderson RJ (1976) An evaluation of statistical procedures designed to detect outliers resulting from a light degree of contamiation in random samples of moderate size. Am J Clin Pathol 66(Suppl): 167
Williams GZ, Young DS, Stein MR, Cotlove E (1970) Biological and analytical components of variation in long-term studies of serum constituents in normal subjects. I. Objectives, subject selection, laboratory procedures, and estimation of analytic deviation. Clin Chem 16: 1016
Williams RJ (1965) Biochemical individuality. Wiley & Sons, New York Winkel P, Statland BE (1981) The acute affect of cigarette smoking on the concentrations of blood of leukocyte types in healthy young females. Am J Clin Pathol 75: 781
Willms B (1981) Stellungnahme der Deutschen Diabetes-Gesellschaft, Ausschuss Laienarbeit, zur Stoffwechselselbstkontrolle des Diabetikers.
Wills MR (1970) The effect of diurnal variation on total plasma calcium concentration in normal subjects. J Clin Pathol 23: 772
Wilson D, Horne DW (1982) Use of glycerol-cryoprotected lactobacillus casei for microbiological assay of folic acid. Clin Chem 28: 1198
Wilson DW, Gaskell SJ, Fahmy DR, Joyce BG, Groom GV, Griffiths K, Kemp KW, Nix ABJ, Rowlands RJ (1979) Development of statistical and analytical techniques for use in national quality control scheme for steroid hormones. In: Bizollon CA (ed) Radioimmunology, Elsevier North Holland, Amsterdam p 281
Wilson JF, Marshall RW, Williams J, Richens A (1983) Comparison of assay methods used to measure antiepileptic drugs in plasma. Ther Drug Monitor 5: 449
Winkel P, Statland BE, Bokelund H (1975) The effects of time of venipuncture on variation of serum constituents. Consideration of within-day and day-to-day changes in a group of healthy young men. Am J Clin Pathol 64: 433
Winkel P, Statland BE, Bokelund H, Johnson EA (1975) Correlation of selected serum constituents: 1. Inter-individual variation and analytical error. Clin Chem 21: 1592
Winkel P, Statland BE, Jörgenson K (1974) Urine microscopy, an ill defined method, examined by a multifactorial technique. Clin Chem 20: 436
Winkelman JW, Bernstein LH (1985) The unordered test: cost of the benefit vs. benefit of the cost. Pathologist 39: 12
Winkelmann JW, Martin BG, Boyd S (1982) A matrix technik for comprehensive methods documentation. Am J Clin Pathol 78: 485
Winsten S (1965) Collection and preservation of specimens. In: Meites S (ed) Standard Methods of Clinical Chemistry. Vol. 5. Academic Press, NY p 1
Wirsing V, König CH, Finger H, H'Ormaycht D (1979) Immunglobuline und andere Plasmaproteine in der Spätschwangerschaft. Immunität und Infektion 7: 89
Wisdom GB (1976) Enzyme-Immunoassay. Clin Chem 22: 1243
Wise GJ, Goldberg P, Kozinn P (1976) Genitourinary candidiasis: diagnosis and treatment. J Urol 116: 778
Wissel R (1977) Technische Fehler bei der manuellen Blutausstrichfärbung. Die Helferin des Arztes 1: 14
Wissel R (1978) Ad notam: Laboratoriumsdiagnostik. Fehler bei der manuellen Blutausstrichfärbung. Tägl Ärztl Praxis 1: 20
Wisser H (1977) Das zuverlässige und vergleichbare Analysenresultat. Med Welt 29: 1251
Wisser H (1978) Der kontrollierte klinisch-chemische Befund. Krankenhausarzt 51: 875
Wisser H (1986) Praeanalytik der Nierenenzymbestimmungen im Urin 3: 141
Wisser H, Knoll E (1982) Tageszeitliche Änderungen klinisch-chemischer Meßgrößen. Ärztl Lab 28: 99

Wisser H, Zeller A (1984) Zur Problematik überholter und überflüssiger Laborleistungen. Ärztl Lab 30: 69
Withcomb CC (1979) Analyzing large numbers of data with a programmable calculator. Am J Clin Pathol 72: 207
Withehead T (1972) Quality control in population screening (unexpected results). In: Rappoport AE (ed) Quality control in clinical chemistry. Huber, Bern Stuttgart Vienna p 129
Withehead TP, Browning DM (1972) The U.K. national quality control cheme (how much progress we have made). In: Rappoport AE (ed) Quality control in clinical chemistry. Huber, Bern Stuttgart Vienna p 30
Withehead TP, Browning DM, Gregory A (1973) A comparative survey of the results of analyses of blood serum in clinical chemistry laboratories in the U.K. J Clin Pathol 26: 435
Witt I (ed) (1977) New methods for the analysis of coagulation using chromogenic peptide substrates. De Gruyter, Berlin New York
Witt I, Trendelenburg Ch (1982) Gemeinsame Studie zur Erstellung von Richtwerten für klinisch-chemische Kenngrößen im Kindesalter. J Clin Chem Clin Biochem 20: 235
Witte S (1978) Die Technik der automatischen Blutbilddifferenzierung. Medicotechnica p 149
Witte S (1979) Automatische Blutbild-Differenzierung mit dem Hematrak. Fortschr Med 543
Wolf AV, Pillzy VKD (1969) Renal concentration tests. Osmotic pressure, specific gravity compared. Amer J Med 46: 837
Wolf HP (1977) Klinische Chemie bei der Prüfung von Arzneimitteln. Med Welt 29: 1261
Wolfrum DI, Mross K, Ross B, Nagel GA (1982) Die Wertigkeit von Laborparameterprofilen bei Patienten mit Malignomen: Ia: Vertikalstudie mit 20 verschiedenen Analysen, Ib: Vertikalstudie mit TPA. Verhdl Dtsch Ges Inn Med 88: 948
Wollner GC (1971) Handling, storing and transporting diagnostic specimens. Laboratory Medicine 2: 87
Wong SHY, Pena Y, Lin FC, Narayanan S (1984) Suitability of blood collection systems for antiepileptics analysis by fluorescence polarization immunoassay (FPIA). Clin Chem 30: 1032
Woo J, Cannon DC (1976) A Quality control program for the radioimmunoassay laboratoy. Am J Clin Pathol 66: 854
Wood PS, Bachorik PS, Albers JJ, et al (1980) Effect of samples aging on total cholesterol values determined by the automated ferric chlorid sulfuric acid and Liebermann-Burchard procedures. Clin Chem 26: 592
Wood WG (1977) A test of six commercial ^{125}I-labelled digoxin radioimmunoassay kits. J Clin Chem Clin Biochem 15: 679
Wood WG (1982) External quality assessment of hormone determinations. The combination of two schemes as a possible solution. J Nucl Med Allied Sci 26: 255
Wood WG (1984) Luminescence immunoassays: problems and possibilies. J Clin Chem Clin Biochem 22: 905
Wood WG, Bauer M, Horn K, Marschner I, van Thiel D, Wachter C, Scriba PC (1980a) A second external quality control survey (EQCS) for serum triiodothyronine (T_3) and thyroxine (T_4) assays using the Munich model. J Clin Chem Clin Biochem 18: 511
Wood WG, Bauer M, Marschner I (1979a) The Munich model as external quality control education program. In: Bizollon CA (ed) Radioimmunology. Elsevier North Holland, Amsterdam p 299
Wood WG, Bauer M, Marschner I, Scriba PC (1980b) An external quality control survey (EQCS) for serum cortisol. J Clin Chem Clin Biochem 18: 183
Wood WG, Butz R, Casaretto M, Hehrmann R, Jüppner H, Marschner I, Wachter Ch, Zahn H, Hesch RD (1980c) Preliminary results on the use of an antiserum to human parathyrin in a homologous radioimmunoassay. J Clin Chem Clin Biochem 18: 789
Wood WG, Fricke H, Haritz J, Krausz HS, Tode B, Strasburger CJ, Scriba PC (1984) An evaluation of four different luminescence immunoassay systems: CELIA (chemiluminescent immunoassay), SPALT (solid-phase antigen luminescence technique), ILMA (immunoluminometric assay) and ILSA (immunoluminometric labelled second antibody). A critical study of macro solid phases for use in immunoassay systems, Part III. J Clin Chem Clin Biochem 22: 349
Wood WG, Gadow A (1983) Immobilisation of antibodies and antigens on macro solid phases - a comparison between adsorptive and covalent binding. A critical study of macro solid phases for use in immunoassay systems, Part I. J Clin Chem Clin Biochem 21: 789
Wood WG, Habermann J, Marschner I, Scriba PC (1980d) The validity of serum TSH measure-

ments by immunoassay. In: Albertini A (ed) Radioimmunoassay of hormones, proteins and enzymes. International congress series no 528, Excerpta Medica, Amsterdam p 39
Wood WG, Keller C, Wiessmann KJ, Krausz HS, Haritz J, Hantke U (1984) Lumineszenzimmunoassay - ein Jahr voran. Ärztl Lab 30: 336
Wood WG, Marschner I (1978) Comparison of different labelling and separation techniques in the production of a stable ^{125}I-bovine parathyrin tracer. Acta Endocrinol (Kbh) 87(Suppl 215): 113
Wood WG, Marschner I, Scriba PC (1979b) Tests on three antisera and subsequent development of radioimmunoassays for different regions of human parathyrin. Horm Met Res 11: 309
Wood WG, Müller OA, Stalla G, Scriba PC (1979c) Improvement of the calcitonin radioimmunoassay. J Clin Chem Clin Biochem 17: 781
Wood WG, Sokolowski G (1982) Radioimmunoassay in theory and practice - a hand-book for laboratory personnel. Schnetztor, Konstanz
Wood WG, Stalla G, Müller OA, Scriba PC (1979d) A rapid and specific method for separation of bound and free antigen in radioimmunoassay systems. J Clin Chem Clin Biochem 17: 111
Wood WG, Wachter C (1979) A critical appraisal of a further three new commercial digoxin kits with special reference to cross-reacting substances. J Clin Chem Clin Biochem 17: 77
Wood WG, Wachter C, Scriba PC (1978) Comparison of ^{125}I-labelling of polypeptides using chloramine-T and iodogen with subsequent separation of iodide and labelled protein on cation exchange dextran. Fresenius Z Anal Chem 301: 119
Wood WG, Wachter C, Scriba PC (1981) Experiences using chloramine-T and 1,3,4,6-tetrachloro-3a, 6a diphenylglycoluril (Iodogen) for radioiodination of materials for radioimmunoassay. J Clin Chem Clin Biochem 19: 1051
Woolson RF, Bean JA (1982) Mantel-Haenszel statistics and direct standardization. Statistics in Medicine 1: 37
Worth GK, Retallack RW, Devlin RD, Jefferies M, Gutteridge DH (1981) Ionized calcium: aspects of technique and some factors affecting results. Clin Chim Acta 114: 283
Worth HGJ (1984) IFCC 1984/4: Basic education and training frameword for technicians. J Clin Chem Clin Biochem 22: 497
Worth RD, Harrison J, Skillen AW (1980) Stability of glucose in urine. Clin Chem 26: 789
Wright DN, Clark S, Saxon B, Matsen JM (1986) Comparison of visual and photometric Bac-T-Screen results. Am J Clin Pathol 85: 622
Wu GT, Twomey SL, Thiers RE (1975) Statistical evaluation of method comparison data. Clin Chem 21: 315
Wu JT (1983) Interference of heparin in carcinoembryonic antigen radioimmunoassays. Clin Chim Acta 130: 47
Wuhrmann F, Märki HH (1963) (Hrsg) Dysproteinämien und Paraproteinämien - Grundlagen, Klinik und Therapie. Schwabe & Co, Basel 4. Aufl
Wulff K, von Hörschelmann D, Evanega G, Stähler F, Ruckdeschel G (1982) Probleme der Keimzahlbestimmung im Urin durch Messen des bakteriellen ATP-Gehaltes über Biolumineszenz. Fresenius Z Anal Chem 311: 372
Wurster U, Stark E, Engelhardt P (1984) Liquorzytologie nach kombinierter Zentrifugation und Zytozentrifugation im Vergleich zu Sedimentation und Membranfiltration. Ärztl Lab 30: 184
Würzburg U, Hennrich N, Orth HD, Lang H, Prellwitz W, Neumeier D, Knedel M, Rick W (1977) Quantitative determination of creatine kinase isoenzyme catalytic concentrations in serum using immunological methods. J Clin Chem Clin Biochem 15: 131
Wüst G (1985) Zur Leistungsstatistik in klinischen Laboratorien. Lab Med 9: 403
Wüst H (1980) Berechnungsverfahren für Personalbedarf. Medica 8: 682
Wüst H (1985) Leistungsstatistik in klinischen Laboratorien. I. Definition und Kennzeichnung der Zählobjekte, statistische Leistungszuordnung. Lab Med 9: 264
Wybenga DR, Ibbott FA, Cannon DC (1976) Determination of ionized calcium in serum that has been exposed to air. Clin Chem 22: 1009
Wycoff DA, Wagner JR (1978) Distributed laboratory computing. Integration of a laboratory computer into a hospital information system. Am J Clin Pathol 70: 390
Wyngaarden JB, Kelley WN, Worth RD, Harrison J, Skillen AW (1980) Gout. In: Stanburg JB, Wyngaarden JB, Frederickson DS (eds) The metabolic basis of interited disease. 5th ed
Yalow RS (1978) Radioimmunoassay - a probe for the fine structure of biological materials. Science 200: 1236

Yalow RS, Berson SA (1959) Assay of plasma insulin in human subjects by immunological methods. Nature 184: 1648
Yend ER (1972) Disorders of calcium, phosphorus, and magnesium metabolism. In: Maxwell M, Kleeman CR (eds) Clinical disorders of fluid and electrolyte metabolism. McGraw, New York
Yosselson-Superstine Sh, Sinai Y (1986) Drug interference with urine protein determination. J Clin Chem Clin Biochem 24: 103
Youden WJ (1960) The sample, the procedure, the laboratory. Anal Chem 32: 23A
Youden WJ (1961) Statistical methods for chemists. Wiley & Sons, New York 3 rd ed.
Youden WJ (1967) Statistical techniques for collaborative tests. The American Association of Official Analytical Chemists. Washington DC
Young DS (1980) Biological variability. In: Brown SS, Mitchell FL, Young DS (eds) Chemical Diagnosis of Disease, pp 1-112, Amsterdam, Elsevier/North Holland
Young DS (1983) Effect of vitamin C on laboratory tests. Laboratory Medicine 14: 278
Young DS, Harris EK, Cotlove E (1971) Biological and analytic components of variation in long-term studies of serum constituents in normal subjects. IV. Results of a study designed to eliminate long-term analytical deviations. Clin Chem 17: 403
Young DS, Pestaner LC, Gibberman V (1975) Effects of drugs on clinical laboratory tests. Clin Chem 21: 1 D
Zachmann HG (1972) Mathematik für Chemiker. Verlag Chemie, Weinheim
Zack JF jr (1983) Evaluation of a specific gravity test strip. Clin Chem 29: 210
Zadek I (1933) Die Zytologie der Exsudate. In: Handbuch der Inneren Medizin, Bd. I, 2. Hälfte, Urban & Schwarzenberg, Berlin Wien p 1373
Zanelli JM, O'Hare MJ, Conran PH (1981) Preparation and assay of bovine parathyroid hormone by reversed phase high performance liquid chromatography. J Chromatog Biomed Appl 223: 59
Zender R, Lagana M (1972) Evaluation statistique des resultats du control de qualite 1971 en hematologie. Chem Rundsch 25: 904
Zender R, Linder A (1976) Interlaboratory comparison of both accuracy and precision by a two-sample method. In: Anido GA, Kampen EJ van, Rosalki SB, Rubin M (eds) Quality control in clinical chemistry. De Gruyter, Berlin 1975
Ziegenhorn J, Brandhuber M, Bartl K (1978) Kinetic enzymatic method for automated determination of uric acid in serum. In: Goldberg DM (ed) Enzymes in health and disease. Karger, Basel
Ziegler E, Ziegler B (1984) In: Welz B (1984) (Hrsg) Fortschritte in der atomspektrometrischen Spurenanalytik. Verlag Chemie, Weinheim p 337
Zieve L, Hill E, Hanson M, Falcon AB, Watson CJ (1971) Normal and abnormal variation and clinical significance of the one-minute and total serum bilirubin determination. J Lab Clin Med 38: 446
Zijlstra WG, Van Kampen EJ (1981) Spectophotometry of haemoglobin: the standard haemiglobin cyanid method and after. J Clin Chem Clin Biochem 19: 521
Zoppy F, De Luca U (1981) Methods for suppressing the „chemical" interference of bilirubin in reactions detecting hydrogen peroxide by use of peroxidase. Clin Chem 27: 1941
Zucker St, Brosious E (1970) Preparation of quality control specimens for erythrocyte counting, hematocrit and hemoglobin determinations. Am J Clin Pathol 53: 474
Zumkley H, Bertram HP, Preusser P, Kellinghaus H, Straub C, Vetter H (1982) Renal excretion of Mg and trace metals during cisplatin treatment. Clin Nephrol 17: 254
Zweers A, Yaron E, Groen JJ (1968) A study of fasting and postprandial serum triglycerides in connection with epidemiological surveys. Clin Chim Acta 19: 267
Zweig MH, Robertson EA (1982) Why we need better test evaluations. Clin Chem 28: 1272

Sachverzeichnis

GPSR Compliance

The European Union's (EU) General Product Safety Regulation (GPSR) is a set of rules that requires consumer products to be safe and our obligations to ensure this.

If you have any concerns about our products, you can contact us on ProductSafety@springernature.com

In case Publisher is established outside the EU, the EU authorized representative is:

Springer Nature Customer Service Center GmbH
Europaplatz 3
69115 Heidelberg, Germany

Batch number: 10683448

Printed by Printforce, the Netherlands